筆者の考える本当の「力」とは次の通りです

初見の問題を，訓練によって身に付け

それを会得するための正しい学習法：

ページの表右列☆では，基本の理解を中心

主目的とし，問題演習はそのための手段と

て基本とのつながりを重視して行います．そ

の結果として，右図のような**脳内ネットワーク**が作られていきます．基本 という**核**が，

問題演習を通して強固になり，基本と問題が

織りなす網目が緻密化してどんな問題も網の

どこかに引っ掛かる．解こうとする訳ではなく，否応なく**解けてしまう．そんなイメージです．**

そんな成功をもたらす学習法☆の**ベース**となるべく書かれたのが本書です．学校教科書より詳しい基本事項から，トップ大学の入試問題を解く鍵となる姿勢・考え方までが，**この一冊の中に**そろっています．ある単元を生まれて初めて学ぶときから，受験対策として何度目かの復習をするときまで，つねにこの一冊をベースに学ぶことができます．（もちろん，「何度目に学ぶか」により，各項目の学習の深度は自ずと変わってくるでしょうが．）

以上のコンセプトのもとに書かれた本書に込められた筆者の思いの丈は次の通りです：

- 基本事項を，教科書より詳しく丁寧に一からみっちりと書きました．受験参考書にありがちな，教科書で基礎を学んでいるはずだからと“甘えた”申し訳程度の要約とは訳が違います．

  基本事項解説こそ本書のメインコンテンツです．
- **問題も充実しています**．基本確認のための単純問題から，入試でも難問とされるものまで．ただし，そうした“難問”も，原初の基本と見事に**つなげてお見せします**．業界で 30 年研鑽（けんさん）を積んできた筆者の得意技です (笑).
- 「大学受験はこの一冊以外不要！」は誇大広告ですが (笑)，少なくとも普段の学習から受験勉強の**ベース作り**までは，ホントに**この 1 冊で OK** です．

合格（うか）る数学．Ⅱ+BからⅢ+Cへ

Ⅲ+Cは，もちろん**Ⅰ+A**＆**Ⅱ+B**を下敷きとして学んでいきますが，「自分はまだⅡ B の難問解法マスターできていないから…」と尻込みしてしまうのが典型的な勘違い．前提となるのは，あくまでも**Ⅰ+A**，**Ⅱ+B**の基礎・計算力です．理系生は，なるべく早期に**Ⅲ+C**に着手し，高校数学を一通り学んで**全貌を概観**できるようにするのが賢い学習計画です．

Ⅲ+Cは，**Ⅱ+B**にも増して受験までの“距離”も縮まり，学んだことが即 (理系の) 入試に直結します．本書もそうした事情を少し考慮し，比較的早い段階から入試レベルの問題まで扱ったりしています．しかし，ここでまた勘違いしないように！（本書などの）**問題の“解き方”をマスターしただけでは上位大学入試問題には対応できません**．問題演習という手段により主目的である基本原理の正しい理解が深まった結果として問題は自然に解けてしまう．目指すべきはこの境地ですよ！

それでは本書とともに，**心に広がる豊かな数学の世界へ踏み出しましょう．**

もくじ

ΣBEST
シグマベスト

入試につながる

合格る(うかる)数学Ⅲ+C

広瀬 和之 著

文英堂

はじめに

まず最初に，合格る数学 Ⅰ+A，Ⅱ+B にも書いた「正しき学び方」を再確認：

（ヘンテコリンな）悪しき学習態度：◆	（ごく普通の）正しき学習姿勢：☆
教科書の基本事項はササッと斜め読みで済ませて，あとはひたすら問題演習・問題演習・問題演習…	教科書をちゃんと読み込み，定義を確認．それをもとに定理を証明する．そして，その流れに沿って，問題演習も行う．
「問題」の「解き方」を覚えることが目的．参考書に載っている問題を全て解けるようにする．	問題を解くのは手段．目的は基本原理を理解し身に着けること．
テストでは，既に解き方を知っている問題が出ることを期待する．	解き方を知らない初見の問題でも，基本にさかのぼることにより，自然体で解く．
易しい問題はテキトーに片付けて，とにかく難しい問題をたくさん解く．そしてその解き方を覚えこむ．	易しい問題を解くときこそ，基本を大事にして正しいフォームを身に付ける．その延長線上で，難問と称されるものも自然体で解く．
細かく区切った 1 テーマを完璧に仕上げてから次へ進み，またそれを完璧に仕上げてから…と，キッチリと成果を積み重ねていく．	多少モヤモヤ感が残ってもどんどん先へ進み，ある程度広い範囲を大まかに頭に入れて問題を解いてみる．解けないならまた基本に戻る．
待ち受ける悲惨な結末	**訪れる心豊かな未来**
高校 1・2 年時，とくに定期テストは成績優秀．でも，模試になるとそれほど芳しくない．	定期テストでは，その問題が既習だったライバルに負けたりするが，模試になると周りが苦戦している中ワリと普通に得点が伸びる．
受験学年になり，浪人生参加の模試になると偏差値が急降下．○○大学実戦オープンのような本格的な模試になると，1 問も解けない．	本格的な受験勉強を始めてみると，他の人が難問だと騒いでる問題が，割と普通に，自然に解けたりする．
入試で知らない問題が出たらオシマイ．勝負は試験開始前の段階で既に決まっている．	入試で知らない問題が出ても，その場で現象を観察するうち，体に染み込んだ基本原理からアイデアが湧き上がってきて，解ける．
苦学・苦行したのに，トップレベルの大学には合格できない．	受験生活を通して**学ぶことの喜び**を知り，結果としてトップレベルの大学に合格る．
世にあふれる「数」に関する情報を訳もわからず鵜呑みにして踊らされる．	世の中のあらゆる現象を「数学」という理論体系を通して的確に判断・評価できる．

大多数のマジメな受験生を虜にしているがこの誤った学習法◆です．解き方を真似るだけだから楽．問題集一冊“仕上げた”という安易な達成感．目先の定期試験で高得点が取れるという即効性．こうした“甘い罠”に引っ掛かってはなりません．上位大学は，既存の問題と既に準備された解法の対応付けを暗記することを「力」として評価しません．また，ただ覚えるだけの**負荷**がかからない学習法なので，脳は成長しません．だいいち，「つまらない」と感じるはずです．好奇心や純粋な感性をもつあなたならば．

〔◆のなれの果て〕

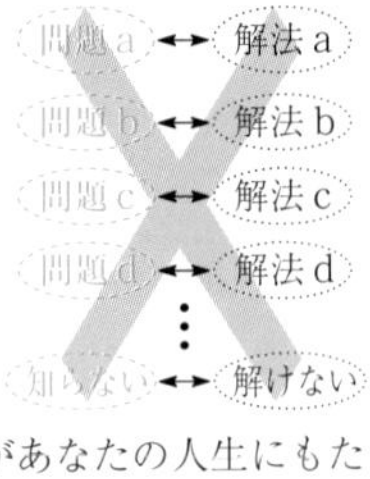

脳に正しい負荷を与え，**学ぶことの喜び**を知る．これこそが，「受験」という試練があなたの人生にもたらしてくれる最高のプレゼントです．

第5章 ベクトル 数学C

第6章 複素数平面 数学C

第7章 2次曲線 数学C

本書の使い方

[全体の構成・進め方]

［高校数学範囲表］ ● 当該分野 ● 関連が深い分野

数学Ⅰ	数学Ⅱ	数学Ⅲ 理系
数と式	いろいろな式	いろいろな関数
2次関数	ベクトルの基礎	極限
三角比	図形と方程式	微分法
データの分析	三角関数	積分法
数学A	指数・対数関数	数学C
図形の性質	微分法・積分法	ベクトル
整数	数学B	複素数平面
場合の数・確率	数列	2次曲線
	統計的推測	

数学Ⅲ範囲の1～4は必ずこの順に進めてください．数学C範囲の5～7も同様です．基本的には数学Ⅲをメインに進めながら，途中で数学C分野を挟んで行きます．いちおう数学Ⅲ4「積分法」より前に数学C5「ベクトル」を済ませておくと理想的です．

1つの学習順序案は以下の通りです：

数学Ⅲ	1 2 3	4	
数学C	←←5→→		6 7

注 上記は，本シリーズ数学Ⅱ2で「ベクトルの基礎」を先取り学習したことを前提とした案です．もしベクトルが全く未習であれば，数学C5「ベクトル」を数学Ⅲ3「微分法」の前に済ませておいてください．■

[各章の構成・進め方]

章 節 項
1 ① 1
　　 2
　　 ⋮
　② 1
　　 2
　　 ⋮
2 ① 1
　　 ⋮

- 章の紹介ページで，学び方・他分野との関連について説明します（上表は，4積分法）．
- 1～7の各**章**は，**節**：①②⋯，さらには**項**：1 2⋯に分かれています（右の通り）．例えば第4章8節3項であれば，4 8 3のように表します．
各ページの上部にこれを表示し，数学の基本体系全体における**今の居場所**がわかるようになっています．巻末の索引も，この章節項番号で表示されています．
- 各節・各項ごとに，教科書より掘り下げた**基本事項**があります．ただし，意図的に厳密性を抑えて書いた箇所もあります（例：「直線 l の方程式は」→「直線 l は」）．誤解が生じない範囲で「簡潔さ」を優先し，学習の利便性を図るためです．
途中，記述に具体性を与える 例 や，理解度を確認する 問 などが入る場合もあります．
- 基本事項の流れの中で，「問題」として演習しがいのある内容を**例題**として扱います．「例題」は，「基本原理」が「問題解法」に直結することを体感する絶好の機会・場面です．解き方の暗記ではなく，**基本にさかのぼって考える**ことにより，前述した「数学脳内ネットワーク」が構築されます．
- いくつか節が進んだ段階で[1]「演習」の節を設けます．例えば右の第5章「ベクトル」では，次のように演習節が配置されます：

①～③節の内容 → ④節「演習問題A」

⑤～⑦節の内容中心[2] → ⑧節「演習問題B」

① 複素平面
② 共役複素数の活用
③ 極形式
④ 演習問題A
⑤ ベクトルの回転＆伸縮
⑥ 軌跡
⑦ 実戦的問題
⑧ 演習問題B

注 1)："1つ"学んだ直後にそれを真似て"1つ"問題を解くという演習スタイルは，"解き方の丸暗記"を誘発する危険性大です．ある程度広い範囲を視野に，**どの基本に戻るか**と考えましょう．

2)：～③の内容が含まれるケースもあります．■

Ⅲ+Cでは，Ⅰ+A Ⅱ+B分野と融合した問題が随所に現れる可能性があります．

なお，例題や演習問題の 解答 は，実際の記述答案の見本となることを意識して書きました．普段から，この程度の厳密度合い・ボリューム感で「答案」を書くとよいでしょう．

[例題・演習問題への付加情報]

(例題・問題文) 章・節の番号とその中での順序をアルファベットで表した**例題 5 8 C** のような識別番号があります．他に，テーマ名，問題の種別，関連ある演習問題 (一部例題) の番号が付加されます．

(演習問題・問題文) 章・節の番号とその中での順序を数で表した**演習問題 5 10 12** のような識別番号があります．他に，問題の種別が付加されます．テーマ名，関連ある例題の番号は伏せてあります．先入観を持たずに問題と向き合って欲しいからです．

(演習問題・別冊解答) 問題文では伏せてあったテーマ名，関連ある例題の番号 (もしくは章節項番号など) が付加されます．

注 「例題」と「演習問題」を，キチッと 1 対 1 に対応付け過ぎないよう配慮しています．これまでの学習スタイルが，「はじめに」の◆：「問題の解き方を覚える」だったという人は，“**やりづらい**” と感じるでしょう．それが狙いです (笑)．相互の関連情報は “一応” 程度のものだと思ってください．

[各種マーク類]

基本事項	
原理	多くの事柄の源，核，コア．最重要！
定義	数学基本単語の定義
定理	定義から導かれる定理・公式
知識	「定理」ではないが，知っておきたい事
方法論	方法論の総括
問題種別	
根底	基本に密接．他の問題を解く上での土台・拠り所となる “ワンテーマ” 問題
実戦	実戦で出る問題．根底より重層的
典型	型にはまった問題．ほぼそのまま出る
終着	この問題自体が (ほぼ) 最終目的．(あまり) 次へはつながらないパターンもの．
入試	定期試験より大学入試で出やすい
定期	大学入試より定期試験で出やすい
問題解答前後	
考え方	少し難しい考え方，頭の動かし方
着眼	発想の取っ掛かり，注目すべき内容
方針	具体的な方策，解答の青写真
原則	問題解法などの原則・鉄則 (例外もあるのが普通)
下書き	答案を書く前の図とか，実験
解答	正規の解答．入試答案の手本となる
別解	解答とは別の解き方．有益なものしか扱わない
本解	前出の解答より優れた解答
解説	解答を詳しく説明．

補助的な事柄	
重要	特に重要な事柄
注意！	注意！警告！アブナイこと
注	幅広い意味での「注」
○ 1)	脚注番号．文中に番号を付し，後で説明
語記サポ	通じにくい用語&記号の補助説明
暗記！	結果を記憶するべきと強調したい事柄
将来	先々の知識を踏まえたお話
余談	軽い話題・コーヒーブレイク
〔証明〕	定理・公式などの証明
補足	解説を少し付け足し
参考	メインテーマから少し逸れた内容
発展	余力のある人だけが読めばよい高度な内容
言い訳	簡潔さ最優先で厳密性を犠牲にするときなど
その他諸々	
△後	△という分野を学習後に復習する場合限定の内容
既習者	既修者が復習する際にも重要なこと
暗算	暗算で見えて欲しい事柄
理系	理系 (数学Ⅲ履修者) 限定の内容
ハイレベル↑	難しい内容・問題 (とらわれなくてよい)
重要度↑	(矢印の個数に応じて) 重要度上げ
重要度↓	(矢印の個数に応じて) 重要度下げ
■ ■ ■	注などの項目の終了箇所の印
[→△]	参照個所の指示
[→△]	「例題」に関連のある「演習問題」．またはその逆．ガチガチな 1 対 1 対応ではない

[網掛け枠]

重要事項のまとめなどを網掛けで表しています．3 種類の色を，おおむね次のように使い分けました：

定義，原理など　　原則，方法論，解法選択など　　知識，定理・公式など

：素数

[使用する数学記号など]

本書では以下の記号を用います．また，数学では下のギリシャ文字をよく用います．

$\mathbb{C}$	複素数全体の集合
$\mathbb{R}$	実数全体の集合
$\mathbb{Q}$	有理数全体の集合
$\mathbb{Z}$	整数全体の集合
$\mathbb{N}$	自然数全体の集合
$a \in A$	a が集合 A に属する
x の区間 $[a, b]$	$a \leqq x \leqq b$
x の区間 (a, b)	$a < x < b$
x の区間 $(a, b]$	$a < x \leqq b$
$\leq$, $\geq$	$\leqq$, $\geqq$ と同じ
$\max F$	F の最大値
$\min F$	F の最小値
x_{P}	点 P の x 座標

$\therefore$, $\because$	ゆえに，なぜならば
i.e.	換言すれば
$f(x) := x^2$	x^2 を $f(x)$ と命名する
□	「証明終わり」
○○//	○○が答え，最終結果
数列 (a_n)	(高校教科書では) $\{a_n\}$
$a \mid b$	a は b を割り切る
$a \equiv b \pmod{p}$	a, b は p で割った余りが等しい
(a, b)	a, b の最大公約数
even, odd	偶数，奇数
A, a の読み方	キャピタル A，スモール A
a'の読み方	a プライム

α	アルファ
β	ベータ
γ	ガンマ
δ	デルタ
ε	イプシロン
λ	ラムダ
π	パイ
τ	タウ
θ	シータ
φ	ファイ
ϕ	プサイ
ω	オメガ

[本書で学んで欲しいこと]

筆者が考える数学学習の **3 本柱**は次の 3 つです．本書はそれを強く意識して書かれています．

(a) **基本 にさかのぼる** … 「はじめに」で述べた通りです

(b) **現象 そのものをあるがままに見る** … 例えば「数列」の問題なら，解こうとする前に「数の並びそのもの」を見る．ごくあたりまえのことなのですが，実行している受験生は稀(まれ)です (涙).

(c) **計算 を合理的に行う** … 計算法がスマートだと，思考の流れが途切れず解答の**全体像**が見渡せます．本書は計算過程も詳しく解説します．(暗算で省いて欲しい所は薄字にしてあります．)

注 これらのうち，とくに(b)の習得はハードルが高いです．そんなときにはぜひ『動画解説』も参考にしてください．また，(c)の追加訓練は，ぜひ拙著：『合格(うか)る計算』で．

[本書とその先]

「はじめに」にも書いた通り，本書を真摯に学べばどんな大学の受験に向けても確固たる『**学習ベース**』が出来上がります．**基本事項の流れの中で**，「例題」および**根底**や**重要**マーク付きの「演習問題」[3)]を入念に理解し，基本原理に根差した「解法の必然性」が把握できるようになれば，大学入試問題実戦演習への準備は OK と言えるでしょう．

しかし，「入試」とは結局のところそこで出た問題が解けるかどうかの勝負です．本書を『学習ベース』に据えつつ，初見の問題を解く“他流試合”にも積極的に挑(いど)みましょう．模試や受験大学の過去問など…．その“実戦”を通して，あなたの「学び」が正しいかどうかを省察するのです．

ただし，そうした“実戦問題”の多くは，あなたの力を伸ばすためには作られていません．本書並みに真面目にやると，体が 2 つ要るのでほどほどに (笑)．勉強では，**メリハリ**が大事です：

本書 … 基礎を習得する『学習ベース』．みっちり．繰り返し． →「ハリ」

“他流試合”… 雑多な初見問題演習．わりとテキトーに，“量”をこなす． →「メリ」

語記サポ ハリ：楽器の弦などがピンと張(は)り(り)つめている メリ：減(め)り(り)込んでダランとたるんでいる■

「メリハリ」を覚えて，勉強上手 ＝ 生きる上手になりましょう．

注 3)：これら以外の「演習問題」は，「ハリ」というよりある程度「メリ」に寄った扱いにしてもよいでしょう．

第 1 章

いろいろな関数

概要

章タイトルの通り，いろいろな種類の関数や，「周期性」など関数にまつわる様々な特性を学び，それによって関数のグラフがサッと描けるようにします．2「極限」3「微分法」4「積分法」の**土台**となる**重要な基本事項**が目白押しです．

注　本章は，Ⅰ+A，Ⅱ+Bで既に学んでいる内容も多数含んでいます．そうした事柄の「総まとめ」的な役割も果たしていると考えてください．

学習ポイント

1. 分数関数，無理関数などの特性・グラフ
2. 対称性，周期性といった特性
3. 平行移動，対称移動などグラフの“アレンジ”
4. 逆関数，合成関数

将来入試では

この単元は，あくまでも他分野を陰で支える「土台」であり，入試において単独で出ることは多くないでしょう．Ⅰ+A 1「数と式」，Ⅱ+B 1「いろいろな式」と似た性格をもちます．こんなときの常として，問題解法より，**基礎・計算を重視**して学びたいですね．

上記 4. ：逆関数，合成関数については，いろいろ深堀りした内容・問題を考えることもできますが，あくまでも2以降への準備を重視し，そうした凝った話は抑えめにしています（笑）．

注　本章において，x, y などの変数は実数値のみをとり，虚数はまったく登場しません．よって，「ただし x は実数」などの断り書きを省いている箇所があります．

この章の内容

1 分数関数・無理関数
2 対称性・周期性
3 グラフの移動・変形
4 逆関数
5 合成関数
6 いろいろな関数のグラフ
7 演習問題A

［高校数学範囲表］ ●当該分野 ●関連が深い分野

数学Ⅰ	数学Ⅱ	数学Ⅲ 理系
数と式	いろいろな式	いろいろな関数
2次関数	ベクトルの基礎	極限
三角比	図形と方程式	微分法
データの分析	三角関数	積分法
数学A	指数・対数関数	**数学C**
図形の性質	微分法・積分法	ベクトル
整数	**数学B**	複素数平面
場合の数・確率	数列	2次曲線
	統計的推測	

1 分数関数・無理関数

「関数」およびそのグラフに関する様々な基本を学びながら，数学Ⅰ A Ⅱ B で未習の関数を習得します．といっても，4「1 次分数関数」は，小・中学校で学んだ「反比例」のグラフをベースにしたものに過ぎませんが (笑)．(Ⅰ+A 2 10 4 で既習)

1 「関数」とは

x の値を決めると，y の値が 1 つに定まるとき，「y は x の**関数**である」という．　　x に対して，y は**一意対応**

語記サポ 「一意対応」: ただ 1 つに対応するという意味．■

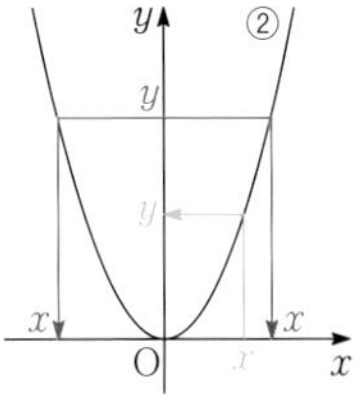

数学Ⅰ A Ⅱ B で，既にいろいろな関数について学びましたね：

例 (以下において，x, y は実数．)

① $y = 2x + 1$　y は x の 1 次関数　　④ $y = 2^x$　y は x の指数関数
② $y = x^2$　y は x の 2 次関数　　⑤ $y = \log_2 x$　y は x の対数関数
③ $y = \sin x$　y は x の正弦関数　三角関数の一種

注1 ②のとき，x と y の対応関係は次のようになっています：

$x \to y$	一意対応である	例 :$x = \frac{3}{2} \to y = \frac{9}{4}$	y は x の関数である
$y \to x$	一意対応でない	例 :$y = 4 \to x = 2, -2$	x は y の関数ではない

このことは，後に 1 4 3「逆関数の存在条件」に関わってきます．

注2 「関数」には，上記①～⑤のように「式で表されたもの」以外に右のようなものもあります．　たしかに一意対応

x	$3.7 = 3 + 0.7$	$5 = 5 + 0$	$-3.7 = -4 + 0.3$
$y =$ 実数 x の小数部分	0.7	0	0.3

もっとも，「実数 x を超えない最大整数」を表すガウス記号：「$[x]$」を用いれば，「$y = x - [x]$」のように「式」で表すこともできますが．　ややムリヤリ…

注3 ④のような指数関数の底として，今後しばしば「**自然対数の底**」と呼ばれる有名な定数「$\boldsymbol{e}$」を用います．「e」について，詳しくは 2 6 で学びます．現時点では，とりあえず $e \fallingdotseq 2.7\ (> 1)$ であり，指数関数 $y = e^x$，および対数関数 $y = \log_e x$ は増加関数だと覚えておけば OK です．なお，今後「$\log_e x$」のことを底を省いて「$\log x$」と書いてしまうことが多くなります．

重要 例えば①において，右辺を $f(x)$ などとおき，「関数 $y = f(x)$」とか「関数 $f(x)$」のように書き表します．「$f(x)$」は，この関数において x に対応する y の値を表します (例えば $f(3)$ とは $x = 3$ に対応する y の値です)．
このように，高校数学では関数のとる値を指して「関数 $f(x)$」と呼んでしまうことが多いのですが，大学以降では，x に y を対応付けるルールのことを「関数 f」と呼ぶのが普通です．

$x \xrightarrow{f} y$「写す」

語記サポ 関数 $y = f(x)$ において，「x を f で**写す**(うつ)と y になる」とか，「y は x を f で写したものである」のように言い回します．

2 定義域，値域

関数 $y=f(x)$ において，考察の対象とする x の値の範囲のことをこの関数の**定義域**といい，それに応じて定まる y の変域のことを**値域**といいます．

語記サポ 「**変域**」とは，「とり得る値の範囲」を短く言い表したもの．■

例 前記の関数②: $y=x^2$ において，定義域を $-1\leq x\leq 2$ と決めると，値域は $0\leq y\leq 4$ と決まります．(定義域は決めるもの．値域はそれに応じて決まるもの．)

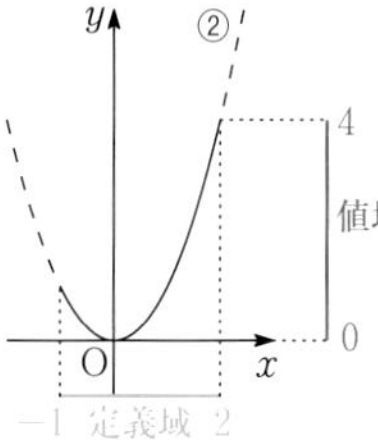

注 定義域が明言されていない場合には，x がとり得るなるべく広い範囲を定義域とみなすのが慣例です．

例：

関数	$y=x^2$	$y=\dfrac{1}{x}$	$y=\sqrt{x}$	$y=\log_2 x$	$y=\tan x$
定義域	実数全体	$x\neq 0$	$x\geq 0$	$x>0$	$x\neq\dfrac{\pi}{2}+n\pi\ (n\in\mathbb{Z})$

3 関数のグラフ

関数 $y=f(x)$ の**グラフ**とは，xy 平面上でこの等式を満たす点 $(x,\ y)$ 全体の集合．

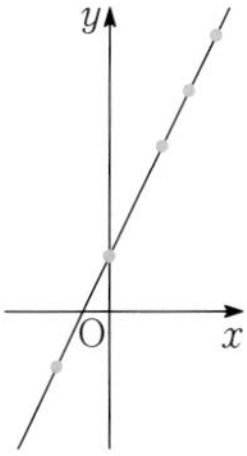

例 前記の関数 ①: $y=2x+1$ の場合，これを満たす点

$$\cdots,\ (-1,\ -1),\ (0,\ 1),\ (1,\ 3),\ \left(\frac{3}{2},\ 4\right),\ (2,\ 5),\ \cdots$$

などなど全体の集合 ＝ 直線が①のグラフです．

問 次の関数のグラフの概形を描け (結果のみ描けばよい)．

(1) $y=-x^2$　(2) $y=x^2-2x$　(3) $y=x^3$　(4) $y=\dfrac{1}{x}$

(5) $y=\sin x$　(6) $y=\tan x$　(7) $y=2^x$　(8) $y=\log_{\frac{1}{2}} x$

注 数学ⅠAⅡB範囲のおさらいです．今後のベースになりますので，軽く確認を．

解答 (1) 偶関数．上に凸な放物線．

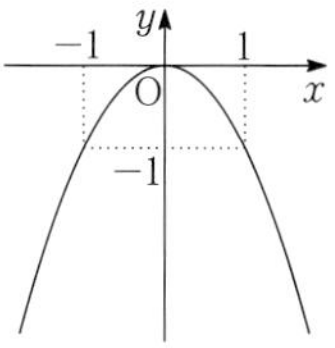

(2) $y=(x-1)^2-1$．$y=x(x-2)$ より x 切片は $0,\ 2$．下に凸な放物線．

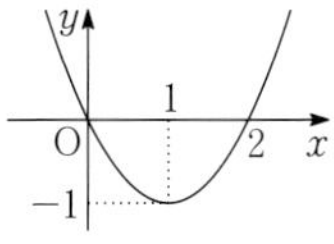

(3) 奇関数．グラフは原点対称．[→1 2 1]

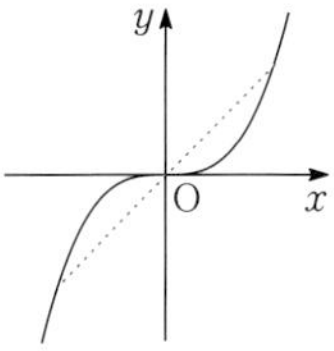

(4)「反比例」．奇関数．グラフは原点対称．

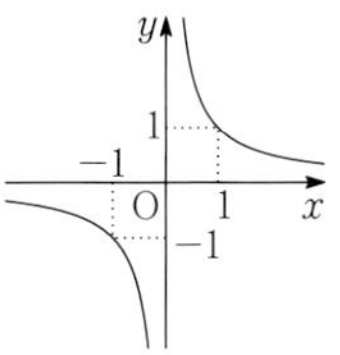

(5) 奇関数．正弦曲線．基本周期 2π．

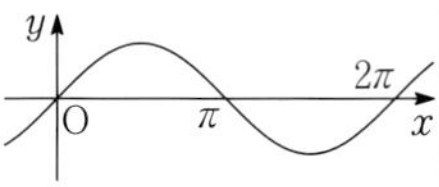

(6) 奇関数．グラフが“途切れる”．基本周期 π．

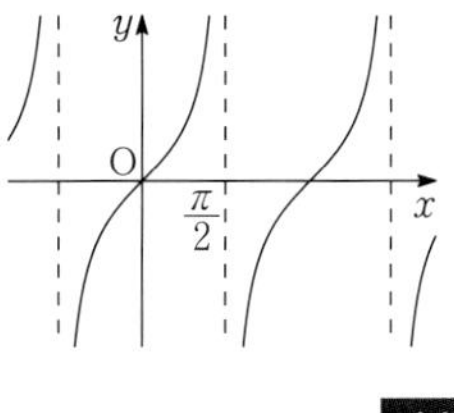

(7) 指数関数．底 >1．

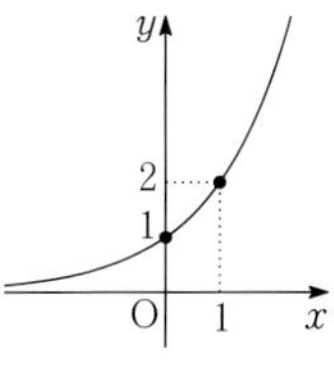

(8) 対数関数．底 <1．

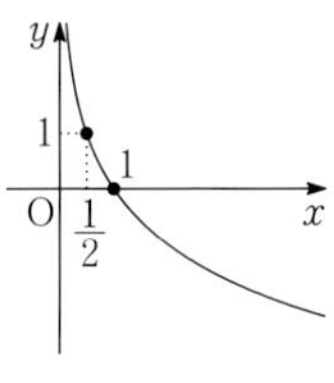

4 1次分数関数

分子・分母が1次以下である分数形の関数を**1次分数関数**といいます．
まずは，そのうち最も基本的なタイプ：$y=\dfrac{k}{x}$（k は0以外の定数）型から．

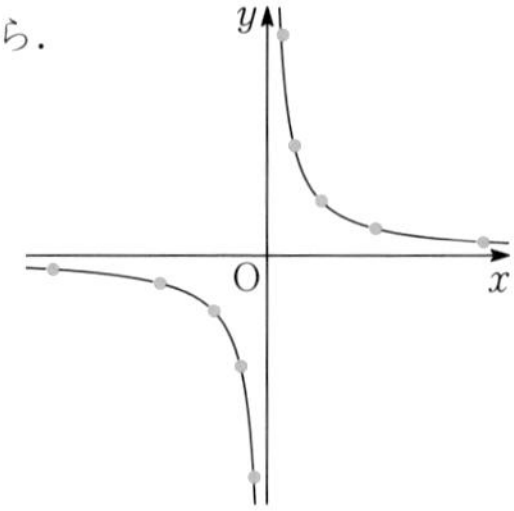

例 分数関数 $y=\dfrac{4}{x}$（定義域は $x\neq 0$）…① のグラフは，次のような各点（などなど）を通り，右図のようになります．

x	-8	-4	-2	-1	$-\frac{1}{2}$	$\frac{1}{2}$	1	2	4	8
y	$-\frac{1}{2}$	-1	-2	-4	-8	8	4	2	1	$\frac{1}{2}$

積が一定（$xy=4$ を満たす）

注 このグラフは**双曲線**と呼ばれます．[→例題 7 9 h]
また，x 軸および y 軸を**漸近線**（限りなく近づいていく直線）とし，漸近線どうしが垂直なので，「**直角双曲線**」といいます．
グラフは原点Oに関して対称ですね．このようなグラフをもつ関数のことを「奇関数」といいます．[→1 2 1]

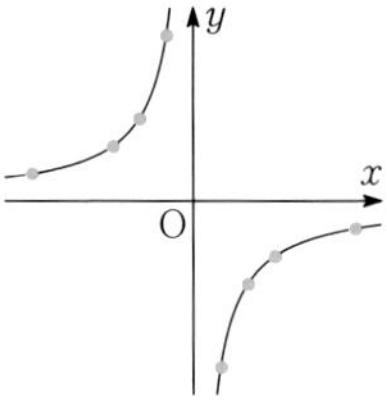

問 分数関数 $y=\dfrac{-6}{x}$ のグラフを，下の表を確認しながら描け．

x	-6	-3	-2	-1	1	2	3	6
y	1	2	3	6	-6	-3	-2	-1

$xy=-6$ を満たす
よってグラフは右図の通り．

$y=\dfrac{k}{x}$ 型のグラフ

〔$k>0$ のとき〕

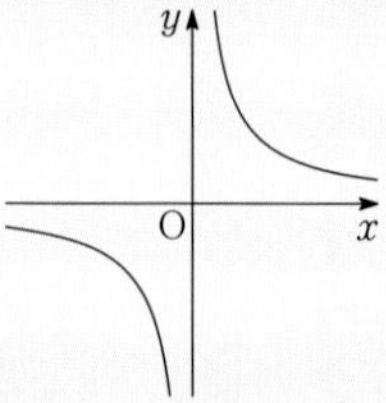

$xy=k\ (>0)$ より $x,\ y$ は同符号
グラフは第1，3象限

〔$k<0$ のとき〕

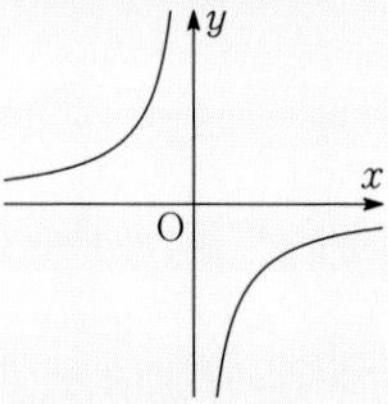

$xy=k\ (<0)$ より $x,\ y$ は異符号
グラフは第2，4象限

y 軸，x 軸を漸近線とする「直角双曲線」．
この関数は奇関数であり，グラフは原点対称．

次に，$y=\dfrac{ax+b}{cx+d}$ 型を考えます．「分子の低次化」[→II+B 1 3 7]により分子を「1次式」から「定数」とすれば，①に帰着します．

例 分数関数 $y=\dfrac{2x+2}{x-1}$（$x\neq 1$）…② のグラフは，

$$y=\frac{(x-1)\cdot 2+4}{x-1}=2+\frac{4}{x-1}.$$

i.e. $\boxed{y-2}=\dfrac{4}{\boxed{x-1}}$．「$x,\ y$ から引く数」＝「移動量」

↑ベクトル $\begin{pmatrix}1\\2\end{pmatrix}$ だけ平行移動

$\boxed{y}=\dfrac{4}{\boxed{x}}$

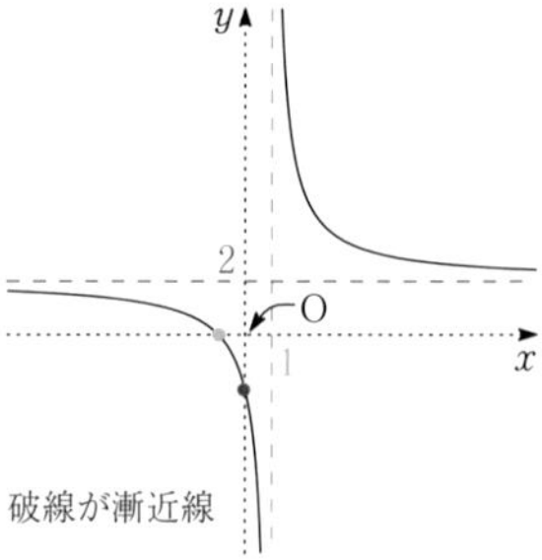

破線が漸近線

解説 ①では y 軸，x 軸であった漸近線が，直線 $x=1,\ y=2$ に"ズレる"だけです．つまり，①の原点Oを点 $(1,\ 2)$ に"ズラして"描くような感覚です．

参考 ②より，y 切片（赤点）は $x=0$ として $y=\dfrac{2}{-1}=-2$，x 切片（青点）は $y=0$ を解いて $x=-1$．

$y = \dfrac{ax+b}{cx+d}$ 型のグラフ　$y = q + \dfrac{k}{x-p}$ i.e. $\boxed{y-q} = \dfrac{k}{\boxed{x-p}}$ と変形する．

〔$k>0$ のとき〕

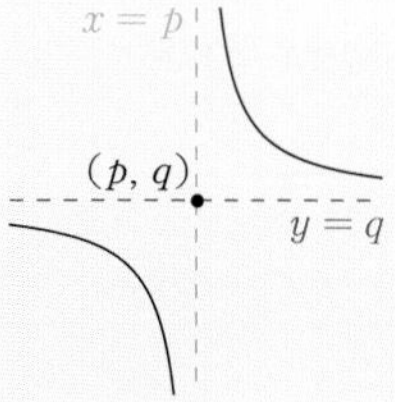

〔$k<0$ のとき〕

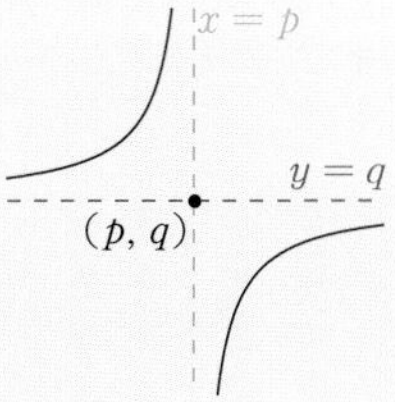

$x=p$, $y=q$ を漸近線とする「直角双曲線」．
グラフは点 (p, q) に関して対称．

例題 1 1 a　1次分数関数のグラフ　根底 実戦　定期　[→演習問題 1 7 3]

次の関数のグラフを描き，値域を求めよ．

(1) $y = \dfrac{1}{x}$ $(x \leq -1, 1 \leq x)$　(2) $y = \dfrac{x-2}{x+2}$　(3) $y = \dfrac{x+1}{2x-1}$ $(x \geq 0)$

方針 グラフ上の点の y 座標の範囲を考えます．

解答 (1) 次図左より，求める値域は

$-1 \leq y < 0,\ 0 < y \leq 1.$ //

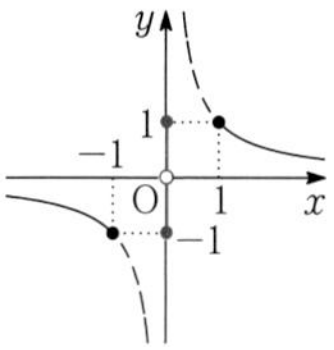

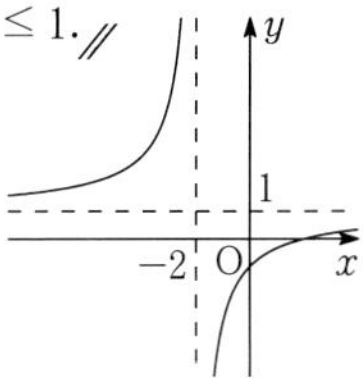

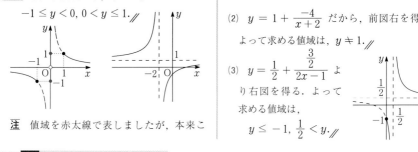

注 値域を赤太線で表しましたが，本来これを考えるのはアナタの仕事（笑）．これ以降，基本的には意図的に省きます．

(2) $y = 1 + \dfrac{-4}{x+2}$ だから，前図右を得る．

よって求める値域は，$y \neq 1.$ //

(3) $y = \dfrac{1}{2} + \dfrac{\frac{3}{2}}{2x-1}$ より右図を得る．よって求める値域は，

$y \leq -1,\ \dfrac{1}{2} < y.$ //

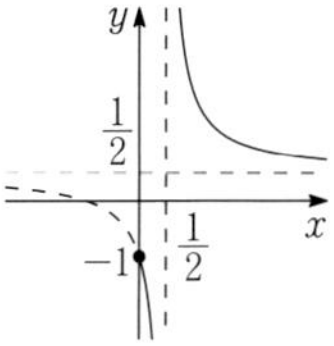

例題 1 1 b　1次分数関数と不等式　根底 実戦　定期　[→演習問題 1 7 4]

(1) $f(x) = \dfrac{1}{x-2}$ とする．曲線 $y=f(x)$ を描け．　(2) 不等式 $\dfrac{3x-5}{x-2} \leq x+1$ を解け．

方針 (1)を(2)で活かしたいので，(2)は不等式を「関数」を利用して解きます．左辺の分子を低次化すると，(1)とのつながりが見えます．

解答 (1) 右図の通り．

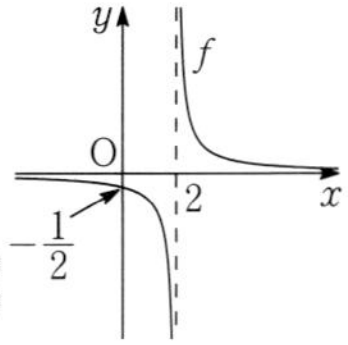

(2) 与式を変形すると

$3 + \dfrac{1}{x-2} \leq x+1.$

$\underbrace{\dfrac{1}{x-2}}_{f(x)} \leq x-2.$ （定数を集約）

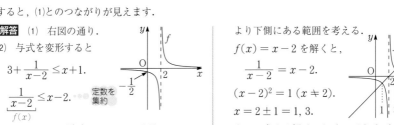

よって，$y=f(x)$ のグラフが直線 $y=x-2$ より下側にある範囲を考える．

$f(x) = x-2$ を解くと，

$\dfrac{1}{x-2} = x-2.$

$(x-2)^2 = 1$ $(x \neq 2).$

$x = 2 \pm 1 = 1, 3.$

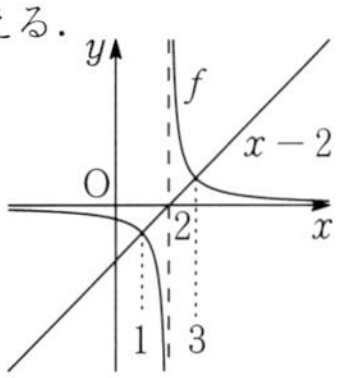

よって求める解は，$1 \leq x < 2,\ 3 \leq x.$ //

解説 上記は，「不等式の扱い」[→Ⅱ+B 1 7 4] のうち，「関数」利用の方です．「式変形」で解くには，$x-2-\dfrac{1}{x-2} \geq 0.$ $\dfrac{(x-1)(x-3)}{x-2} \geq 0.$（積 vs 0 型）と変形します．

5 無理関数 ●●● $\sqrt{}$ 内が 1 次式

$\sqrt{}$ を含む式で表された関数を**無理関数**といいます．本項では，そのうち $\sqrt{}$ 内が 1 次式であるものを扱います． ●●● 本書では今後「(1 次) 無理関数」と呼んだりします．

まず，最も基本的な $y=\sqrt{x}$ …① について論じます．そのために，次の性質を確認しておきましょう．[→ I+A 1 5 5]

平方根の性質　知識　実数「$\sqrt{a}$」があるとき…

$\sqrt{a}$ は 0 以上．ルート内の a も 0 以上．　　$\sqrt{}$ は 0 以上，中身も 0 以上．

$(\sqrt{a})^2=(-\sqrt{a})^2=a$.　　$\sqrt{}$ の定義より

これにより，関数①の定義域は $x\geqq 0$，値域は $y\geqq 0$ ですね． ●●● 青色・赤色が右下図と対応してます

①を満たす点 (x, y) を，次のように変形した上で求めてみましょう．

① $\Longleftrightarrow x=y^2$ $(y\geqq 0)$.

y	0	1	2	3	…
x	0	1	4	9	…

などなど

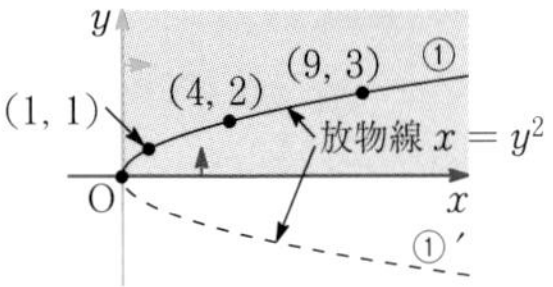

曲線 $x=y^2$ の全体は，2 次関数 $y=x^2$ において x と y を互換したものであり，上図破線部も含めた“横に倒れた放物線”です．無理関数①のグラフは，その“上半分”($y\geqq 0$ の部分) で，定義域・値域を示す不等式が表す領域内 (図の網掛け部) にあります．

参考　放物線の“下半分”は，無理関数 $y=-\sqrt{x}$ …①′ のグラフです．“上半分”である①と比べて同じ x 座標に対する y 座標が逆符号であることからわかりますね．ちなみに，①′ の定義域は $x\geqq 0$，値域は $y\leqq 0$ です．

注　このように，「$\sqrt{}$」を含む式は両辺を 2 乗して $\sqrt{}$ を消してみることが 1 つの常套(じょうとう)手段です．■

次に，$y=\sqrt{2x-2}$ …② を考えます．上記 平方根の性質 により，

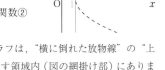

定義域は $2x-2\geqq 0$ i.e. $x\geqq 1$，値域は $y\geqq 0$ です．

②を変形すると，次のようになります．

② $\Longleftrightarrow y^2=2x-2$ $(y\geqq 0)$. i.e. $x=\dfrac{1}{2}y^2+1$ $(y\geqq 0)$.

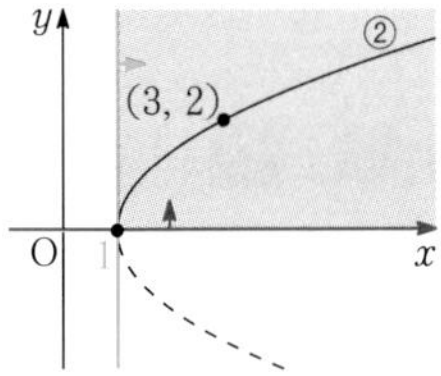

曲線 $x=\dfrac{1}{2}y^2+1$ の全体は，“横に倒れた放物線”であり，無理関数②のグラフは，その“上半分”($y\geqq 0$ の部分) です．

①①′および②を見るとわかるように，一般に (1 次) 無理関数のグラフは，“横に倒れた放物線”の“上半分”もしくは“下半分”であり，定義域・値域を示す不等式が表す領域内 (図の網掛け部) にあります．よって，上記 平方根の性質 から定義域・値域を求めさえすれば描けます．

(1 次) 無理関数のグラフ

“横に倒れた放物線”の“上半分”もしくは“下半分”となる．

定義域，値域は，「$\sqrt{}$ は 0 以上，中身も 0 以上」から求まる．

○例 1：$y=\sqrt{x-p}$

定義域：$x\geqq p$，値域：$y\geqq 0$.

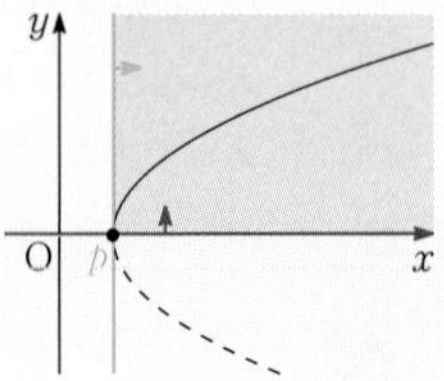

○例 2：$y=-\sqrt{-a(x-p)}+q$ $(a>0)$

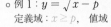

定義域：$x\leqq p$，値域：$y\leqq q$.

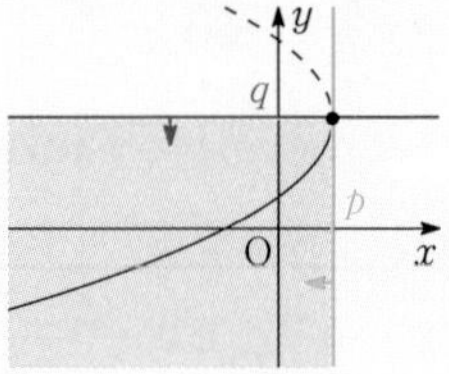

$p, q>0$ を想定して描いた

例題 11c （1次）無理関数のグラフ 根底 実戦 定期

[→演習問題175]

次の関数のグラフを描け．

(1) $y=\sqrt{-x}$　　(2) $y=-\sqrt{3-x}$　　(3) $y=\sqrt{2x+1}-1$

方針 $y=\sqrt{1次関数}$ のグラフは，「"横に倒れた放物線"の"上半分" or "下半分"」と覚えてしまいましょう．「$\sqrt{\quad}$ は 0 以上，中身も 0 以上」から定義域，値域を求めれば，自動的にグラフは描けます．

解答

(1) $\sqrt{\quad}$ 内 $=-x\geqq0$.

$\therefore$ 定義域は $x\leqq0$.

$\sqrt{\quad}\geqq0$.

$\therefore$ 値域は $y\geqq0$.

よって右上図を得る．

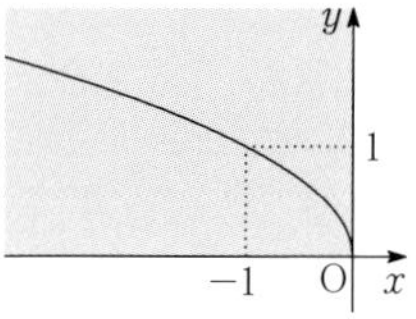

(2) $\sqrt{\quad}$ 内 $=3-x\geqq0$.

$\therefore$ 定義域は $x\leqq3$.

$\sqrt{\quad}\geqq0$.

$\therefore$ 値域は $y\leqq0$.

よって右上図を得る．

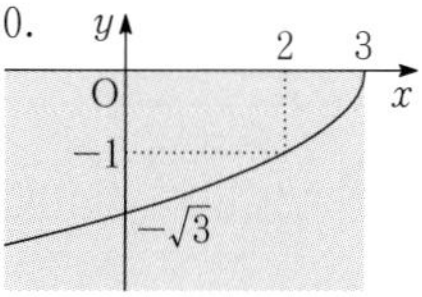

(3) $\sqrt{\quad}$ 内 $=2x+1\geqq0$.

$\therefore$ 定義域は $x\geqq-\frac{1}{2}$.

$\sqrt{\quad}\geqq0$.

$\therefore$ 値域は $y\geqq-1$.

よって右上図を得る．

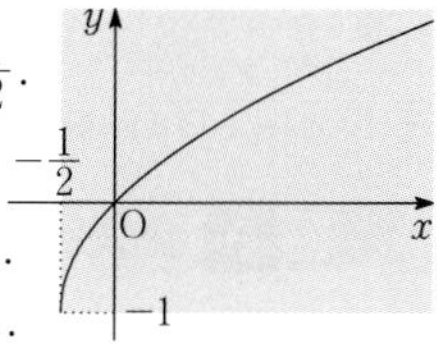

例題 11d （1次）無理関数と方程式・不等式 根底 実戦 定期

[→演習問題176]

(1) 曲線 $y=\sqrt{x-1}$ … ①を描け．　　(2) 不等式 $\sqrt{x-1}+3>x$ を解け．

方針 (2)は，少し変形して(1)が活かせる形にしましょう．

解答

(1) $\sqrt{\quad}$ 内 $=x-1\geqq0$.

$\therefore$ 定義域は $x\geqq1$.

$\sqrt{\quad}\geqq0$.

$\therefore$ 値域は $y\geqq0$.

よって右上図を得る．

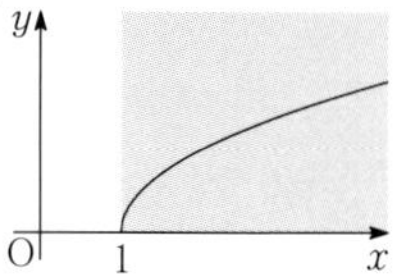

(2) 与式を変形すると，

$\sqrt{x-1}>x-3$. …②

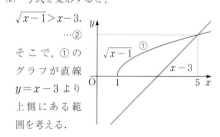

そこで，①のグラフが直線 $y=x-3$ より上側にある範囲を考える．

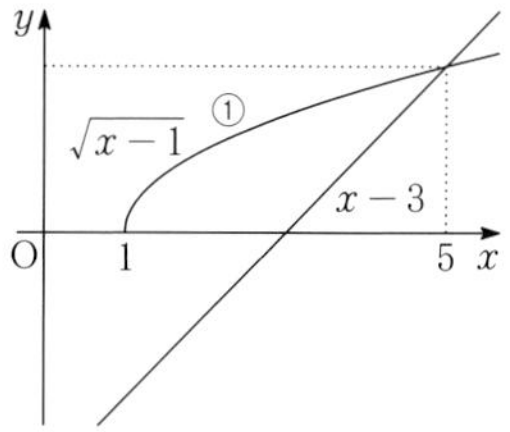

$\sqrt{x-1}=x-3$ を解くと，

$x-1=(x-3)^2$ $(x-3\geqq0)$. …… $\sqrt{\quad}$ は0以上

$x^2-7x+10=0$. $(x-2)(x-5)=0$ $(x\geqq3)$.

$x=5$.　よって求める解は，$\underset{1)}{1\leqq x}<5$.//

注 1)：②の両辺が値をもつことが前提ですからね．

参考 不等式(2)を，上記**解答**の「関数利用」ではなく，「式変形」方式で解いてみます．

②より，$x-3<0$, i.e. $(1\leqq)x<3$ なら十分．

そこで $x\geqq3$ のときを考えると，②の両辺は 0 以上だから

$x-1>(x-3)^2$.　$x^2-7x+10<0$.

$\underbrace{(x-2)}_{正}(x-5)<0$.　$(3\leqq x)<5$.

以上より，求める解は，$1\leqq x<5$.//

2 対称性・周期性

1 偶関数，奇関数

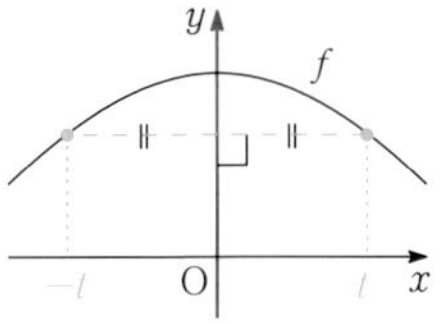

[1] 任意の実数 t に対して $f(-t)=f(t)$ を満たす関数 $f(x)$ を**偶関数**といいます．このとき関数 $y=f(x)$ のグラフはy 軸に関して対称です．

例：$\underbrace{y=1(=x^0),\ y=x^2,\ y=x^4}_{\text{偶数乗}},\ y=\cos x$

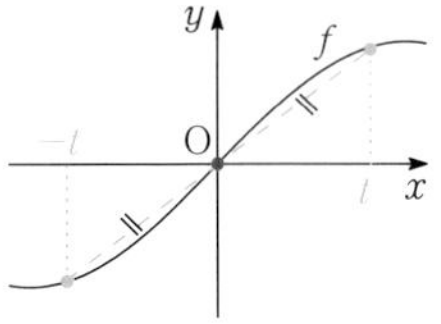

任意の実数 t に対して $f(-t)=-f(t)$ を満たす関数 $f(x)$ を**奇関数**といいます．このとき関数 $y=f(x)$ のグラフは原点に関して対称です．

例：$\underbrace{y=x,\ y=x^3}_{\text{奇数乗}},\ y=\dfrac{1}{x},\ y=\sin x,\ y=\tan x$

注 [1]：もちろん，定義域内の任意の t という意味です．

例題 1 2 a 偶関数・奇関数 根底 実戦

[→演習問題 1 7 7]

次の(1)〜(8)の関数は，偶関数，奇関数であるかどうかを選べよ．(以下において，「e」は「自然対数の底」であり，その値は約 2.7 である．)

(1) $f(x)=x^3-3x$　(2) $f(x)=\dfrac{x}{x^2+1}$　(3) $f(x)=x^2+x$　(4) $f(x)=\sin^2 x$

(5) $f(x)=x\cos x$　(6) $f(x)=\dfrac{e^x+e^{-x}}{2}$　(7) $f(x)=\dfrac{e^x-e^{-x}}{2}$　(8) $f(x)=\log_e\left(x+\sqrt{x^2+1}\right)$

方針 調べるべきことは単純明快．「$f(-x)$」を計算してみて，「$f(x)$」もしくは「$-f(x)$」と一致していないかを調べます．「$f(-t)$」でもよいですが，文字は x のままでかまいません．

解答 以下において，x は任意の実数を表す．

(1) $f(-x)=(-x)^3-3(-x)=-x^3+3x=-f(x)$.
よって $f(x)$ は奇関数．

注 奇関数どうしの和は奇関数．暗記することではありませんが．

(2) $f(-x)=\dfrac{-x}{(-x)^2+1}=-\dfrac{x}{x^2+1}=-f(x)$.
よって $f(x)$ は奇関数．

注 奇関数と偶関数の商は奇関数．暗記することではありませんが．

(3) $f(-x)=(-x)^2+(-x)=x^2-x$.
よって $f(x)$ は偶関数，奇関数ではない．//

注 ($y=0$ 以外の) 偶関数と奇関数の和は，偶関数でも奇関数でもありませんね．

(4) $f(-x)=\sin^2(-x)=(-\sin x)^2=f(x)$.
よって $f(x)$ は偶関数．

注 $\sin x$ は奇関数ですが，その平方は偶関数．

(5) $f(-x)=(-x)\cos(-x)=-x\cos x=-f(x)$.
よって $f(x)$ は奇関数．

注 奇関数と偶関数の積は奇関数．

(6) $f(-x)=\dfrac{e^{-x}+e^x}{2}=f(x)$.
よって $f(x)$ は偶関数．

(7) $f(-x)=\dfrac{e^{-x}-e^x}{2}=-f(x)$.
よって $f(x)$ は奇関数．

(8) $f(-x)=\log_e\left((-x)+\sqrt{(-x)^2+1}\right)$

$$=\log_e\frac{\left(\sqrt{x^2+1}-x\right)\left(\sqrt{x^2+1}+x\right)}{\sqrt{x^2+1}+x}$$

$$=\log_e\frac{1}{\sqrt{x^2+1}+x}=-f(x).$$

よって $f(x)$ は奇関数．

注 1 4 後 この $f(x)$ は，(7)の $f(x)$ の逆関数．つまり，奇関数の逆関数もまた奇関数．

例題 1 2 b 偶関数と奇関数 根底 実戦 入試

[→1 7]

以下において，「e」は「自然対数の底」であり，その値は約 2.7 である．

(1) $f(x)$は実数全体で定義された関数とする．$f_1(x)=\dfrac{f(x)+f(-x)}{2}$ は偶関数であることを示せ．

(2) $f(x)=\dfrac{1}{1+e^x}$ を，偶関数と奇関数の和として表せ．

方針 (2)(1)を利用して，$f(x)=\underbrace{f_1(x)}_{\text{偶関数}}+$ 奇関数 と表せないかと考えます．

解答 (1) $f_1(-x)=\dfrac{f(-x)+f(x)}{2}=f_1(x)$.

よって $f_1(x)$ は偶関数．□

(2) $f(x)=\underbrace{\dfrac{f(x)+f(-x)}{2}}_{f_1(x)}+\underbrace{\dfrac{f(x)-f(-x)}{2}}_{f_2(x)\text{ とおく}}.\cdots$ ①

$f(x)-f_1(x)$ として求めた

ここで，$f_2(-x)=\dfrac{f(-x)-f(x)}{2}=-f_2(x)$

より，$f_2(x)$ は奇関数．[1]

$f(x)=\dfrac{1}{1+e^x}$ は実数全体で定義されており，

$$f_1(x)=\frac{1}{2}\left(\frac{1}{1+e^x}+\frac{1}{1+e^{-x}}\right)=\frac{1}{2}\left(\frac{1}{1+e^x}+\frac{e^x}{e^x+1}\right)=\frac{1}{2}.$$

$$f_2(x)=\frac{1}{2}\left(\frac{1}{1+e^x}-\frac{1}{1+e^{-x}}\right)=\frac{1}{2}\left(\frac{1}{1+e^x}-\frac{e^x}{e^x+1}\right)=\frac{1}{2}\cdot\frac{1-e^x}{1+e^x}.$$

これらと①より，求める表し方は

$$f(x)=\underbrace{\frac{1}{2}}_{\text{偶関数}^{2)}}+\underbrace{\frac{1}{2}\cdot\frac{1-e^x}{1+e^x}}_{\text{奇関数}}.\,/\!/$$

注 [2]：定数値関数も偶関数の一種です．

[1]：ここまでは一般の関数 $f(x)$ について論じています．①も一般的に成り立ちます：

> **偶関数，奇関数による表現**
>
> 実数全体で定義された任意の関数 $f(x)$ は，次のように偶関数と奇関数の和として表せる．
>
> $$f(x)=\underbrace{\frac{f(x)+f(-x)}{2}}_{\text{偶関数}}+\underbrace{\frac{f(x)-f(-x)}{2}}_{\text{奇関数}}.$$

参考 上記を指数関数 $y=e^x$ に対して適用すると，

$$e^x=\frac{e^x+e^{-x}}{2}+\frac{e^x-e^{-x}}{2}.$$ 前問(6)と(7)の和

2 対称性の一般論

偶関数のグラフは，y 軸，つまり直線 $x=0$ に関して対称です．また，奇関数のグラフは，原点O(0, 0)に関して対称です．これらと同様に，定直線もしくは定点に関して対称なグラフについて考えます．

任意の実数 t に対して $f(p-t)=f(p+t)$ を満たす関数 $y=f(x)$ のグラフは直線 $x=p$ に関して対称 (右図上).

任意の実数 t に対して

$$f(p+t)-q=q-f(p-t),\ \text{i.e.}\ \frac{f(p-t)+f(p+t)}{2}=q$$

を満たす関数 $y=f(x)$ のグラフは点 $\mathrm{P}(p,q)$ に関して対称 (右図下).

このような関数のうち，とくに p, q が「0」であるときの $f(x)$ が，前述した偶関数，奇関数です．

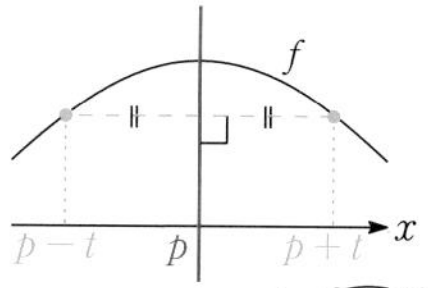

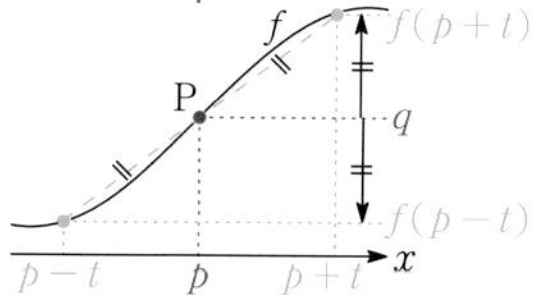

3 周期性

Ⅱ+B 4 6 2 で学んだ「周期」についておさらいしておきます．まず，例として「三角関数 $y = \sin x$ が 2π を周期とすること」を，2 つの角度から見てみましょう．

① ： $y = \sin x$ のグラフは，“幅” が 2π の同じ形を繰り返す．(**同形反復**) 「周期」のイメージ

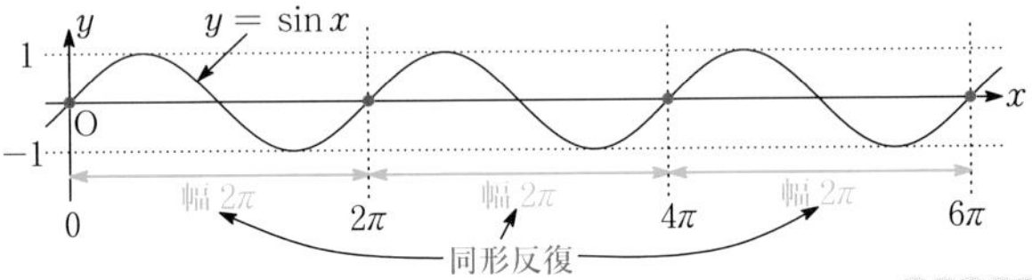

② ： $\sin(x + 2\pi) = \sin x$ が，任意の x に対して成り立つ． 「周期」の定義

つまり，グラフ上のどの点から右へ 2π ズレても同じ高さの点がある．

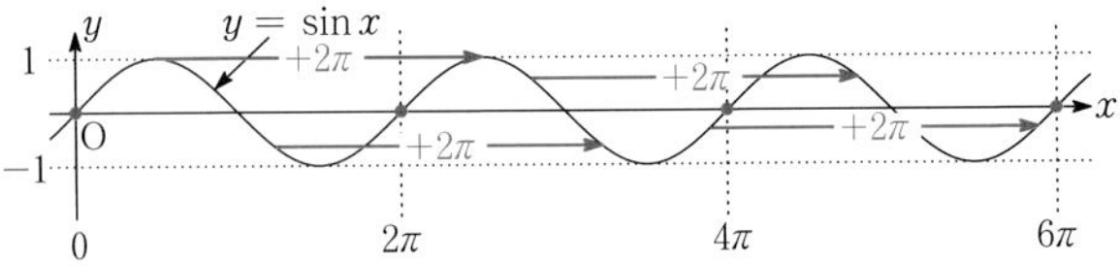

関数一般について述べると次の通りです：

周期 原理

「定数 $p\ (\neq 0)$ が関数 $f(x)$ の周期である」ことについて…

- 定義 (上の②)：$f(x + p) = f(x)$ が，任意の x に対して成り立つ． p だけズレても同じ値
- “イメージ” (上の①)：グラフにおいて，“幅” が p の同形が反復する．

語記サポ 周期 =period．関数 $f(x)$ が周期をもつとき，「$f(x)$ は**周期関数**である」とか「$f(x)$ には周期性がある」と言い表します．■

注 p が周期であれば，その整数倍：$2p, 3p, \cdots$ や $-p, -2p, \cdots$ もまた周期となります．

周期のうち，正で最小のものを**基本周期**といいます．三角関数 $\sin x$, $\cos x$, $\tan x$ の基本周期は，それぞれ 2π, 2π, π です．[→Ⅱ+B 4 6 3]

「基本周期」のことを単に「周期」と呼ぶこともあります．けっこうなあなあです (笑).

例題 1 2 C 基本周期の変化 根底 実戦

[→演習問題 1 7 9]

次の関数の基本周期を求めよ．ただし，$y = \sin x$ の基本周期は 2π である [1] ことを用いてよく，結果のみ答えればよい．

(1) $y = \sin 2x$　　　(2) $y = |\sin x|$

解答 答えは次の通り：(1) π　　(2) π

解説 大雑把な説明を付け加えておきます．

(1) $2x$ が 2π ($\sin x$ の基本周期) だけ変動するとき，x は $\dfrac{2\pi}{2} = \pi$ だけ変動しますね．

(2)

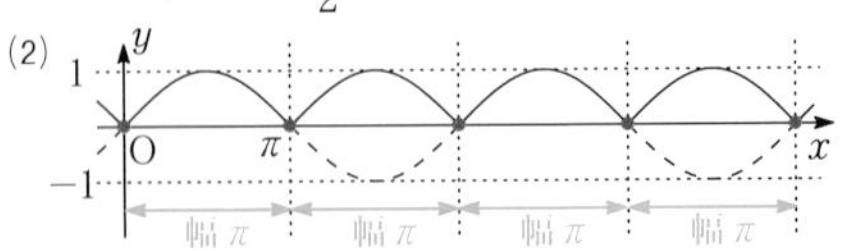

この関数のグラフより，基本周期は「π」だと予想．

$|\sin(x + \pi)| = |-\sin x| = |\sin x|$ より，π はたしかに(2)の周期の 1 つ．

また，$0 < p < \pi$ なる定数 p について，

$|\sin(0 + p)| = |\sin p| \neq 0 = |\sin 0|$． [2]

$\therefore$ p は周期ではない (π 未満の正の周期はない)．

参考 1)：Ⅱ+B 例題 4 7 s で証明しました.

注 2)：周期の 定義：「任意の x について $f(x+p)=f(x)$」の不成立を示すには，「ある x(ここでは $x=0$) について等式 $f(x+p)\fallingdotseq f(x)$」を示せばよいという訳です.

前問(1)では，$y=\sin \boxed{2}x$ の基本周期は $\dfrac{2\pi}{\boxed{2}}$ となりました．この結論を，次問では一般的に導きます.

例題 1 2 d 基本周期の変化（一般） 根底 実戦 入試 [→演習問題 1 7 10]

実数 x の関数 $f(x)$ がある．次の①のもとで，$g(x)=f(ax)$ (a は正の定数) について答えよ.

関数 $f(x)$ の基本周期は正の定数 p である．… ①

(1) $\dfrac{p}{a}$ は関数 $g(x)$ の 1 つの周期であることを示せ.

(2) $\dfrac{p}{a}$ は関数 $g(x)$ の基本周期であることを示せ.

方針 「周期」の**定義**にのっとって.

解答 (1) ①より p は $f(x)$ の周期の1つだから，

任意の x に対して $f(x+p)=f(x)$. …②

これを用いると，任意の x に対して

$$g\left(x+\frac{p}{a}\right)=f\left(a\left(x+\frac{p}{a}\right)\right)$$
$$=f(ax+p)$$
$$=f(ax)\ (\because\ ②)$$
$$=g(x).$$

よって，$\dfrac{p}{a}$ (>0) は $g(x)$ の周期の1つである.□

(2) **方針** $\dfrac{p}{a}$ より小さい正の周期はないことを示します．否定表現の証明なので，背理法で.■

仮に q $\left(0<q<\dfrac{p}{a}\ \cdots③\right)$ が $g(x)$ の周期だとしたら，任意の x に対して

$$g(x+q)=g(x).$$
$$f(a(x+q))=f(ax).$$
$$f(ax+aq)=f(ax)\ (ax \text{ は任意の実数}).$$

つまり aq は $f(x)$ の周期の1つであるが，③より $0<aq<p$ だから，①に反する．したがって，$g(x)$ は $\dfrac{p}{a}$ より小さい正の周期をもたない.

これと(1)より，$g(x)$ の基本周期は $\dfrac{p}{a}$ である.□

注 ある定数が周期ではないことを示すために，前問(2)の最後ではある特定な $x(=0)$ について考えました．しかし本問の関数 $f(x)$ や $g(x)$ は抽象的であり，特定な x としてどんな値を考えるとよいかがわかりません．そこで，上記 解答 のように背理法を用いてみました.

基本周期の変化 知識

k は正の定数とする．関数 $y=f(x)$ の基本周期が p のとき,

関数 $y=f(\boxed{k}x)$ の基本周期は，$\dfrac{p}{\boxed{k}}$. $\left(k<0 \text{ のときは} \dfrac{p}{|k|}\right)$

参考 1 3 3 「グラフの“伸縮”」を学ぶと，上記 知識 が直観的に見抜けるようになります.

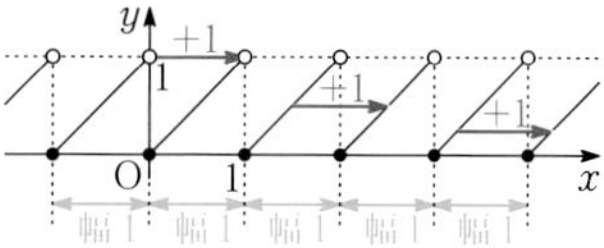

注 「周期関数」の代表格は「三角関数」ですが，それ以外にも，例えばグラフが右のようになるものもあります (後に演習で).

また，例えば関数「$f(n)=$ 整数 n を 5 で割った余り」は，任意の n に対して $f(n+5)=f(n)$ を満たすので，5 を周期とする周期関数ですね.

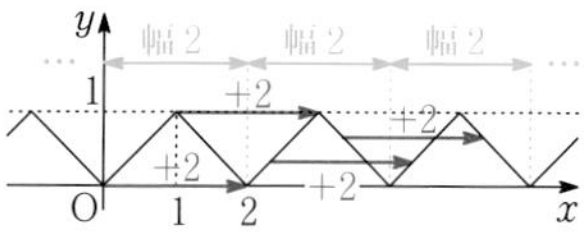

3 グラフの移動・変形

1 平行移動

説明に不足を感じたら，ここに戻って理解してね

既に I+A 2 4 1，II+B 3 8 4 で学んだことの要約です．右図において

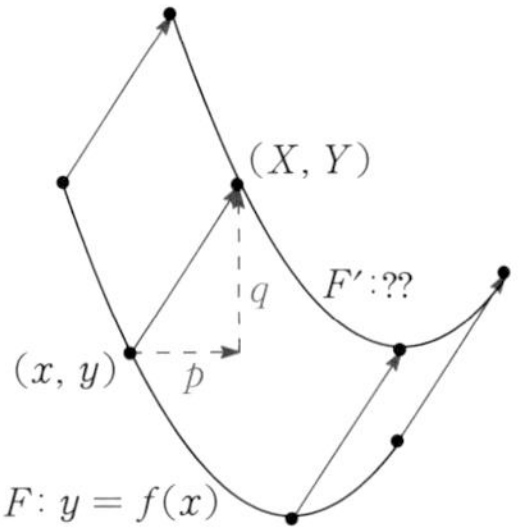

点 $(x, y)\cdots F$: $y = f(x)$ …① 既知

↓ベクトル $\begin{pmatrix} p \\ q \end{pmatrix}$ だけ平行移動

点 $(X, Y)\cdots F'$: どんな関係式？ 未知

2 点 (x, y), (X, Y) の関係は，

$$\begin{cases} X = x + p, \\ Y = y + q. \end{cases} \quad \cdots ② \quad \text{i.e.} \begin{cases} x = X - p, \\ y = Y - q. \end{cases} \quad \cdots ②'$$

消したい x, y を残したい X, Y で表す．[→ II+B 例題 3 7 c]

これを①へ代入して

$$Y - q = f(X - p).$$ これが F' の方程式

慣習に従って「X, Y」を「x, y」に書き換えると，次の通り：

平行移動 定理

F : $\boxed{y} = f\left(\boxed{x}\right)$

↓ベクトル $\begin{pmatrix} p \\ q \end{pmatrix}$ だけ平行移動

F' : $\boxed{y - q} = f\left(\boxed{x - p}\right)$ 　「x, y から引く数」＝「移動量」

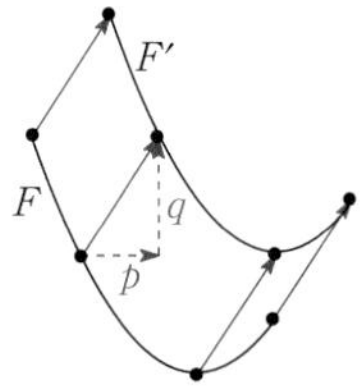

□の中身を x から $x-p$ に，□の中身を y から $y-q$ に変えれば OK.「−」であることに注意！

注 上記の関係は，方程式が「$y =$ ○○」の形でない曲線全般について，延(ひ)いては不等式の表す領域についても適用できます．

問 2 つの関数 $y = \log_2 x$ …①，$y = \log_2 2(x + 1)$ …② のグラフを同一座標平面上に描け．

解答 ②を次のように変形して，右図を得る．

$$y = \log_2 2 + \log_2(x + 1) = 1 + \log_2(x + 1).$$

i.e. $\boxed{y - 1} = \log_2\left(\boxed{x + 1}\right)$. 「$x, y$ から引く数」＝「移動量」

↑ベクトル $\begin{pmatrix} -1 \\ 1 \end{pmatrix}$ だけ平行移動

①：$\boxed{y} = \log_2 \boxed{x}$

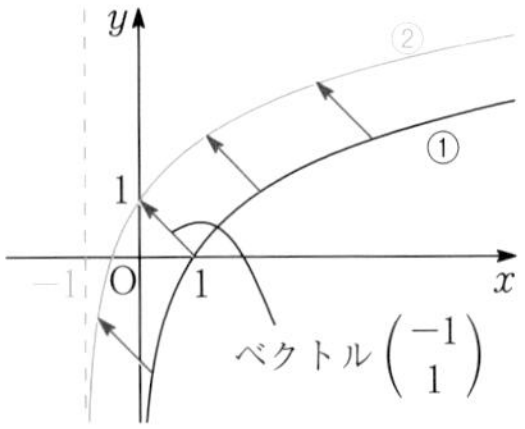

2 対称移動

前節の 1 2 で論じた「1 つのグラフの対称性」に対して，本項では「グラフを対称移動して別のグラフを作る」ことを考えます．（ I+A 2 4 2 でも軽く論じました．）

関数 $y = f(x)$ …①のグラフ C を，x 軸，y 軸，原点 O に関して対称移動して得られる曲線をそれぞれ C_1, C_2, C_3 とします．ここでは，C_2 の方程式を求めてみましょう（C_1, C_3 も同様です）．

C 上の任意の点を (x, y)，それと対応する C_2 上の点を (X, Y) として

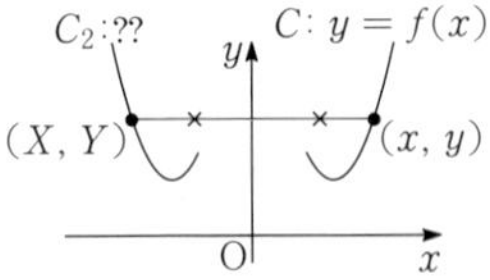

$$\begin{cases} X = -x, \\ Y = y. \end{cases} \quad \text{i.e.} \begin{cases} x = -X, \\ y = Y. \end{cases}$$

消したい x, y を残したい X, Y で表す．

これを①へ代入すると，$Y = f(-X)$.

X, Y を x, y と書き換えて，C_2: $y=f(\boxed{-x})$. ●●● $\boxed{x}$ を $\boxed{-x}$ に変える
『考え方』は平行移動と全く同じですね．C_1, C_3 についても同様で，右図に記した方程式を得ます．

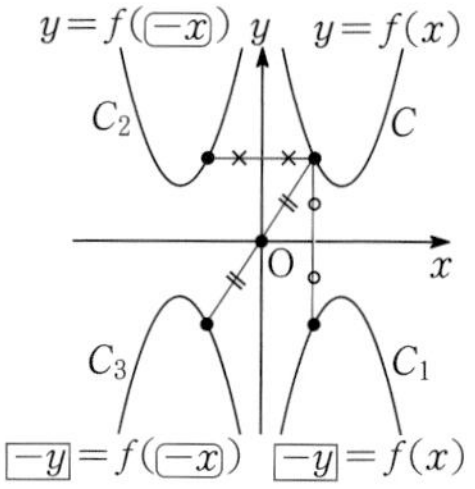

注1　上記の『考え方』を**理解**していれば，様々な直線や点に関する対称移動も，曲線上の「点」どうしの関係を表すことにより，同様に処理できます．

注2　P(7, 3) の，直線 $y=x$ に関する対称点を P′とします．右図のように正方形を作ると，Q(3, 3)，R(7, 7)．よって，P′(3, 7) となりますね．一般的に述べると次の通り：[→Ⅱ+B 演習問題 3 9 5 参考]

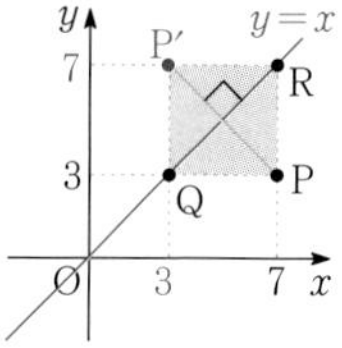

直線 $\boldsymbol{y=x}$ に関する点の対称移動

$$\mathrm{P}(a, b) \xleftrightarrow[y=x\text{ に関して対称}]{} \mathrm{P}'(b, a)$$　　x, y を互換

これを用いると，直線 $y=x$ に関する曲線の対称移動を論じることもできます．[→1 4 4]

例題 1 3 a グラフの対称移動　根底 実戦　[→演習問題 1 7 13]

(1)　曲線 C: $y=x^3$ を y 軸に関して対称移動して得られる曲線 C' の方程式を求めよ．
(2)　曲線 C: $y=|x|-1$ を x 軸に関して対称移動して得られる曲線 C' の方程式を求めよ．
(3)　曲線 C: $y=x^2-2x+2$ を原点 O に関して対称移動して得られる曲線 C' の方程式を求めよ．
(4)　曲線 C: $y=\sin x$ を直線 l: $x=\dfrac{\pi}{4}$ に関して対称移動して得られる曲線 C' の方程式を求めよ．

方針　(1)〜(3)は，上で導いた「結果」を使用．(4)は，その過程で用いた「考え方」を用いて．

解答　(1)　**着眼**　y 軸対称→ x が符号反対■

$\boxed{x}$ を $\boxed{-x}$ に変えて，
C' : $y=(\boxed{-x})^3$, i.e. $y=-x^3$. //

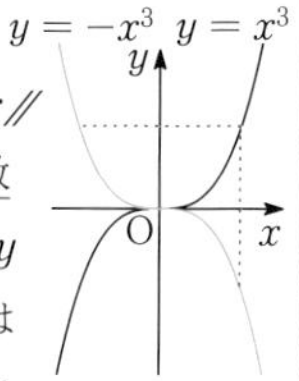

解説　一般に，$f(x)$ が奇関数のとき，C: $y=f(x)$ と y 軸対称な C': $y=f(-x)$ は $y=-f(x)$ とも書けます．よって両者は x 軸に関しても対称となります．

(2)　**着眼**　x 軸対称→ y が符号反対■

$\boxed{y}$ を $\boxed{-y}$ に変えて，
C': $\boxed{-y}=|x|-1$, i.e. $y=1-|x|$. //

解説　x 軸対称の場合には，「共通な x に対応する y の値が逆符号だから」と考えて，直接 $y=-f(x)$ の形を書くこともできますね．

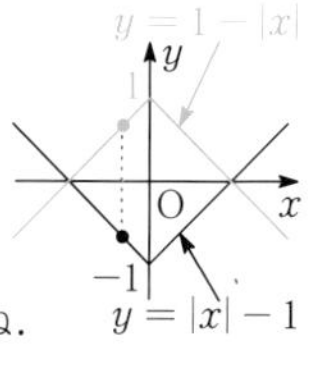

(3)　**着眼**　原点対称→ x, y が符号反対■

$\boxed{x}$ を $\boxed{-x}$ に，$\boxed{y}$ を $\boxed{-y}$ に変えて，C' は
$\boxed{-y}=(\boxed{-x})^2-2(\boxed{-x})+2$.
i.e. $y=-x^2-2x-2$. //

解説　放物線の移動は，右のように「凹凸」と「頂点」だけ考えて済ますことも可能です[→Ⅰ+A 2 4].

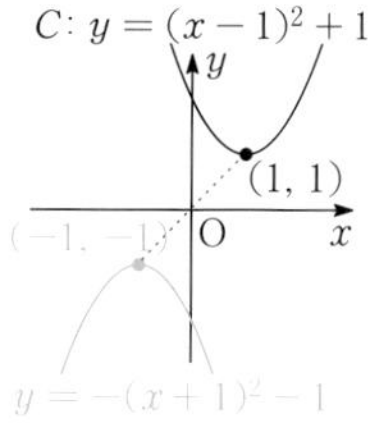

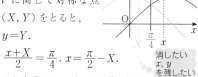

(4)　C 上の点 (x, y) と l に関して対称な点 (X, Y) をとると，
$y=Y$.
$\dfrac{x+X}{2}=\dfrac{\pi}{4}$. $x=\dfrac{\pi}{2}-X$.　消したい x, y を残したい X, Y で表す
これを C : $\boxed{y}=\sin\boxed{x}$ へ代入して

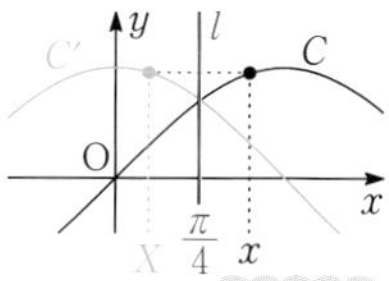

$$\boxed{Y}=\sin\left(\boxed{\frac{\pi}{2}-X}\right)=\cos X.$$

i.e. C' : $y=\cos x$. //

3 グラフの"伸縮"

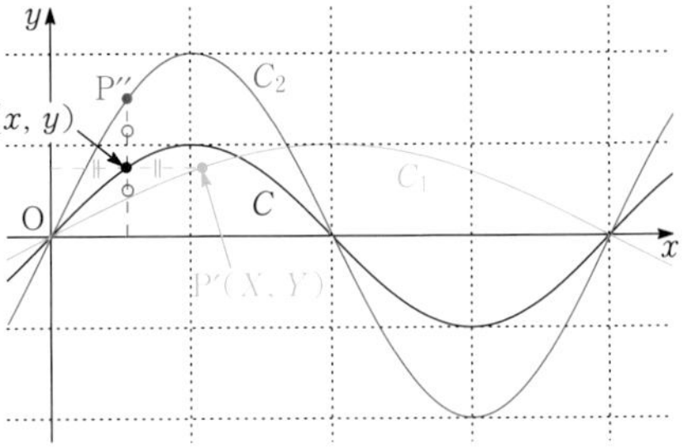

関数 $y=\sin x$ …① のグラフ C に対して，次のように"伸縮"したグラフを考えます．

C_1: x 軸方向へ 2 倍　　C_2: y 軸方向へ 2 倍

C_1 の方程式は，これまでと全く同じ『考え方』で求まります．C 上の任意の点を (x, y)，それと対応する C_1 上の点を $\mathrm{P}'(X, Y)$ とすると

$$\begin{cases} X=2x, \\ Y=y. \end{cases} \cdots② \quad \text{i.e.} \begin{cases} x=\dfrac{X}{2}, \\ y=Y. \end{cases}$$

消したい x, y を残したい X, Y で表す．

これを①へ代入すると，$Y=\sin\dfrac{X}{2}$．つまり，C_1: $y=\sin\dfrac{x}{2}$．

C_2 についても，上記と同様にして $\dfrac{y}{2}=\sin x$ と求まりますが，y 座標が P に比べて 2 倍なので，直観的に $y=2\sin x$ とわかりますね．

注　上記の議論は，「$y=\sin x$」以外のグラフについても同様であり，「2 倍」以外の倍率に対しても適用できます．「x 軸方向へ 2 倍」などは大雑把な表現です．正確には，けっきょく②式を用いて表すことになります（下のまとめにおいても同様）．

x 軸方向，y 軸方向への"伸縮"

関数 $y=f(x)$ のグラフ C を"伸縮"した曲線の方程式は次のようになる（k, l は正の定数）．

大雑把な表現です

C_1: x 軸方向へ k 倍…$y=f\left(\dfrac{x}{k}\right)$ …③

C_2: y 軸方向へ l 倍 …$\dfrac{y}{l}=f(x)$, i.e. $y=l\cdot f(x)$.

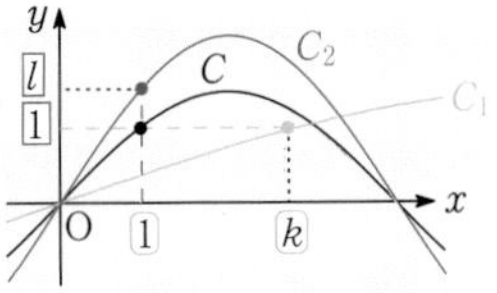

参考　**例題 1 2 c** (1)「基本周期の変化」を振り返ります．$y=\sin x$ に対して，$y=\sin 2x$ $\left(\text{上の③で } k=\dfrac{1}{2}\right)$ は x 軸方向へ $\dfrac{1}{2}$ 倍に"圧縮"したグラフとなります．よって，基本周期が $\dfrac{2\pi}{2}=\pi$ になることが見渡せます．

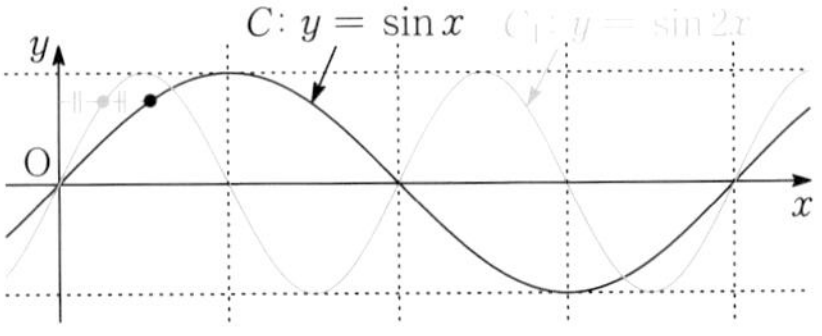

例題 1 3 b グラフの"伸縮"　根底 実戦

[→演習問題 1 7 15]

次の関数のグラフのうち $-\pi \leqq x \leqq \pi$ の部分を同一座標平面上に描け（結果のみ描けばよい）．

$y=\cos x$ … ①　　$y=\cos 2x$ … ②　　$y=\cos\dfrac{x}{2}$ … ③　　$y=2\cos\dfrac{x}{2}$ … ④

方針　前記の結果を「暗記して使う」のではありません．①～③は全て偶関数ですから x が 0 から π まで増加するときの y の変化を**その場で**考えて．④は，③の y 座標を 2 倍すれば OK．

解答

x	0	…	$\frac{\pi}{4}$	…	$\frac{\pi}{2}$	…	π
①: $\cos x$	1	↘	$\frac{1}{\sqrt{2}}$	↘	0	↘	-1
②: $\cos 2x$	1	↘	0	↘	-1	↗	1
③: $\cos\frac{x}{2}$	1	↘	$\cos\frac{\pi}{8}$	↘	$\frac{1}{\sqrt{2}}$	↘	0

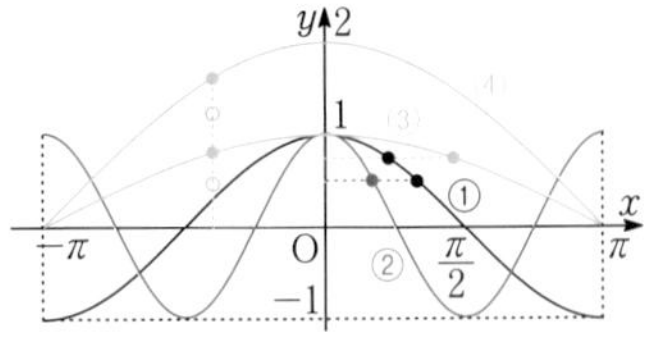

注　こうしてグラフを描くと，上記"伸縮"のルール（図中の点線）が確認されますね．

次に，Ⅰ+A 5 2 5 で学んだ「相似の位置」をおさらいしながら，図形の方程式との関係を考えます．（Ⅰ+A演習問題 2 12 8「放物線と相似」でも扱いました．）

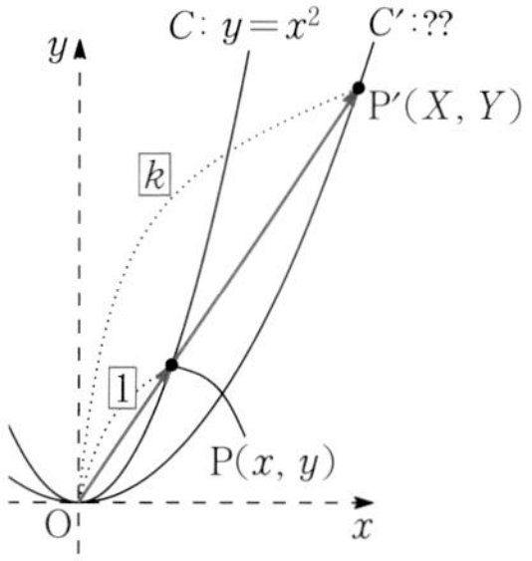

例 平面上に定点 O と放物線 C: $y=x^2$ …① があり，C 上の任意の点 P に対して，点 P′を

$\overrightarrow{\mathrm{OP'}}=k\overrightarrow{\mathrm{OP}}\ (k>0)$ …… 右図は，$k=3$ として描かれています

を満たすようにとり，この点 P′が作る図形を C' とするとき，

C と C' は点 O を**中心**として**相似の位置**にあり，

相似比は $1:k$ である

といいます．また，このようにして C に C' を対応付ける変換を**中心相似変換**，もしくは**伸縮写像**といいます．

それでは C' の方程式を求めてみましょう．

$P(x, y)$，$P'(X, Y)$ とおくと

$$\begin{pmatrix}X\\Y\end{pmatrix}=k\begin{pmatrix}x\\y\end{pmatrix}.$$

$$\text{i.e.}\begin{pmatrix}x\\y\end{pmatrix}=\frac{1}{k}\begin{pmatrix}X\\Y\end{pmatrix}.$$ …… 消したい x, y を残したい X, Y で表す．

これを①へ代入すると

$$\frac{Y}{k}=\left(\frac{X}{k}\right)^2.\ \text{i.e.}\ Y=\frac{1}{k}X^2.$$

あとは X, Y を x, y に書き換えて，

$$C':\ y=\frac{1}{k}x^2.$$

平行移動・対称移動と全く同じ『考え方』でした．

参考 この結果から，C' も 2 次関数のグラフ（放物線）です．k は任意の正定数ですから，任意の「放物線」どうしは相似であることがわかりますね．

注 本節で扱えなかったグラフの「回転移動」については，[→例題 7 9 h]．

コラム

「そのもの」を見る

本章 1 では，「関数」やその「グラフ」という基礎的な**素材**を学んでいます．もちろん，今後において広く活躍する重要な事柄です．ところが多くの受験生の興味関心は，こうした根元的な内容より「問題の解き方」に注がれがちです．そうなる原因の 1 つとしてあるのが，Ⅱ+B 6「微分法」です．

そこでは，3 次関数 $y=f(x)$ などのグラフを，その導関数 $f'(x)$ を利用して描くことを学びますが，「手段に過ぎない導関数 $f'(x)$」だけ見て，「主体である関数 $f(x)$ **そのもの**」を見ようとしない悪癖を身に付けてしまう生徒が大量発生するのです（苦笑）．

同様な悲劇はⅡ+B 7 5 4「階差から和へ」でも．

$a_{n+1}-a_n=b_n\ (n\geqq 1)$ から …… b_n は a_n の**階差**

$a_n=a_1+\sum_{k=1}^{n-1}b_k.\ (n\geqq 2)$ …… a_n は b_n の（ほぼ）**和**

を導く際，ⓝ に 1, 2, 3, …, $n-1$ を代入したときの「数の並び**そのもの**」が大切であるにもかかわらず，導かれた結果に過ぎない①だけを，「問題解法」として丸暗記し，「数列」を理解する道を自ら閉ざしてしまう子供たちだらけです．

ⓝ	$a_{ⓝ+1}-a_{ⓝ}=b_{ⓝ}$
1	$a_2-a_1=b_1$
2	$a_3-a_2=b_2$
3	$a_4-a_3=b_3$
	⋮
$n-1$	$a_n-a_{n-1}=b_{n-1}$ (+
①	$a_n-a_1=b_1+b_2+\cdots+b_{n-1}.$

「関数**そのもの**」，「数の並び**そのもの**」，…「**現象そのもの」をあるがままに見る**．これこそが数学を習得するための絶対条件．それに気付くことが，学びの**第一歩**です．

4 逆関数

古来「わかりづらい」とされる本項を理解するため，基盤となる概念：「関数」について再確認：

x の値を決めると，y の値が1つに定まる（一意対応）とき，

「y は x の**関数**である」という．

1 逆関数とは？

Ⅱ+B 5 4 1「対数関数とは」とほぼ同じ内容

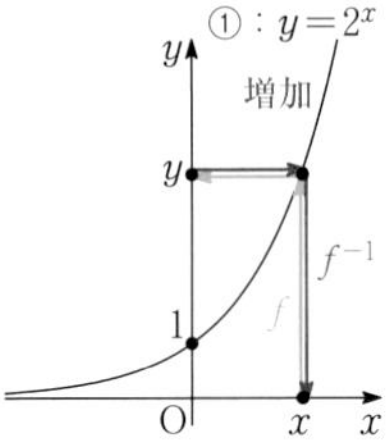

$y=2^x$ …① のとき，実数 x に対して y は一意的に対応します．つまり，y は x の**関数**（指数関数）です．**定義域**は「任意の実数」，**値域**は「$y>0$」ですね．また，$f(x)=2^x$ とおくと，①は $y=f(x)$ と書けます．この関数は，底：$2>1$ より増加関数であり，右図からわかるように $y\ (>0)$ に対して x は一意的に対応します．つまり，x は $y(>0)$ の関数です．この関数を表す式は，①を変形した $x=\log_2 y$ であり，**定義域**は「$y>0$」，**値域**は「任意の実数」です（元の関数と入れ替わります）．

上記のように，①で定められる x から y への関数 $y=f(x)$ に対して，それとは逆向きの [1]y から x への一意対応があるとき，これを元の関数の**逆関数**といい，$x=\boldsymbol{f^{-1}}(y)$ と表します．上の 例 では，$f^{-1}(y)=\log_2 y$ ですね．要するに，「逆関数」とは「逆向きの一意対応」です．

語記サポ f^{-1}：「エフインバース」と読みます．

注 1)：もちろん，元の関数①の値域に属する y（ここでは正の実数）に限定して考えます．

> **逆関数**　x から y への関数 $y=f(x)$ に対し，値域内の y から x への逆向きの一意対応があるとき，これを元の関数の**逆関数**といい，右のような記法で表す．
>
> $$x \underset{x=f^{-1}(y)}{\overset{y=f(x)}{\rightleftarrows}} y$$
>
> 右の2つの等式は同値である：$y=f(x) \iff x=f^{-1}(y)$.
>
> 注　定義域と値域は，元の関数から入れ替わる．■

ここまではとくに難しい話はありませんね．ところが…

注意！　高校数学では，関数のとる値を指して「関数 $f(x)$」と呼ぶ慣習［→ 1 1 1］があり，関数を表示する際には「x から y へ」の対応を考える．つまり，[2] 先に定める変数を文字「x」，[3] 後で対応して定まる変数を文字「y」で表すという（悪しき）“縛り”があります．それに従うと，上記の逆関数を次のように表すことになります．

今後，“元凶”部分にグレーを被せます

$x=\log_2 y$　でよいものを，ワザワザ x, y を互換して $y=\log_2 x$ に変える．

$x=f^{-1}(y)$ でよいものを，ワザワザ x, y を互換して $y=f^{-1}(x)$ に変える．

ここで行われる「x, y を互換」こそが，「逆関数」が理解しづらくなる元凶です．だって，「x」「y」の指すものがさっきまでと逆転するんですから，頭が混乱して当然です．関数の正しい呼び方［→ 1 1 1］に従うなら，**「関数 $\boldsymbol{f}$ の逆関数は $\boldsymbol{f^{-1}}$」**で済むので何の問題もないのですが…．という訳で，「逆関数」をマスターするコツは，次の通り：

> **逆関数における文字 $\boldsymbol{x, y}$ の扱い**
>
> できる限り先送りする
>
> 関数 $y=f(x)$ の逆関数 $x=f^{-1}(y)$ があるとき，文字 x, y の**互換を極力行わないこと！**

語記サポ 2)3)：関数に現れる2つの変数を，次のように呼びます．

先に定める変数：**独立変数**　　　後で対応して定まる変数：**従属変数**■

なお，f^{-1} の逆関数は，もちろん f です．つまり，f と f^{-1} は，互いに逆関数の関係にあります．

注　例えば $y=x^2$ (x は任意の実数) の場合，〔**図 1**〕のように 1 つの $y(>0)$ に対して異なる 2 つの x が対応してしまいますから，逆関数はありません．ただし，$y=x^2$ $(x \geq 0)$ とすれば，〔**図 2**〕のように 1 つの $y(\geq 0)$ に対してただ 1 つの x が対応するので逆関数があります．こうした逆関数の存在条件については，[→3]

〔図 1〕　〔図 2〕

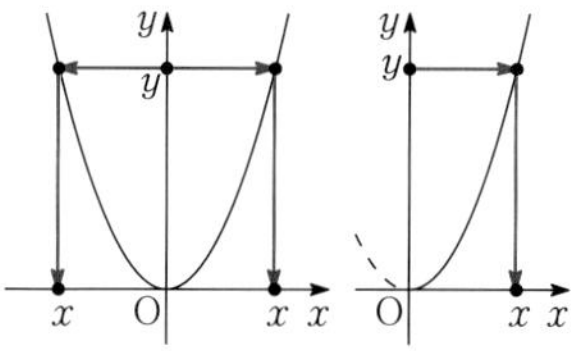

2 逆関数を求める

問　関数 $f(x)=2x+1$ とおく．関数 $y=f(x)$ $(x \geq 0)$ …① の逆関数を求めよ (定義域も求めよ)．

方針　文字 x, y の**互換を極力行わず**，x を y で表すことを目指します．

解答　①の定義域は $x \geq 0$，値域は $y \geq 1$．

$y=2x+1$ を x について解くと

$x=\dfrac{y-1}{2}$．　これが既に逆関数の表現

$f^{-1}(y)=\dfrac{y-1}{2}$．　$x \underset{x=f^{-1}(y)}{\overset{y=f(x)}{\rightleftarrows}} y$

定義域は $y \geq 1$，値域は $x \geq 0$．

すなわち，求める逆関数は

$f^{-1}(x)=\dfrac{x-1}{2}$ $(x \geq 1)$．//　最後の最後に仕方なく互換した

解説　本問の全体像を表にまとめてみます．

	元の関数	逆関数
表現	$y=f(x)$	$x=f^{-1}(y)$
具体式	$y=2x+1$	$x=\dfrac{y-1}{2}$
定義域	$x \geq 0$	$y \geq 1$
値域	$y \geq 1$	$x \geq 0$

(定義域と値域が)入れ替わる

例題 1 4 a　逆関数を求める　根底 実戦

[→演習問題 1 7 16]

次の各 $f(x)$ に対して，逆関数を求めよ (定義域も求めよ)．

(1)　$f(x)=\dfrac{x+1}{x-2}$　(2)　$f(x)=x^2+1$ $(x \geq 0)$　(3)　$f(x)=\log_3(3x-6)$

方針　$y=f(x)$ とおき，x を y で表すことを目指します．文字 x, y の**互換は最後まで先送り**．

解答　(1)　関数 $y=\dfrac{x+1}{x-2}=1+\dfrac{3}{x-2}$ …①

について，定義域：$x \neq 2$．値域：$y \neq 1$．　xを集約

①を変形すると

$(x-2)(y-1)=3$．

$x=2+\dfrac{3}{y-1}$，　$f^{-1}(y)=2+\dfrac{3}{y-1}$

逆関数の定義域：$y \neq 1$．

x, y を互換して，求める逆関数は

$y=2+\dfrac{3}{x-1}$，　$f^{-1}(x)=2+\dfrac{3}{x-1}$

定義域：$x \neq 1$．//

解説　①のように，分子の低次化により x を集約しておくと，x について解くのも簡単です．

注　$f^{-1}(x)=\dfrac{2x+1}{x-1}$ としても OK．■

(2)　関数 $y=x^2+1$ …② について，

定義域：$x \geq 0$．値域：$y \geq 1$．

②を変形すると，$x \geq 0$ より

$x=\sqrt{y-1}$，　$f^{-1}(y)=\sqrt{y-1}$

逆関数の定義域：$y \geq 1$．

x, y を互換して，求める逆関数は

$y=\sqrt{x-1}$，　$f^{-1}(x)=\sqrt{x-1}$

定義域：$x \geq 1$．//

(3)　関数 $y=\log_3(3x-6)$，

i.e. $y=1+\log_3(x-2)$ …③ について，

定義域：$x>2$．値域：y は任意の実数．

③を変形すると，

$x=3^{y-1}+2$，　$f^{-1}(y)=3^{y-1}+2$

逆関数の定義域：y は任意の実数．

x, y を互換して，求める逆関数は

$y=3^{x-1}+2$，　$f^{-1}(x)=3^{x-1}+2$

定義域：x は任意の実数．//

3 逆関数の存在条件

本項では，いろいろな関数について，逆関数が存在するか否かを考察します．「逆関数」とは「逆向きの一意対応」ですから，次のように言えます：

逆関数の存在条件　関数 $y=f(x)$ …① の逆関数の存在条件は，

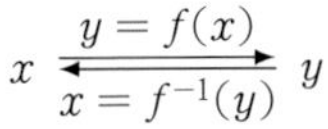

∘①において，値域内のどの y についても対応する x がただ1つであること．

∘言い換えると，$x_1 \neq x_2 \Longrightarrow f(x_1) \neq f(x_2)$ が成り立つこと．

問　次の各 $f(x)$ について，逆関数が「ある」か「ない」かを答えよ（結果のみ記せばよい）．

(1) $f(x)=|x|$　(2) $f(x)=2x-x^2\ (x \leqq 1)$　(3) $f(x)=\sin x\ (0 \leqq x \leqq \pi)$

(4) $f(x)=\cos x\ (0 \leqq x \leqq \pi)$　(5) $f(x)=ax+b$ (a, b は定数)　(6) $f(x)=\dfrac{1}{x}$

解答　(1) ない　(2) ある　(3) ない　(4) ある

(5) $a \neq 0$ →ある．$a=0$ →ない．　(6) ある

解説

(1)

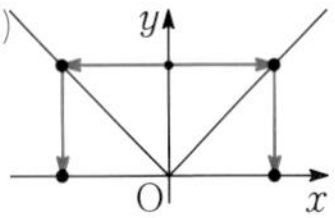

(2)

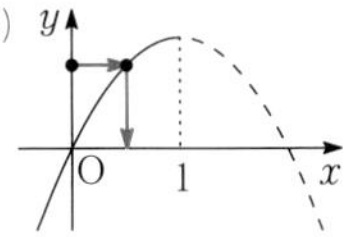

(3)

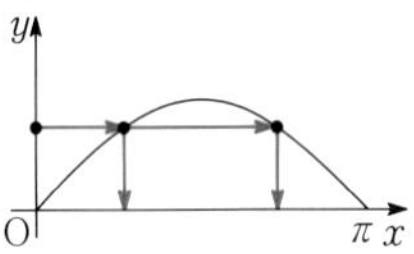

(4)

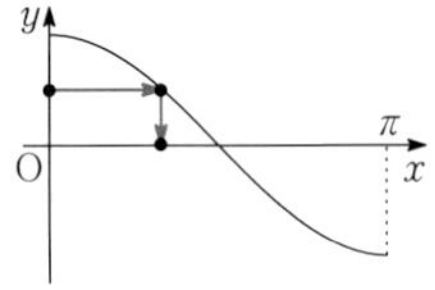

(5)

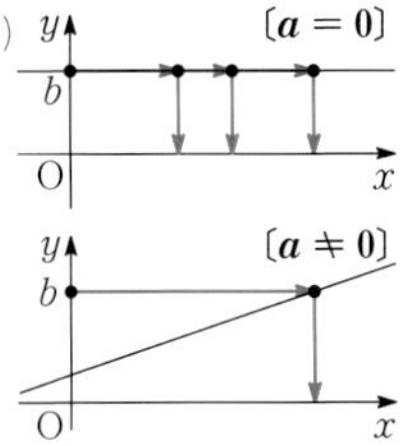

(6)

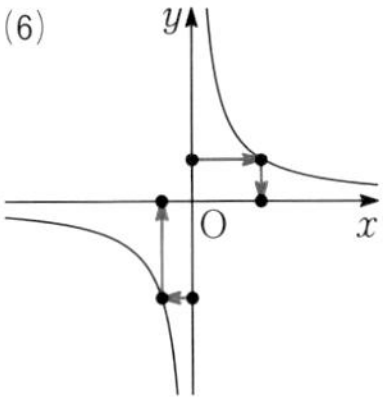

参考　(4)の逆関数を表す記号は，高校数学にはありません．

注　(1)〜(5)からわかるように，“グラフがつながっている関数”（[→ 2 4 6]）については，逆関数の存在条件は次の通りです．

逆関数の存在条件（連続関数）　“グラフがつながっている関数”$y=f(x)$ の逆関数の存在条件は，

∘$f(x)$ が「単調増加」または「単調減少」であること．

　つまり，「$x_1<x_2 \Longrightarrow f(x_1)<f(x_2)$」，または「$x_1<x_2 \Longrightarrow f(x_1)>f(x_2)$」が成り立つこと．

注　上記(6)や，**例題** 1 4 a (1)（グラフは右図）を見るとわかるように，グラフが途切れている場合には，単調ではなくとも逆関数をもつケースがあるので気を付けましょう．[→**演習問題** 1 7 31 注]

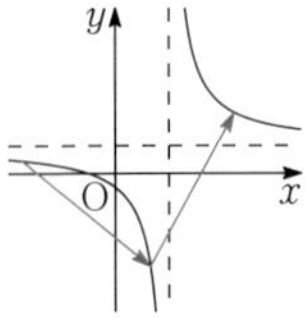

例題 1 4 b　逆関数の存在条件　根底 実戦　[→演習問題 1 7 18]

a は実数とする．関数 $f(x)=x^2-2x+3\ (x \leqq a)$ の逆関数が存在するような a の最大値を求めよ．

着眼　グラフがつながっているので，「逆関数」が存在するのは，関数が単調なときですね．

解答

$f(x)=(x-1)^2+2$．　x を集約

i) $a \leqq 1$ のとき，$f(x)\ (x \leqq a)$ は単調減少だから逆関数をもつ．

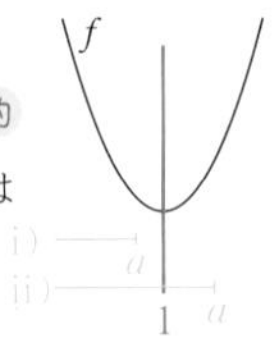

ii) $a>1$ のとき，$f(x)\ (x \leqq a)$ は単調でなく，逆関数をもたない．

i), ii) より，$f(x)$ が逆関数をもつための条件は $a \leqq 1$．よって，$\max a=1$．//

4 逆関数のグラフ

関数 $y = 2^x$ …① のグラフ：①を満たす点 (x, y) の集合

その逆関数 $x = \log_2 y$ …①′のグラフ：①′を満たす点 (x, y) の集合

① $\Longleftrightarrow$ ①′ですから，両者のグラフは全く同じです．

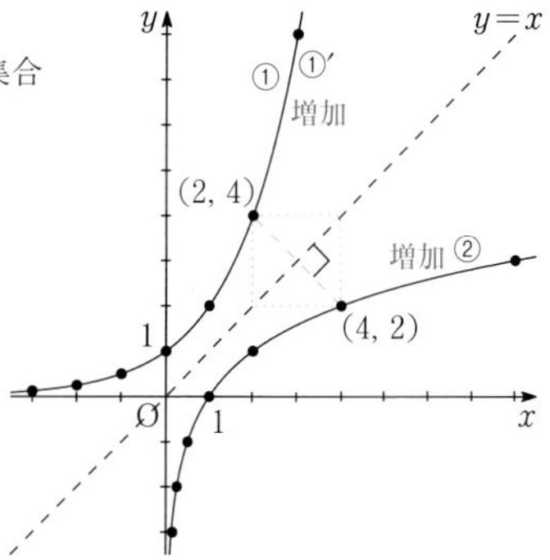

x	…	-3	-2	-1	0	1	2	3	…
①: $y = 2^x$ ①′: $x = \log_2 y$	…	$\frac{1}{8}$	$\frac{1}{4}$	$\frac{1}{2}$	1	2	4	8	…

①′の x, y を互換した関数 $y = \log_2 x$ … ②のグラフは

②を満たす点 (x, y) の集合

x	…	$\frac{1}{8}$	$\frac{1}{4}$	$\frac{1}{2}$	1	2	4	8	…
②: $y = \log_2 x$	…	-3	-2	-1	0	1	2	3	…

①①′上の点 $(2, 4)$ と②上の点 $(4, 2)$ のように，x, y を互換した点どうしは直線 $y = x$ に関して対称です[→1 3 2]から，①①′のグラフと②のグラフどうしにも同様な関係があります．

逆関数のグラフ

関数 $y = f(x)$, i.e. $x = f^{-1}(y)$ のグラフと，

x, y を互換した逆関数 $y = f^{-1}(x)$ のグラフは，直線 $y = x$ に関して対称．

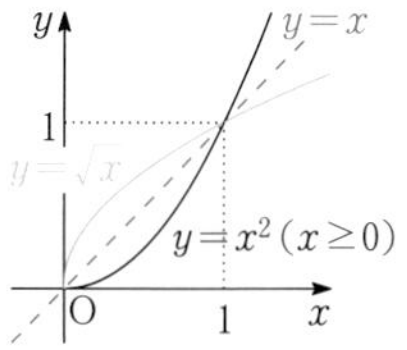

関数 $y = x^2$ $(x \geqq 0)$ …① と，その逆関数 $y = \sqrt{x}$ …② のグラフを，同一座標平面上に描くと右図のようになります．①②とも，それぞれ単独に描けますが，ここでは両者の位置関係を重視．

例題 1 4 C 逆関数のグラフ 根底 実戦 [→演習問題 1 7 19, 20]

$f(x) = (x - a)^2$ $(x \geqq a)$ とおく．$y = f(x)$ … ①の逆関数 $y = f^{-1}(x)$ … ②のグラフが点 $(1, 2)$ を通るとする．不等式 $f(x) \leqq f^{-1}(x)$ を解け．

方針 まず定数 a の値を求めます．不等式は，グラフを利用[1]して．

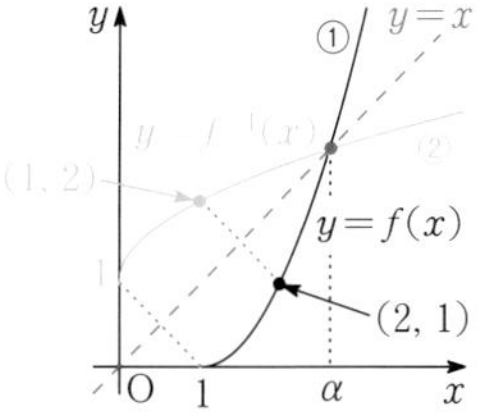

解答 $(x, y) = (1, 2)$ が②を満たすから，

$(x, y) = (2, 1)$ が①を満たす[2]．よって

$1 = (2 - a)^2$ $(2 \geqq a)$.

$\therefore 2 - a = +1.$ $a = 1.$

$f(x) = (x - 1)^2$ $(x \geqq 1)$.

よって，①およびその逆関数②のグラフは次のようになる．そこで図の α を求める．

$f(x) = x.$ [3]

$(x - 1)^2 = x.$

$x^2 - 3x + 1 = 0.$

$x = \dfrac{3 \pm \sqrt{5}}{2}.$

これと $\alpha > 1$ より，$\alpha = \dfrac{3 + \sqrt{5}}{2}.$

よって求める解は，$1 \leqq x \leqq \dfrac{3 + \sqrt{5}}{2}.$ //

解説 [2]：「逆関数②」は，①の x, y を互換したものですから．

[1]：不等式を具体化すると，$(x - 1)^2 \leqq \sqrt{x} + 1$ $(x \geqq 1)$ となってタイヘンそうですね．

[3]：①②のグラフの交点を，①のグラフと直線 $y = x$ の交点にすり替えるのがポイントでした．

注 逆関数どうしなら交点が必ず $y = x$ 上だけにある訳ではありません．[→演習問題 1 7 21]

5 合成関数

三角関数の「合成」とは全くの別物（笑）

1 合成関数とは？

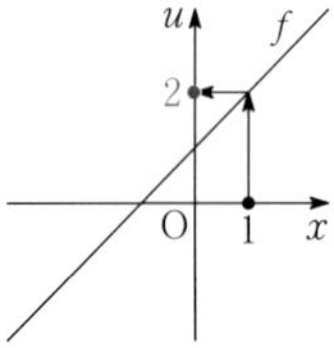

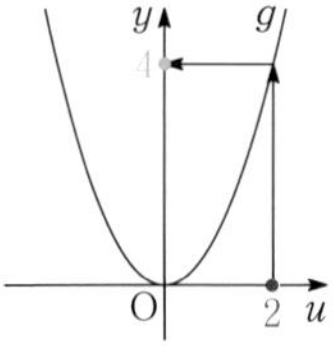

例 2 つの関数 $u=f(x)=x+1$, （u は x の 1 次関数）
$y=g(\boxed{u})=\boxed{u}^2$ （y は u の 2 次関数）

から，次のような関数を作ることができます：

$$y=g\left(\boxed{f(x)}\right)=(\boxed{x+1})^2.$$

このように，x を f で写し，得られた $\boxed{f(x)}$ をさらに g で写す関数を
f（先）と g（後）の**合成関数**といい，$\boldsymbol{g\circ f}$ と表します[1]．

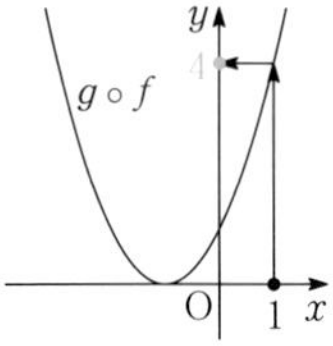

例えば図のように，$x=1 \xrightarrow{f} u=2 \xrightarrow{g} y=4$ と対応します．

合成関数は，上の「$\boxed{x+1}$」のような“カタマリ”を含んだ形で表されます．

合成関数 f（先）と g（後）の合成関数を $g\circ f$（後 先）と表す．すなわち

$$g\circ f(x)=g\left(\boxed{f(x)}\right).$$ 「$(g\circ f)(x)$」とも記す

$x \xrightarrow[\text{先}]{f} \boxed{u} \xrightarrow[\text{後}]{g} y$

語記サポ 筆者は，2 つの記法「$g\circ f(x)$」，「$(g\circ f)(x)$」のうち見やすい方を状況次第で使い分けます．

注意！ 順序に気を付けましょう．「f と g の合成関数」とは，x を先に f で写し，それを後で g で写す関数です．しかし，それを数式で表すと「$g\left(\boxed{f(x)}\right)$」となるので，合成関数の名称はこの数式の順序通り「$g\circ f$」となります．

注 [1]：高校数学では，例によって「$f(x)$ と $g(u)$ の合成関数 $g\circ f(x)$」のように関数の値を使って記述する縛りがあってうっとうしいです（笑）．[→111 重要] ■

上記と同じ関数 f, g を用い，順序を入れ替えた合成関数を作ってみましょう．

$u=g(x)=x^2$,
$y=f(u)=u+1$.
$x \xrightarrow[\text{先}]{g} u \xrightarrow[\text{後}]{f} y$

g（先）と f（後）の合成関数は，

$$f\circ g(x)=f(g(x))=f(x^2)=x^2+1.$$

これは，f と g の合成関数 $g\circ f$ とは異なる関数ですね．一般に，次のようになります：

2 つの合成関数 $g\circ f$ と $f\circ g$ は一致するとは限らない． 一致することもありますが

例題 15a 合成関数を作る 根底 実戦

[→演習問題 1722]

(1) $f(x)=-x^2$, $g(x)=e^x$ とする．$f(x)$ と $g(x)$ の合成関数，$g(x)$ と $f(x)$ の合成関数を作れ．

(2) $f(x)=\dfrac{1}{x}$, $g(x)=\sin x$ とする．$f(x)$ と $g(x)$ の合成関数，$g(x)$ と $f(x)$ の合成関数を作りたい．それが可能となる x の範囲を考え，合成関数を作れ．

解答 (1) f と g の合成関数は

$$g\circ f(x)=g\left(\boxed{f(x)}\right)=g\left(\boxed{-x^2}\right)=e^{\boxed{-x^2}}.//$$

g と f の合成関数は

$$f\circ g(x)=f\left(\boxed{g(x)}\right)=f\left(\boxed{e^x}\right)=-\left(\boxed{e^x}\right)^2$$
$$=-e^{2x}.//$$

(2) f と g の合成関数は

$$g\circ f(x)=g\left(\boxed{f(x)}\right)=g\left(\boxed{\frac{1}{x}}\right)=\sin\boxed{\frac{1}{x}}.//$$

定義域は，$x\neq 0$.//

g と f の合成関数は

$$f\circ g(x)=f\left(\boxed{g(x)}\right)=f\left(\boxed{\sin x}\right)=\frac{1}{\boxed{\sin x}}.//$$

定義域は，$\sin x\neq 0$ より，$x\neq n\pi$ $(n\in\mathbb{Z})$.//

注1　問題文は高校数学流に「$f(x)$ と $g(x)$ の合成関数」と書かれてます．「$g(\boxed{x})$」といっても，必ずしも「$\boxed{x}$」を写すとは限りませんよ．

注2　(2)前半の $g \circ f$ では，後で写す g の定義域は任意の実数なので，f の値域について心配しなくても大丈夫です（(1)も同様）．

一方，(2)後半の $f \circ g$ では，先に写す g の値域：$-1 \leq g(x) \leq 1$ の中に，後で写す f の定義域外の「0」が含まれます．よって，$g(x)=0$ となってしまう x の値を除いたものが，合成関数 $f \circ g$ の定義域となります．

2　"3つの"関数の合成

2つの関数の合成関数をもとにして，3つの関数 f, g, h による合成関数も考えることができます．

$(h \circ g) \circ f(x) = h \circ (g \circ f)(x)$ …①を示します．

左辺は，合成関数 $h \circ g$ を1つの関数とみなして

$$(h \circ g) \circ f(x) = (h \circ g)\left(\boxed{f(x)}\right) = h\left(g\left(\boxed{f(x)}\right)\right).$$

$\boxed{u} = f(x),\ y = (h \circ g)(\boxed{u}).$

$x \xrightarrow[\text{先}]{f} \boxed{u} \xrightarrow[\text{後}]{h \circ g} y$

右辺は，合成関数 $g \circ f$ を1つの関数とみなして

$$h \circ (g \circ f)(x) = h\left(\boxed{(g \circ f)(x)}\right) = h\left(\boxed{g(f(x))}\right).$$ 前記と一致

$\boxed{v} = (g \circ f)(x),\ y = h(\boxed{v}).$

$x \xrightarrow[\text{先}]{g \circ f} \boxed{v} \xrightarrow[\text{後}]{h} y$

これで①が示されたので，①の両辺を「$h \circ g \circ f(x)$」と表すことにします．

> $(h \circ g) \circ f(x) = h \circ (g \circ f)(x)$ が成り立つ．
> これを $h \circ g \circ f(x)$ と表す．
> $(2+3)+5 = 2+(3+5)$ と同様
> 「結合法則」という

4つ以上の関数の合成関数についても同様です．

例題 152b　合成関数として表す　根底 実戦

[→演習問題 1 7 23]

関数 $A(x) = \dfrac{x+2}{x+1}$, $B(x) = \dfrac{x}{x+1}$ を，2つの関数 $f(x) = x+1$, $g(x) = \dfrac{1}{x}$ から作られる合成関数としてそれぞれ表せ．

方針　$f(\square) = \square + 1$ や $g(\square) = \dfrac{1}{\square}$ の形が現れるよう変形します．

解答

$$\begin{aligned} A(x) &= \frac{(x+1)\cdot 1 + 1}{x+1} \\ &= 1 + \frac{1}{\boxed{x+1}} \\ &= 1 + \frac{1}{\boxed{f(x)}} \quad \text{分子の低次化} \\ &= 1 + g\left(\boxed{f(x)}\right) \\ &= f\left(\boxed{g(f(x))}\right) = f \circ g \circ f(x). /\!/ \end{aligned}$$

$$\begin{aligned} B(x) &= \frac{1}{1 + \boxed{\frac{1}{x}}} \quad \frac{1}{x} \text{を作った} \\ &= \frac{1}{1 + \boxed{g(x)}} \\ &= \frac{1}{f\left(\boxed{g(x)}\right)} \\ &= g\left(\boxed{f(g(x))}\right) = g \circ f \circ g(x). /\!/ \end{aligned}$$

注1　上記解答で，答えの一意性は不問です．つまり，他の表し方がないとは断定してません．

注2　$B(x)$ を $1 - \dfrac{1}{\boxed{x+1}}$ と変形すると上手くいきませんね．

3　逆関数と合成関数

逆関数の意味からして，当然次のようになります．

$\bigcirc \underset{f^{-1}}{\overset{f}{\rightleftarrows}} \triangle$

$$f^{-1} \circ f(x) = x \ \cdots ①, \quad f \circ f^{-1}(x) = x. \ \cdots ②$$

①を示す．$y = f(x)$ とおくと，$x = f^{-1}(y)$．

$\therefore\ f^{-1} \circ f(x) = f^{-1}\left(\boxed{f(x)}\right) = f^{-1}\left(\boxed{y}\right) = x.$

②を示す．$u = f^{-1}(x)$ とおくと，$x = f(u)$．

$\therefore\ f \circ f^{-1}(x) = f\left(\boxed{f^{-1}(x)}\right) = f\left(\boxed{u}\right) = x.$ □

6 いろいろな関数のグラフ

1 基本関数のグラフ

高校数学で基本となる各種関数のグラフ一覧です．x の変化に呼応する y の変化を考えて，瞬時にグラフが描けることが，2以降を習得するためには不可欠です．

①：ベキ関数

整式の関数　$y=x,\ x^2,\ x^3,\ x^4$

x	-2	-1	$-\frac{1}{2}$	0	$\frac{1}{2}$	1	2	奇関数
x^2	4	1	$\frac{1}{4}$	0	$\frac{1}{4}$	1	4	偶関数
x^3	-8	-1	$-\frac{1}{8}$	0	$\frac{1}{8}$	1	8	奇関数
x^4	16	1	$\frac{1}{16}$	0	$\frac{1}{16}$	1	16	偶関数

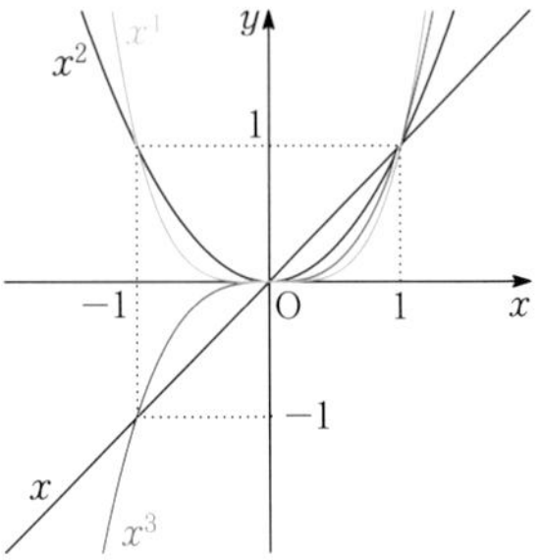

分数関数，無理関数　$y=\frac{1}{x},\ \frac{1}{x^2},\ \sqrt{x}=x^{\frac{1}{2}}$

x	-2	-1	$-\frac{1}{2}$	0	$\frac{1}{2}$	1	2	
$\frac{1}{x}$	$-\frac{1}{2}$	-1	-2		2	1	$\frac{1}{2}$	奇関数
$\frac{1}{x^2}$	$\frac{1}{4}$	1	4		4	1	$\frac{1}{4}$	偶関数
$\sqrt{x}$				0	$\frac{1}{\sqrt{2}}$	1	$\sqrt{2}$	

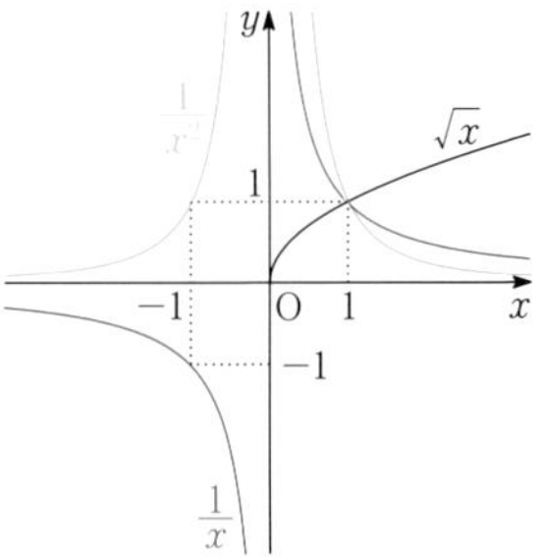

②：三角関数

$y=\sin x,\ \cos x,\ \tan x$

x	0	$\frac{\pi}{6}$	$\frac{\pi}{4}$	$\frac{\pi}{3}$	$\frac{\pi}{2}$	対称性	基本周期
$\sin x$	0	$\frac{1}{2}$	$\frac{1}{\sqrt{2}}$	$\frac{\sqrt{3}}{2}$	1	奇関数	2π
$\cos x$	1	$\frac{\sqrt{3}}{2}$	$\frac{1}{\sqrt{2}}$	$\frac{1}{2}$	0	偶関数	2π
$\tan x$	0	$\frac{1}{\sqrt{3}}$	1	$\sqrt{3}$		奇関数	π

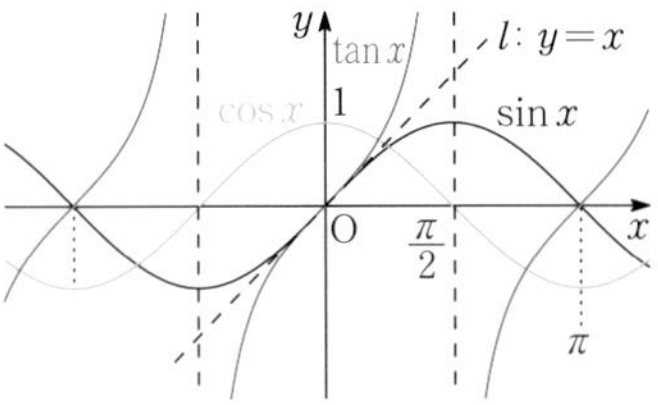

注　$\sin x$，$\tan x$ のグラフの O における接線 l について，傾きが 1 であることも覚えよ．[→3 1 10]

③：指数・対数関数

$y=2^x,\quad \left(\frac{1}{2}\right)^x$

$y=\log_2 x,\ \log_{\frac{1}{2}} x$

上下は互いに逆関数

x	-3	-2	-1	0	1	2	3
2^x	$\frac{1}{8}$	$\frac{1}{4}$	$\frac{1}{2}$	1	2	4	8

x	$\frac{1}{8}$	$\frac{1}{4}$	$\frac{1}{2}$	1	2	4	8
$\log_2 x$	-3	-2	-1	0	1	2	3

x	-3	-2	-1	0	1	2	3
$\left(\frac{1}{2}\right)^x$	8	4	2	1	$\frac{1}{2}$	$\frac{1}{4}$	$\frac{1}{8}$

x	$\frac{1}{8}$	$\frac{1}{4}$	$\frac{1}{2}$	1	2	4	8
$\log_{\frac{1}{2}} x$	3	2	1	0	-1	-2	-3

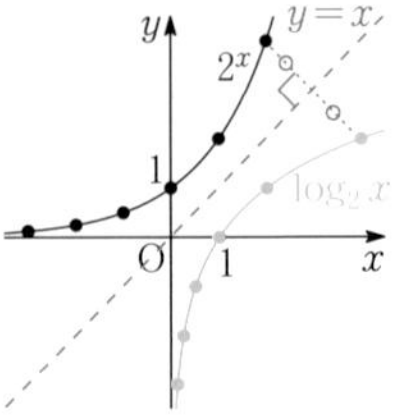

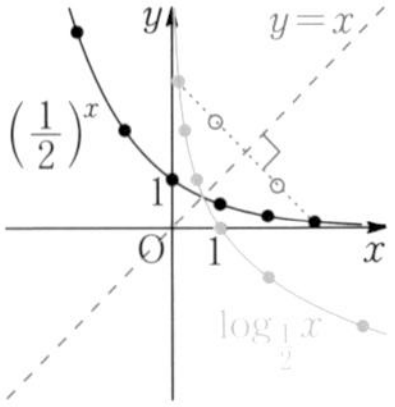

注　2以降では，指数・対数関数の底を「自然対数の底 $e(\fallingdotseq 2.7)$」とするのが普通です．この場合のグラフは，下のように切片における接線の傾きが 1 になることを覚えておきましょう．[→2 6]

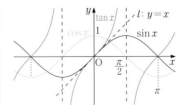

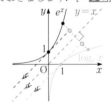

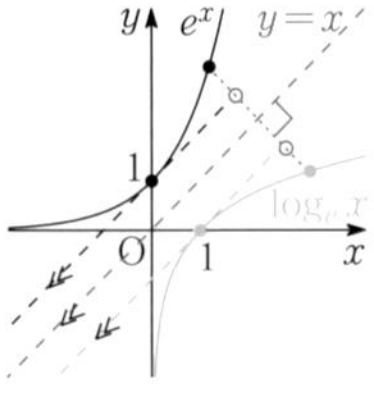

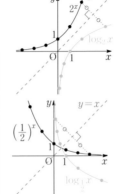

2 グラフを描く練習

前項で考えた「基本関数」をベースにして，これまで学んだ「グラフの対称性」「周期性」「平行移動」「対称移動」「逆関数」「合成関数」なども駆使して，様々なグラフを描いてみましょう．

注 グラフをある程度精密に描くには，**3**「微分法」の助けを借りることが多いですが，ここでは，ごく大雑把にグラフの概形を把握することが主眼です．おおらかな気持ちで臨んでくださいね．

例題 16a いろいろなグラフ 根底 実戦 [→演習問題 1 7 32]

次の関数のグラフの概形を描け（結果のみ描けばよい）．「e」は自然対数の底で，約 2.7 である．

(1) $y=1-3x+3x^2-x^3$ (2) $y=\sqrt{1-x^2}$ (3) $y=\dfrac{1}{1+x^2}$ (4) $y=\dfrac{1}{\cos x}\left(-\dfrac{\pi}{2}<x<\dfrac{\pi}{2}\right)$

(5) $y=\cos^2 x$ $(0\le x\le\pi)$ (6) $y=\sin x-\cos x$ $(0\le x\le 2\pi)$ (7) $y=\log_2(2x)$

解答 (1) 与式を変形して

$y=(1-x)^3.$

i.e. $\boxed{y}=-(\boxed{x-1})^3.$

ベクトル $\begin{pmatrix}1\\0\end{pmatrix}$ だけ平行移動

$\boxed{y}=-\boxed{x}^3$

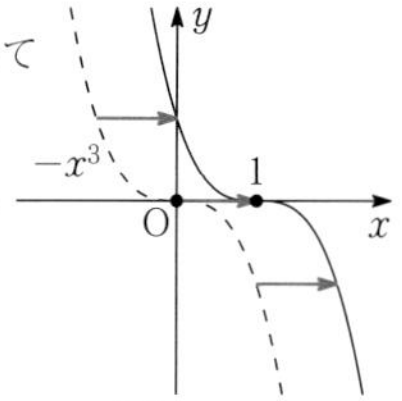

(2) $\sqrt{1\text{ 次式}}$ のときと同様，$\sqrt{}$ を消してみましょう．

$y\ge 0$ のもとで両辺を 2 乗すると

$y^2=1-x^2.$

i.e. $x^2+y^2=1\,(y\ge 0).$

これは，円の“上半分”．

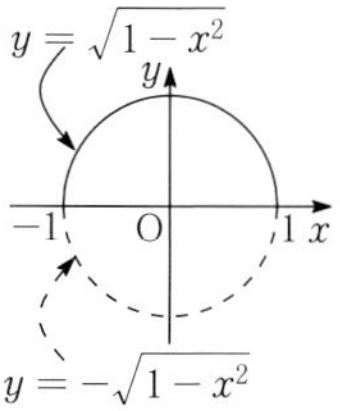

(3) 偶関数．そこで，以下において $x\ge 0$ の範囲で考える．

分子は正の定数．分母は 2 次関数であり，正で増加．

よってこの関数は，正で減少．

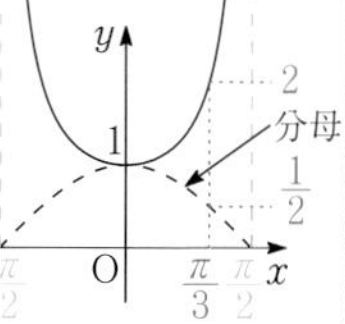

(4) 偶関数．そこで，以下において $0<x<\dfrac{\pi}{2}$ の範囲で考える．

分子は正の定数．分母は正で減少．

よってこの関数は正で増加．

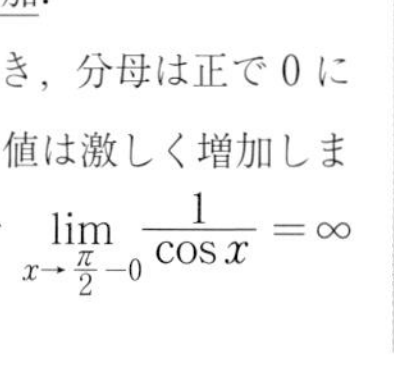

注 x が $\dfrac{\pi}{2}$ に近づくとき，分母は正で 0 に近づくので，この関数の値は激しく増加します．**2**では，このことを $\displaystyle\lim_{x\to\frac{\pi}{2}-0}\frac{1}{\cos x}=\infty$ と表します．

(5) 与式を変形すると，$y=\dfrac{1+\cos 2x}{2}.$

①：$y=\cos x$

↓(ア) x 方向に $\dfrac{1}{2}$ 倍

②：$y=\cos 2x$

↓(イ) $\begin{pmatrix}0\\1\end{pmatrix}$ 平行移動

③：$y=1+\cos 2x$

↓(ウ) y 方向に $\dfrac{1}{2}$ 倍

④：$y=\dfrac{1+\cos 2x}{2}$

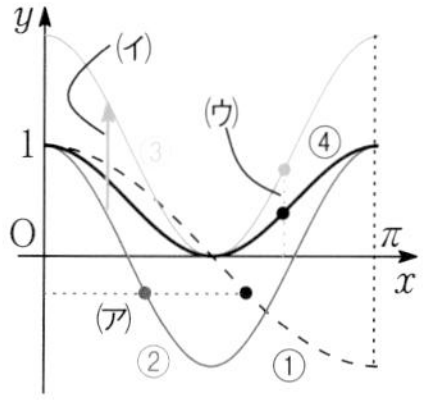

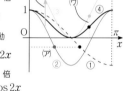

(6) 与式を合成すると，$y=\sqrt{2}\sin\left(x-\dfrac{\pi}{4}\right).$

①：$y=\sin x$ を x 方向に $\dfrac{\pi}{4}$ だけ平行移動して，

②：$y=\sin\left(x-\dfrac{\pi}{4}\right)$．これを y 方向に $\sqrt{2}$ 倍して，③：$y=\sqrt{2}\sin\left(x-\dfrac{\pi}{4}\right).$

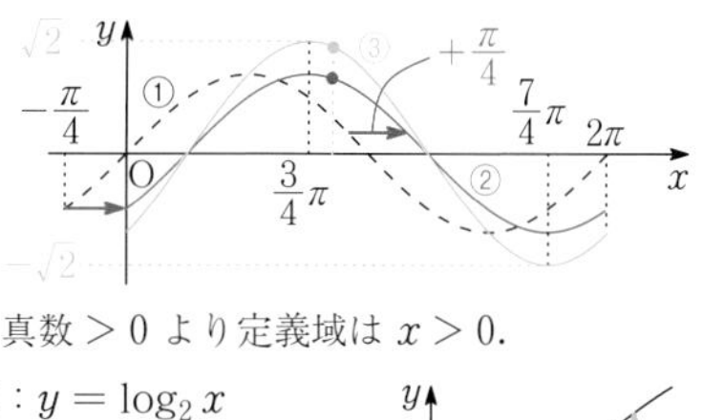

(7) 真数 >0 より定義域は $x>0$．

①：$y=\log_2 x$

↓(ア) x 方向に $\dfrac{1}{2}$ 倍

②：$y=\log_2(2x)$

別解 $y=\log_2 x+1$ と変形できる．

①：$y=\log_2 x$

↓(イ) $\begin{pmatrix}0\\1\end{pmatrix}$ 平行移動

②：$y=\log_2 x+1$

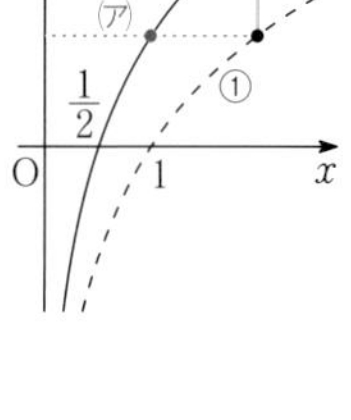

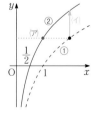

7 演習問題A

171 根底 実戦

次の(1)～(4)について，y は x の関数であるか否かを答えよ（結果のみ書けばよい）.

(1) $y=\dfrac{x\sin x}{\sqrt{x^2+1}}$

(2) $y=\begin{cases} x\sin\dfrac{1}{x} & (x \neq 0) \\ 0 & (x=0) \end{cases}$

(3) y は x の正の約数（x は自然数）

(4) y は x の正の約数の個数（x は自然数）

172 根底 実戦 定期

次の関数の値域を求めよ.

(1) $f(x)=x-x^2\ (0\leq x\leq 1)$

(2) $f(x)=\dfrac{1}{x}\ (-1\leq x\leq 1)$

(3) $f(x)=\cos x\ \left(0\leq x\leq \dfrac{2}{3}\pi\right)$

(4) $f(x)=2^x\ (-1\leq x\leq 1)$

173 根底 実戦 定期

次の関数のグラフを描き，値域を求めよ.

(1) $y=\dfrac{3x+5}{x+1}$

(2) $y=\dfrac{x+1}{2x+3}\ (x\leq 0)$

174 根底 実戦 定期

(1) $f(x)=\dfrac{x}{x+2}$ とする．曲線 $y=f(x)$ を描け.

(2) 不等式 $\dfrac{x}{x+2}\leq\dfrac{1}{x}$ を解け.

175 根底 実戦 定期

次の関数のグラフを描け.

(1) $y=3-\sqrt{2x+3}$

(2) $y=\sqrt{4-x}\ (0\leq x\leq 4)$

176 根底 実戦 定期

不等式 $\sqrt{6-2x}+\dfrac{x}{2}-2<0$ を解け.

177 根底 実戦

次の(1)～(9)の関数は，偶関数，奇関数であるかどうかを答えよ．（「e」は「自然対数の底」であり，その値は約 2.7 である．）

(1) $f(x)=2$

(2) $f(x)=x+\sin x$

(3) $f(x)=x^2+\sin x$

(4) $f(x)=x\sin x$

(5) $f(x)=\sin x\cos x$

(6) $f(x)=\dfrac{\sin x}{1+\cos x}$

(7) $f(x)=e^{-x^2}$

(8) $f(x)=\dfrac{e^x-e^{-x}}{2}+1$

(9) $f(x)=\log_e|x|$

1 7 8 根底 実戦 入試

x の 4 次関数 $f(x)=x^4-2x^3-x^2+ax$ について考える．曲線 C: $y=f(x)$ が直線 l: $x=k$ に関して対称となるような定数 k, a の値を求めよ．

1 7 9 根底 実戦

次の関数の基本周期を求めよ．ただし，$y=\sin x$ の基本周期は 2π であることを用いてよく，結果のみ答えればよい．

(1) $y=\sin x\cos x$　　(2) $y=\sin x+\cos x$

1 7 10 根底 実戦 入試

実数 x に対して，$k\leqq x<k+1$ を満たす整数 k を「$[x]$」で表す．

(1) $[k+x]=k+[x]$ を示せ．

(2) $f(x)=x-[x]$ は周期関数であることを示し，その基本周期を求めよ．

1 7 11 根底 実戦 入試

$2k\leqq x<2k+2$ のとき $f(x)=1-|x-(2k+1)|$ (k は任意の整数)
で定義される関数 $f(x)$ は周期関数であることを示し，その基本周期を求めよ．

1 7 12 根底 実戦 入試

$f(x)=\cos(\sin x)$ は周期関数であることを示し，その基本周期を求めよ．

1 7 13 根底 実戦

次の(1)〜(5)の曲線 C' の方程式を求めよ．また，C' を図示せよ．

(1) 曲線 C: $y=\cos x+1$ を x 軸に関して対称移動して得られる曲線 C'

(2) 曲線 C: $y=\left(\dfrac{2}{3}\right)^x$ を y 軸に関して対称移動して得られる曲線 C'

(3) 曲線 C: $y=\log_e x$ を原点 O に関して対称移動して得られる曲線 C' (e は自然対数の底であり，$e\fallingdotseq 2.7$)

(4) 曲線 C: $y=\dfrac{1}{x-1}$ を直線 l: $y=x$ に関して対称移動して得られる曲線 C'

(5) 曲線 C: $y=2x^2$ を点 A$(2,1)$ に関して対称移動して得られる曲線 C'

1 7 14 根底 実戦

曲線 C: $y=\dfrac{1}{\sqrt{2}}\sin 2x$ を x 軸方向に p，y 軸方向に q だけ平行移動したところ，曲線 C': $y=\sin x(\cos x+\sin x)$ を得た．p, q の値を求めよ．

1 7 15 根底 実戦

次の関数のグラフを同一座標平面上に描け (結果のみ描けばよい)．

$y=2^x$ …①　　$y=2^{2x}$ …②　　$y=2^{\frac{x}{2}}$ …③　　$y=2^{\frac{x}{2}+1}$ …④

→ 3・11

1 7 16 根底 実戦

次の各 $f(x)$ に対して，逆関数を求めよ（定義域も求めよ）．なお，e は自然対数の底であり，$e \fallingdotseq 2.7$ である．

(1) $f(x) = 3 - \dfrac{x}{2}$

(2) $f(x) = 1 + x - x^2 \ (x \leqq 0)$

(3) $f(x) = x^3 + 3x^2 + 3x + 1$

(4) $f(x) = \dfrac{2x+1}{x-1}$

(5) $f(x) = e^x - 1$

(6) $f(x) = \dfrac{e^x - e^{-x}}{2}$

1 7 17 根底 実戦

次の関数が，逆関数をもつための条件をそれぞれ求めよ．

(1) $f(x) = x^n$（n は自然数の定数）

(2) $f(x) = a^x$（a は正の定数）

(3) $f(x) = x^2 \ (a \leqq x \leqq a+1)$

1 7 18 根底 実戦 入試

x の関数 $f(x) = x^3 - 3ax$（a は実数）が逆関数をもつような a の値の範囲を次の各定義域ごとに求めよ．

(1) 実数全体

(2) $x \geqq a$

1 7 19 根底 実戦 入試

$f(x)$ が増加関数であるとき，つまり任意の x_1, x_2 に対して

$$x_1 < x_2 \Longrightarrow f(x_1) < f(x_2)$$

が成り立つとき，2 曲線 $y = f(x)$ …①, $y = f^{-1}(x)$ …② の共有点は，直線 $y = x$ 上以外にはないことを示せ．

1 7 20 根底 実戦 入試

$f(x) = a^x \ (a > 1)$ とその逆関数 $f^{-1}(x)$ について考える．2 曲線 C: $y = f(x)$, C': $y = f^{-1}(x)$ が直線 $x = 2$ 上に共有点をもつとする．

(1) a の値を求めよ．

(2) 不等式 $f(x) < f^{-1}(x)$ を解け．

ただし，前問の結果を用いてよいとする．[1)]

1 7 21 根底 実戦 入試

a は実数の定数とし，関数 $f(x) = (x-a)^2 \ (x \leqq a)$ を考える．2 曲線 $y = f(x)$ …①, $y = f^{-1}(x)$ …② が，直線 $y = x$ 上以外に共有点をもつような a の値の範囲を求めよ．

1 7 22 根底 実戦

次の(1)〜(5)について，$f(x)$ と $g(x)$ の合成関数，$g(x)$ と $f(x)$ の合成関数を作れ（定義域も答えよ）.

(1) $f(x)=\dfrac{1}{x-1}$, $g(x)=\dfrac{x}{x-2}$

(2) $f(x)=\dfrac{1}{x}$, $g(x)=e^x$（e は自然対数の底）

(3) $f(x)=|x|$, $g(x)=\log_e x$

(4) $f(x)=\sqrt{x}$, $g(x)=\sin x$

(5) $f(x)=e^x$, $g(x)=\log_e x$（e は自然対数の底）

1 7 23 根底 実戦

3 つの関数 $f(x)=x+1$, $g(x)=x^2$, $h(x)=\dfrac{1}{x}$ から作られる合成関数について考える.

(1) g と h の合成関数，h と g の合成関数を作れ.

(2) f と g と h の合成関数を作れ.

(3) 関数 $F(x)=1+\dfrac{2}{x}+\dfrac{1}{x^2}$ を，f, g, h から作られる合成関数として表せ.

1 7 24 根底 実戦 入試

$f(x)=1-|2x-1|$ $(0\leqq x\leqq 1)$ とする.

(1) $y=f(x)$ のグラフを描け.

(2) 合成関数 $f\circ f(x)$ が $0\leqq x\leqq 1$ において定義されることを示し，$y=f\circ f(x)$ のグラフを描け.

1 7 25 根底 実戦

1 次関数 $f(x)$ で，$f(x)=f^{-1}(x)$ を満たすものを全て求めよ.

1 7 26 根底 実戦

a, b は一桁の自然数とする．2 つの関数 $f(x)=ax+2$, $g(x)=bx+3$ について，$g\circ f(x)=f\circ g(x)$ が成り立つような組 (a, b) を全て求めよ.

1 7 27 根底 実戦

2 つの関数 $f(x)=\dfrac{x}{x+2}$ と $g(x)$ があるとき，次の問いに答えよ.

(1) $f(x)$ の逆関数を求めよ.

(2) f と g の合成関数が $g\circ f(x)=\dfrac{1}{x}$ …① であるとき，$g(x)$ を求めよ.

(3) g と f の合成関数が $f\circ g(x)=\dfrac{1}{x}$ …② であるとき，$g(x)$ を求めよ.

1 7 28 根底 実戦 入試

4 次関数 $f(x)$ と 2 次関数 $g(x)=x^2-2x$ がある．曲線 C: $y=f(x)$ が直線 l: $x=1$ について対称であるとき，整式で表されるある関数 $h(x)$ を用いて，$f(x)=h\circ g(x)$ と表せることを示せ.

1 7 29 根底 実戦

次の(1)〜(4)の各ケースについて，f と g の合成関数 $g\circ f(x)$ が，「偶関数である」，「奇関数である」，「そのいずれとも断定できない」のどれであるかを答えよ．

(1) $f(x)$ が偶関数，$g(x)$ が偶関数

(2) $f(x)$ が偶関数，$g(x)$ が奇関数

(3) $f(x)$ が奇関数，$g(x)$ が偶関数

(4) $f(x)$ が奇関数，$g(x)$ が奇関数

1 7 30 根底 実戦

関数 $f(x)$ と $g(x)$ が逆関数をもつとき，これらの合成関数 $g\circ f(x)$ も逆関数をもち，

$(g\circ f)^{-1}(x)=f^{-1}\circ g^{-1}(x)$ …①

が成り立つことを示せ．

1 7 31 根底 実戦 入試 ハイレベル↑

a は自然数，b は 2 以上の整数とする．

$n=0, 1, 2, 3, \cdots, 9$ を定義域とする関数 $f(n)$, $g(n)$ を，次のように定める：

$f(n)=n+a$ を 10 で割った余り．

$g(n)=bn$ を 10 で割った余り．

(1) f は逆関数をもつことを示せ．

(2) $g(n)$ が逆関数をもつような最小の b を求めよ．

(3) (2)で求めた b に対して，$g^{-1}\circ f\circ g\circ f^{-1}(n)=n$ が成り立つような最小の a を求めよ．

1 7 32 根底 実戦

次の(1)〜(10)について，関数 $y=f(x)$ のグラフの概形を描け（結果のみでよい）．

なお，e は自然対数の底であり，$e\fallingdotseq 2.7$ である．

(1) $f(x)=\dfrac{1}{x^2-1}$

(2) $f(x)=\dfrac{1}{(x-1)^3}$

(3) $f(x)=\sqrt{2x-x^2}$

(4) $f(x)=x\sin x$

(5) $f(x)=e^{-x^2}$

(6) $f(x)=e^{\frac{1}{x}}$ 2極限後

(7) $f(x)=\dfrac{e^x+e^{-x}}{2}$

(8) $f(x)=\dfrac{e^x-e^{-x}}{2}$

(9) $f(x)=\log_e|x|$

(10) $f(x)=|\log_e x|$

注 本来「微分法」(3) を用いるべきものも含まれます．本問の意図は，精密な話は棚上げにして，x に呼応して y がどう変化するかをザックリととらえる訓練をしておこうというものです．これにより，2 以降が断然学びやすくなりますよ．

1 7 33 根底 実戦

次の $f(x)$ に対して，関数 $y=f(x)$ のグラフの概形を，その逆関数を利用することによって描け．なお，e は自然対数の底であり，$e\fallingdotseq 2.7$ である．

(1) $f(x)=\sqrt[3]{x+\sqrt{2}}\ (x\geqq -\sqrt{2})$

(2) $f(x)=\log_e\left(x+\sqrt{x^2+1}\right)$

第 2 章

極限

概要

既に数学Ⅱ「微分法」の中で学んだ $\lim_{x \to 2} \frac{x^2-4}{x-2}$ などについて，より深く・広く学びます．
本章以降の 3 つの章で，(大学以降で)「解析学」と呼ばれる 2「極限」 3「微分法」 4「積分法」について学んでいきます．この中で，最初に学ぶ「極限」が，もっとも**基礎的**で，もっともテストでの出来が悪い分野です．大多数の受験生は，基礎をないがしろにしたまま発展的難問解法パターン習得に血道を上げるので (苦笑).
解析学は,「極限」に始まり,「極限」に終わります．三角関数が「単位円」に始まり「単位円」で終わるのと似ています．
「極限」は，問題解法パターン暗記が通用しにくい分野です．もちろんこれは「数学」全般について言えることなのですが,「極限」は特にその傾向が強いのです．その理由は，変数 x の変化に**呼応**して関数 $f(x)$ がどのような**変化・振る舞い**をするかを見極める姿勢が求められるからです．つまり本章は,

現象そのものをあるがままに見る姿勢

を身に付けるための，絶好のトレーニングの場となります．心して臨みましょう．

学習ポイント

1. x を限りなく大きくしていくときなどの，関数の“振る舞いそのもの”を観察する．
2. 各種関数 [1] の極限公式などを，証明し，正しく適用する．
3. 「図形」などの具体的題材の中で，極限を的確に求める．

注 [1]：学校教科書では,「指数・対数関数の極限公式」に関しては 3「微分法」の中で申し訳程度に扱うのみですが，これでは入試には対応できません．本章では 2「極限」でみっちり学習します．

将来入試では

「微分法」「積分法」ほどではないにせよ．理系入試では頻出です．ただし，単独での出題というより,「微分法」「積分法」と絡めた解析学総合問題の一部として出会うことが多く,「根底」マークの付いた“素朴”で“小粒”な問題の比重が高めとなります．

この章の内容

[高校数学範囲表] ● 当該分野 ● 関連が深い分野

数学Ⅰ	数学Ⅱ	数学Ⅲ 理系
数と式	いろいろな式	いろいろな関数
2次関数	ベクトルの基礎	極限
三角比	図形と方程式	微分法
データの分析	三角関数	積分法
数学A	指数・対数関数	**数学C**
図形の性質	微分法・積分法	ベクトル
整数	**数学B**	複素数平面
場合の数・確率	数列	2次曲線
	統計的推測	

1 数列の極限

1 数列の極限とは？

「数列の極限」では，無限数列 (a_n) において，番号 n を“限りなく大きくする”とき (a_n) がどのように“振る舞う”かを考えます．　$a_1, a_2, a_3, \cdots, a_n, \cdots\cdots$

「数列」とは，番号 n を付けて数を並べたもの．つまり，a_n は n に対して一意的に定まる n の**関数**です[→Ⅱ+B 7 1 1/2]．よって，上記の“振る舞い”について，グラフで考察するのも良い手です．

例1 $a_n = 1 + \dfrac{1}{n}$

$2, \dfrac{3}{2}, \dfrac{4}{3}, \dfrac{5}{4}, \dfrac{6}{5}, \cdots$

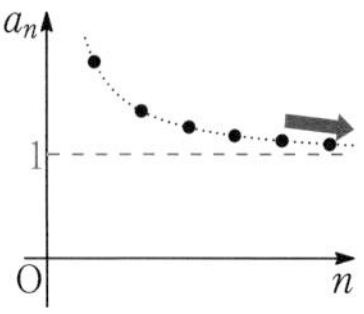

1に近づく．

例2 $a_n = n^2$

$1, 4, 9, 16, 25, \cdots$

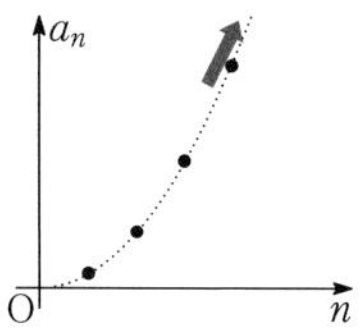

凄く大きくなる．

例3 $a_n = -n$

$-1, -2, -3, -4, \cdots$

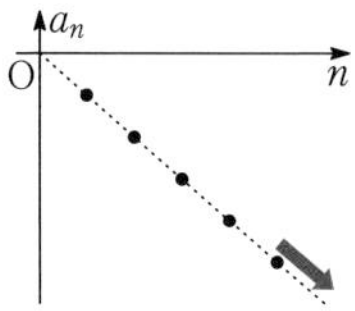

凄く小さくなる．

例4 $a_n = (-2)^n$

$-2, 4, -8, 16, \cdots$

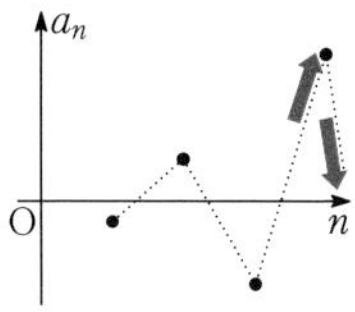

増えたり減ったり．

上で述べた番号 n を“限りなく大きくする”ことを，「$n \to \infty$」と表します．（無限大と読みます）

2 収束とは？

前記 例1のように，n を限りなく大きくする $(n \to \infty)$ とき，a_n がある定数 α に限りなく近づく場合，次のように言ったり表したりします：（例1では，$\alpha = 1$）

①「数列 (a_n) は α に**収束**する．」　①′「数列 (a_n) の**極限値**は α である．」

②「$n \to \infty$ のとき $a_n \to \alpha$．」　②′「$a_n \xrightarrow[n \to \infty]{} \alpha$．」　③「$\displaystyle\lim_{n\to\infty} a_n = \alpha$．」

これらの記法の使用例を挙げておきます：

①「$a_n = 2 + \dfrac{3}{n+1}$ のとき，数列 (a_n) は 2 に収束する．」　①′「数列 (5) の極限値は 5 である．」

②′「$\left(\dfrac{1}{n}\right)^2 - 3 \xrightarrow[n \to \infty]{} -3$．」　③「$\displaystyle\lim_{n\to\infty} \frac{1}{2^n} = 0$．」

注1　①′は，数列 5, 5, 5, 5, 5, ⋯ は 5 に収束することを述べています．このような**定数数列**の極限値は，その定数そのものです．（「近づく」という表現がしっくりきませんが，約束です．）

注2　③の表現は注意を要します．けっして $\dfrac{1}{2^n} = 0$（×）が成り立つ訳ではありません．右辺の「0」と等しいのは，あくまでも極限値：「$\displaystyle\lim_{n\to\infty} \frac{1}{2^n}$」，つまり，$n \to \infty$ のとき $\dfrac{1}{2^n}$ が目指して近づいていく“目的値”です．[→Ⅱ+B 6 1 6]

注3　「数列の極限」では，「$n \to \infty$ のとき」を当然のこととして省いても許される気がします．

重要　「限りなく近づく」をもう少し精密に言うと，数直線上において定数 α から a_n までの距離(つまり両者の“誤差”）が限りなく小さくなることです．これも踏まえてまとめておきます：

> **収束**　$n \to \infty$ のとき a_n が定数 α に限りなく近づく場合，数列 (a_n) は α に**収束**するという．
>
> これは，次のように表せる：（絶対差・“誤差”）
>
> (a_n) が α に 収束 $\Longleftrightarrow$ $|a_n - \alpha| \to 0$．　**収束の定義**[1]
>
> 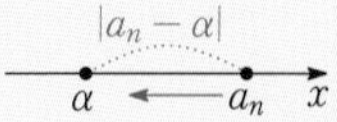
>

注 [1]：では，「→ 0」（0 に収束）の定義とは何か？そこは，大学以降のお話（笑）．[→演習問題 2 3 24]

3 極限の種類

1 の 4 つの 例 のうち，例 1 以外の 3 つの (a_n) はどれも収束しません．このとき (a_n) は**発散**するといいます．それぞれの“振る舞い”を説明し，言い表し方のいくつかを以下に列記します：

例 2　a_nは限りなく大きくなる 1)．　(a_n)の極限 2) は**正の無限大**である．　$\lim_{n\to\infty} a_n = \infty$.

例 3　a_nは限りなく小さくなる 3)．　(a_n)は**負の無限大**に発散する．　$a_n \xrightarrow[n\to\infty]{} -\infty$.

例 4　a_nは収束せず, $a_n \to \pm\infty$ でもない 4)．　(a_n)の極限はない．　(a_n)は**振動**する．

注　1)：もう少し詳しく言うなら，“大きくなりっ放し”です．例えば $n = 100$ 番より後ろの項は，全てが 10000 より大きいですね．

2)：「∞」は確定した数値ではなく，「凄く大きくなる」という意味の“記号”ですから，「極限」の一種ではありますが，「極限値」と呼んではなりません．

3)：つまり，符号が負の状態で絶対値が限りなく大きくなるということ．

4)：例えば $a_{10} = +1024$ で凄く大きくなるように見えて，次の項は $a_{11} = -2048$ と，逆に凄く小さくなります．“大きくなりっ放し”や“小さくなりっ放し”ではないですね．■

極限の種類　一般に，数列の極限は，次のように分類される：

“振る舞い”

- 収束 ……… 例 1 ある定数 α に限りなく近づく
- 発散
  - $+\infty$(正の無限大に発散する) ……… 例 2 いくらでも大きくなる
  - $-\infty$(負の無限大に発散する) ……… 例 3 いくらでも小さくなる
  - 振動（極限はない） ……… 例 4 発散のうち上記 2 つ以外

注　「発散する」とは「収束しない」こと．同様に，「振動」とは発散のうち「±∞以外」．

語記サポ　「+∞」と書くのは符号を強調したいとき．普段は「∞」で OK.

4 基本数列の極限

もっともベーシックな 2 種類の数列の極限について整理しておきます（青色が収束する部分)．

① 「ベキ関数」n^p（p は定数）

p	…	0	…
例	$n^{-2} = \frac{1}{n^2}$	$n^0 = 1$	n^3
$\lim_{n\to\infty} n^p$	0	1	∞

注　p, r は，表の右に行くほど値が大きい．

② 公比 r の「等比数列」r^n（r は定数）（$r > 0, r \neq 1$ なら指数関数）

r	…	-1	…	1	…
例	$(-2)^n$	$(-1)^n$	$\left(\pm\frac{1}{2}\right)^n$	$1^n = 1$	3^n
$\lim_{n\to\infty} r^n$	振動	振動	0	1	∞

これらの結果は暗記する訳ではなく，次のようなグラフを思い浮かべてその場で思い出します．

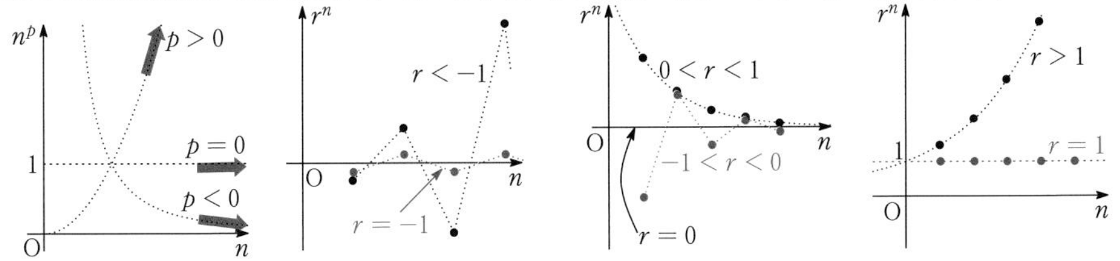

注　収束条件は，①：$p \leq 0$，②：$-1 < r \leq 1$ですが，極限値が 0 か 1 かも区別するべし．

②の結論は，**例題 2 1 i** においてより厳密に導いてみます．

参考　①で $p = 0$ とした $n^0 = 1$，および②で $r = 0, 1$ とした $0^n = 0$, $1^n = 1$ は，定数数列です．

5 極限どうしの取り合わせ

本項以降では，前項の「基本数列」などを組み合わせてできた数列の極限も考えていきます．

例 例えば $a_n = 2 + \frac{1}{n}$, $b_n = 5 + \left(\frac{1}{3}\right)^n$ とすると，$n \to \infty$ のとき，次のようになります．

$a_n \to 2,\ b_n \to 5.$　　いずれも **収束する．**

$\therefore\ a_n + b_n \to 2 + 5 = 7.$　　極限値どうしを加えれば OK

このように，「各部」: a_n, b_n が収束する場合，その和である「全体」: $a_n + b_n$ の極限値は，各部の極限値どうしの和として求まります．

極限の四則演算　および定数倍 **定理**

$n \to \infty$ のとき，2 つの数列 (a_n), (b_n) がそれぞれ α, β に収束するならば，次が成り立つ．

❶ $a_n + b_n \to \alpha + \beta$　❷ $a_n - b_n \to \alpha - \beta$

❸ $a_n \cdot b_n \to \alpha \cdot \beta$　❹ $\frac{a_n}{b_n} \to \frac{\alpha}{\beta}$ (ただし $\beta \neq 0$)　❺ $c \cdot a_n \to c \cdot \alpha$ (c は定数)

これらを前記の a_n, b_n に対して適用すると，$n \to \infty$ のとき次のようになります：

❷ $a_n - b_n \to 2 - 5 = -3.$　❸ $a_n \cdot b_n \to 2 \cdot 5 = 10.$　❹ $\frac{a_n}{b_n} \to \frac{2}{5}.$　❺ $3a_n \to 3 \cdot 2 = 6.$

注 ❹:「商」に関しては，分母の極限値が 0 以外であることが必須です．

❺: これは，❸において (b_n) が定数数列 (c) になったときだとみなすこともできますね．

参考 ❶❺: これらは，

$$\lim_{n\to\infty}(a_n + b_n) = \lim_{n\to\infty} a_n + \lim_{n\to\infty} b_n$$　「和の極限値」は「極限値どうしの和」

$$\lim_{n\to\infty} c \cdot a_n = c \cdot \lim_{n\to\infty} a_n$$　「定数倍の極限値」は「極限値の定数倍」

と書けます．こうした性質のことを「線型性」と呼ぶのでしたね [→ Ⅱ+B 6 7 2 **最後のコラム**]．■

例 $A_n = \cos\frac{1}{n}$ は，$a_n = \frac{1}{n}$, $f(x) = \cos x$ を用いて

$A_n = \cos\frac{1}{n} = f(a_n)$

と書けます．$n \to \infty$ のとき，$a_n = \frac{1}{n} \to \underline{0}$ であり，関数 $y = f(x)$ のグラフは $x = \underline{0}$ の近くでつながっている [1] ので，

$A_n \to f(\underline{0}) = \cos 0 = 1.$

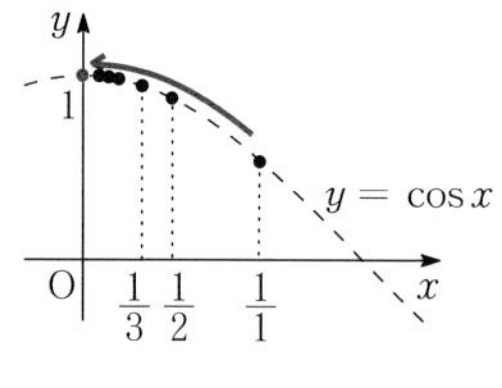

要するに，(a_n) の極限値「$\underline{0}$」を，関数 $f(x)$ の x へ代入すれば OK です．

注 [1]: このとき $f(x)$ は $x = 0$ において連続であるといいます．詳しくは [→ 2 4 6]

数列の極限と関数　関数 $f(x)$ が $x = \alpha$ において連続であるとする．

$n \to \infty$ のとき $a_n \to \alpha$ (収束) ならば $f(a_n) \to f(\alpha)$ (収束)．

注 高校数学で扱う基本的な関数：ベキ関数，三角関数，指数・対数関数などは，定義域内で連続です．

問 極限 $\lim_{n\to\infty} 2^{3-\frac{1}{n}}$ を求めよ．

解答 (1) $n \to \infty$ のとき，

$3 - \frac{1}{n} \to 3.$

$\therefore 2^{3-\frac{1}{n}} \to 2^3 = 8.$ //

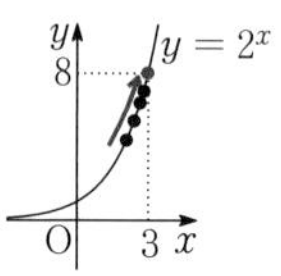

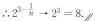

解説 上記の関係を，$a_n = 3 - \frac{1}{n}$, $f(x) = 2^x$ として適用しています．もちろん，指数関数 2^x は連続です (グラフがつながっています)．

前記の知識に加えて,「各部」が発散するときも想定して極限を求める練習をしましょう.

例題 2 1 a 数列の極限（基本） 根底 実戦

[→演習問題 2 3 1]

次の数列 (a_n) の極限をそれぞれ求めよ. もちろん $n\to\infty$ のときを考えます

(1) $a_n=\frac{1}{n}-\left(-\frac{2}{3}\right)^n$ (2) $a_n=\left(\frac{1}{n}-1\right)\cdot 3^{\frac{1}{n}+1}$ (3) $a_n=\sqrt{n}+2^n$ (4) $a_n=n^3-3^{\frac{1}{n}}$

(5) $a_n=\dfrac{\frac{1}{n}+1}{2^{\frac{1}{n}}-1}$ (6) $a_n=\dfrac{\frac{1}{n}-1}{2^n+1}$ (7) $a_n=n^2\left(5-\frac{1}{n}\right)$ (8) $a_n=\dfrac{3^n+3}{\left(\frac{1}{2}\right)^n+\left(\frac{1}{3}\right)^n}$

方針 「+」や「·」などで結ばれた「各部」の極限をもとに,全体の極限を考えます.

注 本問は,実際の入試では説明抜きに結果のみ答えれば許される“程度”の問題です.

解答 全て,$n\to\infty$ のときの極限を考える.

(1) $\frac{1}{n}\to 0,\ \left(-\frac{2}{3}\right)^n\to 0.$

$\therefore\ a_n\to 0-0=0.$ //

解説 「各部」が収束するので,それらの差である「全体」は,その差に収束します.

(2) $\frac{1}{n}-1\to -1.$

また,$\frac{1}{n}+1\to 1$ より,$3^{\frac{1}{n}+1}\to 3^1=3.$ [1)]

$\therefore\ a_n\to -1\cdot 3=-3.$ //

解説 「各部」が収束するので,それらの積である「全体」はその積に収束します.

補足 1):前ページの 数列の極限と関数 を,$a_n=\frac{1}{n}+1,\ f(x)=3^x$ として適用しました.

(3) $\sqrt{n}\to\infty,\ 2^n\to\infty.$

$\therefore\ a_n\to\infty.$ //

解説 「各部」が凄く大きくなるので,その和である「全体」も凄く大きくなります.

注意! 「∞」は「凄く大きくなる」という意味の記号であり,確定した数値ではありません.
よって,「$\infty+\infty=2\infty$」などとやらないように!

(4) $n^3\to\infty,\ 3^{\frac{1}{n}}\to 3^0=1.$

$\therefore\ a_n\to\infty.$ //

解説 第 1 項が凄く大きくなるので,収束する第 2 項の極限値が何であろうと,「全体」は凄く大きくなります.

(5) $\frac{1}{n}+1\to 1,\ 2^{\frac{1}{n}}-1\to 2^0-1=0.$

また,$2>1,\ \frac{1}{n}>0$ より $2^{\frac{1}{n}}>1$ だから,

$2^{\frac{1}{n}}-1>0.$

したがって,$a_n\to+\infty.$ //

解説 n が大きいとき,a_n は $\dfrac{\text{ほぼ}1}{+0.000000000001}$ のようなカンジですね.

注 $b_n=\dfrac{\frac{1}{n}+1}{1-2^{\frac{1}{n}}}$ なら,分母$\to 0$(符号は負).

よって b_n は $\dfrac{\text{ほぼ}1}{-0.0000000000001}$ のようなカンジで,「$b_n\to-\infty$」となります.

(6) $\frac{1}{n}-1\to -1,\ 2^n+1\to\infty.$

$\therefore\ a_n\to 0.$ //

解説 n が大きいとき,a_n は $\dfrac{\text{ほぼ}-1}{100000000000000}$ のようなカンジですね.

(7) $n^2\to\infty,\ 5-\frac{1}{n}\to 5.$

$\therefore\ a_n\to\infty.$ //

解説 n が大きいとき,a_n は $1000\cdots000\times$(ほぼ 5) のようなカンジですね.

(8) $3^n+3\to\infty,\ \left(\frac{1}{2}\right)^n+\left(\frac{1}{3}\right)^n\to 0$(符号は正).

$\therefore\ a_n\to\infty.$ //

解説 n が大きいとき,a_n は $\dfrac{100000000000000}{+0.0000000000001}$ のようなカンジですね.

解説 どの設問も,「各部」の極限を求め,それらを“取り合わせる”ことにより,「a_n 全体」の極限が求まりましたね.

6 不定形

前問と違い，「各部」の“振る舞い”を見ても，そのままでは「全体」の極限はわからないタイプを扱います．**不定形**といいます．

例題 2 1 b 不定形の基本型 根底 実戦

[→演習問題 2 3 2]

次の数列 (a_n) の極限をそれぞれ求めよ．

(1) $a_n=\dfrac{n^2+3n}{2n^2+5}$　　(2) $a_n=3^n-2^n$

着眼 「各部」の極限を求めてみると，次のようになっています．

(1)「各部」：$\begin{cases}\text{分子}\to\infty\\\text{分母}\to\infty\end{cases}$　「全体」：凄く大きいものどうしの割り算ゆえ，極限は不明．　$\dfrac{\infty}{\infty}$ 型不定形という

(2)「各部」：$\begin{cases}3^n\to\infty\\2^n\to\infty\end{cases}$　「全体」：凄く大きいものどうしの引き算ゆえ，極限は不明．　$\infty-\infty$ 型不定形という

注意！ 「$\dfrac{\infty}{\infty}$」は，あくまでも“形式的”・“便宜的な表現”に過ぎません．また，∞ は数値ではありませんから，「約分して 1」なんてやらかしたら即 0 点です（笑）．また，こうした形式を答案に書くのを嫌う採点者も多いですから，思考の補助として脳内で呟(つぶや)くだけで留めておいてください．もちろん，「$\infty-\infty$」についても同様です．

解答 全て，$n\to\infty$ のときの極限を考える．

(1) **着眼** 例えば $n=10^8$（1 億）のとき，分子では「$n^2=10^{16}$」が断然大きい**主要部**であり，それに比べれば「他の項」は取るに足らず**“塵(ちり)”**も同然（分母も同様）．そこで，“塵”の影響力が無くなるよう（0 に収束するよう），分子，分母を主要部 $\boxed{n^2}$ で**割る**手を使います．■

$$a_n=\frac{\boxed{n^2}+3n}{\boxed{2n^2}+5}$$ ……$\boxed{n^2}$ が主要部．他は“塵”

$$=\frac{\boxed{1}+\frac{3}{n}}{\boxed{2}+\frac{5}{n^2}}\to\frac{1}{2}.\,/\!/$$ ……商の極限値は極限値の商

(2) **着眼** 例えば $n=5$ のとき，$3^n=243$ に対して $2^n=32$．つまり，「3^n」が**主要部**で「2^n」は“塵”です．そこで，“塵”が 0 に収束するよう，主要部 $\boxed{3^n}$ で**くくる**手を使います．■

$$a_n=\boxed{3^n}-2^n$$ ……$\boxed{3^n}$ が主要部．他は“塵”

$$=\boxed{3^n}\cdot\left\{\boxed{1}-\left(\frac{2}{3}\right)^n\right\}.$$

ここで，$\boxed{3^n}\to\infty$，{　　}部 $\to 1$.

$\therefore a_n\to\infty.\,/\!/$

補足 考え方は，前問(7)と同じですね．

発展 例題 2 1 h でより厳密に扱います．

解説 本問を通して，「**発散の速さ**」に関して次のことがわかります：

n^a（ベキ関数）	$\dfrac{n}{n^2}=\dfrac{1}{n}\to 0$	次数が高い項ほど**発散が速い**[1]	最高次数の項が主要部
r^n（等比数列）	$\dfrac{2^n}{3^n}=\left(\dfrac{2}{3}\right)^n\to 0$	$\lvert r\rvert$ が大きいほど発散が速い	$\lvert r\rvert$ が最大のものが主要部

語記サポ [1]：n を大きくしていくときの増加のスピードが速いという意味です．

注 筆者は，主要部だけに注目して次のような“感覚”で答えの見当を付けます．

(1) $\dfrac{\boxed{n^2}+3n}{\boxed{2n^2}+5}\sim\dfrac{\boxed{n^2}}{\boxed{2n^2}}=\dfrac{1}{2}$.　(2) $\boxed{3^n}-2^n\sim\boxed{3^n}\to\infty$. ……「～」は，「極限としては同じようなモノ」という意味

注意！ こんな“アバウト”なことを「答案」で行うのは厳禁！また，こうした“感覚”だけでいつでも正しい答えが言い当てられるとは限りません[→例題 2 1 d (4)注]．

極限を求める際の着眼法

「各部」の“振る舞い”そのものを見て，それをもとに「全体」の極限を考える．その際，「不定形」か否か，どこが主要部か（どこが“塵”か）を見極める．必要に応じて適切な式変形を行う．

不定形には，前問で見たものなど，いろいろな「型」があります：

例 ① $n^2\cdot\left(\frac{1}{3}\right)^n \cdots \infty\times 0$ 型　② $\frac{n^2}{3^n} \cdots \frac{\infty}{\infty}$ 型　③ $\dfrac{\left(\frac{1}{3}\right)^n}{\frac{1}{n^2}} \cdots \frac{0}{0}$ 型

④ $n^3-n^2 \cdots \infty-\infty$ 型　⑤ $\left(1+\frac{1}{n}\right)^n \cdots 1^\infty$ 型　これについては[→2 6 1]

いうまでもなく，①②③はまったく同じ数列です（笑）．つまり，「$\infty\times 0$ 型」などの不定形の「型」は，あくまでも便宜的な表現であり，カッチリと定義されたものではありません．

それでは，もう少し極限を求める練習をしましょう．

例題 2 1 C 不定形　根底 実戦　[→演習問題 2 3 2]

次の数列 (a_n) の極限をそれぞれ求めよ．

(1) $a_n=n^3-2n^2-3$　(2) $a_n=\dfrac{2n+1}{(3n-1)(4n+1)}$　(3) $a_n=n-\dfrac{n^2+2n}{n+1}$

(4) $a_n=2^{2n}-\left(2\sqrt{2}\right)^n$　(5) $a_n=\dfrac{\left(-\frac{1}{3}\right)^{n+1}-\left(\frac{1}{2}\right)^n}{\left(\frac{1}{5}\right)^n+\left(\frac{1}{2}\right)^{n+1}}$

着眼　「“振る舞い”そのもの」「不定形か否か」「主要部は何か？」

解答　全て，$n\to\infty$ のときの極限を考える．

(1) **着眼**　$\infty-\infty$ 型不定形．最高次数項：$\boxed{n^3}$ が主要部．■

$$a_n=\boxed{n^3}\cdot\left(\boxed{1}-\frac{2}{n}-\frac{3}{n^3}\right) \quad \text{主要部でくくる}$$

$\to\infty.$ //

解説　前問(2)と同じ考え方です．

(2) **着眼**　分母の 2 次式は，分子の 1 次式より発散が速いので，答えは「0」でしょう．■

$$a_n=\frac{2n+1}{(3n-1)(4n+1)}$$

$$=\frac{2+\frac{1}{n}}{\left(3-\frac{1}{n}\right)(4n+1)} \quad \begin{matrix}\text{分子}\to 2\\ \text{分母}\to\infty\end{matrix}$$

$\to 0.$ //

(3) **着眼**　分数式部分は分子の方が高次なので $\to\infty$ となりそう．つまり，$\infty-\infty$ 型不定形．■

$$a_n=\frac{n(n+1)-(n^2+2n)}{n+1} \quad \text{通分してみた}$$

$$=\frac{\boxed{-n}}{\boxed{n}+1}=\frac{\boxed{-1}}{\boxed{1}+\frac{1}{n}}\to -1. //$$

補足　「分子の低次化」を行って

$$a_n=n-\left(n+1-\frac{1}{n+1}\right)=-1+\frac{1}{n+1}$$

としてもよいですね．

(4) **着眼**　$\infty-\infty$ 型不定形．■

$$a_n=\boxed{4^n}-\left(2\sqrt{2}\right)^n \quad 4>2\sqrt{2}$$

$$=\boxed{4^n}\cdot\left\{1-\left(\frac{1}{\sqrt{2}}\right)^n\right\}\to\infty. //$$

(5) **着眼**　$\frac{0}{0}$ 型不定形．$\frac{1}{2}>\frac{1}{3}>\frac{1}{5}(>0)$ より，$\left(\frac{1}{2}\right)^n$ が主要部．■

分子，分母を $\left(\frac{1}{2}\right)^n$ で割ると　つまり 2^n 倍

$$a_n=\frac{-\frac{1}{3}\cdot\left(-\frac{2}{3}\right)^n-1}{\left(\frac{2}{5}\right)^n+\frac{1}{2}}\to\frac{-1}{\frac{1}{2}}=-2. //$$

7 $\sqrt{\quad}$ を含んだ不定形

前項までは「各部」が「多項式」「等比数列」のいずれかでしたが，ここでは $\sqrt{\quad}$ を含んだものも扱います．

例題 2 1 d 不定形（$\sqrt{\quad}$） 根底 実戦

[→演習問題 2 3 3]

次の極限を求めよ．

(1) $a_n=\dfrac{\sqrt{n^2+3}}{\sqrt{n^2-n}+n}$　　(2) $a_n=\sqrt{2n+3}-\sqrt{n+1}$

(3) $a_n=\sqrt{2n+3}-\sqrt{2n+1}$　　(4) $a_n=\sqrt{n^2+2n+3}-\sqrt{n^2+n+1}$

着眼 不定形の型と，「各部」の[主要部]に注目しましょう．

解答 全て，$n\to\infty$ のときの極限を考える．

(1) **着眼** $\dfrac{\infty}{\infty}$ 型不定形．$\sqrt{\quad}$ 内で最高次の n^2 は，$\sqrt{n^2}=n$（1次式）に匹敵．これが主要部．■

$$a_n=\frac{\boxed{\sqrt{n^2}}+3}{\boxed{\sqrt{n^2}}-n+\boxed{n}}$$ 主要部 $\boxed{n}$ で分子，分母を割る

$$=\frac{\sqrt{\boxed{1}+\dfrac{3}{n^2}}}{\sqrt{\boxed{1}-\dfrac{1}{n}}+\boxed{1}}\to\frac{1}{1+1}=\frac{1}{2}.//$$

補足 分子 $\div n$ は，次のように計算しています：

$$\frac{\sqrt{n^2+3}}{n}=\frac{\sqrt{n^2+3}}{\sqrt{n^2}}\ ^{1)}=\sqrt{\frac{n^2+3}{n^2}}=\sqrt{1+\frac{3}{n^2}}.$$

1)：$n\geqq0$ なのでこうなります．文字が負の場合については[→例題 2 4 b (2)]．

注 [主要部]に注目した"感覚"は次の通り（「～」:「極限としては同じようなモノ」）．

$$a_n=\frac{\boxed{\sqrt{n^2}}+3}{\boxed{\sqrt{n^2}}-n+\boxed{n}}\sim\frac{\boxed{\sqrt{n^2}}}{\boxed{\sqrt{n^2}}+\boxed{n}}=\frac{n}{n+n}=\frac{1}{2}.$$

(2) **着眼** $\infty-\infty$ 型不定形．第1項・第2項とも，[主要部]は $\sqrt{\quad}$ 内の n．それで**くくる**と…．イケますね！■

$$a_n=\boxed{\sqrt{2n}}+3-\boxed{\sqrt{n}}+1$$ 主要部は $\boxed{\sqrt{n}}$

$$=\boxed{\sqrt{n}}\left(\sqrt{2+\frac{3}{n}}-\sqrt{1+\frac{1}{n}}\right).$$

ここで 2)，$\sqrt{n}\to\infty$，(　　)部 $\to\sqrt{2}-1\,(>0)$ だから，$a_n\to\infty$.//

解説 2)：例題 2 1 b (2)と同じ考え方です．

注 [主要部]に注目した"感覚"は次の通り．

$$a_n=\boxed{\sqrt{2n}}+3-\boxed{\sqrt{n}}+1\sim\boxed{\sqrt{2n}}-\boxed{\sqrt{n}}=(\sqrt{2}-1)\sqrt{n}\to\infty.$$

(3) **注** [主要部]に注目した"感覚"は次の通り．

$$a_n=\boxed{\sqrt{2n}}+3-\boxed{\sqrt{2n}}+1\sim\boxed{\sqrt{2n}}-\boxed{\sqrt{2n}}=0.$$

着眼 $\infty-\infty$ 型不定形．前問とよく似ていますが…，[主要部]：$\boxed{\sqrt{n}}$ でくくると，

$$a_n=\boxed{\sqrt{2n}}+3-\boxed{\sqrt{2n}}+1=\boxed{\sqrt{n}}\left(\sqrt{2+\frac{3}{n}}-\sqrt{2+\frac{1}{n}}\right).$$

残念ながら，これは $\infty\times0$ 型の不定形です．

方針 このように，$\sqrt{\quad}$ を含んだ不定形で，前問で学んだ基本変形で片付かないタイプにおいては，**有理化**という手法が有効です．■

$$a_n=\boxed{\sqrt{2n}}+3-\boxed{\sqrt{2n}}+1$$

$$=\frac{(\sqrt{2n+3}-\sqrt{2n+1})(\sqrt{2n+3}+\sqrt{2n+1})}{\sqrt{2n+3}+\sqrt{2n+1}}$$

$$=\frac{(2n+3)-(2n+1)}{\sqrt{2n+3}+\sqrt{2n+1}}$$

$$=\frac{2}{\sqrt{2n+3}+\sqrt{2n+1}}\to0.//$$ 分母 $\to\infty$

解説 有理化した式を書くときの手順は，

1° 分母に $\sqrt{2n+3}+\sqrt{2n+1}$ を書く．

2° それを a_n にも掛けて暗算して分子に書く．

注 一応，"感覚"と一致しましたね．ところが，次の(4)では…

(4) **着眼** $\infty-\infty$ 型不定形．主要部：$\boxed{\sqrt{n^2}}=\boxed{n}$ でくくる変形は，(3)と同じく不定形となって上手くいきません．

方針 そこで，**有理化**を行います．■

$$a_n=\sqrt{n^2+2n+3}-\sqrt{n^2+n+1}$$
$$=\frac{\left(\sqrt{n^2+2n+3}-\sqrt{n^2+n+1}\right)\left(\sqrt{n^2+2n+3}+\sqrt{n^2+n+1}\right)}{\sqrt{n^2+2n+3}+\sqrt{n^2+n+1}}$$
$$=\frac{(n^2+2n+3)-(n^2+n+1)}{\sqrt{n^2+2n+3}+\sqrt{n^2+n+1}}$$
$$=\frac{\boxed{n}+2}{\boxed{\sqrt{n^2}}+2n+3+\boxed{\sqrt{n^2}}+n+1} \quad \text{主要部は }\boxed{n}$$
$$=\frac{\boxed{1}+\frac{2}{n}}{\sqrt{\boxed{1}+\frac{2}{n}+\frac{3}{n^2}}+\sqrt{\boxed{1}+\frac{1}{n}+\frac{1}{n^2}}}$$
$$\to\frac{1}{1+1}=\frac{1}{2}.\,/\!/$$

注 主要部に注目した“感覚”は次の通り．

$$a_n=\sqrt{\boxed{n^2}+2n+3}-\sqrt{\boxed{n^2}+n+1}$$
$$\sim\boxed{n}-\boxed{n}=0.$$

残念ながら，ハズレでしたね（笑）．
実は，次のようにすると“感覚的に”正しい答えが導かれます：

$$a_n=\sqrt{\boxed{(n+1)^2}+2}-\sqrt{\boxed{\left(n+\frac{1}{2}\right)^2}+\frac{3}{4}}$$
$$\sim(n+1)-\left(n+\frac{1}{2}\right)=\frac{1}{2}.$$

平方完成により，「2 次式＋定数」の形にすると，“塵”に過ぎない定数を無視して正解が得られるという訳です．
という訳で，再三述べている“感覚”による議論はアバウトなものに過ぎません．あくまでも答えの見当を付ける程度の目的で使うこと．

例題 2 1 e 発散の速さ　根底 実戦 入試 [→演習問題 2 3 4]

$a_n=\sqrt{n^2+2n+2}-\sqrt{n^2+2n-1}$ とする．$\lim_{n\to\infty}n^p\cdot a_n$ が 0 以外の定数に収束するような定数 p の値を求め，そのときの極限値を答えよ．

着眼 未知数 p のことは差し置いて，まずは確定してる a_n の極限を考えましょう．

$\infty-\infty$ 型不定形．主要部：$\boxed{\sqrt{n^2}}=\boxed{n}$ でくくる変形では，不定形となり上手くいかないので…

解答 有理化しましょう

$$a_n=\sqrt{n^2+2n+2}-\sqrt{n^2+2n-1}$$
$$=\frac{\left(\sqrt{n^2+2n+2}-\sqrt{n^2+2n-1}\right)\left(\sqrt{n^2+2n+2}+\sqrt{n^2+2n-1}\right)}{\sqrt{n^2+2n+2}+\sqrt{n^2+2n-1}}$$
$$=\frac{(n^2+2n+2)-(n^2+2n-1)}{\sqrt{n^2+2n+2}+\sqrt{n^2+2n-1}}$$
$$=\frac{3}{\boxed{\sqrt{n^2}}+2n+2+\boxed{\sqrt{n^2}}+2n-1}.$$

着眼 分母の主要部は $\sqrt{n^2}=\boxed{n}$ ですね．a_n に何を掛ければ「0 以外の定数」に収束するか？■

$$n^1\cdot a_n=\frac{\boxed{3n}}{\boxed{\sqrt{n^2}}+2n+2+\boxed{\sqrt{n^2}}+2n-1} \quad \text{主要部は }\boxed{n}$$
$$=\frac{\boxed{3}}{\sqrt{\boxed{1}+\frac{2}{n}+\frac{2}{n^2}}+\sqrt{\boxed{1}+\frac{2}{n}-\frac{1}{n^2}}}$$
$$\to\frac{3}{1+1}=\frac{3}{2}.$$

注 題意の条件：「$n^p\cdot a_n$ が 0 以外の定数に収束」を $(*)$ として，今示せたのは

「$p=1$」$\Longrightarrow(*)$ 　「$p=1$」は $(*)$ の十分条件

のみです．「それ以外の p」についても調べなければなりません．■

$$\therefore\ n^p\cdot a_n=n^{p-1}\times n\cdot a_n$$
$$\to\begin{cases}\infty & (p>1\text{ のとき})\\ 1\cdot\frac{3}{2}=\frac{3}{2} & (p=1\text{ のとき})\\ 0 & (p<1\text{ のとき}).\end{cases}$$

（$n^2\times n\cdot a_n$ とか，$\frac{1}{n}\times n\cdot a_n$ とか）

以上より，求める値は，$p=1$，極限値$=\frac{3}{2}.\,/\!/$

注 前問(4)注で述べた“感覚”によれば

$$a_n=\sqrt{(n+1)^2+1}-\sqrt{(n+1)^2-2}$$
$$\sim(n+1)-(n+1)=0.$$

よって，$\lim_{n\to\infty}a_n=0$ ではないかと見当は付きますが…，さすがに p の値まではわかりません．

8 不等式と極限

基本関数の取り合わせ（5）や，不定形を等式で変形（6/7）することでは解決しない場合，**不等式**を利用して極限を求める手法があります．一般に，次の性質が成り立ちます．

各項の大小と極限値の大小

$\lim_{n\to\infty} a_n = \alpha$, $\lim_{n\to\infty} b_n = \beta$（ともに収束）とすると，

「充分大きな [1] n についてつねに $a_n \overset{2)}{\leq} b_n$」$\Longrightarrow \alpha \overset{3)}{\leq} \beta$.

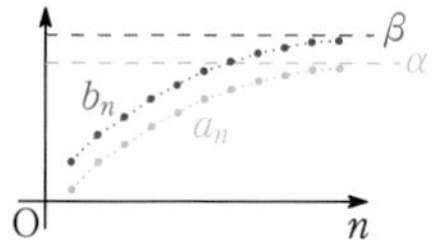

注 1)：極限値どうしの大小を論じるので，例えば 5 以上の n 全てについて成り立つのでも OK.

2)3)：「つねに $a_n < b_n$」$\Longrightarrow$「$\alpha < \beta$」は成り立ちません．例えば，$a_n = 1 + \frac{1}{n}$, $b_n = 1 + \frac{2}{n}$ のとき，「つねに $a_n < b_n$」ですが，「$\alpha = \beta\ (=1)$」ですね．■

実用的には，次の定理をよく使います：

$$\begin{array}{ccccc} p_n & \leq & a_n & \leq & q_n \\ \downarrow & & \downarrow & & \downarrow \\ \alpha & & \alpha & & \alpha \end{array}$$

（黒：仮定，　赤：結論）

“はさみうち”　　俗称ですが

$$\begin{cases} \text{充分大きな } n \text{ についてつねに } p_n \leq a_n \leq q_n \\ \text{かつ } \lim_{n\to\infty} p_n = \lim_{n\to\infty} q_n = \alpha \text{（同じ値に収束）} \end{cases} \Longrightarrow \lim_{n\to\infty} a_n = \alpha.$$

（その値に収束）

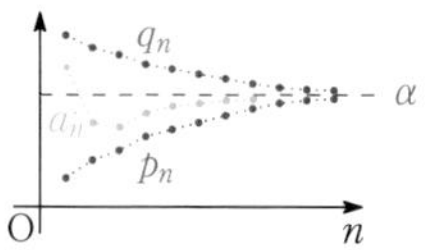

以上の 2 定理は，図を見ると直観的に納得できますね．厳格な証明は，高校数学を超えた話になります．

例題 2 1 f “はさみうち” 根底 実戦

[→演習問題 2 3 5]

次の数列 (a_n) の極限を求めよ．

(1) $a_n = \dfrac{\sin n^\circ}{n}$　　　(2) $a_n = \dfrac{[\sqrt{n}]}{\sqrt{n}}$（$[x]$ は，x を超えない最大整数）

解答 (1) **着眼** 分子は $\sin 1^\circ, \sin 2^\circ, \sin 3^\circ, \cdots$ という馴染（なじ）みのない数列ですが，何しろ「sin」ですから，-1〜1 の範囲で振動します．

一方分母は正の無限大に発散します．

こうして「各部」の動きを観察すると，a_n「全体」の極限値は「0」だと予想されます．

注意！ 上記のような直観的な解答は許されません [1]．そこで，「-1〜1 の範囲で振動」という“振る舞い”を「不等式」を用いて表します．■

$$-1 \leq \sin n^\circ \leq 1. \cdots ①$$

各辺を $n(>0)$ で割ると

$$-\frac{1}{n} \leq \frac{\sin n^\circ}{n} \leq \frac{1}{n}.$$

$n \to \infty$ のとき，$-\frac{1}{n}, \frac{1}{n} \to 0$.

よって“はさみうち”により，$a_n \to 0$.//

注 1)：理由はただ 1 つ．認めない大人が多いからです（笑）．

(2) **着眼** $[\sqrt{n}]$ は $\sqrt{n}$ から小数部分という“塵”を切り捨てただけのものですから，“感覚”によると答えは「1」でしょう．しかし「解答」としては，ガウス記号というクセモノを外すため不等式を利用します．■

$[\sqrt{n}]$ は $\sqrt{n}$ を超えない

$$[\sqrt{n}] \leq \sqrt{n} < [\sqrt{n}] + 1. \cdots ②$$

$[\sqrt{n}]$ の次の整数は，超えちゃう

$$\sqrt{n} - 1 < [\sqrt{n}] \leq \sqrt{n}. \cdots ②'$$

②右より　　②左より

各辺を $\sqrt{n}\ (>0)$ で割ると

$$1 - \frac{1}{\sqrt{n}} < \frac{[\sqrt{n}]}{\sqrt{n}} \leq 1. \cdots ③$$

$n \to \infty$ のとき，[2] 最左辺 $\to 1$.

よって“はさみうち”により，$a_n \to 1$.//

語記サポ 2)：③のように 3 つが連なる不等式では，（俗に）左から順に「最左辺」「中辺」「最右辺」と呼んだりします．

注 「最右辺 $= 1 \to 1$」への言及は不要でしょう．

解説　例えば(1)において，目標とする a_n の「一部」である $\sin n^\circ$ に関する不等式①を作る操作を，（俗に）「$\sin n^\circ$ を**評価する**」といいます．
(1)では，評価したい $\sin n^\circ$ が，①のように初めから真ん中に“はさまれて”いました．一方(2)では，評価したい $\left[\sqrt{n}\right]$ が②において両端に来てしまっていますが，「不等式」とは「2つの実数どうしの大小関係」を表すものですから，組み換えて②′を作れば何の問題もありませんね．
一般に，“はさみうち”の準備として評価を行う際，初めから“はさむ”ことを意識しなくてもかまいません．「何か役立ちそうな不等式を2個作る」程度の軽い気持ちで臨みましょう．

例題 2 1 g “はさみうち”の工夫　根底 実戦

[→演習問題 2 3 5]

次の数列 (a_n) の極限を求めよ．

(1)　$a_n=\dfrac{\sin n^\circ}{(-2)^n}$　　(2)　$a_n=\dfrac{\left[\sqrt{n}\right]\left(2n+1-\left[\sqrt{n}\right]\right)}{\sqrt{n}(n+1)}$　（$[x]$ は，x を超えない最大整数）

解答　(1)　**着眼**　前問(1)とほぼ同じですが…，$-1\leq\sin n^\circ\leq1$ の各辺を $(-2)^n$ で割る際，その符号が確定しないという問題に直面します．

方針　答えは「0」だと見当が付いているので，「収束の定義」を用いてみると…■

1) $0\leq|a_n-0|=\left|\dfrac{\sin n^\circ}{(-2)^n}\right|$　（a_n と0との絶対差）

$=\dfrac{|\sin n^\circ|}{|(-2)^n|}$　（商の絶対値は分解可能）

$=\dfrac{|\sin n^\circ|}{2^n}\leq\dfrac{1}{2^n}$　$(\because\ 2^n>0)$．

$n\to\infty$ のとき，$\dfrac{1}{2^n}\to0$．

よって [2] “はさみうち”により，

$|a_n-0|\to0$. [3] i.e. $a_n\to0$.//

解説　絶対値記号のおかげで，$(-2)^n$ の符号が未確定である困難から解放されましたね．

注　1)：絶対値は自ずと0以上ですから，この小さい側からの評価は書かなくてよいのです．
2)：だから，“はさみうち”になってるんです．
3)：ここで「収束の定義」を用いています．

(2)　**着眼**　前問(2)**着眼**で述べたように，n が大きいとき $\left[\sqrt{n}\right]\sim\sqrt{n}$ ですから，分子・分母の主要部は $n\sqrt{n}$ です．これで分子，分母を割ると…■

$$a_n=\frac{\dfrac{\left[\sqrt{n}\right]}{\sqrt{n}}\left(2+\dfrac{1}{n}-\dfrac{\left[\sqrt{n}\right]}{\sqrt{n}}\cdot\dfrac{1}{\sqrt{n}}\right)}{1+\dfrac{1}{n}}\quad\cdots①$$

方針　2か所にある $\dfrac{\left[\sqrt{n}\right]}{\sqrt{n}}$ という「部分」を評価して極限を求めます．ここは，前問(2)そのものですから省きますよ（笑）．■

…（中略）…

$n\to\infty$ のとき $\dfrac{\left[\sqrt{n}\right]}{\sqrt{n}}\to1$．これと①より

$$a_n\to\frac{1\cdot(2+0-1\cdot0)}{1+0}=2.//$$

注　主要部が見抜けた時点で，“感覚”によると

$$a_n\sim\frac{\sqrt{n}\cdot2n}{\sqrt{n}\cdot n}=2\ （たぶんこれが極限値）$$

と見当が付いています．

“はさみうち”を用いたここまでの4問の特徴をまとめておきます：

“はさみうち”のバリエーション

例題 2 1 f	(1)	はさみたいものが初めから真ん中
	(2)	「$\bigcirc<a_n\leq\triangle$」のように a_n を“はさんだ”形を，式変形によって作る
例題 2 1 g	(1)	「符号」が煩わしいので収束の定義→**絶対値**を利用
	(2)	全体ではなく，**部分的に**評価する

発散する数列についても，不等式を利用することができます：

"追い出し"　もちろん俗称です

$$\begin{cases} \text{充分大きな } n \text{ についてつねに } a_n \geq p_n \\ \text{かつ } \lim_{n\to\infty} p_n = \infty \end{cases} \Longrightarrow \lim_{n\to\infty} a_n = \infty.$$

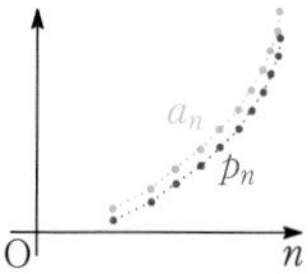

「≥」を「≤」に，「∞」を「−∞」に変えても同様の性質が成り立ちます．

例題 2 1 h　∞ − ∞ 型を厳密に　根底 実戦　[→演習問題 2 3 6]

$a_n = 3^n - 2^n$ とする．数列 (a_n) の極限を求めよ．

注　例題 2 1 b (2)と同じ問いです．「3^n」が**主要部**で「2^n」は"塵"なので，主要部 $\boxed{3^n}$ で**くくる**ところまでは同じ．その後を，より厳密に解答します．

解答

$$a_n = \boxed{3^n} - 2^n$$　$\boxed{3^n}$が主要部．他は"塵"

$$= \boxed{3^n} \cdot \left\{ \boxed{1} - \left(\frac{2}{3}\right)^n \right\}.$$

方針　答えは「∞」だと見抜けています．そこで，上記の"追い出し"を使うべく，a_n より小さくて「→ ∞」となる数列 (p_n) を探します．■

ここで，　$\frac{2}{3}, \frac{4}{9}, \frac{8}{27}, \cdots$

$$\left(\frac{2}{3}\right)^n \leq \frac{2}{3} \ (n \geq 1)$$

だから，

$$a_n \geq 3^n \left(1 - \frac{2}{3}\right)$$　これが「(p_n)」

$$= 3^n \cdot \frac{1}{3} \xrightarrow[n\to\infty]{} \infty.$$　(a_n) より小さいものですら → ∞

よって，"追い出し"の手法により，$a_n \to \infty$.//

これが厳密な解答ですが，例題 2 1 b (2)のように解答して普通許されます．一方例題 2 1 f (1)では「$\dfrac{\pm 1 \text{ の範囲で振動}}{\infty}$ だから極限値は 0」とやるとバツになる(ことが多い)．これは，なんとなく受け継がれてきた伝統によるもので，その是非を議論したところで埒(らち)は明きません(笑)．

9　異種関数発散速度比較

例題 2 1 b 「不定形の基本型」で扱った数列を振り返ると，(1) $a_n = \dfrac{n^2 + 3n}{2n^2 + 5}$ はベキ関数どうしの割り算であり，(2) $a_n = 3^n - 2^n$ は等比数列(指数関数)どうしの引き算でした．このように，同種の関数どうしの取り合わせなら適切な式変形(等式)により不定形を解除できましたが，異種の関数から構成された $\dfrac{n^2}{3^n}$ とかになるとそうはいきません．こんなときには，不等式を活用します．

例題 2 1 i　指数関数の発散　根底 実戦 典型　[→演習問題 2 3 6]

(1)　n は自然数で $h > 0$ とする．$(1+h)^n > nh$ …① を示せ．

(2)　$r > 1$ のとき，$\lim_{n\to\infty} r^n = \infty$ を示せ．

解答　(1)　二項定理より

$$(1+h)^n = 1 + {}_n\mathrm{C}_1 h + {}_n\mathrm{C}_2 h^2 + \cdots + h^n$$
$$> nh \ (\because \ h > 0).$$ □

(2)　$r > 1$ より $r = 1 + h \ (h > 0)$ とおけて，

(1)より，$r^n > hn$.　nの1次関数．hは正の定数．

$n \to \infty$ のとき，$h > 0$ より $hn \to \infty$.

よって"追い出し"の手法により，$r^n \to \infty$. □

解説　等比数列(指数関数)r^n の極限が，不等式を介して，それとは異種の関数 hn (1 次関数)に帰着されたという訳です．

言い訳　(2)の結論は，ほとんど自明なことですね(本書では既に認めて使ってきました)．

(2)の結論をもとに，$n \to \infty$ のときの数列 (r^n) の極限について次のことも導かれます：

○ $r < -1$ のとき，$|r| > 1$ ゆえ $|r^n| = |r|^n \to \infty$.
符号は交互に変わるから，(r^n) は振動する.

○ $-1<r<1,\ r \neq 0$ のとき，$|r|<1$, i.e. $\dfrac{1}{|r|}>1$.

$$\therefore\ |r^n - 0| = |r|^n = \frac{1}{\left(\frac{1}{|r|}\right)^n} \to 0. \text{ i.e. } r^n \to 0.$$
分母→∞

○ $r = -1, 0, 1$ については個別に考える.

以上により，214「基本数列の極限②」が，より精密に得られます.

例題 21j ベキ関数と指数関数の発散速度　根底 実戦　典型　[→演習問題236]

n は自然数で $r > 1$ とする．二項定理による等式 $(1+h)^n = 1 + {}_n\mathrm{C}_1 h + {}_n\mathrm{C}_2 h^2 + \cdots + h^n$ …① を用いて以下の問いに答えよ．

(1) $\displaystyle\lim_{n\to\infty} \frac{n}{r^n} = 0$ を示せ.　　(2) $\displaystyle\lim_{n\to\infty} \frac{n^2}{r^n} = 0$ を示せ.

解答 $r>1$ より，$r=1+h\ (h>0)$ とおける.

(1) **着眼** ○ $\displaystyle\lim_{n\to\infty} \frac{n}{r^n} = 0$ …… $\frac{\infty}{\infty}$ 型

○ 主要部に注目という見方は通用しません.

○ 答えが「0」ということは…

分子：ベキ関数 … 発散が遅いらしい
分母：指数関数 … 発散が速いらしい

方針 重要度↑分母の指数関数を，分子のベキ関数と同種でより発散の速い $\boldsymbol{n^2}$ で評価します.

①より，$n \ge 2$ のとき [1]，　(nの2次式)

$$r^n = (1+h)^n > {}_n\mathrm{C}_2 h^2 = \frac{\boxed{n(n-1)}}{2} \cdot h^2.\ ^{2)}$$

$$\therefore 0 \le \frac{n}{r^n} < \frac{2}{h^2}\cdot\frac{n}{\boxed{n(n-1)}} = \frac{2}{h^2}\cdot\frac{1}{n-1} \to 0.$$

よって“はさみうち”より，$\dfrac{n}{r^n} \to 0$. □

(2) **方針** (1)とまったく同様です.
分母の指数関数を，分子のベキ関数と同種でより発散の速い $\boldsymbol{n^3}$ で評価します.

①より，$n \ge 3$ のとき，　(nの3次式)

$$r^n = (1+h)^n > {}_n\mathrm{C}_3 h^3 = \frac{\boxed{n(n-1)(n-2)}}{3!} \cdot h^3.$$

$$\therefore\ 0 \le \frac{n^2}{r^n} < \frac{6}{h^3}\cdot\frac{n^2}{\boxed{n(n-1)(n-2)}}\ ^{3)}$$
$$= \frac{6}{h^3}\cdot\frac{1}{\left(1-\frac{1}{n}\right)(n-2)} \to 0.$$

よって“はさみうち”より，$\dfrac{n^2}{r^n} \to 0$. □

注 1)：二項展開式に「${}_n\mathrm{C}_2 h^2$」が登場するのは $n \ge 2$ のときに限りますね．極限に利用する不等式は「充分大きな n について」成り立っていればよいので，これで OK です．

2)：**方針**を理解していない人は，$1 + nh + \dfrac{\boxed{n(n-1)}}{2}\cdot h^2$ を使った無駄な評価をしちゃいます．

3)：分子が 2 次，分母が 3 次ですから，この時点で答えは「0」だとわかりますね．

ベキ関数 ②: $n^p\ (p > 0)$ の次数が高くなっても，指数関数 ③: $r^n\ (r > 1)$ を，②より発散の速いベキ関数で評価することにより，$\dfrac{n^p}{r^n} \to 0$ が示せます．つまり指数関数③は，ベキ関数②よりも必ず発散が速いのです．例：$a_n = n^{10},\ b_n = (1.1)^n$ のとき，$a_{1000} = 10^{30},\ b_{1000} > 10^{41}$ となります．

指数関数よりさらに発散が速い関数（数列）として，**階乗**があります．例：$\displaystyle\lim_{n\to\infty} \frac{3^n}{n!} = 0$

〔**証明**〕
$$0 < \frac{3^n}{n!} = \frac{3}{1}\cdot\frac{3}{2}\cdot\underbrace{\frac{3}{3}\cdot\frac{3}{4}\cdot\frac{3}{5}\cdot\cdots\cdot\frac{3}{n-1}}_{1\text{ 以下}}\cdot\frac{3}{n}\quad (n \ge 4)$$
$$\le \frac{9}{2}\cdot 1\cdot\frac{3}{n} \to 0.$$

よって“はさみうち”より，$\dfrac{3^n}{n!} \to 0$. □

異種関数発散速度比較（数列）

ベキ関数 $n^p\ (p > 0)$　　指数関数 $r^n\ (r > 1)$　　階乗 $n!$

発散が遅い ←――――――――――――――→ 発散が速い

10 部分列の極限

例　$a_n=(-1)^n$ で定まる数列 (a_n): $-1, 1, -1, 1, \cdots$ の極限は「振動」です．しかし，そこから「奇数番の項」，「偶数番の項」のみ抜き出すと，次のようになります（k は自然数）:

a_{2k-1} ：-1，-1，-1，$\cdots$
a_{2k} ：1，1，1，$\cdots$

こうして得られた (a_{2k-1}) や (a_{2k}) のように，(a_n) の一部だけを抜き出して（順序を変えずに）並べたものを，(a_n) の**部分列**といいます．

これら部分列の極限を考えると，$\lim_{k\to\infty} a_{2k-1}=-1$，$\lim_{k\to\infty} a_{2k}=1$ といずれも収束します．

しかし，これら 2 つの極限が一致しませんから，数列 (a_n) 全体の極限 $\lim_{n\to\infty} a_n$ は「振動」です．

例題 2 1 k 部分列の極限　根底 実戦　入試　[→演習問題 2 3 7]

次の数列 (a_n) の極限を求めよ．

(1) $a_n=\dfrac{n\cdot(-1)^n+1}{n\cdot(-1)^n+2}$ $(n=1, 2, 3, \cdots)$　　(2) $a_n=3^{\frac{1}{n}}\cos\dfrac{2n\pi}{3}$ $(n=1, 2, 3, \cdots)$

解答 (1) **方針** 上の 例 の通り，$(-1)^n$ が交互に符号を変えます．そこで,「奇数番」,「偶数番」のみ抜き出した部分列に分けて考えてみます．■

k を自然数として

$$a_{2k-1}=\frac{(2k-1)\cdot(-1)^{2k-1}+1}{(2k-1)\cdot(-1)^{2k-1}+2}$$
$$=\frac{-2k+2}{-2k+3}=1-\frac{1}{-2k+3}\xrightarrow[k\to\infty]{}1.$$
$$a_{2k}=\frac{2k\cdot(-1)^{2k}+1}{2k\cdot(-1)^{2k}+2}$$　分子の低次化
$$=\frac{2k+1}{2k+2}=1-\frac{1}{2k+2}\xrightarrow[k\to\infty]{}1.$$

これらの極限値が一致したので (a_n) も収束し，

$\lim_{n\to\infty} a_n=1.$ //

注　$a_n=\dfrac{\boxed{n\cdot(-1)^n}+1}{\boxed{n\cdot(-1)^n}+2}$ において分子，分母を主要部 $\boxed{n\cdot(-1)^n}$ で割ると　$\dfrac{1}{(-1)^n}=(-1)^n$ です

$$a_n=\frac{\boxed{1}+\dfrac{1}{n\cdot(-1)^n}}{\boxed{1}+\dfrac{2}{n\cdot(-1)^n}}=\frac{\boxed{1}+\dfrac{(-1)^n}{n}}{\boxed{1}+2\cdot\dfrac{(-1)^n}{n}}.$$

2 か所にある $\dfrac{(-1)^n}{n}$ という「部分」に対して“はさみうち”を用いれば，部分列に分けないでも解答することが可能です．

(2) **着眼** $\dfrac{2n\pi}{3}$ とは，$\dfrac{2\pi}{3}$ の n 倍ですから，$\cos\dfrac{2n\pi}{3}$ は右図からわかるように 3 を周期とします．そこで,「番号を 3 で割った余り」に注目して部分列に分けてみましょう．■

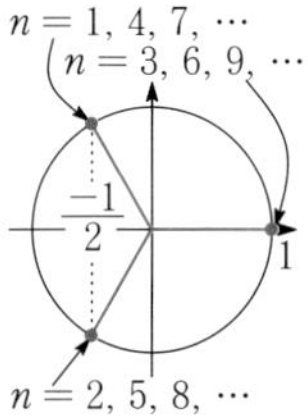

k を 0 以上の整数として　このkは0以外

$$\cos\left(\frac{2\pi}{3}\cdot3k\right)=\cos(2\pi\cdot k)=1,$$
$$\cos\left(\frac{2\pi}{3}\cdot(3k+1)\right)=\cos\left(2\pi\cdot k+\frac{2\pi}{3}\right)=-\frac{1}{2},$$
$$\cos\left(\frac{2\pi}{3}\cdot(3k+2)\right)=\cos\left(2\pi\cdot k+\frac{4\pi}{3}\right)=-\frac{1}{2}.$$

したがって，$k\to\infty$ のとき，

$$a_{3k}=3^{\frac{1}{3k}}\cdot1\to1,$$
$$a_{3k+1}=3^{\frac{1}{3k+1}}\cdot\frac{-1}{2}\to-\frac{1}{2},$$
$$a_{3k+2}=3^{\frac{1}{3k+2}}\cdot\frac{-1}{2}\to-\frac{1}{2}.$$

これらが一致しないので,(a_n)は振動する．//

解説　(1)(2)とも，数列 (a_n) の全ての項が網羅されるよう部分列に分けて考えました．

(1)では，2 つの部分列がそれぞれ収束し，しかも両者の極限値が一致したので，数列 (a_n) 全体もその値に収束します．

(2)でも，3 つの部分列はそれぞれ収束しましたが，三者の極限値が一致しないので，数列 (a_n) 全体は発散（振動）となりました．

11 $a_{n+1}=f(a_n)$ 型と極限

「後の項」a_{n+1} が「前の項」a_n の関数として表される，つまり a_{n+1} が a_n の値だけで定まるタイプには，とても有名で独特な方法論が存在します．“鑑賞” するつもりでついて来てください (笑).

例題 2 1 l $a_{n+1}=f(a_n)$ 型と極限 根底 実戦 典型 入試 [→演習問題 2 3 12]

$a_1=5$ …①, $a_{n+1}=\sqrt{6-a_n}$ $(n=1, 2, 3, \cdots)$ …② で定まる数列 (a_n) について答えよ．

(1) $0\leq a_n\leq 6$ を示せ．　(2) $|a_{n+1}-2|\leq\dfrac{1}{2}|a_n-2|$ を示せ．　(3) $\displaystyle\lim_{n\to\infty}a_n$ を求めよ．

着眼 漸化式②は，関数 $f(x)=\sqrt{6-x}$ を用いると，「$a_{n+1}=f(a_n)$」と表せます．グラフ C: $y=f(x)$ 上に点 (a_n, a_{n+1}) があるので，直線 l: $y=x$ も用いると，右図のように推移が追跡できます：

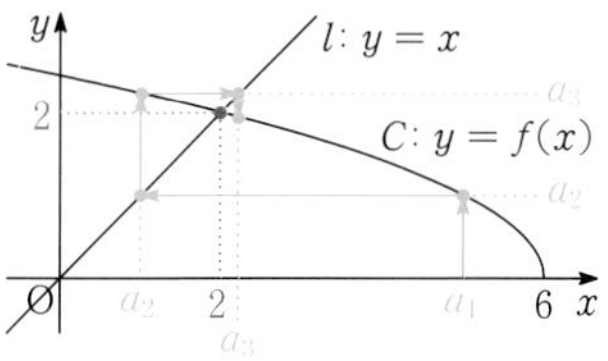

C 上に点 (a_1, a_2) をとる．→ l 上に点 (a_2, a_2) をとる．

C 上に点 (a_2, a_3) をとる．→ l 上に点 (a_3, a_3) をとる．…（以下同様）…

こうすると，a_n が C と l の交点の x 座標 2 に近づいていく様子が見て取れますね．ただし，以上はあくまでも “直観” に過ぎませんので，これによって**解答**することは許されません．

そこで「収束の定義」に基づき，絶対差：$|a_n-2|$ を “ドミノ式” に評価しようとするのが(2)です．

解答 (1) **方針** “ドミノ式” に定まる数列なので，“ドミノ式” に証明します．[1] ■

$0\leq a_n\leq 6$ を仮定すると，②において

$\sqrt{6}\geq\sqrt{6-a_n}\geq 0$. ∴ $0\leq a_{n+1}\leq\sqrt{6}$ (<6).

よって $0\leq a_n\leq 6\Longrightarrow 0\leq a_{n+1}\leq 6$ であり，①より $0\leq a_1\leq 6$ だから，帰納的に[2]

$0\leq a_n\leq 6$ $(n=1, 2, 3, \cdots)$.□

注 これにより，②の $\sqrt{\ }$ 内は 0 以上なので，確かに数列 (a_n) は定義されます．

補足 [2]：簡略版数学的帰納法での常套句．■

(2)
$$a_{n+1}-2=\sqrt{6-a_n}-2=\frac{\left(\sqrt{6-a_n}-2\right)\left(\sqrt{6-a_n}+2\right)}{\sqrt{6-a_n}+2}=\frac{6-a_n-4}{\sqrt{6-a_n}+2}=\frac{2-a_n}{\sqrt{6-a_n}+2}.$$

$$\therefore\ |a_{n+1}-2|=\frac{1}{\sqrt{6-a_n}+2}\cdot|2-a_n|\leq\frac{1}{2}|a_n-2|.\ \square$$

$(\because\ \sqrt{6-a_n}\geq 0,\ |2-a_n|\geq 0)$

(3) **着眼** (2)より，後の絶対差：$|a_{n+1}-2|$ は，前の絶対差：$|a_n-2|$ の半分以下だとわかりました（右下図）．絶対差：$|a_n-2|$ が 0 に収束することはほとんど自明ですね（笑）．■

(2)の結果を繰り返し用いて

$$0\leq|a_n-2|\leq\frac{1}{2}|a_{n-1}-2|\leq\frac{1}{2}\cdot\frac{1}{2}|a_{n-2}-2|\leq\cdots\leq\left(\frac{1}{2}\right)^{n-1}|a_1-2|\to 0.$$

a_1 の値は無関係

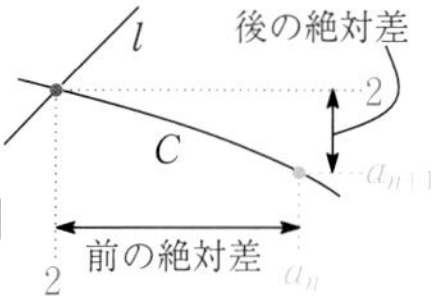

よって “はさみうち” より

$|a_n-2|\to 0$, i.e. $a_n\to 2$.//

補足 [1]：一般項はすぐには求まりませんね．

発展 (a_n) が α に収束することを仮定すれば，②において a_n, a_{n+1} はいずれも α に近づくので，$\alpha=\sqrt{6-\alpha}$ が成り立ちます．この α は，まさしく C と l の交点の x 座標ですね．

3 4 1 後　(3)図において，「前の絶対差」，「後の絶対差」は，それぞれ「x の変化量 Δx」，「y の変化量 Δy」と対応していますので，その関係を「平均値の定理」から導くこともできます．[→例題 3 8 f]

2 無限級数

1 0.999999⋯ = 1？

表題の等式はとても有名ですね．これまでは，右の様にして導いてきました[→ Ⅰ+A 例題 1 5 b (2)]．

$$\begin{array}{rrcl} -) & a &=& 0.999999\cdots \\ & 10a &=& 9.999999\cdots \\ \hline & 9a &=& 9. \\ \therefore & a &=& 1. \end{array}$$

しかし，実はこの方法には問題点があります．それは，無限小数を表す「⋯」の定義の曖昧さです．正しくは，次のように定義します：

$$0.999999\cdots = \frac{9}{10}+\frac{9}{10^2}+\frac{9}{10^3}+\cdots+\frac{9}{10^n}+\cdots \quad \text{無限個の和}$$

$$= \lim_{n\to\infty}\underbrace{\left(\frac{9}{10}+\frac{9}{10^2}+\frac{9}{10^3}+\cdots+\frac{9}{10^n}\right)}_{\text{有限個の和}} \quad \text{ここが重要な定義}$$

$$= \lim_{n\to\infty}\frac{9}{10}\cdot\frac{1-\left(\frac{1}{10}\right)^n}{1-\frac{1}{10}} \quad \text{等比数列の和}$$

$$= \lim_{n\to\infty}\left\{1-\left(\frac{1}{10}\right)^n\right\} = 1.$$

スッキリしましたね．ポイントは，「⋯」・「無限個の和」という曖昧なものを，「有限個の和」という明快なものの**極限**と捉えたことです．これが，そのまま「無限級数」の定義に直結します．

2 無限級数とは？

無限数列 (a_n) の各項 (無限個) の和を表す式を**無限級数**といい

(∗)： $a_1+a_2+a_3+\cdots+a_n+\cdots\cdots$　あるいは $\displaystyle\sum_{k=1}^{\infty} \boldsymbol{a_k}$ と表します．

(a_n) の初項から第 n 項までの和：$S_n := \displaystyle\sum_{k=1}^{n} a_k$ のことを，上記の無限級数 (∗) の**第 n 部分和**といいます．こうして得られた数列 (S_n) を考え，(S_n) が収束・発散するとき，無限級数 (∗) がそれぞれ収束・発散するといいます．無限級数 (∗) が収束するとき，その極限値を (∗) の**和**といいます．この和の値も $\displaystyle\sum_{k=1}^{\infty} a_k$ と書き表します．　部分和は，$S_m := \displaystyle\sum_{n=1}^{m} a_n$ とかでもかまいません

注　「無限級数の**和**」と言っても，無限級数どうしをたくさん加える訳ではありませんよ (笑)．

無限級数の収束・発散　原理

無限級数：$\displaystyle\sum_{k=1}^{\infty} a_k$ の収束・発散は，$\displaystyle\underbrace{\lim_{n\to\infty}}_{2^\circ\ \text{その極限}}\ \overbrace{\underbrace{\sum_{k=1}^{n} a_k}_{1^\circ\ \text{有限個の和}}}^{\text{部分和}}$ の収束・発散に準ずる．

収束するときの極限値を**和**という．　分離！

1° 有限個の和 (部分和) → 2° その極限 と**分離**して考えることが肝要です．1° は，Ⅱ+B 7「数列」の和を求める作業，2° が 2 1 で学んだ数列の極限．無限級数って，この 2 つをミックスしただけ (笑)．

例題 2 2 a 無限級数の基礎　根底 実戦　[→演習問題 2 3 16]

次の無限級数の収束・発散を調べ，収束する場合にはその和を求めよ．

(1) $\displaystyle\sum_{k=1}^{\infty}\frac{1}{(2k-1)(2k+1)}$　(2) $\displaystyle\sum_{n=1}^{\infty}\frac{1}{\sqrt{n+1}+\sqrt{n}}$　(3) $\displaystyle\sum_{n=1}^{\infty}\left\{\left(\frac{1}{2}\right)^n+\left(-\frac{1}{3}\right)^n\right\}$

方針 問題文は「$\sum^{\infty}$」(無限個の和) ですが, 即座に「$\sum^{n}$」(有限個の和) に書き換えます.

注 「$\sum\limits_{n=1}$」とあっても,「$\sum\limits_{k=1}$」に変えてしまってかまいませんよ.

解答 まず, 有限個の和を考える

(1) $\sum\limits_{k=1}^{n}\dfrac{1}{(2k-1)(2k+1)}$

$=\sum\limits_{k=1}^{n}\dfrac{1}{2}\left(\dfrac{1}{2k-1}-\dfrac{1}{2k+1}\right)$

$=\dfrac{1}{2}\left(1-\dfrac{1}{2n+1}\right)$ 1)

$\to\dfrac{1}{2}$ (収束). // 2)

k	$\dfrac{1}{2k-1}-\dfrac{1}{2k+1}$
1	$\dfrac{1}{1}-\dfrac{1}{3}$
2	$\dfrac{1}{3}-\dfrac{1}{5}$
3	$\dfrac{1}{5}-\dfrac{1}{7}$
⋮	⋮
n	$\dfrac{1}{2n-1}-\dfrac{1}{2n+1}$
和	$\dfrac{1}{1}-\dfrac{1}{2n+1}$

解説 赤線の上が 1° 有限個の和 (部分和), 下が 2° その極限に該当します (以下の問でも同様).

補足 1) : 数学 B「数列」の和を求める問題では, これを通分して「答え」とする人が多いですが, 極限を求める際には, ここにある「分子の低次化」がなされた形の方が有利ですね.

言い訳 2) : 丁寧に「答え」を書くと次の通り :
よってこの無限級数は収束し, その和は
$\sum\limits_{k=1}^{\infty}\dfrac{1}{(2k-1)(2k+1)}=\dfrac{1}{2}$. //
とてもメンドウなので, 筆者はワザと前記のごとくサボります (笑).

まず, 有限個の和を考える

(2) $\sum\limits_{k=1}^{n}\dfrac{1}{\sqrt{k+1}+\sqrt{k}}$

$=\sum\limits_{k=1}^{n}\dfrac{\sqrt{k+1}-\sqrt{k}}{(\sqrt{k+1}+\sqrt{k})(\sqrt{k+1}-\sqrt{k})}$

$=\sum\limits_{k=1}^{n}(\sqrt{k+1}-\sqrt{k})$

$=\sqrt{n+1}-1$

$\to\infty$ (発散). //

k	$\sqrt{k+1}-\sqrt{k}$
1	$\sqrt{2}-\sqrt{1}$
2	$\sqrt{3}-\sqrt{2}$
3	$\sqrt{4}-\sqrt{3}$
⋮	⋮
n	$\sqrt{n+1}-\sqrt{n}$
和	$\sqrt{n+1}-1$

まず, 有限個の和を考える

(3) $\sum\limits_{k=1}^{n}\left\{\left(\dfrac{1}{2}\right)^k+\left(-\dfrac{1}{3}\right)^k\right\}$

$=\sum\limits_{k=1}^{n}\left(\dfrac{1}{2}\right)^k+\sum\limits_{k=1}^{n}\left(-\dfrac{1}{3}\right)^k$ 有限個の和だから分解できる

$=\dfrac{1}{2}\cdot\dfrac{1-\left(\frac{1}{2}\right)^n}{1-\frac{1}{2}}-\dfrac{1}{3}\cdot\dfrac{1-\left(-\frac{1}{3}\right)^n}{1+\frac{1}{3}}$

$\to\dfrac{1}{2}\cdot\dfrac{1}{1-\frac{1}{2}}-\dfrac{1}{3}\cdot\dfrac{1}{1+\frac{1}{3}}$

$=1-\dfrac{1}{4}=\dfrac{3}{4}$ (収束). //

解説 とにかく, 有限個の和をしっかり求める所が勝負. あとの極限は, 約 0.3 秒 (笑).

本問(3)を通して, 2 つのことを学ぶことができます.

- $\sum\limits_{k=1}^{\infty}\left(\dfrac{1}{2}\right)^k$ は, 等比数列の無限級数です (無限等比級数[→**次項**]). 『公比 $\dfrac{1}{2}$ の絶対値が 1 未満なので, 和の公式において分子の $\left(\dfrac{1}{2}\right)^n$ 部分が 0 に収束します. 』よってこの無限級数も収束し, その和は $\dfrac{\text{初項}}{1-\text{公比}}$ …① となります. しかし, 前記『 』の前提を確認せずに①を用いてはなりません 3).
- $a_n=\left(\dfrac{1}{2}\right)^n$, $b_n=\left(-\dfrac{1}{3}\right)^n$ とおくと, 2 つの無限級数 $\sum\limits_{k=1}^{\infty}a_k$, $\sum\limits_{k=1}^{\infty}b_k$ は『ともに**収束**』しますね. このようなとき, 一般に等式 : $\sum\limits_{k=1}^{\infty}(a_k+b_k)=\sum\limits_{k=1}^{\infty}a_k+\sum\limits_{k=1}^{\infty}b_k$ が成り立ちます (いわゆる**線型性**). しかし, これはあくまでも『収束』が前提です. 発散かもしれない段階で使ってはなりません 4).

重要 3)4) : このような注意点は,「**有限個の和を求めてその極限**」に専念すれば一切発生いたしません (笑).

3 無限等比級数

等比数列からなる無限級数を**無限等比級数**と呼びます（事実上，前問(3)で既に扱いました）．多くの受験生は，これを特別視して諸公式を丸暗記し，それに頼り切ってしまうが故に大損をしています（苦笑）．**本書では無限等比級数を特別視しません．** ただひたすら，1° 有限個の和（部分和）→ 2° その極限 という**基本姿勢**を貫き通します．

例題 2 2 b 無限等比級数（基礎） 根底 実戦

[→演習問題 2 3 16]

次の無限級数の収束・発散を調べ，収束する場合にはその和を求めよ．

(1) $\displaystyle\sum_{n=1}^{\infty} 3\cdot\left(-\frac{1}{2}\right)^{n-1}$　　(2) $\displaystyle\sum_{n=1}^{\infty}(-3)^n$

方針 1° 有限個の和（部分和）→ 2° その極限．以上！（笑）

解答 (1) $\displaystyle\sum_{k=1}^{n} 3\cdot\left(-\frac{1}{2}\right)^{k-1} = 3\cdot\frac{1-\left(-\frac{1}{2}\right)^n}{1-\left(-\frac{1}{2}\right)}$

$$\xrightarrow[n\to\infty]{} 3\cdot\frac{1}{1-\left(-\frac{1}{2}\right)}$$

$= 2$（収束）.//

解説 $-\left(-\frac{1}{2}\right)^n$ 部が 0 に収束して消えた結果が和となります．

(2) $\displaystyle\sum_{k=1}^{n}(-3)^k = -3\cdot\frac{1-(-3)^n}{1-(-3)}$

$= \dfrac{3}{4}\{(-3)^n-1\}$.

よって，与式は発散する．//

解説 今度は $-(-3)^n$ 部が振動します．

注 「無限等比級数」であるからといって，何か特別な配慮を要しましたか？何もございませんね？（笑）

それでは，無限等比級数の一般論を考えてみましょう．

例題 2 2 c 無限等比級数の収束条件 根底 実戦 典型

[→演習問題 2 3 17]

無限等比級数 (*): $\displaystyle\sum_{k=1}^{\infty} ar^{k-1}$ (a, r は実数）の収束条件を求め，収束するときの和を答えよ．

注 公比が文字 r ですので様々なケースを想定します．部分和を求める段階で，$r=1$ の場合は特別視せざるを得ませんね．また，初項 a が 0 という "くだらない状況" もありますので，いろいろメンドウです．

解答 $S_n = \displaystyle\sum_{k=1}^{n} ar^{k-1}$ とおく．

$a=0$ ならば $S_n=0$ であり (*) は 0 に収束する．

そこで，以下 $a \neq 0$ の場合を考える．

i) $r=1$ のとき，$S_n = an$.

よって (*) は発散する．

ii) $r \neq 1$ のとき，$S_n = a\cdot\dfrac{1-r^n}{1-r}$.

よって (*) の収束条件は，

$-1<r<1$.　　$r=1$ は除外されている

このときの和は，$a\cdot\dfrac{1}{1-r} = \dfrac{a}{1-r}$.

以上より，求める収束条件（とそのときの和）は，

$a=0$（和 $=0$），または

$a \neq 0$, $|r|<1$ $\left(\text{和} = \dfrac{a}{1-r}\right)$.//

解説 結果をまとめると右の通りです．収束条件（青色部）だけを書くなら，前記**解答**の完全にダブリのない表現以外に，「$a=0$ または $|r|<1$」のように☆というダブリを許した表し方でも OK です．

	$\lvert r\rvert<1$	$\lvert r\rvert \geq 1$
$a=0$	☆ 収束．和 $=0$．	★収束．和 $=0$．
$a \neq 0$	収束．和 $=\dfrac{a}{1-r}$．	発散

和の値：「$\dfrac{a}{1-r}$」には注意が要ります．この値が，部分和における $-r^n$ 部が 0 に収束して得られたことを失念し，★のときにまで使ってしまうと，事件に見舞われます[→**次の例題**]．

世間では，本問の結果を「定理」として扱い，それを暗記して問題を楽に解こうとする人が多いのですが，“明日の定期テスト”を付け焼き刃で乗り切るためならまだしも，出題範囲が高校数学全体に及ぶ“入試”ではうろ覚え状態になって困ります．

また，「和 $=\dfrac{a}{1-r}$」を“公式”として使用する際には，「プロセス」を省いている分，それが使用可能な根拠を次のように明示することが要請されます：

「これは公比の絶対値が 1 未満である無限等比級数だから収束し，…」

この長い文章を書くヒマがあったら，「プロセス」である部分和の式を書いた方がよっぽど早いですね[→**前々問**(1)]．使った方が遅くなる公式っていったい…．という訳で筆者は，人生でこの公式を使ったことがありません（笑）．それで，なんの問題もございません．

次の例題も，本問の「結果」ではなく，「過程」を踏襲して臨みます．

例題 2 2 d 無限等比級数（文字入り） 根底 実戦 典型 [→演習問題 2 3 17]

無限等比級数 $(*)$: $\displaystyle\sum_{k=1}^{\infty}\frac{x}{(1+x)^k}$ が収束するような実数 x の値の範囲を求めよ．また，そのときの和を $f(x)$ として，関数 $y=f(x)$ のグラフを描け．

方針 1° 有限個の和（部分和）→ 2° その極限．以上！（笑）

解答 まず，分母 $\neq 0$ より $x \neq -1$．

$a_k=\dfrac{x}{(1+x)^k}$, $S_n=\displaystyle\sum_{k=1}^{n}a_k$ とおく．

$x=0$ ならば $S_n=0 \to 0$（収束）．つまり，

$f(0)=0$.

そこで，以下 $x \neq 0$ の場合を考える．

(a_n) の公比：$\dfrac{1}{1+x} \neq 1$（$\because$ $x \neq 0$）だから

$$S_n=\frac{x}{1+x}\cdot\frac{1-\left(\frac{1}{1+x}\right)^n}{1-\left(\frac{1}{1+x}\right)}.$$ 等比数列の和

これの収束条件は，

$-1<\dfrac{1}{1+x}<1$． $\dfrac{1}{1+x}=1$ は除外済み

右図より，

$x<-2,\ 0<x$.

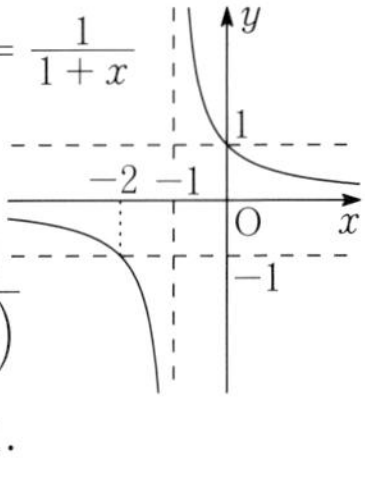

このときの和は，

$$f(x)=\frac{x}{1+x}\cdot\frac{1}{1-\left(\frac{1}{1+x}\right)}$$

$$=\frac{x}{(1+x)-1}=1.$$

以上より，求める収束条件は，

$x<-2,\ 0 \leq x$.//

また，$y=f(x)$ のグラフは右図の通り．

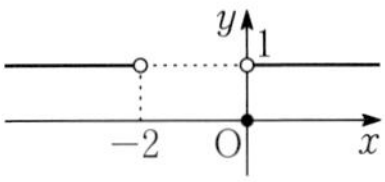

注 $x=0$ のときは，前問**解説**表の★にあたります．このときにまで「$\dfrac{a}{1-r}$」を使ってしまうと，「あれ？分母が 0…」と頭を抱えます（笑）．という訳で，「えーっと．公式ってどうなってたっけ？」と悩むより，その場で証明過程を再現した方が早くて確実なのです．

4 「S_n」と「a_n」の関係

$S_n = a_1 + a_2 + \cdots + a_n$ のとき　S_n は a_n の和
$S_n - S_{n-1} = a_n \ (n \geq 2)$ …①　a_n は S_n の（ほぼ）階差

[→Ⅱ+B 7 5 5]

この関係をもとに，無限級数 $\sum_{k=1}^{\infty} a_k$（つまり $\lim_{n\to\infty} S_n$）と極限 $\lim_{n\to\infty} a_n$ との関係を考えます．

無限級数 $\sum_{k=1}^{\infty} a_k$ が**収束**することを仮定します．すると数列 (S_n) が収束し，$\lim_{n\to\infty} S_n = \alpha$（$\alpha$ は定数）とおけます．このとき①において，[1] $\lim_{n\to\infty} S_{n-1} = \alpha$ なので，次の結論が得られます：

$$S_n - S_{n-1} = a_n$$
$$\downarrow \quad \downarrow \quad \downarrow$$
$$\alpha \quad \alpha \quad 0$$
（黒：仮定，　赤：結論）

$$\lim_{n\to\infty} a_n = \alpha - \alpha = 0.$$ 「差の極限値」=「極限値の差」

注 [1]：(S_{n-1}) は，(S_n) と番号が 1 つズレただけの数列ですから，(S_n) が収束すれば (S_{n-1}) も同じ値に収束します．■

S_n : $S_1 \ S_2 \ S_3 \ \cdots \ S_{100} \ S_{101} \ \cdots$
S_{n-1} : $\quad S_1 \ S_2 \ \cdots \ S_{99} \ S_{100} \ \cdots$

上記は，「部分和 S_n」の仮定から「元の数列 a_n」の結論を得るものですが，実用的には逆向きの方が使い勝手が良さそう．そこで，上記の**対偶**（これも成り立つ）も併記してまとめておきます．

$\lim_{n\to\infty} S_n$ と $\lim_{n\to\infty} a_n$ の関係　$S_n - S_{n-1} = a_n$ をベースに

$\sum_{k=1}^{\infty} a_k$ が収束　(S_n)が収束 $\overset{②}{\Longrightarrow}$ $a_n \to 0$　「0」に収束

この命題の対偶は　　こちら向きをよく使う

$\sum_{k=1}^{\infty} a_k$ は発散　(S_n)は発散 $\overset{③}{\Longleftarrow}$ $a_n \to 0$ ではない　(a_n) が 0 以外に収束または発散

②：“大目標”：「無限級数が収束する」ためには，“手段”として「$a_n \to 0$」が**必要**だということです．今まで扱った収束する無限級数では，元の数列が確かに 0 に収束することを確認してみてください．

③：実戦的には，“部品”：a_n から“製品”：S_n へ向かうこの形をよく使います[→**次問**]．

注意！　②の「逆」は不成立です．その反例が，**例題 2 2 a**(2)です．$a_n = \dfrac{1}{\sqrt{n+1}+\sqrt{n}} \to 0$ ですが，その無限級数は $\sum_{n=1}^{\infty} a_n = \infty$ でしたね．「塵」(a_n) も積もれば「山」(∞) となり得るのです．

正しく記憶するのは困難ですね．筆者は，いつも証明過程をサッと思い浮かべて使用しています．

例題 2 2 e　部分和が求めづらい無限級数　根底 実戦

[→演習問題 2 3 20]

次の無限級数の収束・発散を調べよ．　(1) $\sum_{n=1}^{\infty} \dfrac{n}{n+1}$　(2) $\sum_{n=1}^{\infty} \dfrac{(-1)^n n}{n+1}$

着眼　(1)(2)とも「部分和を求める」のが困難．そこで上記の“関係”③を使ってみます．

解答　(1)　$n \to \infty$ のとき

$$\frac{n}{n+1} = 1 - \frac{1}{n+1} \to 1 \neq 0.$$ 0に収束しない

よって与式は発散する．//

解説　「え．これでいいの？」という気がするかもしれませんが，これでいいんです（笑）．

(2)　**着眼** “例の”$(-1)^n$ のせいで，$\lim_{n\to\infty} \dfrac{(-1)^n n}{n+1}$ を求めること自体に手間がかかりそう．ただ，「0 に収束しない」ことを示せばよいので…■

$a_n = \dfrac{(-1)^n n}{n+1}$ とおく．$n \to \infty$ のとき

$$|a_n - 0| = \frac{n}{n+1} \to 1 \neq 0 \ (\because (1)).$$

よって $a_n \to 0$ でないから与式は発散する．//

解説　「収束の定義」の活用でした．

注 (2)は，「部分列」を利用する手もあります．k を自然数として

$$a_{2k}=\frac{(-1)^{2k}\cdot 2k}{2k+1}=\frac{2k}{2k+1}=1-\frac{1}{2k+1}\xrightarrow[k\to\infty]{}1\neq 0.$$

(a_n) の部分列（偶数番）ですら 0 に収束しないのですから，(a_n) 全体は当然 0 に収束しませんね．よって…(以下同様)…

5 無限級数と部分列

2 1 10では，数列 (a_n) の部分列の極限を考えました．ここでは，部分和をなす数列 (S_n) の部分列を考え，無限級数の収束・発散を議論します．

例題 2 2 f 無限級数と部分列 根底 実戦 [→演習問題 2 3 22]

次の無限級数の収束・発散を調べ，収束する場合にはその和を求めよ．

(1) $1-1+\frac{1}{2}-\frac{1}{2}+\frac{1}{3}-\frac{1}{3}+\cdots$　　(2) $\frac{1}{2}-\frac{1}{2}+\frac{2}{3}-\frac{2}{3}+\frac{3}{4}-\frac{3}{4}+\cdots$

言い訳 このように，いくつかの項を“羅列”しただけでは，数列はキチンと定義されませんが，練習として敢えてこのような不完全な表現を用いてみました．例えば(1)は，$1, -1, \frac{1}{2}, -\frac{1}{2}, \cdots$ という数列からなる無限級数です．

解答 (1) **着眼** 偶数番までの和ならカンタン．そこで，部分和を部分列に分けて考えます．■

この数列 (a_n) の初項から第 n 項までの和を S_n とおくと，$k\in\mathbb{N}$ として

$$S_{2k}=(1-1)+\left(\frac{1}{2}-\frac{1}{2}\right)+\left(\frac{1}{3}-\frac{1}{3}\right)+\cdots+\left(\frac{1}{k}-\frac{1}{k}\right)=0\xrightarrow[k\to\infty]{}0.$$

$$S_{2k-1}=S_{2k}-a_{2k}{}^{1)}=S_{2k}-\left(-\frac{1}{k}\right)\xrightarrow[k\to\infty]{}0-0=0.$$

これら2つの部分列の極限値が一致したので

$\lim_{n\to\infty}S_n=0$（収束）．//

補足 1)：数列 (a_n) の偶数番は，

$a_{2\cdot1}=-\frac{1}{1},\ a_{2\cdot2}=-\frac{1}{2},\ a_{2\cdot3}=-\frac{1}{3}$

と分母が 1 ずつズレていきますから，一般に，$a_{2\cdot k}=-\frac{1}{k}$ です．

(2) **注** もちろん(1)と同様に解いてもよいですが，(1)と違い，元の数列の項が「→ 0」ではなさそうなので，例の“関係”で片付けます．■

この数列を (b_n) とする．$k\in\mathbb{N}$ として

$$b_{2k}=-\frac{k}{k+1}=-1+\frac{1}{k+1}\xrightarrow[k\to\infty]{}-1\neq 0.$$

よって (b_n) は 0 に収束しないから，この無限級数は発散する．//

余談 (1)の数列 (a_n) の一般項は，$a_n=\frac{4}{(2n+1)(-1)^{n-1}+1}$ …① と表せます．偶数番，奇数番に分けて表すと，次のようになりますね．

$$a_{2k}=\frac{4}{-(4k+1)+1}=-\frac{1}{k},\ a_{2k-1}=\frac{4}{(4k-1)+1}=\frac{1}{k}.$$

①のような表現に出会ったら，「$(-1)^n$」というクセモノを除去するため，偶数番，奇数番の部分列に分けてみるのが 1 つの手です．

参考 上記でも現れた「$(-1)^n$」は，「$\cos n\pi$」という形で出会うことも多いです．右の等式は，完全に暗記！しておいてください．

$$\cos n\pi=(-1)^n$$

6 無限級数の応用

これまで学んだことを活用して，実戦的な問題を解いてみましょう．

例題 2 2 g 複雑な無限級数 根底 実戦 入試 [→演習問題 2 3 22]

無限級数 $\sum_{n=1}^{\infty} r^n \cos\frac{2n\pi}{3}$ が収束するような実数 r の値の範囲を求め，その和を求めよ．

着眼 「$\cos\frac{2n\pi}{3}$」の部分は**例題 2 1 k** (2)と同じであり，$-\frac{1}{2}, -\frac{1}{2}, 1$ を繰り返して振動します．さらに「r^n」の振舞いが r の値に応じて変化するので場合分けを要し，なかなか手強そう．
そこで，とりあえず 4 の "関係" ②を用い，**必要条件**によって考察対象を絞り込んでおきましょう．
例えば $r=2$ のとき，$r^n\cos\frac{2n\pi}{3}$ は 0 には収束しませんね．

解答 $a_n = r^n \cos\left(\frac{2\pi}{3}\cdot n\right)$, $S_m = \sum_{n=1}^{m} a_n$ とおくと，(S_m) が収束するには $a_n \to 0$ が**必要**．
$|r| \geqq 1$ のとき

$$\begin{aligned}|a_n - 0| &= |r^n|\left|\cos\left(\frac{2\pi}{3}\cdot n\right)\right| \\ &= |r|^n\left|\cos\left(\frac{2\pi}{3}\cdot n\right)\right| \\ &\geqq |r|^n\cdot\frac{1}{2}\ \left(\because\ \cos\left(\frac{2\pi}{3}\cdot n\right) = 1, -\frac{1}{2}\right) \\ &\geqq \frac{1}{2}\ (\because\ |r| \geqq 1).\end{aligned}$$

例の"関係"

ゆえに $a_n \to 0$ ではないから，(S_n) は発散する．
よって，$|r|<1$ が必要．以下，このときを考える．

下書き S_m を具体的に書き下してみましょう：

$$\begin{aligned}S_m = &-r^1\cdot\frac{1}{2} - r^2\cdot\frac{1}{2} + r^3\cdot 1 \quad A_1 \\ &-r^4\cdot\frac{1}{2} - r^5\cdot\frac{1}{2} + r^6\cdot 1 \quad A_2 \\ &\quad\vdots \\ &-r^{3l-2}\cdot\frac{1}{2} - r^{3l-1}\cdot\frac{1}{2} + r^{3l}\cdot 1 \quad A_l \\ &-\cdots\end{aligned}$$

これを見ると，(a_n) の項を 3 個ずつセットにした数列 (A_k) が公比 r^3 の等比数列になっていることがわかります．こうした具体的イメージを支えに，以下のような「答案」を作ってみました．■

$$\begin{aligned}a_{n+3} &= r^{n+3}\cos\left(\frac{2\pi}{3}\cdot(n+3)\right) \\ &= r^{n+3}\cos\left(\frac{2\pi}{3}\cdot n + 2\pi\right) \\ &= r^3\cdot r^n\cos\left(\frac{2\pi}{3}\cdot n\right) = r^3 a_n.\end{aligned}$$

$A_k = a_{3k-2} + a_{3k-1} + a_{3k}$ $(k \in \mathbb{N})$ とおくと

$$\begin{aligned}A_{k+1} &= a_{3k+1} + a_{3k+2} + a_{3k+3} \\ &= r^3(a_{3k-2} + a_{3k-1} + a_{3k}) = r^3 A_k.\end{aligned}$$

また，

$$\begin{aligned}A_1 &= a_1 + a_2 + a_3 \\ &= -r^1\cdot\frac{1}{2} - r^2\cdot\frac{1}{2} + r^3\cdot 1 \\ &= \frac{1}{2}r(2r^2 - r - 1).\end{aligned}$$

したがって，$l \in \mathbb{N}$ として，

$$\begin{aligned}S_{3l} &= \sum_{k=1}^{l} A_k \quad \text{(}a_1 + a_2 + \cdots + a_{3l}\text{ になってますね)} \\ &= A_1\cdot\frac{1-(r^3)^l}{1-r^3}\ (\because\ r^3 \neq 1) \\ &= A_1\cdot\frac{1-r^{3l}}{1-r^3} \quad \text{(等比数列の和)} \\ &\xrightarrow[l\to\infty]{} A_1\cdot\frac{1}{1-r^3}\ (\because\ |r|<1).\end{aligned}$$

この値を S とおく．

注 これは数列 (S_n) の部分列 (S_{3l}) の極限値でしかありません．残りの部分列も考え，(S_n) 全体を網羅しましょう．■

$S_{3l-1} = S_{3l} - a_{3l} = S_{3l} - r^{3l}\cdot 1 \to S - 0 = S$,

$$\begin{aligned}S_{3l-2} &= S_{3l-1} - a_{3l-1} \\ &= S_{3l-1} - r^{3l-1}\cdot\frac{-1}{2} \to S - 0 = S.\end{aligned}$$

したがって，数列 (S_m) は S に収束する．
以上より，求める範囲は $-1<r<1$.//
そのときの極限値は，

$$S = \frac{1}{2}\cdot\frac{r(r-1)(2r+1)}{(1-r)(1+r+r^2)} = \frac{-r(2r+1)}{2(1+r+r^2)}.//$$

解説 第 n 部分和である数列 (S_n) を，右の 3 つの部分列に分けて議論した結果，全てが同一な値 S に収束したので，(S_n) 全体も S に収束します．

S_{3k-2} : S_1 S_4 $S_7 \cdots \to S$
S_{3k-1} : S_2 S_5 $S_8 \cdots \to S$
S_{3k} : S_3 S_6 $S_9 \cdots \to S$

例題 2 2 h 図形と無限級数 根底 実戦 入試

$\triangle OP_nP_{n+1}$ $(n = 0, 1, 2, \cdots)$ があり，$\angle P_{n+1}OP_n = 30^\circ$, $\angle OP_nP_{n+1} = 45^\circ$ とする．また，$OP_0 = 1$ とする．$\triangle OP_nP_{n+1}$ の面積を s_n として，無限級数 $\sum_{n=0}^{\infty} s_n$ の和を求めよ．

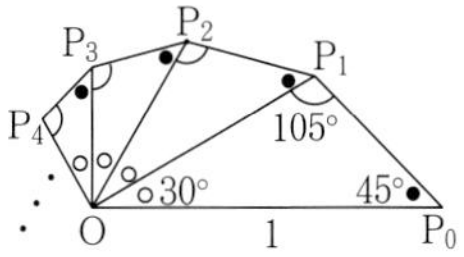

着眼 全ての三角形は相似ですね (2 角相等より)．“お隣の”三角形どうしの相似比がわかれば，面積を表す数列 (s_n) を“ドミノ式”に定めることができますね．

解答 $\triangle OP_nP_{n+1}$ $(n = 0, 1, 2, \cdots)$ は，全て 2 角が 30°, 45° だから相似である．

右の 2 つの三角形の相似比を求める．

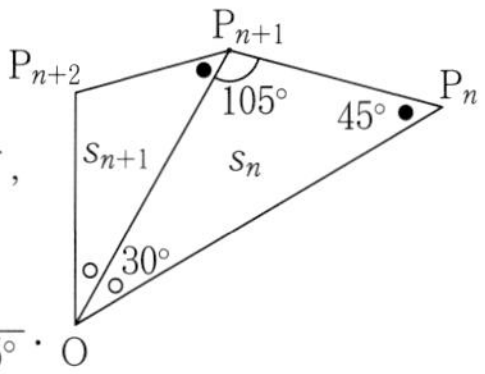

$\triangle OP_nP_{n+1}$ において，正弦定理を用いると

$$\frac{OP_{n+1}}{\sin 45^\circ} = \frac{OP_n}{\sin 105^\circ}.$$

$$\frac{OP_{n+1}}{OP_n} = \frac{\sin 45^\circ}{\sin 105^\circ}$$ 105° = 60° + 45°

$$= \frac{\frac{1}{\sqrt{2}}}{\frac{\sqrt{3}}{2}\cdot\frac{1}{\sqrt{2}} + \frac{1}{2}\cdot\frac{1}{\sqrt{2}}}$$

$$= \frac{2}{\sqrt{3}+1}\cdot\frac{\sqrt{3}-1}{\sqrt{3}-1}$$

$$= \sqrt{3}-1. \cdots ①$$

つまり，$\triangle \underline{OP_n}P_{n+1}$ と $\triangle \underline{OP_{n+1}}P_{n+2}$ の相似比は $1 : (\sqrt{3}-1)$.[1]

よって両者の面積比は

$$\frac{s_{n+1}}{s_n} = \left(\sqrt{3}-1\right)^2 = 4-2\sqrt{3}.$$ (s_n) は等比数列

① $(n=0)$ より $OP_1 = \left(\sqrt{3}-1\right)OP_0 = \sqrt{3}-1$ だから，

$$s_0 = \frac{1}{2}\cdot 1\cdot\left(\sqrt{3}-1\right)\sin 30^\circ$$

$$= \frac{\sqrt{3}-1}{4}.$$

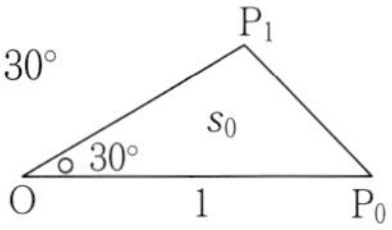

以上より，

$$\sum_{k=0}^{n-1} s_k = s_0\cdot\frac{1-\left(4-2\sqrt{3}\right)^n}{1-\left(4-2\sqrt{3}\right)}$$ [2] [3]

$$\xrightarrow[n\to\infty]{} s_0\cdot\frac{1}{1-\left(4-2\sqrt{3}\right)} \quad \left(\because 0<4-2\sqrt{3}<1\right)$$

$$= \frac{\sqrt{3}-1}{4}\cdot\frac{1}{2\sqrt{3}-3}\cdot\frac{2\sqrt{3}+3}{2\sqrt{3}+3}$$

$$= \frac{\sqrt{3}-1}{4}\cdot\frac{2\sqrt{3}+3}{3} = \frac{3+\sqrt{3}}{12}. /\!/$$

解説 何しろ「無限級数」ですから，問題文には無限個の三角形が登場し，とても難しそうな印象を与えます．しかし，「無限級数」は 1° 有限個の和 (部分和) → 2° その極限 と考えますから，事実上有限個を扱うことになります．さらに，“隣どうし”つまり“直前直後”の関係に着目した“ドミノ式”という発想法においては，議論の対象はたったの 2 つですね (笑)．

無限個 $\xrightarrow{\text{無限級数の定義}}$ 有限個 $\xrightarrow{\text{“ドミノ式”}}$ 2 個 ぐんぐんカンタンになる (笑)

補足 [1]：2 つの三角形の相似比が，1 つの三角形 $\triangle OP_nP_{n+1}$ の 2 辺比として求まった訳です．

[2][3]：ここでは部分和の項数が「n」になるようにしましたが，$\sum_{k=0}^{n} s_k = s_0\cdot\frac{1-\left(4-2\sqrt{3}\right)^{n+1}}{1-\left(4-2\sqrt{3}\right)}$ のようにして項数が「$n+1$」になってもかまいません．

3 演習問題A

231 根底 実戦

次の数列 (a_n) の極限を求めよ．

(1) $a_n = n^2 + 3n$

(2) $a_n = \dfrac{-1}{n^2 + 3n}$

(3) $a_n = \sqrt{n+1}$

(4) $a_n = (n+1)^{-\frac{1}{3}}$

(5) $a_n = 5 - 2^n$

(6) $a_n = 5 + (-2)^n$

(7) $a_n = 5^{-n} - 2^{-n}$

(8) $a_n = 5 - 2^{-\frac{1}{n}}$

(9) $a_n = (-3)^n \cos n\pi$

232 根底 実戦

次の数列 (a_n) の極限を求めよ．

(1) $a_n = \dfrac{n(2n+1)(3n+2)}{n^3 + 5n - 2}$

(2) $a_n = n^2(2n+1) - (n+1)^2$

(3) $a_n = \dfrac{1 + 2 + 3 + \cdots + n}{(n+1)(2n+1)}$

(4) $a_n = 3^n + 5^{-n} - \left(\dfrac{1}{2}\right)^{-2n}$

(5) $a_n = \dfrac{1 + 2^{-n} + 3^{-n}}{2 + 3^{-n} + 2^{-2n}}$

(6) $a_n = \dfrac{\left(\frac{1}{3}\right)^n + \left(\frac{1}{2}\right)^n}{\left(\frac{1}{2}\right)^{2n} + \left(\frac{1}{2}\right)^{n+1}}$

(7) $a_n = \sqrt[n]{p^n + \left(\dfrac{p+q}{2}\right)^n + q^n}$ $(p,\ q > 0)$

233 根底 実戦

次の数列 (a_n) の極限を求めよ．

(1) $a_n = n - \sqrt{n^2 + n + 2} - 3$

(2) $a_n = \sqrt{n^2 + n} - \sqrt{4n^2 - n} + 1$

(3) $a_n = \dfrac{\sqrt{n+3} + \sqrt{n} + \sqrt{3}}{\sqrt{2n-1} + \sqrt{2n} - 1}$

(4) $a_n = n\left(\sqrt{n^2 + 3n + 1} - \sqrt{n^2 + 3n - 1}\right)$

234 根底 実戦 入試

(1) $a_n = \dfrac{(1^3 + 2^3 + 3^3 + \cdots + n^3)^3}{(1^2 + 2^2 + 3^2 + \cdots + n^2)^p}$ とする．$\lim\limits_{n\to\infty} a_n$ が 0 以外の定数に収束するような実数定数 p を求め，そのときの極限値を求めよ．

(2) $a_n = \dfrac{\sum\limits_{k=1}^{n} \left(\dfrac{n}{3} - k\right)^3}{\left(\sum\limits_{k=1}^{n} k\right)^2}$ とする．極限 $\lim\limits_{n\to\infty} a_n$ を求めよ．

2 3 5 根底 実戦

次の数列 (a_n) の極限を求めよ．ただし，$[x]$ は，実数 x を超えない最大整数を表す．

(1) $a_n = \dfrac{\sin\dfrac{n\pi}{6}}{\sqrt{n}}$　　(2) $a_n = \sqrt{3} + \left(-\dfrac{1}{3}\right)^n \sin n$

(3) 自然数 n^2+1 を自然数 $2n+1$ で割った商を q_nとして，$a_n = \dfrac{q_n}{n}$　　(4) $a_n = \dfrac{\left[\dfrac{n}{5}\right] - \left[\dfrac{n}{3}\right]}{\left[\dfrac{n}{2}\right]}$

2 3 6 根底 実戦

$\displaystyle\lim_{n\to\infty} n^2 = \infty$ …① に基づいて，$\displaystyle\lim_{n\to\infty}(n^2-2n+3) = \infty$ …② を証明せよ．

2 3 7 根底 実戦

次の数列 (a_n) の極限を求めよ．

(1) $a_n = \left(\sqrt{n+2} - \sqrt{n}\right)\cos\dfrac{n}{2}\pi$　　(2) $a_n = \sin\dfrac{6n+1}{6}\pi\cdot\cos n\pi$

(3) $a_n = \dfrac{n+(-1)^n}{n+1}$　　(4) $a_n = \dfrac{n^2 - n\cdot(-1)^n}{n^2-(-1)^n}$

2 3 8 根底 実戦 入試

実数 x を超えない最大整数を $[x]$ と表す．次の数列 (a_n) の極限を調べよ：

$$a_n = \frac{\displaystyle\sum_{k=1}^{\left[\frac{n}{2}\right]} k}{\displaystyle\sum_{k=1}^{n}\left[\frac{k}{2}\right]}\ (n \geq 2)$$

2 3 9 根底 実戦

次の数列(a_n)の極限を求めよ．ただし，$a>1$ のとき $\displaystyle\lim_{n\to\infty}\frac{n}{a^n} = 0$ …①が成り立つことを用いてよい．

(1) $a_n = \dfrac{n\cdot 3^n - (n-1)2^{2n}}{(n+1)2^n(2^n - n)}$　　(2) $a_n = \dfrac{n!}{\pi^n}$

(3) $a_n = \dfrac{n! + 2^n}{(n+1)! + 3^n}$ ((2)の結果を用いてよい)

2 3 10 根底 実戦

次のように定まる数列 (a_n) の収束・発散を調べ，収束するならその極限値を求めよ．

(1) $a_1 = 1.$ …①　$a_{n+1} = \dfrac{8-a_n}{3}.$ …②　　(2) $a_1 = 3.$ …③　$a_{n+1} = \dfrac{1}{2}a_n + \left(\dfrac{1}{3}\right)^n.$ …④

2 3 11 根底 実戦 入試

次のように定まる数列 (a_n) の収束・発散を調べ，収束するならその極限値を求めよ．

$a_1 = 2.$ …①　$\begin{cases} a_{n+1} = \sqrt{a_n+1} + 2\ (n\text{ が奇数のとき}), & \cdots② \\ a_{n+1} = \dfrac{1}{2}{a_n}^2 - 2a_n + 3\ (n\text{ が偶数のとき}). & \cdots③ \end{cases}$

2 3 12 根底 実戦 典型 入試

正の実数からなる数列 (a_n) を $a_1 = 2$ …①, $a_{n+1} = \frac{1}{2}\left(a_n + \frac{3}{a_n}\right)$ $(n = 1, 2, 3, \cdots)$ …② で定める．次の問いに答えよ．

(1) $a_n > \sqrt{3}$ $(n = 1, 2, 3, \cdots)$ を示せ．

(2) $\lim_{n \to \infty} a_n$ を求めよ．

2 3 13 根底 実戦 入試

$a_1 = 0$ …①, $a_{n+1} = \sqrt{a_n + 2}$ $(n = 1, 2, 3, \cdots)$ …② で定まる数列 (a_n) について答えよ．

(1) $0 \leq a_n \leq 2$ を示せ．

(2) (1)より $a_n = 2\cos\theta_n$ $\left(0 \leq \theta_n \leq \frac{\pi}{2}\right)$ とおける．これを用いて (a_n) の一般項を求めよ．ただし，三角関数を使って答えてよいとする．

(3) $\lim_{n \to \infty} a_n$ を求めよ．

2 3 14 根底 実戦 典型 入試

正の実数からなる数列 (a_n), (b_n) を次のように定める：

$$a_1 = 1,\ b_1 = 9 \ \cdots①, \qquad a_{n+1} = \sqrt{a_n b_n} \ \cdots②, \qquad b_{n+1} = \frac{a_n + b_n}{2}. \ \cdots③$$

(1) $a_n < b_n$ $(n = 1, 2, 3, \cdots)$ を示せ．

(2) $a_{n+1} > a_n$, $b_{n+1} < b_n$ $(n = 1, 2, 3, \cdots)$ を示せ．

(3) $\lim_{n \to \infty} (b_n - a_n)$を求めよ．

2 3 15 根底 実戦

1 辺の長さが 1 である正三角形 ABC がある．辺 AB 上の点 P_1 から辺 BC に垂線 P_1Q_1 を下ろし，Q_1 から辺 CA に垂線 Q_1R_1，R_1 から辺 AB に垂線 R_1P_2 を下ろす．さらに P_2 から辺 BC に垂線 P_2Q_2 を下ろし，以下同様にして [1] 点 $R_2, P_3, Q_3, R_3, P_4, \cdots$ をとる．点 P_n は n を大きくするとどのような点へ近づいていくかを調べよ．

2 3 16 根底 実戦

次の無限級数の収束・発散を調べ，収束する場合にはその和を求めよ．

(1) $\sum_{n=1}^{\infty} \frac{1}{n(n+1)(n+2)}$

(2) $\sum_{n=1}^{\infty} \frac{1}{(-2)^n}$

(3) $\sum_{n=1}^{\infty} \left(\frac{3}{2}\right)^n \left\{\left(\frac{1}{3}\right)^n - \left(\frac{1}{6}\right)^n\right\}$

(4) $\sum_{n=1}^{\infty} n\left(r^n - r^{n-1}\right)$ $(0 < r < 1)$

(5) $\sum_{k=1}^{\infty} \frac{1}{\sqrt{k+1} + \sqrt{k+3}}$

(6) $\sum_{k=1}^{\infty} \left(\sqrt{k^2 + 4k + 2} - \sqrt{k^2 + 2k - 2}\right)$

2 3 17 根底 実戦 典型

無限等比級数 (*): $\sum_{k=1}^{\infty} x(1 - 2x)^k$ が収束するような実数 x の値の範囲を求めよ．また，そのときの和を $f(x)$ として，関数 $y = f(x)$ のグラフを描け．

2 3 18 根底 実戦 典型

次の循環小数を $\dfrac{\text{整数}}{\text{整数}}$ の形で表せ.

(1) $a = 0.333\cdots = 0.\dot{3}$　　(2) $b = 0.5123123123\cdots = 0.5\dot{1}2\dot{3}$

2 3 19 根底 実戦 入試

サイコロを繰り返し n 回投げる. 1 の目が初めて出るまでの回数 X の期待値を E_n として, $\lim\limits_{n\to\infty} E_n$ を求めよ. ただし, $\lim\limits_{n\to\infty} na^n = 0\ (|a| < 1)$ …① を用いてよいとする.

2 3 20 根底 実戦 入試

数列 (a_n) において, 無限級数 $\sum\limits_{n=1}^{\infty} a_n$ が収束するならば, 無限級数 $\sum\limits_{n=1}^{\infty} \dfrac{1}{a_n}$ は発散することを示せ.

2 3 21 根底 実戦 入試

無限級数 $\sum\limits_{n=1}^{\infty} \dfrac{1}{\sqrt{n}}$ の収束・発散を調べ, 収束するならその和を求めよ.

2 3 22 根底 実戦 入試

実数 x を超えない最大整数を $[x]$ と表す. 無限級数 $\sum\limits_{k=0}^{\infty} r^{\frac{4}{3}k-\left[\frac{k}{3}\right]}$ が収束するような実数 $r(\neq 0)$ の値の範囲を求め, その和を求めよ.

2 3 23 根底 実戦 典型 入試

n は自然数とする. 領域 D: $x \geq 0,\ 0 \leq y \leq n - x^3$ 内にある格子点の個数を $f(n)$ とする. 極限 $\lim\limits_{n\to\infty} \dfrac{f(n)}{n^\alpha}$ が 0 以外の定数に収束するような α を求め, そのときの極限値を求めよ.
なお, 格子点とは, xy 平面上で両座標がともに整数である点のことをいう.

2 3 24 根底 実戦

$\lim\limits_{n\to\infty} \dfrac{1}{\sqrt{n}} = 0$. つまり, 数列 $\left(\dfrac{1}{\sqrt{n}}\right)$ は 0 に**収束**する. このことの正確な定義を考えてみよう.

(1) $\left|\dfrac{1}{\sqrt{n}} - 0\right| < \dfrac{1}{100}$ …① を満たす n を全て求めよ.

(2) $n \geq N$ のときつねに $\left|\dfrac{1}{\sqrt{n}} - 0\right| < \dfrac{1}{10^4}$ …② が成り立つという. このような自然数 N を 1 つ答えよ.

(3) 任意の定数 $\varepsilon(>0)$ に対して,

$$n \geq N \Longrightarrow \underbrace{\left|\frac{1}{\sqrt{n}} - 0\right| < \varepsilon}_{③}$$ が成り立つような自然数 N が存在することを示せ.

語記サポ　ε :「イプシロン」と読むギリシャ文字.

4 関数の極限

1では，自然数の値だけをとる離散変数nを「$\to\infty$」とするときの数列(a_n)の極限を考えました．それに対して本節以降では，実数値をとる連続変数xを「$\to\infty$」，「$\to-\infty$」，「$\to$ 定数」とするときの関数$f(x)$の極限を考えます．

注　「数列」も，大雑把な言い方をすれば番号 n の関数でしたが，本節以降で「関数の極限」というときには，基本的には連続変数 x の関数の極限だと思ってください．

1 連続変数 x の関数の極限

基本概念・用語のほとんど：収束の定義，極限の種類，極限の四則演算，不定形，不等式の利用などは「数列の極限」で学んだものと全く同様であり，**新しく覚えようとする必要はありません．**

2 $x\to\infty$ のときの極限

連続変数 x を“限りなく大きくする”とき，関数 $f(x)$ がどのように“振る舞う”かを考えます．離散変数 $n\to\infty$ のときの数列の極限[→1]とほとんど同じように考えられます．

例

(1) $\displaystyle\lim_{x\to\infty}3^x=\infty$ …… 指数関数・底 >1

(2) $\displaystyle\lim_{x\to\infty}\left(\frac{1}{2}\right)^x=0$ …… 指数関数・$0<$ 底 <1

(3) $\displaystyle\lim_{x\to\infty}\frac{\boxed{x^2}-1}{\boxed{2x^2}+3x}$ …… $\boxed{x^2}$が主要部．他は“塵”

$\displaystyle=\lim_{x\to\infty}\frac{\boxed{1}-\frac{1}{x^2}}{\boxed{2}+\frac{3}{x}}=\frac{1}{2}.$ // …… 商の極限値は極限値の商

注　(1)(2) 数列の極限では，任意の実数 r に対して等比数列 (r^n) の極限を考えましたが，指数関数 a^x の極限は，$0<a<1$, $1<a$ についてのみ考えます（$a=1$ のときは $1^x=1$ です）．

(3) 「自然数 n」でも「実数 x」でも，何の違いもありませんね（笑）．

3 $x\to-\infty$ のときの極限

連続変数 x を“限りなく小さくする”とき，つまり，符号は負で絶対値を“限りなく大きくする”とき，関数 $f(x)$ がどのように“振る舞う”かを考えます．「主要部」「不定形」といった考え方は，前項と変わりません．

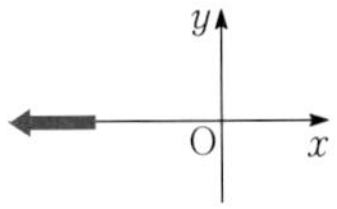

注　ただし，x が負であることを念頭に置いて．

例題 24a $x\to-\infty$ の極限・ベキ関数，指数関数　根底 実戦　[→演習問題281]

次の極限を求めよ．

(1) $\displaystyle\lim_{x\to-\infty}3^x$　(2) $\displaystyle\lim_{x\to-\infty}\left(\frac{1}{2}\right)^x$　(3) $\displaystyle\lim_{x\to-\infty}(x^3-2x+5)$　(4) $\displaystyle\lim_{x\to-\infty}(x^4-x^3+2x)$

解答

(1) 与式 $=0.$ //

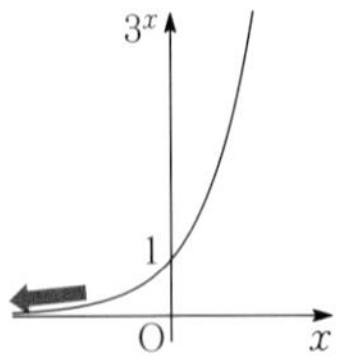

(2) 与式 $=\infty.$ //

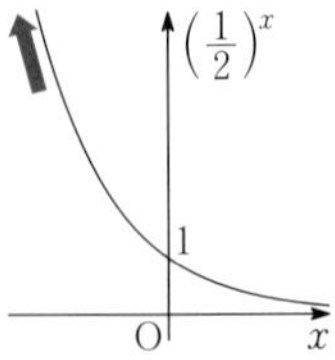

(3) $\boxed{x^3}-2x+5=\boxed{x^3}\left(1-\dfrac{2}{x^2}+\dfrac{5}{x^3}\right).$

$x\to-\infty$ のとき，$\boxed{x^3}\to-\infty$，(　　)部$\to1.$

よって，与式 $=-\infty.$ //

(4) $\boxed{x^4}-x^3+2x=\boxed{x^4}\left(1-\dfrac{1}{x}+\dfrac{2}{x^3}\right).$

$x\to-\infty$ のとき，$\boxed{x^4}\to\infty$，(　　)部$\to1.$

よって，与式 $=\infty.$ //

解説 (1)(2)は，グラフを思い浮かべて即座に答えを言えるようにしましょう．
この結果を見ると，底と 1 の大小による極限の結果が，$x \to +\infty$ のときと逆になります．
(3)(4)からわかるように，n 次関数($n \in \mathbb{N}$)において，$x \to \pm\infty$ のときの極限は，最高次の項のみで決まります[→Ⅱ+B 例題 6 2 f 参考]．次のようになります：

$$x \to \infty \text{ のとき，} x^n \to \infty.$$

$$x \to -\infty \text{ のとき，} x^n \to \begin{cases} \infty \ (n \text{ が偶数}), \\ -\infty \ (n \text{ が奇数}). \end{cases}$$

例題 2 4 b $x \to -\infty$ の極限・無理関数 根底 実戦

[→演習問題 2 8 1]

次の関数の極限を求めよ．

(1) $\displaystyle\lim_{x\to-\infty}\left(x-\sqrt{x^2-x+1}\right)$ (2) $\displaystyle\lim_{x\to-\infty}\left(x+\sqrt{x^2-x+1}\right)$ (3) $\displaystyle\lim_{x\to-\infty}\left(2x+\sqrt{x^2-x+1}\right)$

注 まず最初に，**必ず**“振る舞い”そのものを見ること．

解答 (1) **着眼** 不定形じゃないです(笑)．■

$x \to -\infty$ のとき，

$$x \to -\infty,\ -\sqrt{x^2-x+1} \to -\infty.$$

$\therefore$ 与式 $= -\infty$．//

(2) **着眼** $-\infty+\infty$ 型不定形です．

$\boxed{x}+\sqrt{\boxed{x^2}-x+1}$ の主要部は $\boxed{x}$ ですね．ただし，$\sqrt{x^2}=x$（×）ではありません[1)]から…■

$x \to -\infty$ のとき

$$\begin{aligned} & x+\sqrt{x^2-x+1} \\ &= \frac{\left(x+\sqrt{x^2-x+1}\right)\left(x-\sqrt{x^2-x+1}\right)}{x-\sqrt{x^2-x+1}} \\ &= \frac{\boxed{x}-1}{\boxed{x}-\sqrt{\boxed{x^2}-x+1}} \quad \cdots \frac{-\infty}{-\infty}\text{型不定形} \\ &= \frac{\boxed{1}-\frac{1}{x}}{\boxed{1}+^{2)}\sqrt{\boxed{1}-\frac{1}{x}+\frac{1}{x^2}}} \quad (\because\ x<0) \\ &\to \frac{1}{1+1} = \frac{1}{2}.\ // \end{aligned}$$

解説 1)：$x \to -\infty$ とするとき，$x<0$ のもとで考えるので，次のようになります．

$$\sqrt{x^2}=|x|=-x. \quad \therefore x=-\sqrt{x^2}. \cdots ①$$

2)：この「+」が古来受験生を悩ませてきました(笑)．①を用いて分母の $\sqrt{\ }$ 部分の計算過程を詳しく書くと，

$$\begin{aligned} \frac{\sqrt{x^2-x+1}}{x} &= \frac{\sqrt{x^2-x+1}}{-\sqrt{x^2}} \\ &= -\sqrt{\frac{x^2-x+1}{x^2}} \\ &= -\sqrt{1-\frac{1}{x}+\frac{1}{x^2}}. \end{aligned}$$

言われてみれば，その通りですよね．とはいえしっくりこないのがあたりまえ．負の文字と $\sqrt{\ }$ の計算には慣れていないのですから．

(3) **着眼** (2)と同じく $-\infty+\infty$ 型不定形です．ただし(1)と違い，2 か所にある主要部 $\boxed{x}$ の係数が異なるので，例の“感覚”によれば…

$$\boxed{2x}+\sqrt{\boxed{x^2}-x+1} \sim 2x+\sqrt{x^2} \sim 2x-x=x.$$

はい．答えは $-\infty$ ですね．■

$$\boxed{2x}+\sqrt{x^2-x+1}=\boxed{x}\left(2-^{3)}\sqrt{1-\frac{1}{x}+\frac{1}{x^2}}\right).$$

$x \to -\infty$ のとき

$$\boxed{x} \to -\infty, \quad (\quad)\text{部} \to 2-1=1.$$

$\therefore$ 与式 $= -\infty$．//

注 3)：ここが「−」になる理由も前記と同様．

注 1)2)：これら困難を回避するには，$t=-x$ と置換し，与式を $\displaystyle\lim_{t\to+\infty}\left(-t+\sqrt{t^2+t+1}\right)$ と書き換えてしまえば OK．しかし，本問を解くことは「目的」ではありません（入試で頻出ではないので）．負の文字の扱いに対する「訓練の場」だと思って，上記 **解答** をマスターしましょう．

4 $x\to$ 定数 のときの極限

既にⅡ+B 6 1において，「微分係数の定義」として学んだ内容です．

例 $f(x)=x^2$ のとき，$x=3$ における $f(x)$ の微分係数は，

$$f'(3)=\lim_{h\to0}\frac{f(3+h)-f(3)}{h}$$
$$=\lim_{h\to0}\frac{(3+h)^2-3^2}{h}$$

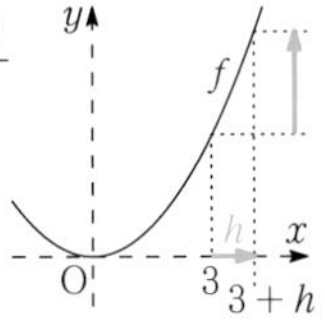

$$=\lim_{h\to0}\frac{(6+h)h}{h}\ \cdots①$$
$$=\lim_{h\to0}(6+h)\ \cdots②$$
$$=6\ (\text{収束}).\ \cdots③$$

○「$h\to0$」とは，h を0と異なる値をとりながら限りなく0に近づけるという意味です．決して「$h=0$」とはしません．

「目的地」をもじった筆者の私的表現

○「$\lim_{h\to0}(6+h)$」とは，$h\to0$ のときに $6+h$ が目指して近づいていく値，言ってみれば**“目的値”**を指します．つまり等式③は，決して「$6+h=6$」と主張しているのではありません．

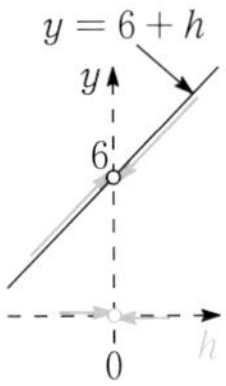

○①の段階で $h\to0$ とすると，分子，分母とも0に収束するので極限が不明です[1]．

○そこで，h を約分して②にすると，極限が簡単に求まりますね．

○**重要** ただし，$h\to0$ のときの極限値は，あくまでも「$h\neq0$」のときだけを参照して求めます．ちょうど $h=0$ のときの値ではなく！[2]

注 [1]：俗に「$\frac{0}{0}$ 型不定形」といいます．こうした表現も，数列の極限と同じです．

[2]：1次関数 $g(h)=6+h$（$h=0$ も定義域に含める）を考えると，$y=g(h)$ のグラフは“つながっている”ので「極限値 $\lim_{h\to0}g(h)$」と「ちょうど $h=0$ のときの値 $g(0)$」が一致します．こうしたケースでは，「極限値」を求める手段として「**ちょうどそのときの値**」を計算することが多いです．（このテーマについては，[→6]「関数の連続性」においてより詳しく学びます．）

例題 2 4 C 関数の極限（$x\to$ 定数）の基礎 根底 実戦

[→演習問題 2 8 1]

次の極限を求めよ． (1) $\lim_{x\to2}(x^2+2x+4)$ (2) $\lim_{x\to2}\frac{x^3-8}{x-2}$

注 解くのはとても簡単ですが（笑），関数の極限に対する**正しい考え方を学ぶ**のが目的ですよ！

解答 (1) $\lim_{x\to2}(x^2+2x+4)$

$=2^2+2\cdot2+4=12.$ //

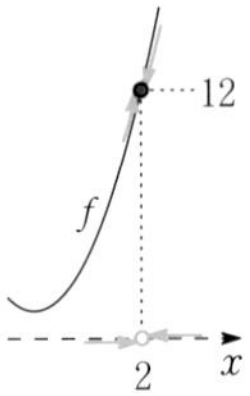

解説 $f(x)=x^2+2x+4$ とおくと，$y=f(x)$ のグラフは“つながっています”（$f(x)$ は連続）．

よって，「求める極限値 $\lim_{x\to2}f(x)$」は，「ちょうど $x=2$ のときの値 $f(2)$」と等しくなります．

(2) **着眼** $\frac{0}{0}$ 型不定形ですね．

$$\lim_{x\to2}\frac{x^3-8}{x-2}=\lim_{x\to2}\frac{(x-2)(x^2+2x+4)}{x-2}$$

(1)より

$$=\lim_{x\to2}(x^2+2x+4)=12.\ //$$

解説 $g(x)=\frac{x^3-8}{x-2}$ とおくと，$y=g(x)$ のグラフは $x=2$ において“つながっていません”．よって，求める極限値を「$g(2)$」として求めることはできません．

しかし，$x\to2$ のときの極限は $x\neq2$ のもとで考えるので，$g(x)$ を $f(x)$ にすり替えてかまいません．よって，答えは(1)と同じになるという訳です．

ここで述べた次の流れを，**深く深く理解しておいてください．**

$$\lim_{x\to2}g(x)=\lim_{x\to2}f(x)=f(2)$$

∵ $x\neq2$ のもとで考える　∵ $f(x)$ は連続

注 数列の極限では「$n \to \infty$」のときしか考えないので「$a_n \to \triangle$」で済ませても支障ないですが，関数の極限ではマジメに「$\lim_{x \to \bigcirc} f(x) = \triangle$」と書いて$x$の向かう先：○を明示する機会が増えます．■

次に，収束しない（発散する）ケースも含めて極限を求める練習です．

例題 2 4 4 d　関数の極限（$x \to$ 定数）　根底 実戦

[→演習問題 2 8 1]

次の極限を求めよ．なお，「e」は「自然対数の底」であり，その値は約 2.7 である．

(1) $\lim_{x \to 0} \log_e \cos x$　(2) $\lim_{x \to 1} \dfrac{4^x - 4}{2^x - 2}$　(3) $\lim_{x \to \pi} \dfrac{1 + \cos x}{\sin^2 x}$　(4) $\lim_{h \to 0} \dfrac{\sqrt{3+h} - \sqrt{3}}{h}$

(5) $\lim_{x \to 0} \dfrac{1}{x^2}$　(6) $\lim_{x \to 1} \dfrac{1}{x-1}$　(7) $\lim_{x \to 0} \sin \dfrac{1}{x^2}$

方針 数列の極限と同様，まずは“振る舞い”そのものを観察すること．

解答 (1) **着眼** 2つの関数$t = \cos x$ …①と$y = \log_e t$ …②の合成関数ですから，$x \rightsquigarrow t \rightsquigarrow y$の順に“振る舞い”を追跡していきます．

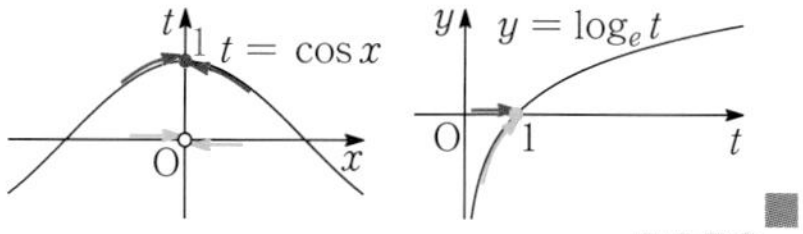

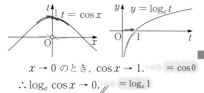

$x \to 0$ のとき，$\cos x \to 1$.　$= \cos 0$

$\therefore \log_e \cos x \to 0$. //　$= \log_e 1$

解説 ①②とも連続ですから，「極限値」は「ちょうどそのときの値」として求まります．

(2) **着眼** $\dfrac{0}{0}$ 型不定形です．約分できるのが見えますか？■

$$\lim_{x \to 1} \frac{4^x - 4}{2^x - 2} = \lim_{x \to 1} \frac{(2^x)^2 - 2^2}{2^x - 2}$$
$$= \lim_{x \to 1} \frac{(2^x + 2)(2^x - 2)}{2^x - 2}$$
$$= \lim_{x \to 1} (2^x + 2) = 2 + 2 = 4. //$$

(3) **着眼** $\dfrac{0}{0}$ 型不定形．これも約分できます．■

$$\lim_{x \to \pi} \frac{1 + \cos x}{\sin^2 x} = \lim_{x \to \pi} \frac{1 + \cos x}{1 - \cos^2 x}$$
$$= \lim_{x \to \pi} \frac{1 + \cos x}{(1 + \cos x)(1 - \cos x)}$$
$$= \lim_{x \to \pi} \frac{1}{1 - \cos x}$$
$$= \frac{1}{1+1} = \frac{1}{2}. //$$

(4) **着眼** $\dfrac{0}{0}$ 型不定形です．前2問のような約分は無理そうですから，有理化してみます．■

$$\lim_{h \to 0} \frac{\sqrt{3+h} - \sqrt{3}}{h}$$
$$= \lim_{h \to 0} \frac{(\sqrt{3+h} - \sqrt{3})(\sqrt{3+h} + \sqrt{3})}{h(\sqrt{3+h} + \sqrt{3})}$$
$$= \lim_{h \to 0} \frac{h}{h(\sqrt{3+h} + \sqrt{3})}$$
$$= \lim_{h \to 0} \frac{1}{\sqrt{3+h} + \sqrt{3}} = \frac{1}{2\sqrt{3}}. //$$

参考 これは，$f(x) = \sqrt{x}$ に対する $f'(3)$ です．

(5) $x \to 0$ のとき，分母 $\to 0$ であり，符号は正．よって

与式 $= \infty$. //

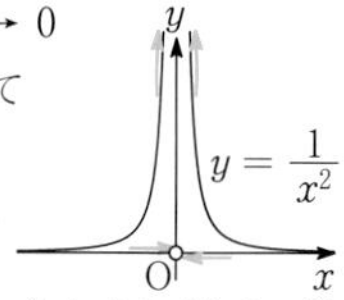

解説 $x \to 0$ のとき，$\dfrac{1}{+0.000000000000001}$ のようなカンジで，答えは $+\infty$ となります．

(6) $\lim_{x \to 1} \dfrac{1}{x-1}$ は存在しない. //

解説 $x \to 1$ のとき，右図からわかるように，x と 1 の大小により極限はまるで違います．この「違い」こそ，次項のテーマです．

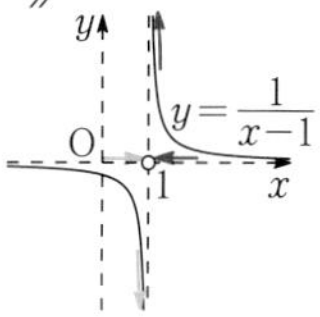

(7) $x \to 0$ のとき，$\dfrac{1}{x^2} \to \infty$ となるから，

$\sin \dfrac{1}{x^2}$ は振動する（極限はない）. //

解説 x が 0 に近いとき，x がほんの少し変化しただけで $\dfrac{1}{x^2}$ は大きく変動するため，関数 $\sin \dfrac{1}{x^2}$ は -1〜1 で激しく振動します．

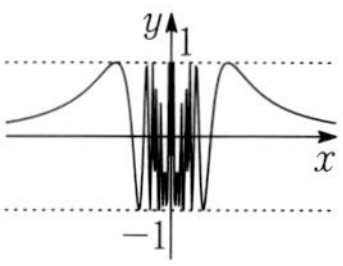

5 片側極限

例 前問(6)：$\lim_{x\to1}\frac{1}{x-1}$ の答えが「極限はない」である理由をより詳しく説明します．

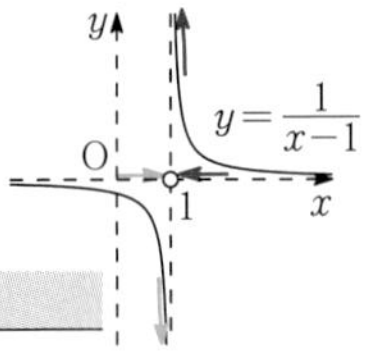

「$x\to1$ のとき」といっても，そのときの $\frac{1}{x-1}$ の“振る舞い”は，右図からわかるように x と 1 の大小によって次のように異なります．このように，x をある定数に近づける際，その「近づける向き」を区別して次のように言い表します：

近づけ方	おおよそのカンジ	言い方	表記
x を $x>1$ の範囲で 1 に近づける	$\frac{1}{+0.0000000000001}$	右側極限	$\lim_{x\to1+0}\frac{1}{x-1}=+\infty$
x を $x<1$ の範囲で 1 に近づける	$\frac{1}{-0.0000000000001}$	左側極限	$\lim_{x\to1-0}\frac{1}{x-1}=-\infty$

赤色・青色は上図と対応

片側極限 **定義** 上記の一般論です

関数 $f(x)$ において，x を a に限りなく近づけるとき，近づける“向き”に応じて次のように区別する．

$x>a$ の範囲で近づけるときの極限を**右側極限**といい，$\lim_{x\to a+0}f(x)$ と表す．

$x<a$ の範囲で近づけるときの極限を**左側極限**といい，$\lim_{x\to a-0}f(x)$ と表す．

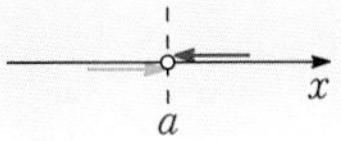

語記サポ 「右側極限」と「左側極限」を総称して，「**片側極限**」といいます．■

上の **例** では，右側極限と左側極限が一致しないので「極限 $\lim_{x\to1}\frac{1}{x-1}$」は存在しません．一般に，

右側極限 $\lim_{x\to a+0}f(x)$ と左側極限 $\lim_{x\to a-0}f(x)$ が
- 一致する→それが極限 $\lim_{x\to a}f(x)$（存在する）．
- 一致しない→ $\lim_{x\to a}f(x)$ は存在しない．

例題 2 4 e 片側極限 根底 実戦

[→演習問題 2 8 3]

次の(1)～(3)の $f(x)$ について，右側極限，左側極限，極限をそれぞれ求めよ．

(1) $f(x)=\frac{|x|}{x}$ $(x\to0)$　(2) $f(x)=x-[x]$ $(x\to2)$（$[x]$は x を超えない最大整数）

(3) $f(x)=x|x|$ $(x\to0)$

例の「ガウス記号」

解答 (1) **着眼** 絶対値記号内の符号で場合分けすると…■

$$f(x)=\begin{cases}\frac{x}{x}=1\ (x>0)\\ \frac{-x}{x}=-1\ (x<0).\end{cases}$$

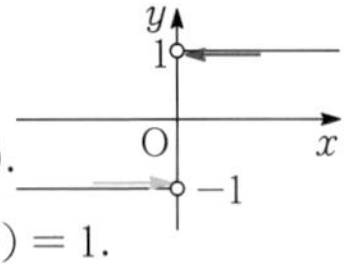

$$\therefore\begin{cases}\text{右側極限：}\lim_{x\to+0}f(x)=1.\\ \text{左側極限：}\lim_{x\to-0}f(x)=-1.\\ \text{極限：}\lim_{x\to0}f(x)\text{ は存在しない.}\end{cases}$$ //

語記サポ 「**0**」に近づけるときの片側極限は，「→ **0**±0」を「→ ±0」と書きます．

(2) **着眼** x の整数部分に応じて場合分けします．$x\to2$ とするので，それに近い x を考えて…■

$$f(x)=\begin{cases}x-1\ (1\le x<2)\\ x-2\ (2\le x<3).\end{cases}$$

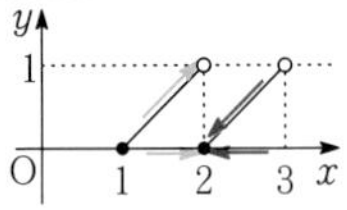

$$\therefore\begin{cases}\text{右側極限：}\lim_{x\to2+0}f(x)=0.\\ \text{左側極限：}\lim_{x\to2-0}f(x)=1.\\ \text{極限：}\lim_{x\to2}f(x)\text{ は存在しない.}\end{cases}$$ //

解説 (1)(2)とも，右側極限と左側極限が不一致なので，「極限」は存在しません．

(3) $x\to0$ のとき，$|x|\to0$ より $f(x)\to0\cdot0=0$．

よって，右側極限，左側極限，極限は全て 0．//

解説 ワザとこんな問いも混ぜ込みました(笑)．“振る舞い”そのものを見て，右側・左側に分ける価値を感じたときのみ片側極限を考えます．

6 関数の連続性

おおまかに言うと，$y=x^2$ や $y=\sin x$ のように定義域内で グラフが "つながっている" 関数のことを「連続関数」といいます．この用語は，これまでにも何度かこのような意味で使ってきました．
上で述べた「グラフが "つながっている"」ことを，より精密に表してみましょう．「極限値」と「ちょうどそのときの値」を用いて，次のように定めます：

関数の連続性 **定義**

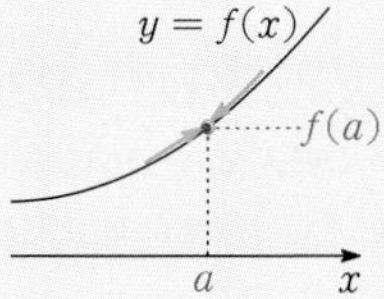

関数 $f(x)$ が $x=a$ で**連続**であるとは，次が成り立つことを言う：

$$\underbrace{\lim_{x\to a} f(x)}_{\text{極限値}} = \underbrace{f(a)}_{\text{ちょうどそのときの値}}.$$

$\lim_{x\to a+0} f(x) = \lim_{x\to a-0} f(x) = f(a)$

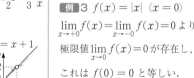

注 もちろん，両辺が値をもった上での話です．つまり，a が定義域内にあり，$\lim_{x\to a} f(x)$ が収束して極限値をもつ (左側極限・右側極限が一致) ことが前提です．

グラフ上の点が $x=a$ を "目指して近づいていく" とき (図の青矢印)，その "目的地点" にちゃんとグラフ上の点がある (図の赤点) ということです．よく考えられた定義ですね．

注 これまでに，**例題 2 4 C** (1)などにおいて上記を使って極限を求めていました．■

定義域内の x において連続でないときには，その点で**不連続**であるといいます．

次の 3 例で，〈　　〉内の x において連続か，不連続かを考えます．

例 1 $f(x)=x-[x]$ $\langle x=2\rangle$ 前問(2)

$\lim_{x\to 2+0} f(x) \neq \lim_{x\to 2-0} f(x)$ より

極限値 $\lim_{x\to 2} f(x)$ が存在しない．

よって，$f(x)$ は $x=2$ において不連続．

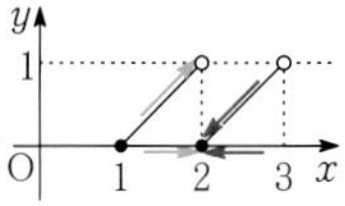

例 2 $f(x)=\begin{cases} \dfrac{x^2-1}{x-1} & (x\neq 1) \\ 1 & (x=1) \end{cases}$ $\langle x=1\rangle$

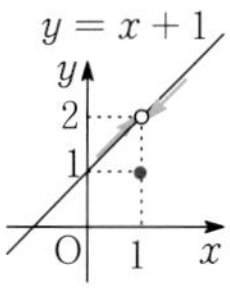

$x\neq 1$ のとき $f(x)=x+1$ より

極限値 $\lim_{x\to 1} f(x)=2$ が存在するが，

これは $f(1)=1$ と異なる．

よって，$f(x)$ は $x=1$ において不連続．

例 3 $f(x)=|x|$ $\langle x=0\rangle$

$\lim_{x\to +0} f(x) = \lim_{x\to -0} f(x) = 0$ より

極限値 $\lim_{x\to 0} f(x)=0$ が存在し，

これは $f(0)=0$ と等しい．

よって，$f(x)$ は $x=0$ において連続．

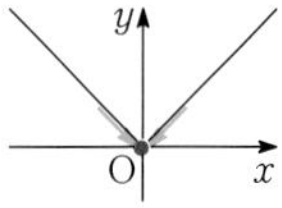

注 **例** 1において，次が成り立っています：

$$\lim_{x\to 2+0} f(x) = f(2)\ (=0).$$

左側極限は考えない

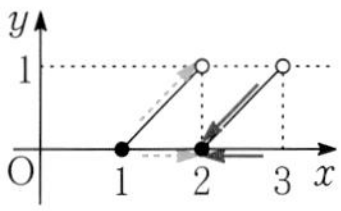

このように，「右側極限の値」と「ちょうどそのときの値」とが等しいとき，$f(x)$ はその点において**右側連続**であるといいます．**左側連続**についても同様です．

今の例では，$f(x)$ は $x=2$ において，「連続」ではありませんが，「右側連続」ではあります．

片側連続 **定義**

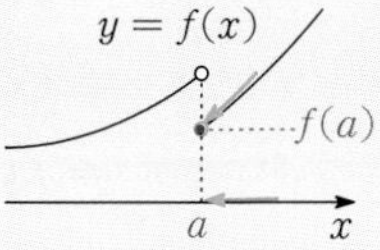

$f(x)$ が $x=a$ で**右側連続**であるとは，$\overbrace{\lim_{x\to a+0} f(x)}^{\text{右側極限}} = \overbrace{f(a)}^{\text{ちょうどそのときの値}}$ が成り立つこと．

左側連続についても同様．両者を総称して，**片側連続**という．

前ページの「連続関数」の定義をもう少しちゃんと述べると，次の通りです：

連続関数とは，定義域内の全ての x において**連続**な関数のことをいう．　下の注1注2を参照

注1　例えば1次分数関数 $y=\dfrac{1}{x}$ …① のグラフは $x=0$ において“途切れて”います．しかし，それは定義域外でのことであり，定義域：$x \neq 0$ においては“つながって”います．よって，①も「連続関数である」といいます．釈然としませんが（笑）．とはいえ①のグラフは“途切れて”いますから，いろいろ注意が必要ですよ．[→ 1 4 3 「逆関数の存在条件」]

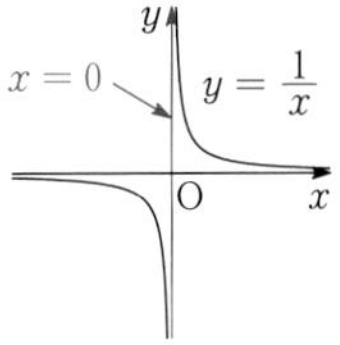

注2　例えば（1次）無理関数 $y=\sqrt{x}$ は，定義域：$x \geq 0$ の“左端”：$x=0$ において右側連続であり，それ以外の $x>0$ においては連続です．このような関数も「連続関数」と呼びます．

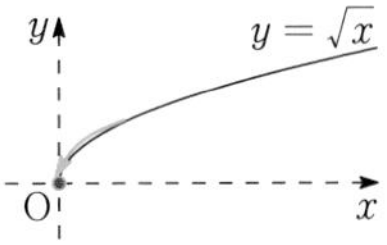

以上のルールに従えば，次のように言えます：

高校数学で扱う基本関数：整式の関数，分数関数，無理関数，三角関数，指数・対数関数．およびそれらの和・差・積・商や合成関数は，全て「連続関数」である．

注　高校数学は，この事実を認めた上で議論をします．厳格な証明は，大学以降のお話です．■

前ページ 例 1の関数 $f(x)=x-[x]$ は連続関数ではありませんが，例えば区間 $[2, 3)$ つまり $2 \leq x < 3$ においては連続（“左端” $x=2$ においては右側連続）です．このように，限定された x の区間においての連続性を考えることもあります．

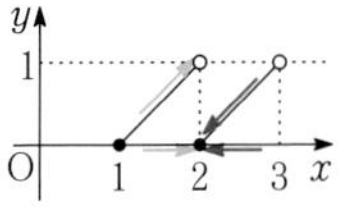

例題 2 4 f　連続となるための条件　根底 実戦　[→演習問題 2 8 7]

関数 $f(x)=\begin{cases} \sin x & \left(|x| \leq \dfrac{\pi}{2}\right) \\ ax+b & \left(|x| > \dfrac{\pi}{2}\right) \end{cases}$ が任意の実数 x において連続となるような実数定数 a, b の値を求めよ．

解答　$|x|<\dfrac{\pi}{2}$ では，$f(x)=\sin x$ は連続．

$|x|>\dfrac{\pi}{2}$ では，$f(x)=ax+b$ は連続．

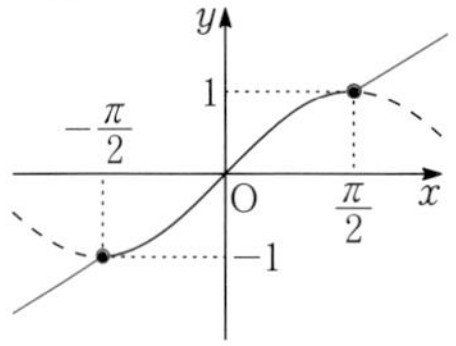

よって題意の条件は，$x=\pm\dfrac{\pi}{2}$ において $f(x)$ が連続であること．

○ $x=\dfrac{\pi}{2}$ における連続性．

$$\lim_{x \to \frac{\pi}{2}-0} \overset{1)}{=} f\left(\frac{\pi}{2}\right)(=1)$$　「左側極限」と「ちょうどの値」

より，$f(x)$ が $x=\dfrac{\pi}{2}$ において連続であるための条件は

$$\lim_{x \to \frac{\pi}{2}+0} \overset{2)}{=} a \cdot \frac{\pi}{2}+b=1. \cdots ①$$　「右側極限」

○ $x=-\dfrac{\pi}{2}$ における連続性．

$$\lim_{x \to -\frac{\pi}{2}+0} = f\left(-\frac{\pi}{2}\right)(=-1)$$

より，$f(x)$ が $x=-\dfrac{\pi}{2}$ において連続であるための条件は

$$\lim_{x \to -\frac{\pi}{2}-0} = a \cdot \frac{-\pi}{2}+b=-1. \cdots ②$$

①＋② より $b=0$．これと①より

$$(a, b)=\left(\frac{2}{\pi}, 0\right).$$ //

解説 1)：「$\sin x$」の方を使って考えています．

2)：「$ax+b$」の方を使って考えています．

注 要はグラフが“つながっている”訳ですから，直線 $y=ax+b$ が2点 $\left(\dfrac{\pi}{2},1\right)$, $\left(-\dfrac{\pi}{2},-1\right)$ を通るように a, b を決めるという感覚でも正解は得られます．ただ，ここでは，連続の定義を確認することが主眼ですので，前記**解答**のようにカッチリした答案が書けるようにしたいです．

連続関数の性質として，次の2つが有名です（いずれも直観的に納得できればOK．証明は大学以降）．

閉区間と最大値・最小値

閉区間で連続な関数は，その閉区間で必ず最大値・最小値をもつ．

例 2次関数 $y=x^2$ は，閉区間 $[-1,2]$ においては最大値4，最小値0をもちます（右の図1）．一方，区間 $[-1,2)$ においては最大値をもちません（右の図2）． ■

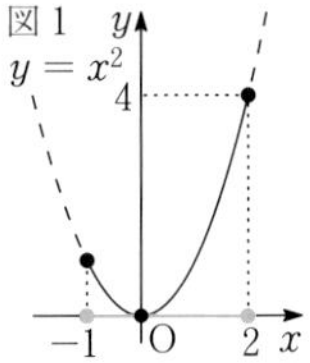

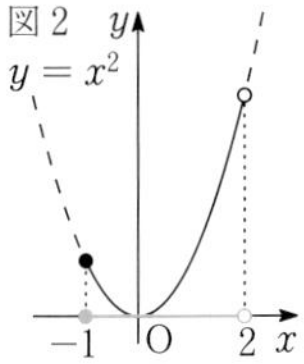

中間値の定理

関数 $f(x)$ が閉区間 $[a,b]$ で連続で，$f(a) \neq f(b)$ ならば，$f(x)$ は開区間 (a,b) において $f(a)$ と $f(b)$ の間の値を全てとる．（$a<b$）

つまり，$f(a)$ と $f(b)$ の間の任意の値 k に対して，$f(c)=k$ を満たす $c\ (a<c<b)$ が存在する．

間の値＝中間値

例：「1と3の間」や「3と1の間」とは，開区間(1, 3)

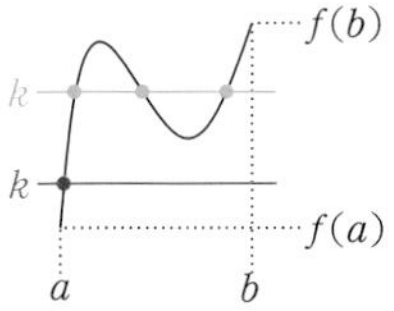

グラフが“つながっている”のですから，当然のことです（笑）．これまでにも，2次関数・3次関数などにおいて，とくに意識することなく使っていました．

例題 24g 方程式の解の存在 根底 実戦

[→演習問題288]

方程式 $2^x = x\sin x + \dfrac{6}{5}\ \left(0<x<\dfrac{\pi}{2}\right)$ …① は少なくとも1つの解をもつことを示せ．ただし，$\pi=3.14\cdots$, $\sqrt{2}=1.41\cdots$ …② を用いてよいとする．

着眼 両辺の差をとって積の形にするなどの式変形では無理 1)．そこで，グラフを利用します．

解答 $0<x<\dfrac{\pi}{2}$ の範囲で考える．①を同値変形した

$$f(x) := 2^x - x\sin x - \frac{6}{5} = 0 \quad \cdots ①'$$

が解をもつことを示す．

$$f(0) = 1 - 0 - \frac{6}{5} = -\frac{1}{5} < 0.$$

$$f\left(\frac{\pi}{2}\right) = 2^{\frac{\pi}{2}} - \frac{\pi}{2}\cdot 1 - \frac{6}{5}.$$

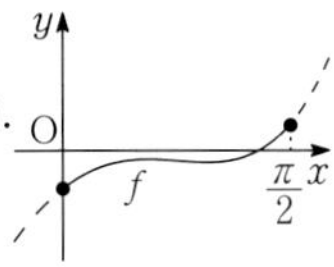

これと②より

$$f\left(\frac{\pi}{2}\right) \overset{2)}{>} 2^{\frac{3}{2}} - \frac{\pi}{2} - \frac{6}{5}$$
$$= 2\sqrt{2} - \frac{\pi}{2} - \frac{6}{5}$$
$$> 2\times 1.4 - \frac{3.2}{2} - 1.2 = 0.$$

$f\left(\frac{\pi}{2}\right)>0$

よって，0 は $f(0)$ と $f\left(\dfrac{\pi}{2}\right)$ の間にあるので，中間値の定理より，①′および①を満たす x が，開区間 $\left(0,\dfrac{\pi}{2}\right)$ に存在する．□

解説 1)：なぜ無理かと言えば，ベキ関数 x，三角関数 $\sin x$，指数関数 2^x という**異種の関数が混在**するからです．このような場合，解の存在をグラフを用いて示すのが有効な手段の一つです．

2)：$2^{\frac{\pi}{2}}$ の値は求めようがないので，それより少しだけ小さい計算可能な値で**評価**しました．

7 関数の極限・実戦問題

それでは実戦度を増した問題を解いてみましょう．多くの受験生が，ここまでの基礎的内容を飛び越えて，本項のような問題の解き方だけを覚え込もうとしますが…もちろんそれじゃあダメです．

例題 24h 無理関数の極限・係数決定　根底 実戦 典型　[→演習問題284]

$f(x)=\sqrt{x^2-2x+2}-ax$ とおく．$\lim_{x\to\infty} f(x)=b$ …① が成り立つような定数 a, b の値を求めよ．

着眼 $f(x)=\boxed{\sqrt{x^2}}-2x+2-\boxed{ax}$. $x\to\infty$ のとき，$f(x)$ の主要部は $\boxed{x}$ です．そこに注目して"振る舞い"そのものを観察すると…a の符号が見えましたか？

解答 $x\to\infty$ のとき，$\sqrt{x^2-2x+2}\to\infty$.
よって，$a\leq 0$ だと $f(x)\to\infty$ となり不適．
よって以下，必要条件：$a>0$ のもとで考える．

着眼 このとき $\lim_{n\to\infty} f(x)$ は $\infty-\infty$ 型不定形で，$\sqrt{}$ があるので有理化してみます．■

$$f(x)=\frac{\left(\sqrt{x^2-2x+2}-ax\right)\left(\sqrt{x^2-2x+2}+ax\right)}{\sqrt{x^2-2x+2}+ax}$$
$$=\frac{\boxed{(1-a^2)x^2}\ \boxed{-2x}+2}{\boxed{\sqrt{x^2}}-2x+2+\boxed{ax}}.$$

着眼 分母の主要部は $\boxed{x}$ です．よって，分子にそれより高次の $\boxed{(1-a^2)x^2}$ があれば $f(x)$ は収束しませんから，実際には x^2 の項はないはずですね…■

$$f(x)=\frac{\boxed{(1-a^2)x}\ \boxed{-2}+\frac{2}{x}}{\sqrt{\boxed{1}-\frac{2}{x}+\frac{2}{x^2}}+\boxed{a}}.$$
分子，分母を分母の主要部 $\boxed{x}$ で割った

$x\to\infty$ のとき，分母 $\to 1+a(>0)$．よって，$1-a^2\neq 0$ だと $f(x)\to\pm\infty$ となり不適．よって，$1-a^2=0$. $a>0$ より $a=1$ が必要．このとき，

$$f(x)=\frac{\boxed{-2}+\frac{2}{x}}{\sqrt{\boxed{1}-\frac{2}{x}+\frac{2}{x^2}}+\boxed{1}}\xrightarrow[x\to\infty]{}\frac{-2}{1+1}=-1.$$

これと①より，$b=-1$.
以上より，$a=1, b=-1$. //

別解 $f(x)=\boxed{\sqrt{x^2}}-2x+2-\boxed{ax}$ の主要部 $\boxed{x}$ で"くくる"という方針も自然ですね．

$$f(x)=\boxed{x}\left(\sqrt{1-\frac{2}{x}+\frac{2}{x^2}}-a\right).$$
($f(x)$ ↓ 定数 b，$\boxed{x}$ ↓ ∞)

着眼 $x\to\infty$ のとき，上の赤字を見ると，(　　)$\to 0$ だと見抜けますね．これで，a の値が決まります．■

$$\sqrt{1-\frac{2}{x}+\frac{2}{x^2}}-a=\frac{f(x)}{x}.$$
($f(x)\to b$ (∵ ①)，$x\to\infty$)

$x\to\infty$ のとき，左辺 $\to 1-a$．また，①より右辺 $\to 0$．よって
$1-a=0$. $a=1$.

方針 これで $f(x)$ は確定しました．その極限を求めれば，それが b の値です．■

このとき
$$f(x)=\boxed{\sqrt{x^2}}-2x+2-\boxed{x}$$
$$=\frac{\left(\sqrt{x^2-2x+2}-x\right)\left(\sqrt{x^2-2x+2}+x\right)}{\sqrt{x^2-2x+2}+x}$$
$$=\frac{\boxed{-2x}+2}{\boxed{\sqrt{x^2}}-2x+2+\boxed{x}}$$
$$=\frac{\boxed{-2}+\frac{2}{x}}{\sqrt{\boxed{1}-\frac{2}{x}+\frac{2}{x^2}}+\boxed{1}}$$
$$\xrightarrow[x\to\infty]{}\frac{-2}{1+1}=-1.$$

これと①より，$a=1, b=-1$. //

解説 別解は，$a=1$ を求める所までは速いですが，そのあと結局有理化して解答と同じことをする羽目になり，二度手間感があります．2 つの解法に，とくに優劣はないかなと思います．筆者は，解答の方を推奨します．"振る舞いそのもの"を観察する練習になるからです．

注　「$\lim_{x\to\infty}\left\{\sqrt{x^2-2x+2}-(ax+b)\right\}=0$」と出題されても，①へと同値変形できますね．

参考　x を凄く大きくするとき，$\sqrt{x^2-2x+2}=\sqrt{(x-1)^2+1}\sim\sqrt{(x-1)^2}=x-1\ (\because\ x\geqq 1)$ ですから，$x\to\infty$ のとき，$\sqrt{x^2-2x+2}-(x-1)\to 0$ となりそうですね．つまり，本問の答えは最初からミエミエでした（笑）．

73後　$y=\sqrt{x^2-2x+2}$ とおくと，$y\geqq 0$ であり

$y^2=x^2-2x+2.\quad (x-1)^2-y^2=-1.$

これは右図のような双曲線 H（の"上半分"）です．つまり本問は，「H の漸近線を求める」という意味をもった問題だった訳です．

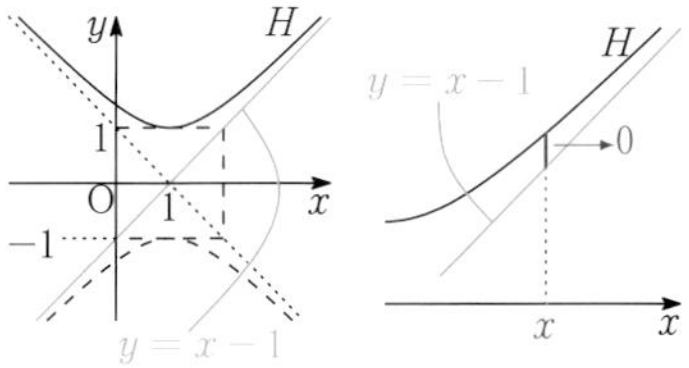

例題 24i　分数関数の極限・係数決定　根底 実戦　典型　[→演習問題 285]

$\lim_{x\to -2}\dfrac{x^3+ax^2+3x+b}{x+2}=3$ …① が成り立つような実数定数 a, b の値を求めよ．

着眼　$x\to -2$ のとき，分母 $\to 0$ です．よって，例えば 分子 $\to 5$ とかだと，左辺の極限は発散しちゃいますから…，「分子 $\to 0$」となりそう．それをキチンと示しましょう．

解答　①の左辺の分子を $f(x)$ とおくと

$$f(x)\overset{1)}{=}\frac{f(x)}{x+2}\cdot(x+2)\xrightarrow[x\to -2]{}3\cdot 0=0.$$

$\lim_{x\to -2}f(x)\overset{2)}{=}f(-2)$ だから，$f(-2)=0$．よって因数定理より，$f(x)$ は $x+2$ で割り切れる．…②

-2	1	a	3	b
		-2	$-2a+4$	$4a-14$
	1	$a-2$	$-2a+7$	$b+4a-14$

この組立除法と②より

$b+4a-14=0.$ …③

このとき，

$$\frac{f(x)}{x+2}=\frac{(x+2)\{x^2+(a-2)x-2a+7\}}{x+2}$$
$$=x^2+(a-2)x-2a+7$$
$$\xrightarrow[x\to -2]{}4-2(a-2)-2a+7=15-4a.$$

これと①より，

$15-4a=3.\ \therefore\ a=3.$

これと③より，$(a, b)=(3, 2)$．//

解説　1)：極限が未知である $f(x)$ を，極限が既知（収束）である $\dfrac{f(x)}{x+2}$ と $x+2$ で表そうという，**極めて自然な**式変形です．

2)：3 次関数 $f(x)$ は連続関数なので．

注　未知数が a, b の 2 個．ところが等式は①の 1 個だけ．「え？ a, b って求まるの？」という素朴な疑問を抱いてもおかしくないですが，①は，「収束すること」と「その極限値」という 2 つ分の情報をもつ訳です．この事情に関しては，前問も同じですね．

5 三角関数の極限

1 「弧」と「線分」

右図のような半径 1，中心角 θ[rad] $\left(0<\theta<\dfrac{\pi}{2}\right)$ の扇形 OPQ において，
Q から OP へ垂線 QH を下ろすと，

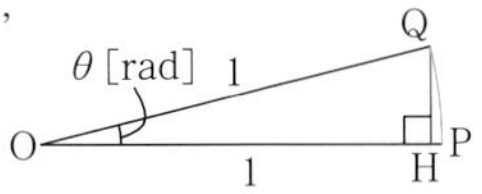

弧度法の定義より，$\overset{\frown}{\mathrm{PQ}}=1\cdot\theta=\theta$，

$\triangle$OQH に注目して，$\mathrm{QH}=1\cdot\sin\theta=\sin\theta$.

図のように $\theta\,(>0)$ が小さいとき，これらの「弧」と「線分」の長さはあまり変わらない気がしますね．
つまり大雑把に言うと

$\sin\theta\fallingdotseq\theta$.　i.e. $\dfrac{\sin\theta}{\theta}\fallingdotseq 1$.　θ が小さいとき

これが，本節の主題である公式：$\displaystyle\lim_{\theta\to0}\frac{\sin\theta}{\theta}=1$ …❶がもつ“**意味**”であり，後に大変重要な役割を演じます．

2 公式❶の証明

❶の左辺は，$\dfrac{0}{0}$ 型の不定形ですね．面積に関する不等式と“はさみうち”の手法を用いて示します．

1 の扇形OPQにおいて，右図のように線分 PQ と垂線 PT を引きます．

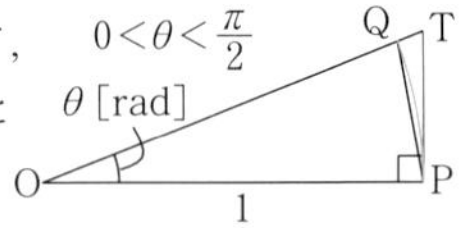

この扇形と 2 つの三角形の面積を比べると

$\triangle\mathrm{OPQ}<$ 扇形 OPQ $<\triangle\mathrm{OPT}$.

$\dfrac{1}{2}\cdot1^2\cdot\sin\theta<\dfrac{1}{2}\cdot1^2\cdot\theta<\dfrac{1}{2}\cdot1\cdot\tan\theta$. [1]

$\sin\theta\underset{①}{<}\theta\underset{②}{<}\dfrac{\sin\theta}{\cos\theta}$ $(=\tan\theta)$.

$\therefore\ \cos\theta\underset{②より}{<}\dfrac{\sin\theta}{\theta}\underset{①より}{<}1$ ($\because$ θ, $\cos\theta>0$).

$\theta\to+0$[2] のとき，$\cos\theta\to1$ だから，“はさみうち”

より，$\displaystyle\lim_{\theta\to+0}\frac{\sin\theta}{\theta}=1$. …❶′

次に，$\displaystyle\lim_{\theta\to-0}\frac{\sin\theta}{\theta}=1$ を示す．$\theta<0$ だから，
$t=-\theta$ とおくと，

$$\lim_{\theta\to-0}\frac{\sin\theta}{\theta}=\lim_{t\to+0}\frac{\sin(-t)}{-t}$$
$$=\lim_{t\to+0}\frac{\sin t}{t}=1\ (\because\ ❶′).$$

以上より，$\displaystyle\lim_{\theta\to0}\frac{\sin\theta}{\theta}=1$. □

補足　右側極限 ❶′ と左側極限が一致したので，
$\displaystyle\lim_{\theta\to0}\frac{\sin\theta}{\theta}$ は収束します．

注　2)：$\theta>0$ ですから，θ は正の値をとりながら 0 に近づけることしかできません．
1)：この不等式は，今後において問題解法の中でも使われます．

3 公式❶の系　「系」：ある公式から即座に導かれる公式

❶は「$\sin\theta$」に関する極限公式でしたが，「$\tan\theta$」「$\cos\theta$」についても同様な公式[3]があります．以下，$\theta\to0$ のときの極限を考えます．

$$\frac{\tan\theta}{\theta}=\frac{1}{\cos\theta}\cdot\frac{\sin\theta}{\theta}\to1\cdot1=1.$$

注　「sin」が「tan」に変わっただけですね．

$$\frac{1-\cos\theta}{\theta^2}=\frac{1-\cos\theta}{\theta^2}\cdot\frac{1+\cos\theta}{1+\cos\theta}$$
$$=\left(\frac{\sin\theta}{\theta}\right)^2\cdot\frac{1}{1+\cos\theta}\to1^2\cdot\frac{1}{2}=\frac{1}{2}.$$

解説　「$1-\cos\theta$」に「$1+\cos\theta$」を掛けて，$(1-\cos\theta)(1+\cos\theta)=1-\cos^2\theta=\sin^2\theta$ を作るのは，三角関数の変形における常套手段だと心得てください．　これと逆向きの変形も

注　3)：学校教科書では公式扱いされていませんので，使用の可否は例によって状況次第となりますが，少なくとも上位大学受験レベルでは“常識”です．（本書では公式として使います．）

4 三角関数の極限公式・まとめ

三角関数の極限公式 定理

❶ $\displaystyle\lim_{\boxed{\theta}\to 0}\frac{\sin\boxed{\theta}}{\boxed{\theta}}=1.$

❷ $\displaystyle\lim_{\boxed{\theta}\to 0}\frac{\tan\boxed{\theta}}{\boxed{\theta}}=1.$

❸ $\displaystyle\lim_{\boxed{\theta}\to 0}\frac{1-\cos\boxed{\theta}}{\boxed{\theta}^2}=\frac{1}{2}.$

重要　これらの重要ポイントは，次の 3 つ：

(a)　3 つとも，左辺は $\dfrac{0}{0}$ 型不定形．

(b)　3 つの □ を揃(そろ)えて使う．必ず □ → 0 とする．

(c)　これらの **“意味”** は，θ が 0 に近いとき，

❶：$\sin\theta\sim\theta$．❷：$\tan\theta\sim\theta$．❸：$1-\cos\theta\sim\dfrac{\theta^2}{2}$．

語記サポ　「〜」という記号は，以前も用いた「極限としては同じようなモノ」という意味です．筆者の私的表現であり，もちろん答案中では使用不可ですよ（笑）．■

注　$\sin\theta$, $\tan\theta$, $1-\cos\theta$ のグラフは（3「微分法」も用いると）右図のようになります．これを見ると，(c) で述べたことが視覚的に納得できますね．

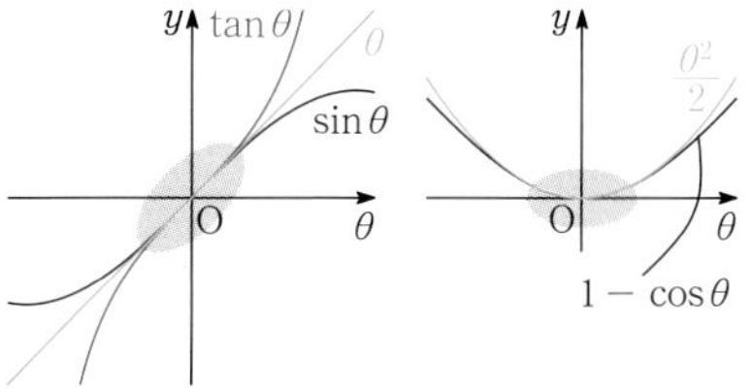

5 公式の利用

この宣言自体が解法を限定するヒントになっちゃってますが（笑）

それでは 4 の公式❶〜❸を使う練習です．上記重要 (a)〜(c) を意識して．

例題 2 5 a　三角関数の極限公式（基礎）　根底 実戦

[→演習問題 2 8 9]

次の極限を求めよ．

(1) $\displaystyle\lim_{\theta\to 0}\frac{\theta}{\sin 3\theta}$　(2) $\displaystyle\lim_{\theta\to 0}\frac{\tan 3\theta}{\sin 2\theta}$　(3) $\displaystyle\lim_{\theta\to 0}\frac{1-\cos 2\theta}{\theta\sin\theta}$　(4) $\displaystyle\lim_{\theta\to\frac{\pi}{2}}(\pi-2\theta)\tan\theta$

着眼　まずは“振る舞い”そのものを見て不定形の型を確認．その上で適合しそうな公式を選択．

解答　(1) **着眼** $\dfrac{0}{0}$ 型不定形．sin なので❶．

“感覚”では $\dfrac{\theta}{\sin 3\theta}\sim\dfrac{\theta}{3\theta}=\dfrac{1}{3}$ が答え（笑）．■

$$\lim_{\theta\to 0}\frac{\theta}{\sin 3\theta}\underset{2)}{=}\lim_{\boxed{\theta}\to 0}\frac{\boxed{3\theta}^{\,1)}}{\sin\boxed{3\theta}}\cdot\frac{1}{3}\underset{3)}{=}1\cdot\frac{1}{3}=\frac{1}{3}.\,/\!/$$

解説　1)：$\boxed{3\theta}$ を揃えて公式❶の形をムリヤリ作り，定数を微調整．

2)：ただし，ここまで $\boxed{3\theta}$ に揃えなくても許されるでしょう．「$\theta\to 0$」のとき「$3\theta\to 0$」となることは自明ですので．

3)：❶とは分子，分母が逆さですが，$\dfrac{1}{1}=1$ ですので気にせずに．（以上は(2)以降でも同様．）

(2) **着眼** $\dfrac{0}{0}$ 型不定形．sin と tan なので❶❷．“感覚”では $\dfrac{\tan 3\theta}{\sin 2\theta}\sim\dfrac{3\theta}{2\theta}=\dfrac{3}{2}$ が答え．■

$$\frac{\tan 3\theta}{\sin 2\theta}=\frac{\boxed{2\theta}}{\sin\boxed{2\theta}}\cdot\frac{\tan\boxed{3\theta}}{\boxed{3\theta}}\cdot\frac{3}{2}$$

$$\xrightarrow[\theta\to 0]{}1\cdot 1\cdot\frac{3}{2}=\frac{3}{2}.\,/\!/$$

(3) **着眼** $\dfrac{0}{0}$ 型不定形．cos なので❸．“感覚”では $\dfrac{1-\cos 2\theta}{\theta\sin\theta}\sim\dfrac{(2\theta)^2}{2}\cdot\dfrac{1}{\theta^2}=2$ が答え．■

$$\frac{1-\cos 2\theta}{\theta\sin\theta}=\frac{1-\cos\boxed{2\theta}}{(\boxed{2\theta})^2}\cdot\frac{\theta}{\sin\theta}\cdot 4$$

$$\xrightarrow[\theta\to 0]{}\frac{1}{2}\cdot 1\cdot 4=2.\,/\!/$$

(4) **着眼**　$0\times\pm\infty$ 型不定形．「→ 0」となる変数を設定．tan なので❷．■

$x=\dfrac{\pi}{2}-\theta$ とおくと，$\pi-2\theta=2x$ より

$$\lim_{\theta\to\frac{\pi}{2}}(\pi-2\theta)\tan\theta=\lim_{\boxed{x}\to 0}2\cdot\frac{\boxed{x}}{\tan\boxed{x}}=2\cdot 1=2.\,/\!/$$

解説　3 つの $\boxed{x}$ (→ 0) が揃ってますね．

6 三角関数の極限・総合

次に，4 の公式以外も視野に入れた総合演習をしましょう．

例題 256 b 三角関数の極限・収束の速さ 根底 実戦 [→演習問題289]

次の極限を求めよ．　(1) $\displaystyle\lim_{x\to 0}\frac{1-\cos x}{x}$　(2) $\displaystyle\lim_{x\to 0}\frac{\sin x}{x^2}$　(3) $\displaystyle\lim_{x\to 0}\frac{x^a\tan x}{1-\cos x}$ (a は実数の定数)

(1) **着眼** $\frac{0}{0}$ 型不定形．cos なので❸．

“感覚”では，$\dfrac{1-\cos x}{x}\sim\dfrac{x^2}{2}\cdot\dfrac{1}{x}=\dfrac{x}{2}\to 0$ が答え(笑)．■

$$\frac{1-\cos x}{x}=\frac{1-\cos x}{x^2}\cdot x\xrightarrow[x\to 0]{}\frac{1}{2}\cdot 0=0.\ //$$

(2) **着眼** $\frac{0}{0}$ 型不定形．sin なので❶．“感覚”では，$\dfrac{\sin x}{x^2}\sim\dfrac{x}{x^2}=\dfrac{1}{x}$．発散しますね．■

$$\frac{\sin x}{x^2}=\frac{\sin x}{x}\cdot\frac{1}{x}.$$

$\displaystyle\lim_{x\to 0}\frac{\sin x}{x}=1$，$\displaystyle\lim_{x\to\pm 0}\frac{1}{x}=\pm\infty$ より

$$\lim_{x\to\pm 0}\frac{\sin x}{x^2}=\pm\infty\ (\text{複号同順}).$$

よって，極限はない．//

(3) **着眼** tan，cos なので❷❸．

分子のうち，$\tan x\sim 1$ 次関数．分母は，$1-\cos x\sim 2$ 次関数．よって，分子の $x^a=x^1$ のとき，与式は 0 以外の定数に収束しそう．■

$$f(x):=\frac{x\tan x}{1-\cos x}$$
$$=\frac{\tan x}{x}\cdot\frac{x^2}{1-\cos x}\xrightarrow[x\to 0]{}1\cdot 2=2.$$

（$\frac{1}{2}$ の逆数）

したがって

$$\text{与式}=\lim_{x\to 0}x^{a-1}f(x)$$
$$=\begin{cases}0\cdot 2=0\ (a>1\ \text{のとき}),\\ 1\cdot 2=2\ (a=1\ \text{のとき}),\\ \text{発散}\ (a<1\ \text{のとき}).\ //\end{cases}$$

（例えば $\frac{1}{x}\cdot f(x)$ とか）

解説 (1) 分子の $1-\cos x$ は 2 次関数のように“振る舞う”ので，分母の 1 次関数よりも**速く 0 に収束**します．よって，この分数式全体は 0 に収束するという訳です．

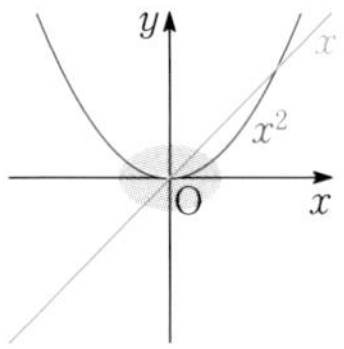

(2) 分子の $\sin x$ は 1 次関数のように“振る舞う”ので，分母の 2 次関数よりも**遅く 0 に収束**します．よって，この分数式全体は $\pm\infty$ に発散します．

(3) (1)(2)を通して**収束の速さ**が何次関数と同じくらいかという“感覚”がつかめると，$a=1$ のとき分子，分母がともに 2 次関数のように“振る舞う”ので，0 以外に収束しそうだと予想が立ちます．

注 前問の(1)～(4)は全て「0 以外に収束」となりました．これは，分子と分母が同次式のように“振る舞い”，収束の速さが一致するように問題が作られていたからです．

例題 256 c 三角関数の極限・総合 根底 実戦 [→演習問題289]

次の極限を求めよ．(θ, x は実数とする．)

(1) $\displaystyle\lim_{\theta\to 0}\frac{1-\cos\theta}{\sin\theta\tan\theta}$　(2) $\displaystyle\lim_{x\to\pi}\frac{x+\cos x}{1-\cos x}$　(3) $\displaystyle\lim_{\theta\to 0}\frac{\tan\theta-\sin\theta}{\theta^3}$　(4) $\displaystyle\lim_{x\to\frac{\pi}{2}}(\sin x-1)\tan^2 x$

(5) $\displaystyle\lim_{x\to 0}\frac{\cos 5x-\cos x}{1-\cos 3x}$　(6) $\displaystyle\lim_{x\to\infty}x\sin\frac{1}{x}$　(7) $\displaystyle\lim_{x\to 0}x\sin\frac{1}{x}$

着眼 毎度毎度クドイですが，まず最初に必ず“振る舞い”そのものを見ること．

注 前問で見たように，「0 以外の定数に収束」ばかりとは限りませんよ．

解答 (1) **着眼** $\dfrac{0}{0}$ 型不定形. ❶❷❸全てを使いそう.

"感覚"では, $\sim \dfrac{\theta^2}{2}\cdot\dfrac{1}{\theta\cdot\theta}=\dfrac{1}{2}$ が答え(笑). ■

$$\lim_{\theta\to0}\frac{1-\cos\theta}{\sin\theta\tan\theta}=\lim_{\theta\to0}\frac{1-\cos\theta}{\theta^2}\cdot\frac{\theta}{\sin\theta}\cdot\frac{\theta}{\tan\theta}$$
$$=\frac{1}{2}\cdot1\cdot1=\frac{1}{2}.\,/\!/$$

(2) **着眼** 不定形でもなんでもありません！■

$$与式=\frac{\pi-1}{1-(-1)}=\frac{\pi-1}{2}.\,/\!/$$

注 極限に関する演習書では, 公式を使う練習として「不定形」ばかりを扱う傾向にありますが, 入試では, 極限以外のテーマとの融合問題の中で案外こうした問題もあるんです.

(3) **着眼** $\dfrac{0}{0}$ 型不定形. ❶❸を使いそう？

"感覚"では…, $\sim \dfrac{\theta-\theta}{\theta^3}=0$が答え？？？. ■

$$\frac{\tan\theta-\sin\theta}{\theta^3}=\frac{1}{\theta^3}\left(\frac{\sin\theta}{\cos\theta}-\sin\theta\right)$$
$$=\frac{\sin\theta}{\theta^3}\cdot\frac{1-\cos\theta}{\cos\theta}$$
$$=\frac{\sin\theta}{\theta}\cdot\frac{1-\cos\theta}{\theta^2}\cdot\frac{1}{\cos\theta}$$
$$\xrightarrow[\theta\to0]{}1\cdot\frac{1}{2}\cdot1=\frac{1}{2}.\,/\!/$$

注意！ **"感覚"による予想が見事にハズレました！**こんなこともありますので, "感覚"を100 %鵜呑(うの)みにしたり, ましてや答案中で用いたりしてはなりませんよ.

(4) **着眼** 0×∞型不定形.「→0」となる変数を設定. tan なので❷.「$\sin x-1$」は…？■

$t=\dfrac{\pi}{2}-x$ とおくと, $x=\dfrac{\pi}{2}-t$ だから

$$(\sin x-1)\tan^2x$$
$$=\left\{\sin\left(\frac{\pi}{2}-t\right)-1\right\}\tan^2\left(\frac{\pi}{2}-t\right)$$
$$=(\cos t-1)\cdot\frac{1}{\tan^2t}$$

("感覚": $-\dfrac{t^2}{2}\cdot\dfrac{1}{t^2}=-\dfrac{1}{2}$)

$$=-\frac{1-\cos t}{t^2}\cdot\left(\frac{t}{\tan t}\right)^2$$
$$\xrightarrow[t\to0]{}-\frac{1}{2}\cdot1^2=-\frac{1}{2}.\,/\!/$$

解説 3つの $\boxed{t}$ (→0) が揃っていますね.

(5) **着眼** $\dfrac{0}{0}$ 型不定形. 分母を見ると❸. 分子は「1−cos」の形になっていませんが…■

$$\frac{\cos5x-\cos x}{1-\cos3x}$$

("感覚": $\dfrac{\frac{x^2}{2}-\frac{(5x)^2}{2}}{\frac{(3x)^2}{2}}=-\dfrac{8}{3}$)

$$=\frac{(1-\cos x)-(1-\cos5x)}{1-\cos3x}$$
$$=\frac{(3x)^2}{1-\cos3x}\cdot\frac{1}{9}\cdot\left\{\frac{1-\cos x}{x^2}-\frac{1-\cos5x}{(5x)^2}\cdot25\right\}$$
$$\to2\cdot\frac{1}{9}\cdot\left(\frac{1}{2}-\frac{1}{2}\cdot25\right)\ (x\to0のとき)$$
$$=\frac{1}{9}\cdot(-24)=-\frac{8}{3}.\,/\!/$$

(6) **着眼** ∞×0 型不定形. sin なので❶.

"感覚"では $\sim x\cdot\dfrac{1}{x}=1$ が答え. ■

$$x\sin\frac{1}{x}=\frac{\sin\boxed{\frac{1}{x}}}{\boxed{\frac{1}{x}}}\xrightarrow[x\to\infty]{}1\ \left(\because \boxed{\frac{1}{x}}\xrightarrow{1)}0\right).\,/\!/$$

注意！ 1)：これへの言及は欠かせません. 必ず3つの $\boxed{\dfrac{1}{x}}$ を揃えること.

(7) **着眼** $x\to0$ のとき $\dfrac{1}{x}\to\pm\infty$ なので, $\sin\dfrac{1}{x}$ は $-1\sim1$ の範囲で振動. 一方 x は0に近づくので…答えは「0」ですね.

方針 「$-1\sim1$ の範囲で振動」という"振る舞い"を「不等式」で表します. x の符号まで考えるのはメンドウなので, 収束の定義を用います. [→例題2 1 g(1)] ■

$$0\le\left|x\sin\frac{1}{x}-0\right|=|x|\left|\sin\frac{1}{x}\right|\le|x|\cdot1\xrightarrow[x\to0]{}0.$$

よって"はさみうち"より, $x\to0$ のとき,

$$\left|x\sin\frac{1}{x}-0\right|\to0.\ \text{i.e.}\ x\sin\frac{1}{x}\to0.\,/\!/$$

注 お気付きの通り, (6)と(7)は同じ関数が対象ですが, x に対する操作が異なるため, "振る舞い"もまるで異なり, 解法も全く別のものとなりました.

このことからわかるように, 見た目上の式の形にとらわれず, 関数の"振る舞いそのもの"を観察することが肝心です.

7 図形と極限

三角関数は，図計量を計る際に活用されますから，当然のことながら図形絡みの極限の問題も頻出です．

例題 2 5 d 正多角形と極限 根底 実戦 典型 [→演習問題 2 8 12]

半径 1 の円 C に内接，外接する正 n 角形 $(n \geq 3)$ の周長をそれぞれ l_n, L_n とする．

(1) $\displaystyle\lim_{n\to\infty} l_n$ を求めよ．

(2) $\displaystyle\lim_{n\to\infty} n^a(L_n - l_n)$ が 0 以外の定数に収束するような実数 a の値とそのときの極限値を求めよ．

方針 全体像をラフに捉える図と，細部を詳細に表す図を併用するのが賢い手です．

解答

(1)

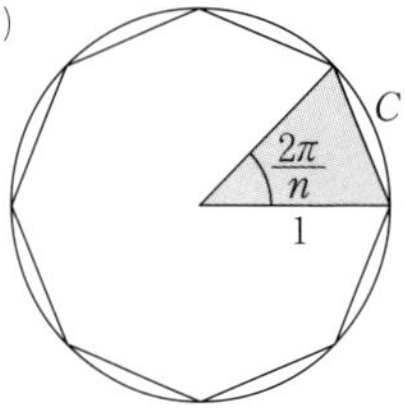

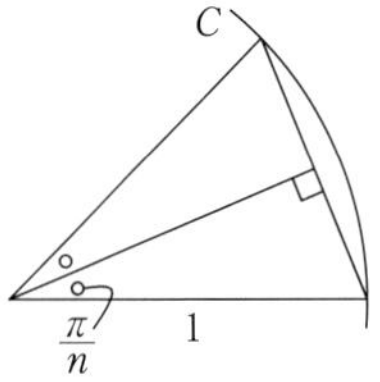

上図右の直角三角形に注目して

$$l_n = n \times 2 \cdot 1 \cdot \sin\frac{\pi}{n}.$$

着眼 $n\to\infty$ のとき $\frac{\pi}{n}\to 0$. よって $\infty\times 0$ 型不定形．sin なので公式❶．3つの $\boxed{\frac{\pi}{n}}$ を揃える．

"感覚" では $\sim 2n\cdot\frac{\pi}{n} = 2\pi$ が答え． ■

$$l_n = \frac{\sin\boxed{\frac{\pi}{n}}}{\boxed{\frac{\pi}{n}}}\cdot 2\pi$$ これを計算して，前と一致することを確認

$$\xrightarrow[n\to\infty]{} 1\cdot 2\pi \left(\because\ \boxed{\frac{\pi}{n}} \to 0\right)$$ [1)]

$$= 2\pi. /\!/$$

注 1)：3つの $\boxed{\frac{\pi}{n}}$ $(\to 0)$ を揃えるため，これへの言及は絶対不可欠です！

参考 $\displaystyle\lim_{n\to\infty} l_n =$ 円の周長．当然の結果 (笑)．

(2)

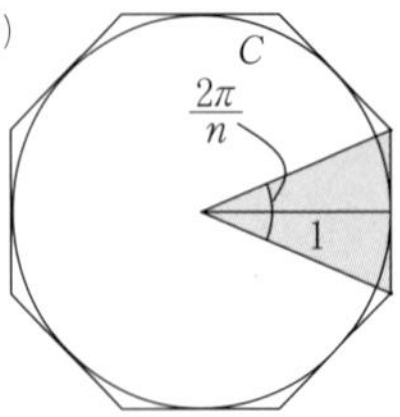

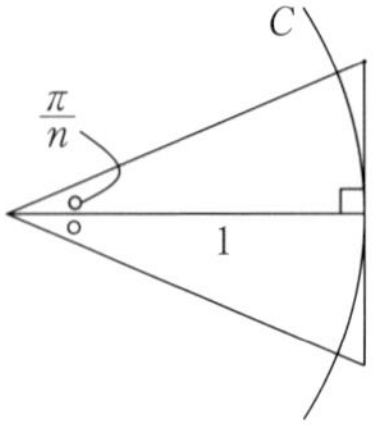

前図右の直角三角形に注目して

$$L_n = n \times 2 \cdot 1 \cdot \tan\frac{\pi}{n}.$$

$$\therefore\ L_n - l_n = 2n\left(\tan\frac{\pi}{n} - \sin\frac{\pi}{n}\right).$$

方針 (1)を通して，「$\boxed{\frac{\pi}{n}}$」が 0 に近づく"主役"とも言うべき変量だとわかっているので，それに名前を与えてスッキリ表しましょう．すると，上式の「収束の速さ」が読み取れます． ■

2) $\theta = \frac{\pi}{n}$ とおくと

$$L_n - l_n = \frac{2\pi}{\theta}(\tan\theta - \sin\theta)$$ [3)]

$$= \frac{2\pi}{\theta}\left(\frac{\sin\theta}{\cos\theta} - \sin\theta\right)$$

$$= \frac{2\pi}{\theta}\sin\theta\cdot\frac{1-\cos\theta}{\cos\theta}$$

$$= \underbrace{\frac{2\pi}{\cos\theta}}_{\text{不定形でない}}\cdot\underbrace{\frac{\sin\theta}{\theta}\cdot\frac{1-\cos\theta}{\theta^2}}_{\text{公式を適用}}\cdot\underbrace{\theta^2}_{\frac{\pi^2}{n^2}}.$$ [4)]

$$\therefore\ n^2(L_n - l_n) = \frac{2\pi}{\cos\theta}\cdot\frac{\sin\theta}{\theta}\cdot\frac{1-\cos\theta}{\theta^2}\cdot\pi^2$$

$$\xrightarrow[n\to\infty]{} 2\pi\cdot 1\cdot\frac{1}{2}\cdot\pi^2\ (\because\ \theta\to 0)$$

$$= \pi^3.$$

したがって，

$$n^a(L_n - l_n) = n^{a-2}\cdot n^2(L_n - l_n)$$

$$\xrightarrow[n\to\infty]{} \begin{cases} \infty\ (a > 2\ \text{のとき}), \\ \pi^3\ (a = 2\ \text{のとき}), \\ 0\ (a < 2\ \text{のとき}). \end{cases}$$

以上より，求める値は，$a = 2$, 極限値 $= \pi^3$. //

解説 3)：この後の変形は，例題 2 5 c (3)と全く同じですね．

4)：この"余り物"部分から a の値が決まります．

注 [2]：重要度↓　公式❶：$\displaystyle\lim_{\theta\to 0}\frac{\sin\theta}{\theta}=1$ において，「θ」は連続的に変化する実数値をとって 0 に近づけます．一方 $\boxed{\dfrac{\pi}{n}}$ は，n が自然数なので [5] 離散的な値だけをとって 0 に近づきますが，それらの値は全て実数変数「θ」がとる値に含まれていますから，ちゃんと公式❶は適用できます．例によって，精密な議論は大学以降に持ち越しです．

言い訳 [5]：よって，ホントは「θ_n」と表す方がよいのですが，書くのがメンドウなので（笑）．

例題 2 5 e　図形と極限　根底 実戦 入試　[→演習問題 2 8 10]

O を中心とする半径 1 の円周 C 上に，定点 A とそれとは異なる 2 つの動点 P，Q があり，$\overset{\frown}{\mathrm{AQ}}=2\overset{\frown}{\mathrm{AP}}$ が成り立っている．P を C 上で限りなく A に近づけるとき，次の線分比の極限を求めよ．

(1) 線分比 AP：AQ

(2) A における C の接線を l とし，l と直線 OP，OQ の交点をそれぞれ P′，Q′ とするとき，線分比 PP′：QQ′

着眼　円弧に関する条件 $\overset{\frown}{\mathrm{AQ}}=2\overset{\frown}{\mathrm{AP}}$ を，線分比の極限に結び付けるには…？

解答　(1) **着眼**

“感覚”では，P(および Q) が A に近いとき，公式❶の“意味”より，

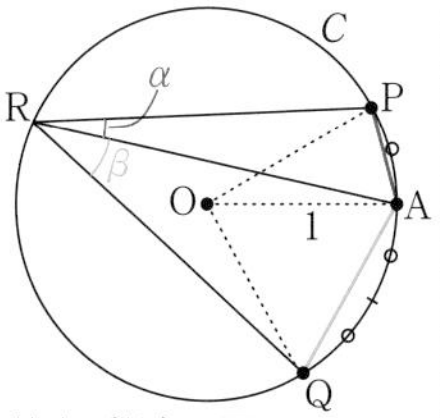

$$\frac{\mathrm{AP}}{\mathrm{AQ}}\sim\frac{\overset{\frown}{\mathrm{AP}}}{\overset{\frown}{\mathrm{AQ}}}=\frac{1}{2}$$ が答え（笑）．■

$\overset{\frown}{\mathrm{AP}}$, $\overset{\frown}{\mathrm{AQ}}$ に対する円周角をそれぞれ α,β [rad] とする．上図の三角形 ARP，ARQ に注目して正弦定理を用いると

[1] $$\frac{\mathrm{AP}}{\sin\alpha}=\frac{\mathrm{AQ}}{\sin\beta}\ (=2\cdot 1).$$

$$\therefore\ \frac{\mathrm{AP}}{\mathrm{AQ}}=\frac{\sin\alpha}{\sin\beta}.\ \cdots①$$

ここで，中心角を考えると

$$\overset{\frown}{\mathrm{AP}}=1\cdot 2\alpha,\ \overset{\frown}{\mathrm{AQ}}=1\cdot 2\beta.$$

$$\therefore 2\beta=2\cdot 2\alpha.\ \beta=2\alpha.\ \cdots②$$

$$\therefore \overset{\frown}{\mathrm{AP}}\to 0 \text{ のとき，}\alpha,\beta\to 0.\ \cdots③$$

着眼　“感覚”では，P(および Q) が A に近いとき，$\dfrac{\mathrm{AP}}{\mathrm{AQ}}=\dfrac{\sin\alpha}{\sin\beta}\sim\dfrac{\alpha}{\beta}=\dfrac{1}{2}$ が答え．■

これらと①より，$\overset{\frown}{\mathrm{AP}}\to 0$ のとき，

$$\frac{\mathrm{AP}}{\mathrm{AQ}}=\frac{\sin\alpha}{\alpha}\cdot\frac{\beta}{\sin\beta}\cdot\frac{\alpha}{\beta}$$

$$\to 1\cdot 1\cdot\frac{1}{2}=\frac{1}{2}.\ /\!/\ (\because\ ②③)$$

(2) 右図の三角形 OAP′，OAQ′ に注目すると

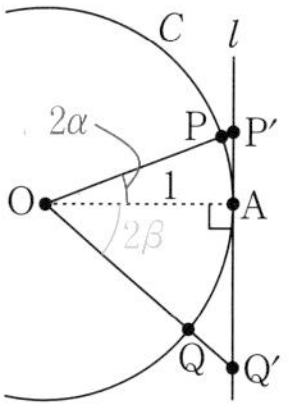

$$\mathrm{OP'}=\frac{1}{\cos 2\alpha},$$

$$\mathrm{OQ'}=\frac{1}{\cos 2\beta}.$$

これと OP＝OQ＝1 より

$$\frac{\mathrm{PP'}}{\mathrm{QQ'}}=\frac{\dfrac{1}{\cos 2\alpha}-1}{\dfrac{1}{\cos 2\beta}-1}$$

$$=\underbrace{\frac{\cos 2\beta}{\cos 2\alpha}}_{\text{不定形でない}}\cdot\underbrace{\frac{1-\cos 2\alpha}{1-\cos 2\beta}}_{\frac{0}{0}\text{ 型不定形}}$$

$$=\frac{\cos 2\beta}{\cos 2\alpha}\cdot\frac{1-\cos 2\alpha}{(2\alpha)^2}\cdot\frac{(2\beta)^2}{1-\cos 2\beta}\cdot\frac{\alpha^2}{\beta^2}.$$

②より $\dfrac{\alpha^2}{\beta^2}=\dfrac{1}{4}$ だから，$\overset{\frown}{\mathrm{AP}}\to 0$ のとき③より

$$\frac{\mathrm{PP'}}{\mathrm{QQ'}}\to\frac{1}{1}\cdot\frac{1}{2}\cdot 2\cdot\frac{1}{4}=\frac{1}{4}.\ /\!/$$

解説　冒頭の**着眼**で述べたことの答え．それは，「角の利用」でした．三角関数（三角比）を介して，曲がった弧とまっすぐな線分の関係を作ることが出来るのです．

[1]：二等辺三角形 OAP，OAQ に注目する手もありますが，こうする方が手早いです．

6 指数・対数関数の極限

本章の内容の多くは，高校教科書では学習の簡便化のため（？）3「微分法」の中に埋め込まれて軽くしか扱われません．よって，入試で出たときの生徒の出来は悲惨です（苦笑）．本書ではガッツリ対策するので大丈夫ですよ．

1 自然対数の底「e」

本書では既に何度となく「なお，e は自然対数の底であり，その値は約 2.7 である．」と断った上で問題の中で使ってきました．数学界では，円周率 π に次いで有名な定数であり，

$$e=\lim_{h\to 0}(1+h)^{\frac{1}{h}} \cdots ❶$$

によって定義されますが，“振る舞い”そのものは，右のように微妙…

$h\to \pm 0$ のとき，複号同順として

$$1+h\to 1,\ \frac{1}{h}\to \pm\infty$$ [1)]

h	0.1	0.01	0.001	0.0001	…
$(1+h)^{\frac{1}{h}}$	1.1^{10}	1.01^{100}	1.001^{1000}	1.0001^{10000}	…
概数	2.5937…	2.7048…	2.7169…	2.7181…	…
h	-0.1	-0.01	-0.001	-0.0001	…
$(1+h)^{\frac{1}{h}}$	0.9^{-10}	0.99^{-100}	0.999^{-1000}	0.9999^{-10000}	…
概数	2.8679…	2.7319…	2.7196…	2.7184…	…

なので，果たして収束するのかどうかすら定かではありません（「概数」は，コンピュータを用いて算出してみただけ）．これを精密に議論するのは大学以降の範疇(はんちゅう)[2)] となるので，大胆にも「2.7 くらい[3)] に収束する」ことを認めてしまいます．**高校数学最大のゴマカシの 1 つです**（笑）．

注 1)：これを，俗に“$1^{\pm\infty}$ 型不定形”と呼んだりします．

2)：**演習問題 2 8 16** において，少しちゃんとした「e」の導入を行ってみます．

3)：$e=2.7182818\cdots$ で，無理数であることが知られています．［→**例題 4 10 f**］

語記サポ 今後，とくに断らなくてもアルファベット「e」は普通「自然対数の底」を意味します．また，e を底とした対数「$\log_e \triangle$」を**自然対数**と呼び，底を省略して単に「$\log \triangle$」とも書きます．■

2 「e」をめぐる極限公式

e の定義❶をもとに，即座に 3 つの極限公式[4)] が導かれます．これらをまとめておきます：

指数・対数関数の極限　❶は **定義**．他は **定理**

❶ $e \overset{5)}{=} \lim_{\boxed{h}\to 0}(1+\boxed{h})^{\frac{1}{\boxed{h}}}$．$1^{\pm\infty}$ 型不定形

❷ $\lim_{\boxed{x}\to\infty}\left(1+\frac{1}{\boxed{x}}\right)^{\boxed{x}}=e$．$1^{\infty}$ 型不定形

❸ $\lim_{\boxed{h}\to 0}\frac{\log(1+\boxed{h})}{\boxed{h}}=1$．$\frac{0}{0}$ 型不定形

❹ $\lim_{\boxed{t}\to 0}\frac{e^{\boxed{t}}-1}{\boxed{t}}=1$．$\frac{0}{0}$ 型不定形

重要 これらの重要ポイントは，三角関数のときと同様次の 3 つ：

(a) 不定形の型とセットで覚えること．

(b) 3 つの $\square$ を揃えて使う．❷以外は $\square\to 0$ とする．

(c) ❸❹の“**意味**”は，h, t が 0 に近いとき，

❸：$\log(1+\boxed{h})\sim\boxed{h}$．　❹：$e^{\boxed{t}}-1\sim\boxed{t}$

注 4)：❷❸❹は，学校教科書では公式扱いされていませんが，上位大学受験レベルでは“常識”です．（本書では公式として使います．）

5)：「e」を定義する際には，このように左辺に e を書くのが数学の文体です．

(c)で述べたことは，右図を見ると視覚的に納得できますね．

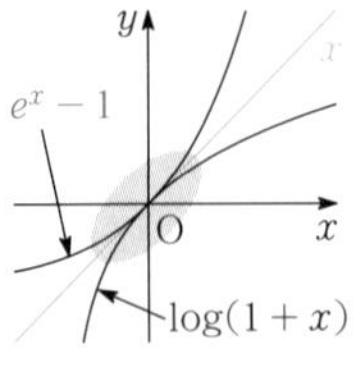

言い訳 「定義」である❶も，今後は「公式」と呼んでしまったりします．

例題 26a 指数・対数関数の極限公式の証明 根底 実戦

❶をもとにして，❷❸❹を示せ．

方針 ❶→❷，❶→❸→❹ の流れで導かれます．

解答 〔❷について〕

着眼 ❷の x と❶の h は，なんとなく逆数の関係っぽいですね．■

$h=\dfrac{1}{x}$ とおくと，$x\to+\infty$ のとき $h\to 0$ であり，$h>0$．よって

$$\lim_{x\to+\infty}\left(1+\frac{1}{x}\right)^x=\lim_{h\to+0}(1+h)^{\frac{1}{h}}\overset{❶}{=}e.□$$

注 ❶より $\displaystyle\lim_{h\to+0}(1+h)^{\frac{1}{h}}=\lim_{h\to-0}(1+h)^{\frac{1}{h}}=e$ です．❷は，このうち右側極限だけから導かれます．つまり，❷より❶の方が広く適用できる等式なのです．

発展 ❷の実数値変数 x を自然数の変数 n に変えた等式：

$$e=\lim_{n\to\infty}\left(1+\frac{1}{n}\right)^n$$ （1^∞ 型不定形）

を自然対数の底 e の定義とする立場もあります．[→演習問題2816]

〔❸について〕

着眼 少し変形すれば❶へ帰着できることが見えますね．■ （$\dfrac{0}{0}$ 型不定形）

$$\lim_{h\to0}\frac{\log(1+h)}{h}=\lim_{h\to0}\frac{1}{h}\log(1+h)$$
$$=\lim_{h\to0}\log(1+h)^{\frac{1}{h}}\overset{❶}{=}\log e\overset{1)}{=}1.$$

補足 1)：$\log e=\log_e e=1$ ですね．

〔❹について〕

着眼 ❸とのつながりは，経験がないと見破りにくいでしょう．なにしろ，分子と分母がひっくり返っていますし…■

$h=e^t-1$ とおくと，$t=\log(1+h)$ であり，$t\to0$ のとき $h\to0$ だから

$$\lim_{t\to0}\frac{e^t-1}{t}=\lim_{h\to0}\frac{h}{\log(1+h)}=1\ (\because\ ❸).$$

例題 26b 指数・対数関数の極限（基礎） 根底 実戦

[→演習問題2814]

次の極限を求めよ．（a,b は 0 でない定数とする．）

(1) $\displaystyle\lim_{x\to\infty}\left(1+\frac{2}{x}\right)^x$　(2) $\displaystyle\lim_{x\to\infty}\left(1-\frac{1}{x}\right)^x$　(3) $\displaystyle\lim_{x\to0}\frac{\log(3+x)-\log3}{x}$　(4) $\displaystyle\lim_{x\to0}\frac{e^{ax}-1}{e^{bx}-1}$

解答 (1) **着眼** 1^∞ 型不定形．公式❷．■

$$\lim_{x\to\infty}\left(1+\frac{2}{x}\right)^x=\lim_{x\to\infty}\left(1+\frac{1}{\frac{x}{2}}\right)^x$$ （分子を「1」にした）

$$=\lim_{\boxed{x}\to\infty}\left\{\left(1+\frac{1}{\boxed{\frac{x}{2}}}\right)^{\boxed{\frac{x}{2}}}\right\}^2=e^2.//$$

(2) **着眼** 1^∞ 型不定形．公式❷に似てますが，「−」なので不可．そこで適用範囲の広い❶．■

$h=-\dfrac{1}{x}$ とおくと，$x\to\infty$ のとき $h\to0\ (h<0)$ であり，$x=-\dfrac{1}{h}$ だから

$$\lim_{x\to\infty}\left(1-\frac{1}{x}\right)^x=\lim_{h\to-0}(1+h)^{-\frac{1}{h}}$$
$$=\lim_{\boxed{h}\to-0}\frac{1}{(1+\boxed{h})^{\frac{1}{\boxed{h}}}}=\frac{1}{e}.//$$

(3) **着眼** $\dfrac{0}{0}$ 型不定形．log だから公式❸．分子に「$\underline{1+}\triangle$」の形をつくりましょう．■

$$\lim_{x\to0}\frac{\log(3+x)-\log3}{x}=\lim_{x\to0}\frac{\log\left(1+\frac{x}{3}\right)}{x}$$
$$=\lim_{\boxed{x}\to0}\frac{\log\left(1+\boxed{\frac{x}{3}}\right)}{\boxed{\frac{x}{3}}}\cdot\frac{1}{3}$$
$$=1\cdot\frac{1}{3}=\frac{1}{3}.//$$

(4) **着眼** $\dfrac{0}{0}$ 型不定形．指数関数だから❹．■

$$\lim_{x\to0}\frac{e^{ax}-1}{e^{bx}-1}=\lim_{\boxed{x}\to0}\frac{e^{\boxed{ax}}-1}{\boxed{ax}}\cdot\frac{\boxed{bx}}{e^{\boxed{bx}}-1}\cdot\frac{a}{b}$$
$$=1\cdot1\cdot\frac{a}{b}=\frac{a}{b}.//$$

注 各問いとも，必ず 3 つの □ を揃えて．

3 指数・対数関数の極限・総合

2 の公式以外も視野に入れた総合演習です.

例題 2 6 C 指数・対数関数の極限・総合 根底 実戦

[→演習問題 2 8 14]

次の極限を求めよ.（x は実数, n は自然数とする.）

(1) $\displaystyle\lim_{x\to\infty}\left(\frac{x+2}{x+1}\right)^x$　(2) $\displaystyle\lim_{x\to\infty}\left(\frac{x+1}{x+3}\right)^x$　(3) $\displaystyle\lim_{x\to 1}\frac{\log x}{e^x-e}$　(4) $\displaystyle\lim_{n\to\infty}n\left(2^{\frac{1}{n}}-1\right)$

(5) $\displaystyle\lim_{x\to\infty}(2^x+3^x)^{\frac{1}{x}}$　(6) $\displaystyle\lim_{x\to 0}\left(\frac{2^x+3^x}{2}\right)^{\frac{1}{x}}$　(7) $\displaystyle\lim_{n\to\infty}\frac{\log(n+1)}{\log n}$

解答 (1) **着眼** 1^∞ 型不定形. 公式❷?

方針 分子の低次化により,「$1+\triangle$」の形を作りましょう. ■

$$\left(\frac{x+2}{x+1}\right)^x=\left(1+\frac{1}{x+1}\right)^x$$
$$=\left(1+\frac{1}{x+1}\right)^{(x+1)-1}$$
$$=\left(1+\frac{1}{\boxed{x+1}}\right)^{\boxed{x+1}}\cdot\left(1+\frac{1}{x+1}\right)^{-1}$$
$$\xrightarrow[x\to\infty]{} e\cdot 1\ (\because\ \boxed{x+1}\to\infty)$$
$$=e.\ /\!/$$

(2) **着眼** 1^∞ 型不定形. とりあえず(1)と同様に… ■

$$\left(\frac{x+1}{x+3}\right)^x=\left(1-\frac{2}{x+3}\right)^x.$$ 分子の低次化

方針 「$-$」と「2」のせいで, 公式❷はストレートには使いづらそう. そんなときは, より適用範囲の広い❶で. ■

ここで, $h=-\dfrac{2}{x+3}$ とおくと

$$\left(\frac{x+1}{x+3}\right)^x=(1+h)^x=\left\{(1+\boxed{h})^{\frac{1}{\boxed{h}}}\right\}^{xh}.$$

$x\to\infty$ のとき, $h\to 0$ だから

$$(1+\boxed{h})^{\frac{1}{\boxed{h}}}\to e.$$
$$xh=-\frac{2x}{x+3}=-\frac{2}{1+\frac{3}{x}}\to -2.$$

以上より, 与式 $=e^{-2}=\dfrac{1}{e^2}.\ /\!/$

注 この解答では, 次のことを使っています:

$$\bigcirc\to\alpha,\ \triangle\to\beta \text{ ならば } \bigcirc^{\triangle}\to\alpha^\beta.\ \cdots✪$$

これは,「公式」として書かれてはいませんでしたが, 対数を用いれば,

$$\log\bigcirc^{\triangle}=\triangle\cdot\log\bigcirc\to\beta\cdot\log\alpha=\log\alpha^\beta.$$
積の極限値＝極限値の積

$$\therefore \bigcirc^{\triangle}=e^{\log\bigcirc^{\triangle}}\to e^{\log\alpha^\beta}=\alpha^\beta$$

のようにカンタンに導かれます. ただし, こうした事情を知らない採点者は✪を認めないかもしれませんので, 例によって“状況次第で判断”です（笑）.

(3) **着眼** $\dfrac{0}{0}$ 型不定形. とりあえず分子, 分母を見ると, 公式❸❹? そこで,「$\to 0$」となる変数を設定します. ■

$t=x-1$ とおくと

$$\lim_{x\to 1}\frac{\log x}{e^x-e}=\lim_{t\to 0}\frac{\log(1+t)}{e^{t+1}-e}$$
$$=\lim_{t\to 0}\frac{\log(1+t)}{t}\cdot\frac{t}{e^t-1}\cdot\frac{1}{e}$$
$$=1\cdot 1\cdot\frac{1}{e}=\frac{1}{e}.\ /\!/$$

注 「$\log(\underline{1+}\bigcirc)$」の形でなくとも, 公式❸を用いることがあるんです（❹についても同様）.

(4) **着眼** $\infty\times 0$ 型不定形. 指数の形なので公式❹? 底を2から e に変えなくてはなりませんね. $2=e^{\log 2}$ を用いればカンタンです. ■

$$n\left(2^{\frac{1}{n}}-1\right)=\frac{e^{\frac{\log 2}{n}}-1}{\frac{1}{n}}$$
$$=\frac{e^{\boxed{\frac{\log 2}{n}}}-1}{\boxed{\frac{\log 2}{n}}}\cdot\log 2$$
$$\xrightarrow[n\to\infty]{} 1\cdot\log 2\ \left(\because\ \boxed{\frac{\log 2}{n}}\to 0\right)$$
$$=\log 2.\ /\!/$$

(5) **着眼**　"∞^0 型" の不定形です.「これが不定形？」と思うかもしれませんが，自然対数をとってみると　真数は正

$$\log(2^x+3^x)^{\frac{1}{x}}=\frac{\log(2^x+3^x)}{x}.$$

これはたしかに $\dfrac{\infty}{\infty}$ 型不定形ですね.

$x\to\infty$ のとき，主要部を見ると，"感覚" では

$$(2^x+\boxed{3^x})^{\frac{1}{x}}\sim(3^x)^{\frac{1}{x}}=3 \text{ が答え.}$$

方針　括弧内を主要部で "**くくる**" 変形. ■

$$(2^x+\boxed{3^x})^{\frac{1}{x}}=\left\{3^x\left(\frac{2^x}{3^x}+1\right)\right\}^{\frac{1}{x}}$$
$$=3\left\{\left(\frac{2}{3}\right)^x+1\right\}^{\frac{1}{x}}$$
$$\xrightarrow[x\to\infty]{}3\cdot1^0=3.$$ //

注　前ページの☆を用いました.

別解　**方針**　上記**着眼**の "感覚" のように，括弧内が「2^x+3^x(2つ)」でなく「3^x(1つ)」ならカンタンに変形できますね. そこで，不等式で評価することを考えます. ■

$$(2^x+3^x)^{\frac{1}{x}}\geq(3^x)^{\frac{1}{x}}=3. \quad {}^{1)}$$
$$(2^x+3^x)^{\frac{1}{x}}\leq(3^x+3^x)^{\frac{1}{x}} \quad {}^{2)}$$
$$=(2\cdot3^x)^{\frac{1}{x}}=2^{\frac{1}{x}}\cdot3\xrightarrow[x\to\infty]{}1\cdot3=3.$$

よって "はさみうち" より，与式 $=3$. //

解説　1)："塵"：2^x を切り捨てて小さいもので評価しました. ワリと自然な発想です.

2)："塵"：2^x を主要部 3^x に変えて大きいもので評価しました. 少し大胆 (笑)，結果として上手くいきましたが，要は "試行錯誤".

(6) **着眼**　見た目は(5)とそっくりですが，「$x\to0$」に変わっています.

適用できそうな公式が思い浮かばないかもしれませんが，"振る舞い" そのものを見ると，"$1^{\pm\infty}$ 型" の不定形. よって，公式❶？ ■

$h=\dfrac{2^x+3^x}{2}-1$ とおくと，

$$\left(\frac{2^x+3^x}{2}\right)^{\frac{1}{x}}=\left\{(1+h)^{\frac{1}{h}}\right\}^{\frac{h}{x}}.$$

ここで，$x\to0$ のとき，

$h\to0$ だから $(1+h)^{\frac{1}{h}}\to e$.

$$\frac{h}{x}=\frac{1}{x}\left(\frac{2^x+3^x}{2}-1\right)$$　±∞×0 型不定形　指数関数．公式❹？

$$=\frac{1}{2}\cdot\frac{2^x-1+3^x-1}{x}$$
$$=\frac{1}{2}\left\{\frac{e^{(\log2)x}-1}{(\log2)x}\cdot\log2+\frac{e^{(\log3)x}-1}{(\log3)x}\cdot\log3\right\}$$
$$\to\frac{1}{2}(1\cdot\log2+1\cdot\log3)=\log\sqrt{6}.$$

$\therefore$ 与式 $=e^{\log\sqrt{6}}=\sqrt{6}.$ //

参考　2 と 3 の x 乗の相加平均の $\dfrac{1}{x}$ 乗が，$x\to0$ のとき 2 と 3 の相乗平均に収束するという有名問題でした.

注　$\log\left(\dfrac{2^x+3^x}{2}\right)^{\frac{1}{x}}=\dfrac{1}{x}\log\left(\dfrac{2^x+3^x}{2}\right)$ として公式❸を用いる方法や，微分係数の定義を利用する手[→**演習問題397**(2)]もあり.

(7) **着眼**　"$\dfrac{\infty}{\infty}$ 型" 不定形. 適合する公式は思い当たりません.

右図を見ると，分子と分母の差（右図赤線分）は微々たるもの. よって答えは「1」ではないかと思われます.

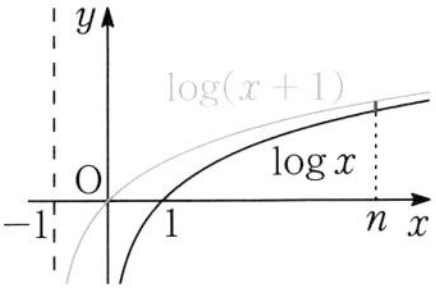

方針　$n+1$ を主要部Ⓝで "**くくる**" 変形. ■

$$\frac{\log(n+1)}{\log n}=\frac{\log n\left(1+\frac{1}{n}\right)}{\log n}$$
$$=\frac{\log n+\log\left(1+\frac{1}{n}\right)}{\log n}$$
$$=1+\frac{\log\left(1+\frac{1}{n}\right)}{\log n}\xrightarrow[n\to\infty]{}1.$$ //

（→0，→∞）

別解　**方針**　答えっぽい「1」に注目して，収束の定義を活用します. ■

$n\to\infty$ のとき，

$$0\leq\left|\frac{\log(n+1)}{\log n}-1\right|$$
$$=\frac{\log(n+1)-\log n}{\log n}=\frac{\log\left(1+\frac{1}{n}\right)}{\log n}\to0.$$

よって "はさみうち" より

$$\left|\frac{\log(n+1)}{\log n}-1\right|\to0. \text{ i.e. } \frac{\log(n+1)}{\log n}\to1.$$ //

第2章 極限

4 異種関数発散速度比較

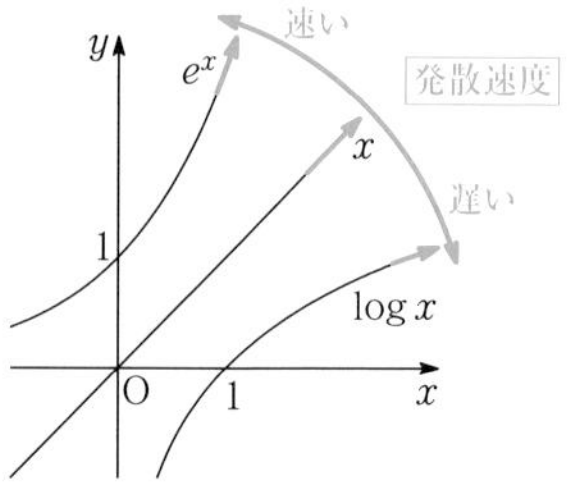

$x \to \infty$ のとき正の無限大に発散する 3 種類の代表的な関数：

　ベキ関数 x^p $(p>0)$, 指数関数 e^x, 対数関数 $\log_e x$

について，その発散の"速度"を比較してみましょう．それぞれのグラフは右図の通りです（ベキ関数についてはその"代表"として x^1 を描きました）．このグラフから推察される通り，次が成り立ちます：

異種関数発散速度比較

p は任意の正定数として，以下が成り立つ．

$\log x$　　x^p $(p>0)$　　e^x

←――――――――――――――→

遅い　　　　　　　　　　　　速い

❶：$\displaystyle\lim_{x\to\infty}\frac{x^p}{e^x}=0.$ $\frac{\infty}{\infty}$ 型（分子：遅い，分母：速い）

❷：$\displaystyle\lim_{x\to\infty}\frac{\log x}{x^p}=0.$ $\frac{\infty}{\infty}$ 型（分子：遅い，分母：速い）

〔証明〕 順を追って示していきます．$x \to \infty$ とするので，全て $x>0$ のもとで考えます．

○ $\displaystyle\lim_{x\to\infty}\frac{x}{e^x}=0$ を示す．

注 ここだけは 3微分法後 ですので，そこが未習の人はスルーしてかまいません．ただし，実数 x が自然数 n に変わっただけのほぼ同等な性質：

$$\lim_{n\to\infty}\frac{n}{r^n}=0\ (r>1)$$

は，既に**例題 2 1 j**(1)で示してあります．■

分母の e^x を，分子の x と同種でより高次の関数 $\frac{x^2}{2}$ で**評価**する．つまり，不等式 $e^x>\frac{x^2}{2}$ を示す．

$f(x)=e^x-\frac{x^2}{2}$ とおくと，

$$f'(x)=e^x-x,\ f''(x)=e^x-1>0.$$

$\therefore f'(x)>f'(0)=1>0.$

$\therefore f(x)>f(0)=1>0.$

よって $e^x>\frac{x^2}{2}$ だから，$x\to\infty$ のとき

$$0\leq\frac{x}{e^x}<\frac{x}{\frac{x^2}{2}}=\frac{2}{x}\to 0.$$

よって，"はさみうち"により，

$$\lim_{x\to\infty}\frac{x}{e^x}=0.\ \cdots①□$$

○ $\displaystyle\lim_{x\to\infty}\frac{\log x}{x}=0$ を示す．

$t=\log x$, i.e. $x=e^t$ とおくと，$x\to\infty$ のとき $t\to\infty$ だから

$$\lim_{x\to\infty}\frac{\log x}{x}=\lim_{t\to\infty}\frac{t}{e^t}=0.\ (\because ①).\ \cdots②□$$

以下，①，②において「x」を「x^p（p は任意の正定数)」に変えても同様であることを示します．

○ ①をもとに❶を示す．

$$\frac{x^p}{e^x}=\left(\frac{x}{e^{\frac{x}{p}}}\right)^p=\left(\frac{\frac{x}{p}}{e^{\frac{x}{p}}}\cdot p\right)^p=\left(\frac{\boxed{\frac{x}{p}}}{e^{\boxed{\frac{x}{p}}}}\right)^p\cdot\underbrace{p^p}_{\text{正定数}}.$$

$x\to\infty$ のとき，$\boxed{\frac{x}{p}}\to\infty$ だから

$$\lim_{x\to\infty}\frac{x^p}{e^x}=0^p\cdot p^p=0\ (\because ①).□$$

○ ②をもとに❷を示す．

$$\frac{\log x}{x^p}=\underbrace{\frac{1}{p}}_{\text{正定数}}\cdot\frac{\log\boxed{x^p}}{\boxed{x^p}}.$$

$x\to\infty$ のとき，$\boxed{x^p}\to\infty$ だから

$$\lim_{x\to\infty}\frac{\log x}{x^p}=\frac{1}{p}\cdot 0=0\ (\because ②).□$$

解説 つまり，指数関数 e^x はベキ関数 x^{100} より発散が速く，対数関数 $\log x$ はベキ関数 $x^{\frac{1}{100}}$ より発散が遅いのです！

なお，指数関数 e^x，対数関数 $\log x$ の底を任意の定数 a $(a>1)$ に変えても，結果は全て同様です．

注 ❶❷（および次ページの❸）は，問題文中に掲げて「用いて良い」と書いてあることが多いですが，そう書かれていなくても公式として使ってしまうこともあります．例によってケースバイケースです．

❶❷の「発散速度」からは少しズレますが，「異種関数」という共通テーマに関して，次も有名です：

x の収束と $\log x$ の発散の速度比較

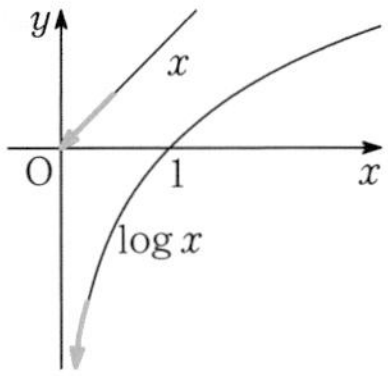

収束（速い）

❸：$\displaystyle\lim_{x\to+0} x\cdot\log x=0.$ $0\times(-\infty)$ 型　　「x」を x^p に変えても結果は同様.

発散（遅い）

注　つまり，x が 0 に近づく速度の方が，$\log x$ が負の無限大に発散する速度よりも速いということです.

○ ②をもとに❸を示す.

$t=\dfrac{1}{x}$ とおくと，$x\to+0$ のとき $t\to+\infty$ だから

$$\lim_{x\to+0} x\log x=\lim_{t\to\infty}\frac{1}{t}\log\frac{1}{t}=\lim_{t\to\infty}\left(-\frac{\log t}{t}\right)=0\ (\because\ ②).\square$$

例題 2 6 d　異種関数発散速度比較　根底 実戦　　[→演習問題 2 8 18]

次の極限を求めよ．ただし，前記の❶❷❸は用いてよい．

(1) $\displaystyle\lim_{x\to\infty}\frac{x\sqrt{x}}{e^x}$　(2) $\displaystyle\lim_{x\to-\infty}\frac{e^{-x}}{x^3}$　(3) $\displaystyle\lim_{x\to\infty}e^{-x}\left(1+2x-x^3\right)$　(4) $\displaystyle\lim_{x\to\infty}\frac{x}{\log x}$

(5) $\displaystyle\lim_{x\to\infty}x^2\log x$　(6) $\displaystyle\lim_{x\to+0}x^2\log x$　(7) $\displaystyle\lim_{x\to\infty}\frac{2(\log x)^2-3xe^x+e^{2x}}{x\log x+3e^{2x-1}-x^2e^x}$

注　まずは“振る舞いそのもの”を見て.

解答 (1) **着眼**　$\dfrac{\infty}{\infty}$ 型不定形．分子・分母が異種．❶？■

$$与式=\lim_{x\to\infty}\frac{x^{\frac{3}{2}}}{e^x}=0\ (\because\ ❶).//$$

(2) **着眼**　$\dfrac{\infty}{-\infty}$ 型不定形．「$\to+\infty$」となる変数を設定．■

$t=-x$ とおくと

$$与式=\lim_{t\to+\infty}\frac{e^t}{(-t)^3}=\lim_{t\to\infty}\frac{-1}{\frac{t^3}{e^t}}.$$

$t\to\infty$ のとき，$\dfrac{t^3}{e^t}\to0$ (∵ ❶) で，符号は正.

∴　与式 $=-\infty.//$

(3) **着眼**　$0\times(-\infty)$ 型不定形．カッコ内の多項式は，主要部で**くくる**．■

$$与式=\lim_{x\to\infty}\frac{x^3}{e^x}\left(\frac{1}{x^3}+\frac{2}{x^2}-1\right)=0\cdot(-1)=0.//\ (\because\ ❶)$$

(4) **着眼**　$\dfrac{\infty}{\infty}$ 型不定形．❷？■

$$与式=\lim_{x\to\infty}\frac{1}{\frac{\log x}{x}}.$$

$x\to\infty$ のとき，$\dfrac{\log x}{x}\to0$ (∵ ❷) で，符号は正．∴　与式 $=+\infty.//$

(5) **着眼**　$\infty\times\infty$．不定形ではないです．■

与式 $=\infty.//$

(6) **着眼**　$0\times(-\infty)$ 型不定形．❸？■

$$与式=\lim_{x\to+0}\frac{1}{2}\cdot\boxed{x^2}\log\boxed{x^2}=\frac{1}{2}\cdot0=0.//$$
（$\boxed{x^2}\to+0$ ゆえ❸を使用）

(7) **着眼**　悲惨な不定形（笑）．でも，$x\to\infty$ のときの主要部を見抜けば解決．$\log x$ よりも x, x^2 の方が，さらに e^x の方が発散が速いので…■

$$\frac{2(\log x)^2-3xe^x+\boxed{e^{2x}}}{x\log x+\boxed{3e^{2x-1}}-x^2e^x}
=\frac{2\left(\frac{\log x}{e^x}\right)^2-3\cdot\frac{x}{e^x}+\boxed{1}}{\frac{x}{e^x}\cdot\frac{\log x}{e^x}+\boxed{\frac{3}{e}}-\frac{x^2}{e^x}}$$

分子，分母を主要部 $\boxed{e^{2x}}=(e^x)^2$ で割った

$$\xrightarrow[x\to\infty]{}\frac{e}{3}.//\ \left(\because\ ❶❷および\frac{\log x}{e^x}{}^{1)}\to0\right)$$

注[1]：❶❷より，$\dfrac{\log x}{e^x}=\dfrac{\log x}{x}\cdot\dfrac{x}{e^x}\to0\cdot0=0.$

7 極限の総合演習

本章の内容全体を視野に入れた総合演習です

例題 27a 極限・総合 根底 実戦

[→演習問題2818]

次の極限を求めよ.

(1) $\displaystyle\lim_{x\to\infty}\sqrt{x}\sin(\sqrt{x+2}-\sqrt{x+1})$　(2) $\displaystyle\lim_{x\to\infty}(\sin\sqrt{x+2}-\sin\sqrt{x+1})$　(3) $\displaystyle\lim_{x\to 0}\frac{\log(\sin x+1)}{x}$

(4) $\displaystyle\lim_{x\to 0}\frac{\sin(\log(1+x))}{x}$　(5) $\displaystyle\lim_{x\to 0}\frac{\log(\cos x)}{x^2}$　(6) $\displaystyle\lim_{x\to\frac{\pi}{2}}\frac{e^{\cos x}-e^{-\cos x}}{1-\sin x}$

着眼 毎度お馴染み. まず最初に必ず“振る舞い”そのものを見ること.

解答 (1) **着眼** 括弧内が $\infty-\infty$ 型不定形であり, 有理化してみたい形ですね. ■

$$\sqrt{x}\sin(\sqrt{x+2}-\sqrt{x+1})$$
$$=\sqrt{x}\sin\underbrace{\frac{1}{\sqrt{x+2}+\sqrt{x+1}}}_{t\text{ とおく}}$$

有理化は暗算

着眼 $x\to\infty$ のとき $t\to 0$. よって $\infty\times 0$ 型不定形. “感覚”では,

$$\sim\sqrt{x}\cdot\frac{1}{\sqrt{x}+2+\sqrt{x}+1}\to\frac{1}{2}\text{ が答え. ■}$$

(4 行上からの続き)

$$=\sqrt{x}\cdot t\times\frac{\sin t}{t}.$$

ここで $x\to\infty$ のとき, $t\to 0$ より $\dfrac{\sin t}{t}\to 1$.

$$\sqrt{x}\cdot t=\frac{\sqrt{x}}{\sqrt{x}+2+\sqrt{x}+1}$$
$$=\frac{1}{\sqrt{1+\frac{2}{x}}+\sqrt{1+\frac{1}{x}}}\to\frac{1}{2}.$$

以上より, 与式 $=\dfrac{1}{2}\cdot 1=\dfrac{1}{2}$.//

(2) **着眼** $\infty-\infty$ 型不定形. 2 つの $\sqrt{\ }$ が sin によって分断されているため, (1)のような有理化ができません. そこで, 和積公式[→Ⅱ+B444]により, 2 つの $\sqrt{\ }$ の和や差を作ります. ■

$$f(x):=\sin\sqrt{x+2}-\sin\sqrt{x+1}$$
$$=2\cos\underbrace{\frac{\sqrt{x+2}+\sqrt{x+1}}{2}}_{t\text{ とおく}}\cdot\sin\frac{\sqrt{x+2}-\sqrt{x+1}}{2}.$$

ここで, $x\to\infty$ のとき

$$\sin\frac{\sqrt{x+2}-\sqrt{x+1}}{2}=\sin\frac{1}{2(\sqrt{x+2}+\sqrt{x+1})}$$
$$\to 0.\ \cdots①$$

方針 $t\to\infty$ より $\cos t$ は $-1\sim 1$ で振動. これを不等式で表して“はさみうち”. 答えはおそらく「0」. ■

$$0\leq|f(x)-0|$$
$$=\left|2\cos t\cdot\sin\frac{1}{2(\sqrt{x+2}+\sqrt{x+1})}-0\right|$$
$$=2|\cos t|\cdot\left|\sin\frac{1}{2(\sqrt{x+2}+\sqrt{x+1})}\right|$$
$$\leq 2\cdot 1\cdot\left|\sin\frac{1}{2(\sqrt{x+2}+\sqrt{x+1})}\right|$$
$$\xrightarrow[x\to\infty]{}0\ (\because\ ①).$$

よって“はさみうち”より, $x\to\infty$ のとき,

$|f(x)-0|\to 0$, i.e. $f(x)\to 0$.//

(3) **着眼** $\dfrac{0}{0}$ 型不定形. log があるので, 指数・対数関数の極限公式❸? この公式の“感覚”によると, 分子 $\sim\sin x\sim x$. 答えはたぶん「1」. ■

$$\frac{\log(\sin x+1)}{x}=\frac{\log(1+\sin x)}{\sin x}\cdot\frac{\sin x}{x}$$
$$\xrightarrow[x\to 0]{}1\cdot 1\ (\because\ \sin x\to 0)$$
$$=1.//$$

(4) **着眼** $\dfrac{0}{0}$ 型不定形. sin があるので三角関数の極限公式❶? この公式の“感覚”によると, 分子 $\sim\log(1+x)\sim x$. 答えはたぶん「1」. ■

$$\frac{\sin(\log(1+x))}{x}=\frac{\sin(\log(1+x))}{\log(1+x)}\cdot\frac{\log(1+x)}{x}$$
$$\xrightarrow[x\to 0]{}1\cdot 1\ (\because\ \log(1+x)\to 0)$$
$$=1.//$$

(5) **着眼** $\dfrac{0}{0}$ 型不定形. log があるので指数・対数の極限公式❸?「1+△」の形を作ります.

$$\frac{\log(\cos x)}{x^2}$$
$$=\frac{\log\left(1+\left(\boxed{\cos x-1}\right)\right)}{\boxed{\cos x-1}}\cdot\frac{1-\cos x}{x^2}\cdot(-1)$$
$$\xrightarrow[x\to 0]{} 1\cdot\frac{1}{2}\cdot(-1)\ (\because\ \boxed{\cos x-1}\to 0)$$
$$=-\frac{1}{2}.$$ //

注 “振る舞い”そのものを見ず，表面的な「式の形」しか見ない生徒は，このように自ら「1+△」の形を作ることができません．

(6) **着眼** $\dfrac{0}{0}$ 型不定形. 指数の形なので指数・対数関数の極限公式❹?「$\bigcirc^{\triangle}-1$」の形を作りましょう.

$x\to\dfrac{\pi}{2}$ のとき「→0」となる変数を設定.

$t=\dfrac{\pi}{2}-x$ とおくと，$x\to\dfrac{\pi}{2}$ のとき $t\to 0$ であり

$$\frac{e^{\cos x}-e^{-\cos x}}{1-\sin x}$$
$$=\frac{e^{\sin t}-e^{-\sin t}}{1-\cos t}$$
$$=\frac{1}{e^{\sin t}}\cdot\frac{e^{2\sin t}-1}{1-\cos t}\ ^{1)}$$
$$=\frac{1}{e^{\sin t}}\cdot\frac{e^{2\sin t}-1}{2\sin t}\cdot\frac{2\sin t}{1-\cos t}$$
$$=\underbrace{\frac{1}{e^{\sin t}}\cdot\frac{e^{\boxed{2\sin t}}-1}{\boxed{2\sin t}}\cdot 2\cdot\frac{\sin t}{t}\cdot\frac{t^2}{1-\cos t}}_{F\text{ とおく}}\cdot\frac{1}{t}.$$

ここで，$t\to 0$ のとき，

$$F\to 1\cdot1\cdot2\cdot1\cdot2=4,\ \frac{1}{t}\to\pm\infty.$$

$$\therefore \text{与式}=F\cdot\frac{1}{t}\to\pm\infty\ (\text{発散}).$$ //

注 1)：この時点で，“感覚”により

$$\frac{e^{2\sin t}-1}{1-\cos t}\sim\frac{2\sin t}{\frac{t^2}{2}}\sim\frac{2t}{\frac{t^2}{2}}=\frac{4}{t}\to\pm\infty$$

とわかります．

例題 27b ガウス記号，Σ，極限 根底 実戦 入試

極限 $\displaystyle\lim_{n\to\infty}\frac{1}{e^n}\sum_{k=1}^{n}\left[\frac{e^n}{3^k}\right]$ （$[x]$は，x を超えない最大整数）を求めよ．

着眼 まずはガウス記号を不等式を用いて外して Σ 計算．極限は，おそらく“はさみうち”を用いることになるでしょうね．

解答 $\left[\dfrac{e^n}{3^k}\right]\le\dfrac{e^n}{3^k}<\left[\dfrac{e^n}{3^k}\right]+1.$

$$\therefore\ \frac{e^n}{3^k}-1<\left[\frac{e^n}{3^k}\right]\le\frac{e^n}{3^k}.$$

$$\therefore\ S_n:=\frac{1}{e^n}\sum_{k=1}^{n}\left[\frac{e^n}{3^k}\right]$$
$$\le\frac{1}{e^n}\sum_{k=1}^{n}\frac{e^n}{3^k}$$
$$=\sum_{k=1}^{n}\left(\frac{1}{3}\right)^k$$
$$=\frac{1}{3}\cdot\frac{1-\left(\frac{1}{3}\right)^n}{1-\frac{1}{3}}$$
$$\xrightarrow[n\to\infty]{}\frac{1}{3}\cdot\frac{1}{1-\frac{1}{3}}=\frac{1}{2}.$$

$$S_n>\frac{1}{e^n}\sum_{k=1}^{n}\left(\frac{e^n}{3^k}-1\right)$$
$$=\sum_{k=1}^{n}\left\{\left(\frac{1}{3}\right)^k-\frac{1}{e^n}\right\}$$
$$=\frac{1}{3}\cdot\frac{1-\left(\frac{1}{3}\right)^n}{1-\frac{1}{3}}-\frac{n}{e^n}$$
$$\xrightarrow[n\to\infty]{}\frac{1}{3}\cdot\frac{1}{1-\frac{1}{3}}-0=\frac{1}{2}.$$

よって“はさみうち”より，与式 $=\dfrac{1}{2}.$ //

解説 「異種関数の極限」に関する性質❶を，実数 x を自然数 n に変えて使いました．

注 $n\to\infty$ とするとき，n の変化に応じて Σ 記号内の各項も変化するので，いわゆる「無限級数」ではありません．

例題 27 C 連続となるための条件 根底 実戦 入試

[→演習問題 2 8 21]

次の関数が任意の実数 x において連続となるような実数定数 a, b の値を求めよ.

$f(x)=\lim\limits_{n\to\infty}\dfrac{x^n+ax+b}{x^{n+1}+2}$ (n は自然数)

解答 **着眼** 例えば $x=2$ と**固定**して $n\to\infty$ とすると…$f(2)$ の値が定まります. また, $x=-\dfrac{1}{2}$ と**固定**して $n\to\infty$ とすると, $f\left(-\dfrac{1}{2}\right)$ の値が定まります. なるほど確かに, 右辺は x の**関数**ですね (もちろん, 収束するときのみを考えます).

このように, x を様々な値に固定してみながら, $n\to\infty$ とするときの主要部はどこかを見抜いていきます.

注 「任意の実数 x において連続」であるためには, もちろん $n\to\infty$ のときの極限が「任意の実数 x について収束」することが前提です. ■

全て $n\to\infty$ のときの極限を考える.

i) $|x|<1$ のとき,

$x^n, x^{n+1}\to 0$. これらは"塵". 他が主要部

$\therefore f(x)=\dfrac{ax+b}{2}$. …①

ii) $|x|>1$ のとき, 今度は x^n, x^{n+1} の絶対値は大きい

$$\lim_{n\to\infty}\frac{\boxed{x^n}+ax+b}{\boxed{x^{n+1}}+2}=\lim_{n\to\infty}\frac{\boxed{1}+\dfrac{a}{x^{n-1}}+\dfrac{b}{x^n}}{\boxed{x}+\dfrac{2}{x^n}}.$$

ここで, $\left|\dfrac{b}{x^n}-0\right|=\dfrac{b}{|x|^n}\to 0$ より $\dfrac{b}{x^n}\to 0$.

同様に $\dfrac{a}{x^{n-1}}, \dfrac{2}{x^n}\to 0$. $\therefore f(x)=\dfrac{1}{x}$. …②

iii) $f(1)=\lim\limits_{n\to\infty}\dfrac{1+a+b}{1+2}=\dfrac{1+a+b}{3}$. …③

iv) $f(-1)=\lim\limits_{n\to\infty}\dfrac{(-1)^n-a+b}{(-1)^{n+1}+2}$ 分子の低次化

$=\lim\limits_{n\to\infty}\left\{-1+\dfrac{2-a+b}{(-1)^{n+1}+2}\right\}$.

これが収束するから, $2-a+b=0$. …④

また, $f(-1)=-1$ …⑤.

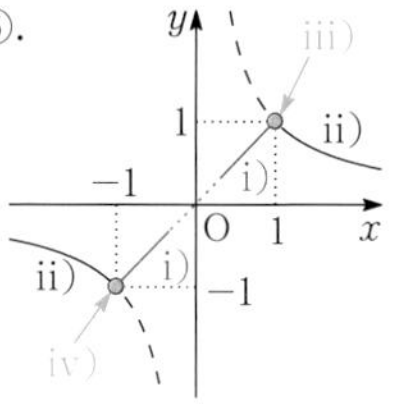

以上より, $f(x)$ は実数全体で定義され, $x\neq\pm1$ では連続.

○ $x=1$ で連続となるための条件は

$\lim\limits_{x\to1+0}f(x)=\lim\limits_{x\to1-0}f(x)=f(1)$. [1)]

i.e. $\underset{②}{\dfrac{1}{1}}=\underset{①}{\dfrac{a+b}{2}}=\underset{③}{\dfrac{1+a+b}{3}}$.

i.e. $a+b=2$ (上の 2 式は同値). …⑥

○ $x=-1$ で連続となるための条件は

$\lim\limits_{x\to-1+0}f(x)=\lim\limits_{x\to-1-0}f(x)=f(-1)$. [2)]

i.e. $\underset{①}{\dfrac{-a+b}{2}}=\underset{②}{\dfrac{1}{-1}}=\underset{⑤}{-1}$.

i.e. $2-a+b=0$ (これは④そのもの).

④⑥より, $(a, b)=(2, 0)$. //

解説 1)2): いずれも, 右側極限, 左側極限, ちょうどの値の 3 者が等しい条件です.

注 例題 24 f と同様, グラフが "つながる" よう, ①のグラフ (直線) が 2 点 $(1, 1), (-1, -1)$ を通るように a, b を決めれば正しい結果は得られてしまいますが, 連続の定義に立脚して, ちょうど $x=-1, 1$ のときの値についても議論しないと「正解」とはなりません.

言い訳 ホントは, 右辺が収束するような x を特定した上で「関数 $f(x)$」と呼ぶべきです.
また, 分母: $x^{n+1}+2$ は, $n+1$ が奇数の場合, $x^{n+1}=-2$ …⑦, i.e. $x=\sqrt[n+1]{-2}$ のとき 0 となってしまいますが, 「極限」を論じる際には充分大きな n についてのみ考えれば OK ですから, $|x|>1, |x|<1, |x|=1$ のどのケースでも, ⑦が成り立たないような範囲の n に限定して議論することができますね.

例題 27d 図形と無限級数　根底 実戦　入試　[→演習問題 2823]

θ は $0<\theta<\dfrac{\pi}{2}$ を満たすとする．xy 平面上で，x 軸の正の部分を l，半直線 $y=(\tan\theta)x\ (x\geqq 0)$ を m とする．l,m の両方に接する円 $C_1, C_2, C_3, \cdots$ がある．$C_{n+1}\ (n=1,2,3,\cdots)$ は，C_n, l, m で囲まれる領域内にあり，C_n と外接する．C_1 の半径を 1，C_n の面積を a_n として，以下の問いに答えよ．

(1) 無限級数 $\displaystyle\sum_{n=1}^{\infty} a_n$ が収束することを示し，その和を求めよ．

(2) (1)で求めた和を $f(\theta)$ とする．極限 $\displaystyle\lim_{\theta\to+0}\theta f(\theta)$ を求めよ．

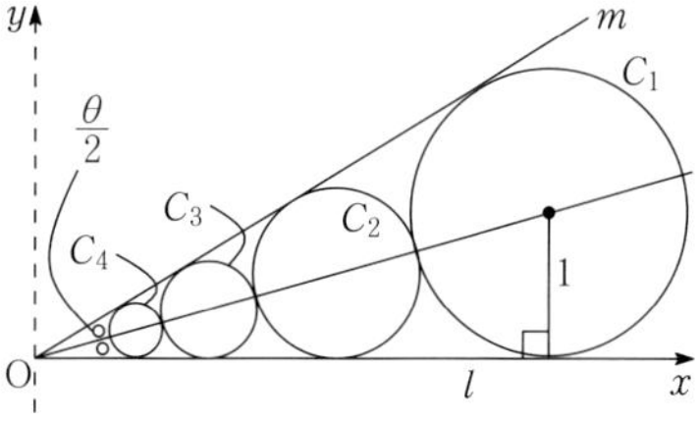

着眼 一見タイヘンそうですが，例題22h と同様に，基本に根差して

無限個の円 $\xrightarrow[\text{の定義}]{\text{無限級数}}$ 有限個の円 $\xrightarrow{\text{“ドミノ式”}}$ 2 個の円

と考えればどうということはありません．

注 (1)段階では θ は完全なる定角です．

解答

(1) C_n の半径を r_n とする．

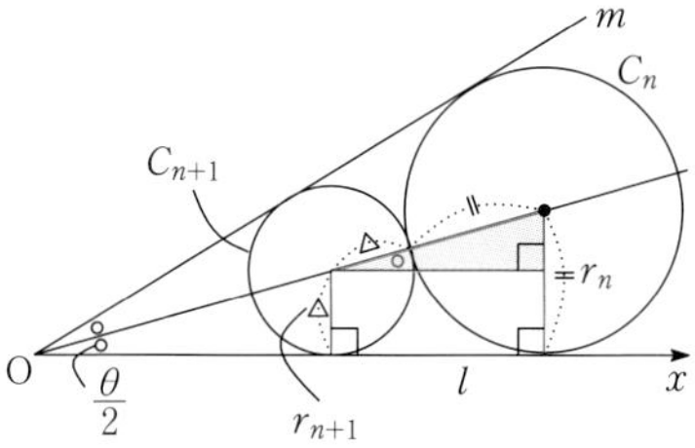

上図で色のついた三角形に注目して

$$r_n - r_{n+1} = \sin\frac{\theta}{2}(r_n + r_{n+1}).$$

以下，$\sin\dfrac{\theta}{2}$ を s と略記すると

$$(1+s)r_{n+1} = (1-s)r_n.$$

$$r_{n+1} = \underbrace{\frac{1-s}{1+s}}_{q\text{ とおく}}r_n. \quad \text{等比数列}$$

これと $r_1=1$ より，面積について

$$a_{n+1} = q^2\cdot a_n, \quad \text{等比数列}$$

$$a_1 = \pi\cdot 1^2 = \pi.$$

$0<s<1$ より $0<q^2<1$ …① だから，

$$\sum_{n=1}^{m} a_n = \pi\cdot\frac{1-(q^2)^m}{1-q^2}$$

$$\xrightarrow[m\to\infty]{} \pi\cdot\frac{1}{1-q^2}\ (\because\ ①)$$

$$= \pi\cdot\frac{1}{1-\dfrac{(1-s)^2}{(1+s)^2}}$$

$$= \pi\cdot\frac{(1+s)^2}{(1+s)^2-(1-s)^2}$$

$$= \pi\cdot\frac{\left(1+\sin\dfrac{\theta}{2}\right)^2}{4\sin\dfrac{\theta}{2}}.\ /\!/$$

(2) **着眼** (1)の答えにおいて，不定形の要因となるのは分母のみ．分子 (→ 1^2) には何の問題もありません (笑)．■

$$\theta\cdot f(\theta) = \frac{\pi}{4}\cdot\left(1+\sin\frac{\theta}{2}\right)^2\cdot\frac{\dfrac{\theta}{2}}{\sin\dfrac{\theta}{2}}\cdot 2$$

$$\xrightarrow[\theta\to+0]{} \frac{\pi}{4}\cdot 1^2\cdot 1\cdot 2 = \frac{\pi}{2}.\ /\!/$$

解説 「s」,「q」などの“名前”を利用して，書く分量を減らし，見通しよく計算できるよう工夫しましょう．

注 数列 (a_n) は公比 q^2 の等比数列であり，その部分和は，「初項」「公比」「項数」の 3 つから求まります．「一般項」を求めるのは全くの無駄です．

8 演習問題B

2 8 1 根底 実戦

次の関数の極限を求めよ．なお，「$\log x$」とは自然対数「$\log_e x$」のことであり，「e」は「自然対数の底」（約 2.7）である．

(1) $\displaystyle\lim_{x\to\infty}\frac{(x+1)^3}{x^3+2x^2+1}$

(2) $\displaystyle\lim_{x\to-\infty}\left(\sqrt{x^2+2x+3}-\sqrt{x^2-x+1}\right)$

(3) $\displaystyle\lim_{x\to+0}\left(\sqrt{\frac{1}{x^2}-\frac{1}{x}+3}-\frac{1}{x}+\frac{1}{2}\right)$

(4) $\displaystyle\lim_{x\to3}\frac{27-x^3}{x^2-5x+6}$

(5) $\displaystyle\lim_{x\to-1}\frac{\sqrt{x+2}-\sqrt{-x}}{x+1}$

(6) $\displaystyle\lim_{x\to\frac{\pi}{2}}\frac{1+\cos x}{x^2}$

(7) $\displaystyle\lim_{x\to\infty}\left\{\sqrt{\log(x+1)}-\sqrt{\log x}\right\}$

2 8 2 根底 実戦

関数 $f(x)=e^{\frac{1}{x}}$ について，以下の極限を求めよ．なお，「e」は「自然対数の底」であり，その値は約 2.7 である．

(1) $\displaystyle\lim_{x\to\infty}f(x)$

(2) $\displaystyle\lim_{x\to-\infty}f(x)$

(3) $\displaystyle\lim_{x\to+0}f(x)$

(4) $\displaystyle\lim_{x\to-0}f(x)$

2 8 3 根底 実戦

次の関数の極限を求めよ．

(1) $\displaystyle\lim_{x\to\frac{\pi}{2}}\tan x$

(2) $\displaystyle\lim_{x\to\frac{\pi}{2}}\frac{\cos x}{\sin x}$

(3) $\displaystyle\lim_{x\to-1}\frac{x^2-2x-3}{(x+1)^2}$

2 8 4 根底 実戦 典型

$f(x)=\sqrt{x^2+bx+c}-(ax+1)$ とおく．

$\displaystyle\lim_{x\to\infty}f(x)=0$ …①　　$\displaystyle\lim_{x\to\infty}xf(x)=3$ …②

となるような実数定数 $a,\ b,\ c$ を求めよ．

2 8 5 根底 実戦 典型

$\displaystyle\lim_{x\to2}\frac{\sqrt{2x+a}-\sqrt{x+7}}{x^2+x-6}$ が収束するように実数定数 a を定め，その極限値を求めよ．

2 8 6 根底 実戦 典型

$f(x)=\dfrac{ax^3+3x^2+5x+b}{x^2+x}$ とする．$\displaystyle\lim_{x\to\infty}f(x)$, $\displaystyle\lim_{x\to 0}f(x)$ がいずれも収束するように実数定数 a, b の値を定め，前記 2 つの極限値をそれぞれ求めよ．

2 8 7 根底 実戦

n は任意の整数とする．実数全体で定義された関数 $f(x)=\begin{cases}\dfrac{\sin 2x}{\sin x}\ (x\neq n\pi)\\ a_n\ (x=n\pi)\end{cases}$ が連続関数となるように a_n を定めよ．

2 8 8 根底 実戦

2 曲線 C_1: $y=\dfrac{\sin x}{x}$, C_2: $y=\dfrac{10-x^2}{11}$ は，$0<x<\pi$ において共有点をもつことを示せ．

2 8 9 根底 実戦

次の関数の極限を求めよ．

(1) $\displaystyle\lim_{x\to 0}\frac{\tan 3x}{x}$

(2) $\displaystyle\lim_{x\to 0}\frac{\sin^2 2x}{x\tan x}$

(3) $\displaystyle\lim_{x\to 0}\frac{1-\cos x}{\sin^2 x}$

(4) $\displaystyle\lim_{x\to \pi}\frac{1+\cos x}{(x-\pi)\sin x}$

(5) $\displaystyle\lim_{x\to 0}\frac{1-\cos 2x}{x^2}$

(6) $\displaystyle\lim_{x\to 0}\frac{\sin x}{|x|}$

(7) $\displaystyle\lim_{x\to \infty}\frac{\sin x}{x}$

(8) $\displaystyle\lim_{x\to \pi}\frac{x}{\tan\frac{x}{2}}$

(9) $\displaystyle\lim_{n\to \infty}\frac{\sin\frac{\pi}{n}}{\tan\frac{\pi}{2n}}$

2 8 10 根底 実戦

OA $=2$, OB $=1$ の三角形 OAB があり，$\angle$BOA $=\theta$ $(0<\theta<\pi)$ とする．$\alpha=\angle$OBA, $\beta=\angle$OAB とおくとき，極限 $\displaystyle\lim_{\theta\to\pi-0}\frac{\alpha}{\beta}$ を求めよ．

2 8 11 根底 実戦

n は自然数とする．2 辺の長さが n と $n+1$ であり，その間の角が $\dfrac{\pi}{n}$ である三角形の他の辺の長さを l_n とする．極限 $\displaystyle\lim_{n\to\infty}l_n$ を求めよ．

→ 7・13

2 8 12 根底 実戦 入試

n は 3 以上の整数とする．半径 1 の円 C_1 に外接する正 n 角形の外接円を C_2，C_2 に外接する正 n 角形の外接円を C_3 とし，以下同様にして [1] 円 $C_4, C_5, C_6, \cdots, C_{n^2}$ を定める．C_{n^2} の半径の，n を限りなく大きくするときの極限を求めよ．

2 8 13 根底 実戦 入試

半径 1 の円 C に，半径 $r\left(<\dfrac{1}{2}\right)$ の「小円」がいくつか内接している．n を 3 以上の自然数として次の問いに答えよ．

(1) 小円どうしが互いに外接して隙間なくちょうど n 個並んだ．このとき極限 $\displaystyle\lim_{n\to\infty} nr$ を求めよ．

(2) $r=\dfrac{1}{n}$ とする．小円どうしが 2 点で交わることなく並べられるとき，並べ得る小円の最大個数を a_n とする．極限 $\displaystyle\lim_{n\to\infty}\frac{a_n}{n}$ を求めよ．

2 8 14 根底 実戦

次の極限を求めよ．(x は実数．n は自然数とする．)

(1) $\displaystyle\lim_{x\to 0}(1+2x)^{\frac{1}{x}}$

(2) $\displaystyle\lim_{n\to\infty}\left(\frac{n}{n+1}\right)^n$

(3) $\displaystyle\lim_{x\to 0}\frac{2^x-1}{3^x-1}$

(4) $\displaystyle\lim_{x\to 0}\frac{e^x-e^{-x}}{x}$

(5) $\displaystyle\lim_{x\to 0}\frac{\log(1+\tan x)}{\log(1+2x)}$

(6) $\displaystyle\lim_{x\to\frac{\pi}{2}}\frac{\log(\sin x)}{\cos^2 x}$

(7) $\displaystyle\lim_{n\to\infty}\left\{\frac{n^2+n+2}{n(n+1)}\right\}^{n^2-n}$

2 8 15 根底 実戦 入試

(1) 箱の中に n 本のくじ $(n\geq 2)$ が入っており，そのうち 1 本だけが当たりであるとする．箱からくじを 1 本取り出して元に戻すことを n 回繰り返す．少なくとも 1 回は当たりである確率を p_n として，$\displaystyle\lim_{n\to\infty} p_n$ を求めよ．

(2) 箱の中に n 本のくじ $(n\geq 3)$ が入っており，そのうち 2 本だけが当たりであるとする．箱からくじを 2 本取り出して元に戻すことを n^2 回繰り返す．少なくとも 1 回は 2 本とも当たりである確率を q_n として，$\displaystyle\lim_{n\to\infty} q_n$ を求めよ．

2 8 16 根底 実戦 ハイレベル↑

$a_n = \left(1+\dfrac{1}{n}\right)^n$ で定まる数列 (a_n) $(n=2, 3, 4, \cdots)$ について答えよ．

ただし，次のことを用いてよい：

「単調増加かつ上に有界な数列は収束する．」 $\cdots(*)$

ここに，**上に有界**とは，数列の各項がある一定の値を超えないことをいう．

(1) ${}_n\mathrm{C}_k\left(\dfrac{1}{n}\right)^k < {}_{n+1}\mathrm{C}_k\left(\dfrac{1}{n+1}\right)^k$ $(2 \leq k \leq n)$ を示せ．

(2) (a_n) は増加列であることを示せ．

(3) $k! \geq 2^{k-1}$ $(k=2, 3, 4, \cdots)$ を示せ．

(4) $a_n < 3$ を示せ．

(5) (2)(4)と $(*)$ より (a_n) は収束するので，その極限値を e とおく．すなわち，$\displaystyle\lim_{n\to\infty} a_n = e$ である．
$2.4 < e \leq 3$ であることを示せ．

(6) $\displaystyle\lim_{x\to\infty}\left(1+\frac{1}{x}\right)^x = e$ (x は実数) を示せ．

(7) $\displaystyle\lim_{x\to-\infty}\left(1+\frac{1}{x}\right)^x = e$ を示せ．

(8) $\displaystyle\lim_{h\to 0}(1+h)^{\frac{1}{h}} = e$ を示せ．

2 8 17 根底 実戦

年利率 r (r は正の定数) の銀行預金に 100 万円を預入れるとする．
1 年後には利息を合わせた預金総額は，$1+r$ 倍の $100(1+r)$ 万円となる．1 年を待たずに引出す場合には，預入期間に比例した利息が付く．例えば預入期間が半年なら引出金額は $100\left(1+\dfrac{r}{2}\right)$ 万円である．なお，預入期間は任意に選べるとする．
1 年を n 等分 (n は自然数) した預入期間 (以下，「n 分期間」と称する) を設定し，n 分期間が経過するごとに預金を全額引出し，即座に同じ銀行預金に全額預入れることを n 回繰り返すとき，得られる 1 年後の預金総額を A_n とする．

(1) A_n $(n \geq 2)$ と A_1 の大小関係を調べよ．

(2) $\displaystyle\lim_{n\to\infty} A_n$を求めよ．

語記サポ 資産 = assets より，「A_n」とした．

2 8 18 根底 実戦 入試

次の関数の極限を求めよ．ただし，$\lim_{x\to\infty}\frac{x}{e^x}=0$ …①，$\lim_{x\to\infty}\frac{\log x}{x}=0$ …② を用いてよいとする．

(1) $\lim_{x\to1}\frac{e^{2x}-\left(e+\frac{1}{e}\right)e^x+1}{x^2-1}$

(2) $\lim_{x\to-1}\frac{e^{2x}-\left(e+\frac{1}{e}\right)e^x+1}{x^2-1}$

(3) $\lim_{x\to0}\frac{(x^3+3x^2)\sin\frac{1}{x}}{\log(x+1)}$

(4) $\lim_{x\to\infty}\{(\log x)^3-x(\log x)^2-x^2\log x\}$

(5) $\lim_{x\to\infty}\frac{e^x(xe^x-1)}{(2x-1)(e^{2x}+x^2)}$

(6) $\lim_{x\to+0}\frac{1}{x}\cdot e^{\frac{1}{x}}$

(7) $\lim_{x\to-0}\frac{1}{x}\cdot e^{\frac{1}{x}}$

(8) $\lim_{x\to+0}\frac{\log(x+1)}{\log x}$

2 8 19 根底 実戦 入試

$\lim_{x\to0}\frac{\sqrt{\cos x+ax+b}-(x+2)}{x^2}$ が収束するような実数定数 a, b の値を求め，その極限値を求めよ．

2 8 20 根底 実戦

a は実数定数で $a\neq0$ とする．極限 $\lim_{x\to a}\frac{x\sin a-a\sin x}{x^2-a^2}$ を求めよ．

2 8 21 根底 実戦 入試

n は自然数とする．次の関数が任意の実数 x において連続となるような実数定数 a, b $(0<a<\pi)$ の値を求めよ．

$$f(x)=\begin{cases}\lim_{n\to\infty}\frac{x^{2n-1}+\sin ax}{x^{2n-1}+x}\ (x\neq0)\ \cdots① \\ b\ (x=0)\ \cdots②\end{cases}$$

2 8 22 根底 実戦 入試

無限等比級数 (*): $\sum_{k=1}^{\infty}(x-1)\left(\frac{2x}{x^2+1}\right)^k$ が収束するような実数 x の値の範囲 I を求めよ．また，そのときの和を関数 $f(x)$(定義域は I) とするとき，$f(x)$ が不連続となる x の値を求めよ．

2 8 23 根底 実戦 入試

n は 3 以上の整数で，θ は $\frac{\pi}{2}<\theta<\frac{2}{3}\pi$ を満たす角とする．

$\triangle OP_{k-1}P_k$ $(k=1, 2, 3, \cdots, n)$ があり，$\angle OP_{k-1}OP_k=\theta$, $\angle P_{k-1}OP_k=\frac{\pi}{n}$ とする．また，$OP_0=1$ とする．線分 $P_{k-1}P_k$ の長さを l_k とし，$L_n=\sum_{k=1}^{n}l_k$ とおく．

(1) 極限 $\lim_{n\to\infty}L_n$ が収束することを示し，その極限値を求めよ．

(2) (1)で求めた極限値を $f(\theta)$ とする．極限 $\lim_{\theta\to\frac{\pi}{2}+0}f(\theta)$ を求めよ．

第 3 章

微分法

概要

「微分法」については既に数学Ⅱでも学びましたが，数学Ⅲでは整式以外の関数も扱い，凹凸まで考慮してグラフを描くなど，様々な点でステップアップします．

注 もちろん，数学Ⅱの「微分法」で学んだことを前提として進めていきます．■

関数の種類が広がる分，導関数を求める公式・手法が格段に増えて**計算力**が要求されますが，逆に計算さえ頑張れば比較的習得しやすい分野とも言えます．

様々な種類の関数を変形・処理しますから，各種基本関数における計算，例えば分数式における分子の低次化とか，三角関数の倍角公式が自在に使いこなせなければどうしようもありません．また，そうした基本関数の変化・"振る舞い"を，グラフなどをイメージしてサッと見抜く力も要求されます．このような**数学Ⅲ以前の基礎**に弱点を感じたら，直ちにⅠ+A，Ⅱ+Bの当該箇所に戻って復習すること．

注 Ⅱ+B 2「ベクトルの基礎」を学んでいることを前提とした問題があります．

学習ポイント

1. 微分係数の定義に基づき，2の極限公式を利用して，各種微分公式類を証明する．
2. その公式を利用して，様々な関数を微分して導関数を求める計算練習をする．
3. 2 つの応用法：「接線の傾き」「関数の増減」に関する基本原理を理解し，身につける．
4. 1．~3．をベースに，様々な発展・応用パターンを習得する．

注 4までで，汎用性が高く多用するものを一通り学べるようにしてあります．特定の問題でたまに使う程度のものは6以降に回しました．とくに入試まで時間が少ない現役生の方は，4までの習得を優先してください．そこが固まっていれば，6以降の習得も断然スムーズになります．

将来入試では

「積分法」と並んで，理系入試で頻出の花形分野です．また，「微分法」「積分法」「極限」を混ぜ込んだ総合問題，さらには数学Ⅰ A Ⅱ B の分野と絡めた融合問題など，様々な形式で出題されます．まさに勝負所です．最高学年時に学ぶのですから当然内容は高度ですが，型にはまった類型的問題も比較的多く，努力次第で得点しやすい分野と言えます．

この章の内容

［高校数学範囲表］ •当該分野 •関連が深い分野

数学Ⅰ	数学Ⅱ	数学Ⅲ 理系
数と式	いろいろな式	いろいろな関数
2次関数	ベクトルの基礎	極限
三角比	図形と方程式	微分法
データの分析	三角関数	積分法
数学A	指数・対数関数	**数学C**
図形の性質	微分法・積分法	ベクトル
整数	**数学B**	複素数平面
場合の数・確率	数列	2次曲線
	統計的推測	

1 導関数の定義と基本公式

1 微分係数とは？

「微分係数」の定義については，既にⅡ+B 6 1 1/2 で「自由落下」を題材として詳細に説明しましたね．ここでは，その要約のみ記す程度に留めておきます．

一般に，関数 $y=f(x)$ において，x が**定数** a から $a+h$ $(h \neq 0)$ まで変化するとき，x の変化量[1] $\boldsymbol{\Delta x}$（デルタ）$(=h)$ に対する y の変化量 Δy の割合，つまり

$\dfrac{\Delta y}{\Delta x}=\dfrac{f(a+h)-f(a)}{h}$ のことを**平均変化率**といいます．

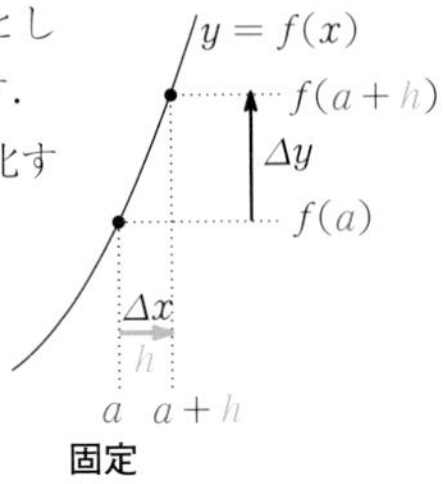

これが，$h \to 0$ のときある定数に**収束**[2] するならば，その**極限値**を関数 $f(x)$ の $x=a$ における**微分係数**といい，記号「$f'(a)$」で表します．

$$\underset{\text{瞬間速度}}{\overset{\text{微分係数}}{f'(a)}}=\lim_{h\to 0}\underset{\text{平均速度}}{\overset{\text{平均変化率}}{\frac{f(a+h)-f(a)}{h}}}.$$

関数一般　　x が時刻なら

「エフ **プライム** エー」などと読みます．

関数一般→	平均変化率	微分係数
x が時刻→	平均速度	瞬間速度

注　「自由落下」の例のように「x」が**時刻**を表す変数であるとき，「変化率」を「速度」とも呼びます．例えば「水面の面積の増加速度」と言い表したりもします．[→演習問題 3 9 32]

上表からわかる通り，「微分係数」は **“瞬間変化率”** とでも呼ぶとしっくりきます．正式な用語ではないかもしれませんが．　この単語の由来は[→Ⅱ+B 6 5 5 **最後のコラム**]

語記サポ 1)：一般に，変数○の変化量を「Δ○」のように書き表します．今後，この記法を有効活用することが，微分法の**正しい理解**に大いに役立ちます．「変化量」のことを「増分」ともいいますが，Δx が負であり「減少」しているケースもあるので注意しましょう．

2)：このように平均変化率が「収束」なら，「$f(x)$ は $x=a$ において**微分可能**である」といいます．また，ある区間内の全ての x において「収束」なら，「$f(x)$ はその**区間で微分可能**である」といい，定義域全体において「収束」なら，単に「微分可能である」と言います．

2 微分係数と導関数

例えば関数 $y=x^2$（$=f(x)$ とおく）において，$x=a$ における微分係数は，右のようにして

$$f'(a)=\lim_{h\to 0}\frac{f(a+h)-f(a)}{h}=2a.\ \cdots①$$

$$\begin{aligned}f'(a)&=\lim_{h\to 0}\frac{f(a+h)-f(a)}{h}\\&=\lim_{h\to 0}\frac{(a+h)^2-a^2}{h}\\&=\lim_{h\to 0}\frac{(2a+h)\cancel{h}}{\cancel{h}}\\&=\lim_{h\to 0}(2a+h)=2a.\end{aligned}$$

この $2a$ の「a」に 3 を代入すれば $f'(3)=6$，-5 を代入すれば $f'(-5)=-10$ が即座に得られますね．つまり，a に対して微分係数 $f'(a)$ という値を**対応付ける関数**：「$2x$」が得られている訳です．

これを $f(x)$ の**導関数**[3] といい，$f'(x)$ と表します．今の例では

$$f'(x)=2x.\ \cdots②$$

値 a $\xrightarrow[f']{\text{導関数}}$ 微分係数 $f'(a)$

①と②を比べると，文字が「a」から「x」に変わっていますが，そのことが重要なのではありません．「微分係数」と言うときには個々の値を指し，「導関数」と呼ぶ際には対応付けのルールのことを考えています．あまりガチガチに区別しようと力まなくても大丈夫ですよ（笑）．本書のこれ以降の記述においても，両者は渾然（こんぜん）一体となっています（笑）．

語記サポ 3)：元の関数 $f(x)$ から“派生して作られる”＝“導かれる”関数なのでこう呼びます．■

導関数の定義 **定義**　「微分係数」の定義もだいたい同様

$f(x)$ が微分可能であるとして，関数 $f(x)$ の導関数は，

$$❶:\ f'(x)=\lim_{h\to 0}\underbrace{\frac{f(x+h)-f(x)}{h}}_{\text{平均変化率}}.$$

$\begin{cases} x \text{ は固定} \\ h \text{ が } 0 \text{ へ近づく変数} \end{cases}$

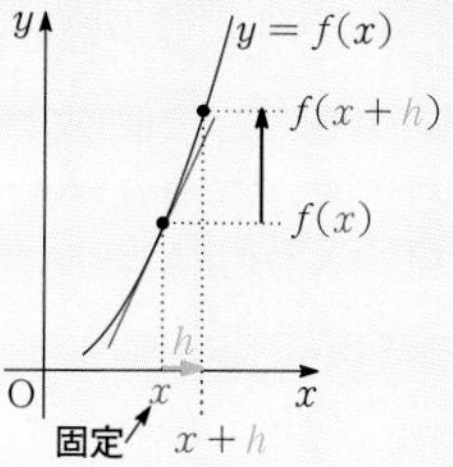

注　「微分可能」とは，$h\to 0$ のときに平均変化率が**収束**すること．
微分可能の直観的イメージは，グラフが“なめらか”で接線が定まること．

$f(x)$ の導関数を求めることを「$f(x)$ を x で**微分する**」といいます．（「x で」は自明なら省いて可．）
❶の $x+h$ を「X」とおくことにより，次の形式で表すこともできます：

$$❷:\ f'(x)=\lim_{X\to x}\underbrace{\frac{f(X)-f(x)}{X-x}}_{\text{平均変化率}}.$$

$\begin{cases} x \text{ は固定} \\ X \text{ が } x \text{ へ近づく変数} \end{cases}$

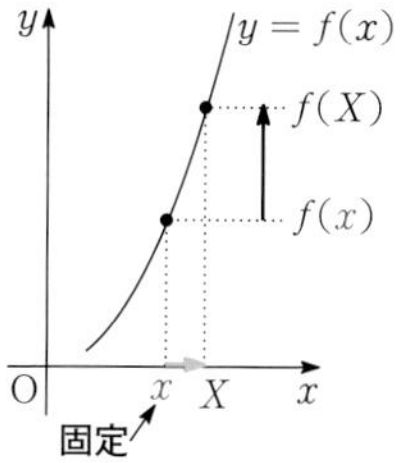

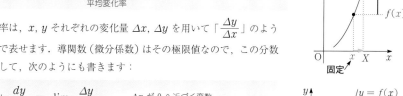

平均変化率は，x, y それぞれの変化量 Δx, Δy を用いて「$\dfrac{\Delta y}{\Delta x}$」のように分数形で表せます．導関数（微分係数）はその極限値なので，この分数形式を模して，次のようにも書きます：

$$❸:\ \underbrace{\frac{dy}{dx}}_{\text{導関数}}=\lim_{\Delta x\to 0}\underbrace{\frac{\Delta y}{\Delta x}}_{\text{平均変化率}}.$$

Δx が 0 へ近づく変数

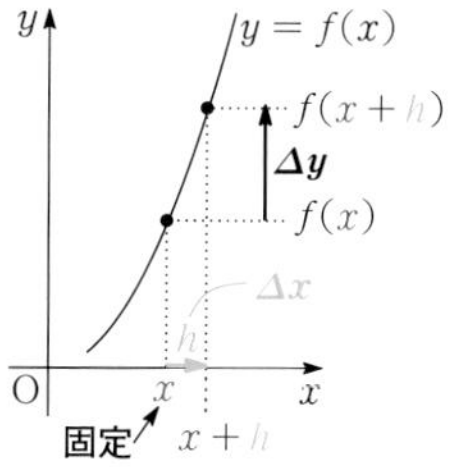

重要　分数形式「$\dfrac{\Delta y}{\Delta x}$」の極限値だから，その極限値を同じく分数形式「$\dfrac{dy}{dx}$」で表す．実に合理的な記法ですね．❸式に込められたこの意味こそが，「微分法」全体における NO.1 **基本原理**です！

注　記法❸の弱点は，固定している「x」の値が明示されないことです．

語記サポ　「$\dfrac{dy}{dx}$」は，英語圏の分数読みルールに従い，分子から先に「$dy\ dx$」と読みます．
関数 $y=f(x)$ の導関数（あるいは微分係数）を表す記法は，次のように様々です：

$$y',\ f'(x),\quad \frac{dy}{dx},\ \frac{d}{dx}y,\ \frac{d}{dx}f(x)$$

どの変数で微分したかを明記する際には，後ろの 3 つのどれかを用います．それを明言しなくても文脈から自明な際には，前の 2 つのように「′」を付すだけで OK です．
後ろの 2 つは，英文法の「VO」の感覚で理解してください（右を参照）．■

他動詞　目的語
V　O
$\dfrac{d}{dx}\ y$
x で微分する　y を

分数形の平均変化率が 分母 $\to 0$ のとき収束するなら，必ず分子も $\to 0$ となります［→**例題 2 4 i**］．

導関数の定義と不定形　微分可能なとき，❶〜❸の右辺の極限は，必ず $\dfrac{0}{0}$ **型不定形**.

逆に，$\dfrac{0}{0}$ **型不定形**の極限は，微分係数の定義を利用できる可能性がある．［→**例題 3 7 c**］

例　$f(x)=x^3$ として　（上記❶を用いた）

$$f'(x)=\lim_{h\to 0}\frac{(x+h)^3-x^3}{h}\quad \left(\frac{0}{0}\text{ 型不定形}\right)$$
$$=\lim_{h\to 0}(3x^2+3xh+h^2)=3x^2.$$

この**結果を利用**すると

$$\lim_{x\to 2}\frac{x-2}{x^3-2^3}\quad \left(\frac{0}{0}\text{ 型不定形．上記❷型の逆数}\right)$$
$$=\frac{1}{f'(2)}=\frac{1}{3\cdot 2^2}=\frac{1}{12}.\,/\!/$$

3 ベキ関数の導関数

本項以降，様々な関数を微分する（導関数を求める）公式類を，導関数の定義：前項 ❶もしくは❷ に基づいて導いていきますが，そこでお話しする各種参考事項を理解するため，数学Ⅱで学んだ微分法の 2 通りの利用方法を軽く再確認しておきます：

接点の x 座標

接線の傾き　曲線 $C: y=f(x)$ の $x=t$ における接線の傾きは，微分係数 $f'(t)$ である．

関数の増減　導関数 $f'(x)$ の符号により，関数の**増減**がわかる．（正なら増加，負なら減少．）

ベキ関数 x^{α}（α は 0 以外の定数）の導関数として，Ⅱ+B 6 1 4 で，既に $(x^n)'=nx^{n-1}$ $(n\in\mathbb{N})$ は学習済みです．そこで，これに次いで基本的なベキ関数 2 つを微分してみましょう．

例題 3 1 a　ベキ関数を微分する　根底 実戦　[→演習問題 3 2 1]

次の関数 $f(x)$ を微分せよ．((1)，(2)とも，前項❶❷の 2 通りの方法で求めてみよ．）

(1)　$f(x)=\dfrac{1}{x}$　　(2)　$f(x)=\sqrt{x}$

(1)は既にⅡ+B **演習問題 6 4 2** でも扱いました

解答　(1)　〔❶による〕

$$f'(x)=\lim_{h\to0}\frac{f(x+h)-f(x)}{h}\quad\left\{\begin{array}{l}x\text{ は固定}\\h\text{ が変数}\end{array}\right.$$ [1)]

$$=\lim_{h\to0}\frac{\frac{1}{x+h}-\frac{1}{x}}{h}\quad\frac{0}{0}\text{ 型不定形}$$

$$=\lim_{h\to0}\frac{1}{h}\cdot\frac{x-(x+h)}{x(x+h)}$$

$$=\lim_{h\to0}\frac{1}{h}\cdot\frac{-h}{x(x+h)}$$

$$=\lim_{h\to0}\frac{-1}{x(x+h)}=\frac{-1}{x^2}.\,/\!/$$ [2)]

〔❷による〕

$$f'(x)=\lim_{X\to x}\frac{f(X)-f(x)}{X-x}\quad\left\{\begin{array}{l}x\text{ は固定}\\X\text{ が変数}\end{array}\right.$$

$$=\lim_{X\to x}\frac{\frac{1}{X}-\frac{1}{x}}{X-x}\quad\frac{0}{0}\text{ 型不定形}$$

$$=\lim_{X\to x}\frac{1}{X-x}\cdot\frac{x-X}{Xx}$$

$$=\lim_{X\to x}\frac{-1}{Xx}=\frac{-1}{x^2}.\,/\!/$$

(2)　〔❶による〕

$$f'(x)=\lim_{h\to0}\frac{f(x+h)-f(x)}{h}\quad\left\{\begin{array}{l}x\text{ は固定}\\h\text{ が変数}\end{array}\right.$$

$$=\lim_{h\to0}\frac{\sqrt{x+h}-\sqrt{x}}{h}\quad\frac{0}{0}\text{ 型不定形}$$

$$=\lim_{h\to0}\frac{1}{h}\cdot\frac{(\sqrt{x+h}-\sqrt{x})(\sqrt{x+h}+\sqrt{x})}{\sqrt{x+h}+\sqrt{x}}$$

$$=\lim_{h\to0}\frac{1}{h}\cdot\frac{(x+h)-x}{\sqrt{x+h}+\sqrt{x}}$$

$$=\lim_{h\to0}\frac{1}{\sqrt{x+h}+\sqrt{x}}=\frac{1}{2\sqrt{x}}\ (x>0).\,/\!/$$ [3)]

〔❷による〕

$$f'(x)=\lim_{X\to x}\frac{f(X)-f(x)}{X-x}\quad\left\{\begin{array}{l}x\text{ は固定}\\X\text{ が変数}\end{array}\right.$$

$$=\lim_{X\to x}\frac{\sqrt{X}-\sqrt{x}}{X-x}\quad\frac{0}{0}\text{ 型不定形}$$

$$=\lim_{X\to x}\frac{1}{X-x}\cdot\frac{(\sqrt{X}-\sqrt{x})(\sqrt{X}+\sqrt{x})}{\sqrt{X}+\sqrt{x}}$$

$$=\lim_{X\to x}\frac{1}{X-x}\cdot\frac{X-x}{\sqrt{X}+\sqrt{x}}$$

$$=\lim_{X\to x}\frac{1}{\sqrt{X}+\sqrt{x}}=\frac{1}{2\sqrt{x}}.\,/\!/$$

解説　❶❷のいずれを用いる際にも，❸：「$\displaystyle\lim_{\Delta x\to0}\frac{\Delta y}{\Delta x}$」：「平均変化率の極限」という**意味**を思い浮かべて式を立てること．

注　1)：もちろん，微分可能な x の範囲で考えることを前提にしています．

2)：もちろん定義域：$x\neq0$ 内において考えています．

3)：$f(x)=\sqrt{x}$ の定義域は $x\geq0$．一方 $f(x)$ が微分可能な範囲は $x>0$．右図からわかる通り，$x=0$ では微分係数（接線の傾き）は存在しません．

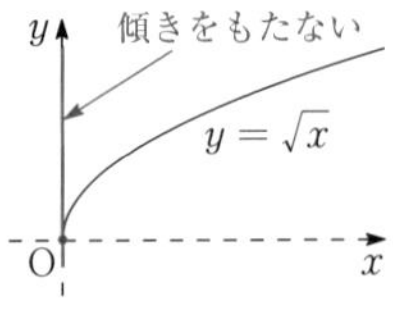

前問(1)の結果を確認してみましょう．$f(x)$ は $x<0,\ 0<x$ のそれぞれにおいて減少します．$f'(x)<0$（符号は負）ですから理にかなっていますね．また，右図を見ながら，曲線 $y=f(x)$ の $x=t\ (\neq 0)$ における接線の傾きが，微分係数 $f'(t)$ の値と一致していることを確認してみてください．導関数が正しく求まっているという感触が得られます．今後も，導関数を求めた際にはこうした確認作業を各自で行いましょう．

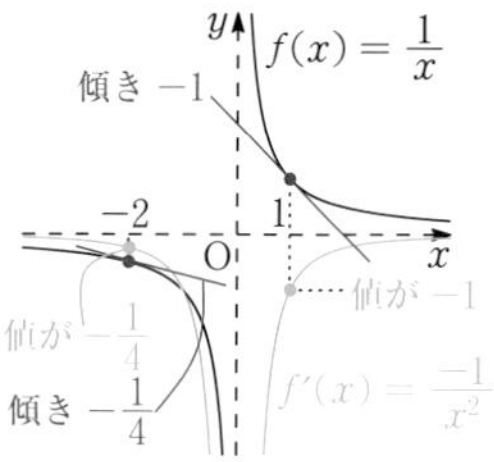

注　ベキ関数一般：x^{α} の導関数は，［→**例題 3 1 d**］．

4　三角関数の微分法

使用するのは，もちろん三角関数の極限公式です：

❶ $\displaystyle\lim_{\boxed{\theta}\to 0}\frac{\sin\boxed{\theta}}{\boxed{\theta}}=1.$　　❷ $\displaystyle\lim_{\boxed{\theta}\to 0}\frac{\tan\boxed{\theta}}{\boxed{\theta}}=1.$　　❸ $\displaystyle\lim_{\boxed{\theta}\to 0}\frac{1-\cos\boxed{\theta}}{\boxed{\theta}^2}=\frac{1}{2}.$

注　(a) $\dfrac{0}{0}$ 型不定形．　(b) 3 つの $\square$ を揃えて使う．

例題 3 1 b　三角関数を微分する　根底 実戦　　［→演習問題 3 2 3］

次の関数 $f(x)$ を微分せよ．(1) $f(x)=\sin x$　(2) $f(x)=\cos x$　（$\tan x$ については 9 で）

解答　(1)〔❶による〕

$$f'(x)=\lim_{h\to 0}\frac{f(x+h)-f(x)}{h}\quad\left\{\begin{array}{l}x\text{ は固定}\\ h\text{ が変数}\end{array}\right.$$
$$=\lim_{h\to 0}\frac{\sin(x+h)-\sin x}{h}\quad \frac{0}{0}\text{ 型不定形}$$
$$=\lim_{h\to 0}\frac{2\cos\left(x+\frac{h}{2}\right)\underline{\sin\frac{h}{2}}}{\underline{h}}\quad \text{和積公式．下線部が不定形}$$
$$=\lim_{h\to 0}\cos\left(x+\frac{h}{2}\right)\cdot\frac{\sin\boxed{\frac{h}{2}}}{\boxed{\frac{h}{2}}}$$
$$=\cos x\cdot 1=\cos x.\ /\!/\quad\left(\because\ \boxed{\frac{h}{2}}\to 0\right)$$

注　上記がベストな方法ですが，「和積公式」の代わりに「加法定理」を使うと，“味わいのある”極限の訓練になります．

別解

$$f'(x)=\lim_{h\to 0}\frac{f(x+h)-f(x)}{h}\quad\left\{\begin{array}{l}x\text{ は固定}\\ h\text{ が変数}\end{array}\right.$$
$$=\lim_{h\to 0}\frac{\sin(x+h)-\sin x}{h}\quad \frac{0}{0}\text{ 型不定形}$$
$$=\lim_{h\to 0}\frac{\sin x\cos h+\cos x\,\underline{\sin h}-\sin x}{\underline{h}}$$

着眼　h が変数だと認識していれば，下線部に公式❶が適用できることがわかります．分子のそれ以外の部分を見ると…■

（4 行前からの続き）　公式❶❸が使えそう

$$=\lim_{h\to 0}\left(\cos x\cdot\frac{\sin h}{h}-\sin x\cdot\frac{1-\cos h}{h^2}\cdot h\right)$$
$$=\cos x\cdot 1-\sin x\cdot\frac{1}{2}\cdot 0=\cos x.\ /\!/$$

(2)〔❷による〕

$$f'(x)$$
$$=\lim_{X\to x}\frac{f(X)-f(x)}{X-x}\quad\left\{\begin{array}{l}x\text{ は固定}\\ X\text{ が変数}\end{array}\right.$$
$$=\lim_{X\to x}\frac{\cos X-\cos x}{X-x}\quad \frac{0}{0}\text{ 型不定形}$$
$$=\lim_{X\to x}\frac{-2\sin\frac{X+x}{2}\,\underline{\sin\frac{X-x}{2}}}{\underline{X-x}}\quad \text{和積公式．下線部が不定形}$$
$$=\lim_{X\to x}\left(-\sin\frac{X+x}{2}\right)\cdot\frac{\sin\boxed{\frac{X-x}{2}}}{\boxed{\frac{X-x}{2}}}$$
$$=(-\sin x)\cdot 1=-\sin x.\ /\!/\left(\because\ \boxed{\frac{X-x}{2}}\to 0\right)$$

解説　もちろん，(1)を❷で，(2)を❶で微分することもできます．

参考　(1)の結果が正しそうだということを，ページ上部と同様に納得しておいてください．

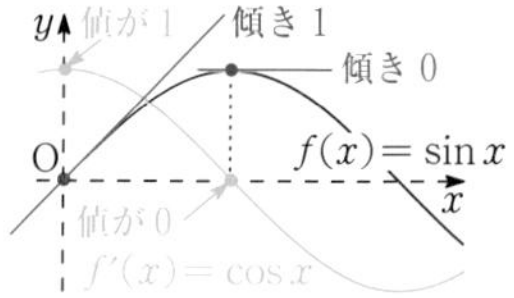

5 指数・対数関数の微分法

使用するのは，もちろん指数・対数関数の極限公式です：

❸ $\displaystyle\lim_{\boxed{h}\to 0}\frac{\log(1+\boxed{h})}{\boxed{h}}=1.$　　❹ $\displaystyle\lim_{\boxed{t}\to 0}\frac{e^{\boxed{t}}-1}{\boxed{t}}=1.$ …番号は 2 6 2 のもの

注 (a) $\dfrac{0}{0}$ 型不定形．　(b) 3 つの □ を揃えて使う．

例題 3 1 C 指数・対数関数を微分する　根底 実戦　[→例題 3 6 a (1)]

次の関数 $f(x)$ を微分せよ．　(1)　$f(x)=e^x$　　(2)　$f(x)=\log x$

方針 (1)(2)とも，❶形式の方がやりやすいようです．結果論ですが．

解答 (1)〔❶による〕

$$f'(x)=\lim_{h\to 0}\frac{f(x+h)-f(x)}{h}\quad\cdots\begin{cases}x\text{は固定}\\h\text{が変数}\end{cases}$$

$$=\lim_{h\to 0}\frac{e^{x+h}-e^x}{h}\quad\cdots\ \frac{0}{0}\text{型不定形}$$

$$=\lim_{h\to 0}e^x\cdot\frac{e^h-1}{h}$$

$$=e^x\cdot 1$$

$$=e^x.\ /\!/$$

(2)〔❶による〕

$$f'(x)=\lim_{h\to 0}\frac{f(x+h)-f(x)}{h}\quad\cdots\begin{cases}x\text{は固定}\\h\text{が変数}\end{cases}$$

$$=\lim_{h\to 0}\frac{\log(x+h)-\log x}{h}\quad\cdots\ \frac{0}{0}\text{型不定形}$$

$$=\lim_{h\to 0}\frac{\log\left(1+\frac{h}{x}\right)}{h}\quad\cdots\begin{cases}x\text{は固定}\\h\text{が変数}\end{cases}$$

$$=\lim_{h\to 0}\frac{\log\left(1+\boxed{\frac{h}{x}}\right)}{\boxed{\frac{h}{x}}}\cdot\frac{1}{x}$$

$$=1\cdot\frac{1}{x}=\frac{1}{x}.\ /\!/\ \left(\because\ \boxed{\frac{h}{x}}\to 0\right)$$

参考 重要度↑ (1)指数関数 e^x の場合，導関数が元の関数と完全に一致しました．
一方(2)対数関数 $\log_e x$ の場合，導関数は「分数関数」という全く別種のものになりましたね．

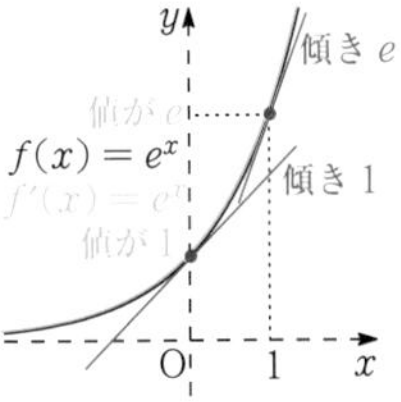

(1)の結果を，右図を見ながら検証しておきます．
$f(x)$ 自身の「値」が大きいと，$f'(x)$ つまり「接線の傾き」＝「増加の度合い」も大きくなり，さらに「値」が大きくなると「増加の度合い」もさらに大きくなるため，指数関数 e^x は爆発的に増大していきます．
(2)の対数関数については，x が大きくなるにつれ導関数 $f'(x)=\dfrac{1}{x}\ (x>0)$ は小さくなるので，増加の様子はかなりノロノロです．
このあたりの事情は，2 6 4 で見た「異種関数発散速度比較」の記述とも合致していますね．

注　e 以外を底とする指数・対数関数一般：a^x, $\log_a x$ の導関数については 9 で．

6 積の微分法

微分可能な 2 つの関数どうしの「和」や「差」を微分するのはカンタン．それぞれを微分して足したり引いたりするだけです．

$$\{f(x)\pm g(x)\}'=f'(x)\pm g'(x)\ (\text{複合同順}).$$

ところが「積」となるとそうはいきません．結果を先にお見せすると次のようになります：

$$\{f(x)g(x)\}'=f'(x)g(x)+f(x)g'(x).$$

証明の方針としては，右辺に「$f'(x)$」があるので，とりあえず $f(x)$ の平均変化率の形を作ってみます．

すると“残り”の部分も…[→演習問題2 8 20]

〔証明〕〔❶による〕

$$\{f(x)g(x)\}'=\lim_{h\to 0}\frac{f(x+h)g(x+h)-f(x)g(x)}{h}$$ ❶による

$$=\lim_{h\to 0}\frac{\underline{\underline{f(x+h)}}\,g(x+h)-\underline{\underline{f(x)}}\,g(x+h)+f(x)g(x+h)-f(x)g(x)}{\underline{h}}$$ 下線部が $f(x)$ の平均変化率

$$=\lim_{h\to 0}\left\{\frac{f(x+h)-f(x)}{h}\cdot g(x+h)+f(x)\cdot\frac{g(x+h)-g(x)}{h}\right\}$$ “残り”には $g(x)$ の平均変化率が現れた

$$=\underset{\text{微分}}{f'(x)}\ \underset{\text{そのまま}}{g(x)}+\underset{\text{そのまま}}{f(x)}\ \underset{\text{微分}}{g'(x)}.\ \square$$

赤字で書いた通りに呟きながら，なるべく**途中式を書かずに**済ませましょう．

問 次の関数を微分せよ． (1) $f(x)=(x^2-1)(x+3)$ (2) $f(x)=e^x\sin x$

解答

(1) $f'(x)=(x^2-1)'(x+3)+(x^2-1)(x+3)'$

$$=\underset{\text{微分}}{2x}\cdot\underset{\text{そのまま}}{(x+3)}+\underset{\text{そのまま}}{(x^2-1)}\cdot\underset{\text{微分}}{1}$$ 「·1」は省いて

$$=3x^2+6x-1.\ /\!/$$

解説 先に展開してから微分すると，

$f(x)=x^3+3x^2-x-3$. ∴ $f'(x)=3x^2+6x-1$.

ちゃんと同じ結果が得られてますね．

(2) $f'(x)=(e^x)'\sin x+e^x(\sin x)'$

$$=\underset{\text{微分}}{e^x}\ \underset{\text{そのまま}}{\sin x}+\underset{\text{そのまま}}{e^x}\ \underset{\text{微分}}{\cos x}$$

$$=e^x(\sin x+\cos x).\ /\!/$$

注 $e^x\times\triangle$ 型は，積の微分法を用いると必ず再び $e^x\times$［　］の形になります．それを見越して直接 $e^x(\bigcirc+\square)$ の形を書くように訓練しましょう．

7 商の微分法

前項と同様，結果を先にお見せしておきます：$\left\{\dfrac{f(x)}{g(x)}\right\}'=\dfrac{f'(x)g(x)-f(x)g'(x)}{g(x)^2}$. もちろん $g(x)\neq 0$

〔証明〕〔❶による〕 6 同様．右辺に $f(x)$ の平均変化率の形を作ります

$$\left\{\frac{f(x)}{g(x)}\right\}'=\lim_{h\to 0}\frac{1}{h}\cdot\left\{\frac{f(x+h)}{g(x+h)}-\frac{f(x)}{g(x)}\right\}$$

$$=\lim_{h\to 0}\frac{1}{h}\cdot\frac{f(x+h)g(x)-f(x)g(x+h)}{g(x+h)g(x)}$$

$$=\lim_{h\to 0}\frac{1}{\underline{h}}\cdot\frac{\underline{\underline{f(x+h)}}g(x)-\underline{\underline{f(x)}}g(x)+f(x)g(x)-f(x)g(x+h)}{g(x+h)g(x)}$$ 下線部が $f(x)$ の平均変化率

$$=\lim_{h\to 0}\frac{1}{g(x+h)g(x)}\cdot\left\{\frac{f(x+h)-f(x)}{h}\cdot g(x)-f(x)\cdot\frac{g(x+h)-g(x)}{h}\right\}$$ “残り”には $g(x)$ の平均変化率が現れた

分子→分母の順に

$$=\frac{\underset{\text{微分}}{f'(x)}\ \underset{\text{そのまま}}{g(x)}-\underset{\text{そのまま}}{f(x)}\ \underset{\text{微分}}{g'(x)}}{g(x)^2}.\ \square$$ 赤字を呟きながら，なるべく**途中式を書かずに**済ませる

問 次の関数を微分せよ． (1) $f(x)=\dfrac{\cos x}{\sqrt{x}}$ (2) $f(x)=\dfrac{\log x}{x}$

解答

(1) $f'(x)=\dfrac{(\cos x)'\cdot\sqrt{x}-\cos x\cdot(\sqrt{x})'}{(\sqrt{x})^2}$

分子→分母の順に

$$=\frac{\underset{\text{微分}}{-\sin x}\cdot\underset{\text{そのまま}}{\sqrt{x}}-\underset{\text{そのまま}}{\cos x}\cdot\underset{\text{微分}}{\dfrac{1}{2\sqrt{x}}}}{x}$$

$$=\frac{-2x\sin x-\cos x}{2x\sqrt{x}}.\ /\!/$$

(2) $f'(x)=\dfrac{(\log x)'\cdot x-\log x\cdot x'}{x^2}$

$$=\frac{\underset{\text{微分}}{\dfrac{1}{x}}\cdot\underset{\text{そのまま}}{x}-\underset{\text{そのまま}}{\log x}\cdot\underset{\text{微分}}{1}}{x^2}$$ 「·1」は省いて

$$=\frac{1-\log x}{x^2}.\ /\!/$$

8 合成関数の微分法

2つの微分可能な関数 $\begin{cases} u = g(x) = \sin x \\ y = f(u) = u^3 \end{cases}$ の**合成関数**：$y = f \circ g(x) = (\sin x)^3$ を x で微分することを考えましょう.

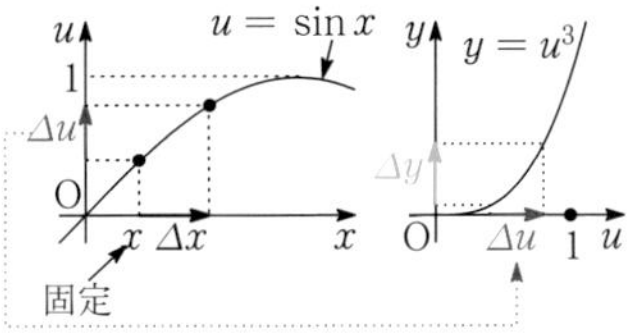

3 1 2 ❸を用いて説明します．x が固定された x から Δx だけ変化したとき，対応する u の変化量を Δu，さらにそれに応じた y の変化量を Δy とすると，

$$\frac{du}{dx} = \lim_{\Delta x \to 0} \frac{\Delta u}{\Delta x},\ \frac{dy}{du} = \lim_{\Delta u \to 0} \frac{\Delta y}{\Delta u}.$$

ここで $\Delta x \to 0$ のとき，3 1 2 導関数の定義と不定形 より $\Delta u \to 0$ となるので，

$$\lim_{\Delta x \to 0} \frac{\Delta y}{\Delta x} = \lim_{\Delta x \to 0} \frac{\Delta y}{\Delta u} \cdot \frac{\Delta u}{\Delta x} = \lim_{\Delta u \to 0} \frac{\Delta y}{\Delta u} \cdot \lim_{\Delta x \to 0} \frac{\Delta u}{\Delta x}\ (\text{収束}).$$

（ともに収束）

$$\text{i.e. } \frac{dy}{dx} = \frac{dy}{du} \cdot \frac{du}{dx}.$$

重要 右の①はホンモノの分数式に関する等式なので当然成立．一方②の両辺はホンモノの分数ではありませんが，分数式①をベースとして導かれるため，形式的にはまるで分数式のような性質をもつという訳です．今後においても，こうした事例が随所に現れます．■

$$\frac{\Delta y}{\Delta x} = \frac{\Delta y}{\Delta u} \cdot \frac{\Delta u}{\Delta x} \cdots ①$$

$$\frac{dy}{dx} = \frac{dy}{du} \cdot \frac{du}{dx} \cdots ②$$

この例では次のようになります：

（u で微分）

$$\frac{dy}{du} = f'(u) = 3u^2.$$

（x で微分）

$$\frac{du}{dx} = g'(x) = \cos x.$$

$$\therefore\ \frac{dy}{dx} = \frac{dy}{du} \cdot \frac{du}{dx} = f'(u) \cdot g'(x) = 3u^2 \cdot \cos x = 3(\sin x)^2 \cdot \cos x.$$

文字「u」の代わりに $\boxed{g(x)}$ という“カタマリ”を使って記述すると次のようになります．

（x で微分）

$$\{f(\boxed{g(x)})\}' = f'(\boxed{g(x)}) \cdot g'(x).$$
$$= 3(\boxed{\sin x})^2 \cdot \cos x. \cdots ③$$

（□で微分｜□を微分）

実用的には，「カタマリで微分」×「カタマリを微分」と呟きながら，一気に③式を書きます．

問 次の関数を微分せよ． (1) $f(x) = (x^2+1)^3$ (2) $f(x) = e^{3x+1}$

解答 (1) $f(x) = (\boxed{x^2+1})^3$．（“カタマリ”を見つける）

$$f'(x) = 3(\boxed{x^2+1})^2 \cdot 2x$$

（□で微分｜□を微分）

$$= 6x(x^2+1)^2.\ /\!/$$

解説 展開してから微分すると，

$$f(x) = x^6 + 3x^4 + 3x^2 + 1$$
$$\therefore\ f'(x) = 6x^5 + 12x^3 + 6x.$$

ちゃんと同じ結果が得られてますね．

(2) $f(x) = e^{\boxed{3x+1}}$．（“カタマリ”を見つける）

$$f'(x) = e^{\boxed{3x+1}} \cdot 3$$

（□で微分｜□を微分）

$$= 3e^{\boxed{3x+1}}.\ /\!/ \cdots ④$$

解説 このように“カタマリ”が1次式の場合，「カタマリを微分」の部分は定数（x の係数）に過ぎませんから，初めから④の「3」のように前に書いてしまいましょう．

 → 2・51 → 2・3・17

9 残された基本関数の微分法

基本関数の微分公式を導いた 3 4 5 において保留となっていた x^α, $\tan x$, a^x, $\log_a x$ の導関数を，7 8 の知識も用いて求めてみましょう．

例題 3 1 d その他の基本関数の導関数 根底 実戦

次の関数を微分せよ（a, α は正の定数で $a \neq 1$）．なお，前項までの知識を用いてよい．

(1) $\tan x$　　(2) $\log_a x$　　(3) a^x　　(4) x^α $(x > 0)$

解答 (1) **方針** tan を cos と sin で表して．■

$\cos x$ を c，$\sin x$ を s と略記する．

$$\tan x = \frac{s}{c}.$$ 商の微分法を用いる

$$\therefore\ (\tan x)' = \frac{s'c - sc'}{c^2}$$ 分子→分母の順に書く

$$= \frac{cc + ss}{c^2} = \frac{1}{\cos^2 x}.//$$

解説 「略記」により，スピードが3倍以上に上がります．ただし，必ず断るべし！

(2) **方針** 底を e に変換します．■

$$\log_a x = \frac{\log_e x}{\log_e a}.$$

$$\therefore\ (\log_a x)' = \frac{1}{\log_e a}\cdot\frac{1}{x}.//$$

注 答えを「$\dfrac{1}{\log a\cdot x}$」と書くのは良くないです．「$\dfrac{1}{\log(ax)}$」と紛らわしいですので．上記のように書くか，もしくは $\dfrac{1}{(\log a)x}$, $\dfrac{1}{x\log a}$ のように書きます．最後のものは，定数が x より後にくるのであまり良くない書き方です．

(3) **方針** 指数関数も，底を e に変換します．$a = e^{\log_e a}$ を用いて．■

$$a^x = (e^{\log_e a})^x = e^{\boxed{(\log a)x}}.$$ 合成関数

$$\therefore\ (a^x)' = e^{\boxed{(\log a)x}}\cdot(\log a)$$

$\boxed{}$ で微分 | $\boxed{}$ を微分

$$= a^x\cdot(\log a)$$

$$= (\log a)a^x.//$$

解説 指数関数 e^x は微分してもそのまま e^x です．よって，「$\boxed{}$ で微分」の部分は元の関数を書くだけですから，「$e^{\boxed{(\log a)x}}$」より「a^x」と書く方が楽ですね．

(4) **方針** ベキ関数ですが，(3)の指数関数と同じ手で解決します．■

$$x^\alpha = (e^{\log_e x})^\alpha = e^{\boxed{\alpha\log x}}.$$ 合成関数

$$\therefore\ (x^\alpha)' = x^\alpha\cdot\alpha\cdot\frac{1}{x}$$

$\boxed{}$ で微分 | $\boxed{}$ を微分

$$= \alpha x^{\alpha-1}.//$$

解説 「$\boxed{}$ で微分」の部分は(3)と同様．

解説 (3)(4)では，関数を「$e^{\boxed{}}$」の形に変形し，$(e^x)' = e^x$ と合成関数の微分法を用いて微分しました．この手法は，今後も活用する機会があります．[→演習問題 3 9 13]

補足 もちろん，(1)では $x \neq \dfrac{\pi}{2} + n\pi$ $(n \in \mathbb{N})$，(2)では $x > 0$ を定義域として考えています．

発展 重要度↓ (4)では，ベキ関数一般について論じるため「$x > 0$」に限定しました（例えば $x^{-\frac{1}{2}} = \dfrac{1}{\sqrt{x}}$ の定義域は「$x>0$」）．$f(x) := x^{-\frac{1}{3}} = \dfrac{1}{\sqrt[3]{x}}$ の場合は $x<0$ も定義域に含まれますが，導関数は上の結果と一致することが下のように示せます．（$x<0$ なので「$\log x$」は使えませんよ．）

$x > 0$ のとき，$f'(x) = \dfrac{-1}{3}x^{-\frac{4}{3}} = \dfrac{-1}{3\sqrt[3]{x^4}}$.

これを $g(x)$ とおく．

$x<0$ のとき，$f(x) = f(-(-x)) = -f(\boxed{-x})$.

$\boxed{-x} > 0$ だから，合成関数の微分法より

$f'(x) = -g(\boxed{-x})\cdot(-1) = g(-x) = g(x)$.

$x>0$ でも $x<0$ でも，$f'(x) = g(x)$ ですね．

参考 (4)の結果は，$\alpha = -1, \dfrac{1}{2}$ とすると，例題 3 1 a で示した結果と合致します．

第3章 微分法

10 微分法の公式（メイン）・まとめ

本節 3 以降で導いた公式類を，数学Ⅱで学んだものも合わせてまとめておきます：

基本関数の導関数 定理

〔ベキ関数〕[1)]

$(x^\alpha)' = \alpha x^{\alpha-1}$ とくに，

$\left(\frac{1}{x}\right)' = -\frac{1}{x^2}$

$(\sqrt{x})' = \frac{1}{2\sqrt{x}}$

よく使うので別途暗記

〔三角関数〕

$^*(\sin x)' = \cos x$

$(\cos x)' = -\sin x$

$^*(\tan x)' = \frac{1}{\cos^2 x}$

商の微分法による

〔指数・対数関数〕

$^*(e^x)' = e^x$　　$(a^x)' = (\log a)a^x$

$^*(\log x)' = \frac{1}{x}$　　$(\log_a x)' = \frac{1}{(\log a)x}$

$(\log|x|)' = \frac{1}{x}$ [2)]　　3 6 5 などで使う

補足 [1)]：「(定数)′ = 0」も覚えていますね．

[2)]：$x>0$ のとき，その上の等式から成立．$x<0$ のとき，合成関数の微分法より $(\log|x|)' = \{\log(\boxed{-x})\}' = \frac{1}{\boxed{-x}}\cdot(-1) = \frac{1}{x}$．

注 ＊付の 4 公式により，基本関数のグラフが右図のように傾き 1 の接線（赤色）をもつことがわかります．

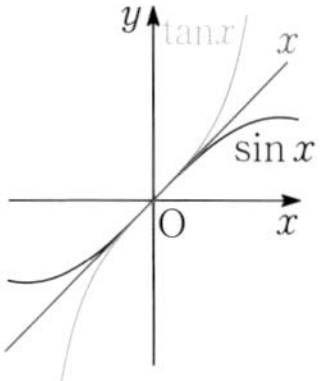

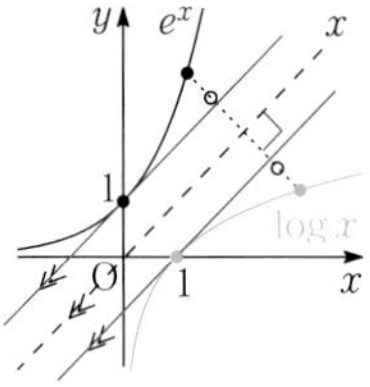

微分法の一般公式 定理　c は定数で，複号同順とする．

〔定数倍〕$\{cf(x)\}' = cf'(x)$　定数倍の導関数は導関数の定数倍

〔和（差）〕$\{f(x) \pm g(x)\}' = f'(x) \pm g'(x)$　和（差）の導関数は導関数の和（差）

〔積〕$\{f(x)g(x)\}' = \underset{\text{微分}}{f'(x)}\,\underset{\text{そのまま}}{g(x)} + \underset{\text{そのまま}}{f(x)}\,\underset{\text{微分}}{g'(x)}$

〔商〕$\left\{\frac{f(x)}{g(x)}\right\}' = \frac{\underset{\text{微分}}{f'(x)}\,\underset{\text{そのまま}}{g(x)} - \underset{\text{そのまま}}{f(x)}\,\underset{\text{微分}}{g'(x)}}{g(x)^2}$　分子→分母の順に

〔合成関数〕$\frac{dy}{dx} = \frac{dy}{du}\cdot\frac{du}{dx}$．文字「$u$」の代わりに $\boxed{g(x)}$ という“カタマリ”で表すと次の通り：

$\{f(\boxed{g(x)})\}' = f'(\boxed{g(x)})\cdot g'(x)$．

（x で微分　□で微分　□を微分）

注 以上が微分法において使用頻度の高い **“メイン公式”** の全てであり，この後これらの習得を優先します．他に使用頻度の低い“サブ公式”が 4 つほどありますが，本書では後に回します．

11 導関数を求める

[→3 6 2～5]

前項の公式類を総動員して様々な関数を**微分する**練習です．入試の現場でサッと結果が書けるよう，なるべく途中式を書かずに暗算を多用しましょう．**例題 3 1 e** は手法 1 つで片付き，**例題 3 1 f** は公式類を複合的に使うなどします．

例題 3 1 e 導関数を求める・1つの手法 根底 実戦

[→演習問題 3 2 4]

次の関数を微分せよ．

(1) $x\sqrt{x}$　(2) $\frac{1}{x^3}$　(3) $\log_2 x$　(4) $\frac{1}{3^x}$　(5) $(x-2)^3(x+1)$　(6) $\sqrt{x}\cos x$

(7) $x^3\log x$　(8) $\frac{\tan x}{x}$　(9) $\frac{\log x}{\sqrt{x}}$　(10) $\frac{e^x}{e^x+1}$　(11) $\cos 2x$　(12) $\sqrt{x^2+1}$

(13) $\frac{1}{\sin x}$　(14) $e^{-\frac{x^2}{2}}$　(15) $\log(2x+1)$　(16) $y = \log 2x$　(17) $\log|\cos x|$

解答 (1) $(x\sqrt{x})'=\left(x^{\frac{3}{2}}\right)'=\frac{3}{2}x^{\frac{1}{2}}=\frac{3}{2}\sqrt{x}$.//

(2) $\left(\frac{1}{x^3}\right)'=(x^{-3})'=-3x^{-4}=\frac{-3}{x^4}$.//

(3) $(\log_2 x)'=\left(\frac{\log x}{\log 2}\right)'=\frac{1}{(\log 2)x}$.//

解説 底が e 以外の指数対数関数の公式を，筆者はこのように導出過程を思い出しながら使っています（次問では省きます）.

(4) $\left(\frac{1}{3^x}\right)'=\left\{\left(\frac{1}{3}\right)^x\right\}'=\left(\log\frac{1}{3}\right)\left(\frac{1}{3}\right)^x$

$=-(\log 3)\left(\frac{1}{3}\right)^x$.//

(5) $\{(x-2)^3(x+1)\}'$

$=\{(x-2)^3\}'(x+1)+(x-2)^3(x+1)'$

$=3(x-2)^2\cdot(x+1)+(x-2)^3\cdot 1$ 「・1」は省いて

（微分　そのまま　そのまま　微分）

$=(x-2)^2\{3(x+1)+(x-2)\}$

$=(x-2)^2(4x+1)$.//

解説 $\{(x-\alpha)^n\}'=n(x-\alpha)^{n-1}$ を用いました.

注 先に展開してから微分するのは，メンドウ.

(6) $(\sqrt{x}\cos x)'=(\sqrt{x})'\cos x+\sqrt{x}(\cos x)'$

$=\frac{1}{2\sqrt{x}}\cos x+\sqrt{x}(-\sin x)$

（微分　そのまま　そのまま　微分）

「−」は初めから $\sqrt{x}$ の前に

$=\frac{1}{2\sqrt{x}}\cos x-\sqrt{x}\sin x$

$=\frac{1}{2\sqrt{x}}(\cos x-2x\sin x)$.//

(7) $(x^3\log x)'=(x^3)'\log x+x^3(\log x)'$

$=3x^2\log x+x^3\cdot\frac{1}{x}$

（微分　そのまま　そのまま　微分）

$=x^2(3\log x+1)$.//

(8) $\left(\frac{\tan x}{x}\right)'=\frac{(\tan x)'\cdot x-(\tan x)\cdot x'}{x^2}$

（微分　そのまま　そのまま　微分）

$=\frac{\frac{1}{\cos^2 x}\cdot x-\tan x\cdot 1}{x^2}$

$=\frac{x-\sin x\cos x}{x^2\cos^2 x}$.// 　$\tan x=\frac{\sin x}{\cos x}$

(9) $\left(\frac{\log x}{\sqrt{x}}\right)'=\frac{(\log x)'\cdot\sqrt{x}-(\log x)\cdot(\sqrt{x})'}{(\sqrt{x})^2}$

（微分　そのまま　そのまま　微分）

$=\frac{\frac{1}{x}\cdot\sqrt{x}-\log x\cdot\frac{1}{2\sqrt{x}}}{x}$

$=\frac{2-\log x}{2x\sqrt{x}}$.// 分子，分母を $2\sqrt{x}$ 倍した

注 $\frac{1}{\sqrt{x}}\cdot\log x$ とみて積の微分法を用いても可.

(10) $\frac{e^x}{e^x+1}=1-\frac{1}{\boxed{e^x+1}}$. 分子の低次化

$\therefore\left(\frac{e^x}{e^x+1}\right)'=0-\frac{-1}{(\boxed{e^x+1})^2}\cdot e^x$

□で微分 | □を微分

$=\frac{e^x}{(e^x+1)^2}$.// 「e^x」は初めから分子に乗っける

注 商の微分法は遠回り.

(11) $(\cos\boxed{2x})'=-\sin\boxed{2x}\cdot 2=-2\sin 2x$.//

□で微分 | □を微分

注 定数「2」は，初めから前に書くべし.

(12) $\left(\sqrt{\boxed{x^2+1}}\right)'=\frac{1}{2\sqrt{\boxed{x^2+1}}}\cdot 2x$

□で微分 | □を微分

「$2x$」は初めから分子に乗っける

$=\frac{2x}{2\sqrt{x^2+1}}=\frac{x}{\sqrt{x^2+1}}$.//

(13) $\left(\frac{1}{\boxed{\sin x}}\right)'=\frac{-1}{(\boxed{\sin x})^2}\cdot\cos x=\frac{-\cos x}{\sin^2 x}$.//

□で微分 | □を微分

(14) $\left(e^{\boxed{-\frac{x^2}{2}}}\right)'=e^{\boxed{-\frac{x^2}{2}}}\cdot(-x)=-xe^{-\frac{x^2}{2}}$.//

□で微分 | □を微分

(15) $\{\log(\boxed{2x+1})\}'=\frac{1}{\boxed{2x+1}}\cdot 2=\frac{2}{2x+1}$.//

□で微分 | □を微分

(16) $y=\log x+\log 2$. $\therefore\ y'=\frac{1}{x}$.//

注 合成関数の微分法は遠回り．まず，関数**そのもの**を適切に変形！でも，前問でこうすると分数係数が現れてむしろ不利.

(17) $(\log|\boxed{\cos x}|)'=\frac{1}{\boxed{\cos x}}\cdot(-\sin x)=-\tan x$.//

□で微分 | □を微分

注 公式：$(\log|x|)'=\frac{1}{x}$ を忘れないこと.

例題 3 1 f 導関数を求める・合わせ技など 根底 実戦

[→演習問題 3 2 5]

次の関数を微分せよ．

(1) $y=\dfrac{3x-6}{x^2+1}$　(2) $y=\dfrac{1}{\sqrt{e^x}}$　(3) $y=(x+2)(x^2-4)$　(4) $y=\dfrac{x^2+x+1}{e^x}$

(5) $y=\sin x\cos x$　(6) $y=e^{-x}\sin 3x$　(7) $y=xe^{-\frac{x^2}{2}}$　(8) $y=\dfrac{x}{\sqrt{x^2+1}}$

(9) $y=\dfrac{x\cos x}{1-\sin x}$　(10) $y=\log\left(x+\sqrt{x^2+1}\right)$

解答 $\cos x$ を c，$\sin x$ を s と略記する．

(1) $y=\dfrac{3x-6}{x^2+1}=3\cdot\dfrac{x-2}{x^2+1}$.

$y'=3\cdot\dfrac{x^2+1-(x-2)2x}{(x^2+1)^2}=3\cdot\dfrac{-x^2+4x+1}{(x^2+1)^2}$.//

注 微分する前に，関数**そのもの**を見て，「定数3」をくくり出すべし．

(2) **着眼** 微分する前に，関数**そのもの**．■

$y=e^{-\frac{x}{2}}$. ∴ $y'=-\dfrac{1}{2}e^{-\frac{x}{2}}$.//

(3) $y=(x+2)^2(x-2)$.

∴ $y'=2(x+2)(x-2)+(x+2)^2$ [1]

$=(x+2)(3x-2)$.//

解説 [1]：$(x+2)^2$ を作って積の微分法を行うと，初めから共通因数「$x+2$」が現れて瞬時に因数分解できます．

(4) **注** 商の微分法よりも…■

$y=e^{-x}(x^2+x+1)$.

∴ $y'=e^{-x}\{-(x^2+x+1)+(2x+1)\}$

$=e^{-x}(-x^2+x)$.//

(5) **方針** 2通りの方法で．■

$y'=cc-ss=\cos^2x-\sin^2x=\cos 2x$.//

別解 $y=\dfrac{1}{2}\sin 2x$.

∴ $y'=\dfrac{1}{2}\cdot 2\cos 2x=\cos 2x$.//

解説 微分してから変形するか，変形してから微分するかの違いですね．

(6) $y'=-e^{-x}\cdot\sin 3x+e^{-x}\cdot 3\cos 3x$

$=e^{-x}(-\sin 3x+3\cos 3x)$.//

(7) $y'=e^{-\frac{x^2}{2}}+x\times e^{-\frac{x^2}{2}}\cdot(-x)=e^{-\frac{x^2}{2}}(1-x^2)$.//

□で微分　□を微分

解説 「積の微分法」の一部において「合成関数の微分法」を用いました．

(8) **方針** 「商の微分法」の一部において「合成関数の微分法」を用います．■

$$y'=\dfrac{\sqrt{x^2+1}-x\cdot\dfrac{x}{\sqrt{x^2+1}}}{x^2+1}=\dfrac{1}{(x^2+1)^{\frac{3}{2}}}.//$$

(9) **着眼** このままの形で，「商の微分法」の一部において「積の微分法」を用いる方法もありますが，一般に，関数の種類ごとに分けて処理する方が楽なことが多いです．■

$y=x\cdot\dfrac{c}{1-s}$ より，

$1-s$

$$y'=\dfrac{c}{1-s}+x\cdot\dfrac{-s(1-s)+c\cdot c}{(1-s)^2}=\dfrac{\cos x+x}{1-\sin x}.//$$

余談 y の分子は積．y' の分子は和に変わります．ただそれだけのことですが（笑）．

(10) $y=\log\left(x+\sqrt{x^2+1}\right)$.

方針 まず“カタマリ” $x+\sqrt{x^2+1}$ に注目して合成関数の微分法．さらにその一部において，“カタマリ” x^2+1 に注目して再び合成関数の微分法．つまり合成関数の微分法を二重に使います．

$$y'=\dfrac{1}{x+\sqrt{x^2+1}}\cdot\left(x+\sqrt{x^2+1}\right)'$$

□で微分　□を微分

$$=\dfrac{1}{x+\sqrt{x^2+1}}\cdot\left(1+\dfrac{1}{2\sqrt{x^2+1}}\cdot 2x\right)$$ [2]

□で微分　□を微分

$$=\dfrac{1}{x+\sqrt{x^2+1}}\cdot\dfrac{\sqrt{x^2+1}+x}{\sqrt{x^2+1}}=\dfrac{1}{\sqrt{x^2+1}}.//$$

注 [2]：この「$2x$」は，青字の解説を省いてよいなら，初めから直前の分子に乗っけちゃいます．

2 演習問題A

3 2 1 根底 実戦

次の関数を導関数の定義に基づいて微分せよ．

(1) $f(x)=\dfrac{1}{x^2}$　　(2) $f(x)=x\sqrt{x}$

3 2 2 根底 実戦

$f(x)$, $g(x)$ は微分可能とする．

(1) 積の微分法：$\{f(x)g(x)\}'=f'(x)g(x)+f(x)g'(x)$ を，$\Delta f=f(x+h)-f(x)$, $\Delta g=g(x+h)-g(x)$ とおくことによって示せ．

(2) 商の微分法：$\left\{\dfrac{f(x)}{g(x)}\right\}'=\dfrac{f'(x)g(x)-f(x)g'(x)}{g(x)^2}$ を，(1)および合成関数の微分法を利用して示せ．

3 2 3 根底 実戦

$(\sin x)'=\cos x$ をもとに，$(\cos x)'$ を求めよ．

3 2 4 根底 実戦

次の関数を微分せよ．(n は自然数とする)

(1) $y=\sqrt[3]{x}\cdot\sqrt{x}$　(2) $y=x^2(x-2)^3$　(3) $y=\dfrac{x+1}{x^2+1}$　(4) $y=\sqrt{x^2+2x+3}$　(5) $y=\dfrac{\sqrt{x}}{x+2}$

(6) $y=\sin 3x$　(7) $y=\cos^4 x$　(8) $y=\sin\sqrt{x}$　(9) $y=\dfrac{1-\cos x}{2-\sin x}$　(10) $y=e^x\cos x$

(11) $y=\dfrac{e^x}{x^2+1}$　(12) $y=\log(3x+5)$　(13) $y=(\log x)^n$　(14) $y=x^n\log x$

3 2 5 根底 実戦

次の関数を微分せよ．

(1) $y=x(2x-6)^3$　(2) $y=\dfrac{4x^2+4x+3}{(2x+1)^2}$　(3) $y=\dfrac{1}{\sqrt{x+1}+\sqrt{x-1}}$　(4) $y=\sqrt{\dfrac{x+2}{x-1}}$

(5) $y=x^2\sqrt{4-x^2}$　(6) $y=\sqrt{\sin\sqrt{x}}$　(7) $y=\cos\dfrac{x}{x^2+1}$　(8) $y=\dfrac{\sqrt{1-\sin x}}{\cos x}$

(9) $y=\dfrac{(x-1)e^x}{x^2}$　(10) $y=e^{-2x}\cos 3x$　(11) $y=\dfrac{1-e^{-x}}{1+e^{-x}}$　(12) $y=\dfrac{e^x-e^{-x}}{e^x+e^{-x}}$

(13) $y=\log_2\dfrac{x}{2}$　(14) $y=\log\left|\tan\dfrac{x}{2}\right|$　(15) $y=\dfrac{1}{2}\left\{x\sqrt{x^2+1}+\log\left(x+\sqrt{x^2+1}\right)\right\}$

3 2 6 根底 実戦

$f(x)$ は実数全体で定義され，微分可能であるとする．

(1) $f(x)$ が偶関数ならば，$f'(x)$ は奇関数であることを示せ．

(2) $f(x)$ が奇関数ならば，$f'(x)$ は偶関数であることを示せ．

3 2 7 根底 実戦 典型

$P(x)$ は2次以上の整式とする．方程式 $P(x)=0$ …① が $x=\alpha$ を重解としてもつための条件は，$P(\alpha)=P'(\alpha)=0$ であることを示せ．

3 接線

微分法における典型的な 2 通りの利用方法：「接線」と「増減」については，既に数学Ⅱで学んでいますが，34において，1で導入した微分公式も踏まえてより広く学習していきます．

1 接線

曲線 $C : y = f(x)$ 上の定点 $\mathrm{A}(a,\ f(a))$ を通り，$x = a$ における微分係数 $f'(a)$ を傾きとする直線 l のことを，曲線 C の点 A における**接線**といいます（これが「接線」の定義）．また，A のことを l の**接点**といいます．より詳しくは，[→Ⅱ+B 6 2 1]．「接線」に関して覚えるべきことは次の 1 つだけ！

接線の傾き 原理

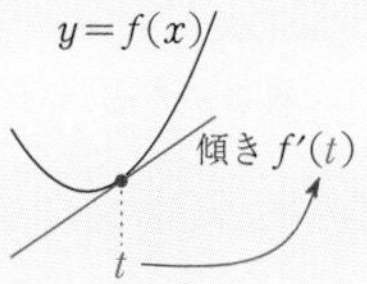

曲線 $C : y=f(x)$ の $x=t$ における [1] 接線の傾きは，微分係数 $f'(t)$ である．

解説 つまり，導関数 $f'(x)$ の x に，接点の x 座標を代入して得られる微分係数の値が，接線の傾きです．

重要　必ず，**まず接点の x 座標**から考える．　　**注**　微分法で得られるのは，接線の傾き**のみ**．[2]

言い訳　1)：正確には「点 $(t,\ f(t))$ における接線」といいますが，これで通じるでしょう．

注意！　2)：「接線の方程式の公式」を**暗記してはなりません**．[→**次問**(2)]

例題 3 3 a　曲線へ引く接線　根底 実戦　[→演習問題 3 5 1]

$f(x) = xe^x$ とし，曲線 C: $y = f(x)$ を考える．

(1)　C 上の点 $\mathrm{A}(2,\ 2e^2)$ における接線 l の方程式を求めよ．

(2)　点 $\mathrm{B}\left(\dfrac{1}{2},\ 0\right)$ から曲線 C: $y = f(x)$ へ引いた接線の方程式を求めよ．

方針　基本はただ 1 つ：「接点の x 座標」から「接線の傾きが求まる」．それだけ．「接点の x 座標」が，(1)では既知．(2)では未知なので「t」などとおき，「接点から B へ」の向きに考えます．

解答　$f'(x) = 1 \cdot e^x + x \cdot e^x = (x+1)e^x$．

(1)　l の傾きは，$f'(2) = 3e^2$．

また，l は A を通る．よって

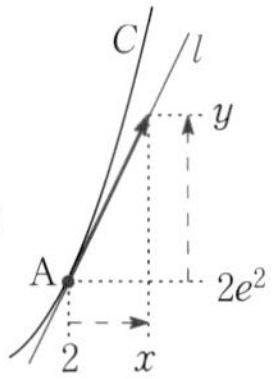

通る 1 点

l: $\underbrace{y - 2e^2}_{y\ 成分} = \underbrace{\boxed{3e^2}}_{傾き}(\underbrace{x - 2}_{x\ 成分})$．[1]

i.e. $y = 3e^2x - 4e^2$．//

解説　1)：ここで使っているのは，「直線の方程式」の公式です[→Ⅱ+B 3 2 1]．もっとも，赤字で書いたベクトル成分に関する**意味**を理解してその場で考えて書いている感覚ですが．その中で，たまたま「傾き」が「微分係数」として得られただけです．

(2)　$x = t$ における C の接線が B を通るための条件は

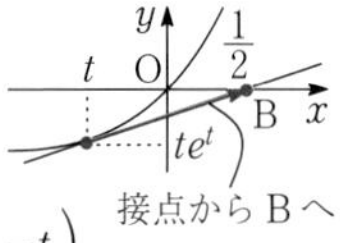

$$\underbrace{0 - te^t}_{y\ 成分} = \underbrace{\boxed{(t+1)e^t}}_{傾き} \cdot \underbrace{\left(\frac{1}{2} - t\right)}_{x\ 成分}．\ [2]$$

$-2t = (t+1)(1-2t)$．　$2t^2 - t - 1 = 0$．

$(t-1)(2t+1) = 0$．　$t = 1,\ -\dfrac{1}{2}$．

よって求める接線は，傾きが

$$f'(1) = 2e,\ f'\left(-\frac{1}{2}\right) = \frac{1}{2}e^{-\frac{1}{2}} = \frac{1}{2\sqrt{e}}$$

であり，$\mathrm{B}\left(\dfrac{1}{2},\ 0\right)$ を通るから，　接点の y 座標など不要！！

$$y = 2e\left(x - \frac{1}{2}\right),\ y = \frac{1}{2\sqrt{e}}\left(x - \frac{1}{2}\right)．//$$

解説　2)：この式の**意味**も，1) と全く同じです．それが理解されていれば，「0」，「$\dfrac{1}{2}$」の所をいったん「y」，「x」と書くのは無駄．「接線の公式」など無用（笑）．

2 接線を共有

2 曲線が接する，つまり共有点において接線を共有する状況を考えます．[→ Ⅱ+B 演習問題 6 4 12]

接することの表現法は，右の通りでした．[→ Ⅱ+B 例題 6 3 h 後の重要]

接点重視 ←❶― 微分法
❷
接点軽視 ←❸― 重解条件

注　もちろん，「重解条件」は整式の関数限定の方法ですよ．

語記サポ　数学では「直線」も「曲線」の一種と考えます．

例題 3 3 b　接線を共有　根底 実戦 典型
[→演習問題 3 5 2]

次の(1)(2)において，2 曲線がある点で接するときの実数定数 a の値を求めよ．ただし，2 曲線が「接する」とは，両者が点を共有し，しかもその点での接線の傾きが等しいことをいう．

(1)　C_1: $y=f(x)=x^3$ と C_2: $y=g(x)=x^2+x+a$

(2)　C_1: $y=f(x)=e^x$ と C_2: $y=g(x)=\sqrt{ax}\ (a>0)$

方針　(1)は両者とも整式の関数ですから「重解条件」もOK．(2)は「微分法」のみ．

(1)　**解答1**　❶：微分法→接点重視

$f'(x)=3x^2,\ g'(x)=2x+1.$

よって，C_1, C_2 が $x=t$ において接するための条件は

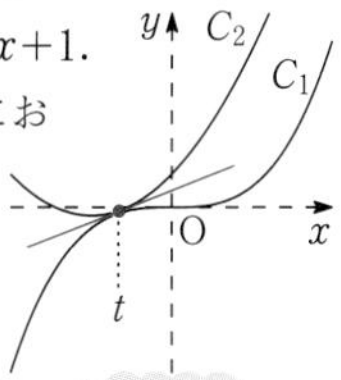

$$\begin{cases} f(t)=g(t) \\ f'(t)=g'(t). \end{cases}$$

i.e. $\begin{cases} t^3=t^2+t+a & \cdots① \\ 3t^2=2t+1. & \cdots② \end{cases}$　①…点を共有　②…接線の傾きが等しい

②より

$$3t^2-2t-1=0.\ (t-1)(3t+1)=0.$$

$$\therefore t=1,\ -\frac{1}{3}.$$

これと①：$a=t(t^2-t-1)$ より

$$a=\begin{cases} 1\cdot(1-1-1)=-1, \\ -\frac{1}{3}\left(\frac{1}{9}+\frac{1}{3}-1\right)=\frac{5}{27}. /\!/ \end{cases}$$

解説　上図には，$t=-\frac{1}{3},\ a=\frac{5}{27}$ に対応するものが描かれています．もう一方に対応する図も，各自描いてみてください．

解答2　❷：重解条件→接点重視

C_1, C_2 が $x=t$ において**接する**ための条件は，

$f(x)=g(x)$ が $x=t$ を**重解**とすること．すなわち，u をある実数として

$$\underbrace{f(x)-g(x)}_{x^3-x^2-x-a}=1\cdot(x-t)^2(x-u)$$　…恒等式

が成り立つこと．両辺の係数を比較して

$x^2\cdots -1=-(2t+u),\ \cdots③$

$x\cdots -1=t^2+2tu,\ \cdots④$

定数 $\cdots -a=-t^2u.\ \cdots⑤$

③：$u=1-2t\ \cdots③'$ を④へ代入して

$$-1=t^2+2t(1-2t).\ 3t^2-2t-1=0.$$

$$(t-1)(3t+1)=0.$$

これと ③′ より

$$(t,\ u)=(1,\ -1),\ \left(-\frac{1}{3},\ \frac{5}{3}\right).$$

これと⑤：$a=t^2u$ より，$a=-1,\ \frac{5}{27}. /\!/$

補足　③〜⑤は，いわゆる「解と係数の関係」そのものです．■

(2)　❶：微分法→接点重視

$$f'(x)=e^x,\ g'(x)=\sqrt{a}\cdot\frac{1}{2\sqrt{x}}.$$

よって，C_1, C_2 が $x=t$ において接するための条件は

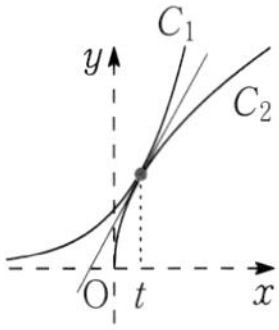

$$\begin{cases} e^t=\sqrt{at} & \cdots⑥ \\ e^t=\dfrac{\sqrt{a}}{2\sqrt{t}}. & \cdots⑦ \end{cases}$$

⑥⑦より，$\sqrt{at}=\dfrac{\sqrt{a}}{2\sqrt{t}}.\ \therefore t=\dfrac{1}{2}\ (\because a\neq 0).$

これと⑥：$a=\dfrac{e^{2t}}{t}$ より，$a=2e. /\!/$

3 共通接線

2 曲線のいずれにも接する接線を考えます．

例題 3 3 C 共通接線 根底 実戦 典型 [→演習問題 3 5 3]

2 曲線 C_1: $y=x^2$, C_2: $y=\dfrac{1}{x}$ の両方に接する接線 l の方程式を求めよ．

方針 「接する」$\Longleftrightarrow$「重解」の関係が使えるのは，整式の関数のグラフ限定です．よって，C_2 と「接する」ことは**微分法**で表すしかありません．一方，C_1 と接することは，微分法でも表せますが，まずは**重解条件**によって表してみます．

解答 $C_2\cdots y'=\dfrac{-1}{x^2}$．よって，$C_2$ の $x=t\ (\neq 0)$ における接線は

$$y-\frac{1}{t}=\frac{-1}{t^2}(x-t).$$

i.e. $y=\dfrac{-1}{t^2}x+\dfrac{2}{t}$．…①

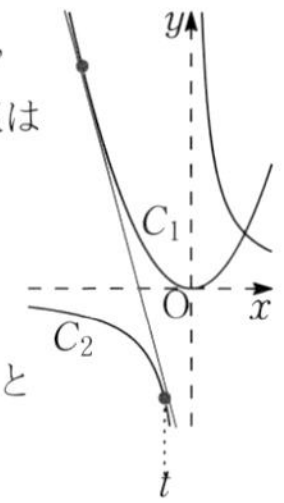

これと C_1: $y=x^2$ を連立すると

$$x^2=\frac{-1}{t^2}x+\frac{2}{t}.$$

$$x^2+\frac{1}{t^2}x-\frac{2}{t}=0.\ \cdots②$$

直線①が C_1 とも接するための条件は，②が重解をもつこと．すなわち

判別式 $=\dfrac{1}{t^4}+\dfrac{8}{t}=0$．

$1+8t^3=0$． $\therefore\ t=-\dfrac{1}{2}$ ($\because\ t\in\mathbb{R}$)．

これと①より，求めるものは

l: $y=-4x-4$．//

別解 (C_1 と「接する」ことも**微分法**で表してみます．一部は上記**解答**を再利用します．)

$C_1\cdots y'=2x$．よって，C_1 の $x=s$ における接線は

$$y-s^2=2s(x-s).$$

i.e. $y=2sx-s^2$．…③

①，③が同一直線を表すための条件は

$2s=-\dfrac{1}{t^2}$, $-s^2=\dfrac{2}{t}$． 傾きと y 切片

i.e. $s=-\dfrac{1}{2t^2}$ …④, $-s^2t=2$．

$\therefore -\left(-\dfrac{1}{2t^2}\right)^2t=2$． $t^3=-\dfrac{1}{8}$．（以下同様）

参考 l と C_1 との接点は，**別解**では $t=-\dfrac{1}{2}$ と④から $s=-2$ と求まります．

解答では，方程式②の重解を求めると，$x=\dfrac{-\frac{1}{t^2}\pm\sqrt{0}}{2}=-\dfrac{1}{2t^2}$．けっきょく，$C_1$ 側の接点に関して，④と同じ結果が得られましたね．

解説 接点の座標が問われていないので，接点軽視の**解答**の方が少し手軽な気がします．とはいえ，どちらの方法もできるようにしましょう．

4 複接線（2重接線）

接点が 2 つあるという点では前問と似ていますが，ここではその 2 つがともに同一曲線との接点です．この後の例題に備えて，使用する重要事項を振り返っておきます（これまでも既に使っていましたが）．証明は，[→Ⅱ+B 6 2 4]．あくまでも整式の関数限定の内容です．

接する ⟷ 重解 定理 重要度↑

2 曲線 F: $y=f(x)$, G: $y=g(x)$ ($f(x)$, $g(x)$ は整式) について，次が成り立つ：

F と G が $x=\alpha$ で **接する**． 接線を共有

$\Longleftrightarrow$ 方程式 $f(x)=g(x)$ は $x=\alpha$ を **重解** としてもつ．

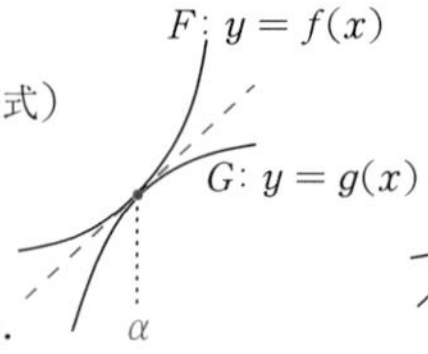

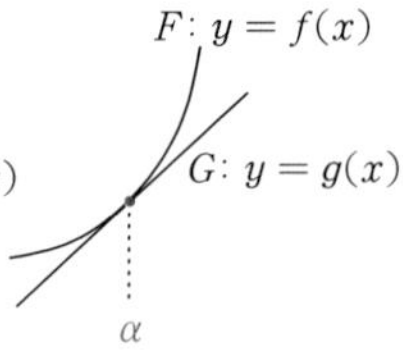

例題 3 3 d 4次関数と複接線 根底 実戦 典型 [→例題 3 7 t]

$f(x)=x^4+2x^3$ とする．曲線 C: $y=f(x)$ と異なる2点で接する直線 l の方程式を求めよ．

語記サポ このような接線のことを C の**複接線**といいます．

接点重視 ←❶— 微分法
↖❷↘
接点軽視 ←❸— 重解条件

方針 「接する」ことの表現法は右の3通りでした．❶:「微分法」でもできますが，4次関数を素材とした本問は**有名問題**で，❷:「重解条件」(接点重視) が簡便です．既にⅡ+B **例題 6 8 b** で，囲まれる部分の面積も合わせて扱いました．

着眼 $f(x)=x^3(x+2)$ より，C の概形はほぼ見当がつきます (ちゃんと描かなくても OK).

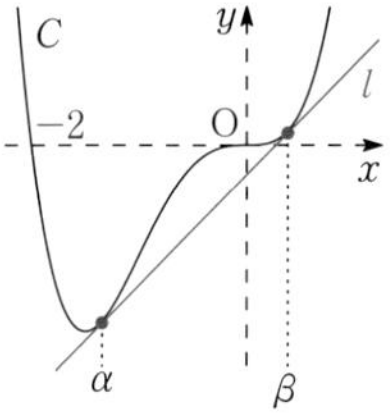

解答 (前記❷による)

C と l の接点の x 座標を $\alpha, \beta\ (\alpha \neq \beta)$ とおく．

C と l は $x=\alpha, \beta$ において 接する．

よって，l: $y=mx+n$ とおくと，

$f(x)-(mx+n)$ は $x=\alpha, \beta$ を 重解 とする．

すなわち (差をとる) (恒等式)

$f(x)-(mx+n)=1\cdot(x-\alpha)^2(x-\beta)^2$. (最高次の係数に注意)

$u=\alpha+\beta,\ v=\alpha\beta$ とおくと (基本対称式で表す)

$x^4+2x^3-mx-n=(x^2-ux+v)^2$. …①

①の両辺の係数を比較して

$x^3 \cdots 2=-2u.\ \therefore\ u=-1.$

$x^2 \cdots 0=u^2+2v.\ \therefore\ v=-\dfrac{1}{2}.$

$x \cdots -m=-2uv.\ \therefore\ m=1.$

定数項 $\cdots -n=v^2.\ \therefore\ n=-\dfrac{1}{4}.$

α, β を2解とする方程式は

$(t-\alpha)(t-\beta)=0.\quad t^2-(\alpha+\beta)t+\alpha\beta=0.$

$t^2+t-\dfrac{1}{2}=0.\quad 2t^2+2t-1=0.$

$\therefore\ \{\alpha, \beta\}=\dfrac{-1\pm\sqrt{3}}{2}.$ (異なる2接点の存在確認)

これらは異なる2実解だから，l は存在する．

以上より，l: $y=x-\dfrac{1}{4}$.//

別解 (前記❶による)

言い訳 本問の4次関数においては不利な方法ですが，後で複接線を一般的に扱う [→ 3 7 7] ための準備として．(略解気味) ■

$\alpha \neq \beta$ とする．$f'(x)=4x^3+6x^2$ より，$x=\alpha$ での C の接線は

$$y-(\alpha^4+2\alpha^3)=(4\alpha^3+6\alpha^2)(x-\alpha).$$

i.e. $y=(4\alpha^3+6\alpha^2)x-3\alpha^4-4\alpha^3$. …②

同様に，$x=\beta$ における C の接線は

$y=(4\beta^3+6\beta^2)x-3\beta^4-4\beta^3$.

これらが一致するための条件は

$$☆\begin{cases} 4\alpha^3+6\alpha^2=4\beta^3+6\beta^2, \\ -3\alpha^4-4\alpha^3=-3\beta^4-4\beta^3. \end{cases}$$
(傾きが一致) (y 切片が一致)

$$\begin{cases} 4(\alpha^3-\beta^3)+6(\alpha^2-\beta^2)=0, \\ 3(\alpha^4-\beta^4)+4(\alpha^3-\beta^3)=0. \end{cases}$$

$\alpha-\beta \neq 0$ だから，

$4(\alpha^2+\alpha\beta+\beta^2)+6(\alpha+\beta)=0,$

$3(\alpha^3+\alpha^2\beta+\alpha\beta^2+\beta^3)+4(\alpha^2+\alpha\beta+\beta^2)=0.$

$u=\alpha+\beta,\ v=\alpha\beta$ とおくと

$4(u^2-v)+6u=0.$ i.e. $2v=2u^2+3u,$ …③

$3(u^3-2uv)+4(u^2-v)=0.$

これらより

$3u^3-3u\cdot(2u^2+3u)-6u=0.$

$-3u^3-9u^2-6u=0.\quad u(u+1)(u+2)=0.$

これと③により，α, β が異なる2つの実数となる (u, v) を求めると，$(u, v)=\left(-1, -\dfrac{1}{2}\right)$.

(α, β を求め，α を②へ代入して l を得ます．)

注 2接線が一致するための条件「☆」が，**例題 3 7 s** で活躍します．

3 3 5

本節でこれまでに扱った様々な「接する」を一覧にしておきます.（Ⅱ+B **演習問題 6 4 12 参考**と同じものです.）

「接する」のバリエーション

1〔曲線の接線〕

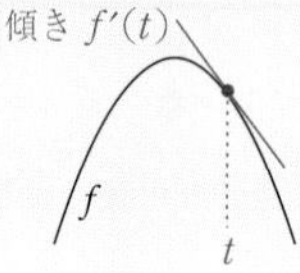

傾きが微分係数.

2〔接線共有〕

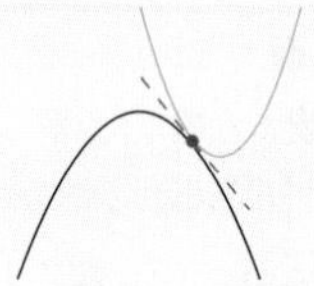

曲線どうしが接する.

3〔共通接線〕

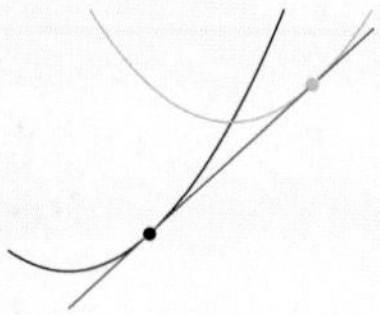

2 曲線の接線が一致.

4〔複接線〕(二重接線)

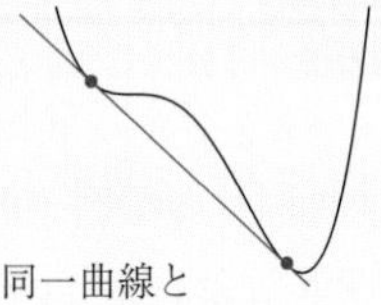

同一曲線と異なる 2 点で接する.

注意！「複接線」があると,「接線の本数」≠「接点の個数」となります！[→**例題 3 7 t 注**]

5 法線

「接線」とセットで学びたいものとして,「法線」があります.

接線と法線

C 上の点 P$(t, f(t))$ を通り, 微分係数 $f'(t)$ を傾きとする直線 l を, P における C の**接線**という.

P において l と直交する直線 n を, P における C の**法線**という.

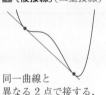

$$l \text{ の傾き} = f'(t),\ l \text{ の方向ベクトル} = \begin{pmatrix} 1 \\ f'(t) \end{pmatrix} = n \text{ の法線ベクトル}.$$

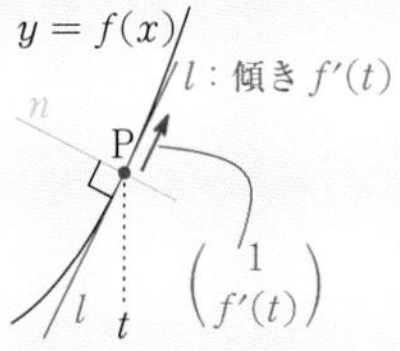

注 法線 n の傾きは, l との関係を考えれば求まります. くれぐれも,「法線の公式」を覚え込もうとしないでくださいね (笑).

例題 3 3 e 法線 根底 実戦 典型 [→演習問題 3 9 9]

曲線 C: $y = \cos 2x$ $\left(0 < x < \dfrac{\pi}{4}\right)$ 上の点 P$(t, \cos 2t)$ における法線を n とする.

(1) $t = \dfrac{\pi}{6}$ のときの法線 n の方程式を求めよ.

(2) 法線 n と y 軸の交点を Q とする. 極限 $\lim\limits_{t \to +0} \text{PQ}$ を求めよ.

解答 $y' = -2\sin 2x$.

よって, P における接線 l の傾きは $-2\sin 2t$ …①.

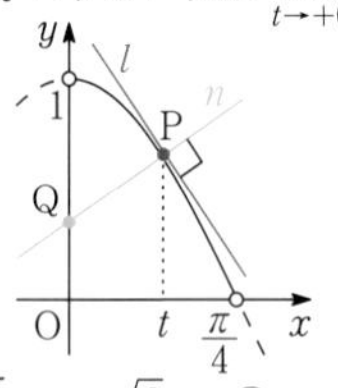

(1) $t = \dfrac{\pi}{6}$ のとき,

$$l \text{ の傾き} = -2\sin\frac{\pi}{3} = -\sqrt{3}. \cdots ②$$

$$\therefore\ n \text{ の傾き} = \frac{1}{\sqrt{3}}.$$ [1]

また, n は P$\left(\dfrac{\pi}{6}, \dfrac{1}{2}\right)$ を通るから

$$n\colon y - \frac{1}{2} = \frac{1}{\sqrt{3}}\left(x - \frac{\pi}{6}\right).$$

$$\text{i.e. } y = \frac{1}{\sqrt{3}}x + \frac{1}{2} - \frac{\pi}{6\sqrt{3}}. /\!/$$

(2) **方針** (1)と同様に n の方程式を求めることもできますが, 不要です. ■

①より, 法線 n の傾きは $\dfrac{1}{2\sin 2t}$.[2]

よって右図の直角三角形において

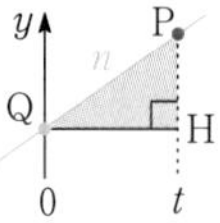

$$\text{QH} : \text{HP} = 2\sin 2t : 1 \ (\because\ 2\sin 2t > 0 \text{ [3]}).$$

$$\therefore \text{QH} : \text{HP} : \text{PQ} = 2\sin 2t : 1 : \sqrt{4\sin^2 2t + 1}.$$

$$\therefore\ \text{PQ} = \underline{t}\cdot\frac{\sqrt{4\sin^2 2t + 1}}{\underline{2\sin 2t}}$$

下線部が $\dfrac{0}{0}$ 型不定形

$$= \frac{2t}{\sin 2t}\cdot\frac{\sqrt{4\sin^2 2t + 1}}{4}$$

$$\xrightarrow[t \to +0]{} 1\cdot\frac{1}{4} = \frac{1}{4}. /\!/$$

解説 (2)で，(1)と同様に n の方程式を求めることもできます．しかし，欲しいのは線分 PQ の長さであり，傾き既知の直線に沿う長さは，直角三角形の 3 辺比を考えれば楽勝でしたね．

[→ Ⅱ+B 演習問題 3 9 12] ■

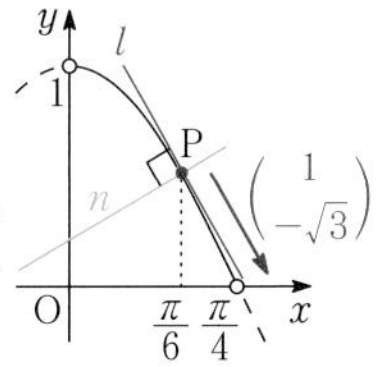

補足 [1)]：$l \perp n$ より，l の傾き × n の傾き $= -1$ です．

[2)3)]：$0 < 2t < \dfrac{\pi}{2}$ より，$\sin 2t > 0$ です．

注 t の範囲を広げると，法線 n の傾きが存在しなくなるケースもあります．そんなときにも対応できるよう，(1)の法線n の方程式を，その法線ベクトルを用いて求める練習もしておきましょう．

別解 ②より，l の方向ベクトル，すなわち n の法線ベクトルは $\begin{pmatrix} 1 \\ -\sqrt{3} \end{pmatrix}$.

また，n は $\mathrm{P}\left(\dfrac{\pi}{6}, \dfrac{1}{2}\right)$ を通るから

$$n: \begin{pmatrix} 1 \\ -\sqrt{3} \end{pmatrix} \cdot \left\{ \begin{pmatrix} x \\ y \end{pmatrix} - \begin{pmatrix} \pi/6 \\ 1/2 \end{pmatrix} \right\} = 0. \text{ [4)]}$$

$$\text{i.e. } x - \sqrt{3}y - \frac{\pi}{6} + \frac{\sqrt{3}}{2} = 0. /\!/$$

補足 [4)]：[→ Ⅱ+B 3 2 2]

参考 この考えを一般の点 P に適用すると，法線 n は

$$n: \begin{pmatrix} 1 \\ -2\sin 2t \end{pmatrix} \cdot \left\{ \begin{pmatrix} x \\ y \end{pmatrix} - \begin{pmatrix} t \\ \cos 2t \end{pmatrix} \right\} = 0. \text{ i.e. } x - 2(\sin 2t)y - t + \sin 4t = 0. /\!/$$

これなら，$\sin 2t = 0$ のときにも適用できますね（「傾き」による方法だとそうはいきません）.

この**考えを用いて** Q の y 座標 q を求める際には，n 自体の方程式は不要で，次のように求まります：

$$\begin{pmatrix} 1 \\ -2\sin 2t \end{pmatrix} \cdot \left\{ \begin{pmatrix} 0 \\ q \end{pmatrix} - \begin{pmatrix} t \\ \cos 2t \end{pmatrix} \right\} = 0. \text{ i.e. } -2(\sin 2t)q - t + 2\sin 2t \cos 2t = 0.$$

x, y と書かず，初めから q で表す

$$\therefore q = \cos 2t - \frac{t}{2\sin 2t}.$$

発展 ハイレベル↑ 「曲率円」

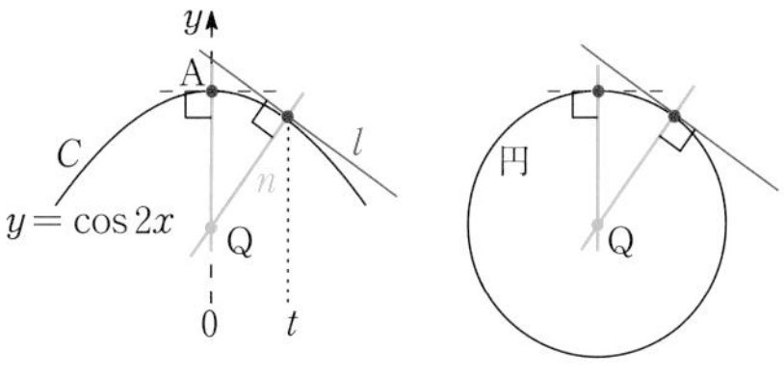

本問の「点 Q」は，右図からわかるように，曲線 C : $y = \cos 2x$ の 2 本の法線が交わる点です．

法線の交点は，「円」においてはその中心となります．

ということは，P を限りなく A(0, 1) に近づける，つまり $t \to +0$ としたときに Q$(0, q)$ が近づいていく点は，曲線 C のうち点 A の近くの部分（右図グレー部）と "よく似た曲がり具合" の円の中心という意味をもちます．このような円 C_1 のことを曲線 C の点 A における**曲率円**，その中心，半径をそれぞれ**曲率中心**，**曲率半径**といいます（いずれも大学以降の用語ですが）.

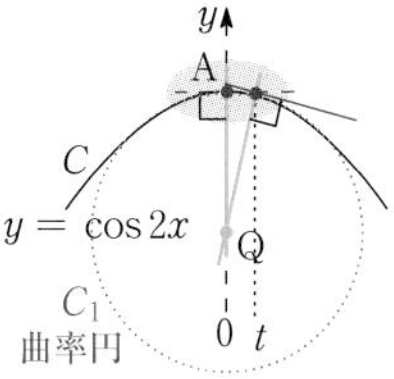

本問(2)の答え：$\lim\limits_{t \to +0} \mathrm{PQ} = \dfrac{1}{4}$ が，正に曲率半径です．また，曲率中心の y 座標は

$$\lim_{t \to +0} q = \lim_{t \to +0} \left(\cos 2t - \frac{t}{2\sin 2t} \right)$$

$$= \lim_{t \to +0} \left(\cos 2t - \frac{2t}{\sin 2t} \cdot \frac{1}{4} \right) = 1 - 1 \cdot \frac{1}{4} = \frac{3}{4}.$$

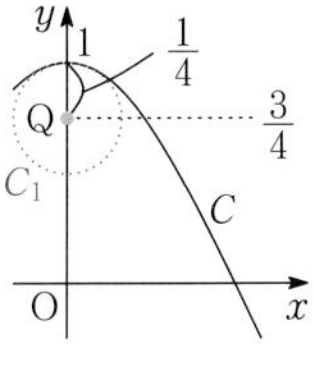

これら 2 つの結果には，右図からわかるように整合性がありますね．

「曲率円」「曲率中心」を背景とする入試問題は頻出です．[→例題 3 8 k，演習問題 3 9 9]

4 増減

1 平均値の定理

関数の増減をキチンと論じるための論拠となる「**平均値の定理**」をご紹介します．高校数学では，この定理を**証明抜きに認め**，それに基づいて考えるというのが決まりになっています．

平均値の定理　**原理**

$a<b$ とする．関数 $f(x)$ が閉区間 $[a,b]$ で連続，開区間 (a,b) で微分可能なとき[1)]

分子：Δy
分母：Δx

$$\underbrace{\frac{f(b)-f(a)}{b-a}}_{\text{平均変化率}} = \underbrace{f'(c)}_{\text{微分係数}} \cdots ① \text{ かつ } a<c<b \cdots ②$$

を満たす c が**存在**[2)] する．

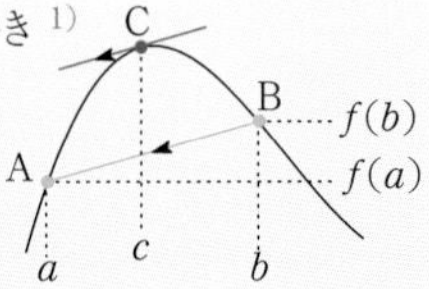

解説　いろんなことをゴチャゴチャ列記しますが，一度に全てを把握できなくても OK．何度かこのページに戻ってくる度に，少しずつ理解を広め，深めていってくださいね（笑）．

1°　「平均変化率」と「微分係数」の間に成り立つ関係なので，名称が「平均値の定理」となっている訳です．なお，「平均変化率」の極限値が「微分係数」でしたが，①は，極限をとらないで平均変化率の値そのものを用いた等式です．

2°　図形的な“意味”は，上図からわかるように，「弦 AB と平行な接線が A と B の間のある点 C で引ける」ということです．直観的に「自明」というカンジはしますね．

3°　①左辺の分母は Δx（x の変化量），分子は Δy（y の変化量）．平均値の定理は，これらが登場する問題で，両者を「等式」で結びつける際に有効な定理です．

4°　ただし，②が不等式なので，平均値の定理はしばしば「不等式」の証明に使われます．［→**次の例題**］

5°　[2)]：「存在する」とは「少なくとも 1 つは存在する」という意味です．2 つ以上存在するケースもあります（右図）．

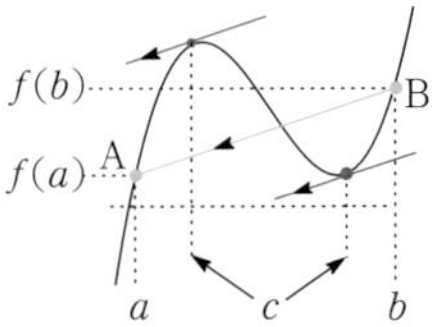

6°　[2)]：「平均値の定理」は，①を満たす「c」が②の「範囲」に存在することを保証するだけ．「c」がその「範囲」の中でどこに位置するかは**不明**です．これが「平均値の定理」の“弱点”です．［→**例題 3 8 b** (2)**注**］

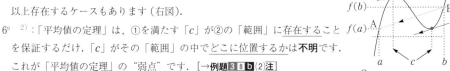

7°　①は，分母を払った $\underbrace{f(b)-f(a)}_{\Delta y} = f'(c)(\underbrace{b-a}_{\Delta x})$ の形で使うことも多いです．

また，上で「不明」と言った c の位置を，$(h:=)b-a$ に対する $c-a$ の比：θ によって表し，①，②を

$$f(a+h) = f(a) + f'(a+\theta h)\cdot h \cdots ①' \quad 0<\theta<1 \cdots ②'$$

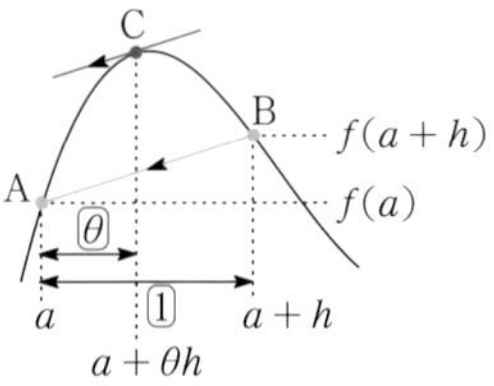

と書くこともあります．この「θ」の $h\to+0$ のときの極限 $\lim_{h\to+0}\theta$ を問うのが有名問題です．（答えはだいたい $\frac{1}{2}$ ですが（笑）．）［→**例題 3 4 b**］

8°　[1)]：平均値の定理を使う際には，この前提条件が備わっていることに言及する方がよいですが，あまり神経質になり過ぎないで．高校数学では，通常これが満たされている関数しか相手にしないので，言及をサボっても許される状況も多い気がします．筆者も今後，意図的に適宜サボります（笑）．

9°　平均値の定理は，幅広い関数に適用可能．よって**抽象的**に「$f(x)$」と書かれた問題でも活躍します．

例題 3 4 a 平均値の定理・不等式の証明 根底 実戦

$0<a<b$ とする．不等式 $a<\dfrac{b-a}{\log\dfrac{b}{a}}<b$ …① が成り立つことを示せ．

着眼 ①中辺の分母が，ある有名関数の「Δy」という意味をもつことが見抜けますか？

解答 ①を変形すると

$$a<\frac{b-a}{\log b-\log a}<b. \quad \cdots ①'$$

（Δx / $\log x$ の Δy）

これを示す．

方針 Δx, Δy っぽい形が見える [1] ので，「平均値の定理」を試してみると…■

$f(x):=\log x\ (x>0)$ とおくと $f'(x)=\dfrac{1}{x}$（微分可能）だから，平均値の定理が使えて

$$\frac{\log b-\log a}{b-a}=\frac{1}{c} \quad \cdots ②,$$

$$a<c<b \quad \cdots ③$$

なる c が存在する．②より

$$\frac{b-a}{\log b-\log a}=c.$$

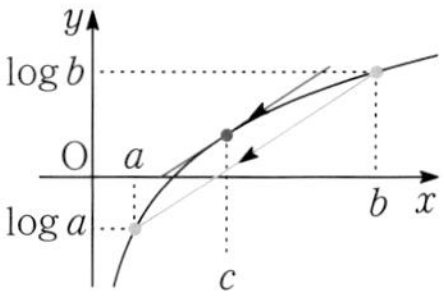

これと③より，①′が示せた．□

解説 [1]：前ページ **解説** 3° で述べた通りの着想法です．

②は「等式」ですが，不等式③が「不等式」①′の証明に寄与します．[→**前ページ** **解説** 4°]

平均値の定理の特殊なケースとして，次の定理があります：

ロルの定理 原理

$a<b$ とする．関数 $f(x)$ が閉区間 $[a, b]$ で連続，開区間 (a, b) で微分可能なとき，
$f(a)=f(b)$ ならば，

$f'(c)=0=\dfrac{f(b)-f(a)}{b-a}$ …① かつ $a<c<b$ …② を満たす c が**存在**する．

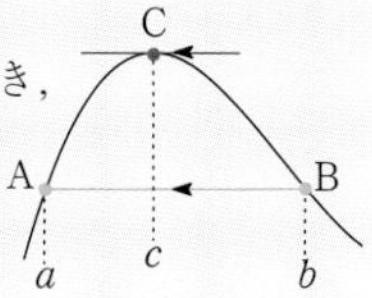

解説 この定理の図形的な"意味"は，前ページ **解説** 2° と同様，「"水平"な弦 AB があるとき，"水平"な接線が A と B の間のある点 C で引ける」ということです．平均値の定理と比べて，さらに直観的な自明度が増した感じがしますね．

注 平均値の定理は**証明抜きに認める**と言いましたが，この「ロルの定理」を証明し，それを元に平均値の定理を導く立場をとる人もいます．ただし，その「ロルの定理」の"証明"が，「連続関数は閉区間で最大値・最小値をもつ」[→2 4 6]という（高校範囲では）証明不能な事実に基づくため，あまり意味のある議論とは申せません（笑）．そこで，ここでは「ロルの定理」を認めた上で「平均値の定理を導く」"部分"のみをご紹介します．この"部分"は，今後他所で役立つこともありますので．

方針 平均値の定理における"斜めな"弦 AB を表す式の一部を $f(x)$ から引き，"水平な"弦が現れるようにします（$a<b$ のもとで考えます）．■

$$F(x)=f(x)-\frac{f(b)-f(a)}{b-a}(x-a) \text{ とおくと，}$$

（AB の傾き）

$$F(a)=f(a)-0=f(a),$$
$$F(b)=f(b)-\{f(b)-f(a)\}=f(a).$$

よって $F(a)=F(b)$ だから，ロルの定理より

$$F'(c)=0 \cdots ㋐,\quad a<c<b \cdots ㋑$$

なる c が存在する．ここで，

$$F'(x)=f'(x)-\frac{f(b)-f(a)}{b-a}$$

だから，㋐は $f'(c)=\dfrac{f(b)-f(a)}{b-a}$ と同値．

これと㋑より，平均値の定理が示せた．□

例題 3 4 b 平均値の定理の「c」の位置 根底 実戦 入試 [→演習問題 3 5 5]

(1) $a<b$, $f(x)=x^2$ とする．平均値の定理により，$\dfrac{f(b)-f(a)}{b-a}=f'(c)$ …① を満たす c $(a<c<b)$ が存在する（このような c は 1 つに定まる）．c を a, b で表せ．

(2) $0<a<\dfrac{\pi}{2}$, $f(x)=\cos x$ とする．平均値の定理により，$\dfrac{f(a)-f(0)}{a-0}=f'(c)$ …② を満たす c $(0<c<a)$ が存在する（このような c は 1 つに定まるとしてよい）．$\displaystyle\lim_{a\to+0}\frac{c}{a}$ を求めよ．

解答 (1) $f'(x)=2x$ だから，①は

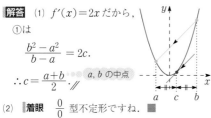

$$\frac{b^2-a^2}{b-a}=2c.$$

$$\therefore c=\frac{a+b}{2}.〃$$

a, b の中点

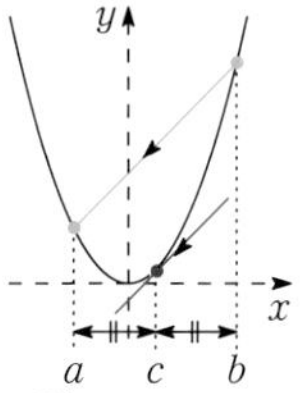

(2) **着眼** $\dfrac{0}{0}$ 型不定形ですね．■

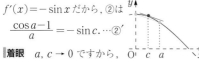

$f'(x)=-\sin x$ だから，②は

$$\frac{\cos a-1}{a}=-\sin c.\ \cdots ②'$$

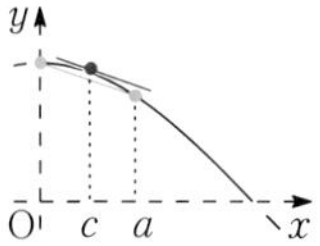

着眼 $a, c\to 0$ ですから，三角関数の極限公式❶❸あたりが使えそう？■

これを用いると

$$\frac{c}{a}=\frac{c}{\sin c}\cdot\frac{\sin c}{a}$$

$$=\frac{c}{\sin c}\cdot\frac{1}{a}\cdot\frac{1-\cos a}{a}\ (\because ②')$$

$$=\frac{Ⓒ}{\sin Ⓒ}\cdot\frac{1-\cos a}{a^2}.$$

ここで $0<c<a$ だから，$a\to+0$ のとき"はさみうち"より Ⓒ $\to+0$．　3 つのⒸが揃った

$$\therefore\ \frac{c}{a}\xrightarrow[a\to+0]{}1\cdot\frac{1}{2}=\frac{1}{2}.〃$$

解説 前々ページの **解説** 6° の"弱点"：「c の位置」をテーマとした問題です．(1)の $\dfrac{c-a}{b-a}$，(2)の $\dfrac{c-0}{a-0}$ は，前々ページ **解説** 7° の「θ」に他なりません．

(1)より，2 次関数の場合には c の位置は a と b の"ど真ん中"であることがわかりました．

(2)より，c の位置が $a\to+0$ のとき 0 と a の"ど真ん中"に近づくことがわかりました．実はこれ，（特殊な場合を除いて）広く関数一般について成り立つ有名性質です．[→演習問題 3 5 5]

2 関数の増減と平均値の定理

本項では，微分可能な関数の増減と導関数の符号との関係を，「平均値の定理」を用いることにより，数学Ⅱ時代より正確に述べます．ここでは，x のある区間 I において考えます．　区間＝interval

まず，そもそも関数の「増加」「減少」の**定義**とは何かを確認しておきます：

関数の「増加」「減少」とは？

区間 I 内の任意の s, t $(s<t)$ に対して $f(s)<f(t)$ [1] が成り立つとき，$f(x)$ は区間 I で**増加**する [2] という．

同様に，$f(s)>f(t)$ なら**減少**するという．

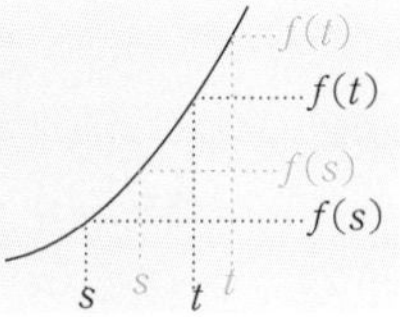

語記サポ 2)：より丁寧には，「$f(x)$ は単調に増加する」「$f(x)$ は**単調増加**である」「$f(x)$ は**増加関数**である」などといいます．「減少」についても同様です．

1)：「<」の場合，より詳しく言うと「**狭義**(きょうぎ)**単調増加**」といいます．これが「≦」に変わると「**広義**(こうぎ)**単調増加**」といいます．単に「単調増加」という場合には（文脈次第ですが）「狭義」を指すことが多いです．■

増減の定義を確認したところで，導関数の符号との関係を論じます．

関数の増減と導関数の符号 原理

関数 $f(x)$ は閉区間 $I:[a,b]$ で連続，開区間 $I':(a,b)$ で微分可能とする．

導関数 $f'(x)$ の符号により，関数の**増減**が次のようにわかる：

(a) I' でつねに $f'(x)>0 \Longrightarrow f(x)$ は I で単調増加．　**狭義**単調増加

(b) I' でつねに $f'(x)<0 \Longrightarrow f(x)$ は I で単調減少．

(c) I' でつねに $f'(x)=0 \Longrightarrow f(x)$ は I で定数値関数．

〔証明〕 **方針** 関数の増減とは，Δx（x の変化量）に対する Δy（y の変化量）の関係を論じたものですから，両者を結びつけるため，平均値の定理を有効活用します．

I 内の任意の実数 s,t（$a\leq s<t\leq b$ …①）について考える．平均値の定理より

$$\frac{f(t)-f(s)}{t-s}=f'(c)\ \cdots②,\quad s<c<t\ \cdots③$$

なる c が存在する．

○(a)を示す．③①より $a<c<b$ だから $c\in I'$．

よって②において $f'(c)>0$．これと $t-s>0$ より

$f(t)-f(s)>0$．i.e. $f(t)>f(s)$（s,t は任意）．

よって(a)が示せた．□

○(b)は(a)と同様に示される．

○(c)を示す．$c\in I'$ だから，②において $f'(c)=0$．

$\therefore f(t)-f(s)=0$．i.e. $f(t)=f(s)$（s,t は任意）．

よって(c)が示せた．□

解説 $f'(x)=\dfrac{dy}{dx}=\displaystyle\lim_{h\to 0}\frac{\Delta y}{\Delta x}$ という関係に立脚してより詳しく述べると次の通り：

$\dfrac{d\boxed{y}}{d\boxed{x}}>0$ なら，$\boxed{y}$ は $\boxed{x}$ の増加関数．　$\dfrac{d\boxed{y}}{d\boxed{x}}<0$ なら，$\boxed{y}$ は $\boxed{x}$ の減少関数．

注 上記の関係には，開区間 I' における導関数の符号のみ関与します．$x=a,b$，つまり閉区間 I の**端における微分係数の符号は無関係**[→次の例題]．今後，これを前提として記述することがあります．

例題 3 4 C 関数の増減と導関数の符号 根底 実戦

関数 $f(x)=x-\sin x$ について，上記の原理に基づいて以下を示せ．

(1) $f(x)$ は閉区間 $[0,2\pi]$ において狭義単調増加関数である．

(2) $f(x)$ は閉区間 $[0,4\pi]$ において狭義単調増加関数である．

解答 $f'(x)=1-\cos x\geq 0$．

注 この「$\geq$」の「$=$」がクセモノですが…■

(1) 開区間 $(0,2\pi)$ においては，$\cos x<1$ よりつねに $f'(x)>0$．よって閉区間 $[0,2\pi]$ において $f(x)$ は狭義単調増加関数．□ …①

注 閉区間の“端”における微分係数は無関係．

(2) 閉区間 $[2\pi,4\pi]$ においても，(1)と同様にして $f(x)$ は狭義単調増加関数． …②

方針 あとは，$x=2\pi$ を“またいだ”2つの x の値について議論すればOKですね．■

$0\leq s<2\pi<t\leq 4\pi$ なる任意の s,t について，

$f(s)<f(2\pi)$（$\because$ ①），$f(2\pi)<f(t)$（$\because$ ②）．

$\therefore f(s)<f(t)$．

以上より，$0\leq s<t\leq 4\pi$ なる任意の s,t について，$f(s)<f(t)$．よって題意は示せた．□

言い訳 入試の現場で，本問のような小ウルサイ議論を振りかざすことなどございません（笑）．

解説 普段は，$x=0,2\pi,\cdots$ のような“孤立した”点において $f'(x)=0$ でも，それ以外の x で $f'(x)>0$ ならば，関数 $f(x)$ は狭義単調増加関数だとして大丈夫だと思われます．

3 増減を調べる

それでは「増減」をテーマとした応用に入ります．前項**原理**に加えて，Ⅱ+B 6 2 2/3 で学んだ知識も準備として確認しておきます．

極値 **定義** ($f(x)$ は微分可能とする．)

関数 $f(x)$ とその導関数 $f'(x)$ について，$x=a$ の前後で…，
$f'(x)$ が x の増加にともない**符号**を正→負と変えるとき (**図 1**)，
$f(x)$ は増加から減少へと転じ，
$f(a)$ は $x=a$ に“近い範囲”での“局所的な”最大値．… ①
①のとき，$f(x)$ は $x=a$ において「**極大**になる」といい，
$f(a)$ のことを**極大値**という．(**極小**，**極小値**についても同様 (**図 2**))．
極大値と極小値を総称して**極値**という．

〔図 1〕〔図 2〕

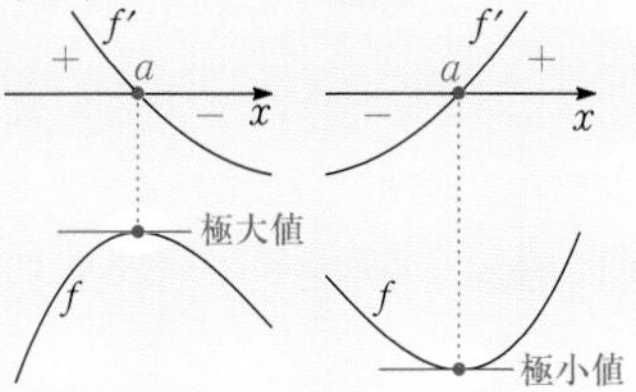

注 絶対値記号を含んだ関数 $y=f(x)=|x|$ のグラフは右のようになります．
$f(0)=0$ は，“局所的な”最小値になっていますね．よってこの値も「極小値」と呼びます．　「局」と「極」．読みが同じですね．漢字は違いますが．
ただし，$f(x)$ は $x=0$ において微分可能ではないので，扱いには注意を要します．

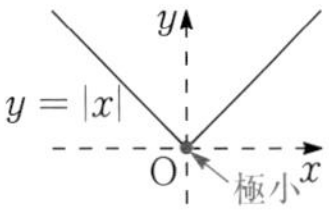

極値と $f'(x)=0$ **知識**

関数 $f(x)$ が微分可能なとき，次が成り立つ：

$f'(x)$ が $x=a$ の前後で**符号**を変える
⇓ 1)
$f(a)$ が極値 ⇄ $f'(a)=0$
(⟹：図 1，2 参照　⟸：図 3 が反例)

〔図 1〕〔図 2〕〔図 3〕

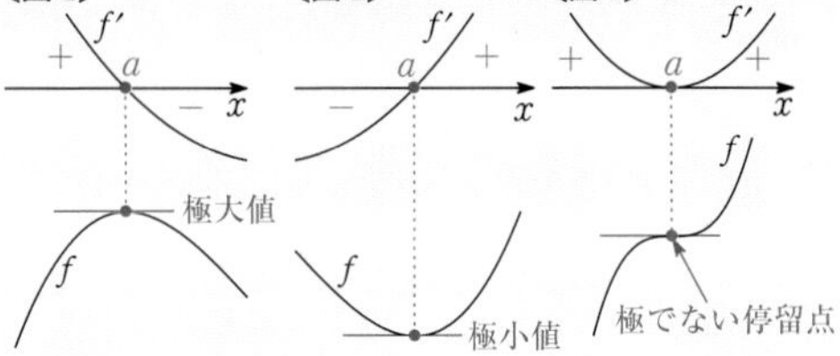

つまり，「$f(a)$ が極値」であるために，
「$f'(a)=0$」は必要条件ではありますが，十分条件でもあるとは限りません．

注 1)：高校数学で扱う関数では，事実上「⟺」(同値) だと思って大丈夫です．つまり，「$f(a)$ が極値」であるための必要十分条件は，(ほぼ)「$f'(x)$ が $x=a$ の前後で**符号**を変えること」です．■

重要 という訳で，関数 $f(x)$ の増減・極値に関して議論するとき大事なのは，あくまでも導関数 $f'(x)$ の**符号**です．

注意！ 導関数$f'(x)=0$ が実数解をもつか否かを論じても，ダメです！
右図がその反例です：

$$f(x)=\frac{x^5}{5}-\frac{2}{3}x^3+x,\quad f'(x)=x^4-2x^2+1=(x+1)^2(x-1)^2.\ ■$$

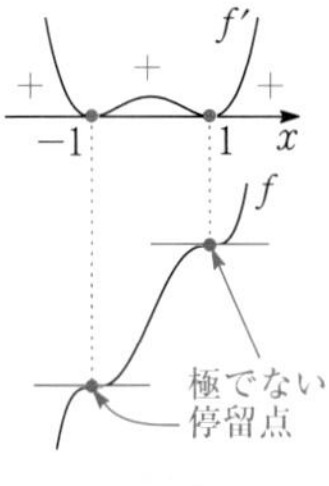

「微分法」を「関数の増減・極値」へ応用する際の**基本精神**は実にシンプル：

微分法と関数の増減・極値

微分法の利用法のうちの 1 つ：関数 $f(x)$ の**増減・極値**に際しては，　もう 1 つの利用法は「接線」
導関数 $f'(x)$ の**符号**が重要．
符号がわかりやすいのは，**「積」または「商」の形．**　$f'(x)=e^x\times(x-2)$, $f'(x)=\dfrac{x^3(x+1)}{(x+1)^2}$ など

例題 34d 関数の増減・極値 根底 実戦

[→演習問題356]

次の関数 $f(x)$ の増減を調べよ（極値は求めなくてよい）.

(1) $f(x)=(x-2)^3(2x+5)^4$　(2) $f(x)=\dfrac{2x^2+x+1}{x^2+2x+2}$　(3) $f(x)=x+\sqrt{4-x^2}$

(4) $f(x)=(1+\sin x)\cos x\ (0\leq x\leq 2\pi)$　(5) $f(x)=\log x+\dfrac{x+2}{x+1}$

言い訳　「増減を調べよ」という問い方がアバウトですが（笑），「増減表」を作ればマルです.

注　まずは $f(x)$ そのものも見ること．微分する前に適切な変形をすべき関数もあります.

方針　導関数 $f'(x)$ の**符号**が大切．よって $f'(x)$ を「積」or「商」の形にする.
『(正の定符号) と (符号決定部) の積，商』が理想的.

解答　(1)　定義域は実数全体.

$$f'(x)=3(x-2)^2\cdot(2x+5)^4+(x-2)^3\cdot2\cdot4(2x+5)^3$$
$$=(x-2)^2\cdot(2x+5)^3\{3(2x+5)+8(x-2)\}$$
$$=\underbrace{(x-2)^2}_{0\text{ 以上}}\cdot(2x+5)^3\cdot(14x-1).$$

個々の因数の**符号**を考えて

よって下表を得る.

x	$\cdots$	$-\frac{5}{2}$	$\cdots$	$\frac{1}{14}$	$\cdots$	2	$\cdots$
$f'(x)$	$+$	0	$-$	0	$+$	0	$+$
$f(x)$	↗	極大	↘	極小	↗	0	↗

注　$f'(x)$ は，$x=2$ の前後では**符号**を変えませんが，$f'(2)=0$ なので一応増減表に書くのが慣習です（筆者はイミないと思いますが）.

(2)　分母 $=(x+1)^2+1>0$ より，定義域は実数全体.

$$f(x)=2+\frac{-3x-3}{x^2+2x+2}$$ 分子の低次化

$$=2-3\cdot\frac{x+1}{x^2+2x+2}.$$ 定数 -3 をくくり出す

$$\therefore\ f'(x)=-3\cdot\frac{x^2+2x+2-(x+1)(2x+2)}{(x^2+2x+2)^2}.$$

分母は正

これは次と同**符号**：
$-(-x^2-2x)$
$=x(x+2).$ 符号決定部

よって右表を得る.　2 次関数のグラフをイメージ

x	$\cdots$	-2	$\cdots$	0	$\cdots$
$f'(x)$	$+$	0	$-$	0	$+$
$f(x)$	↗	極大	↘	極小	↗

(3)　$\sqrt{\ \ }$ 内 $=4-x^2\geq0$. ∴定義域：$-2\leq x\leq2$.

$$f'(x)=1+\frac{-2x}{2\sqrt{4-x^2}}=\frac{\sqrt{4-x^2}-x}{\sqrt{4-x^2}}.$$

$f'(x)$ は，$x\leq0$ のとき正. [1)]

$x>0$ のときは次と同符号：

$$\left(\sqrt{4-x^2}\right)^2-x^2=4-2x^2.$$

よって下表を得る.

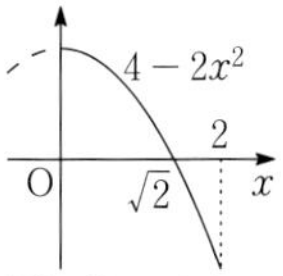

x	-2	$\cdots$	$\sqrt{2}$	$\cdots$	2
$f'(x)$		$+$	0	$-$	
$f(x)$		↗	極大	↘	

注　[1)]：$f(x)$ そのものを見ても，$x\leq0$ では，x：↗，$\sqrt{4-x^2}$：↗，ですから $f(x)$ 全体が増加関数だとわかりますね.

(4)　$\cos x$ を c，$\sin x$ を s と略記する.

$$f'(x)=c\cdot c-(1+s)s\ ^{2)}$$
$$=(1+s)(1-s)-(1+s)s$$
$$=\underbrace{(1+s)}_{0\text{ 以上}}\boxed{1-2s}$$ より下表を得る：

符号決定部

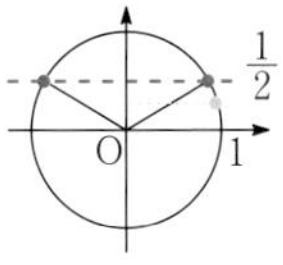

左図青点を見て

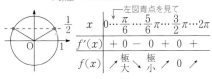

x	0	$\cdots$	$\frac{\pi}{6}$	$\cdots$	$\frac{5}{6}\pi$	$\cdots$	$\frac{3}{2}\pi$	$\cdots$	2π
$f'(x)$		$+$	0	$-$	0	$+$	0	$+$	
$f(x)$		↗	極大	↘	極小	↗	0	↗	

解説　[2)]：「積の形を作りたい」という意図があれば，「$cc=c^2$」から，その後ろと同じ「$1+s$」を作ろうとするのは自然です.

(5) $f(x)=\log x+1+\dfrac{1}{x+1}\ (x>0).$　増加関数＋減少関数

$$f'(x)=\frac{1}{x}-\frac{1}{(x+1)^2}=\frac{(x+1)^2-x}{x(x+1)^2}.$$ 分母は正

分子 $=x^2+x+1=\left(x+\dfrac{1}{2}\right)^2+\dfrac{3}{4}>0.$

よって $f'(x)>0$ だから，$f(x)$ は単調増加. //

4 グラフ

本項と次項で，関数のグラフを描く練習をします．大切なことは，微分する前に，まずは元の関数 $f(x)$ **そのものを見る**こと．大多数の受験生は，この視点を欠いているため「グラフ」がまともに描けません．

重要 逆に言うと，グラフさえしっかり描ければ，微分法に関するどんな応用問題も経験を積めば自然にマスターできます．まさに**正念場です！！**

$y=f(x)$ のグラフの描き方

1° $f(x)$ **そのもの**について（わかる範囲で）考える．1)

定義域，値域，対称性，周期性，極限，漸近線など．

2° $f'(x)$, $f''(x)$ を利用する．

$f'(x)$ の符号→ $f(x)$ の増減．　$f''(x)$ の符号→グラフの凹凸．2)

注 $f'(x)$ や $f''(x)$ に頼らず増減や凹凸がわかることもある．

注 1)：2 つの代表的な関数の特徴を抜粋してまとめると，右表の通りです．（「有界」＝「範囲が有限」）

2)：「凹凸」については，本項では考えず，次項で説明します．■

	増減	値域
$\sin x$, $\cos x$	極値をもつ	有界
e^x, $\log x$	単調	有界でない

グラフを描く練習をするに際して，**漸近線**について確認しておきましょう．

漸近線 関数 $y=f(x)$ のグラフ C が，$x\to\pm\infty$ または $x\to a\pm 0$ のとき定直線 l に限りなく近づくとき，l を C の漸近線という．次のような直線は，全て C の漸近線である．（「±」は ＋ または － の意で複号任意）

(ア) $\displaystyle\lim_{x\to a\pm 0} f(x)=\pm\infty$ のとき，直線 $x=a$.

(イ) $\displaystyle\lim_{x\to\pm\infty} f(x)=c$ のとき，直線 $y=c$.

(ウ) $\displaystyle\lim_{x\to\pm\infty}\{f(x)-(mx+n)\}=0$ のとき，直線 $y=mx+n$.

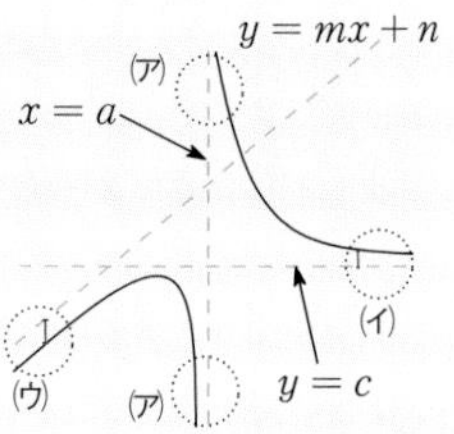

例題 3 4 e グラフを描く（その1） 根底 実戦

[→演習問題 3 5 8]

次の(1), (2)について，関数 $y=f(x)$ のグラフ C を描け．

(1) $f(x)=\dfrac{x^2+3}{2x}$　　(2) $f(x)=x^2\sqrt{9-x^2}$

言い訳 「グラフを描け」では問題文としてアバウト過ぎ（笑）．でも，いろいろ指示するとそれがヒントになってしまうので，何を調べると良いかを各設問ごとに考えてください．

重要 イキナリ微分するのは NG．まずは関数 $f(x)$ そのものを見るべし．

解答 (1) $f(x)$ $(x\neq 0)$ は奇関数だから，$x>0$ について考える．

分子の低次化 1)

$$f(x)=\frac{x^2+3}{2x}=\frac{1}{2}\left(x+\frac{3}{x}\right).\ \cdots①$$

下書き 微分する前の時点で次図くらいまでが把握できています．

$f(x)$ は x と $\dfrac{3}{x}$ の「相加平均」ですから，右図赤色の「中点」を結んでいくと C の概形がぼんやりと見えます．

また，"相加相乗" によって，$x=\dfrac{3}{x}$ のとき最小だとわかります．

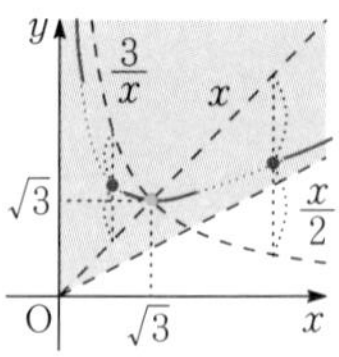

これら以外のことは答案中にも書くべきことなので，以下で順に述べていきます．■

○ ①より $x \to +0$ のとき，$f(x) \to \infty$.

○ ①より $x \to \infty$ のとき，$f(x) - \frac{1}{2}x \underset{②}{=} \frac{3}{2x} \to 0$.

よって直線 l: $y = \frac{1}{2}x$ は C の漸近線.

前ページ(ウ)

○ 等式②より $f(x) > \frac{1}{2}x \ (x > 0)$.

解説 つまり C は l より上側（前図で色の付いた部分）にあります．以上により，図中赤太線で示した情報が得られました．では，ぼちぼち微分しましょうか．■

①より　元の形より微分計算が楽

$$f'(x) = \frac{1}{2}\left(1 - \frac{3}{x^2}\right)$$

$$= \frac{\boxed{x^2 - 3}}{2x^2}.$$

2) 通分して商の形に

よって右の増減表と下のグラフを得る.

x	(0)	$\cdots$	$\sqrt{3}$	$\cdots$	∞
$f'(x)$	╳	$-$	0	$+$	
$f(x)$	∞	↘	$\sqrt{3}$	↗	∞

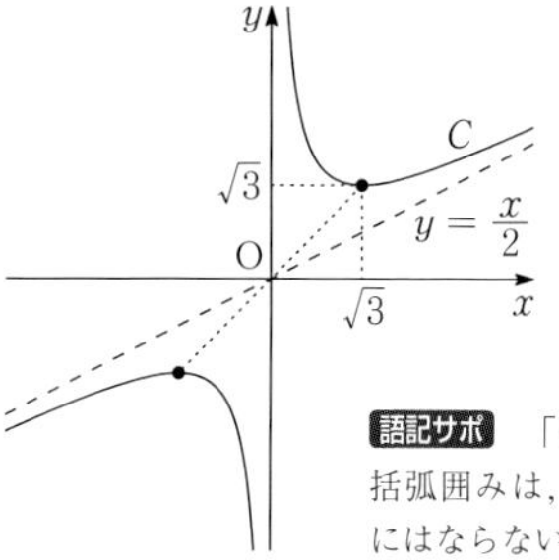

語記サポ 「(0)」における括弧囲みは，「ちょうど 0 にはならない」の意

解説 1)：分数関数を扱う際には，「分子の低次化」[→Ⅱ+B 1 3 7] は常に念頭に置いていなければなりませんよ.

2)：$f'(x)$ の符号決定部：$\boxed{x^2 - 3}$ のグラフをイメージして $f'(x)$ の符号を書いています.

言い訳 「増減表」は，元来 $f(x)$ の増減だけを記述するものです．前記**解答**の赤字のような「極限」情報まで盛り込む書き方は正式ではありませんが，手間が省けて便利な表現なので筆者は（多くのセンセイは）使ってしまいます.

注 このように，「グラフを描く」というのは大変な仕事なのです．筆者自身がこの(1)の C を描くのに要する時間は 17 秒くらいですが，その間頭の中を駆け巡っていることを全て晒（さら）すと，このように長大です（原稿書くには 2 時間かかります（笑））.

つまり，「グラフを描く」というスキルは，身に付けるには努力を要しますが，身に付けてしまえばスラスラこなせます．そして，**数学の幅広い範囲で武器となります.**

参考 この関数は，**演習問題 2 3 12**「ニュートン法」で用いた関数そのものです.

(2) $9 - x^2 \geq 0$ より，定義域は $-3 \leq x \leq 3$.

$f(x)$ は偶関数ゆえ，まず $0 \leq x \leq 3$ について考える.

下書き $y = \sqrt{9 - x^2}$ は，**例題 1 6 a**(2)と同様な半円.

$0 \leq x \leq 3$ において $f(x) \geq 0$.

また，$f(0) = f(3) = 0$.

これで右図の赤太線部がだいたいわかります.

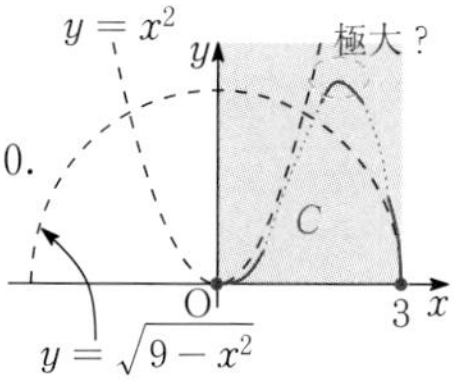

これらをなんとなくつないで，C の形が見えてきます．では，ぼちぼち微分します．■

$$f'(x) = 2x\sqrt{9 - x^2} + x^2 \cdot \frac{-2x}{2\sqrt{9 - x^2}}$$

$$= \frac{2x(9 - x^2) - x^3}{\sqrt{9 - x^2}}$$

$$= \frac{3x}{\sqrt{9 - x^2}}\left(\boxed{6 - x^2}\right).$$

0 以上　符号決定部　グラフをイメージ

よって下の増減表と右のグラフを得る.

x	0	$\cdots$	$\sqrt{6}$	$\cdots$	3
$f'(x)$	0[3]	$+$	0	$-$	
$f(x)$	0	↗	$6\sqrt{3}$	↘	0

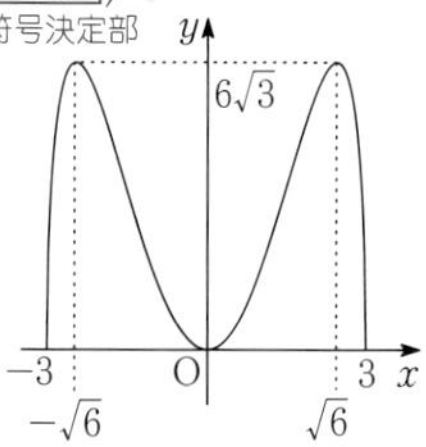

注 3)：対称性を利用した上で，左右のグラフをつなぎ合わせる際には，“端”での接線の傾きも調べましょう.

言い訳 次項で学ぶ「曲線の凹凸」については，本問では不問としました．ホントは，そうした指示も問題文に明記するべきなのですが，書いてないこともあったりします.

第3章 微分法

例題 34f グラフを描く（その2） 根底 実戦 [→演習問題358]

次の(1)〜(5)について，関数 $y=f(x)$ のグラフ C を描け．ただし(4)(5)は $0 \leq x \leq 2\pi$ で考えよ．

(1) $f(x)=(x+1)^2(x-3)^2$　(2) $f(x)=\dfrac{e^x}{x+1}$　(3) $f(x)=\log x+\log(3-x^2)$

(4) $f(x)=\sin 3x+3\sin x$　(5) $f(x)=\dfrac{\sin x}{1+\cos x}$

(1) **下書き** 微分せずとも瞬時に次のことが見抜けます：

∘ $f(x) \geq 0$.

∘ $f(x)=0$ は $x=-1, 3$ を重解とするから，C はそこで x 軸と接する.

∘ 最高次数項 x^4 の係数が正だから，$x \to \pm\infty$ のとき $f(x) \to \infty$.[1)]

これで右図の赤太線部が確定．これらをなんとなく自然につなぐと，C はおおよそ赤線のようになりそう．

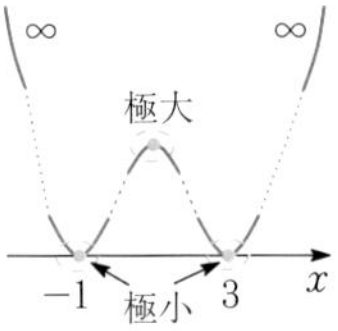

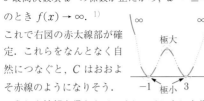

こうした情報を得た上で，それではぼちぼち微分しましょっか（笑）. ■

$$f'(x)=2(x+1)(x-3)^2+(x+1)^2 \cdot 2(x-3)$$
$$=2(x+1)(x-3)(2x-2)$$
$$=4(x+1)(x-3)(x-1).^{2)}$$

よって次の増減表とグラフを得る：

x	$-\infty$	$\cdots$	-1	$\cdots$	1	$\cdots$	3	$\cdots$	∞
$f'(x)$		$-$	0	$+$	0	$-$	0	$+$	
$f(x)$	∞	↘	0	↗	16	↘	0	↗	$-\infty$

言い訳 この図は縦方向に 4 分の 1 倍に“圧縮”して描いてあります．

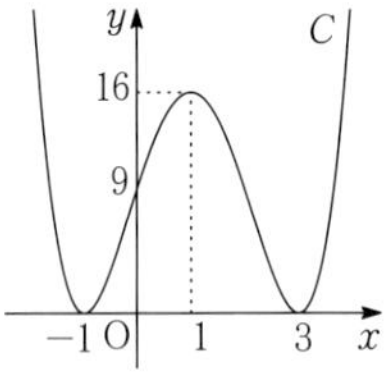

解説 2)：各因数の符号から全体の符号がわかりますね．[→Ⅱ+B 171]

補足 1)：$f(x)=\boxed{x^4}\left(1+\dfrac{1}{x}\right)^2\left(1-\dfrac{3}{x}\right)^2$ と変形する（主要部でくくる）とわかりますね．

C は，直線 $x=1$ に関して対称っぽいですよね．次のようにカンタンに示せます：

$$f(1+t)=(2+t)^2(t-2)^2.$$
$$f(1-t)=(2-t)^2(-2-t)^2=(2-t)^2(2+t)^2.$$
$$\therefore f(1+t)=f(1-t).$$

(2) 定義域は $x \neq -1$.

下書き 微分法なしでほぼ概形が見えます．：

∘ $f(x)$ は $e^x(>0)$ と $x+1$ の「商の形」なので，**符号**が判定しやすいです．$f(x)$ は $x+1$ と同符号．よって C は図の色の付いた部分にあります．

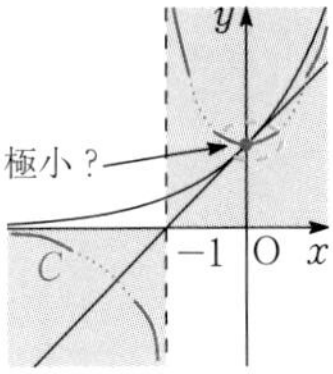

∘ $x \to -1 \pm 0$ の極限は，“振る舞い”そのものを見ればわかります．

∘ $x \to \infty$ の極限は $\dfrac{\infty}{\infty}$ 型不定形ですが，指数関数 e^x の方が 1 次関数 x より収束・発散が速いのでしたね．[→264]

これで図の赤太線部が確定．自然につなぐと，C の概形が見えました．■

極限公式の形

$$\lim_{x\to\infty}\frac{e^x}{x+1}=\lim_{x\to\infty}\frac{e^x}{x}\cdot\frac{1}{1+\frac{1}{x}}=\infty.$$

$$f'(x)=\frac{e^x(x+1)-e^x}{(x+1)^2}=\underbrace{\frac{e^x}{(x+1)^2}}_{\text{正}}\cdot\boxed{x}.$$ 符号決定部

よって，次の増減表とグラフを得る：

x	$-\infty$	$\cdots$	(-1)	$\cdots$	0	$\cdots$	∞
$f'(x)$		$-$	╳	$-$	0	$+$	
$f(x)$	(0)	↘	$-\infty \mid \infty$	↘	1	↗	∞

ホントは問題文に「ただし $\displaystyle\lim_{x\to\infty}\frac{e^x}{x}=\infty$ を用いてよい」と明記すべきなのですが，書いてない問題もあるので….

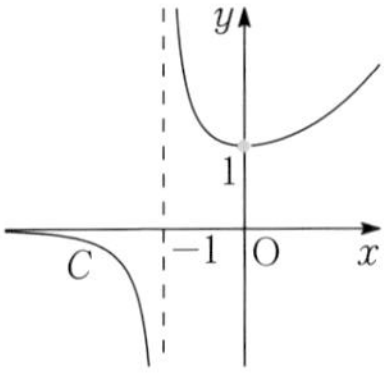

(3) 真数条件：$x>0,\ 3-x^2>0$ より，
定義域は $0<x<\sqrt{3}$.

下書き ○ $x\to+0,\ \sqrt{3}-0$ の極限は，$f(x)$ の"振る舞い"を見れば「$-\infty$」だとわかります．

○ 定義域内の"キレイな値"：1 を x に代入してみると，$f(1)=\log 2\ (>0)$ これで図の赤太線部が確定．自然につなぐと，C の概形が見えました．■

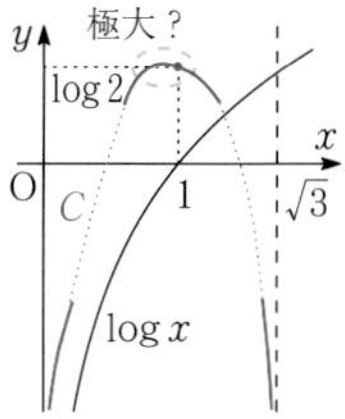

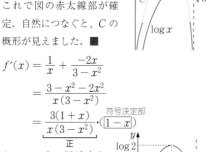

$$f'(x)=\frac{1}{x}+\frac{-2x}{3-x^2}$$
$$=\frac{3-x^2-2x^2}{x(3-x^2)}$$
$$=\underbrace{\frac{3(1+x)}{x(3-x^2)}}_{\text{正}}\cdot\left(\boxed{1-x}\right)$$
符号決定部

よって，次の増減表とグラフを得る．

x	$(0)\cdots$	1	$\cdots(\sqrt{3})$
$f'(x)$	$+$	0	$-$
$f(x)$	$-\infty\nearrow$	$\log 2$	$\searrow-\infty$

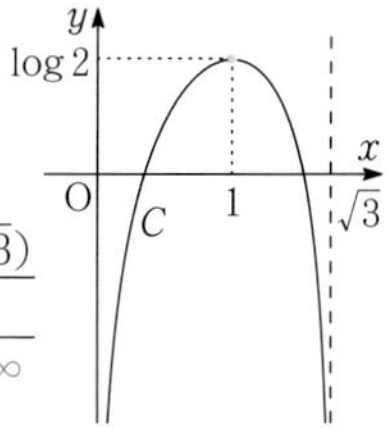

補足 x 切片はカンタンには求まらないので答えなくてよいです．

(4) **注** $3\sin x$ と $\sin 3x$ は基本周期が異なるので，$f(x)$ はいわゆる単振動にはなりません［→Ⅱ+B 4 7 4］．よってグラフを描くには微分法を要します．

着眼 「周期性」と「対称性」が使えます．
(下図は説明のため $y=\sin x$ を用いてます．)

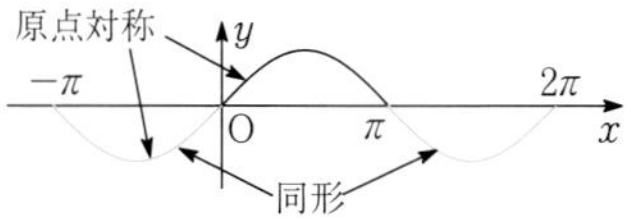

■

2π は $f(x)$ の周期ゆえ，曲線 $y=f(x)$ において，$\pi\leq x\leq 2\pi$ 部分は $-\pi\leq x\leq 0$ 部分 C' と同形．
$f(x)$ は奇関数ゆえ，C' は C の $0\leq x\leq\pi$ の部分と原点対称．
そこで，まず $0\leq x\leq\pi$ について考える．
$f'(x)=3\cos 3x+3\cos x$. cos x に統一する

以下，$\cos x$ を c と略記すると，

$$f'(x)=3(4c^3-3c)+3c$$
$$=3(4c^3-2c)$$
$$=6c(2c^2-1)$$
$$=6c(\sqrt{2}c+1)(\sqrt{2}c-1).$$

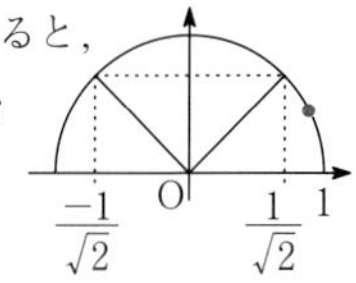

x	0	$\cdots$[1]	$\frac{\pi}{4}$	$\cdots$	$\frac{\pi}{2}$	$\cdots$	$\frac{3}{4}\pi$	$\cdots$	π
$f'(x)$		$+$	0	$-$	0	$+$	0	$-$	-6
$f(x)$	0	$\nearrow$	$2\sqrt{2}$	$\searrow$	2	$\nearrow$	$2\sqrt{2}$	$\searrow$	0

以上より，次のグラフを得る：

言い訳 ホントは極値となる点の座標を全て書いた方がよいですが，対称性などに言及してあるので許されるのでは？

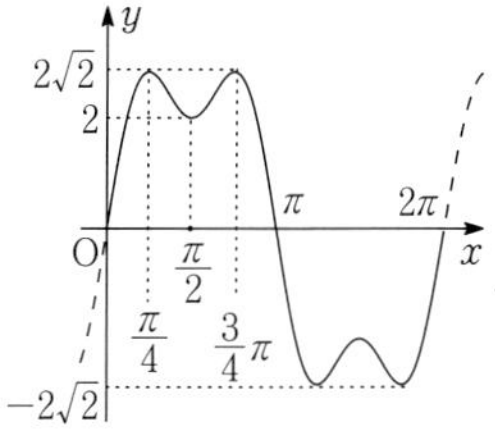

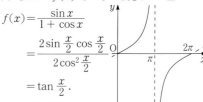

解説 1)：ここの $f'(x)$ の符号は，単位円上の赤点の横座標：$\cos x>\frac{1}{\sqrt{2}}$ より正．あとは $\frac{\pi}{4}$ などを"跨(また)いで"符号が変わるか？と考えて．

(5) **着眼** $f(x)$ そのものを見ると…■

$$f(x)=\frac{\sin x}{1+\cos x}$$
$$=\frac{2\sin\frac{x}{2}\cos\frac{x}{2}}{2\cos^2\frac{x}{2}}$$
$$=\tan\frac{x}{2}.$$

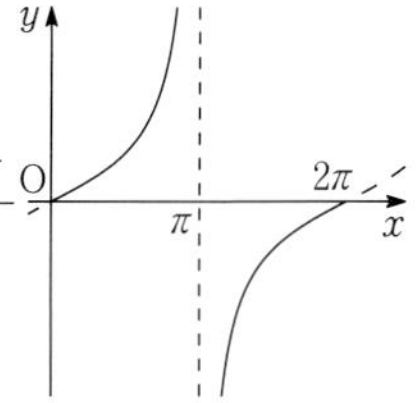

よって右図を得る．

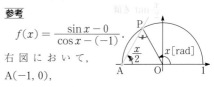

言い訳 微分法を使わないものも混ぜ込んでみました．ワザとです（笑）．

参考

$$f(x)=\frac{\sin x-0}{\cos x-(-1)}.$$

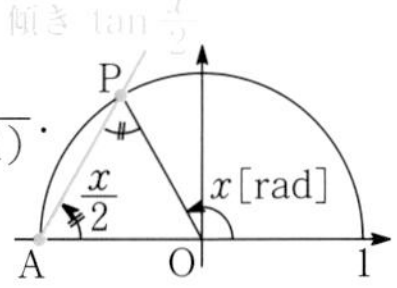

右図において，
A$(-1,0)$，
P$(\cos x,\ \sin x)$ ですから，$f(x)$ は直線 AP の傾きを表します．
△OAP に注目すると，この傾きは $\tan\frac{x}{2}$ ですね．これが，本問の結果に対する $0<x<\pi$ のときの図形的説明です．

5 凹凸とグラフ

本節では，凹凸まで調べてグラフを描きます．凹凸については，Ⅱ+B 6 2 5 でも少し学びました．ここでは，それと同内容を振り返りながら，微分法との関連について述べます．

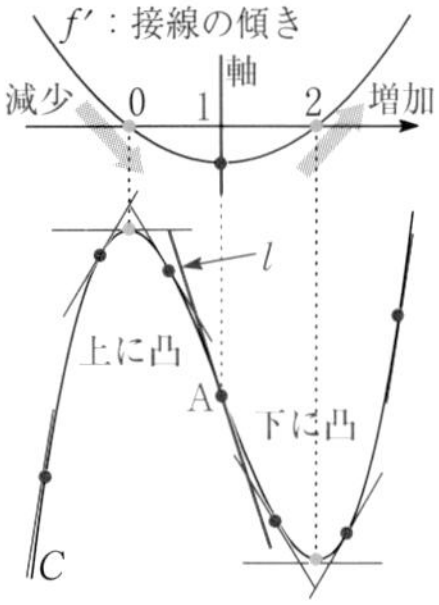

例 1 $f(x)=x^3-3x^2+1$ として，曲線 C: $y=f(x)$ のグラフを描きます．

$$f'(x)=3x^2-6x=3x(x-2)$$

より，導関数 $f'(x)$ の**符号**に応じた $f(x)$ の増減は右図の通り．

次に，「$f'(x)=C$ の接線の傾き」の増減を考えます．$f'(x)$ は $x\leq 1$ では減少，$x\geq 1$ では増加．よって曲線 C は，点 A$(1,\ -1)$ を境に上に凸→下に凸と凹凸を変えます．このような点 A のことを，C の**変曲点**といいます．

注 変曲点 A を境に，曲線 C と（接点近くでの）接線の**上下が逆転**します．

参考 3 次関数のグラフは，一般にその**変曲点に関して点対称**でしたね．■

上の **例** 1 では，$f'(x)$ は 2 次関数なので即座に増減がわかりましたが，一般には $f'(x)$ の増減を調べるため，$f'(x)$ の導関数：$f''(x):=\{f'(x)\}'$ の符号を調べます．$\boldsymbol{f''(x)}$ を，$f(x)$ の**第 2 次導関数**といいます．例えばある区間で $f''(x)>0$ であるとき，C: $y=f(x)$ の凹凸について次のように**考えます．**

$f''(x)$ の符号と凹凸　もちろん $f''(x)$ が存在することが前提

$f''(x)>0$ → $\{f'(x)\}'>0$ → $f'(x)$ は x の増加関数

→ C の接線の傾きは，x の増加にともない増加する．

→ C は**下に凸．**　上がその定義．上に凸も同様．

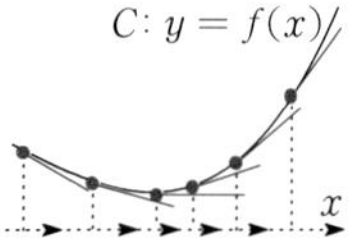

このように段階を踏んで正しく関係を導く作業を繰り返すうち，いつしかコンマ数秒でサッと想起できるようになります．暗記するのではありません！（$f''(x)<0$ →「上に凸」も同様です．）

例 2 関数 $y=f(x)=x^4-4x^3$ のグラフ C を凹凸も調べて描きます．

$f(x)=x^3(x-4)$.

下書き この時点で，$f(x)$ の符号などを考えて右図程度は把握できます．方程式 $f(x)=0$ が $x=0$ を 3 重解とするので，C と x 軸は O において接します．

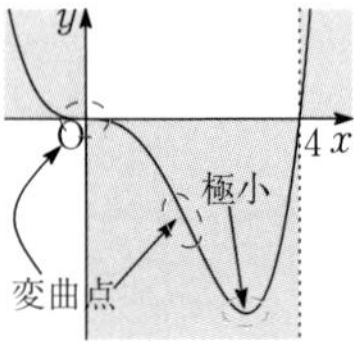

$x=4$ の少し左に極小点，さらにその少し左に原点以外の変曲点があることが見通せています．■

$f'(x)=4x^3-12x^2$
$=4x^2(x-3)$

より右の増減表を得る．　これでグラフはほぼ完成

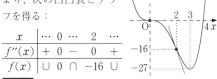

x	$-\infty$	$\cdots$	0	$\cdots$	3	$\cdots$	∞
$f'(x)$		$-$	0	$-$	0	$+$	
$f(x)$	∞	↘	0	↘	-27	↗	∞

$$f''(x)=12x^2-24x=12x(x-2)$$

より，次の凹凸表とグラフを得る：

x	$\cdots$	0	$\cdots$	2	$\cdots$
$f''(x)$	$+$	0	$-$	0	$+$
$f(x)$	∪	0	∩	-16	∪

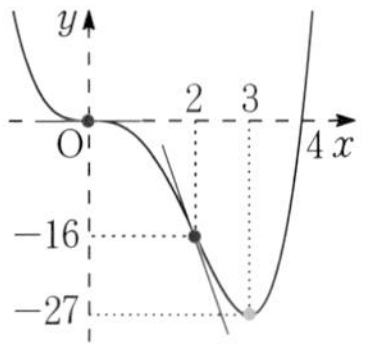

語記サポ 「∪」=「下に凸」，「∩」=「上に凸」．

補足 2 点 $(0,\ 0)$, $(2,\ -16)$ が変曲点．

解説 前の 2 つの例題と同様，「$f(x)$ そのもの」と「$f'(x)$ の符号→増減」で概形の 9 割は把握できています．そこにちょこっと「$f''(x)$ の符号→凹凸」を追加しただけ(笑)．

注 現代の学校教科書では，紙面削減のために 2 つの表を無理矢理まとめて奇っ怪な“曲がった矢印”『↗』で表した「増減凹凸表」が採用されていますが，正直，この表を書く方が曲線自体を描くより疲れます(笑)．上記 2 つの表を併用するのが，昔の**真っ当な時代の**表現法です．（次ページへ続く）

実際の入試では，「$f'(x)$ による増減表」を書く頻度は高いですが，$f''(x)$ により凹凸まで調べてグラフを描く機会は極端に少ないのが実情です．こんな滅多に出ないもののためにヤヤコシイ『↗』による表現を苦労して習得しようとするのは，**全くのナンセンス**です．

諸悪の根源は，「表」を完成させる→その後で初めて「曲線」を描こうとするフシギな態度．初めから曲線**そのもの**を見ることを心掛けるべし！後にパラメタ曲線を描く際にも同じ注意をします．

注意！ ただし，以上の事情を御存じない世代のセンセイも多いと思われます．学校の定期テストでは，センセイの指示に従ってくださいね（笑）.

参考 第 2 次導関数を一般化した第 n 次導関数について，3 6 6 で学びます．

重要 例 2を通して，次の関係が成り立つことがわかります：

$f''(x)$ の符号と変曲点　$f'(x)$ と極値の関係と全く同様です

$x=a$ で連続であることが前提

$f''(x)$ が $x=a$ 前後で**符号**を変える $\Longrightarrow$ 点 $(a,\ f(a))$ は変曲点 $\Longrightarrow f''(a)=0$

注 たとえば例題 3 4 e(1)のグラフ C は，$x=0$ の前後で凹凸を変えますが，$x=0$ で連続ではないので，$x=0$ 上に変曲点はありません．

例題 3 4 g グラフを描く（凹凸も） 根底 実戦

[→演習問題 3 5 9]

関数 $y=f(x)=\dfrac{x-3}{\sqrt{x^2+1}}$ のグラフ C を凹凸も調べて描け．

解答 定義域は実数全体．

下書き ○ $f(x)$ は $x-3$ と同符号ゆえ，C は色の付いた部分にあります．

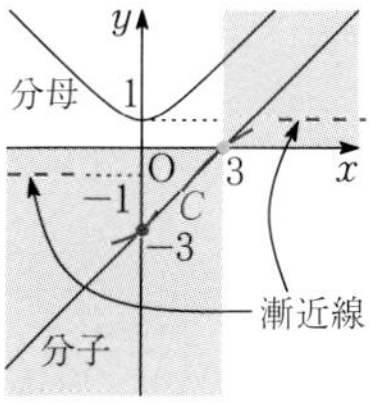

○ $x\to\pm\infty$ のとき，複号同順として，

$$f(x)\sim\frac{x}{|x|}=\pm1$$

「〜」の意味は[→例題 2 1 b 注]

○ C は点 $(0,\ -3)$ を通ります．

これで，図中赤線で書かれた情報が得られました．これらをベースとして，答案を書き進めていきます．//

$x\to+\infty$ のとき，$x>0$ より

$$f(x)=\frac{1-\frac{3}{x}}{\sqrt{1+\frac{1}{x^2}}}\to1.$$

$x\to-\infty$ のとき，$x<0$ より

$$f(x)=\frac{1-\frac{3}{x}}{-\sqrt{1+\frac{1}{x^2}}}\to-1.$$

赤色の「−」については[→例題 2 4 b]

よって直線 $y=\pm1$ は C の漸近線．

$$f'(x)=\frac{\sqrt{x^2+1}-(x-3)\cdot\frac{2x}{2\sqrt{x^2+1}}}{x^2+1}$$

$$=\frac{(x^2+1)-(x-3)x}{(x^2+1)^{\frac{3}{2}}}=\frac{\boxed{3x+1}}{(x^2+1)^{\frac{3}{2}}}.$$ 分母は正

$$f''(x)=\frac{3(x^2+1)^{\frac{3}{2}}-(3x+1)\cdot\frac{3}{2}\sqrt{x^2+1}\cdot2x}{(x^2+1)^3}.$$

これは次と同符号：

$$(x^2+1)-(3x+1)x=-2x^2-x+1$$
$$=(1-2x)(1+x).$$

よって，次の増減表・凹凸表，およびグラフを得る：

x	$-\infty$	$\cdots$	$-\frac{1}{3}$	$\cdots$	∞
$f'(x)$		$-$	0	$+$	
$f(x)$	(-1)	↘	$-\sqrt{10}$	↗	(1)

x	$\cdots$	-1	$\cdots$	$\frac{1}{2}$	$\cdots$
$f''(x)$	$-$	0	$+$	0	$-$
$f(x)$	∩		∪		∩

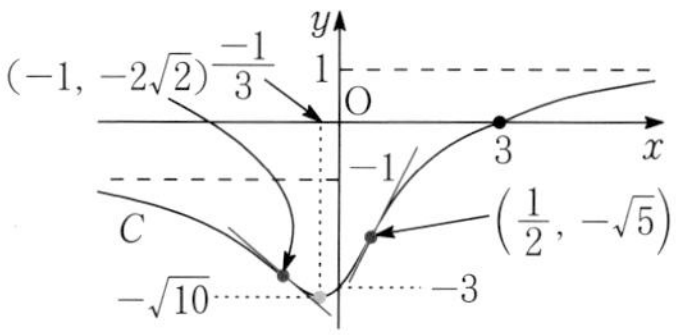

例題 34h グラフを描く（凹凸も） 根底 実戦 [→演習問題359]

次の(1)(2)について，関数 $y=f(x)$ のグラフ C を凹凸も調べて描け．

(1) $f(x)=\dfrac{\log x}{x}$　　(2) $f(x)=\dfrac{x^3-x^2+x+1}{(x-1)^2}$　正しく描ける人率 1 %未満（涙）

解答

(1) **下書き** ○真数>0 より，定義域は $x>0$．

○ $f(x)$ は $\log x$ と同符号ゆえ，C は右図の色の付いた部分にあります．

○ C は $(1,0)$ を通ります．

○ $\displaystyle\lim_{x\to+0}f(x)=-\infty$．不定形ではありません．

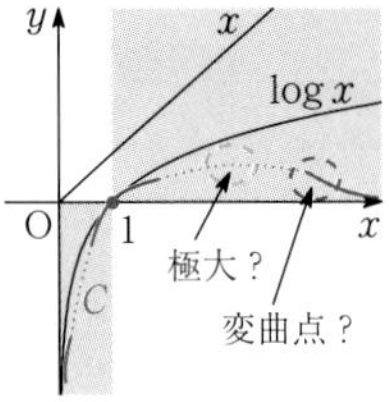

○ $x\to\infty$ の極限は $\dfrac{\infty}{\infty}$ 型不定形ですが，264の知識により，$f(x)\to0$．■

$$f'(x)=\frac{\frac{1}{x}\cdot x-\log x}{x^2}=\frac{\boxed{1-\log x}}{x^2}.$$

符号決定部　分母は正

$$f''(x)=\frac{-\frac{1}{x}\cdot x^2-(1-\log x)\cdot 2x}{x^4}=\frac{\boxed{2\log x-3}}{x^3}.$$

よって，次の増減表・凹凸表，およびグラフを得る：

x	(0)	$\cdots$	e	$\cdots$	∞
$f'(x)$		$+$	0	$-$	
$f(x)$	$-\infty$	↗	$\frac{1}{e}$	↘	(0)

x	(0)	$\cdots$	$e^{\frac{3}{2}}$	$\cdots$
$f''(x)$		$-$	0	$+$
$f(x)$		$\cap$		$\cup$

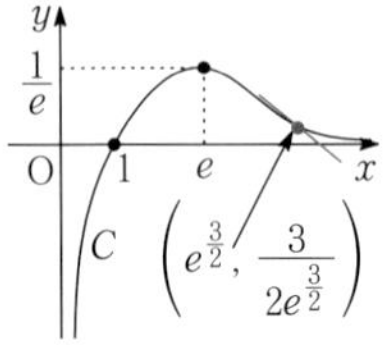

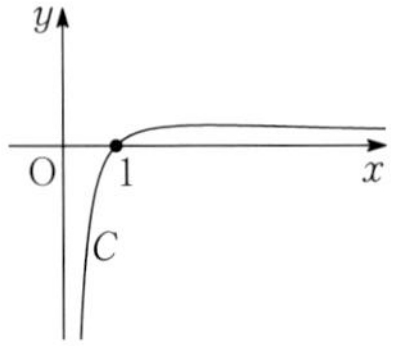

言い訳　答えのグラフは，コンピュータで正確に描くと上右のようになります．これでは C の特徴が表現できていないので，フリーハンドで描いた上左の図を「答え」としたいと考えます．

(2) 定義域は $x\neq1$．

$$f(x)=x+1+2\cdot\frac{x}{(x-1)^2}.\ \cdots①$$

整式の除法により分子の低次化

下書き　この時点で右図くらいまでが把握できます．順に述べていきます．■

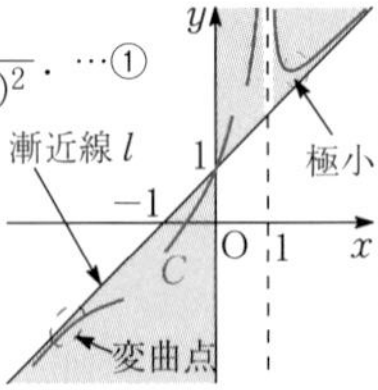

○ $x\to1$ のとき，$f(x)\to\infty$．

○ $x\to\pm\infty$ のとき $f(x)-(x+1)\overset{②}{=}\dfrac{2x}{(x-1)^2}\to0$．

よって直線 l: $y=x+1$ は C の漸近線．

○ 等式②より $f(x)\begin{cases}>x+1\ (x>0),\\<x+1\ (x<0).\end{cases}$

解説　この C と l の上下関係より，C は上図で色の付いた部分にあります．

以上より，前図のような位置に極値や変曲点があることが見通せます．■

①より　元の式より微分計算が楽

$$\begin{aligned}f'(x)&=1+2\cdot\frac{(x-1)^2-x\cdot2(x-1)}{(x-1)^4}\\&=1-2\cdot\frac{x+1}{(x-1)^3}\ \cdots③\\&=\frac{(x-1)^3-2(x+1)}{(x-1)^3}\ ^{1)}\\&=\frac{x^3-3x^2+x-3}{(x-1)^3}=\underbrace{(x^2+1)}_{正}\cdot\boxed{\frac{(x-3)}{(x-1)^3}}.\end{aligned}$$

符号決定部

x	$-\infty$	$\cdots$	(1)	$\cdots$	3	$\cdots$	∞
$f'(x)$		$+$	╳	$-$	0	$+$	
$f(x)$	$-\infty$	↗	∞ | ∞	↘	$\frac{11}{2}$	↗	∞

③より　「1」が消えるので微分計算は超楽

$$f''(x)=-2\cdot\frac{(x-1)^3-(x+1)\cdot3(x-1)^2}{(x-1)^6}.$$

これは，$x\neq1$ においては次と同符号：

$-2\{(x-1)-3(x+1)\}$
$=4(x+2)$．

以上より，次の凹凸表とグラフを得る：

x	$\cdots$	-2	$\cdots$	(1)	$\cdots$
$f''(x)$	$-$	0	$+$	╳	$+$
$f(x)$	$\cap$	$-\frac{13}{9}$	$\cup$	╳	$\cup$

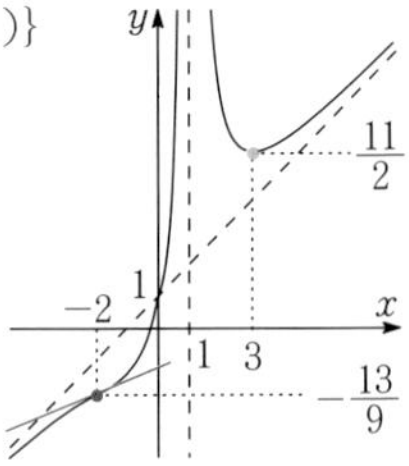

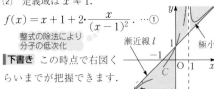

注意！　1)：この分母：$(x-1)^3$ は，「3」が奇数なので符号を変えます．2 行上の分母：$(x-1)^4$ が符号を変えないからといって，油断しないで！

例題 3 4 i　2次曲線の先取り　根底 実戦　[→例題 7 1 a]

(1) 曲線 E_0: $y=f(x)=\dfrac{2}{3}\sqrt{9-x^2}$ を描け.

(2) 曲線 H_0: $y=g(x)=\dfrac{2}{3}\sqrt{x^2-9}$ を, 凹凸も調べて描け.

解答 (1) **着眼** $\sqrt{9-x^2}$ には見覚えあり？■

$y=\sqrt{9-x^2}$ …①

$\Longleftrightarrow y^2=9-x^2$, i.e. $x^2+y^2=9\ (y\geq 0)$.

よって①は半円を表す.

この半円上の各点の y 座標を $\dfrac{2}{3}$ 倍した点の軌跡が E_0 である.

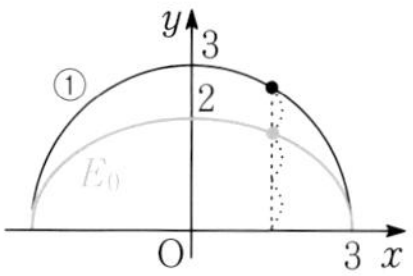

よって E_0 は右図の通り (「楕(だ)円」の上半分).

解説 (1)は, 微分法なしで凹凸までわかってしまいましたね (笑). 半円①は, 既に**例題 1 6 a**(2)で扱ったものとほぼ同じです.

参考 定義域は, $9-x^2\geq 0$ より, $-3\leq x\leq 3$.

(2) **着眼** 関数**そのもの**を見ましょう.

∘ 対称性と増減は瞬時にわかります.

∘ $x\to\infty$ のとき

$g(x)\sim\dfrac{2}{3}\sqrt{x^2}=\dfrac{2}{3}x$. 漸近線

方針 微分法は, 凹凸調べのためだけに. ■

$x^2-9\geq 0$ より, 定義域は $x\leq -3,\ 3\leq x$.

$g(x)$ は偶関数だから, まず $x\geq 3$ について考える.

$g(x)$ は増加関数.

$$g(x)-\frac{2}{3}x=\frac{2}{3}\left(\sqrt{x^2-9}-x\right) \quad \text{∞−∞型不定形}$$

$$=\frac{2}{3}\cdot\frac{-9}{\sqrt{x^2-9}+x}\xrightarrow[x\to\infty]{}0.$$

よって直線 l: $y=\dfrac{2}{3}x$ は H_0 の漸近線.

また, $g(x)-\dfrac{2}{3}x<0$ より, H_0 は l より下側.

[1] $$\frac{3}{2}g'(x)=\frac{2x}{2\sqrt{x^2-9}}. \quad \text{これ自体は目的ではない}$$

$$\frac{3}{2}g''(x)=\frac{\sqrt{x^2-9}-x\cdot\dfrac{x}{\sqrt{x^2-9}}}{x^2-9}$$

$$=\frac{-9}{(x^2-9)^{\frac{3}{2}}}<0. \quad \text{目的は } g''(x)$$

よって $H_0\ (x\geq 3)$ は上に凸.

以上より, H_0(全体) は右図の通り.

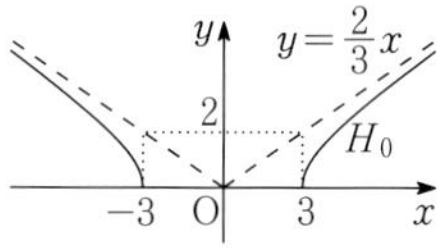

補足 [1]: 興味があるのは $g''(x)$ の**符号**のみなので, どうでもいい正の定数は左辺へ移しました.

重要 本問の「3」を a に,「2」を $b\ (a,b>0)$ に変えると, 一般に次のような「方程式」と「曲線」の対応がわかります. 7「2次曲線」で学びますが, 先行して今覚えてしまってください！

楕円・双曲線

楕円 E: $\dfrac{x^2}{a^2}+\dfrac{y^2}{b^2}=1$

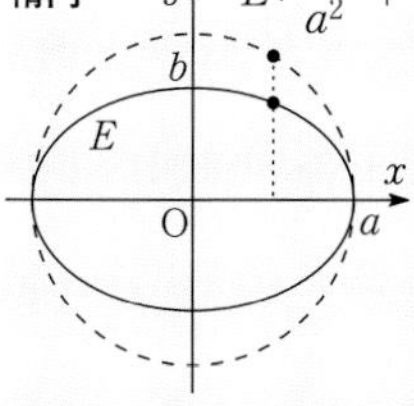

双曲線 H: $\dfrac{x^2}{a^2}-\dfrac{y^2}{b^2}=1$

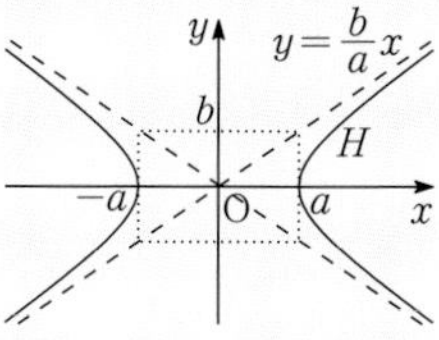

双曲線 H': $\dfrac{x^2}{a^2}-\dfrac{y^2}{b^2}=-1$

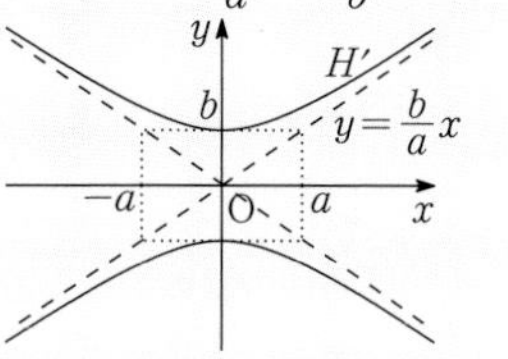

〔証明〕 $y=\pm f(x)=\pm\dfrac{b}{a}\sqrt{a^2-x^2}$

$\Longleftrightarrow y^2=\dfrac{b^2}{a^2}(a^2-x^2)$ i.e. $\dfrac{y^2}{b^2}=\dfrac{1}{a^2}(a^2-x^2)$

$\Longleftrightarrow \dfrac{x^2}{a^2}+\dfrac{y^2}{b^2}=1.$

同様に

$y=\pm g(x)=\pm\dfrac{b}{a}\sqrt{x^2-a^2}$

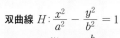

$\Longleftrightarrow \dfrac{x^2}{a^2}-\dfrac{y^2}{b^2}=1.$

6 最大・最小

$y=f(x)$ の「グラフ」が描ければ，もちろん $f(x)$ の「最大値」だって求まったも同然です．ただし，「最大値」が目標であるなら，$f(x)$ 自体の増減を調べるよりもっと効率的な方法があったりします．例によってイキナリ x で微分するのは NG．$f(x)$ **そのもの**をよく見て方策を練ってください．

例題 3 4 j 最大・最小 根底 実戦

[→演習問題 3 5 10]

(1) $f(x)=e^{-x}\left(1+e^{\frac{x}{2}}\right)^{\frac{5}{2}}$ が最小となる x を求めよ．

(2) $f(x)=\dfrac{\cos x}{3-\sin x}$ $(-\pi\leq x\leq\pi)$ の最大値を求めよ．

解答 (1) **方針** このまま x で微分してもできるでしょうが，メンドウですね．「$\dfrac{5}{2}$ 乗」ということは，実質的には $\sqrt{\ \ }$ があるようなものですから…■

$f(x)>0$ より，$f(x)$ は $f(x)^2$ と同時に最小となり，

$$f(x)^2=e^{-2x}\left(1+e^{\frac{x}{2}}\right)^5.\ ^{1)}$$

着眼 ある1つの“カタマリ”で全体が表せることが見抜けますか？■

ここで，$t=e^{\frac{x}{2}}$ とおく[2)]と，$t>0$ であり

$$f(x)^2=\frac{(1+t)^5}{t^4}\ (=g(t)\text{ とおく}).$$

$$g'(t)=\frac{5(1+t)^4t^4-(1+t)^5\cdot 4t^3}{t^8}.$$

これは，$t>0$ より次と同符号：

$5t-4(1+t)$

$=\boxed{t-4}$．……符号決定部

t	$(0)\cdots 4\cdots$ [3)]
$g'(t)$	$-\ 0\ +$
$g(t)$	↘ ↗

よって右の増減表を得る．

以上より，$f(x)$ が最小のとき

$$t=e^{\frac{x}{2}}=4.\ \therefore x=2\log 4=4\log 2.\ /\!/$$

解説 1)：このように，$f(x)$ に「2乗する」という**変形**を施すことで，「$\dfrac{5}{2}$ 乗」つまり $\sqrt{\ \ }$ を除去できますね．

2)：いわゆる**置換**を行うことで，より単純な関数の微分法だけで済みましたね．

補足 3)：グラフを描く訳ではないので，極限は不要です．

参考 最小値は，

$$g(4\log 2)=2^{-4}\cdot(1+4)^{\frac{5}{2}}=\frac{25}{16}\sqrt{5}.$$

この程度の指数計算は楽勝…ですよね！（笑）

(2) **着眼** 分母はつねに正ですが，分子は…■

$f(x)$ の最大値を考えるので，$f(x)\geq 0$ となる範囲：$-\dfrac{\pi}{2}\leq x\leq\dfrac{\pi}{2}$ のみ考える．

$\cos x$ を c，$\sin x$ を s と略記すると

$$f'(x)=\frac{-s(3-s)+c\cdot c}{(3-s)^2}$$
$$=\frac{1-3s}{(3-s)^2}$$
$$=\underbrace{\frac{3}{(3-s)^2}}_{\text{正}}\cdot\Bigl(\underbrace{\boxed{\tfrac{1}{3}-s}}_{\text{符号決定部}}\Bigr).$$

方針 $f'(x)$ の符号の変わり目：$\sin x=\dfrac{1}{3}$ となる x は求まりませんが…■

$$\sin\alpha=\frac{1}{3}\ \left(-\frac{\pi}{2}<\alpha<\frac{\pi}{2}\right)\ \cdots①$$

を満たす α が，右図のように1つに定まる[4)]．これを用いて，次の増減表を得る：

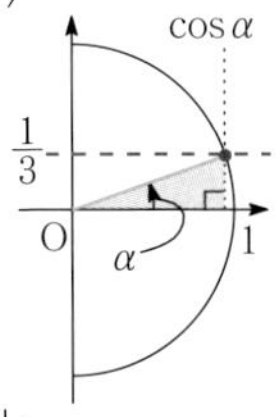

よって求める最大値は，

$$f(\alpha)=\frac{\frac{2\sqrt{2}}{3}}{3-\frac{1}{3}}=\frac{2\sqrt{2}}{8}=\frac{\sqrt{2}}{4}.\ /\!/$$

x	$0\ \cdots\ \alpha\ \cdots\ \pi$
$f'(x)$	$+\ 0\ -$
$f(x)$	↗ ↘

重要 4)：このように，具体的には表せないけど1つに定まる数値に対して「α」などと“名前”を与え，それが満たしている条件（①）を用いてその先の作業を進める手法が，とくに数学Ⅲの微積分ではけっこう頻繁に使われます．[→Ⅱ+B 5 2 3 最後のコラム]

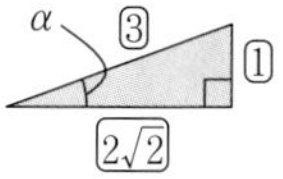

注　結果として，本問は直接「x で微分する」で OK でした．

補足　$\cos\alpha$ の値は，単位円の図中で色の付いた三角形の 3 辺比 $3:1:2\sqrt{2}$ に注目してサッと求めました．[→Ⅱ+B 例題 4 2 g]

注意！　数学Ⅲを学んでどんな関数でも微分できる"腕力"をつけることには，思考の柔軟性を失うという副作用があります．関数**そのもの**を見て，状況に応じた的確な対応を心掛けましょう．

最大・最小における工夫　本問からの教訓です

「微分する？」その前にまず，関数**そのもの**を見て，**変形＆置換**

例題 3 4 k 図形と最大・最小　根底 実戦　入試

[→演習問題 3 5 13]

OA = AB = 1 の直角二等辺三角形 OAB に対して，半直線 OA 上に点 P，線分 OB 上に点 Q をとって，中心角が $\angle QOP=\dfrac{\pi}{4}$ である扇形 OPQ を作る．弧 PQ と辺 AB が点 R を共有するとき，三角形 OAB，扇形 OPQ の一方だけに含まれる領域の面積 S の最小値を求めよ．

着眼　図計を計量する際の変数のとり方は，「長さ」or「角」の二択でした．[→Ⅱ+B 6 3 5] 本問では，「円弧」を周[1]にもつ図形が登場しますから，「角」の一択です！

解答　面積 S は，右図の色の付いた 2 つの部分の面積 S_1, S_2 の和である．右図のように角 θ をとる．ただし

$$0\leq\theta\leq\frac{\pi}{4}.\ \cdots①$$

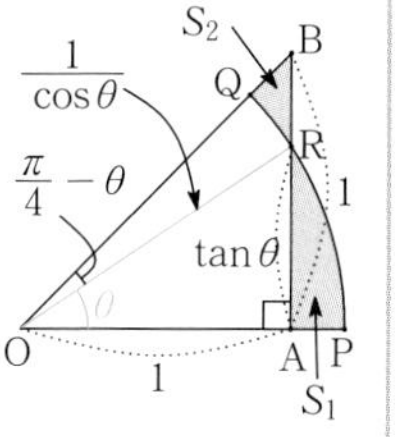

下書き　θ の値をいろいろ変えながら，いくつか図を描いてみる習慣を．

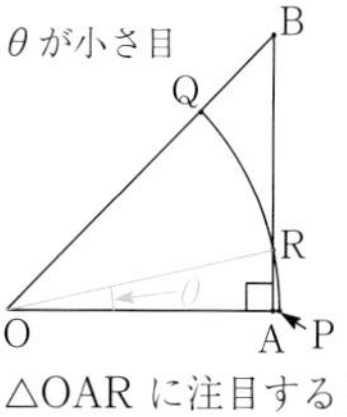

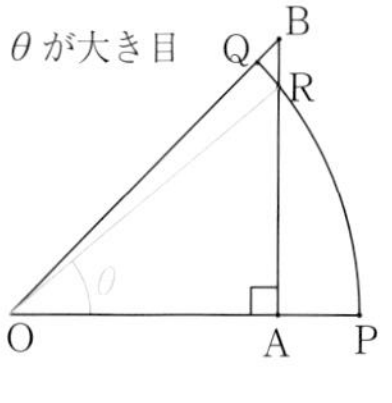

■

△OAR に注目すると

$$AR=\tan\theta,\ OR=\frac{1}{\cos\theta}.$$

$$\therefore\ S_1=\frac{1}{2}\cdot\left(\frac{1}{\cos\theta}\right)^2\cdot\theta-\frac{1}{2}\cdot1\cdot\tan\theta.$$

$$S_2=\frac{1}{2}\cdot(1-\tan\theta)\cdot1-\frac{1}{2}\cdot\left(\frac{1}{\cos\theta}\right)^2\cdot\left(\frac{\pi}{4}-\theta\right).$$

$$\begin{aligned}\therefore\ S&=S_1+S_2\\&=\frac{1}{2}(-\tan\theta+1-\tan\theta)\\&\qquad+\frac{1}{2}\cdot\frac{1}{\cos^2\theta}\left(\theta-\frac{\pi}{4}+\theta\right)\\&=\frac{1}{2}-\tan\theta+\left(\theta-\frac{\pi}{8}\right)\cdot\frac{1}{\cos^2\theta}.\end{aligned}$$

これを $f(\theta)$ とおくと

$$\begin{aligned}f'(\theta)&=-\frac{1}{\cos^2\theta}+\frac{1}{\cos^2\theta}\\&\qquad+\left(\theta-\frac{\pi}{8}\right)\cdot\frac{-2}{\cos^3\theta}\cdot(-\sin\theta)\\&=\underbrace{\frac{2\sin\theta}{\cos^3\theta}}_{\text{正}}\cdot\left(\underbrace{\boxed{\theta-\frac{\pi}{8}}}_{\text{符号決定部}}\right).\end{aligned}$$

これと①より，右の増減表を得る．よって求める最小値は

θ	$0\ \cdots\ \frac{\pi}{8}\ \cdots\ \frac{\pi}{4}$
$f'(\theta)$	$-\ \ 0\ \ +$
$f(\theta)$	↘　↗

$$\min S=f\left(\frac{\pi}{8}\right)=\frac{1}{2}-\tan\frac{\pi}{8}.$$

ここで，

$$\begin{aligned}\tan^2\frac{\pi}{8}&=\frac{\sin^2\frac{\pi}{8}}{\cos^2\frac{\pi}{8}}=\frac{1-\cos\frac{\pi}{4}}{1+\cos\frac{\pi}{4}}=\frac{1-\frac{1}{\sqrt{2}}}{1+\frac{1}{\sqrt{2}}}\\&=\frac{\sqrt{2}-1}{\sqrt{2}+1}\cdot\frac{\sqrt{2}-1}{\sqrt{2}-1}=(\sqrt{2}-1)^2.\end{aligned}$$

$$\therefore\ \tan\frac{\pi}{8}=\sqrt{2}-1\ \left(\because\ \tan\frac{\pi}{8}>0\right).$$

$$\therefore\ \min S=\frac{1}{2}-(\sqrt{2}-1)=\frac{3}{2}-\sqrt{2}.\ /\!/$$

解説　[1]:「領域」ではなく，「周」がどんな線かを注視すると，面積が正しい方針で求められます．

5 演習問題B

351 根底 実戦

$f(x)=\dfrac{1}{3+x^2}$ とし，曲線 C: $y=f(x)$ を考える．

(1) C の接線のうち，傾きが最小であるものを l_1 とする．l_1 の方程式を求めよ．

(2) 点 A$(5, 0)$ から曲線 C: $y=f(x)$ へ引いた接線の方程式を求めよ．

352 根底 実戦 典型

2 曲線 C_1: $y=\cos 2x$, C_2: $y=a-\sin x$ $(a>0)$ が，ある点で接するときの実数定数 a の値を求めよ．ただし，2 曲線が「接する」とは，両者が点を共有し，しかもその点での接線の傾きが等しいことをいう．

353 根底 実戦 典型

2 曲線 C_1: $y=e^x$, C_2: $y=-x^2$ の両方に接する接線 l が存在することを示せ．

354 根底 実戦

2 曲線 C_1: $y=e^{2x}$, C_2: $y=ae^x$ $(a>0)$ の交点 P におけるそれぞれの接線を l_1, l_2 とする．a が動くとき，これらのなす角 θ $\left(0<\theta<\dfrac{\pi}{2}\right)$ が最大となるような a の値を求めよ．

355 根底 実戦

$a>0$ とする．$f(x)=x^3$ とする．平均値の定理により，$\dfrac{f(1+a)-f(1)}{(1+a)-1}=f'(1+c)$ …① を満たす c $(0<c<a)$ が存在する (このような c は 1 つに定まる)．$\displaystyle\lim_{a\to+0}\frac{c}{a}$ を求めよ．

356 根底 実戦

次の関数の増減を調べよ (極値は求めなくてよい)．

(1) $f(x)=\log x+\dfrac{1}{\sqrt{x}}$

(2) $f(x)=e^{\sqrt{3}x}\cos x$ $(0\leq x\leq 2\pi)$

357 根底 実戦

$$f(x)=e^{-x}\sin x\ (x\geq 0)$$

の極大となる x の値を，小さい方から順に $x_1, x_2, x_3, \cdots$ とする．無限級数 $(*)$: $\displaystyle\sum_{n=1}^{\infty} f(x_n)$ の収束・発散を調べ，収束する場合にはその和を求めよ．

3 5 8 根底 実戦

次の(1)〜(10)について，関数 $y=f(x)$ のグラフ C を描け．なお，凹凸は調べなくてよい．

(1) $f(x)=(x+1)^3(x^2-1)$

(2) $f(x)=\dfrac{x^2}{(x-2)^2}$

(3) $f(x)=x+\sqrt{1-x^2}$

(4) $f(x)=\dfrac{3}{5}x+\sqrt{x^2+1}$

(5) $f(x)=\sin^3x\cos x\ (0\leqq x\leqq 2\pi)$

(6) $f(x)=\sin x(\cos x+\sin x)$

(7) $f(x)=xe^x$

(8) $f(x)=e^{2x}-e^{x+1}-e^x+e$

(9) $f(x)=e^x\sin x+e^{-x}\cos x\ (-\pi\leqq x\leqq\pi)$

(10) $f(x)=\log x(1-x)$

3 5 9 根底 実戦

次の(1)〜(6)について，関数 $y=f(x)$ のグラフ C を描け．ただし，凹凸も調べよ．

(1) $f(x)=\dfrac{2x^3-12x+25}{x^2-6}$

(2) $f(x)=x+\sin x\ (0\leqq x\leqq 2\pi)$

(3) $f(x)=e^{-x}\sin x\ (0\leqq x\leqq 2\pi)$

(4) $f(x)=\dfrac{1}{1+e^{-x}}$

(5) $f(x)=e^{\frac{1}{x}}$

(6) $f(x)=\dfrac{1-\log x}{x}$

3 5 10 根底 実戦

(1) $f(x)=\dfrac{\sin x}{\cos x-2}$ の最小値を求めよ．

(2) $f(x)=\sin x\cos x+2\sin x$ の最大値，最小値を求めよ．

(3) $f(x)=\sin x\cos x+\sin^2x-x\ (0\leqq x\leqq\pi)$ の最大値，最小値を求めよ．

(4) $f(x)=\dfrac{1}{\sin x+2}+\dfrac{1}{\cos x+2}$ の最大値を求めよ．

3 5 11 根底 実戦

n, k は整数の定数で，$n\geqq 2,\ 1\leqq k\leqq n-1$ とする．表が出る確率が $p\ (0<p<1)$ であるコインを n 回投げたとき，表がちょうど k 回出る確率が最大となるような p を n, k で表せ．

3 5 12 根底 実戦

O を原点とする xy 平面上で，曲線 C: $y=\dfrac{\log x}{x}\ (x>1)$ 上に点 P をとり，P から x 軸に垂線 PH を下ろす．△OPH を x 軸のまわりに 1 回転してできる立体 F の体積を V とする．P が C 上を動くときの V の最大値を求めよ．

3 5 13 根底 実戦 典型

長さ 1 の円弧（円周の一部）とその両端を結ぶ線分とで囲まれる図形の面積 S を最大化する方法について調べよ．

3 5 14 根底 実戦

(1) 関数 $f(x)=\dfrac{\log x}{x}\ (x>0)$ の増減を調べよ．

(2) $\sqrt{2},\ \sqrt[3]{3},\ \sqrt[4]{4},\ \sqrt[5]{5},\ \cdots$ の中で最大のものはどれか？

第3章 微分法

6 その他の微分法

1 微分可能と連続性

両者をテーマとした問題が[→例題 3 7 b]にあります

この 2 つの間にはとても有名な次の関係があり，今後他所で使うことがあります：

微分可能 $\Longrightarrow$ 連続 定理

関数 $f(x)$ が $x=a$ において**微分可能** …① $\Longrightarrow$ $f(x)$ は $x=a$ において**連続** …②

〔証明〕 **方針** 両者の**定義**に基づいて．■

①より，

$$\lim_{x\to a}\frac{f(x)-f(a)}{x-a}=f'(a)\ (\text{収束}).$$

これを用いると，

$$f(x)-f(a)=\frac{f(x)-f(a)}{x-a}\cdot(x-a)$$
$$\xrightarrow[x\to a]{} f'(a)\cdot 0=0.$$

i.e. $\displaystyle\lim_{x\to a}f(x)=f(a)$.

つまり，②が示せた．□

ここで示したことは，3 1 2最後の導関数の定義と不定形と実質的に同じです．

注 この定理の逆：「$\Longleftarrow$」は成り立ちません．反例：$y=|x|$ は，$x=0$ において連続ですが，微分可能ではありません（接線の傾きが定まらない）．

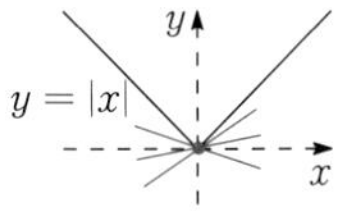

2 逆関数の微分法

以下の公式の導出は レベル↑重要度↓

逆関数を扱う際のポイントは，**x, y の互換を極力しない**ことでしたね．[→1 4]

関数 $y=f(x)$ が逆関数 f^{-1} をもつとき，これを g とおくと

$$y=f(x)\Longleftrightarrow x=g(y).$$

右図のように値 x, y および変化量 Δx, Δy が対応し合うとします．

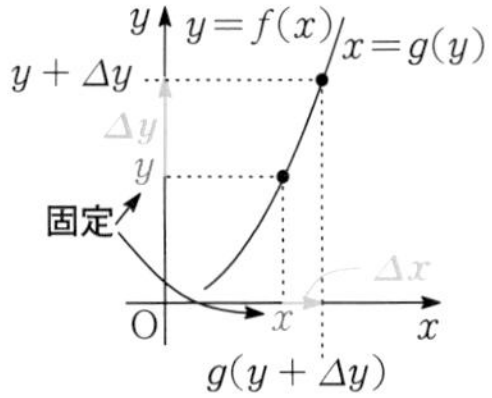

$f(x)$ が微分可能（ただし $f'(x)\neq 0$）であるとすると，

$$f'(x)=\frac{dy}{dx}=\lim_{\Delta x\to 0}\frac{\Delta y}{\Delta x}\ (0\ \text{以外に収束}).$$

これをもとに，極限 $\displaystyle\lim_{\Delta y\to 0}\frac{\Delta x}{\Delta y}$ について考えます．$f(x)$ は，微分可能だから前項により連続．よってその逆関数 $g(y)$ も連続 [1]．したがって，$\Delta y\to 0$ のときを考えると

$$\underbrace{\lim_{\Delta y\to 0}g(y+\Delta y)}_{\text{極限値}}=\underbrace{g(y)}_{\text{ちょうどそのときの値}}.$$

つまり，$x+\Delta x\to x$. i.e. $\Delta x\to 0$.

★ $f(x)$ が逆関数をもち，$f(x)$ が微分可能（$f'(x)\neq 0$）なとき，
$\Delta y\to 0 \Longrightarrow \Delta x\to 0$.

よって右の関係が成立．

$$\lim_{\Delta y\to 0}\frac{\Delta x}{\Delta y}=\lim_{\Delta x\to 0}\frac{\Delta x}{\Delta y}=\lim_{\Delta x\to 0}\frac{1}{\frac{\Delta y}{\Delta x}}.\ \text{i.e.}\ \frac{dx}{dy}=\frac{1}{\frac{dy}{dx}}\ \left(\frac{dy}{dx}\neq 0\ \text{ゆえ収束}\right).$$

形式的にはまるで分数式のような性質

すなわち逆関数 $g(y)$ も微分可能であり，$g'(y)=\dfrac{1}{f'(x)}$.

言い訳 [1]：これは，高校数学では「当然」と認めてしまってよい気がします．

逆関数の微分法 定理

関数 $y=f(x)$ …① が逆関数 $x=g(y)$ …①′ をもつとき，
$f(x)$ が微分可能で $f'(x)\neq 0$ ならば逆関数 $g(y)$ も微分可能であり，

$$\frac{dx}{dy}=\frac{1}{\frac{dy}{dx}}.\ \text{i.e.}\ g'(y)=\frac{1}{f'(x)}\ (\text{ただし}\ f'(x)\neq 0).$$

このx, yは①①′のように対応付いている（右図）

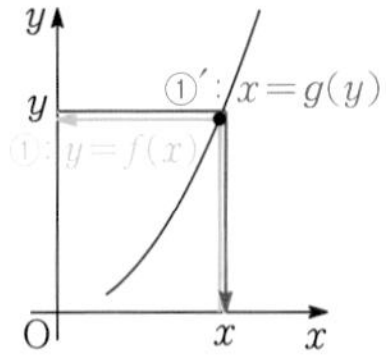

注意！ ここでx, yを互換して「$g'(x)$」と書こうものなら一気に意味不明に陥ります（笑）．

例題 3 6 a 逆関数 根底 実戦

[→演習問題 3 9 1]

(1) $(e^x)'=e^x$ をもとに，$(\log x)'=\dfrac{1}{x}$ を示せ．

(2) n は自然数とする．$y=\sqrt[n]{x}=x^{\frac{1}{n}}$ $(x>0)$ を，$(x^n)'=nx^{n-1}$ …① を利用して微分せよ．

(3) $y=f(x)=\sin x$ $\left(-\dfrac{\pi}{2}<x<\dfrac{\pi}{2}\ \cdots②\right)$ の逆関数を $g(x)$ とする．$g'(x)$ を求めよ．

(4) 関数 $c(x)=\dfrac{e^x+e^{-x}}{2}$, $s(x)=\dfrac{e^x-e^{-x}}{2}$ について，$c(x)^2-s(x)^2=1$ …③ を示せ．また，$s(x)$ の逆関数を $g(x)$ とするとき，③を利用して $g'(x)$ を求めよ．

注 問題文では高校数学の悪しき慣習に従ってx, yが互換されてます．惑わされないこと．

解答 (1) $y=e^x \iff x=\log y$ …④.

逆関数の微分法より

$$(\log y)'=\frac{1}{(e^x)'}$$ このx, yには④の関係がある

$$=\frac{1}{e^x}=\frac{1}{y}\ (\because\ ④).$$

すなわち，$(\log x)'=\dfrac{1}{x}$.//

注 最後に被せたグレーは，「無意味だけどしょーがなく慣習に従ったやる気ない部分」を意味します．[→1 4]

(2) $x>0$ のもとで考える．

$$y=x^{\frac{1}{n}} \iff x=y^n.\ \cdots⑤$$

これと①より

$$\frac{dx}{dy}=ny^{n-1}.$$ ①の x を y に変えて使った

これと逆関数の微分法より

$$\frac{dy}{dx}=\frac{1}{\frac{dx}{dy}}=\frac{1}{ny^{n-1}}=\frac{1}{n}\cdot y^{1-n}$$

$$=\frac{1}{n}\cdot\left(x^{\frac{1}{n}}\right)^{1-n}=\frac{1}{n}x^{\frac{1}{n}-1}\ (\because\ ⑤).//$$

参考 この結果は，例題 3 1 d (4)において $\alpha=\dfrac{1}{n}$ としたものと一致していますね．

(3)

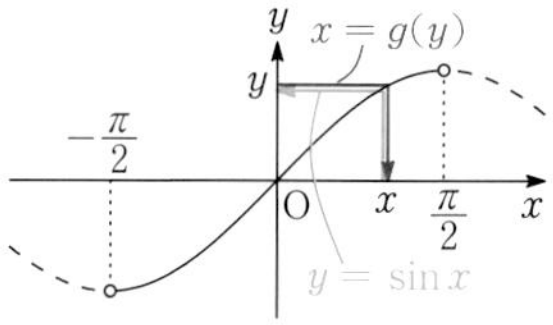

$y=\sin x$ の逆関数が $x=g(y)$ だから

$$y=\sin x \iff x=g(y).\ \cdots⑥$$

逆関数の微分法より

$$g'(y)=\frac{1}{(\sin x)'}$$ このx, yには⑥の関係がある

$$=\frac{1}{\cos x}$$ これをyで表したい

$$=\frac{1}{\sqrt{1-\sin^2 x}}\ (\because\ ②より\ \cos x>0)$$

$$=\frac{1}{\sqrt{1-y^2}}\ (\because\ ⑥).$$

すなわち，$g'(x)=\dfrac{1}{\sqrt{1-x^2}}$.//

注 逆関数自体は具体的な式で表せませんが，逆関数の導関数は表せちゃうんですね．

将来 (2)の結果は，置換積分法[→例題 4 10 b 解説]につながります．

(4) $c(x)^2-s(x)^2=\{c(x)+s(x)\}\{c(x)-s(x)\}$
$=e^x\cdot e^{-x}=1.$ □

$$y=s(x) \iff x=g(y).\ \cdots⑦$$

逆関数の微分法より

$$g'(y)=\frac{1}{s'(x)}$$ このx, yには⑦の関係がある

$$=\frac{1}{c(x)}$$ これをyで表したい

$$=\frac{1}{\sqrt{1+s(x)^2}}\ (\because\ ③と\ c(x)>0)$$

$$=\frac{1}{\sqrt{1+y^2}}\ (\because\ ⑦).$$

すなわち，$g'(x)=\dfrac{1}{\sqrt{1+x^2}}$.//

参考 関係式③は，$\cos^2 x+\sin^2 x=1$（三角関数）とよく似ていますね．$c(x)$, $s(x)$ は，大学以降で「双曲線関数」と呼ばれる有名関数です．逆関数 $g(x)$ 自体は，[→演習問題 1 7 16 (6)]．

第3章 微分法

3 パラメタ表示と微分法

以下の公式の導出はﾚﾍﾞﾙ⬆重要度⇩

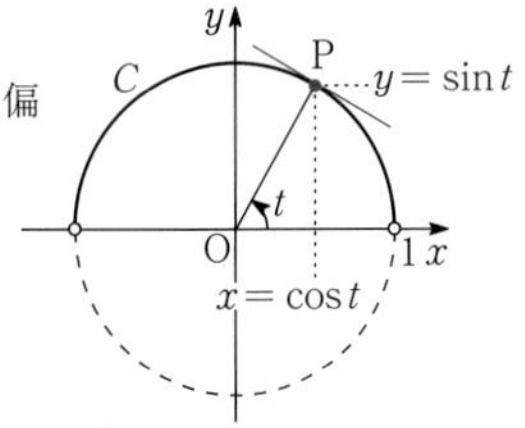

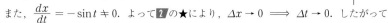

xy 平面上の単位円 C: $x^2+y^2=1$ …① 上の任意の点 $\mathrm{P}(x, y)$ は，その偏角[1] t を用いて C: $\begin{cases} x=f(t) := \cos t, \\ y=g(t) := \sin t. \end{cases}$ とパラメタ表示できます．

ここでは，C の接線の傾きを，パラメタ t を用いて表すことを考えます．

x, y は，それぞれ t の**関数**であり，t で微分可能です：

$$\frac{dx}{dt}=\lim_{\Delta t\to 0}\frac{\Delta x}{\Delta t}=-\sin t,\ \frac{dy}{dt}=\lim_{\Delta t\to 0}\frac{\Delta y}{\Delta t}=\cos t.$$

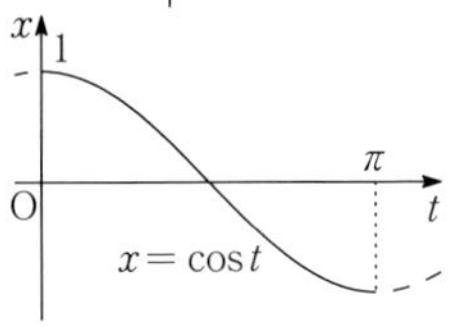

$0<t<\pi$ に限定すると，$x=f(t)$ は t の単調減少関数なので逆関数 $t=f^{-1}(x)$ をもち，

$y=\sin t=\sin(f^{-1}(x))$は x の関数 (合成関数).[2]

また，$\dfrac{dx}{dt}=-\sin t \neq 0$. よって**2**の★により，$\Delta x\to 0 \Longrightarrow \Delta t\to 0$. したがって

$$\lim_{\Delta x\to 0}\frac{\Delta y}{\Delta x}=\lim_{\Delta x\to 0}\frac{\frac{\Delta y}{\Delta t}}{\frac{\Delta x}{\Delta t}}=\lim_{\Delta t\to 0}\frac{\frac{\Delta y}{\Delta t}}{\frac{\Delta x}{\Delta t}}=\frac{\frac{dy}{dt}}{\frac{dx}{dt}}\ \left(\frac{dx}{dt}\neq 0 \text{ ゆえ収束}\right).$$

形式的にはまるで分数式のような性質

パラメタ表示された関数の微分法 定理

パラメタ表示：$\begin{cases} x=f(t) \\ y=g(t) \end{cases}$ において，$x=f(t)$ が逆関数をもつとき，y は x の関数であり

$$\frac{dy}{dx}=\frac{\frac{dy}{dt}}{\frac{dx}{dt}}\ \left(\text{ただし}\frac{dx}{dt}=f'(t)\neq 0\right).$$

速度ベクトル[→**7**]と密接な関係あり.

注 微分可能性などの前提条件は，上記導出過程に準ずる．

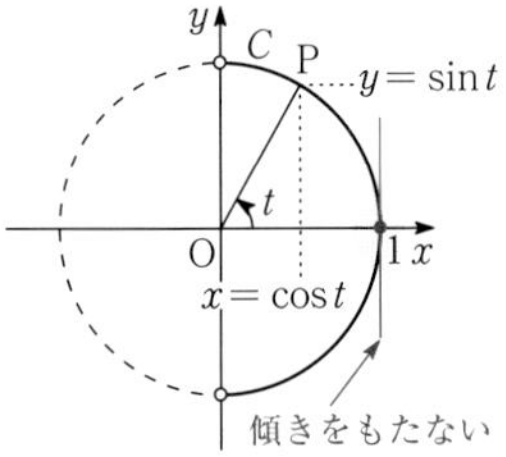

注 例えば t の範囲を $-\dfrac{\pi}{2}<t<\dfrac{\pi}{2}$ に変えると，上記の前提であった「$x=f(t)$ が逆関数をもつ」が崩れ，$f'(t)=0$ となる $t=0$ が含まれてしまいます ($f'(0)=-\sin 0=0$). $x=f(0)=1$ においては，y は x で微分可能ではありません (右図参照).

語記サポ [1]：[→Ⅱ+B **4 2 2**]

[2]：このことは，今の例では最初の図から直観的にわかります．そもそも，$y=+\sqrt{1-x^2}$ …② と解けますし．■

上の定理を使って，$t=\dfrac{\pi}{3}$ のときの接線 l の傾きを求めると，

$$\frac{dy}{dx}=\frac{\frac{dy}{dt}}{\frac{dx}{dt}}=\frac{\cos\frac{\pi}{3}}{-\sin\frac{\pi}{3}}=\frac{\frac{1}{2}}{-\frac{\sqrt{3}}{2}}=-\frac{1}{\sqrt{3}}.\cdots㋐$$

別の方法として，$\mathrm{P}\left(\dfrac{1}{2}, \dfrac{\sqrt{3}}{2}\right)$ より OP の傾きは $\sqrt{3}$. l はこれと垂直なので，その傾き m は，

$\sqrt{3}\cdot m=-1.\ \therefore\ m=-\dfrac{1}{\sqrt{3}}.$ …㋑ (㋐と一致)

4 陰関数の微分法

前記の接線 l の傾きは，もちろんパラメタ表示を使うことなく，②より次のように求まります：

$$y'=\frac{-2x}{2\sqrt{1-x^2}}.\ \therefore\ x=\frac{1}{2}\text{における接線 }l\text{ の傾き}=\frac{-\frac{1}{2}}{\sqrt{1-\frac{1}{4}}}=-\frac{1}{\sqrt{3}}.\cdots㋒$$

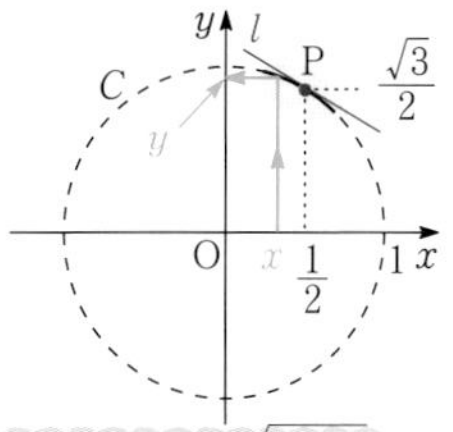

②のように，x の関数である y を x を用いた“目に見える式”で表して微分する 1) のに対して，C の方程式 ① のままで微分する 2) ことを考えます．

円 C のうち，点 $\mathrm{P}\left(\frac{1}{2}, \frac{\sqrt{3}}{2}\right)$ の“近く”だけに注目すると，

　x に対して y は一意対応．つまり，y は x の関数．

そこで，①: $x^2+\boxed{y}^2=1$ の両辺を，x の関数とみて x で微分します．「$\boxed{y}^2$」は，カタマリ $\boxed{y}$ の 2 乗という合成関数ですね．このことに留意すると

これは x の関数 $\sqrt{1-x^2}$

合成関数の微分法

$$2x+2\boxed{y}\cdot\frac{dy}{dx}=0.\quad x+yy'=0.\ \cdots③$$

□で微分　□を微分

これが，**陰関数の微分法**

$$\therefore\ \frac{dy}{dx}=-\frac{x}{y}\ (y\neq0\text{ のとき}).\quad \therefore\ l\text{ の傾き}=-\frac{\frac{1}{2}}{\frac{\sqrt{3}}{2}}=-\frac{1}{\sqrt{3}}.\cdots㊁$$

以上，前項から通して 4 通りの方法㋐㋑㋒㋓で接線 l の傾きを求めて遊んでみました．

語記サポ 1)：姿形が“目に見える”＝「陽」に対して…
2)：姿形が“具現化されていない”＝「陰」の状態 →「陰関数」

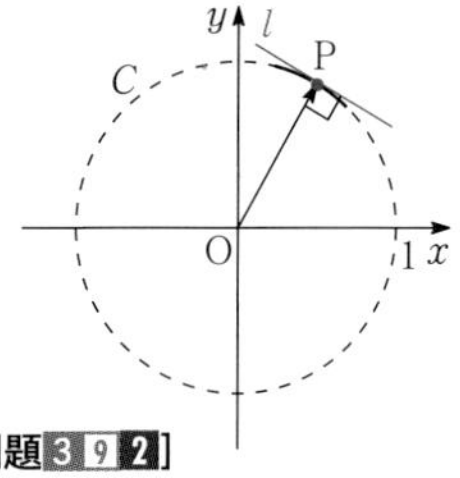

注 ③は，ベクトルの内積を用いると次のように解釈できます：

$$\begin{pmatrix}1\\y'\end{pmatrix}\cdot\begin{pmatrix}x\\y\end{pmatrix}=0.\quad \begin{pmatrix}1\\y'\end{pmatrix}\perp\begin{pmatrix}x\\y\end{pmatrix}.\ \text{i.e. 接線の方向ベクトル}\perp\overrightarrow{\mathrm{OP}}.$$

これは，円の接線に関する有名性質です（㋑で使いました）．

例題 3 6 b パラメタ表示・陰関数の微分法　根底 実戦　[→演習問題 3 9 2]

(1) $\begin{cases}x=\dfrac{1}{\cos t}\\ y=\tan t\end{cases}$ とパラメタ表示された曲線 C の，$t=\dfrac{\pi}{3}$ に対応する点における接線 l の傾きを求めよ．

(2) 双曲線 H: $x^2-y^2=1$ …① の，点 $\mathrm{P}(2, \sqrt{3})$ における接線 m の傾きを求めよ．

方針 (1)は「パラメタ表示された関数の微分法」．(2)は「陰関数の微分法」を使う練習です．

解答

(1) $$\frac{dx}{dt}=\frac{-1}{\cos^2 t}\cdot(-\sin t)=\frac{\sin t}{\cos^2 t},$$
$$\frac{dy}{dt}=\frac{1}{\cos^2 t}.$$
$$\therefore\ \frac{dy}{dx}=\frac{\frac{dy}{dt}}{\frac{dx}{dt}}=\frac{1}{\cos^2 t}\cdot\frac{\cos^2 t}{\sin t}=\frac{1}{\sin t}.$$

よって求める l の傾きは，
$$\frac{1}{\frac{\sqrt{3}}{2}}=\frac{2}{\sqrt{3}}.\ /\!/$$

(2) ①の両辺を x で微分すると 1)
$$2x-2y\cdot y'=0.\quad \therefore\ y'=\frac{x}{y}\ (y\neq0).$$
よって求める m の傾きは，$\dfrac{2}{\sqrt{3}}.\ /\!/$

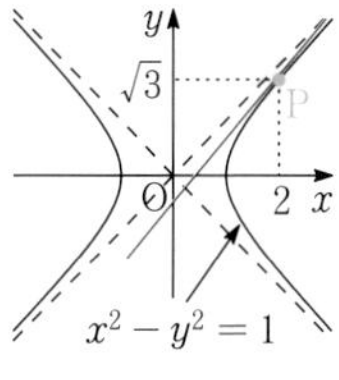

注 1)：曲線 H の P の近くだけに注目すれば，y は x の関数です．

参考 (1)の点 (x, y) は，$1+\tan^2 t=\dfrac{1}{\cos^2 t}$，i.e. $\left(\dfrac{1}{\cos t}\right)^2-(\tan t)^2=1$ より双曲線 H 上にあります．言い換えると，(1)は H のパラメタ表示です．
そして，$t=\dfrac{\pi}{3}$ のとき $(x, y)=(2, \sqrt{3})$ ですから，実は(1)の l は，(2)の m と全く同一な接線なのでした（笑）．

5 対数微分法

積や累乗のせいで微分するのが面倒な関数を，簡便に微分する方法です．次の有名な変形を使います：

積（or △乗）の形 $\xrightarrow[\text{対数をとる}]{}$ 和（or △倍）の形　［→演習問題 7 9 24(2)］

例題 3 6 C 対数微分法　根底 実戦　［→演習問題 3 9 6］

$f(x)=\dfrac{x^3\sqrt[3]{x-1}}{(x+1)^2}$ を微分せよ．

注 もちろん，「商の微分法」＋「積の微分法」でもできますが….

解答 $f(x)$ の定義域は $x \neq -1$.

$$\log\left|\boxed{f(x)}\right| = \log\left|\frac{x^3\sqrt[3]{x-1}}{(x+1)^2}\right| \quad (x \neq 0,\ 1,\ -1)$$ [1] [2]

$$= 3\log|x| + \frac{1}{3}\log|x-1| - 2\log|x+1|.$$

両辺を x で微分すると

$$\frac{1}{\boxed{f(x)}}\cdot f'(x) = 3\cdot\frac{1}{x} + \frac{1}{3}\cdot\frac{1}{x-1} - 2\cdot\frac{1}{x+1}.$$

□で微分　□を微分

右辺は，

$$\frac{9(x-1)(x+1)+x(x+1)-6x(x-1)}{3x(x-1)(x+1)}.$$

$$\therefore\ f'(x) = \frac{4x^2+7x-9}{3x(x-1)(x+1)}\cdot\frac{x^3\sqrt[3]{x-1}}{(x+1)^2}$$

$$= \frac{x^2(4x^2+7x-9)}{3(x-1)^{\frac{2}{3}}(x+1)^3}\ (x \neq 1,\ -1).$$ //

$f'_2(x)$ とおく　$x=0$ でも成立します [3]

語記サポ [1]：こうして両辺の（絶対値の）自然対数をとり，積や累乗による微分計算の負担を軽減する手法が，**対数微分法** です．世間では，a^x や x^α 程度［→例題 3 1 d (3)(4)］を微分する際にも「対数微分法」が使われたりしますが，ちょっと大袈裟（おおげさ）です（笑）.

[2]：「真数 > 0」より，$x=-1$ 以外に $x=0,\ 1$ も除外して微分することになります.

[3]：答えは $x=0$ も含めて成立します（分母 $\neq 0$ より $x=1$ は除外）．その理由を以下で：

発展 重要度↓ 上記 **解答** とは別の方法：「商の微分法」＋「積の微分法」により（苦労して）導関数を求めたとして，それを「$f'_1(x)$」と書き，一方答えの式で表される関数を，**定義域に $x=0$ も含めて**「$f'_2(x)$」とします．$x \neq \pm 1$ のもとで考え，両者が一致することを示します．

$x \neq 0$ では，$f'_1(x)$, $f'_2(x)$ とも正しく求まっているので両者は一致．…①

∴ $x \to 0$ のとき，$x \neq 0$ のもとで考えるので，①より $f'_1(x)$, $f'_2(x)$ の極限は一致．…②

$f'_1(x)$, $f'_2(x)$ は連続関数だから，$x \to 0$ のときそれぞれ $f'_1(0)$, $f'_2(0)$ に収束．…③

②③より $f'_1(0)=f'_2(0)$．これと①より，$f'_1(x)$, $f'_2(x)$ は $x=0$ も含めて一致．□

言い訳 要するに，いくつかの孤立した点を除いて微分したとしても，そんなことは気にしなくて大丈夫ということ．試験では，神経質にならなくてよいと思います．

6 高次導関数　次数が高い式とは違いますよ！

x の関数 $f(x)$ は，x で n 回繰り返し微分できるとき **n 回微分可能**と言われ，n 回微分したものを $f(x)$ の**第 n 次導関数**といいます．$n \geq 2$ のものを総称して，**高次導関数**といいます．

第 2 次導関数を表す記法は次の通りです：

$(y')' \xrightarrow[\text{簡易化}]{} y''$ or $f''(x)$　　もしくは $y^{(2)}$ or $f^{(2)}(x)$

$\dfrac{d}{dx}\left(\dfrac{d}{dx}y\right) \xrightarrow[\text{簡易化}]{} \dfrac{d^2}{dx^2}y$ or $\dfrac{d^2}{dx^2}f(x)$　　もしくは $\dfrac{d^2y}{dx^2}$.

他動詞 V　目的語 O
$\dfrac{d}{dx}\ y$
x で微分する　y を
［→ 3 1 2］

第 3 次以上の導関数もこれに準じます．ただし，「′」を並べる表現：「y'''」などは第3次か第4次くらいまでが限界のような気がします．一般に，関数 $y=f(x)$ の第 n 次導関数を，次のように表します：

第 n 次導関数の記法　どの変数で微分したかを明記する際には，赤字「x」で表したものを使用

y''' or $f'''(x)$　例：$n=3$　$y^{(n)}$ or $f^{(n)}(x)$　$\dfrac{d^n}{dx^n}y$ or $\dfrac{d^n}{dx^n}f(x)$　もしくは $\dfrac{d^ny}{dx^n}$.

例題 3 6 d 高次導関数 根底 実戦

(1)〜(6)の $f(x)$ に対して，指定された高次導関数を求めよ（n は自然数）.

(1) $f(x)=x^3+2x^2+3x+4$ のとき，$f'''(x)$　(2) $f(x)=x^n$ のとき，$f^{(n)}(x)$

(3) $f(x)=\log x$ のとき，$f^{(4)}(x)$　(4) $f(x)=\dfrac{e^x+e^{-x}}{2}$，$f^{(n)}(x)$

(5) $f(x)=\sin x$ のとき，$f^{(n)}(x)$　(6) $f(x)=e^x\sin x$, $f^{(n)}(x)$

方針 微分して，それをまた微分する作業を繰り返すだけです.

解答 (1) $f'(x)=3x^2+4x+3$.

$f''(x)=6x+4$.　$f'''(x)=6$. //

注 整式の場合，1 回微分するごとに次数が 1 ずつ下がります.

(2) **注** 「$f(x)=x^n$」,「$f^{(n)}(x)$」の 2 か所にある「n」は同一な自然数です．例えば「$f(x)=x^2$」なら 2 回微分します．■

$$f'(x)=nx^{n-1}.$$
$$f''(x)=n(n-1)x^{n-2}.$$
$$f^{(3)}(x)=n(n-1)(n-2)x^{n-3}.$$
$$\vdots$$
$$f^{(n)}(x)=n(n-1)(n-2)\cdots\cdot 2\cdot 1\cdot x^0=n!.$$ //

注 n 次の整式は，n 回微分すると定数．もう 1 回微分すると，「0」になって消滅.

(3) $f'(x)=\dfrac{1}{x}$.　$f''(x)=\dfrac{-1}{x^2}=-x^{-2}$.

$f'''(x)=\dfrac{2}{x^3}=2x^{-3}$.　$f^{(4)}(x)=\dfrac{-6}{x^4}$. //

注 答えの分子にある「6」は 3! ですね．この後同様に繰り返すと一般に，

$$f^{(n)}(x)=(-1)^{n-1}\cdot\frac{(n-1)!}{x^n}.$$

(4) $f^{(1)}(x)=\dfrac{e^x-e^{-x}}{2}$.

$$f^{(2)}(x)=\frac{e^x+e^{-x}}{2}\ (=f(x)).$$

以下同様に，符号が交互に変わるから

$$f^{(n)}(x)=\begin{cases}\dfrac{e^x-e^{-x}}{2}\ (n\text{: odd}),\\ \dfrac{e^x+e^{-x}}{2}\ (n\text{: even})\end{cases}$$ //

注 微分する度に両者が入れ替わります：

$$\frac{e^x+e^{-x}}{2}\ \overset{\text{微分する}}{\underset{\text{微分する}}{\rightleftarrows}}\ \frac{e^x-e^{-x}}{2}$$

(5) $f^{(1)}(x)=\cos x$.　$f^{(2)}(x)=-\sin x$.

$f^{(3)}(x)=-\cos x$.　$f^{(4)}(x)=\sin x\,(=f(x))$.

以下同様に繰り返す…．振り出しに戻った

注 これをもとに，n を 4 で割った余りで場合分けして答えても OK ですが…■

本解

$$f^{(1)}(x)=\cos x=\sin\left(x+\frac{\pi}{2}\right).$$

$$f^{(2)}(x)=\cos\left(x+\frac{\pi}{2}\right)=\sin\left(x+\frac{\pi}{2}+\frac{\pi}{2}\right).$$

以下同様にして，一般に

$$f^{(n)}(x)=\sin\left(x+\frac{\pi}{2}n\right).$$ //

(6) **方針** 前問をヒントとして…■

$$f^{(1)}(x)=e^x(\sin x+\cos x)=\sqrt{2}e^x\sin\left(x+\frac{\pi}{4}\right).$$

$$f^{(2)}(x)=\sqrt{2}\cdot\sqrt{2}e^x\sin\left(x+\frac{\pi}{4}+\frac{\pi}{4}\right).$$

以下同様にして，一般に

$$f^{(n)}(x)=\left(\sqrt{2}\right)^n e^x\sin\left(x+\frac{\pi}{4}n\right).$$ //

注 (4)(5)は，それぞれ 2, 4 が周期となっています．(6)も，$\left(\sqrt{2}\right)^n$ を除くと 8 が周期です.

補足 「⋮」とか「以下同様に」を厳密に記述するには，帰納的（“ドミノ式”）に表します．[→演習問題3 9 21]

7 速度・加速度

重要度↑ 微分法の意味を理解するために重要！たとえ入試で頻出でなくても．

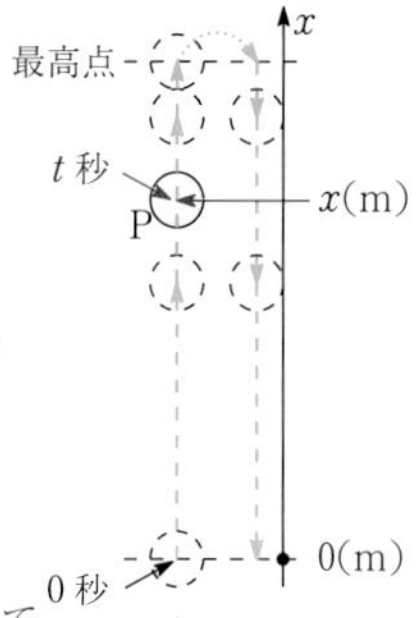

例 地面から鉛直上方（真上）に初速度 v_0(m/s) で物体 P を投げ上げると，P はやがて最高点に達してその後は落下していきます．投げ上げたときを時刻 0 秒として，時刻 t 秒における P の地面からの高さを x(m) とすると，x は t の関数であり，おおよそ次の関係が成り立つことが知られています：

$$x = v_0 t - \frac{1}{2}gt^2 \ (= f(t) \text{ とおく}). \cdots ①$$ （「g」は**重力加速度**で，$g \fallingdotseq 9.8$.）

言い訳 空気抵抗は無視できるものと仮定しています．■

$$v = \lim_{\Delta t \to 0} \frac{\Delta x}{\Delta t} = \frac{dx}{dt} = v_0 - gt = f'(t).$$ グラフは右下図

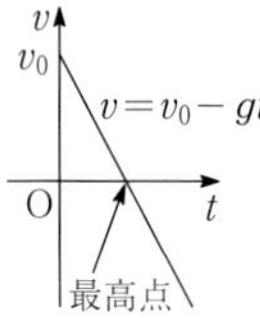

時刻 t における P の**瞬間速度** v は，高さ x の時刻 t に対する変化率の極限値を考えて例えば時刻 $t = 3$ における瞬間速度は，$f'(3) = v_0 - 3g$(m/s) です．

語記サポ 速度 ＝velocity．瞬間速度のことを，単に**速度**ともいいます．■

物体 P が最高点に達した後，右図からわかるように v は負（つまり下向きの運動）となりますが，運動の向きを考えず，v の絶対値をとった $|v|$ のことを**速さ**といいます．

速度 v は時刻 t の 1 次関数であり，t の変化にともなって変化します．この変化率の極限値：

$$\alpha := \lim_{\Delta t \to 0} \frac{\Delta v}{\Delta t} = \frac{dv}{dt} = -g \quad {}^{1)}$$

を，時刻 t における P の**加速度**といいます．加速度は高さ x を時刻 t で 2 回微分したものです：

$$\alpha := \frac{dv}{dt} = \frac{d}{dt}v = \frac{d}{dt}\left(\frac{dx}{dt}\right) = \frac{d^2x}{dt^2} = f''(t).$$ 加速度＝acceleration aに対応するギリシャ文字がα

α の絶対値 $|\alpha|$ を，**加速度の大きさ**といいます．

注 1)：その名の通り，「g」は**重力**がもたらす**加速度**の大きさですね．■

この **例** における「高さ」を一般化して「位置」＝「x 座標」に変えてまとめておきます：

> **速度・加速度**
>
> 数直線上の動点 P の時刻 t における位置を $x = f(t)$ とすると，時刻 t において
>
> **速度** $v = \dfrac{dx}{dt} = f'(t)$.　　**加速度** $\alpha = \dfrac{dv}{dt} = \dfrac{d^2x}{dt^2} = f''(t)$.
>
> **速さ** $= |v|$.　　**加速度の大きさ** $= |\alpha|$.

次に，xy 平面上の動点 P について考えます．

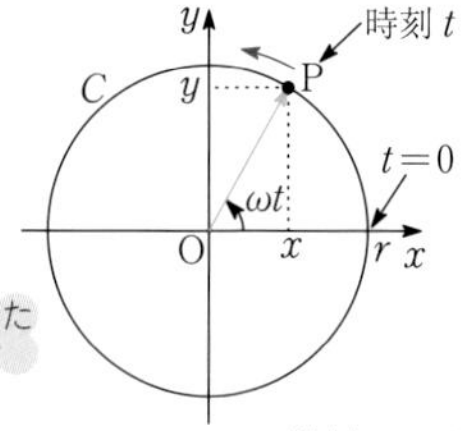

例 原点中心半径 r の円 C 上の動点 P が，時刻 $t = 0$ (秒) に点 $(r, 0)$ にあり，毎秒一定角 $\omega\ (>0)$ [rad] 2) だけ正の向きに回転運動するとき，時刻 t において，

$$\text{点 P の座標}：\begin{cases} x = r\cos\omega t \\ y = r\sin\omega t. \end{cases} \quad \text{i.e.} \quad \overrightarrow{\mathrm{OP}} = r\begin{pmatrix} \cos\omega t \\ \sin\omega t \end{pmatrix}.$$ Oを始点とした位置ベクトル

P の横座標 x，縦座標 y の速度，加速度を成分とするベクトル

$$\vec{v} = \begin{pmatrix} dx/dt \\ dy/dt \end{pmatrix}, \quad \vec{\alpha} = \begin{pmatrix} d^2x/dt^2 \\ d^2y/dt^2 \end{pmatrix}$$

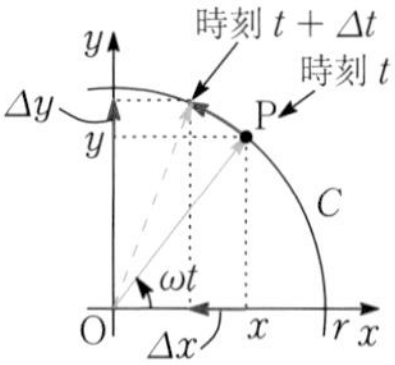

を，それぞれ時刻 t における P の**速度ベクトル** 3)，**加速度ベクトル**といいます．

語記サポ 2)：この ω のことを**角速度**といいます．

3)：単に「速度」，「加速度」と呼んでしまうこともあります．

$\vec{v}, \vec{\alpha}$ の大きさを，それぞれ**速さ**，**加速度の大きさ**といいます．この 例 では，

$$\vec{v}=\begin{pmatrix}-r\omega\sin\omega t\\ r\omega\cos\omega t\end{pmatrix}=\underbrace{r\omega}_{\text{正定数}}\underbrace{\begin{pmatrix}-\sin\omega t\\ \cos\omega t\end{pmatrix}}_{\text{単位ベクトル}}.\qquad \vec{\alpha}=\begin{pmatrix}-r\omega^2\cos\omega t\\ -r\omega^2\sin\omega t\end{pmatrix}=\underbrace{r\omega^2}_{\text{正定数}}\underbrace{\begin{pmatrix}-\cos\omega t\\ -\sin\omega t\end{pmatrix}}_{\text{単位ベクトル}}.$$

速さ：$|\vec{v}|=r\omega.$　　加速度の大きさ：$|\vec{\alpha}|=r\omega^2.$

この結果を検証してみましょう．

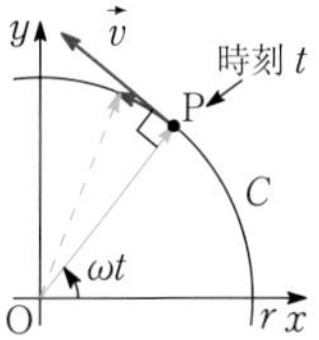

○ $\vec{v}=r\omega\begin{pmatrix}\cos\left(\omega t+\frac{\pi}{2}\right)\\ \sin\left(\omega t+\frac{\pi}{2}\right)\end{pmatrix}$ より，$\overrightarrow{\mathrm{OP}}=r\begin{pmatrix}\cos\omega t\\ \sin\omega t\end{pmatrix}$ から $\vec{v}$ への回転角は $+\frac{\pi}{2}$．（正定数）

よって速度ベクトル $\vec{v}$ は，位置ベクトル $\overrightarrow{\mathrm{OP}}$ と垂直，つまり P における C の接線と平行です．

このことは，別の視点からも説明が付きます．$\mathrm{P}(x, y)$ は t を用いてパラメタ表示されており，パラメタ表示された関数の微分法 [→3] より

$$\frac{dy}{dx}=\frac{\frac{dy}{dt}}{\frac{dx}{dt}}.$$

ここに，左辺は接線の傾き．右辺は速度ベクトルの成分比．

よって，**速度ベクトルは接線と平行**になります．これは，円以外の曲線でも成り立つ一般性質です．（時刻 t によるパラメタ表示が t で微分可能なら OK．）

注　図に赤太線で書き入れた「$\vec{v}$」は，その瞬間の速度ベクトルのままで仮に 1 秒間運動を続けたときに進む向きと距離を表しています．実際には，速度ベクトルは刻々と変化するので，P が円 C 上から逸(そ)れてしまうことはありません．■

P の速さ $|\vec{v}|$ は一定です．角速度が定数ω[rad] ですから，半径 r の円周上の動点 P の速さが定数$r\omega$ になるのは当然ですね．P のこのような運動を**等速円運動**といいます．

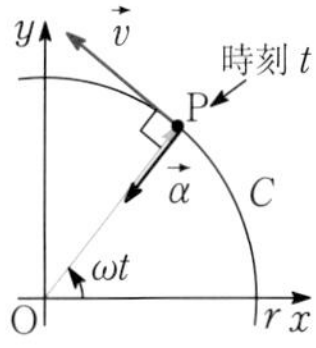

○ 次に，$\vec{\alpha}$ は $\overrightarrow{\mathrm{OP}}$ と反対向きです．つまり加速度ベクトルは，P から円の中心 O へ向いており，速度ベクトルと垂直です [4]．“小石” P を “紐(ひも)” OP でつないで O を中心にグルグル回すとき，P が円軌道から飛び出さないよう紐が引っ張る力は，P から中心に向かう力（向心力）となります．そのことが裏付けられた訳です．

注　[4]：これらは，等速運動ならではの性質です．[→例題38k]

例題 36e　速度・加速度ベクトル　根底 実戦　[→例題38h]

xy 平面上の動点 $\mathrm{P}(x, y)$ が，時刻 $t(>0)$ において $\begin{cases}x=\frac{1}{2}\left(t+\frac{1}{t}\right)\\ y=\frac{1}{2}\left(t-\frac{1}{t}\right).\end{cases}$ を満たすとき，時刻 t における速度ベクトル $\vec{v}$，速さ，加速度ベクトル $\vec{\alpha}$，加速度の大きさを求めよ．

解答　$\vec{v}=\begin{pmatrix}dx/dt\\ dy/dt\end{pmatrix}=\frac{1}{2}\begin{pmatrix}1-\frac{1}{t^2}\\ 1+\frac{1}{t^2}\end{pmatrix}.$ //

$$|\vec{v}|=\frac{1}{2}\sqrt{\left(1-\frac{1}{t^2}\right)^2+\left(1+\frac{1}{t^2}\right)^2}$$
$$=\frac{\sqrt{2}}{2}\sqrt{1+\frac{1}{t^4}}.\ //$$

$\vec{\alpha}=\begin{pmatrix}d^2x/dt^2\\ d^2y/dt^2\end{pmatrix}=\frac{1}{2}\begin{pmatrix}\frac{2}{t^3}\\ -\frac{2}{t^3}\end{pmatrix}=\frac{1}{t^3}\begin{pmatrix}1\\ -1\end{pmatrix}.$ //

$|\vec{\alpha}|=\frac{\sqrt{2}}{t^3}.$ //　（ベクトルの大きさとして計算）

参考　点 P は，右図の双曲線と直線の交点です．

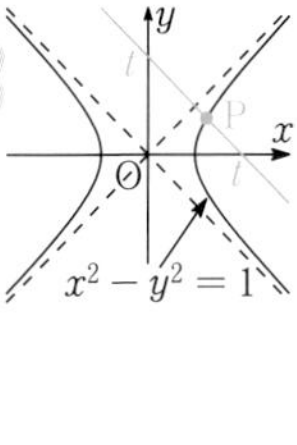

7 実戦的問題

1 微分係数の定義

例題 3 7 a 微分可能 根底 実戦

関数 $f(x)=x|x|$ について答えよ.

(1) $f(x)$ は微分可能であることを示せ.　(2) $f'(x)$ は連続関数か？　(3) $f(x)$ は2回微分可能か？

方針 ただひたすら,「連続」,「微分可能」の定義に忠実に.

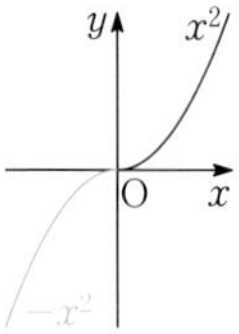

解答 $f(0)=0$.

$x>0$ の範囲では,

$f(x)=x^2,\ f'(x)=2x,\ f''(x)=2.$

$x<0$ の範囲では,

$f(x)=-x^2,\ f'(x)=-2x,\ f''(x)=-2.$

よって, $x\neq 0$ においては

$$\begin{cases} f(x)\text{ は微分可能, } f'(x)\text{ は連続,} \\ f(x)\text{ は 2 回微分可能.} \end{cases} \quad \cdots①$$

そこで, 以下においては $x=0$ において考える.

(1)
$$\lim_{h\to+0}\frac{f(0+h)-f(0)}{h}=\lim_{h\to+0}\frac{h^2-0}{h}\ (\because h>0)$$
右側極限
$$=\lim_{h\to+0}h=0.$$

$$\lim_{h\to-0}\frac{f(0+h)-f(0)}{h}=\lim_{h\to-0}\frac{-h^2-0}{h}\ (\because h<0)$$
左側極限
$$=\lim_{h\to-0}(-h)=0.$$

$$\therefore \lim_{h\to0}\frac{f(0+h)-f(0)}{h}=0\ (\text{収束}).$$

すなわち $f(x)$ は $x=0$ において微分可能. これと①より, $f(x)$ は実数全体において微分可能. □

(2) (1)より,

$$f'(x)=\begin{cases} 2x\ (x>0) \\ 0\ (x=0) \\ -2x\ (x<0). \end{cases} \quad \cdots②$$

よって　極限値　ちょうどそのときの値

$$\lim_{x\to+0}f'(x)=\lim_{x\to-0}f'(x)=f'(0)\,(=0).$$

すなわち $f'(x)$ は $x=0$ において連続である. これと①より, $f'(x)$ は実数全体において連続. //

(3) ②より

$$\lim_{h\to+0}\frac{f'(0+h)-f'(0)}{h}=\lim_{h\to+0}\frac{2h-0}{h}\ (\because h>0)$$
$$=\lim_{h\to+0}2=2.$$

$$\lim_{h\to-0}\frac{f'(0+h)-f'(0)}{h}=\lim_{h\to-0}\frac{-2h-0}{h}\ (\because h<0)$$
$$=\lim_{h\to-0}(-2)=-2.$$

よって,

$$\lim_{h\to+0}\frac{f'(0+h)-f'(0)}{h}\neq\lim_{h\to-0}\frac{f'(0+h)-f'(0)}{h}$$

だから, $\lim_{h\to0}\frac{f'(0+h)-f'(0)}{h}$ は収束しない.

よって $f(x)$ は $x=0$ において2回微分可能ではない. つまり[1] $f(x)$ は2回微分可能ではない. //

注 1):「微分可能である」・「連続関数である」とは, 実数全体においての「微分可能」・「連続」を指します.

例題 3 7 b 連続・微分可能 根底 実戦 入試

関数 $f(x)=\begin{cases} x^2\sin\dfrac{1}{x}\ (x\neq0) & \cdots① \\ 0\ (x=0) & \cdots② \end{cases}$ について答えよ.

(1) $f(x)$ は連続関数であることを示せ.　(2) $f(x)$ は微分可能であることを示せ.

(3) $f'(x)$ は連続関数であるか否かを調べよ.

着眼

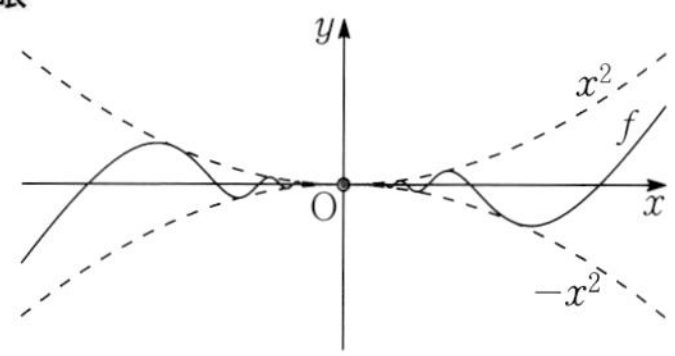

$x \to \pm 0$ のとき $\dfrac{1}{x} \to \pm\infty$ となるため，$\sin\dfrac{1}{x}$ は激しく振動し，f のグラフは上図のように挙動が不審です（笑）．このようなときは直観には頼れませんので，いつもよりさらに…

方針　「連続」「微分可能」の**定義**に忠実に．

解答　まず，$x \neq 0$ において考える．$f(x)$ は連続であり，

$$f'(x) = 2x\sin\frac{1}{x} + x^2\cdot\left(\cos\frac{1}{x}\right)\cdot\frac{-1}{x^2}$$
$$= 2x\sin\frac{1}{x} - \cos\frac{1}{x}. \quad \cdots ③$$

つまり $f(x)$ は微分可能で $f'(x)$ は連続関数．そこで，以下においては $x = 0$ において考える．

(1)　$f(x)$ が $x = 0$ で連続であること，すなわち

$$\lim_{x\to 0} f(x) = f(0) \quad \cdots ④$$

を示せばよい．

④の右辺は，②より 0.

④の左辺を，①により求める．

着眼　(0 に収束)×(−1〜1 で振動)．答えはたぶん「0」．

方針　赤下線部を不等式で表現．■

$x \to 0$ のとき，

$$0 \leq |f(x) - 0| = |x^2|\left|\sin\frac{1}{x}\right|$$
$$\leq x^2\cdot 1 \to 0.$$

よって“はさみうち”より

$|f(x) - 0| \to 0$, i.e. $f(x) \to 0$ (＝④の左辺)．

よって④が示せた．□

(2)　$f(x)$ が $x = 0$ において微分可能，つまり

$$\lim_{h\to 0}\frac{f(0+h) - f(0)}{h} \text{ が収束すること } \cdots ⑤$$

を示せばよい．$h \to 0$ のとき，

$$\frac{f(0+h) - f(0)}{h} = \frac{\overset{①より}{h^2\sin\frac{1}{h}} - \overset{②より}{0}}{h}$$
$$= h\sin\frac{1}{h}. \quad \cdots ⑥$$

着眼　(1)と同様，答えはたぶん「0」．■

$h \to 0$ のとき，

$$0 \leq \left|h\sin\frac{1}{h} - 0\right|$$
$$= |h|\left|\sin\frac{1}{h}\right|$$
$$\leq |h|\cdot 1 \to 0.$$

よって“はさみうち”より

$\left|h\sin\dfrac{1}{h} - 0\right| \to 0$, i.e. $h\sin\dfrac{1}{h} \to 0$ (収束)．

これと⑥より，⑤が示せた．□

(3)　(2)より，$f'(0) = 0$.

着眼　③の右辺が，$x \to 0$ のとき $f'(0) = 0$ に収束するか否かを考えます．第 1 項はそうなりますが，どうも第 2 項は違います．そこで，第 2 項を活かして 0 に収束しないことを示します．■

$\dfrac{1}{x} = n\pi$ ($n \in \mathbb{N}$) のときを考える．

$n \to \infty$ とすると，$x = \dfrac{1}{n\pi} \to 0$.

また，$x \neq 0$ ゆえ③より

$$f'\left(\frac{1}{n\pi}\right) = 2\cdot\frac{1}{n\pi}\sin n\pi - \cos n\pi$$
$$= 0 - (-1)^n.$$

これは発散する．

よって $\displaystyle\lim_{x\to 0} f'(x)$ は発散する[1] から，$f'(x)$ は $x = 0$ において連続ではない．//

解説　載っていない本を探すのが難しいくらい有名な関数です．

注　(2)を解答すれば，自ずと(1)も示されたことになりますね[→ 3 6 1]．ここは，練習と割り切ってお付き合いください（笑）．

注　1)：[→ 2 1 5 数列の極限と関数]

例題 3 7 C 微分係数の定義の利用 根底 実戦

[→演習問題 3 9 7]

(1) $\lim_{x\to a}\dfrac{\sin x-\sin a}{\log x-\log a}$ (a は正の定数) を求めよ.

(2) $f(x)$ は微分可能で $f'(x)$ は連続とする. $\lim_{x\to 0}\dfrac{f(a+x)-f(a-x)}{f(x)-f(0)}$ を $f'(a)$ と $f'(0)(\neq 0)$ で表せ.

着眼 全て, $\dfrac{0}{0}$ 型不定形です. このようなとき「微分係数の定義」が利用できる公算があるのでしたね[→3 1 2の最後]. (2)は「$f'(\bigcirc)$ で表せ」とあるのでそれが当然ですが, (1)においてもその手が使えないかと発想しましょう.

解答

(1) 与式 $=\lim_{x\to a}\dfrac{\dfrac{\sin x-\sin a}{x-a}}{\dfrac{\log x-\log a}{x-a}}$. (分子, 分母とも平均変化率の形)

$f(x)=\sin x$, $g(x)=\log x$ とおくと

$$与式=\frac{f'(a)}{g'(a)}=\frac{\cos a}{\frac{1}{a}}=a\cos a.〃$$

(2) **注** 分子は(1)「f(変数)$-f$(定数)」と違って「f(変数)$-f$(変数)」なので, このままでは微分係数の定義は適用できません. ■

$x\to 0$ のとき,

$$\frac{f(a+x)-f(a-x)}{f(x)-f(0)}$$

$$=\frac{f(a+x)-f(a)-f(a-x)+f(a)}{f(x)-f(0)} \quad {}^{1)}$$

$$=\frac{\dfrac{f(a+x)-f(a)}{x}+\dfrac{f(a\boxed{-x})-f(a)}{\boxed{-x}}}{\dfrac{f(x)-f(0)}{x-0}} \quad (\because\ x\neq 0)$$

$$\to\frac{f'(a)+f'(a)}{f'(0)} \quad (\because\ \boxed{-x}\to 0)$$

$$=\frac{2f'(a)}{f'(0)}.〃$$

解説 1): このように $f(a)$ を引いて, 足すという手法をマスターしましょう. これによって, ちゃんと「f(変数)$-f$(定数)」型ができましたね.

注 分子, 分母とも「Δy」の形をしているので,「平均値の定理」を使う手もあります.

別解 $f(x)$ は微分可能だから [2], 平均値の定理より, $x\neq 0$[3] として

$$\frac{f(a+x)-f(a-x)}{f(x)-f(0)}$$

$$=\frac{f'(c)\cdot\{(a+x)-(a-x)\}}{f'(d)\cdot(x-0)}=\frac{2f'(c)}{f'(d)}$$

(c は $a-x$, $a+x$ の間, d は 0 と x の間)

なる c, d が存在する. [4]

$x\to 0$ のとき,

$a\pm x\to a$ [5]. よって"はさみうち"より $c\to a$.

$x\to 0$. よって "はさみうち" より $d\to 0$.

したがって

$$\therefore\ 与式=\lim_{x\to 0}\frac{2f'(c)}{f'(d)}$$

$$=\frac{2f'(0)}{f'(0)}〃 \ (f'(x) は連続 {}^{6)})$$

注 4): 分子, 分母のそれぞれにおいて, 別個に平均値の定理を用いていますから,「c」「d」という異なる値を設定すべきです.

6): $f'(x)$ の連続性が仮定されていないと 別解 の方法は使えません.

補足 2): ここでは,「$f(x)$」が姿形の見えない抽象的な関数なので, いちおう平均値の定理が使える前提について言及しました.

3): $x\to 0$ とするので, $x\neq 0$ のもとで考えてOKです.

5): 厳密には, x の符号, つまり $a+x$ と $a-x$ の大小関係に応じて場合分けし, 右側極限と左側極限を考えるべきですが, この程度の記述でも許される気がします.

解説 (1)は, 微分係数の定義のスタイル❷を用いています. (2)は❶です.

例題 37d 抽象関数の微分可能性 根底 実戦 典型 入試 [→演習問題398]

実数全体で定義された関数 $f(x)$ があり，$x=0$ において微分可能で $f'(0)=1$ とする．また，$f(x)$ は任意の実数 x, y に対して $f(x+y)=e^y f(x)+e^x f(y)$ …① を満たすとする．

(1) $f(x)$ は任意の実数 x において微分可能であることを示し，$f'(x)$ を $f(x)$ で表せ．

(2) $f(x)=g(x)e^x$ とおく．$g(x)$ を利用して $f(x)$ を求めよ．

方針 既知なる仮定（$x=0$ で微分可能），未知なる結論（任意の x で微分可能）それぞれの定義を明示した上で考えます．

解答

(1) $f'(0)=\lim_{h\to 0}\dfrac{f(0+h)-f(0)}{h}=1.$ …② [1]

これをもとに，x を任意の実数 x として

$\lim_{h\to 0}\dfrac{f(x+h)-f(x)}{h}$ が収束すること …③

を示せばよい．

方針 [1]：$f(0)$ の値が欲しいですね．■

①において，$x=y=0$ とおくと

$f(0)=1\cdot f(0)+1\cdot f(0)$. ∴ $f(0)=0$. …④

よって②は

$$f'(0)=\lim_{h\to 0}\frac{f(h)}{h}=1. \quad \cdots ②'$$

①より（②′の形）

$$\frac{f(x+h)-f(x)}{h}=\frac{e^h f(x)+e^x \boxed{f(h)}-f(x)}{\boxed{h}} \ [2]$$

$$=e^x\cdot\frac{f(h)}{h}+f(x)\cdot\frac{e^h-1}{h} \ [3]$$

$$\xrightarrow[h\to 0]{} e^x\cdot 1+f(x)\cdot 1 \ (\because ②')$$

$$=e^x+f(x) \ (収束).$$

よって③が示せた．□

$f'(x)=e^x+f(x)$. // …⑤

解説 仮定②，結論③を**明示してから**証明に取り掛かることが大切です．

[2]：②′を視野に入れてこの式を見れば，自ずと方針は立ちます．

[3]：指数関数の極限公式は覚えていますね．[→262]

参考 ⑤のような未知関数 $f(x)$ とその導関数 $f'(x)$ の関係式のことを**微分方程式**といいます[→498]．これを，④と合わせて解いて $f(x)$ を求めようとするのが(2)です．

(2) $f(x)=g(x)e^x$ [4] を⑤に代入して

$$\{g(x)e^x\}'=e^x+g(x)e^x.$$

$$g'(x)e^x+g(x)e^x=e^x+g(x)e^x.$$

$$\therefore\ g'(x)=1.$$

よって

$$g(x)=\int 1\,dx=x+C. \quad (積分定数)$$

ここで④より $g(0)=\dfrac{f(0)}{e^0}=0$ だから，

$0=0+C$. ∴ $C=0$.

以上より

$g(x)=x$. ∴ $f(x)=g(x)e^x=xe^x$. //

参考 これが「$f(x)$」の正体でした．念のため確認してみると，たしかに④は成立．また，

$f'(x)=e^x+xe^x$

∴ $f'(x)=e^x+f(x)$.

よって⑤も成立していますね．

注 [4]：このように置換する方法論は，誘導 or 経験がないと無理ですのでご安心を．

2 増減・極値

例題 3 7 e 極値の有無 重要度↑ 根底 実戦

[→演習問題 3 9 10]

次の関数が極値をもつか否かを調べよ．

(1) $f(x)=5\sin x+3x\ (-\pi\leq x\leq\pi)$　　(2) $f(x)=x^2-x\log x\ (x>0)$

(3) $f(x)=\dfrac{x}{e^x+e^2}$　　(4) $f(x)=e^{-x}-\dfrac{1}{x}\ (x>0)$

方針 とにかく，導関数の**符号**が変化するか否かを調べます．

解答 (1) $f(x)$ は奇関数だから，まず $0\leq x\leq\pi$ について考える． 偶関数だと"つなぎ目"が極値になるので注意！

$f'(x)=5\cos x+3.$

$\cos\alpha=-\dfrac{3}{5}\ (0<\alpha<\pi)$ …①

なる α が 1 **つに定まり**，次表を得る：

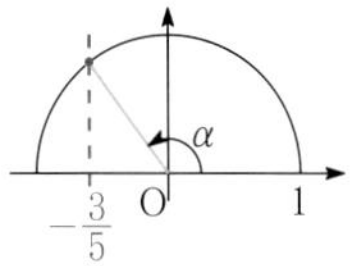

x	0	$\cdots$	α	$\cdots$	π
$f'(x)$		$+$	0	$-$	
$f(x)$		↗		↘	

よって $f(x)$ は極大値 $f(\alpha)$ をもつ．//

重要 ここで用いた次の手法はとくに数学Ⅲではよく使います．[→例題 3 4 j (2)]

具体的に表せないが**1つに定まる**数値に対して「α」などと"名前"を与え，それが満たしている条件(①)を用いてその後の処理を行う．

(2) $f'(x)=2x-\left(\log x+x\cdot\dfrac{1}{x}\right)=2x-1-\log x.$

「グラフより正」とかはダメ

着眼 $f'(x)$ の「符号」が不明なので，$f'(x)$ の「増減」を調べてみます．■

$f''(x)=2-\dfrac{1}{x}$

$=\dfrac{2x-1}{x}.$

x	(0)	$\cdots$	$\frac{1}{2}$	$\cdots$
$f''(x)$		$-$	0	$+$
$f'(x)$		↘	$\log 2$	↗

よって右表を得る．

$\therefore\ f'(x)\geq\log 2>0.$

よって $f(x)$ は単調増加し，極値をもたない．//

解説 このように，$f'(x)$ の「符号」が不明なとき，$f'(x)$ の「増減」を調べるためさらに微分して $f''(x)$ の「符号」を利用する手があります．■

(3) **方針** 商の微分法の後，導関数の符号のみを考えましょう．■

$f'(x)=\dfrac{\boxed{e^x+e^2-xe^x}}{(e^x+e^2)^2}.$ 　符号決定部　分母は正

これは $g(x):=$ 分子 $=e^2+(1-x)e^x$ と同符号[1]．そこで，$g(x)$ の符号を調べる．

$g'(x)=e^x(1-x-1)$

$=\underbrace{e^x}_{正}\cdot(\underbrace{\boxed{-x}}_{符号決定部}).$

よって次表と右図を得る．

x	$-\infty$	$\cdots$	0	$\cdots$	∞
$g'(x)$		$+$	0	$-$	
$g(x)$	(e^2)	↗	e^2+1	↘	$-\infty$

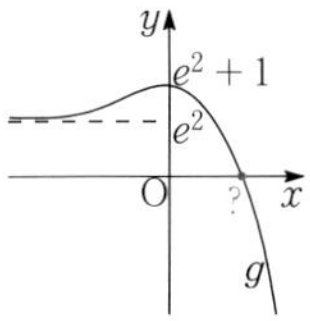

よって，$g(x)$ は $x>0$ の範囲で符号を変えるから，$f(x)$ は極値をもつ．//

重要 $g(x)$ の符号の"変わり目"の x は，1 次関数と指数関数が混在しているため求まらないのが普通ですが，

$g(2)=e^2-1\cdot e^2=0$

より，「$x=2$」と求まりました．

x	$\cdots$	2	$\cdots$
$f'(x)$	$+$	0	$-$
$f(x)$	↗	$\frac{1}{e^2}$	↘

異種関数混在型方程式の解が"運よく見つかる"こともあるんです．覚えておいてください．

解説 $f'(x)$ の「符号」が不明なとき，いつでも(2)のように $f''(x)$ を利用するとは限りません．商の微分法の分母：「$(\quad)^2$」は必ず正ですから，$f'(x)$ の「符号決定部」である分子だけを抽出[2]し，その「増減」を調べるために微分するのが良い手です．

注意！ [1)2)]：ただし，曲線の**凹凸**を調べる際には，ちゃんと「$f'(x)$全体」の増減を考えなければなりませんよ．

(4) **着眼** 減少関数どうしの差ですので，このままでは増減は不明です．■

$$f'(x)=\underbrace{-e^{-x}}_{-1/e^x}+\frac{1}{x^2}=\frac{\boxed{e^x-x^2}}{e^x x^2}.$$ 符号決定部 分母は正

これは $g(x):=e^x-x^2$ と同符号[3]．そこで，$g(x)$ の符号を調べる．

$g'(x)=e^x-2x$,
$g''(x)=e^x-2$
より右表を得るから，

x	(0)…	$\log 2$	…
$g''(x)$	$-$	0	$+$
$g'(x)$	↘		↗

$g'(x)\geq g'(\log 2)$
$=2-2\log 2=2(\log e-\log 2)>0.$

よって $g(x)$ は増加するから

$g(x)>\overset{4)}{g}(0)=1>0.$ i.e. $f'(x)>0.$

以上より，$f(x)$ $(x>0)$ は単調増加であり，極値をもたない．//

解説 3)：$f'(x)$ の「符号」が不明なとき，商の微分法以外においても $f'(x)$ の「符号決定部」だけを抽出してその「増減」を調べるために微分するのが良い手です．■

補足 4)：本来「$\lim_{x\to+0} g(x)$」とすべき所ですが，$g(x)$ は（$x=0$ も含めて）連続な関数ですから，「$g(0)$」で代用しました．

3 方程式・不等式

例題 3 7 f 方程式の解の個数 根底 実戦 典型 [→演習問題 3 9 13]

方程式 $x\cos x=k\sin x$ $(0\leq x<2\pi)$ …① の解の個数 N を，実数 k の値に応じて答えよ．

着眼 1 次関数 x と三角関数が混在するので，差をとって「積 $=0$」の形へ変形するのは無理そう．そこで関数のグラフを利用しますが，このまま $y=$ 左辺, $y=$ 右辺 のグラフを用いると，後者が k の値に応じて「動く曲線」となり，議論が不明瞭となりますので…

方針 いわゆる**定数分離**の手法を用います．

解答 $0\leq x<2\pi$ のもとで考える．

$\sin x=0$ となる x の値：$0, \pi$ のうち，
0 は①の解．π は①の解ではない． …②

以下，$x\fallingdotseq 0, \pi$ として考えると，①は次のように変形できる：

$$f(x):=x\cdot\frac{\cos x}{\sin x}=k.\ \cdots①'$$

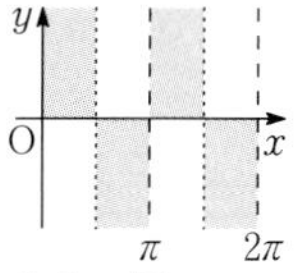

下書き $f(x)$ は積や商の形ですから符号がわかりやすく，グラフの存在範囲がわかります．■

$$f'(x)=\frac{\cos x}{\sin x}+x\cdot\frac{-\sin x\sin x-\cos x\cos x}{\sin^2 x}$$
$$=\frac{\cos x\sin x-x}{\sin^2 x}$$ 分母は正

は分子：$\frac{1}{2}\left(\sin\boxed{2x}-\boxed{2x}\right)$ と同符号．

$\boxed{2x}<\pi$, i.e. $(0<)x<\frac{\pi}{2}$ のとき，右図で面積を比較して[1]

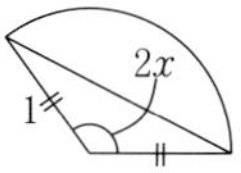

$$\frac{1}{2}\cdot 1^2\sin 2x<\frac{1}{2}\cdot 1^2\cdot 2x.$$

$\therefore \sin 2x<2x$ より分子 <0.

$\pi\leq 2x$, i.e. $\frac{\pi}{2}\leq x(<2\pi)$ のとき，

$\sin 2x\leq 1<\pi\leq 2x$ より 分子 <0.

よって，$f'(x)<0$. $f(x)$ は連続な区間では減少

また，$x\to+0$ のとき，

$$f(x)=\frac{x}{\sin x}\cdot\cos x\to 1\cdot 1=1.$$

よって $f(x)$ の増減は次表の通り．

x	(0)…	π	…(2π)
$f'(x)$	$-$	╳	$-$
$f(x)$	(1)↘$-\infty$		$+\infty$↘$-\infty$

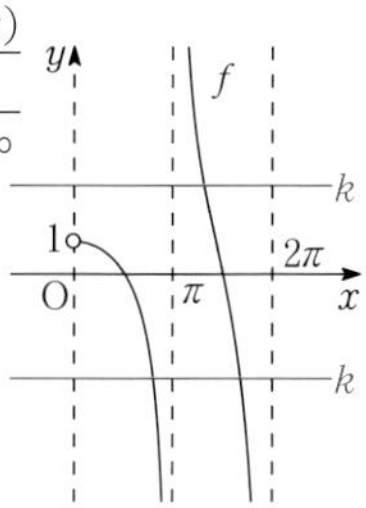

これと②より，求める N は次表の通り：

k	…	1	…
N	3	2	

.//

注 1)：この証明で微分法を用いない理由を，次ページで一般化して説明します．

不等式 $\sin\theta < \theta \left(0 < \theta < \dfrac{\pi}{2}\right)$ …① について

[→2 5 2]

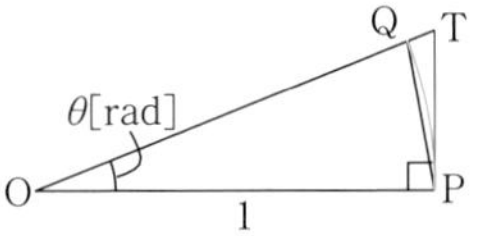

微分法の公式：$(\sin\theta)' = \cos\theta$ …② は，次の流れで導かれました：

右図で面積を比較して $\underbrace{\sin\theta < \theta}_{①} < \tan\theta \to \displaystyle\lim_{\theta\to 0}\frac{\sin\theta}{\theta} = 1 \to ②$

よって，本来① → ②の順に導かれるので，**解答**中で② → ①と示すのは的外れなのです（**循環論法**と呼ばれます）．もっとも，試験でそのように示してもマルがもらえる気がしますが（笑）．

例題 3 7 g 共通接線の存在 根底 実戦

[→演習問題 3 9 19]

2 曲線 C_1: $y = f(x) = \log x$, C_2: $y = g(x) = a\sqrt{x}$ のいずれにも接する接線が存在するような実数 a の値の範囲を求めよ．

着眼 いわゆる「共通接線」の存在がテーマです．

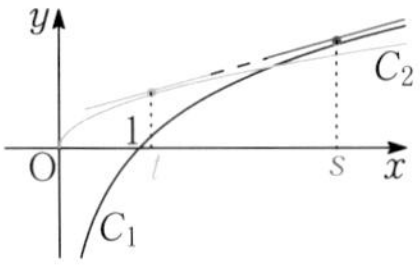

方針 「接する」の表し方は，$f(x)$, $g(x)$ とも「整式」の関数ではないので「微分法」の一択です．

解答 $f'(x) = \dfrac{1}{x}$, $g'(x) = \dfrac{a}{2\sqrt{x}}$.

よって，C_1 の $x=s$ $(s>0)$ における接線 l は

$$l: y - \log s = \frac{1}{s}(x - s).$$

i.e. $y = \dfrac{1}{s}x + \log s - 1$.

C_2 の $x = t$ $(t > 0)$ における接線 m は

$$m: y - a\sqrt{t} = \frac{a}{2\sqrt{t}}(x - t).$$

i.e. $y = \dfrac{a}{2\sqrt{t}}x + \dfrac{a\sqrt{t}}{2}$.

l と m が一致したとき，それが共通接線となる．両者が一致するための条件は

$$\begin{cases} \dfrac{1}{s} = \dfrac{a}{2\sqrt{t}} & \cdots① \\ \log s - 1 = \dfrac{a\sqrt{t}}{2}. & \cdots② \end{cases}$$

①と $s, t > 0$ より $a > 0$ が必要であり，

$\sqrt{t} = \dfrac{as}{2}$ …①′．これを②へ代入して

$$\log s - 1 = \frac{a}{2}\cdot\frac{as}{2}.$$

i.e. $h(s) := \dfrac{\log s - 1}{s} = \dfrac{a^2}{4}$ $(s>0)$. …③

$a > 0$ より，これを満たす s に対して，①′ なる $t(>0)$ が存在する．よって求める条件は，

③を満たす s (> 0) が存在すること． …(*)

$$h'(s) = \frac{\frac{1}{s}\cdot s - (\log s - 1)}{s^2} = \frac{2 - \log s}{s^2}.$$

よって次表を得る：

s	(0)	$\cdots$	e^2	$\cdots$	∞
$h'(s)$		$+$	0	$-$	
$h(s)$	$-\infty$	$\nearrow$	$\dfrac{1}{e^2}$	$\searrow$	(0)

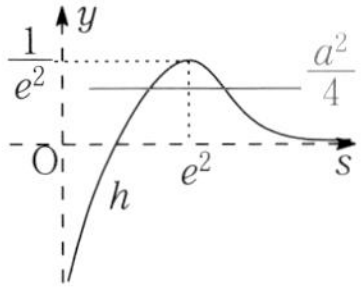

よって，(*) は，

$$0 < a,\ \frac{a^2}{4} \le \frac{1}{e^2}.\quad 0 < a \le \frac{2}{e}.\ /\!/$$

参考 共通接線の本数は，$0 < a < \dfrac{2}{e}$ のとき 2 本．$a = \dfrac{2}{e}$ のとき 1 本です．

解説 結局は，方程式③の実数解の有無を論じる問題となりましたね．

例題 3 7 h 解の極限 根底 実戦 入試

[→演習問題 3 9 16]

n は 5 以上の整数とする．方程式 $x^2 + 2 - n\sin x = 0$ $\left(0 \le x \le \dfrac{\pi}{2}\right)$ …① について答えよ．

(1) ①はただ 1 つの解をもつことを示せ．

(2) (1)の解を x_n とするとき，極限 $\displaystyle\lim_{n\to\infty} x_n$ を求めよ．

(3) (2)において，極限 $\displaystyle\lim_{n\to\infty} nx_n$ を求めよ．

着眼 ①は，左辺に2次関数と三角関数が混在するため解を「$x=\cdots$」と求めることはできそうにありませんが，(1)を通して「**1つに定まる**」ことを示し，(2)以降ではそれに「x_n」という名前を付けて議論していこうという寸法です．[→**例題344j**(2)]

解答 (1) **方針** 左辺を積の形に変形するのは無理そうですから，関数のグラフを利用します．文字定数 n を分離すると，分数形が現れかえってメンドウそう…■

①の左辺を $f(x)$ とし，$0\leq x\leq\dfrac{\pi}{2}$ のもとで考える．

$$f(0)=2>0.\ \cdots②$$

$$\begin{aligned}f\left(\frac{\pi}{2}\right)&=\frac{\pi^2}{4}+2-n\\&\leq\frac{\pi^2}{4}+2-5\ (\because\ n\geq 5)\\&=\frac{\pi^2-12}{4}\\&<\frac{3.2^2-12}{4}=\frac{10.24-12}{4}<0.\ \cdots③\end{aligned}$$

着眼 もし $f(x)$ が単調減少なら証明完了…■

次に $f(x)$ の増減を調べる．

$$f'(x)=2x-n\cos x,$$
$$f''(x)=2+n\sin x>0.$$

よって $f'(x)$ は増加し，

$$f'(0)=-n<0,$$
$$f'\left(\frac{\pi}{2}\right)=\pi>0.$$

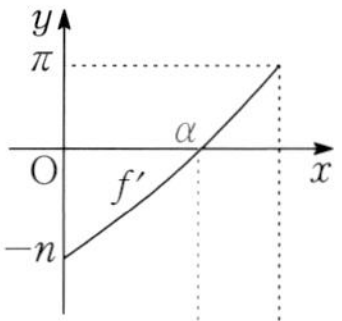

よって，

$$f'(\alpha)=0\ \left(0<\alpha<\frac{\pi}{2}\right)$$

なる α が1つに定まり，$f'(x)$ は右図上のように符号を変える．これと②③より右図のようになり，題意は示せた．□

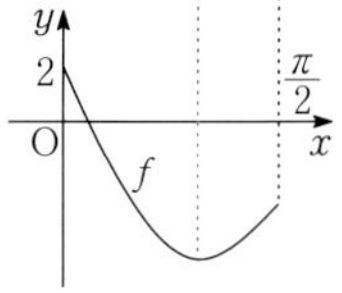

注 $f(x)$ は単調減少ではありませんでした．

(2) **着眼** x_n は，2曲線 $y=x^2+2$, $y=n\sin x$ の交点の x 座標です．n が大きいと，後者の原点からの増加（図の赤矢印）が急で，すぐに前者と交わります．答えは「0」でしょ！■

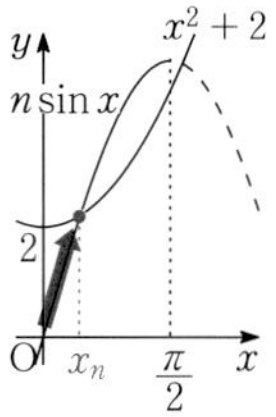

(1)より，x_n は次を満たす実数として1**つに定まる：**

$$x_n{}^2+2-n\sin x_n=0\ \cdots④$$
$$0<x_n<\frac{\pi}{2}.\ \cdots⑤$$

着眼 ④の各所の極限は，⑤をもとに考えると次のような様子：

$$\underbrace{x_n{}^2+2}_{\text{有限な値}}-\underbrace{n}_{\infty}\cdot\underbrace{\sin x_n}_{??}=0$$

仮に $\sin x_n\to\dfrac{1}{2}$ とかだと，左辺全体は発散しちゃいますね．どうやら $\sin x_n\to 0$ っぽいです．これを示しましょう．■

$$④より,\ \sin x_n=\frac{x_n{}^2+2}{n}.$$

$$\begin{aligned}\therefore\ 0\leq|\sin x_n-0|&=\frac{|x_n{}^2+2|}{n}\\&<\frac{\frac{\pi^2}{4}+2}{n}\ (\because\ ⑤)\\&\xrightarrow[n\to\infty]{}0.\end{aligned}$$

よって"はさみうち"より，$n\to\infty$ のとき

$|\sin x_n-0|\to 0$. i.e. $\sin x_n\to 0$.

これと⑤より[1)]，$\displaystyle\lim_{n\to\infty}x_n\overset{2)}{=}0.$ //

注 1)：これがないと，$x_n\to\pi$ とかも考えられますね．

2)：$x_n>0$ であっても，$\displaystyle\lim_{n\to\infty}x_n=0$ となる可能性はあります． 極限として同様に振舞う

(3) **着眼** ④において，$x_n\to 0$ より $\sin x_n\sim x_n$ です．ほら，「nx_n」が丸見えですね（笑）．■

④より

$$x_n{}^2+2-nx_n\cdot\frac{\sin x_n}{x_n}=0.$$

⑤より $\sin x_n\neq 0$ だから，

$$\begin{aligned}nx_n&=(x_n{}^2+2)\cdot\frac{x_n}{\sin x_n}\\&\xrightarrow[n\to\infty]{}2\cdot 1=2\ (\because\ x_n\to 0).\ //\end{aligned}$$

解説 解「x_n」は具体的に n の式では表せませんので，代わりに④⑤のように「x_n」が満たすべき**条件を明示しておく**ことが肝要です．

例題 37 i 不等式の証明 根底 実戦 [→演習問題 3 9 11]

次の各不等式を証明せよ．

(1) $x\cos x + \pi \geq \sin x \ (0 \leq x \leq 2\pi)$　　(2) $(x-1)e^{-x} > -x^2 + 4x - 4 \ (x \geq -1)$

(3) $x > \log(1+x^2) \ (x > 0)$　　(4) $\left(1+\dfrac{1}{x}\right)^x < e \ (x > 0)$

注 必ず，まずは「積（or 商）vs 0」の形に式変形して片付かないかを考えること．結果としては，(1)～(4)のどれも無理ですが．

解答 (1) $f(x) = x\cos x + \pi - \sin x$ とおくと

$$f'(x) = \cos x - x\sin x - \cos x$$
$$= \underset{\text{正}}{x}\cdot(\underset{\text{符号決定部}}{\boxed{-\sin x}}).^{1)}$$

よって右表を得る．したがって，

x	$0 \cdots \pi \cdots 2\pi$
$f'(x)$	$- \ 0 \ +$
$f(x)$	↘ ↗

$$f(x) \geq f(\pi) = \pi\cdot(-1) + \pi - 0 = 0.$$

よって与式が示せた．□

注 1)：この「−」を前に出して $-x\sin x$ とするのは最悪です．符号を決定する「−」と「$\sin x$」が分断されてしまっていますから．

(2) $f(x) = (x-1)e^{-x} + x^2 - 4x + 4$ とおくと

$$f'(x) = e^{-x}(-x+1+1) + 2x - 4$$
$$= (x-2)(2-e^{-x}). \cdots ①$$ 積の形

$f'(x) = 0$ の解は $x = 2, -\log 2 (> -1)$ であり，次表を得る：

x	-1	$\cdots$	$-\log 2$	$\cdots$	2	$\cdots$
$f'(x)$		$+$	0	$-$	0	$+$ [2]
$f(x)$		↗		↘		↗

ここで，

$$f(-1) = -2e + 9 > -2\cdot 3 + 9 > 0.$$
$$f(2) = \frac{1}{e^2} > 0.$$

よって，$x \geq -1$ において $f(x) > 0$．すなわち与式が示せた．□

注 2)：x が凄く大きいとき，①の 2 つの括弧はともに正ですね．あとは，x が 2 や $-\log 2$ を"またぐ"際に符号変化があるか否かを考えれば OK です．

(3) $f(x) = x - \log(1+x^2)$ とおくと

$$f'(x) = 1 - \frac{2x}{1+x^2}$$ 商，積の形にする
$$= \frac{1+x^2-2x}{1+x^2} = \frac{(x-1)^2}{1+x^2} \geq 0.$$

よって $f(x)$ は増加するから，$x > 0$ のとき

$$f(x) > f(0) = 0.^{3)}$$

よって与式が示せた．□

補足 3)：「$x > 0$」で考えているので，本来は $\displaystyle\lim_{x\to+0} f(x)$ を考えるべきですが，$f(x)$ は実数全体で連続な関数ですから，その「極限値」を「ちょうどそのときの値」で代用できるのです．

また，

$$x \geq 0 \Longrightarrow f(x) \geq f(0)$$

ならわかるけど，

$$x > 0 \Longrightarrow f(x) > f(0) \ \cdots ②$$

だとモヤモヤするという人のために説明しておきます．

$0 < x \leq 1$ のとき，平均値の定理より，

$$\frac{f(x)-f(0)}{x-0} = f'(c) \ (0 < c < x \leq 1)$$

なる c が存在し，$0 < c < 1$ より $f'(c) > 0$ なので，$f(x) > f(0)$ となります．

また，$1 < x$ のときは $f(x) \geq f(1) > f(0)$．

以上により，②が示されました．

普段はこんなに細かく考えなくても大丈夫ですよ～(笑)．

(4) 与式を同値変形すると

$$f(x):=\log\left(1+\frac{1}{x}\right)^x<\log e(=1).\ \cdots③$$

これを示す.

$$f(x)=x\log\frac{x+1}{x}=x\{\log(x+1)-\log x\}.$$

$$f'(x)=\{\log(x+1)-\log x\}+x\left(\frac{1}{x+1}-\frac{1}{x}\right)$$

$$=\log(x+1)-\log x+1-\frac{1}{x+1}-1$$

分子の低次化

$$=\log(x+1)-\log x-\frac{1}{x+1}.$$

$$f''(x)=\frac{1}{x+1}-\frac{1}{x}+\frac{1}{(x+1)^2}$$

$$=\frac{x(x+1)-(x+1)^2+x}{x(x+1)^2}$$

$$=\frac{-1}{x(x+1)^2}<0.$$

よって $f'(x)$ は減少する.

また, $x\to\infty$ のとき,

$$f'(x)=\log\left(1+\frac{1}{x}\right)-\frac{1}{x+1}\to 0.$$

よって $f'(x)>0$ だから, $f(x)$ は増加する.

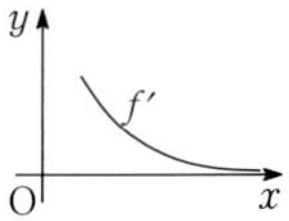

また, $x\to\infty$ のとき

$$f(x)=\log\left(1+\frac{1}{x}\right)^x$$

$$\to\log e=1.$$

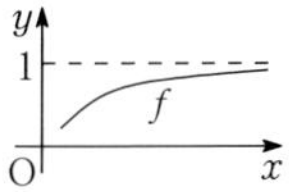

以上より, ③つまり与式が示せた. □

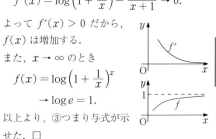

注 ③のように, 証明しやすい形に同値変形しておくことが重要です.

例題 3 7 j 極値をもつ条件 根底 実戦 典型 入試

[→演習問題 3 9 17]

関数 $f(x)=ke^{-x}-\dfrac{1}{x^2}$ $(x>0)$ が極値をもつような実数 k の値の範囲を求めよ.

解答 $x>0$ のもとで考える.

$$f'(x)=-ke^{-x}+\frac{2}{x^3}\ ^{1)}$$

$$=\underbrace{e^{-x}}_{\text{正}}\left(\underbrace{2\cdot\frac{e^x}{x^3}}_{g(x)\text{とおく}}-k\right)$$

$f(x)$ が極値をもつための条件は, $x>0$ において

$f'(x)$ が符号を変えること.

i.e. $g(x)$ と k の大小が入れ替わること. …(*)

$$g'(x)=2\cdot\frac{e^x\cdot x^3-e^x\cdot 3x^2}{x^6}=\underbrace{\frac{2e^x}{x^4}}_{\text{正}}\cdot\underbrace{(\boxed{x-3})}_{\text{符号決定部}}$$

より次の表とグラフを得る.

x	(0)	$\cdots$	3	$\cdots$
$g'(x)$		$-$	0	$+$
$g(x)$	∞	↘	$\frac{2e^3}{27}$	↗

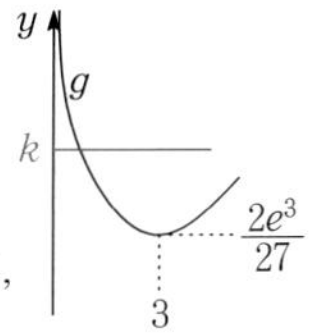

以上より, 求める条件 (*) は,

$$k>\frac{2e^3}{27}.\ /\!/$$

解説 [1] : 2 曲線 $y=ke^{-x}$, $y=\dfrac{2}{x^3}$ の位置関係を考えると, 前者が「k に応じて動く曲線」なので不明瞭です.

また, 第 2 次導関数 $f''(x)$ を求めても, $f'(x)$ よりさらに符号がわかりづらくなるだけです.

そこで, 微分した後文字定数 k を分離する方法を用いました. 本問の $f(x)$ は例題 3 7 e (4)とよく似た関数ですが, 見た目そっくりでも状況次第で用いる手法はガラっと変わっています.

言い訳 本問の表向きのテーマは「極値」ですが, 行った作業を振り返ってみると,「方程式・不等式」とほぼ同内容でした.

参考 $e^3=20.08\cdots(\fallingdotseq 20)$, $\dfrac{2e^3}{27}=1.48\cdots$ です.

例題 37 k 絶対不等式　根底 実戦　典型 入試

不等式 $e^x \geq 1 + x + ax^2$ …① が，任意の $x(\geq 0)$ で成り立つような実数定数 a の値の範囲を求めよ．

着眼　前々問と同様に文字定数を分離する方法もありますが…，2 次関数はそのまま 2 回微分すれば定数になりますので，単純に差をとって微分しましょう．

解答　$x \geq 0$ のもとで考える．①を変形すると，

$f(x) := e^x - (1 + x + ax^2) \geq 0.$

$f(0) = 1 - 1 = 0.$

$f'(x) = e^x - (1 + 2ax).\quad f'(0) = 0.$

$f''(x) = e^x - 2a.$

注　以下，右側の図を参照しながら…■

i) $2a \leq 1$, i.e. $a \leq \dfrac{1}{2}$ のとき，

$f''(x) \geq 0$[1] より，$f'(x)$: ↗.

$\therefore f'(x) \geq f'(0) = 0$ より，$f(x)$: ↗.

$\therefore f(x) \geq f(0) = 0$ ゆえ，題意は成り立つ．

ii) $2a > 1$, i.e. $a > \dfrac{1}{2}$ のとき，$0 < x < \log 2a$ においては，

$f''(x) < 0$ より，$f'(x)$: ↘.

$\therefore f'(x) < f'(0) = 0$ より，$f(x)$: ↘.

$\therefore f(x) < f(0) = 0$ ゆえ，題意は不成立．

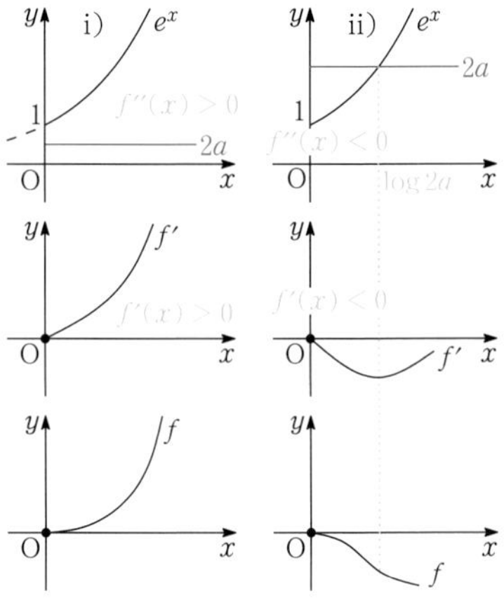

以上より，求める a の条件は

$a \leq \dfrac{1}{2}$.//

言い訳　[1]：ホントは，区間の“端”での微分係数 $f''(0)$ は $f'(x)$ $(x \geq 0)$ の増減には関与しないので，「$f''(x) > 0$ $(x > 0)$」とするのが正しいのですが…，「$x \geq 0$」をワザワザ「$x > 0$」と書き直すのもメンドウなので…

4 不等式と極限

例題 37 l 不等式・異種関数の極限公式　根底 実戦　入試

(1)　不等式 $\log x < \sqrt{x}$ $(x > 0)$ …① を示し，極限 $\displaystyle\lim_{x\to\infty} = \frac{\log x}{x}$ を求めよ．

(2)　不等式 $\log x > -\dfrac{1}{\sqrt{x}}$ $(x > 0)$ …② を示し，極限 $\displaystyle\lim_{x\to+0} = x\log x$ を求めよ．

注　異種関数の発散・収束の速さをめぐる次の極限公式を，本書では既に 264 で証明しました（そこでは，一部フライングで微分法を使いました）．以下において，p は正の実数です．

❶：$\displaystyle\lim_{x\to\infty} \frac{x^p}{e^x} = 0.$ $\frac{\infty}{\infty}$ 型（x^p：遅い，e^x：速い）

❷：$\displaystyle\lim_{x\to\infty} \frac{\log x}{x^p} = 0.$ $\frac{\infty}{\infty}$ 型（$\log x$：遅い，x^p：速い）

❸：$\displaystyle\lim_{x\to+0} x\cdot\log x = 0.$ $0\times(-\infty)$ 型（x：収束（速い），$\log x$：発散（遅い））

本問は，❷❸と（ほぼ）同じものを，少しだけ違ったルートを辿(たど)って証明しようという問題です．(1)(2)とも，答えは「0」だと知っていなくてはなりませんよ．

解答 (1) **着眼** なるほど確かに①は成り立ちそうな気がします．

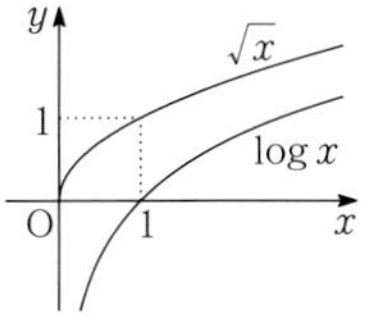

方針 でも，「証明」は例によって差をとって微分して行います．■

$f(x)=\sqrt{x}-\log x$ とおくと

$$f'(x)=\frac{1}{2\sqrt{x}}-\frac{1}{x}=\frac{\boxed{\sqrt{x}-2}}{2x}$$

符号決定部
分母は正

よって右表を得る．したがって

x	(0)	$\cdots$	4	$\cdots$
$f'(x)$		$-$	0	$+$
$f(x)$		↘		↗

$$f(x)\geq f(4)$$
$$=\sqrt{4}-\log 4$$
$$=2(\log e-\log 2)>0.$$

よって①が示せた．□

方針 これで，"はさみうち"の半分が出来上がりました：

$$\triangle \leq \frac{\log x}{x}<\frac{\sqrt{x}}{x}\xrightarrow[x\to\infty]{}0$$

あとは △ の中に「→ 0」となる"何か"を当てはめます．$\log x$ のグラフを見ればわかりますね．■

$x\to\infty$ とするので $x>1$ としてよく，このとき

$$0<\log x<\sqrt{x}\ (\because\ ①).$$
$$0<\frac{\log x}{x}<\frac{\sqrt{x}}{x}\ (\because\ x>0).$$

$x\to\infty$ のとき，

$$\text{最右辺}=\frac{1}{\sqrt{x}}\to 0.$$

よって"はさみうち"より，与式 $=0$．//

解説 △ に入る"何か"とは，「定数 0」でした（笑）．

(2) **着眼** なるほど確かに②は成り立ちそうな気がします．■

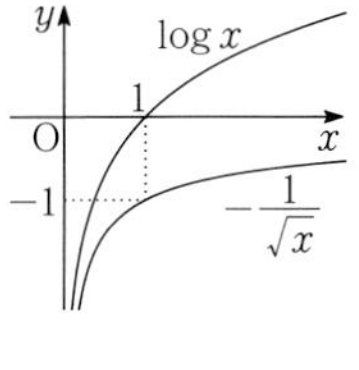

$g(x)=\log x+\dfrac{1}{\sqrt{x}}$ とおくと

$$g'(x)=\frac{1}{x}-\frac{1}{2}\cdot\frac{1}{x\sqrt{x}}=\frac{\boxed{2\sqrt{x}-1}}{2x\sqrt{x}}.$$

符号決定部
分母は正

よって右表を得る．したがって

x	(0)	$\cdots$	$\frac{1}{4}$	$\cdots$
$g'(x)$		$-$	0	$+$
$g(x)$		↘		↗

$$g(x)\geq g\left(\frac{1}{4}\right)$$
$$=\log\frac{1}{4}+2$$
$$=2(-\log 2+\log e)>0.$$

よって②が示せた．□

方針 これで，"はさみうち"の半分が出来上がりました：

$$-\frac{x}{\sqrt{x}}<x\log x\leq\triangle$$

最左辺 $\xrightarrow[x\to+0]{}0$．あとは △ の中に「→ 0」となる"何か"を当てはめます．$\log x$ のグラフを見ればわかりますね．(1)と全く同様です．■

$x\to+0$ とするので $0<x<1$ としてよく，このとき

$$-\frac{1}{\sqrt{x}}<\log x<0\ (\because\ ②).$$
$$-\frac{x}{\sqrt{x}}<x\log x<0\ (\because\ x>0).$$

$x\to+0$ のとき，

$$\text{最左辺}=-\sqrt{x}\to 0.$$

よって"はさみうち"より，与式 $=0$．//

解説 またまた，△ に入る"何か"は「定数 0」でした（笑）．

このように，"はさみうち"を用いる極限の問題で，片側の不等式のみ誘導され，もう片方の不等式は自前で作る際には，その片側の極限値を先に求め，それと同じ値に収束するようなもう片方を見つけることが多いです．

注 実は，②において $t=\dfrac{1}{x}$ と置換すると

$$\log\frac{1}{t}>-\sqrt{t}.\ -\log t>-\sqrt{t}.\ \log t<\sqrt{t}.$$

これは，①そのものですね（笑）．

第3章 微分法

例題 37m 異種関数と不等式 根底 実戦 典型 入試

[→演習問題3 9 20]

(1) $x > 0$ のとき，不等式 $x - \frac{x^3}{6} < \sin x < x - \frac{x^3}{6} + \frac{x^5}{120}$ …① を示せ.

(2) $\lim_{x \to 0} \frac{x - \sin x}{x^3}$ を求めよ.

着眼 異種関数の大小比較ですから，差をとって積の形をつくるのは無理ですが…

方針 整式の関数は，微分していけば次数が下がり，やがては定数になりますから，なんとかなりそうです．①のうち，カンタンそうな左側の不等式から示します.

解答 $x > 0$ のもとで考える.

(1) $f(x) = \sin x - x + \frac{x^3}{6}$ とおくと，

$f(0) = 0.$

$f'(x) = \cos x - 1 + \frac{x^2}{2}$, $f'(0) = 0.$

$f''(x) = -\sin x + x$, $f''(0) = 0.$

$f'''(x) = -\cos x + 1.$

よって

$f'''(x) \geq 0$ より，$f''(x)$: ↗.

$\therefore f''(x) > f''(0) = 0$ より，$f'(x)$: ↗.

$\therefore f'(x) > f'(0) = 0$ より，$f(x)$: ↗.

$\therefore f(x) > f(0) = 0.$ …②

注 「カンタンそうな」左側ですら，3 次式が相手なので第 3 次導関数を要しました．右側となると第 5 次まで要りそうでゾッとしますが，やってみると…■

$g(x) = x - \frac{x^3}{6} + \frac{x^5}{120} - \sin x$ とおくと，

$g(0) = 0.$

$g'(x) = 1 - \frac{x^2}{2} + \frac{x^4}{24} - \cos x$, $g'(0) = 0.$

$g''(x) = -x + \frac{x^3}{6} + \sin x = f(x).$

よって②より

$g''(x) > 0$ より，$g'(x)$: ↗.

$\therefore g'(x) > g'(0) = 0$ より，$g(x)$: ↗.

$\therefore g(x) > g(0) = 0.$

以上で①は示せた．□

(2) $F(x) = \frac{x - \sin x}{x^3}$ とおく．$x > 0$ のとき，①より

$$\frac{x^3}{6} - \frac{x^5}{120} < x - \sin x < \frac{x^3}{6}.$$

$$\frac{1}{6} - \frac{x^2}{120} < \frac{x - \sin x}{x^3} < \frac{1}{6}.$$

$x \to +0$ のとき，最左辺 $\to \frac{1}{6}$．よって“はさみうち”より，$\lim_{x \to +0} F(x) = \frac{1}{6}$ …③.

次に，$F(x)$ は偶関数だから，$x \to -0$ のとき，

$$\lim_{x \to -0} F(x) = \lim_{t \to +0} F(-t) \ (t := -x)$$
$$= \lim_{t \to +0} F(t)$$
$$= \frac{1}{6}. \ (\because ③)$$

これと③より，与式 $= \frac{1}{6}$.//

注 (2)の極限は，“振る舞い”そのものを観察して適用可能な極限公式を探ることでは解決しません．だから，入試で出る際には本問のように誘導が付きます.

余談 こうした問題を楽に解く“ウラワザ”として「ロピタルの定理」なるものを紹介して，力のない受験生を喜ばせるショモツが多いようですが…，力を伸ばすことを最重要視する本書では触れません（笑）．「ロピタル」を知らないと苦労するようでは，話にならないのです.

例題 37n 不等式と極限 根底 実戦 入試

(1) 不等式 $x-\dfrac{x^2}{2}\leq\log(1+x)\leq x\ (x\geq 0)$ …① を示せ.

(2) $a_n=\left(1+\dfrac{1}{n^2}\right)\left(1+\dfrac{2}{n^2}\right)\left(1+\dfrac{3}{n^2}\right)\cdots\left(1+\dfrac{n}{n^2}\right)$ とする. 極限 $\displaystyle\lim_{n\to\infty}a_n$ を求めよ.

着眼 (1) 最左辺 $=-\dfrac{1}{2}x(x-2)$ より, 各関数のグラフは右のようなカンジになり, ①は成り立ちそうな気がします. でも,「証明」は, 直観に頼らずキチンと. 異種の関数ですから式変形では無理. いつも通り, 差をとって微分します.

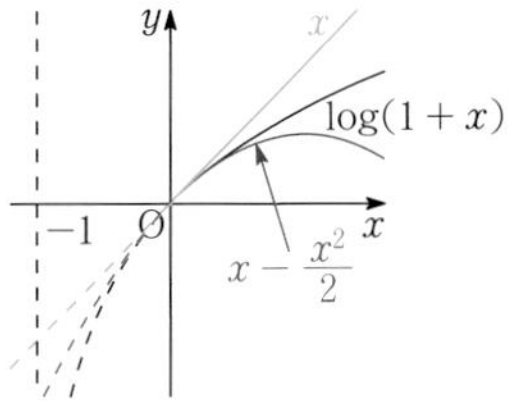

(2) a_n が「積の形」. (1)には「log」. つながりが見えますね. ■

解答 (1) $x\geq 0$ のもとで考える.

$f(x)=x-\log(1+x)$ とおくと

$$f'(x)=1-\frac{1}{1+x}=\frac{x}{1+x}>0\ (x>0).$$

よって $f(x)$ は増加するから

$$f(x)\geq f(0)=0.$$

次に $g(x)=\log(1+x)-x+\dfrac{x^2}{2}$ とおくと

$$g'(x)=\frac{1}{1+x}-1+x=\frac{x^2}{1+x}>0\ (x>0).$$

よって $g(x)$ は増加するから

$$g(x)\geq g(0)=0.$$

以上で①が示せた. □

(2) $a_n>0$ だから ●●● 真数条件の確認

$$\log a_n$$
$$=\log\left(1+\frac{1}{n^2}\right)\left(1+\frac{2}{n^2}\right)\cdots\left(1+\frac{n}{n^2}\right)$$
$$=\log\left(1+\frac{1}{n^2}\right)+\log\left(1+\frac{2}{n^2}\right)+\cdots+\log\left(1+\frac{n}{n^2}\right)$$
$$=\sum_{k=1}^{n}\log\left(1+\frac{k}{n^2}\right).$$

ここで, $\dfrac{k}{n^2}\geq 0\ (k=1, 2, \cdots, n)$ だから, ①が使えて

$$\log a_n\leq\sum_{k=1}^{n}\frac{k}{n^2}$$
$$=\frac{1}{n^2}\cdot\frac{n(n+1)}{2}$$
$$=\frac{1}{2}\left(1+\frac{1}{n}\right)\xrightarrow[n\to\infty]{}\frac{1}{2}.$$

$$\log a_n\geq\sum_{k=1}^{n}\left(\frac{k}{n^2}-\frac{1}{2}\cdot\frac{k^2}{n^4}\right)$$
$$=\frac{1}{2}\left(1+\frac{1}{n}\right)-\frac{n\text{ の 3 次式}^{1)}}{2n^4}\xrightarrow[n\to\infty]{}\frac{1}{2}.$$

よって "はさみうち" より, $n\to\infty$ のとき

$$\log a_n\to\frac{1}{2}.$$

$$\therefore a_n=e^{\log a_n}\to e^{\frac{1}{2}}=\sqrt{e}.\text{//}$$

注 1): もちろんホントはちゃんと「$\dfrac{1}{6}n(n+1)(2n+1)$」と書き, 不定形を解除する式変形を行う方が良いですが, 本問全体の中では取るに足らない些末(さまつ)な作業に過ぎないとの判断で, サボりました (笑).

少なくとも, $\dfrac{3\text{ 次式}}{4\text{ 次式}}$ を見ただけで「$n\to\infty$ のときの極限値は 0」が見抜けていることは不可欠です.

5 近似

微分可能な関数 $y=f(x)$ のグラフ C は"なめらか"で，右図のように接点 $(x=a)$ の近くでは接線 l と"仲良く寄り添っている"のがわかります．よって，a に近い x においては，$f(x)$ の値は，カンタンな1次関数 $g(x)$ の値によって**近似**できそうです．これを**1次近似**といいます．

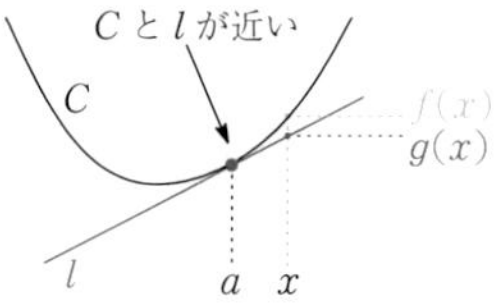

（「2次近似」などについては[→例題37q後の発展]）

例題370 1次近似 根底 実戦

[→演習問題3933]

(1) 角は弧度法で表すとし，$f(x)=\sin x$ とする．曲線 $y=f(x)$ の $x=\dfrac{\pi}{3}$ における接線 l の方程式を $y=g(x)$ として，$g(x)$ を求めよ．
また，$g(x)$ を利用して，$\sin 1$ を1次近似した値を求めよ．ただし，$\sqrt{3}=1.7321,\ \pi=3.1416$ としてよいとする．

(2) $f(x)=\sqrt{1+x}$ とする．曲線 $y=f(x)$ の $x=0$ における接線 l の方程式を $y=g(x)$ として，$g(x)$ を求めよ．
また，$g(x)$ を利用した1次近似により次を考えよ：

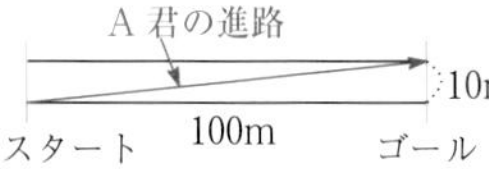

A君は，100m走において横に10m逸れた位置を目指して直線的に走ってしまった．距離ロスは約何mか？

解答 (1) **着眼** $\dfrac{\pi}{3}=\dfrac{3.14\cdots}{3}=1.04\cdots$ より，「1 rad」は $\dfrac{\pi}{3}$ にかなり近いです．けっこう良い近似ができる予感…■

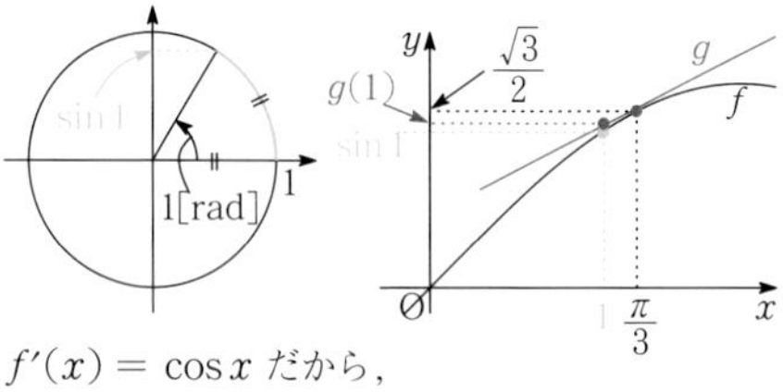

$f'(x)=\cos x$ だから，

$$l: y-\frac{\sqrt{3}}{2}=\frac{1}{2}\left(x-\frac{\pi}{3}\right).$$

$$\therefore g(x)=\frac{1}{2}\left(x-\frac{\pi}{3}+\sqrt{3}\right).//$$

この結果を用いて

$$\begin{aligned}\sin 1&=f(1)\\&\fallingdotseq g(1)\\&=\frac{1}{2}\left(1-\frac{\pi}{3}+\sqrt{3}\right)\\&=\frac{1}{2}(2.7321-1.0472)\\&=\frac{1}{2}\times 1.6849=0.84245.//\end{aligned}$$

参考 コンピュータによると，実際の値は $0.84147\cdots$ ですから，誤差は $\dfrac{1}{1000}$ 未満ですね．

(2) $f'(x)=\dfrac{1}{2\sqrt{1+x}}$ だから，

$$l: y-1=\frac{1}{2}x.$$

$$\therefore g(x)=1+\frac{1}{2}x.//$$

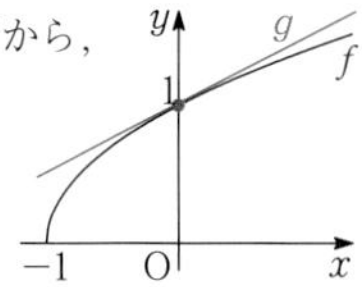

この結果を用いると，A君の走行距離は，

$$\begin{aligned}\sqrt{100^2+10^2}&=100\sqrt{1+\frac{1}{100}}\\&\fallingdotseq 100\left(1+\frac{1}{2}\cdot\frac{1}{100}\right)\\&=100+0.5.\end{aligned}$$

たったの50cm

よって求める距離ロスは，約0.5mである．//

注 8コース分くらいズレた訳ですが，直線状に斜めに走っても，距離ロスは案外少ないんです．一方，「コーナー」で外を回ると，ガッツリ不利です．[→例題49p]．

参考 $x\fallingdotseq 0$ のとき $\sqrt{1+x}\fallingdotseq 1+\dfrac{1}{2}x$．これは物理学においても，「光の干渉」における「光路差」の計算などで利用されます．

参考 コンピュータによると，実際の走行距離は $100.498\cdots$[m]です．誤差は $\dfrac{2}{1000}$[m]未満ですね．

6 高次導関数の応用

例題 3 7 p 高次導関数 根底 実戦 入試

[→演習問題 3 9 21]

$f(x)=(x^2+x+1)e^x$ …① に対して，$f^{(n)}(x)$ $(n=0, 1, 2, \cdots)$ を求めよ．ただし，$f^{(0)}(x)=f(x)$ とする．

着眼 まずは具体的に $f^{(1)}(x)$, $f^{(2)}(x)$, … と求めてみましょう．すると一般に

$$f^{(n)}(x)=(x^2+\bigcirc\,x+\triangle)e^x$$

の形になることがわかります．

求めるものは，自然数 n に対して **1 つに定まる**関数，つまり**関数列**です．よって，「数列」で学んだ方法論が役立ちます．

「自然数 n に対して定まる値」→「数列」→ {「一」… 一般項・直接 n 番 / 「ド」… 帰納的・"ドミノ式"}

ここでは，高次導関数がもつ"**ドミノ式構造**"を活用しましょう．

[→Ⅱ+B 7 7 2 "ドミノ式"構造の典型例 1)]

解答 $f^{(n)}(x)$ を $f^{(n)}$ と略記する．

a, b をある定数として

$$f^{(n)}=(x^2+ax+b)e^x \quad \cdots②$$

と表されるならば，

$$f^{(n+1)}=\left(f^{(n)}\right)' \quad \text{これが"ドミノ構造"}$$

$$=e^x(x^2+ax+b+2x+a)$$

$$=e^x\{x^2+(a+2)x+(a+b)\}. \quad \cdots③$$

と表せる（$a+2$, $a+b$ は定数）．

また，①より $f^{(0)}(x)=f(x)$ も②のように表せる．

よって帰納的に 2)，$n=0, 1, 2, \cdots$ に対して②のように表せる．

そこで，

$$f^{(n)}=(x^2+a_nx+b_n)e^x \quad (a_n, b_n\text{は定数})$$

とおくと，①③より

$$\begin{cases} a_0=1 & \cdots④ \\ b_0=1. & \cdots⑤ \end{cases} \quad \begin{cases} a_{n+1}=a_n+2 & \cdots⑥ \\ b_{n+1}=a_n+b_n. & \cdots⑦ \end{cases}$$

④⑥より

$$a_n=1+2n.$$

よって⑦は

$$b_{n+1}-b_n=2n+1. \quad \cdots⑦' \quad \text{階差型漸化式}$$

よって $n \geqq 1$ のとき

$$b_n=b_0+\sum_{k=0}^{n-1}(2k+1)$$

$$=1+\frac{1+(2n-1)}{2}\cdot n \quad (\because ⑤)$$

$$=n^2+1 \quad (n=0\text{ でも成立}).$$

以上より，

$$f^{(n)}(x)=\{x^2+(2n+1)x+n^2+1\}e^x. \quad /\!/$$

注 1)：そこに書いた高次導関数のドミノ構造は次の通りです：

❺：高次導関数：$f^{(\boxed{n+1})}=\begin{cases} \left(f^{(ⓝ)}\right)' \cdots ㋐ & n\text{ 回微分}\to 1\text{ 回微分} \\ (f')^{(ⓝ)} \cdots ㋑ & 1\text{ 回微分}\to n\text{ 回微分} \end{cases}$

本問では㋐を使いましたが，㋑の方が好適である場合もあります[→演習問題 3 9 21]．2 通りあることを必ず覚えておいてください．

補足 2)：数学的帰納法の簡易バージョンにおける常套句です．

例題 37q マクローリン級数 根底 実戦 入試 [→演習問題3 9 22]

n 回微分可能 (n は自然数) な関数 $f(x)$ に対して，n 次の整式の関数

$$F_n(x)=\sum_{k=0}^{n}\frac{f^{(k)}(0)}{k!}x^k=f(0)+\frac{f^{(1)}(0)}{1!}x+\frac{f^{(2)}(0)}{2!}x^2+\frac{f^{(3)}(0)}{3!}x^3+\cdots+\frac{f^{(n)}(0)}{n!}x^n$$

を考える．ここに，$f^{(0)}(x)=f(x)$, $x^0 \overset{1)}{=} 1$とする．

(1) n を定数とする．$f(x)$ が n 次の整式であるとき，$F_n(x)$ は $f(x)$ と一致することを示せ．

(2) $f(x)=e^x$ のとき，$|F_5(1)-f(1)|<\dfrac{2}{1000}$ を示せ．ただし，$e=2.7182\cdots$ を用いてよい．

着眼 何やらごっつい式ですね．説明すると次の通りです：

x の昇べきに並んだ多項式

x^kの係数は，k 次導関数の $x=0$ における値を $k!$で割ったもの

解答 (1) **方針** 両者の x^k の係数が一致することを示します．$F_n(x)$ の方の係数に「$f^{(k)}(0)$」があるので，$f(x)$ を k 回微分して考えます．■

$f(x)=a_0+a_1x+a_2x^2+a_3x^3+\cdots+a_nx^n$

とおく．$f(x)$ の各項は，k 回微分すると次のようになる：

2) $\begin{cases} a_kx^k\cdots k(k-1)(k-2)\cdots 2\cdot 1\cdot x^0\cdot a_k=k!\cdot a_k. \\ \text{それより低次の項}\ \cdots 0. \\ \text{それより高次の項}\ \cdots x\ \text{の 1 次以上の式}. \end{cases}$

$\therefore f^{(k)}(x)=k!\cdot a_k+x\times$(多項式).

(これは $k=0, n$ でも成立.)

両辺の x に 0 を代入して，$f^{(k)}(0)=k!\cdot a_k$.

よって，$f(x)$ の x^k の係数は，

$$a_k=\frac{f^{(k)}(0)}{k!}\ (k=0, 1, 2, \cdots, n).$$

つまり，$f(x)=F_n(x)$ が示せた．□

(2) $f(x)=e^x$ より

$f^{(k)}(x)=e^x$. $\therefore$ $f^{(k)}(0)=1$.

$$\therefore F_5(x)=1+x+\frac{x^2}{2}+\frac{x^3}{3!}+\frac{x^4}{4!}+\frac{x^5}{5!}.$$

$$\begin{aligned}\therefore F_5(1)&=1+1+\frac{1}{2}+\frac{1}{6}+\frac{1}{24}+\frac{1}{120}\\&=2+\frac{60+20+5+1}{120}\\&=2+\frac{43}{60}=2.71666\cdots.\end{aligned}$$

また，$f(1)=e=2.7182\cdots$ だから

$$\begin{aligned}|F_5(1)-f(1)|&=2.7182\cdots-2.71666\cdots\\&<2.7183-2.7166\\&=0.0017<0.002=\frac{2}{1000}.\ \square\end{aligned}$$

補足 1)：こう約束しておけば，「$(x^1)'=1\cdot x^0$」が成り立つので楽です．

解説 2)：記述量を節約するためこのように書いていますが，実際には頭の中で次のような具体的な計算が行われています：

$f^{(0)}(x)=a_0+a_1x+a_2x^2+a_3x^3+\cdots+a_nx^n.$

$f^{(1)}(x)=a_1+2a_2x+3a_3x^2+\cdots+n\cdot a_nx^{n-1}.$

$f^{(2)}(x)=2a_2+3\cdot 2a_3x+\cdots+n(n-1)\cdot a_nx^{n-2}.$

$\vdots$

発展 マクローリン級数

$f(x)$ が n 次の整式のとき，$f^{(n+1)}(x)=f^{(n+2)}(x)=\cdots=0$ となるので，

$$①: f(x)=\sum_{k=0}^{\infty}\frac{f^{(k)}(0)}{k!}x^k=f(0)+\frac{f^{(1)}(0)}{1!}x+\frac{f^{(2)}(0)}{2!}x^2+\frac{f^{(3)}(0)}{3!}x^3+\cdots+\frac{f^{(n)}(0)}{n!}x^n+\overbrace{\cdots}^{\text{ここは }0}$$

と書けます．この無限級数のことを，(大学以降で)$f(x)$ の**マクローリン級数**といい，それが収束するならば，$f(x)$ の**マクローリン展開**といいます (今の例はマクローリン展開).

実は，整式以外の基本関数の多くもマクローリン展開できることが知られています．次に例を挙げます．各自，①の形になっていることを確認しておくこと．

$$e^x = 1 + x + \frac{x^2}{2} + \frac{x^3}{3!} + \cdots + \frac{x^n}{n!} + \cdots. \quad \cdots ②$$

$$\log(1+x) = x - \frac{x^2}{2} + \frac{x^3}{3} - \cdots + (-1)^{n-1}\frac{x^n}{n} + \cdots \ (-1 < x \leq 1 \text{ に限る}).$$

$$\underset{\text{偶関数}}{\cos x} = 1 - \frac{x^2}{2} + \frac{x^4}{4!} \underset{\text{偶数乗}}{-\cdots} + \frac{(-1)^n x^{2n}}{(2n)!} + \cdots.$$

$$\underset{\text{奇関数}}{\sin x} = x - \frac{x^3}{3!} + \frac{x^5}{5!} \underset{\text{奇数乗}}{-\cdots} + \frac{(-1)^n x^{2n+1}}{(2n+1)!} + \cdots.$$

例えば②を，「$e^x = 1 + x + \frac{x^2}{2} + \frac{x^3}{3!} + \cdots + \frac{x^n}{n!} +$ “剰余項”」の形で表すこともあり，**有限マクローリン展開**と呼ばれます．この“剰余項”が $n \to \infty$ のとき 0 に収束することが，マクローリン展開できるための条件です．

(2)では，$n=5$ のときの“剰余項”が無視できるほど小さいので，かなり良い e の近似値が得られたという訳です．このようにマクローリン級数を「近似」に利用する手はよく使います．

マクローリン級数を一般化して，$f^{(k)}(0)$ を $f^{(k)}(a)$ に，$x(=x-0)$ を $x-a$ に変えた次の級数を，$f(x)$ の**テイラー級数**といいます：

$$f(x) = \sum_{k=0}^{\infty} \frac{f^{(k)}(a)}{k!}(x-a)^k$$

$$= f(a) + \frac{f^{(1)}(a)}{1!}(x-a) + \frac{f^{(2)}(a)}{2!}(x-a)^2 + \frac{f^{(3)}(a)}{3!}(x-a)^3 + \cdots + \frac{f^{(n)}(a)}{n!}(x-a)^n + \cdots$$

これが収束するならば，$f(x)$ の（$x=a$ のまわりの）**テイラー展開**といいます．多くの基本関数がテイラー展開できることが知られています．

テイラー級数を「1 次の項まで」で打ち切った関数：

$$y = f(a) + \frac{f^{(1)}(a)}{1!}(x-a) = f(a) + f'(a)(x-a)$$

は，曲線 $y=f(x)$ の $x=a$ における接線を表します．実はこれこそが，接線を利用した「1 次近似」[→375]の正体です．

同様に，テイラー級数を「2 次の項まで」，「3 次の項まで」，…で打ち切った関数を用いるのが，$f(x)$ の「**2 次近似**」，「3 次近似」，…です．本問で行ったのは，$f(x)=e^x$ の（$x=0$ のまわりの）「5 次近似」です．

これまで見てきた「不等式」「極限」「近似」をテーマとした問題を見直してみてください．実に多くがマクローリン級数やテイラー級数を背景として作られていたことがわかるはずです．自分で探してみてね（笑）．

1 つだけ例を挙げておきます．**例題37m** の不等式①は，$\sin x$ のマクローリン級数における「3 次の項まで」と「5 次の項まで」で $\sin x$ を評価したものです．3 者の $x=0$ 近くでのグラフは右図の通り．接近し過ぎていて区別がつきません（笑）．

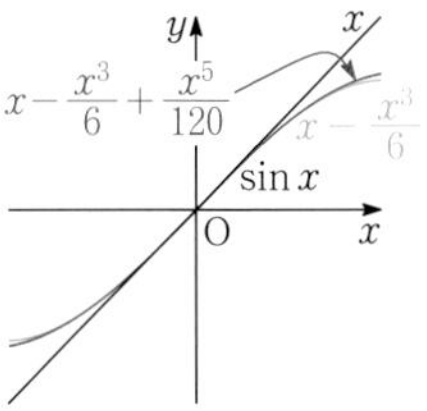

つまり $\sin x$ は，$x=0$ の近くで，「$x - \frac{x^3}{6}$」により 3 次近似，「$x - \frac{x^3}{6} + \frac{x^5}{120}$」により 5 次近似することができるのです．（「$x$」によって 1 次近似されます．）

第3章 微分法

例題 37r e^x のマクローリン展開 根底 実戦 入試 [→演習問題3922]

$f_n(x)=\sum_{k=0}^{n}\frac{x^k}{k!}=1+x+\frac{x^2}{2}+\frac{x^3}{3!}+\cdots+\frac{x^n}{n!}$ $(x>0)$ とおく．0 以上の任意の整数 n に対して，不等式 $f_n(x)<e^x<f_n(x)+\frac{e^x x^{n+1}}{(n+1)!}$ …① が成り立つことを示せ．また，$\lim_{n\to\infty} f_n(1)=e$ を示せ．

着眼 $f_n(x)$ は，既にⅡ+B演習問題6103で扱ったものです．微分すると“番号が 1 つ下がる”ことがほぼ暗算で見通せますか？

方針 2 つの不等式を別々に示します．その方が論点が明快になるので．

解答 $x>0$ のもとで考える．

$F_n(x)=f_n(x)\overset{1)}{-}e^x$ とおき，命題 $P(n)$：$F_n(x)<0$ を $n=0, 1, 2, \cdots$ について示す．

1° $P(0)$：$F_0(x)=1-e^x<0$ は，$e^x>1$ より成り立つ．

2° n を固定する．$P(n)$ を仮定し，

$P(n+1)$：$F_{n+1}(x)<0$ を示す．

$F_{n+1}(x)=f_{n+1}(x)-e^x$ において，

$$f'_{n+1}(x)=0+1+\frac{2x}{2!}+\frac{3x^2}{3!}+\cdots+\frac{(n+1)x^n}{(n+1)!}$$
$$=f_n(x).$$

よって，

$$F'_{n+1}(x)=f'_{n+1}(x)-e^x$$
$$=f_n(x)-e^x=F_n(x)<0\ (\because\ P(n)).$$

よって $F_{n+1}(x)$ は減少するから

$F_{n+1}(x)\underset{2)}{<}F_{n+1}(0)=1-e^0=0.$

よって，$P(n)\Longrightarrow P(n+1)$.

1°2° より，$P(n)$ $(n=0, 1, 2, \cdots)$ が示せた．

次に，$G_n(x)=f_n(x)+\frac{e^x x^{n+1}}{(n+1)!}-e^x$ とおき，命題 $Q(n)$：$G_n(x)>0$ を $n=0, 1, 2, \cdots$ について示す．

1° $Q(0)$：$G_0(x)=1+e^x x-e^x=1+(x-1)e^x>0$ を示す．$G'_0(x)=xe^x>0$ より，

$G_0(x)>G_0(0)=1-1\cdot1=0.$

よって $Q(0)$ は成り立つ．

2° n を固定する．$Q(n)$ を仮定し，

$Q(n+1)$：$G_{n+1}(x)>0$ を示す．

$G_{n+1}(x)=f_{n+1}(x)+\frac{e^x x^{n+2}}{(n+2)!}-e^x$ において，

$$G'_{n+1}(x)=f_n(x)+\frac{e^x\{x^{n+2}+(n+2)x^{n+1}\}}{(n+2)!}-e^x$$
$$=f_n(x)+\frac{e^x x^{n+2}}{(n+2)!}+\frac{e^x x^{n+1}}{(n+1)!}-e^x$$
$$=G_n(x)+\underset{\text{正}}{\frac{e^x x^{n+2}}{(n+2)!}}>0\ (\because\ Q(n)).$$

よって $G_{n+1}(x)$ は増加するから

$G_{n+1}(x)>G_{n+1}(0)=1-e^0=0.$

よって，$Q(n)\Longrightarrow Q(n+1)$.

1°2° より，$Q(n)$ $(n=0, 1, 2, \cdots)$ が示せた．

方針 $f_n(1)$ を“はさむ”不等式を作ります．■

これで①が示せた．①において $x=1(>0)$ とすると

$$f_n(1)<e^1<f_n(1)+\frac{e}{(n+1)!}.$$

i.e. $e-\frac{e}{(n+1)!}<f_n(1)<e.$ [3]

$n\to\infty$ のとき，最左辺 $\to e$ だから，“はさみうち”より，与式 $=e$. □

注 [1]：「長い式」から「短い式」を引く方が，何かと扱いが楽です．「>0」の向きにこだわり過ぎないこと．

[2]：「$x>0$」なので，本来は $\lim_{x\to+0} F_{n+1}(x)$ を考えるべきですが，$F_{n+1}(x)$ は実数全体で連続な関数ですから，その「極限値」を「ちょうどそのときの値」で代用できるのです．

[3]：はさみたい「$f_n(1)$」を中辺にもってくる変形ですね．[→例題21f(2)]

発展 本問の流れから，

$$f_n(x) < e^x < f_n(x) + \frac{e^x x^{n+1}}{(n+1)!}.$$

$$\text{i.e. } e^x - \frac{e^x x^{n+1}}{(n+1)!} < f_n(x) < e^x.$$

x を任意の正の実数定数と考えると，

$$\lim_{n\to\infty} e^x \cdot \frac{x^{n+1}}{(n+1)!} = 0$$

累乗　「n」が変数　階乗

でしたね[→219の最後].

よって“はさみうち”より，次が導かれました：

$$e^x = \lim_{n\to\infty} f_n(x).$$

この関係は，任意の実数 x について成り立つことが知られています．この右辺が，指数関数 e^x のマクローリン展開です．ただし，本問での議論は $x > 0$ に限定しています．

7 複接線

例題 37S 複接線の存在　根底 実戦　入試　[→演習問題3923]

$f(x)$ は全ての実数で定義され，微分可能であるとする．$y = f(x)$ のグラフ C が複接線をもつならば，ある実数 k が存在して方程式 $f'(x) = k$ …① が異なる 3 実解をもつことを示せ．

言い訳 「複接線」とは何かについては既知であることを前提としました．[→334]

着眼 要は，$f'(x)$ が 3 回同じ値をとることがあるという意味ですね．

注 整式に限定せず，微分可能な関数一般について論じるので，「接する」$\Longleftrightarrow$「重解」の関係は使えませんよ．

解答 C が複接線をもつとして，2 つの接点の x 座標を a, b $(a < b)$ とすると，それぞれにおける接線 l_1, l_2 が一致する．

l_1: $y - f(a) = f'(a)(x - a)$.

l_2: $y - f(b) = f'(b)(x - b)$.

これらの傾き，y 切片を比べて

$$\begin{cases} f'(a) = f'(b), & \cdots ② \\ f(a) - af'(a) = f(b) - b\underbrace{f'(b)}_{f'(a)}. & \cdots ③ \end{cases}$$

②のもとで③を変形すると

$$f(b) - f(a) = (b-a)f'(a).$$

よって，②かつ③は次と同値：

$$f'(a) = f'(b) = \underbrace{\frac{f(b)-f(a)}{b-a}}_{\text{平均変化率}}. \cdots ④$$

$f(x)$ は微分可能だから，平均値の定理より，

④の最右辺 $= f'(c)$ $(a < c < b)$

なる c が存在して，

$$f'(a) = f'(b) = f'(c).$$

これらの値を k とおけば，①を満たす異なる3実数 a, c, b が存在する．よって題意は示せた．□

解説 ④の「意味」は次の通りです：

接線 l_1の傾き $=$ 接線 l_2の傾き $=$ AB の傾き．

これは，右図を見て一気に作れるようにしたいです．例題37u で使います．

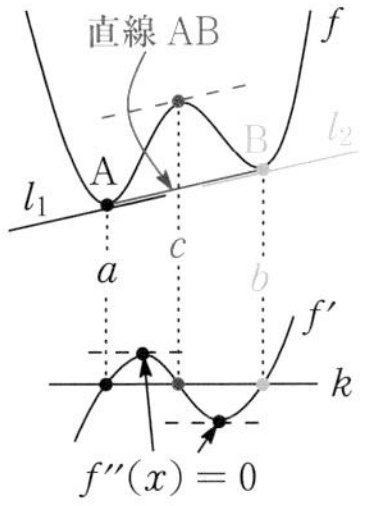

参考 関数 $f(x)$ が 2 回微分可能であるとき，ロルの定理[→例題34a後]により，方程式 $f''(x) = 0$ は異なる 2 実解をもちます．

注 試験では，本問で得た結果を証明抜きに使ってはならないと思います．(次問では，敢えて使う練習をしますが．)

例題 377t 接線の本数 根底実戦 典型入試

[→演習問題3923]

曲線 C: $y=f(x)=e^{2x}-4e^x$ について考える.

(1) 前問の結果を用いて [1], C は複接線をもたないことを示せ.

(2) 点 $A(1,a)$ から曲線 C: $y=f(x)=e^{2x}-4e^x$ へ引いた接線の本数 N を, 実数 a の値に応じて答えよ.

解答

(1) $f'(x)=2e^{2x}-4e^x$.

$f''(x)=4e^{2x}-4e^x$

$=4e^x(e^x-1)$.

x	$\cdots\ 0\ \cdots$
$f''(x)$	$-\ 0\ +$
$f'(x)$	↘　↗

$f'(x)$ の増減は上表のようになり, 方程式「$f'(x)=$ 定数」が異なる 3 実解をもつことはない. よって前問の結果の**対偶** [2] より, C は複接線をもたない. □

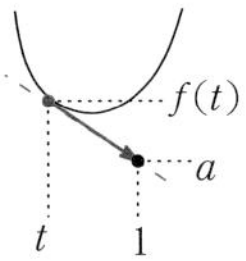

(2) $x=t$ における接線が A を通るための条件は

$$a-(e^{2t}-4e^t)=(2e^{2t}-4e^t)(1-t).$$

i.e. $g(t):=e^{2t}(3-2t)+4e^t(t-2)=a$. …① [3]

ここで

$$g'(t)=e^{2t}(6-4t-2)+4e^t(t-2+1)$$
$$=4e^{2t}(1-t)+4e^t(t-1)$$
$$=4e^t\cdot(1-t)(e^t-1).\ [4]$$

また, $t\to\infty$ のとき

$$g(t)=e^{2t}t\left\{\left(\frac{3}{t}-2\right)+\frac{4}{e^t}\left(1-\frac{2}{t}\right)\right\}\to-\infty.$$

$t\to-\infty$ のとき $u=-t$ とおくと $u\to+\infty$ ゆえ

$$g(t)=e^{-2u}(3+2u)+4e^{-u}(-u-2)$$
$$=\frac{u}{e^u}\cdot\frac{1}{e^u}\left(\frac{3}{u}+2\right)-4\cdot\frac{u}{e^u}\left(1+\frac{2}{u}\right)$$
$$\to 0\cdot0\cdot2-4\cdot0\cdot1=0.$$

以上より, 次の増減表を得る:

t	$-\infty$	$\cdots$	0	$\cdots$	1	$\cdots$	∞
$g'(t)$		$-$	0	$+$	0	$-$	
$g(t)$	(0)	↘		↗		↘	$-\infty$

(1)より求める接線の本数 N は, 接点の個数, つまり①を満たす実数 t の個数と一致 [5] し, 曲線 $y=g(t)$ と直線 $y=a$ の共有点を考えて, 次表を得る.

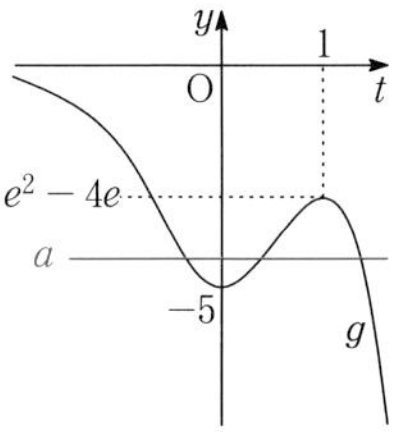

a	$\cdots$	-5	$\cdots$	e^2-4e	$\cdots$	0	$\cdots$
N	1	2	3	2	1	0	

//

解説 [3]: 文字定数 a を分離し, 指数関数 e^{2t}, e^t に注目してまとめました.

注 [4]: $g'(x)$ には異種関数が混在していますが, ちゃんと**積の形**に分解できました.

[2]: 前問: 複接線が存在する $\Longrightarrow$「$f'(x)=$ 定数」が異なる 3 実解をもつことがある.
対偶: 複接線が存在しない $\Longleftarrow$「$f'(x)=$ 定数」が異なる 3 実解をもつことがない.

言い訳 [1]: もちろん, 実際の入試で「前問の結果を用いて」という状況はありえません.

注 [5]:「複接線」があると「接線の本数」≠「接点の個数」となるのでこの件に言及しました [→334 最後の注意!]. 複接線をめぐるこの事情についてどこまで精密に解答すべきかは, 例によって状況次第で判断ですが, ガチで問われることが多くないのは確かです.

ガチで問うたのが, 次の例題です.

参考 (1)からわかるように, 点 $(0,-3)$ は C の変曲点です. そこでの接線を l とすると, C と l で上下からはさまれた領域内の点からは, C へ向けて3本の接線が引けそうだと直観できます. 本問の点 $A(1,a)$ は直線 $x=1$ 上の点なので, 図の青太線部にあるとき3本の接線が引けます.

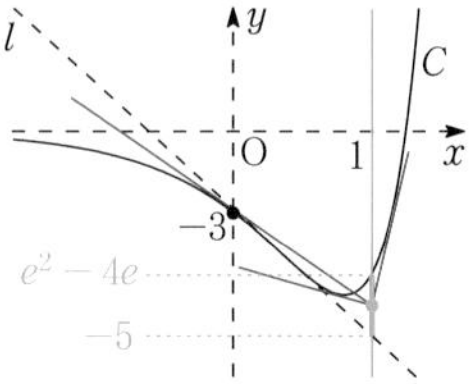

例題 37u sin カーブの複接線 根底 実戦 入試 [→演習問題 3 9 23]

曲線 C: $y=f(x)=\sin x\ (x>0)$ に対して，異なる 2 点 $x=t,u\ (0<t<\pi<u)$ において接する傾きが 0 以外である直線のうち，t が最大であるものを l とする．l に対応する t を α とおくと，$\dfrac{\pi}{2}<\alpha<\dfrac{7}{12}\pi$ が成り立つことを示せ．

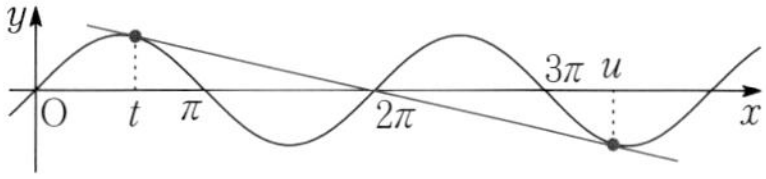

着眼 「複接線」をメインテーマとした問題です．右図赤線のような複接線が考察対象です．

方針 例題37sで考えた「複接線となる条件」を使ってしまいます．

解答 以下において，n はある整数とする．

まず，接線の傾きが 0 でないことから，

$t,u\neq\dfrac{\pi}{2}+\pi\cdot n$ …①のもとで考える．

$x=t,u\ (0<t<u)$ における接線が一致するための条件は

$$f'(t)=f'(u)=\frac{f(t)-f(u)}{t-u}.$$

$$\cos t=\cos u=\frac{\sin t-\sin u}{t-u}.$$

（$\cos t=\cos u$ が②，$\cos t=\dfrac{\sin t-\sin u}{t-u}$ が③）

②より，$u=\pm t+2\pi\cdot n$.

$u=t+2\pi\cdot n$ のとき，③は，$\cos t=0$.

このとき①は不成立ゆえ不適．

$\therefore\ u=-t+2n\pi$.

このとき③は

$$\cos t=\frac{\sin t+\sin t}{t+t-2n\pi}.$$

$$\text{i.e. } \cos t=\frac{\sin t}{t-n\pi}.$$

①のもとで変形すると

$$t-n\pi=\tan t.$$

$$\text{i.e. } g(t):=\tan t-t=-n\pi.\ \cdots④$$

ただし，$0<t<\pi<u=-t+2n\pi$ より

$0<t<\pi,\ t<(2n-1)\pi$ …⑤

よって，$n=1,2,3,\cdots$ に限る．

$$g'(t)=\frac{1}{\cos^2 t}-1\geq 0.$$

よって，$g(t)$ は連続な区間では増加する．…⑥

また，

$t\to\dfrac{\pi}{2}+n\pi\pm 0$ のとき $g(t)\to\mp\infty$（複号同順）.

よって次図を得る：

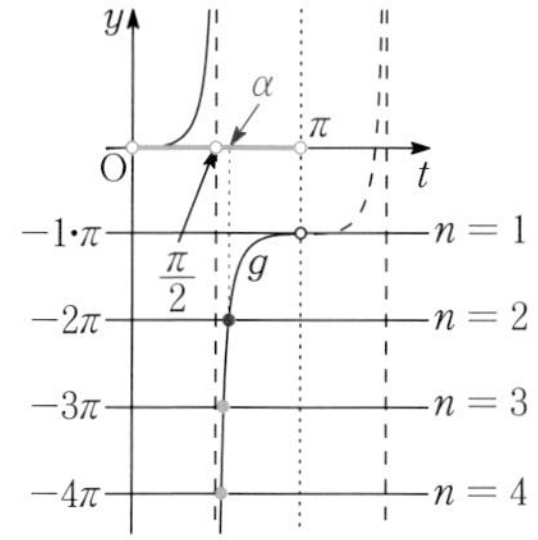

④ $(n\in\mathbb{N})$ を満たし，区間 $(0,\pi)$ で最大の $t(=\alpha)$ は，上図より $g(t)=-2\pi$ ($n=2$ に対応) の解（⑤も満たす）であり，$\alpha>\dfrac{\pi}{2}$.

次に，α と $\dfrac{7}{12}\pi$ の大小を比べる．

$$g\left(\frac{7}{12}\pi\right)-(-2\pi)=\tan\frac{7}{12}\pi-\frac{7}{12}\pi+2\pi$$

であり，$\dfrac{7}{12}\pi=\dfrac{\pi}{3}+\dfrac{\pi}{4}$ より

$$\tan\frac{7}{12}\pi=\frac{\sqrt{3}+1}{1-\sqrt{3}\cdot 1}$$
$$=-\frac{\sqrt{3}+1}{\sqrt{3}-1}\cdot\frac{\sqrt{3}+1}{\sqrt{3}+1}$$
$$=-\frac{4+2\sqrt{3}}{2}=-2-\sqrt{3}.$$

$$\therefore\ g\left(\frac{7}{12}\pi\right)-(-2\pi)=-2-\sqrt{3}+\frac{17}{12}\pi$$
$$>-2-2+\frac{16}{12}\cdot 3$$
$$=-4+4=0.$$

よって $g\left(\dfrac{7}{12}\pi\right)>-2\pi$．また，$\alpha$, $\dfrac{7}{12}\pi$ は区間 $\left(\dfrac{\pi}{2},\pi\right)$ にあるから，⑥より $\alpha<\dfrac{7}{12}\pi$.

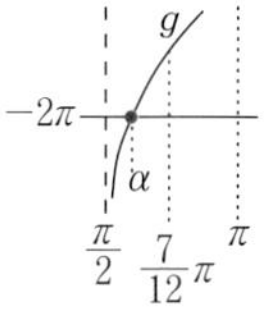

以上で題意は示せた．□

注 という訳で，複接線をガチで議論するのはなかなか骨が折れる仕事なんです．

8 典型的問題

例題 38a 最短時間経路 根底 実戦 典型 入試

xy 平面上に，3 点 A(0, 1)，B(3, −2)，P(x, 0) がある．動点 Q が，線分 AP 上を速さ 2 で，線分 PB 上を速さ 1 で進むとき，Q が A → P → B と進むのに要する時間を $f(x)$ とする．$f(x)$ が最小となるときの P を P_1，点 H(3, 0) とし，$\alpha = \angle OAP_1$, $\beta = \angle HBP_1$ とするとき，$\dfrac{\sin\alpha}{\sin\beta}$ を求めよ．

着眼 まずは概略を図示し，情報を視覚的に整理して題意を把握することが先決です．

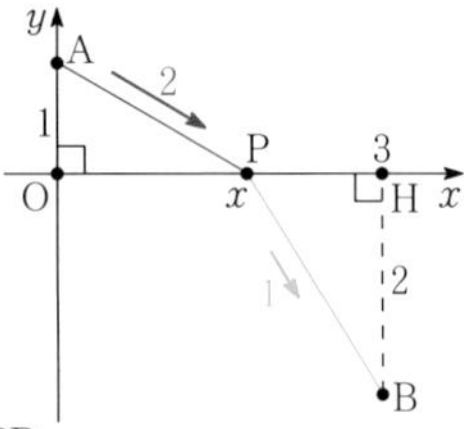

解答

$$f(x) = \frac{AP}{2} + \frac{PB}{1} = \frac{\sqrt{x^2+1}}{2} + \frac{\sqrt{(3-x)^2+4}}{1} = \underbrace{\frac{1}{2}\sqrt{x^2+1}}_{f_1(x)\text{ とおく}} + \underbrace{\sqrt{(x-3)^2+4}}_{f_2(x)\text{ とおく}}.$$

着眼 $f_1(x)$, $f_2(x)$ は，どちらも双曲線の“上半分”（下に凸）を表します[→例題34i(2)]．

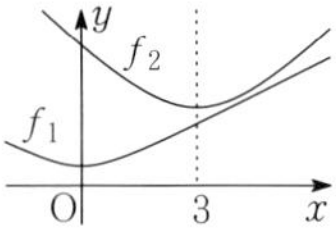

よって $y = f(x)$ のグラフも下に凸で，最小値をもちそうです．これを見越した上で…■

$x \leq 0$ のとき，$f_1(x)$, $f_2(x)$ はともに減少するから $f(x)$ は減少．$x \geq 3$ のとき，同様に考えて $f(x)$ は増加．

よって以下において，$f(x)$ の最小を論ずるために $0 \leq x \leq 3$ のみ考える．

$$f'(x) = \underbrace{\frac{1}{2}\cdot\frac{x}{\sqrt{x^2+1}}}_{f_1'(x)} + \underbrace{\frac{x-3}{\sqrt{(x-3)^2+4}}}_{f_2'(x)}.$$

注 これを通分して符号変化を考えるのはつらそう．そこでとりあえず“端”を考えると…■

$$f'(0) = \frac{-3}{\sqrt{13}} < 0,\ f'(3) = \frac{3}{2\sqrt{10}} > 0.\ \cdots①$$

方針 $f'(x)$ が増加することを示せば「最小」が論じられそうです．■

$$2f_1''(x) = \frac{\sqrt{x^2+1} - x\cdot\dfrac{x}{\sqrt{x^2+1}}}{x^2+1} = \frac{1}{(x^2+1)^{\frac{3}{2}}} > 0.$$

1)

同様に，$f_2''(x) = \dfrac{4}{\{(x-3)^2+4\}^{\frac{3}{2}}} > 0.$

よって $f''(x) > 0$ だから $f'(x)$ は増加する．これと①より

$$f'(x_1) = 0\ (0 < x_1 < 3)\ \cdots②$$

なる x_1 が 1 つに定まり，右図のようになる．

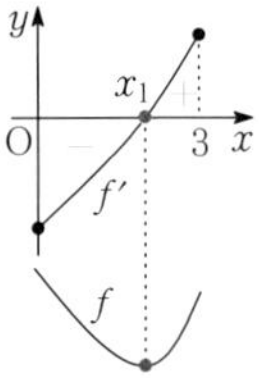

よって $f(x)$ は $x = x_1$ のとき最小となる．

このとき，②より

$$\frac{1}{2}\cdot\frac{x_1}{\sqrt{{x_1}^2+1}} = \frac{3-x_1}{\sqrt{(x_1-3)^2+4}}.$$

$P_1(x_1, 0)$ だから

$$\frac{1}{2}\cdot\frac{OP_1}{AP_1} = \frac{HP_1}{BP_1}.$$

$$\frac{1}{2}\cdot\sin\alpha = \sin\beta.$$

$$\therefore \frac{\sin\alpha}{\sin\beta} = 2.\ /\!/$$

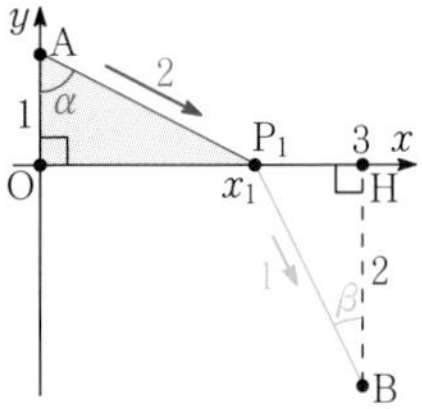

余談 「光」は，進行速度の速い空気中（$y > 0$）から進行速度の遅い水中（$y < 0$）へ突入する際，本問で導いた最短時間経路を辿ることが知られています．これは「**スネルの法則**」といわれ，物理では有名です．

補足 1)：符号に関係ない正定数 2 を左辺に移して計算式を書く手間を省きました．

例題 3 8 b 2変数関数 根底 実戦 入試

[→演習問題 3 9 24]

(1) $f(x, y)=e^{\cos x+y}-e^{\cos x+\sin x}(\cos x+y)$ $(0\leq x<2\pi$, y は任意の実数) の最小値を求めよ.

(2) 不等式 $\sqrt{xy}<\dfrac{x-y}{\log x-\log y}$ を示せ.

解答 (1) **着眼** 2変数関数の処理方法の1つ：**1文字固定**を使います．x, y のうちどちらを固定しどちらを変数とみると楽かを考えて.■

1° x を固定し，$y(\in\mathbb{R})$ を動かす.[1]

$f(x, y)$ を y の関数 $g(y)$ とみると

$$g'(y)=e^{\cos x+y}-e^{\cos x+\sin x}.$$

これは次と同符号：[2]

$$\cos x+y-(\cos x+\sin x)$$
$$=y-\sin x.$$

よって右表を得る：

y	$\cdots$	$\sin x$	$\cdots$
$g'(y)$	$-$	0	$+$
$g(y)$	↘		↗

よって 1° では，$\cos x$ を c，$\sin x$ を s と略記して，

$$\begin{aligned}\min g(y)&=g(s)\\&=e^{c+s}-e^{c+s}(c+s)\\&=e^{c+s}(1-c-s)\ (\overset{3)}{=}h(x)\ \text{とおく.})\end{aligned}$$

2° $h(x)$ に対して，x を区間 $[0, 2\pi)$ で動かす.

$$\begin{aligned}h'(x)&=e^{c+s}\{(-s+c)(1-c-s)+s-c\}\\&=e^{c+s}(s^2-c^2)=\underbrace{e^{c+s}}_{\text{正}}(-\cos 2x).\end{aligned}$$

よって，次表を得る：

x	0	$\cdots$	$\frac{\pi}{4}$	$\cdots$	$\frac{3}{4}\pi$	$\cdots$	$\frac{5}{4}\pi$	$\cdots$	$\frac{7}{4}\pi$	$\cdots$	(2π)
$h'(x)$		$-$	0	$+$	0	$-$	0	$+$	0	$-$	
$h(x)$	0	↘		↗		↘		↗		↘	(0)

ここで，$h\left(\dfrac{5}{4}\pi\right)=e^{-\sqrt{2}}(1+\sqrt{2})>0$ だから

$$h\left(\frac{\pi}{4}\right)<0<h\left(\frac{5}{4}\pi\right).$$

以上 1°2° より，求める最小値は，

$$h\left(\frac{\pi}{4}\right)=e^{\sqrt{2}}(1-\sqrt{2}).\ /\!/$$

(2) **着眼** これも2変数関数です が，対数部分が $\log\dfrac{x}{y}$ とまとまり，他は全てが x, y の1次同次式[4] ですから….

$$\overbrace{\sqrt{xy}}^{\text{実質1次式}}<\frac{\overset{\text{1次式}}{x-y}}{\log x-\log y}$$

注 例題 3 4 a と凄く似ている不等式ですが，「平均値の定理」では上手く証明できません．この辺の事情は，基本的に結果論です.■

真数条件より，$x, y>0$．また，$x\neq y$．両辺は x, y について対称[5] だから，$x>y>0$ …①として考えてよい．与式を変形すると

$$\log x-\log y<\frac{x-y}{\sqrt{xy}}\ (\because\ \log x>\log y).$$

$$\log\frac{x}{y}\leq\sqrt{\frac{x}{y}}-\sqrt{\frac{y}{x}}.$$

$t=\sqrt{\dfrac{x}{y}}$ とおくと，①より $t>1$ であり

$$\log t^2\leq t-\frac{1}{t}.$$

$$\text{i.e. } f(t):=t-\frac{1}{t}-2\log t\geq 0.\ \cdots②$$

これを示す.

$$\begin{aligned}f'(t)&=1+\frac{1}{t^2}-\frac{2}{t}\\&=\frac{t^2+1-2t}{t^2}=\frac{(t-1)^2}{t^2}>0.\end{aligned}$$

よって $f(t)$ $(t>1)$ は増加するから

$$f(t)>f(1)=0.$$

よって，②および与式が示せた.□

解説 [1]：逆に x の関数とみると，三角関数と指数関数の合成関数となりメンドウ．2変数関数の処理方法は[→ Ⅰ+A 演習問題 2 12 4]

[2]：この符号判定法はよく使われます：

> $f(x)$ が単調なとき,「$f(b)-f(a)$ の符号」を「$b-a$ の符号」にすり替える.

[3]：本音を言うと，この時点で気持ち的には 2° 段階へ突入しています.

注 [4]：『同次式は比で置換』に関しては，これまでにも何度か述べました.

[→ Ⅱ+B 演習問題 1 4 20]

[5]：右辺は，x と y を互換しても分子・分母とも逆符号となるので全体は不変ですね.

例題 3 8 C 曲線の通過領域 根底 実戦 典型 入試

[→演習問題 3 9 25]

直線 l: $y=(\log t+1)x-t$ $(t>0)$ が通過してできる領域 D を図示せよ.

ただし, $\displaystyle\lim_{x\to\infty}\frac{\log x}{x}=0$ …①, $\displaystyle\lim_{x\to+0}x\log x=0$ …② を用いてよいとする.

方針 「通過領域」に関してⅡ+B 3 8 6 で学んだ 2 通りの解法:「❶ 1 点を固定」,「❷ x を固定」のどちらでもできます. ここでは, ❷"プリンタ論法"の方で解答してみます.

解答 l と直線 $x=X$ (一定) の交点の y 座標は

$$f(t):=(\log t+1)X-t=X\log t-t+X.$$

$f(t)$ $(t>0)$ の変域 I を求める.

着眼 t の関数 $\log t$ の係数 X の符号によって $f(t)$ の"挙動"は一変しますね. ■

i) $X=0$ のとき [1],

$$f(t)=-t.\ \therefore\ I\colon f(t)<0.$$

ii) $X<0$ のとき, $f(t)$ は減少し,

主要部でくくる

$$\lim_{t\to\infty}f(t)=\lim_{t\to\infty}t\left(X\cdot\frac{\log t}{t}-1+\frac{X}{t}\right)$$
$$=-\infty\ (\because\ ①).$$

$$\lim_{t\to+0}f(t)=\infty.$$

よって, I: 実数全体.

iii) $X>0$ のとき,

$$f'(t)=X\cdot\frac{1}{t}-1=\frac{\boxed{X-t}}{t}.$$

符号決定部 / 分母は正

よって次表を得る:

t	(0) ⋯ X ⋯ ∞
$f'(t)$	$+$ 0 $-$
$f(t)$	$-\infty$ ↗ ↘ $-\infty$ [2]

よって, I は

$$f(t)\leq f(X)=X\log X-X+X=X\log X.$$

以上より

$$D\colon\begin{cases}x<0\text{ のとき, }y\text{ は任意}\\ x=0\text{ のとき, }y<0\\ x>0\text{ のとき, }y\leq x\log x\ (=g(x)\text{ とおく}).\end{cases}$$

$g'(x)=\log x+1$ より次表を得る:

x	(0) ⋯ $\frac{1}{e}$ ⋯ ∞
$g'(x)$	$-$ 0 $+$
$g(x)$	(0) ↘ $\frac{-1}{e}$ ↗ ∞

(②より $\displaystyle\lim_{x\to+0}g(x)=0$)

また, $g'(x)$ は増加するから曲線 $y=g(x)$ は下に凸.

以上より, D は右図の色の付いた [3] 部分 (境界は実線部のみ含む).

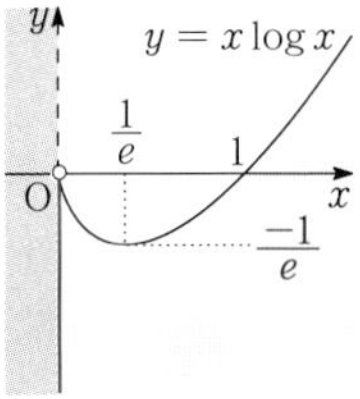

注 「❶ 1 点を固定」の方でやると, 方程式 $f(t)=Y$ $(t>0)$ が実数解をもつ条件を求めることになり, けっきょくそれは, 定数 Y が $f(t)$ の変域 I 内にあることですから, 上記**解答**と同じ結果を得ます.

補足 [1]: 意味からして,「とき」ではなく「所では」とすべきなのですが…. 日本語で記述する際の悪しき慣習です (笑).

[2]: この極限は実は不要です. $\displaystyle\lim_{t\to+0}f(t)=-\infty$ より, $f(t)$ はどんな小さな実数値でもとれることがわかっていますので.

言い訳 [3]: 実際の試験では「色」は使えませんので, 斜線を引くなどしてください.

参考 l の正体は, 曲線 $y=x\log x$ の $x=t(>0)$ における接線です. よって, D の答えは納得ですね. しかし, そうしたことを前面に出して楽に解く方法などに誘惑されませんように.

例題38d 凹凸と不等式 根底 実戦 入試

[→演習問題3927]

実数全体で定義された 2 回微分可能な関数 $f(x)$ があり，$f''(x)>0$，つまり曲線 C: $y=f(x)$ は下に凸であるとする．

(1) (i) C の $x=t$ における接線を l とする．C は l に対して接点を除いて上側にあることを示せ．

(ii) C 上の 2 点 $\mathrm{A}(a,\ f(a))$，$\mathrm{B}(b,\ f(b))$ $(a<b)$ を結んだ弦 AB に対して，C の弧 $\overset{\frown}{\mathrm{AB}}$ は両端を除いて下側にあることを示せ．

(2) 不等式 $2.44<\sqrt[10]{e^9}<2.55$ を示せ．ただし，$e=2.718\cdots$ …① を用いてよい．

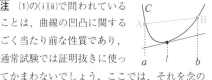

注 (1)の(i)(ii)で問われていることは，曲線の凹凸に関するごく当たり前な性質であり，通常試験では証明抜きに使ってかまわないでしょう．ここでは，それを念のためキチンと証明しておこうという趣旨です．

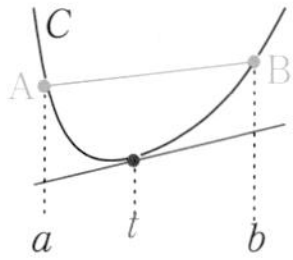

解答 (1) (i) l: $y=f'(t)(x-t)+f(t)$.

この右辺を $l(x)$，$F(x)=f(x)-l(x)$ とおくと

$F'(x)=f'(x)-f'(t)$,

$F''(x)=f''(x)>0$.

よって $F'(x)$ は増加し，

$F'(t)=f'(t)-f'(t)=0$.

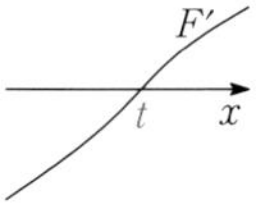

よって右表を得る．これと $F(t)=f(t)-f(t)=0$ より，

$F(x)>0\ (x\neq t)$.

x	$\cdots$ t $\cdots$
$F'(x)$	$-$ 0 $+$
$F(x)$	↘ 0 ↗

つまり，題意が示せた．□

(ii) AB : $y=\dfrac{f(b)-f(a)}{b-a}(x-a)+f(a)$.

この右辺を $m(x)$, $G(x)=f(x)-m(x)$ とおくと

$$G'(x)=f'(x)-\frac{f(b)-f(a)}{b-a},\ \cdots②$$

$G''(x)=f''(x)>0$.

よって $G'(x)$ は増加する．

また，②において平均値の定理より

$$\frac{f(b)-f(a)}{b-a}=f'(c)\ (a<c<b)$$

なる c が存在して，

$G'(x)=f'(x)-f'(c)$.

$\therefore\ G'(c)=0$.

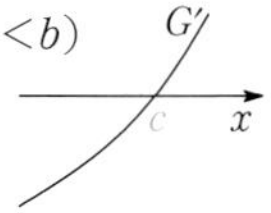

よって右表を得るから，

$G(x)<0\ (a<x<b)$.

x	a $\cdots$ c $\cdots$ b
$G'(x)$	$-$ 0 $+$
$G(x)$	0 ↘ ↗ 0

つまり，題意が示せた．□

(2) **着眼** $\sqrt[10]{e^9}=e^{\frac{9}{10}}$ です．(1)の $f(x)$，t，a，b に何を当てはめると上手くいくでしょう？■

$(e^x)'=e^x$, $(e^x)''=e^x>0$.

そこで，(1)において，

$f(x)=e^x,\ t=1,\ a=0,\ b=1$

とする．このとき

$l(x)=e(x-1)+e=ex$,

$m(x)=(e-1)x+1$.

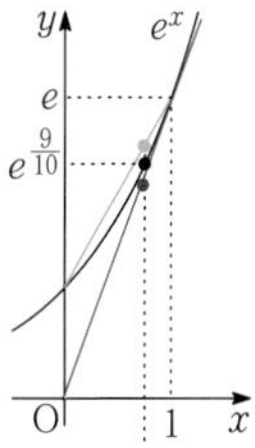

よって $0<x<1$ のとき，

$ex<e^x<(e-1)x+1$.

$0<\dfrac{9}{10}<1$ だから，

$$e\cdot\frac{9}{10}<e^{\frac{9}{10}}<(e-1)\cdot\frac{9}{10}+1.\ \cdots③$$

ここで①より

$$\text{最左辺}\geqq\frac{9}{10}\cdot2.718=2.4462\ ,$$

$$\text{最右辺}<\frac{9}{10}(2.719-1)+1=2.5471\ .$$

これらと③より

$$2.4462<e^{\frac{9}{10}}<2.5471\ .$$

$$\therefore 2.44<\sqrt[10]{e^9}<2.55\ .\ □$$

注 大学以降では，(1)(ii)の性質がつねに成り立つことを「下に凸」の定義とします．

曲線の凹凸をベースにした不等式は，次問および演習問題3927でも扱います．

参考 $\sqrt[10]{e^9}$ の近似値を考えるには，接線 $l(x)$ による 1 次近似に加えて，2 次近似を用いる方が精度は上がります．[→例題37q後の発展]

例題 38 e 凹凸と不等式 ハイレベル↑ 根底 実戦 入試

[→演習問題 3 9 27]

$a_1, a_2, a_3, \cdots, a_n > 0$ として，以下に答えよ．

(1) $x > 0$ で定義された関数 $f(x)$ がある．$f(x)$ は 2 回微分可能であり，曲線 $C: y = f(x)$ は上に凸だとする．このとき，次が成り立つことを示せ．

$$\frac{1}{n}\sum_{k=1}^{n} f(a_k) \leq f\left(\frac{1}{n}\sum_{k=1}^{n} a_k\right) \text{(等号は } a_1 = a_2 = \cdots = a_n \text{ のときのみ成立)} \cdots ①$$

"相加相乗"の一般形

(2) $\dfrac{a_1 + a_2 + \cdots + a_n}{n} \geq \sqrt[n]{a_1 a_2 \cdots a_n}$ (等号は $a_1 = a_2 = \cdots = a_n$ のときのみ成立) を示せ．

解答 (1) **着眼** 左辺は「f の値の相加平均」．右辺は「相加平均の f の値」です．

方針 C の凸性を利用します．「弦」「接線」のどちらが使いやすいか…？ ■

C の $x = \alpha$ における接線を l とすると

$l: y = f'(\alpha)(x - \alpha) + f(\alpha)$.

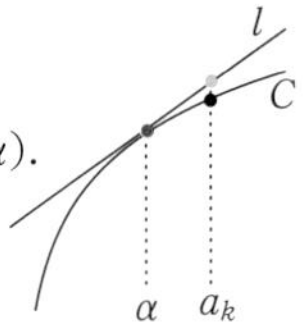

C は上に凸ゆえ次が成り立つ：

$$\begin{cases} f(x) \leq f'(\alpha)(x - \alpha) + f(\alpha) & \cdots ② \\ \text{等号は } x = \alpha \text{ のときのみ成立．} & \cdots ③ \end{cases}$$

方針 ①の左辺に「$f(a_k)$」があるので，x に a_k を代入しましょう． ■

②で $x = a_k$ とすると

$$f(a_k) \leq f'(\alpha)(a_k - \alpha) + f(\alpha).$$

$k = 1, 2, 3, \cdots, n$ として辺々加えると

$$\sum_{k=1}^{n} f(a_k) \leq \sum_{k=1}^{n} \{f'(\alpha)(a_k - \alpha) + f(\alpha)\}$$

$$= f'(\alpha)\left(\sum_{k=1}^{n} a_k - n\alpha\right) + n\underline{f(\alpha)}. \cdots ④$$

着眼 下線部と①右辺を比べると，「α」に何を代入すべきかが見えますね． ■

④において，$\alpha = \dfrac{1}{n}\sum_{k=1}^{n} a_k (> 0)$ として，

$$\sum_{k=1}^{n} a_k - n\alpha = \sum_{k=1}^{n} a_k - n \cdot \frac{1}{n}\sum_{k=1}^{n} a_k = 0.$$

$$\therefore \sum_{k=1}^{n} f(a_k) \leq nf(\alpha).$$

両辺を n で割ると，①の不等式が得られる．等号成立条件は，前記で加えた n 個の不等式全ての等号が成り立つこと，つまり③より

$a_1 = a_2 = \cdots = a_n = \alpha$　i.e. $a_1 = a_2 = \cdots = a_n$.

以上で①が示せた．□

(2) **方針** 相加平均は既に(1)にありますから，相乗平均を作り出す関数を考えます． ■

$f(x) = \log x \, (x > 0)$ とおくと，$f'(x) = \dfrac{1}{x}$ は減少し，$C: y = \log x$ は上に凸．よって(1)より

$$\frac{1}{n}\sum_{k=1}^{n} \log(a_k) \leq \log\alpha.$$

$$\log(a_1 a_2 \cdots a_n)^{\frac{1}{n}} \leq \log\frac{a_1 + a_2 + \cdots + a_n}{n}.$$

底: $e > 1$ より

$$\therefore \sqrt[n]{a_1 a_2 \cdots a_n} \leq \frac{a_1 + a_2 + \cdots + a_n}{n}.$$

等号成立条件は，(1)より $a_1 = a_2 = \cdots = a_n$. □

例題 38 f $a_{n+1} = f(a_n)$ 型と極限 根底 実戦 典型 入試

[→演習問題 3 9 28]

(1) $f(x) = \dfrac{e^x}{e^x + 1}$ とする．$f'(x)$ のとり得る値の範囲を求めよ．

(2) 方程式 $f(x) = x \cdots ①$ は，ただ 1 つの実数解をもつことを示せ．

(3) 数列 (a_n) が $a_{n+1} = f(a_n) \; (n = 1, 2, 3, \cdots) \cdots ②$ を満たすとする．(2)の解を α として，$\lim_{n\to\infty} a_n = \alpha$ を示せ．

着眼 (3)で，(1)をどう活かすかがポイントです．

解答 (1) $f(x)=1-\dfrac{1}{e^x+1}$ …③ 分子の低次化[1]

$$f'(x)=\frac{e^x}{(e^x+1)^2}.$$

そこで，$t=e^x\ (>0)$ とおくと[2]

$$f'(x)=\frac{t}{(t+1)^2}\ (=g(t)\ \text{とおく}).$$

$$g'(t)=\frac{(t+1)^2-t\cdot 2(t+1)}{(t+1)^4}$$

$$=\frac{\boxed{1-t}}{(t+1)^3}.$$

よって右の増減表を得る．

t	(0)	$\cdots$	1	$\cdots$	∞
$g'(t)$		$+$	0	$-$	
$g(t)$	(0)	$\nearrow$	$\frac{1}{4}$	$\searrow$	(0)

よって求める範囲は

$$0<f'(x)\le\frac{1}{4}.\text{//}$$

(2) **方針** 差をとったあと，$f(x)$ と x は異種の関数ですから，微分法・グラフを利用．■

$F(x)=f(x)-x$ とおくと

$$F'(x)=f'(x)-1\le\frac{1}{4}-1<0\ (\because\ (1)).$$

よって $F(x)$ は減少関数であり

$$F(0)=\frac{1}{2}-0>0,\ F(1)=\frac{e}{e+1}-1<0.$$

よって，曲線 $y=F(x)$ は x 軸とただ 1 点で交わるから，題意は示せた．□

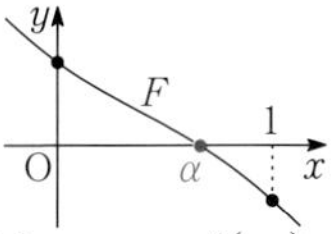

(3) **着眼** 例題 2 1 1 の類題です．$a_{n+1}=f(a_n)$ 型ですから，2 つのグラフ $y=f(x)$, $y=x$ を用いて (a_n) の項の推移が追跡できます．下図では初項をテキトーにとりました．

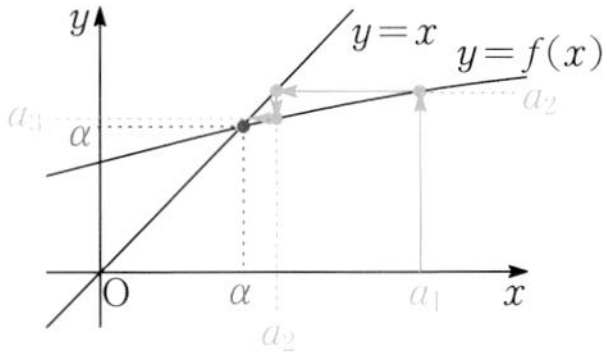

そして次の図から，後の絶対差：$|a_{n+1}-\alpha|$ は，前の絶対差：$|a_n-\alpha|$ よりずいぶん小さくなることが察せられます．なにしろ，接線の傾きが (正で) $\dfrac{1}{4}$ 以下ですから．どうやら，絶対差：$|a_n-\alpha|$ が 0 に収束すること ($a_n\to\alpha$ の定義) が，“ドミノ式”に示せそうですね．

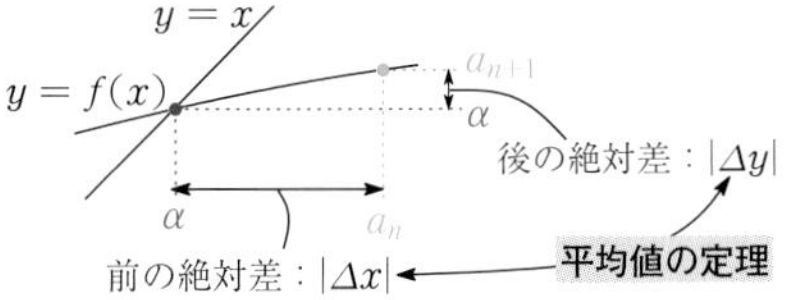

関数 $y=f(x)$ において，前誤差には $|\Delta x|$，後誤差には $|\Delta y|$ という意味付けができます．両者をつなぐ役割を果たすのが，**平均値の定理**です．■

$a_n\neq\alpha$ のとき[3]，平均値の定理より

$$f(a_n)-f(\alpha)=f'(c)(a_n-\alpha)$$

(c は α と a_n の間[4])

を満たす c が存在して，②および $f(\alpha)=\alpha$ より

$$|a_{n+1}-\alpha|=|f(a_n)-f(\alpha)|$$
$$=|f'(c)(a_n-\alpha)|$$
$$=|f'(c)||a_n-\alpha|$$
$$\le\frac{1}{4}|a_n-\alpha|\ (\because\ (1),\ |a_n-\alpha|\ge0).$$

(これは $a_n=\alpha$ でも成り立つ．[5])

これを繰り返し用いて

$$0\le|a_n-\alpha|$$
$$\le\frac{1}{4}|a_{n-1}-\alpha|$$
$$\le\frac{1}{4}\cdot\frac{1}{4}|a_{n-2}-\alpha|$$
$$\vdots$$
$$\le\left(\frac{1}{4}\right)^{n-1}|a_1-\alpha|\to0.$$

a_1の値は無関係

よって“はさみうち”より

$$|a_n-\alpha|\to0,\ \text{i.e.}\ a_n\to\alpha.\square$$

解説 1)2)：まさに「微分する前に，まず変形&置換」ですね！

注 3)：両者が等しいときは平均値の定理は使えません．

補足 4)：「間」という表現は，a_n と α の大小によらず使えます．

5)：このとき 左辺 ＝ 右辺 が成り立ちます．

第3章 微分法

例題 38g パラメタ曲線を描く 重要度↑ 根底 実戦 入試 [→演習問題 3 9 29]

次のようにパラメタ表示された曲線 C を描け．

(1) $C_1:\begin{cases} x=t^3-3t, \\ y=t^2-4 \end{cases}$　(2) $C_2:\begin{cases} x=\sin t, \\ y=(1+\cos t)\sin t \end{cases}$ $(-\pi\le t\le\pi)$

着眼 パラメタとして文字「t」がよく使われるのは，それが時刻 (time) のようにみなされているからでしょう．既に学んだ「速度ベクトル」のことも思い出して．

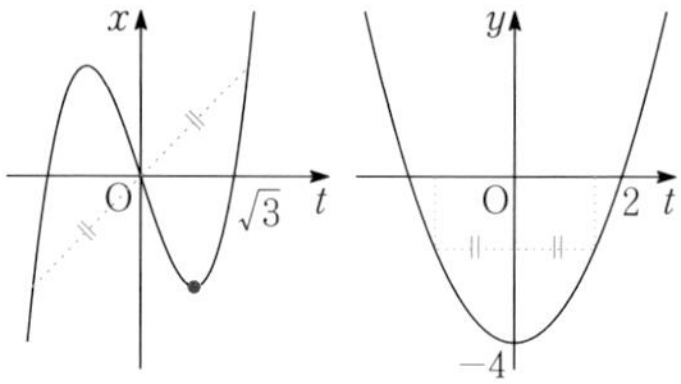

方針 「時の流れ」＝時刻 t の変化にともなう x, y の変化を**考えます**．ただし，それ以外の情報にもちゃんと耳を傾けて．

解答 (1) x を $x(t)$，y を $y(t)$ と書くと

$x(-t)=-x(t),\ y(-t)=y(t)$

だから，$t=t_1, -t_1$ に対応する点どうしは y 軸対称．よって，C_1 の $t\ge 0, t\le 0$ の部分どうしも y 軸対称．

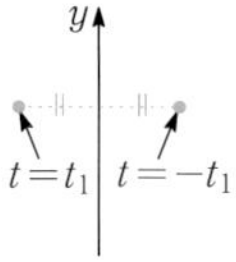

そこで，まず $t\ge 0$ のみ考える．

下書き “切りのいい” いくつかの (時刻)t に対応する点を<u>xy 平面上に</u>[1]プロットし，点 (x, y) の動き**そのもの**をある程度把握しておくことを強く推奨します．ここでは次の “時刻” を考えます．

$x=0$ となる $t=\sqrt{3}$

$y=0$ となる $t=2$

$t\to\infty$ のとき

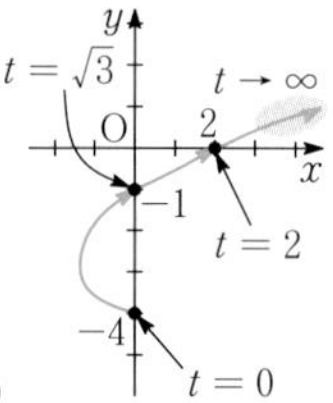

$0<t<\sqrt{3}$ において $x<0$ なので，ある程度は点 (x, y) の動きが見えます．■

注 y の t に対する増減は微分法不要．■

$$\frac{dx}{dt}=3t^2-3=3(t+1)\cdot(\boxed{t-1}).^{2)}$$

よって，t に対する x, y の増減は次表の通り：

t	0	…	1	…（$\sqrt{3}$，2）	∞
dx/dt		−	0	+	
x	0	↘[3]	−2	↗	∞
y	−4	↗[4]	−3	↗	∞

注 [2]：本音を言うと，**下書き**の段階でこれを暗算で済まし，x は $t=1$ で最小 (**着眼**左図の赤点) となることも見抜いてます．

[3]：この矢印は，“時刻” t に対して横座標 x が減少，つまり “左向き” の運動であることを表します．

[4]：“時刻” t に対して縦座標 y が増加，つまり “上向き” の運動ということ．

[3][4]：“左向き” を「←」，“上向き” を「↑」と表す人もいます．**意味を考えて**いれば，「表」は何でも可．大切なのは「曲線」そのもの．■

以上より，対称性も加味して，C_1 は次の通り．

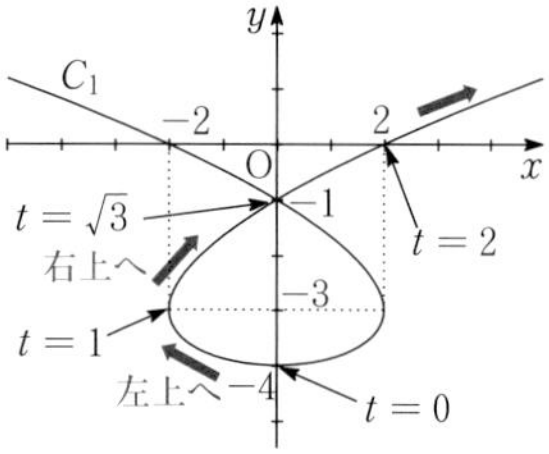

(2) **注** パラメタ t を消去することも可能ですが，あまりトクしません (笑)．

着眼 x, y の「増減」以外にも，とても分かりやすい明確な情報があるのが見えますか？■

x を $x(t)$，y を $y(t)$ と書くと，

$x(-t)=-x(t),\ y(-t)=-y(t)$

だから，$t=t_1, -t_1$ に対応する点どうしは原点対称．

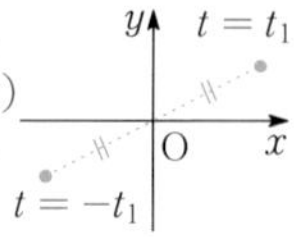

よって，C_2 の $-\pi\le t\le 0, 0\le t\le\pi$ の部分どうしも原点対称．そこで，まず $0\le t\le\pi$ のみ考える．

$\cos t$ を c，$\sin t$ を s と略記すると，C_2 上の点 (x, y) は，直線 l: $y=(1+c)x$ 上にあり，
　l の傾き $1+c$ は t の減少関数．…①

下書き　$x = \sin t$ は，$0 \leq t \leq \pi$ において $0 \to 1 \to 0$ と変化します．これと①より，点 (x, y) の動き**そのもの**がけっこう把握できちゃいます：

t	傾き
0	2
$\frac{\pi}{4}$	$1+\frac{1}{\sqrt{2}}$
$\frac{\pi}{2}$	1
$\frac{3}{4}\pi$	$1-\frac{1}{\sqrt{2}}$
π	0

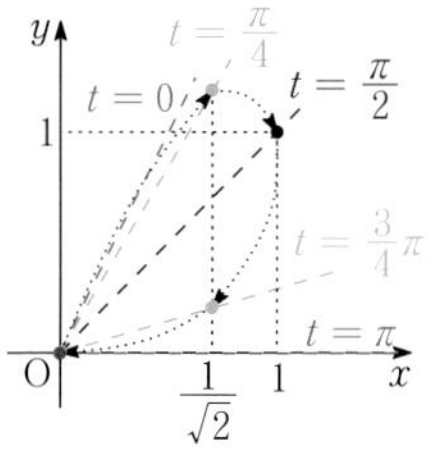

■

$$\frac{dy}{dt} = -s \cdot s+(1+c)c$$
$$=(c^2-1)+(1+c)c$$
$$=(1+c)(\boxed{2c-1}).$$

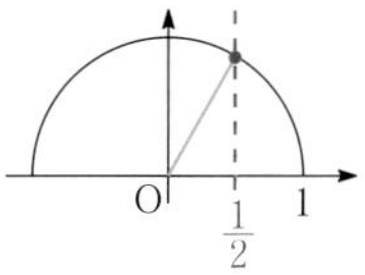

よって，t に対する x, y の増減は次表の通り：

t	0	$\cdots$	$\frac{\pi}{3}$	$\cdots$	$\frac{\pi}{2}$	$\cdots$	π
x	0	↗ 右へ	$\frac{\sqrt{3}}{2}$	↗	1	↘	0
dy/dt		$+$	0	$-$	$-$	$-$	
y	0	↗ 上へ	$\frac{3}{4}\sqrt{3}$	↘	1	↘	0

また，①より，$0<t<\pi$ の範囲で異なる2つの t に対応する点どうしが一致する[5]ことはない．以上より，対称性も加味して，C_2 は次の通り．

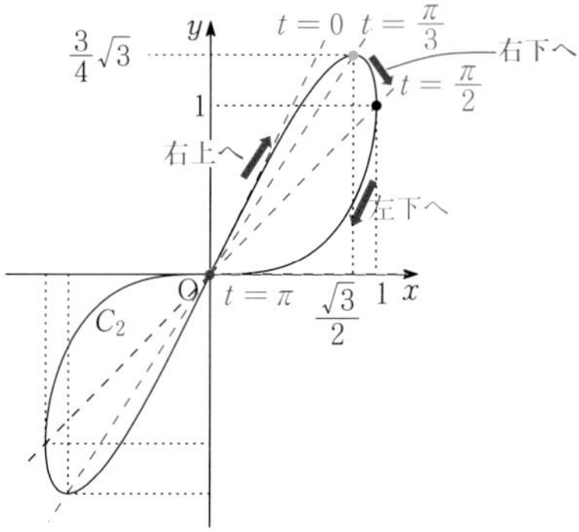

注 [1]：多くの受験生が，次のような誤った指導を受けて“思考停止”状態に陥っています（涙）：
「パラメタ曲線は x, y を t で微分し，点 (x, y) の動き（↖）まで表にまとめた後で初めて xy 平面と向き合って曲線を描け」．　？？？？？（笑）
目標は，「表」ではなく「曲線」ですから，**曲線そのものを初めから注視**するのが当然．同じ注意が，曲線 $y=f(x)$ を描く際の増減表・凹凸表に関しても述べられていました．［→345注］

[5]：俗に“自己交差”といいます．(1)では $t=\pm\sqrt{3}$ において自己交差が起こっています．

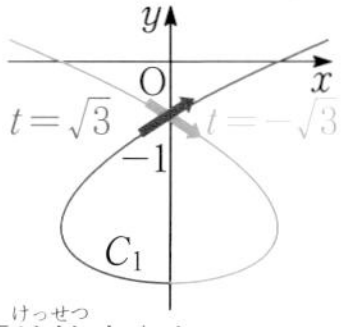

この交点 $(0, -1)$ のことを「結節点（けっせつ）」といい，この点では曲線 C_1 の接線が定まりません．$t=\sqrt{3}$ と $t=-\sqrt{3}$ とでは（t を時刻とみなして）速度ベクトルの方向が異なりますので．

参考　パラメタ曲線を描くとき，その凹凸については通常不問だと思われます．(1)の C_1 についていちおう調べておきます：
「x に対する接線の傾きの増減」を**考えます**．

$$\frac{dy}{dx}=\frac{dy/dt}{dx/dt}=\frac{2t}{3(t^2-1)}=\frac{2}{3}\cdot\frac{t}{t^2-1}.$$

$$\frac{d^2y}{dx^2}=\frac{d}{dx}\left(\frac{dy}{dx}\right)$$
$$=\frac{d}{dx}\left(\frac{2}{3}\cdot\frac{t}{t^2-1}\right)$$
$$=\frac{dt}{dx}\cdot\frac{d}{dt}\left(\frac{2}{3}\cdot\frac{t}{t^2-1}\right)$$
$$=\frac{1}{3(t^2-1)}\cdot\frac{2}{3}\cdot\frac{t^2-1-t\cdot 2t}{(t^2-1)^2}$$
$$=\underbrace{\frac{2}{9}\cdot\frac{t^2+1}{(t^2-1)^2}}_{\text{正}}\cdot\underbrace{\frac{1}{\boxed{1-t^2}}}_{\text{符号決定部}}.$$

$$\therefore \begin{cases} 0 \leq t < 1 \text{ の部分} \to \dfrac{d^2y}{dx^2}>0 \text{ より下に凸．} \\ 1<t \text{ の部分} \to \dfrac{d^2y}{dx^2}<0 \text{ より上に凸．} \end{cases}$$

なるほどたしかに，答えの図と合致していますね．

注意！　x, y それぞれを t で2回微分してもダメ！

例題 3 8 h パラメタ表示を作り，曲線を描く 根底 実戦 典型 入試 [→演習問題 3 9 30]

xy 平面上で，中心 P(y 座標は正)，半径 a (>0) の円周 C が x 軸に接しながら滑ることなく回転し，P は毎秒 a の速度で x 軸の正の向きへ移動する．C 上に固定された点 Q は，最初 (時刻 $t=0$) 原点 O にあるとし，時刻 t が 0 から 2π まで変化するとき Q が描く軌跡を F とする．

(1) 時刻 t における Q の座標を t で表せ．　(2) F の概形を描け．

(3) 時刻 t における Q の速さと加速度の大きさを求めよ．

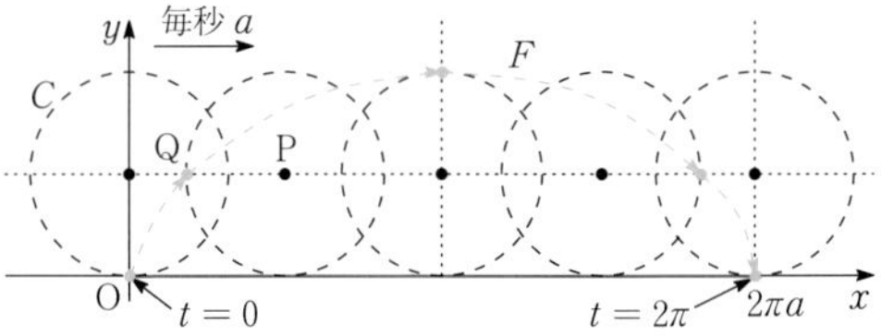

着眼 まずは点 P, Q の**動きそのもの**を追跡し，F のおおよそのカンジを把握 (右図)．C が滑ることなく1 回転するとき，P の x 座標は C の周長 $=2\pi a$ だけ増えるはず．それに要する時間が 2π 秒です．

方針 (1) 問われているのは点 Q の座標ですが，目標とするのはベクトル $\overrightarrow{\mathrm{OQ}}$ です．これを，「向き」と「長さ」がわかりやすいベクトルに分解して考えます．

(2) 時刻 t に対する x, y の変化を**考える**こと．安易に t で微分するのは NG.

(3) ほぼ機械的に求まりますが，三角関数を巧みに変形して．

重要 Ⅱ+Bの，4 1 1「一般角と“大きさの角”」，4 1 2「弧度法」，4 2 4「$\pi-\theta$ などの三角関数」，4 2 7「三角関数とベクトル」の理解が**大前提**です．

解答 (1)

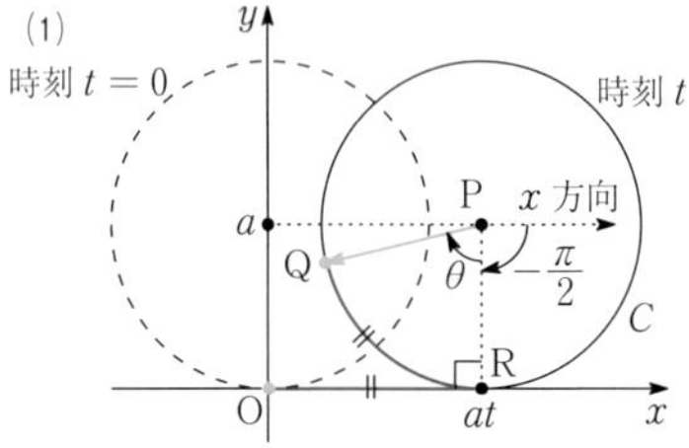

時刻 t において $\overrightarrow{\mathrm{OQ}}=\overrightarrow{\mathrm{OP}}+\overrightarrow{\mathrm{PQ}}$ を求める．

まず，$\overrightarrow{\mathrm{OP}}=\begin{pmatrix}at\\a\end{pmatrix}$.

次に，$|\overrightarrow{\mathrm{PQ}}|=a$. また，図のように接点 R と一般角 $\theta(<0)$ をとると，$\overset{\frown}{\mathrm{RQ}}=\mathrm{OR}$ より

[1] $|\theta|=\dfrac{\overset{\frown}{\mathrm{RQ}}}{a}=\dfrac{\mathrm{OR}}{a}=\dfrac{at}{a}=t.$

[2] $\theta<0$ より，$\theta=-t$.

$\therefore \overrightarrow{\mathrm{PQ}}$の偏角$=\left(-\dfrac{\pi}{2}\right)+(-t)$[3]$=-\dfrac{\pi}{2}-t.$

$$\therefore\ \overrightarrow{\mathrm{PQ}}=a\begin{pmatrix}\cos\left(-\frac{\pi}{2}-t\right)\\ \sin\left(-\frac{\pi}{2}-t\right)\end{pmatrix} \text{[4]}$$

$$=a\begin{pmatrix}\cos\left(\frac{\pi}{2}+t\right)\\ -\sin\left(\frac{\pi}{2}+t\right)\end{pmatrix}=a\begin{pmatrix}-\sin t\\ -\cos t\end{pmatrix}. \text{[5]}$$

以上より，Q(x, y) として，

$$\overrightarrow{\mathrm{OQ}}=\begin{pmatrix}at\\a\end{pmatrix}+a\begin{pmatrix}-\sin t\\ -\cos t\end{pmatrix}.\ \cdots①$$

$$\text{i.e. Q:}\begin{cases}x=a(t-\sin t)\\ y=a(1-\cos t).\end{cases} \text{[6]} /\!/$$

解説 (1) [1]：“大きさの角”に関する等式．　[2]：こちらは「一般角」．

[3]：2 つの負の一般角を**加える**という感覚．　[4]：「向き」(偏角) と「大きさ」からベクトルを作る．

[5]：三角関数の公式類を確認！　[6]：Q の座標 x, y を別個に書くと，(2)以降が記述しやすい．■

(2) $\dfrac{dx}{dt}=a(1-\cos t)\geqq 0$. よって，時刻 t に対する x, y の増減は次表の通り：

t	0	$\cdots$	π	$\cdots$	2π
x	0	↗	πa	↗	$2\pi a$
y	0	↗	$2a$	↘	0

右向き　上向き　下向き

よって F の概形は下図の通り：

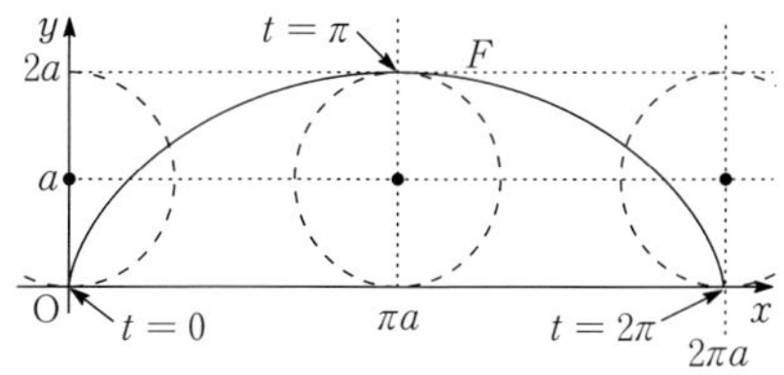

(3) Q の速度ベクトルは

$$\vec{v}=a\begin{pmatrix}1-\cos t\\ \sin t\end{pmatrix}\ \cdots ②$$

$$\overset{7)}{=}a\begin{pmatrix}2\sin^2\frac{t}{2}\\ 2\sin\frac{t}{2}\cos\frac{t}{2}\end{pmatrix}=2a\sin\frac{t}{2}\begin{pmatrix}\sin\frac{t}{2}\\ \cos\frac{t}{2}\end{pmatrix}.\cdots ③$$

よって速さは

$$|\vec{v}|=\left|2a\sin\frac{t}{2}\right|\overset{8)}{=}2a\sin\frac{t}{2}\ \left(0\leqq\frac{t}{2}\leqq\pi\right).//$$

次に，加速度ベクトルは，②より

$$\vec{\alpha}=a\begin{pmatrix}\sin t\\ \cos t\end{pmatrix}.\ \cdots ④$$

よって加速度の大きさは

$$|\vec{\alpha}|=|a|=a.//$$

解説 (2) 時の流れの中での Q の動きは，$t=\pi$ までは右上向き．$t=\pi$ 以降は右下向きです．y の t に対する増減はそのままでわかりますね．微分する人って，ちょっとヘンです (笑).

注 ただし，F の“端”における接線の傾きまで気にして描くとなると話は変わってきます．**微分法によって得られた**③より，F の接線の傾きは

$$\frac{dy}{dx}=\frac{\frac{dy}{dt}}{\frac{dx}{dt}}=\frac{\cos\frac{t}{2}}{\sin\frac{t}{2}}\to\begin{cases}+\infty\ (t\to+0\text{ のとき}),\\ -\infty\ (t\to 2\pi-0\text{ のとき}).\end{cases}$$

よって“端”での接線が，x 軸に対して垂直に“切り立っている”ことがわかりました．

7)：$1\pm\cos t$ と $\sin t$ のペアに対する変形として，とても有名です．[→ Ⅱ+B 例題 4 7 f]

④と 5) より，加速度ベクトル $\vec{\alpha}$ は，円の中心 P から Q に向かうベクトル $\overrightarrow{\mathrm{PQ}}$ と反対向き．これは，3 6 7「等速円運動」と同じです．このようになる理由は，加速度ベクトルを求める過程を振り返ってみるとわかります．点 Q の位置ベクトルを表した①の第 1 項は，x 成分 y 成分とも t の 1 次以下の式なので，2 回微分する過程で消えてしまいます．よって，円の回転運動を表した第 2 項のみが残り，上記の結果につながったという訳です．

参考 パラメタ曲線を描く際には，普通「凹凸」については不問だと思われます．前述した“端”での接線にしてもそうですが，「曲線の概形を描け」という設問は，何を答えれば正解かが，けっこう曖昧だったりしますが (苦笑)．いちおう凹凸も調べておくと，②より

$$\frac{d^2y}{dx^2}=\frac{d}{dx}\left(\frac{dy}{dx}\right)=\frac{d}{dx}\left(\frac{\sin t}{1-\cos t}\right)=\frac{dt}{dx}\cdot\frac{d}{dt}\left(\frac{\sin t}{1-\cos t}\right)$$

以下，$\cos t$ を c，$\sin t$ を s と略記

$$=\frac{1}{a(1-c)}\cdot\frac{c(1-c)-ss}{(1-c)^2}=\frac{-1}{a(1-c)^2}<0\ (0<t<2\pi).$$

よって，曲線 F は上に凸です．(**サイクロイド**と呼ばれる有名曲線です．)

注 本問では，パラメタ t が「時刻」を表すので，「速度」「加速度」という用語を用いて問題・解答を記述します．そうでない問題の場合，こうした用語を使うことはできませんが，気持ちの中ではパラメタが「時刻」だとみなすと，いろいろなことを理解しやすくなりますよ．

8)：Q の速さは $t=0, 2\pi$ において 0．つまり Q は瞬間的に停止し，地面 (x 軸) で“バウンド”するカンジになります (右図では $t<0$ も考えています).

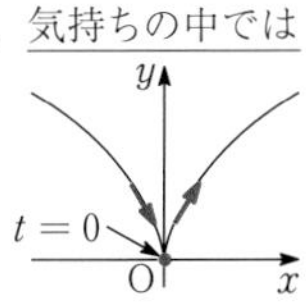

例題 3 8 i 等角らせん 根底 実戦 典型 入試

[→演習問題 3 9 31]

xy 平面上の原点 O を端点とする半直線 l は，時刻 $t=0$ において x 軸の 0 以上の部分と重なっており，毎秒 1[rad] だけ正の向きに回転する．l 上に動点 P があり，時刻 t 秒において OP$=e^t$ とする．P が動いてできる曲線を L とするとき，以下の問いに答えよ．

(1) L の $0 \leq t \leq \dfrac{\pi}{2}$ の部分を描け．

(2) 時刻 t における速度ベクトル $\vec{v}$，速さ，加速度ベクトル $\vec{\alpha}$，加速度の大きさを求めよ．

(3) $\overrightarrow{\mathrm{OP}}$ と $\vec{v}$，$\overrightarrow{\mathrm{OP}}$ と $\vec{\alpha}$ のなす角はそれぞれ一定であることを示せ．

着眼 問題文は長いですが，要は「$\overrightarrow{\mathrm{OP}}$ の偏角と大きさ」が書かれているだけですね（笑）．

解答 (1) 時刻 t において，$\overrightarrow{\mathrm{OP}}$ の偏角は $1\cdot t=t$．$|\overrightarrow{\mathrm{OP}}|=e^t$．よって P$(x, y)$ とすると

$$\overrightarrow{\mathrm{OP}}=e^t\begin{pmatrix}\cos t\\ \sin t\end{pmatrix}.$$

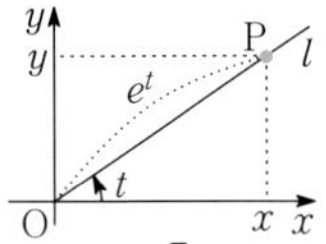

i.e. $\begin{cases} x=e^t\cos t \\ y=e^t\sin t. \end{cases}$

下書き 偏角 t の増加にともない，OP が長くなっていきます．これだけの情報からでも，概形はけっこう把握できてしまいますね．■

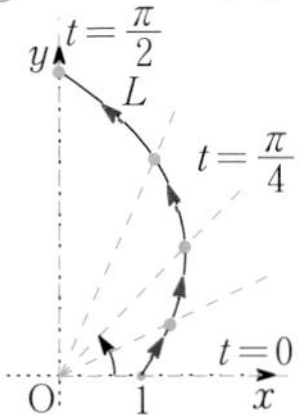

$0 \leq t \leq \dfrac{\pi}{2}$ において，

e^t，$\sin t$ はいずれも 0 以上で [1] 増加するから，y は t の増加関数．これと

$\dfrac{dx}{dt}=e^t(\cos t-\sin t)$ [2] より，時刻 t に対する x, y の増減は次表の通り：

t	0	…	$\frac{\pi}{4}$	…	$\frac{\pi}{2}$
dx/dt		+	0	−	
x	1	↗右		左↘	0
y	0	↗上		↗	$e^{\frac{\pi}{2}}$

よって L の概形は右図の通り：

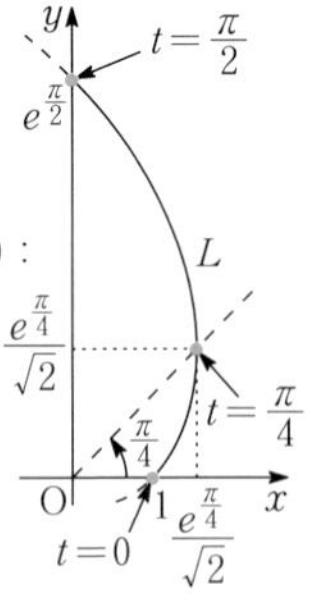

(2)
$$\vec{v}=\begin{pmatrix}dx/dt\\ dy/dt\end{pmatrix}$$
$$=\begin{pmatrix}e^t(\cos t-\sin t)\\ e^t(\sin t+\cos t)\end{pmatrix}$$
$$=e^t\begin{pmatrix}\cos t-\sin t\\ \sin t+\cos t\end{pmatrix}$$
$$=\sqrt{2}e^t\begin{pmatrix}\cos\left(t+\frac{\pi}{4}\right)\\ \sin\left(t+\frac{\pi}{4}\right)\end{pmatrix}.// \cdots ①$$
[3]

∴ 速さ $|\vec{v}|=\sqrt{2}e^t.//$ [4]

次に，$\dfrac{dx}{dt}=\sqrt{2}e^t\cos\left(t+\dfrac{\pi}{4}\right)$ より

$$\frac{d^2x}{dt^2}=\sqrt{2}e^t\left\{\cos\left(t+\frac{\pi}{4}\right)-\sin\left(t+\frac{\pi}{4}\right)\right\}$$
$$=\sqrt{2}e^t\cdot\sqrt{2}\cos\left(t+\frac{\pi}{4}+\frac{\pi}{4}\right) \text{[5]}$$
$$=2e^t\cos\left(t+\frac{\pi}{2}\right).$$

同様に，$\dfrac{d^2y}{dt^2}=2e^t\sin\left(t+\dfrac{\pi}{2}\right)$．

$$\therefore\ \vec{\alpha}=2e^t\begin{pmatrix}\cos\left(t+\frac{\pi}{2}\right)\\ \sin\left(t+\frac{\pi}{2}\right)\end{pmatrix} \cdots ②$$
$$=2e^t\begin{pmatrix}-\sin t\\ \cos t\end{pmatrix}.//$$

∴加速度の大きさ $=|\vec{\alpha}|=2e^t.//$

(3) ①より，$\overrightarrow{\mathrm{OP}}$ から $\vec{v}$ への回転角は $+\dfrac{\pi}{4}$（一定）．[6]

②より，$\overrightarrow{\mathrm{OP}}$ から $\vec{\alpha}$ への回転角は $+\dfrac{\pi}{2}$（一定）．

よって題意は示せた．□

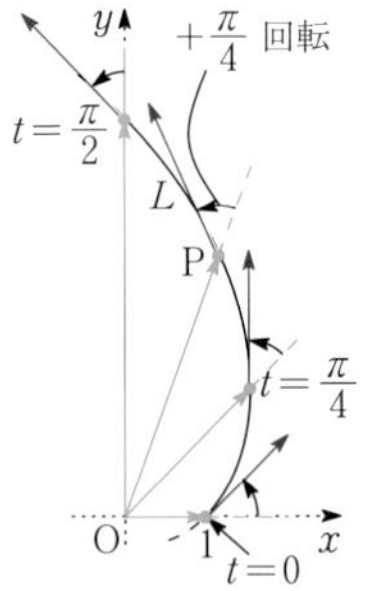

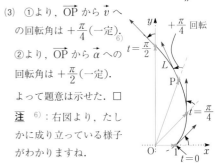

注 [6]：右図より，たしかに成り立っている様子がわかりますね．

この性質を由来として，この曲線 L は**等角らせん**と呼ばれます．

解説 [1]：[→Ⅱ+B 1 7 4 積の大小関係]

[2]：単位円周上の点 $(\cos t, \sin t)$ の，横座標と縦座標の大小から，符号はカンタンにわかります．

[3]：「cos」への合成もできますね？

[→Ⅱ+B 演習問題 4 8 12(2)]

4)：半直線 l は一定の角速度で回転するので，距離：$\mathrm{OP}=e^t$ が長くなるほど P の速さも増す訳です．

参考 5)：この計算過程からわかるように，一般に次のようになります：

$x=e^t\cos t$ のとき，$x^{(n)}=(\sqrt{2})^n e^t\cos\left(t+\dfrac{\pi}{4}n\right)$．（$y$ についても同様．）[→例題36d(6)]

79後　曲線 L は，極方程式 $r=e^t$（t が偏角）で表されます．

例題 38j 速度 根底 実戦

[→演習問題3 9 32]

xy 平面上に 2 つの動点 $\mathrm{P}(x,0)$，$\mathrm{Q}(0,y)$（$x,y\geq 0$）があり，$\mathrm{PQ}=l$（正定数）を満たす．P が x 軸上で正の向きへ毎秒 v（正定数）で移動する．$x=\dfrac{l}{2}$ となった瞬間における Q の速度，加速度を求めよ．

着眼 イメージとしては，長さ l の「棒」が，「地面」と「壁」に立て掛けてあって，地面上の端 P を等速で引っ張るとき，壁上の端 Q がずり落ちる速度は何か？というカンジです．

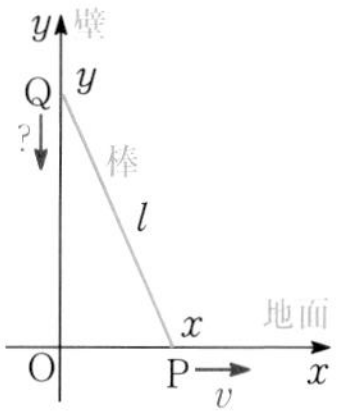

解答 $x^2+y^2=l^2$．…① $\dfrac{dx}{dt}=v$．…②

方針 速度 $=\dfrac{dy}{dt}$ を作るため，**t で微分する**ことを考えます．■

注意！ 初めから「$x=\dfrac{l}{2}$」と定数にしてしまうと，時刻 t に応じた「変化」を考えることができなくなってしまいますよ！■

①の両辺を t で微分すると

$$2x\cdot\frac{dx}{dt}+2y\cdot\frac{dy}{dt}=0.$$

合成関数の微分法

これと②より

$$vx+y\cdot\frac{dy}{dt}=0.\ \cdots ③$$

$x=\dfrac{l}{2}$ のとき，①より $y=\dfrac{\sqrt{3}}{2}l$ だから，

$$v\cdot\frac{l}{2}+\frac{\sqrt{3}}{2}l\cdot\frac{dy}{dt}=0.$$

このタイミングで x を定数にした

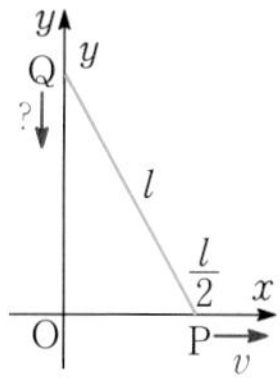

よって求める速度は 1)

$$\frac{dy}{dt}=-\frac{v}{\sqrt{3}}.\text{//}\ \cdots ④$$

方針 加速度 $=\dfrac{d^2y}{dt^2}$ を作るため，さらに **t で微分します．** x,y に定数を代入する前の式を！■

③の両辺を t で微分すると

$$v\cdot\frac{dx}{dt}+\underbrace{\frac{dy}{dt}\cdot\frac{dy}{dt}+y\cdot\frac{d^2y}{dt^2}}_{\text{積の微分法}}=0.$$

$x=\dfrac{l}{2}$ のとき，これと②④より

$$v^2+\left(-\frac{v}{\sqrt{3}}\right)^2+\frac{\sqrt{3}}{2}l\cdot\frac{d^2y}{dt^2}=0.$$

よって求める加速度は

$$\frac{d^2y}{dt^2}=-\frac{4}{3}v^2\cdot\frac{2}{\sqrt{3}l}=-\frac{8}{3\sqrt{3}}\cdot\frac{v^2}{l}.\text{//}$$

注　「陰関数の微分法」っぽく解答しました．"陽"の状態にして求める方法もありますが，$y=\sqrt{l^2-x^2}$ のように $\sqrt{\quad}$ を含んだ表現になるため，計算がやや煩雑になってしまいます．

補足 1)：もちろん，y 軸の向きを正と考えた速度です（加速度も同様）．

言い訳 Q はいちおう xy 平面上の動点ですから，「速度ベクトル」のスタイルで答えた方がよいのですが，y 軸上を動くので x 成分は 0 に決まってるので省きました．

語記サポ 「時刻 t で微分する」ことを，「ドット」を付けて表す簡便な表記法もあります：

例 $\dot{x}=\dfrac{d}{dt}x,\ \ddot{y}=\dfrac{d^2}{dt^2}y.$

例題 38k 曲線上の等速運動 根底 実戦 入試

[→演習問題 399]

関数 $f(x)$ は定義域内で 2 回微分可能であるとする．曲線 C: $y=f(x)$ 上を速さ 1 で右向きに等速運動する点 P の，時刻 t における座標を (x, y)，速度ベクトルを $\vec{v}$，加速度ベクトルを $\vec{\alpha}$ とする．

(1) $\vec{v}$ を $f'(x)$ で表せ． (2) $\vec{\alpha}$ を $f'(x)$, $f''(x)$ で表せ．

(3) $\vec{v}\perp\vec{\alpha}$ を示せ． (4) $f(x)=\log x$ のとき，加速度の大きさが最大となる x の値を求めよ．

注 動点 P の「速さ」は一定ですが，「速度ベクトル」の向きは一定とは限りませんよ．

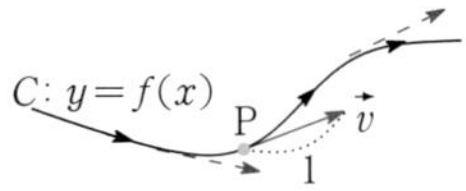

着眼 動点 P の「速度ベクトル」の成分は時刻 t で微分したもの．$f'(x)$, $f''(x)$ は x で微分したもの．両者を上手くつなげるには…？

解答 (1) 速さ $=|\vec{v}|=1$ …①．ここで，

$$\frac{dy}{dt}=\frac{dy}{dx}\cdot\frac{dx}{dt} \text{ より，}$$ 合成関数の微分法 [1)]

$$\vec{v}=\begin{pmatrix}dx/dt\\dy/dt\end{pmatrix}=\frac{dx}{dt}\begin{pmatrix}1\\dy/dx\end{pmatrix}=\frac{dx}{dt}\begin{pmatrix}1\\f'(x)\end{pmatrix}. \quad\cdots②$$

$$|\vec{v}|=\left|\frac{dx}{dt}\right|\sqrt{1+f'(x)^2}=\frac{dx}{dt}\cdot\sqrt{1+f'(x)^2}=1\ (\because\ ①).$$

（$\frac{dx}{dt}$：「右向き」より正）

$$\therefore\ \frac{dx}{dt}=\frac{1}{\sqrt{1+f'(x)^2}}. \quad\cdots③$$

これと②より，

$$\vec{v}=\begin{pmatrix}dx/dt\\dy/dt\end{pmatrix}=\frac{1}{\sqrt{1+f'(x)^2}}\begin{pmatrix}1\\f'(x)\end{pmatrix}.\ /\!/$$

(2) **注** この後「$f'(x)$」「$f''(x)$」と何度も書かされそう．表記の負担軽減対策を．[2)] ■

以下，$f'(x)$ を f'，$f''(x)$ を f'' と略記する．

$$\frac{d^2x}{dt^2}=\frac{d}{dt}\left(\frac{dx}{dt}\right)$$

$$=\frac{d}{dt}\left(\frac{1}{\sqrt{1+f'^2}}\right)(\because\ ③)$$ x で微分したい [3)]

$$=\frac{dx}{dt}\cdot\frac{d}{dx}\left(\frac{1}{\sqrt{1+f'^2}}\right)$$ 分数式を扱う気持ちでOK

$$=\frac{1}{\sqrt{1+f'^2}}\cdot\frac{-1}{2}\cdot\frac{2f'f''}{(1+f'^2)^{\frac{3}{2}}}=\frac{-f'f''}{(1+f'^2)^2}.$$

次に，(1)の結果より $\dfrac{dy}{dt}=\dfrac{f'}{\sqrt{1+f'^2}}$．よって

$$\frac{d^2y}{dt^2}=\frac{d}{dt}\left(\frac{dy}{dt}\right)$$

$$=\frac{d}{dt}\left(\frac{f'}{\sqrt{1+f'^2}}\right)(\because\ (1))$$ x で微分したい

$$=\frac{dx}{dt}\cdot\frac{d}{dx}\left(\frac{f'}{\sqrt{1+f'^2}}\right)$$

$$=\frac{1}{\sqrt{1+f'^2}}\cdot\frac{f''\sqrt{1+f'^2}-f'\dfrac{2f'f''}{2\sqrt{1+f'^2}}}{1+f'^2}$$

$$=\frac{f''(1+f'^2)-f'^2f''}{(1+f'^2)^2}=\frac{f''}{(1+f'^2)^2}.$$

以上より，$\vec{\alpha}=\dfrac{f''}{(1+f'^2)^2}\begin{pmatrix}-f'\\1\end{pmatrix}.\ /\!/$ [4)]

(3) (1)(2)の結果より

$$\vec{v}\cdot\vec{\alpha}=\text{実数}\times(-1\cdot f'+f'\cdot 1)=0.$$

$\therefore \vec{v}\perp\vec{\alpha}.\square$ [5)]

(4) (2)の結果より，加速度の大きさは

$$|\vec{\alpha}|=\left|\frac{f''}{(1+f'^2)^2}\right|\sqrt{f'^2+1}=\frac{|f''|}{(1+f'^2)^{\frac{3}{2}}}.$$

方針 $\triangle^{\frac{3}{2}}$ は実質的には $\sqrt{\ }$ です．いったん 2 乗して処理すると楽です．■

$$|\vec{\alpha}|^2=\frac{f''^2}{(1+f'^2)^3}.$$

$f(x)=\log x$ のとき，$f'=\dfrac{1}{x}$，$f''=\dfrac{-1}{x^2}$ だから

$$|\vec{\alpha}|^2=\frac{\frac{1}{x^4}}{\left(1+\frac{1}{x^2}\right)^3}\ (x>0).$$

そこで $s=\dfrac{1}{x^2}(>0)$ とおくと

$$|\vec{\alpha}|^2=\frac{s^2}{(1+s)^3}\ (=g(s)\ とおく).$$

$g'(s)$ は次と同符号：商の微分法の分子

$2s\cdot(1+s)^3-s^2\cdot3(1+s)^2=s(1+s)^2\cdot(\boxed{2-s})$.

よって右表を得る．

s	(0)	$\cdots$	2	$\cdots$
$g'(s)$		$+$	0	$-$
$g(s)$		↗		↘

以上より，$|\vec{\alpha}|^2$ および $|\vec{\alpha}|$ が最大となるとき，

$s=2$, i.e. $x=\dfrac{1}{\sqrt{2}}$.//

解説 1)：これが前記**着眼**への答えです．見事に $\dfrac{d}{dt}$ と $\dfrac{d}{dx}$ をつなげることができましたね．合成関数の微分法は，まるで**分数式を扱うような気持ちで**使えます．優れた記法のおかげで，ホント助かります．

3)：ここも同様です．$\dfrac{1}{\sqrt{1+f'(x)^2}}$ は，x で表されているため，x で微分することしかできません．それを t で微分するために，合成関数の微分法を用いました．$\boxed{\dfrac{1}{\sqrt{1+f'(x)^2}}}$ を $\square$ と書くと，$\dfrac{d\square}{dt}=\dfrac{dx}{dt}\cdot\dfrac{d\square}{dx}$ と，**分数式のように**変形しています．

語記サポ 2)：「f'^2」は，超マジメに書くと「$\{f'(x)\}^2$」となります．前者の方が視認性がよく，3分の1の時間で書けて能率が良いですね．

言い訳 4)：ホントは，最後の結果くらいは略記しないのがマナーです（笑）．許される気がしますが．

5)：抽象的な関数「$f(x)$」について証明した訳ですから，この性質は2回微分可能な関数について一般に成り立ちます．**3 6 7**で述べた性質も合わせて，次のようになります：

㋐一般に成立

接線 // 速度ベクトル ⊥ 加速度ベクトル

㋑等速運動で成立

㋑は，**3 6 7**の「等速円運動」でも確かに成り立っていましたね．

発展 (4)の結果は，次のことを意味します．

曲線 $y=\log x$ の“道路”を，自動車で右向きに等速運動しているとします．このとき「加速度」が最大，つまり車に乗っている人が最も「力」を感じるのは，カーブがいちばん急な地点ですね．コンピュータで描いた右のグラフを見ると，なるほど確かに $x=\dfrac{1}{\sqrt{2}}$ あたりが最も急カーブになっているカンジがします．

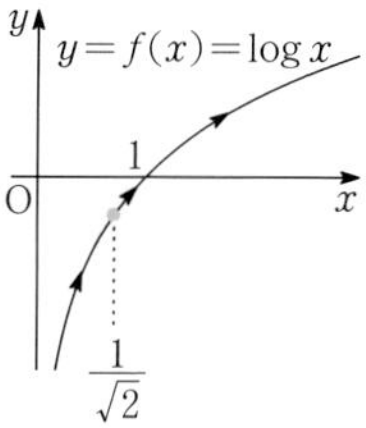

「急カーブ」を少し数学的に言い表すと「曲率半径が最小」となります．［→例題 3 3 e 発展］

9 演習問題C

391 根底 実戦

$y = \tan x \left(0 < x < \dfrac{\pi}{2}\right)$ の逆関数を $f(x)$ とする.

(1) $f'(x)$ を求めよ.

(2) $y = f(x)$ のグラフを C とするとき, C 上の点 $\mathrm{A}\left(1, \dfrac{\pi}{4}\right)$ における C の法線 n の方程式を求めよ.

392 根底 実戦

次のように媒介変数表示された曲線 C について, 指定された点における接線の傾きを求めよ.

(1) $C\colon \begin{cases} x = \sin 2\theta \cos\theta, \\ y = \sin 2\theta \sin\theta. \end{cases}$ $\left(\theta = \dfrac{\pi}{4}\text{ に対応する点}\right)$

(2) $C\colon \begin{cases} x = -4t^3, \\ y = 3t^2 + \dfrac{1}{2}. \end{cases}$ ($t = 2$ に対応する点)

393 根底 実戦 入試

次のように媒介変数表示された曲線がある.

$$C \begin{cases} x = \cos^3\theta, \\ y = \sin^3\theta. \end{cases} \left(0 < \theta < \frac{\pi}{2}\right)$$

C の接線が x 軸と y 軸によって切り取られる線分の長さは, 接点によらず一定であることを示せ.

394 根底 実戦 入試

$$C\colon x^{\frac{2}{3}} + y^{\frac{2}{3}} = 1\ (x, y > 0). \cdots ①$$

の接線が x 軸と y 軸によって切り取られる線分の長さは, 接点によらず一定であることを示せ.

395 根底 実戦 入試 ハイレベル↑

円に内接する凸四角形 ABCD があり, 4 辺の長さが $\mathrm{AB} = a$, $\mathrm{BC} = b$, $\mathrm{CD} = c$, $\mathrm{DA} = d$ とする (a, b, c, d は正の定数). この 4 辺の長さを一定に保ったまま四角形の形を変えるとき, その面積が最大となるのは, けっきょく四角形が円に内接するときであることを示せ.

396 根底 実戦

次の関数を微分せよ.

(1) $f(x) = (x-a)(x-b)(x-c)(x-d)$

(2) $f(x) = x^x\ (x > 0)$

(3) $f(x) = (\cos x)^{\sqrt{x}} \left(0 < x < \dfrac{\pi}{2}\right)$

397 根底 実戦

(1) $f(x)$ は微分可能であり，n は自然数とする．$\displaystyle\lim_{X\to x}\frac{x^n f(X)-X^n f(x)}{X-x}$ を，$f(x)$, $f'(x)$ で表せ．

(2) $f(x)=\left(\dfrac{2^x+3^x}{2}\right)^{\frac{1}{x}}$ とする．極限 $\displaystyle\lim_{x\to 0}f(x)$ を，$g(x)=\log\left(\dfrac{2^x+3^x}{2}\right)$ の導関数を利用することによって求めよ．

398 根底 実戦 典型 入試

$x>0$ で定義された関数 $f(x)$ があり，$x=1$ において微分可能で $f'(1)=1$ とする．また，$f(x)$ は任意の正の実数 x, y に対して $f(xy)=f(x)+f(y)$ …① を満たすとする．

$f(x)$ は任意の正の実数 x において微分可能であることを示し，$f'(x)$ を求めよ．

399 根底 実戦 典型 入試

$f(x)$ は 2 回微分可能であり，$f''(x)>0$ とする．曲線 C: $y=f(x)$ 上の 2 点 $\mathrm{A}(a, f(a))$, $\mathrm{B}(b, f(b))$ $(a\neq b)$ における法線をそれぞれ l_1, l_2 とする．これらの交点を P とし，B が A に限りなく近づくときに P が近づく点を Q とする．

(1) 線分 AQ の長さを a, $f'(a)$, $f''(a)$ で表せ．

(2) $f(x)=e^x$ のとき，(1)の AQ が最小となる a の値を求めよ．

3910 根底 実戦

次の関数が極値をもつか否かを調べよ．

(1) $f(x)=\dfrac{1}{\sqrt{x}}-\dfrac{1}{x+1}$ $(x>0)$

(2) $f(x)=\dfrac{x}{\sin x+2}$ $(0<x<2\pi)$

3911 根底 実戦

次の不等式を証明せよ．

(1) $x\log x\leq x(x-1)$

(2) $\dfrac{1}{2x}>e^{-x}$ $(x>0)$

(3) $\dfrac{1}{1+x^2}\geq 1-x^2$

(4) $\left(x+\dfrac{\pi}{4}\right)\sin x+2\cos x+x-\dfrac{5}{4}\pi\leq 0$ $(0\leq x\leq\pi)$

(5) $\sqrt{x}\geq\sin x$

3912 根底 実戦

$x>0$ のとき，不等式

$$(x^2-x)e^x<(2x-2)e^{2x}-(x-2)e^x<(2x^2-x)e^{2x}\ \cdots①$$

が成り立つことを示せ．

3913 根底 実戦 典型

(1) $y=f(x)=x^{\frac{1}{x}}$ $(x>0)$ のグラフを描け．ただし，凹凸は調べなくてよい．

(2) $a^b=b^a$ …① を満たす自然数の組 (a, b) $(a<b)$ を全て求めよ．

3 9 14 根底 実戦 入試

(1) 関数 $f(x)=(1-x)^{\frac{1}{x}}$ $(x<1,\ x\neq 0)$ の増減を調べよ.

(2) $a=\left(\dfrac{98}{99}\right)^{99}$ と $b=\left(\dfrac{100}{101}\right)^{100}$ の大小を調べよ.

3 9 15 根底 実戦 入試

方程式 $(2x-2)\sin x-(x^2-2x-4)\cos x=0$ $(0<x<3)$ …① は，ただ 1 つの実数解をもつことを示せ.

3 9 16 根底 実戦 入試

n は自然数とする．方程式 $ne^x+x=\cos x+n$ …① について答えよ.

(1) ①はただ 1 つの解をもち，それは 0 と 1 の間にあることを示せ.

(2) (1)の解を x_n とするとき，極限 $\lim_{n\to\infty} x_n$ を求めよ.

(3) (2)において，極限 $\lim_{n\to\infty} nx_n$ を求めよ.

3 9 17 根底 実戦 入試

関数 $f(x)=e^{ax}(\sin x-2)$ $(0<x<\pi)$ が極大，極小となる x の個数をそれぞれ N_1, N_2 とする．これらを $a(>0)$ の値に応じて求めよ.

3 9 18 根底 実戦 入試

放物線 C: $y=x^2$ 上の点 $\mathrm{P}(t,\ t^2)$ $(t>0)$ における法線を n とする．C と n の P 以外の交点を Q とし，線分 PQ の長さを L とする.

(1) $L=2\sqrt{2}$ を満たす t の値を求めよ.

(2) $L=\sqrt{7}$ を満たす t の値がちょうど 2 つ存在することを示せ.

3 9 19 根底 実戦 入試

$f(x)=\log x$ とし，曲線 C: $y=f(x)$ を考える．点 $\mathrm{A}(3,\ a)$ から C へ引ける法線の本数 N を，a の値に応じて求めよ.

3 9 20 根底 実戦 入試

(1) 不等式 $1-\dfrac{x^2}{2}\leq\cos x\leq 1-\dfrac{x^2}{2}+\dfrac{x^4}{24}$ …① を示せ.

(2) ①を用いて $\cos\dfrac{1}{2}$ の値を小数第 2 位まで求めよ.

(3) $\cos\theta=\dfrac{5}{6}$ $\left(0<\theta<\dfrac{\pi}{2}\right)$ を満たす θ が，$0.577<\theta<0.586$ を満たすことを示せ．ただし，$\sqrt{2}=1.414\cdots$ …②, $\sqrt{3}=1.732\cdots$ …③ を用いてよい.

3 9 21 根底 実戦 入試

$S_n = \sum_{k=1}^{n} \frac{1}{k} = 1 + \frac{1}{2} + \frac{1}{3} + \cdots + \frac{1}{n}$ を「調和級数」という.

自然数 n に対して, $\frac{d^n}{dx^n}(x^n \log x)$ を求めよ. ただし, 結果は S_n を用いて表してよい.

3 9 22 根底 実戦 入試 重要

x の関数 $f_n(x) = 1 + x + \frac{x^2}{2!} + \frac{x^3}{3!} + \cdots + \frac{x^n}{n!}$ $(n = 0, 1, 2, \cdots)$ を考える.

例えば, $f_0(x) = 1$, $f_1(x) = 1 + x$, $f_2(x) = 1 + x + \frac{x^2}{2!}$ である.

e^x と $f_n(x)$ の大小を比較せよ.

3 9 23 根底 実戦

次の(1)〜(3)について, 曲線 C: $y = f(x)$ が複接線をもつか否かを判定せよ.

(1) $f(x) = e^x$　　(2) $f(x) = \sin x$ $(0 \leqq x \leqq 2\pi)$　　(3) $f(x) = x^3 + 2x^2 - 3x$

3 9 24 根底 実戦 入試

xyz 空間に球面 S: $(x-a)^2 + y^2 + (z-2)^2 = 1$ と曲線 C: $y = \cos x$, $z = 0$ がある. S 上の動点 P, C 上の動点 Q を結ぶ線分 PQ の長さを L とする. L が最小となるときの Q が $\left(\frac{\pi}{4}, \frac{1}{\sqrt{2}}, 0\right)$ であるとき, 実数 a の値を定め, その最小値を求めよ.

3 9 25 根底 実戦 典型 入試

直線 l: $y = -\frac{1}{e^t}x + \frac{t+1}{e^t}$ (t は実数) が通過してできる領域 D を図示せよ.

3 9 26 根底 実戦 典型 入試

長さ 1 の線分 PQ があり, P は x 軸上の正の部分, Q は y 軸上の正の部分を動く.

(1) 線分 PQ が通過する領域 D を求めよ.

(2) ハイレベル↑ 線分 PQ の中点を M とする. 線分 PM が通過する領域 D' を求めよ.

3 9 27 根底 実戦 典型 入試

(1) $x > 0$ で定義された関数 $f(x)$ がある. $f(x)$ は 2 回微分可能であり $f''(x) < 0$ を満たすとする. p, q を正の実数とするとき, 次を示せ.

$f((1-t)p + tq) \geqq (1-t)f(p) + tf(q)$ $(0 < t < 1)$ …①

等号は $p = q$ のときのみ成立.

(2) n は 2 以上の整数とし, $a_1, a_2, a_3, \cdots > 0$ とする. (1)の $f(x)$ に対して, 次を示せ.

$$f\left(\frac{a_1 + a_2 + a_3 + \cdots + a_n}{n}\right) \geqq \frac{f(a_1) + f(a_2) + f(a_3) + \cdots + f(a_n)}{n},$$

等号は $a_1 = a_2 = a_3 = \cdots = a_n$ のときのみ成立.

(3) $a_1, a_2, a_3, \cdots > 0$ のとき, 次を示せ.

$$\frac{a_1 + a_2 + a_3 + \cdots + a_n}{n} \geqq \sqrt[n]{a_1 a_2 a_3 \cdots a_n},$$

等号は $a_1 = a_2 = a_3 = \cdots = a_n$ のときのみ成立.

3 9 28 根底 実戦 典型 入試

(1) 方程式 $\cos x = x \left(0 \leqq x \leqq \dfrac{\pi}{3}\right)$ …① は，ただ 1 つの実数解をもつことを示せ．

(2) 数列 (a_n) は $a_1 = 1$ …②，$a_{n+1} = \cos a_n$ $(n = 1, 2, 3, \cdots)$ …③ を満たすとする．(1)の解を α として，$\displaystyle\lim_{n\to\infty} a_n = \alpha$ を示せ．

3 9 29 根底 実戦 入試

次のようにパラメタ表示された曲線 C を描け．

(1) $C: \begin{cases} x = t^2 + t + 1, \\ y = t^2 - t + 1. \end{cases}$

(2) $C: \begin{cases} x = \dfrac{t^2}{2} + \dfrac{1}{t}, \\ y = \log t + \dfrac{1}{2t^2}. \end{cases}$ $(t > 0$．凹凸も調べよ．)

(3) $C: \begin{cases} x = \sin\theta\cos\theta, \\ y = \sin^2\theta. \end{cases}$

3 9 30 根底 実戦 典型 入試

xy 平面上に，原点を中心とする半径 2 の定円 C_0 がある．中心 P 半径 1 の円 C が，C_0 に外接しながら滑ることなく回転する（この接点を Q とする）．C 上に固定された点 R があり，R は最初 C_0 上の点 A(2, 0) にある（つまり最初は R=Q である）．P が原点 O のまわりを正の向きに 1 回転するときの R の軌跡を F とする．F の概形を描け．

3 9 31 根底 実戦 典型 入試

xy 平面上で，円 $C: (x-1)^2 + y^2 = 1$ 上の点 P における C の接線に原点 O から垂線 OH を下ろす．P が C のまわりを 1 回転するときの H の軌跡を F とする．F の概形を描け．
(*) ただし，接点 P が O のときは，H は O 自身だとする．

3 9 32 根底 実戦

ある球の体積が増加する速度がその表面積に比例するとき，表面積が増加する速度は体積の何乗に比例するか？

3 9 33 根底 実戦

xy 平面上の単位円周上を動く点 P と x 軸上を動く点 Q$(x, 0)$ が，長さ l の線分で結ばれている（l は 1 より大きな定数）．ただし，Q は P より右側にあるとする．
P は時刻 $t = 0$ において (1, 0) にあり，毎秒 1 の速さで正の向きへ回転する．

(1) x を t で表せ．ただし l は半径 1 に比べて充分大きいと考え，平方根に関する 1 次近似：$\sqrt{1+h} \fallingdotseq 1 + \dfrac{1}{2}h$ ($|h|$が小さいとき) を用いよ．

(2) (1)に基づいて，Q の速度 v を t で表せ．

(3) (2)に基づいて Q の加速度 α を t で表せ．また，$l = \dfrac{7}{2}$ のとき，Q の速さの最大値を求めよ．

第 4 章

積分法

概要

「積分法」も，「微分法」と同様既に数学Ⅱで学んでいますが，数学Ⅲでは対象とする関数の種類が整式以外にも広がり，「面積」以外に「体積」「弧長」の計量が加わります．そして，扱う内容レベルも格段に高度化します．計算・計量を主体とする数学分野の集大成と言えます．

注　もちろん，Ⅱ+B 6「微分法・積分法」で学んだことを前提として進めていきます．■

「積分法」では，数学Ⅱまでの各所や 1 で学んだ様々な種類の関数を変形・処理しますから，各種基本関数：整式の関数，分数関数，無理関数，三角関数，指数・対数関数の基礎・計算力が備わっていることが不可欠です．また，「積分する」は「微分する」の逆演算ですから，3 で学んだ微分計算がスラッとできるようになっていると，積分法が習得しやすくなります．

このような **"それ以前の基礎"** に弱点・欠落を感じたら，**直ちにⅠ+A**，Ⅱ+B，Ⅲ+Cの当該箇所に戻って復習しなければなりませんよ！

注　「ベクトルの基礎」と「空間座標」を学んでいることを前提とした問題があります．Ⅱ+B 2，Ⅲ+C 5 12 4 を先に学習しましょう．

学習ポイント

1. 積分計算の6 つの手法をそれぞれ学び，それらを適切に使い分けできるよう訓練する．
2. 面積・体積・道のり（弧長）という図形量を定積分を用いて計量する．具体的な図形が対象．
3. 抽象的な定積分をめぐる問題．
4. 1．～3．をベースに，様々な発展・応用パターン[1] を習得する．

注 [1]：**高度なものほどパターン化されやすい**というのが高校数学における一般法則です．

将来入試では

理系入試における NO.1 の頻出・花形分野です．「微分法」や「極限」との融合問題や，図形・数列などと絡めた総合問題とも頻繁に出会うことでしょう．

本章の内容をマスターするにはかなりの労力を要します．しかし，いったんそれを身に付けてしまえば，型にはまった類型的問題も比較的多いので，**努力次第で**得点源にしやすい分野と言えます．

この章の内容

［高校数学範囲表］　●当該分野　●関連が深い分野

数学Ⅰ	数学Ⅱ	数学Ⅲ 理系
数と式	いろいろな式	いろいろな関数
２次関数	ベクトルの基礎	極限
三角比	図形と方程式	微分法
データの分析	三角関数	積分法
数学A	指数・対数関数	**数学C**
図形の性質	微分法・積分法	ベクトル
整数	**数学B**	複素数平面
場合の数・確率	数列	２次曲線
	統計的推測	

1 積分法の基礎

積分法の基礎については，既にⅡ+Bにおいてかなり詳しく説明してあり，本来数学Ⅲで学ぶはずの「区分求積法」にまで言及して，「定積分」の本当の意味まで踏み込んで話しました．
そこで本節では，積分法（数学Ⅱ）を軽くおさらいする形で積分法の基礎を一通り確認しておきます．ただし，3で微分できる関数の種類が広がりましたから，積分法においても対象とする関数として整式以外も取り込んでいきます．（本格的な関数の種類拡張は，2で．）

1 原始関数（不定積分）

$\sin x$ を微分すると $\cos x$ になります．つまり $\cos x$ は $\sin x$ から派生して導かれるので，$\cos x$ は $\sin x$ の**導関数**と呼ばれます．逆に，$\sin x$ は微分して $\cos x$ を得る元の関数です．そこで，$\sin x$ は $\cos x$ の**原始関数**であるといいます．

$\sin x$ だけでなく，$\sin x+1$, $\sin x-3$ など，$\sin x+C$（C は任意定数）は全て $\cos x$ の原始関数です．一般に連続関数 $f(x)$ の原始関数は，定数の違いも考えると無限個あり，その1つを $F(x)$ とすると，$f(x)$ の任意の原始関数は $F(x)+C$（C は任意の定数）の形に表せます．（次の例題でキチンと証明します．）

$\sin x$
$\sin x+1$
$\sin x-3$
$\sin x+C$ —微分する→ $\cos x$
原始関数　　導関数

これら無限個の原始関数をまとめて $f(x)$ の**不定積分**といい，$\int f(x)\,dx$ と表します：　被る（こうむ）

$$\int f(x)\,dx = F(x)+C$$
（積分する：$f(x)$ → $F(x)$，微分する：$F(x)$ → $f(x)$）

○ $\int$：「インテグラル」と読む　○ 積分される関数 $f(x)$：**被積分関数**（ひ）
○ 任意定数 C：**積分定数**　○「$d\boxed{x}$」の $\boxed{x}$：**積分変数**

例 $\int \cos x\,dx = \sin x + C$

語記サポ　記号の読み方と各部の名称が上にまとめてあります．
また，$f(x)$ の不定積分を求めることを「$f(x)$ を**積分する**」といいます．　「微分する」と逆向きの操作

注　上の記述では，$\sin x$, $\sin x+1$, $\sin x-3$ などの1つ1つを「原始関数」，それら全てをまとめた $\sin x+C$ を「不定積分」と呼びましたが，書物によってはこれら2つの用語を同義として扱ったりもします．本書も今後，両者を厳格に区別しないこともあります．用語の意味は文脈の中で判断してください．

[→Ⅱ+B 6 5 5 最後のコラム]

こうした曖昧さは，用語を大学以降の正式なものとは少し違った意味で使うために起こります．

例題 4 1 a 不定積分と導関数　根底 実戦

実数全体で定義された関数について考える．
(1) $f(x)$が微分可能であり，つねに$f'(x)=0$であるならば，$f(x)$は定数値関数であることを示せ．
(2) 連続関数 $f(x)$ の原始関数の1つを $F(x)$ とする．$f(x)$ の任意の原始関数 $G(x)$ は，ある定数 C を用いて $F(x)+C$ と表せることを示せ．

着眼　(1)「(定数)$'=0$ だからアタリマエ」という気がしますが，微分して0になるのが定数値関数だけであることを示せという問題です．

「定数値関数である」とは“増えも減りもしない”ということですから，「$f'(x)>0$」から「単調増加」をどう導いたかを参考にしましょう．[→3 4 2]

解答 (1) $s \neq t$ とすると，平均値の定理より

$$\frac{f(t)-f(s)}{t-s}=f'(c)$$

なる c が存在し，$f'(c)=0$ だから

$$\frac{f(t)-f(s)}{t-s}=0,\ \text{i.e. } f(t)=f(s).\ ^{1)}$$

これが任意の実数 $s, t\ (s<t)$ について成り立つから，$f(x)$ は定数値関数である．□

(2) **着眼** 「$G(x)=F(x)+C$」という関係を「$G(x)-F(x)=C$」と捉え直せば(1)につながりますね．■　定数

$G(x), F(x)$ は $f(x)$ の原始関数だから，

$$\{G(x)-F(x)\}'=f(x)-f(x)=0.$$

これと(1)より，$G(x)-F(x)$ は定数値関数だから，ある定数 C を用いて次のように表せる：

$$G(x)-F(x)=C.\ \text{i.e. } G(x)=F(x)+C.\ □$$

注 (1)(2)の結果を，今後は“常識”として使います．これ以前も，認めていましたが (笑)．　数学Ⅱ時代

- 微分して 0 になるのは定数値関数のみ．
- ある関数の 2 つの原始関数には，定数の違いしかない．

なお,「実数全体で定義された関数」でなくても，ある“1 つながりの”区間で定義された関数でも同様な結果を得ます．

参考 1)：この「＝」を「＞」に変えたのが,「単調増加」でしたね．

原始関数 (不定積分) **原理**　前記の要約です

$$\{F(x)+C\}'=f(x)\ \cdots ①$$

原始関数・不定積分：$F(x)+C$ ⇄（微分する → ／ ← 積分する）$f(x)$：**導関数**

注 ①と②は同じ内容を逆の立場から表したもの．

$$\int f(x)\,dx=F(x)+C\ (C\text{: 積分定数}^{2)})\ \cdots ②$$

2)：いちいちこのように断らなくても許されると思います

注 不定積分 (②の左辺) は，任意定数 C を含んでいると考えてください．

「積分する」とは,「微分する」の逆をたどる計算ですから，そこで用いる公式類は微分法の公式をもとに即座に得られます．不定積分に関する公式は，後に定積分といっしょにまとめます．

例 $\int e^x\,dx=e^x+C.$　e^xは，微分しても積分しても結果は自分自身と一致します．
（微分する）

2 定積分

不定積分 (原始関数) をもとに，定積分が次のように定まります：

定積分とは **定義**

$F(x)$ を $f(x)$ の不定積分として，$f(x)$ の a から b までの定積分は，

$$\int_a^b f(x)\,dx=\Big[F(x)\Big]_a^b=F(b)-F(a).$$

「a から b まで」のことを**積分区間**といい，a をその**下端**，b を**上端**という．

例 $\int_0^{\frac{\pi}{2}}\cos x\,dx=\Big[\sin x\Big]_0^{\frac{\pi}{2}}=1-0=1.$ //　積分定数 C は，差をとる過程で消えるので不要

注 $\int_0^{\frac{\pi}{2}}\cos t\,dt=\Big[\sin t\Big]_0^{\frac{\pi}{2}}=1$ です．定積分は，積分変数がどの文字でも関係ありません．

語記サポ 「不定積分」と「定積分」を総称して「**積分**」と呼んだりします．俗な表現ですが．

第4章 積分法

3 定積分と面積

積分法の**核心部分**！「導関数」「面積」「定積分」が，次のように見事に結びつきます．より詳しい解説は，[→ II+B 6 5 4]

曲線 C: $y=f(x)\ (\geqq 0)$ と x 軸が $a \leqq x \leqq t$ (a は定数) において挟む部分の面積は t の関数．これを $S(t)$ とおきます (「S」と略記したりもします)．右図において，赤枠長方形に注目して，（ここでは $\Delta t>0$ としてます）

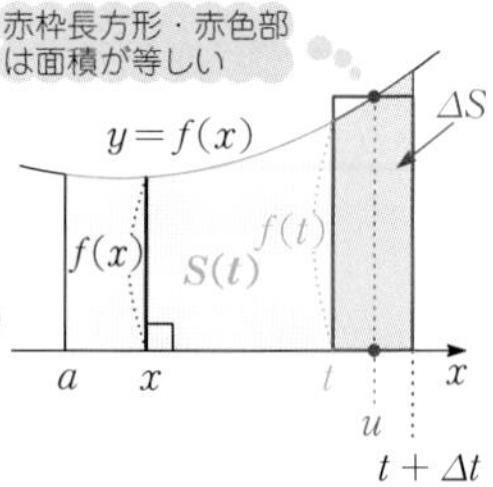

$$S'(t)=\frac{dS}{dt}=\lim_{\Delta t\to 0}\frac{\Delta S}{\Delta t}=\lim_{\Delta t\to 0}\frac{f(u)\cdot\Delta t}{\Delta t}=\lim_{\Delta t\to 0}f(u)=f(t).$$

つまり，面積を微分すると長さになるということ．

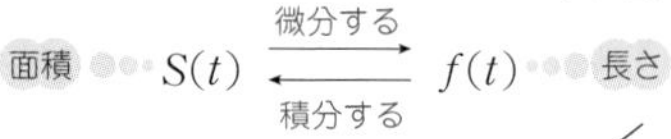

逆に，長さを積分すれば面積が得られる訳です：

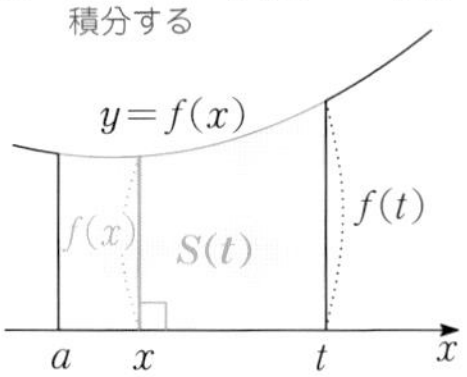

$$S(t)-S(a)=\Big[S(x)\Big]_a^t=\int_a^t f(x)\,dx.$$

$S(a)=0$ だから，（$a \leqq x \leqq a$ の部分の面積は当然 0）

$$S(t)=\int_a^t f(x)\,dx.$$

例 右図の面積 S は，$\cos x \geqq 0\ \left(0 \leqq x \leqq \frac{\pi}{2}\right)$ より，

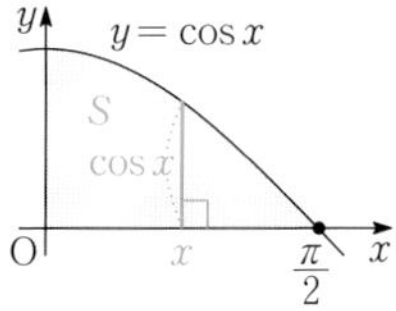

$$S=\int_0^{\frac{\pi}{2}}\cos x\,dx=\Big[\sin x\Big]_0^{\frac{\pi}{2}}=1-0=1.\ /\!/$$

0 以上の長さ ($\cos x$) を小 (0) から大 ($\frac{\pi}{2}$) まで積分して面積を得ました．

4 定積分と区分求積法

面積を求める 2 通りの方法：「㋐定積分利用」(前項) と「㋑区分求積法」を比べると，定積分記号：「$\int_a^b f(x)\,dx$」の**意味**がスッと理解できます．より詳しい解説は，[→ II+B 6 5 5]

右図の面積 S を，2 通りの方法で求めます．

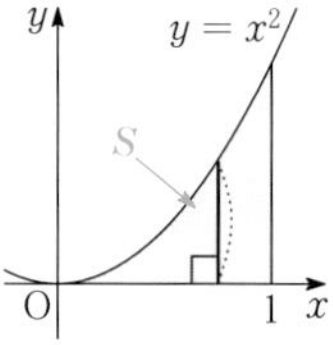

〔㋐定積分利用〕

$$S=\int_0^1 x^2\,dx=\left[\frac{x^3}{3}\right]_0^1=\frac{1}{3}.$$

〔㋑区分求積法〕

($n=5$)　**($n=10$)**

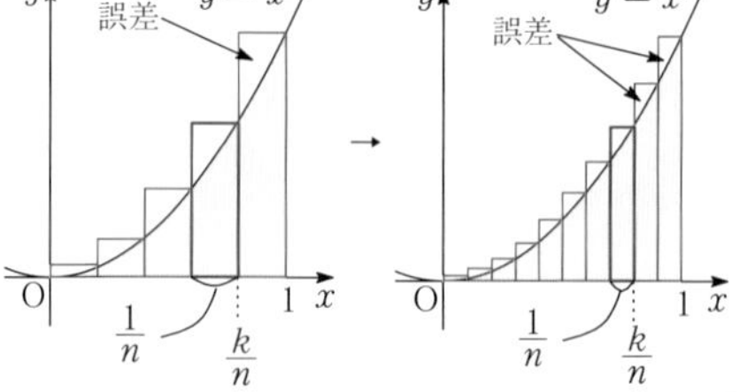

x の区間：「0 から 1 まで」を n 等分し，横幅 $\frac{1}{n}$ の長方形を n 個作ります．これらを合わせた“階段状”の図形：の面積は，n を大きくしていくと S との誤差が限りなく小さくなるので，

$$S=\lim_{n\to\infty}\sum_{k=1}^{n}\left(\frac{k}{n}\right)^2\times\frac{1}{n}\quad\cdots①$$

$$=\lim_{n\to\infty}\frac{1}{n^3}\sum_{k=1}^{n}k^2$$

$$=\lim_{n\to\infty}\frac{1}{n^3}\cdot\frac{n(n+1)(2n+1)}{6}$$

$$=\lim_{n\to\infty}\frac{1}{6}\left(1+\frac{1}{n}\right)\left(2+\frac{1}{n}\right)=\frac{1}{3}.$$

㋐の結果と一致しましたね．

このように，[0, 1] という区間を分割して面積を求める方法を，**区分求積法**といいます．

面積 S に対するこれら 2 通りの求め方を比較してみましょう．「x^2」を一般化して「$f(x)(\geqq 0)$」と書くと次の通りです：

$$S=\lim_{n\to\infty}\sum_{k=1}^{n} f\left(\frac{k}{n}\right)\times\frac{1}{n}\cdots\text{㋑}$$

$$S=\underbrace{\int_0^1}_{\text{細かく集める}} f(x)\times dx\cdots\text{㋐}$$

（$f(x)$ と dx：意味としては「積」）

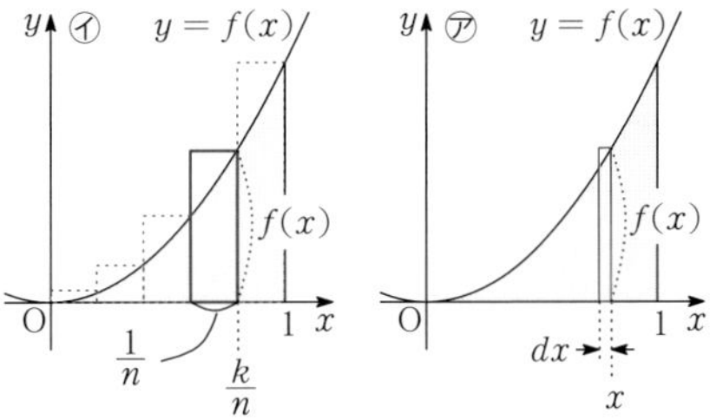

㋑では，赤枠長方形の縦：$f\left(\frac{k}{n}\right)$ と横：$\frac{1}{n}$ の**積**である面積を集め（Σ），きめを細やかにしていきます（lim）．その考え方を“真似”して記号化したのが㋐式です．

これが，**定積分記号の意味**です．縦：$f(x)$ と「微小な横幅」を表す記号「dx」の**積**で細長い長方形の面積を表し，「$\int_0^1$」で 0 から 1 までの範囲で**細かく沢山集める**ことを表現しています．なお，赤色の「×」は“気持ち”の表現であり，実際には書きません．

積分区間は，「a から b まで」に一般化できます．右のように区間 $[a, b]$ を n 等分し，

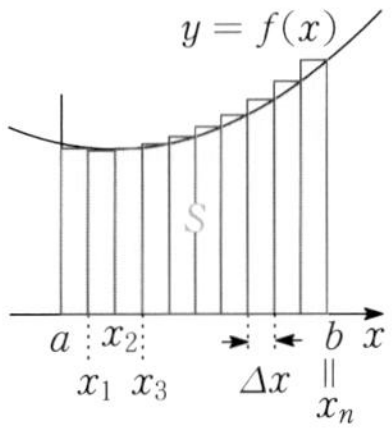

点 $(a=)x_0, x_1, x_2, x_3, \cdots, x_n(=b)$ と，

各区間の横幅 $\Delta x := x_k - x_{k-1} = \dfrac{b-a}{n}$

を用いると，右図の面積 S は次のように 2 通りに表せます．

$$S=\underbrace{\lim_{n\to\infty}\sum_{k=1}^{n}}_{\text{細かく集める}} \underbrace{f(x_k)}_{\text{縦}}\times\underbrace{\Delta x}_{\text{微小幅}}\quad\cdots\text{㋑}'$$

「$\sum_{k=0}^{n-1}$」でも同様 1)

$$\overset{2)}{=}\int_a^b f(x)\times dx\ .\ \cdots\text{㋐}'$$

このように，「$\lim\Sigma$」と「$\int$」は，**「面積」を介して**「＝」で結ばれます．3) …(＊)

注 1)：「$\sum_{k=1}^{n}$」では，各区間の右端における $f(x)$ の値を用いています．「$\sum_{k=0}^{n-1}$」に変えると，それが左端の値に変わりますが，㋑′の値は不変です．

2)：この等式のことを区分求積法と呼んでしまうこともあるみたいです．

3) 重要度⇩ ハイレベル⇧：これが，「高校数学」の標準的な立場です．（大学以降では事情が変わりますが．）■

面積と定積分の関係は，数学Ⅱで学んだように次の通りですが，**掛け算したものを細かく集める**という「**意味**」を理解しておくことが，今後学んでいく積分法に関する多くの発展的内容を理解するための鍵となります．（物理の中でも微積分がごく自然に使えるようになります．[→**4 6 4 後のコラム**]）

面積と定積分記号 **原理** 重要度⇧⇧

右図の面積 S を表す定積分記号の**意味**は，次の通り：

$$S=\underbrace{\int_a^b}_{\text{細かく集める}} \underbrace{\overbrace{f(x)}^{\text{縦×}}\ \overbrace{dx}^{\text{微小幅}}}_{\text{細長い長方形の面積}}.$$

注 積分区間「$\overset{\text{小}}{a}$ から $\overset{\text{大}}{b}$ まで」は，積分変数である x の範囲．

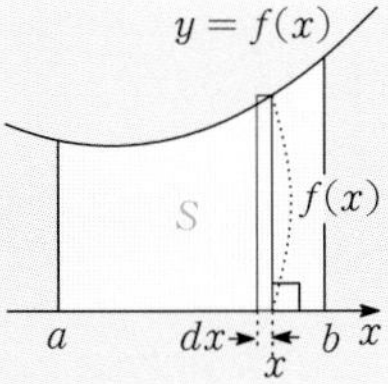

重要 $f(x)<0$ の場合は，面積に符号「−」を付けたものになります．つまり，次のように言えます：

定積分は，＋ or − の**“符号付面積”**を意味する． 少し俗な言い方なので“ ”を付してます

$\int_{2\,\text{大}}^{1\,\text{小}} f(x)\,dx$ の場合も，「$-\int_{1\,\text{小}}^{2\,\text{大}} f(x)\,dx$」と書き改めれば上記と同じように考えられます． 次頁公式❻

5 積分法の公式

数学Ⅱで学んだ定積分・不定積分の公式を一通り思い出しておきましょう．❶，❷，… は，Ⅱ+Bと共通な番号です．

整式の関数　定理　（n は自然数，C は積分定数とする．）

❶ $\displaystyle\int x^n\,dx=\frac{x^{n+1}}{n+1}+C$（$x^0=1$ とする）　　❶′ $\displaystyle\int 0\,dx=C$

❷ $\displaystyle\int (x-\alpha)^n\,dx=\frac{(x-\alpha)^{n+1}}{n+1}+C$　　「$1\cdot x-\alpha$」を 1 文字のようにみて

例 $\displaystyle\int_1^3 (x-1)^3\,dx=\left[\frac{(x-1)^4}{4}\right]_1^3=\frac{2^4}{4}-0=4.$　❷を使った

和，差と定数倍　定理（複号同順とする）

❸′ $\displaystyle\int_a^b\{f(x)\pm g(x)\}\,dx=\int_a^b f(x)\,dx\pm\int_a^b g(x)\,dx$　和（差）の定積分 ＝ 定積分の和（差）

❹′ $\displaystyle\int_a^b kf(x)\,dx=k\int_a^b f(x)\,dx$（$k$ は定数）　定数倍の定積分 ＝ 定積分の定数倍

注 不定積分においても同様に成り立ち，そちらの公式番号は ❸，❹ でした．

例 $\displaystyle\int (e^x+3\cos x)dx=\int e^x\,dx+3\int\cos x\,dx=e^x+3\sin x+C.$//　和や差は分解可能　定数倍は前に出せる

（微分する／積分する）

積分区間に関する公式　定理

❺ $\displaystyle\int_a^a f(x)\,dx=0$　上端，下端が揃うと 0

❻ $\displaystyle\int_b^a f(x)\,dx=-\int_a^b f(x)\,dx$　上端，下端を互換すると符号が反対

❼ $\displaystyle\int_a^b f(x)\,dx=\int_a^c f(x)\,dx+\int_c^b f(x)\,dx$　「c」を“中継地点”として分解 or 結合ができる

$f(x)$ の原始関数の 1 つ $F(x)$ を用いれば即座に証明できます．例えば❼は

$$右辺=\Big[F(x)\Big]_a^c+\Big[F(x)\Big]_c^b=F(c)-F(a)+F(b)-F(c)=F(b)-F(a)=左辺.\ \square$$

証明過程からわかるように，❼は a,b,c の大小関係によらずつねに成り立ちます．

参考 ❼は，ベクトルの足し算のルール：$\overrightarrow{AB}=\overrightarrow{AC}+\overrightarrow{CB}$ とよく似ていますね．

例 $\displaystyle\int_{\frac{\pi}{8}}^0\cos x\,dx-\int_{\frac{\pi}{8}}^{\frac{\pi}{4}}\cos x\,dx=\int_{\frac{\pi}{8}}^0\cos x\,dx+\int_{\frac{\pi}{4}}^{\frac{\pi}{8}}\cos x\,dx$（∵ ❻）

$0,\frac{\pi}{4},\frac{\pi}{8}$ の大小は関係なし　$\displaystyle=\int_{\frac{\pi}{4}}^0\cos x\,dx$（∵ ❼）

微分する

$\displaystyle=\Big[\sin x\Big]_{\frac{\pi}{4}}^0=-\frac{1}{\sqrt{2}}.$//

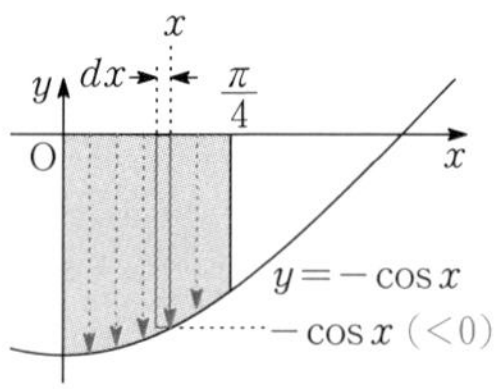

注 $\displaystyle\int_{\frac{\pi}{4}}^{0}\cos x\,dx$（上端 0 小，下端 $\frac{\pi}{4}$ 大，$\cos x$ 正）は，❻を用いて $\displaystyle\int_0^{\frac{\pi}{4}}(-\cos x)\,dx$（上端 $\frac{\pi}{4}$ 大，下端 0 小，$-\cos x$ 負）と変形すると，上図の面積に符号「−」を付した“負の面積”を表すことがわかります．実際，結果は負の値になっていますね．

偶関数・奇関数の定積分 定理

以下は，a の符号は問わない

$-a$ から a までの定積分（積分区間が原点対称）について，次が成り立つ：

❽ $\displaystyle\int_{-a}^{a}(\text{奇関数})\,dx=0$　　奇関数：x^3, $\sin x$ などは消えちゃう　　ここは $a>0$ を想定して

❾ $\displaystyle\int_{-a}^{a}(\text{偶関数})\,dx=2\int_{0}^{a}(\text{偶関数})\,dx$　　偶関数：定数, x^2, $|x|$, $\cos x$ などは“右半分”の 2 倍

これらのキチンとした証明は**例題４９a**で「置換積分法」によってなされますが，それよりむしろ重要なのは，**４重要**で述べた定積分の意味：“符号付面積”に立脚して直感的に納得することです．以下においては，$a>0$ と想定して説明します．

$\displaystyle\int_{-a}^{a}$ を前ページ❼により $\displaystyle\int_{-a}^{0}$ と $\displaystyle\int_{0}^{a}$ に分割し，それぞれが表す“符号付面積”を比べます．

奇関数の場合，絶対値が等しく符号が反対なので，両者を加えると 0 です．

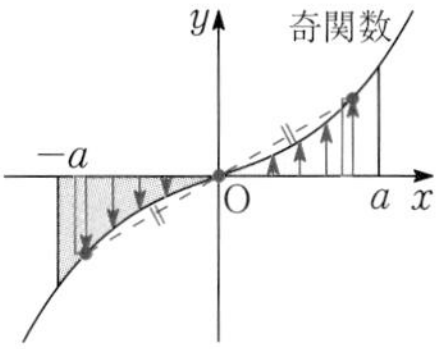

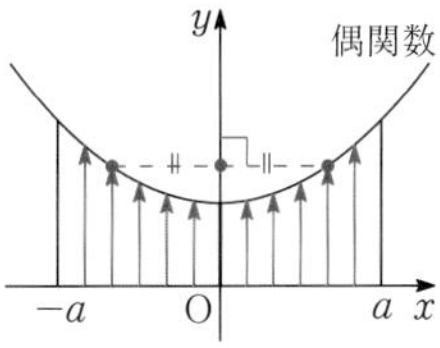

偶関数の場合は，絶対値も符号も等しいので，$\displaystyle\int_{0}^{a}$ 部分（“右半分”）の 2 倍となります．

上記公式を，数学Ⅱ段階ではほとんどの場合奇数乗，偶数乗の関数に対して使いましたが，数学Ⅲでは $\sin x$ などの奇関数や $\cos x$ などの偶関数一般に対して適用していきます．

例 $\displaystyle\int_{-\frac{\pi}{2}}^{\frac{\pi}{2}}(\underbrace{\sin x}_{\text{奇関数}}+\underbrace{\cos x}_{\text{偶関数}})\,dx=2\int_{0}^{\frac{\pi}{2}}\cos x\,dx = 2\Big[\sin x\Big]_{0}^{\frac{\pi}{2}}=2\cdot1=2.$ //　（偶関数のみ）

語記サポ e^x-x の定積分を表す記法としては，$\displaystyle\int_{1}^{2}(e^x-x)\times dx$ が正しく，$\displaystyle\int_{1}^{2}e^x-x\times dx$ は誤り．e^x-x 全体に「dx」を「掛ける」訳ですから（不定積分も同様）．　「×」はイメージするだけ

例題 4 1 b 定積分計算の基礎　根底 実戦

(1) $f(x)=|x|(x^2+\sin x)$ とする．定積分 $I=\displaystyle\int_{-2}^{3}f(x)\,dx+\int_{3}^{2}f(x)\,dx$ を計算せよ．

(2) 重要度↑ $f'(x)=\cos x$ …①, $f(0)=1$ …② を満たす関数 $f(x)$ を求めよ．

解答 (1) $I=\displaystyle\int_{-2}^{3}f(x)\,dx+\int_{3}^{2}f(x)\,dx$

$=\displaystyle\int_{-2}^{2}f(x)\,dx.$ …③　∵ ❼

着眼 積分区間 $[-2, 2]$ が原点対称ですから，偶関数と奇関数の和（or 差）で表し，❸′を使って分解して処理できないかと考えます．■

$f(x)=\underbrace{|x|\,x^2}_{\text{偶関数}}+\underbrace{|x|\sin x}_{\text{奇関数}}.$　❽❾を使う

$\therefore\ I=2\displaystyle\int_{0}^{2}|x|\,x^2\,dx$　偶関数のみ“右半分”の2倍

$=2\displaystyle\int_{0}^{2}x^3\,dx=2\left[\frac{x^4}{4}\right]_{0}^{2}=2\cdot\frac{2^4}{4}=8.$ //　$0\leqq x$ では $|x|=x$

解説 けっきょく，$|x|\sin x$ の方は原始関数を求めないで済んでしまいましたね．

(2) **方針** 不定積分を使わず，定積分で一気！■

$\underbrace{f(x)-f(0)}_{\left[f(t)\right]_0^x}=\displaystyle\int_{0}^{x}f'(t)\,dt$（∵ ①）

$=\displaystyle\int_{0}^{x}\cos t\,dt$

$=\Big[\sin t\Big]_{0}^{x}=\sin x-\sin 0.$

これと②より，$f(x)=\sin x+1.$ //

参考 不定積分を用いると次の通り：

$f(x)=\displaystyle\int f'(x)\,dx=\int\cos x\,dx=\sin x+C.$

これと②より，$1=0+C.\ \therefore\ C=1.$ …

2 積分計算の6手法

本節では，様々な関数を積分する計算方法を一通り学びます．高校数学で普通に登場するどんな関数でも，「微分する」ことは“機械的に”できます．しかし，「積分する」とはその逆をたどる操作ですから，工夫・読み・試行錯誤を要し，膨大な訓練が求められます．そこで用いる「手法」と「着眼法」を**体系的に**学んでいきましょう．

1 積分計算概観

「積分する」ための**第一基本原理**を確認しておきます：

「原始関数」の基本　**原理**　**重要度**

$$\int f(x)\,dx = \boxed{F(x)}^{???} + C$$

（$F(x)$ を微分する → $f(x)$）

例 $\int \cos x\,dx = \boxed{\sin x}^{???} + C$（$\sin x$ を微分する → $\cos x$）

$f(x)$ を「積分する」とは，

★ **微分したら $f(x)$ になる 元の（原始）関数 $F(x)$ を思い出すこと．**

例えば $\cos x$ を積分するなら，「微分したら $\cos x$ になる元の関数って何だっけ？」と考えて，$\sin x + C$ という答えを得ます．「原始関数」という言葉の意味が，そのまま第一基本原理となる訳です．

積分法においては微分法で学んだ公式類がベースとなります．ただし，“メイン公式”の方だけで大丈夫です．[→3 1 10]

積分計算に用いる手法は右の6つです．これらを次項以降で1つずつ学んでいきます．

積分計算の6手法

1 基本関数
2 1次式の“カタマリ”
3 積→和（次数下げ）
4 部分積分法
5 置換積分法（$t=g(x)$ 型）
6 置換積分法（$x=g(t)$ 型）

2 手法1：基本関数

前記の第一基本原理★だけで，ほとんどの基本関数の原始関数が求まります．その際の頭の動き方は，右のような3ステップ方式です．以下において，いくつかの基本関数に対してその考え方を適用して原始関数を求めてみます．得られた結果は，今後積分公式として使っていきます．

積分計算3ステップ

1° 原始関数を大まかに**予想**
2° 微分して**チェック**
3° 定数・符号を**微調整**

注　公式としての「まとめ」は，6手法が出揃った後で行います．

〔ベキ関数〕

- $\int x^\alpha\,dx = ??? + C$（ただし，$\alpha \neq -1$）（???を微分する → x^α）

1° $\int x^\alpha\,dx = x^{\alpha+1}$（?）$+C$　…???はだいたい $x^{\alpha+1}$？

2° $(x^{\alpha+1})' = (\alpha+1)x^\alpha$．　…$\alpha+1$ 倍が余計

3° 定数「$\alpha+1$」を微調整して，

$$\int x^\alpha\,dx = \frac{x^{\alpha+1}}{\alpha+1} + C.\ /\!/ \quad \cdots ①$$

（微分する　…これを確認すべし）

解説　3ステップの呼吸はつかめましたか？

「予想」→「チェック」→「微調整」です．

注　「ベキ関数」を積分する際には，ここで得た「結果」を覚えて使うのではなく，「過程」で用いた3ステップを再現します．[→**次の例題**(1)]

一般に，積分法の公式を単独で覚えるより，元の微分法の公式とセットで吸収していった方が堅実です．

- $\int \frac{1}{x}\,dx = ??? + C$

微分する

1° $\int \frac{1}{x}\,dx = \overset{?}{\log|x|} + C$???はたぶん$\log|x|$?

2° 微分してみるとピッタリ.

3° 微調整不要. 上式のままで OK.

$$\int \frac{1}{x}\,dx = \log|x| + C. /\!/$$

微分する

解説 $\frac{1}{x}$ は, 積分すると種類が激変しましたね.

注 「$\log x$」だと $x>0$ に限定され, $\frac{1}{x}$ と定義域が揃いません.

〔三角関数〕

- $\int \cos x\,dx = \sin x + C. /\!/$

微分する

これは既に[1]で使っていましたね.

- $\int \sin x\,dx = ??? + C$

微分する

1° $\int \sin x\,dx = \overset{?}{\cos x} + C$???はだいたい$\cos x$?

2° $(\cos x)' = -\sin x$. 符号「−」が余計

3° 符号「−」を微調整して,

$$\int \sin x\,dx = -\cos x + C. /\!/$$

微分する　これを確認すべし

- $\int \tan x\,dx = ??? + C$

微分する

???に当てはまる関数が, 現時点では思い浮かびません. 保留です. [→6]

〔指数・対数関数〕

- $\int e^x\,dx = e^x + C. /\!/$

微分する

これは既に[1]で使っていましたね.

- $\int \log x\,dx = ??? + C$

微分する

???に当てはまる関数が, 現時点では思い浮かびません. 保留です. [→5]

例題 4 2 a 基本関数の積分法 根底 実戦

[→演習問題 4 3 2 〜 4]

次の不定積分を計算せよ.　(1) $\int x^2\sqrt{x}\,dx$　(2) $\int \frac{1}{\cos^2 x}\,dx$

注 実際の試験では途中経過など何も書かない問いです. 以下は, **解説**です.

解説 (1) $\int x^2\sqrt{x}\,dx = \int x^{\frac{5}{2}}\,dx = ??? + C$

微分する

1° $\int x^2\sqrt{x}\,dx = \int x^{\frac{5}{2}}\,dx = \overset{?}{x^{\frac{7}{2}}} + C$???はだいたい$x^{\frac{7}{2}}$?

2° $\left(x^{\frac{7}{2}}\right)' = \frac{7}{2}x^{\frac{5}{2}}$. $\frac{7}{2}$ 倍が余計

3° 定数「$\frac{7}{2}$」を微調整して,

$$\int x^2\sqrt{x} = \frac{2}{7}x^{\frac{7}{2}} + C. /\!/$$

微分する

注 前記①を公式として使うと繁分数が現れて遠回り. 3 ステップの**過程**を辿る方が遥(はる)かに簡便.

(2) $\int \frac{1}{\cos^2 x}\,dx = ??? + C$

微分する

1° ??? はおそらく…$\tan x$.

2° 微分してみるとピッタリ.

3° 微調整不要. 上式のままで OK.

$$\int \frac{1}{\cos^2 x}\,dx = \tan x + C. /\!/$$

微分する

これで, ほとんどの基本関数:「ベキ関数」「三角関数」「指数・対数関数」の原始関数がわかりました.

積分法においては, $\frac{1}{\cos^2 x}$ $\left(\text{および}\frac{1}{\sin^2 x}\right)$ も "基本関数" 扱いとなることに注意.

現時点で, 積分公式が得られていない基本関数は, $\tan x$ と $\log x$ です.

3 手法2：1次式の“カタマリ”

例えば $\sin\boxed{2x}$ のような，1次式の“カタマリ”を含んだ合成関数を積分します．方法は単純で，とりあえずカタマリ $\boxed{2x}$ を1文字のようにみなし，前項と同様，基本原理★をベースとした3ステップを踏みます：

- $\int \sin\boxed{2x}\,dx = ???+C$ （微分する）

1° とりあえず $\sin\square$ を $\square$ で積分する．

$$\int \sin\boxed{2x}\,dx = \overset{?}{-}\cos\boxed{2x}+C \quad ^{1)}$$

2° $(-\cos\boxed{2x})' = 2\sin\boxed{2x}$． ••• 合成関数の微分法 2倍が余計

3° 定数「2」を微調整して，

$$\int \sin\boxed{2x}\,dx = -\frac{1}{2}\cos\boxed{2x}+C. /\!/ \quad ^{2)}$$

（微分する） ••• これを確認すべし

解説 2)：この結果を見るとわかるように，カタマリ $\boxed{2x}$ における x の係数「2」が分母に付きますね．一般に，$F'(x)=f(x)$ のとき

$$\int f(\boxed{ax})\,dx = \frac{1}{a}F(\boxed{ax})+C \quad \cdots①$$

（微分する）

となります．ただし，この結果だけを暗記して公式として使うのは損です．[→**次の例題**(2)]

補足 1)：1°では「−」を省いて「$\cos\boxed{2x}$」としておき，3°で符号も含めて微調整してもかまいません．

例題 4 2 b　1次式のカタマリ　根底 実戦

[→演習問題 4 3 2〜4]

次の積分を計算せよ．

(1) $\displaystyle\int_0^1 \frac{1}{3x+1}\,dx$　　(2) $\displaystyle\int \frac{1}{\sqrt{e^x}}\,dx$

方針 第一基本原理★と3ステップを忘れずに．

解答 (1) $\displaystyle\int \frac{1}{\boxed{3x+1}}\,dx = ???+C$ （微分する）

1° とりあえず $\dfrac{1}{\square}$ を $\square$ で積分する．

$$\int_0^1 \frac{1}{\boxed{3x+1}}\,dx = \Big[\overset{?}{\log}\left|\boxed{3x+1}\right|\Big]_0^1$$

2° $(\log|\boxed{3x+1}|)' = \dfrac{3}{\boxed{3x+1}}$．

3° 定数「3」を微調整して，

$$\int_0^1 \frac{1}{\boxed{3x+1}}\,dx = \left[\frac{1}{3}\log\left|\boxed{3x+1}\right|\right]_0^1 = \frac{1}{3}\log 4. /\!/$$

（微分する）

(2) $\displaystyle\int \frac{1}{\sqrt{e^x}}\,dx = \int e^{\boxed{-\frac{1}{2}x}}\,dx = ???+C$ （微分する）

1° とりあえず $e^{\square}$ を $\square$ で積分する．

$$\int \frac{1}{\sqrt{e^x}}\,dx = \int e^{\boxed{-\frac{1}{2}x}}\,dx = \overset{?}{e}{}^{\boxed{-\frac{1}{2}x}}+C$$

2° $\left(e^{\boxed{-\frac{1}{2}x}}\right)' = -\dfrac{1}{2}e^{\boxed{-\frac{1}{2}x}}$． ••• $-\dfrac{1}{2}$ 倍が余計

3° 定数を微調整して，

$$\int \frac{1}{\sqrt{e^x}}\,dx = \int e^{\boxed{-\frac{1}{2}x}}\,dx = -2e^{\boxed{-\frac{1}{2}x}}+C. /\!/$$

（微分する）

解説 (2)では，まず「被積分関数」そのものを見ることが大切です．

注 (2)で，前記①を公式として使うと，分母に「$-\dfrac{1}{2}$」を書く羽目になって遠回りです．

注意！ 1次式でないカタマリに対して同じことをやろうとしてもダメです．とりあえず右のように書いてみたところで，右辺を微分してみるとカタマリを微分した「$2x$」が定数でないので微調整不能．万事休す（笑）．

$$\int (\boxed{x^2+1})^3\,dx = \overset{?}{(}\boxed{x^2+1})^4+C$$

（微分する？？）

$$\left\{(\boxed{x^2+1})^4\right\}' = 4(\boxed{x^2+1})^3\cdot 2x$$

4 手法3：積→和（次数下げ）

2つ（以上）の関数の和（または差）を積分するときは，公式$\int\{f(x)+g(x)\}\,dx=\int f(x)\,dx+\int g(x)\,dx$によって分解してそれぞれを積分すれば済みます．しかし，積（または商）だとそうはいきません．微分する際には「積の微分法」「商の微分法」により機械的に計算できますが，積分するとなると積のままでは無理なケースも多いです．そこで考えられる 1 つの対策が，「積→和」と変形することです．

例えば前ページ最後の注意！で取り上げた$\int(x^2+1)^3\,dx$ は，3 乗という積を，素朴に展開して和の形にすれば，右のように解決しますね．

$$\int(x^2+1)^3\,dx=\int(x^6+3x^4+3x^2+1)\,dx$$
$$=\int x^6\,dx+\int 3x^4\,dx+\int 3x^2\,dx+\int 1\,dx$$
$$=\frac{x^7}{7}+\frac{3}{5}x^5+x^3+x+C.$$

第4章 積分法

例題 4 2 C 積→和（次数下げ） 根底 実戦

[→演習問題 4 3 2～4]

次の積分を計算せよ．

(1) $\displaystyle\int\frac{1}{(x-2)x}\,dx$　(2) $\displaystyle\int_0^{\frac{\pi}{4}}\cos^2x\,dx$　(3) $\displaystyle\int\tan^2x\,dx$

着眼 どれも積，商，累乗の形であり，このままでは積分できませんね．

解答 (1) **方針** 部分分数展開して和の形にしましょう．

1° $\dfrac{1}{(x-2)x}$ はだいたい $\dfrac{1}{x-2}-\dfrac{1}{x}$ のようになると予想．

2° これを通分してみると

$$\frac{1}{x-2}-\frac{1}{x}=\frac{x-(x-2)}{(x-2)x}=\frac{2}{(x-2)x}\quad\cdots①$$

となり，分子の 2 が余計．

3° ①の両辺を 2 で割って微調整．

$$\frac{1}{(x-2)x}=\frac{1}{2}\left(\frac{1}{x-2}-\frac{1}{x}\right).$$ 積・商→和

$$与式=\int\frac{1}{2}\left(\frac{1}{x-2}-\frac{1}{x}\right)dx$$
$$=\frac{1}{2}(\log|x-2|-\log|x|)+C$$
$$=\frac{1}{2}\log\left|\frac{x-2}{x}\right|+C.$$

（$x-2$ に補足 1)）

解説 部分分数展開の手順 1°2°3° は，積分計算における3ステップとそっくりですね．それもそのはず．「部分分数展開」·「積分する」は，それぞれ「通分」·「微分する」という“順方向”の計算の逆をたどる計算なので，「予想」→「チェック」→「微調整」という同じ流れになる訳です．

補足 1)：1 次式のカタマリですが，x の係数が $+1$ なので定数の微調整要らずです．■

(2)
$$\int_0^{\frac{\pi}{4}}\cos^2x\,dx=\int_0^{\frac{\pi}{4}}\frac{1+\cos 2x}{2}\,dx$$
$$=\frac{1}{2}\left[x+\frac{1}{2}\sin 2x\right]_0^{\frac{\pi}{4}}$$
$$=\frac{1}{2}\left(\frac{\pi}{4}+\frac{1}{2}\right)=\frac{1}{8}(\pi+2).$$

解説 「積→和」というより，「次数下げ」と呼んだ方がしっくりきますね．

(3) **着眼** あることに気付かないと無理です．■

$1+\tan^2x=\dfrac{1}{\cos^2x}$ より

$$\int\tan^2x\,dx=\int\left(\frac{1}{\cos^2x}-1\right)dx$$
$$=\tan x-x+C.$$

解説 これも一種の「積→和」の変形ですね．

注 「$\tan x$」と「$\dfrac{1}{\cos^2x}$」は，次の 2 つによりひじょうに密接な関係にあります．**必ず**覚えておいてください！

$\tan x$ と $\dfrac{1}{\cos^2x}$

$1+\tan^2x=\dfrac{1}{\cos^2x}$． [→Ⅱ+B 4 2 6]

$\displaystyle\int\frac{1}{\cos^2x}\,dx=\tan x+C.$

5 手法4：部分積分法

部分積分法は，前項と同様，(主に)積の形の関数を積分するのに使われる公式です．積の微分法から右のようにしてカンタンに導かれます．結果は次の通り：

$\{f(x)g(x)\}'=f'(x)g(x)+f(x)g'(x).$

$f(x)g'(x)=\{f(x)g(x)\}'-f'(x)g(x).$

両辺を x で積分して，

$$\int f(x)g'(x)\,dx=\int\{f(x)g(x)\}'\,dx-\int f'(x)g(x)\,dx.$$

$$\int f(x)g'(x)\,dx=f(x)g(x)-\int f'(x)g(x)\,dx.$$

$f(x)g(x)$ を微分して積分すると $f(x)g(x)$ に戻る

左辺と右辺の積分で，「′」が付け換わります．右辺の積分計算の方がカンタンなら成功です．

それでは，$f(x)$ を f などと略記して使い方を説明します（↓や↑は「微分する」向きを表します）．

例
$$\int \overset{f}{x}\cdot\overset{g'}{\sin x}\,dx=\overset{f}{x}(\overset{g}{-\cos x})-\int\overset{f'}{1}\cdot(\overset{g}{-\cos x})\,dx\ \cdots①$$

1) $\underset{f'}{1}$　$\underset{g}{-\cos x}$

$$=-x\cos x+\int\cos x\,dx\ \cdots②$$

「−」は初めから $\int$ の外に出して

$$=-x\cos x+\sin x+C.\ \cdots③$$

①は，赤字で公式の使い方を説明するためのもので，紙には書きません．

1)：実際にはこのように $f=x$ を微分した $f'=1$ と，$g'=\sin x$ を積分した $g=-\cos x$ を"下書き"しておきます．$g=-\cos x+1$ などとしても答えは合いますが，いちばん楽なものを書きましょう．

すると，部分積分の右辺で積分される，「′」の付け換わった $f'g=1\cdot(-\cos x)$ が目に見えており，これが元の fg' よりカンタンなので部分積分の成功をこの時点で確信できます．これは積分しなくてよい

実際に紙に書くのは，"下書き"における矢印の"根元"どうしの積 $fg=-x\cos x$，そして積 $f'g=-\cos x$ の積分の，ジャマな定数・符号を $\int$ の外に出したものです．こうして一気に②式を得ます．

さらに，$\cos x$ の積分を即座に暗算しちゃうとイキナリ答の③が書けます．

この **例** 程度の単純な部分積分なんて，下書きして**途中の式 0 行**で片付く代物です．

x, $\sin x$ のどちらを「f」，どちらを「g」とみなすかの判断 2) は，試行錯誤と経験です．ここでは，「x」の方を「f」とみることにより，「f'」が次数の低い「1」(定数)になってくれたので成功しました．

注 2)：もっと言うと，部分積分を適用するべきか否かの判断も同様です．

例題 4 2 d 部分積分法（不定積分） 根底 実戦

[→演習問題 4 3 2 〜 4]

次の不定積分を計算せよ．　(1) $\int xe^{-x}\,dx$　(2) $\int \log x\,dx$　(3) $\int x^2\cos x\,dx$

方針 "下書き"を利用して，途中式をなるべく書かずに済ませましょう．

解答

(1)
$$\int \overset{f}{x}\,\overset{g'}{e^{-x}}\,dx=\overset{f}{x}(\overset{g}{-e^{-x}})-\int\overset{f'}{1}\cdot(\overset{g}{-e^{-x}})\,dx$$

$\underset{f'}{1}$　$\underset{g}{-e^{-x}}$

$$=-xe^{-x}+\int e^{-x}\,dx$$
$$=-xe^{-x}-e^{-x}+C$$
$$=-(x+1)e^{-x}+C.$$

(2) **着眼** 基本関数 $\log_e x$ を積分します．$1\cdot\log x$ という積だとみなして部分積分を適用します．初見では無理な発想．覚えて今後に活かすべし．■

$$\int \overset{f'}{1}\cdot\overset{g}{\log x}\,dx=\overset{f}{x}\overset{g}{\log x}-\int\overset{f}{x}\cdot\overset{g'}{\frac{1}{x}}\,dx$$

$\underset{f}{x}$　$\underset{g'}{\frac{1}{x}}$

$$=x\log x-\int 1\,dx$$
$$=x\log x-x+C.$$

注 これが，基本関数の積分公式に加わります：

$$\int\log x\,dx=x\log x-x+C.$$

(3) $\int \overset{f}{x^2} \overset{g'}{\cos x}\, dx = \overset{f}{x^2} \overset{g}{\sin x} - \int \overset{f'}{2x} \cdot \overset{g}{\sin x}\, dx$

($x^2 \downarrow 2x$ (f'), $\cos x \uparrow \sin x$ (g))

（これ以降 f, g などは省きます）

$= x^2 \sin x - 2\int x \cdot \sin x\, dx$

($x \downarrow 1$, $\sin x \uparrow -\cos x$)

$= x^2 \sin x - 2(-x\cos x + \sin x) + C$

$= x^2 \sin x + 2x\cos x - 2\sin x + C.$ //

解説 1度目の部分積分により，前記 例 と同じ積分が現れたので，2度目の部分積分を実行しました（ただし暗算）.

次に，定積分の部分積分法です．原始関数を求め，積分区間の上端，下端を代入するだけです．

$$\int_a^b f(x)g'(x)\,dx = \Big[\,f(x)g(x)\,\Big]_a^b - \int_a^b f'(x)g(x)\,dx.$$

（[3] は $\Big[f(x)g(x)\Big]_a^b$ の項に付く）

注 3)：原始関数が求まった部分から先行して数値を代入します（例外は，次問(3)）.

例題 4 2 e 部分積分法（定積分） 根底 実戦

[→演習問題 4 3 2 ～ 4]

次の定積分を計算せよ． (1) $\int_0^\pi (x+1)\sin 2x\,dx$ (2) $\int_1^e x\log x\,dx$ (3) $\int_0^1 (x^2+1)e^x\,dx$

解答

(1) $\int_0^\pi (x+1)\sin 2x\,dx$

($x+1 \downarrow 1$, $\sin 2x \uparrow -\frac{1}{2}\cos 2x$)

$\overset{4)}{=} +\frac{1}{2}\Big[(x+1)\cos 2x\Big]_\pi^0 + \frac{1}{2}\int_0^\pi \cos 2x\,dx$

$= \frac{1}{2}\{1-(\pi+1)\} + \frac{1}{4}\Big[\sin 2x\Big]_0^\pi$ 5)

$= -\frac{\pi}{2}.$ //

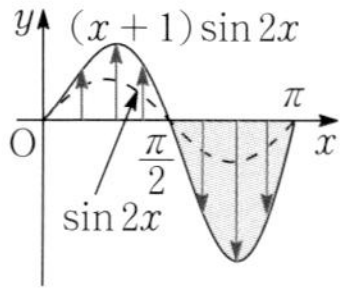

補足 4)：「−」を「+」に変え，積分区間を逆転しました．

参考 答えが負になる理由は上図からわかります．$x+1\,(>0)$ の値は，区間 $\left[0, \frac{\pi}{2}\right]$ $(\sin 2x \geq 0)$ より $\left[\frac{\pi}{2}, \pi\right]$ $(\sin 2x \leq 0)$ の方が大きいので，正の面積を"負の面積"が凌駕（りょうが）します．

(2) $\int_1^e x \cdot \log x\,dx = \left[\frac{x^2}{2}\log x\right]_1^e - \int_1^e \frac{x^2}{2}\cdot\frac{1}{x}\,dx$

($x \uparrow \frac{x^2}{2}$, $\log x \downarrow \frac{1}{x}$)

$= \left[\frac{x^2}{2}\log x\right]_1^e - \frac{1}{2}\int_1^e x\,dx$

$= \frac{e^2}{2} - \left[\frac{x^2}{4}\right]_1^e$ 6)

$= \frac{e^2}{2} - \frac{e^2-1}{4} = \frac{e^2+1}{4}.$ //

解説 $\log x$ を含んだ関数では部分積分がよく使われ，その際 $\log x$ はたいてい微分される側（矢印の根元側）になります．

$(\log x)' = \frac{1}{x}$, $\int \log x\,dx = x\log x - x + C$

カンタン　　メンドウ

を比べれば当然ですね．

注 5)6)：このように，部分積分（定積分）では，右辺の2項において計算の進行度合いがズレます．第1項は先行して数値代入が済んでいるため，どうしても同じ値を二度書く羽目になります．それを避けたい場合は，第2項の積分計算を暗算で済ませましょう．

(3) **注** 前問(1)からもわかるように，$e^{\triangle}\cdot$ ○ 型の関数を部分積分すると，結果は再び $e^{\triangle}\cdot$ ● 型にまとまります．この形の不定積分を求め切ってから定積分計算に入る方がスッキリ片付きます．■

$\int (x^2+1)e^x\,dx = (x^2+1)e^x - 2\int x\cdot e^x\,dx$

($x^2+1 \downarrow 2x$, $e^x \uparrow e^x$; $x \downarrow 1$, $e^x \uparrow e^x$)

$= (x^2+1)e^x - 2\left(xe^x - \int e^x\,dx\right)$

$= (x^2+1)e^x - 2(x-1)e^x + C$

$= (x^2 - 2x + 3)e^x + C.$

$\therefore$ 与式 $= \Big[(x^2-2x+3)e^x\Big]_0^1 = 2e - 3.$ //

解説 不定積分を求め切ってから数値代入を行ったことにより，指数関数 e^x への代入が1回で済んでいますね．

注 部分積分法は，$(x+1)\sin 2x$（$x+1$：ベキ関数，$\sin 2x$：三角関数）のような「異種関数の積」において使うことが多いです．

6 手法5：置換積分法（$t=g(x)$ 型）

置換積分法は，合成関数の微分法から右のように導かれます（積分定数は省いて書きました）．

例→ t^3 　t で微分する→ $3t^2$

$F(t)$ ⇄ $f(t)$ …①（← t で積分する）

のとき，合成関数の微分法より

$F(\boxed{g(x)})$ 　x で微分する→／← x で積分する　$f(\boxed{g(x)})\cdot g'(x)$.（□で微分｜□を微分）

例→ $(\boxed{\sin x})^3$ 　　$3(\boxed{\sin x})^2\cdot\cos x$

よって $t=\boxed{g(x)}$ とおくと

$$\int f(\boxed{g(x)})g'(x)\,dx=F(\boxed{g(x)})=F(\boxed{t})=\int f(\boxed{t})\,dt.$$

（∵ ①）

置換積分法（不定積分）　定理

$t=\boxed{g(x)}$ とおくと

$$\int f(\boxed{g(x)})\,g'(x)\,dx=\int f(\boxed{t})\,dt\ .$$

〈覚え方〉　$t=\boxed{g(x)}$ ですから，両辺の赤下線部は一致しています．また，

$\dfrac{dt}{dx}=g'(x)$ であり，“形式的に”分母を払うと $g'(x)\,dx=dt$.

これは，両辺の赤波線部が一致することを意味しています．つまり置換積分法の公式は

$\dfrac{dt}{dx}=g'(x)$ の分母が“形式的に”払える　素晴らしい記法のおかげ！

と考えれば，完璧に記憶できたことになるんです（笑）．

〈使い時〉　右において赤字で示した例：$3(\boxed{\sin x})^2\cdot\boxed{\cos x}$ を見てもわかるように，置換積分法は，

微分する

$$\int f(\boxed{g(x)})\cdot\boxed{g'(x)}\,dx=\int f(\boxed{t})\,dt.$$

$3(\boxed{\sin x})^2\cdot\cos x$

合成関数 $f(\boxed{g(x)})$ に，$\boxed{\text{カタマリ}}$を微分した $\boxed{g'(x)}$ を掛けた「$f(\boxed{g(x)})\cdot\boxed{g'(x)}$」型で使う公式です．…②

例

微分する

$\displaystyle\int(\boxed{\sin x})^5\cdot\boxed{\cos x}\,dx$ は，上記②型ですね．

そこで，$t=\boxed{\sin x}$ とおくと

$\dfrac{dt}{dx}=\cos x$, i.e. $dt=\boxed{\cos x}\,dx$. …③

分母を払う

これにより与式の赤波線部を書き換えて

$$\int(\boxed{\sin x})^5\cdot\boxed{\cos x}\,dx=\int t^5\,dt$$

$$=\frac{t^6}{6}+C$$

不定積分を答える際には，「t」を「x」に戻しておくこと

$$=\frac{\sin^6 x}{6}+C.\ /\!/$$

注　③式のように「dt」と「dx」を切り離した書き方は，正規に認められた表記ですのでご安心を．合成関数 $(\boxed{\sin x})^5$ より，「$\times\cos x$」が付いた $(\boxed{\sin x})^5\cdot\boxed{\cos x}$ の方が積分しやすいんですね．

例題 4 2 f　置換積分法（$t=g(x)$ 型）・不定積分　根底 実戦　[→演習問題 4 3 2 ～ 4]

次の不定積分を計算せよ．　(1) $\displaystyle\int x(x^2+1)^3\,dx$　(2) $\displaystyle\int\tan x\,dx$　(3) $\displaystyle\int\frac{(\log x)^3}{x}\,dx$

着眼　全て，$\displaystyle\int f(\boxed{g(x)})\cdot\boxed{g'(x)}\,dx$ の形になっているのが見抜けますか？（微分する）

解答 (1) **着眼**

微分する

$$\text{与式}=\int(\boxed{x^2+1})^3\cdot\boxed{x}\,dx$$

注　正確には $(\boxed{x^2+1})'=2x$ ですが，**定数倍**の違いは気にせず後で“微調整”．

また，この形だと認識しさえすればOK．紙には書かないで済ませたいです．■

$t=\boxed{x^2+1}$ とおくと

$\dfrac{dt}{dx}=2x$, i.e. $\dfrac{1}{2}dt=x\,dx$.

分母を払う＆両辺を $\dfrac{1}{2}$ 倍[1)]

$$\therefore\ \int(\boxed{x^2+1})^3\cdot\boxed{x}\,dx=\int t^3\cdot\frac{1}{2}\,dt$$

$$=\frac{t^4}{8}+C=\frac{(x^2+1)^4}{8}+C.\ /\!/$$

補足　[1)]：両辺に定数を掛けたりする操作は，普通の等式と同様に行って大丈夫．分母を払う前の式は暗算して省きましょう．

(2) **着眼** 与式 $=\int \frac{1}{\boxed{\cos x}}\cdot \boxed{\sin x}\,dx$

微分する

注 正確には $(\boxed{\cos x})' = -\sin x$ ですが，**符号**の違いは気にせず後で"微調整"．■

$t=\boxed{\cos x}$ とおくと

$$\frac{dt}{dx}=-\sin x,\ \text{i.e.}\ -dt=\sin x\,dx.$$

分母を払う＆両辺を -1 倍

$$\therefore\ 与式=\int \frac{1}{\boxed{\cos x}}\cdot\boxed{\sin x}\,dx$$
$$=\int \frac{1}{t}\cdot(-dt)$$
$$=-\log|t|+C=-\log|\cos x|+C.$$ //

注 これが，基本関数の積分公式に加わります：

$$\int \tan x\,dx=-\log|\cos x|+C.$$

(3) **着眼** 与式 $=\int (\boxed{\log x})^3\cdot \boxed{\frac{1}{x}}\,dx$ ■

微分する

$t=\boxed{\log x}$ とおくと

$$\frac{dt}{dx}=\frac{1}{x},\ \text{i.e.}\ dt=\frac{1}{x}dx.$$

分母を払う

$$\therefore\ 与式=\int t^3\,dt$$
$$=\frac{t^4}{4}+C=\frac{(\log x)^4}{4}+C.$$ //

t とおかない方法

置換積分法は，前ページの証明過程からわかるように，言ってしまえば合成関数の微分法の逆読みに過ぎません．よって，積分計算の第一基本原理★に従って，

どんな合成関数 $F(\boxed{g(x)})$ を微分したら $f(\boxed{g(x)})\cdot \boxed{g'(x)}$ になるか？

を思い出せたらその「$F(\boxed{g(x)})$」が（ほぼ）答えです．$F(t)$ は $f(t)$ の原始関数ですから，本問は次の手順で片付きます．全て答えがイキナリ書けますので，以下 は**解説**です．

解説 (1) **着眼** $\int (\boxed{x^2+1})^3 \cdot \boxed{x}\,dx$

□を微分

1° ひとまず □を微分した $\boxed{x}$ は無視し，□^{3} を □ で積分して，答えはほぼ

与式 $=[\ ]\cdot\frac{(\boxed{x^2+1})^4}{4}+C$ ？ と予想して…[2)]

2° 下書きにおいてx で微分してチェック．

$$\left\{\frac{(\boxed{x^2+1})^4}{4}\right\}'=(\boxed{x^2+1})^3\cdot 2x$$

□で微分　□を微分

となり定数 2 が余計．

3° そこで，1° の[ ]に定数を書き足して微調整．

$$与式=\left[\frac{1}{2}\right]\cdot\frac{(\boxed{x^2+1})^4}{4}+C$$
$$=\frac{1}{8}\cdot(\boxed{x^2+1})^4+C.$$ //

解説 この手順 1°2°3° は，積分計算の基礎：3 ステップ方式そのものですね．説明は長いですが，実際に答案用紙に書くのは，最後の 2 行，あるいは 1 行のみ（笑）．$\int (x^2+1)^3\,dx$ よりむしろカンタン（笑）．[→例題 4 2 b 後の注意！]

補足 2)：定数の微調整はどうせ後でやるので，この時点では「$(\boxed{x^2+1})^4$」でも OK．とにかく定数や符号の違いは気にしない．

注 (2)(3)は説明を簡素化します．

(2) **着眼** $\int \frac{1}{\boxed{\cos x}}\cdot\boxed{\sin x}\,dx$

□を微分

1° 与式 $=[\ ]\cdot\log|\boxed{\cos x}|+C$ ？

2° $(\log|\boxed{\cos x}|)'=\frac{1}{\boxed{\cos x}}\cdot(-\sin x)$. $-$ が余計．

3° 与式 $=[-]\log|\boxed{\cos x}|+C.$ //

(3) **着眼** $\int (\boxed{\log x})^3\cdot\boxed{\frac{1}{x}}\,dx$

□を微分

1° 与式 $=[\ ]\cdot\frac{(\boxed{\log x})^4}{4}+C$ ？

2°3° 微分してみると，ドンピシャ！微調整不要．1° のままで答え．

注 **t とおかない方法**の方が簡便ですね．しかし，「t とおく」方法もマスターすること．そうしないと上手くいかない問題もありますので．[→例題 4 2 o (1)]

次に，定積分の置換積分法を説明します．不定積分で用いた 例 を定積分に変えた $\int_0^{\frac{\pi}{2}} \sin^5 x \cos x\,dx$ は，**t とおかない方法** を用いた場合は求まった原始関数に積分区間の上端，下端を代入するだけです：

$$\int_0^{\frac{\pi}{2}} \sin^5 x \cos x\,dx = \left[\frac{\sin^6 x}{6}\right]_0^{\frac{\pi}{2}} = \frac{1}{6}. \cdots ①$$

t とおく方法の場合は，不定積分を求めた過程（右）を振り返ると，もっと効率の良い代入方法があることがわかります．上記①は，④式において「x」に $0, \frac{\pi}{2}$ を代入していますが，その代わりに $\boxed{\sin x}$ というカタマリに対して $\sin\frac{\pi}{2}(=1)$, $\sin 0(=0)$ を代入しても同じことですね．
そこで，「t」を「x」に戻す前の③のまま，「$\boxed{t}$」に 1, 0 を代入します．つまり，②を定積分に変えるのです．実際の計算は次の通りです（公式として暗記せず，「手法」としてマスターしましょう）．

$$\int(\underset{t}{\boxed{\sin x}})^5 \cdot \boxed{\cos x}\,dx$$
$$= \int \boxed{t}^5\,dt \cdots ②$$
$$= \frac{\boxed{t}^6}{6} + C \cdots ③$$
$$= \frac{(\boxed{\sin x})^6}{6} + C. \cdots ④$$

例 定積分 $\int_0^{\frac{\pi}{2}} (\boxed{\sin x})^5 \cdot \boxed{\cos x}\,dx$ を求める．（微分する）

- $t = \boxed{\sin x}$ とおくと，
- $\frac{dt}{dx} = \cos x$, i.e. $dt = \cos x\,dx$.
- x と t の対応は右の通り．したがって

x	$0 \to \frac{\pi}{2}$
t	$0 \to 1$

$$\text{与式} = \int_0^1 \boxed{t^5}\,\boxed{dt} = \left[\frac{t^6}{6}\right]_0^1 = \frac{1}{6}. /\!/$$
[1)]

重要 [1)]：定積分は，このように 3 つの“パーツ”：「積分区間」「被積分関数」「積分変数」によって構成されています．定積分の置換積分では，これら**全てを**「x」から「t」へと変換します．つまり，**3 つの準備**が要る訳です．それぞれに対する操作が，上記で 3 つの ● で表されています．
中でもとりわけ，**「積分区間」が「積分変数」の区間であることは必須です**．このように定積分の 3 つの“パーツ”を意識することは，今後発展的問題を扱う際とても重要になります．

例題 4 2 g 置換積分法（$t = g(x)$ 型）・定積分 根底 実戦 [→演習問題 4 3 2 〜 4]

次の定積分を計算せよ．

(1) $\int_0^1 \frac{x^2+1}{x^3+3x+1}\,dx$　　(2) $\int_0^{\pi} \sqrt{1+\cos x}\sin x\,dx$　　(3) $\int_0^2 xe^{-\frac{x^2}{2}}\,dx$

方針 各問いごとに，「t とおく」「t とおかない」の両方で計算してみます．

解答 (1) **着眼**

$$\text{与式} = \int_0^1 \frac{1}{\boxed{x^3+3x+1}} \cdot (\boxed{x^2+1})\,dx \blacksquare$$

（微分すると $3(x^2+1)$）

〈**t とおく**〉

- $t = \boxed{x^3+3x+1}$ とおくと
  - $\frac{dt}{dx} = 3(x^2+1)$, i.e. $\frac{1}{3}dt = (x^2+1)\,dx$.
- x と t の対応は右の通り．したがって

x	$0 \to 1$
t	$1 \to 5$

$$\text{与式} = \int_1^5 \frac{1}{t} \cdot \frac{1}{3}\,dt$$
$$= \frac{1}{3}\Big[\log|t|\Big]_1^5 = \frac{1}{3}\log 5. /\!/$$

〈**t とおかない**〉

1° 与式 $= [\ ] \cdot \Big[\log\left|\boxed{x^3+3x+1}\right|\Big]_0^1$?

2° $\left(\log\left|\boxed{x^3+3x+1}\right|\right)' = \frac{1}{\boxed{x^3+3x+1}} \cdot 3(x^2+1)$.

3° 与式 $= \boxed{\frac{1}{3}}\Big[\log\left|\boxed{x^3+3x+1}\right|\Big]_0^1$
$= \frac{1}{3}\log 5. /\!/$

解説 今扱っている程度の易しい置換積分の計算なら，入試の現場では〈**t とおかない**〉方法で片付けることになるでしょう．
ただし，繰り返しになりますが，〈**t とおく**〉方でないとキビシイ問題もあります．

(2) **着眼** 与式 $=\int_0^{\pi}\sqrt{\boxed{1+\cos x}}\cdot\boxed{\sin x}\,dx$ ■（微分する）

⟨t とおく⟩

- $t=\boxed{1+\cos x}$ とおくと
  - $\dfrac{dt}{dx}=-\sin x$, i.e. $-dt=\sin x\,dx$.
- x と t の対応は右の通り．したがって

x	$0\ \to\ \pi$
t	$2\ \to\ 0$ [2)]

$$\text{与式}=\int_2^0\sqrt{t}\,(-dt)$$
$$=\int_0^2\sqrt{t}\,dt \quad \text{「−」は即座に消す}$$
$$=\left[\frac{2}{3}t^{\frac{3}{2}}\right]_0^2=\frac{2}{3}\cdot 2\sqrt{2}=\frac{4}{3}\sqrt{2}.//$$

注 $t=\cos x$ と置換してもできますが，上記の方が簡明です．

2)：置換積分すると，積分区間が「小→大」から「大→小」に変わることもよくあります．■

⟨t とおかない⟩

1° 与式 $=[\ ]\cdot\left[\left(\boxed{1+\cos x}\right)^{\frac{3}{2}}\right]_0^{\pi}$?

2° $\left\{\left(\boxed{1+\cos x}\right)^{\frac{3}{2}}\right\}'=\dfrac{3}{2}\sqrt{\boxed{1+\cos x}}\cdot(-\sin x)$
$=-\dfrac{3}{2}\sqrt{\boxed{1+\cos x}}\cdot\sin x$.

3° 与式 $=\left[-\dfrac{2}{3}\right]\left[\left(\boxed{1+\cos x}\right)^{\frac{3}{2}}\right]_0^{\pi}$
$=\dfrac{2}{3}\left[\left(\boxed{1+\cos x}\right)^{\frac{3}{2}}\right]_{\pi}^{0}=\dfrac{2}{3}\cdot 2\sqrt{2}=\dfrac{4}{3}\sqrt{2}.//$

(3) 与式 $=\int_0^2 e^{\boxed{-\frac{x^2}{2}}}\cdot\boxed{x}\,dx$. **⟨$t$ とおく⟩**

- $t=\boxed{-\dfrac{x^2}{2}}$ とおくと
  - $\dfrac{dt}{dx}=-x$, i.e. $-dt=x\,dx$.
- x と t の対応は右の通り．したがって

x	$0\ \to\ 2$
t	$0\ \to\ -2$

$$\text{与式}=\int_0^{-2}e^t\,(-dt)$$
$$=\int_{-2}^0 e^t\,dt$$
$$=\left[e^t\right]_{-2}^0=1-\frac{1}{e^2}.//$$

⟨t とおかない⟩

1° 与式 $=[\ ]\cdot\left[e^{\boxed{-\frac{x^2}{2}}}\right]_0^2$?

2° $\left(e^{\boxed{-\frac{x^2}{2}}}\right)'=e^{\boxed{-\frac{x^2}{2}}}\cdot(-x)=-e^{\boxed{-\frac{x^2}{2}}}\cdot x$.

3° 与式 $=[-1]\left[e^{\boxed{-\frac{x^2}{2}}}\right]_0^2$
$=\left[e^{\boxed{-\frac{x^2}{2}}}\right]_2^0=1-\dfrac{1}{e^2}.//$

コラム

原始関数が求まらない…

今学んでいるのは原始関数を求める方法ですが，例えば e^{-x^2} は，原始関数が求まらない[3)] ことが知られています．試験でこの種の関数を素材とした問題が出て[→**例題 4 9 f**]，原始関数を求めずに（不等式の利用などで）解決するのが正解だった場合，原始関数を求めようと格闘したら時間の無駄！ちょっと心配になりますね．でも大丈夫．“6 手法”をベースに訓練を積めば，原始関数を求めるべき場面ではちゃんと求められる力が身に付きます．そして，それだけ**努力した自分**が「無理！」と感じたら，おそらく原始関数は求まらないんだろうと判断し，他の解決策を探る方向へと舵(かじ)取りできることでしょう．

注 3)：より正確に述べるなら，「高校数学で学ぶ関数としては表せない」ということです．上記の関数 e^{-x^2} の原始関数は，統計学などで重要な役割を担うので[→ II+B 8 5 4]，大学以降では，「ガウスの誤差関数」：$\mathbf{erf}(x)=\dfrac{2}{\sqrt{\pi}}\displaystyle\int_0^x e^{-t^2}\,dt$ なるものを定義し，わりと頻繁に使います．「$\mathrm{erf}(x)$」を使うことを許せば，e^{-x^2} の原始関数は求まるといえます．（同様な話題[→ II+B **5 2 3 後のコラム**]）

7 手法6：置換積分法（$x=g(t)$ 型）

いよいよ積分計算 6 手法の最後です

前項で学んだ置換積分法の公式（右記）を，x, t を互換し，両辺を入れ替えて書くと次のようになります：

$x=\boxed{g(t)}$ とおくと

$$\int f(\boxed{x})\,dx=\int f\left(\boxed{g(t)}\right)g'(t)\,dt\ .\ \cdots②$$

置換積分法（不定積分） 定理

$t=\boxed{g(x)}$ とおくと

$$\int f\left(\boxed{g(x)}\right)g'(x)\,dx=\int f(\boxed{t})\,dt\ .\ \cdots①$$

これが置換積分法（$x=g(t)$ 型）の公式です．積分計算問題は，普通「x」を積分変数としますから，左辺：「dx」から右辺：「dt」へと置換して解こうという訳です．

$\dfrac{dx}{dt}=g'(t)$ の分母が“形式的に”払えて，$dx=g'(t)dt$ となる．　これで完璧に記憶

問題は〈**使い時**〉です．前項の置換積分法（$t=g(x)$ 型）では，①の左辺に「$f(\boxed{g(x)})\cdot\boxed{g'(x)}$」という明確な**型**があったのですが，置換積分法（$x=g(t)$ 型）では，②の左辺に何の特徴もありません．

ではどうするかと言えば…**暗記します**（笑）．必須とされるものは右の 4 パターンだけですから ご安心を．

型	置換の仕方
❶ $\sqrt{a^2-x^2}$	$x=a\sin\theta\ \left(-\dfrac{\pi}{2}\le\theta\le\dfrac{\pi}{2}\right)$
❷ $\dfrac{1}{a^2+x^2}$	$x=a\tan\theta\ \left(-\dfrac{\pi}{2}<\theta<\dfrac{\pi}{2}\right)$
❸ $\sqrt{1\text{ 次式}}$	$t=\sqrt{1\text{ 次式}}$ i.e. $x=t$ の 2 次式
❹ e^x の式	$t=e^x$ i.e. $x=\log t$

例題 4 2 h　置換積分法（$x=g(t)$ 型）　根底 実戦

[→演習問題 4 3 2 ～ 4]

次の積分を計算せよ．

(1) $\displaystyle\int_{-\sqrt{3}}^{1}\frac{1}{\sqrt{4-x^2}}\,dx$　(2) $\displaystyle\int_0^1\frac{1}{1+x^2}\,dx$　(3) $\displaystyle\int_0^3 x\sqrt{x+1}\,dx$　(4) $\displaystyle\int\frac{1}{e^x+1}\,dx$

注　初めての人は，鑑賞して，覚えてください．(1)(2)(3)(4)の順に❶❷❸❹を使います．

解答 (1) **着眼** $\displaystyle\int_{-\sqrt{3}}^{1}\frac{1}{\sqrt{2^2-x^2}}\,dx$.

方針　❶を $a=2$ として使います．定積分ですから，3 つの準備を行います．■

- $x=2\sin\theta\ \left(-\dfrac{\pi}{2}\le\theta\le\dfrac{\pi}{2}\ \cdots①\right)$ とおくと，

$$\text{分母}=\sqrt{4-x^2}=\sqrt{4-4\sin^2\theta}=2\sqrt{1-\sin^2\theta}=2\sqrt{\cos^2\theta}=2|\cos\theta|\underset{1)}{=}+2\cos\theta\ (\because ①).$$

- $\dfrac{dx}{d\theta}=2\cos\theta$, i.e. $dx=2\cos\theta\,d\theta$.
- x と θ の対応は次の通り．

x	$-\sqrt{3}\ \to\ 1$
$\sin\theta$	$-\sqrt{3}/2\ \to\ 1/2$
θ	$-\pi/3\ \to\ \pi/6$

2)

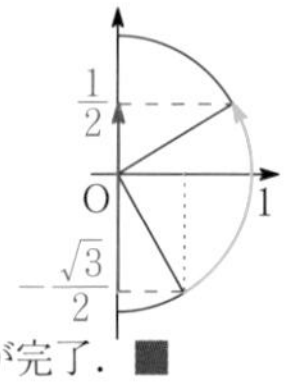

注　以上で 3 つの準備（•）が完了．■

以上より

$$\text{与式}=\underset{3)}{\int_{-\frac{\pi}{3}}^{\frac{\pi}{6}}\frac{1}{2\cos\theta}\cdot2\cos\theta\,d\theta}=\int_{-\frac{\pi}{3}}^{\frac{\pi}{6}}1\,d\theta=\Big[\theta\Big]_{-\frac{\pi}{3}}^{\frac{\pi}{6}}=\frac{\pi}{6}+\frac{\pi}{3}=\frac{\pi}{2}.\ /\!/$$

解説　①のように範囲を設けることには次のメリットがあります．

1)：絶対値記号が「＋」で外れる．

2)：x と θ が 1 対 1 対応でありしかも大小が一致するので，積分区間の変換がしやすい．

注　3)：手法6置換積分法（$x=g(t)$ 型）を使うと，このように被積分関数がいったん長い式になります．dx を $2\cos\theta\,d\theta$ に変えるのですから当然ですね．ところが…なんと約分で消えてしまって「1」となります．実は，上手くいくカラクリがあるんです[→例題 4 10 b 解説]．でも，今はとりあえず暗記優先．

(2) **着眼** $\displaystyle\int_0^1 \frac{1}{1^2+x^2}\,dx$.

方針 ❷を $a=1$ として使います．定積分ですから，3 つの準備を．■

- $x=1\cdot\tan\theta\left(-\dfrac{\pi}{2}<\theta<\dfrac{\pi}{2}\ \cdots②\right)$ とおくと，

  分母 $=1+x^2=1+\tan^2\theta=\dfrac{1}{\cos^2\theta}$.[4)]
- $\dfrac{dx}{d\theta}=\dfrac{1}{\cos^2\theta}$, i.e. $dx=\dfrac{1}{\cos^2\theta}\,d\theta$.[5)]
- x と θ の対応は次の通り．

x	$0\ \to\ 1$
θ	$0\ \to\ \pi/4$

[6)]

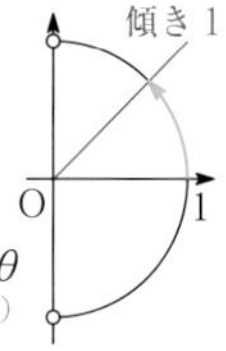

$\therefore$ 与式 $\displaystyle=\int_0^{\frac{\pi}{4}} \cos^2\theta\cdot\frac{1}{\cos^2\theta}\,d\theta$ [7)]

$\displaystyle=\int_0^{\frac{\pi}{4}} 1\,d\theta=\Big[\theta\Big]_0^{\frac{\pi}{4}}=\frac{\pi}{4}$.//

解説 ②の範囲では，$\tan\theta$ はつねに値をもち連続です．$\theta=\dfrac{\pi}{2}$ が含まれたりしたらダメですよ．

また，②のとき x と θ が 1 対 1 対応で大小が一致しますね．

注 [4)5)]：「$\tan\theta$」と「$\dfrac{1}{\cos^2\theta}$」は，この 2 つの関係により密接に結びつくのでしたね．

[→例題 4 2 c (3)注]

[6)]：(1)では x と $\sin\theta$ の値が異なるので対応表を 3 行取りにしましたが，(2)では $x=\tan\theta$ なので 2 行で済ませました．

[7)]：このように，長くなった式が約分されてカンタンになるカラクリは(1)と同様．例題 4 10 b 解説で種明かしします．

(3) **着眼** $\sqrt{1\text{次式}}$ は，t とおいて逆に解きます（❸）．■

- $t=\sqrt{x+1}$, i.e. $x=t^2-1$ とおく．[8)]
- $\dfrac{dx}{dt}=2t$, i.e. $dx=2t\,dt$.[9)]
- x と t の対応は右の通り．

x	$0\ \to\ 3$
t	$1\ \to\ 2$

[10)]

$\therefore$ 与式 $\displaystyle=\int_1^2 (t^2-1)t\cdot 2t\,dt$ [11)]

$\displaystyle=2\int_1^2 (t^4-t^2)\,dt$

$\displaystyle=2\left[\frac{t^5}{5}-\frac{t^3}{3}\right]_1^2$

$\displaystyle=2\left(\frac{2^5-1}{5}-\frac{2^3-1}{3}\right)$

$\displaystyle=2\cdot\frac{93-35}{15}=\frac{116}{15}$.//

解説 [8)]：これが置換を表す関係式です．これの左はダミーだと思ってください．

[10)]：ここは，その“ダミー”の式を使います．

[11)]：ここでも被積分関数（赤下線部）は元より長い式になっていますが，$\sqrt{\ }$ が一切ないのでむしろ積分しやすいです．

[9)]：要するに，「dt」の前にくっつくのがただの 1 次式「$2t$」に過 ぎないので，置換した後の積分計算が楽なのです．

注 $u=x+1$ とおいて $\sqrt{\ }$ 内を単項式に変え，

$x\sqrt{x+1}=(u-1)\sqrt{u}=u^{\frac{3}{2}}-\sqrt{u}$

のように和に分解する手もあります（前記の方が簡明ですが）．1 次式を置換すると，$t=g(x)$ 型，$x=g(t)$ 型のどちらなのかよくわからなくなります．どちらだとみてもかまいません（笑）．

(4) **着眼** e^x を含む関数は，t とおいて逆に解きます（❹）．■

- $t=e^x$, i.e. $x=\log t$ とおく．
- $\dfrac{dx}{dt}=\dfrac{1}{t}$, i.e. $dx=\dfrac{1}{t}\,dt$.[12)]

$\therefore$ 与式 $\displaystyle=\int\frac{1}{t+1}\cdot\frac{1}{t}\,dt$

$\displaystyle=\int\left(\frac{1}{t}-\frac{1}{t+1}\right)dt$

$=\log|t|-\log|t+1|+C$

$=x-\log(e^x+1)+C$.//

$\log e^x=x$

解説 [12)]：(3)と同様です．「dt」の前に付くのが「$\dfrac{1}{t}$」に過ぎないので楽です．

注 ❶～❹の形があっても，例えば右のように他に良い方法があればそちらを優先します．

$\displaystyle\int_0^1\sqrt{\boxed{4-x^2}}\cdot\boxed{x}\,dx$（微分する）

8 「6手法」の整理（前項までの，積分計算6手法のまとめ）

1 基本関数 ・・・ 以下の番号**1**，❶などは，今後の記述でも使用します

〔ベキ関数〕ⓐ $\int x^{\alpha}\,dx = \frac{x^{\alpha+1}}{\alpha+1} + C$ 　ⓑ $\int \frac{1}{x}\,dx = \log|x| + C$

$\alpha \neq -1$ 　　絶対値に注意

注 ⓐは，公式として覚えるのではなく，右の3ステップに従って．

積分計算3ステップ

1°原始関数を大まかに**予想**

2°微分して**チェック**

3°定数・符号を**微調整**

〔三角関数〕ⓒ $\int \sin x\,dx = -\cos x + C$ 　ⓓ $\int \cos x\,dx = \sin x + C$ ・・・「－」の付き方に注意

ⓔ $\int \tan x\,dx = -\log|\cos x| + C$ ・・・ **5**による

ⓕ $\int \frac{1}{\cos^2 x}\,dx = \tan x + C$ 　ⓖ $\int \frac{1}{\sin^2 x}\,dx = -\frac{1}{\tan x} + C$

ⓖは，$\left(\frac{1}{\tan x}\right)' = \left(\frac{c}{s}\right)' = \frac{-s\cdot s - c\cdot c}{s^2} = \frac{-1}{s^2}$ から得られます．・・・ c, s は例の略記

〔指数・対数関数〕ⓗ $\int e^x\,dx = e^x + C$ 　ⓘ $\int \log x\,dx = x\log x - x + C$ ・・・ **4**による

注 底が e 以外の場合（滅多にない）は，その場で底の変換をして処理．[→次問(13)(14)]

2 1次式の“カタマリ” 例 $\int \sin\boxed{2x}\,dx = -\frac{1}{2}\cos\boxed{2x} + C$. **積分計算3ステップ**に従って．

3 積→和（次数下げ） 例 $\int \frac{1}{(x-2)x}\,dx = \int \frac{1}{2}\left(\frac{1}{\boxed{x-2}} - \frac{1}{x}\right)dx$

4 部分積分法 $\int f(x)g'(x)\,dx = f(x)g(x) - \int f'(x)g(x)\,dx$. 　定積分でも同様．

5 置換積分法（$t = g(x)$ 型）

$t = \boxed{g(x)}$ とおくと，$\int f\left(\boxed{g(x)}\right)\boxed{g'(x)\,dx} = \int f(\boxed{t})\,dt$.

定積分では x の区間と t の区間の対応を考える．

6 置換積分法（$x = g(t)$ 型）

$x = \boxed{g(t)}$ とおくと，$\int f(\boxed{x})\,dx = \int f\left(\boxed{g(t)}\right)g'(t)\,dt$.

上式を逆向きに使う．右の4パターンを暗記！.

型	置換の仕方
❶ $\sqrt{a^2 - x^2}$	$\boldsymbol{x} = a\sin\theta \left(-\frac{\pi}{2} \leq \theta \leq \frac{\pi}{2}\right)$
❷ $\frac{1}{a^2 + x^2}$	$\boldsymbol{x} = a\tan\theta \left(-\frac{\pi}{2} < \theta < \frac{\pi}{2}\right)$
❸ $\sqrt{1\text{次式}}$	$t = \sqrt{1\text{次式}}$ i.e. $\boldsymbol{x} = t$ の2次式
❹ e^x の式	$t = e^x$ i.e. $\boldsymbol{x} = \log t$

それでは，各手法ごとに分けた積分計算練習をあと少し．これまでより説明は簡略化しますよ．

例題 4 2 i 積分計算・手法1～3 根底 実戦

[→演習問題 4 3 2～4]

次の積分を計算せよ．・・・ 不定積分においては，分母が0になるときなどを気にせず計算してくださーい．

(1) $\int (3x-2)\sqrt{2-3x}\,dx$ 　(2) $\int_{-1}^{1}(x^3 - 3x^2 + 3x - 1)\,dx$ 　(3) $\int \frac{3x+2}{x-1}\,dx$

(4) $\int_1^2 \frac{1}{4x^2 - 1}\,dx$ 　(5) $\int \frac{1}{\sqrt{x+1} - \sqrt{x}}\,dx$ 　(6) $\int \sin 5x \cos 3x\,dx$

(7) $\int_0^1 \sin^2 \pi x\,dx$ 　(8) $\int \frac{1}{\sin^2 2x}\,dx$ 　(9) $\int \frac{1}{\tan^2 x}\,dx$ 　(10) $\int \left(\frac{1}{e^x}\right)^2 dx$

(11) $\int \left(\frac{e^x - e^{-x}}{2}\right)^2 dx$ 　(12) $\int_0^1 \log(x+2)\,dx$ 　(13) $\int 3^x\,dx$ 　(14) $\int \log_3 x\,dx$

注 使用する手法の番号❶〜❸をある程度意識して.（❶はつねに使っていますが.）

解答 (1) $\int(3x-2)\sqrt{2-3x}\,dx$

C はもちろん積分定数

$= -\int(\boxed{2-3x})^{\frac{3}{2}}\,dx = \frac{2}{15}(2-3x)^{\frac{5}{2}}+C.$ ❷ //

(2) $\int_{-1}^{1}(x^3-3x^2+3x-1)\,dx$

$=\int_{-1}^{1}(\boxed{x-1})^3\,dx$ ❷

$=\left[\frac{(x-1)^4}{4}\right]_{-1}^{1} = 0-\frac{(-2)^4}{4} = -4.$ //

別解

偶関数のみ

与式$=2\int_0^1(-3x^2-1)\,dx=2(-1-1)=-4.$ //

(3) $\int\frac{3x+2}{x-1}\,dx=\int\left(3+\frac{5}{x-1}\right)dx$ ❸ 分子の低次化

$= 3x+5\log|x-1|+C.$ //

(4) $\int_1^2\frac{1}{4x^2-1}\,dx$

$=\int_1^2\frac{1}{(2x-1)(2x+1)}\,dx$

$=\int_1^2\frac{1}{2}\left(\frac{1}{\boxed{2x-1}}-\frac{1}{\boxed{2x+1}}\right)dx$ ❸ ❷

$=\frac{1}{2}\left[\frac{1}{2}\log|2x-1|-\frac{1}{2}\log|2x+1|\right]_1^2$

$=\frac{1}{4}\left[\log\left|\frac{2x-1}{2x+1}\right|\right]_1^2$

$=\frac{1}{4}\left(\log\frac{3}{5}-\log\frac{1}{3}\right)=\frac{1}{4}\log\frac{9}{5}.$ //

(5) $\int\frac{1}{\sqrt{x+1}-\sqrt{x}}\,dx$

$=\int\frac{1}{\sqrt{x+1}-\sqrt{x}}\cdot\frac{\sqrt{x+1}+\sqrt{x}}{\sqrt{x+1}+\sqrt{x}}\,dx$

$=\int(\sqrt{x+1}+\sqrt{x})\,dx$ ❸

$=\frac{2}{3}(x+1)^{\frac{3}{2}}+\frac{2}{3}x^{\frac{3}{2}}+C.$ //

(6) $\int\sin 5x\cos 3x\,dx$

$=\int\frac{1}{2}\{\sin(5x+3x)+\sin(5x-3x)\}\,dx$ ❸

$=\int\frac{1}{2}(\sin 8x+\sin 2x)\,dx$

$=-\frac{1}{2}\left(\frac{\cos 8x}{8}+\frac{\cos 2x}{2}\right)+C.$ //

(7) $\int_0^1\sin^2\pi x\,dx=\int_0^1\frac{1-\cos 2\pi x}{2}\,dx$ ❸

$=\frac{1}{2}\left[x-\frac{\sin 2\pi x}{2\pi}\right]_0^1=\frac{1}{2}.$ //

(8) $\int\frac{1}{\sin^2\boxed{2x}}\,dx=-\frac{1}{2\tan 2x}+C.$ ❷ //

補足 前ページ❶❾を用いた.

(9) $\int\frac{1}{\tan^2 x}\,dx=\int\left(\frac{1}{\sin^2 x}-1\right)dx$ ❸

$=-\frac{1}{\tan x}-x+C.$ //

補足 $\frac{c^2+s^2}{s^2}=\frac{1}{s^2}$ より $\frac{1}{\tan^2 x}+1=\frac{1}{s^2}.$

(10) $\int\left(\frac{1}{e^x}\right)^2 dx=\int e^{\boxed{-2x}}\,dx=-\frac{1}{2}e^{-2x}+C.$ ❷ //

(11) $\int\left(\frac{e^x-e^{-x}}{2}\right)^2 dx$

$=\int\frac{1}{4}(e^{\boxed{2x}}-2+e^{\boxed{-2x}})\,dx$ ❷ ❸

$=\frac{1}{4}\left(\frac{1}{2}e^{2x}-2x-\frac{1}{2}e^{-2x}\right)+C.$ //

(12) $\int_0^1\log(\boxed{x+2})\,dx$ ❷

$=\left[(\boxed{x+2})\log(\boxed{x+2})-(\boxed{x+2}_{1)})\right]_0^1$

$=\left[(x+2)\log(x+2)-x\right]_0^1$

$=3\log 3-2\log 2-1.$ //

注 1)：この定数「+2」は，定積分計算に際しては取り除いてしまった方が簡便ですね. ■

(13) $\int 3^x\,dx=\int e^{\boxed{(\log 3)x}}\,dx$ ❷ 底を e に変換

$=\frac{1}{\log 3}e^{\boxed{(\log 3)x}}+C=\frac{3^x}{\log 3}+C.$ //

(14) $\int\log_3 x\,dx=\int\frac{\log x}{\log 3}\,dx$ 底を e に変換

$=\frac{1}{\log 3}(x\log x-x)+C.$ ❶ //

注 底が e 以外の指数・対数関数の積分は，底を e に変換して行えば OK.

例題 4 2 j 積分計算・手法4「部分積分法」 根底 実戦

[→演習問題 4 3 2 ~ 4]

次の積分を計算せよ.

(1) $\int x\cos 2x\,dx$　(2) $\int_\alpha^\beta (x-\alpha)^3(x-\beta)^2\,dx$　(3) $\int \frac{\log x}{\sqrt{x}}\,dx$

(4) $\int_1^{e^2} (\log x)^2\,dx$　(5) $\int_{-1}^1 x^2e^{-x}\,dx$

解答

(1) $\int x\cos 2x\,dx = \frac{x}{2}\sin 2x - \frac{1}{2}\int \sin 2x\,dx$ 　($x \to 1$, $\cos 2x \leftarrow \frac{\sin 2x}{2}$)

$= \frac{x}{2}\sin 2x + \frac{1}{4}\cos 2x + C.$ //

(2) **方針** 部分積分により「$(x-\beta)$」の次数を下げていき, 「$(x-\alpha)$」だけの積分にします. ■

$\int_\alpha^\beta (x-\alpha)^3(x-\beta)^2\,dx$ 　($(x-\alpha)^3 \leftarrow \frac{(x-\alpha)^4}{4}$, $(x-\beta)^2 \to 2(x-\beta)$)

$= \left[\frac{(x-\alpha)^4}{4}(x-\beta)^2\right]_\alpha^\beta - \frac{1}{2}\int_\alpha^\beta (x-\alpha)^4(x-\beta)\,dx$ 　($(x-\alpha)^4 \leftarrow \frac{(x-\alpha)^5}{5}$, $(x-\beta) \to 1$)

$= -\frac{1}{2}\left[\frac{(x-\alpha)^5}{5}(x-\beta)\right]_\alpha^\beta + \frac{1}{10}\int_\alpha^\beta (x-\alpha)^5\,dx$

$= \frac{1}{10}\left[\frac{(x-\alpha)^6}{6}\right]_\alpha^\beta = \frac{1}{60}(\beta-\alpha)^6.$ //

注 数学II時代と同様に,

与式 $= \int_\alpha^\beta (x-\alpha)^3\{(x-\alpha)-(\beta-\alpha)\}^2\,dx = \cdots$

とし, 因数 $(x-\alpha)$ について展開しても同じ結果が得られます. こっちの方が速いかも (笑).

(3) $\int \frac{\log x}{\sqrt{x}}\,dx = \int \frac{1}{\sqrt{x}}\cdot\log x\,dx$ 　($\frac{1}{\sqrt{x}} \leftarrow 2\sqrt{x}$, $\log x \to \frac{1}{x}$)

$= 2\sqrt{x}\log x - 2\int \frac{1}{\sqrt{x}}\,dx$

$= 2\sqrt{x}\log x - 4\sqrt{x} + C.$ //

(4) 与式 $= \int_1^{e^2} 1\cdot(\log x)^2\,dx$ 　($1 \leftarrow x$, $(\log x)^2 \to 2(\log x)\cdot\frac{1}{x}$)

$= \left[x(\log x)^2\right]_1^{e^2} - 2\int_1^{e^2}\log x\,dx$

$= 4e^2 - 2\left[x\log x - x\right]_1^{e^2}$

$= 4e^2 - 2(2e^2 - e^2 + 1) = 2(e^2-1).$ //

(5) **方針** $e^{\triangle}\cdot\bigcirc$ 型の定積分は, まず不定積分を求め切ってから. ■

$\int x^2e^{-x}\,dx = -x^2e^{-x} + 2\int xe^{-x}\,dx$ 　($x^2 \to 2x$, $e^{-x} \leftarrow -e^{-x}$; $x \to 1$, $e^{-x} \leftarrow -e^{-x}$)

$= -x^2e^{-x} + 2\left(-xe^{-x} + \int e^{-x}\,dx\right)$

$= -x^2e^{-x} + 2(-xe^{-x} - e^{-x}) + C$

$= -(x^2+2x+2)e^{-x} + C.$

$\therefore$ 与式 $= \left[+(x^2+2x+2)e^{-x}\right]_1^{-1} = e - \frac{5}{e}.$ //

例題 4 2 k 積分計算・手法5 6「置換積分法」 根底 実戦

[→演習問題 4 3 2 ~ 4]

次の積分を計算せよ.

(1) $\int_1^2 \frac{x}{(2x-1)^3}\,dx$　(2) $\int_0^{\frac{1}{2}} \frac{1}{\sqrt{1-x^2}}\,dx$　(3) $\int \frac{x}{\sqrt{1-x^2}}\,dx$　(4) $\int_1^2 \frac{1}{x^2-2x+2}\,dx$

(5) $\int_1^2 \frac{x-1}{x^2-2x+2}\,dx$　(6) $\int_0^\pi \sin^3 x\,dx$　(7) $\int \frac{\sin^2 x}{\cos^4 x}\,dx$　(8) $\int \sin\sqrt{x}\,dx$

(9) $\int \frac{\sqrt{\log x}}{x}\,dx$　(10) $\int \frac{1}{1+e^{-x}}\,dx$

着眼 5は, 「$f(\boxed{g(x)})\cdot\boxed{g'(x)}$」型に対して適用します. 6については4パターンを暗記.

注 5は, (1)以外は $\boxed{t\text{ とおかない}}$ 方式の解答を書きます.

□を微分

解答 (1) $t=2x-1$ とおくと，5

[1] $x=\dfrac{t+1}{2}$, $dt=2\,dx$, $\begin{array}{c|ccc} x & 1 & \to & 2 \\ \hline t & 1 & \to & 3 \end{array}$.

$$\therefore \int_1^2 \frac{x}{(\boxed{2x-1})^3}\,dx = \int_1^3 \frac{\frac{t+1}{2}}{t^3}\,\frac{dt}{2}$$

$$= \frac{1}{4}\int_1^3\left(\frac{1}{t^2}+\frac{1}{t^3}\right)dt$$

$$= \frac{1}{4}\left[-\frac{1}{t}-\frac{1}{2t^2}\right]_1^3$$

$$= \frac{1}{8}\left[+\frac{2t+1}{t^2}\right]_3^1$$

$$= \frac{1}{8}\left(3-\frac{7}{9}\right)=\frac{5}{18}. /\!/$$

注 「$t=$ $\boxed{x\text{の1次式}}$」とおく置換積分（5）は，□′は定数ですのでとくに「$f(\boxed{g(x)})\cdot g'(x)$」型に見えなくても適用できます．

[1]：また，このように $x=t$ の式 と置換（6）とみることもできます．どちらでもかまわないのです（笑）．

(2) $x=\sin\theta\left(-\dfrac{\pi}{2}\le\theta\le\dfrac{\pi}{2}\ \cdots①\right)$ とおくと 6

$\sqrt{1-x^2}=|\cos\theta|=\cos\theta$ （∵ ①），

$dx=\cos\theta\,d\theta$, $\begin{array}{c|ccc} x & 0 & \to & \frac{1}{2} \\ \hline \theta & 0 & \to & \frac{\pi}{6} \end{array}$.

$$\therefore \int_0^{\frac{1}{2}} \frac{1}{\sqrt{1-x^2}}\,dx = \int_0^{\frac{\pi}{6}} \frac{1}{\cos\theta}\cdot\cos\theta\,d\theta$$

$$= \left[\theta\right]_0^{\frac{\pi}{6}} = \frac{\pi}{6}. /\!/$$

(3) $\displaystyle\int\frac{x}{\sqrt{1-x^2}}\,dx=\int\frac{1}{\sqrt{\boxed{1-x^2}}}\cdot\boxed{x}\,dx$ 5

微分する

$$= [\ ]\sqrt{1-x^2}+C\ ?$$

$$= -\sqrt{1-x^2}+C. /\!/$$

(4) $\displaystyle\int_1^2\frac{1}{x^2-2x+2}\,dx=\int_1^2\frac{1}{(x-1)^2+1}\,dx.$

$x-1=\tan\theta\left(-\dfrac{\pi}{2}<\theta<\dfrac{\pi}{2}\right)$ とおくと 6

分母 $=\dfrac{1}{\cos^2\theta}$, $dx=\dfrac{1}{\cos^2\theta}\,d\theta$.

x と θ は右のように対応する．

x	$1\to 2$
$\tan\theta$	$0\to 1$
θ	$0\to\frac{\pi}{4}$

与式 $=\displaystyle\int_0^{\frac{\pi}{4}}\cos^2\theta\cdot\frac{1}{\cos^2\theta}\,d\theta=\left[\theta\right]_0^{\frac{\pi}{4}}=\frac{\pi}{4}. /\!/$

(5) $\displaystyle\int_1^2\frac{\boxed{x-1}}{\boxed{x^2-2x+2}}\,dx=[\ ]\Big[\log|x^2-2x+2|\Big]_1^2\,?$ 5

$$= \frac{1}{2}\Big[\log|x^2-2x+2|\Big]_1^2$$

$$= \frac{1}{2}\log 2. /\!/$$

(6) $\displaystyle\int_0^{\pi}\sin^3x\,dx=\int_0^{\pi}\{1-(\boxed{\cos x})^2\}\boxed{\sin x}\,dx$

5 微分する

$$= [\ ]\left[\cos x-\frac{\cos^3 x}{3}\right]_0^{\pi}\ ?$$

$$= +\left[\cos x-\frac{\cos^3 x}{3}\right]_{\pi}^{0}$$

$$= 2-\frac{2}{3}=\frac{4}{3}. /\!/$$

(7) $\displaystyle\int\frac{\sin^2x}{\cos^4x}\,dx=\int(\boxed{\tan x})^2\cdot\boxed{\frac{1}{\cos^2x}}\,dx$

5 微分する

$$= \frac{\tan^3 x}{3}+C. /\!/$$

(8) **方針** $\sqrt{1\text{次式}}$ は t とおいて逆に解く！■

$t=\sqrt{x}$, i.e. $\underline{x=t^2}$（6）とおくと，$dx=2t\,dt$ だから

$$\int\sin\sqrt{x}\,dx=\int\sin t\cdot 2t\,dt$$

$$= 2\int t\cdot\sin t\,dt \quad 4$$

（$t\downarrow 1$，$\sin t\uparrow -\cos t$）

$$= 2\left(-t\cos t+\int\cos t\,dt\right)$$

$$= 2(-t\cos t+\sin t)+C$$

$$= 2(-\sqrt{x}\cos\sqrt{x}+\sin\sqrt{x})+C. /\!/$$

(9) $\displaystyle\int\frac{\sqrt{\log x}}{x}\,dx=\int\sqrt{\boxed{\log x}}\cdot\boxed{\frac{1}{x}}\,dx$

5 微分する

$$= \frac{2}{3}(\log x)^{\frac{3}{2}}+C. /\!/$$

(10) **方針** e^x の式は t とおいて逆に解く！■

$t=e^x$, i.e. $\underline{x=\log t}$（6）とおくと，$dx=\dfrac{1}{t}\,dt$.

$$\therefore \int\frac{1}{1+e^{-x}}\,dx=\int\frac{1}{1+\frac{1}{t}}\cdot\frac{1}{t}\,dt$$

$$= \int\frac{1}{t+1}\,dt$$

$$= \log|t+1|+C$$

$$= \log(e^x+1)+C. /\!/$$

□を微分

別解 $\displaystyle\int\frac{\boxed{e^x}}{\boxed{e^x+1}}\,dx$ と変形して 5 も OK.

第4章 積分法

9 手法の選択・組合せ

入試で積分計算を行うときには，積分計算 6 手法のうち**どれを使うかまったく未知な状態**であり，見た目がよく似た関数でも用いる積分手法はまるで異なることもざらにあります．そこで，手法を選ぶ練習をしましょう．**注** 拙著：「合格る計算」の「積分計算カード」も活用してください．

例題 4 2 I 手法の選択・ベキ関数中心 根底 実戦

[→演習問題 4 3 2 ～ 4]

次の積分を計算せよ．

(1) $\displaystyle\int_{-1}^{1}(x^2-1)^2\,dx$　(2) $\displaystyle\int_{-1}^{2}(x^5-2x^3+x)\,dx$　(3) $\displaystyle\int_0^1\frac{x^2+x+2}{x^2+1}\,dx$

(4) $\displaystyle\int_1^2\frac{1}{x^3+3x^2+2x}\,dx$　(5) $\displaystyle\int_0^{\sqrt{3}}\sqrt{3-x^2}\,dx$　(6) $\displaystyle\int_0^{\sqrt{3}}x\sqrt{3-x^2}\,dx$

着眼 全体をよく見て，適用する手法を考え，それが上手くいくかある程度見通しを立ててから．

解答

(1) $\displaystyle\int_{-1}^{1}\underbrace{(x^2-1)^2}_{\text{偶関数}}dx=2\int_0^1(x^2-1)^2\,dx$

$\displaystyle=2\int_0^1(x^4-2x^2+1)\,dx$ **3**

$\displaystyle=2\left(\frac{1}{5}-\frac{2}{3}+1\right)=\frac{16}{15}.$ //

注 整式の関数は，展開して和や差の形にすれば積分できます．ただし，いつでもそれがベストであるとは限りませんよ．

(2) **注** 奇関数ですが，積分区間が原点対称ではありません．このままでも積分できますが…■

$\displaystyle\int_{-1}^{2}(x^5-2x^3+x)\,dx=\int_{-1}^{2}\boxed{x}\left(\boxed{x^2-1}\right)^2dx$ （x は x^2-1 を微分する **5**）

$\displaystyle=\square\left[\left(\boxed{x^2-1}\right)^3\right]_{-1}^{2}$

$\displaystyle=\frac{1}{6}\left[\left(\boxed{x^2-1}\right)^3\right]_{-1}^{2}$

$\displaystyle=\frac{1}{6}\cdot3^3=\frac{9}{2}.$ //

注 むしろ因数分解した方が楽でしたね．

(3) $\displaystyle\int_0^1\frac{x^2+x+2}{x^2+1}\,dx$

$\displaystyle=\int_0^1\left(1+\frac{x+1}{x^2+1}\right)dx$ ……**3** 分子の低次化

$\displaystyle=1+\underbrace{\int_0^1\frac{x}{x^2+1}\,dx}_{I\text{ とおく}}+\underbrace{\int_0^1\frac{1}{x^2+1}\,dx}_{J\text{ とおく}}.$ **3**

ここで，$\displaystyle I=\int_0^1\frac{\boxed{x}}{\boxed{x^2+1}}\,dx$ **5** ……□を微分

$\displaystyle=\left[\frac{1}{2}\log\left(\boxed{x^2+1}\right)\right]_0^1=\frac{\log2}{2}.$

$\displaystyle J=\cdots=\frac{\pi}{4}.$ [→例題 4 2 h (2)] **6**

$\displaystyle\therefore\ \text{与式}=1+\frac{\log2}{2}+\frac{\pi}{4}.$ //

(4) $\displaystyle\frac{1}{x^3+3x^2+2x}$

$\displaystyle=\frac{1}{x(x+1)(x+2)}$

$\displaystyle=\frac{1}{2}\left\{\frac{1}{x(x+1)}-\frac{1}{(x+1)(x+2)}\right\}$ ……Σ計算でお馴染み

$\displaystyle=\frac{1}{2}\left(\frac{1}{x}-\frac{1}{x+1}-\frac{1}{x+1}+\frac{1}{x+2}\right).$

∴ 与式

$\displaystyle=\int_1^2\frac{1}{2}\left(\frac{1}{x}-\frac{2}{x+1}+\frac{1}{x+2}\right)dx$ **3**

$\displaystyle=\frac{1}{2}\Big[\log|x|-2\log\left|\boxed{x+1}\right|+\log\left|\boxed{x+2}\right|\Big]_1^2$ **2**

$\displaystyle=\frac{1}{2}\left[\log\frac{x(x+2)}{(x+1)^2}\right]_1^2$

$\displaystyle=\frac{1}{2}\left(\log\frac{8}{9}-\log\frac{3}{4}\right)=\frac{1}{2}\log\frac{32}{27}.$ //

(5) **着眼** $x=\sqrt{3}\sin\theta$ と置換する手（**6**）もありますが…■

$y=\sqrt{3-x^2}$

$\iff x^2+y^2=3\ (y\geqq0).$

∴ 与式 ＝ 右図の面積

$\displaystyle=\frac{1}{4}\cdot\pi(\sqrt{3})^2=\frac{3}{4}\pi.$ //

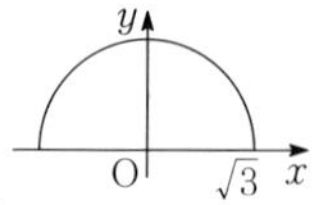

(6) $\displaystyle\int_0^{\sqrt{3}}\boxed{x}\sqrt{\boxed{3-x^2}}\,dx=\left[\square\left(\boxed{3-x^2}\right)^{\frac{3}{2}}\right]_0^{\sqrt{3}}$ （x は $3-x^2$ を微分する **5**）

$\displaystyle=\left[+\frac{1}{3}\left(\boxed{3-x^2}\right)^{\frac{3}{2}}\right]_{\sqrt{3}}^{0}$

$\displaystyle=\frac{3\sqrt{3}}{3}=\sqrt{3}.$ //

例題 4 2 m 手法の選択・三角関数中心 根底 実戦

[→演習問題 4 3 2 ～ 4]

次の積分を計算せよ．

(1) $\int \sin x \cos x\,dx$　(2) $\int \sin 2x \cos x\,dx$　(3) $\int \sin 3x \cos x\,dx$

(4) $\int \frac{1}{1+\cos x}\,dx$　(5) $\int_0^{\frac{\pi}{2}} \frac{\cos^2 x}{1+\sin x}\,dx$　(6) $\int_0^{\frac{\pi}{4}} \frac{1}{1+\sin x}\,dx$

注 三角関数にはおびただしい数の公式があります．それを積分計算に役立つよう的確に選ぶには相当な修練を要します．

解答 $\cos x$ を c，$\sin x$ を s と略記する．

(1) $$\int \sin x \cos x\,dx = \int \frac{1}{2}\sin 2x\,dx = -\frac{1}{4}\cos 2x + C.$$ 　（3 次数下げ）（2）

別解 $$\int \sin x \cos x\,dx = \frac{\sin^2 x}{2} + C.$$ （微分する 5）

注 2つの「結果」を比べてみると…

$$\frac{\sin^2 x}{2} = \frac{1}{2}\cdot\frac{1-\cos 2x}{2} = \frac{1}{4} - \frac{1}{4}\cos 2x.$$

一見2つが食い違っているように見えますが，もともと積分定数「C」を用いて定数の違いを無視して表しているので，別に矛盾している訳ではありません．

(2) $$\int \sin 2x \cos x\,dx = \int 2sc\cdot c\,dx = \int 2c^2\cdot s\,dx = -\frac{2}{3}\cos^3 x + C.$$ （微分する 5）

(3) $$\int \sin 3x \cos x\,dx = \int \frac{1}{2}(\sin 4x + \sin 2x)\,dx = \frac{-1}{2}\left(\frac{\cos 4x}{4} + \frac{\cos 2x}{2}\right) + C.$$ （3）

別解 $$与式 = \int (3s - 4s^3)\cdot c\,dx = \frac{3}{2}\sin^2 x - \sin^4 x + C.$$ （3倍角公式）（微分する 5）

注 2つの結果には定数の違いしかないことを確認してみてください．

(4) $$\int \frac{1}{1+\cos x}\,dx = \int \frac{1}{2}\cdot\frac{1}{\frac{1+\cos x}{2}}\,dx = \int \frac{1}{2\cos^2\frac{x}{2}}\,dx = \tan\frac{x}{2} + C.$$ （2）

(5) $$\int_0^{\frac{\pi}{2}} \frac{\cos^2 x}{1+\sin x}\,dx = \int_0^{\frac{\pi}{2}} \frac{(1+s)(1-s)}{1+s}\,dx = \Big[x + \cos x\Big]_0^{\frac{\pi}{2}} = \frac{\pi}{2} - 1.$$ （3）

注 $c^2 = 1 - s^2 = (1+s)(1-s)$ という変形は定番！（c と s を入れ替えても同様．）(4)も，これと逆の流れで分子分母に $1-\cos x$ を掛けても解決します（かなり遠回りですが）．

(6) **方針** (5)(4)の手法がどちらも使えます．■

解答1

$$\int_0^{\frac{\pi}{4}} \frac{1}{1+\sin x}\,dx = \int_0^{\frac{\pi}{4}} \frac{1-s}{(1+s)(1-s)}\,dx = \int_0^{\frac{\pi}{4}}\left(\frac{1}{c^2} - \frac{s}{c^2}\right)dx = \left[\tan x - \frac{1}{\cos x}\right]_0^{\frac{\pi}{4}} = 1 - (\sqrt{2}-1) = 2 - \sqrt{2}.$$ （3）（5）

解答2

$$\int_0^{\frac{\pi}{4}} \frac{1}{1+\sin x}\,dx = \int_0^{\frac{\pi}{4}} \frac{1}{1+\cos\left(\frac{\pi}{2}-x\right)}\,dx = \int_0^{\frac{\pi}{4}} \frac{1}{2\cos^2\left(\frac{\pi}{4}-\frac{x}{2}\right)}\,dx$$ （(4)と同様）

$$= \left[+\tan\left(\frac{\pi}{4}-\frac{x}{2}\right)\right]_{\frac{\pi}{4}}^{0} = 1 - \tan\frac{\pi}{8}.$$

あとは $\tan\frac{\pi}{8}$ の値を $\tan^2\frac{\pi}{8} = \frac{1-\cos\frac{\pi}{4}}{1+\cos\frac{\pi}{4}}$ として求めます．[→Ⅱ+B 4 4 2 問]

第4章 積分法

例題 4 2 n 手法の選択・指数・対数関数中心 根底 実戦

[→演習問題 4 3 2～4]

次の積分を計算せよ.

(1) $\displaystyle\int\frac{e^{3x}-1}{e^x-1}\,dx$　(2) $\displaystyle\int\frac{e^x}{e^{2x}-1}\,dx$　(3) $\displaystyle\int_1^{e^2}\log\sqrt{x}\,dx$

(4) $\displaystyle\int x(\log x)^2\,dx$　(5) $\displaystyle\int\frac{1}{x(\log x)^2}\,dx$

解答

(1) $\displaystyle\int\frac{e^{3x}-1}{e^x-1}\,dx=\int\frac{(e^x-1)(e^{2x}+e^x+1)}{e^x-1}\,dx$ ($(e^x)^3$, 3)

$\displaystyle=\frac{1}{2}e^{2x}+e^x+x+C.$ //

(2) $\displaystyle\int\frac{e^x}{e^{2x}-1}\,dx$

$\displaystyle=\int\frac{e^x}{(e^x-1)(e^x+1)}\,dx$

$\displaystyle=\int\frac{e^x}{2}\left(\frac{1}{e^x-1}-\frac{1}{e^x+1}\right)dx$ [1)] 3

$\displaystyle=\int\frac{1}{2}\left(\frac{e^x}{e^x-1}-\frac{e^x}{e^x+1}\right)dx$ 5

$\displaystyle=\frac{1}{2}(\log|e^x-1|-\log|e^x+1|)+C$

$\displaystyle=\frac{1}{2}\log\left|\frac{e^x-1}{e^x+1}\right|+C.$ //

注 [1)]: $\displaystyle\int\frac{1}{2}\left(\frac{1}{e^x-1}+\frac{1}{e^x+1}\right)dx$ とし, $t=e^x$, i.e. $x=\log t$ と置換する手(6)もあります.

(3) $\displaystyle\int_1^{e^2}\log\sqrt{x}\,dx=\int_1^{e^2}\frac{1}{2}\log x\,dx$

$\displaystyle=\frac{1}{2}\Big[x\log x-x\Big]_1^{e^2}$ 1

$\displaystyle=\frac{1}{2}(2e^2-e^2+1)=\frac{1}{2}(e^2+1).$ //

(4) $\displaystyle\int x\cdot(\log x)^2\,dx=\frac{x^2}{2}(\log x)^2-\int x\cdot\log x\,dx.$

($x\uparrow\frac{x^2}{2}$, $(\log x)^2\downarrow 2(\log x)\cdot\frac{1}{x}$ 4)

ここで, $\displaystyle\int x\cdot\log x\,dx=\frac{x^2}{2}\log x-\int\frac{x}{2}\,dx$

($x\uparrow\frac{x^2}{2}$, $\log x\downarrow\frac{1}{x}$ 4) $\displaystyle=\frac{x^2}{2}\log x-\frac{x^2}{4}+C.$

∴ 与式$\displaystyle=\frac{x^2}{2}(\log x)^2-\frac{x^2}{2}\log x+\frac{x^2}{4}+C.$ //

(5) $\displaystyle\int\frac{1}{x(\log x)^2}\,dx=\int\frac{1}{(\log x)^2}\cdot\frac{1}{x}\,dx$ 5

$\displaystyle=\frac{-1}{\log x}+C.$ //

例題 4 2 o 複合的・発展的な積分計算 根底 実戦

[→演習問題 4 3 5]

次の積分を計算せよ.

(1) $\displaystyle\int(x^3+x)e^{-\frac{x^2}{2}}\,dx$　(2) $\displaystyle\int_{\log 3}^{\log 8}\sqrt{1+e^x}\,dx$　(3) $\displaystyle\int\sqrt{x^2-1}\,dx$

(4) $\displaystyle\int\frac{1}{\sqrt{x^2-1}}\,dx$　(5) $\displaystyle\int e^{-x}\sin x\,dx$

(1) 与式$\displaystyle=\int(x^2+1)e^{-\frac{x^2}{2}}\cdot x\,dx.$ (x^2 を微分する → x 5)

$t=x^2$ とおくと [1)], $dt=2x\,dx$. よって

与式$\displaystyle=\int(t+1)e^{-\frac{t}{2}}\,\frac{dt}{2}$

($t+1\downarrow 1$, $e^{-\frac{t}{2}}\uparrow -2e^{-\frac{t}{2}}$ 4)

$\displaystyle=-(t+1)e^{-\frac{t}{2}}+\int e^{-\frac{t}{2}}\,dt$

$=-(t+1)e^{-\frac{t}{2}}-2e^{-\frac{t}{2}}+C$

$=-(t+3)e^{-\frac{t}{2}}+C=-(x^2+3)e^{-\frac{x^2}{2}}+C.$ //

注 [1)]: この後でさらに部分積分するので,「t とおく」方法でないとキビシイのです.

別解 与式$\displaystyle=\int(x^2+1)\cdot xe^{-\frac{x^2}{2}}\,dx$ [2)]

($x^2+1\downarrow 2x$, $xe^{-\frac{x^2}{2}}\uparrow -e^{-\frac{x^2}{2}}$ 4)

$\displaystyle=-(x^2+1)e^{-\frac{x^2}{2}}+2\int xe^{-\frac{x^2}{2}}\,dx$ 5

$=\cdots$ これで同じ結論を得る $\cdots$

解説 [2)]:「x」を付けると, 部分積分において指数関数を “積分する側” にできます.

(2) **着眼** e^x があるので $t=e^x$ とおきたい(6). そうすると $\sqrt{1+t}$ となるのでそれを u とおきたい(再び6). この 2 つの工程を見越して…■

$u=\sqrt{1+e^x}\ (>1)$ とおくと

$e^x=u^2-1.\ \underline{x=\log(u^2-1)}$, 6

$dx=\dfrac{2u}{u^2-1}\,du,\quad \begin{array}{c|ccc} x & \log 3 & \to & \log 8 \\ \hline u & 2 & \to & 3 \end{array}.$

$$\int_{\log 3}^{\log 8}\sqrt{1+e^x}\,dx=\int_2^3 u\cdot\frac{2u}{u^2-1}\,du$$
$$=2\int_2^3\frac{u^2}{u^2-1}\,du$$
$$=2\int_2^3\left(1+\frac{1}{u^2-1}\right)du \quad \text{3}$$
$$=2+2\underbrace{\int_2^3\frac{1}{(u-1)(u+1)}\,du}_{I\text{ とおく}}.$$

ここで, $I=\displaystyle\int_2^3\frac{1}{2}\left(\frac{1}{u-1}-\frac{1}{u+1}\right)du$ 3

$$=\frac{1}{2}\left[\log\left|\frac{u-1}{u+1}\right|\right]_2^3$$
$$=\frac{1}{2}\left(\log\frac{1}{2}-\log\frac{1}{3}\right)=\frac{1}{2}\log\frac{3}{2}.$$

以上より，与式 $=2+\log\dfrac{3}{2}$.//

(3) $t=x+\sqrt{x^2-1}\ (\neq 0)$ …① とおくと

$(t-x)^2=x^2-1.\quad t^2-2xt+\cancel{x^2}=\cancel{x^2}-1$ [3)]

$x=\dfrac{1}{2}\left(t+\dfrac{1}{t}\right)$ …②, $dx=\dfrac{1}{2}\left(1-\dfrac{1}{t^2}\right)dt.$ …③ 6

①②より

$$\sqrt{x^2-1}=t-x$$
$$=t-\frac{1}{2}\left(t+\frac{1}{t}\right)=\frac{1}{2}\left(t-\frac{1}{t}\right). \quad \cdots ④$$

与式 $=\displaystyle\int\frac{1}{2}\left(t-\frac{1}{t}\right)\cdot\frac{1}{2}\left(1-\frac{1}{t^2}\right)dt$ (∵ ③④)

$$=\frac{1}{4}\int\left(t-\frac{2}{t}+\frac{1}{t^3}\right)dt$$
$$=\frac{1}{4}\left(\frac{t^2}{2}-2\log|t|-\frac{1}{2t^2}\right)+C$$
$$=\frac{1}{2}\cdot\frac{1}{2}\left(t+\frac{1}{t}\right)\cdot\frac{1}{2}\left(t-\frac{1}{t}\right)-\frac{1}{2}\log|t|+C$$
$$=\frac{1}{2}x\sqrt{x^2-1}-\frac{1}{2}\log\left|x+\sqrt{x^2-1}\right|+C.//$$

注 答えを微分して $\sqrt{x^2-1}$ になることを確認.

解説 [3)]:「x^2」の項が消え, ②のように x が t の有理式($\sqrt{\ }$ を含まない式)で表せたので上手くいきました. これは, **例題4 2 h**(3)で用いた $t=\sqrt{x+1}$, i.e. $x=t^2-1$ と置換する6という手法と同じ狙いです(初見では無理).

注 ①の置換の**由来**は[→**例題4 2 q**]

(4) (3)と同様に置換すると(6), ③④より

$$\therefore \int\frac{1}{\sqrt{x^2-1}}\,dx=\int\frac{\frac{1}{2}\left(1-\frac{1}{t^2}\right)}{\frac{1}{2}\left(t-\frac{1}{t}\right)}\cdot dt$$

分母は分子の t 倍

$$=\int\frac{1}{t}\,dt=\log|t|+C$$
$$=\log\left|x+\sqrt{x^2-1}\right|+C.//$$

参考 (3)と(4)は関連付けることができます：

$$(3)=\int \underset{\substack{\uparrow\\ x}}{1}\cdot\underset{\substack{\downarrow\\ \frac{x}{\sqrt{x^2-1}}}}{\sqrt{x^2-1}}\,dx \quad \text{4}$$
$$=x\sqrt{x^2-1}-\int\frac{x^2-1+1}{\sqrt{x^2-1}}\,dx$$
$$=x\sqrt{x^2-1}-(3)-(4).$$
$$\therefore (3)=\frac{1}{2}\left\{x\sqrt{x^2-1}-(4)\right\}.$$

(5) **注** 部分積分以外思い浮かびませんね. ■

$$I:=\int \underset{\substack{\uparrow\\ -e^{-x}}}{e^{-x}}\underset{\substack{\downarrow\\ \cos x}}{\sin x}\,dx \quad \text{4}\ [4)]$$
$$=-e^{-x}\sin x\underset{5)}{+}\int \underset{\substack{\uparrow\\ -e^{-x}}}{e^{-x}}\underset{\substack{\downarrow\\ -\sin x}}{\cos x}\,dx \quad \text{再び4}\ [6)]$$
$$=-e^{-x}\sin x-e^{-x}\cos x-\underbrace{\int e^{-x}\sin x\,dx}_{I}.$$
$$\therefore I=-\frac{1}{2}e^{-x}(\sin x+\cos x)+C.//$$

解説 1度目の部分積分では元と比べて簡単にはなりませんが, 2度目を実行すると, なんと与式と**同じ**「I」が現れて解決します.

注 [4)6)]：2回の部分積分で矢印の向きを一致させること(2回とも「↑ ↓」or 2回とも「↓ ↑」). [5)]：筆者はそのうち前者を選び, ここを「+」にして2度目の部分積分で**符号**の扱いを楽にしました.

参考 次のような方法も有名です：

$(e^{-x}\sin x)'=e^{-x}(-\sin x+\cos x)$ …⑤

$(e^{-x}\cos x)'=e^{-x}(-\cos x-\sin x)$ …⑥

⑤+⑥ より

$$\{e^{-x}(\sin x+\cos x)\}'=-2e^{-x}\sin x.$$

i.e. $\displaystyle\int e^{-x}\sin x\,dx=-\frac{1}{2}e^{-x}(\sin x+\cos x)+C.$//

世間では「手早い」とされる方法ですが…, 上記**解答**の途中式は<u>たったの2行</u>です(笑).

例題 4 2 p 三角関数の特殊な積分法 根底 実戦 [→演習問題 4 3 3]

(1) 不定積分 $\displaystyle\int\frac{1}{\sin x}\,dx$ を求めよ.

Ⅱ+B 例題 4 7 g (1)と同問

(2) $\cos x$, $\sin x$ を, $t=\tan\dfrac{x}{2}$ を用いて表し, 不定積分 $\displaystyle\int\frac{1}{\cos x+\sin x+1}\,dx$ を計算せよ.

(3) 不定積分 $I=\displaystyle\int\frac{\cos x}{\cos x+\sin x}\,dx$, $J=\displaystyle\int\frac{\sin x}{\cos x+\sin x}\,dx$ を計算せよ.

解答 $\cos x$ を c, $\sin x$ を s と略記する.

(1) **解答1**

$$\int\frac{1}{\sin x}\,dx=\int\frac{s}{s^2}\,dx$$
$$=\int\frac{s}{(1-c)(1+c)}\,dx$$
$$=\int\frac{s}{2}\left(\frac{1}{1-c}+\frac{1}{1+c}\right)dx \quad \text{3}$$
$$=\int\frac{1}{2}\left(\frac{\boxed{s}}{\boxed{1-c}}+\frac{\boxed{s}}{\boxed{1+c}}\right)dx \quad \text{5}$$
$$=\frac{1}{2}\left(\log|\boxed{1-c}|-\log|\boxed{1+c}|\right)+C$$
$$=\frac{1}{2}\log\frac{1-\cos x}{1+\cos x}+C.\ /\!/$$

解答2
$$\int\frac{1}{\sin x}\,dx=\int\frac{1}{2\sin\frac{x}{2}\cos\frac{x}{2}}\,dx$$
$$=\int\frac{\cos\frac{x}{2}}{2\sin\frac{x}{2}\cos^2\frac{x}{2}}\,dx$$
$$=\int\frac{1}{\boxed{\tan\frac{x}{2}}}\cdot\boxed{\frac{1}{2\cos^2\frac{x}{2}}}\,dx$$

微分する 5

$$=\log\left|\tan\frac{x}{2}\right|+C.\ /\!/$$

注 **解答1** **解答2** の結果は一致します:
$$\frac{1}{2}\log\frac{1-\cos x}{1+\cos x}=\frac{1}{2}\log\frac{2\sin^2\frac{x}{2}}{2\cos^2\frac{x}{2}}$$
$$=\frac{1}{2}\log\tan^2\frac{x}{2}=\cdots$$

解答3 究極の方法:答えを暗記(笑):
$$\left(\log\left|\tan\frac{x}{2}\right|\right)'=\frac{1}{\tan\frac{x}{2}}\cdot\frac{1}{2\cos^2\frac{x}{2}}$$
$$=\frac{1}{2\sin\frac{x}{2}\cos\frac{x}{2}}=\frac{1}{\sin x}.$$

[→演習問題 3 2 5 (14)]

これで解答が得られたことになりますね.

(2) $\displaystyle\cos x=\cos^2\frac{x}{2}-\sin^2\frac{x}{2}$ $2\cdot\frac{x}{2}$

$$=\cos^2\frac{x}{2}\left(1-\frac{\sin^2\frac{x}{2}}{\cos^2\frac{x}{2}}\right)$$
$$=\frac{1}{1+\tan^2\frac{x}{2}}\left(1-\tan^2\frac{x}{2}\right)=\frac{1-t^2}{1+t^2}.\ /\!/$$

$$\sin x=2\sin\frac{x}{2}\cos\frac{x}{2}$$
$$=2\cdot\frac{\sin\frac{x}{2}}{\cos\frac{x}{2}}\cdot\cos^2\frac{x}{2}$$
$$=2\tan\frac{x}{2}\cdot\frac{1}{1+\tan^2\frac{x}{2}}=\frac{2t}{1+t^2}.\ /\!/$$

$$\frac{dt}{dx}=\frac{1}{2\cos^2\frac{x}{2}}$$
$$=\frac{1}{2}\left(1+\tan^2\frac{x}{2}\right)=\frac{1+t^2}{2}.$$

$\therefore\ dx=\dfrac{2}{1+t^2}dt.$ とにかく分数式のように扱う

$$\therefore\ 与式=\int\frac{1}{\frac{1-t^2}{1+t^2}+\frac{2t}{1+t^2}+1}\cdot\frac{2}{1+t^2}\,dt$$
$$=\int\frac{2}{1-t^2+2t+1+t^2}\,dt$$
$$=\int\frac{1}{1+t}\,dt$$
$$=\log|1+t|+C=\log\left|1+\tan\frac{x}{2}\right|+C.\ /\!/$$

注 このように, $\cos x$, $\sin x$ の有理式(整式やその分数式)は必ず $t:=\tan\dfrac{x}{2}$ の有理式の積分に持ち込むことが**可能**です. ただし, この積分手法は"奥の手"です. つまり, 他に良い方法が思い浮かばないとき限定. 入試では, 滅多に使いません.

(3) **着眼** I, J を単独で求めるのは難しそうですが…

$$I+J=\int\frac{c+s}{c+s}\,dx=\int 1\,dx=x+C.$$

□を微分

$$I-J=\int\frac{\boxed{c-s}}{\boxed{c+s}}\,dx=\log|\boxed{c+s}|+C. \quad \text{5}$$

$$\therefore\ I=\frac{1}{2}(x+\log|\cos x+\sin x|)+C.\ /\!/$$
$$J=\frac{1}{2}(x-\log|\cos x+\sin x|)+C.\ /\!/$$

注 (2)の手法でもできますが, タイヘンです.

例題 4 2 q　双曲線と定積分　根底 実戦　入試

[→演習問題 4 3 5]

双曲線 C: $x^2-y^2=1$ …① について答えよ.

(1)　C と直線 l: $x+y=t\ (t\neq 0)$ …② の交点 P の座標 (x, y) を t で表せ.

(2)　$C\ (x>0, y>0)$ 上の点を $\mathrm{Q}(X, Y)$ とする. C と線分 OQ および x 軸で囲まれる部分の面積を $\dfrac{s}{2}$ として, Q の座標を s で表せ.

注　2 次曲線の一種である「双曲線」に関して, 本書では 7 を待たずに例題 3 4 i (2)においてその概形や漸近線に関して学習済みです.
全てが完全にデザインされた有名問題です. まずは "鑑賞" して, その後自分の手でその解答を再現してみましょう.

解答　(1)

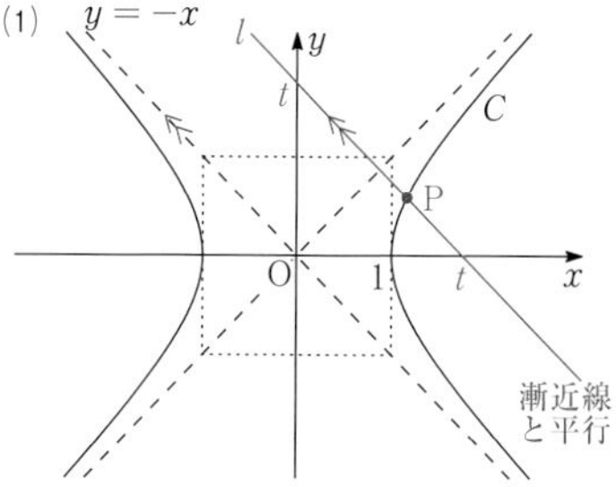

①②を連立して, $\mathrm{P}(x, y)$ は次を満たす:

$$\underbrace{(x+y)}_{t}\cdot(x-y)=1.$$

$$\therefore \begin{cases} x+y=t \\ x-y=\dfrac{1}{t}. \end{cases} \quad \begin{cases} x=\dfrac{1}{2}\left(t+\dfrac{1}{t}\right) & \cdots③ \\ y=\dfrac{1}{2}\left(t-\dfrac{1}{t}\right).\mathbin{/\!/} & \cdots④ \end{cases}$$

(2)　C 上の動点 P を③④のようにとる.
また, P が Q と一致するときの t を T とする.
このとき, $\mathrm{P}(x, y)$ と t の関係と同様次が成り立つ:

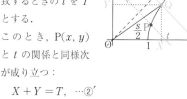

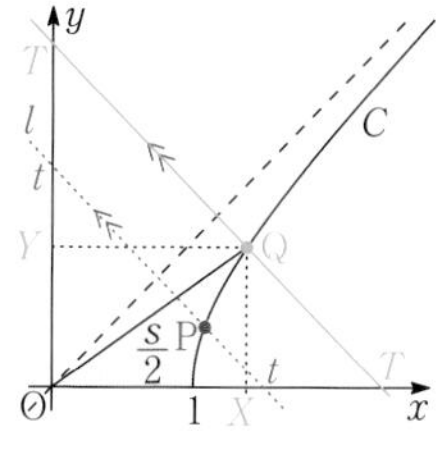

$$X+Y=T, \quad \cdots②'$$

$$X=\frac{1}{2}\left(T+\frac{1}{T}\right), \quad \cdots③'$$

$$Y=\frac{1}{2}\left(T-\frac{1}{T}\right). \quad \cdots④'$$

前図において,

$$▯=\int_1^X y\,dx.$$

ここで③より

$$dx=\frac{1}{2}\left(1-\frac{1}{t^2}\right)dt.$$

x と t は右のように対応する.
これらと④より

x	$1\to X$
t	$1\to T$

$$\begin{aligned}
▯&=\int_1^T \frac{1}{2}\left(t-\frac{1}{t}\right)\cdot\frac{1}{2}\left(1-\frac{1}{t^2}\right)dt \\
&=\frac{1}{4}\int_1^T\left(t-\frac{2}{t}+\frac{1}{t^3}\right)dt \\
&=\frac{1}{4}\left[\frac{t^2}{2}-2\log t-\frac{1}{2t^2}\right]_1^T \\
&=\left[\frac{1}{2}\cdot\frac{1}{2}\left(t+\frac{1}{t}\right)\cdot\frac{1}{2}\left(t-\frac{1}{t}\right)-\frac{1}{2}\log t\right]_1^T \\
&=\frac{1}{2}\cdot\frac{1}{2}\left(T+\frac{1}{T}\right)\cdot\frac{1}{2}\left(T-\frac{1}{T}\right)-\frac{1}{2}\log T \\
&=\frac{1}{2}XY-\frac{1}{2}\log T\ (\because\ ③'④').
\end{aligned}$$

よって,

$$\begin{aligned}
\frac{s}{2}&=◺-▯ \\
&=\frac{1}{2}XY-\left(\frac{1}{2}XY-\frac{1}{2}\log T\right)=\frac{1}{2}\log T.
\end{aligned}$$

$$T=e^s.$$

これと③'④'より

$$\mathrm{Q}\begin{cases} X=\dfrac{1}{2}\left(e^s+e^{-s}\right), \\ Y=\dfrac{1}{2}\left(e^s-e^{-s}\right).\mathbin{/\!/} \end{cases}$$

解説　(2)の積分 $\displaystyle\int y\,dx=\int\sqrt{x^2-1}\,dx$ は, ②のように置換積分すれば③④のような $\sqrt{}$ を含まない積分計算に帰着されるので上手くいく訳です. これが, 例題 4 2 o (3)において $t=x+\underbrace{\sqrt{x^2-1}}_{y}$ と置換する "由来" でした.

3 演習問題A

431 根底 実戦

$C\colon y=e^x$ と x 軸が $0\leqq x\leqq 1$ の範囲で挟む部分の面積を S とする．

(1) S を，区分求積法によって求めよ．

(2) S を，e^x の原始関数を用いて求めよ．

432 根底 実戦

次の積分を計算せよ．

(1) $\displaystyle\int\frac{1}{x\sqrt{x}}\,dx$

(2) $\displaystyle\int_1^2\frac{x+2}{1-2x}\,dx$

(3) $\displaystyle\int_0^1\frac{x+1}{x^2+1}\,dx$

(4) $\displaystyle\int_0^1\frac{1}{x^2-x+1}\,dx$

(5) $\displaystyle\int_0^1\frac{1}{x^3+1}\,dx$

(6) $\displaystyle\int_0^1\frac{x^2}{(x^2+1)^2}\,dx$

(7) $\displaystyle\int\frac{x}{x+\sqrt{x^2-1}}\,dx$

(8) $\displaystyle\int_1^2\frac{1}{\sqrt{4x-x^2}}\,dx$

(9) $\displaystyle\int_0^1\sqrt{2-x^2}\,dx$

(10) $\displaystyle\int_0^1\left(x+\sqrt{1-x^2}\right)^2dx$

(11) $\displaystyle\int\frac{x^3}{\sqrt{x^2+1}}\,dx$

433 根底 実戦

次の積分を計算せよ．ただし，m,n は自然数とする．

(1) $\displaystyle\int\sin^3x\cos^2x\,dx$

(2) $\displaystyle\int_0^\pi\cos mx\cos nx\,dx$

(3) $\displaystyle\int(\sin x\cos x)^2\,dx$

(4) $\displaystyle\int(\sin x+\cos x)^2\,dx$

(5) $\displaystyle\int(\sin^3x+\cos^3x)\,dx$

(6) $\displaystyle\int_{-\frac{\pi}{2}}^{\frac{\pi}{2}}(x\sin x)^2\,dx$

(7) $\displaystyle\int\frac{1}{\sin x\cos x}\,dx$

(8) $\displaystyle\int\frac{\sin x}{3\cos^2x+4\sin^2x}\,dx$

(9) $\displaystyle\int_0^{\frac{\pi}{4}}\frac{1}{3\cos^2x+\sin^2x}\,dx$

(10) $\displaystyle\int_0^\pi\sqrt{1+\cos x}\,dx$

(11) $\displaystyle\int_0^{\frac{\pi}{4}}\frac{1}{\cos x}\,dx$

(12) $\displaystyle\int\frac{1}{\cos^2x}\,dx$

(13) $\displaystyle\int_0^{\frac{\pi}{6}}\frac{1}{\cos^3x}\,dx$

(14) $\displaystyle\int\frac{1}{\cos^4x}\,dx$

434 根底 実戦

次の積分を計算せよ．

(1) $\displaystyle\int_0^1\log(x^2+1)\,dx$

(2) $\displaystyle\int\{\log(x+1)\}^2\,dx$

(3) $\displaystyle\int_1^{e^2}\frac{\sqrt{\log x}}{x}\,dx$

(4) $\displaystyle\int_0^4\sqrt{e^x}\,dx$

(5) $\displaystyle\int_0^4 e^{\sqrt{x}}\,dx$

(6) $\displaystyle\int xe^{-x}\,dx$

(7) $\displaystyle\int xe^{x^2}\,dx$

(8) $\displaystyle\int\frac{e^x-e^{-x}}{e^x+e^{-x}}\,dx$

(9) $\displaystyle\int\frac{1}{e^x+e^{-x}+2}\,dx$

4 3 5 根底 実戦 入試

次の積分を計算せよ.

(1) $\displaystyle\int \frac{1}{\sqrt{x^2+1}}\,dx$　(2) $\displaystyle\int \frac{x^2}{\sqrt{x^2+1}}\,dx$　(3) $\displaystyle\int_{\sqrt{3}}^{2\sqrt{2}} \sqrt{1+\frac{1}{x^2}}\,dx$

(4) $\displaystyle\int_{-\pi}^{\pi} e^{-x}\sin x\,dx$　(5) $\displaystyle\int_0^{\frac{1}{2}} e^{2x}\sin \pi x\,dx$　(6) $\displaystyle\int e^{-x}(\sin x-\cos x)\,dx$

(7) $\displaystyle\int_0^{\pi} xe^x\sin x\,dx$

コラム

積分計算練習の効用

3**演習問題A**までで積分計算は終わりとなり，4以降はいよいよ積分法の各方面への応用へと入っていきます．しかし，だからといって4以降の内容のみ勉強していてはダメ．積分計算練習の手を休めることなく，毎日 10 分でもよいので必ず継続してください．

微分計算は，高校数学で普通に出会うような関数ならば全て“機械的に”実行できますが，**積分**計算はその**逆を辿る**作業なので熟練を要します．相当な訓練を積み重ねて積み重ねてやっとこさ得られるスキルであり，筆者の目から見ると，積分計算力が**ちゃんと**備わった受験生は（特に現役生の場合）ごく少数．理系受験生は，積分計算練習をみっちりやるべきです．以下において，その効用を列記します：

- 積分計算では，いろいろな工夫・試行錯誤を要します．とりわけ，逆読みをするとき特有の右に書いた頭の動かし方：「予想」→「チェック」→「微調整」の流れを多用します（「通分」の逆読みである「部分分数展開」でも同様でしたね[→**例題**4 2 c(1)]）.

積分計算3ステップ

1°原始関数を大まかに**予想**
2°微分して**チェック**
3°定数・符号を**微調整**

「今ある式→目標の形」はできても，「目標の形から**逆算**する」のが苦手だという学生は本当に多いのですが，そんな人にとって，積分計算練習は絶好のトレーニングの場となります．

- 積分計算では当該問題において**適切な手法**を用いることが肝要ですが，なんとなく漠然と考えるのではなく，**1**～**6**の6つの手法＝6つの**選択肢**から選ぶという姿勢が大切です．つまり，「どう解くか」ではなく「**どれで**解くか」と頭を動かすのです．こうすれば，“ヒラメキ”などというあやふやなものに頼らず，かなりの確実性で方法論を導き出せます．これは，「数学の問題を解くこと一般」において有効なものであり，積分計算は，そうした**有利な頭の動かし方**を体感・会得するチャンスでもある訳です．（もっとも，こうした訓練を経てその選択肢が無意識に沈んだ頃初めて試験場で役立つのですが．）

注　「手法の選択」に際しては，拙著：「合格る計算」の「積分計算カード」も活用してください．■

- 数学Ⅲの積分計算では，あらゆる種類の関数が対象となるので大変ですが，逆に言うと積分計算を通してあらゆる種類の関数の計算練習が（ある程度は）自動的に行われることになります．また，答（原始関数）を微分して検算すれば，それはすなわち微分計算の練習問題に早代わりします．
- これは「計算練習」一般について言えることですが，人間誰しも勉強に気が向かない日もあります．そんなとき，やる気を奮い起こすための“はずみ車”＝きっかけ＝スイッチとして「とりあえず積分計算に手をつけてみる」のがワリと有効だと考えます．

という訳で，「積分計算」は一石二鳥どころか三鳥四鳥．“百利あって一害なし”．

積分計算を制する者は理系入試を制する！ 可能性が高まる（笑）

4 面積

積分法の応用に入ります. 本節で扱う「面積」については, 既に数学Ⅱにおいて求め方の基本は学んでいますね. ただし, 数学Ⅲ範囲となると, 扱う関数の種類が増え, 積分変数が「dx」以外になったりと出題の幅が広がります. 今まで以上に, 面積と定積分の関係をよく理解することが求められます.

1 面積の求め方の基本

Ⅱ+B 6 5 4 で導かれた定積分による面積の求め方を, 4 1 4 で述べた面積・定積分・区分求積法の関係も加味してまとめると, 次のようになります.

面積と定積分 原理 重要度

$a \leq x \leq b$ において, つねに $f(x) \geq g(x)$ であるとする.
右図の面積 S は, 縦の**長さ** $l(x) := f(x) - g(x)$ の定積分で得られる:

$$S = \int_a^b \underbrace{l(x)\,dx}_{\text{細長長方形の面積}} = \int_a^b \{f(x) - g(x)\}\,dx.$$

（$\int_a^b$：細かく集める．$l(x)$ と dx：縦×微小幅（垂直）．積分区間 a：左，b：右．$f(x)$：上，$g(x)$：下．$f(x)-g(x)$：縦の長さ（≥ 0））

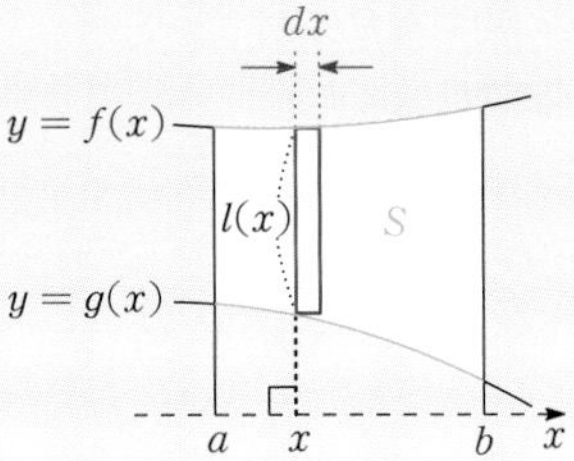

重要 面積を定積分で表す際には, 次のことを意識してください:

x 軸に垂直な長さ (≥ 0) に, それと垂直な微小幅 dx を掛けて得られる細長長方形の面積を, x を積分変数として, 小から大まできめ細やかに集める.

最右辺を見ると, 定積分は赤枠で囲まれた **3 つ**の “パーツ”:

積分区間, 被積分関数, 積分変数を表す dx

で構成されていることがわかります. 問題レベルが上がると, この視点がとても重要になってきます.

注 「x」「dx」の所が「y」「dy」に変わったりすることもありますが, 考え方は同じです.

例題 4 4 a 面積の基礎 根底 実戦 [→演習問題 4 7 1]

次の面積を求めよ.

(1) 曲線 C: $y = \log(x + 1)$, 直線 $x = 2$, および x 軸で囲まれる部分の面積 S

(2) 曲線 C: $y = 1 - 2e^x$ と x 軸, y 軸で囲まれる部分の面積 S

(3) 2 曲線 C_1: $y = \sin x$, C_2: $y = \cos 2x$ が $-\frac{\pi}{2} \leq x \leq \frac{\pi}{2}$ の範囲で囲む部分の面積 S

(4) 曲線 C: $x - y + y^2 = 0$ と y 軸で囲まれる部分の面積 S

解答 (1) **着眼** C: $y = \log(x + 1)$

x 方向へ -1 だけ平行移動

$y = \log x$ ■

求める S は右図の面積.

$$S = \int_0^2 \underbrace{\log(x+1)\,dx}_{\text{細長長方形の面積}}$$

（$\int_0^2$：細かく集める．$\log(x+1)$ と dx：縦×微小幅（垂直））

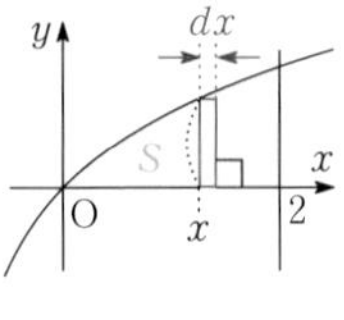

$$= \Big[(x+1)\log(x+1) - (x+1) \Big]_0^2 = 3\log 3 - 2. //$$

（$(x+1)$ の「$+1$」は斜線で消されている）

注 まずは, どんな図形の面積なのかを正確に把握することに努めましょう. (2)以降においても同様です.

補足 $\log(x + 1)$ の不定積分を, 1 次式のカタマリ $x + 1$ を利用して求めましたが, 定数「$+1$」は初めから除いて計算した方が楽です.

(2) **着眼** $y=1-2e^x$ は減少関数．C は，$y=e^x$ をベースに考えれば下左図のように描けます．

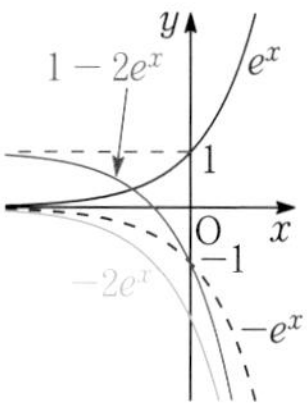

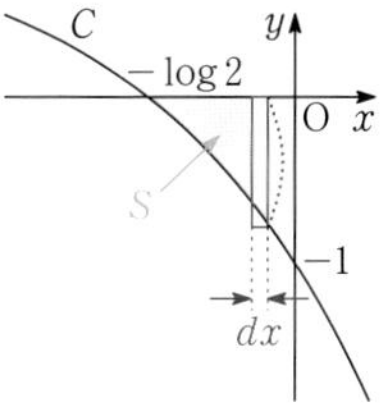

題意の領域は第 3 象限にありますね．そこを拡大したのが上右図です．答案ではこちらの図だけ書けば OK です．■

題意の領域は右上図の通り．

$$y=1-2e^x=0 \text{ のとき}, \ e^x=\frac{1}{2}.$$

$$x=\log\frac{1}{2}=-\log 2.$$

$$S=\int_{-\log 2\,(小)}^{0\,(大)} \underbrace{\overbrace{\{-(1-2e^x)\}}^{縦\ \geqq 0}\ \overbrace{dx}^{微小幅}}_{細長長方形の面積} \quad (縦 \times 微小幅：垂直)$$

$$=\Big[-x+2e^x\Big]_{-\log 2}^{0}$$

$$=-\log 2+2-2\cdot\frac{1}{2}=1-\log 2.\ /\!/$$

注 0 以上の長さを，小から大まで積分することにこだわってください．

(3) **着眼** 2 曲線はいずれも即座に描けます．その図をみれば，両者の上下関係も直観的に明らかですが，いちおうちゃんと調べておきます．

方針 2 つの関数の**差をとります**．これにより，両者の大小関係および共有点がわかります．また，積分する関数は差を取った $\sin x-\cos 2x$ です．正に一石三鳥[1] ですね．■

$$\begin{aligned}&\sin x-\cos 2x\\&=\sin x-(1-2\sin^2 x)\\&=2\sin^2 x+\sin x-1\\&=\underbrace{(\sin x+1)}_{0\text{ 以上}}(2\sin x-1).\end{aligned}$$

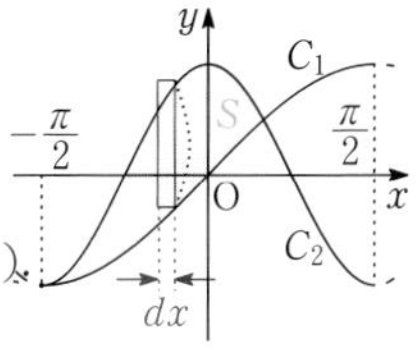

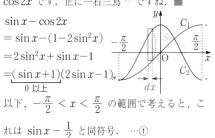

以下，$-\frac{\pi}{2}<x<\frac{\pi}{2}$ の範囲で考えると，これは $\sin x-\frac{1}{2}$ と同符号． …①

また，$\sin x-\cos 2x=0$ を解くと

$$\sin x=-1,\ \frac{1}{2}.$$

$$x=-\frac{\pi}{2},\ \frac{\pi}{6}.$$

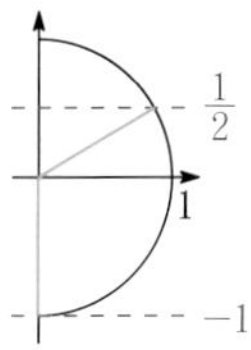

$-\frac{\pi}{2}\leqq x\leqq\frac{\pi}{6}$ において，①より $\sin x\leqq\cos 2x$ だから，前図のようになる．

$$S=\int_{-\frac{\pi}{2}\,(小)}^{\frac{\pi}{6}\,(大)} \underbrace{(\overset{上}{\cos 2x}-\overset{下}{\sin x})\,dx}_{細長長方形の面積}$$

$$=\left[\frac{1}{2}\sin 2x+\cos x\right]_{-\frac{\pi}{2}}^{\frac{\pi}{6}}$$

$$=\frac{1}{2}\cdot\frac{\sqrt{3}}{2}+\frac{\sqrt{3}}{2}=\frac{3}{4}\sqrt{3}.\ /\!/$$

注 [1]：ただし，その関数 $y=\sin x-\cos 2x$ のグラフを描いて考えることの有効性は薄いです．これが，整式のみを扱っていた数学Ⅱとの違いです．[→Ⅱ+B **例題 6 6 g**]

(4) **着眼** 与式は $y=\cdots$ と変形するより，$x=\cdots$ とする方がカンタンです．■

C: $x=y(1-y)$ ・・・ x は y の 2 次関数

求める S は右図の面積．

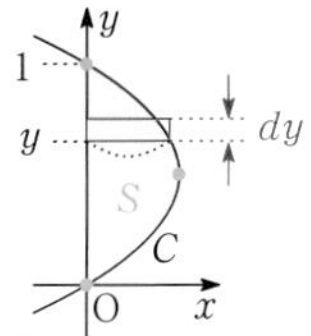

$$S=\underbrace{\int_0^1}_{細かく集める} \underbrace{\overbrace{y(1-y)}^{横}\ \overbrace{dy}^{微小縦幅}}_{細長長方形の面積} \quad (横 \times 微小縦幅：垂直)$$

$$=(-1)\cdot\frac{-1}{6}(1-0)^3=\frac{1}{6}.\ /\!/ \ ^{2)}$$

解説 (1)〜(3)とは x, y の役割が反対になっているのでやりづらいかも？

C を描くのに苦労する場合には，y の各値に対応する x の値を計算し，いくつか点をプロットしてみるとよいでしょう (図中青点)．

y の関数である「横の長さ」に掛けるのは，それとは**垂直**方向の微小な縦幅：「dy」ですね．このように，**細長長方形の面積を沢山集める**という考えに基づけば，いかなるときでも正しく立式することができます．

注 「dx」以外の積分変数で面積を表す手法を，既にⅡ+B **演習問題 6 9 14** で扱っていました．

補足 [2]：いわゆる「6 分の 1 公式」を使いました．[→Ⅱ+B **例題 6 5 b** (3)]

前問を通して，Ⅱ+B 6 6 1 で学んだ面積を求めるための**準備**が再確認されたはずです：

面積を求める“3つの準備” 方法論　作業を行う順番通りに並べた

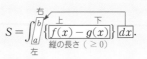

1°　積分変数を決める．
2°　2曲線の共有点を調べる．
3°　2曲線の上下関係を調べる．

$$S=\int_a^b\{f(x)-g(x)\}\,dx.$$

（右：b，左：a，上：$f(x)$，下：$g(x)$，縦の長さ（≥ 0））

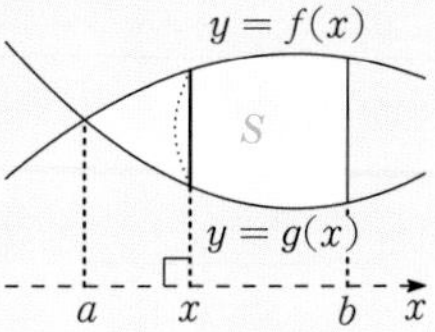

1° は数学Ⅱではほとんど「dx」でしたが，数学Ⅲでは「dy」などもかなりあります．[→**前問**(4)]

2°, 3° は，同時進行することが多く，その際，**差をとった関数**が利用できることを，前問(3)を通して確認しました．

数学Ⅱでは整式どうしで差をとって得られたキレイな整式の関数のグラフを描き，それと x 軸が囲む部分の面積を求めるという簡便な方法をよく使いましたが，数学Ⅲでは様々な関数が混在したりするため，そうした方法の有効性は少し薄れます．[→**前問**(3)**注**]

とはいえ念のため，右の2つの面積も上の面積と全く同じ式で求まることは再確認しておいてください．

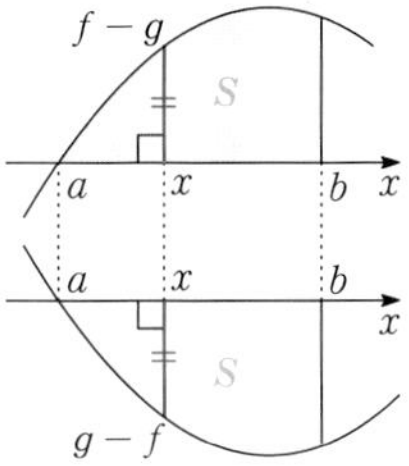

2 面積の応用

前項の考え方をベースとして，何らかの着想・工夫を要する問題を扱います．

例題 4 4 b 面積を求める工夫（積分区間） 根底 実戦 [→演習問題 4 11 7]

2曲線 C_1: $y=\sin x$, C_2: $y=2\cos x$ および y 軸が $0\leq x\leq\dfrac{\pi}{2}$ の範囲で囲む部分の面積 S を求めよ．

着眼　前問(3)とほぼ同じに見えますね（笑）．でも，進めてみると…

方針　“3つの準備”をします．1°　積分変数は当然「x」．3°　この2曲線なら，さすがに差をとるまでもなく上下関係は自明．2°　よって後は共有点を求めるだけですね．

解答　$0<x<\dfrac{\pi}{2}$ の範囲で2式を連立すると，

$\sin x=2\cos x$
$\tan x=2.$

注　これを満たす x は具体的に表すことはできませんね．こんなときは…■

$$\tan\alpha=2\ \left(0<\alpha<\frac{\pi}{2}\right)\ \cdots①$$

を満たす α が1**つに定まる**．これを用いると

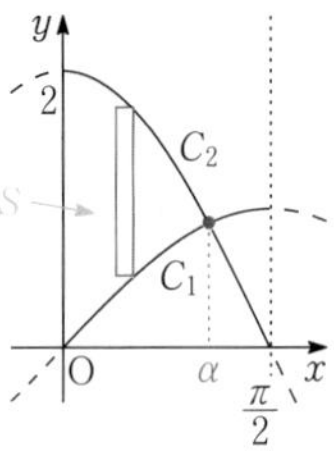

$$S=\int_0^\alpha(2\cos x-\sin x)\,dx$$

（大：α，小：0，上：$2\cos x$，下：$\sin x$，細長長方形の面積）

$$=\Big[2\sin x+\cos x\Big]_0^\alpha$$
$$=2\sin\alpha+\cos\alpha-1.$$

ここで，①より右図を得るから，

$$S=2\cdot\frac{2}{\sqrt{5}}+\frac{1}{\sqrt{5}}-1$$
$$=\sqrt{5}-1.$$ //

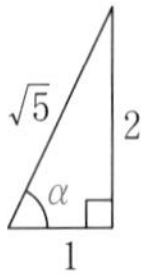

解説　本問のポイントは，“3つの準備”のうち2°において「積分区間が具体的に求まらない」ことですが，既に 3 「微分法」において，その対処法はたっぷり学びましたね．[→**例題** 3 4 j (2)]

例題 4 4 C 2つの部分の面積 根底 実戦 [→演習問題 4 11 7]

2 曲線 C_1: $y = \sin 2x$, C_2: $y = a\cos x$ $(0 < a < 2)$ および y 軸が $0 \leqq x \leqq \dfrac{\pi}{2}$ の範囲で囲む 2 つの部分の面積について答えよ.

(1) 2 つの部分の面積の和：S を a で表せ.

(2) 2 つの部分の面積が等しくなるような a の値を求めよ.

着眼 またまた前問とほぼ同じような曲線(笑).

方針 "3つの準備"のため, 差をとりましょう.

解答 (1) $f(x) = a\cos x - \sin 2x$ とおく 1).

また

$$\int f(x)\,dx = \underbrace{a\sin x + \frac{1}{2}\cos 2x}_{F(x)\text{ とおく}^{2)}} + C.$$

$$f(x) = a\cos x - 2\sin x\cos x$$
$$= \underbrace{\cos x}_{0\text{ 以上}}\cdot(a - 2\sin x).$$

$0 < x < \dfrac{\pi}{2}$ の範囲で考えると, これは $\dfrac{a}{2} - \sin x$ と同符号. よって右図のようになる.

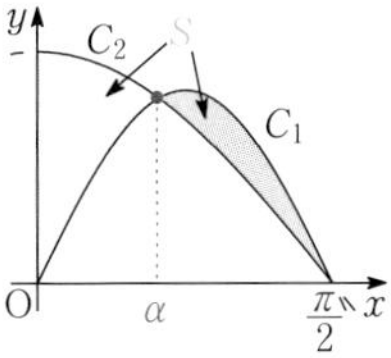

また, $0 < \dfrac{a}{2} < 1$ より,

$$\sin\alpha = \frac{a}{2}\ \left(0 < \alpha < \frac{\pi}{2}\right) \cdots ①$$

を満たす α が **1 つに定まる**. これを用いると

$$S = \int_0^{\alpha} f(x)\,dx + \int_{\alpha}^{\frac{\pi}{2}} \{-f(x)\}\,dx \cdots ②$$
$$= \Big[F(x)\Big]_0^{\alpha} + \Big[+F(x)\Big]_{\frac{\pi}{2}}^{\alpha}$$
$$= 2F(\alpha) - F(0) - F\left(\frac{\pi}{2}\right)$$
$$= 2\left(a\sin\alpha + \frac{1}{2}\cos 2\alpha\right) - \frac{1}{2} - \left(a - \frac{1}{2}\right)$$
$$= 2a\sin\alpha + 1 - 2\sin^2\alpha - a$$
$$= 2a\cdot\frac{a}{2} + 1 - 2\cdot\frac{a^2}{4} - a\ (\because\ ①)$$
$$= \frac{a^2}{2} - a + 1. /\!/$$

(2) 題意の条件は, ②右辺の 2 項が等しいこと, すなわち

$$\int_0^{\alpha} f(x)\,dx = \int_{\alpha}^{\frac{\pi}{2}} \{-f(x)\}\,dx.$$

$$\text{i.e.} \int_0^{\alpha} f(x)\,dx + \int_{\alpha}^{\frac{\pi}{2}} f(x)\,dx = 0.$$

3) $\displaystyle\int_0^{\frac{\pi}{2}} f(x)\,dx = 0.$ [→ 4 1 5 ❼]

$$\Big[F(x)\Big]_0^{\frac{\pi}{2}} = 0.$$
$$F\left(\frac{\pi}{2}\right) - F(0) = 0.$$
$$\left(a - \frac{1}{2}\right) - \frac{1}{2} = 0.$$
$$\therefore a = 1. /\!/$$

解説 1)2)：何度も書くことになりそうな関数およびその原始関数に**名前を付けておく**ことで, 解答の効率化が図れます.

[→ II+B 例題 6 8 d]

3)：(2)では, 2 つの定積分が 1 つにまとまり,「α」が消えてくれました. これは, 符号付面積 [→ 4 1 4 重要] という観点からみれば直接導けます.

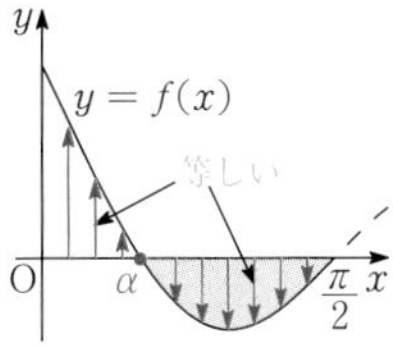

区間 $[0, \alpha]$ の "正の面積" と, 区間 $\left[\alpha, \dfrac{\pi}{2}\right]$ の "負の面積" がちょうど消し合って合計で 0 になるという訳です.

参考 (1)の面積は, 絶対値を用いて $S = \displaystyle\int_0^{\frac{\pi}{2}} |f(x)|\,dx$ と表せます. つまり, ここで用いた関数に**名前を付ける**という手法は, 絶対値付き関数の積分法においても活用できます. [→例題 4 8 e]

言い訳 (2)の条件は,「2 つの部分」のそれぞれに右図の赤色部分を加えて考えると, けっきょく  = 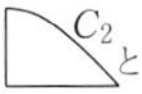 となり, いとも簡単に片付いちゃいます (笑).

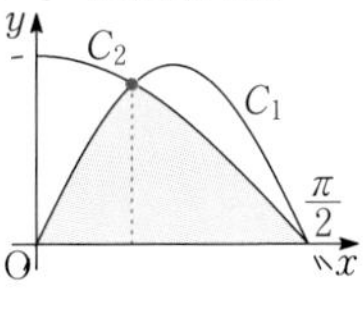

例題 4 4 d 接線と面積 根底 実戦 [→演習問題 4 7 2]

$f(x)=(x^2+x)e^x$ とする．曲線 C: $y=f(x)$ の $x=-1$ における接線を l とする．C, l, および y 軸で囲まれる部分の面積 S を求めよ．

下書き 関数 $f(x)$ そのものを見れば，微分法なしでグラフの概形はほぼわかります．[→3 4 4]

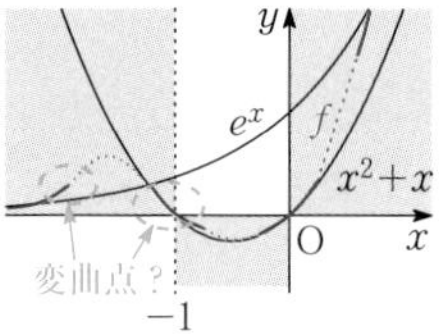

方針 C とその接線 l の上下関係を知りたいので，C の凹凸を調べましょう．■

解答
$$f'(x)=e^x(x^2+x+2x+1)=e^x(x^2+3x+1),$$
$$f''(x)=e^x(x^2+3x+1+2x+3)=e^x(x^2+5x+4)=e^x(x+1)(x+4).$$

よって，次の凹凸表とグラフを得る．

x	$\cdots$	-4	$\cdots$	-1	$\cdots$
$f''(x)$	+	0	−	0	+
$f(x)$	∪		∩	0	∪

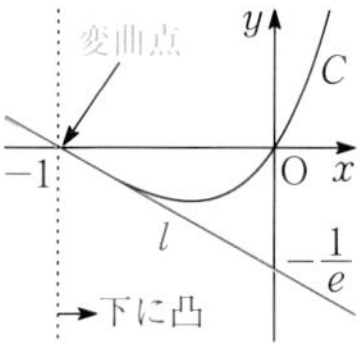

l の傾きは $f'(-1)=-\frac{1}{e}$ だから，前図において

1)  $=\frac{1}{2}\cdot1\cdot\frac{1}{e}=\frac{1}{2e}$．…①

 $=\int_{-1}^{0}\{-f(x)\}\,dx=\int_{0}^{-1}f(x)\,dx$．

ここで，

e^x・○ 型は，先に不定積分を求めておく

$$\int f(x)\,dx=\int(x^2+x)e^x\,dx$$
（x^2+x ↓ $2x+1$，e^x ↑ e^x）
$$=(x^2+x)e^x-\int(2x+1)e^x\,dx$$
（$2x+1$ ↓ 2，e^x ↑ e^x）
$$=(x^2+x)e^x-\{(2x+1)e^x-2e^x\}+C$$
$$=(x^2-x+1)e^x+C.$$

$$\int_0^{-1}f(x)\,dx=\Big[(x^2-x+1)e^x\Big]_0^{-1}=\frac{3}{e}-1.$$

これと①より，
$$S=\frac{1}{2e}-\left(\frac{3}{e}-1\right)=1-\frac{5}{2e}.$$ //

注 1)：接線を表す 1 次関数を積分するより，三角形を利用する方が賢いですね．

例題 4 4 e 逆関数と面積 根底 実戦 入試 [→演習問題 4 7 2]

$f(x)=\frac{e^x-1}{e-1}$ とし，その逆関数を $g(x)$ とする．2 曲線 C: $y=f(x)$, C': $y=g(x)$ で囲まれる部分の面積 S を求めよ．

言い訳 $f(x)$ が単調増加し，逆関数をもつことは自明としました．

方針 逆関数を求めることもできますが，C と C' の対称性に注目すれば不要です．

解答 C と C' は，直線 l: $y=x$ に関して対称である．…①

そこで，C と l の位置関係を考える．

両者の方程式を連立すると
$$(f(x)=)\frac{e^x-1}{e-1}=x.\ \cdots②$$

注 これは，異種関数混在型の方程式ですから，システマティックには解けません．そんなときは，偶然ラッキーを狙って解を見つけようとしてみるのでしたね．[→例題 3 7 e (3)] ■

$$f(0)=0,\ f(1)=\frac{e-1}{e-1}=1.$$

よって②は $x=0, 1$ を解にもつ．また，
$$f'(x)=\frac{e^x}{e-1},\ f''(x)=f'(x)>0$$
より，C は下に凸だから，C と l は 2 点 $(0,0)$, $(1,1)$ のみを共有し，①と合わせて次図のようになる：

$S = 1 - 2 \times$  .

 $= \int_0^1 \dfrac{e^x - 1}{e - 1}\,dx$

$= \left[\dfrac{e^x - x}{e - 1}\right]_0^1$

$= \dfrac{e - 1 - 1}{e - 1} = \dfrac{e - 2}{e - 1}.$

$\therefore\ S = 1 - 2 \cdot \dfrac{e - 2}{e - 1} = \dfrac{3 - e}{e - 1}.$ //

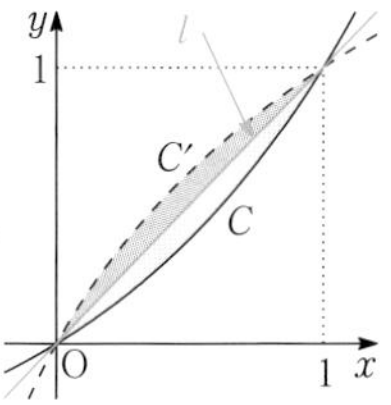

解説 C と C' の対称性を活用すれば，逆関数を求めたり，それを積分したりすることは不要となりましたね．

参考 本問のように単調増加な関数 $f(x)$ の場合，グラフ C とその逆関数のグラフ C' の共有点は直線 $y = x$ 上以外にはないことが示せます．[→演習問題 1 7 19]

例題 4 4 f 方程式と面積 根底 実戦 入試

[→演習問題 4 7 3]

曲線 C: $x^4 - 2xy + y^2 = 0$ …① で囲まれる部分の面積 S を求めよ．

方針 「関数」の形になっていないので，「関数」を作りましょう．

解答 ①を y について解くと

$y = x \pm \sqrt{x^2 - x^4}$

$= x \pm x\sqrt{1 - x^2}.$ [1)]

複号の $+$ の方を y_1，$-$ の方を y_2 とおく．これらはいずれも奇関数だから，まず $x \geq 0$ において考える．

$1 - x^2 \geq 0$ より $(0 \leq)\,x \leq 1$.

また，$x\sqrt{1 - x^2} \geq 0$ より

$y_1 \geq x \geq y_2.$

よって，右図のようになるから，

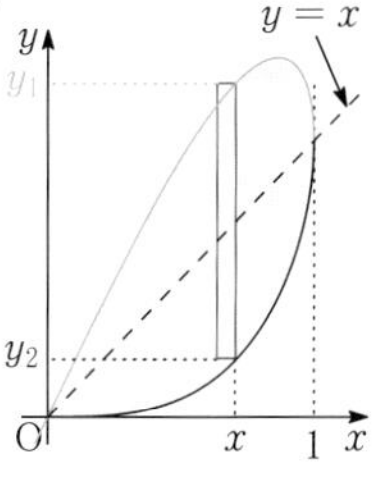

$S = 2\int_0^1 (y_1 - y_2)\,dx$（大：縦 ≥ 0 × 微小幅：垂直，小：細長長方形の面積）

$= 2\int_0^1 2x\sqrt{1 - x^2}\,dx$

$= 2\left[+\dfrac{2}{3}(1 - x^2)^{\frac{3}{2}}\right]_1^0 = \dfrac{4}{3}.$ //

解説 [1)]：このように，1つの x に 2つの y が対応することがあるので，y は x の関数ではありません．そこで曲線 $(x \geq 0)$ を 2 つに分割し，**2 つの x の関数** y_1, y_2 を作りました．

注 方程式①の段階で対称性を示すこともできます．点 (x, y) が C 上にあるとき，

$(-x)^4 - 2(-x)(-y) + (-y)^2$

$= x^4 - 2xy + y^2 = 0$

より点 $(-x, -y)$ も C 上．よって C は原点対称と言えます．こうすれば，$0 \leq x \leq 1$ に限定した上で $y = \cdots$ の形に解くので，次の言い訳のような問題は生じません．

言い訳 [1)]：有名なゴマカシです（笑）．

$y = x \pm \sqrt{x^2(1 - x^2)}$

$= x \pm \sqrt{x^2}\sqrt{1 - x^2}$

$= x \pm |x|\sqrt{1 - x^2}.$

この複号の $+$ の方を y_3，$-$ の方を y_4 とおくと，x の各関数 y_1～y_4 の $-1 \leq x \leq 1$ におけるグラフは，直線 $y = x$ との上下関係を考えて，次のようになります．

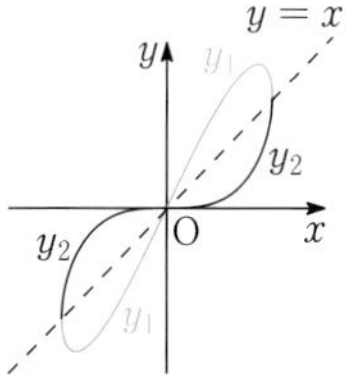

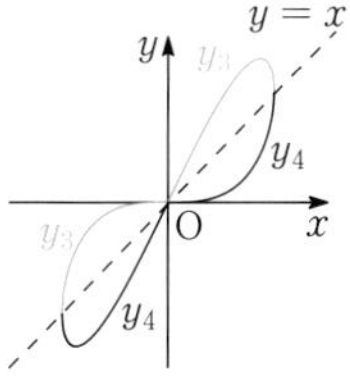

ご覧の通り，y_1 と y_3 は（$-1 < x < 0$ では）異なる関数です（y_2 と y_4 についても同様）．しかし，y_1 と y_2 を合わせたグラフ全体は y_3 と y_4 を合わせたグラフ全体と一致します．なので，前記**解答**では絶対値記号をサボって書きませんでした．

例題 4 4 g　パラメタ曲線と面積（その1）　根底 実戦　入試　[→演習問題 4 7 5]

媒介変数表示された曲線 C: $\begin{cases} x = t^2 - t \\ y = t^3 + t \end{cases}$ $(0 \leq t \leq 1)$ と y 軸で囲まれる部分の面積 S を求めよ．

着眼　面積を求めるための“3つの準備”を意識しながら C の概形を把握しましょう．

解答　$0 \leq t \leq 1$ において，y は t の増加関数．また，$x = t(t-1)$ だから，次のようになる．

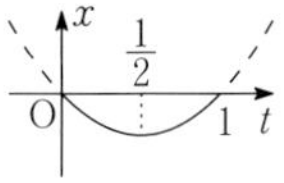

t	0	$\cdots$	$\frac{1}{2}$	$\cdots$	1
x	0	↘		↗	0
y	0	↗	1)	↗	2

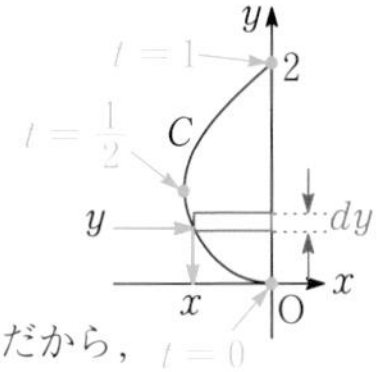

x は y の関数[2] で $x \leq 0$ [3] だから，

$$S = \int_0^2 (-x)\,dy \quad \text{面積を定積分で「立式」}^{4)}$$

$$= \int_0^1 (-t^2 + t)(3t^2 + 1)\,dt \quad \text{定積分「計算」}^{5)}$$

$$= \int_0^1 (-3t^4 + 3t^3 - t^2 + t)\,dt$$

$$= -\frac{3}{5} + \frac{3}{4} - \frac{1}{3} + \frac{1}{2} = \frac{3}{20} + \frac{1}{6} = \frac{19}{60}.\ /\!/$$

解説　1)：“左端”の x, y 座標は，面積の計量には不要です．

2)：C 上の点 x, y について，t に対して x は単調でないため，x に対して y は2つ対応します．逆に，y に対して x は必ず1つに定まりますから，積分変数として y を選びました．

3)：被積分関数となる「横の長さ ≥ 0」を求めるため，符号はとても重要です．

4)：「細長長方形の面積を集める」という意味を実現するため，面積を**立式**する際の積分変数は「dy」であるべきです．横の長さ：$-x$ は **y の関数**ですから，立式としてはこれで OK です．

5)：しかし，積分計算に入ると被積分関数を表す変数と積分変数が一致していなければなりません．パラメタ表示されている場合には，たいてい置換積分により「パラメタ t」に統一します．

なお，置換積分における積分変数の変換は暗算で片付けました．また，積分区間の変換は，図中に書き入れた t の値を参照して片付けています．

例題 4 4 h　パラメタ曲線と面積（その2）　根底 実戦　入試　[→演習問題 4 7 6]

媒介変数表示された曲線 C: $\begin{cases} x = \sin 2t \\ y = \sin 3t \end{cases}$ $(0 \leq t \leq \pi)$ で囲まれる部分の面積 S を求めよ．

方針　C の概形を，「面積を求める」という明確な目標をもって描きます．例によって，t を時刻とみなし，t に対する x, y の増減を**考えます**．

解答　x を $x(t)$，y を $y(t)$ と表すと

$x(\pi - u) = \sin(2\pi - 2u) = -x(u)$,

$y(\pi - u) = \sin(3\pi - 3u) = y(u)$.

よって，$t = u, \pi - u$ に対応する点どうしは y 軸対称．よって，$C\left(0 \leq t \leq \frac{\pi}{2}\right)$ と $C\left(\frac{\pi}{2} \leq t \leq \pi\right)$ は y 軸対称．そこで，まず $0 \leq t \leq \frac{\pi}{2}$ について考える．

t に対する x, y の増減は次の通り：

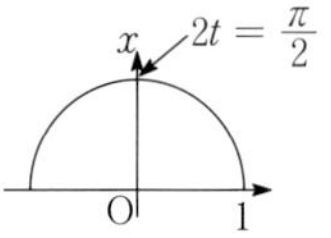

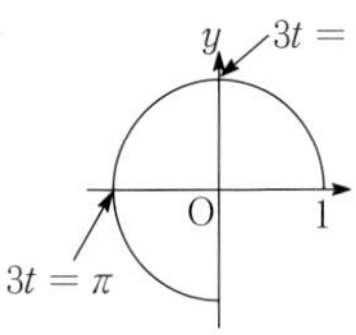

t	0	$\cdots$	$\pi/6$	$\cdots$	$\pi/4$	$\cdots$	$\pi/2$
x	0	↗	$\sqrt{3}/2$	↗	1	↘	0
y	0	↗	1	↘	$1/\sqrt{2}$	↘	-1

注　t に対して x, y はどちらも単調でないので，どちらを積分変数にしても大差ありません．■

よって，C の概形は次のようになる．

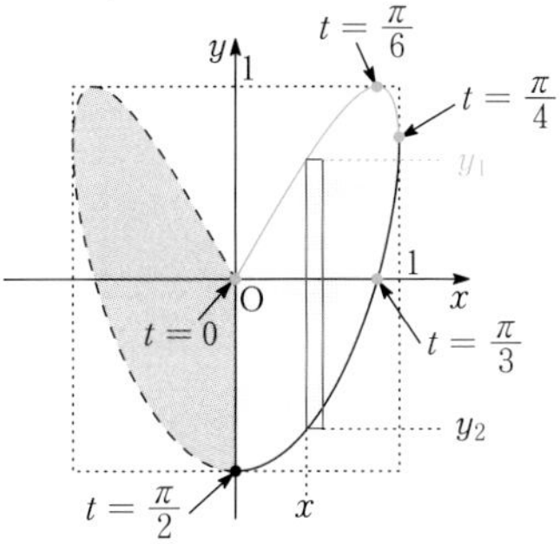

$C\left(0\leq t\leq\dfrac{\pi}{4}\right)$，$C\left(\dfrac{\pi}{4}\leq t\leq\dfrac{\pi}{2}\right)$ 上の点をそれぞれ $(x,\ y_1)$，$(x,\ y_2)$ とおくと

$y_1,\ y_2$ は各々 x の関数であり，[1)]

$y_1\geq y_2$．[2)]

よって，対称性も考えて

$$\frac{S}{2}=\int_0^1\underbrace{\overbrace{(y_1-y_2)}^{\text{縦}\geq 0}\times\overbrace{dx}^{\text{微小幅}}}_{\text{細長長方形の面積}}\quad {}^{3)}$$

（垂直　大　縦 ≥ 0 × 微小幅　小　細長長方形の面積）

$$=\int_0^1 y_1\,dx-\int_0^1 y_2\,dx.\quad {}^{4)}$$

ここで，$\dfrac{dx}{dt}=2\cos 2t$，i.e. $dx=2\cos 2t\,dt$．

また，x と t の対応を考えると

y_1 について．

x	$0\ \to\ 1$
t	$0\ \to\ \pi/4$

y_2 について．

x	$0\ \to\ 1$
t	$\pi/2\ \to\ \pi/4$

$$\therefore\ \frac{S}{2}=\int_0^{\frac{\pi}{4}}\underbrace{\sin 3t\cdot 2\cos 2t}_{f(t)\text{とおく}}dt-\int_{\frac{\pi}{2}}^{\frac{\pi}{4}}f(t)\,dt\quad {}^{5)}$$

$$=\int_0^{\frac{\pi}{4}}f(t)\,dt+\int_{\frac{\pi}{4}}^{\frac{\pi}{2}}f(t)\,dt$$

$$=\int_0^{\frac{\pi}{2}}f(t)\,dt$$

$$=\int_0^{\frac{\pi}{2}}(\sin 5t+\sin t)\,dt$$

$$=\left[+\frac{\cos 5t}{5}+\cos t\right]_{\frac{\pi}{2}}^{0}=\frac{6}{5}.$$

$$\therefore S=\frac{12}{5}.\ /\!/$$

最後に2倍するのを忘れずに！

解説　1)：$C\left(0\leq t\leq\dfrac{\pi}{2}\right)$ 全体（図の実線部）においては，x に対して y が 2 つ対応してしまいます．しかし，$C\left(0\leq t\leq\dfrac{\pi}{4}\right)$ に限定すれば，x に対して y は 1 つに定まります．つまり，y は x の関数です．$C\left(\dfrac{\pi}{4}\leq t\leq\dfrac{\pi}{2}\right)$ についても同様です．

3)：面積を立式する際には，このように細長長方形の面積を集める気持ちで．被積分関数が積分変数 x で表されていなくてもかまいません．

4)：ただし，積分計算に入ったら，文字をパラメタ t に統一します．その際，「x の関数 y_1」と「x の関数 y_2」とでは対応する t の範囲が異なりますから，2 つの定積分へ分解して処理します．

5)：ここにある 2 つの定積分は，2 行後には 1 つにまとまります．経験を積んで，この流れが予見できるようになりたいです．

参考　C は**リサジュー曲線**なるものの一種です．

発展　2)：この大小関係が成り立つことを示しておきます．x 座標が等しい 2 つの点の y 座標の大小を比較します．

$\sin 2t=\sin 2u\ \left(0<t<\dfrac{\pi}{4}<u<\dfrac{\pi}{2}\right)$ のとき

$2u=\pi-2t$. i.e. $u=\dfrac{\pi}{2}-t$.

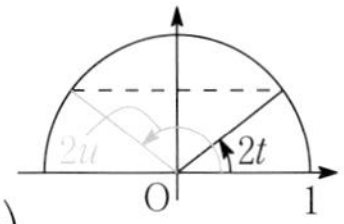

$$\sin 3u=\sin 3\left(\frac{\pi}{2}-t\right)$$
$$=\sin\left(\pi+\frac{\pi}{2}-3t\right)$$
$$=-\cos 3t.$$

ここで，$0<t<\dfrac{\pi}{4}$，i.e. $0<3t<\dfrac{3}{4}\pi$ より，

$$\sin 3t-(-\cos 3t)$$
$$=\sin 3t+\cos 3t>0.$$

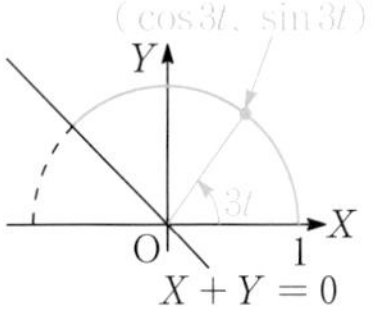

よって $C\left(0<t<\dfrac{\pi}{4}\right)$ は $C\left(\dfrac{\pi}{4}<t<\dfrac{\pi}{2}\right)$ より上側にあります．つまり，$y_1\geq y_2$ が成り立ちます．

かなりメンドウですよね．試験では大目に見てもらえることが多い気がします．

実は，曲線が右の 4 つのエリアに分かれていることを見抜けば上記議論は不要ですが．

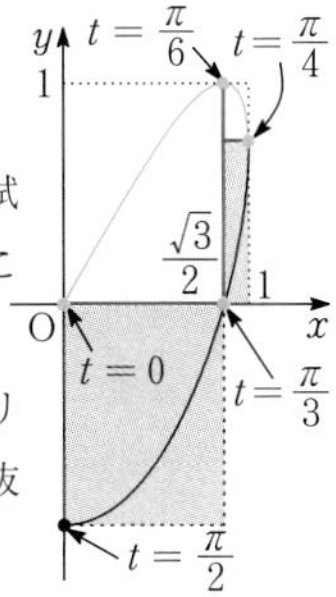

第4章 積分法

5 体積

1 円錐（すい）の体積

円錐 ＝cone

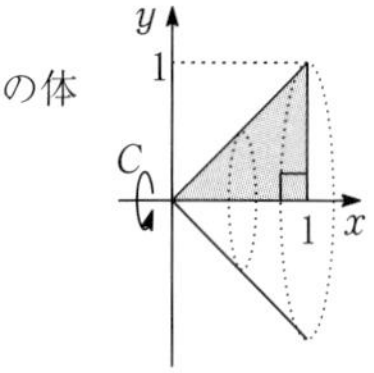

右図のような，直角二等辺三角形を x 軸のまわりに 1 回転して得られる直円錐 C の体積 V を求めてみましょう．結果は，ご存知の通り

体積＝volume

$$V = \frac{1}{3} \times \underbrace{\pi \cdot 1^2}_{\text{底面積}} \times \underbrace{1}_{\text{高さ}} = \frac{1}{3}\pi$$

となりますが，「$\frac{1}{3}$」となる理由をちゃんと説明します．

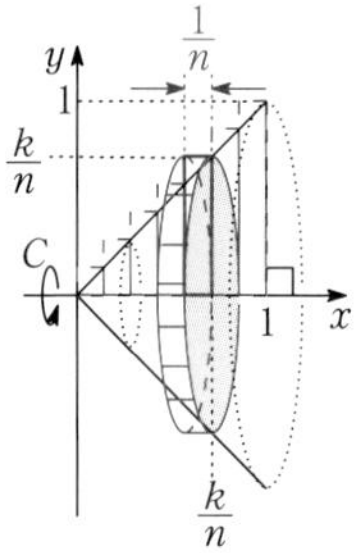

右図のように x の区間 $[0, 1]$ を n 等分して横幅 $\frac{1}{n}$ の長方形を n 個作り，それぞれを 1 回転してできる n 個の直円柱の体積の和を考えます．これは，求める体積 V と比べて少し誤差がありますが，$n \to \infty$ とすると V との誤差は限りなく小さくなりますね．よって，

$$V = \underbrace{\lim_{n\to\infty}\sum_{k=1}^{n}}_{\text{細かく集める}} \underbrace{\pi\left(\frac{k}{n}\right)^2}_{\text{断面積}} \times \underbrace{\frac{1}{n}}_{\text{微小な厚み}} \quad \cdots ①$$

$$= \int_0^1 \pi x^2 \times dx. \quad \cdots ②$$

①右辺は，「定数 π 倍」を除けば，4 1 4 ①式右辺とまったく同じですから，その左列の定積分を「定数 π 倍」したものと一致します．よって，②が成り立ちます．

②より $V = \int_0^1 \pi x^2\,dx = \pi\left[\frac{1}{3}x^3\right]_0^1 = \frac{1}{3}\pi$．上の結果と一致しましたね（①からでも同じ値が求まります）．要するに，直円錐の体積に「$\frac{1}{3}$」が付く理由は，2 次関数を積分するからだった訳です．

［→演習問題 4 7 8］

2 体積と定積分

この考え方は，直円錐以外の立体一般の体積にも適用できます．x ＝ 一定 なる平面による断面積が $S(x)$ である立体の，$a \le x \le b$ の部分の体積 V は，右下図のように区間 $[a, b]$ を n 等分して得られる点 $x_1, x_2, x_3, \cdots, x_n$ から作られる高さ（厚み）が $\Delta x := \frac{b-a}{n}$ である n 個の直円柱を利用して，次のように表されます：

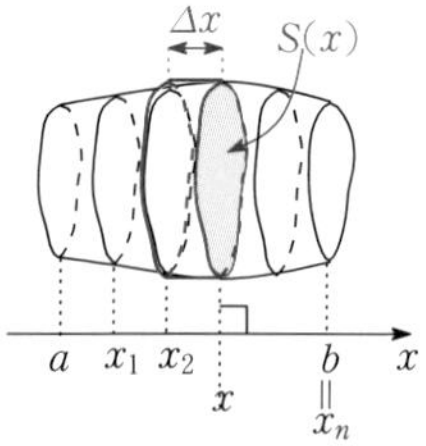

$$V = \underbrace{\lim_{n\to\infty}\sum_{k=1}^{n}}_{\text{細かく集める}} \underbrace{S(x_k)}_{\text{断面積}} \times \underbrace{\Delta x}_{\text{微小な厚み}} \quad \cdots ①'$$

$$= \int_a^b S(x) \times dx. \quad \cdots ②'$$

「lim Σ」と「∫」は「面積」を介して「＝」で結ばれる

①′右辺は，4 1 4 ④′の「$f(x_k)$」を「$S(x_k)$」にしただけですから，その次の行の⑦′より，②′が成り立ちます．まとめると，次の通りです．

体積と定積分 原理

右図の体積 V は，x 軸に垂直に切った**断面積** $S(x)$ の定積分で得られる：

$$V = \underbrace{\int_a^b}_{\text{細かく集める}} \underbrace{\boxed{S(x)}}_{\text{断面積}} \underbrace{\boxed{dx}}_{\text{微小な厚み}}$$

（断面積と微小な厚みは垂直．$S(x)\,dx$：薄い柱の体積）

注 積分区間 $[a, b]$ は，積分変数 x の値の範囲．

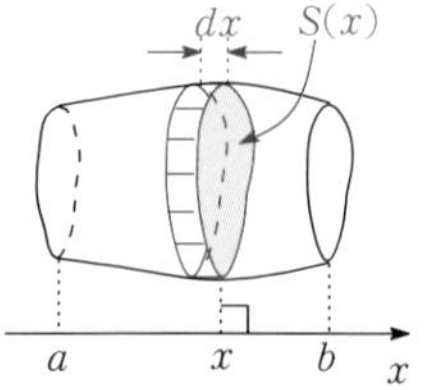

重要　面積の場合と同様，次のことを意識してください：

x 軸に垂直な断面積（≥ 0）に，それと垂直な微小な厚み dx を掛けて得られる薄い柱の体積を，x を積分変数として，小から大まできめ細やかに集める．

右辺が，赤枠で囲まれた **3 つ**の“パーツ”：積分区間，被積分関数，積分変数を表す dx で構成されていることも意識してください．　要は面積と同様です（笑）

注　積分変数が x 以外になることもありますが，考え方は同じです．

例題 45a 体積の基礎　根底 実戦

[→演習問題478]

平面 α 上に，O を中心とする半径 2 の円 C がある．C の半径 OA 上の点 P に対し，PQ⊥OA となる C 上の点 Q をとる．P が線分 OA 上を動くとき，PQ を 1 辺として α と垂直な正方形が通過してできる立体 K の体積 V を求めよ．

着眼　まず，作られる**立体そのもの**[1] をなんとなく大雑把に把握します．

方針　3 つの“パーツ”を意識して，3 つの準備を行います．まずは積分変数を設定するため，座標平面を導入しましょう．■

解答　下図のように xy 平面をとる．[2]

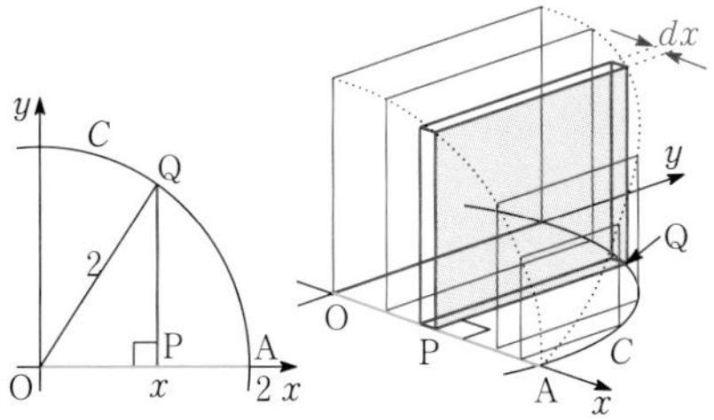

$P(x, 0)$ $(0 \leq x \leq 2)$ を通り x 軸と垂直な平面：$x =$ 一定 $(0 \leq x \leq 2)$ による K の断面は，PQ を 1 辺とする正方形である．よって

垂直
断面積 × 微小な厚み

$$V = \int_0^2 PQ^2\, dx.$$

細かく集める　薄い四角柱の体積　体積を定積分で「立式」[3]

ここで，直角三角形 OPQ に着目して

$$PQ^2 = 4 - x^2.$$

$$\therefore\ V = \int_0^2 (4 - x^2)\, dx$$　定積分を「計算」[4]

$$= \left[4x - \frac{x^3}{3} \right]_0^2$$

$$= 4 \cdot 2 - \frac{8}{3} = \frac{16}{3}.\ /\!/$$

解説　1)：結果としては，立体そのものの形状には関係なく体積が求まりました．しかし，だからといって「体積の問題では立体など見なくてよい♪」などという甘言に耳を貸してはなりませんよ（笑）．[→演習問題4714注意！]

2)：図形が主体．座標は手段．計算処理がいちばん簡潔になりそうな座標設定を心掛けましょう．

3)：「立式」段階では，被積分関数である断面積が，積分変数 x に対して 1 つに定まる，つまり $\boldsymbol{x}$ **の関数である**ことが絶対条件です．それさえ満たされていれば，x で表せていなくてもかまいません（もちろん，表されていても OK です）．

4)：定積分「計算」に入ると，被積分関数を表す変数と積分変数が一致していなければなりません．ここでは PQ を x で表して揃えます．

注　座標設定さえしてしまえば解くのはカンタンなので，大多数の受験生や多くの指導者からないがしろにされがちな問題です．しかし，上の**解説**を見てもわかる通り，体積の**基礎**を固めるための重要情報の宝庫．合言葉：**『易しい問題解くときに，正しいフォームを身に付ける．』**

言い訳　Q は直線 OA に関してつねに同じ側にとり，正方形は平面 α に関してつねに同じ側に作ります（ホントは問題文に明記すべきです）．また，P=A のときは，Q=P だと考えます．

3 回転体の体積

例題 4 5 b　x 軸回転・基礎　根底 実戦　[→演習問題 4 7 7]

(1)　曲線 C: $y=\log x$, 直線 $x=e$, および x 軸で囲まれる部分を, x 軸のまわりに 1 回転してできる立体 K の体積 V を求めよ.

(2)　曲線 C: $y=\cos x$ $(0\leq x\leq 2\pi)$ と直線 $l: y=1$ で囲まれる図形を l のまわりに 1 回転してできる立体 K の体積 V を求めよ.

(3)　r, a は定数で $r>0$, $-r\leq a\leq r$ とする．球体の一部 D: $x^2+y^2+z^2\leq r^2$, $x\geq a$ の体積 V を r, a で表せ.

方針　いわゆる「回転体」ですので，回転軸に垂直な平面による断面は，必ず円という単純な図形となります．そこで，回転軸方向に積分変数を設定しましょう．

解答　(1)

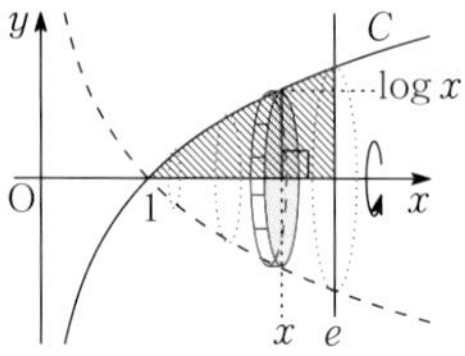

平面 $x=$ 一定 $(1\leq x\leq e)$ による K の断面は，半径 $\log x$ (≥ 0) の円板である．よって

$$V=\int_1^e \pi(\log x)^2\,dx$$

（細かく集める／断面積×微小な厚み（垂直）／薄い直円柱の体積）

$$\frac{V}{\pi}=\int_1^e 1\cdot(\log x)^2\,dx$$

（$1 \to x$，$(\log x)^2 \to 2(\log x)\cdot\frac{1}{x}$　これらの積は $2\log x$）

$$=\Big[x(\log x)^2\Big]_1^e-2\int_1^e \log x\,dx$$
$$=e-2\Big[x\log x-x\Big]_1^e$$
$$=e-2(0+1)=e-2.$$

$\therefore V=(e-2)\pi.$ //

(2)

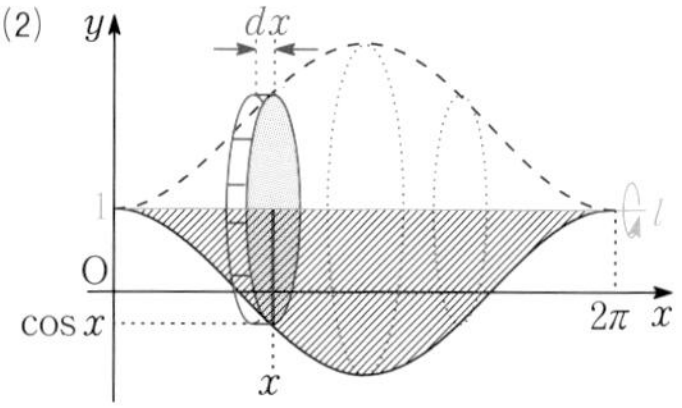

平面 $x=$ 一定 $(0\leq x\leq 2\pi)$ による K の断面は，半径 $1-\cos x(\geq 0)$ の円板である．よって

$$V=\int_0^{2\pi}\pi(1-\cos x)^2\,dx$$

（細かく集める／断面積×微小な厚み（垂直）／薄い直円柱の体積）

$$=\pi\int_0^{2\pi}\left(1-2\cos x+\frac{1+\cos 2x}{2}\right)dx$$
$$=\pi\left[\frac{3}{2}x-2\sin x+\frac{1}{4}\sin 2x\right]_0^{2\pi}$$
$$=\pi\cdot\frac{3}{2}\cdot 2\pi=3\pi^2.\ //$$

注　回転軸が座標軸以外でも，**考え方は同じ**です．

(3)　D は，右図の領域を x 軸のまわりに 1 回転した立体である．

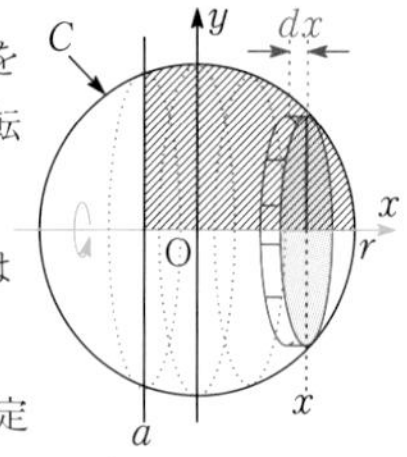

右図の円 C の方程式は

$$x^2+y^2=r^2$$

だから，平面 $x=$ 一定 $(a\leq x\leq r)$ による D の断面は，半径 $\sqrt{r^2-x^2}$ の円板である．よって

$$V=\int_a^r \pi(r^2-x^2)\,dx$$

（細かく集める／断面積×微小な厚み（垂直）／薄い直円柱の体積）

$$=\pi\left[r^2x-\frac{x^3}{3}\right]_a^r$$
$$=\pi\left(\frac{2}{3}r^3-r^2a+\frac{a^3}{3}\right).\ //$$

注　球を平面で切断した部分の体積は容易に求まる訳です.

参考　答えにおいて $a=-r$ とおくと，球全体の体積 $\frac{4}{3}\pi r^3$ と一致していますね.

例題 453 C　2曲線による回転体　根底 実戦

[→演習問題479]

(1)　2 曲線 C_1: $y=2-x^2$, C_2: $y=\sqrt{x}$, および y 軸で囲まれる領域を x 軸のまわりに 1 回転してできる立体 K の体積 V を求めよ.

(2)　曲線 C: $y=e^x$, $x=1$ における C の接線 l, および y 軸で囲まれる部分を D とする. D を x 軸のまわりに 1 回転してできる立体 K_1 の体積 V_1 を求めよ.

(3)　(2)において, D を y 軸のまわりに 1 回転してできる立体 K_2 の体積 V_2 を求めよ.

着眼　前問と違い, 2 つのグラフが関与しますから, それらの位置関係に注意してください.

注　前問までクドいくらい書いてきた赤字による定積分の意味の説明を, 状況に応じて徐々に簡素化していきます. 各自でしっかり意識すること！

解答　(1)　**着眼**　断面は, 円板から円板を"くり抜いた"形になりますね. ■

一瞬で見つかる

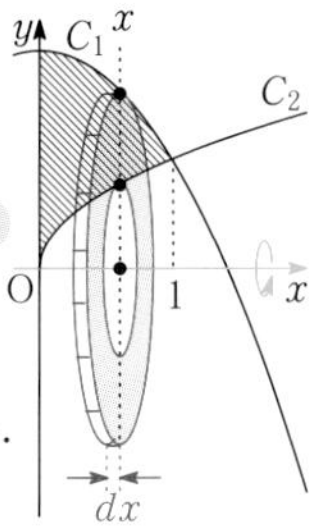

2 曲線は $x=1$ で交わる.
また, 平面 $x=$ 一定による K の断面は右図のようになる.
よって求める体積は,

$$V=\int_0^1 \underbrace{\{\pi(2-x^2)^2-\pi(\sqrt{x})^2\}\,dx}_{\text{薄い“穴開き”直円柱の体積}}\ ^{1)}$$

$$=\pi\int_0^1(4-4x^2+x^4-x)\,dx$$

$$=\pi\left[4x-\frac{4}{3}x^3+\frac{x^5}{5}-\frac{x^2}{2}\right]_0^1$$

$$=\pi\left(4-\frac{4}{3}+\frac{1}{5}-\frac{1}{2}\right)$$

$$=\pi\left(4+\frac{-40+6-15}{30}\right)=\frac{71}{30}\pi. /\!/$$

解説　1)：ここでは, 断面積を「円板から円板を除く」と考えて求めました. 図に描いた"五円硬貨"のような立体を細かく集めるイメージです.
一方, C_1 による回転体から C_2 による回転体を除くと考えて,

$$V=\int_0^1\pi(2-x^2)^2\,dx-\int_0^1\pi(\sqrt{x})^2\,dx$$

と立式することもできます. どちらの引き算を採用するかはケースバイケース.

注意！　$\int_0^1\pi\{(2-x^2)-\sqrt{x}\}^2\,dx$ は誤り！

(2)　$(e^x)'=e^x$, $(e^x)''=e^x>0$ より C は下に凸.
また l: $y-e=e(x-1)$, i.e. $y=ex$.

着眼　立体 K_1 は, C で作られる回転体から直円錐を"くり抜いた"ものです. ここでは前記 2 通りのうち「体積 − 体積」の方を使います((3)も同様). ■

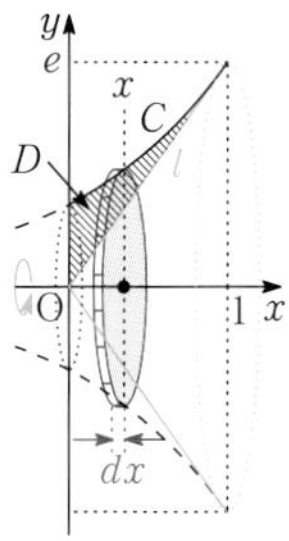

$V_1=$ 

$$=\int_0^1 \underbrace{\pi(e^x)^2\,dx}_{\text{薄い直円柱の体積}}-\frac{1}{3}\cdot\pi\cdot e^2\cdot 1$$

$$=\pi\left[\frac{1}{2}e^{2x}\right]_0^1-\frac{1}{3}\pi e^2$$

$$=\pi\left(\frac{e^2-1}{2}-\frac{1}{3}e^2\right)=\frac{e^2-3}{6}\pi. /\!/$$

(3)　**着眼**　立体 K_2 は, 直円錐から C で作られる回転体を"くり抜いた"ものです. ■

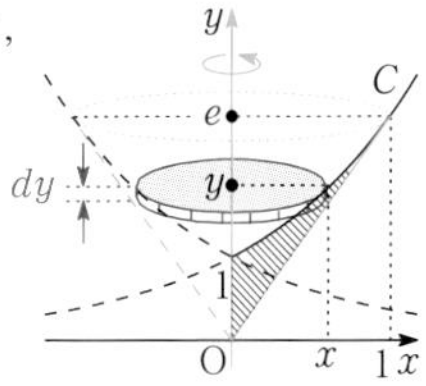

C: $x=\log y$ だから,

$V_2=$ 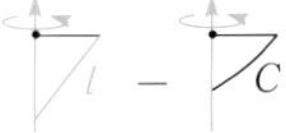

$$=\frac{1}{3}\cdot\pi\cdot 1^2\cdot e-\int_1^e \overbrace{\pi(\log y)^2\,dy}^{\text{薄い直円柱の体積}}\ ^{2)}$$

⋮ 略　　前問(1)と同じ定積分

$$=\frac{e}{3}\pi-(e-2)\pi=\left(2-\frac{2}{3}e\right)\pi. /\!/$$

解説　2)：「薄い直円柱」の"厚み"(高さ)は, 縦方向の微小変化量ですから, 「dy」ですね. 半径は, 「$\log y$」の代わりにいったん「x」と表してもかまいません. x は y の**関数**ですから.

例題 4 5 d 回転軸をまたぐ領域 根底 実戦

[→演習問題 4 7 10]

2 曲線 C_1: $y=\sin x$, C_2: $y=\cos x$ $(0\leq x\leq\pi)$ がある.

(1) C_1, C_2, 直線 $x=\dfrac{\pi}{2}$, および y 軸で囲まれる部分を x 軸のまわりに 1 回転してできる立体 K_1 の体積 V_1 を求めよ.

(2) C_1, C_2, 直線 $x=\pi$, および y 軸で囲まれる部分を x 軸のまわりに 1 回転してできる立体 K_2 の体積 V_2 を求めよ.

解答 (1) **着眼** 平面 $x=$一定による断面は, $0\leq x\leq\dfrac{\pi}{4}$ においては C_2による円板からC_1による円板をくり抜いた形です. $\dfrac{\pi}{4}\leq x\leq\dfrac{\pi}{2}$ では逆です. ■

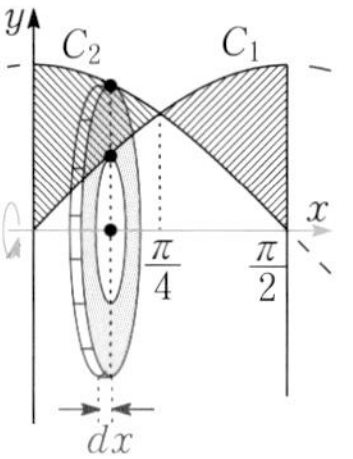

2 曲線は $x=\dfrac{\pi}{4}$ で交わり, $\sin x$ と $\cos x$ の大小関係は図の通り.

$$\therefore V_1=\int_0^{\frac{\pi}{4}}\overbrace{\{\pi(\cos x)^2-\pi(\sin x)^2\}\,dx}^{\text{薄い“穴開き”直円柱の体積}}$$

$$+\int_{\frac{\pi}{4}}^{\frac{\pi}{2}}\{\pi(\sin x)^2-\pi(\cos x)^2\}\,dx$$

$$=\pi\int_0^{\frac{\pi}{4}}\cos 2x\,dx-\pi\int_{\frac{\pi}{4}}^{\frac{\pi}{2}}\cos 2x\,dx$$

$$=\pi\left[\frac{1}{2}\sin 2x\right]_0^{\frac{\pi}{4}}+\pi\left[\frac{1}{2}\sin 2x\right]_{\frac{\pi}{2}}^{\frac{\pi}{4}}=\pi.//$$

(2) **着眼** (1)の V_1 に加算する部分を考えます. 領域が回転軸 (x 軸) の両側にまたがるので, 上下どちらが広い領域を描くかが問題です. ■

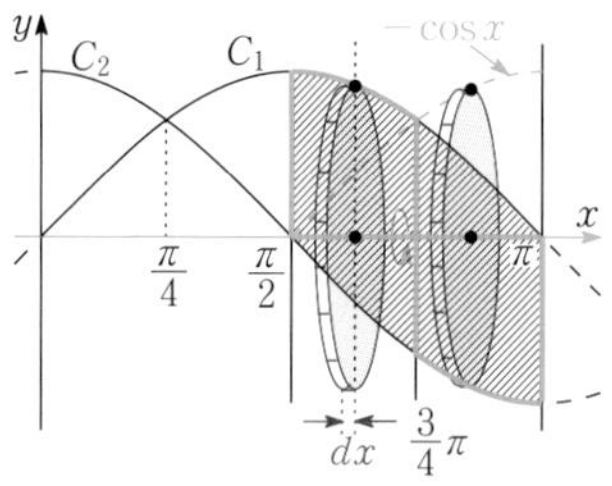

$\dfrac{\pi}{2}\leq x\leq\pi$ の範囲で,

$|\sin x|=\sin x$ と $|\cos x|=-\cos x$

の大小関係は前図の通り. よって, 前図斜線部の回転体 K_3 の体積をV_3として, $V_2=V_1+V_3$.

V_3 は, 図中太線部の回転体の体積だから,

$$V_3=\int_{\frac{\pi}{2}}^{\frac{3}{4}\pi}\pi(\sin x)^2\,dx+\int_{\frac{3}{4}\pi}^{\pi}\pi\,|\cos x|^2\,dx$$

($\pi(\cos x)^2$ でも可)

$$=\pi\int_{\frac{\pi}{2}}^{\frac{3}{4}\pi}\frac{1-\cos 2x}{2}\,dx+\pi\int_{\frac{3}{4}\pi}^{\pi}\frac{1+\cos 2x}{2}\,dx$$

$$=\frac{\pi}{2}\left[x-\frac{1}{2}\sin 2x\right]_{\frac{\pi}{2}}^{\frac{3}{4}\pi}+\frac{\pi}{2}\left[x+\frac{1}{2}\sin 2x\right]_{\frac{3}{4}\pi}^{\pi}$$

$$=\frac{\pi}{2}\left(\frac{\pi}{4}+\frac{1}{2}+\frac{\pi}{4}+\frac{1}{2}\right)=\left(\frac{\pi}{4}+\frac{1}{2}\right)\pi.$$

以上より,

$$V_2=\pi+\left(\frac{\pi}{4}+\frac{1}{2}\right)\pi=\left(\frac{\pi}{4}+\frac{3}{2}\right)\pi.//$$

解説 (1)では, C_1, C_2 が回転軸に関して同じ側にあるので, $\sin x$ と $\cos x$ の大小をそのまま比べればOK.

それに対して(2)では, C_1, C_2 が回転軸の反対側にあるので, 軸からの「距離」を比べるため, 絶対値どうしの大小比較を行いました.

注 K_1 は平面 $x=\dfrac{\pi}{4}$ に関して, K_3 は平面 $x=\dfrac{3}{4}\pi$ に関して対称であることを直観的に認めても許される気がしますが, 敢えてそれを使わず, 区間を分けて積分する練習をしました.

例題 4 5 e y 軸回転 根底 実戦

[→演習問題 4 7 9]

次の各部分を y 軸のまわりに 1 回転してできる立体 K の体積 V を求めよ.

(1) 曲線 C: $y=2x-x^2$ と x 軸で囲まれる部分.

(2) 曲線 C: $y=\cos x$ $\left(0\leq x\leq\dfrac{\pi}{2}\right)$ …① と x, y 軸で囲まれる部分.

(3) 曲線 C: $y=\sin x$ $(0\leq x\leq\pi)$ …② と x 軸で囲まれる部分.

方針 回転軸方向の y を積分変数にします．断面である円の半径は，x 座標で表されます．

解答 (1) 与式を x について解くと

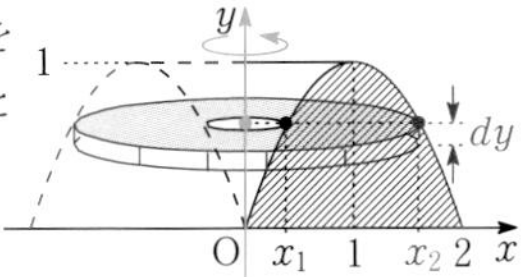

$x^2-2x+y=0.$

$x=1\pm\sqrt{1-y}.$

$x_1=1-\sqrt{1-y}$, $x_2=1+\sqrt{1-y}$ とおくと，

$$\therefore\ V=\int_0^1 \underbrace{(\pi x_2{}^2-\pi x_1{}^2)\,dy}_{\text{薄い穴開き直円柱の体積}}$$

$$=\pi\int_0^1 (x_2+x_1)(x_2-x_1)\,dy$$

$$=\pi\int_0^1 2\cdot 2\sqrt{1-y}\,dy$$

$$=4\pi\left[+\frac{2}{3}(1-y)^{\frac{3}{2}}\right]_1^0=\frac{8}{3}\pi. /\!/$$

解説 x_1, x_2 の各々は，積分変数 y の**関数**です．よって，体積の「立式」に用いることができます．

本問では，x_1, x_2 と書かずに初めから y を用いて立式してかまわないのですが，(2)(3)に話をつなげるため，敢えてこのようにしました．

(2) ①のとき，x (≥ 0) は y の関数．よって，

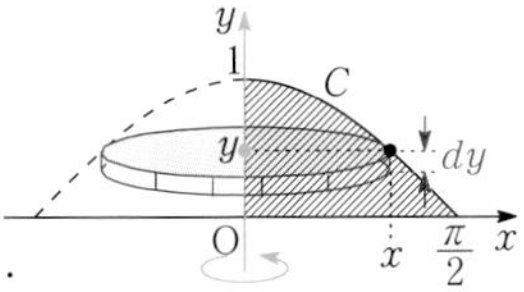

$$V=\int_0^1 \underbrace{\pi x^2\,dy}_{\text{薄い直円柱の体積}}{}^{1)}.$$

ここで，①より

$dy=-\sin x\,dx$,

y	$0\ \to\ 1$
x	$\frac{\pi}{2}\ \to\ 0$

.

$$\underset{2)}{\therefore}\ \frac{V}{\pi}=\int_{\frac{\pi}{2}}^0 x^2\cdot(-\sin x)\,dx\ ^{3)}$$

$$=\int_0^{\frac{\pi}{2}} x^2\cdot\sin x\,dx \quad (x^2 \downarrow 2x,\ \sin x \uparrow -\cos x)$$

$$=\left[-x^2\cos x\right]_0^{\frac{\pi}{2}}+2\int_0^{\frac{\pi}{2}} x\cdot\cos x\,dx \quad (x \downarrow 1,\ \cos x \uparrow \sin x)$$

$$=2\left[x\sin x+\cos x\right]_0^{\frac{\pi}{2}}=2\left(\frac{\pi}{2}-1\right).$$

$$\therefore\ V=(\pi-2)\pi. /\!/$$

解説 1)：「立式」は，縦方向の微小な厚みを表す dy で．半径 x は y の**関数**なのでこれで OK．

3)：「積分計算」は，置換積分法により x に統一．

補足 2)：この後の計算を楽にする工夫．後で「π 倍」するのを忘れないこと！

(3) **方針** (1)では断面から断面を除きましたが，(3)では立体から立体を除くのが<u>トク</u>です 4)．理由は後で．■

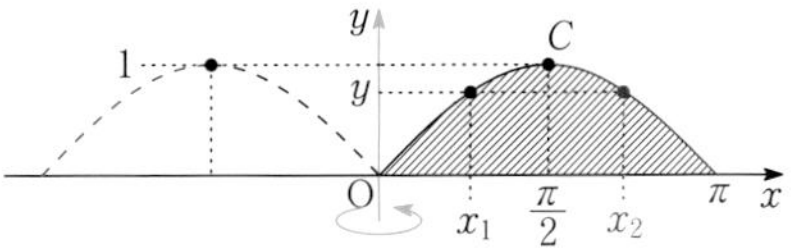

$C\left(0\leq x\leq\frac{\pi}{2}\right)$ 上の点を $(x_1,\ y)$,

$C\left(\frac{\pi}{2}\leq x\leq\pi\right)$ 上の点を $(x_2,\ y)$ とすると，

x_1, x_2 は各々 y の**関数**，$0\leq x_1\leq x_2$.

$\therefore\ V=$  $-$ 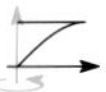

$$=\int_0^1 \pi x_2{}^2\,dy-\int_0^1 \pi x_1{}^2\,dy.$$

方針 「立式」は dy,「積分計算」は dx. ■

ここで，②より，$dy=\cos x\,dx$. ‥‥ これは，x_1, x_2 共通

y	$0\ \to\ 1$
x_1	$0\ \to\ \frac{\pi}{2}$

,

y	$0\ \to\ 1$
x_2	$\pi\ \to\ \frac{\pi}{2}$

. 5)

$$\therefore\ \frac{V}{\pi}=\int_\pi^{\frac{\pi}{2}} x_2{}^2\cdot\cos x_2\,dx_2-\int_0^{\frac{\pi}{2}} x_1{}^2\cdot\cos x_1\,dx_1\ ^{6)}$$

$$=\int_\pi^{\frac{\pi}{2}} x^2\cos x\,dx+\int_{\frac{\pi}{2}}^0 x^2\cos x\,dx$$

$$=\int_\pi^0 x^2\cos x\,dx \quad (x^2 \downarrow 2x,\ \cos x \uparrow \sin x)$$

‥‥ 1つの $\int$ にまとまった！

$$=\left[x^2\sin x\right]_\pi^0+2\int_0^\pi x\cdot\sin x\,dx \quad (x \downarrow 1,\ \sin x \uparrow -\cos x)$$

$$=2\left[-x\cos x+\sin x\right]_0^\pi=2\pi.$$

$$\therefore\ V=2\pi^2. /\!/$$

解説 4)5)：x_1 と x_2 で積分区間変更を別々に行うので，<u>2つの</u>定積分に分かれていた方が<u>トク</u>なのです．

6)：**定積分は積分変数に依存しません**から，x_1, x_2 をどちらも「x」と書いてもかまいません（次行ではそうしました）．

例題 4 5 f パラメタ曲線と回転体 根底 実戦 入試 [→演習問題 4 11 26]

曲線 $C: \begin{cases} x = t - \sin t \\ y = 1 - \cos t \end{cases}$ $(0 \leq t \leq 2\pi)$ と x 軸で囲まれる領域を D とする．D を y 軸のまわりに 1 回転してできる立体 K の体積 V を求めよ．

着眼 この曲線 C は，例題 3 8 h で扱ったサイクロイド (有名曲線) です．

方針 有名ですが，概形を既知とするのは NG．体積の計量に役立つ範囲で概形を調べます．

解答 $\dfrac{dx}{dt} = 1 - \cos t \geq 0$.

よって，t に対する x，y の増減は右の通り．

t	0	$\cdots$	π	$\cdots$	2π
x	0	↗	π	↗	2π
y	0	↗	2	↘	0

よって C の概形は次の通り：

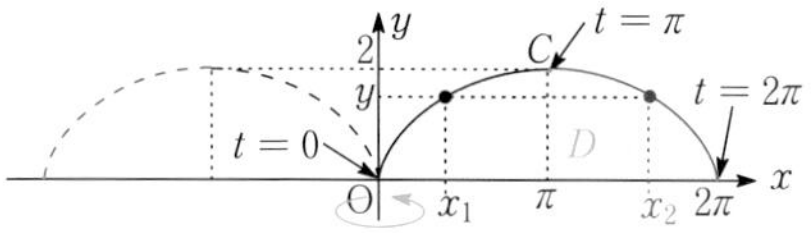

$C(0 \leq x \leq \pi)$ 上の点を (x_1, y)，

$C(\pi \leq x \leq 2\pi)$ 上の点を (x_2, y) とすると，

x_1, x_2 は各々 y の**関数** 1)，$0 \leq x_1 \leq x_2$.

$\therefore V =$ 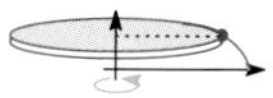 $-$ 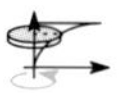

$$= \int_0^2 \pi {x_2}^2 \, dy - \int_0^2 \pi {x_1}^2 \, dy.^{\ 2)}$$

方針 「立式」は dy，「積分計算」は dt. ■

$dy = \sin t \, dt$. y と t の対応は次の通り：

x_1 ：

y	$0 \to 2$
t	$0 \to \pi$

x_2 ：

y	$0 \to 2$
t	$2\pi \to \pi$

したがって，

$$\frac{V}{\pi} = \int_{2\pi}^{\pi} \underbrace{(t - \sin t)^2 \cdot \sin t}_{f(t)\text{ とおく}} dt - \underbrace{\int_0^{\pi} f(t)\, dt}_{+\int_\pi^0 f(t)\,dt} \ ^{3)}$$

$$= \int_{2\pi}^{0} f(t)\, dt$$

$$= \int_{2\pi}^{0} \left\{ t^2 \sin t - 2t \cdot \frac{1 - \cos 2t}{2} + (1 - \cos^2 t) \sin t \right\} dt.$$

(sin³t)

ここで，

$$\int_{2\pi}^{0} t^2 \sin t \, dt = \Big[-t^2 \cos t \Big]_{2\pi}^{0} + 2\int_{2\pi}^{0} t \cos t \, dt$$

($t^2 \to 2t$，$\sin t \to -\cos t$；$t \to 1$，$\cos t \to \sin t$)

$$= 4\pi^2 + 2\Big[t \sin t + \cos t \Big]_{2\pi}^{0}$$

$$= 4\pi^2.$$

$$\int_{2\pi}^{0} (-2t) \cdot \frac{1 - \cos 2t}{2} \, dt = \int_{2\pi}^{0} (-t + t \cos 2t)\, dt$$

($t \to 1$，$\cos 2t \to \frac{1}{2}\sin 2t$)

$$= \left[-\frac{t^2}{2} + \frac{t}{2} \sin 2t + \frac{1}{4} \cos 2t \right]_{2\pi}^{0}$$

$$= 2\pi^2.$$

$$\int_{2\pi}^{0} (1 - \cos^2 t) \sin t \, dt = \left[-\cos t + \frac{\cos^3 t}{3} \right]_{2\pi}^{0} = 0.^{\ 4)}$$

以上より，$V = \pi(4\pi^2 + 2\pi^2) = 6\pi^3$. //

解説 1)：y 軸回転ですので，体積を「立式」する際の積分変数は dy です．そこで，曲線 C を分割することにより，「y の関数」を作りました．

2)：前問と同様，x_1 と x_2 で積分区間変更を別々に行うので，立体から立体を除く考え方で，2 つの定積分に分けて立式しました．

3)：このように 1 つの定積分にまとまることを見抜けるようにしましょう．

4)：この定積分：$\displaystyle\int_{2\pi}^{0} \sin^3 t \, dt$ は，$\sin t$ のグラフの対称性から「0」だとわかりますが，答案で説明するのが面倒なので，普通に計算しました (笑).

4 形状不明な立体の体積

立体そのものの形状を把握することに困難を伴うものを題材とします．

例題 4 5 g ねじれの位置にある直線の回転体 根底 実戦 典型 入試 [→演習問題 4 7 12]

xyz 空間で，2 点 $\mathrm{A}(1, 0, 0)$，$\mathrm{B}(0, 1, 2)$ を結んだ直線を z 軸のまわりに 1 回転してできる曲面を S とする．S と 2 平面 $z = 0$，$z = 2$ で囲まれる部分 K の体積 V を求めよ．

着眼 直線ABは，z 軸（回転軸）とは**ねじれの位置**にあり，曲面 S は回転体ではあるものの形状がつかみづらいですね．[1]

方針 こんなときは，断面を把握することに集中します．

$z=$ 一定 という平面 α 上にどんな断面ができるかを知りたいので，まず直線AB上の点のうち，平面 α 上にある**1つの点** P だけを考え，それを回転します．

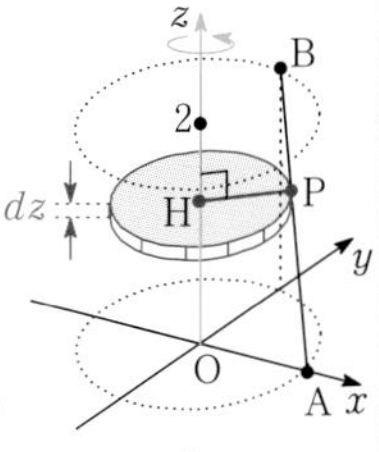

解答 直線ABの平面 α: $z=$ 一定[2] による切り口[3] をPとすると

$$\overrightarrow{OP}=\overrightarrow{OA}+\overrightarrow{AP}$$
$$=\overrightarrow{OA}+t\overrightarrow{AB}=\begin{pmatrix}1\\0\\0\end{pmatrix}+t\begin{pmatrix}-1\\1\\2\end{pmatrix}$$

と表せる．Pの z 座標に注目して　つまり z 成分

$$2t=z.\ \text{i.e.}\ t=\frac{z}{2}.$$
$$\therefore\overrightarrow{OP}=\begin{pmatrix}1\\0\\0\end{pmatrix}+\frac{z}{2}\begin{pmatrix}-1\\1\\2\end{pmatrix}.$$
$$\text{i.e. } P\left(1-\frac{z}{2},\ \frac{z}{2},\ z\right).$$

ABを回転するとき，Pは α 上で z 軸上の点 $H(0,0,z)$ を中心とする半径HPの円を描く．

$$HP^2=\left(1-\frac{z}{2}\right)^2+\left(\frac{z}{2}\right)^2=\frac{z^2}{2}-z+1$$

だから，求める体積は，

$$V=\int_0^2\pi\cdot HP^2\,dz \quad {}^{4)}$$
$$=\pi\int_0^2\left(\frac{z^2}{2}-z+1\right)dz$$
$$=\pi\left[\frac{z^3}{6}-\frac{z^2}{2}+z\right]_0^2$$
$$=\pi\left(\frac{4}{3}-2+2\right)=\frac{4}{3}\pi. /\!/$$

解説 1)：直線ABという「長いモノ」を回転させたとき，どんな立体ができるか不明で困った…

3)：こんなときは，直線ABを平面 α で先に切って「1点P」にしてから回転してみましょう．すると何のことはない，断面は単なる円ですから容易に断面積が求まります．

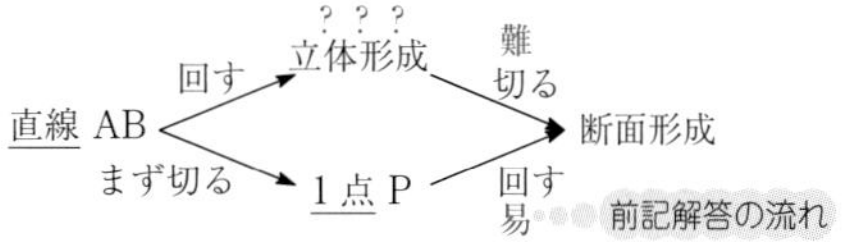

要するに，回してから切ろうとすると立体形状把握が困難なとき，対策は

★ 切ってから回す.

2)：$z=k$ のように，「固定する」ことを z 以外の文字で表す方法もあります．

4)：“微小な厚み”は，$d\underline{z}$ で表されますね．断面積を t で表して dt とするのが典型的な誤りです．

注 1)：世間では，S は 2つの円錐台を合わせた図形だと勝手に思い込む人が多いですが，ハズレです（笑）．曲面 S の正体は次の通りです．

発展 曲面 S の方程式を求めてみます［→594］．点 $Q(x,y,z)$ が曲面 S 上にあるための条件は，前記**解答**のP，Hを用いて，

$$HQ=HP.$$
$$\therefore\ S:\ x^2+y^2=\frac{z^2}{2}-z+1.$$

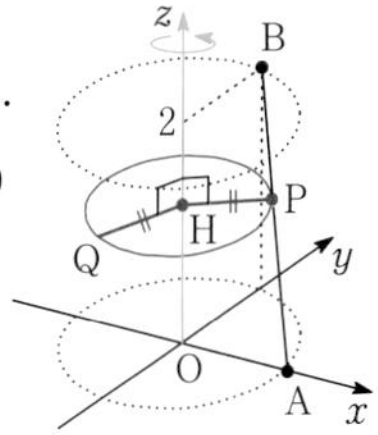

これと xz 平面の交わりは，$y=0$ と連立して，

$$x^2=\frac{z^2}{2}-z+1.$$
$$x^2-\frac{1}{2}(z-1)^2=\frac{1}{2}.$$

これは，xz 平面上で下左図のような双曲線です．実際，ABを回転したものを何本か描いて横から眺めると，下右図のような少し“くびれた”形状が浮かび上がってきます．この曲面 S は，**回転双曲面**と呼ばれます．

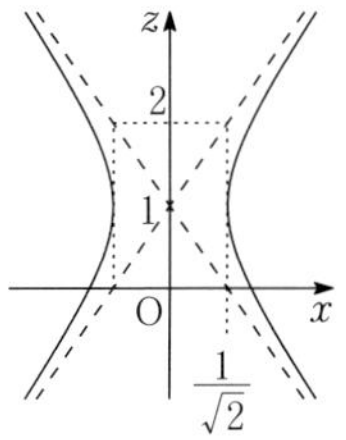

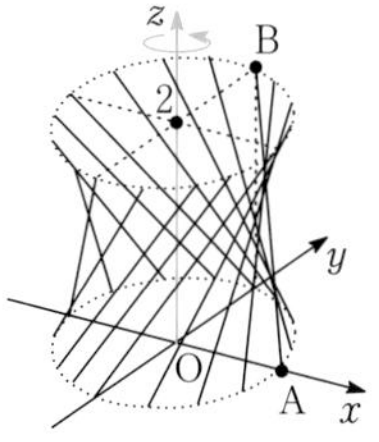

例題 45h 球の通過範囲　根底 実戦　入試

[→演習問題 4 7 14]

xyz 空間に，正方形 T: $|x|+|y|=1,\ z=0$ と半径 1 の球体 S がある．S が，その中心 P を T 上に乗せながら 1 周するときに通過する範囲 K の体積 V を求めよ．　球体＝中身の詰まった球

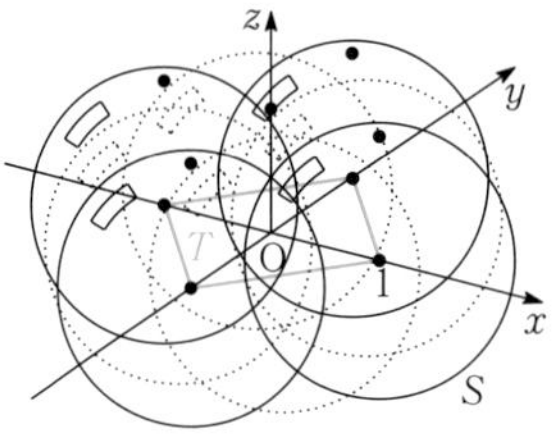

注　正方形 T は説明不要なくらい有名なもの．

下書き　実際に球体 S をズラして立体 K を描こうとしてみましょう：

なんだか形状がよくわからないですね（笑）．こんなときは，前問の教訓★を活かします．球体をズラす前に，**先に切る**のです．

解答　K は平面 $z=0$ に関して対称だから，まず $z\geq 0$ の範囲を考える．

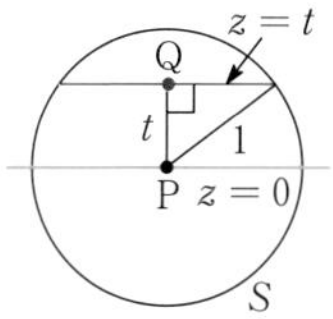

平面 α: $z=t\ (0\leq t\leq 1)$ による S の切り口[1] は，右図より半径 $r:=\sqrt{1-t^2}$ の円板である．これを D とし，その中心を Q とする．

K の α による切り口は，Q が正方形

T': $|x|+|y|=1,\ z=t$

上を 1 周[2] するときの D の通過領域 E であり，次図のようになる．

注　半径 r は t に応じて変化し，断面を描いてみると場合分けを要すことに気付きます．[3] ■

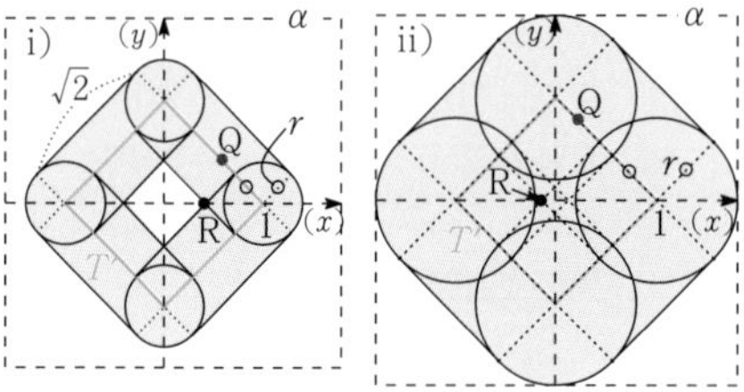

「(x)」は，「x 軸の向き」

図の点 R に注目して，i) のようになる条件は

$1-\sqrt{2}r\geq 0.\quad 2r^2\leq 1.$

$2(1-t^2)\leq 1.\ \dfrac{1}{\sqrt{2}}\leq t(\leq 1).$

同様に，ii) となる条件は，$(0\leq)t\leq\dfrac{1}{\sqrt{2}}$.

注　断面積は，カンタンそうな ii) の方から．■

ii) のとき，E の面積は，

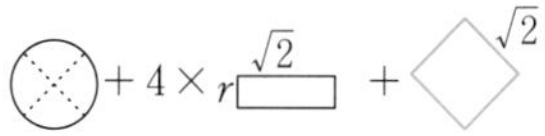

$=\pi r^2+4\times\sqrt{2}\cdot r+(\sqrt{2})^2$

$=\pi(1-t^2)+4\sqrt{2}\sqrt{1-t^2}+2\ (=f(t)$ とおく$).$

i) のとき，E の面積は，

$f(t)-$◇R$=f(t)-\underbrace{\left\{\sqrt{2}(1-\sqrt{2}r)\right\}^2}_{g(t)\text{ とおく}}.$

ここに，

$g(t)=2+4(1-t^2)-4\sqrt{2}\sqrt{1-t^2}$

$\quad=6-4t^2-4\sqrt{2}\sqrt{1-t^2}.$

以上と対称性より

$$\frac{V}{2}=\int_0^{\frac{1}{\sqrt{2}}}f(t)\,dt+\int_{\frac{1}{\sqrt{2}}}^1\{f(t)-g(t)\}\,dt$$

$$=\int_0^1 f(t)\,dt-\int_{\frac{1}{\sqrt{2}}}^1 g(t)\,dt.\ ^{4)}$$

$\displaystyle\int_0^1 f(t)\,dt=\pi\left(1-\frac{1}{3}\right)+4\sqrt{2}\times$ 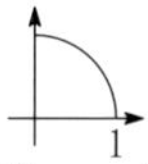 $+2$

$\displaystyle\quad=\frac{2}{3}\pi+4\sqrt{2}\cdot\frac{\pi}{4}+2=\left(\frac{2}{3}+\sqrt{2}\right)\pi+2.$

$\displaystyle\int_{\frac{1}{\sqrt{2}}}^1 g(t)\,dt=\left[6t-\frac{4}{3}t^3\right]_{\frac{1}{\sqrt{2}}}^1-4\sqrt{2}\times$ 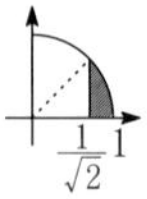

$\displaystyle\quad=\frac{14}{3}-\frac{1}{\sqrt{2}}\left(6-\frac{2}{3}\right)-4\sqrt{2}\left(\frac{\pi}{8}-\frac{1}{4}\right)$

$\displaystyle\quad=\frac{14}{3}-\frac{5}{3}\sqrt{2}-\frac{\sqrt{2}}{2}\pi.$

$\displaystyle\therefore\ \frac{V}{2}=\left(\frac{2}{3}+\frac{3}{2}\sqrt{2}\right)\pi-\frac{8}{3}+\frac{5}{3}\sqrt{2}.$

$\displaystyle V=\left(\frac{4}{3}+3\sqrt{2}\right)\pi-\frac{16}{3}+\frac{10}{3}\sqrt{2}.$ //

解説　1)2)：前問と同様，**★ 切ってからズラす．**

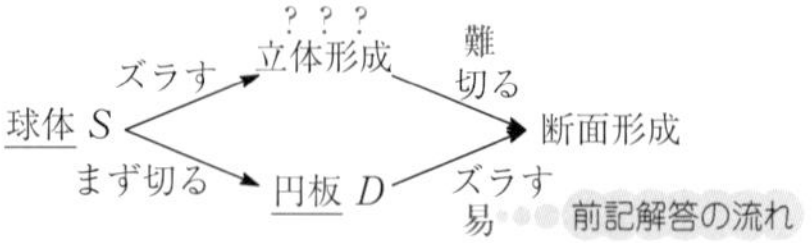

3)：最初の 下書き 段階でも，z が大きい所でのみ“空洞”ができそうだとわかります．必ず立体そのものを観察してから．

4)：このように積分区間をまとめると計算が少し楽になります．なお，この式は“空洞”も埋めた立体から“空洞”を除いた体積を表していると考えられます．

参考　$|x|+|y|=1$ と $z=0$ はそれぞれ「面」を表します．これらの交わりとして，正方形の周という「線」となります．一般に，空間座標内では次のようになることを覚えておきましょう：

単一の方程式は「面」を表す．

2つの方程式を連立すると，「線」を表す．

つまり，「面」∩「面」＝「線」である．

前問でも，曲面S と xz 平面の方程式を連立して，双曲線の方程式が得られましたね．

例題 4 5 i. 円柱の共通部分　根底 実戦　典型 入試　[→演習問題 4 7 13]

xyz 空間で，2つの直円柱 C_1: $y^2+z^2 \leq r^2$，C_2: $x^2+z^2 \leq r^2$（r は正の定数）の共通部分 K の体積 V を求めよ．

注　C_1, C_2 がどのような直円柱であるかはわかりますね．[→ 5 12 4]

下書き　C_1（黒色）の軸は x 軸，C_2（青色）の軸は y 軸です．

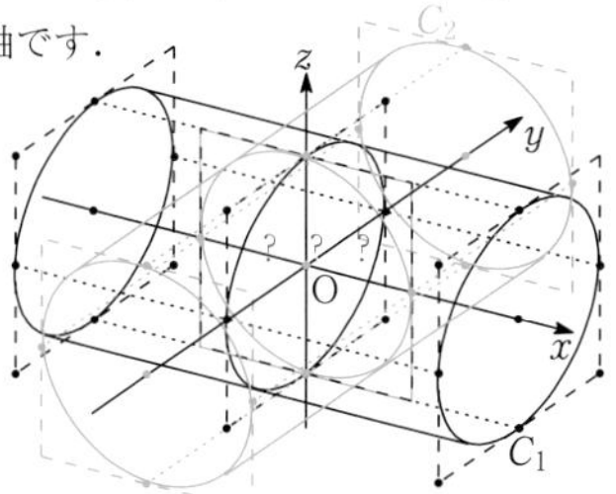

共通部分 K は形状不明です．前2問と同様，**先に切る**手を使いましょう．

方針　円柱の切断面は，軸に垂直に切ると円板．軸に平行に切ると2直線に挟まれた帯状領域 [→ I+A 5 14 1]．

解答　K は平面 $z=0$ に関して対称だから，まず $z \geq 0$ の範囲を考える．

平面 α: $z=t$ $(0 \leq t \leq r)$ による C_1, C_2 それぞれの切り口[1] を D_1, D_2 とすると，平面 α 上で，　まず，それぞれを切った

D_1: $y^2+t^2 \leq r^2$, i.e. $|y| \leq \sqrt{r^2-t^2}$,

D_2: $x^2+t^2 \leq r^2$, i.e. $|x| \leq \sqrt{r^2-t^2}$.

K の α による切り口は，D_1 と D_2 の共通部分（交わり）[2] であり，次図のようになる．

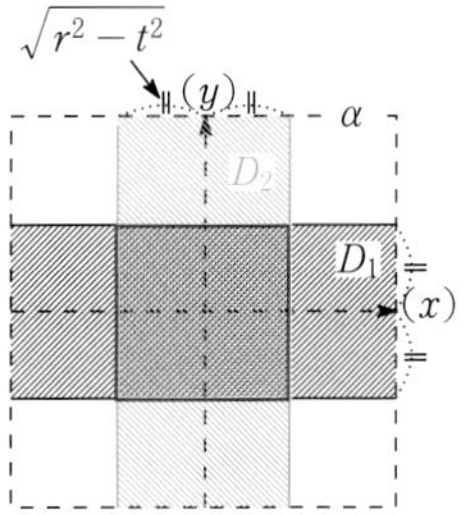

以上と対称性より

$$
\begin{aligned}
V &= 2\int_0^r \left(2\sqrt{r^2-t^2}\right)^2 dt \quad {}^{3)} \\
&= 8\int_0^r (r^2-t^2)\,dt \\
&= 8\left[r^2t-\frac{t^3}{3}\right]_0^r \\
&= \frac{16}{3}r^3. /\!/
\end{aligned}
$$

解説　1)2)：前2問と同様，★ **切ってから重ねる**．

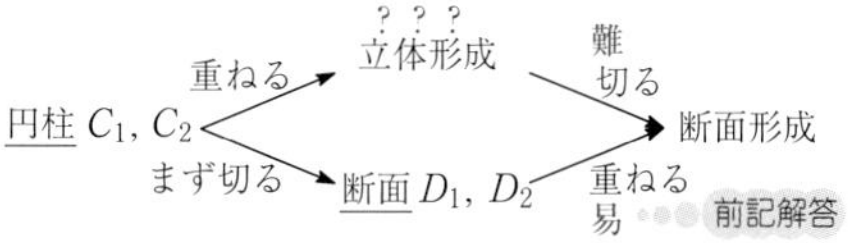

3)：「z」座標を文字「t」で代用しているので，「dt」とは，実質的には「dz」です．これは，平面 α 上にある K の断面と**垂直**な“厚み”を表していますね．

重要　ここまでの3問の要約です：

形状不明な立体の体積

★ 先に切る ｛ 切ってから回す / 切ってからズラす / 切ってから重ねる　交わりを考える

参考　3本の円柱の共通部分を**演習問題 4 7 17** で扱います．

5 その他の体積

例題455j 弓形の通過領域 根底 実戦 入試

[→演習問題4717]

r は正の定数とし，$0 \leq t \leq r$ とする．xyz 空間において，xy 平面上にある円板の一部 D: $x^2+y^2 \leq r^2$, $x \geq t$ を，直線 l: $x=t$, $z=0$ のまわりに 90° 回転したものを D' とする（D' は $z \geq 0$ の範囲にあるとする）．t が 0 から r まで変化するとき D' が通過してできる立体 K の体積 V を r で表せ．

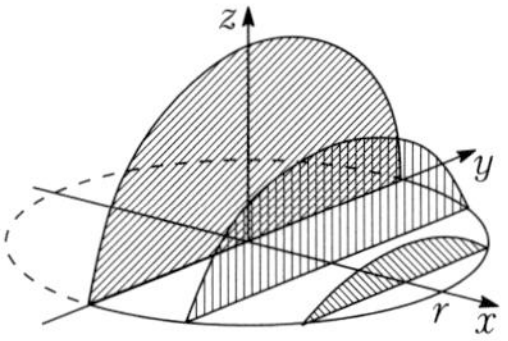

着眼 机に張ってある半円形の「シール」を剥（は）がすイメージです．シールの剥がされた部分が，机に対して垂直になっています．

方針 立体 K の断面が初めから与えられています．その意味では易しい問題とも言えますが，その断面積を表そうとすると…

解答 領域 D および D' の面積を $S(t)$ とすると，求める体積は，

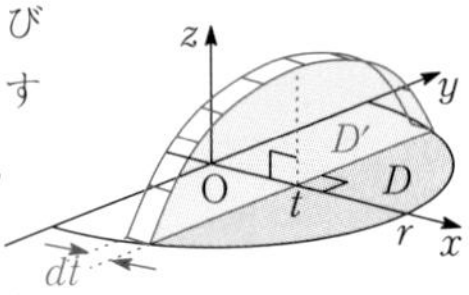

$$V=\int_0^r \underbrace{S(t)\,dt}_{\text{薄い柱の体積}}.$$

注 D の**周**[1] には「円弧」が含まれるので，面積 $S(t)$ は，**中心角**で表すしかありません．■

図のように角 θ をとると

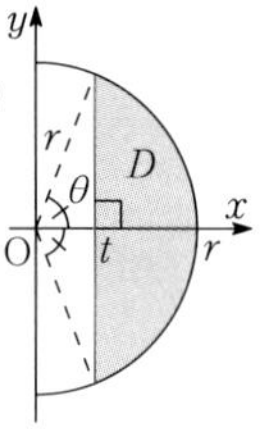

$$S(t)=\frac{1}{2}r^2\cdot 2\theta-\frac{1}{2}r^2\sin 2\theta$$
$$=\frac{r^2}{2}(2\theta-\sin 2\theta).$$

また，$t=r\cos\theta$ より

$$\frac{dt}{d\theta}=-r\sin\theta.$$

i.e. $dt=-r\sin\theta\, d\theta$.

t	$0 \to r$
$\cos\theta$	$0 \to 1$
θ	$\pi/2 \to 0$

$$\therefore\ V=\int_{\frac{\pi}{2}}^{0}\frac{r^2}{2}(2\theta-\sin 2\theta)(-r\sin\theta)\,d\theta$$
$$=r^3\int_0^{\frac{\pi}{2}}(\theta\sin\theta-\sin^2\theta\cos\theta)\,d\theta$$
$$\downarrow\ \uparrow\quad 1-\cos\theta$$
$$=r^3\left[-\theta\cos\theta+\sin\theta-\frac{\sin^3\theta}{3}\right]_0^{\frac{\pi}{2}}$$
$$=r^3\left(1-\frac{1}{3}\right)=\frac{2}{3}r^3.\ /\!/$$

解説 「立式」は“微小な厚み”を表す「dt」（実質的には dx）でなくてはなりませんが，断面積は角 θ によって表されるので，「積分計算」は「$d\theta$」となります．

注意！ 断面積を θ で表したとしても，体積の「立式」を「$d\theta$」とすることは断じてあり得ません．$d\theta$ は“微小な厚み”を表しませんので．

注 [1]：領域の面積を求める際には，その**周**がどんな曲線であるかに注目すると正しい方法がわかることが多いです．

別解 本問でも「**先に切る**」手法が使えます．

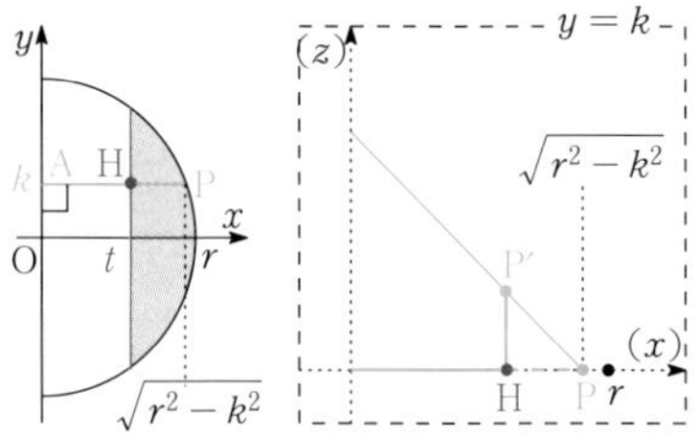

半円の，$y=k$ $(-r \leq k \leq r)$ による切り口を図のように線分 AP とし（**先に切る**），これが“シール剥がし”に際して平面 $y=k$ 上で作る領域 E を考えます．$x=t$ 上にある“折れ目”の点を H とし，折り曲げたときに P が移動した点を P′ とすると，HP=HP′ より線分 HP′ は直角二等辺三角形の領域を描きます．これが E であり，その面積は，

$$\frac{1}{2}(\sqrt{r^2-k^2})^2=\frac{1}{2}(r^2-k^2).$$

$$\therefore\ V=\int_{-r}^{r}\frac{1}{2}(r^2-k^2)\,dk \quad \text{偶関数}$$
$$=\left[r^2k-\frac{k^3}{3}\right]_0^r=\frac{2}{3}r^3.\ /\!/$$

例題 45k 式で表された立体　根底 実戦　入試

[→演習問題4716]

次の不等式で表される立体 K の体積 V を求めよ．

$0 \leq x \leq 1, 0 \leq y \leq 1, 0 \leq z \leq 1,$ …①

$z \leq x+y^2.$ …②

着眼　①が立方体を表すことはわかりますね．では，②とは何でしょう？

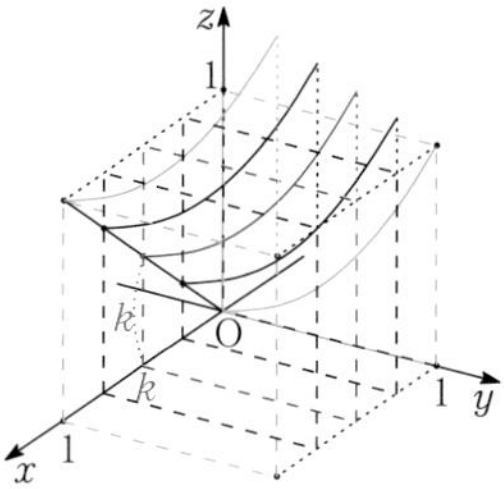

変数が 3 つもあるので，どれか 1 つを**固定**してみます．例えば $x=k$ と固定，つまり立体②の平面 $x=k$ による切り口を考えてみると，$z \leq y^2+k$．これは，放物線の下側を表します．k を $0, \frac{1}{4}, \frac{1}{2}, \frac{3}{4}, 1$ と動かしてみると，K の形が少し見えてきます．

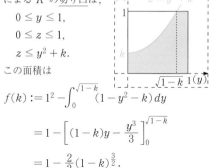

方針　では，体積を求めるための断面を考えます．上記では x を固定したので「y^2」という高次の項が残り，境界が放物線となりました．そこで，高次の文字：y を固定してみると…

解答　平面 α: $y=t$ $(0 \leq t \leq 1)$ による K の切り口は

$0 \leq x \leq 1, 0 \leq z \leq 1,$

$z \leq x+t^2.$

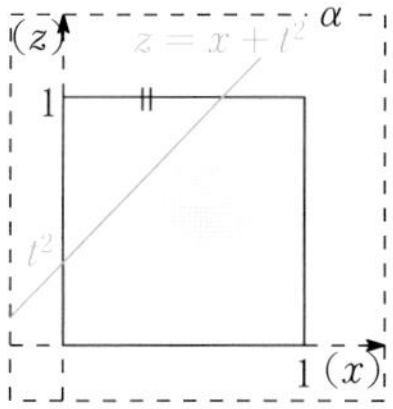

この面積は

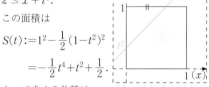

$$S(t) := 1^2 - \frac{1}{2}(1-t^2)^2 = -\frac{1}{2}t^4 + t^2 + \frac{1}{2}.$$

よって求める体積は，

$$V = \int_0^1 S(t)\,dt = -\frac{1}{10} + \frac{1}{3} + \frac{1}{2} = \frac{-3+10+15}{30} = \frac{11}{15}. /\!/$$

解説　②において次数の高い文字 y を固定したおかげで，断面は次数の低い x, z を変数とする領域となったので，断面積が容易に求まりましたね．

原則として，次のように覚えておきましょう：

> **不等式で表された立体の体積**
>
> 「高次の文字 ＝ 一定」なる平面で切る．

注　あくまでも原則です．そうでない問題は

[→演習問題4716]

参考　試しに，**着眼**で考えた平面 $x=k$ による切り口を用いて V を求めてみます．

平面 β: $x=k$ $(0 \leq k \leq 1)$ による K の切り口は，

$0 \leq y \leq 1,$

$0 \leq z \leq 1,$

$z \leq y^2+k.$

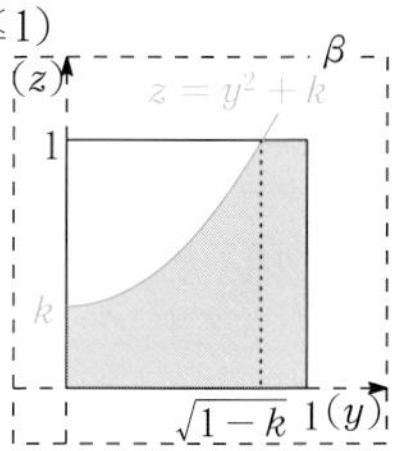

この面積は

$$f(k) := 1^2 - \int_0^{\sqrt{1-k}} (1-y^2-k)\,dy = 1 - \left[(1-k)y - \frac{y^3}{3}\right]_0^{\sqrt{1-k}} = 1 - \frac{2}{3}(1-k)^{\frac{3}{2}}.$$

よって求める体積は，

$$V = \int_0^1 f(k)\,dk = \left[k + \frac{2}{3}\cdot\frac{2}{5}(1-k)^{\frac{5}{2}}\right]_0^1 = 1 - \frac{4}{15} = \frac{11}{15}. /\!/$$

解説　低次の文字 x を固定したため，断面が曲線となり，断面積を求める時点で積分法を要しました．前記『原則』の重要性がわかりますね．

6 変位・道のり（弧長）

「微分可能」を前提とし，3 6 7 で学んだ速度や速度ベクトルおよび速さをもとに考えます．

1 数直線上の動点

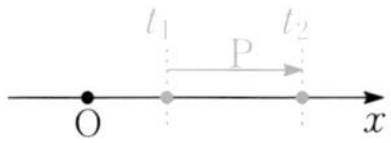

時刻 t における数直線上の動点 P の位置を $x=f(t)$ とすると，既に学んだように

速度：$v=\lim_{\Delta t\to 0}\dfrac{\Delta x}{\Delta t}=\dfrac{dx}{dt}=f'(t)$．　i.e.「位置」の「時刻」に対する変化率が「速度」．（負のこともある）

よって，時刻 t が t_1 から t_2 まで変化するときの P の位置の変化量（**変位**という）は，

$$f(t_2)-f(t_1)=\Big[f(t)\Big]_{t_1}^{t_2}=\int_{t_1}^{t_2}f'(t)\,dt.$$

すなわち，

変位：$f(t_2)-f(t_1)=\displaystyle\int_{t_1}^{t_2}\boxed{v}\,\boxed{dt}$．　i.e.「速度」×「微小時間」＝ 微小変位 を集めたのが「変位」．

（∫：細かく集める，$v\,dt$：速度 × 微小時間＝微小な変位，微小変位：負のこともある）

解説 大雑把な意味を述べます．$v\fallingdotseq\dfrac{\Delta x}{\Delta t}$ より，$v\cdot\Delta t=\Delta x$．この「速度 × 微小時間 ＝ 微小変位」を細かく沢山集めることにより，「変位」が求まるという訳です．■

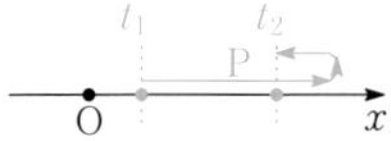

速度が符号を変えない場合，P が動いた道のりは，変位の絶対値です．

速度 v が途中で符号を変える場合，例えば右のように，P は右向きに移動した後左向きに戻ってくるケースを考えます．この場合も P の変位は上記の定積分で得られます．しかしこの定積分では，右向きの変位と左向きの変位が打ち消し合ってしまうため，P が実際に動いた道のりを得ることはできません．一般に，道のりは速度の絶対値：「速さ」の定積分で得られます．

道のり $=\displaystyle\int_{t_1}^{t_2}\boxed{|v|}\,\boxed{dt}$．　i.e.「速さ」×「微小時間」＝ 微小な道のり を集める．

（∫：細かく集める，$|v|\,dt$：速さ × 微小時間＝微小な道のり，微小変位：負のこともある）

例題 4 6 a 変位・道のり　根底 実戦

x 軸上の動点 P があり，時刻 t における位置を $x(t)$ とし，速度が $v(t)=2-t$ であるとする．

(1) t が 0 から 1 まで変化するときの P の変位，および P が動く道のりを求めよ．

(2) t が 0 から 5 まで変化するときの P の変位，および P が動く道のりを求めよ．

(3) $t=-1$ のとき P の位置が $x=6$ であるとする．$t=3$ のときの P の位置を求めよ．

着眼 時刻に対する速度の変化は右のグラフで表されます．$v(t)$ は，$t=2$ の前後で符号を変えます．

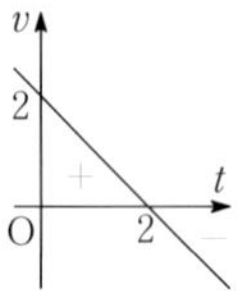

解答 $\displaystyle\int v(t)\,dt=\underbrace{2t-\frac{t^2}{2}}_{V(t)\text{ とおく}}+C.$

$v(t)\begin{cases}\geq 0\ (t\leq 2)\\ \leq 0\ (t\geq 2)\end{cases}$．　繰り返し使うものには名前を付ける

(1) 求める変位は

$$\int_0^1\boxed{v(t)}\,\boxed{dt}=\Big[V(t)\Big]_0^1=\frac{3}{2}.//$$

（∫：細かく集める，$v(t)\,dt$：速度 × 微小時間＝微小な変位）

求める道のりは

$$\int_0^1\boxed{|v(t)|}\,\boxed{dt}=\int_0^1 v(t)\,dt=\frac{3}{2}.//$$

（∫：細かく集める，$|v(t)|\,dt$：速さ × 微小時間＝微小な道のり）

(2) 求める変位は

$$\int_0^5 v(t)\,dt = \Big[V(t)\Big]_0^5 = -\frac{5}{2}.\ /\!\!/$$

求める道のりは

$$\int_0^5 |v(t)|\,dt = \int_0^2 v(t)\,dt + \int_2^5 \{-v(t)\}\,dt \ ^{1)}$$
$$= \Big[V(t)\Big]_0^2 + \Big[+V(t)\Big]_5^2$$
$$= 2V(2) - V(0) - V(5)$$
$$= 2\cdot 2 - \left(-\frac{5}{2}\right) = \frac{13}{2}.\ /\!\!/$$

(3) 時刻 t における P の座標 $x(t)$ は，t が -1 から 3 まで変化するときの変位を考えて

$$x(3) - \underbrace{x(-1)}_{6} = \int_{-1}^3 v(t)\,dt$$
$$= \Big[V(t)\Big]_{-1}^3$$
$$= V(3) - V(-1)\ ^{2)}$$
$$= \frac{3}{2} - \left(-\frac{5}{2}\right) = 4.$$

よって求める位置は

$$x(3) = 6 + 4 = 10.\ /\!\!/$$

解説 (1)では，つねに $v(t) > 0$ であり P は右向きに動きました．

1)：それに対して(2)では，右向きに動いた後，左向きに動きます．それぞれに対応するのがこの式の 2 つの項であり，別々に計算すると，

第 1 項 ＝右に動いた道のり
$$= V(2) - V(0) = 2,$$
第 2 項 ＝左に動いた道のり
$$= V(2) - V(5) = 2 - \left(-\frac{5}{2}\right) = \frac{9}{2}.$$

これらをそのまま加えると「道のり」に一致し，向き（符号）も考慮して加えると

$$(+2) + \left(-\frac{9}{2}\right) = -\frac{5}{2}$$

となり，「変位」と一致します．（下図で，赤色がトータルとしての変位です．）

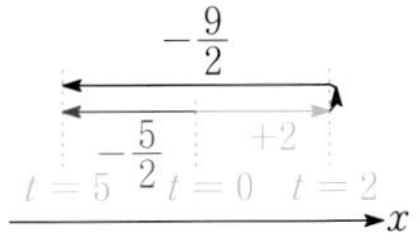

2)：これを見るとわかるように，$x(t)$ と $V(t)$ には，定数の違いしかありません．両者とも $v(t)$ の原始関数ですから当然ですね．

参考 1 $v(t)$ の t による定積分は，**着眼**で描いた tv 平面上で“符号付面積”を表します．この考えを用い，(1)(2)の結果を視覚的に表すと以下の通りです：

青色部分が正の面積・右向きの変位，グレー部分が負の面積・左向きの変位を表します．「道のり」を考える際には，どちらも正の面積として加えます．

［(1) 変位 ＝ 道のり］　［(2) 変位 ≠ 道のり］

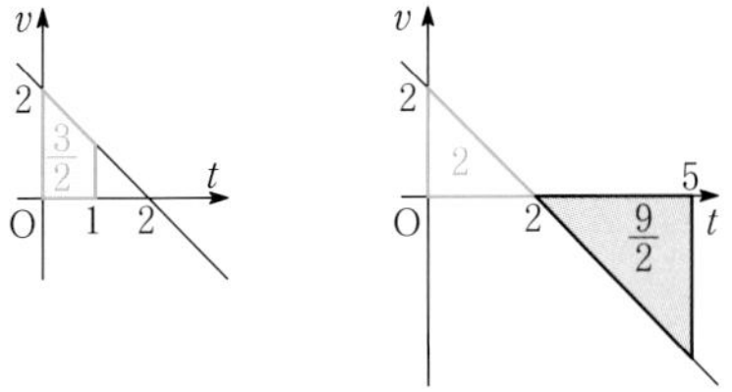

ここで述べた「tv 平面上の面積が変位・道のりを表す」という考え方が理解できていると，物理もスラスラ学習が進みますよ．

参考 2 (3)で，時刻 t における P の位置 $x(t)$ を表す式は次のようになります：

$$x(t) - \underbrace{x(-1)}_{6} = \int_{-1}^t v(s)\,ds$$

「t」と別の文字に

$$= \Big[V(s)\Big]_{-1}^t$$
$$= V(t) - V(-1)$$
$$= 2t - \frac{t^2}{2} - \left(-\frac{5}{2}\right).$$
$$\therefore\ x(t) = -\frac{t^2}{2} + 2t + \frac{17}{2}.$$

$x(2) = -2 + 4 + \dfrac{17}{2} = \dfrac{21}{2}$ ですから，$-1 \leqq t \leqq 3$ において，P は下図のように動いたことがわかります．（図で，赤色がトータルとしての変位です．）

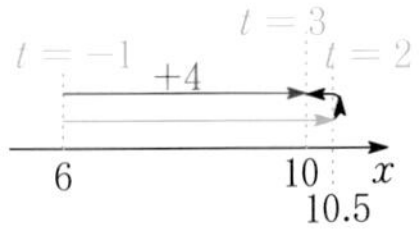

第4章 積分法

2 座標平面上の動点

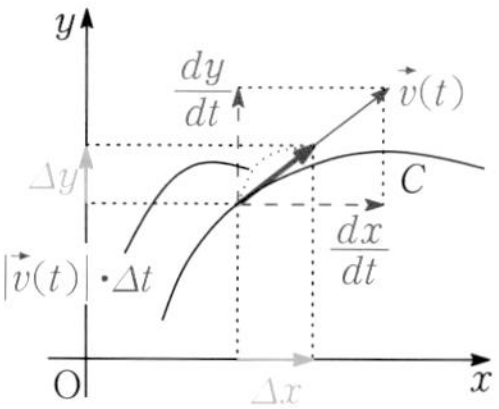

次に，xy 平面上の動点 P について考えます．時刻 t において，

$$\mathrm{P}: \begin{cases} x = x(t) \\ y = y(t) \end{cases} \quad \cdots ①$$ これは，t によるパラメタ表示

とすると，P の速度ベクトルは

$$\vec{v}(t) = \begin{pmatrix} dx/dt \\ dy/dt \end{pmatrix} = \begin{pmatrix} x'(t) \\ y'(t) \end{pmatrix}.$$ x, y の時刻 t に対する変化率

前項**解説**で大雑把に述べたように，この各成分（速度）と微小時間 Δt の積は，x, y 軸方向の微小変位：$\Delta x, \Delta y$ を表します．よって，速度ベクトル $\vec{v}(t)$ と微小時間 Δt の積は，xy 平面上での点 P の微小な位置の変化（微小変位）を表します．この微小変位の大きさ，つまり微小な道のり $|\vec{v}(t)| \cdot \Delta t$ を細かく沢山集めることにより，P が動いた道のりが求められます．

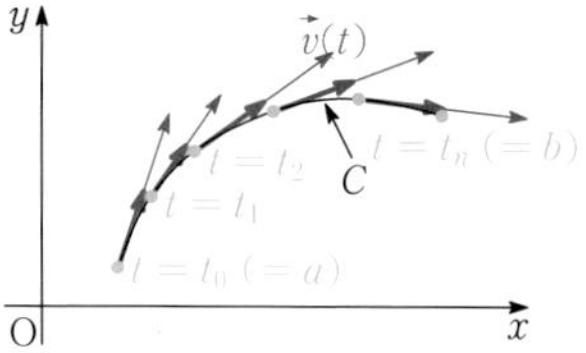

もう少し丁寧に述べます．時刻 $a \leq t \leq b$ において P が描く曲線 C を，区間 $[a, b]$ を n 等分して得られる時刻

$$(a =)t_0,\ t_1,\ t_2,\ \cdots,\ t_{n-1},\ t_n(= b)$$

によって n 等分し，それに応じて C も n 個の"区画"に分けます．$t_k \leq t \leq t_{k+1}$ の区画の長さは，右上図において $\vec{v}(t)$ に沿う赤太線の長さで近似され，これは 1 区画の時間 $\Delta t := \dfrac{b-a}{n}$ を用いると，前述の通り $|\vec{v}(t_k)| \cdot \Delta t$ と表せます．これを細かく沢山集めることにより，P が動いた道のり L は次のように表せます．

$$L = \lim_{n\to\infty} \sum_{k=0}^{n-1} |\vec{v}(t_k)| \times \Delta t$$

（細かく集める｜速さ｜微小時間｜微小な道のり）

$$= \int_a^b |\vec{v}(t)| \times dt.$$

「$\lim \sum$」と「$\int$」は「面積」を介して「＝」で結ばれる［→4 1 4］

小学生でも知っている公式：「速さ × 時間 ＝ 道のり」を，細かく分けて使っただけですね（笑）．

ここまで，「t」は「時刻」を表す変数としてきましたが，①のようにパラメタ表示されていれば，t が a から b まで増加するとき，t が「時刻」であろうとなかろうと，P が速く進もうとゆっくり進もうと，P が描く軌跡は不変です．よって，P が動いた「道のり」は，曲線 C の長さ（「弧長」という）でもあります．これで，次の公式が得られました：

弧長・道のりと定積分 原理

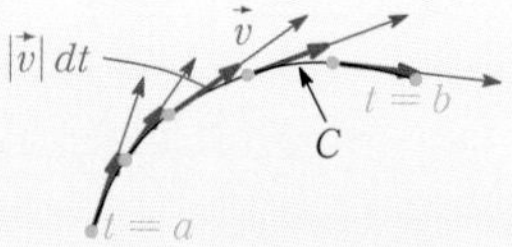

$C: \begin{cases} x = x(t) \\ y = y(t) \end{cases} (a \leq t \leq b)$ の**弧長** L は，$\vec{v} = \begin{pmatrix} dx/dt \\ dy/dt \end{pmatrix}$ を用いて，

$$L = \int_a^b |\vec{v}|\, dt$$

（t の区間｜速さ × 微小時間｜細かく集める｜微小な道のり）

注 t が時刻であるとき，$\vec{v}$ は速度ベクトルである．
弧長 L は，点 $\mathrm{P}(x(t), y(t))$ が動く**道のり**でもある．[1]

注 $|\vec{v}|$ の所を「$\sqrt{x'(t)^2 + y'(t)^2}$」と覚えると損！［→**次問**］

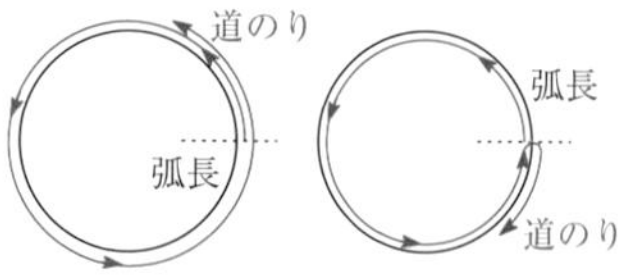

注意！ [1]：動点 P が曲線の同じ部分を重複して動く場合には，「道のり」は「弧長」より長くなります（右図）．現実問題としては滅多にないことですが．

例題 4 6 b 弧長（道のり） 根底 実戦

[→演習問題 4 7 18]

(1) xy 平面上の動点 P の座標が，時刻 t において，P: $\begin{cases} x = a(t - \sin t) \\ y = a(1 - \cos t) \end{cases}$ (a は正の定数) であるとする．$0 \leq t \leq 2\pi$ において P が動く道のり L を求めよ．

(2) 曲線 C: $\begin{cases} x = e^{2\theta}\cos\theta \\ y = e^{2\theta}\sin\theta \end{cases}$ $(0 \leq \theta \leq \pi)$ の弧長 L を求めよ．

方針 (1)(2)とも，「速度ベクトル」の大きさ＝「速さ」を求める気持ちで．ただし，(2)ではパラメタが「時刻」ではないので，そうした単語は解答中に書かず，呟くだけにしてくださいね（笑）．

解答 (1) P の速度ベクトルは

$$\vec{v} := \begin{pmatrix} dx/dt \\ dy/dt \end{pmatrix}$$

$$= a\begin{pmatrix} 1 - \cos t \\ \sin t \end{pmatrix} \quad \text{…} a \text{ を前へ}$$

$$= a\begin{pmatrix} 2\sin^2\frac{t}{2} \\ 2\sin\frac{t}{2}\cos\frac{t}{2} \end{pmatrix} \quad \text{…有名な変形}$$

$$= 2a\sin\frac{t}{2}\begin{pmatrix} \sin\frac{t}{2} \\ \cos\frac{t}{2} \end{pmatrix}. \quad \text{…} 2\sin\frac{t}{2} \text{ も前へ}$$

よって速さは

$$|\vec{v}| = \left|2a\sin\frac{t}{2}\right| \cdot 1 = 2a\sin\frac{t}{2} \quad \left(0 \leq \frac{t}{2} \leq \pi\right).$$

よって求める道のりは

$$L = \int_0^{2\pi} 2a\sin\frac{t}{2}\,dt$$

$$= \left[+4a\cos\frac{t}{2}\right]_{2\pi}^{0} = 4a(1+1) = 8a. //$$

(2) $$\vec{v} := \begin{pmatrix} dx/d\theta \\ dy/d\theta \end{pmatrix} \quad \text{…速度ベクトルの“つもり”で}$$

$$= e^{2\theta}\underbrace{\begin{pmatrix} 2\cos\theta - \sin\theta \\ 2\sin\theta + \cos\theta \end{pmatrix}}_{\vec{u}\text{ とおく}}. \quad \text{…初めから } e^{2\theta} \text{ を前へ}$$

ここで，$\cos\theta$ を c，$\sin\theta$ を s と略記すると

$$|\vec{u}|^2 = (2c - s)^2 + (2s + c)^2$$
$$= 5(c^2 + s^2) = 5.$$

よって求める弧長は …道のりの“つもり”で

$$L = \int_0^{\pi} |\vec{v}|\,d\theta \quad \text{…速さの“つもり”で}$$

$$= \int_0^{\pi} \sqrt{5}e^{2\theta}\,d\theta$$

$$= \left[\frac{\sqrt{5}}{2}e^{2\theta}\right]_0^{\pi} = \frac{\sqrt{5}}{2}(e^{2\pi} - 1). //$$

解説 (1)(2)とも，曲線（P の軌跡）の概形を調べるまでもなく長さが求まってしまいましたね．実は，定積分を利用して求める 3 種類の図計量を比べると，「面積」「体積」より「弧長」が断然カンタンなんです．

参考 (1)は「サイクロイド」[→例題 3 8 h]，(2)は「等角らせん」[→例題 3 8 i]という有名曲線でした．

注 (1)(2)とも，点 P が曲線の同じ部分を重複して動くことはありません．理由は次の通りです：

(1)：$\dfrac{dx}{dt} \geq 0$ より x は t の増加関数．

(2)：C 上の任意の点を P(x, y) として，

OP $= e^{2\theta}$ は偏角 θ の増加関数．

もっとも，試験でこのようなことへの言及は要求されないと思いますが．

3 曲線 $y=f(x)$ の長さ

曲線 C: $y=f(x)$ $(a \leq x \leq b)$ の長さ L は，前項を利用して求まります．

C: $\begin{cases} x=t \\ y=f(t) \end{cases}$ とパラメタ表示されていると考えれば，$\begin{cases} dx/dt=1 \\ dy/dt=f'(t) \end{cases}$．

よって，$L=\int_a^b \sqrt{1+\{f'(t)\}^2}\,dt$．ここにある積分変数「$t$」は，もともと「$x$」だったものなので，次のように覚えてしまいます：

弧長（$y=f(x)$） 定理

曲線 C: $y=f(x)$ $(a \leq x \leq b)$ の長さ L は，

$$L=\int_a^b \sqrt{1+\{f'(x)\}^2}\,dx.$$

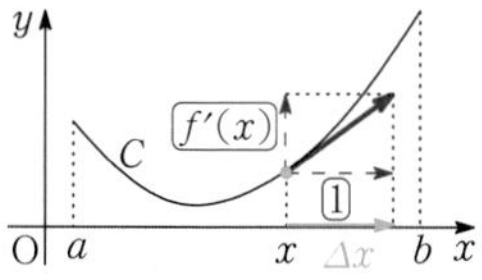

上右図において，C の接線に沿う赤太線の長さは，x の微小増加量 Δx を用いて $\sqrt{1+\{f'(x)\}^2}\cdot\Delta x$ と表せます．これを細かく沢山集めたのが，上式の右辺です．

例題 4 6 C 弧長・$y=f(x)$ 型 根底 実戦

[→演習問題 4 7 18]

次の曲線の長さ L を求めよ．

(1) C: $y=\dfrac{e^x+e^{-x}}{2}$ $(0 \leq x \leq a)$　　(2) C: $y=2x\sqrt{x}$ $(0 \leq x \leq 1)$

解答 (1)
$$1+(y')^2=1+\left(\frac{e^x-e^{-x}}{2}\right)^2=\frac{4+e^{2x}-2+e^{-2x}}{4}=\frac{e^{2x}+2+e^{-2x}}{4}=\left(\frac{e^x+e^{-x}}{2}\right)^2.$$

$$\therefore\ L=\int_0^a \sqrt{1+(y')^2}\,dx=\int_0^a \frac{e^x+e^{-x}}{2}\,dx=\left[\frac{e^x-e^{-x}}{2}\right]_0^a=\frac{e^a-e^{-a}}{2}.//$$

解説 符号が「＋」→「−」→「＋」→「−」と何度も変わりますね．■

(2) $y=2x^{\frac{3}{2}}$ より $y'=3\sqrt{x}$．

$$\therefore\ L=\int_0^1 \sqrt{1+(y')^2}\,dx=\int_0^1 \sqrt{1+9x}\,dx=\left[\frac{2}{3}\cdot\frac{1}{9}(1+9x)^{\frac{3}{2}}\right]_0^1=\frac{2}{27}(10\sqrt{10}-1).//$$

参考 $2x^{\frac{3}{2}}$ を，例えば x^2 に変えると

$\sqrt{1+(y')^2}=\sqrt{1+4x^2}$ [→演習問題 4 7 18(3)]

となり，積分計算が難しくなります．

実は，曲線 $y=f(x)$ で弧長が容易に求められる素材は少なく，入試で問われる曲線の種類も限定的です．

注 (1)は，例題 3 6 a で学んだ性質を使うと次のように見通しよく処理できます：

$c(x)=\dfrac{e^x+e^{-x}}{2}$, $s(x)=\dfrac{e^x-e^{-x}}{2}$ とおくと，

$$c(x)^2-s(x)^2=\{c(x)+s(x)\}\{c(x)-s(x)\}=e^x\cdot e^{-x}=1.$$

$$\therefore\ \sqrt{1+(y')^2}=\sqrt{1+c'(x)^2}=\sqrt{1+s(x)^2}=\sqrt{c(x)^2}=c(x).$$

例題 4 9 o では，この手法が大活躍します．

4 図計量と定積分・総括

4 5 6 で学んできた 3 つの図計量と定積分の関係をまとめておきます.

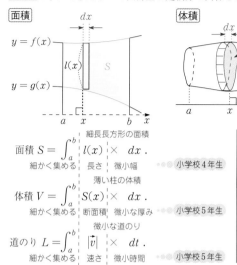

面積

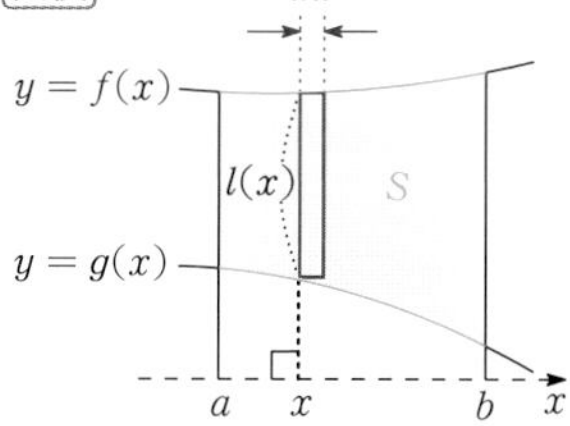

体積

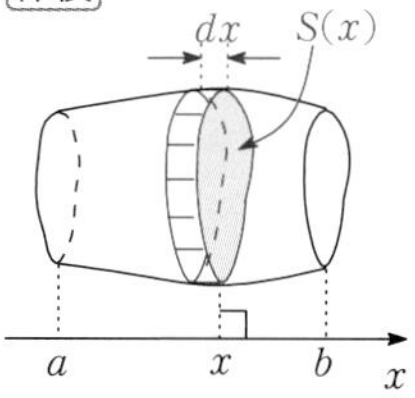

弧長・道のり

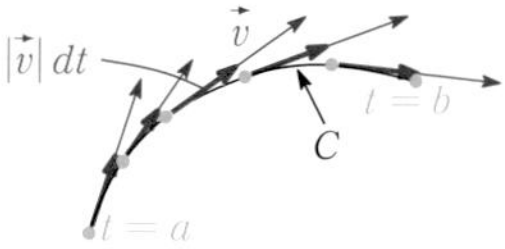

面積 $S=\int_a^b l(x)\times dx$.
（$\int_a^b$：細かく集める，$l(x)$：長さ，dx：微小幅，$l(x)\times dx$：細長長方形の面積）　小学校 4 年生

体積 $V=\int_a^b S(x)\times dx$.
（$\int_a^b$：細かく集める，$S(x)$：断面積，dx：微小な厚み，$S(x)\times dx$：薄い柱の体積）　小学校 5 年生

道のり $L=\int_a^b |\vec{v}|\times dt$.
（$\int_a^b$：細かく集める，$|\vec{v}|$：速さ，dt：微小時間，$|\vec{v}|\times dt$：微小な道のり）　小学校 5 年生

“掛け算”の部分は，どれも**小学生ですら知っている**内容に過ぎません (笑)．そこに，「微小量」「細かく沢山集める」という微分積分学の考え方が加味されたのがこれら公式類です.

定積分が，**3 つ**の“パーツ”：

積分区間，被積分関数，積分変数を表す $d\square$ で構成されていることも意識してください.

コラム

高校物理における微分積分法の扱い

古来，高校物理学習において「微積分」を用いるべきか否かという論争は絶えることなく行われてきました．もともと微積分は，自然現象を解析・記述するという物理からの要請を源流として発展してきた側面もあり，大学以降の物理書はどこを開いても「dt」や「$\int$」といった数式だらけ (笑)．物理学を本格的に学ぶためには，微分積分学が必須であることは議論の余地なき事実です.

しかし，実際の高校物理教育現場では，微積分を用いない指導も行われているらしく (むしろそっちが主流？)，見聞したところ，次のような理由によるようです：

1.「数式」を，「dt」や「$\int$」を見ただけで嫌悪感をいだいてしまう生徒多し.

→これには何も申せません．理系科目を (数学を) 拒否する学生に物理を“教える”とすれば，一般社会人向けの“啓蒙書(けいもう)”のように，上っ面のトピックを知識として覚えてもらうしかないのでしょう.

2. 物理の中で微積分も教えることになり負担が増す．実験などに時間が割けなくなる.

→これは，旧態依然とした数学側の指導法に問題があります．「微分係数」を「弦の傾きの極限値」＝「接線の傾き」として導入する視覚的・直観的・付け焼き刃的指導を受けた生徒は，なぜ「$\dfrac{dx}{dt}$」が速度なのかが理解できません (幾度も目の当たりにしてます)．同様に，「定積分」を「原始関数の値の差」としてのみ導入されたのでは，物理でも用いる上記「道のり」の公式は？？？ってなるでしょう．要するに，**“数学の微積分”と“物理の微積分”の乖離(かいり)という悲劇**が起きてしまっているのです.

“数学の微積分”が，「微分係数 ＝ “瞬間変化率” ＝ 速度」，「定積分 ＝ 細かく沢山集める」という**本来の意味**でも紹介されていれば，物理学習の負担はむしろ軽減されること間違いなし！本書は以上のことを踏まえて，(数学Ⅱの時点から) 微積分の基礎を記述しています．数学が物理を支え，物理を通して数学の理解が深まるという両者の幸せな関係が構築されることを願います.

7 演習問題B

471 根底 実戦

(1) 曲線 C: $y = \sin 2x$ $\left(0 \leq x \leq \dfrac{\pi}{3}\right)$, 直線 $x = \dfrac{\pi}{3}$, および x 軸で囲まれる部分の面積 S を求めよ.

(2) 2 曲線 C_1: $y = e^{2x}$, C_2: $y = 3e^x - 2$ で囲まれる部分の面積 S を求めよ.

472 根底 実戦

$f(x) = 2\sin x - x\cos x$ とする. 曲線 C: $y = f(x)$ $\left(0 \leq x \leq \dfrac{\pi}{2}\right)$ の $x = \dfrac{\pi}{2}$ における接線を l とする. C, l および x 軸で囲まれる領域の面積 S を求めよ.

473 根底 実戦

曲線 C: $\cos y = x^2 - 2x$ $(-\pi \leq y \leq \pi)$ …① で囲まれる部分の面積 S を求めよ.

474 根底 実戦 典型

曲線 C: $\begin{cases} x = t - \sin t \\ y = 1 - \cos t \end{cases}$ $(0 \leq t \leq 2\pi)$ と x 軸で囲まれる領域を D とする. D の面積 S を求めよ.

475 根底 実戦 入試

媒介変数表示された曲線 C: $\begin{cases} x = t^2 - t \\ y = \log(t+1) \end{cases}$ と y 軸で囲まれる部分の面積 S を求めよ.

476 根底 実戦 入試

媒介変数表示された曲線 C: $\begin{cases} x = t^2 - 2t - 1 \\ y = -t^2 + 4t + 1 \end{cases}$ と直線 $x = 2$ で囲まれる部分の面積 S を求めよ.

4 7 7 根底 実戦

放物線 C: $y=1-4x^2$ と x 軸で囲まれる部分を D とする.

(1) D を x 軸のまわりに 1 回転してできる立体 K_1 の体積 V_1 を求めよ.

(2) D を y 軸のまわりに 1 回転してできる立体 K_2 の体積 V_2 を求めよ.

4 7 8 根底 実戦

右図のような, 底面積 S, 高さ h の錐体 K の体積を V とすると, $V=\frac{1}{3}Sh$ が成り立つことを示せ.

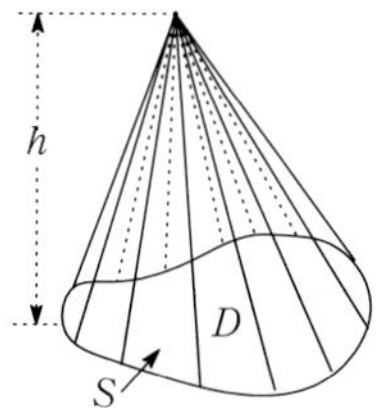

4 7 9 根底 実戦 入試

曲線 C: $y=\dfrac{\log x}{x}$, 直線 $x=e^2$, および x 軸で囲まれる領域 D を, y 軸のまわりに 1 回転してできる立体 K の体積 V を求めよ.

4 7 10 根底 実戦 入試

$f(x)=-x^3+3x^2$ とする. 曲線 C: $y=f(x)$ と直線 $y=4$ で囲まれる領域 D を y 軸のまわりに 1 回転してできる立体 K の体積 V を求めよ.

4 7 11 根底 実戦

r は正の定数とする. 半球状の容器 S: $x^2+y^2+z^2=r^2$ $(z\leq 0)$ に水が一杯に溜(た)まっている. この容器を, y 軸のまわりに 30° 回転して傾けたとき, 容器に入っている水の体積 V を求めよ.

4 7 12 根底 実戦 入試

xyz 空間の 3 点 A$(0,-1,0)$, B$(0,1,0)$, C$(0,1,2)$ を結んでできる三角形 ABC の周と内部を D とする. また, 点 $(1,0,0)$ を通り z 軸と平行な直線を l とする. D を l のまわりに 1 回転してできる立体 K の体積 V を求めよ.

4 7 13 根底 実戦 入試

xyz 空間に 2 つの斜円柱 C_1, C_2 がある．底面はどちらも円板 $x^2+y^2 \leqq 1,\ z=0$ であり，C_1 の上面は円板 $(x-1)^2+y^2 \leqq 1,\ z=1$，$C_2$ の上面は円板 $(x+1)^2+y^2 \leqq 1,\ z=1$ である．C_1 と C_2 の共通部分 K の体積 V を求めよ．

4 7 14 根底 実戦 入試

xyz 空間に，正方形の周 S: $|x|+|y|=1,\ z=0$ と正方形の領域 D がある．
D は最初 $|x-1|+|z| \leqq 1,\ y=0$ にある．D が，その中心が S 上を 1 周するときに通過する範囲 K の体積 V を求めよ．ただし，D はつねに y 軸と垂直な平面上にあるとする．

4 7 15 根底 実戦 入試

a は定数とする．

(1) xyz 空間に円板 D_1: $(x-a)^2+z^2 \leqq 1,\ y=0\ (a>1)$ がある．D_1 が z 軸のまわりを 1 回転するときの通過領域 K_1 の体積 V_1 を求めよ．

(2) xyz 空間に円板 D_2: $y^2+z^2 \leqq 1,\ x=a\ (a>0)$ がある．D_2 が z 軸のまわりを 1 回転するときの通過領域 K_2 の体積 V_2 を求めよ．

(3) xyz 空間に，円周 C: $x^2+y^2=1,\ z=0$ と円板 D_3: $(x-1)^2+z^2 \leqq 1,\ y=0$ がある．D_3 がその中心を C 上に乗せながら 1 周するときの通過範囲 K_3 の体積 V_3 を求めよ．ただし，D_3 はつねに y 軸と垂直な平面上にあるとする．

4 7 16 根底 実戦 入試

a は定数で $a>1$ とする．xyz 空間で，不等式 $\left(\sqrt{x^2+y^2}-a\right)^2+z^2 \leqq 1$ …① で表される立体 K の体積 V を求めよ．

4 7 17 根底 実戦 入試 ハイレベル↑

xyz 空間で，3 つの直円柱 C_1: $y^2+z^2 \leqq r^2$，C_2: $x^2+z^2 \leqq r^2$, C_3: $x^2+y^2 \leqq r^2$ (r は正の定数) の共通部分 K' の体積 V' を求めよ．

4 7 18 根底 実戦

次の各曲線の長さ L を求めよ.

(1) $\begin{cases} x = t^3 - t \\ y = \sqrt{3}t^2 \end{cases}$ $(-2 \leqq t \leqq 2)$

(2) $\begin{cases} x = 3\cos\theta - \cos 3\theta, \\ y = 3\sin\theta - \sin 3\theta. \end{cases}$ $(0 \leqq \theta \leqq 2\pi)$

(3) $y = x^2$ $(0 \leqq x \leqq 1)$

(4) $y^2 = x^3$ $(0 \leqq x \leqq 1)$

4 7 19 根底 実戦 入試

x 軸上の動点 P があり, P を通り x 軸と垂直な直線と曲線 $y = f(x)$ の交点を Q とする. P が $1 \leqq x \leqq X$ $(X > 1)$ の範囲で動くときの P, Q の動く距離をそれぞれ L_1, L_2 とする.

(1) $f(x) = \log x$ とする. X が変化するとき, $L_2 - L_1$ は上に有界である (ある一定の値を超えない) ことを示せ.

(2) $f(x) = \sqrt{x}$ とする. $\displaystyle\lim_{X \to \infty}(L_2 - L_1) = \infty$ を示せ.

8 定積分と関数・数列

本章ではこれまで，積分計算を練習した後，面積・体積・道のり（弧長）といった「図形量」を定積分を利用して求めることを学んできました．そこでは目に見える具体的な「図形」が対象でしたが，本節では定積分を図形とは切り離して [1]抽象的に扱うことをテーマとし，定積分を用いて定まる関数，俗称“定積分関数”などについて学んでいきます．ここで用いる多くの手法は既に数学Ⅱで既習ですが，扱う関数の種類が増え，それに応じて学ぶ内容も多岐にわたります．

注 [1]：とはいえ図形的なイメージの助けを借りる場面も多々ありますが．

1 定積分の意味

例

$$\left.\begin{array}{l}\displaystyle\int_0^1 \boxed{x}^2\,dx=\left[\frac{\boxed{x}^3}{3}\right]_0^1=\frac{1}{3}.\\[2ex] \displaystyle\int_0^1 \boxed{t}^2\,dt=\left[\frac{\boxed{t}^3}{3}\right]_0^1=\frac{1}{3}.\end{array}\right\}\to\text{定数}$$

$$\left.\begin{array}{l}\displaystyle\int_0^1 ax^2\,dx=\left[a\cdot\frac{x^3}{3}\right]_0^1=\frac{a}{3}.\\[2ex] \displaystyle\int_0^a x^2\,dx=\left[\frac{x^3}{3}\right]_0^a=\frac{a^3}{3}.\end{array}\right\}\to a\text{の関数}$$

aを変数と見れば

左の 2 例を見るとわかる通り，定積分において，積分変数は上端・下端の値を代入する“器”に過ぎません．よって，その文字が x だろうが t だろうが，得られる定積分の値には**一切関係ありません**．
右の 2 例では，原始関数を求めて上端・下端の値を代入する積分計算過程においては a は固定されています．しかし，積分計算を行った結果は a の式，a の関数になっています．

定積分の意味 **原理**

❶ 具体的：符号付面積，および体積，道のり（弧長）

❷ 抽象的：積分変数には依存しない値・積分変数以外の文字の関数　　上記のまとめです

例題 4 8 a 定積分と関数 根底 実戦

[→例題 4 10 a]

定積分 $I=\displaystyle\int_0^{\sqrt{\pi}}\{\sin(x^2)-ax\}^2\,dx$ が最小となる実数 a の値を求めよ．

着眼 この定積分は，積分変数以外の文字 ***a* の関数**です．詳細な計算をするまでもなく，a の 2 次関数だとわかります．

注 積分計算時と積分計算後では，積分変数「x」と文字「a」の役割が右表のように変わります：

	x	a
積分計算時	変数	定数
積分計算後	╳	変数

解答

$$\begin{aligned}I&=\int_0^{\sqrt{\pi}}\{a^2x^2-a\cdot 2x\sin(x^2)+\sin^2(x^2)\}\,dx\\&=\left[a^2\cdot\frac{x^3}{3}+a\cos(x^2)\right]_0^{\sqrt{\pi}}+\text{const}\ ^{1)}\\&=\frac{\pi\sqrt{\pi}}{3}a^2-2a+\text{const}\\&=\frac{\pi\sqrt{\pi}}{3}\left(a-\frac{3}{\pi\sqrt{\pi}}\right)^2+\text{const}\ .\end{aligned}$$

これを最小とする a は，$a=\dfrac{3}{\pi\sqrt{\pi}}$.//

注 [1]：問われているのは「最小となるa の値」ですから，定数項は計算不要．そこで，「何かある不特定な定数」を表す「const」を用いました．[→Ⅱ+B 6 9 18]

定積分 I がa の関数であることが見抜けていないと，無駄な積分計算を強いられることになります．実は，$\sin^2(x^2)$ の原始関数は求まらない（高校数学で用いる記法では書き表せない）ことが知られています．

参考　「$\{\sin(x^2)-ax\}^2$」は，関数 $\sin(x^2)$ と 1 次関数 ax との「誤差平方」です．つまり本問の定積分は，「両者の誤差平方を $0\leq x\leq\sqrt{\pi}$ の範囲で集めたもの」であり，その答え：$a=\dfrac{3}{\pi\sqrt{\pi}}(=0.538\cdots)$ とは，区間 $0\leq x\leq\sqrt{\pi}$ において，関数 $\sin(x^2)$ の最良近似となる 1 次関数 ax の傾きです．

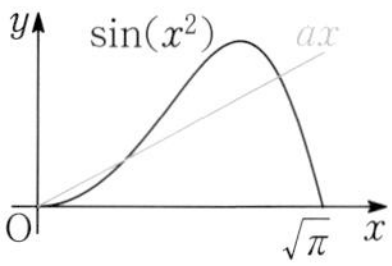

本問は，Ⅱ+B **演習問題 6 9 18** とほぼ同内容の問題でした．

例題 4 8 b　定積分を含む関数　根底 実戦　典型　[→演習問題 4 11 1]

次の条件を満たす関数 $f(x)$ をそれぞれ求めよ．

(1) $f(x)=x+\displaystyle\int_0^1 e^{x+t}f(t)\,dt$　　(2) $f(x)=\cos\dfrac{\pi}{2}x+\displaystyle\int_{-1}^1(x-t)f(t)\,dt$

着眼　左辺「$f(x)$」とはどんな関数かを“説明”する右辺の中に，未知なる「$f(t)$」自身が含まれており，初見では無理な問題ですが，数学Ⅱで既習ですね．[→Ⅱ+B **例題 6 7 b**]

方針　用いる手法は「定積分」を「定数 a」などとおくでした．こうすると，$f(x)$ が具体的に表せるので，定積分 a を計算することができます．ただし，本当に「定数」かどうかを確認！

注　(1)(2)右辺の定積分は，いずれも積分変数以外の文字「x」を含むので x の関数です．そのまま「定数 a」などとおくことはできません．

方針　「x」は積分計算時点では定数ですから，$\int$ の外へ追い出せます．

解答 (1) $f(x)=x+e^x\underbrace{\displaystyle\int_0^1 e^t f(t)\,dt}_{\text{定数 }a\text{ とおく}}$．　「$x$」を $\int$ の外へ出す

$f(x)=x+ae^x$．…①

方針　あとは未知定数 a を決定するだけです．与式の「$f(t)$」が**具体的に表せた**ので，定積分 a が計算できます．■

$$a=\int_0^1 e^t(t+ae^t)\,dt$$
$$=\int_0^1(te^t+ae^{2t})\,dt$$
$$=\left[(t\overset{1)}{-}1)e^t+\frac{a}{2}e^{2t}\right]_0^1$$
$$=1+\frac{a}{2}(e^2-1).\quad\therefore\ a=\frac{-2}{e^2-3}.$$

これと①より，$f(x)=x-\dfrac{2}{e^2-3}e^x$．//

注　1)：部分積分してもよいですが，この程度なら原始関数が勘で見つかります．

(2) $f(x)=\cos\dfrac{\pi}{2}x+\displaystyle\int_{-1}^1(x-t)f(t)\,dt$

$$=\cos\frac{\pi}{2}x+x\underbrace{\int_{-1}^1 f(t)\,dt}_{\text{定数 }b\text{ とおく}}-\underbrace{\int_{-1}^1 tf(t)\,dt}_{\text{定数 }c\text{ とおく}}.$$

「x」を $\int$ の外へ

$f(x)=\cos\dfrac{\pi}{2}x+bx-c$．…②

方針　2 つの未知数 b,c を求めるために，b,c とおいた 2 つの定積分を計算します．■

$$b=\int_{-1}^1\left(\cos\frac{\pi}{2}t+bt-c\right)dt$$　積分区間が原点対称

$$=2\int_0^1\left(\cos\frac{\pi}{2}t-c\right)dt$$　偶関数のみ右半分

$$=2\left[\frac{2}{\pi}\sin\frac{\pi}{2}t-ct\right]_0^1=\frac{4}{\pi}-2c.\ \cdots③$$

$$c=\int_{-1}^1\left(t\cos\frac{\pi}{2}t+bt^2-ct\right)dt$$
$$=2\int_0^1 bt^2\,dt=\frac{2}{3}b.$$

これと③より，

$$b=\frac{4}{\pi}-\frac{4}{3}b.\ \therefore\ b=\frac{12}{7\pi}.$$
$$\therefore\ c=\frac{2}{3}\cdot\frac{12}{7\pi}=\frac{8}{7\pi}.$$

これらと②より，

$f(x)=\cos\dfrac{\pi}{2}x+\dfrac{12}{7\pi}x-\dfrac{8}{7\pi}$．//

第4章 積分法

2 定積分と微分法

数学Ⅱでも学んだ定理を再確認しておきます（f は連続関数）：

上端 x の関数　上端 x で微分する　上端 x を t へ代入

$$G(x)=\int_a^x f(t)\,dt\ (a\text{ は定数})\text{ のとき，}G'(x)=f(x).$$

積分変数以外の文字 x **の関数**

〔**証明**〕 $f(t)$ の原始関数の1つを $F(t)$ とすると，

$F'(t)=f(t)$. …①

$G(x)=\Big[F(t)\Big]_a^x=F(x)-F(a)$. …②

両辺を，積分区間の**上端 x で微分する**と [1]

$G'(x)=F'(x)-0$ (∵ $F(a)$ は定数 [2])

$\underset{3)}{=}f(x)$ (∵ ①). □

注 [2]：このように言えるのは，$\int_a^x f(t)\,dt$ の被積分関数および下端に「x」が含まれないからです.

[3]：例えば $\int_a^{2x} f(t)\,dt=F(2x)-F(a)$ を x で微分すると $F'(2x)$ とはなりません. 合成関数の微分法により，$f(2x)\cdot 2$ となります．上記定理の結果が成り立つのは，上端が"1 文字"「x」であるときのみです.

[1]：微分すると，②式の定数「$-F(a)$」が消えてしまい，$G'(x)$ は下端「a」に関係なく定まりますから，定数に関する情報が失われてしまいます.

定積分と微分法 定理

㋐上端は "1 文字"「x」

x の関数：$G(x)=\int_a^x f(t)\,dt$ を上端 x で微分する [4] と，$G'(x)=f(x)$.

㋑下端は定数

㋒被積分関数は x を含まない

注1　㋐，㋑，㋒の "**3 点チェック**" をした上で使うこと！

注2 [4]：それにともない，x に a を代入して等式：$G(a)=\int_a^a f(t)\,dt=0$ を作り，**定数に関する情報を保存**するとよい.

語記サポ　この定理は，$\dfrac{d}{dx}\int_a^x f(t)\,dt=f(x)$ と書き表すことができます.

例題 4 8 C 積分区間の端の関数 根底 実戦 典型

[→演習問題 4 11 2]

次の条件を満たす関数 $f(x)$ および定数 a の値をそれぞれ求めよ.

(1) $\int_a^x f(t)\,dt=\sin x$ (ただし $0<a<2\pi$)　(2) $\int_{-2}^{2x} f(t)\,dt=e^{-x}+a$

方針　(1)(2)とも上記の定理：定積分と微分法を使いたくなる形ですね．ただし，**注1注2**を忘れずに.

解答　(1)　**着眼**　上記定理注1の "**3 点チェック**" は全てクリアーされています. ■

与式の両辺の x に a を代入すると（左辺は $\int_a^a$）

$0=\sin a$. ∴ $a=\pi$.// (∵ $0<a<2\pi$).

与式の両辺を x で微分すると，$f(x)=\cos x$.//

(2)　**着眼**　上記定理注1の "**3 点チェック**" のうち 1 つがクリアーされていません. ■

両辺で $x=-1$ として（左辺は $\int_{-2}^{-2}$）

$0=e+a$. ∴ $a=-e$.//

与式の両辺を x で微分すると

$f(\boxed{2x})\cdot 2=-e^{-x}$.

□で微分 | □を微分

$t=2x$ とおくと

$$f(t)=-\frac{1}{2}e^{-\frac{t}{2}}.$$

$$\text{i.e. } f(x)=-\frac{1}{2}e^{-\frac{x}{2}}.\,/\!/$$

別解 $y=2x$ とおくと

上端を"1 文字"y にする

$$\int_{-2}^{y}f(t)\,dt=e^{-\frac{y}{2}}+a.$$

両辺を y で微分すると

$$f(\boxed{y})=-\frac{1}{2}e^{-\frac{\boxed{y}}{2}}$$

$$\text{i.e. } f(\boxed{x})=-\frac{1}{2}e^{-\frac{\boxed{x}}{2}}.\,/\!/$$

□の中身を替えただけ

例題 4 8 d 関数方程式 根底 実戦 入試

[→演習問題 4 11 6]

$f(x)=e^{x}+\int_{0}^{x}e^{x-t}f(t)\,dt$ …① を満たす微分可能な関数 $f(x)$ がある.

(1) $f(x)$ と $f'(x)$ の関係式を作れ.

(2) $g(x)=e^{-2x}f(x)$ を利用して $f(x)$ を求めよ.

方針 前記の定理を使いたいので，$e^{x-t}=e^{x}\cdot e^{-t}$ を用いて x を $\int$ の外へ追い出します.

解答 (1) ①で $x=0$ として

$f(0)=1.$ …② 定数情報を保存

$$f(x)=e^{x}+e^{x}\int_{0}^{x}e^{-t}f(t)\,dt \quad \cdots③$$

$$e^{-x}f(x)=1+\int_{0}^{x}e^{-t}f(t)\,dt.{}^{1)}$$

両辺を x で微分すると "3点チェック" は OK

$$e^{-x}\{-f(x)+f'(x)\}=e^{-x}f(x).$$

$$\therefore 2f(x)=f'(x).\,/\!/{}^{2)}$$

注 1)：両辺を e^{x} で割り，前記定理を使いやすくしました. ③：$f(x)=e^{x}+e^{x}\cdot\int_{0}^{x}e^{-t}f(t)\,dt$ のままで，次のように積の微分法を用いてもできます：

$$f'(x)=\underbrace{e^{x}}_{\text{微分}}+\underbrace{e^{x}}_{\text{そのまま}}\cdot\int_{0}^{x}e^{-t}f(t)\,dt+\underbrace{e^{x}}_{\text{そのまま}}\cdot\underbrace{e^{-x}f(x)}_{\text{微分}}$$

（$e^{x}+e^{x}\cdot\int_{0}^{x}e^{-t}f(t)\,dt$：③の右辺と同じ）

$$=f(x)+f(x)=2f(x).$$

(2) **方針** (1)で $f'(x)$ が現れているので，$g(x)$ も微分してみましょう. ■

$$g'(x)=e^{-2x}\{-2f(x)+f'(x)\}=0\ (\because (1)).$$

②より $g(0)=1\cdot f(0)=1$ だから，

$$g(x)=1.\ \therefore\ f(x)=e^{2x}.\,/\!/$$

参考 ハイレベル↑ 2)：これを満たす関数 $f(x)$ を，「$g(x)$」というヒントなしに求める方法は，[→4 9 5]「微分方程式」.

例題 4 8 b 例題 4 8 d では，積分変数 t 以外の文字 x を含まない定積分を作ることが不可欠でした．その際よく用いる流れをまとめておきます：

x を $\int$ の外へ追い出す方法 方法論 　積分区間は明示していません

整式	$\int(x-t)f(t)\,dt \overset{\text{展開}}{=} x\int f(t)\,dt-\int tf(t)\,dt$		例題 4 8 b (2)
指数関数	$\int e^{x-t}f(t)\,dt \overset{\text{指数法則}}{=} e^{x}\int e^{-t}f(t)\,dt$		例題 4 8 b (1)
三角関数	$\int\sin(x-t)f(t)\,dt \overset{\text{加法定理}}{=} \sin x\int\cos t f(t)\,dt-\cos x\int\sin t f(t)\,dt$		演習問題 4 11 6
抽象	$\int\sin t\cdot f(x-t)\,dt \underset{u=x-t}{\overset{\text{置換積分}}{=}} \int\sin(x-u)\cdot f(u)(-du)$	あとは上と同様	演習問題 4 11 5

3 絶対値付き定積分関数

例題 4 8 a では定積分で表された「誤差平方」の最小化を考えました．本項ではそれとよく似たテーマとして，「誤差の絶対値」を扱います．

例題 4 8 e 絶対値付き定積分関数・1 根底 実戦 典型 [→演習問題 4 11 7]

定積分 $\displaystyle\int_0^{\pi} |\sin x - ax|\,dx\ (0 < a < 1)$ が最小となるような a の値を求めよ．

着眼 例えば…

$a = \dfrac{1}{3}$ と**固定** → $\displaystyle\int_0^{\pi}\left|\sin x - \frac{1}{3}x\right|dx$

$a = \dfrac{2}{3}$ と**固定** → $\displaystyle\int_0^{\pi}\left|\sin x - \frac{2}{3}x\right|dx$

このように，「a」を固定し，「x」を積分変数として積分計算することにより，a の各値に応じた定積分の値が定まります．

	x	a
積分計算時	変数	定数
積分計算後	╳	変数

つまり，この定積分は a の**関数**です．

方針 繰り返し使うであろう関数に名前を与えて表記を簡便化します．

解答 $I(a) = \displaystyle\int_0^{\pi}|\sin x - ax|\,dx$ とおく．

また，$f(x) = ax - \sin x$ とおくと [1]，

$$\int f(x)\,dx = \underbrace{a\cdot\frac{x^2}{2} + \cos x}_{F(x)\text{ とおく}} + C.$$

注 $|\sin x - ax| \geqq 0$，積分区間が 下端 < 上端 より，$I(a)$ は次図の「面積」[2] を表します．■

$$\sin\alpha = a\alpha\ (0 < \alpha < \pi)\ \cdots①$$

なる α が，右図のように1つに定まる [3]．

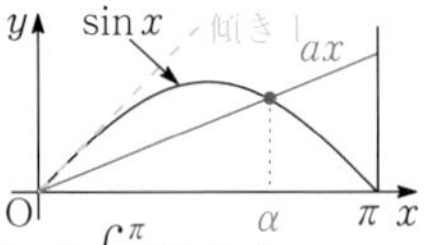

これを用いると

$$\begin{aligned}I(a) &= \int_0^{\alpha}\{-f(x)\}\,dx + \int_{\alpha}^{\pi} f(x)\,dx\\ &= \Big[+F(x)\Big]_{\alpha}^{0} + \Big[F(x)\Big]_{\alpha}^{\pi}\\ &= F(0) + F(\pi) - 2F(\alpha)\\ &= 1 + \left(a\cdot\frac{\pi^2}{2} - 1\right) - 2\left(a\cdot\frac{\alpha^2}{2} + \cos\alpha\right)\\ &= a\left(\frac{\pi^2}{2} - \alpha^2\right) - 2\cos\alpha\\ &= \frac{\sin\alpha}{\alpha}\cdot\left(\frac{\pi^2}{2} - \alpha^2\right) - 2\cos\alpha\ (\because\ ①).\end{aligned}$$

これを $g(\alpha)$ とおくと

$$\begin{aligned}g'(\alpha) &= \left(\frac{\sin\alpha}{\alpha}\right)'\left(\frac{\pi^2}{2} - \alpha^2\right) + \frac{\sin\alpha}{\alpha}(-2\alpha)\\ &\qquad + 2\sin\alpha\\ &= \left(\frac{\sin\alpha}{\alpha}\right)'\left(\frac{\pi^2}{2} - \alpha^2\right).\ \cdots②\end{aligned}$$

以下，A と B が**同符号**であることを $A \sim B$ と書くと 筆者の個人的表記

$$\left(\frac{\sin\alpha}{\alpha}\right)' = \frac{\cos\alpha\cdot\alpha - \sin\alpha}{\alpha^2}$$

$\sim$ 分子 $(= h(\alpha))$ とおく．[4]

$h'(\alpha) = (-\sin\alpha)\cdot\alpha + \cancel{\cos\alpha} - \cancel{\cos\alpha} < 0.$

よって $h(\alpha)$ は減少するから

$h(\alpha) < h(0) = 0.\ \therefore\ \left(\dfrac{\sin\alpha}{\alpha}\right)' \sim h(\alpha) < 0.$

これと②より，

$$g'(\alpha) \sim \alpha^2 - \frac{\pi^2}{2} \sim \alpha - \frac{\pi}{\sqrt{2}}.$$

よって右表を得るから，$I(a)$ は $\alpha = \dfrac{\pi}{\sqrt{2}}$ のとき最小となる．

α	$\cdots$	$\frac{\pi}{\sqrt{2}}$	$\cdots$
$g'(\alpha)$	$-$	0	$+$
$g(\alpha)$	↘		↗

よって求める a の値は，①より

$$a = \frac{\sqrt{2}}{\pi}\sin\frac{\pi}{\sqrt{2}}.\ /\!/$$

解説 [1]：次行の $F(x)$ における符号が「+」になるように「$f(x)$」を設定しました．

[2]：この「面積」は，区間 $[0, \pi]$ における $\sin x$ と ax の誤差の集積だと考えられます．答え（a_1 とおく）は，誤差を最小化する a の値です．

$a_1 := 0.358\cdots$ であり，たしかにこのとき（右図），誤差（面積）が小さくなっている感じがしますね．

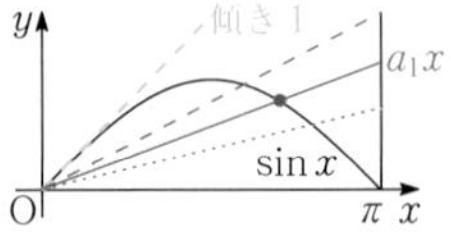

言い訳 3)：厳密には，$0 \leq x \leq \dfrac{\pi}{2}$ においては $\sin x$, ax がともに増加するので，両者の大小関係は差をとって微分するなどして調べるべきです．しかし，本問においてそこは主眼ではないので，直観で片付けてしまいました．

注 4)：この後，$h(\alpha)=\cos\alpha\cdot(\alpha-\tan\alpha)\left(\alpha \neq \dfrac{\pi}{2}\right)$ と変形し，2 つの部分それぞれの符号を考える手もあります．[→演習問題 3 5 13]

例題 4 8 f 絶対値付き定積分関数・2 根底 実戦 典型

[→演習問題 4 11 7]

定積分 $\displaystyle\int_1^e |x\log x - t\log t|\,dt$ $(x \geq 1)$ が最小となるような実数 x の値を求めよ．

着眼 例えば…

$x=1$ と**固定** →$\displaystyle\int_1^e |0-t\log t|\,dt$

$x=e$ と**固定** →$\displaystyle\int_1^e |e-t\log t|\,dt$

$x=e^2$ と**固定** →$\displaystyle\int_1^e |2e^2-t\log t|\,dt$

このように，「x」を固定し，「t」を積分変数として積分計算することにより，x の各値に応じた定積分の値が定まります．

	t	x
積分計算時	変数	定数
積分計算後	╳	変数

つまり，この定積分は x の**関数**です．

注 絶対値は必ず「0 以上」であり，積分区間が「下端：1 < 上端：e」なので，この定積分には「面積」という意味付けが可能です．

解答 与式を $f(x)$ とおく．$t\log t$ $(t \geq 1)$ は増加するから，$f(x)$ は次図の面積を表す．

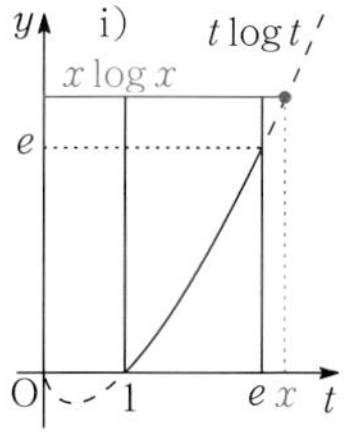

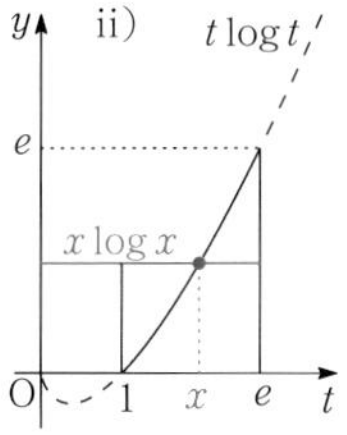

i) $x \geq e$ のとき，面積 $f(x)$ は x の増加関数．

よって，$f(x)$ が最小となるのは次の ii) に限られる．

ii) $1 \leq x \leq e$ のときを考える．

方針 絶対値記号内は t の関数 $t\log t$ と定数 $x\log x$ の差です．関数に名前を与えると効率的かつ明快な解答ができます．■

$g(t)=t\log t$ とおくと，

$$f(x)=\int_1^x \{g(x)-g(t)\}\,dt+\int_x^e \{g(t)-g(x)\}\,dt$$

$$=g(x)\cdot(x-1)-\int_1^x g(t)\,dt$$

$$+\int_x^e g(t)\,dt-g(x)\cdot(e-x)$$

$$=g(x)\cdot(2x-1-e)-\int_1^x g(t)\,dt-\int_e^x g(t)\,dt.$$

これを x で微分すると（定積分計算後は x の関数とみる）

$$f'(x)=g'(x)\cdot(2x-1-e)+g(x)\cdot 2$$

$$-g(x)-g(x)$$

$$=\underbrace{(\log x+1)}_{\text{正}}\cdot(\boxed{2x-1-e}).$$

（$\boxed{2x-1-e}$：符号決定部）

よって右表を得るから，$f(x)$ が最小となるのは $x=\dfrac{1+e}{2}$ のとき．//

x	1	$\cdots$	$\dfrac{1+e}{2}$	$\cdots$	e
$f'(x)$		$-$	0	$+$	
$f(x)$		↘	最小	↗	

余談 本問と同テーマの問題に関する少し変わった視点が，Ⅱ+B **演習問題 6 9 17 参考** 1 で説明してあります．

4 定積分と漸化式

定積分によって定まる数列に関する漸化式，略称**“積分漸化式”**を扱います．

例題 4 8 g 積分漸化式（累乗含む） 根底 実戦 典型 [→演習問題 4 11 8]

$I_n = \int_0^{\frac{\pi}{2}} \sin^n x\,dx$ $(n = 0, 1, 2, \cdots)$ とする．ただし，$\sin^0 x = 1$ とする．

(1) I_{n+2} を I_n で表せ．

(2) 曲線 C: $\begin{cases} x = \cos^3 t \\ y = \sin^3 t \end{cases}$ $\left(0 \leq t \leq \dfrac{\pi}{2}\right)$ と x 軸，y 軸で囲まれる部分の面積 S を求めよ．

注 この定積分は，積分変数 x 以外の文字：n に対して定まる**数列**です．(1)は，その数列 (I_n) の“積分漸化式”を作れという問いです．

方針 累乗の形があるとき，積分漸化式は部分積分法によって作るのが原則．理由[1]は後で．

解答 $\sin x$ を s，$\cos x$ を c と略記する．

(1)
$$I_{n+2} = \int_0^{\frac{\pi}{2}} s^{n+2}\,dx$$
$$= \int_0^{\frac{\pi}{2}} \underset{\uparrow\ -c}{s} \cdot \underset{\downarrow\ (n+1)s^n c}{s^{n+1}}\,dx$$
$$= \left[-cs^{n+1}\right]_0^{\frac{\pi}{2}} + (n+1)\int_0^{\frac{\pi}{2}} s^n c^2\,dx$$
$$= (n+1)\int_0^{\frac{\pi}{2}} s^n(1-s^2)\,dx$$
$$= (n+1)(I_n - I_{n+2}).$$
$$\therefore\ I_{n+2} = \frac{n+1}{n+2} I_n. /\!/$$

解説 [1]：部分積分を用いれば，次数がズレるので漸化式ができるというカラクリです．■

(2) $\dfrac{dx}{dt} = -3c^2 s < 0$ $\left(0 < t < \dfrac{\pi}{2}\right)$

より x は t の減少関数．よって

y は x の関数であり，

$y \geq 0$.

したがって

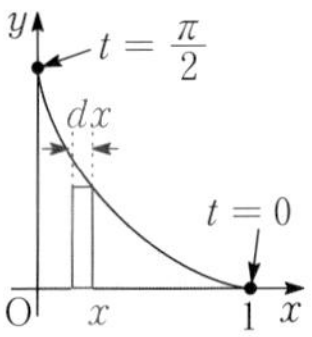

$$S = \int_0^1 y\,dx$$
$$= \int_{\frac{\pi}{2}}^0 s^3 \cdot (-3c^2 s)\,dt$$
$$= 3\int_0^{\frac{\pi}{2}} s^4(1-s^2)\,dt$$
$$= 3(I_4 - I_6)$$
$$= 3\left(I_4 - \frac{5}{6}I_4\right) = \frac{1}{2}I_4$$
$$= \frac{1}{2}\cdot\frac{3}{4}I_2 = \frac{3}{8}\cdot\frac{1}{2}I_0 = \frac{3}{16}\cdot\frac{\pi}{2} = \frac{3}{32}\pi. /\!/$$

例題 4 8 h 積分漸化式を作る 根底 実戦 典型 [→演習問題 4 11 8, 9]

(1) $I_n = \int_1^e (\log x)^n\,dx$ $(n = 1, 2, 3, \cdots)$ とする．I_{n+1} を I_n で表せ．

(2) $I_n = \int_0^{\frac{\pi}{4}} \tan^n x\,dx$ $(n = 1, 2, 3, \cdots)$ とする．I_{n+2} を I_n で表せ．

解答

(1)
$$I_{n+1} = \int_1^e \underset{\uparrow\ x}{1} \cdot \underset{\downarrow\ (n+1)l^n\cdot\frac{1}{x}}{(\log x)^{n+1}}\,dx$$
（l は $\log x$ の略記）
$$= \Big[x(\log x)^{n+1}\Big]_1^e$$
$$\quad -(n+1)\int_1^e x\cdot(\log x)^n\cdot\frac{1}{x}\,dx$$
$$= e - (n+1)I_n. /\!/$$

(2)
$$I_{n+2} = \int_0^{\frac{\pi}{4}} \tan^{n+2} x\,dx$$
$$= \int_0^{\frac{\pi}{4}} \tan^n x \cdot \tan^2 x\,dx$$
$$= \int_0^{\frac{\pi}{4}} \tan^n x \cdot \left(\frac{1}{\cos^2 x} - 1\right)dx$$
$$= \left[\frac{\tan^{n+1} x}{n+1}\right]_0^{\frac{\pi}{4}} - I_n = \frac{1}{n+1} - I_n. /\!/$$

注 累乗の形を含む"積分漸化式"の中でもっともスタンダードなものが前問でした．本問では，少し風変わりな2つを扱いました．

(1) 部分積分を用いる際，前問では $\sin^{n+2}x$ を $\sin x\cdot\sin^{n+1}x$ としましたが，本問では $(\log x)^{n+1}$ を $1\cdot(\log x)^{n+1}$，つまり 1×全体 とみなしました．この発想は，しばしば盲点となりがちです．

(2) $\tan^n$ の積分漸化式は，例外的に部分積分を用いません．■

例題 4 8 i 関数列 根底 実戦 典型 入試

[→演習問題 4 11 11]

次のように定まる x の関数の列 $(f_n(x))$ $(n=1,2,3,\cdots)$ について，その一般項を求めよ．

$$f_1(x)=\cos x+\sin x\ \cdots①,\quad f_n(x)=\int_0^{\frac{\pi}{2}}\cos(x-t)f_{n-1}(t)\,dt\ (n=2,3,4,\cdots)\ \cdots②$$

方針 まず，積分変数 t 以外の文字 x を $\int$ の外へ追い出しましょう．x は積分計算時点では定数ですからこのように扱うことができます．

解答 ②の右辺を変形すると

$$\int_0^{\frac{\pi}{2}}(\cos x\cos t+\sin x\sin t)f_{n-1}(t)\,dt$$

$$=\cos x\underbrace{\int_0^{\frac{\pi}{2}}{}^{1)}\cos t\cdot f_{n-1}(t)\,dt}_{a_n\text{ とおく}}+\sin x\underbrace{\int_0^{\frac{\pi}{2}}\sin t\cdot f_{n-1}(t)\,dt}_{b_n\text{ とおく}}.$$

よって②は，　$f_n(x)$ が具体化できた

$$f_n(x)=a_n\cos x+b_n\sin x\ (n\geq 2\ ^{2)}).\ \cdots②'$$

着眼 1)：この定積分は，積分変数以外の文字：n の関数，つまり「順番」を表す自然数 n に対応して定まるもの：「**数列**」です．だから，「a」ではなく「a_n」と命名しました（「b_n」も同様）．
数列 (a_n) の番号は「n 番」，そこに含まれる関数列の番号は「$n-1$ 番」．番号がズレてますから気を付けて．

注 2)：a_n は，$f_n(x)$ $(n\geq 2)$ における $\cos x$ の係数です．$n=1$ に対しては現段階では定義されていません（b_n も同様）．

方針 $f_n(x)$ が"ドミノ式"に定まるので，a_n, b_n も"ドミノ式"に攻めます．■

$$\therefore\ a_n=\int_0^{\frac{\pi}{2}}\cos t\cdot(a_{n-1}\cos t+b_{n-1}\sin t)\,dt$$

これは，①より

$$a_1=1,\ b_1=1\ \cdots③$$

とすれば $n\geq 2$ で成り立ち，

$$a_n=\int_0^{\frac{\pi}{2}}\left(a_{n-1}\cdot\frac{1+\cos 2t}{2}+b_{n-1}\cdot\frac{\sin 2t}{2}\right)dt$$

$$=\left[a_{n-1}\left(\frac{t}{2}+\frac{\sin 2t}{4}\right)-b_{n-1}\cdot\frac{\cos 2t}{4}\right]_0^{\frac{\pi}{2}}$$

$$=\frac{\pi}{4}a_{n-1}+\frac{1}{2}b_{n-1}.\ \cdots④$$

同様に，$n\geq 2$ に対して

$$b_n=\int_0^{\frac{\pi}{2}}\sin t\cdot(a_{n-1}\cos t+b_{n-1}\sin t)\,dt$$

$$=\int_0^{\frac{\pi}{2}}\left(a_{n-1}\cdot\frac{\sin 2t}{2}+b_{n-1}\cdot\frac{1-\cos 2t}{2}\right)dt$$

$$=\left[-a_{n-1}\cdot\frac{\cos 2t}{4}+b_{n-1}\left(\frac{t}{2}-\frac{\sin 2t}{4}\right)\right]_0^{\frac{\pi}{2}}$$

$$=\frac{1}{2}a_{n-1}+\frac{\pi}{4}b_{n-1}.\ \cdots⑤$$

④±⑤ 3) より

$$a_n+b_n=\frac{\pi+2}{4}(a_{n-1}+b_{n-1}),$$

$$a_n-b_n=\frac{\pi-2}{4}(a_{n-1}-b_{n-1}).$$

これと③より，$n\geq 1$ に対して

$$a_n+b_n=2\left(\frac{\pi+2}{4}\right)^{n-1},\ a_n-b_n=0.$$

$$\therefore\ a_n=b_n=\left(\frac{\pi+2}{4}\right)^{n-1}.$$

これと②′より

$$f_n(x)=\left(\frac{\pi+2}{4}\right)^{n-1}(\cos x+\sin x).\ /\!/$$

補足 3)：連立漸化式④⑤は，係数が互換された特殊タイプ．「足して，引く」のでしたね．

[→II+B 例題 7 6 l]

9 実戦的問題

1 対称性・周期性と定積分

例題 4 9 a 対称性と定積分・1 根底 実戦

[→演習問題 4 11 12]

実数全体で定義された連続関数 $f(x)$, $g(x)$ がある．a, k は定数とする．

(1) $f(x)$ が偶関数であるとき，$\displaystyle\int_{-a}^{a} f(x)\,dx = 2\int_{0}^{a} f(x)\,dx$ を示せ．

(2) $f(x)$ が奇関数であるとき，$\displaystyle\int_{-a}^{a} f(x)\,dx = 0$ を示せ．

(3) 曲線 $y=g(x)$ が直線 $x=k$ に関して対称であるとき，$\displaystyle\int_{k-a}^{k+a} g(x)\,dx = 2\int_{k}^{k+a} g(x)\,dx$ を示せ．

(4) 曲線 $y = g(x)$ が点 $(k, 0)$ に関して対称であるとき，$\displaystyle\int_{k-a}^{k+a} g(x)\,dx = 0$ を示せ．

着眼 (1)(2) 既に 4 1 5 ❽❾ において“符号付面積”という観点から説明していました．

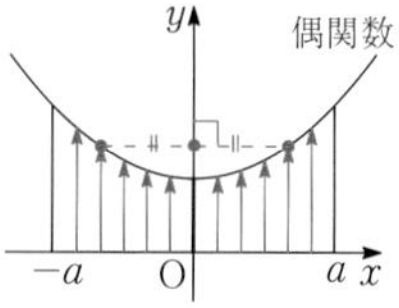

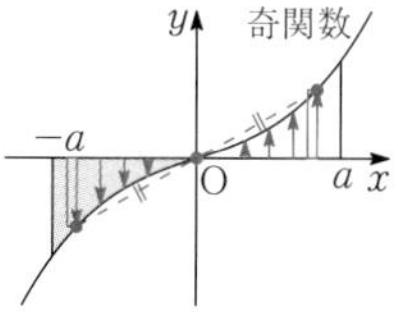

ここでは図形的な直観に頼らず証明します．

解答

積分区間を分割

$$\int_{-a}^{a} f(x)\,dx = \int_{-a}^{0} f(x)\,dx + \int_{0}^{a} f(x)\,dx. \quad \cdots ①$$

①の右辺第 1 項において $t = -x$ とおくと

$$\int_{-a}^{0} f(x)\,dx = \int_{a}^{0} f(-t)(-dt) = \int_{0}^{a} f(-t)\,dt. \quad \cdots ②$$

(1) f は偶関数ゆえ $f(-t)=f(t)$．これと②より

$$\int_{-a}^{0} f(x)\,dx = \int_{0}^{a} f(t)\,dt.$$

これと①より

$$\int_{-a}^{a} f(x)\,dx = \int_{0}^{a} f(t)\,dt + \int_{0}^{a} f(x)\,dx$$
$$= 2\int_{0}^{a} f(x)\,dx. \ \square$$ [1)]

(2) f は奇関数ゆえ $f(-t)=-f(t)$．これと②より

$$\int_{-a}^{0} f(x)\,dx = -\int_{0}^{a} f(t)\,dt.$$

これと①より

$$\int_{-a}^{a} f(x)\,dx = -\int_{0}^{a} f(t)\,dt + \int_{0}^{a} f(x)\,dx = 0. \ \square$$ [2)]

補足 1)2)：「定積分は積分変数に依存しない」を理解していればアタリマエ．

方針 (3)(4) これも下図のように直感的に理解できます．

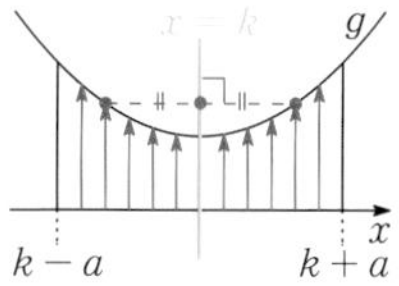

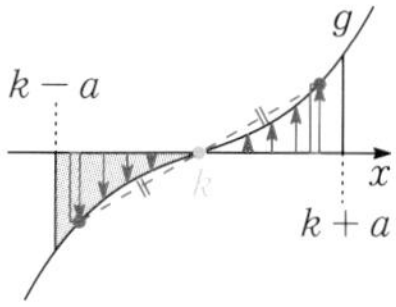

それぞれ(1)，(2)に帰着して示せそうですね．グラフを x 方向へ $-k$ だけ平行移動して(1)(2)の**着眼**と同じ図にするイメージを持ちながらも，証明はドライに・無味乾燥に置換積分法を用いるのが上品です．■

(3) 題意の条件より $g(k-t) = g(k+t)$．そこで $f(x) = g(k+x)$ とおくと，

$f(-t) = g(k-t) = g(k+t) = f(t)$.

つまり f は偶関数．

左辺において $y = x-k$, i.e. $x = y+k$ …③ と置換すると

$$\text{左辺} = \int_{-a}^{a} g(y+k)\,dy$$
$$= \int_{-a}^{a} f(y)\,dy$$
$$= 2\int_{0}^{a} f(y)\,dy$$
$$= 2\int_{0}^{a} g(y+k)\,dy = 2\int_{k}^{k+a} g(x)\,dx. \ \square$$

(4) 題意の条件より $g(k-t)=-g(k+t)$.
そこで $f(x)=g(k+x)$ とおくと,

$$f(-t)=g(k-t)=-g(k+t)=-f(t).$$

つまり f は奇関数.
左辺において③のように置換すると

$$\text{左辺}=\int_{-a}^{a} g(y+k)\,dy=\int_{-a}^{a} f(y)\,dy=0.\ \square$$

解説 (3)(4)の証明で，ここでは(1)(2)の「結果」を用いましたが，(1)(2)の「証明過程」を真似する方法もあり．次問ではそちらを採用．

別解 (2)は，積分区間を分けないでもできます：与式の左辺において $t=-x$ とおくと

$$I:=\int_{-a}^{a} f(x)\,dx=\int_{a}^{-a} f(-t)(-dt)$$
$$=\int_{-a}^{a} f(-t)\,dt$$
$$=-\int_{-a}^{a} f(t)\,dt=-I.$$
$$\therefore\ I=0.\ \square$$

例題 4 9 b 対称性と定積分・2 根底 実戦 入試 [→演習問題 4 11 12]

(1) 実数全体で定義された連続関数 $g(x)$ がある．a, k は定数とする．曲線 $y=g(x)$ が点 $(k, 0)$ に関して対称であるとき，$\displaystyle\int_{k-a}^{k+a} g(x)\,dx=0$ を示せ.

(2) $\displaystyle\int_0^{\pi} x\sin^5 x\,dx$ を求めよ.

注 (1) 前問(4)と同一問題ですが，今回は「奇関数」に帰着させず，**別解**の方法を真似て直接示してみます.

解答 (1) 題意より
$g(2k-x)=-g(x)$.
与式の左辺において $t=2k-x$ と置換すると

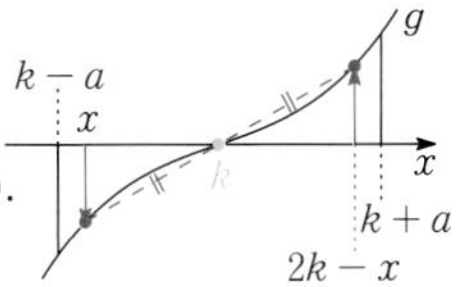

$$I:=\int_{k-a}^{k+a} g(x)\,dx=\int_{k+a}^{k-a} g(2k-t)(-dt)$$
$$=\int_{k-a}^{k+a} g(2k-t)\,dt$$
$$=-\int_{k-a}^{k+a} g(t)\,dt=-I.$$
$$\therefore\ I=0.\ \square$$

解説 点 $(k, 0)$ に関して点対称なグラフをもつ関数は，$x=k$ に関して対称な区間で積分すると**消える**ということです．■

(2) **着眼** なにせ「$\sin^5$」ですから，次下げしたり部分積分するのもメンドウ．そこで(1)が利用可能な「対称性」に着目.

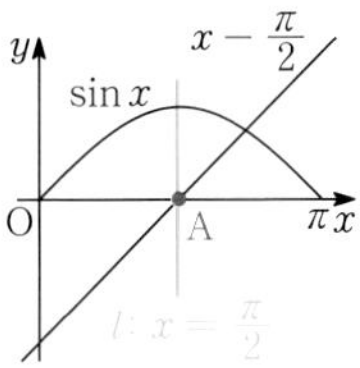

$y=\sin x$ のグラフは直線 l: $x=\dfrac{\pi}{2}$ に関して線対称（$\sin^5 x$ も同様）．そこに，点 $\mathrm{A}\left(\dfrac{\pi}{2}, 0\right)$ に関して点対称なグラフをもつ1次関数 $x-\dfrac{\pi}{2}$ を掛けて，(1)の「$g(x)$」に相当するものを得ます．■

$$x\sin^5 x=\left(x-\frac{\pi}{2}+\frac{\pi}{2}\right)\sin^5 x$$
$$=\underbrace{\left(x-\frac{\pi}{2}\right)\sin^5 x}_{g(x)\text{ とおく}}+\frac{\pi}{2}\sin^5 x.$$

$$g(\pi-t)=\left(\frac{\pi}{2}-t\right)\sin^5(\pi-t)$$
$$=\left(\frac{\pi}{2}-t\right)\sin^5 t=-g(t)$$

だから，この曲線 $y=g(x)$ は点 $\left(\dfrac{\pi}{2}, 0\right)$ に関して対称．また，積分区間 $[0, \pi]$ は $x=\dfrac{\pi}{2}$ に関して対称だから，(1)の結果が使えて，与式は

$$\int_0^{\pi}\left\{g(x)+\frac{\pi}{2}\sin^5 x\right\}dx$$
$$=0+\frac{\pi}{2}\int_0^{\pi}\sin^5 x\,dx\ \left(\begin{array}{l}\text{以下 } \cos x \text{ を } c,\\ \sin x \text{ を } s \text{ と略記}\end{array}\right)$$
$$=\frac{\pi}{2}\int_0^{\pi}(1-c^2)^2 s\,dx$$
$$=\frac{\pi}{2}\int_0^{\pi}(1-2c^2+c^4)s\,dx$$
$$=\frac{\pi}{2}\left[c-\frac{2}{3}c^3+\frac{c^5}{5}\right]_{\pi}^{0}=\pi\left(1-\frac{2}{3}+\frac{1}{5}\right)=\frac{8}{15}\pi.\ /\!/$$

注 (1)の準備がない場合には，積分区間が原点対称になるよう置換積分します.

例題 49C 周期性と定積分 根底 実戦

[→演習問題 4 11 31]

(1) a は実数とする．$f(x)$ は $p(>0)$ を周期とする連続関数とする．$\displaystyle\int_a^{a+p} f(x)\,dx$ の値は，a によらず一定であることを示せ．

(2) b は実数，n は自然数とする．$\displaystyle\int_0^{n\pi} |\sin(x-b)|\,dx$ を計算せよ．

注 「周期」の定義は大丈夫ですね．

[→Ⅱ+B 4 6 2]

解答 (1) p は $f(x)$ の周期だから

任意の x に対して，$f(x+p)=f(x)$．…①

$F(x)$ を $f(x)$ の原始関数とする．与式を a の関数とみて $I(a)$ とおくと

$$I(a)=F(a+p)-F(a).$$

$$\therefore\ I'(a)=f(a+p)-f(a)=0\ (\because\ ①).$$

よって，$I(a)$ は a の定数値関数である．□

解説 要するに，積分区間の長さが周期であるとき，積分区間は任意に“スライド”することができる訳です．

(2) **着眼**

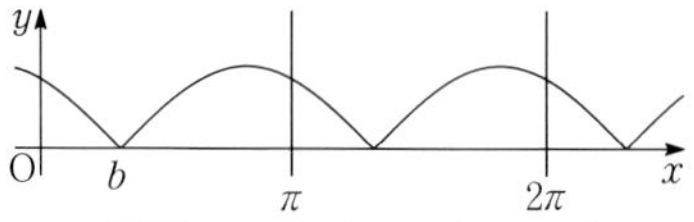

$\sin x$ の周期は 2π，$|\sin x|$ の周期は π．$|\sin(x-b)|$ は，それを x 方向に b だけ平行移動したグラフをもつ関数ですね．■

$f(x)=|\sin(x-b)|$ とおくと

$$f(x+\pi)=|\sin(x+\pi-b)|$$
$$=|-\sin(x-b)|=f(x).$$

よって，π は $f(x)$ の周期．したがって，その整数倍である $n\pi$ も $f(x)$ の周期であるから，(1)より

$$与式=\int_0^{n\pi}|\sin(x-b)|\,dx$$
$$=\int_b^{b+n\pi}|\sin(x-b)|\,dx.$$ （積分区間を“スライド”）

$t=x-b$ とおくと，$dx=dt$ であり，

$$与式=\int_0^{n\pi}|\sin t|\,dt$$ （置換積分）

$$=\sum_{k=1}^{n}\int_{(k-1)\pi}^{k\pi}|\sin t|\,dt$$ （$\sin t$ が符号を変えない区間に分割）

$$=n\int_0^{\pi}|\sin t|\,dt\ (\because\ \pi\ は\ f(x)\ の周期)$$ [1)]

$$=n\int_0^{\pi}\sin t\,dt=n\Big[+\cos t\Big]_{\pi}^{0}=2n.$$ //

解説 1)：定積分 $\displaystyle\int_{(k-1)\pi}^{k\pi}|\sin t|\,dt$ は，積分区間を $-(k-1)\pi$ だけ“スライド”すると，$\displaystyle\int_0^{\pi}|\sin t|\,dt$ となります．

注 与式が表す面積を，下図（$n=2$ の場合）のように一部を移動して求めるという方法は，特定な範囲の b（ここでは $0<b<\pi$）についてしか議論していない点で不完全です．

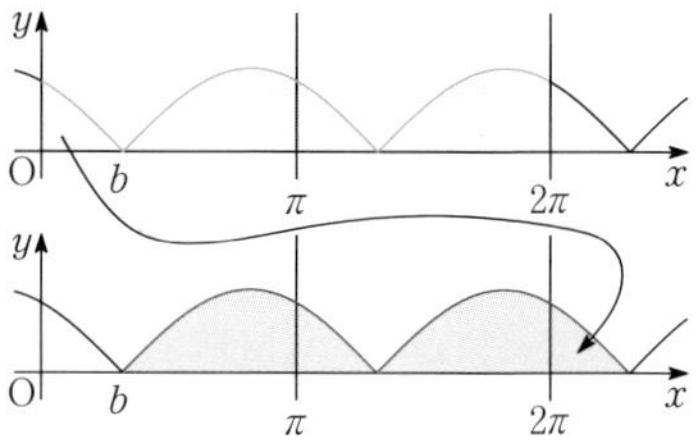

周期関数の定積分 定理？

$p(>0)$ が連続関数 $f(x)$ の周期であるとき，

$\displaystyle\int_a^{a+p} f(x)\,dx$ の値は，a によらず一定である．　積分区間の幅が周期であれば，任意にズラせる

注 教科書で 定理 扱いされている訳ではありません．試験での使用の可否は，例によって状況次第です．心配なら，(1)のような証明を数行書き足すまで．

2 区分求積法

区分求積法については既に 4 1 4 でご紹介しました.

$$S=\lim_{n\to\infty}\sum_{k=1}^{n} f\left(\frac{k}{n}\right)\times\frac{1}{n}\cdots ㋑$$

$$S=\int_0^1 f(x)\times dx\cdots ㋐$$

細かく集める　意味としては「積」

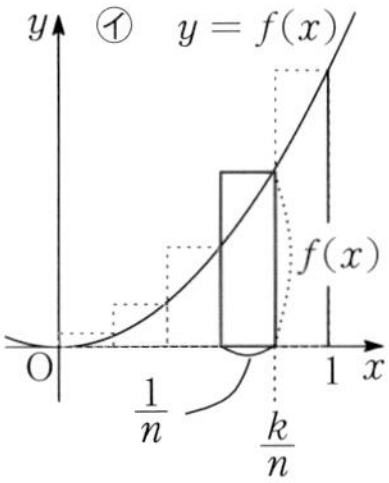

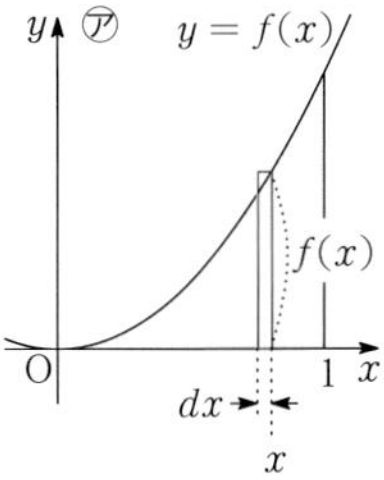

注　積分区間は $a\leq x\leq b$ に一般化できます. ■

4 1 4 での目的は,「$\lim\Sigma$」と「$\int$」が **「面積」を介して**「=」で結ばれることを通して, 定積分記号の意味を理解してもらうことでした. 本項では, この関係を利用して「極限」を求めます.

例　$\displaystyle\lim_{n\to\infty}\sum_{k=1}^{n}\frac{k^4}{n^5}$ について. $\displaystyle\sum_{k=1}^{n}k^3$ は求まりますが, $\displaystyle\sum_{k=1}^{n}k^4$ は無理. そこで, 上の関係を使って「$\lim\Sigma$」を「$\int$」にすり替えて計算します. 以下で, 1°, 2°, 3° は後で述べる手順番号です.

$$\lim_{n\to\infty}\sum_{k=1}^{n}\frac{k^4}{n^5}=\lim_{n\to\infty}\sum_{k=1}^{n}\left(\boxed{\frac{k}{n}}\right)^4\times\boxed{\frac{1}{n}}\ 1°$$

$$=\int_0^1 ⓧ^4\times\boxed{dx}=\frac{1}{5}.\ 2°$$

両者が同一な面積を表すことを確認します. これらはいずれも, 上図において $f(x)=x^4$ のときの面積を表すので, 両者は「=」で結ばれます. 3°

注　Σk^4 は計算できませんが, $\int x^4\,dx$ なら可能. こうした素材が選ばれて出題されます.

区分求積法 定理

「$\lim\Sigma$ の形」の極限の求め方の 1 つ

$$\lim_{n\to\infty}\sum_{k=1}^{n} f\left(\boxed{\frac{k}{n}}\right)\times\boxed{\frac{1}{n}}$$

$$=\int_0^1 f(ⓧ)\times\boxed{dx}.$$

手順

1°　ムリヤリにでも $\dfrac{k}{n}$, $\dfrac{1}{n}$ を作る.

2°　$\displaystyle\lim_{n\to\infty}\sum_{k=1}^{n}\to\int_0^1$, $\boxed{\dfrac{k}{n}}\to ⓧ$, $\boxed{\dfrac{1}{n}}\to\boxed{dx}$ とすり替える.

3°　両辺が同一な面積を表すことを確認.

注　2° の時点では**何も考えません**. 両辺は, **面積を介して**「=」で結ばれるので, 考えるのは 3° においてです. その過程で, 積分区間が $\int_0^2$ であることに気付いて修正を加えることもあります.
3° は, いつも同じような作業ですので, 状況次第では頭の中のイメージだけで片付けます.

例題 4 9 d　区分求積法の基礎　根底 実戦　[→演習問題 4 11 13]

次の極限を求めよ.　(1) $\displaystyle\lim_{n\to\infty}\frac{1}{n^{\frac{3}{2}}}\sum_{k=1}^{n}\sqrt{k}$　(2) $\displaystyle\lim_{n\to\infty}\sum_{k=1}^{n}\frac{1}{n+k}$

着眼　「$\lim\Sigma$」があるときは, 解法の 1 つの選択肢として「区分求積法」を想起すること.

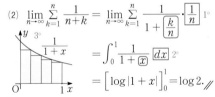

解答 (1) $\displaystyle\lim_{n\to\infty}\frac{1}{n^{\frac{3}{2}}}\sum_{k=1}^{n}\sqrt{k}$

$$=\lim_{n\to\infty}\sum_{k=1}^{n}\sqrt{\boxed{\frac{k}{n}}}\cdot\boxed{\frac{1}{n}}\ 1°$$

$$=\int_0^1\sqrt{ⓧ}\,\boxed{dx}=\left[\frac{2}{3}x^{\frac{3}{2}}\right]_0^1=\frac{2}{3}.\ /\!/$$

2°

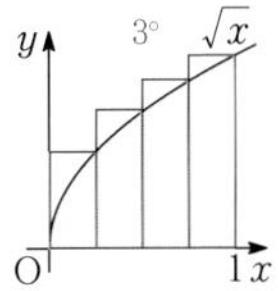

(2) $$\lim_{n\to\infty}\sum_{k=1}^{n}\frac{1}{n+k}=\lim_{n\to\infty}\sum_{k=1}^{n}\frac{1}{1+\boxed{\frac{k}{n}}}\cdot\boxed{\frac{1}{n}}\ 1°$$

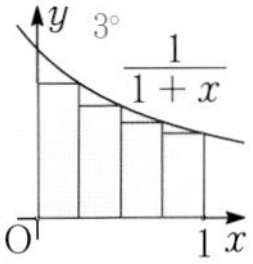

$$=\int_0^1\frac{1}{1+ⓧ}\,\boxed{dx}\ 2°$$

$$=\Big[\log|1+x|\Big]_0^1=\log 2.\ /\!/$$

注　両問とも手順 3° はイメージするだけでも可.

第 4 章 積分法

例題 4 9 e 区分求積法のバリエーション 根底 実戦 [→演習問題 4 11 13]

次の極限を求めよ.

(1) $\displaystyle\lim_{n\to\infty}\sum_{k=0}^{n-1}\frac{k^4}{n^5}$ (2) $\displaystyle\lim_{n\to\infty}\sum_{k=1}^{2n}\frac{\sqrt{4n^2-k^2}}{n^2}$ (3) $\displaystyle\lim_{n\to\infty}\frac{1}{n}\sum_{k=1}^{n-1}\sqrt[n]{e^k}$ (4) $\displaystyle\lim_{n\to\infty}\frac{1}{n^2}\sum_{k=1}^{n}k\sin\frac{k}{n}\pi$

(5) $\displaystyle\lim_{n\to\infty}\sum_{k=0}^{n-1}\frac{1}{2n+2k+1}$ (6) $\displaystyle\lim_{n\to\infty}\sum_{k=1}^{n}\frac{n^2+2}{(n+1)(n^2+k^2)}$ (7) $\displaystyle\lim_{n\to\infty}\sum_{k=1}^{n}\frac{1}{\sqrt{n+k}}$

注 どの問いも，前問のようなベーシックな区分求積法とはちょっと違った点があります.

解答 (1) **着眼** 前ページの 例 とほぼ同じですが，$\displaystyle\sum_{k=1}^{n}$ が $\displaystyle\sum_{k=0}^{n-1}$ になっています．何が変わるか理解していますか？■

$$\lim_{n\to\infty}\sum_{k=0}^{n-1}\frac{k^4}{n^5}=\lim_{n\to\infty}\sum_{k=0}^{n-1}\left(\boxed{\frac{k}{n}}\right)^4\cdot\boxed{\frac{1}{n}}\ \ 1°$$

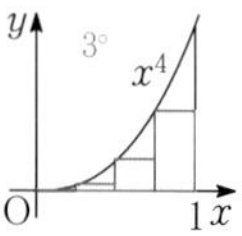

$$=\int_0^1\boxed{x}^4\boxed{dx}\ \ 2°$$

$$=\left[\frac{x^5}{5}\right]_0^1=\frac{1}{5}.\ /\!/$$

解説 n 等分した区間において，前ページの 例 では“右端”の関数値を用いて長方形を作っていましたが，この(1)では“左端”を用いています．これもよくある状況であり，手順 3° は答案に書かなくてもかまいません.

(2) **着眼** 今度は $\displaystyle\sum_{k=1}^{2n}$. どう変わるでしょう？■

$$\lim_{n\to\infty}\sum_{k=1}^{2n}\frac{\sqrt{4n^2-k^2}}{n^2}$$

$$=\lim_{n\to\infty}\sum_{k=1}^{2n}\sqrt{4-\left(\boxed{\frac{k}{n}}\right)^2}\cdot\boxed{\frac{1}{n}}\ \ 1°$$

$$=\int_0^{1\,?}\sqrt{4-\boxed{x}^2}\,\boxed{dx}\ \ 2°$$

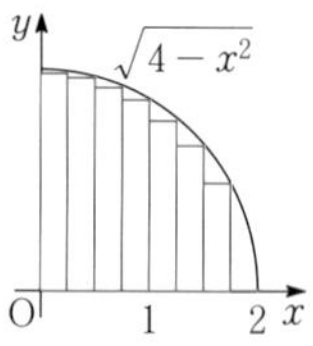

注 「いつもと違うな」と感じたら，手順 3° を真面目に行います.

$\dfrac{k}{n}$ は，$\dfrac{1}{n}(\fallingdotseq 0)\sim\dfrac{2n}{n}=2$ まで動きます．つまり，区間 $[0,2]$ を $2n$ 等分して長方形を作っており，積分区間は $[0,2]$ です.

…(上からの続き)…

$$=\int_0^2\sqrt{4-\boxed{x}^2}\,\boxed{dx}=$$

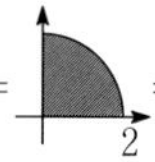

$$=\frac{1}{4}\cdot\pi\cdot2^2=\pi.\ /\!/$$

(3) **着眼** 長方形が $n-1$ 個しかありません．■

$$\lim_{n\to\infty}\frac{1}{n}\sum_{k=1}^{n-1}\sqrt[n]{e^k}=\lim_{n\to\infty}\sum_{k=1}^{n-1}e^{\boxed{\frac{k}{n}}}\cdot\boxed{\frac{1}{n}}\ \ 1°$$

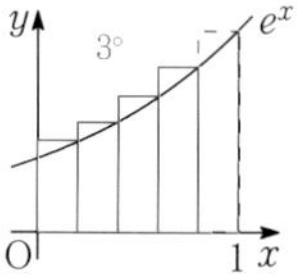

$$=\lim_{n\to\infty}\left(\sum_{k=1}^{n}e^{\boxed{\frac{k}{n}}}\cdot\boxed{\frac{1}{n}}-e^{\frac{n}{n}}\cdot\frac{1}{n}\right)\ \ 1)$$

$$=\int_0^1 e^{\boxed{x}}\boxed{dx}-0\ \ 2°$$

$$=e-1.\ /\!/$$

注 1)：区間 $[0,1]$ を n 等分する区分求積法では，その区間を埋め尽くす長方形を n 個集めるのが決まりです．本問では最後 (n 番目) の長方形が 1つ欠けているとみて，それを補って n 個にし，ムリヤリ足した分を後で引いて微調整しています.

実際には，長方形1つ1つの面積は縦が有限で横幅が $\dfrac{1}{n}$ なので 0 に収束しますから，長方形が有限個余分だったり欠けていたりしても，全体の結果には影響しませんが.

(4) **注** いつも通り次のようにして OK：

$$\lim_{n\to\infty}\frac{1}{n^2}\sum_{k=1}^{n}k\sin\frac{k}{n}\pi=\lim_{n\to\infty}\sum_{k=1}^{n}\boxed{\frac{k}{n}}\left(\sin\boxed{\frac{k}{n}}\pi\right)\cdot\boxed{\frac{1}{n}}$$

$$=\int_0^1\boxed{x}\sin\pi\boxed{x}\,\boxed{dx}=\cdots$$

π が付くことによって，部分積分が少しメンドウになりますね．そこで，$\dfrac{k}{n}\pi$ を，区間 $[0,\pi]$ を n 等分した k 番目だとみなします．■

$$\lim_{n\to\infty}\frac{1}{n^2}\sum_{k=1}^{n}k\sin\frac{k}{n}\pi$$

$$=\lim_{n\to\infty}\frac{1}{\pi^2}\sum_{k=1}^{n}\boxed{\frac{k}{n}\pi}\left(\sin\boxed{\frac{k}{n}\pi}\right)\cdot\boxed{\frac{\pi}{n}}\ 1^\circ$$

$$=\frac{1}{\pi^2}\int_0^{\pi}\boxed{x}\sin\boxed{x}\,\boxed{dx}\ 2^\circ$$

$$=\frac{1}{\pi^2}\Big[-x\cos x+\sin x\Big]_0^{\pi}$$

$$=\frac{1}{\pi^2}\pi=\frac{1}{\pi}.//$$

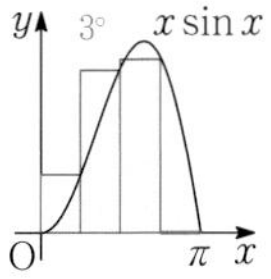

注 1° における「π」の扱いが難しいと感じたら，前ページのように$\int_0^1$でやってもかまいません．

(5) $S_n:=\sum_{k=0}^{n-1}\frac{1}{2n+2k+1}$

$$=\sum_{k=0}^{n-1}\frac{1}{1+\frac{k+\frac{1}{2}}{n}}\cdot\frac{1}{2n}.\ \cdots①$$

着眼 $+\frac{1}{2}$ がジャマですね．そこで…■

$$S_n\le\sum_{k=0}^{n-1}\frac{1}{2}\cdot\frac{1}{1+\boxed{\frac{k}{n}}}\cdot\boxed{\frac{1}{n}}\ \cdots②$$

$$\xrightarrow[n\to\infty]{}\int_0^1\frac{1}{2}\cdot\frac{1}{1+\boxed{x}}\cdot\boxed{dx}=\frac{\log 2}{2}.$$

$$S_n\ge\sum_{k=0}^{n-1}\frac{1}{1+\frac{k+1}{n}}\cdot\frac{1}{2n}$$

$$=\sum_{l=1}^{n}\frac{1}{2}\cdot\frac{1}{1+\boxed{\frac{l}{n}}}\cdot\boxed{\frac{1}{n}}\ (l:=k+1)\ \cdots③$$

$$\xrightarrow[n\to\infty]{}\int_0^1\frac{1}{2}\cdot\frac{1}{1+\boxed{x}}\cdot\boxed{dx}=\frac{\log 2}{2}.$$

よって“はさみうち”より，与式 $=\frac{\log 2}{2}.//$

解説 有限和 S_n をいったん不等式で評価してから区分求積法に持ち込みました．区間 $[0,1]$ を n 等分し，②では各区間の“左端”，③では“右端”を使って長方形を作っています［→(1)］．ということは，元の式では…■

本解 ①と右図より

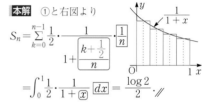

$$S_n=\sum_{k=0}^{n-1}\frac{1}{2}\cdot\frac{1}{1+\boxed{\frac{k+\frac{1}{2}}{n}}}\cdot\boxed{\frac{1}{n}}$$

$$=\int_0^1\frac{1}{2}\cdot\frac{1}{1+\boxed{x}}\boxed{dx}=\frac{\log 2}{2}.//$$

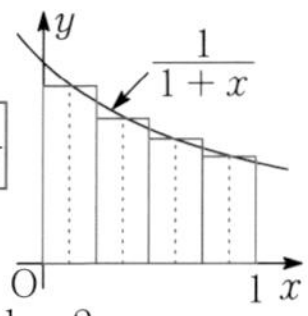

解説 各区間の“真ん中”の関数値を使って長方形を作っています．

注意！ ジャマな $+\frac{1}{2}$ を，「n に対して微小だから」とゴマカシて乱暴かつ出鱈目（でたらめ）に取り除いてしまう人がいます．そうした誤った解答と区別を付けるため，**上の図は必ず書き添えましょう．**

(6) **着眼** “不純物”が混ぜ込まれ，区分求積法に気づきにくくなっているだけ（笑）．■

$$与式=\lim_{n\to\infty}\sum_{k=1}^{n}\underbrace{\frac{n^2+2}{n+1}\cdot\frac{1}{n^2}}_{“不純物”を分離}\cdot\frac{1}{1+\left(\frac{k}{n}\right)^2}$$

$$=\lim_{n\to\infty}\sum_{k=1}^{n}\frac{1+\frac{2}{n^2}}{1+\frac{1}{n}}\cdot\frac{1}{1+\left(\boxed{\frac{k}{n}}\right)^2}\cdot\boxed{\frac{1}{n}}$$

$$=1\cdot\int_0^1\frac{1}{1+\boxed{x}^2}\boxed{dx}=\cdots(略)\cdots=\frac{\pi}{4}.//$$

(7) **着眼** 区分求積法ピッタリではない形．■

$$\sum_{k=1}^{n}\frac{1}{\sqrt{n+k}}=\sum_{k=1}^{n}\frac{1}{\sqrt{1+\frac{k}{n}}}\cdot\frac{1}{\sqrt{n}}$$

$$=\sqrt{n}\cdot\sum_{k=1}^{n}\frac{1}{\sqrt{1+\boxed{\frac{k}{n}}}}\cdot\boxed{\frac{1}{n}}.$$

$n\to\infty$ のとき，$\sqrt{n}$ の後ろは $\int_0^1\frac{1}{\sqrt{1+\boxed{x}}}\boxed{dx}$（正定数）に収束するから，与式 $=\infty.//$

注 いつも「0 以外に収束」とは限りません．

lim と Σ が混在したときの処理について学んできたことを整理しておきます：

lim Σ の扱い 方法論

❶：無限級数的な方法 → $\lim_{n\to\infty}\Big|\sum_{k=1}^{n}$（分離！；2° その極限｜1° 有限個の和） 1°の処理：
- ㋐「＝」で求める or　無限級数の多くの問
- ㋑「≦」で評価→“はさみうち”　前問(5)

❷：区分求積法 → $\lim_{n\to\infty}\sum_{k=1}^{n}=\int_0^1$　lim と Σ をまとめて $\int$ に変える

第4章 積分法

3 定積分と不等式

$a \leq x \leq b$ においてつねに $f(x) \geq g(x)$ であるとき，右図の面積 S は，

$$S = \int_{a\,(小)}^{b\,(大)} \{\underset{上}{f(x)} - \underset{下}{g(x)}\}\,dx \quad (\{\ \}：縦の長さ(\geq 0))$$

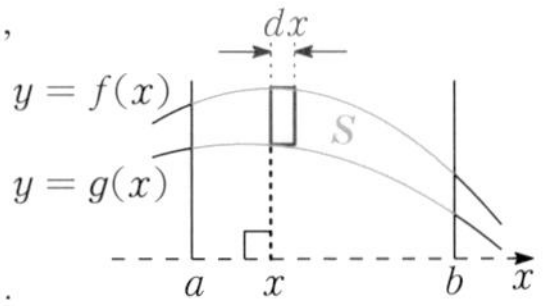

と表されます．[→4 4 1]

当然のことながら「面積」は 0 以上ですから，一般に次が成り立ちます：

定積分と不等式 定理

$a < b$ とする．$a \leq x \leq b$ においてつねに $f(x) \geq g(x)$ …① であるならば，

$\int_{a\,(小)}^{b\,(大)} f(x)\,dx \geq \int_a^b g(x)\,dx$ …②が成り立つ．　①の大小関係が保存される

等号は，$a \leq x \leq b$ においてつねに $f(x) = g(x)$ のときのみ成り立つ．[1)]

注 1)：②の等号が成り立つのは，面積 S が 0，つまり積分区間内で両者のグラフがピッタリ重なっているときだけですね．

例題 4 9 f 定積分と不等式　根底 実戦 典型　[→演習問題 4 11 16]

(1) 不等式 $e^x \geq 1 + x$ …① を示せ．　(2) 不等式 $\dfrac{2}{3} < \displaystyle\int_0^1 e^{-x^2}\,dx < \dfrac{\pi}{4}$ を示せ．

着眼 (1)の結果を(2)でどう活かすかがポイントです．

解答 (1) $f(x) = e^x - 1 - x$ とおくと

$f'(x) = e^x - 1$

より右表を得るから，$f(x) \geq 0$．よって①が示せた．□

x	$\cdots$	0	$\cdots$
$f'(x)$	$-$	0	$+$
$f(x)$	↘	0	↗

(2) ①の x に $-x^2$ を代入すると [1)]

$e^{-x^2} \geq 1 - x^2$. …②

着眼 もう片方の不等式は $e^{-x^2} = \dfrac{1}{e^{x^2}}$ を利用して得られます．[2)] ■

①の x に x^2 を代入すると

$e^{x^2} \geq 1 + x^2 (> 0)$.

②と合わせて　上式の逆数をとった

$1 - x^2 \leq e^{-x^2} \leq \dfrac{1}{1 + x^2}$.

これらの等号は，$x = 0$ のとき以外成立しない [3)] から

$$\int_0^1 (1 - x^2)\,dx \overset{4)}{<} \int_0^1 e^{-x^2}\,dx < \int_0^1 \frac{1}{1 + x^2}\,dx.$$

ここで，最左辺 $= 1 - \dfrac{1}{3} = \dfrac{2}{3}$.

最右辺 $= \cdots$(略)[5)]$\cdots = \dfrac{\pi}{4}$.

以上より，題意は示せた．□

解説 1)：①は任意の実数 x について成り立つので，「x」に何を代入してもかまいません．

2)：何でもないことのようですが，この発想は決して容易ではありません．

3)：これを述べることによって…

4)：ここを「 ≤ 」ではなく「<」とすることが許されます．

5)：何度も出会う定積分．[→例題 4 2 h (2)]

参考 e^{-x^2} は，原始関数が具体的に表せないことで有名です．$\int_0^1 e^{-x^2}\,dx$ の値を区分求積法により（コンピュータで）求めると，0.746…．また，$\dfrac{2}{3} = 0.666\cdots$，$\dfrac{\pi}{4} = \dfrac{3.1415\cdots}{4} = 0.785\cdots$ ですから，この不等式は確かに成り立っていますね．

語記サポ $e^{-x^2} = e^{(-x^2)}$，$e^{x^2} = e^{(x^2)}$ であることは知っていますね．

例題 49g 絶対値付き定積分と不等式 根底 実戦

[→演習問題4 11 37]

(1) $a<b$ とする．連続関数 $f(x)$ について，不等式 $\left|\int_a^b f(x)dx\right| \leq \int_a^b |f(x)|dx$ を示せ．

(2) 極限 $\lim_{n\to\infty} \frac{1}{n}\int_0^{\pi} \frac{1+2\cos nx}{1+x^4}dx$ を求めよ．

解答 (1) **着眼** まず，被積分関数である $f(x)$ と $|f(x)|$ の大小関係に注目します．■

区間 $[a, b]$ において，つねに

$$-|f(x)| \leq f(x) \leq |f(x)| \quad \cdots①$$

が成り立つ．よって

$$\int_a^b \{-|f(x)|\}dx \leq \int_a^b f(x)dx \leq \int_a^b |f(x)|dx.$$

$$-\int_a^b |f(x)|dx \leq \int_a^b f(x)dx \leq \int_a^b |f(x)|dx.$$

よって与式が成り立つ．□

解説 絶対値とは，数直線上における原点からの距離であることがわかっていれば，すんなり理解できるハズ．

(2) **着眼** 原始関数はとても求まりそうにありません．ただ，「$\frac{1}{n}$」があり，定積分はおそらく有界（値の範囲が有限）なので，「0 に収束」しそう．そこで，「収束の定義」を活用しましょう．すると，(1)とのつながりが見えてきます．■

$I_n = \int_0^{\pi} \frac{1+2\cos nx}{1+x^4}dx$ とおくと

$$\left|\frac{1}{n}I_n - 0\right| = \frac{1}{n}\left|\int_0^{\pi}\frac{1+2\cos nx}{1+x^4}dx\right|$$

$$\leq \frac{1}{n}\int_0^{\pi}\left|\frac{1+2\cos nx}{1+x^4}\right|dx \quad (\because (1))$$

$$= \frac{1}{n}\int_0^{\pi}\frac{|1+2\cos nx|}{1+x^4}dx. \quad \cdots②$$

ここで，区間 $[0, \pi]$ において，つねに

$$\frac{|1+2\cos nx|}{1+x^4} \leq \frac{3}{1} = 3$$

が成り立つから，$0 \leq x \leq \pi$ で積分して

$$\int_0^{\pi}\frac{|1+2\cos nx|}{1+x^4}dx \leq 3\pi.$$

これと②より，$n\to\infty$ のとき

$$0 \leq \left|\frac{1}{n}I_n - 0\right| \leq \frac{3\pi}{n} \to 0.$$

よって“はさみうち”より，

$$\left|\frac{1}{n}I_n - 0\right| \to 0. \text{ i.e. } \frac{1}{n}I_n \to 0. /\!/$$

注 ①：絶対値の定義から当然ですね．

参考 (1)の等号成立条件は，①より

つねに $-|f(x)| = f(x)$，or つねに $f(x) = |f(x)|$ のとき．

つまり，積分区間内で $f(x)$ が**符号を変えない**ときです．これを既にⅡ+B **演習問題699**で使っていました．

絶対値と定積分 定理

$a<b$ とし，$f(x)$ は連続関数とすると，

$$\left|\int_a^b f(x)dx\right| \leq \int_a^b |f(x)|dx.$$

等号成立条件は，積分区間内で $f(x)$ が**符号を変えない**こと．

例題 4 9 h 級数と定積分の大小関係 根底 実戦 典型

[→演習問題 4 11 19]

(1) $\displaystyle\sum_{k=1}^{\infty}\frac{1}{k}=\infty$ を示せ.

(2) 極限 $\displaystyle\lim_{n\to\infty}\frac{1}{\log n}\sum_{k=1}^{n}\frac{1}{k}$ を求めよ.

注 「$\lim\Sigma$」の問題ですから, **例題 4 9 e** 後に書いた扱い方から選択します.

❷：区分求積法を適用しようとすると…

$$\text{与式}=\lim_{n\to\infty}\sum_{k=1}^{n}\frac{1}{k}$$

$$=\lim_{n\to\infty}\sum_{k=1}^{n}\frac{1}{\frac{k}{n}}\cdot\frac{1}{n}=\int_0^1\frac{1}{x}\,dx \ (\times)$$

積分区間内の $x=0$ において分母が 0 になってしまい, アウト！そこで, ❶:「まず有限和を考える」という手法を用います. といっても,

和：$\displaystyle\sum_{k=1}^{n}\frac{1}{k}$ は求まりません. [→Ⅱ+B 7 5 8].

よって❶㋐は無理なので, 消去法でも❶㋑：不等式で評価に決まります.

ただし, 以下の解答は未経験では無理. 鑑賞して, 覚えて, 今後に活かしてください. ■

解答 (1) 右図において

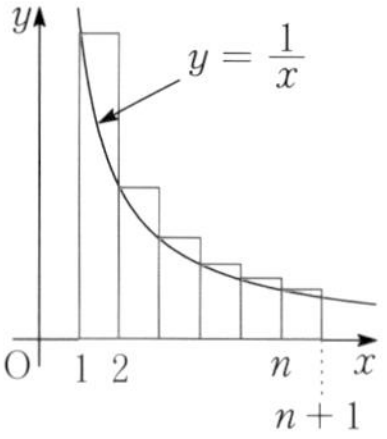

$$S_n:=\sum_{k=1}^{n}\frac{1}{k}$$

$$=\sum_{k=1}^{n}\frac{1}{k}\cdot\underline{1}\ ^{1)}$$

$=$ 

$>$ 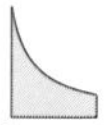 $\left(\because\ \frac{1}{x}\,(x>0)\text{ は}\textbf{減少}\text{関数}^{2)}\right)$

1　$n+1$

$$=\int_1^{n+1}\frac{1}{x}\,dx=\Big[\log|x|\Big]_1^{n+1}.$$

$$\therefore\ S_n>\log(n+1)\xrightarrow[n\to\infty]{}\infty.$$

よって“追い出し”の手法より, $S_n\to\infty$. □

解説 1)：この「$\cdot1$」を書くことによって, 面積を考えていることを伝えています.

2)：単に「図より」では説明不足. 図のどんな特性を用いているかを言語化してください. ■

(2) (1)より

$$\frac{1}{\log n}S_n>\frac{\log(n+1)}{\log n}.\ ^{3)}$$ [→例題 2 6 c (7)]

分子$=\log n\left(1+\frac{1}{n}\right)=\log n+\log\left(1+\frac{1}{n}\right)$より,

$$\frac{1}{\log n}S_n>1+\frac{\log\left(1+\frac{1}{n}\right)}{\log n}\to 1.$$

右図において $(n\ge2)$ ・・・ $n\to\infty$ とするのでこれで OK

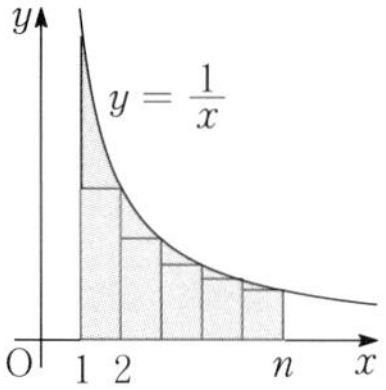

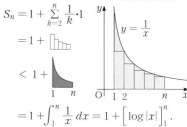

$$S_n=1+\sum_{k=2}^{n}\frac{1}{k}\cdot1$$

$=1+$ 

$<1+$ 

1　n

$$=1+\int_1^n\frac{1}{x}\,dx=1+\Big[\log|x|\Big]_1^n.$$

$$\therefore\ S_n<1+\log n.\quad \frac{1}{\log n}S_n<\frac{1}{\log n}+1\to1.$$

よって“はさみうち”より, $\displaystyle\frac{1}{\log n}S_n\to1.$ //

解説 本問の骨格をなす方法論は, 計算不能な Σ： を計算可能な定積分： で評価するということ. 定番モノです.

注 (1)の解答は, 次のように詳しく書くこともできます：区間 $[k,k+1]$ $(k\in\mathbb{N})$ において, つねに $\frac{1}{x}\le\frac{1}{k}$ が成り立つ (等号は $x=k$ のときのみ).

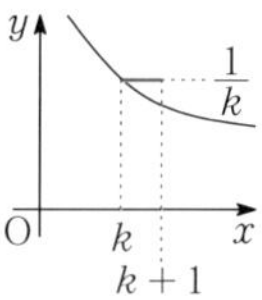

$$\therefore\int_k^{k+1}\frac{1}{x}\,dx<\int_k^{k+1}\frac{1}{k}\,dx=\frac{1}{k}.$$

これを $k=1,2,3,\cdots,n$ として辺々加えると

$$\int_1^2+\int_2^3+\cdots+\int_n^{n+1}<\frac{1}{1}+\frac{1}{2}+\cdots+\frac{1}{n}.$$

$$\int_1^{n+1}\frac{1}{x}\,dx<S_n.$$ ・・・ (2)も同様に書ける

このように丁寧に書いたからと言って, 別に偉くなった気もしませんが (笑).

3)：ここが「$n+1$」となっているせいで極限処理が面倒になっています．次のように回避することができます：

右図において $(n \geq 2)$

$$S_n := \sum_{k=1}^{n-1} \frac{1}{k} + \frac{1}{n}$$

$$= \sum_{k=1}^{n-1} \frac{1}{k} \cdot 1 + \frac{1}{n}$$

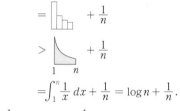

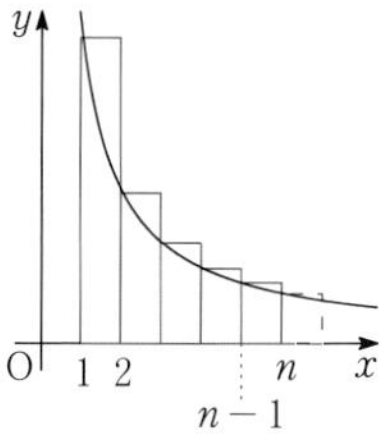

$=$ 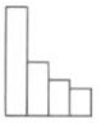 $+\dfrac{1}{n}$

$>$ 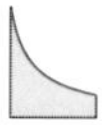 $+\dfrac{1}{n}$

$$= \int_1^n \frac{1}{x}\,dx + \frac{1}{n} = \log n + \frac{1}{n}.$$

$$\therefore\ \frac{1}{\log n} S_n > 1 + \frac{1}{n \log n} \to 1.$$

右端の長方形1つを評価の対象から外す訳です．

例題 4 9 i 凹凸と不等式 根底 実戦

[→演習問題 4 11 21]

(1) a, b は定数で $a < b$ とする．2 回微分可能な関数 $f(x)$ があり，曲線 C: $y = f(x)$ は下に凸であるとする．C の $x = t$ における接線を l として，$a \leq x \leq b$ の範囲で C と l で挟まれる部分の面積 S が最小となるような t を a, b で表せ．

(2) 不等式 $0.1818 < \log \dfrac{6}{5} < 0.1834$ を示せ．

解答 (1) **着眼** 面積 S は，t の関数です．■

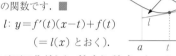

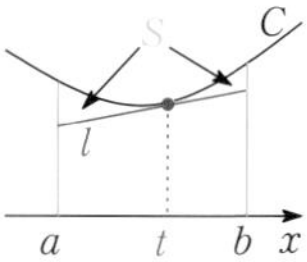

l: $y = f'(t)(x-t) + f(t)$
 $(= l(x)$ とおく$)$.

C は下に凸だから $f(x) \geq l(x)$．よって

$$S = \int_a^b \{f(x) - l(x)\}\,dx$$

積分変数は x

$$= \underbrace{\int_a^b f(x)\,dx}_{\text{定数 } c \text{ とおく}} - \int_a^b \{f'(t)(x-t) + f(t)\}\,dx$$

$$= c - \left[f'(t)\frac{(x-t)^2}{2} + f(t)\cdot x \right]_a^b$$

$$= -f'(t)\cdot\frac{(b-t)^2 - (a-t)^2}{2} - f(t)\cdot(b-a) + c$$

$$= -\frac{b-a}{2}\cdot(a+b-2t)f'(t) - (b-a)f(t) + c$$

$$= (b-a)\left\{\left(t - \frac{a+b}{2}\right)f'(t) - f(t)\right\} + c.$$

$b - a > 0$ より $\dfrac{dS}{dt}$ は次と同符号：

$$f'(t) + \left(t - \frac{a+b}{2}\right)f''(t) - f'(t)$$

$$= \underbrace{f''(t)}_{\text{正}} \cdot \left(\underbrace{\boxed{t - \frac{a+b}{2}}}_{\text{符号決定部}}\right).$$

t	$\cdots$	$\dfrac{a+b}{2}$	$\cdots$
dS/dt	$-$	0	$+$
S	↘	最小	↗

よって右表を得る．

よって，求める値は $t = \dfrac{a+b}{2}$．//

(2) **着眼** (1)の $f(x)$ をどんな具体的関数にするか？積分して「log」になる関数といえば…

方針 2 つの不等式を示します．片方は(1)の誘導から「接線」を利用．もう一方は，「弦」を使います．(1)の S は，$f(x)$ と $l(x)$ の「誤差」を表すと考えられますから，区間の中点で接線を引くと最良近似ができることがわかっています．■

$f(x) = \dfrac{1}{x}$ $(x > 0)$ とおくと

$f'(x) = \dfrac{-1}{x^2}$ は増加するからグラフは**下に凸**．よって右図において，

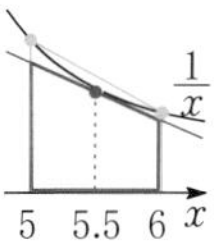

最左辺の台形は右図を利用して

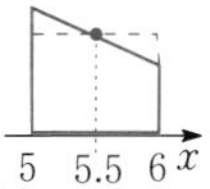

$$\frac{1}{5.5}\cdot 1 < \int_5^6 \frac{1}{x}\,dx < \frac{1}{2}\left(\frac{1}{5} + \frac{1}{6}\right)\cdot 1.$$

$$\frac{2}{11} < \Big[\log x\Big]_5^6 < \frac{11}{60}.$$

$$0.18181\cdots < \log\frac{6}{5} < 0.18333\cdots.$$

$$\therefore 0.1818 < \log\frac{6}{5} < 0.1834. \ \square$$

解説 曲線の**凹凸**を利用して不等式を作る方法として，本問で学んだ**「弦」・「接線」による評価**は必ず覚えておきましょう．「接線」は区間の**中点**で引くと最良近似が得られることも合わせて．

第4章 積分法

4 図計の計量・発展

面積，体積，弧長の計量に関する発展的な話題をいくつか

例題 4 9 j 極方程式と面積 根底 実戦

[→演習問題 4 11 23]

(1) α, β は定数で $0 \leqq \alpha < \beta < 2\pi$ とし，θ の関数 $r(\theta)$ は連続な増加関数とする．θ が $\alpha \leqq \theta \leqq \beta$ の範囲で動くとき，原点 O と動点 P：$\begin{cases} x = r(\theta)\cdot\cos\theta \\ y = r(\theta)\cdot\sin\theta \end{cases}$ を結ぶ線分 OP が通過する領域 D の面積 S が，

$S = \displaystyle\int_\alpha^\beta \frac{1}{2} r(\theta)^2\, d\theta$ を満たすことを，区分求積法を用いて示せ．

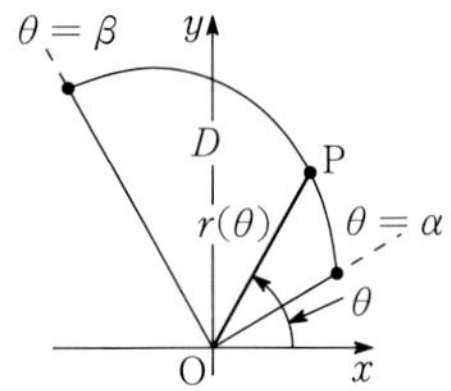

(2) 曲線 C：$\begin{cases} x = \theta\cos\theta \\ y = \theta\sin\theta \end{cases}$ $\left(0 \leqq \theta \leqq \dfrac{\pi}{2}\right)$ と x 軸，y 軸で囲まれる部分の面積 T を求めよ．

注　「極方程式」7 8「極方程式」という用語は未習でも，内容理解には支障ありません．

解答　(1)　**着眼**「$\frac{1}{2} r(\theta)^2\, d\theta$」は，右図のような微小角に対応する扇形の面積を意味します．

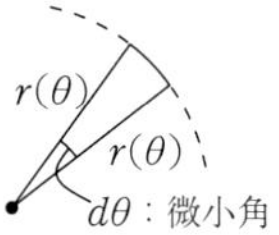

そこで領域 D を微小角に分割し，区分求積法の形に持ち込みます．■

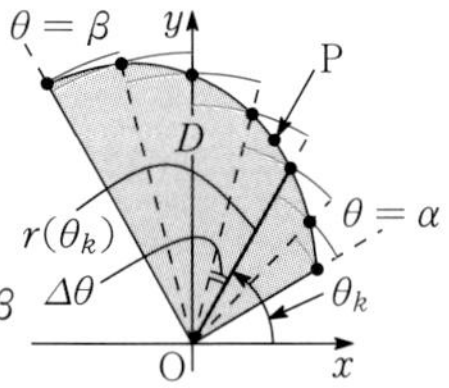

角 θ の範囲：$\alpha \leqq x \leqq \beta$ を n 等分して得られる

$(\alpha =)\theta_0, \theta_1, \theta_2, \cdots, \theta_n (= \beta)$

を用いて，D を角の大きさ $\Delta\theta := \dfrac{\beta - \alpha}{n}$ である n 個の部分に分割する．$\theta_k \leqq \theta \leqq \theta_{k+1}$ の部分の面積 S_k について，次が成り立つ：

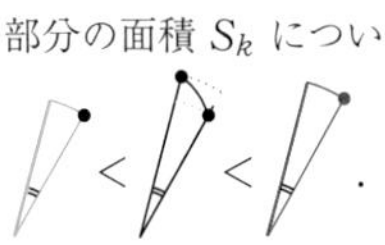

$$\frac{1}{2} r(\theta_k)^2 \cdot \Delta\theta < S_k < \frac{1}{2} r(\theta_{k+1})^2 \cdot \Delta\theta. \quad {}^{1)}$$

左側の不等式を $k = 0, 1, 2, \cdots, n-1$ について辺々加えると

$$S > \sum_{k=0}^{n-1} \frac{1}{2} r(\theta_k)^2 \cdot \Delta\theta \xrightarrow[n \to \infty]{} \int_\alpha^\beta \frac{1}{2} r(\theta)^2\, d\theta.$$

右側の不等式についても同様にして

$$S < \sum_{k=0}^{n-1} \frac{1}{2} r(\theta_{k+1})^2 \cdot \Delta\theta \xrightarrow[n \to \infty]{} \int_\alpha^\beta \frac{1}{2} r(\theta)^2\, d\theta.$$

よって"はさみうち"より

$$\lim_{n \to \infty} S = S = \int_\alpha^\beta \underbrace{\frac{1}{2} r(\theta)^2\, d\theta}_{\text{微小な扇形の面積}}. \ \square$$

(2)　**方針**　ここでは，「パラメタ曲線」とみて面積を求めるのではなく，(1)を利用します．■

θ は増加関数だから，(1)において $r(\theta) = \theta, \alpha = 0, \beta = \dfrac{\pi}{2}$ として，

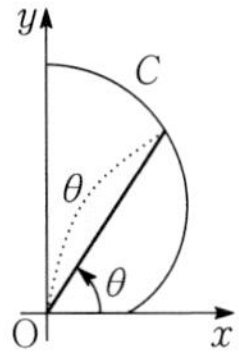

$$T = \int_0^{\frac{\pi}{2}} \frac{1}{2} \theta^2\, d\theta$$

$$= \frac{1}{2} \left[\frac{\theta^3}{3} \right]_0^{\frac{\pi}{2}} = \frac{1}{6} \left(\frac{\pi}{2} \right)^3 = \frac{\pi^3}{48}. //$$

解説　1)：この評価がしやすいよう，$r(\theta)$ は単調増加だとしましたが，減少でも，単調でなくても(1)の結果は成り立ちます．

ただし，(1)の結果を試験で証明抜きに使って良いかどうかは，例によって採点者の趣味次第．

注　(1)の P の軌跡は，極方程式で $r = r(\theta)$ と表せます．(2)の C は，$r = \theta$ です．

参考　極方程式で表された曲線の長さに関する内容が，**演習問題 4 11 23 発展**にあります．

例題 4 9 k 円柱と平面 根底 実戦 典型

[→演習問題 4 11 25]

直円柱側面 C：$x^2 + y^2 = r^2$ $(z \geqq 0)$ と平面 α：$z = y$，および xy 平面で囲まれる部分を D とする．

(1) D の体積 V を求めよ．　　(2) D の表面積 S を求めよ．

解答 (1) **着眼** まずは積分変数を選びます．直円柱は，軸に垂直に切れば断面は円ですが，平面 α による切り口も考えると「弓形」が現れて不利．一方，軸に平行に切れば断面は"帯状領域"となるのでトク．よって，x 軸または y 軸に垂直に切ります．どちらでも大差なくできますが，ここでは前者を選択します．（その方が(2)で有利）

方針 断面が把握しにくいと感じたら，D を囲む 3 つの図形：円柱側面 C，斜めな平面 α，xy 平面のそれぞれの切り口をまず考え，その後でそれら切り口で囲まれる図形を考えましょう．**例題451** で用いた「**切ってから重ねる**」という考え方です．■

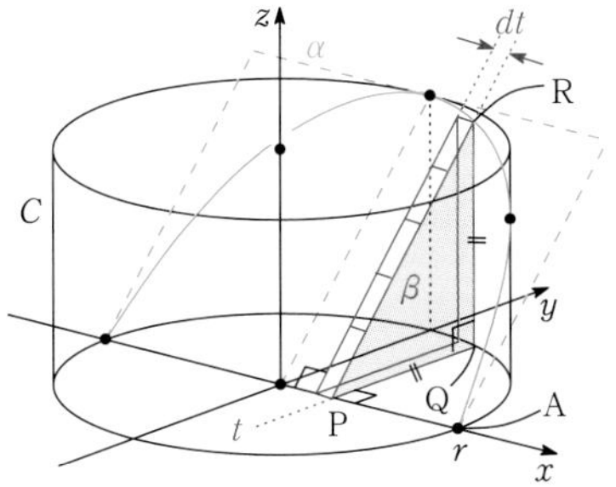

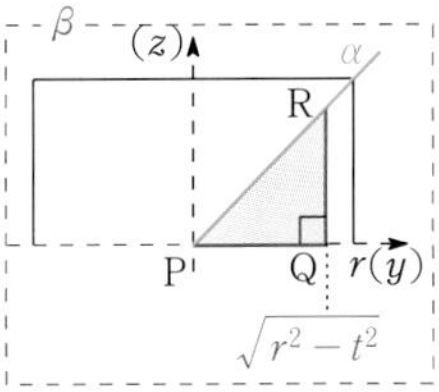

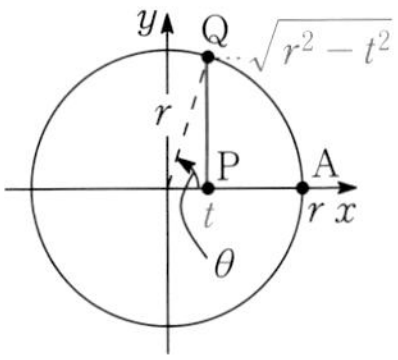

平面 β: $x=t\ (-r \leq t \leq r)$ による D の切り口を考える．C, α, xy 平面の切り口は，それぞれ前図において

線分 QR，線分 PR，線分 PQ である．

よって，D の β による切り口は上図のような直角二等辺三角形だから，求める体積は

$$V=\int_{-r}^{r}\frac{1}{2}\left(\sqrt{r^2-t^2}\right)^2 dt \quad \text{（偶関数）}$$

$$=\int_0^r (r^2-t^2)\,dt = r^3-\frac{r^3}{3}=\frac{2}{3}r^3. /\!/$$

(2) **方針** (1)の**方針**と同様，D を囲む 3 つの図形それぞれにおける表面積を考えます．■

求める表面積を，C 上，α 上，xy 平面上の 3 つに分け，それぞれの面積を S_1, S_2, S_3 とする．

まず，S_3 は半円の面積であり，$\frac{1}{2}\pi r^2$.

次に S_2．PR は x 軸と垂直だから，

$$S_2=\underbrace{\int_{-r}^{r}}_{\text{細かく集める}}\underbrace{\overbrace{\mathrm{PR}}^{\text{縦}}\ \overbrace{dt}^{\text{微小横幅}}}_{\text{細長長方形の面積（1 辺が PR）}}$$

（垂直）

$$=\int_{-r}^{r}\sqrt{2}\underbrace{\sqrt{r^2-t^2}}_{\mathrm{PQ}}\,dt \ ^{1)}$$

$$=\sqrt{2}\times(\text{半円の面積})=\frac{\sqrt{2}}{2}\pi r^2.$$

最後に S_1．C の直線 $x=r, y=0$ を切れ目とした展開図上に，A を原点とする XZ 平面をとり，Q, R が移される点をそれぞれ Q′, R′ とする．

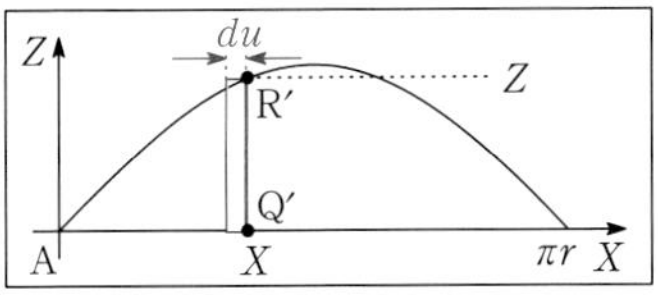

R′(X, Z) とすると，前図の角 θ を用いて

$X=\widehat{\mathrm{AQ}}=r\theta$,

$Z=\mathrm{QR}=\mathrm{PQ}=r\sin\theta$.

よって R′ の軌跡は

$$Z=r\sin\frac{X}{r}\ (0 \leq X \leq \pi r).\ ^{2)}$$

$$\therefore\ S_1=\int_0^{\pi r} r\sin\frac{X}{r}\,dX$$

$$=r^2\left[+\cos\frac{X}{r}\right]_{\pi r}^{0}=2r^2.$$

以上より，求める表面積は

$$S=\frac{1}{2}\pi r^2+\frac{\sqrt{2}}{2}\pi r^2+2r^2=\left(\frac{1+\sqrt{2}}{2}\pi+2\right)r^2. /\!/$$

注 1)：どの t に対しても PR は PQ の $\sqrt{2}$ 倍ですから，PR の通過領域の面積は，PQ の通過領域の面積の $\sqrt{2}$ 倍になります．後者は円（の半分）．前者は楕円（の半分）です．直円柱を平面で斜めに切ると，切り口に楕円が現れることは有名です．

2)：直円柱を平面で斜めに切ると，側面の展開図にサインカーブが現れることは有名です．

例題491 y 軸回転体の体積（抽象） 根底 実戦 典型 入試 [→演習問題479]

a, b, k は定数で $0 < a < k < b$ とする．$f(x)$ は微分可能であり右の条件を満たす．xy 平面上で，曲線 C: $y = f(x)$ と x 軸で囲まれる部分を D とする．

$f(a) = f(b) = 0.$

$$f'(x)\begin{cases} > 0\ (x < k) \\ = 0\ (x = k) \\ < 0\ (x > k). \end{cases}$$

(1) D を y 軸のまわりに 1 回転してできる立体 K の体積を V として，関係式：$V = \int_a^b 2\pi x f(x)\,dx$ が成り立つことを示せ．

(2) ハイレベル↑ C が直線 $x = k$ に関して対称であるとき，D の面積を S として，(1)の V との間に関係式：$V = 2\pi k\cdot S$ が成り立つことを示せ．

解答 (1) **注** 例題45e(3)と同内容を一般化しただけ．やるべきことも全く同様．

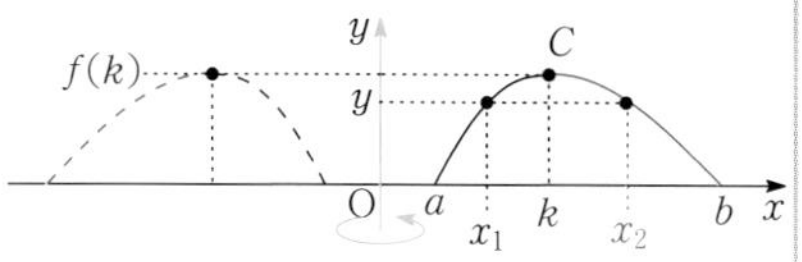

$C\,(a \leq x \leq k)$ 上の点を (x_1, y),
$C\,(k \leq x \leq b)$ 上の点を (x_2, y) とすると，
x_1, x_2 は各々 y の**関数**，$0 \leq x_1 \leq x_2$.

∴ $V =$  $-$ 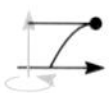

$$= \int_0^{f(k)} \pi x_2{}^2\,dy - \int_0^{f(k)} \pi x_1{}^2\,dy.$$

方針 「立式」は dy,「積分計算」は dx. ■

ここで，

$dy = f'(x)\,dx.$ ‥‥ これは x_1, x_2 共通

y	$0 \to f(k)$
x_1	$a \to k$

,

y	$0 \to f(k)$
x_2	$b \to k$

.

$$\therefore \frac{V}{\pi} = \int_b^k x_2{}^2\cdot f'(x)\,dx_2 - \int_a^k x_1{}^2\cdot f'(x)\,dx_1$$

$$= \int_b^k x^2 f'(x)\,dx + \int_k^a x^2 f'(x)\,dx$$

$$= \int_b^a x^2 f'(x)\,dx$$ ‥‥ 1つの $\int$ にまとまった！

（$x^2 \downarrow 2x$, $f'(x) \uparrow f(x)$）

$$= \Big[x^2 f(x)\Big]_b^a + 2\int_a^b x\cdot f(x)\,dx.$$

$$\therefore V = \int_a^b 2\pi x f(x)\,dx.\ \square$$

(2) **着眼** 例題49b(1)の結果を覚えていますか？

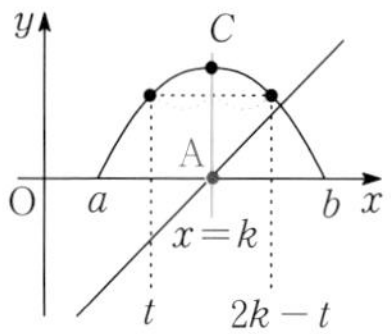

C が直線 $x = k$ に関して対称ですから，点 A$(k, 0)$ に関して点対称なグラフをもつ 1 次関数 $x - k$ を掛ければ，区間 $[a, b]$ で積分すると"消える"関数が得られるはずです．
ただし，この知識を証明抜きに使うのはマズイ気がするので，証明過程を再現しておきます．（例題49b(1)とは関数の名称が変わってますよ．）■

題意の条件より

$a = k - c,\ b = k + c\ (c > 0)$ とおけて，

$f(2k - t) = f(t).$ ‥‥①

(1)より

$$\frac{V}{2\pi} = \int_{k-c}^{k+c} \{(x - k)f(x) + kf(x)\}\,dx.\ \cdots②$$

ここで，$t = 2k - x$ と置換すると

$$I := \int_{k-c}^{k+c} (x - k)f(x)\,dx$$

$$= \int_{k+c}^{k-c} (k - t)f(2k - t)(-dt)$$

$$= \int_{k-c}^{k+c} (k - t)f(t)\,dt\ (\because\ ①)$$

$$= -I.\ \therefore I = 0.$$

これと②より

$$V = 2\pi k\int_{k-c}^{k+c} f(x)\,dx = 2\pi k\cdot S.\ \square$$

参考 本問で証明した結果のもつ“意味”を考えてみましょう.

(1)

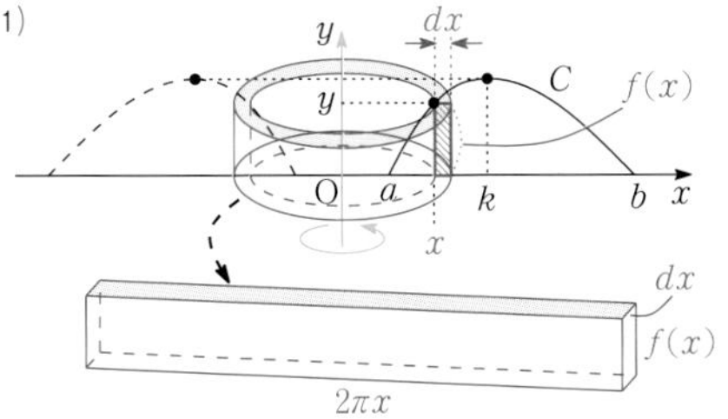

領域 D の一部である細長い長方形(赤斜線部)を y 軸回転して得られる薄い“シリンダー”(円筒)は，それをまっすぐにのばしてできる薄い直方体で近似でき，その微小体積は

$$2\pi x\cdot f(x)\cdot dx.$$

これを $a \leq x \leq b$ の範囲で細かく沢山集めて

$$\int_a^b 2\pi x f(x)\,dx$$

とすることにより，立体 K の体積 V が得られたという訳です．俗に **“シリンダー分割方式”** などと呼ばれます．(日本では“バウムクーヘン”と呼ぶ人が多いらしいですが．(笑))

(2)

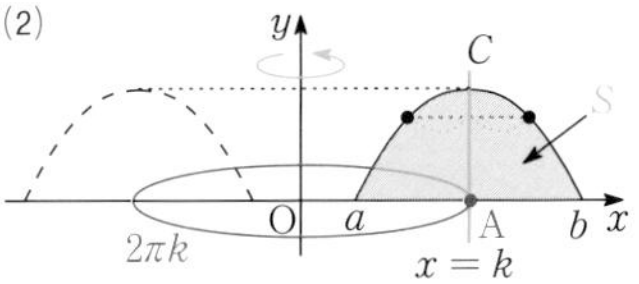

この結果の意味は次の通りです：

$$V = 2\pi k \times S$$

($2\pi k$：D の対称軸上にある A が描く円周の長さ，S：D の面積)

これは，「**パップス・ギュルダンの定理**」と呼ばれるものの特殊なケースです．

例えば**例題 4 5 e**(3)の結果を検証してみます．

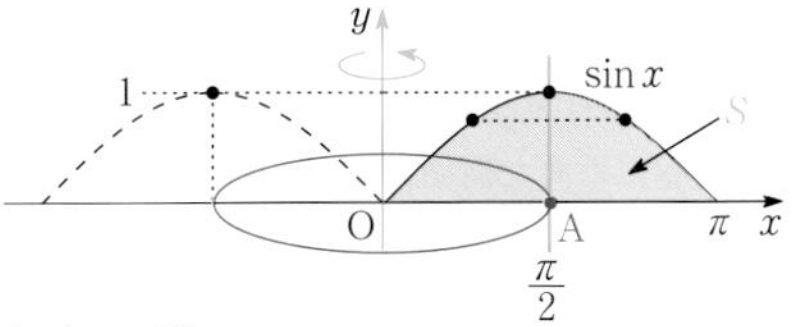

領域の面積は

$$S = \int_0^\pi \sin x\,dx = \Big[\cos x\Big]_\pi^0 = 2.$$

対称軸上の点 A が描く円周の長さは

$$2\pi\cdot\frac{\pi}{2} = \pi^2.$$

これらの積：$2\pi^2$ は，たしかに答えの体積の値と一致していますね．

注 領域が，回転軸を含む平面上にあるときのみ有効な定理です．

注意！ 本問の結果を，試験で証明抜きに使って良いかどうかは，例によって採点者の趣味としか言いようがありません(笑)．こうした知識との付き合い方について，[→**次のコラム**].

コラム

いわゆる“ウラワザ”について

上記「シリンダー分割方式」「パップス・ギュルダンの定理」や「極方程式による面積」[→**例題 4 9 j**]などはいわゆる“ウラワザ”であり，それに対する反応は，次のように二極分化します：

1. こうした美しい結果が導かれるプロセスそのものに感銘を受ける． 筆者は断然こっち
2. 証明過程など興味なし．結果だけ丸暗記し，考えないで答えを楽に出すシステムとして重宝がる．

どちらが正しい姿勢であるかを議論するつもりはありません．その人個人の“価値観”の問題ですので．ここでは，筆者の経験を通していくつか情報を提供するに留めておきます．

∘ 入試における定理としての使用の可否については，いつも申しておりますように「諸説あります」としか言えません．ただし，嫌う大人も多いという事実は間違いなくあります．また，ウラワザ答案を見た瞬間に採点者の“スイッチ”が入り，基準が厳しくなると伝聞します．

∘ 一般的に，1．のタイプの学生の方が，伸びます．また，指導者サイドにおいても，“できる先生”ほど余計な“ウラワザ”なんぞ教えず“普通のこと”だけやる傾向にあります．

これらの情報をもとに，自身で付き合い方を決めていってくださーい(笑)．

例題 49m 斜回転体の体積 根底 実戦 入試

[→演習問題 4 11 24]

曲線 C: $y=f(x)$ と直線 l: $y=x$ で囲まれる部分を l のまわりに1回転してできる立体 K の体積を V とする．次の(1)，(2)について，V をそれぞれ求めよ．

(1) $f(x)=x+2\sin x\ (0\leq x\leq\pi)$　ハイレベル(2) $f(x)=x+3\sin x\ (0\leq x\leq\pi)$

着眼 座標軸（と平行な直線）以外を回転軸とする回転体です．**斜回転体**と呼ばれたりします．といっても基本は変わりません：

回転軸方向に座標軸をとる．（t 軸）
t 軸に垂直な断面積を考える．
それと垂直な微小な厚みの積を，
t の所定の範囲で細かく沢山集める．

注 体積を定積分で「立式」することと，「積分計算」とを切り離して考えます．

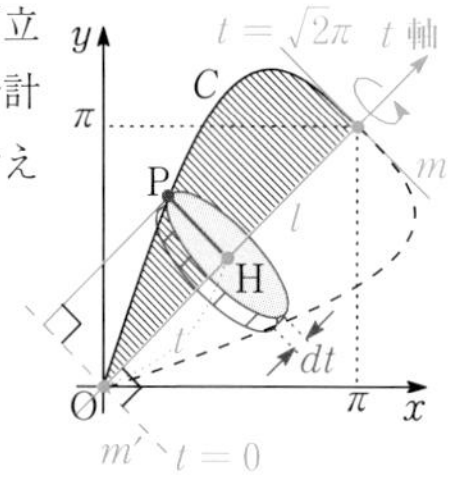

解答 (1) $0\leq x\leq\pi$ のもとで考える．

C 上の任意の点 $P(x,\ x+2\sin x)$ から直線 l: $x-y=0$ へ下ろした垂線の足を H とする．

$(x+2\sin x)'=1+2\cos x\geq-1$ …①

だから，P は図の直線 m に対して O と同じ側[1]にある．よって，$t=\mathrm{OH}$ とおくと，（実質的に「t 座標」）

PH は t の関数である．（t に対して，PH は1つに定まる）

$$V=\int_0^{\sqrt{2}\pi}\pi\mathrm{PH}^2\,dt.$$

（断面積 × 微小な厚み（垂直），薄い柱の体積，細かく集める，「立式」は dt）

ここで，（点と直線の距離公式）

$$\mathrm{PH}=\frac{|x-(x+2\sin x)|}{\sqrt{2}}=\sqrt{2}\sin x.$$

また，$t=\mathrm{OH}$ は P から直線 m': $x+y=0$ へ下ろした垂線の長さだから

$$t=\frac{|x+(x+2\sin x)|}{\sqrt{2}}=\sqrt{2}(x+\sin x).$$

$$\frac{dt}{dx}=\sqrt{2}(1+\cos x).\ \cdots②$$

i.e. $dt=\sqrt{2}(1+\cos x)\,dx$.

また，t と x の対応は右の[2]通り．

t	$0\ \rightarrow\ \sqrt{2}\pi$
x	$0\ \rightarrow\ \pi$

したがって（「積分計算」は dx）

$$\frac{V}{\pi}=\int_0^{\pi}(\sqrt{2}\sin x)^2\cdot\sqrt{2}(1+\cos x)\,dx$$

$$=2\sqrt{2}\int_0^{\pi}\sin^2x(1+\cos x)\,dx$$

$$=2\sqrt{2}\int_0^{\pi}\left(\frac{1-\cos 2x}{2}+\sin^2x\cos x\right)dx$$

$$V=2\sqrt{2}\pi\left[\frac{x}{2}-\frac{\sin 2x}{4}+\frac{\sin^3x}{3}\right]_0^{\pi}=\sqrt{2}\pi^2.\ /\!/$$

解説 別に特別なことはしていません（笑）．

注 1)：何を言わんとしているかは，(2)と対比するとわかります．

2)：H の O からの距離を表す t の値と，それに対応する P の横座標 x との対応関係を，よく考えてみてください．

(2) **注** (1)の「$2\sin x$」が「$3\sin x$」に変わりました．C が直線 m に関して O と反対側へはみ出しそう．それを念頭に置いて解答します．■

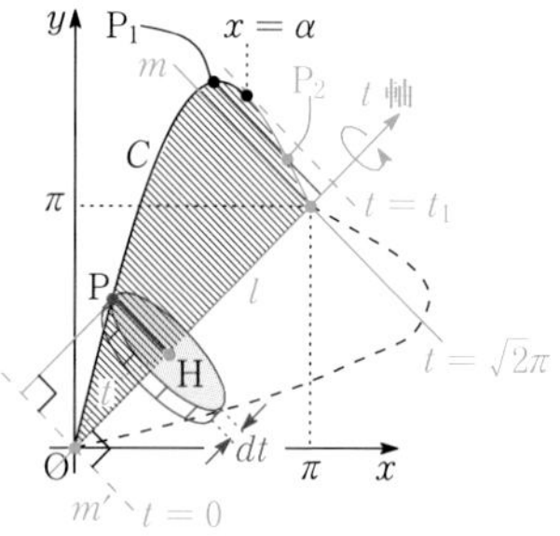

$0\leq x\leq\pi$ のもとで考える．C 上の任意の点 $P(x,\ x+3\sin x)$ から直線 l: $x-y=0$ へ下ろした垂線の足を H とすると，

$$\mathrm{PH}=\frac{|x-(x+3\sin x)|}{\sqrt{2}}=\frac{3}{\sqrt{2}}\sin x.$$

また，$t=\mathrm{OH}$ は P から直線 m': $x+y=0$ へ下ろした垂線の長さだから

$$t=\frac{|x+(x+3\sin x)|}{\sqrt{2}}=\frac{2x+3\sin x}{\sqrt{2}}.$$

$$\therefore\ \frac{dt}{dx}=\frac{2+3\cos x}{\sqrt{2}}.$$ [3)]

$$\cos\alpha=-\frac{2}{3}\ (0<\alpha<\pi)$$

を満たす α が 1 つに定まり，x に対する t の増減は次表の通り：

x	$0\ \cdots\ \alpha\ \cdots\ \pi$
dt/dx	$+\ \ 0\ \ -$
t	$0\ \nearrow\ t_1\ \searrow\ \sqrt{2}\pi$

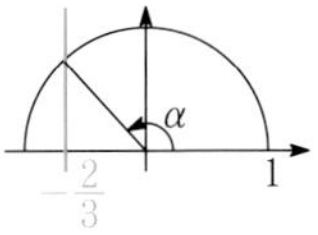

$x=\alpha$ に対応する t の値を t_1 とおいた．[4)]

$C\,(0\leq x\leq\alpha)$ 上の点 P を $\mathrm{P_1}$, $C\,(\alpha\leq x\leq\pi)$ 上の点 P を $\mathrm{P_2}$ とすると，

$\mathrm{P_1H}$, $\mathrm{P_2H}$ は各々 t の関数である．

$$V=\int_0^{t_1}\pi\mathrm{P_1H}^2\,dt-\int_{\sqrt{2}\pi}^{t_1}\pi\mathrm{P_2H}^2\,dt$$

また，t と x の対応は右の通り．

$\mathrm{P_1}$

t	$0\ \to\ t_1$
x	$0\ \to\ \alpha$

$\mathrm{P_2}$

t	$\sqrt{2}\pi\ \to\ t_1$
x	$\pi\ \to\ \alpha$

したがって

$$\frac{V}{\pi}=\underbrace{\int_0^{\alpha}\left(\frac{3}{\sqrt{2}}\sin x\right)^2\cdot\frac{2+3\cos x}{\sqrt{2}}}_{g(x)\text{ とおく}}dx-\int_{\pi}^{\alpha}g(x)\,dx$$

$$=\int_0^{\pi}g(x)\,dx$$ [5)]

$$=\frac{9}{2\sqrt{2}}\int_0^{\pi}\sin^2x(2+3\cos x)\,dx$$

$$=\frac{9}{2\sqrt{2}}\int_0^{\pi}(1-\cos 2x+3\sin^2x\cos x)\,dx$$

$$V=\frac{9}{2\sqrt{2}}\pi\left[x-\frac{\sin 2x}{2}+\sin^3x\right]_0^{\pi}=\frac{9\sqrt{2}}{4}\pi^2.\ /\!/$$

解説 [3)]：x に対する「t 座標」の増減を調べることによって，逆に $t(=\mathrm{OH})$ に対して x が（つまり P が）一意対応するか否かを調べようとしています．(1)でも②式により同様に調べられますが，①により直観的に片づけました．

[4)5)]：t の最大値，およびそのときの x の値 α は，積分計算過程で消えてしまうことを見越して解答しています．もちろん，経験があって初めてできることです．

例題 4 9 n 円の伸開線 根底 実戦 典型 入試

[→演習問題 4 11 27]

r は正の定数とする．半円 C: $x^2+y^2=r^2\ (y\geq 0)$ に糸がたるまないように巻き付けてある．点 $\mathrm{A}(r,0)$ にある糸の端 P を持ち，ピンと張った状態で糸を C から最後までふりほどいていく．

(1) 糸と C の接点を Q として，線分 PQ の通過領域 D の面積 S を求めよ．

(2) P の軌跡 C' の長さ L を求めよ．

下書き だいたいこんなカンジ？

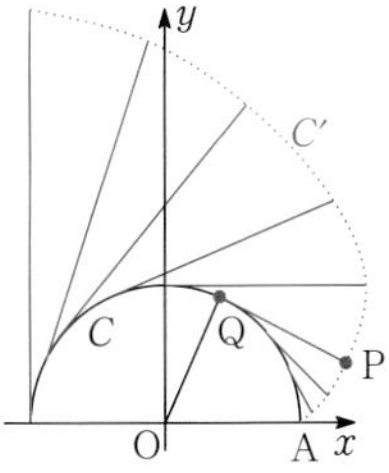

方針 P の位置は，接点 Q をもとに決まりますから，Q の位置を表すパラメタを設定します．

解答 右のように Q の偏角を $\theta\ (0\leq\theta\leq\pi)$ とすると，

$$\overrightarrow{\mathrm{OQ}}=r\begin{pmatrix}\cos\theta\\ \sin\theta\end{pmatrix}.$$

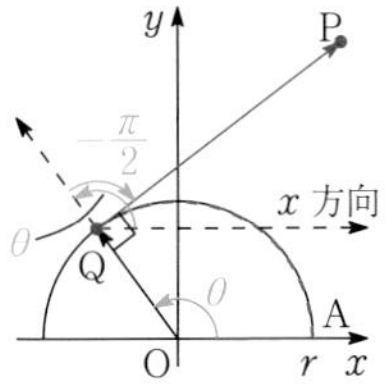

次に，

$$\mathrm{QP}=\widehat{\mathrm{AQ}}=r\theta,\ \overrightarrow{\mathrm{QP}}\text{の偏角}=\theta+\left(-\frac{\pi}{2}\right).$$

$$\therefore\overrightarrow{\mathrm{QP}}=r\theta\begin{pmatrix}\cos\left(\theta-\frac{\pi}{2}\right)\\ \sin\left(\theta-\frac{\pi}{2}\right)\end{pmatrix}=r\theta\begin{pmatrix}\sin\theta\\ -\cos\theta\end{pmatrix}.$$

$$\therefore\ \overrightarrow{\mathrm{OP}}=\overrightarrow{\mathrm{OQ}}+\overrightarrow{\mathrm{QP}}$$

$$=r\begin{pmatrix}\cos\theta\\ \sin\theta\end{pmatrix}+r\theta\begin{pmatrix}\sin\theta\\ -\cos\theta\end{pmatrix}.$$

$\cos\theta$ を c, $\sin\theta$ を s と略記し，$\mathrm{P}(x,y)$ として

$$\begin{cases}x=r(c+\theta s),\\ y=r(s-\theta c).\end{cases}$$

次ページへ続く．

注 前ページで，既に以下の結果を得ています：

$\cos\theta$ を c, $\sin\theta$ を s と略記し，$\mathrm{P}(x, y)$ として

$$\begin{cases} x = r(c+\theta s), \\ y = r(s-\theta c). \end{cases}$$

---

(1) **着眼** **下書き**の図で C' を見ると，x は y の関数っぽいですね．■

$0 \leq \theta \leq \pi$ のもとで考える．

$$\frac{dy}{d\theta} = r(c - c + \theta s) = r\theta\cdot s \geq 0.$$

よって y は θ の増加関数だから，

x は y の関数である．
また，糸のほどき方から考えて $x \geq -r$ だから，右図のようになる．

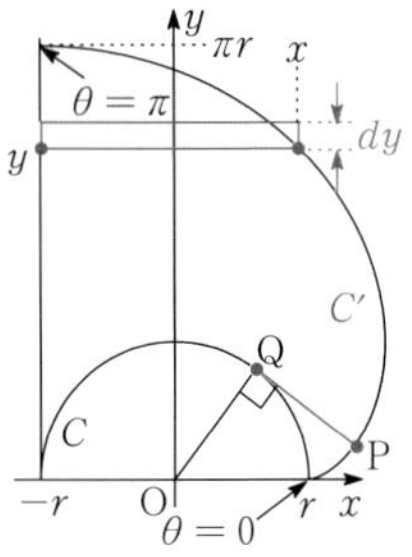

半円の面積は，$\dfrac{1}{2}\pi r^2$.

次に  の面積 T は

$$T = \int_0^{\pi r} \{x - (-r)\}\, dy.$$ 「立式」は dy

ここで，$dy = r\theta\cdot s\, d\theta$.
また，y と θ の対応は右の通り．よって，

y	0	→	πr
θ	0	→	π

$$T = \int_0^{\pi} r(c + \theta s + 1)\cdot r\theta\cdot s\, d\theta$$ 「計算」は $d\theta$

$$= r^2 \int_0^{\pi} \left(\theta\cdot\frac{\sin 2\theta}{2} + \theta^2\cdot\frac{1-\cos 2\theta}{2} + \theta\cdot s\right) d\theta.$$

ここで，

$$\int_0^{\pi} \theta\cdot\frac{\sin 2\theta}{2}\, d\theta = \left[-\theta\cdot\frac{\cos 2\theta}{4} + \frac{\sin 2\theta}{8}\right]_0^{\pi} = -\frac{\pi}{4}.$$

（$\theta \downarrow 1$，$\dfrac{\sin 2\theta}{2} \uparrow -\dfrac{\cos 2\theta}{4}$）

$$\int_0^{\pi} \frac{\theta^2}{2}\, d\theta = \frac{\pi^3}{6}.$$

$$\int_0^{\pi} \frac{\theta^2}{2}\cdot\cos 2\theta\, d\theta = \left[\frac{\theta^2}{4}\sin 2\theta\right]_0^{\pi} - \underbrace{\int_0^{\pi} \theta\cdot\frac{\sin 2\theta}{2}\, d\theta}_{\text{上と同じ定積分}}$$

（$\dfrac{\theta^2}{2} \downarrow \theta$，$\cos 2\theta \uparrow \dfrac{\sin 2\theta}{2}$）

$$= \frac{\pi}{4}.$$

$$\int_0^{\pi} \theta\cdot s\, d\theta = \Big[-\theta\cdot c + s\Big]_0^{\pi} = \pi.$$

（$\theta \downarrow 1$，$s \uparrow -c$）

以上より，求める面積は

$$S = \left(-\frac{\pi}{4} + \frac{\pi^3}{6} - \frac{\pi}{4} + \pi\right) r^2 - \frac{1}{2}\pi r^2$$

$$= \frac{\pi^3}{6} r^2. /\!/$$

参考 Q の偏角 θ の微小増加量 $d\theta$ にともなう線分 PQ の通過範囲は，右図の扇形のような図形であり，その面積は，半径 $r\theta$，中心角 $d\theta$ の扇形で近似して

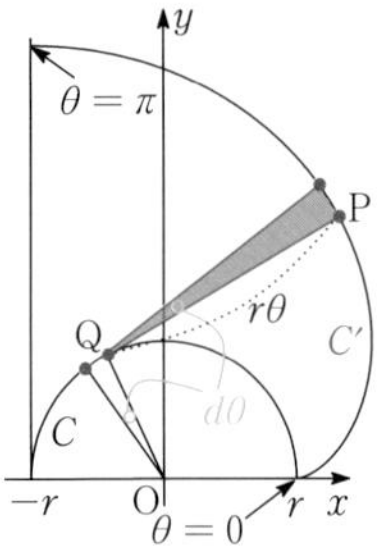

$$\frac{1}{2}(r\theta)^2\cdot d\theta.$$

これを $0 \leq \theta \leq \pi$ の範囲で細かく沢山集めることにより，線分 PQ の通過領域 D の面積は

$$S = \int_0^{\pi} \frac{1}{2}(r\theta)^2\cdot d\theta$$

$$= \frac{r^2}{2}\int_0^{\pi} \theta^2\, d\theta = \frac{\pi^3}{6} r^2.$$

なんて楽なんでしょう．でも，試験での解答としては通用しないと思われます（苦笑）．

(2) **着眼** 弧長の方がカンタンです．軌跡 C' の概形にほぼ関係なく求まってしまいますので．■

$$\frac{dx}{d\theta} = r(-s + s + \theta\cdot c) = r\theta\cdot c.$$ よって

$$\vec{v} := \begin{pmatrix} dx/d\theta \\ dy/d\theta \end{pmatrix}$$ 速度ベクトルの“つもり”で

$$= r\theta\begin{pmatrix} c \\ s \end{pmatrix}.$$ 初めから $r\theta$ を前へ

$$\therefore\ |\vec{v}| = r\theta\ (\geq 0).$$

よって求める弧長は　道のりの“つもり”で

$$L = \int_0^{\pi} |\vec{v}|\, d\theta$$ 速さの“つもり”で

$$= \int_0^{\pi} r\theta\, d\theta$$

$$= r\left[\frac{\theta^2}{2}\right]_0^{\pi} = \frac{\pi^2}{2} r. /\!/$$

参考 円 C に対して，本問のように糸をふりほどいて作られる P の軌跡 C' のことを，曲線 C の**伸開線**といいます．逆に，C は C' の**縮閉線**と呼ばれます．

例題 490 カテナリーの伸開線 根底 実戦 典型 入試

[→演習問題 4 11 27]

$f(x)=\dfrac{e^x+e^{-x}}{2}$, $g(x)=\dfrac{e^x-e^{-x}}{2}$ とする．曲線 C: $y=f(x)$ $(x \geqq 0)$ に糸がたるまないように巻き付けてある．点 A(0, 1) にある糸の端 P を持ち，ピンと張った状態で糸を C からふりほどく．

(1) $f(x)^2-g(x)^2$ を計算せよ．

(2) 糸を点 $\mathrm{Q}(t,\ f(t))$ までふりほどいたときの糸の先端 P の座標を，t および $f(t)$, $g(t)$ で表せ．

(3) t が $t \geqq 0$ の範囲で動くときの P の軌跡を T とする．T 上の点 P における T の接線 l と x 軸の交点を R とすると，その P に対応する Q と R の x 座標どうしは一致することを示せ．

方針 ①の結果をフル活用します．与えられた関数の名称 f, g を用いて簡潔に表しましょう．こうした手法は，経験済みですね．[→例題 3 6 a (4)]

解答

(1) $f(x)^2-g(x)^2=\{f(x)+g(x)\}\{f(x)-g(x)\}$
$$=e^x \cdot e^{-x}=1. /\!/ \cdots ①$$

(2) $f(t)$ を f, $f'(t)$ を f' などと略記する．$f'=g$, $g'=f$ である．$\mathrm{QP}=\widehat{\mathrm{AQ}}$. そこで，弧長 $\widehat{\mathrm{AQ}}$ を求めると

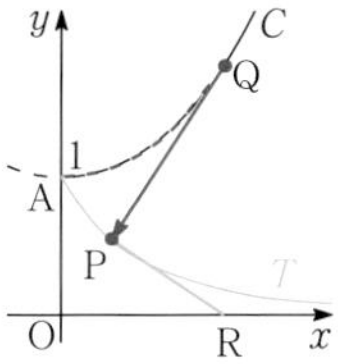

$$\widehat{\mathrm{AQ}}=\int_0^t \sqrt{1+f'(x)^2}\,dx$$
$$=\int_0^t \sqrt{1+g(x)^2}\,dx$$
$$=\int_0^t \sqrt{f(x)^2}\,dx\ (\because\ ①)$$
$$=\int_0^t f(x)\,dx=\Big[g(x)\Big]_0^t=g.$$

また，$\overrightarrow{\mathrm{QP}}$ は $\begin{pmatrix}1\\ f'\end{pmatrix}=\begin{pmatrix}1\\ g\end{pmatrix}$ と平行で x 成分は負だから

$$\overrightarrow{\mathrm{OP}}=\overrightarrow{\mathrm{OQ}}+\overrightarrow{\mathrm{QP}}$$
$$=\begin{pmatrix}t\\ f\end{pmatrix}+(-g)\frac{1}{\sqrt{1+g^2}}\begin{pmatrix}1\\ g\end{pmatrix}$$
$$=\begin{pmatrix}t\\ f\end{pmatrix}-\frac{g}{f}\begin{pmatrix}1\\ g\end{pmatrix}.\ (\because\ ①)$$

よって $\mathrm{P}(x,\ y)$ とおくと

$$\begin{cases} x=t-\dfrac{g}{f}, \\ y=f-\dfrac{g^2}{f}=\dfrac{f^2-g^2}{f}=\dfrac{1}{f}. /\!/ \end{cases} (\because\ ①)$$

言い訳 ホントは，答えくらいは「$f(t)$」などと書いた方がよいです．■

(3) $\mathrm{P}(x,\ y)$ の軌跡について考える．

$$\frac{dx}{dt}=1-\frac{g'f-gf'}{f^2}=1-\frac{f^2-g^2}{f^2}=\frac{g^2}{f^2},$$
$$\frac{dy}{dt}=\frac{-f'}{f^2}=\frac{-g}{f^2}.$$

よって，P における T の接線 l の方向ベクトルは

$$\vec{v}:=\begin{pmatrix}dx/dt\\ dy/dt\end{pmatrix}=\frac{g}{f^2}\begin{pmatrix}g\\ -1\end{pmatrix}.$$

よって右図の直角三角形 PHR に着目すると

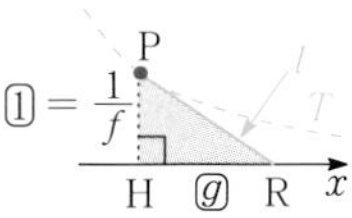

$$\mathrm{HR}=\frac{1}{f}\cdot g=\frac{g}{f}.$$

$$\therefore\ x_{\mathrm{R}}=t-\frac{g}{f}+\frac{g}{f}=t=x_{\mathrm{Q}}.\ \square$$

注 「f」のところを全て「$f(t)$」と書いたら，はたまた「$\dfrac{e^t+e^{-t}}{2}$」と具体的に書いたらどうなったかと思うとゾッとしますね (笑).

参考 直角三角形 PHR の 3 辺比は

$$\mathrm{HR}:\mathrm{HP}:\mathrm{PR}=g:1:\sqrt{1+g^2}=g:1:f.$$

よって $\mathrm{PR}=\dfrac{1}{f}\cdot f=1$(一定) ですね．

つまり x 軸上を正の向きに進む人が，長さ 1m のロープである物体 P を引っ張っていくとき，P は曲線 T に沿って進むことができる訳です．

語記サポ なので，T は牽引線（けんいん），英名：トラクトリクス =tractrix と呼ばれます．C はカテナリー =catenary といいます．いずれも有名曲線です．

例題 49p 弧長の差 ハイレベル↑ 根底 実戦 入試

a, b, r は定数で，$a<b, r>0$ とする．関数 $f(x)$ は 2 回微分可能であり，$f''(x)$ は負で連続であるとする．曲線 C: $y=f(x)$ の $a \le x \le b$ の部分の長さを L とし，$x=a, b$ における接線の傾きをそれぞれ $\tan\alpha$, $\tan\beta$ $\left(-\frac{\pi}{2}<\beta<\alpha<\frac{\pi}{2}\right)$ とする．

C 上の任意の点 $\mathrm{P}(t, f(t))$ における C の法線上に，$\mathrm{PQ}=r$ となる点 Q を P より上側にとる．P が $a \le t \le b$ で動くときの Q の軌跡 C' の長さを L' とすると，$L'-L=r(\alpha-\beta)$ が成り立つことを示せ．

方針 点 Q は，P の x 座標 t を用いてパラメタ表示できます．あとは，機械的に弧長を計算するまでです．

注 表記の簡潔さを心掛けましょう．

解答

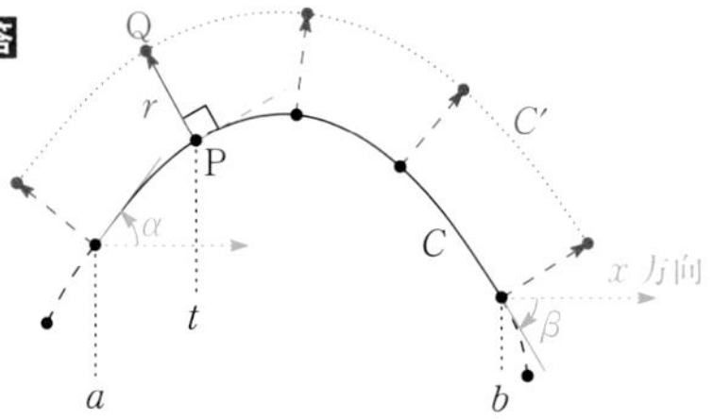

$$L=\int_a^b \sqrt{1+f'(x)^2}\,dx. \cdots ①$$

以下，$f(t)$ を f，$f'(t)$ を f'，$f''(t)$ を f'' と略記する．

P における C の接線の方向ベクトルは

$$\vec{v}=\begin{pmatrix}1\\ f'\end{pmatrix}.$$

$\overrightarrow{\mathrm{PQ}}$ はこれと垂直で，その y 成分は正だから，

$\overrightarrow{\mathrm{PQ}}$ は $\begin{pmatrix}-f'\\ 1\end{pmatrix}$ と同じ向き．

したがって

$$\begin{aligned}\overrightarrow{\mathrm{OQ}}&=\overrightarrow{\mathrm{OP}}+\overrightarrow{\mathrm{PQ}}\\ &=\begin{pmatrix}t\\ f\end{pmatrix}+r\cdot\frac{1}{\sqrt{1+f'^2}}\begin{pmatrix}-f'\\ 1\end{pmatrix}.\end{aligned}$$

方針 これが Q のパラメタ表示．t を「時刻」だとイメージして，速度ベクトルに相当するものを求めます．■

$\mathrm{Q}(x, y)$ とおくと

$$x=t-r\cdot\frac{f'}{\sqrt{1+f'^2}}.$$

$$\begin{aligned}\frac{dx}{dt}&=1-r\cdot\frac{f''\sqrt{1+f'^2}-f'\cdot\dfrac{2f'f''}{2\sqrt{1+f'^2}}}{1+f'^2}\\ &=1-\frac{r}{(1+f'^2)^{\frac{3}{2}}}\left\{f''(1+f'^2)-f'^2f''\right\}\\ &=1-\frac{rf''}{(1+f'^2)^{\frac{3}{2}}}.\end{aligned}$$

$$y=f+r\cdot\frac{1}{\sqrt{1+f'^2}}.$$

$$\begin{aligned}\frac{dy}{dt}&=f'+r\cdot\frac{-1}{2}\cdot\frac{2f'f''}{(1+f'^2)^{\frac{3}{2}}}\\ &=\left\{1-\frac{rf''}{(1+f'^2)^{\frac{3}{2}}}\right\}f'.\end{aligned}$$

よって

$$\begin{aligned}\vec{v}&:=\begin{pmatrix}dx/dt\\ dy/dt\end{pmatrix}\\ &=\underbrace{\left\{1-\frac{rf''}{(1+f'^2)^{\frac{3}{2}}}\right\}}_{f''<0\text{ より正}}\begin{pmatrix}1\\ f'\end{pmatrix}.\end{aligned}$$

$$\begin{aligned}\therefore\ |\vec{v}|&=\left\{1-\frac{rf''}{(1+f'^2)^{\frac{3}{2}}}\right\}\sqrt{1+f'^2}\\ &=\sqrt{1+f'^2}-\frac{rf''}{1+f'^2}.\end{aligned}$$

これと①より

$$L'-L=\int_a^b\left(\sqrt{1+f'(t)^2}-\frac{rf''(t)}{1+f'(t)^2}\right)dt$$

$$-\int_a^b\sqrt{1+f'(x)^2}\,dx$$ 積分変数の違いは関係なし

$$=-r\int_a^b\frac{f''(t)}{1+f'(t)^2}\,dt.$$

着眼　「$f'(t)$」をカタマリとみれば，積分計算手法**5**が使える形．それを行うと「$\dfrac{1}{1+\bigcirc^2}$」が残るので，今度は手法**6**（tan で置換）．この 2 つの工程をまとめて実行すると以下の通り：■

ここで，$f'(t)=\tan\theta\left(-\dfrac{\pi}{2}<\theta<\dfrac{\pi}{2}\right)$ …②

と置換すると，

$$分母=1+f'(t)^2=\frac{1}{\cos^2\theta}.$$

②の両辺を θ で微分して

$$f''(t)\cdot\frac{dt}{d\theta}=\frac{1}{\cos^2\theta}.\ \text{i.e.}\ f''(t)\,dt=\frac{1}{\cos^2\theta}\,d\theta.$$

また，t と θ は右のように対応する．

t	a	→	b
$f'(t)$	$\tan\alpha$	→	$\tan\beta$
θ	α	→	β

以上より

$$L'-L=-r\int_\alpha^\beta \cancel{\cos^2\theta}\cdot\frac{1}{\cancel{\cos^2\theta}}\,d\theta$$

$$=-r\Big[\theta\Big]_\alpha^\beta=r(\alpha-\beta).\ \square$$

参考　例えばトラック競技で外を回された場合にどれだけ距離を損するかがわかりましたね．コーナー部分で走路からの「垂直距離」r メートルの所を回ると，

「距離ロス」＝「垂直距離」×「角度変化」（単位：rad）

だけ余分に走らされることになります．もし「垂直距離」1m でトラックを 1 周すると，「角度変化」は π[rad] を 2 回繰り返すことになるので

「距離ロス」$=1[\text{m}]\times2\pi=2\pi[\text{m}]\fallingdotseq6.3[\text{m}]$.

コンマ何秒かを争うトラック競技において，これはかなり大きな不利だと言えますね．

一方，直線走路を斜めに走っても距離ロスはほとんど生じませんでしたね．［→例題**3 7 0**(2)］

ちなみに，曲線が「円」である場合には，右図における距離の差は

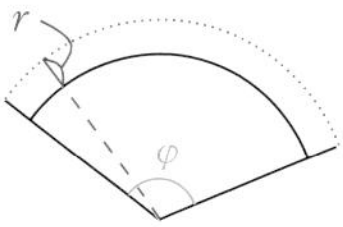

$$(a+r)\varphi-a\varphi=r\varphi.$$

ちゃんと本問の結果が成り立っていますね．

これを用いると，本問の結果を次のように直観的に捉えることもできます：

C と C' の微小部分どうしを比べると，$\overrightarrow{\text{PQ}}$ の変化は，微小角度 $\Delta\varphi$ だけ「回転」し，そのあとある向きへ「スライド」する運動を何回も繰り返していると考えられます．

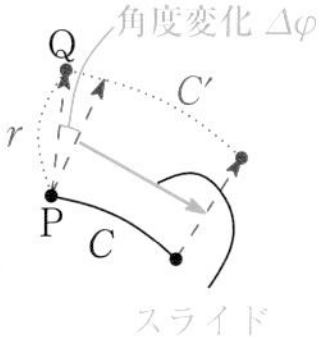

これら 2 つのうち，前者だけが長さの差：$r\cdot\Delta\varphi$ を生み出します．この微小部分における長さの差を，細かく沢山集めることにより，C と C' の長さの差：

$$r\times(\Delta\varphi\ の和)=r(\alpha-\beta)$$

が得られるという訳です．あくまでも直観的な説明でしかありませんが．

5 微分方程式

未知なる関数 $f(x)$ とその導関数 $f'(x)$ などの関係式（関数方程式）のことを**微分方程式**といい，それを満たす関数 $f(x)$ のことを**解**といいます．高校教科書では「発展的内容」扱いで，入試で頻出ではありませんが，ごく簡単なタイプに絞って，なおかつ厳密性を気にし過ぎずに軽く学んでおきましょう．

例 微分方程式 $f'(x)=xf(x)$ …① を解いてみます．まずは鑑賞してくださいね．

$y=f(x)$ とおくと，①は

$$\frac{dy}{dx}=\underset{x\text{ の式}}{x}\times\underset{y\text{ の式}}{y}.\ ^{1)}$$

i) $y=0$（定数値関数）のとき，$\frac{dy}{dx}=0$ ゆえ①は成り立つ．

ii) $y\neq 0$ のとき，①を変形して

$$\frac{1}{y}\cdot\frac{dy}{dx}=x.$$

$$\int\frac{1}{y}\cdot\frac{dy}{dx}\,dx=\int x\,dx.\ \text{（上の両辺を }x\text{ で積分した）}$$

$$\underset{\text{左辺は }y}{\int\frac{1}{y}\,dy}=\underset{\text{右辺は }x}{\int x\,dx}.\ ^{2)}\ ^{3)}\ \text{（分数式みたいに扱って OK）}$$

$$\log|y|=\frac{x^2}{2}+C\ (C\text{ は任意定数}^{4)}).$$

$$y=\pm e^{\frac{x^2}{2}+C}=\underset{D\text{ とおく}^{5)}}{\underline{\pm e^C}}\cdot e^{\frac{x^2}{2}}.$$

$$y=De^{\frac{x^2}{2}}.\ \cdots②$$

$D=0$ とすれば i) で求めた $y=0$ と一致するので，この②（D は任意定数）が微分方程式①の解です．

さらに条件：$f(0)=1$ …③ がある場合，$x=0$ のとき $y=1$ なので，$1=D\cdot 1$. ∴ $D=1$.

$$\therefore f(x)=y=e^{\frac{x^2}{2}}.\ ^{6)}$$

解説 1)：このように，$\frac{dy}{dx}=\cdots$ の右辺が x の式と y の式の積に分かれている微分方程式のことを，**変数分離形**といいます．高校数学で扱うのはこのタイプに限り，中でも「x の式」の所が「定数」であるものが多いです．

2)：置換積分法を用います．例によって「dx」や「dy」はまるで分数式のように扱って OK.

3)：変数分離形は，この形に変形して解くことができます．

4)：両辺にある積分定数を右辺にまとめて書いたのがこの「C」です．毎度毎度「任意定数」だと断らなくてもよいでしょう．

5)：大人たちは，「D」などと別の名前を付けたりせず，しれ～っと再び「C」と書いちゃったりします（笑）．例の不特定任意定数を表す記号：「const.」と同じニュアンスです．

6)：③のような特定の x における y の値に関する条件のことを**初期条件**といいます．この条件下では，解が 1 つに定まりました．実戦的には，初期条件がある問題が多いです．

注 重要度↓ ii) の「$y\neq 0$」とは，$f(x)=0$（定数値関数）ではないという意味です．局所的には（特定な x においては）$f(x)=0$ となる可能性を排除してはいませんが，高校数学ではそうした細かいことは気にしないということになっています．「注意し過ぎないでね」という注意でした（笑）．

例題 4 9 q 簡単な微分方程式 根底 実戦

[→演習問題 4 11 28]

(1) $f'(x)=f(x)$ …①, $f(0)=1$ …② を満たす関数 $f(x)$ を求めよ．

(2) 曲線 F 上の任意の点 (x,y) $(y\neq 0)$ において $\frac{dy}{dx}=-\frac{x}{y}$ …③ が成り立つという．F の方程式を求めよ．ただし，F は点 $(1,0)$ を通る．…④

着眼 いずれも変数分離形の微分方程式です．③の右辺は $-\frac{x}{y}=-x\times\frac{1}{y}$ と書けますね．

解答 (1) **着眼** 微分しても元のままの関数．どうみても答えは「$f(x)=e^x$」でしょう（②も満たす）．しかし，それをちゃんと示してくださいね．■

$y=f(x)$ とおくと，①は

$$\frac{dy}{dx}=y.$$

②より $y=0$(定数値関数) ではないから，[1)]

$$\frac{1}{y}\cdot\frac{dy}{dx}=1.$$

$$\int\frac{1}{y}\cdot\frac{dy}{dx}\,dx=\int 1\,dx.$$

$$\int\frac{1}{y}\,dy=\int 1\,dx.$$

$$\log|y|=x+C\ (C \text{ は任意定数}).$$

$$y=\pm e^{x+C}=\underbrace{\pm e^C}_{D\text{ とおく}}\cdot e^x.$$

$$y=De^x.$$

これと②より，$1=D\cdot 1$. ∴ $D=1$.

∴ $f(x)=y=e^x$.//

注 [1)]：$f(x)$ が局所的に 0 になるかもしれないことは気にしないで解きますよ．

(2) ③を変形すると

$$\frac{dy}{dx}=-x\cdot\frac{1}{y}.$$

$y\neq 0$ のもとでは，

$$y\cdot\frac{dy}{dx}=-x.$$

$$\int y\cdot\frac{dy}{dx}\,dx=-\int x\,dx.$$

$$\int y\,dy=-\int x\,dx.$$

$$\frac{y^2}{2}=-\frac{x^2}{2}+C\ (C \text{ は任意定数}).$$

$$x^2+y^2=2C.$$

これと④より，$1=2C$.

∴ F: $x^2+y^2=1$.//

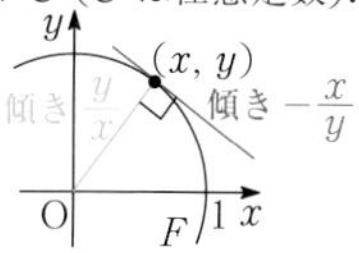

注 単位円 F 上の点 (x, y) における接線の傾きは，たしかに $-\dfrac{x}{y}$ となりますね．

例題 4 9 r 自由落下の微分方程式 根底 実戦

[→演習問題 4 11 29]

質量 m の物体 P を，時刻 $t=0$ において静かに落下させたとき，P は自身の速さに比例する空気抵抗を受けながら落下し，時刻 t における P の速さ v は次の関係を満たすとする：

$$\frac{dv}{dt}=g-\frac{k}{m}v\ (m, g, k \text{ は正の定数})\ \cdots①$$

（g は重力加速度，k は空気抵抗係数）

v を t で表し，充分時間が経ったときの v の値 v_∞ を求めよ．

着眼 ①は単純な微分方程式です．これまでの x, y が，それぞれ v, t に変わっただけ．m, g, k は定数．t, v だけが変数ですよ．

注 こうした物理系の題材では，「定数値関数な訳ない！」という前提で解いても許されるでしょう．

解答 ①：$\dfrac{dv}{dt}=-\dfrac{k}{m}\left(v-\dfrac{mg}{k}\right)$ より

$$\frac{1}{v-\frac{mg}{k}}\cdot\frac{dv}{dt}=-\frac{k}{m}.$$

（v の係数を 1 に）

$$\int\frac{1}{v-\frac{mg}{k}}\cdot\frac{dv}{dt}\,dt=-\int\frac{k}{m}\,dt.$$

$$\int\frac{1}{v-\frac{mg}{k}}\,dv=-\int\frac{k}{m}\,dt.$$

$$\log\left|v-\frac{mg}{k}\right|=-\frac{k}{m}t+C.$$

$$v-\frac{mg}{k}=\pm e^{-\frac{k}{m}t+C}=\underbrace{\pm e^C}_{D\text{ とおく}}\cdot e^{-\frac{k}{m}t}.$$

ここで，「静かに」とあるので $t=0$ のとき $v=0$ だから，$-\dfrac{mg}{k}=D\cdot 1$.

$$\therefore\ v=\frac{mg}{k}-\frac{mg}{k}e^{-\frac{k}{m}t}=\frac{mg}{k}\left(1-e^{-\frac{k}{m}t}\right).//$$

$$v_\infty=\lim_{t\to\infty}v=\frac{mg}{k}.//$$

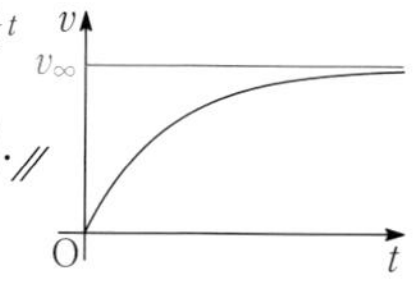

参考 時刻 t に対する速さ v の変化は上図の通りです．v は定数 v_∞（「終端速度」という）に近づき，それを超えることはありません．雨粒が猛スピードで衝突しなくて助かりますね．

例題 4 9 S 水の排出　根底 実戦　入試

[→演習問題 4 11 30]

放物線 $y = x^2$ $(0 \leq x \leq 1)$ を y 軸のまわりに1回転してできる容器 C が水で満たされている．C の底に小さな穴を開けて水を排出する．水の深さが h のとき，単位時間当たりの排水量は $a\sqrt{h}$ (a は正の定数) であるとして，以下の問いに答えよ．

(1) 水の深さが $\frac{1}{2}$ のとき，h の変化する速度を求めよ．

(2) 水を全て排出するのにかかる時間 T を求めよ．

着眼 こうした物理っぽい多変量を扱う際には，**演習問題 3 9 32** で学んだように，情報を整理し，関与する「量」に文字で名前を与え，それらの関係を式で表します．問題文中で設定された「量」は「**深さ h**」だけですが，「排出量」とは水の「**体積**」の変化量です．また，「単位時間当たり」とか「速度」とありますから，当然「**時刻**」に対する変化率を考えます．

方針 各変量どうしの関係を，式に表すと同時に図式的にも表しておきましょう．その際，次の"格言"を念頭に置いて：

全ての量は，時刻 t の関数である．
たとえ t で表せなくとも．

解答 時刻 t(排水開始時を $t=0$ とする) における水の**深さ**を h，水の**体積**を V とする．

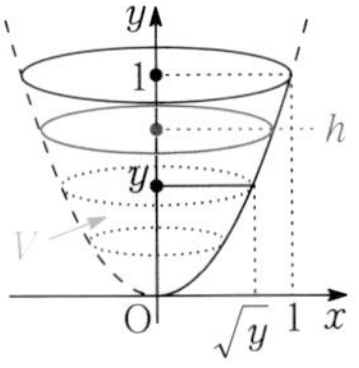

$$V = \int_0^h \pi\left(\sqrt{y}\right)^2 dy$$

$$= \int_0^h \pi y\,dy. \cdots ①$$

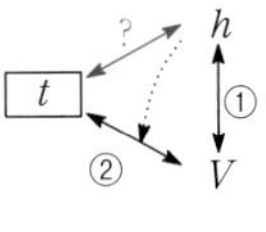

$$\frac{dV}{dt} = -a\sqrt{h}. \cdots ②$$

体積は減っていく

(1) **着眼** 目標は，深さ h の時刻 t に対する変化率：$\frac{dh}{dt}$ です．この2つの変数の間に直接の関係はありませんが，右上図を見てわかる通り，体積 V を介して間接的に結ばれていますね．■

①の両辺を h で微分すると，

$$\frac{dV}{dh} = \pi h.$$

定積分と微分法 "3点チェック"OK

これと②より

まるで分数式のように扱える

$$\frac{dh}{dt} = \frac{\frac{dV}{dt}}{\frac{dV}{dh}} = \frac{-a\sqrt{h}}{\pi h} = -\frac{a}{\pi}\cdot\frac{1}{\sqrt{h}}. \cdots ③$$

よって求める速度は

$$\left.\frac{dh}{dt}\right|_{h=\frac{1}{2}} = -\frac{a}{\pi}\cdot\frac{1}{\sqrt{\frac{1}{2}}} = -\frac{\sqrt{2}a}{\pi}. /\!/$$

(2) **着眼** (1)で h と t の関係③が得られました．これは，微分方程式 (変数分離形) です．時刻 t が0(初め)，T(終わり) のときの深さ h の値がわかっていますね．…(*) ■

③より，$\sqrt{h}\cdot\frac{dh}{dt} = -\frac{a}{\pi}$.

方針 **例題 4 9 q** ではこのあと不定積分を考え，積分定数 C を使って解を表しましたが，せっかく (*) という情報が与えられているので，定積分でスマートに片づけてみます．■

両辺を $0 \leq t \leq T$ で積分すると

$$\int_0^T \sqrt{h}\cdot\frac{dh}{dt}\,dt = -\int_0^T \frac{a}{\pi}\,dt. \cdots ④$$

t と h は右表のように対応するから，

	初め		終わり
t	0	→	T
h	1	→	0

$$左辺 = \int_1^0 \sqrt{h}\,dh.$$

よって④は

$$\int_0^1 \sqrt{h}\,dh = \int_0^T \frac{a}{\pi}\,dt.$$

$$\left[\frac{2}{3}h^{\frac{3}{2}}\right]_0^1 = \left[\frac{a}{\pi}t\right]_0^T.$$

$$\frac{2}{3} = \frac{a}{\pi}T. \therefore T = \frac{2\pi}{3a}. /\!/$$

注 重要度⇩ ③の右辺は $h=0$ において局所的に分母が0となりますが，気にしませんよ(笑)．

6 振動する関数の定積分

三角関数 $\sin x$ などが周期性をもって振動を何度も繰り返すタイプの扱いを学びます.

例題 4 9 t 減衰振動（絶対値付） 根底 実戦 典型 入試 [→演習問題 4 11 31]

(1) $\int_0^{\pi} e^{-x}\sin x\,dx$ を求めよ. (2) $f(x)=e^{-x}|\sin x|$ とする. 極限 $\lim_{n\to\infty}\int_0^{n\pi} f(x)\,dx$ を求めよ.

解答 (1) **方針** もちろんオーソドックスに部分積分を2回繰り返してもよいですが, この程度なら原始関数をカンで見つけてしまう手もあります. ■

$$\{e^{-x}(\sin x+\cos x)\}'$$
$$=e^{-x}(-\sin x-\cos x+\cos x-\sin x)$$
$$=-2e^{-x}\sin x.$$

よって

$$与式=\left[+\frac{1}{2}e^{-x}(\sin x+\cos x)\right]_{\pi}^{0}$$
$$=\frac{1+e^{-\pi}}{2}\ (=A\ とおく).\ /\!/$$

(2) **着眼** 有名な「減衰振動」(ただし絶対値付き) ですね. [→演習問題 3 5 7]

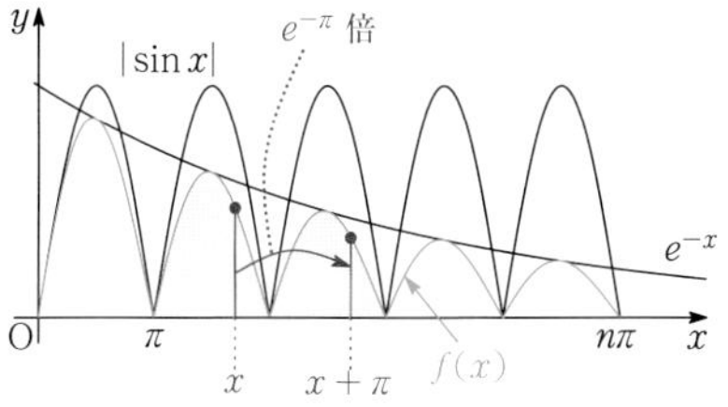

$|\sin x|$ は π を周期とする周期関数です. そこで, $f(x)$ について調べてみると

$$f(x+\pi)=e^{-(x+\pi)}|\sin(x+\pi)|$$
$$=e^{-\pi}e^{-x}|-\sin x|=e^{-\pi}f(x).$$

よって, x が π 増えると, $f(x)$ の値は $e^{-\pi}$ 倍になります (図の赤線).

したがって, 青色の "山" の面積は, 1つ後ろはその前の "山" の $e^{-\pi}$ 倍. つまり等比数列をなすはずですから, 初項＝最初の "山" の面積を求めてしまえば, それに公比を何度か掛けることにより任意の "山" の面積も得られるはずです.

以上の "イメージ" を頭において, 以下の **解答** を理解しましょう. ■

$$I_n:=\int_0^{n\pi} f(x)\,dx$$
$$=\sum_{k=0}^{n-1}\underbrace{\int_{k\pi}^{(k+1)\pi} f(x)\,dx}_{J_k\ とおく}.\ \cdots①$$

J_k において $t=x-k\pi$ とおくと

$$J_k=\int_0^{\pi} f(t+k\pi)\,dt \quad \text{1つの“山”の面積}$$
$$=\int_0^{\pi} e^{-t-k\pi}|\sin(t+k\pi)|\,dt$$
$$=e^{-k\pi}\int_0^{\pi} e^{-t}|(-1)^k\sin t|\,dt$$
$$=(e^{-\pi})^k\underbrace{\int_0^{\pi} e^{-t}\sin t\,dt}_{最初の“山”の面積}=A(e^{-\pi})^k.$$

これと①より

$$I_n=\sum_{k=0}^{n-1}A(e^{-\pi})^k$$
$$=A\cdot\frac{1-(e^{-\pi})^n}{1-e^{-\pi}}$$
$$\xrightarrow[n\to\infty]{}\frac{1+e^{-\pi}}{2}\cdot\frac{1}{1-e^{-\pi}}\quad(\because\ |e^{-\pi}|<1)$$
$$=\frac{e^{\pi}+1}{2(e^{\pi}-1)}.\ /\!/$$

解説 けっきょく(2)は無限等比級数でした. 例によって和の公式を使うとかえって記述量が増えます. 部分和→その極限の流れで.

例題 4 9 u 短周期の振動（絶対値付） 根底 実戦 典型 入試 [→演習問題 4 11 31]

(1) $\displaystyle\lim_{n\to\infty}\int_0^{\pi} x\,|\sin nx|\,dx$ を求めよ.

(2) $f(x)$ は連続関数で単調増加だとする. $\displaystyle\lim_{n\to\infty}\int_0^{\pi} f(x)\,|\sin nx|\,dx$ を $\displaystyle\int_0^{\pi} f(x)\,dx$ で表せ.

解答 (1) **方針** 前問(2)に近づけて. ■

$t=nx$ とおくと, $dt=n\,dx$ より

$$\begin{aligned}I_n &:= \int_0^{\pi} x\,|\sin nx|\,dx\\ &= \int_0^{n\pi} \frac{t}{n}\,|\sin t|\,\frac{1}{n}\,dt \quad\text{（前問(2)と似てる）}\\ &= \frac{1}{n^2}\sum_{k=0}^{n-1}\underbrace{\int_{k\pi}^{(k+1)\pi} t\,|\sin t|\,dt}_{J_k\text{ とおく}}.\ \cdots ①\end{aligned}$$

J_k において $u=t-k\pi$ とおくと

$$\begin{aligned}J_k &= \int_0^{\pi}(u+k\pi)\cdot\big|\underbrace{\sin(u+k\pi)}_{(-1)^k\sin u}\big|\,du\\ &= \int_0^{\pi}(u+k\pi)\sin u\,du \quad\text{（}k\text{の関数）}\\ &= k\pi\int_0^{\pi}\sin u\,du + \int_0^{\pi}u\sin u\,du \quad\text{（}k\text{に注目して整理）}\\ &= k\pi\Big[+\cos u\Big]_{\pi}^{0} + c = 2k\pi + c\ (c\text{ は定数}^{1)}).\end{aligned}$$

これと①より

$$\begin{aligned}I_n &= \frac{1}{n^2}\sum_{k=0}^{n-1}(2k\pi+c)\\ &= \frac{1}{n^2}\left\{2\pi\cdot\frac{(n-1)n}{2}+cn\right\}\\ &= \pi\left(1-\frac{1}{n}\right)+\frac{c}{n} \xrightarrow[n\to\infty]{} \pi.\ /\!/\end{aligned}$$

注 1)：$\displaystyle\frac{1}{n^2}\sum_{k=0}^{n-1}c=\frac{c}{n}\to 0$ となることを先読みして，積分計算をサボりました.

(2) **着眼** (1)と同じようにやろうとしても，抽象的な $f(x)$ が相手だと上手くいきません. そこで, 次のような視点から攻めていきます.

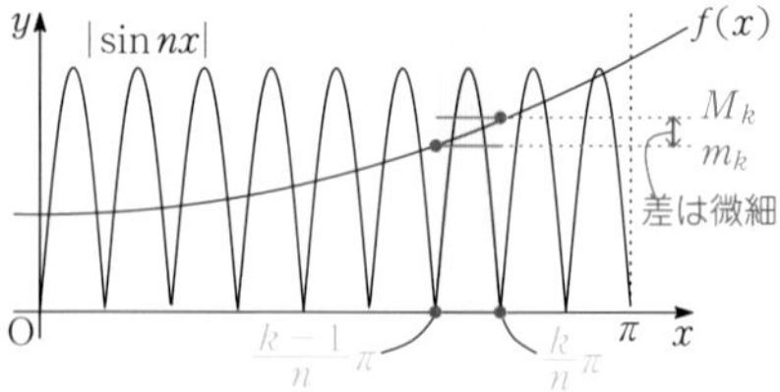

$\sin nx$ が符号を変えない区間に分割し, その1つの区間 $\left[\frac{k-1}{n}\pi,\ \frac{k}{n}\pi\right]$ に注目します. n が大きいとき, この区間の長さ $\frac{\pi}{n}$ は微細なので, 増加関数 $f(x)$ の値の変化も微々たるもの. そこで, $f(x)$ を区間の両端における値（最大値, 最小値）を用いた**定数値関数で評価**し, 積分計算が $|\sin nx|$ だけで済むようにします. ■

$$\begin{aligned}I_n &:= \int_0^{\pi} f(x)\,|\sin nx|\,dx\\ &= \sum_{k=1}^{n}\int_{\frac{k-1}{n}\pi}^{\frac{k}{n}\pi} f(x)\,|\sin nx|\,dx.\end{aligned}$$

$f(x)$ は増加関数だから, 区間 $\left[\frac{k-1}{n}\pi,\ \frac{k}{n}\pi\right]$ において, つねに

$$f(x)\le M_k := f\left(\frac{k}{n}\pi\right),\qquad f(x)\ge m_k := f\left(\frac{k-1}{n}\pi\right).$$
（x に依存しない定数）

したがって,

$$\begin{aligned}I_n &\le \sum_{k=1}^{n}\int_{\frac{k-1}{n}\pi}^{\frac{k}{n}\pi} M_k\,|\sin nx|\,dx\\ &= \sum_{k=1}^{n} M_k\int_{\frac{k-1}{n}\pi}^{\frac{k}{n}\pi}|\sin nx|\,dx.\end{aligned}$$

$\sin nx$ は積分区間内で符号を変えないから, [2]

$$\begin{aligned}I_n &\le \sum_{k=1}^{n} M_k\left|\int_{\frac{k-1}{n}\pi}^{\frac{k}{n}\pi}\sin nx\,dx\right|\\ &= \sum_{k=1}^{n} M_k\left|\left[+\frac{\cos nx}{n}\right]_{\frac{k}{n}\pi}^{\frac{k-1}{n}\pi}\right|\\ &= \sum_{k=1}^{n} M_k\left|\frac{(-1)^{k-1}-(-1)^k}{n}\right|\\ &= \sum_{k=1}^{n} f\left(\frac{k}{n}\pi\right)\cdot\frac{2}{n}\\ &= \frac{2}{\pi}\sum_{k=1}^{n} f\left(\frac{\pi}{n}k\right)\cdot\frac{\pi}{n}\\ &\xrightarrow[n\to\infty]{} \frac{2}{\pi}\int_0^{\pi} f(x)\,dx.\end{aligned}$$

区間 $[0,\pi]$ を n 等分する区分求積法 [→例題 4 9 e (4)]

同様に，$I_n \geq \sum_{k=1}^{n} \int_{\frac{k-1}{n}\pi}^{\frac{k}{n}\pi} m_k\,|\sin nx|\,dx$

$$= \sum_{k=1}^{n} m_k \int_{\frac{k-1}{n}\pi}^{\frac{k}{n}\pi} |\sin nx|\,dx$$

$$= \sum_{k=1}^{n} f\left(\frac{k-1}{n}\pi\right)\cdot\frac{2}{n}$$

$$= \frac{2}{\pi}\sum_{k=1}^{n} f\left(\frac{\pi}{n}(k-1)\right)\cdot\frac{\pi}{n}$$

$$\xrightarrow[n\to\infty]{} \frac{2}{\pi}\int_0^{\pi} f(x)\,dx.$$

よって"はさみうち"より，与式$=\overset{3)}{\frac{2}{\pi}}\int_0^{\pi} f(x)\,dx.$ //

解説　(2)は，一般の増加関数について論じたので，具体的な増加関数xを論じた(1)にも適用できるはず．(1)の答えを(2)の結果から求めると

$$\frac{2}{\pi}\int_0^{\pi} x\,dx = \frac{2}{\pi}\cdot\frac{\pi^2}{2} = \pi.$$

たしかに(1)の結果と一致していますね．

$f(x)$が連続な減少関数でも，左端と右端の役割が逆になるだけで同様．

注 3)：右図における 青色部の赤枠部に対する面積比が，結果に表れたという訳です．

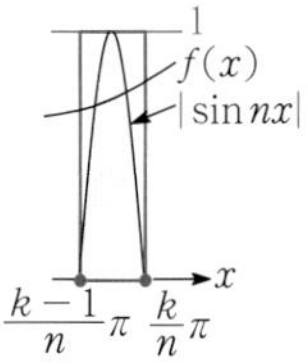

補足 2)：[→例題49g]

例題 49V 短周期の振動　根底 実戦　入試

$f(x)$は微分可能であり，$f'(x)$は連続であるとき，$\lim_{n\to\infty}\int_0^1 f(x)\sin nx\,dx$を求めよ．

着眼　前問と似てますが，絶対値記号がないので積分区間を分割する必要なし．

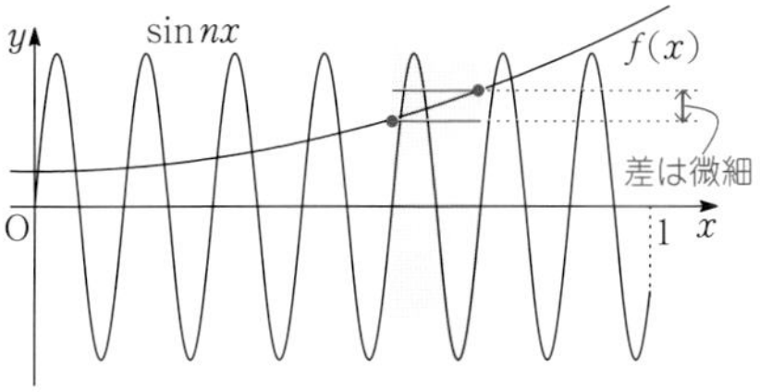

$\sin nx$の1周期分の区間（上の青色部）に注目すると，nが大きいとき，この区間の長さは微細ゆえ，連続関数$f(x)$の値の変化も微細．一方$\sin nx$は正・負の値をとるので，「+」と「−」が打ち消し合って「0へ収束」しそう．

方針　部分積分法により，「n」を分母にもってくれば「0へ収束」が言えます．■

解答

$$I_n := \int_0^1 f(x)\sin nx\,dx$$

（$f(x) \downarrow f'(x)$，$\sin nx \uparrow -\frac{1}{n}\cos nx$）

$$= \underbrace{\left[-\frac{1}{n}f(x)\cos nx\right]_0^1}_{J\text{とおく}} + \underbrace{\frac{1}{n}\int_0^1 f'(x)\cos nx\,dx}_{K\text{とおく}}.$$

方針　J, Kは，どちらも分母にnがあるので0に収束しそう．「収束の定義」の出番です．■

$$0 \leq |J-0| = \left|\frac{f(0)-f(1)\cos n}{n}\right|$$

$$\leq \frac{|f(0)|+|-f(1)\cos n|}{n}$$ （三角不等式）

$$\leq \frac{|f(0)|+|f(1)|}{n} \xrightarrow[n\to\infty]{} 0.$$

よって"はさみうち"より，$n\to\infty$のとき

$|J-0|\to 0$, i.e. $J\to 0$.

$$0 \leq |K-0| = \left|\frac{1}{n}\int_0^1 f'(x)\cos nx\,dx\right|$$

$$\leq \frac{1}{n}\int_0^1 |f'(x)\cos nx|\,dx.\ ^{1)}$$

閉区間$[0, 1]$において，$|f'(x)|$の最大値 2) をMとすると，

$$|f'(x)\cos nx| = |f'(x)|\,|\cos nx| \leq M\cdot 1$$

がつねに成り立つ．よって，

$$0 \leq |K-0| \leq \frac{1}{n}\int_0^1 M\,dx = \frac{M}{n} \to 0.$$

よって"はさみうち"より，

$|K-0|\to 0$, i.e. $K\to 0$.

以上より，与式$=0$. //

注 1)：[→例題49g]

2)：連続関数は，閉区間において必ず最大値，最小値をもちます．[→例題24f後]

10 総合問題

言い訳 前節の問題数が多くなったので別の節に分けました．前節とそれほど明確な区別はありません（笑）．

例題 4 10 a 誤差平方の最小化 根底 実戦 典型 入試

[→例題 4 8 a]

m, n は自然数とする．

(1) $I_{m,n} := \int_0^{\pi} \sin mx \sin nx\, dx$ を求めよ．

(2) $J_m := \int_0^{\pi} x \sin mx\, dx$ を求めよ．

(3) $E := \int_0^{\pi} \{(a\sin x + b\sin 2x + c\sin 3x) - x\}^2 dx$ が最小となるような a, b, c の値を求めよ．

着眼 定積分は，積分変数以外の文字の関数です．

(1) $I_{m,n}$ は，自然数 m, n の関数です．

(2) J_m は，自然数 m の関数（数列）です．

(3) E は，a, b, c の 3 変数関数です．

解答 (1) $m \neq n$ のとき，

$$I_{m,n} = \int_0^{\pi} \frac{1}{2}\{\cos(m-n)x - \cos(m+n)x\}\, dx$$

$$= \frac{1}{2}\left[\frac{\sin(m-n)x}{\underset{1)}{m-n}} - \frac{\sin(m+n)x}{m+n}\right]_0^{\pi} = 0. /\!/$$

$m = n$ のとき，

$$I_{m,n} = \int_0^{\pi} \frac{1-\cos 2mx}{2}\, dx$$

$$= \frac{1}{2}\left[x - \frac{\sin 2mx}{2m}\right]_0^{\pi} = \frac{\pi}{2}. /\!/$$

注 1)：実際には，この分母を書こうとして初めて「$m \neq n$ のとき」と場合分けを要することに気付きます．■

(2) $J_m = \int_0^{\pi} x \cdot \sin mx\, dx$ （$x \to 1$，$\sin mx \leftarrow -\dfrac{\cos mx}{m}$）

$$= \left[-x \cdot \frac{\cos mx}{m} + \frac{\sin mx}{m^2}\right]_0^{\pi}$$

$$= \frac{(-1)^{m+1}}{m}\pi. /\!/ \quad \cos m\pi = (-1)^m$$

(3)
$$E = \int_0^{\pi} \{(a\sin x + b\sin 2x + c\sin 3x)^2 - 2x(a\sin x + b\sin 2x + c\sin 3x) + x^2\}\, dx.$$

ここで，$I_{1,2} = I_{1,3} = I_{2,3} = 0$ だから，

$$E = a^2 I_{1,1} + b^2 I_{2,2} + c^2 I_{3,3} - 2aJ_1 - 2bJ_2 - 2cJ_3 + \underset{}{\text{const}}^{2)}$$

$$= \frac{\pi}{2}a^2 + \frac{\pi}{2}b^2 + \frac{\pi}{2}c^2 - 2\pi a + \pi b - \frac{2}{3}\pi c + \text{const}$$

$$= \frac{\pi}{2}(a-2)^2 + \frac{\pi}{2}(b+1)^2 + \frac{\pi}{2}\left(c - \frac{2}{3}\right)^2 + \text{const}.$$

よって，E を最小化する a, b, c は

$$a = 2,\ b = -1,\ c = \frac{2}{3}. /\!/$$

注 2)：例によって，結果に関係ない定数項は計算していません．

解説 E は，区間 $[0, \pi]$ における $a\sin x + b\sin 2x + c\sin 3x$ と 1 次関数 x との誤差平方の集積を意味します．つまり，後者の最良近似となる前者を求めることが，本問の趣旨です．（名称「E」は，誤差 =error の頭文字．）

ちなみに(3)の答えの a, b, c の値に対する両者のグラフは右のようになります．なるほどけっこうグラフどうしが接近していますね．

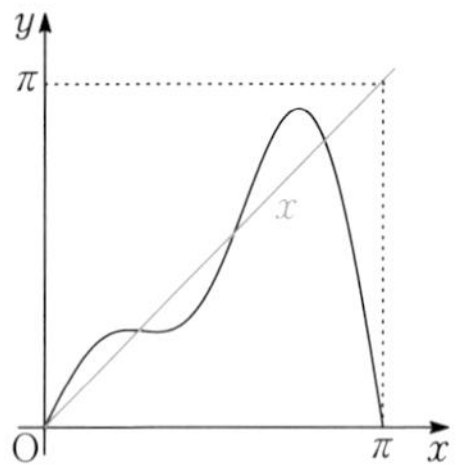

例題 4 10 b　定積分関数と面積　根底 実戦　入試　[→演習問題 4 11 33]

$f(x)=\int_0^x \frac{1}{1+t^2}\,dt\ (x\geq 0)$ …① とする．曲線 C: $y=f(x)$ と直線 $x=1$，および x 軸で囲まれる部分の面積 S を求めよ．

着眼　$f(x)$ は正体不明．抽象的で難しく感じるかもしれません．しかし，$f'(x)$ ならカンタンに求まりますから，C の概形はわかります．
面積を定積分で求める際にも，このことが鍵を握っています．

解答　①より $f(0)=0$．
また，

$$f'(x)=\frac{1}{1+x^2}>0$$

より $f(x)$ は増加する．

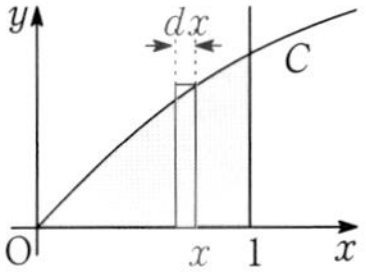

$$\therefore\ S=\int_0^1 f(x)\,dx \quad \text{●●● } f'(x)\text{なら求まっている}$$

$$=\int_0^1 1\cdot f(x)\,dx \quad \text{●●● } 1\cdot f(x)\text{とみて部分積分}$$

$\uparrow x$　$\downarrow f'(x)$　●●● f が f' にすり替わった

$$=\Big[xf(x)\Big]_0^1-\int_0^1 xf'(x)\,dx$$

$$=f(1)-\int_0^1 \frac{x}{1+x^2}\,dx.$$

ここで，

$$\int_0^1 \frac{x}{1+x^2}\,dx=\left[\frac{1}{2}\log(1+x^2)\right]_0^1=\frac{\log 2}{2}.$$

$$f(1)=\int_0^1 \frac{1}{1+t^2}\,dt=\cdots(\text{略})\cdots^{1)}=\frac{\pi}{4}.$$

以上より，$S=\frac{\pi}{4}-\frac{\log 2}{2}$.//

注　1)：この計算はもうさんざんやりました(笑)．ただし，この計算を $f(x)$ 一般に対して実行すると，本問の背景が判明します：

別解　①において $t=\tan\theta\ \left(-\frac{\pi}{2}<\theta<\frac{\pi}{2}\right)$ とおくと

$$1+t^2=\frac{1}{\cos^2\theta},\ dt=\frac{1}{\cos^2\theta}\,d\theta.$$

また，$x(\geq 0)$ に対して

$$\tan y=x\ \left(-\frac{\pi}{2}<y<\frac{\pi}{2}\right)\ \cdots②$$

を満たす y が1つに定まり，t と θ の対応は右の通り．

t	$0\ \to\ x$
θ	$0\ \to\ y$

以上より

$$f(x)=\int_0^y \cancel{\cos^2\theta}\cdot\frac{1}{\cancel{\cos^2\theta}}\,d\theta=\Big[\theta\Big]_0^y=y.$$

これと②より，$-\frac{\pi}{2}<y<\frac{\pi}{2}$ のもとで

$$y=f(x)\Longleftrightarrow x=\tan y. \quad \text{●●● } f\text{は}\tan\text{の逆関数}$$

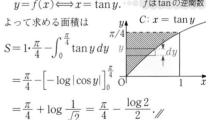

よって求める面積は

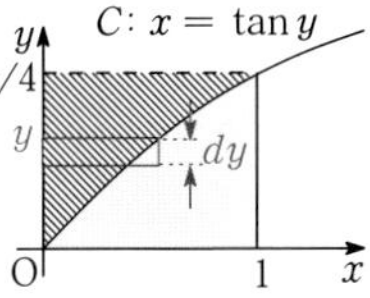

$$S=1\cdot\frac{\pi}{4}-\int_0^{\frac{\pi}{4}}\tan y\,dy$$

$$=\frac{\pi}{4}-\Big[-\log|\cos y|\Big]_0^{\frac{\pi}{4}}$$

$$=\frac{\pi}{4}+\log\frac{1}{\sqrt{2}}=\frac{\pi}{4}-\frac{\log 2}{2}.\text{//}$$

解説　定積分関数 f の正体は，tan の逆関数でした．実は，これこそが「$\int_{\bigcirc}^{\triangle}\frac{1}{1+x^2}\,dx$」において $x=\tan\theta$ と置換積分すると上手くいく理由だったのです．

参考　$f'(x)(x>0)$ は減少するので，C は上に凸だとわかります．本問の面積の計量では関係ありませんが，接線との上下関係を知りたいときには有益な情報となります．

例題 4 10 C 逆関数と定積分　根底 実戦　典型 入試　[→演習問題 4 11 32]

a, b は正の実数とし，$f(x)$ は連続な増加関数で $f(0)=0$ とする．また，$\lim_{x\to\infty} f(x)=\infty$ …①

とする．不等式 $\int_0^a f(x)\,dx + \int_0^b f^{-1}(x)\,dx \geq ab$ を示せ．

着眼　定積分の図形的な意味：「面積」を利用してみます．

注　与式左辺の「$\int_0^b f^{-1}(x)\,dx$」では，逆関数における悪手：互換が行われてしまっています．それを**元に**戻してみましょう．

解答　曲線 $y=f(x)$, i.e. $x=f^{-1}(y)$ を C とする．

「y」が元の姿

$$\text{左辺}=\int_0^a f(x)\,dx+\int_0^b f^{-1}(y)\,dy$$

において，

$0\leq x\leq a$ において $f(x)\geq 0$.

$0\leq y\leq b$ において $f^{-1}(y)\geq 0$.

よって，左辺は次図における 2 つの部分の面積の和を表す．

一方，右辺は赤色長方形の面積．

〔$b<f(a)$〕　〔$b>f(a)$〕　〔$b=f(a)$〕

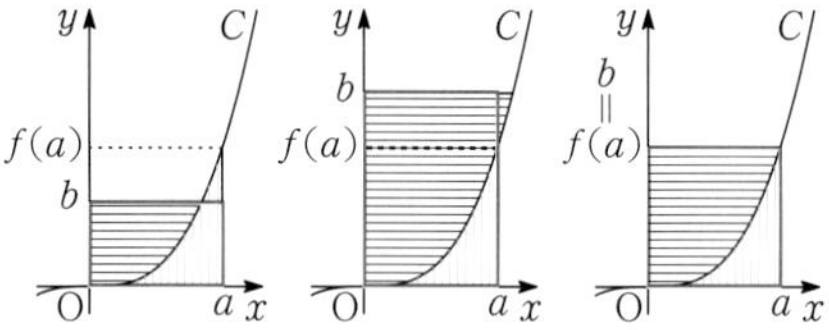

(①より，上の 3 つの場合がある．)

よって，a, b の大小によらず与式が示せた．□

解説　左辺第 1 項が青線部分，第 2 項が黒線部分の面積です．図中の青線，黒線は，定積分で集める細長長方形の方向に描いています．

参考　与式は,「ヤングの不等式」と呼ばれる有名不等式 (の一般形) です．

等号は $a=b$ のときのみ成立します．

注　「面積」とは切り離し，純粋に計算だけで証明することもできます．左辺の定積分の値は，積分変数以外の文字 a, b の値に応じて決まります．そこで，例えば b を定数とし，a の関数とみて増減を調べましょう．

別解　左辺 − 右辺 を $a(>0)$ の関数とみて $g(a)$ とおくと

「定積分と微分法」を用いる

$$g(a)=\int_0^a f(x)\,dx+\underbrace{\int_0^b f^{-1}(y)\,dy}_{\text{定数}}-ab$$

$$g'(a)=f(a)-b.$$

これと①より，$g'(a)$ は次のように符号を変える．

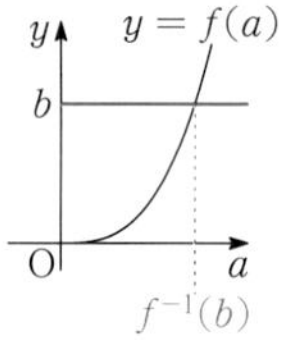

a	(0)	$\cdots$	$f^{-1}(b)$	$\cdots$
$g'(a)$		$-$	0	$+$
$g(a)$		↘		↗

したがって

$$g(a)\geq g\left(f^{-1}(b)\right)$$

$$=\int_0^{f^{-1}(b)} f(x)\,dx+\int_0^b f^{-1}(y)\,dy-f^{-1}(b)\cdot b. \quad \cdots②$$

ここで，第 2 項において

$x=f^{-1}(y)$, i.e. $y=f(x)$ とおくと

$$\int_0^b f^{-1}(y)dy=\int_0^{f^{-1}(b)} x f'(x)\,dx$$

（x ↓ 1，$f'(x)$ ↑ $f(x)$）

$$=\Big[xf(x)\Big]_0^{f^{-1}(b)}-\int_0^{f^{-1}(b)} f(x)\,dx$$

$$=f^{-1}(b)\cdot b-\int_0^{f^{-1}(b)} f(x)\,dx.$$

これと②より，$g(a)\geq 0$. □

注　b の関数とみても同様に示せます．

例題 4 10 d 積分漸化式（累乗）と極限 根底 実戦 典型 入試 [→例題 4 8 g]

$I_n=\int_0^{\frac{\pi}{2}}\cos^n x\,dx\ (n=0,1,2,\cdots)$ とする．ただし，$\cos^0 x=1$ とする．

(1) I_{n+2} と I_n の関係式を作れ．　　(2) $(n+1)I_{n+1}I_n$ を求めよ．

(3) $I_{n+1}\leq I_n$ を示せ．　　(4) $\lim_{n\to\infty}\sqrt{n}I_n$ を求めよ．

注 (1)は，**例題 4 8 g**(1)とほぼ同じ問題です（sin が cos に変わっただけ）．

解答 (1) **着眼** 累乗の形があるとき，積分漸化式は部分積分法によって作るのが原則．■

$\sin x$ を s，$\cos x$ を c と略記する．

$$\begin{aligned}I_{n+2}&=\int_0^{\frac{\pi}{2}}c^{n+2}\,dx\\&=\int_0^{\frac{\pi}{2}}\underset{\uparrow\atop s}{c}\cdot \underset{\downarrow\atop -(n+1)c^n s}{c^{n+1}}\,dx\\&=\Big[sc^{n+1}\Big]_0^{\frac{\pi}{2}}+(n+1)\int_0^{\frac{\pi}{2}}c^n s^2\,dx\\&=(n+1)\int_0^{\frac{\pi}{2}}c^n(1-c^2)\,dx\\&=(n+1)(I_n-I_{n+2}).\end{aligned}$$

$\therefore\ (n+2)I_{n+2}=(n+1)I_n.$ // …①

(2) **方針** (1)を用いて I_n, I_{n+1} をそれぞれ求めることもできます[→Ⅱ+B 演習問題 7 9 29]．ですが，ここで問われているのは「$(n+1)I_{n+1}I_n$」という 1 つの数列の一般項です．そこで，**この数列を“ドミノ式”に扱う**ことを考えます．■

$J_n=\underline{(n+1)I_{n+1}I_n}$ とおくと，

$J_{n+1}=\underline{(n+2)I_{n+2}}I_{n+1}.$　赤下線部は①にある

これと①より

$J_{n+1}=J_n.$ …②

$$\begin{aligned}\therefore\ J_n&=J_{n-1}=J_{n-2}=\cdots=J_1\\&=J_0\\&=1\cdot I_1I_0=\Big[\sin x\Big]_0^{\frac{\pi}{2}}\cdot\frac{\pi}{2}=\frac{\pi}{2}.\ /\!/\end{aligned}$$

②を繰り返し用いる

(3) 積分区間 $\left[0,\ \frac{\pi}{2}\right]$ において，つねに

$c^n-c^{n+1}=c^n(1-c)\geq 0$, i.e. $c^{n+1}\leq c^n$

が成り立つ．よって

$I_{n+1}\leq I_n.$ □

(4) **着眼** (3)までの“流れ”は次の通り：

(1) $\xrightarrow{\text{利用}}$ (2) $\xleftrightarrow{\text{無関係}}$ (3) ? (4)

どうやら，(2)(3)を合わせて(4)を解けという指示ですね．

方針 $\sqrt{n}I_n$ よりも，その平方：$n{I_n}^2$ の方が(2)と結び付けやすそうです．これを，(3)を用いて評価しましょう．■

$$\begin{aligned}n{I_n}^2&\geq nI_{n+1}I_n\\&=\frac{n}{n+1}\cdot(n+1)I_{n+1}I_n\\&=\frac{1}{1+\frac{1}{n}}\cdot\frac{\pi}{2}\\&\xrightarrow[n\to\infty]{}1\cdot\frac{\pi}{2}=\frac{\pi}{2}.\end{aligned}$$

$$\begin{aligned}n{I_n}^2&\leq nI_nI_{n-1}\quad J_{n-1}\\&=\frac{\pi}{2}\to\frac{\pi}{2}.\end{aligned}$$

よって“はさみうち”より

$n{I_n}^2\to\frac{\pi}{2}.\ \therefore\ \sqrt{n}I_n=\sqrt{n{I_n}^2}\to\sqrt{\frac{\pi}{2}}.$ //

解説 全てが完全にデザインされた有名・典型問題でした．

参考 $0<x\leq\frac{\pi}{2}$ において考えると，つねに $0\leq\cos x<1$ なので，n が大きいとき $\cos^n x$ の値は「ほぼ 0」．よって数列 (I_n) の極限値はたぶん「0」です．

これは，(4)の結果を用いて示せます：

$I_n=\dfrac{\sqrt{n}I_n}{\sqrt{n}}.$　極限未知なる I_n を，極限既知なる $\sqrt{n}I_n$, $\sqrt{n}$ で表す

$n\to\infty$ のとき，

分子 → 定数，分母 → ∞．

$\therefore I_n\to 0.$ □

第4章 積分法

例題 4 10 e テイラー級数 根底 実戦 入試

[→演習問題 4 11 35]

(1) $f(x)$ は無限回微分可能な関数とする．次の等式が任意の自然数 n について成り立つことを示せ．

$$f(x)=\sum_{k=0}^{n-1}\frac{f^{(k)}(a)}{k!}(x-a)^k+\underbrace{\int_a^x\frac{(x-t)^{n-1}}{(n-1)!}f^{(n)}(t)\,dt}_{R_n(x)\text{ とおく}}.\ (x^0=1,\ f^{(0)}(x)=f(x)\text{ とする．})$$

(2) $n=4$ のときの(1)の結果を用いて，$\log 1.1$ と $\dfrac{143}{1500}$ の誤差は $\dfrac{1}{4\cdot10^4}$ 未満であることを示せ．

解答 (1) **着眼** 右辺には累乗，階乗，高次導関数というドミノ式構造をもつものが目白押し（笑）[→Ⅱ+B例題 7 7 c 後]．部分積分法を用い，番号を1つズラしましょう．■

与式を $P(n)$ とし，$n=1,2,3,\cdots$ について帰納的に示す．

1° $P(1)$: $f(x)=f(a)+\int_a^x f'(t)\,dt$ を示す．

$$\text{右辺}=f(a)+\Big[f(t)\Big]_a^x$$
$$=f(a)+f(x)-f(a)=f(x)=\text{左辺}.$$

よって $P(1)$ は成り立つ．

2° n を固定する．$P(n)$ を仮定し，$P(n+1)$：

$$f(x)=\sum_{k=0}^{n}\frac{f^{(k)}(a)}{k!}(x-a)^k+\int_a^x\frac{(x-t)^n}{n!}f^{(n+1)}(t)\,dt \text{ を示す．}$$

$R_n(x)$ において部分積分法を用いると

$R_n(x)$

$$=\int_a^x\frac{(x-t)^{n-1}}{(n-1)!}f^{(n)}(t)\,dt$$

（↑ $-\dfrac{(x-t)^n}{n!}$，↓ $f^{(n+1)}(t)$）

$$=\left[+\frac{(x-t)^n}{n!}f^{(n)}(t)\right]_x^a+\int_a^x\frac{(x-t)^n}{n!}f^{(n+1)}(t)\,dt.$$

これと $P(n)$ より

$$f(x)=\sum_{k=0}^{n-1}\frac{f^{(k)}(a)}{k!}(x-a)^k+\frac{(x-a)^n}{n!}f^{(n)}(a)+\int_a^x\frac{(x-t)^n}{n!}f^{(n+1)}(t)\,dt$$
$$=P(n+1)\text{ の右辺}.$$

よって，$P(n)\Longrightarrow P(n+1)$ が成り立つ．

1°, 2° より $P(1), P(2), P(3), \cdots$ が示せた．□

(2) **着眼** 「1.1」は「1」に近く，$x=1$ における $\log x$ の値は求まります．そこで…■

$f(x)=\log x,\ a=1,\ n=4$

のときの(1)の結果を用いる．

$$f^{(0)}(t)=\log t,\ f^{(1)}(t)=\frac{1}{t},\ f^{(2)}(t)=\frac{-1}{t^2},$$
$$f^{(3)}(t)=\frac{2}{t^3},\ f^{(4)}(t)=\frac{-6}{t^4}$$

だから

$$\log x\underset{1)}{=}0+\frac{1}{1}(x-1)+\frac{-1}{2}(x-1)^2+\frac{2}{3!}(x-1)^3+\int_1^x\frac{(x-t)^3}{3!}\cdot\frac{-6}{t^4}\,dt.$$

$x=1.1$ として[2)]

$$\log 1.1=\underbrace{\frac{1}{10}-\frac{1}{2\cdot10^2}+\frac{1}{3\cdot10^3}}_{b\text{ とおく}}-\int_1^{1.1}\frac{(1.1-t)^3}{t^4}\,dt$$

ここで，

$$b=\frac{300-15+1}{3000}=\frac{286}{3000}=\frac{143}{1500}.$$

$$\therefore\ \left|\log 1.1-\frac{143}{1500}\right|=\left|-\int_1^{1.1}\frac{(1.1-t)^3}{t^4}\,dt\right|$$
$$=\int_1^{1.1}\frac{(1.1-t)^3}{t^4}\,dt$$
$$<\int_1^{1.1}\frac{(1.1-t)^3}{1}\,dt$$

$(\because\ 1<t\leqq 1.1 \text{ では } t^4>1)$

$$=\left[+\frac{(1.1-t)^4}{4}\right]_{1.1}^{1}=\frac{1}{4}\cdot\frac{1}{10^4}.$$

よって，$\left|\log 1.1-\dfrac{143}{1500}\right|<\dfrac{1}{4\cdot10^4}$．つまり題意が示せた．□

解説 2)：この上の式を初めから $x=1.1$ として書いてもかまいませんが，$x=1$ のまわりの（有限）テイラー展開の形をお見せしたくてこのように段階を踏んで書きました．

注 (1)右辺は，**例題 3 7 a** 後の**発展**で述べた「(有限) テイラー展開」であり，“剰余項” $R_n(x)$ を定積分で表したものです．

[1]：この行は，$\log x$ の $x=1$ の近くを **3 次近似**する式です．

参考 本問の結論をいちばん“自然に”導く過程をお見せしておきます．部分積分を繰り返します．その際，因数「$x-t$」(積分変数は t) で表すことがポイントです．なお，部分積分は下書き→暗算で片付けています．

$$f(x)-f(a)=\int_a^x \underset{\uparrow\atop -(x-t)}{1}\cdot \underset{\downarrow\atop f^{(2)}(t)}{f'(t)}\,dt \text{ より,}$$

積分変数は t

$$f(x)=f(a)+(x-a)f'(a)+\int_a^x \underset{\uparrow\atop -\frac{(x-t)^2}{2}}{(x-t)}\underset{\downarrow\atop f^{(3)}(t)}{f^{(2)}(t)}\,dt$$

$$=f(a)+(x-a)f'(a)+\frac{(x-a)^2}{2}f^{(2)}(a)+\int_a^x \underset{\uparrow\atop -\frac{(x-t)^3}{3!}}{\frac{(x-t)^2}{2}}\underset{\downarrow\atop f^{(4)}(t)}{f^{(3)}(t)}\,dt.$$

$$=f(a)+(x-a)f'(a)+\frac{(x-a)^2}{2}f^{(2)}(a)+\frac{(x-a)^3}{3!}f^{(3)}(a)+\int_a^x \underset{\uparrow\atop -\frac{(x-t)^4}{4!}}{\frac{(x-t)^3}{3!}}\underset{\downarrow\atop f^{(5)}(t)}{f^{(4)}(t)}\,dt.$$

$$\vdots$$

$$=f(a)+(x-a)f'(a)+\frac{(x-a)^2}{2}f^{(2)}(a)+\frac{(x-a)^3}{3!}f^{(3)}(a)+\cdots+\frac{(x-a)^{n-1}}{(n-1)!}f^{(n-1)}(a)$$

$$+\int_a^x \frac{(x-t)^{n-1}}{(n-1)!}f^{(n)}(t)\,dt.$$

$f(a)=f^{(0)}(a)$ と書き，$(x-a)^0=1$ と約束すれば

$$f(x)=\sum_{k=0}^{n-1}\frac{f^{(k)}(a)}{k!}(x-a)^k+\underbrace{\int_a^x \frac{(x-t)^{n-1}}{(n-1)!}f^{(n)}(t)\,dt}_{R_n(x)\text{ とおく}}.$$

なお，本問では，初めから「級数」(Σ) が登場していましたが，同じ素材を最初は級数を見せずに出題するケースもあります．[→**次問**]

例題 4 10 f 定積分と数列・総合 根底 実戦 典型 入試 [→演習問題 4 11 36]

$I_n = \int_0^1 \frac{(1-t)^{n-1}}{(n-1)!} e^t \, dt$ $(n=1, 2, 3, \cdots)$ について答えよ．ただし，$(1-t)^0 = 1$ とする．

(1) I_n と I_{n+1} の関係式を求めよ．

(2) I_{n+1} と $\sum_{k=0}^{n} \frac{1}{k!}$ の関係式を作れ．

(3) $0 < I_{n+1} < \frac{1}{n!}$ を示せ．

ハイレベル (4) e は無理数であることを証明せよ．

解答 (1) I_n において部分積分法を用いると

$$I_n = \int_0^1 \frac{(1-t)^{n-1}}{(n-1)!} e^t \, dt$$

（$\frac{(1-t)^{n-1}}{(n-1)!}$ ↑ $-\frac{(1-t)^n}{n!}$，e^t ↓ e^t）

$$= \left[+\frac{(1-t)^n}{n!} e^t \right]_1^0 + \int_0^1 \frac{(1-t)^n}{n!} e^t \, dt$$

$$= \frac{1}{n!} + I_{n+1}.$$

よって求める関係式は

$$I_n - I_{n+1} = \frac{1}{n!}. \quad \cdots ①$$ //

(2) **着眼** ①の右辺の級数が問われており，左辺は階差の形．例の“パタパタ”ですね．■

①の n を $1, 2, 3, \cdots, n$ として辺々加えると

$$I_1 - I_{n+1} = \sum_{k=1}^{n} \frac{1}{k!}.$$

これと $I_1 = \int_0^1 e^t \, dt = e - 1$ より，

$$I_{n+1} = e - \underline{1} - \sum_{k=1}^{n} \frac{1}{k!}$$

$$= e - \sum_{k=0}^{n} \frac{1}{k!} \quad \left(\because \underline{1} = \frac{1}{0!}\right). \quad \cdots ②$$ //

(3) $I_{n+1} = \frac{1}{n!} \int_0^1 \underbrace{(1-t)^n e^t}_{f(t)\text{とおく}} \, dt \quad \cdots ③.$

$$f'(t) = e^t \{(1-t)^n - n(1-t)^{n-1}\}$$

$$= e^t (1-t)^{n-1} (1-t-n) \leq 0 \quad (0 \leq t \leq 1).$$

よって $f(t)$ は減少するから

$$(f(1)=)0 \leq f(t) \leq 1 (= f(0)).$$

各辺を $0 \leq t \leq 1$ で積分する．上式の等号は $t = 0, 1$ 以外では不成立ゆえ

$$0 < \int_0^1 (1-t)^n e^t \, dt < 1.$$

これと③より，与式が示せた．□

(4) **着眼** (1)→(2)とつながり，(2)と(3)は独立．たぶん，(2)+(3)→(4)の流れ．■

②を(3)の結果に代入すると

$$0 < e - \sum_{k=0}^{n} \frac{1}{k!} < \frac{1}{n!}.$$

方針 「無理数である」，つまり「有理数ではない」の証明といえば背理法ですね．■

仮に実数 e が無理数でない，つまり有理数であるとすると，$e = \frac{p}{q}$ (p, q は自然数) とおけて，

$$0 < \frac{p}{q} - \sum_{k=0}^{n} \frac{1}{k!} < \frac{1}{n!}.$$

方針 矛盾を導くため，各文字が自然数であることを活かすべく，分母を払いたいと思います．ただしその前に，上式の「n」は任意の自然数ですから，もっとも都合のよさそうな値に設定しましょう．■

n に q を代入して各辺を $q!$ 倍すると

$$0 < p(q-1)! - \sum_{k=0}^{q} \frac{q!}{k!} < 1.$$

ここで，$k = 0, 1, 2, \cdots, q$ に対して，$q!$ は $k!$ の倍数だから，上式の中辺は整数．

よって0と1の間に整数が存在することになるが，これは不合理．したがって，e は有理数ではない．すなわち実数 e は無理数である．□

注 (1)では I_{n+1} に対して部分積分を用いて I_n を作ることもできます．

参考 実は本問は，前問：「テイラー級数」において，$f(x) = e^x$, $a = 0$, $x = 1$ という特殊なケースを扱ったものです．$R(x)$ が I_n と対応しています．

例題 4 10 g　定積分と無限級数　根底 実戦　典型 入試

[→演習問題 4 11 38]

(1)　$x \neq -1$ とする．$1-x+x^2-\cdots+(-x)^{n-1}$ を計算せよ．

(2)　無限級数 $\displaystyle\sum_{n=1}^{\infty}\frac{(-1)^{n-1}}{n}$ の収束・発散を調べ，収束する場合にはその和を求めよ．

解答　(1)　$-x \neq 1$ だから

$$1-x+x^2-\cdots+(-x)^{n-1}=1\cdot\frac{1-(-x)^n}{1-(-x)}$$
$$=\frac{1-(-x)^n}{1+x}. //$$

(2)　**着眼**　左辺を積分すると与式の部分和が現れることに気付きましたか？■

$S_n=\displaystyle\sum_{k=1}^{n}\frac{(-1)^{k-1}}{k}$ とおく．(1)より

$$\int_0^1\left\{1-x+x^2-\cdots+(-1)^{n-1}x^{n-1}\right\}dx$$
$$=\int_0^1\frac{1}{1+x}\,dx-\underbrace{(-1)^n\int_0^1\frac{x^n}{1+x}\,dx}_{I_n\text{ とおく}}.$$

ここで，左辺は

$$\left[x-\frac{x^2}{2}+\frac{x^3}{3}-\cdots+(-1)^{n-1}\cdot\frac{x^n}{n}\right]_0^1=S_n.$$

また，$\displaystyle\int_0^1\frac{1}{1+x}\,dx=\Big[\log(1+x)\Big]_0^1=\log 2$ だから，

$$S_n=\log 2-I_n.\ ^{1)}$$
$$|S_n-\log 2|=|-I_n|=\int_0^1\frac{x^n}{1+x}\,dx.\ \cdots①$$

着眼　$0\leq x<1$ のとき，x^n は次数 n が大きいと凄く小さい値となります．よって $0\leq x\leq 1$ における $\dfrac{x^n}{1+x}$ のグラフは，

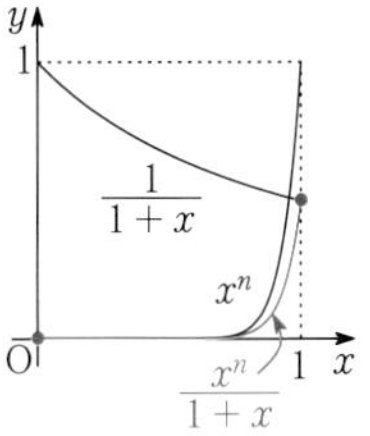

だいたい右上のようになります．

①の定積分は，表す面積を考えると，0 に収束しそうですね．■

$0\leq x\leq 1$ においてつねに

$$\frac{x^n}{1+x}\leq x^n$$

だから，両辺を $0\leq x\leq 1$ で積分して

$$\int_0^1\frac{x^n}{1+x}\,dx\leq\int_0^1 x^n\,dx.$$

これと①より

$$0\leq|S_n-\log 2|\leq\frac{1}{n+1}\xrightarrow[n\to\infty]{}0.$$

よって“はさみうち”より

$|S_n-\log 2|\to 0$, i.e. $S_n\to\log 2$ (収束). //

解説　1)：この等式が本問の核心です．

$$\sum_{k=1}^{n}(-x)^{k-1}=\frac{1}{1+x}-(-1)^n\frac{x^n}{1+x}.\ \cdots②$$

$$\underbrace{S_n}_{\text{有限級数}}=\underbrace{\log 2}_{\text{定数}}-\underbrace{I_n}_{\text{“塵”}}.\ \cdots③$$

②の左辺は等比数列の n 項の和．それを和の公式で 2 つにまとめたのが右辺です．

左辺の n 項を項別に積分し，右辺の 2 つも積分して得られるのが③です．

語記サポ　“塵”とは，0 に収束してしまうとるに足らないものという意味[→例題 2 1 b]であり，部分和 S_n が定数 $\log 2$ に収束することが読み取れます．

参考　この無限級数は有名かつ特殊であり，次の方法もあります．m を自然数として

$$S_{2m}=1-\frac{1}{2}+\frac{1}{3}-\frac{1}{4}+\cdots+\frac{1}{2m-1}-\frac{1}{2m}$$
$$=1+\frac{1}{2}+\frac{1}{3}+\frac{1}{4}+\cdots+\frac{1}{2m-1}+\frac{1}{2m}$$
$$\underbrace{-2\left(\frac{1}{2}+\frac{1}{4}+\cdots+\frac{1}{2m}\right)}_{1+\frac{1}{2}+\cdots+\frac{1}{m}}$$
$$=\frac{1}{m+1}+\frac{1}{m+2}+\frac{1}{m+3}+\cdots+\frac{1}{2m}$$
$$=\sum_{k=1}^{m}\frac{1}{m+k}$$
$$=\sum_{k=1}^{m}\frac{1}{1+\frac{k}{m}}\cdot\frac{1}{m}\to\int_0^1\frac{1}{1+x}\,dx=\log 2.$$

$$S_{2m-1}=S_{2m}+\frac{1}{2m}\to\log 2-0.$$

(S_n) を「部分列」に分けて，その極限を得ることができました．

11 演習問題C

4 11 1 根底 実戦 典型

次の条件を満たす連続関数 $f(x)$ をそれぞれ求めよ．

(1) $f(x) = \int_0^{\frac{\pi}{2}} \sin(x+t)f(t)\,dt + 1$　　(2) $f(x) = e^x - e^{-x} + \frac{1}{2}\int_{-1}^{1} x|f(t)|\,dt$

4 11 2 根底 実戦 典型

(1) a は正の定数とする．微分可能な関数 $f(x)$ $(x>0)$ が次の関係を満たすとする．a の値と $f(x)$ を求めよ．

$$\int_a^x xf(t)\,dt = x^2 - 1.\ \cdots①$$

(2) 微分可能な偶関数 $f(x)$ が次の関係を満たすとする．$g(x) := e^x f(x)$ を利用して $f(x)$ を求めよ．

$$f(x) + \int_{-x}^{0} f(t)\,dt = e^x.\ \cdots②$$

4 11 3 根底 実戦 入試

定積分 $\int_x^{x+\pi} t^2 \cos t\,dt$ $(0 \leq x \leq \pi)$ が最小となる実数 x の値を求めよ．

4 11 4 根底 実戦 入試

関数 $f(x)$ $(x>0)$ は微分可能であり，定数値関数ではないとする．

$xf(x) = \int_a^x f(t)\,dt + \int_1^e xf(t)\,dt$ （a は正の定数） $\cdots①$ を満たす $f(x)$ を求めよ．また，a の値を求めよ．

4 11 5 根底 実戦 入試

$\int_0^x t\cdot f(x-t)\,dt = x^3$ $\cdots①$ を満たす連続関数 $f(x)$ を求めよ．

4 11 6 根底 実戦 入試

$f(x)$ は2回微分可能な関数とする．$f(x) = \int_0^x \sin(x-t)f(t)\,dt + x$ $\cdots①$ を満たす $f(x)$ を求めよ．

4 11 7 根底 実戦 典型

定積分 $\int_0^2 |te^t - x|\,dt$ $(x>0)$ を最小とする x の値を求めよ．

4 11 8 根底 実戦 入試

$a_n=\int_0^1 (1-x^2)^n\,dx$ $(n=0,\ 1,\ 2,\ \cdots)$ とする．ただし，$x^0=1$ とする．

(1) a_n と a_{n+1} の関係式を作れ．

(2) a_5 を求めよ．

4 11 9 根底 実戦 入試

(1) $I_n=\int_0^{\frac{\pi}{4}} \tan^{2n}x\,dx$ $(n=0,\ 1,\ 2,\ 3,\ \cdots)$ とする（ただし，$\tan^0 x=1$）．I_{n+1} と I_n の関係式を作れ．

(2) 無限級数 $\sum_{k=0}^{\infty}\dfrac{(-1)^k}{2k+1}$ の収束・発散を調べ，収束する場合にはその和を求めよ．

4 11 10 根底 実戦 入試

$a,\ b$ は実数定数，$m,\ n$ は 0 以上の整数とする．定積分 $B(m,\ n)=\int_a^b (x-a)^m(b-x)^n\,dx$ について答えよ．ただし，$x^0=1$ とする．

(1) $n\geqq 1$ のとき，$B(m,\ n)$ を $B(m+1,\ n-1)$ で表せ．

(2) $B(m,\ n)$ を $m,\ n$ で表せ．

4 11 11 根底 実戦 入試

次のように定まる x の関数の列 $(f_n(x))$ $(n=1,\ 2,\ 3,\ \cdots)$ がある．

$$f_1(x)=e^x \quad \cdots ①,$$

$$f_{n+1}(x)=e^x+\int_0^1 e^{-t}f_n(t)\,dt \quad (n=1,\ 2,\ 3,\ \cdots) \quad \cdots ②$$

$f_n(x)$ および，極限 $\lim_{n\to\infty} f_n(x)$ を求めよ．

4 11 12 根底 実戦

実数全体で定義された任意の関数 $f(x)$ は，次のように偶関数と奇関数の和として表せる：

$$f(x)=\underbrace{\frac{f(x)+f(-x)}{2}}_{\text{偶関数}}+\underbrace{\frac{f(x)-f(-x)}{2}}_{\text{奇関数}}. \quad \cdots ①$$

$f(x)=\dfrac{1}{e^x+1}$ とする．定積分 $\int_{-\frac{\pi}{2}}^{\frac{\pi}{2}} \cos x\cdot f(x)dx$ を，上記の考えを用いて [1] 計算せよ．

4 11 13 根底 実戦

n は自然数とする．次の極限をそれぞれ求めよ．

(1) $\displaystyle\lim_{n\to\infty}\frac{\left(\sum_{k=1}^{n}k^3\right)^5}{\left(\sum_{k=1}^{n}k^4\right)^4}$

(2) $\displaystyle\lim_{n\to\infty}\frac{\sum_{k=1}^{n}(2k-1)^4}{\sum_{k=1}^{n}(2k)^4}$

(3) $\displaystyle\lim_{n\to\infty}\frac{1}{n^3}\left(1\cdot\sqrt{n^2-1^2}+2\cdot\sqrt{n^2-2^2}+\cdots+n\cdot\sqrt{n^2-n^2}\right)$

(4) $\displaystyle\lim_{n\to\infty}\sum_{k=1}^{n-1}\frac{1}{\sqrt{(n+2)(n+k)}}$

(5) $\displaystyle\lim_{n\to\infty}\frac{1}{n}\{\log((2n)!)-\log(n!)-n\log n\}$

4 11 14 根底 実戦 入試

xyz 空間に定点 A(1, 0, 0)，B(0, 1, 0)，C(0, 0, 1) がある．線分 AB を n 等分する点を，両端も含めて順に

$(\mathrm{A}=)\mathrm{P}_0,\ \mathrm{P}_1,\ \mathrm{P}_2,\ \cdots,\ \mathrm{P}_{n-1},\ \mathrm{P}_n(=\mathrm{B})$

とする．線分 CP_k $(k=0,\ 1,\ 2,\ \cdots,\ n)$ の相加平均 $M=\dfrac{1}{n+1}\displaystyle\sum_{k=0}^{n}\mathrm{CP}_k$ の $n\to\infty$ のときの極限を求めよ．

4 11 15 根底 実戦 入試

極限 $\displaystyle\lim_{n\to\infty}\sum_{k=1}^{n}\frac{n}{\sqrt{n^2+k^2}\sqrt{n^2+(k-1)^2}}$ を求めよ．

4 11 16 根底 実戦

不等式 $0.666<\displaystyle\int_0^1(1-x^2)^{\frac{2}{3}}\,dx<0.786$ を示せ．

4 11 17 根底 実戦

(1) 曲線 C: $y=\sin x\left(0\leq x\leq\dfrac{\pi}{2}\right)$ は上に凸であることを示せ．

(2) $\dfrac{1}{2}<\cos 1<1-\dfrac{1}{\pi}$ を示せ．

4 11 18 根底 実戦 入試

極限 $\displaystyle\lim_{n\to\infty}\int_0^{\frac{\pi}{4}}\tan^n x\,dx$ (n は自然数) を求めよ．

4 11 19 根底 実戦 入試

極限 $\displaystyle\lim_{n\to\infty}\sum_{k=1}^{n}\frac{1}{\sqrt{nk}}$ を求めよ．

4 11 20 根底 実戦 入試

実数 x を超えない最大整数を $[x]$ と表す．極限 $\lim_{n\to\infty}\dfrac{\left[\sqrt{1}\right]^2+\left[\sqrt{2}\right]^2+\left[\sqrt{3}\right]^2+\cdots+\left[\sqrt{n}\right]^2}{1+2+3+\cdots+n}$ を求めよ．

4 11 21 根底 実戦 入試 ハイレベル↑

$x \geq 0$ で定義された関数 $f(x)$ があり，次の条件を満たす：

$f(x) \geq 0$ …①, $f'(x) > 0\ (x>0)$ …②,

$f''(x) < 0\ (x>0)$ …③, $\lim_{x\to\infty} f(x) = \infty$ …④.

n を自然数として，$S_1 = \sum_{k=1}^{n} f(k)$ と $S_2 = \int_0^n f(x)\,dx$ の差について考えよう．

(1) $\int_k^{k+1} f(x)\,dx$ と $\frac{1}{2}\{f(k)+f(k+1)\}$ の大小を比べよ．

(2) $\int_{k-\frac{1}{2}}^{k+\frac{1}{2}} f(x)\,dx$ と $f(k)$ の大小を比べよ．

(3) $\lim_{n\to\infty}\dfrac{S_1-S_2}{f(n)}$ を求めよ．

4 11 22 根底 実戦 入試

m, n は自然数で $m < n$ とする．

(1) $\lim_{n\to\infty}\sum_{k=m}^{n}\dfrac{1}{k}$ は正の無限大に発散することを示せ．

(2) $\sum_{k=m}^{n}\dfrac{1}{k} > 1$ となる最小の n を N とする．$\lim_{m\to\infty}\dfrac{N}{m}$ を求めよ．

4 11 23 根底 実戦

媒介変数表示された曲線 C: $\begin{cases} x = \sin t + \cos\dfrac{t}{2} \\ y = 1 - \cos t + \sin\dfrac{t}{2} \end{cases}$ $(0 \leq t \leq \pi)$ と x 軸，y 軸で囲まれる部分の面積 T を求めよ．

ただし，ここでは**例題 4 9 j** (1)で導いた公式を使ってもよいとする．[1)]

4 11 24 根底 実戦 入試

放物線 C: $y = 2x^2$ と直線 l: $y = 2x$ で囲まれる部分を l のまわりに 1 回転してできる立体 K の体積 V を求めよ．

第4章 積分法

4 11 25 根底 実戦 入試

O を原点とする xyz 空間内に 3 点 $\mathrm{P}(\cos t,\ \sin t,\ 0)$, $\mathrm{Q}(\cos t,\ \sin t,\ t)$, $\mathrm{R}(0,\ 0,\ t)$ があり，長方形 OPQR の周と内部を D とする．t が $0 \leq t \leq \dfrac{\pi}{2}$ の範囲で変化するとき，以下の問いに答えよ．

(1) D が通過してできる立体 K の体積 V を求めよ．

(2) 点 Q が描く軌跡の長さ L を求めよ．

4 11 26 根底 実戦 典型 入試

xy 平面上に，原点を中心とする半径 1 の定円 C_0 がある．中心 P，半径 $\dfrac{1}{4}$ の円 C が，C_0 に内接しながら滑ることなく回転する（この接点を Q とする）．C 上に固定された点 R があり，R は最初 C_0 上の点 $\mathrm{A}(1,\ 0)$ にある（つまり最初は R=Q である）．P が正の向きに回転するとき，R が C_0 上に戻るまでに描く軌跡を F とする．

F と x 軸，y 軸で囲まれる領域を x 軸のまわりに 1 回転してできる立体の体積 V を求めよ．

4 11 27 根底 実戦 入試

曲線 $C \begin{cases} x = \cos^3 t \\ y = \sin^3 t \end{cases} \left(0 \leq t \leq \dfrac{\pi}{4}\right)$ について答えよ．

(1) C の全長 L を求めよ．

(2) 曲線 C 全体に糸がたるまないように巻き付けてある．点 $\mathrm{A}\left(\dfrac{1}{2\sqrt{2}},\ \dfrac{1}{2\sqrt{2}}\right)$ にある糸の端 P を持ち，ピンと張った状態で糸を C から最後までふりほどいていくときの P の軌跡 C' の長さ L' を求めよ．

4 11 28 根底 実戦

次の条件を満たす関数 $f(x)$ をそれぞれ求めよ．ただし，$f(x)$ は定数値関数ではないとする[1]．

(1) $f(x) = \dfrac{x}{2} f'(x)$ …①, $f(1) = 1$ …②

(2) $f'(x) = \displaystyle\int_0^x \sqrt{1 + \{f'(t)\}^2}\, dt$ （$f(x)$ は 2 回微分可能）…③,

$f(0) = 1$ …④.

4 11 29 根底 実戦 ハイレベル↑

充分大きな一定の人口をもつある集団が，流行病 D の感染者グループと非感染者グループの 2 つに分かれている．時刻 $t(\geq 0)$ において集団に占める感染者の割合を I とすると[1]，I は

$t = 0$ において $I = I_0$, …①

$\dfrac{dI}{dt} = p \cdot I(1 - I) - q \cdot I$ …②

を満たすものとする．ただし，$I_0,\ p,\ q$ は正の定数であり，$p \fallingdotseq q$, $I_0 \fallingdotseq \dfrac{p-q}{p}$ …③ を満たすとする．

(1) 微分方程式②の意味を説明せよ．[2)]

(2) 極限 $\lim_{t\to\infty} I$ を求めよ．

語記サポ [1)]：感染者 ＝infected

言い訳 [2)]：入試でこのような曖昧な問いが出ることはないと思いますのでご安心を．

4 11 30 根底 実戦 入試

$y=e^x\ (0\leq x\leq 1)$ を y 軸のまわりに 1 回転してできる容器 C に，水を単位時間あたり a(正の定数) の割合で注入していく．以下の問いに答えよ．

(1) 水面の面積が $\frac{\pi}{2}$ のとき，水の深さの変化する速度を求めよ．

(2) 水の深さが $\sqrt{e}$ のとき，水面の面積の変化する速度を求めよ．

4 11 31 根底 実戦 典型 入試

$\lim_{n\to\infty}\int_0^\pi e^{-x}\,|\sin nx|\,dx$ を求めよ．

4 11 32 根底 実戦 入試

$f(x)=\sin x\ \left(0\leq x\leq\frac{\pi}{2}\right)$ に対して，定積分 $\int_a^b f(x)\,dx+\int_{\sin a}^{\sin b} f^{-1}(x)\,dx$ の値を求めよ．ただし，a, b は $0\leq a<b\leq\frac{\pi}{2}$ を満たす定数とする．

4 11 33 根底 実戦 入試

関数 $f(x)=\int_0^x\frac{1}{\sqrt{t^2+1}}\,dt$ を考える．

$c(x)=\frac{e^x+e^{-x}}{2},\ s(x)=\frac{e^x-e^{-x}}{2}$ を用いて以下に答えよ．

(1) $c(x)^2-s(x)^2=1$ …① を示せ．

(2) $t=s(u)$ …② と置換することにより，$f(x)$ は $s(x)$ の逆関数であることを示せ．

(3) 曲線 C: $y=f(x)$ …③ と直線 $y=f(a)\ (a>0)$ および y 軸で囲まれる部分の面積 S を求めよ．

4 11 34 根底 実戦 入試

n は自然数とする．

(1) 任意の n に対して，ある整式 $T_n(x), U_n(x)$ を用いて $\cos n\theta=T_n(\cos\theta)$，
$\sin n\theta=\sin\theta\cdot U_n(\cos\theta)$ のように表せることを示せ．

(2) (1)の $T_n(x), U_n(x)$ に対して，$\int_{-\frac{1}{2}}^{\frac{1}{2}} T_{3n+1}(x)U_{3n-2}(x)\,dx$ を計算せよ．

第4章 積分法

4 11 35 根底 実戦 典型 入試

$I_n = \int_0^1 x^n e^x\,dx$ $(n=0,\ 1,\ 2,\ \cdots)$ とする．ただし，ここでは $x^0=1$ とする．

(1) I_{n+1} を I_n で表せ．

(2) 無限級数 $\sum_{n=0}^{\infty} \frac{(-1)^n}{n!}$ の収束・発散を調べ，収束する場合にはその和を求めよ．

4 11 36 根底 実戦 入試

$a_n = \int_0^{\frac{\pi}{2}} x^{2n}\sin x\,dx$ $(n=0,\ 1,\ 2,\ \cdots)$ について答えよ．ただし，$x^0=1$ とする．

(1) a_{n+1} と a_n の関係式を作れ．

(2) 無限級数 $\sum_{n=0}^{\infty} \frac{(-1)^n\left(\frac{\pi}{2}\right)^{2n+1}}{(2n+1)!}$ の収束・発散を調べ，収束するならその和を求めよ．

4 11 37 根底 実戦 入試 ハイレベル↑

(1) $f(0)=0$ …①，$f'(x)=1-f(x)$ …② を満たす関数 $f(x)$ を求めよ．

(2) $f_1(x)=0$ …③，$f_{n+1}(x)=\int_0^x \{1-f_n(t)\}dt$ …④ で定まる関数列 $(f_n(x))$ $(n=1,\ 2,\ 3,\ \cdots)$ を考える．$0 \leq x \leq 1$ のとき，$|f_n(x)-f(x)| \leq \frac{x^n}{n}$ を示し，$\lim_{n\to\infty} f_n(x)$ を求めよ．

4 11 38 根底 実戦 典型 入試

(1) $0 \leq x < 1$ とする．$\int_0^x \frac{1-t^{2n}}{1-t^2}\,dt = \sum_{k=1}^{n} \frac{x^{2k-1}}{2k-1}$ を示せ．

(2) $0 \leq x < 1$ のとき，無限級数 $\sum_{k=1}^{\infty} \frac{x^{2k-1}}{2k-1}$ の収束・発散を調べ，収束する場合にはその和を求めよ．

第 5 章

ベクトル

注 本シリーズでは，平面ベクトルの基礎の大半をⅡ+B 2 で扱いました．その内容は，本章の1 2 4 7 8にそのまま再掲されています（演習問題は変わっていますが）．これらの節の見出しには「Ⅱ+B 2」とマークを付けておきますから，既習者は飛ばして先へ進んでもかまいません． サラッと目を通すと理想的

「数学 C」範囲なので一応5となっていますが，「数学Ⅲ」（1～4）とは独立に学べますので，比較的早い段階で習得することをお勧めします．Ⅱ+B 2の内容は3「微分法」より前に，また，本章の5 12 4 は4「積分法」より前に済ませておいてください．

概要

Ⅱ+B 2では，ベクトルで学ぶ 2 つの内容：

1. 「ベクトルの問題」を解く．
2. 「他分野」を征服するツールとして役立てる．

のうち，早期に学んでおきたい 2．に絞って学習しました．本章では，ベクトルの基礎をある程度身に付けた上で，1．も含めて学んでいきます．

言い訳 点 A，B が一致することを，スペースの関係で「A=B」と書いてしまうことがあります． 一般的な表現ではなさそうですが

学習ポイント

1. ベクトルを用いて，共線（同一直線上）· 共面（同一平面上）であることを表す．
2. 内積を用いて長さ · 角，および面積 · 体積を計量する．
3. 1．2．におけるスマートな計算法を身に付ける．

「ベクトル」は，基本体系がキッチリ出来上がっており，それをマスターしてしまえば問題解法はかなり類型的であることが多いです．微分 · 積分法などに比べて，さほど演習量は要りません．

（あるレベル以上の生徒間の）勝負を決するポイントは，実はベクトル以前の「**図形そのもの**」を把握する力[→ **Ⅰ+A 5**]と，ベクトル以降の**計算処理**です．

言い訳 演算規則など基礎の説明は，本書の他章に比べるとアッサリ目です（そこで躓く人はほぼ皆無）．入試が近い受験生の実利を考え，早く実戦問題へとりかかるよう配慮しています．

将来入試では

理系生の場合，ベクトル単独のみならず，他分野との融合の形で出会うことが多いです．文系生は，おそらく共通テストで数学 C の「ベクトル」を選択する可能性が高いでしょう．

この章の内容

［高校数学範囲表］ ●当該分野 ●関連が深い分野

数学Ⅰ	数学Ⅱ	数学Ⅲ 理系
数と式	いろいろな式	いろいろな関数
2次関数	ベクトルの基礎	極限
三角比	図形と方程式	微分法
データの分析	三角関数	積分法
数学A	指数・対数関数	**数学C**
図形の性質	微分法・積分法	ベクトル
整数	**数学B**	複素数平面
場合の数・確率	数列	2次曲線
	統計的推測	

1 ベクトルとは？

II+B 2 ・・・ 5 10 までは，平面上のベクトルを扱います

1 ベクトルとは？

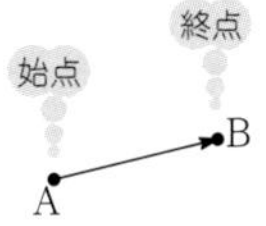

「向き」も考えた線分を**有向線分**といい，矢印で表されます．例えば点 A から点 B へ向かう矢印で表される有向線分 AB において，A を**始点**，B を**終点**といいます．[1)]

有向線分は，一般に次の 3 つで決定します：

（始点の）位置，向き，大きさ（長さ）

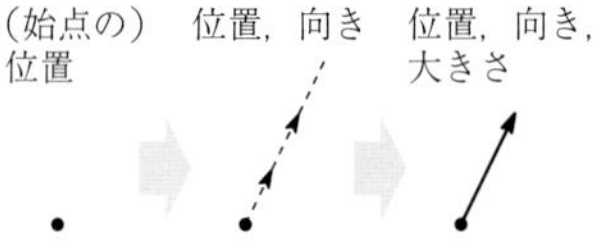

この 3 つのうち，位置を考えず，向きと大きさだけを考えたものを**ベクトル**といい，有向線分 AB で表されるベクトルを $\overrightarrow{\mathbf{AB}}$ と書きます．

言い訳 1)：「始点」および「終点」という用語は，元来は有向線分に対して用いますが，「ベクトル $\overrightarrow{\mathrm{AB}}$ の始点は A」のように使っても叱られはしないと思われます．（笑）

> **有向線分とベクトル** **原理**
>
> 区別するもの：位置，向き，大きさ（有向線分：位置，向き，大きさ／ベクトル：向き，大きさ）

2 ベクトルの相等

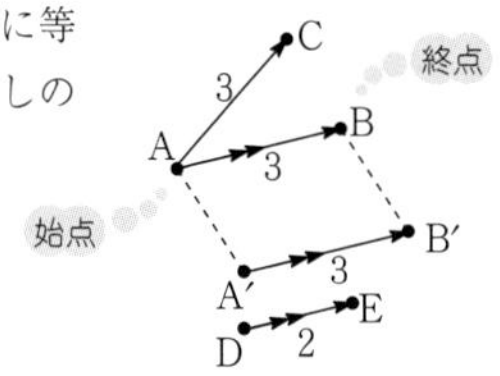

2 つのベクトルは，向きも大きさも等しい有向線分で表されるとき，互いに等しいと定めます．右図において，各有向線分（矢印）が表すベクトルどうしの関係は，次の通りです：

$\overrightarrow{\mathrm{AB}}=\overrightarrow{\mathrm{A'B'}}$. ・・・向きと大きさが等しい

$\overrightarrow{\mathrm{AB}}\neq\overrightarrow{\mathrm{DE}}$. ・・・向きは同じだが大きさが異なる

$\overrightarrow{\mathrm{AB}}\neq\overrightarrow{\mathrm{AC}}$. ・・・大きさは等しいが向きが異なる

注 『位置が違っても同一だとみなす』というのがなかなか斬新で呑み込みにくいかもしれませんね．そこで，「ベクトル」とは「移動」のようなものだと捉えておきましょう．例えば上の図において，「A から B への移動」と「A′ から B′ への移動」は，どちらも右上向きに 3 だけ動く同じ移動だという主張なら，ワリと抵抗なく受け入れられるでしょ？

> **原理** 「ベクトル」とは，有向線分において「位置」の違いを無視し，「向き」と「大きさ」だけを考えたもの，つまり，「移動」のようなものである．

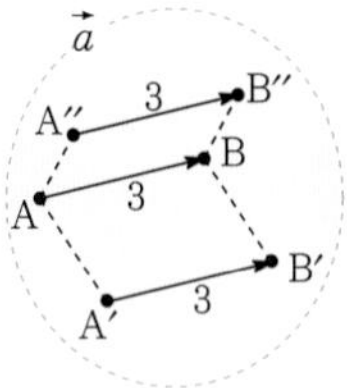

例えば右図において，$\overrightarrow{\mathrm{AB}}$, $\overrightarrow{\mathrm{A'B'}}$, $\overrightarrow{\mathrm{A''B''}}$ は向きと大きさが等しいので全て等しいベクトルです．そこで，これら全ベクトルを「$\vec{a}$」などと表します．（$\vec{b}$, $\vec{v}$ とか…）

$$\overrightarrow{\mathrm{AB}}=\overrightarrow{\mathrm{A'B'}}=\overrightarrow{\mathrm{A''B''}}=\vec{a}.$$

3 ベクトルの大きさ

また，ベクトルの大きさ（長さ）を[1)] $|\overrightarrow{\mathbf{AB}}|$, $|\vec{\boldsymbol{a}}|$ のように書きます．例えば 2 の図においては，

$$|\overrightarrow{\mathrm{AB}}|=|\overrightarrow{\mathrm{A'B'}}|=|\overrightarrow{\mathrm{AC}}|=3,\ |\overrightarrow{\mathrm{AB}}|\neq|\overrightarrow{\mathrm{DE}}|.$$

注 特に大きさが 1 のベクトルのことを**単位ベクトル**といいます．

語記サポ 1)：「絶対値」とは読みません．「大きさ」といいます．

4 ベクトルの向き

例えば 2 の図において，$\overrightarrow{AB}$ と $\overrightarrow{DE}$ は**向きが同じ**．$\overrightarrow{AB}$ と $\overrightarrow{ED}$ は**向きが反対**です．このいずれかの関係があるとき 2 つのベクトルは**平行**であるといい，次のように表します．

$\overrightarrow{AB} /\!/ \overrightarrow{DE}$．$\overrightarrow{AB} /\!/ \overrightarrow{ED}$．$\overrightarrow{AB}$ と $\overrightarrow{AC}$ は平行ではないので，$\overrightarrow{AB} \not\parallel \overrightarrow{AC}$．

問 右図において，次の条件を満たすベクトルを $\vec{b}$〜$\vec{e}$ から選べ．

(1) $\vec{a}$ と等しいベクトル．　(2) $\vec{a}$ と大きさが等しいベクトル．

(3) $\vec{a}$ と向きが同じベクトル．

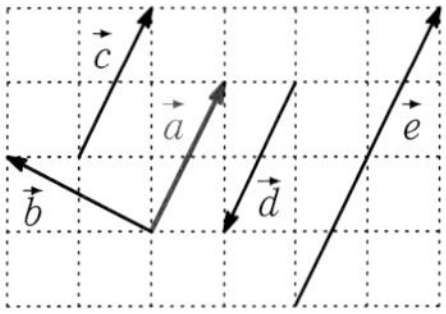

解答 (1) 向きと大きさが $\vec{a}$ と等しいベクトルを選んで，$\vec{c}$．//

(2) 大きさ（長さ）が $\vec{a}$ と等しいものは，$\vec{b}, \vec{c}, \vec{d}$．//

(3) 向きが $\vec{a}$ と同じものは，$\vec{c}, \vec{e}$．//　**参考** $\vec{a}$ と平行なものは，$\vec{c}, \vec{d}, \vec{e}$．

5 成分表示

O を原点とする xy 平面上で，点 A(1, 3) から B(6, 5) への「移動」を考えると，

$$\begin{cases} x \text{ 軸の向きへの移動量} = 6-1=5, \\ y \text{ 軸の向きへの移動量} = 5-3=2. \end{cases}$$

この 2 つの移動量を用いて，$\overrightarrow{AB} = \begin{pmatrix} 5 \\ 2 \end{pmatrix}$（$x$ 成分，y 成分）のように表します．

これを，ベクトル $\overrightarrow{AB}$ の**成分表示**といいます．

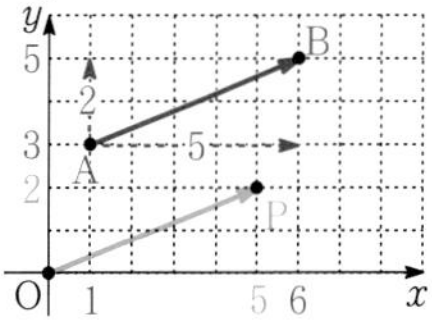

ベクトルの成分表示

A(x_1, y_1)，B(x_2, y_2) のとき，$\overrightarrow{AB} = \begin{pmatrix} x_2 - x_1 \\ y_2 - y_1 \end{pmatrix}$　横移動量／縦移動量

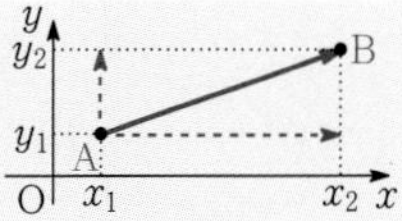

上図で，$\overrightarrow{AB} = \begin{pmatrix} 5 \\ 2 \end{pmatrix}$ と等しいベクトルで，原点 O を始点とするものを $\overrightarrow{OP}$ とすると，P(5, 2) ですね．

原点を始点とするベクトルの成分

ベクトルの始点を原点にとるとき

「ベクトルの成分」と「終点の座標」は同じ数で表される．

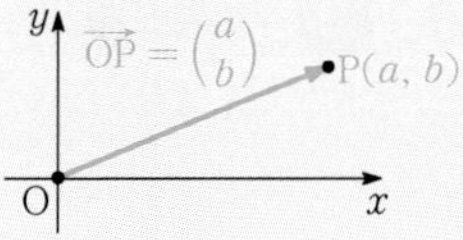

語記サポ 学校教科書では，（諸般のオトナの事情により）ベクトルを「(5, 2)」のように成分を横に並べて書きますが，上記のように縦に並べるのが本式であり，今後**断然有利**となります！■

成分表示と相等

$$\begin{pmatrix} x \\ y \end{pmatrix} = \begin{pmatrix} x' \\ y' \end{pmatrix} \Longleftrightarrow \begin{cases} x = x', \\ y = y'. \end{cases}$$

縦&横の移動量が一致
i.e. x 成分どうし，y 成分どうしが等しい

成分表示と大きさ

$\vec{v} = \begin{pmatrix} a \\ b \end{pmatrix}$ のとき，$|\vec{v}| = \sqrt{a^2 + b^2}$．　三平方の定理より

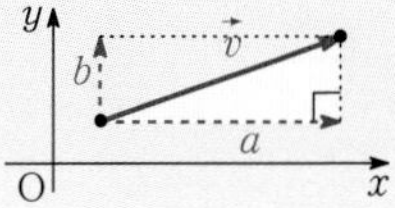

例 O を原点とする xy 平面上で，A(1, 3)，B(5, 2) のとき

$$\overrightarrow{OA} = \begin{pmatrix} 1 \\ 3 \end{pmatrix}.\quad \overrightarrow{AB} = \begin{pmatrix} 5-1 \\ 2-3 \end{pmatrix} = \begin{pmatrix} 4 \\ -1 \end{pmatrix}.\quad |\overrightarrow{AB}| = \sqrt{4^2 + (-1)^2} = \sqrt{17}.$$

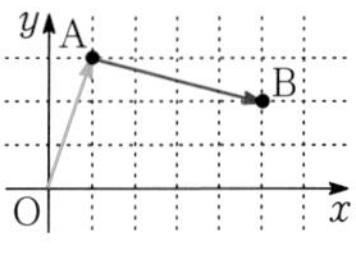

第5章 ベクトル

2 ベクトルの演算 Ⅱ+B 2

1 ベクトルの加法・減法

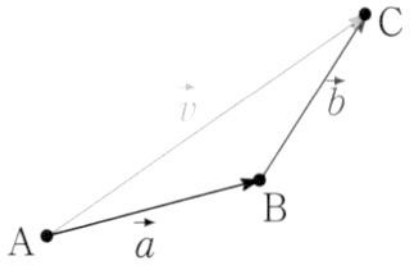

ベクトルどうしの**加法**（足し算）を，次のように定めます：

$\overrightarrow{AB}+\overrightarrow{BC}=\overrightarrow{AC}$.

これは，ベクトルが「移動」のようなものだと知っていれば

「A から B への移動」に，「B から C への移動」を継ぎ足すと，
「A から C への移動」になる

のように，自然に理解できますね．

この関係は，図のように $\vec{a}, \vec{b}, \vec{v}$ をとると，「$\vec{v}=\vec{a}+\vec{b}$」とも書けます．

ベクトルどうしの**減法**（引き算）は，数の場合の加法と減法の関係と同様，次のように行います：

$\overrightarrow{AB}$ + $\boxed{\overrightarrow{BC}}$ = $\overrightarrow{AC}$.
7 + $\boxed{3}$ = 10.
10 − 7 = $\boxed{3}$. ・・・ 7 に，あと何を加えたら 10 になるか？それは$\boxed{3}$である.
$\overrightarrow{AC}$ − $\overrightarrow{AB}$ = $\boxed{\overrightarrow{BC}}$. ・・・ $\overrightarrow{AB}$ に，あと何を加えたら $\overrightarrow{AC}$ になるか？それは$\boxed{\overrightarrow{BC}}$である.

これらを一応理解したら，次のように覚えてしまいましょう．赤字がポイントです！

加法：$\overrightarrow{AB}$ + $\overrightarrow{BC}$ = $\overrightarrow{AC}$.　「B」はどんな点でも OK
“尻取り”

減法：$\overrightarrow{AC}$ − $\overrightarrow{AB}$ = $\overrightarrow{BC}$.　「A」はどんな点でも OK
始点統一

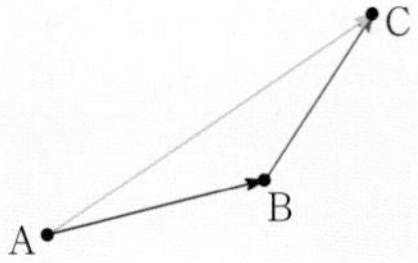

例題 5 2 a 加法と減法 根底 実戦 [→演習問題 5 6 1]

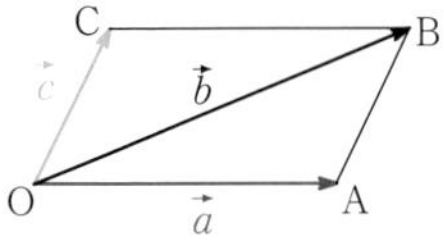

右図の平行四辺形 OABC において，$\vec{a}=\overrightarrow{OA}, \vec{b}=\overrightarrow{OB}, \vec{c}=\overrightarrow{OC}$ とおく．

(1) $\vec{b}$ を $\vec{a}, \vec{c}$ で表せ．　(2) $\vec{c}$ を $\vec{a}, \vec{b}$ で表せ．

方針 上記の“尻取り”，“始点統一”の形ができるよう工夫します．
その際，「位置」がズレていてもベクトルとしては等しいもの（**解答**の赤下線部）を利用しましょう．

解答 (1) $\vec{b}=\overrightarrow{OB}$
$=\overrightarrow{OA}+\overrightarrow{AB}$ ・・・“尻取り”
$=\overrightarrow{OA}+\underline{\overrightarrow{OC}}=\vec{a}+\vec{c}.$ //

別解 $\vec{b}=\overrightarrow{OB}$
$=\overrightarrow{OC}+\overrightarrow{CB}$ ・・・“尻取り”
$=\overrightarrow{OC}+\underline{\overrightarrow{OA}}=\vec{c}+\vec{a}.$ //

参考 この 2 通りの結果を比べると，ベクトルの加法について

$\vec{a}+\vec{c}=\vec{c}+\vec{a}$ ・・・「交換法則」という

が成り立つことがわかりますね．つまり，ベクトルどうしの足し算は，数の場合と同様に，順序を替えてもかまわないのです．■

(2) $\vec{c}=\overrightarrow{OC}=\underline{\overrightarrow{AB}}=\overrightarrow{OB}-\overrightarrow{OA}=\vec{b}-\vec{a}.$ //
始点統一

注 (1)(2)の結果が，途中式を丁寧に書かずにスパッと見抜けるようにしましょう．

【成分表示の場合】

成分表示されたベクトルどうしの加法は，右図からわかる通り，x 成分どうし，y 成分どうしを足せばOK です．減法も同様です．

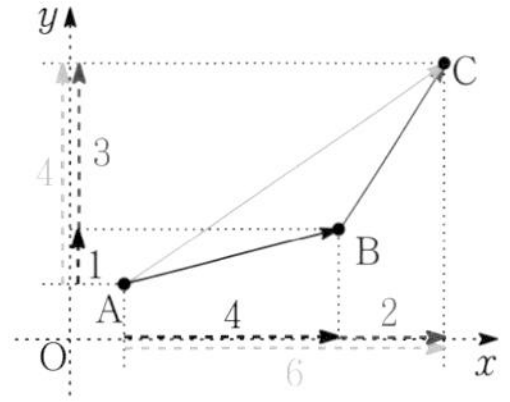

$$\overrightarrow{\mathrm{AC}} = \overrightarrow{\mathrm{AB}} + \overrightarrow{\mathrm{BC}} = \begin{pmatrix}4\\1\end{pmatrix} + \begin{pmatrix}2\\3\end{pmatrix} = \begin{pmatrix}4+2\\1+3\end{pmatrix} = \begin{pmatrix}6\\4\end{pmatrix}.$$

$$\overrightarrow{\mathrm{BC}} = \overrightarrow{\mathrm{AC}} - \overrightarrow{\mathrm{AB}} = \begin{pmatrix}6\\4\end{pmatrix} - \begin{pmatrix}4\\1\end{pmatrix} = \begin{pmatrix}6-4\\4-1\end{pmatrix} = \begin{pmatrix}2\\3\end{pmatrix}.$$

成分による加法，減法

$$\begin{pmatrix}x_1\\y_1\end{pmatrix} + \begin{pmatrix}x_2\\y_2\end{pmatrix} = \begin{pmatrix}x_1+x_2\\y_1+y_2\end{pmatrix}. \qquad \begin{pmatrix}x_1\\y_1\end{pmatrix} - \begin{pmatrix}x_2\\y_2\end{pmatrix} = \begin{pmatrix}x_1-x_2\\y_1-y_2\end{pmatrix}.$$

x 成分どうし，y 成分どうしを足し引きすればよい

成分表示されたベクトルの加法の規則によれば，ベクトルの加法について次の法則が成り立つことが容易に示されます：

$$\vec{a}+\vec{b}=\vec{b}+\vec{a}. \quad (\vec{a}+\vec{b})+\vec{c}=\vec{a}+(\vec{b}+\vec{c})$$（どちらも「$\vec{a}+\vec{b}+\vec{c}$」と書く）.

数を表す普通の文字式と同じ規則だと思っておけば大丈夫ですね．

2 零ベクトル，逆ベクトル

「れい」とも読みます

$\overrightarrow{\mathrm{AA}}$ や $\overrightarrow{\mathrm{BB}}$ のように，始点と終点が同じであるベクトル，つまり“移動なき移動”のことを**零（ゼロ）ベクトル**といい，「$\vec{\mathbf{0}}$」で表します．

$\vec{0}$ の「大きさ」は，$|\vec{0}|=0$ です．また，$\vec{0}$ の「向き」は [1] 考えません．

注 [1]：$\vec{0}$ の「向き」は，自分で好きに決めてよいとする立場もあります．■

$$\overrightarrow{\mathrm{AB}} + \overrightarrow{\mathrm{BB}} = \overrightarrow{\mathrm{AB}} + \vec{0} = \overrightarrow{\mathrm{AB}}.$$

“尻取り”　　7＋0＝7 とそっくり

これを見ると $\vec{0}$ は数 0 と同じように振舞うことがわかりますね．

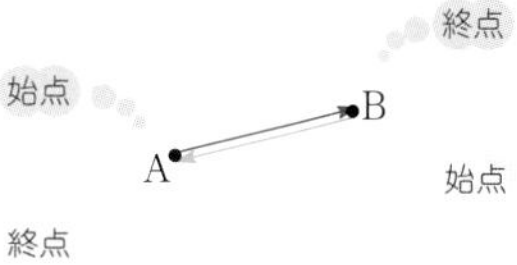

次に，$\overrightarrow{\mathrm{AB}}$ の始点と終点を入れ替えたベクトル $\overrightarrow{\mathrm{BA}}$ を考えると

$$\overrightarrow{\mathrm{AB}} + \overrightarrow{\mathrm{BA}} = \overrightarrow{\mathrm{AA}} = \vec{0}.$$

“尻取り”　　7＋(−7)＝0 とそっくり　（−7　7）

このベクトル $\overrightarrow{\mathrm{BA}}$ を，$\overrightarrow{\mathrm{AB}}$ の**逆ベクトル**といい，「$-\overrightarrow{\mathrm{AB}}$」と表します．　数 7 に対する −7 とそっくり

一般に，$\vec{a}$ と大きさが等しく向きが反対であるベクトルを，$\vec{a}$ の**逆ベクトル**といい，$-\vec{a}$ と表します．

【成分表示の場合】

零ベクトル：$\vec{0} = \begin{pmatrix}0\\0\end{pmatrix}$．$\vec{a} = \begin{pmatrix}x\\y\end{pmatrix}$ の逆ベクトルは，$-\vec{a} = \begin{pmatrix}-x\\-y\end{pmatrix}$．

第5章 ベクトル

3 ベクトルの実数倍

ベクトル $\vec{a}\,(\neq\vec{0})$ の実数 k 倍：「$k\vec{a}$」を，次のように定めます．

〔$k>0$ の場合〕 例：$k=3$

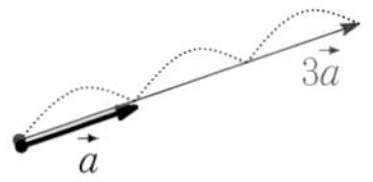

$\vec{a}$ と同じ向きで大きさは 3 倍

〔$k<0$ の場合〕 例：$k=-2$

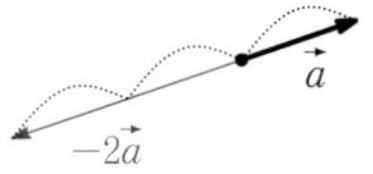

$\vec{a}$ と反対向きで大きさは $|-2|=2$ 倍

「ベクトルは移動のようなもの」という観点から自然に頭に入るでしょ (笑).

補足　$k=0$ の場合は，$k\vec{a}=0\vec{a}=\vec{0}$ (零ベクトル) となります．■

「向きが同じ」または「向きが反対」のときに限って「平行」というのでしたね．よって，一般に次の関係が成り立ちます：

平行と実数倍

$\vec{0}$ でない 2 ベクトル $\vec{a},\vec{b}$ について，

「$\vec{b}=k\vec{a}$ $(k\in\mathbb{R})$ と表せる」$\Longleftrightarrow \vec{a}\,/\!/\,\vec{b}$.

$\vec{a}=k\vec{b}$ でも OK

注　「ベクトルの平行」の表し方は，「実数倍の関係」だけではありません！[→例題 5 8 d (3)] ■

一般に，実数倍したベクトルの大きさは，次の通りです．

$$|k\vec{a}|=|k|\,|\vec{a}|.$$

$|3\vec{a}|=3|\vec{a}|,\ |-2\vec{a}|=2|\vec{a}|$ ($k<0$ のときに注意)

【成分表示の場合】

成分表示されたベクトル $\vec{a}$ を実数 k 倍した $k\vec{a}$ は，右の例からわかる通り，x,y 成分をそれぞれ k 倍すれば OK です．

また，$k\vec{a}$ の大きさは，$\vec{a}$ の大きさをもとに求まります．

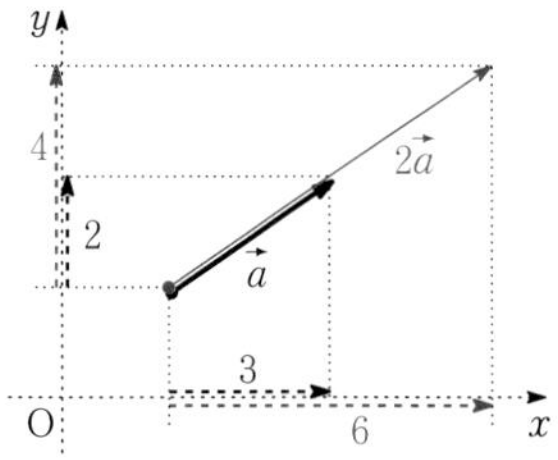

成分による実数倍・その大きさ

$$k\begin{pmatrix}x\\y\end{pmatrix}=\begin{pmatrix}kx\\ky\end{pmatrix}.\quad \left|k\begin{pmatrix}x\\y\end{pmatrix}\right|=|k|\sqrt{x^2+y^2}.$$

k の符号に注意

例題 5 2 b ベクトルの実数倍 根底 実戦

[→演習問題 5 6 1]

右図のように点 A，B，C，D があるとき，次の□に入る実数を答えよ．

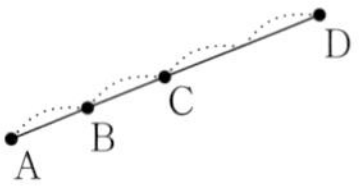

(1) $\overrightarrow{AD}=\square\,\overrightarrow{AB}$　(2) $\overrightarrow{DB}=\square\,\overrightarrow{AC}$　(3) $\overrightarrow{CC}=\square\,\overrightarrow{AB}$

方針　向きが同じか反対か？大きさの比はどうなっているか？以上の 2 つを考えます．

解答　(1) $\overrightarrow{AD}$ は，$\overrightarrow{AB}$ と同じ向きで，大きさは 4 倍．よって，$\overrightarrow{AD}=\boxed{4}\,\overrightarrow{AB}$. //

(2) $\overrightarrow{DB}$ は，$\overrightarrow{AC}$ と反対向きで，大きさは $\dfrac{3}{2}$ 倍．

よって，$\overrightarrow{DB}=\boxed{-\dfrac{3}{2}}\,\overrightarrow{AC}$. //

(3) $\overrightarrow{CC}=\vec{0}=\boxed{0}\,\overrightarrow{AB}$. //

解説　(1)の $\overrightarrow{AD}$ と $\overrightarrow{AB}$，および(2)の $\overrightarrow{DB}$ と $\overrightarrow{AC}$ はそれぞれ平行です．だからこそ，「実数倍」という関係が得られます．

例題 5 2 C 成分表示と大きさ 根底 実戦

[→演習問題 5 6 2]

xy 平面上で，2 点 $\mathrm{A}(-4a,\ a)$，$\mathrm{B}(4a,\ 7a)$ (a は実数) の距離を求めよ．

方針 「2 点の距離」ではなく，「ベクトル $\overrightarrow{\mathrm{AB}}$ の大きさ」と考えた方がトクします．

解答
$$\overrightarrow{\mathrm{AB}}=\begin{pmatrix}4a-(-4a)\\7a-a\end{pmatrix}=\begin{pmatrix}8a\\6a\end{pmatrix}=2a\begin{pmatrix}4\\3\end{pmatrix}.$$
(2a をくくり出す)

$$\therefore\ \mathrm{AB}=|\overrightarrow{\mathrm{AB}}|=|2a|\left|\begin{pmatrix}4\\3\end{pmatrix}\right|$$
(絶対値に注意！)
$$=|2a|\sqrt{4^2+3^2}=2|a|\cdot5=10|a|.\ /\!/$$

解説 2 点間の距離の公式より，早く片付きます．

参考 $\overrightarrow{\mathrm{AB}}$ の逆ベクトル[→2] $\overrightarrow{\mathrm{BA}}=-\overrightarrow{\mathrm{AB}}$ は，$\overrightarrow{\mathrm{AB}}$ と反対向きで大きさは等しい (1 倍) ですから，$-\overrightarrow{\mathrm{AB}}=(-1)\overrightarrow{\mathrm{AB}}$ です (同様に $1\overrightarrow{\mathrm{AB}}=\overrightarrow{\mathrm{AB}}$)．また

$$\overrightarrow{\mathrm{AC}}-\overrightarrow{\mathrm{AB}}=\overrightarrow{\mathrm{BC}},\quad \overrightarrow{\mathrm{AC}}+(-\overrightarrow{\mathrm{AB}})=\overrightarrow{\mathrm{AC}}+\overrightarrow{\mathrm{BA}}=\overrightarrow{\mathrm{BC}}.\quad \therefore\ \overrightarrow{\mathrm{AC}}-\overrightarrow{\mathrm{AB}}=\overrightarrow{\mathrm{AC}}+(-\overrightarrow{\mathrm{AB}}).$$
("尻取り")

これは，"普通の文字式" と同じ感覚でイケます．とくに覚えようとしなくても平気です (笑)．

4 実数倍と演算法則

例 右図の平行四辺形 OACB において，$\vec{a}=\overrightarrow{\mathrm{OA}},\ \vec{b}=\overrightarrow{\mathrm{OB}}$ とおく．対角線の交点を P として，$\overrightarrow{\mathrm{OP}}$ を $\vec{a},\ \vec{b}$ で表しましょう．

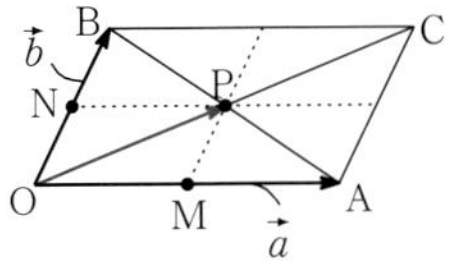

P が対角線 OC の中点であることを利用すると
$$\overrightarrow{\mathrm{OP}}=\frac{1}{2}\overrightarrow{\mathrm{OC}}=\frac{1}{2}(\vec{a}+\vec{b}).$$
また，OA，OB の中点をそれぞれ M，N とすると四角形 OMPN が平行四辺形であることから
$$\overrightarrow{\mathrm{OP}}=\overrightarrow{\mathrm{OM}}+\overrightarrow{\mathrm{ON}}=\frac{1}{2}\vec{a}+\frac{1}{2}\vec{b}.$$
この結果から，$\frac{1}{2}(\vec{a}+\vec{b})=\frac{1}{2}\vec{a}+\frac{1}{2}\vec{b}$ が成り立つことがわかります．一般に，次の法則が成り立ちます：

ベクトルと実数の演算法則

$$k(\vec{a}+\vec{b})=k\vec{a}+k\vec{b}.$$ $k(a+b)=ka+kb$ と同様
$$(k+l)\vec{a}=k\vec{a}+l\vec{a}.$$ $(k+l)a=ka+la$ と同様
$$k(l\vec{a})=(kl)\vec{a}.$$ $k(la)=(kl)a$ と同様

成分表示されたベクトルの加法，減法，実数倍の演算規則によれば，第 1 式は次のように示されます．
(第 2，3 式も同様)

$\vec{a}=\begin{pmatrix}x_1\\y_1\end{pmatrix},\ \vec{b}=\begin{pmatrix}x_2\\y_2\end{pmatrix}$ として，
$$k(\vec{a}+\vec{b})=k\begin{pmatrix}x_1+x_2\\y_1+y_2\end{pmatrix}=\begin{pmatrix}k(x_1+x_2)\\k(y_1+y_2)\end{pmatrix}=\begin{pmatrix}kx_1\\ky_1\end{pmatrix}+\begin{pmatrix}kx_2\\ky_2\end{pmatrix}=k\begin{pmatrix}x_1\\y_1\end{pmatrix}+k\begin{pmatrix}x_2\\y_2\end{pmatrix}=k\vec{a}+k\vec{b}.$$

注 これらの法則も，中学以来学んできた普通の文字式における演算法則と全く同じですから，特に覚えようとしなくても自然に使えます (笑)．

3 ベクトルの分解

1 分解の一意性（平面）

ベクトルの分解（平面） **原理**

3 点 O，A，B が共線でないとき[1)]，平面 OAB 上の任意の点 P に対して

$\overrightarrow{OP}=s\overrightarrow{OA}+t\overrightarrow{OB}$ …① 　$\overrightarrow{OP}$ を $\overrightarrow{OA}$ と $\overrightarrow{OB}$ に “分解”

を満たす実数の組 (s, t) が**存在**し，しかもそれは**一意的**である．

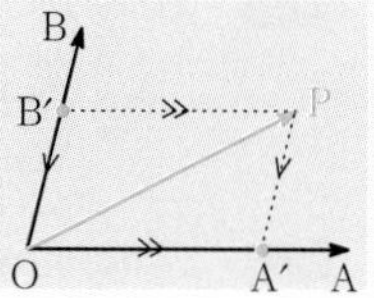

〔**証明**〕 点 P に対し，右上図のように P を通る平行線を引くと交点 A′，B′ が 1 つに定まり，

$\overrightarrow{OP}=\overrightarrow{OA'}+\overrightarrow{OB'}$. …②

また，A′，B′ に対し，

$\overrightarrow{OA'}=s\overrightarrow{OA}$, $\overrightarrow{OB'}=t\overrightarrow{OB}$ …③

となる s, t が 1 つに定まる．

③を②へ代入すると①を得るから，P に対して①を満たす (s, t) が 1 つに定まる．□

補足 「1 つに定まる」とは「ただ 1 つだけ存在する」ということ．

「ベクトル」には位置という概念がないので，$\vec{a}=\overrightarrow{OA}$, $\vec{b}=\overrightarrow{OB}$, $\vec{p}=\overrightarrow{OP}$ とおき，少し抽象化して次のように述べることもできます：

[2)]平行でない2 ベクトル $\vec{a}$，$\vec{b}$ が決定する平面上の任意のベクトル $\vec{p}$ に対し，

$\vec{p}=s\vec{a}+t\vec{b}$

を満たす実数の対 (s, t) が**存在**し，しかもそれは**一意的**である．

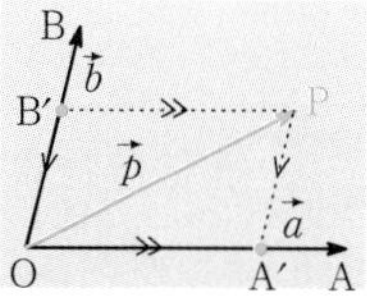

注 [1)2)]：この「前提条件」への言及の仕方として，他に「$\vec{a}, \vec{b}$ が**一次独立**（or **線型独立**）」という言い回しもあります．[2)] は，「$\vec{0}$ でなく平行でない」と書く人が多いです［→**5 6 直前のコラム**］．

注意！ [1)2)]：この前提が満たされていない場合，右図のように，

㋐$\vec{p}=\dfrac{1}{2}\vec{a}+\dfrac{1}{2}\vec{b}$，㋑$\vec{p}=2\vec{a}+0\vec{b}$，㋒$\vec{p}=0\vec{a}+\dfrac{2}{3}\vec{b}$

など，複数の異なる分解法ができてしまいます．■

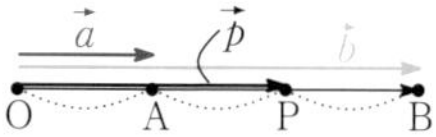

（P は直線 AB 上）

上記で考えた「存在」と「一意」のうち，後者のみを考えた次の結論も覚えておきたいです：

“係数比較” **原理**

$\vec{a} \not\parallel \vec{b}$ とする．このとき，$s\vec{a}+t\vec{b}=s'\vec{a}+t'\vec{b} \Longrightarrow s=s', t=t'$.

これは，上記 分解の一意性 から自明ですが，別の角度から証明する練習もしておきましょう．

例題 5 3 a 分解の一意性（平面） 根底 実戦

［→演習問題 5 6 8］

s, t, s', t' は実数とし，$\vec{a} \not\parallel \vec{b}$ …① とする．$s\vec{a}+t\vec{b}=s'\vec{a}+t'\vec{b}$ …② のとき，$s=s', t=t'$ が成り立つことを背理法で示せ．

方針 背理法を用い，①と矛盾する結論を導くことを目指します．

解答 ②より

$(s-s')\vec{a}=(t'-t)\vec{b}$. 　$\vec{a}, \vec{b}$ をまとめる

仮に $s-s' \neq 0$ としたら，

$\vec{a}=\dfrac{t'-t}{s-s'}\vec{b}$. ∴ $\vec{a} \parallel \vec{b}$.

これは①に反す．よって，$s-s'=0$, i.e. $s=s'$.

同様にして，$t=t'$. □

解説　証明すべき命題「＝である」は明快な主張ですが,「逆数が存在しない」という否定表現でもあるので, それを否定した「逆数が存在する」という明快な仮定を設定しました.

注　本問は, **I+A 例題 1 9 o**「有理数と無理数」, **II+B 例題 1 9 b**「実数と虚数」とほぼ同内容でした. これらの共通な性質について, [→演習問題 5 6 8]

例題 5 3 b　正六角形とベクトルの分解　根底 実戦　定期

[→演習問題 5 6 1]

右の正六角形において, 次の各ベクトルを $\vec{a}, \vec{b}$ で表せ.

(1) $\overrightarrow{\mathrm{OI}}$　(2) $\overrightarrow{\mathrm{OC}}$　(3) $\overrightarrow{\mathrm{AE}}$

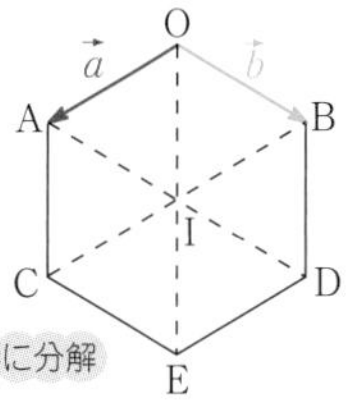

着眼　$\vec{a}, \vec{b}$ と等しい(向きと大きさが等しい)ベクトルが, 位置をズラしてあちこちにありますね. ($\vec{a}$：赤色, $\vec{b}$：青色)

方針　それらを用いて, 始点から終点までの"移動"を表すことを目指します.

解答　(1) $\overrightarrow{\mathrm{OI}} = \overrightarrow{\mathrm{OA}} + \overrightarrow{\mathrm{AI}}$
$= \vec{a} + \vec{b}$.//

注　これと同じベクトルもあちこちにあります(黒破線).

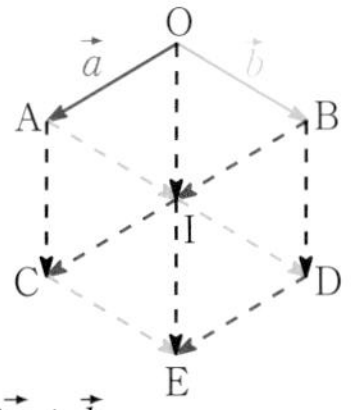

(2) $\overrightarrow{\mathrm{OC}} = \overrightarrow{\mathrm{OA}} + \overrightarrow{\mathrm{AC}}$
$= \overrightarrow{\mathrm{OA}} + \overrightarrow{\mathrm{OI}}$
$= \vec{a} + (\vec{a} + \vec{b}) = 2\vec{a} + \vec{b}$.//

(3) $\overrightarrow{\mathrm{AE}} = \overrightarrow{\mathrm{AC}} + \overrightarrow{\mathrm{CE}}$　和に分解
$= \overrightarrow{\mathrm{OI}} + \overrightarrow{\mathrm{OB}}$
$= (\vec{a} + \vec{b}) + \vec{b} = \vec{a} + 2\vec{b}$.//

別解　$\overrightarrow{\mathrm{AE}} = \overrightarrow{\mathrm{OE}} - \overrightarrow{\mathrm{OA}}$　差に分解 [1]
$= 2\overrightarrow{\mathrm{OI}} - \overrightarrow{\mathrm{OA}}$
$= 2(\vec{a} + \vec{b}) - \vec{a} = \vec{a} + 2\vec{b}$.//

重要　[1]：このように差に分解して始点を変える手法は定番です. 合言葉：

始点変えたきゃ差にばらせ

2　成分表示の一意性

5 1 5 で論じた「ベクトルの成分表示」を, 前項の知識をもとに振り返ってみましょう.

例　右図のベクトル $\overrightarrow{\mathrm{AB}}$ は, "右向き"の単位ベクトル $\overrightarrow{e_1}$, "上向き"の単位ベクトル $\overrightarrow{e_2}$ を用いて

$$\overrightarrow{\mathrm{AB}} = 5\overrightarrow{e_1} + 2\overrightarrow{e_2}$$

と"分解"できます. このとき**一意的に決まる**係数 **5, 2** によって

$$\overrightarrow{\mathrm{AB}} = \begin{pmatrix} 5 \\ 2 \end{pmatrix}$$
(x 成分, y 成分)

のように表したものがベクトル $\overrightarrow{\mathrm{AB}}$ の**成分表示**です.

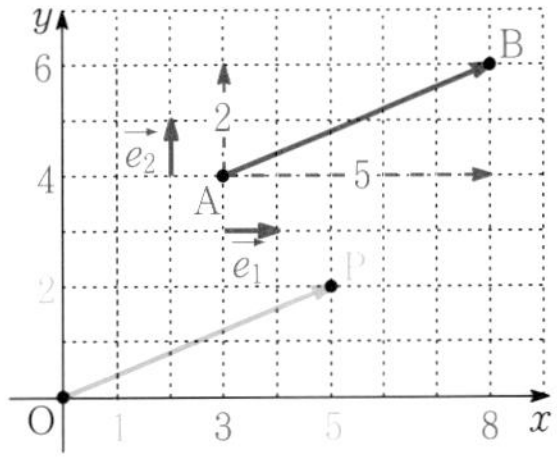

注　もちろん, 右上図において $\overrightarrow{\mathrm{OP}}$ の成分表示も $\begin{pmatrix} 5 \\ 2 \end{pmatrix}$ です. ■

けっきょく成分表示とは,「横方向に $\overrightarrow{e_1}$ 何個分動いたか」と「縦方向に $\overrightarrow{e_2}$ 何個分動いたか」によってベクトルを表す方法です. 5 1 5 で述べたのといっしょですね(笑). (もちろん係数が自然数でなくても考え方は同じです.)

語記サポ　$\overrightarrow{e_1}, \overrightarrow{e_2}$ のことを, この座標平面における**基本ベクトル**といいます. それぞれの成分表示は $\overrightarrow{e_1} = \begin{pmatrix} 1 \\ 0 \end{pmatrix}$, $\overrightarrow{e_2} = \begin{pmatrix} 0 \\ 1 \end{pmatrix}$ です.

4 位置ベクトル Ⅱ+B 2

1 位置ベクトルとは

ベクトルの始点を 1 点 O に統一し，$\vec{p}=\overrightarrow{\mathrm{OP}}$ とおくと，次のような 1 対 1 対応が得られます：

終点 P の位置 $\xleftrightarrow[1\text{ 対 }1]{}$ ベクトル $\vec{p}$

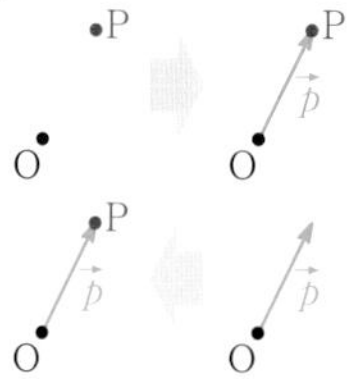

このとき，$\vec{p}=\overrightarrow{\mathrm{OP}}$ は点 P の位置を表すので「点 P の**位置ベクトル**」と呼ばれ，$\mathrm{P}(\vec{p})$ のように表します．

2 内分点

P が線分 AB を $m:n$ (m, n は正) に**内分**するとき，始点 O から P への "移動" を考えると，

$$\begin{aligned}\overrightarrow{\mathrm{OP}}&=\overrightarrow{\mathrm{OA}}+\overrightarrow{\mathrm{AP}}\\&=\overrightarrow{\mathrm{OA}}+\frac{m}{m+n}\overrightarrow{\mathrm{AB}}\\&=\overrightarrow{\mathrm{OA}}+\frac{m}{m+n}(\overrightarrow{\mathrm{OB}}-\overrightarrow{\mathrm{OA}}).\end{aligned}$$

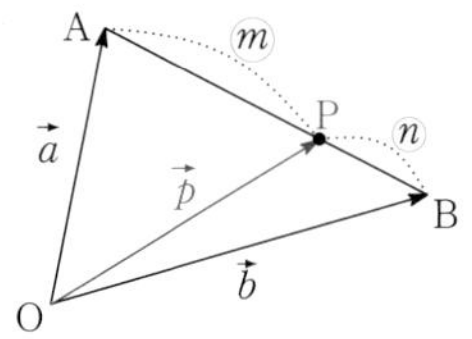

これを整理すると，下左の公式が成り立ちます．これは，O を始点とする位置ベクトルを上図のようにとると下右のようにも書けます．

内分点の位置ベクトル 定理 P が線分 AB を $m:n$ に内分するとき，

$$\overrightarrow{\mathrm{OP}}=\frac{n\overrightarrow{\mathrm{OA}}+m\overrightarrow{\mathrm{OB}}}{m+n}.$$ 始点は O に統一 $$\vec{p}=\frac{n\vec{a}+m\vec{b}}{m+n}.$$ 始点が統一されていることを忘れずに！

例 P が線分 AB を 5 : 2 に内分するとき，

$$\overrightarrow{\mathrm{OP}}=\frac{2\overrightarrow{\mathrm{OA}}+5\overrightarrow{\mathrm{OB}}}{5+2}=\frac{2\overrightarrow{\mathrm{OA}}+5\overrightarrow{\mathrm{OB}}}{7}.\quad \text{i.e. } \vec{p}=\frac{2\vec{a}+5\vec{b}}{7}.$$

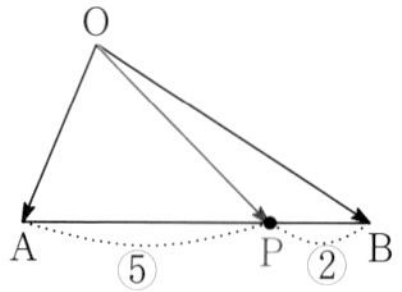

上記の内分点において，とくに $m:n=1:1$ の場合を考えたのが次です：

中点の位置ベクトル 定理 M が線分 AB の**中点**であるとき，

$$\overrightarrow{\mathrm{OM}}=\frac{\overrightarrow{\mathrm{OA}}+\overrightarrow{\mathrm{OB}}}{2}.\qquad \vec{m}=\frac{\vec{a}+\vec{b}}{2}.$$ 始点が統一されていることを忘れずに！

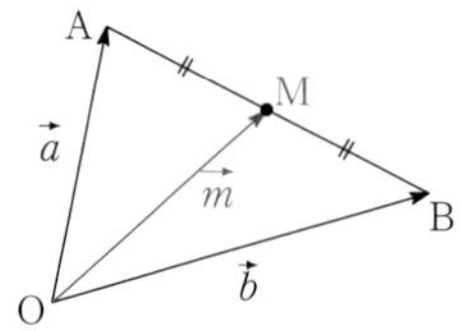

参考 P が線分 AB を $m:n$ $(m>n>0)$ に**外分**するとき，

$$\begin{aligned}\overrightarrow{\mathrm{OP}}&=\overrightarrow{\mathrm{OA}}+\overrightarrow{\mathrm{AP}}\\&=\overrightarrow{\mathrm{OA}}+\frac{m}{m-n}\overrightarrow{\mathrm{AB}}\\&=\overrightarrow{\mathrm{OA}}+\frac{m}{m-n}(\overrightarrow{\mathrm{OB}}-\overrightarrow{\mathrm{OA}}).\end{aligned}$$

$$\therefore\ \overrightarrow{\mathrm{OP}}=\frac{-n\overrightarrow{\mathrm{OA}}+m\overrightarrow{\mathrm{OB}}}{m-n}.$$ 始点が統一されていることを忘れずに！

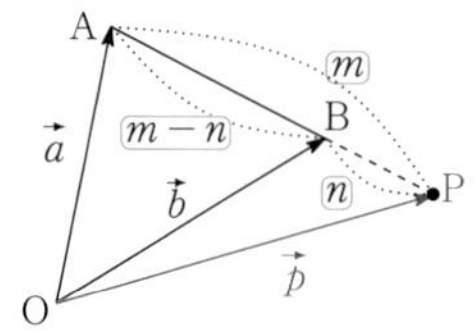

この結果は，$n>m>0$ のときも同様に成り立ちます．要するに，「外分」のときは，「内分点」の公式における m, n の一方をマイナスにすれば OK です．

例題 5 4 a 位置ベクトル・平行 根底 実戦

[→演習問題 5 6 3]

△OAB があり，OA を 2：1 に外分する点を P，OB の中点を Q，AB を 1：2 に内分する点を R とする．$\vec{a}=\overrightarrow{OA}$, $\vec{b}=\overrightarrow{OB}$ として，以下の問いに答えよ．

(1) $\overrightarrow{OP}$, $\overrightarrow{OQ}$, $\overrightarrow{OR}$ を $\vec{a}$, $\vec{b}$ で表せ．

(2) 3 点 P，Q，R は同一直線上にあることを示せ．

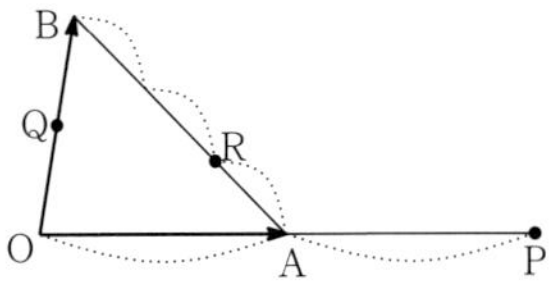

方針 (2) P を始点とした 2 ベクトル：$\overrightarrow{PQ}$, $\overrightarrow{PR}$ を求めて比較します．

解答 (1) $\overrightarrow{OP}=2\vec{a}$, $\overrightarrow{OQ}=\frac{1}{2}\vec{b}$.//

$\overrightarrow{OR}=\frac{2\vec{a}+1\vec{b}}{1+2}=\frac{2\vec{a}+\vec{b}}{3}$.//

(2) $\overrightarrow{PQ}=\overrightarrow{OQ}-\overrightarrow{OP}$

$=\frac{1}{2}\vec{b}-2\vec{a}=\frac{1}{2}(\vec{b}-4\vec{a})$. …①

$\overrightarrow{PR}=\overrightarrow{OR}-\overrightarrow{OP}$

$=\frac{2\vec{a}+\vec{b}}{3}-2\vec{a}=\frac{1}{3}(\vec{b}-4\vec{a})$. …②

①②より，$\overrightarrow{PR}=\frac{2}{3}\overrightarrow{PQ}$ だから，$\overrightarrow{PQ}/\!/\overrightarrow{PR}$.

よって，3 点 P, Q, R は同一直線上にある．□

参考 (2)「メネラウスの定理（の逆）」[→ I+A 5 8 2] を用いても示せますが，ここは「ベクトルを利用する練習」に専念してくださいね．

注 5 2 3 注でも述べた通り，「ベクトルの平行」はいつでも必ず「実数倍の関係」と表す訳ではありませんよ！[→例題 5 8 d (3)]

3 重心

△ABC の重心 G の位置ベクトルについて考えましょう．G が中線 AM を 2：1 に内分することを用います．[→ I+A 5 6 3]

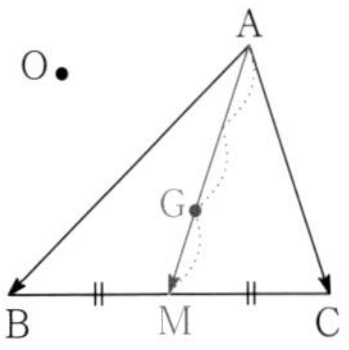

○まず，1 頂点 A を始点として考えます．

$$\overrightarrow{AM}=\frac{\overrightarrow{AB}+\overrightarrow{AC}}{2}.$$ 始点は A に統一

$$\therefore\ \overrightarrow{AG}=\frac{2}{3}\overrightarrow{AM}=\frac{\overrightarrow{AB}+\overrightarrow{AC}}{3}.$$

○この等式において，始点を任意の点 O に変えます．

$$\overrightarrow{OG}-\overrightarrow{OA}=\frac{\overrightarrow{OB}-\overrightarrow{OA}+\overrightarrow{OC}-\overrightarrow{OA}}{3}.$$

$$\therefore\ \overrightarrow{OG}=\frac{\overrightarrow{OA}+\overrightarrow{OB}+\overrightarrow{OC}}{3}.$$ 始点は O に統一

これを公式として覚えます：

重心の位置ベクトル 定理

△ABC の重心を G とすると，$\overrightarrow{OG}=\frac{\overrightarrow{OA}+\overrightarrow{OB}+\overrightarrow{OC}}{3}$.

始点は O に統一．
「O」は任意の点で OK.

参考 2 点 A，B を結ぶ線分 AB の**中点**の位置ベクトルは，その 2 点の位置ベクトルの相加平均の形でした[→2]．それと同様に，3 点 A，B，C からなる △ABC の**重心**の位置ベクトルは，その 3 点の位置ベクトルの相加平均の形になっていますね．

第5章 ベクトル

5 ベクトルと図形

1 位置ベクトルの計算

例題 5 5 a 位置ベクトルの計算 根底 実戦 定期 [→演習問題 5 6 2]

平行四辺形 OACB がある．△OAC の重心を G，辺 BC の中点を M とし，線分 GM を 2：3 に内分する点を P とする．[1] O に関する位置ベクトルを A($\vec{a}$), B($\vec{b}$) [2] として，以下に答えよ．

(1) $\overrightarrow{OG}$, $\overrightarrow{OM}$, $\overrightarrow{OP}$ を $\vec{a}$, $\vec{b}$ で表せ．

(2) 3 点 O, C, P の位置関係を述べよ．

(3) 3 点 A, B, G の位置関係を述べよ．

注 [2]：$\vec{a}=\overrightarrow{OA}$, $\vec{b}=\overrightarrow{OB}$ とおいた訳です．

方針 平面ベクトルの超スタンダードな方針：

∘始点を具体的な定点に統一する．

∘平行でない 2 ベクトルを用いて他を表す．

今後も多用しますよ！

解答 (1) G は △OAC の重心だから，

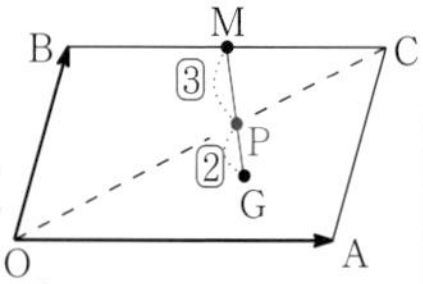

$$\overrightarrow{OG}=\frac{\overrightarrow{OO}+\overrightarrow{OA}+\overrightarrow{OC}}{3}$$

$$=\frac{\overrightarrow{OA}+\overrightarrow{OC}}{3}$$ 始点は統一

$$=\frac{1}{3}(\vec{a}+\vec{a}+\vec{b})=\frac{1}{3}(2\vec{a}+\vec{b}).\ /\!/ \quad \cdots①$$

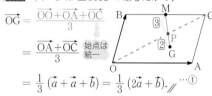

注 重心公式は，三角形の 1 頂点を始点にすると，分子の 3 ベクトルの 1 つが $\vec{0}$ となります．■

M は辺 BC の中点だから，

$$\overrightarrow{OM}=\frac{\overrightarrow{OB}+\overrightarrow{OC}}{2}$$ 始点は統一

$$=\frac{1}{2}(\vec{b}+\vec{a}+\vec{b})=\frac{1}{2}(\vec{a}+2\vec{b}).\ /\!/$$

P は線分 GM を 2：3 に内分するから，

$$\overrightarrow{OP}=\frac{3\overrightarrow{OG}+2\overrightarrow{OM}}{2+3}$$ 始点は統一

$$=\frac{2\vec{a}+\vec{b}+\vec{a}+2\vec{b}}{5}=\frac{3}{5}(\vec{a}+\vec{b}).\ /\!/ \quad \cdots②$$

(2) ②より $\overrightarrow{OP}=\frac{3}{5}\overrightarrow{OC}$．

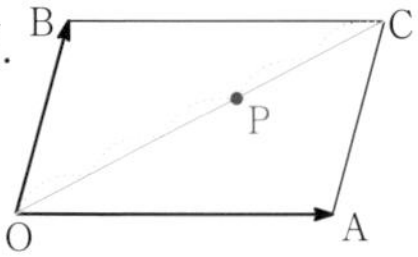

よって，P は線分 OC を 3：2 に内分する．//

注 「C は線分 OP を 5：2 に外分する」などと答えることもできますね．

(3) ①より，

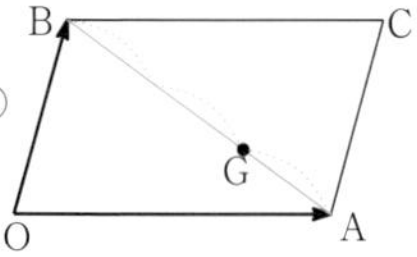

$$\overrightarrow{OG}=\frac{2\overrightarrow{OA}+\overrightarrow{OB}}{1+2}.\quad\cdots③$$

よって，G は線分 AB を 1：2 に内分する．//

解説 内分点公式の"逆読み"を行いました．③の右辺は，線分 AB を 1：2 に内分する点 Q の位置ベクトル $\overrightarrow{OQ}$．それと $\overrightarrow{OG}$ が等しいので，2 点 G，Q は一致します．■

語記サポ [1]：筆者は普段，「O を始点とする」とか「O を基準点とする」と述べます．前者は不正確な表現ですが[→ 5 1 1 言い訳]，わかりやすく簡潔なので．

例題 5 5 b 位置ベクトルの計算（成分表示） 根底 実戦 定期 [→演習問題 5 6 2]

座標平面上に 3 点 A(1, 1)，B(4, 2)，C(3, 7) がある．次の点の座標を求めよ．

(1) 平行四辺形 ABDC の頂点 D

(2) 平行四辺形 ABCE の頂点 E

(3) ∠CAB の二等分線と直線 BC の交点 P

方針 問われているのは「点の座標」ですが，「ベクトル」を用いて解答します．

重要 なぜなら，「ベクトル」においては「和」「差」「実数倍」という**演算**が行えるからです！一方，点の座標にはそうした機能は一切ありません．

解答 (1) **語記サポ** 「平行四辺形ABDC」と言ったら，4 頂点はこの順に並んでいるのが約束です ((2)も同様). ■

$\overrightarrow{\mathrm{CD}} = \overrightarrow{\mathrm{AB}}$ より

$$\overrightarrow{\mathrm{OD}} = \overrightarrow{\mathrm{OC}} + \overrightarrow{\mathrm{CD}} = \begin{pmatrix}3\\7\end{pmatrix} + \begin{pmatrix}3\\1\end{pmatrix} = \begin{pmatrix}6\\8\end{pmatrix}.$$

i.e. D (6, 8).//

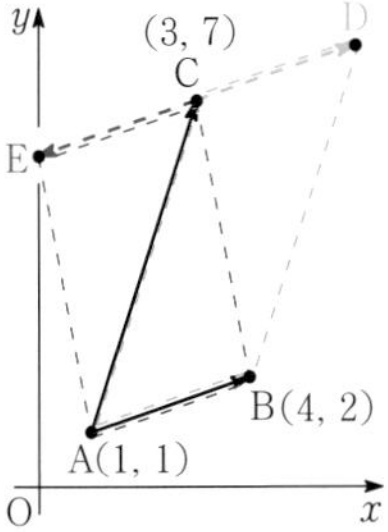

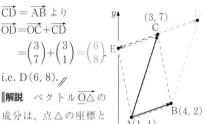

解説 ベクトル$\overrightarrow{\mathrm{O}\triangle}$の成分は，点△の座標と同じ数で表されます．

(2) $\overrightarrow{\mathrm{AE}} = \overrightarrow{\mathrm{BC}}$ より

$$\overrightarrow{\mathrm{OE}} = \overrightarrow{\mathrm{OA}} + \overrightarrow{\mathrm{AE}} = \begin{pmatrix}1\\1\end{pmatrix} + \begin{pmatrix}-1\\5\end{pmatrix} = \begin{pmatrix}0\\6\end{pmatrix}.$$

i.e. E (0, 6).//

(3) **方針** 「角の二等分線の性質」を使いたいので，辺 AB，AC の長さを求めましょう．その際，「ベクトルの大きさ」として計算すること．■

$$|\overrightarrow{\mathrm{AB}}| = \left|\begin{pmatrix}3\\1\end{pmatrix}\right| = \sqrt{10},$$

$$|\overrightarrow{\mathrm{AC}}| = \left|\begin{pmatrix}2\\6\end{pmatrix}\right| = \left|2\begin{pmatrix}1\\3\end{pmatrix}\right| = 2\sqrt{10}.$$

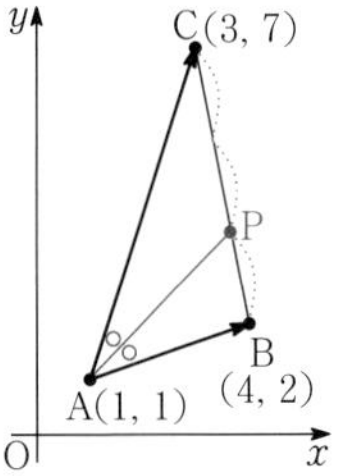

∴ AB : AC = 1 : 2.

よって，P は線分 BC を 1 : 2 に内分するから

$$\overrightarrow{\mathrm{OP}} = \frac{2\overrightarrow{\mathrm{OB}} + 1\cdot\overrightarrow{\mathrm{OC}}}{1+2}$$ [1) 始点は統一]

$$= \frac{1}{3}\left\{2\begin{pmatrix}4\\2\end{pmatrix} + \begin{pmatrix}3\\7\end{pmatrix}\right\}.$$ [2)]

i.e. $\mathrm{P}\left(\frac{11}{3}, \frac{11}{3}\right)$.//

注 1)：$\overrightarrow{\mathrm{AP}}$ を求めたら遠回り．

2)：ベクトル計算はここで止め，座標を答える．

2 共線条件

語記サポ 「共線」とは，3 個 (以上) の点が共通な直線上にあるという意味．■

次の定理**全体**を，証明過程込みの**セット**で完璧に頭に叩き込んでください！

共線条件 **定理** A，B は異なる 2 点

点 P が，直線 AB上にあるための条件は，ある実数 t を用いて次のように表せること：

❶ **単純形** (始点を含む共線)

$\overrightarrow{\mathrm{AP}} = t\overrightarrow{\mathrm{AB}}$. 単なるベクトルの平行条件（$\overrightarrow{\mathrm{AB}}$：直線 AB の方向ベクトル）

❷ **変数集約形** (始点を含まない共線)

$\overrightarrow{\mathrm{OP}} = \overrightarrow{\mathrm{OA}} + \overrightarrow{\mathrm{AP}}$　$\overrightarrow{\mathrm{OP}}$ を和に分解

$= \overrightarrow{\mathrm{OA}} + t\,\overrightarrow{\mathrm{AB}}$.　t が**集約**（$\overrightarrow{\mathrm{AB}}$：直線 AB の方向ベクトル）

❸ **始点統一形** (始点を含まない共線)

$\overrightarrow{\mathrm{OP}} = \overrightarrow{\mathrm{OA}} + t(\overrightarrow{\mathrm{OB}} - \overrightarrow{\mathrm{OA}})$　始点変えたきゃ差にばらせ

$= (1-t)\overrightarrow{\mathrm{OA}} + t\,\overrightarrow{\mathrm{OB}}$.　始点が**統一**（$(1-t)$ と t：和 = 1）

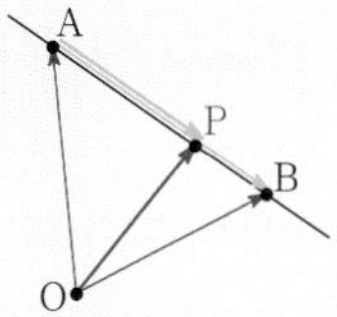

(O は任意の点)

注 この 3 つのスタイルを状況次第で使い分けます．

番号❶～❸およびその後に記した「形」の名称は筆者独自のものですが，今後各所の解説で使いますので覚えておいてください．

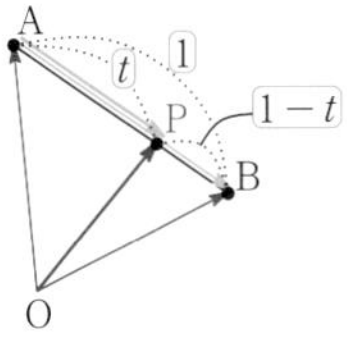

参考 $0 < t < 1$ のとき，P は A と B の間にあり，P は AB を $t : (1-t)$ に内分します．❸：$\overrightarrow{\mathrm{OP}} = \dfrac{(1-t)\overrightarrow{\mathrm{OA}} + t\overrightarrow{\mathrm{OB}}}{t+(1-t)}$ は，内分点公式そのものですね：

3 交点の位置ベクトル

共線条件と分解の一意性（平面）を用いて，交点の位置ベクトルを求める練習をします．ベクトル学習前半のハイライトです！使用する基本原理を再掲しておきます：

共線条件 定理　A，B は異なる 2 点

点 P が，直線 AB上にあるための条件は，ある実数 t を用いて次のように表せること：

❶ **単純形**　$\overrightarrow{AP}=t\overrightarrow{AB}$.　］始点を含む共線

❷ **変数集約形**　$\overrightarrow{OP}=\overrightarrow{OA}+t\overrightarrow{AB}$.

❸ **始点統一形**　$\overrightarrow{OP}=(1-t)\overrightarrow{OA}+t\overrightarrow{OB}$.　］始点を含まない共線（❷❸）

（$1-t$ と t の）和 $=1$

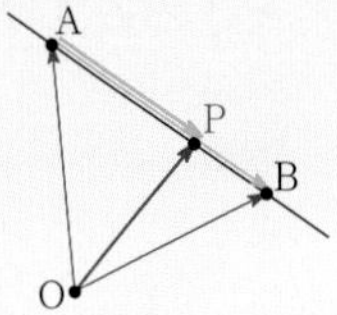

"係数比較"

$\vec{a}\not\parallel\vec{b}$ とする．このとき，$s\vec{a}+t\vec{b}=s'\vec{a}+t'\vec{b}\Longrightarrow s=s',\ t=t'$.

例題 5 5 C　交点の位置ベクトル・詳説　重要度↑↑　根底 実戦　典型　[→演習問題 5 6 4]

△OABにおいて，辺OAを2：1に内分する点をC，辺OBの中点をDとする．2直線AD，BCの交点をPとし，2直線 OP，ABの交点をQとする．次の各ベクトルを $\vec{a}=\overrightarrow{OA},\ \vec{b}=\overrightarrow{OB}$ で表せ．

(1) $\overrightarrow{OP}$　　(2) $\overrightarrow{OQ}$

注　本問の目的が，上記 2 つの基本を正しく用いる練習であることを忘れずに．

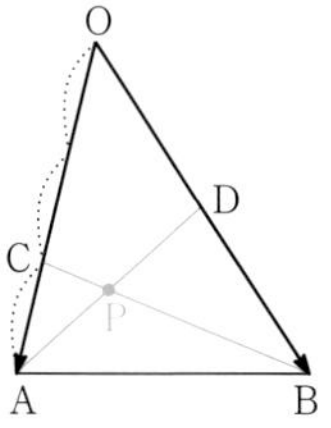

解答　(1)　○P は AD 上にあるから（正しくは直線 AD）

$\overrightarrow{OP}=(1-s)\overrightarrow{OA}+s\overrightarrow{OD}$ ❸ [1]

$=(1-s)\vec{a}+s\cdot\frac{1}{2}\vec{b}$ …① と表せる.[2]

○P は CB 上[3] にあるから

$\overrightarrow{OP}=(1-t)\overrightarrow{OC}+t\overrightarrow{OB}$ ❸ [4]

$=(1-t)\cdot\frac{2}{3}\vec{a}+t\vec{b}$ …②とも表せる.

○3点O，A，Bは共線でない[5] から，①②より

$1-s=\frac{2}{3}(1-t),\ \frac{s}{2}=t.$　"係数比較"

$3-3s=2-2t,\ s=2t.$

$\therefore 3-3s=2-s.\ \therefore\ s=\frac{1}{2}.$

これと①より

$\overrightarrow{OP}=\frac{1}{4}(2\vec{a}+\vec{b}).$ //　目分量でチェック！

解説　共線条件の 3 つの形のうち，後で"係数比較"することを**先読み**して，❸「始点統一形」を選びました．

1)：次の行で短く「$\vec{a}$」と表せる方に，多項式の係数「$1-s$」を付けるよう配慮しました．

2)：この「s」は「不特定な実数」です．「表せる」とか「ある s」などと述べてそのニュアンスを伝えてください．なお，「s は実数」は当然のこととして明言しなくても許される気がします．

3)：この後の式が $\vec{a}\to\vec{b}$ の順に並ぶよう配慮しています．これも，**先が読めていて**初めて可能です．

4)：この係数の配置は，1) で述べたことに反していますが，片方の方程式が「単項式 = 単項式」の形になると 1 文字消去が楽なので．

本問をスマートに解くには，全般に**先読み**が必須です．[→例題 5 12 i 後のコラム]

本問では，1) で述べた配慮は結果として無用でしたね（苦笑）．

5)：分解の一意性・"係数比較"を用いる「前提条件」へ言及しています．「$\vec{a}\not\parallel\vec{b}$」，「$\vec{a},\vec{b}$ が一次独立（線型独立）」という言い方もあります．[→ 5 6 直前のコラム]

(2) **方針** 既知となった P の位置ベクトルをもとに，Q について考えます．これも，共線条件 2 回→"係数比較"→連立方程式の流れで解けますが，**賢い計算**を心掛けて！■

∘ Q は OP 上にあるから，(1)より

$\overrightarrow{OQ} \mathbin{/\!/} \overrightarrow{OP} \mathbin{/\!/} 2\vec{a}+\vec{b}$. よって，

$\overrightarrow{OQ}=k(2\vec{a}+\vec{b})$ …③ と表せる．❶ [6)]

∘ Q は AB 上にあるから

$\overrightarrow{OQ}=(1-x)\underset{\vec{a}}{\underline{\overrightarrow{OA}}}+x\underset{\vec{b}}{\underline{\overrightarrow{OB}}}$ …④ ❸

とも表せる．

∘ 3 点 O, A, B は共線でない [7)] から，③④より

$\begin{cases} 2k=1-x, \\ k=x. \end{cases}$ 辺々加えると

$2k+k=1.\ \therefore\ k=\dfrac{1}{3}.$

これと③より　目分量でチェック！

$\overrightarrow{OQ}=\dfrac{1}{3}(2\vec{a}+\vec{b}).$ //

注 [6)]：もちろん $\overrightarrow{OQ}=l\overrightarrow{OP}=l\cdot\dfrac{1}{4}(2\vec{a}+\vec{b})$ と表すこともできます．しかし，ベクトル $\overrightarrow{OP}$ の「向き」「大きさ」のうち，**今**利用するべき情報は**「向き」だけ**です．前記のようにわざわざ分数係数を持ちだすのは，「ベクトルとは何か？」に対する理解の浅い人がよくやる典型的な下手解答．**解答**のやり方が**賢い計算**です．

ただし，線分比 OP:PQ などが問われているなら，$\overrightarrow{OQ}=l\overrightarrow{OP}$ とおいて「l」の値から即座に答えを得るという手もありですが．

注意！ 世間では，2 本の赤線で挟まれた部分を省き，③の後，

『Q は AB 上にあるから係数の和は 1』

としてしまう誤答が散見されます．

共線条件の公式❸は，「係数の和 ＝ 1と表せる」と主張しているだけであり，「必ず係数の和 ＝ 1 となる」ことまでは保証してはくれません．「3 点 O，A，B は共線でない」という前提を欠いている場合，例えば 5 3 1 注意！のように，㋐のような「係数の和 ＝ 1」の形以外に，㋑㋒のようなそうではない分解もできちゃいます．**この前提条件への言及は不可欠です．**

残念ながら，学校教科書にもこの誤答が載っています．まあ本問では「前提条件」が満たされてるのは自明だから，ということでなあなあに扱われているのでしょう．とても残念です．

別解 $\overrightarrow{OQ}$ の求め方として，次も有名です：

$\overrightarrow{OP}=\dfrac{1}{4}(2\vec{a}+\vec{b})=\dfrac{3}{4}\cdot\underbrace{\dfrac{2\overrightarrow{OA}+\overrightarrow{OB}}{1+2}}_{\overrightarrow{OQ'}}.$

ここに，Q′は AB を 1 : 2 に内分する点．…⑤

$\overrightarrow{OP}=\dfrac{3}{4}\overrightarrow{OQ'}.$ …⑥

⑤より Q′ は AB 上．⑥より Q′ は OP 上．

よって，Q′ は AB と OP の交点だから Q と一致する．$\therefore\ \overrightarrow{OQ}=\dfrac{1}{3}(2\vec{a}+\vec{b}).$ //

「Q′」という，交点 Q とは別に定義した点を用いる高級な手法（同一法）です[→ I+A 5 1 5 注]．正しく使えている生徒は，あまり見たことがありません（笑）．

補足 [7)]：(1)で一度言及しているので，(2)では書かなくても許されるかも．

参考 (1)は，△OAD と直線 CB に注目してメネラウスの定理[→ I+A 5 8 2]を用いると，次のようにカンタンに解けてしまいます：

$\dfrac{OC}{CA}\cdot\dfrac{AP}{PD}\cdot\dfrac{DB}{BO}=1.$

$\dfrac{2}{1}\cdot\dfrac{AP}{PD}\cdot\dfrac{1}{2}=1.\ \therefore\ AP:PD=1:1.$

$\therefore\ \overrightarrow{OP}=\dfrac{\overrightarrow{OA}+\overrightarrow{OD}}{2}=\dfrac{\vec{a}+\frac{1}{2}\vec{b}}{2}=\dfrac{1}{2}\vec{a}+\dfrac{1}{4}\vec{b}.$

でも，**本問の目的はベクトルの基礎の理解です．** この話題は，あくまでも"参考"．■

本問は，解くのはとても簡単ですが，ベクトルの**深い理解**につながる重要な心得の宝庫でした．

例題 55d 交点の位置ベクトル 根底 実戦 典型

[→演習問題565]

△ABC において，辺 AB の中点を D，辺 BC を 3：1 に内分する点を E，辺 CA を 1：2 に内分する点を F とする．

(1) 2 直線 DF，AE の交点を P とする．線分比 AP：PE を求めよ．

(2) 2 直線 BP，AC の交点を Q とする．線分比 AQ：QC を求めよ．

着眼 問題文には「ベクトル」の「べ」の字もないですが，前問の経験からベクトルが有効活用できることがわかります．「メネラウスの定理」などによる初等幾何的解答も可能ですが，発想段階で要する時間も入れると，ベクトルの方が早い気がします．

方針 頂点 A を含んだ「AE 上」という共線条件があるので，次の方針がベストでしょう：

∘始点を頂点 A に統一する．

∘2 ベクトル $\overrightarrow{AB}$, $\overrightarrow{AC}$ を用いて他を表す．

解答 $\vec{b}=\overrightarrow{AB}$, $\vec{c}=\overrightarrow{AC}$ とおく．

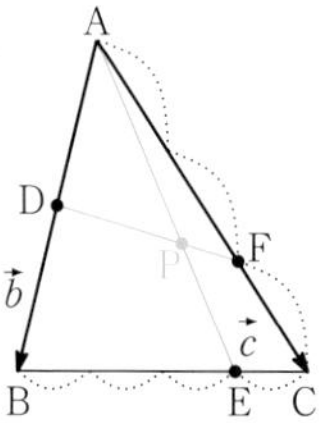

(1) ∘P は DF 上にあるから

$\overrightarrow{AP}=(1-t)\overrightarrow{AD}+t\overrightarrow{AF}$ ❸

$=(1-t)\frac{1}{2}\vec{b}+t\cdot\frac{2}{3}\vec{c}$

…① と表せる．

∘E は BC を 3：1 に内分するから

$$\overrightarrow{AE}=\frac{1\cdot\overrightarrow{AB}+3\overrightarrow{AC}}{3+1}.$$

P は AE 上にあるから，

$\overrightarrow{AP}\,/\!/\,\overrightarrow{AE}\,/\!/\,\vec{b}+3\vec{c}$. よって　線分比を求めるので $x\overrightarrow{AP}$ でも可

$\overrightarrow{AP}=k(\vec{b}+3\vec{c})$ …② とも表せる．

∘3 点 A，B，C は共線でないから，①②より

$$\begin{cases}\frac{1}{2}(1-t)=k\\ \frac{2}{3}t=3k.\end{cases}\quad \begin{cases}1-t=2k\\ t=\frac{9}{2}k.\end{cases}$$

辺々加えて，$1=2k+\frac{9}{2}k$. ∴ $k=\frac{2}{13}$.

これと②より

$\overrightarrow{AP}=\frac{2}{13}(\vec{b}+3\vec{c})$

$=\frac{8}{13}\cdot\frac{\vec{b}+3\vec{c}}{3+1}$

$=\frac{8}{13}\overrightarrow{AE}$.

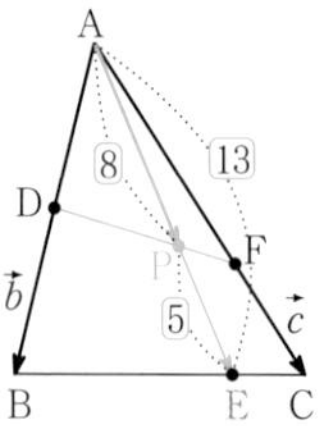

よって，AP：PE＝8：5.//

結果を目分量でチェック

(2) **注** マジメ過ぎるくらいマジメな解答をしておきます．実際の試験では，多少手を抜いて楽しても満点かもしれませんが (笑). ■

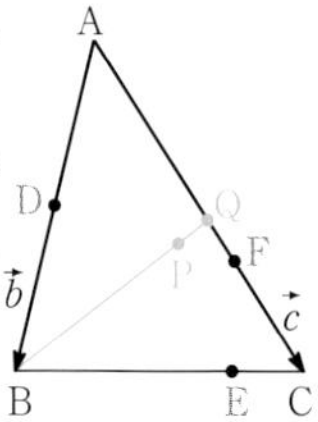

∘Q は BP 上にあるから

$\overrightarrow{AQ}=(1-u)\overrightarrow{AB}+u\overrightarrow{AP}$ ❸ [1)]

$=(1-u)\vec{b}+u\cdot\frac{2}{13}(\vec{b}+3\vec{c})$ …③ [2)]

と表せる．

∘Q は AC 上にあり，

[3)] $\overrightarrow{AQ}=0\vec{b}+l\vec{c}$ …④ とも表せる．

∘3 点 A，B，C は共線でないから，③④より

$1-u+\frac{2}{13}u=0$, $\frac{6}{13}u=l$.

$\therefore u=\frac{13}{11}$.

これと③より

$\overrightarrow{AQ}=\frac{13}{11}\cdot\frac{2}{13}\cdot3\vec{c}=\frac{6}{11}\vec{c}$.

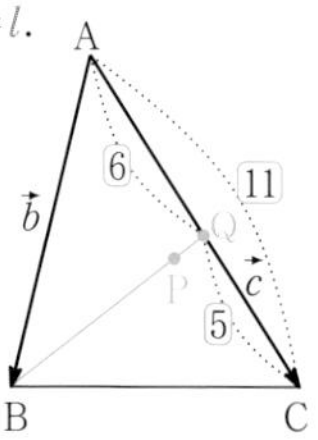

よって，AQ：QC＝6：5.//

注 [1)]：次行で長い式になる $\overrightarrow{AP}$ の係数を，単項式 u としました．

[2)]：$\vec{b}$ の係数は，この段階で 1 つにまとめるのは下手．係数比較する際に抜き出して書きます．

この $\overrightarrow{AP}=\frac{2}{13}(\vec{b}+3\vec{c})$ を $\vec{b}+3\vec{c}$ に変えることはできませんよ．もちろん (笑).

[3)]：ここからの 3 行で薄字で書いた部分は通常書かずにサボります．でも，「前提条件」への言及は省略不可です．

4 点の存在範囲

ベクトルの分解（平面）と1対1対応 **原理**

3点O，A，Bが共線でないとき，平面OAB上の任意の点Pについて，

$\overrightarrow{OP}=s\overrightarrow{OA}+t\overrightarrow{OB}$（$s, t$ は実数）と表せる．このとき，次が成り立つ：

点P $\underset{1対1}{\longleftrightarrow}$ (s, t)．

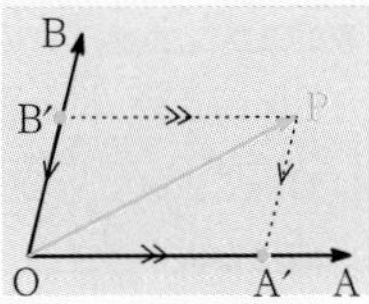

5 3 1 では点P→(s, t) への対応が一意的であることを述べましたが，逆に，(s, t)→点Pの対応が一意的であることは当然ですね．よって，上記の「1対1対応」が得られるのです．

例題 5 5 e 点Pと(s, t)の対応（その1） 根底 実戦

[→演習問題 5 6 7]

3点O，A，Bは共線でないとする．平面OAB上の任意の点Pについて，$\overrightarrow{OP}=s\overrightarrow{OA}+t\overrightarrow{OB}$（$s, t$ は実数）が成り立つとする．以下の問いに対して，結果のみ答えよ．

(1) $(s, t)=(2, 1)$ のときの点 $P=P_1$ を図に書き込め．

(2) 図の点 $P=P_2$ に対応する (s, t) を答えよ．

(3) $s=0$ のとき，点Pの軌跡 F_3 を図に書き込め．

(4) 点Pが図の直線 F_4 上にあるための s, t に関する条件を答えよ．

(5) $0\leq s\leq 1$ のとき，点Pの存在領域 D_5 を図に書き込め．

(6) 点Pが図の領域 D_6 内（境界含む）にあるための s, t に関する条件を答えよ．

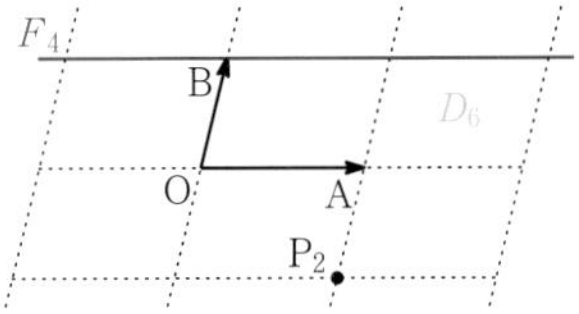

（平行線どうしは全て等間隔）

重要 上記**1対1対応**により，「(s, t)→点P」の対応がわかれば，逆向きの「点P→(s, t)」の対応も得られたことになります．つまり，(1)(3)(5)と(2)(4)(6)は，まったく同様に考えればOKです．

解答 (1)(3)(5) 右図の通り．
（D_5 は境界含む．）

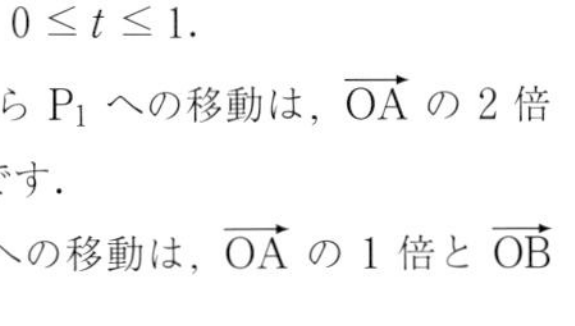

(2) $(s, t)=(1, -1)$．　(4) $t=1$．

(6) $1\leq s\leq 2,\ 0\leq t\leq 1$．

解説 (1) Oから P_1 への移動は，$\overrightarrow{OA}$ の2倍と $\overrightarrow{OB}$ の1倍です．

(2) Oから P_2 への移動は，$\overrightarrow{OA}$ の1倍と $\overrightarrow{OB}$ の -1 倍です．

(3) $\overrightarrow{OP}=t\overrightarrow{OB}$ より，Pは直線OBを描きます．

(4) Pが F_4 上のとき，OからPへの移動は，$\overrightarrow{OP}=1\cdot\overrightarrow{OB}+s\overrightarrow{OA}$（$s$ は任意）です．

(5) s, t を1個ずつ動かします．いわゆる「**1文字固定**」の考え方です．

s を固定して t を動かすと，Pは右図の直線 l_s（$/\!/\ \overrightarrow{OB}$）を描きます（右図では $s=0.7$ くらい）．

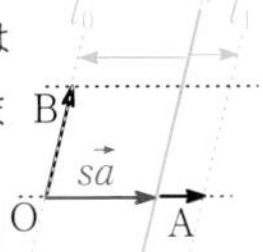

s を0から1まで動かすと，l_s は図の l_0 と l_1 で挟まれた領域を描きます．

(6) (5)と同様です．OBと平行な2直線に挟まれた部分が「$1\leq s\leq 2$」で，OAと平行な2直線に挟まれた部分が「$0\leq t\leq 1$」で表されます．

参考 座標平面上で，

$\overrightarrow{OA}=\begin{pmatrix}1\\0\end{pmatrix}$，$\overrightarrow{OB}=\begin{pmatrix}0\\1\end{pmatrix}$

のときを考えると，①は

$\overrightarrow{OP}=s\begin{pmatrix}1\\0\end{pmatrix}+t\begin{pmatrix}0\\1\end{pmatrix}=\begin{pmatrix}s\\t\end{pmatrix}$．

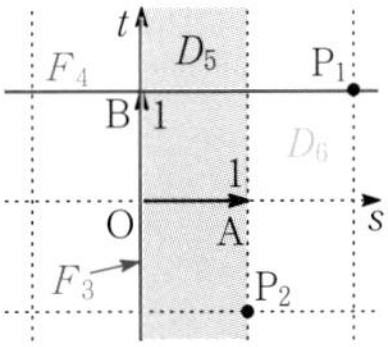

つまり，図の**直交座標**においてPの座標が (s, t) ですから，全ての設問が即答でき，これを少し"歪（ゆが）めた形"を考えれば本問も結果だけなら容易にわかります．

なお，本問で扱っている (s, t) は，**斜交座標**と呼ばれたりします．

552 共線条件❸「始点統一形」により，P が直線 AB 上にあるとき，

$\overrightarrow{OP}=(1-t)\overrightarrow{OA}+t\overrightarrow{OB}$ 係数の和 $=1$

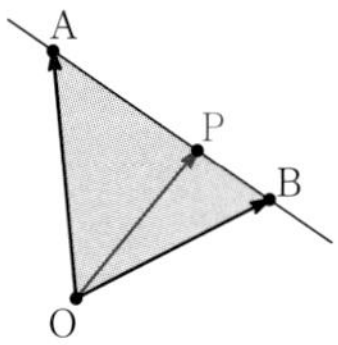

と表せます．$s=1-t$ とおくと，$s+t=1$ より次のように表せます：

$\overrightarrow{OP}=s\overrightarrow{OA}+t\overrightarrow{OB}$ …①, $s+t=1$.

①において，$\overrightarrow{OA}\nparallel\overrightarrow{OB}$ のとき，点 P と (s,t) は 1 対 1 対応なので，次の関係が成り立ちます：

共線であるための必要十分条件 定理

$\overrightarrow{OP}=s\overrightarrow{OA}+t\overrightarrow{OB}$ $(\overrightarrow{OA}\nparallel\overrightarrow{OB})$ のとき，
「P が直線 AB 上」$\Longleftrightarrow$「$s+t=1$」.

注 「$s+t=1$ と表せる」のみならず，「必ず $s+t=1$ となる」ことが保証されます．[→例題55c(2)注意！]

例題 55f 点 P と (s,t) の対応（その2） 根底 実戦 典型 [→演習問題567]

3 点 O，A，B は共線でないとする．平面 OAB 上の任意の点 P について，$\overrightarrow{OP}=s\overrightarrow{OA}+t\overrightarrow{OB}$ (s,t は実数) …① が成り立つとする．(s,t) が次の各条件を満たして動くときの点 P の存在範囲をそれぞれ図示せよ．

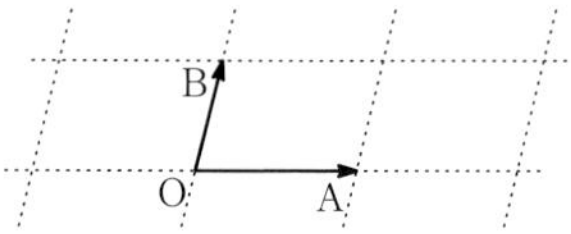

（平行線どうしは全て等間隔）

(1) $s+t=1$　(2) $s+2t=1$　(3) $s+2t\leq 1$

注 前問と似た問題ですが，2 変数 s,t を両方とも含んだ式を相手にします．

解答 (1) 注 上記の知識を使えばこの(1)は即答．■

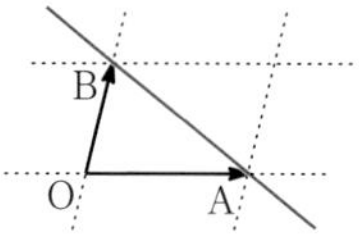

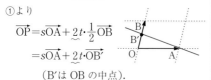

$\overrightarrow{OA}$ と $\overrightarrow{OB}$ の係数の和が 1 だから，P の軌跡は直線 AB.

(2) **着眼** $s+2t=1$ の 2 がジャマですね．これを処理する古典的方法が次です：■

①より

$\overrightarrow{OP}=s\overrightarrow{OA}+2t\cdot\frac{1}{2}\overrightarrow{OB}$

$=s\overrightarrow{OA}+2t\cdot\overrightarrow{OB'}$

(B′は OB の中点).

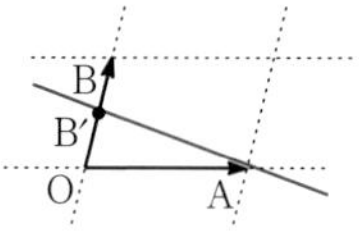

よって P の軌跡は直線 AB′.

注 この解答が世間では一般的らしいですが，筆者は嫌いです（笑）．そんなふうに定理の「結果」を無理して使うより，定理の「証明過程」に戻って解答する方が自然に感じます：■

本解 与式より $s=1-2t$．これと①より

$\overrightarrow{OP}=(1-2t)\overrightarrow{OA}+t\overrightarrow{OB}$ 1 変数化

$=\overrightarrow{OA}+t(\overrightarrow{OB}-2\overrightarrow{OA})$ 変数集約

$=\overrightarrow{OA}+t\overrightarrow{A'B}$

$(\overrightarrow{OA'}=2\overrightarrow{OA})$.

よって，P の軌跡は A を通り A′B に平行な直線．

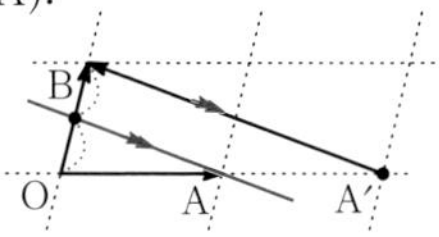

解説 共線条件❸「始点統一形」の証明過程をさかのぼり，❷「変数集約形」を導いたようなものですね[→552]．1 つの変数 t が 1 か所にあるので，P の動きが理解できます．知識・暗記に頼ることなく．

(3) **着眼** (2)を“世間一般”の方法で解答した人は，おそらく「(2)の直線に関して O のある側でしょ．なんとなく．」という解答でお茶を濁すでしょう（笑）．本解をマスターしていれば，(3)も同様に・明快に解決します．

方針 s,t の間に「等式」の関係式はなく，いわゆる**独立 2 変数**ですので，**1 文字固定**の考え方を用います．ただし，s と t はほぼ対等な立場なので，片方を固定するのではなく…

$s+2t=k\ (k \leqq 1)$ …② とおく．

1° k を固定し，s, t を②のもとで動かす．

②より $s=k-2t$．これと①より

$\overrightarrow{\mathrm{OP}}=(k-2t)\overrightarrow{\mathrm{OA}}+t\overrightarrow{\mathrm{OB}}$ 1変数化

$=k\overrightarrow{\mathrm{OA}}+t(\overrightarrow{\mathrm{OB}}-2\overrightarrow{\mathrm{OA}})$ 変数集約

$=\overrightarrow{\mathrm{OA''}}+t\overrightarrow{\mathrm{A'B}}\ (\overrightarrow{\mathrm{OA''}}=k\overrightarrow{\mathrm{OA}},\ \overrightarrow{\mathrm{OA'}}=2\overrightarrow{\mathrm{OA}})$.

よって 1° では，P の軌跡は A″ を通り A′B に平行な直線 l.

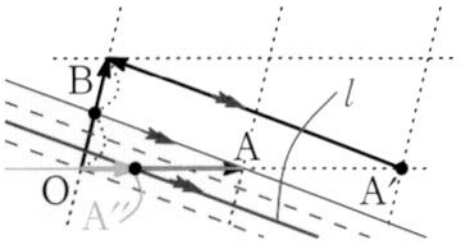

2° k を $k \leqq 1$ の範囲で動かす．A″ は半直線 AO を描くから，l は前図の領域を掃く．

解説 1° の作業は，(2) 本解における「1」が「k」に変わっただけでしたね (笑).

参考 前問でも述べた通り，直交座標平面上で

$$\overrightarrow{\mathrm{OA}}=\begin{pmatrix}1\\0\end{pmatrix},\ \overrightarrow{\mathrm{OB}}=\begin{pmatrix}0\\1\end{pmatrix},\ \mathrm{P}(s, t)$$

のときを考えると，各設問における P の範囲は即座に下左図のように求まります．これをもとに "斜めに歪めれば"，本問 (斜交座標) も結果だけなら下右図のようにわかります．

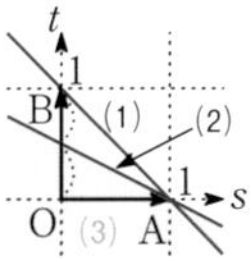

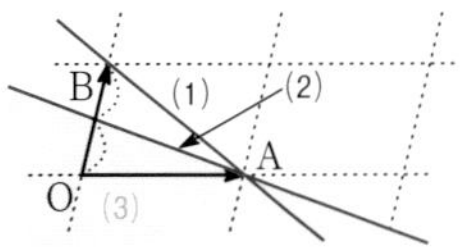

という訳で，前 2 問で扱った「点 P と (s, t) の対応関係」を問う問題は，特殊な状況を直交座標で考えるというズルをすれば答えは即座にわかります．試験では，何を書けば満点なのか判然とせず (笑)，出題しにくいテーマです．今は，「ベクトルの理解」に主眼を置いて学んでくださいね．

5 三角形の内部

前問において，(1)の「$s+t=1$」を「$s+t \leqq 1$」に変えると，(2)→(3)の流れと全く同様にして ($s+t=k$ とおいて)，P の存在範囲は直線 AB に関して O のある側となります．これと前々問(5)(6)の考え方を合わせると，次の定理が得られます：

三角形の内部の表現 定理

平面 OAB 上の点 P について，$\overrightarrow{\mathrm{OP}}=s\overrightarrow{\mathrm{OA}}+t\overrightarrow{\mathrm{OB}}$ (s, t は実数) のとき，P が △OAB の内部または周にあるための条件は，

$s \geqq 0,\ t \geqq 0,\ s+t \leqq 1.$

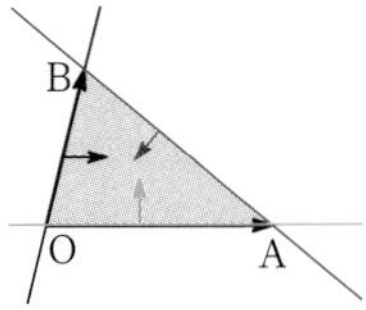

例題 5 5 g 三角形の内部 根底 実戦

[→演習問題 5 13 4]

次の等式が成り立つとき，点 P が △ABC の内部にあるような実数 k の値の範囲を求めよ．

$\overrightarrow{\mathrm{AP}}=\overrightarrow{\mathrm{BC}}+3k\overrightarrow{\mathrm{AB}}-k\overrightarrow{\mathrm{AC}}$

方針 前記の 定理 がキッチリ使える形に整理します．ただそれだけです (笑).
三角形のどの頂点を始点にしてもできますが，与式を見ると始点 A のベクトルが多いので…

解答 与式を変形すると

$\overrightarrow{\mathrm{AP}}=\overrightarrow{\mathrm{AC}}-\overrightarrow{\mathrm{AB}}+3k\overrightarrow{\mathrm{AB}}-k\overrightarrow{\mathrm{AC}}$

$=(3k-1)\overrightarrow{\mathrm{AB}}+(1-k)\overrightarrow{\mathrm{AC}}$.

よって P が △ABC の内部にあるための条件は

$$\begin{cases}3k-1>0,\ 1-k>0,\\ (3k-1)+(1-k)<1.\end{cases}$$

$k>\dfrac{1}{3},\ k<1,\ k<\dfrac{1}{2}.$

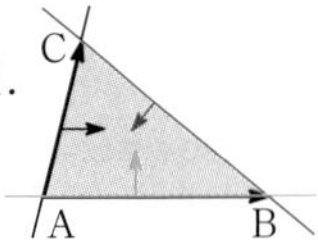

$\therefore\ \dfrac{1}{3}<k<\dfrac{1}{2}.$ //

第5章 ベクトル

コラム

$\vec{0}$ と平行，分解の一意性（平面）の前提条件

5 2 2 注でも述べた通り，$\vec{0}$ には「向きを考えない」とする立場と，「向きを任意に定めてよい」とする立場の 2 つがあります．なんとなく，高校では前者が主流な気がしますが，後者をもとに考えて

「$\vec{0}$ は，任意のベクトルと平行」…㋐　　「$\vec{0}$ は，任意のベクトルと垂直」…㋑

と考える人も多いです（筆者もそちら寄りです）．

「数学」という学問では，他に比べて用語の定義がしっかりとなされますが，このように文脈次第で適宜解釈することも珍しくなく，前記の“解釈”㋐が，分解の一意性（平面）[→5 3 1]を用いる際の「前提条件」への言及方法に影響を及ぼします：　㋑の影響は，[→例題 5 9 f 後のコラム]

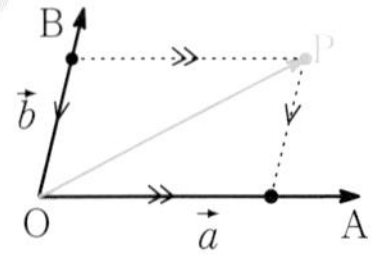

前記「前提条件」の表現法を以下に列記します：

①:「$\vec{a}, \vec{b}$ は平行でない」　　②:「$\vec{a}, \vec{b}$ は $\vec{0}$ でなく，平行でない」

③:「3 点 O，A，B が共線でない」　　④:「$\vec{a}, \vec{b}$ は一次独立（or 線型独立）」

学校教科書では②が採用されているようです．ただし，上記㋐の解釈によれば，「平行でない」と言ったら同時に「$\vec{0}$ でない」とも述べたことになります．よって，筆者は①で充分だと考えます．

しかし，㋐を前提にしない立場だと①では不完全．かと言って②の冗長な表現を毎度毎度書くのは疲れる．よって，（③の表現を知らない人は）④「一次独立」[1] という意味不明なオマジナイ（笑）を書くしかない．これが世間の実情です．という訳で，本書では主に③を使っている訳です[2]．

注　学校の「定期試験」では，教わった先生が作った問題を教わった先生に採点してもらうのですから，その先生の流儀に従うのが得策です．一方，不特定多数の受験者が集う「入試」では，“自分なり”に意味をなしている表現であれば，どれもマルにしてくれるのが普通だと思います．数学界では，このように微妙な事柄は，発信者の意図を尊重しながら適宜解釈するのが“マナー”ですので．

注 [1]：この単語の意味については，[→演習問題 5 6 8]

言い訳 [2]：ホントは「3 つの点」ではなく「2 つのベクトル」の関係として言及したいので，筆者は
⑤「$\vec{a}, \vec{b}$は共線でない」という表現がいちばん好きです（これを用いている書物もあります）．$\vec{0}$ はどんなベクトルとも共線（同一直線上に乗せられる）ので，⑤と言ったら「$\vec{0}$ でない」とも述べたことになりますね．ただ，困ったことに「ベクトルが共線でない」の意味を理解できず減点する教師がいるらしいという情報もあり，遠慮して大っぴらには使ってません（苦笑）．

6 演習問題A

5 6 1　根底 実戦　定期

右図の平行四辺形において，O に関する位置ベクトルを考える．
$P_1 \sim P_4$ の位置ベクトルを，$\vec{a} = \overrightarrow{OA}, \vec{b} = \overrightarrow{OB}$ で表せ．

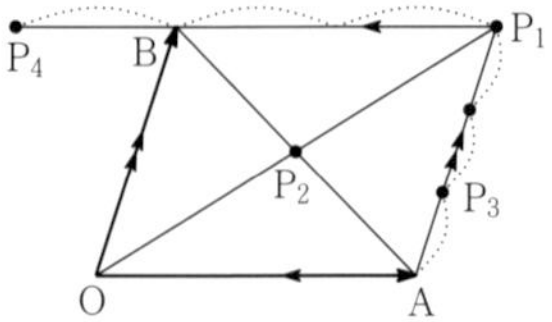

562 根底 実戦 定期

座標平面上に点 A(1, 0), B(5, 2), C があり，$AC=\sqrt{5}$, $BC=5$ とする．

(1) C の座標を求めよ．ただし，x 座標は正とする．

(2) △ABC において，∠A の二等分線と BC の交点 P の座標を求めよ．

(3) 四角形 ACBD が平行四辺形となるような点 D の座標を求めよ．

563 根底 実戦 定期

平面上に △OAB があり，線分 AB を 3：1 に内分する点，外分する点をそれぞれ P, Q とする．$\vec{a}=\overrightarrow{OA}$, $\vec{b}=\overrightarrow{OB}$, $\vec{p}=\overrightarrow{OP}$, $\vec{q}=\overrightarrow{OQ}$ とおいて，以下の問いに答えよ．

(1) $\vec{p}$, $\vec{q}$ を $\vec{a}$, $\vec{b}$ で表せ．

(2) $\vec{a}$, $\vec{b}$ を $\vec{p}$, $\vec{q}$ で表せ．

564 根底 実戦 典型

△OAB があり，OA の中点を M，OA を 3：1 に外分する点を C，OB を 3：1 に内分する点を D とする．BM と CD の交点を P として，以下の問いに答えよ．

(1) $\overrightarrow{OP}$ を $\overrightarrow{OA}$, $\overrightarrow{OB}$ で表せ．

(2) OP と AB の交点を Q とするとき，線分比 OP : PQ，および線分比 AQ : QB を求めよ．

565 根底 実戦 典型

△ABC があり，AB を 1：3 に内分する点を D，BC の中点を E，CA を 2：1 に内分する点を F とする．CD と EF の交点を P とするとき，線分比 EP : PF を求めよ．

566 根底 実戦 入試

平面上に △OAB があり，$\overrightarrow{OP}=s\overrightarrow{OA}+t\overrightarrow{OB}$ $(s>0,\ t>0,\ s\neq 1)$ を満たす点 P がある．OP と AB の交点を Q，AP と OB の交点を R とすると，$3s+t=1$ …① のとき，直線 QR は O に関する A の対称点 A′ を通ることを示せ．

567 根底 実戦 典型

平面上に，△OAB がある．$\overrightarrow{OP}=s\overrightarrow{OA}+t\overrightarrow{OB}$ (s, t は実数) …① で定まる点 P について考える．

(1) (s, t) が $3s-t=1$, $s\geqq 0$, $s+t\leqq 1$ を満たして動くとき，P の軌跡を図示せよ．

(2) (s, t) が $3s-t\leqq 1$, $s\geqq 0$, $s+t\leqq 1$ を満たして動くとき，P の存在範囲 D の面積を，△OAB の面積 S を用いて表せ．

568 根底 実戦 典型

(1) $s\cdot 1+t\sqrt{2}=0$ (s, t は有理数) のとき，$s=t=0$ であることを示せ．ただし，$\sqrt{2}$ は無理数であることを用いてよいとする．

(2) $s\cdot 1+t\omega=0$ (s, t は実数) のとき，$s=t=0$ であることを示せ．ただし，ω は虚数であるとする．

(3) $s\vec{a}+t\vec{b}=\vec{0}$ (s, t は実数) のとき，$s=t=0$ であることを示せ．ただし，$\vec{a}$, $\vec{b}$ は $\vec{0}$ でなく平行でないとする．

7 内積 Ⅱ+B 2

1 ベクトルどうしのなす角

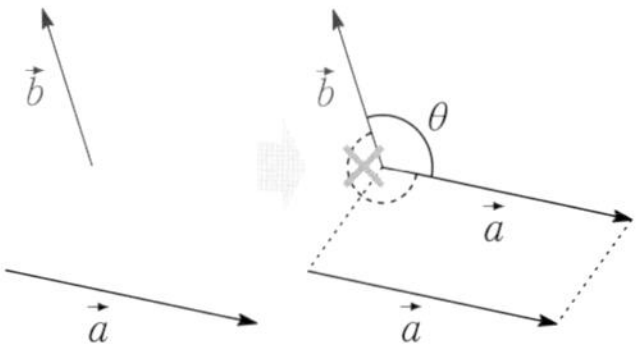

2 ベクトル $\vec{a}, \vec{b}$ の**なす角 θ** は，始点をそろえて[1] 測ります．
ただし，$0^\circ \leqq \theta \leqq 180^\circ$ の方です（図の×の角ではありません）．

言い訳 下線部[1] は，5 1 1 言い訳で述べたように，正しく述べると次のようになります：

「$\vec{a}, \vec{b}$ を始点のそろった有向線分で表して 」

長いですね（笑）．という訳で，「ベクトルの始点をそろえる」と言い回しました．悪しからず…

2 内積の定義

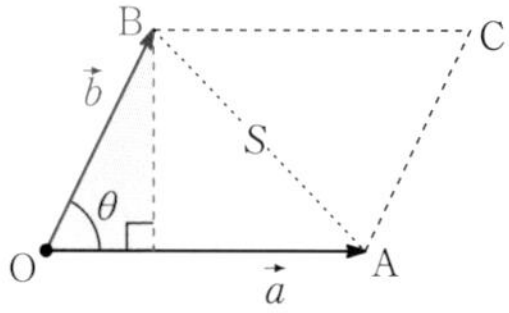

右図のように，2 ベクトル $\vec{a}, \vec{b}$ の始点をそろえ，平行四辺形 OACB を作ると，その**面積** S は

$$S = \underbrace{|\vec{a}|}_{\text{底辺}} \cdot \underbrace{|\vec{b}| \sin\theta}_{\text{高さ}}. \quad \cdots①$$

面積と対をなす量として，2 ベクトル $\vec{a}, \vec{b}$ の**内積**なるものを考え，「$\vec{a} \cdot \vec{b}$」と表して次のように定めます：

$$\vec{a} \cdot \vec{b} = \underbrace{|\vec{a}|}_{\text{底辺}} \cdot \underbrace{|\vec{b}| \cos\theta}_{???} \quad \cdots②$$

①と②の違いは，sin と cos だけ

??? この意味は後述

例 $\vec{a}, \vec{b}$ の大きさがそれぞれ 3，2 であり，なす角が 30° なら，

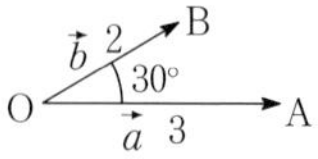

$$\vec{a} \cdot \vec{b} = 3 \cdot 2 \cdot \cos 30^\circ = 3 \cdot 2 \cdot \frac{\sqrt{3}}{2} = 3\sqrt{3}.$$

注 ご覧の通り，「ベクトルの内積」は実数です． 内積はベクトルじゃない！

例題 5 7 a 内積の定義 根底 実戦

[→演習問題 5 10 1]

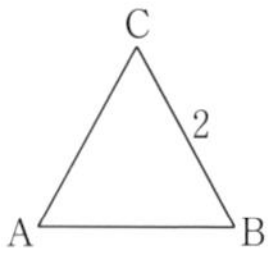

右図の正三角形 ABC において，内積 $\overrightarrow{AB} \cdot \overrightarrow{BC}$ の値を求めよ．

注意！ 2 ベクトルの始点がそろっていませんよ！

解答 2 ベクトルのなす角は，始点を B に統一して測ると $180^\circ - 60^\circ = 120^\circ$．よって

$$\overrightarrow{AB} \cdot \overrightarrow{BC} = 2 \cdot 2 \cdot \cos 120^\circ = 2 \cdot 2 \cdot \frac{-1}{2} = -2. /\!/$$

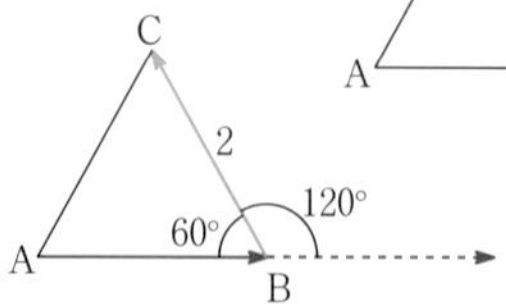

補足 $\vec{a}, \vec{b}$ の少なくとも一方が $\vec{0}$（その大きさは 0）であるとき，内積の値は $\vec{a} \cdot \vec{b} = 0$ と定めます．

3 内積の意味 ハイレベル↑

注 将来各方面において有効活用できる内容です［→Ⅱ+B 3 3 **「点と直線の距離公式」**］．少し理解するのに時間がかかるかもしれませんが，徐々に理解していきましょう．■

2 における，①式の「高さ」に対応する②式の「???」について解説します．

〔図 1〕

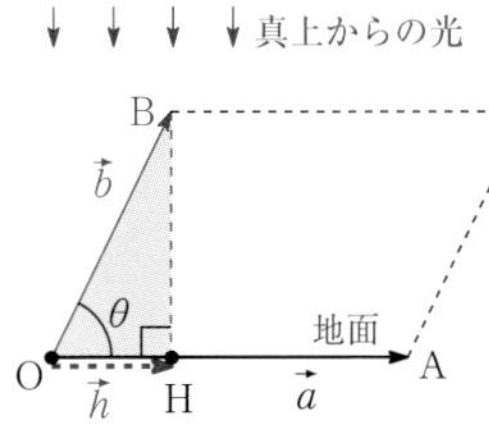

〔図 2〕

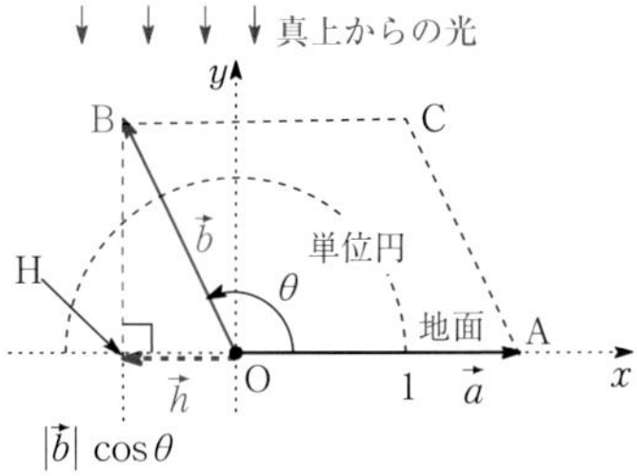

B から直線 OA に垂線 BH を下ろします．θ が鋭角の場合，上の〔**図 1**〕で色の付いた直角三角形 OBH に注目すれば，「???」は「ベクトル $\vec{h}=\overrightarrow{\mathrm{OH}}$ の長さ（大きさ）」ですね．

この「$\vec{h}$」について説明します．ベクトル $\vec{a}$ を「地面」に見立て，その“真上”から光を当てると，ベクトル $\vec{b}$ の「影」が地面に映りますね．この影が $\vec{h}$ であり，次のように言います：

$\vec{h}$ は，$\vec{b}$ の $\vec{a}$ への**正射影ベクトル**である．

つまり〔**図 1**〕においては，②の「???$=|\vec{b}|\cos\theta$」は，この正射影ベクトルの「長さ」です．

θ が 90° 以上の場合も含めると直角三角形では考えにくいので，上の〔**図 2**〕のように xy 平面を導入し，三角比を利用するべく単位円をとります（**I+A 3 5 3**「余弦定理」の証明で用いた図と同じです）．

$\vec{b}$ の終点 B の座標は，$\mathrm{B}(|\vec{b}|\cos\theta,\ |\vec{b}|\sin\theta)$ です．よって②の「???$=|\vec{b}|\cos\theta$」は，H の x 座標，つまり**正射影ベクトル** $\vec{h}$ の符号も考えた長さです．

内積の意味　**原理**

面積 $S=\underbrace{|\vec{a}|}_{\text{底辺}}\cdot\underbrace{|\vec{b}|\sin\theta}_{\text{高さ}}$．…①

内積 $\vec{a}\cdot\vec{b}=\underbrace{|\vec{a}|}_{\text{底辺}}\cdot\underbrace{|\vec{b}|\cos\theta}_{\text{正射影ベクトル }\vec{h}\text{ の符号付長さ }^{1)}}$．…②

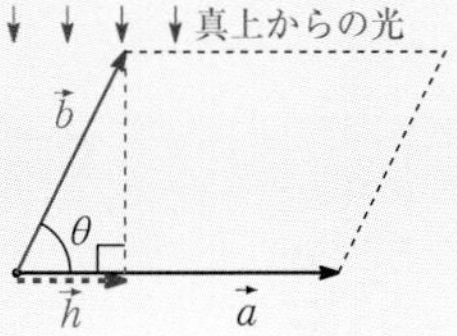

注　1)：耳慣れない表現だと思いますが，「数直線」や「座標」って，まさにこの「符号付長さ」を表したものですね．ここでは，“地面”を表すベクトル $\vec{a}$ と同じ向きが正，反対向きが負です．

例題 5 7 b　内積の意味　根底 実戦

[→演習問題 5 10 1]

右図の二等辺三角形 ABC において，内積 $\overrightarrow{\mathrm{AB}}\cdot\overrightarrow{\mathrm{AC}}$ の値を求めよ．

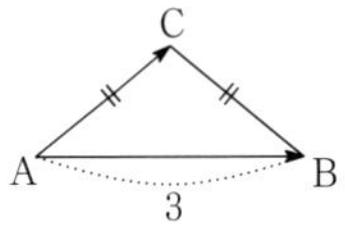

着眼　2 ベクトルの始点はそろっていますね．ただし，$|\overrightarrow{\mathrm{AC}}|$，$\angle\mathrm{A}$ がどちらもわかっていません．どうしたものか…

解答　C から AB へ垂線 CM を下ろすと，M は AB の中点であり，

$$\overrightarrow{\mathrm{AB}}\cdot\overrightarrow{\mathrm{AC}}=|\overrightarrow{\mathrm{AB}}|\times|\overrightarrow{\mathrm{AC}}|\cos A$$
$$=\mathrm{AB}\times\mathrm{AM}=3\cdot\frac{3}{2}=\frac{9}{2}.\text{//}$$

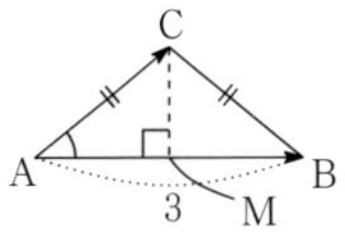

参考　$\overrightarrow{\mathrm{AM}}$ は，$\overrightarrow{\mathrm{AC}}$ の $\overrightarrow{\mathrm{AB}}$ への正射影ベクトルですね．

4 内積の成分計算

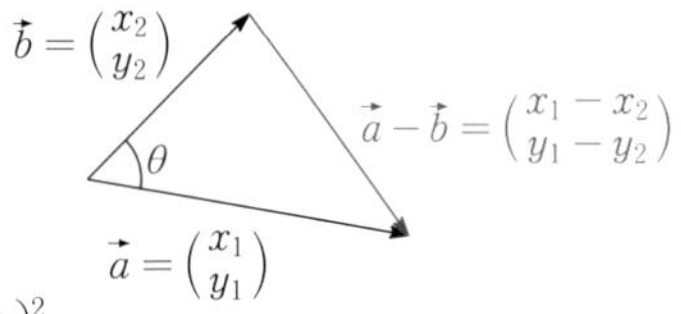

右図の三角形において余弦定理を用いると

$$\underbrace{|\vec{a}-\vec{b}|^2=|\vec{a}|^2+|\vec{b}|^2}_{\text{三平方の定理}}-2\underbrace{|\vec{a}||\vec{b}|\cos\theta}_{\text{内積 }\vec{a}\cdot\vec{b}}\ \cdots ①$$

$$\begin{aligned}\therefore\ 2\vec{a}\cdot\vec{b}&=|\vec{a}|^2+|\vec{b}|^2-|\vec{a}-\vec{b}|^2\\&={x_1}^2+{y_1}^2+{x_2}^2+{y_2}^2-(x_1-x_2)^2-(y_1-y_2)^2\\&=2(x_1x_2+y_1y_2).\end{aligned}$$

$$\therefore\ \vec{a}\cdot\vec{b}=x_1x_2+y_1y_2.$$

x 成分どうし，y 成分どうしをそれぞれ掛けて加えるだけ．覚えやすいですね！

成分による内積 定理

$$\begin{pmatrix}x_1\\y_1\end{pmatrix}\cdot\begin{pmatrix}x_2\\y_2\end{pmatrix}=x_1x_2+y_1y_2.$$

言い訳 内積を，「$\vec{a}\cdot\vec{b}$」と書かず上式左辺のように成分表示で記するのは正式な表現ではありませんが，使っても支障ないでしょう．

重要 ①を見るとわかるように，「余弦定理」とは，「三平方の定理」の形の後に，「−2×内積」がくっついたものだとみなせます．

補足 余弦定理①は，$\theta=0°$, $180°$ でも成り立ちます．例えば $\theta=0°$ のとき，①は

$$|\vec{a}-\vec{b}|^2=|\vec{a}|^2+|\vec{b}|^2-2|\vec{a}||\vec{b}|\cdot 1=(|\vec{a}|-|\vec{b}|)^2.$$

i.e. $|\vec{a}-\vec{b}|=\left||\vec{a}|-|\vec{b}|\right|$. これは右図より成り立つ（$\theta=180°$でも同様）.

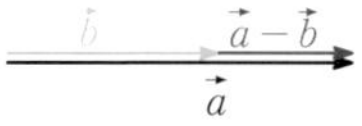

例題 5 7 C 成分による内積 根底 実戦

[→演習問題 5 10 1]

xy 平面上に 3 点 A(1, 1)，B(2, −1)，C(4, 3) がある．内積 $\overrightarrow{AB}\cdot\overrightarrow{AC}$ の値を求めよ．

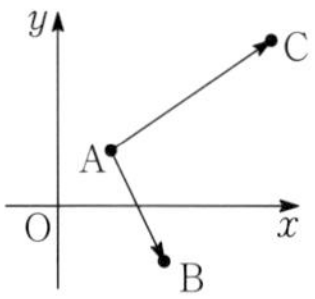

方針 2 ベクトル $\overrightarrow{AB}$, $\overrightarrow{AC}$ を成分で表します．

解答 $\overrightarrow{AB}\cdot\overrightarrow{AC}=\begin{pmatrix}2-1\\-1-1\end{pmatrix}\cdot\begin{pmatrix}4-1\\3-1\end{pmatrix}=\begin{pmatrix}1\\-2\end{pmatrix}\cdot\begin{pmatrix}3\\2\end{pmatrix}=1\cdot3-2\cdot2=-1.$ //

参考 見たカンジ，$\overrightarrow{AB}$, $\overrightarrow{AC}$ のなす角は鈍角っぽいですね．なので，内積の値が負になる訳です．[→5 8 1]

5 内積の演算法則

内積の演算は，数を表す普通の文字式と同様なルールで行うことができます．

内積の演算 定理

	普通の文字式の場合
❶ $\vec{a}\cdot\vec{b}=\vec{b}\cdot\vec{a}$	$ab=ba$
❷ $\vec{a}\cdot(\vec{b}+\vec{c})=\vec{a}\cdot\vec{b}+\vec{a}\cdot\vec{c}$	$a(b+c)=ab+ac$
❸ $(k\vec{a})\cdot\vec{b}=k(\vec{a}\cdot\vec{b})$ （k は実数）	$(ka)b=k(ab)$

❷を，成分を用いて証明します（他も同様に示せます）．実に単純かつ機械的な計算に過ぎず，証明過程に対する知的な喜びは，ゼロです（笑）．❶❸の証明についても同様です．

〔証明〕 重要度⇩

$\vec{a}=\begin{pmatrix}x_1\\y_1\end{pmatrix}, \vec{b}=\begin{pmatrix}x_2\\y_2\end{pmatrix}, \vec{c}=\begin{pmatrix}x_3\\y_3\end{pmatrix}$ として

$$\text{左辺}=\begin{pmatrix}x_1\\y_1\end{pmatrix}\cdot\left\{\begin{pmatrix}x_2\\y_2\end{pmatrix}+\begin{pmatrix}x_3\\y_3\end{pmatrix}\right\}=\begin{pmatrix}x_1\\y_1\end{pmatrix}\cdot\begin{pmatrix}x_2+x_3\\y_2+y_3\end{pmatrix}$$

$$=x_1(x_2+x_3)+y_1(y_2+y_3)=(x_1x_2+x_1x_3)+(y_1y_2+y_1y_3)$$ ここで，[1]普通の文字式の演算法則を用いた

$$=(x_1x_2+y_1y_2)+(x_1x_3+y_1y_3)=\text{右辺}.\ \square$$ ね．面白味ないでしょ（笑）

注 [1]：結局，**ベクトル**の内積の成分による求め方は，「x 成分」および「y 成分」という**実数**どうしの積によって表されるため，数を表す普通の文字式の演算規則と同等なものができ上がるという訳です．

補足 $\vec{a}\cdot\vec{a}=|\vec{a}||\vec{a}|\cos 0^\circ=|\vec{a}|^2$ 同じベクトルどうしの「内積」は，「大きさ」の 2 乗

となります．実はこれ，「長さ」（大きさ）と「内積」を結びつける重要公式です．後に図形の計量において大活躍することになります．[→5 8 2]

注意！ 同じベクトルどうしの内積を $\vec{a}^2$（×）と書いてはいけません．これは約束ね．

例題 5 7 d ベクトルの演算法則 根底 実戦

[→演習問題 5 10 4]

$|\vec{a}|=3,\ |\vec{b}|=2,\ \vec{a}\cdot\vec{b}=\dfrac{1}{2}$ のとき，次の各値を求めよ．

(1) $(\vec{a}+\vec{b})\cdot(\vec{a}+3\vec{b})$　　(2) $|2\vec{a}-\vec{b}|$

方針 (1) 普通の文字式を展開するような軽い気持ちで．

(2) 上記**補足**で述べたことを使います．

(1) $(\vec{a}+\vec{b})\cdot(\vec{a}+3\vec{b})$ 普通の文字式の場合 $(a+b)(a+3b)$

$=$[1] $|\vec{a}|^2+4\vec{a}\cdot\vec{b}+3|\vec{b}|^2$ 　$a^2+4ab+3b^2$

$=9+4\cdot\dfrac{1}{2}+3\cdot 4=23.$ //

注意！ 同じベクトルどうしの内積：$\vec{\bigcirc}\cdot\vec{\bigcirc}$ は，大きさの 2 乗：$|\vec{\bigcirc}|^2$ と書くこと！

(2) $|2\vec{a}-\vec{b}|^2$ 長さは 2 乗せよ．すると…

$(2a-b)^2$

$=(2\vec{a}-\vec{b})\cdot(2\vec{a}-\vec{b})$ 同じベクトルどうしの内積になり，

$=4|\vec{a}|^2-4\vec{a}\cdot\vec{b}+|\vec{b}|^2$ 展開して"パーツ"に分解できる．

$4a^2-4ab+b^2$

$=4\cdot 9-4\cdot\dfrac{1}{2}+4=38.$

$\therefore\ |2\vec{a}-\vec{b}|=\sqrt{38}.$ //

解説 内積は，普通の文字式と全く同じ感覚で展開できるんですね．もちろん，逆向きの変形である因数分解についても同様です．

注 [1]：この式は紙には書かず，即座に問題文にある数値を代入してしまいましょう！

重要 2，4，5 と見てきてわかるように，内積を求める方法として，次の 3 つがあります．

内積の求め方 方法論

1. 定義　2. 成分　3. 演算法則

第5章 ベクトル

8 内積による計量 Ⅱ+B 2

前節 2 で学んだ内積の定義：$\vec{a}\cdot\vec{b}=\overbrace{|\vec{a}||\vec{b}|}^{\text{長さ}}\cos\theta$ …(*)（θ：$\vec{a},\vec{b}$ のなす「角」）には，「長さ」と「角」という図計量が含まれています．また，前節 5 で見たように内積の演算規則はとてもシンプルであり，“機械的に”（神経をすり減らすことなく）計算できてしまいます．以上の 2 つの理由により，「内積」は，「計量」を行うためのとても便利なツールとなります．

1 内積による角の計量

上記 (*) の両辺を $|\vec{a}||\vec{b}|\,(\neq 0)$ で割れば，$\cos\theta$ の値を求める公式が得られます．また，$\cos\theta$ と $\vec{a}\cdot\vec{b}$ は同符号ですから，内積の符号により，なす角 θ と 90° との大小がわかります．

角と内積 $\vec{a},\vec{b}\ (\neq\vec{0})$ のなす角を θ とする．

○角：$\cos\theta=\dfrac{\vec{a}\cdot\vec{b}}{|\vec{a}||\vec{b}|}$.　上記(*)より

○ $\begin{cases}\theta<90^\circ \iff \vec{a}\cdot\vec{b}>0.\\ \theta=90^\circ \iff \vec{a}\cdot\vec{b}=0.\ ^{1)}\\ \theta>90^\circ \iff \vec{a}\cdot\vec{b}<0.\end{cases}$

注 1)：このとき「$\vec{a}$ と $\vec{b}$」は**垂直**であるといい，$\vec{a}\perp\vec{b}$ と表します．一般に，次の関係が成り立ちます：

ベクトルの垂直と内積 **知識** $\vec{a},\vec{b}\neq\vec{0}$ のとき，

$\vec{a}\perp\vec{b}\iff\vec{a}\cdot\vec{b}=0.$　$\vec{a}=\vec{0}$ or $\vec{b}=\vec{0}$ のときも内積は 0 となります

例題 5 8 a 内積と角 根底 実戦 典型

[→演習問題 5 10 3]

xy 平面上に 3 点 A(1, 2)，B(5, 1)，C(6, 5) がある．

(1) ∠CAB を求めよ．　(2) ∠ABC を求めよ．

方針 (1) ∠A の計量ですから，A を始点とする 2 ベクトル $\overrightarrow{AB},\overrightarrow{AC}$ の内積を用います．

(2) 同様に，B を始点とする 2 ベクトル $\overrightarrow{BA},\overrightarrow{BC}$ の内積を用います．

解答 (1) $\overrightarrow{AB}=\begin{pmatrix}4\\-1\end{pmatrix},\ \overrightarrow{AC}=\begin{pmatrix}5\\3\end{pmatrix}$ だから

$$\cos\angle CAB=\frac{\overrightarrow{AB}\cdot\overrightarrow{AC}}{|\overrightarrow{AB}||\overrightarrow{AC}|}=\frac{20-3}{\sqrt{17}\sqrt{34}}=\frac{17}{17\sqrt{2}}=\frac{1}{\sqrt{2}}.$$

$\therefore\ \angle CAB=45^\circ.$ // 0°〜180° で考える

(2) $\overrightarrow{BA}=\begin{pmatrix}-4\\1\end{pmatrix},\ \overrightarrow{BC}=\begin{pmatrix}1\\4\end{pmatrix}$ だから

$\overrightarrow{BA}\cdot\overrightarrow{BC}=-4+4=0.$

$\therefore\ \cos\angle ABC=0.$

$\therefore\ \angle ABC=90^\circ.$ // つまり $\overrightarrow{BA}\perp\overrightarrow{BC}$

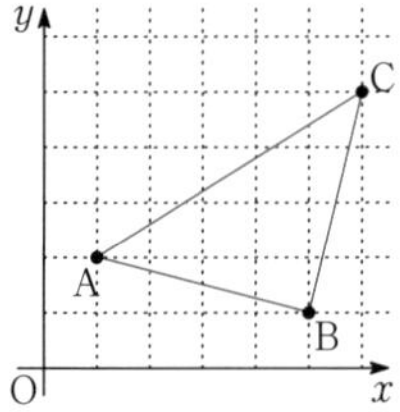

注 (2)では，$\overrightarrow{BA},\overrightarrow{BC}$ の内積が 0 なので，それぞれの大きさを考えるまでもなくこれら 2 ベクトルは「垂直」だとわかります．

言い訳 右のように正確に図を描けば，△ABC が ∠ABC= 90° の直角二等辺三角形であることがわかり，(1)(2)の答えは瞬時に得られますが…．ここは，ベクトルを用いる練習だと思ってお付き合いくださいね．

2 内積による長さの計量

等式 $\vec{v}\cdot\vec{v}=|\vec{v}|^2$ において，右辺は大きさ（長さ）で左辺は内積であり，内積にはこれまで述べた様々な計算法があります．よって，長さを 2 乗して内積にすり替えることにより，長さの計量をカンタンに行うことができる訳です．

長さと内積 定理

$$\underbrace{|\vec{v}|^2}_{\text{長さ}}=\underbrace{\vec{v}\cdot\vec{v}}_{\text{内積}}.$$
……長さは 2 乗して内積にすり替える

例題 5 8 b 内積と長さ，角 根底 実戦

[→演習問題 5 10 5]

△OAB において，OA= 2，OB= $\sqrt{2}$，∠BOA = 135° とする．

(1) 線分 AB を 2 : 3 に内分する点を P とするとき，OP の長さを求めよ．

(2) AB を 3 : 2 に内分する点を Q とするとき，OQ⊥AB となることを示せ．

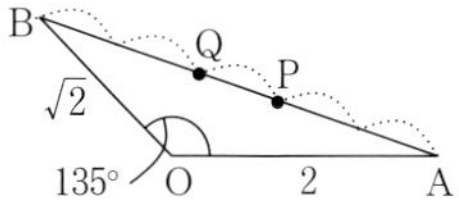

方針 2 ベクトル $\overrightarrow{OA}, \overrightarrow{OB}$ を用いて $\overrightarrow{OP}, \overrightarrow{OQ}$ を表し，内積を用いて計量していきます．

解答 $\vec{a}=\overrightarrow{OA}, \vec{b}=\overrightarrow{OB}$ とおくと，

$|\vec{a}|=2, |\vec{b}|=\sqrt{2}$,

$\vec{a}\cdot\vec{b}=2\cdot\sqrt{2}\cdot\cos 135^\circ=2\sqrt{2}\cdot\dfrac{-1}{\sqrt{2}}=-2.$ [1)]

(1)
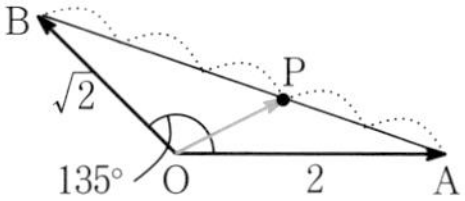

内分点公式より

$$\overrightarrow{OP}=\frac{3\overrightarrow{OA}+2\overrightarrow{OB}}{2+3}=\frac{3\vec{a}+2\vec{b}}{5}.\ \cdots①$$

ここで

$$|3\vec{a}+2\vec{b}|^2=9|\vec{a}|^2+12\vec{a}\cdot\vec{b}+4|\vec{b}|^2 \ ^{2)}$$
$$=9\cdot4+12\cdot(-2)+4\cdot2=20.$$

これと①より

$$|\overrightarrow{OP}|=\frac{\sqrt{20}}{5}=\frac{2}{\sqrt{5}}.〃$$

(2)
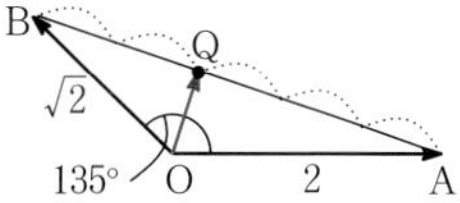

内分点公式より

$$\overrightarrow{OQ}=\frac{2\overrightarrow{OA}+3\overrightarrow{OB}}{3+2}=\frac{2\vec{a}+3\vec{b}}{5}.\ \cdots②$$

ここで

$$(2\vec{a}+3\vec{b})\cdot\overrightarrow{AB}=(2\vec{a}+3\vec{b})\cdot(\vec{b}-\vec{a})$$
$$=-2|\vec{a}|^2-\vec{a}\cdot\vec{b}+3|\vec{b}|^2$$
$$=-2\cdot4-(-2)+3\cdot2$$
$$=-8+2+6=0.$$

これと②より，$\overrightarrow{OQ}\perp\overrightarrow{AB}$. □

解説 1)：このように，この後の内積計算において現れるであろう値を予め準備しておくと…

2)：この薄字部分を紙に書く手間を省いて効率良い計算ができます．

補足 (1)(2)とも，①②の後，無駄な分数計算をしないで済ますよう工夫しています：

(1)→①より，$|\overrightarrow{OP}|=\dfrac{1}{5}|3\vec{a}+2\vec{b}|$ ですね．

(2)→②より，$\overrightarrow{OQ}\,/\!/\,2\vec{a}+3\vec{b}$ ですね．

3 面積と内積

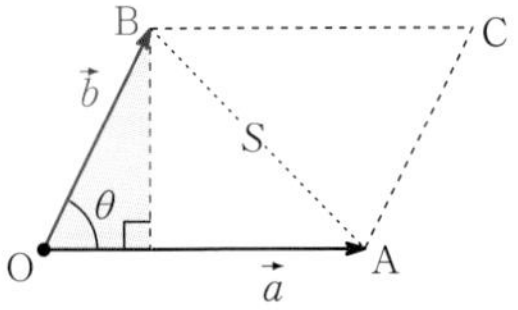

5 7 2 の 2 式：

$$S=|\vec{a}|\cdot|\vec{b}|\sin\theta\ .\ \cdots ①$$

$$\vec{a}\cdot\vec{b}=|\vec{a}|\cdot|\vec{b}|\cos\theta\ .\ \cdots ②$$

を見るとわかるように，「平行四辺形の面積 S」と「内積 $\vec{a}\cdot\vec{b}$」が共通な文字 θ によって表されているので，ここから θ を消去し，面積と内積の直接の関係式を得ることができます．$①^2+②^2$ により，

$$S^2+(\vec{a}\cdot\vec{b})^2=|\vec{a}|^2|\vec{b}|^2(\sin^2\theta+\cos^2\theta)=|\vec{a}|^2|\vec{b}|^2.\ \cdots ③$$

$$\therefore\ \ S=\sqrt{|\vec{a}|^2|\vec{b}|^2-(\vec{a}\cdot\vec{b})^2}.$$

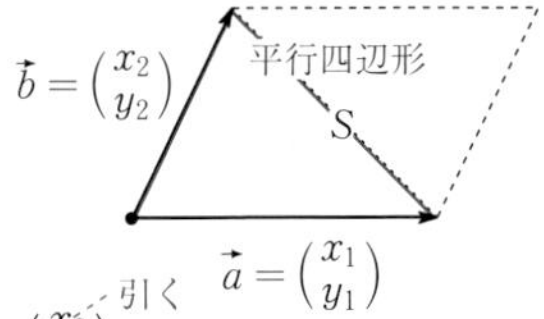

さらに，$\vec{a}=\begin{pmatrix}x_1\\y_1\end{pmatrix}$, $\vec{b}=\begin{pmatrix}x_2\\y_2\end{pmatrix}$ と成分で表されているとき，③より

$$S^2=(x_1{}^2+y_1{}^2)(x_2{}^2+y_2{}^2)-(x_1x_2+y_1y_2)^2\ \cdots ④$$

$$=x_1{}^2y_2{}^2+x_2{}^2y_1{}^2-2x_1\,x_2y_1\,y_2$$

$$=(x_1y_2-x_2y_1)^2\ \cdots ⑤$$

$$\therefore\ \ S=|x_1y_2-x_2y_1|.$$ 俗に“たすき掛け”という（右を参照）

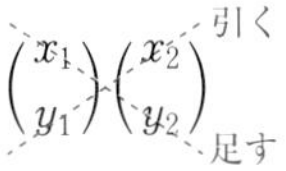

解説 ④から⑤への変形は，因数分解の問題としてとても有名です．［→ I+A 演習問題 1 4 12 (2)］

ベクトルによる面積 **定理** （S は，右図の平行四辺形の面積）

$$S=\sqrt{|\vec{a}|^2|\vec{b}|^2-(\vec{a}\cdot\vec{b})^2}.$$ この 2 乗を忘れずに！

$$S=|x_1y_2-x_2y_1|.$$ “たすき掛け”．絶対値記号に注意

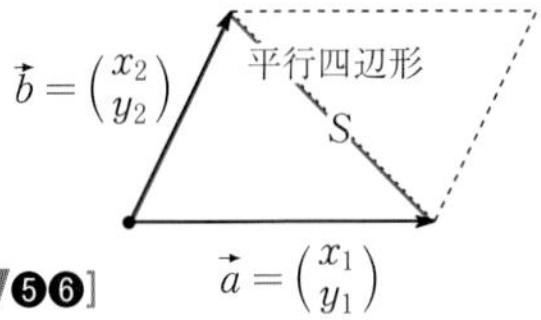

注 赤色三角形なら，式の先頭に $\frac{1}{2}\times$ が付きます．［→ I+A 3 5 7 ❺❻］

例題 5 8 C 内積と面積 根底 実戦

［→演習問題 5 10 3］

(1) $|\overrightarrow{OA}|=\sqrt{5}$, $|\overrightarrow{OB}|=\sqrt{3}$, $\overrightarrow{OA}\cdot\overrightarrow{OB}=3$ のとき，三角形 OAB の面積を求めよ．

(2) xy 平面上に 3 点 A(1, 1)，B(2, −1)，C(4, 2) がある．三角形 ABC の面積を求めよ．

方針 上記の公式を適用するだけです．

解答 (1)

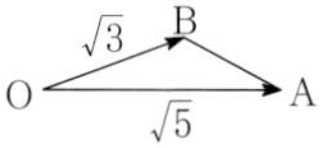

$$\triangle OAB=\frac{1}{2}\sqrt{|\overrightarrow{OA}|^2|\overrightarrow{OB}|^2-(\overrightarrow{OA}\cdot\overrightarrow{OB})^2}$$

$$=\frac{1}{2}\sqrt{5\cdot3-3^2}=\frac{\sqrt{6}}{2}.\ /\!/$$

(2) $\overrightarrow{AB}=\begin{pmatrix}1\\-2\end{pmatrix}$, $\overrightarrow{AC}=\begin{pmatrix}3\\1\end{pmatrix}$ だから

$$\triangle ABC=\frac{1}{2}|1\cdot1-3\cdot(-2)|$$

$$=\frac{7}{2}.\ /\!/$$

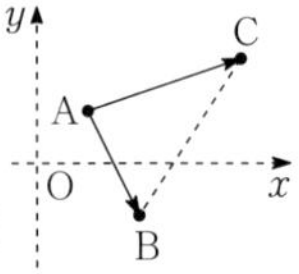

補足 (2)では，A 以外を始点にとっても同様に解けます．

参考 ③式において，$S^2\geq0$ より，$(\vec{a}\cdot\vec{b})^2\leq|\vec{a}|^2|\vec{b}|^2$. i.e. $(x_1x_2+y_1y_2)^2\leq(x_1{}^2+y_1{}^2)(x_2{}^2+y_2{}^2)$ が得られます．これは，「コーシー・シュワルツの不等式」［→ II+B 1 12 2］に他なりません．

4 ベクトルの決定

本節の最後に，xy 平面上で何らかの条件を満たすベクトルを求める問題をやってみましょう．今後の学習において，よく用いる手法が登場します．

例題 5 8 d ベクトルの決定 重要度↑ 根底 実戦

[→演習問題 5 10 2]

xy 平面上で，次の各条件を満たすベクトル $\vec{v}$ についてそれぞれ答えよ．

(1) $\vec{a}=\begin{pmatrix}-2\\1\end{pmatrix}$ と平行な単位ベクトル $\vec{v}$ を求めよ．ただし，$\vec{v}$ の x 成分は正とする．

(2) $\vec{a}=\begin{pmatrix}-2\\1\end{pmatrix}$ と垂直かつ大きさが 2 であるベクトル $\vec{v}$ を求めよ．

(3) $\vec{a}=\begin{pmatrix}3\\2\end{pmatrix}$ と $\vec{v}=\begin{pmatrix}t\\1-t\end{pmatrix}$ (t は実数) が平行となる t の値を求めよ．

(4) $\vec{a}=\begin{pmatrix}3\\2\end{pmatrix}$ と $\vec{v}=\begin{pmatrix}t\\1-t\end{pmatrix}$ (t は実数) が垂直となる t の値を求めよ．

方針　「ベクトル」を決定する 2 つ：「向き」と「大きさ」について考えます．

解答 (1) $\vec{a}$ と平行な単位ベクトルは

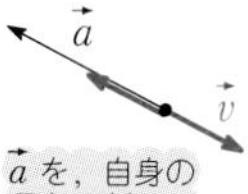

$$\pm\frac{\vec{a}}{|\vec{a}|}=\pm\frac{1}{\sqrt{5}}\begin{pmatrix}-2\\1\end{pmatrix}.$$

$\vec{a}$ を，自身の長さで割る

x 成分が正である方を選んで，求めるものは

$$\vec{v}=-\frac{1}{\sqrt{5}}\begin{pmatrix}-2\\1\end{pmatrix}=\frac{1}{\sqrt{5}}\begin{pmatrix}2\\-1\end{pmatrix}.//$$

(2) $\vec{a}$ と垂直なベクトルの 1 つは，$\vec{b}=\begin{pmatrix}1\\2\end{pmatrix}$ [1]．

$$\therefore\ \vec{v}=\underbrace{\pm 2}_{\text{符号付長さ}}\cdot\underbrace{\frac{\vec{b}}{|\vec{b}|}}_{\text{単位ベクトル}}$$

$$=\pm\frac{2}{\sqrt{5}}\begin{pmatrix}1\\2\end{pmatrix}.//$$

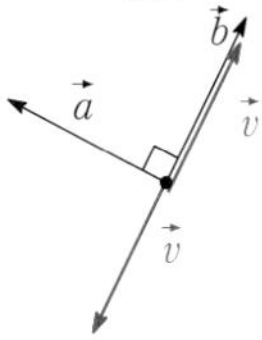

解説 [1]：一般に，次が成り立ちます：

重要　xy 平面上で，2 つのベクトル $\vec{u}=\begin{pmatrix}x\\y\end{pmatrix}$, $\vec{v}=\begin{pmatrix}y\\-x\end{pmatrix}$ を考えると，

$\vec{u}\perp\vec{v}$ ($\because\ \vec{u}\cdot\vec{v}=0$), $|\vec{u}|=|\vec{v}|$．

(3) $\vec{a}\,/\!/\,\vec{v}$ となるための条件は

$3:2=t:(1-t)$．

$3(1-t)=2t$．　$\therefore\ t=\dfrac{3}{5}.//$

解説　$\vec{a}=\begin{pmatrix}3\\2\end{pmatrix}$ と平行なベクトルである $\begin{pmatrix}6\\4\end{pmatrix}$, $\begin{pmatrix}15\\10\end{pmatrix}$, $\begin{pmatrix}30\\20\end{pmatrix}$ などは，どれも x 成分と y 成分の比が $\vec{a}$ と等しいですね．

注意！　「ベクトルが平行」⟷「一方が他方の実数 k 倍」のような，解法ガチガチパターン暗記はダメ！

参考　このとき確かに

$\vec{v}=\begin{pmatrix}3/5\\2/5\end{pmatrix}=\dfrac{1}{5}\begin{pmatrix}3\\2\end{pmatrix}/\!/\,\vec{a}$ ですね．

(4) $\vec{a}\perp\vec{v}$ となるための条件は

$\vec{a}\cdot\vec{v}=0$．

$3\cdot t+2\cdot(1-t)=0$．　$\therefore\ t=-2.//$

参考　このとき確かに

$\vec{v}=\begin{pmatrix}-2\\3\end{pmatrix}\perp\begin{pmatrix}3\\2\end{pmatrix}=\vec{a}$ ですね．

9 平面ベクトルの実戦問題

これまで学んできたベクトルの基礎を駆使して，実戦問題を解いてみましょう．基礎がしっかりしていれば，かなり機械的な計算処理で解答できてしまうのが「ベクトル」の特徴です．

例題 5 9 a 重心を通る直線 根底 実戦 入試

平面上に G を重心とする △OAB がある．G を通る直線 l が辺 OA，OB(両端を除く) と交わるとき，それぞれの交点を P，Q とする．l が動くとき，△OPQ の面積を最小化する P，Q はどのような点であるかを答えよ．

着眼 「ベクトル」の「べ」の字もありませんが，「重心」「共線」「交点」といったベクトルが有効活用できる素材が並んでいますね．

方針 例によって次の方針で：「始点を O に統一」「2 ベクトル $\overrightarrow{OA}, \overrightarrow{OB}$ で表す」．

P，Q の位置を，どのようにベクトルで表すか？

解答 $\overrightarrow{OP}=s\overrightarrow{OA}, \overrightarrow{OQ}=t\overrightarrow{OB}$

$(0<s<1,\ 0<t<1$ …①$)$

とおくと，

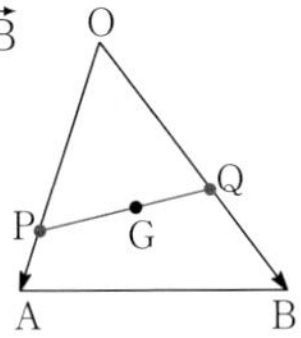

$\triangle OPQ : \triangle OAB$

$=OP\cdot OQ : OA\cdot OB$ [1)]

$=sOA\cdot tOB : OA\cdot OB = st : 1.$

そこで，st が最小となるような s, t を求める．

$$\overrightarrow{OG}=\frac{\overrightarrow{OO}+\overrightarrow{OA}+\overrightarrow{OB}}{3}$$

$$=\frac{1}{3}(\overrightarrow{OA}+\overrightarrow{OB}).\ \cdots ②$$

G は PQ 上だから，

$$\overrightarrow{OG}=(1-x)\overrightarrow{OP}+x\overrightarrow{OQ}$$

$$=(1-x)s\overrightarrow{OA}+xt\overrightarrow{OB}\ \cdots ③$$

と表せて，3 点 O，A，B は共線でないから，

②③より

$$\begin{cases}(1-x)s=\dfrac{1}{3}, \\ xt=\dfrac{1}{3}.\end{cases} \quad \begin{cases}1-x=\dfrac{1}{3s}, \\ x=\dfrac{1}{3t}.\end{cases}$$

辺々加えて

$$\frac{1}{3s}+\frac{1}{3t}=1.\ \text{i.e.}\ \frac{1}{s}+\frac{1}{t}=3.\ \cdots ④$$

方針 「④ (和が一定)」で「積 st が目標」ですから，“アレ”を使います．■

$\dfrac{1}{s}, \dfrac{1}{t}>0$ ゆえ，“相加相乗” [2)] より

$$\frac{1}{s}+\frac{1}{t}\geq 2\sqrt{\frac{1}{s}\frac{1}{t}}.$$

これと④より

$$3\geq 2\sqrt{\frac{1}{s}\frac{1}{t}}.\ st\geq\frac{4}{9}\text{(一定)}.$$ 大小関係の不等式

等号成立条件は

$\dfrac{1}{s}=\dfrac{1}{t}$ かつ④より，

$\dfrac{1}{s}=\dfrac{1}{t}=\dfrac{3}{2}$. i.e. $s=t=\dfrac{2}{3}$ (①も成り立つ).

このとき st および △OPQ は最小となる．よって答えは次の通り：

P，Q は，線分 OA，OB をそれぞれ 2：1 に内分する点．//

解説 1)：角が共通な三角形どうしの面積比です[→ I+A 5 7 1]．こんなに丁寧に説明するまでもない気がしますが．

参考 △OPQ の最小値は，$\dfrac{4}{9}$△OAB です．

言い訳 2)：正式名称は「相加平均と相乗平均の大小関係」ですが，適宜サボります (笑)．

例題 5 9 b 直線へ垂線を下ろす　根底 実戦　[→演習問題 5 10 5]

$\triangle$OAB において，OA $=5$, OB $=6$, AB $=7$ とする．

(1) $\overrightarrow{\mathrm{OA}}\cdot\overrightarrow{\mathrm{OB}}$ の値を求めよ．

(2) OA，AB の中点をそれぞれ M，N とし，B から直線 MN へ垂線 BH を下ろす．$\overrightarrow{\mathrm{OH}}$ を $\overrightarrow{\mathrm{OA}}$, $\overrightarrow{\mathrm{OB}}$ で表せ．

着眼 (1) 次のことは“常識”として知っておかなくてはなりません：

三角形の 3 辺の長さから，その 2 辺をなすベクトルの**内積は即座に求まる．**

方針 (2) 「共線条件」＋「垂直→内積 $=0$」で OK．内積計算をする際の“準備”が(1)です．あと，文字を**集約**した状態で計算すること．

注 MN は中点どうしを結んだ直線です！

解答 (1) $|\overrightarrow{\mathrm{OA}}|=5$, $|\overrightarrow{\mathrm{OB}}|=6$.

$\triangle$OAB において余弦定理を用いると

$$7^2=5^2+6^2-2\times\underbrace{5\cdot 6\cos\angle\mathrm{BOA}}_{\overrightarrow{\mathrm{OA}}\cdot\overrightarrow{\mathrm{OB}}}.$$

$$\therefore\ \overrightarrow{\mathrm{OA}}\cdot\overrightarrow{\mathrm{OB}}=\frac{25-13}{2}=6.\ /\!/$$

(2) ○ H は MN 上だから

$$\overrightarrow{\mathrm{OH}}=\overrightarrow{\mathrm{OM}}+\overrightarrow{\mathrm{MH}}$$
$$=\frac{1}{2}\overrightarrow{\mathrm{OA}}+t\overrightarrow{\mathrm{OB}}\ \cdots①$$

変数集約形

と表せる（$\because$ MN // OB）．

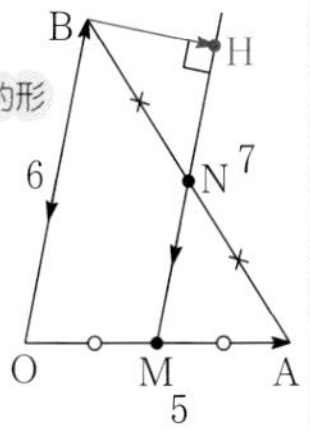

○ BH $\perp$ OB より

$$\overrightarrow{\mathrm{BH}}\cdot\overrightarrow{\mathrm{OB}}=0.$$
$$(\overrightarrow{\mathrm{OH}}-\overrightarrow{\mathrm{OB}})\cdot\overrightarrow{\mathrm{OB}}=0.$$

これと①より

$$\left(\frac{1}{2}\overrightarrow{\mathrm{OA}}+t\overrightarrow{\mathrm{OB}}-\overrightarrow{\mathrm{OB}}\right)\cdot\overrightarrow{\mathrm{OB}}=0.$$
$$\frac{1}{2}\overrightarrow{\mathrm{OA}}\cdot\overrightarrow{\mathrm{OB}}+t\left|\overrightarrow{\mathrm{OB}}\right|^2-\left|\overrightarrow{\mathrm{OB}}\right|^2=0.$$
$$\frac{1}{2}\cdot 6+t\cdot 36-36=0.\quad\therefore\ t=\frac{33}{36}=\frac{11}{12}.$$

これと①より

$$\overrightarrow{\mathrm{OH}}=\frac{1}{2}\overrightarrow{\mathrm{OA}}+\frac{11}{12}\overrightarrow{\mathrm{OB}}.\ /\!/$$

解説 内積計算を，文字をばら撒（ま）くことなく片付けたいので，①の「変数集約形」を用いるのが当然です．

注 結果を目分量でチェック．

参考 (1)は，次のようにも解答できます：

$$|\overrightarrow{\mathrm{AB}}|=7.\qquad\left|\overrightarrow{\mathrm{OB}}-\overrightarrow{\mathrm{OA}}\right|^2=7^2.$$
$$(\overrightarrow{\mathrm{OB}}-\overrightarrow{\mathrm{OA}})\cdot(\overrightarrow{\mathrm{OB}}-\overrightarrow{\mathrm{OA}})=7^2.$$
$$\left|\overrightarrow{\mathrm{OB}}\right|^2-2\overrightarrow{\mathrm{OA}}\cdot\overrightarrow{\mathrm{OB}}+\left|\overrightarrow{\mathrm{OA}}\right|^2=7^2.$$
$$6^2-2\overrightarrow{\mathrm{OA}}\cdot\overrightarrow{\mathrm{OB}}+5^2=7^2.$$
$$\therefore\ \overrightarrow{\mathrm{OA}}\cdot\overrightarrow{\mathrm{OB}}=\frac{6^2+5^2-7^2}{2}=6.\ /\!/$$

ただ，ここで用いた「演算法則」は，

余弦定理→内積の成分公式→演算法則

前記解答と同様

の流れで導かれますから，その大元にあたる「余弦定理」で片付けるのが正道だと考えます．

第5章 ベクトル

コラム

「図形」の攻め方

高校数学（大学入試）において「図形」を扱う手法は，右の“五択”です（文系生は 3° を除いた“四択”）．おおよその傾向として，上側ほど「発想力」重視，下側ほど「計算力」主体となります．

1° 図形そのもの
2° 三角比
3° （複素平面）
4° ベクトル
5° 座標

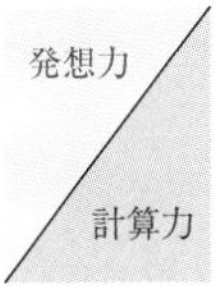

本書も含め，「分野に分かれた問題演習」をする機会が多いのですが，入試本番へ向けての実戦テストでは，「どの分野の手法で攻めるか？」という**手法選択**も訓練することになります．

注 どんな図形問題でも，まずは1°「図形そのもの」を描き，見ることから始めましょう．

例題 5 9 C 内心の位置ベクトル　根底 実戦　典型　[→演習問題 5 10 6]

点 I を内心とする △ABC において，BC $= a$, CA $= b$, AB $= c$ とする．O を任意の点として，$\overrightarrow{\mathrm{OI}}$ を $\vec{a}=\overrightarrow{\mathrm{OA}}$, $\vec{b}=\overrightarrow{\mathrm{OB}}$, $\vec{c}=\overrightarrow{\mathrm{OC}}$ で表せ．

注 「任意の点O」を始点にするよう指示されていますが，**まずは**いつも通り次の方針で：
「始点を頂点A に統一」「2 ベクトル $\overrightarrow{\mathrm{AB}}$, $\overrightarrow{\mathrm{AC}}$ で表す」．

方針 「内心」には，右図のように 2 通りの捉え方があります[→ I+A 5 6 2]．ここでは，青色：「角の二等分線」から「線分比」を求める流れが早そうです．

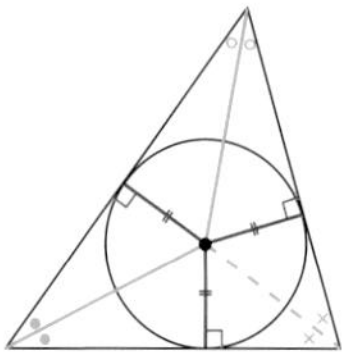

解答 右図のように角の二等分線と点 P をとる．

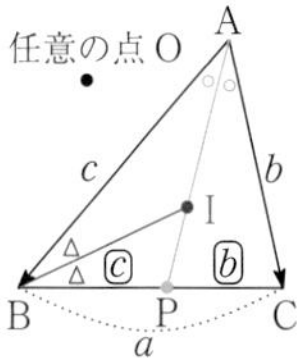

○ △ABC に注目して，P は BC を $c:b$ に内分するから

$$\overrightarrow{\mathrm{AP}}=\frac{b\overrightarrow{\mathrm{AB}}+c\overrightarrow{\mathrm{AC}}}{c+b}.\ \cdots①$$

○ △BAP に注目して，I は AP を次の比に内分する：

$$\mathrm{BA}:\mathrm{BP}=c:a\cdot\frac{c}{c+b}=(b+c):a.$$

これと①より，

$$\overrightarrow{\mathrm{AI}}=\frac{b+c}{b+c+a}\cdot\overrightarrow{\mathrm{AP}}$$

$$=\frac{b+c}{b+c+a}\cdot\frac{b\overrightarrow{\mathrm{AB}}+c\overrightarrow{\mathrm{AC}}}{c+b}=\frac{b\overrightarrow{\mathrm{AB}}+c\overrightarrow{\mathrm{AC}}}{a+b+c}.$$

始点を O に変えると

$$\overrightarrow{\mathrm{OI}}-\vec{a}=\frac{b(\vec{b}-\vec{a})+c(\vec{c}-\vec{a})}{a+b+c}$$

$$\therefore\ \overrightarrow{\mathrm{OI}}=\frac{a\vec{a}+b\vec{b}+c\vec{c}}{a+b+c}.\ /\!/$$

参考 答えの始点 O は「任意の点」ですから，他の点に変えてもこの係数はそのまま保たれます．
とてもキレイな結果ですね．係数の和は $\dfrac{a+b+c}{a+b+c}=1$ です．[→例題 5 9 e 参考 **重心座標**]

注 「角の二等分線」をベクトルで表現する方法として，次のように「単位ベクトル」を用いる方法もあります：
$\overrightarrow{\mathrm{AB}}$, $\overrightarrow{\mathrm{AC}}$ と同じ向きの単位ベクトル：

$$\frac{\overrightarrow{\mathrm{AB}}}{c},\ \frac{\overrightarrow{\mathrm{AC}}}{b}$$

自身の長さで割れば単位ベクトル

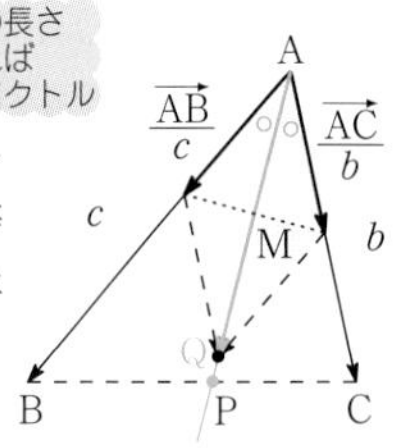

を用いて右のようにひし形を作ると，∠A の二等分線は次のベクトルと平行です：

$$\overrightarrow{\mathrm{AQ}}=\frac{\overrightarrow{\mathrm{AB}}}{c}+\frac{\overrightarrow{\mathrm{AC}}}{b}$$

$$/\!/\ b\overrightarrow{\mathrm{AB}}+c\overrightarrow{\mathrm{AC}}.$$

この方法なら，A の対辺上の点P を意識することなく「角の二等分線」を表現できます（点 Q の代わりにひし形の対角線の交点 M を用いても同様）．ここで用いた考え方は，I+A 5 11 4「角の二等分線の**作図**」と全く同じです．
なお，上記の手法は[→**演習問題 5 10 6「傍心」**]で使用します．

例題 5 9 d 外心，垂心の位置ベクトル 根底 実戦 典型

[→例題 5 12 m]

AB＝3, AC＝2, ∠CAB＝60° である △ABC において，外心を P，垂心を H，重心を G とする．

(1) $\overrightarrow{AP}$ を $\overrightarrow{AB}$, $\overrightarrow{AC}$ で表せ．

(2) $\overrightarrow{AH}$ を $\overrightarrow{AB}$, $\overrightarrow{AC}$ で表せ．

(3) 3点P，G，Hは共線であることを示せ．

解答 (1) **方針** 「外心」には，右図のように２通りの捉え方があります［→ I+A 5 6 1］．

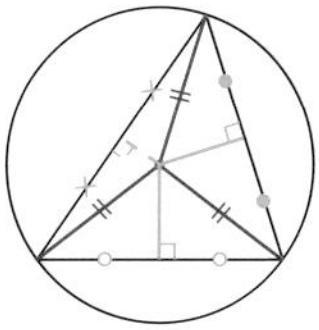

どちらでも解答可能ですが，青色：「垂直二等分線の交点」の方を用いてみます．[1) ■]

予め準備

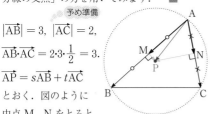

$|\overrightarrow{AB}|=3$, $|\overrightarrow{AC}|=2$,

$\overrightarrow{AB}\cdot\overrightarrow{AC}=2\cdot3\cdot\dfrac{1}{2}=3.$

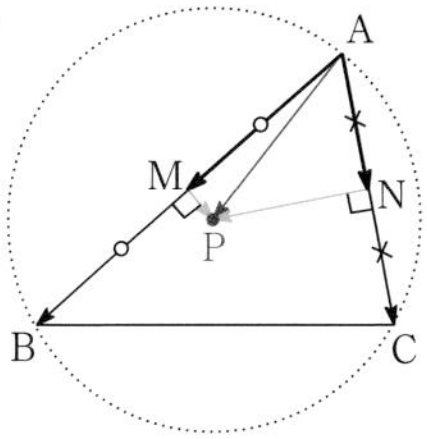

$\overrightarrow{AP}=s\overrightarrow{AB}+t\overrightarrow{AC}$

とおく．図のように中点 M，N をとると

$\overrightarrow{MP}\perp\overrightarrow{AB}$ より

$(\overrightarrow{AP}-\overrightarrow{AM})\cdot\overrightarrow{AB}=0.$

$\left(s\overrightarrow{AB}+t\overrightarrow{AC}-\dfrac{1}{2}\overrightarrow{AB}\right)\cdot\overrightarrow{AB}=0.$

$s\left|\overrightarrow{AB}\right|^2+t\overrightarrow{AB}\cdot\overrightarrow{AC}-\dfrac{1}{2}\left|\overrightarrow{AB}\right|^2=0.$

$s\cdot9+t\cdot3-\dfrac{9}{2}=0.$ i.e. $3s+t-\dfrac{3}{2}=0.$ …①

$\overrightarrow{NP}\perp\overrightarrow{AC}$ より

$\left(s\overrightarrow{AB}+t\overrightarrow{AC}-\dfrac{1}{2}\overrightarrow{AC}\right)\cdot\overrightarrow{AC}=0.$

$s\cdot3+t\cdot4-\dfrac{4}{2}=0.$ …②

② − ① より，$3t-\dfrac{1}{2}=0.$ $t=\dfrac{1}{6}.$

これと①より，$3s=\dfrac{3}{2}-\dfrac{1}{6}=\dfrac{4}{3}.$ $s=\dfrac{4}{9}.$

以上より，$\overrightarrow{AP}=\dfrac{4}{9}\overrightarrow{AB}+\dfrac{1}{6}\overrightarrow{AC}.$ //

注 答えを目分量でチェックしておくこと．

1)：こちらの方が計算量が少ないことは，実際にやってみるとわかります．■

(2) **方針** 「垂心」の捉え方は次図の一択です［→ I+A 5 6 4］．何と何が垂直であることを表すか，よく考えて．[2) ■]

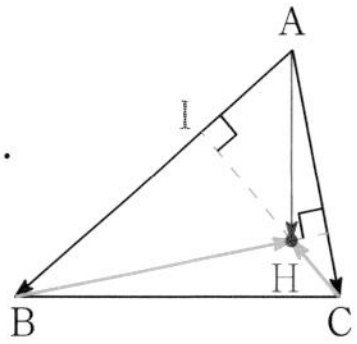

$\overrightarrow{AH}=x\overrightarrow{AB}+y\overrightarrow{AC}$ とおく．

$\overrightarrow{CH}\perp\overrightarrow{AB}$ より [3)]

$(\overrightarrow{AH}-\overrightarrow{AC})\cdot\overrightarrow{AB}=0.$

$(x\overrightarrow{AB}+y\overrightarrow{AC}-\overrightarrow{AC})\cdot\overrightarrow{AB}=0.$

$x\left|\overrightarrow{AB}\right|^2+y\overrightarrow{AB}\cdot\overrightarrow{AC}-\overrightarrow{AB}\cdot\overrightarrow{AC}=0.$

$x\cdot9+y\cdot3-3=0.$ i.e. $3x+y-1=0$ …③

$\overrightarrow{BH}\perp\overrightarrow{AC}$ より

$(x\overrightarrow{AB}+y\overrightarrow{AC}-\overrightarrow{AB})\cdot\overrightarrow{AC}=0.$

$x\cdot3+y\cdot4-3=0.$ …④

④ − ③ より，$3y-2=0.$ $y=\dfrac{2}{3}.$

これと③より，$3x=1-\dfrac{2}{3}=\dfrac{1}{3}.$ $x=\dfrac{1}{9}.$

以上より，$\overrightarrow{AH}=\dfrac{1}{9}\overrightarrow{AB}+\dfrac{2}{3}\overrightarrow{AC}.$ //

注 2)3)：図中の点 I を用いて $\overrightarrow{CI}\perp\overrightarrow{AI}$ などと“くっついた”ものどうしの垂直を考えてしまうと遠回り．CH と AB のように，“離れていても”垂直であることを見抜けるように．■

(3) $\overrightarrow{AG}=\dfrac{1}{3}\overrightarrow{AB}+\dfrac{1}{3}\overrightarrow{AC}.$ これと(1)(2)より

$\overrightarrow{GP}=\overrightarrow{AP}-\overrightarrow{AG}$ 　始点変えたきゃ差にばらせ

$=\left(\dfrac{4}{9}\overrightarrow{AB}+\dfrac{1}{6}\overrightarrow{AC}\right)-\left(\dfrac{1}{3}\overrightarrow{AB}+\dfrac{1}{3}\overrightarrow{AC}\right)$

$=\dfrac{1}{9}\overrightarrow{AB}-\dfrac{1}{6}\overrightarrow{AC}.$

$\overrightarrow{GH}=\overrightarrow{AH}-\overrightarrow{AG}$

$=\left(\dfrac{1}{9}\overrightarrow{AB}+\dfrac{2}{3}\overrightarrow{AC}\right)-\left(\dfrac{1}{3}\overrightarrow{AB}+\dfrac{1}{3}\overrightarrow{AC}\right)$

$=-\dfrac{2}{9}\overrightarrow{AB}+\dfrac{1}{3}\overrightarrow{AC}.$

$\therefore\ \overrightarrow{GH}=-2\overrightarrow{GP}.$ …⑤

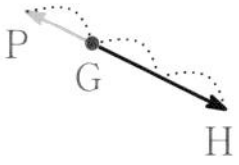

よって題意は示せた．□

参考 ⑤より，G は PH を 1：2 に内分します．この性質は，三角形一般で成り立ちます．

[→ I+A 演習問題 5 12 11 例題 5 9 f]

第5章 ベクトル

例題 5 9 e 位置ベクトルと面積比 根底 実戦 典型 [→例題 5 12 n]

α, β, γ は正の定数とする．△ABC とその内部の点 P があり，$\alpha\overrightarrow{PA}+\beta\overrightarrow{PB}+\gamma\overrightarrow{PC}=\vec{0}$ …①
が成り立つとする．△PBC，△PCA，△PAB の面積をそれぞれ s_1, s_2, s_3 として，これらの比 $s_1 : s_2 : s_3$ を求めよ．

方針 いつも通りの方針：「始点を頂点 A に統一」「2 ベクトル $\overrightarrow{AB}, \overrightarrow{AC}$ で表す」でいきます．また，未知なる点 P を**集約**したいという意識も大切です．

着眼 「面積比」は「線分比」から得られます．[→ I+A 5 7 1]

解答 ①より

$\alpha(-\overrightarrow{AP})+\beta(\overrightarrow{AB}-\overrightarrow{AP})+\gamma(\overrightarrow{AC}-\overrightarrow{AP})=\vec{0}.$

$$\overrightarrow{AP}=\frac{\beta\overrightarrow{AB}+\gamma\overrightarrow{AC}}{\alpha+\beta+\gamma}=\frac{\beta+\gamma}{\alpha+\beta+\gamma}\cdot\underbrace{\frac{\beta\overrightarrow{AB}+\gamma\overrightarrow{AC}}{\gamma+\beta}}_{\overrightarrow{AQ}}.$$

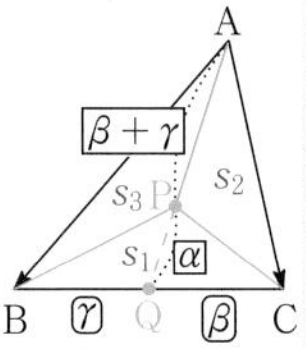

ここに，

Q は BC を $\gamma : \beta$ に内分する点．…②

P は AQ を $(\beta+\gamma) : \alpha$ に内分する．…③

よって Q は AP と BC の交点であり，

②より，$s_2 : s_3=\beta : \gamma$.

③より，$(s_2+s_3) : s_1=(\beta+\gamma) : \alpha$.

$\therefore s_1 : s_2 : s_3=\alpha : \beta : \gamma.$ //

解説 ①の係数がそのまま答えの面積比となるという有名問題でした (笑).
本問で用いた「面積比」と「線分比」の関係が飲み込めないという人は，[→ I+A 5 7 2].
そのうち②を用いた部分は，「チェバの定理」の証明過程でも用いましたね．[→ I+A 5 8 1]

参考 ハイレベル↑ “3 つの三角形”の面積比を表す α, β, γ を係数とする等式①：

$\alpha\overrightarrow{PA}+\beta\overrightarrow{PB}+\gamma\overrightarrow{PC}=\vec{0}.$

において，始点を任意の点O に変えて各点の位置ベクトルを $P(\vec{p})$, $A(\vec{a})$ などと表すと，

$\alpha(\vec{a}-\vec{p})+\beta(\vec{b}-\vec{p})+\gamma(\vec{c}-\vec{p})=\vec{0}.$

$$\therefore\ \vec{p}=\frac{\alpha\vec{a}+\beta\vec{b}+\gamma\vec{c}}{\alpha+\beta+\gamma}.\ \cdots(*)$$

この結果は，既に I+A 演習問題 5 9 16 参考でも述べた通り有名なものです：

重心座標

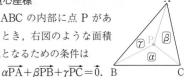

△ABC の内部に点 P があるとき，右図のような面積比となるための条件は

$\alpha\overrightarrow{PA}+\beta\overrightarrow{PB}+\gamma\overrightarrow{PC}=\vec{0}.$

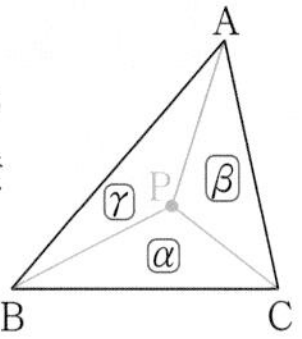

任意の点 O を始点とした位置ベクトルを $P(\vec{p})$，$A(\vec{a})$ などとすると

$$\vec{p}=\frac{\alpha\vec{a}+\beta\vec{b}+\gamma\vec{c}}{\alpha+\beta+\gamma}.\ \cdots(*)$$

(*) の右辺の係数の組：

$$\left(\frac{\alpha}{\alpha+\beta+\gamma}, \frac{\beta}{\alpha+\beta+\gamma}, \frac{\gamma}{\alpha+\beta+\gamma}\right)$$

を，点 P の重心座標という．

(*) の右辺は，係数の和が「1」であり，始点を変えても不変です．(始点 O は，平面 ABC 上にない空間内の任意の点でも OK です．)
(*) の直観的な意味は，平面上の点 P の位置ベクトルが，△ABC の 3 頂点の位置ベクトルそれぞれに適切な“重み”を付けた“加重平均”として表されるということです．「期待値」の意味と似ていますね．[→ I+A 7 10 1]

重要度↓ 上記において，(α, β, γ) のことを重心座標と呼ぶ流派もあります．その場合，1 つの点の「重心座標」が

$(\alpha, \beta, \gamma), (2\alpha, 2\beta, 2\gamma), (10\alpha, 10\beta, 10\gamma), \cdots$

と無数にあることになってしまいますが．

注 (*) などの結果は，定理として使ってよいものではない気がします．■

三角形の五心のうち傍心以外の点について，それが三角形の内部にあることを前提として，面積比を表す $\alpha:\beta:\gamma$ は次のようになります．

面積（比）	α	β	γ
重心	1	1	1
内心	a	b	c
外心	$\sin 2A$	$\sin 2B$	$\sin 2C$
垂心	$\tan A$	$\tan B$	$\tan C$

（傍心については，[→**演習問題 5 10 6**]）

重心についてはカンタンです．内心，外心については，次図をもとに各自で面積比を考えてみること：

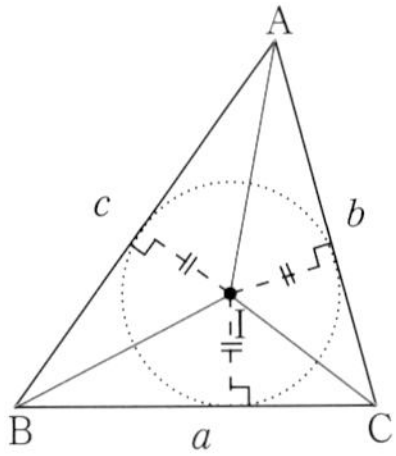

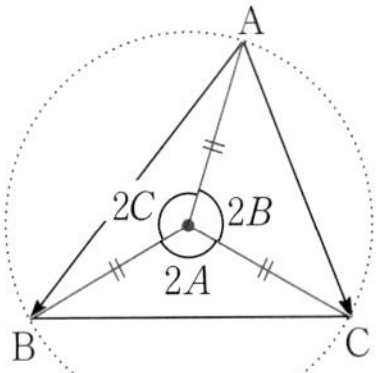

垂心については，[→ **I+A 演習問題 5 9 17**]

上表の値を前ページ (*) に代入した式が確かに成り立っていることを，これまで扱った問題を振り返りながら確認してみましょう．

「内心」については，**例題 5 9 c** の答えが前記 (*) そのものです．

例題 5 9 d (1)「外心」，(2)「垂心」の結果を，任意の点 O を始点とする位置ベクトルで表してみると，次のようになります：

$\vec{p}=\overrightarrow{\mathrm{OP}}$, $\vec{a}=\overrightarrow{\mathrm{OA}}$ などとおくと，外心 P について

$$\vec{p}-\vec{a}=\frac{4}{9}(\vec{b}-\vec{a})+\frac{1}{6}(\vec{c}-\vec{a}).$$

$$\vec{p}=\left(1-\frac{4}{9}-\frac{1}{6}\right)\vec{a}+\frac{4}{9}\vec{b}+\frac{1}{6}\vec{c}.$$

$$\vec{p}=\frac{1}{18}(7\vec{a}+8\vec{b}+3\vec{c}).\ \cdots④$$

（係数の和は 1.）

次に垂心 H について

$$\vec{h}-\vec{a}=\frac{1}{9}(\vec{b}-\vec{a})+\frac{2}{3}(\vec{c}-\vec{a}).$$

$$\vec{h}=\left(1-\frac{1}{9}-\frac{2}{3}\right)\vec{a}+\frac{1}{9}\vec{b}+\frac{2}{3}\vec{c}.$$

$$\vec{h}=\frac{1}{9}(2\vec{a}+\vec{b}+6\vec{c}).\ \cdots⑤$$

（係数の和は 1.）

④⑤式は，次のように書けます：

$$④:\ \vec{p}=\frac{7\vec{a}+8\vec{b}+3\vec{c}}{7+8+3}.$$

$$⑤:\ \vec{h}=\frac{2\vec{a}+1\cdot\vec{b}+6\vec{c}}{2+1+6}.$$

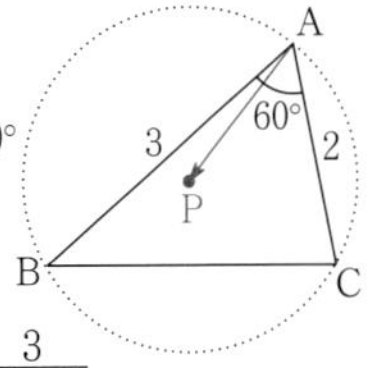

余弦定理より

$$\mathrm{BC}^2=3^2+2^2-2\cdot3\cdot2\cos60^\circ$$
$$=9+4-6=7.$$

これと正弦定理より

$$\frac{\sqrt{7}}{\sin 60^\circ}=\frac{2}{\sin B}=\frac{3}{\sin C}.$$

$$\therefore\ \sin B=\frac{2}{\sqrt{7}}\cdot\frac{\sqrt{3}}{2}=\frac{\sqrt{3}}{\sqrt{7}}.$$

$$\sin C=\frac{3}{\sqrt{7}}\cdot\frac{\sqrt{3}}{2}=\frac{3\sqrt{3}}{2\sqrt{7}}.$$

ここで，$\mathrm{AB}^2<\mathrm{BC}^2+\mathrm{CA}^2$ が成り立つから C は鋭角．$\mathrm{AC}<\mathrm{AB}$ より $B<C$ だから B も鋭角．よって右図より

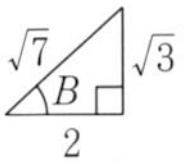

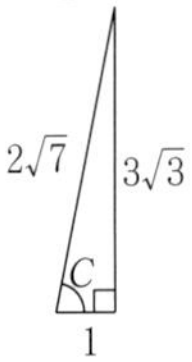

$$\cos B=\frac{2}{\sqrt{7}},\ \tan B=\frac{\sqrt{3}}{2}.$$

$$\cos C=\frac{1}{2\sqrt{7}},\ \tan C=3\sqrt{3}.$$

以上より

$$\sin 2A:\sin 2B:\sin 2C$$
$$=2\sin A\cos A:2\sin B\cos B:2\sin C\cos C$$
$$=\frac{\sqrt{3}}{2}\cdot\frac{1}{2}:\frac{\sqrt{3}}{\sqrt{7}}\cdot\frac{2}{\sqrt{7}}:\frac{3\sqrt{3}}{2\sqrt{7}}\cdot\frac{1}{2\sqrt{7}}$$
$$=\frac{1}{4}:\frac{2}{7}:\frac{3}{28}=7:8:3.$$

$$\tan A:\tan B:\tan C=\sqrt{3}:\frac{\sqrt{3}}{2}:3\sqrt{3}$$
$$=2:1:6.$$

これで，④⑤において前記 (*) が成り立っていることが確かめられました．

第5章 ベクトル

例題 5 9 f 外心，重心，垂心 根底 実戦 典型

[→ Ⅰ+A 演習問題 5 12 11]

△ABC の外心を O，重心を G，垂心を H とする．$\overrightarrow{OH}=3\overrightarrow{OG}$ が成り立つことを示せ．

方針 重心に関しては公式が使えます．垂心の捉え方は既に扱いましたね．

解答

$$\overrightarrow{OG}=\frac{\overrightarrow{OA}+\overrightarrow{OB}+\overrightarrow{OC}}{3}.\ \cdots①$$ 始点は統一

よって

$$\overrightarrow{OH}=\overrightarrow{OA}+\overrightarrow{OB}+\overrightarrow{OC}\ \cdots②$$

を示せばよい．

注意！ ②は，これから示すべき未知なる等式です．■

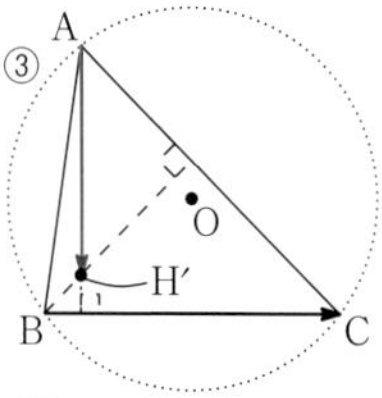

$$\overrightarrow{OH'}=\overrightarrow{OA}+\overrightarrow{OB}+\overrightarrow{OC}\ \cdots③$$

とおいて，H′ が垂心 H と一致することを示す．

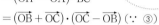

$$\overrightarrow{AH'}\cdot\overrightarrow{BC}$$
$$=(\overrightarrow{OH'}-\overrightarrow{OA})\cdot\overrightarrow{BC}$$
$$=(\overrightarrow{OB}+\overrightarrow{OC})\cdot(\overrightarrow{OC}-\overrightarrow{OB})\ (\because\ ③)$$
$$=|\overrightarrow{OC}|^2-|\overrightarrow{OB}|^2=0.\ (\because\ \text{O は外心})$$

よって，$\overrightarrow{AH'}\perp\overrightarrow{BC}$．同様に，$\overrightarrow{BH'}\perp\overrightarrow{CA}$．よって H′ は △ABC の垂心であり，H と一致する．これと③より，②が示せた．□

解説 本問の結果より，外心，重心，垂心の位置関係は右図のようになります．この 3 点が乗る直線は「**オイラー線**」と呼ばれます．

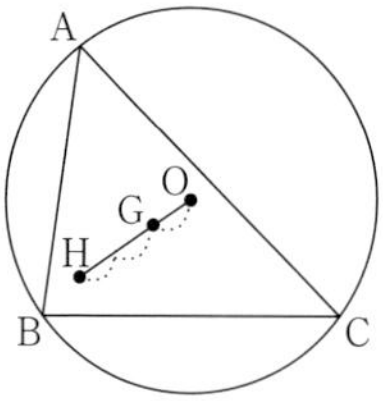

[→ Ⅰ+A 演習問題 5 12 11 例題 5 9 d (3)]

参考 ハイレベル↑ 重心の公式①における右辺の係数は，和が 1 である「重心座標」[→**前問**]ですから，始点が外心 O 以外のどの点であろうと同じ係数となります．

一方，垂心を表す②では，右辺の係数は和が 1 ではなく「重心座標」の形式ではないので，あくまでも始点が「外心 O」のときに限ってこのようなキレイな形になります．

参考 本問と同内容の証明は，既に Ⅰ+A 演習問題 5 12 11 で扱っていました．

コラム

$\vec{0}$ と垂直，内積 $=0$

5 6 直前のコラムで述べた“解釈”：「$\vec{0}$ は，任意のベクトルと垂直」…㋑ について考えます．

例えば，点 A を通り AB に垂直な直線 l 上に点 P があるための条件 (∗) は，大雑把には「$\overrightarrow{AB}\perp\overrightarrow{AP}$」ですが，これでは P が A と一致して $\overrightarrow{AP}=\vec{0}$ となるケースが漏れてしまうので，一般的には

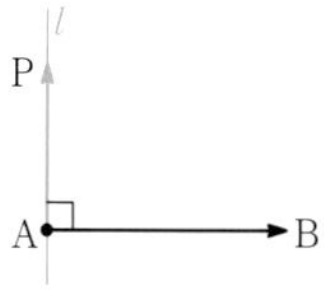

(∗)：「$\overrightarrow{AB}\perp\overrightarrow{AP}$ …①」または「P = A」 P と A が一致

とします．しかし，㋑の立場をとるなら，「垂直」の中に「P=A」も包含されるので，(∗) は①だけで OK ということになります．また，条件 (∗) はけっきょく内積を用いて「$\overrightarrow{AB}\cdot\overrightarrow{AP}=0$」と表されますから，㋑を認めておけば

「(∗)：P が l 上」$\Longleftrightarrow$「$\overrightarrow{AB}\perp\overrightarrow{AP}$」$\Longleftrightarrow$「内積 $\overrightarrow{AB}\cdot\overrightarrow{AP}=0$」

という関係が成り立ち，とてもスッキリしますね．㋑という解釈が世に広まることを願います．

言い訳 という訳で，本書では「または P=A」の部分をときどき**意図的に**サボります． “解釈”してね

参考 大学以降では，ベクトルどうしの**直交**という概念があり，次のように明確に定義されています：

「2 ベクトル $\vec{a},\vec{b}$ が**直交**」$\Longleftrightarrow$「内積 $\vec{a}\cdot\vec{b}=0$」

例題 59 g 外心が始点　根底 実戦　典型 入試

[→演習問題 5 10 7]

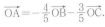

三角形 ABC の外接円は，中心が O で半径は 1 とする．$\vec{a}=\overrightarrow{\mathrm{OA}}, \vec{b}=\overrightarrow{\mathrm{OB}}, \vec{c}=\overrightarrow{\mathrm{OC}}$ とおくと $5\vec{a}+4\vec{b}+3\vec{c}=\vec{0}$ …① が成り立つとき，∠A を求めよ．

着眼 外心が始点 → 「長さ」が等しい．問われているのは「角」．「長さ」と「角」を結びつけるものといえば，「内積」ですね．

注 ∠A とは $\overrightarrow{\mathrm{AB}}$ と $\overrightarrow{\mathrm{AC}}$ のなす角ですが，長さが等しいのは外心 O を始点とするベクトルです．そこで，「円周角」と「中心角」の関係に注目します．

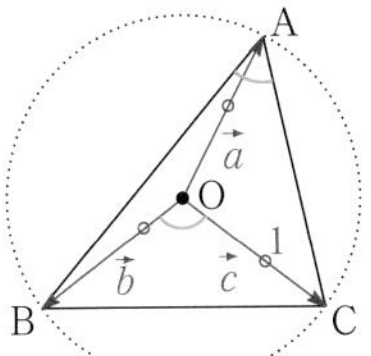

2 ベクトル $\vec{b}, \vec{c}$ のなす角を考え，内積 $\vec{b}\cdot\vec{c}$ を求めます．

解答

$|\vec{a}|=|\vec{b}|=|\vec{c}|=1.$ …②

①を変形して

$4\vec{b}+3\vec{c}=-5\vec{a}.$ …①′ [1)]

$\therefore\ |4\vec{b}+3\vec{c}|^2=|-5\vec{a}|^2.$ …③

$(4\vec{b}+3\vec{c})\cdot(4\vec{b}+3\vec{c})=25|\vec{a}|^2.$

$16|\vec{b}|^2+24\vec{b}\cdot\vec{c}+9|\vec{c}|^2=25|\vec{a}|^2.$

$16+24\vec{b}\cdot\vec{c}+9=25.$ (∵ ②)

$\vec{b}\cdot\vec{c}=0.$

よって，$\vec{b}$ と $\vec{c}$ のなす角は 90°．…④

注 これが「中心角」だから「円周角」はその半分だから答えは 45°…とするのは誤り．次図のように 2 通りのケースが考えられるからです．

方針 ③は，「ベクトル」についての等式①′がもつ「向き」と「大きさ」に関する情報のうち，前者を捨てて後者のみを抜き出したものです．よって③から得た④だけでは解答できないのは当然ですね．捨ててしまっていた情報にも目を向けるべく，再び①′に戻ります．■

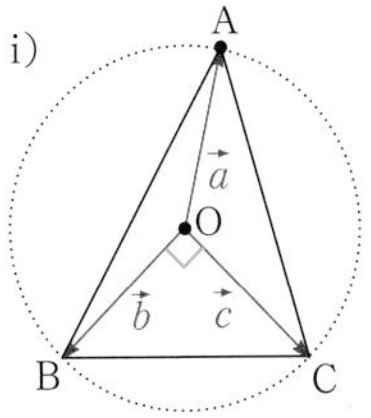

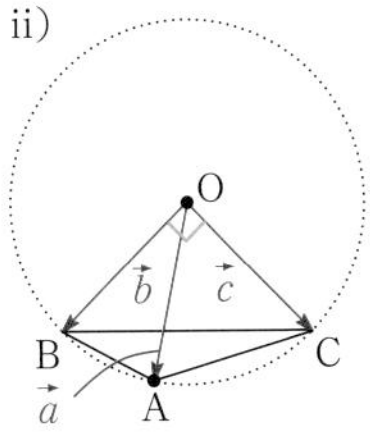

④より上の 2 つのケースが考えられる．

①′より

$\vec{a}=-\dfrac{4}{5}\vec{b}-\dfrac{3}{5}\vec{c}.$

$\overrightarrow{\mathrm{OA}}=-\dfrac{4}{5}\overrightarrow{\mathrm{OB}}-\dfrac{3}{5}\overrightarrow{\mathrm{OC}}.$

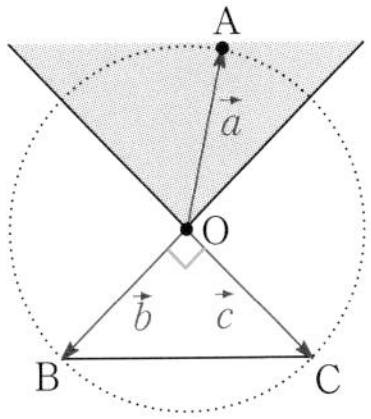

右辺の係数がともに負だから，A は右図の領域内にある．

よって，i) の方だけが適するから，求める角は

$\angle\mathrm{A}=\dfrac{1}{2}\cdot 90^\circ=45^\circ.$ //

解説 1)：①′のように $\vec{a}$ を移項してから両辺の大きさを比べることにより，$\vec{b}$ と $\vec{c}$ の内積だけを作り出すことに成功しています．経験がないと思い浮かびにくいアイデアです．

参考 ① は，3 ベクトル $5\vec{a}$，$4\vec{b}$，$3\vec{c}$ が表す矢印を"継ぎ足す"と右図のような三角形を 1 周してもとに戻ることを意味します．この図から，$\vec{b}\perp\vec{c}$ であることがわかりますね．

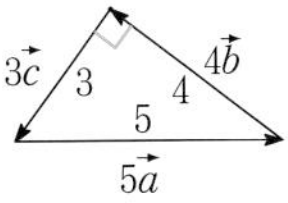

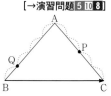

例題 5 9 h 正射影ベクトル 根底 実戦 入試 [→演習問題 5 10 8]

(1) $\vec{b}$ の $\vec{a}$ $(\neq\vec{0})$ への正射影ベクトル $\vec{h}$ を $\vec{a}, \vec{b}$ で表せ.

(2) (1)において, $\vec{a}\cdot\vec{h}=\vec{a}\cdot\vec{b}$ が成り立つことを示せ.

(3) 右図の △ABC において, AB = AC = 3, BC = 4 とする. 内積 $\overrightarrow{BC}\cdot\overrightarrow{PQ}$ の値を求めよ.

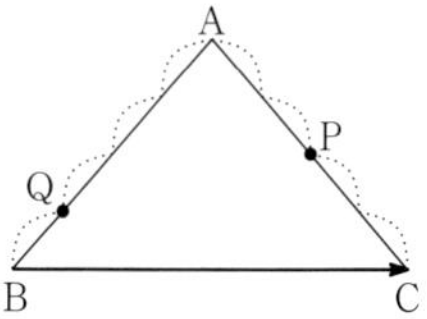

(4) 座標平面上で A(7, 4) から直線 $l: y=2x$ へ下ろした垂線の足 H の座標を求めよ.

解答 (1)

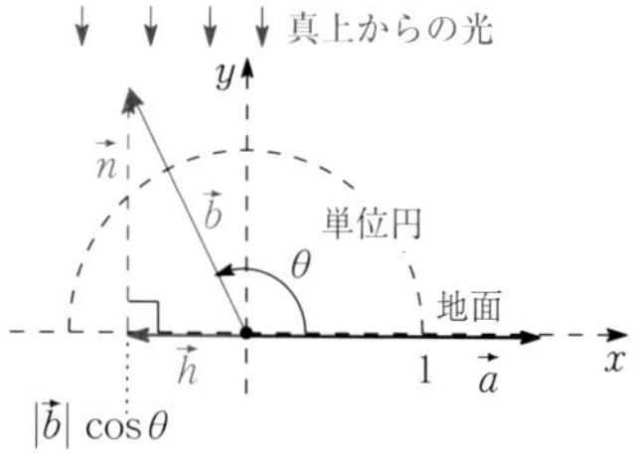

方針 「正射影ベクトル」とは切っても切り離せない "符号付長さ" を表現するため, 座標平面を導入するのが賢い方法です. ■

図のように xy 平面をとると

$$\vec{h}=\underbrace{|\vec{b}|\cos\theta}_{\text{“符号付長さ”}}\cdot\underbrace{\frac{\vec{a}}{|\vec{a}|}}_{\text{単位ベクトル}}$$

$$=\frac{|\vec{a}|\,|\vec{b}|\cos\theta}{|\vec{a}|}\cdot\frac{\vec{a}}{|\vec{a}|}$$ ……分子, 分母に $|\vec{a}|$ を補った

$$\overset{1)}{=}\underbrace{\frac{\vec{a}\cdot\vec{b}}{|\vec{a}|}}_{\text{“符号付長さ”}}\cdot\underbrace{\frac{\vec{a}}{|\vec{a}|}}_{\text{単位ベクトル}}=\frac{\vec{a}\cdot\vec{b}}{|\vec{a}|^2}\vec{a}.\,/\!/$$

解説 1) : 将来的にはこの式が直接書けるようにしましょう. そのときの頭の動きは…

分子 : $\vec{a}\cdot\vec{b}$ は, $|\vec{a}|$ と「$\vec{h}$ の符号付長さ」の積.

$|\vec{a}|$ は余計だから, それで割る.

注 (1)の結果を暗記してはダメ！「公式」扱いすると, それに縛られて柔軟な思考の妨げになります. 赤字や上記**解説**で書いた**考え方を理解**し, その場で導きながら使いましょう.

注 正射影ベクトルは, 「点と直線の距離公式」の証明[→Ⅱ+B 3 3]でも活躍しました.

(2) (1)より

$$\vec{a}\cdot\vec{h}=\vec{a}\cdot\boxed{\frac{\vec{a}\cdot\vec{b}}{|\vec{a}|^2}}\vec{a}=\boxed{\frac{\vec{a}\cdot\vec{b}}{|\vec{a}|^2}}\vec{a}\cdot\vec{a}$$

（枠内は実数）

$$=\frac{\vec{a}\cdot\vec{b}}{\cancel{|\vec{a}|^2}}\cancel{|\vec{a}|^2}=\vec{a}\cdot\vec{b}.\ \square$$

注 $\vec{b}$ の $\vec{a}$ への正射影ベクトルは $\vec{h}$. $\vec{h}$ の $\vec{a}$ への正射影ベクトルは $\vec{h}$ 自身. よって与式は当然成り立ちます (笑).

別解 次のように $\vec{b}$ を分解する手法も覚えておきましょう :

$$\vec{a}\cdot\vec{b}=\vec{a}\cdot(\vec{h}+\vec{n})\ (\vec{n}\text{は図中})$$
$$=\vec{a}\cdot\vec{h}+\vec{a}\cdot\vec{n}$$
$$=\vec{a}\cdot\vec{h}\ (\because\ \vec{a}\perp\vec{n}).\square$$

(3) P, Q から BC へ下ろした垂線の足をそれぞれ P′, Q′ とする. $\overrightarrow{PQ}$ の $\overrightarrow{BC}$ への正射影ベクトルは $\overrightarrow{P'Q'}$ だから, (2)より

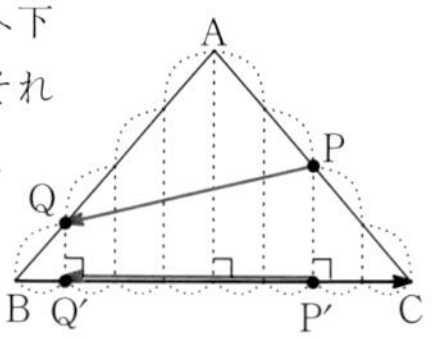

$$\overrightarrow{BC}\cdot\overrightarrow{PQ}=\overrightarrow{BC}\cdot\overrightarrow{P'Q'}$$
$$=\mathrm{BC}\cdot\mathrm{P'Q'}\cdot\cos\pi$$
$$=4\cdot4\cdot\frac{5}{8}\cdot(-1)=-10.\,/\!/$$

注 「3」という長さは無関係 (笑).

(4) $\overrightarrow{OH}$ は, $\overrightarrow{OA}=\begin{pmatrix}7\\4\end{pmatrix}$ の $\vec{l}=\begin{pmatrix}1\\2\end{pmatrix}$ への正射影ベクトルだから, (1)より

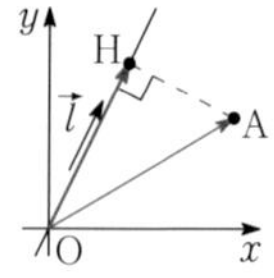

$$\overrightarrow{OH}=\frac{\vec{l}\cdot\overrightarrow{OA}}{|\vec{l}|^2}\vec{l}=\frac{1\cdot7+2\cdot4}{5}\begin{pmatrix}1\\2\end{pmatrix}=3\begin{pmatrix}1\\2\end{pmatrix}.$$

i.e. H(3, 6). /\!/

例題 5 9 i 内積の最大，最小 根底 実戦 入試

[→演習問題 5 10 9]

(1) AB $=2$, AC $=3$, $\angle$CAB $=120°$ である $\triangle$ABC の周と内部を動く点 P がある．内積 $F:=\overrightarrow{\mathrm{AB}}\cdot\overrightarrow{\mathrm{AP}}$ の最大値，最小値を求めよ．

(2) O を中心とする半径 1 の円周 C 上に，$\angle$BOA$=90°$ を満たす定点 A，B がある．点 P が C 上を動くとき，内積 $G:=\overrightarrow{\mathrm{AB}}\cdot\overrightarrow{\mathrm{AP}}$ の最大値，最小値を求めよ．

着眼 「内積」の**意味**を知っていれば簡単．

解答 (1) P から直線 AB へ垂線 PH を下ろすと (P が AB 上のときは H=P)，

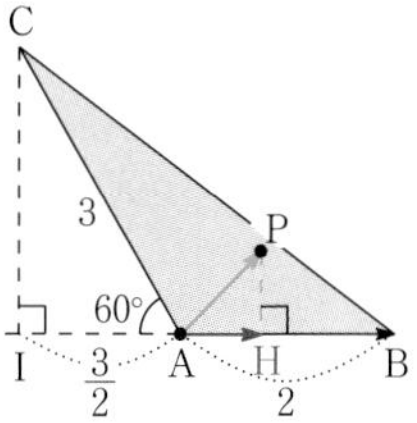

$$F=\overrightarrow{\mathrm{AB}}\cdot(\overrightarrow{\mathrm{AH}}+\overrightarrow{\mathrm{HP}})=\overrightarrow{\mathrm{AB}}\cdot\overrightarrow{\mathrm{AH}}.$$

$(\because\ \overrightarrow{\mathrm{AB}}\perp\overrightarrow{\mathrm{HP}}.)$ [1)]

H が動く範囲は，上図の線分 IB 全体． …①

i) H が A より右側のとき

$F=\mathrm{AB}\cdot\mathrm{AH}\cdot\cos 0=\mathrm{AB}\cdot\mathrm{AH}(>0)$.

ii) H が A より左側のとき

$F=\mathrm{AB}\cdot\mathrm{AH}\cdot\cos\pi=-\mathrm{AB}\cdot\mathrm{AH}(<0)$.

F が最大となるのは i) のときに限られ，

$\max F=\mathrm{AB}\cdot\mathrm{AB}=2\cdot2=4.$ //

F が最小となるのは ii) のときに限られ，

$\min F=-\mathrm{AB}\cdot\mathrm{AI}=-2\cdot\frac{3}{2}=-3.$ //

解説 1)：要するに，内積 F とは「底辺 $|\overrightarrow{\mathrm{AB}}|\times$ 正射影ベクトル$\overrightarrow{\mathrm{AH}}$の符号付長さ」です．このことがわかっている人にとって，上記のように i) と ii) に分けて議論するのは億劫(おっくう)．そんなときは，「座標」(数直線) を導入します．

別解 (①以降)

右のようにx軸をとり，H(h)とすると，

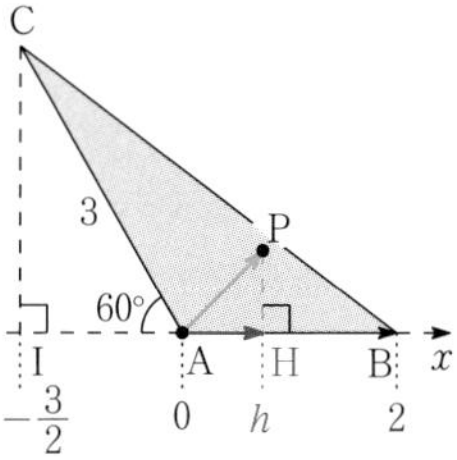

$-\frac{3}{2}\leq h\leq 2$ であり，

$F=2h$.

$\therefore \max F=2\cdot2=4,$

$\min F=2\cdot\left(-\frac{3}{2}\right)=-3.$ //

注 どうせ座標を用いるなら，初めから座標平面を設定すれば単純明快です．■

本解 右のように A を原点とする xy 平面上で P(x, y) とすると

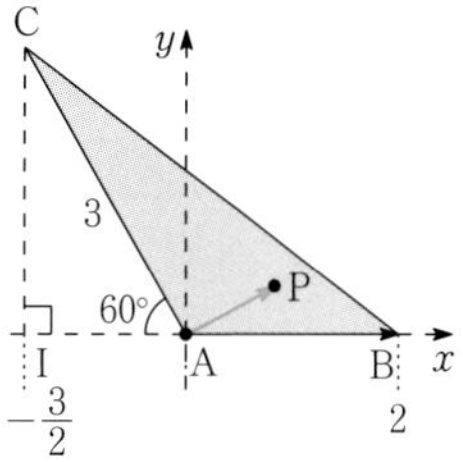

$$F=\begin{pmatrix}2\\0\end{pmatrix}\cdot\begin{pmatrix}x\\y\end{pmatrix}=2x.$$

$-\frac{3}{2}\leq x\leq 2$ より

$\max F=2\cdot2=4,\ \min F=2\cdot\left(-\frac{3}{2}\right)=-3.$ //

注 内積 F は，「y」と関係なく定まります．

(2) P から直線 AB へ垂線 PH を下ろすと，(1)と同様に

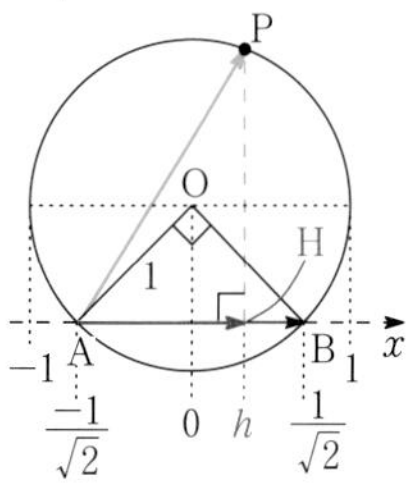

$$G=\overrightarrow{\mathrm{AB}}\cdot(\overrightarrow{\mathrm{AH}}+\overrightarrow{\mathrm{HP}})=\overrightarrow{\mathrm{AB}}\cdot\overrightarrow{\mathrm{AH}}.$$

図のように x 軸をとり，H(h) とすると，

h の変域は $-1\leq h\leq 1$ であり，

$$G=\left(\frac{1}{\sqrt{2}}-\frac{-1}{\sqrt{2}}\right)\left(h-\frac{-1}{\sqrt{2}}\right)=\sqrt{2}h+1.$$

$\therefore \max F=\sqrt{2}+1,\ \min F=-\sqrt{2}+1.$ //

別解 (座標平面を設定)

右図のように xy 平面をとると，P($\cos\theta$, $\sin\theta$) とおけて

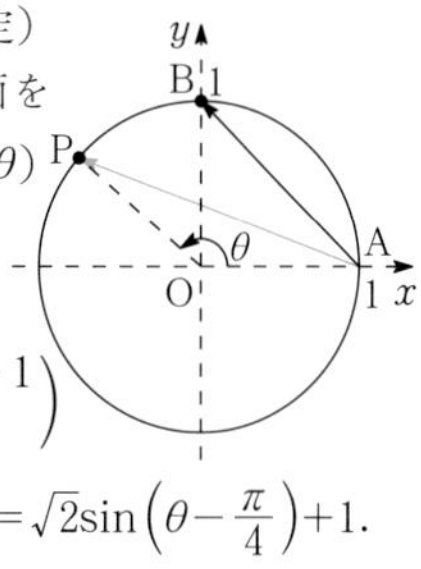

$$G=\overrightarrow{\mathrm{AB}}\cdot\overrightarrow{\mathrm{AP}}=\begin{pmatrix}-1\\1\end{pmatrix}\cdot\begin{pmatrix}\cos\theta-1\\\sin\theta\end{pmatrix}=\sin\theta-\cos\theta+1=\sqrt{2}\sin\left(\theta-\frac{\pi}{4}\right)+1.$$

θ は任意だから…(以下略)…

第5章 ベクトル

例題 5 9 j 角の二等分線と半円の交点 根底 実戦 入試

[→演習問題 5 10 10]

OA = 3, OB = 2, ∠BOA = 60° である △OAB において，∠A の二等分線を l とする．また，AB を直径とする半円 C を，直線 AB に関して O と反対側に作る．l と C の交点を P として，$\overrightarrow{OP}$ を $\vec{a}=\overrightarrow{OA}$, $\vec{b}=\overrightarrow{OB}$ で表せ．

方針 l については「角の二等分線」→「線分比」→「内分点公式」の流れで OK．C 上にあることをどう表せば計算が楽かを考えます．

解答 l と AB の交点を Q とすると，Q は AB を 3 : 2 に内分するから

$$\overrightarrow{OQ}=\frac{2\vec{a}+3\vec{b}}{3+2}.$$

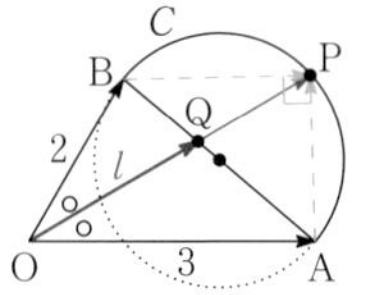

P は OQ 上ゆえ，$\overrightarrow{OP}\,/\!/\,\overrightarrow{OQ}\,/\!/\,2\vec{a}+3\vec{b}$.

$\overrightarrow{OP}=k(2\vec{a}+3\vec{b})$ …① と表せる．

次に，[1] $|\vec{a}|=3$, $|\vec{b}|=2$, $\vec{a}\cdot\vec{b}=3\cdot2\cdot\frac{1}{2}=3$.

P は C 上にあるから

$\overrightarrow{AP}\perp\overrightarrow{BP}$. ∴ $\overrightarrow{AP}\cdot\overrightarrow{BP}=0$.

$(\overrightarrow{OP}-\overrightarrow{OA})\cdot(\overrightarrow{OP}-\overrightarrow{OB})=0$.

これと①より

$\{k(2\vec{a}+3\vec{b})-\vec{a}\}\cdot\{k(2\vec{a}+3\vec{b})-\vec{b}\}=0.$

$k^2|2\vec{a}+3\vec{b}|^2-k(2\vec{a}+3\vec{b})\cdot(\vec{a}+\vec{b})+\vec{a}\cdot\vec{b}=0.$

$k^2(4\cdot9+12\cdot3+9\cdot4)-k(2\cdot9+5\cdot3+3\cdot4)+3\overset{2)}{=}0.$

$36k^2-15k+1=0.\quad(12k-1)(3k-1)=0.$

$k=\frac{1}{12},\ \frac{1}{3}.$

P に対応する k は，このうち大きい方の $\frac{1}{3}$.

これと①より 目分量でチェック

$\overrightarrow{OP}=\frac{1}{3}(2\vec{a}+3\vec{b})=\frac{2}{3}\vec{a}+\vec{b}.$ //

解説 1)：予め内積計算の準備をしておくこと．
2)：内積計算は，文字 k を主体とみて集約したまま進めること．
①で，$\overrightarrow{OQ}$ にある分数係数を使うのは下手．

例題 5 9 k ベクトル方程式・基礎 根底 実戦 典型

[→演習問題 5 10 11]

平面上で定点 O を基準点とする位置ベクトルを考える．異なる 2 定点 A($\vec{a}$), B($\vec{b}$) に対して，動点 P($\vec{p}$) が次の図形上にあるための条件を，ベクトルを用いて表せ．

(1) A, B を直径の両端とする円周 C　　(2) 線分 AB の垂直二等分線 l

語記サポ 直交座標において，ある図形 F 上の点 (x, y) が満たす条件を x, y で用いて表したものが F の**方程式**です．同様に，その条件をベクトルで表したものを，F の**ベクトル方程式**といいます．

方針 (1)(2)とも，2 通りの視点から求めてみましょう．それぞれが良い訓練となりますので．

(1) **解答1**（長さに注目）

AB の中点を M とすると，P が円周 C 上にあるための条件は

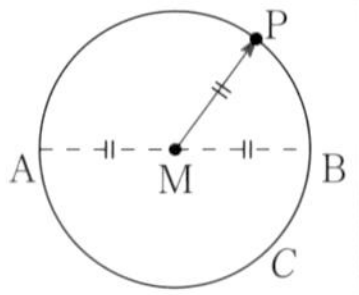

$|\overrightarrow{MP}|=|\overrightarrow{MA}|$.

$|\overrightarrow{OP}-\overrightarrow{OM}|=|\overrightarrow{OA}-\overrightarrow{OM}|$.

$\left|\vec{p}-\frac{\vec{a}+\vec{b}}{2}\right|=\left|\vec{a}-\frac{\vec{a}+\vec{b}}{2}\right|$.

$\left|\vec{p}-\frac{\vec{a}+\vec{b}}{2}\right|=\left|\frac{\vec{a}-\vec{b}}{2}\right|$. // …①

解答2（角に注目）

P が円周 C 上にあるための条件は

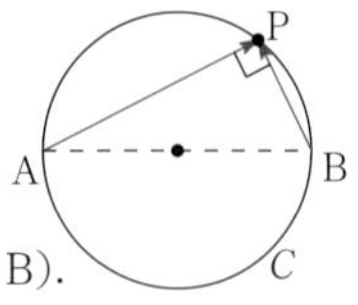

∠APB = 90° (or P = A, B).

$\overrightarrow{AP}\cdot\overrightarrow{BP}=0$ (P = A, B でも成立).

$(\vec{p}-\vec{a})\cdot(\vec{p}-\vec{b})=0.$ // …②

補足 前問では，**解答2**の方の考え方を使いました．

注 ①と②はもちろん同値なベクトル方程式です．②を変形して①を導いてみましょう．その際に大切なことは次の通り：

『ベクトルの内積に関する計算は，普通の文字式を展開・因数分解するのとまったく同じ感覚で実行できる．』ただし，内積を表すために必ず「・」を打つこと．そして「2 乗」の所は必ず「$|\vec{\triangle}|^2$」(大きさの 2 乗) と書くこと．

以下においては対応する“普通の文字式”の計算を赤字で添えていきます．(動点の位置ベクトル $\vec{p}$ のところを変数っぽい文字 x で表しています．)

$$(\vec{p}-\vec{a})\cdot(\vec{p}-\vec{b})=0.$$

$$(x-a)(x-b)=0$$

$$|\vec{p}|^2-(\vec{a}+\vec{b})\cdot\vec{p}+\vec{a}\cdot\vec{b}=0.$$

$$x^2-(a+b)x+ab=0$$

1) $$\left|\vec{p}-\frac{\vec{a}+\vec{b}}{2}\right|^2=\left|\frac{\vec{a}+\vec{b}}{2}\right|^2-\vec{a}\cdot\vec{b}.$$

$$\left(x-\frac{a+b}{2}\right)^2=\left(\frac{a+b}{2}\right)^2-ab$$

ここで，右辺は

$$\frac{|\vec{a}|^2+2\vec{a}\cdot\vec{b}+|\vec{b}|^2-4\vec{a}\cdot\vec{b}}{4}$$

$$=\frac{|\vec{a}|^2-2\vec{a}\cdot\vec{b}+|\vec{b}|^2}{4}=\left|\frac{\vec{a}-\vec{b}}{2}\right|^2.$$

よって上式は，

$$\left|\vec{p}-\frac{\vec{a}+\vec{b}}{2}\right|^2=\left|\frac{\vec{a}-\vec{b}}{2}\right|^2.$$

$$\left|\vec{p}-\frac{\vec{a}+\vec{b}}{2}\right|=\left|\frac{\vec{a}-\vec{b}}{2}\right|.$$ ①になった

解説 1)：「平方完成」も普通の文字式と同様に行えることは，逆向きに展開することを考えれば納得いくはずです．

(2) **解答1** (角に注目)

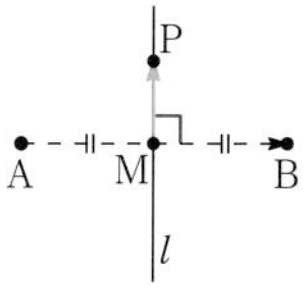

AB の中点を M とすると，P が直線 l 上にあるための条件は

$\overrightarrow{AB}\perp\overrightarrow{MP}$ (or P = M).

$\overrightarrow{AB}\cdot\overrightarrow{MP}=0$ (P = M でも成立).

$$(\vec{b}-\vec{a})\cdot\left(\vec{p}-\frac{\vec{a}+\vec{b}}{2}\right)=0. \quad \cdots③$$

解答2 (長さに注目)

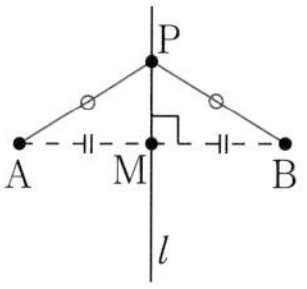

P が直線 l 上にあるための条件は

$|\overrightarrow{AP}|=|\overrightarrow{BP}|$.

$$|\vec{p}-\vec{a}|=|\vec{p}-\vec{b}|. \quad \cdots④$$

注 ④を変形して③を導きます．：

$$|\vec{p}-\vec{a}|^2=|\vec{p}-\vec{b}|^2.$$

$$(x-a)^2=(x-b)^2$$ $|\vec{p}|^2$ は消える

$$-2\vec{a}\cdot\vec{p}+|\vec{a}|^2=-2\vec{b}\cdot\vec{p}+|\vec{b}|^2.$$

$$-2ax+a^2=-2bx+b^2$$

$$2(\vec{a}-\vec{b})\cdot\vec{p}=|\vec{a}|^2-|\vec{b}|^2.$$

$$2(a-b)x=a^2-b^2$$

$$2(\vec{a}-\vec{b})\cdot\vec{p}=(\vec{a}-\vec{b})\cdot(\vec{a}+\vec{b}).$$

$$2(a-b)x=(a-b)(a+b)$$

2) $$(\vec{a}-\vec{b})\cdot\left(\vec{p}-\frac{\vec{a}+\vec{b}}{2}\right)=0.$$ ③になった

$$(a-b)\left(x-\frac{a+b}{2}\right)=0$$

解説 2)：「因数分解」も普通の文字式と同様です．「展開」の逆に過ぎませんので．

重要 本問で学んだ「円」や「直線」の，「距離」や「角」に注目して作られるベクトル方程式の関係が，今後の土台となります．

例題 5 9 l ベクトル方程式→図示 根底 実戦 典型

[→演習問題 5 10 11]

△ABC を含む平面上で，次のベクトル方程式で表される点 P の軌跡を図示せよ．

(1) $2\left|\overrightarrow{AP}\right|^2+\left|\overrightarrow{BP}\right|^2=\left|\overrightarrow{AB}\right|^2$．　(2) $2\overrightarrow{PC}\cdot\overrightarrow{AB}+\left|\overrightarrow{AB}\right|^2+2\overrightarrow{PA}\cdot\overrightarrow{AC}+\left|\overrightarrow{AC}\right|^2=0$．

方針 (1)(2)とも訳が分からないベクトル方程式ですね (笑)．「始点を統一」と「動点 P を集約」．この 2 つを明確に意識して，意味の分かる形に変形します．

他の点でもできますが

(1)(2)とも，与式の中に A を始点とするベクトルが多いので (笑)，始点を A に揃えてみます．

内積に関する等式の変形は，前問で見た通り普通の文字式と同じ感覚で．

解答 $\vec{b}=\overrightarrow{AB}$, $\vec{c}=\overrightarrow{AC}$, $\vec{p}=\overrightarrow{AP}$ とおく．

(1) 与式を変形すると

$$2\left|\vec{p}\right|^2+\left|\vec{p}-\vec{b}\right|^2=\left|\vec{b}\right|^2.$$

$2x^2+(x-b)^2=b^2$

$$3\left|\vec{p}\right|^2-2\vec{b}\cdot\vec{p}=0.$$

$3x^2-2bx=0$

$$\left|\vec{p}\right|^2-\frac{2}{3}\vec{b}\cdot\vec{p}=0.\ \cdots①$$

$x^2-\frac{2}{3}bx=0$

$$\left|\vec{p}-\frac{1}{3}\vec{b}\right|^2=\left|\frac{1}{3}\vec{b}\right|^2.$$

$\left(x-\frac{1}{3}b\right)^2=\left(\frac{1}{3}b\right)^2$

AB を 1 : 2 に内分する点を D とすると

$$\left|\overrightarrow{AP}-\overrightarrow{AD}\right|^2=\left|\overrightarrow{AD}\right|^2.\ \left|\overrightarrow{DP}\right|=\left|\overrightarrow{AD}\right|.$$

よって P の軌跡は，右図のような中心 D，半径 AD の円周．//

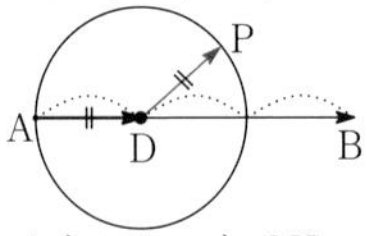

別解1 ①の後，以下のようにしても OK：

$$\vec{p}\cdot\left(\vec{p}-\frac{2}{3}\vec{b}\right)=0.$$

右図のように AB の 3 等分点 D, E をとると

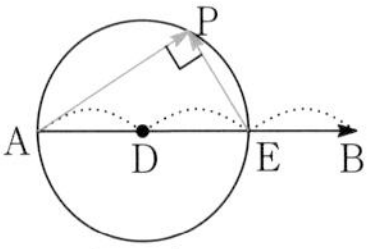

$$\overrightarrow{AP}\cdot\left(\overrightarrow{AP}-\overrightarrow{AE}\right)=0.\quad \overrightarrow{AP}\cdot\overrightarrow{EP}=0.$$

$$\overrightarrow{AP}\perp\overrightarrow{EP}\ (\text{or } P=A, E).$$

よって P の軌跡は，右上図のような AE を直径とする円周 (中心は D)．//

別解2 座標を設定し，「ベクトル方程式」を「x, y の方程式」に書き直す手もあります．

A を原点とする xy 平面をとり，B$(b, 0)$，P(x, y) とおくと，与式は

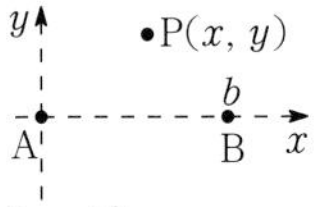

$$2(x^2+y^2)+(x-b)^2+y^2=b^2.$$

$$3x^2+3y^2-2bx=0.$$

$$\left(x-\frac{b}{3}\right)^2+y^2=\left(\frac{b}{3}\right)^2.$$

よって P の軌跡は右図の通り．

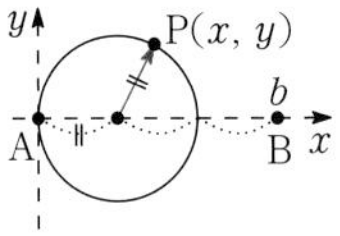

(2) 与式を変形すると

$$2\left(\vec{c}-\vec{p}\right)\cdot\vec{b}+\left|\vec{b}\right|^2+2\left(-\vec{p}\right)\cdot\vec{c}+\left|\vec{c}\right|^2=0.$$

$2(c-x)b+b^2+2(-x)c+c^2=0$

$$-2\vec{p}\cdot\left(\vec{b}+\vec{c}\right)+\left|\vec{b}\right|^2+2\vec{b}\cdot\vec{c}+\left|\vec{c}\right|^2=0.$$

$-2x(b+c)+b^2+2bc+c^2=0$

$$2\left(\vec{b}+\vec{c}\right)\cdot\vec{p}-\left|\vec{b}+\vec{c}\right|^2=0.$$

$2(b+c)x-(b+c)^2=0$

$$\left(\vec{b}+\vec{c}\right)\cdot\left\{2\vec{p}-\left(\vec{b}+\vec{c}\right)\right\}=0.\ \cdots②$$

$(b+c)\{2x-(b+c)\}=0$

$$\frac{\vec{b}+\vec{c}}{2}\cdot\left(\vec{p}-\frac{\vec{b}+\vec{c}}{2}\right)=0.$$ [1)]

$\frac{b+c}{2}\left(x-\frac{b+c}{2}\right)=0$

BC の中点を M とすると

$$\overrightarrow{AM}\cdot\overrightarrow{MP}=0.$$

$$\overrightarrow{AM}\perp\overrightarrow{MP}\ (\text{or } P=M).$$

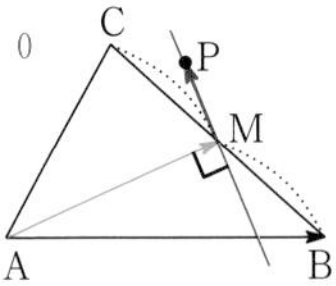

∴P の軌跡は，M を通り AM と垂直な直線．//

解説 1)：何気ない変形ですが，このように動点の位置ベクトル $\vec{p}$ **の係数を「1」にする**ことにより，この後「$\overrightarrow{MP}$」という表現が可能となっています．式変形の重要なポイントです．

例題 5 9 m ベクトル方程式・応用　根底 実戦　入試　[→演習問題 5 10 11]

$\triangle$ABC を含む平面上で，$\overrightarrow{PA}\cdot(\overrightarrow{PA}-\overrightarrow{PB}-\overrightarrow{PC})=0$ …① を満たす点 P の軌跡を F とする．

(1) F を求めよ．

(2) $\triangle$ABC の 3 辺の長さが AB $=3$, BC $=4$, CA $=5$ であるとする．P が F 上を動くとき内積 $G:=\overrightarrow{AP}\cdot\overrightarrow{CP}$ のとり得る値の範囲を求めよ．

注 例題 5 9 l と例題 5 9 i のミックスです．「内積 $=0$」の形ですが，「何と何が垂直か？」を考えようとしてもよくわかりませんね．その原因は，始点が動点P だからです．

方針 そこで，始点を三角形の 1 頂点（定点）に**統一**しましょう．そして，動点 P を**集約**します．

着眼 ①は，P=A のとき左辺 $=0$ より成立します．つまり軌跡 F は点 A を含みます．
①の括弧内で，$\overrightarrow{PA}$ のみ符号が「+」ですね．そこで，A を始点にしてみます（他の頂点でも OK です）．

解答 (1) $\vec{b}=\overrightarrow{AB}$, $\vec{c}=\overrightarrow{AC}$, $\vec{p}=\overrightarrow{AP}$ とおくと，①は　始点を A に統一

$-\vec{p}\cdot(-\vec{p}-\vec{b}+\vec{p}-\vec{c}+\vec{p})=0.$

$\vec{p}\cdot(\vec{p}-\vec{b}-\vec{c})=0.$ …②

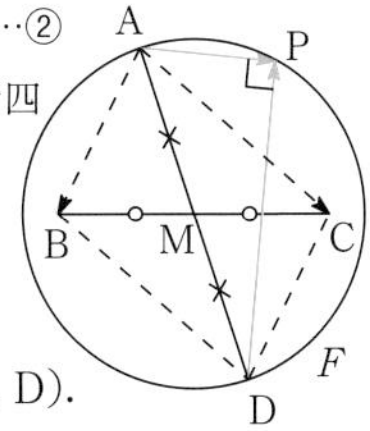

よって，図のように平行四辺形 ABDC を作ると

$\overrightarrow{AP}\cdot(\overrightarrow{AP}-\overrightarrow{AD})=0.$

$\overrightarrow{AP}\cdot\overrightarrow{DP}=0.$

$\overrightarrow{AP}\perp\overrightarrow{DP}$ (or P $=$ A, D).

よって P の軌跡 F は，
AD を直径とする円周．つまり
BCの中点Mを中心とする半径MA の円周．//

補足 平行四辺形の対角線 AD, BC は，それぞれの中点で交わります．■

別解 ②のあと，次のように平方完成して $\vec{p}$ をさらに集約する手もあります：

$|\vec{p}|^2-(\vec{b}+\vec{c})\cdot\vec{p}=0.$

$\left|\vec{p}-\dfrac{\vec{b}+\vec{c}}{2}\right|^2=\left|\dfrac{\vec{b}+\vec{c}}{2}\right|^2.$

$|\overrightarrow{AP}-\overrightarrow{AM}|=|\overrightarrow{AM}|.$

$|\overrightarrow{MP}|=|\overrightarrow{AM}|.$

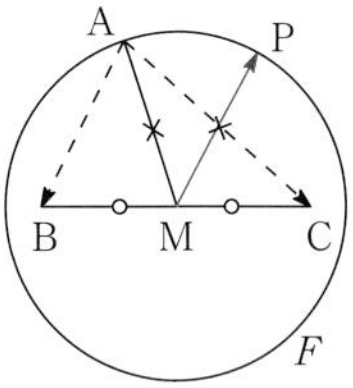

よって P の軌跡 F は，M を中心とする半径 AM の円周．//

注 ①式は B, C に関して対称（互換しても不変）．そこで，B と C の“真ん中”を始点にしてみましょう．アッサリ解決です：
①を変形すると

$(\overrightarrow{MA}-\overrightarrow{MP})\cdot(\overrightarrow{MA}-\overrightarrow{MP}-\overrightarrow{MB}+\overrightarrow{MP}-\overrightarrow{MC}+\overrightarrow{MP})=0.$

$(\overrightarrow{MA}-\overrightarrow{MP})\cdot(\overrightarrow{MA}+\overrightarrow{MP})=0$ ($\because$ $\overrightarrow{MB}+\overrightarrow{MC}=\vec{0}$).

$|\overrightarrow{MA}|^2-|\overrightarrow{MP}|^2=0.$ i.e. $|\overrightarrow{MP}|=|\overrightarrow{MA}|.$

注 いつでもこのように上手くいく訳ではありません．前記平方完成などもマスターすること．

(2) **方針** 内積 G において，始点を円 F の中心である M に**統一**し，動点 P を**集約**しましょう．■

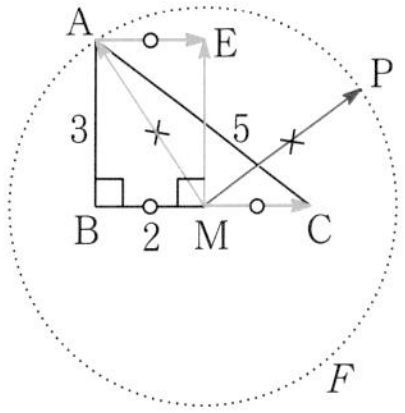

$\triangle$ABC は $\angle$B$=90^\circ$ の直角三角形．これと(1)より
F は上図のような円周で，半径はMA$=\sqrt{13}$.

$G=\overrightarrow{AP}\cdot\overrightarrow{CP}$

$=(\overrightarrow{MP}-\overrightarrow{MA})\cdot(\overrightarrow{MP}-\overrightarrow{MC})$　始点をMに統一

$=|\overrightarrow{MP}|^2-(\overrightarrow{MA}+\overrightarrow{MC})\cdot\overrightarrow{MP}+\overrightarrow{MA}\cdot\overrightarrow{MC}$

$=\underset{1)}{\underline{13}}-\overrightarrow{ME}\cdot\overrightarrow{MP}+\underset{2)}{\underline{\overrightarrow{MC}\cdot\overrightarrow{MB}}}$ (E は図中の点)

$=13-3\cdot\sqrt{13}\cdot\cos\theta+2\cdot(-2)$

(θ は$\overrightarrow{ME}$と$\overrightarrow{MP}$のなす角)

$=9-3\sqrt{13}\cos\theta.$　P は F 上をぐるり1周する

θ の変域は $[0,\pi]$ だから，求める変域は，

$9-3\sqrt{13}\leq G\leq 9+3\sqrt{13}.$ // (次ページへ続く.)

第5章 ベクトル

(前ページから続く.) 注[1]：これに気付けずに上の式をまたまた平方完成してはダメ. Pの動きという**現象そのもの**を見てないから起こる失敗.

解説 [2]：「内積 $\overrightarrow{MC}\cdot\overrightarrow{MA}$」とは，『$\overrightarrow{MC}$ と，それへの $\overrightarrow{MA}$ の**正射影ベクトル** $\overrightarrow{MB}$ の内積』です. あとは，$|\overrightarrow{MC}|$ と，$\overrightarrow{MB}$ の "符号付長さ" の積を求めるだけです.

参考 仮に，(2)の △ABC において軌跡 F を求めるなら，∠B= 90° に注目して，右のように座標平面を設定する手もあります.

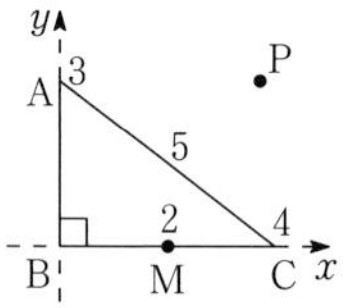

まず，始点を原点 B に統一します：

$(\overrightarrow{BA}-\overrightarrow{BP})\cdot(\overrightarrow{BA}-\overrightarrow{BP}+\overrightarrow{BP}-\overrightarrow{BC}+\overrightarrow{BP})=0.$

$(\overrightarrow{BP}-\overrightarrow{BA})\cdot(\overrightarrow{BP}+\overrightarrow{BA}-\overrightarrow{BC})=0.$

$\begin{pmatrix} x \\ y-3 \end{pmatrix}\cdot\begin{pmatrix} x-4 \\ y+3 \end{pmatrix}=0.$

$x(x-4)+(y-3)(y+3)=0.$

$x^2+y^2-4x-9=0.\quad (x-2)^2+y^2=13.$

この円の中心は BC の中点 (2, 0). また，A(0, 3) はたしかにこの方程式を満たしますね.

例題 5 9 n　2つの動点　根底 実戦　典型 入試

[→演習問題 5 13 5]

平面上に，点Oを中心とする半径2の円 C_1 と，Oと異なる点Aを中心とする半径 1 の円 C_2 がある. 点Pが C_1 上，点Qが C_2 上を動くとき，線分PQの中点Rが動く範囲 D の面積 S を求めよ.

下書き つかみどころのない問題ですね. まずは現象そのものを観察しましょう (O と A の距離はテキトーに).

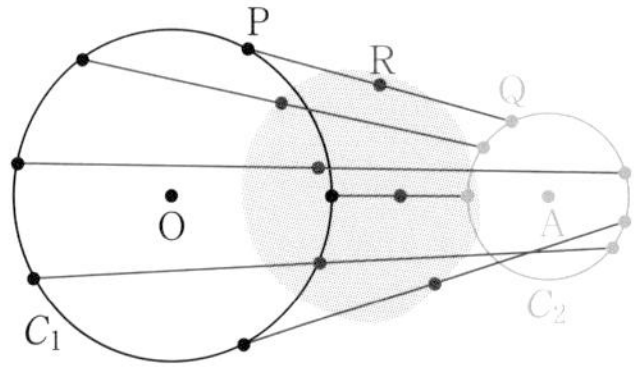

なんとなくではありますが，R が存在しそうな範囲が見えてきました.

方針 しかし，こうした "実験" を重ねても「解答」にはなりません. そこで，「2 つが動く」ときの 1 つの鉄則：「**1 つずつ動かす**」を用いましょう.「2 変数関数」における **1 文字固定**と同じ方法論です.

まずどちらを固定しどちらを先に動かすか？そこは試行錯誤・トライアル&エラーです.

それから，円 C_1, C_2 のベクトル方程式，つまり P, Q が満たすべき条件を事前に表しておきましょう.

解答 O を始点とする位置ベクトルを，$A(\vec{a})$, $P(\vec{p})$, などと表す.

P, Q は次のベクトル方程式を満たす：

$C_1\cdots |\vec{p}|=2$ …①

$C_2\cdots |\vec{q}-\vec{a}|=1$ …②

また，R は PQ の中点だから

$\vec{r}=\dfrac{\vec{p}+\vec{q}}{2}.$ …③

1° P を固定し，Q を C_2 上で動かす.

着眼 ③式において，1° 段階では $\vec{p}$ は一定で，$\vec{q}$ と $\vec{r}$ が動きます. 軌跡の求め方の大原則は，

★『消したい $\vec{q}$ を残したい $\vec{r}$ で表す.』

[→ Ⅱ+B 例題 3 7 c]

③より，$\vec{q}=2\vec{r}-\vec{p}$. ★を体現した式

これを②へ代入して

$|2\vec{r}-\vec{p}-\vec{a}|=1.\qquad \left|\vec{r}-\dfrac{\vec{p}+\vec{a}}{2}\right|=\dfrac{1}{2}.$ [1]

AP の中点を P′ とすると，$\vec{p}'=\dfrac{\vec{p}+\vec{a}}{2}$ …④

であり，

$|\vec{r}-\vec{p}'|=\dfrac{1}{2}.\qquad |\overrightarrow{P'R}|=\dfrac{1}{2}.$

よって，1° における R の軌跡は，次図のような中心 P′ 半径 $\frac{1}{2}$ の円周 C.

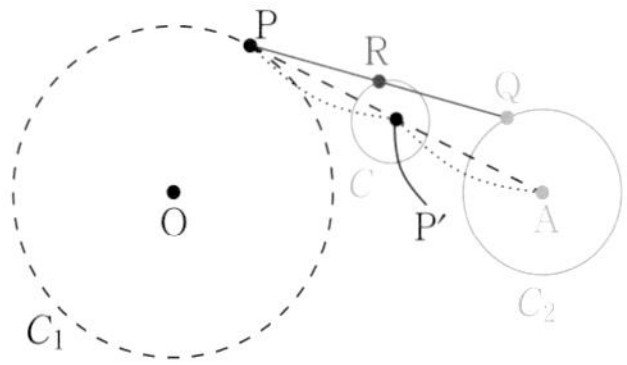

2° P を C_1 上で動かすときの，C の中心 P′ の軌跡 C' を求める．

方針 ④を，前記鉄則★にのっとって変形．■

④より $\vec{p}=2\vec{p}'-\vec{a}$. これを①へ代入して

$|2\vec{p}'-\vec{a}|=2.$　　$\left|\vec{p}'-\frac{\vec{a}}{2}\right|=1.$

OA の中点を M とすると，$\vec{m}=\frac{\vec{a}}{2}$ であり，

$|\vec{p}'-\vec{m}|=1.$　　$|\overrightarrow{\mathrm{MP'}}|=1.$

よって，2° における P′ の軌跡 C' は，中心 M 半径 1 の円周．

以上 1°, 2° より，R の存在範囲 D は次図の通り：

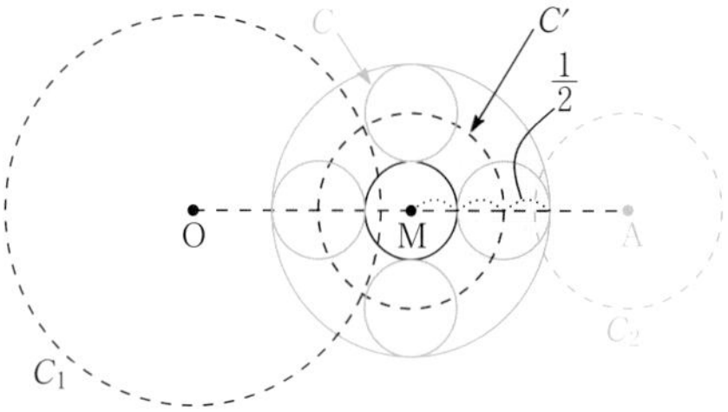

$$\therefore\ S=\pi\left(\frac{3}{2}\right)^2-\pi\left(\frac{1}{2}\right)^2=2\pi.$$ //

解説 題意の面積 S は，C_1, C_2 の中心間距離 OA に関係なく定まりました．

1)：こうして，動点 R の位置ベクトル $\vec{r}$ の係数を「1」にすることが，何気に重要ポイントです．このおかげで，3 行下において「$\overrightarrow{\triangle \mathrm{R}}$」という表現が可能になっていますね．

注 けっきょく D は，次のような図形でした：

半径 $\frac{1}{2}$ の円周 C が，その中心 P′ が

半径 1 の円周 C' 上を 1 周するときの通過領域．

このように，「小さい円 C が大きい円 C' のまわりを 1 周する」ときの通過領域は，直観的に把握しやすいですね．

P, Q を動かす順序を入れ替えて解答してみると，「大きい円が小さい円のまわりを 1 周する」という状況になります．もちろん同じ結果は得られるのですが，内側に“空洞”ができることが見抜きづらくなります．

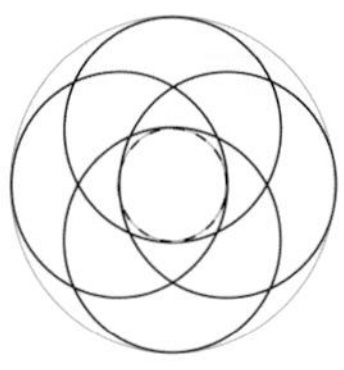

これとよく似た話題に，**Ⅱ+B 演習問題 3 10 3** **参考** 2 で触れています．

参考 作業 2° を，ベクトルを用いず，**Ⅰ+A 5 2 5** で学んだ「相似」という概念によって記述してみます．

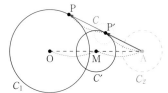

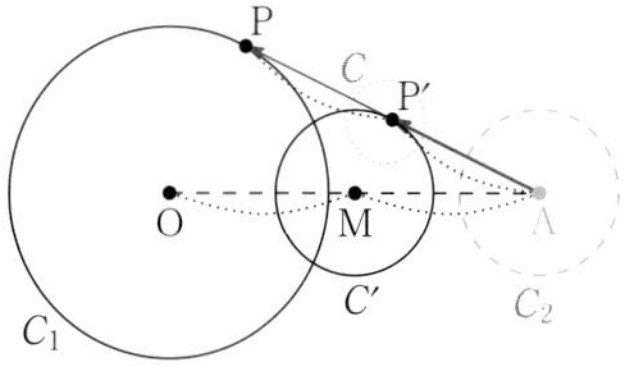

P′ は AP の中点だから

$\overrightarrow{\mathrm{AP'}}=\frac{1}{2}\overrightarrow{\mathrm{AP}}.$ [2)]

よって，

C_1 と C' は点 A を**中心**として**相似の位置**にあり，

相似比は $1:\frac{1}{2}$ である．

これによって C' は，中心 M，半径 $2\cdot\frac{1}{2}=1$ の円周であることがわかります．

本問で扱った「円周」という図形はとてもキレイで，ベクトル方程式による明快な表現①②があるのでそれを利用するのが楽ですが，円以外の図形となると，このような「相似の位置」という考え方が不可欠になってきます．

[→**演習問題 5 13 5**]

補足 2)：この等式は，④を変形して

$$\vec{p}'-\vec{a}=\frac{1}{2}(\vec{p}-\vec{a})$$

としても得られます．

この関係によって C_1 を C' に移す変換を，**中心相似変換**，もしくは**伸縮写像**というのでしたね．

第5章 ベクトル

10 演習問題B

5 10 1 根底 実戦

平面上で，次の内積の値をそれぞれ求めよ．

(1) $\mathrm{AB}=5,\ \mathrm{AC}=4,\ \angle\mathrm{CAB}=120^\circ$ のとき，$\overrightarrow{\mathrm{AB}}\cdot\overrightarrow{\mathrm{AC}}$

(2) $\mathrm{AB}=4,\ \mathrm{AC}=5,\ \mathrm{BC}=6$ のとき，$\overrightarrow{\mathrm{AB}}\cdot\overrightarrow{\mathrm{AC}}$ (3) $\mathrm{AB}=4,\ \mathrm{AC}=5,\ \mathrm{BC}=5$ のとき，$\overrightarrow{\mathrm{AB}}\cdot\overrightarrow{\mathrm{BC}}$

(4) $\vec{a}=\begin{pmatrix}\cos\alpha\\ \sin\alpha\end{pmatrix},\ \vec{b}=\begin{pmatrix}\cos\beta\\ \sin\beta\end{pmatrix}$ のとき，$\vec{a}\cdot\vec{b}$ (5) $|\vec{a}|=3,\ |\vec{b}|=4,\ \vec{a}\cdot\vec{b}=2$ のとき，$(\vec{a}+\vec{b})\cdot(2\vec{a}-\vec{b})$

5 10 2 根底 実戦

座標平面上で，以下の問いにそれぞれ答えよ．

(1) $\vec{a}:=\begin{pmatrix}3\\ -1\end{pmatrix}$ と平行で大きさが 10 であるベクトル $\vec{v}$ を求めよ．

(2) 直線 l: $y=\dfrac{1}{2}x$ を原点 O のまわりに $+30^\circ$ 回転した直線を m とする．m と平行な単位ベクトル $\vec{v}$ (x, y 成分はともに正) を求めよ．

(3) $\vec{a}:=\begin{pmatrix}3\\ 4\end{pmatrix}$ と垂直で大きさが 10 であるベクトル $\vec{v}$ を求めよ．ただし，$\vec{v}$ の x 成分は正とする．

(4) 座標平面上に $\mathrm{AC}=\mathrm{BC}$ の二等辺三角形 ABC があり (C は第 1 象限)，A(1, 1), B(7, 3), $\mathrm{AC}=\mathrm{BC}=5\sqrt{2}$ とする．C の座標を求めよ．

5 10 3 根底 実戦 典型

座標平面上に 3 点 $\mathrm{A}(-1,1),\ \mathrm{B}(t,t^2),\ \mathrm{C}(t-1,t-1)\ (t\neq -1)$ がある．以下の問いに答えよ．

(1) 線分 AB の長さを求めよ． (2) $\theta:=\angle\mathrm{CAB}$ を求めよ． (3) $\triangle\mathrm{ABC}$ の面積を求めよ．

5 10 4 根底 実戦

$|\vec{a}|=2,\ |\vec{b}|=3,\ \vec{a}\cdot\vec{b}=5$ のとき，$\vec{v}:=\left(t-\dfrac{3}{2}\right)\vec{a}+(1-t)\vec{b}$ の大きさが最小となる実数 t の値を求めよ．

5 10 5 根底 実戦

平行四辺形 OABC があり，OA= 3，OC= 2，$\angle\mathrm{COA}<90^\circ$ であり，面積は $3\sqrt{3}$ であるとする．OC の中点を M，BC を 1 : 2 に内分する点を D とし，D から MA に垂線 DH を下ろす．線分比 AH : HM を求めよ．

5 10 6 根底 実戦 典型 重要

$\triangle\mathrm{ABC}$ において，3 辺の長さを $\mathrm{BC}=a,\ \mathrm{CA}=b,\ \mathrm{AB}=c$ とする．

(1) 内角 $\angle\mathrm{A}$ の二等分線 l と，$\angle\mathrm{B}$ の外角の二等分線 m の交点を P をする．$\overrightarrow{\mathrm{AP}}$ を $\overrightarrow{\mathrm{AB}},\ \overrightarrow{\mathrm{AC}}$ で表せ．

(2) P は $\angle\mathrm{C}$ の外角の二等分線 n 上にあることを示せ．

5 10 7 根底 実戦 典型

平面上に三角形 ABC と点 O があり，$\vec{a}=\overrightarrow{\mathrm{OA}}$, $\vec{b}=\overrightarrow{\mathrm{OB}}$, $\vec{c}=\overrightarrow{\mathrm{OC}}$ とおくと $|\vec{a}|=1$, $|\vec{b}|=\sqrt{2}$, $|\vec{c}|=2$ …①, $\vec{a}+3\vec{b}-2\vec{c}=\vec{0}$ …② が成り立つ．

(1) $\triangle$OAB の面積を求めよ．

(2) $\triangle$ABC の面積を求めよ．

5 10 8 根底 実戦

A(1, 1) を中心とする半径 2 の円を C とする．点 B(5, 4) から C へ引いた 2 本の接線の接点を P，Q とするとき，直線 PQ 上の任意の点を R(x, y) として，以下の問いに答えよ．

(1) $\overrightarrow{\mathrm{AB}}\cdot\overrightarrow{\mathrm{AR}}=\overrightarrow{\mathrm{AB}}\cdot\overrightarrow{\mathrm{AP}}$ …① を示せ．

(2) $\overrightarrow{\mathrm{AB}}\cdot\overrightarrow{\mathrm{AP}}$ の値を求めよ．

(3) ①を，x, y の関係式として表せ．

5 10 9 根底 実戦 入試

半径 1 の円周 C 上に異なる 3 つの動点 P，Q，R がある．内積 $F:=\overrightarrow{\mathrm{PQ}}\cdot\overrightarrow{\mathrm{PR}}$ の最大値，最小値を求めよ．

5 10 10 根底 実戦 入試

OA $=3$, OB $=5$, AB $=4$ である $\triangle$OAB において，O を基準点とする位置ベクトルを考え，A$(\vec{a})$, B$(\vec{b})$ とする．

AB の中点を M とし，A を中心とする半径 2 の円周を K とする．直線 OM と K の交点の位置ベクトルを $\vec{a}$, $\vec{b}$ で表せ．

5 10 11 根底 実戦 典型

2 点 A，B を含む平面上で，次のベクトル方程式で表される点 P の軌跡をそれぞれ求めて図示せよ．

(1) $4\overrightarrow{\mathrm{AP}}\cdot\overrightarrow{\mathrm{BP}}=3\left|\overrightarrow{\mathrm{AB}}\right|^2$

(2) $2\overrightarrow{\mathrm{AB}}\cdot\overrightarrow{\mathrm{PA}}+\left|\overrightarrow{\mathrm{AB}}\right|^2=0$

5 10 12 根底 実戦 入試

平面上で，点 O に関する位置ベクトルを，A$(\vec{a})$ $(\vec{a}\neq\vec{0})$，P$(\vec{p})$，Q$(\vec{q})$ とする．

(1) A を中心として O を通る円 C のベクトル方程式を求めよ．

(2) 半直線 OP 上に，OP·OQ $=1$ となる点 Q をとる．P が C(O を除く) 上を動くとき，Q はある直線上を動くことを，(1)を利用して示せ．

5 10 13 根底 実戦 入試

k, l は正の定数で $lk\neq 1$ とする．

平面上で，図形 F と F' は点 O を中心として相似の位置にあり，相似比は $1:k$ とする． …①

また，図形 F' と F'' は O と異なる点 A を中心として相似の位置にあり，相似比は $1:l$ とする． …②

このとき，図形 F と F'' はある点 B を中心として相似の位置にあることを示し，その相似比を求めよ．

また，B は直線 OA 上にあることを示せ．

11 空間ベクトル

1 平面ベクトルとの違い

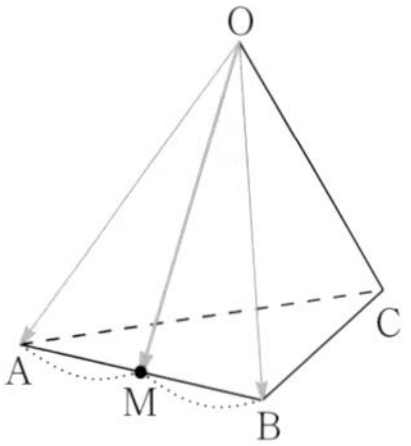

空間内で考えるといっても，1つ1つの局面においては平面上で議論することが多く，例えば四面体OABCの辺ABの中点Mの位置ベクトルは，**平面OAB上**で考えればOK．よって空間ベクトルにおいても，多くの場合平面ベクトルで学んだことが**そのまま**適用できます．加法，減法，実数倍なども平面ベクトルと同様です．空間ベクトルで新たに学ぶことなんて，次の**3つのみ**（笑）．

1° 分解の一意性：平面は2ベクトルへの分解．空間では3ベクトルへの分解．

2° 平面での「共線条件」に匹敵する「共面条件」が新たに登場．

3° 座標における成分表示が，平面の2成分から，空間では3成分になる．

次項以降で，1つずつ見ていきます

3つとも，現れるベクトルや成分の個数が増えるだけ．**考え方はほぼいっしょ**（笑）．

語記サポ 「共面」とは，4個（以上）の点が共通な平面上にあるという意味．

2 分解の一意性（空間）

平行六面体

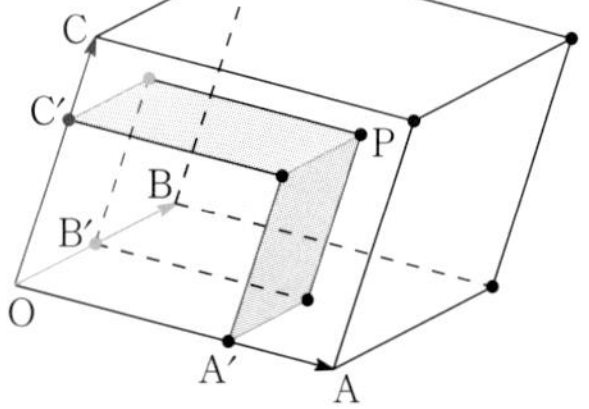

ベクトルの分解（空間） **原理**

4点O, A, B, Cが共面でないとき[1]，空間内の任意の点Pに対して

$$\overrightarrow{OP}=s\overrightarrow{OA}+t\overrightarrow{OB}+u\overrightarrow{OC}\ \cdots①$$

を満たす実数の組(s, t, u)が**存在**し，しかもそれは**一意的**である．

1) 同一平面上にない

$\overrightarrow{OP}$を$\overrightarrow{OA}, \overrightarrow{OB}, \overrightarrow{OC}$に“分解”

〔**証明**〕 点Pに対し，右上図のようにPを通り平面OBCなどと平行な平面を作ると交点A′，B′，C′が1つに定まり，

$$\overrightarrow{OP}=\overrightarrow{OA'}+\overrightarrow{OB'}+\overrightarrow{OC'}.\ \cdots②$$

また，A′，B′，C′に対し，

$$\overrightarrow{OA'}=s\overrightarrow{OA},\ \overrightarrow{OB'}=t\overrightarrow{OB},\ \overrightarrow{OC'}=u\overrightarrow{OC}\ \cdots③$$

となるs, t, uが1つに定まる．

③を②へ代入すると①を得るから，Pに対して①を満たす(s, t, u)が1つに定まる．□

補足 「1つに定まる」＝「ただ1つだけ存在」．

注 **5 3 1** のベクトルの分解（平面）の証明では「平行線」を利用したのに対し，ここでは「平行面」を用いました．

証明過程のどこを見ても，**5 3 1** のベクトルの分解（平面）の証明で2つだったのが3つに増え**ただけ**．原稿も，もちろん“コピペ”（笑）．

$\vec{a}=\overrightarrow{OA}, \vec{b}=\overrightarrow{OB}, \vec{c}=\overrightarrow{OC}, \vec{p}=\overrightarrow{OP}$とおいて，抽象化すると次の通り：

四面体

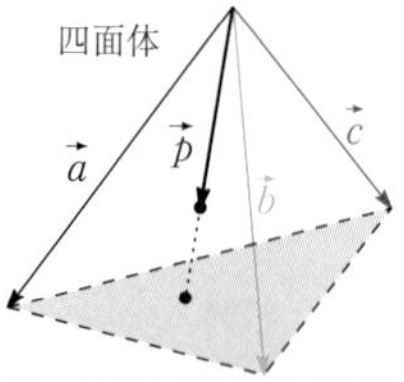

3ベクトル$\vec{a}, \vec{b}, \vec{c}$は右図のように四面体の3辺をなす[2]とする．

空間内の任意のベクトル$\vec{p}$に対し，

$$\vec{p}=s\vec{a}+t\vec{b}+u\vec{c}$$

を満たす実数の対(s, t, u)が**存在**し，しかもそれは**一意的**である．

注 1)2)：平面と同様，この「前提条件」への言及の仕方として，他に「$\vec{a}, \vec{b}, \vec{c}$が一次独立（線型独立）」という言い回しもあります［→**例題 5 11 b 後のコラム**］．

注意！ 1)2)：この前提を欠き，右図のように3ベクトルが“ペシャンコ”になっていると，次のように複数の異なる分解法ができてしまいます．

平面

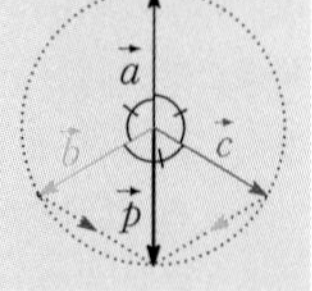

㋐ $\vec{p}=-1\cdot\vec{a}+0\cdot\vec{b}+0\cdot\vec{c}$， ㋑ $\vec{p}=0\cdot\vec{a}+1\cdot\vec{b}+1\cdot\vec{c}$ ■

前記で考えた「存在」と「一意」のうち，後者のみを考えた次の結論も覚えておきたいです：

"係数比較" **原理**

$\vec{a}, \vec{b}, \vec{c}$ は[3] 一次独立だとする．このとき，（一次独立の上に "ペシャンコ"でない）

$$s\vec{a}+t\vec{b}+u\vec{c}=s'\vec{a}+t'\vec{b}+u'\vec{c} \Longrightarrow s=s', t=t', u=u'.$$

注 [3]：不本意ながら，この意味不明な単語（笑）を使うことになってしまいました［→例題5 11 b後のコラム］．空間における分解の一意性の前提条件は，「平行でない」という言い方では表せません．例えば前ページ最後の例では，$\vec{a}, \vec{b}, \vec{c}$ はどの 2 ベクトルも平行ではないですが，"ペシャンコ" なので前提条件を満たしていませんね．■

この性質を，平面と同様，前述した「平行面」による直観的手法とは別ルートで証明してみましょう．

例題 5 11 a 分解の一意性（空間） 根底 実戦

［→演習問題 5 6 8］

s, t, u, s', t', u' は実数とし，$\vec{a}, \vec{b}, \vec{c}$ は一次独立 …① だとする．
$s\vec{a}+t\vec{b}+u\vec{c}=s'\vec{a}+t'\vec{b}+u'\vec{c}$ …② のとき，$s=s'$, $t=t'$, $u=u'$ が成り立つことを背理法で示せ．

方針 ①と矛盾する結論を導くことが目標です．

解答 ②より

$$(s-s')\vec{a}=(t'-t)\vec{b}+(u'-u)\vec{c}.$$

仮に $s-s' \neq 0$ としたら，

$$\vec{a}=\frac{t'-t}{s-s'}\vec{b}+\frac{u'-u}{s-s'}\vec{c}.$$

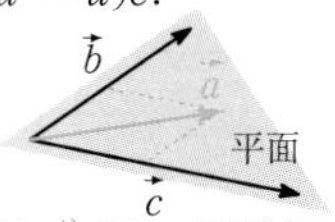

よって 3 ベクトル $\vec{a}, \vec{b}, \vec{c}$ は[4] 同一平面上にある．しかしこれは①に反す[5]．よって，

$s-s'=0$, i.e. $s=s'$.

同様にして，$t=t'$, $u=u'$. □

注 [4]：ベクトルには「位置」という概念がありませんから，より正確には，「同一平面上に乗せることができる」「同一平面上の矢印で表せる」とするべきですが．

[5]：このとき，「一次独立」という単語が意味不明なのでピンとこなくなりますね．だから，「不本意」だと言ったのです．とりあえず，「一次独立」＝「ペシャンコでない」と覚えるべし（笑）．

問 「四面体とベクトルの分解」

四面体 OABC において，$\vec{a}=\overrightarrow{OA}$, $\vec{b}=\overrightarrow{OB}$, $\vec{c}=\overrightarrow{OC}$ とおく．次の各点について，O を始点とした位置ベクトルを，$\vec{a}, \vec{b}, \vec{c}$ で表せ．

(1) 辺 AB の中点 M　　(2) 線分 MC を 1：2 に内分する点 G

(3) 辺 OC の中点を N として，△ABN の重心 G′

解答 (1) 平面 OAB 上で考えて

$$\overrightarrow{OM}=\frac{\overrightarrow{OA}+\overrightarrow{OB}}{2}=\frac{\vec{a}+\vec{b}}{2}.//$$

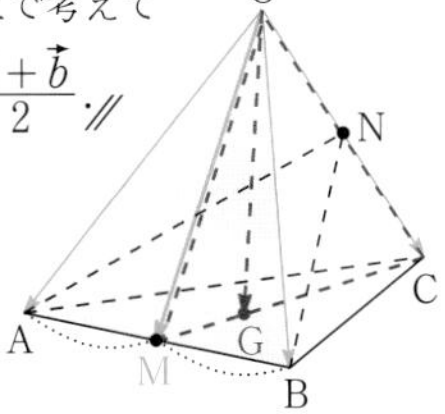

(2) 平面 OMC 上で考えて

$$\overrightarrow{OG}=\frac{2\overrightarrow{OM}+1\cdot\overrightarrow{OC}}{1+2}$$

$$=\frac{2\cdot\frac{\vec{a}+\vec{b}}{2}+\vec{c}}{3}=\frac{\vec{a}+\vec{b}+\vec{c}}{3}.//$$

注 (2)の点 G は，もちろん △ABC の重心です．その位置ベクトルは，平面 ABC 上にない点 O を始点とした場合にも，平面上に始点をとった場合とまったく同形になることがわかりましたね．

(3) **方針** (2)で，重心公式は空間内でも使えるとわかりましたので…■

$$\overrightarrow{OG'}=\frac{\overrightarrow{OA}+\overrightarrow{OB}+\overrightarrow{ON}}{3}$$

$$=\frac{\vec{a}+\vec{b}+\frac{1}{2}\vec{c}}{3}=\frac{1}{3}\vec{a}+\frac{1}{3}\vec{b}+\frac{1}{6}\vec{c}.//$$

3 共面条件

共線条件と全く同様な3つの形があります．次の 定理 を証明過程も含め**全体セットで**理解して覚えること．これら3つのスタイルを，今後状況次第で使い分けます．

共面条件 定理

A, B, C は共線でない3点

点Pが，平面ABC上にあるための条件は，ある実数 t, u を用いて次のように表せること：

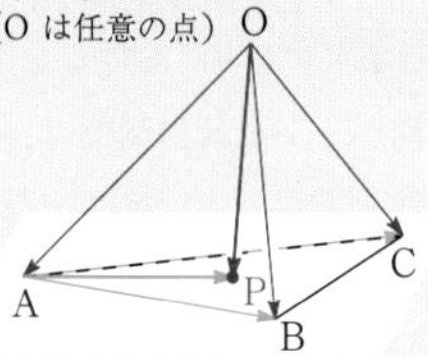

❶ **単純形**（始点を含む共面）

$\overrightarrow{AP} = t\overrightarrow{AB} + u\overrightarrow{AC}$. 平面ベクトルの常識

平面 ABC 上のベクトル

❷ **変数集約形**（始点を含まない共面）

$\overrightarrow{OP} = \overrightarrow{OA} + \overrightarrow{AP}$ 和に分解

$= \overrightarrow{OA} + \underline{t}\,\overrightarrow{AB} + \underline{u}\,\overrightarrow{AC}$. t, u が**集約**

❸ **始点統一形**（始点を含まない共面）

$\overrightarrow{OP} = \overrightarrow{OA} + t(\overrightarrow{OB} - \overrightarrow{OA}) + u(\overrightarrow{OC} - \overrightarrow{OA})$ 始点変えたきゃ差にばらせ

$= (1-t-u)\overrightarrow{OA} + t\overrightarrow{OB} + u\overrightarrow{OC}$. 始点が**統一**

和 $= 1$

例題 5 11 b 交点の位置ベクトル（空間） 重要度↑ 根底 実戦 典型 [→演習問題 5 13 2]

四面体OABCにおいて，△OBCの重心をG，線分AGを3：1に内分する点をIとする．次の各ベクトルを $\vec{a} = \overrightarrow{OA}, \vec{b} = \overrightarrow{OB}, \vec{c} = \overrightarrow{OC}$ で表せ．

(1) 直線OIと平面ABCの交点をPとして，$\overrightarrow{OP}$

(2) 辺ABを1：2に内分する点をD，直線DIと平面OBCの交点をQとして，$\overrightarrow{OQ}$

方針 頂点Oを含んだ「OI上」という共線条件があるので，次の方針で．

- 始点を頂点Oに統一する．
- 3ベクトル $\overrightarrow{OA}, \overrightarrow{OB}, \overrightarrow{OC}$ を用いて他を表す．

注 問題中に「O」という名の点がある場合，そこには通常「原点」＝「origin」という意味が込められており，作問者が「ベクトルの始点とせよ」と指示しているようなものです．例外が絶対ないとは断言できませんが．

解答 (1) Gは△OBCの重心だから

$$\overrightarrow{OG} = \frac{\overrightarrow{OO} + \overrightarrow{OB} + \overrightarrow{OC}}{3} = \frac{\vec{b} + \vec{c}}{3}.$$

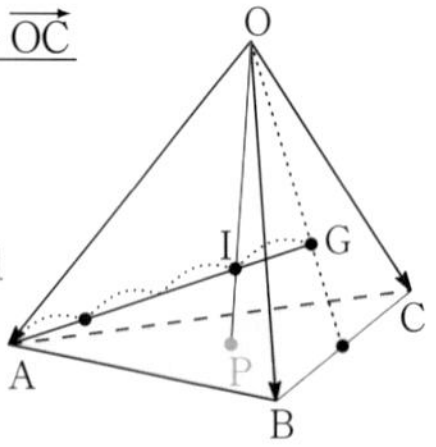

Iは線分AGを3：1に内分するから

$$\overrightarrow{OI} = \frac{1\cdot\overrightarrow{OA} + 3\overrightarrow{OG}}{3+1} = \frac{1}{4}\left(\vec{a} + 3\cdot\frac{\vec{b}+\vec{c}}{3}\right) = \frac{1}{4}(\vec{a} + \vec{b} + \vec{c}).$$

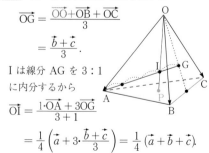

- PはOI上にあるから，共線条件番号

$\overrightarrow{OP} \parallel \overrightarrow{OI} \parallel \vec{a} + \vec{b} + \vec{c}$. よって，

$\overrightarrow{OP} = k(\vec{a} + \vec{b} + \vec{c})$[1] …① と表せる．❶

- Pは平面ABC上にあるから 共面条件番号

$\overrightarrow{OP} = (1-s-t)\underset{\vec{a}}{\underline{\overrightarrow{OA}}} + s\underset{\vec{b}}{\underline{\overrightarrow{OB}}} + t\underset{\vec{c}}{\underline{\overrightarrow{OC}}}$ …② ❸

とも表せる．

- 4点O, A, B, Cは共面でない[2]から，①②より

$$\begin{cases} k = 1-s-t, \\ k = s, \\ k = t. \end{cases}$$ 辺々加えると

$k + k + k = 1$. ∴ $k = \dfrac{1}{3}$.

これと①より

$\overrightarrow{OP} = \dfrac{1}{3}(\vec{a} + \vec{b} + \vec{c})$.//

注 1)：分数係数 $\dfrac{1}{4}$ は使いませんよ！

2)：2本の赤線の間を省いた"解答"が多いですが，この前提条件への言及を怠ったものは誤答です．[→例題 5 5 c (2)注意！]

(2) Dは辺ABを1：2に内分するから

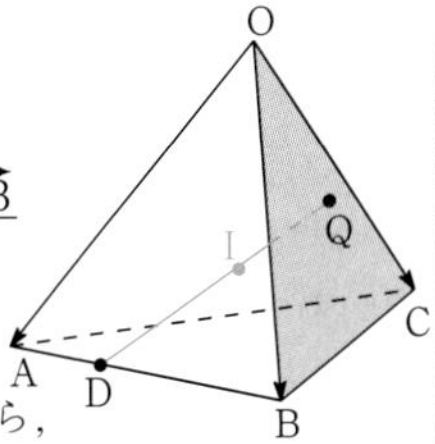

$$\overrightarrow{OD}=\frac{2\overrightarrow{OA}+1\cdot\overrightarrow{OB}}{1+2}$$
$$=\frac{1}{3}(2\vec{a}+\vec{b}).$$

∘ QはDI上にあるから,

$$\overrightarrow{OQ}=(1-x)\overrightarrow{OD}+x\overrightarrow{OI}$$
$$=(1-x)\cdot\frac{2\vec{a}+\vec{b}}{3}+x\cdot\frac{\vec{a}+\vec{b}+\vec{c}}{4}\ \cdots③$$

と表せる.

∘ Qは平面OBC上にあり,

[3] $\overrightarrow{OQ}=0\vec{a}+u\vec{b}+v\vec{c}$ …④ とも表せる.

∘ 4点O, A, B, Cは共面でないから, ③④より

$$\frac{2}{3}(1-x)+\frac{x}{4}=0,$$
$$\frac{1-x}{3}+\frac{x}{4}=u,\ \frac{x}{4}=v.$$
$$\therefore 8(1-x)+3x=0.\ x=\frac{8}{5}.$$

これと③より

$$\overrightarrow{OQ}=-\frac{3}{5}\cdot\frac{2\vec{a}+\vec{b}}{3}+\frac{8}{5}\cdot\frac{\vec{a}+\vec{b}+\vec{c}}{4}$$
$$=\frac{1}{5}\vec{b}+\frac{2}{5}\vec{c}.\ /\!/$$

注 [3]：ここからの4行で薄字で書いた部分は通常書かずに済ませます．ただし,「前提条件」への言及は忘れずに.

別解 $\overrightarrow{OP}$ の手軽な求め方として, 次が有名です：

$$\overrightarrow{OI}=\frac{1}{4}(\vec{a}+\vec{b}+\vec{c})$$
$$=\frac{3}{4}\cdot\underbrace{\frac{\vec{a}+\vec{b}+\vec{c}}{3}}_{\overrightarrow{OP'}}.$$

ここに, P′は△ABCの重心. …⑤

$$\overrightarrow{OI}=\frac{3}{4}\overrightarrow{OP'}.\ \cdots⑥$$

⑤よりP′は平面ABC上.

⑥よりP′はOI上.

よって, P′はOIと平面ABCの交点. つまり, P′とPは同一な点.

$$\therefore\ \overrightarrow{OP}=\frac{1}{3}(\vec{a}+\vec{b}+\vec{c}).\ /\!/$$

「P′」という, 交点Pとは別に定義した点を用いるのがポイントです.

参考 $\overrightarrow{OI}=\frac{1}{4}(\overrightarrow{OA}+\overrightarrow{OB}+\overrightarrow{OC})$ において,

始点を任意の点Xに変えると,

$$\overrightarrow{XI}-\overrightarrow{XO}$$ 始点変えたきゃ差にばらせ
$$=\frac{1}{4}(\overrightarrow{XA}-\overrightarrow{XO}+\overrightarrow{XB}-\overrightarrow{XO}+\overrightarrow{XC}-\overrightarrow{XO}).$$
$$\therefore\ \overrightarrow{XI}=\frac{1}{4}(\overrightarrow{XO}+\overrightarrow{XA}+\overrightarrow{XB}+\overrightarrow{XC}).$$

右辺は, Xを始点とした4頂点の位置ベクトルの相加平均の形でキレイですね. この点Iは四面体ABCDの**重心**と呼ばれます.

コラム

分解の一意性（空間）の前提条件 （平面）については[→5 6 直前のコラム]

分解の一意性（空間）の前提条件への言及方法として, 右図において以下のようなものがあります：

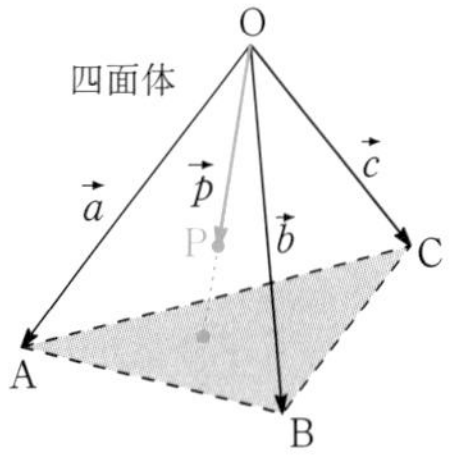

① 「4点O, A, B, Cが共面でない」

② 「$\vec{a}, \vec{b}, \vec{c}$ は一次独立 (or 線型独立)」

これらの表現は, 平面の場合とよく似ているので扱いやすいですね.

平面の場合と同様, 本書では主に①を用いています. 筆者の本音としては,「4つの点」ではなく「3つのベクトル」の関係として言及したいので,

③「$\vec{a}, \vec{b}, \vec{c}$ は共面でない」

と表現したいのですが, 市民権が得られていないようなので…(用いている書物もありますが).

注 空間においては,「平行でない」という言い方は通用しません. 5 11 2 注意!のような“ペシャンコ”な状況を排除できないからです.

第5章 ベクトル

4 座標空間

注 本書では，既に I+A 5 の最後や II+B 2 の最後で軽く紹介してある内容です．■

空間内で，O を共通の原点とする 3 本の数直線を，右図のようにどの 2 本も直交するようにとります [1]．これら数直線を x 軸，y 軸，z 軸（総称して座標軸）といいます．

空間内の点 P に対して，P を通り各座標軸に垂直な平面とその座標軸の交点 A，B，C，およびそれらの各軸上での座標 a, b, c が 1 つに定まります．

逆に，A(a)，B(b)，C(c) に対して，各点で座標軸と直交する 3 平面の交点として P が 1 つに定まります．

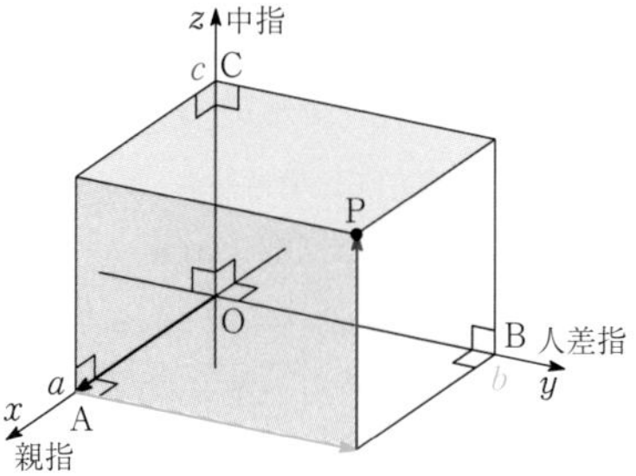

このようにして，任意の点 P と 3 実数の組 (a, b, c) が 1 対 1 に対応付けられます [2]．この (a, b, c) を P の座標といい，このように座標が設定された空間を**座標空間**といいます．

注 [1]：右手の 3 本指が，図中に書いた向きになるようにとるのが決まりです．これを**右手系**といいます．

[2]：もっとかいつまんで言ってしまうと，原点 O から点 P に到る“移動”が，x 軸方向へ a，y 軸方向へ b，z 軸方向へ c であるということです．実用上は，これで事足ります（笑）．

語記サポ x 軸と y 軸を含む平面のことを xy 平面といいます．yz 平面，zx 平面についても同様です．

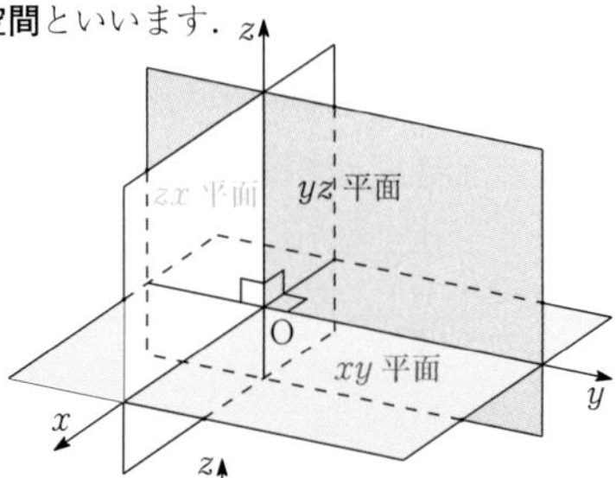

問 座標空間で，点 P(a, b, c) を xy 平面，y 軸，原点 O に関して対称移動した点をそれぞれ P_1，P_2，P_3 とする．各点の座標を求めよ．（結果のみ答えよ．）

着眼 x, y, z 座標の符号がそれぞれどうなるかを，図から判断してください．

解答 $P_1(a, b, -c)$, $P_2(-a, b, -c)$, $P_3(-a, -b, -c)$.//

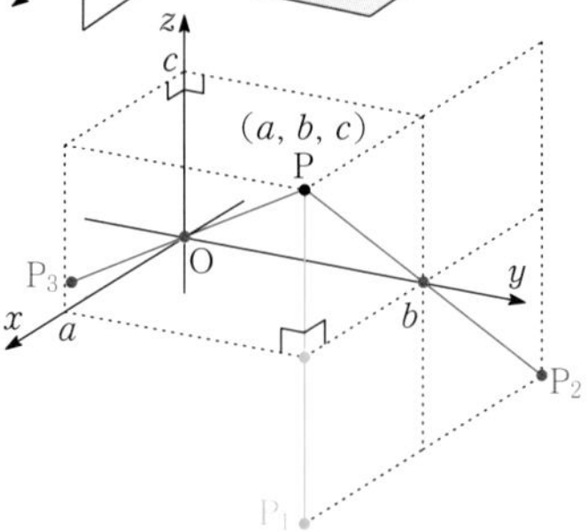

5 座標空間におけるベクトルの成分表示

前項の**注**[2] で述べた“移動”を考えれば，既に本項の説明は済んでいるようなものです．座標平面の場合と同様，原点 O から点 P(a, b, c) に到る x, y, z 軸方向への“移動量”が，ベクトルの成分となります．つまり，$\overrightarrow{OP} = \begin{pmatrix} a \\ b \\ c \end{pmatrix}$ です．

5 11 2「分解の一意性」をベースに少し精密に述べると次の通りです：

x, y, z 軸の向きの単位ベクトルをそれぞれ $\overrightarrow{e_1}, \overrightarrow{e_2}, \overrightarrow{e_3}$ とすると，前記ベクトル $\overrightarrow{OP}$ は，$\overrightarrow{OP} = a\overrightarrow{e_1} + b\overrightarrow{e_2} + c\overrightarrow{e_3}$ と“分解”でき，このとき**一意的に決まる**係数 a, b, c によって次のように**成分表示**します：

$$\overrightarrow{OP} = \begin{pmatrix} a \\ b \\ c \end{pmatrix} \begin{matrix} \cdots x\text{成分} \\ \cdots y\text{成分} \\ \cdots z\text{成分} \end{matrix}$$

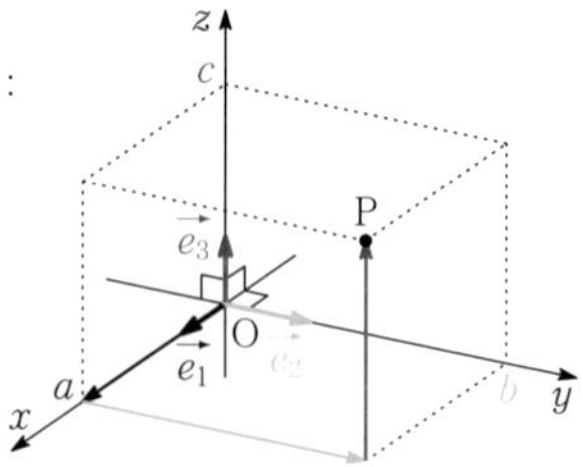

もちろん，始点が原点以外になっても同様であり，けっきょく座標空間でのベクトルの成分表示は，座標平面でのそれと全く同じルールで使えます．成分が 2 個から 3 個に増えること以外は（笑）．

前記ベクトル $\overrightarrow{\mathrm{OP}}$ の大きさは，右図において

$$\left|\overrightarrow{\mathrm{OP}}\right|^2 = \mathrm{OD}^2 + \mathrm{DP}^2 \quad \text{△ODP に注目}$$
$$= \mathrm{OA}^2 + \mathrm{AD}^2 + \mathrm{DP}^2. \quad \text{△OAD に注目}$$
$$\therefore\ \left|\overrightarrow{\mathrm{OP}}\right| = \sqrt{a^2+b^2+c^2}.$$

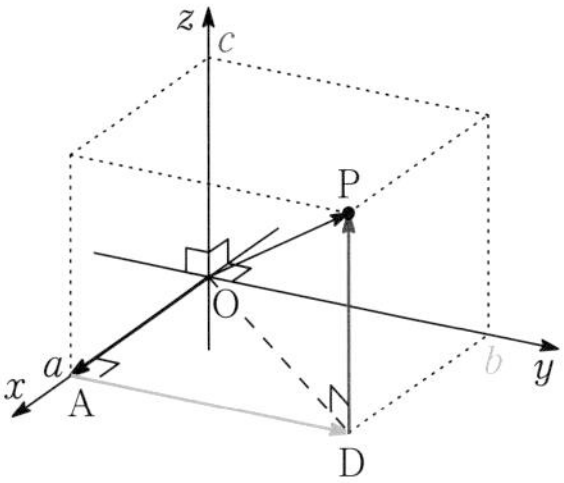

これも座標平面と同様

成分表示と大きさ $\vec{v}=\begin{pmatrix} a \\ b \\ c \end{pmatrix}$ のとき，$|\vec{v}|=\sqrt{a^2+b^2+c^2}$.

注 相等，加法，減法，実数倍などのルールも，座標平面上のベクトルと同様です．

例題 5 11 C 位置ベクトルの計算（成分表示・空間） 根底 実戦 典型

O を原点とする座標空間内に平行六面体 OABC-DEFG があり，A(3, 4, 5)，C(4, 1, −1)，D(2, −2, 3) とする．次の各点の座標を求めよ．

(1) 頂点 E　(2) 頂点 F　(3) △DEF の重心 H　(4) ∠DEF の二等分線と直線 DF の交点 P

注 座標空間における問題ですが，座標軸を描くとむしろジャマなだけ．図は，あくまでも思考の補助程度のものと割り切り，正確性を重視し過ぎずに描きます．その分，平面にも増して計算を正しく実行することを心掛けます．

方針 「和」「差」「実数倍」という**演算**を行うことができる「ベクトル」を活用します．

着眼 下図で，同じ色の辺は全て等長かつ平行．
O から隣り合う頂点へ到る 3 ベクトルの成分は，その 3 点の座標と同じ数を成分とします．

解答

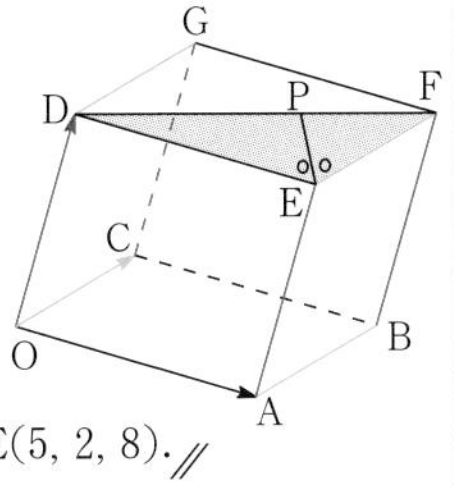

(1) $\overrightarrow{\mathrm{OE}} = \overrightarrow{\mathrm{OA}} + \overrightarrow{\mathrm{AE}}$
$= \overrightarrow{\mathrm{OA}} + \overrightarrow{\mathrm{OD}}$
$= \begin{pmatrix} 3 \\ 4 \\ 5 \end{pmatrix} + \begin{pmatrix} 2 \\ -2 \\ 3 \end{pmatrix}$
$= \begin{pmatrix} 5 \\ 2 \\ 8 \end{pmatrix}$. i.e. E(5, 2, 8).//

(2) $\overrightarrow{\mathrm{OF}} = \overrightarrow{\mathrm{OE}} + \overrightarrow{\mathrm{EF}}$
$= \overrightarrow{\mathrm{OE}} + \overrightarrow{\mathrm{OC}}$
$= \begin{pmatrix} 5 \\ 2 \\ 8 \end{pmatrix} + \begin{pmatrix} 4 \\ 1 \\ -1 \end{pmatrix} = \begin{pmatrix} 9 \\ 3 \\ 7 \end{pmatrix}$.

i.e. F(9, 3, 7).//

解説 (1)では，「平行四辺形」OAED の対角線をなすベクトル $\overrightarrow{\mathrm{OE}}$ を，2 辺 OA，OD をなすベクトル 2 つの和として求めました．一方(2)では，「平行六面体」の対角線をなすベクトル $\overrightarrow{\mathrm{OF}}$ を，3 辺 OA，OC，OD をなすベクトル 3 つの和として求めました．両者はそっくりな性質ですね．

(3) $\overrightarrow{\mathrm{OH}} = \dfrac{1}{3}\left(\overrightarrow{\mathrm{OD}} + \overrightarrow{\mathrm{OE}} + \overrightarrow{\mathrm{OF}}\right)$ 始点統一
$= \dfrac{1}{3}\left\{\begin{pmatrix} 2 \\ -2 \\ 3 \end{pmatrix} + \begin{pmatrix} 5 \\ 2 \\ 8 \end{pmatrix} + \begin{pmatrix} 9 \\ 3 \\ 7 \end{pmatrix}\right\}$
$= \dfrac{1}{3}\begin{pmatrix} 16 \\ 3 \\ 18 \end{pmatrix}$. i.e. $\mathrm{H}\left(\dfrac{16}{3}, 1, 6\right)$.//

(4) **方針**「角の二等分線の性質」を使うため，辺 ED，EF の長さを求めます．その際，「ベクトルの大きさ」として計算すること．■

$$\mathrm{ED} = \left|\overrightarrow{\mathrm{OA}}\right| = \sqrt{9+16+25} = 5\sqrt{2},$$
$$\mathrm{EF} = \left|\overrightarrow{\mathrm{OC}}\right| = \sqrt{16+1+1} = 3\sqrt{2}.$$

∴ ED : EF = 5 : 3.
よって，P は線分 DF を 5 : 3 に内分するから

$$\overrightarrow{\mathrm{OP}} = \frac{3\overrightarrow{\mathrm{OD}} + 5\overrightarrow{\mathrm{OF}}}{5+3}$$
$$= \frac{1}{8}\left\{3\begin{pmatrix} 2 \\ -2 \\ 3 \end{pmatrix} + 5\begin{pmatrix} 9 \\ 3 \\ 7 \end{pmatrix}\right\} = \frac{1}{8}\begin{pmatrix} 51 \\ 9 \\ 44 \end{pmatrix}.$$

i.e. $\mathrm{P}\left(\dfrac{51}{8}, \dfrac{9}{8}, \dfrac{11}{2}\right)$.//

6 内積の成分計算

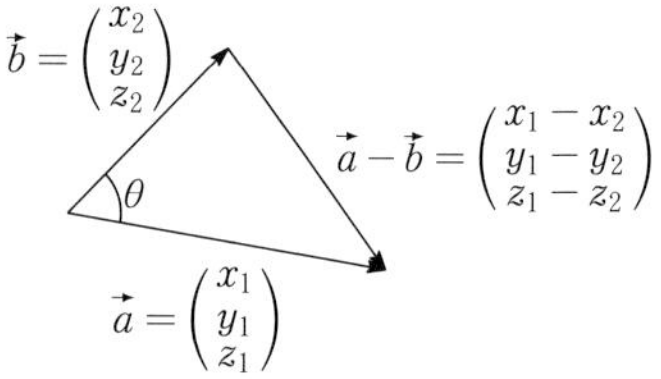

これも平面上と比べて，成分が 3 つに増えるだけ．
右図の三角形において余弦定理を用いると

$$\underbrace{\left|\vec{a}-\vec{b}\right|^2=\left|\vec{a}\right|^2+\left|\vec{b}\right|^2}_{\text{三平方の定理}}-2\underbrace{\left|\vec{a}\right|\left|\vec{b}\right|\cos\theta}_{\text{内積 }\vec{a}\cdot\vec{b}}\ \cdots①$$

$$\therefore\ 2\vec{a}\cdot\vec{b}=\left|\vec{a}\right|^2+\left|\vec{b}\right|^2-\left|\vec{a}-\vec{b}\right|^2$$
$$={x_1}^2+{y_1}^2+{z_1}^2+{x_2}^2+{y_2}^2+{z_2}^2-(x_1-x_2)^2-(y_1-y_2)^2-(z_1-z_2)^2$$
$$=2(x_1x_2+y_1y_2+z_1z_2).$$
$$\therefore\ \vec{a}\cdot\vec{b}=x_1x_2+y_1y_2+z_1z_2.$$

平面と同様，各成分どうしを掛けて加えるだけ．

注 成分計算が平面と同様なので，まったく同じような証明過程により，内積の演算法則も平面の場合と全く同様．新しく覚えようとする必要はありません．

成分による内積（空間） 定理

$$\begin{pmatrix}x_1\\y_1\\z_1\end{pmatrix}\cdot\begin{pmatrix}x_2\\y_2\\z_2\end{pmatrix}=x_1x_2+y_1y_2+z_1z_2\ .$$

例題 5 11 d 座標空間での角・面積 根底 実戦 典型

[→演習問題 5 13 6]

座標空間内に 3 点 A(1, 0, 1)，B(2, 1, −1)，C(−3, 2, 3) がある．
(1) 2 直線 AB，AC のなす角 θ を求めよ．　(2) △ABC の面積を求めよ．

方針 (1) A で交わる 2 直線ですから，A を始点とする 2 ベクトル $\overrightarrow{AB}$, $\overrightarrow{AC}$ の内積を用います．
(2) これも，(1)と同様に内積を利用します．

解答

(1) 終点から始点を引く

$$\overrightarrow{AB}=\begin{pmatrix}2-1\\1-0\\-1-1\end{pmatrix}=\begin{pmatrix}1\\1\\-2\end{pmatrix}=\vec{u}\text{ とおく．}$$

$$\overrightarrow{AC}=\begin{pmatrix}-3-1\\2-0\\3-1\end{pmatrix}=\begin{pmatrix}-4\\2\\2\end{pmatrix}=2\underbrace{\begin{pmatrix}-2\\1\\1\end{pmatrix}}_{\vec{v}\text{ とおく}}.$$

$\vec{v}$ と同じ向き

2 ベクトル $\overrightarrow{AB}$, $\overrightarrow{AC}$ のなす角 1) θ' は，$\vec{u}$, $\vec{v}$ のなす角と等しい 2) から

$$\cos\theta'=\frac{\vec{u}\cdot\vec{v}}{\left|\vec{u}\right|\left|\vec{v}\right|}$$
$$=\frac{1\cdot(-2)+1\cdot1-2\cdot1}{\sqrt{1^2+1^2+(-2)^2}\sqrt{(-2)^2+1^2+1^2}}$$
$$=\frac{-3}{\sqrt{6}\sqrt{6}}=-\frac{1}{2}.$$

$0\leqq\theta'\leqq\pi$ より，$\theta'=\dfrac{2}{3}\pi\ \cdots①$.

よって $\theta'>\dfrac{\pi}{2}$ だから，求める角は

$$\theta=\pi-\theta'=\frac{\pi}{3}.\ /\!/$$

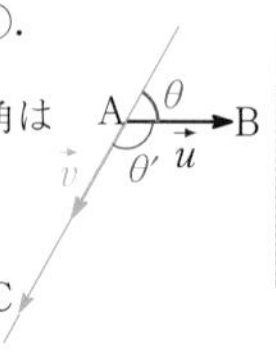

注 1)：「2 直線 AB，AC のなす角 $\left(0\sim\dfrac{\pi}{2}\right)$」と「2 ベクトル $\overrightarrow{AB}$, $\overrightarrow{AC}$ のなす角 $(0\sim\pi)$」は，一致しない可能性があります．
2) $\overrightarrow{AC}$ を用いるより計算量が減りますね．■

(2) $\triangle ABC=\dfrac{1}{2}\sqrt{\left|\overrightarrow{AB}\right|^2\left|\overrightarrow{AC}\right|^2-(\overrightarrow{AB}\cdot\overrightarrow{AC})^2}.$

ここで，

$$\left|\overrightarrow{AB}\right|^2=6,\ \left|\overrightarrow{AC}\right|^2=2^2\left|\vec{v}\right|^2=4\cdot6,$$
$$\overrightarrow{AB}\cdot\overrightarrow{AC}=\vec{u}\cdot2\vec{v}=2\cdot(-3)=-6.$$
$$\triangle ABC=\frac{1}{2}\sqrt{6\times4\cdot6-(-6)^2}$$
$$=\frac{6}{2}\sqrt{4-1}=3\sqrt{3}.\ /\!/$$

注 (2)は，本問では①を用いて

$$\triangle ABC=\frac{1}{2}AB\cdot AC\sin\theta'$$
$$=\frac{1}{2}\cdot\sqrt{6}\cdot2\sqrt{6}\cdot\frac{\sqrt{3}}{2}=3\sqrt{3}.$$

と求めることもできますが，上記のように直接求められるようにしておきましょう．

例題 5 11 e ベクトルの決定（空間） 根底 実戦

[→例題 5 8 d]

O を原点とする座標空間内で，次の各問いに答えよ．

(1) 点 A(2, 3, −4) に関して点 P(−1, 2, −3) と対称な点 Q の座標を求めよ．

(2) $\vec{a}=\begin{pmatrix}1\\2\\-3\end{pmatrix}$ とベクトル $\vec{v}=\begin{pmatrix}3\\s\\t\end{pmatrix}$ が平行となるような s, t の値を求めよ．

(3) $\vec{a}=\begin{pmatrix}2\\-2\\1\end{pmatrix}$ と平行で大きさが 5 であるベクトル $\vec{v}$ を求めよ．

(4) $\vec{a}=\begin{pmatrix}1\\-1\\4\end{pmatrix}$ と垂直な単位ベクトルで xy 平面と平行なベクトル $\vec{v}$ を求めよ．

(5) $\vec{a}=\begin{pmatrix}1\\2\\1\end{pmatrix}$ と $\vec{b}=\begin{pmatrix}1\\-1\\-1\end{pmatrix}$ のいずれとも垂直な単位ベクトル $\vec{v}$ を求めよ．

注 どの設問も，座標軸を描いて丁寧に図示することに意味はなさそうです．

方針 (2)以降は，「ベクトル」を決定する 2 つ:「向き」と「大きさ」について考えます．

解答 (1) A は線分 PQ の中点だから

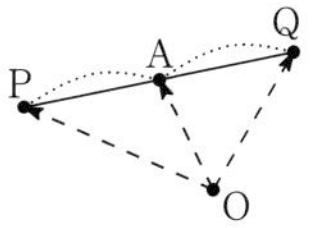

$$\overrightarrow{OA}=\frac{\overrightarrow{OP}+\overrightarrow{OQ}}{2}.$$

$$\therefore\ \overrightarrow{OQ}=2\overrightarrow{OA}-\overrightarrow{OP}$$

$$=2\begin{pmatrix}2\\3\\-4\end{pmatrix}-\begin{pmatrix}-1\\2\\-3\end{pmatrix}=\begin{pmatrix}5\\4\\-5\end{pmatrix}.$$

i.e. Q(5, 4, −5).//

解説 原点Oを始点にすると，ベクトルの成分がそのまま点の座標となるので楽ですね．

(2) $\vec{a}\,/\!/\,\vec{v}$ より

$$1:3=2:s=(-3):t.$$

（それぞれ ×3）

よって，$s=2\cdot3=6,\ t=-3\cdot3=-9$.//

注 この程度なら，$1:3=2:s$ から比例式 $1\cdot s=3\cdot2$ などとするまでもなく片付けたいです．

(3) $\vec{v}=\underbrace{\pm5}_{\text{符号付長さ}}\cdot\underbrace{\frac{\vec{a}}{|\vec{a}|}}_{\text{単位ベクトル}}=\pm\frac{5}{3}\begin{pmatrix}2\\-2\\1\end{pmatrix}$.//

注 「平行」だからといってすぐに「$\vec{v}=k\vec{a}$」などとおくのは感心しません．

(4) **着眼** 「xy 平面と平行」ということは，z 軸方向の移動がないということですね．■

$\vec{v}\,/\!/\,xy$ 平面 より $\vec{v}=\begin{pmatrix}s\\t\\0\end{pmatrix}$ とおけて，

$\vec{v}\perp\vec{a}$ より，$\vec{v}\cdot\vec{a}=s-t=0$.

$|\vec{v}|=1$ より，$s^2+t^2=1$.

これらにより

$$s=t,\ 2s^2=1.\ \therefore\ s=t=\pm\frac{1}{\sqrt{2}}.$$

$$\therefore\vec{v}=\pm\frac{1}{\sqrt{2}}\begin{pmatrix}1\\1\\0\end{pmatrix}.//$$

(5) $\vec{v}=\begin{pmatrix}s\\t\\u\end{pmatrix}$ とおくと

$\vec{v}\perp\vec{a}$ より，$\vec{v}\cdot\vec{a}=s+2t+u=0$.

$\vec{v}\perp\vec{b}$ より，$\vec{v}\cdot\vec{b}=s-t-u=0$.

辺々加えて，$2s+t=0$. i.e. $t=-2s$.

これと第 2 式より，$u=3s$. よって

$$\vec{v}=\begin{pmatrix}s\\-2s\\3s\end{pmatrix}/\!/\begin{pmatrix}1\\-2\\3\end{pmatrix}.$$

これと $|\vec{v}|=1$ より，$\vec{v}=\pm\frac{1}{\sqrt{14}}\begin{pmatrix}1\\-2\\3\end{pmatrix}$.//

注 本問に関しては，文字 s, t, u を使わないで解く“ウラワザ”が紹介されたりしますが，たぶん上記**解答**の方が速いです（笑）．

12 空間ベクトルの実戦問題

5 11冒頭で，平面ベクトルに対する空間ベクトルの違いは3つだけだと述べましたが，実戦面を考えるとあと2つ違いがあります．1つは「計算量」の増加．例えば成分表示が，平面の x, y(2つ) から空間では x, y, z(3つ) に増えます．2つ目は「図示」．3次元の立体を紙に描く際，長さや角を正確にとるのは無理なので，“目分量”による答えのチェックができなくなります．総じて，空間ベクトルの問題は，**計算ミスとの闘い**となります．**計算こそが勝敗を決するのです．**

1 空間図形の図示

“2種類の図” 前述した通り，立体を紙に描くのはかなり無理した作業であり，全ての要求を完璧に満たす図などあり得ません．そこで，次の2種類の図を併用します：

	見取り図	投影図（断面図）
概要	立体をある向きから見て	注目すべき [1] 平面図
目的	全体像をおおまかに把握	長さ・角を正確に
注意点	長さ・角が不正確	立体の全貌は見えない

〔見取り図〕

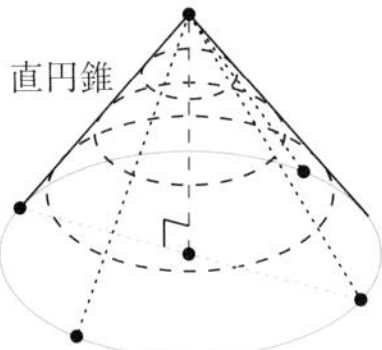

〔断面図〕

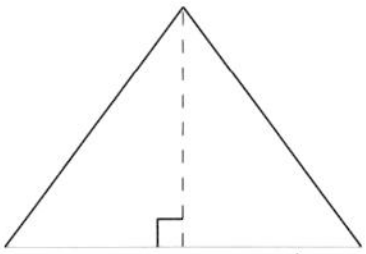

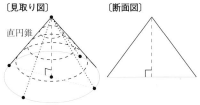

このように，どちらの図示も一長一短です．2種類の図の“合わせ技”でなんとか凌(しの)いでいきます．

注 1)：当該問題の解決にあたって重要な役割を果たす，**適切な断面**を考えることが肝要です．■

「見取り図」について 見取り図の描き方の基本は「平行投影」だと考えます．すなわち，図形上の各点に太陽光のような平行光線を当てたときスクリーン（平面）に映る影を，そのまま紙に描きます．この「投影」のプロセスにおいて，保存されるものと保存されないものとがあります：

- 保存されるもの（右図青色）
  平行な2直線の影はやはり平行である．
  同一方向の線分比は保存される．
- 保存されないもの（右図赤色）
  角度は（一般には）変化してしまう．
  異なる方向の線分比は（一般には）保存されない．

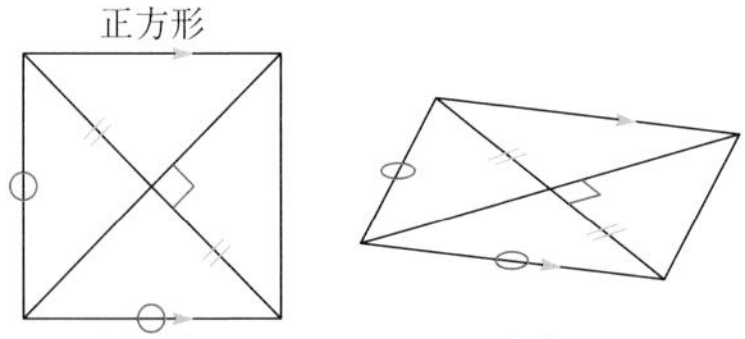

（実物）　（影）

「座標軸」の図示

座標空間の問題で見取り図を描く際，まず次の2つの選択をします：

- 座標軸を描くか否か？
- 描く場合，どちらの向きか？

座標軸自体が問題に関与しないときは，右図㋐で OK です．

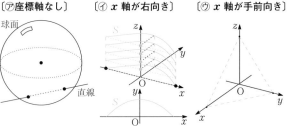

〔㋐座標軸なし〕

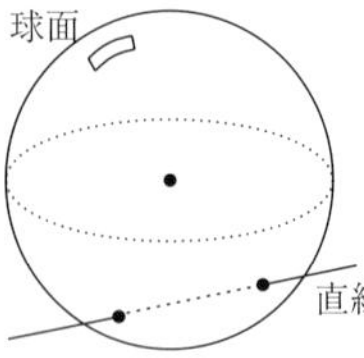

〔㋑ x 軸が右向き〕

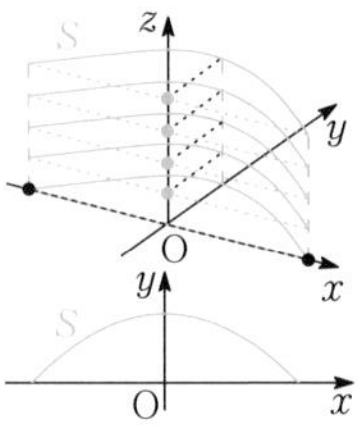

〔㋒ x 軸が手前向き〕

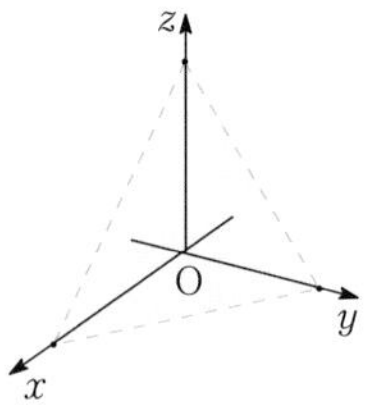

座標軸に重要な役割があるときは，㋑㋒から選択します．それぞれの長所は次の通り：

㋑ … “真上”から見下ろした xy 平面を描くときに x, y 軸の向きがあまり変わらない．
㋒ … 全座標の正の部分が見やすい位置にある．

一方の長所は，同時に他方の短所となっています．㋑と㋒は一長一短です．

2 直線・平面・球面の典型問題

例題 5 12 a 直線への垂線（座標空間） 根底 実戦

[→例題 5 9 b]

座標空間内に点 A(1, −1, 3), B(2, −3, 4), C(5, −3, 7) があり，直線 AB を l とする．

(1) C から l へ下ろした垂線の足 H の座標を求めよ．

(2) l 上に 2 点 D, E をとり，正三角形 CDE を作る．D, E の座標を求めよ．

方針 (1)「共線条件」＋「垂直→内積 = 0」．

(2) H が既知ですから，H から D, E へ到るベクトルを，向きと大きさから作ります．

解答 (1) ∘ H は l 上にあるから

$\overrightarrow{OH}=\overrightarrow{OA}+k\overrightarrow{AB}$ …①

と表せる．

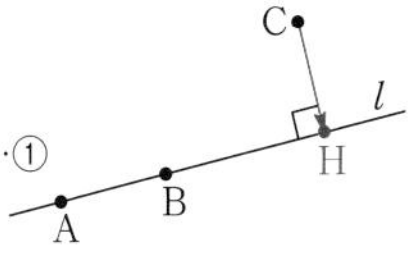

∘ CH ⊥ l より

$\overrightarrow{CH}\cdot\overrightarrow{AB}=0.$ $(\overrightarrow{OH}-\overrightarrow{OC})\cdot\overrightarrow{AB}=0.$

これと①より

$$(\overrightarrow{OA}+k\overrightarrow{AB}-\overrightarrow{OC})\cdot\overrightarrow{AB}=0.$$

$$\left\{\begin{pmatrix}-4\\2\\-4\end{pmatrix}+k\begin{pmatrix}1\\-2\\1\end{pmatrix}\right\}\cdot\begin{pmatrix}1\\-2\\1\end{pmatrix}=0.$$

$-12+k\cdot 6=0.$ $k=2.$ （k は集約したままで）

これと①より

$$\overrightarrow{OH}=\begin{pmatrix}1\\-1\\3\end{pmatrix}+2\begin{pmatrix}1\\-2\\1\end{pmatrix}=\begin{pmatrix}3\\-5\\5\end{pmatrix}.$$

i.e. H(3, −5, 5).//

(2) $\overrightarrow{HD}, \overrightarrow{HE}$ は $\overrightarrow{AB}$ と平行．

大きさは，$\dfrac{1}{\sqrt{3}}$CH．

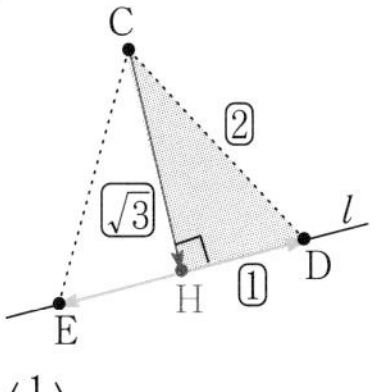

(1)より

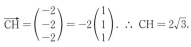

$$\overrightarrow{CH}=\begin{pmatrix}-2\\-2\\-2\end{pmatrix}=-2\begin{pmatrix}1\\1\\1\end{pmatrix}.\ \therefore\ \mathrm{CH}=2\sqrt{3}.$$

以上より，$\overrightarrow{HD}, \overrightarrow{HE}$ は，

$$\underbrace{\pm\frac{2\sqrt{3}}{\sqrt{3}}}_{\text{符号付長さ}}\cdot\underbrace{\frac{\overrightarrow{AB}}{|\overrightarrow{AB}|}}_{\text{単位ベクトル}}=\pm 2\cdot\frac{1}{\sqrt{6}}\begin{pmatrix}1\\-2\\1\end{pmatrix}$$

$\overrightarrow{OD}, \overrightarrow{OE}$ は，$\overrightarrow{OH}$ にこれを加えて

$$\begin{pmatrix}3\\-5\\5\end{pmatrix}\pm\frac{2}{\sqrt{6}}\begin{pmatrix}1\\-2\\1\end{pmatrix}$$

よって D, E の座標は

$$\left(3\pm\frac{2}{\sqrt{6}},\ -5\mp\frac{4}{\sqrt{6}},\ 5\pm\frac{2}{\sqrt{6}}\right).//$$

（複号同順.D, E は順不同.）

別解 （H は，l 上の点のうち C から最短の点です．）

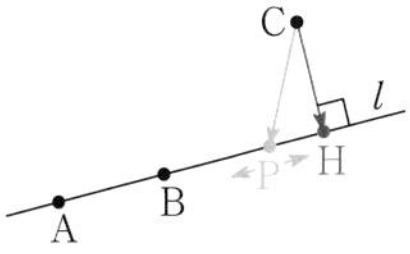

l 上の任意の点 P は

$\overrightarrow{OP}=\overrightarrow{OA}+t\overrightarrow{AB}$ （①と同形）

と表せて，

$$|\overrightarrow{CP}|^2=\left|\begin{pmatrix}-4\\2\\-4\end{pmatrix}+t\begin{pmatrix}1\\-2\\1\end{pmatrix}\right|^2$$

$$=36+2t\cdot(-12)+t^2\cdot 6$$

$$=6(t-2)^2+12.$$

これが最小，つまり $t=2$ のときの P が H である．(…以下略…)

この別解の方法なら，CH $=\sqrt{12}$ が既に求まっていますね．

第5章 ベクトル

例題 5 12 b 座標空間内の2直線　根底 実戦　典型　[→演習問題 5 13 7]

xyz 空間に，A$(-3, 1, 0)$, B$(-4, 2, 2)$ を通る直線 l と，C$(-3, 0, 2)$, D$(-2, -1, 3)$ を通る直線 m がある．l, m 上の任意の点をそれぞれ P，Q として以下の問いに答えよ．

(1) l と m はねじれの位置にあることを示せ．　(2) 線分 PQ の長さの最小値を求めよ．

(3) P が線分 AB 上，Q が線分 CD 上を動くとき，線分 PQ が通過する領域の体積 V を求めよ．

方針 直線上の点は，直線と平行な**方向ベクトル**を用いて表せます．

解答 (1) **着眼** 空間内における異なる 2 直線の位置関係には，

「交わる」　「平行」　「ねじれ」

の 3 種類がありました．[→ I+A 5 13 1]
前者 2 つでないことを示せば OK ですね．■

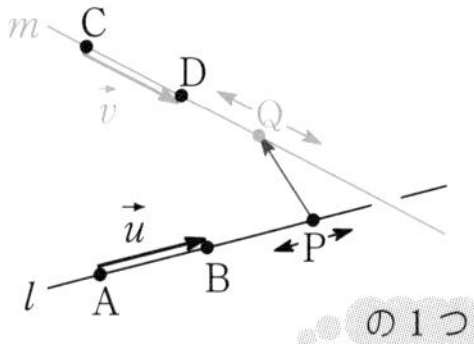

の 1 つ

l, m の方向ベクトルは，それぞれ

$$\vec{u} := \overrightarrow{AB} = \begin{pmatrix} -1 \\ 1 \\ 2 \end{pmatrix}, \vec{v} := \overrightarrow{CD} = \begin{pmatrix} 1 \\ -1 \\ 1 \end{pmatrix}.$$

$\vec{u} \not\parallel \vec{v}$ より，$l \not\parallel m$ …①．

次に，l と m に共有点がないことを示す．

$$\overrightarrow{OP} = \overrightarrow{OA} + s\vec{u} \cdots ②, \quad \overrightarrow{OQ} = \overrightarrow{OC} + t\vec{v} \cdots ③$$ と表せる．[1)]

この P と Q が一致するための条件は

$$\overrightarrow{OA} + s\vec{u} = \overrightarrow{OC} + t\vec{v}.$$ （$\overrightarrow{OP} = \overrightarrow{OQ}$）

$$\overrightarrow{OC} - \overrightarrow{OA} - s\vec{u} + t\vec{v} = \vec{0}.$$ （$\overrightarrow{PQ} = \vec{0}$）

$$\begin{pmatrix} 0 \\ -1 \\ 2 \end{pmatrix} - s\begin{pmatrix} -1 \\ 1 \\ 2 \end{pmatrix} + t\begin{pmatrix} 1 \\ -1 \\ 1 \end{pmatrix} = \begin{pmatrix} 0 \\ 0 \\ 0 \end{pmatrix}. \cdots ④$$

x, y 成分より

$$\begin{cases} s + t = 0, \\ -1 - s - t = 0. \end{cases}$$ 辺々加えて，$-1 = 0$．[2)]

これは成立し得ないから，P と Q が一致することはない．つまり l と m に共有点はない．

これと①より，題意は示せた．□

注 [1)]：②と③で，異なる文字 s, t を使います．P と Q を独立に（無関係に）動かすためです．

[2)]：仮に x, y 成分が等しくなる (s, t) があっても，そのとき z 成分が等しくなければ P と Q が一致することはないと言えます．

参考 上記 3 つの位置関係のうち，「ねじれ」がもっとも “普通” の位置関係です．■

(2) **方針** 「2 点間の距離」としてではなく，ベクトルの大きさとして計算すること．■

②③のとき，$\overrightarrow{PQ}$ = ④の左辺 だから，

$$|\overrightarrow{PQ}|^2 = \left| \underbrace{\begin{pmatrix} 0 \\ -1 \\ 2 \end{pmatrix}}_{\vec{r}\text{ とおく}} - s\begin{pmatrix} -1 \\ 1 \\ 2 \end{pmatrix} + t\begin{pmatrix} 1 \\ -1 \\ 1 \end{pmatrix} \right|^2$$

$$= |\vec{r} - s\vec{u} + t\vec{v}|^2$$

$$= s^2|\vec{u}|^2 - 2st\vec{u}\cdot\vec{v} + t^2|\vec{v}|^2 - 2s\vec{r}\cdot\vec{u} + 2t\vec{r}\cdot\vec{v} + |\vec{r}|^2$$

（s, t の降べきの順に整理）

$$= s^2 \cdot 6 - 2st \cdot \underset{3)}{0} + t^2 \cdot 3 - 2s \cdot 3 + 2t \cdot 3 + 5$$

$$= 6s^2 - 6s + 3t^2 + 6t + 5$$

$$= 6\left(s - \frac{1}{2}\right)^2 + 3(t+1)^2 + \frac{1}{2}$$

$$\geq \frac{1}{2}.$$ （大小関係の不等式）

等号は，$(s, t) = \left(\frac{1}{2}, -1\right)$ のとき成立．

$$\therefore \min|\overrightarrow{PQ}| = \frac{1}{\sqrt{2}}. /\!/$$

言い訳 (2)の結論：$\min \mathrm{PQ} = \frac{1}{\sqrt{2}} \geq 0$ より，(1)の目標：「l と m に共有点はない」も示されたことになりますが，(1)は単独問題と割り切って解いてね（笑）．

注 3)：本問では $\vec{u}\perp\vec{v}$ となっており，内積 $\vec{u}\cdot\vec{v}$ が 0 なので助かっています．そうでない場合は，この後の平方完成がメンドウになります．

注 前問(1)では，「垂直」を「最短」と読み替える **別解** を書きました．以下においては，それと逆に「最短」を「垂直」で表してみます．■

別解

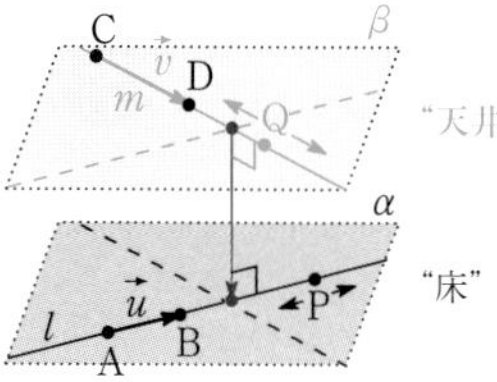

方針 上図のような"床"と"天井"を垂直に結ぶ線分の長さが求める最小値となるイメージ．■

l を含み m と平行な平面を α，m を含み l と平行な平面を β とする．

$\overrightarrow{PQ}\perp l$ となるための条件は

$$\overrightarrow{PQ}\cdot\vec{u}=0.$$

$$\left\{\begin{pmatrix}0\\-1\\2\end{pmatrix}-s\begin{pmatrix}-1\\1\\2\end{pmatrix}+t\begin{pmatrix}1\\-1\\1\end{pmatrix}\right\}\cdot\begin{pmatrix}-1\\1\\2\end{pmatrix}=0.$$

$$3-s\cdot 6+t\cdot\underset{4)}{\underline{0}}=0.\ \text{i.e. } s=\frac{1}{2}.$$

$\overrightarrow{PQ}\perp m$ となるための条件は

$$\overrightarrow{PQ}\cdot\vec{v}=0.$$

$$\left\{\begin{pmatrix}0\\-1\\2\end{pmatrix}-s\begin{pmatrix}-1\\1\\2\end{pmatrix}+t\begin{pmatrix}1\\-1\\1\end{pmatrix}\right\}\cdot\begin{pmatrix}1\\-1\\1\end{pmatrix}=0.$$

$$3-s\cdot\underset{5)}{\underline{0}}+t\cdot 3=0.\ \text{i.e. } t=-1.$$

よって，$(s,t)=\left(\frac{1}{2},-1\right)$ のとき，

$$\begin{cases}PQ\perp l\\PQ\perp m\end{cases}\text{より，} PQ\perp\alpha,\ \beta.$$

求める最小値は，このときのPQの長さであり，

$$\left|\begin{pmatrix}0\\-1\\2\end{pmatrix}-\frac{1}{2}\begin{pmatrix}-1\\1\\2\end{pmatrix}-\begin{pmatrix}1\\-1\\1\end{pmatrix}\right|$$

$$=\left|\frac{1}{2}\begin{pmatrix}-1\\-1\\0\end{pmatrix}\right|=\frac{1}{2}\sqrt{2}=\frac{1}{\sqrt{2}}.\text{//}$$

注 4)5)：こちらの解法でも，内積 $\vec{u}\cdot\vec{v}=0$ のおかげで楽ですね．ただし，たとえ内積が 0 でなくても，この **別解** の方法なら s,t の連立方程式を解くだけのことです．

(3)は，ここで述べた「垂直」を前提として解答していきます．■

(3) P が線分 AB 上，Q が線分 CD 上を動くとき，s,t の変域は

$$0\leq s\leq 1,\ 0\leq t\leq 1.$$

注 (1)の結果も踏まえて描き直すと右の通り：

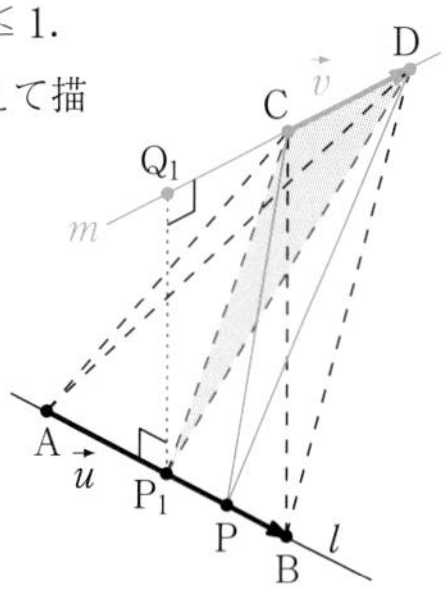

方針 2つの点 P，Q が動きますから，1 個ずつ動かします．「2 変数関数」における **1 文字固定** と同様です．■

1° P を固定し，Q を線分 CD 上で動かすとき，線分 PQ は △PCD を描く．

2° P を線分 AB 上で動かすとき，1° の △PCD は，四面体 ABCD を描く．

方針 この四面体を，上図赤色の三角形で切断し，その両側にある 2 つの四面体を合わせた図形を考えます．[→ I+A 5 14 4]■

(2)で考えた $s=\frac{1}{2}$, $t=-1$ に対応する P，Q をそれぞれ P_1, Q_1 とする．

$$\begin{cases}AB\perp P_1Q_1\\AB\perp CD.\end{cases}\ \therefore\ AB\perp\text{平面 } P_1Q_1CD.$$

$$\therefore\ V=\frac{1}{3}\cdot\triangle P_1CD\cdot P_1A+\frac{1}{3}\cdot\triangle P_1CD\cdot P_1B$$

$$=\frac{1}{3}\cdot\triangle P_1CD\cdot AB$$

$$=\frac{1}{3}\cdot\frac{1}{2}\cdot|\vec{v}|\cdot P_1Q_1\cdot|\vec{u}|\ (\because\ \vec{v}\perp P_1Q_1)$$

$$=\frac{1}{6}\sqrt{3}\cdot\frac{1}{\sqrt{2}}\cdot\sqrt{6}=\frac{1}{2}.\text{//}$$

注 「共線条件」を②③のように❷「変数集約形」で表したおかげで，各所の計算がスムーズでした．座標空間では，❸「始点統一形」から「分解の一意性」(“係数比較”)に持ち込むことはまずありません．始点に関係なく，④の後のように「x,y,z 成分」の比較で済みますから(笑)．

例題 5 12 C 平面に関する対称点 根底 実戦 典型 [→演習問題 5 13 8]

1 辺の長さが 1 である正四面体 OABC があり，OB の中点を D，OC を 1 : 2 に内分する点を E とする．

平面 ADE に関して O と対称な点を P とする．$\vec{a}=\overrightarrow{OA}$, $\vec{b}=\overrightarrow{OB}$, $\vec{c}=\overrightarrow{OC}$ とおいて，$\overrightarrow{OP}$ を $\vec{a}, \vec{b}, \vec{c}$ で表せ．

着眼 「垂線の足」が利用できます．

直線と平面の直交 [→ I+A 5 13 3] は OK？

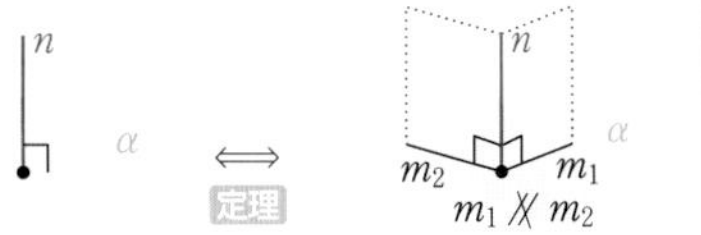

n と α が**垂直**　　　n と α 上の 2 直線が**垂直**

解答 $|\vec{a}|=|\vec{b}|=|\vec{c}|=1$.

$\vec{a}\cdot\vec{b}=\vec{b}\cdot\vec{c}=\vec{c}\cdot\vec{a}=1\cdot1\cdot\cos 60^\circ=\dfrac{1}{2}$. …①

O から平面 ADE に下ろした垂線の足を H とすると，

$\overrightarrow{OP}=2\overrightarrow{OH}$. …②

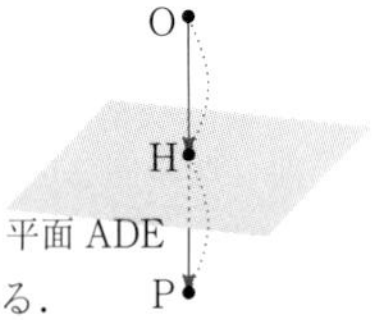

そこで，まず $\overrightarrow{OH}$ を求める．

◦ H は平面 ADE 上だから，（変数集約形）

$\overrightarrow{OH}=\overrightarrow{OA}+s\overrightarrow{AD}+t\overrightarrow{AE}$ …③と表せる．

◦ OH⊥ 平面 ADE だから，（上記定理を使う）

$\begin{cases} OH \perp AD \\ OH \perp AE. \end{cases}$ つまり，

$\begin{cases} \overrightarrow{OH}\cdot\overrightarrow{AD}=0 & \cdots④ \\ \overrightarrow{OH}\cdot\overrightarrow{AE}=0. & \cdots⑤ \end{cases}$

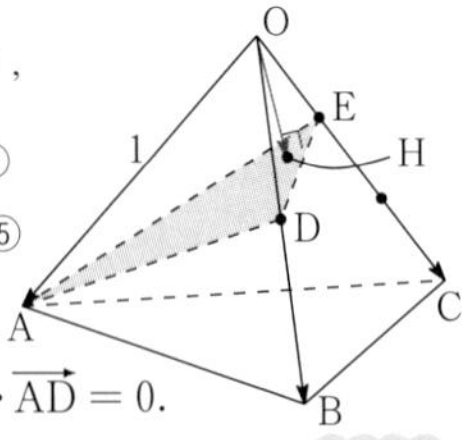

③④より

$(\vec{a}+s\overrightarrow{AD}+t\overrightarrow{AE})\cdot\overrightarrow{AD}=0$.

$\vec{a}\cdot\overrightarrow{AD}+s\left|\overrightarrow{AD}\right|^2+t\overrightarrow{AE}\cdot\overrightarrow{AD}=0$. （$s, t$ は集約したままで）

ここで①より

$\vec{a}\cdot\overrightarrow{AD}=\vec{a}\cdot\left(\dfrac{\vec{b}}{2}-\vec{a}\right)=\dfrac{1}{4}$[1]$-1=-\dfrac{3}{4}$.

$\left|\overrightarrow{AD}\right|=\dfrac{\sqrt{3}}{2}$（△OAD に注目），

$\overrightarrow{AD}\cdot\overrightarrow{AE}=\left(\dfrac{\vec{b}}{2}-\vec{a}\right)\cdot\left(\dfrac{\vec{c}}{3}-\vec{a}\right)$

$=\underbrace{1}_{|\vec{a}|^2}+\underbrace{\dfrac{1}{2}\left(\dfrac{1}{6}-\dfrac{1}{2}-\dfrac{1}{3}\right)}_{\vec{b}\cdot\vec{c}\text{ など}}=\dfrac{2}{3}$.

よって，$-\dfrac{3}{4}+\dfrac{3}{4}s+\dfrac{2}{3}t=0$. …⑥

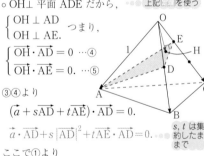

③⑤より $(\vec{a}+s\overrightarrow{AD}+t\overrightarrow{AE})\cdot\overrightarrow{AE}=0$.

$\vec{a}\cdot\overrightarrow{AE}+s\overrightarrow{AD}\cdot\overrightarrow{AE}+t\left|\overrightarrow{AE}\right|^2=0$.

ここで①より

$\vec{a}\cdot\overrightarrow{AE}=\vec{a}\cdot\left(\dfrac{\vec{c}}{3}-\vec{a}\right)=\dfrac{1}{6}-1=-\dfrac{5}{6}$.

$\left|\overrightarrow{AE}\right|^2=\left|\dfrac{\vec{c}}{3}-\vec{a}\right|^2=\dfrac{1}{9}+1-\dfrac{2}{3}\cdot\dfrac{1}{2}=\dfrac{7}{9}$.

よって，$-\dfrac{5}{6}+\dfrac{2}{3}s+\dfrac{7}{9}t=0$. …⑦ （$\overrightarrow{AD}\cdot\overrightarrow{AE}$ は既知）

⑥⑦より $\begin{cases} 9s+8t=9. & \cdots⑥' \\ 6s+7t=\dfrac{15}{2}. & \cdots⑦' \end{cases}$

⑦$'\times3-$⑥$'\times2$ より，$5t=\dfrac{9}{2}$. $t=\dfrac{9}{10}$.

これと⑥$'$より，$s=1-\dfrac{8}{9}\cdot\dfrac{9}{10}=\dfrac{2}{10}$.

これらと③より

$\overrightarrow{OH}=\vec{a}+\dfrac{2}{10}\left(\dfrac{\vec{b}}{2}-\vec{a}\right)+\dfrac{9}{10}\left(\dfrac{\vec{c}}{3}-\vec{a}\right)$

$=\dfrac{1}{10}(-\vec{a}+\vec{b}+3\vec{c})$.

これと②より，$\overrightarrow{OP}=\dfrac{1}{5}(-\vec{a}+\vec{b}+3\vec{c})$.//

解説 「共面条件」の表現法は「変数集約形」で．キレイに内積計算ができます．

[1]：$\dfrac{\vec{a}\cdot\vec{b}}{2}-|\vec{a}|^2$ を書かずに暗算で済ませます．

そのために，①を**予め**準備することは必須！

言い訳 s, t の値と③より

$\overrightarrow{AH}=\dfrac{2}{10}\overrightarrow{AD}+\dfrac{9}{10}\overrightarrow{AE}$.

∴右辺の係数の和 $=\dfrac{2}{10}+\dfrac{9}{10}=\dfrac{11}{10}>1$.

よって H は DE に関して A と反対側なので，前図は不正確でした．でも，そもそも H の位置が未知なので仕方ないです．気にしなくて OK.

例題 5 12 d 四面体の体積 根底 実戦 典型 [→演習問題 5 13 13]

四面体 OABC において，$OA = BC = \sqrt{3}$, $OB = CA = 2$, $OC = AB = \sqrt{5}$ とする．
$\vec{a} = \overrightarrow{OA}$, $\vec{b} = \overrightarrow{OB}$, $\vec{c} = \overrightarrow{OC}$ とおいて，以下の問いに答えよ．

(1) C から平面 OAB に垂線 CH を下ろす．$\overrightarrow{OH}$ を $\vec{a}, \vec{b}$ で表せ．

(2) 線分 OH の長さを求めよ．

(3) 四面体 OABC の体積 V を求めよ．

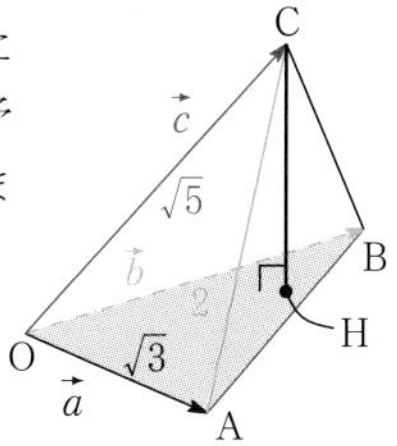

方針 「垂直」を表すのに内積を使用しますから，予め“例の”準備しておきましょう．

解答 (1) $|\vec{a}| = \sqrt{3}$, $|\vec{b}| = 2$, $|\vec{c}| = \sqrt{5}$.

△OAB において余弦定理を用いると

$$5 = 3 + 4 - 2 \times \underbrace{\sqrt{3}\cdot 2\cdot \cos\angle BOA}_{\vec{a}\cdot\vec{b}}.$$

$\therefore \vec{a}\cdot\vec{b} = 1.$ [1]

△OBC，△OCA において，同様に

$3 = 4 + 5 - 2\times\vec{b}\cdot\vec{c}.$　　$\therefore \vec{b}\cdot\vec{c} = 3.$

$4 = 5 + 3 - 2\times\vec{c}\cdot\vec{a}.$　　$\therefore \vec{c}\cdot\vec{a} = 2.$

○ H は平面 OAB 上だから，

$\overrightarrow{OH} = s\vec{a} + t\vec{b}$ …① と表せる．単純形 [2]

○ CH ⊥ 平面 OAB だから，

$$\begin{cases} CH \perp OA \\ CH \perp OB. \end{cases} \text{ i.e. } \begin{cases} \overrightarrow{CH}\cdot\overrightarrow{OA} = 0 & \cdots② \\ \overrightarrow{CH}\cdot\overrightarrow{OB} = 0. & \cdots③ \end{cases}$$

①②より　$\overrightarrow{CH} = \overrightarrow{OH} - \overrightarrow{OC}$

$(s\vec{a} + t\vec{b} - \vec{c})\cdot\vec{a} = 0.$

$s\cdot3 + t\cdot1 - 2 = 0.$ …④　s, t は集約したままで

①③より

$(s\vec{a} + t\vec{b} - \vec{c})\cdot\vec{b} = 0.$

$s\cdot1 + t\cdot4 - 3 = 0.$ …⑤

④×4 − ⑤ より，$11s - 5 = 0$. $s = \dfrac{5}{11}$.

これと④より，$t = 2 - \dfrac{15}{11} = \dfrac{7}{11}$.

これらと①より

$$\overrightarrow{OH} = \frac{1}{11}(5\vec{a} + 7\vec{b}).$$ //

言い訳 (1)の結果において，右辺の係数の和は

$\dfrac{5}{11} + \dfrac{7}{11} = \dfrac{12}{11} > 1.$

よって，実は H は AB に関して O と反対側にあります．冒頭の図を描く段階では，それが見通せていなかったので，結果として不正確な図になっています．それでよいのです．

(2) $|5\vec{a} + 7\vec{b}|^2 = 25\cdot3 + 70\cdot1 + 49\cdot4$
$= 75 + 70 + 196 = 341 = 11\cdot31.$

$$\therefore |\overrightarrow{OH}| = \frac{1}{11}\sqrt{11\cdot31} = \frac{\sqrt{31}}{\sqrt{11}}.$$ //

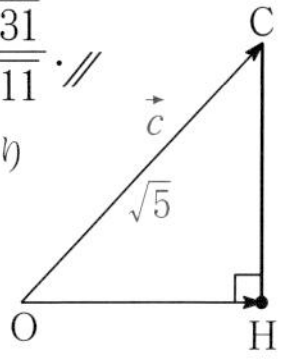

(3) △OCH に注目して，(2)より

$CH^2 = 5 - \dfrac{31}{11} = \dfrac{24}{11}.$

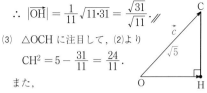

また，

$$\triangle OAB = \frac{1}{2}\sqrt{|\vec{a}|^2|\vec{b}|^2 - (\vec{a}\cdot\vec{b})^2}$$
$$= \frac{1}{2}\sqrt{3\cdot4 - 1} = \frac{\sqrt{11}}{2}.$$

$$\therefore V = \frac{1}{3}\cdot\frac{\sqrt{11}}{2}\cdot\frac{2\sqrt{6}}{\sqrt{11}} = \frac{\sqrt{6}}{3}.$$ //

解説 [1]：三角形の 3 辺の長さから，その 2 辺をなすベクトルの内積が即座に求まることは**常識**です．[→例題 5 9 b]

[2]：始点を含んだ共面条件ですから，当然「単純形」．

注 (3)における「高さ」は，もちろん

$$\overrightarrow{CH} = \overrightarrow{OH} - \overrightarrow{OC}$$
$$= \frac{1}{11}(5\vec{a} + 7\vec{b} - 11\vec{c})$$

の大きさを内積によって計算してもできます．ちょっと面倒ですが．

語記サポ この四面体は，4 つの面が全て合同な三角形であり，**等面四面体**と呼ばれます．
[→ I+A 演習問題 5 15 11，演習問題 5 13 11]

参考 **演習問題 5 13 11** では，本問と全く同一な四面体について，別の角度からの検討を行います．

第 5 章 ベクトル

例題 5 12 e 四面体の体積（座標空間） 根底 実戦 典型 [→演習問題 5 13 9]

O を原点とする座標空間内に点 A(1, 0, 2), B(−1, 2, 2), C(4, 5, 0) がある．四面体 OABC の体積 V を求めよ．

方針 原点 O を 1 頂点とする △OAB を「底面」とみるのがトク（△OBC とかでも可）．「高さ」は，C から下ろす垂線を考えます．「共面条件」＋「直線 ⊥ 平面」で OK ですね．

注 いつもの“予め準備”は，各ベクトルが成分表示されており内積が瞬時に求まるので，ここではしなくても大丈夫です．

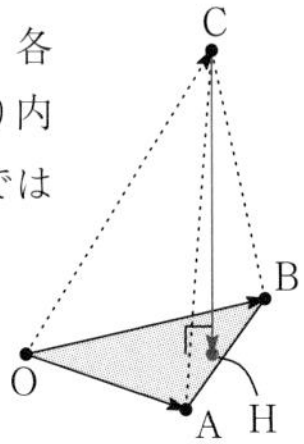

解答 O を始点とする位置ベクトルを A($\vec{a}$) などとする．

$$\vec{a}=\begin{pmatrix}1\\0\\2\end{pmatrix},\ \vec{b}=\begin{pmatrix}-1\\2\\2\end{pmatrix},\ \vec{c}=\begin{pmatrix}4\\5\\0\end{pmatrix}.$$

$$\triangle OAB=\frac{1}{2}\sqrt{|\vec{a}|^2|\vec{b}|^2-(\vec{a}\cdot\vec{b})^2}$$
$$=\frac{1}{2}\sqrt{5\cdot 9-3^2}=\frac{3}{2}\cdot 2=3.$$

次に，C から平面 OAB に垂線 CH を下ろす．

∘ H は平面 OAB 上だから，

$\overrightarrow{OH}=s\vec{a}+t\vec{b}$ …① と表せる．（単純形）

∘ CH ⊥ 平面 OAB だから，

$$\begin{cases}CH\perp OA\\ CH\perp OB.\end{cases}\ \text{i.e.}\ \begin{cases}\overrightarrow{CH}\cdot\overrightarrow{OA}=0 & \cdots②\\ \overrightarrow{CH}\cdot\overrightarrow{OB}=0. & \cdots③\end{cases}$$

①②より（$\overrightarrow{CH}=\overrightarrow{OH}-\overrightarrow{OC}$）

$(s\vec{a}+t\vec{b}-\vec{c})\cdot\vec{a}=0.$

$s\cdot 5+t\cdot 3-4=0.$ …④（s, t は集約したままで）

①③より

$(s\vec{a}+t\vec{b}-\vec{c})\cdot\vec{b}=0.$

$s\cdot 3+t\cdot 9-6=0.$ …⑤

④×3−⑤ より，$12s-6=0.\ s=\dfrac{1}{2}.$

これと④より，$3t=4-\dfrac{5}{2}.\quad t=\dfrac{1}{2}.$

これらと①より（実は，H は AB の中点）

$$\overrightarrow{OH}=\frac{1}{2}(\vec{a}+\vec{b})=\begin{pmatrix}0\\1\\2\end{pmatrix}.$$

$$\therefore\ \overrightarrow{CH}=\begin{pmatrix}0\\1\\2\end{pmatrix}-\begin{pmatrix}4\\5\\0\end{pmatrix}=\begin{pmatrix}-4\\-4\\2\end{pmatrix}=-2\begin{pmatrix}2\\2\\-1\end{pmatrix}.$$

$$\therefore\ |\overrightarrow{CH}|=|-2|\left|\begin{pmatrix}2\\2\\-1\end{pmatrix}\right|=2\cdot 3=6.$$

以上より，$V=\dfrac{1}{3}\cdot 3\cdot 6=6.$ //

解説 前問とやることはほぼ同じ．違うのは内積を「成分」で計算することだけ．

文字 s, t は**集約**したままで！

注 $\overrightarrow{CH}$ という平面 OAB に垂直なベクトル（法線ベクトル）が重要な役割を果たしていますね．そこで，**法線ベクトル**を初めに求めてしまう方法もご紹介します：

別解 1 平面 OAB の法線ベクトルの 1 つ [1]：

$\vec{n}=\begin{pmatrix}l\\m\\n\end{pmatrix}$ は，$\begin{cases}\vec{a}\cdot\vec{n}=0 \text{ より } l+2n=0.\\ \vec{b}\cdot\vec{n}=0 \text{ より } -l+2m+2n=0\end{cases}$

を満たす．辺々加えて，$2m+4n=0$．よって，

$m=-2n,\ l=-2n.\ \therefore\ \vec{n}=\begin{pmatrix}2\\2\\-1\end{pmatrix}$ としてよい．[2]

∘ $\overrightarrow{CH}\,/\!/\,\vec{n}$ より

$\overrightarrow{OH}=\overrightarrow{OC}+\overrightarrow{CH}$

$=\overrightarrow{OC}+k\vec{n}$ …⑥とおける．

∘ CH ⊥ 平面 OAB より

$\vec{n}\perp\overrightarrow{OH}.\ \therefore\ \vec{n}\cdot\overrightarrow{OH}=0.$

これと⑥より

$\vec{n}\cdot(\overrightarrow{OC}+k\vec{n})=0.$

$\vec{n}\cdot\overrightarrow{OC}+k|\vec{n}|^2=0.$ [3]　$18+k\cdot 9=0.$

$k=-2.\quad\therefore\ \overrightarrow{CH}=-2\vec{n}.$（…以下略…）

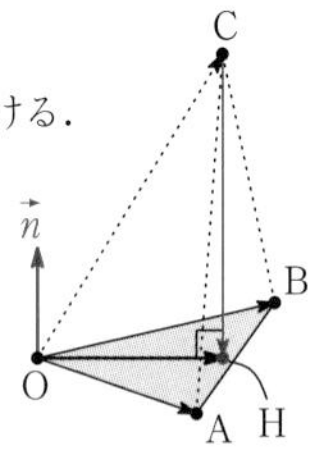

補足 [1)2)]：法線ベクトルは，大きさも考えると無限個ありますが，ここではその方向だけが重要なので，成分がなるべくカンタンな値になるものを使用しました．

注 3)：この等式を用いると

$$\overrightarrow{\mathrm{CH}}=-\frac{\vec{n}\cdot\overrightarrow{\mathrm{OC}}}{|\vec{n}|^2}\vec{n}.$$

どこかで見覚えのある形になりましたね：

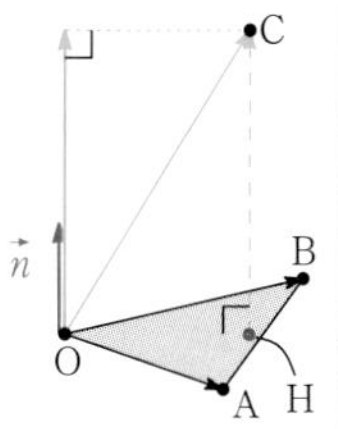

別解2 $\overrightarrow{\mathrm{HC}}$ は，$\overrightarrow{\mathrm{OC}}$ の $\vec{n}$ への正射影ベクトルだから，

$$\overrightarrow{\mathrm{HC}}=\frac{\vec{n}\cdot\overrightarrow{\mathrm{OC}}}{|\vec{n}|^2}\vec{n}=\frac{18}{9}\begin{pmatrix}2\\2\\-1\end{pmatrix}=2\begin{pmatrix}2\\2\\-1\end{pmatrix}.$$

注 平面の法線ベクトルが既知の場合には，この方法がいちばん手早いでしょう．

注 原点 O が四面体の 1 頂点でなくても，「四面体の各辺をなすベクトルを考える」という方針は不変です．

例題 5 12 f 球と三角形 根底 実戦 入試

[→演習問題 5 13 17]

O を原点とする xyz 空間に定点 A(1, 1, 0), B(0, 1, 1) と，半径が $\frac{1}{\sqrt{2}}$ である球面 S がある．
S が △OAB の 3 辺と接するとき，S の中心 P の座標を求めよ．

着眼 座標軸も描きたくなる設定ですね．

問題そのものは「球と三角形」をテーマとしていますが，平面 OAB 上で考えると，けっきょく…

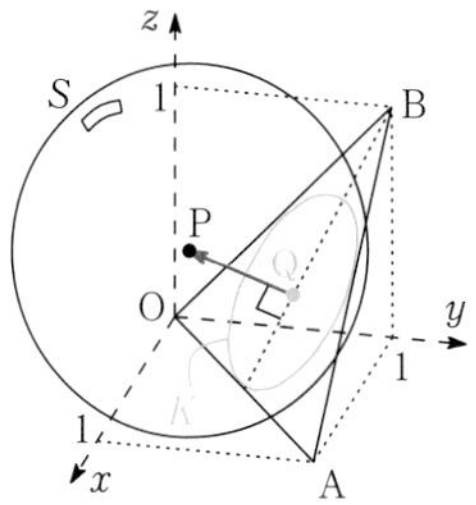

解答 S は △OAB の各辺と共有点を 1 つだけもつ．

よって平面 OAB 上で，S との交円 K は △OAB の内接円．△OAB は正三角形 (1 辺の長さ $=\sqrt{2}$) だから，その内接円 K の中心 Q(内心) は重心でもある．よって

$$\overrightarrow{\mathrm{OQ}}=\frac{\overrightarrow{\mathrm{OO}}+\overrightarrow{\mathrm{OA}}+\overrightarrow{\mathrm{OB}}}{3}$$

$$=\frac{1}{3}\left\{\begin{pmatrix}1\\1\\0\end{pmatrix}+\begin{pmatrix}0\\1\\1\end{pmatrix}\right\}=\frac{1}{3}\begin{pmatrix}1\\2\\1\end{pmatrix}.$$

次に，$\overrightarrow{\mathrm{QP}}$ について考える．

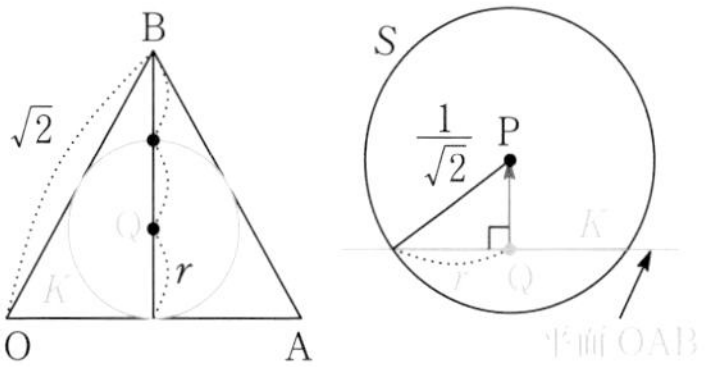

K の半径を r とすると，前図左より

$$r=\frac{1}{3}\times\sqrt{2}\cdot\frac{\sqrt{3}}{2}=\frac{1}{\sqrt{6}}.$$

これと前図右より，$|\overrightarrow{\mathrm{QP}}|=\sqrt{\frac{1}{2}-\frac{1}{6}}=\frac{1}{\sqrt{3}}$.

次に，平面 OAB の法線ベクトルを $\vec{n}=\begin{pmatrix}a\\b\\c\end{pmatrix}$ とすると，$\vec{n}$ は $\overrightarrow{\mathrm{OA}}$, $\overrightarrow{\mathrm{OB}}$ のいずれとも垂直だから

$$\begin{pmatrix}a\\b\\c\end{pmatrix}\cdot\begin{pmatrix}1\\1\\0\end{pmatrix}=0,\ \begin{pmatrix}a\\b\\c\end{pmatrix}\cdot\begin{pmatrix}0\\1\\1\end{pmatrix}=0.$$

$$a+b=0,\ b+c=0.\quad \therefore\ a=c=-b.$$

$$\therefore\ \overrightarrow{\mathrm{QP}}\,/\!/\,\vec{v}:=\begin{pmatrix}1\\-1\\1\end{pmatrix}.$$

$$\therefore\ \overrightarrow{\mathrm{QP}}=\underbrace{\pm\frac{1}{\sqrt{3}}}_{\text{符号付長さ}}\times\underbrace{\frac{\vec{v}}{|\vec{v}|}}_{\text{単位ベクトル}}$$

$$=\pm\frac{1}{\sqrt{3}}\cdot\frac{1}{\sqrt{3}}\cdot\begin{pmatrix}1\\-1\\1\end{pmatrix}=\pm\frac{1}{3}\begin{pmatrix}1\\-1\\1\end{pmatrix}.$$

$$\therefore\overrightarrow{\mathrm{OP}}=\overrightarrow{\mathrm{OQ}}+\overrightarrow{\mathrm{QP}}=\frac{1}{3}\begin{pmatrix}1\\2\\1\end{pmatrix}\pm\frac{1}{3}\begin{pmatrix}1\\-1\\1\end{pmatrix}.$$

i.e. $\mathrm{P}\left(\frac{2}{3},\ \frac{1}{3},\ \frac{2}{3}\right)$ or (0, 1, 0).//

注 答えの 1 つ：P(0, 1, 0) から円 K の各接点に到る距離は，球 S の半径 $\frac{1}{\sqrt{2}}$ と一致していますね．これで結果のチェックができました．

別解 ごく単純に，P(x, y, z) とおき，3 つの接点 (各辺の中点) との距離を考えて 3 元連立方程式を立てても解決します．

3 ベクトル方程式（空間）

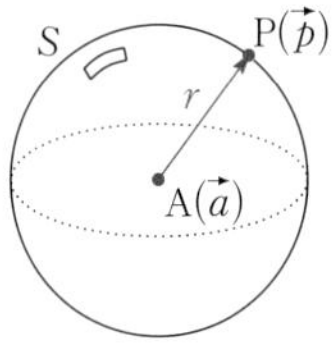

平面上と同様に，空間内の図形も**ベクトル方程式**で表すことができます.

例 O を始点とする位置ベクトルを考え，A($\vec{a}$) とすると，中心 A，半径 $r\ (>0)$ の球面 S 上に動点 P($\vec{p}$) があるための条件，つまり球面 S のベクトル方程式は，

$|\overrightarrow{\mathrm{AP}}|=r.\quad$ i.e. $|\vec{p}-\vec{a}|=r.$ …①

座標空間内で A(a, b, c)，P(x, y, z) とおいて①を表したもの，つまり球面 S の方程式は，

$(x-a)^2+(y-b)^2+(z-c)^2=r^2.$ …①′

重要 ハッキリと言い切ります．**ベクトル方程式①の方が，方程式①′より遥かに高機能です**．筆者は，後者を使うことはほぼ皆無です.（例外的な内容を 4 で扱いますが．）

例題 5 12 g 球と直線の交点 根底 実戦 典型

座標空間内で，2 点 A(1, 2, 2)，B(2, 3, 4) を通る直線 l と，球面 $S : (x-3)^2+y^2+(z-1)^2=25$ がある．l と S の 2 つの交点を P，Q とするとき，線分 PQ の長さを求めよ.

語記サポ 本問の PQ のことを，「S が l から切り取る線分」といいます.

方針 点 P，Q が満たすべき条件：「共線条件」と「球面上」を，それぞれベクトルで表します.

解答 l 上の任意の点を R とすると

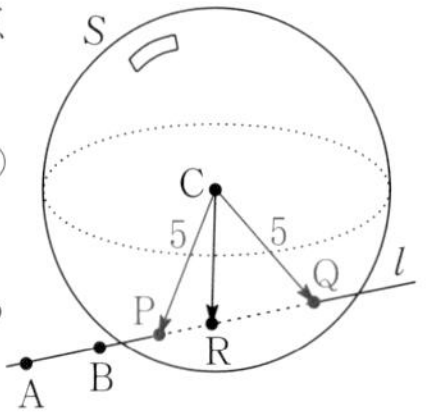

$\overrightarrow{\mathrm{OR}}=\overrightarrow{\mathrm{OA}}+t\overrightarrow{\mathrm{AB}}$ …①

と表せる.

球面 S は半径が 5 であり，中心は (3, 0, 1).

これを C として，R が S 上にもあるための条件は

$|\overrightarrow{\mathrm{CR}}|=5.$ …②　　$|\overrightarrow{\mathrm{OR}}-\overrightarrow{\mathrm{OC}}|=5.$

$|\overrightarrow{\mathrm{OA}}-\overrightarrow{\mathrm{OC}}+t\overrightarrow{\mathrm{AB}}|=5.$ (∵ ①)

$$\left|\begin{pmatrix}-2\\2\\1\end{pmatrix}+t\begin{pmatrix}1\\1\\2\end{pmatrix}\right|^2=5^2.$$

$9+2t\cdot2+t^2\cdot6=25.\quad 3t^2+2t-8=0.$

$(3t-4)(t+2)=0.\ \therefore\ t=-2,\ \dfrac{4}{3}.$

これらに対応する R が P，Q だから，

$\{\overrightarrow{\mathrm{AP}}, \overrightarrow{\mathrm{AQ}}\}=\left\{-2\overrightarrow{\mathrm{AB}}, \dfrac{4}{3}\overrightarrow{\mathrm{AB}}\right\}.$ 順不同

$$\begin{aligned}\therefore\ |\overrightarrow{\mathrm{PQ}}|&=|\overrightarrow{\mathrm{AQ}}-\overrightarrow{\mathrm{AP}}|\\&=\left|\frac{4}{3}\overrightarrow{\mathrm{AB}}-(-2\overrightarrow{\mathrm{AB}})\right|\\&=\left|\frac{10}{3}\begin{pmatrix}1\\1\\2\end{pmatrix}\right|=\frac{10}{3}\sqrt{6}.\text{//}\end{aligned}$$

解説 R が S 上にある条件を，**ベクトル方程式②で表すことがポイントです.**

注意！ x, y, z で書かれた方程式に①を代入するのは，未知数 t をまき散らす典型的な下手解答.

別解 「円」が直線から切り取る線分には，中心と直線との垂直距離を利用する手が有効でした［→ II+B 例題 3 6 d (2)］．これをマネて…

$\overrightarrow{\mathrm{CR}}\perp l$ となるとき，

$$\left\{\begin{pmatrix}-2\\2\\1\end{pmatrix}+t\begin{pmatrix}1\\1\\2\end{pmatrix}\right\}\cdot\begin{pmatrix}1\\1\\2\end{pmatrix}=0.$$

$2+t\cdot6=0.\quad t=-\dfrac{1}{3}.$

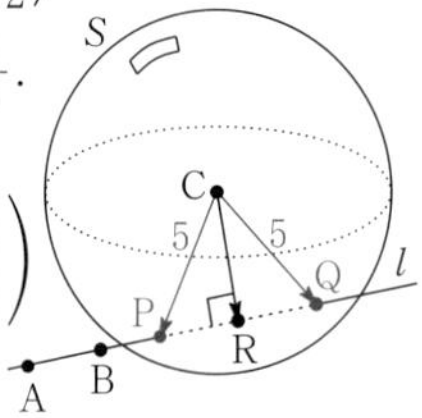

このとき

$$\overrightarrow{\mathrm{CR}}=\begin{pmatrix}-2\\2\\1\end{pmatrix}-\frac{1}{3}\begin{pmatrix}1\\1\\2\end{pmatrix}=\frac{1}{3}\begin{pmatrix}-7\\5\\1\end{pmatrix}.$$

$\therefore\ |\overrightarrow{\mathrm{CR}}|=\dfrac{1}{3}\sqrt{75}=\dfrac{5}{\sqrt{3}}.$

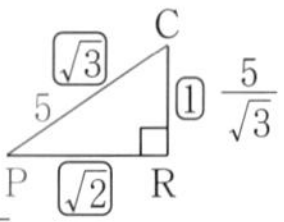

$\therefore\ \mathrm{PQ}=2\times\mathrm{PR}=2\times5\cdot\dfrac{\sqrt{2}}{\sqrt{3}}=\dfrac{10}{3}\sqrt{6}.$//

注 「垂直」の代わりに，$|\overrightarrow{\mathrm{CR}}|$ の最小値を求める方針でも OK です.

空間内の「平面」は，平面上の「直線」と同様に考えて**ベクトル方程式**で表すことができます．

例 O を始点とする位置ベクトルを $\mathrm{A}(\vec{a})$，$\mathrm{P}(\vec{p})$ とすると，1 **点** A を通り $\vec{n}$ を **法線ベクトル**とする平面 α 上に動点 P があるための条件（α のベクトル方程式）は

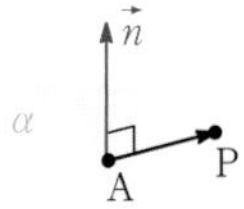

$\vec{n} \perp \overrightarrow{\mathrm{AP}}$ (or P = A).　　i.e. $\vec{n}\cdot\overrightarrow{\mathrm{AP}} = 0$. …②

座標空間内で $\mathrm{A}(a, b, c)$，$\mathrm{P}(x, y, z)$ とおいて②を表したもの，つまり平面 α の方程式は，

Ⅱ+B 3 2 2 「直線」と同様

$$\vec{n} = \begin{pmatrix} l \\ m \\ n \end{pmatrix} \text{として，} \begin{pmatrix} l \\ m \\ n \end{pmatrix}\cdot\left\{\begin{pmatrix} x \\ y \\ z \end{pmatrix} - \begin{pmatrix} a \\ b \\ c \end{pmatrix}\right\} = 0. \text{ i.e. } l(x-a)+m(y-b)+n(z-c) = 0. \cdots ②'$$

法線ベクトルの成分

方程式②′において，$\boldsymbol{x, y, z}$ **の係数が法線ベクトルの成分**を表します．

重要 試験で方程式②′を活用することは稀(まれ)です．**ベクトル方程式**②の方が，断然優れています．

例題 5 12 h 球と平面の交円　根底 実戦

[→演習問題 5 13 17]

O を原点とする座標空間内で，球面 S: $x^2 + y^2 + z^2 + 2x - 4z = 4$ と平面 α: $x + 2y - 2z = 1$ の交円を C とする．C の中心 P の座標と半径 r を求めよ．　「交円」＝交わってできる円

注 問題文の「方程式」自体はほぼ使いません．

着眼 α の方程式における x, y, z の係数が，α の法線ベクトルの成分です．α 上にある 1 点は，カンタンに見つかりますね．

解答 P は S の中心から α へ下ろした垂線の足．

◦ S: $(x+1)^2 + y^2 + (z-2)^2 = 9$ より，
S は中心 $\mathrm{A}(-1, 0, 2)$，半径 3 の球面．

◦ α は 1 点 $\mathrm{B}(1, 0, 0)$ を通り，
$\vec{n} = \begin{pmatrix} 1 \\ 2 \\ -2 \end{pmatrix}$ を法線ベクトルとする平面．

方針 座標軸を描きマジメに図示しても意味なし．自分にとって見やすい向きに図を描きましょう．■

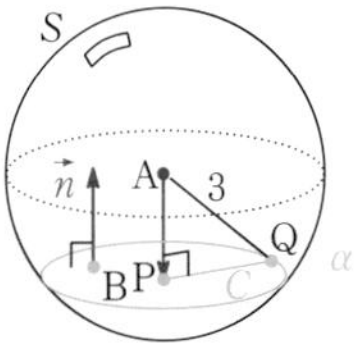

◦ $\overrightarrow{\mathrm{AP}} /\!/ \vec{n}$ より　とりあえず O を始点に
$\overrightarrow{\mathrm{OP}} = \overrightarrow{\mathrm{OA}} + t\vec{n}$ …①と表せる．

◦ P は α 上だから　始点変えたきゃ差にバラせ
$\vec{n}\cdot\overrightarrow{\mathrm{BP}} = 0$.　　$\vec{n}\cdot(\overrightarrow{\mathrm{OP}} - \overrightarrow{\mathrm{OB}}) = 0$.

これと①より　α のベクトル方程式

$\vec{n}\cdot(\overrightarrow{\mathrm{OA}} + t\vec{n} - \overrightarrow{\mathrm{OB}}) = 0$.

$$\begin{pmatrix} 1 \\ 2 \\ -2 \end{pmatrix}\cdot\left\{\begin{pmatrix} -2 \\ 0 \\ 2 \end{pmatrix} + t\begin{pmatrix} 1 \\ 2 \\ -2 \end{pmatrix}\right\} = 0.$$

$-6 + t\cdot 9 = 0$.　$t = \dfrac{2}{3}$.　これと①より

$$\overrightarrow{\mathrm{OP}} = \begin{pmatrix} -1 \\ 0 \\ 2 \end{pmatrix} + \frac{2}{3}\begin{pmatrix} 1 \\ 2 \\ -2 \end{pmatrix} = \frac{1}{3}\begin{pmatrix} -1 \\ 4 \\ 2 \end{pmatrix}.$$

i.e. $\mathrm{P}\left(-\dfrac{1}{3}, \dfrac{4}{3}, \dfrac{2}{3}\right)$.//

また，$|\overrightarrow{\mathrm{AP}}| = \left|\dfrac{2}{3}\vec{n}\right| = \dfrac{2}{3}\cdot 3 = 2$.

前図の △APQ より，$r = \sqrt{3^2 - 2^2} = \sqrt{5}$.//

別解 垂線と言えば，正射影ベクトル！

$\overrightarrow{\mathrm{AP}}$ は，$\overrightarrow{\mathrm{AB}}$ の $\vec{n}$ への正射影ベクトルだから

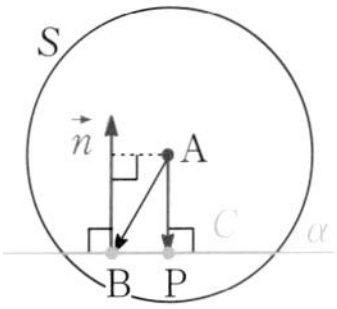

$$\overrightarrow{\mathrm{AP}} = \frac{\vec{n}\cdot\overrightarrow{\mathrm{AB}}}{|\vec{n}|}\cdot\frac{\vec{n}}{|\vec{n}|}$$

“符号付長さ”　単位ベクトル

$$= \frac{1}{9}\left\{\begin{pmatrix} 1 \\ 2 \\ -2 \end{pmatrix}\cdot\begin{pmatrix} 2 \\ 0 \\ -2 \end{pmatrix}\right\}\begin{pmatrix} 1 \\ 2 \\ -2 \end{pmatrix} = \frac{2}{3}\begin{pmatrix} 1 \\ 2 \\ -2 \end{pmatrix}.$$

以下略

解説 S，α のいずれについても，x, y, z の「方程式」はほとんど使っていません．球面，平面がもつ図形的特性に関する情報をつかんだら，あとはベクトルで表しましょう．

注 ①では，P の座標に直結するよう原点 O を始点にしましたが，その後の内積処理を重視して B を始点にとるのも OK．

参考 「点と直線の距離公式」とよく似た「点と平面の距離公式」というのもありますが，覚えて使う価値はありません．[→演習問題 5 13 17]

第5章 ベクトル

例題 5 12 i ベクトル方程式・応用（空間） 根底 実戦

[→例題 5 9 m]

空間内に正四面体 OABC(1 辺の長さは 1) があり，$2\left|\overrightarrow{OP}\right|^2+\overrightarrow{AP}\cdot\overrightarrow{BP}+\overrightarrow{AP}\cdot\overrightarrow{CP} \leq k$ (k は実数) …①
を満たす点 P が描く図形（点 P の集合）を S とする．

(1) S が空集合とはならないような k の範囲を求めよ．また，そのとき S の体積を k で表せ．

(2) BC の中点 L が S に属するような k の範囲を求めよ．

(3) 正四面体 OABC 全体が S に含まれるような k の範囲を求めよ．

着眼 ①は空間内でのベクトル方程式（のようなもの）です（実際は不等式ですが）．

方針 始点を三角形の 1 頂点（定点）に**統一**します．「O」という名の頂点があるので，それを始点にします（「原点」=「origin」）．
そして，動点 P を**集約**します．

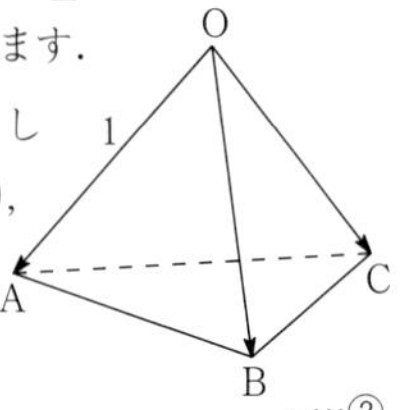

解答 (1) O を基準点とした位置ベクトルを $A(\vec{a})$，$P(\vec{p})$ などとすると，

$|\vec{a}|=|\vec{b}|=|\vec{c}|=1$.

$\vec{a}\cdot\vec{b}=\vec{b}\cdot\vec{c}=\vec{c}\cdot\vec{a}=1\cdot1\cdot\cos 60^\circ=\dfrac{1}{2}$. …②

予め準備

①は

始点を O に統一

$$2|\vec{p}|^2+(\vec{p}-\vec{a})\cdot(\vec{p}-\vec{b})+(\vec{p}-\vec{a})\cdot(\vec{p}-\vec{c})\leq k.$$

$$4|\vec{p}|^2-(2\vec{a}+\vec{b}+\vec{c})\cdot\vec{p}+1\leq k.$$

$\vec{p}$ について整理

($\because$ ②より $\vec{a}\cdot\vec{b}+\vec{a}\cdot\vec{c}=1$.)

$$|\vec{p}|^2-\frac{1}{4}(2\vec{a}+\vec{b}+\vec{c})\cdot\vec{p}\leq\frac{k-1}{4}.$$

$|\vec{p}|^2$ の係数を 1 にする

$$\left|\vec{p}-\frac{1}{8}(2\vec{a}+\vec{b}+\vec{c})\right|^2 \leq \frac{1}{64}\left|2\vec{a}+\vec{b}+\vec{c}\right|^2+\frac{k-1}{4}. \quad \cdots③$$

ここで②より

$$\left|2\vec{a}+\vec{b}+\vec{c}\right|^2=4+1+1+\frac{1}{2}(4+2+4)=11.$$

よって③は

$$\left|\vec{p}-\frac{1}{8}(2\vec{a}+\vec{b}+\vec{c})\right|^2 \leq \frac{16k-5}{64}. \quad \cdots③'$$

左辺は 0 以上の任意の実数値をとり得る．よって，これを満たす $P(\vec{p})$ が存在するための条件は

右辺 ≥ 0.　$\therefore\ k\geq\dfrac{5}{16}$.//

このとき，$\vec{n}:=\dfrac{1}{8}(2\vec{a}+\vec{b}+\vec{c})$，$N(\vec{n})$ とすると，③′は

$$|\vec{p}-\vec{n}|^2=\left|\overrightarrow{NP}\right|^2\leq\frac{16k-5}{64}.$$

よって S は，N を中心とする球体で，その半径^2 は上式の右辺．よって求める体積は，

$$\frac{4}{3}\pi(\text{半径})^3=\frac{4}{3}\pi\left(\frac{16k-5}{64}\right)^{\frac{3}{2}}.//$$

言い訳 重要度↓ より正確に述べると，$k=\dfrac{5}{16}$ のときは半径 $=0$，つまり S は「1 点 N」ですが，その体積は「0」ですから問題なしです．

語記サポ 「球面」が表面だけを表すのに対し，「球体」は中身も詰まった球を意味します．

(2) $L(\vec{l})$ として，$\vec{l}=\dfrac{\vec{b}+\vec{c}}{2}$．③′より L が S に属するための条件は

$$\left|\frac{\vec{b}+\vec{c}}{2}-\frac{1}{8}(2\vec{a}+\vec{b}+\vec{c})\right|^2\leq\frac{16k-5}{64}.$$

$$\left|-2\vec{a}+3\vec{b}+3\vec{c}\right|^2\leq 16k-5.$$

ここで，左辺 $=4+9+9-6+9-6=19$ だから，

$$19\leq 16k-5.\quad\therefore\ k\geq\frac{3}{2}.//$$

(3) **着眼** 「正四面体 OABC 全体」といっても，実際に考えるのは四面体の 4 頂点です．
(2)の「中点 L」を見て，S の中心 N が**どんな点か**が見抜けると，1 頂点で済みます．■

題意の条件は，4 頂点 O，A，B，C が全て S に属すること，つまりこれらのうち中心 N から最も遠い点が S に属すること．…(*)
そこで，N から 4 頂点に到る距離を比べる．

$\overrightarrow{OL} = \dfrac{\vec{b}+\vec{c}}{2}$ より,

$$\vec{n} = \frac{1}{8}(2\vec{a}+\vec{b}+\vec{c})$$
$$= \frac{1}{8}(2\vec{a}+2\vec{l}) = \frac{1}{2}\cdot\frac{\vec{a}+\vec{l}}{2}.$$

よって，ALの中点を$M(\vec{m})$として，$\vec{n} = \dfrac{1}{2}\vec{m}$ だから，N は OM の中点である．

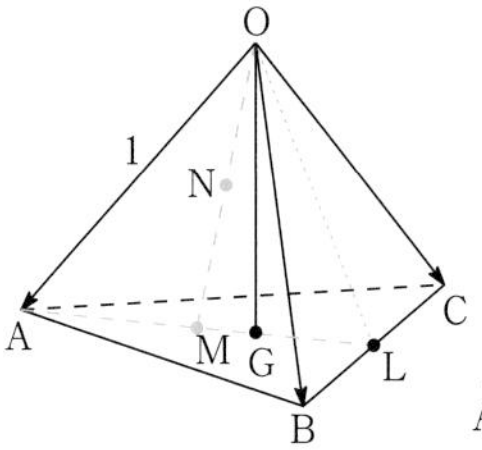

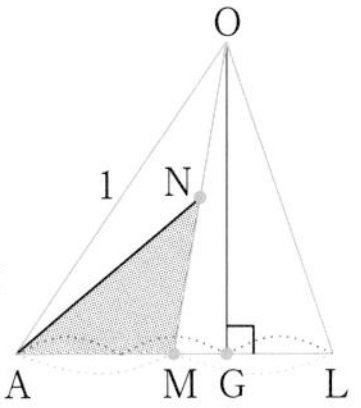

上右の断面図で考える (G は △ABC の重心).
仮に N が OG 上にあれば，NA ＝ NB ＝ NC.
実際には N は OM 上なので,

NA ＜ NB (＝ NC). …④

次に, NO＝NM であり, △AMN に注目すると

∠A ＜ 90° ＜ ∠M より,
NM ＜ NA.

辺の長短と角の大小 [→ I+A 5 4 4]

∴ NO ＜ NA.
これと④より，N から最も遠い頂点は B と C である．よって題意の条件 (*) は
$B \in S$. i.e. P＝B のとき①が成り立つこと．[1]
すなわち

$$2\left|\overrightarrow{OB}\right|^2 + \overrightarrow{AB}\cdot\overrightarrow{BB} + \overbrace{\overrightarrow{AB}\cdot\overrightarrow{CB}}^{\overrightarrow{BA}\cdot\overrightarrow{BC}} \leqq k.$$

$$k \geqq 2+0+\frac{1}{2}.\quad k \geqq \frac{5}{2}.\ /\!/$$

解説 [1]：もちろん，(2)と同様に③′の「$\vec{p}$」の所へ $\vec{b}$ を代入して内積計算しても求まりますが，元の①式へ代入した方が，第 2 項が消えるので手早いですね．

第5章 ベクトル

コラム

先を読む力

これまでの学習を通して,「始点を含まない共線条件・共面条件」の表し方：❷，❸の使い分けについて，次のことがつかめている人も多いと思います：『分解の一意性 (係数比較) の問題では❸：始点統一形』．『座標や内積計算の問題では❷：変数集約形』．実際，多くの場合それで上手くいきます．
しかし，筆者はそうした“使い分けルール”をまとめ上げて強調するようなマネはしていません．理由は，学力伸長の妨げになるからです．
『どういうタイプの問題で，どのパターンの解法を使うの？』これこそが，数学が苦手な人・数学が伸びない人特有の思考回路です．要するに，問題を見た時点で既にその解き方を知っている状態を作りたい．考えないで答えを出すシステムを予め構築しておきたい．で，試験場では頭を使って戦うことなくやり過ごしたい…残念ながらそれは叶(かな)わぬ願いです．だって，試験ではアナタが知らないタイプの問題がわんさか出るんですから (笑)．よって筆者は，方法論としてどんな選択肢があるかは提示しますが，その使い分けを細かく指示しないことが多いです (例外もありますし，学年・習熟度にもよりますが).
数学ができる人は，ほとんどの場合逆向きに頭を使っている気がします．つまり前記の例でいうと,

✕ 分解の一意性 (係数比較) タイプの問題 → 始点統一形で解くと覚える ✕

◯ 仮に始点統一形を使ったら → 分解の一意性 (係数比較) が上手くいくことを**見抜く** ◯

要するに，試行錯誤・トライアル&エラーの精神です．次の一手，あるいは二・三手先を読んで，今 何をすべきかを判断します．試験場で，ウンウン唸(うな)って格闘するのです．もちろん“完璧”などありえません．筆者もたまに読みが外れます．そしたら，修正するまでです．
この**先を読む力**を磨くためにも，普段から暗算で処理できる範囲を広げていきましょう．

4 座標空間での図形の方程式

Ⅱ+B 3 1 2 で述べたように，座標平面上の**曲線**とは，ある等式（方程式）を満たす点 $(x,\ y)$ 全体の集合でした．座標空間においても同様です．

xyz 空間内で，例えばこれまでにも扱ってきた等式 $x^2+y^2+z^2=1$ で表される「**球面** S」とは，これを満たす**点** $(x,\ y,\ z)$：

$$\cdots,\ (1,\ 0,\ 0),\ \left(\frac{1}{\sqrt{2}},\ \frac{1}{\sqrt{2}},\ 0\right),\ \left(\frac{1}{2},\ \frac{1}{2},\ \frac{1}{\sqrt{2}}\right),\ \cdots \text{ などなど}$$

全体の**集合**です．

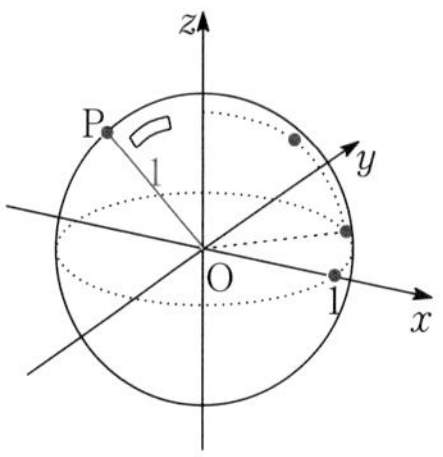

定義 xyz 空間内で，方程式 $f(x,\ y,\ z)=0$ …① で表される「**曲面** S」とは，等式①を満たす**点**全体の**集合**である．
等式①を，曲面 S の**方程式**という．

語記サポ 「平面」も「曲面」の一種と考えます．「曲面」を，「図形」とか「軌跡」と呼んだりもします．

注 「方程式」ばかりを見るのではなく，**図形そのものの特性**を注視することが重要です．例えば上の球面 S は，「中心 O からの距離が 1」という条件を満たす点の集合ですね．■

以下において，代表的な曲面とその方程式をいくつかご紹介します．**必ず自身で**，「たしかにこの図形はこの方程式を満たす点 $\mathrm{P}(x,\ y,\ z)$ の集合であること」を確認するべし．

球面

❶

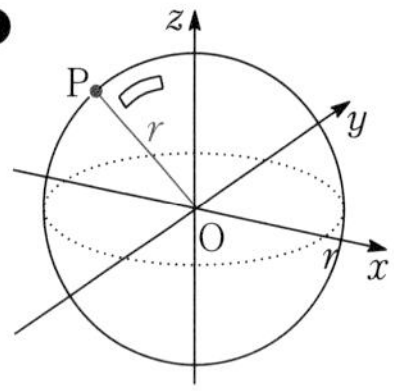

中心 $\mathrm{O}(0,\ 0,\ 0)$，半径 r
$\mathrm{OP}=r$
$x^2+y^2+z^2=r^2$

❶′

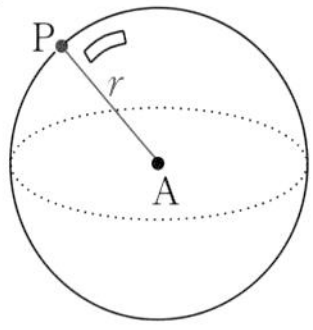

中心 $\mathrm{A}(a,\ b,\ c)$，半径 r
$\mathrm{AP}=r$
$(x-a)^2+(y-b)^2+(z-c)^2=r^2$

平面

❷

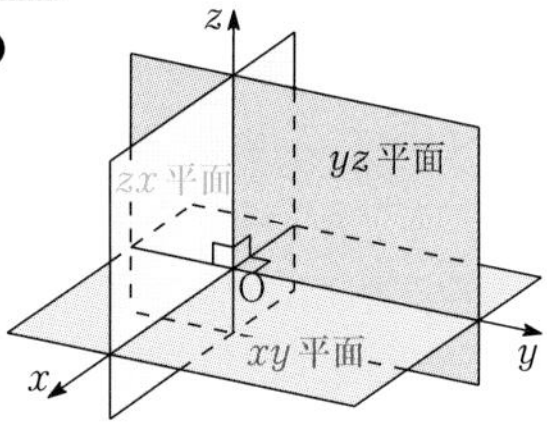

xy 平面：$z=0$（z 軸と垂直）
yz 平面：$x=0$（x 軸と垂直）
zx 平面：$y=0$（y 軸と垂直）

❷′

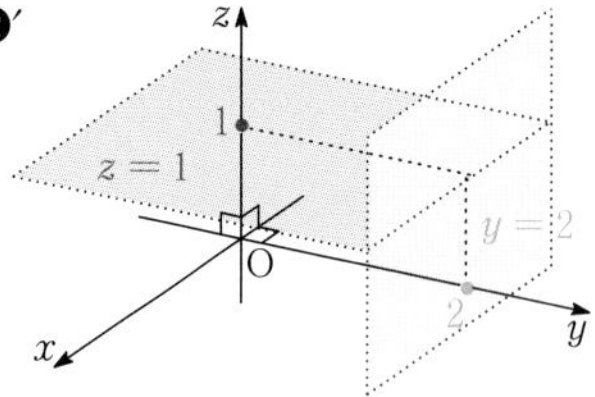

$z=1$（xy 平面と平行，z 軸と垂直）
$y=2$（zx 平面と平行，y 軸と垂直）

❸

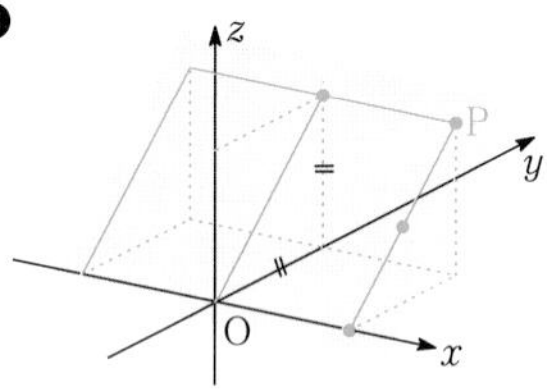

$z=y$（x 軸を含む）
点 $(0,\ 2,\ 2)$，$(2,\ 0,\ 0)$，
$(2,\ 1,\ 1)$，$(2,\ 2,\ 2)$ など

❹

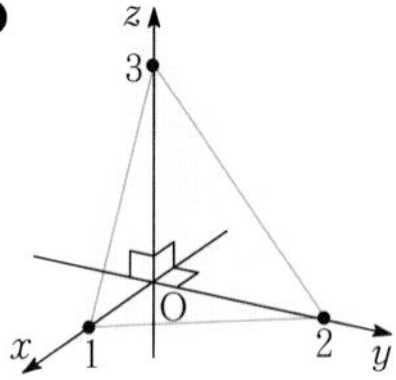

$6x+3y+2z=6$
切片を確認
法線ベクトルは $\begin{pmatrix}6\\3\\2\end{pmatrix}$

注 上記の例や 3「ベクトル方程式」②′式からもわかる通り，一般に，座標空間において $x,\ y,\ z$ の1次方程式は「平面」を表します．

直線

❺

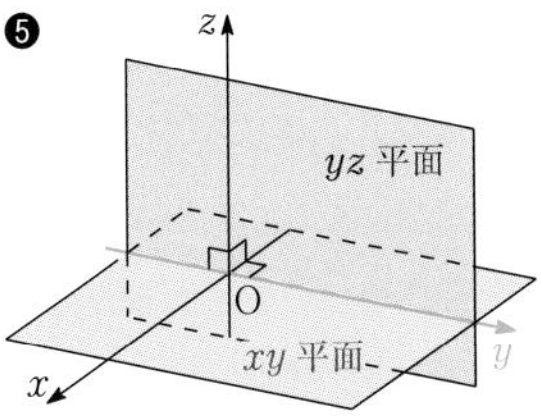

y 軸：$\begin{cases} z=0\ (xy\ 平面) \\ x=0\ (yz\ 平面) \end{cases}$

zx 平面と垂直

❺′

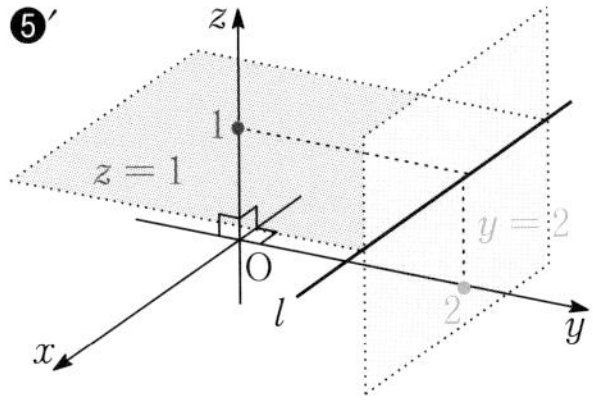

l：$\begin{cases} y=2 \\ z=1 \end{cases}$ $\left(\begin{array}{l} x\ 軸と平行 \\ yz\ 平面と垂直 \end{array}\right)$

❺″

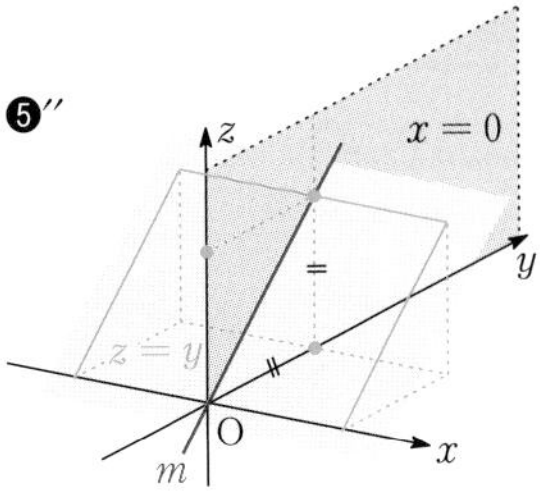

m：$\begin{cases} z=y \\ x=0 \end{cases}$

yz 平面上の直線

一般の直線も，このように連立方程式で表すことが可能です．実際にそうすることは滅多にないですが．

重要　座標空間内の図形はふつう次のように表されます：

> 単一の方程式は「**面**」を表す．例：$z=1$
>
> 「**線**」は連立方程式で表される．例：$\begin{cases} y=2 \\ z=1 \end{cases}$　　線：$\begin{cases} y=2\text{: 面} \\ z=1\text{: 面} \end{cases}$
>
> つまり，「面」と「面」の交わりが「線」．　i.e. **面∩面＝線**.

円柱　円柱側面

❻

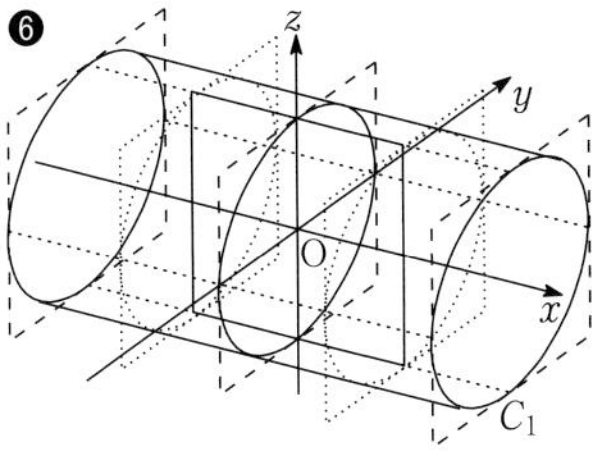

C_1: $y^2+z^2=r^2$

x 軸が円柱の軸，底円の半径 r

❻′

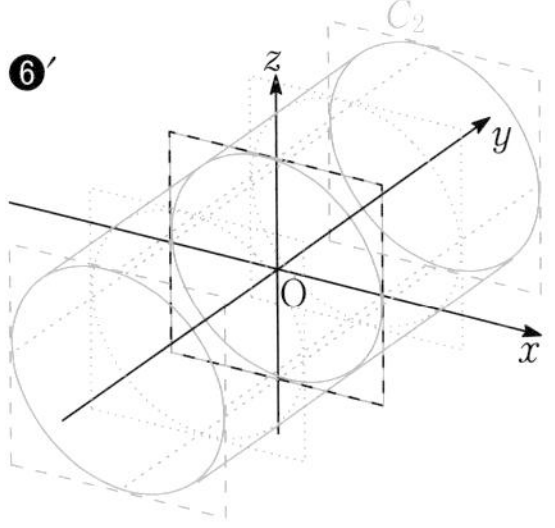

C_2: $x^2+z^2=r^2$

y 軸が円柱の軸，底円の半径 r

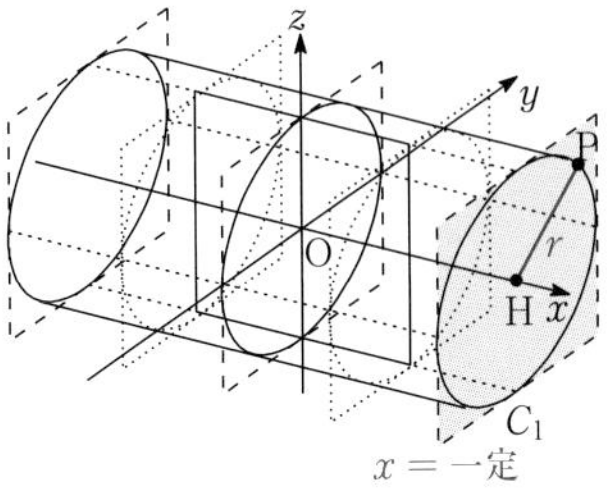

考え方　C_1 の方程式を導いてみましょう（上図右）．平面 $x=$ 一定 上で考えて，点 $\mathrm{P}(x, y, z)$ が C_1 上にあるための条件は，軸上の点 $\mathrm{H}(x, 0, 0)$ との距離が半径 r に等しいこと，すなわち

$$\underline{(x-x)^2}+(y-0)^2+(z-0)^2=r^2.\ \text{i.e. } y^2+z^2=r^2.\ \cdots①$$

注　円柱側面 C_1 の平面 $x=$ 一定 との**交わり**は，x の値に関係なくつねに x 軸上に中心をもつ半径 r の円周（線）です（いわゆる“金太郎飴（あめ）”）．言い換えると，平面 $x=$ 一定 上の円周を x 軸方向に平行移動してできる曲面が円柱 C_1 です．

一般に，ある曲線を x 軸方向に平行移動してできる曲面＝「柱」の方程式は，上記のように赤波線部が x の値によらず消えるため，①のような「x」を含まない式となります．例えば方程式「$z=y^2$」は，yz 平面上の放物線を x 軸方向に平行移動したものです．

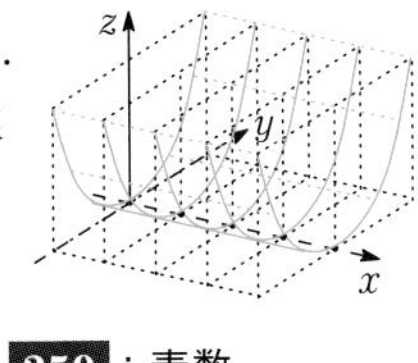

> **「柱」の方程式**
>
> x 軸方向の平行移動によって作られる「柱」の方程式は，x を含まない $f(y, z)=0$ の形となる．

例題 5 12 j 立体図形と方程式 根底 実戦

[→演習問題 5 13 18]

xyz 空間内に 2 つの曲面 S_1: $x^2+y^2+z^2=1$ …①, S_2: $(x-2)^2+y^2+z^2=3$ …② がある. S_1 と S_2 の交わり (共通部分) $S_1\cap S_2$ は, ある平面上の円周であることを示せ. また, その平面 α の方程式, およびその円周 C の中心 A の座標と半径 r を求めよ.

解答 **参考**

もちろん, 右図のような中心を含んだ断面図を描いて図形的に片づけることも可能です. 3 辺比が 1 : 2 : $\sqrt{3}$ である有名直角三角形に着目すると, 次の通り :

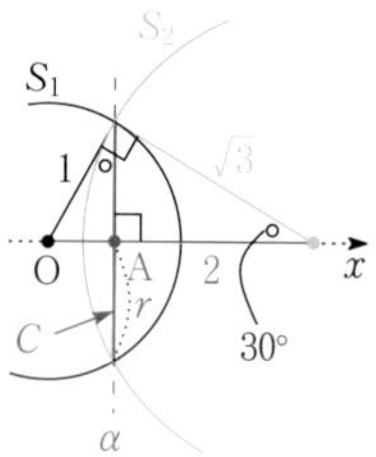

$$\alpha\colon x=\frac{1}{2},\ \mathrm{A}\left(\frac{1}{2},0,0\right),\ r=\frac{\sqrt{3}}{2}.$$

注 しかしここでは, 図形的考察ではなく, **方程式**①②に基づいて考える練習をしましょう.

■

①②を連立[1] する. ① − ② より

$$4x-4=-2.\ \cdots③\quad \text{i.e. } x=\frac{1}{2}.\ \cdots③'$$

これを①へ代入して

$$\frac{1}{4}+y^2+z^2=1.\ \text{i.e. } y^2+z^2=\frac{3}{4}.\ \cdots④$$

ここに, $S_1\cap S_2$ を表す式を同値変形すると,

$$S_1\cap S_2:\begin{cases}① & \text{球面 } S_1\\ ② & \text{球面 } S_2\end{cases}\overset{2)}{\iff}\begin{cases}① & \text{球面 } S_1\\ ③' & \text{平面 } \alpha\end{cases}\overset{3)}{\iff}\begin{cases}③' & \text{平面 } \alpha\\ ④ & \text{円柱 } C_1\end{cases}$$

よって $S_1\cap S_2$ は, 1 次方程式 ③′ が表す平面 α 上にある.

これと④より, $S_1\cap S_2$ は円周であり, その交円 C は右図の通り.

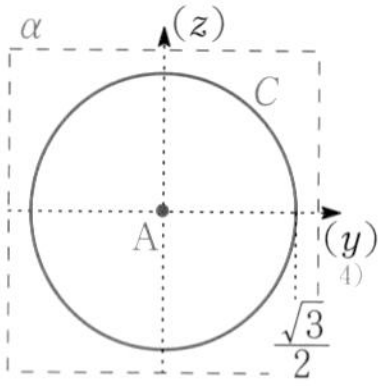

$$\therefore\ \alpha\colon x=\frac{1}{2},\ \mathrm{A}\left(\frac{1}{2},0,0\right),\ r=\frac{\sqrt{3}}{2}.\ /\!/$$

解説 ④式は x を含まないので, x 軸方向の平行移動によってできる円柱側面 (C_1 とする) を表します. よって, 平面 $x=$ 一定 との交わりは, x の値によらずつねに yz 平面 ($x=0$) 上の円 $y^2+z^2=\frac{3}{4}$ を x 軸方向に平行移動したものとなります.

前記の同値変形は, 赤字で書き添えた “図形の組み替え” と対応しています. 図示すると次の通りです :

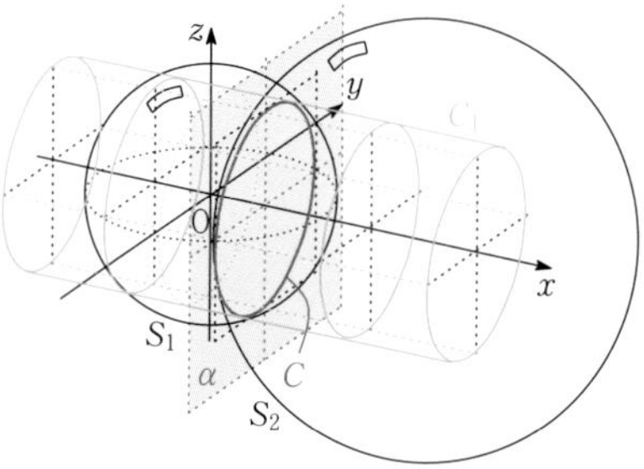

「球と球」→「球と平面」→「平面と円柱」の順に組み替えましたが, 交わりとして定まる図形は, どれも「円周 C」です.

注 2) ① − ③ より②が導かれることを確認.
3) ③′ ④より①が導かれることを確認.

補足 1) : ①②をともに満たす共通な x, y のみを考えるという宣言でしたね.
4) : y 軸や z 軸は, α 上にはなく, 平面 $x=0$ にあります. そこで, 座標軸を点線にして, 「(y)」と括弧で囲むことで, 座標軸の “影” を描いていることを伝えている “つもり” です (笑).

例題 5 12 k 円錐と平面の交わり 根底 実戦 [→演習問題 5 13 18]

座標空間内で，xy 平面上の単位円を底面とし，A(0, 0, 1) を頂点とする円錐側面を S とする．また，x 軸と点 B(0, 1, 1) を含む平面を α とし，S と α が交わってできる曲線を C とする．α 上で，C と x 軸が囲む部分 D の面積を求めよ．

方針 図形そのものを考察するだけでは無理そう．方程式を活用しましょう．

解答

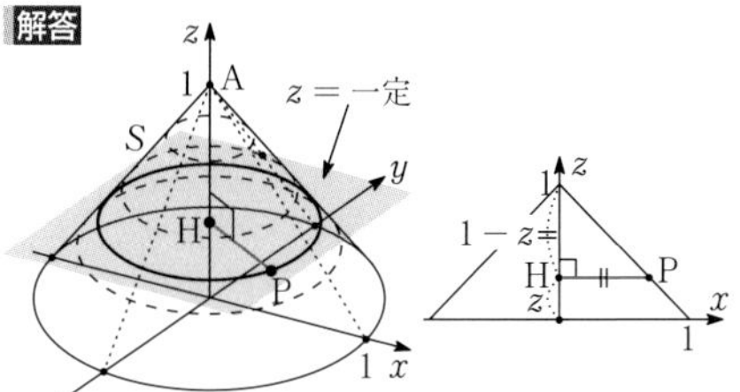

S の方程式を求める．平面 $z=$一定 $(0\leqq z\leqq 1)$ 上で考えて，点 P(x, y, z) が S 上にあるための条件は，軸上の点 H$(0, 0, z)$ との距離が断面の円の半径 $1-z$ に等しいこと (上図右)[1]，すなわち

$$(x-0)^2+(y-0)^2+(z-z)^2=(1-z)^2.$$

$\therefore S$: $x^2+y^2=(1-z)^2\ (0\leqq z\leqq 1)$. …①

平面 α の方程式は，右図より

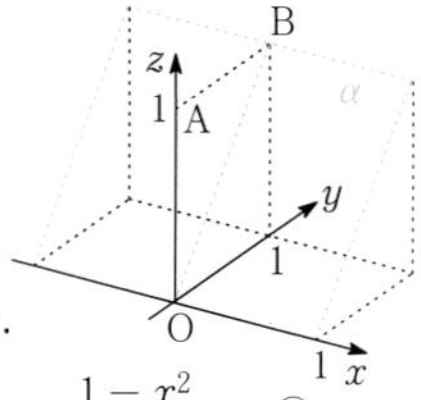

α: $z=y$. …②

①②を連立すると

$$x^2+y^2=(1-y)^2.$$

$$x^2=1-2y.\ \text{i.e. } y=\frac{1-x^2}{2}. \cdots③$$

ここに，交わり $C=S\cap\alpha$ を表す式を同値変形すると，

C : { ① (円錐 S)，② (平面 α) } $\Longleftrightarrow$ { ② (平面 α)，③ (柱 (放物面)) }

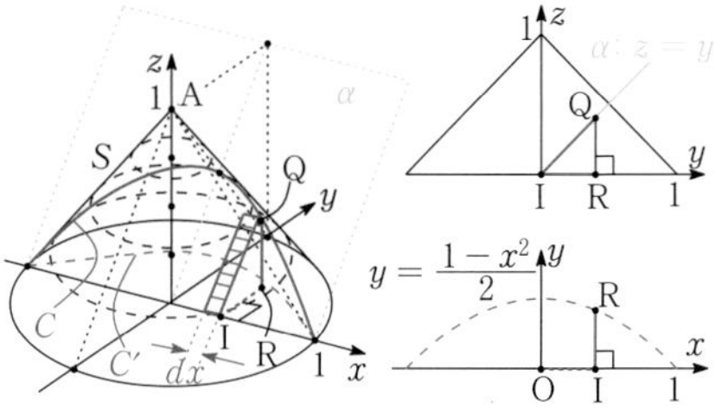

③が表す「柱」と xy 平面の交わりは放物線

C': $y=\dfrac{1-x^2}{2}$, $z=0$ であり，前図のように平面 $x=$一定 において C 上の点 Q，C' 上の点 R，x 軸上の点 I をとると，IQ$\perp x$ 軸より，求める面積は

$$\int_{-1}^{1}\text{IQ}\,dx$$ [2]

(垂直．$\int_{-1}^{1}$：細かく集める，IQ dx：細長長方形の面積)

$$=\int_{-1}^{1}\sqrt{2}\cdot\text{IR}\,dx$$

$$=\int_{-1}^{1}\sqrt{2}\cdot\frac{1-x^2}{2}\,dx$$

$$=\int_{-1}^{1}\frac{-\sqrt{2}}{2}(x+1)(x-1)\,dx$$

$$=\frac{-\sqrt{2}}{2}\cdot\frac{-1}{6}\cdot(1+1)^3$$ ……6 分の 1 公式

$$=\frac{2\sqrt{2}}{3}.$$ //

解説 [1]：円錐 S は，z 軸のまわりの回転体です．軸に垂直な切り口は円ですから，方程式は比較的容易に求まります (円柱と同様です)．
③式は z を含まないので，z 軸方向の平行移動によってできる柱を表します．平面 $z=$一定 との交わりは，z の値によらずつねに xy 平面 $(z=0)$ 上の放物線 $y=\dfrac{1-x^2}{2}$ を z 軸方向に平行移動したものとなります．③が表す曲面を，「放物面」といいます．

[2]：定積分と面積の関係を**理解**していれば，正しく立式できますね．

[→Ⅱ+B 6 5 5，4 1 4]

2次曲線後 円錐側面と平面の交わりは 2 次曲線となることが知られています．

5 座標空間での軌跡

例題 5 12 1 球の接線・軌跡 根底 実戦 [→演習問題 5 13 15]

xyz 空間に球面 $S: x^2+y^2+(z-1)^2=1$ と定点 A(0, 1, 2) がある．A を通る直線 l が S と接しながら動くとき，l と xy 平面との交点 P の軌跡 C を求めよ．

考え方

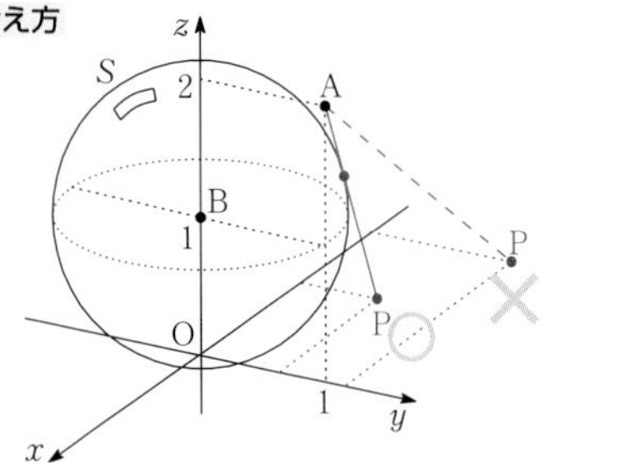

方法論は至ってシンプル．上図で「○」の付いた P は C に属し，「×」の付いた P は C に属しません．

このように，「どんな点 P なら題意の条件が成り立つか？」と考えます．例の『固定して真偽判定』ですね．[→Ⅱ+B 3 8 6 「通過領域」]

注 「接する」ことの表現法には，「接点重視」と「接点軽視」の 2 通りがありました[→Ⅱ+B例題 3 8 S 後の重要]．本問で問われているのは xy 平面上の点 P の軌跡です．接点そのものというより，**「接する」という関係性**こそが重要ですから，接点軽視で．

方針 という訳で，点 P を**固定**して考え，直線 AP が S に接するための条件を表します．

解答 球面 S は半径が 1 であり，中心は (0, 0, 1)．これを B とする．

P$(X, Y, 0)$ とおく．直線 AP 上の任意の点を Q とすると

$\overrightarrow{OQ}=\overrightarrow{OA}+t\overrightarrow{AP}$ …①と表せる．

Q が S 上にもあるための条件は，

$|\overrightarrow{BQ}|=1$. …②　$|\overrightarrow{OQ}-\overrightarrow{OB}|=1$.

$|\overrightarrow{OA}-\overrightarrow{OB}+t\overrightarrow{AP}|=1$. (∵ ①)

$$\left|\begin{pmatrix}0\\1\\1\end{pmatrix}+t\begin{pmatrix}X\\Y-1\\-2\end{pmatrix}\right|^2=1^2.$$

$$\not{2}_{1}+2t(Y-3)+t^2\{X^2+(Y-1)^2+4\}=\not{1}_{0}.$$

直線 AP が S と接するための条件は，これを満たす実数 t がただ 1 つ存在すること．すなわち

$$\frac{\text{判別式}}{4}=(Y-3)^2-\{X^2+(Y-1)^2+4\}=0.$$

$-4Y-X^2+4=0$.

以上より，求める軌跡は

C: $y=1-\dfrac{x^2}{4}$, $z=0$.//

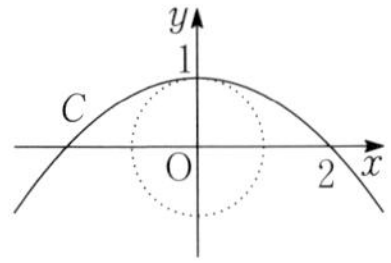

注 Q が S 上にある条件は，**ベクトル方程式**②で表しましょう．[→**下のコラム**]

2 次曲線後 軌跡 C は放物線となりましたね．A を通る S の接線全体は円錐側面となります．これと平面の交わりは 2 次曲線[→7]となることが有名です．

コラム

「計算過程」について

上の例題で，①を，S のベクトル方程式②ではなく，x, y, z による方程式へ代入すると，変数 t が散らばってしまいけっこう大変な計算が残ります．ところが困ったことに，その計算過程を省き，「これを計算すると次のようになる」とか言ってしれ～っと整理された結果が書いてあるような書物・授業が世に蔓延(まんえん)しています．これでは，学習者に対して計算法の巧拙など伝えようがありません．

長年の指導経験から確信をもって言い切ります．「計算」が正しく・素早く実行できるか否かが，入試での得点率を決める最大要因の 1 つです．そこを解説しない書物・授業って…全部インチキ (笑)．

6 その他の話題

例題 5 12 m　2つで表す　根底 実戦　[→例題 5 9 d]

(1)　平面上に 2 ベクトル $\vec{a}, \vec{b}$ があり，$\vec{a} \neq \vec{0}, \vec{b} \neq \vec{0}, \vec{a} \not\parallel \vec{b}$ …① とする．
$\vec{v}\cdot\vec{a} = \vec{v}\cdot\vec{b} = 0$ …② が成り立つとき，$\vec{v} = \vec{0}$ であることを示せ．

(2)　空間内に平面 α と平行な 2 ベクトル $\vec{a}, \vec{b}$ があり，$\vec{a} \neq \vec{0}, \vec{b} \neq \vec{0}, \vec{a} \not\parallel \vec{b}$ …③ とする．
$\vec{n} \perp \vec{a}, \vec{n} \perp \vec{b}$ $(\vec{n} \neq \vec{0})$ …④ が成り立つとき，$\vec{n} \perp \alpha$ であることを示せ．

着眼　①や③は，2 ベクトル $\vec{a}, \vec{b}$ が平面上で“一次独立”であることを主張しています．

解答　(1)　**着眼**　②の意味は，$\vec{v}$ が $\vec{a}, \vec{b}$ のいずれとも垂直だということですね．

平面上では，$\vec{v} \neq \vec{0}$ だと「こんなの無理」だと直観的には明らかです（右図）．しかし，ここではそれをキチンと証明することが要請されています．■

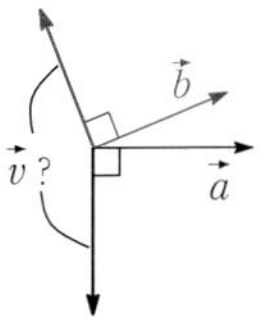

①より，$\vec{v} = s\vec{a} + t\vec{b}$ …⑤ と表せて，

②より

$$\begin{cases} (s\vec{a}+t\vec{b})\cdot\vec{a} = 0, \\ (s\vec{a}+t\vec{b})\cdot\vec{b} = 0. \end{cases}$$

$$\begin{cases} s|\vec{a}|^2 + t\vec{a}\cdot\vec{b} = 0, & \cdots⑥ \\ s\vec{a}\cdot\vec{b} + t|\vec{b}|^2 = 0. & \cdots⑦ \end{cases}$$

$⑥ \times |\vec{b}|^2 - ⑦ \times \vec{a}\cdot\vec{b}$ より

$$\{\underbrace{|\vec{a}|^2|\vec{b}|^2 - (\vec{a}\cdot\vec{b})^2}_{T\text{ とおく}}\}s = 0. \cdots⑧$$

ここで，①より $\vec{a}, \vec{b}$ は右図の平行四辺形の 2 辺をなす．この面積を S とすると

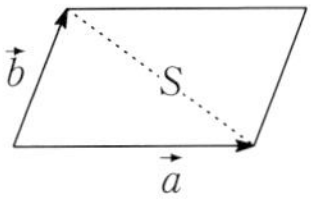

$$S = \sqrt{T},\ S > 0.\ \therefore\ T \neq 0.$$

これと⑧より，$s = 0$．これと⑦より

$$t|\vec{b}|^2 = 0.\ |\vec{b}| \neq 0 \text{ より } t = 0.$$

これと⑤より，$\vec{v} = \vec{0}$．□

解説　①：「一次独立」が，$\vec{a}, \vec{b}$ の作る平行四辺形（もしくは三角形）が“ペシャンコにならない”と読み替えられて解答できたという訳ですね．

参考　⑤の後は，次のように簡便に片づきます：

$$\begin{aligned} |\vec{v}|^2 &= \vec{v}\cdot\vec{v} \\ &= \vec{v}\cdot(s\vec{a}+t\vec{b}) \\ &= s\vec{v}\cdot\vec{a} + t\vec{v}\cdot\vec{b} = 0\ (\because\ ②). \end{aligned}$$

$\therefore\ \vec{v} = \vec{0}$．□

$\vec{v}\cdot\vec{v}$ の片方だけを⑤の右辺に変えるという芸当でした（笑）．■

(2)　**着眼**　例題 5 12 c で確認した 直線と平面の直交 をベースに解答します．

❶「直線 n と平面 α が垂直」
定義
$\Longleftrightarrow$ ❶′「n と α 上の全直線が垂直」
$\Longleftrightarrow$ ❷「n と α 上の2直線が垂直」
定理

要は，❷ $\Longrightarrow$ ❶′（定理）を証明せよという訳です．■

α と平行な任意のベクトル $\vec{p}$ は，③より

$$\vec{p} = s\vec{a} + t\vec{b}$$

と表せて

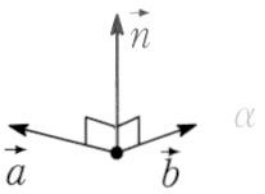

$$\begin{aligned} \vec{n}\cdot\vec{p} &= \vec{n}\cdot(s\vec{a}+t\vec{b}) \\ &= s\vec{n}\cdot\vec{a} + t\vec{n}\cdot\vec{b} = 0\ (\because\ ④). \end{aligned}$$

すなわち $\vec{p} \perp \vec{n}$ だから，$\vec{n} \perp \alpha$．□

参考　この証明は，既に I+A 5 13 3 で済ませていました．

例題 5 12 n 体積比，面積比，線分比　根底 実戦

[→例題 5 9 e]

(1) 三角形 ABC の内部に点 P があり，△PBC，△PCA，△PAB の面積比が $\alpha:\beta:\gamma$(これらは全て正）のとき，$\alpha\overrightarrow{PA}+\beta\overrightarrow{PB}+\gamma\overrightarrow{PC}=\vec{0}$ …① が成り立つことを示せ．

(2) 四面体 ABCD の内部に点 O があり，四面体 OBCD, OCDA, ODAB, OABC の体積比が $a:b:c:d$（これらは全て正）のとき，$a\overrightarrow{OA}+b\overrightarrow{OB}+c\overrightarrow{OC}+d\overrightarrow{OD}=\vec{0}$ …② が成り立つことを示せ．

着眼 (1)は，平面ベクトルにおける**例題 5 9 e**の逆向き.「面積比」→「線分比」→「ベクトルの式」の順に考えます. (2)は「体積比」→「面積比」→「(1)へ帰着」の流れで.

方針 とりあえずはいつも通りの方針:「始点を 1 つの頂点に**統一**」，「2 ベクトルで表す（平面)」·「3 ベクトルで表す（空間)」でいきます．その後で，始点を P や O に変えましょう．

解答 (1) AP と BC の交点を Q とすると

Q は BC を $\gamma:\beta$ に内分する．

P は AQ を $(\beta+\gamma):\alpha$ に内分する．

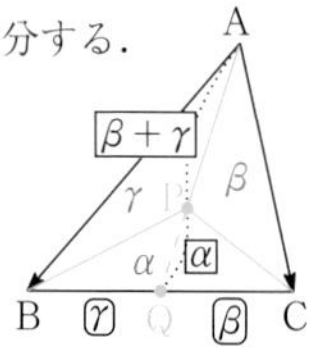

したがって，

$$\overrightarrow{AQ}=\frac{\beta\overrightarrow{AB}+\gamma\overrightarrow{AC}}{\gamma+\beta},$$

$$\overrightarrow{AP}=\frac{\beta+\gamma}{\alpha+\beta+\gamma}\overrightarrow{AQ}$$

$$=\frac{\beta+\gamma}{\alpha+\beta+\gamma}\cdot\frac{\beta\overrightarrow{AB}+\gamma\overrightarrow{AC}}{\beta+\gamma}=\frac{\beta\overrightarrow{AB}+\gamma\overrightarrow{AC}}{\alpha+\beta+\gamma}.$$

始点を P に変えると　分母を払った

$$(\alpha+\beta+\gamma)(-\overrightarrow{PA})$$
$$=\beta(\overrightarrow{PB}-\overrightarrow{PA})+\gamma(\overrightarrow{PC}-\overrightarrow{PA}).$$

$\therefore\ \alpha\overrightarrow{PA}+\beta\overrightarrow{PB}+\gamma\overrightarrow{PC}=\vec{0}$（①が示せた）. □

(2) 以下，例えば頂点 O，底面 BCD の四面体の体積を，〔O-BCD〕のように表す．

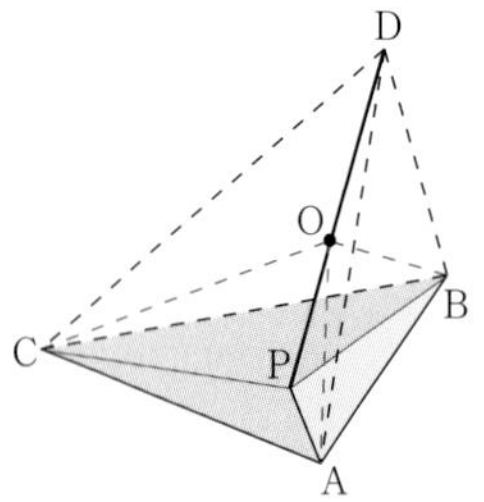

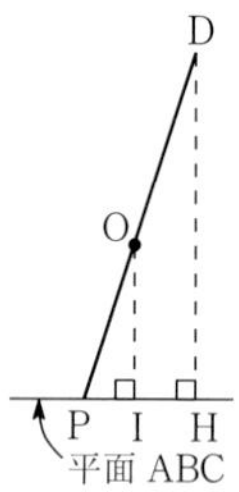

DO と平面 ABC の交点を P とし[1]，D，O から底面 ABC へ下ろした垂線の足をそれぞれ H，I とすると，

〔D-PBC〕:〔D-PCA〕:〔D-PAB〕

$=\frac{1}{3}\cdot\triangle PBC\cdot DH:\frac{1}{3}\cdot\triangle PCA\cdot DH:\frac{1}{3}\cdot\triangle PAB\cdot DH$

$=\triangle PBC:\triangle PCA:\triangle PAB=\alpha:\beta:\gamma.$

ただし，(1)の面積比をそのまま用いた[2]．同様に

〔O-PBC〕:〔O-PCA〕:〔O-PAB〕

$=\triangle PBC:\triangle PCA:\triangle PAB=\alpha:\beta:\gamma.$

これらの差をとると[3]

〔O-DBC〕:[4]〔O-DCA〕:〔O-DAB〕$=\alpha:\beta:\gamma.$

i.e. $a:b:c=\alpha:\beta:\gamma.$

$\therefore\ a\overrightarrow{PA}+b\overrightarrow{PB}+c\overrightarrow{PC}=\vec{0}$（∵ (1)).

始点を O に変えると

$a(\overrightarrow{OA}-\overrightarrow{OP})+b(\overrightarrow{OB}-\overrightarrow{OP})+c(\overrightarrow{OC}-\overrightarrow{OP})=\vec{0}.$

$a\overrightarrow{OA}+b\overrightarrow{OB}+c\overrightarrow{OC}-(a+b+c)\overrightarrow{OP}=\vec{0}.$ …③

〔D-ABC〕:〔O-ABC〕

$=\frac{1}{3}\cdot\triangle ABC\cdot DH:\frac{1}{3}\cdot\triangle ABC\cdot OI$

$=DH:OI$（∵ 底面共通）　[5]△がペシャンコかも

$=DP:OP$(∵ $\triangle DPH\backsim\triangle OPI$).

$\therefore\ DP:OP=(a+b+c+d):d.$

$DO:OP=(a+b+c):d.$

$\therefore\ \overrightarrow{OP}=-\frac{d}{a+b+c}\overrightarrow{OD}.$

$-(a+b+c)\overrightarrow{OP}=d\overrightarrow{OD}.$

これと③より，

$a\overrightarrow{OA}+b\overrightarrow{OB}+c\overrightarrow{OC}+d\overrightarrow{OD}=\vec{0}$（②が示せた）. □

言い訳 [5]：そのときは，DH = DP, OI = OP.

解説 けっきょく(2)の「体積比」は，

錐の体積 $= \dfrac{1}{3}\cdot$ 底面積・高さ

より，「面積比」に帰着され，(1)と見事につながりましたね．（Ⅰ+A演習問題 5 15 5 でほぼ同内容を経験済みです．）

注 1)：この点の名前を「P」とすることは…

2)：このように(1)につながることを先読みして行いました．

3)：いわゆる「加比の理」を使っています（ここでは加えるのではなく引いていますが）．

[→ Ⅰ+A例題 5 7 a (1) 解説]

4)：例えば四面体 D-PCA から，底面が共通な O-PCA を取り除くと，四面体 O-DCA となることを，図を見ながら納得してください．

13 演習問題C

5 13 1 根底 実戦 定期

右のような平行六面体がある．$\vec{a}=\overrightarrow{\mathrm{OA}}$，$\vec{b}=\overrightarrow{\mathrm{OB}}$，$\vec{c}=\overrightarrow{\mathrm{OC}}$ とおいて，次の各ベクトルを $\vec{a}, \vec{b}, \vec{c}$ で表せ．

(1) $\overrightarrow{\mathrm{OP}}$　　(2) $\overrightarrow{\mathrm{OQ}}$

(3) $\overrightarrow{\mathrm{OG}}$ (G は △ABP の重心)　　(4) $\overrightarrow{\mathrm{OL}}$ (L は AR の中点)

(5) $\overrightarrow{\mathrm{OM}}$ (M は PQ の中点)　　(6) $\overrightarrow{\mathrm{ML}}$

(7) $\overrightarrow{\mathrm{MN}}$ (N は PL の中点)

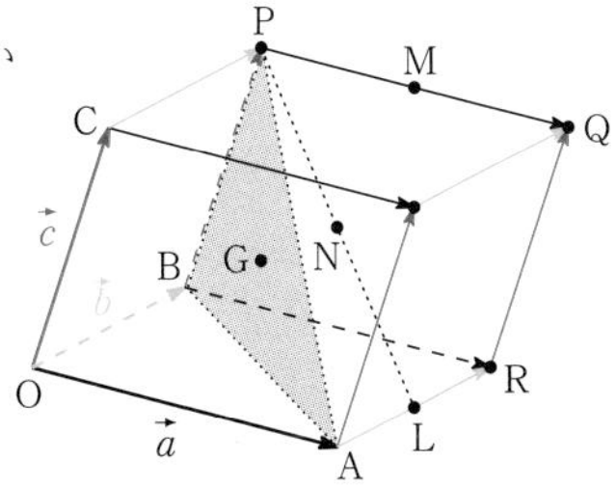

5 13 2 根底 実戦 典型

O を頂点とする正四角錐 O-ABCD があり，△OAB の重心を G とする．また，AB を 2：1 に外分する点を E，OD の中点を F， 直線 EF と平面 OBC の交点を P とする．このとき，GP と AC は平行であることを示せ．

5 13 3 根底 実戦 入試

四面体 OABC において，OB の中点を D，OC を 1：2 に内分する点を E とし，△ABC の重心を G とする．直線 OC 上の点 P を，直線 GP が平面 ADE と平行になるようにとる．P は OC 上でどのような位置にあるかを答えよ．

5 13 4 根底 実戦 入試

四面体 OABC において，△ABC の重心を G とする．また，OA を 1：2 に内分する点を D，OB を 2：1 に内分する点を E，OC を $k:(1-k)$ $(0<k<1)$ に内分する点を F とし，△DEF の重心を P とする．直線 OP と平面 ABC の交点を Q とするとき，Q が △ABG の内部にあるような k の範囲を求めよ．

5 13 5 根底 実戦 典型 入試

空間内に点 O を中心とする半径 3 の球面 S と，長さ 3 の線分 AB がある．点 P が S 上，点 Q が線分 AB 上を動くとき，線分 PQ を 2 : 1 に内分する点 R が動く範囲 D の体積 V を求めよ．

5 13 6 根底 実戦 入試

O を原点とする座標空間内での点 $\mathrm{P}(\sin\theta\cos\varphi,\ \sin\theta\sin\varphi,\ \cos\theta)$ $\left(0 \leq \theta \leq \frac{\pi}{2}\right)$ について答えよ．

(1) 線分 OP の長さを求めよ．

(2) 点 $\mathrm{Q}(\cos\varphi,\ \sin\varphi,\ 0)$ として，$\angle\mathrm{QOP}$ を求めよ．

(3) 点 $\mathrm{P}'(\sin\theta\cos\varphi',\ \sin\theta\sin\varphi',\ \cos\theta)$ とする．$0 < \theta < \frac{\pi}{2}$, $0 \leq \varphi < \varphi' \leq \pi$ として，$\angle\mathrm{POP}'$ と $\varphi' - \varphi$ の大小を比べよ．

5 13 7 根底 実戦 典型 入試

xyz 空間に，A(0, 2, 1), B(2, 4, 3) を通る直線 l と，C(1, 2, −3), D(5, 2, 5) を通る直線 m がある．l, m 上の任意の点をそれぞれ P，Q として以下の問いに答えよ．

(1) 線分 PQ の長さの最小値を求めよ．

(2) P が線分 AB 上，Q が線分 CD 上を動くとき，PQ の中点 R の存在範囲の面積 S を求めよ．

5 13 8 根底 実戦 典型

四面体 OABC があり，OA = 2, OB = 2, OC = 3, $\angle\mathrm{AOB} = \angle\mathrm{BOC} = 60^\circ$, $\angle\mathrm{COA} = 90^\circ$ とする．$\vec{a} = \overrightarrow{\mathrm{OA}}$, $\vec{b} = \overrightarrow{\mathrm{OB}}$, $\vec{c} = \overrightarrow{\mathrm{OC}}$ とおいて，以下に答えよ．

(1) O から平面 ABC に垂線 OH を下ろす．$\overrightarrow{\mathrm{OH}}$ を $\vec{a}, \vec{b}, \vec{c}$ で表せ．

(2) 平面 ABC に関して O と同じ側にある点 P から平面 ABC に垂線 PQ を下ろしたとき，Q は △ABC の内部にあり，4 つの四面体 PQBC，PQCA，PQAB，OABC の体積が全て等しいとする．このとき $\overrightarrow{\mathrm{OP}}$ を $\vec{a}, \vec{b}, \vec{c}$ で表せ．

5 13 9 根底 実戦

O を原点とする xyz 空間内において，次の四面体 ABCD の体積 V をそれぞれ求めよ．

(1) A(1, −1, 0)，B(1, −1, 3)，C(1, 3, 3)，D(4, 3, 7)

(2) A(5, 0, 0)，B(1, 0, 3)，C(1, 3, 2)，D(−1, −3, −2)

5 13 10 根底 実戦 典型 入試

xyz 空間に点 A(3, 4, 3) と円 $C : (x-3)^2 + y^2 = 4,\ z = 0$ がある．C 上を動く点 P と，z 軸上を動く点 Q をとり，2 つの線分 AQ，QP の長さの和を L とする．L の最小値，およびそのときの P，Q の座標を求めよ．

5 13 11 根底 実戦 入試

四面体 OABC において，$\mathrm{OA}=\mathrm{BC}=\sqrt{3}$, $\mathrm{OB}=\mathrm{CA}=2$, $\mathrm{OC}=\mathrm{AB}=\sqrt{5}$ とする．OA，BC，OB，CA，OC，AB の中点をそれぞれ P，Q，R，S，T，U とする．

(1) 3 つの線分 PQ，RS，TU は，どの 2 つも垂直であることを示せ．また，これら 3 つは 1 点で交わることを示せ．

(2) 八面体 PQRSTU の体積 V_0 を求めよ．

(3) 四面体 OABC の体積 V を求めよ．

5 13 12 根底 実戦 入試

四面体 OABC が，次の条件①②を満たすとする：

$\mathrm{OA}\perp\mathrm{BC}$, $\mathrm{OB}\perp\mathrm{CA}$, $\mathrm{OC}\perp\mathrm{AB}$. …①

$\triangle\mathrm{OAB}$, $\triangle\mathrm{OBC}$, $\triangle\mathrm{OCA}$ の面積は全て等しい．…②

このとき，O から平面 ABC へ下ろした垂線の足 H は，$\triangle\mathrm{ABC}$ の重心であることを示せ．

5 13 13 根底 実戦 入試

四面体 DABC があり，$\mathrm{DA}=2$, $\mathrm{DB}=2$, $\mathrm{DC}=3$, $\angle\mathrm{ADB}=\angle\mathrm{BDC}=60^\circ$, $\angle\mathrm{CDA}=90^\circ$ とする．$\vec{p}=\overrightarrow{\mathrm{CD}}$, $\vec{q}=\overrightarrow{\mathrm{DA}}$, $\vec{r}=\overrightarrow{\mathrm{AB}}$, $\vec{x}=\overrightarrow{\mathrm{BC}}$ とおき，空間内の定点 O に対して，$\overrightarrow{\mathrm{OP}}=\vec{p}$, $\overrightarrow{\mathrm{OQ}}=\vec{q}$, $\overrightarrow{\mathrm{OR}}=\vec{r}$, $\overrightarrow{\mathrm{OX}}=\vec{x}$ となるように 4 点 P，Q，R，X をとる．四面体 XPQR の体積 V を求めよ．

5 13 14 根底 実戦 入試

xyz 空間に，A(0, 0, 1) と B(0, 0, −1) を直径の両端とする球面 S がある．S 上に A，B 以外の点 P をとり，直線 AP，BP と xy 平面の交点をそれぞれ Q，R とする．

R が線分 $x+y=\dfrac{1}{2}$ $(x\geq 0,\ y\geq 0)$… ① 上を動くとき，Q の軌跡を求めよ．

5 13 15 根底 実戦 入試

O を原点とする xyz 空間内に，点 $\mathrm{A}(a, b, 0)$ を通りベクトル $\vec{v}=(1, 0, 2)$ に平行な直線 l と球面 $S:(x-1)^2+(y-2)^2+(z-3)^2=1$ がある．l と S が接するための実数 a, b に関する条件を求めよ．

5 13 16 根底 実戦 入試

xyz 空間に球面 $S:x^2+y^2+z^2=4$ と平面 α: $x=1$，および定点 A(0, 0, 2) がある．S と α の交円 C 上を点 P が動くとき，直線 AP と xy 平面の交点 Q の軌跡 F を求めよ．

5 13 17 根底 実戦 入試

座標空間に，定点 A(3, −3, 7)，B(1, 0, 0) と平面 α: $2x-y+3z-2=0$ …① がある．A を頂点とし，α 上の正方形 BCDE を底面とする正四角錐をつくる．C，D，E の座標を求めよ．ただし，x 座標は C より E の方が大きいとする．

5 13 18 根底 実戦 入試

xyz 空間内に 2 つの円柱 C_1: $y^2+z^2=1$ …①, C_2: $x^2+z^2=1$ …② がある. C_1 と C_2 の交わり $C_1 \cap C_2$ を含む平面の方程式を求めよ.

5 13 19 根底 実戦 入試

地表平面[1](標高 0m) 上に, 右図のように離れた 3 つの地点 A, B, C がある. ある日発生した地震の震源 H(地震が発生した地中の点) の深さと, 震央 E(震源の真上にある地表上の地点) を特定したい.

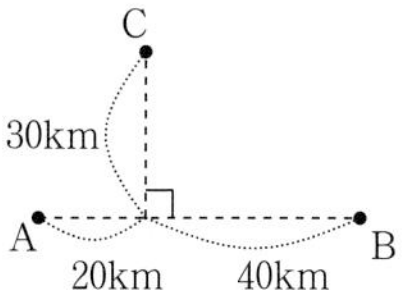

そこで, 震源 H から A, B, C それぞれに到る距離 : d_A, d_B, d_C を「PS 時間」など[2] をもとに算出して利用する.

右図のように「10km」を長さの単位「1」とし, 鉛直上方 (重力と逆向き) に z 軸をとった xyz 空間内で考え, $\mathrm{H}(x, y, z)$ $(z \leqq 0)$ とおく.

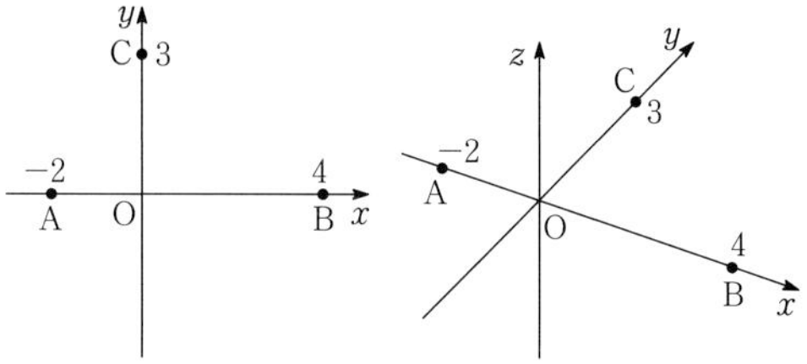

(1) $d_A=130$(km) …①, $d_B=110$(km) …② がわかっているとき, 震源 H はある円周 C 上にあることがわかる. C は xyz 空間内でどのような円周か? また, 震央 E はある直線 l 上にあることがわかる. l の方程式を求めよ.

(2) ①②に加えて $d_C=140$(km) …③ がわかったとして, 震源 H, 震央 E の座標を求めよ.

第 6 章

複素数平面

語記サポ 大学以降では「複素平面」という呼称が一般的です．本書もそちらを多用します．

概要

本来，次章**7**「2 次曲線」と合わせて 1 単元ですので，ボリュームは“半章分”しかありません．また，押さえるべき基本がカッチリと決まっているので学びやすく，**短期間で習得可能です**．

征服のポイントは，ズバリ「複素数と**ベクトルの対応**」です．したがって，**5**「ベクトル」が既習であることが大前提です！案外苦手率が高い分野なのですが，この対応を押さえて**正しく学べば**心配要りません．

あと，Ⅱ+B **1** **9** で学んだ「複素数」に関する基礎知識も不可欠です．最初の **6** **1** **1** で軽くおさらいはしますが，複素数の計算等がアヤシイという人は，少し計算練習をして準備してから本章に臨んでください．

注 数学Ⅲの進度との関係としては，いちおう**3**「微分法」は既習であることを想定しています（それが必須という訳ではありませんが）．また，入試がけっこう近づいてから学習する人も多いと思われますので，問題も入試レベルに近いものをどんどん扱うよう配慮しています．

学習ポイント

1. 「複素数」と，「点」および「**ベクトル**」との対応を学ぶ
2. 直交形式 $x+iy$ で，ベクトルと同様な図形処理を行う
3. 共役複素数 $z, \overline{z}$ により，実部，虚部，絶対値を表現
4. 極形式 $r(\cos\theta+i\sin\theta)$ で，積・商を簡便に求め，ベクトルの回転&伸縮を行う

前章の「ベクトル」と同様，基本体系がキッチリ出来上がっているので，問題解法もかなり整備されています．微分・積分法などに比べて，さほど演習量は要りません．

将来入試では

通常は理系生限定の分野だと思われます．多くは他分野と少し融合されており，複素平面単独の凝り過ぎた問題も少ないので，この単元についての凄くマニアックな知識や超絶技巧など不要です．

ただし，それもこれも前述した**正しい学び方**をしていればの話であることをお忘れなく．

この章の内容

［高校数学範囲表］ ●当該分野 ●関連が深い分野

数学Ⅰ	数学Ⅱ	数学Ⅲ 理系
数と式	いろいろな式	いろいろな関数
2次関数	ベクトルの基礎	極限
三角比	図形と方程式	微分法
データの分析	三角関数	積分法
数学A	指数・対数関数	**数学C**
図形の性質	微分法・積分法	ベクトル
整数	**数学B**	複素数平面
場合の数・確率	数列	2次曲線
	統計的推測	

1 複素平面

1 複素数

まずは数学Ⅱ+B 1 9 において「複素数」について学んだことを抜粋・再掲しておきます.

○ $i^2=-1$ となる数 $\boldsymbol{i}$ を考え,これを**虚数単位**と呼びます.

このiと実数 a, b を用いて $a+bi$ という数を作ります.このような数を**複素数**と呼びます.　complex number

注　今後,とくに断らなくても「i」は虚数単位を表すものとし,文字 a, b, x, y は基本的には実数です.複素数は,α, β などのギリシャ文字や z, w で表すことが多いです.■

複素数 $\alpha=a+bi$ (a, b は実数) において

a を α の**実部**といい,$\mathrm{Re}\,\alpha$ と表します.　例:$\mathrm{Re}(3+2i)=3$　実部 =real part

b を α の**虚部**といい,$\mathrm{Im}\,\alpha$ と表します.　例:$\mathrm{Im}(5-i)=-1$　虚部 =imaginary part

○ 複素数は,次のように分類されます.

複素数の分類　知識　a, b は実数とする.

複素数 $a+bi$ $\begin{cases} b=0 \text{ のとき, 実数 } a & 2+0i=2 \\ b\neq 0 \text{ のとき, 虚数} \to a=0 \text{ のとき, 純虚数 } bi & 0+3i=3i \end{cases}$

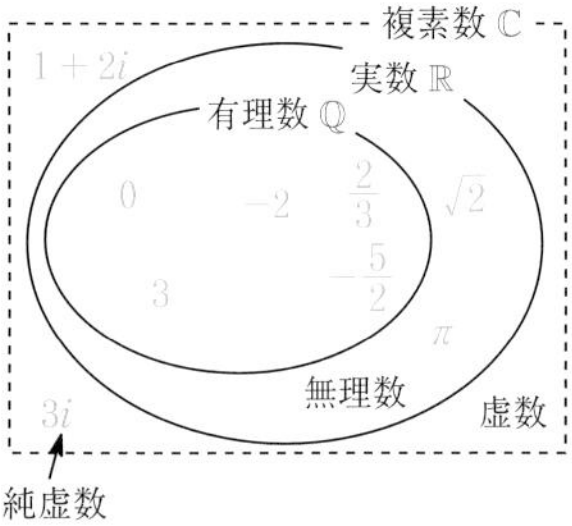

注　虚数とは,複素数のうち実数でない数です.

実数のうち有理数でない数を無理数と呼ぶのと同様です.

○ 2つの複素数 α, β が等しいとは,それぞれの実部どうし,虚部どうしがともに等しいことを指します.

複素数の相等　原理

a, b, c, d は実数,α, β は複素数とする.

定義　$a+bi=c+di \iff [a=c \text{ かつ } b=d]$.

とくに,$a+bi=0 \iff [a=0 \text{ かつ } b=0]$.　複素数としての「0」とは,$0+0i$ のこと

重要　複素数についての等式1個は,実数についての等式2個分の情報をもつ!

定理　$\alpha\beta=0 \iff \alpha=0$ または $\beta=0$. [→Ⅱ+B **例題** 1 9 c]　方程式の理論で重要

○ 複素数の演算について覚えることは以下の2つのみ:

複素数の演算規則

$\begin{cases} i^2=-1. \\ i \text{ に関する他の演算規則は, 普通の文字と同様.} \end{cases}$

○ 複素数 $\alpha=a+bi$ ($a, b\in\mathbb{R}$) に対して,虚部のみ符号を反対にした複素数 $a-bi$ を α と**共役**(きょうやく)な複素数といい,$\overline{\alpha}$ と表します.また,α と $\overline{\alpha}$ は互いに共役であるともいいます.　$\overline{\alpha}$:「アルファ バー」と読む

a が実数のとき,$\overline{a}=a$.　実数 a の共役複素数は a 自身　　$\overline{\overline{\alpha}}=\alpha$.　共役の共役は自分自身

$\begin{cases} \alpha=a+bi \\ \overline{\alpha}=a-bi \end{cases}$ より,$\begin{cases} \text{和: } \alpha+\overline{\alpha}=2a=2\cdot\mathrm{Re}\,\alpha. \\ \text{積: } \alpha\overline{\alpha}=a^2-(bi)^2=a^2-b^2\cdot(-1)=a^2+b^2. \cdots ① \end{cases}$

重要　たとえ α 自体が虚数であったとしても,共役どうしの和,積はいずれも実数となります.

○ 右のように，複素数どうしの商もちゃんと複素数となります（和，差，積に関しても同様）．

複素数の四則演算　重要

複素数は，四則演算について**閉じている**．

[→ I+A 1 5 3]

例 $\dfrac{2+3i}{3+i}$

$= \dfrac{(2+3i)(3-i)}{(3+i)(3-i)}$ 分子は単なる積　分母は共役どうしの積

$= \dfrac{(2\cdot3-3i\cdot i)+(-2\cdot i+3i\cdot3)}{3^2-i^2}$

$= \dfrac{9+7i}{10} = \dfrac{9}{10}+\dfrac{7}{10}i.$

2 複素平面

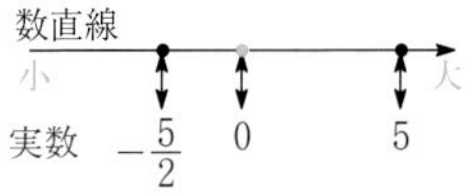

「実数」は「数直線」上の点と対応付けられましたね．

それと同様に，複素数 $z=a+bi$ に座標平面上の点 (a, b) を対応付けるとき，この平面を，**複素平面**（または**複素数平面**）といいます．

複素数 z と点 P が対応するとき，「$\mathbf{P}(z)$」と表します．また，この点を単に「点 z」とも呼びます．

複素平面の横軸を**実軸**，縦軸を**虚軸**といいます．右図のように，実数は実軸上の点と，純虚数は虚軸上の点（O は除く）と対応します．「$0+0i$」は原点 O と対応します．

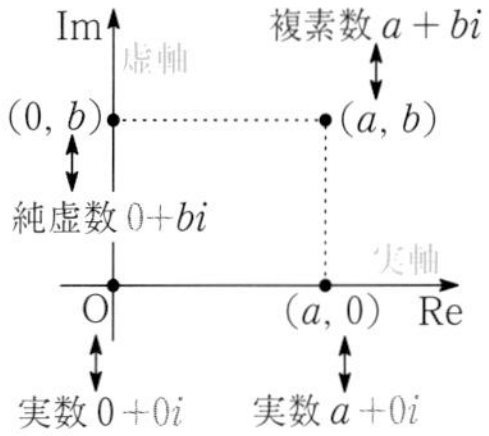

語記サポ 横軸，縦軸には，普通の座標平面と同様に「x」「y」と書き添えてもよいですが，通常の xy 平面と区別するため，それぞれ「実」「虚」と書いたりします．ただ，毎回漢字を書くと疲れるので（笑），上右図の通り「Re」「Im」と洋風に書くのがオススメです．

純虚数を図示する場合，右図のように，「対応する複素数 bi を書く」，「縦座標 b を書く」という 2 つの"流派"があります．適宜解釈ね．

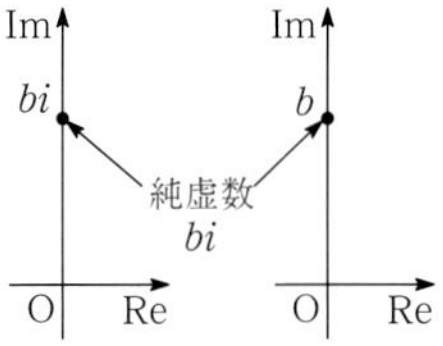

複素数を，その実部・虚部を用いて「$a+bi$」の形に表す方法を「**直交形式**」といい，後に3で学ぶ「極形式」[→6 3 1]と対比します．■

注　実数の場合，対応する数直線上の点が右にあるものほど大きいという順序関係，つまり**大小関係**がありました．一方複素数では，対応する点が座標平面上の点であり，順序関係・大小関係は考えません．

3 絶対値・共役複素数

複素平面上で，互いに共役な複素数 $\alpha=a+bi$, $\overline{\alpha}=a-bi$ に対応する点どうしは，実軸に関して対称です．

また，原点 O から点 $\alpha=a+bi$ に到る距離：$\sqrt{a^2+b^2}$ のことを，α の**絶対値**といい，$|\alpha|$ と表します．これは，数直線上における原点 O と P(p)（p は実数）の距離を「実数 p の絶対値」と呼んだのと似ていますね．前ページ①も合わせて，次が成り立ちます：

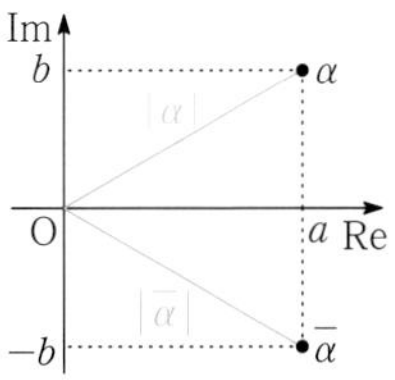

絶対値と共役複素数　複素数 $\alpha=a+bi$ に対して，

α の**絶対値**：$|\alpha|=$「O と α の距離」$=\sqrt{a^2+b^2}\,(=|\overline{\alpha}|)$.　$\alpha\overline{\alpha}=|\alpha|^2$.　共役どうしの積は絶対値の 2 乗

$\alpha=0 \iff |\alpha|=0$.　原点からの距離が 0 なのは，原点Oのみ　$\overline{\overline{\alpha}}=\alpha$.　共役の共役は当然元通り

注　「絶対値」「共役」については，後に6 2の2/3においてより詳しく考察します．

4 複素数・点・ベクトルの対応 重要度↑

座標平面において，点 A(a, b) のとき，原点 O を始点とするベクトル $\overrightarrow{\mathrm{OA}}$ の成分は $\begin{pmatrix} a \\ b \end{pmatrix}$ です．よって，複素数 $\alpha = a + bi$ は，点 A のみならずベクトルとも対応付けられますね：

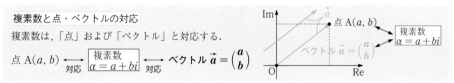

複素数と点・ベクトルの対応

複素数は，「点」および「ベクトル」と対応する．

点 A(a, b) ←対応→ 複素数 $\alpha = a + bi$ ←対応→ ベクトル $\vec{a} = \begin{pmatrix} a \\ b \end{pmatrix}$

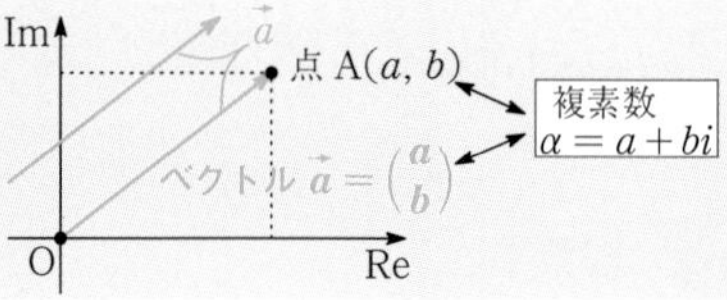

注 原点 O を始点とする矢印で表された $\overrightarrow{\mathrm{OA}}$ に限らず，位置に関係なくベクトル $\vec{a} = \begin{pmatrix} a \\ b \end{pmatrix}$ は複素数 $\alpha = a + bi$ と対応付けられます．

重要 つまり，複素数は一人二役．あるときは「点」を，あるときは「ベクトル」を表します．いったいどちらを意味するかは，その時々の**文脈から判断**します．今後，そこを意識して学んでいきましょう．**ここで述べた複素数とベクトルとの対応こそが，複素平面における勝敗の分かれ目です．**

5 複素数・ベクトルの和・差・実数倍・大きさ（絶対値）

「ベクトル」と「複素数」の演算を対比してみます：

		右図での意味
$\vec{a} = \begin{pmatrix} 3 \\ 2 \end{pmatrix}, \vec{b} = \begin{pmatrix} 1 \\ 4 \end{pmatrix}$	$\alpha = 3 + 2i, \beta = 1 + 4i$	$\overrightarrow{\mathrm{OA}}, \overrightarrow{\mathrm{OB}}$
$\vec{a}+\vec{b}=\begin{pmatrix} 3 \\ 2 \end{pmatrix}+\begin{pmatrix} 1 \\ 4 \end{pmatrix}=\begin{pmatrix} 4 \\ 6 \end{pmatrix}$	$\alpha+\beta=(3+2i)+(1+4i)=4+6i$	$\overrightarrow{\mathrm{OC}}$
$\vec{b}-\vec{a}=\begin{pmatrix} 1 \\ 4 \end{pmatrix}-\begin{pmatrix} 3 \\ 2 \end{pmatrix}=\begin{pmatrix} -2 \\ 2 \end{pmatrix}$	$\beta-\alpha=(1+4i)-(3+2i)=-2+2i$	$\overrightarrow{\mathrm{AB}}$
$2\vec{a} = 2\begin{pmatrix} 3 \\ 2 \end{pmatrix} = \begin{pmatrix} 6 \\ 4 \end{pmatrix}$	$2\alpha = 2(3 + 2i) = 6 + 4i$	$\overrightarrow{\mathrm{OD}}$
$\lvert\vec{a}\rvert = \sqrt{3^2 + 2^2} = \sqrt{13}$	$\lvert\alpha\rvert = \sqrt{3^2 + 2^2} = \sqrt{13}$	$\lvert\overrightarrow{\mathrm{OA}}\rvert$

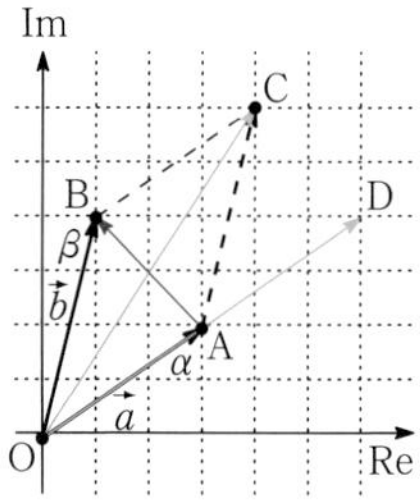

一目瞭然ですね．両者の演算は，全く同じルールで行われ，全く同じ図形的意味をもちます．考えてみれば，「点 A と点 B を足す」とか「点 A を 2 倍する」という言い方は意味をなしませんね．**足したり，引いたり，実数倍している時点で，既に複素数をベクトルとみなしているのです．**

という訳で，直交形式 $a + bi$ の形で表された複素数の実部，虚部は，成分表示されたベクトルの x 成分，y 成分と同じ役割を果たします．よって，ベクトルにおいて学んだ内分点や三角形の重心の位置ベクトルなどを表す公式類は，全て複素数を用いても全く同様に表されます．

例 $\alpha = 7 + 2i, \beta = 1 + 5i$, A$(\alpha)$, B$(\beta)$, P$(z)$ として，P が AB を $2:1$ に内分するとき，次のように表せます：

$$\overrightarrow{\mathrm{OP}} = \frac{1\overrightarrow{\mathrm{OA}} + 2\overrightarrow{\mathrm{OB}}}{2+1}$$ 始点は統一

$$= \frac{1}{3}\left\{\begin{pmatrix} 7 \\ 2 \end{pmatrix} + 2\begin{pmatrix} 1 \\ 5 \end{pmatrix}\right\} = \begin{pmatrix} 3 \\ 4 \end{pmatrix}.$$

$$z = \frac{1\alpha + 2\beta}{2+1}$$

$$= \frac{1}{3}\{(7 + 2i) + 2(1 + 5i)\}$$

$$= 3 + 4i.$$

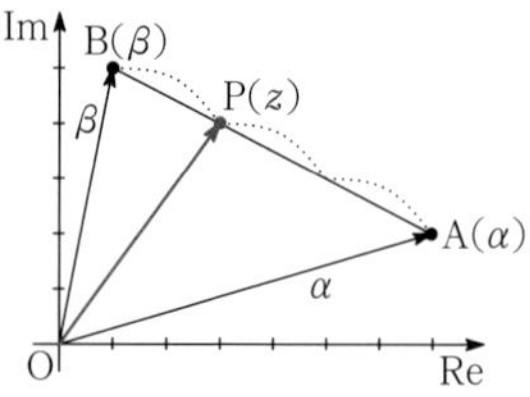

注 どちらもやってる内容は全く同じですが，ベクトルの方が，成分が縦に並んでいるおかげで計算が楽です．つまり，内分点などを扱う際にベクトルを差し置いてまで複素数を用いる価値はありません．複素数は，上記**以外の機能**をも備えているからこそ有用なのです．[→**次節以降**]

平面ベクトルにおける内分点，重心など位置ベクトルの公式は，複素数で表しても**同形**.
ベクトルの**大きさ**は，対応する複素数の**絶対値**と等しい. $A(\alpha)$ として，$|\overrightarrow{OA}|=|\alpha|$

中でもとりわけ，次の対応は今後重要となります：

複素数の差とベクトル

$A(\alpha)$，$B(\beta)$ のとき，
複素数 $\beta-\alpha$ ⟷ ベクトル $\overrightarrow{AB}$
（β：終点　α：始点　⟷：対応）

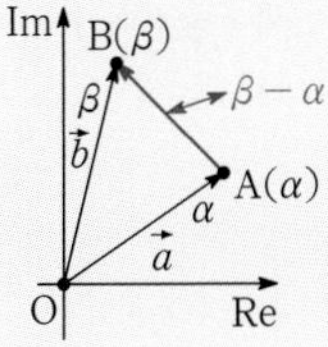

例 $z+1$ は，$z-(-1)$ とみなせば，右図のベクトルと対応付けられる.

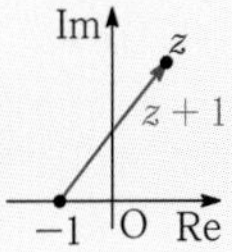

語記サポ 高校数学では，$\overrightarrow{AB}$ を「$\overrightarrow{\alpha\beta}$」とは書きません（筆者は別にかまわないと思いますが）.

例題 6 1 a　位置ベクトルと複素数の演算　根底 実戦　典型　[→演習問題 6 4 1]

複素平面上に 3 点 $A(\alpha)$, $B(\beta)$, $C(\gamma)$ があり，$\alpha=1+i$, $\beta=4+2i$, $\gamma=3+7i$ とする．次の点に対応する複素数を求めよ．

(1) 平行四辺形 ABDC の頂点 $D(\delta)$　　(2) 平行四辺形 ABCE の頂点 $E(\varepsilon)$

(3) $\angle CAB$ の二等分線と直線 BC の交点 $P(z)$

言い訳 お気付きの通り，**例題 5 5 b**「位置ベクトルの計算（成分表示）」と同内容の問題です.

方針　「点」に対応する複素数が問われていますが，考えるのは「位置ベクトル」です.

注　適宜ベクトルによる表記も併用します.

解答

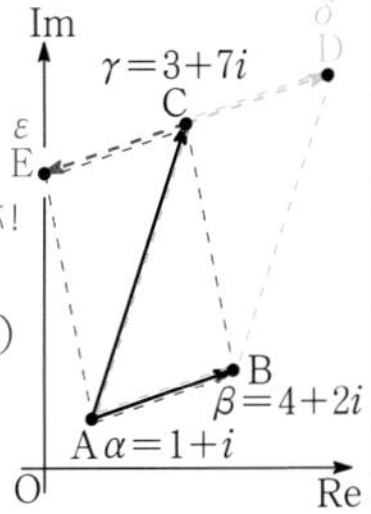

(1) $\overrightarrow{OD}=\overrightarrow{OC}+\overrightarrow{CD}$

$=\overrightarrow{OC}+\boxed{\overrightarrow{AB}}$. ← 対応！

$\delta=\gamma+\boxed{(\beta-\alpha)}$

$=(3+7i)+(3+1\cdot i)$

$=6+8i$. //

解説　頭の中は「ベクトル」．紙に書くのは「複素数」.

(2) $\overrightarrow{OE}=\overrightarrow{OA}+\overrightarrow{AE}$

$\overrightarrow{OA}+\boxed{\overrightarrow{BC}}$ ← 対応！

$\varepsilon=\alpha+\boxed{(\gamma-\beta)}$

$=1+1\cdot i+(-1+5i)=0+6i$. //

(3) **方針**「角の二等分線の性質」を使います．ベクトル $\overrightarrow{AB}$, $\overrightarrow{AC}$ の大きさを，複素数の絶対値として計算します. ■

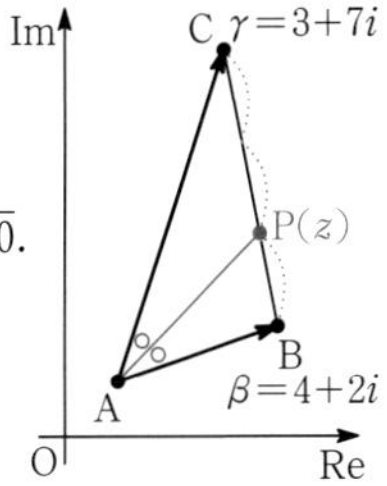

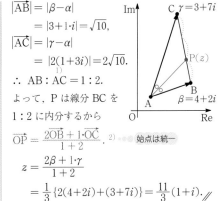

$|\overrightarrow{AB}|=|\beta-\alpha|$

$=|3+1\cdot i|=\sqrt{10}$,

$|\overrightarrow{AC}|=|\gamma-\alpha|$

$=|2(1+3i)|=2\sqrt{10}$. [1)]

$\therefore$ AB : AC $=1:2$.

よって，P は線分 BC を 1 : 2 に内分するから

$\overrightarrow{OP}=\dfrac{2\overrightarrow{OB}+1\cdot\overrightarrow{OC}}{1+2}$. [2)]　始点は統一

$z=\dfrac{2\beta+1\cdot\gamma}{1+2}$

$=\dfrac{1}{3}\{2(4+2i)+(3+7i)\}=\dfrac{11}{3}(1+i)$. //

注 [1)]：このような「積」の絶対値について，詳しくは[→ 6 2 3].

[2)]：$\angle A$ の二等分線を用いていますが，ベクトルの始点は O にとるのが賢いです.

本節を一言でまとめると，次の通り：

直交形式で表された**複素数**は，**ベクトル**と同じ機能（内積を除く）をもつ.

2 共役複素数の活用

6 1 1 を少し掘り下げ

1 共役複素数の利用

共役複素数は「実部」「虚部」「絶対値」と密接な関係をもちます：

共役複素数の和，差，積 定理

$$\begin{cases} z = x + iy \\ \overline{z} = x - iy \end{cases}$$ として，

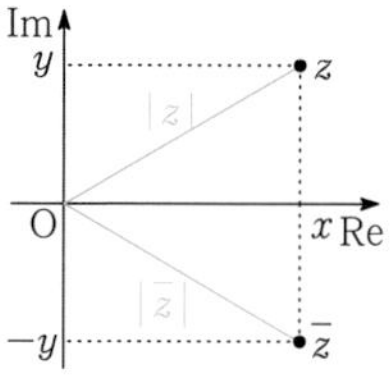

実数

$z + \overline{z} = 2x = 2\mathrm{Re}\, z.$ 足せば実部の 2 倍

$z - \overline{z} = 2i \cdot y = 2i \cdot \mathrm{Im}\, z.$ 引けば虚部の $2i$ 倍

$z\overline{z} = x^2 + y^2 = |z|^2.$ 掛ければ絶対値の 2 乗

語記サポ 複素数は，$3+2i$, $a+bi$ のように「i」と後ろに書くことが多いですが，$x+iy$ と書いて実部 x，虚部 y を“主役”のように扱うこともあります．趣味で決めます（笑）．

注 実数 x は $|x|^2 = x^2$ を満たしますが，複素数 z については，$|z|^2 = z\overline{z}$ です．■

上の関係より，即座に次のことがわかります：

共役複素数と実数・純虚数条件 定理 　$z = x + iy, \overline{z} = x - iy$ をイメージして

z が実数 $\iff z = \overline{z}.$ 　$\mathrm{Im}\, z = y = 0$, i.e. $z - \overline{z} = 0$

z が純虚数 $\iff z + \overline{z} = 0 \ (z \neq 0).$ 　$\mathrm{Re}\, z = x = 0$

注 これら 2 つを混同しないように．筆者はその場で導きながら使っています．

2 共役複素数と四則演算

共役複素数を表す記号「$\overline{}$」は，次のように「切り離し」「つなぎ合わせ」ができます：
「バー」と読む

共役複素数と四則演算 定理

和 $\overline{\alpha + \beta} = \overline{\alpha} + \overline{\beta}$ 　和の共役 ＝ 共役の和

差 $\overline{\alpha - \beta} = \overline{\alpha} - \overline{\beta}$ 　…和以外も同様…

積 $\overline{\alpha\beta} = \overline{\alpha} \cdot \overline{\beta}$

商 $\overline{\left(\dfrac{\alpha}{\beta}\right)} = \dfrac{\overline{\alpha}}{\overline{\beta}} \ (\beta \neq 0)$ [1]

語記サポ [1]：分数（商）の共役は，このように括弧で囲んでからその全体に「$\overline{}$」を付けます．■

〔証明〕$\alpha = a + bi$, $\beta = c + di$ $(a, b, c, d \in \mathbb{R})$ とする．

〔第 1 式〕
$$\begin{aligned} \alpha + \beta &= (a+bi) + (c+di) \\ &= (a+c) + (b+d)i. \\ \therefore \ \overline{\alpha + \beta} &= (a+c) - (b+d)i. \\ \text{一方，}\ \overline{\alpha} + \overline{\beta} &= (a-bi) + (c-di) \\ &= (a+c) - (b+d)i. \\ \therefore \ \overline{\alpha + \beta} &= \overline{\alpha} + \overline{\beta}. \ \square \end{aligned}$$

第 2 式も同様

〔第 3 式〕
$$\begin{aligned} \alpha\beta &= (a+bi)(c+di) \\ &= (ac-bd) + (ad+bc)i. \\ \therefore \ \overline{\alpha\beta} &= (ac-bd) - (ad+bc)i. \\ \text{一方，}\ \overline{\alpha} \cdot \overline{\beta} &= (a-bi)(c-di) \\ &= (ac-bd) - (ad+bc)i. \\ \therefore \ \overline{\alpha\beta} &= \overline{\alpha} \cdot \overline{\beta}. \ \square \end{aligned}$$

第 4 式も同様に示せます．[→演習問題 6 4 2]

3 絶対値と積・商

この共役複素数の性質から，絶対値に関する性質が即座に導かれます：

絶対値と積・商 定理

$|\alpha\beta| = |\alpha|\,|\beta|.$ 　積の絶対値 ＝ 絶対値の積

$\left|\dfrac{\alpha}{\beta}\right| = \dfrac{|\alpha|}{|\beta|} \ (\beta \neq 0).$ 　商の絶対値 ＝ 絶対値の商

〔証明〕 $|\alpha\beta|^2=\alpha\beta\cdot\overline{\alpha\beta}$
$=\alpha\beta\cdot\overline{\alpha}\,\overline{\beta}$
$=\alpha\overline{\alpha}\cdot\beta\overline{\beta}=|\alpha|^2|\beta|^2.$
$\therefore\ |\alpha\beta|=|\alpha||\beta|.$ □

$\left|\dfrac{\alpha}{\beta}\right|^2=\dfrac{\alpha}{\beta}\cdot\overline{\left(\dfrac{\alpha}{\beta}\right)}$
$=\dfrac{\alpha}{\beta}\cdot\dfrac{\overline{\alpha}}{\overline{\beta}}=\dfrac{\alpha\overline{\alpha}}{\beta\overline{\beta}}=\dfrac{|\alpha|^2}{|\beta|^2}.$
$\therefore\ \left|\dfrac{\alpha}{\beta}\right|=\dfrac{|\alpha|}{|\beta|}.$ □

注 「切り離し」「つなぎ合わせ」が可能なのは，$\begin{cases}\text{共役 →「和・差・積・商」の全て}\\ \text{絶対値 →「積・商」のみ}\end{cases}$

絶対値と和・差に関して，有名な「**三角不等式**」があります．[→演習問題 6 4 5]

例題 6 2 a 共役・絶対値 根底 実戦 入試 [→演習問題 6 4 4]

複素数 α,β があり，$|\alpha|=1$ …①，$|\beta|=2$ …② とする．

(1) $\left|\dfrac{\beta}{\alpha}\right|$ を求めよ．　　(2) $\dfrac{\beta}{\alpha}$ が純虚数 …③ であるとき，$|\alpha+\beta|$ を求めよ．

(3) $|\alpha+\beta|=\sqrt{3}$ …④ であるとき，$\dfrac{\beta}{\alpha}$ を求めよ．

方針 「共役」「絶対値」に関する諸性質を上手に活用しましょう．

解答 (1) $\left|\dfrac{\beta}{\alpha}\right|=\dfrac{|\beta|}{|\alpha|}=\dfrac{2}{1}=2.$ // ($\because$ ①②)

(2) (1)と③より（以下複号同順）

$\dfrac{\beta}{\alpha}=\pm 2i.$

$\therefore\ |\alpha+\beta|=|\alpha\pm 2i\alpha|$
$=|(1\pm 2i)\alpha|$
$=|1\pm 2i||\alpha|$
$=\sqrt{1^2+2^2}\cdot 1=\sqrt{5}.$ // ($\because$ ①)

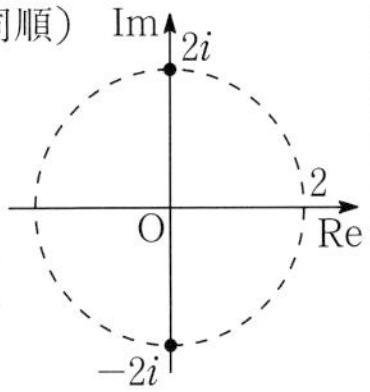

別解 （「共役」を活用）③より

$\dfrac{\beta}{\alpha}+\overline{\left(\dfrac{\beta}{\alpha}\right)}=0.$ 実部が 0

$\dfrac{\beta}{\alpha}+\dfrac{\overline{\beta}}{\overline{\alpha}}=0.$ "切り離し"

$\overline{\alpha}\beta+\alpha\overline{\beta}=0.$ …⑤

$\therefore |\alpha+\beta|^2$ 絶対値を 2 乗する
$=(\alpha+\beta)\overline{(\alpha+\beta)}$ 共役どうしの積
$=(\alpha+\beta)(\overline{\alpha}+\overline{\beta})$ "切り離し"
$=\alpha\overline{\alpha}+\beta\overline{\beta}+\overline{\alpha}\beta+\alpha\overline{\beta}$ パーツに分解
$=|\alpha|^2+|\beta|^2\underline{+\overline{\alpha}\beta+\alpha\overline{\beta}}$ …⑥
$=5$ ($\because$ ①②⑤).
$\therefore |\alpha+\beta|=\sqrt{5}.$ //

解説 この一連の計算は，ベクトルの大きさを 2 乗し，内積に変えて展開するのとソックリですね．ただし，そのときのクセで⑥の赤下線部を「2 倍の積」とやらないように！

(3) ④より

$|\alpha+\beta|^2=3.$ 絶対値を 2 乗する

これと⑥より

$5+\overline{\alpha}\beta+\alpha\overline{\beta}=3.$

$\therefore \gamma:=\overline{\alpha}\beta+\alpha\overline{\beta}=-2.$ …⑦

方針 これを活かす方法を考えます．⑤式を見れば，$\dfrac{\beta}{\alpha}$ の実部が得られるのがわかりますね． ■

$\mathrm{Re}\left(\dfrac{\beta}{\alpha}\right)=\dfrac{1}{2}\left\{\dfrac{\beta}{\alpha}+\overline{\left(\dfrac{\beta}{\alpha}\right)}\right\}$
$=\dfrac{1}{2}\cdot\dfrac{\overline{\alpha}\beta+\alpha\overline{\beta}}{\alpha\overline{\alpha}}$
$=\dfrac{\gamma}{2|\alpha|^2}=\dfrac{-2}{2\cdot 1}=-1$ ($\because$ ①⑦).

これと(1)より，

$\dfrac{\beta}{\alpha}=-1\pm\sqrt{3}i.$ //

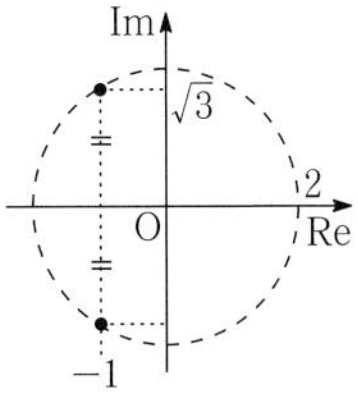

注 上記**解答**のどこで，どの基本事項が使われているかを各自で確認．

参考 ⑤左辺の形は，今後も頻繁に登場します．その背景については，[→例題 6 7 b]

3 極形式

1 極形式とは？

複素平面上に点 P(α) ($\alpha \neq 0$) があるとき，実軸の正の向きから半直線 OP までの回転角 (一般角) θ を α の**偏角** [1] といい，$\arg\alpha$ と表します．α の**絶対値**，つまり OP の長さを r (>0) とおくと，三角関数の定義により，

$$\alpha = r\cos\theta + i\cdot r\sin\theta$$
$$= r(\cos\theta + i\sin\theta).$$

この表し方を α の**極形式**といい，**直交形式** $a+bi$ と対比します．

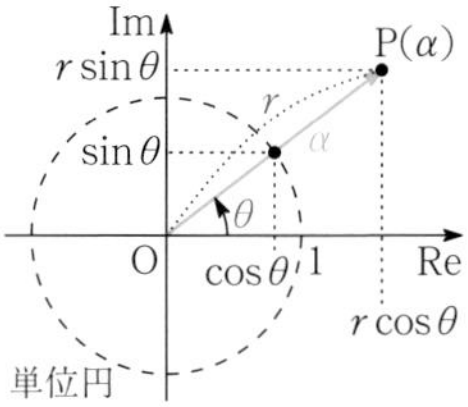

語記サポ [1]：本シリーズでは，I+A 3「三角比」，II+B 4「三角関数」で既に用いていました．■

極形式

複素数 P(α) の絶対値を r (>0 [2])，偏角を θ [3] として，α の**極形式**は

$$\alpha = r(\cos\theta + i\sin\theta). \cdots ① \quad |\alpha| = r, \arg\alpha = \theta$$

直交形式 $\alpha = a+bi$ との関係は，$\begin{cases} a = r\cos\theta \\ b = r\sin\theta. \end{cases}$

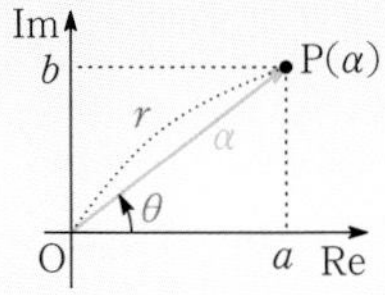

注 [2)3)]：ここには微妙かつ些末な注意点がありますが，後回し (笑)．[→6 3 5 注]

補足　もちろん，α はベクトル $\overrightarrow{OP}$ をも表します．

参考　7 6「極座標」で，まったく同様な表し方を学びます．

語記サポ　極形式では，偏角 θ を二度書かされるのが億劫です．対処法として，$\cos\theta + i\sin\theta$ を略した「$\mathbf{cis}\,\boldsymbol{\theta}$」という便利な表記もありますが，あまり市民権を得てはいない気がします (大学以降では，ふつう「$e^{i\theta}$」と表記します)．使用する際には一応その旨断ってから．

問　次の複素数を極形式で表せ．

(1) $1+\sqrt{3}i$　(2) $-1+i$　(3) $3-\sqrt{3}i$　(4) -2　(5) i

方針　図を描いて絶対値と偏角を求めます．

解答

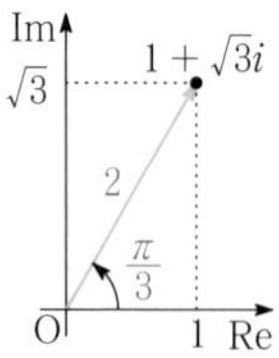

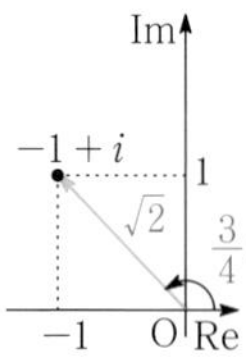

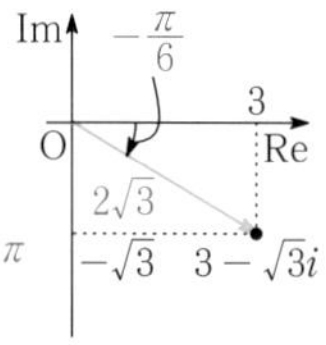

(1) $1+\sqrt{3}i = 2\left(\cos\dfrac{\pi}{3} + i\sin\dfrac{\pi}{3}\right)$.//

(2) $-1+i = \sqrt{2}\left(\cos\dfrac{3}{4}\pi + i\sin\dfrac{3}{4}\pi\right)$.//

(3) $3-\sqrt{3}i = 2\sqrt{3}\left(\cos\dfrac{-\pi}{6} + i\sin\dfrac{-\pi}{6}\right)$.//

(4) $-2 = 2(\cos\pi + i\sin\pi)$.//

(5) $i = \cos\dfrac{\pi}{2} + i\sin\dfrac{\pi}{2}$.//

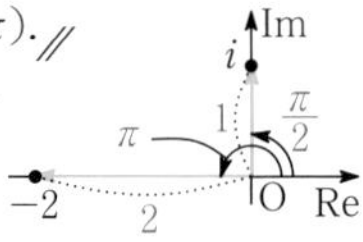

参考　記号の使い方を練習しておきます：

$\arg(1+\sqrt{3}i) = \dfrac{\pi}{3}$. $|i| = 1$.

注　例えば(3)の偏角は，

$\arg(3-\sqrt{3}i) = -\dfrac{\pi}{6} + 2\pi = \dfrac{11}{6}\pi$

などでも可．適する角の 1 つを書けば OK です (他も同様)．■

(5)では，$i = 1\left(\cos\dfrac{\pi}{2} + i\sin\dfrac{\pi}{2}\right)$ と書くこともできますが，普通絶対値 1 は省きます．

注　やるべき仕事は，三角関数を**合成**するときと同じですね．[→II+B 4 4 5]

2 極形式による積・商

本項の内容が，複素数の素晴らしさの最たるものです．極形式で表された次の 2 つの複素数：

$\alpha = r_1(\cos\theta_1 + i\sin\theta_1)$
$\beta = r_2(\cos\theta_2 + i\sin\theta_2)$ $(r_1, r_2 > 0)$ の積や商を計算してみましょう．まず，積は

$$\begin{aligned}\alpha\beta &= r_1r_2(\cos\theta_1 + i\sin\theta_1)(\cos\theta_2 + i\sin\theta_2)\\ &= r_1r_2\{(\cos\theta_1\cos\theta_2 - \sin\theta_1\sin\theta_2) + i(\sin\theta_1\cos\theta_2 + \cos\theta_1\sin\theta_2)\} \quad \text{加法定理の右辺}\\ &= r_1r_2\{\cos(\theta_1+\theta_2) + i\sin(\theta_1+\theta_2)\}. \cdots❶ \quad \text{美しい結果！}\end{aligned}$$

次に $\gamma = r(\cos\theta + i\sin\theta)\ (r > 0)$ の「逆数」は

$$\begin{aligned}\frac{1}{\gamma} &= \frac{1}{r}\cdot\frac{1}{\cos\theta + i\sin\theta}\\ &= \frac{1}{r}\cdot\frac{1}{\cos\theta+i\sin\theta}\cdot\frac{\cos\theta-i\sin\theta}{\cos\theta-i\sin\theta} \quad \text{分母は共役どうしの積}\\ &= \frac{1}{r}\{\cos(-\theta) + i\sin(-\theta)\}. \cdots❷'\end{aligned}$$

❶❷′より，α, β の商は

$$\begin{aligned}\frac{\alpha}{\beta} &= \alpha\cdot\frac{1}{\beta}\\ &= r_1(\cos\theta_1+i\sin\theta_1)\cdot\frac{1}{r_2}\{\cos(-\theta_2)+i\sin(-\theta_2)\}\\ &= \frac{r_1}{r_2}\{\cos(\theta_1-\theta_2)+i\sin(\theta_1-\theta_2)\}. \cdots❷\end{aligned}$$

極形式と積・逆数・商 定理

$\alpha = r_1(\cos\theta_1 + i\sin\theta_1)$
$\beta = r_2(\cos\theta_2 + i\sin\theta_2)$ $(r_1, r_2 > 0)$ の積・商は

❶ $\alpha\beta = r_1r_2\{\cos(\theta_1+\theta_2) + i\sin(\theta_1+\theta_2)\}$ 　$|\alpha\beta| = |\alpha||\beta|$（絶対値は掛け算のまま）　$\arg(\alpha\beta) = \arg\alpha + \arg\beta$（偏角は足し算になる）

❷ $\dfrac{\alpha}{\beta} = \dfrac{r_1}{r_2}\{\cos(\theta_1-\theta_2) + i\sin(\theta_1-\theta_2)\}$ 　$\left|\dfrac{\alpha}{\beta}\right| = \dfrac{|\alpha|}{|\beta|}$（絶対値は割り算のまま）　$\arg\left(\dfrac{\alpha}{\beta}\right) = \arg\alpha - \arg\beta$（偏角は引き算になる）

$\gamma = r(\cos\theta + i\sin\theta)\ (r > 0)$ の「逆数」は

❷′ $\dfrac{1}{\gamma} = \dfrac{1}{r}\{\cos(-\theta) + i\sin(-\theta)\}$ 　$\left|\dfrac{1}{\gamma}\right| = \dfrac{1}{|\gamma|},\ \arg\left(\dfrac{1}{\gamma}\right) = -\arg\gamma$ 　絶対値は逆数のまま　偏角は逆符号

極形式なら，掛け算・割り算が暗算で片付きますね！

注 絶対値についての結果は，6 2 3 で「共役複素数」を用いて証明済みでした．

例題 6 3 a 極形式による積・商 根底 実戦 定期 [→演習問題 6 4 6]

次の複素数を極形式で表せ．　(1) $(1+i)\left(\cos\dfrac{\pi}{12} + i\sin\dfrac{\pi}{12}\right)$　(2) $\dfrac{\sqrt{3}+i}{(1-i)(\sqrt{3}-3i)}$

方針 各複素数を，極形式で．

解答 (1) 右図より，

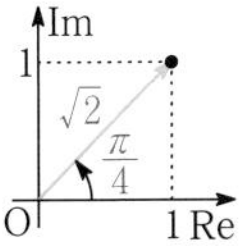

$$\begin{aligned}&(1+i)\left(\cos\frac{\pi}{12}+i\sin\frac{\pi}{12}\right)\\ &= \sqrt{2}\left(\cos\frac{\pi}{4}+i\sin\frac{\pi}{4}\right)\left(\cos\frac{\pi}{12}+i\sin\frac{\pi}{12}\right)\\ &= \sqrt{2}\left\{\cos\left(\frac{\pi}{4}+\frac{\pi}{12}\right)+i\sin\left(\frac{\pi}{4}+\frac{\pi}{12}\right)\right\}\\ &= \sqrt{2}\left(\cos\frac{\pi}{3}+i\sin\frac{\pi}{3}\right).//\end{aligned}$$

注 このように，極形式による積・商は暗算ですが，書く分量の多さに辟易（へきえき）．(2)では 3 つの複素数が相手ですからなおさら．そこで…■

(2) $\sqrt{3}+i = 2\left(\cos\dfrac{\pi}{6}+i\sin\dfrac{\pi}{6}\right)$

$1-i = \sqrt{2}\left(\cos\dfrac{-\pi}{4}+i\sin\dfrac{-\pi}{4}\right)$

$\sqrt{3}-3i = 2\sqrt{3}\left(\cos\dfrac{-\pi}{3}+i\sin\dfrac{-\pi}{3}\right)$.

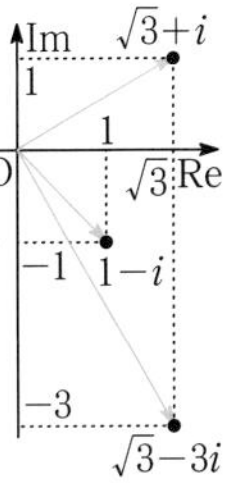

よって与式について

絶対値 $= \dfrac{2}{\sqrt{2}\cdot2\sqrt{3}} = \dfrac{1}{\sqrt{6}}$.

偏角 $= \dfrac{\pi}{6} - \left(\dfrac{-\pi}{4} + \dfrac{-\pi}{3}\right) = \dfrac{3}{4}\pi$.

$\therefore$ 与式 $= \dfrac{1}{\sqrt{6}}\left(\cos\dfrac{3}{4}\pi + i\sin\dfrac{3}{4}\pi\right).//$

解説 絶対値と偏角を別々に記述すると楽．

注 複素数を扱っていると極形式のようで極形式ではない“**極形式もどき**”によく出会います．それを，必要に応じてホンモノの極形式に直す練習をしておきましょう：

例題 6 3 b “極形式もどき” 根底 実戦

[→演習問題 6 4 6]

次の各複素数を極形式で表せ．

(1) $\cos\theta - i\sin\theta$ (2) $-3(\cos\theta + i\sin\theta)$ (3) $\sin\theta + i\cos\theta$ (4) $\dfrac{1}{\cos\theta + i\sin\theta}$

方針 やるべきことは単純明快．「(正の実数)×($\cos\triangle + i\sin\triangle$)」の形にするだけです．

解答 (1) $\cos\theta - i\sin\theta$

$= \cos(-\theta) + i\sin(-\theta)$.//

解説 「$-$」となっているので極形式ではありません．そこで，「sin」の方だけ逆符号に．

(2) $-3(\cos\theta + i\sin\theta)$

$= 3\{\cos(\theta+\pi) + i\sin(\theta+\pi)\}$.//

解説 今度は，「cos」「sin」をともに逆符号に．

(3) $\sin\theta + i\cos\theta$

$= \cos\left(\dfrac{\pi}{2} - \theta\right) + i\sin\left(\dfrac{\pi}{2} - \theta\right)$.//

解説 「sin」と「cos」が入れ替わるように．

(4) 前ページ❷′より

$$\frac{1}{\cos\theta + i\sin\theta} = \cos(-\theta) + i\sin(-\theta).//$$

解説 ❷′の証明過程に戻って分母を実数化すると，(1)になります．

3 逆数と極形式・共役

極形式で表された $\alpha = r(\cos\theta + i\sin\theta)$ の**逆数** $\dfrac{1}{\alpha}$ は，前ページ❷′より

$$\frac{1}{\alpha} = \frac{1}{r}\{\cos(-\theta) + i\sin(-\theta)\} = \frac{1}{r}(\cos\theta - i\sin\theta).$$

これに，$\dfrac{1}{\alpha}$ の共役複素数 $\overline{\left(\dfrac{1}{\alpha}\right)} = \dfrac{1}{\overline{\alpha}}$ も合わせて，次の関係が有名です：

逆数と極形式 目に焼き付けるべし

- α とその逆数 $\dfrac{1}{\alpha}$ は，絶対値は逆数， 偏角は逆符号．
- $\dfrac{1}{\alpha}$ とその共役複素数 $\dfrac{1}{\overline{\alpha}}$ は実軸対称． この図は $r=2,\ \theta=\dfrac{\pi}{6}$ を想定
- α とその逆数の共役 $\dfrac{1}{\overline{\alpha}}$ は，絶対値は逆数， 偏角は一致．[1)]

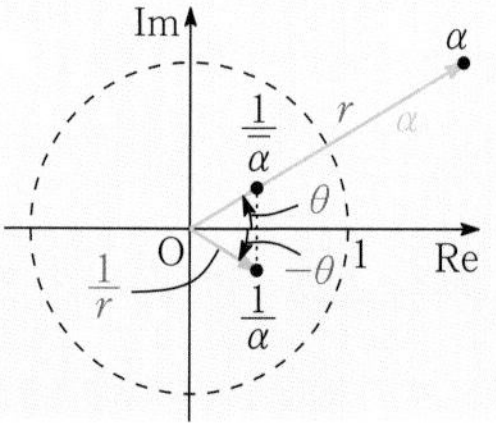

参考 1)：例の「**反転**」の関係ですね．[→演習問題 5 10 12] [→例題 6 7 j] ■

また，$r=1$ のとき，$\alpha = \cos\theta + i\sin\theta$. $\dfrac{1}{\alpha} = \cos(-\theta) + i\sin(-\theta) = \cos\theta - i\sin\theta$.

よって次の関係が成り立ちます：

絶対値が 1 のときの逆数

$|\alpha| = 1$ のとき，$\alpha = \cos\theta + i\sin\theta$ と表せて

$$\frac{1}{\alpha} = \overline{\alpha}.^{2)} \quad \left(\text{i.e. } \frac{1}{\overline{\alpha}} = \alpha.\right)$$ 逆数 = 共役

$\therefore\ \alpha + \dfrac{1}{\alpha} = \alpha + \overline{\alpha}$ 逆数の和 = 共役の和

$= 2\mathrm{Re}\,\alpha = 2\cos\theta.$ 実部 $\cos\theta$ の 2 倍

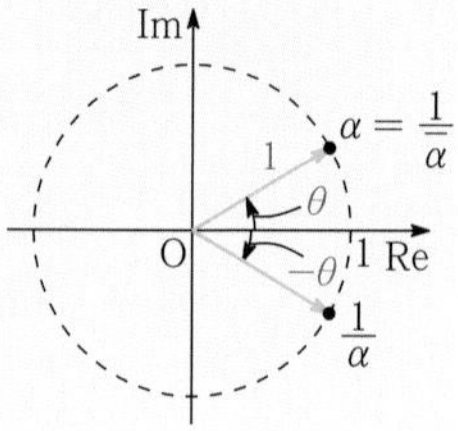

注 2)：これは，$\alpha\overline{\alpha} = |\alpha|^2 = 1$ からも導かれますが，極形式をイメージして直観的に見抜けるようにしておきましょう．問題解法の中で，よく使う着想です．

4 ド・モアブルの定理

極形式による掛け算では，偏角は足し算となります．よって，偏角 θ の複素数を n 乗（n は自然数）すれば，偏角は n 倍になります：

$$(\cos\theta+i\sin\theta)^n=\cos n\theta+i\sin n\theta.$$ これを命題 $P(n)$ とおく

〔証明〕　キチンと示すには，「累乗」がもつドミノ構造[1)]を利用すべく数学的帰納法を用います：

1° $P(1)$: $(\cos\theta+i\sin\theta)^1=\cos 1\cdot\theta+i\sin 1\cdot\theta$ は成り立つ．

2° n を固定する．$P(n)$ を仮定し，$P(n+1)$：$(\cos\theta+i\sin\theta)^{n+1}=\cos(n+1)\theta+i\sin(n+1)\theta$ を示す．

$$\begin{aligned}\text{左辺}&=(\cos\theta+i\sin\theta)^{n+1}\\&=(\cos\theta+i\sin\theta)^n\cdot(\cos\theta+i\sin\theta)\\&=(\cos n\theta+i\sin n\theta)(\cos\theta+i\sin\theta)\ (\because P(n))\\&=\cos(n\theta+\theta)+i\sin(n\theta+\theta)=\text{右辺}.\end{aligned}$$

累乗のドミノ構造

よって，$P(n)\Longrightarrow P(n+1)$ が成り立つ．

1°, 2° より，$P(1), P(2), P(3), \cdots$ が示せた．□

注 1)：［→Ⅱ+B例題 7 7 c 後の重要］

$P(n)$ は，n が 0 以下の整数でも成り立ちます：

$P(0)$: $(\cos\theta+i\sin\theta)^0=\cos 0\cdot\theta+i\sin 0\cdot\theta$ は，両辺とも 1[2)] ゆえ成り立つ．

n が負の整数のとき $n=-m$ $(m\in\mathbb{N})$ とおけて

$$\begin{aligned}\text{左辺}&=(\cos\theta+i\sin\theta)^{-m}\\&=\frac{1}{(\cos\theta+i\sin\theta)^m}\ {}^{3)}\\&=\frac{1}{\cos m\theta+i\sin m\theta}\ \cdots①\\&=\cos(-m\theta)+i\sin(-m\theta)=\text{右辺}.\end{aligned}$$

∵ 前ページ❷′

注 2)3)：複素数においても，「0 乗」や「負の整数乗」の定義は実数の場合と同様です．

ド・モアブルの定理　定理

$$(\cos\theta+i\sin\theta)^n=\cos n\theta+i\sin n\theta\ (n \text{ は任意の整数}).$$

n 乗すると偏角は n 倍

注 ①の後，分母を実数化すると，前問(1)と同じ処理が残ります．

例題 6 3 C 累乗の計算　根底 実戦　定期　［→演習問題 6 4 6］

次を簡単にせよ．　(1) $(1+i)^4$　(2) $\dfrac{\{(\sqrt{3}+1)+(\sqrt{3}-1)i\}^3}{(1-i)^3}$　(3) $\left(\dfrac{\cos\theta-i\sin\theta}{\cos\theta+i\sin\theta}\right)^n$ $(n\in\mathbb{N})$

方針　(極形式)^{整数} の形にすれば瞬時に計算できます．

解答 (1)　与式

$$\begin{aligned}&=\left\{\sqrt{2}\left(\cos\frac{\pi}{4}+i\sin\frac{\pi}{4}\right)\right\}^4\\&=(\sqrt{2})^4\left(\cos 4\cdot\frac{\pi}{4}+i\sin 4\cdot\frac{\pi}{4}\right)\\&=4(\cos\pi+i\sin\pi)=-4.\ /\!/\end{aligned}$$

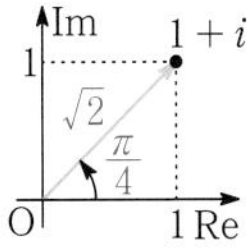

(2) **注**　分子 { } 部は極形式にしづらい．■

$$\text{与式}=\left\{\frac{(\sqrt{3}+1)+(\sqrt{3}-1)i}{1-i}\right\}^3.\ \text{ここで}$$

$$\begin{aligned}&\frac{(\sqrt{3}+1)+(\sqrt{3}-1)i}{1-i}\\&=\frac{(\sqrt{3}+1)+(\sqrt{3}-1)i}{1-i}\cdot\frac{1+i}{1+i}\\&=\frac{(\sqrt{3}+1-\sqrt{3}+1)+(\sqrt{3}+1+\sqrt{3}-1)i}{1^2-i^2}\\&=\frac{2+2\sqrt{3}i}{2}=1+\sqrt{3}i.\ \text{よって}\end{aligned}$$

$$\begin{aligned}\text{与式}&=\left\{2\left(\cos\frac{\pi}{3}+i\sin\frac{\pi}{3}\right)\right\}^3\\&=2^3\left(\cos 3\cdot\frac{\pi}{3}+i\sin 3\cdot\frac{\pi}{3}\right)\\&=8(\cos\pi+i\sin\pi)=-8.\ /\!/\end{aligned}$$

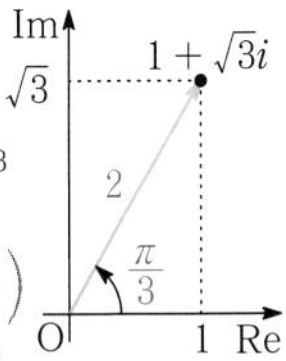

参考　Ⅱ+B例題 1 9 a (1)(エ)と同じ問です．

(3) $$\begin{aligned}&\left(\frac{\cos\theta-i\sin\theta}{\cos\theta+i\sin\theta}\right)^n\\&=\left\{\frac{\cos(-\theta)+i\sin(-\theta)}{\cos\theta+i\sin\theta}\right\}^n\\&=\{\cos(-2\theta)+i\sin(-2\theta)\}^n\quad -\theta-\theta=-2\theta\\&=\cos(-2n\theta)+i\sin(-2n\theta)=\cos 2n\theta-i\sin 2n\theta.\ /\!/\end{aligned}$$

5 累乗根

ド・モアブルの定理を使うと，「累乗」が簡単に計算できるので，「累乗根」も容易に求まります．

例 z の方程式 $z^3=1$ …① を 2 通りの方法で解いてみます：

解答 1（因数分解）

①を変形すると

$$z^3-1=0.$$
$$(z-1)(z^2+z+1)=0.$$ 積 = 0 の形

$$\therefore z=1,\ \frac{-1\pm\sqrt{3}i}{2}.\,/\!/$$

解答 2（極形式利用）

$z=r(\cos\theta+i\sin\theta)$ ただし $\begin{cases} r\geqq 0 & \cdots② \\ 0\leqq\theta<2\pi & \cdots③ \end{cases}$ [1)]

とおくと，①は

$$r^3(\cos 3\theta+i\sin 3\theta)=1 \overset{2)}{=} 1\cdot(\cos 0+i\sin 0).$$ ①′

$\therefore \begin{cases} r^3=1 & \cdots④ \\ 3\theta=0+2\pi\times k\ (k\in\mathbb{Z}) & \cdots⑤. \end{cases}$ [3)]

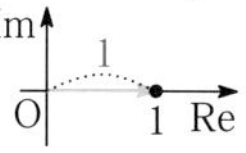

④②より，$r=1$．

⑤③より，$\theta=\dfrac{2\pi}{3}\times k\ (k=0,1,2)$．

以上より，z を極形式で表すと

$$z=\cos 0+i\sin 0,$$
$$=\cos\frac{2}{3}\pi+i\sin\frac{2}{3}\pi,$$
$$=\cos\frac{4}{3}\pi+i\sin\frac{4}{3}\pi.\,/\!/$$

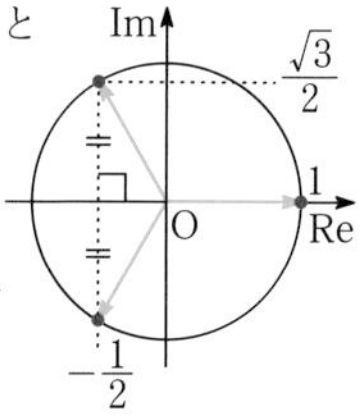

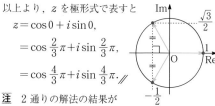

注 2 通りの解法の結果が一致していることを，右上図で確認．

参考 方程式①の解は「1 の 3 乗根」であり，このうち虚数解は，お気付きの通り例の「ω」です．[→Ⅱ+B 1 10 8]

①の「3 乗」が「100 乗」とかになった場合，**解答 1** だとお手上げですが，**解答 2** ならば「3」の所を「100」に変えるだけで全く同様に解けます．よって **解答 2** は，方程式「$z^n=$ 定数」の解，つまり n 乗根を求めるための一般論です．以下，この解法をめぐる注意点を列記します：

注 [2)]：①の左辺をド・モアブルの定理で極形式にしたのですから，右辺も極形式にそろえます．もっとも，右辺が「1」というキレイな数なので，極形式を思い浮かべるだけで済ませてしまいますが．

6 3 1 の**注**で触れた「微妙かつ些末な注意」についてここで考えます．

[1)]：$z=0$(つまり $r=|z|=0$) のときでも，この等式自体は両辺 $=0$ ゆえ成り立ちます．つまり，極形式は $z=0$ に対しても適用可能です．なお，その場合偏角 θ について「定めない」or「任意の角としてよい」の 2 つの流派があります．[→5 6 直前のコラム]

ここでは，わざわざ $z\neq 0$ に言及してまで「$r>0$」とするのが面倒なので「$r\geqq 0$」と書きました．

[3)]：例えば複素数（ベクトル）の偏角 $\dfrac{\pi}{3}$ と $\dfrac{\pi}{3}+2\pi$ や $\dfrac{\pi}{3}+2\times 2\pi$ などは，偏角そのものは異なれどもベクトルの向きとしては同じです．一般に，複素数 α の偏角は無限個あり，そのうちの 1 つを θ とすれば，$\theta':=\theta+2\pi\times$(任意の整数)[4)] は全て α の偏角です．

以上より，「④かつ⑤」が，極形式による等式 ①′ が成立するための条件です．

極形式どうしの相等

$r(\cos\theta+i\sin\theta)=r'(\cos\theta'+i\sin\theta') \Longleftrightarrow \begin{cases} r=r' \\ \theta'=\theta+2\pi\times(\text{ある整数}) \cdots ⓐ \end{cases}$

ただし，$r=r'=0$ の場合ⓐは不要．

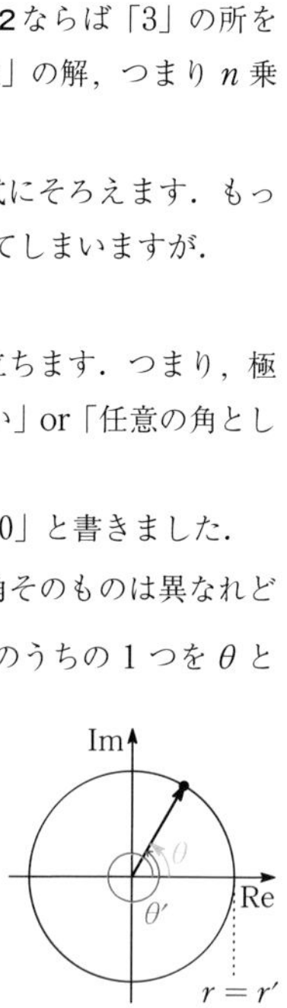

注 [4)]：この関係を，大学以降では「2π の整数倍の違いを無視する」という意味を込めて，「$\theta'\equiv\theta\ (\text{mod}\ 2\pi)$」と書いたりします（整数において商の違いを無視する合同式と同様）．高校数学では，$\arg(\alpha\beta)=\arg(\alpha)+\arg(\beta)$ のような偏角に関する等式は，実際には前記合同式「$\equiv$」の意味で使われます．なあなあで許されるんです（笑）．

例題 6 3 d 累乗根 根底 実戦 典型

[→演習問題 6 4 7]

n は自然数とする.

(1) 複素数 $\alpha\,(\neq 0)$ の n 乗根は n 個あり，それらは複素平面上である円を n 等分することを示せ.

(2) z の方程式 $z^{10}-(1+i)z^5+i=0$ を解け.

方針 (1)はもちろん極形式で. (2)は(1)の結果を利用します.

解答 (1) 方程式 $z^n=\alpha(\neq 0)$ …① を解く.

$\alpha=r_0(\cos\theta_0+i\sin\theta_0)$ ($r_0>0,\ 0\leq\theta_0<2\pi$),

$z=r(\cos\theta+i\sin\theta)$ $\begin{cases} r\geq 0 & \cdots② \\ 0\leq\theta<2\pi & \cdots③ \end{cases}$

とおくと，①は

$$r^n(\cos n\theta+i\sin n\theta)=r_0(\cos\theta_0+i\sin\theta_0).$$

$$\therefore \begin{cases} r^n=r_0 & \cdots④ \\ n\theta=\theta_0+2\pi\times k\ (k\in\mathbb{Z}) & \cdots⑤. \end{cases}$$

④②より，$r=\sqrt[n]{r_0}$. …⑥

⑤③より，$\begin{cases} \theta=\dfrac{\theta_0}{n}+\dfrac{2\pi}{n}k \\ (k=0,1,2,\cdots,n-1). \end{cases}$ …⑦

①の n 解は，⑥より全て原点を中心とする半径 $\sqrt[n]{r_0}$ (>0) の円周上にあり，⑦より[1] それを n 等分する. □

解説 ⑥は，r が 0 以上の実数であるからこそ得られています.

⑦で，$k\leq -1$ だと $\theta<0$，$k\geq n$ だと $\theta\geq 2\pi$ となって③からはみ出してしまいますね.

[1]：数列 $\left(\dfrac{\theta_0}{n}+\dfrac{2\pi}{n}k\right)$ $(k=0,1,\cdots,n-1)$ は公差 $\dfrac{2\pi}{n}$ の等差数列で，末項に公差を加えると

$$\frac{\theta_0}{n}+\frac{2\pi}{n}(n-1)+\frac{2\pi}{n}=\frac{\theta_0}{n}+2\pi.$$

これは初項 $\dfrac{\theta_0}{n}$ と同じ向きの偏角ですから，「n 等分」であることが言えます.

○前述した 例 において，方程式①の解：「1 の 3 乗根」は，たしかに単位円を3等分していますね.

参考 ○z を極形式で表すと

$$z=\sqrt[n]{r_0}\left\{\cos\left(\frac{\theta_0}{n}+\frac{2\pi}{n}k\right)+i\sin\left(\frac{\theta_0}{n}+\frac{2\pi}{n}k\right)\right\}.$$

どうしても，ゴッツイ式を書かされる羽目になります (笑). 解答 のように，絶対値と偏角を別々に記述すると楽です.

(2) 与式を変形すると

$$(z^5-1)(z^5-i)=0.$$

i.e. $z^5=1$ …⑧ or $z^5=i$. …⑨

よって求める解は，(1)で $n=5$, $r_0=1$ とし，さらに⑧：$\theta_0=0$，⑨：$\theta_0=\dfrac{\pi}{2}$ としたもの.

$$\therefore z=\begin{cases} \cos\dfrac{2\pi}{5}k+i\sin\dfrac{2\pi}{5}k \\ \cos\left(\dfrac{\pi}{10}+\dfrac{2\pi}{5}k\right)+i\sin\left(\dfrac{\pi}{10}+\dfrac{2\pi}{5}k\right) \end{cases}$$

$(k=0,1,2,3,4)$. //

注 (1)の結果を証明抜きに 定理 として使ってよいか否かは状況次第？ただ，少なくとも 知識 として備わっているべきではあります. とくに，「1」の n 乗根についてはほぼ“常識”です.

n 乗根 知識　定理 か否かは微妙

任意の複素数 $(\neq 0)$ の n 乗根は n 個あり，それらは複素平面上で円を n 等分する.

とくに，1 の n 乗根，つまり $z^n=1$ の解は，

$$z=\cos\frac{2\pi}{n}k+i\sin\frac{2\pi}{n}k\ (k=0,1,2,\cdots,n-1).$$ [2]

これらは単位円周を n 等分する (右図).

〔例：$n=9$〕

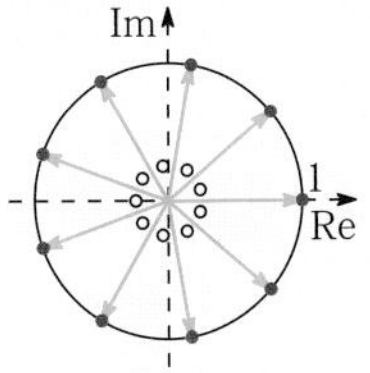

語記サポ [2]：「2π を n 等分した角が k 個分」という意味がストレートに伝わるので，筆者はこの記法が好きです. 世間では「$\dfrac{2k\pi}{n}$」とカッコつけて書く人が多いですが (笑).

4 演習問題A

6 4 1 根底 実戦 典型

複素平面上に 3 点 A(α), B(β), C(γ) があり，$\alpha = -3 - i$, $\beta = 1 + i$, $\gamma = 4 + 7i$ とする．次の点に対応する複素数を求めよ．

(1) 平行四辺形 ABCD の頂点 D(δ)

(2) △BCD の重心 G(z)

(3) ∠DAB の二等分線と BD の交点 P(w)

6 4 2 根底 実戦 定期

$\alpha, \beta\ (\neq 0)$ は複素数とする．共役複素数に関して，$\overline{\left(\dfrac{\alpha}{\beta}\right)} = \dfrac{\overline{\alpha}}{\overline{\beta}}$ が成り立つことを示せ．

6 4 3 根底 実戦 定期

方程式 $f(x) := ax^3 + bx^2 + cx + d = 0$ (a, b, c, d は実数で $a \neq 0$) …① を考える．虚数 $\alpha := p + qi$ (p, q は実数, $q \neq 0$) が①の 1 つの解ならば，α と共役な虚数 $\overline{\alpha} = p - qi$ も①の解であることを，6 2 2 共役複素数と四則演算を利用して[1] 示せ．

6 4 4 根底 実戦

複素平面上に 2 点 A(α), B(β) があり，$|\alpha| = 4$, $|\beta| = 5$ …①，$\left|\dfrac{\alpha + \beta}{2}\right| = 3$ …② とする．

(1) $\gamma := \overline{\alpha}\beta + \alpha\overline{\beta}$ を求めよ．

(2) 線分 AB の長さを求めよ．

6 4 5 根底 実戦 入試

α, β は複素数とする．不等式

$$\big||\alpha| - |\beta|\big| \leq |\alpha + \beta| \leq |\alpha| + |\beta|$$

が成り立つことを示せ．

6 4 6 根底 実戦

次の複素数を簡単にせよ．

(1) $\left(\cos\dfrac{5\pi}{12} + i\sin\dfrac{5\pi}{12}\right)\left(\cos\dfrac{\pi}{12} + i\sin\dfrac{\pi}{12}\right)$

(2) $\dfrac{\cos\dfrac{\pi}{8} + i\sin\dfrac{\pi}{8}}{\cos\dfrac{3\pi}{8} + i\sin\dfrac{3\pi}{8}}$

(3) $\dfrac{\cos\dfrac{5\pi}{7}+i\sin\dfrac{5\pi}{7}}{\left(\cos\dfrac{\pi}{7}+i\sin\dfrac{\pi}{7}\right)\left(\cos\dfrac{3\pi}{7}+i\sin\dfrac{3\pi}{7}\right)}$　(4) $\left(\cos\dfrac{\pi}{6}+i\sin\dfrac{\pi}{6}\right)^{10}$

(5) $\left\{(\sqrt{6}+\sqrt{2})+(\sqrt{6}-\sqrt{2})i\right\}^{20}$　(6) $(-1+i)^{11}$

(7) $(1+\cos\theta+i\sin\theta)^n$ (n は整数)　(8) $\left(\dfrac{\cos\theta+i\sin\theta}{\sin\theta+i\cos\theta}\right)^{10}$

6 4 7 根底 実戦 典型

次の方程式を解け.

(1) $z^7=8+8i$　(2) $z^6+1=0$　(3) $z^5+5z^4+10z^3+10z^2+5z+i=0$

コラム

使用する文字の選び方

6 1 1 注で,「複素数は, α, β などのギリシャ文字や z, w で表すことが多い」と述べました. このように, 数学界においては,「この用途にはこの文字を使う」という暗黙のルールがあります. 以下にそれを列記してみます. 多少は筆者の趣味も入ってるかも (笑)

実数	定数	$a, b, c, d, \cdots$　k, l　p, q, r
	変数	x, y, z, w　確率変数 X, Y, Z, W
	パラメタ	s, t, u
	図計量	面積 S　体積 V　長さ l　距離 d　半径 r　傾き m　角 $\theta, \varphi, \alpha, \beta, \gamma$
	その他	判別式 D　個数 N　確率 p, P　分散 V　標準偏差 s, σ　相関係数 r
	特殊な数	円周率 π　自然対数の底 e　これらは約束済み!
複素数	定数	$\alpha, \beta, \gamma, \delta, \varepsilon$
	変数	z, w
整数	定数	m, n　$a, b, c, d, \cdots$　素数 p, q, r
	変数	i, j, k, l　m, n
方程式	未知数	x, z, t
	解	$\alpha, \beta, \gamma, \delta$　$\alpha_1, \alpha_2, \cdots$
点	定点	A, B, C, D, ⋯　P, Q, R, ⋯
	特殊な点	原点 O　中点 M, N　垂線の足 H, I, J　重心 G　内心 I　垂心 H
	動点	P, Q, R, ⋯
点の座標	定点	$(a, b), (X, Y)$[1], (x_1, y_1)　$(a, b, c), (X, Y, Z), (x_1, y_1, z_1)$
	動点	$(x, y), (X, Y)$[2], (s, t)　$(x, y, z), (X, Y, Z), (s, t, u)$
図形	一般	曲線・軌跡 C, C_1, C', F　曲面 S, T　領域 D, D_1, D'
	特殊	直線 l, m, n　円 C　楕円 E　双曲線 H　球面 S　円柱 C
その他		関数 f, g, h　数列の項 $a_n, b_n, c_n, \cdots$　x_n, z_n

注 ただしこれらは絶対的な決まりという訳ではありません. 例えば複素平面では, ギリシャ文字だけでは足りなくなることもあり, その際には $\mathrm{P}(p)$, $\mathrm{Q}(q)$ のように普通のアルファベットで複素数を表してしまうこともあります. もちろん, ちゃんと断った上で.

[1][2]: 大文字 X, Y, Z は, 定数・変数両方の“香り”がする状況でよく使います. [→演習問題 3 9 25] ■

5 ベクトルの回転&伸縮

1 基本となる考え方

6 3 2 ❶「極形式による掛け算」により，次が成り立ちます (r_1, r は正)：

$$r(\cos\theta+i\sin\theta)\cdot\underbrace{r_1(\cos\theta_1+i\sin\theta_1)}_{\alpha\text{ とおく}}=\underbrace{rr_1\{\cos(\theta_1+\theta)+i\sin(\theta_1+\theta)\}}_{\beta\text{ とおく}}.$$

絶対値は掛け算のまま
偏角は足し算

この等式は，複素平面上で次のような図形的意味をもちます：

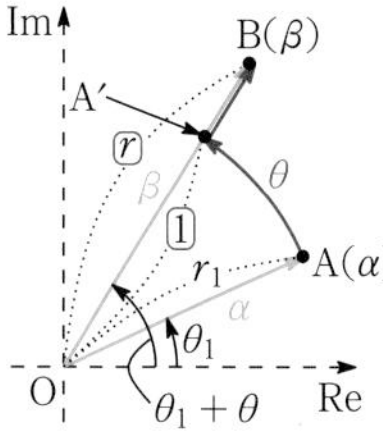

$\begin{cases}\text{偏角 } \theta_1 \\ \text{絶対値 } r_1\end{cases}$ の複素数 α が表すベクトル (右図の $\overrightarrow{\mathrm{OA}}$) に対して，

$\begin{cases}\text{偏角 } \theta \\ \text{絶対値 } r\end{cases}$ の複素数 $r(\cos\theta+i\sin\theta)$ を掛けると， これが変換を表す

$\begin{cases}\text{偏角 } \theta_1\underline{+\theta} \\ \text{絶対値 } \underset{\sim}{r}r_1\end{cases}$ のベクトル β (右図の $\overrightarrow{\mathrm{OB}}$) が得られる． θ 回転& r 倍伸縮された

上の等式を，α, β の極形式を伏せて書くと，ベクトルの回転&伸縮を表す等式が得られます：

$$\beta=\boxed{r(\cos\theta+i\sin\theta)}\cdot\alpha\ .\ \cdots①$$

□の偏角が回転角，絶対値が伸縮倍率

注 このように，**「ベクトル」の変換**ととらえることが重要です．「点」の移動だと考えると，上図の移動を言い表す際，「A′ は，原点 O を中心として A を角 θ だけ回転した点」まではよいですが，A′ から B への移動で言葉に詰まります．「点 A′ を r 倍」，つまり「rA′」では意味をなしません．(**複素数とベクトルとの対応**に触れずに書かれた書物では，この誤った表現が使われていたりするので注意．) また，「点」の移動と考えた場合，原点 O 以外を中心とする回転 (下記) だと困ります．■

右上図ではベクトルの始点を原点 O(0) にとっていますが，ベクトルにおいては位置の違いを考えないので，任意の点 C(γ) を始点として考えても全く同様．まとめると次の通りです：

複素平面上でのベクトルの回転&伸縮 原理 重要度↑↑

複素平面上で，A(α), B(β), C(γ) とする．

$\overrightarrow{\mathrm{CB}}$ が，$\overrightarrow{\mathrm{CA}}$ を $\begin{cases}\text{角 } \underline{\theta} \text{ だけ回転し} \\ \underset{\sim}{r} \text{ 倍したもの}\end{cases}$ であるとき，

$$\underbrace{\beta-\gamma}_{\overrightarrow{\mathrm{CB}}}=\boxed{r(\cos\theta+i\sin\theta)}\cdot(\underbrace{\alpha-\gamma}_{\overrightarrow{\mathrm{CA}}})\ \cdots②$$

$\overrightarrow{\mathrm{CB}}$ ← θ 回転 & r 倍 ― $\overrightarrow{\mathrm{CA}}$

□が変換を表す．
その偏角が回転角
絶対値が伸縮倍率

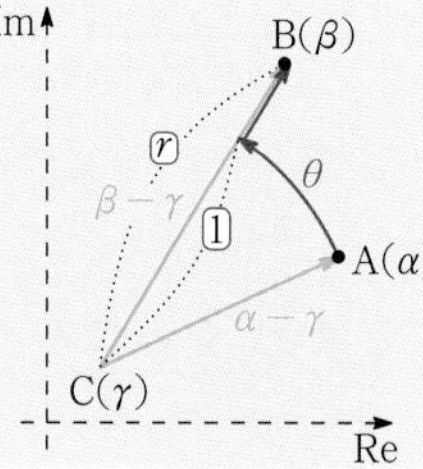

注 ここでも，例の対応 (右図) が効いていますね．[→6 1 4]

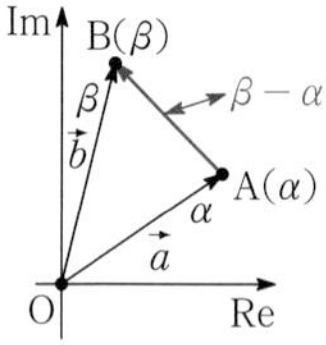

なお，とくに C が原点 O (つまり $\gamma=0$) のときには前記①となります．

重要 次の流れ (両方向) を意識してください：

3点 A，B，C の位置[1]関係 ⟷ **2 ベクトル** $\overrightarrow{\mathrm{CA}}$，$\overrightarrow{\mathrm{CB}}$ の関[2]係 ⟷ **複素数**の等式②

本書では，「3 点→ 2 ベクトル→複素数」(or その逆向き) という表現を使います．

注 1)2)：ベクトルでは「位置」を考えないのでこのように書きました．また，回転の中心を述べることに意味はありません．右図で $\vec{a}$ を表す矢印を，赤点，青点を中心として $+\frac{\pi}{2}$ 回転すると，どちらも同じベクトル $\vec{a'}$ になりますね．

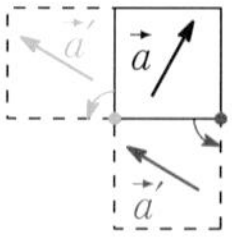

2 3点→2ベクトル→複素数

1 の「考え方」を使いこなす練習をしていきます．まずは順方向から．問題文に書かれた「3 点の位置関係」を「2 ベクトルの関係」として言い換え，それを「複素数の式」(前ページ② or ①) で表現します．

例題 6 5 a 3点の位置関係の表現 根底 実戦 典型 [→演習問題 6 8 2]

O を原点とする座標平面上で [1]，次の点の座標を求めよ．

(1) O を中心として，A(1, 2) を $\dfrac{\pi}{3}$ だけ回転した点 B

(2) A(1, 2), B(4, 1) として，△ABC が $\angle C=\dfrac{\pi}{2}$ の直角二等辺三角形となるような点 C

注 [1]：問題文にこう書かれていても，自身で「複素平面」を導入します．

方針 「3 点→ 2 ベクトル→複素数」の流れで．

解答 複素平面上で，A(α), B(β), C(γ) とする．

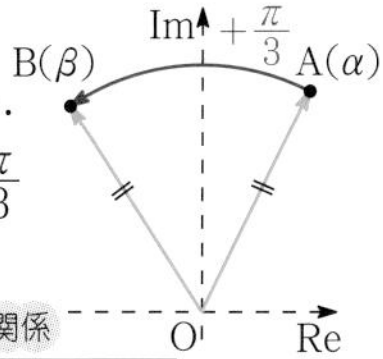

(1) [2] $\overrightarrow{OB}$ は，$\overrightarrow{OA}$ を [3] $+\dfrac{\pi}{3}$ だけ回転したもの．

2 ベクトルの関係

$$\therefore\ \underbrace{\beta-0}_{\overrightarrow{OB}}=\boxed{1\cdot\left(\cos\frac{\pi}{3}+i\sin\frac{\pi}{3}\right)}\cdot\underbrace{(\alpha-0)}_{\overrightarrow{OA}}$$

$\overrightarrow{OB}$ ← $+\frac{\pi}{3}$ 回転 & 1 倍 ← $\overrightarrow{OA}$

$$=\frac{1+\sqrt{3}i}{2}(1+2i)$$

$$=\frac{1}{2}\left\{(1-2\sqrt{3})+(2+\sqrt{3})i\right\}.$$

$$\text{i.e. } B\left(\frac{1}{2}-\sqrt{3},\ 1+\frac{\sqrt{3}}{2}\right).//$$

語記サポ [2]：この後書く数式に合わせて，主語を文頭に書く語順（英語スタイル）で．

注 [3]：回転の向き（符号）まで考えること．■

(2) △ABC は右図のようになる．よって，

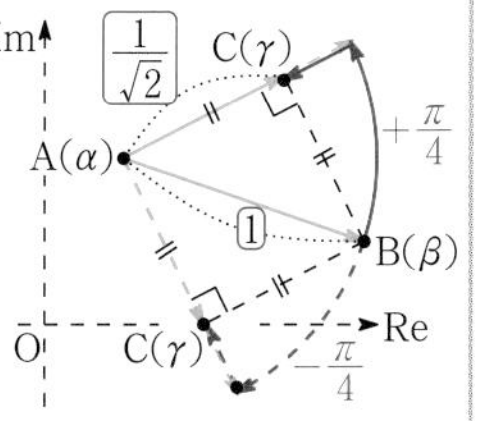

$\overrightarrow{AC}$ は，$\overrightarrow{AB}$ を

$\begin{cases}\pm\dfrac{\pi}{4}\text{ だけ回転し}\\ \dfrac{1}{\sqrt{2}}\text{ 倍したもの．}\end{cases}$

2 ベクトルの関係

よって

$$\underbrace{\gamma-\alpha}_{\overrightarrow{AC}}=\boxed{\frac{1}{\sqrt{2}}\left\{\cos\left(\pm\frac{\pi}{4}\right)+i\sin\left(\pm\frac{\pi}{4}\right)\right\}}^{4)}\cdot\underbrace{(\beta-\alpha)}_{\overrightarrow{AB}}.$$

$\overrightarrow{AC}$ ← $\pm\frac{\pi}{4}$ 回転 & $\frac{1}{\sqrt{2}}$ 倍 ← $\overrightarrow{AB}$

$$\therefore\ \gamma=\alpha+\frac{1\pm i}{2}(3-i)$$

$$=1+2i+\frac{4+2i}{2},\ 1+2i+\frac{2-4i}{2}$$

$$=3+3i,\ 2+0i.$$

i.e. C(3, 3), (2, 0).//

言い訳 右図のように“マス目”を描けば答えはわかってしまいますが，今はベクトル変換の練習が目的だということを忘れずに．

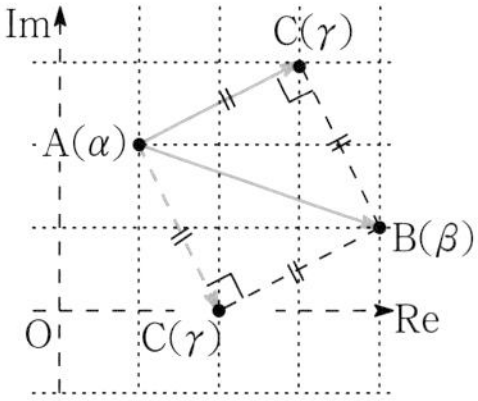

[4]：ホントは，「以下，複号同順」です．自明なこととして省きました．今後もサボります．

注 (1)では，次のように「点の位置関係」を記述することも可能です：

B は，O を中心として A を $+\dfrac{\pi}{3}$ だけ回転した点．

しかしこれは，回転のみである(1)に限った話．一般性のあるベクトルによる記述をモットーにしてください．

注 ベクトル変換を複素数で表した式は，次のようにも書けます：

(1) $\dfrac{\beta-0}{\alpha-0}=\boxed{1\cdot\left(\cos\dfrac{\pi}{3}+i\sin\dfrac{\pi}{3}\right)}.$

(2) $\dfrac{\gamma-\alpha}{\beta-\alpha}=\boxed{\dfrac{1}{\sqrt{2}}\left\{\cos\left(\pm\dfrac{\pi}{4}\right)+i\sin\left(\pm\dfrac{\pi}{4}\right)\right\}}.$

つまり，左辺に書いたような複素数どうしの分数式は，分母のベクトルから分子のベクトルへの変換を意味します．これを念頭に置いて，次項へ進みましょう．

3 3点←2ベクトル←複素数

前項とは逆向きの，「複素数の式→ 2 ベクトルの関係→ 3 点の位置関係」の流れです．

例題 6 5 b 三角形の形状判定 根底 実戦 典型

[→演習問題 6 8 4]

複素平面上に相異なる 3 点 $A(\alpha)$，$B(\beta)$，$C(\gamma)$ がある．

(1) $\alpha^2-2\alpha\beta+2\beta^2=0$ …① のとき，△OAB の形状を答えよ（A，B は O と異なる点）．

(2) $2\alpha^2+\beta^2+\gamma^2-2\gamma\alpha-2\alpha\beta=0$ …② のとき，△ABC の形状を答えよ．

解答 (1) **方針** 前問(1)の

$$\beta-0=\boxed{1\cdot\left(\cos\frac{\pi}{3}+i\sin\frac{\pi}{3}\right)}\cdot(\alpha-0)$$

と同じような式を作ります．■

①より，$(\alpha-\beta)^2+\beta^2=0$．

$(\alpha-\beta)^2-(i\beta)^2=0$．

$(\alpha-\beta+i\beta)(\alpha-\beta-i\beta)=0$．

どちらかが 0

$\therefore \alpha=(1\pm i)\beta$．…①′

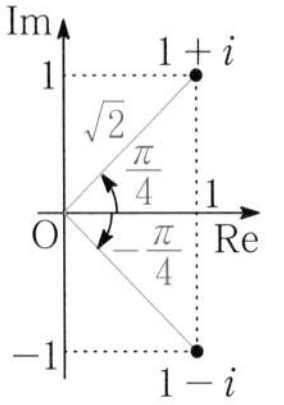

したがって

$$\alpha-0=\boxed{\sqrt{2}\left\{\cos\left(\pm\frac{\pi}{4}\right)+i\sin\left(\pm\frac{\pi}{4}\right)\right\}}\cdot(\beta-0).$$

$\overrightarrow{OA}$ ← $\pm\frac{\pi}{4}$ 回転 & $\sqrt{2}$ 倍 ― $\overrightarrow{OB}$

よって，$\overrightarrow{OA}$ は，$\overrightarrow{OB}$ を

$\left\{\begin{array}{l}\pm\frac{\pi}{4}\text{だけ回転し}\\ \sqrt{2}\text{ 倍したもの．}\end{array}\right.$ 2 ベクトルの関係

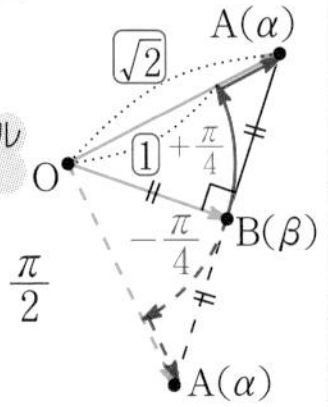

したがって，△OAB は $\angle B=\frac{\pi}{2}$ の直角二等辺三角形．//

注意！ ①を α の 2 次方程式とみて，次のように解の公式を用いるのは NG！

$\underline{\underline{\alpha^2}}-2\beta\cdot\underline{\alpha}+2\beta^2=0$．

$\therefore \alpha=\beta\pm\sqrt{\beta^2-2\beta^2}=\cdots$ （×）

$\sqrt{\ }$ 内に虚数かもしれない数を書いた時点でバツ．「解の公式」は実数係数でないと使えません．[→Ⅱ+B 1 10 3]

注 そこで，前ページ最後に述べた「分数式は変換を意味する」を利用します．$\frac{\alpha}{\beta}=\cdots$ の形を作り，分母を払えば①′と同形の式になります．

着眼 ①の左辺：α, β の 2 次同次式は「比」で表せることが有名．[→例題 3 8 b 注[4]]

別解 $\beta\neq 0$ ゆえ，①より

$$\left(\frac{\alpha}{\beta}\right)^2-2\cdot\frac{\alpha}{\beta}+2=0.$$ 実数係数ゆえ解の公式が使える

$\therefore \frac{\alpha}{\beta}=1\pm\sqrt{1-2}=1\pm i$．（…以下同様…）

$\sqrt{\ }$ 内は実数

分母を払わず分数式のまま解答しても OK です．

(2) **方針** 前問(2)の

$$\gamma-\alpha=\boxed{\frac{1}{\sqrt{2}}\left\{\cos\left(\pm\frac{\pi}{4}\right)+i\sin\left(\pm\frac{\pi}{4}\right)\right\}}\cdot(\beta-\alpha)$$

と同じような式を作ります．

②を見ると，β と γ は対称，それらに対して α だけが非対称ですから，この式と同じように α を始点とする 2 ベクトルの関係を目指します．

(1) **別解**にならって，「変換を意味する分数式」を求めましょう．■

②より，$(\alpha-\beta)^2+(\alpha-\gamma)^2=0$．

$\alpha-\beta\neq 0$ より，$1+\left(\frac{\alpha-\gamma}{\alpha-\beta}\right)^2=0$．

$\left(\frac{\gamma-\alpha}{\beta-\alpha}\right)^2=-1$．

$\therefore \frac{\gamma-\alpha}{\beta-\alpha}=\pm i$．…②′

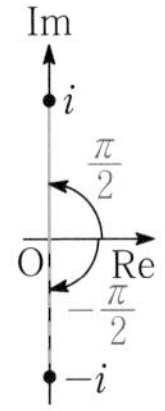

$$\gamma-\alpha=\boxed{1\cdot\left\{\cos\left(\pm\frac{\pi}{2}\right)+i\sin\left(\pm\frac{\pi}{2}\right)\right\}}\cdot(\beta-\alpha)$$

$\overrightarrow{AC}$ ← $\pm\frac{\pi}{2}$ 回転 & 1 倍 ― $\overrightarrow{AB}$

よって，$\overrightarrow{AC}$ は，$\overrightarrow{AB}$ を $\pm\frac{\pi}{2}$ だけ回転したもの． 2 ベクトルの関係

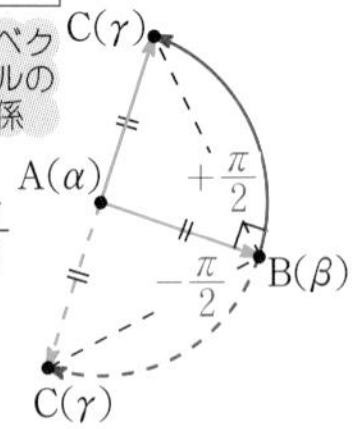

ゆえに，△ABC は $\angle A=\frac{\pi}{2}$ の直角二等辺三角形．//

注 ②′式を作れば，その次の式のように分母を払わなくても可でしょう．

また，「$\pm i$」が「$\pm\frac{\pi}{2}$ 回転」を表すことは，極形式で表すまでもなく“常識”としてよいでしょう．

4 変換を表す分数式

前問(1) **別解**および(2)でも利用した，「変換」を表す「分数式」について考えます．

1 を再掲します．$\overrightarrow{\mathrm{CB}}$ が，$\overrightarrow{\mathrm{CA}}$ を $\begin{cases}\text{角 }\theta\text{ だけ回転し}\\ r\text{ 倍したもの}\end{cases}$ であるとき，

$$\underbrace{\beta-\gamma}_{\overrightarrow{\mathrm{CB}}} = \boxed{r(\cos\theta+i\sin\theta)}\cdot(\underbrace{\alpha-\gamma}_{\overrightarrow{\mathrm{CA}}})\ \cdots②$$

（$\overrightarrow{\mathrm{CB}}$ ← θ 回転 & r 倍 ― $\overrightarrow{\mathrm{CA}}$）

これを変形することにより，次のことがわかります：

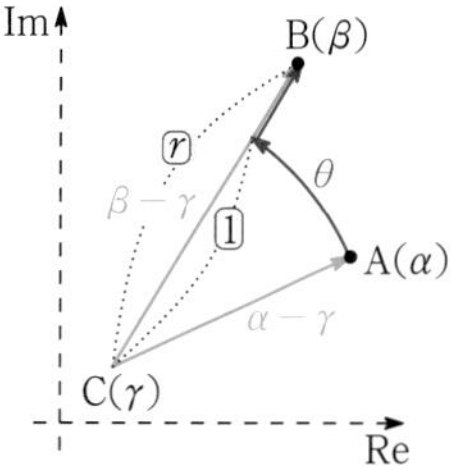

原理 重要度↑ 分数式が表す変換

右図の関係があるとき，

変換 [$\overrightarrow{\mathrm{CB}}$ / $\overrightarrow{\mathrm{CA}}$] $\dfrac{\beta-\gamma}{\alpha-\gamma}\left(=\boxed{r(\cos\theta+i\sin\theta)}\right)$ は，$\overrightarrow{\mathrm{CA}}$ から $\overrightarrow{\mathrm{CB}}$ への変換を表し，

$$\text{回転角}=\overset{\text{偏角}}{\arg}\frac{\beta-\gamma}{\alpha-\gamma},\ \text{伸縮倍率}=\overset{\text{絶対値}}{\left|\frac{\beta-\gamma}{\alpha-\gamma}\right|}.$$

重要　②式全体を書くと，「回転角」・「伸縮倍率」の両方を表すことになりますが，いずれか片方のみでよいという状況では，このように「分数式」を作ってその「偏角」・「絶対値」の片方のみを抜き出して考えると効率的です．■

上記の **原理** から得られる「平行」・「垂直」条件をまとめておきます．次に書く**同値変形過程自体を 1 つの演習問題とみて各自で実行すること．** それを通して**全体をセットとして**理解し，身に付けるべし．

平行・垂直条件 **定理**

複素平面上の相異なる 3 点 A(α), B(β), C(γ) について，次の関係が成り立つ：

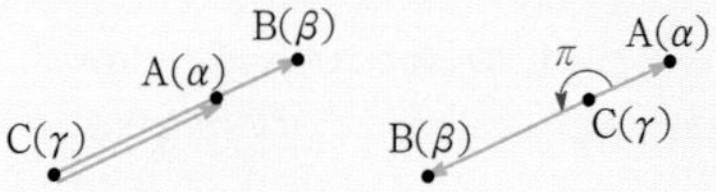

$\overrightarrow{\mathrm{CA}}\,/\!/\,\overrightarrow{\mathrm{CB}}$ …①

$\Longleftrightarrow$ $\overrightarrow{\mathrm{CA}}$ から $\overrightarrow{\mathrm{CB}}$ への回転角が $0,\ \pi$

$\Longleftrightarrow \arg\dfrac{\beta-\gamma}{\alpha-\gamma}=0,\ \pi$

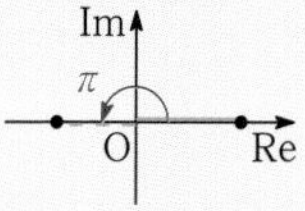

$\Longleftrightarrow \dfrac{\beta-\gamma}{\alpha-\gamma}\in\mathbb{R}$

$\Longleftrightarrow \mathrm{Im}\dfrac{\beta-\gamma}{\alpha-\gamma}=0$

$\Longleftrightarrow \dfrac{\beta-\gamma}{\alpha-\gamma}=\overline{\left(\dfrac{\beta-\gamma}{\alpha-\gamma}\right)}$ …①′

今回に限り「$\Longleftrightarrow$」を何度も書き並べています．

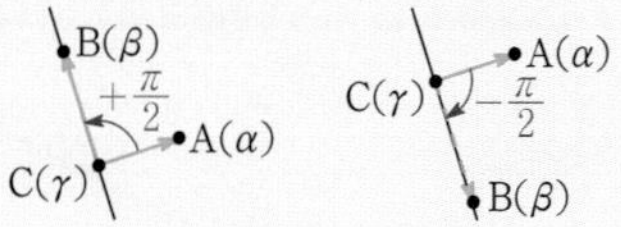

$\overrightarrow{\mathrm{CA}}\perp\overrightarrow{\mathrm{CB}}$ …②

$\Longleftrightarrow$ $\overrightarrow{\mathrm{CA}}$ から $\overrightarrow{\mathrm{CB}}$ への回転角が $\pm\dfrac{\pi}{2}$

$\Longleftrightarrow \arg\dfrac{\beta-\gamma}{\alpha-\gamma}=\pm\dfrac{\pi}{2}$

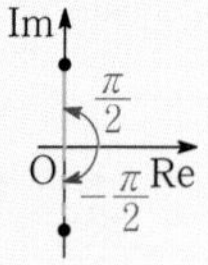

$\Longleftrightarrow \dfrac{\beta-\gamma}{\alpha-\gamma}$ が純虚数

$\Longleftrightarrow \mathrm{Re}\dfrac{\beta-\gamma}{\alpha-\gamma}=0$

$\Longleftrightarrow \dfrac{\beta-\gamma}{\alpha-\gamma}+\overline{\left(\dfrac{\beta-\gamma}{\alpha-\gamma}\right)}=0$ …②′

「5 度に渡る同値変形なんて無理」と思うかもしれませんが，こうして基本原理から出発して変形することを繰り返しているうち，過程を導いているのか，結果を覚えて使っているのか，自分でもよくわからなくなってきたりします．それが，「身に付く」ということです (笑).

注　これらは，必ずしも“スタート”①②と“ゴール”①′②′の同値関係として使うとは限りません．“中間地点”を使えば解決することもあります[→**演習問題 6 8 22**]

6 軌跡

本節から，実戦度が高目の問題も扱っていきます．
座標平面上の軌跡 F 上の点が満たすべき条件を x, y の関係式で表したものが F の方程式でした．
ここでは，複素平面上の点 $\mathrm{P}(z)$ の軌跡を，複素数 z の方程式として表すことも考えます．

これまで学んだことを振り返ると，「複素数」には次の 3 つの表現・攻め方があります：

複素数・3 つの攻め方

❶ **直交形式 $x+iy$**　❷ **共役複素数 $z, \overline{z}$**　❸ **極形式 $r(\cos\theta+i\sin\theta)$**

重要　極論すれば，複素平面に関する全ての問題について，その解法は“3 択”です．「どれで解くか？」と考え，あとは例によって数手先を読むなどして選びます．[→ 5 12 3 最後のコラム]

1 方程式を作る

例題 6 6 a　直線の方程式（複素数）　根底 実戦　典型　[→演習問題 6 8 6]

O を原点とする複素平面上に定点 $\mathrm{A}(\alpha)$ $(\alpha \neq 0)$ と動点 $\mathrm{P}(z)$ がある．

(1)　O と A を通る直線を l とする．P が l 上にあるための z に関する条件を求めよ．

(2)　A を通り OA と垂直な直線を m とする．P が m 上にあるための z に関する条件を求めよ．

注　要するに，直線 l, m の（複素数による）方程式を求めよという問です．

方針　いつもの「3 点 O，A，P の位置関係→ 2 ベクトルの関係→複素数」という流れで．

言い訳　「条件を求めよ」では何を「答え」とするべきかが微妙ですが，ここでは“ある程度整理された”方程式を求めましょう．試験では，もっと明確に指示されるでしょう．

解答　(1)　P が l 上にあるための条件は

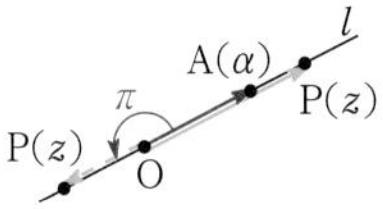

$\overrightarrow{\mathrm{OP}} /\!/ \overrightarrow{\mathrm{OA}}$ (or $\mathrm{P}=\mathrm{O}$)[1].

すなわち

$\overrightarrow{\mathrm{OA}}$から$\overrightarrow{\mathrm{OP}}$への回転角が $0, \pi$ (or $\mathrm{P}=\mathrm{O}$).

$\arg\dfrac{z-0}{\alpha-0}=0, \pi$ (or $z=0$).

$\dfrac{z}{\alpha}\in\mathbb{R}$ ($z=0$[2]でも成立).　$\mathrm{Im}\dfrac{z}{\alpha}=0$.

$\dfrac{z}{\alpha}=\overline{\left(\dfrac{z}{\alpha}\right)}=\dfrac{\overline{z}}{\overline{\alpha}}$.

$\therefore l: \overline{\alpha}z-\alpha\overline{z}=0.$ //

解説　表向きには❷「共役複素数」で記述していますが，その途中経過においては❸「極形式」で考えています．

注　[1]：$\vec{0}$の向きは好きに決めてよく，$\overrightarrow{\mathrm{OP}}=\vec{0}$のときも$\overrightarrow{\mathrm{OA}}$と平行だと認めておけば，こうした些末なことを書かずに済んで皆が幸せになれるのにね（笑）．[→ 5 6 直前のコラム]（$\vec{0}$の扱い）

[2]：後でこうして包含されちゃうのですから，なおのこと．

(2)　P が m 上にあるための条件は

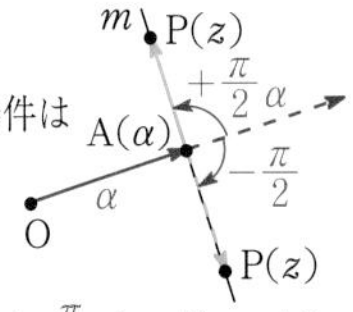

$\overrightarrow{\mathrm{AP}}\perp\overrightarrow{\mathrm{OA}}$ (or $\mathrm{P}=\mathrm{A}$).

すなわち

$\overrightarrow{\mathrm{OA}}$から$\overrightarrow{\mathrm{AP}}$への回転角が $\pm\dfrac{\pi}{2}$ (or $\mathrm{P}=\mathrm{A}$).

$\arg\dfrac{z-\alpha}{\alpha-0}=\pm\dfrac{\pi}{2}$ (or $z=\alpha$).

$\dfrac{z-\alpha}{\alpha}$が純虚数 (or $z=\alpha$).

$\mathrm{Re}\dfrac{z-\alpha}{\alpha}=0$ ($z=\alpha$[3]でも成立).

$\dfrac{z-\alpha}{\alpha}+\overline{\left(\dfrac{z-\alpha}{\alpha}\right)}=0.$　第 2 項は $\dfrac{\overline{z}-\overline{\alpha}}{\overline{\alpha}}$

$\overline{\alpha}(z-\alpha)+\alpha(\overline{z}-\overline{\alpha})=0.$

$\therefore m: \overline{\alpha}z+\alpha\overline{z}=2|\alpha|^2.$ //

注　[3]：P=A の場合も包含されました．

参考　(1)(2)の答えの等式が，$z=\alpha$（つまり $\mathrm{P}=\mathrm{A}$）のときたしかに成り立つことを確認．

別解 (2)**解答**では「角」(垂直)に注目しましたが，次のように「距離」を考える方法もあります：

P が m 上にあるための条件は，点 $\mathrm{A}'(2\alpha)$ を用いて

$$|\overrightarrow{\mathrm{A'P}}| = |\overrightarrow{\mathrm{OP}}|.$$

i.e. $|z-2\alpha|^2 = |z|^2$. …①

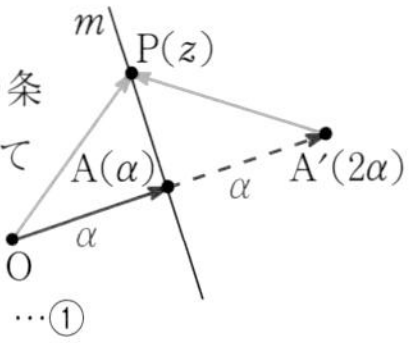

ここで，左辺は

$$(z-2\alpha)\overline{(z-2\alpha)} = (\underbrace{z-2\alpha)(\bar{z}}_{|z|^2}-2\bar{\alpha})$$

だから，①は

$$-2\bar{\alpha}z - 2\alpha\bar{z} + 4|\alpha|^2 = 0.\ (\cdots\text{以下略}\cdots)$$

注 本問に限れば**別解**の方が簡明ですが，必ず2通りの解法を両方とも使いこなせるように．

参考 (1)(2)の答えにある「$\bar{\alpha}z+\alpha\bar{z}$, $\bar{\alpha}z-\alpha\bar{z}$」という形については，[→例題6 7 b].

例題 6 6 b 円の方程式(複素数) 根底 実戦 典型 [→演習問題6 8 8]

O を原点とする複素平面上に定点 $\mathrm{A}(\alpha)$ $(\alpha \neq 0)$ と動点 $\mathrm{P}(z)$ がある．A を中心として O を通る円周を C とする．P が C 上にあるための条件は，$|z|^2-\bar{\alpha}z-\alpha\bar{z}=0$ であることを示せ．

方針 円周 C の(複素数による)方程式を，中心 A から P に到る距離を考えて求めます．

解答 P が C 上にあるための条件は

$$|\overrightarrow{\mathrm{AP}}| = |\overrightarrow{\mathrm{OA}}|.$$

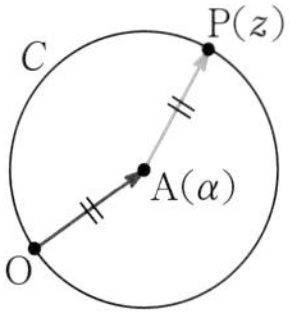

i.e. $|z-\alpha|^2 = |\alpha|^2$. …①

ここで，左辺は

$$(z-\alpha)\overline{(z-\alpha)} = (z-\underbrace{\alpha)(\bar{z}-\bar{\alpha}}_{|\alpha|^2})$$

だから，①は

$$|z|^2-\bar{\alpha}z-\alpha\bar{z}+|\alpha|^2 = |\alpha|^2.$$

i.e. $|z|^2-\bar{\alpha}z-\alpha\bar{z}=0$. □

別解 (「角」に注目して)点 $\mathrm{A}'(2\alpha)$ をとると，OA' は C の直径．よって P が C 上にあるための条件は

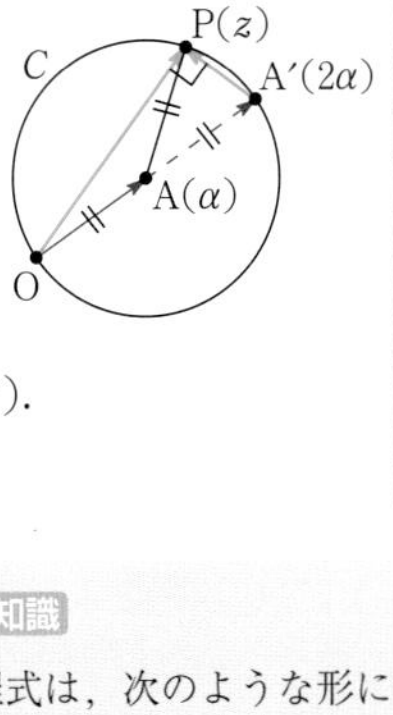

$\overrightarrow{\mathrm{OP}} \perp \overrightarrow{\mathrm{A'P}}$ (or P＝O, A′).

すなわち

$\overrightarrow{\mathrm{OP}}$ から $\overrightarrow{\mathrm{A'P}}$ への回転角が $\pm\dfrac{\pi}{2}$ (or P＝O, A′).

$\arg\dfrac{z-2\alpha}{z-0} = \pm\dfrac{\pi}{2}$ (or $z=0, 2\alpha$).

$\dfrac{z-2\alpha}{z}$ が純虚数 (or $z=0, 2\alpha$).

$\mathrm{Re}\,\dfrac{z-2\alpha}{z}=0$ ($z=2\alpha$ でも成立).

$\dfrac{z-2\alpha}{z}+\overline{\left(\dfrac{z-2\alpha}{z}\right)}=0.$

$\dfrac{z-2\alpha}{z}+\dfrac{\bar{z}-2\bar{\alpha}}{\bar{z}}=0.$

$\bar{z}(z-2\alpha)+z(\bar{z}-2\bar{\alpha})=0$ ($z=0$ でも成立).

$2|z|^2-2\bar{\alpha}z-2\alpha\bar{z}=0.$ (…以下略…)

注 必ず**解答**の流れを身に付けてください．次項でこの逆を辿る計算を行いますので．■

参考 前問に続き，またまた「$\bar{\alpha}z+\alpha\bar{z}$」が登場しましたね．[→例題6 7 b]

複素平面上での直線・円 知識

複素平面における図形の方程式は，次のような形になる：

直線：$\overbrace{\bar{\alpha}z \pm \alpha\bar{z}}^{1\text{次}} + \cdots = 0$

円周：$\underbrace{|z|^2}_{2\text{次}}\underbrace{-\bar{\alpha}z-\alpha\bar{z}}_{1\text{次}}+\cdots=0$

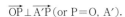

注 こうした形の式を見たら「直線かな？」「円かな？」と気付けるようにしたいです．

2 方程式の処理

前ページの知識を前提として，前項と逆向きの操作を練習します.

例題 6 6 C 方程式→図形 根底 実戦

[→演習問題 6 8 8]

複素平面上で，次の方程式を満たす点 P(z) の軌跡をそれぞれ図示せよ.

(1) $|z|^2+(1+2i)z+(1-2i)\overline{z}+1=0$　(2) $(2-i)z+(2+i)\overline{z}=0$　(3) $-i\cdot z+i\cdot\overline{z}=2$

(4) $|z+1|=|z-3+2i|$　(5) $|z-2i|=2|z+i|$

方針 与えられた方程式を，図形的特性がわかるよう変形します.

着眼 前ページ最後に書いた次の形を見落とさないように：

直線：$\overbrace{\overline{\alpha}z\pm\alpha\overline{z}}^{1\text{次}}+\cdots=0$…ⓐ

円周：$\underbrace{|z|^2}_{2\text{次}}\underbrace{-\overline{\alpha}z-\alpha\overline{z}}_{1\text{次}}+\cdots=0$…ⓑ

注 困ったら…**3つの攻め方**のうち❶「直交形式」に“逃げる”こともできます. 数学Ⅱ「図形と方程式」の問題として解決できます (笑).

解答 (1) **着眼** ⓑ型っぽいですね.「円周」ではないかと予想を立て，前問の逆を辿(たど)ります. ■

$\alpha=-1+2i$ とおくと，与式は

$z\overline{z}-\overline{\alpha}z-\alpha\overline{z}+1=0.$

$(z-\alpha)(\overline{z}-\overline{\alpha})=-1+\alpha\overline{\alpha}.$

$(z-\alpha)\overline{(z-\alpha)}=-1+|\alpha|^2.$

$|z-\alpha|^2=-1+5=4.$

$|z-\alpha|=2.$

よって点 P(z) の軌跡は右図の円.

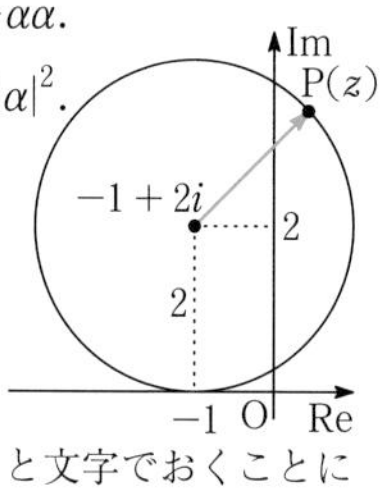

解説 $-1+2i$ を「α」と文字でおくことにより，見通しのよい変形ができましたね.

(2) **着眼** 今度はⓐ型っぽいですね. ■

$\alpha=2+i$ とおき，A(α) とする. 与式は

$\overline{\alpha}z+\alpha\overline{z}=0.$　$\dfrac{z}{\alpha}+\dfrac{\overline{z}}{\overline{\alpha}}=0.$

$\dfrac{z}{\alpha}+\overline{\left(\dfrac{z}{\alpha}\right)}=0.$　$\mathrm{Re}\dfrac{z}{\alpha}=0.$

$\dfrac{z}{\alpha}$ は純虚数 (or $z=0$).

$\overrightarrow{\mathrm{OA}}$ から $\overrightarrow{\mathrm{OP}}$ への回転角が $\pm\dfrac{\pi}{2}$ (or P $=$ O).

$\angle\mathrm{AOP}=\dfrac{\pi}{2}$ (or P $=$ O).

よって点 P(z) の軌跡は右図の直線.

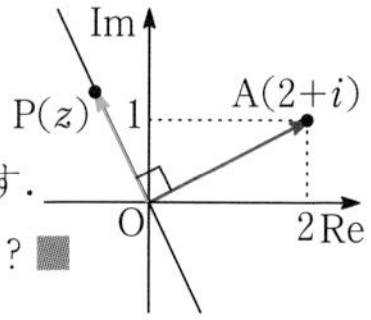

(3) **着眼** これもⓐ型です. 右辺の「2」をどうするか？ ■

A(i) とすると，与式は

$\overline{i}z+i\overline{z}=2i\overline{i}.$ [1)]　$\overline{i}(z-i)+i(\overline{z}-\overline{i})=0.$

$\dfrac{z-i}{i}+\dfrac{\overline{z}-\overline{i}}{\overline{i}}=0.$

$\dfrac{z-i}{i}+\overline{\left(\dfrac{z-i}{i}\right)}=0.$　$\mathrm{Re}\dfrac{z-i}{i}=0.$

$\dfrac{z-i}{i}$ は純虚数 (or $z=i$).

$\overrightarrow{\mathrm{OA}}$ から $\overrightarrow{\mathrm{AP}}$ への回転角が $\pm\dfrac{\pi}{2}$ (or P $=$ A).

$\angle\mathrm{OAP}=\dfrac{\pi}{2}$ (or P$=$A).

よって点 P(z) の軌跡は右図の直線.

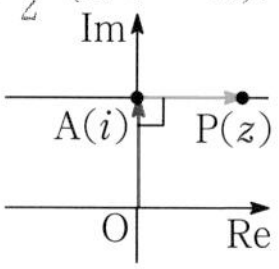

注 1)：ここに「$i\overline{i}$」を補うことは，前々問(2)という背景を完璧に知っていないと無理です.

別解 でも心配いりません. ❶「直交形式」に逃げちゃいましょう (笑)：

P：$z=x+iy$ ($x, y\in\mathbb{R}$) とおくと，与式は

$-i(x+iy)+i(x-iy)=2.$

$(y+y)+i(-x+x)=2.$ i.e. $y=1.$

注 別解の方が遥(はる)かに簡便ですが，解答の変形もいちおう練習しておきましょう. ■

(4) **着眼** これは図形的意味が丸見え (笑). ■

与式は，$|z-(-1)|=|z-(3-2i)|$.

A(-1), B($3-2i$) とすると，

$|\overrightarrow{\mathrm{AP}}|=|\overrightarrow{\mathrm{BP}}|.$

よってPの軌跡は線分ABの垂直二等分線.

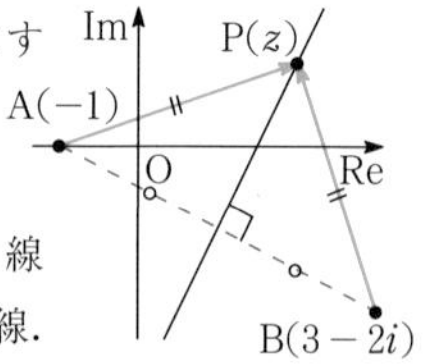

(5) **着眼** (4)と同様に，「距離」に注目してみましょう．与式は $|z-2i|=2|z-(-i)|$．

$A(2i)$, $B(-i)$ すると，$|\overrightarrow{AP}|=2|\overrightarrow{BP}|$．

P の軌跡は**アポロニウスの円**です[→Ⅱ+B 例題37a]．でも，目的は複素数による処理．■

与式を変形すると

$|z-2i|^2=4|z+i|^2$．

$(z-2i)\overline{(z-2i)}=4(z+i)\overline{(z+i)}$．

$(z-2i)(\bar{z}+2i)=4(z+i)(\bar{z}-i)$．

$3z\bar{z}-6i\cdot z+6i\cdot\bar{z}=0$．　上式右辺に集めた

$z\bar{z}-2i\cdot z+2i\cdot\bar{z}=0$．

$(z+2i)(\bar{z}-2i)=-(2i)^2$．

$(z+2i)\overline{(z+2i)}=4$．

$|z+2i|^2=2^2$．

$|z-(-2i)|=2$．

よって P の軌跡は右図の円周．

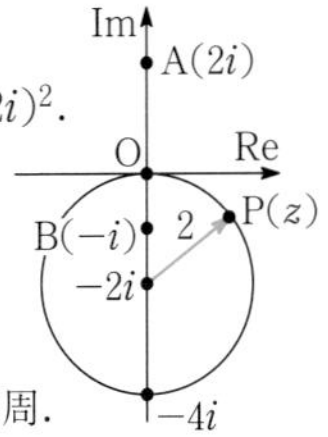

注 **着眼**の視点はチェックに使えます．線分 AB を 2：1 に内分する点 O(0)，外分する点 $-4i$ がたしかに軌跡に含まれることを確認しましょう．

別解 ❶「直交形式」に逃げても OK：

P：$z=x+iy$ $(x,y\in\mathbb{R})$ とおくと，与式は

$|x+iy-2i|=2|x+iy+i|$．

$|x+i(y-2)|^2=4|x+i(y+1)|^2$．

$x^2+(y-2)^2=4\{x^2+(y+1)^2\}$．

$3x^2+3y^2+12y=0$．　$x^2+y^2+4y=0$．

平方完成しなくても，x, y 切片を考えると**解答**と同じ図が得られますね．

解説 本問では，全体を通して❶「直交形式：$x+iy$」による解法が単純でやりやすかったですね．しかし，❷：「共役 z, $\bar{z}$」でないとツライ問題もあります[→例題67h]．必ず両方ともマスター！

次は，ちょっとした作業ですが，ちょっとした盲点です．

例題 6 6 d 図形の共有点 根底 実戦 [→例題67h]

(1) $|z|=\sqrt{2}$ …①, $z-\bar{z}=2i$ …② が表す図形どうしの共有点に対応する複素数を求めよ．

(2) O を原点とする複素平面上で，$A(\alpha)$, $B(\beta)$ $(\alpha\neq0,\ \beta\neq0,\ \alpha\neq\beta)$ とする．

$\bar{\alpha}z+\alpha\bar{z}=1$ …③, $\bar{\beta}z+\beta\bar{z}=1$ …④ が表す図形が共有点をもつとき，3 点 O，A，B は同一直線上にないことを示せ．

方針 xy 平面上の曲線の共有点は，x, y の連立方程式を解いて求めます．複素平面上では，それが z と $\bar{z}$ に変わるだけのこと．

解答 (1) ①: $|z|^2=2$, i.e. $z\bar{z}=2$ と

②: $\bar{z}=z-2i$ を連立して

$z(z-2i)=2$．　$z^2-2i\cdot z-2=0$．

$(z-i)^2-1^2=0$．　$(z-1-i)(z+1-i)=0$．

$\therefore z=\pm1+i$.//

別解 ❶「直交形式」で：

$z=x+iy$ $(x,y\in\mathbb{R})$ とおく．①: $x^2+y^2=2$ と

②: $2i\cdot y=2i$, i.e. $y=1$

を連立して (…以下略…)

たしかに**解答**の結果は正しいですね．

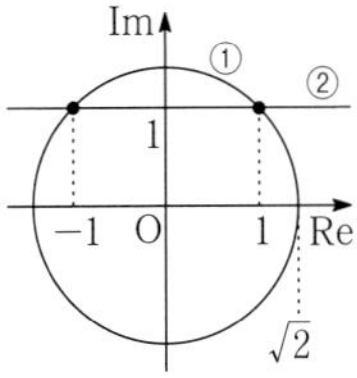

(2) **方針** z と $\bar{z}$ の連立方程式とみて，$\bar{z}$ を消去し z を求めます．■

③×β−④×α より

$(\bar{\alpha}\beta-\alpha\bar{\beta})z=\beta-\alpha(\neq0)$．

よって③④が共有点をもつとき，

$\bar{\alpha}\beta-\alpha\bar{\beta}\neq0$．　$\dfrac{\beta}{\alpha}-\dfrac{\bar{\beta}}{\bar{\alpha}}\neq0$．

$\dfrac{\beta}{\alpha}\neq\overline{\left(\dfrac{\beta}{\alpha}\right)}$．　$\dfrac{\beta}{\alpha}\notin\mathbb{R}$．　$\therefore \overrightarrow{OA}\not\parallel\overrightarrow{OB}$．

よって題意は示せた．□

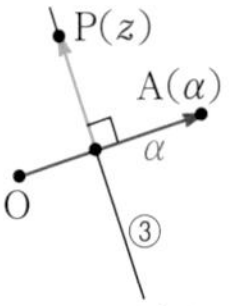

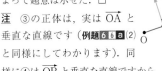

注 ③の正体は，実は $\overrightarrow{OA}$ と垂直な直線です (例題66a(2) と同様にしてわかります)．同様に④は $\overrightarrow{OB}$ と垂直な直線ですから，両者が交わるとき，$\overrightarrow{OA}\not\parallel\overrightarrow{OB}$ となる訳です．

3 図形の変換

例題 6 6 e 図形の変換（その1） 根底 実戦 典型

[→演習問題 6 8 9]

複素平面上で，P(z)，Q(w) の間に $w=\dfrac{2z+i}{z-i}$ …① が成り立つとする．

(1) Q(w) が実軸上を動くとき，P(z) の軌跡を図示せよ．

(2) P(z) が $|z|=1$ …② を満たして動くとき，Q(w) の軌跡を図示せよ．

注 ①の右辺は，「分子の低次化」[→ 1 1 4]により変数 z を集約できます．

方針 これまで何度も経験してきた状況です．合言葉は『**消したいものを残したいもので表す．**』
[→例題 5 9 n] [→ Ⅱ+B 例題 3 7 c]

解答 ①を変形すると

$$w=2+\frac{3i}{z-i}.\ \cdots①'$$

(1) **着眼** P(z)… ？？（軌跡が未知）
関係式① ↕ 消したい Q(w) を 残したい P(z) で表す
Q(w)… 実軸上（軌跡が既知）

つまり，①′の形のままで OK です（笑）．■

$w\in\mathbb{R}$ となるための z の条件は，①′において $2\in\mathbb{R}$ より，

$$\frac{3i}{z-i}\in\mathbb{R}.\quad \frac{3i}{z-i}=\overline{\left(\frac{3i}{z-i}\right)}.$$

$$\frac{3i}{z-i}=\frac{-3i}{\overline{z}+i}.\quad \frac{1}{z-i}+\frac{1}{\overline{z}+i}=0.$$

$z\neq i$ のもとで [1]　分母を払うときは注意

$\overline{z}+i+z-i=0.\quad z+\overline{z}=0.$

$\mathrm{Re}\,z=0.$　純虚数または 0

よって P(z) の軌跡は右図.

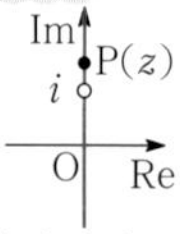

(2) **着眼** (1)とは既知・未知が入れ替わります：
P(z)… 円②上（軌跡が既知）
関係式① ↕ 消したい P(z) を 残したい Q(w) で表す
Q(w)… ？？（軌跡が未知）

よって，①′を z について解きます．■

①′を変形すると

$(z-i)(w-2)=3i.$ …③　"積 ＝ 一定"の形

$w\neq 2$ のもとで [2]

$$z=\frac{3i}{w-2}+i=i\cdot\frac{w+1}{w-2}.$$

これを②へ代入して

$$\left|i\cdot\frac{w+1}{w-2}\right|=1.\quad |i|\cdot\frac{|w+1|}{|w-2|}=1.$$

$w\neq 2$ のもとで，[3]

$|w-(-1)|=|w-2|.$

よって Q(z) の軌跡は右図.

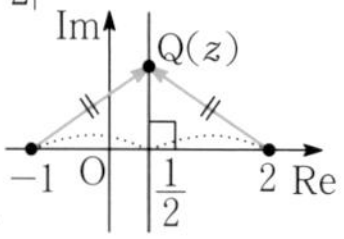

注 [1)3)]：分数式において，分母を払うと「分母 $\neq$ 0」の条件が目に見えなくなります．よって，このように前提条件として明示しておきます．

[2)]：もちろん，両辺を割る際にも言及してもかまいませんが，この後分数式を書いている間は「分母 $\neq 0$」は暗黙の了解事項となりますので，危険性は低いです．

参考 ハイレベル↑ (2)で行われた z から w への変換は，①′をもとに次のように分解して考えることができます：

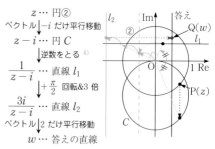

z… 円②
↓ ベクトル $-i$ だけ平行移動
$z-i$… 円 C
↓ 逆数をとる [4]
$\dfrac{1}{z-i}$… 直線 l_1
↓ $+\dfrac{\pi}{2}$ 回転&3 倍
$\dfrac{3i}{z-i}$… 直線 l_2
↓ ベクトル 2 だけ平行移動
w… 答えの直線

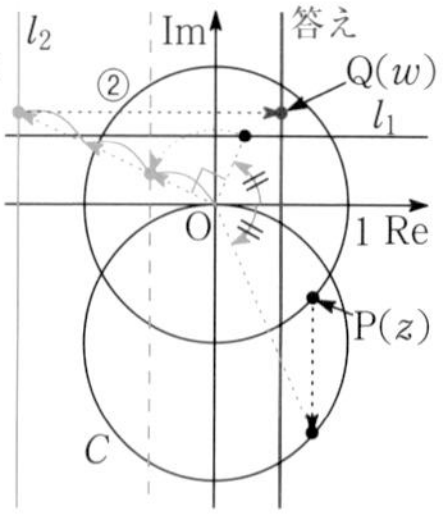

注 [4)]：ここは，[→ 6 3 3，例題 6 7 j]

例題 6 6 f 図形の変換（その2） 根底 実戦 入試

複素平面上で，P(z)，Q(w) の間に $w=\dfrac{z^2}{2}$ …① が成り立つとする．次の(1)(2)について，P(z) が所定の条件を満たして動くときの Q(w) の軌跡をそれぞれ図示せよ．

(1) $\mathrm{Re}\,z=2,\ \mathrm{Im}\,z\geqq 0$ …②　　(2) $|z-1|=1,\ \mathrm{Im}\,z\geqq 0$ …③

注 (1)(2)とも前問(2)と同じ状況ゆえ，“合言葉”に従い，消したい P(z) を残したい Q(w) で表したいところですが，$z=\sqrt{2w}$ などと書こうものなら即零点．「$\sqrt{\text{虚数}}$」なるものは（高校数学には）ございませんので（笑）．

そこで，とりあえず P の軌跡上の点 z を何らかのスタイルで表します．

解答 (1) **方針** 「z の実部が 2」という条件は，❶「直交形式」で表すとよいですね．■

②より，$z=2+ti\ (t\geqq 0)$ とおけて，①より

$$w=\frac{1}{2}(2+ti)^2=\frac{1}{2}(4-t^2+4ti).$$

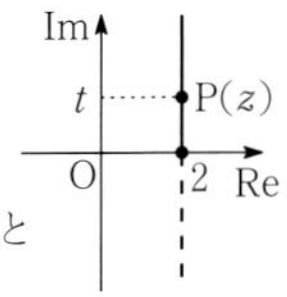

$w=x+iy\ (x,y\in\mathbb{R})$ とおくと

$$\begin{cases} x=2-\dfrac{t^2}{2} & \cdots④ \\ y=2t & \cdots⑤ \end{cases}\quad (t\geqq 0\ \cdots⑥).$$

方針 このタイミングで，消したい t を残したい y で表します．■

⑤より $\boxed{t=\dfrac{y}{2}}$．……この式が決め手

これを④⑥へ代入して

$$x=2-\frac{1}{2}\left(\frac{y}{2}\right)^2,\ \frac{y}{2}\geqq 0.$$

$$x=2-\frac{y^2}{8},\ y\geqq 0.$$

よって，Q の軌跡は右図．

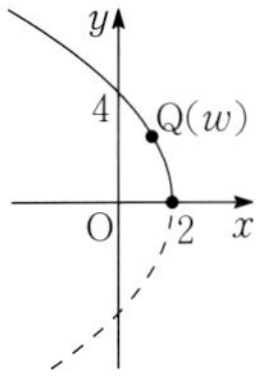

語記サポ w を直交形式 $x+iy$ と表したので，複素平面の座標軸も x, y にしました．

(2) **方針** こんどは「$z-1$ の絶対値が 1」ですから，❸「極形式」の出番です．■

③より，右図のように[1]偏角 $\theta\ (0\leqq\theta\leqq\pi)$ を用いて次のように表せる：

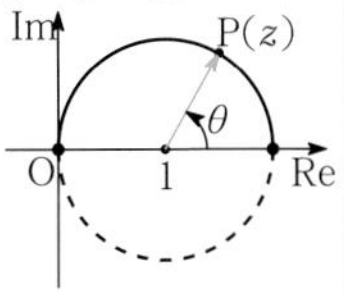

$$z=1+\cos\theta+i\sin\theta$$
$$\overset{2)}{=}2\cos^2\frac{\theta}{2}+i\cdot 2\sin\frac{\theta}{2}\cos\frac{\theta}{2}$$
$$=2\cos\frac{\theta}{2}\left(\cos\frac{\theta}{2}+i\sin\frac{\theta}{2}\right).$$

よって，①より

$$w=\frac{1}{2}\left\{2\cos\frac{\theta}{2}\left(\cos\frac{\theta}{2}+i\sin\frac{\theta}{2}\right)\right\}^2$$
$$=2\cos^2\frac{\theta}{2}(\cos\theta+i\sin\theta)$$
$$=(1+\cos\theta)(\cos\theta+i\sin\theta).\ \text{……極形式}$$

$w=x+iy\ (x,y\in\mathbb{R})$ とおくと

$$\begin{cases} x=(1+\cos\theta)\cos\theta \\ y=(1+\cos\theta)\sin\theta \end{cases}\ (0\leqq\theta\leqq\pi).$$

言い訳 これは，演習問題 3 9 31 ③式と全く同じです．よって以下の解答はそちらを参照（笑）．答えは下図のようになります．（カージオイドと呼ばれる有名曲線です．）

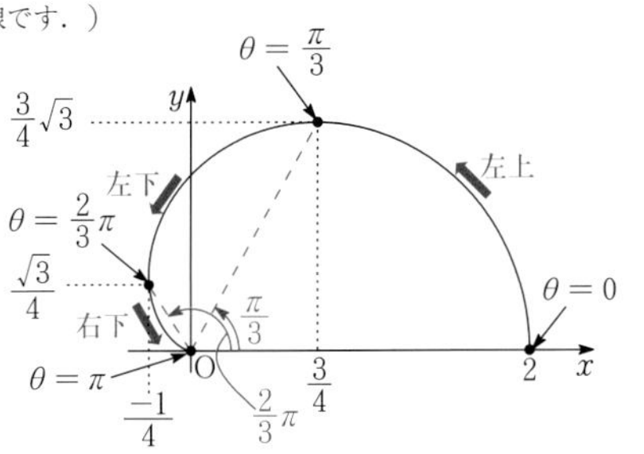

解説 このように，θ によるパラメタ表示から，パラメタ消去がしにくいことも起こり得ます．

注 1)：ベクトルの偏角を理解できていますか？［→Ⅱ+B 4 2 7］

2)：$1\pm\cos\theta$ と $\sin\theta$ に対する定番変形でしたね．［→例題 3 4 f (5)］

7 実戦的問題

6冒頭でも述べたように,「複素数」の扱い方は“3 択”です. 少し詳しく書くと次の通りです：

複素数・3 つの攻め方 方法論

❶ **直交形式 $x+iy$**

実部 x と虚部 y を用い, 点 $(x,\,y)$ やベクトル $\begin{pmatrix} x \\ y \end{pmatrix}$ と同様に処理する.

❷ **共役複素数 $z,\,\overline{z}$**

両者の和・差・積により, 実部・虚部・絶対値を表す.

❸ **極形式 $r(\cos\theta+i\sin\theta)$**

偏角・絶対値に注目して積や商を迅速に求め, 角・長さなどを表す.

例題 6 7 a 平行・垂直条件 根底 実戦

[→演習問題 6 8 7]

O を原点とする複素平面上に, 2 点 A(α), B(β) がある. $\alpha,\,\beta \neq 0$ のもとで次の問いに答えよ.

(1) OA⊥OB と $\overline{\alpha}\beta+\alpha\overline{\beta}=0$ は同値であることを証明せよ

(2) OA//OB と $\overline{\alpha}\beta-\alpha\overline{\beta}=0$ は同値であることを証明せよ.

注 6 5 4 平行・垂直条件 とほぼ同じ同値変形をするだけです.

解答 (1)

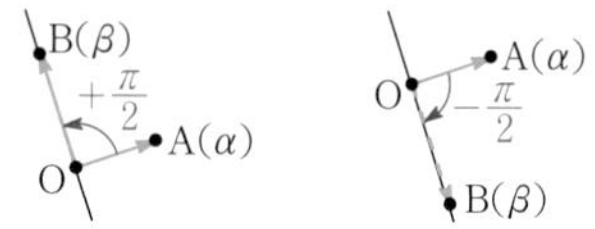

$$\overrightarrow{OA} \perp \overrightarrow{OB}$$
$$\iff \overrightarrow{OA}\text{から}\overrightarrow{OB}\text{への回転角が}\pm\frac{\pi}{2}$$
$$\iff \arg\frac{\beta}{\alpha}=\pm\frac{\pi}{2}$$
$$\iff \frac{\beta}{\alpha}\text{が純虚数}$$
$$\iff \mathrm{Re}\frac{\beta}{\alpha}=0$$
$$\iff \frac{\beta}{\alpha}+\overline{\left(\frac{\beta}{\alpha}\right)}=0$$
$$\iff \frac{\beta}{\alpha}+\frac{\overline{\beta}}{\overline{\alpha}}=0.$$
$$\iff \overline{\alpha}\beta+\alpha\overline{\beta}=0.\ \square$$

今回に限り「⟺」を何度も書き並べています.

(2)

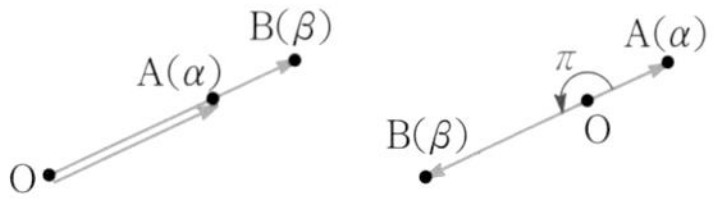

$$\overrightarrow{OA} \,/\!/\, \overrightarrow{OB}$$
$$\iff \overrightarrow{OA}\text{から}\overrightarrow{OB}\text{への回転角が}\ 0,\,\pi$$
$$\iff \arg\frac{\beta}{\alpha}=0,\,\pi$$
$$\iff \frac{\beta}{\alpha}\in\mathbb{R}$$
$$\iff \mathrm{Im}\frac{\beta}{\alpha}=0$$
$$\iff \frac{\beta}{\alpha}=\overline{\left(\frac{\beta}{\alpha}\right)}$$
$$\iff \frac{\beta}{\alpha}=\frac{\overline{\beta}}{\overline{\alpha}}.$$
$$\iff \overline{\alpha}\beta-\alpha\overline{\beta}=0.\ \square$$

例題 6 7 b $\overline{\alpha}\beta\pm\alpha\overline{\beta}$ の意味 根底 実戦

[→例題 6 2 a]

$\alpha=a+bi,\ \beta=c+di\ (a,\,b,\,c,\,d\in\mathbb{R})$ とする. O を原点とする複素平面上の点 A(α), B(β), およびベクトル $\vec{a}=\begin{pmatrix} a \\ b \end{pmatrix}$, $\vec{b}=\begin{pmatrix} c \\ d \end{pmatrix}$ について考える.

(1) 内積 $\vec{a}\cdot\vec{b}$ を $\alpha,\,\beta$ で表せ.

(2) 平行四辺形 OACB があるときその面積 S を $\alpha,\,\beta$ で表せ.

着眼 $\vec{a}\cdot\vec{b}=ac+bd,\ S=|ad-bc|$.
これらを複素数 α,β で作り出すには？
$\alpha\beta=(a+bi)(c+di)=(ac-bd)+(ad+bc)i$.
符号が微妙に違うので，微調整.

解答 $\overline{\alpha}\beta=(a-bi)(c+di)$
$=(ac+bd)+(ad-bc)i$.

(1) $\vec{a}\cdot\vec{b}=ac+bd$
$=\mathrm{Re}(\overline{\alpha}\beta)$
$=\frac{1}{2}\left(\overline{\alpha}\beta+\overline{\overline{\alpha}\beta}\right)=\frac{1}{2}\left(\overline{\alpha}\beta+\alpha\overline{\beta}\right)$.//（1)）

注 1)：$\overline{\overline{\alpha}\beta}=\overline{\overline{\alpha}}\cdot\overline{\beta}=\alpha\cdot\overline{\beta}$.

(2) $S=|ad-bc|$
$=|\mathrm{Im}(\overline{\alpha}\beta)|$
$=\left|\frac{1}{2i}\left(\overline{\alpha}\beta-\overline{\overline{\alpha}\beta}\right)\right|$
$=\left|\frac{1}{2i}\right|\cdot|\overline{\alpha}\beta-\alpha\overline{\beta}|$
$=\frac{1}{2}|\overline{\alpha}\beta-\alpha\overline{\beta}|$.//

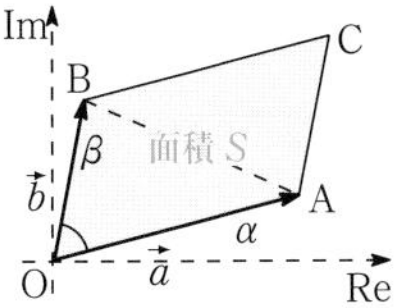

バーありバーなし
バーなしバーあり

このように，$\overline{\alpha}\beta\pm\alpha\overline{\beta}$ には「内積」「面積」という図形的意味があるため，頻繁に出会います.

注 前問との対応関係は次の通り：

(1): $\overrightarrow{OA}\perp\overrightarrow{OB}$ 内積 $=0$ $\overline{\alpha}\beta+\alpha\overline{\beta}=0$
(2): $\overrightarrow{OA}/\!/\overrightarrow{OB}$ $S=0$ $\overline{\alpha}\beta-\alpha\overline{\beta}=0$

例題 6 7 C 3点の位置関係 根底 実戦 典型 [→演習問題 6 8 22]

複素平面上に相異なる 3 点 A(1)，B(α)，C(α^2) がある．次の条件が成り立つための α に関する条件をそれぞれ求めよ．ただし，$\alpha\neq 0,\pm1$ を前提として解答してよい.

(1) AC $=2$AB　(2) A, B, C が同一直線上　(3) $\angle\mathrm{CAB}=\frac{\pi}{2}$

着眼 本問も，前々問と同様，「3 点→2 ベクトル→複素数」の流れです.

方針 ベクトルからベクトルへの変換を，分数式を利用して考えます．[→6 5 4]
(2)(3)では，前ページの「平行・垂直条件」の**考え方**を使います.

解答 $\overrightarrow{AB}$ から $\overrightarrow{AC}$ への変換を表す複素数は，

変換 $\dfrac{\overrightarrow{AC}}{\overrightarrow{AB}}$ $\dfrac{\alpha^2-1}{\alpha-1}=\dfrac{(\alpha+1)(\alpha-1)}{\alpha-1}=\alpha+1$

であり，前記変換において，
回転角 $=\arg(\alpha+1)$ …① 偏角
伸縮倍率 $=|\alpha+1|$．…② 絶対値

(1) 題意の条件は，$\dfrac{|\overrightarrow{AC}|}{|\overrightarrow{AB}|}=2$.
②より，$|\alpha+1|=2$.//（$\alpha-(-1)$）

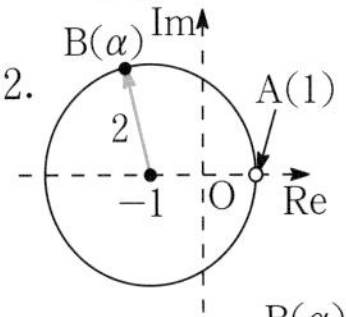

(2) 題意の条件は
$\overrightarrow{AB}/\!/\overrightarrow{AC}$.
$\overrightarrow{AB}$から$\overrightarrow{AC}$への回転角が $0,\pi$.
①より，$\arg(\alpha+1)=0,\pi$.
$\alpha+1\in\mathbb{R}$．i.e. $\alpha\in\mathbb{R}$.//

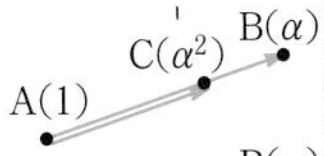

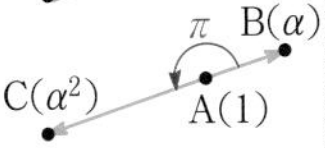

注 $\alpha\in\mathbb{R}$ のとき，3 点 A，B，C は全て実軸上にありますね．■

(3) 題意の条件は
$\overrightarrow{AB}$から$\overrightarrow{AC}$への回転角が $\pm\frac{\pi}{2}$.
①より，$\arg(\alpha+1)=\pm\frac{\pi}{2}$.
$\alpha+1$ が純虚数. $\mathrm{Re}(\alpha+1)=0$.
i.e. $\mathrm{Re}\,\alpha=-1$.//

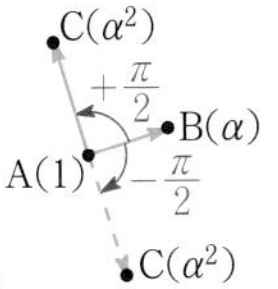

参考 例えば $\alpha=-1+i$ のとき，
$\alpha-1=-2+i$.
$\alpha^2-1=(-1+i)^2-1=-1-2i$.
$\therefore\ \alpha^2-1=i\cdot(\alpha-1)$．「$i\times$」は「$+\frac{\pi}{2}$ 回転」

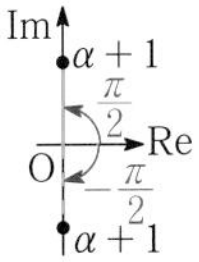

たしかに $\overrightarrow{AB}\perp\overrightarrow{AC}$ ですね.

注 本問(2)(3)で考えた「平行」・「垂直」条件は，ほとんど定理ですが，結果を覚えるより，上記**解答**のように**導くプロセスを考えることの方が遥かに重要です.**

例題 6 7 d 実数・純虚数となる条件 根底 実戦 典型

[→演習問題 6 8 14]

複素数 z, w の間に $w=z+\dfrac{1}{z}$ $(z\neq 0)$ …① が成り立っている．

(1) w が実数のとき，z の存在範囲 F を複素平面上に図示せよ．

(2) w が純虚数のとき，z の存在範囲 G を複素平面上に図示せよ．

注 超の付く典型問題．複素数・3 つの攻め方を全て試してみます．

解答1 ❶「直交形式」

$z=x+iy$ $(x,\ y\in\mathbb{R})$ とおくと，①より

$$w=x+iy+\frac{1}{x+iy}\cdot\frac{x-iy}{x-iy}$$
$$=x+iy+\frac{x-iy}{x^2+y^2}.$$

(1) $w\in\mathbb{R}$ となるための条件は

$$\mathrm{Im}\,w=y-\frac{y}{x^2+y^2}=0.$$
$$y\left(1-\frac{1}{x^2+y^2}\right)=0.$$

$\therefore y=0$ or $x^2+y^2=1$.

i.e. $z\in\mathbb{R}$ or $|z|=1$.

これと $z\neq 0$ より，F は右図．

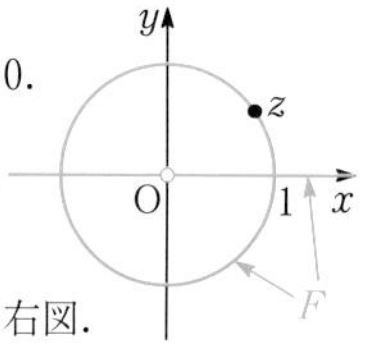

(2) w が純虚数となるための条件は，$w\neq 0$ かつ，

$$\mathrm{Re}\,w=x+\frac{x}{x^2+y^2}=0.$$
$$x\cdot\underbrace{\left(1+\frac{1}{x^2+y^2}\right)}_{\text{正}}=0.$$

$\therefore x=0$. i.e. z は純虚数．

$w\neq 0$ と①より $z\neq 0$, $z^2\neq -1$.

よって $z\neq 0$, $\pm i$. よって G は右上図．

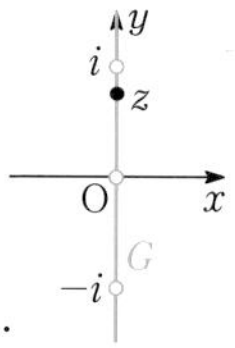

解答2 ❷「共役」

(1) $w\in\mathbb{R}$ となるための条件は

$$\mathrm{Im}\,w=0.\quad z+\frac{1}{z}=\overline{z+\frac{1}{z}}.$$
$$右辺=\bar{z}+\overline{\left(\frac{1}{z}\right)}=\bar{z}+\frac{\bar{1}}{\bar{z}}=\bar{z}+\frac{1}{\bar{z}}.$$
$$z+\frac{1}{z}=\bar{z}+\frac{1}{\bar{z}}.\quad z-\bar{z}+\frac{\bar{z}-z}{z\bar{z}}=0.$$

$z\neq 0$ のもとで，[1)]

$$z\bar{z}(z-\bar{z})+(\bar{z}-z)=0.$$
$$(z-\bar{z})(|z|^2-1)=0.$$

$\therefore z-\bar{z}=0$ or $|z|^2-1=0$.

i.e. $z\in\mathbb{R}$ or $|z|=1$. (…以下略…)

注 [1)]：分母を払うときは，それが 0 でないという前提に言及することを習慣づけて．■

(2) w が純虚数となるための条件は，$w\neq 0$ かつ，

$$\mathrm{Re}\,w=0.\quad z+\frac{1}{z}+\overline{z+\frac{1}{z}}=0.$$
$$z+\frac{1}{z}+\bar{z}+\frac{1}{\bar{z}}=0.\quad z+\bar{z}+\frac{\bar{z}+z}{z\bar{z}}=0.$$
$$(z+\bar{z})\underbrace{\left(1+\frac{1}{|z|^2}\right)}_{\text{正}}=0.$$

$\therefore z+\bar{z}=0$. i.e. z は純虚数. (…以下略…)

解答3 ❸「極形式」

$z=r(\cos\theta+i\sin\theta)$ $(r>0)$ とおくと，

$$\frac{1}{z}=\frac{1}{r}\{\cos(-\theta)+i\sin(-\theta)\}$$
$$=\frac{1}{r}(\cos\theta-i\sin\theta).$$

注 ❶「直交形式」の助けを借ります．■

これらを加えて

$$\begin{cases}\mathrm{Re}\,w=\left(r+\dfrac{1}{r}\right)\cos\theta,\\[2mm] \mathrm{Im}\,w=\left(r-\dfrac{1}{r}\right)\sin\theta.\end{cases}$$

(1) $w\in\mathbb{R}$ となるための条件は，

$$\mathrm{Im}\,w=0.\quad \left(r-\frac{1}{r}\right)\sin\theta=0.$$
$$\therefore r-\frac{1}{r}=0\ \text{or}\ \sin\theta=0.$$

i.e. $r=|z|=1$ or $z\in\mathbb{R}$. (…以下略…)

(2) w が純虚数となるための条件は，$w\neq 0$ かつ，

$$\mathrm{Re}\,w=0.\quad \underbrace{\left(r+\frac{1}{r}\right)}_{\text{正}}\cos\theta=0.$$

$\therefore \cos\theta=0$. i.e. z は純虚数. (…以下略…)

解説 本問では，3 通りの方法にあまり有利・不利はなかった気がします．いろんな方法を練習する場として，一通りマスターしておいてください．

例題 6 7 e 変換 根底 実戦 入試 [→演習問題 6 8 14]

複素数 z, w の間に $w = z + \dfrac{1}{z}$ $(z \neq 0)$ …① が成り立っている.

(1) z が $|z| = 2$ を満たして動くとき, w の存在範囲を複素平面上に図示せよ.

(2) z が $\arg z = \dfrac{\pi}{4}$ を満たして動くとき, w の存在範囲を複素平面上に図示せよ.

着眼 前問と同じ関係式ですが, z と w の既知・未知は入れ替わっていますね. 消したい既知なる z を残したい未知なる w でキレイに表したいですが, ちょっと無理そう.

方針 そこで, z の絶対値や偏角に関する条件が設定されていることに注目し, とりあえず z を❸「極形式」で表します. 前問 解答3と同じ形式が現れます.

解答 $z = r(\cos\theta + i\sin\theta)$ $(r > 0)$ とおくと,

$$\frac{1}{z} = \frac{1}{r}\{\cos(-\theta) + i\sin(-\theta)\}$$
$$= \frac{1}{r}(\cos\theta - i\sin\theta).$$

注 これらを加えるとなると, ❶「直交形式」ですね. ■

$w = x + iy$ $(x, y \in \mathbb{R})$ とおくと, ①より

$$\begin{cases} x = \left(r + \dfrac{1}{r}\right)\cos\theta, \\ y = \left(r - \dfrac{1}{r}\right)\sin\theta. \end{cases} \quad \cdots②$$

(1) $|z| = r = 2$ より, ②は

$$\begin{cases} x = \dfrac{5}{2}\cos\theta, \\ y = \dfrac{3}{2}\sin\theta. \end{cases} \text{ i.e. } \boxed{\begin{cases} \cos\theta = \dfrac{2}{5}x, \\ \sin\theta = \dfrac{2}{3}y. \end{cases}}^{1)}$$

θ(任意の実数) を消去して [2]

$$\left(\frac{2}{5}x\right)^2 + \left(\frac{2}{3}y\right)^2 = 1.$$

$$\text{i.e. } \frac{x^2}{\left(\frac{5}{2}\right)^2} + \frac{y^2}{\left(\frac{3}{2}\right)^2} = 1.$$

よって w が描く図形は右図の楕円.

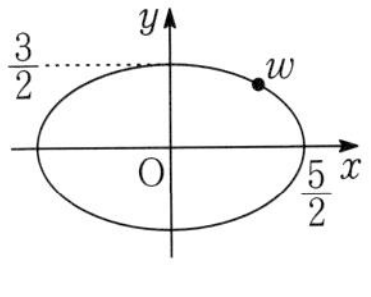

(2) $\arg z = \dfrac{\pi}{4}$ より, ②は

$$\begin{cases} x = \dfrac{1}{\sqrt{2}}\left(r + \dfrac{1}{r}\right), \\ y = \dfrac{1}{\sqrt{2}}\left(r - \dfrac{1}{r}\right). \end{cases} \text{ i.e. } \begin{cases} r + \dfrac{1}{r} = \sqrt{2}x, \\ r - \dfrac{1}{r} = \sqrt{2}y. \end{cases}$$

辺々足して, 引くと

$$\begin{cases} 2r = \sqrt{2}(x + y), \\ \dfrac{2}{r} = \sqrt{2}(x - y). \end{cases} \text{ i.e. } \begin{cases} \boxed{r = \dfrac{x + y}{\sqrt{2}}}^{3)}, \\ \dfrac{1}{r} = \dfrac{x - y}{\sqrt{2}}. \end{cases}$$

r (> 0) を消去して [4]

$$\frac{x + y}{\sqrt{2}} \cdot \frac{x - y}{\sqrt{2}} = 1, \ \frac{x + y}{\sqrt{2}} > 0.$$

$$\frac{x^2}{2} - \frac{y^2}{2} = 1, \ x + y > 0.$$

よって w が描く図形は右図の双曲線("右半分").

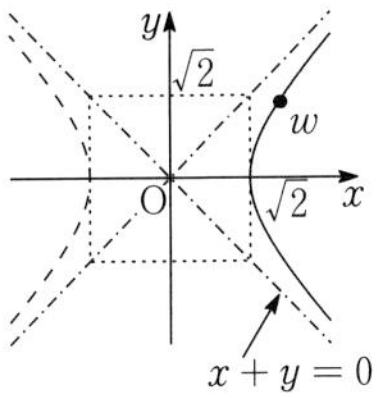

解説 1)3): 消したい文字について解く気持ちが働いています.

注 2)4): 詳しく述べると, θ や r の存在条件を求めています. [→ II+B 例題 3 8 o 発展]

言い訳 本書では, 楕円・双曲線の図示について例題 3 4 i で先取りしていましたね.

まだ習得しきれていない人は, 7 後にできるようになれば OK です.

例題 6 7 f 解と複素平面 根底 実戦 入試

[→演習問題 6 8 13]

a, b は実数とする．z の方程式 $z^3 + az^2 + (4-a)z + b = 0$ …① の全ての解が絶対値 1 の複素数であるとする．a, b の値，および①の全ての解を求めよ．

注 「方程式」ですから，まず最初に考えるのは「因数分解」ですが，定数項が「b」ですから無理そうです．

着眼 3 次方程式の 3 つの解が全て単位円周上にあるということですね．
実数解・虚数解両方の可能性があり，はたまた重解も含まれるかもしれません．その全ての可能性を視野に入れて．
実数係数の方程式ですから，虚数解がある場合には共役な解が“ペアで”含まれます．

方針 「全ての解」ですから，“解と因数分解の関係”およびその結果導かれる「解と係数の関係」が使えそう．[→Ⅱ+B 1 10 7，1 10 5]

解答 ①の 3 解が全て実数のとき，次の 4 つのケースが考えられる：

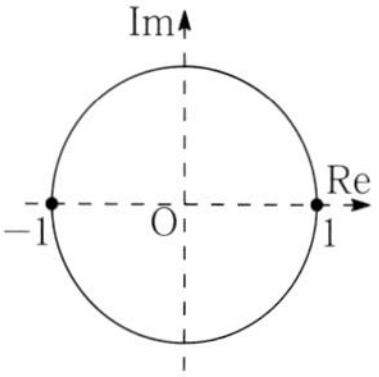

i) $z = 1, 1, 1$
ii) $z = 1, 1, -1$
iii) $z = 1, -1, -1$
iv) $z = -1, -1, -1$

①の左辺 $f(z)$ は，それぞれのケースについて次のようになる：最高次の係数に注意

i) $1\cdot(z-1)^3 = z^3 - 3z^2 + 3z - 1$
ii) $(z-1)^2(z+1) = z^3 - z^2 - z + 1$
iii) $(z-1)(z+1)^2 = z^3 + z^2 - z - 1$
iv) $(z+1)^3 = z^3 + 3z^2 + 3z + 1$

$f(z)$ において，①より z^2 と z の係数の和は 4 だから，i)〜iv) はいずれも不可能．
よって①は虚数解をもち，実数係数であるから，3 つの解は

ア) $\cos\theta \pm i\sin\theta,\ 1$
or イ) $\cos\theta \pm i\sin\theta,\ -1$

とおける（ただし $\sin\theta \neq 0$）．以下，$\cos\theta$ を c，$\sin\theta$ を s と略記する．
ア) のとき，

$$f(z) = 1\cdot\{z-(c+is)\}\{z-(c-is)\}(z-1) = (z^2 - 2cz + \underset{1)}{\underline{1}})(z-1).$$

これと①で係数を比べて [2)]

$z^2 \cdots -2c - 1 = a$
$z \cdots 2c + 1 = 4 - a.$

辺々加えると $0 = 4$．これは成立不能．
イ) のとき，

$$f(z) = \{z-(c+is)\}\{z-(c-is)\}(z+1) = (z^2 - 2cz + 1)(z+1). \cdots ②$$

これと①で係数を比べて

$z^2 \cdots -2c + 1 = a$
$z \cdots -2c + 1 = 4 - a.$
$\therefore a = 4 - a.\ \ a = 2.$

$$c = -\frac{1}{2},\ s = \pm\frac{\sqrt{3}}{2}.$$

以上より，①の 3 つの解は

$$\frac{-1 \pm \sqrt{3}i}{2},\ -1. //$$

また，②で定数項に注目して b を求めて

$(a, b) = (2, 1).$ //

解説 [1)]：$\alpha = \cos\theta + i\sin\theta$ とおくと，共役な虚数解 $\alpha, \overline{\alpha}$ を 2 解とする方程式は

$1\cdot(z-\alpha)(z-\overline{\alpha}) = 0.$

左辺の定数項は，

$\alpha\overline{\alpha} = |\alpha|^2 = 1.$

つまり解の絶対値の 2 乗です．

注 2):もちろん，その結果として得られる「解と係数の関係」を公式として使ってもかまいませんが，共役な虚数解がある場合，上記**解答**の「$z^2-2cz+1$」のような2次式を作ると簡明です．

参考 3つの解は次図の通り．虚数解は，例の「1の3乗根 ω」です．

また，方程式①は次のようになります：

$z^3+2z^2+2z+1=0$

i.e. $(z+1)(z^2+z+1)=0$

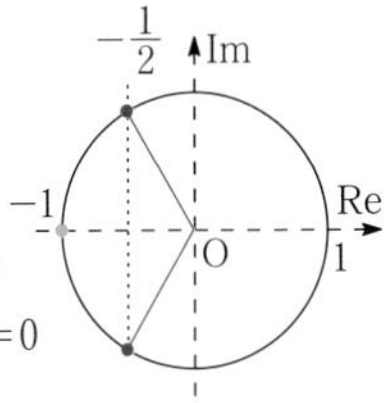

例題 6 7 g 累乗根・応用

根底 実戦　典型 入試　[→演習問題 6 8 15]

$\alpha=\cos\dfrac{2\pi}{7}+i\sin\dfrac{2\pi}{7}$ とし，複素平面上で $P_k(\alpha^k)$ $(k=0,1,2,\cdots,6)$ とする．

(1) α^k $(k=0,1,2,\cdots,6)$ は方程式 $z^7=1$ …① の7個の解であることを示せ．

(2) 線分 P_0P_k $(k=1,2,3,\cdots,6)$ の長さを d_k とする．$A:=d_1d_2d_3\cdots d_6$ の値を求めよ．

方針 (1) まずは，各々が1つの解であることを示します．その後で…

(2) A を複素数の式で表してみると，どこかで見覚えのある式が登場します．

着眼 (1)の7個の値は，①の7個の解であって円を7等分します．これを知識としてはもち，右図をイメージしていますが，「解答」ではちゃんと説明を加えます．

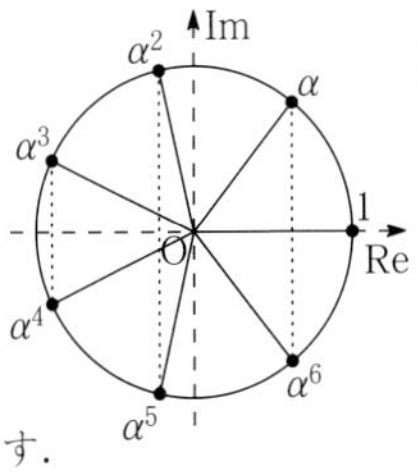

解答 (1) $\arg(\alpha^7)=7\cdot\dfrac{2\pi}{7}=2\pi$ より，

$(\alpha^k)^7=(\alpha^7)^k=1^k=1.$

よって，

α^k $(k=0,1,2,\cdots,6)$ …②

の各々は方程式①の1つの解．1) …③

また，$\theta_k=\arg(\alpha^k)$ とおくと

$\theta_k=\dfrac{2\pi}{7}\cdot k$ だから，

$0=\theta_0<\theta_1<\theta_2<\cdots<\theta_6<2\pi.$

よって複素平面上で②の7点は全て相異なる．

これと③より，②が方程式①の7個の解．□2)

(2) $k=1,2,\cdots,6$ について，

$d_k=|\overrightarrow{P_0P_k}|=|\alpha^k-1|.$

よって

$A=|\alpha-1|\cdot|\alpha^2-1|\cdot|\alpha^3-1|\cdot\cdots\cdot|\alpha^6-1|$

$\quad=|(\alpha-1)(\alpha^2-1)(\alpha^3-1)\cdots(\alpha^6-1)|.$ …④

着眼 (1)の「7個の解」というワードを念頭に置き，この式をよく見れば，「方程式」に関する重要基本原理が思い浮かぶはずです．3) ■

ここで，①を変形すると，

$z^7-1^7=0.$

$(z-1)(z^6+z^5+z^4+\cdots+z+1)=0.$

$\begin{cases} z=1\,(=\alpha^0) \text{ or} \\ z^6+z^5+z^4+\cdots+z+1=0. \cdots⑤ \end{cases}$

よって α^k $(k=1,2,\cdots,6)$ は方程式⑤の6個の解だから

$z^6+z^5+z^4+\cdots+z+1$

$=1\cdot(z-\alpha)(z-\alpha^2)(z-\alpha^3)\cdots(z-\alpha^6)$ (恒等式).

両辺の z に1を代入すると

$7=(1-\alpha)(1-\alpha^2)(1-\alpha^3)\cdots(1-\alpha^6).$

これと④より

$A=|7|=7.$ //

注 1)2):「各々が1つの解」から「7個の解」へ“昇格”するためには，この「相異なる」のチェックが欠かせません．[→Ⅱ+B 1 10 5 注意！，Ⅱ+B 例題 4 7 u (2)，]

3)：解と因数分解の関係 [→Ⅱ+B 1 10 7]

例題 6 7 h　3点を通る円の中心　根底 実戦　入試

[→例題 6 6 d]

複素平面上に相異なる 3 点 O(0), A(α), B(β) を通る円 K があり，K の中心を P(z) とする．

(1) $\dfrac{z}{\alpha}+\dfrac{\overline{z}}{\overline{\alpha}}$ の値を求めよ．

(2) P が虚軸上にあるための $\dfrac{1}{\alpha}-\dfrac{1}{\beta}$ に関する条件を求めよ．

方針 (1) ここでは B(β) に関する条件は用いません．

(2) 要は，P(z) を α, β で表せばよいのです．

注 本問では，複素数の定数が α, β と 2 つもあるので，$\alpha=a+ib$, $\beta=c+id$ とおいて直交形式に“逃げる”のはツライですね．結果を，α や β を用いて書くことが要請されていますのでなおさらです．

解答

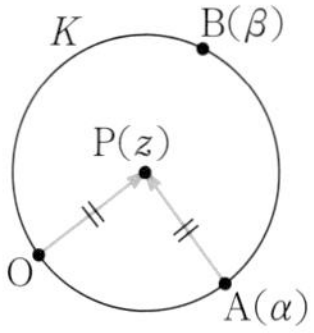

(1) $|\overrightarrow{\mathrm{AP}}|=|\overrightarrow{\mathrm{OP}}|$ より，

$|z-\alpha|^2=|z-0|^2$.

$(z-\alpha)(\overline{z}-\overline{\alpha})=z\overline{z}$.

$-\overline{\alpha}z-\alpha\overline{z}+\alpha\overline{\alpha}=0$.

$\therefore \dfrac{z}{\alpha}+\dfrac{\overline{z}}{\overline{\alpha}}=1.$ // …①

(2) (1)と同様に

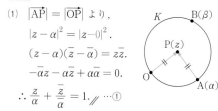

$\therefore \dfrac{z}{\beta}+\dfrac{\overline{z}}{\overline{\beta}}=1.$ …②

方針 ①かつ②を z と $\overline{z}$ の連立方程式とみて，$\overline{z}$ を消去し z を求めます．■

①$\times\dfrac{1}{\overline{\beta}}$ − ②$\times\dfrac{1}{\overline{\alpha}}$ より

$$\underbrace{\left(\frac{1}{\alpha\overline{\beta}}-\frac{1}{\overline{\alpha}\beta}\right)}_{A\text{とおく}}z=\frac{1}{\overline{\beta}}-\frac{1}{\overline{\alpha}}.\ \cdots③$$

ここで，O, α, β は共線でないから

$\dfrac{\beta}{\alpha}\notin\mathbb{R}$.　$\dfrac{\beta}{\alpha}\neq\overline{\left(\dfrac{\beta}{\alpha}\right)}$.

$\alpha\overline{\beta}\neq\overline{\alpha}\beta$.　i.e. $A\neq 0$.

よって③より

$$z=\frac{1}{A}\left(\frac{1}{\overline{\beta}}-\frac{1}{\overline{\alpha}}\right).\ \cdots④$$

これが円 K の中心

z が虚軸上にあるための条件は

$\mathrm{Re}\,z=0$.　$z+\overline{z}=0$. …⑤

ここで，

$$\overline{A}=\frac{1}{\overline{\alpha}\beta}-\frac{1}{\alpha\overline{\beta}}=-A.$$

これと④より，⑤は

$$\frac{1}{A}\cdot\left(\frac{1}{\overline{\beta}}-\frac{1}{\overline{\alpha}}\right)+\frac{1}{-A}\cdot\overline{\left(\frac{1}{\overline{\beta}}-\frac{1}{\overline{\alpha}}\right)}=0.$$

$$\left(\frac{1}{\overline{\beta}}-\frac{1}{\overline{\alpha}}\right)-\left(\frac{1}{\beta}-\frac{1}{\alpha}\right)=0.$$

$$\frac{1}{\alpha}-\frac{1}{\beta}=\frac{1}{\overline{\alpha}}-\frac{1}{\overline{\beta}}.$$

$$\left(\frac{1}{\alpha}-\frac{1}{\beta}\right)=\overline{\left(\frac{1}{\alpha}-\frac{1}{\beta}\right)}.$$

以上より，求める条件は，$\dfrac{1}{\alpha}-\dfrac{1}{\beta}$ が実数であること．//

注 ①，②は，それぞれ OA，OB の垂直二等分線の方程式です．これらを連立して求めた解が，2 直線の交点，つまり△OAB の外心 P を表します．

参考 演習問題 6 8 22 参考において，本問と全く同じ円 K の方程式を，まるで別の視点から導いてみます．

例題 6 7 i ナポレオンの三角形　根底 実戦　典型 入試　[→演習問題 6 8 23]

複素平面上[1]の $\triangle ABC$ に対して，正三角形 BCP_1, CAP_2, ABP_3 を $\triangle ABC$ の外側に作る．これらの重心をそれぞれ G_1, G_2, G_3 とすると，$\triangle G_1G_2G_3$ は正三角形であることを証明せよ．

方針　三角形の形状，つまり 3 点の位置関係を，2 ベクトルの関係としてとらえ，複素数の式で表すという定番作業を行います．

解答　一般性を失うことなく A, B, C は下図の順に並んでいるとし，$A(\alpha)$, $B(\beta)$, $C(\gamma)$ とする．

また，$G_1(z_1)$, $G_2(z_2)$, $G_3(z_3)$ とする．

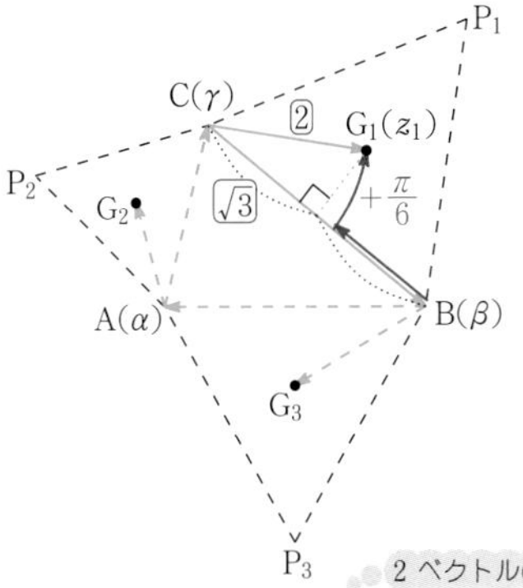

2 ベクトルの関係

$\overrightarrow{CG_1}$ は，$\overrightarrow{CB}$ を $\begin{cases} +\dfrac{\pi}{6} \text{ だけ回転し} \\ \dfrac{2}{2\sqrt{3}} = \dfrac{1}{\sqrt{3}} \text{ 倍したもの．} \end{cases}$

よって

後に λ とおく

$$\underbrace{z_1 - \gamma}_{\overrightarrow{CG_1}} = \boxed{\frac{1}{\sqrt{3}}\left(\cos\frac{\pi}{6} + i\sin\frac{\pi}{6}\right)} \cdot \underbrace{(\beta - \gamma)}_{\overrightarrow{CB}}.$$

$\overrightarrow{CG_1}$ ← $+\frac{\pi}{6}$ 回転 & $\frac{1}{\sqrt{3}}$ 倍 ← $\overrightarrow{CB}$

$$\therefore\ z_1 = \gamma + \frac{1}{\sqrt{3}} \cdot \frac{\sqrt{3}+i}{2}(\beta - \gamma)$$

$$= \gamma + \underbrace{\left(\frac{1}{2} + \frac{1}{2\sqrt{3}}i\right)}_{\lambda \text{ とおく}} \cdot (\beta - \gamma)$$

「ラムダ」と読む

$$= \lambda\beta + (1-\lambda)\gamma.$$

$$\therefore\ z_1 = \lambda \cdot \beta + \overline{\lambda} \cdot \gamma.$$

$\overrightarrow{AG_2}$ は，$\overrightarrow{AC}$ を，$\overrightarrow{BG_3}$ は，$\overrightarrow{BA}$ を，それぞれ同じように変換したものだから，同様に

$$z_2 = \lambda \cdot \gamma + \overline{\lambda} \cdot \alpha,$$
$$z_3 = \lambda \cdot \alpha + \overline{\lambda} \cdot \beta.$$

これら 3 式から 2 ベクトル $\overrightarrow{G_1G_2}$, $\overrightarrow{G_1G_3}$ の関係を考える．

$$z_2 - z_1 = (\lambda \cdot \gamma + \overline{\lambda} \cdot \alpha) - (\lambda \cdot \beta + \overline{\lambda} \cdot \gamma)$$
$$= \overline{\lambda} \cdot \alpha - \lambda \cdot \beta + (\lambda - \overline{\lambda}) \cdot \gamma.$$
$$z_3 - z_1 = (\lambda \cdot \alpha + \overline{\lambda} \cdot \beta) - (\lambda \cdot \beta + \overline{\lambda} \cdot \gamma)$$
$$= \lambda \cdot \alpha + (\overline{\lambda} - \lambda) \cdot \beta - \overline{\lambda} \cdot \gamma.$$

方針　α, β, γ それぞれの係数どうしの関係を調べます．λ, $\overline{\lambda}$ などを図示すると簡明です：■

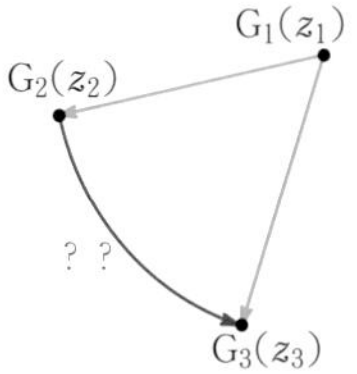

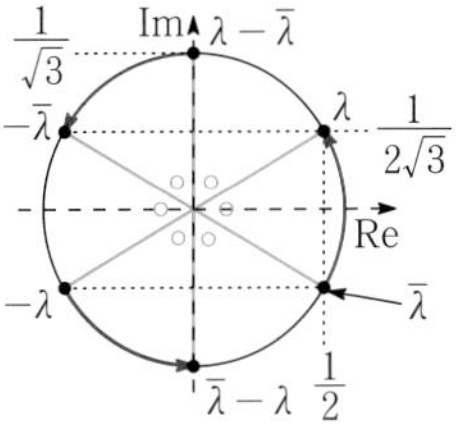

上図右より，

$$\frac{\lambda}{\overline{\lambda}},\ \frac{\overline{\lambda} - \lambda}{-\lambda},\ \frac{-\overline{\lambda}}{\lambda - \overline{\lambda}} = \cos\frac{\pi}{3} + i\sin\frac{\pi}{3}.$$

である．よって

$$\frac{z_3 - z_1}{z_2 - z_1} = \cos\frac{\pi}{3} + i\sin\frac{\pi}{3}.$$

i.e. $\overrightarrow{G_1G_3}$ は $\overrightarrow{G_1G_2}$ を $+\dfrac{\pi}{3}$ だけ回転したもの．

よって $\triangle G_1G_2G_3$ は正三角形．□

解説　正三角形の頂点 P_1 などを経由するまでもなく，直接重心 G_1 などにアプローチできましたね．

注　[1]:「複素平面上」というヒントがなくても自ら発想できるようにしましょう．

参考　本問の正三角形 $G_1G_2G_3$ は，**ナポレオンの三角形**と呼ばれる古来有名なものです．

言い訳　ホントは，1 つの頂点を原点 O にとるのが賢い方法です．[→演習問題 6 8 23]

例題 6 7 j 反転 根底 実戦 典型

[→演習問題 6 8 9]

O と異なる点 P に対して，半直線 OP 上に OP・OQ = 1 となる点 Q をとる．P(z)，Q(w) として，以下の問いに答えよ．

(1) w を z で表せ．

(2) z が $(2-i)z+(2+i)\overline{z}=1$ を満たして動くとき，w の軌跡を複素平面上に図示せよ．

(3) z が $|z-2i| \leqq 1$ を満たして動くとき，w の存在範囲を複素平面上に図示せよ．

注 P から Q への変換は，**反転**と呼ばれる有名なものであり，既に xy 平面において扱ったことがあります．[→Ⅱ+B 例題 3 8 r]

方針 O から見て P と Q は同じ向き．OP, OQ の長さの積が一定．使う道具は**ベクトル**に決まり．それを複素数で記述するまで．

解答 (1) **注** ベクトルで記述すると次の通り：

$$\overrightarrow{OQ}=\underbrace{+OQ}_{\text{符号付長さ}}\cdot\underbrace{\frac{\overrightarrow{OP}}{OP}}_{\text{単位ベクトル}}=\frac{1}{OP^2}\overrightarrow{OP}\ (\because OQ\cdot OP=1).$$

これをイメージしながら…■

$$w=\underbrace{+|w|}_{\text{符号付長さ}}\cdot\underbrace{\frac{z}{|z|}}_{\text{単位ベクトル}}$$

$$=\frac{1}{|z|}\cdot\frac{z}{|z|}$$

$$=\frac{1}{|z|^2}\cdot z$$

$$=\frac{1}{z\overline{z}}\cdot z=\frac{1}{\overline{z}}.\ /\!/$$

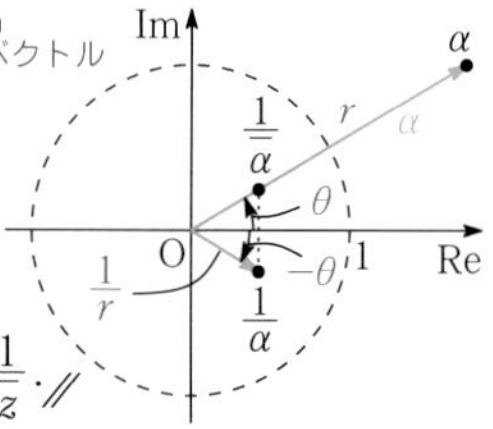

注 この結果は，[逆数と極形式][→6 3 3]を念頭におけば上図のように直観的に得られるのですが，答案として説明するには上の通り単純計算で．■

(2) **着眼** 与式は直線の方程式でしょう．

問題の構造は例題 6 6 e(2)と同じ．消したい P(z) を，残したい Q(w) で表すのが**決め手**です．[1)] ■

(1)より　　この式が決め手

$$\overline{w}=\overline{\left(\frac{1}{\overline{z}}\right)}=\frac{1}{z}.\ \therefore\ \boxed{z=\frac{1}{\overline{w}}}.\ \cdots①$$

これを与式へ代入して

$$(2-i)\cdot\frac{1}{\overline{w}}+(2+i)\cdot\overline{\left(\frac{1}{\overline{w}}\right)}=1.$$

$$(2-i)\cdot\frac{1}{\overline{w}}+(2+i)\cdot\frac{1}{w}=1.$$

$w \fallingdotseq 0$ のもとで　分母を払うときは注意

$$(2-i)w+(2+i)\overline{w}=w\overline{w}.$$

$$w\overline{w}-(2-i)w-(2+i)\overline{w}=0.$$

$$\{w-(2+i)\}\{\overline{w}-(2-i)\}=(2+i)(2-i).$$

$$\{w-(2+i)\}\overline{\{w-(2+i)\}}=5.\quad |2+i|^2$$

$$|w-(2+i)|^2=5.$$

$$|w-(2+i)|=\sqrt{5}.$$

よって w の軌跡は，点 $2+i$ を中心とする半径 $\sqrt{5}$ の円（原点 O を除く）．　$|2+i|$

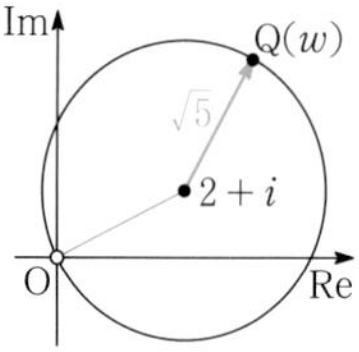

注 [1)]：(1)のように遠回りな誘導が（意図的に？）付けられる問題が多々あるのが実情です（苦笑）．笑って流せるくらいの余裕をもって．

(3) ①を与式へ代入して

$$\left|\frac{1}{\overline{w}}-2i\right|\leqq 1.\quad\left|\frac{1-2i\overline{w}}{\overline{w}}\right|\leqq 1.$$

$$\frac{|1+2iw|}{|w|}\leqq 1.\quad \because\ |\triangle|=|\overline{\triangle}|$$

不等式では符号に注意

$w \fallingdotseq 0$ のもとで両辺を $|w|$ (>0) 倍して

$$|1+2iw|\leqq|w|.\quad |1+2iw|^2\leqq|w|^2.\ \cdots②$$

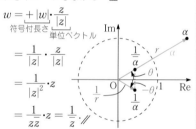

注 この後例題 6 6 c(5) 解答のように「w」のまま式変形してもよいですが，そこの 別解 のように❶「直交形式」に逃げます．楽なので（笑）．■

$w=x+iy\ (x,y\in\mathbb{R})$ とおくと，左辺は

$|1+2i(x+iy)|^2=|(1-2y)+i\cdot 2x|^2$.

よって②は

$(1-2y)^2+(2x)^2\le x^2+y^2$.

$x^2+y^2-\dfrac{4}{3}y+\dfrac{1}{3}\le 0$.

$x^2+\left(y-\dfrac{2}{3}\right)^2\le\left(\dfrac{1}{3}\right)^2$.

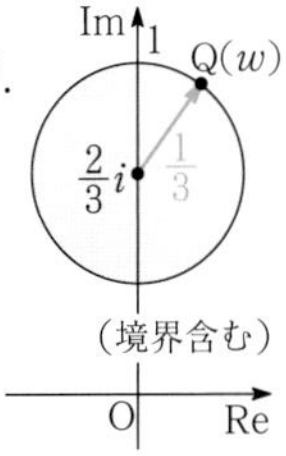

以上より，w の存在範囲は，点 $\dfrac{2}{3}i$ を中心とする半径 $\dfrac{1}{3}$ の円板．

補足 原点 O $(w=0)$ は，もとより含まれていませんね．

注 元の円板の中心 $2i$ が移される点は $\dfrac{1}{2i}=\dfrac{i}{2}$．これは答えの円板の中心とは別の点です．

「反転」においては，円が円に移されるケースでも，中心が中心へ移される訳ではないことを知っておいてください．

例題 6 7 k トレミーの定理・証明 根底 実戦 入試 [→ Ⅰ+A 演習問題 5 12 5]

複素数 z, w の間に $w=\dfrac{1}{z}\ (z, w\neq 0)$ …① が成り立っている．O を原点とする複素平面上に A(α) を中心として O を通る円 K がある．P(z)，Q(w) として，以下の問いに答えよ．

(1) P が K 上を動くとき，Q はある直線上にあることを示せ．

(2) K に内接する四角形 OBCD において，OB・CD + OD・BC = OC・BD が成り立つことを，(1)を用いて示せ．

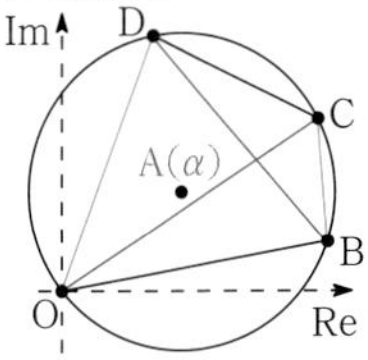

注 ①は前問と同じ「反転」．(2)の結論は有名な**トレミーの定理**であり，本シリーズでは既に **Ⅰ+A 演習問題 3 8 13**，**演習問題 5 12 5** でも証明済です．

解答 (1) P(z) は次を満たす：

$|z-\alpha|=|\alpha|$. …②

①より，$\overline{w}=\overline{\left(\dfrac{1}{z}\right)}=\dfrac{1}{\overline{z}}$.　∴ $\overline{z}=\dfrac{1}{\overline{w}}$.

これを②へ代入して

$\left|\dfrac{1}{\overline{w}}-\overline{\alpha}\right|=|\alpha|$.　$\left|\dfrac{1-\overline{\alpha}\overline{w}}{\overline{w}}\right|=|\alpha|$.

$\dfrac{|1-\alpha w|}{|w|}=|\alpha|$. ∵ $|\triangle|=|\overline{\triangle}|$

$|1-\alpha w|=|\alpha||w|$.　$\left|\alpha\left(\dfrac{1}{\alpha}-w\right)\right|=|\alpha||w|$.

$|\alpha|\left|\dfrac{1}{\alpha}-w\right|=|\alpha||w|$.

$\left|w-\dfrac{1}{\alpha}\right|=|w|$ (∵ $\alpha\neq 0$).

よって，Q(w) は 2 点 O，$\dfrac{1}{\alpha}$ を結ぶ線分の垂直二等分線 l 上にある．□

(2) B(β), C(γ), D(δ) とすると，これらは①によりそれぞれ B′$\left(\dfrac{1}{\beta}\right)$, C′$\left(\dfrac{1}{\gamma}\right)$, D′$\left(\dfrac{1}{\delta}\right)$ に移される．

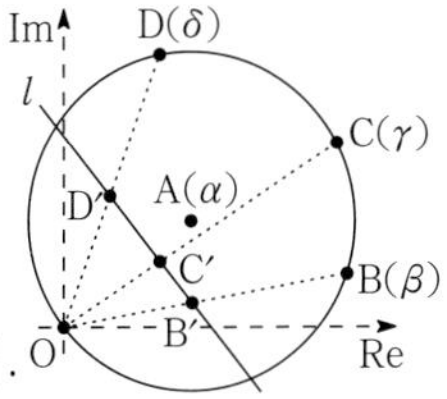

また，(1)よりこれら 3 点は l 上にあり，この順に並ぶ．

したがって，

$|\overrightarrow{\text{B}'\text{C}'}|+|\overrightarrow{\text{C}'\text{D}'}|=|\overrightarrow{\text{B}'\text{D}'}|$.

$\left|\dfrac{1}{\gamma}-\dfrac{1}{\beta}\right|+\left|\dfrac{1}{\delta}-\dfrac{1}{\gamma}\right|=\left|\dfrac{1}{\delta}-\dfrac{1}{\beta}\right|$.

$\left|\dfrac{1}{\gamma}-\dfrac{1}{\beta}\right|+\left|\dfrac{1}{\delta}-\dfrac{1}{\gamma}\right|=\left|\dfrac{1}{\delta}-\dfrac{1}{\beta}\right|$.

$\left|\dfrac{\beta-\gamma}{\gamma\beta}\right|+\left|\dfrac{\gamma-\delta}{\delta\gamma}\right|=\left|\dfrac{\beta-\delta}{\delta\beta}\right|$.

$\dfrac{|\beta-\gamma|}{|\gamma||\beta|}+\dfrac{|\gamma-\delta|}{|\delta||\gamma|}=\dfrac{|\beta-\delta|}{|\delta||\beta|}$.

両辺を $|\beta||\gamma||\delta|$ 倍して

$|\delta||\beta-\gamma|+|\beta||\gamma-\delta|=|\gamma||\beta-\delta|$.

i.e. OD・BC + OB・CD = OC・BD．□

参考 主体である円 K に対して，手段として K 上に原点をもつ複素平面を導入したと考えれば，本問の設定は一般性を失っておらず，トレミーの定理の完全証明となっています．

例題 671 点列と極限 根底 実戦 典型 入試

[→演習問題 6 8 24]

複素平面上の点列 $P_n(z_n)$ $(n=0,1,2,\cdots)$ を次のように定める：

$z_0=0,\ z_1=1.$ …①

$\triangle P_nP_{n+1}P_{n+2}$において，$P_n$, P_{n+1}, P_{n+2}はこの順に左回りに並んでおり，

$P_nP_{n+1}:P_{n+1}P_{n+2}=2:1,\ \angle P_{n+1}=\dfrac{2}{3}\pi.$ …②

$n\to\infty$ のとき，P_n が限りなく近づいていく点を表す複素数を求めよ．

着眼 ルール①②に従って点をとってみると，右図のようになります．“渦を巻くようにして”，点 P_n がある点（赤色）に近づいていきそうな様子が見て取れますね．

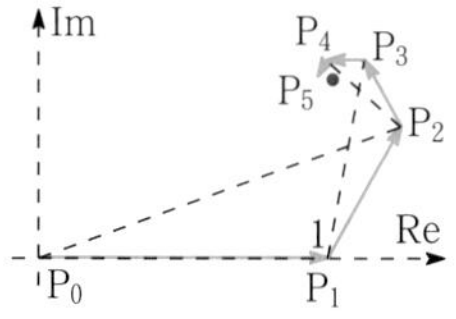

その際，ごく自然に P_0 から P_1，P_1 から P_2，P_2 から P_3…という「移動」を継ぎ足すことによって各点の位置を考えています．

「移動」を数学的に表現するには，もちろん「ベクトル」を用います．

方針 問題文②に書かれたのは「3 点 P_n, P_{n+1}, P_{n+2} の位置関係」．それを，**直前・直後**の「2 ベクトルの関係」として**ドミノ式**[1] に表します．

解答

ベクトル列 $\left(\overrightarrow{P_nP_{n+1}}\right)$ を帰納的[2] に定義する．

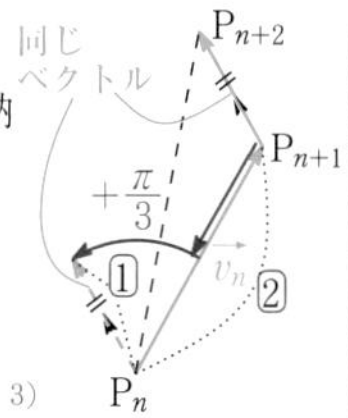

①より，

$\overrightarrow{P_0P_1}\cdots z_1-z_0=1+0i.$

②より，

$\overrightarrow{P_{n+1}P_{n+2}}$は，$\overrightarrow{P_nP_{n+1}}$を $\begin{cases}+\dfrac{\pi}{3} \text{ だけ回転し}\\ \dfrac{1}{2} \text{ 倍したもの．}\end{cases}$

これを複素数で表すと

$$\underbrace{z_{n+2}-z_{n+1}}_{\overrightarrow{P_{n+1}P_{n+2}}}=\underbrace{\boxed{\frac{1}{2}\left(\cos\frac{\pi}{3}+i\sin\frac{\pi}{3}\right)}}_{\alpha\text{ とおく}}\cdot\underbrace{(z_{n+1}-z_n)}_{\overrightarrow{P_nP_{n+1}}}.$$

$\overrightarrow{P_{n+1}P_{n+2}}$ ← $+\frac{\pi}{3}$回転 & $\frac{1}{2}$倍 ← $\overrightarrow{P_nP_{n+1}}$

したがって

$\overrightarrow{OP_n}=\overrightarrow{P_0P_1}+\overrightarrow{P_1P_2}+\cdots+\overrightarrow{P_{n-1}P_n}.$ これをイメージ

$$\begin{aligned}z_n&=(z_1-z_0)+(z_2-z_1)+\cdots+(z_n-z_{n-1})\\&=1+\alpha+\alpha^2+\cdots+\alpha^{n-1}\\&=1\cdot\frac{1-\alpha^n}{1-\alpha}.\end{aligned}$$

着眼 $n\to\infty$ とすると，$|\alpha|=\dfrac{1}{2}<1$ なので，α^n は“ほとんどなくなり”，z_n は $\dfrac{1}{1-\alpha}$ に近づき[4] そうですね．

注意！ だからといって「$\alpha^n\to0$」なんて書いちゃダメですよ．高校数学では「複素数の極限」など考えませんので．

方針 [4]：「近づく」という言葉の意味＝「2点間の**距離**が短くなる」を素直に数式で表します．■

$$\begin{aligned}\left|z_n-\frac{1}{1-\alpha}\right|&=\left|\frac{-\alpha^n}{1-\alpha}\right| \quad \text{これは実数}\\&=\frac{1}{|1-\alpha|}\cdot|\alpha|^n \quad \text{積の絶対値を分解}\\&=\frac{1}{|1-\alpha|}\cdot\left(\frac{1}{2}\right)^n\xrightarrow[n\to\infty]{}0.\end{aligned}$$

つまり，2 点 z_n, $\dfrac{1}{1-\alpha}$ の距離は $n\to\infty$ のとき限りなく 0 に近づく．よって求める点は

$$\begin{aligned}\frac{1}{1-\alpha}&=\frac{1}{1-\dfrac{1+\sqrt{3}i}{4}}\\&=\frac{4}{3-\sqrt{3}i}\cdot\frac{3+\sqrt{3}i}{3+\sqrt{3}i}\\&=\frac{4}{12}(3+\sqrt{3}i)=1+\frac{i}{\sqrt{3}}.\ /\!/\end{aligned}$$ [5]

解説 [1][2]：これが決め手となる考え方です．「帰納的」の意味は「ドミノ式」でしたね．

[→Ⅱ+B 7 2 6]

注 [3]：ベクトルの回転角は，図のように始点を揃えて考えること．

[4]：実数数列における**収束**の定義は，

$$a_n \to \alpha \overset{\text{def}}{\iff} |a_n-\alpha| \to 0$$

でしたね．実数における「数直線上」が，ここでは「複素平面上」に変わっただけ．考え方は全くいっしょ（笑）．

[5]：**着眼**の図を見て目分量でチェック．

例題 6 7 m 複素数列　根底 実戦　入試

[→演習問題6 8 10]

$$z_1=0 \cdots ①,\ z_{n+1}=\frac{(1+2i)z_n-2i}{z_n-1} \cdots ②$$

で定まる複素平面上の列 $P_n(z_n)$ $(n=1, 2, 3, \cdots)$ は，全てある定円上にあることを示せ．

着眼 つかみ所がないので，まずは z_2, z_3 あたりを求めて様子をうかがいます．①②より

$$z_2=\frac{-2i}{-1}=2i.$$

$$z_3=\frac{-4}{2i-1}=\frac{4}{1-2i}\cdot\frac{1+2i}{1+2i}=\frac{4}{5}(1+2i).$$

3 点 P_1, P_2, P_3 を通る円 C はただ 1 つでしょうからそれを特定します．「**図形**と式」の基本に忠実に，しっかり図を描いて．

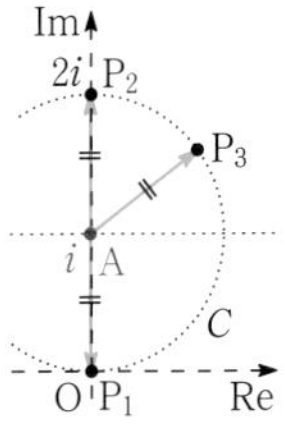

下書き 円 C の中心は，P_1P_2 の垂直二等分線（赤点線）上にあり，P_3 をも通ることから，

C の中心は点 $A(i)$，半径は 1

と予想されます．実際，たしかに

$$|\overrightarrow{AP_3}|=|z_3-i|=\left|\frac{1}{5}(4+3i)\right|=\frac{1}{5}\cdot 5=1$$

となってます．以上の下調べを済ませ[1]，「解答」では $|\overrightarrow{AP_n}|=1$ を数学的帰納法で示します．■

$\overrightarrow{AP_n}$

解答 $w_n=z_n-i \cdots ③$ とおき，$|w_n|=1$ を $n=1, 2, 3, \cdots$ について示す．

①より

$|w_1|=|0-i|=1. \cdots ④$

消したい z_n を 残したい w_n で表した

また，$z_n=w_n+i$ だから，②より

$$w_{n+1}+i=\frac{(1+2i)(w_n+i)-2i}{w_n+i-1}=\frac{(1+2i)w_n-2-i}{w_n-1+i}.$$

$$\therefore\ w_{n+1}=-i+\frac{(1+2i)w_n-2-i}{w_n-1+i}=\frac{(1+i)w_n-1}{w_n-1+i}. \cdots ⑤$$

$$\therefore\ |w_{n+1}|=\frac{|(1+i)w_n-1|}{|w_n-1+i|}. \cdots ⑥$$ ここで，

[2] $|(1+i)w_n-1|^2$

$=\{(1+i)w_n-1\}\overline{\{(1+i)w_n-1\}}$

$=\{(1+i)w_n-1\}\{(1-i)\overline{w_n}-1\}$

$=2|w_n|^2+1-(1+i)w_n-(1-i)\overline{w_n}.$

$|w_n-1+i|^2$

$=(w_n-1+i)\overline{(w_n-1+i)}$

$=(w_n-1+i)(\overline{w_n}-1-i)$

$=|w_n|^2+2-(1+i)w_n-(1-i)\overline{w_n}.$

$|w_n|=1$ を仮定すると，これらはいずれも

$3-(1+i)w_n-(1-i)\overline{w_n}$

となるので等しい．これと⑥より

$|w_n|=1 \implies |w_{n+1}|=1.$

これと④より，帰納的に

$|w_n|=1$ $(n=1, 2, 3, \cdots).$

これと③より，$A(i)$ として

$|\overrightarrow{AP_n}|=1$ $(n=1, 2, 3, \cdots).$

よって P_n $(n=1, 2, 3, \cdots)$ は，中心 $A(i)$，半径 1 の円周上にある．□

解説 ③のように**置換**するのが当然の一手です．$A(i)$ からの距離を論じたいのですから．

[2]：この後の長い計算は，$\alpha=1-i$ とおいて文字式で行うと遥かに簡潔です．[→演習問題6 8 10]

参考 そのとき⑤は，$w_{n+1}=\dfrac{\overline{\alpha}w_n-1}{w_n-\alpha}$．この式が表す w_n から w_{n+1} への変換の意味についても[→演習問題6 8 10]

注 [1]：「満点」取るつもりならこれがトク．部分点狙いなら，z_2, z_3 を求める過程なども答案に書くかも？（笑）

8 演習問題B

681 根底 実戦 典型

複素平面上に正三角形 ABC があり，その外接円の中心を D とする．$\mathrm{A}(\alpha)$, $\mathrm{D}(\delta)$, $\alpha = 3 + 2i$, $\delta = 1 - i$ のとき，B, C に対応する複素数 β, γ をそれぞれ求めよ．

682 根底 実戦 典型

複素平面上に直角二等辺三角形 ABC $\left(\angle \mathrm{B} = \dfrac{\pi}{2}\right)$ がある．A，B，C はこの順に左回りに並んでおり，$\mathrm{A}(\alpha)$, $\mathrm{B}(\beta)$ とする．

(1) C に対応する複素数 z を α, β で表せ．

(2) 直角二等辺三角形BCD$\left(\angle \mathrm{D} = \dfrac{\pi}{2}\right)$を△ABCの外側に作る．Dに対応する複素数 w を α, β で表せ．

683 根底 実戦

複素平面上に $\mathrm{AB} = 5$, $\mathrm{BC} = 4$, $\mathrm{CA} = 3$ の直角三角形 ABC がある．A，B，C はこの順に左回りに並んでおり，$\mathrm{A}(\alpha)$, $\mathrm{B}(\beta)$ とする．C に対応する複素数 z を α, β で表せ．

684 根底 実戦 典型

O を原点とする複素平面上に，点 $\mathrm{A}(\alpha)$, $\mathrm{B}(\beta)$, $\mathrm{C}(\gamma)$ がある．O，A，B，C は全て相異なるとする．

(1) $\alpha^2 + \beta^2 = 0$ …① のとき，△OAB の形状を述べよ．

(2) $\alpha + \omega\beta + \omega^2\gamma = 0$ $\left(\omega = \dfrac{-1+\sqrt{3}i}{2}\right)$ …② のとき，△ABC の形状を述べよ．

685 根底 実戦 入試

複素平面上に，相異なる 3 点 $\mathrm{A}(\alpha)$, $\mathrm{B}(\beta)$, $\mathrm{C}(\gamma)$ がある．$\alpha^2 + \beta^2 + \gamma^2 - \alpha\beta - \beta\gamma - \gamma\alpha = 0$ …① のとき，△ABC は正三角形であることを示せ．

686 根底 実戦 典型

複素平面上に，原点 O を中心とする半径 $r\ (>0)$ の円 C がある．C 上の点 $\mathrm{A}(\alpha)$ $(\alpha \neq 0)$ における C の接線を m として，動点 $\mathrm{P}(z)$ が m 上にあるための z に関する条件を求めよ．

687 根底 実戦 典型

複素平面上の異なる 2 点 $\mathrm{A}(\alpha)$, $\mathrm{B}(\beta)$ を通る直線 l 上に点 $\mathrm{P}(z)$ があるための条件を求めよ．

688 根底 実戦

複素数 z の方程式 $|z|^2 - (3-2i)z - (3+2i)\overline{z} + a = 0$ …① が円を表すような実数 a の範囲を求めよ．

689 根底 実戦 入試

複素数 z, w の間に $zw = 1$ …① が成り立つとする．複素平面上で，$\mathrm{P}(z-1-i)$ が第 1 象限を動くとき，$\mathrm{Q}(w)$ が動く範囲 D を図示せよ．

6 8 10 根底 実戦 入試

α, λ, w は複素数で，α は定数とする．$\lambda = \dfrac{\overline{\alpha}z - 1}{z - \alpha}$ …① が成り立ち，複素平面上で P(z) が単位円周 C 上を動くとき，$|\lambda|$ は一定であることを示せ．

語記サポ λ：「ラムダ」と読むギリシャ文字．　「単位円」：原点中心半径 1 の円．

6 8 11 根底 実戦

a, b は実数とする．方程式 $x^2 + ax + b = 0$ …① の全ての解の絶対値が 1 以下となるような (a, b) 全体を，ab 平面上に図示せよ．

6 8 12 根底 実戦 入試

実数 a が変化するとき，z の方程式 $z^2 + az + a^2 - 3 = 0$ …① の解 z の複素平面上での軌跡 F を図示せよ．

6 8 13 根底 実戦 入試

a は実数とする．z の方程式 $z^4 + az^3 - 4az^2 + az + 9a + 4 = 0$ …① の全ての解は虚数であり，全ての解は絶対値が等しいとする．a の値，および①の全ての解を求めよ．

6 8 14 根底 実戦

z は複素数とする．不等式 $2 \leq z + \dfrac{2}{z} \leq 3$ …① を満たす z を複素平面上に図示せよ．

6 8 15 根底 実戦 典型 入試

座標平面上の単位円を，点 $P_0, P_1, P_2, \cdots, P_9$ がこの順に反時計回りに並んで 10 等分している．

(1) 線分 P_0P_k $(k = 1, 2, 3, \cdots, 9)$ の長さを k で表せ．

(2) $S := \sin 18^\circ \cdot \sin 36^\circ \cdot \sin 54^\circ \cdot \sin 72^\circ$ の値を求めよ．

6 8 16 根底 実戦 典型 入試

$P := (\cos\theta + i\sin\theta)^5$ の展開式を利用することにより，$\cos 5\theta$ を $\cos\theta$ で表せ．また，$\sin 5\theta$ を $\sin\theta \times (\cos\theta$ の多項式$)$ の形で表せ．

6 8 17 根底 実戦 典型 入試

$\alpha = \cos\theta + i\sin\theta\ (0 < \theta < \pi)$ とする．$S := \sum_{k=1}^{n} \alpha^k$ を利用して，$T := \sum_{k=1}^{n} \cos k\theta, U := \sum_{k=1}^{n} \sin k\theta$ を求めよ．

6 8 18 根底 実戦 入試

n は自然数とする．複素数 $w_n = z^n + \left(\dfrac{1}{z}\right)^n$ について答えよ．

(1) z^n が虚数で w_n が実数であるとき，$|z| = 1$ となることを示せ．

(2) $C := \cos\dfrac{\pi}{11} - \cos\dfrac{2\pi}{11} + \cos\dfrac{3\pi}{11} - \cos\dfrac{4\pi}{11} + \cos\dfrac{5\pi}{11}$ の値を求めよ．

6 8 19 根底実戦 入試

n は 3 以上の整数とする．正 n 角形 $A_0A_1A_2\cdots A_{n-1}$ の外接円 C は半径が 1 であるとし，C 上に点 P をとる．各頂点から P に到る距離の平方和：$S := A_0P^2 + A_1P^2 + A_2P^2 + \cdots + A_{n-1}P^2$ は P の位置によらず一定であることを示し，その値を求めよ．

6 8 20 根底実戦 入試

α は 1 の虚 7 乗根とする．$A := \alpha + \alpha^2 + \alpha^4$ の値を求めよ．

6 8 21 根底実戦 入試

O を原点とする座標平面上に直角二等辺三角形 PQR $\left(\angle R = \dfrac{\pi}{2}\right)$ がある．P, Q がそれぞれ半直線 $y = 0\ (x \geq 0)$, $y = 2x\ (x \geq 0)$ 上を動くとき，R の存在範囲 D を図示せよ．ただし，直線 PQ に関して R は O と反対側にあるとする．

6 8 22 根底実戦 典型入試

複素平面上に相異なる 3 点 $A(\alpha)$, $B(\beta)$, $C(\gamma)$ を通る円 K がある．次を示せ：

『A, B, C 以外の点 $P(z)$ が K 上にあるための条件は，$\dfrac{\alpha-\gamma}{\beta-\gamma}\cdot\dfrac{\beta-z}{\alpha-z}$ が実数であることである．』

6 8 23 根底実戦 典型入試

平面上の $\triangle ABC$ に対して，正方形 BCP_1P_1', CAP_2P_2', ABP_3P_3' を $\triangle ABC$ の外側に作る．これらの対角線の交点 [1] をそれぞれ G_1, G_2, G_3 とすると，2 つの線分 AG_1, G_2G_3 は垂直かつ等長であることを示せ．

6 8 24 根底実戦 典型入試

座標平面上の点列 $P_n\ (n = 0, 1, 2, \cdots)$ があり，次を満たすとする：

$P_0(0, 0)$, $P_1(1, 0)$. …①

P_{n+1} は，P_{n+2} を中心として P_n を正の向きに
$\dfrac{\pi}{2}$ だけ回転した点．…②

$n \to \infty$ のとき，P_n が限りなく近づいていく点の座標を求めよ．

6 8 25 根底実戦 典型入試

曲線 $C : \sqrt{x} + \sqrt{y} = 1$ …① を，原点を中心に $+\dfrac{\pi}{4}$ だけ回転した曲線 C' の方程式を求め，図示せよ．

6 8 26 根底実戦 入試 ハイレベル⬆

$-\dfrac{\pi}{2} < \theta < \dfrac{\pi}{2}$ …① とする．複素平面上で，点 $A\left(\dfrac{1}{2}\right)$ を中心とする半径 $\dfrac{1}{2}$ の円周を C_1 とし，C_1 上の偏角 θ の点を $z (\neq 0)$ とする．

(1) z を極形式で表せ．

(2) C_1 上の点 $P(z)$ における C_1 の接線 l に，原点 O から垂線 OH を下ろす．$H(z^2)$ であることを示せ．

(3) n は 2 以上の整数とする．θ が①の範囲で動くときの点 z^n の軌跡を C_n とする．C_n 上の点 $Q(z^n)$ における C_n の接線 m に，原点 O から垂線 OI を下ろす．$I(z^{n+1})$ であることを示せ．

第 7 章

2次曲線

概要

その名の通り，座標平面上で 2 次方程式によって表される曲線：「楕円」「双曲線」「放物線」について学びます．
これらには，人類が「座標」を発明する以前の太古の昔から知られていた様々な美しい性質があり，それが問題を通して証明される様は壮観です．
少し困るのは，例えば「楕円とは何か？」という定義の仕方に複数の流儀があることです．本書では，入試問題が基本にさかのぼって自然に解けることを重視した**本格的な定義**を採用しています．一方学校教科書の多くでは，手っ取り早さ優先の定義となっており，逆に非効率的な学習を強いられることとなります．万が一試験で「楕円の定義とは？」と問われたら教科書流に従う方が無難ですが（笑）．
注 本来，前章6「複素数平面」と合わせて 1 単元ですので，“半章分”のボリュームです．
数学Ⅲ進度との関係としては，いちおう3「微分法」は既習であることを想定しています．
なお，教科書で本章に含まれている「媒介変数表示」については，既に3「微分法」4「積分法」の方でみっちり学んでいるので本章ではあまり扱いません．
言い訳 理路整然と体系を積み上げるよりも，当初大雑把にぼや〜っと知っておいてもらい，後から徐々に中身を詰めていくというスタイルで進めます．その方が学びやすいはずです．

学習ポイント

1. 楕円・双曲線・放物線について，「曲線の概形」と「方程式」の関係を知る
2. 楕円・双曲線・放物線について，焦点・準線から出発するホンモノの定義を理解し，そこから導かれる定理を証明・活用
3. 2 次曲線の接線公式の証明・活用
4. 極座標・極方程式による図形の表現

将来入試では

通常は理系生限定の分野だと思われます．他分野との融合問題が多く，本章単独の凝り過ぎた問題は少ないでしょう．また，「2 次曲線」がメインテーマとしてではなく，問題の“入り口”で「素材」として使われたり，あるいは“出口”で「答え・結果」として 2 次曲線が現れるということもよくあります．

この章の内容

［高校数学範囲表］ ●当該分野 ●関連が深い分野

数学Ⅰ	数学Ⅱ	数学Ⅲ 理系
数と式	いろいろな式	いろいろな関数
2次関数	ベクトルの基礎	極限
三角比	図形と方程式	微分法
データの分析	三角関数	積分法
数学A	指数・対数関数	**数学C**
図形の性質	微分法・積分法	ベクトル
整数	**数学B**	複素数平面
場合の数・確率	数列	2次曲線
	統計的推測	

1 2次曲線概論

まず最初に，概要に書いた通り 2 次曲線をザ～ックリご紹介しておきます．気楽にいこうね．

1 方程式と曲線の概形

放物線

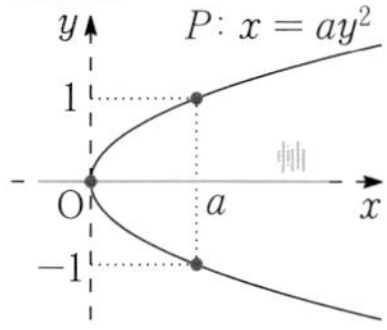

「2 次曲線」とは，放物線・楕円・双曲線という **3 種の曲線**を総称したもので，本書では 3 つとも紹介済みです．

方程式 $x=ay^2$ $(a\neq 0)$ が表す図形は右のような放物線 P です．

注 数学 C での放物線は，軸を横方向にとることも多いです．■

楕円・双曲線については，**例題 3 4 i** の詳説を**必ず**チェック！（下記において，a, b は正の定数）．

楕円 E: $\dfrac{x^2}{a^2}+\dfrac{y^2}{b^2}=1$

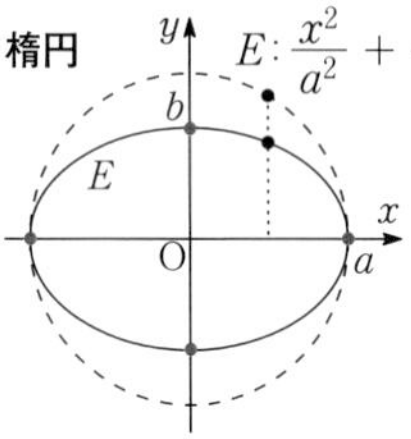

双曲線 H: $\dfrac{x^2}{a^2}-\dfrac{y^2}{b^2}=1$

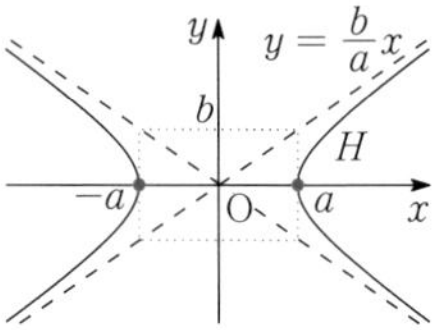

双曲線 H': $\dfrac{x^2}{a^2}-\dfrac{y^2}{b^2}=-1$

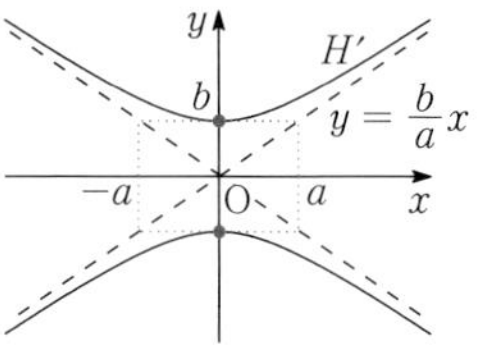

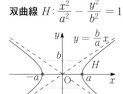

注 右辺を「1」or「−1」にするのが標準です．

各図において，赤色の点を通ることを確認．また，双曲線については，点 $(\pm a, \pm b)$ を頂点とする「補助長方形」（赤色破線）を利用して漸近線を描きます．

語記サポ 3 種の 2 次曲線の英名は，楕円 ＝ellipse（エリプス） 双曲線 ＝hyperbola（ハイパーボラ） 放物線 ＝parabola（パラボラ）．今後，この頭文字を各曲線の名称に用いることが多いです．放物線は，曲線 ＝curve の「C」を用います．■

まずは，詳しい理屈はともかく，「方程式」⟷「曲線」の行き来がザックリとでいいですからできるようにしましょう．それが，今後学ぶ**全てを下支えします**．

例 下記の「行き来」が自分自身でもできるよう**必ず**確認．

①：$\dfrac{x^2}{9}+y^2=1$

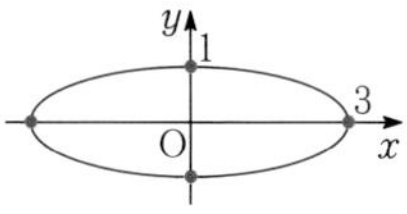

楕円．横長

②：$\dfrac{x^2}{3}+\dfrac{y^2}{4}=1$

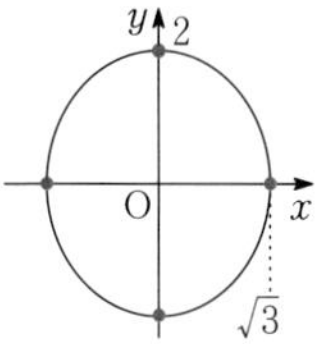

楕円．縦長

③：$x^2-y^2=1$

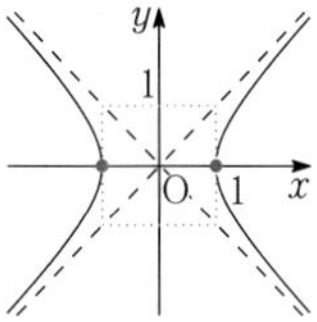

双曲線．“左右”の“双子”

④：$\dfrac{x^2}{9}-\dfrac{y^2}{4}=-1$

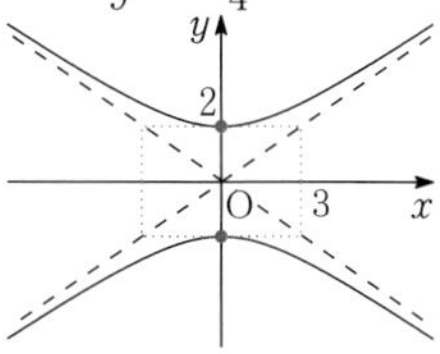

双曲線．“上下”の“双子”

⑤：$y^2=x$

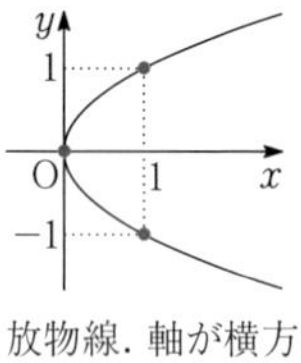

放物線．軸が横方向

⑥：$x^2=4y$

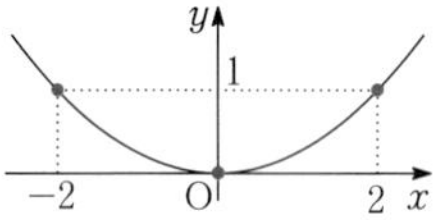

放物線．軸が縦方向

解説 ①②：横長と縦長があります．

③④：上下 or 左右は，右辺の符号で決まります．

⑤⑥：軸の横 or 縦は，x, y のどっちが 2 次かで判断．

これらの違いは，後に学ぶ「焦点」の位置に関与します．

注 3 種の 2 次曲線のうち，双曲線の形状に関して次問で今一度考察を加えます．設問(1)は，**例題 3 4 i** (2) とほぼ同内容です．

例題 7 1 a 双曲線の図示 根底 実戦 [→例題 3 4 i (2)]

(1) 曲線 H_0: $y=f(x)=\sqrt{x^2+1}$ を，凹凸も調べて描け．　(2) 曲線 H_1: $x^2-y^2=-1$ を描け．

(3) 曲線 H: $\dfrac{x^2}{a^2}-\dfrac{y^2}{b^2}=-1$ (a, b は正の定数) を描け．　(4) 曲線 H_2: $x^2-y^2=1$ を描け．

解答 (1) 注 まず, 関数**そのもの**を見て. ■

つねに $x^2+1>0$ だから，定義域は実数全体．

$f(x)$ は偶関数だから, まず $x\geq 0$ について考える．

$f(x)$ は増加関数．

$$f(x)-x=\sqrt{x^2+1}-x \quad \text{（}\infty-\infty\text{ 型 不定形）}$$
$$=\frac{1}{\sqrt{x^2+1}+x}\xrightarrow[x\to\infty]{}0.$$

よって直線 l: $y=x$ は H_0 の漸近線．

また，$f(x)-x>0$ より，H_0 は l より上側．

$$f'(x)=\frac{2x}{2\sqrt{x^2+1}}. \quad \text{（これ自体は目的ではない）}$$

$$f''(x)=\frac{\sqrt{x^2+1}-x\cdot\dfrac{x}{\sqrt{x^2+1}}}{x^2+1}=\frac{1}{(x^2+1)^{\frac{3}{2}}}>0.$$

よって H_0 ($x\geq 0$) は下に凸．

以上より，H_0(全体) は右図の通り．

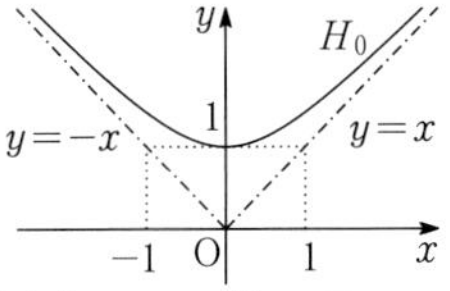

(2) 与式を同値変形すると

$$y^2=x^2+1.$$
$$\Longleftrightarrow y=\pm f(x).$$

これと(1)より，H_1 は右図の双曲線．

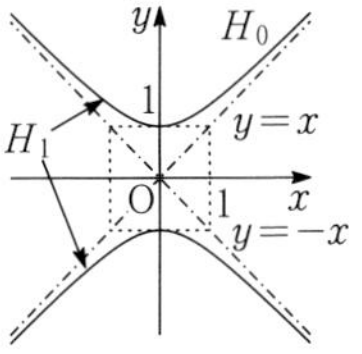

(3) H_1: $x^2-y^2=-1$ …① 上の点 (x, y) に対して，

$$\begin{cases} x=X/a \\ y=Y/b \end{cases} \cdots ② \text{ i.e. } \begin{cases} X=ax \\ Y=by \end{cases} \cdots ②'$$

で定まる点 (X, Y) を考え，②を①へ代入すると

$$\left(\frac{X}{a}\right)^2-\left(\frac{Y}{b}\right)^2=-1. \text{ i.e. } \frac{X^2}{a^2}-\frac{Y^2}{b^2}=-1.$$

よって，点 (X, Y) の軌跡が H である．

②′より，H は H_1 を x, y 方向にそれぞれ a 倍, b 倍に伸縮した曲線である．これと(2)より, H は右図の双曲線．

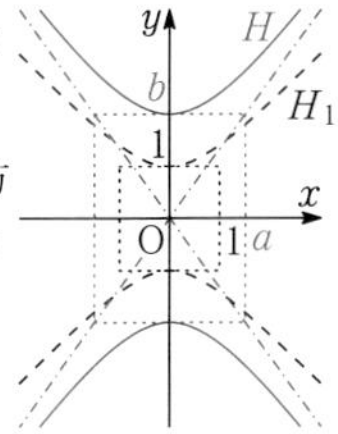

解説 補助長方形さえ伸縮すれば，その対角線が漸近線であり，曲線も自動的に描けます．

注 「グラフの伸縮」については[→ 1 3 3]．

(4) H_1: $x^2-y^2=-1$ において<u>x, y を互換</u>すると

$$y^2-x^2=-1. \text{ i.e. } x^2-y^2=1.$$

これは H_2 を表す．

よって H_1 と H_2 は<u>直線 $y=x$ に関して対称</u>．

これと(2)より，H_2 は右図の双曲線．

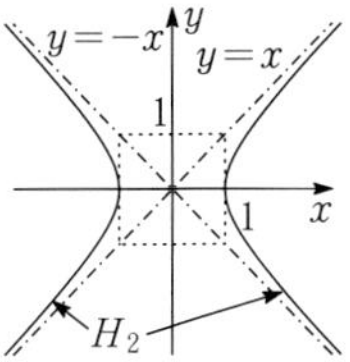

注 「x, y の互換」と「直線 $y=x$ に関する対称移動」については[→ 1 3 2]．この移動で得られる図形については[→ 1 4 4]

参考 H_2 を(3)と同様に伸縮すれば，双曲線 H: $\dfrac{x^2}{a^2}-\dfrac{y^2}{b^2}=1$ が得られます．

双曲線を描く手順

双曲線 $\dfrac{x^2}{a^2}-\dfrac{y^2}{b^2}=\pm 1$ は次の手順で描きます：

長方形 =rectangle

このa, bを本書では今後“横半分”，“縦半分”と呼びます．

1° 中心から x 方向に $\pm a$, y 方向に $\pm b$ だけ離れた辺で**補助長方形** R を作る．

2° R の対角線が漸近線 l, l'．その方程式は，上式で右辺を 0 とした $\left(\dfrac{x}{a}-\dfrac{y}{b}\right)\left(\dfrac{x}{a}+\dfrac{y}{b}\right)=0$.

3° 右辺の符号を見て，$\begin{cases} +1 \to x \text{ 切片がある} \to \text{“左右” の “双子”} \\ -1 \to y \text{ 切片がある} \to \text{“上下” の “双子”} \end{cases}$

ラフに描くなら全部で 10 秒！（笑）

4° R に外接し，l, l' に近づいていく曲線を描く．

2　2次曲線の包括的定義

準備として,「平行移動」について確認しておきます. 下記は大丈夫ですね.

平行移動　定理 [→1 3 1]

$F : f(\boxed{x}, \boxed{y}) = 0$

↓ ベクトル $\binom{p}{q}$ だけ平行移動

$F' : f(\boxed{x-p}, \boxed{y-q}) = 0$　　「x, y から引く数」=「移動量」

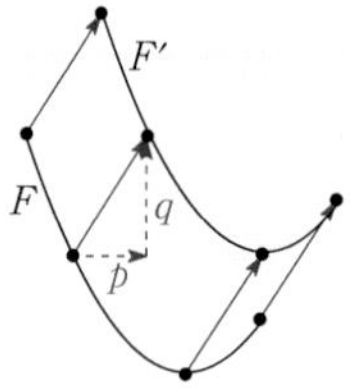

例　それでは本題に入ります. 座標平面上の点 P(x, y) で, 原点 O$(0, 0)$ との距離 OP と, 直線 l: $x = 1$ へ下ろした垂線の長さ PI の比が $e : 1$ $(e > 0)$ であるものの軌跡 C を求めてみましょう.

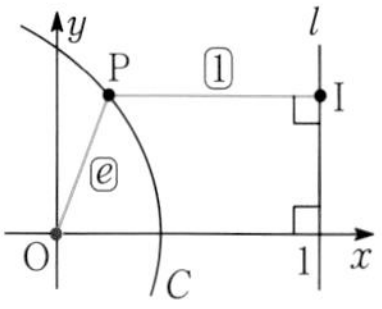

注　「e」は自然対数じゃありませんよ (笑). 距離の比を表す重要な値であり,「**離心率**」と呼ばれます. 右図はおおよそ $e = \frac{2}{3}$ のつもりで描いた"一例"です.

OP : PI $= e : 1$.　OP $= e$PI.

$\sqrt{x^2 + y^2} = e|1 - x|$.

$x^2 + y^2 = e^2(1 - x)^2$.

$(1 - e^2)x^2 + y^2 + 2e^2x = e^2$. …①

以下, $1 - e^2$ の符号, つまり e と 1 の大小によって分類し, 例示[1]してみます:

i) $0 < e < 1$ のとき, 例えば $e = \frac{1}{2}$ のとき, ①は

$\underbrace{\frac{3}{4}}_{正}x^2 + y^2 + \frac{1}{2}x = \frac{1}{4}$.

$\frac{3}{4}\left(x + \frac{1}{3}\right)^2 + y^2 = \frac{1}{4} + \frac{1}{12} = \frac{1}{3}$. …円と同様な平方完成

$\frac{\left(x - \frac{-1}{3}\right)^2}{\frac{4}{9}} + \frac{y^2}{\frac{1}{3}} = 1$. …$\frac{-1}{3}$ は平行移動量

これは**楕円** (横長) を表します.

ii) $e > 1$ のとき, 例えば $e = 2$ のとき, ①は

$\underbrace{-3}_{負}x^2 + y^2 + 8x = 4$.

$3x^2 - y^2 - 8x = -4$. …x^2 の係数を正にするのが慣習

$3\left(x - \frac{4}{3}\right)^2 - y^2 = -4 + \frac{16}{3} = \frac{4}{3}$. …円と同様な平方完成

$\frac{\left(x - \frac{4}{3}\right)^2}{\frac{4}{9}} - \frac{y^2}{\frac{4}{3}} = 1$. …$\frac{4}{3}$ は平行移動量

これは**双曲線** ("左右") を表します.

iii) $e = 1$ のとき, ①は

$\underbrace{0 \cdot x^2}_{消える} + y^2 + 2x = 1$.

$y^2 = -2\left(x - \frac{1}{2}\right)$. …$\frac{1}{2}$ は平行移動量

これは**放物線** (軸は横) を表します.

重要　3 種の 2 次曲線:楕円・双曲線・放物線は, **元来**このようにして包括的に定義されます. ところが高校数学ではそれを伏せて各々を独立に導入するため, とても遠回りな学習を強いられている人が多く残念です. 上記で考えた「**定点と定直線へ到る距離の比が一定**」を出発点とする 2 次曲線の学び方なら, 3 種の曲線に同じルートでアプローチでき, 計算過程もシンプルで, なおかつ入試問題解法の**核**となる基本原理と直結します.

次節以降では, この**正しい学び方**に基づいて, 3 種の曲線の各々を掘り下げていきます.

注　このように,「3 種の曲線」は全て 2 変数 x, y の 2 次方程式で表されます. だから 2 次曲線というのだと思っておいてください. [→**詳しい話は演習問題 7 10 16 発展**]

参考　[1]: このまま一般論で続ける作業を, **例題 7 5 a** にて行います.

2 楕円 （本節以降において，a, b, c はとくに断らなくても正の定数とします．）

1 円を伸縮 例題341で説明した通り

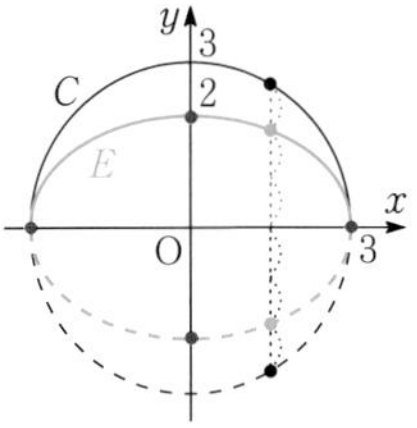

例 円 C: $x^2+y^2=9$ i.e. $y=\pm\sqrt{9-x^2}$ を y 軸方向へ $\frac{2}{3}$ 倍に伸縮した曲線，つまり C 上の各点の y 座標を $\frac{2}{3}$ 倍した点の軌跡を E とすると

$$E: y=\pm\frac{2}{3}\sqrt{9-x^2}.\quad y^2=4\cdot\frac{9-x^2}{9}.$$

$$\text{i.e. } \frac{x^2}{3^2}+\frac{y^2}{2^2}=1.\ \left(C: \frac{x^2}{3^2}+\frac{y^2}{\mathbf{3}^2}=1 \text{ と対比してみてね}\right)$$

この E のように円を伸縮して得られた曲線．これが，「楕円」という曲線に対する1つの見方であり，楕円の概形把握に大きく寄与します．図にある4つの赤点をとれば，楕円は容易に描けます．（前項の **例** でもそうしてました．）

注 この例では 伸縮倍率：$\frac{2}{3}<1$ より y 軸方向に「圧縮」されて横長楕円になりましたが，倍率 >1 とすれば伸長されて縦長楕円となります．どちらにしても考え方は全く同じです．■

また，この「見方」により面積公式も即座に得られます．

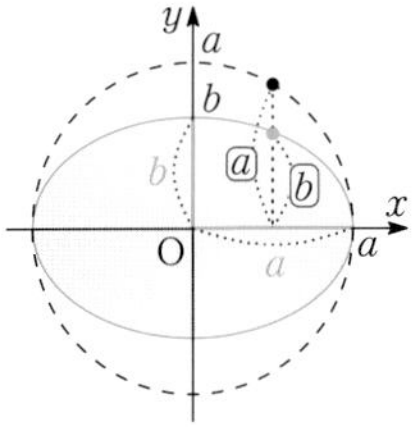

楕円の概形と面積 定理

楕円 E: $\frac{x^2}{a^2}+\frac{y^2}{b^2}=1$ の横半径は a，縦半径は b であり，

E が囲む部分の面積 $=\frac{b}{a}\cdot\pi a^2=\pi ab$.　　$a>b$（横長）でも $a<b$（縦長）でもいっしょ

2 パラメタ表示

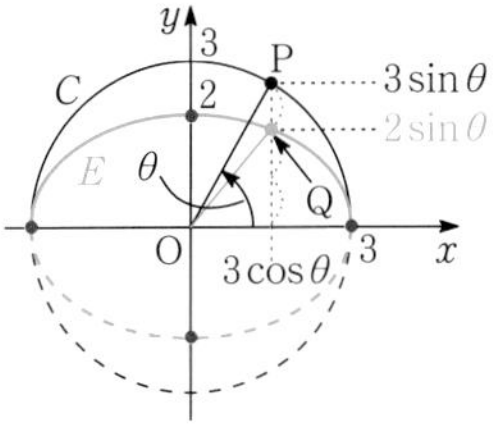

前項の見方から，楕円のパラメタ表示も即座に得られます：
右図において，円 C 上[1]の点Pの偏角を θ とすると，

例 円 C: $\frac{x^2}{3^2}+\frac{y^2}{\mathbf{3}^2}=1$ 上の点 P $(3\cos\theta, \mathbf{3}\sin\theta)$.
　　　　　　　　　　　　　　　$\downarrow\times\frac{2}{3}$
$\therefore$ E: $\frac{x^2}{3^2}+\frac{y^2}{2^2}=1$ 上の点 Q $(3\cos\theta, 2\sin\theta)$.

注意！ 1)：θ は，あくまでも円 C 上の点Pの偏角であって，楕円 E 上の点Qの偏角とは一致しません！もっとも，$\theta=0, \frac{\pi}{2}$ などにおいては一致しますが．■

楕円のパラメタ表示

楕円 $\frac{x^2}{a^2}+\frac{y^2}{b^2}=1$ 上の点Qは，$(\boldsymbol{a\cos\theta, b\sin\theta})$ と表せる．
ただし，θ はQの偏角とは必ずしも一致しない．

注 「$\cos\theta, \sin\theta$」と書かずに $(a\alpha, b\beta), \alpha^2+\beta^2=1$ と表して楽することも多いです．

問 楕円 E: $x^2+\frac{y^2}{3}=1$ 上の点 $\mathrm{Q}\left(\cos\frac{\pi}{6}, \sqrt{3}\sin\frac{\pi}{6}\right)$ の偏角 φ を求めよ．

解答 $0<\varphi<\frac{\pi}{2}$ であり，

$$\tan\varphi=\frac{\sqrt{3}\sin\frac{\pi}{6}}{\cos\frac{\pi}{6}}=\frac{\sqrt{3}\cdot\frac{1}{2}}{\frac{\sqrt{3}}{2}}=1.$$

$\therefore\ \varphi=\frac{\pi}{4}$.//

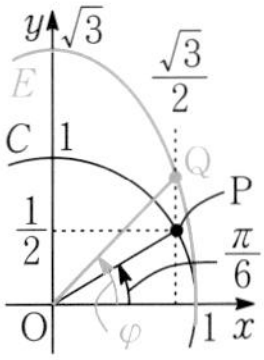

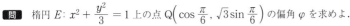

注 本問の全体像は次の通り：
C: $x^2+y^2=1$ 上の点 $\mathrm{P}\left(\cos\frac{\pi}{6}, \sin\frac{\pi}{6}\right)$.
E: $\frac{x^2}{1^2}+\frac{y^2}{(\sqrt{3})^2}=1$ 上の点 $\mathrm{Q}\left(\cos\frac{\pi}{6}, \sqrt{3}\sin\frac{\pi}{6}\right)$.
$\frac{\pi}{6}$ はPの偏角．Qの偏角はそれとは別の $\frac{\pi}{4}$．

3 焦点・準線・離心率

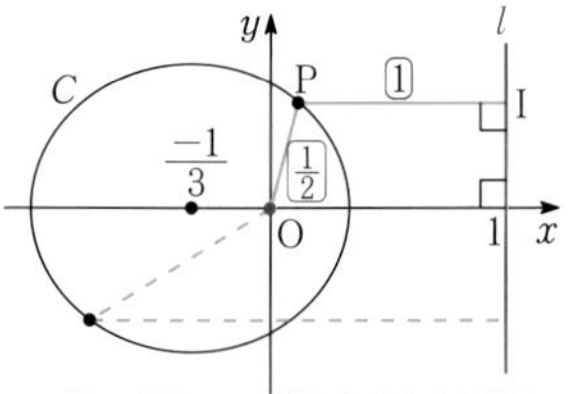

7 1 2 例において，OP : PI $= e : 1$ を満たす点 P(x, y) の軌跡 C は，i) : $e = \frac{1}{2}(<\mathbf{1})$ のとき

$$\frac{\left(x-\frac{-1}{3}\right)^2}{\frac{4}{9}}+\frac{y^2}{\frac{1}{3}}=1.$$ …… $\frac{-1}{3}$ は平行移動量

という楕円（横長）でした．これは上下・左右対称な図形ですから，x, y 軸に関して対称な楕円が得られるように座標設定を調整した一般論を述べます：

上の 例 i) と同様な条件を満たす点 P(x, y) の軌跡を，次のように設定を変えて求めてみましょう：

例 i)	赤点 O	赤直線 l: $x = 1$	$e = \frac{1}{2}$
$\boldsymbol{a} > \boldsymbol{c} > 0$ として	赤点 F$(c, 0)$	赤直線 l: $x = \frac{a^2}{c}$	$e = \frac{c}{a}(<\mathbf{1})$

「$\frac{a^2}{c}$」とか謎ですね（笑）．結果がキレイになるよう筆者が逆算して作った設定ですので，以下を黙って鑑賞していただければ大丈夫です．

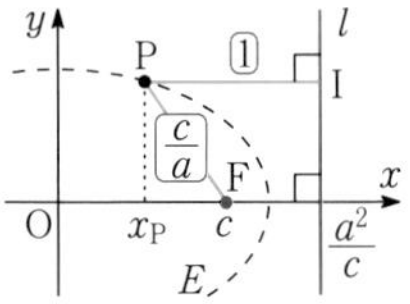

右図で，FP : PI $= \frac{c}{a} : 1$ を満たす点 P(x, y) の軌跡 E は次の通り：

$$\mathrm{FP} = \frac{c}{a}\mathrm{PI}. \quad \cdots①$$

$$\sqrt{(x-c)^2+y^2} = \frac{c}{a}\left|\frac{a^2}{c}-x\right|. \quad \cdots②$$

$$(x-c)^2+y^2 = \left(a-\frac{c}{a}x\right)^2.$$ 必ず自分でも計算してみること

$$\frac{a^2-c^2}{a^2}x^2+y^2 = a^2-c^2.$$ …… x の項が消えた

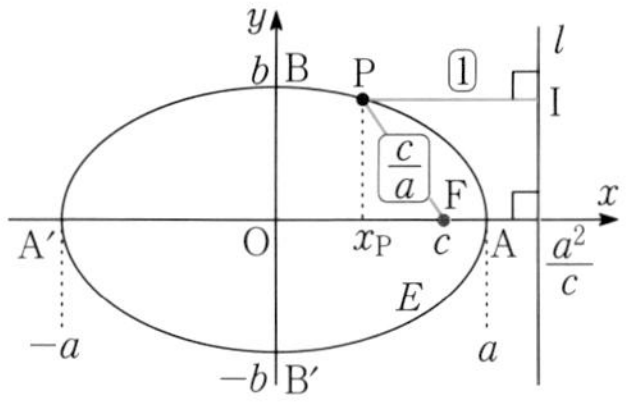

$$\therefore\ E: \frac{x^2}{a^2}+\frac{y^2}{a^2-c^2}=1. \quad \cdots③$$

$a^2-c^2>0$ より $b^2=a^2-c^2$ …④とおけて，

$$E: \frac{x^2}{a^2}+\frac{y^2}{b^2}=1. \quad \cdots⑤$$

⑤が表す図形は，たしかに x, y 軸に関して対称ですね．

語記サポ ここで，楕円に関するいくつかの用語を右にまとめておきます．徐々に覚えてください．

> 語記サポ 上図の楕円 E に関して．
> 点 F：**焦点**　直線 l：**準線**
> 一定の比 $\frac{c}{a}(<1)$：**離心率** 1)
> 点 O：**中心**　OF の長さ c：**焦点距離**
> 線分 AA′：**長軸**　OA の長さ a：**長軸半径**
> 線分 BB′：**短軸**　OB の長さ b：**短軸半径**
> 点 A，A′，B，B′：**頂点**

重要　⑤より $x \leq a$ であり，①②において

$$x \leq a < a\cdot\frac{a}{c} = \frac{a^2}{c}.$$

$$\therefore \mathrm{FP} = \frac{c}{a}\left(\frac{a^2}{c}-x\right) = a-\frac{c}{a}x. \quad \cdots⑥$$

i.e. ★ 焦点 F から E 上の点 P へ到る**距離 FP は，$\boldsymbol{x_\mathrm{P}}$ の 1 次関数．**

これこそが，**「2 次曲線」における最重要基本原理です．** …… 高校教科書ではスルーされます（苦笑）．

注　高校数学では⑤を楕円の**標準形**と呼びますが，基になる a と c で記述された③こそが（大学以降ではしばしば）標準形とみなされます．実は，双曲線も全く同じ③式で表されます．[→7 3 3]

1)：離心率 $\frac{c}{a}$ は，中心 O からの距離の比率：$\frac{\text{焦点距離}}{\text{長軸半径}} = \frac{\mathrm{OF}}{\mathrm{OA}}$ とみることもできます．

参考　準線 l，頂点 A，焦点 F の x 座標は「$\frac{a^2}{c}, a, c$」これは離心率 $\frac{c}{a}$ を公比とする**等比数列**です．これを頼りに準線の位置を把握できますね（定理としての使用は NG でしょうが）．

4 2焦点からの距離

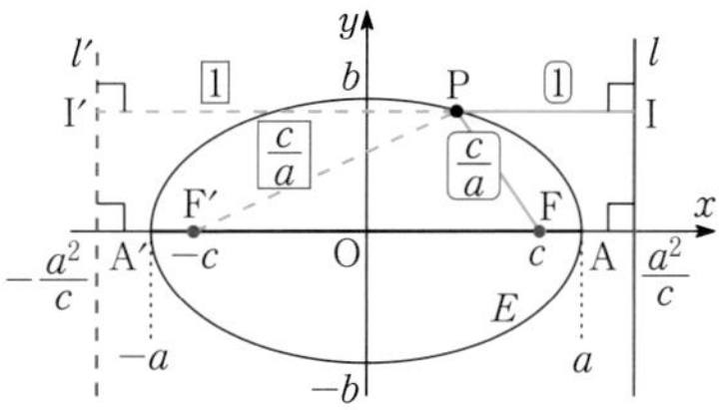

⑤からわかるように E は y 軸対称．よって，F と l を y 軸に関して対称移動した $F'(-c, 0)$ と $l' : x = -\frac{a^2}{c}$ を基に，前記と同様右図で $F'P : PI' = \frac{c}{a} : 1$ …①′ を満たす点 $P(x, y)$ の軌跡を求めれば，全く同じ方程式が得られます（②式の「−」が「＋」になるだけ）．この F' と l' は，楕円 E の**もう一組の焦点・準線**であり，次が成り立ちます：

$$FP + F'P = \frac{c}{a}PI + \frac{c}{a}PI' = \frac{c}{a}(PI + PI') = \frac{c}{a}II' = \frac{c}{a}\cdot\frac{2a^2}{c} = 2a. \ \cdots ⑦$$

i.e. ☆2焦点 F, F′から E 上の任意の点 P へ到る**距離の和は一定**（**長軸**の長さ）.

⑦は次のようにも導けます．①′から，前項の②⑥と同様にすると次の ⑥′を得ます：

$$\begin{cases} FP = a - \frac{c}{a}x, & \cdots ⑥ \\ F'P = a + \frac{c}{a}x. & \cdots ⑥' \end{cases}$$

辺々加えると⑦が得られますね．

注　高校教科書では，段階を踏まず手っ取り早くこの関係☆に到達するため，**これ自体を楕円の定義とする**立場をとりますが，☆から⑤を導く計算が煩雑であるため，途中をスッ飛ばして結果だけ丸暗記する生徒だらけとなります．また，前記の最重要基本原理★が見過ごされてしまい，問題レベルが高くなるにつれて弱点が露呈します．■

長軸半径 a と短軸半径 b から焦点距離 c を求める公式は，前項④より $c = \sqrt{a^2 - b^2}$ …④′．ただし，次の直観的・視覚的な手法の方が何かと役に立ちます：

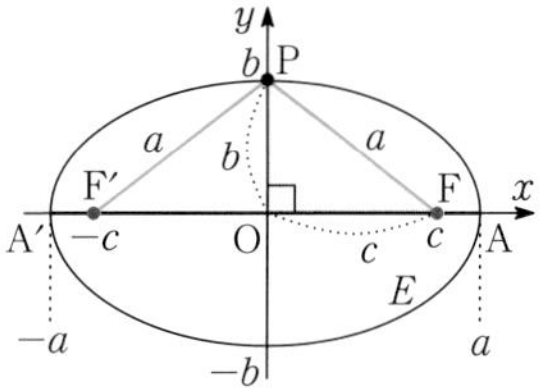

④より $b^2 + c^2 = a^2$ であり，P が y 軸上にあるときを考えると，⑦より $FP = \frac{2a}{2} = a$．よって，右図のような3辺からなる直角三角形 OFP ができます．筆者は常日頃から，この図をイメージすることによって楕円の焦点を正しい位置に描いたり，忘れかけていた（笑）④′式を思い出したりしています．

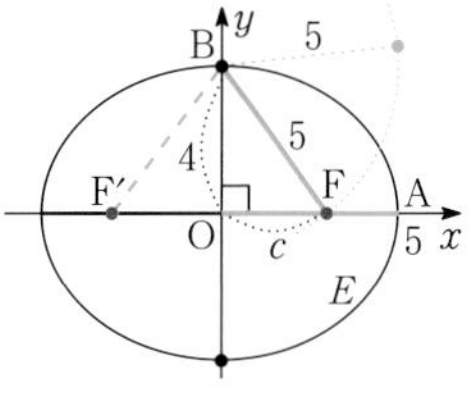

例えば E: $\frac{x^2}{5^2} + \frac{y^2}{4^2} = 1$ の焦点は，右図のように作図できます：

1°　長さが長軸半径：OA＝5の線分を，

2°　一方の端点を短軸上の頂点 B にとり，

3°　他方の端を長軸（x 軸）上にとって直角三角形を作る．

4°　その「他方の端」が焦点 F である．

座標は，$x = \pm\sqrt{5^2 - 4^2} = \pm 3, y = 0$ です．

焦点の位置は，公式だけに頼らず，次のように視覚的に覚えましょう：

長軸上．中心に関して対称．“カーブ”の内側．

焦点距離：$c = \sqrt{a^2 - b^2}$ … $\sqrt{長軸半径^2 - 短軸半径^2}$（直角三角形を利用）

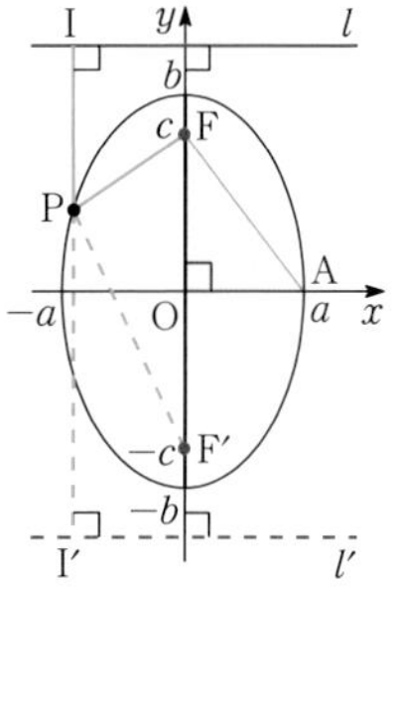

これは，右図のように長軸が縦の楕円においても同様です．焦点距離は $\sqrt{b^2 - a^2}$ となりますが．

重要　「焦点」が関与するときは，楕円が「横長」か「縦長」か．つまり「**長軸が横**」か「**長軸が縦**」かの違いが重要となります．

 → 5・83

それでは，焦点が関与する楕円の基礎知識の総まとめです：

楕円と焦点・準線 重要度↑　「長軸が横」タイプを想定して述べます

右図で，$a > c > 0$ とする．

$\mathrm{FP} : \mathrm{PI} = \dfrac{c}{a} : 1$, i.e. $\mathrm{FP} = \dfrac{c}{a}\mathrm{PI}$. …① を満たす点 P の軌跡は，焦点 F，準線 l，離心率 $\dfrac{c}{a}(<1)$ の楕円 E.

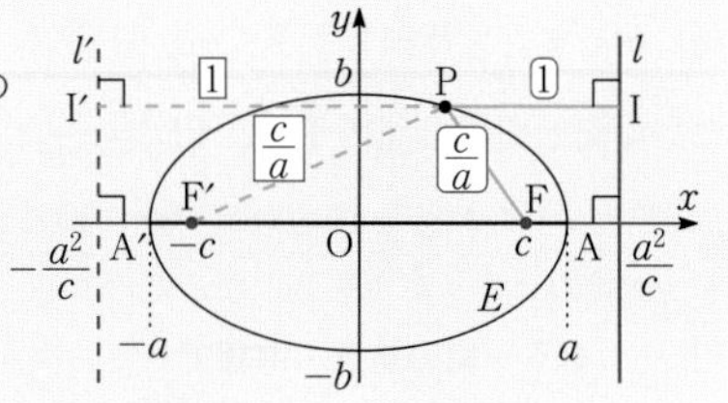

$E : \dfrac{x^2}{a^2} + \dfrac{y^2}{a^2 - c^2} = 1$. …③

i.e. $\dfrac{x^2}{a^2} + \dfrac{y^2}{b^2} = 1$ $(b^2 := a^2 - c^2 > 0)$. …⑤

★①より，焦点 F から E 上の点 P へ到る**距離 FP は，x_P の 1 次関数.**

E の対称性より，2 つの焦点 F, F′があり，

☆$\mathrm{FP} + \mathrm{F'P} = 2a$(**長軸**の長さ)．…⑦

i.e. 2 焦点 F, F′から E 上の任意の点 P へ到る**距離の和は一定**.

2 焦点 F, F′の位置は，長軸上．中心に関して対称．“カーブ”の内側．

焦点距離：$c = \sqrt{a^2 - b^2}$　$\sqrt{長軸半径^2 - 短軸半径^2}$ (直角三角形を利用)

「長軸が縦」タイプでも同様

注　「c」のことを，焦点の座標と覚えてはいけません．中心 O からの距離(焦点距離) だと覚えます．同様に，a, b は座標軸との交点の座標としてではなく，長軸半径，短軸半径だと覚えます．そうすると，O 以外が中心である場合でも全く困りません．

補足　逆に，⑦を満たす点 P の軌跡は楕円 E です．証明は転換法．[→ I+A 5 10 4]

例題 7 2 a　楕円と焦点　根底 実戦　[→演習問題 7 6 3]

(1)　楕円 E: $2x^2 + 3y^2 = 6$ を図示せよ．また，焦点の座標を求めよ．

(2)　楕円 E: $4x^2 + y^2 + 8x - 2y + 1 = 0$ を図示せよ．また，焦点の座標を求めよ．

(3)　定点 O(0, 0)，A(4, 0) に対し，$\mathrm{OP} + \mathrm{AP} = 6$ を満たす点 P の軌跡 E を求め，図示せよ．

方針　必ず図形そのものと向き合いながら考えること．そして，座標ではなく，長軸半径・短軸半径・焦点距離を考えること．

解答　(1)　与式を変形すると

$\dfrac{x^2}{3} + \dfrac{y^2}{2} = 1$.　右辺は 1 にする

よって E は右図のようになる．

長軸(横)半径 $= \sqrt{3}$,

短軸(縦)半径 $= \sqrt{2}$,

焦点距離 $= \sqrt{3-2} = 1$.

よって焦点は，$(\pm 1, 0)$.//

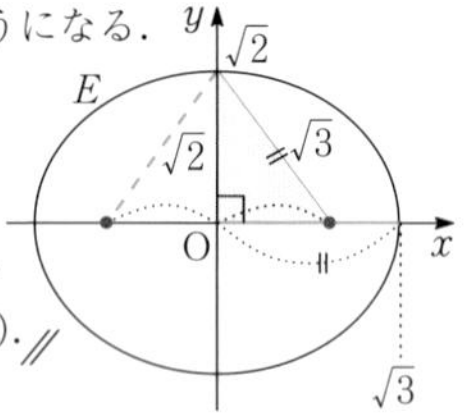

(2)　与式を変形すると

$4(x+1)^2 + (y-1)^2 = -1 + 4 + 1$.

$(x+1)^2 + \dfrac{(y-1)^2}{2^2} = 1$.

よって E は次図のようになる．

中心 $(-1, 1)$,

短軸 (横) 半径 $= 1$,

長軸 (縦) 半径 $= 2$,

焦点距離 $= \sqrt{4-1} = \sqrt{3}$.

よって焦点は，$(-1, 1 \pm \sqrt{3})$.//

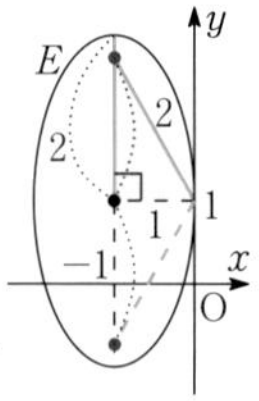

注　E は，原点を中心とする楕円 E_0 をベクトル $\begin{pmatrix} -1 \\ 1 \end{pmatrix}$ だけ平行移動したものです．しかし，だからといって E_0 を描いて考えるのは**絶対に止めてください**．あまりにトロ過ぎます(笑)．

方針 に書いた通り正しく取り組めば，$(-1, 1)$ を中心としたままで全て処理できます．

(3) 題意の条件より，P の軌跡 E は次のような楕円：

O，A を 2 つの焦点とする．

長軸の長さ $=6$．i.e. 長軸半径 $=3$．

よって E は右図の通り．

中心 $(2,\ 0)$，

長軸（横）半径 $=3$，

焦点距離 $=2$，

短軸（縦）半径 $=\sqrt{9-4}=\sqrt{5}$．

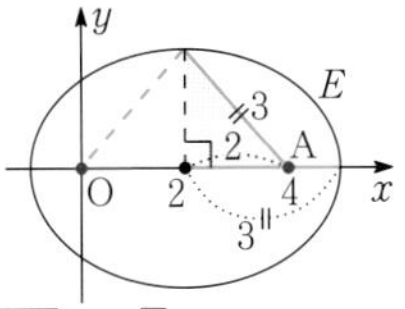

よって，$E: \dfrac{(x-2)^2}{9}+\dfrac{y^2}{5}=1$.// (図は上記)

言い訳　問題文は「軌跡 E を求め，図示せよ．」ですが，図が先に描けてしまいます（笑）．

注　短軸半径を $b(>0)$ とおき，焦点の公式より

$2=\sqrt{3^2-b^2}$．$\therefore\ b=\sqrt{5}$

とすることもできますが，「直角三角形」が使いこなせる人にとっては遠回りな解答に感じられます．

注　楕円・双曲線の場合，問題として「準線」が扱われることはあまりないです．

例題 7 2 b　焦点からの距離（楕円）　重要度↑　根底 実戦

[→演習問題 7 6 4]

楕円 $E: \dfrac{x^2}{3}+y^2=1$ …① の焦点を，x 座標が大きい方から順に F_1，F_2 とする．また，E 上の任意の点を P とする．

(1) F_1 から P に到る距離 F_1P を P の x 座標で表せ．　(2) $F_1P^2+F_2P^2$ の最大値，最小値を求めよ．

着眼　(1) 初めから，「★ 答えは x_P の 1 次関数」だと知っていなくてはなりません．

解答

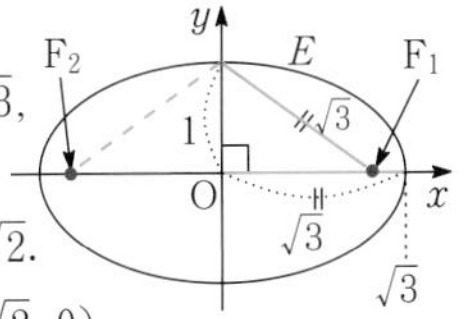

(1) 長軸（横）半径 $=\sqrt{3}$，

短軸（縦）半径 $=1$，

焦点距離 $=\sqrt{3-1}=\sqrt{2}$．

$\therefore\ F_1(\sqrt{2},\ 0)$，$F_2(-\sqrt{2},\ 0)$．

$P(x,\ y)$ とおくと①が成り立ち，

$$\begin{aligned} F_1P^2 &= (x-\sqrt{2})^2+y^2 \\ &= (x-\sqrt{2})^2+1-\frac{x^2}{3}\ (\because\ ①) \\ &= \frac{2}{3}x^2-2\sqrt{2}x+3=\left(\frac{\sqrt{2}}{\sqrt{3}}x-\sqrt{3}\right)^2. \end{aligned}$$ 1)

$$\therefore\ F_1P=\left|\frac{\sqrt{2}}{\sqrt{3}}x-\sqrt{3}\right|.$$

ここで，$x\leq\sqrt{3}$ より

$$\frac{\sqrt{2}}{\sqrt{3}}x-\sqrt{3}\leq\sqrt{2}-\sqrt{3}<0.$$

$$\therefore F_1P=\sqrt{3}-\frac{\sqrt{2}}{\sqrt{3}}x.//$$

解説　たしかに「★ F_1P は x_P の 1 次関数」となりましたね．

1)：★を知っているからこそ気が付ける平方完成です．★の背景には準線・離心率がありますが，解答の中ではこれらを持ちだすことはしません．

言い訳　楕円 $E: \dfrac{x^2}{a^2}+\dfrac{y^2}{b^2}=1$ 上の点は

$(a\alpha,\ b\beta)$，$\alpha^2+\beta^2=1$

とパラメタ表示するのが賢い手です[→例題 7 9 c]．ただし本問では a が $\sqrt{3}$ となるのでかえって面倒かも．しかも最終的に「P の x 座標」で表すことが要求されているので，上記の如く地味に「$P(x,\ y)$」と表しました．■

(2) **方針**　軽いオマケです（笑）．他方の焦点 F_2 からの距離は(1)と同様に計算できますが…．■

$F_1P+F_2P=2\sqrt{3}$（長軸の長さ）より，

$$F_2P=2\sqrt{3}-\left(\sqrt{3}-\frac{\sqrt{2}}{\sqrt{3}}x\right)=\sqrt{3}+\frac{\sqrt{2}}{\sqrt{3}}x.$$

$$\begin{aligned} \therefore\ F_1P^2+F_2P^2 &= \left(\sqrt{3}-\frac{\sqrt{2}}{\sqrt{3}}x\right)^2+\left(\sqrt{3}+\frac{\sqrt{2}}{\sqrt{3}}x\right)^2 \\ &= 6+\frac{4}{3}x^2\ (-\sqrt{3}\leq x\leq\sqrt{3}). \end{aligned}$$

よって，$\begin{cases} 最大値=10, \\ 最小値=6.// \end{cases}$

参考　F_1P，F_2P について「和が一定」ですから，“相加相乗” の出番もありそうですね．

[→演習問題 7 6 4]

3 双曲線

1 無理関数のグラフをもとに

例題3 4 i で説明した通りです．双曲線 $H\colon \dfrac{x^2}{a^2}-\dfrac{y^2}{b^2}=\pm 1$ は，補助長方形“R”を活用して，10 秒で描けるように！漸近線の方程式が，上式で右辺を 0 として，

$$\left(\frac{x}{a}-\frac{y}{b}\right)\left(\frac{x}{a}+\frac{y}{b}\right)=0 \text{ i.e. } \frac{x}{a}\mp\frac{y}{b}=0$$

と得られることも再度確認しておきます．

双曲線のうち，$a=b=1$ である 2 つ：

$$H_1\colon x^2-y^2=1,\ H_2\colon x^2-y^2=-1$$

は，今後全てのベースになります．

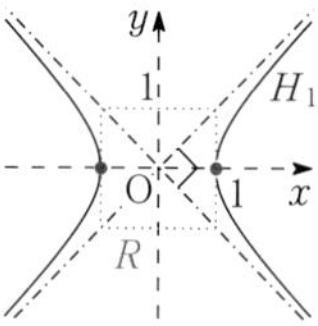

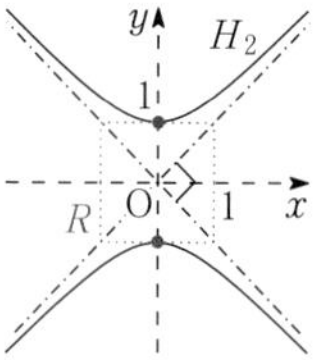

語記サポ 上記 H_1, H_2 のように，漸近線が直交する双曲線（つまり $a=b$）を**直角双曲線**といいます．

2 パラメタ表示

楕円 $\dfrac{x^2}{a^2}+\dfrac{y^2}{b^2}=1$ のパラメタ表示：$(a\cos\theta,\ b\sin\theta)$ は，円のパラメタ表示を基にしていました．双曲線もそれと似ています．関係式 $\cos^2\theta+\sin^2\theta=1$ に対して，$1+\tan^2\theta=\dfrac{1}{\cos^2\theta}$ を利用します：

	$\cos^2\theta+\sin^2\theta=1$				$\dfrac{1}{\cos^2\theta}-\tan^2\theta=1$	
円	$x^2+y^2=1$	$(\cos\theta,\ \sin\theta)$		H_1	$x^2-y^2=1$	$\left(\dfrac{1}{\cos\theta},\ \tan\theta\right)$
楕円	$\dfrac{x^2}{a^2}+\dfrac{y^2}{b^2}=1$	$(a\cos\theta,\ b\sin\theta)$		双曲線	$\dfrac{x^2}{a^2}-\dfrac{y^2}{b^2}=1$	$\left(a\cdot\dfrac{1}{\cos\theta},\ b\tan\theta\right)$

H_1 のパラメタ表示を確認してみましょう．θ を開区間 $\left(-\dfrac{\pi}{2},\ \dfrac{\pi}{2}\right)$ および $\left(\dfrac{\pi}{2},\ \dfrac{3\pi}{2}\right)$ で動かすとき，点は右のように移動します．青字が θ の値です．「+0」や「−0」は，右極限・左極限を表しています．

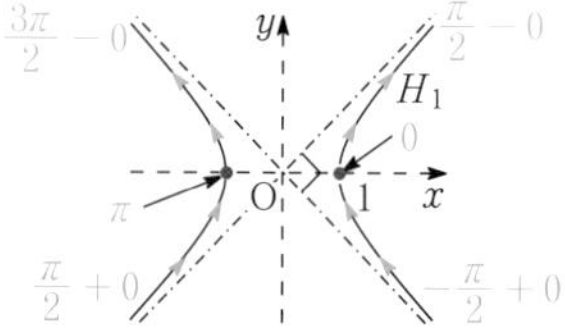

注 H_2 は，H_1 のパラメタ表示の x, y を入れ替えれば OK．■

実用上は，「$\dfrac{1}{\cos\theta}$，$\tan\theta$」と書くのは面倒なので，α, β と書いて済ましてしまいます：

双曲線のパラメタ表示

双曲線 $\dfrac{x^2}{a^2}-\dfrac{y^2}{b^2}=1$ 上の点は， $(a\alpha,\ b\beta)$，$\alpha^2-\beta^2=1$ …① と表せる．	双曲線 $\dfrac{x^2}{a^2}-\dfrac{y^2}{b^2}=-1$ 上の点は， $(a\alpha,\ b\beta)$，$\alpha^2-\beta^2=-1$ …② と表せる．

注 ①②は，上記 H_1, H_2 の方程式そのものですね（笑）．

参考 重要度↓ H_1 のパラメタ表示における「θ」の図形的な意味を大雑把に図示すると右図の通りです．これを知ってるからといってトクすることはほぼないですが（笑）．

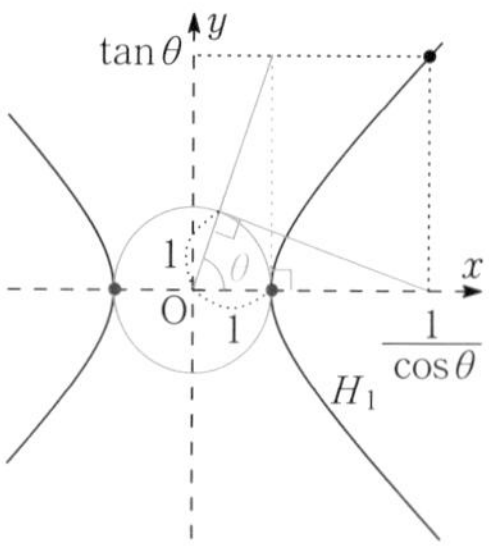

なお，双曲線のパラメタ表示には，他の方法もあります．[→演習問題7 6 2]

3 焦点・準線・離心率

7 2 3 の楕円とほぼ同じ条件，つまり右図で FP : PI $= \dfrac{c}{a} : 1$ を満たす点 P(x, y) の軌跡を考えます．唯一の違いは，a と c の大小関係で，

$c > a > 0$, $\dfrac{c}{a} > 1$ とします（右図は $\dfrac{c}{a} = 2$ を想定）.

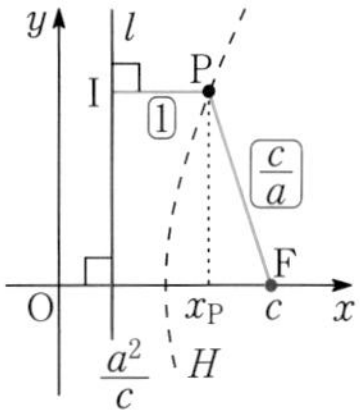

右図で，FP : PI $= \dfrac{c}{a} : 1$ を満たす点 P(x, y) の軌跡 H は，

$$\mathrm{FP} = \frac{c}{a}\mathrm{PI}. \cdots ①$$ ★ FP は x_P の 1 次関数

$$H: \frac{x^2}{a^2} + \frac{y^2}{a^2 - c^2} = 1. \cdots ③$$

ここまでは楕円の場合と 100 %同じ．違いが現れるのは次です：

$c^2 - a^2 > 0$ より $b^2 = c^2 - a^2$ …④とおけて，

$$H: \frac{x^2}{a^2} - \frac{y^2}{b^2} = 1. \cdots ⑤$$

参考　楕円と同様に，準線 l，頂点 A，焦点 F の x 座標：

「$\dfrac{a^2}{c}$, a, c」は離心率 $\dfrac{c}{a}$ を公比とする**等比数列**をなします．

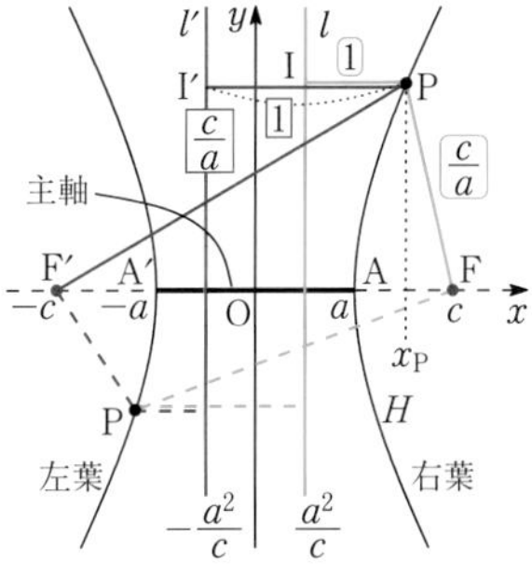

4 2焦点からの距離

⑤が表す双曲線 H は y 軸対称ゆえ，楕円の場合と同様，右図のようにもう一組の焦点・準線：F′・l' をもち，次が成り立ちます：

$$|\mathrm{FP} - \mathrm{F'P}| = \left|\frac{c}{a}\mathrm{PI} - \frac{c}{a}\mathrm{PI'}\right|$$

$$= \frac{c}{a}|\mathrm{PI} - \mathrm{PI'}| = \frac{c}{a}\mathrm{II'} = \frac{c}{a} \cdot \frac{2a^2}{c} = 2a. \cdots ⑦$$

語記サポ　右上図の双曲線 H において，　F, F′：焦点　l, l'：準線　一定の比 $\dfrac{c}{a}(>1)$：離心率

点 O：**中心**　OF の長さ c：**焦点距離**　線分 AA′：**主軸**　a：**“横半分”**　b：**“縦半分”**

点 A, A′：**頂点**　H の右半分：**右葉**　H の左半分：**左葉**■　筆者の私的表現．下図も参照

これらの用語を用いると，⑦は次のように言い表せます：

☆2 焦点 F, F′から H 上の任意の点 P へ到る**距離の差は一定**（**主軸**の長さ）.

$$\mathrm{FP} - \mathrm{F'P} = \begin{cases} -2a \text{（P が右葉にあるとき）} \\ 2a \text{（P が左葉にあるとき）} \end{cases}$$

注　本項は，「**主軸が横**」（左右の双子）を想定して記述していますが，「**主軸が縦**」（上下の双子）でも同様です．「主軸」は，直線AA′ を指すこともあるので文脈により適宜判断（本書では線分の意味で使います）．この用語が高校教科書から消えて久しいですが，上記一定値の記述などにおいて困ります．なお，楕円の「長軸」のことも「主軸」と呼びます．■

補助長方形 R の横半分 a と縦半分 b から焦点距離 c を求める公式は，前項④より $c = \sqrt{a^2 + b^2}$ …④′.

ただし，楕円と同様次の視覚的手法こそ大切です：

④′より，右図のように補助長方形を利用して △OAC を作ると，斜辺 OC が焦点距離 c そのもの．よって，C を O のまわりに回転して x 軸上に移した点が焦点 F．これより，焦点を正しい位置にとったり公式④′式を思い出したりできますね．

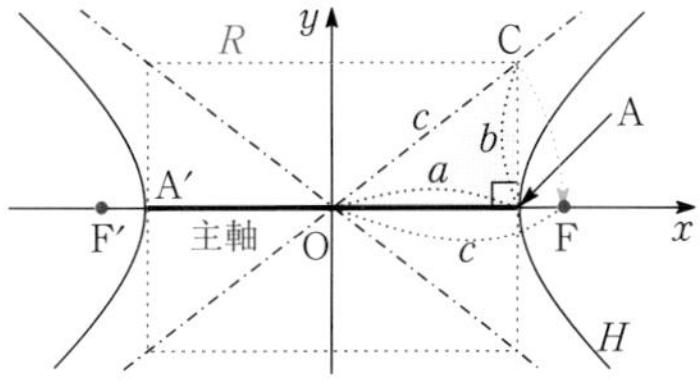

それでは，焦点が関与する双曲線の知識のまとめです．楕円と同様な部分が多いので，少し簡略化して：

双曲線と焦点・準線 重要度↑ 「主軸が横」を想定

右図で，$c > a > 0$ とする．

$\mathrm{FP} : \mathrm{PI} = \dfrac{c}{a} : 1$, i.e. $\mathrm{FP} = \dfrac{c}{a}\mathrm{PI}$. …① を満たす点 P の軌跡は，焦点 F，準線 l，離心率 $\dfrac{c}{a}(>1)$ の双曲線 H.

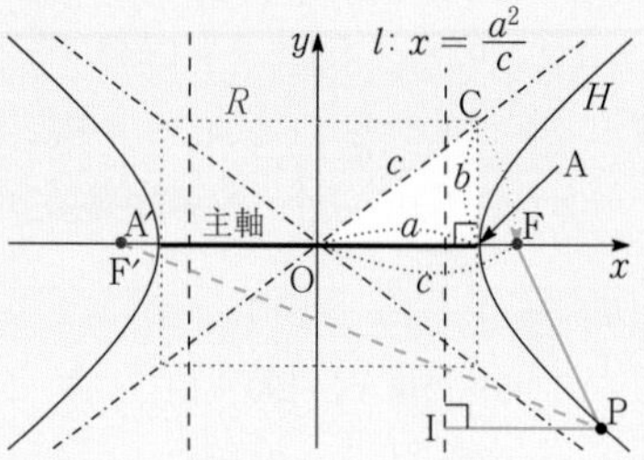

$$H : \frac{x^2}{a^2} + \frac{y^2}{a^2 - c^2} = 1. \ \cdots ③$$

$$\text{i.e. } \frac{x^2}{a^2} - \frac{y^2}{b^2} = 1 \ (b^2 := c^2 - a^2 > 0). \ \cdots ⑤$$

★①より，焦点 F から H 上の点 P へ到る**距離 FP は，x_{P} の 1 次関数**.

H の対称性より，2 つの焦点 F，F′ があり，

☆$|\mathrm{FP}-\mathrm{F'P}| = 2a$(**主軸**の長さ). i.e. 2 焦点 F，F′ から H 上の任意の点 P へ到る**距離の差は一定**.

2 焦点 F，F′の位置は， 主軸の延長線上．中心に関して対称． “カーブ” の内側．
「主軸が縦」タイプでも同様 焦点距離：$c = \sqrt{a^2+b^2}$ $\sqrt{横半分^2 + 縦半分^2}$ (直角三角形を利用)

注 「c」は焦点距離，同様に，a, b は補助長方形 R の横半分，縦半分（の長さ）だと覚えます．O 以外が中心でも対応できるようにするために．

例題 7 3 a 双曲線と焦点・漸近線 根底 実戦 [→演習問題 7 6 3]

(1) 双曲線 H: $y^2 = x^2 + 1$ を図示せよ．また，焦点の座標と漸近線の方程式を求めよ．

(2) 2 直線 $y = 2x$, $y = 2 - 2x$ を漸近線とし，直線 $x = 1$ に接する双曲線 H の方程式と焦点の座標を求めよ．

(3) 定点 A(1, −2)，B(1, 2) に対し，AP − BP = 2 を満たす点 P の軌跡 H を求め，図示せよ．

方針 例題 7 2 a と同様です．図形そのものと向き合いながら，座標ではなく，横半分・縦半分・焦点距離を考えること．補助長方形を決定するという意識を明確に．

解答 (1) 与式を変形すると

$$\frac{x^2}{1^2} - \frac{y^2}{1^2} = -1.$$

よって H は右図のようになる．

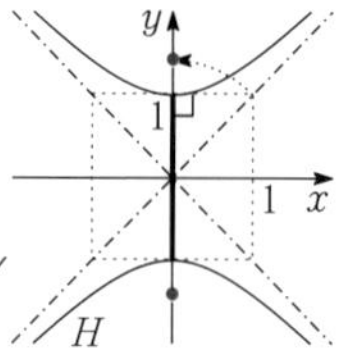

主軸が縦．

横半分 = 1，縦半分 = 1.

焦点距離 $= \sqrt{1+1} = \sqrt{2}$.

よって焦点は，$(0, \pm\sqrt{2})$.//

また，漸近線は $y = \pm x$.//

言い訳 「横半分」や「縦半分」は一般に通用する用語ではありませんので（笑），もし「答案」を書くなら a, b などと名前を与えた上で記述します．もっとも本問は，入試レベルでは説明など不要で答えだけ書いて終わらせる程度の代物ですが．

(2) H は右図のようになる．

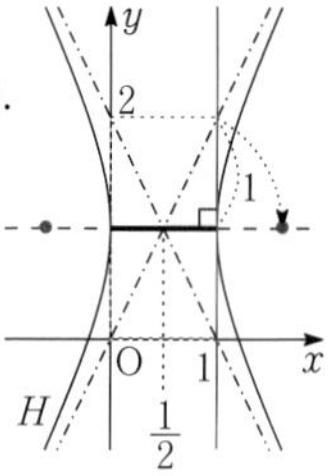

中心：漸近線の交点 $\left(\dfrac{1}{2}, 1\right)$.

主軸が横．

補助長方形の 1 辺が直線 $x = 1$ 上にあるから，

横半分 $= \dfrac{1}{2}$，縦半分 = 1.

焦点距離 $= \sqrt{\dfrac{1}{4}+1} = \dfrac{\sqrt{5}}{2}$.

よって焦点は，$\left(\dfrac{1 \pm \sqrt{5}}{2}, 1\right)$.//

$$H: \frac{\left(x - \frac{1}{2}\right)^2}{\left(\frac{1}{2}\right)^2} - (y-1)^2 = 1.$$//

(3) 題意の条件より，P の軌跡 H は次のような双曲線（の一部）：

A，B を 2 つの焦点とする．

主軸（縦）の長さ $=2$.

AP $>$ BP より双曲線の“上葉”のみ．[1)]

よって H は次図の通り．

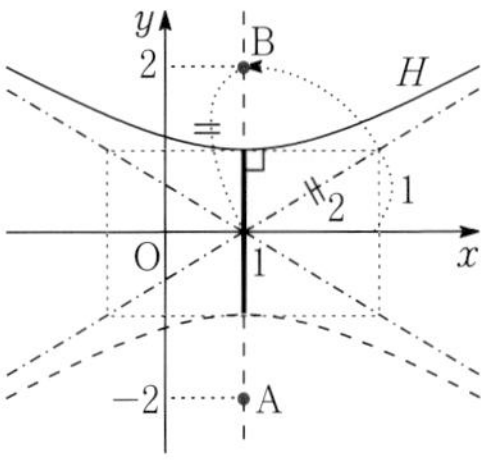

中心 $(1, 0)$,

縦半分 $=1$.

焦点距離 $=2$.

横半分 $=\sqrt{4-1}=\sqrt{3}$.

$$\therefore\ H\colon \frac{(x-1)^2}{3}-y^2=-1. /\!/$$

解説 補助長方形と直角三角形を使いこなしていると，焦点の公式を使っているという感覚があまりないですね（笑）．

言い訳 [1)]：右葉・左葉にあたる“上葉”・“下葉”という言い方はあまり使われないようです．残念ながら（笑）．

例題 7 3 b 焦点からの距離（双曲線） 根底 実戦

双曲線 H: $x^2-y^2=1$ …① の焦点を，x 座標が大きい方から順に F_1, F_2 とする．また，H 上の任意の点を P とする．

(1) F_1 から P に到る距離 F_1P を，P の x 座標で表せ．

(2) $F_1P+F_2P=4$ …② となるような P の座標を求めよ．

着眼 (1)「★ 答えは x_P の 1 次関数」です．

解答 (1) 主軸が横．

横半分 $=$ 縦半分 $=1$,

焦点距離 $=\sqrt{1+1}=\sqrt{2}$.

$F_1(\sqrt{2}, 0)$, $F_2(-\sqrt{2}, 0)$.

$P(x, y)$ とおくと①が成り立ち，

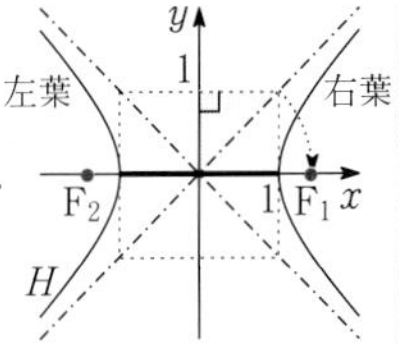

$$\begin{aligned} F_1P^2 &= (x-\sqrt{2})^2+y^2 \\ &= (x-\sqrt{2})^2+x^2-1\ (\because\ ①) \\ &= 2x^2-2\sqrt{2}x+1=(\sqrt{2}x-1)^2. \end{aligned}$$

$$\therefore\ F_1P=\left|\sqrt{2}x-1\right|. /\!/$$

(2) **注** 双曲線がもつ性質は，「F_1P と F_2P の差が一定」です．■

$|F_1P-F_2P|=2$（主軸の長さ）．…③

i) P が H の右葉にあるとき，$F_1P<F_2P$.

$\therefore$ ③: $F_2P-F_1P=2$.

これと②より，$(F_1P, F_2P)=(1, 3)$.

これと $x\geq 1$ および(1)より

$F_1P=\sqrt{2}x-1=1$. $\therefore\ x=\sqrt{2}$.

ii) P が H の左葉にあるとき，$F_1P>F_2P$.

$\therefore$ ③: $F_1P-F_2P=2$.

これと②より，$(F_1P, F_2P)=(3, 1)$.

これと $x\leq -1$ および(1)より

$F_1P=1-\sqrt{2}x=3$. $\therefore\ x=-\sqrt{2}$.

i), ii) と①より，求める P は

$$\left(\sqrt{2}, \pm 1\right), \left(-\sqrt{2}, \pm 1\right). /\!/$$

注 F_1, F_2 は y 軸に関して対称であり，条件②③はともに F_1, F_2 について対称なので，ii) は「対称性より $x=-\sqrt{2}$」としても許されそうな気もします．

4 放物線

1 2次関数のグラフとして

特筆することは何もありません．$a \neq 0$ として，$y = ax^2$（**軸が縦**），$x = ay^2$（**軸が横**）のどちらでも描けるようにしておきましょう．

2 パラメタ表示

例えば $y = 3x^2$ 上の点は $(t, 3t^2)$ と表せばOK．**3** で導く標準形では $y^2 = 4px$ 上の点→ $(pt^2, 2pt)$ と表すと分数係数が現れないので少しトクですが，必須という程でもないです．

放物線の方程式では，x, y の一方が他方で表されているので，パラメタ表示の有用性は低目です．

3 焦点・準線

7 1 2 例において，$\mathrm{OP} : \mathrm{PI} = e : 1$ を満たす点 $\mathrm{P}(x, y)$ の軌跡 C は，iii)：$e = 1$ のときは放物線 $y^2 = -2\left(x - \dfrac{1}{2}\right)$．でした．これを，放物線の「頂点」を原点Oにするという作為 [1] をもち，かつ一般的な設定に変えると次のようになります：

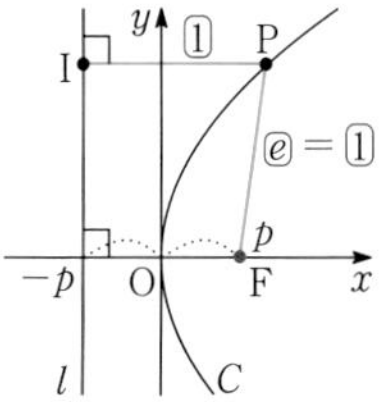

右図（$p \neq 0$）で，$\mathrm{FP} : \mathrm{PI} = 1 : 1$ を満たす点 $\mathrm{P}(x, y)$ の軌跡 C は，

$$\mathrm{FP} = \mathrm{PI} \quad \cdots ①$$

$$\sqrt{(x-p)^2 + y^2} = |x - (-p)|. \quad \cdots ②$$

$$(x-p)^2 + y^2 = (x+p)^2.$$

必ず自分でも計算してみること

$$y^2 = (x+p)^2 - (x-p)^2.$$

$$\therefore\ C : y^2 = \underline{4}px. \quad \cdots ③$$

「4」が付くことを覚える

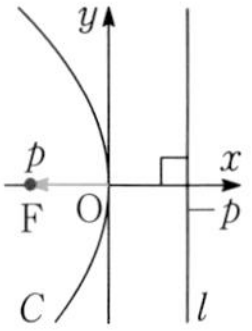

C は放物線ですね．次の用語を確認：

語記サポ F：焦点　l：準線　$\dfrac{\mathrm{FP}}{\mathrm{PI}} = 1$：離心率　O：頂点　x 軸：軸

$\overrightarrow{\mathrm{OF}}$ の符号付長さ p：**符号付焦点距離**（右のように $p < 0$ のケースもあります．）■

注 [1]：7 2 3「楕円」や7 3 3「双曲線」ほどは目立ちませんが，これも結果がキレイになるよう巧みに“仕組んだ”設定です．

語記サポ 放物線の英名は parabola ですが，その頭文字「P」は曲線上の動点として使うことが多いので，曲線 =curve の「C」を用いました．■

放物線は左右対称ではなく，“もう1組の”焦点・準線はありません．

放物線と焦点・準線　**重要度↑**　　$p \neq 0$ とします

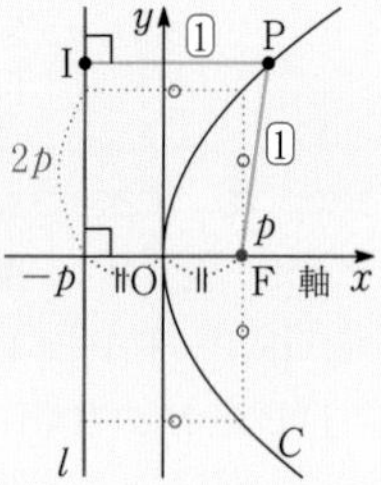

右図で，$\mathrm{FP} : \mathrm{PI} = 1 : 1$，i.e. $\mathrm{FP} = \mathrm{PI}$．…① を満たす点 P の軌跡は，
焦点 F，準線 l，離心率 1 の放物線 C．

$C : y^2 = 4px.$ …③

★①より，焦点 F から C 上の点 P へ到る**距離 FP は，x_{P} の1次関数**．
焦点 F の位置は，軸上．“カーブ”の内側．符号付焦点距離：p．
準線は，O に関する F の対称点を通り，軸と垂直．　軸が縦でも同様

注 筆者は，上図赤点線の正方形をイメージして，放物線を正確に描いています．

3種の2次曲線全てにおいて，焦点は何らかの重要な“軸”上で，カーブの内側にありますね．

例題 7 4 a 放物線と焦点・準線 根底 実戦

[→演習問題 7 6 3]

(1) 点 F(1, 0) を焦点とし，y 軸を準線とする放物線 C の方程式を求めよ．

(2) 放物線 C: $y = x^2 + x + 1$ の焦点 F，準線 l を求めよ．

注 放物線だけは，準線も問われることが多いです．

解答 (1) 頂点 $\left(\frac{1}{2}, 0\right)$.

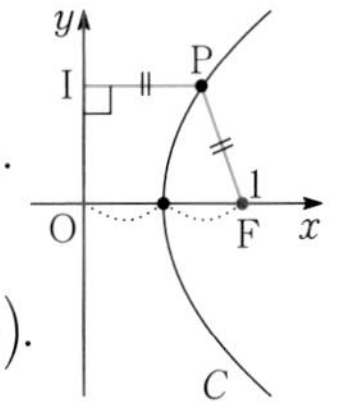

符号付焦点距離 $= +\frac{1}{2}$.

よって

$$C: y^2 = 4\cdot\frac{1}{2}\left(x - \frac{1}{2}\right).$$

i.e. $y^2 = 2x - 1$. //

別解 放物線に関しては，定義に基づいて計算した方が速いかもしれません：

P(x, y) が満たすべき条件は，前図において

$$\text{FP} = \text{PI}.$$

$$\sqrt{(x-1)^2 + y^2} = |x|.$$

$$(x-1)^2 + y^2 = x^2.$$

$$\therefore\ C: y^2 - 2x + 1 = 0. //$$

(2) C: $y = x^2 + x + 1 = \left(x + \frac{1}{2}\right)^2 + \frac{3}{4}$.

$$\left(x + \frac{1}{2}\right)^2 = 4\cdot\frac{1}{4}\left(y - \frac{3}{4}\right).$$

頂点 $\left(-\frac{1}{2}, \frac{3}{4}\right)$.

軸が縦．

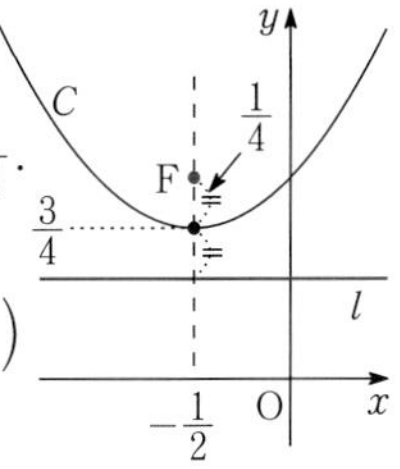

符号付焦点距離 $= +\frac{1}{4}$.

したがって

$$\text{焦点F}\left(-\frac{1}{2}, \frac{3}{4} + \frac{1}{4}\right)$$

$$= \left(-\frac{1}{2}, 1\right). //$$

準線 l: $y = \frac{3}{4} - \frac{1}{4}$. i.e. $y = \frac{1}{2}$. //

参考 C 上の 1 点 (0, 1) から焦点 F，準線 l に到る距離はたしかに等しいですね（どちらも $\frac{1}{2}$）.

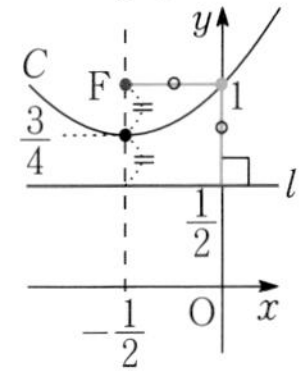

例題 7 4 b 放物線の焦点と円 根底 実戦

[→演習問題 7 10 6]

放物線 C_1: $y^2 = 4px$ $(p > 0)$ の焦点 F$(p, 0)$ を中心とする半径 p の円を C_2 とする．C_1 上の点 P は，原点 O を除いて全て C_2 の外部にあることを示せ．

方針 円の中心 F から放物線 C_1 上の点に到る距離を考え，円 C_2 の半径 p との大小を比べます．ただし，計算は不要です．

解答 右図において

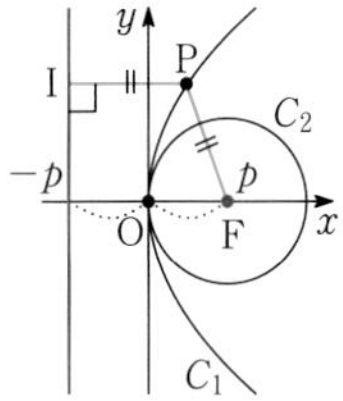

$$\begin{aligned}\text{FP} &= \text{PI}\\ &= x_\text{P} - (-p)\\ &= x_\text{P} + p\\ &\geqq p(= C_2\text{の半径})\\ &\quad(\because\ x_\text{P} \geqq 0).\end{aligned}$$

等号は，

$x_\text{P} = 0$, i.e. P = O

のときに限って成立する．

以上より，C_1 上の O 以外の点 P は全て C_2 の外部にある．□

注 言い方を変えると，FP は P = O のとき最小となります．定点 F を，焦点以外の点にとるときどうなるかを，**演習問題 7 10 6** で扱います．（同じテーマの楕円バージョンは [→例題 7 9 b]）

5 2次曲線総括

1 これまでのまとめ

2 次曲線・総括

	楕円	双曲線	放物線
曲線の形状	円を伸縮	無理関数のグラフをもとに	2 次関数のグラフ
パラメタ表示	$(a\alpha, b\beta)$, $\alpha^2+\beta^2=1$	$(a\alpha, b\beta)$, $\alpha^2-\beta^2=\pm1$	x, y の一方を t とする
離心率 e(右下図)	$0<e<1$	$e>1$	$e=1$
2 焦点からの距離	$\mathrm{FP}+\mathrm{F'P}=$ 長軸の長さ	$\lvert\mathrm{FP}-\mathrm{F'P}\rvert=$ 主軸の長さ	

重要　右図において $\mathrm{FP}=e\mathrm{PI}$ より，焦点 F から曲線上の動点 P に到る距離は

★ $\mathrm{FP}=x_{\mathrm{P}}$の 1 次関数.

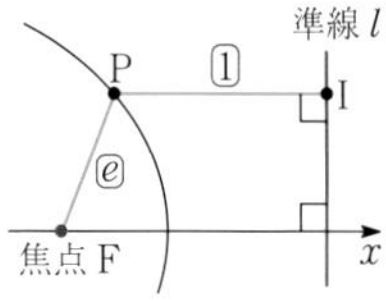

注　「円」を，楕円のうち横半径と縦半径が一致したものとみなし 2 次曲線の一種に含めるという立場もあります．このあたりの事情は，なあなあです.

2 円錐の切り口として

円錐側面の平面による切り口は，平面の方向によって各種の 2 次曲線となることが知られています．とりあえず，次図を見て直観的に納得すればOK です.

断面図（真横から）　i) 円　ii) 楕円　iii) 放物線　iv) 双曲線

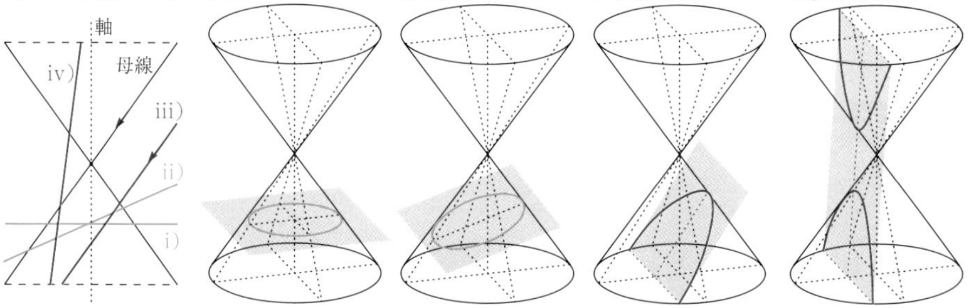

軸に垂直な切り口が i) 円．母線と平行な平面による切り口が iii) 放物線で，それより平面の傾斜が急か否かにより，ii) 楕円と iv) 双曲線に分かれます.

参考　じつは，この知識を背景とした問題を扱っていました．[→**例題 5 12 k**，**例題 5 12 l**]

この話題を少し定量的に扱う問題が**演習問題 7 10 17**です.

語記サポ　2 次曲線は，本項の視点をメインとして考える際には「**円錐曲線**」と呼ばれたりもします．「円」も，切り口として現れるので円錐曲線の一種に含めることが多いです.

例題 7 5 a　離心率と焦点　根底 実戦　典型　[→ 7 1 2]

e は正の定数とする．座標平面上の点 $\mathrm{P}(x, y)$ で，原点 $\mathrm{O}(0, 0)$ との距離 OP と，直線 l: $x=1$ へ下ろした垂線の長さ PI の比が $e:1$ であるものの軌跡 C は 2 次曲線となる．e の値に応じて C の曲線名を述べ，焦点の座標を求めよ.

注 7 1 2 例 で予告した通り．その続きです．

解答 題意の条件は

$\mathrm{OP}:\mathrm{PI}=e:1.$

$\mathrm{OP}=e\mathrm{PI}.$

$\sqrt{x^2+y^2}=e|1-x|.$

$x^2+y^2=e^2(1-x)^2.$

$(1-e^2)x^2+y^2+2e^2x=e^2. \cdots①$

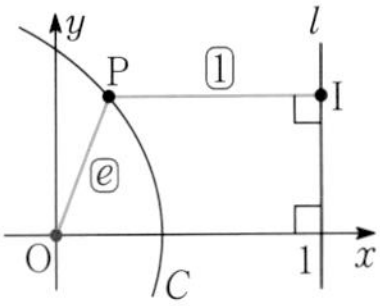

以下，$1-e^2$ の符号，つまり e と 1 の大小によって場合分けする．

注 ここまで 7 1 2 例 と同じです．この後，これまで 2 次曲線に関して学んだことを前提として解答していきます．また，i)，ii)，iii) の順番が変わりますのでご了承ください．■

i) $e=1$ のとき，①において

$1-e^2=0.$

よって①は

$y^2+2x=1.$

これは放物線(軸は横) を表す．

焦点は $\mathrm{O}(0,0)$.//

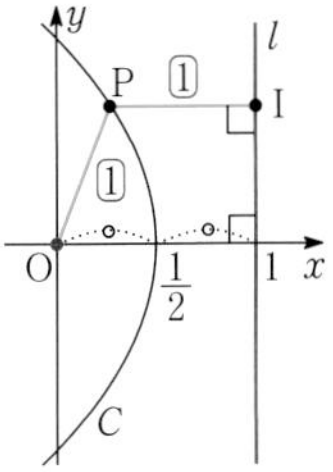

言い訳 放物線に関しては，焦点が 1 つしかないので，初めから焦点は O，準線は l とわかっていました．

以下は参考までに：

$y^2=-2\left(x-\frac{1}{2}\right).$

$y^2=4\cdot\frac{-1}{2}\left(x-\frac{1}{2}\right).$

頂点 $\left(\frac{1}{2},0\right)$. 符号付焦点距離 $=-\frac{1}{2}$. ■

ii) $0<e<1$ のとき，①において

$0<1-e^2<1.$ [1)]

よって①は楕円(横長) を表す．

①を変形すると

$$(1-e^2)\left(x+\frac{e^2}{1-e^2}\right)^2+y^2=e^2+\frac{e^4}{1-e^2}$$
$$=\frac{e^2}{1-e^2}.$$

$$\frac{\left(x+\frac{e^2}{1-e^2}\right)^2}{\frac{e^2}{(1-e^2)^2}}+\frac{y^2}{\frac{e^2}{1-e^2}}=1.$$

よって　負

中心 $\left(\frac{-e^2}{1-e^2},0\right)$.

焦点距離$^2=\frac{e^2}{(1-e^2)^2}-\frac{e^2}{1-e^2}=\frac{e^4}{(1-e^2)^2}$.

焦点 $\left(\frac{-e^2}{1-e^2}\pm\frac{e^2}{1-e^2},0\right)$

i.e. $(0,0),\left(\frac{-2e^2}{1-e^2},0\right)$.//

負

注 1)：$1-e^2=1$ だと①が $1\cdot x^2+1\cdot y^2+\cdots$ となって「円」を表してしまうので，念のためそうではないことにも言及しました．実際には，「<1」なので横長の楕円となります．■

iii) $e>1$ のとき，①において

$1-e^2<0.$

よって①は双曲線を表す．

①を変形すると，ii) と同様に

$$\frac{\left(x+\frac{e^2}{1-e^2}\right)^2}{\frac{e^2}{(1-e^2)^2}}-\frac{y^2}{\frac{-e^2}{1-e^2}}=1.$$

よって　正

中心 $\left(\frac{-e^2}{1-e^2},0\right)$.　主軸が横．

焦点距離$^2=\frac{e^2}{(1-e^2)^2}+\frac{-e^2}{1-e^2}=\frac{e^4}{(1-e^2)^2}$.

焦点 $(0,0),\left(\frac{-2e^2}{1-e^2},0\right)$.//

正

解説 ii)，iii) とも，ちゃんと $\mathrm{O}(0,0)$ が 1 つの焦点として現れましたね．

ii)，iii) において，中心，焦点とも座標はまったく同じ式で表されていますが，符号が異なっていることに注意してください．

例題 75b 接する円の中心の軌跡 根底 実戦 典型

[→演習問題766]

xy 平面上に定点 A(2, 0)，B(6, 0)，定円 C_0: $x^2+y^2=16$，定直線 l: $x=6$ がある．

(1) C_0 に外接し，l に接する円 C_1 の中心 P の軌跡を求めよ．

(2) A を通り C_0 に接する円 C_2 の中心 Q の軌跡を求めよ．

(3) B を通り C_0 に外接する円 C_3 の中心 R の軌跡を求めよ．

着眼 いずれも 2 次曲線の性質が使えます．といっても，経験がないとなかなか気づけませんが．

解答 (1) 右図のように各点をとる．C_1 の半径を $r(>0)$ とおくと

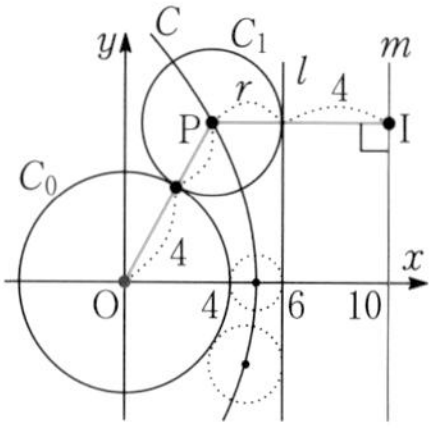

OP＝PI(＝4＋r)．

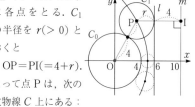

よって点 P は，次の放物線 C 上にある：

焦点 O，準線 m: $x=10$，頂点 (5, 0)．

符号付焦点距離 $=-5$．

C が求める軌跡であり，その方程式は

C: $y^2=4\cdot(-5)(x-5)$.//

(2) **注** 点 A が C_0 の内部にあるので，「内接」しか考えられません．■

右図のように各点をとる．C_2 の半径を $r(>0)$ とおくと

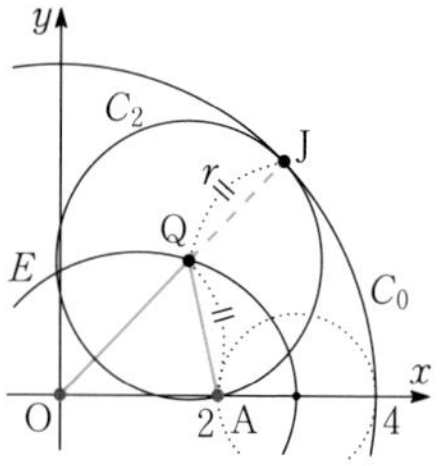

OQ $=4-r$

AQ $=r$.

辺々加えると

OQ $+$ AQ $=4$.

よって点 Q は，次の楕円 E 上にある：

焦点 O, A．中心 (1, 0)．

焦点距離 $=1$.

長軸(横)の長さ＝4.

長軸半径 $=2$.

短軸半径＝$\sqrt{4-1}=\sqrt{3}$.

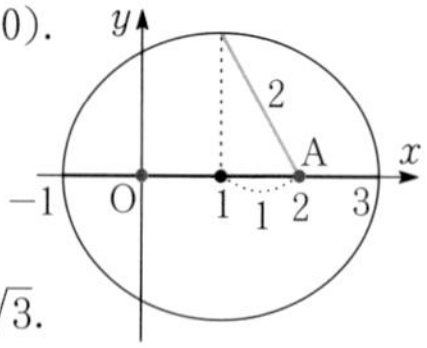

求める軌跡は，E: $\dfrac{(x-1)^2}{4}+\dfrac{y^2}{3}=1$.//

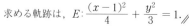

(3) 右図のように各点をとる．C_3 の半径を $r(>0)$ とおくと

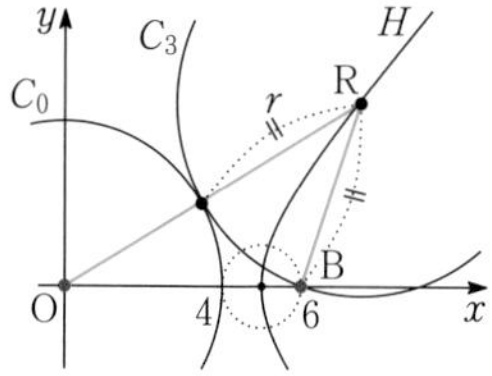

OR＝4＋r …①

BR＝r. …②

辺々引くと

OR − BR = 4. …③

よって点 R は，次の双曲線 H の右葉上にある：

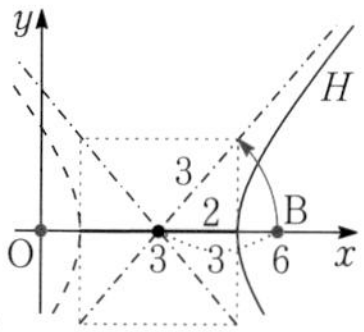

焦点 O, B．中心 (3, 0)．

主軸が横．焦点距離 $=3$.

主軸の長さ $=4$．横半分 $=2$.

縦半分 $=\sqrt{9-4}=\sqrt{5}$.

求める軌跡は，H: $\dfrac{(x-3)^2}{4}-\dfrac{y^2}{5}=1\ (x>3)$.//

注 ハイレベル↑ 重要度↓ (3)について，厳格な解答を書くと次のようになります．求める軌跡上の R が満たすべき条件は

「①かつ②」なる $r(>0)$ が存在すること．…(∗)

ここで，$\begin{cases}①\\②\end{cases} \iff \begin{cases}③\\②\end{cases}$ だから，(∗) は

③かつ，「②なる $r(>0)$ が存在すること」．…(∗∗)

③のとき，②なる $r(>0)$ は存在するから，求める条件 (∗∗) は，③．つまり R の軌跡は双曲線 H(右葉のみ)．

通常，ここまでしっかり書かなくてもマルがもらえる気がします．(1)(2)も同様です．

6 演習問題A

761 根底 実戦 定期

x 軸上に点 P，y 軸上に点 Q があり，PQ $=1$ を満たしながら動く．このとき，線分 PQ を 3：2 に内分する点 R の軌跡を求めよ．

762 根底 実戦

e は自然対数とする．双曲線 H: $x^2-y^2=1$ $(x>0)$ …① と直線 l: $x+y=e^\theta$ …② の交点 P の座標 (x, y) を θ で表せ．

763 根底 実戦

(1) 2 点 A$(0, 1)$, B$(4, 1)$ を長軸の両端とし，点 C$(1, 0)$ を通る楕円 E の方程式を求めよ．また，E の焦点の座標を求めよ．

(2) 双曲線 H: $x^2-3y^2+2x-6y+1=0$ を図示せよ．また，焦点の座標および漸近線の方程式を求めよ．

(3) 原点 O$(0, 0)$ を頂点とし，直線 l: $x=1$ を準線とする放物線 C の方程式と焦点の座標を求めよ．

(4) 定点 A$(-3, 0)$, B$(3, 0)$ に対し，AP $+$ BP $=10$ を満たす点 P の軌跡 E を求め，図示せよ．

764 根底 実戦

楕円 E: $\dfrac{x^2}{3}+\dfrac{y^2}{6}=1$ の 2 つの焦点を F_1, F_2 とする．E 上の任意の点を P として，積 $F_1P \cdot F_2P$ の最大値を求めよ．

765 根底 実戦 入試

xy 平面上で，点 A$(0, 1)$ と x 軸へ到る距離の和が 2 である点 P の軌跡を図示せよ．

766 根底 実戦 典型

xy 平面上に，原点 O を中心とする半径 1 の円 C_1，A$(4, 0)$ を中心とする半径 2 の円 C_2 がある．C_1, C_2 の双方が外接する円 C の中心 P と，双方が内接する円 C' の中心 Q の軌跡を合わせた図形を F とする．F を求めよ．

7 接線公式

1 接線公式の証明

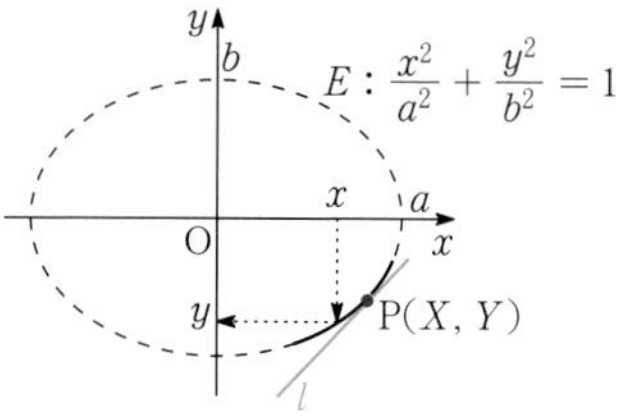

楕円，双曲線の接線公式は，「陰関数の微分法」[→3 6 4]を用いて示すのが正道です．

楕円 E: $\dfrac{x^2}{a^2}+\dfrac{y^2}{b^2}=1$ …①

上の点 $\mathrm{P}(X, Y)$ における E の接線 l の方程式を求めます．

まず，$\mathrm{P}(X, Y)$ は E 上にあるので

$$\frac{X^2}{a^2}+\frac{Y^2}{b^2}=1.\ \cdots②$$

$Y \fallingdotseq 0$ のとき，E のうち P の“近く”においては

x に対して y は一意対応．i.e. y は x の関数．

そこで，①の両辺を x の関数とみて x で微分すると

$$\frac{2x}{a^2}+\frac{2y}{b^2}\cdot y'=0\ \left(y':=\frac{dy}{dx}\right).$$

$$\begin{pmatrix} x/a^2 \\ y/b^2 \end{pmatrix}\cdot\begin{pmatrix} 1 \\ y' \end{pmatrix}=0.\quad \begin{pmatrix} x/a^2 \\ y/b^2 \end{pmatrix}\perp\begin{pmatrix} 1 \\ y' \end{pmatrix}.$$ [1)]

$\begin{pmatrix} 1 \\ y' \end{pmatrix}$ は接線の方向ベクトル．

$\therefore \begin{pmatrix} x/a^2 \\ y/b^2 \end{pmatrix}$ は接線の法線ベクトル．

$$\therefore\ l: \begin{pmatrix} X/a^2 \\ Y/b^2 \end{pmatrix}\cdot\left\{\begin{pmatrix} x \\ y \end{pmatrix}-\begin{pmatrix} X \\ Y \end{pmatrix}\right\}=0.$$

$$\frac{X}{a^2}x+\frac{Y}{b^2}y=\frac{X^2}{a^2}+\frac{Y^2}{b^2}=1\ (\because\ ②).$$

この結果は，$(X, Y)=(\pm a, 0)$ のとき $x=\pm a$（復号同順）だから，つねに l を表す．

これは，次のように E の方程式の 2 乗の片方を接点の座標に“すり替えた”と覚えられます．[2)]

$$E: \frac{x}{a^2}x+\frac{y}{b^2}y=1$$
$$l: \frac{X}{a^2}x+\frac{Y}{b^2}y=1$$

解説 [1)]：ベクトルの内積に習熟していれば当然の一手．傾きをもちだすのは遠回り．

注 双曲線も，証明過程・結果ともまったく同様．

注 [2)]：「円」についても同様でしたね．[→Ⅱ+B 3 6 3]

「放物線」は普通の微分法で．軸が縦の放物線で考えましょう．慣れてるので（笑）．

C: $x^2=4py$ ($p \fallingdotseq 0$)

上の点 $\mathrm{P}(X, Y)$ における接線 l の方程式を求めます．

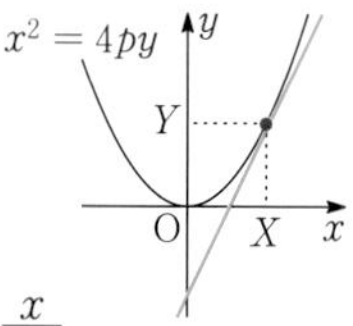

まず，$X^2=4pY$．…①

C: $y=\dfrac{x^2}{4p}$ より，$\dfrac{dy}{dx}=\dfrac{x}{2p}$．

$$\therefore\ l: y-Y=\frac{X}{2p}(x-X).$$

$$2py-2pY=Xx-X^2.$$

$$2py+2pY=Xx\ (\because\ ①).$$

$$\therefore\ l: Xx=2p(y+Y).$$

これも，C の方程式からの“すり替え”です：

C: $xx=2p(y+y)$

l: $Xx=2p(y+Y)$

注 この公式を忘れても，その場で微分すればなんとかなりますが（笑）．

下記のまとめでは，x と y を入れ替えて書きますね．

接線公式 定理

楕円 E，双曲線 H，放物線 C 上の点 (X, Y) における接線は，次のような“すり替え”で得られる：

E: $\dfrac{x^2}{a^2}+\dfrac{y^2}{b^2}=1$	H: $\dfrac{x^2}{a^2}-\dfrac{y^2}{b^2}=\pm1$	C: $y^2=4px$
i.e. $\dfrac{x}{a^2}x+\dfrac{y}{b^2}y=1$	i.e. $\dfrac{x}{a^2}x-\dfrac{y}{b^2}y=\pm1$	i.e. $yy=2p(x+x)$
l: $\dfrac{X}{a^2}x+\dfrac{Y}{b^2}y=1$	l: $\dfrac{X}{a^2}x-\dfrac{Y}{b^2}y=\pm1$（復号同順）．	l: $Yy=2p(x+X)$

重要　「接する」の表現法は，大別すると接点重視・軽視の二択です：[→Ⅱ+B 例題 6 3 h 後の重要]

「接する」の表現法

	曲線一般		円（特殊な図形）
接点重視	ⓐ微分法		ⓓ接線公式
	ⓑ $(x-\alpha)^2$	重解条件	
接点軽視	ⓒ判別式=0		ⓔ中心との距離=半径

2 次曲線でよく使うのは次の 2 つ：

接点重視：ⓐ「微分法」$\xrightarrow{\text{証明}}$「接線公式」

接点軽視：ⓒ「連立方程式」

→「重解」→「判別式 =0」

2 接線公式の活用

例題 7 7 a　2次曲線の接線　根底 実戦

[→演習問題 7 10 2]

(1) 放物線 C: $x=y^2$ 上の点 $\mathrm{P}(2, \sqrt{2})$ における C の接線 l の方程式を求めよ．

(2) 楕円 E: $2x^2+y^2=4$ 上の点 $\mathrm{P}(1, \sqrt{2})$ における E の接線 l の方程式を求めよ．

(3) 双曲線 H: $\dfrac{x^2}{4}-\dfrac{y^2}{9}=1$ に点 $\mathrm{A}(2, \sqrt{3})$ から引いた接線 l の方程式と接点の座標を求めよ．

(4) 双曲線 H: $\dfrac{x^2}{4}-\dfrac{y^2}{9}=1$ の傾き $\sqrt{3}$ の接線 l の方程式を求めよ．

方針　(1)(2)は公式に当てはめるだけ．

解答　(1)　C: $y^2=4\cdot\dfrac{1}{4}\cdot x$.

C: $yy=2\cdot\dfrac{1}{4}\cdot(x+x)$.

$\therefore l$: $\sqrt{2}y=2\cdot\dfrac{1}{4}\cdot(x+2)$.

i.e. $y=\dfrac{\sqrt{2}}{4}(x+2)$.//

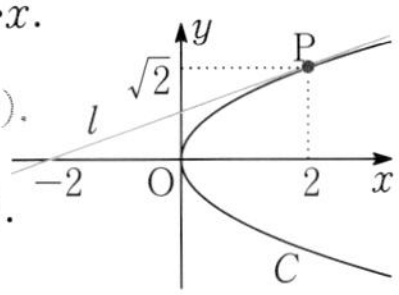

別解　普通に微分しても OK．x, y の役割が普段と逆ですが：

$\dfrac{dx}{dy}=2y$. $\therefore$ l: $x-2=2\sqrt{2}(y-\sqrt{2})$.

(2) **注**　標準形 $\dfrac{x^2}{2}+\dfrac{y^2}{4}=1$ に直さなくて OK．■

E: $2xx+yy=4$.

l: $2\cdot1\cdot x+\sqrt{2}y=4$.

i.e. $2x+\sqrt{2}y=4$.//

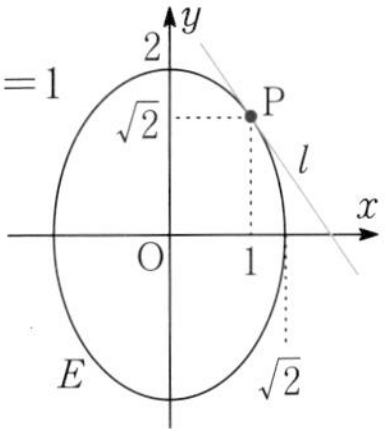

(3) **方針**　「接点重視」．接点を上手に文字で表し，そこでの接線が A を通ると考えます．■

点 $(2\alpha, 3\beta)$，ただし $\alpha^2-\beta^2=1$ …①

における接線は，

$\dfrac{2\alpha}{4}x-\dfrac{3\beta}{9}y=1$, i.e. $\dfrac{\alpha}{2}x-\dfrac{\beta}{3}y=1$. …②

これが点 $\mathrm{A}(2, \sqrt{3})$ を通るための条件は

$\alpha-\dfrac{\beta}{\sqrt{3}}=1$. …③ これと①より

$\left(1+\dfrac{\beta}{\sqrt{3}}\right)^2-\beta^2=1$.

$-\dfrac{2}{3}\beta^2+\dfrac{2}{\sqrt{3}}\beta=0$.

$\beta=0, \sqrt{3}$.

これと③②より，求めるものは次表の通り：

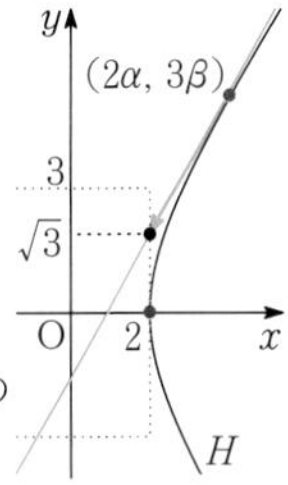

	(α, β)	接点 $(2\alpha, 3\beta)$	接線 l
ア)	$(1, 0)$	$(2, 0)$	$x=2$
イ)	$(2, \sqrt{3})$	$(4, 3\sqrt{3})$	$x-\dfrac{y}{\sqrt{3}}=1$

//

注　(α, β) は接点そのものではありません．

解説　ア）の方は，H を描いてみた段階でお見通し．検算として役立ててください．

(4) **方針**　「接点軽視」を使ってみます．■

l: $y=\sqrt{3}x+n$ とおき，

H: $9x^2-4y^2=36$ と連立すると

$9x^2-4(\sqrt{3}x+n)^2=36$.

$3x^2+8\sqrt{3}nx+4(n^2+9)=0$.

これが**重解**をもつから

判別式/4$=48n^2-12(n^2+9)=0$. $n=\pm\sqrt{3}$.

l: $y=\sqrt{3}x\pm\sqrt{3}$.//

注　ちゃんと(3)のイ）が現れましたね．

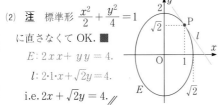

(3)と同様「接点重視」で②を利用してもできます．

8 極座標・極方程式

一言でいうと，座標平面上の点 P の位置を左右・上下で表したのが「直交座標」，距離と向きで表したのが「極座標」です．複素平面における「直交形式」と「極形式」の関係と全く同じであり，新しい内容というほどではありません．また，入試で頻出でもありませんので，マニアックなことにまで首を深く突っ込んで探求することに価値はあまりないです (笑).

1 極座標

O を原点とする座標平面上の点 P の**直交座標** $(x,\ y)$ は，P の位置を O から左右・上下にどれだけ変位したかで表すものでした．それに対して $\mathrm{P}(\neq \mathrm{O})$ の**極座標**とは，x 軸の正の向きからベクトル $\overrightarrow{\mathrm{OP}}$ までの回転角 (一般角)θ と，$\overrightarrow{\mathrm{OP}}$ の大きさ $r(>0)$ による P の位置の表現です：

$$\overrightarrow{\mathrm{OP}} = r\begin{pmatrix}\cos\theta \\ \sin\theta\end{pmatrix}$$ のとき, P の極座標を $\boldsymbol{(r,\ \theta)}$ と表す.

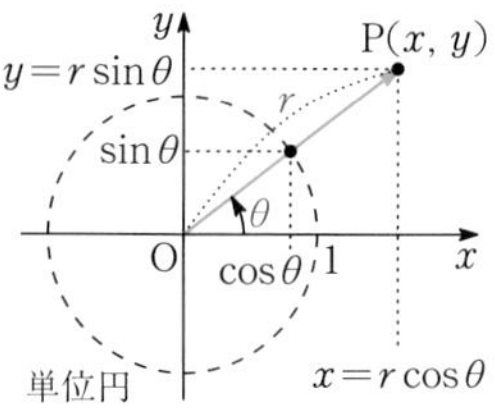

語記サポ 上の記述に関して，次の用語を覚えましょう：
$\overrightarrow{\mathrm{OP}}$ の始点 O：**極**　x 軸の正の部分：**始線**　$\overrightarrow{\mathrm{OP}}$ の大きさ r：**動径**　回転角 θ：P の**偏角**
「動径」とは，元来は半直線 OP を指す用語ですが，世間では上記の意味でも使われています．
とくに断らなくても動径は r，偏角は θ という文字で表すのが慣習です．
直交座標も極座標も，小括弧を用いた (○, △) という同じスタイルで表されます．本音としては極座標は〈○, △〉に変えるなどして区別して欲しいのですが.

極座標

原点 O を**極**，x 軸の正の部分を**始線**とすると，点 $\mathrm{P}(\neq \mathrm{O})$ の**極座標**は，
P の動径 $|\overrightarrow{\mathrm{OP}}|(>0)$ を r，$\overrightarrow{\mathrm{OP}}$ の偏角を θ として，$\boldsymbol{(r,\ \theta)}$.
　　(動径, 偏角)
直交座標 $(x,\ y)$ との関係は，$\begin{cases} x = r\cos\theta \\ y = r\sin\theta. \end{cases}$, $r=\sqrt{x^2+y^2}$. …①

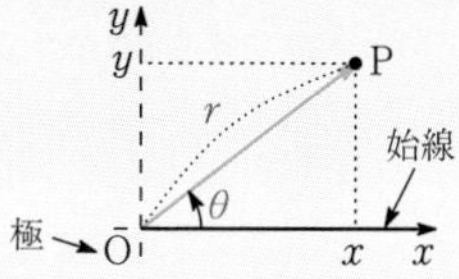

①は，複素平面における 直交形式：$x+iy$, 極形式：$r(\cos\theta + i\sin\theta)$ の間の関係と全く同じですね.

注1　極と始線は上記のようにとることが多く，とくに断らないこともあり得ます (下の **問** も)．極が原点ではない場合には，①の関係が少し変化しますので気を付けること．[→例題 7 9 1]

注2　極 O 自身の極座標は，動径 $r=0$．偏角 θ については，零ベクトルや複素数 0 と同様，2 つの流派があります：偏角 θ は「定めない」or「任意の角としてよい」．　筆者の趣味は後者

問　次の極座標を直交座標に変えよ．

(1) $\left(\sqrt{2},\ \dfrac{\pi}{4}\right)$　(2) $\left(2,\ \dfrac{4\pi}{3}\right)$　(3) $\left(3,\ \dfrac{\pi}{2}\right)$　(4) $(3,\ \pi)$　(5) $(3,\ 0)$

注　単に cos, sin の値を求めるだけでなく，動径，偏角から点の位置を特定する練習も兼ねて.

解答

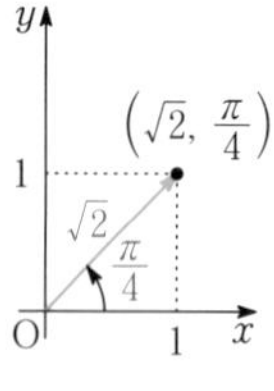

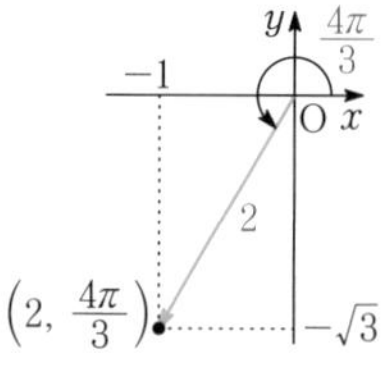

(1) $\left(\sqrt{2}\cos\dfrac{\pi}{4},\ \sqrt{2}\sin\dfrac{\pi}{4}\right) = (1,\ 1)$.

(2) $\left(2\cos\dfrac{4\pi}{3},\ 2\sin\dfrac{4\pi}{3}\right) = (-1,\ -\sqrt{3})$.

(3) $(0,\ 3)$.　(4) $(-3,\ 0)$.　(5) $(3,\ 0)$.

注　(5)のように x 軸の正の部分にある点は，直交座標と極形式が全く同じになります.

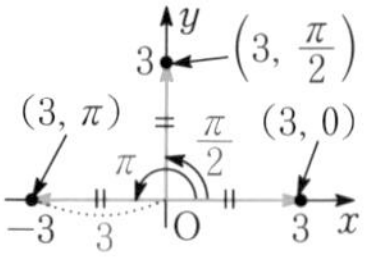

問 次の直交座標を極座標に変えよ.

(1) $(1,\ \sqrt{3})$ (2) $(-1,\ 1)$ (3) $(3,\ -\sqrt{3})$ (4) $(-2,\ 0)$ (5) $(0,\ 1)$ (6) $(1,\ 0)$

解答

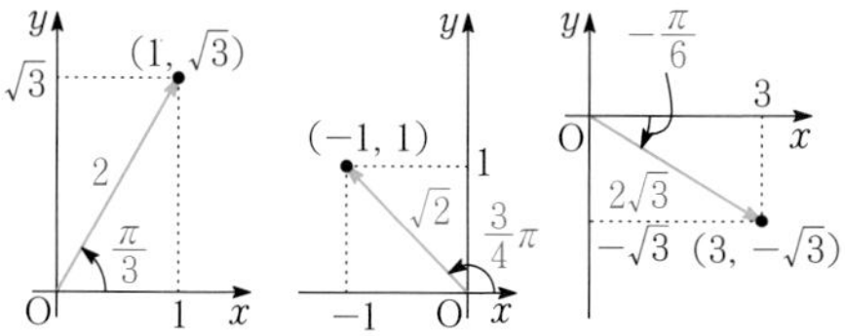

(1) $\left(2,\ \dfrac{\pi}{3}\right)$ (2) $\left(\sqrt{2},\ \dfrac{3\pi}{4}\right)$ (3) $\left(2\sqrt{3},\ -\dfrac{\pi}{6}\right)$

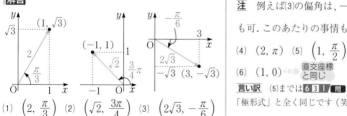

注 例えば(3)の偏角は, $-\dfrac{\pi}{6}+2\pi=\dfrac{11}{6}\pi$ などでも可. このあたりの事情も,「極形式」と同じです.

(4) $(2,\ \pi)$ (5) $\left(1,\ \dfrac{\pi}{2}\right)$

(6) $(1,\ 0)$ ••• 直交座標と同じ

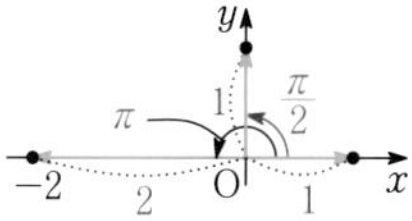

言い訳 (5)までは 6 3 1 問「極形式」と全く同じです (笑).

2 極方程式の基礎

座標平面上の図形 C 上の点 P が満たすべき条件を, 直交座標 x, y の関係式で表したものが C の方程式でした. これを, 極座標 r, θ で表したものを C の**極方程式**といいます.
次で扱うのはごくごく単純な図形の極方程式ですので, 直接求まります.

例1 右の単位円 C 上の点 P が満たすべき条件は, $|\overrightarrow{\mathrm{OP}}|=1$.
すなわち C の極方程式は

$r=1.$

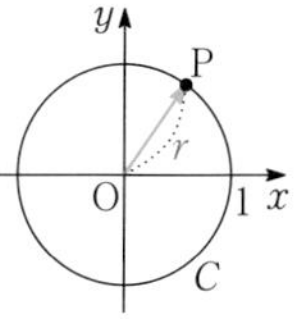

注 θ は任意です.

例2 右下図の半直線 l_1: $y=\sqrt{3}x\ (x \geq 0)$ 上の点 P が満たすべき条件は, $\overrightarrow{\mathrm{OP}}$ の偏角が $\dfrac{\pi}{3}$. すなわち l_1 の極方程式は

$\theta=\dfrac{\pi}{3}.$

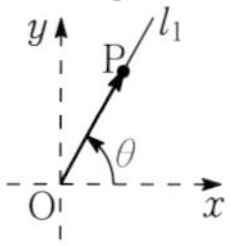

注 r は任意です.

注 重要度⇩ 何の問題もないですね. ところがここで, 悩ましい考え方が登場します.
ここで突っかかると学習進行の妨げとなるので, いったんスルーで OK(笑).
右図のような, l_1 と“反対側”へ伸びた半直線 l_2 の極方程式は, もちろん $\theta=\dfrac{4\pi}{3}$ です. つまり, l_1 と l_2 を合わせた「直線 l 全体」を表すには 2 つの極方程式が要る訳です. そこで, l を無理矢理 1 つの極方程式で表すための“離れ業”が導入されます.

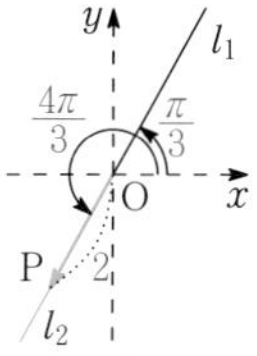

例えば半直線 l_2 上にある右図の点 P について, 次の極座標①②を 2 つとも認めると約束します:

$$\overrightarrow{\mathrm{OP}}=2\begin{pmatrix}\cos\dfrac{4\pi}{3}\\ \sin\dfrac{4\pi}{3}\end{pmatrix}=-2\begin{pmatrix}\cos\dfrac{\pi}{3}\\ \sin\dfrac{\pi}{3}\end{pmatrix}.\quad \therefore\ \mathrm{P}\left(2,\ \frac{4\pi}{3}\right)\cdots①,\ \mathrm{P}\left(-2,\ \frac{\pi}{3}\right)\cdots②$$

②のように, 元来正であるはずの動径 r(距離) として負の値も考えることにすれば, 半直線 l_2 上の点も「$\theta=\dfrac{\pi}{3}$」を満たします. また, 2 本の半直線の“つなぎ目”である極 O についても,「偏角は任意の角としてよい」という立場に基づき,「$\theta=\dfrac{\pi}{3}$」を満たすと考えます. 以上で,「直線 l **全体**」が, 1 つの極方程式:「$\theta=\dfrac{\pi}{3}$」で表されましたね. . 一般化して書くと,

$$r \geq 0 \text{ として}, \overrightarrow{\mathrm{OP}}=r\begin{pmatrix}\cos(\theta+\pi)\\ \sin(\theta+\pi)\end{pmatrix}=-r\begin{pmatrix}\cos\theta\\ \sin\theta\end{pmatrix} \text{ のとき, P の極座標は}, (r,\ \theta+\pi), (-r,\ \theta).$$

ただし,「$r<0$ も許す」という立場は便宜的・ご都合主義的なものです. 上記 **例2** では上手く機能しましたが, 逆に“迷惑”となることもあります[→**次問最後の注**]. 次をモットーとして下さい:

『基本的には $r \geq 0$ を前提とする.』 『$r<0$ も許すのは, そうすると便利なとき限定.』

実際問題として, 入試で「$r<0$」も考えることを強要されることはほとんどありません (笑). 本書では, $r<0$ をマジメに議論するものを 1 問だけ, **演習問題** 7 10 21 で取り上げます.

3 極方程式の実践

「図形」と「極方程式」の関係が問われたとして，前ページ 例 のようなごく単純な図形なら直接求めれば OK．それが厳しい場合には，いったん「x, y の方程式」を経由してそれを「r, θ の極方程式」に変換するのが**現実的な対処法**です．x, y の方程式にはかなり習熟している訳ですから．今後，右図のトライアングルを意識して臨んでください．

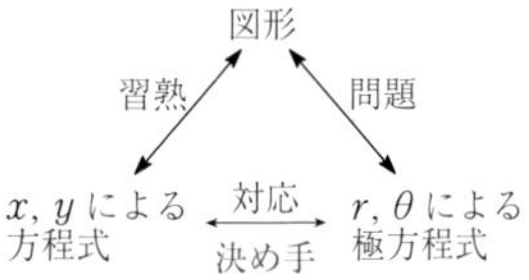

例題 7 8 a 極方程式 根底 実戦 典型

[→演習問題 7 10 18]

(1) xy 平面上で，点 $(1, 0)$ を中心とする半径 1 の円 C の極方程式を求めよ．

(2) 極方程式 $r\cos\left(\theta - \dfrac{\pi}{4}\right) = \sqrt{2}$ …① が表す図形 F を図示せよ．

方針 上記経由方式をメインとします．直交座標 (x, y) と極座標 (r, θ) の関係は，前々ページ① の通りです．その上で，直接方式についても併記しておきます．

解答 (1) C の方程式は

$(x-1)^2+y^2=1.$　i.e. $x^2+y^2-2x=0.$ 1)

よって C の極方程式は

$r^2 - 2r\cos\theta = 0.$

$r = 0$ …②　or　$r = 2\cos\theta.$ …③

②が表す点O(極)は③をも満たすから 2)，③が求めるものである．

注 1)：関係式：$r^2 = x^2 + y^2$ が使いやすいよう変形しました．

2)：「極 O の偏角は任意の角としてよい」という立場に基づき，例えば O の極座標が $\left(0, \dfrac{\pi}{2}\right)$ だと考えればこのように言えますね．

別解 右図の直角三角形に注目すると

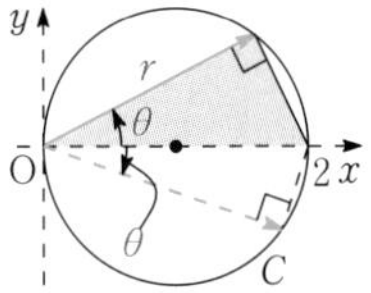

$r = 2\cos|\theta|.$ 3)

$r = 2\cos\theta.$ //

注 3)：$\theta < 0$ のケース（青破線）も想定して絶対値を用いました．

(2) ①を変形すると

$$r\left(\cos\theta\cos\frac{\pi}{4} + \sin\theta\sin\frac{\pi}{4}\right) = \sqrt{2}.$$

$$r\left(\cos\theta\cdot\frac{1}{\sqrt{2}} + \sin\theta\cdot\frac{1}{\sqrt{2}}\right) = \sqrt{2}.$$

$r\cos\theta + r\sin\theta = 2.$

$x + y = 2.$

よって F は右図の直線．

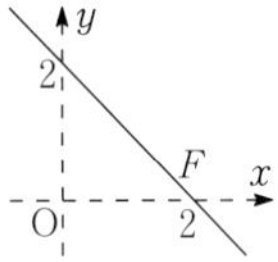

参考 この結果（図形）から極方程式を直接導くことは可能です．右図の直角三角形に注目すると

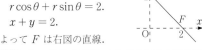

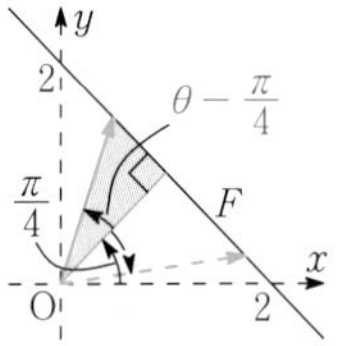

$$r\cos\left|\theta - \frac{\pi}{4}\right| = \sqrt{2}. \ ^{4)}$$

$$r\cos\left(\theta - \frac{\pi}{4}\right) = \sqrt{2}.$$

補足 4)：絶対値を使う理由は 3) と同様．

参考 θ の範囲を明示する義務はないと思いますが，念のため書くと，

(1)：$-\dfrac{\pi}{2} \leq \theta \leq \dfrac{\pi}{2}$.

(2)：$-\dfrac{\pi}{2} \leq \theta - \dfrac{\pi}{4} \leq \dfrac{\pi}{2}$. i.e. $-\dfrac{\pi}{4} \leq \theta \leq \dfrac{3\pi}{4}$.

ただしこれは「$r \geq 0$」を前提とした場合です．

注 重要度↓ 例えば(1)で「$r < 0$」も許すと，極座標が $\left(-\sqrt{3}, \dfrac{7\pi}{6}\right)$ の点も③を満たしますが，この点は極座標が $\left(\sqrt{3}, \dfrac{\pi}{6}\right)$ の点と同一です．つまり，わざわざ「$r<0$」も許して θ の範囲を広げても，曲線上の同じ点を重複して2度表すだけで，むしろ損します．とくに指示がない限りは，極方程式は「$r \geq 0$」のもとで考えましょう．

注 極方程式は，(1)のように $r = f(\theta)$ の形になっていれば，$x = r\cos\theta$, $y = r\sin\theta$ と確実にパラメタ表示できます．（これを素材とした問題を，既に例題 3 8 i などで扱っていました．）
ただし，この形にこだわり過ぎるとむしろ遠回りになることもあります．[→例題 7 9 k]

9 実戦的問題

例題 7 9 a 双曲線・交点の中点 根底 実戦 典型

[→演習問題 7 10 8]

双曲線 H: $x^2-y^2=1$ …① と傾き 2 の直線 l が異なる 2 点 P, Q で交わるとき，線分 PQ の中点 M の軌跡 F を求めよ．

着眼 2 次曲線の性質とは無関係．数学Ⅱ「図形と方程式」の Ⅱ+B 例題 3 8 o と同等．

解答 l: $y=2x+n$ …② とおけて，①と連立すると

$$x^2-(2x+n)^2=1.$$

$$3x^2+4nx+n^2+1=0. \cdots③$$

これが異なる 2 実解をもつから

$$\text{判別式}/4=4n^2-3(n^2+1)=n^2-3>0.$$

$$|n|>\sqrt{3}. \cdots④$$

④のもとで，③の 2 解を $\alpha, \beta\ (\alpha \neq \beta)$ とおく．

M(x, y) とおくと，これは②を満たす．また，

$$x=\frac{\alpha+\beta}{2}=\frac{1}{2}\cdot\frac{-4n}{3}=-\frac{2}{3}n.$$

i.e. $\boxed{n=-\frac{3}{2}x}$. 消したい n を残したい x で表す

これを②，④へ代入して

$$y=2x-\frac{3}{2}x,\ \left|-\frac{3}{2}x\right|>\sqrt{3}.$$

$$\text{i.e. } y=\frac{1}{2}x,\ |x|>\frac{2}{\sqrt{3}}. /\!/$$

参考 図示すると次のようになります：

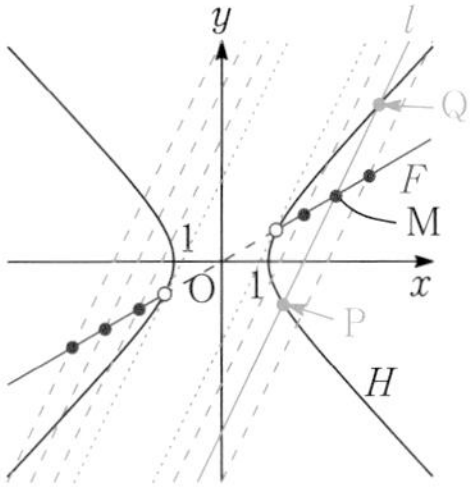

例題 7 9 b 楕円上の点との距離 根底 実戦 典型

[→演習問題 7 10 6]

a, c, k は定数で $a>c>0, k\geq 0$ とする．楕円 E: $\dfrac{x^2}{a^2}+\dfrac{y^2}{a^2-c^2}=1$ …① 上の動点 P と x 軸上の定点 A$(k, 0)$ の距離が最小となるときの P の x 座標を求めよ．

注 もちろん，c は焦点距離を表します．

方針 素直に，距離を P の x 座標で表します．

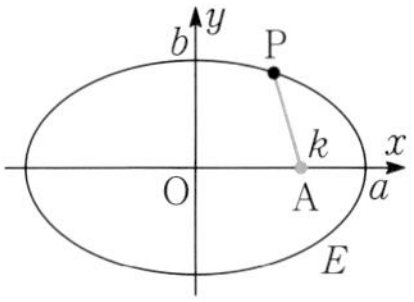

解答 P(x, y) とおくと，これは①を満たし，

$$\begin{aligned}\text{AP}^2&=(x-k)^2+y^2\\&=(x-k)^2+(a^2-c^2)\left(1-\frac{x^2}{a^2}\right)\\&=\frac{c^2}{a^2}x^2-2kx+\text{const}\quad \text{何かある定数}\\&=\frac{c^2}{a^2}\left(x-\frac{a^2k}{c^2}\right)^2+\text{const}\ (-a\leq x\leq a).\end{aligned}$$

この 2 次関数のグラフの軸：$x=\dfrac{a^2k}{c^2}$ と a の大小で場合分けする．

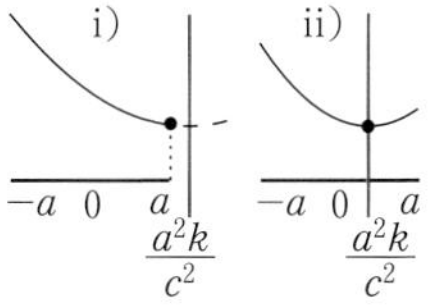

求める AP を最小化する x は

i) $\dfrac{a^2k}{c^2}\geq a$, i.e. $k\geq\dfrac{c^2}{a}$ のとき，$x=a$.

ii) $\dfrac{a^2k}{c^2}<a$, i.e. $k<\dfrac{c^2}{a}$ のとき，$x=\dfrac{a^2k}{c^2}$. //

注 i) と ii) の分岐点：$k=\dfrac{c^2}{a}$ は，実は楕円 E の頂点 $(a, 0)$ における**曲率中心**です．

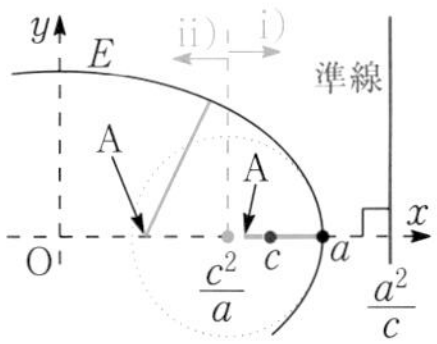

[→例題 3 3 e 発展，演習問題 7 10 6]

$k=c$(焦点の座標) は i) の場合に含まれます．このとき AP は x の 1 次関数 (係数は負) なので，P が“右端”のとき最小になって当然です．

参考 4 つの x 座標：$\dfrac{a^2}{c}, a, c, \dfrac{c^2}{a}$ は離心率 $\dfrac{c}{a}$ を公比とする**等比数列**をなします．

例題 7 9 C 楕円の焦点と接線 重要度↑ 根底 実戦 典型 入試 [→演習問題 7 10 3]

楕円 E: $\dfrac{x^2}{a^2}+\dfrac{y^2}{b^2}=1\ (a>b>0)$ …① の焦点を $\mathrm{F}(c,0)$, $\mathrm{F}'(-c,0)\ (c>0)$ とする．一方の焦点 F から任意の向きに発した光は，E 上の点 P に当たると P における E の接線 l で反射する．このとき，反射光はもう一方の焦点 F′ に当たることを示せ．

言い訳 問題がもつ“意味”を抽象化して厳密化せず，敢えてそのまま問題文に書き起こしました．もちろん，光は中学理科で学んだ法則に従って反射することを前提に考えます．

方針 角の二等分線の性質 1) が使えます．その際，焦点から E 上の点Pに到る距離が x_P の1次関数となることを知った上で計算します．なお，横長楕円なので，焦点は横軸(長軸)上にあります．

解答 P における E の法線を n とする．

n が $\angle\mathrm{FPF}'$を二等分すること …(*)

を示せばよい．n と x 軸の交点を Q とし，△FF′P において角の二等分線の性質を用いる．

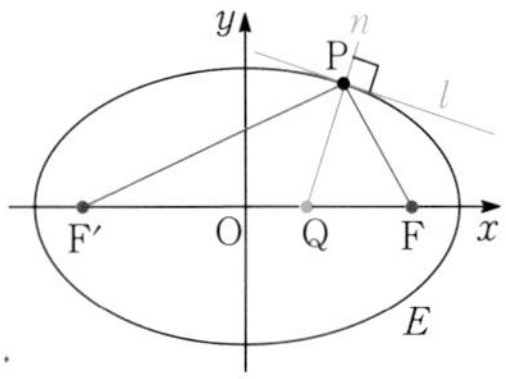

$c^2=a^2-b^2$.

$b^2+c^2=a^2$. …②

$\mathrm{P}(a\alpha, b\beta)$ とおく 2) と，①より

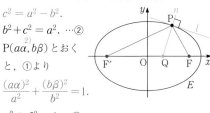

$\dfrac{(a\alpha)^2}{a^2}+\dfrac{(b\beta)^2}{b^2}=1.$

$\alpha^2+\beta^2=1$ …③

これを用いると

$$\begin{aligned}\mathrm{FP}^2&=(a\alpha-c)^2+(b\beta)^2\\&=(a\alpha-c)^2+b^2(1-\alpha^2)\ (\because\ ③)\ ^{3)}\\&=(a^2-b^2)\alpha^2-2ac\cdot\alpha+c^2+b^2\\&=c^2\alpha^2-2ac\cdot\alpha+a^2\ (\because\ ②)\\&=(c\alpha-a)^2.\end{aligned}$$

$\therefore\ \mathrm{FP}=|c\alpha-a|=a-c\alpha.$

$(\because\ \alpha\leq 1$ より $c\alpha<c\cdot 1<a.)$

$\mathrm{FP}+\mathrm{F'P}=2a$(長軸の長さ) より，

$\mathrm{F'P}=2a-(a-c\alpha)=a+c\alpha.$

次に，l: $\dfrac{a\alpha}{a^2}x+\dfrac{b\beta}{b^2}y=1.\quad \dfrac{\alpha}{a}x+\dfrac{\beta}{b}y=1.$

$n\perp l$ で，n は P を通るから

n: $\dfrac{\beta}{b}(x-a\alpha)-\dfrac{\alpha}{a}(y-b\beta)=0.$ 4)

よって $\mathrm{Q}(q,0)$ とおくと

$\dfrac{\beta}{b}(q-a\alpha)-\dfrac{\alpha}{a}(-b\beta)=0.$

注 両辺を β で割りたいですが…■

$\beta=0$, i.e. $y_\mathrm{P}=0$ のとき，$l\perp x$ 軸 より光は反射して x 軸に沿って進み F′ に当たる．

$\beta\neq 0$, i.e. $y_\mathrm{P}\neq 0$ のとき

$$\begin{aligned}q&=a\alpha-\frac{b^2\alpha}{a}\\&=(a^2-b^2)\cdot\frac{\alpha}{a}=\frac{c^2}{a}\alpha\ (\because\ ②).\end{aligned}$$

$$\begin{aligned}\therefore\ \mathrm{FQ}&=c-\frac{c^2}{a}\alpha\\&=\frac{c}{a}(a-c\alpha)=\frac{c}{a}\mathrm{FP}.\end{aligned}$$

$$\begin{aligned}\mathrm{F'Q}&=\frac{c^2}{a}\alpha-(-c)\\&=\frac{c}{a}(c\alpha+a)=\frac{c}{a}\mathrm{F'P}.\end{aligned}$$

よって △FF′P において

FQ : F′Q＝FP : F′P. よって(*)が示せた. □

解説 3)：x_P のみ．つまり α のみで表そうという意図です．

注 1)：「角の二等分線の性質」は，

「角を二等分」⟺「比が等しい」

という同値関係でしたね[→ I+A 1 3 5]．本問では，これを左向きに使いました．

2)：実質的には $(\underline{a}\cos\theta, \underline{b}\sin\theta)$ という楕円のパラメタ表示を行っています．$\underline{a}$，$\underline{b}$ を付けておくことで，計算がスムーズになります．

4)：法線ベクトルによる直線の表現はバッチリですね!? [→ II+B 3 2 2]

参考 楕円鏡の有名性質が示されました．

一方の焦点 F から四方八方に発した光は，E 上の点で反射して全て他方の焦点 F′ に集まります．

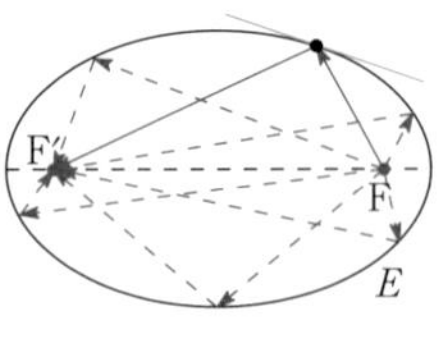

例題 7 9 d 楕円と双曲線の接線 根底 実戦 入試 [→演習問題 7 10 10]

2 つの焦点を共有する楕円 E と双曲線 H がある．両者の交点 P におけるそれぞれの接線を l, m とすると，$l \perp m$ であることを示せ．

方針 交点の座標を具体的に求めるのは面倒ですね．そこで，とりあえず“名前”を与えて．

解答 一般性を失うことなく 2 焦点が $(\pm c, 0)$ のときを考えればよく

$$E: \frac{x^2}{a^2} + \frac{y^2}{a^2 - c^2} = 1 \quad \cdots ①$$
$$H: \frac{x^2}{d^2} + \frac{y^2}{\boxed{d^2 - c^2}} = 1 \quad \cdots ② \qquad (0<d<c<a)$$

負

とおける．

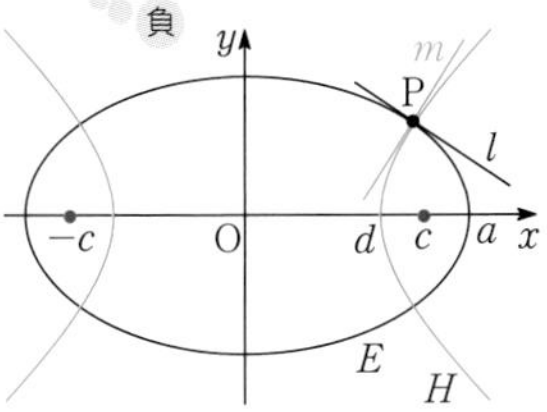

P(X, Y) とおくと，これは方程式①，②をともに満たす． …③

$$l: \frac{X}{a^2}x + \frac{Y}{a^2 - c^2}y = 1,$$
$$m: \frac{X}{d^2}x + \frac{Y}{d^2 - c^2}y = 1.$$

交点における両者の法線ベクトルどうしの内積は

$$I := \frac{X}{a^2}\cdot\frac{X}{d^2} + \frac{Y}{a^2 - c^2}\cdot\frac{Y}{d^2 - c^2}. \quad \cdots ④$$

ここで，③より

$$\frac{X^2}{a^2} + \frac{Y^2}{a^2 - c^2} = \frac{X^2}{d^2} + \frac{Y^2}{d^2 - c^2}.$$
$$\frac{d^2 - a^2}{a^2 d^2}X^2 + \frac{(d^2 - c^2) - (a^2 - c^2)}{(a^2 - c^2)(d^2 - c^2)}Y^2 = 0.$$
$$\frac{X^2}{a^2 d^2} + \frac{Y^2}{(a^2 - c^2)(d^2 - c^2)} = 0 \,(\because\ d^2 - a^2 \neq 0).$$

これと④より $I = 0$ だから，題意は示せた．□

解説 交点 P の座標を具体化することなく鮮やかに解決する超有名問題でした．

例題 7 9 e 双曲線の接線と漸近線 根底 実戦 典型 [→演習問題 7 10 4]

双曲線 $H: \dfrac{x^2}{a^2} - \dfrac{y^2}{b^2} = 1$ の 2 本の漸近線を l, l' とする．H 上の点 P における H の接線 m が l, l' とそれぞれ Q，R で交わるとすると，P は QR の中点であることを示せ．

方針 接点 P の座標が関与していますので，「接点重視」→「接線公式」で．

解答 l, l' の方程式は

$$\frac{x^2}{a^2} - \frac{y^2}{b^2} = 0. \quad \left(\frac{x}{a} + \frac{y}{b}\right)\left(\frac{x}{a} - \frac{y}{b}\right) = 0.$$
$$\frac{x}{a} \pm \frac{y}{b} = 0 \text{ (以下，複号同順)}. \quad \cdots ①$$

[1] P$(a\alpha, b\beta)$ とおくと

$$\frac{(a\alpha)^2}{a^2} - \frac{(b\beta)^2}{b^2} = 1.$$

$\alpha^2 - \beta^2 = 1$. …②で，

$$m: \frac{a\alpha}{a^2}x - \frac{b\beta}{b^2}y = 1.$$
$$\frac{\alpha}{a}x - \frac{\beta}{b}y = 1. \quad \cdots ③$$

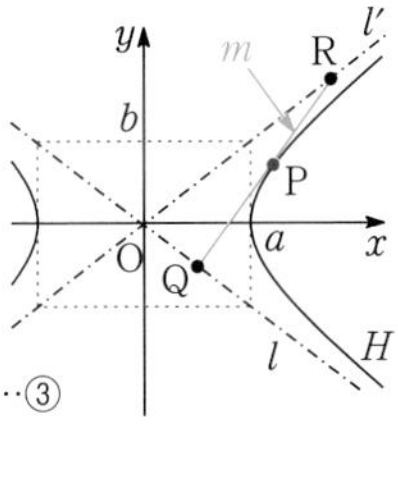

① × α − ③ より [2]

$$\left(\pm\frac{\alpha}{b} + \frac{\beta}{b}\right)y = -1. \quad y = \frac{-b}{\pm\alpha + \beta}.$$

よって，QR の中点の y 座標は

$$\frac{y_{\mathrm{Q}} + y_{\mathrm{R}}}{2} = \frac{1}{2}\left(\frac{-b}{\alpha+\beta} + \frac{-b}{-\alpha+\beta}\right)$$
$$= \frac{-b}{2}\cdot\frac{2\beta}{\beta^2 - \alpha^2} = \frac{-b\beta}{-1} \ (\because\ ②)$$
$$= b\beta = y_{\mathrm{P}}$$

よって題意が示せた．□

解説 前問にも増して有名問題．3 点の y 座標のみ考えれば OK です．[→ I+A 5 3 2 / 問 1]

注 [1]：実質的には $\left(\underline{a}\cdot\dfrac{1}{\cos\theta}, \underline{b}\tan\theta\right)$ という双曲線のパラメタ表示を行っています．$\underline{a}$，$\underline{b}$ を付けておくことで，計算がスムーズになります．

[2]：複号の項を引くと符号をミスしやすいので，このように③の方を引きます．

例題 7 9 f 楕円の直交2接線 根底 実戦 典型

[→演習問題 7 10 11]

楕円 E: $\dfrac{x^2}{a^2}+\dfrac{y^2}{b^2}=1\ (a>0,\ b>0,\ a\neq b)$ …① がある．

(1) 条件：『P から E へ引いた 2 本の接線どうしが直交する．』を満たす点 P の軌跡 C を求めよ．

(2) E に外接する長方形の面積 S の最大値を求めよ．

方針 (1)「接点」そのものはどうでもよく，「接する」という関係性が重要です．接点軽視→重解条件の方を選択します．

(2) もちろん(1)を利用します．

解答 (1) $\mathrm{P}(X, Y)$ とおく．

i) $X=\pm a$ のとき，右図より $Y=\pm b$ (複号任意).

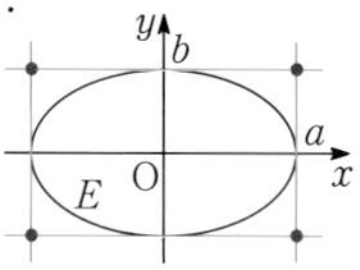

ii) $X\neq\pm a$ のとき，P を通る E の接線 l は

l: $y-Y=m(x-X)$.

$y=mx+\underbrace{(Y-mX)}_{n\text{とおく}}$

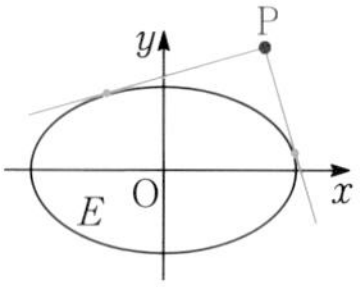

と表せる．これと

①：$b^2x^2+a^2y^2=a^2b^2$ を連立して

$b^2x^2+a^2(mx+n)^2=a^2b^2$.

$\underbrace{(b^2+a^2m^2)}_{\text{正}}x^2+2a^2mn\cdot x+a^2(n^2-b^2)=0$.

l と E が接するから，これは重解をもつ．よって

$\dfrac{\text{判別式}}{4}=a^4m^2n^2-(b^2+a^2m^2)\cdot a^2(n^2-b^2)=0$.

$\cancel{a^2m^2n^2}-(b^2+a^2\underbrace{m^2)(n^2}_{\text{消える}}-b^2)=0$.

$\cancel{b^2}(n^2-b^2)-a^2m^2\cancel{b^2}=0$.

$(Y-mX)^2-b^2-a^2m^2=0$.

$(X^2-a^2)m^2-2XY\cdot m+(Y^2-b^2)=0$. …②

題意の条件は，

$\begin{cases}\text{②の 2 解 } m_1, m_2 \text{が異なる実数．かつ}\\ m_1m_2=-1.\ ^{1)}\end{cases}$ ••• 2 直線の直交条件

$\begin{cases}\dfrac{\text{②の判別式}}{4}=X^2Y^2-(X^2-a^2)(Y^2-b^2)>0\\ \dfrac{Y^2-b^2}{X^2-a^2}=-1.\end{cases}$ ••• 解と係数の関係

$\begin{cases}b^2X^2+a^2Y^2>a^2b^2.\ \text{i.e.}\ \dfrac{X^2}{a^2}+\dfrac{Y^2}{b^2}>1\ \cdots③\\ X^2+Y^2=a^2+b^2.\ \cdots④\end{cases}$

以上 i), ii) より，求める P の軌跡 C は

円：$x^2+y^2=a^2+b^2$.//

(前記において，④が成り立てば③も成り立つ.)

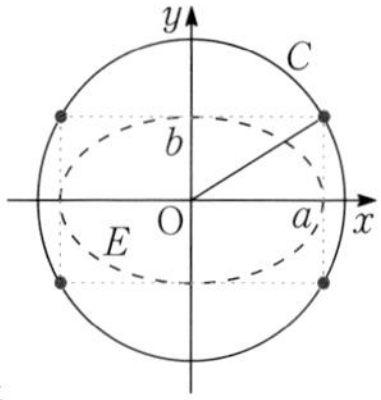

(2) (1)より，E の外接長方形の頂点は円 C 上にある．よって，右図のように角 θ $\left(0<\theta<\dfrac{\pi}{2}\right)$ をとり，$r=\sqrt{a^2+b^2}$ とおくと，

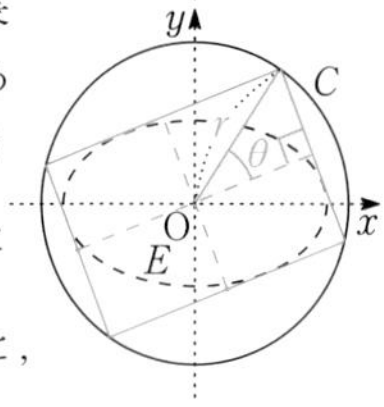

$S=2r\cos\theta\cdot 2r\sin\theta$

$=2r^2\cdot 2\sin\theta\cos\theta=2(a^2+b^2)\sin 2\theta$.

これは，$2\theta=\dfrac{\pi}{2}$，i.e. $\theta=\dfrac{\pi}{4}$ のとき最大となり

$\max S=2(a^2+b^2)$.//

解説 (1)の途中で「もう無理！」と叫びたくなるようなスゴイ式が出現しますが，判別式の計算でうまく“消えて”，見事に片付きました．

注 ii) では円に 4 つの“穴”が開いていますが，それが i) によってキレイに埋まっていますね．

1)：虚数解なら 2 解の積は絶対値の 2 乗ゆえ正となります．これはほとんど“常識”と考えている人も多く (筆者も)，その場合 m_1, m_2 の実数条件は不問とされるかもしれません．■

参考 (2)と同じテーマを，例題 7 9 j，演習問題 7 10 11 でも扱います．

また，(1)と同じ条件の軌跡を「円」に対して求めたことがありました．[→Ⅱ+B 演習問題 3 9 23]

補足 ③が楕円 E の外部を表すことはなんとなくわかるでしょう．ちゃんとした話は [→ 7 10 7].

例題 7 9 g 双曲線・2接点を通る直線 根底 実戦 典型

[→演習問題 7 10 12]

2つの双曲線 H: $x^2 - y^2 = 1$ …①，H': $x^2 - y^2 = -1$ …② がある．

(1) 点A(a, b)からHへ2本の接線が引けるとき，2つの接点P，Qを通る直線の方程式を求めよ．

(2) (1)において，直線PQ上の点B(c, d)からH'へ2本の接線が引けるとき，2つの接点P′，Q′を通る直線は，原点に関してAと対称な点A′を通ることを示せ．

方針 接点自体は問われていませんが，接点を通る直線が求められているので，接点重視→接線公式の流れを用います．

注 それ以前に，過去に経験済みの有名問題そっくりですね（笑）．[1)]

解答 (1) P(x_1, y_1)，Q(x_2, y_2) とおくと，これらにおける H の接線は，①よりそれぞれ

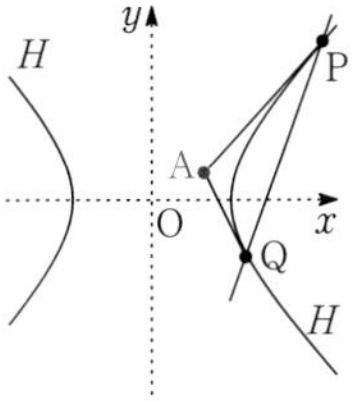

$x_1x - y_1y = 1$,

$x_2x - y_2y = 1$.

これらはA(a, b)を通るから

$$\begin{cases} x_1a - y_1b = 1, \\ x_2a - y_2b = 1. \end{cases}$$

$$\text{i.e.} \begin{cases} ax_1 - by_1 = 1, \\ ax_2 - by_2 = 1. \end{cases} \quad \cdots③$$

③より，

$ax - by = 1$ …④

が表す図形は2点P，Qを通る．また，④は1次方程式ゆえ直線を表す．以上より，求めるPQの方程式は，④である．

(2) まず，B(c, d)は直線PQ上だから

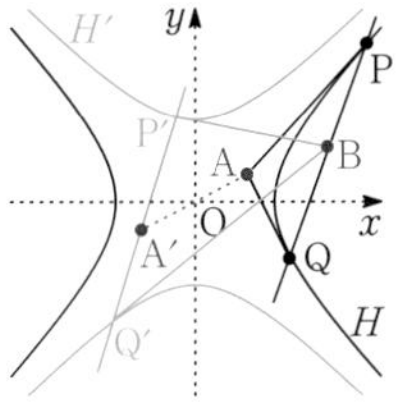

$ac - bd = 1$. …⑤

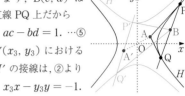

P′(x_3, y_3)におけるH'の接線は，②より

$x_3x - y_3y = -1$.

よって(1)と同様にして，直線P′Q′は，④において右辺を-1に変えてa, bをc, dに置き換えたもの，すなわち

$cx - dy = -1$.

これがA′$(-a, -b)$を通るための条件は

$$c(-a) - d(-b) = -1.$$

i.e. $ac - bd = 1$.

これは⑤より成り立つから，題意は示せた．□

解説 [1)]：有名な，「極と極線」に関するお話でした．このテーマは，「円」を素材として既に学んでいます．[→Ⅱ+B例題 3 8 s]

コラム

放物線と双曲線の“曲がり具合”

2次曲線のうち，放物線と双曲線は“無限に伸びる”という共通点をもっています．そのためか，世間では両者をあまり区別せずに描いてしまう人も多いようで残念です．

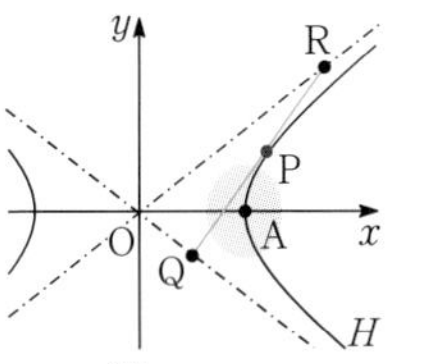

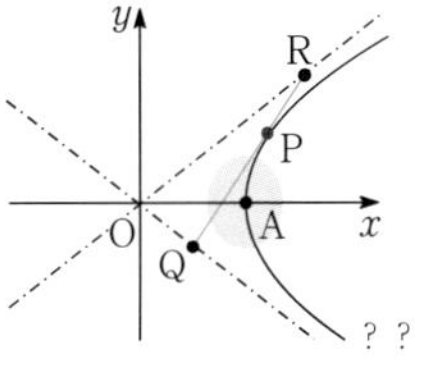

例題 7 9 e で示した通り，「双曲線」には右図において「PがQRの中点」という有名性質がありました．実際，双曲線を正しく描いた右図上では，そうなっています．ところが，ウソツキで放物線に変えて描いた右図下では，その性質が崩れてしまっています．

両者を見比べると，頂点A付近での“曲がり具合”に違いが見て取れますね．双曲線を描く際には，皆さんが中学以来描きなれている放物線に比べて，**頂点付近で急に曲がる**ことを意識しましょう．

例題 7 9 h 2次曲線の回転・基礎 根底 実戦 入試

[→演習問題 7 10 13]

曲線 C: $y=\dfrac{1}{x}$ …① を，原点 O を中心として $-\dfrac{\pi}{4}$ だけ回転した曲線を C' とする．C' の方程式を求めることにより，C は双曲線であることを示し，その焦点の座標を求めよ．

注 演習問題 6 8 25 (放物線の回転) を，先に一読しておくとよいでしょう．

着眼 「曲線」とは「点の集合」です．複素平面を利用すれば点 (あるいはベクトル) の回転ができます．これで解決ですね．

方針 「消したいものを残したいもので表す」のが原則．

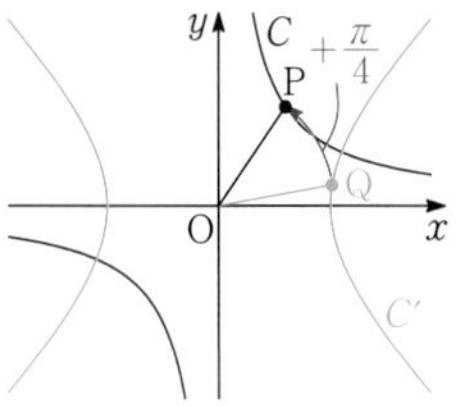

解答 複素平面上で考えて，C 上の点 P(z) と対応する C' 上の点を Q(w) とすると，

2 ベクトルの関係

$\overrightarrow{\mathrm{OP}}$は，$\overrightarrow{\mathrm{OQ}}$を $+\dfrac{\pi}{4}$ だけ回転したもの．[1]

$$\therefore \underbrace{z-0}_{\overrightarrow{\mathrm{OP}}}=\boxed{1\cdot\left(\cos\frac{\pi}{4}+i\sin\frac{\pi}{4}\right)}\cdot(\underbrace{w-0}_{\overrightarrow{\mathrm{OQ}}}).$$

($\overrightarrow{\mathrm{OP}}$ ← $+\frac{\pi}{4}$ 回転 & 1 倍 ― $\overrightarrow{\mathrm{OQ}}$)

$z=x+iy,\ w=X+iY\ (x,\ y,\ X,\ Y\in\mathbb{R})$ とおくと，$(x,\ y)$ は①を満たし，

$$x+iy=\frac{1+i}{\sqrt{2}}(X+iY).$$

$$\therefore x=\frac{X-Y}{\sqrt{2}},\ y=\frac{X+Y}{\sqrt{2}}.$$

これを①：$xy=1$ へ代入して，

$$\frac{X-Y}{\sqrt{2}}\cdot\frac{X+Y}{\sqrt{2}}=1.$$

よって C' の方程式は，

$$\frac{x^2}{2}-\frac{y^2}{2}=1.$$ 慣習通り文字を $x,\ y$ に変える

よって，C' および C は双曲線である．□

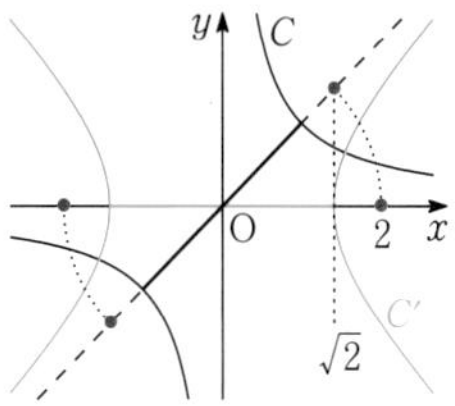

C' の焦点は $\left(\pm\sqrt{2+2},\ 0\right)=(\pm2,\ 0)$．求める C の焦点は，これを O のまわりに $+\dfrac{\pi}{4}$ だけ回転したものであり，複素平面上で

$$\left(\cos\frac{\pi}{4}+i\sin\frac{\pi}{4}\right)(\pm2)=\pm\sqrt{2}(1+i).$$

つまり双曲線 C の焦点は

$(\pm\sqrt{2},\ \pm\sqrt{2})$．// (複号同順)

解説 いわゆる“反比例”のグラフ $y=\dfrac{1}{x}$ は 2 次曲線の一種：「双曲線」であることが確かめられました．

[1]：例によって，消したい P を残したい Q で表そうとしています．

注 回転の向き (回転角の符号) を慎重に考えること．

例題 7 9 i 2次曲線の回転・発展 根底 実戦 入試

[→演習問題 7 10 16]

曲線 C: $6x^2-6xy+14y^2=15$ …① を，原点 O を中心として $-\theta\ \left(0<\theta<\dfrac{\pi}{2}\ \cdots②\right)$ だけ回転した曲線を C' とする．

(1) C' の方程式が $ax^2+by^2+c=0$ ($a,\ b,\ c$ は定数) …③ の形になるような角 θ について，$\cos\theta,\ \sin\theta$ の値を求めよ．

(2) C は 2 次曲線の一種であることを示し，その焦点の座標を求めよ．

解答 (1) **着眼** 「③の形」は，楕円 or 双曲線の標準形ですね．

方針 前問と同様，「曲線上の「点」を回転します．まずは回転角 θ を決定することに注力してください．■

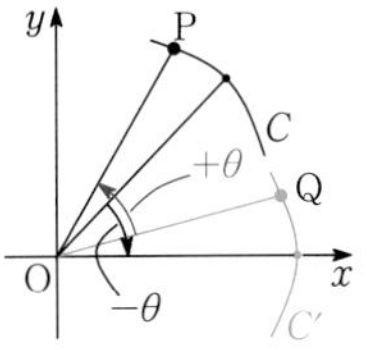

複素平面上で考えて，C 上の点 $\mathrm{P}(z)$ と対応する C' 上の点を $\mathrm{Q}(w)$ とすると，

2 ベクトルの関係

$\overrightarrow{\mathrm{OP}}$ は，$\overrightarrow{\mathrm{OQ}}$ を $+\theta$ だけ回転したもの．

$$\underbrace{z-0}_{\overrightarrow{\mathrm{OP}}}=\boxed{1\cdot(\cos\theta+i\sin\theta)}\cdot(\underbrace{w-0}_{\overrightarrow{\mathrm{OQ}}}).$$

($\overrightarrow{\mathrm{OP}}$ ← $+\theta$ 回転 & 1 倍 ― $\overrightarrow{\mathrm{OQ}}$)

$\cos\theta$ を c，$\sin\theta$ を s と略記し，

$$z=x+iy,\ w=X+iY\ (x,\ y,\ X,\ Y\in\mathbb{R})$$

とおくと，$(x,\ y)$ は①を満たし，

$$x+iy=(c+is)(X+Yi).$$

$$\therefore\begin{cases}x=cX-sY,\\ y=sX+cY.\end{cases}\quad\cdots④$$

これを①へ代入して，

$$6(cX-sY)^2-6(cX-sY)(sX+cY)+14(sX+cY)^2=15.$$

これが，C' 上の点 $\mathrm{Q}(X,\ Y)$ が満たすべき関係式．

注 全部展開するのはメンドウ [1]．「③の形」とはどういう意味かを考えて…■

これが③の形になるための条件は左辺における XY の係数を考えて，

$$-12cs-6(c^2-s^2)+28sc=0.$$

$$-6\cos 2\theta+8\sin 2\theta=0.\quad \tan 2\theta=\frac{3}{4}.$$

$$\frac{2\tan\theta}{1-\tan^2\theta}=\frac{3}{4}.\quad 3\tan^2\theta+8\tan\theta-3=0.$$

$$(3\tan\theta-1)(\tan\theta+3)=0.$$

②より $\tan\theta>0$ だから，$\tan\theta=\dfrac{1}{3}$.

右図より

$$\cos\theta=\frac{3}{\sqrt{10}},\ \sin\theta=\frac{1}{\sqrt{10}}.\ /\!/$$

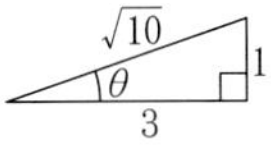

(2) (1)で定めた θ に対して，④は

$$\begin{cases}x=\dfrac{3X-Y}{\sqrt{10}},\\ y=\dfrac{X+3Y}{\sqrt{10}}.\end{cases}$$

これを①へ代入して

$$6\left(\frac{3X-Y}{\sqrt{10}}\right)^2-6\left(\frac{3X-Y}{\sqrt{10}}\right)\left(\frac{X+3Y}{\sqrt{10}}\right)+14\left(\frac{X+3Y}{\sqrt{10}}\right)^2=15.$$

$$3(3X-Y)^2-3(3X-Y)(X+3Y)+7(X+3Y)^2=15\cdot 5.$$

$$25X^2+75Y^2=75.$$

よって C' は，楕円 $\dfrac{x^2}{3}+y^2=1$ である．□

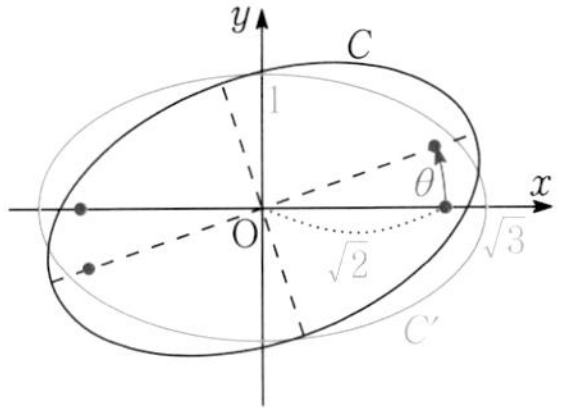

C' の焦点は，$\left(\pm\sqrt{3-1},\ 0\right)=\left(\pm\sqrt{2},\ 0\right)$.

求める C の焦点は，これを O のまわりに $+\theta$ だけ回転したものであり，複素平面上で

$$(\cos\theta+i\sin\theta)(\pm\sqrt{2})=\frac{3+i}{\sqrt{10}}(\pm\sqrt{2})=\pm\frac{3+i}{\sqrt{5}}.$$

つまり楕円 C の焦点は

$$\left(\pm\frac{3}{\sqrt{5}},\ \pm\frac{1}{\sqrt{5}}\right).\ /\!/\ (複号同順)$$

注 [1]：ここで，普段から**正しく**「展開」を行っている人は，「展開式を全部書くのはメンドウ」→「ある特定の項のみに注目してそこだけ抜き出す」と，賢く計算できます．「展開」をナメている人は，「数学」ができるようにはなりませんよ．[→ I+A 1 2 2]

参考 本問の①式を「$2x^2+3xy-2y^2=5$」に変えて解くと，全く同じ θ が求まり，C' は，双曲線 $\dfrac{x^2}{2}-\dfrac{y^2}{2}=1$ となります．試しにやってみてください．

例題 7 9 j 楕円の回転 根底 実戦 典型 入試

[→演習問題 7 10 11]

楕円 $E: \dfrac{x^2}{a^2}+\dfrac{y^2}{b^2}=1\ (a>0,\ b>0,\ a\neq b)$ 上の点 P を原点 O のまわりに角 $\varphi\ \left(0\leq\varphi\leq\dfrac{\pi}{2}\right)$ だけ回転した点を Q とする.

(1) φ を定数とする. P が E 上を動くとき, Q の x 座標, y 座標の最大値をそれぞれ求めよ.

(2) E に外接する長方形の面積 S の最大値を求めよ.

着眼 (1) 回転角 φ を固定し, Q をその軌跡 E' 上で動かすということです.
(2) (1)をどう活かすかを考え, 今度は φ を動かします.

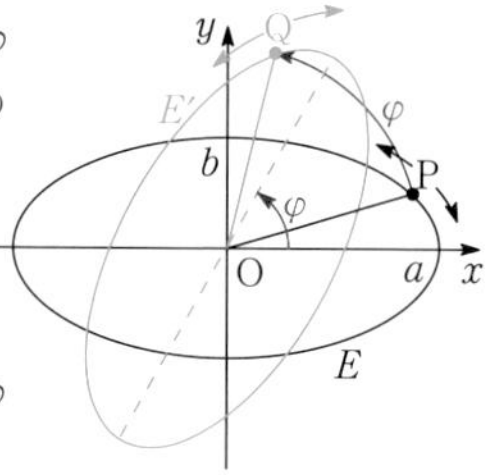

解答 (1) $\mathrm{P}(a\cos\theta, b\sin\theta)$ とおく. 複素平面上で,

$\overrightarrow{\mathrm{OQ}}$は$\overrightarrow{\mathrm{OP}}$を $+\varphi$ だけ回転したもの.

よって Q を表す複素数は

$(\cos\varphi+i\sin\varphi)\cdot(a\cos\theta+ib\sin\theta)$. [1)]

$\mathrm{Q}(x, y)$とし, $\cos\varphi$をc, $\sin\varphi$をsと略記すると, (c, sは定数)

$$x=ac\cos\theta-bs\sin\theta$$
$$=\sqrt{a^2c^2+b^2s^2}\sin(\theta+\theta_1),$$
$$y=as\cos\theta+bc\sin\theta$$
$$=\sqrt{a^2s^2+b^2c^2}\sin(\theta+\theta_2)$$

(θ_1, θ_2はある定角).

θ(任意の実数) を動かすと,

$$\max x=\sqrt{a^2c^2+b^2s^2},$$
$$\max y=\sqrt{a^2s^2+b^2c^2}.\ /\!/$$

(2) Qの軌跡をE'とする. 座標軸に平行な辺をもつE'の外接長方形の面積は, 対応するEの外接長方形の面積Sと等しい. (1)より,

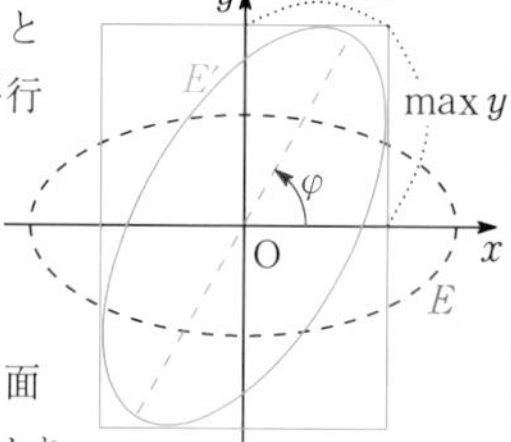

$$S=2\max x\cdot 2\max y$$
$$=4\sqrt{(a^2c^2+b^2s^2)(a^2s^2+b^2c^2)}.$$

着眼 文字が多くて複雑に見えるかもしれませんが, 2 つの (　　) 部の「積」の最大が問われています. そこで「和」はどうなるかと想像してみると…■

これをφの関数とみて, φを$0\leq\varphi\leq\dfrac{\pi}{2}$ …① の範囲で動かす. 2 つの (　) 内は正だから,

$$S\leq 4\cdot\frac{(a^2c^2+b^2s^2)+(a^2s^2+b^2c^2)}{2}$$ ("相加相乗")
$$=2\{a^2(c^2+s^2)+b^2(s^2+c^2)\}$$
$$=2(a^2+b^2)(=一定).$$ (大小関係の不等式)

等号成立条件は

$$a^2c^2+b^2s^2=a^2s^2+b^2c^2.$$
$$(a^2-b^2)(c^2-s^2)=0.$$

i.e. $\cos\varphi=\sin\varphi$ ($\because$ $a^2\neq b^2$, ①).

これは$\varphi=\dfrac{\pi}{4}$ のとき成立する. (等号成立確認)

以上より, 求める最大値は

$$\max S=2(a^2+b^2).\ /\!/$$

解説 $\sqrt{\quad}$ 内を $t:=\cos^2\varphi$ の 2 次関数とみる手もあります.

注意! [1)]: $\mathrm{P}(a\cos\theta, b\sin\theta)$を原点のまわりに$\varphi$だけ回転した点は$\left(a\cos(\theta+\varphi), b\sin(\theta+\varphi)\right)$じゃありませんよ. θ は偏角ではないので.

注 焦点は関与しないので, a, b の大小は関係ありません.

例題 79k 楕円の極方程式・極＝原点 根底 実戦 入試

[→演習問題7 10 15]

a, b は正の定数とする．O を原点とする座標平面上に楕円 E: $\dfrac{x^2}{a^2}+\dfrac{y^2}{b^2}=1$ …① がある．E 上に $\angle \mathrm{POQ}=\dfrac{\pi}{2}$ を満たす 2 点 P，Q をとるとき，直線 PQ は，2 点の位置によらずつねにある定円に接することを示せ．

方針 垂直な方向に伸びる OP，OQ の長さを表せば…極方程式の出番です．
直線が円に接する条件といえば，垂線の長さに注目ですね．

解答

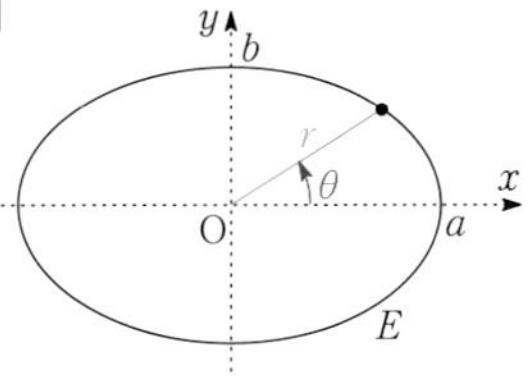

E の極方程式を求める (極は原点 O).

$$\begin{cases} x=r\cos\theta \\ y=r\sin\theta \end{cases}$$

を①へ代入して

$$\frac{(r\cos\theta)^2}{a^2}+\frac{(r\sin\theta)^2}{b^2}=1.$$

$$\left(\frac{\cos^2\theta}{a^2}+\frac{\sin^2\theta}{b^2}\right)r^2=1. \cdots ②$$ [1)]

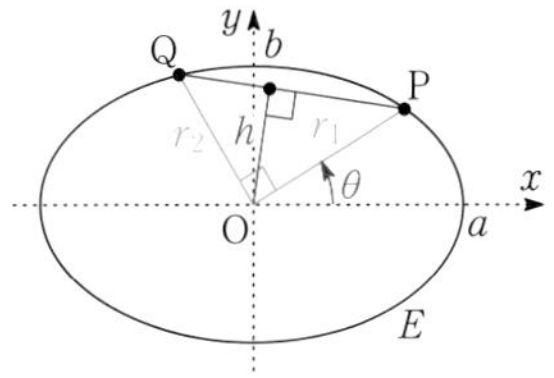

一般性を失うことなく P，Q の偏角をそれぞれ $\theta, \theta+\dfrac{\pi}{2}$ としてよい．これら 2 つに対応する r をそれぞれ r_1, r_2 とおく．

O から PQ に下ろした垂線の長さを h とおくと，△OPQ の面積を 2 通りに表して [2)]

$$\frac{1}{2}r_1r_2=\frac{1}{2}\underbrace{\sqrt{r_1{}^2+r_2{}^2}}_{\mathrm{PQ}}\cdot h.$$

$$\frac{1}{h}=\frac{\sqrt{r_1{}^2+r_2{}^2}}{r_1r_2}.$$

これと②より

$$\begin{aligned}\frac{1}{h^2}&=\frac{r_1{}^2+r_2{}^2}{r_1{}^2r_2{}^2}.\\ &=\frac{1}{r_1{}^2}+\frac{1}{r_2{}^2}\\ &=\frac{\cos^2\theta}{a^2}+\frac{\sin^2\theta}{b^2}\\ &\quad+\frac{\cos^2\left(\theta+\frac{\pi}{2}\right)}{a^2}+\frac{\sin^2\left(\theta+\frac{\pi}{2}\right)}{b^2}\\ &=\frac{\cos^2\theta+\sin^2\theta}{a^2}+\frac{\sin^2\theta+\cos^2\theta}{b^2}\\ &=\frac{1}{a^2}+\frac{1}{b^2}(=A\text{ とおく}).\end{aligned}$$

$$h=\frac{1}{\sqrt{A}}.$$

よって h は P の位置によらず一定であり，直線 PQ は中心 O，半径 $\dfrac{1}{\sqrt{A}}$ の定円に接する．□

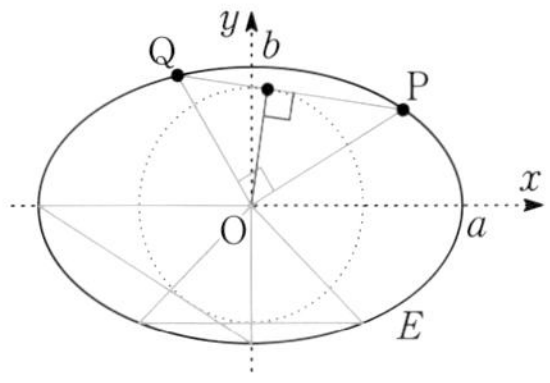

注 1)：結果として，この形のままにしておくことで計算処理が簡便になりました．極方程式は，「$r=\cdots$」の形にすることにこだわると，激しく遠回りになることもあるのです (笑).

2)：「垂線」の長さを面積を利用して求める手法は，[→ I+A 例題35g(1)].

例題 7 9 1 楕円の極方程式・極＝焦点 根底 実戦 典型 入試

[→演習問題 7 10 14]

楕円 E: $\dfrac{x^2}{a^2}+\dfrac{y^2}{b^2}=1$ $(a>b>0)$ …① の焦点を $\mathrm{F}(c, 0)$, $\mathrm{F'}(-c, 0)$ とする．$c>b$ が成り立つとき，以下に答えよ．

(1) F を極とし，x 軸の正の向きを始線とする極座標における E の極方程式を，a, c を用いて表せ．

(2) F を通る直線と E の交点を P, Q(ただし P の y 座標は正）とする．$\triangle\mathrm{F'PQ}$ の面積 S の最大値を a, b で表せ．

言い訳 答えで使用する文字が(1)と(2)で異なっています．これは，単にキレイに表せる方を指示しているだけです．

解答

(1) $c^2=a^2-b^2$, i.e. $b^2+c^2=a^2$. …②

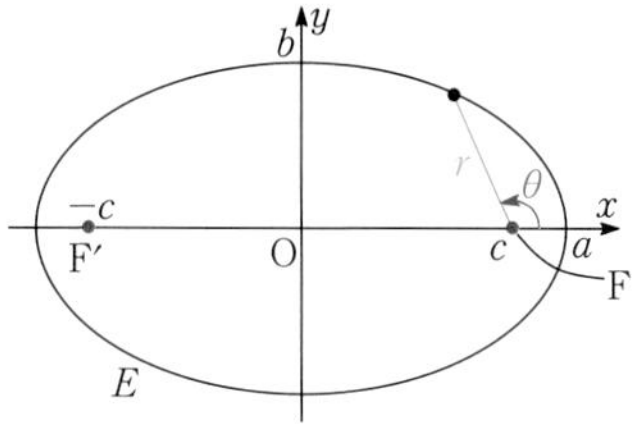

点 (x, y) の極座標を (r, θ) とすると，

$$\begin{cases} x=c+r\cos\theta \\ y=r\sin\theta. \end{cases}$$

これが ①: $b^2x^2+a^2y^2=a^2b^2$ を満たすとき，

$$b^2(c+r\cos\theta)^2+a^2(r\sin\theta)^2=a^2b^2.$$

$$(b^2\cos^2\theta+a^2\sin^2\theta)r^2+2b^2c\cos\theta\cdot r+b^2\underbrace{(c^2-a^2)}_{-b^2\ 1)}=0.\ \cdots③$$

方針 原理★:「FP は x_{P} の 1 次関数」より，$r(=\mathrm{FP})$ は $\sin\theta$ を用いず $\cos\theta$ のみで表せるはず．

a, b, c に関しては，②よりいつでも書き換え自在なので，計算過程では表記が楽なものを使用して．

注意！ 文字「c」が焦点の座標として使われてしまっているので，$\cos\theta$ を c と略記するのは NG. ■

ここで，r^2 の係数は

$$b^2\cos^2\theta+a^2(1-\cos^2\theta)$$
$$=a^2-(a^2-b^2)\cos^2\theta$$
$$=a^2-c^2\cos^2\theta\ (\because\ ②).$$

よって③は，

$$(a+c\cos\theta)(a-c\cos\theta)r^2+2b^2c\cos\theta\cdot r-b^4=0$$

$$\{(a+c\cos\theta)r-b^2\}\underbrace{\{(a-c\cos\theta)r+b^2\}}_{正\ (\because\ a>c>0,\ r\geq 0)}=0.$$

$$\therefore\ r=\frac{b^2}{a+c\cos\theta}$$

$$=\frac{a^2-c^2}{a+c\cos\theta}\ (=f(\theta)\ とおく).\ (\because\ ②)$$ //

解説 ③の後は，r の 2 次方程式を解の公式で解いてもできますが，ぜひ前記**解答**のように，初めからキレイに因数分解できることを知っていて欲しいです．

補足 1)：ここは表記の簡潔さを優先していったんは「b」で表しました．(2)もその姿勢で進めていきます．■

(2)

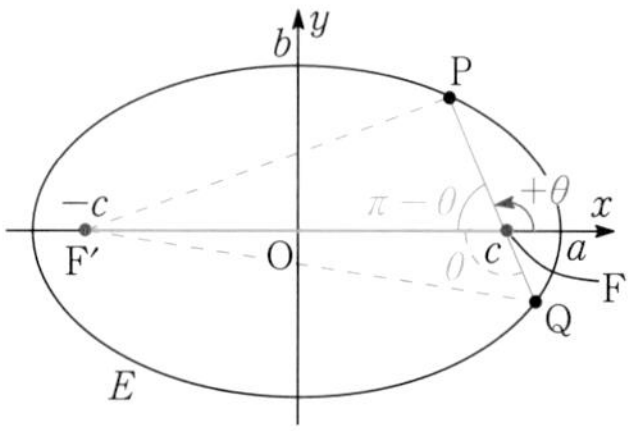

P の偏角を θ $(0<\theta<\pi)$ とすると

$$\triangle\mathrm{F'FP}=\frac{1}{2}\cdot 2c\cdot f(\theta)\cdot\sin(\pi-\theta),$$

$$\triangle\mathrm{F'FQ}=\frac{1}{2}\cdot 2c\cdot f(\theta+\pi)\cdot\sin\theta.\ ^{2)}$$

両者を加えて

$$S=c\sin\theta\left(\frac{b^2}{a+c\cos\theta}+\frac{b^2}{a-c\cos\theta}\right)$$

$$=b^2c\sin\theta\cdot\frac{2a}{a^2-c^2\cos^2\theta}.$$

そこで，$s = \sin\theta\ (0 < s \leqq 1)$ とおくと

$$S = 2ab^2c\cdot\frac{s}{a^2 - c^2(1 - s^2)}$$

$$= 2ab^2c\cdot\frac{s}{b^2 + c^2s^2}\ (\because\ ②)$$ [3)]

$$= 2ab^2c\cdot\frac{1}{\frac{b^2}{s} + c^2s}$$

$$\leqq 2ab^2c\cdot\frac{1}{2\sqrt{\frac{b^2}{s}c^2s}}\ \left(\because\ \frac{b^2}{s},\ c^2s > 0\right)$$

“相加相乗”

$$= \frac{2ab^2c}{2bc}.$$

$\therefore\ S \leqq ab.$ 大小関係の不等式

等号成立条件は

$$\frac{b^2}{s} = c^2s > 0.\ \text{i.e.}\ s = \sin\theta = \frac{b}{c}.$$

$c > b > 0$ より $0 < \frac{b}{c} < 1$ だから，これは成立可能． 等号成立確認

以上より，$\max S = ab.$ //

解説 2)：符号も考えた一般角・偏角（赤色）と，単に大きさだけを表す角（青色）との区別は大丈夫ですね？[→ II+B 4 1 1]

3)：これは，“相加相乗”が使える典型です．[→ II+B 例題 1 7 f (2)]

別解 (1)の極方程式は，楕円の有名性質を用いて次のように求めることもできます：

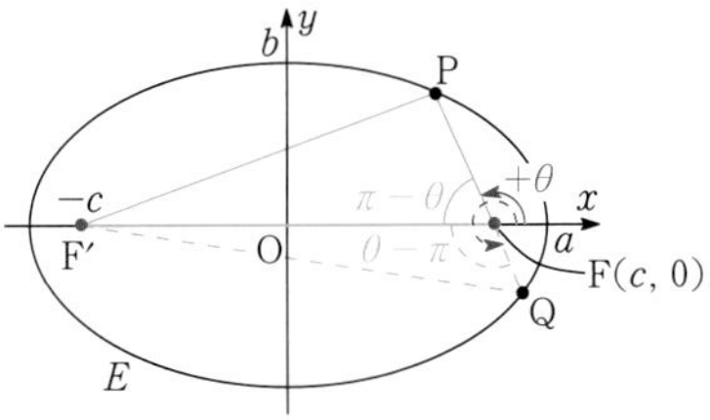

楕円 E 上の点 P（$y \leqq 0$ も考える）の極座標を (r, θ) とし，△F′FP において余弦定理を用いる．

$\mathrm{FP} + \mathrm{F'P} = 2a$ より $\mathrm{F'P} = 2a - r.$

$\angle \mathrm{F} = \pi - \theta$ or $\theta - \pi$ であり，

$\cos(\pi - \theta) = \cos(\theta - \pi) = -\cos\theta.$

したがって

$$(2a - r)^2 = (2c)^2 + r^2 - 2\cdot 2c\cdot r\cdot\cos\angle\mathrm{F}.$$

$$4a^2 - 4ar = 4c^2 + 4cr\cos\theta.$$

$$a^2 - c^2 = (a + c\cos\theta)r.\text{（…以下略…）}$$

こちらの方が簡便かも．「角」の扱いが少しメンドウですが．

参考 次の知識があれば，さらに手軽です：

F に対応する準線は，$l:\ x = a\cdot\frac{a}{c} = \frac{a^2}{c}.$

例の等比数列の知識

E の離心率は $\frac{c}{a}$ であり，

$\mathrm{FP} = \frac{c}{a}\cdot\mathrm{PI}.$ …④ 下図参照

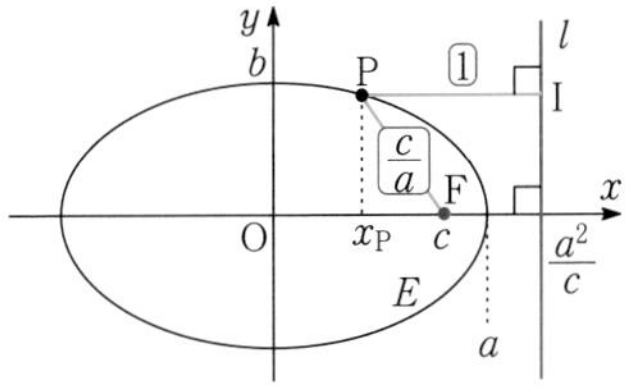

$$\overrightarrow{\mathrm{OP}} = \overrightarrow{\mathrm{OF}} + \overrightarrow{\mathrm{FP}} = \begin{pmatrix} c \\ 0 \end{pmatrix} + r\begin{pmatrix} \cos\theta \\ \sin\theta \end{pmatrix}.$$

$\therefore x_{\mathrm{P}} = c + r\cos\theta.$

よって④は

$$r = \frac{c}{a}\left\{\frac{a^2}{c} - (c + r\cos\theta)\right\}$$

$$= a - \frac{c^2}{a} - \frac{c}{a}\cdot r\cos\theta.$$

$$ar = a^2 - c^2 - cr\cos\theta.$$

$$\therefore\ r = \frac{a^2 - c^2}{a + c\cos\theta}.$$

ただし，大学受験生がこれで済ましてよいかは議論の余地がありそうです．

10 演習問題B

7 10 1 根底 実戦

a, b は正の定数とする.

(1) 楕円 $E: \dfrac{x^2}{a^2}+\dfrac{y^2}{b^2}=1$ 上の任意の点 $\mathrm{P}(x, y)$ はパラメタ θ によって

$$\begin{cases} x=a\cos\theta \\ y=b\sin\theta \end{cases}$$

と表せる. これを用いて, $\mathrm{P}_1(a\cos\theta_1, b\sin\theta_1)$ における E の接線 l の方程式は

$$\frac{\cos\theta_1}{a}x+\frac{\sin\theta_1}{b}y=1$$

であることを示せ.

(2) e は自然対数とする. $c(\theta)=\dfrac{e^\theta+e^{-\theta}}{2}$, $s(\theta)=\dfrac{e^\theta-e^{-\theta}}{2}$ とおくと

$$\begin{aligned} c(\theta_1)^2-s(\theta_1)^2 &= \{c(\theta_1)+s(\theta_1)\}\{c(\theta_1)-s(\theta_1)\} \\ &= e^\theta \cdot e^{-\theta}=1. \quad \cdots ① \end{aligned}$$

よって, 双曲線 $H: \dfrac{x^2}{a^2}-\dfrac{y^2}{b^2}=1\ (x>0)$ 上の任意の点 $\mathrm{P}(x, y)$ はパラメタ θ によって

$$\begin{cases} x=a\cdot c(\theta) \\ y=b\cdot s(\theta) \end{cases}$$

と表せる. これを用いて, $\mathrm{P}_1(a\cdot c(\theta_1), b\cdot s(\theta_1))$ における H の接線 l の方程式は

$$\frac{c(\theta_1)}{a}x-\frac{s(\theta_1)}{b}y=1$$

であることを示せ.

7 10 2 根底 実戦 典型

xy 平面上で, 点 $\mathrm{A}(1, 3)$ から楕円 $E: \dfrac{x^2}{4}+\dfrac{y^2}{9}=1$ へ引いた接線の方程式を求めよ.

7 10 3 根底 実戦 典型

p は正の定数とする. 放物線 C: $y^2=4px$ の焦点 $(p, 0)$ を F とし, C 上の点 $\mathrm{P}\left(\dfrac{t^2}{4p}, t\right)$ における C の接線を l とする.

(1) l と x 軸の交点 Q の x 座標を求めよ.

(2) x 軸の正の向きから来た光は, 点 P に当たると接線 l で反射する. このとき, 反射光は焦点 F に当たることを示せ.

7 10 4 根底 実戦 典型

O を原点とする座標平面上において，直角双曲線 H: $x^2-y^2=1$ の 2 本の漸近線を l, l' とする．H 上の点 P における H の接線 m が l, l' とそれぞれ Q，R で交わるとする．△OQR の面積 S は P によらず一定であることを示せ．

7 10 5 根底 実戦

楕円 E: $\dfrac{(x-1)^2}{8}+\dfrac{(y-1)^2}{2}=1$ …① 上の点 A(3, 2) における接線 l の方程式を求めよ．

7 10 6 根底 実戦 典型

p, k は定数で $p>0$ とする．放物線 C: $y^2=4px$ …① 上の動点 P と x 軸上の定点 A$(k, 0)$ の距離が最小となるときの P の x 座標を求めよ．

7 10 7 根底 実戦 入試

座標平面上に定点 F(2, 0) と定直線 l: $x=\dfrac{1}{2}$ があり，動点 P から l へ垂線 PI を下ろす．条件 FP $>$ 2PI を満たす点 P の存在範囲 D を図示せよ．

7 10 8 根底 実戦 入試

m は定数とする．楕円 E: $\dfrac{x^2}{a^2}+\dfrac{y^2}{b^2}=1$ …① と直線 $y=mx+n\ (m\neq 0)$ …② が 2 点 P，Q で交わるとする．このとき任意の n に対して，PQ の中点 M は原点 O を通るある定直線 l 上にあることを示せ．また，l の傾きを求めよ．

7 10 9 根底 実戦 典型

双曲線 H: $\dfrac{x^2}{2}-\dfrac{y^2}{2}=-1$ …① と放物線 C: $y=x^2$ …② の交点 P におけるそれぞれの接線 l, m がなす角を θ とするとき，$\tan\theta$ の値を求めよ．

7 10 10 根底 実戦 入試

a, k は正の定数とする．楕円 E: $\dfrac{x^2}{2a^2}+\dfrac{y^2}{a^2}=1$ …① と放物線 C: $y=kx^2$ …② の交点 P におけるそれぞれの接線 l, m は垂直であることを示せ．

7 10 11 根底 実戦 典型 入試

楕円 E: $\frac{x^2}{a^2}+\frac{y^2}{b^2}=1\ (a>0,\ b>0,\ a\neq b)$ …① の外接長方形を考える.

⑴ 直線 l: $y=mx+n\ (m\neq 0)$ …② と E が接するとき, n を $a,\ b,\ m$ で表せ.

⑵ E に外接する長方形の面積 S の最大値を求めよ.

7 10 12 根底 実戦 典型 入試

p は正の定数とする. 放物線 C: $y^2=4px$ の焦点を F, 準線を l とし, l 上の点 $\mathrm{P}(-p,\ Y)$ から C へ引いた 2 本の接線の接点を Q, R とする.

⑴ 直線 QR の方程式を求め, QR は F を通ることを示せ.

⑵ $\mathrm{FP}\perp\mathrm{QR}$ を示せ.

⑶ 線分 QR を直径とする円 C' は, P において l と接することを示せ.

7 10 13 根底 実戦 入試

$\mathrm{F}(1,\ 1),\ \mathrm{F'}(-1,\ -1)$ を焦点とする長軸の長さ 4 の楕円 E の方程式を求めよ.

7 10 14 根底 実戦 典型

p は正の定数とする. 放物線 C: $y^2=4px$ …① の焦点 F を通る 2 直線 $l,\ l'$ が直交している. l と C の 2 交点を P, Q とし, l' と C の 2 交点を P′, Q′ とする. 四角形 PP′QQ′ の面積 S の最小値を求めよ.

7 10 15 根底 実戦 入試

曲線 C: $x^2+xy+y^2=1$ …① 上の動点を P とする. 原点 O から P へ到る距離 OP のとり得る値の範囲を求めよ.

7 10 16 根底 実戦

xy 平面上の円は,

「中心の x 座標」,「中心の y 座標」,「半径」の 3 個の実数

で決定される.

では, xy 平面上の楕円は, 何個の実数で決定されるか.

7 10 17 根底 実戦

O を原点とする座標空間内に, 平面 α: $z=kx+1$ (k は 0 以上の定数) …① がある. また, O を頂点, z 軸を軸とし, 点 $\mathrm{A}(1,\ 0,\ 1)$ を通る直円錐側面を S とする. (S は, $z\geq 0,\ z<0$ の両側にある.)

⑴ S の方程式を求めよ.

⑵ S と平面 α が交わってできる曲線 C の名称を, k の値に応じて答えよ.

7 10 18 根底実戦 典型入試

a は正の定数とする．座標平面上で，2 点 $(\pm a, 0)$ からの距離の積が a^2(一定) となる点 P の軌跡を L とする．L の極方程式を求めよ．

7 10 19 根底実戦 入試

双曲線 H: $x^2 - y^2 = 1$ …① について答えよ．

(1) H の極方程式 (極は原点 O) を求めよ．

(2) H 上の点 P における H の接線を l とし，O から l へ垂線 OI を下ろす．P が H 上を動くときの I の軌跡 F の極方程式を求めよ．

7 10 20 根底実戦 典型入試

a, b, c は正の定数で $c^2 = a^2 - b^2$ …① とする．楕円 E: $\dfrac{x^2}{a^2} + \dfrac{y^2}{b^2} = 1$ 上の 2 点 $\mathrm{A}(a\cos\alpha, b\sin\alpha)$, $\mathrm{B}(a\cos\beta, b\sin\beta)$ における法線をそれぞれ l_1, l_2 とする．これらの交点を P とし，B が A に限りなく近づくときに P が近づく点を Q とする．Q の座標を a, b, c, α で表せ．

7 10 21 根底実戦

双曲線 H: $x^2 - y^2 = 1$ の極方程式について考えたい．

(1) xy 平面上で，定点 $\mathrm{F}(-\sqrt{2}, 0)$ と定直線 l: $x = -\dfrac{1}{\sqrt{2}}$ へ到る距離の比が $\sqrt{2} : 1$ であるような点 P の軌跡は H であることを示せ．

(2) x 軸の正の向きを始線とし，F を極とする極座標を考える．$r > 0$ に限定して，H の $x < 0$, $x > 0$ の部分の極方程式をそれぞれ $r = f(\theta)$, $r = g(\theta)$ の形で表せ．θ の範囲も明示せよ．

(3) (2)において，$r < 0$ も許せば，H 全体の極方程式は $r = f(\theta)$ で表されることを示せ．θ の範囲も明示せよ．

付録　有名曲線一覧

数学Ⅲ C の学習を通して出会った曲線・グラフの多くは，試験で再び出会う可能性が比較的高く，ある程度は覚えておいて損はありません．ここでは，数学Ⅰ A Ⅱ B 範囲も合わせて，そうした有名・頻出曲線をリストアップしました．時々気楽に眺めて，学んだことの記憶の維持に役立ててください．

整式の関数

[→161]

$y = x$　奇関数

$y = x^2$　偶関数

$y = x^3$　奇関数

$y = x^4$　偶関数

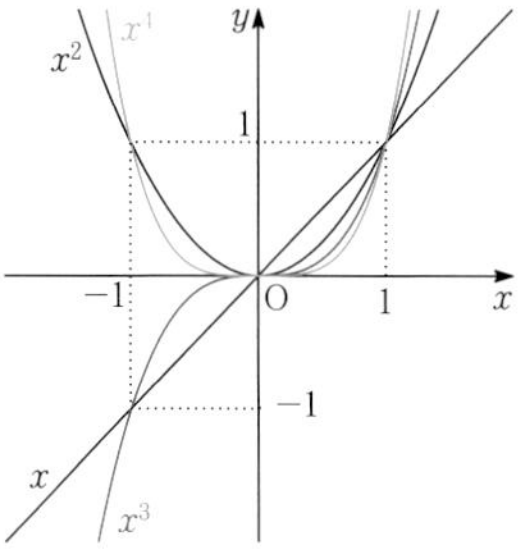

ベキ関数

[→161]

$y = \dfrac{1}{x}$　奇関数

$y = \dfrac{1}{x^2}$　偶関数

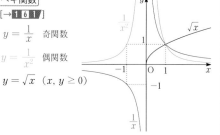

$y = \sqrt{x}$　($x,\ y \geqq 0$)

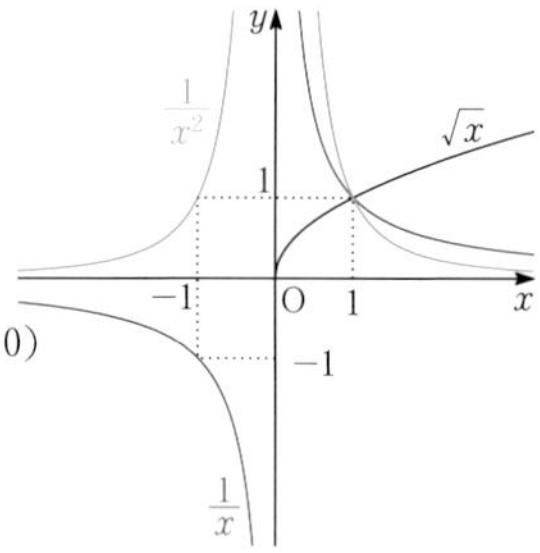

特別な無理関数

$y = \sqrt{1-x^2}$

[→例題16a(2)]

円の上半分

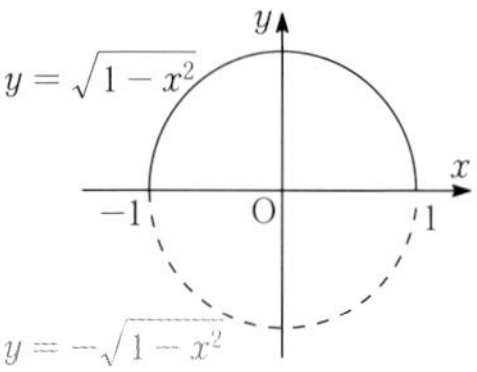

$y = \sqrt{x^2-1}$

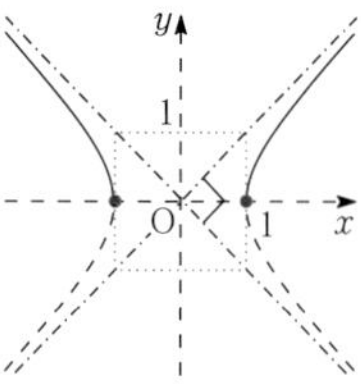

$y = \sqrt{x^2+1}$

[→例題71a(1)]

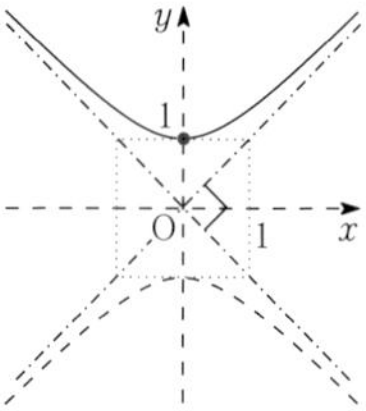

いずれも直角双曲線の一部

三角関数　[→161]

$y = \sin x$　奇関数

$y = \cos x$　偶関数

$y = \tan x$　奇関数

3 つとも周期関数

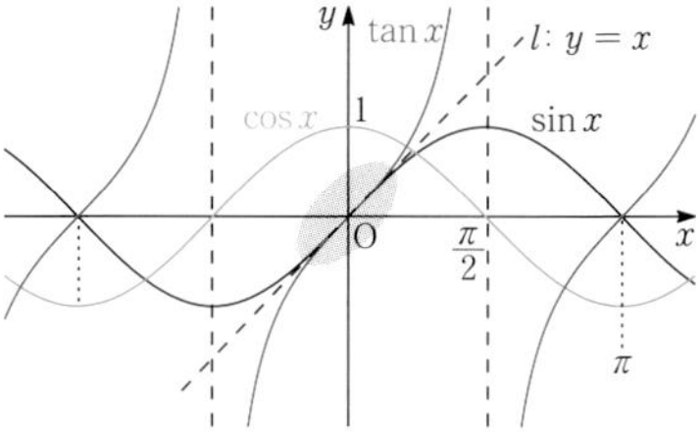

原点 O 付近での x, $\sin x$, $\tan x$ の関係にも注目.

指数・対数関数　[→161]

底 > 1

$\begin{cases} y = 2^x \\ y = \log_2 x \end{cases}$

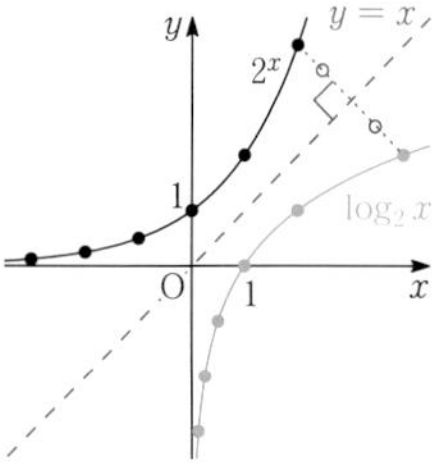

0 < 底 < 1

$\begin{cases} y = \left(\dfrac{1}{2}\right)^x \\ y = \log_{\frac{1}{2}} x \end{cases}$

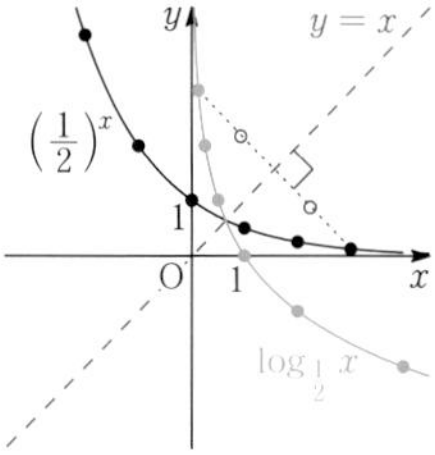

底が自然対数 e(= 2.71…) のとき

$y = e^x$

$y = \log_e x$

平行な 3 直線に注目.

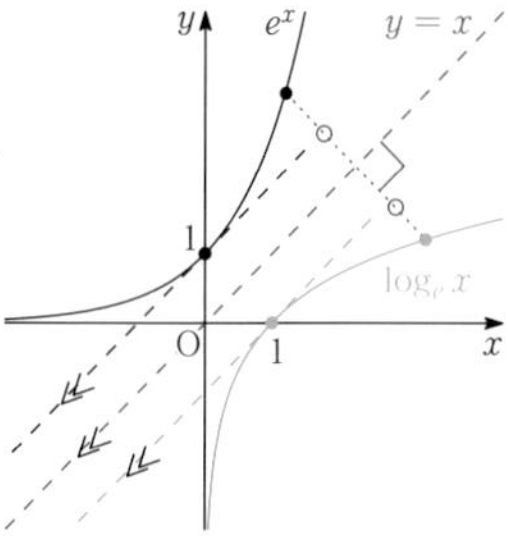

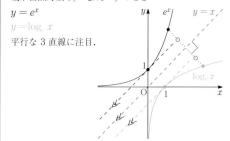

ガウス記号

$[x]$ は「実数 x を超えない最大整数」

○ $y=[x]$

[→ Ⅰ+A 例題 2 1 a (1)]

黒丸は含む点，白丸は除く点．不連続な関数．

(下記も同様)

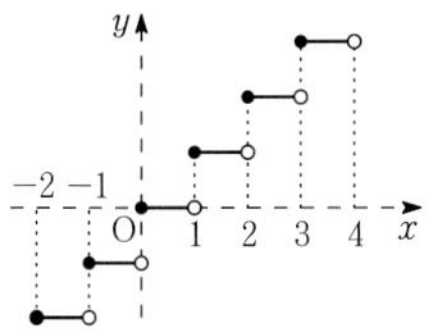

○ $y=x-[x]$ (周期関数) [→演習問題 1 7 10]

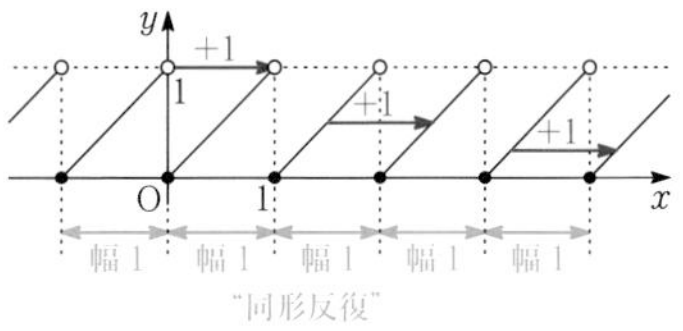

絶対値付き→対称な図形

[→ Ⅱ+B 例題 3 8 e (1)]

$|x|+|y|\leqq 2$

x 軸，y 軸に関して対称．

「$\leqq$」を「$=$」にすれば周をなす正方形．

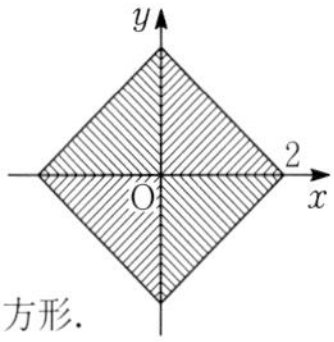

放物線の 2 接線

[→ Ⅱ+B 例題 6 3 h]

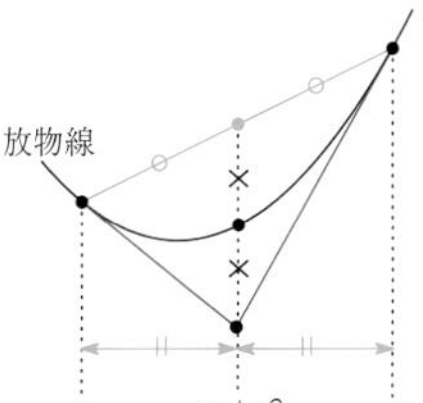

$\alpha \qquad \dfrac{\alpha+\beta}{2} \qquad \beta$

3 次関数 [→ Ⅱ+B 6 2 5]

$f(x)=ax^3+bx^2+\cdots$ (下図は $a>0$ の場合)

〔対称性〕

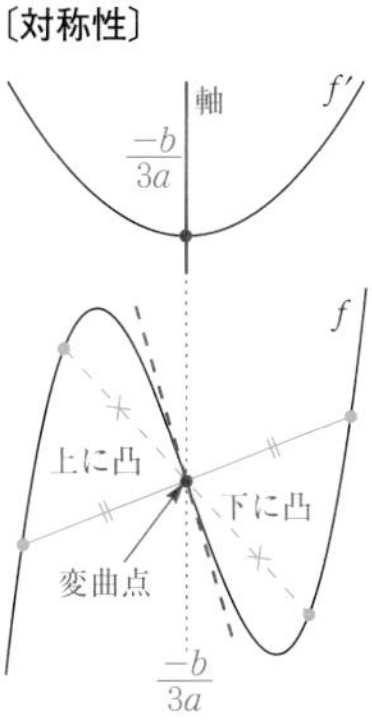

〔“8 マス 5 点”〕

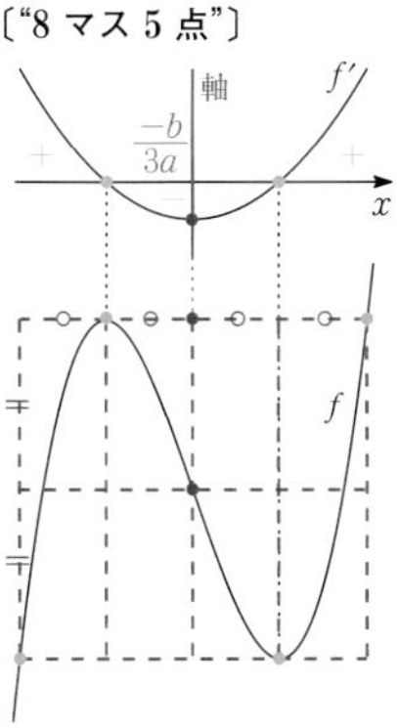

「接する」のバリエーション [→ 3 3 1 ～ 4]

1 〔曲線の接線〕

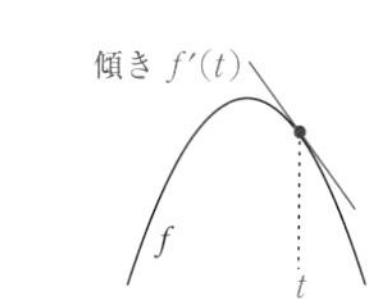

傾きが微分係数．

2 〔接線共有〕

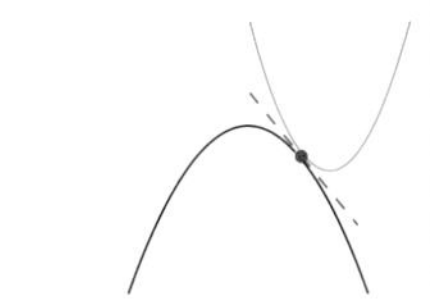

曲線どうしが接する．

3 〔共通接線〕

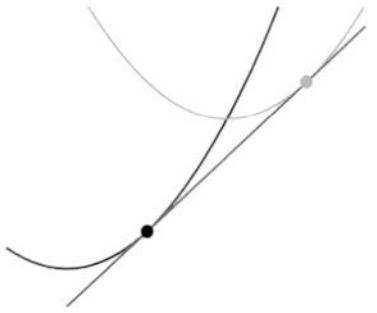

2 曲線の接線が一致．

4 〔複接線〕 (二重接線)

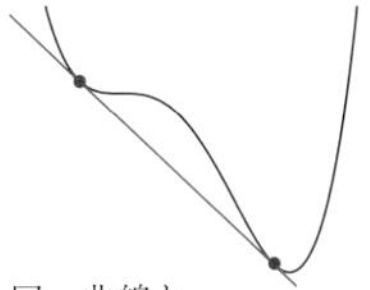

同一曲線と
異なる 2 点で接する．

正規分布曲線 [→ Ⅱ+B 8 5 4]

$$f(x)=\frac{1}{\sqrt{2\pi}\sigma}e^{-\frac{(x-m)^2}{2\sigma^2}}$$ bell curve

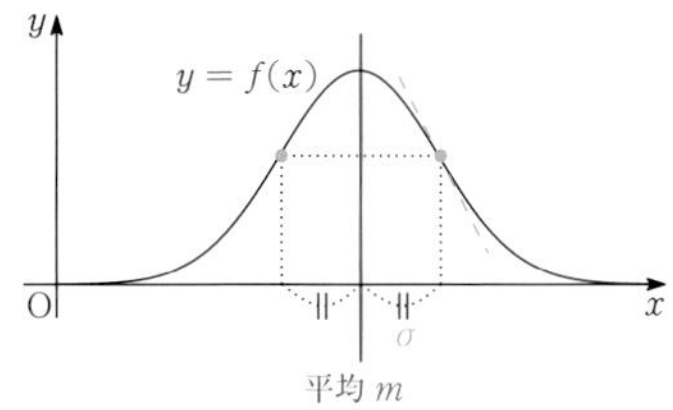

曲率円 [→例題 3 3 e]

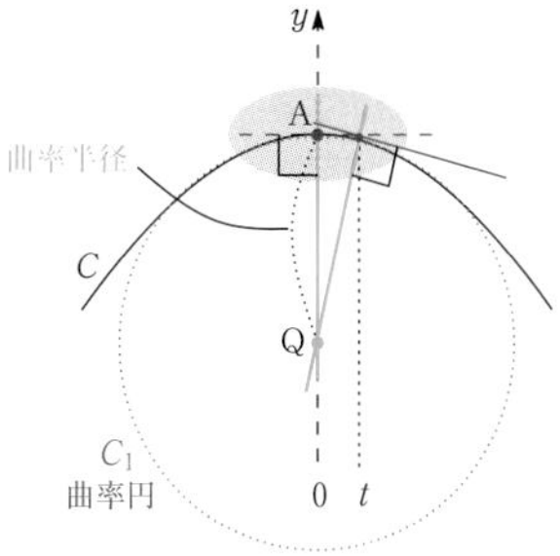

曲線 C: $y=\cos 2x$ の点 A 付近と同じ“曲がり具合”の円が曲率円 C_1．

双曲線関数

[→演習問題1 7 32(7)(8), 演習問題7 6 2]

$c(x)=\dfrac{e^x+e^{-x}}{2}$　　$s(x)=\dfrac{e^x-e^{-x}}{2}$

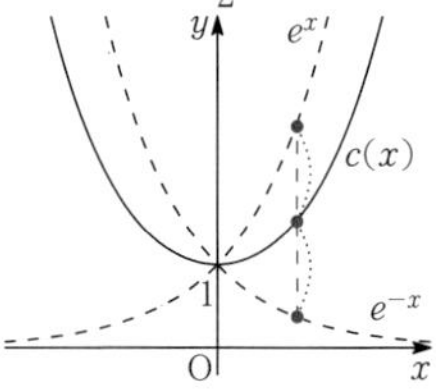

偶関数
有名曲線**カテナリー**

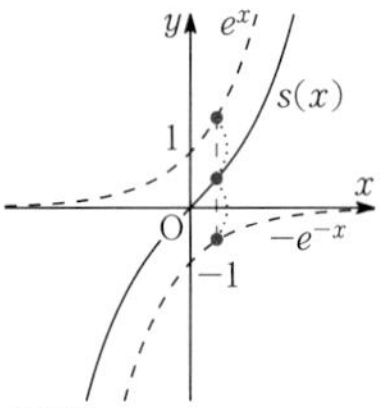

奇関数

隠れた対称性

[→演習問題3 5 9(4)]

$y=\dfrac{1}{1+e^{-x}}$　実は点 $\left(0,\ \dfrac{1}{2}\right)$ に関して対称.

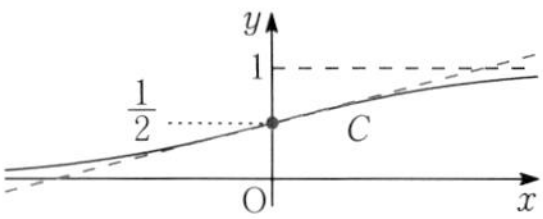

1 次関数 × 指数関数

[→演習問題3 5 8(7)]

$y=xe^x$

x と e^x の発散・収束速度比較が重要.

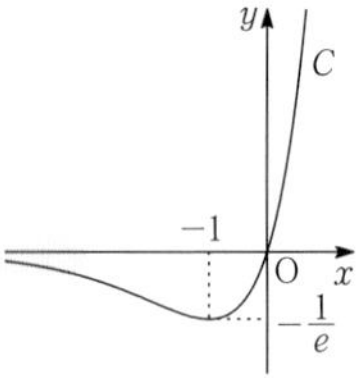

対数関数/1 次関数

[→例題3 4 h(1)]

$y=\dfrac{\log x}{x}$　x と $\log x$ の発散速度比較が重要.

(手書き)　(コンピュータで正確に)

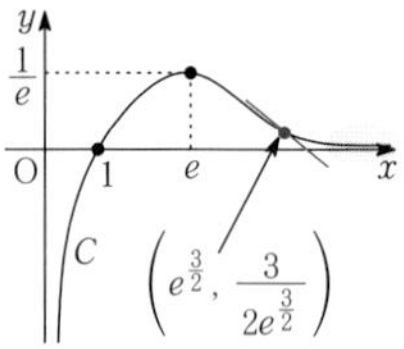

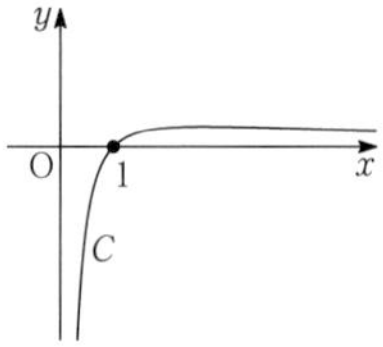

0 近くで振動

○ $\lim\limits_{x\to 0}\sin\dfrac{1}{x^2}$

[→例題2 4 d(7)]

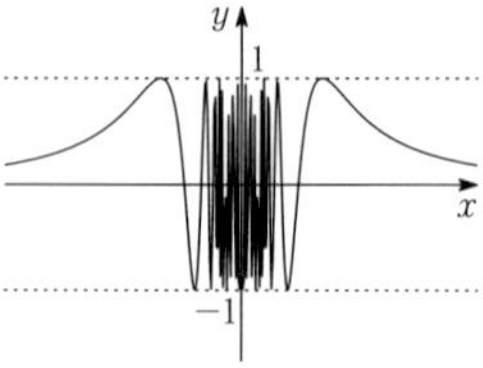

○ $f(x)=\begin{cases} x^2\sin\dfrac{1}{x} & (x\neq 0)\\ 0 & (x=0)\end{cases}$　[→例題3 7 b]

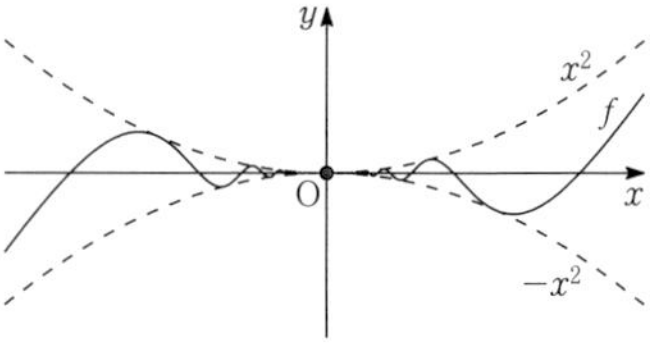

$x=0$ において連続.

減衰振動

○ $f(x)=e^{-x}\sin x\ (x\geqq 0)$ [→演習問題3 5 7]

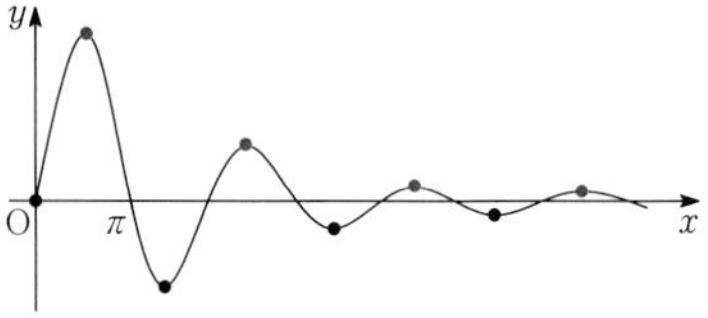

○ 絶対値付き [→例題4 9 t]

$y=e^{-x}|\sin x|$

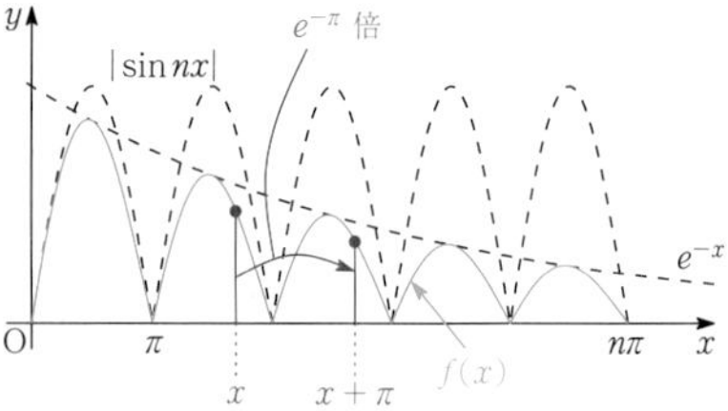

アステロイド

[→演習問題3 9 3]

$\begin{cases} x=\cos^3\theta,\\ y=\sin^3\theta\end{cases}$　$x^{\frac{2}{3}}+y^{\frac{2}{3}}=1$

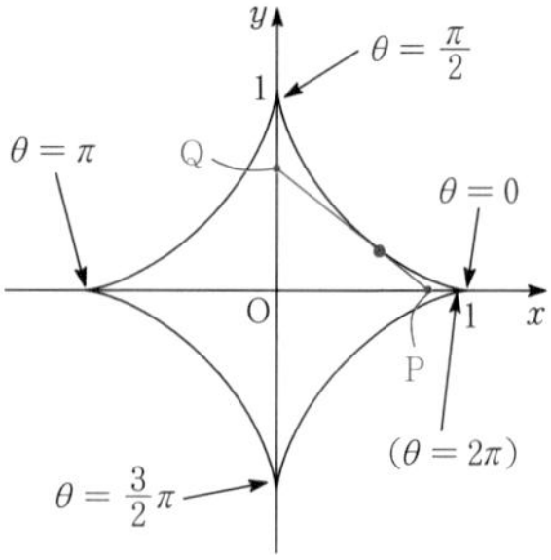

PQ $=1$. (接線の長さが一定.)

リサジュー曲線

[→例題 4 4 h]

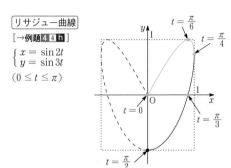

$$\begin{cases} x = \sin 2t \\ y = \sin 3t \end{cases}$$

$(0 \leqq t \leqq \pi)$

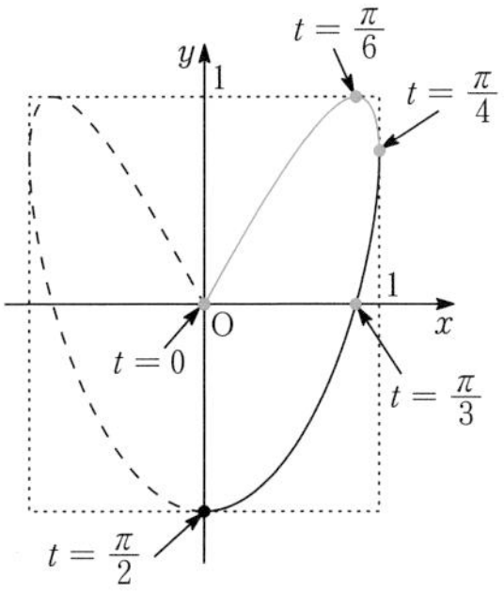

「t」の係数 2, 3 をいろいろ変えるなどした曲線一般を**リサジュー曲線**と呼びます．

サイクロイド

[→例題 3 8 h]

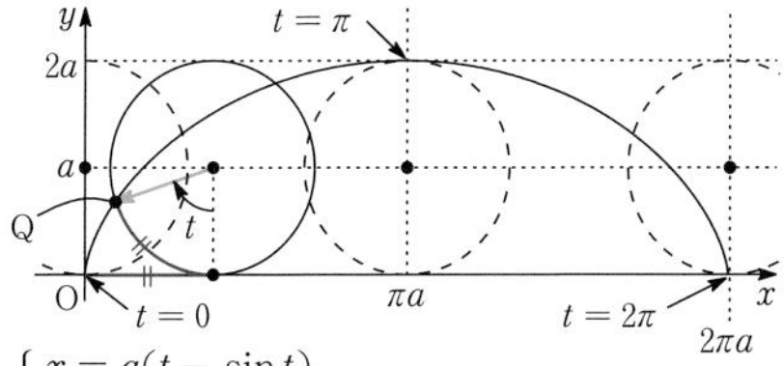

Q: $\begin{cases} x = a(t - \sin t) \\ y = a(1 - \cos t) \end{cases}$ //

外サイクロイド

[→演習問題 3 9 30]

ここでは C_0 と C の半径比が 2 : 1.

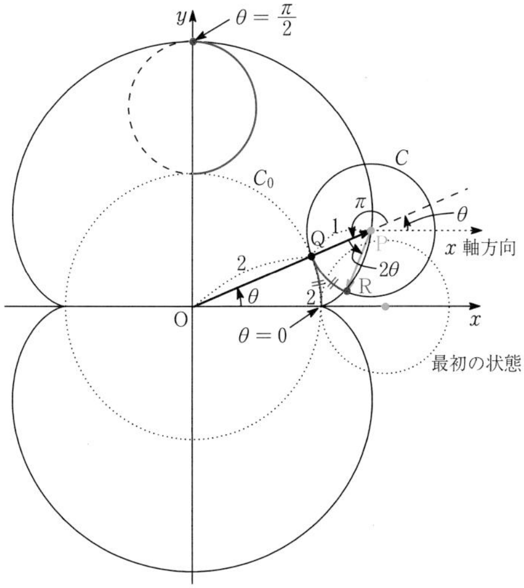

R $\begin{cases} x = 3\cos\theta - \cos 3\theta \\ y = 3\sin\theta - \sin 3\theta \end{cases}$

内サイクロイド

[→演習問題 4 11 26]

ここでは C_0 と C の半径比が 4 : 1.

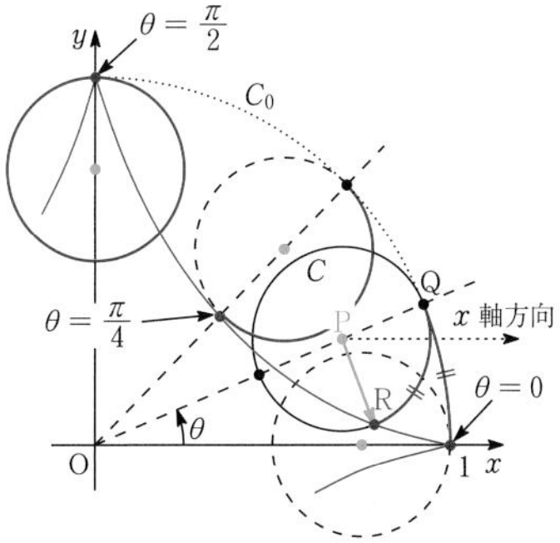

R $\begin{cases} x = \cos^3\theta \\ y = \sin^3\theta \end{cases}$ 軌跡は**アステロイド**

垂足曲線

[→演習問題 3 9 31]

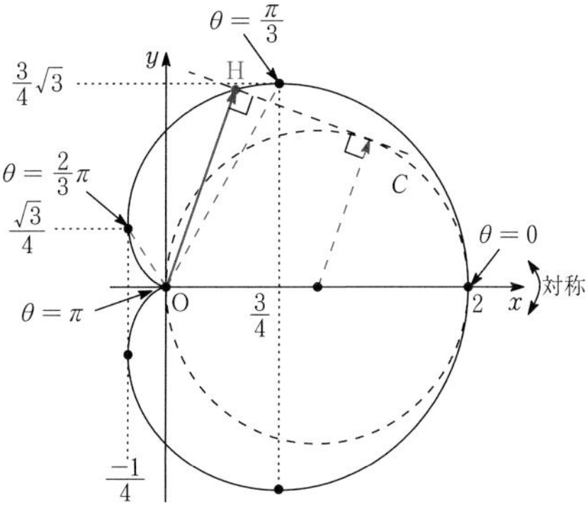

円 C の垂足曲線は，有名な**カージオイド**.

H $\begin{cases} x = (1 + \cos\theta)\cos\theta \\ y = (1 + \cos\theta)\sin\theta \end{cases}$

$r = 1 + \cos\theta$ ●●● 極方程式

円 C の伸開線 [→例題 4 9 n]

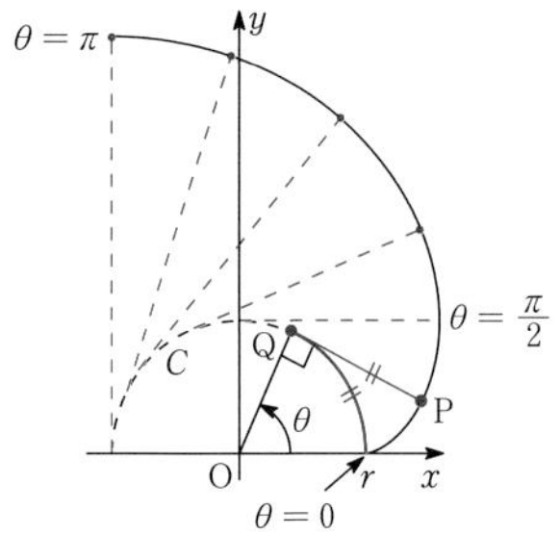

$$\mathrm{P}\begin{cases} x = r(\cos\theta + \theta\sin\theta) \\ y = r(\sin\theta - \theta\cos\theta) \end{cases}$$

カテナリー C の伸開線
[→例題 4 9 o]

C: $y = \dfrac{e^x + e^{-x}}{2}$

T も有名曲線で

トラクトリクス

(牽引線).

PR $= 1$(一定).

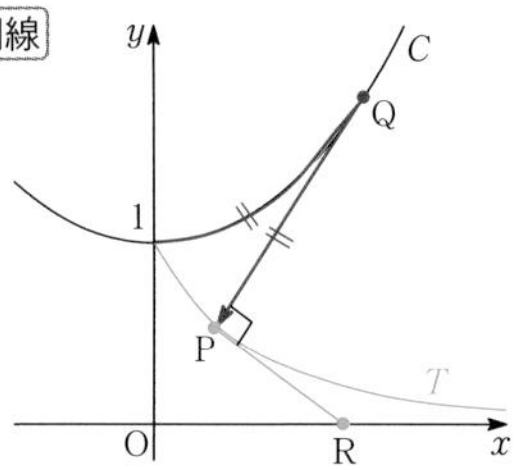

等角らせん
[→例題 3 8 i]

$$\overrightarrow{\mathrm{OP}} = e^t \begin{pmatrix} \cos t \\ \sin t \end{pmatrix}$$

$r = t$ …… 極方程式 t が偏角

$$\text{i.e.}\begin{cases} x = e^t\cos t \\ y = e^t\sin t \end{cases}$$

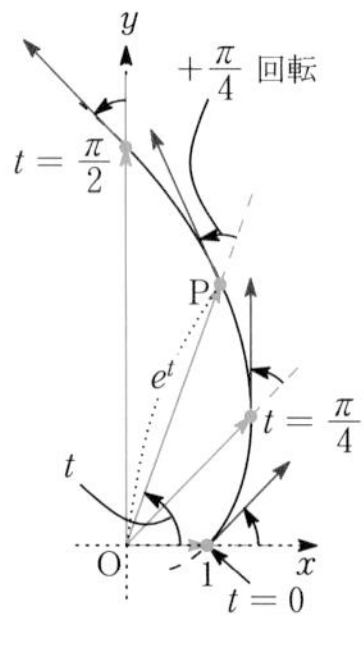

レムニスケート [→演習問題 7 10 18]

AP × BP $= a^2$ (一定)

$r^2 = 2a^2\cos 2\theta$ …… 極方程式

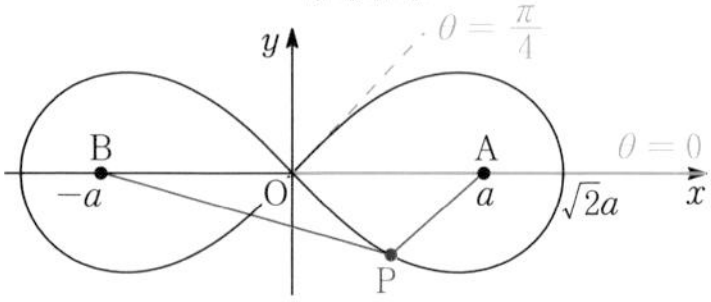

楕円
[→ 7 2 4]

$$\frac{x^2}{a^2} + \frac{y^2}{b^2} = 1$$

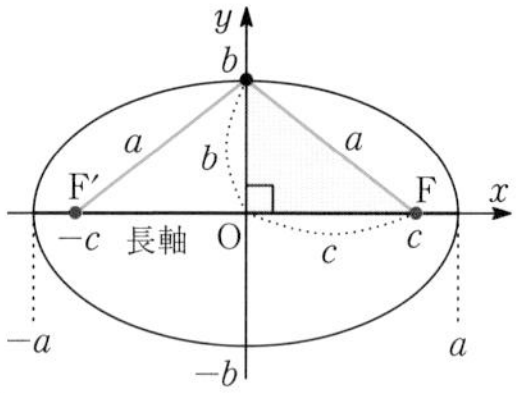

双曲線 [→ 7 3 4]

$$\frac{x^2}{a^2} - \frac{y^2}{b^2} = 1$$

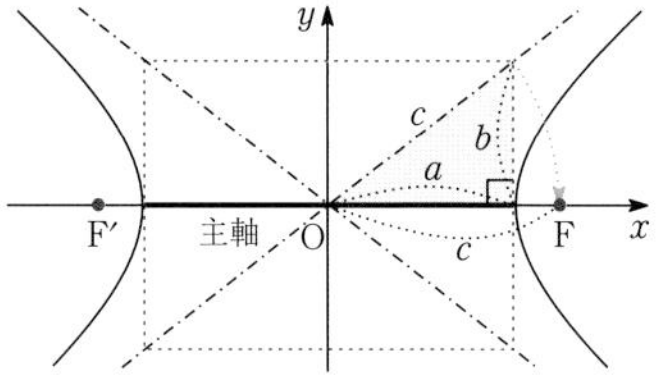

放物線
[→ 7 4 3]

$y^2 = 4px$

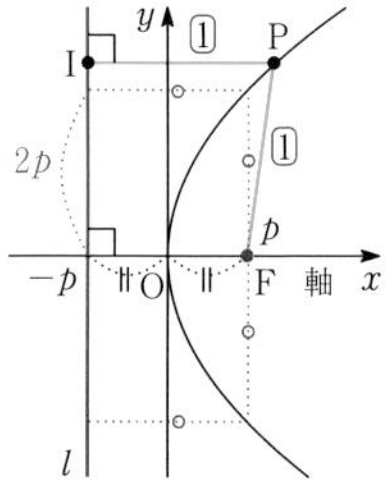

円錐の切り口 [→ 7 5 2]

i) 円

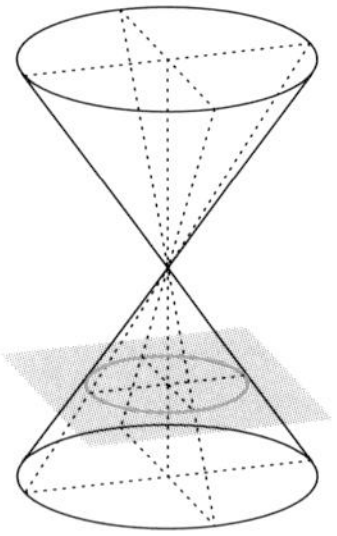

ii) 楕円

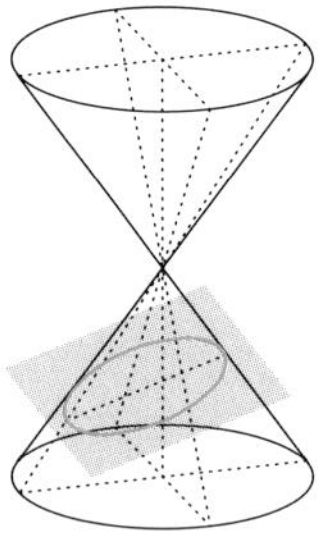

iii) 放物線

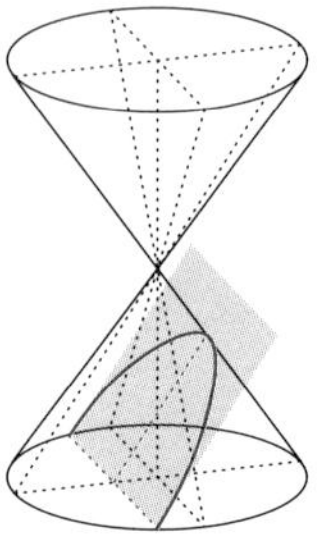

iv) 双曲線

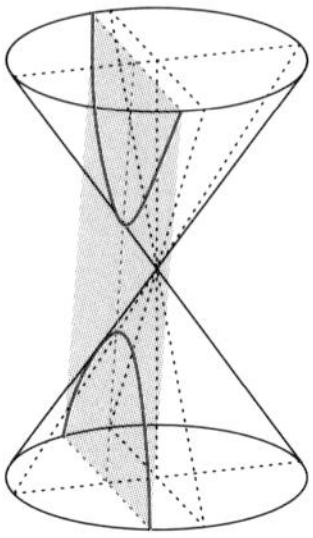

球面

[→5 12 4 ❶′]

中心 A(a, b, c)

半径 r

$(x-a)^2+(y-b)^2+(z-c)^2=r^2$

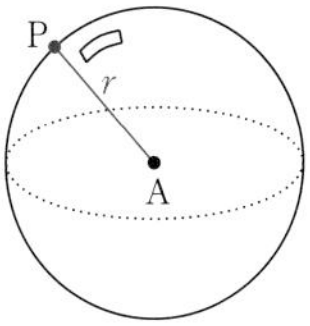

平面

[→5 12 4 ❸]

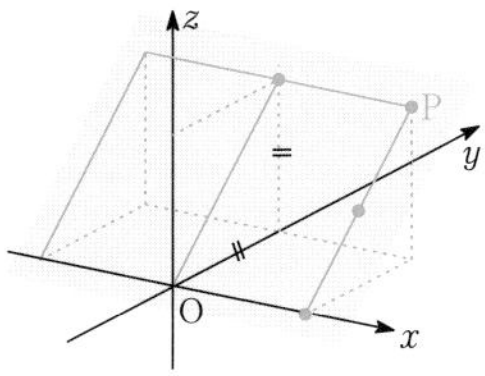

$z=y$ (x 軸を含む)

点 $(0, 2, 2)$, $(2, 0, 0)$,

$(2, 1, 1)$, $(2, 2, 2)$ など

[→5 12 4 ❹]

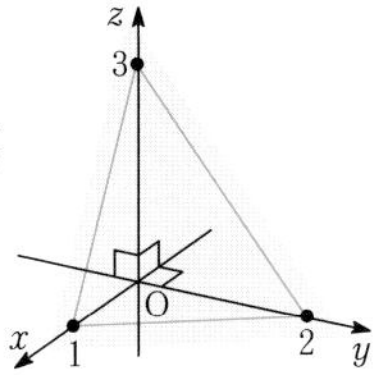

$6x+3y+2z=6$

切片を確認

法線ベクトルは $\begin{pmatrix} 6 \\ 3 \\ 2 \end{pmatrix}$

円柱 [→5 12 4 ❻❻′]

$y^2+z^2=r^2$

軸：x 軸

底円の半径 r

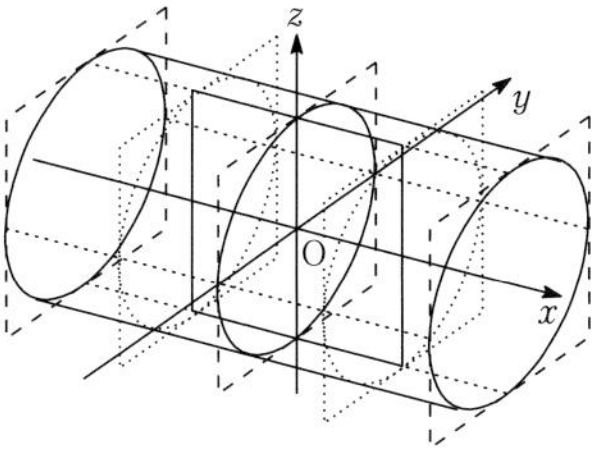

$x^2+z^2=r^2$

軸：y 軸

底円の半径 r

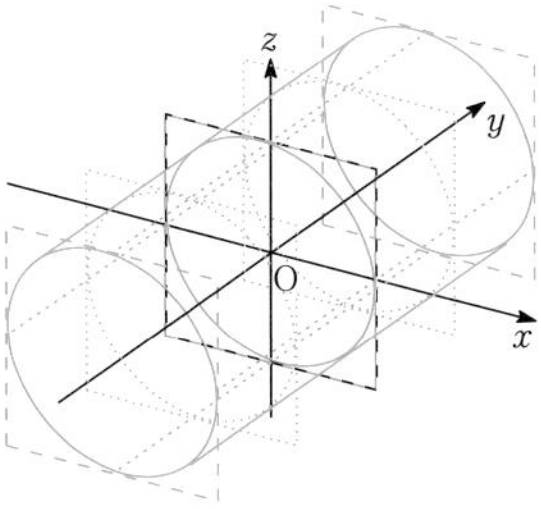

「柱」の方程式

[→5 12 4 注]

$z=y^2$

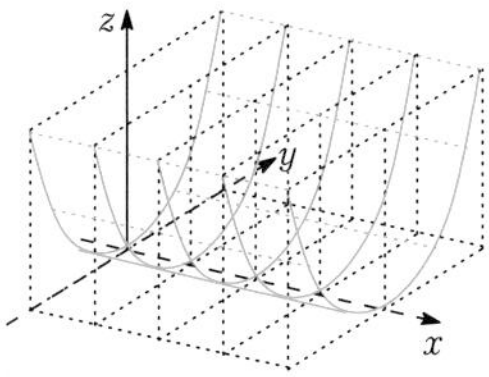

x 軸方向の平行移動によって作られる「柱」の方程式は，x を含まない $f(y, z)=0$ の形となる．

円錐 [→例題5 12 k]

S: $x^2+y^2=(1-z)^2$

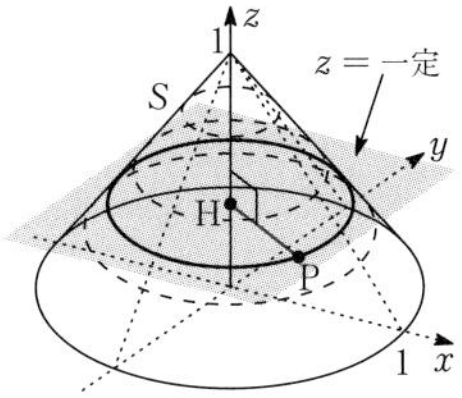

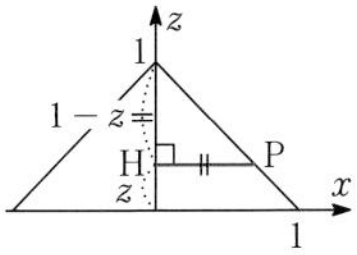

回転双曲面 [→例題4 5 g]

S: $x^2+y^2=\dfrac{z^2}{2}-z+1$

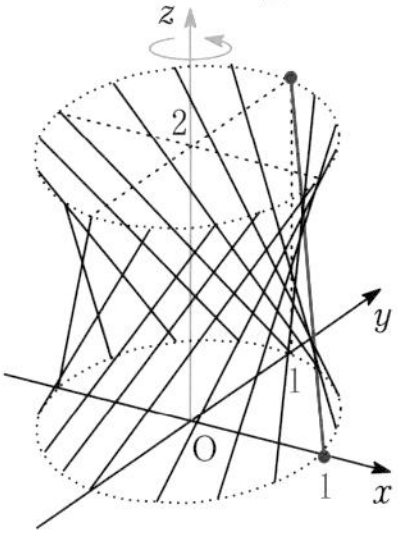

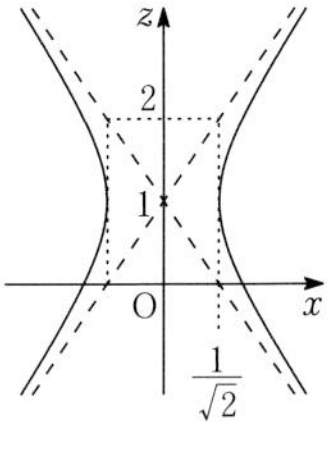

直線（空間内）

[→5 12 4 ❺″]

○m: $\begin{cases} z=y \\ x=0 \end{cases}$

yz 平面上の直線

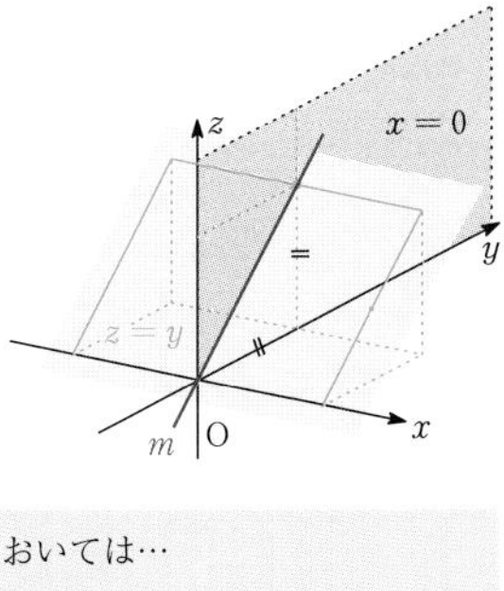

重要 座標空間においては…

単一の方程式は「**面**」を表す．

「**線**」は連立方程式で表される．

つまり，「面」と「面」の交わりが「線」．

index

著者紹介

広瀬 和之　（ひろせ かずゆき）

・大手予備校講師歴 30 年超　河合塾数学科講師
・『予備校数学講師広瀬の 渾身動画見放題』 https://www.hirosuu.com/
本書解説動画などの映像授業，膨大な量のプリント類・学習法アドバイスを公開
・『YouTube 広瀬教育ラボチャンネル』数学学習法・投資関連など多彩な内容
・著書多数 (学参・証券外務員試験)・amazon 著者ページあり
・指導対象：大学受験数学・投資・他

・数学指導の 3 本柱：**基本**にさかのぼる．**現象**そのものをあるがままに見る．**計算**を合理的に行う．
・数学講義で心掛けていること：簡潔な「本質」を抽出・体系化し，生徒と共有できる「正しい言葉」で，教室の隅まで「響く声」で伝える．(どれも"あたりまえなこと"ばかり)

『**謝辞**』本書は，組版ソフト：TeX(テフ) を用いて作成されました．このような数式を美しく出力できるソフトを作成・無償提供してくださったクヌース教授に敬意を表します．また，筆者自らが描いた図は，全て描画ソフト：WinTpic[1)] によります．作成者の方に感謝いたします．
そして筆者の無数のわがままを根気よく聞き入れた上で TeX による出版体制を整えてくださった編集担当の荻野様，遅れに遅れた原稿を，限られた時間の中で校正してくださった本多様，踊堂様のご協力が無ければ，本書は到底完成し得ませんでした．この場を借りて，心より感謝いたします．

注 1)：このソフトは，まるで**「作図」をするような感覚で** I+A [→5 11] 図形をキレイに正確に描くことができる優れ物です．TeX 本体とは切り離して単体でも使えますので，Windows パソコンをお持ちの方は，ぜひ使ってみましょう．「図形」がどのように定まるかを，作業を通して**体感**することにより，「図形」に対する理解が格段に深まるでしょう．(使用法の解説動画が，広瀬教育ラボの YouTube チャンネル内にあります．)

□ 編集協力　本多慶子　踊堂憲道
□ 本文デザイン　CONNECT
□ 図版作成　広瀬和之

シグマベスト
入試につながる
合格る 数学Ⅲ＋C

著　者　広瀬和之
発行者　益井英郎
印刷所　中村印刷株式会社
発行所　株式会社文英堂
〒601-8121　京都市南区上鳥羽大物町28
〒162-0832　東京都新宿区岩戸町17
(代表)03-3269-4231

ΣBEST
シグマベスト

入試につながる

合格る数学Ⅲ+C

解答集

文英堂

第1章 いろいろな関数

7 演習問題A

1 7 1 関数とは？ 根底 実戦 [→1 1 1]

着眼 考えることはただ1つ：x に対して y が1つに定まるか否かです.

解答 「関数である」を「○」,「関数ではない」を「×」で表すと,以下の通り.

(1) ○　(2) ○　(3) ×　(4) ○

解説 (1) 任意の実数 x に対して,右辺の値は一意的に定まるので,y は x の関数.
このように,y が x の“式”で表されていれば,関数だと言えます.
(2) x と0との異同によって場合分けされていますが,x に対して y は一意的に定まりますね.
(3)(4) 例えば $x=6$ のとき,正の約数は1, 2, 3, 6と複数個ありますね.
しかしこのとき,正の約数の個数は「4」と一意的です.

1 7 2 関数の値域 根底 実戦 定期 [→1 1 2]

着眼 $y=f(x)$ とおくとき,先に定める独立変数 x の範囲(問題文中の括弧内)が「定義域」,後で対応して定まる従属変数 y の範囲が「値域」です.

解答 (1) **方針** 定数項がないので,「切片形」が速いです. ■

$f(x)=x(1-x)$ より,値域は

$$0\le f(x)\le f\left(\frac{1}{2}\right).$$

i.e. $0\le f(x)\le \frac{1}{4}$.//

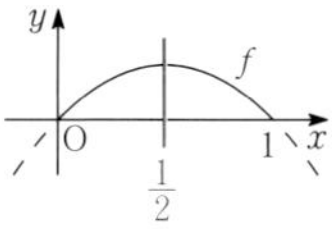

(2) **注** 「$-1\le x\le 1$」とありますが,もちろん「$x=0$」は定義域から除外して考えます. ■

求める値域は

$$f(x)\le -1,\ 1\le f(x).$$//

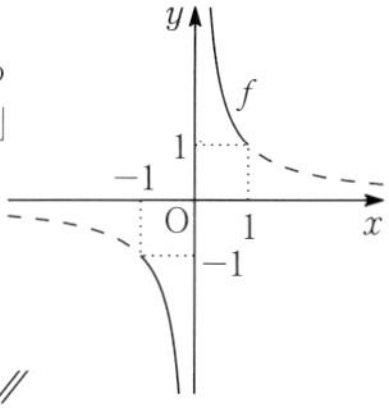

(3) **注** 三角関数は,「単位円」を用いて考えるのが正道ですが,ここでは,本章で重きを置いている「グラフ」を用いて解答してみます. ■

求める値域は

$$f\left(\frac{2}{3}\pi\right)\le f(x)\le f(0).$$

i.e. $-\frac{1}{2}\le f(x)\le 1$.//

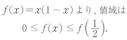

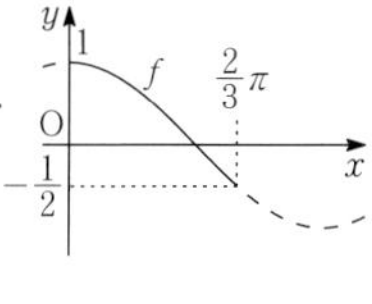

(4) 求める値域は

$$f(-1)\le f(x)\le f(1).$$

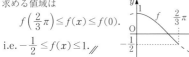

i.e. $\frac{1}{2}\le f(x)\le 2$.//

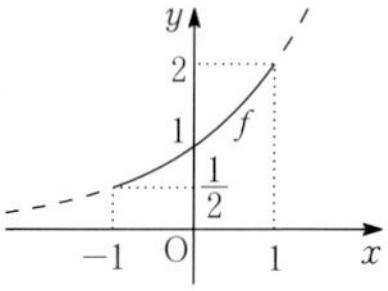

1 7 3 1次分数関数のグラフ 根底 実戦 定期 [→例題1 1 a]

方針 $y=q+\frac{k}{x-p}$ のグラフは $x=p$, $y=q$ を漸近線とする「直角双曲線」であることを覚えてしまいましょう.

解答

(1) $y=\frac{(x+1)\cdot 3+2}{x+1}$

$=3+\frac{2}{x+1}$.

よって右を得る.値域は

$y\neq 3$.//

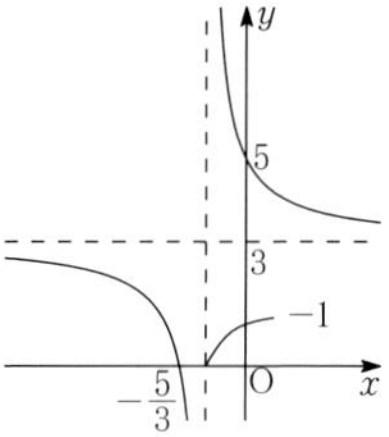

(2) $y=\frac{(2x+3)\cdot\frac{1}{2}-\frac{1}{2}}{2x+3}$

$=\frac{1}{2}+\frac{-\frac{1}{2}}{2x+3}$.

よって右を得る.値域は

$y\le\frac{1}{3},\ \frac{1}{2}<y$.//

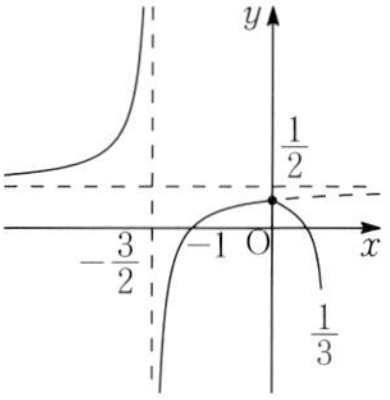

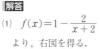

解説 グラフ上の点の y 座標の範囲を考えて,値域を求めています.

1 7 4 1次分数関数と不等式 根底 実戦 定期 [→例題1 1 b]

方針 (2)は,(1)のグラフを活かして解きましょう.

解答

(1) $f(x)=1-\frac{2}{x+2}$

より,右図を得る.

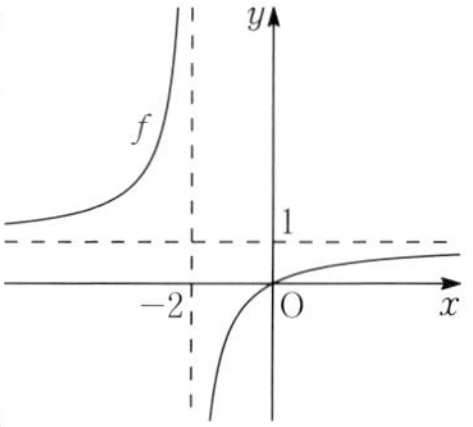

(2) 与式は,$f(x)\le\frac{1}{x}$.

よって,曲線 $y=f(x)$ が曲線 $y=\frac{1}{x}$ より下側にある範囲を考える.

方程式 $f(x)=\frac{1}{x}$ を解くと

$\frac{x}{x+2}=\frac{1}{x}$.

$x\neq 0, -2$ のもとで,

$x^2=x+2$.　$x^2-x-2=0$.

$(x+1)(x-2)=0$.　$x=-1, 2$.

以上より,求める解は,

$-2<x\le -1,\ 0<x\le 2$.//

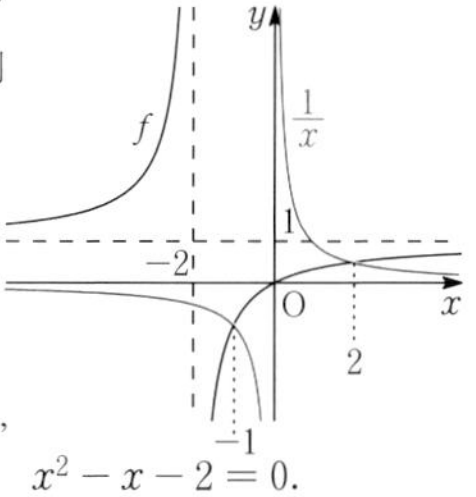

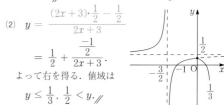

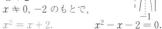

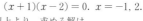

解説　前記**解答**は，「不等式」の扱いのうち「関数」利用の方です．「式変形」で解くと，次の通り：

$$\frac{x}{x+2} \leq \frac{1}{x}.$$

$$\frac{x}{x+2} - \frac{1}{x} \leq 0.$$ 比較対象を「0」にする

$$\frac{x^2-x-2}{(x+2)x} \leq 0.$$ 通分して「商 vs 0」型にする

$$\frac{(x+1)(x-2)}{(x+2)x} \leq 0.$$ さらに分子を積の形にする

左辺の符号は右のように変わるから，求める解は

$-2 < x \leq -1,\ 0 < x \leq 2.$ //

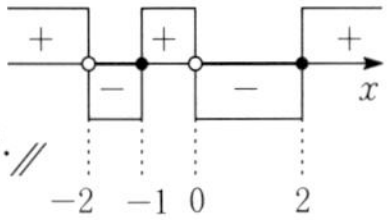

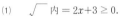

175　(1次) 無理関数のグラフ　[→例題11c]

根底　実戦　定期

方針　$y = \sqrt{1\text{ 次関数}}$ のグラフは，「"横に倒れた放物線" の "上半分" or "下半分"」です．

「$\sqrt{\quad}$ は 0 以上，中身も 0 以上」から定義域，値域を求めれば，自動的にグラフは描けます．

解答

(1)　$\sqrt{\quad}$ 内 $= 2x+3 \geq 0$.

$\therefore$ 定義域は $x \geq -\frac{3}{2}$.

$\sqrt{\quad} \geq 0$.

$\therefore$ 値域は $y \leq 3$.

よって右図を得る．

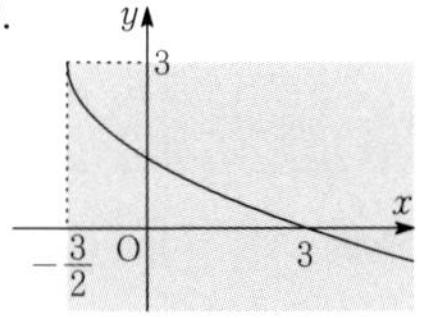

(2)　関数 $y=\sqrt{4-x}$ のグラフ全体については，

$\sqrt{\quad}$ 内 $= 4-x \geq 0$.

$\therefore$ 定義域は $x \leq 4$.

$\sqrt{\quad} \geq 0$.

$\therefore$ 値域は $y \geq 0$. これに「$0 \leq x$」を加味して，右上図を得る．

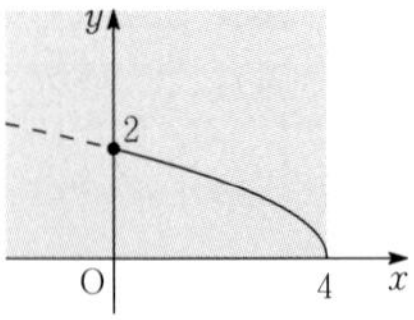

176　(1次) 無理関数と不等式　[→例題11d]

根底　実戦　定期

方針　関数のグラフを利用してみましょう．

解答　与式を変形すると

$$f(x) := \sqrt{6-2x} < 2 - \frac{x}{2}.\ \cdots①$$

そこで，$y = f(x)$ のグラフが直線 $y = 2 - \frac{x}{2}$ より下側にある範囲を求める．$f(x)$ について考えると，

$\sqrt{\quad}$ 内 $= 6-2x \geq 0$.

$\therefore$ 定義域は $x \leq 3$.

$\sqrt{\quad} \geq 0$.

$\therefore$ 値域は $y \geq 0$.

よって右図を得る．

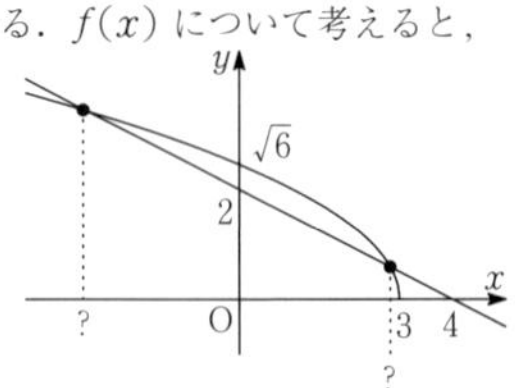

方程式 $f(x) = 2 - \frac{x}{2}$ を解くと，$x \leq 3$ のもとで，

$$6-2x = \left(2-\frac{x}{2}\right)^2 \left(\because\ 2-\frac{x}{2} \geq 0\right).$$

$$2 = \frac{x^2}{4}.\quad x = \pm 2\sqrt{2}\ (\leq 3).$$

以上より，求める解は，

$x < -2\sqrt{2},\ 2\sqrt{2} < x \leq 3.$ //

解説　不等式の扱いのうち，上記**解答**は「関数利用」．「式変形」方式で解くと次の通り：

①において，$\sqrt{\quad}$ 内 ≥ 0 より $x \leq 3$ …② が必要．②のもとでは両辺とも 0 以上だから，

$$6-2x < \left(2-\frac{x}{2}\right)^2.\qquad x^2 > 8.$$

これと②より…(上記と同じ結果を得る)．

177　偶関数・奇関数　[→例題12a]

根底　実戦

方針　「$f(-x)$」が，「$f(x)$」もしくは「$-f(x)$」と一致していないかを調べます．

解答　以下において，x は任意の実数を表す．

(1)　$f(-x) = f(x)(=2)$.

よって $f(x)$ は偶関数．

注　定数値関数は偶関数です．

(2)　$f(-x) = -x+\sin(-x) = -x-\sin x = -f(x)$.

よって $f(x)$ は奇関数．

注　奇関数どうしの和は奇関数です．

(3)　$f(-x) = (-x)^2+\sin(-x) = x^2 - \sin x$.

よって $f(x)$ は偶関数，奇関数ではない． //

注　偶関数と奇関数の和ですね．

(4)　$f(-x) = (-x)\sin(-x) = (-x)(-\sin x) = f(x)$.

よって $f(x)$ は偶関数．

注　奇関数どうしの積は偶関数．暗記することではありませんが．

(5)　$f(-x) = \sin(-x)\cos(-x) = -\sin x\cos x = -f(x)$.

よって $f(x)$ は奇関数．

注　奇関数と偶関数の積は奇関数．

(6)　$f(-x) = \dfrac{\sin(-x)}{1+\cos(-x)} = \dfrac{-\sin x}{1+\cos x} = -f(x)$.

よって $f(x)$ は奇関数．

注　奇関数と偶関数の商は奇関数．

(7)　$f(-x) = e^{-(-x)^2} = e^{-x^2} = f(x)$.

よって $f(x)$ は偶関数．

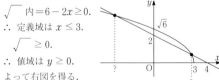

注　$g(x) = -x^2$, $h(x) = e^x$ とすると，$f(x)$ は g と h の合成関数であり，$f(x) = h \circ g(x)$ です．$g(x)$ が偶関数なので，$f(x)$ も偶関数となります．

この関数 $f(x)$ は，**演習問題 1 7 32**(5)でも登場します．なお，順序を逆にした合成関数を作ると

$$g \circ h(x) = -(e^x)^2 = -e^{2x}.$$

こちらは偶関数でも奇関数でもありません．指数関数 e^x には対称性がないためですね．

(8) $f(-x) = \dfrac{e^{-x} - e^x}{2} + 1.$

よって $f(x)$ は偶関数，奇関数ではない．//

注 奇関数 $\dfrac{e^x - e^{-x}}{2}$ と偶関数 1 の和です．

(9) $f(-x) = \log_e|-x| = \log_e|x| = f(x).$

よって $f(x)$ は偶関数．

注 偶関数 $|x|$ と $\log_e x$ の合成関数です．

演習問題 1 7 32(9)でも登場します．

1 7 8 グラフの対称性

根底 実戦 入試　[→ 1 2 2]

方針 対称性の定義に基づいて考えます．

解答 C が l に関して対称であるための条件は，

(*): 任意の実数 t に対して
$f(k+t) = f(k-t).$ …①

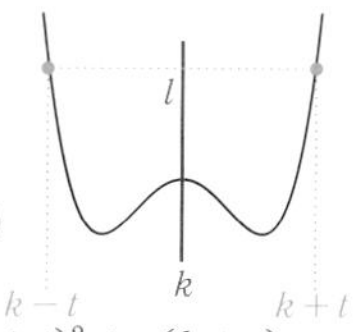

①は，

$$(k+t)^4 - 2(k+t)^3 - (k+t)^2 + a(k+t)$$
$$= (k-t)^4 - 2(k-t)^3 - (k-t)^2 + a(k-t).$$

方針 同次の項どうしをセットにして計算します．

$$(k+t)^4 = k^4 + 4k^3t + 6k^2t^2 + 4kt^3 + t^4$$
$$(k-t)^4 = k^4 - 4k^3t + 6k^2t^2 - 4kt^3 + t^4$$

を紙に書かずにイメージするだけで済ませます．■

$$\not{2}(4k^3t + 4kt^3) - 2\cdot\not{2}(3k^2t + t^3) - \not{2}\cdot 2kt + a\cdot\not{2}\cdot t = 0.$$

(*) は，これが t の恒等式であること，すなわち

$$^{1)}\begin{cases} t^3 \cdots\ 4k - 2 = 0, \\ t \cdots\ 4k^3 - 6k^2 - 2k + a = 0. \end{cases}$$

$\therefore k = \dfrac{1}{2}.$//

$\dfrac{1}{2} - \dfrac{3}{2} - 1 + a = 0.\ \therefore\ a = 2.$//

注 1)：ここで行ったのは，いわゆる「係数比較法」ですね．[→ Ⅱ+B 1 5 3]

1 7 9 基本周期の変化

根底 実戦　[→例題 1 2 c]

解答 (1) π　(2) 2π

解説 大雑把な説明を付け加えておきます．

(1) $y = \dfrac{1}{2}\sin 2x.$ $2x$ が 2π ($\sin x$ の基本周期) だけ変動するとき，x は $\dfrac{2\pi}{2} = \pi$ だけ変動しますね．

(2) $y = \sqrt{2}\sin\left(x + \dfrac{\pi}{4}\right).$

このグラフは，$y = \sqrt{2}\sin x$ (周期 2π) のグラフを x 方向へ $-\dfrac{\pi}{4}$ だけ平行移動しただけですね．

1 7 10 ガウス記号と周期関数

根底 実戦 入試　[→例題 1 2 d]

着眼 「$[x]$」は，言わずと知れた「ガウス記号」です．その"意味"は，「実数 x の整数部分」でしたね．$f(x)$ の"意味"は，x からその「整数部分」を除いた「小数部分」です．

この"意味"によると，(1)は自明なことですが，ここでは「ガウス記号」の定義に基づいて証明します．

(2)では，"意味"より「1」が周期であることは見抜けますから，あとはそれを示し，さらに「1」が基本周期であることを示します．

解答 (1) $[x]$ の定義により，$\boxed{k}$ を整数として，

$$[x] = \boxed{k} \Longleftrightarrow \boxed{k} \leq x < \boxed{k} + 1. \cdots①$$

$[k+x] = l\ (l \in \mathbb{Z})$ とおくと，①より [1]

$$l \leq k + x < l + 1.$$
$$\boxed{l-k} \leq x < (\boxed{l-k}) + 1.$$

$l - k \in \mathbb{Z}$ だから，①より [2]

$$[x] = l - k.\quad \therefore\ l = [x] + k.$$

すなわち，$[k+x] = [x] + k.$ □

(2) 任意の実数 x に対して，

$$\begin{aligned} f(x+1) &= (x+1) - [x+1] \\ &= (x+1) - ([x]+1)\ (\because (1)) \\ &= x - [x] = f(x). \end{aligned}$$

よって，1 は $f(x)$ の周期 (の 1 つ) である． …②

つまり，$f(x)$ は周期関数である．□

次に，1 未満の正の周期はないことを示す．（背理法で）

仮に $p\ (0 < p < 1\ \cdots③)$ が $f(x)$ の周期だとしたら，

任意の x に対して $f(x+p) = f(x).$

$\therefore f(0+p) = f(0).$ i.e. $f(p) = 0.$ …④

ところが③と①より $[p] = 0$ だから，

$$f(p) = p - [p] = p - 0 = p > 0.$$

これは④と矛盾する．

よって，$f(x)$ は 1 より小さい正の周期をもたない．

これと②より，$f(x)$ の基本周期は，1 である．

解説 (1)では，①を 2 回用いました．

1)：①を「$\Longrightarrow$」の向きに．

2)：①を「$\Longleftarrow$」の向きに．

参考 関数 $y=f(x)$ のグラフを各自描いてみてください. 下のようになります:

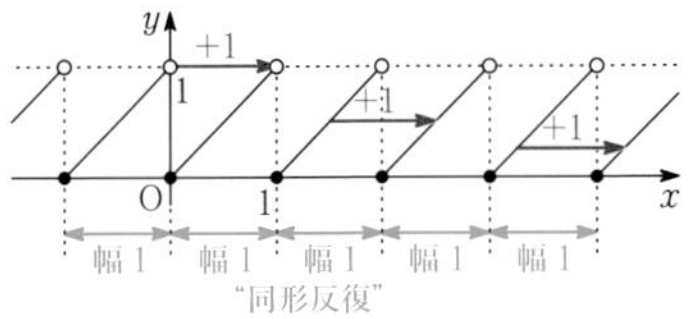

グラフから, 次のことが読み取れますね:

- 周期のイメージ(青色の同形反復)
- 周期の定義(赤色の矢印)
- $f(x)$ は不連続な関数(グラフが途切れている)

1 7 11 絶対値と周期関数

根底 実戦 入試 [→例題1 2 d]

着眼 試しに $y=f(x)$ のグラフを描いてみましょう.

例えば $k=0$ として, $0\leq x<2$ の範囲では,

$$f(x)=1-|x-1|.$$

このグラフは右図のように $x=1$ で折れ曲がる"山型の折れ線"です.

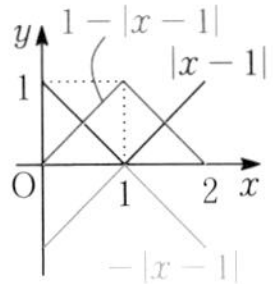

一般に, $2k\leq x<2k+2$ の範囲においては $x=2k+1$ で折れ曲がる"山型の折れ線"となります. よってグラフは下のようになります.

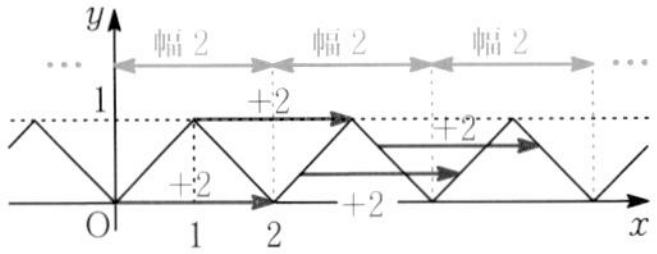

これを見ると「幅 =2 の同形反復」(青色)が目に留まり,「2 は周期だと"イメージ"」できます.

しかし,「2 が周期であることの**定義**」は赤色で示した

任意の x に対して $f(x+2)=f(x)$

が成り立つことです. 解答は, この定義に基づいて書きます.

解答 $k(\in\mathbb{Z})$ を固定する.

$$2\boxed{k}\leq x<2\boxed{k}+2\ (\boxed{k}\in\mathbb{Z})\text{ のとき,} \quad \cdots①$$

$$f(x)=1-\left|x-(2\boxed{k}+1)\right|.$$

①なる任意の x に対して

$$2k+2\leq x+2<2k+4,$$

$$\text{i.e. } 2(\boxed{k+1})\leq x+2<2(\boxed{k+1})+2.$$

$$\therefore\ f(x+2)=1-\left|(x+2)-\{2(\boxed{k+1})+1\}\right|$$
$$=1-|x-(2k+1)|=f(x).$$

これは任意の $k(\in\mathbb{Z})$ について成り立つから,

任意の実数 x に対して $f(x+2)=f(x)$.

よって, 2 は $f(x)$ の周期(の 1 つ)である. …②

つまり, $f(x)$ は周期関数である. □

次に, 定数 $p\ (0<p<2)$ は $f(x)$ の周期とはなり得ないことを示す. そのためには $f(0+p)\neq f(0)$ …③ を示せばよい.

$0,\ p\in[0,2)$ より ①で $k=0$ として考える

$$f(0)=1-|0-1|=0,$$

$$f(p)=1-|p-1|>0$$

$$(\because\ -1<p-1<1 \text{ より } |p-1|<1).$$

よって③は成り立つ.

これと②より, $f(x)$ の基本周期は, $\underline{2}$.

解説 「周期」を扱う際の定番の流れ: イメージで発想, 定義で解答.

注 その定義に現れる「任意の」を否定すると「ある」となるので, p が周期でないことを示すには, 処理しやすい 1 つの x のみ考えれば OK です.

言い訳 グラフを描かずとも, 式の雰囲気から「なんとなく周期は 2 っぽいな」とバレますが(笑).

1 7 12 三角関数と周期関数

根底 実戦 入試 [→例題1 2 d]

着眼 $f(x)$ は $\sin x$ と $\cos x$ の合成関数です. $\sin x$ の周期である 2π について考えると,

$$f(x+2\pi)=\cos(\sin(x+2\pi))$$
$$=\cos(\sin x)=f(x)\ (x \text{ は任意}).$$

よって, 2π は $f(x)$ の周期でもあります. 当然のことですが(笑).

では, 2π より小さい正の周期はないかと考えて試してみると… $\cos(-\triangle)=\cos\triangle$ が頭に思い浮かび…

解答 任意の実数 x に対して,

$$f(x+\pi)=\cos(\sin(x+\pi))$$
$$=\cos(-\sin x)=\cos(\sin x)=f(x).$$

よって, π は $f(x)$ の周期(の 1 つ)である. …①

つまり, $f(x)$ は周期関数である. □

次に, 定数 $p\ (0<p<\pi\ \cdots②)$ は $f(x)$ の周期とはなり得ないことを示す. そのためには

$$f(0+p)\neq f(0)(=1)\ \cdots③$$

を示せばよい.

$$f(0+p)=f(p)=\cos(\sin p).$$

②より $0<\sin p\leq 1<\dfrac{\pi}{2}$ だから, $f(p)<1$.

よって③は成り立つ.

これと①より, $f(x)$ の基本周期は, $\underline{\pi}$.

参考 任意の実数 x に対して,

$$f(-x)=\cos(\sin(-x))$$
$$=\cos(-\sin x)=\cos(\sin x)=f(x).$$

よって $f(x)$ は偶関数です.

また，f のグラフは下のようになります．

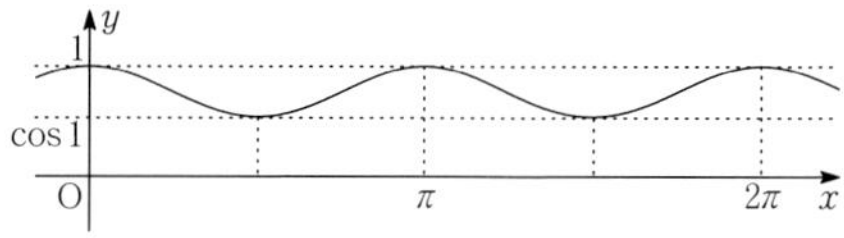

$-1 \leq \sin x \leq 1$ より，-1[rad]〜1[rad] に対応する cos の値を考えて，$f(x)$ の値域は

$\cos 1 \leq f(x) \leq 1$ となります．(見た目はサインカーブと似ていますが，それとは微妙に形状の異なる曲線です．)

1 7 13 グラフの対称移動

根底 実戦 [→例題 1 3 a]

方針 C の方程式において，$\boxed{x}$, $\boxed{y}$ を何に置き換えるべきかを考えます．

解答 (1) **着眼** x 軸対称→ y が符号反対■

$\boxed{y}$ を $\boxed{-y}$ に変えて，

C': $\boxed{-y} = \cos x + 1$, i.e. $y = -\cos x - 1$. //

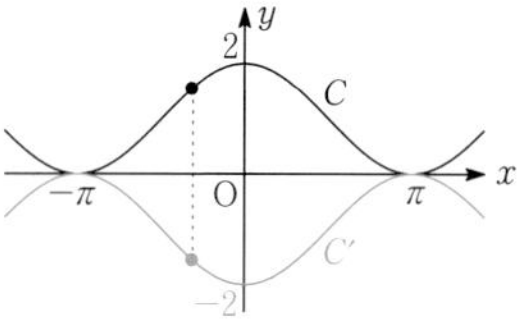

解説 「x 軸対称」については，直接 $y = -f(x)$ の形を書くこともできますね．

(2) **着眼** y 軸対称→ x が符号反対■

$\boxed{x}$ を $\boxed{-x}$ に変えて，

C': $y = \left(\dfrac{2}{3}\right)^{\boxed{-x}}$

i.e. $y = \left(\dfrac{3}{2}\right)^{x}$. //

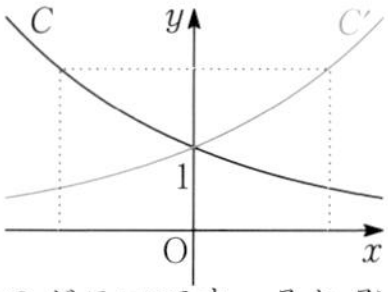

解説 C, C' とも指数関数のグラフです．それぞれの底は $\dfrac{2}{3}(<1)$, $\dfrac{3}{2}(>1)$ であり，前者は減少関数，後者は増加関数です．

(3) **着眼** 原点対称→ x, y が符号反対■

$\boxed{x}$ を $\boxed{-x}$ に，$\boxed{y}$ を $\boxed{-y}$ に変えて，C' は

$\boxed{-y} = \log_e(\boxed{-x})$.

i.e. $y = -\log_e(-x)$. //

解説 関数 $y = -\log_e(-x)$ の定義域は，

$-x > 0$ より，$x < 0$.

値域は任意の実数です．

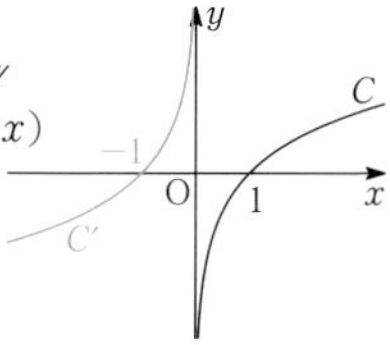

(4) C 上の点 (x, y) と l に関して対称な点 (X, Y) をとると，

$$\begin{cases} x = Y, \\ y = X. \end{cases}$$ 消したい x, y を残したい X, Y で表す

これを C: $\boxed{y} = \dfrac{1}{\boxed{x}-1}$

へ代入して

$$\boxed{X} = \frac{1}{\boxed{Y}-1}.$$

i.e. C': $x = \dfrac{1}{y-1}$. [1] // 慣習に従い，小文字に書き換えた

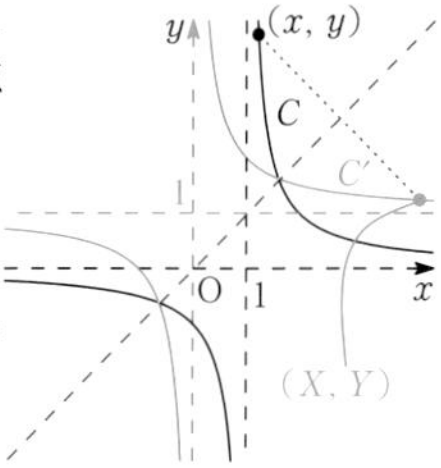

解説 [1]：これで正解ですが，y を x で表すスタイルに変えるなら

$$x(y-1)=1\ (y \neq 1) \text{ より，} y = \frac{1}{x} + 1\ (x \neq 0).$$

これは，$y = \dfrac{1}{x-1}$ の逆関数です (x, y の互換が行われています)．

(5) C 上の点 (x, y) と点 A に関して対称な点 (X, Y) をとると，

$$\begin{cases} \dfrac{x+X}{2} = 2, \\ \dfrac{y+Y}{2} = 1. \end{cases}$$

$$\begin{cases} x = 4 - X, \\ y = 2 - Y. \end{cases}$$ 消したい x, y を残したい X, Y で表す

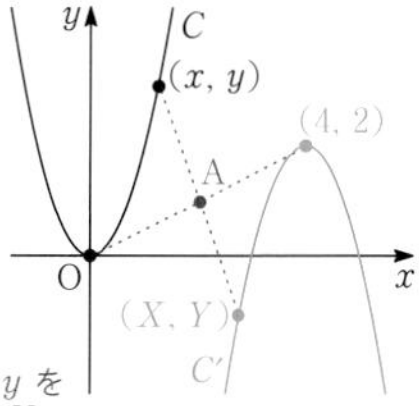

これを C: $\boxed{y} = 2\boxed{x}^2$ へ代入して

$$\boxed{2-Y} = 2(\boxed{4-X})^2.$$

i.e. C': $y = -2(x-4)^2 + 2$. // 慣習に従い，小文字に書き換えた

解説 放物線の移動は，「凹凸」と「頂点」だけ考えてもできます[→ I+A 2 4]．

C' は「上に凸」であり，頂点は $(4, 2)$ であることから，上記の方程式が得られます．

1 7 14 平行移動量を求める

根底 実戦 [→ 1 3 1]

着眼 一見，「平行移動」がピンと来ませんが，三角関数はいろいろ変形する道筋があります．

方針 C' の方程式を p, q を用いて表して与式と比較してもできますが，もっと直接的に．

解答 C' の方程式を変形すると

$$\begin{aligned} y &= \sin x \cos x + \sin^2 x \\ &= \frac{1}{2}\sin 2x + \frac{1-\cos 2x}{2} \\ &= \frac{1}{2} + \frac{1}{2}(\sin 2x - \cos 2x) \\ &= \frac{1}{2} + \frac{\sqrt{2}}{2}\sin\left(2x - \frac{\pi}{4}\right). \end{aligned}$$

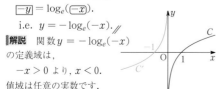

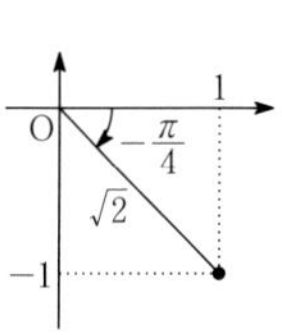

すなわち

$$C':\boxed{y-\frac{1}{2}}=\frac{1}{\sqrt{2}}\sin 2\left(\boxed{x-\frac{\pi}{8}}\right).$$ ●●● x, y から引く数 ＝移動量

↑ ベクトル $\begin{pmatrix}\frac{\pi}{8}\\ \frac{1}{2}\end{pmatrix}$ だけ平行移動

$$C:\boxed{y}=\frac{1}{\sqrt{2}}\sin 2\boxed{x}$$

よって求める平行移動量は

$$p=\frac{\pi}{8},\ q=\frac{1}{2}.\ /\!/$$

1 7 15 グラフの“伸縮” 根底 実戦 [→例題1 3 b]

方針 1 3 3 x 軸方向，y 軸方向への“伸縮”の結果を暗記して「使う」のではなく，x の値に呼応して y の値がどう変化するかを考えて描いて欲しいです．ここでは，x が 0 から 2 まで変化するときを考えてみます．

④は，$y=2\cdot 2^{\frac{x}{2}}$ より，③の y 座標を 2 倍すればよいですね．

解答

x	0	…	$\frac{1}{2}$	…	1	…	2
①: 2^x	1	↗	$\sqrt{2}$	↗	2	↗	4
②: 2^{2x}	1	↗	2	↗	4	↗	16
③: $2^{\frac{x}{2}}$	1	↗	$\sqrt[4]{2}$	↗	$\sqrt{2}$	↗	2

例えば「$y=2$」となるときの x の値を比べてみると，②や③のグラフが，①のグラフを x 方向にどれだけ“伸縮”したものであるかが読み取れます[1)]．

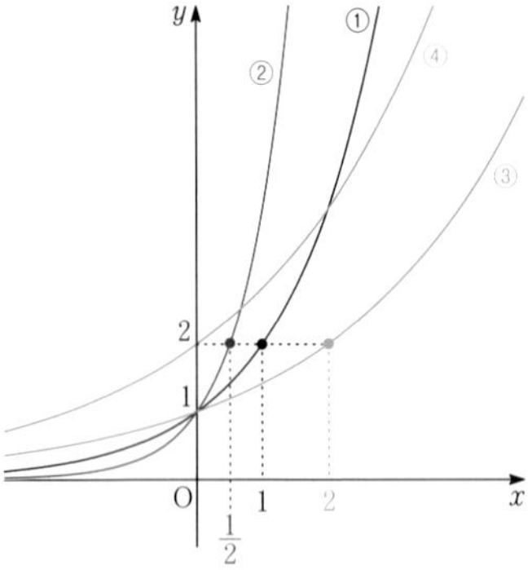

注 1)：より精密に考えたい場合には，1 3 3 冒頭のような議論を行います．

1 7 16 逆関数を求める 根底 実戦 [→例題1 4 a]

方針 $y=f(x)$ とおき，x を y で表します．文字 x, y の**互換は最後の最後に仕方なく**….

注 その“仕方なく”行う部分にグレーを被せます．

解答 (1)〜(6)の全てにおいて，$y=f(x)$ とおく．

(1) 関数 $y=3-\dfrac{x}{2}$ …① について，

定義域：x は任意の実数．値域：y は任意の実数．

①を変形すると

$x=2(3-y)$, ●●● $f^{-1}(y)=2(3-y)$

逆関数の定義域：y は任意の実数．

> x, y を互換して，求める逆関数は
> $y=2(3-x)$, ●●● $f^{-1}(x)=2(3-x)$
> 定義域：x は任意の実数．$/\!/$

参考 両者のグラフが直線 l: $y=x$ に関して対称であることを，各自確認しておいてください．

(2) 関数

$$y=1+x-x^2=-\left(x-\frac{1}{2}\right)^2+\frac{5}{4}\ (x\leq 0)\ \cdots②$$

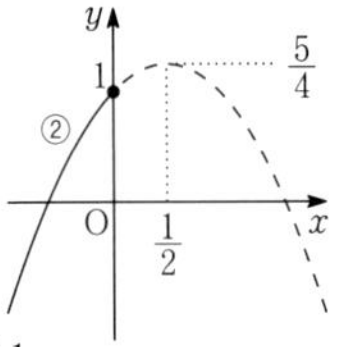

について，

定義域：$x\leq 0$．値域：$y\leq 1$．

②を変形すると

$$\left(x-\frac{1}{2}\right)^2=\frac{5}{4}-y\ \left(x-\frac{1}{2}\leq-\frac{1}{2}\right).$$

$$x-\frac{1}{2}=-\sqrt{\frac{5}{4}-y}.$$

$x=\dfrac{1}{2}-\sqrt{\dfrac{5}{4}-y}$, ●●● $f^{-1}(y)=\dfrac{1}{2}-\sqrt{\dfrac{5}{4}-y}$

逆関数の定義域：$y\leq 1$．

> x, y を互換して，求める逆関数は
> $y=\dfrac{1}{2}-\sqrt{\dfrac{5}{4}-x}$, ●●● $f^{-1}(x)=\dfrac{1}{2}-\sqrt{\dfrac{5}{4}-x}$
> 定義域：$x\leq 1$．$/\!/$

参考 両者のグラフが直線 l: $y=x$ に関して対称であることを，各自確認しておいてください．

(3) 関数 $y=x^3+3x^2+3x+1$ …③ について，

定義域：x は任意の実数．値域：y は任意の実数．

③を変形すると

$y=(x+1)^3$. ●●● x を集約

$x+1=\sqrt[3]{y}$. ●●● $y<0$ でも OK

$x=\sqrt[3]{y}-1$, ●●● $f^{-1}(y)=\sqrt[3]{y}-1$

逆関数の定義域：y は任意の実数．

> x, y を互換して，求める逆関数は
> $y=\sqrt[3]{x}-1$, ●●● $f^{-1}(x)=\sqrt[3]{x}-1$
> 定義域：x は任意の実数．$/\!/$

(4) 関数 $y=\dfrac{2x+1}{x-1}=2+\dfrac{3}{x-1}$ …④ について，

定義域：$x \neq 1$．値域：$y \neq 2$．

④を変形すると

$(x-1)(y-2)=3$． ●●● これが“反比例”の原型

$x=\dfrac{3}{y-2}+1=\dfrac{y+1}{y-2}$， ●●● $f^{-1}(y)=\dfrac{y+1}{y-2}$

逆関数の定義域：$y \neq 2$．

x, y を互換して，求める逆関数は

$y=\dfrac{x+1}{x-2}$， ●●● $f^{-1}(x)=\dfrac{x+1}{x-2}$

定義域：$x \neq 2$．//

(5) 関数 $y=e^x-1$ …⑤ について，

定義域：x は任意の実数．値域：$y>-1$．

⑤を変形すると

$y+1=e^x$．

$x=\log_e(y+1)$， ●●● $f^{-1}(y)=\log_e(y+1)$

逆関数の定義域：$y>-1$．

x, y を互換して，求める逆関数は

$y=\log_e(x+1)$， $f^{-1}(x)=\log_e(x+1)$

定義域：$x>-1$．//

参考 ここで行った同値変形：

$y=e^x-1 \iff x=\log_e(y+1)$

は，**2 5 3**「指数・対数関数の極限」で重要な役割を演じます．

参考 両者のグラフが直線 l: $y=x$ に関して対称であることを，各自確認しておいてください．

(6) 関数 $y=\dfrac{e^x-e^{-x}}{2}$ …⑥ について，

定義域：x は任意の実数．値域：y は任意の実数．

⑥を変形すると

$e^x-2y-e^{-x}=0$． ●●● $e^{-x}=\dfrac{1}{e^x}$

$(e^x)^2-2y\cdot e^x-1=0$． ●●● $\boxed{e^x}$ の 2 次方程式

$e^x=y+\sqrt{y^2+1}$ ($\because$ $e^x>0$)．[1]

$x=\log_e\left(y+\sqrt{y^2+1}\right)$， ●●● $f^{-1}(y)=\log_e\left(y+\sqrt{y^2+1}\right)$

逆関数の定義域：y は任意の実数．

x, y を互換して，求める逆関数は

$y=\log_e\left(x+\sqrt{x^2+1}\right)$， $f^{-1}(x)=\log_e\left(x+\sqrt{x^2+1}\right)$

定義域：x は任意の実数．//

注 [1]：2 次方程式の解の公式にある「±」のうち，「+」のみを採用した理由を説明します．

$$\sqrt{y^2+1}>\sqrt{y^2}=|y| \geq \begin{cases} -y & \cdots⑦ \\ y & \cdots⑧ \end{cases}.$$

$$\therefore \begin{cases} ⑦より，y+\sqrt{y^2+1}>0, \\ ⑧より，y-\sqrt{y^2+1}<0. \end{cases}$$

よって，$e^x(>0)$ と等しくなり得るのは「+」の方のみです．

補足 逆に，$f^{-1}(x)$ の逆関数が $f(x)$ であることを確認してみましょう．

$y=\log_e\left(x+\sqrt{x^2+1}\right)$ を変形すると，

$x+\sqrt{x^2+1}=e^y$．$\sqrt{x^2+1}=e^y-x$．

$x^2+1=(e^y-x)^2$．$1=(e^y)^2-2e^y\cdot x$．

$x=\dfrac{(e^y)^2-1}{2e^y}=\dfrac{e^y-e^{-y}}{2}=f(y)$．

参考 この $f(x)$ と $f^{-1}(x)$ は，**例題 1 2 a** (7)(8)の関数そのものです．

また，両者のグラフについては**演習問題 1 7 33** (2)で扱います．

1 7 17 逆関数をもつか否か 根底 実戦 [→1 4 3]

方針 (1)(2)ともグラフがつながっているので，逆関数の存在条件は，「単調」であることです．

解答 (1) $n=1, 3, 5, \cdots$（奇数）のとき，$f(x)$ は単調増加[1]だから逆関数をもつ．

$n=2, 4, 6, \cdots$（偶数）のとき，$f(x)$ は単調でないから逆関数をもたない．

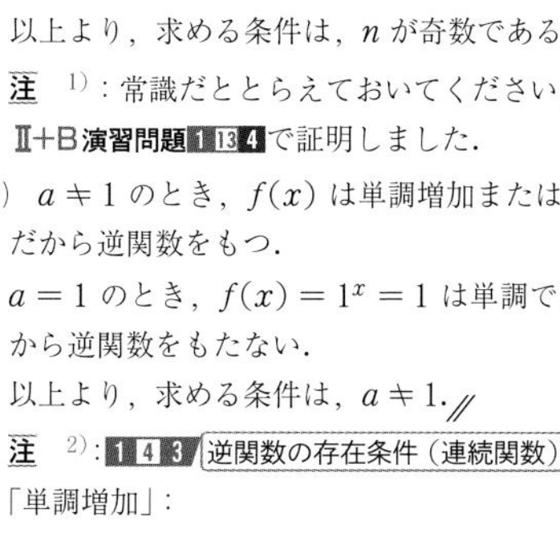

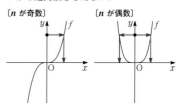

以上より，求める条件は，n が奇数であること．//

注 [1]：常識だととらえておいてください．

Ⅱ+B **演習問題 1 13 4** で証明しました．

(2) $a \neq 1$ のとき，$f(x)$ は単調増加または単調減少だから逆関数をもつ．

$a=1$ のとき，$f(x)=1^x=1$ は単調ではない[2]から逆関数をもたない．

以上より，求める条件は，$a \neq 1$．//

注 [2]：**1 4 3** 逆関数の存在条件（連続関数）で述べた「単調増加」：

$x_1<x_2 \Longrightarrow f(x_1)<f(x_2)$ …①

とは，より詳しく言うと「狭義単調増加」です．それより少しユルイものとして「広義単調増加」：

$x_1 < x_2 \Longrightarrow f(x_1) \leq f(x_2)$ …②

というのもあります．$f(x)=1$（定数値関数）は②を満たすので広義単調増加ですが，①は満たさないので狭義単調増加ではありません．よって，逆関数をもちません．

補足　もしも「指数関数 a^x」と書かれていたら，自動的に $a=1$ は除外されます．

(3)　題意の条件は，定義域：$a \leq x \leq a+1$ において $f(x)$ が単調であること．すなわち

$a+1 \leq 0$，または $0 \leq a$．
i.e.　$a \leq -1,\ 0 \leq a$．//

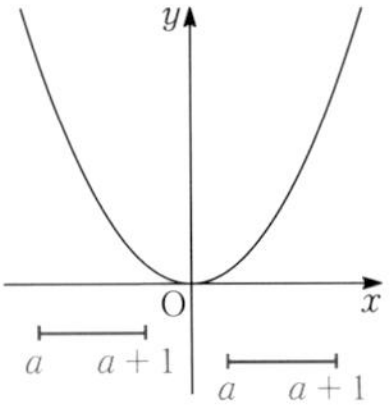

1 7 18　3次関数の逆関数　[→例題1 4 b]
根底 実戦　入試

方針　グラフがつながっている関数が逆関数をもつための条件は，「単調」であることです．

解答　(1)　題意の条件は，

$f(x)$ が単調であること．　… ①

$f'(x)=3x^2-3a=3(x^2-a)$．

①は，これが符号を変えないこと．すなわち

$-a \geq 0$. i.e. $a \leq 0$．//

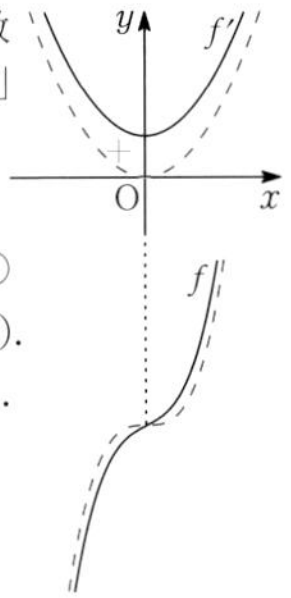

(2)　題意の条件は，

$f(x)\,(x \geq a)$ が単調であること．　… ②

$a \leq 0$ なら，(1)より②は成り立つ．

そこで，$a>0$ のときを考えると，右図のようになる．

よって②は

$\sqrt{a} \leq a$．両辺とも正だから，
$a \leq a^2$．$1 \leq a$ (∵ $a>0$)．

以上より，求める範囲は，

$a \leq 0,\ 1 \leq a$．//

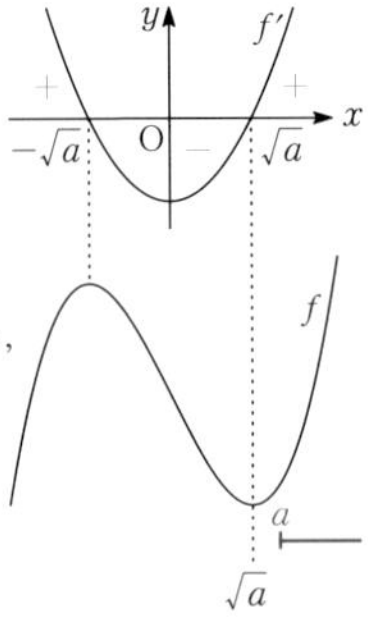

1 7 19　逆関数のグラフ・共有点　[→例題1 4 c]
根底 実戦　入試

注　①，②の間では，x, y の互換が行われています．

方針　「以外にはない」という否定表現の証明ですから，背理法を用いてみます．

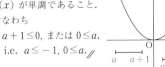

解答　仮に $s \neq t$ を満たす共有点 (s, t) が存在したとすると

$$\begin{cases} t=f(s), & \cdots ①' \text{かつ} \\ t=f^{-1}(s), \text{ i.e. } s=f(t). & \cdots ②' \end{cases}$$

i) $s<t$ のとき，①′②′ より $f(s)>f(t)$ となるが，これは $f(x)$ が増加関数であることに反するので不合理．

ii) $s>t$ のときも同様に不合理．

したがって，$s \neq t$ を満たす共有点 (s, t) は存在しない．□

注　つまり，共有点がある場合，それは必ず直線 $y=x$ 上にあります．

参考　例題1 4 cでは，$f(x)=(x-a)^2\ (x \geq a)$ が単調増加なので，逆関数のグラフとの交点は直線 $y=x$ 上にだけありましたね．

1 7 20　逆関数のグラフ・不等式　[→例題1 4 c]
根底 実戦　入試

言い訳　1)：もちろん，実際の入試でこうした状況はあり得ませんが（笑）．

方針　まず定数 a の値を求めます．その際，前問を利用すべく直線 $y=x$ に着目します．
不等式を解く際も同様です．

狭義

解答　(1)　$f(x)=a^x\ (a>1)$ は単調増加だから，$f(x)$ とその逆関数のグラフどうしの共有点は直線 l: $y=x$ 上にある．よって C は点 $(2, \underline{2})$ を通る [2] から

$a^2=\underline{2}$．　∴ $a=\sqrt{2}$ (∵ $a>1$)．//

(2)　(1)より，$f(x)=\left(\sqrt{2}\right)^x$．

方針　これをもとにして，C と C' というより，C と l の位置関係を探ります．■

$f(4)=\left(\sqrt{2}\right)^4=2^2=4$．

よって，C は l 上の点 $(4, 4)$ をも通る．また，C' は l に関して C と対称だから，次図を得る．

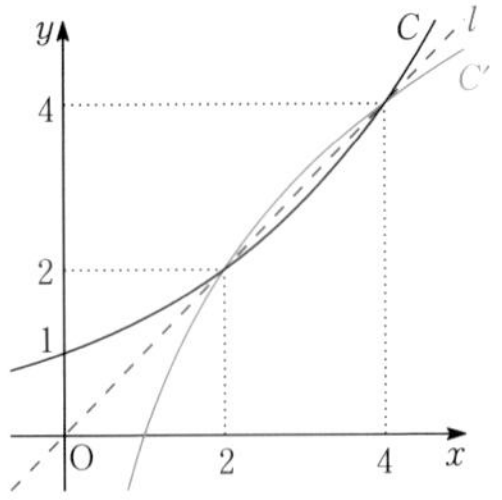

よって与式の解は，$2<x<4$．//

重要 2)：共有点に関して，問題文には「x 座標」しかありませんが，前問の知識があれば「y 座標」もわかってしまうのですね．

解説 不等式を具体化すると，$\left(\sqrt{2}\right)^x < \log_{\sqrt{2}} x$ となります．この「式」を変形して解くのは難しそうです．

$f(x)$ と $f^{-1}(x)$ の大小関係を，グラフを用いて C と C' の上下関係にすり替え，さらにそれを C と直線 l の関係によって片付けることができましたね．

という訳で，$f^{-1}(x)$ を具体的に求める作業は，本問では一切不要でした．

言い訳 前記**解答**では，C が「下に凸」，C' が「上に凸」であることを用いています．厳密には，微分法[→3]を用いてそれを証明しておくべきですが，ここではそれを不問とする立場をとりました．このあたりの事情は，例によって試験では"状況次第"でしょう．

注 逆関数のグラフどうしの共有点は，どんなときでも必ず $y=x$ 上にしかあり得ないという訳ではありませんよ．[→次問]

1 7 21 逆関数のグラフ・共有点 [→1 4 4]

根底 実戦 入試

着眼 $f(x)=(x-a)^2\,(x\leq a)$ は単調減少ですので，逆関数をもちます．

①，②の間では，x, y の互換が行われています．

注 この関数は，例題1 4 c における $x\geq a$ を $x\leq a$ に変えただけのものです．

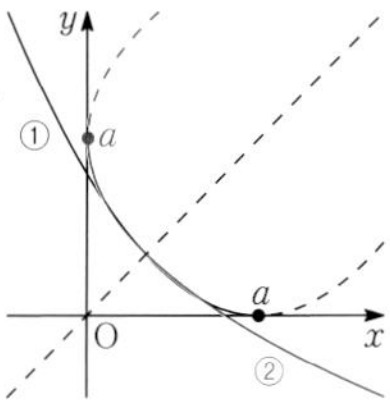

解答 題意の共有点を $(s, t)\,(s \neq t)$ とおくと

$$\begin{cases} t=f(s), \text{ かつ} \\ t=f^{-1}(s), \text{ i.e. } s=f(t). \end{cases}$$

$$\begin{cases} t=(s-a)^2\ (s\leq a), & \cdots ①' \text{かつ} \\ s=(t-a)^2\ (t\leq a). & \cdots ②' \end{cases}$$

方針 このように，2 文字を互換した 2 式があるときは，「足して，引く」のが原則です．

[→Ⅱ+B演習問題1 11 19]■

①′－②′より

$t-s=(s-a)^2-(t-a)^2.$

$t-s=(s+t-2a)(s-t).$

$-1=s+t-2a\ (\because\ s\neq t).$

$s+t=2a-1.\ \cdots ③$

①′＋②′より

$t+s=(s-a)^2+(t-a)^2.$

$t+s=\underbrace{s^2+t^2}_{(s+t)^2-2st}-2a(s+t)+2a^2.$

$2st=(s+t)^2-(2a+1)(s+t)+2a^2.$

これと③より

$2st=(2a-1)^2-(2a+1)(2a-1)+2a^2$

$st=a^2-2a+1=(a-1)^2.\ \cdots ④$

③④より，次の z 方程式は s, t を 2 解とする：

$(z-s)(z-t)=0.$

$z^2-(s+t)z+st=0.$

$g(z):=z^2-(2a-1)z+(a-1)^2=0.\ \cdots ⑤$

$s, t \leq a$；$s \neq t$ より，題意の条件は，

⑤が $z\leq a$ の範囲に異なる 2 実解をもつこと．…(*)

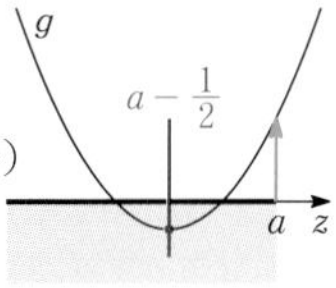

方針 いわゆる「解の配置」ですね．[→Ⅰ+A2 9]■

前図より，(*) は

$g(a)=a^2-(2a-1)a+(a-1)^2$
$=-a+1\geq 0,$

軸：$z=a-\dfrac{1}{2}<a,$ つねに成立

⑤の判別式 $=(2a-1)^2-\underbrace{4(a-1)^2}_{(2a-2)^2}$
$=4a-3>0.$

以上より，求める範囲は

$\dfrac{3}{4}<a\leq 1.$//

参考 直線 $y=x$ 上の共有点は，①′②′において $s=t$ として

$s=(s-a)^2\ (s\leq a).$

$h(s):=s^2-(2a+1)\cdot s+a^2=0\ (s\leq a).$

これが解をもつための条件は，

軸：$a+\dfrac{1}{2}>a$ だから，右図より

$h(a)=a^2-(2a+1)\cdot a+a^2$
$=-a\leq 0.$

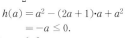

i.e. $a\geq 0.$

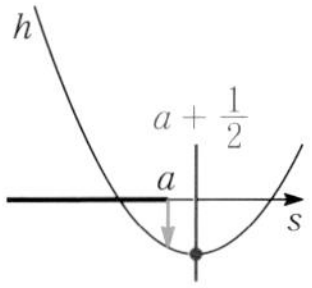

1 7 22 合成関数を作る [→例題1 5 a]

根底 実戦

注 「定義域も答えよ」とは，「考え得るもっとも広い定義域を言え」という意味です．

注 「$f(x)$ と $g(x)$ の合成関数」というのは高校数学の流儀です．「$g(\boxed{x})$」と書かれているからといって，必ずしも「$\boxed{x}$」を写すとは限りませんよ．

解答 (1) f と g の合成関数は

$$g\circ f(x)=g\left(\boxed{f(x)}\right)=g\left(\boxed{\frac{1}{x-1}}\right)=\frac{\boxed{\frac{1}{x-1}}}{\boxed{\frac{1}{x-1}}-2}=\frac{1}{1-2(x-1)}=\frac{1}{3-2x}.\text{//}$$

定義域は，$f(x)$ および $g\circ f(x)$ の分母 $\neq 0$ より

$x\neq 1,\ \frac{3}{2}.$//

g と f の合成関数は

$$f\circ g(x)=f\left(\boxed{g(x)}\right)=f\left(\boxed{\frac{x}{x-2}}\right)=\frac{1}{\boxed{\frac{x}{x-2}}-1}=\frac{x-2}{x-(x-2)}=\frac{x-2}{2}.\text{//}$$

定義域は，$g(x)$ の分母 $\neq 0$ より

$x\neq 2.$//

注 1 次分数関数どうしの合成関数が「1 次関数」になってしまうケースもあるのです．

発展 定義域について説明します．

〔$\boldsymbol{g\circ f(x)}$〕

まず，最初に写す関数 $f(x)$ の定義域を考えて，$x=1$ を除外します．次に，$f(x)$ の値域: $f(x)\neq 0$ には，$g(x)$ の定義域から除外された $f(x)=2$ が含まれ，このとき合成関数 $g\circ f(x)=g\left(\boxed{f(x)}\right)$ は定義されません．このときの x を求めてみると

$$f(x)=2.\ \frac{1}{x-1}=2.\ 1=2(x-1).\ x=\frac{3}{2}.$$

この値が，合成関数 $g\circ f(x)$ の定義域からさらに除外されたという訳です．

〔$\boldsymbol{f\circ g(x)}$〕

まず，最初に写す関数 $g(x)$ の定義域を考えて，$x=2$ を除外します． 次に，$g(x)=1+\frac{2}{x-2}$ の値域: $g(x)\neq 1$ は，$f(x)$ の定義域と一致しますから，新たに除外される x の値はありません．■

(2) f と g の合成関数は

$$g\circ f(x)=g\left(\boxed{f(x)}\right)=g\left(\boxed{\frac{1}{x}}\right)=e^{\boxed{\frac{1}{x}}}.\text{//}$$

定義域は，$f(x)$ の分母 $\neq 0$ より，$x\neq 0.$//

g と f の合成関数は

$$f\circ g(x)=f\left(\boxed{g(x)}\right)=f\left(\boxed{e^x}\right)=\frac{1}{\boxed{e^x}}=e^{-x}.\text{//}$$

また，任意の実数 x に対して $g(x)\neq 0$ だから，定義域は，実数全体．//

(3) f と g の合成関数は

$$g\circ f(x)=g\left(\boxed{f(x)}\right)=g\left(\boxed{|x|}\right)=\log_e\boxed{|x|}.\text{//}$$

定義域は，$f(x)=|x|$ が対数の真数となることから，

$|x|>0.$ i.e. $x\neq 0.$//

g と f の合成関数は

$$f\circ g(x)=f\left(\boxed{g(x)}\right)=f\left(\boxed{\log_e x}\right)=\left|\boxed{\log_e x}\right|.\text{//}$$

定義域は，$g(x)=\log_e x$ の真数 >0 より，$x>0.$//

(4) f と g の合成関数は

$$g\circ f(x)=g\left(\boxed{f(x)}\right)=g\left(\boxed{\sqrt{x}}\right)=\sin\boxed{\sqrt{x}}.\text{//}$$

定義域は，$f(x)=\sqrt{x}$ の $\sqrt{\ }$ 内 ≥ 0 より，$x\geq 0.$//

g と f の合成関数は

$$f\circ g(x)=f\left(\boxed{g(x)}\right)=f\left(\boxed{\sin x}\right)=\sqrt{\boxed{\sin x}}.\text{//}$$

定義域は，$g(x)=\sin x$ が $\sqrt{\ }$ 内に入るから

$\sin x\geq 0.\ \therefore\ 2k\pi\leq x\leq(2k+1)\pi\ (k\in\mathbb{Z}).$//

注 前半の $g\circ f$ では，後で写す g の定義域は任意の実数なので，f の値域について心配しなくて大丈夫．

後半の $f\circ g$ では，先に写す g の値域: $-1\leq g(x)\leq 1$ が，後で写す f の定義域:(0 以上の実数) からハミ出しているので注意が要ります．

(5) f と g の合成関数は

$$g\circ f(x)=g\left(\boxed{f(x)}\right)=g\left(\boxed{e^x}\right)=\log_e\boxed{e^x}\overset{1)}{=}x.\text{//}$$

定義域は，$f(x)=e^x$ がつねに正であり対数の真数となり得るから，実数全体．//

g と f の合成関数は

$$f\circ g(x)=f\left(\boxed{g(x)}\right)=f\left(\boxed{\log_e x}\right)=e^{\boxed{\log_e x}}\overset{2)}{=}x.\text{//}$$

定義域は，$g(x)=\log_e x$ の真数 >0 より，$x>0.$//

解説 お気付きの通り，g は f の逆関数なので，**1 5 3** で述べたことから，

$g\circ f(x)=f^{-1}\circ f(x)=x,$

$f\circ g(x)=f\circ f^{-1}(x)=x$

となるのが当然でした (笑)．

注 1)2): この 2 つの等号は，完璧に理解できていますね！？また，正しい方法で計算できていますね！？[→ⅡＢ **5 3** の **1** **2**]

1 7 23 合成関数
根底 実戦

[→例題 1 5 b]

解答 (1) g と h の合成関数は

$$h\circ g(x)=h\left(\boxed{g(x)}\right)=h\left(\boxed{x^2}\right)=\frac{1}{\boxed{x^2}}.\ /\!/ \quad \cdots①$$

h と g の合成関数は

$$g\circ h(x)=g\left(\boxed{h(x)}\right)=g\left(\boxed{\frac{1}{x}}\right)=\left(\boxed{\frac{1}{x}}\right)^2.\ /\!/$$

注 このように,

$h\circ g(x)=g\circ h(x)$

が成り立つことも，たまにはあります (笑).

参考 定義域は，どちらも $x\neq 0$ です. ■

(2) f と g と h の合成関数は

$h\circ g\circ f(x)=(h\circ g)\circ f(x)$.

これと①より

$$h\circ g\circ f(x)=(h\circ g)\left(\boxed{f(x)}\right)=\frac{1}{\left(\boxed{f(x)}\right)^2}=\frac{1}{\left(\boxed{x+1}\right)^2}.\ /\!/$$

(3) **方針** $f(\square)=\square+1,\ g(\square)=\square^2,\ h(\square)=\dfrac{1}{\square}$ の形が現れるよう変形します. ■

$$\begin{aligned}F(x)&=\left(1+\boxed{\frac{1}{x}}\right)^2\\&=\left(1+\boxed{h(x)}\right)^2\\&=\left\{f\left(\boxed{h(x)}\right)\right\}^2\\&=g\left(f\left(\boxed{h(x)}\right)\right)=g\circ f\circ h(x).\ /\!/\end{aligned}$$

注 (3)で，他の表し方がないとは断定していません.

1 7 24 折れ線と合成関数
根底 実戦 入試

[→ 1 5]

解答 (1) **方針** 絶対値記号内の符号に応じて，x の範囲を分けて考えます. ■

$$f(x)=\begin{cases}1+(2x-1)\ (2x-1\leq 0)\\1-(2x-1)\ (2x-1\geq 0)\end{cases}$$

$$=\begin{cases}2x & \left(0\leq x\leq \dfrac{1}{2}\right)\ \cdots①\\2-2x & \left(\dfrac{1}{2}\leq x\leq 1\right).\ \cdots②\end{cases}$$

よって，右下図を得る.

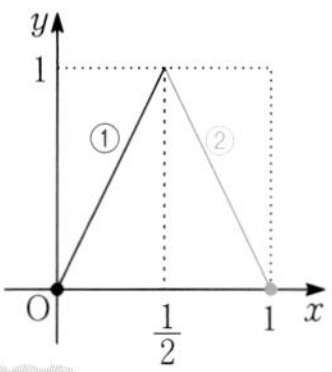

(2) **着眼** これまで何度か見てきたように，最初の $f(x)$ の値域が，後の f の定義域に含まれているか否かがポイントです. ■

(1)のグラフより，$y=f(x)$ の値域は，$[0,1]$. 閉区間の記号

よって，$f\circ f(x)=f\left(\boxed{f(x)}\right)=f\left(\boxed{y}\right)$ において，$\boxed{y}$ の範囲が関数 f の定義域 $[0,1]$ と一致しているから，合成関数 $f\circ f(x)$ は $0\leq x\leq 1$ において定義される. □

方針 x の様々な値に対して，$f(x)$, $f\circ f(x)$ の値がどう対応するかを追跡してみましょう.

x	0	$\frac{1}{6}$	$\frac{1}{3}$	$\frac{1}{2}$	$\frac{2}{3}$	$\frac{5}{6}$	1
↓	①	①	①	①②	②	②	②
$f(x)$	0	$\frac{1}{3}$	$\frac{2}{3}$	1	$\frac{2}{3}$	$\frac{1}{3}$	0
↓	①	①	②	②	②	①	①
$f\circ f(x)$	0	$\frac{2}{3}$	$\frac{2}{3}$	0	$\frac{2}{3}$	$\frac{2}{3}$	0

こうした“作業”を通して，最初の「x」と $\dfrac{1}{2}$ の大小のみならず，それを f で写した「$f(x)$」と $\dfrac{1}{2}$ の大小にも注目すべきことがわかりますね.

「x」の各値に対して，①②のどちらを使うべきかを，“最初の f” → “二度目の f” の順に記すと，次図のようになります. ■

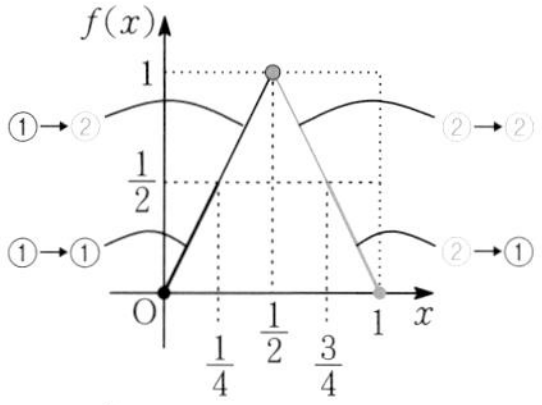

i) $0\leq x<\dfrac{1}{4}$ のとき

①を用いて，$f(x)=2x$.

$0\leq 2x<\dfrac{1}{2}$ だから，再度①より

$f\circ f(x)=f(2x)=2\cdot 2x=4x$.

ii) $\dfrac{1}{4}\leq x<\dfrac{1}{2}$ のとき

①を用いて，$f(x)=2x$.

$\dfrac{1}{2}\leq 2x<1$ だから，今度は②を用いて

$f\circ f(x)=f(2x)=2-2\cdot 2x=2-4x$.

iii) $\dfrac{1}{2}\leq x<\dfrac{3}{4}$ のとき

②を用いて，$f(x)=2-2x$.

$\dfrac{1}{2}<2-2x\leq 1$ だから，再度②を用いて

$f\circ f(x)=f(2-2x)=2-2(2-2x)=4x-2$.

iv) $\dfrac{3}{4}\leq x\leq 1$ のとき

②を用いて，$f(x)=2-2x$.

$0\leq 2-2x\leq\dfrac{1}{2}$ だから，今度は①を用いて

$f\circ f(x)=f(2-2x)=2(2-2x)=4-4x$.

以上より，求めるグラフは次図の通り．

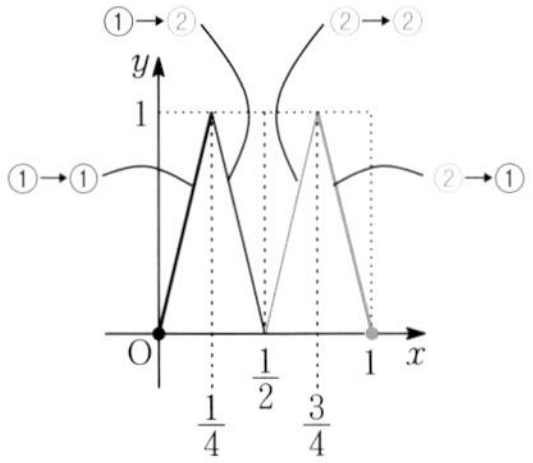

余談　本問の f は，(1)の答えを見るとわかるように，グラフがキャンプサイトに張るテントに似ているため，**テント写像**と呼ばれます．(「写像」は「関数」とほぼ同義語)

参考　テント写像 f を何度も繰り返し合成していくとグラフはどうなるか？(1)→(2)の変化を見ると想像つきませんか？次のようになります．

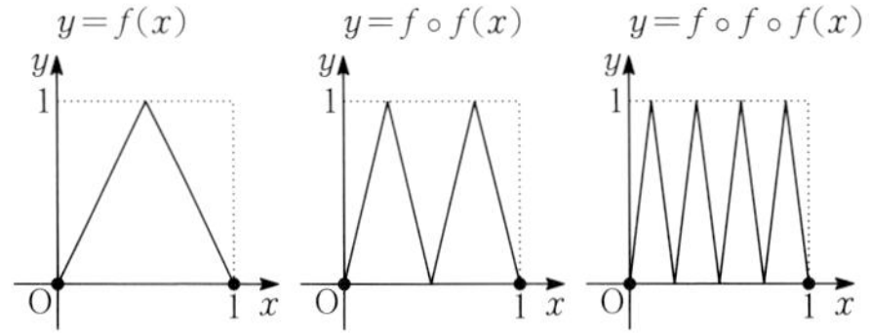

1 7 25　f と f^{-1} の一致　[→ 1 5]

根底　実戦

方針　逆関数 f^{-1} を求めてもよいですが，もっとスマートに片付きます．

解答　$f(x)=f^{-1}(x)$ を同値変形すると

$f(f(x))=f(f^{-1}(x))$.

$f\circ f(x)=f\circ f^{-1}(x)$. [1]

$f\circ f(x)=x$. [2]

$f(x)=ax+b$ (a, b は定数で $a\neq 0$) とおけて

$a(ax+b)+b=x$.

$(a^2-1)x+b(a+1)=0$.

これが x の恒等式となる条件を求めて

$a^2-1=0$ …①, $b(a+1)=0$. …②

①より $a=\pm 1$.

i) $a=1$ のとき，②より $b=0$.

ii) $a=-1$ のとき，②において b は任意.

以上より，求める 1 次関数は

$f(x)=x,\ -x+b$ (b は任意の実数定数). //

解説　[2]：$f\circ f^{-1}(x)=x$ であることは，1 5 3 で論じました．

注　ハイレベル↑ [1]：この等式から与式を導いてみます．

この両辺を f^{-1} で写すと

$f^{-1}(f\circ f(x))=f^{-1}(f\circ f^{-1}(x))$.

$f^{-1}\circ f\circ f(x)=f^{-1}\circ f\circ f^{-1}(x)$.

$(f^{-1}\circ f)\circ f(x)=(f^{-1}\circ f)\circ f^{-1}(x)$.

$\therefore f(x)=f^{-1}(x)$.

これで与式が導かれましたね．

1 7 26　合成関数・順序の交換　[→ 1 5 1]

根底　実戦

解答

$g\circ f(x)=g(f(x))=g(ax+2)=b(ax+2)+3$.

$f\circ g(x)=f(g(x))=f(bx+3)=a(bx+3)+2$.

これらが関数として一致するための条件は

$$\begin{cases} x\cdots\ ba=ab\ (\text{つねに成立}),\ \text{かつ} \\ \text{定数}\cdots\ 2b+3=3a+2. \end{cases}$$

よって題意の条件は

$3a=2b+1$. …①

下書き　いわゆる「1 次型不定方程式」ですね．
[→ I+A 6 10 2]

特殊解：$(a, b)=(1, 1)$ がすぐ見つかり，

$3\cdot 1=2\cdot 1+1$.

①とこれで辺々差をとると…■

①を変形すると

$3(a-1)=2(b-1)$.

3 と 2 は互いに素だから，$2\mid a-1$.　整除記号

よって k をある整数として，

$$\begin{cases} a-1=2k \\ b-1=3k. \end{cases}\quad \text{i.e.}\ \begin{pmatrix} a \\ b \end{pmatrix}=\begin{pmatrix} 1 \\ 1 \end{pmatrix}+k\begin{pmatrix} 2 \\ 3 \end{pmatrix}.$$ [1]

a, b は一桁の自然数だから，$k=0, 1, 2$. すなわち

$(a, b)=(1, 1), (3, 4), (5, 7)$. // [2]

解説　[2]：つまり，次の 3 つのケースが考えられます：

i) $\begin{cases} f(x)=x+2 \\ g(x)=x+3 \end{cases}$　ii) $\begin{cases} f(x)=3x+2 \\ g(x)=4x+3 \end{cases}$　iii) $\begin{cases} f(x)=5x+2 \\ g(x)=7x+3 \end{cases}$

それぞれにおいて，順序を交換した 2 つの合成関数 $g\circ f(x)$ と $f\circ g(x)$ が

i) $x+5$,　ii) $12x+11$,　iii) $35x+17$

と一致していることを，各自確かめてみてください．

補足　[1]：このようにベクトルの成分で表すと，文字「k」が集約されていて見やすいですね．

参考　本問を一般化して，

$f(x)=ax+p$, $g(x)=bx+q$ (a, b, p, q は実数)

とすると，$g\circ f(x)=f\circ g(x)$ となるための条件は

$(a-1)q=(b-1)p$.

i.e. $(a-1):(b-1)=p:q$

となります．

1 7 27 合成関数と逆関数

根底 実戦 [→1 5, 1 4]

方針 (1) まず x を集約し，x について解きます．
(2)(3) (1)を利用したいですね．$f^{-1}\circ f(x)=x$，
$f\circ f^{-1}(x)=x$ であることを利用して，$g(\bigcirc)=\bigcirc$ の形を作ります．

解答 (1) $y=f(x)$ とおくと

$$y=1-\frac{2}{x+2}\ (x\neq -2,\ y\neq 1).$$
$$(x+2)(1-y)=2.$$
$$x=\frac{2}{1-y}-2=\frac{2y}{1-y}.$$

x,y を互換して，求める逆関数は

$$y=\frac{2x}{1-x}\ (x\neq 1).\text{//}$$

(2) (1)より，$f^{-1}(x)=\dfrac{2x}{1-x}$．…③

①において，$\boxed{x}$ に $f^{-1}(x)$ を代入すると

$$g\circ f\left(\boxed{f^{-1}(x)}\right)=\frac{1}{\boxed{f^{-1}(x)}}.\ \cdots④$$

左辺は

$$g\circ f\circ f^{-1}(x)=g\circ(f\circ f^{-1})(x)$$
$$=g(x)\ (\because\ f\circ f^{-1}(x)=x).$$

これと④③より

$$g(x)=\frac{1}{f^{-1}(x)}=\frac{1-x}{2x}.\text{//}\ \cdots⑤$$

(3) ②の両辺を f^{-1} で写すと

$$f^{-1}(f\circ g(x))=f^{-1}\left(\frac{1}{x}\right).\ \cdots⑥$$

左辺は

$$f^{-1}\circ f\circ g(x)=(f^{-1}\circ f)\circ g(x)$$
$$=g(x)\ (\because\ f^{-1}\circ f(x)=x).$$

右辺は，③より

$$\frac{2\cdot\frac{1}{x}}{1-\frac{1}{x}}=\frac{2}{x-1}.$$

これらと⑥より

$$g(x)=\frac{2}{x-1}.\text{//}$$

言い訳 重要度↓ 以下は小うるさい話です（笑）．
(2)においては，$f(x)$ および $g\circ f(x)$ が定義されるよう「$x=-2,0$」は除外して考えてかまいません．ただし上記**解答**では「$f^{-1}(x)=\dfrac{2x}{1-x}$」を用いたため，「$x=1$」までもが除外されてしまっています．とはいえ，結果：⑤はそれ以外の無限個の x に対しては成り立ちますので，$x=1$ も含めて成り立ちます．実際，⑤をもとにして合成関数 $g\circ f(x)$ を求めてみると

$$g\circ f(x)=g(f(x))$$
$$=\frac{1-\frac{x}{x+2}}{2\cdot\frac{x}{x+2}}$$
$$=\frac{2}{2x}=\frac{1}{x}.$$

①は，$x=1$ のときも含めてちゃんと成り立っていますね（(3)も同様です）．

1 7 28 グラフの対称性

根底 実戦 入試 [→1 2 2, 1 5]

着眼 曲線 C_0: $y=F(x)$ が直線 $x=\underline{0}$（つまり y 軸）に関して対称なら，$F(x)=\alpha x^4+\beta x^3+\gamma x^2+\delta x+\varepsilon$ の形に表して考えると，偶数次数のみ

$$F(x)=\alpha x^4+\gamma x^2+\varepsilon\ (\text{ i.e. }\beta,\delta=0)\ ^{1)}$$

だとわかります．つまり，「$\boxed{x-\underline{0}}$」で表すとカンタンです．
これと同じように，直線 $x=\underline{1}$ に関する対称性を論じるには，「$\boxed{x-\underline{1}}$」で表すのが良策です．

$g(x)$ も，平方完成すると $g(x)=(\boxed{x-1})^2-1$ のように $\boxed{x-1}$ で表せます．（曲線 $y=g(x)$ は直線 l : $x=1$ に関して対称です．）

解答

$$f(x)=a(x-1)^4+b(x-1)^3+c(x-1)^2+d(x-1)+e$$
（$a\sim e$ は定数で，$a\neq 0$）

と表せる 2)．これが l に関して対称であるとき，次が成り立つ：

(*): 任意の実数 t に対して
$f(1+t)=f(1-t)$．…①

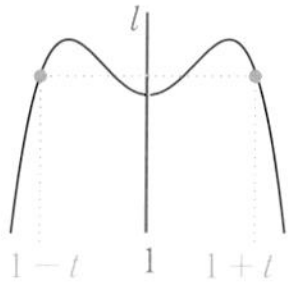

①は

$$at^4+bt^3+ct^2+dt+e=at^4-bt^3+ct^2-dt+e.$$
i.e. $bt^3+dt=0$.

よって (*) より，$b=d=0$．よって，次のように表せる：

$$f(x)=a(x-1)^4+c(x-1)^2+e$$
$$=a\{(x-1)^2\}^2+c(x-1)^2+e$$
$$=a(x^2-2x+1)^2+c(x^2-2x+1)+e$$
$$=a\{g(x)+1\}^2+c\{g(x)+1\}+e$$
$$=ag(x)^2+(2a+c)g(x)+a+c+e.$$

よって，整式で表される関数

$$h(x)=ax^2+(2a+c)x+(a+c+e)$$

を用いて，次のように表せる：

$$f(x)=h(g(x))=h\circ g(x).\ \square$$

補足 2)：「表せる」ことは自明として許される気がしますが，理由を説明するなら次の通りです．

$$f(x)=\bigcirc(\boxed{x-1}+1)^4+\triangle(\boxed{x-1}+1)^3+\cdots.$$

これを展開・整理すれば，$f(x)$ は「$\boxed{x-1}$」の多項式として表せることがわかります．

1)：これをキチンと示すには，前記**解答**の「1」を「0」に変えて，

$$F(0-t)=F(0+t)$$

が任意の実数 t について成り立つ条件を考えます．

注 1)：これをもとにして，$C\colon y=f(x)$ は C_0 を x 方向へ 1 だけ平行移動したものだから

$$C\colon y=F(x-1).$$

i.e. $f(x)=\alpha(x-1)^4+\gamma(x-1)^2+\varepsilon$

の形になると考えてもよいですね．

1 7 29 偶関数，奇関数と合成関数 [→1 2 1，1 5]

根底 実戦

方針 偶関数，奇関数の定義に基づいて考えるだけです．

解答

(1)(2) $g\circ f(-x)=g(f(x))$ ($\because$ f が偶関数)
$=g\circ f(x).$

よって $g(x)$ に関係なく，(1)(2)のいずれについても $g\circ f(x)$ は偶関数．//

(3) $g\circ f(-x)=g(-f(x))$ ($\because$ f が奇関数)
$=g(f(x))$ ($\because$ g が偶関数)
$=g\circ f(x).$

よって $g\circ f(x)$ は偶関数．//

(4) $g\circ f(-x)=g(-f(x))$ ($\because$ f が奇関数)
$=-g(f(x))$ ($\because$ g が奇関数)
$=-g\circ f(x).$

よって $g\circ f(x)$ は奇関数．//

解説 けっきょく $g\circ f(x)$ は，この 4 つのケースのうち f,g がともに奇関数のときのみ奇関数になります．

1 7 30 合成関数の逆関数 [→1 4，1 5]

根底 実戦

着眼 合成関数，逆関数の意味からして当然ですね（下を参照）．

$$x\ \underset{\substack{x=f^{-1}(u)\\ \text{後}}}{\overset{\substack{\text{先}\\ u=f(x)}}{\longleftrightarrow}}\ u\ \underset{\substack{u=g^{-1}(y)\\ \text{先}}}{\overset{\substack{\text{後}\\ y=g(u)}}{\longleftrightarrow}}\ y$$

これを念頭に証明を行いましょう．

解答

$u=f(x),\ y=g(u)$

とおくと，

$y=g(f(x))=g\circ f(x).$

$x=(g\circ f)^{-1}(y).$ …②

$x=f^{-1}(u),\ u=g^{-1}(y).$

したがって

$x=f^{-1}(u)$
$=f^{-1}(g^{-1}(y)).$

$\therefore\ x=f^{-1}\circ g^{-1}(y).$

$$x\ \underset{x=f^{-1}\circ g^{-1}(y)}{\overset{y=g\circ f(x)}{\longleftrightarrow}}\ y$$

これと②より，

$(g\circ f)^{-1}(y)=f^{-1}\circ g^{-1}(y).$

i.e. $(g\circ f)^{-1}(x)=f^{-1}\circ g^{-1}(x).$

よって，①が示せた．□

注 「先」「後」の順序に気を付けること．

余談 入試でこれを使って問題を解くことは多くありません（笑）．

1 7 31 逆関数・合成関数（離散変数） [→1 4，1 5]

根底 実戦 入試 ハイレベル↑

方針 整数の「余り」に関する話ですから，余りが等しいことを意味する**合同式**を使います[→Ⅰ+A 6 7 3]．もちろん，10 を法として (mod 10)．

注 合同式の扱いがあやふやな人は，本問はパス（笑）．

着眼 例えば $a=3,\ b=2$ のとき，次のように対応します：

n	0	1	2	3	4	5	6	7	8	9
$n+3$	3	4	5	6	7	8	9	10	11	12
$f(n)$	3	4	5	6	7	8	9	0	1	2

n	0	1	2	3	4	5	6	7	8	9
$2n$	0	2	4	6	8	10	12	14	16	18
$g(n)$	0	2	4	6	8	0	2	4	6	8

n の各値に対して，$f(n)$ の値は全て相異なります．よって $f(n)$ は逆関数をもちます．

一方 $g(n)$ では，例えば $g(n)=2$ となる n として 1, 6 の 2 つがあるので，逆向きの一意対応はできず，逆関数は存在しないことがわかります．

こうして“様子”をつかんだ上で，「答案」の中では「文字」を用いた一般的な議論を行いましょう．

解答 以下において，10 を法とする合同式を用いると，

$f(n)\equiv n+a,$ …①

$g(n)\equiv bn.$ …②

(1) $n+a$ $(n=0,1,2,\cdots,9)$ は連続する 10 個の整数だから，10 で割った余りは全て相異なる 1)．

よって，$f(n)$ は逆関数をもつ．□

(2) i,j を $0\leqq i<j\leqq 9$ …③ を満たす整数とする．$g(n)$ が逆関数をもつための条件は，③なる任意の i,j について

$g(i)\neq g(j)$ …④

が成り立つこと．

④を②を用いて変形すると,

$bi \not\equiv bj$.

$10 \nmid b(j-i)$. …④′ (ここに, $10 = 2\cdot5$)[2]

ここで, b が素因数 2 をもつ場合, ③なる i, j の中には $j-i=5$ となるものがあり, これに対して④′ は不成立. b が素因数 5 をもつ場合も同様.

b が素因数 2, 5 をもたない場合, ③のとき $1 \leq j-i \leq 9$ だから, ④′ はつねに成立.

以上より, $g(n)$ が逆関数をもつための条件は

b が素因数 2, 5 をもたないこと.

これを満たす最小の整数 $b(\geq 2)$ は, 3.

言い訳 答えが「3」ですから, $b=2, 3, \cdots$ の順に前記**着眼**のように表を作って調べてみれば解決してしまいますが…. 問題が本格化して数値が大きくなっても対応できるよう, 上記のように解答できるようにしましょう. ■

(3) **注** 文脈からして, 与式が任意の n に対して成り立つと考えます. ■

(2)より, $b=3$ として考える.

$g(n) \equiv 3n$. …②′

着眼 与式はずいぶんヤヤコシイですが…, 単に幻惑させているだけ (笑). ■

与式を同値変形すると,

$g(g^{-1} \circ f \circ g \circ f^{-1}(n)) = g(n)$.

$(g \circ g^{-1}) \circ f \circ g \circ f^{-1}(n) = g(n)$.

$f \circ g \circ f^{-1}(n) = g(n)$.

$m = f^{-1}(n)$, i.e. $n = f(m)$ とおくと

$f \circ g(m) = g(f(m))$.

$f \circ g(n) = g \circ f(n)$. 「$m$」を「$n$」と書き直した

①②′を用いると

$3n + a \equiv 3(n+a)$.

$10 \mid 3(n+a) - (3n+a)$.

$10 \mid 2a$. (ここに, $10 = 2\cdot5$)

$5 \mid a$.

これを満たす最小の自然数 a は, 5.

解説 全体として,「整数」のウェイトが高い問題でした.

[1]: つまり, 10 を法とする「剰余系」をなします.
[→ I+A 6 7 6]

[2]: 合同式の定義に立脚した有名な“読み替え”ですね.

参考 これ以降では, (2)(3)で求めた $a=5, b=3$ のときについて考えます.

対応表は以下の通りです:

n	0	1	2	3	4	5	6	7	8	9
$n+5$	5	6	7	8	9	10	11	12	13	14
$f(n)$	5	6	7	8	9	0	1	2	3	4

n	0	1	2	3	4	5	6	7	8	9
$3n$	0	3	6	9	12	15	18	21	24	27
$g(n)$	0	3	6	9	2	5	8	1	4	7

これを見ながら, 次のことを確認してみてください.

○ $f(n), g(n)$ は, たしかに逆関数をもちます. (1)(2)

○ 例えば $n=3$ を写してみると

$g \circ f(3) = g(8) = 4$,

$f \circ g(3) = f(9) = 4$.

たしかに両者の値は一致していますね (他の n についても確かめてみましょう). (3)

○ 実は, $f^{-1}(n) = f(n)$ が成り立っています.

例: $a=5$ (上表) のとき

$n = 3 \underset{f^{-1}}{\overset{f}{\longleftrightarrow}} f(n) = 8$

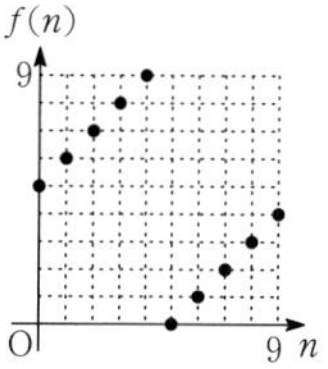

注 $f(n)$ のグラフは右図のようになります. これを見てもわかる通り, $f(n)$ は単調増加でも単調減少でもありません. しかし, 逆関数はもっていますね.

本問では, 変数 n が“飛び飛びの値”だけをとる[3]ことからグラフがつながっていないので, こうした現象も起こり得るのです. [→ 1 4 3]

語記サポ [3]: このような変数のことを**離散**(りさん)**変数**と呼ぶのでしたね. [→ II+B 8 5 3]

1 7 32 いろいろな関数のグラフ [→例題 1 6 a]
根底 実戦

注 考え方のポイントを**解説**として書いておきます. 複号「±」は全て同順です.

2「極限」で学ぶ記法も,「☆」印の後に書いておきますね.

解説

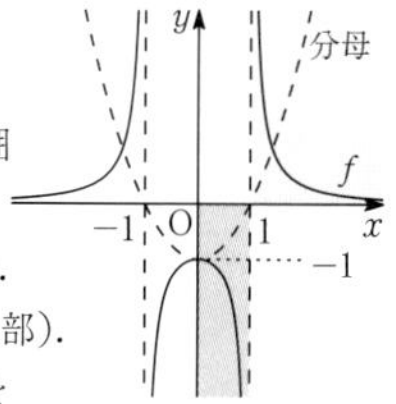

(1) $x \neq \pm 1$.

偶関数.

そこで, 以下 $x > 0$ の範囲で考えると,

$x>1$ のとき $y>0$ (青色部).

$0<x<1$ のとき $y<0$ (灰色部).

分母の 2 次関数のグラフをイメージし, その逆数の変化を考える.

$x>1$ のとき, y は減少.

$0<x<1$ のとき, y は減少 (絶対値は増加).

x が凄く大きくなると, y は 0 に近づく.

(☆ $x \to \infty$ のとき, $y \to 0$.)

x が右側から 1 に近づくと，y は正で絶対値は凄く大きくなる．

（☆ $x \to 1+0$ のとき，$y \to +\infty$．）

x が左側から 1 に近づくと，y は負で絶対値は凄く大きくなる．

（☆ $x \to 1-0$ のとき，$y \to -\infty$．）

(2) 分母 $\neq 0$ より，$x \neq 1$.

$y = \dfrac{1}{x^3}$（奇関数）を x 方向へ 1 だけ平行移動.

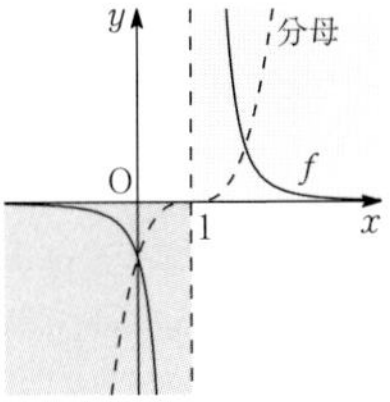

$x > 1$ のとき $y > 0$（青色部).

$x < 1$ のとき $y < 0$（灰色部).

分母の 3 次関数のグラフをイメージし，その逆数の変化を考える.

x が 1 に近づくと，y の絶対値は激しく増大.

（☆ $x \to 1 \pm 0$ のとき，$y \to \pm\infty$．）

(3) 同値変形して $\sqrt{}$ を消してみます.

$y = \sqrt{2x - x^2}$.

$y^2 = 2x - x^2$ $(y \geq 0)$.

$x^2+y^2-2x = 0$ $(y \geq 0)$.

これは，円の“上半分”.

中心は x 軸上で，x 切片は $x = 0, 2$.

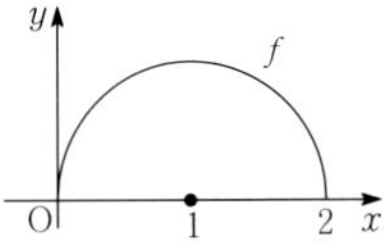

参考 例題341後

$y = \sqrt{1+x^2}$ も，同様にして

$y = \sqrt{1+x^2}$.

$y^2 = 1 + x^2$ $(y \geq 0)$.

$x^2 - y^2 = -1$ $(y \geq 0)$.

これは，双曲線の“上半分”ですね.

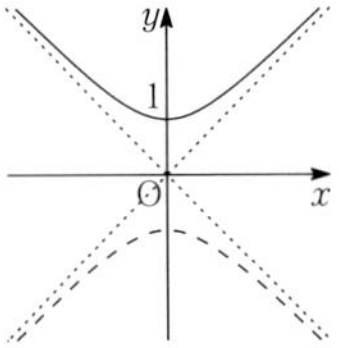

(4) 奇関数 x と奇関数 $\sin x$ の積で，偶関数.

原点 O を通る．以下，$x > 0$ で考える.

y は $\sin x$ と同符号.

$-x \leq x\sin x \leq x$.

$\sin x$ が“振動”しながら，x が増大するので，“振れ幅”がだんだん大きくなる.

$\sin x = 1$ となるとき，グラフは直線 $y = x$ に“触れる”.

$\sin x = -1$ となるとき，グラフは直線 $y = -x$ に“触れる”.

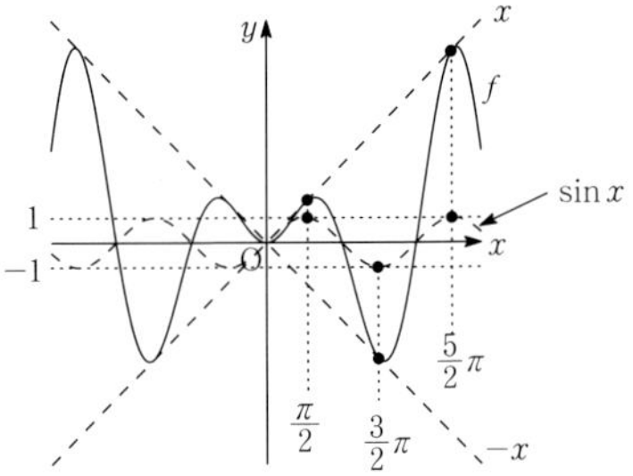

(5) $y > 0$.

偶関数.

$x \geq 0$ では，指数 $-x^2$ は減少し，底：$e > 1$ より y も減少.

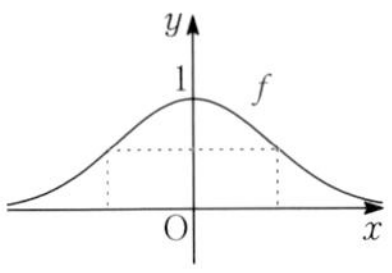

x が凄く大きくなると，y は 0 に近づく.

（☆ $x \to \infty$ のとき，$y \to 0$．）

(6) **注** さすがに 2極限後 ですが，意欲旺盛な方は，次の記号を頭に入れて食らいついてみてもいいですよ.

→: 近づく　$+0$：正で0に近い　-0：負で0に近い

∞：凄く大きくなる　$-\infty$：凄く小さくなる ■

$x \neq 0$, $y > 0$.

$u = \dfrac{1}{x}$ と $y = e^u$ の合成関数.

$x < 0$, $x > 0$ の各々においては，u は減少し，底：$e > 1$ より y も減少.

x の“4 つの動き”に対する u, y の変化（極限）を考える.

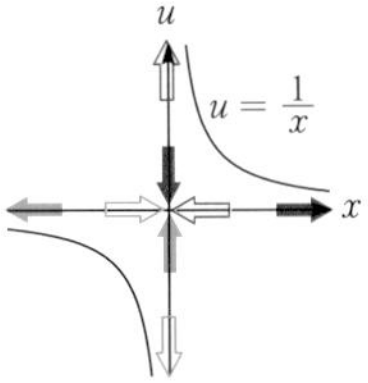

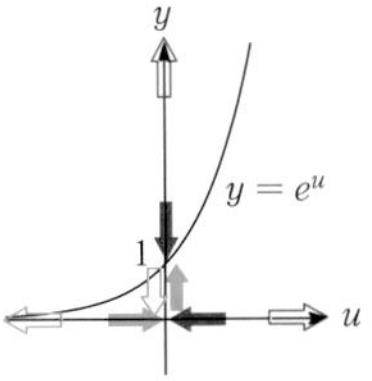

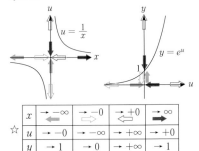

☆	x	$\to -\infty$	$\to -0$	$\to +0$	$\to \infty$
	u	$\to -0$	$\to -\infty$	$\to +\infty$	$\to +0$
	y	$\to 1$	$\to 0$	$\to +\infty$	$\to 1$

以上より，次図を得る.

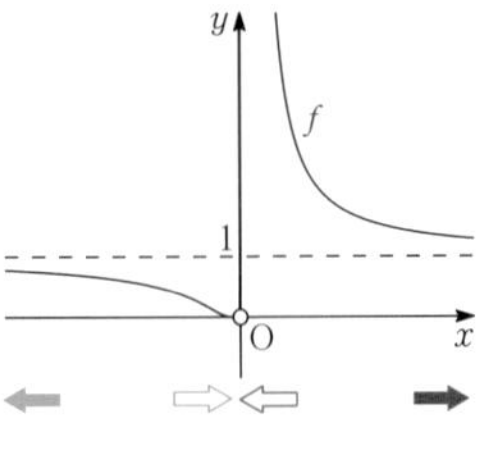

(7) $y>0$.
偶関数.
2 曲線 $y=e^x$, $y=e^{-x}$ を利用する.
両者は y 軸対称.
$f(x)$ は, e^x と e^{-x} の相加平均.

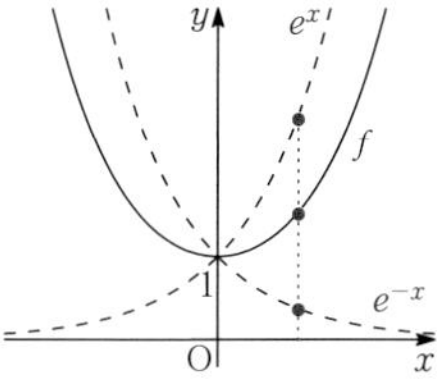

$y=e^x$ は増加 $y=e^{-x}$ は減少なので, $f(x)$ の増減は不明.
グラフから, $x\geqq 0$ においては増加しそう. (厳密には微分法で調べます.)

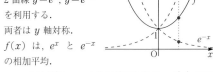

(8) 奇関数.
2 曲線 $y=e^x$, $y=-e^{-x}$ を利用する.
両者は原点対称.
$f(x)$ は, e^x と $-e^{-x}$ の相加平均.

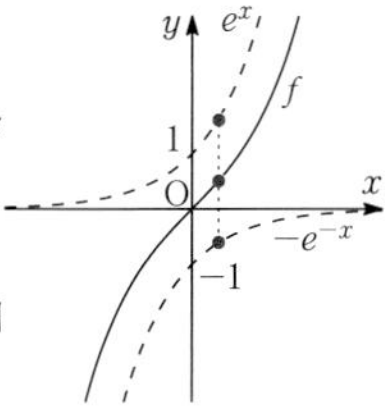

両者とも増加. よって $f(x)$ も増加.

(9) 真数 $=|x|>0$ より,
$x\neq 0$.
偶関数.
$x>0$ の範囲では, 基本関数 $y=\log_e x$ であり, 底: $e>1$ だから増加する.

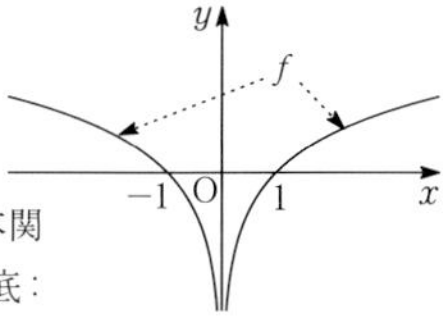

(10) 真数 $=x>0$.
$0<x<1$ の部分の y 座標は負なので, グラフを x 軸に関して折り返す.

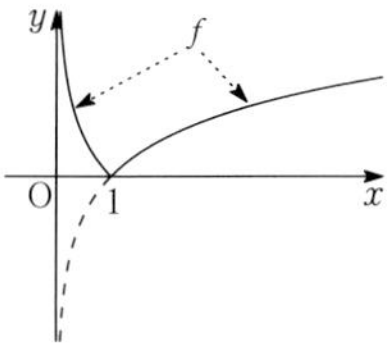

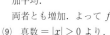

1 7 33 逆関数のグラフを利用 [→1 4, 1 6]

根底 実戦

方針 逆関数を求める際には, $y=f(x)$ とおき, x を y で表します.

注 本問では,「x, y の互換」はどうでもよい作業ではありません. そうして得られた方程式が表す曲線を活用して, 答えのグラフを得るのですから. よって, 例の“グレー”は被せません.

解答 (1) $y=f(x)$ …① とおく.

$y=\sqrt[3]{x+\sqrt{2}}$. …①′

定義域: $x\geqq -\sqrt{2}$. 値域: $y\geqq 0$.

①′を変形すると

$y^3=x+\sqrt{2}$.

$x=y^3-\sqrt{2}$, $f^{-1}(y)=y^3-\sqrt{2}$

逆関数の定義域: $y\geqq 0$.

x, y を互換して, ①の逆関数は

$y=x^3-\sqrt{2}$, …②

定義域: $x\geqq 0$.

①のグラフは, ②のグラフと直線 l: $y=x$ に関して対称であり, 右の通り.

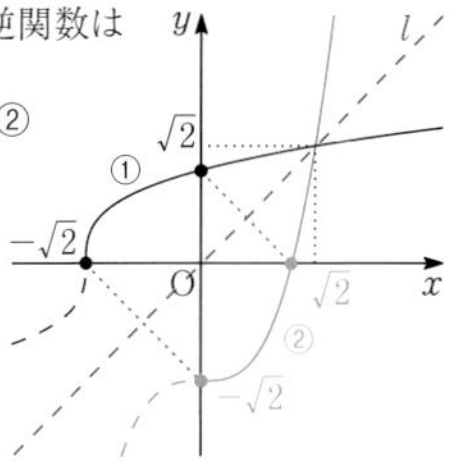

(2) **注** $f(x)$ は演習問題 1 7 16 (6)の答えですね (笑). ■

$y=f(x)$ …③ とおく.

$y=\log_e\left(x+\sqrt{x^2+1}\right)$. …③′

定義域を考える.

$\sqrt{x^2+1}>\sqrt{x^2}=|x|\geqq -x$

より, $\sqrt{x^2+1}+x>0$ がつねに成り立つから,

定義域: x は任意の実数.

③′を変形すると

$x+\sqrt{x^2+1}=e^y$. $\sqrt{x^2+1}=e^y-x$.

$x^2+1=(e^y-x)^2$. $1=(e^y)^2-2e^y\cdot x$.

$x=\dfrac{(e^y)^2-1}{2e^y}=\dfrac{e^y-e^{-y}}{2}$,

逆関数の定義域: y は任意の実数.

x, y を互換して, ③の逆関数は

$y=\dfrac{e^x-e^{-x}}{2}\ (=f^{-1}(x))$, …④

定義域: x は任意の実数.

③のグラフは, ④のグラフと直線 l: $y=x$ に関して対称. また, e^x, $-e^{-x}$ はいずれも増加関数だから, $f^{-1}(x)$ も増加関数. よって, 右図を得る.

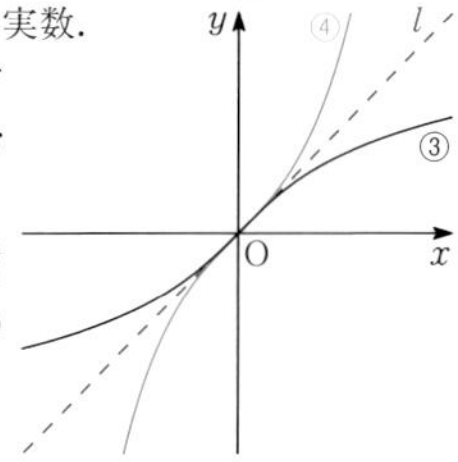

言い訳 ④のグラフについては説明不足気味です (汗). [→前問(8)]

参考 (2)の $f(x)$ と $f^{-1}(x)$ は, 例題 1 2 a (8)(7)の関数そのものです.

第 2 章 極限

3 演習問題A

2 3 1 基本数列の極限 根底 実戦 [→例題 2 1 a]

着眼 基本的な数列（n の関数）の極限です．$n\to\infty$ のときの“振る舞いそのもの”を見て**即答**できるように．

注 「極限の種類」は頭の中で整理されていますね．

解答 全て $n\to\infty$ のときの極限を考える．

(1) $a_n\to\infty$.//

(2) 分母 $\to\infty$.　∴ $a_n\to 0$.//

(3) $a_n\to\infty$.//

(4) $a_n=\dfrac{1}{\sqrt[3]{n+1}}$．分母 $\to\infty$ だから，$a_n\to 0$.//

(5) $2^n\to\infty$.　∴ $a_n\to-\infty$.//

注 「定数 5」は結果に影響力をもちません．

(6) $(-2)^n$は振動するから，(a_n)も振動する.//

(7) $-n\to-\infty$.　∴ $a_n\to 0-0=0$.//

解説 $2^{-n}=\left(\dfrac{1}{2}\right)^n$ ですから，$2^{-n}\to 0$ です．もしくは，関数 $y=2^{-x}$ のグラフをイメージしてもわかりますね．

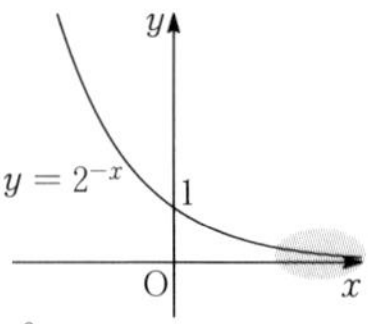

(8) $-\dfrac{1}{n}\to 0$.　∴ $a_n\to 5-2^0=4$.//

(9) $a_n=(-3)^n\cdot(-1)^n=3^n\to\infty$.//

注 $\cos n\pi=(-1)^n$ は暗記！.

2 3 2 数列の極限 根底 実戦 [→例題 2 1 b]

着眼 “振る舞いそのもの”を見て，不定形の型や主要部を特定してください．

解答 (1) **着眼** $\dfrac{\infty}{\infty}$ 型不定形．分子・分母の主要部は n^3．ただし，分子を展開したりせず，そのままで．■

$$a_n=\frac{n(2n+1)(3n+2)}{n^3+5n-2}=\frac{\left(2+\frac{1}{n}\right)\left(3+\frac{2}{n}\right)}{1+\frac{5}{n^2}-\frac{2}{n^3}}\xrightarrow[n\to\infty]{}\frac{2\cdot3}{1}=6.//$$

(2) **着眼** $\infty-\infty$ 型不定形．主要部：n^3 でくくります．■

$$a_n=n^2(2n+1)-(n+1)^2=n^3\left\{2+\frac{1}{n}-\frac{1}{n}\left(1+\frac{1}{n}\right)^2\right\}.$$

ここで，$n\to\infty$ のとき

$n^3\to\infty$，　{　　}部 $\to 2$.

$\therefore a_n\xrightarrow[n\to\infty]{}\infty$.//

(3) **方針** まず，分子を計算してコンパクトにまとめましょう．■

$$a_n=\frac{1+2+3+\cdots+n}{(n+1)(2n+1)}=\frac{\frac{1}{2}n(n+1)}{(n+1)(2n+1)}=\frac{1}{2}\cdot\frac{n}{2n+1}=\frac{1}{2}\cdot\frac{1}{2+\frac{1}{n}}\xrightarrow[n\to\infty]{}\frac{1}{2}\cdot\frac{1}{2}=\frac{1}{4}.//$$

(4) **着眼** 指数関数の底の絶対値を比べ，どこが主要部かを見極めましょう．■

$$a_n=3^n+5^{-n}-\left(\frac{1}{2}\right)^{-2n}=3^n+\left(\frac{1}{5}\right)^n-\boxed{4^n}=\boxed{4^n}\left\{\left(\frac{3}{4}\right)^n+\left(\frac{1}{20}\right)^n-1\right\}.$$

…主要部でくくった

ここで，$n\to\infty$ のとき

$4^n\to\infty$，　{　　}部 $\to -1$.

$\therefore a_n\to-\infty$.//

(5) **着眼** 不定形ではありません（笑）．■

$$a_n=\frac{1+2^{-n}+3^{-n}}{2+3^{-n}+2^{-2n}}\xrightarrow[n\to\infty]{}\frac{1}{2}.//$$

(6) **着眼** 底の絶対値が最大であるものが主要部です．■

$$a_n=\frac{\left(\frac{1}{3}\right)^n+\left(\frac{1}{2}\right)^n}{\left(\frac{1}{2}\right)^{2n}+\left(\frac{1}{2}\right)^{n+1}}=\frac{\left(\frac{1}{3}\right)^n+\left(\frac{1}{2}\right)^n}{\left(\frac{1}{4}\right)^n+\left(\frac{1}{2}\right)^{n+1}}$$

…$\left(\dfrac{1}{2}\right)^n$ が主要部

$$=\frac{\left(\frac{2}{3}\right)^n+1}{\left(\frac{2}{4}\right)^n+\frac{1}{2}}$$

…分子・分母を $\left(\dfrac{1}{2}\right)^n$ で割った

$$\xrightarrow[n\to\infty]{}\frac{1}{\frac{1}{2}}=2.//$$

(7) **方針** 主要部で**くくる**変形を行います．

着眼 主要部が p と q の大小によって変わりますね．■

i) $p=q$ のとき

$$a_n=\sqrt[n]{p^n+\left(\frac{p+p}{2}\right)^n+p^n}$$
$$=\sqrt[n]{3p^n}$$
$$=p\cdot 3^{\frac{1}{n}}\xrightarrow[n\to\infty]{}p\cdot 3^0=p.$$ ⫽ 答えは q でも可

ii) $p>q$ のとき，$p>\dfrac{p+q}{2}>q\ (>0)$ …① であり，

$$a_n=\sqrt[n]{\boxed{p^n}+\left(\frac{p+q}{2}\right)^n+q^n}$$
$$=\sqrt[n]{p^n\left\{1+\left(\frac{p+q}{2p}\right)^n+\left(\frac{q}{p}\right)^n\right\}}$$
$$=p\left\{1+\left(\frac{p+q}{2p}\right)^n+\left(\frac{q}{p}\right)^n\right\}^{\frac{1}{n}}$$
$$\xrightarrow[n\to\infty]{}p\cdot 1^0\ \left(\because\ ①\text{より}\ 1>\frac{p+q}{2p}>\frac{q}{p}>0\right)$$
$$=p.$$ ⫽

iii) $p<q$ のとき，ii) と同様にして，$a_n\xrightarrow[n\to\infty]{}q.$ ⫽

233 3 数列の極限・$\sqrt{\ \ }$ 入り　根底 実戦　[→例題21d]

解答 (1) **着眼** $a_n=(n-3)-\sqrt{n^2+n+2}$ とみると，$\infty-\infty$ 型不定形．有理化してみましょう．■

$$a_n=(n-3)-\sqrt{n^2+n+2}$$
$$=\frac{(n-3)^2-(n^2+n+2)}{(n-3)+\sqrt{n^2+n+2}}$$
$$=\frac{-7n+7}{n-3+\sqrt{n^2+n+2}}$$ ← n が主要部
$$=\frac{-7+\frac{7}{n}}{1-\frac{3}{n}+\sqrt{1+\frac{1}{n}+\frac{2}{n^2}}}$$
$$\xrightarrow[n\to\infty]{}\frac{-7}{1+1}=-\frac{7}{2}.$$ ⫽

(2) **着眼** $\infty-\infty$ 型不定形．主要部は $\sqrt{n^2}=n$．その係数が異なるので，有理化は無用．■

$$a_n=\sqrt{n^2+n}-\sqrt{4n^2-n}+1$$
$$=n\left(\sqrt{1+\frac{1}{n}}-\sqrt{4-\frac{1}{n}}+\frac{1}{n}\right).$$

ここで，$n\to\infty$ のとき

(　　)部 $\to 1-2=-1$．

$$\therefore a_n\xrightarrow[n\to\infty]{}-\infty.$$ ⫽

(3) **着眼** 分子・分母の主要部は $\sqrt{n}$ です．■

$$a_n=\frac{\sqrt{n+3}+\sqrt{n}+\sqrt{3}}{\sqrt{2n-1}+\sqrt{2n}-1}$$
$$=\frac{\sqrt{1+\frac{3}{n}}+1+\frac{\sqrt{3}}{\sqrt{n}}}{\sqrt{2-\frac{1}{n}}+\sqrt{2}-\frac{1}{\sqrt{n}}}$$
$$\xrightarrow[n\to\infty]{}\frac{1+1}{\sqrt{2}+\sqrt{2}}=\frac{1}{\sqrt{2}}.$$ ⫽

(4) **着眼** 括弧内が $\infty-\infty$ 型不定形．有理化します．■

$$a_n=n\left(\sqrt{n^2+3n+1}-\sqrt{n^2+3n-1}\right)$$
$$=n\cdot\frac{(n^2+3n+1)-(n^2+3n-1)}{\sqrt{n^2+3n+1}+\sqrt{n^2+3n-1}}$$
$$=\frac{2n}{\sqrt{n^2+3n+1}+\sqrt{n^2+3n-1}}$$ ← 主要部は n
$$=\frac{2}{\sqrt{1+\frac{3}{n}+\frac{1}{n^2}}+\sqrt{1+\frac{3}{n}-\frac{1}{n^2}}}$$
$$\xrightarrow[n\to\infty]{}\frac{2}{1+1}=1.$$ ⫽

234 発散の速さ　根底 実戦　入試　[→例題21e]

着眼 (1)(2)とも，分子，分母は n の多項式です．極限を決定づけるのは，どの項ですか？

解答

(1) 分子 $=\left\{\dfrac{1}{4}n^2(n+1)^2\right\}^3$． ← n の12次式

分母 $=\left\{\dfrac{1}{6}n(n+1)(2n+1)\right\}^p$． ← n の $3p$ 次式

着眼 $3p=12$, i.e. $p=4$ のとき，分子と分母が同次式となり，0 以外の定数に収束しそうですね．■

$p=4$ のとき

$$a_n=\frac{\frac{1}{4^3}n^6(n+1)^6}{\frac{1}{6^4}n^4(n+1)^4(2n+1)^4}$$
$$=\frac{6^4}{4^3}\cdot\frac{n^2(n+1)^2}{(2n+1)^4}$$
$$=\frac{6^4}{4^3}\cdot\frac{\left(1+\frac{1}{n}\right)^2}{\left(2+\frac{1}{n}\right)^4}$$
$$\xrightarrow[n\to\infty]{}\frac{6^4}{4^3}\cdot\frac{1}{2^4}=\frac{81}{64}.$$

これをもとに考えると $p>4$ のとき，分母は分子より高次だから $\lim\limits_{n\to\infty}a_n=0$．

$p<4$ のとき，分母は分子より低次だから $\lim\limits_{n\to\infty}a_n=\infty$．

以上より，求めるものは

$p=4$．極限値 $=\dfrac{81}{64}$．⫽

解説 いちおうマジメにΣ計算しましたが…，けっきょく極限は，分子・分母の最高次の項だけで決まっていますね．それを予め見通している人なら

$$a_n=\frac{\left(\frac{1}{4}n^4+\cdots\right)^3}{\left(\frac{1}{3}n^3+\cdots\right)^p}=\frac{3^p}{4^3}\cdot\frac{\boxed{n^{12}}+\cdots}{\boxed{n^{3p}}+\cdots}.$$

これだけで，$p=4$ と極限値が求まってしまいますね．(2)ではこの"感覚"を活かします．

(2) 分母 $=\left\{\frac{1}{2}n(n+1)\right\}^2=\frac{1}{4}n^4+$($n$の3次以下の式).

$$分子=\sum_{k=1}^{n}\left(\frac{n^3}{27}-\frac{n^2}{3}k+nk^2-k^3\right)$$

$$=\frac{n^3}{27}\cdot n-\frac{n^2}{3}\cdot\frac{n(n+1)}{2}+n\cdot\frac{n(n+1)(2n+1)}{6}-\frac{n^2(n+1)^2}{4}$$

$$=\left(\frac{1}{27}-\frac{1}{6}+\frac{1}{3}-\frac{1}{4}\right)n^4+(n\text{の3次以下の式}).$$

$$=-\frac{5}{108}n^4+(n\text{ の 3 次以下の式}).$$

以上より

$$a_n=\frac{\boxed{-\frac{5}{108}n^4}+(n\text{ の 3 次以下の式})}{\boxed{\frac{1}{4}n^4}+(n\text{ の 3 次以下の式})}$$

$$=\frac{\boxed{-\frac{5}{108}}+\frac{n\text{ の 3 次以下の式}}{n^4}}{\boxed{\frac{1}{4}}+\frac{n\text{ の 3 次以下の式}}{n^4}}$$

$$\xrightarrow[n\to\infty]{}-\frac{5}{108}\cdot4=-\frac{5}{27}.\ /\!/$$

解説 いわゆる"塵(ちり)"の部分は極限値に関与しないので，その係数を求めることをサボっても答えは正しく求まるという訳です．$\frac{n\text{ の 3 次以下の式}}{n^4}\xrightarrow[n\to\infty]{}0$ も，「自明」としました．これだけΣ計算がメンドウですので，許されるような気がします（笑）．

2 3 5 "はさみうち" 根底 実戦

[→例題 2 1 g]

着眼 まずは"振る舞い"そのものを見ること．

解答 (1) **着眼** $\sin\frac{n\pi}{6}$ は $-1\sim1$ で振動．$\sqrt{n}\to\infty$．答えは 0 ですね．

方針 「$-1\sim1$ で振動」という"振る舞い"を，不等式で表現します．

$$-1\leq\sin\frac{n\pi}{6}\leq1.$$

$$\therefore -\frac{1}{\sqrt{n}}\leq a_n\leq\frac{1}{\sqrt{n}}\ (\because\ \sqrt{n}>0).$$

$n\to\infty$ のとき，$\pm\frac{1}{\sqrt{n}}\to0$ だから，"はさみうち"より，$a_n\to0.\ /\!/$

(2) **注** $\sin n$ の角 n は，一応弧度法で表しているつもりです．仮に度数法だとしても解答は何も変わりませんが（笑）．

着眼 $\sin n$ は $-1\sim1$ で振動．$\left(-\frac{1}{3}\right)^n\to0$．答えは $\sqrt{3}$ ですね．

方針 (1)と同じように"はさむ"ことを目指すと，$\left(-\frac{1}{3}\right)^n$ が符号を変えるのでウザったいです．こんなときは，「収束の定義→絶対値を利用」の流れで．■

$$0\leq\left|a_n-\sqrt{3}\right|=\left|\left(-\frac{1}{3}\right)^n\sin n\right|$$

$$=\left|\left(-\frac{1}{3}\right)^n\right|\cdot|\sin n|$$

$$\leq\left(\frac{1}{3}\right)^n\cdot1\xrightarrow[n\to\infty]{}0$$

よって"はさみうち"より，

$$\left|a_n-\sqrt{3}\right|\to0,\ \text{i.e. } a_n\to\sqrt{3}.\ /\!/$$

(3) **注** わざわざ「自然数 n^2+1」のように書かれているのですから，整数の除法における商を考えます．整式の除法ではありませんよ．■

余りを r_n とおくと

$n^2+1=(2n+1)q_n+r_n.$ …①

ただし，$0\leq r_n<2n+1.$ …②

①を r_n について解いて②へ代入すると，

$0\leq n^2+1-(2n+1)q_n<2n+1.$ [1)]

$$\frac{n^2+1}{2n+1}-1<q_n\leq\frac{n^2+1}{2n+1}\ (\because\ 2n+1>0).$$

各辺を $n\ (>0)$ で割ると

$$\frac{n^2+1}{n(2n+1)}-\frac{1}{n}<a_n\leq\frac{n^2+1}{n(2n+1)}.\ \cdots③$$

ここで，$n\to\infty$ のとき

$$\frac{n^2+1}{n(2n+1)}=\frac{1+\frac{1}{n^2}}{2+\frac{1}{n}}\to\frac{1}{2}.$$

よって，③において 最左辺，最右辺 $\to\frac{1}{2}$ だから，"はさみうち"より，$a_n\to\frac{1}{2}.\ /\!/$

注 例のガウス記号を用いれば，$q_n=\left[\frac{n^2+1}{2n+1}\right]$ と表せます．[→ I+A 6 11 3]

すると例題 2 1 f (2)と似た問題となり，けっきょく次のように不等式によって評価します：

$$q_n \leq \frac{n^2+1}{2n+1} < q_n + 1.$$ [2)]

$$\frac{n^2+1}{2n+1} - 1 < q_n \leq \frac{n^2+1}{2n+1}.$$

（以下同様）

注 [1)2)]：いずれも「$○ < q_n \leq △$」のように q_n を両側から評価する形にはなっていませんが，2つの不等式があるので，サッと同値変形すれば，q_n を"はさんだ"形が得られます．

(4) **着眼** 分子自体が不定形ですね．

方針 ガウス記号があるので，不等式で評価します．ただし，a_n 全体ではなく，3か所にあるガウス記号それぞれを部分的に評価するとスッキリ片付きます．
ガウス記号とは，大まかに言うと小数部分という"塵"を切り捨てたものですから，分子・分母の主要部は「n」．これで，分子と分母を割りましょう．■

$$a_n = \frac{\frac{1}{n}\left[\frac{n}{5}\right] - \frac{1}{n}\left[\frac{n}{3}\right]}{\frac{1}{n}\left[\frac{n}{2}\right]}. \cdots ④$$

ここで，$\lim_{n\to\infty} \frac{1}{n}\left[\frac{n}{2}\right]$ を求める．

$$\left[\frac{n}{2}\right] \leq \frac{n}{2} < \left[\frac{n}{2}\right] + 1.$$

$$\therefore \frac{n}{2} - 1 < \left[\frac{n}{2}\right] \leq \frac{n}{2}.$$

$$\frac{1}{2} - \frac{1}{n} < \frac{1}{n}\left[\frac{n}{2}\right] \leq \frac{1}{2} \quad (\because\ n > 0).$$

$n \to \infty$ のとき，$\frac{1}{2} - \frac{1}{n} \to \frac{1}{2}$ だから，"はさみうち"より，$\frac{1}{n}\left[\frac{n}{2}\right] \to \frac{1}{2}$．

同様に $\frac{1}{n}\left[\frac{n}{5}\right] \to \frac{1}{5}$，$\frac{1}{n}\left[\frac{n}{3}\right] \to \frac{1}{3}$ だから，④より

$$a_n \to \frac{\frac{1}{5} - \frac{1}{3}}{\frac{1}{2}} = -\frac{4}{15}. /\!/$$

例題21g の後に書いた，"はさみうち"に関するまとめに即した問題ラインアップとなっています：

(1)	はさみたいものが初めから真ん中
(2)	符号が煩わしいので収束の定義→絶対値を利用
(3)	$○ < a_n \leq △$ のように a_n を"はさんだ"形を式変形によって作る
(4)	全体ではなく，部分的に評価する

236 "追い出し" 根底 実戦 [→例題21h]

注 何しろ「証明せよ」ですから，キチンとした記述が求められると考えてください．

方針 n^2 と $n^2 - 2n + 3$ は「等号」では結べません．「不等式」で**評価**します．

解答 $\underbrace{n^2 - 2n}_{\text{ここが不定形}} + 3 > n^2\left(1 - \frac{2}{n}\right)$

$$\geq n^2\left(1 - \frac{2}{3}\right) \ (n \geq 3 \text{ のとき})$$

$$= n^2 \cdot \frac{1}{3} \xrightarrow[n\to\infty]{} \infty \ (\because\ ①).$$

よって"追い出し"の手法より，②が示せた．□

注 もちろん，通常は次のような大雑把な解答で許されるでしょう：

$$n^2 - 2n + 3 = n^2\left(1 - \frac{2}{n} + \frac{3}{n^2}\right).$$

ここで $n \to \infty$ のとき

$n^2 \to \infty$，(　　)内 $\to 1$．

よって②のようになる．

237 いろいろな極限 根底 実戦 [→例題21k]

着眼 まずは"振る舞いそのもの"を見ること．

解答 (1) **着眼** 括弧内が不定形．有理化してみましょう．■

$$a_n = \frac{2}{\sqrt{n+2} + \sqrt{n}} \cos\frac{n}{2}\pi.$$

0×(−1~1で振動) 答えはたぶん0

よって

$$0 \leq |a_n - 0| = \left|\frac{2}{\sqrt{n+2} + \sqrt{n}}\right| \cdot \left|\cos\frac{n}{2}\pi\right|$$

$$\leq \left|\frac{2}{\sqrt{n+2} + \sqrt{n}}\right| \cdot 1$$

$$\xrightarrow[n\to\infty]{} 0.$$

よって"はさみうち"より，$|a_n - 0| \to 0$．

すなわち，$a_n \to 0$．//

(2) **着眼** パッと見ただけで「振動するから"はさみうち"」なんて判断したらダメですよ．■

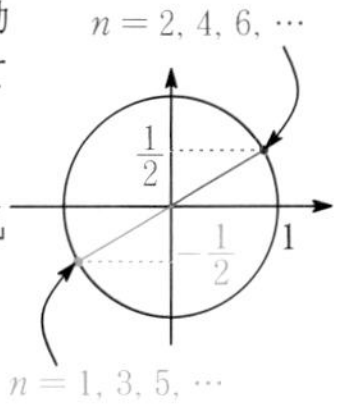

$$a_n = \sin\left(\frac{\pi}{6} + n\pi\right) \times \cos n\pi$$

$$= \underbrace{(-1)^n \cdot \frac{1}{2}}_{\text{右図より}} \times \underbrace{(-1)^n}_{\text{暗記！}}$$

$$= \frac{1}{2} \xrightarrow[n\to\infty]{} \frac{1}{2}. /\!/$$

(3) これは，いろいろな方法でできます．■

解答1 （部分列）

着眼 $(-1)^n$ が交互に符号を変えます．そこで，「奇数番」，「偶数番」のみ抜き出した部分列に分けて考えてみます．■

k を自然数として

$$a_{2k-1}=\frac{2k-1+(-1)^{2k-1}}{2k-1+1}=\frac{2k-2}{2k}=1-\frac{1}{k}\xrightarrow[k\to\infty]{}1.$$

$$a_{2k}=\frac{2k+(-1)^{2k}}{2k+1}=\frac{2k+1}{2k+1}=1\xrightarrow[k\to\infty]{}1.$$

$\lim_{k\to\infty}a_{2k-1}=\lim_{k\to\infty}a_{2k}=1$ だから

$$\lim_{n\to\infty}a_n=1.//$$

解説 2 つの部分列の極限値が一致したので，数列 (a_n) 全体もその値に収束することがわかりました．

解答2 （収束の定義）

注 $a_n=\dfrac{\boxed{n}+(-1)^n}{\boxed{n}+1}$ において，分子・分母の主要部は $\boxed{n}$ です．“感覚”によると答えは $\dfrac{\boxed{n}}{\boxed{n}}=1\to1$ だと見当が付きますから，「収束の定義」を用いて…■

$$0\leq|a_n-1|=\left|\frac{n+(-1)^n}{n+1}-1\right|=\left|\frac{-1+(-1)^n}{n+1}\right|=\frac{|-1+(-1)^n|}{|n+1|}\leq\frac{2}{n+1}\to0.$$

よって“はさみうち”より，$|a_n-1|\to0$．

すなわち，$a_n\to1.//$

解答3 （主要部に着目）

着眼 振動する $(-1)^n$ は，「$-1\leq(-1)^n\leq1$」のように評価できます．さらに a_n 全体を評価してもできますが，分子・分母を主要部：$\boxed{n}$ で割ってみると…■

$$a_n=\frac{\boxed{n}+(-1)^n}{\boxed{n}+1}=\frac{\boxed{1}+\dfrac{(-1)^n}{n}}{\boxed{1}+\dfrac{1}{n}}.\ \cdots①$$

方針 $\dfrac{(-1)^n}{n}$ という「部分」の極限は「0」っぽいですから…■

$$\left|\frac{(-1)^n}{n}-0\right|$$ ここは「収束の定義」を利用

$$=\frac{|(-1)^n|}{|n|}=\frac{1}{n}\xrightarrow[n\to\infty]{}0.$$

i.e. $\dfrac{(-1)^n}{n}\to0.$

これと①より

$$a_n\to\frac{1+0}{1+0}=1.//$$

（不等式を持ち出すまでもなく解決しちゃいましたね.）

(4) **着眼** (3)とよく似た問題ですね．3 通りの解法のどれでもできますが，**解答3**（主要部に着目）がいちばん簡便そうです．

分子，分母の主要部が n^2 ですね．■

$$a_n=\frac{\boxed{n^2}-n\cdot(-1)^n}{\boxed{n^2}-(-1)^n}$$ 分子，分母を主要部 $\boxed{n^2}$ で割る

$$=\frac{\boxed{1}-\dfrac{(-1)^n}{n}}{\boxed{1}-\dfrac{(-1)^n}{n}\cdot\dfrac{1}{n}}.\ \cdots②$$

方針 2 か所にある $\dfrac{(-1)^n}{n}$ という「部分」を考えて…．これは(3)**解答3**と全く同じですから割愛します．結果は $\dfrac{(-1)^n}{n}\to0$ です．■

これと②より

$$a_n\to\frac{1-0}{1-0\cdot0}=1.//$$

238 ガウス記号・Σ・極限 [→例題21k]

根底 実戦 入試

着眼 ガウス記号内に「$\dfrac{\triangle}{2}$」があるので，n の偶奇で場合分けするのが 1 つの方針ですね．

各項の値は，分母が分子の約半分．項数は，分母が分子の約 2 倍．さて，その比の極限は？

解答

m をある自然数とする．

○ a_{2m} について．

$$分子=\sum_{k=1}^{\left[\frac{2m}{2}\right]}k=\sum_{k=1}^{m}k=\frac{1}{2}m(m+1).$$

$$分母=\sum_{k=1}^{2m}\left[\frac{k}{2}\right]$$
$$=0+1+1+2+2+\cdots+(m-1)+(m-1)+m$$
$$=2\cdot\frac{1}{2}m(m+1)-m=m^2.\ \cdots①$$

$$\therefore\ a_{2m}=\frac{\frac{1}{2}m(m+1)}{m^2}$$
$$=\frac{1}{2}\left(1+\frac{1}{m}\right)\xrightarrow[m\to\infty]{}\frac{1}{2}.$$

○ a_{2m+1} について.

$$分子=\sum_{k=1}^{\left[\frac{2m+1}{2}\right]}k=\sum_{k=1}^{m}k=\frac{1}{2}m(m+1).$$

$$分母=\sum_{k=1}^{2m+1}\left[\frac{k}{2}\right]$$
$$=m^2+\left[\frac{2m+1}{2}\right]\ (\because\ ①)$$
$$=m^2+m.$$

$$\therefore\ a_{2m+1}=\frac{\frac{1}{2}m(m+1)}{m(m+1)}=\frac{1}{2}\xrightarrow[m\to\infty]{}\frac{1}{2}.$$

よって $\lim_{m\to\infty}a_{2m}=\lim_{m\to\infty}a_{2m+1}=\frac{1}{2}$ だから

$\lim_{n\to\infty}a_n=\frac{1}{2}$ (収束).//

注 2つのガウス記号部：$\left[\frac{n}{2}\right]$, $\left[\frac{k}{2}\right]$ を不等式で評価する手もありますが，メンドウそうです.

2 3 9 異種関数混在の極限 根底 実戦

[→例題 2 1 j]

着眼 次の知識を予め念頭において.

異種関数発散速度比較（数列）

ベキ関数 n^p ($p>0$)	指数関数 r^n ($r>1$)	階乗 $n!$

発散が遅い ←→ 発散が速い

解答 (1) **着眼** $2^{2n}=4^n$, $2^n(2^n-n)=4^n-n\cdot 2^n$ より，分子・分母の主要部は，$n\cdot 4^n$ です. ■

$$a_n=\frac{n\cdot 3^n-(n-1)2^{2n}}{(n+1)2^n(2^n-n)}$$
$$=\frac{\left(\frac{3}{4}\right)^n-\left(1-\frac{1}{n}\right)}{\left(1+\frac{1}{n}\right)\left(1-\frac{n}{2^n}\right)}$$
$$\xrightarrow[n\to\infty]{}\frac{-1}{1\cdot 1}\ (\because\ ①)$$
$$=-1.//$$

(2) **着眼** 分母：$\pi\cdot\pi\cdot\pi\cdot\pi\cdot\cdots$ より，分子：$1\cdot 2\cdot 3\cdot 4\cdots$ の方がかなり大きくなりそうですね. ■

$$a_n=\frac{n!}{\pi^n}$$
$$=\frac{1\cdot 2\cdot 3\cdot 4\cdot\cdots\cdot n}{\pi\cdot\pi\cdot\pi\cdot\pi\cdot\cdots\cdot\pi}$$
$$=\frac{1\cdot 2\cdot 3}{\pi^3}\times\underbrace{\frac{4}{\pi}\cdot\frac{5}{\pi}\cdot\cdots\cdot\frac{n-1}{\pi}}_{1\text{ より大}}\times\frac{n}{\pi}\ (n\ge 5)$$
$$>\frac{6}{\pi^3}\times 1\times\frac{n}{\pi}$$
$$\xrightarrow[n\to\infty]{}\infty.$$

よって“追い出し”の手法より，$\lim_{n\to\infty}a_n=\infty$.//

(3) **着眼** $\frac{\infty}{\infty}$ 型不定形．主要部は $(n+1)!$ です．ただし，(2)の結果を使いやすくするため，分子・分母を $n!$ で割ります. ■

$$a_n=\frac{n!+2^n}{(n+1)!+3^n}=\frac{1+\frac{2^n}{n!}}{n+1+\frac{3^n}{n!}}.\ \cdots②$$

ここで，$n\to\infty$ のとき，(2)より $\frac{\pi^n}{n!}=0$.

$$\therefore\ 0<\frac{3^n}{n!}<\frac{\pi^n}{n!}\to 0$$

だから，“はさみうち”より $\frac{3^n}{n!}\to 0$. 同様に $\frac{2^n}{n!}\to 0$.

これらと②より，$a_n\to 0$.//

2 3 10 漸化式と極限 根底 実戦

方針 “ドミノ式”に定義された数列の極限ですが，(1)(2)はいずれも**一般項**が容易に求まりますね（「等比型」へ帰着できます).

解答 (1) **下書き** $\alpha=\frac{8-\alpha}{3}$ を解くと $\alpha=2$.

このとき②と辺々引くと…■

②を変形すると

$$a_{n+1}-2=-\frac{1}{3}(a_n-2).$$
$$\therefore\ a_n-2=(a_1-2)\left(-\frac{1}{3}\right)^{n-1}.$$

これと①より

$$a_n=2-\left(-\frac{1}{3}\right)^{n-1}\xrightarrow[n\to\infty]{}2\ (収束).//$$

(2) **下書き** 数列 $\left(\alpha\left(\frac{1}{3}\right)^n\right)$ が漸化式④を満たすための条件は

$$\alpha\left(\frac{1}{3}\right)^{n+1}=\frac{1}{2}\cdot\alpha\left(\frac{1}{3}\right)^n+\left(\frac{1}{3}\right)^n.$$
$$\alpha\cdot\frac{1}{3}=\frac{1}{2}\alpha+1.\ \therefore\ \alpha=-6.$$

このとき④と辺々引くと…■

④を変形すると

$$a_{n+1}+6\left(\frac{1}{3}\right)^{n+1}=\frac{1}{2}\left\{a_n+6\left(\frac{1}{3}\right)^n\right\}.$$
$$\therefore\ a_n+6\left(\frac{1}{3}\right)^n=\left(a_1+6\cdot\frac{1}{3}\right)\left(\frac{1}{2}\right)^{n-1}.$$

これと③より

$$a_n=-6\left(\frac{1}{3}\right)^n+5\cdot\left(\frac{1}{2}\right)^{n-1}\xrightarrow[n\to\infty]{}0\ (収束).//$$

参考 (1)において，(a_n) が収束することを前提とした場合には，以下のような議論が可能です：

$\alpha=\lim_{n\to\infty}a_n$ とおくと $\lim_{n\to\infty}a_{n+1}=\alpha$ です．よって②の両辺の極限値を考えると

$$\alpha = \frac{8-\alpha}{3}. \quad \therefore \alpha = 2.$$

つまり，極限値 α は，漸化式②を「等比型」へ変形する際求めた「α」そのものです．

⑵でも，収束を前提として極限値を β とおくと，④の両辺の極限値を考えて，

$$\beta = \frac{1}{2}\beta + 0. \quad \therefore \beta = 0.$$

もちろん本問では「収束」が示されてはいないので，上記を**解答**として書いたら 0 点です（笑）．ただ，答えを検算するなどの目的で，筆者はしょっちゅう使ってます．

2 3 11 偶奇分けされた漸化式・極限 [→例題 2 1 k]

根底 実戦 入試

方針 漸化式が偶奇分けされているので，(a_n) の一般項も偶奇分けして考えてみましょう．初項 a_1 が奇数番ですから，

奇数番→（偶数番を介して）→次の奇数番

の推移を調べます．

解答 k をある自然数とする．$2k-1$：odd だから，②より

$$a_{2k} = \sqrt{a_{2k-1}+1}+2. \cdots ④$$

次に，③を変形すると

$$a_{n+1} = \frac{1}{2}(a_n-2)^2+1. \cdots ③'$$

（平方完成して a_n を集約した）

$2k$：even だから，③′より

$$a_{2k+1} = \frac{1}{2}(a_{2k}-2)^2+1$$
$$= \frac{1}{2}(a_{2k-1}+1)+1 \ (\because ④)$$
$$= \frac{1}{2}a_{2k-1}+\frac{3}{2}. \cdots ⑤$$

下書き $\alpha = \frac{1}{2}\alpha + \frac{3}{2}$ を解くと $\alpha = 3$.

このとき⑤と辺々引くと…■

⑤を変形すると

$$a_{2k+1}-3 = \frac{1}{2}(a_{2k-1}-3).$$

$$\therefore a_{2k-1}-3 = (a_1-3)\left(\frac{1}{2}\right)^{k-1}. \quad [1]$$

これと①より

$$a_{2k-1} = 3-\left(\frac{1}{2}\right)^{k-1} \xrightarrow[k\to\infty]{} 3.$$

（奇数番からなる部分列の極限値）

これと④より

$$a_{2k} \xrightarrow[k\to\infty]{} \sqrt{3+1}+2 = 4.$$

（偶数番からなる部分列の極限値）

よって $\lim_{k\to\infty} a_{2k-1} \neq \lim_{k\to\infty} a_{2k}$ だから，$\lim_{n\to\infty} a_n$ は発散する．//

補足 [1]：$b_k = a_{2k-1}-3$ とおくと

$$b_{k+1} = \frac{1}{2}b_k. \quad \therefore b_k = b_1\cdot\left(\frac{1}{2}\right)^{k-1}$$

となりますね．「偶奇分け」に自信がない場合にはこのように処理することもできますが…，できればこれは頭の中だけにして，答案に書く内容は上記**解答**のようにして欲しいです．より高度な問題にも対処できるようにするために．

発展 問題が「発散することを示せ．」つまり「収束しないことを示せ．」となっていれば，次のように**背理法**で片付けるという発想も生まれます：

仮に $\lim_{n\to\infty} a_n = \alpha$（収束）だとしたら，$\lim_{n\to\infty} a_{n+1} = \alpha$ です．よって②，③の両辺の極限値を考えると

② $\cdots \alpha = \sqrt{\alpha+1}+2. \ \therefore \alpha^2-5\alpha+3=0.$

③ $\cdots \alpha = \frac{1}{2}\alpha^2-2\alpha+3. \ \therefore \alpha^2-6\alpha+6=0.$

これらは同時に成立し得ないから，不合理．よって (a_n) は収束しない（つまり発散）．

2 3 12 $a_{n+1}=f(a_n)$ 型と極限 [→例題 2 1 l]

根底 実戦 典型 入試

着眼 **例題 2 1 l** で経験したタイプですね．

漸化式②は，関数 $f(x) = \frac{1}{2}\left(x+\frac{3}{x}\right) \ (x>0)$ を用いると，

「$a_{n+1} = f(a_n)$」と表せます．グラフ C: $y=f(x)$ 上に点 (a_n, a_{n+1}) があるので，直線 l: $y=x$ も用いると，下図のように推移が追跡できるのでしたね（図が見やすいよう，a_1 の値を実際より大きく描いてしまっています）．

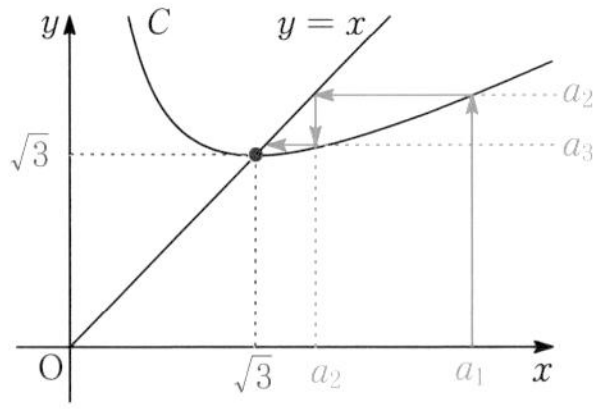

C の概形は，次のことからだいたい見当が付きます：

$f(x)$ は x と $\frac{3}{x}$ の相加平均．

$y = \frac{1}{2}x$ は漸近線．

"相加相乗" より，$f(x) \geq \sqrt{x\cdot\frac{3}{x}} = \sqrt{3}$.

等号は，$x = \frac{3}{x} \ (x>0)$，i.e. $x=\sqrt{3}$で成立．

この図から，直観的に次のことが見渡せます：

$$\underset{(1)}{a_n > \sqrt{3}}. \quad a_{n+1} < a_n. \quad \underset{(2)}{a_n \to \sqrt{3}}.$$

方針 (1) 数列 (a_n) は“ドミノ式”に定義されていますから，(1)の証明も“ドミノ式”に行います．

(2) **例題2 1 1** と同様，「収束の定義」に基づいて絶対差：$\left|a_n - \sqrt{3}\right|$ を“ドミノ式”に評価します．

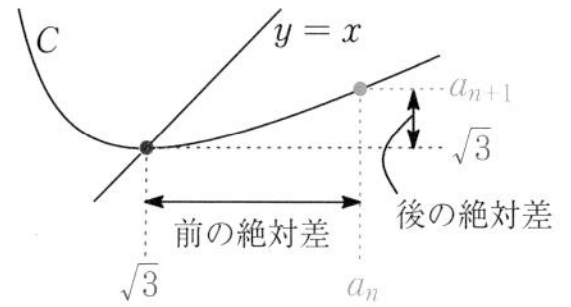

解答 (1)
$$a_{n+1} - \sqrt{3} = \frac{a_n{}^2 + 3}{2a_n} - \sqrt{3} = \frac{a_n{}^2 + 3 - 2\sqrt{3}a_n}{2a_n} = \frac{(a_n - \sqrt{3})^2}{2a_n}. \cdots③$$
$$\therefore\ a_n > \sqrt{3} \Longrightarrow a_{n+1} > \sqrt{3}.$$

また，①より $a_1 > \sqrt{3}$ だから，帰納的に
$$a_1, a_2, a_3, \cdots, a_n > \sqrt{3}. \ \square$$

解説 (1)は，③を作ってしまえば明らかなことの証明に過ぎないので，簡易バージョンの数学的帰納法で片付けました．■

(2) ③より
$$\left|a_{n+1} - \sqrt{3}\right| = \left|\frac{a_n - \sqrt{3}}{2a_n}\right| \cdot \left|a_n - \sqrt{3}\right|. \cdots④$$

ここで，$a_n > \sqrt{3}$ より
$$0 < \frac{a_n - \sqrt{3}}{2a_n} = \frac{1}{2} - \frac{\sqrt{3}}{2a_n} < \frac{1}{2}.$$
$$\therefore \left|\frac{a_n - \sqrt{3}}{2a_n}\right| < \frac{1}{2}.$$

これと④，および $\left|a_n - \sqrt{3}\right| > 0$ より
$$\left|a_{n+1} - \sqrt{3}\right| < \frac{1}{2}\left|a_n - \sqrt{3}\right|.$$

これを繰り返し用いて
$$\begin{aligned} 0 &\leq \left|a_n - \sqrt{3}\right| \\ &\leq \frac{1}{2}\left|a_{n-1} - \sqrt{3}\right| \quad {}^{1)} \\ &\leq \frac{1}{2}\cdot\frac{1}{2}\left|a_{n-2} - \sqrt{3}\right| \\ &\ \ \vdots \\ &\leq \left(\frac{1}{2}\right)^{n-1}\left|a_1 - \sqrt{3}\right| \xrightarrow[n\to\infty]{} 0. \end{aligned}$$

a_1 の値は無関係

よって“はさみうち”より，$n \to \infty$ のとき，
$$\left|a_n - \sqrt{3}\right| \to 0, \text{ i.e. } a_n \to \sqrt{3}. /\!/$$

言い訳 $a_n > 0$ であることは，①②から帰納的に示せます．ほとんど“一瞬”で済むことなので，そのことを認めて問題文は書かれています．

補足 1)：これ以降も含め，不等号は「≦」でも「<」でもかまいません．どうせ，“はさみうち”のために作る不等式ですので．

参考 平方根の近似値を求める「ニュートン法」[→Ⅱ+B演習問題7 9 40]と呼ばれる方法を素材とした問題です．③式の右辺に「差の2乗」があるため，誤差はいったん小さくなりだすとさらに急激に小さくなります．実際，本問の (a_n) の各項は，$a_1 = 2,\ a_2 = \dfrac{7}{4}$ より
$$a_3 = \frac{97}{56} = 1.732142\cdots.$$
$$\sqrt{3} = 1.732050\cdots$$
と比べると，なんと「3 番目」の時点で既に誤差は $\dfrac{1}{10000}$ 未満ですね．

このような「ニュートン法」による平方根の近似値については，Ⅱ+B演習問題7 9 40においてより詳細に扱っています．

2 3 13 $a_{n+1} = f(a_n)$ 型と極限

根底 実戦 入試

注 題材としては前問と同じですが，誘導に従い，全く別の方法を辿（たど）ります．

解答 (1) n を固定して，$0 \leq a_n \leq 2$ を仮定すると，②より
$$\sqrt{0+2} \leq a_{n+1} \leq \sqrt{2+2}.$$
$$\therefore 0 \leq a_{n+1} \leq 2.$$

これと $0 \leq a_1 = 0 \leq 2$ より，帰納的に
$$0 \leq a_n \leq 2\ (n = 1, 2, 3, \cdots).\ \square$$

(2)
$$\begin{aligned} a_{n+1} &= \sqrt{a_n + 2} \\ &= \sqrt{2(\cos\theta_n + 1)} \\ &= \sqrt{2^2 \cdot \frac{1 + \cos\theta_n}{2}} \\ &= 2\sqrt{\cos^2\frac{\theta_n}{2}} \\ &= 2\left|\cos\frac{\theta_n}{2}\right| \\ &= 2\cos\frac{\theta_n}{2} \left(\because\ 0 \leq \frac{\theta_n}{2} \leq \frac{\pi}{4}\right). \end{aligned}$$

これと $a_{n+1} = 2\cos\theta_{n+1}$ より，
$$2\cos\theta_{n+1} = 2\cos\frac{\theta_n}{2}.$$

$0 \leq \theta_n \leq \dfrac{\pi}{2}\ (n = 1, 2, 3, \cdots)$ だから
$$\theta_{n+1} = \frac{1}{2}\theta_n.$$

第2章 極限

また，$a_1 = 2\cos\theta_1 = 0$ より $\theta_1 = \dfrac{\pi}{2}$．よって

$$\theta_n = \frac{\pi}{2}\cdot\left(\frac{1}{2}\right)^{n-1} = \frac{\pi}{2^n}.$$

$$\therefore a_n = 2\cos\frac{\pi}{2^n}. /\!/$$

(3) (2)より

$$\lim_{n\to\infty} a_n = 2\cos 0 = 2. /\!/$$

参考 (a_n) が収束することを仮定すれば，その極限値 α は，$\alpha = \sqrt{\alpha+2}$ を満たすはずです．実際，これを解くと，$\alpha \geq 0$ のもとで，

$\alpha^2 = \alpha + 2$．$\alpha^2 - \alpha - 2 = 0$．

$(\alpha+1)(\alpha-2) = 0$．$\therefore\ \alpha = 2$．

2 3 14 連立漸化式・極限

根底 実戦 典型 入試　[→例題 2 1 1]

注 a_{n+1} は a_n, b_n の相乗平均，b_{n+1} は a_n, b_n の相加平均ですね．

方針 連立漸化式によって“ドミノ式”に定まる数列ですから，**解答**もドミノ式に行うのが自然です．

ただし，前の設問の結果を利用することも忘れずに．

解答

(1)
$$\begin{aligned} b_{n+1} - a_{n+1} &= \frac{a_n + b_n}{2} - \sqrt{a_n b_n}\ (\because\ ②③) \\ &= \frac{1}{2}\left(a_n + b_n - 2\sqrt{a_n b_n}\right) \\ &= \frac{1}{2}\left(\sqrt{b_n} - \sqrt{a_n}\right)^2. \ \cdots ④ \end{aligned}$$

したがって

$$b_n > a_n \Longrightarrow b_{n+1} > a_{n+1}.$$

また，①より $b_1 > a_1$．よって帰納的に

$a_n < b_n\ (n = 1, 2, 3, \cdots)$．□

(2)
$$\begin{aligned} a_{n+1} - a_n &= \sqrt{a_n b_n} - a_n\ (\because\ ②) \\ &= \sqrt{a_n}\left(\sqrt{b_n} - \sqrt{a_n}\right) > 0\ (\because\ (1)). \end{aligned}$$

$\therefore\ a_{n+1} > a_n$．

$$\begin{aligned} b_{n+1} - b_n &= \frac{a_n + b_n}{2} - b_n\ (\because\ ③) \\ &= \frac{a_n - b_n}{2} < 0\ (\because\ (1)). \end{aligned}$$

$\therefore\ b_{n+1} < b_n$．□

注 (1)(2)より，(a_n)，(b_n) の各項は下図のように推移していくことがわかりました．

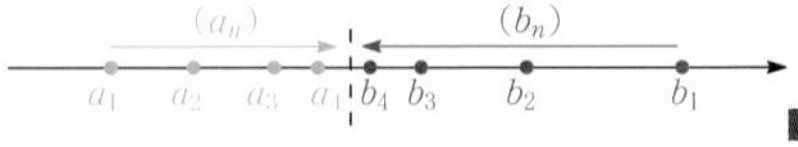

■

(3) **方針** $(b_n - a_n)$ という数列を，ドミノ式に表すことを考えます．④が使えそうですね．

「$\sqrt{b_n} - \sqrt{a_n}$」から「$b_n - a_n$」を作り出す変形といえば…

「極限」が目的ですから，「等式」だけにこだわらず，「不等式」も視野に入れて．■

④より

$$\begin{aligned} &b_{n+1} - a_{n+1} \\ &= \frac{1}{2}\left(\sqrt{b_n} - \sqrt{a_n}\right)^2 \\ &= \frac{\sqrt{b_n} - \sqrt{a_n}}{2}\cdot\left(\sqrt{b_n} - \sqrt{a_n}\right) \\ &= \frac{\sqrt{b_n} - \sqrt{a_n}}{2}\cdot\frac{\left(\sqrt{b_n} - \sqrt{a_n}\right)\left(\sqrt{b_n} + \sqrt{a_n}\right)}{\sqrt{b_n} + \sqrt{a_n}} \quad \text{有理化} \\ &= \frac{\sqrt{b_n} - \sqrt{a_n}}{2\left(\sqrt{b_n} + \sqrt{a_n}\right)}\cdot\left(b_n - a_n\right). \ \cdots ⑤ \end{aligned}$$

ここで，(1)(2)より

$$0 < \sqrt{b_n} - \sqrt{a_n} \leq \sqrt{b_1} - \sqrt{a_1} = 3 - 1 = 2.$$

$$\sqrt{b_n} + \sqrt{a_n} > \sqrt{a_n} + \sqrt{a_n} = 2\sqrt{a_n} \geq 2\sqrt{a_1} = 2.$$

これらと⑤，および $b_n - a_n > 0$ より

$$\begin{aligned} b_{n+1} - a_{n+1} &< \frac{2}{2\cdot 2}\left(b_n - a_n\right) \\ &= \frac{1}{2}\left(b_n - a_n\right). \ \cdots ⑥ \end{aligned}$$

これを繰り返し使うと

$$\begin{aligned} 0 < b_n - a_n &< \frac{1}{2}\left(b_{n-1} - a_{n-1}\right) \\ &< \frac{1}{2}\cdot\frac{1}{2}\left(b_{n-2} - a_{n-2}\right) \\ &\ \ \vdots \\ &< \left(\frac{1}{2}\right)^{n-1}\left(b_1 - a_1\right) \\ &\xrightarrow[n\to\infty]{} 0. \end{aligned}$$

よって“はさみうち”より，与式 $= 0$．$/\!/$

解説 (1)は，“相加相乗”より

$a_{n+1} \leq b_{n+1}\ (\because\ a_n, b_n > 0)$．

あとは $a_n \neq b_n$ を仮定して「$\leq$」を「$<$」に変えれば証明できます．けっきょくは，数学的帰納法になります．

ただし，本問では“相加相乗”の証明過程に現れる④式が重要な役割を果たしますので，結果論として“相加相乗”を使った解答は不利になりそうです．

注 「⑥を示せ」という設問であれば，次のようにできます：

④より

$$\frac{1}{2}\left(\sqrt{b_n} - \sqrt{a_n}\right)^2 < \frac{1}{2}\left(b_n - a_n\right) \cdots ⑦$$

を示せばよい．

右辺 − 左辺

$= \frac{1}{2}(b_n - a_n) - \frac{1}{2}\left(b_n + a_n - 2\sqrt{b_n a_n}\right)$

$= -a_n + \sqrt{b_n a_n}$

$= \sqrt{a_n}\left(\sqrt{b_n} - \sqrt{a_n}\right) > 0$ (∵ (1)).

よって⑦が示せた. □

補足 $(a_n), (b_n)$ の各項が正であることも, "ドミノ式" に示せますね.

参考 $b_{n+1} - a_{n+1}$ を $b_n - a_n$ で評価する⑥は,「初項」ではなく「第 2 項」を用いることにより次のように作ることもできます:

(1)(2)より, $n \geq 2$ のとき

$$0 < \sqrt{b_n} - \sqrt{a_n} \leq \sqrt{b_2} - \sqrt{a_2} = \sqrt{5} - \sqrt{3}.$$

$$\sqrt{b_n} + \sqrt{a_n} > \sqrt{a_n} + \sqrt{a_n} = 2\sqrt{a_n} \geq 2\sqrt{a_2} = 2\sqrt{3}.$$

これらと⑤, および $\underline{b_n - a_n} > 0$ より, $n \geq 2$ のとき

$$\begin{aligned} b_{n+1} - a_{n+1} &< \frac{\sqrt{5} - \sqrt{3}}{2 \cdot 2\sqrt{3}}(b_n - a_n) \\ &< \frac{2.24 - 1.73}{4 \times 1.73}(b_n - a_n) \\ &= \frac{0.51}{6.92}(b_n - a_n) \\ &< \frac{1}{13}(b_n - a_n). \end{aligned}$$

⑥における「$\frac{1}{2}$」が,「$\frac{1}{13}$」に変わりましたね. $n \geq 2$ においては, a_n と b_n の差は急速に縮まるのです. 実際の値は (コンピュータによると) 次の通りです:

n	1	2	3	4
a_n	1	3	3.872…	3.9359…
b_n	9	5	4	3.9364…
$b_n - a_n$	8	2	0.127…	0.0005…

ただし, $\lim_{n\to\infty}(b_n - a_n)$ の収束を示すのが目的なら,「$\frac{1}{2}$」のような 1 未満の正数なら何でも OK です.

発展 演習問題 2 8 16 後

(a_n) は, 増加列でありしかも $a_n < b_1 = 9$ (定数) より上に有界なので収束します. 同様に (b_n) も収束します. それぞれの極限値を α, β とすると, (3)より

$$b_n - a_n \xrightarrow[n\to\infty]{} \beta - \alpha = 0.$$

$$\therefore \alpha = \beta.$$

これと(1)(2)より, (a_n) は小さい方から, (b_n) は大きい方から, 同じ値に近づくことがわかります.

なお,「収束」を前提とすれば, ③の両辺の極限値を考えて,

$$\beta = \frac{\alpha + \beta}{2}.$$

ここからも, $\alpha = \beta$ が導かれます (②を用いても同様).

2 3 15 図形と極限 根底 実戦

着眼 スタートの P_1 の位置をテキトーに決めて各点をとってみると, 次図のようになります.

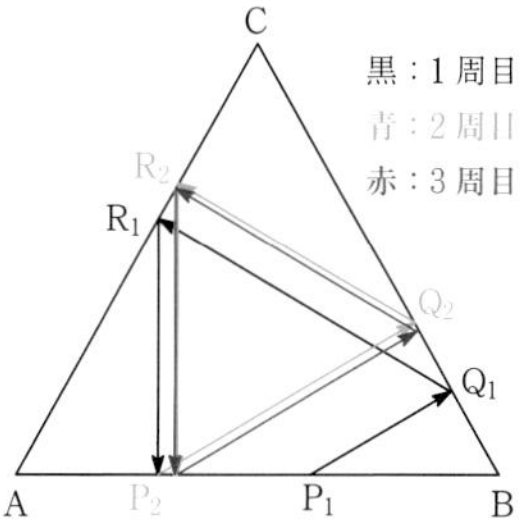

2 週目の青と 3 週目の赤ですら既に凄く接近しています. どうやら点列 (P_n) は, 辺 AB 上でやや A 寄りのある定点に近づいていきそうですね.

解答

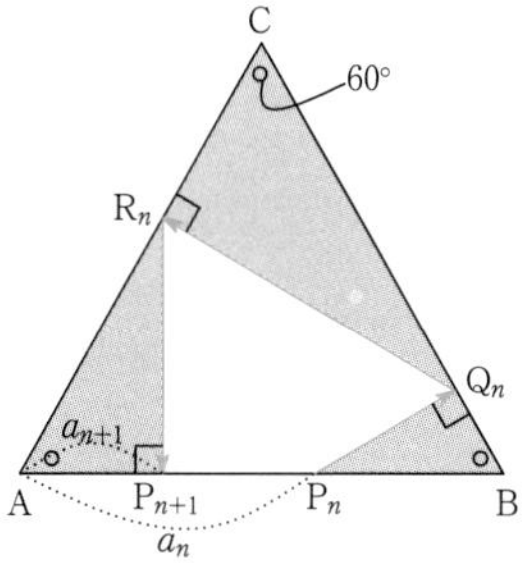

$a_n = AP_n$ $(n = 1, 2, 3, \cdots)$ とおくと, 色の付いた直角三角形に注目して,

$BP_n = 1 - a_n$. $BQ_n = \frac{1}{2}(1 - a_n)$.

$CQ_n = 1 - BQ_n = \frac{1}{2}(1 + a_n)$. $CR_n = \frac{1}{4}(1 + a_n)$.

$AR_n = 1 - CR_n = \frac{1}{4}(3 - a_n)$.

したがって,

$$a_{n+1} = AP_{n+1} = \frac{1}{8}(3 - a_n).$$

注 普通なら, (a_n) の初項を求めるのが筋ですが, 問題文にその情報がないので, 漸化式の変形にかかります.

下書き $\alpha = \frac{1}{8}(3 - \alpha)$ を解くと, $\alpha = \frac{1}{3}$. 漸化式とで辺々差をとると…■

$$a_{n+1}-\frac{1}{3}=-\frac{1}{8}\left(a_n-\frac{1}{3}\right).$$

$$\therefore\ a_n-\frac{1}{3}=\left(a_1-\frac{1}{3}\right)\left(-\frac{1}{8}\right)^{n-1}.$$

$$a_n=\frac{1}{3}+\left(a_1-\frac{1}{3}\right)\left(-\frac{1}{8}\right)^{n-1}$$

$$\xrightarrow[n\to\infty]{}\frac{1}{3}.$$

よって，点 P_n は辺 AB を 1：2 に内分する点に限りなく近づく．//

参考　最初の点 P_1 の位置に関係なく，必ずある一定の点に近づくというのが面白いですね．

言い訳　1)：このような問題文は点列の定義として明確でないので良くないのですが…，試験ではままある話です(苦笑)．

2 3 16　無限級数の基礎　根底 実戦　[→例題 2 2 a]

方針　基本的には

1° 有限個の和 (部分和) → 2° その極限

の手順を踏みます．

1° が困難な場合は，$\boxed{\lim_{n\to\infty} S_n \text{ と } \lim_{n\to\infty} a_n \text{ の関係}}$ を思い出して．

注　「$\sum_{n=1}^{\infty}$」だろうが「$\sum_{k=1}^{\infty}$」だろうが，とにかく有限個の和に書き変えます．「$\sum_{n=1}^{m}$」でも「$\sum_{k=1}^{n}$」でも，何でもかまいません (笑)．

解答　(1)

$$\sum_{n=1}^{m}\frac{1}{n(n+1)(n+2)}$$

$$=\sum_{n=1}^{m}\frac{1}{2}\left\{\underbrace{\frac{1}{n(n+1)}}_{a_n\text{ とおく}}-\frac{1}{(n+1)(n+2)}\right\}$$

$$=\sum_{n=1}^{m}\frac{1}{2}(a_n-a_{n+1})$$

$$=\frac{1}{2}(a_1-a_{m+1})$$

$$=\frac{1}{2}\left\{\frac{1}{2}-\frac{1}{(m+1)(m+2)}\right\}^{1)}$$

$$\xrightarrow[m\to\infty]{}\frac{1}{2}\cdot\frac{1}{2}=\frac{1}{4}\ (\text{収束}).//$$

注　1)：このまま通分しない方が極限を求める上では有利ですね．

(2)　**注**　公比 $-\frac{1}{2}$ の無限等比級数ですが，本書では「等比」を特別視した非効率的な方法は，却下 (笑)．■

$$\sum_{n=1}^{m}\left(-\frac{1}{2}\right)^n \quad \text{公比 } -\frac{1}{2} \text{ の等比数列}$$

$$=-\frac{1}{2}\cdot\frac{1-\left(\frac{-1}{2}\right)^m}{1-\frac{-1}{2}}$$

$$\xrightarrow[m\to\infty]{}-\frac{1}{2}\cdot\frac{1\ \boxed{}}{1+\frac{1}{2}}=-\frac{1}{3}\ (\text{収束}).//$$

(3)

$$\sum_{n=1}^{m}\left(\frac{3}{2}\right)^n\left\{\left(\frac{1}{3}\right)^n-\left(\frac{1}{6}\right)^n\right\}$$

$$=\sum_{n=1}^{m}\left\{\left(\frac{1}{2}\right)^n-\left(\frac{1}{4}\right)^n\right\}$$

$$=\frac{1}{2}\cdot\frac{1-\left(\frac{1}{2}\right)^m}{1-\frac{1}{2}}-\frac{1}{4}\cdot\frac{1-\left(\frac{1}{4}\right)^m}{1-\frac{1}{4}}$$

$$\xrightarrow[m\to\infty]{}\frac{1}{2}\cdot\frac{1\ \boxed{}}{1-\frac{1}{2}}-\frac{1}{4}\cdot\frac{1\ \boxed{}}{1-\frac{1}{4}}$$

$$=1-\frac{1}{3}=\frac{2}{3}\ (\text{収束}).//$$

(4)　**着眼**　せっかく「r^k-r^{k-1}」という階差型があるので，それを有効利用することを考えます．■

$$\sum_{k=1}^{n}k\left(r^k-r^{k-1}\right)=\sum_{k=1}^{n}\left\{\underbrace{(k+1)r^k}_{a_k\text{ とおく}}-kr^{k-1}-r^k\right\}$$

$$=\sum_{k=1}^{n}\left(a_k-a_{k-1}-r^k\right) \quad \text{階差に分解}$$

$$=a_n-a_0-r\cdot\frac{1-r^n}{1-r}\ (\because\ r\neq 1)$$

$$=(n+1)r^n-1-r\cdot\frac{1-r^n}{1-r}.$$

ここで，$n\to\infty$ のとき，$0<r<1$ より

$$r^n\to 0,\ (n+1)r^n \underset{2)}{\to} 0.$$

したがって

$$\text{与式}=0-1-r\cdot\frac{1\ \boxed{}}{1-r}=\frac{-1}{1-r}\ (\text{収束}).//$$

注　2)：$\lim_{n\to\infty}(n+1)r^n$ は $\infty\times 0$ 型不定形ですが，ベキ関数より指数関数の方が発散・収束が速いことを覚えていれば，「→ 0」となることが思い出せます．

本来は問題文中でこの極限の結果を「使って良い」と明言すべきなのですが，そうなっていない問題もあるので敢えて伏せておきました．

別解　もちろん，「r^k-r^{k-1}」の部分をまとめて

$$\sum_{k=1}^{n}k(r-1)r^{k-1} \quad \text{等差} \times \text{等比の和}$$

として部分和を計算することも可能です．

(5)
$$\sum_{k=1}^{n}\frac{1}{\sqrt{k+1}+\sqrt{k+3}}$$
$$=\sum_{k=1}^{n}\frac{\sqrt{k+3}-\sqrt{k+1}}{(\sqrt{k+3}+\sqrt{k+1})(\sqrt{k+3}-\sqrt{k+1})}$$
$$=\sum_{k=1}^{n}\frac{1}{2}\left(\sqrt{k+3}-\underbrace{\sqrt{k+1}}_{a_k\text{ とおく}}\right)$$
$$=\sum_{k=1}^{n}\frac{1}{2}(a_{k+2}-a_k)$$
$$=\frac{1}{2}(-a_1-a_2+a_{n+1}+a_{n+2})\ (n\geq 2)$$
$$=\frac{1}{2}\left(-\sqrt{2}-\sqrt{3}+\sqrt{n+2}+\sqrt{n+3}\right)$$
$$\xrightarrow[n\to\infty]{}\infty\ (\text{発散}).\text{//}$$

(6) **着眼** 何やら(5)と雰囲気が似ていますが…
$$\sqrt{k^2+4k+2}-\sqrt{k^2+2k-2}$$
$$=\sqrt{(k+2)^2\underset{\sim}{-2}}-\sqrt{(k+1)^2\underset{\sim}{-3}}$$
ですので，残念ながら階差の形にはなっていません．よって部分和が求まりそうにありませんので…

■
$$\sqrt{k^2+4k+2}-\sqrt{k^2+2k-2}$$
$$=\frac{(k^2+4k+2)-(k^2+2k-2)}{\sqrt{k^2+4k+2}+\sqrt{k^2+2k-2}}$$
$$=\frac{2k+4}{\sqrt{k^2+4k+2}+\sqrt{k^2+2k-2}}$$ 「k」が主要部
$$=\frac{2+\frac{4}{k}}{\sqrt{1+\frac{4}{k}+\frac{2}{k^2}}+\sqrt{1+\frac{2}{k}-\frac{2}{k^2}}}$$
$$\xrightarrow[k\to\infty]{}\frac{2}{1+1}=1\neq 0.$$
よって，この無限級数は発散する．//

解説 $\boxed{\lim_{n\to\infty}S_n\text{ と }\lim_{n\to\infty}a_n\text{ の関係}}$を使いました．

参考 (1)～(4)が，無限級数 $\sum_{n=1}^{\infty}a_n$ が収束するための必要条件：$\lim_{n\to\infty}a_n=0$ …① を満たしていたことを確認しておいてください．

(5)も，必要条件①は満たしていますが，無限級数は発散となりました．

2 3 17 無限等比級数

根底 実戦 典型 [→例題 2 2 d]

方針 「無限等比級数の収束条件」を定理として使うというより，有限個の和（部分和）を考えるという基本姿勢を維持して解答します．

注 ただし，$\boxed{\lim_{n\to\infty}S_n\text{ と }\lim_{n\to\infty}a_n\text{ の関係}}$も活用してみます．せっかく学んだのですから（笑）．

解答 $a_k=x(1-2x)^k,\ S_n=\sum_{k=1}^{n}a_k$ とおく．

無限級数 (*) が収束するためには次が**必要**：
$$\lim_{k\to\infty}a_k=0.$$
$$\text{i.e.}\begin{cases}{}^{1)}\ x=0\ \cdots①\ \text{または}\\ x\neq 0\ \text{かつ}\ -1<1-2x<1.\ \cdots②\end{cases}$$
②は，$0<x<1$ …②′

以下，①または②′のもとで考える．

①：$x=0$ のとき，$S_n=0\to 0$（収束）．つまり
$f(0)=0$.

②′：$0<x<1$ のとき，(a_n) の公比：$1-2x\neq 1$ だから
$$S_n=x(1-2x)\cdot\frac{1-(1-2x)^n}{1-(1-2x)}$$ 等比数列の和
$$\xrightarrow[n\to\infty]{}\cancel{x}(1-2x)\cdot\frac{1\ \fbox{}}{2\cancel{x}}\ (\text{収束．}\because\ ②).$$
$$\text{i.e. } f(x)=\frac{1}{2}-x.$$

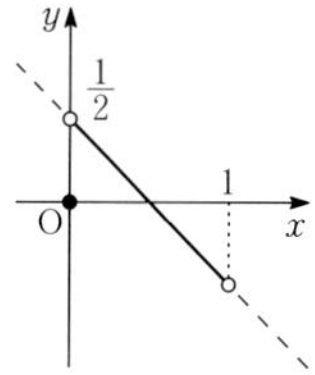

以上より，求める収束条件は，
$0\leq x<1$.//

また，$y=f(x)$ のグラフは右図の通り．

注 $x=0$ のときまで和の公式「$\dfrac{a}{1-r}$」を使ってしまうと，分母が 0 になって「？？？」ってなっちゃいます（笑）．

補足 1)：初項 $a_1=0$ となるのは $x=0,\ \dfrac{1}{2}$ のときですが，$x=\dfrac{1}{2}$ の方は |公比| <1 の方に含めて考えました．

2 3 18 循環小数と無限等比級数

根底 実戦 典型 [→例題 2 2 b]

方針 循環節ごとに区切って，無限等比級数の和として求めます．

解答

(1) $$a=\lim_{n\to\infty}\left(\frac{3}{10}+\frac{3}{10^2}+\frac{3}{10^3}+\cdots+\frac{3}{10^n}\right)$$
$$=\lim_{n\to\infty}\frac{3}{10}\cdot\frac{1-\left(\frac{1}{10}\right)^n}{1-\frac{1}{10}}$$
$$=\frac{3}{10}\cdot\frac{1\ \fbox{}}{1-\frac{1}{10}}$$
$$=\frac{3}{9}=\frac{1}{3}.\text{//}$$

第2章 極限

注 答えは瞬間で見抜けたと思いますが（笑），このようにキチンと解答してくださいね．

(2) （循環節が途中から始まります．）

$$b=\lim_{n\to\infty}\left(\frac{5}{10}+\frac{123}{10^4}+\frac{123}{10^7}+\frac{123}{10^{10}}+\cdots+\frac{123}{10^{3n+1}}\right)$$

$$=\lim_{n\to\infty}\left\{\frac{1}{2}+\frac{123}{10000}\cdot\frac{1-\left(\frac{1}{1000}\right)^n}{1-\frac{1}{1000}}\right\}$$

$$=\frac{1}{2}+\frac{123}{10000}\cdot\frac{1\boxed{}}{1-\frac{1}{1000}}$$

$$=\frac{1}{2}+\frac{123}{9990}$$

$$=\frac{1}{2}+\frac{41}{3330}$$

$$=\frac{1665+41}{3330}=\frac{1706}{3330}=\frac{853}{1665}.\text{//}$$

注 中学・高校 1 年時代の解答は，次の通りです：

(1)
$$\begin{array}{rrcl} -) & a &=& 0.333333\cdots \\ & 10a &=& 3.333333\cdots \\ \hline & 9a &=& 3. \end{array}$$

$\therefore\quad a=\frac{1}{3}.$//

(2)
$$\begin{array}{rrcl} -) & b &=& 0.5123123\cdots \\ & 1000b &=& 512.3123123\cdots \\ \hline & 999b &=& 511.8 \end{array}$$

$\therefore\quad b=\frac{511.8}{999}=\frac{5118}{9990}=\frac{853}{1665}.$//

「$a=0.333333\cdots$」における $\cdots$ に対する無限級数を用いた正しい定義を知ってしまった今となっては，こうした“牧歌的な”解答でマルになるかどうかは例によって採点者の意向次第です．

言い訳 (2)で考えた部分和は，小数第 $3n+1$ 位までの部分列に限定しています．第 $3n+2$, $3n+3$ 位までの部分列も考えた方が，より厳密な解答となります．

2 3 19 期待値・無限級数

根底 実戦 入試

方針 「期待値」は，「確率変数 X」と「確率」の対応（確率分布）によって求まります．[1]

「事象」は**視覚的に**表現しましょう．

解答 1 の目を○，他の目を×で表すと，$X=k$（k は $1, 2, 3, \cdots, n$ のいずれか）となるのは次のとき：

回：	1	2	3	…	$k-1$	k
目：	×	×	×	…	×	○

$\therefore\ P(X=k)=\left(\frac{5}{6}\right)^{k-1}\cdot\frac{1}{6}$（$k=1$ でも成立）．

よって，$p=\frac{5}{6}$ とおいて [2]

$$E_n=\sum_{k=1}^{n}k\times p^{k-1}\cdot\frac{1}{6}=\frac{1}{6}\cdot\underbrace{\sum_{k=1}^{n}k\times p^{k-1}}_{S\text{ とおく}}.\ \cdots②$$

方針 「S」は，典型的な「等差×等比 の和」ですね．

[→ II+B 例題 7 3 d]

$$\begin{array}{rl} & S=1\cdot1+2p+3p^2+\cdots+np^{n-1}. \\ -) & pS=\quad 1\cdot p+2p^2+\cdots+(n-1)p^{n-1}+np^n. \\ \hline & (1-p)S=1+p+p^2+\cdots+p^{n-1}-np^n. \end{array}$$

$$\frac{1}{6}S=1\cdot\frac{1-p^n}{1-p}-np^n$$

$$\xrightarrow[n\to\infty]{}\frac{1}{1-p}=6\ (\because\ 0<p<1,\ ①).$$

これと②より，$\lim_{n\to\infty}E_n=6.$//

注 [1]：「期待値」を考える際には，「事象」を中心として，それに対応する「確率」と「確率変数 X」の 2 つを求めます[→ I+A 7 10 1]．ただし本問は，「確率変数 X」の値から即座に「事象」が想起できるので，とくにそのことを意識するまでもなく片付いてしまいましたね．

[2] 繰り返し書きそうなものには名前を付けて．

補足 ①は，$a\neq0$ のときは，$b=\frac{1}{a}$ とおくと $\lim_{n\to\infty}\frac{n}{b^n}=0\ (|b|>1)$ と書けますね．これは**例題 2 1 j** (1)で示した結果そのものです．

2 3 20 無限級数の収束・発散 [→例題 2 2 e]

根底 実戦 入試

着眼 $\boxed{\lim_{n\to\infty}S_n \text{ と } \lim_{n\to\infty}a_n \text{ の関係}}$ が使えそうですね．

解答 $\sum_{n=1}^{\infty}a_n$ が収束するから，$\lim_{n\to\infty}a_n=0$．

よって $\lim_{n\to\infty}\frac{1}{a_n}=\pm\infty$．つまり $\left(\frac{1}{a_n}\right)$ は 0 に収束しないから，無限級数 $\sum_{n=1}^{\infty}\frac{1}{a_n}$ は発散する．□

解説 前半では 2 4 4 $\boxed{\lim_{n\to\infty}S_n \text{ と } \lim_{n\to\infty}a_n \text{ の関係}}$ の②を，後半では③を使いました．

2 3 21 部分和が求まらない無限級数

根底 実戦 入試

着眼 まず $\frac{1}{\sqrt{n}}\to 0$ ですから，収束する可能性もありますね．

部分和が求まりそうな数列ではありません[→ II+B 7 5 8 $\boxed{\text{和の求まる数列}}$]．「求まらない」とは，部分和を等式で表すことができないということ．そこで，不等式を用いて評価する手を考えます．

解答 部分和を考える

$$\sum_{k=1}^{n}\frac{1}{\sqrt{k}}=\sum_{k=1}^{n}\frac{2}{\sqrt{k}+\sqrt{k}}$$ 和が求まらないものを…

$$>\sum_{k=1}^{n}\frac{2}{\sqrt{k+1}+\sqrt{k}}$$ 和が求まるもので評価する

$$=\sum_{k=1}^{n}2\cdot\frac{\sqrt{k+1}-\sqrt{k}}{(\sqrt{k+1}+\sqrt{k})(\sqrt{k+1}-\sqrt{k})}$$

$$=\sum_{k=1}^{n}2(\sqrt{k+1}-\sqrt{k})$$ 有理化により階差に分解

$$=2(\sqrt{n+1}-\sqrt{1})\xrightarrow[n\to\infty]{}\infty.$$

よって"追い出し"の手法より

$$\lim_{n\to\infty}\sum_{k=1}^{n}\frac{1}{\sqrt{k}}=\infty.$$

つまり，題意の無限級数は発散する．

注 例題 2 2 a (2)の結果：$\displaystyle\sum_{n=1}^{\infty}\frac{1}{\sqrt{n+1}+\sqrt{n}}=\infty$ を想起できれば，本問の方針は少し立ちやすくなったかもしれません．

参考 本問と同様な評価は，I+A例題 7 7 a の 2 番目の参考で既に扱いました（不等号の向きが逆さでしたが）．

4 積分法 後 部分和を，面積とみなして評価する方法もあります．[→演習問題 4 11 19]

2 3 22 ガウス記号と無限級数

根底 実戦 入試 [→例題 2 2 g]

着眼 "クセモノ"であるガウス記号の部分を観察してみましょう．

k	0	1	2	3	4	5	6	…
$\frac{k}{3}$	0	$\frac{1}{3}$	$\frac{2}{3}$	1	$\frac{4}{3}$	$\frac{5}{3}$	2	…
$\left[\frac{k}{3}\right]$	0	0	0	1	1	1	2	…

$\left[\frac{k}{3}\right]$ は，同じ整数値を 3 回ずつとることが読み取れます．どうやら，k を 3 で割った余りによって分けて考えるのが有効そうですね．

方針 まず，無限級数が収束するための**必要条件**で r の範囲を絞り込んでおきましょう．

解答 $a_k=r^{\frac{4}{3}k-\left[\frac{k}{3}\right]}$, $S_n=\displaystyle\sum_{k=0}^{n}a_k$ とおく．

l をある整数として

$$\frac{4}{3}\cdot3l-\left[\frac{3l}{3}\right]=4l-l=3l.$$

$$a_{3l}=r^{3l}.\ \cdots①$$

$$\frac{4}{3}(3l+1)-\left[\frac{3l+1}{3}\right]=4l+\frac{4}{3}-\left[l+\frac{1}{3}\right].$$

$$\therefore a_{3l+1}=r^{3l+\frac{4}{3}}.\ \cdots②$$

$$\frac{4}{3}(3l+2)-\left[\frac{3l+2}{3}\right]=4l+\frac{8}{3}-\left[l+\frac{2}{3}\right].$$

$$\therefore a_{3l+2}=r^{3l+\frac{8}{3}}.\ \cdots③$$

$|r|\geq1$ のとき，①より $\displaystyle\lim_{l\to\infty}a_{3l}$ は 0 に収束しないから，$\displaystyle\lim_{k\to\infty}a_k$ は 0 に収束しない．[1]

よって，$\displaystyle\lim_{n\to\infty}S_n$ は発散する．[→ 2 2 4]

したがって，$|r|<1$ が必要．以下，このときを考える．

下書き S_m を具体的に書き下してみます．

$$\begin{aligned}S_m=\ &\overset{a_0}{r^0}+\overset{a_1}{r^{\frac{4}{3}}}+\overset{a_2}{r^{\frac{8}{3}}} &&\cdots A_0\\ &+\underset{a_3}{r^3}+\underset{a_4}{r^{\frac{4}{3}+3}}+\underset{a_5}{r^{\frac{8}{3}+3}} &&\cdots A_1\\ &\ \vdots\\ &+\underset{a_{3l}}{r^{3l}}+\underset{a_{3l+1}}{r^{\frac{4}{3}+3l}}+\underset{a_{3l+2}}{r^{\frac{8}{3}+3l}} &&\cdots A_l\\ &+\cdots\end{aligned}$$

(a_k) の項を 3 個ずつセットにした数列 (A_l) は，公比 r^3 の等比数列になるようですね．これを示すことを念頭において，以下の作業を行います．■

$A_l=a_{3l}+a_{3l+1}+a_{3l+2}\ (l=0,1,2,\cdots)$ とおくと，①②③より，

$$\begin{aligned}A_{l+1}&=a_{3(l+1)}+a_{3(l+1)+1}+a_{3(l+1)+2}\\&=r^3(a_{3l}+a_{3l+1}+a_{3l+2})=r^3A_l.\end{aligned}$$

また，$A_0=a_0+a_1+a_2$

$$=1+r^{\frac{4}{3}}+r^{\frac{8}{3}}\ (\because\ r\neq0 \text{ より } r^0=1).$$

したがって，m を 0 以上の整数として

$$S_{3m+2}=\sum_{l=0}^{m}A_l$$ $a_0+a_1+a_2+\cdots+a_{3m+2}$ になってますね

$$=A_0\cdot\frac{1-(r^3)^{m+1}}{1-r^3}\ (\because\ r^3\neq1)$$ 個数

$$=A_0\cdot\frac{1-r^{3m+3}}{1-r^3}.$$ 等比数列の和

$$\xrightarrow[m\to\infty]{}A_0\cdot\frac{1}{1-r^3}\ (\because\ |r|<1).$$

この値を S とおく．

注 これは数列 (S_m) の部分列 (S_{3m+2}) の極限値でしかありません．残りの部分列も考えましょう．■

次に，$S_{3m+1}=S_{3m+2}-a_{3m+2}$ であり，③より

$$\therefore S_{3m+1}\xrightarrow[m\to\infty]{}S-0=S.$$

同様に，$S_{3m}=S_{3m+1}-a_{3m+1}$ であり，②より

$$\therefore S_{3m}\xrightarrow[m\to\infty]{}S-0=S.$$

したがって，数列 (S_n) は S に収束する．
以上より，求める範囲は $-1<r<1,\ r\neq 0$.//
そのときの極限値は，

$$S=\frac{A_0}{1-r^3}=\frac{1+r^{\frac{4}{3}}+r^{\frac{8}{3}}}{1-r^3}.//$$

補足 1)：(a_k) の部分列 (a_{3l}) が 0 に収束しないので，(a_k) も 0 に収束しません．

解説 部分和の数列 (S_n) を，3 つの**部分列**に分けて極限を考えました．

注 a_{k+3} と a_k の関係を，次のように導くこともできます：

$$\frac{4}{3}(k+3)-\left[\frac{k+3}{3}\right]=\frac{4}{3}k+4-\left(\left[\frac{k}{3}\right]+1\right)$$
$$=\frac{4}{3}k-\left[\frac{k}{3}\right]+3.$$
$$\therefore\ a_{k+3}=r^3a_k.$$

$\left[\dfrac{k+3}{3}\right]=\left[\dfrac{k}{3}+1\right]=\left[\dfrac{k}{3}\right]+1$ は自明でしょう．

2 3 23 格子点と極限

根底 実戦 典型 入試 [→例題 2 1 g]

方針 Ⅱ+B 例題 7 8 b でも述べた通り，格子点 (x,y) には 2 つの座標 x と y，つまり **2 つの変数**がありますから，その個数を数えるには，ひとまずどちらか片方を定数扱いします．つまり **1 文字を固定**します．本問では，「$x\in\mathbb{Z}\Longrightarrow n-x^3\in\mathbb{Z}$」なので，まず x を固定します．

注 問題は，その x をどこまで加えるかです．

解答 D 内で，直線 $x=k$ 上の格子点は

$y=0,1,2,\cdots,n-k^3$.

その個数は，$n-k^3+1$.

また，k のとり得る値は，$\sqrt[3]{n}$ を超えない最大整数を m として $[\sqrt[3]{n}]$

$k=0,1,2,\cdots,m$.

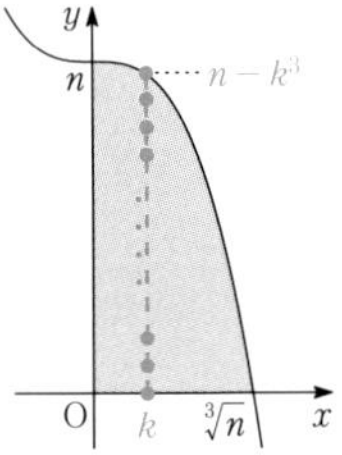

$$\therefore\ f(n)=\sum_{k=0}^{m}(\overbrace{n+1}^{\text{定数のカタマリ}}-k^3)$$
$$=(n+1)(m+1)-\frac{1}{4}m^2(m+1)^2.\ \cdots①$$

補足 得られた結果を $n=1$ のときを使って検算します．このときの D 内の格子点は，右図赤点の 3 個．一方答えに $n=1,\ m=[\sqrt[3]{1}]=1$ を代入すると，$2\cdot2-\dfrac{1}{4}\cdot1\cdot4=3$. 両者が一致するので少し自信が持てますね．

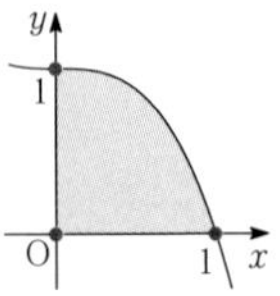

着眼 「m」とは，$\sqrt[3]{n}=n^{\frac{1}{3}}$ の小数部分を切り捨てたもの，つまり“感覚”では，$m\sim n^{\frac{1}{3}}$ ですから①において，

第 1 項 $\sim n\cdot n^{\frac{1}{3}}=n^{\frac{4}{3}}$．第 2 項 $\sim\left(n^{\frac{1}{3}}\right)^4=n^{\frac{4}{3}}$．

おそらく $\alpha=\dfrac{4}{3}$ でしょう．

方針 事実上ガウス記号を用いているので，不等式 → “はさみうち”の流れでしょうが，$f(n)$ 全体を評価するのはタイヘンそう．「部分的に評価」の手を使います．[→例題 2 1 g (2)]

①より

$$\frac{f(n)}{n^{\frac{4}{3}}}=\left(1+\frac{1}{n}\right)\left(\frac{m}{n^{\frac{1}{3}}}+\frac{1}{n^{\frac{1}{3}}}\right)-\frac{1}{4}\left(\frac{m}{n^{\frac{1}{3}}}\right)^2\left(\frac{m}{n^{\frac{1}{3}}}+\frac{1}{n^{\frac{1}{3}}}\right)^2.\ \cdots②$$

そこで $\displaystyle\lim_{n\to\infty}\frac{m}{n^{\frac{1}{3}}}$ を求める．

$$m\le n^{\frac{1}{3}}<m+1.$$
$$n^{\frac{1}{3}}-1<m\le n^{\frac{1}{3}}.$$
$$1-\frac{1}{n^{\frac{1}{3}}}<\frac{m}{n^{\frac{1}{3}}}\le 1.$$

$n\to\infty$ のとき，$1-\dfrac{1}{n^{\frac{1}{3}}}\to1$ だから，“はさみうち”より $\dfrac{m}{n^{\frac{1}{3}}}\to1$.

これと②より

$$\frac{f(n)}{n^{\frac{4}{3}}}\to1\cdot1-\frac{1}{4}\cdot1^2\cdot1^2=\frac{3}{4}.$$

したがって，

$$\therefore\ \frac{f(n)}{n^{\alpha}}=n^{\frac{4}{3}-\alpha}\cdot\frac{f(n)}{n^{\frac{4}{3}}}$$
$$\to\begin{cases}\infty\ \left(\alpha<\frac{4}{3}\text{ のとき}\right)\\ 1\cdot\frac{3}{4}=\frac{3}{4}\ \left(\alpha=\frac{4}{3}\text{ のとき}\right)\\ 0\ \left(\alpha>\frac{4}{3}\text{ のとき}\right).\end{cases}$$

以上より，$\alpha=\dfrac{4}{3}$，極限値 $=\dfrac{3}{4}$.//

参考 領域 D の面積 $S(n)$ は

$$S(n)=\int_0^{n^{\frac{1}{3}}}(n-x^3)dx$$

$$=\left[nx-\frac{x^4}{4}\right]_0^{n^{\frac{1}{3}}}=\frac{3}{4}n^{\frac{4}{3}}.$$

これと本問の結果より

$$\lim_{n\to\infty}\frac{f(n)}{S(n)}=\lim_{n\to\infty}\frac{f(n)}{n^{\frac{4}{3}}}\cdot\frac{n^{\frac{4}{3}}}{S(n)}$$

$$=\frac{3}{4}\cdot\frac{4}{3}=1.$$

n が大きいとき，1 辺が 1 の正方形 1 つにつき格子点が 1 個ずつ入っていることから，この比が 1 に収束するのはもっともらしい気がしますね．どんな関数でも必ずそうなるとは限りませんが．

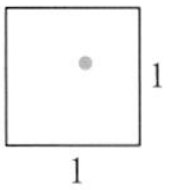

2 3 24 ε-N 論法

根底 実戦 ハイレベル

解答 (1) ①を変形すると

$$\frac{1}{\sqrt{n}}<\frac{1}{100}.\quad \sqrt{n}>100.\quad n>10000.$$

よって求める n は，$n\geq 10001$ なる全ての整数.//

(2) ②を変形すると，(1)と同様にして

$n>10^8$.　1 億

よって例えば $N=\underline{10^8+1}$ とすれば，$n\geq N$ のときつねに②が成り立つ．

(3) ③を変形すると，(1)と同様にして

$n>\dfrac{1}{\varepsilon^2}$.　例えば $\dfrac{1}{\left(\frac{1}{10^6}\right)^2}=10^{12}$

よって例えば $\dfrac{1}{\varepsilon^2}$ を超えない最大整数の次の整数 [1] を N とすれば，

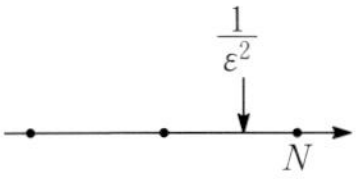

$n\geq N\Longrightarrow$ ③

が成り立つ．□

解説 2 1 2 で学んだ「収束の定義」は，

$\left|\dfrac{1}{\sqrt{n}}-0\right|\to 0$，つまり数直線上での $\dfrac{1}{\sqrt{n}}$ と 0 の距離・"誤差" がほとんどなくなることでした．

ただし，「→ 0」とはどういうことなのかについては触れていませんでした．そこも含めた大学以降における「**収束**」の正確な定義，それが正に(3)のようになることであり，「ε-N 論法」と呼ばれます．

噛み砕いて言うと，次の通りです：

$\dfrac{1}{100}$，$\dfrac{1}{10^4}$，$\dfrac{1}{10^6}$，…

どんなに小さな $\varepsilon\,(>0)$ を指定されようが，

それに応じて適切に N を 1 つ選べば

N 以上の全ての番号 n で "誤差" が ε 未満となる．

東大生の多くが「？？？」となるところですので，100 %理解できなくても心配要りませんよ (笑)．

補足 1)：ガウス記号を用いれば，$N=\left[\dfrac{1}{\varepsilon^2}\right]+1$ と書けますね．

8 演習問題B

281 関数の極限 根底 実戦 [→241~4]

着眼 必ず"振る舞いそのもの"を見ること.

解答 (1) **着眼** $\dfrac{\infty}{\infty}$ 型不定形. $x\to\infty$ のとき, 分子・分母の主要部は x^3 です.

注 だからといって, 分子を展開して $x^3+\cdots$ とするには及びません. ■

$$\frac{(x+1)^3}{x^3+2x^2+1}=\frac{\left(1+\frac{1}{x}\right)^3}{1+\frac{2}{x}+\frac{1}{x^3}}\xrightarrow[x\to\infty]{}\frac{1^3}{1}=1. /\!/$$

(2) **着眼** $\infty-\infty$ 型不定形. 有理化してみましょう.

注 $x<0$ であることを忘れずに. ■

$$\lim_{x\to-\infty}\left(\sqrt{x^2+2x+3}-\sqrt{x^2-x+1}\right)$$
$$=\lim_{x\to-\infty}\frac{(x^2+2x+3)-(x^2-x+1)}{\sqrt{x^2+2x+3}+\sqrt{x^2-x+1}}$$
$$=\lim_{x\to-\infty}\frac{3x+2}{\sqrt{x^2+2x+3}+\sqrt{x^2-x+1}}$$ 主要部は x
$$=\lim_{x\to-\infty}\frac{3+\frac{2}{x}}{-\sqrt{1+\frac{2}{x}+\frac{3}{x^2}}-\sqrt{1-\frac{1}{x}+\frac{1}{x^2}}}$$
$$=\frac{3}{-1-1}=-\frac{3}{2}. /\!/$$

解説 $x<0$ なので, 赤字で書かれた「−」が付きます. [→例題24b(2)]

別解 (楽に解くなら変数変換).

$t=-x$ とおくと

$$\lim_{x\to-\infty}\left(\sqrt{x^2+2x+3}-\sqrt{x^2-x+1}\right)$$
$$=\lim_{t\to\infty}\left(\sqrt{t^2-2t+3}-\sqrt{t^2+t+1}\right)$$
$$=\lim_{t\to\infty}\frac{(t^2-2t+3)-(t^2+t+1)}{\sqrt{t^2-2t+3}+\sqrt{t^2+t+1}}$$
$$=\lim_{t\to\infty}\frac{-3t+2}{\sqrt{t^2-2t+3}+\sqrt{t^2+t+1}}$$ 主要部は t
$$=\lim_{t\to\infty}\frac{-3+\frac{2}{t}}{\sqrt{1-\frac{2}{t}+\frac{3}{t^2}}+\sqrt{1+\frac{1}{t}+\frac{1}{t^2}}}$$
$$=\frac{-3}{1+1}=-\frac{3}{2}. /\!/$$

(3) **着眼** やたら $\dfrac{1}{x}$ ばかり現れますね. さすがに置換してスッキリ表しましょう. ■

$t=\dfrac{1}{x}$ とおくと

$$\lim_{x\to+0}\left(\sqrt{\frac{1}{x^2}-\frac{1}{x}+3}-\frac{1}{x}+\frac{1}{2}\right)$$
$$=\lim_{t\to+\infty}\left\{\sqrt{t^2-t+3}-\left(t-\frac{1}{2}\right)\right\}$$ $\infty-\infty$ 型
$$=\lim_{t\to+\infty}\frac{(t^2-t+3)-\left(t-\frac{1}{2}\right)^2}{\sqrt{t^2-t+3}+\left(t-\frac{1}{2}\right)}$$
$$=\lim_{t\to+\infty}\frac{\frac{11}{4}}{\sqrt{t^2-t+3}+\left(t-\frac{1}{2}\right)}=0. /\!/$$

(4) **着眼** $\dfrac{0}{0}$ 型不定形. 分子・分母に因数 $x-3$ があるはず. ■

$$\frac{27-x^3}{x^2-5x+6}=\frac{3^3-x^3}{x^2-5x+6}$$
$$=\frac{(3-x)(9+3x+x^2)}{(x-3)(x-2)}$$
$$=-\frac{9+3x+x^2}{x-2}$$
$$\xrightarrow[x\to 3]{}-\frac{9+9+9}{1}=-27. /\!/$$

(5) **注** x が -1 に充分近いとき, $\sqrt{\quad}$ 内の $x+2$, $-x$ はいずれも正ですね.

着眼 $\dfrac{0}{0}$ 型不定形. 有理化してみましょう. ■

$$\lim_{x\to-1}\frac{\sqrt{x+2}-\sqrt{-x}}{x+1}$$
$$=\lim_{x\to-1}\frac{\sqrt{x+2}-\sqrt{-x}}{x+1}\cdot\frac{\sqrt{x+2}+\sqrt{-x}}{\sqrt{x+2}+\sqrt{-x}}$$
$$=\lim_{x\to-1}\frac{2x+2}{(x+1)\left(\sqrt{x+2}+\sqrt{-x}\right)}$$
$$=\lim_{x\to-1}\frac{2}{\sqrt{x+2}+\sqrt{-x}}=\frac{2}{1+1}=1. /\!/$$

(6) **着眼** 三角関数の極限公式を想起するかもしれませんが…, 不定形でも何でもありませんよ. ■

$$\lim_{x\to\frac{\pi}{2}}\frac{1+\cos x}{x^2}=\frac{1}{\left(\frac{\pi}{2}\right)^2}=\frac{4}{\pi^2}. /\!/$$

(7) **着眼** $\infty-\infty$ 型不定形. 2つの log をつなぎたいですが, $\sqrt{\quad}$ がジャマです.

方針 そこで, 有理化してみましょう. ■

$$\sqrt{\log(x+1)}-\sqrt{\log x}$$
$$=\frac{\log(x+1)-\log x}{\sqrt{\log(x+1)}+\sqrt{\log x}}$$
$$=\frac{\log\left(1+\frac{1}{x}\right)}{\sqrt{\log(x+1)}+\sqrt{\log x}}$$ 分子 → 0, 分母 → ∞
$$\xrightarrow[x\to\infty]{}0. /\!/$$

282 合成関数の極限

根底 実戦

[→245]

着眼 関数 $u=\dfrac{1}{x}$ と $y=e^u$ の合成関数です．それぞれのグラフをイメージしながら，関数の“振る舞いそのもの”を考えます．ただそれだけです．

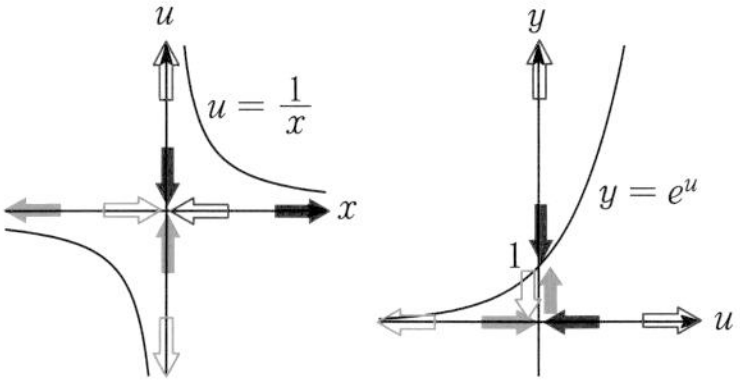

x	→ −∞	→ −0	→ +0	→ ∞
u	→ −0	→ −∞	→ +∞	→ +0
y	→ 1	→ 0	→ +∞	→ 1

言い訳 既に**演習問題**1 7 32(6)で扱った内容ですが，ここでは極限に関する用語を使用して簡潔に解答を書きます．

解答 (1)(2) $x\to\pm\infty$ のとき，$\dfrac{1}{x}\to 0$．よって，

$f(x)\to e^0=1.$ //

解説 $x\to+\infty$ のときと $x\to-\infty$ のときでは，$\dfrac{1}{x}$ の符号は異なります．しかし，指数関数 $y=e^u$ は u の連続関数であり，$u\to+0$ のときも $u\to-0$ のときも，どちらも e^0 という同じ値に収束します．

(3) $x\to+0$ のとき，$\dfrac{1}{x}\to+\infty$．よって，

$f(x)\to\infty.$ //

(4) $x\to-0$ のとき，$\dfrac{1}{x}\to-\infty$．よって，

$f(x)\to 0.$ //

注 $x\to+0$ と $x\to-0$ では，$f(x)$ の“振る舞い”はまるで違いますね．左・右の極限が異なるので，極限 $\displaystyle\lim_{x\to 0}f(x)$ は存在しません．

参考 関数 $y=f(x)$ のグラフの概形が，**演習問題**1 7 32(6)にあります．

283 片側極限

根底 実戦

[→245]

方針 左側極限・右側極限に分けて考える価値があるかどうかを見極めて．

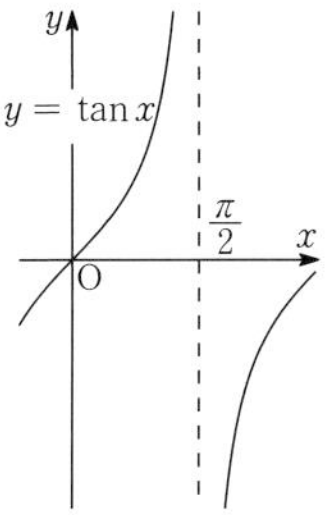

解答

(1) $\displaystyle\lim_{x\to\frac{\pi}{2}-0}\tan x=+\infty,$

$\displaystyle\lim_{x\to\frac{\pi}{2}+0}\tan x=-\infty.$

これらが相異なるから，

$\displaystyle\lim_{x\to\frac{\pi}{2}}\tan x$ は存在しない．//

(2) **着眼** 分母：$\sin x$ が 0 には近づきませんから… ■

$$\lim_{x\to\frac{\pi}{2}}\frac{\cos x}{\sin x}=\frac{0}{1}=0.\ //$$

注 $\dfrac{\cos x}{\sin x}$ と $\tan x=\dfrac{\sin x}{\cos x}$ とは逆数関係ですが，$x\to\dfrac{\pi}{2}$ のときの“振る舞い”はまるで異なるのですね．

(3) **着眼** $\dfrac{0}{0}$ 型不定形．

分母が完全平方式 (　　)^2 の形なので，極限を左・右に分けて考えなくてもよさそうですが…■

$$\frac{x^2-2x-3}{(x+1)^2}=\frac{(x+1)(x-3)}{(x+1)^2}=\frac{x-3}{x+1}.$$

ここで

$\displaystyle\lim_{x\to-1}(x-3)=-4,$

$\displaystyle\lim_{x\to-1+0}(x+1)=0$ (符号は正),

$\displaystyle\lim_{x\to-1-0}(x+1)=0$ (符号は負).

したがって

$$\lim_{x\to-1+0}\frac{x-3}{x+1}=-\infty,\quad \lim_{x\to-1-0}\frac{x-3}{x+1}=+\infty.$$

これらが相異なるから，題意の極限は存在しない．//

解説 $x+1$ が約分で消えるため，分母は完全平方式ではなくなりました．よって，左・右に分けて極限を考えなくてはならなくなりましたね．

284 極限・係数決定

根底 実戦 典型

[→例題24h]

注 ①は**例題**24h とほぼ同じ問題．その**注**で述べたように，定数項の「1」を切り離して処理すると少し楽でしたね [1]．②を考えるのは①の後で．

着眼 $f(x)+1=\boxed{\sqrt{x^2}}\boxed{+bx+c}-\boxed{ax}$．$x\to\infty$ のとき，$f(x)$ の主要部は $\boxed{x}$．そこに注目して“振る舞い”そのものを観察．■

解答 ①は次と同値：

$\displaystyle\lim_{x\to\infty}\{f(x)+1\}=1$ …①′

$x\to\infty$ のとき，$\sqrt{x^2+bx+c}\to\infty$．よって，$a\leq 0$ だと $f(x)+1\to\infty$ となり不適．よって以下，必要条件：$a>0$ のもとで考える．

着眼 このとき①′の左辺は $\infty-\infty$ 型不定形．有利化してみましょう．■

$$f(x)+1=\frac{\left(\sqrt{x^2+bx+c}-ax\right)\left(\sqrt{x^2+bx+c}+ax\right)}{\sqrt{x^2+bx+c}+ax}$$

$$=\frac{\boxed{\boxed{(1-a^2)x^2}}+\boxed{bx}+c}{\boxed{\sqrt{x^2}}+bx+c+\boxed{ax}}.$$

着眼　分母の主要部は $\boxed{x}$. よって，分子にそれより高次の $\boxed{\boxed{(1-a^2)x^2}}$ があれば $f(x)$ は収束しません. ■

$$f(x)+1=\frac{\boxed{\boxed{(1-a^2)x}}+\boxed{b}+\frac{c}{x}}{\sqrt{\boxed{1}+\frac{b}{x}+\frac{c}{x^2}}+\boxed{a}}.$$

分子，分母を分母の主要部 $\boxed{x}$ で割った

$x\to\infty$ のとき，分母 $\to 1+a\ (>0)$. よって，$1-a^2\neq 0$ だと $f(x)+1\to\pm\infty$ となり不適．よって $1-a^2=0$. $a>0$ より $a=1$ が必要．このとき

$$f(x)+1=\frac{\boxed{b}+\frac{c}{x}}{\sqrt{\boxed{1}+\frac{b}{x}+\frac{c}{x^2}}+\boxed{1}}$$

$$\xrightarrow[x\to\infty]{}\frac{b}{1+1}=\frac{b}{2}.$$

これと①′より，$\dfrac{b}{2}=1$, i.e. $b=2$.

このとき，

$$xf(x)$$

$$=x\left\{\sqrt{x^2+2x+c}-(x+1)\right\}$$

$$=x\cdot\frac{\left\{\sqrt{x^2+2x+c}-(x+1)\right\}\left\{\sqrt{x^2+2x+c}+(x+1)\right\}}{\sqrt{x^2+2x+c}+(x+1)}$$

$$=\frac{\boxed{(c-1)x}}{\boxed{\sqrt{x^2}}+2x+c+\boxed{x}+1}$$

主要部は $\boxed{x}$

$$=\frac{\boxed{c-1}}{\sqrt{\boxed{1}+\frac{2}{x}+\frac{c}{x^2}}+\boxed{1}+\frac{1}{x}}$$

主要部は $\boxed{x}$

$$\to\frac{c-1}{1+1}=\frac{c-1}{2}\ (x\to\infty\text{ のとき}).$$

これと②より，$\dfrac{c-1}{2}=3$.

以上より，$(a,b,c)=(1,2,7)$.//

注　1)：いちおうこのように書いたのですが…．上記 **解答** では，①′において「$f(x)+1$」を，②において「$f(x)$」をと，二度に亘って有理化しており非効率ですね．①も，そのまま有理化した方が早そうです．■

本解　（必要条件：$a>0$ までは前記 **解答** と同じ．）

$$f(x)$$

$$=\frac{\left\{\sqrt{x^2+bx+c}-(ax+1)\right\}\left\{\sqrt{x^2+bx+c}+(ax+1)\right\}}{\sqrt{x^2+bx+c}+(ax+1)}$$

$$=\frac{\boxed{\boxed{(1-a^2)x^2}}+\boxed{(b-2a)x}+(c-1)}{\sqrt{\boxed{x^2}+bx+c}+\boxed{ax}+1}$$

$$=\frac{\boxed{\boxed{(1-a^2)x}}+\boxed{b-2a}+\frac{c-1}{x}}{\sqrt{\boxed{1}+\frac{b}{x}+\frac{c}{x^2}}+\boxed{a}+\frac{1}{x}}.$$

分子，分母を分母の主要部 $\boxed{x}$ で割った

$x\to\infty$ のとき，分母 $\to 1+a\ (>0)$. よって，$1-a^2\neq 0$ だと $f(x)\to\pm\infty$ となり不適．よって，$1-a^2=0$. $a>0$ より $a=1$ が必要．このとき，

$$f(x)=\frac{\boxed{b-2a}+\frac{c-1}{x}}{\sqrt{\boxed{1}+\frac{b}{x}+\frac{c}{x^2}}+\boxed{1}+\frac{1}{x}}$$

$$\xrightarrow[x\to\infty]{}\frac{b-2a}{1+1}=\frac{b-2a}{2}.$$

これと①より，$\dfrac{b-2a}{2}=0$. ∴ $b=2a=2$.

このとき，

$$xf(x)=\frac{c-1}{\sqrt{\boxed{1}+\frac{2}{x}+\frac{c}{x^2}}+\boxed{1}+\frac{1}{x}}$$

$$\xrightarrow[x\to\infty]{}\frac{c-1}{1+1}=\frac{c-1}{2}.$$

これと②より，$\dfrac{c-1}{2}=3$.

以上より，$(a,b,c)=(1,2,7)$.//

解説　有理化が 1 回で済んでいますね．

注　$f(x)=\boxed{\sqrt{x^2}}+bx+c-(\boxed{ax}+1)$ の主要部 $\boxed{x}$ で“くくる”という方針もありますが，けっきょく **本解** でやったいちばん素朴なやり方がいちばん賢い気がします．世の中，そういうものです（笑）．

285　$\sqrt{\ }$，分数形を含んだ極限・係数決定

根底 実戦 典型　　[→例題 2 4 i]

解答　$f(x)=\dfrac{\sqrt{2x+a}-\sqrt{x+7}}{x^2+x-6}$ とおく．

$x\to 2$ のとき，分母 $\to 4+2-6=0$. よって

　分子 $=f(x)\cdot$(分母) $\to$ 定数 $\times 0=0$.[1]

着眼　つまり，$\dfrac{0}{0}$ 型不定形です．■

また，$x\to 2$ のとき

　分子 $\to\sqrt{4+a}-\sqrt{9}$.

　∴ $\sqrt{4+a}-3=0$. $a=5$.

このとき

$$f(x)=\frac{\sqrt{2x+5}-\sqrt{x+7}}{(x-2)(x+3)}$$
$$=\frac{\sqrt{2x+5}-\sqrt{x+7}}{(x-2)(x+3)}\cdot\frac{\sqrt{2x+5}+\sqrt{x+7}}{\sqrt{2x+5}+\sqrt{x+7}}$$
$$=\frac{x-2}{(x-2)(x+3)(\sqrt{2x+5}+\sqrt{x+7})} \quad {}^{2)}$$
$$=\frac{1}{(x+3)(\sqrt{2x+5}+\sqrt{x+7})}$$
$$\xrightarrow[x\to 2]{} \frac{1}{5\cdot(\sqrt{9}+\sqrt{9})}=\frac{1}{30}.$$ //

解説 1)：お馴染(なじ)みの流れですね．

2)：有理化により，不定形の元凶であった因数 $x-2$ が除去できましたね．

2 8 6 分数関数の極限・係数決定 [→例題 2 4 h, i]

根底 実戦 典型

着眼 $x\to\infty$ のときは，分子，分母の主要部：高次の項に注目します．

$x\to 0$ のときは，分母 $\to 0$ より分子も $\to 0$ となりますね．■

解答 $x\to\infty$ のとき，分子，分母を x^2 で割ると

$$f(x)=\frac{ax+3+\frac{5}{x}+\frac{b}{x^2}}{1+\frac{1}{x}}.$$

分母 $\to 1$ だから，$a\neq 0$ だと $f(x)\to\pm\infty$ となってしまう．よって $a=0$ …①．

$x\to 0$ のとき，分子を $g(x)$ とおくと

$g(x)=f(x)\cdot(x^2+x)$ 未知を既知で表す

$\to$ 定数 $\cdot 0=0$.

$g(x)$ は連続関数だから，

$\lim_{x\to 0}g(x)=g(0)=b$. $\therefore\ b=0$. …②

①②より

$$f(x)=\frac{3x^2+5x}{x(x+1)}=\frac{3x+5}{x+1}=\frac{3+\frac{5}{x}}{1+\frac{1}{x}}.$$

以上より，求める値は

$a=b=0,\ \lim_{x\to\infty}f(x)=3,\ \lim_{x\to 0}f(x)=5.$ //

解説 $x\to\infty$ から分子の最高次の項，$x\to 0$ から分子の定数項が決まりました．両者においては注目する点が異なるのがわかりますね．

2 8 7 関数の連続性 [→例題 2 4 f]

根底 実戦

着眼 「連続関数」ということは，定義域全体，つまり本問では「全ての実数 x において連続」ということです．$x=n\pi$ における連続性が問題ですね．

解答 $x\neq n\pi$ のとき，分母 $=\sin x\neq 0$ だから，$f(x)$ は連続である．

よって題意の条件は，n を任意の整数として，$f(x)$ が $x=n\pi$ において連続であること，すなわち

$f(n\pi)=\lim_{x\to n\pi}f(x)$. …①

①の左辺は a_n. 右辺は

$$\lim_{x\to n\pi}f(x)=\lim_{x\to n\pi}\frac{\sin 2x}{\sin x}$$
$$=\lim_{x\to n\pi}\frac{2\sin x\cos x}{\sin x}\quad (x\neq n\pi)$$
$$=\lim_{x\to n\pi}2\cos x$$
$$=2\cos(n\pi)\ (\because\ \cos x \text{ は連続関数})$$
$$=2\cdot(-1)^n.$$

したがって，$a_n=2\cdot(-1)^n$. //

解説 連続性を論じるときには，とにかく「限りなく近づけるときの極限値」と「ちょうどそのときの値」の 2 つを区別して考えることが肝要です．

知識 $\cos(n\pi)=(-1)^n$ は絶対暗記！！

2 8 8 中間値の定理 [→例題 2 4 g]

根底 実戦

方針 そのまま 2 曲線の共有点と考えるより，スッキリした方程式の解を論じた方が明快でしょう．

解答 方程式

$\frac{\sin x}{x}=\frac{10-x^2}{11}$，つまり

$f(x):=\frac{\sin x}{x}+\frac{x^2-10}{11}=0\ (0<x<\pi)$ …①

が解をもつことを示せばよい．

注 「中間値の定理」を使いたい状況ですね．ただし，「$f(0)$」は値をもちませんから，代わりに極限値を利用しましょう．■

1) $\lim_{x\to +0}f(x)=1-\frac{10}{11}=\frac{1}{11}>0$. …②

また，

$f(\pi)=\frac{\pi^2-10}{11}$ 「<0」を示したい

$<\frac{3.15^2-10}{11}=\frac{9.9225-10}{11}<0$. …③

②③より，①は解をもつ．□

解説 1)：$f(x)$ が $\frac{1}{11}$ に限りなく近づくということは，$f(x)$ は何らかの正の値はとり得ることが保証されていますね．

知識 $\pi=3.14159\cdots<3.16227\cdots=\sqrt{10}$ を記憶していれば，③のようになることが見通せますね．

参考　コンピュータの力を借りると，2 曲線は下図のようになります．また，前記の「解」は 1.188 くらいだとわかります．

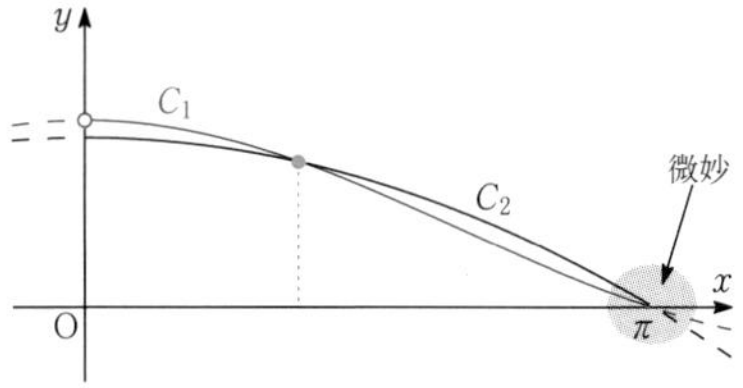

発展　$\lim_{x\to+0} f(x)=\frac{1}{11}$ ということは，x が充分 0 に近い正数 x_1 であるとき，$f(x)$ は $\frac{1}{11}$ に近い正の値をもちます．つまり

$f(x_1)>0.$

これと $f(\pi)<0$ より，「中間値の定理」が使えて方程式①は

$(0<)x_1<x<\pi$

の範囲に少なくとも 1 つの解をもつことが言える訳です．

2 8 9　三角関数の極限・基礎　根底 実戦　[→例題 2 5 a]

注　必ず，“振る舞いそのもの”を見た上で，公式❶～❸などの方法を選択しましょう．

解答 (1) **着眼** $\frac{0}{0}$ 型不定形．tan なので公式❷？

“感覚”では $\sim\frac{3x}{x}=3$ が答え．■

$$\frac{\tan 3x}{x}=\frac{\tan \boxed{3x}}{\boxed{3x}}\cdot 3$$

$$\xrightarrow[x\to 0]{} 1\cdot 3=3.\text{//}$$

(2) **着眼** $\frac{0}{0}$ 型不定形．sin，tan なので公式❶❷？

“感覚”では $\sim\frac{(2x)^2}{x\cdot x}=4$ が答え．■

$$\frac{\sin^2 2x}{x\tan x}=\frac{\sin^2 2x}{(2x)^2}\cdot\frac{4x}{\tan x}$$

$$=\left(\frac{\sin 2x}{2x}\right)^2\cdot\frac{x}{\tan x}\cdot 4$$

$$\xrightarrow[x\to 0]{} 1^2\cdot 1\cdot 4=4.\text{//}$$

(3) **着眼** $\frac{0}{0}$ 型不定形．公式でもできますが…■

$$\frac{1-\cos x}{\sin^2 x}=\frac{1-\cos x}{(1+\cos x)(1-\cos x)}$$

$$=\frac{1}{1+\cos x}\xrightarrow[x\to 0]{}\frac{1}{2}.\text{//}$$

別解　(公式❸❶を用いる)

$$\frac{1-\cos x}{\sin^2 x}=\frac{1-\cos x}{x^2}\cdot\frac{x^2}{\sin^2 x}$$

$$=\frac{1-\cos x}{x^2}\cdot\left(\frac{x}{\sin x}\right)^2$$

$$\xrightarrow[x\to 0]{}\frac{1}{2}\cdot 1^2=\frac{1}{2}.\text{//}$$

(4) **着眼** $\frac{0}{0}$ 型不定形．

方針　「$\to 0$」となる変数を設定．■

$t=\pi-x$ とおくと，$x\to\pi$ のとき $t\to 0$ であり

$$\lim_{x\to\pi}\frac{1+\cos x}{(x-\pi)\sin x}$$

$$=\lim_{t\to 0}\frac{1+\cos(\pi-t)}{(-t)\sin(\pi-t)}$$

$$=\lim_{t\to 0}\frac{1-\cos t}{-t\sin t}$$

“感覚”では，$\frac{\frac{t^2}{2}}{-t\cdot t}=-\frac{1}{2}$ が答え

$$=\lim_{t\to 0}\frac{1-\cos t}{t^2}\cdot\frac{t}{\sin t}\cdot(-1)=\frac{1}{2}\cdot 1\cdot(-1)=-\frac{1}{2}.\text{//}$$

(5) **着眼** $\frac{0}{0}$ 型不定形．1 − cos なので公式❸でもよいですが，せっかく「$1-\cos 2x$」となっているので…

“感覚”では $\sim\frac{\frac{(2x)^2}{2}}{x^2}=2$ が答え．■

$$\frac{1-\cos 2x}{x^2}=\frac{2\sin^2 x}{x^2}$$

$$=2\cdot\left(\frac{\sin x}{x}\right)^2\xrightarrow[x\to 0]{}2\cdot 1^2=2.\text{//}$$

(6) **着眼** $\frac{0}{0}$ 型不定形．いかにも公式❶っぽいですが…

方針　分母の絶対値がクセモノです．x の符号で場合分けし，片側極限を考えましょう．■

$$\lim_{x\to+0}\frac{\sin x}{|x|}=\lim_{x\to+0}\frac{\sin x}{x}\ (\because\ x>0)$$

$$=1.$$

$$\lim_{x\to-0}\frac{\sin x}{|x|}=\lim_{x\to-0}(-1)\cdot\frac{\sin x}{x}\ (\because\ x<0)$$

$$=-1.$$

よって $\lim_{x\to+0}\frac{\sin x}{|x|}\neq\lim_{x\to-0}\frac{\sin x}{|x|}$ だから，

極限 $\lim_{x\to 0}\frac{\sin x}{|x|}$ は存在しない．//

(7) **注**　“見た目”だけで公式❶だと勘違いしないように．

着眼　分子は $-1\sim1$ で振動．分母 $\to\infty$．答えはたぶん「0」ですね．■

$$-1\leq\sin x\leq 1.$$

$$\therefore -\frac{1}{x}\leq\frac{\sin x}{x}\leq\frac{1}{x}\ (\because\ x>0).$$

$x \to \infty$ のとき，$\pm\dfrac{1}{x} \to 0$. よって“はさみうち”より，$\dfrac{\sin x}{x} \to 0$.//

(8) **着眼** 不定形ではありませんよ．■

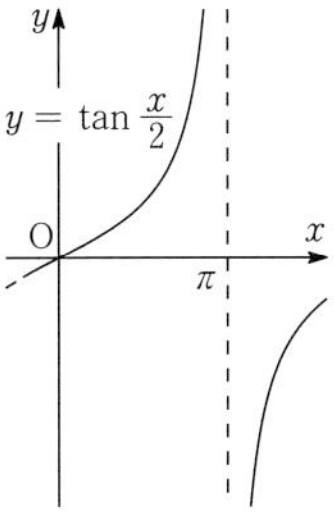

$x \to \pi$ のとき $\dfrac{x}{2} \to \dfrac{\pi}{2}$

だから，

$$\text{分子} \to \pi,$$
$$\text{分母} \to \pm\infty.$$
$$\therefore\ \frac{x}{\tan\frac{x}{2}} \to 0.//$$

注 $x \to \pi+0$ のときと $x \to \pi-0$ のときを比べると，分母の極限は異なりますが，この関数全体としては一致しています．

(9) **着眼** $n \to \infty$ のとき $\dfrac{\pi}{n}$，$\dfrac{\pi}{2n} \to 0$. よって $\dfrac{0}{0}$ 型不定形．sin，tan なので❶❷.

“感覚”では $\sim \dfrac{\frac{\pi}{n}}{\frac{\pi}{2n}} = 2$ が答え．■

$$\frac{\sin\frac{\pi}{n}}{\tan\frac{\pi}{2n}} = \frac{\sin\boxed{\frac{\pi}{n}}}{\boxed{\frac{\pi}{n}}}\cdot\frac{\boxed{\frac{\pi}{2n}}}{\tan\boxed{\frac{\pi}{2n}}}\cdot 2$$

$$\xrightarrow[n\to\infty]{} 1\cdot1\cdot2 = 2\left(\because\ \boxed{\frac{\pi}{n}},\ \boxed{\frac{\pi}{2n}}^{1)} \to 0\right).//$$

注意！ 1)：これへの言及は欠かせません．必ず 3 つの $\boxed{\frac{\pi}{n}}$，3 つの $\boxed{\frac{\pi}{2n}}$ $(\to 0)$ を揃(そろ)えて使うこと．

2 8 10 図形と極限・基礎
根底 実戦　[→例題 2 5 e]

着眼 辺の「長さ」が既知であり，「角」の比の極限が問われています．両者を結びつけるのは，もちろん三角関数です．

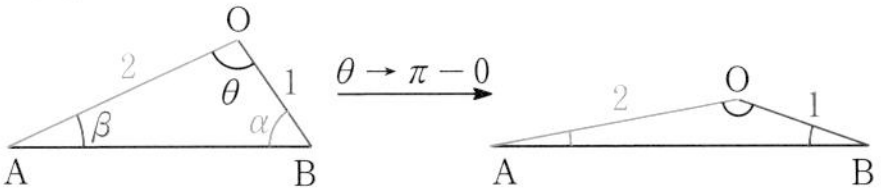

$\theta \to \pi - 0$ のとき，$\alpha, \beta \to 0$ となりそうですね．

解答 正弦定理より

$$\frac{2}{\sin\alpha} = \frac{1}{\sin\beta}.\ \therefore\ \frac{\sin\alpha}{\sin\beta} = 2.\ \cdots①$$

着眼 “感覚”では，$\dfrac{\alpha}{\beta} \sim \dfrac{\sin\alpha}{\sin\beta} = 2$ が答え．■

$$\therefore\ \frac{\alpha}{\beta} = \frac{\alpha}{\sin\alpha}\cdot\frac{\sin\beta}{\beta}\cdot\frac{\sin\alpha}{\sin\beta}$$
$$= \frac{\alpha}{\sin\alpha}\cdot\frac{\sin\beta}{\beta}\cdot 2\ (\because\ ①).\ \cdots②$$

ここで，$\theta+\alpha+\beta = \pi\ (\theta, \alpha, \beta > 0)$ だから，$\theta \to \pi - 0$ のとき，

$$0 < \alpha = \pi - \theta - \beta < \pi - \theta \to 0.\ ^{1)}$$

よって“はさみうち”より $\alpha \to 0$. 同様に $\beta \to 0$ だから，②より

$$\frac{\alpha}{\beta} \to 1\cdot1\cdot2 = 2.//$$

注 1)：「$\theta \to \pi - 0$ のとき $\alpha, \beta \to 0$」は自明だと感じられますが，このようにキッチリ示しておきましょう．

重要 とても単純な問題です（笑）．しかし，単純であるからこそ，学ぶべきポイントが明確に浮かび上がっています．要は，線分の「長さ」に直結する「$\sin\alpha$」が，「角」α と同じように“振舞う”ということです．このような極限公式❶の意味を理解しておくことが，より高度な問題への自然な発想を支えてくれます．

2 8 11 図形と極限
根底 実戦　[→例題 2 5 d]

着眼 2 辺の長さ：$n, n+1$ は $\to \infty$ となり，その間の角：$\dfrac{\pi}{n}$ は $\to 0$. よって $\displaystyle\lim_{n\to\infty} l_n$ はどうなるか不明．

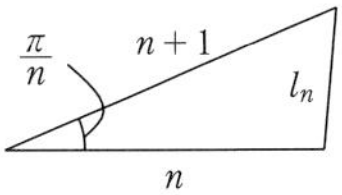

このように，図形そのものを観察した段階で不定形であることがわかりますね．

解答 余弦定理より

$$l_n^2 = n^2 + (n+1)^2 - 2n(n+1)\cos\frac{\pi}{n}$$
$$= \underline{2n^2+2n}+1-\underline{2n(n+1)}\cos\frac{\pi}{n}\ ^{1)}$$
$$= 1 + 2n(n+1)\left(1-\cos\frac{\pi}{n}\right)\ ^{2)}$$
$$= 1 + 2n(n+1)\left(\frac{\pi}{n}\right)^2\cdot\frac{1-\cos\frac{\pi}{n}}{\left(\frac{\pi}{n}\right)^2}$$
$$= 1 + 2\pi^2\left(1+\frac{1}{n}\right)\cdot\frac{1-\cos\boxed{\frac{\pi}{n}}}{\left(\boxed{\frac{\pi}{n}}\right)^2}$$
$$\xrightarrow[n\to\infty]{} 1 + 2\pi^2\cdot1\cdot\frac{1}{2}\ \left(\because\ \boxed{\frac{\pi}{n}} \to 0\right)$$
$$= 1 + \pi^2.$$
$$\therefore\ l_n = \sqrt{l_n^2} \to \sqrt{1+\pi^2}.//$$

注 上の解答を振り返る形で**着眼**を整理しておきます．

1)：$\infty - \infty$ 型不定形．cos があり，角 $\dfrac{\pi}{n} \to 0$ なので，三角関数の極限公式❸？

共通な赤下線で“くくる”と「$1-\cos$」の形ができるので，上手くいきそうですね．

2) “感覚”では，これは

$$\sim 1+2n(n+1)\cdot\frac{1}{2}\left(\frac{\pi}{n}\right)^2 \to 1+\pi^2.$$

2 8 12 円の列と極限

根底 実戦 入試 [→例題 2 5 d]

着眼 円→正 n 角形→円→正 n 角形→円→⋯．めまいがしますね（笑）．でも，「直前：C_k 番」と「直後：C_{k+1} 番」の関係を“ドミノ式”に捉えれば明快ですね．

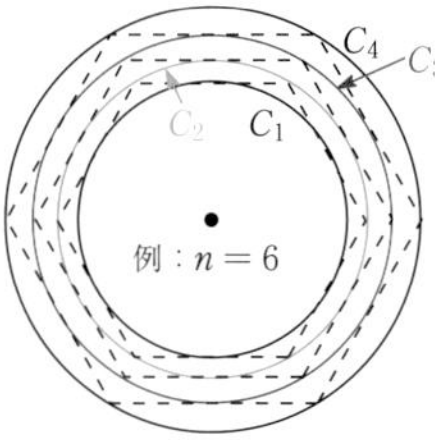

注 「n」は，極限を考える前の段階では，固定された定数です．

解答 円 C_n の半径を r_n とすると，右図の直角三角形に注目して

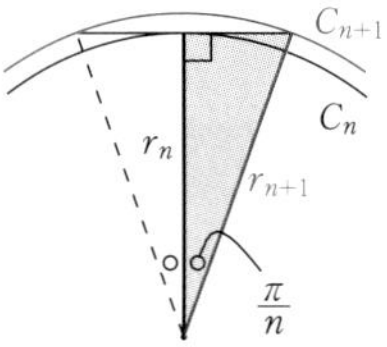

$$r_{n+1}=\frac{1}{\cos\frac{\pi}{n}}r_n.$$

これと $r_1=1$ より

$$r_{n^2}=1\cdot\left(\frac{1}{\cos\frac{\pi}{n}}\right)^{n^2}=\frac{1}{\left(\cos\frac{\pi}{n}\right)^{n^2}}.$$

着眼 分母に注目すると，$n\to\infty$ のとき，1^∞ 型不定形．指数・対数関数の極限における❶？■

$1+h=\cos\frac{\pi}{n}$ とおくと，$n\to\infty$ のとき $h\to 0$ であり，

$$\left(\cos\frac{\pi}{n}\right)^{n^2}=\left\{(1+h)^{\frac{1}{h}}\right\}^{hn^2}$$

において，

$$(1+h)^{\frac{1}{h}}\to e.$$

$$hn^2=\left(\cos\frac{\pi}{n}-1\right)n^2$$

$$=-\frac{1-\cos\boxed{\frac{\pi}{n}}}{\left(\boxed{\frac{\pi}{n}}\right)^2}\cdot\pi^2\to-\frac{1}{2}\pi^2\ \left(\because\ \boxed{\frac{\pi}{n}}\to 0\right).$$

以上より，求める極限は

$$\lim_{n\to\infty}r_{n^2}=\frac{1}{e^{-\frac{\pi^2}{2}}}=e^{\frac{\pi^2}{2}}.//$$

言い訳 1)：問題文として不明瞭ですが，それでも意味が読み取れるようにしましょうね（苦笑）．

参考 $e^{\frac{\pi^2}{2}}=139.0456\cdots$ です．最初の半径が「1」ですから，滅茶苦茶大きいですが⋯，一応収束します（笑）．

2 8 13 円に内接する小円

根底 実戦 入試 [→例題 2 5 d]

方針 (1) 小円と円 C，小円と小円が「接する」ことを表そうとすると，ごく自然に，問題文には登場しない「角」に注目したくなります．

(2)も，同様に「角」を持ち出すとスッキリ解決します．

解答

(1)

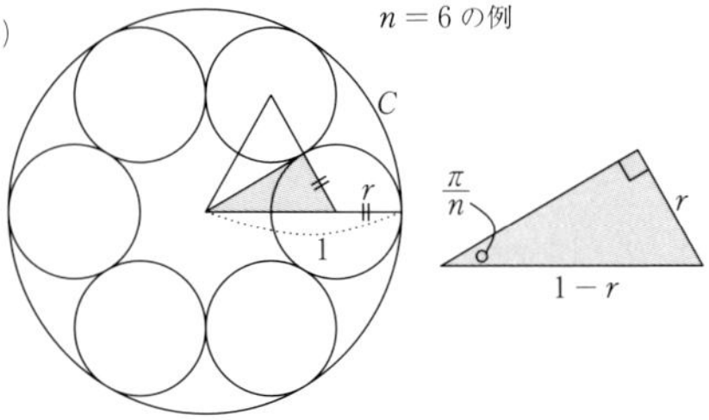

$$\sin\frac{\pi}{n}=\frac{r}{1-r}=-1+\frac{1}{1-r}.$$ 分子の低次化

$$\left(1+\sin\frac{\pi}{n}\right)(1-r)=1.$$

$$r=1-\frac{1}{1+\sin\frac{\pi}{n}}=\frac{\sin\frac{\pi}{n}}{1+\sin\frac{\pi}{n}}.$$

よって

$$nr=\frac{1}{1+\sin\frac{\pi}{n}}\cdot\underbrace{n\sin\frac{\pi}{n}}_{\text{ここだけ不定形}}$$

$$=\frac{\pi}{1+\sin\frac{\pi}{n}}\cdot\frac{\sin\boxed{\frac{\pi}{n}}}{\boxed{\frac{\pi}{n}}}$$

$$\xrightarrow[n\to\infty]{}\frac{\pi}{1}\cdot 1\ \left(\because\ \boxed{\frac{\pi}{n}}\to 0\right)$$

$$=\pi.//$$

参考 “感覚”では，小円の直径 n 個分が円 C の周長に近いので，$2r\cdot n\fallingdotseq 2\pi\cdot 1$．よって，$nr\fallingdotseq\pi$．

(2)

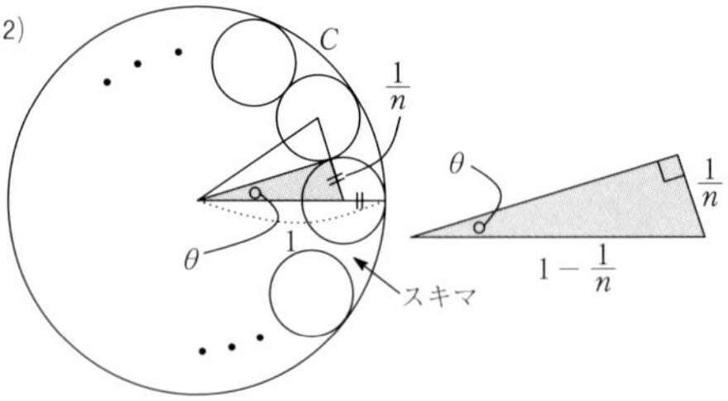

上図のように角 θ をとると

$$\sin\theta=\frac{\frac{1}{n}}{1-\frac{1}{n}}.\ \cdots①$$

また，「a_n」の定義より

$$2\theta \cdot a_n \leqq 2\pi < 2\theta \cdot (a_n+1).$$

$$\therefore \frac{\pi}{\theta}-1 < a_n \leqq \frac{\pi}{\theta}.$$

$$\frac{\pi}{n\theta}-\frac{1}{n} < \frac{a_n}{n} \leqq \frac{\pi}{n\theta}. \quad \cdots②$$

そこで，$\lim_{n\to\infty} n\theta$ を求める．　∞×0 型不定形？

$n\to\infty$ のとき，①より $\sin\theta\to 0$. これと $0<\theta<\frac{\pi}{2}$ より $\theta\to 0$. よって，

$$n\theta = \frac{\theta}{\sin\theta}\cdot n\sin\theta$$
$$= \frac{\theta}{\sin\theta}\cdot\frac{1}{1-\frac{1}{n}} \to 1\cdot 1 = 1.$$

よって②において，

最右辺，最左辺 $\to \frac{\pi}{1}=\pi$.

よって "はさみうち" より，$\frac{a_n}{n}\to\pi$.//

解説　②において，**部分的に評価**する手を用いました．

2 8 14　指数・対数関数の極限　根底 実戦　[→例題 2 6 C]

着眼　まず，"振る舞いそのもの" を見ること．

注　「lim」記号を使って計算式を書いてみます．メンドウですが，たまには (笑)．

解答 (1) **着眼**　$1^{\pm\infty}$ 型不定形．$x\to 0$ なので，公式❶？■

$$\lim_{x\to 0}(1+2x)^{\frac{1}{x}} = \lim_{x\to 0}\left\{(1+\boxed{2x})^{\frac{1}{\boxed{2x}}}\right\}^2 = e^2.//$$

(2) **着眼**　1^∞ 型不定形．$n\to\infty$ なので，公式❷？

方針　括弧内を「1＋△」の形にしたい [1] ので…■

$$\frac{1}{\left(\frac{n}{n+1}\right)^n} = \left(\frac{n+1}{n}\right)^n \quad \text{逆数を考えた}$$
$$= \left(1+\frac{1}{n}\right)^n \xrightarrow[n\to\infty]{} e.$$

$$\therefore \lim_{n\to\infty}\left(\frac{n}{n+1}\right)^n = \frac{1}{e}.//$$

注　[1]：こんなときは，より適用範囲が広い公式❶の方で．■

別解

$$\lim_{n\to\infty}\left(\frac{n}{n+1}\right)^n = \lim_{n\to\infty}\left(1-\frac{1}{n+1}\right)^n. \quad \text{分子の低次化}$$

ここで $h=-\frac{1}{n+1}$ とおくと，$n\to\infty$ のとき $h\to 0$ であり，

$$\left(1-\frac{1}{n+1}\right)^n = \left\{(1+h)^{\frac{1}{h}}\right\}^{hn}.$$

ここで，

$$(1+h)^{\frac{1}{h}} \to e.$$
$$hn = \frac{-n}{n+1} = \frac{-1}{1+\frac{1}{n}} \to -1.$$

$$\therefore \text{与式} = e^{-1} = \frac{1}{e}.//$$

(3) **着眼**　$\frac{0}{0}$ 型不定形．指数関数なので，公式❹？

方針　指数関数の底を e に変換しましょう．■

$$\lim_{x\to 0}\frac{2^x-1}{3^x-1}$$
$$= \lim_{x\to 0}\frac{e^{(\log 2)x}-1}{e^{(\log 3)x}-1} \quad \text{"感覚"では，}\frac{(\log 2)x}{(\log 3)x}=\frac{\log 2}{\log 3}\text{ が答え}$$
$$= \lim_{x\to 0}\frac{e^{\boxed{(\log 2)x}}-1}{\boxed{(\log 2)x}}\cdot\frac{\boxed{(\log 3)x}}{e^{\boxed{(\log 3)x}}-1}\cdot\frac{\log 2}{\log 3}$$
$$= 1\cdot 1\cdot\frac{\log 2}{\log 3} = \frac{\log 2}{\log 3}.//$$

補足　$x\to 0$ のとき，$\boxed{(\log 2)x}$, $\boxed{(\log 3)x}\to 0$ は自明としてよいでしょう．

(4) **着眼**　$\frac{0}{0}$ 型不定形．指数関数なので，公式❹？■

$$\lim_{x\to 0}\frac{e^x-e^{-x}}{x} = \lim_{x\to 0}e^{-x}\cdot\frac{e^{\boxed{2x}}-1}{\boxed{2x}}\cdot 2$$
$$= 1\cdot 1\cdot 2 = 2.//$$

別解

$$\lim_{x\to 0}\frac{e^x-e^{-x}}{x} = \lim_{x\to 0}\frac{(e^x-1)-(e^{-x}-1)}{x}$$
$$= \lim_{x\to 0}\left(\frac{e^{\boxed{x}}-1}{\boxed{x}}+\frac{e^{\boxed{-x}}-1}{\boxed{-x}}\right)$$
$$= 1+1 \ (\because\ \boxed{-x}\to 0)$$
$$= 2.//$$

(5) **着眼**　$\frac{0}{0}$ 型不定形．log なので，公式❸？

"感覚" では，$\sim\frac{\tan x}{2x}\sim\frac{x}{2x}=\frac{1}{2}$ が答え．■

$$\lim_{x\to 0}\frac{\log(1+\tan x)}{\log(1+2x)}$$
$$= \lim_{x\to 0}\frac{\log(1+\boxed{\tan x})}{\boxed{\tan x}}\cdot\frac{\boxed{2x}}{\log(1+\boxed{2x})}\cdot\frac{\tan x}{x}\cdot\frac{1}{2}$$
$$= 1\cdot 1\cdot 1\cdot\frac{1}{2} \ (\because\ \boxed{\tan x}\to 0)$$
$$= \frac{1}{2}.//$$

(6) **着眼**　$\frac{0}{0}$ 型不定形．log なので，公式❸？

方針　「→ 0」となる変数を設定．■

$t=\frac{\pi}{2}-x$ とおくと

$$\lim_{x\to\frac{\pi}{2}}\frac{\log(\sin x)}{\cos^2 x}=\lim_{t\to 0}\frac{\log\left(\sin\left(\frac{\pi}{2}-t\right)\right)}{\cos^2\left(\frac{\pi}{2}-t\right)}$$
$$=\lim_{t\to 0}\frac{\log(\cos t)}{\sin^2 t}.$$

ここで，$1+h=\cos t$ とおくと，$t\to 0$ のとき $h\to 0$ であり，

$$\frac{\log(\cos t)}{\sin^2 t}=\frac{\log(1+h)}{h}\cdot\frac{t^2}{\sin^2 t}\cdot\frac{h}{t^2}$$
$$=\frac{\log(1+h)}{h}\cdot\left(\frac{t}{\sin t}\right)^2\cdot\frac{1-\cos t}{t^2}\cdot(-1)$$
$$\xrightarrow[t\to 0]{} 1\cdot 1^2\cdot\frac{1}{2}\cdot(-1)=-\frac{1}{2}.\,/\!/$$

(7) **着眼**　{　　} 内における分子，分母の主要部：n^2 に注目すると，1^∞ 型不定形．指数・対数関数の極限公式❶（❷より適用範囲が広い）．■

$$a_n=\left\{\frac{n^2+n+2}{n(n+1)}\right\}^{n^2-n}$$ とおく．

$$1+h=\frac{n^2+n+2}{n(n+1)}$$ とおくと

$$a_n=\left\{(1+h)^{\frac{1}{h}}\right\}^{h(n^2-n)}.$$

ここで，$n\to\infty$ のとき，

$$h=\frac{n^2+n+2}{n(n+1)}-1$$
$$=\frac{2}{n(n+1)}\to 0.$$

$$\therefore\ (1+h)^{\frac{1}{h}}\to e.$$

$$h(n^2-n)=\frac{2}{n(n+1)}\cdot n(n-1)$$
$$=2\cdot\frac{1-\frac{1}{n}}{1+\frac{1}{n}}\to 2\cdot 1=2.$$

以上より

$$a_n\to e^2.\,/\!/$$

注　このような「指数」の形に対しては，**対数をとる**のもよく使う手です．公式❸を用います．

別解　$a_n>0$ だから ・・・ 真数条件の確認

$$\log a_n=(n^2-n)\log\frac{n^2+n+2}{n(n+1)}$$
$$=(n^2-n)\log\left(1+\frac{2}{n(n+1)}\right)$$
$$=\frac{\log\left(1+\boxed{\frac{2}{n(n+1)}}\right)}{\boxed{\frac{2}{n(n+1)}}}\cdot\underbrace{\frac{2(n^2-n)}{n(n+1)}}_{F\text{ とおく}}.$$

$n\to\infty$ のとき，$F=2\cdot\dfrac{1-\frac{1}{n}}{1+\frac{1}{n}}\to 2\cdot 1=2$ だから

$$\log a_n\to 1\cdot 2=2\ \left(\because\ \boxed{\frac{2}{n(n+1)}}\to 0\right).$$

$$\therefore\ a_n=e^{\log a_n}\to e^2.\,/\!/$$

注　この程度なら，log を使わなくても片付けられるようにしたいですが．

2 8 15 確率と極限

根底 実戦　入試　[→例題 2 6 b]

着眼　試行・事象を視覚的に捉えてから考えましょう．下の図では当たりを○，外れを×で表しています．

解答　(1) **着眼**　「少なくとも」を含んだ曖昧な事象なので，余事象を考えるのが原則です．■

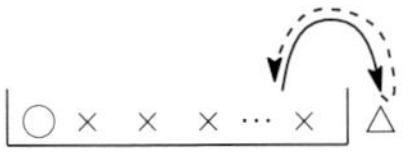

題意の事象の余事象は

「n 回全てが外れ」

よって

$$p_n=1-\underbrace{\left(\frac{n-1}{n}\right)^n}_{1^\infty\text{ 型}}.\ \cdots①$$

ここで，・・・ 逆数を考えた

$$\left(\frac{n}{n-1}\right)^n=\left(1+\frac{1}{\boxed{n-1}}\right)^{\boxed{n-1}}\cdot\left(1+\frac{1}{n-1}\right)$$
$$\xrightarrow[n\to\infty]{} e\cdot 1=e\ (\because\ \boxed{n-1}\to\infty).$$

これと①より，$p_n\to 1-\dfrac{1}{e}.\,/\!/$

別解　$\left(\dfrac{n-1}{n}\right)^n=\left(1-\dfrac{1}{n}\right)^n$ において $h=-\dfrac{1}{n}$ とおくと，$n\to\infty$ のとき $h\to 0$ であり

$$\left(1-\frac{1}{n}\right)^n=\left\{(1+h)^{\frac{1}{h}}\right\}^{nh}.$$

ここで，$(1+h)^{\frac{1}{h}}\to e$．また，$nh=-1$ だから

$$\left(1-\frac{1}{n}\right)^n\to e^{-1}.\ \text{(以下略)}$$

(2) **注**　これも余事象を考えますが，『2 本とも当たり』でないことは，『2 本とも外れ』ではありませんよ．■

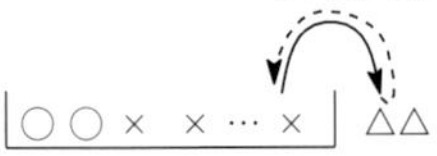

題意の事象の余事象は

「n 回全てが，『2 本とも当たり』ではない」

各回において，「『2 本とも当たり』ではない」確率は

$$1-\frac{{}_2C_2}{{}_nC_2}=1-\frac{2}{n(n-1)}.$$

よって

$$q_n=1-\underbrace{\left\{1-\frac{2}{n(n-1)}\right\}^{n^2}}_{1^\infty\text{ 型}}$$

ここで，$h=-\dfrac{2}{n(n-1)}$ とおくと，$n\to\infty$ のとき $h\to 0$ であり

$$\left\{1-\frac{2}{n(n-1)}\right\}^{n^2}=\left\{(1+h)^{\frac{1}{h}}\right\}^{n^2h}.$$

ここで，$(1+h)^{\frac{1}{h}}\to e$．また，

$$n^2h=\frac{-2n^2}{n(n-1)}=\frac{-2}{1-\frac{1}{n}}\to -2.$$

以上より，

$$\lim_{n\to\infty}q_n=1-e^{-2}=1-\frac{1}{e^2}.\text{//}$$

参考　このように，確率の極限を論じると，ワリと自然に「e」が登場します．

2 8 16 「e」の少し厳密な定義　[→2 6 1]

根底　実戦　ハイレベル↑

解説　(*) を軽く説明しておきます．

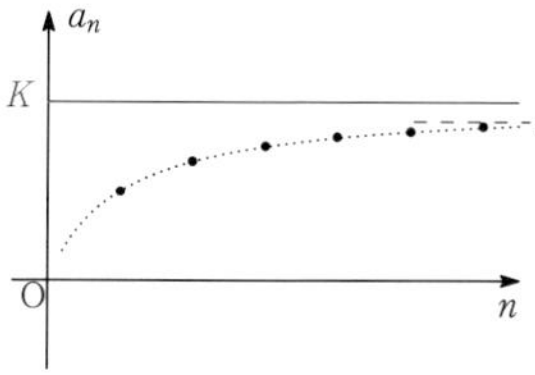

上図のように，(a_n) が増加し，しかもある定数 K を超えない場合，(a_n) は何らかの定数 α に近づいていきそうな感じがしますね（キチンとした証明は大学以降）．

注　通常，初見では無理な問題です．様々な技法を学ぶ場だと思って，以下の解答を鑑賞し，真似して解いてみてください．

解答

(1)
$$ {}_nC_k\left(\frac{1}{n}\right)^k$$
$$=\frac{n(n-1)(n-2)\cdots(n-k+1)}{k!\cdot n^k}\quad(k\text{個の積})$$
$$=\frac{1}{k!}\cdot\left(1-\frac{1}{n}\right)\cdot\left(1-\frac{2}{n}\right)\cdots\left(1-\frac{k-1}{n}\right).\quad\cdots①$$

同様に

$$ {}_{n+1}C_k\left(\frac{1}{n+1}\right)^k$$
$$=\frac{(n+1)n(n-1)\cdots(n-k+2)}{k!\cdot(n+1)^k}$$
$$=\frac{1}{k!}\cdot\left(1-\frac{1}{n+1}\right)\cdot\left(1-\frac{2}{n+1}\right)\cdots\left(1-\frac{k-1}{n+1}\right).$$

両者において，左から l 番目の括弧内どうしをくらべると

$$(0<)\ 1-\frac{l}{n}<1-\frac{l}{n+1}\ (l=1,2,\cdots,k-1).$$

よって与式が示せた．□

(2)
$$a_n=\left(1+\frac{1}{n}\right)^n$$
$$=\sum_{k=0}^{n}{}_nC_k\left(\frac{1}{n}\right)^k$$
$$=\underbrace{1+n\cdot\frac{1}{n}}_{2}+\sum_{k=2}^{n}{}_nC_k\left(\frac{1}{n}\right)^k\ (\because n\geq 2).\quad\cdots②$$

同様に

$$a_{n+1}=\left(1+\frac{1}{n+1}\right)^{n+1}$$
$$=\sum_{k=0}^{n+1}{}_{n+1}C_k\left(\frac{1}{n+1}\right)^k$$
$$=2+\sum_{k=2}^{n}{}_{n+1}C_k\left(\frac{1}{n+1}\right)^k+\underbrace{\left(\frac{1}{n+1}\right)^{n+1}}_{\text{正}}.$$

これらと(1)より，$a_n<a_{n+1}$．□

解説　a_n, a_{n+1} それぞれの二項展開式において，各項どうしを比べると(1)により a_{n+1} の方が大きく，しかも a_{n+1} の方が項数も 1 個多い（その項は正）ので，$a_{n+1}>a_n$ が成り立つという訳です．

(3)　命題 $P(k)$:「$k!\geq 2^{k-1}$」を，$k=2,3,4,\cdots$ について示す．

1°　$P(2)$:「$2!\geq 2^{2-1}$」は，両辺とも 2 ゆえ成り立つ．

2°　$k(\geq 2)$ を固定する．$P(k)$ を仮定し，

$P(k+1)$:「$(k+1)!\geq 2^k$」を示す．

$$(k+1)!=(k+1)\cdot k!\quad\text{階乗のもつ“ドミノ”構造}$$
$$\geq(k+1)\cdot 2^{k-1}\ (\because P(k))$$
$$\overset{1)}{\geq}2\cdot 2^{k-1}\ (\because k\geq 2)$$
$$=2^k.$$

よって，$P(k)\Longrightarrow P(k+1)$．

1°, 2° より $P(2), P(3), P(4), \cdots$ が示せた．□

注　1)：ここは，「$\geq 3\cdot 2^{k-1}$」でも「$>2\cdot 2^{k-1}$」でも何でもかまいません．どのみち「$P(k+1)$」は示せますので（笑）．■

(4)　①と(3)より $k\geq 2$ のとき

$$ {}_nC_k\left(\frac{1}{n}\right)^k\leq\frac{1}{k!}\cdot 1\leq\frac{1}{2^{k-1}}.$$

これと②より

$$a_n\leq 2+\sum_{k=2}^{n}\left(\frac{1}{2}\right)^{k-1}$$
$$=2+\frac{1}{2}\cdot\frac{1-\left(\frac{1}{2}\right)^{n-1}}{1-\frac{1}{2}}$$
$$=3-\left(\frac{1}{2}\right)^{n-1}<3.\square$$

(5) **下書き** (a_n) の項を順に求めてみると

$$a_2=\left(\frac{3}{2}\right)^2=\frac{9}{4}=2.25<2.4.$$

$$a_3=\left(\frac{4}{3}\right)^3=\frac{64}{27}=2.3\cdots<2.4.$$

どうやら次あたりで 2.4 を超えそうですね. ■

$$a_4=\left(\frac{5}{4}\right)^4=\frac{625}{256}=2.44\cdots>2.4.$$

これと(2)(4)より, $n\geq 4$ においてはつねに

$$2.44<a_n<3.$$

$$\therefore 2.44\leq\lim_{n\to\infty}a_n\leq 3.$$ 等号に注意

$$\therefore 2.4<e\leq 3.\square$$

(6) $n=[x]$ とおく. すなわち

$n\leq x<n+1$ …③

を満たす自然数 n をとると

$$\left(1+\frac{1}{n+1}\right)^n<\left(1+\frac{1}{x}\right)^x<\left(1+\frac{1}{n}\right)^{n+1}.$$ 2)

$x\to\infty$ のとき, ③の右側の不等式より $n\to\infty$ だから

$$\left(1+\frac{1}{n+1}\right)^n=\left(1+\frac{1}{n+1}\right)^{n+1}\cdot\left(1+\frac{1}{n+1}\right)^{-1}\to e\cdot 1=e.$$

$$\left(1+\frac{1}{n}\right)^{n+1}=\left(1+\frac{1}{n}\right)^n\cdot\left(1+\frac{1}{n}\right)\to e\cdot 1=e.$$

よって "はさみうち" より, 与式が示せた. □

注 2): この不等式を初見で思いついたらスーパーです (笑). ■

(7) $t=-x$ とおくと, $x\to-\infty$ のとき $t\to+\infty$ だから

$$\lim_{x\to-\infty}\left(1+\frac{1}{x}\right)^x=\lim_{t\to\infty}\left(1-\frac{1}{t}\right)^{-t}$$
$$=\lim_{t\to\infty}\left(\frac{t}{t-1}\right)^t$$
$$=\lim_{t\to\infty}\left(1+\frac{1}{t-1}\right)^{t-1}\left(1+\frac{1}{t-1}\right)$$
$$=e\cdot 1=e.\ \square$$

(8) 以下複号同順とする. $h=\dfrac{1}{x}$ とおくと, $h\to\pm 0$ のとき $x\to\pm\infty$ だから,

$$\lim_{h\to\pm 0}(1+h)^{\frac{1}{h}}=\lim_{x\to\pm\infty}\left(1+\frac{1}{x}\right)^x$$
$$=e\ (\because (6)(7)).$$

i.e. $\displaystyle\lim_{h\to 0}(1+h)^{\frac{1}{h}}=e.\square$

注 これでめでたく, (*) さえ認めれば $\displaystyle\lim_{n\to\infty}\left(1+\frac{1}{n}\right)^n$ が収束することが確認され, この極限値を e と「定義」として議論していくことで, 高校数学流の e の定義である(8)が「定理」として導かれました.

このように, キチンとした議論によって「e」を定義し, それを極限公式類につなげるのはとても骨の折れる作業なのです. そこで高校数学では, 欺瞞(ぎまん)だらけであることは承知の上で妥協し, 収束の確認もしないで $e=\displaystyle\lim_{h\to 0}(1+h)^{\frac{1}{h}}$ の方を "定義" とする訳です. いわゆる「高校数学の限界」です. [→II+B 5 4 4 **最後のコラム**]

2 8 17 預入期間の細分化

根底 実戦 [→2 6 2]

着眼 「n 分期間」が経過するごとに, 預金総額は定数 $R:=1+\dfrac{r}{n}$ 倍になります.

$$\text{年後}:0\ \xrightarrow[\times R]{①}\ \frac{1}{n}\ \xrightarrow[\times R]{②}\ \frac{2}{n}\ \xrightarrow[\times R]{}\ \cdots\ \xrightarrow[\times R]{}\ \frac{n-1}{n}\ \xrightarrow[\times R]{ⓝ}\ 1$$

解答 (1) 「n 分期間」ごとに, 預金総額は $1+\dfrac{r}{n}$ 倍になる. これを n 回繰り返すから

$A_n=100\left(1+\dfrac{r}{n}\right)^n$. (単位: 万円. 以下同様.)

$A_1=100(1+r)$.

$n\geq 2$ として, 二項定理より

$$\frac{A_n}{100}=1+n\cdot\frac{r}{n}+{}_nC_2\left(\frac{r}{n}\right)^2+\cdots+\left(\frac{r}{n}\right)^n$$
$$>1+r\ (\because r>0).$$

よって, $n\geq 2$ のとき $A_n>A_1$.//

(2) **着眼** 1^∞ 型不定形. 「$n\to\underline{\infty}$」なので, 公式❷. 「$\dfrac{1}{\square}$」の形をつくりましょう. ■

$$A_n=100\cdot\left\{\left(1+\frac{1}{\boxed{\frac{n}{r}}}\right)^{\boxed{\frac{n}{r}}}\right\}^r$$

$$\xrightarrow[n\to\infty]{}100\cdot e^r\ (\text{万円}).//$$

参考 「n 分期間」が経過したときの預金総額は, 本来は「$(1+r)^{\frac{1}{n}}$ 倍」($1+r$ の n 乗根) となるのが合理的です. こうすれば, 1 年後における預金の倍率は $\left\{(1+r)^{\frac{1}{n}}\right\}^n=1+r$ となり, 預金を出し入れしてもしなくても 1 年後の預金総額は同じですので.

しかし, 現実の預金も本問とほぼ同じシステムを採用しています. 「n 乗根」などと説明しても, 一般的な顧客の方の理解は得られないでしょうから.

余談 1 年間銀行に預けっ放しにすると, 預金総額が A_1 となりますから, (1)によりそれは損な預け方だということになります. また, 実は数列 (A_n) は増加列であることが (前問(2)と同様にして) 示せます. つまり, 預金を頻繁に出し入れするほどトクをするのです. (その筋ではとても有名な話です.)

ただし，(2)からわかる通り，「e^r 倍」という上限の壁を超えることはできません．そして現実には，$r=0.01$，つまり年利率 1 %という高利率（2023 年時点では）だとしても，1 年後の預金総額は，

$$\begin{cases}\text{預けっ放し：}100\cdot(1+r)=1,010,000\ \text{円}\\ \text{無限回出し入れ：}100\cdot e^r \fallingdotseq 1,010,050\ \text{円}\end{cases}$$

となり，その差は約 50 円です（笑）．という訳で，前述した現行の預金システムでもかまわないという訳です．

言い訳 実際の銀行預金では，「日割り」，つまり「1 日」を単位として利息計算をするので，「n」は 366 を超えることはあり得ません．また，利息計算では 1 円未満の端数を切捨てるので，上の「50 円」という差はもっと縮まります．

注 実は，本問で考えた利息（あるいは金利）の計算こそ，自然対数の底（別名**ネイピア数**）の起源とされています．

2 8 18 関数の極限・総合 [→例題 2 6 d]

根底 実戦 入試

着眼 いろいろな極限を混ぜ込んでありますが，とにかくまずは“振る舞いそのもの”を見ることを忘れずに．

解答 (1) **着眼** $x\to 1$ のとき，分母 $\to 0$．また

分子 $\to e^2-\left(e+\frac{1}{e}\right)e+1=0$.

方針 分母は因数分解できます．分子もできるのが見えますか？■

$$\frac{e^{2x}-\left(e+\frac{1}{e}\right)e^x+1}{x^2-1}$$

$$=\frac{(e^x-e)\left(e^x-\frac{1}{e}\right)}{(x+1)(x-1)}$$

「$e^{\triangle}-1$」の形を作り極限公式を使いましょう

$$=\frac{(e^{x-1}-1)(e^{x+1}-1)}{(x+1)(x-1)}$$

前の因数を e で割り後の因数を e 倍した

$$=\frac{e^{\boxed{x-1}}-1}{\boxed{x-1}}\cdot\frac{e^{x+1}-1}{x+1}\ \cdots ③$$

$$\xrightarrow[x\to 1]{} 1\cdot\frac{e^2-1}{2}\ \left(\because\ \boxed{x-1}\to 0\right)$$

$$=\frac{e^2-1}{2}.\ /\!/$$

(2) **着眼** (1)の「$\to 1$」が「$\to -1$」に変わっただけです．③を見れば，既に解けたも同然ですね．

$$\frac{e^{2x}-\left(e+\frac{1}{e}\right)e^x+1}{x^2-1}$$

$$=\frac{e^{x-1}-1}{x-1}\cdot\frac{e^{\boxed{x+1}}-1}{\boxed{x+1}}\ \cdots ③$$

$$\xrightarrow[x\to -1]{} 1\cdot\frac{e^{-2}-1}{-2}\ \left(\because\ \boxed{x+1}\to 0\right)$$

$$=\frac{1-e^{-2}}{2}=\frac{e^2-1}{2e^2}.\ /\!/$$

(3) **着眼** $\frac{1}{x}\to\pm\infty$ より $\sin\frac{1}{x}$ は発散しますが，$x(\to 0)$ を掛ければ 0 に収束しますね［→例題 2 5 c (7)］．残りの部分も，指数・対数関数の極限公式❸で片付きます．

$$\frac{(x^3+3x^2)\sin\frac{1}{x}}{\log(x+1)}$$

$$=(x+3)\cdot x\sin\frac{1}{x}\cdot\frac{x}{\log(x+1)}.$$

ここで

$$0\leq\left|x\sin\frac{1}{x}-0\right|=|x|\cdot\left|\sin\frac{1}{x}\right|$$

$$\leq|x|\cdot 1\xrightarrow[x\to 0]{}0.$$

よって“はさみうち”より，

$$\left|x\sin\frac{1}{x}-0\right|\to 0,\quad x\sin\frac{1}{x}\to 0.$$

したがって，

$$(x+3)\cdot x\sin\frac{1}{x}\cdot\frac{x}{\log(x+1)}\xrightarrow[x\to 0]{}3\cdot 0\cdot 1=0.\ /\!/$$

(4) **着眼** ②から考えると，主要部は $x^2\log x$ です．■

$$(\log x)^3-x(\log x)^2-x^2\log x$$

$$=x^2\log x\left\{\left(\frac{\log x}{x}\right)^2-\frac{\log x}{x}-1\right\}.$$

ここで，$x\to\infty$ のとき

$x^2\log x\to\infty$,

$\{\quad\}$部 $\to 0^2-0-1=-1$ （$\because$ ②）.

$\therefore$ 与式 $=-\infty$. //

(5) **着眼** ①から考えると，主要部は $xe^{2x}\ (=x\cdot e^x\cdot e^x)$ です．■

$$\frac{e^x(xe^x-1)}{(2x-1)(e^{2x}+x^2)}$$

$$=\frac{1-\frac{1}{xe^x}}{\left(2-\frac{1}{x}\right)\left\{1+\left(\frac{x}{e^x}\right)^2\right\}}$$

$$\xrightarrow[x\to\infty]{}\frac{1}{2\cdot 1}=\frac{1}{2}.\ /\!/$$

(6) **着眼** 不定形でも何でもありません．■

$x\to +0$ のとき，$\frac{1}{x}\to +\infty$ より $e^{\frac{1}{x}}\to +\infty$ だから

与式 $=\infty$. //

第 2 章 極限

(7) **着眼** (6)の右側極限が左側極限に変わっただけですが，“振る舞い”はまるで違います．

$x \to -0$ のとき $\dfrac{1}{x} \to -\infty$ より，$-\infty \times 0$ 型不定形．

公式①が使えるかもしれないので，$\to +\infty$ となる変数を設定しましょう．■

$t = -\dfrac{1}{x}$ とおくと，$x \to -0$ のとき，$t \to +\infty$ であり，

$$\lim_{x\to -0} \frac{1}{x}\cdot e^{\frac{1}{x}} = \lim_{t\to +\infty}(-t)e^{-t}$$
$$= \lim_{t\to\infty}\left(-\frac{t}{e^t}\right) = 0\ (\because\ ①).\text{//}$$

(8) **着眼** 不定形でも何でもありません．■

$x \to +0$ のとき，

分母 $\to -\infty$，　分子 $\to \log 1 = 0$．

$\therefore$ 与式 $= 0$.//

2 8 19 極限・係数決定

根底 実戦 入試　［→例題 2 4 i］

着眼 分母 $\to 0$ となるのに収束するということは，おそらく分子も $\to 0$．そのことを，カッチリ示しましょう．

解答 与式の分子を $f(x)$ とおくと

$$f(x) \overset{1)}{=} \frac{f(x)}{x^2}\cdot x^2 \xrightarrow[x\to 0]{} (\text{定数})\cdot 0 = 0.$$

$f(x)$ は連続関数だから

$$\lim_{x\to 0} f(x) = f(0) = \sqrt{1+b} - 2.$$

$$\therefore \sqrt{1+b} - 2 = 0.\quad b = 3.$$

着眼 $\dfrac{0}{0}$ 型不定形．$\sqrt{\ \ }$ がジャマなので有理化してみます．■

$$\frac{f(x)}{x^2} = \frac{\cos x + ax + 3 - (x+2)^2}{x^2(\sqrt{\cos x + ax + 3} + x + 2)}.\ \cdots ①$$

方針 以下，①の右辺を 2 つの部分に分けてそれぞれの極限を考えます．■

ここで，$x \to 0$ のとき

$$\sqrt{\cos x + ax + 3} + x + 2 \to \sqrt{1+3} + 2 = 4.\ \cdots ②$$

$$\frac{\text{分子}}{x^2} = \frac{-x^2 + (a-4)x - (1-\cos x)}{x^2}$$
$$= -1 + \frac{a-4}{x} - \frac{1-\cos x}{x^2}.$$
$$\to \begin{cases} -1 + 0 - \dfrac{1}{2} = -\dfrac{3}{2}\ (a=4)\ \cdots ③ \\ \pm\infty\ (a \neq 4). \end{cases}$$

$a \neq 4$ のとき与式も発散してしまうから，$a = 4$．

よって，$(a, b) = (4, 3)$.//

このとき，①②③より

$$\text{与式} = -\frac{3}{2}\cdot\frac{1}{4} = -\frac{3}{8}.\text{//}$$

解説 1)：極限が未知である $f(x)$ を，極限が既知（収束）である $\dfrac{f(x)}{x^2}$ と x^2 で表す自然な式です．

2 8 20 極限を求める工夫

根底 実戦

着眼 $\dfrac{0}{0}$ 型不定形．分母には因数 $x-a$ が見えますね．しかし分子には….

方針 分子にも因数 $x-a$ を作ることを意図して，独特な変形を行います．初見では無理ですので，理解して真似してください（笑）．

解答

$$\lim_{x\to a} \frac{x\sin a - a\sin x}{x^2 - a^2}$$
$$= \lim_{x\to a} \frac{(x-a)\sin a + a\sin a - a\sin x}{x^2 - a^2}$$

（$a\sin a$ を引いて，足した）

$$= \lim_{x\to a} \frac{(x-a)\sin a - a(\sin x - \sin a)}{x^2 - a^2}$$
$$= \lim_{x\to a} \frac{1}{x+a}\cdot\left(\sin a - a\cdot\underbrace{\frac{\sin x - \sin a}{x-a}}_{\text{ここだけ不定形}}\right).\ \cdots ①$$

ここで

$$^{1)}\ \frac{\sin x - \sin a}{x-a} = \frac{2\cos\dfrac{x+a}{2}\sin\dfrac{x-a}{2}}{x-a}$$
$$= \cos\frac{x+a}{2}\cdot\frac{\sin\boxed{\dfrac{x-a}{2}}}{\boxed{\dfrac{x-a}{2}}}$$
$$\xrightarrow[x\to a]{} (\cos a)\cdot 1\ \left(\because\ \boxed{\frac{x-a}{2}} \to 0\right)$$
$$= \cos a.$$

これと①より，

$$\text{与式} = \frac{1}{2a}(\sin a - a\cos a).\text{//}$$

参考 1)：この部分は，$\sin x$ の微分係数を求める過程そのものです［→例題 3 1 b］．

2 8 21 数列の極限・連続性

根底 実戦 入試　［→例題 2 7 c］

補足 分母は奇関数で，$x \neq 0$ のときは 0 にはなりません．

注 分子も奇関数ゆえ，この分数形の関数全体は偶関数ですが，次の**解答**ではこのことは利用しません．

着眼 x を**固定**し，$n\to\infty$ としたときの"振る舞いそのもの"を見ます．どこが主要部かを見極めましょう．

解答 全て $n\to\infty$ のときの極限を考える．

i) $|x|<1$, $x\neq 0$ のとき，①において

$x^{2n-1}\to 0$. これらは"塵"．他が主要部

$\therefore f(x)=\dfrac{\sin ax}{x}$. …③

ii) $|x|>1$ のとき，①において　今度は x^{2n-1} の絶対値は大きい

$$\lim_{n\to\infty}\frac{\boxed{x^{2n-1}}+\sin ax}{\boxed{x^{2n-1}}+x}=\lim_{n\to\infty}\frac{\boxed{1}+\dfrac{\sin ax}{x^{2n-1}}}{\boxed{1}+\dfrac{1}{x^{2n-2}}}.$$

ここで，$\left|\dfrac{\sin ax}{x^{2n-1}}-0\right|=\dfrac{|\sin ax|}{|x|^{2n-1}}\to 0$ より　$\sin ax$ は定数

$\dfrac{\sin ax}{x^{2n-1}}\to 0$. 同様に $\dfrac{1}{x^{2n-2}}\to 0$.

$\therefore\ f(x)=\dfrac{1}{1}=1$. …④

iii) ①より $f(1)=\dfrac{1+\sin a}{2}$. …⑤

iv) ①より $f(-1)=\dfrac{-1-\sin a}{-2}=\dfrac{1+\sin a}{2}$. …⑥

以上より，$f(x)$ は実数全体で定義され，$x\neq 0, \pm 1$ では連続．

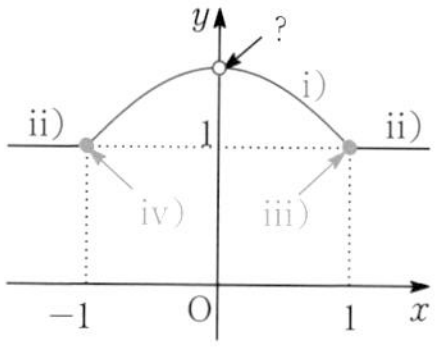

○ $x=1$ で連続となるための条件は

$$\lim_{x\to 1+0}f(x)=\lim_{x\to 1-0}f(x)=f(1).$$ [1)]

i.e. $1=\underset{④}{}\dfrac{\sin a}{1}\underset{③}{}=\dfrac{1+\sin a}{2}\underset{⑤}{}$. i.e. $\sin a=1$. …⑦

○ $x=-1$ で連続となるための条件は

$$\lim_{x\to -1+0}f(x)=\lim_{x\to -1-0}f(x)=f(-1).$$ [2)]

i.e. $\dfrac{\sin(-a)}{-1}\underset{③}{}=1\underset{④}{}=\dfrac{1+\sin a}{2}\underset{⑥}{}$. i.e. $\sin a=1$. ⑦と同じ

○ $x=0$ で連続となるための条件は

$\displaystyle\lim_{x\to 0}f(x)=f(0)$. …⑧ [3)]

左辺は③より

$$\lim_{x\to 0}\frac{\sin ax}{x}=\lim_{x\to 0}\frac{\sin ax}{ax}\cdot a=1\cdot a=a.$$

これと②より，⑧は

$a=b$. …⑧′ (③ ②)

⑦⑧′，および $0<a<\pi$ より，$a=b=\dfrac{\pi}{2}$.//

解説 [1)2)]：いずれも，右側極限，左側極限，ちょうどの値の 3 者が等しい条件です．

[3)]：ここは，左・右に分けて極限を考える必要性はありません．

言い訳 ホントは，①の右辺が収束するような x の範囲を特定した上で「関数 $f(x)$」と呼ぶべきですが．

2 8 22 無限級数・連続性

根底 実戦 入試　[→例題 2 2 d, 2 4 6]

方針 1° 有限個の和（部分和）→ 2° その極限

という基本姿勢を維持して．

$\displaystyle\lim_{n\to\infty}S_n$ と $\displaystyle\lim_{n\to\infty}a_n$ の関係も活用します．

解答 $a_k=(x-1)\left(\dfrac{2x}{x^2+1}\right)^k$, $S_n=\displaystyle\sum_{k=1}^{n}a_k$ とおく．

無限級数 (*) が収束するためには次が**必要**：

$$\lim_{k\to\infty}a_k=0.$$

i.e. $\begin{cases}{}^{1)}\ x-1=0,\ \text{i.e. } x=1 \ \cdots① \text{ または} \\ x\neq 1 \text{ かつ } \left|\dfrac{2x}{x^2+1}\right|<1. \cdots②\end{cases}$

②を解くと

$|2x|<x^2+1$. $-(x^2+1)<2x<x^2+1$.

$(x-1)^2>0$, $(x+1)^2>0$.

これと $x\neq 1$ より $x\neq\pm 1$. …②′

①：$x=1$ のとき，$S_n=0\to 0$（収束）．つまり $f(1)=0$.

②：$x\neq\pm 1$ のとき，(a_n) の公比：$\dfrac{2x}{x^2+1}\neq 1$ だから

$$S_n=(x-1)\cdot\frac{2x}{x^2+1}\cdot\frac{1-\left(\dfrac{2x}{x^2+1}\right)^n}{1-\dfrac{2x}{x^2+1}}$$ 等比数列の和

$$\xrightarrow[n\to\infty]{}(x-1)\cdot\frac{2x}{x^2+1}\cdot\frac{1\ \boxed{}}{1-\dfrac{2x}{x^2+1}}\ (\text{収束}.\because ②).$$

i.e. $f(x)=\dfrac{(x-1)\cdot 2x}{(x-1)^2}=\dfrac{2x}{x-1}=2+\dfrac{2}{x-1}$.

以上より，(*) が収束する x の範囲は，

I: $x\neq -1$.//

この定義域内で考える．

$x\neq 1$ のとき，

$f(x)=2+\dfrac{2}{x-1}$ は連続．

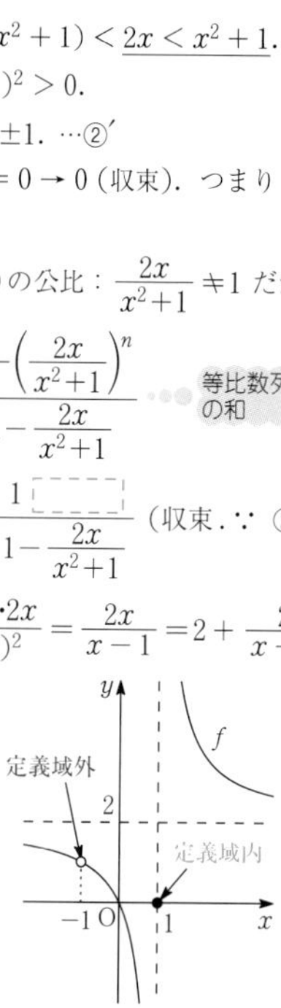

$\displaystyle\lim_{x\to 1}f(x)$ は存在しないから，$f(x)$ は $x=1$ において不連続．

以上より，$f(x)$ が不連続となる x は，$x=1$.//

注　$x=1$ のときまで和の公式「$\dfrac{a}{1-r}$」を使ってしまうと，分母が 0 になって困ります．

補足　1)：初項 $a_1=0$ となるのは $x=\underset{\sim}{0},1$ のときですが，$x=\underset{\sim}{0}$ の方は $|公比|<1$ の方に含めて考えました．

2 8 23　図形・無限級数・極限　[→例題 2 2 h]
根底 実戦　入試

着眼

例：$n=6$

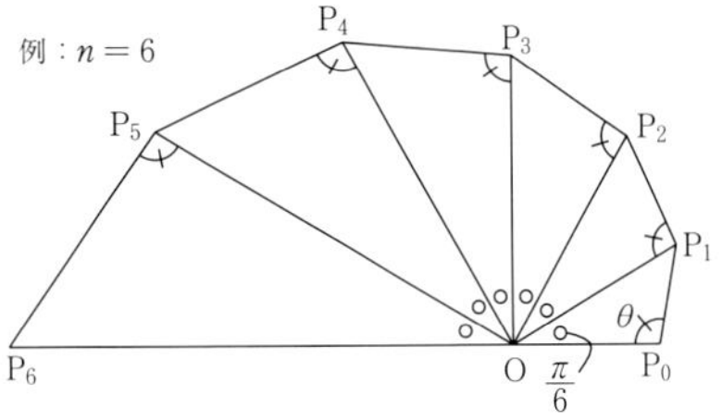

例題 2 2 h と同様，全ての三角形は相似ですね（2 角相等より）．"お隣の" 三角形どうしの相似比がわかれば，辺の長さを表す数列 (l_k) を "ドミノ式" に定めることができますね．

注　3 つの文字 k, n, θ が，各設問ごとに役割を変えていきます：

	k	n	θ
1° (1)①まで：数列・$\sum$計算	変数	定数	定数
2° (1)①後：極限 $n\to\infty$	×	変数	定数
3° (2)：$\theta\to\dfrac{\pi}{2}+0$	×	×	変数

注意！　1° 段階では，「n」は定数です．番号を表す文字「k」と混同しないように．

解答　(1)　$\triangle OP_{k-1}P_k$ ($k=1, 2, 3, \cdots, n$) は，全て 2 角が θ, $\dfrac{\pi}{n}$ だから相似である．

右の 2 つの三角形の相似比を求める．

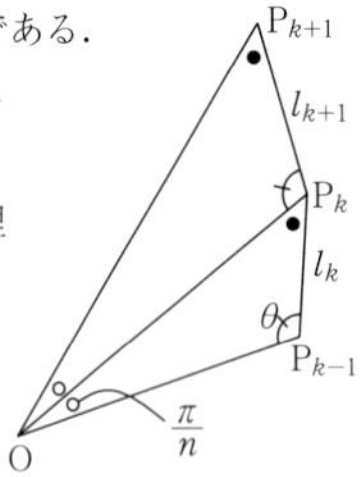

$\triangle OP_{k-1}P_k$ において正弦定理を用いると

$$\frac{OP_k}{\sin\theta}=\frac{OP_{k-1}}{\sin\left(\pi-\theta-\frac{\pi}{n}\right)}.$$

$$\frac{OP_k}{OP_{k-1}}=\frac{\sin\theta}{\sin\left(\theta+\frac{\pi}{n}\right)}\ (=r \text{ とおく}).$$

これが 2 つの三角形の相似比だから，

$l_{k+1}=rl_k$ (r は k によらない定数)．　(l_k) は等比数列

また，$\triangle OP_0P_1$ において正弦定理を用いると

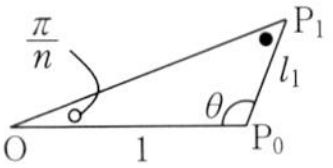

$$\frac{P_0P_1}{\sin\frac{\pi}{n}}=\frac{OP_0}{\sin\left(\pi-\theta-\frac{\pi}{n}\right)}.$$

$$\therefore\ l_1=\frac{\sin\frac{\pi}{n}}{\sin\left(\theta+\frac{\pi}{n}\right)}.$$

ここで公比 r の大きさについて考える．

$\dfrac{\pi}{2}<\theta<\theta+\dfrac{\pi}{n}<\pi$ より $\sin\theta>\sin\left(\theta+\dfrac{\pi}{n}\right)>0$.

よって $r>1$ だから

$$L_n=\sum_{k=1}^{n}l_k=l_1\cdot\frac{1-r^n}{1-r}.\ \cdots①$$

着眼　これで，「L_n」を n で表すことができました．「k」とはサヨウナラです．この後は，ここまで定数扱いしていた「n」が，「$\to\infty$」となる変数です（θ は相変わらず定数扱いです）．

$n\to\infty$ のとき，(l_k) の各項：$l_1, l_2, l_3, \cdots$ は短くなり，これらの和：L_n の項数は増えていくので，不定形となりそうですね．

注意！　$n\to\infty$ のとき，項数のみならず，(l_k) の各項も変化していくので，いわゆる「無限級数」とは別物です．もちろん「公式 $\dfrac{a}{1-r}$」なんて通用しませんよ．

方針　まず $\lim\limits_{n\to\infty}r^n$ について．1^∞ 型不定形．指数・対数関数の極限の❶？■

①において，$1+h=r$ とおくと

$$r^n=\left\{(1+h)^{\frac{1}{h}}\right\}^{nh}.$$

$n\to\infty$ のとき，$r\to1$ より $h\to0$ だから

$$(1+h)^{\frac{1}{h}}\to e.$$

$$nh=n\left\{\frac{\sin\theta}{\sin\left(\theta+\frac{\pi}{n}\right)}-1\right\}\quad \infty\times0\text{型不定形}$$

$$=\frac{-n}{\sin\left(\theta+\frac{\pi}{n}\right)}\cdot\left\{\sin\left(\theta+\frac{\pi}{n}\right)-\sin\theta\right\}$$

$$=\frac{-\underline{n}}{\sin\left(\theta+\frac{\pi}{n}\right)}\cdot2\cos\left(\theta+\frac{\pi}{2n}\right)\underline{\sin\frac{\pi}{2n}}$$

着眼　赤下線部だけが不定形です．"感覚" では

$\sim\dfrac{-n}{\sin\theta}\cdot2\cdot\cos\theta\cdot\dfrac{\pi}{2n}=\dfrac{\cos\theta}{\sin\theta}(-\pi)$ が答え．■

(3 行上からの続き)

$$= -\pi\cdot\frac{\cos\left(\theta+\frac{\pi}{2n}\right)}{\sin\left(\theta+\frac{\pi}{n}\right)}\cdot\frac{\sin\frac{\pi}{2n}}{\frac{\pi}{2n}}$$

$$\xrightarrow[n\to\infty]{} -\pi\cdot\frac{\cos\theta}{\sin\theta}\cdot 1 \left(\because\ \frac{\pi}{2n}\to 0\right)$$

$$= -\frac{\pi}{\tan\theta}.$$

よって，$r^n \to e^{-\frac{\pi}{\tan\theta}}$. …②

さらに①において，

$$l_1\cdot\frac{1}{1-r} = \frac{\sin\frac{\pi}{n}}{\sin\left(\theta+\frac{\pi}{n}\right)}\cdot\frac{1}{1-\frac{\sin\theta}{\sin\left(\theta+\frac{\pi}{n}\right)}}$$

$$= \frac{\sin\frac{\pi}{n}}{\sin\left(\theta+\frac{\pi}{n}\right)-\sin\theta}$$ …… $\frac{0}{0}$ 型不定形

$$= \frac{\sin\frac{\pi}{n}}{2\cos\left(\theta+\frac{\pi}{2n}\right)\sin\frac{\pi}{2n}}$$

$$= \frac{1}{\cos\left(\theta+\frac{\pi}{2n}\right)}\cdot\frac{\sin\frac{\pi}{n}}{\frac{\pi}{n}}\cdot\frac{\frac{\pi}{2n}}{\sin\frac{\pi}{2n}}$$

$$\xrightarrow[n\to\infty]{} \frac{1}{\cos\theta}\cdot 1\cdot 1 \left(\because\ \frac{\pi}{n},\ \frac{\pi}{2n}\to 0\right)$$

$$= \frac{1}{\cos\theta}.$$ …③

①②③より $\lim_{n\to\infty} L_n$ は収束し，求める極限値は，

$\frac{1}{\cos\theta}\cdot\left(1-e^{-\frac{\pi}{\tan\theta}}\right)$.//

(2) **着眼** $\theta\to\frac{\pi}{2}+0$ のとき，$\cos\theta\to 0$,

$\tan\theta\to -\infty$ なので，$\frac{0}{0}$ 型不定形．指数・対数関数の極限公式❹？

方針 「$\to 0$」となる変数を設定．■

$t=\theta-\frac{\pi}{2}$, i.e. $\theta = t+\frac{\pi}{2}$ とおくと，$\theta\to\frac{\pi}{2}+0$ のとき $t\to +0$ であり，

$$\frac{1}{\cos\theta}\cdot\left(1-e^{-\frac{\pi}{\tan\theta}}\right)$$

$$= \frac{1}{-\sin t}\cdot\left(1-e^{\pi\tan t}\right)$$

$$= \frac{e^{\pi\tan t}-1}{\pi\tan t}\cdot\frac{\pi\tan t}{\sin t}$$

$$= \pi\cdot\frac{e^{\boxed{\pi\tan t}}-1}{\boxed{\pi\tan t}}\cdot\frac{\tan t}{t}\cdot\frac{t}{\sin t}$$

$$\to \pi\cdot 1\cdot 1\cdot 1 \left(\because\ \boxed{\pi\tan t}\to 0\right)$$

$= \pi$.//

余談 (2)の答えは，半径 1 の半円の長さと一致しています．下の図から考えて，もっともな結論だというカンジがしますね．

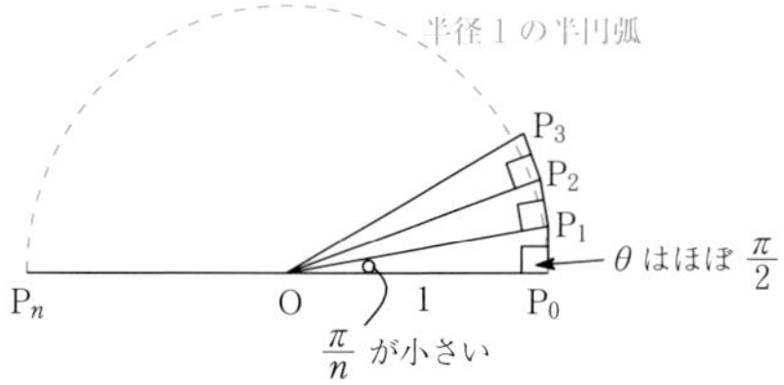

第 3 章 微分法

2 演習問題A

3 2 1 導関数の定義 根底 実戦 [→例題 3 1 a]

注 結局は, $\frac{0}{0}$ 型不定形の極限問題になります.

解答

(1) $f'(x) = \lim_{h\to0} \frac{f(x+h)-f(x)}{h}$ ……x: 固定, h: 変数

$$= \lim_{h\to0} \frac{1}{h}\cdot\left\{\frac{1}{(x+h)^2} - \frac{1}{x^2}\right\}$$

$$= \lim_{h\to0} \frac{1}{h}\cdot\frac{x^2-(x+h)^2}{(x+h)^2x^2}$$

$$= \lim_{h\to0} \frac{1}{h}\cdot\frac{(2x+h)(-h)}{(x+h)^2x^2}$$

$$= \frac{-2x}{x^4} = -\frac{2}{x^3}.$$ //

参考 微分法の公式を用いると

$(x^{-2})' = (-2)x^{-3}$.

答えはたしかにこれと一致していますね.

(2) $\frac{f(x+h)-f(x)}{h}$ ……x: 固定, h: 変数

$$= \frac{(x+h)\sqrt{x+h}-x\sqrt{x}}{h}\cdot\frac{(x+h)\sqrt{x+h}+x\sqrt{x}}{(x+h)\sqrt{x+h}+x\sqrt{x}}$$

$$= \frac{1}{h}\cdot\frac{(x+h)^3-x^3}{(x+h)\sqrt{x+h}+x\sqrt{x}}$$

$$= \frac{1}{h}\cdot\frac{3x^2h+3xh^2+h^3}{(x+h)\sqrt{x+h}+x\sqrt{x}}$$

$$= \frac{3x^2+3xh+h^2}{(x+h)\sqrt{x+h}+x\sqrt{x}}$$

$$\to \frac{3x^2}{2x\sqrt{x}}\ (h\to0)$$

$$= \frac{3}{2}\sqrt{x}.$$ //

参考 微分法の公式を用いると

$\left(x^{\frac{3}{2}}\right)' = \frac{3}{2}x^{\frac{1}{2}}$.

答えはたしかにこれと一致していますね.

3 2 2 積, 商の微分法の公式 根底 実戦 [→3 1 6, 3 1 7]

注 既に証明した定理の別証明です.

解答

(1) $\{f(x)g(x)\}'$

$$= \lim_{h\to0}\frac{f(x+h)g(x+h)-f(x)g(x)}{h}$$

$$= \lim_{h\to0}\frac{(f(x)+\Delta f)(g(x)+\Delta g)-f(x)g(x)}{h}$$

$$= \lim_{h\to0}\frac{f(x)\cdot\Delta g+\Delta f\cdot g(x)+\Delta f\cdot\Delta g}{h}$$

$$= \lim_{h\to0}\left(f(x)\cdot\frac{\Delta g}{h}+\frac{\Delta f}{h}\cdot g(x)+\frac{\Delta f}{h}\cdot\Delta g\right)$$

$= f(x)g'(x)+f'(x)g(x)+f'(x)\cdot0$ [1)]

$= f(x)g'(x)+f'(x)g(x)$. □

解説 ここで用いた「Δ○」を用いる証明法だと, 3 1 6 の証明にあった「同じものを足して, 引く」というアクロバティックな技法は不要となります.

注 1): もちろん $g(x)$ が微分可能であることが前提ですから, $h=\Delta x\to0$ のとき $\Delta g\to0$ となります.

(2) $\left\{\frac{f(x)}{g(x)}\right\}' = \left\{f(x)\cdot\frac{1}{\boxed{g(x)}}\right\}'$

$$= f'(x)\cdot\frac{1}{g(x)} + f(x)\cdot\frac{-1}{g(x)^2}\cdot g'(x)$$

(微分, そのまま / そのまま, 微分; □で微分 | □を微分)

$$= \frac{f'(x)g(x)-f(x)g'(x)}{g(x)^2}.\ □$$

注 「定理の証明」にも, いろいろ方法があるんですね.

3 2 3 $(\cos x)'$ の別解 根底 実戦 [→3 1 8]

方針 $(\sin x)'$ が既知, $(\cos x)'$ は未知ですから…

解答 $\cos x = \sin\left(\boxed{\frac{\pi}{2}-x}\right)$.

$\therefore\ (\cos x)' = \cos\left(\boxed{\frac{\pi}{2}-x}\right)\cdot(-1)$

(□で微分 | □を微分)

$= -\sin x.$ //

解説 公式:

$\sin x = \cos\left(\frac{\pi}{2}-x\right)$,

$\cos x = \sin\left(\frac{\pi}{2}-x\right)$

を用いて sin と cos を入れ替えるのは常套(じょうとう)手段.

3 2 4 導関数を求める 根底 実戦 [→例題 3 1 e]

注 基本的には，1つの手法だけで（ほぼ）直接微分できるものばかりです．

解答

(1) $y=x^{\frac{1}{3}}\cdot x^{\frac{1}{2}}=x^{\frac{1}{3}+\frac{1}{2}}=x^{\frac{5}{6}}$.

$\therefore\ y'=\frac{5}{6}x^{-\frac{1}{6}}$.//

(2) **方針** 3乗を展開してはダメ．積の微分法で．■

$y'=2x\cdot(x-2)^3+x^2\cdot3(x-2)^2$
（微分 そのまま　そのまま 微分）

$=x(x-2)^2\{2(x-2)+3x\}$

$=x(x-2)^2(5x-4)$.//

解説 $\{(x-\alpha)^n\}'=n(x-\alpha)^{n-1}$ を用いました．

(3) $y'=\dfrac{1\cdot(x^2+1)-(x+1)\cdot2x}{(x^2+1)^2}$
（微分 そのまま　そのまま 微分）

$=\dfrac{-x^2-2x+1}{(x^2+1)^2}$.//

(4) $y=\sqrt{\boxed{x^2+2x+3}}$

$y'=\dfrac{1}{2\sqrt{\boxed{x^2+2x+3}}}\cdot(2x+2)$
（□で微分　□を微分）

$=\dfrac{2x+2}{2\sqrt{x^2+2x+3}}=\dfrac{x+1}{\sqrt{x^2+2x+3}}$.//

注 (2)：積の微分法，(3)：商の微分法，(4)：合成関数の微分法について，そのやり方をいちおう赤字で書き入れました．これ以降はいちいち書かないことにします．■

(5) $y'=\dfrac{\frac{1}{2\sqrt{x}}\cdot(x+2)-\sqrt{x}\cdot1}{(x+2)^2}$

$=\dfrac{(x+2)-2x}{2\sqrt{x}(x+2)^2}=\dfrac{-x+2}{2\sqrt{x}(x+2)^2}$.//

(6) $y'=\cos3x\cdot3=3\cos3x$.//

注 1次式を“カタマリ”とみた合成関数の微分法では，カタマリを微分して得られる定数は，初めから式の頭に書くようにしましょう．

(7) これ以降，$\cos x$ を c，$\sin x$ を s と略記する．

$y'=4c^3\cdot(-s)=-4\cos^3x\sin x$.//

注 「−」は，初めから前に出して直接答えを書けるように．

(8) $y'=\cos\sqrt{x}\cdot\dfrac{1}{2\sqrt{x}}=\dfrac{\cos\sqrt{x}}{2\sqrt{x}}$.//

(9) $y'=\dfrac{s(2-s)-(1-c)(-c)}{(2-s)^2}$

$=\dfrac{s(2-s)+(1-c)c}{(2-s)^2}$

$=\dfrac{2\sin x+\cos x-1}{(2-\sin x)^2}$.//

(10) $y'=e^x\cdot\cos x+e^x\cdot(-\sin x)$

$=e^x(\cos x-\sin x)$.//

(11) $y'=\dfrac{e^x\cdot(x^2+1)-e^x\cdot2x}{(x^2+1)^2}$

$=\dfrac{e^x(x^2+1-2x)}{(x^2+1)^2}=\dfrac{e^x(x-1)^2}{(x^2+1)^2}$.//

注 (10)(11)を見てもわかる通り，e^x と何かの積，商を微分すると，必ず e^x でくくれます．それを見越して初めから「$e^x\times\triangle$」の形を書くようにしたいです．

(12) $y'=\dfrac{1}{3x+5}\cdot3=\dfrac{3}{3x+5}$.//

注 $\log(3x)$ だったら $\log3+\log x$ と分解してから微分するべきですが，本問で

$y=\log3\left(x+\frac{5}{3}\right)=\log3+\log\left(x+\frac{5}{3}\right)$

と変形するのはむしろ遠回りです．

(13) $y'=n(\log x)^{n-1}\cdot\dfrac{1}{x}$.//

(14) $y'=nx^{n-1}\cdot\log x+x^n\cdot\dfrac{1}{x}$

$=x^{n-1}(n\log x+1)$.//

3 2 5 導関数を求める（少し発展） 根底 実戦 [→例題 3 1 f]

注 前問より少しステップアップして，2つ以上の仕事が要るタイプです．

解答

(1) $y'=(2x-6)^3+x\cdot3(2x-6)^2\cdot2$ （積の微分法の中で合成関数の微分法）

$=(2x-6)^3+x\cdot\underline{2}\cdot3(2x-6)^2$ （定数2は前に書きたい）

$=(2x-6)^2\{(2x-6)+6x\}$

$=(2x-6)^2(8x-6)$

$=8(x-3)^2(4x-3)$.// （「2」をくくり出した）

本解 初めから「2」をくくり出す方が楽そうです：

$y=8x(x-3)^3$. （「2」をくくり出した）

$\therefore\ y'=8\{(x-3)^3+x\cdot3(x-3)^2\}$

$=8(x-3)^2(4x-3)$.//

(2) $y=\dfrac{4x^2+4x+3}{4x^2+4x+1}$

$=1+\dfrac{2}{(2x+1)^2}$. （まず，分子の低次化）

$\therefore\ y'=2\cdot\dfrac{-2\cdot2}{(2x+1)^3}=\dfrac{-8}{(2x+1)^3}$.//

(3) $y=\dfrac{1}{\sqrt{x+1}+\sqrt{x-1}}\cdot\dfrac{\sqrt{x+1}-\sqrt{x-1}}{\sqrt{x+1}-\sqrt{x-1}}$

$=\dfrac{\sqrt{x+1}-\sqrt{x-1}}{2}.$ まず，分母の有理化

$\therefore\ y'=\dfrac{1}{2}\left(\dfrac{1}{2\sqrt{x+1}}-\dfrac{1}{2\sqrt{x-1}}\right)$

$=\dfrac{1}{4}\left(\dfrac{1}{\sqrt{x+1}}-\dfrac{1}{\sqrt{x-1}}\right).$ //

(4) $y=\sqrt{\boxed{\dfrac{x+2}{x-1}}}$ …①

$=\sqrt{\boxed{1+\dfrac{3}{x-1}}}.$ …② 分子の低次化

□で微分　□を微分

$\therefore\ y'=\dfrac{1}{2\sqrt{\dfrac{x+2}{x-1}}}\cdot\dfrac{-3}{(x-1)^2}$

①より　②より

$=-\dfrac{3}{2}\cdot\sqrt{\dfrac{x-1}{x+2}}\cdot\dfrac{1}{(x-1)^2}$

$=-\dfrac{3}{2}\cdot\dfrac{1}{\sqrt{x+2}\cdot(x-1)^{\frac{3}{2}}}.$ //

(5) $y=x^2\sqrt{\boxed{4-x^2}}.$

$y'=2x\sqrt{4-x^2}+x^2\cdot\dfrac{-2x}{2\sqrt{\boxed{4-x^2}}}$

$=\dfrac{x}{\sqrt{4-x^2}}\{2(4-x^2)-x^2\}$

$=\dfrac{x(8-3x^2)}{\sqrt{4-x^2}}.$ //

解説　積の微分法の中で合成関数の微分法を用いています．

(6) **着眼**　前問(8)の y が，さらに $\sqrt{\quad}$ の中に入っています．■

$y=\sqrt{\boxed{\sin\sqrt{x}}}$

$y'=\dfrac{1}{2\sqrt{\boxed{\sin\sqrt{x}}}}\cdot\left(\sin\boxed{\sqrt{x}}\right)'$

□で微分　□を微分

$=\dfrac{1}{2\sqrt{\boxed{\sin\sqrt{x}}}}\cdot\cos\boxed{\sqrt{x}}\cdot\dfrac{1}{2\sqrt{x}}$

□で微分　□を微分

$=\dfrac{\cos\sqrt{x}}{4\sqrt{x\sin\sqrt{x}}}.$ //

解説　合成関数の微分法を二重に使っています．

(7) $y=\cos\boxed{\dfrac{x}{x^2+1}}.$

$y'=\left(-\sin\boxed{\dfrac{x}{x^2+1}}\right)\cdot\dfrac{x^2+1-x\cdot 2x}{(x^2+1)^2}$

$=-\dfrac{1-x^2}{(x^2+1)^2}\cdot\sin\dfrac{x}{x^2+1}.$ //

解説　合成関数の微分法の中で商の微分法を使っています．

(8) $y'=\dfrac{\dfrac{-c}{2\sqrt{1-s}}c+\sqrt{1-s}\cdot s}{c^2}$

$=\dfrac{-c^2+2(1-s)s}{2\sqrt{1-s}\cdot c^2}$

$=\dfrac{-(1+s)(1-s)+2(1-s)s}{2\sqrt{1-s}\cdot(1+s)(1-s)}$

$=\dfrac{-1+s}{2\sqrt{1-s}\cdot(1+s)}=-\dfrac{\sqrt{1-\sin x}}{2(1+\sin x)}.$ //

解説　商の微分法の中で合成関数の微分法を使っています．

(9) $y=e^x\cdot\dfrac{x-1}{x^2}.$ [1]

$y'=e^x\cdot\dfrac{x-1}{x^2}+e^x\cdot\left(\dfrac{x-1}{x^2}\right)'$

$=e^x\left\{\dfrac{x-1}{x^2}+\dfrac{x^2-(x-1)\cdot 2x}{x^4}\right\}$

$=e^x\left(\dfrac{x-1}{x^2}+\dfrac{2-x}{x^3}\right)$

$=e^x\cdot\dfrac{x^2-2x+2}{x^3}.$ //

解説　1)：「指数関数 × 分数関数」の形．このように，関数の種類ごとに分けると微分しやすいことが多いです．[→例題 3 1 f (9)]

(10) $y=e^{-2x}\cos 3x.$

$y'=(-2)e^{-2x}\times\cos 3x+e^{-2x}\times(-3\sin 3x)$

$=-e^{-2x}(2\cos 3x+3\sin 3x).$ //

(11) **注**　このまま微分することもできますが，「−」がない方が楽なので…■

$y=\dfrac{1-e^{-x}}{1+e^{-x}}$

$=\dfrac{e^x-1}{e^x+1}$ 分子・分母を e^x 倍

$=1-\dfrac{2}{e^x+1}.$ 分子の低次化

$\therefore\ y'=-2\cdot\dfrac{-1}{(e^x+1)^2}\cdot e^x$

$=-2\cdot\dfrac{-e^x}{(e^x+1)^2}$

$=\dfrac{2e^x}{(e^x+1)^2}.$ //

(12) **注** 分子を低次化する手もありますが，分子・分母とも有名な関数ですので，このまま微分してみます．■

$$y=\frac{e^x-e^{-x}}{e^x+e^{-x}}$$

$$y'=\frac{(e^x+e^{-x})^2-(e^x-e^{-x})^2}{(e^x+e^{-x})^2}$$

$$=\frac{2e^x\cdot 2e^{-x}}{(e^x+e^{-x})^2}=\frac{4}{(e^x+e^{-x})^2}.\text{//}$$

参考 (11)の関数は次のように変形できます：

$$\frac{1-e^{-x}}{1+e^{-x}}=\frac{e^{\frac{x}{2}}-e^{-\frac{x}{2}}}{e^{\frac{x}{2}}+e^{-\frac{x}{2}}}.$$ ……分子・分母を $e^{\frac{x}{2}}$ 倍

これは，(12)の y を $f(x)$ として $f\left(\frac{x}{2}\right)$ と表せます．これを，(12)の結果を用いて微分してみると

$$\left\{f\left(\frac{x}{2}\right)\right\}'=f'\left(\frac{x}{2}\right)\cdot\frac{1}{2}$$ ……合成関数の微分法

$$=\frac{1}{2}\cdot\frac{4}{(e^{\frac{x}{2}}+e^{-\frac{x}{2}})^2}$$

$$=\frac{2e^x}{(e^x+1)^2}.$$ ……分子・分母を e^x 倍

(11)の答えとたしかに一致しましたね．

(13) $y=\log_2\frac{x}{2}$

$$=\log_2 x-1$$ ……真数をカンタンにする

$$=\frac{\log_e x}{\log_e 2}-1.$$ ……底を「e」に変換

$$\therefore\ y'=\frac{1}{\log 2}\cdot\frac{1}{x}.\text{//}$$

注 もちろん，

$$(\log_a x)'=\frac{1}{(\log a)x}$$

を公式として記憶しておき，

$$(\log_2 x-1)'=\frac{1}{(\log 2)x}$$

としてもかまいません．筆者はこれを公式として覚えていないので，いつも上記薄字部分を思い起こしながら微分しますが．

(14) $y=\log\left|\tan\frac{x}{2}\right|.$

$$y'=\frac{1}{\tan\frac{x}{2}}\cdot\left(\tan\frac{x}{2}\right)'$$

□で微分　□を微分

$$=\frac{1}{\tan\frac{x}{2}}\cdot\frac{1}{\cos^2\frac{x}{2}}\cdot\frac{1}{2}$$

□で微分　□を微分

$$=\frac{1}{\sin\frac{x}{2}\cdot\cos\frac{x}{2}}\cdot\frac{1}{2}=\frac{1}{\sin x}.\text{//}$$

解説 合成関数の微分法を二重に使いました．

4積分法後 本問の結果より，

$$\int\frac{1}{\sin x}dx=\log\left|\tan\frac{x}{2}\right|+C$$

であることがわかりました．[→例題4 2 p(1)]

(15) **方針** 「$\frac{1}{2}$ 倍」が鬱陶しいので，とりあえず左辺へ移して処理します．

注 最後に「2」で割ることを忘れないように．

言い訳 このラストの設問では，もう赤字や青字の補助説明を意図的に無くします．全て自分自身で納得しておいてください．■

$$2y=x\sqrt{x^2+1}+\log\left(x+\sqrt{x^2+1}\right)$$

$$\therefore\ 2y'=\sqrt{x^2+1}+x\cdot\frac{2x}{2\sqrt{x^2+1}}+\frac{1}{x+\sqrt{x^2+1}}\cdot\left(1+\frac{2x}{2\sqrt{x^2+1}}\right)$$

$$=\sqrt{x^2+1}+\frac{x^2}{\sqrt{x^2+1}}+\frac{1}{x+\sqrt{x^2+1}}\cdot\frac{\sqrt{x^2+1}+x}{\sqrt{x^2+1}}$$

$$=\sqrt{x^2+1}+\frac{x^2}{\sqrt{x^2+1}}+\frac{1}{\sqrt{x^2+1}}$$

$$=2\sqrt{x^2+1}.$$

$$\therefore\ y'=\sqrt{x^2+1}.\text{//}$$

注 タイヘンそうですが，訓練を積んでスラッとできるようにしましょう．

3 2 6 偶関数・奇関数の導関数 [→3 1 8]

根底 実戦

着眼 例えば整式の関数なら

(偶数乗)$'$ = 奇数乗．(奇数乗)$'$ = 偶数乗．

三角関数の場合も

$(\underbrace{\cos x}_{\text{偶関数}})'=\underbrace{-\sin x}_{\text{奇関数}}$．$(\underbrace{\sin x}_{\text{奇関数}})'=\underbrace{\cos x}_{\text{偶関数}}$．

たしかに題意は成立しそうですね．

解答 (1) $f(x)$ は偶関数だから，任意の実数 x について

$$f(-x)=f(x).$$

両辺を x で微分して

$$f'(-x)\cdot(-1)=f'(x).$$ ……合成関数の微分法

i.e. $f'(-x)=-f'(x)$.

よって $f'(x)$ は奇関数．□

(2) $f(x)$ は奇関数だから，任意の実数 x について

$$f(\boxed{-x}) = -f(x).$$

両辺を x で微分して

$$f'(-x)\cdot(-1) = -f'(x).$$

$$\text{i.e. } f'(-x) = f'(x).$$

よって $f'(x)$ は偶関数．□

327 重解と微分法

根底 実戦 典型

方針 「α が重解」=「$(x-\alpha)^2$ で割り切れる」です．つまり「整式の除法」がテーマですから，「式変形」をベースに，「適切な数値を代入」することを考えます．

解答 $Q(x)$ をある整式として

$$P(x) = (x-\alpha)^2Q(x) + a(x-\alpha) + b$$

とおくと，　いずれも恒等式

$$P'(x) = 2(x-\alpha)Q(x) + (x-\alpha)^2Q'(x) + a.$$ [1)]

これら 2 式において $x=\alpha$ とすると

$$P(\alpha) = b.\quad P'(\alpha) = a.$$

$$\therefore P(x) = (x-\alpha)^2Q(x) + \underline{P'(\alpha)(x-\alpha) + P(\alpha)}.$$ [2)]

よって，①が $x=\alpha$ を重解としてもつ，すなわち

$$P(x) = (x-\alpha)^2Q(x)$$

と表せるための条件は

$$P'(\alpha)(x-\alpha) + P(\alpha) = 0.$$ 式としての「0」

これは $P(\alpha) = P'(\alpha) = 0$ と同値だから，題意は示せた．□

解説 334 にある 接する⟷重解 の証明過程 [→Ⅱ+B 624]の一部でした．

補足 1)：積の微分法を使いました：

参考 2)：赤下線部は，曲線 C: $y=P(x)$ の $x=\alpha$ における接線 l の方程式そのものですね．これを変形すると

$$P(x) - \{P'(\alpha)(x-\alpha) + P(\alpha)\} = (x-\alpha)^2Q(x).$$

x が α に近いとき，右辺の $(x-\alpha)^2$ は微小量の 2 乗なのでひじょうに小さい値となります．よって，直線 l が曲線 C に接近していることがわかります．

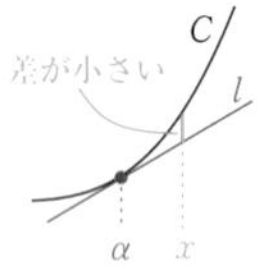

この性質を利用するのが，375 で学ぶ「1 次近似」です．

発展 例題37a と同様にして，一般に n 次の多項式（整式）$f(x)$ は次のように「テイラー展開」[→例題37a 後の発展]できることが示せます：

$$f(x) = f(a) + \frac{f^{(1)}(a)}{1!}(x-a) + \frac{f^{(2)}(a)}{2!}(x-a)^2 + \frac{f^{(3)}(a)}{3!}(x-a)^3 + \cdots + \frac{f^{(n)}(a)}{n!}(x-a)^n$$

（$f^{(1)}(a)$ は $f'(a)$）

これを前提として考えてみましょう．右辺の第 3 項以降は全て $(x-a)^2$ で割り切れます．よって，方程式 $f(x)=0$ が $x=a$ を重解としてもつ，つまり $f(x)$ が $(x-a)^2$ で割り切れるための条件は，第 2 項までが「0」であること，すなわち

$$f(a) + \frac{f^{(1)}(a)}{1!}(x-a) = 0.$$ 恒等式．右辺は式としての「0」

$$\text{i.e. } f(a) = f^{(1)}(a) = 0.$$ 数値として等しい

これで，本問の証明がなされたことになります．

もちろん，実際の入試で「テイラー展開」を前提として解答することはないでしょうが．

5 演習問題B

3 5 1 曲線へ引く接線 根底 実戦 [→例題 3 3 a]

着眼 C の概形は，微分するまでもなく
$f(x)$ は偶関数，$f(x) \geq 0$
$f(x)$ は $x \geq 0$ で減少
$f(x) \xrightarrow[x \to \infty]{} 0$
から瞬時に得られます．

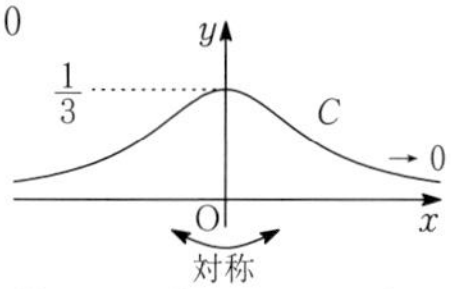

注 ベースとなる基本はただ 1 つ：「$x=t$ における接線の**傾き**は $f'(t)$」．それだけです．

解答 (1) $f'(x) = \dfrac{-2x}{(3+x^2)^2} = -2\cdot\dfrac{x}{(3+x^2)^2}$.

方針 これの増減を知りたい…■

$f'(x)$ の最小値を考えるので $x>0$ (i.e. $f'(x)<0$) のみ考えればよく，

1) $f''(x) = -2\cdot\dfrac{(3+x^2)^2 - x\cdot 2(3+x^2)\cdot 2x}{(3+x^2)^4}$.

「−」に注意

これは次と同符号：

$-(3+x^2)+4x^2$
$=3(x^2-1)$.

よって右表を得る．

x	0	⋯	1	⋯
$f''(x)$		−	0	+
$f'(x)$	0	↘	最小	↗

したがって，求める l_1 は $x=1$ における接線である．

$f(1) = \dfrac{1}{4}$, $f'(1) = \dfrac{-2}{4^2} = -\dfrac{1}{8}$

だから，

l_1: $y - \dfrac{1}{4} = -\dfrac{1}{8}(x-1)$.

i.e. $y = -\dfrac{1}{8}x + \dfrac{3}{8}$.//

注 l_1 は，C の変曲点における接線であり，x 切片は 3 です．これをもとに考えると，

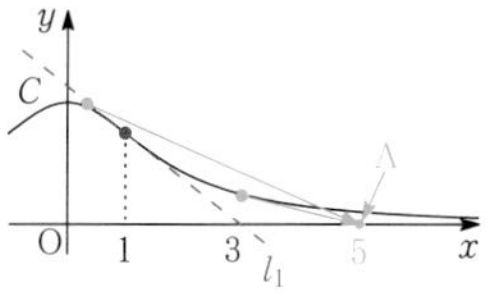

A(5, 0) を通る接線は 2 本引けそうな予感がします．■

(2) $x=t$ における C の接線が A を通るための条件は

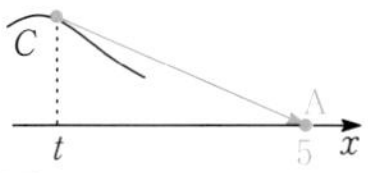

$$\underbrace{0 - \frac{1}{3+t^2}}_{y\text{ 成分}} = \underbrace{\boxed{\frac{-2t}{(3+t^2)^2}}}_{\text{傾き}}\cdot(\underbrace{5-t}_{x\text{ 成分}}).\ ^{2)}$$

$3+t^2 = 2t(5-t)$. $3t^2 - 10t + 3 = 0$.

$(t-3)(3t-1) = 0$. $\therefore\ t = 3, \dfrac{1}{3}$.

注 これをもとに傾き<u>だけ</u>を求めます．接点の座標など不要．Aを通ることがわかってますんで(笑)．■

$f'(3) = \dfrac{-6}{12^2} = -\dfrac{1}{24}$,

$f'\left(\dfrac{1}{3}\right) = \dfrac{-\frac{2}{3}}{\left(3+\frac{1}{9}\right)^2} = -\dfrac{54}{28^2} = -\dfrac{27}{14\cdot 28}$.

求める接線は，A(5, 0) を通るから

$y = -\dfrac{1}{24}(x-5)$, $y = -\dfrac{27}{392}(x-5)$.//

解説 1)：この「$f''(x)$」は，凹凸を調べて曲線を描くためではなく，単純に「接線の傾き $f'(x)$ の増減調べ」のために計算しています．

2)：この式を，意味を考えてスパッと書くこと．赤字は，直前の図中にある矢印が表すベクトルに関して述べています．

3 5 2 接線を共有 根底 実戦 典型 [→例題 3 3 b]

着眼 2 曲線の概形はサッと描けますね？

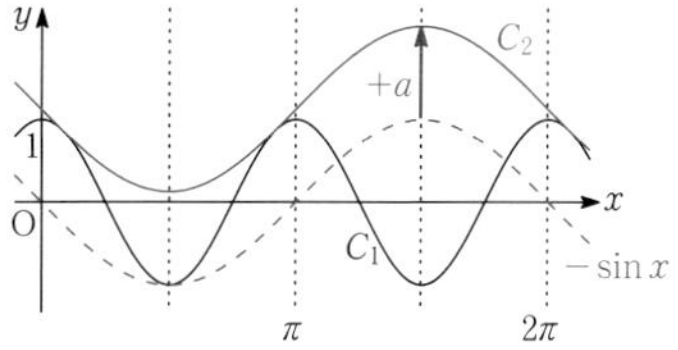

方針 「接する」の表し方として，整式の関数ではありませんので「重解条件」はなし．「微分法」(接点重視) の一択．

解答 C_1… $y' = -2\sin 2x$,
C_2… $y' = -\cos x$

だから，C_1, C_2 が $x=t$ で接するための条件は

$$\begin{cases} \cos 2t = a - \sin t, & \cdots① \quad \text{点を共有} \\ -2\sin 2t = -\cos t. & \cdots② \quad \text{接線の傾きが一致} \end{cases}$$

②より

$4\sin t\cos t = \cos t$. …③

$\cos t = 0$ のとき，①において

$\cos 2t = 2\cos^2 t - 1 = -1$.

$\therefore a = -1 + \sin t \leq 0$

となり，$a>0$ に反する．よって $\cos t \neq 0$ だから，③より

$\sin t = \dfrac{1}{4}$.

これと①：$a = 1 - 2\sin^2 t + \sin t$ より

$a = 1 - 2\cdot\dfrac{1}{16} + \dfrac{1}{4} = \dfrac{9}{8}$.//

注 答えの $\dfrac{9}{8}$ は，**着眼**の図における「$+a$」と目分量的に一致していそうですね．

353 共通接線　根底 実戦　典型　[→例題33c]

方針　「接する」$\Longleftrightarrow$「重解」の関係が使えるのは，整式の関数のグラフのみですから，C_1 と「接する」ことの表し方は**微分法**で決まり．C_2 と「接する」ことは，ここでは**重解条件**で表してみます（微分法でも表せますが）．

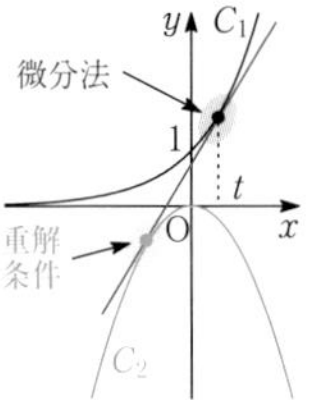

解答　$C_1 \cdots y' = e^x$．よって，C_1 の $x = t$ における接線は

$$y - e^t = e^t(x - t).$$

i.e. $y = e^t x + (1-t)e^t$. …①

これと C_2: $y = -x^2$ を連立すると

$$-x^2 = e^t x + (1-t)e^t.$$

$$x^2 + e^t x + (1-t)e^t = 0. \cdots ②$$

直線①が C_2 とも接するための条件は，②が重解をもつこと．すなわち

$$\text{判別式} = (e^t)^2 - 4(1-t)e^t = 0.$$

i.e. $f(t) := e^t + 4(t-1) = 0$. …③

③が実数解 t をもつことを示せばよい．

方針　③の左辺には，指数関数・ベキ関数という異種の関数が混在しているため，式変形によりキレイに解くことはできそうにありません．そこで，関数 $y = f(t)$ のグラフに注目し，**中間値の定理**を利用します．[1]

解の大きさの"目星を付ける"ため，$e^t = -4(t-1)$ と変形して両辺のグラフを考えると，右図より，解は 0 と 1 の間にあるようですね．■

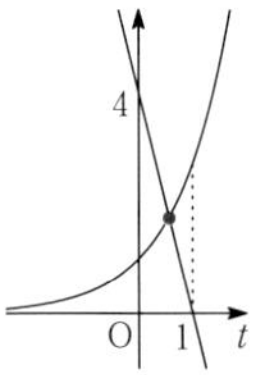

$f(0) = 1 - 4 < 0$.　$f(1) = e > 0$.

よって中間値の定理より，③を満たす t が $0 < t < 1$ の範囲に存在する[2]．以上により，題意は示せた．□

別解　（C_2 と「接する」ことも**微分法**で表した解答は，次の通りです．一部は上記**解答**を再利用します．）

$C_2 \cdots y' = -2x$．よって，C_2 の $x = u$ における接線は

$$y + u^2 = -2u(x - u).$$

i.e. $y = -2ux + u^2$. …④

①，④が同一直線を表すための条件は

$$e^t = -2u,\ (1-t)e^t = u^2.$$

$$u = -\frac{e^t}{2} \cdots ⑤,\ (1-t)e^t = \left(-\frac{e^t}{2}\right)^2.$$

$4(1-t) = e^t$.　（以下同様）

注　これを満たす t が存在するとき，⑤を満たす u も必ず存在しますね．

注　l と C_2 の接点の x 座標は，②の重解として求まります．

言い訳　1)：このあたりは，少し373「方程式」の作業に近いです．とはいえ内容的には数学Ⅰ，数学Ⅱでもやったことですので．

参考　2)：$f(t)$ は単調増加なので，解 t はただ 1 つだけ存在します．

354 接線のなす角　根底 実戦

着眼　固定された C_1 に対して，C_2 が a に応じて動き，交点 P における双方の接線の傾きも変化します．

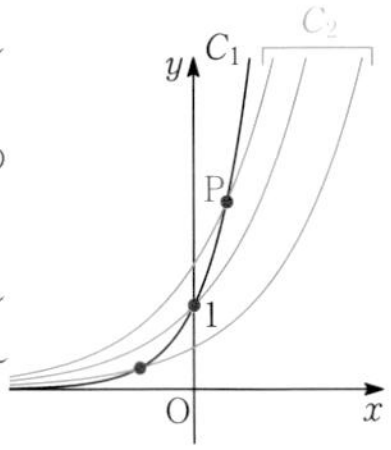

注　接線の「なす角」を考察しますから，「傾き」さえわかれば OK.「方程式」など不要！

方針　xy 平面上で角を計量する際，真っ先に想起するのが「tan →傾き」の流れですね．

解答　2 式を連立すると

$$e^{2x} = ae^x.\quad e^x = a.$$

よって $t = x_{\text{P}}$ とおくと

$$e^t = a \cdots ①,\ \text{i.e. } t = \log a. \cdots ①'$$

右図のように偏角 α, β をとる．ただし，

$$\alpha, \beta \in \left(0, \frac{\pi}{2}\right). \cdots ②$$ 開区間

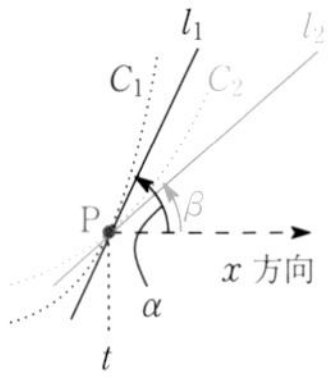

$C_1 \cdots y' = 2e^{2x}$,

$C_2 \cdots y' = ae^x$

だから，

$$\tan\alpha \overset{1)}{=} l_1\text{の傾き} = 2e^{2t} = 2a^2,$$

$$\tan\beta = l_2\text{の傾き} = ae^t = a^2.$$ （∵ ①）

よって $\tan\alpha > \tan\beta$．これと②より

$$0 < \beta < \alpha < \frac{\pi}{2}.$$

$\therefore \theta = \alpha - \beta$.[2)]

$0 < \theta < \dfrac{\pi}{2}$ より，

$$\theta\text{: max} \Longleftrightarrow \tan\theta\text{: max} \cdots ③$$

であり，

$$\tan\theta = \tan(\alpha - \beta)$$

$$= \frac{\tan\alpha - \tan\beta}{1 + \tan\alpha \cdot \tan\beta}$$

$$= \frac{2a^2 - a^2}{1 + 2a^2 \cdot a^2}$$

$$= \frac{a^2}{1 + 2a^4}\ ^{3)}$$

$$= \frac{1}{\frac{1}{a^2} + 2a^2}.$$ 変数 a を分母に集約

$$\le \frac{1}{2\sqrt{\frac{1}{a^2}\cdot 2a^2}} \quad \left(\because\ \frac{1}{a^2},\ 2a^2>0\right)$$ “相加相乗”

$$= \frac{1}{2\sqrt{2}}.$$

等号は

$$\frac{1}{a^2}=2a^2,\ \text{i.e.}\ a=\frac{1}{\sqrt[4]{2}}$$

のときのみ成立.

これと③より, θ および $\tan\theta$ を最大にする a は,

$$a=\frac{1}{\sqrt[4]{2}}.\ /\!/$$

解説 直線どうしのなす角を tan の加法定理を用いて計量する方法は既習です. [→Ⅱ+B 4 7 2]

補足 1): 「tan(偏角) = 傾き」でしたね.
[→Ⅱ+B 4 2 2]

2): 左辺は「大きさの角」, 右辺は「一般角」ですから, 細心の注意を払って!

注 3): 微分法で処理するなら, $b=a^2(>0)$ と置換してから(それでも少し遠回りですが).

3 5 5 平均値の定理の「c」の位置 [→例題 3 4 b]

根底 実戦

着眼 $\dfrac{0}{0}$ 型不定形ですね.

解答 $f'(x)=3x^2$ だから, ①は

$$\frac{(1+a)^3-1}{a}=3(1+c)^2.\ \cdots①'$$

$$a^2+3a+3=3(1+c)^2.$$

$$c=\sqrt{\frac{a^2}{3}+a+1}-1\ (\because\ c>0).$$

$$\frac{c}{a}=\sqrt{\frac{1}{3}+\frac{1}{a}+\frac{1}{a^2}}-\frac{1}{a}\ (\because\ a>0).$$

$t=\dfrac{1}{a}$ とおくと, $a\to+0$ のとき $t\to+\infty$ であり,

$$\frac{c}{a}=\sqrt{\frac{1}{3}+t+t^2}-t$$ $\infty-\infty$ 型不定形

$$=\frac{\left(\sqrt{\frac{1}{3}+t+t^2}-t\right)\left(\sqrt{\frac{1}{3}+t+t^2}+t\right)}{\sqrt{\frac{1}{3}+t+t^2}+t}$$

$$=\frac{\frac{1}{3}+t}{\sqrt{\frac{1}{3}+t+t^2}+t}$$ $\dfrac{0}{0}$ 型不定形

$$=\frac{\frac{1}{3t}+1}{\sqrt{\frac{1}{3t^2}+\frac{1}{t}+1}+1}\to\frac{1}{2}.\ /\!/$$

解説 「平均値の定理」は, ①を満たす「c」が $0<c<a$ の範囲に存在することを保証するだけで,「c」が 0 と a の間のどこに位置するかまでは教えてくれません. 本問の結果により, c の位置が $a\to+0$ のとき 0 と a の“ど真ん中”に近づくことがわかりました. (実は, これは一般的な性質であり, 特殊な場合を除いて答えはたいてい“ど真ん中”です.)

3 5 6 関数の増減 [→例題 3 4 d]

根底 実戦

方針 このままでは増減はわかりませんから, 導関数の**符号**を調べます.

解答 (1) 真数条件より $x>0$.

$$f'(x)=\frac{1}{x}-\frac{1}{2}\cdot\frac{1}{x\sqrt{x}}$$

$$=\frac{\boxed{2\sqrt{x}-1}}{2x\sqrt{x}}.$$ 符号決定部 分母は正

x	(0)	$\cdots$	$\frac{1}{4}$	$\cdots$
$f'(x)$		$-$	0	$+$
$f(x)$		↘	極小	↗

よって右表を得る.

(2) $f'(x)=e^{\sqrt{3}x}(\sqrt{3}\cos x-\sin x)$. ($\cos x$ を X, $\sin x$ を Y とする)

よって, 点 $(\cos x,\ \sin x)$ の位置 1) を考えて, 次表を得る.

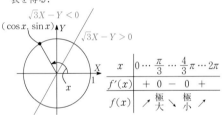

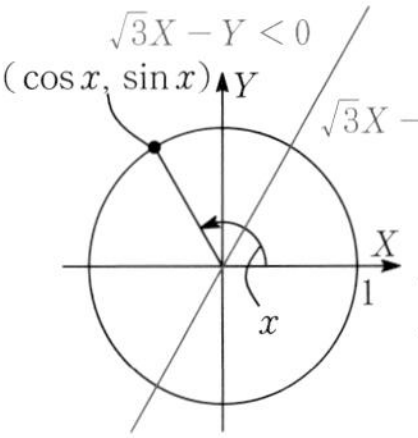

x	0	$\cdots$	$\frac{\pi}{3}$	$\cdots$	$\frac{4}{3}\pi$	$\cdots$	2π
$f'(x)$		$+$	0	$-$	0	$+$	
$f(x)$		↗	極大	↘	極小	↗	

解説 1): 三角関数のいちばん原初の基礎です.
[→Ⅱ+B 4 2 2]

単位円周上の点 $(\cos x,\ \sin x)$ が直線 $Y=\sqrt{3}X$ の上下どちら側にあるかで符号判定します. 例えば上図単位円周上の点については, 領域

$$Y>\sqrt{3}X,\ \text{i.e.}\ \sqrt{3}X-Y<0$$

内にあるので, $\sqrt{3}\cos x-\sin x<0$. よって $f'(x)<0$ となります. 合成なんてしたら遠回り.

3 5 7 極大値の無限級数

根底 実戦

着眼 $f(x)$ は, 振動する $\sin x$ に, 正で減少する e^{-x} を掛けて得られる関数で,「減衰振動」と呼ばれたりします. (下図はイメージ 1))

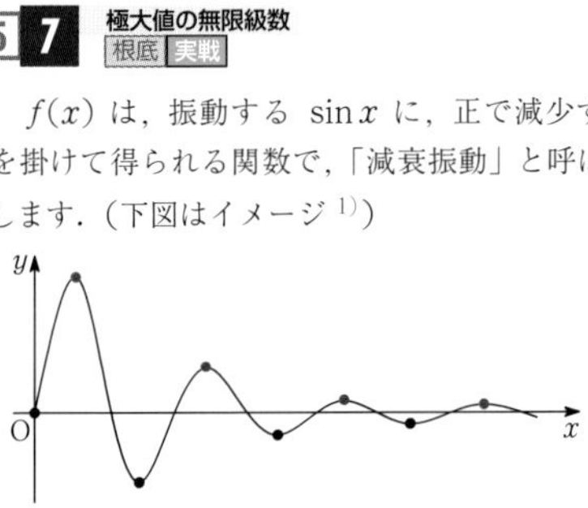

第3章 微分法

358

方針 極大となるときの導関数の符号変化を考えます．

解答 $f(x)$ が極大となるのは，導関数の符号が「正から負へ」変わるとき．…①

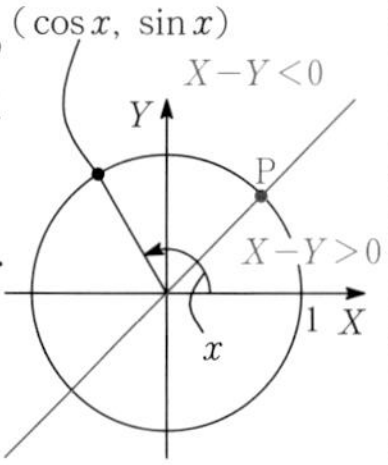

$$f'(x)=e^{-x}(\overset{X}{\cos x}-\overset{Y}{\sin x}).$$

よって①は，点 $(\cos x, \sin x)$ が右図の点 P にあるとき．[2)]

これと $x_n \geqq 0$ より

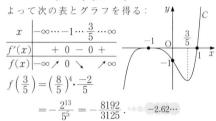

$$x_n=\frac{\pi}{4}+2\pi\cdot(n-1)\ (n=1, 2, 3, \cdots).$$

$$\therefore\ f(x_n)=e^{-\frac{\pi}{4}-2\pi\cdot(n-1)}\cdot\sin\left(\frac{\pi}{4}+2\pi\cdot(n-1)\right)$$

$$=e^{-\frac{\pi}{4}}\cdot e^{-2\pi\cdot(n-1)}\cdot\sin\frac{\pi}{4}$$ 　2π は sin の周期

$$=\frac{1}{\sqrt{2}}\cdot e^{-\frac{\pi}{4}}\times\left(e^{-2\pi}\right)^{(n-1)}.$$ 　等比数列

したがって

$$\sum_{k=1}^{n} f(x_k)=\frac{1}{\sqrt{2}}\cdot e^{-\frac{\pi}{4}}\cdot\frac{1-(e^{-2\pi})^n}{1-e^{-2\pi}}$$

$$\xrightarrow[n\to\infty]{}\frac{1}{\sqrt{2}}\cdot e^{-\frac{\pi}{4}}\cdot\frac{1}{1-e^{-2\pi}}\quad(\because\ 0<e^{-2\pi}<1).$$

よって $(*)$ は収束し，その和は $\dfrac{e^{-\frac{\pi}{4}}}{\sqrt{2}}\cdot\dfrac{1}{1-e^{-2\pi}}$．//

解説 [2)]：ここは，前問(2)とほぼ同じですね．

参考 [1)]：公比 $=e^{-2\pi}=0.0018\cdots$ ですから，$f(x_2)$ 以降は肉眼では見えないくらい微小です（笑）．したがって，$(*)$ の和は，ほぼ

$$\text{初項}=f(x_1)=\frac{e^{-\frac{\pi}{4}}}{\sqrt{2}}=0.32\cdots$$

と変わりません．

358 グラフ（凹凸不問）

根底 実戦　[→例題34e]

注 「グラフを描け」という問題においては，本来グラフの“何を”調べるべきかを問題文中で明確に指示するべきです．しかしここではそれを意図的に伏せました．関数そのものを観察し，“何を”調べたいかを自ら感じ取る訓練を積んで欲しいからです．

解答 (1) **着眼** $f(x)$ はもう少し扱いやすくなることが見抜けましたか？■

$$f(x)=(x+1)^4(x-1).$$

下書き $(x+1)^4\geqq 0$ ですから，$f(x)$ は $x-1$ と（ほぼ）同符号．よってグラフは右図の色の付いた部分にあります．

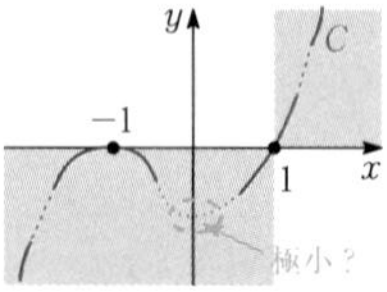

また，$x=-1$ において x 軸に“下から”接するので，そこで極大になることもわかります．

$x\to\pm\infty$ のときの極限も考えて図の赤太線部が確定し，“自然に”つなぐと C の概形が見えます．極小値もありそうですね．そこは微分して調べましょう．■

$$f'(x)=4(x+1)^3(x-1)+(x+1)^4$$
$$=(x+1)^3\{4(x-1)+(x+1)\}$$
$$=(x+1)^3(5x-3).$$

よって次の表とグラフを得る：

x	$-\infty$	$\cdots$	-1	$\cdots$	$\frac{3}{5}$	$\cdots$	∞
$f'(x)$		$+$	0	$-$	0	$+$	
$f(x)$	$-\infty$	↗	0	↘		↗	∞

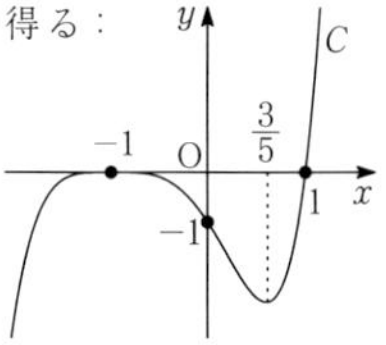

$$f\left(\frac{3}{5}\right)=\left(\frac{8}{5}\right)^4\cdot\frac{-2}{5}$$

$$=-\frac{2^{13}}{5^5}=-\frac{8192}{3125}.$$ 　$-2.62\cdots$

言い訳 極小値は図に書き入れませんでした．数値表現があまりにゴツイので（笑）．

参考

$f(x)=(x+1)^4(x-1)$ と

$g(x)=(x+1)^2(x-1)$

のグラフを比べると右のようになります．

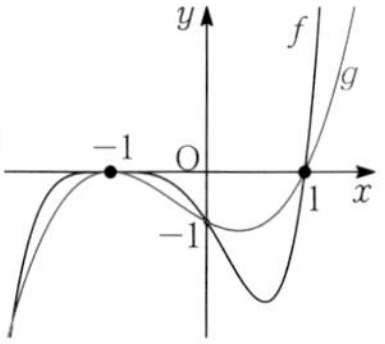

$|x+1|$ が小さいとき（1 未満のとき），「2 乗」より「4 乗」の方が絶対値は小さくなり，グラフが x 軸に“ベッタリ寄り添う”カンジになります．

補足 $x\to\pm\infty$ のときの極限は，

$$f(x)=\boxed{x^5}\cdot\left(1+\frac{1}{x}\right)^4\left(1-\frac{1}{x}\right)$$

と変形する（主要部でくくる）とわかりますね．

注 極大と極小の間に変曲点が 1 つあるようですね．

(2) 定義域は $x\neq 2$.

$$f(x)=\frac{x^2}{x^2-4x+4}$$

$$=1+\frac{4x-4}{x^2-4x+4}$$ 　分子の低次化

$$=1+4\cdot\frac{x-1}{(x-2)^2}.\ \cdots①$$ 　定数 4 をくくり出す

$x\to\pm\infty$ のとき

$$f(x)-1=4\cdot\frac{x-1}{(x-2)^2}\to 0.$$

よって直線 l: $y=1$ は C の漸近線．また，

$$f(x)\begin{cases}>1\ (x>1)\\<1\ (x<1).\end{cases}$$

下書き　分子，分母とも「平方」ですから $f(x) \geq 0$.

よって $f(0)=0$ は間違いなく極小値.

$x \to 2 \pm 0$ の極限も考えると，他に極値はなさそうな予感．ほぼ概形は見えました．微分法なしで（笑）．■

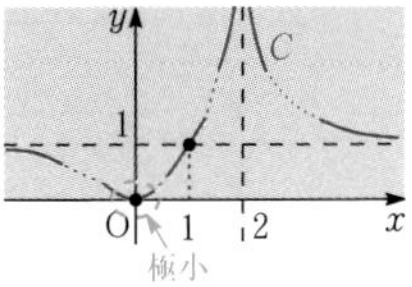

$$f(x)=\left(\frac{x}{x-2}\right)^2=\left(1+\frac{2}{x-2}\right)^2.$$

$$f'(x)=2\left(\frac{x}{x-2}\right)\cdot\frac{-2}{(x-2)^2}$$ 合成関数の微分法

$$=4\cdot\boxed{\frac{-x}{(x-2)^3}}.$$ もちろん①を微分してもよい

よって次の表とグラフを得る：

x	$-\infty \cdots 0 \cdots (2) \cdots \infty$
$f'(x)$	$-\ 0\ +\ \times\ -$
$f(x)$	$(1)\searrow 0 \nearrow \infty \mid \infty \searrow (1)$

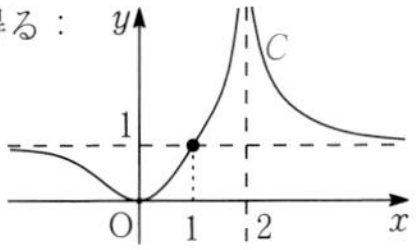

注　$x<0$ の範囲に変曲点があるようですね.

(3) **下書き**　$y=\sqrt{1-x^2}$ は半円を表しましたね [→例題 3 4 i (1)].

よってグラフ C は，「x」のグラフ：直線を“ベース”に，そこに半円を上乗せするというイメージです.

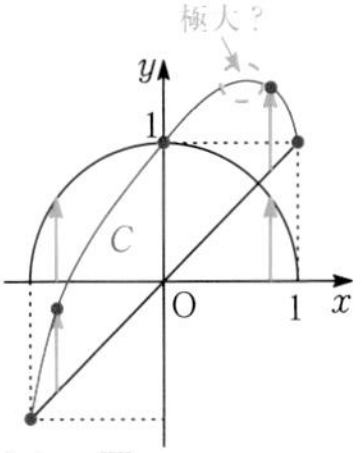

どうやら極大値がありそうですね．■

定義域は，$1-x^2 \geq 0$ より $-1 \leq x \leq 1$.

$$f'(x)=1+\frac{-2x}{2\sqrt{1-x^2}}$$

$$=\frac{\boxed{\sqrt{1-x^2}-x}}{\sqrt{1-x^2}}.$$

これは $x \leq 0$ のとき正. [1)]

$x>0$ のとき次と同符号：

$$(\sqrt{1-x^2})^2-x^2=1-2x^2.$$

よって次の表とグラフを得る：

x	$-1 \cdots \frac{1}{\sqrt{2}} \cdots 1$
$f'(x)$	$+\ \ 0\ \ -$
$f(x)$	$-1 \nearrow \sqrt{2} \searrow 1$

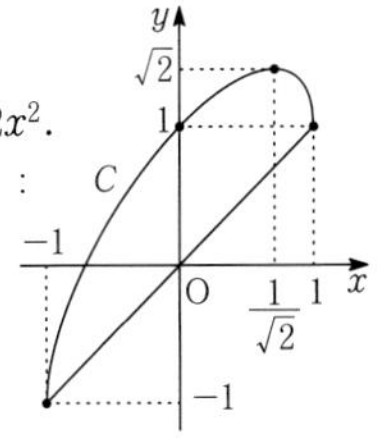

注　1)：$-1 \leq x \leq 0$ においては，x, $\sqrt{1-x^2}$ がともに増加するので $f(x)$ も増加するに決まってますね.

(4) **下書き**　$y=\sqrt{x^2+1}$ は双曲線の“上半分”（右図 H）を表しましたね [→例題 3 4 i (2)].

グラフ C は，それと1次関数「$y=\frac{3}{5}x$」の値を足し合わせて得られます.

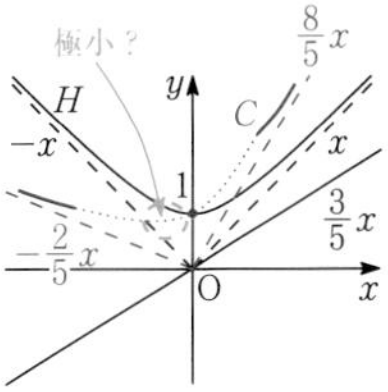

$x \to +\infty$ のとき，H は漸近線 $y=x$ に近づくので，C は傾きが $1+\frac{3}{5}=\frac{8}{5}$ の直線に近づきそうです.

$x \to -\infty$ のとき，H は漸近線 $y=-x$ に近づくので，C は傾きが $-1+\frac{3}{5}=-\frac{2}{5}$ の直線に近づきそうです.

つまり，2直線 $y=\frac{8}{5}x$, $y=-\frac{2}{5}x$ は C の漸近線になりそうです.

また，H は漸近線 $y=\pm x$ の上側にあるので，C も上記2直線の上側にありそうです．■

定義域は実数全体.

$x \to +\infty$ のとき，

$$f(x)-\frac{8}{5}x=\sqrt{x^2+1}-x$$ ∞−∞型不定形

$$=\frac{x^2+1-x^2}{\sqrt{x^2+1}+x}$$

$$=\frac{1}{\sqrt{x^2+1}+x} \quad \cdots ①$$

$$\to 0.$$

よって直線 l_1: $y=\frac{8}{5}x$ は C の漸近線.

また，①より $x>0$ のとき，$f(x)-\frac{8}{5}x>0$ だから C は l_1 より上側.

$x \to -\infty$ のとき，

$$f(x)-\left(-\frac{2}{5}x\right)=\sqrt{x^2+1}+x$$ ∞−∞型不定形

$$=\frac{x^2+1-x^2}{\sqrt{x^2+1}-x}$$

$$=\frac{1}{\sqrt{x^2+1}-x} \quad \cdots ②$$

$$\to 0.$$

よって直線 l_2: $y=-\frac{2}{5}x$ は C の漸近線.

また，②より $x<0$ のとき，$f(x)-\left(-\frac{2}{5}x\right)>0$ だから C は l_2 より上側.

$$f'(x)=\frac{3}{5}+\frac{\cancel{2}x}{\cancel{2}\sqrt{x^2+1}}=\frac{3\sqrt{x^2+1}+5x}{5\sqrt{x^2+1}}.$$

第3章 微分法

これは，$x \geq 0$ のとき正であり [2)]，$x<0$ のときは次と同符号：

$$3\sqrt{x^2+1}-(-5x).$$

さらにこれは次と同符号：

$$\left(3\sqrt{x^2+1}\right)^2-(-5x)^2$$
$$=9(x^2+1)-25x^2$$
$$=9-16x^2$$
$$=\underbrace{(3-4x)}_{\text{正}}\cdot\left(\underbrace{\boxed{3+4x}}_{\text{符号決定部}}\right)$$

よって次の表とグラフを得る：

x	$-\infty\cdots -\frac{3}{4}\cdots\infty$
$f'(x)$	$-\ \ 0\ \ +$
$f(x)$	$\infty \searrow \frac{4}{5} \nearrow \infty$

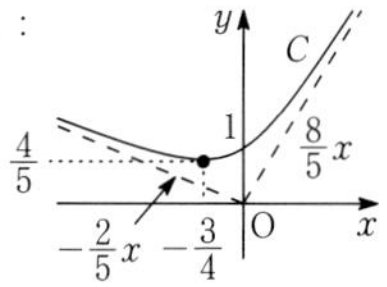

$$f\left(-\frac{3}{4}\right)=\frac{3}{5}\cdot\frac{-3}{4}+\sqrt{\frac{9}{16}+1}$$
$$=-\frac{9}{20}+\frac{5}{4}=\frac{4}{5}.$$

注 [2)]：$x \geq 0$ においては，$\frac{3}{5}x$, $\sqrt{x^2+1}$ がともに増加するので $f(x)$ も増加するに決まってますね．

(5) $\cos x$ を c，$\sin x$ を s と略記する（(6)でも同様）．

下書き 積の形ですから，s や c の符号から $f(x)$ 全体の符号がわかります．C は右図で色の付いた部分にあります．

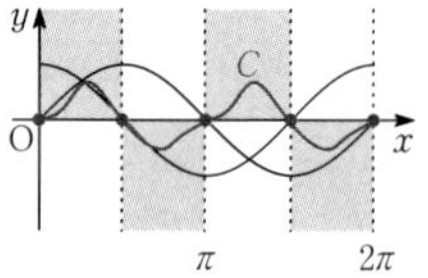

着眼 $0 \leq x \leq \pi$ の部分と $\pi \leq x \leq 2\pi$ の部分が同形になりそうな予感がしませんか？なんとなく．■

$$f(x+\pi)=\sin^3(x+\pi)\cdot\cos(x+\pi)$$
$$=(-\sin x)^3\cdot(-\cos x)=f(x).$$

よって π は $f(x)$ の周期である．そこで，まず $0 \leq x \leq \pi$ について考える．

$$f'(x)=3s^2c\cdot c-s^3\cdot s$$
$$=s^2(3c^2-s^2)$$
$$=s^2(4c^2-1)$$
$$=\underbrace{s^2}_{\text{正}}\cdot\underbrace{\boxed{(2c+1)(2c-1)}}_{\text{符号決定部}}.$$

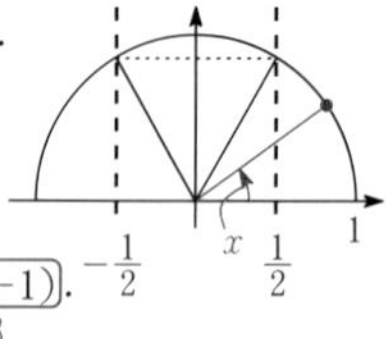

補足 例えば上図において単位円周上の赤点の場合，$\cos x > \frac{1}{2}$ より $f'(x)>0$ ですね．

よって次の表とグラフを得る：

x	$0\ \cdots$	$\frac{\pi}{3}$	$\cdots$	$\frac{2}{3}\pi$	$\cdots\ \pi$
$f'(x)$	$0\ \ +$	0	$-$	0	$+\ \ 0$ [3)]
$f(x)$	$0\ \nearrow$	$\frac{3\sqrt{3}}{16}$	$\searrow$	$-\frac{3\sqrt{3}}{16}$	$\nearrow\ 0$

$$f\left(\frac{\pi}{3}\right)=\left(\frac{\sqrt{3}}{2}\right)^3\cdot\frac{1}{2}=\frac{3\sqrt{3}}{16}.$$

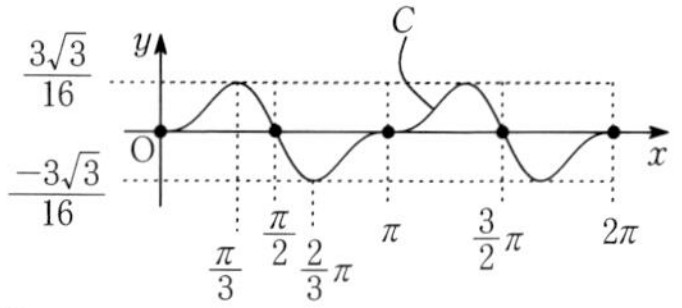

注 [3)]：区間の“端”の微分係数の値は普通書きませんが，ここでは“端”での接線の傾きが 0(つまり水平）であり，C の $\pi \leq x \leq 2\pi$ の部分と“滑らかに”つながることを表現するために書きました．$f(x)=\sin^3 x\cdot\cos x$ のように「3 乗」が付いているので，$|\sin x|$ が 0 に近いとき，$|\sin^3 x|$ は凄く小さくなり，グラフが x 軸に“ベッタリ寄り添う”カンジになります．

注 実は，C は点 $\left(\frac{\pi}{2}, 0\right)$ に関して対称です：

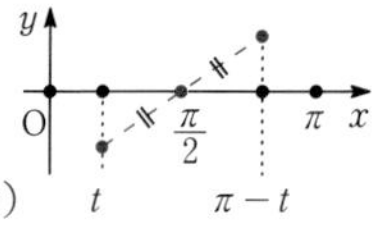

$$f(\pi-t)$$
$$=\sin^3(\pi-t)\cdot\cos(\pi-t)$$
$$=\sin^3 t\cdot(-\cos t)=-f(t).$$

これを使えば，x の範囲をさらに限定して $0 \leq x \leq \frac{\pi}{2}$ においてのみ微分法を用いて解決します．

言い訳 ホントは $\pi \leq x \leq 2\pi$ の範囲にある極値についても座標を書き入れた方がよいですが，周期性から即座に決まるものなので，横着して省きました．

(6) **着眼** $f(x)$ は，$\sin x$ と $\sin x+\cos x$ の積ですから，それぞれの符号から全体の符号が得られます．後者の符号は，右図の単位円から即座にわかります．C は原点を通ります．

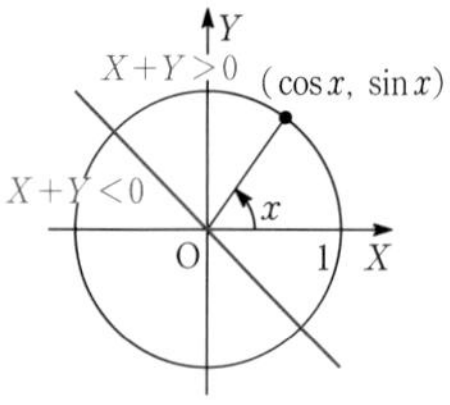

注 これは，c, s の 2 次同次式です［→Ⅱ+B例題 4 7 c］．“例の”変形を行えば 1 つの sin にまとまります．微分法の出番はありません(笑)．■

$$\begin{aligned}f(x)&=\sin x\cos x+\sin^2 x\\&=\frac{1}{2}\sin 2x+\frac{1-\cos 2x}{2}\\&=\frac{1}{2}(\sin 2x-\cos 2x)+\frac{1}{2}\\&=\frac{\sqrt{2}}{2}\sin\left(2x-\frac{\pi}{4}\right)+\frac{1}{2}\\&=\frac{1}{\sqrt{2}}\sin\left(2\left(x-\frac{\pi}{8}\right)\right)+\frac{1}{2}.\end{aligned}$$

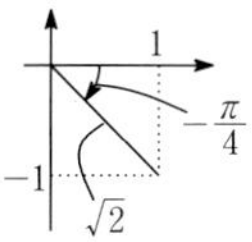

そこで，次のように順を追って C を描く：

①: $y=\sin x$

↓ x 方向に $\frac{1}{2}$ 倍，y 方向に $\frac{1}{\sqrt{2}}$ 倍 4)

②: $y=\frac{1}{\sqrt{2}}\sin 2x$

↓ $\begin{pmatrix}\pi/8\\1/2\end{pmatrix}$ だけ平行移動

C: $\frac{1}{\sqrt{2}}\sin\left(2\left(x-\frac{\pi}{8}\right)\right)+\frac{1}{2}$

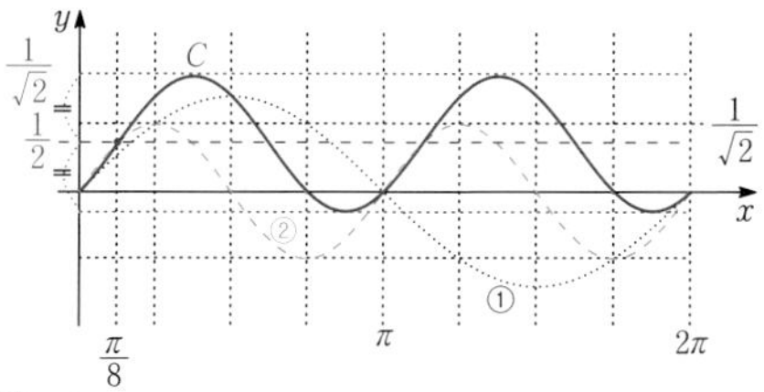

注 4)：このようなグラフの“伸縮”については，[→133，例題16a(5)]

言い訳 極値となる点や x 切片の座標を全て書くことは控えました．入試では，こうした「グラフを描け」という問題が出る訳ではなく，何かを解決するための手段としてグラフを利用することが大半ですから，その場の必要に応じて何を求めるべきかを判断することになります．

(7) **下書き** 微分しなくてもほぼ概形がわかってしまう程度の問題です．：

∘ $f(x)$ は x と $e^x(>0)$ の「積の形」なので，**符号**が判定しやすいです．$f(x)$ は x と同符号．よって C は図の色の付いた部分にあります．

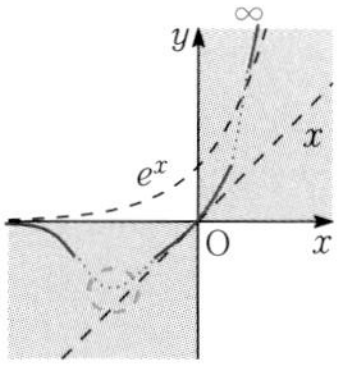

∘ $x\to-\infty$ の極限は $-\infty\times 0$ 型不定形ですが，指数関数 e^x の方が 1 次関数 x より収束・発散が速いのでしたね．[→264]

これで図の赤太線部が確定．自然につなぐと，C の概形が見えました．■

$$\begin{aligned}\lim_{x\to-\infty}xe^x&=\lim_{t\to+\infty}(-t)e^{-t}\ (t:=-x)\\&=\lim_{t\to+\infty}\left(-\frac{t}{e^t}\right)=0.\end{aligned}$$

$$f'(x)=\underset{\text{正}}{\underline{e^x}}\cdot(\underset{\text{符号決定部}}{\boxed{x+1}}).$$

よって，次の増減表とグラフを得る：

x	$-\infty$	$\cdots$	-1	$\cdots$	∞
$f'(x)$		$-$	0	$+$	
$f(x)$	(0)	↘	$-\frac{1}{e}$	↗	∞

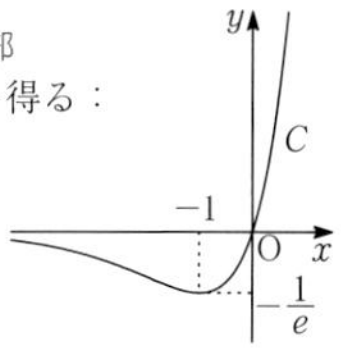

言い訳 ホントは問題文に「ただし $\lim_{t\to\infty}\frac{t}{e^t}=0$ を用いてよい」と明記すべきなのですが，書いてない問題もありますし，自力で結果を思い出せるようにして欲しいので，意図的に伏せています．

(8) **着眼** $f(x)$ 自体がキレイに変形できることが見抜けましたか？■

$$\begin{aligned}f(x)&=e^{2x}-(e+1)e^x+e\\&=(e^x-1)(e^x-e).\end{aligned}$$

下書き e^x と 1, e の大小，つまり x と 0, 1 の大小により $f(x)$ 全体の符号が決まります．よって，C は右図の色の付いた部分にあります．

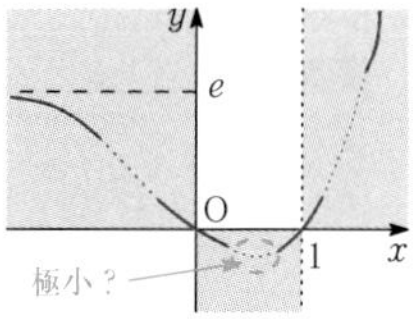

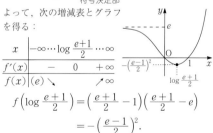

これと，$x\to\pm\infty$ のときの極限から，概形が見えました．■

$$\begin{aligned}f'(x)&=e^x(e^x-e)+(e^x-1)e^x\\&=\underset{\text{正}}{\underline{2e^x}}\cdot\left(\underset{\text{符号決定部}}{\boxed{e^x-\frac{e+1}{2}}}\right).\end{aligned}$$

よって，次の増減表とグラフを得る：

x	$-\infty$	$\cdots$	$\log\frac{e+1}{2}$	$\cdots$	∞
$f'(x)$		$-$	0	$+$	∞
$f(x)$	(e)	↘		↗	∞

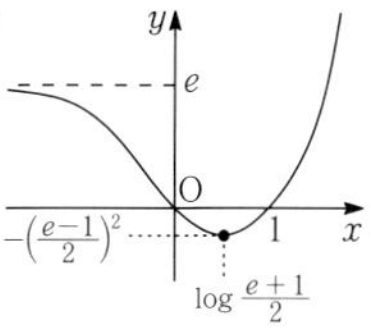

$$\begin{aligned}f\left(\log\frac{e+1}{2}\right)&=\left(\frac{e+1}{2}-1\right)\left(\frac{e+1}{2}-e\right)\\&=-\left(\frac{e-1}{2}\right)^2.\end{aligned}$$

$x\to-\infty$ のとき，$e^x\to 0$ より $f(x)\to(-1)(-e)=e$.

(9) **着眼** $e^x\sin x$ や $e^{-x}\cos x$ についてはこれまでにも似たような関数を扱ってきたのである程度察しが付きます．[→演習問題357「減衰振動」]

しかし，両者の和となるとちょっと手に負えません．黙って微分しましょう（笑）．■

$f'(x)=e^x(\sin x+\cos x)+e^{-x}(-\cos x-\sin x)$
$\quad=(e^x-e^{-x})(\sin x+\cos x).\ \cdots①$

よって下表を得る： 全体が符号決定部

x	$-\pi$	$\cdots$	$-\frac{\pi}{4}$	$\cdots$	0	$\cdots$	$\frac{3}{4}\pi$	$\cdots$	π
$f'(x)$		5) $+$	0	$-$	0	$+$	0	$-$	
$f(x)$	$-e^{\pi}$	↗	極大	↘	1	↗	極大	↘	$-e^{-\pi}$ 6)

$$f\left(-\frac{\pi}{4}\right)=\frac{1}{\sqrt{2}}\left(-e^{-\frac{\pi}{4}}+e^{\frac{\pi}{4}}\right).$$ 1.22…

$$f\left(\frac{3}{4}\pi\right)=\frac{1}{\sqrt{2}}\left(e^{\frac{3}{4}\pi}-e^{-\frac{3}{4}\pi}\right).$$ 7.39…

以上より，次図を得る：

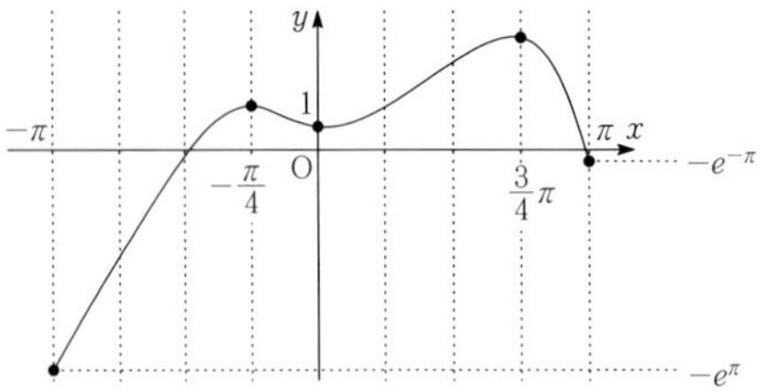

解説 5)：例えばこの「＋」は次のように求めています：

①において，$x<0$ より，
$e^x<e^{-x}$.
また，単位円周上の点 $(\cos x,\ \sin x)$ は右図の位置にあるので，
$\cos x+\sin x<0$.

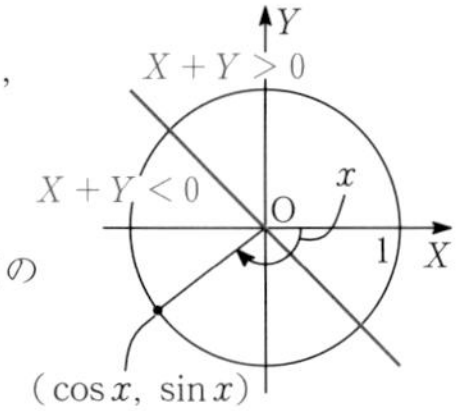

よって，$f'(x)>0$となります．あとは，$f'(x)=0$となる x の値を“またぐ”際に符号変化があるか否かを考えればOKです．

注 6)：$-e^{-\pi}=-0.043\cdots$ です．肉眼では「0」にしか見えませんが，「答え」は「負」であることを明示することを優先し，敢えて不正確に描かれています．

言い訳 2つの極大値 $f\left(-\frac{\pi}{4}\right)$, $f\left(\frac{3}{4}\pi\right)$ は値がゴツイ姿なので図には書き入れませんでした．

(10) 真数 $=x(1-x)>0$ より，定義域は $0<x<1$.

下書き 次のような見方もできます．

$f(x)=\log x+\log(1-x)$ ($\because\ x,\ 1-x>0$).
ここで，$y=\log(1-x)$ について考えます：

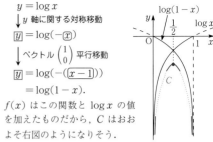

$y=\log x$
↓ y 軸に関する対称移動
$\boxed{y}=\log(-\boxed{x})$
↓ ベクトル $\begin{pmatrix}1\\0\end{pmatrix}$ 平行移動
$\boxed{y}=\log(-(\boxed{x-1}))$
$\quad=\log(1-x)$.

$f(x)$ はこの関数と $\log x$ の値を加えたものだから，C はおおよそ右図のようになりそう．

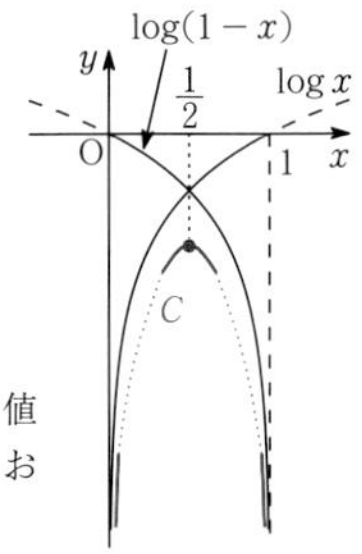

ただし，こうした**下書き**を行うまでもなく，次の**解答**のようにすぐにグラフは描けてしまいます．■

2次関数 $y=x(1-x)$ のグラフは，軸 l: $x=\frac{1}{2}$ について対称だから，C も l に関して対称．

$f(x)=\log(x-x^2)$.

$$f'(x)=\frac{\boxed{1-2x}}{x(1-x)}$$ 符号決定部 分母は正

よって，次の増減表とグラフを得る．

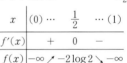

x	(0)	$\cdots$	$\frac{1}{2}$	$\cdots$	(1)
$f'(x)$		$+$	0	$-$	
$f(x)$	$-\infty$	↗	$-2\log 2$	↘	$-\infty$

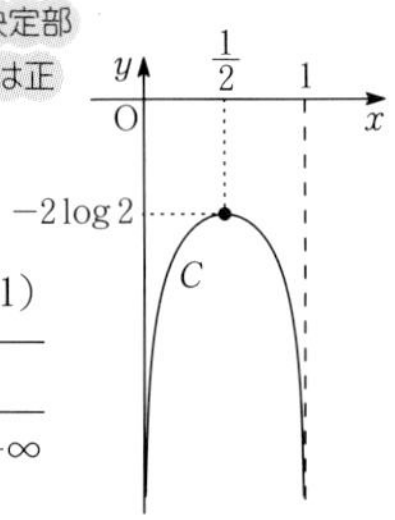

3 5 9 曲線の概形（凹凸問う） [→例題 3 4 g]

根底 実戦

重要 微分する前に，まず $f(x)$ そのものを見ること．**必ず！**

解答 (1) **着眼** まずは，$f(x)$そのものを見て．■

定義域は $x\neq\pm\sqrt{6}$.

$$f(x)=\frac{2x^3-12x+25}{x^2-6}$$
$$=2x+\frac{25}{x^2-6}.\ \cdots①$$ 分子の低次化

$x\to\pm\infty$ のとき

$$f(x)-2x=\frac{25}{x^2-6}\to 0.$$

よって直線 l: $y=2x$ は C の漸近線．

また，

$$f(x)\begin{cases}>2x\ (|x|>\sqrt{6})\\<2x\ (|x|<\sqrt{6}).\end{cases}$$

下書き ①を元に極限も考えると，この時点で既に概形は把握できています．

$-\sqrt{6}<x<\sqrt{6}$ で極大，

$\sqrt{6}<x$ で極小となりそうですね．(右図は横方向に 2 倍に引き伸ばして描いてます．) ■

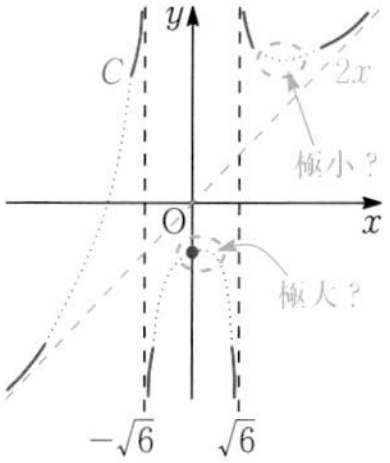

①より

$$f'(x)=2+25\cdot\frac{-2x}{(x^2-6)^2}$$
$$=2-50\cdot\frac{x}{(x^2-6)^2}.\ \cdots②$$

これは次と同符号：

$$(x^2-6)^2-25x$$
$$=x^4-12x^2-25x+36\ \cdots③$$
$$=(x-1)(x^3+x^2-11x-36)\ \cdots④$$
$$=(x-1)(x-4)(x^2+5x+9)$$
$$=\underbrace{\left\{\left(x+\frac{5}{2}\right)^2+\frac{11}{4}\right\}}_{\text{正}}\underbrace{\boxed{(x-1)(x-4)}}_{\text{符号決定部}}.$$

よって次表を得る：

x	$-\infty$	$\cdots$	$(-\sqrt{6})$	$\cdots$	1	$\cdots$	$(\sqrt{6})$	$\cdots$	4	$\cdots$	∞
$f'(x)$		$+$		$+$	0	$-$		$-$	0	$+$	
$f(x)$	$-\infty$	↗	∞ | $-\infty$	↗	-3	↘	$-\infty$ | ∞	↘	$\frac{21}{2}$	↗	∞

②より， この「$-$」に注意

$$f''(x)=-50\cdot\frac{(x^2-6)^2-x\cdot 2(x^2-6)\cdot 2x}{(x^2-6)^4}.$$

これは次と同符号：

$$-(x^2-6)^2+4x^2(x^2-6)$$
$$=(x^2-6)\{-(x^2-6)+4x^2\}$$
$$=\underbrace{(3x^2+6)}_{\text{正}}\cdot\underbrace{(\boxed{x^2-6})}_{\text{符号決定部}}$$

したがって，次の凹凸表とグラフを得る：

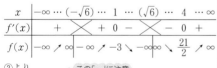

x	$\cdots$	$(-\sqrt{6})$	$\cdots$	$(\sqrt{6})$	$\cdots$
$f''(x)$	$+$		$-$		$+$
$f(x)$	∪		∩		∪

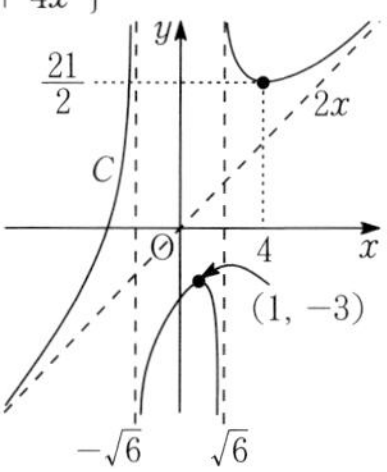

注 3 行の「増減表」ですらとても賑(にぎ)やか．ここに凹凸情報まで書き足して 4 行の表を作る気します？？連続な区間では凹凸は一定でした．正直，マジメに凹凸調べて損した気分です (笑).

補足 ③において，「$=0$」の解を見つける際には，「$|x|<\sqrt{6}$ に極値がありそう」という情報を活用して $\pm1, \pm2$ に候補を絞りましょう．

④においても，3 次方程式の解の候補：

$$\frac{36\text{ の約数}}{1\text{ の約数}}=\pm1, \pm2, \pm3, \pm4, \cdots$$

のうち，$x>\sqrt{6}$ を満たす [→Ⅱ+B 1 10 4]

$x=3, 4, \cdots$

に絞って探せばすぐ見つかります．

C の x 切片は簡単には求まりそうにありません．■

(2) **下書き** 超基本的な 2 つの関数「x」と「$\sin x$」の和ですから，**そのもの**を考察しただけでグラフはほぼ描けてしまいます．

イメージとしては，「x」のグラフ：直線を“ベース”にして，そこに「$\sin x$」の値 (正も負もある) を加算するというカンジ．■

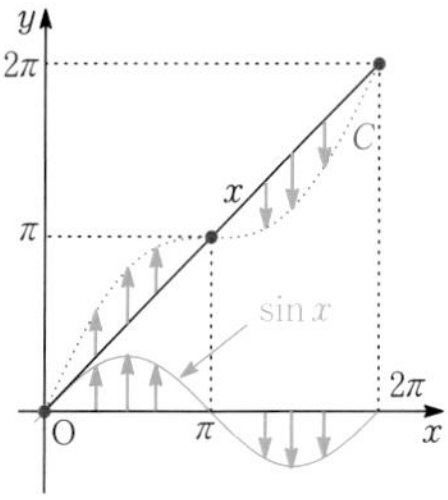

$f'(x)=1+\cos x\geq 0$

より $f(x)$ は単調増加．ただし，

$f'(\pi)=1-1=0.$

$f''(x)=-\sin x$

したがって，次の凹凸表とグラフを得る：

x	0	$\cdots$	π	$\cdots$	2π
$f''(x)$		$-$	0	$+$	
$f(x)$		∩		∪	

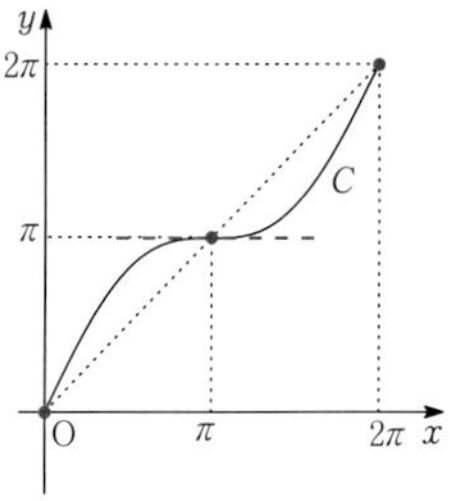

(3) **注** 演習問題 3 5 7 でも扱った曲線です．それを，定義域を制限した上でより詳しく考察します．

下書き ∘ $\sin x$ が $+\to-$ と振動しながら，それに掛かる $e^{-x}(>0)$ が減少していくので，「減衰振動」と呼ばれます．

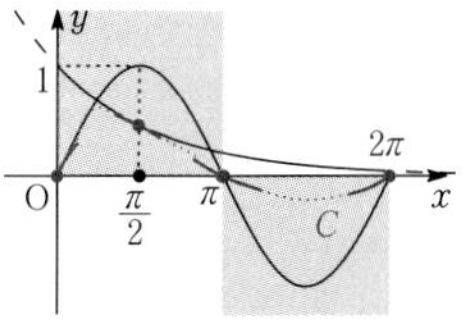

∘ $f(x)$ は $e^{-x}(>0)$ と $\sin x$ の「積」なので，$f(x)$ は $\sin x$ と同符号．よって C は，上図の色の付いた部分にあります．

∘ $x=\frac{\pi}{2}$ においては，$\sin x=1$ ゆえ，$f(x)$ は e^{-x} と同じ値です．■

$$f'(x)=\underbrace{e^{-x}}_{\text{正}}(\underbrace{\boxed{-\sin x+\cos x}}_{\text{符号決定部}}).\quad {}^{1)}$$

$$\begin{aligned} f''(x)&=e^{-x}(\sin x-\cos x-\cos x-\sin x)\\ &=\underbrace{2e^{-x}}_{\text{正}}\cdot(\underbrace{\boxed{-\cos x}}_{\text{符号決定部}})\quad {}^{2)}\end{aligned}$$

よって，次の増減表･凹凸表，およびグラフを得る：

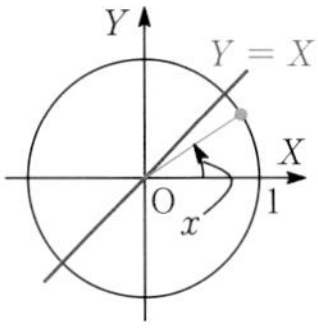

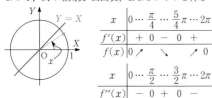

x	$0\cdots\frac{\pi}{4}\cdots\frac{5}{4}\pi\cdots2\pi$
$f'(x)$	$+\ 0\ -\ 0\ +$
$f(x)$	$0\nearrow\ \searrow\ \nearrow 0$

x	$0\cdots\frac{\pi}{2}\cdots\frac{3}{2}\pi\cdots2\pi$
$f''(x)$	$-\ 0\ +\ 0\ -$
$f(x)$	$\cap\ \cup\ \cap$

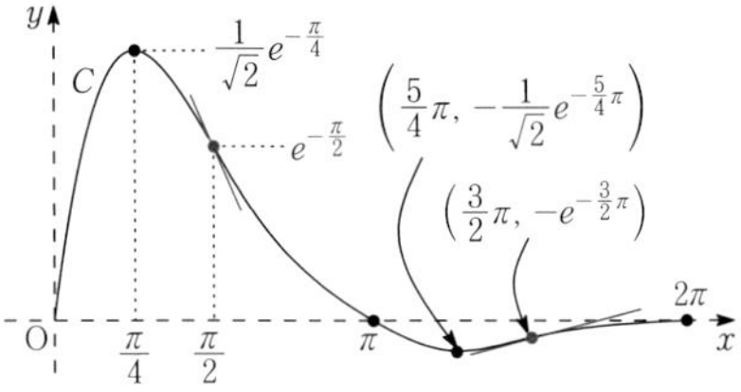

解説 [1]：単位円周上の点 $(\cos x, \sin x)$ が直線 $Y=X$ の上下どちら側にあるかで符号判定します．例えば上図単位円周上の青点については，領域 $Y<X$ にあるので $\sin x<\cos x$．よって $f'(x)>0$ となります．合成なんてしたら遠回り．

注 [2]：この「$-$」を前に出して~~$-2e^{-x}$~~$\cos x$ と書くのは，符号判定に際して注目する「$-$」と「$\cos x$」が分断されてしまっているので最悪．『(正の定符号）と（符号決定部）の積，商』が正道です．

言い訳 答えのグラフは，コンピュータで正確に描くと下図のようになります（y 軸方向に 8 倍に引き伸ばしています）．$x>\pi$ の部分が x 軸にほとんど“張り付いて”しまって見づらいですね．そこで上記の答えでは，引き伸ばした上で，さらに一部を“手書き”することによってグラフの特徴を表現しています．「グラフを描け」という問いに対する答えは，そうあるべきだと筆者は考えます．

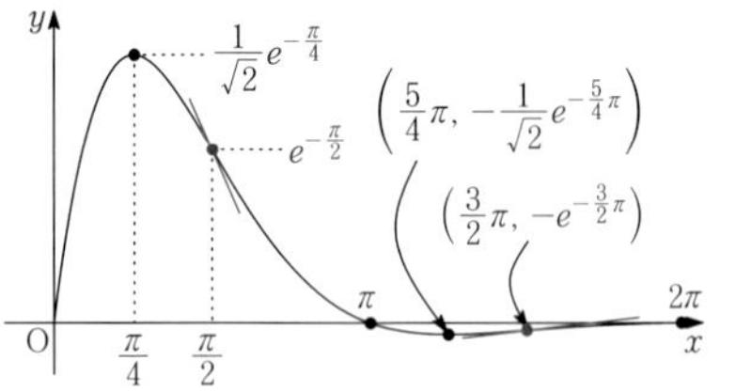

(4) **下書き**

$$e^x\to e^{-x}\to 1+e^{-x}\to\frac{1}{1+e^{-x}}$$

の順に考えれば，概形はほぼわかります．

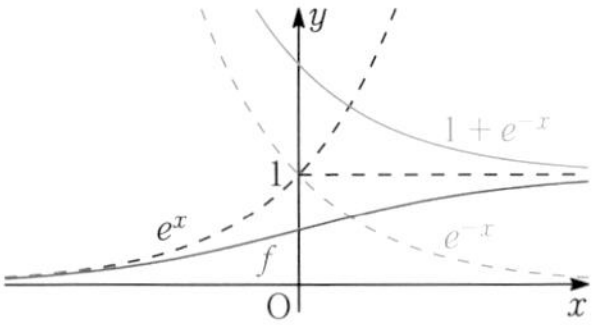

着眼 分母は正で減少．分子は正の定数ですから，$f(x)$ は増加関数です．それを見抜きつつも…答案中で説明するには微分した方が早いかも（笑）．本問では凹凸も調べますから，どのみち $f'(x)$ を求めない訳にはいきませんし．

方針 もちろんこのまま微分してもよいですが，「$-$」が付きまとうのが鬱陶しいので…■

$x\to\infty$ のとき $f(x)\to1$．
$x\to-\infty$ のとき $f(x)\to0$．

$$\begin{aligned} f(x)&=\frac{e^x}{e^x+1}\\ &=1-\frac{1}{e^x+1}.\ \cdots① \end{aligned}$$

分子の低次化

$$f'(x)=\frac{e^x}{(e^x+1)^2}>0.$$

よって，$f(x)$ は増加する．
次に凹凸を調べる．

$$\begin{aligned} f''(x)&=\frac{e^x(e^x+1)^2-e^x\cdot2(e^x+1)e^x}{(e^x+1)^4}\\ &=\underbrace{\frac{e^x}{(e^x+1)^3}}_{\text{正}}\cdot(\underbrace{\boxed{1-e^x}}_{\text{符号決定部}}). \end{aligned}$$

したがって，次の凹凸表とグラフを得る：

x	$\cdots\ 0\ \cdots$
$f''(x)$	$+\ 0\ -$
$f(x)$	$\cup\ \frac{1}{2}\ \cap$

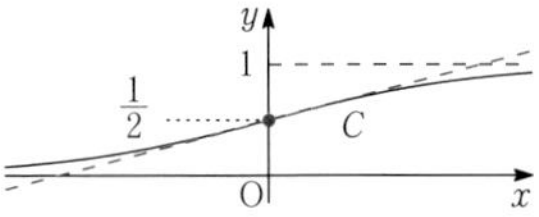

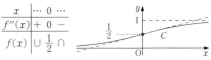

注 グラフを見ると，C はなんとなく $\left(0, \frac{1}{2}\right)$ に関して点対称っぽいですね．そこで，C を y 軸方向に $-\frac{1}{2}$ だけ平行移動したらどうなるかを調べると，①より

$$\begin{aligned} f(x)-\frac{1}{2}&=\frac{1}{2}-\frac{1}{e^x+1}\\ &=\frac{1}{2}\cdot\frac{e^x-1}{e^x+1}\\ &=\frac{1}{2}\cdot\frac{e^{\frac{x}{2}}-e^{-\frac{x}{2}}}{e^{\frac{x}{2}}+e^{-\frac{x}{2}}}. \end{aligned}$$

分子・分母を $e^{\frac{x}{2}}$ で割った

これは奇関数ですから，グラフはたしかに原点対称になっています．

本問の $f(x)=\dfrac{1}{1+e^{-x}}$ や $\dfrac{1}{e^x+1}$ は，「対称性」をテーマにしつつ，「対称性」を隠したいときに，しばしばセコク使われる関数です (笑).

(5) **注** **演習問題 1 7 32**(6)，**演習問題 2 8 2** でも扱った関数・グラフです．

上記問題で学んだ通り，関数 $u=\dfrac{1}{x}$ と $y=e^u$ の合成関数ですから，両者のグラフをイメージしながら，関数の “振る舞いそのもの” を考えれば極限はわかります．

下書き $x\to\pm\infty$ のときの極限値「1」との大小を考えると

$$e^{\frac{1}{x}}\begin{cases}>1\ (x>0)\\<1\ (x<0).\end{cases}$$

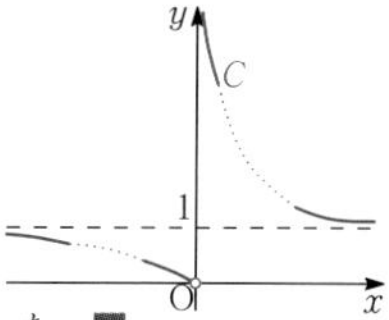

これで，ほぼ概形が見えました．■

定義域は $x\neq 0$. $\dfrac{1}{x}$ は連続な区間では減少し，底：$e>1$ ゆえ $f(x)$ も同様．よって，極限も考えて，次表を得る：

x	$-\infty$	$\cdots$	(0)		$\cdots$	∞
$f(x)$	(1)	↘	(0)	∞	↘	(1)

次に凹凸を調べる．

$$f'(x)=e^{\frac{1}{x}}\cdot\frac{-1}{x^2}.$$ たしかに負ですね

$$f''(x)=e^{\frac{1}{x}}\cdot\frac{-1}{x^2}\cdot\frac{-1}{x^2}+e^{\frac{1}{x}}\cdot\frac{2}{x^3}$$

$$=\frac{e^{\frac{1}{x}}}{x^4}\cdot(\boxed{1+2x}).$$

（$\dfrac{e^{\frac{1}{x}}}{x^4}$ は正，$1+2x$ は符号決定部）

したがって，右の凹凸表と下のグラフを得る．

x	$\cdots$	$-\frac{1}{2}$	$\cdots$	(0)	$\cdots$
$f''(x)$	$-$	0	$+$	╳	$+$
$f(x)$	∩	$\frac{1}{e^2}$	∪	╳	∪

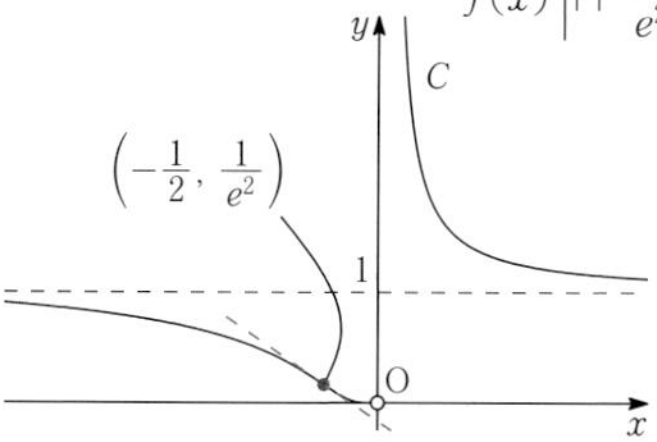

注 **下書き**段階では，変曲点の存在までは見抜けていませんでした．

発展 それを知った上で改めて描いたグラフを見直すと，C $(x<0)$ の “右端” での接線の傾き，つまり，C が原点 O に左からぶつかる際の “進入角度” が気になります．次のようになっています：

$$\lim_{x\to-0}f'(x)=\lim_{x\to-0}\frac{-e^{\frac{1}{x}}}{x^2}.$$ $\frac{0}{0}$ 型不定形

そこで，異種関数に関する極限公式：$\displaystyle\lim_{t\to\infty}\frac{t^2}{e^t}=0$ が使えるよう工夫します．$t=-\dfrac{1}{x}$ とおくと

$$\lim_{x\to-0}f'(x)=\lim_{t\to+\infty}(-e^{-t})t^2$$
$$=\lim_{t\to+\infty}\left(-\frac{t^2}{e^t}\right)=0.$$

これで，C は原点 O に左から “水平に” ぶつかることがわかりました．

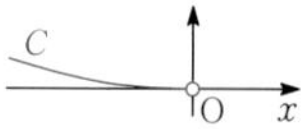

もっとも，試験でそこまで要求されるかどうかは状況次第ですが．

(6) **下書き** 分子は

$\log x\to-\log x\to 1-\log x$

の順に考えれば概形はわかります．これを分母 x で割るとどうなるか？「$x\to+0$」，「$x\to+\infty$」の極限はわかりますね．また，真数：$x>0$ より $f(x)$ は分子と同符号．よって C は色の付いた部分にあります．

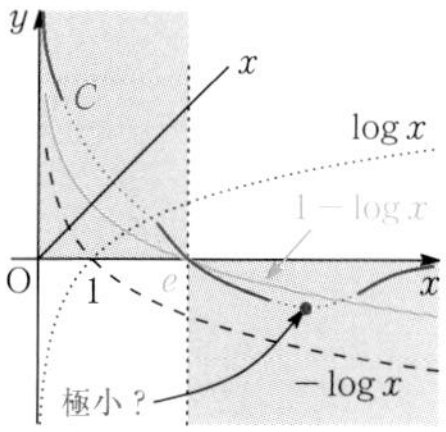

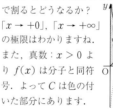

これで，C の概形はほぼつかめました．■

定義域は $x>0$.

$$f'(x)=\frac{-\frac{1}{x}\cdot x-(1-\log x)}{x^2}$$

$$=\frac{\boxed{\log x-2}}{x^2}.$$ （$\log x-2$ は符号決定部，分母は正）

よって右表を得る．ここに，

x	$(0)\cdots$	e^2	$\cdots\infty$
$f'(x)$	$-$	0	$+$
$f(x)$	∞ ↘	$\frac{-1}{e^2}$	↗(0)

$$\lim_{x\to\infty}f(x)=\lim_{x\to\infty}\left(\frac{1}{x}-\frac{\log x}{x}\right)=0$$

を用いた．（異種関数に関する極限）

$$f''(x)=\frac{\frac{1}{x}\cdot x^2-(\log x-2)\cdot 2x}{x^4}$$

$$=\frac{\boxed{5-2\log x}}{x^3}.$$ （$5-2\log x$ は符号決定部，分母は正）

したがって，次の凹凸表とグラフを得る：

x	$(0)\cdots$	$e^{\frac{5}{2}}$	$\cdots$
$f''(x)$	$+$	0	$-$
$f(x)$	∪		∩

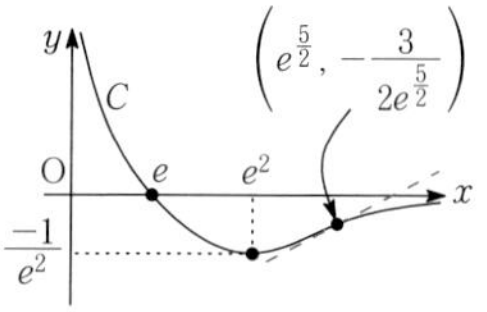

3 5 10 三角関数の最大・最小

根底 実戦

[→例題3 4 j]

方針 もちろん微分法も使う可能性は大ですが，まずは $f(x)$ **そのもの**を見るべし．

解答 以下において，$\cos x$ を c，$\sin x$ を s と略記する．

(1) 2π は $f(x)$ の周期なので $0 \leq x \leq 2\pi$ の範囲で考えてよい．

分母はつねに負である．$f(x)$ の最小値を考えるので，$f(x) < 0$(分子は正) となる範囲：$0 < x < \pi$ に限定する．

$$f'(x) = \frac{c(c-2)+s\cdot s}{(c-2)^2} = \frac{1-2c}{(c-2)^2} = \underbrace{\frac{2}{(c-2)^2}}_{\text{正}}\cdot\left(\boxed{\frac{1}{2}-c}\right).$$

符号決定部

よって下の増減表を得る：

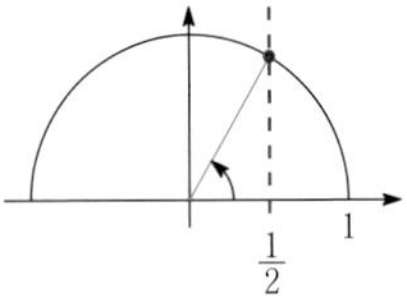

x	$(0)\cdots\frac{\pi}{3}\cdots(\pi)$
$f'(x)$	$-\ 0\ +$
$f(x)$	↘ ↗

よって求める最小値は，

$$f\left(\frac{\pi}{3}\right) = \frac{\frac{\sqrt{3}}{2}}{\frac{1}{2}-2} = -\frac{1}{\sqrt{3}}.\ /\!/$$

参考 ○ $f(x) = \dfrac{\sin x - 0}{\cos x - 2}$ は，定点 $A(2, 0)$ と単位円周上の点 $P(\cos x, \sin x)$ を結んだ直線 AP の傾きを表します（俗に"**勾配関数**"と呼ばれたりします）．

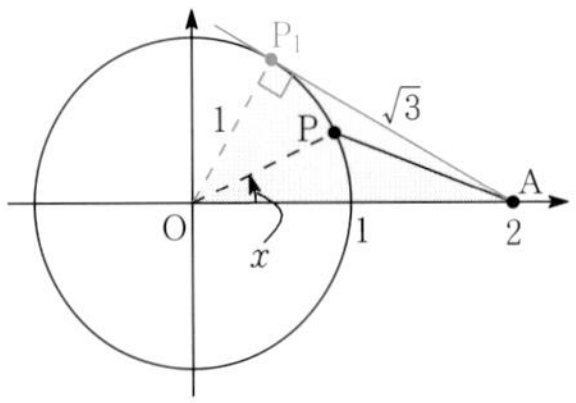

よって，最小（もっとも右下がりが急）となるのは P が前図の P_1(接点) となるときで，図の直角三角形に注目すると，その最小値が

$$-\tan\frac{\pi}{6} = -\frac{1}{\sqrt{3}}$$

だとわかります．

○ 分母にある「2」を「1」に変えると様相は一変します：

$$f(x) = \frac{\sin x - 0}{\cos x - 1} = -\frac{2\sin\frac{x}{2}\cos\frac{x}{2}}{2\sin^2\frac{x}{2}} = -\frac{1}{\tan\frac{x}{2}}$$

$\left(\sin\frac{x}{2},\ \cos\frac{x}{2} \neq 0 \text{ のとき}\right).$

[→例題3 4 f(5)]

○ $\cos x$，$\sin x$ は，実はいつでも $\tan\frac{x}{2}$ で表そうと思えば表せるのでしたね．[→Ⅱ+B例題4 7 g] ■

(2) 2π は $f(x)$ の周期なので $-\pi \leq x \leq \pi$ の範囲で考えてよい．また，$f(x)$ は奇関数． …①

そこで，まず $0 \leq x \leq \pi$ での増減を調べる．

$$f'(x) = cc - ss + 2c = 2c^2 + 2c - 1.$$

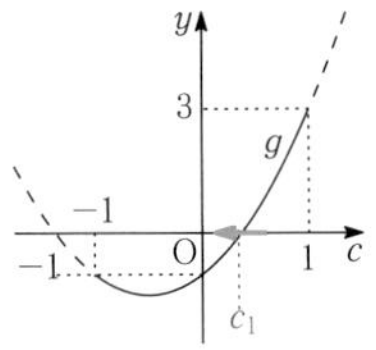

$c = \cos x$ とおいてこれを $g(c)$ とおくと，右図のようになる．

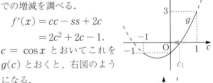

図において $c_1 = \dfrac{-1+\sqrt{3}}{2}$ であり，

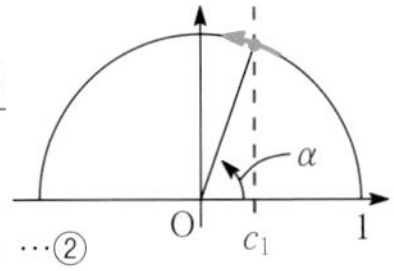

$\cos\alpha = c_1\ (0 < \alpha < \pi)$ …②

なる α が1つに定まる．

$x = \alpha$ の前後で，$f'(x)$ は**正から負へ**[1]と符号を変えるから，下左表を得る．これと①より，下右図を得る．

x	$0\cdots\alpha\cdots\pi$
$f'(x)$	$+\ 0\ -$
$f(x)$	0 ↗ ↘ 0

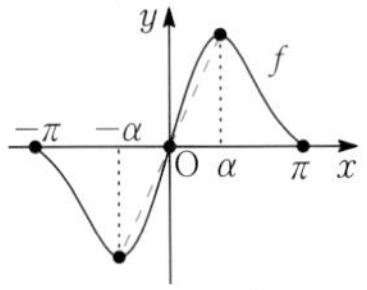

$\therefore\ \max f(x) = f(\alpha),$

$\min f(x) = -f(\alpha).$

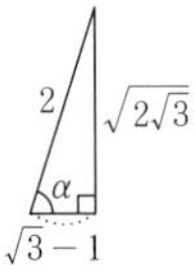

右図より $\sin\alpha = \dfrac{\sqrt{2\sqrt{3}}}{2}$ だから，

$$\max f(x) = f(\alpha) = \sin\alpha(\cos\alpha+2) = \frac{\sqrt{2\sqrt{3}}}{2}\left(\frac{\sqrt{3}-1}{2}+2\right) = \frac{1}{4}\sqrt{2\sqrt{3}}\cdot(3+\sqrt{3}).\ /\!/$$

$$\min f(x) = -f(\alpha) = -\frac{1}{4}\sqrt{2\sqrt{3}}\cdot(3+\sqrt{3}).\ /\!/$$

注 [1]：2次関数 $g(c)$ のグラフを見ると，なんとなく「負から正へ」に見えますね．しかし，x の増加にともない，$c = \cos x$ は単位円の青矢印を見るとわかるように減少しますから，グラフの青矢印のように，c は c_1 を左向きに横切りますね．

別解 こうした難しさを回避するには次のようにします：

$$f'(x)=2c^2+2c-1$$
$$=2\left(c-\frac{-1-\sqrt{3}}{2}\right)\left(c-\frac{-1+\sqrt{3}}{2}\right)$$
$$=2\Bigl(c+\overset{1.3\cdots}{\frac{1+\sqrt{3}}{2}}\Bigr)\left(\boxed{c-\frac{-1+\sqrt{3}}{2}}\right).$$

（前半：正，後半：符号決定部）

あとは，いつも通り単位円を描いて．

(3) $f'(x)=\underline{cc}-ss+2sc\underline{-1}$ ……赤下線部は $-s^2$

$$=-2s^2+2sc\ ^{2)}$$
$$=\underset{\text{正}}{2s}\cdot(\underset{\text{符号決定部}}{\boxed{c-s}}).$$

よって，右表を得るから

$$\max f(x)=f\left(\frac{\pi}{4}\right)=1-\frac{\pi}{4}.//$$

x	0	$\cdots$	$\frac{\pi}{4}$	$\cdots$	π
$f'(x)$		$+$	0	$-$	
$f(x)$	0	↗		↘	$-\pi$

$$\min f(x)=f(\pi)=-\pi.//$$

注 2)：このあと次のようにも変形できます：

$$f'(x)=\underset{\text{0 以上}}{2\sin x}\cdot\underset{\text{符号決定部}}{\boxed{\cos x\,(1-\tan x)}}\ \left(x\neq\frac{\pi}{2}\right).$$

これによって導関数について考えると，$x=\frac{\pi}{4}$ における符号変化はわかります．

ただし，$\tan x$ の値が途切れる $x=\frac{\pi}{2}$ を"またぐ"とき，$\cos x$ と $1-\tan x$ が**同時に符号を変える**ため，$f'(x)$ は符号を変えません．これを正しく把握するのにやや手間がかかります．

別解 $f(x)$ の段階で次下げを行うと

$$f(x)=\frac{1}{2}\sin 2x+\frac{1-\cos 2x}{2}-x.$$
$$f'(x)=\underset{X}{\cos 2x}+\underset{Y}{\sin 2x}-1$$

あとは，単位円周上の点 $(\cos 2x,\ \sin 2x)$ が直線 $X+Y-1=0$ の上下どちら側にあるかで符号判定します．前記と同じ増減表が得られますね．

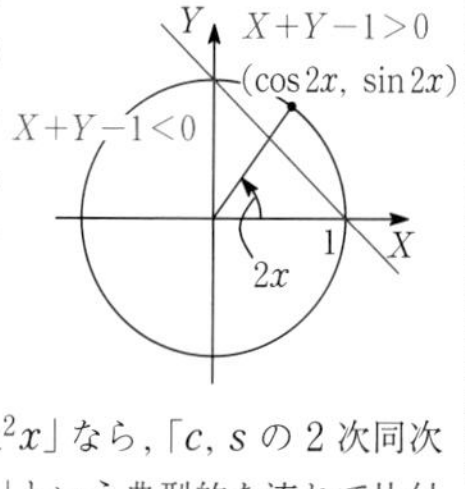

注 「$\sin x\cos x+\sin^2 x$」なら，「c,s の 2 次同次式」→「次下げ」→「合成」という典型的な流れで片付きます．微分法は要りません．[→Ⅱ+B例題 4 7 c]

(4) **注** x で微分する前に**そのもの**を見ると，$\sin x$ と $\cos x$ の対称式ですね．■

$$f(x)=\frac{1}{s+2}+\frac{1}{c+2}$$
$$=\frac{s+c+4}{(s+2)(c+2)}$$
$$=\frac{s+c+4}{sc+2(s+c)+4}.$$ ……s,c の和と積

ここで，$t=s+c$ とおくと，

$$t^2=(s+c)^2=1+2sc.$$

したがって

$$f(x)=\frac{t+4}{\frac{t^2-1}{2}+2t+4}$$
$$=2\cdot\frac{t+4}{t^2+4t+7}\ (=g(t)\text{ とおく}).\ \cdots①$$

また，

$$t=\sqrt{2}\sin\left(x+\frac{\pi}{4}\right)$$ ……三角関数の合成

より，t の変域は

$$-\sqrt{2}\le t\le\sqrt{2}.\ \cdots②$$
$$g'(t)=2\cdot\frac{t^2+4t+7-(t+4)(2t+4)}{(t^2+4t+7)^2}.$$

これは次と同符号：

分子 $=-t^2-8t-9\ (=h(t)$ とおく$)$．

$$h(-\sqrt{2})=8\sqrt{2}-11$$
$$=\sqrt{128}-\sqrt{121}$$
$$>0$$

より，②の範囲で $h(t)$ は右図のように**符号**を変える．……符号が先

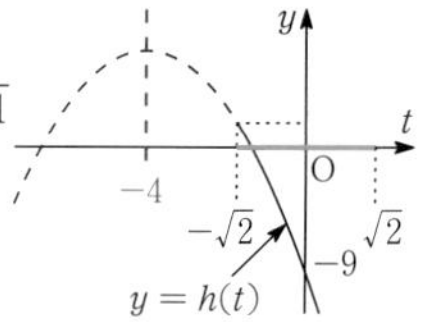

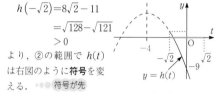

②の範囲で $h(t)=0$ を解くと ……「$=0$」は後

$$t^2+8t+9=0.$$
$$t=-4+\sqrt{7}.$$

よって右表を得る．

t	$-\sqrt{2}$	$\cdots$	$\sqrt{7}-4$	$\cdots$	$\sqrt{2}$
$g'(t)$		$+$	0	$-$	
$g(t)$		↗		↘	

これと①：$g(t)=2\cdot\frac{t+4}{t(t+4)+7}$ より，

$$\max f(x)=g(\sqrt{7}-4)$$
$$=2\cdot\frac{\sqrt{7}}{(\sqrt{7}-4)\sqrt{7}+7}$$
$$=\frac{2}{\sqrt{7}-4+\sqrt{7}}$$
$$=\frac{1}{\sqrt{7}-2}\cdot\frac{\sqrt{7}+2}{\sqrt{7}+2}=\frac{\sqrt{7}+2}{3}.//$$

注 (1)〜(4)はどれも似た雰囲気の関数ですが，処理方法はまるで違いましたね（笑）．

3 5 11 確率の最大
根底 実戦 [→例題 3 4 j]

着眼 n, k は定数．p が変数です．[1]

解答 題意の確率 $f(p)$ は

$$f(p) = {}_n\mathrm{C}_k p^k (1-p)^{n-k}.$$ 反復試行の確率

A と B が同符号であることを $A \sim B$ と表すと [2]

$$f'(p) \sim kp^{k-1} \cdot (1-p)^{n-k} - p^k \cdot (n-k)(1-p)^{n-k-1}$$
$$\sim k(1-p) - (n-k)p \ (\because\ p, 1-p > 0)$$
$$= k - np.$$

よって，次表を得る：

p	(0)	$\cdots$	$\frac{k}{n}$	$\cdots$	(1)
$f'(p)$		$+$	0	$-$	
$f(p)$		↗		↘	

したがって，求める値は，$p = \dfrac{k}{n}$．[3] //

解説 [2]：記号「〜」を使ってちょっと遊んでみました（笑）．筆者は常日頃からこのようにしています．と言っても，紙に書く訳ではなく暗算ですが．このように**符号だけ**に注目して効率化された計算こそが，本質的には正しいのです．

参考 例えば「100 回中 40 回表が出る」という事象は，そのコインを 1 回投げて表が出る確率が $\dfrac{40}{100} = \dfrac{2}{5}$ のときにいちばん起こりやすくなる．つまり，確率が $\dfrac{2}{5}$ であることが最（もっと）も尤（もっと）もらしいということ．なんとなくあたりまえっぽい結果ですが（笑）．

この確率 $\dfrac{2}{5}$ は「最尤（ゆう）推定量」と呼ばれ，（大学以降の）統計学では重要なものです．[→ I+A 演習問題 7 13 4]

[3]：このとき，表の回数の期待値は，（二項分布に関する公式を用いると）

$$n \cdot \frac{k}{n} = k(\text{回}).$$

これもなんだかあたりまえっぽいですね（笑）．

[1]：これとは別に，n, p を固定して k 回出る確率を k の関数つまり「数列」とみて最大を問うのも典型問題です．[→ I+A 演習問題 7 13 6 補足]

3 5 12 体積の最大
根底 実戦 [→例題 3 4 j]

着眼 C は例題 3 4 h (1)と同じ曲線ですが，本問では「グラフを描け」という設問はありません．

よって，体積を計量するための補助として，右図の下書き程度のグラフを描けば OK です．微分法まで持ち出して増減表まで書いたら時間の無駄．

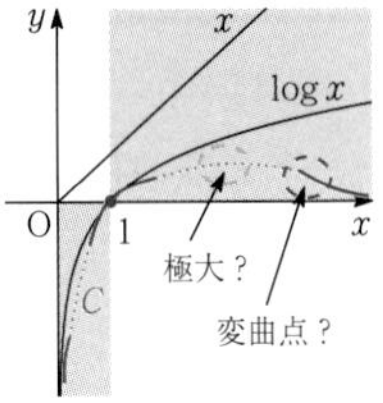

解答

F は右図のような直円錐（すい）だから，$\mathrm{P}\left(x, \dfrac{\log x}{x}\right)$ とおいて，

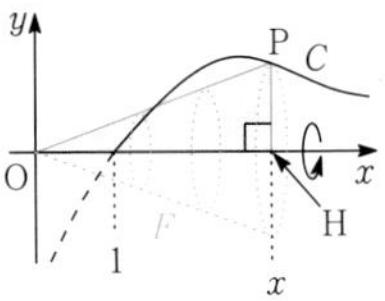

$$V = \frac{1}{3} \cdot \pi \mathrm{PH}^2 \cdot \mathrm{OH}$$
$$= \frac{1}{3} \cdot \pi \left(\frac{\log x}{x}\right)^2 \cdot x$$
$$= \frac{\pi}{3} \cdot \underbrace{\frac{(\log x)^2}{x}}_{f(x)\text{ とおく}}.$$

$$f'(x) = \frac{2\log x \cdot \frac{1}{x} \cdot x - (\log x)^2}{x^2}.$$

$x > 1$ においては $\log x > 0$ だから，$f'(x)$ は $2 - \log x$ と同符号．よって右表を得る．

x	(1)	$\cdots$	e^2	$\cdots$
$f'(x)$		$+$	0	$-$
$f(x)$		↗		↘

$$\therefore\ \max V = \frac{\pi}{3} \cdot f(e^2) = \frac{\pi}{3} \cdot \frac{2^2}{e^2} = \frac{4\pi}{3e^2}. //$$

解説 P が C の極大点より右にあるとき，x の増加に伴い底円の半径 PH は減少し，高さ OH は増加するので，体積 V の増減は微分して初めてわかります．

3 5 13 面積の最大化
根底 実戦 典型 [→例題 3 4 k]

語記サポ このような図形のことを（俗に）**弓形**といいます．

下書き 思いっ切り不親切な問題文ですね（笑）．まずは弓形をいくつか描いて，何が，どう変化するかを把握しましょう：

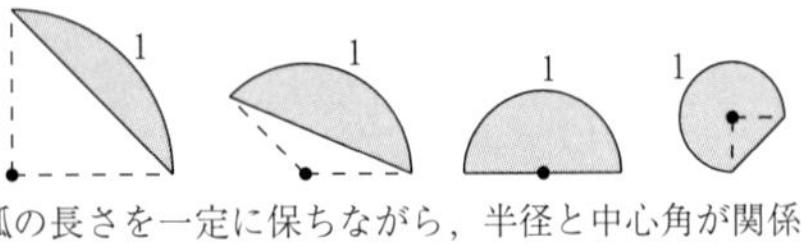

弧の長さを一定に保ちながら，半径と中心角が関係し合いながら変化する様子がわかりますね．

注　多くの（ほとんどの）受験生は，こうした“問題が扱う現象との挨拶”をしないままイキナリ問題を解きにかかります．それって，とっても不思議な態度ですね（笑）．当然，数学が得意には（好きには）なれません．

解答

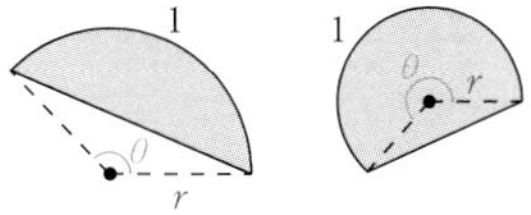

上図のように，円の半径 r と中心角 θ $(0<\theta<2\pi)$ をとると

$r\theta=1.$ …①　「弧度法」の定義より

i) $0<\theta\leq\pi$ のとき

$$S=\frac{1}{2}r^2\theta-\frac{1}{2}r^2\sin\theta.$$

ii) $\pi<\theta<2\pi$ のとき

$$S=\frac{1}{2}r^2\theta+\frac{1}{2}r^2\sin(2\pi-\theta).$$

よって i), ii) のいずれにおいても

$$S=\frac{1}{2}r^2(\theta-\sin\theta).$$

これと①より

$$S=\frac{1}{2}\cdot\frac{\theta-\sin\theta}{\theta^2}\ (=f(\theta)\text{ とおく}).$$

$$f'(\theta)=\frac{1}{2}\cdot\frac{(1-\cos\theta)\theta^2-(\theta-\sin\theta)\cdot2\theta}{\theta^4}.$$

$\theta>0$ より，これは次と同符号：

$$\theta(1-\cos\theta)-2(\theta-\sin\theta)$$
$$=2\sin\theta-\theta(1+\cos\theta)\ ^{1)}$$

$2\cdot\frac{\theta}{2}$

$$=4\sin\frac{\theta}{2}\cos\frac{\theta}{2}-\theta\cdot2\cos^2\frac{\theta}{2}$$
$$=4\cos^2\frac{\theta}{2}\left(\tan\frac{\theta}{2}-\frac{\theta}{2}\right)\ (\theta\neq\pi\text{ のとき}).$$

i) $0<\theta<\pi$ のとき，右図で面積を比較して

$$\frac{1}{2}\cdot1\cdot\tan\frac{\theta}{2}>\frac{1}{2}\cdot1^2\cdot\frac{\theta}{2}.$$

$\therefore\ f'(\theta)>0.$

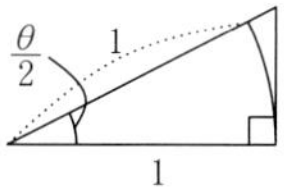

ii) $\pi<\theta<2\pi$ のとき，

$$\tan\frac{\theta}{2}<0<\frac{\theta}{2}.$$

$\therefore f'(\theta)<0.$

また，$f'(\pi)=0.$

以上より，右表を得る．

θ	(0)	…	π	…	(2π)
$f'(\theta)$		+	0	−	
$f(\theta)$		↗	最大	↘	

したがって，S は $\theta=\pi$ のとき，つまり，円弧が半円となるとき最大となる．//

解説　1)：そろそろ「$\sin\theta$」と「$1\pm\cos\theta$」をペアにした処理法はマスターできましたか？

参考　本問の結果から，次のことがわかりました：
幅が一定の“板”を丸めて，断面が弓形である「雨樋（あまどい）」（屋根に降った雨を排出する流路）を作る場合，断面が半円になるようにすると水の流量が最大となるので，もっとも“経済的”である．

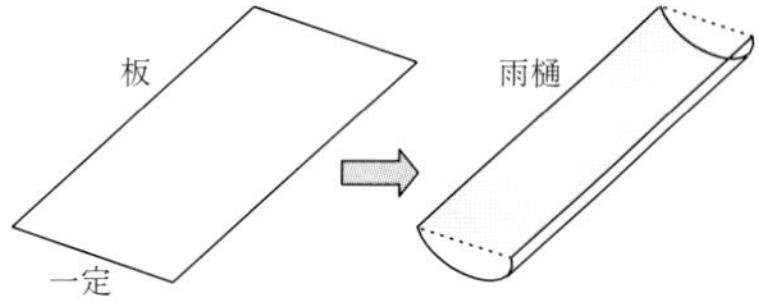

こうした背景もあり，古来有名な問題です．

3 5 14　累乗根の大小比較　根底 実戦　[→例題 3 4 d]

解答

(1)
$$f'(x)=\frac{\frac{1}{x}\cdot x-\log x}{x^2}$$
$$=\frac{\boxed{1-\log x}}{x^2}.$$
符号決定部　分母は正

よって右表を得る．

x	(0)	…	e	…
$f'(x)$		+	0	−
$f(x)$		↗	$\frac{1}{e}$	↘

(2)　$a_n:=\sqrt[n]{n}\ (n=2,3,4,\cdots)$ は正だから

$$\log a_n=\log n^{\frac{1}{n}}$$
$$=\frac{\log n}{n}=f(n).$$

底：$e>1$ だから，a_n と $f(n)$ は同時に最大となる．

(1)と $2<e<3$ より，(a_n) の最大の項は a_2, a_3 のいずれか 1)．そこで，$a_2=\sqrt{2}$ と $a_3=\sqrt[3]{3}$ を比べる．

$$\begin{cases}\left(\sqrt{2}\right)^6=2^3=8,\\ \left(\sqrt[3]{3}\right)^6=3^2=9.\end{cases}$$

$8<9$ より，$\sqrt{2}<\sqrt[3]{3}.$

以上より，求める最大の数は，$a_3=\sqrt[3]{3}.$//

補足　1)：$f(x)$ は，$e\leq x$ で減少ですから

$a_3>a_4>a_5>\cdots.$

よって，$a_4, a_5, a_6, \cdots$ は最大とはなりません．

注　実は，$a_4=4^{\frac{1}{4}}=(2^2)^{\frac{1}{4}}=2^{\frac{1}{2}}=a_2$ です．これと $a_3>a_4$ より，$a_3>a_2$ も成り立ちます．

参考　本問を背景とする大小比較を，
Ⅱ+B **例題 5 6 a** (2)および **演習問題 5 7 3** で扱いました．

9 演習問題C

391 逆関数 根底 実戦 [→例題36a]

注 「逆関数」を扱う際には，本来「(*): $y = \tan x$」というベースとなる関係から文字の互換を行わないのがセオリーです．しかし本問では，互換を行って得られた関数「$y = f(x)$」について，そのグラフだの接線・法線だのを考えなければなりませんから，(*) から互換を行います．ただし，その後は一切文字の役割を入れ替えたりしないこと．

着眼 つまり，下左の関係のもとで作業を進めていきます．C は (*) のグラフと直線 $y = x$ に関して対称ですから，(2)で問われている n はだいたい下右図のようなカンジです．

$x = \tan y$

$x \overset{\tan}{\longleftarrow} y$, $x \underset{f}{\longrightarrow} y$

$y = f(x)$

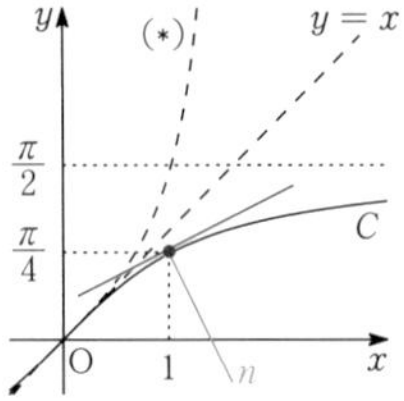

解答

(1) $y = f(x)$
i.e. $x = \tan y$
のもとで考える．

方針 欲しいのは $\dfrac{dy}{dx}$ ですが，直接求まるのは $\dfrac{dx}{dy}$．そこで，逆関数の微分法を用います．

$\dfrac{dx}{dy}$ は「y」で表されますが，それを「x」で表し直すことにより，$\dfrac{dy}{dx}$ は「x」で表すことができます．■

$$\frac{dx}{dy} = (\tan y)' = \frac{1}{\cos^2 y}$$ これを $x(= \tan y)$ で表したい

$$= 1 + \tan^2 y = 1 + x^2.$$

$$\therefore\ f'(x) = \frac{dy}{dx} = \frac{1}{\frac{dx}{dy}}$$ 逆関数の微分法

$$= \frac{1}{1 + x^2}.$$ //

(2) C の，A における接線の傾きは $f'(1) = \dfrac{1}{2}$．

よって法線 n の傾きは -2．したがって

n: $y - \dfrac{\pi}{4} = -2(x-1)$.

i.e. $y = -2x + 2 + \dfrac{\pi}{4}$. //

解説 とにかく，今考えている「x」と「y」の関係を，前記**着眼**のように明示すること．そして，文字を互換しないでその関係を保つことが大切です．

392 パラメタ表示と微分法 根底 実戦 [→例題36b]

解答 (1) 「2θ」のままで微分してみます．

$$\frac{dx}{d\theta} = 2\cos 2\theta\cdot\cos\theta - \sin 2\theta\cdot\sin\theta,$$

$$\frac{dy}{d\theta} = 2\cos 2\theta\cdot\sin\theta + \sin 2\theta\cdot\cos\theta.$$

これらは $\theta = \dfrac{\pi}{4}$ のとき，

$$\frac{dx}{d\theta} = -\frac{1}{\sqrt{2}},\ \frac{dy}{d\theta} = \frac{1}{\sqrt{2}}.$$

$$\therefore\ \frac{dy}{dx} = \frac{dy/d\theta}{dx/d\theta}\ ^{1)}$$

$$= -1.$$ //

別解 2 倍角公式により角を「θ」に統一してみます．■

$\cos\theta$ を c，$\sin\theta$ を s と略記する．

$x = 2sc^2$, $y = 2s^2c$.

よって

$$\frac{dx}{d\theta} = 2c\cdot c^2 - 2s\cdot 2cs = 2c(c^2 - 2s^2).$$

$$\frac{dy}{d\theta} = 4sc\cdot c - 2s^2\cdot s = 2s(2c^2 - s^2).$$

したがって

$$\frac{dy}{dx} = \frac{dy/d\theta}{dx/d\theta}$$

$$= \frac{s(2c^2 - s^2)}{c(c^2 - 2s^2)}.$$ 定数2は約分して消した

$\theta = \dfrac{\pi}{4}$ のとき，$c = s = \dfrac{1}{\sqrt{2}}$ だから，求める傾きは

$$\frac{dy}{dx} = \frac{c(2c^2 - c^2)}{c(c^2 - 2c^2)}$$ 全てを c で表した

$$= \frac{c^2}{-c^2} = -1.$$ //

(2) $$\frac{dy}{dx} = \frac{dy/dt}{dx/dt}\ ^{2)}$$

$$= \frac{6t}{-12t^2} = -\frac{1}{2t}.$$

求める傾きは，$t = 2$ として，$-\dfrac{1}{4}$. //

解説 1)2)：これらの等式が，まるで分数式を扱うときのように成り立ってくれるので助かりますね．

注 普通パラメタ表示は $\begin{cases} x = \cdots \\ y = \cdots \end{cases}$ のように x を上に書きますが，「$\dfrac{dy}{dx} = \dfrac{dy/dt}{dx/dt}$」においては x は分母側です．逆にしないように！

393 アステロイドの接線

根底 実戦 入試 [→例題36b]

方針 パラメタ消去もできますが，パラメタ表示のままで微分法を使いましょう．

解答 $\cos\theta$ を c，$\sin\theta$ を s と略記する．

$$\frac{dx}{d\theta}=-3c^2s,\ \frac{dy}{d\theta}=3s^2c.$$

事実上速度ベクトル

よって，点 (c^3, s^3) における C の接線 l の方向ベクトルは [1)]

$$\begin{pmatrix}dx/d\theta\\dy/d\theta\end{pmatrix}=\begin{pmatrix}-3c^2s\\3s^2c\end{pmatrix}=3sc\begin{pmatrix}-c\\s\end{pmatrix}.$$

よって法線ベクトルは $\begin{pmatrix}s\\c\end{pmatrix}$ だから，[2)]

$$l:\begin{pmatrix}s\\c\end{pmatrix}\cdot\left\{\begin{pmatrix}x\\y\end{pmatrix}-\begin{pmatrix}c^3\\s^3\end{pmatrix}\right\}=0.$$

$$\text{i.e.}\quad sx+cy=sc(c^2+s^2)=sc.$$

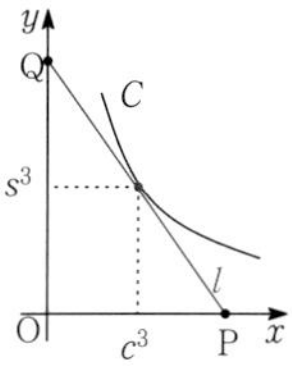

したがって，右図において

$$x_{\text{P}}=\frac{sc}{s}=c,\ y_{\text{Q}}=\frac{sc}{c}=s.$$

$$\therefore \text{PQ}=\sqrt{c^2+s^2}=1\,(\text{一定}).\ \square$$

解説 1)：l の傾きは，

$$\frac{dy}{dx}=\frac{dy/d\theta}{dx/d\theta}=\frac{3s^2c}{-3c^2s}=-\tan\theta.$$

これを用いるより，はるかに簡潔な表現が得られます．

2)：内積 $\begin{pmatrix}-c\\s\end{pmatrix}\cdot\begin{pmatrix}s\\c\end{pmatrix}=0$ より，両者は垂直ですね．

一般に，ベクトル $\begin{pmatrix}a\\b\end{pmatrix}$ と垂直なベクトルの 1 つは $\begin{pmatrix}-b\\a\end{pmatrix}$ です．[→Ⅱ+B例題25d]

参考 重要度↑ 曲線 C を描いてみましょう．θ が $0<\theta<\frac{\pi}{2}$ の範囲で増加するとき，x は減少，y は増加ですから，点 (x, y) は「左上向き」に移動します．

凹凸は，例題38g 参考のようにマジメに調べてもわかりますが，他の曲線との対比からすぐに想起できるようにしましょう．曲線

$$\begin{cases}x=\cos^\alpha\theta\\y=\sin^\alpha\theta\end{cases}\left(0<\theta<\frac{\pi}{2}\right)$$

として，右の 3 つを考えます．($\alpha=2$ のとき，$x+y=\cos^2\theta+\sin^2\theta=1.$)

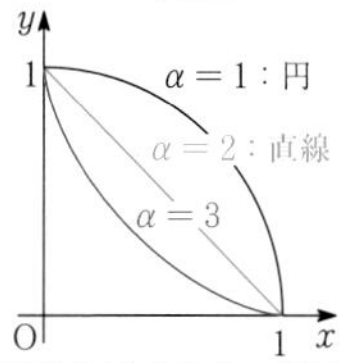

α が「1 → 2」と推移するときの変化を考えると，「3」のときの凹凸も想像つくでしょ．

θ の範囲を $0\leq\theta<2\pi$ に広げると，右のように x 軸，y 軸に関して対称な曲線が得られます．これは，**アステロイド**と呼ばれる超有名曲線です．

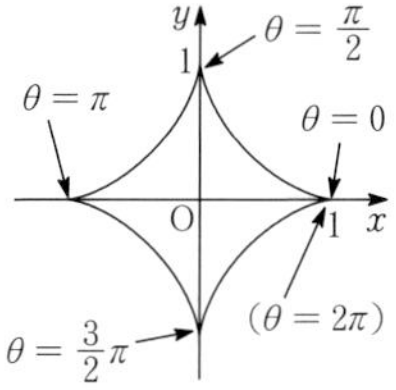

パラメタ θ を消去してアステロイドの方程式を求めてみましょう．

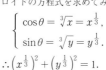

$$\begin{cases}\cos\theta=\sqrt[3]{x}=x^{\frac{1}{3}},\\ \sin\theta=\sqrt[3]{y}=y^{\frac{1}{3}}.\end{cases}$$

$$\therefore \left(x^{\frac{1}{3}}\right)^2+\left(y^{\frac{1}{3}}\right)^2=1.$$

$$\text{i.e.}\ x^{\frac{2}{3}}+y^{\frac{2}{3}}=1.$$

次問ではこの方程式を扱います．

394 陰関数の微分法

根底 実戦 入試 [→例題36b]

注 前問と全く同じ**アステロイド**曲線の性質を，「方程式」からアプローチして示そうという趣旨です．

方針 陰関数の微分法を用います．

解答 ①において，$y>0$ だから y は x の関数である．

x に対し $y(>0)$ は一意対応

そこで，①の両辺を x で微分すると

$$\frac{2}{3}x^{-\frac{1}{3}}+\frac{2}{3}y^{-\frac{1}{3}}\cdot\frac{dy}{dx}=0.$$

$$\begin{pmatrix}1\\dy/dx\end{pmatrix}\cdot\begin{pmatrix}x^{-\frac{1}{3}}\\y^{-\frac{1}{3}}\end{pmatrix}=0.\ ^{1)}$$

$$\underbrace{\begin{pmatrix}1\\dy/dx\end{pmatrix}}_{\text{方向ベクトル}}\perp\underbrace{\begin{pmatrix}x^{-\frac{1}{3}}\\y^{-\frac{1}{3}}\end{pmatrix}}_{\text{法線ベクトル}}.$$

C の接線についての

C 上の点 (X, Y) をとると，

$$X^{\frac{2}{3}}+Y^{\frac{2}{3}}=1\ \cdots②$$

であり，この点における接線 l は

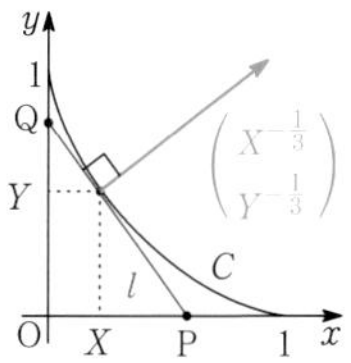

$$\begin{pmatrix}X^{-\frac{1}{3}}\\Y^{-\frac{1}{3}}\end{pmatrix}\cdot\left\{\begin{pmatrix}x\\y\end{pmatrix}-\begin{pmatrix}X\\Y\end{pmatrix}\right\}=0.$$

$$X^{-\frac{1}{3}}x+Y^{-\frac{1}{3}}y=X^{\frac{2}{3}}+Y^{\frac{2}{3}}.$$

$$X^{-\frac{1}{3}}x+Y^{-\frac{1}{3}}y=1\ (\because\ ②).$$

したがって，右上図において

$$x_{\text{P}}=X^{\frac{1}{3}},\ y_{\text{Q}}=Y^{\frac{1}{3}}.$$

$$\therefore \text{PQ}=\sqrt{X^{\frac{2}{3}}+Y^{\frac{2}{3}}}=1\,(\text{一定})\ (\because\ ②).\square$$

第3章 微分法

解説 [1]：接線の「傾き」を求める手もありますが，このように「ベクトル」の関係としてとらえると簡潔です．

この手法は，2 次曲線の接線公式の証明でも活躍します．[→ 7 7 1]

3 9 5 内接四角形の面積 [→例題 3 6 b]

根底 実戦 入試 ハイレベル↑

語記サポ 「凸四角形」とは，4 つの内角が全て π 未満である四角形のことです．

解答 $x=\angle \mathrm{ABC}$, $y=\angle \mathrm{CDA}$ とおくと，（開区間）

$x, y\in(0,\pi)$ …①

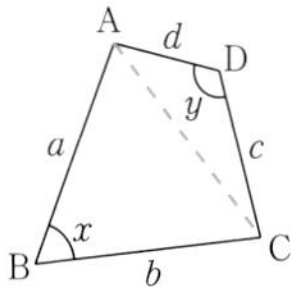

△ACB，△ACD に注目して，

$\mathrm{AC}^2=a^2+b^2-2ab\cos x$,

$\mathrm{AC}^2=c^2+d^2-2cd\cos y$.

よって

$a^2+b^2-2ab\cos x=c^2+d^2-2cd\cos y$. …②

四角形の面積を S とすると

$$S=\frac{1}{2}ab\sin x+\frac{1}{2}cd\sin y.\ \cdots③$$

着眼 面積 S は x, y の 2 変数で表されていますが，この 2 つの変数は関係式②で結ばれていますから，実質的には 1 変数関数です．しかし，だからといって 1 文字を消去して他の 1 文字だけで表すこと（"陽"）は無理そうです．そこで利用するのが陰関数の微分法です．それを使うための前提条件を確認しておきます．■

ここで②に注目すると

[1]
- $\cos y$ は x の関数 [2] で微分可能．
- これと①より，y も x の関数で微分可能．…④
- また，②より y は x の増加関数．…⑤
- ④と③より，S も x の関数で微分可能．

そこで，②③の両辺を x で微分すると，

$$2ab\sin x=2cd\sin y\cdot\frac{dy}{dx}.\ \cdots②'$$

（yで微分｜yを微分）

$$\frac{dS}{dx}=\frac{1}{2}ab\cos x+\frac{1}{2}cd\cos y\cdot\frac{dy}{dx}.\ \cdots③'$$

（yで微分｜yを微分）

②′より

$$\frac{dy}{dx}=\frac{ab\sin x}{cd\sin y}.\ \cdots②''$$

これを③′へ代入して，

$$\begin{aligned}\frac{dS}{dx}&=\frac{1}{2}ab\cos x+\frac{1}{2}\cancel{cd}\cos y\cdot\frac{ab\sin x}{\cancel{cd}\sin y}\\&=\frac{ab}{2\sin y}(\cos x\sin y+\cos y\sin x)\\&=\underbrace{\frac{ab}{2\sin y}}_{\text{正}(\because ①)}\cdot\boxed{\sin(x+y)}_{\text{符号決定部}}.\end{aligned}$$

着眼 $x+y$ が π を "またぐ" とき $\boxed{\sin(x+y)}$ が符号を変えて S が最大となりそうですね．■

ここで，⑤④より $x+y$ は x の増加関数でしかも連続 [3]．

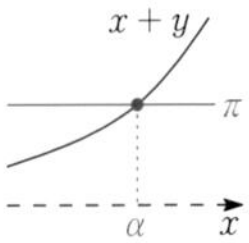

また，この四角形は円に内接することが可能 [4] だから，

$x+y=\pi$ を満たす $x=\alpha$ がただ 1 つ存在する．

α が x の変域の内部にあるときは右表を得る．よって，S は $x=\alpha$ で最大となる（α が x の変域の端 [5] にあったとしても同様）．

x	…	α	…
$x+y$	↗	π	↗
dS/dx	+	0	−
S	↗	最大	↘

以上より，四角形 ABCD の面積が最大となるとき，

$x=\alpha$, i.e. $x+y=\pi$.

このとき四角形は円に内接する．□

解説 [1]：こんなに細かく議論することは，通常大学受験生には要求されませんのでご安心を（以下の説明についても，あまり根を詰めすぎないでね）．

[2]：当然，②を満たすような x, y だけを考察対象としていますから，x に対して $\cos y$ の値は 1 つに定まりますね．

④について：①より，$\cos y$ に対して y は一意対応です．また，cos の逆関数は微分可能ですから，y は微分可能です．

⑤について：②より，$\cos x$ と $\cos y$ の増減は一致します．これと①より，x と y の増減も一致します．

あるいは，②″と①より $\dfrac{dy}{dx}>0$．これによっても y は x の増加関数であることが言えます．

[3]：④より「微分可能」．よって，「連続」です．[→ 3 6 1]

[4]：実際には，いかなる 4 辺をもつ四角形も，形状を変えて円に内接させることは可能であることが知られています．ただし，それをキチンと示すのは，本問自体より難しいかも．

[5]：実際には，$x+y$ は π を内部に含んだ変域をもちます（直観的には明らかですね）．しかし，ここではそれを示してはいないので，いちおうこうしたケースも想定しました．

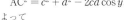

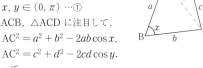

言い訳 というように，いろいろ小ウルサイ前提条件があって，入試や模試では出しづらい問題でした．でも，凄く良い訓練になる問題ではあります．細かいことは気にし過ぎず，重要かつ美味しい部分だけでもご賞味ください（笑）．

396 対数微分法 根底 実戦 [→例題36c]

着眼 積や累乗の形があるので，対数微分法を使ってみましょう．

解答 (1) **注** もちろん，展開してから微分することもできますが，メンドウですね．■

$$\log|f(x)|=\log|(x-a)(x-b)(x-c)(x-d)|$$
$$=\log|x-a|+\log|x-b|+\cdots+\log|x-d|.$$

両辺を x で微分すると

$$\frac{f'(x)}{f(x)}=\frac{1}{x-a}+\frac{1}{x-b}+\frac{1}{x-c}+\frac{1}{x-d}.$$

$$f'(x)=f(x)\left(\frac{1}{x-a}+\frac{1}{x-b}+\frac{1}{x-c}+\frac{1}{x-d}\right)$$
$$=(x-b)(x-c)(x-d)+(x-a)(x-c)(x-d)$$
$$+(x-a)(x-b)(x-d)+(x-a)(x-b)(x-c)$$
$$=\cdots$$

言い訳 「…」の計算をして x の 3 次式として整理するのは，$f(x)$ を展開して微分するのと計算量が変わらなくなるので，ここでは不要とします．対数微分法を適用する練習と割り切ってください．そもそも，この関数を「微分せよ」なんて入試では出ませんので（笑）．

注 真数や分母が 0 になるときについては，気にしなくて大丈夫です（笑）．[→例題36c発展]

(2) **注** ベキ関数：$x^{\text{定数}}$ でも指数関数：定数^x でもありませんよ．

方針 この程度なら，対数微分法は不要です．■

$$f(x)=(e^{\log x})^x=e^{\boxed{x\log x}}.$$ 合成関数

$$\therefore\ f'(x)=x^x\cdot\left(\log x+x\cdot\frac{1}{x}\right)$$

□で微分 | □を微分

$$=x^x(\log x+1).$$ //

別解 いちおう，対数微分法でもやっておきます．

$f(x)>0$ だから， 真数条件

$$\log f(x)=\log x^x=x\log x.$$

両辺を x で微分すると

$$\frac{f'(x)}{f(x)}=\log x+x\cdot\frac{1}{x}=\log x+1.$$

$$\therefore\ f'(x)=x^x(\log x+1).$$ //

(3) **着眼** これも(2)と同様「$e^{\square}$」の形に直してもできますが，少し見づらい形式となるので，対数微分法を使います．■

$f(x)>0$ だから， 真数条件

$$\log f(x)=\log(\cos x)^{\sqrt{x}}=\sqrt{x}\log\cos x.$$ [1)]

両辺を x で微分すると

$$\frac{f'(x)}{f(x)}=\frac{1}{2\sqrt{x}}\log\cos x+\sqrt{x}\cdot\frac{-\sin x}{\cos x}.$$

$$\therefore\ f'(x)=(\cos x)^{\sqrt{x}}\cdot\frac{\log\cos x-2x\tan x}{2\sqrt{x}}.$$ //

語記サポ 1)：より丁寧な書き方をすると次の通りです：

$$\log\left((\cos x)^{\sqrt{x}}\right)=\sqrt{x}\log(\cos x)$$

筆者は，誤解が生じないと思われるときにはこんなにちゃんとは書きません（笑）．

397 微分係数の定義の利用 根底 実戦 [→例題37c]

解答 (1) **方針** 微分係数の定義のスタイル❷：

$\displaystyle\lim_{X\to x}\frac{f(X)-f(x)}{X-x}$ の形を作りたいですね．■

$$\text{与式}=\lim_{X\to x}\frac{x^nf(X)-X^nf(x)}{X-x}$$
$$=\lim_{X\to x}\frac{x^n\{f(X)-f(x)\}+x^nf(x)-X^nf(x)}{X-x}$$
$$=\lim_{X\to x}\left\{x^n\cdot\frac{f(X)-f(x)}{X-x}-\frac{X^n-x^n}{X-x}f(x)\right\}$$
$$=x^nf'(x)-g'(x)f(x)\ \ (g(x):=x^n)$$
$$=x^nf'(x)-nx^{n-1}f(x).$$ //

解説 ここで用いた $x^nf(x)$ を引いて，足すという手法は，「積の微分法」の証明過程とそっくりですね．

(2) **注** 例題26c(6)と同じ問題．その**別解**です．

方針 $g(x)$ を見れば，「$f(x)$ の自然対数をとれ」と指示されていることがわかりますね．■

$f(x)>0$ だから，

$$\log f(x)=\frac{1}{x}\log\left(\frac{2^x+3^x}{2}\right)=\frac{\log\left(\frac{2^x+3^x}{2}\right)}{x}.$$

着眼 $\frac{0}{0}$ 型不定形ですから，微分係数の定義が活用できる可能性があります．■

よって，

$$\log f(x)=\frac{g(x)}{x}$$
$$\overset{1)}{=}\frac{g(x)-g(0)}{x-0}\quad(\because\ g(0)=\log 1=0)$$
$$\xrightarrow[x\to 0]{}g'(0).$$

ここで，$g(x)=\log(2^x+3^x)-\log 2$ だから

$$g'(x)=\frac{1}{2^x+3^x}\cdot\{(\log 2)2^x+(\log 3)3^x\}.$$

$$\therefore\ g'(0)=\frac{1}{2}\cdot(\log 2+\log 3)=\log\sqrt{6}.$$

$$\therefore\ f(x)=e^{\log f(x)}\xrightarrow[x\to 0]{}e^{\log\sqrt{6}}=\sqrt{6}.$$ //

解説 1)：この変形は，「微分係数の定義を使う」という**意志**があって初めて可能です．

398 抽象関数の微分可能性
根底 実戦 典型 入試 [→例題37d]

着眼 ①の意味は,「積の関数値 = 関数値の和」. これって, $\log x$ のもつ性質と同じですね. だからといって,「答えは $\log x$」とする訳にはいきません. それ以外にも①を満たす関数がないとは限りませんので.

方針 既知なる仮定:「$x = 1$ で微分可能」, 未知なる結論:「任意の $x(>0)$ で微分可能」それぞれの定義を予め明示しておきます.

解答 $f'(1) = \lim_{h\to 0} \dfrac{f(1+h) - f(1)}{h} = 1.$ …② (1)

これをもとに, x を任意の正の実数 x として

$$\lim_{h\to 0} \frac{f(x+h) - f(x)}{h} \text{ が収束すること } \cdots ③$$

を示せばよい.

方針 1): $f(1)$ の値が欲しいですね. ■

①において, $x = y = 1$ とおくと

$$f(1) = f(1) + f(1).\ \therefore\ f(1) = 0.\ \cdots ④$$

よって②は

$$f'(1) = \lim_{h\to 0} \frac{f(1+h)}{h} = 1.\ \cdots ②'$$

①より　（②′と同じ「1+」の形 2)）

$$\frac{f(x+h) - f(x)}{h} = \frac{f\left(x\left(1+\frac{h}{x}\right)\right) - f(x)}{h}$$

$$= \frac{f(x) + f\left(1+\frac{h}{x}\right) - f(x)}{h}$$

$$= \frac{f\left(1+\boxed{\frac{h}{x}}\right)}{\boxed{\frac{h}{x}}}\cdot\frac{1}{x} \quad 3)$$

$$\xrightarrow[h\to 0]{} 1\cdot\frac{1}{x} \left(\because\ ②',\ \boxed{\frac{h}{x}} \to 0\right)$$

$$= \frac{1}{x}\ (\text{収束}).$$

よって③が示せた. □

$$f'(x) = \frac{1}{x}.\ /\!/$$

解説 繰り返しになりますが, 仮定②, 結論③が**目視**できるので, 何をなすべきかがつかみやすいですね.

2): ②′を**目視**して, それを使いたいと考えて初めて得られる発想です.

3): $\log x$ の導関数を求める過程とそっくりですね.
[→例題31c(2)]

4積分法後 お察しの通り, $f(x) = \log x$ です. 次のようにしてわかります:

$f'(x) = \dfrac{1}{x}$ より

$$f(x) - f(1) = \int_1^x f'(t)dt$$

$$= \int_1^x \frac{1}{t}\,dt$$

$$= \Big[\log t\Big]_1^x.$$

これと④より, $f(x) = \log x$.

399 法線の交点・極限
根底 実戦 典型 入試 [→例題37c]

方針 接線の傾きが 0 だと法線は傾きをもたなくなります. こんなことで場合分けなどしたくないので, **法線ベクトル**を活用しましょう.

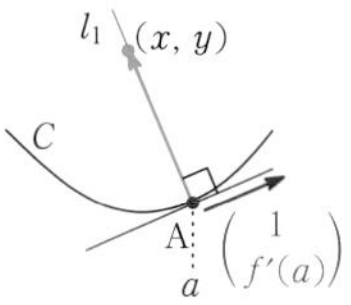

解答 (1) 右上図より

$$l_1: \begin{pmatrix}1\\f'(a)\end{pmatrix}\cdot\left\{\begin{pmatrix}x\\y\end{pmatrix} - \begin{pmatrix}a\\f(a)\end{pmatrix}\right\} = 0.$$

i.e. $x + f'(a)y = a + f'(a)f(a).$ …①

同様に

$l_2: x + f'(b)y = b + f'(b)f(b).$ …②

これらを連立すると, ② − ①より

$$\{f'(b) - f'(a)\}y = b - a + f'(b)f(b) - f'(a)f(a).$$

$f''(x) > 0$ より $f'(x)$ は単調増加. これと $a \neq b$ より $f'(a) \neq f'(b)$ だから, 交点について

$$y_{\mathrm{P}} = \frac{b - a + f'(b)f(b) - f'(a)f(a)}{f'(b) - f'(a)}$$

着眼 $b \to a$ のときの極限は $\dfrac{0}{0}$ 型不定形. そこで「微分係数の定義」を活用します. ■

(3 行上からの続き)

$$= \frac{1 + \dfrac{f'(b)f(b) - f'(a)f(a)}{b-a}}{\dfrac{f'(b) - f'(a)}{b-a}}.$$

ここで, $g(x) = f'(x)f(x)$ とおくと

$$y_{\mathrm{P}} = \frac{1 + \dfrac{g(b) - g(a)}{b-a}}{\dfrac{f'(b) - f'(a)}{b-a}} \xrightarrow[b\to a]{} \frac{1 + g'(a)}{f''(a)}.$$

（a は定数. b が変数.）

ここで,

$$g'(x) = f''(x)f(x) + f'(x)f'(x)$$

だから，P の近づく点について

$$y_Q=\frac{1+f''(a)f(a)+f'(a)^2}{f''(a)}$$

$$=f(a)+\frac{1+f'(a)^2}{f''(a)}.\cdots③$$

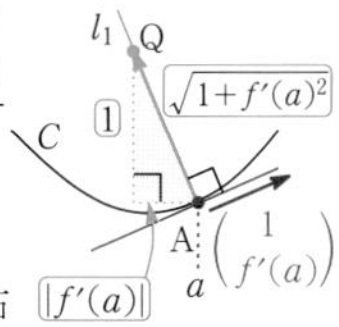

Q は直線 l_1 上にあるから，右図の直角三角形の 3 辺比より

$$AQ=\sqrt{1+f'(a)^2}\left|y_Q-f(a)\right|$$

$$=\sqrt{1+f'(a)^2}\cdot\frac{1+f'(a)^2}{|f''(a)|}\ (\because\ ③)$$

$$=\frac{\{1+f'(a)^2\}^{\frac{3}{2}}}{f''(a)}\ (\because\ f''(a)>0).//$$

(2) **方針** 「$\frac{3}{2}$ 乗」は実質 $\sqrt{\quad}$ ですから，2 乗して処理しましょう．■

$f(x)=e^x$ は，$f'(x)=e^x$, $f''(x)=e^x>0$ より(1)の前提条件を満たす．よって

$$AQ^2=\frac{\{1+f'(a)^2\}^3}{f''(a)^2}$$

$$=\frac{(1+e^{2a})^3}{e^{2a}}.$$

そこで $t=e^{2a}\ (>0)$ とおくと

$$AQ^2=\frac{(1+t)^3}{t}\ (=h(t)\text{ とおく}).$$

$$h'(t)=\frac{3(1+t)^2\cdot t-(1+t)^3}{t^2}$$

$$=\underbrace{\frac{(1+t)^2}{t^2}}_{\text{正}}\cdot(\underbrace{\boxed{2t-1}}_{\text{符号決定部}}).$$

t	(0)	$\cdots$	$\frac{1}{2}$	$\cdots$
$h'(t)$		$-$	0	$+$
$h(t)$		↘		↗

よって右表を得る．

したがって，AQ^2 および AQ を最小とする a は

$$t=e^{2a}=\frac{1}{2}\text{ より},\ a=-\frac{1}{2}\log 2.//$$

発展 例題3 3 e **発展**と同様，曲線 C: $y=e^x$ …④ の 2 本の法線の交点 P が近づく点 Q は，C のうち点 A の近くの部分（右図グレー部）と“よく似た曲がり具合”である「曲率円」（右図赤点線）の中心，つまり「曲率中心」です．

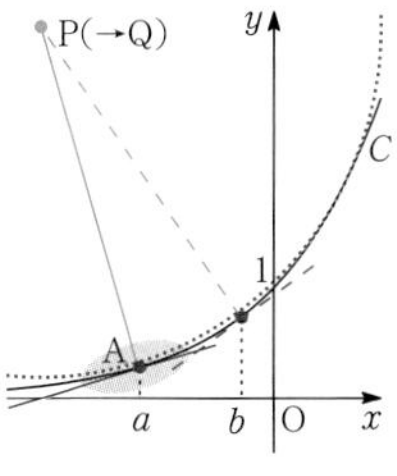

また，AQ は「曲率半径」であり，これが最小となるとき

$$y_A=e^a=\frac{1}{\sqrt{2}}\cdots㋐$$

であることがわかりました．

実は例題3 8 k(4)において，曲線 $y=\log x$ …⑤ の中でもっとも“急カーブ”，つまり「曲率半径が最小」となるのは $x=\frac{1}{\sqrt{2}}\cdots㋑$ のときであることを示しました．

④と⑤は互いに逆関数であり，グラフどうしは直線 $y=x$ に関して対称です．そして㋐㋑より，両者のもっとも“急カーブ”な点どうしもたしかに直線 $y=x$ に関して対称となっていることがわかりますね．

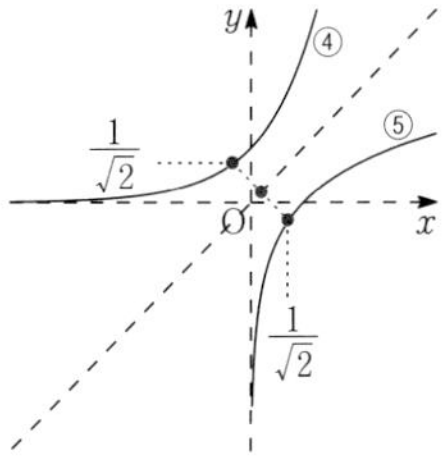

次に，$f(a)$ を f と略記します（f', f'' も同様）．①③より

$$x_Q=a+f'f-f'y_Q$$

$$=a+f'f-f'\left(f+\frac{1+f'^2}{f''}\right)$$

$$=a-\frac{f'}{f''}(1+f'^2).$$

これで，曲線 $y=f(x)$ の，$x=a$ における曲率中心の公式ができました：

$$Q:\left(a-\frac{f'}{f''}(1+f'^2),\ f+\frac{1+f'^2}{f''}\right).$$

また，A(a, f) より，

$$\overrightarrow{AQ}=\frac{1+f'^2}{f''}\begin{pmatrix}-f'\\1\end{pmatrix}.$$

これを例題3 8 k(2)の結果と比べると，曲線上を等速運動する点の加速度ベクトルは，A から曲率中心 Q へ向かうことがわかります．（そして，速度ベクトル・接線とは垂直です．）

曲率半径の公式は，(1)の結果を一般的に書いて

$$\frac{\{1+f'(a)^2\}^{\frac{3}{2}}}{|f''(a)|}.$$

3 9 10 極値の有無 根底 実戦 [→例題3 7 e]

解答 (1) **着眼** 減少関数どうしの差ですので，このままでは増減は不明です．■

$$f'(x)=-\frac{1}{2}\cdot\frac{1}{x\sqrt{x}}+\frac{1}{(x+1)^2}.$$

これは次と同符号[1)]：

$$g(x):=-(x+1)^2+2x\sqrt{x}.$$

ここで，

$$g'(x)=-2(x+1)+3\sqrt{x}\ (t=\sqrt{x}\text{とおくと})$$

$$=-2t^2+3t-2$$

$$=-2\left(t-\frac{3}{4}\right)^2-\frac{7}{8}<0.$$

よって $g(x)$ は減少するから

$$g(x) < g(0) = -1 < 0.$$

よって $f'(x) < 0$ だから，$f(x)$ は単調減少（極値はもたない）. //

注 1)：こうして，符号決定部をなるべく扱いやすくしましょう….

(2) **方針** 商の微分法の後，導関数の符号のみを考えましょう. ■

$$f'(x) = \frac{\boxed{\sin x + 2 - x\cos x}}{(\sin x + 2)^2}.$$

（分子：符号決定部，分母：分母は正）

これは $g(x) :=$ 分子 と同符号．そこで，$g(x)$ の符号を調べる．

$$g'(x) = \cos x - \cos x + x\sin x$$
$$= \underset{\text{正}}{x}\cdot\underset{\text{符号決定部}}{\boxed{\sin x}}.$$

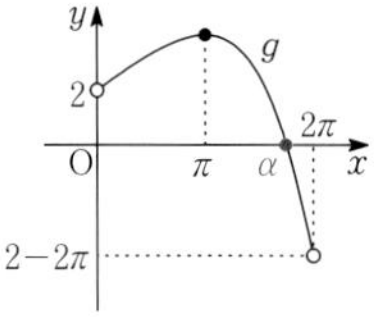

よって次表を得る：

x	$(0)\cdots\pi\cdots\quad(2\pi)$
$g'(x)$	$+\ 0\ -$
$g(x)$	$(2)\nearrow\quad\searrow(2-2\pi)$

$2-2\pi<0$ だから，$g(x)$ および $f'(x)$ は $0<x<2\pi$ において符号を変えるから，$f(x)$ は極値をもつ. //

参考 $g(x)$ および $f'(x)$ は正から負へと符号を変えるので，$f(x)$ は極大値をもちます．

3 9 11 不等式の証明 根底 実戦 [→例題 3 7 i]

注 何も考えず微分するのは禁止事項．

解答 (1) **着眼** ギャグのような騙(だま)し問題ですが，多くの受験生が引っ掛かります. ■

真数条件：$x>0$ のもとで考える．与式は次と同値：

$$\log x \leq x-1. \cdots①$$

注意！ 右図を思い出せば当然成り立つ不等式ですが，解答を「右図より」だけで終わらせることは認められません．本問は，この証明が（ほぼ）100 %を占める問題ですので. ■

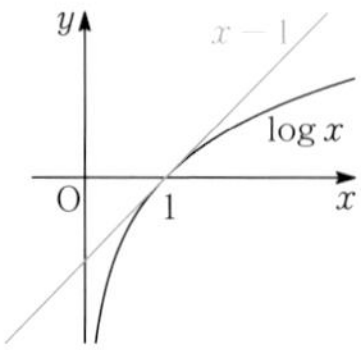

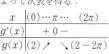

$f(x) = x-1-\log x$ とおくと

$$f'(x) = 1-\frac{1}{x} = \frac{\boxed{x-1}}{x}.$$

（分子：符号決定部，分母：分母は正）

よって右表を得る．

$$\therefore\ f(x) \geq f(1) = 0.$$

x	$(0)\cdots\ 1\ \cdots$
$f'(x)$	$-\ 0\ +$
$f(x)$	$\searrow\ 0\ \nearrow$

よって，①つまり与式が示せた．□

(2) **着眼** このまま差を取って微分しても，「$\left(\dfrac{1}{2x}\right)' = \dfrac{-1}{2x^2}$」ですから上手くいきませんね. ■

$x>0$ より与式は次と同値：

$$1 > 2xe^{-x},\ \text{i.e. } f(x) := 2xe^{-x}-1 < 0. \cdots②$$

$$f'(x) = \underset{\text{正}}{2e^{-x}}(\underset{\text{符号決定部}}{\boxed{-x+1}}).$$

よって右表を得る．

$$\therefore\ f(x) \leq f(1)$$
$$= \frac{2}{e}-1<0\ (\because\ e>2).$$

x	$(0)\cdots\ 1\ \cdots$
$f'(x)$	$+\ 0\ -$
$f(x)$	$\nearrow\quad\searrow$

これで②つまり与式が示せた．□

(3) **着眼** 正しく臨めば一瞬です. ■

$1+x^2>0$ より，与式は次と同値：

$$1 \geq (1-x^2)(1+x^2).$$

$$\text{左辺} - \text{右辺} = 1-(1-x^4) = x^4 \geq 0.$$

よって与式が示せた．□

言い訳 微分法要らずの問題も，意図的に入れてみました．入試では，いつ何時どんな手法を用いるかわかりませんので．

(4) **方針** この不等式は，これといった変形は思い浮かびません．このまま微分しましょう. ■

$0\leq x\leq\pi$ のもとで考える．

与式の左辺を $f(x)$ とおくと

$$f'(x) = \sin x + \left(x+\frac{\pi}{4}\right)\cos x - 2\sin x + 1$$
$$= \left(x+\frac{\pi}{4}\right)\cos x - \sin x + 1.$$

方針 符号がわかる形ではないので，さらに微分します. ■

$$f''(x) = \cos x - \left(x+\frac{\pi}{4}\right)\sin x - \cos x$$
$$= -\left(x+\frac{\pi}{4}\right)\sin x < 0\ (0<x<\pi).$$

よって $f'(x)$ は減少する．

着眼 さて，$f'(x)$ の**符号**はどうなっているのでしょう？試しに"端"を調べてみると，

$$f'(0) = \frac{\pi}{4}+1>0,$$

$$f'(\pi) = -\frac{5}{4}\pi+1<0.$$

$f'(x)$ は符号を変えるようです．さて，そのときの x は？ 1 次関数 $x+\dfrac{\pi}{4}$ と三角関数が混在するので，それを求めるシステムはないですが…1) ■

また，

$$f'\left(\frac{\pi}{2}\right) = 0-1+1 = 0.$$

よって右表を得る．

x	$0\ \cdots\ \frac{\pi}{2}\ \cdots\ \pi$
$f'(x)$	$+\ \ 0\ \ -$
$f(x)$	$\nearrow\qquad\searrow$

$\therefore\ f(x) \leq f\left(\dfrac{\pi}{2}\right)$

$$= \frac{3}{4}\pi\cdot 1 + 0 + \frac{\pi}{2} - \frac{5}{4}\pi = 0.$$

よって与式が示せた．□

注 1)：このように，x の値が求まらない（具体的に表せない）場合には，しばしば「1 つに定まる α」を設定してそれが満たす条件を明示しておくという手法を用います．しかし，本問のように**ちょうどよい値がたまたま見つかってしまう**こともあります．ラッキーですね（笑）．

言い訳　「$x+\dfrac{\pi}{4}$」を「x」に変えても $f(x)$ の増減の仕方は全く同様です．赤下線部は，見た目で幻惑するために付け足した“ダミー”です．

(5) **注**　$f(x) = \sqrt{x} - \sin x$ とおいて微分すると，

$$f'(x) = \frac{1}{2\sqrt{x}} - \cos x.$$

どうも上手く処理できそうにないですね．

両辺のグラフを描いてみると右のようになります．2) $x \geq 1$ においては与式は当然成り立つので，それ以外の x について考えます．

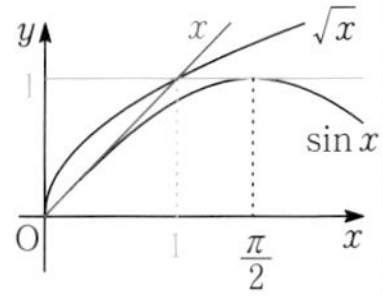

すると，$\sin x$ とよく大小を比べる「x」を利用する手が浮かんできます．3) ■

$x \geq 0$ のもとで考える．　$\sqrt{}$ 内は 0 以上

i) $x \geq 1$ のとき，

$$\sin x \leq 1 \leq \sqrt{x}.$$

よって与式は成り立つ．

ii) $0 \leq x < 1$ のとき，

$$\sqrt{x} - x = \sqrt{x}\cdot(1-\sqrt{x}) \geq 0.\ \therefore\ \sqrt{x} \geq x.$$

よって，

$$x \geq \sin x \quad \cdots ③$$

を示せばよい．

$x = 0$ のとき③は成り立ち（両辺とも 0），$0 < x < 1 (< \pi)$ のとき，右図における面積比較により

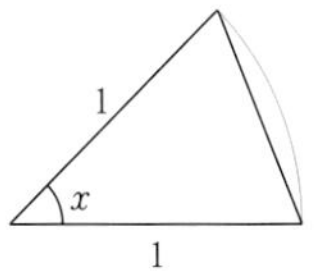

$$\frac{1}{2}\cdot 1^2\cdot x > \frac{1}{2}\cdot 1^2\cdot \sin x.$$

$$\therefore x > \sin x.$$

よって③は成り立つ．

以上 i)，ii) より，与式は示せた．□

注 2)：この図を描くだけで $\sqrt{x} \geq \sin x$ としてはなりません．(1)と同様です．

3)：浮かばなくても悲観することはないですよ（笑）．

3 9 12　平均値の定理と不等式　[→例題 3 4 a]

根底　実戦

着眼　もちろん，例の「差を取って微分する」手法でもできそうな気はしますが…，同じような不等式 2 個を別個に示すのは疲れそう．

中辺をよく見ると，どこかで見た形ではありませんか？そう．「Δy」1) です！

解答　$x > 0$ のもとで考える．$f(x) = (x-2)e^x$ とおくと，①の中辺は $f(2x) - f(x)$．

$f'(x) = (x-2+1)e^x = (x-1)e^x$（微分可能）だから，平均値の定理 2) より

$$f(2x) - f(x) = f'(c)(2x - x)$$
$$= f'(c)\cdot x,\quad \cdots ②$$
$$(0<)\, x < c < 2x \quad \cdots ③$$

なる c が存在する．

着眼　②の「c」の所に x や $2x$ を代入すると，①の最右辺や最左辺になりますね．さて，「<」という不等式を示すには，何を調べればよいでしょう？■

ここで，$f''(x) = (x-1+1)e^x = xe^x > 0$ ゆえ $f'(x)$ は増加する．これと③より，②において

$$f'(x) < f'(c) < f'(2x).$$
$$xf'(x) < xf'(c) < xf'(2x)\ (\because\ x > 0).$$
$$\therefore x\cdot(x-1)e^x < xf'(c) < x(2x-1)e^{2x}.$$

この最左辺，最右辺は，①のそれと一致する．これと②より①が示せた．□

解説　1)2)：(Δx や)Δy が登場するときは「平均値の定理」が活躍することが多いのでしたね．

[→ 3 4 1 解説3°]

3 9 13　グラフの利用　[→例題 3 7 f]

根底　実戦　典型

解答　(1) **着眼**　もちろん，$f(x) > 0$ です．それ以外のことは，この形のままだとあまりよくわかりませんね（笑）．

「グラフを描け」ですから，増減以外に極限についても調べましょう．■

方針　「$\dfrac{1}{x}$ 乗」があるので「対数微分法」という手もありますが…，この程度なら「$e^{\triangle}$」の形にして片付けたいです．1) ■

$$f(x) = x^{\frac{1}{x}} = (e^{\log_e x})^{\frac{1}{x}}$$
$$= e^{\boxed{\frac{\log x}{x}}}.$$

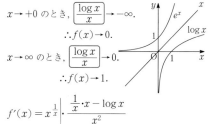

$x \to +0$ のとき，$\boxed{\dfrac{\log x}{x}} \to -\infty$.

$\therefore f(x) \to 0$.

$x \to \infty$ のとき，$\boxed{\dfrac{\log x}{x}} \to 0$.

$\therefore f(x) \to 1$.

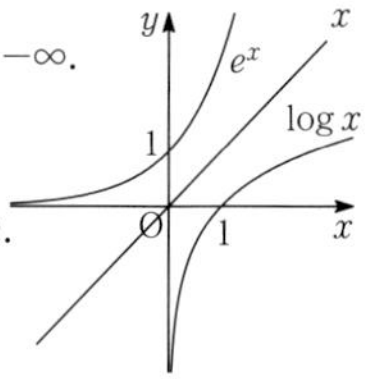

$$f'(x) = x^{\frac{1}{x}} \cdot \frac{\frac{1}{x}\cdot x - \log x}{x^2}$$

□で微分 ｜ □を微分

$$= \underbrace{x^{\frac{1}{x}-2}}_{\text{正}} (\underbrace{\boxed{1 - \log x}}_{\text{符号決定部}}).$$

よって右表を得る．

x	(0)	$\cdots$	e	$\cdots$	∞
$f'(x)$		$+$	0	$-$	
$f(x)$	(0)	$\nearrow$	$e^{\frac{1}{e}}$	$\searrow$	(1)

注 グラフが原点 O(0, 0) へ“ぶつかる”ので，そこでの接線の傾き[2] も調べてみます．公式 $\displaystyle\lim_{x \to +0} x \log x = 0$ を使います．[→ 2 6 4] ■

$$f'(x) = x^{\frac{1}{x}-3}(x - x\log x).$$

ここで，$x \to +0$ のとき，$x - x\log x \to 0$.

$g(x) = x^{\frac{1}{x}-3}$ とおくと

[3] $\log g(x) = \left(\dfrac{1}{x} - 3\right)\log x \to -\infty$.

$\therefore\ g(x) = e^{\log g(x)} \to 0$.

したがって

$f'(x) = g(x)(x - x\log x)$

$\to 0 \cdot 0 = 0$.

以上より，右図を得る．

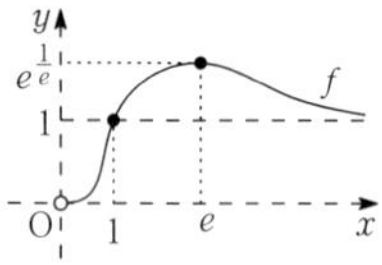

(2) **注** 答えの 1 つはなんとなくカンで見つかります．$(a, b) = (2, 4)$ です．$2^4 = 4^2 (= 16)$ ですから，たしかに①を満たしていますね．しかし，「それ以外の解」もあるかもしれませんから，単に 1 つ見つけただけでは (ほぼ) 0 点です (笑)．■

①を同値変形すると

$$a^b = b^a.$$

$$(a^b)^{\frac{1}{ab}} = (b^a)^{\frac{1}{ab}}.$$

$$a^{\frac{1}{a}} = b^{\frac{1}{b}}.$$

i.e. $f(a) = f(b)$. …①′

これと(1)，および $1 \leq a < b$ より右図のようになる．よって，

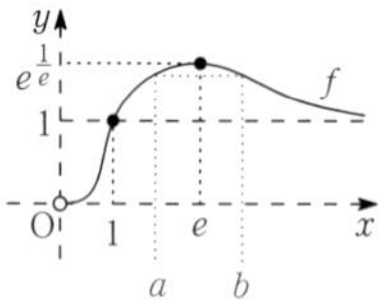

$1 < a < e = 2.7\cdots$. $a \in \mathbb{N}$ より，$a = 2$.

このとき ①′ は，$f(2) = f(b)\ (2 < b)$ …①″.

これを満たす b はグラフより 1 つに定まる．

方針 よって，ちょうどよいものを見つけるだけで満点です．■

$$f(2) = 2^{\frac{1}{2}}.\ f(4) = 4^{\frac{1}{4}} = (2^2)^{\frac{1}{4}} = 2^{\frac{1}{2}}.$$

よって $b = 4$ は ①″ を満たす．

以上より，$(a, b) = (2, 4)$.//

解説 [1]：指数表示のままでの底の変換は，必須！

[3]：とはいえここでは式が書きづらいので，対数をとりました．全ては臨機応変に．

注 [2]：必須な作業ではないかもしれません．しかも，結果として(2)には関与しませんから，時間と余裕がない場合にはパスして次へ進むのが賢いでしょう．

3 9 14 大小比較

根底 実戦 入試 [→演習問題 3 5 14]

解答 (1) **方針** $e^{\triangle}$ の形にしてもできますが，見た目がごつくなるので対数微分法を用います．■

$x < 1,\ x \neq 0$ のもとで考える．$f(x) > 0$ だから，

$$\log f(x) = \frac{1}{x}\log(1-x) = \frac{\log(1-x)}{x}.\ \cdots ①$$

両辺を x で微分すると

$$\frac{f'(x)}{f(x)} = \frac{\frac{-1}{1-x}\cdot x - \log(1-x)}{x^2}.$$

$f(x) > 0$ より，$f'(x)$ は次と同符号：

$g(x) :=$ 分子

$$= \frac{x}{x-1} - \log(1-x)$$

$$= 1 + \frac{1}{x-1} - \log(1-x).$$ ←分子の低次化

$$g'(x) = \frac{-1}{(x-1)^2} + \frac{1}{1-x}$$

$$= \frac{-1+1-x}{(1-x)^2}$$

$$= \frac{\boxed{-x}}{(1-x)^2}.$$

よって右表を得る．

x	$\cdots$	(0)	$\cdots$	(1)
$g'(x)$	$+$	╳	$-$	
$g(x)$	$\nearrow$	(0)	$\searrow$	

よって $g(x) < 0$ より $f'(x) < 0$.

注 $f(x)$ が $x = 0$ で“分断”されていることも考慮しましょう．■

したがって，$f(x)$ は連続な区間では減少する．

また，$x \to 0$ のとき，

$$f(x) = \left[\left\{1 + (\boxed{-x})\right\}^{\frac{1}{\boxed{-x}}}\right]^{-1}$$

$$\to e^{-1}\ (\because\ \boxed{-x} \to 0)$$

$$= \frac{1}{e}.$$

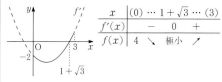

注　$x \to +0,\ x \to -0$ の極限が一致する訳ですね．■
よって右表を得る．

x	$\cdots$	(0)	$\cdots$	1
$f'(x)$	$-$	0	$-$	
$f(x)$	↘	$\left(\frac{1}{e}\right)$	↘	

(2)　**着眼**

$a=\left(\frac{98}{99}\right)^{99}$：1 よりちょい小さい．

$b=\left(\frac{100}{101}\right)^{100}$：1 よりちょい小さい．

なるほど両者の大小は微妙です．

方針　もちろん(1)を利用します．x に何を代入するかは，試行錯誤．■

$$a=\left(\frac{98}{99}\right)^{99}=\left(1-\frac{1}{99}\right)^{99}=f\left(\frac{1}{99}\right).$$

$$\begin{aligned}b&=\left(\frac{100}{101}\right)^{100}\\&=\left(\frac{101}{100}\right)^{-100}\\&=\left(1-\frac{-1}{100}\right)^{-100}=f\left(\frac{-1}{100}\right).\end{aligned}$$

ここで，$\frac{-1}{100}<0<\frac{1}{99}$ と(1)より

$$f\left(\frac{-1}{100}\right)>\frac{1}{e}>f\left(\frac{1}{99}\right).$$

以上より，$b>a$.//

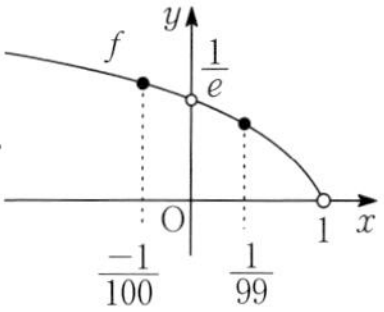

注

$$b=\left(\frac{100}{101}\right)^{100}=\left(1-\frac{1}{101}\right)^{100}$$

と変形すると…，上手くいきません．「100」乗ですから，分母に「100」が来てくれないと…．とにかく，試行錯誤．

参考　コンピュータによると，

$$\lim_{x\to 0}f(x)=\frac{1}{e}=0.3678\cdots,$$
$$a=0.3660\cdots,$$
$$b=0.3697\cdots.$$

$\frac{1}{99}$，$\frac{-1}{100}$ がかなり 0 に近いので，a, b はかなり $\frac{1}{e}$ に近い値になっています．

3 9 15　方程式の解の配置

根底　実戦　入試　[→例題 3 7 f]

方針　左辺を積に分解して処理するのは無理そう．そこで関数のグラフを利用します．

解答　①の左辺を $f(x)$ とおくと

$$\begin{aligned}f'(x)&=2\sin x+(2x-2)\cos x\\&\quad-(2x-2)\cos x+(x^2-2x-4)\sin x\\&=\underbrace{\sin x}_{\text{正}}\cdot\big(\underbrace{\boxed{x^2-2x-2}}_{\text{符号決定部}}\big).\end{aligned}$$

$0<x<3(<\pi)$ においては $\sin x>0$ だから，次表を得る：

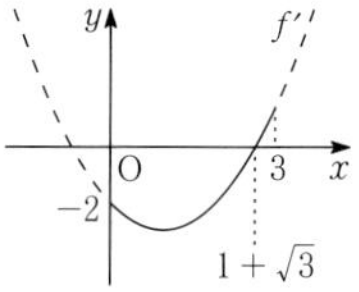

x	(0)	$\cdots$	$1+\sqrt{3}$	$\cdots$	(3)
$f'(x)$		$-$	0	$+$	
$f(x)$	4	↘	極小	↗	

着眼　極小値や“端”の $f(3)$ の符号を知りたいですが，「$\sin(1+\sqrt{3})$」だの「$\cos 3$」だのと扱いにくい値が現れてしまいます．

方針　$1+\sqrt{3}=2.73\cdots$ や 3 に**近い値**[1] として，$\pi=3.14\cdots$ を代入してみましょう．■

$$\begin{aligned}f(\pi)&=\pi^2-2\pi-4\quad(\pi^2\fallingdotseq 10\ \text{よりおそらく負})\\&=\pi(\pi-2)-4\\&<3.2\times1.2-4=3.84-4<0.\end{aligned}$$

$1+\sqrt{3}<3<\pi$ であり，前記増減表は，$0<x<\pi$ に広げても同様である．よって，右図のように

$$f(1+\sqrt{3})<f(3)<f(\pi)<0.$$

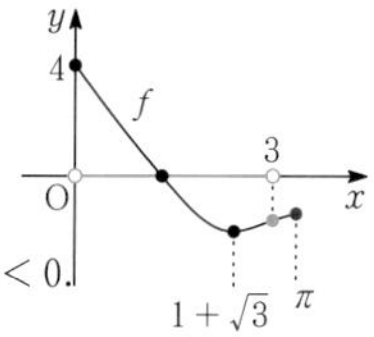

以上より，$0<x<3$ の範囲で，曲線 $y=f(x)$ と x 軸はただ 1 点を共有する．すなわち，方程式①はただ 1 つの実数解をもつ．□

解説　1)：この「近くの値を代入してみる」という手法は，時として絶大なる効果を発揮します．

3 9 16　解の極限

根底　実戦　入試　[→例題 3 7 h]

着眼　①は，異種の関数が混在するので解を「$x=\cdots$」と求めることはできそうにありません．そこで，(1)で関数のグラフを利用して「**1 つに定まる**」ことを示し，(2)以降ではそれに「x_n」という名前を付けて議論していきます．

解答　(1)　①を変形すると

$$f(x):=ne^x+x-\cos x-n=0.$$
$$f'(x)=ne^x+1+\sin x>0\ (0<x<1).$$

よって $f(x)$ は単調増加．また，

$$f(0)=n-1-n=-1<0,$$
$$\begin{aligned}f(1)&=ne+1-\cos 1-n\\&=n(e-1)+(1-\cos 1)>0.\end{aligned}$$

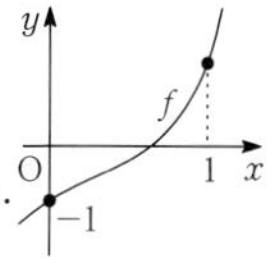

以上より，題意は示せた．□

(2) **方針** 解「x_n」は具体的に n の式では表せませんから，代わりに「x_n」が満たすべき**条件を明示**しておきます．■

(1)より，x_n は次を満たす：

$$ne^{x_n}+x_n-\cos x_n-n=0$$

$$\text{i.e. } n(e^{x_n}-1)+x_n-\cos x_n=0,\ \cdots② \text{ かつ}$$

$$0<x_n<1.\ \cdots③$$

着眼 ②は，「→ ∞」となる「n」を 1 か所に集めたものです．各所の極限を③をもとに探ると次のような様子：

$$\underset{\infty}{\underline{n}}\times\underset{??}{\underline{(e^{x_n}-1)}}+\underset{\text{有限な値}}{\underline{x_n-\cos x_n}}=0$$

仮に $e^{x_n}-1\to\dfrac{1}{2}$ とかだと，左辺 → ∞ となってしまいますね．どうやら $e^{x_n}\to 1$っぽい．これを示します．■

②より

$$n(e^{x_n}-1)=\cos x_n-x_n.\ \cdots②'$$

収束の定義を利用

$$|e^{x_n}-1|=\left|\frac{\cos x_n-x_n}{n}\right|=\frac{|\cos x_n-x_n|}{n}.$$

ここで，$-1\leq\cos x_n\leq 1$ と③より $|\cos x_n-x_n|<2$ だから

$$0\leq|e^{x_n}-1|<\frac{2}{n}\xrightarrow[n\to\infty]{}0.$$

よって "はさみうち" より $n\to\infty$ のとき，

$$|e^{x_n}-1|\to 0.\ \text{i.e.}\ e^{x_n}\to 1.$$

$$\therefore x_n \underset{1)}{=} \log e^{x_n}\to\log 1=0.\text{//}$$ [2)]

極限として同様に振舞う

(3) **着眼** ②′において，$x_n\to 0$ より $e^{x_n}-1\sim x_n$．左辺は (ほぼ)「nx_n」そのもの (笑)．■

②′より

極限公式の形

$$nx_n\cdot\frac{e^{x_n}-1}{x_n}=\cos x_n-x_n.$$

$$nx_n=(\cos x_n-x_n)\cdot\frac{\boxed{x_n}}{e^{\boxed{x_n}}-1}$$

$$\xrightarrow[n\to\infty]{}(1-0)\cdot 1=1.\text{//}\ (\because\ \boxed{x_n}\to 0\ ^{3)})$$

解説 1)：未知なる x_n を，既知なる e^{x_n} で表す自然な等式です．

2)：$x_n>0$ であっても，$\lim_{n\to\infty}x_n=0$ となる可能性はあります．

3)：指数関数の極限公式は，3 つの □ を揃えて使うこと．

別解 (2)の不等式による処理は，「三角不等式」[→Ⅱ+B 例題 1 7 e]を用いて次のように行うこともできます：

$$0\leq|e^{x_n}-1|=\left|\frac{\cos x_n-x_n}{n}\right|$$

$$=\frac{|\cos x_n+(-x_n)|}{n}$$

$$\leq\frac{|\cos x_n|+|-x_n|}{n}\quad\text{三角不等式}$$

$$<\frac{1+1}{n}$$

$$\vdots$$

3 9 17 極値をもつ条件

根底 実戦 入試 [→例題 3 7 j]

方針 $f(x)$ の増減を調べるために微分し，導関数の**符号変化**を考えます．

解答 $0<x<\pi$ のもとで考える．

$$f'(x)=\underset{\text{正}}{\underline{e^{ax}}}\{a(\sin x-2)+\cos x\}.\ ^{1)}$$

これは次と同符号：

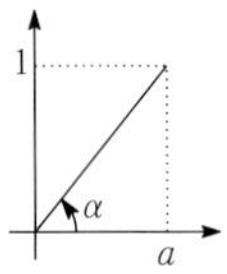

$$\{\quad\}\text{部}=a\sin x+\cos x-2a$$

$$=\underset{g(x)\text{ とおく}}{\underline{\sqrt{a^2+1}\sin(x+\alpha)}}-2a$$

(α は右図)．

これの符号変化を次のグラフ 2) によって考える：

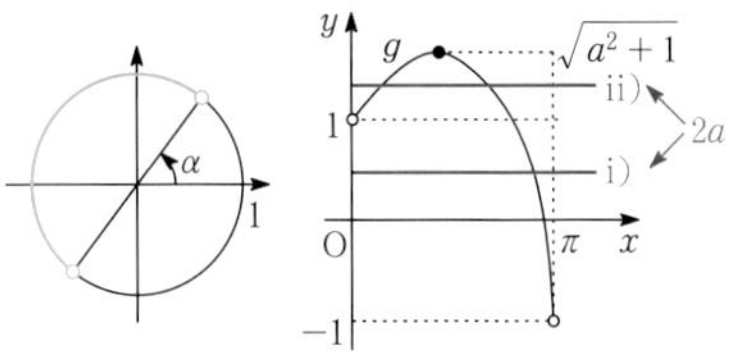

そこで，$2a(>0)$ と 1 および 3) $\sqrt{a^2+1}$ の大小を比べると，右図のようになる．$f(x)$ が極大，極小になるのは，それぞれ $f'(x)$ の符号が「+ → −」,「− → +」と変わるとき．すなわち $g(x)$ と $2a$ の大小が次のように変わるとき：

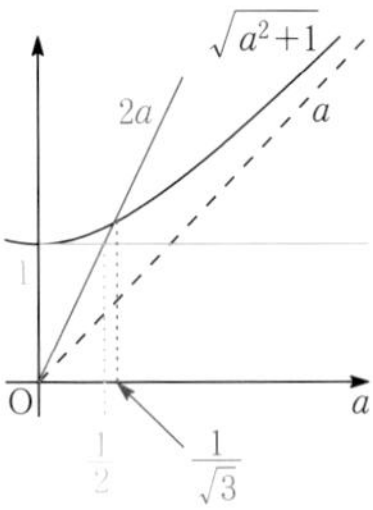

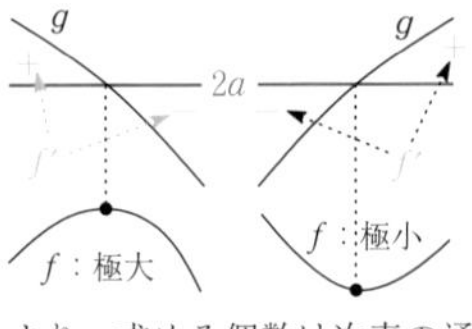

以上より，求める個数は次表の通り．

a	(0)	…	$\frac{1}{2}$ i)	…	$\frac{1}{\sqrt{3}}$ ii)	…
N_1		1	1	1	0	0
N_2		0	0	1	0	0

極大 / 極小

注 1)：微分した後，符号決定部を「定数分離」の形にするのも良い手です．

別解

$$f'(x)=e^{ax}\{a(\sin x-2)+\cos x\}$$
$$=\underbrace{e^{ax}(2-\sin x)}_{\text{正}}\cdot\left(\underbrace{\frac{\cos x}{2-\sin x}}_{h(x)\text{とおく}}-a\right).$$

$\cos x$ を c，$\sin x$ を s と略記する．

$$h'(x)=\frac{-s(2-s)+cc}{(2-s)^2}.$$

これは，分子：$1-2\sin x$ と同符号．よって，次の表とグラフを得る：

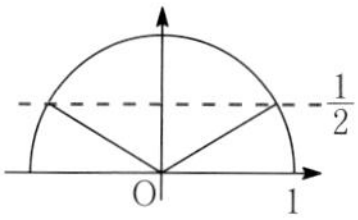

x	(0) … $\frac{\pi}{6}$ … $\frac{5}{6}\pi$ … (π)
$h'(x)$	+ 0 − 0 +
$h(x)$	$\left(\frac{1}{2}\right)$ ↗ $\frac{1}{\sqrt{3}}$ ↘ ↗ $\left(-\frac{1}{2}\right)$

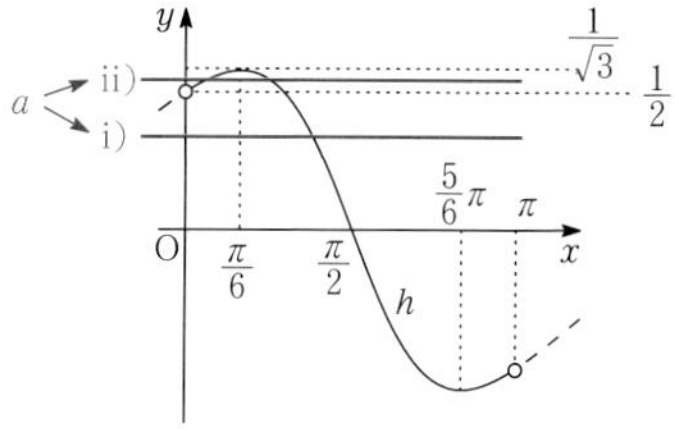

以下，前記**解答**と同じように考えて，同じ結果が得られますね．

解説 最初の解答における $g(x)$ は，微分法不要．

2)：g のグラフではなく単位円で考えてもよいです．ただ，他人に説明するとなると，グラフの方が手っ取り早い気がします．

3)：「双曲線」の“上半分”を表す式でしたね．

[→例題3 4 i]

3 9 18 法線・方程式

根底 実戦 入試 [→演習問題3 9 15]

語記サポ 法線 = normal line

方針 まずは法線 n の方程式を求め，C との交点 Q を考えます．長さ L は，賢い方法で求めてくださいね．

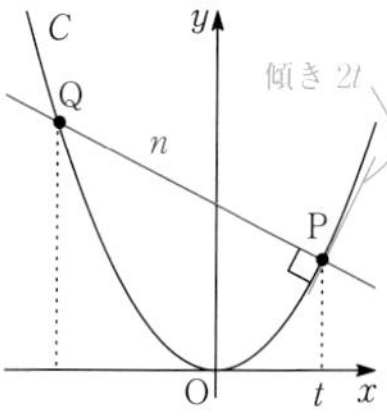

解答

$C: y=x^2.$ …①

$y'=2x.$

よって，P における C の接線の傾きは $2t$ だから，法線は

$n: y-t^2=\frac{-1}{2t}(\boxed{x-t}).$ 分母：$2t\neq 0$

これと①を連立して y を消去すると…

着眼 C と n の交点の1つはP[1] ですから，1つの解は $x=t$．よって，「因数 $\boxed{x-t}$」は大切にキープ！■

$$x^2-t^2=\frac{-1}{2t}(\boxed{x-t}).$$
$$(x+t)(\boxed{x-t})=\frac{-1}{2t}(\boxed{x-t}).$$

よって，$x=t$ 以外の解は

$$x+t=\frac{-1}{2t}.$$
$$\therefore x_Q=-t-\frac{1}{2t}.$$

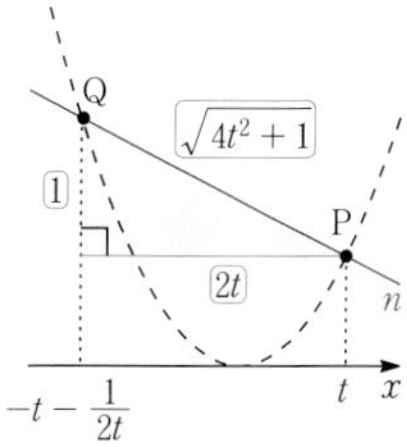

右図の直角三角形の 3 辺比を利用 2) して

$$L=\text{PQ}$$
$$=\frac{\sqrt{4t^2+1}}{2t}\cdot\left\{t-\left(-t-\frac{1}{2t}\right)\right\}$$
$$=\frac{\sqrt{4t^2+1}}{2t}\cdot\left(2t+\frac{1}{2t}\right)$$
$$=\frac{\sqrt{4t^2+1}}{2t}\cdot\frac{4t^2+1}{2t}=\frac{(4t^2+1)^{\frac{3}{2}}}{4t^2}.$$

そこで，$u=4t^2(>0)$ とおくと 3)

$$L^2=\frac{(u+1)^3}{u^2}.\ \cdots②\ ^{4)}$$

(1) 題意の条件は，②より

$$\frac{(u+1)^3}{u^2}=\left(2\sqrt{2}\right)^2.$$
$$(u+1)^3=8u^2.$$
$$u^3-5u^2+3u+1=0.$$
$$(u-1)(u^2-4u-1)=0.$$

1	1	−5	3	1
		1	−4	−1
	1	−4	−1	0

これと $u, t>0$ より

$$u=4t^2=1,\ 2+\sqrt{5}.$$
$$\therefore\ t=\frac{1}{2},\ \frac{\sqrt{2+\sqrt{5}}}{2}.\ /\!/$$

(2) ②より題意の条件は

$$\frac{(u+1)^3}{u^2}=\left(\sqrt{7}\right)^2.\quad (u+1)^3=7u^2.$$
$$f(u):=u^3-4u^2+3u+1=0.\ \cdots③$$
$$f'(u)=3u^2-8u+3.$$

第3章 微分法

方針 ③の左辺は(1)と違って因数分解ができなさそうです．そこで関数のグラフを利用したいので，微分しておきました．

$f(u)$ は $u=\dfrac{4\pm\sqrt{7}}{3}$ において極値をとります．もちろん，u にその値を代入して極値の符号を調べる方法[5] もありますが，メンドウですね．

極大値については，それより小さい $f(0)=1$ が正なので，その値を求める必要はありません．

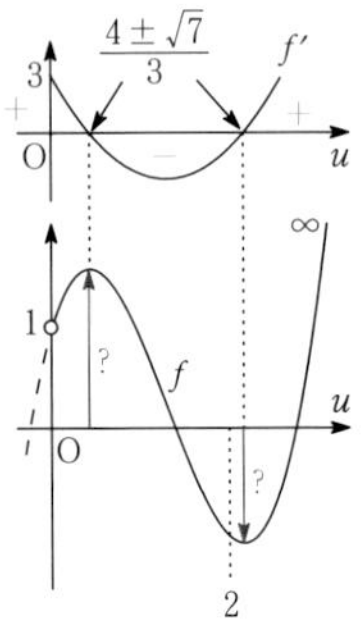

極小値についても同様に，$u=\dfrac{4+\sqrt{7}}{3}\fallingdotseq 2.2$ の近く：$u=2$ のとき[6] を調べてみると…■

$f(0)=1>0$,
$f(2)=8-16+6+1=-1<0$,
$f(3)=3^2(3-4+1)+1\overset{7)}{=}1>0$.

よって右図のようになるから，③の実数解は，
$0<u<2$,
$2<u<3$ の範囲に 1 つずつあり，他にはない．
$u\ (>0)$ と $t\ (>0)$ は 1 対 1 に対応するから，題意は示せた．□

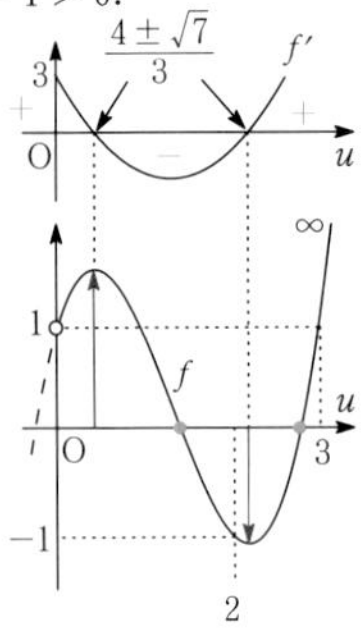

解説 1)：このように，図から得られる視覚的情報を有効活用して計算することが大切です．

2)：傾き（方向）が既知である直線に沿う線分の長さを求めるときの常套手段．

3)4)：微分する前に，まず**変形**・**置換**！

5)：その際には「整式の除法」を用います．
[→ II+B 例題 6 3 a (3)]

6)：この「極値となる点の**近く**を代入してみる」という手は，[→ II+B 例題 6 3 e]．

7)：$f(u)=u(u-1)(u-3)+1$ なので，
$f(3)=1=f(0)$ となります．

言い訳 ③は u の 3 次方程式なので，異なる解の個数は最大で 3 個です．また，

$$f(-1)=-1-4-3+1<0$$

ですから，前記 **解答** における $f(0),\ f(2),\ f(3)$ の符号と合わせると，

$$-1<u<0,\ 0<u<2,\ 2<u<3$$

に 1 つずつ解があり，これらが全ての解です．これで題意は示されましたね．「微分法」による増減調べなしでも答案を完結させることができる訳です．
とはいえ実際の試験では，発想段階では微分法の助けを借り，x に代入してみる値を選定することになるでしょうが．

注 (2)は，(1)からの流れで前記のように「方程式」として処理しましたが，t の「値」（つまり解）ではなく，その「個数」が問われているだけですから，初めから関数のグラフを利用した方が簡便です：

本解 （略解）②より題意の条件を u で表すと，

$$g(u):=\frac{(u+1)^3}{u^2}=7.\ \cdots④$$

$$g'(u)=\frac{3(u+1)^2u^2-(u+1)^3\cdot 2u}{u^4}.$$

これは，$u>0$ より次と同符号：
$3u-2(u+1)=\boxed{u-2}$.
よって④は異なる 2 実解 $u\,(>0)$ をもつ．あとは u と t が 1 対 1 対応であることから…□

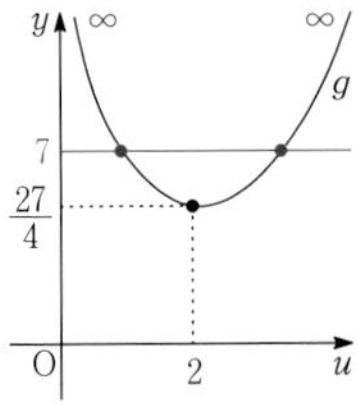

3 9 19 曲線へ引く法線

根底 実戦 入試 [→例題 3 7 f]

方針 「接点の x 座標」を設定すると，「接線の傾き」→「法線の傾き」と定まります．つまり，「曲線上の点」→「点 A」の向きに考えます．

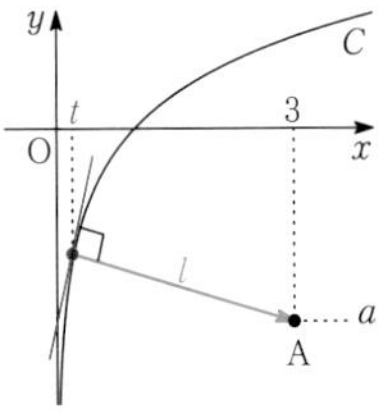

解答

$f'(x)=\dfrac{1}{x}$ だから，$x=t(>0)$ における法線 l の傾き m は

$$\frac{1}{t}\cdot m=-1 \text{ より } m=-t.$$

よって，l が A を通るための条件は

$$\underbrace{a-\log t}_{y\text{ 成分}}=\underbrace{\boxed{-t}}_{\text{傾き}}\underbrace{(3-t)}_{x\text{ 成分}}.^{1)}$$

$$g(t):=\log t+t^2-3t=a.\ \cdots①$$

注 ①は 積 $=0$ の形にはできませんので，関数のグラフを利用します．そこで，文字定数 a を右辺へ分離しました．■

$$g'(t)=\frac{1}{t}+2t-3$$
$$=\frac{2t^2-3t+1}{t}$$
$$=\frac{\boxed{(2t-1)(t-1)}}{t}.$$ 符号決定部

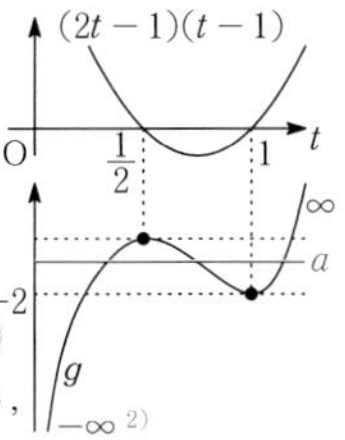

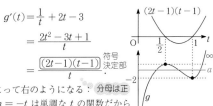

よって右のようになる：分母は正

$m=-t$ は単調な t の関数だから，C の異なる点における法線の傾きどうしは相異なる[3]．よって，N は①を満たす t の個数と一致する．また，

$$g(1)=-2,\ g\left(\frac{1}{2}\right)=-\log 2-\frac{5}{4}(=\alpha \text{ とおく}).$$

以上より，右表を得る．

a	$\cdots$	-2	$\cdots$	α	$\cdots$
N	1	2	3	2	1

解説 [1]：法線の方程式を x, y で表すことなく，この式を**意味**を考えて直接書けるようにすること．赤字の書き込みは，この上の図中の矢印が表すベクトルに関するものです．

言い訳 [2]：$t\to+0,\ t\to\infty$ の極限は不定形ではなく，一瞬でわかる程度のことなので，このように横着書きしました（笑）．

注 [3]：これに関する言及は，接線の場合と同様「不問」とされるかもしれません．

参考 $\alpha=-1.943\cdots\fallingdotseq-2$ ですから，$N=3$ となる a の範囲はとても狭いです！

3 9 20 不等式と近似

根底 実戦 入試 [→例題 3 7 m]

解答 (1) **方針** 2 つの不等式を左側→右側の順に 1 つずつ示します．

差を取って，積の形にするのは無理ですから微分します．ただし…

着眼 微分する前に，何かに気付きますね．■

①の各辺は偶関数だから，$x\geq 0$ のもとで考えて示せばよい．

$f(x)=\cos x-1+\dfrac{x^2}{2}$ とおくと，

$$f(0)=0.$$
$$f'(x)=-\sin x+x,\ f'(0)=0.$$
$$f''(x)=-\cos x+1.$$

よって

$f''(x)\geq 0$ より，$f'(x)$: ↗．

$\therefore f'(x)\geq f'(0)=0$ より，$f(x)$: ↗．

$\therefore f(x)\geq f(0)=0.\ \cdots④$

注 左側に比べ，右側は4 次式なのでタイヘンそうですが…，上手くいくようにできています．[1] ■

$g(x)=1-\dfrac{x^2}{2}+\dfrac{x^4}{24}-\cos x$ とおくと，

$$g(0)=0.$$
$$g'(x)=-x+\frac{x^3}{6}+\sin x,\ g'(0)=0.$$
$$g''(x)=-1+\frac{x^2}{2}+\cos x=f(x).$$

よって④より

$g''(x)\geq 0$ より，$g'(x)$: ↗．

$\therefore g'(x)\geq g'(0)=0$ より，$g(x)$: ↗．

$\therefore g(x)\geq g(0)=0.$

以上で①は示せた．□

(2) **着眼** (2)(3)で考える角を視覚化しておきます．

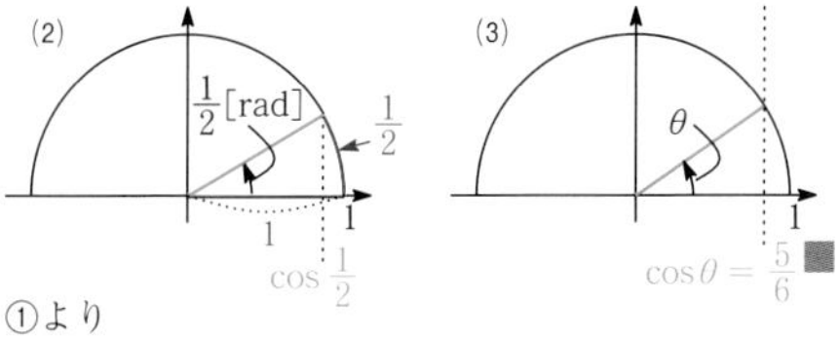

■

①より

$$1-\frac{1}{2}\left(\frac{1}{2}\right)^2\leq\cos\frac{1}{2}\leq 1-\frac{1}{2}\left(\frac{1}{2}\right)^2+\frac{1}{24}\left(\frac{1}{2}\right)^4.$$
$$\frac{7}{8}\leq\cos\frac{1}{2}\leq\frac{7}{8}+\frac{1}{384}.$$
$$0.875\leq\cos\frac{1}{2}\leq 0.875+0.0026\cdots=0.8776\cdots.$$

よって求める値は

$$\cos\frac{1}{2}=\underline{0.87\cdots}.$$

(3) ①より

$$1-\frac{\theta^2}{2}\leq\underbrace{\cos\theta}_{\frac{5}{6}}\leq 1-\frac{\theta^2}{2}+\frac{\theta^4}{24}.$$

左側の不等式より，$\theta^2\geq\dfrac{1}{3}$．これと $\theta>0$ より

$$\theta\geq\frac{1}{\sqrt{3}}$$
$$=\frac{\sqrt{3}}{3}$$
$$>\frac{1.732}{3}=0.5773\cdots>0.577.$$

右側の不等式より

$\theta^4-12\theta^2+4\geq 0.\ \cdots⑤$

$h(x):=x^2-12x+4$ とおくとグラフは右図の通り．

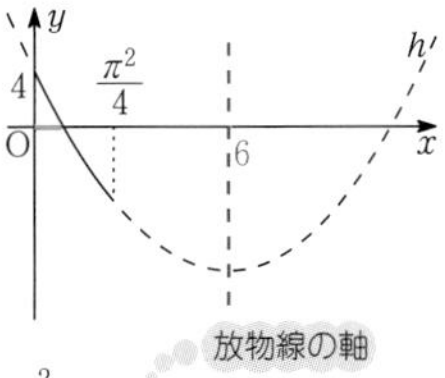

⑤より，

$$h(\theta^2)\geq 0,\ 0<\theta^2<\frac{\pi^2}{4}(<6).$$

よって

$$\theta^2 \leqq 6-\sqrt{32}.$$

$\theta>0$ だから

$$\theta \leqq \sqrt{6-2\sqrt{8}}$$
$$=\sqrt{(4+2)-2\sqrt{4\cdot 2}}$$
$$=2-\sqrt{2}$$
$$<2-1.414=0.586\ .$$

以上で題意は示せた. □

注 [1]:①の最左辺, 最右辺は, それぞれ $\cos x$ のマクローリン級数における「2 次まで」,「4 次まで」の部分和であり,「4 次まで」を 2 回微分すると「2 次まで」となることが有名です. この辺りの事情は, **例題3 7 m** と全く同様です. おかげで原稿もほぼコピペで書けました (笑).

参考 (2)では, その「2 次まで」と「4 次まで」で $\cos\frac{1}{2}$ の値を**評価**したのですが,「2 次まで」,「4 次まで」のそれぞれが $\cos\frac{1}{2}$ の「2 次**近似**」,「4 次**近似**」の役割を果たしています. コンピュータによって求めた値とともに列記すると, 次表の通りです:

$\cos\frac{1}{2}$	コンピュータによる→	0.877582562
2 次近似	$\frac{7}{8}$	0.875
4 次近似	$\frac{7}{8}+\frac{1}{384}=\frac{337}{384}$	0.87760⋯

なかなか良い近似が得られています. とくに 4 次近似の方はかなりの精度です.

3 9 21 高次導関数

根底 実戦 入試 [→例題3 7 p]

語記サポ $\frac{d^n}{dx^n}\triangle$ は, 簡便に $\triangle^{(n)}$ と書くこともできますね.

下書き $x^n\log x$ を x で n 回微分せよということです. 2 つの「n」は同一な自然数です. 例えば

∘ $x^1\log x$ を 1 回微分して

$$\log x+x\cdot\frac{1}{x}=\underline{\log x+1}.$$

∘ $x^2\log x$ を 2 回微分して

$$2x\log x+x^2\cdot\frac{1}{x}=2x\log x+x.$$
$$2\log x+2x\cdot\frac{1}{x}+1=\underline{2\log x+3}.$$

この赤下線部が $n=1, 2$ に対する「答え」です.

着眼 これを一般の n について論ずるのが本問です. 上の**下書き**を通してわかるように, 求めるものは自然数 n に対して 1 **つに定まる**もの, つまり**関数列**です. そこで,「数列」で学んだことを活かします.

「自然数 n に対して定まる値」

→「数列」→ {「一」… 一般項・直接 n 番 / 「ド」… 帰納的・"ドミノ式"}

上記 **2 つの定め方**のうち, 高次導関数がもつ "**ドミノ式構造**" に注目して「ド」の方を使います.

ここまでは, **例題3 7 p** と同様なのですが, そこで用いた次の考え方は破綻します:

$n+1$ 回微分するには⋯

n 回微分したものを, あと 1 回微分する.

$x^{n+1}\log x$ を n回微分して, あと 1 回微分する.

残念ながら, 2 か所の赤字部分がズレてしまっているため, "ドミノ構造" の直前:「$x^n\log x$ を n 回微分したもの」が活かせません.

そこで, **例題3 7 p 注**で述べたことを思い出します:

$$f^{(n+1)}=\begin{cases}(f^{(n)})'\cdots ㋐ & n\text{ 回微分→ 1 回微分}\\ (f')^{(n)}\cdots ㋑ & 1\text{ 回微分→ }n\text{ 回微分}\end{cases}$$

このように, 高次導関数の "ドミノ構造" には 2 通りの形式があります. 破綻するのは㋐. それなら㋑はどうかと試してみるのが "筋" ですね.

解答

$$g_n(x)=\frac{d^n}{dx^n}(x^n\log x)\ (n=1, 2, 3, \cdots)\ \cdots ①$$

とおくと

$$g_1(x)=\frac{d}{dx}(x\log x)$$
$$=\log x+x\cdot\frac{1}{x}=\log x+1.\ \cdots ②$$
$$g_{n+1}(x)=\frac{d^{n+1}}{dx^{n+1}}(x^{n+1}\log x)$$
$$=\frac{d^n}{dx^n}\left\{(x^{n+1}\log x)'\right\}{}^{1)}$$
$$=\frac{d^n}{dx^n}\left\{(n+1)x^n\log x+x^{n+1}\cdot\frac{1}{x}\right\}$$
$$=(n+1)\frac{d^n}{dx^n}(x^n\log x)+\frac{d^n}{dx^n}x^n$$
$$=(n+1)g_n(x)+\underline{\frac{d^n}{dx^n}x^n}\ (\because ①).\ \cdots ③$$

注 赤下線部は**例題3 6 d**(2)と同じです. そこでは「同様な操作の繰り返し」で答え:「$n!$」を得ました. ここでは練習として, それを数学的帰納法により "ドミノ式" にキッチリ示します. といっても, 他愛もない程度の証明ですので簡便に片づけますが (笑). ■

n を固定して $\frac{d^n}{dx^n}x^n=n!\ \cdots ④$ を仮定すると,

$$\frac{d^{n+1}}{dx^{n+1}}x^{n+1} = \frac{d^n}{dx^n}\{(n+1)x^n\}$$ [2)]

$$=(n+1)\frac{d^n}{dx^n}x^n$$

$$=(n+1)\cdot n! \ (\because \ ④)$$

$$=(n+1)!.$$ [3)]

これと $\frac{d}{dx}x^1 = 1!$ より，帰納的に

$$\frac{d^n}{dx^n}x^n = n! \ (n=1, 2, 3, \cdots)$$ ●●● このnは変数

これと③より，以下，$g_n(x)$ を g_n と略記して，

$$g_{n+1} = (n+1)g_n + n!.$$ [4)]

$$\frac{g_{n+1}}{(n+1)!} = \frac{(n+1)g_n}{(n+1)!} + \frac{n!}{(n+1)!}.$$

$$\frac{g_{n+1}}{(n+1)!} - \frac{g_n}{n!} = \frac{1}{n+1}.$$ ●●● 階差型漸化式

よって $n \geq 2$ のとき

$$\frac{g_n}{n!} = \frac{g_1}{1!} + \sum_{k=1}^{n-1}\frac{1}{k+1}$$

$$=(\log x+1)+\frac{1}{2}+\frac{1}{3}+\cdots+\frac{1}{n} \ (\because \ ②)$$

$$=\log x + S_n$$ ($n=1$ でも成立[5)]).

$\therefore \ g_n(x) = n!(\log x + S_n)$.//

解説 1)：ここが，前述した高次導関数の"ドミノ構造"㋑であり，本問の**核**です．

2)：これも，"ドミノ構造"㋑です．

3)：これは，「階乗」がもつ"ドミノ構造"です．

4)：この $n+1$ を消すために $(n+1)!$ で割る手は，[→Ⅱ+B例題76o]で既習です．

5)：$n=1$ のとき，両辺とも $\log x + 1$ ですね．

補足 答えにおいて $n=2$ とすると

$$g_2(x) = 2\left(\log x + 1 + \frac{1}{2}\right) = 2\log x + 3.$$

これは，**下書き**の計算結果と合致していますね．

注 例題37pと本問は，どちらも n 次導関数を求める問題ですが，次の 2 点で異なります：

	"ドミノ構造"	答えの形式[6)]
例題37p	㋐	特定する
本問	㋑	特定しない

6)：例題37pでは，求める第 n 次導関数の形式を「$(x^2+ax+b)e^x$」と特定して処理しました．一方本問では，そうしたことは不要でした．

参考 **調和級数** S_n は，これ以上簡単な形で表すことができないことが知られています．また，$n\to\infty$ のとき正の無限大に発散することが有名です．

[→例題49h]

3 9 22 関数列と増減

根底 実戦 入試 重要 [→例題37q]

着眼 この関数 $f_n(x)$ は，例題37rやⅡ+B演習問題6103でも登場した e^x のマクローリン級数の部分和です．微分すると番号が 1 つ下がるのが特徴でしたね．

両者の差を取った後，因数分解して符号を調べるのは無理ですから，関数の増減を微分法を用いて考えます．

下書き 試しに $n=0, 1$ について考えるとカンタンです．$n=2$ について調べてみましょう．

$\{e^x - f_2(x)\}' = e^x - f_1(x) \geq 0$

より $e^x - f_2(x)$ は増加し，

$e^0 - f_2(0) = 1 - 1 = 0.$

よって，$n = 0, 1$ も合わせて図示すると右のようになります．

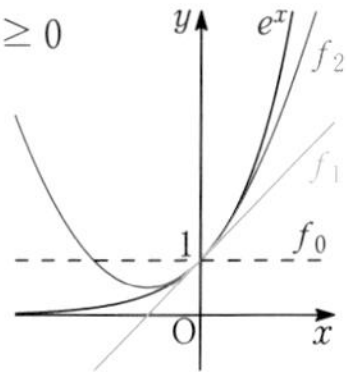

次の $n=3$ は…と考えると，どうやら

n:	0	1	2	3	…
	大小が変わる	大小は一定	大小が変わる	大小は一定	…

のように同じことの繰り返しになりそうですね．これを，数学的帰納法で"ドミノ式"にキチンと示します．■

解答 まず，$e^0 = f_n(0)(=1)$.

つまり，$x=0$ のとき e^x と $f_n(x)$ は必ず等しい．

以下，$x \neq 0$ のときの大小について考える．

$$F_n(x) = e^x - f_n(x)$$

$$= e^x - \left(1 + x + \frac{x^2}{2!} + \frac{x^3}{3!} + \cdots + \frac{x^n}{n!}\right)$$

とおくと，

$$F_n(0) = e^0 - f_n(0) = 1 - 1 = 0. \ \cdots①$$

$$F_n{}'(x) = e^x - \left(0+1+\frac{2x}{2!}+\frac{3x^2}{3!}+\cdots+\frac{nx^{n-1}}{n!}\right)$$

$$= e^x - \left(1+x+\frac{x^2}{2!}+\cdots+\frac{x^{n-1}}{(n-1)!}\right).$$

$$\therefore \ F_n{}'(x) = F_{n-1}(x) \ (n=1, 2, 3, \cdots). \ \cdots②$$

$$P(m): \begin{cases} F_{2m}(x) \begin{cases} >0 \ (x>0) \\ <0 \ (x<0) \end{cases}, \ \cdots③ \\ F_{2m+1}(x) > 0 \ (x \neq 0) \ \cdots④ \end{cases}$$

を，$m = 0, 1, 2, \cdots$ について示す．

$$1^\circ \ P(0): \begin{cases} F_0(x) \begin{cases} >0 \ (x>0) \\ <0 \ (x<0) \end{cases} \cdots⑤, \\ F_1(x) > 0 \ (x \neq 0) \ \cdots⑥ \end{cases}$$

を示す．

$F_0(x)=e^x-1$ より⑤は成り立つ（右図）.

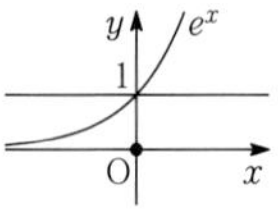

$F_1{}'(x)=F_0(x)$ (∵ ②) と⑤①より右表を得る．よって⑥も成り立つ．

x	$\cdots$ 0 $\cdots$
$F_1{}'(x)$	− 0 +
$F_1(x)$	↘ 0 ↗

これで，$P(0)$ は示せた．

2° m を固定する．

$P(m)$ を仮定し，

$$P(m+1):\begin{cases} F_{2m+2}(x)\begin{cases} >0\ (x>0) \\ <0\ (x<0)\end{cases}, \ \cdots ⑦ \\ F_{2m+3}(x)>0\ (x\neq 0)\ \cdots ⑧\end{cases}$$

を示す．

$F_{2m+2}{}'(x)=F_{2m+1}(x)$ (∵ ②) と④①より $F_{2m+2}{}'(x)\geq 0$.

よって $F_{2m+2}(x)$ は増加する．

これと①より，⑦は成り立つ（右図）.

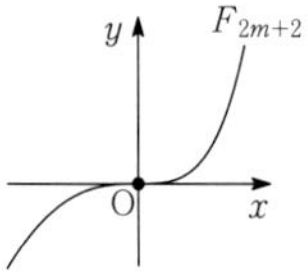

$F_{2m+3}{}'(x)=F_{2m+2}(x)$ (∵ ②) と⑦①より右表を得る．よって⑧も成り立つ．したがって，

x	$\cdots$ 0 $\cdots$
$F_{2m+3}{}'(x)$	− 0 +
$F_{2m+3}(x)$	↘ 0 ↗

$$P(m)\Longrightarrow P(m+1).$$

1°, 2° より，$P(m)$ $(m=0, 1, 2, \cdots)$ が示せた．

以上より，求める大小関係は，

任意の n に対して $x=0$ のときは $e^x=f_n(x)$.

$x\neq 0$ については，

$$n=0, 2, 4, \cdots \text{ のとき，} e^x\begin{cases} >f_n(x)\ (x>0) \\ <f_n(x)\ (x<0)\end{cases}$$

$n=1, 3, 5, \cdots$ のとき，$e^x>f_n(x)$ $(x\neq 0)$. //

3 9 23 複接線の存在

根底 実戦　[→例題3 7 s]

言い訳 「複接線」とは何かについては既知であることを前提としました．[→3 3 4]

注 ここでは，例題3 7 s の結果を使ってはならないとします（それが普通です）.

着眼 (1)〜(3)は，どれもグラフの概形をイメージすると複接線はなさそうだと感じ取れます．ただし，それをキチンと示すこと．

解答 C の $x=s$ における接線 l_1 は

$l_1: y-f(s)=f'(s)(x-s)$.

i.e. $y=f'(s)x+f(s)-sf'(s)$.

同様に，C の $x=t(\neq s)$ における接線 l_2 は

$l_2: y=f'(t)x+f(t)-tf'(t)$.

これらが一致するための条件は

$$\begin{cases} f'(s)=f'(t), \ \cdots ① \\ f(s)-sf'(s)=f(t)-tf'(t). \ \cdots ② \end{cases}$$

(1) $f'(x)=e^x$ は単調だから①が成り立つことはない．つまり，C の異なる点における接線の傾きどうしは相異なる．よって，C は複接線をもたない．//

(2) $0\leq s<t\leq 2\pi$ …③ とする．

$f'(x)=\cos x$ だから，①は

$\cos s=\cos t$.

これと③より

$t=-s+2\pi$.

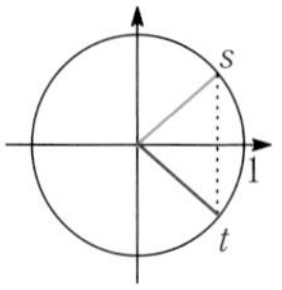

$t=-s+2\pi>s$ より $(0\leq)\ s<\pi$ であり，②の右辺は

$$\sin(2\pi-s)-(2\pi-s)\cos(2\pi-s)$$
$$=-\sin s-(2\pi-s)\cos s$$
$$=-\sin s+s\cos s-2\pi\cos s.$$

よって②は

$$\sin s-s\cos s=-\sin s+s\cos s-2\pi\cos s.$$

$$\sin s=(s-\pi)\cos s\ \left(\text{これは } s=\frac{\pi}{2} \text{ のとき不成立}\right).$$

$$g(s):=s-\tan s=\pi\ \left(0\leq s<\pi,\ s\neq\frac{\pi}{2}\right).\ \cdots ②'$$

$g'(s)=1-\dfrac{1}{\cos^2 s}\leq 0$ だから，$g(s)$ は連続な区間では減少する．よって右図を得る．したがって，②′を満たす s は存在しない．

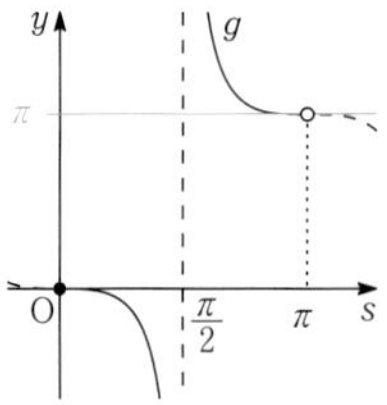

以上より，C は複接線をもたない．//

解説 (1)と違って導関数が単調ではないので，複接線の存在を調べるのはご覧の通り一苦労です．よって，試験においてはマジメに議論していなくても許されるケースもあろうかと思われます．

参考 これと同じ曲線で，範囲を $x>0$ に広げて複接線を論じたのが例題3 7 u でした．■

(3) **注** (2)と同様，導関数（2 次関数）が単調ではないですが，「整式」の場合には，独特な方法論：「接する↔重解」の関係によりアッサリ解決します．■

仮に C が複接線 $y=mx+n$ をもち，$x=s, t$ $(s\neq t)$ において**接する**としたら，方程式

$$f(x)=mx+n,$$
$$\text{i.e. } f(x)-mx-n=0$$

は，異なる 2 実数 s, t をともに**重解**とするから，

$f(x)-mx-n=(x-s)^2(x-t)^2\cdot Q(x)$

($Q(x)$ は 0 でないある整式)

と表せる．ところが左辺は 3 次式，右辺は 4 次以上の式であるから不合理．　背理法

よって，C は複接線をもたない．//

解説　3 次関数のグラフに複接線がないことは有名であり，その事実を証明抜きに使ってしまうことが多いようです．なお，この(3)の内容には，既にⅡ+B **例題 6 3 1 発展**で触れました．

3 9 24　図計量・2変数関数

根底 実戦　入試　[→例題 3 8 b]

着眼　まずは立体図形を描きます．C は xy 平面上にありますから，座標平面・座標軸も描いた方が良いでしょう：

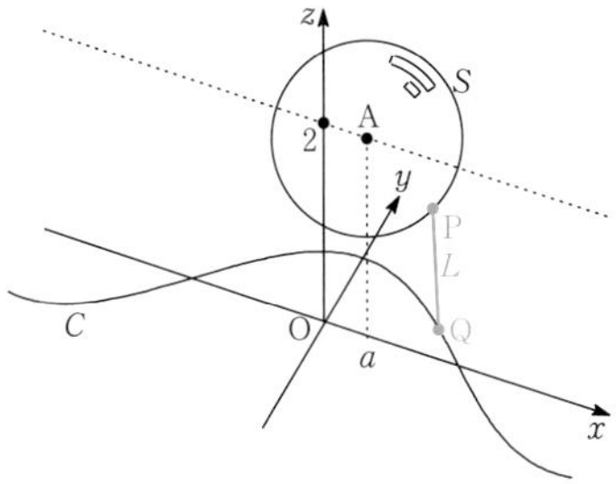

方針　2 つの動点が同時に動いては大変です．2 変数関数における「1 文字固定」と同様，まずは**片方の点を固定**します．球面 S 上の P の方が動きが単純ですから先に動かしたいですね．

解答　1° Q を固定し，P を S 上で動かす．

S の中心 $(a, 0, 2)$ を A とする（半径は 1).

QP が最小となるのは P が右図の P_1(S と線分 QA の交点）のとき．このときの L を L_1 とおくと

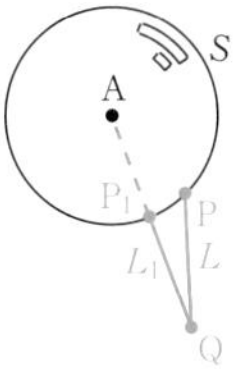

$L_1 = \mathrm{AQ} - 1$. …①

2° L_1 において，Q を C 上で動かす．

①より，L_1 は AQ と同時に最小となる．…②

ここで，$\mathrm{Q}(x, \cos x, 0)$ とすると

$$\mathrm{AQ}^2 = (x-a)^2 + \cos^2 x + 4 \ (= f(x) \text{ とおく}).$$

$$f'(x) = 2(x-a) - 2\cos x \sin x$$
$$= 2(x-a) - \sin 2x.$$

$f(x)$ は微分可能であり，定義域が実数全体[1]．よって $f(x)$ は，最小値をとるときそれは極値だから，題意の条件と②より $f'\left(\frac{\pi}{4}\right) = 0$ が**必要**[2]．よって，

$$2\left(\frac{\pi}{4} - a\right) - \sin 2\cdot\frac{\pi}{4} = 0.$$ [3]

$$\therefore a = \frac{\pi}{4} - \frac{1}{2}. \ \cdots ③$$

注　これはあくまでも必要条件に過ぎません．よって十分性の確認．つまり，$f'(x)$ の**符号**変化を考えなければなりません．右図を見ると，直観的にはバッチリっぽいですね．

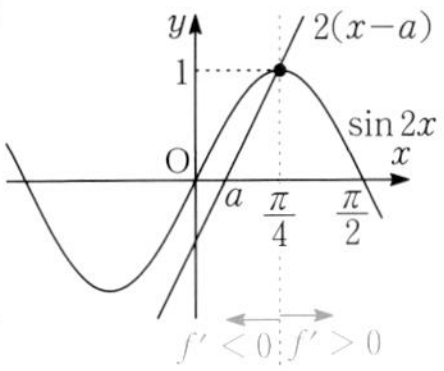

$f'\left(\frac{\pi}{4}\right) = 0$ はわかっているので，あとは…■

$$f''(x) = 2 - 2\cos 2x \geq 0$$

より $f'(x)$ は増加する．よって③のとき，右表を得る．

x	$\cdots$	$\frac{\pi}{4}$	$\cdots$
$f'(x)$	$-$	0	$+$
$f(x)$	↘	最小	↗

よって，③のときたしかに $f(x)$ は $x = \frac{\pi}{4}$ のとき最小となる．以上より，$a = \frac{\pi}{4} - \frac{1}{2}$.//

また，このとき

$$\min f(x) = f\left(\frac{\pi}{4}\right)$$
$$= \left\{\frac{\pi}{4} - \left(\frac{\pi}{4} - \frac{1}{2}\right)\right\}^2 + \cos^2\frac{\pi}{4} + 4$$
$$= \frac{1}{4} + \frac{1}{2} + 4 = \frac{19}{4}.$$

これと①より

$$\min L = \sqrt{\frac{19}{4}} - 1 = \frac{\sqrt{19}}{2} - 1.$$//

解説　1)：いわゆる "端点" がないので，最小値となり得るのは極小値に限られます．

2)：「極値である」$\Longrightarrow$「$f' = 0$」の向きだけが保証されています．

3)：本音を言うと，筆者はこのような「式」には目もくれず，右図の「直角三角形」を見て a の値を求めてしまっています．

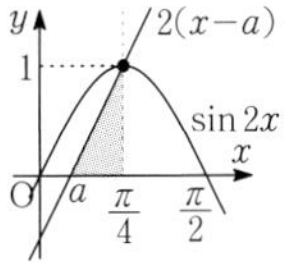

3 9 25　直線の通過領域

根底 実戦　典型 入試　[→例題 3 8 c]

方針　「通過領域」を求める 2 通りの解法：「❶ 1 点を固定」，「❷ x を固定」のうち，❶の方で解答してみます．（**例題 3 8 c** を，❷："プリンタ論法" でやりましたので．）

解答　定点 $(X, Y) \in D$ となるための条件は

「$Y = -\frac{1}{e^t}X + \frac{t+1}{e^t}$ …①を満たす $t \ (\in \mathbb{R})$ が存在すること．」　…(*)

そこで，①を t について整理すると

$$f(t) := Ye^t - t + X - 1 = 0. \ \cdots ①'$$

積の形には変形しにくそう

第3章 微分法

i) $Y \leq 0$ のとき，$f(t)$ は単調減少であり，右表のようになる．

t	$-\infty$	$\cdots$	∞
$f(t)$	∞	↘	$-\infty$

よって，(*) はつねに成り立つ．

ii) $Y > 0$ のとき，

$$f'(t) = Ye^t - 1$$
$$= Y\left(e^t - \frac{1}{Y}\right)$$

より右表を得る．

t	$-\infty$	$\cdots$	$-\log Y$	$\cdots$
$f'(t)$		$-$	0	$+$
$f(t)$	∞	↘	最小	↗ [1]

よって (*) は

$f(-\log Y) \leq 0.$

$1 + \log Y + X - 1 \leq 0.$

$\log Y \leq \log e^{-X}.$

以上 i), ii) より，求める領域は

$$D: \begin{cases} y \leq 0 \text{ または} \\ y > 0 \text{ かつ } y \leq e^{-x}. \end{cases}$$

i.e. $y \leq e^{-x}$.

これを図示すると右の通り．

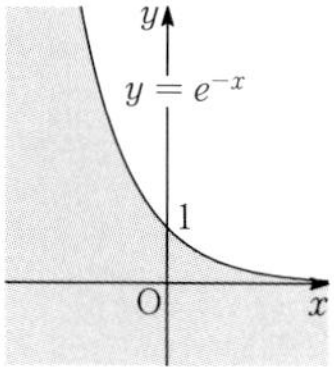

本解（結果としては，❷：“プリンタ論法” の方が簡明です．）

l と直線 $x = X$(一定) の交点の y 座標は

$$g(t) := (t - X + 1)e^{-t}.$$
$$g'(t) = e^{-t}(-t + X - 1 + 1)$$
$$= \underbrace{e^{-t}}_{\text{正}} \cdot (\boxed{X - t})$$

（$X-t$：符号決定部）

よって右表を得る．

t	$-\infty$	$\cdots$	X	$\cdots$
$g'(t)$		$+$	0	$-$
$g(t)$	$-\infty$	↗	最大	↘ [2]

したがって，$g(t)$ の変域は

$g(t) \leq g(X) = e^{-X}.$

すなわち，求める通過領域 D は

D: $y \leq e^{-x}$.

（図は前記と同じ．）

補足 [1)2)]：$t \to -\infty$ のときの極限がわかっているので，こちらの極限は不要です．ちなみに，$t \to +\infty$ のときの極限は不定形ですね．

参考 曲線 $y = e^{-x}$ の $x = t$ における接線は

$$y - e^{-t} = -e^{-t}(x - t).$$

$$\text{i.e. } y = -e^{-t}(x - t - 1) = -\frac{1}{e^t}x + \frac{t+1}{e^t}.$$

これが l の正体であり，答えのような領域が得られるのは必然です．ただし，こうしたことを見抜き，それを用いて解答する訳ではありませんよ．

3 9 26 線分の通過領域

根底 実戦　典型 入試

[→例題3 8 c]

着眼 まずは(1)を想定して論じます．イメージとしては，長さ 1 の「棒」が，「地面」と「壁」に立て掛けた状態でズレ動くというカンジです．例題3 8 j と同じ素材ですね．

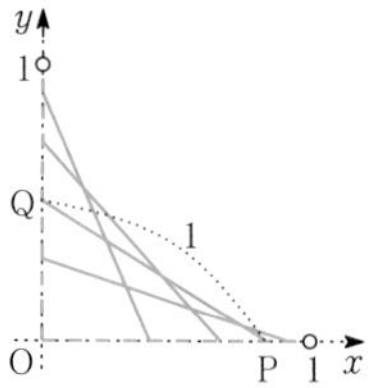

方針 何らかの方法で，直線 PQ の方程式を表しましょう．「長さ」が一定なので，「角」を用いるというのが自然な発想です．

解答 (1) 右図のように [1] 角 θをとる．ただし，$0 < \theta < \frac{\pi}{2}$ である．

$x_P = \cos\theta$, $y_Q = \sin\theta$ [2] より，[3] 直線 PQ の方程式は

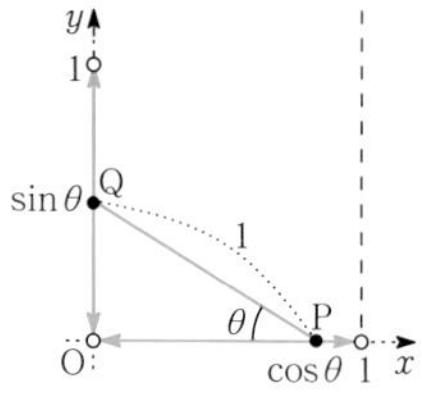

$$\frac{x}{\cos\theta} + \frac{y}{\sin\theta} = 1. \text{ [4]}$$

i.e. $y = -(\tan\theta)x + \sin\theta$. …①

言い訳 [3]：「線分」の通過領域が問われていますが，D は『第 1 象限（または座標軸上)』にしかないことは自明ですから，「直線」の通過領域を求めてそのうち『　』の部分を「答え」として許される気がします．

方針 通過領域の求め方のうち，“プリンタ論法”（x を固定）を用います．[5] ■

D 内の点 $R(x, y)$ は，図形的に考えて $0 \leq x < 1$ の範囲だけにある． …②

$x = 0$(y 軸) 上の R は $0 < y < 1$ …③.

そこで，以下においては $0 < x < 1$ に限定し，直線① の通過領域 E を考える．

①と直線 $x = X$ $(0 < X < 1)$ …④ の交点の y 座標は　X は定数

$$y = -(\tan\theta)X + \sin\theta$$
$$= -X\tan\theta + \sin\theta (= f(\theta) \text{ とおく}).$$

$0 < \theta < \frac{\pi}{2}$ における $f(\theta)$ の変域 I を求める．

$$f'(\theta) = -X \cdot \frac{1}{\cos^2\theta} + \cos\theta$$
$$= \frac{\cos^3\theta - X}{\cos^2\theta}.$$

$0 < X^{\frac{1}{3}} < 1$ だから，

$$\cos\alpha = X^{\frac{1}{3}} \left(0 < \alpha < \frac{\pi}{2}\right) \cdots ⑤$$

なる α が次図のように **1 つに定まり**，次の表を得る：

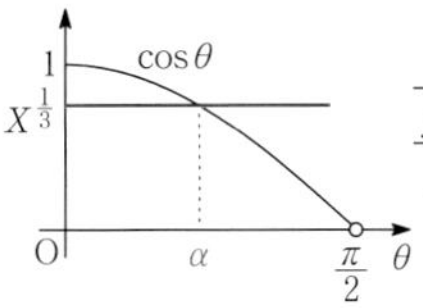

θ	$(0)\cdots\alpha\cdots\left(\frac{\pi}{2}\right)$
$f'(\theta)$	$+\ 0\ -$
$f(\theta)$	↗ ↘ $-\infty$

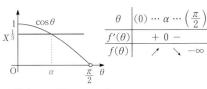

$$f(\alpha) = -X\tan\alpha + \sin\alpha$$
$$= -X\cdot\frac{\sqrt{1-X^{\frac{2}{3}}}}{X^{\frac{1}{3}}} + \sqrt{1-X^{\frac{2}{3}}}$$
$$= \left(1-X^{\frac{2}{3}}\right)^{\frac{3}{2}}.$$

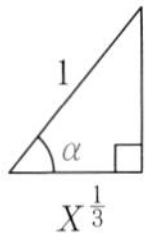

したがって，

$$I:\ f(\theta) \leq \left(1-X^{\frac{2}{3}}\right)^{\frac{3}{2}}.$$ いくらでも小さくなる

すなわち E は

$$0 < x < 1,\ y \leq \left(1-x^{\frac{2}{3}}\right)^{\frac{3}{2}}.$$

線分 PQ の通過領域は，ここから $y<0$ の部分を除いたものであり，②③も合わせて求める領域は

$$D: \begin{cases} x=0,\ 0<y<1 \text{ または} \\ 0<x<1,\ 0\leq y \leq \left(1-x^{\frac{2}{3}}\right)^{\frac{3}{2}}. /\!/ \end{cases}$$

解説 (2)に進む前に，(1)に関する解説を完結させてしまいます．

1)：「大きさの角」です．[→Ⅱ+B 4 1 1]

2)：「直角三角形」による三角比の定義．[→Ⅱ+B 4 2 1]

4)：「切片形」[→Ⅱ+B 3 2 3]を用いました．ただし，"プリンタ論法"を使うことを見越して「$y=\cdots$」の形に書き改めています．

5)：もちろん「点を固定」の方でもできますが，(2)で扱う**本格的な線分の通過領域**では"プリンタ論法"の方が有利なので，そちらを選択しました．

参考 答えの式に見覚えがありますか？領域 D の境界線の方程式は

$$y=\left(1-x^{\frac{2}{3}}\right)^{\frac{3}{2}}.\ y^{\frac{2}{3}}=1-x^{\frac{2}{3}}.\ x^{\frac{2}{3}}+y^{\frac{2}{3}}=1.$$

これは，**演習問題 3 9 3 参考**で述べた**アステロイド**に他なりません．D を図示すると，次の通りです．

その問題ではアステロイドの接線が x, y 軸で切り取られる線分が「等長」でした．

本問では，逆に「等長」な線分が移動してできた領域の境界がアステロイドとなりました．

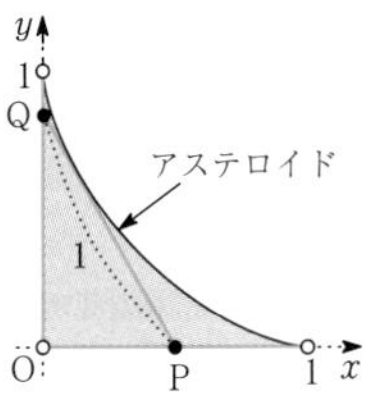

御想像の通り，本問の直線 PQ は，アステロイドの接線です．①の 1 行上の式と**演習問題 3 9 3**の接線の方程式は，完全に一致しています．

これら 2 題は，同じテーマを逆の立場から問うたものだったのです．

重要 なんだかんだいろいろ述べましたね．数学ができるか，できないかって，けっきょくはこうした**あたりまえでちっぽけなことの積み重ね**なんです．そこから目を背けて「難しい問題を鮮やかに解くウラワザ」とか言ってる人は…ダメ！（笑）

それでは，やっと(2)へ進みます． ■

(2) **方針** こちらは，「線分の通過領域」を**真面目に**求めるしかありません．

直線の通過領域と異なる重要ポイントは，直線 $x=X$（一定）が線分 PM と交わる範囲でしか θ が動かせないことです（右図参照）．交わるための条件とは何かを考えましょう． ■

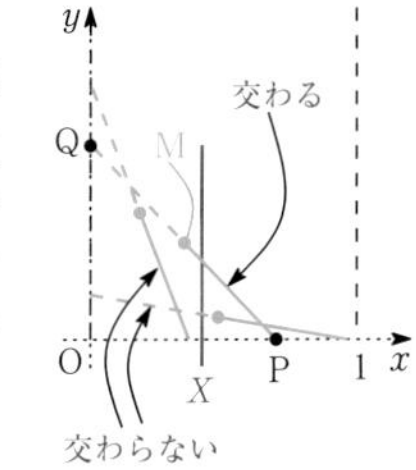

D' 内の点は，図形的に考えて $0<x<1$ の範囲だけにある．以下，この範囲に限定して考える．

$f(\theta)$ の変域を I' とする．

方針 もちろん，θ の範囲（定義域）を調べます． ■

直線④が線分 PM と交わるための条件は

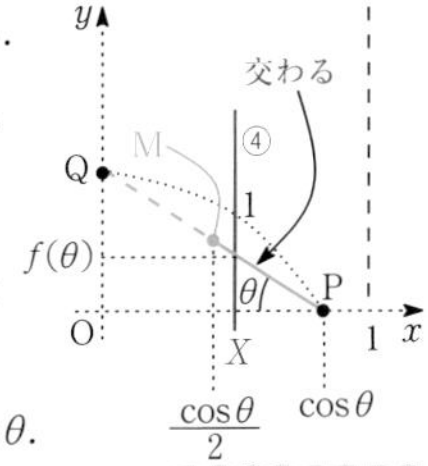

$$\frac{\cos\theta}{2} \leq X \leq \cos\theta.$$

i.e. $\underset{0\sim1}{\underline{X}} \leq \cos\theta \leq \underset{0\sim2}{\underline{2X}}$. …⑥ θの範囲を考えるための変形

注 $\cos\theta$ の上限：「1」と「$2X$」のどちらが小さいかで場合分けになります． ■

i) $1\leq 2X$, i.e. $\frac{1}{2}\leq X$ のとき，⑥より

$$X \leq \cos\theta < 1.$$

$\frac{1}{2}\leq X<1$ だから，

$$\cos\theta_1 = X\ \left(0<\theta_1<\frac{\pi}{2}\right) \cdots ⑦$$

なる θ_1 が **1 つに定まり**，θ の変域は

$$0<\theta\leq\theta_1.$$ $\frac{1}{8}$とか

⑦⑤において，$0<X<1$ より $0<X<X^{\frac{1}{3}}<1$ だから，次図のようになり，次表を得る： $\frac{1}{2}$とか

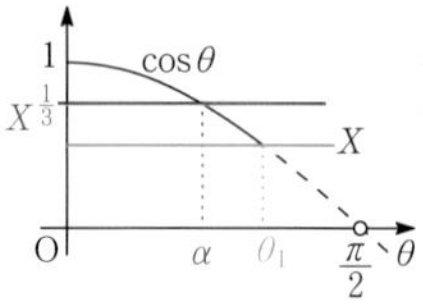

θ	$(0)\cdots\alpha\cdots\theta_1$
$f'(\theta)$	$+\ 0\ -$
$f(\theta)$	$(0)\nearrow\quad\searrow 0$ 6)

よって，　(1)で求めてある

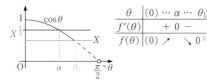

$$I':\ 0\leq f(\theta)\leq f(\alpha)=\left(1-X^{\frac{2}{3}}\right)^{\frac{3}{2}}.$$

補足　6)：$\theta=\theta_1$ のとき，線分 PM は右図のように"ギリギリ"直線④と交わり，その交点の y 座標は当然「0」です．もちろん計算によっても求まりますが．■

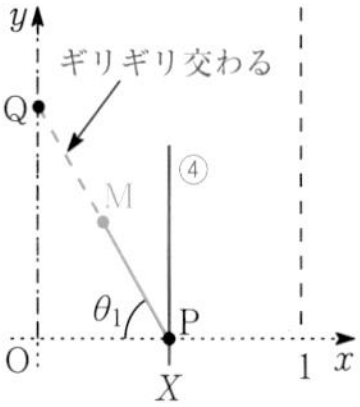

ii) $2X<1$, i.e. $X<\dfrac{1}{2}$ のとき，⑥において，

$$\cos\theta_2=2X\ \left(0<\theta_2<\frac{\pi}{2}\right)\ \cdots⑧$$

なる θ_2 が1**つに定まり**，θ の変域は

$$\theta_2\leq\theta\leq\theta_1.$$

そこで，$2X$ と $X^{\frac{1}{3}}$ の大小を比べる．

$$(2X)^3-\left(X^{\frac{1}{3}}\right)^3=8X^3-X$$
$$=X(8X^2-1).$$

ii)-ア) $\dfrac{1}{2\sqrt{2}}<X<\dfrac{1}{2}$ のとき，$X<X^{\frac{1}{3}}<2X$ だから，下図のようになり，下表を得る：

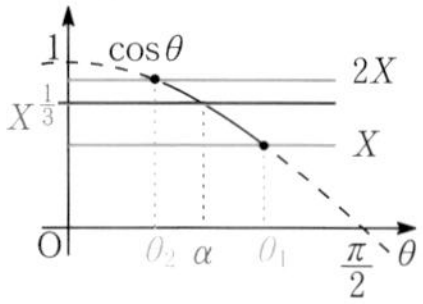

θ	$\theta_2\cdots\alpha\cdots\theta_1$
$f'(\theta)$	$+\ 0\ -$
$f(\theta)$	7) $\nearrow\quad\searrow 0$

よって，I' は i) と同じ．

補足　7)：ここは，「0 以上」であることが図形的に自明であり，$f(\theta_1)=0$ ですから，値を求める必要はありません．■

ii)-イ) $0<X\leq\dfrac{1}{2\sqrt{2}}$ のとき，$X<2X\leq X^{\frac{1}{3}}$ だから，下図のようになり，下表を得る：

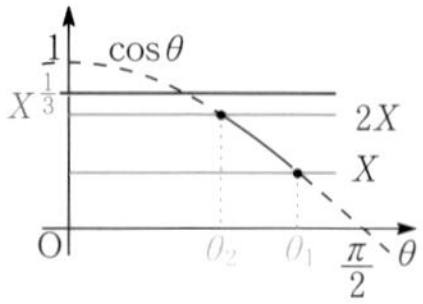

θ	$\theta_2\cdots\cdots\theta_1$
$f'(\theta)$	$-$
$f(\theta)$	$\searrow\ 0$

ここで，⑧と右図より

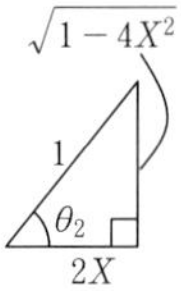

$$f(\theta_2)=-X\cdot\frac{\sqrt{1-4X^2}}{2X}+\sqrt{1-4X^2}$$
$$=\frac{1}{2}\sqrt{1-4X^2}=\sqrt{\frac{1}{4}-X^2}.$$
$$\therefore\ I':\ 0\leq f(\theta)\leq\sqrt{\frac{1}{4}-X^2}.$$

以上 i)，ii) をまとめると，求める領域 D' は，

$$\begin{cases}0<x\leq\dfrac{1}{2\sqrt{2}}\ \text{のとき},\ 0\leq y\leq\sqrt{\dfrac{1}{4}-x^2}.\\[2mm]\dfrac{1}{2\sqrt{2}}<x<1\ \text{のとき},\ 0\leq y\leq\left(1-x^{\frac{2}{3}}\right)^{\frac{3}{2}}.\end{cases}\ /\!/$$

参考　$y=\sqrt{\dfrac{1}{4}-x^2}$ を変形すると，

$$y^2=\frac{1}{4}-x^2\ (y\geq 0).$$
$$\text{i.e. } x^2+y^2=\frac{1}{4}\ (y\geq 0).$$

これは「半円」ですね．よって D' を図示すると右図のようになります．

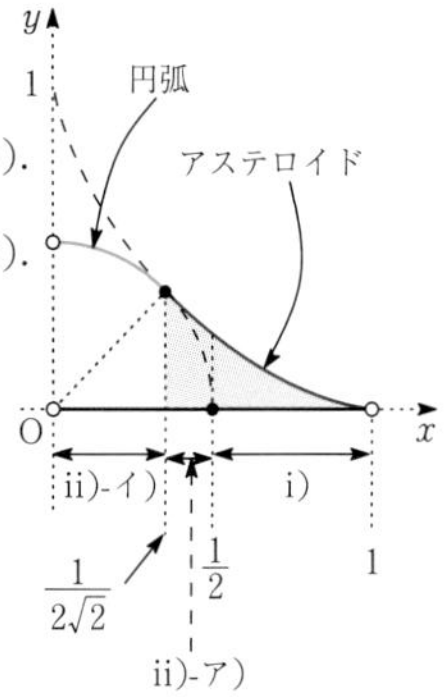

余談　線分 PM の通過領域は，実は身の回りで日常的に目にしています．

$\mathrm{M}\left(\dfrac{\cos\theta}{2},\ \dfrac{\sin\theta}{2}\right)$ より $\mathrm{OM}=\dfrac{1}{2}$．つまり M は，次図のような 4 分円上を動きます．

これを利用して線分 PM の動き**そのもの**を観察してみましょう．折れ線 OMP は，まるでクローゼットの折れ戸のような動きをしますね．

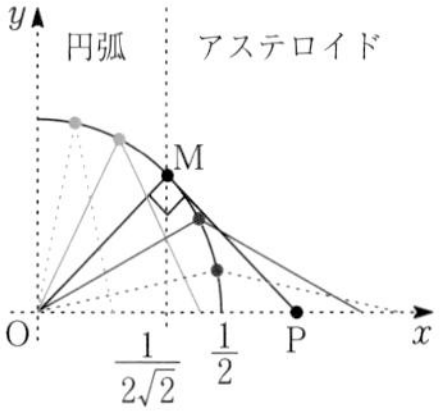

つまり本問(2)の D' は，折れ戸の片方 (PM) が開閉時に通過する領域そのものです．M を円周上で動かしてみると，PM が円に接するとき (図中黒色，$\theta=\dfrac{\pi}{4}$) のときの前後で，境界線がアステロイドから円弧に入れ替わることが直観的には読み取れますね (これを**解答**として良いかは怪しいですが)．

なお，折れ戸のもう片方 (OM) の通過領域はもちろん 4 分円全体であり，これは D' に含まれています．よって，D' は折れ戸全体の通過領域でもあります．

注 という訳で…，線分の通過領域をガチで求めるのはなかなか困難です．ここでは，次の 2 つのことをいちおう記憶に留めておけばよしとしましょう：

○ 直線の通過領域をベースに考えれば済むタイプもある．⑴

○ ガチで求めるなら，通過領域の求め方 2 通りのうち“プリンタ論法”の方が有利．

現実問題として，線分の通過領域をちゃんと正解できる受験生など，ほぼ皆無ですので安心してください（笑）．

3 9 27 凹凸と不等式

根底 実戦 典型 入試 ［→例題 3 8 d］

着眼 ⑴

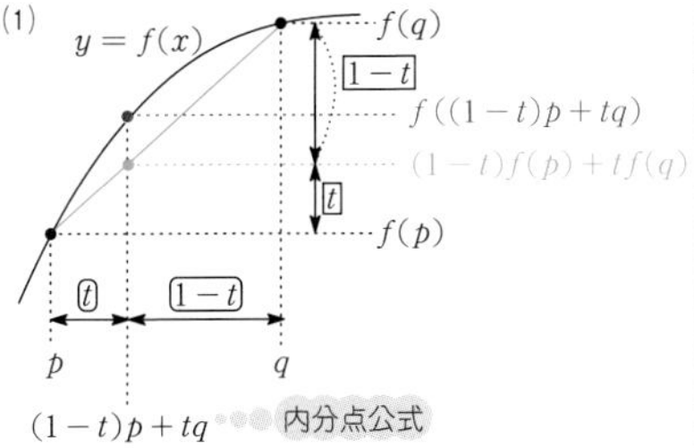

$f''(x)<0$ より曲線 $y=f(x)$ は上に凸なので，例えば $p<q$ のとき上図のようになります．弧にある赤点と弦にある青点それぞれの y 座標が①の左辺，右辺を表し，「弧」は「弦」より上側にあることから与式が成り立つことが言えます．このように，与式は曲線の凹凸を背景とする不等式なので，「**凸不等式**」と呼ばれます．

$p>q$ でも同様であることに触れ，$p=q$ なら両辺が等しいことにも言及すれば，**解答**としてもマルです．（なぜかそれを認めないセンセイがいるらしいというのが昔からの笑い話（笑）．）

とはいえ**解答**としては，上図を描いてそこに説明を付すのはかえってメンドウ．そこで，「ある文字についての関数」とみなす手法を用います．

解答 ⑴ ①の左辺−右辺を t の関数 $F(t)\ (0<t<1)$ とみると

$$F(t)=f(p+(q-p)t)-(1-t)f(p)-tf(q).$$
$$F'(t)=(q-p)f'(p+(q-p)t)+f(p)-f(q).$$
$$F''(t)=(q-p)^2f''(p+(q-p)t).$$

よって $p\neq q$ のとき，$f''(x)<0$ より $F''(t)<0$ だから，$0<t<1$ において曲線 $y=F(t)$ は上に凸．また，

$$F(0)=f(p)-f(p)=0,$$
$$F(1)=f(q)-f(q)=0.$$

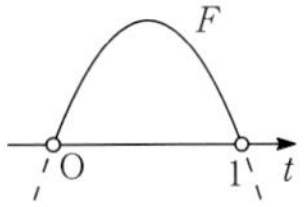

$\therefore\ F(t)>0.$

以上より，①において

$p\neq q$ のとき，左辺 > 右辺．

$p=q$ のとき，左辺 = 右辺 $(=f(p))$．

よって題意は示せた．□

⑵ **着眼** ⑴の「2 個」を「n 個」へ増やすには…？■

題意の命題を $P(n)$ とし，$n=2,3,4,\cdots$ について帰納的に示す．

1° $P(2)$: $f\left(\dfrac{a_1+a_2}{2}\right)\geq\dfrac{f(a_1)+f(a_2)}{2}$，

等号は $a_1=a_2$ のときのみ成立

は，①において

$$p=a_1\ (>0),\ q=a_2\ (>0),\ t=\frac{1}{2}\ \left(0<\frac{1}{2}<1\right)$$

とおけば導かれる．

2° n を固定する．$P(n)$ を仮定し $P(n+1)$：

$$f\left(\frac{a_1+a_2+\cdots+a_n+a_{n+1}}{n+1}\right)$$
$$\geq\frac{f(a_1)+f(a_2)+\cdots+f(a_n)+f(a_{n+1})}{n+1},\ \cdots②$$

等号は $a_1=a_2=\cdots=a_n=a_{n+1}$ のときのみ成立

を示す．

$$\boxed{\frac{a_1+a_2+\cdots+a_n+a_{n+1}}{n+1}}$$
$$=\frac{n}{n+1}\cdot\boxed{\frac{a_1+a_2+\cdots+a_n}{n}}+\frac{1}{n+1}a_{n+1}\ ^{1)}$$

だから，①において

$$p=\frac{a_1+a_2+\cdots+a_n}{n}(>0),\ q=a_{n+1}(>0),$$
$$t=\frac{1}{n+1}\left(0<\frac{1}{n+1}<1\right)$$

とおけば，

②の左辺

$$\geq\frac{n}{n+1}f\left(\frac{a_1+a_2+\cdots+a_n}{n}\right)+\frac{1}{n+1}f(a_{n+1})$$
$$\geq\frac{\cancel{n}}{n+1}\cdot\frac{f(a_1)+f(a_2)+\cdots+f(a_n)}{\cancel{n}}+\frac{1}{n+1}f(a_{n+1})$$

$(\because\ P(n))$

＝②の右辺．

②の等号成立条件は

$$\frac{a_1+a_2+\cdots+a_n}{n}=a_{n+1}\text{ かつ }a_1=a_2=\cdots=a_n$$

i.e. $a_1=a_2=\cdots=a_n=a_{n+1}$．

よって，$P(n+1)$ も成り立つ．

1°，2° より，$P(2),P(3),P(4),\cdots$ が示せた．□

⑶ **着眼** 抽象的な関数「$f(x)$」が消えました．どんな具体的関数を用いるか？■

$f(x)=\log x\ (x>0)$ とおくと，

$$f'(x)=\frac{1}{x},\ f''(x)=-\frac{1}{x^2}<0$$

より⑵の結論が使えて

$$\log\left(\frac{a_1+a_2+a_3+\cdots+a_n}{n}\right)$$
$$\geq \frac{\log a_1+\log a_2+\log a_3+\cdots+\log a_n}{n}$$
$$=\log(a_1a_2a_3\cdots a_n)^{\frac{1}{n}}, \quad \cdots③$$

等号は $a_1=a_2=a_3=\cdots=a_n$ のときのみ成立.

③において対数の底は $e>1$ だから，両辺の真数どうしの大小を考えて，題意が示せた．□

解説 初見ではかなり困難な「高度典型問題」です．経験の有無がモノを言うタイプ．

発展 1)：「相加平均」の直前・直後の関係です．つまり，「相加平均」は“ドミノ構造”をもつのです．

参考 (2)の不等式は，「イェンゼンの不等式」と呼ばれるものの特殊なケースです．

3 9 28 $a_{n+1}=f(a_n)$ 型と極限

根底 実戦 典型 入試 ［→例題 3 8 f］

着眼 すぐに例題 3 8 f の類題だとわかりますね．ただし，途中で少し困った事態に遭遇します．

解答 (1) $f(x)=\cos x$, $F(x)=f(x)-x$ とおくと，①は $F(x)=0$ $\left(0\leq x\leq \frac{\pi}{3}\right)$ となる．

$F'(x)=-\sin x-1\leq 0.$

よって $F(x)$ は減少関数であり

$F(0)=1-0=1>0$, $F\left(\frac{\pi}{3}\right)=\frac{1}{2}-\frac{\pi}{3}<0.$

よって，曲線 $y=F(x)$ は x 軸とただ1点で交わるから，題意は示せた．□

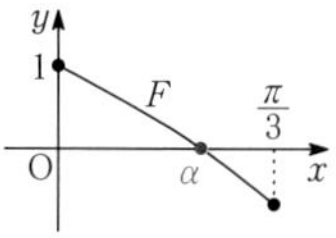

(2) **着眼** $a_{n+1}=f(a_n)$ 型の極限は，例題 2 1 l，例題 3 8 f に続いて3度目ですから，解答の流れを見通した上で臨みます．(1)に現れている「$\frac{\pi}{3}$」にも注目して…

〈図 1〉

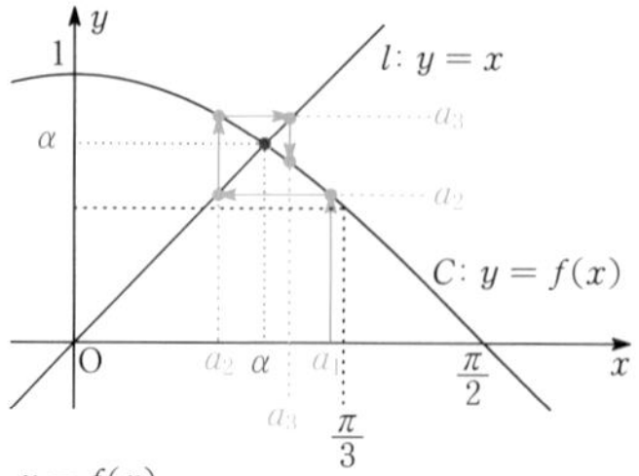

〈図 2〉

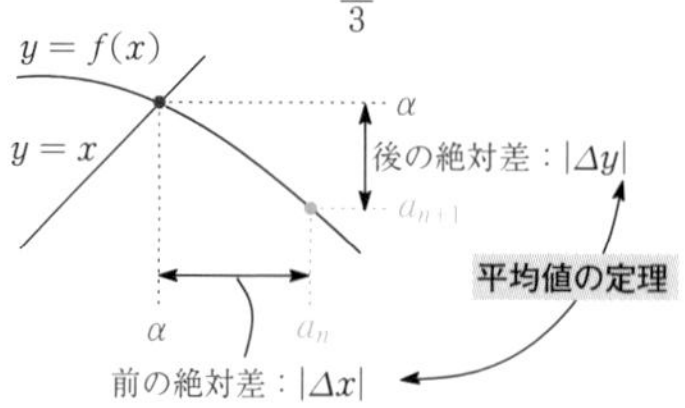

図1より，なるほどたしかに (a_n) は α に収束しそうです．

その理由は，図2において後の絶対差：$|a_{n+1}-\alpha|$ が，前の絶対差：$|a_n-\alpha|$ より小さくなるから．

前誤差は $|\Delta x|$，後誤差は $|\Delta y|$ ですから，両者をつなぐ**平均値の定理**の出番です．■

$a_n \neq \alpha$[1] のとき，平均値の定理より

$$f(a_n)-f(\alpha)=f'(c)(a_n-\alpha)$$
（c は α と a_n の間[2]）$\cdots④$

を満たす c が存在して，③：$a_{n+1}=f(a_n)$ $\cdots③'$ および $f(\alpha)=\alpha$ より

$$|a_{n+1}-\alpha|=|f(a_n)-f(\alpha)|$$
$$=|f'(c)(a_n-\alpha)|$$
$$=|f'(c)||a_n-\alpha|. \cdots⑤$$
$$\leq (0.7\text{ とか})\times|a_n-\alpha|$$

着眼 最後の薄字の行は，願望です（笑）．

$|f'(c)|\leq 1$ 未満の定数 その1例が上の「0.7」

を示したいですね[3]．図1を見ると，$x=\alpha$ の近くではそうなっていそうです．そこで，(a_n) の全ての項が，(1)で考えた区間 $\left[0, \frac{\pi}{3}\right]$ にあることを示します．(a_n) は“ドミノ式”に定まる数列ですから，証明も“ドミノ式”に．■

この n は変数

ここで，$0\leq a_n\leq \frac{\pi}{3}$ を仮定すると，$f(x)=\cos x$ は区間 $\left[0, \frac{\pi}{3}\right]$ で減少するから，

$$f(0)\geq f(a_n)\geq f\left(\frac{\pi}{3}\right).$$
$$(0<)\frac{1}{2}\leq a_{n+1}\leq 1\left(<\frac{\pi}{3}\right)\ (\because\ ③').$$

また，②より $0<a_1=1<\frac{\pi}{3}$ だから，帰納的に

$$0\leq a_n\leq \frac{\pi}{3}\ (n=1, 2, 3, \cdots).$$ この n は変数

これと(1)および④より，

$$0<c<\frac{\pi}{3}.$$

よって⑤において

$$|f'(c)|=|-\sin c|=\sin c\leq \frac{\sqrt{3}}{2}\ (=r\text{ とおく}).$$

したがって，

$$|a_{n+1}-\alpha|\leq r|a_n-\alpha|\ (\because\ |a_n-\alpha|\geq 0).$$
（これは $a_n=\alpha$ でも成り立つ.[4]）

これを繰り返し用いて

$$0\leq|a_n-\alpha|$$
$$\leq r|a_{n-1}-\alpha|$$
$$\leq r\cdot r|a_{n-2}-\alpha|$$
$$\vdots$$
$$\leq r^{n-1}|a_1-\alpha|\to 0.$$ a_1 の値は無関係

よって“はさみうち”より

$|a_n - \alpha| \to 0$, i.e. $a_n \to \alpha$. □

補足 1)2)4)：全て[→例題3 8 f]

注 3)：これが完全に見渡せるようになったら，a_n の範囲を限定する作業を予め準備しておくとよいでしょう.

3 9 29 パラメタ曲線を描く [→例題3 8 g]

根底 実戦 入試

注 何も考えずイキナリ x, y を t や θ で微分することだけはやめてくださいね.

解答 (1) **注** パラメタ t は消去できます：

2 式を辺々引くと

$$x - y = 2t. \text{ i.e. } t = \frac{x-y}{2}.$$

これを第 1 式へ代入して

$$x = \left(\frac{x-y}{2}\right)^2 + \frac{x-y}{2} + 1.$$

$$\left(\frac{x-y}{2}\right)^2 - \frac{x+y}{2} + 1 = 0. \cdots ①$$

残念ながら，曲線を描くのに有利な表し方ではありませんでした．パラメタ表示のままでいきます．■

$$x = t^2 + t + 1 = \left(t + \frac{1}{2}\right)^2 + \frac{3}{4},$$

$$y = t^2 - t + 1 = \left(t - \frac{1}{2}\right)^2 + \frac{3}{4}.$$

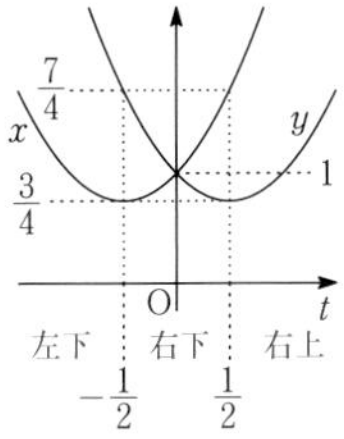

よって，t に対する x, y の増減は右図の通り.

補足 いちおう，主要な座標を書いておきます（不要かもしれませんが).

t	$-\frac{1}{2}$	0	$\frac{1}{2}$
x	$\frac{3}{4}$	1	$\frac{7}{4}$
y	$\frac{7}{4}$	1	$\frac{3}{4}$

したがって，C の概形は次図の通り.

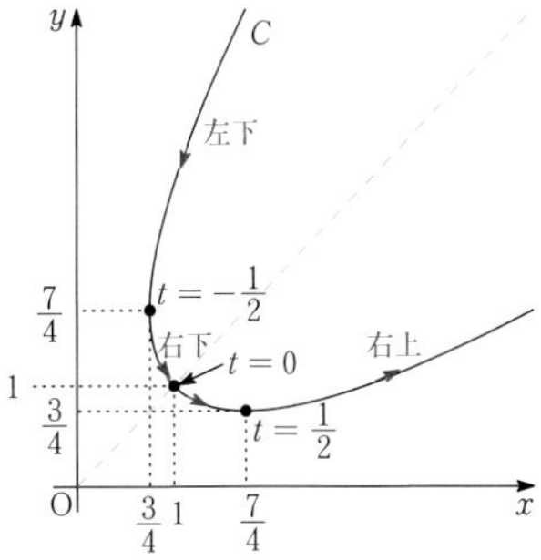

解説 例えば赤字で「右 下」とある部分は，t の増加にともない横座標 x は増加，縦座標 y は減少という意味です．また，

$t = -\frac{1}{2}$ のとき x が最小，つまり“いちばん左”

$t = \frac{1}{2}$ のとき y が最小，つまり“いちばん下”

となります.

注意！ 「パラメタ曲線って表を作って描くのでは？」なんて言ってたらダメ．表現の仕方などどーでもよい．大切なのはパラメタ t に**呼応して** x, y がどう変化するかを**考えること！**

参考 答えの図はコンピュータで正確に描いたものです．（もちろん，こんなにキレイに描けてなくてもテストではマルですが.）

これを見ると，曲線 C は直線 $y = x$ に関して対称な放物線みたいですね．それもそのはず．実を言うと，C は放物線 $y = x^2 + 1$ を回転移動するなどして得られたものなのです[→演習問題7 10 16]．（もちろん，それに気付けてなくてもテストではマルです.）

なお，ここで述べた対称性は，方程式①において x, y を互換しても不変であることからもわかります.

(2) **着眼** $x > 0$ です．x, y はどちらも「増加関数 + 減少関数」の形なので，微分して増減を調べます.

$$\frac{dx}{dt} = t - \frac{1}{t^2} = \frac{t^3 - 1}{t^2}.$$

$$\frac{dy}{dt} = \frac{1}{t} - \frac{1}{t^3} = \frac{t^2 - 1}{t^3}.$$

よって，t に対する x, y の増減は次表の通り：

t	(0)	$\cdots$	1	$\cdots$	∞
dx/dt		$-$	0	$+$	
x	∞	↘	$\frac{3}{2}$	↗	∞
dy/dt		$-$	0	$+$	
y	∞	↘	$\frac{1}{2}$	↗	∞

左下向き　　右上向き

$\lim_{t \to +0} y$ について論ずる．$t \to +0$ のとき

$$y = \underbrace{\frac{1}{t}}_{\infty}\left(\underbrace{t \log t}_{0} + \underbrace{\frac{1}{2t}}_{\infty}\right) \to \infty.$$

異種関数と極限

注 $t = 1$ において，$\frac{dx}{dt}, \frac{dy}{dt}$ が同時に 0 となります．つまり，t を時刻とみなせばその瞬間だけ速さが 0 となり，点 (x, y) は点 $\left(\frac{3}{2}, \frac{1}{2}\right)$ で一瞬**停止**します．このときの直前・直後の運動の向き（接線の傾き）を調べてみましょう（ついでに $t \to +0, t \to \infty$ のときも)．■

t における C の接線の傾きは

$$\frac{dy}{dx}=\frac{dy/dt}{dx/dt}$$
$$=\frac{t^2-1}{t^3}\cdot\frac{t^2}{t^3-1}$$
$$=\frac{t+1}{t(t^2+t+1)}.\ \cdots①$$

$$\therefore\ \frac{dy}{dx}\to\begin{cases}+\infty\ (t\to+0)\\ \frac{2}{3}\ (t\to1^{\,1)})\\ 0\ (t\to\infty).\end{cases}$$

注 1)：$t\to1+0$ と $t\to1-0$ で傾きに違いはありません．つまり点 (x,y) は，点 $\left(\frac{3}{2},\frac{1}{2}\right)$ に"来る"ときと"去る"ときの方向が同じであり，右図のように"バウンドして跳ね返る"カンジです．

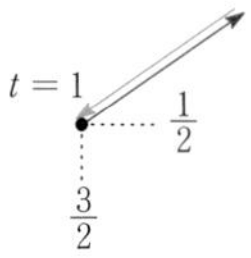

次に，$t\to+0$ のときと $t\to\infty$ のときを比べると，点 (x,y) の位置はどちらも便宜的に表すと (∞,∞) でまったくいっしょ．

でも，接線の傾き $\frac{dy}{dx}$ は $\to+\infty$ と $\to+0$ で異なります．これを拠り所にすると，右のようになりそう？

これで，C の**凹凸**について見当が付きましたね．■

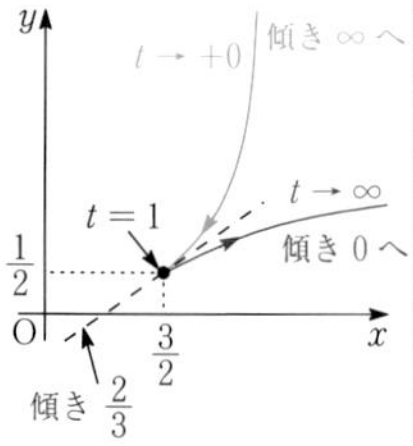

C の凹凸を調べる．①より

$$\frac{d^2y}{dx^2}=\frac{d}{dx}\left(\frac{dy}{dx}\right)$$
$$=\frac{d}{dx}\left(\frac{t+1}{t(t^2+t+1)}\right)$$
$$=\frac{dt}{dx}\cdot\frac{d}{dt}\left(\frac{t+1}{t^3+t^2+t}\right)$$
$$=\frac{dt}{dx}\cdot\frac{t^3+t^2+t-(t+1)(3t^2+2t+1)}{(t^3+t^2+t)^2}.$$

ここで，

$$\frac{dt}{dx}=\frac{t^2}{t^3-1}=\frac{t^2}{(t-1)(t^2+t+1)}$$

は $t-1$ と同符号だから，$\frac{d^2y}{dx^2}$ は次と同符号：

$$(t-1)\{t^3+t^2+t-(t+1)(3t^2+2t+1)\}$$
$$=(t-1)(-2t^3-4t^2-2t-1)$$
$$=(\underbrace{2t^3+4t^2+2t+1}_{\text{正}})\cdot(\boxed{1-t}).$$

符号決定部

$$\therefore\ \begin{cases}0<t<1\ \text{の部分}\to\frac{d^2y}{dx^2}>0\ \text{より下に凸.}\\ 1<t\ \text{の部分}\to\frac{d^2y}{dx^2}<0\ \text{より上に凸.}\end{cases}$$

以上より，C の概形は右図の通り．

言い訳 前記**注**で描いた下書きから，あまり変わり映えしませんが（笑）．

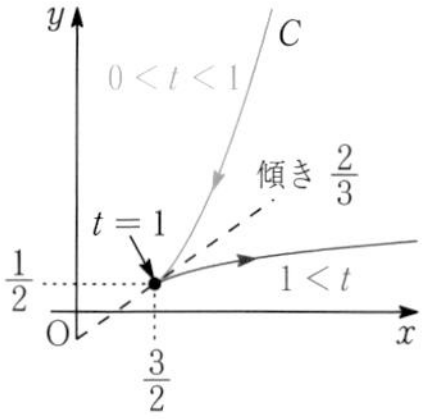

解説 凹凸を考えると，図中の傾き $\frac{2}{3}$ の直線に対する C の上下関係がわかります．

注 よって，C は"自己交差"することはなく，いわゆる「結節点」をもちません．

ただし前記で注意したように，$t=1$ のとき点 $\left(\frac{3}{2},\frac{1}{2}\right)$ でいったん停止し，その前後で運動の向き（速度ベクトルの向き）が激変します．このような，曲線上の"尖(とが)った"点のことを「尖(せん)点」といいます．

「結節点」,「尖点」がある際には，細心の注意が必要です．もっとも，入試で頻出ではありませんが．

(3) **着眼** パラメタがカンタンに消去できます．微分法の出番なし（笑）．■

$$\begin{cases}x=\sin\theta\cos\theta=\frac{1}{2}\sin2\theta,\\ y=\sin^2\theta=\frac{1-\cos2\theta}{2}.\end{cases}$$

$$\begin{cases}\sin2\theta=2x,\\ \cos2\theta=1-2y.\end{cases}$$

θ を消去して

$$(2x)^2+(1-2y)^2=1.$$
$$\text{i.e.}\ x^2+\left(y-\frac{1}{2}\right)^2=\frac{1}{4}.$$

よって C は右図の円である．

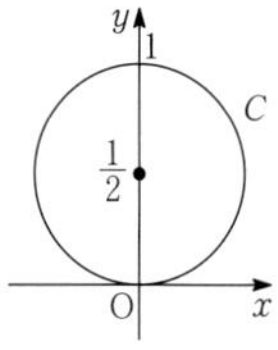

注 ほとんどの生徒が x,y を θ で微分しちゃいます．もちろん，それでは「円」は描けません（苦笑）．「パラメタ曲線の問題」↔「x,y を微分して表にまとめる」といった問題と解き方の対応付け学習に陥った人の末路です（涙）．

3 9 30 外サイクロイド

[→例題 3 8 h]

根底 実戦　典型 入試

下書き　例によって，まずは図形の動き**そのもの**を観察します：

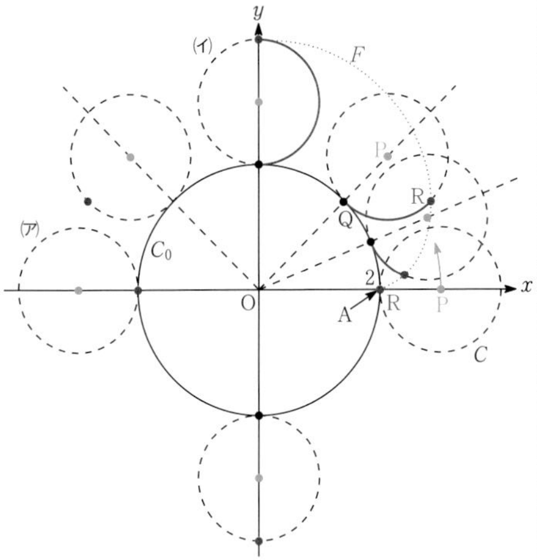

∘ 中心P(青点)がOのまわりを正の向きに回転するとき，円C(破線)もOのまわりを回転し(“公転”)，同時にC上に固定された点R(赤点)は中心Pのまわりを回転します(“自転”)．

∘ Qの位置を特定するためのポイントは「滑ることなく」です．つまり，C_0とCにおいて，それ以前に“触れあった”(外接しあった)履歴のある部分どうしの長さは一致します．上図では，Cの該当部分$\overset{\frown}{\mathrm{QR}}$を赤太線で表しています．この長さが，$C_0$の該当部分$\overset{\frown}{\mathrm{AQ}}$と一致します．

∘ Fの形が少し見えてきますね(一部点線で予想図を描き入れました)．

∘ C_0とCの半径の比は2：1ですから，図の(ア)：$\overset{\frown}{\mathrm{AQ}}$が「半円」となるとき，Rは再び$C_0$上にあります．
また，最初と(ア)の中間地点：(イ)のとき，$\overset{\frown}{\mathrm{AQ}}$が「4分半」ですから，$\overset{\frown}{\mathrm{QR}}$は「半円」となり，RはQの真反対の位置です．
こうしたことから，曲線Fには対称性がありそうですね．

∘ さて，軌跡F上の点Rの座標を何らかの変数で表しましょう．そこで用いる変数は「長さ」,「角」の二択でしたね．ここでは，Pの偏角が良さそうです．前述した「弧長」と「角」(弧度法)の関係は大丈夫ですね？

∘「座標」を直接求めるのは困難です．座標には足し算も実数倍もありませんからね．そこで，ベクトルを活用します．

∘ といっても，$\overrightarrow{\mathrm{OR}}$を直接求める訳ではありません．「ベクトル」とは，(「位置」の違いを無視して)「向き」と「大きさ」の2つで定まるものです[→Ⅱ+B 2 1 1]．よって，その2つがわかりやすそうなベクトルに着目します．
ベクトルの「向き」は，「偏角」によって表現できそうです．

まあざっとこんなカンジです．解答用紙にまだ1行も書いてない段階で，このくらいのことが頭の中を駆け巡っています．ご安心ください．初見で正しくできる人はあまりいませんので(笑)．

解答

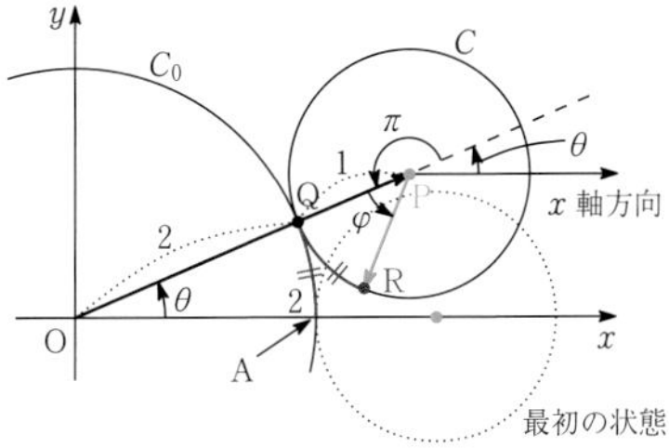

$\overrightarrow{\mathrm{OP}}$の偏角を$\theta\ (0\leqq\theta\leqq 2\pi)$とおく．$|\overrightarrow{\mathrm{OP}}|=2+1=3$だから

$$\overrightarrow{\mathrm{OP}}=3\begin{pmatrix}\cos\theta\\ \sin\theta\end{pmatrix}.\ \cdots①$$

$\overrightarrow{\mathrm{PQ}}$から$\overrightarrow{\mathrm{PR}}$への回転角を$\varphi$とおくと

$\overset{\frown}{\mathrm{AQ}}=\overset{\frown}{\mathrm{QR}}$より，[1]

$2\cdot|\theta|=1\cdot|\varphi|$．……「大きさの角」[2]

$\therefore \varphi=2\theta\ (\because\ \theta,\varphi>0)$．……「一般角」[3]

したがって

$\overrightarrow{\mathrm{PR}}$の偏角$=\theta+\pi+2\theta=3\theta+\pi$，$|\overrightarrow{\mathrm{PR}}|=1$．

$$\therefore\ ^{4)}\ \overrightarrow{\mathrm{PR}}=\begin{pmatrix}\cos(3\theta+\pi)\\ \sin(3\theta+\pi)\end{pmatrix}.$$

これと①より

$$\overrightarrow{\mathrm{OR}}=3\begin{pmatrix}\cos\theta\\ \sin\theta\end{pmatrix}-\begin{pmatrix}\cos 3\theta\\ \sin 3\theta\end{pmatrix}.$$

よってR(x,y)として，

$$\begin{cases}x=3\cos\theta-\cos 3\theta,\\ y=3\sin\theta-\sin 3\theta.\end{cases}$$

着眼　それでは目星を付けておいた対称性を示します．右図は，この後行う作業の概略を視覚化したものです．■

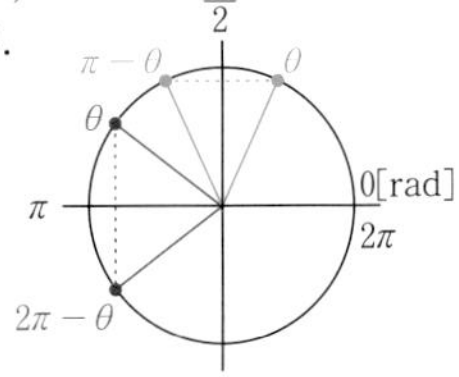

x, y をそれぞれ $x(\theta), y(\theta)$ と書く.

5) $\begin{cases} x(2\pi-\theta)=3\cos(-\theta)-\cos 3(-\theta)=x(\theta) \\ y(2\pi-\theta)=3\sin(-\theta)-\sin 3(-\theta)=-y(\theta) \end{cases}$

より, $F\ (0\leqq\theta\leqq\pi)$ と $F\ (\pi\leqq\theta\leqq 2\pi)$ は x 軸対称.

6) $\begin{cases} x(\pi-\theta)=3\cos(\pi-\theta)-\cos(\pi-3\theta)=-x(\theta) \\ y(\pi-\theta)=3\sin(\pi-\theta)-\sin(\pi-3\theta)=y(\theta) \end{cases}$

より, $F\ \left(0\leqq\theta\leqq\frac{\pi}{2}\right)$ と $F\ \left(\frac{\pi}{2}\leqq\theta\leqq\pi\right)$ は y 軸対称.

そこで, まず $0\leqq\theta\leqq\frac{\pi}{2}$ について考える.

方針 x, y は, このままでは増減がわからないので, 微分します. 前記**下書き**より, y はなんとなく単調増加な気がしますが. ■

$$\frac{dx}{d\theta}=-3\sin\theta+3\sin 3\theta \quad \text{これの符号が知りたい}$$
$$=6\cos 2\theta\sin\theta \quad \text{和積公式で積にした}$$
$$=\underbrace{6\sin\theta}_{\text{正}}\cdot\underbrace{\boxed{\cos 2\theta}}_{\text{符号決定部}}\ \left(0<\theta<\frac{\pi}{2}\right).$$

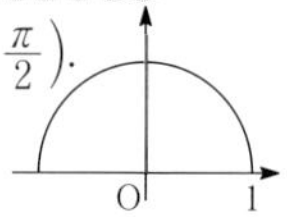

$$\frac{dy}{d\theta}=3\cos\theta-3\cos 3\theta$$
$$=6\sin 2\theta\sin\theta>0\ \left(0<\theta<\frac{\pi}{2}\right). \quad \text{案の定}$$

よって, θ に対する x, y の増減は次表の通り :

θ	0	$\cdots$	$\frac{\pi}{4}$	$\cdots$	$\frac{\pi}{2}$
$dx/d\theta$		$+$	0	$-$	
x	2	↗	$2\sqrt{2}$	↘	0
$dy/d\theta$		$+$	$+$	$+$	
y	0	↗	$\sqrt{2}$	↗	4

以上より, 対称性も加味して, F は次の通り.

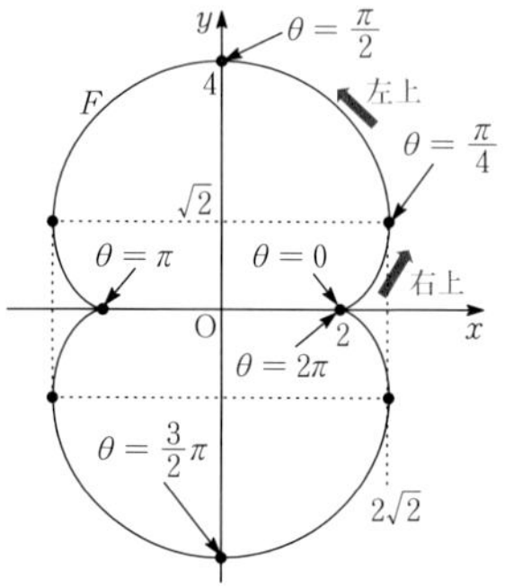

解説 様々な基本原理の理解が試される問題でした :

2)3) : この 2 種類の角の区別は OK ? [→ Ⅱ+B 4 1 1]

2) :「弧度法」の定義は理解できていますね ?
[→ Ⅱ+B 4 1 2]

4) : 本書では, このように向き (偏角) と大きさからベクトルを作る練習は, 既に済ましてあります (笑)
[→ Ⅱ+B 例題 4 2 h]

補足 5)6) : 初めから 2π の整数倍を取り除いて書いています.

言い訳 1) :「弧」,「$\overset{\frown}{○△}$」という表現には, つねに優弧・劣弧のどちらを指すかの曖昧さが付きまといます. **解答**の図ではもちろん劣弧の方を考えていますが, もっと回転していくと $\varphi>\pi$ となり今度は優弧を指します. でもまあ, なんとか許してもらえると思います. 「がい」でも可

参考 本問の曲線 F のことを「**外**(そと)**サイクロイド**」といいます.「外接」を「内接」に変えた「内サイクロイド」については [→**演習問題 4 11 26**].

3 9 31 垂足曲線 [→例題 3 8 i]

根底 実戦 典型 入試

語記サポ ある曲線の接線に下ろした垂線の足の軌跡は, **垂足曲線**と呼ばれます. 本問の F は, 円の垂足曲線です.

下書き まずは図形の動き**そのもの**を観察. 必ず自分自身でやってみるんだよ～.

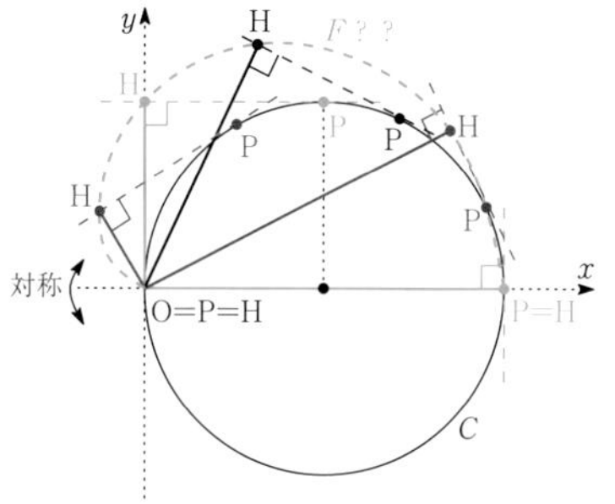

図形的に考えて, F は x 軸対称ですね.

着眼 それでは H の座標を表す作業に取り掛かります. (下の**解答**中の図を参照しながら読んでください.) H は,「P における接線への垂線の足」として定まりますから, 当然 P を活かすことを考え, 円 C の中心を A として補助線 AP を引きます. そこで, ベクトル $\overrightarrow{\mathrm{AP}}$ の「偏角」θ を変数として設定しましょう. これを用いて P の座標が表され, 接線の方程式も求まります. もちろん, OH∥AP ですから, OH の方程式も求まり, 交点 H の座標が得られますね.

解答 C は x 軸対称だから, F も x 軸対称である. そこで, P が $C\ (y\geqq 0)$ 上にあるときを考える.

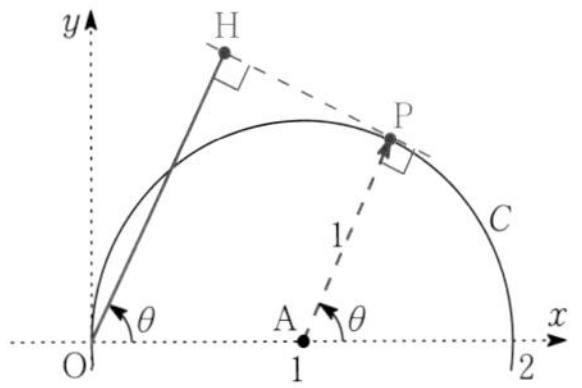

C の中心 $(1, 0)$ を A とし，ベクトル $\overrightarrow{AP}$ の偏角を $\theta\ (0 \leq \theta < \pi)$ とする． P=O のときは後回し

$\cos\theta$ を c，$\sin\theta$ を s と略記すると

$$\overrightarrow{AP} = 1\begin{pmatrix} c \\ s \end{pmatrix}.$$

$$\overrightarrow{OP} = \overrightarrow{OA} + \overrightarrow{AP} = \begin{pmatrix} 1+c \\ s \end{pmatrix}.$$

よって，P における C の接線は

$$\begin{pmatrix} c \\ s \end{pmatrix} \cdot \left\{ \begin{pmatrix} x \\ y \end{pmatrix} - \begin{pmatrix} 1+c \\ s \end{pmatrix} \right\} = 0.$$

法線ベクトル

$$cx + sy = c(1+c) + s^2 = 1 + c. \ \cdots ①$$

また，それと垂直な OH は

$$\begin{pmatrix} s \\ -c \end{pmatrix} \cdot \begin{pmatrix} x \\ y \end{pmatrix} = 0.$$ $\begin{pmatrix} c \\ s \end{pmatrix} \perp \begin{pmatrix} s \\ -c \end{pmatrix}$ ですね

法線ベクトル

$$sx - cy = 0. \ \cdots ②$$

①②を連立して，①$\times c +$ ②$\times s$ より

$$(c^2 + s^2)x = (1+c)c. \ \therefore\ x = (1+c)c.$$

①$\times s -$ ②$\times c$ より

$$(s^2 + c^2)y = (1+c)s. \ \therefore\ y = (1+c)s.$$

よって $\mathrm{H}(x, y)$ として

$$\begin{cases} x = (1+c)c \\ y = (1+c)s. \end{cases} \ \cdots ③$$

③は，$\theta = \pi(\mathrm{P{=}O})$ のときも，$(x, y) = (0, 0)$ となるから $(*)$ より成り立っている．

着眼 これで点 H のパラメタ表示ができました．θ をキレイに消去するのは難しそうなので，パラメタ表示のままで F を描きます．

$$\overrightarrow{OH} = \begin{pmatrix} x \\ y \end{pmatrix} = (1 + \cos\theta)\begin{pmatrix} \cos\theta \\ \sin\theta \end{pmatrix}.$$ [1)]

ベクトル $\overrightarrow{OH}$ は，偏角 θ のときの大きさが $1 + \cos\theta$ であり，これは θ の減少関数です．

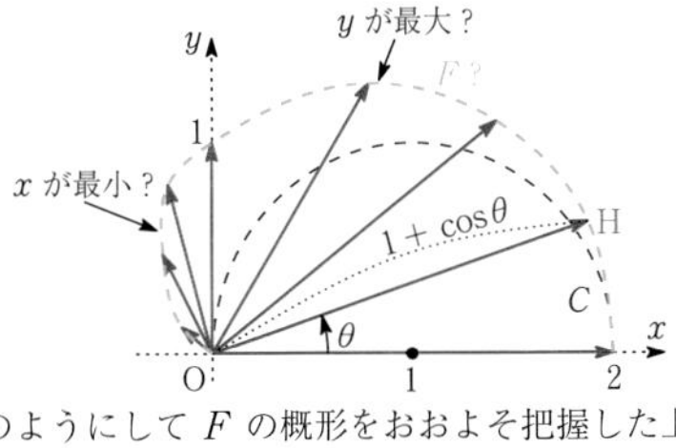

このようにして F の概形をおおよそ把握した上で，「解答」の中では微分法を用います．■

$$\frac{dx}{d\theta} = -sc - (1+c)s$$

$$= s(-2c - 1)$$

$$= \underbrace{2s}_{0\text{ 以上}} \cdot \left(\boxed{\frac{-1}{2} - c} \right).$$ 符号決定部

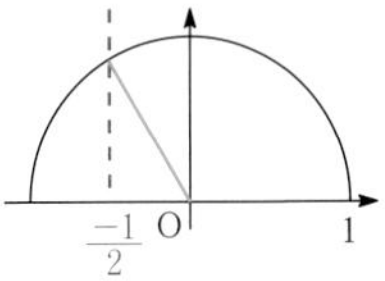

$$\frac{dy}{d\theta} = -ss + (1+c)c$$

$$= c^2 - 1 + (1+c)c$$

$$= (1+c)(2c - 1)$$

$$= \underbrace{2(1+c)}_{0\text{ 以上}} \cdot \left(\boxed{c - \frac{1}{2}} \right).$$ 符号決定部

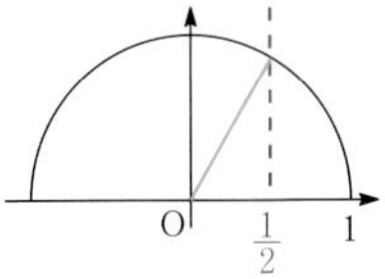

よって，θ に対する x, y の増減は次表の通り：

θ	0	$\cdots$	$\frac{\pi}{3}$	$\cdots$	$\frac{2}{3}\pi$	$\cdots$	π
$dx/d\theta$		$-$	$-$	$-$	0	$+$	
x	2	$\searrow$	$\frac{3}{4}$	$\searrow$	$-\frac{1}{4}$	$\nearrow$	0
$dy/d\theta$		$+$	0	$-$	$-$	$-$	
y	0	$\nearrow$	$\frac{3}{4}\sqrt{3}$	$\searrow$	$\frac{\sqrt{3}}{4}$	$\searrow$	0

以上より，対称性も加味して，F は次の通り．

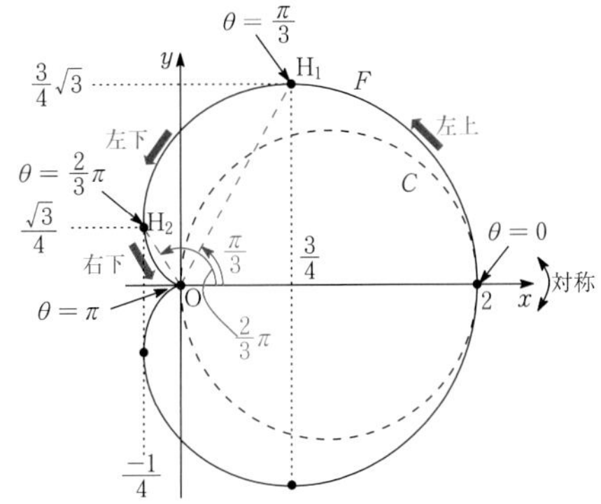

参考 この曲線は，**カージオイド**と呼ばれる有名曲線です．

注 “いちばん上の点”を $\mathrm{H_1}$ とすると，$\mathrm{OH_1}$ の傾きは $\sqrt{3}$．よってたしかに $\mathrm{H_1}$ の偏角は $\frac{\pi}{3}$ になっています．

同様に，“いちばん左の点” を $\mathrm{H_2}$ とすると，$\mathrm{OH_2}$ の傾きは $-\sqrt{3}$．よってたしかに $\mathrm{H_2}$ の偏角は $\frac{2}{3}\pi$ になっていますね．

接線の傾きは

$$\frac{dy}{dx}=\frac{dy/d\theta}{dx/d\theta}$$
$$=\frac{(1+c)(2c-1)}{-s(2c+1)}$$
$$\to\begin{cases}-\infty\ (\theta\to+0\ \text{のとき}),\\ 0\ (\theta\to\pi-0\ \text{のとき}).\end{cases}$$

できればこのことも少し意識して F を描きましょう．$\theta\to\pi-0$ の方の極限は，次のように求まります：

$$\frac{dy}{dx}=\frac{(1+c)(2c-1)}{-s(2c+1)}=\frac{2c-1}{2c+1}\cdot\frac{1+c}{-s}.$$

ここで，$\frac{2c-1}{2c+1}\to\frac{-3}{-1}=3.$

$t=\pi-\theta$ とおくと，$t\to+0$ であり

$$\frac{1+c}{-s}=\frac{1+\cos\theta}{-\sin\theta}$$
$$=\frac{1+\cos(\pi-t)}{-\sin(\pi-t)}$$
$$=-\frac{1-\cos t}{\sin t}$$
$$=-\frac{1-\cos t}{t^2}\cdot\frac{t}{\sin t}\cdot t\to-\frac{1}{2}\cdot1\cdot0=0.$$

別解

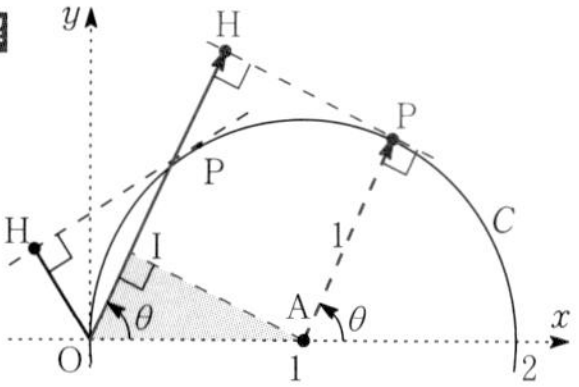

前問と同様，ベクトル $\overrightarrow{\mathrm{OH}}$ を求める手もあります．$\overrightarrow{\mathrm{OH}}$ は $\overrightarrow{\mathrm{AP}}=\binom{c}{s}$ と同じ**向き**ですから，**長さ** $|\overrightarrow{\mathrm{OH}}|$ がわかれば OK です．

「角 θ」を用いて「長さ OH」を表すため，三角形に注目して三角比を使います．上図のように A から OH に垂線 AI を下ろし，直角三角形 △OAI に注目すると，

$$\mathrm{OI}=\mathrm{OA}\cos\theta=\cos\theta.$$
$$\therefore\ \mathrm{OH}=\cos\theta+1.$$

これで $\overrightarrow{\mathrm{OH}}$ の向きと大きさが出揃いました．

$$\overrightarrow{\mathrm{OH}}=(1+c)\binom{c}{s}.$$

しかしこの方法は，黒色で書いた点 P，H(θ が鈍角) の場合には通用しません．その場合の図も別途書かなければ「解答」としては認められません．

5 8 2 後 ﾊｲﾚﾍﾞﾙ↑ ベクトルで解答するなら，「正射影ベクトル」を使います．

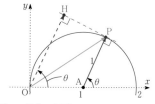

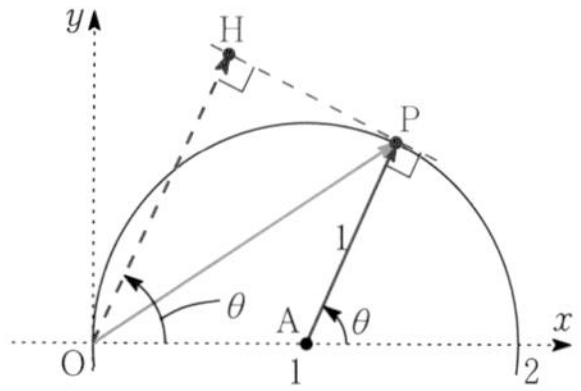

$\overrightarrow{\mathrm{OH}}$ は，$\overrightarrow{\mathrm{OP}}$ の $\overrightarrow{\mathrm{AP}}$ への正射影ベクトルですから，

$$\overrightarrow{\mathrm{OH}}=\frac{\overrightarrow{\mathrm{OP}}\cdot\overrightarrow{\mathrm{AP}}}{|\overrightarrow{\mathrm{AP}}|^2}\overrightarrow{\mathrm{AP}}$$
$$=\left\{\binom{1+c}{s}\cdot\binom{c}{s}\right\}\binom{c}{s}\ (\because\ |\overrightarrow{\mathrm{AP}}|=1)$$
$$=(1+c)\binom{c}{s}.$$

これなら“一瞬”ですし，θ が鈍角でも大丈夫です．

7 後 [1]：F を極方程式[→7 9 3]で表すと，$r=1+\cos\theta$ ですね．

3 9 32 物理量と速度

根底 実戦 [→例題3 8 J]

着眼 雲をつかむような問題ですね (笑)．まずは情報を整理し，関与する「量」に文字で「名前」を与え，それらの関係を「式」で表します．

問題文に現れた「量」は「体積」と「表面積」だけですが，これら 2 つの直接の関係式はないので，両者を結びつける「半径」も登場させましょう．また，「速度」とは「時刻」に対する変化率ですから…

解答 **時刻** t における球の**半径**を r，**表面積**を S，**体積**を V とすると，a をある正の定数として，

$$S=4\pi r^2\ \cdots①$$
$$V=\frac{4}{3}\pi r^3\ \cdots②$$
$$\frac{dV}{dt}=a\cdot S.\ \cdots③$$

a は比例定数

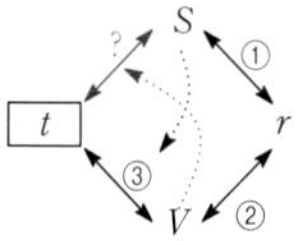

注 このように，各変量どうしの関係を，式に表すと同時に図式的にも表しておくことを推奨します．その際，時刻 t をどっしりと中心に据えて．

どうですか？問題の「文章」を読んだだけのときと比べて，ずいぶん視界が開けてきたでしょ．

方針 ②と③に共通な「V」があります．この 2 式を結び付けてみましょう．

その際，次のことを“格言”のように念頭に置いて：

> **全ての量は，時刻 t の関数である．**
> **たとえ t で表せなくとも．**

また，t の関数 V が微分可能ですから，②①を介して，r，S も微分可能です．[1] ■

②の両辺を t で微分すると,

$$\frac{dV}{dt}=4\pi r^2\cdot\frac{dr}{dt}.$$
rで微分 | rを微分

これと①③より

$$aS=S\cdot\frac{dr}{dt}.\quad \frac{dr}{dt}=a\ (\text{一定}).$$

注 何のことはない. 実は, 半径が単位時間当たり一定の割合で増えるという設定に過ぎませんでした (笑).

方針 目標は $\frac{dS}{dt}$ ですから…■

①の両辺をtで微分すると,

$$\frac{dS}{dt}=8\pi r\cdot\frac{dr}{dt}$$
rで微分 | rを微分

$$=\underbrace{8\pi a}_{\text{正定数}}\cdot r.\ \cdots ④$$

ここで, ②より

$$r=\sqrt[3]{\frac{3}{4\pi}V}=(\text{正定数})\times V^{\frac{1}{3}}.$$

これと④より

$$\frac{dS}{dt}=(\text{正定数})\times V^{\frac{1}{3}}.$$

よって求めるものは, $\frac{1}{3}$ 乗.//

別解 ①②に共通な「r」を消去し,「S」と「V」の直接の関係を作ってしまう手もあります (以下, 略解).

$V^2=(\text{正定数})\cdot S^3.\ \cdots ⑤$ いずれも r^6 に比例

両辺を t で微分すると

$$2V\cdot\frac{dV}{dt}=(\text{正定数})\cdot 3S^2\cdot\frac{dS}{dt}.$$

これと③より

$$2V\cdot aS=(\text{正定数})\cdot 3S^2\cdot\frac{dS}{dt}.$$

$$\therefore\ \frac{dS}{dt}=(\text{正定数})\cdot\frac{V}{S}$$
$$=(\text{正定数})\cdot\frac{V}{V^{\frac{2}{3}}}\ (\because\ ⑤)$$
$$=(\text{正定数})\cdot V^{\frac{1}{3}}.$$

ご覧の通り,「正定数」という表現が多用されています. 物理現象を解析する場合, このように (正の) 定数倍の違いは無視して考えた方が本質がつかみやすくなるケースが多いのです.

注 [1]: こうした物理的現象にまつわる応用問題では, おおらかな気持ちで微分可能性を認めてしまって解答しても大丈夫だと思われますが.

参考 似たカンジの問題がⅡ+B演習問題6 4 6にありましたが, そこでは $\frac{dr}{dt}=2$ が初めから与えられていました.

3 9 33 円運動と直線運動

根底 実戦

[→例題3 7 0]

言い訳 入試の数学でこうした近似を要求されるケースは少ないですが. 練習だと思ってお付き合いください.

余談 電気モーターによる P の「回転運動」を, Q の「直線運動」へ変換する「クランク・スライダ機構」を題材とした問題です.

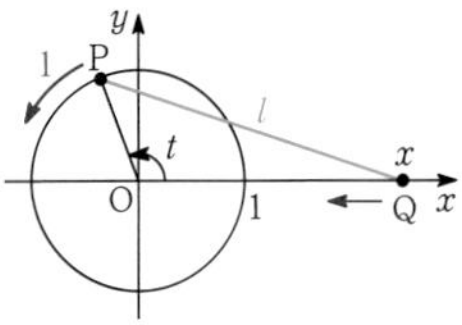

解答

(1) P の偏角 $=\frac{t}{1}=t$ より, $P(\cos t,\ \sin t)$. (弧長 / 半径)

$\cos t$ を c, $\sin t$ を s と略記すると,

$$(x-c)^2+s^2=l^2.$$

$$x=c+\sqrt{l^2-s^2}\ (\because\ \text{Q は P より右側})\ \cdots ①$$
$$=c+l\sqrt{1-\frac{s^2}{l^2}}.$$
1 次近似を行うため「1 − △」の形を作った

ここで, l は $|\sin t|(\leq 1)$ に対して充分大きいから, $\frac{s^2}{l^2}$ は充分小さい. よって

$$x\fallingdotseq c+l\left(1-\frac{1}{2}\cdot\frac{s^2}{l^2}\right)$$
$$=c+l-\frac{s^2}{2l}.\ /\!/\ \cdots ①'$$

注 ホントはマジメに $\cos t$, $\sin t$ と書いた方がよいです. ■

(2) ①′より

$$v=\frac{dx}{dt}=-s-\frac{sc}{l}.\ /\!/\ \cdots ②$$

(3) (2)より

$$\alpha=\frac{dv}{dt}=-c-\frac{c^2-s^2}{l}=-c-\frac{2c^2-1}{l}.\ /\!/$$

これを用いて時刻 t に対する v の増減を調べる.

$l=\frac{7}{2}$ のとき

$$\alpha=-c-\frac{2}{7}(2c^2-1)$$
$$=-\frac{1}{7}\{7c+2(2c^2-1)\}$$
$$=-\frac{1}{7}(4c^2+7c-2)$$
$$=-\frac{1}{7}(c+2)(4c-1)$$
$$=\underbrace{\frac{c+2}{7}}_{\text{正}}\cdot(\boxed{1-4c}).$$
符号決定部

②より, t の関数 v は 2π を周期とする. そこで, $-\pi\leq t<\pi$ について考える.

$$\cos\beta = \frac{1}{4}\ (0 < \beta < \pi)\ \cdots ③$$

を満たす β が，右図のように 1 つに定まる．これを用いて，下の増減表を得る：

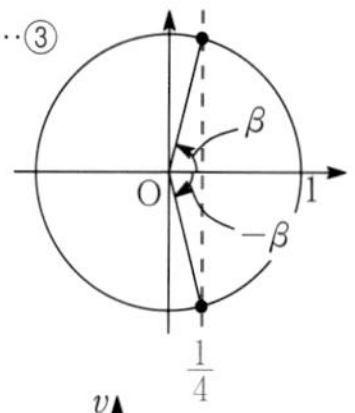

t	$-\pi$	$\cdots$	$-\beta$	$\cdots$	β	$\cdots$	(π)
α		$+$	0	$-$	0	$+$	
v	0	↗		↘		↗	(0)

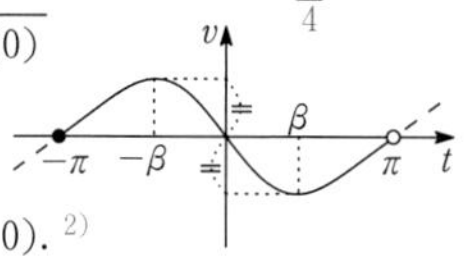

v は t の奇関数[1]

だから，

$$v|_{t=-\beta} = -v|_{t=\beta} (>0).\ ^{2)}$$

両者の絶対値は等しいから，求める速さ $|v|$ の最大値は

$$-v|_{t=\beta} = \sin\beta + \frac{2}{7}\sin\beta\cos\beta\ (\because\ ②).$$

ここで，右図より $\sin\beta = \frac{\sqrt{15}}{4}$ だから，

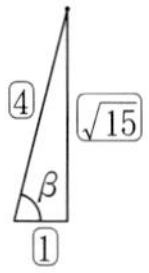

速さの最大値は

$$\frac{\sqrt{15}}{4} + \frac{2}{7}\cdot\frac{\sqrt{15}}{4}\cdot\frac{1}{4} = \frac{15}{56}\sqrt{15}.//$$

解説 本問では，加速度 $\alpha = \frac{dv}{dt}$ を，単に速度 v の増減を調べるための導関数として利用しています．加速度そのものに対する興味関心は薄いです．

なお，速度 $v = \frac{dx}{dt}$ によって x の増減を考えると，

②より

$$v = \frac{dx}{dt} = \underbrace{\left(1 + \frac{c}{l}\right)}_{\text{正}}\cdot(\boxed{-s}).$$

$\left|\frac{c}{l}\right| < 1$　符号決定部

これにより，P が上の半円上なら $v < 0$，つまり Q は左向き．P が下の半円上なら $v > 0$，つまり Q は右向きに運動することがわかります．冒頭余談の図を見れば…，当然ですね (笑).

注 [1]：微分する前にこの対称性に言及し，その後の処理を簡略化することもできますが，v を微分して得られた α をそのまま活かしたいので，敢えてそうしませんでした．

語記サポ [2]：$t = \beta$ のときの v の値は，もしも速度 v を t の関数として「$v(t)$」と表していれば「$v(\beta)$」と書けます．しかしここでは「$v(t)$」という表記を約束していません．そんなとき便利なのが，この「$v|_{t=\beta}$」という表し方です．

参考 x を精密に求めた結果：①を用いた場合，速度は

$$v = -\sin t + \frac{-\sin t\cos t}{\sqrt{l^2 - \sin t^2}}.$$

これの増減を調べるのはけっこう骨が折れます．

そこで作問者 (筆者) は「近似」という誘導を付けた訳です．

ちなみに，①とそれを近似した ①′ のグラフどうしを重ねてみると次図のようになります：

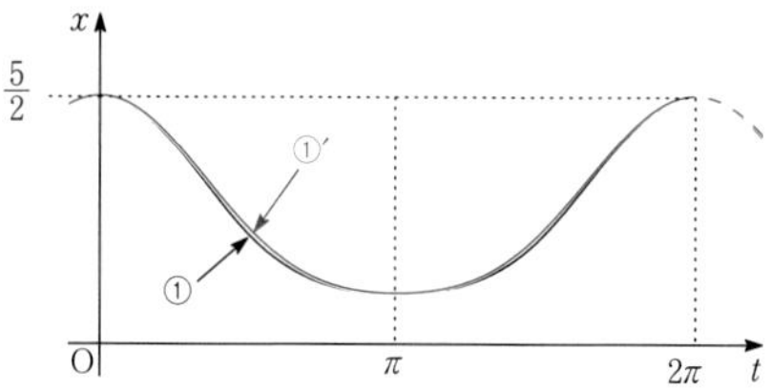

とても良い近似が得られているのがわかります．この図は，$l = \frac{3}{2}$ の場合です．(3)の $l = \frac{7}{2}$ にすると，両者はピッタリ重なり，肉眼ではまったく区別がつきません (笑).

第 4 章 積分法

3 演習問題A

4 3 1 面積の2通りの求め方 根底 実戦 [→4 1 4]

注 (1)(2)とも，「掛けて集める」イメージを持ちながら立式すること．

解答 (1) $e^x>0$ だから，

$$S=\lim_{n\to\infty}\sum_{k=1}^{n}e^{\frac{k}{n}}\cdot\frac{1}{n}$$
$$=\lim_{n\to\infty}\frac{1}{n}\sum_{k=1}^{n}(e^{\frac{1}{n}})^k$$
$$=\lim_{n\to\infty}\frac{1}{n}\cdot e^{\frac{1}{n}}\cdot\frac{(e^{\frac{1}{n}})^n-1}{e^{\frac{1}{n}}-1}$$
$$=\lim_{n\to\infty}(e-1)\cdot e^{\frac{1}{n}}\cdot\frac{\boxed{\frac{1}{n}}}{e^{\boxed{\frac{1}{n}}}-1}$$
$$=(e-1)\cdot1\cdot1\ \left(\because\ \boxed{\frac{1}{n}}\to0\right)$$
$$=e-1.\ /\!/$$

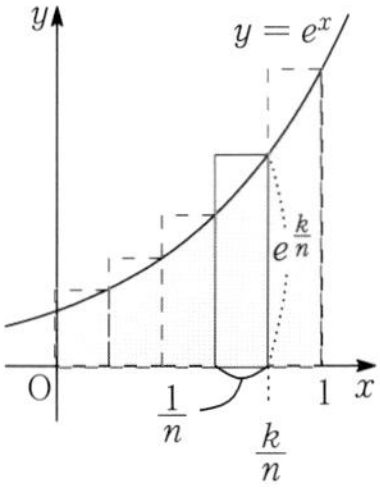

(2) $e^x>0$ だから，

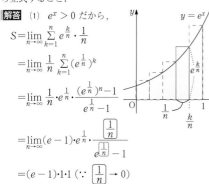

$$S=\lim_{n\to\infty}\sum_{k=1}^{n}e^{\frac{k}{n}}\times\frac{1}{n}\quad 1)$$
$$=\underbrace{\int_0^1}_{\text{細かく集める}}\underbrace{e^x\times dx}_{\text{細長長方形面積}}\quad 2)$$
$$=\Big[e^x\Big]_0^1=e-1.\ /\!/$$

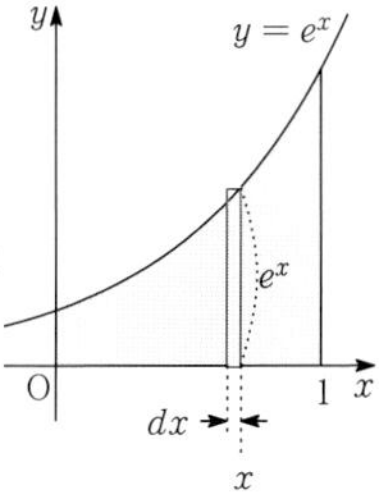

注 ちゃんと同じ値が求まりましたね．

1)2)：「$\int$」を，$\lim_{n\to\infty}\Sigma$（細かく集める）というイメージをもちながら書くと，積分法に関する多くの発展的内容がスラスラ理解できます．

4 3 2 積分計算総合・ベキ関数中心 根底 実戦 [→4 2]

注 手法番号1～6を適宜書き入れます．

解答

(1) $\displaystyle\int\frac{1}{x\sqrt{x}}\,dx=\int x^{-\frac{3}{2}}\,dx$

$$=\square\frac{1}{\sqrt{x}}+C \quad \text{1} \quad \left(\left(\frac{1}{\sqrt{x}}\right)'=-\frac{1}{2}\cdot\frac{1}{x\sqrt{x}}\right)$$
$$=\frac{-2}{\sqrt{x}}+C.\ /\!/$$

(2) $\displaystyle\int_1^2\frac{x+2}{1-2x}\,dx=\int_1^2\left(-\frac{1}{2}+\frac{\frac{5}{2}}{\boxed{1-2x}}\right)dx$ 3 2 分子の低次化

$$=-\frac{1}{2}-\frac{5}{4}\Big[\log\left|\boxed{1-2x}\right|\Big]_1^2$$
$$=-\frac{1}{2}-\frac{5}{4}\log3.\ /\!/$$

注 積分区間内ではつねに $\dfrac{x+2}{1-2x}<0$ ですから，定積分の値は負になります．

(3) $\displaystyle\int_0^1\frac{x+1}{x^2+1}\,dx=\int_0^1\frac{\boxed{x}}{\boxed{x^2+1}}\,dx+\underbrace{\int_0^1\frac{1}{x^2+1}\,dx}_{I\text{とおく}}$ 3 5

$$=\left[\frac{1}{2}\log(x^2+1)\right]_0^1+I$$
$$=\frac{1}{2}\log2+I.$$

ここで，$I=\cdots$例題4 2 h(2)と同じ$\cdots=\dfrac{\pi}{4}$． 6

$\therefore$ 与式 $=\dfrac{1}{2}\log2+\dfrac{\pi}{4}.\ /\!/$

(4) $\displaystyle\int_0^1\frac{1}{x^2-x+1}\,dx=\int_0^1\frac{1}{\left(x-\frac{1}{2}\right)^2+\frac{3}{4}}\,dx.$

x を集約

$x-\dfrac{1}{2}=\dfrac{\sqrt{3}}{2}\tan\theta\ \left(-\dfrac{\pi}{2}<\theta<\dfrac{\pi}{2}\right)$ とおくと 6

- 分母 $=\dfrac{3}{4}\cdot\dfrac{1}{\cos^2\theta}$，• $dx=\dfrac{\sqrt{3}}{2}\cdot\dfrac{1}{\cos^2\theta}\,d\theta$.
- x と θ の対応は次の通り．

x	$0\ \to\ 1$
$\tan\theta$	$-1/\sqrt{3}\ \to\ 1/\sqrt{3}$
θ	$-\pi/6\ \to\ \pi/6$

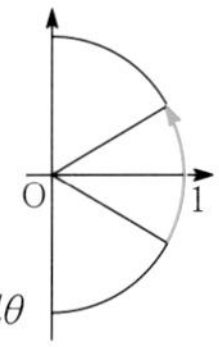

偶関数

$$\therefore\ \text{与式}=\int_{-\frac{\pi}{6}}^{\frac{\pi}{6}}\frac{4}{3}\cos^2\theta\cdot\frac{\sqrt{3}}{2\cos^2\theta}\,d\theta$$
$$=\int_0^{\frac{\pi}{6}}\frac{4}{\sqrt{3}}\,d\theta=\frac{4}{\sqrt{3}}\Big[\theta\Big]_0^{\frac{\pi}{6}}=\frac{2\pi}{3\sqrt{3}}.\ /\!/$$

(5) $\displaystyle\frac{1}{x^3+1}=\frac{1}{(x+1)(x^2-x+1)}$

$$=\frac{a}{x+1}+\frac{bx+c}{x^2-x+1}\quad 1)$$

を満たす定数 a, b, c を考える．

右辺 $=\dfrac{a(x^2-x+1)+(bx+c)(x+1)}{x^3+1}$ だから，

$$a+b=0,\ -a+b+c=0,\ a+c=1,$$
$$\text{i.e. } a=\frac{1}{3},\ b=-\frac{1}{3},\ c=\frac{2}{3}.$$

ならよい．よって

$$\text{与式}=\frac{1}{3}\int_0^1\left(\frac{1}{x+1}-\frac{x-2}{x^2-x+1}\right)dx \quad 3$$
$$=\frac{1}{3}\Big[\log|x+1|\Big]_0^1-\frac{1}{6}\underbrace{\int_0^1\frac{2x-4}{x^2-x+1}\,dx}_{I\text{とおく}}$$
$$=\frac{1}{3}\log2-\frac{1}{6}I.$$

ここで,

$$I=\int_0^1\frac{\boxed{2x-1}}{\boxed{x^2-x+1}}\,dx-3\int_0^1\frac{1}{x^2-x+1}\,dx$$ 5

$$=\Big[\log|x^2-x+1|\Big]_0^1-3\times(4)\text{の定積分}=0-\frac{2\pi}{\sqrt{3}}.$$ 6

以上より, 与式 $=\dfrac{1}{3}\log 2+\dfrac{\pi}{3\sqrt{3}}$.//

注 [1]: このような部分分数展開は, 経験がないとキビシイです. [→Ⅱ+B演習問題1 8 3]

(6) $x=\tan\theta\left(-\dfrac{\pi}{2}<\theta<\dfrac{\pi}{2}\right)$ とおくと 6

$$\frac{x^2}{(x^2+1)^2}=\tan^2\theta\cdot\cos^4\theta$$
$$=\sin^2\theta\cos^2\theta.$$

$$dx=\frac{1}{\cos^2\theta}\,d\theta,$$

x	$0\to1$
θ	$0\to\pi/4$

$$\therefore\ \text{与式}=\int_0^{\frac{\pi}{4}}\sin^2\theta\cos^2\theta\cdot\frac{1}{\cos^2\theta}\,d\theta$$
$$=\int_0^{\frac{\pi}{4}}\sin^2\theta\,d\theta$$
$$=\int_0^{\frac{\pi}{4}}\frac{1-\cos2\theta}{2}\,d\theta \quad 3$$
$$=\frac{1}{2}\left[\theta-\frac{\sin2\theta}{2}\right]_0^{\frac{\pi}{4}}$$
$$=\frac{1}{2}\left(\frac{\pi}{4}-\frac{1}{2}\right)=\frac{\pi}{8}-\frac{1}{4}.\ /\!/$$

(7) $\displaystyle\int\frac{x}{x+\sqrt{x^2-1}}\,dx$

$$=\int\frac{x}{x+\sqrt{x^2-1}}\cdot\frac{x-\sqrt{x^2-1}}{x-\sqrt{x^2-1}}\,dx$$
$$=\int\left(x^2-\boxed{x}\sqrt{\boxed{x^2-1}}\right)dx \quad 3\ 5$$
$$=\frac{x^3}{3}-\frac{1}{3}\left(\boxed{x^2-1}\right)^{\frac{3}{2}}+C.\ /\!/$$

(8) $$\int_1^2\frac{1}{\sqrt{4x-x^2}}\,dx=\int_1^2\frac{1}{\sqrt{2^2-(x-2)^2}}\,dx.$$

x を集約

$x-2=2\sin\theta\left(-\dfrac{\pi}{2}\le\theta\le\dfrac{\pi}{2}\ \cdots①\right)$ とおくと 6

- 分母 $=2|\cos\theta|=2\cos\theta$ (∵ ①),
- $dx=2\cos\theta\,d\theta$.
- x と θ の対応は次の通り.

x	$1\to2$
$\sin\theta$	$-1/2\to0$
θ	$-\pi/6\to0$

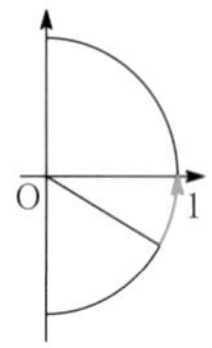

$$\therefore\ \text{与式}=\int_{-\frac{\pi}{6}}^{0}\frac{1}{2\cos\theta}\cdot2\cos\theta\,d\theta$$
$$=\Big[\theta\Big]_{-\frac{\pi}{6}}^{0}=\frac{\pi}{6}.\ /\!/$$

(9) **着眼** $x=\sqrt{2}\sin\theta$ と置換 (6) する手もありますが…■

$$y=\sqrt{2-x^2}$$
$$\Longleftrightarrow x^2+y^2=2\ (y\ge0).$$

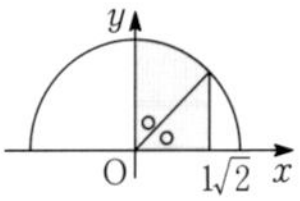

$$\therefore\int_0^1\sqrt{2-x^2}\,dx=\text{右図の面積}$$

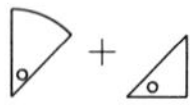

$$=\frac{1}{2}\cdot(\sqrt{2})^2\cdot\frac{\pi}{4}+\frac{1}{2}\cdot1\cdot1=\frac{\pi}{4}+\frac{1}{2}.\ /\!/$$

(10) $\displaystyle\int_0^1\left(x+\sqrt{1-x^2}\right)^2dx$

$$=\int_0^1\left(1+\boxed{2x}\sqrt{\boxed{1-x^2}}\right)dx \quad 3\ 5$$
$$=1+\left[\frac{2}{3}\left(\boxed{1-x^2}\right)^{\frac{3}{2}}\right]_1^0=\frac{5}{3}.\ /\!/$$

(11) $$\int\frac{x^3}{\sqrt{x^2+1}}\,dx=\int\frac{\boxed{x^2}}{\sqrt{\boxed{x^2+1}}}\cdot\boxed{x}\,dx.$$ 5

□を微分

方針 $\boxed{x^2+1}$, $\boxed{x^2}$ のどちらをカタマリとみてもよいですが, 分母が単項式になる方が扱いが楽です. ■

$t=x^2+1$ とおくと, $dt=2x\,dx$ だから

$$\text{与式}=\int\frac{t-1}{\sqrt{t}}\cdot\frac{dt}{2}$$
$$=\frac{1}{2}\int\left(\sqrt{t}-\frac{1}{\sqrt{t}}\right)dt$$
$$=\frac{1}{2}\left(\frac{2}{3}t^{\frac{3}{2}}-2\sqrt{t}\right)+C$$
$$=\frac{1}{3}(x^2+1)^{\frac{3}{2}}-\sqrt{x^2+1}+C.\ /\!/$$

注 分子を x^2 に変えただけの $\displaystyle\int\frac{x^2}{\sqrt{x^2+1}}\,dx$ を, **演習問題4 3 5**(2)で扱います.

4 3 3 積分計算総合・三角関数中心 [→4 2]

根底 実戦

解答 $\cos x$ を c, $\sin x$ を s と略記する.

(1) $$\int\sin^3x\cos^2x\,dx=\int(1-c^2)c^2s\,dx$$
$$=\int(Ⓒ^2-Ⓒ^4)Ⓢ\,dx \quad 5$$
$$=-\frac{\cos^3x}{3}+\frac{\cos^5x}{5}+C.\ /\!/$$

(2) $m\neq n$ のとき,

$$\int_0^\pi\cos mx\cos nx\,dx$$
$$=\int_0^\pi\frac{1}{2}\{\cos(m+n)x+\cos(m-n)x\}\,dx \quad 3$$
$$=\frac{1}{2}\left[\frac{\sin(m+n)x}{m+n}+\frac{\sin(m-n)x}{m-n}\right]_0^\pi=0.\ /\!/$$ [1]

$m=n$ のとき，

$$\int_0^{\pi}\cos mx\cos nx\,dx$$

$$=\int_0^{\pi}\frac{1+\cos 2mx}{2}\,dx=\frac{1}{2}\left[x+\frac{\sin 2mx}{2m}\right]_0^{\pi}=\frac{\pi}{2}. /\!/$$ ❸

注 [1]：この分母を書く際に，「$m\neq n$ のとき」と場合分けすべきことに初めて気付きます．■

(3) $$\int(\sin x\cos x)^2\,dx=\int\left(\frac{\sin 2x}{2}\right)^2dx \quad ❸$$

$$=\int\frac{1-\cos 4x}{8}\,dx \quad ❸$$

$$=\frac{1}{8}\left(x-\frac{\sin 4x}{4}\right)+C. /\!/$$

(4) $$\int(\sin x+\cos x)^2\,dx=\int(1+2sc)\,dx \quad ❸$$

$$=\int(1+\sin 2x)\,dx \quad ❸$$

$$=x-\frac{\cos 2x}{2}+C. /\!/$$

(5) $$\int(\sin^3x+\cos^3x)\,dx$$

$$=\int(s+c)(s^2-sc+c^2)\,dx$$

$$=\int(s+c)(1-sc)\,dx$$

$$=\int(s+c-\textcircled{s}^2\textcircled{c}-\textcircled{c}^2\textcircled{s})\,dx \quad ❸$$

❺　❺

$$=-\cos x+\sin x-\frac{\sin^3x}{3}+\frac{\cos^3x}{3}+C. /\!/$$

(6) $$\int_{-\frac{\pi}{2}}^{\frac{\pi}{2}}(x\sin x)^2\,dx=2\int_0^{\frac{\pi}{2}}x^2\sin^2x\,dx$$

偶関数

$$=2\int_0^{\frac{\pi}{2}}x^2\cdot\frac{1-\cos 2x}{2}\,dx \quad ❸$$

$$=\int_0^{\frac{\pi}{2}}x^2\,dx-\underbrace{\int_0^{\frac{\pi}{2}}x^2\cos 2x\,dx}_{I\text{ とおく}} \quad ❸$$

$$=\frac{\pi^3}{24}-I.$$

ここで

$$I=\int_0^{\frac{\pi}{2}}x^2\cos 2x\,dx$$

（$x^2\downarrow 2x$，$\cos 2x\uparrow \frac{1}{2}\sin 2x$）

$$=\left[\frac{x^2}{2}\sin 2x\right]_0^{\frac{\pi}{2}}-\int_0^{\frac{\pi}{2}}x\sin 2x\,dx$$

（$x\downarrow 1$，$\sin 2x\uparrow -\frac{1}{2}\cos 2x$）

$$=\left[\frac{x}{2}\cos 2x\right]_0^{\frac{\pi}{2}}-\frac{1}{2}\int_0^{\frac{\pi}{2}}\cos 2x\,dx$$

$$=-\frac{\pi}{4}-\frac{1}{4}\left[\sin 2x\right]_0^{\frac{\pi}{2}}=-\frac{\pi}{4}.$$

以上より，与式 $=\dfrac{\pi^3}{24}+\dfrac{\pi}{4}. /\!/$

(7) $$\int\frac{1}{\sin x\cos x}\,dx=\int\frac{1}{\frac{s}{c}\cdot c^2}\,dx$$

$$=\int\frac{1}{\boxed{\tan x}}\cdot\boxed{\frac{1}{\cos^2x}}\,dx \quad ❺$$

$$=\log|\tan x|+C. /\!/$$

(8) 分子に $\sin x$ があるので，分母を $\cos x$ で表して❺を用います．■

$$\int\frac{\sin x}{3\cos^2x+4\sin^2x}\,dx$$

$$=\int\frac{s}{3c^2+4(1-c^2)}\,dx=\int\frac{\textcircled{s}}{4-\textcircled{c}^2}\,dx. \quad ❺$$

$t=\cos x$ とおくと，$dt=-\sin x\,dx$．よって

$$\text{与式}=\int\frac{1}{4-t^2}(-dt)$$

$$=\int\frac{1}{(t-2)(t+2)}\,dt$$

$$=\int\frac{1}{4}\left(\frac{1}{t-2}-\frac{1}{t+2}\right)dt \quad ❸$$

$$=\frac{1}{4}(\log|t-2|-\log|t+2|)+C$$

$$=\frac{1}{4}\log\left|\frac{t-2}{t+2}\right|+C$$

$$=\frac{1}{4}\log\frac{2-\cos x}{2+\cos x}+C. /\!/$$

(9) $$\int_0^{\frac{\pi}{4}}\frac{1}{3\cos^2x+\sin^2x}\,dx$$

$$=\int_0^{\frac{\pi}{4}}\frac{1}{3+\frac{s^2}{c^2}}\cdot\frac{1}{c^2}\,dx$$

$$=\int_0^{\frac{\pi}{4}}\frac{1}{3+(\boxed{\tan x})^2}\cdot\boxed{\frac{1}{c^2}}\,dx.\ \cdots① \quad ❺$$

$t=\tan x$ とおくと，

$$dt=\frac{1}{c^2}\,dx,$$

x	$0\ \to\ \pi/4$
t	$0\ \to\ 1$

$$\therefore\ \text{与式}=\int_0^1\frac{1}{3+t^2}\,dt.$$

$t=\sqrt{3}\tan\theta\ \left(-\frac{\pi}{2}<\theta<\frac{\pi}{2}\right)$ とおくと❻

$$\text{分母}=3\cdot\frac{1}{\cos^2\theta},\ dt=\frac{\sqrt{3}}{\cos^2\theta}\,d\theta,$$

t	$0\ \to\ 1$
$\tan\theta$	$0\ \to\ 1/\sqrt{3}$
θ	$0\ \to\ \pi/6$

$$\therefore\ \text{与式}=\int_0^{\frac{\pi}{6}}\frac{\cancel{\cos^2\theta}}{3}\cdot\frac{\sqrt{3}}{\cancel{\cos^2\theta}}\,d\theta=\frac{\pi}{6\sqrt{3}}. /\!/$$

発展　❺，❻の 2 回の置換積分をまとめて，「変数 t」をすっ飛ばして処理すると次の通り：

①において $\tan x=\sqrt{3}\tan\theta\ \left(-\frac{\pi}{2}<\theta<\frac{\pi}{2}\right)$ とおく．❺❻

両辺を θ で微分すると

$$\frac{1}{\cos^2 x}\cdot\frac{dx}{d\theta}=\sqrt{3}\frac{1}{\cos^2\theta},\ \text{i.e.}\ \frac{1}{c^2}\,dx=\frac{\sqrt{3}}{\cos^2\theta}\,d\theta,$$

$$3+\tan^2 x=3\cdot\frac{1}{\cos^2\theta}.$$

x と θ は右のように対応する．

x	$0 \to \pi/4$
$\tan\theta$	$0 \to 1/\sqrt{3}$
θ	$0 \to \pi/6$

よって

$$\text{与式}=\int_0^{\frac{\pi}{4}}\frac{1}{3+(\boxed{\tan x})^2}\cdot\frac{1}{c^2}\,dx$$

$$=\int_0^{\frac{\pi}{6}}\frac{\cos^2\theta}{3}\cdot\frac{\sqrt{3}}{\cos^2\theta}\,d\theta=\cdots \text{ 以下同様 } \cdots$$

(10) $$\int_0^{\pi}\sqrt{1+\cos x}\,dx=\int_0^{\pi}\sqrt{2\cos^2\frac{x}{2}}\,dx\ ^{2)}$$

$$=\int_0^{\pi}\sqrt{2}\left|\cos\frac{x}{2}\right|dx$$

$$=\int_0^{\pi}\sqrt{2}\cos\frac{x}{2}\,dx\ \left(\because\ 0\leq\frac{x}{2}\leq\frac{\pi}{2}\right)$$

$$=\left[2\sqrt{2}\sin\frac{x}{2}\right]_0^{\pi}=2\sqrt{2}.\,/\!/$$

注 2)：積分計算では，ふつう次数を下げるための変形（**3**）を行いますが，ここでは逆に次数を上げることによって $\sqrt{\ }$ を外そうとしています．

(11) **方針** 「$\int\frac{1}{\sin x}\,dx$」［→例題 4 2 p (1)］に準じていろんな方法がありますが，ここではその **解答** 1 にあたるもっともオーソドックスな方法を書きます．

■

$$\int_0^{\frac{\pi}{4}}\frac{1}{\cos x}\,dx=\int_0^{\frac{\pi}{4}}\frac{c}{c^2}\,dx$$

$$=\int_0^{\frac{\pi}{4}}\frac{c}{(1-s)(1+s)}\,dx$$

$$=\int_0^{\frac{\pi}{4}}\frac{c}{2}\left(\frac{1}{1-s}+\frac{1}{1+s}\right)dx\quad \mathbf{3}$$

$$=\int_0^{\frac{\pi}{4}}\frac{1}{2}\left(\frac{\boxed{c}}{\boxed{1-s}}+\frac{\boxed{c}}{\boxed{1+s}}\right)dx\quad \mathbf{5}$$

$$=\frac{1}{2}\left[-\log\left|\boxed{1-s}\right|+\log\left|\boxed{1+s}\right|\right]_0^{\frac{\pi}{4}}$$

$$=\frac{1}{2}\left[\log\frac{1+\sin x}{1-\sin x}\right]_0^{\frac{\pi}{4}}\quad\cdots②$$

$$=\frac{1}{2}\log\frac{1+\frac{1}{\sqrt{2}}}{1-\frac{1}{\sqrt{2}}}$$

$$=\frac{1}{2}\log\frac{\sqrt{2}+1}{\sqrt{2}-1}\cdot\frac{\sqrt{2}+1}{\sqrt{2}+1}$$

$$=\log(\sqrt{2}+1).\,/\!/$$

注 $\int\frac{1}{\sin x}\,dx=\log\left|\tan\frac{x}{2}\right|+C$ を記憶していたら，不定積分は次のように求まります：

$$\int\frac{1}{\cos x}\,dx=\int\frac{1}{\sin\left(\boxed{x+\frac{\pi}{2}}\right)}\,dx\quad \mathbf{2}$$

$$=\log\left|\tan\frac{\boxed{x+\frac{\pi}{2}}}{2}\right|+C$$

$$=\log\left|\tan\left(\frac{x}{2}+\frac{\pi}{4}\right)\right|+C.\,/\!/$$

これをさらに変形すると次のようになります：

$$\log\left|\tan\left(\frac{x}{2}+\frac{\pi}{4}\right)\right|=\frac{1}{2}\log\tan^2\left(\frac{x}{2}+\frac{\pi}{4}\right)$$

Ⅱ+B 4 4 2

$$=\frac{1}{2}\log\frac{1-\cos\left(x+\frac{\pi}{2}\right)}{1+\cos\left(x+\frac{\pi}{2}\right)}$$

$$=\frac{1}{2}\log\frac{1+\sin x}{1-\sin x}.$$

ちゃんと②と一致しましたね．

余談　この積分は，「メルカトル図法」という地図投影法において重要な役割を担います．

(12) $$\int\frac{1}{\cos^2 x}\,dx=\tan x+C.\,/\!/\quad \mathbf{1}$$

注　忘れるな！（笑）

(13) $$\int_0^{\frac{\pi}{6}}\frac{1}{c^3}\,dx=\int_0^{\frac{\pi}{6}}\frac{c}{c^4}\,dx$$

$$=\int_0^{\frac{\pi}{6}}\frac{\boxed{c}}{(1-\boxed{s}^2)^2}\,dx.\quad \mathbf{5}$$

$t=\sin x$ とおくと

$dt=\cos x\,dx,$

x	$0 \to \pi/6$
t	$0 \to 1/2$

よって与式は，

$$\int_0^{\frac{1}{2}}\frac{1}{(1-t^2)^2}\,dt$$

$$=\int_0^{\frac{1}{2}}\left\{\frac{1}{(1-t)(1+t)}\right\}^2 dt$$

$$=\frac{1}{4}\int_0^{\frac{1}{2}}\left(\frac{1}{1-t}+\frac{1}{1+t}\right)^2 dt\quad \mathbf{3}$$

$$=\frac{1}{4}\int_0^{\frac{1}{2}}\left\{\frac{1}{(1-t)^2}+\frac{1}{(1+t)^2}+2\cdot\frac{1}{1-t}\cdot\frac{1}{1+t}\right\}dt\quad \mathbf{3}$$

$$=\frac{1}{4}\int_0^{\frac{1}{2}}\left\{\frac{1}{(1-t)^2}+\frac{1}{(1+t)^2}+\frac{1}{1-t}+\frac{1}{1+t}\right\}dt\quad \mathbf{3}$$

$$=\frac{1}{4}\left[\frac{1}{1-t}-\frac{1}{1+t}+\log\frac{1+t}{1-t}\right]_0^{\frac{1}{2}}$$

$$=\frac{1}{4}\left(2-\frac{2}{3}+\log 3\right)=\frac{1}{3}+\frac{\log 3}{4}.\,/\!/$$

(14) **解答1**

$$\int\frac{1}{\cos^4x}\,dx=\int\frac{1}{\cos^2x}\cdot\frac{1}{\cos^2x}\,dx$$
$$=\int(1+\tan^2x)\frac{1}{\cos^2x}\,dx \quad 1)$$
3
$$=\int\left\{\frac{1}{\cos^2x}+(\boxed{\tan x})^2\cdot\boxed{\frac{1}{\cos^2x}}\right\}dx$$
5
$$=\tan x+\frac{\tan^3x}{3}+C.//$$

解答2

$$\int\frac{1}{\cos^4x}\,dx=\int\frac{\cos^2x+\sin^2x}{\cos^4x}\,dx \quad 2)$$
$$=\int\left(\frac{1}{\cos^2x}+\frac{\sin^2x}{\cos^4x}\right)dx$$
$$=\int\left(\frac{1}{\cos^2x}+\tan^2x\cdot\frac{1}{\cos^2x}\right)dx$$
$=\cdots$ 以下同様 $\cdots$

注 1)2)：**解答1** では $1+\tan^2x=\dfrac{1}{\cos^2x}$，**解答2** では $\cos^2x+\sin^2x=1$ を用いました．前者は後者を $\cos^2x$ で割っただけのものですから，実はどちらもやっていることはほぼ同じです（笑）．

参考 (11)〜(14)では，分母における cos の次数を変えて遊んでみました．用いる手法はてんでバラバラでしたね（笑）．

4 3 4 積分計算総合・指数・対数関数中心 [→4 2]

根底 実戦

解答 (1) $\displaystyle\int_0^1 1\cdot\log(x^2+1)\,dx$ 4

（$1 \uparrow x$，$\log(x^2+1)\downarrow \dfrac{2x}{x^2+1}$）

$$=\Big[x\log(x^2+1)\Big]_0^1-2\underbrace{\int_0^1\frac{x^2}{x^2+1}\,dx}_{I\text{ とおく}}$$
$$=\log2-2I.$$

ここで

$$I=\int_0^1\left(1-\frac{1}{x^2+1}\right)dx \quad \text{分子の低次化3}$$
$$=\cdots\text{例題 4 2 h (2)と同じ}\cdots\underset{6}{=}1-\frac{\pi}{4}.$$

以上より，与式 $=\log2-2+\dfrac{\pi}{2}.//$

(2) $\displaystyle\int 1\cdot\{\log(x+1)\}^2\,dx$ 4

（1) $1\uparrow x+1$，$\{\log(x+1)\}^2\downarrow 2\log(x+1)\cdot\dfrac{1}{x+1}$）

$$=(x+1)\{\log(x+1)\}^2-2\int\log(x+1)\,dx$$
$$=(x+1)\{\log(x+1)\}^2$$
$$-2\{(x+1)\log(x+1)-(x+\underset{2)}{1})\}+C$$
$$=(x+1)\{\log(x+1)\}^2$$
$$-2(x+1)\log(x+1)+2x+C.//$$

注 1)：「x」ではなく，「$x+1$」にすることにより，次行の積分がカンタンになっていますね．積分する際には，このように定数を任意に“調整”してもかまわないのです．

2)：この定数 1 を，次の行では積分定数 C に含めてしまっています．

(3) 与式 $\displaystyle=\int_1^{e^2}\sqrt{\boxed{\log x}}\cdot\boxed{\frac{1}{x}}\,dx$ 5

$$=\left[\frac{2}{3}(\boxed{\log x})^{\frac{3}{2}}\right]_1^{e^2}$$
$$=\frac{2}{3}\cdot2\sqrt{2}=\frac{4}{3}\sqrt{2}.//$$

(4) $\displaystyle\int_0^4\sqrt{e^x}\,dx=\int_0^4 e^{\boxed{\frac{x}{2}}}\,dx$ 2

$$=\left[2e^{\frac{x}{2}}\right]_0^4=2(e^2-1).//$$

注 指数の変形は大丈夫ですね？

(5) $t=\sqrt{x}$, i.e. $x=t^2$ とおくと 6

$dx=2t\,dt$,

x	$0\to4$
t	$0\to2$

$$\therefore\int_0^4 e^{\sqrt{x}}\,dx=\int_0^2 e^t\cdot2t\,dt$$
4
$$=2\Big[(t-1)e^t\Big]_0^2 \,(3)=2(e^2+1).//$$

注 3)：この程度の部分積分は，**★ 微分したら $f(x)$ になる元の 関数 $F(x)$ を思い出す**という積分計算の第一基本原理に戻って片付けたいです．

(6) $\displaystyle\int xe^{-x}\,dx=-xe^{-x}+\int e^{-x}\,dx$ 4

（$x\downarrow 1$，$e^{-x}\uparrow -e^{-x}$）

$$=-xe^{-x}-e^{-x}+C$$
$$=-(x+1)e^{-x}+C.//$$

注 これも，(5)と同様★で片付きますが…

(7) $\displaystyle\int\boxed{x}e^{\boxed{x^2}}\,dx=\frac{1}{2}e^{\boxed{x^2}}+C.//$ 5

□を微分

(8) $\displaystyle\int\frac{\boxed{e^x-e^{-x}}}{\boxed{e^x+e^{-x}}}\,dx=\log(\boxed{e^x+e^{-x}})+C.//$

(9) **着眼** e^x を含む関数は，t とおいて逆に解きます．■

- $t=e^x$, i.e. $x=\log t$ とおく． 6
- $\dfrac{dx}{dt}=\dfrac{1}{t}$, i.e. $dx=\dfrac{1}{t}\,dt$.

$$\therefore\int\frac{1}{e^x+e^{-x}+2}\,dx=\int\frac{1}{t+\frac{1}{t}+2}\cdot\frac{1}{t}\,dt \quad 4)$$
$$=\int\frac{1}{(t+1)^2}\,dt$$
$$=\frac{-1}{t+1}+C=\frac{-1}{e^x+1}+C.//$$

解説 4)：「dt」の前に付くのが「$\frac{1}{t}$」だけなので楽ですね．

参考 次のようにすれば手法5でもできます：

$$与式=\int\frac{e^x}{e^{2x}+1+2e^x}\,dx=\int\frac{\boxed{e^x}}{(\boxed{e^x+1})^2}\,dx=\cdots$$

4 3 5 複合的・発展的な積分計算 [→例題4 2 o]

根底 実戦 入試

解答 $\cos x$ を c，$\sin x$ を s と略記する．

(1) **方針** 例題4 2 o(3)(4)，例題4 2 q で用いた置換の仕方をマネします．■

$t=x+\sqrt{x^2+1}$ とおくと

$$(t-x)^2=x^2+1.$$

$$t^2-2tx+\cancel{x^2}=\cancel{x^2}+1.$$

$$x=\frac{1}{2}\left(t-\frac{1}{t}\right). \quad \textbf{6}$$

$$dx=\frac{1}{2}\left(1+\frac{1}{t^2}\right)dt.$$

$$\sqrt{x^2+1}=t-x=\frac{1}{2}\left(t+\frac{1}{t}\right).$$

$$\therefore\ 与式=\int\frac{1}{\frac{1}{2}\left(t+\frac{1}{t}\right)}\cdot\underbrace{\frac{1}{2}\left(1+\frac{1}{t^2}\right)}_{分母の\ 1/t\ 倍}dt$$

$$=\int\frac{1}{\frac{1}{2}\left(t+\frac{1}{t}\right)}\cdot\frac{1}{2}\left(t+\frac{1}{t}\right)\cdot\frac{1}{t}\,dt$$

$$=\int\frac{1}{t}\,dt$$

$$=\log|t|+C=\log\left(x+\sqrt{x^2+1}\right)+C.//$$

$$\left(\because\ \sqrt{x^2+1}>|x|\ \geq x.\right)$$

参考 「$1+x^2$」があるので

$x=\tan\theta\left(-\frac{\pi}{2}<\theta<\frac{\pi}{2}\ \cdots①\right)$ とおくと，6

$$\sqrt{1+x^2}=\sqrt{\frac{1}{\cos^2\theta}}=\frac{1}{\cos\theta}\ (\because\ ①),$$

$$dx=\frac{1}{\cos^2\theta}\,d\theta.$$

$$\therefore\ 与式=\int\cos\theta\cdot\frac{1}{\cos^2\theta}\,d\theta=\int\frac{1}{\cos\theta}\,d\theta.$$

これで，演習問題4 3 3(11)に帰着しました．ただし，前記**解答**の方が簡便です．

(2) (1)と同様に置換すると

$$与式=\int\frac{\left\{\frac{1}{2}\left(t-\frac{1}{t}\right)\right\}^2}{\frac{1}{2}\left(t+\frac{1}{t}\right)}\cdot\underbrace{\frac{1}{2}\left(1+\frac{1}{t^2}\right)}_{分母の\ 1/t\ 倍}dt$$

$$=\frac{1}{4}\int\left(t-\frac{1}{t}\right)^2\cdot\frac{1}{t}\,dt$$

$$=\frac{1}{4}\int\left(t-\frac{2}{t}+\frac{1}{t^3}\right)dt \quad \textbf{3}$$

$$=\frac{1}{4}\left(\frac{t^2}{2}-2\log|t|-\frac{1}{2t^2}\right)+C$$

$$=\frac{1}{2}\cdot\frac{1}{2}\left(t-\frac{1}{t}\right)\cdot\frac{1}{2}\left(t+\frac{1}{t}\right)-\frac{1}{2}\log|t|+C$$

$$=\frac{1}{2}x\sqrt{x^2+1}-\frac{1}{2}\log(x+\sqrt{x^2+1})+C.//$$

$$\left(\because\ \sqrt{x^2+1}>|x|\ \geq x.\right)$$

参考 例題4 2 o(4)参考をマネして，(1)の結果を利用する手もあります．■

$$\int\frac{x^2}{\sqrt{x^2+1}}\,dx=\int\frac{x^2+1-1}{\sqrt{x^2+1}}\,dx$$

$$=\underbrace{\int\sqrt{x^2+1}\,dx}_{I\ とおく}-(1).$$

ここで，

$$I=\int 1\cdot\sqrt{x^2+1}\,dx \quad \textbf{4}$$

($1\uparrow x$，$\sqrt{x^2+1}\downarrow\frac{x}{\sqrt{x^2+1}}$)

$$=x\sqrt{x^2+1}-\int\frac{x^2+1-1}{\sqrt{x^2+1}}\,dx$$

$$=x\sqrt{x^2+1}-I+(1).$$

$$\therefore\ I=\frac{1}{2}\left\{x\sqrt{x^2+1}+(1)\right\}.$$

$$\therefore\ 与式=\frac{1}{2}\left\{x\sqrt{x^2+1}+(1)\right\}-(1)$$

$$=\frac{1}{2}\left\{x\sqrt{x^2+1}-(1)\right\}.$$

(3) **着眼** $x>0$ のもとで考えると

$$\sqrt{1+\frac{1}{x^2}}=\sqrt{\frac{x^2+1}{x^2}}$$

$$=\frac{\sqrt{x^2+1}}{x}=\frac{\sqrt{\boxed{x^2}+1}}{\boxed{x^2}}\cdot\boxed{x}. \quad \textbf{5}$$

そこで $t=x^2$ とおくと (5)，分子に $\sqrt{1\ 次式}$ が現れるので，それを u とおいて逆に解きたくなります (6)．

これら 2 つの工程を見越して，t をすっ飛ばして書くと，以下のようになります．[→例題4 2 o(2)] ■

$$\int_{\sqrt{3}}^{2\sqrt{2}}\sqrt{1+\frac{1}{x^2}}\,dx=\int_{\sqrt{3}}^{2\sqrt{2}}\frac{\sqrt{x^2+1}}{x^2}\cdot x\,dx.$$

$u=\sqrt{x^2+1}$ とおくと，$u^2=x^2+1$．5 6

両辺を x で微分すると

$$2u\cdot\frac{du}{dx}=2x,\ \text{i.e.}\ u\,du=x\,dx.$$

x と u は右のように対応する．

x	$\sqrt{3}\to2\sqrt{2}$
u	$2\to3$

よって

$$与式 =\int_{\sqrt{3}}^{2\sqrt{2}}\frac{\sqrt{x^2+1}}{x^2}\cdot x\,dx$$
$$=\int_2^3\frac{u}{u^2-1}\cdot u\,du$$
$$=\int_2^3\left(1+\frac{1}{u^2-1}\right)du$$ 分子の低次化3
$$=1+\int_2^3\frac{1}{2}\left(\frac{1}{u-1}-\frac{1}{u+1}\right)du$$ 3
$$=1+\frac{1}{2}\left[\log\left|\frac{u-1}{u+1}\right|\right]_2^3$$
$$=1+\frac{1}{2}\left(\log\frac{1}{2}-\log\frac{1}{3}\right)$$
$$=1+\frac{1}{2}\log\frac{3}{2}.$$ //

この定積分は，右図太線部の弧長を表しています．[→463]

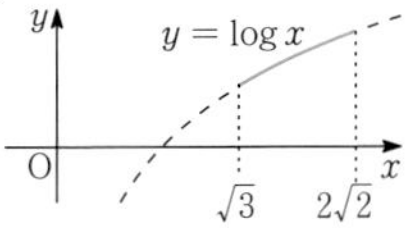

(4) **注** **例題420**(5)を定積分に変えただけ．指数関数×三角関数 の積分は，部分積分を 2 回繰り返して方程式を導きます．■

$$I:=\int_{-\pi}^{\pi}\underset{\uparrow\,-e^{-x}}{e^{-x}}\underset{\downarrow\,\cos x}{\sin x}\,dx$$
$$=\underbrace{\left[-e^{-x}\sin x\right]_{-\pi}^{\pi}}_{0}+\int_{-\pi}^{\pi}\underset{\uparrow\,-e^{-x}}{e^{-x}}\underset{\downarrow\,-\sin x}{\cos x}\,dx$$
$$=\left[+e^{-x}\cos x\right]_{\pi}^{-\pi}-\int_{-\pi}^{\pi}e^{-x}\sin x\,dx.$$

$$\therefore\ I=-e^{\pi}+e^{-\pi}-I.\quad \therefore\ I=\frac{1}{2}\left(e^{-\pi}-e^{\pi}\right).$$ //

注 原始関数が求まった部分には，π や $-\pi$ をどんどん代入しちゃいましょう．

(5) **着眼** (4)とほぼ同内容な問題です．■

$$I:=\int_0^{\frac{1}{2}}\underset{\downarrow\,2e^{2x}}{e^{2x}}\underset{\uparrow\,-\frac{\cos\pi x}{\pi}}{\sin\pi x}\,dx$$
$$=\left[+\frac{1}{\pi}e^{2x}\cos\pi x\right]_{\frac{1}{2}}^{0}+\frac{2}{\pi}\int_0^{\frac{1}{2}}\underset{\downarrow\,2e^{2x}}{e^{2x}}\underset{\uparrow\,\frac{\sin\pi x}{\pi}}{\cos\pi x}\,dx$$
$$=\frac{1}{\pi}+\frac{2}{\pi}\left(\left[\frac{1}{\pi}e^{2x}\sin\pi x\right]_0^{\frac{1}{2}}-\frac{2}{\pi}I\right)$$
$$=\frac{1}{\pi}+\frac{2}{\pi}\left(\frac{e}{\pi}-\frac{2}{\pi}I\right)$$
$$=\frac{1}{\pi}+\frac{2e}{\pi^2}-\frac{4}{\pi^2}I.$$

$$(\pi^2+4)I=\pi+2e.\ \therefore\ I=\frac{\pi+2e}{\pi^2+4}.$$ //

注 $e^{2x}\sin\pi x$ のように，定数 2 や π がつくとけっこうメンドウですね．**例題420**(5)参考で紹介した方法でも，その点は同様です．

(6) **注** 目標とする不定積分 $\int e^{-x}(\sin x-\cos x)\,dx$ を $\int e^{-x}\sin x\,dx-\int e^{-x}\cos x\,dx$ と分解し，2 つの不定積分をそれぞれ部分積分を 2 回繰り返して求めることもできますが…，そうとうメンドウですね．

ここは，積分計算の第一基本原理：『★ 微分したら $f(x)$ になる元の 関数 $F(x)$ を思い出す』に立ち返って片付けたいです．■

$$(e^{-x}\cdot s)'=e^{-x}(-s+c)=-e^{-x}(s-c).$$
$$\therefore\int e^{-x}(\sin x-\cos x)\,dx=-e^{-x}\sin x+C.$$ //

解説 答えはなんとなく「$e^{-x}\sin x$」もしくは「$e^{-x}\cos x$」あたりではないかと思われます．あとはそれを微分してみて，定数や符号を微調整するまで．

(7) **着眼** 今度は，ベキ関数 x，指数関数 e^x，三角関数 $\sin x$ という3 種の関数の積です．

方針 これを 2 つに分けて部分積分を実行します．「x」は微分すると「1」になってカンタンですから，「$x\times$他」の形だととらえます (他の分け方でもできますが)．

「他」$=e^x\sin x$ を積分する際には，もちろん部分積分を 2 回繰り返せばできますが，この程度なら(6)と同じ調子で原始関数を予想して見つけてしまうことも充分可能です：

$\{e^x(s+c)\}'=e^x(s+c+c-s)=2e^xc$ →失敗

$\{e^x(s-c)\}'=e^x(s-c+c+s)=2e^xs$ →成功■

$$\int_0^{\pi}\underset{\downarrow\,1}{x}\cdot\underset{\uparrow\,\frac{1}{2}e^x(s-c)}{e^x\sin x}\,dx$$
$$=\left[\frac{x}{2}e^x(s-c)\right]_0^{\pi}+\frac{1}{2}\int_0^{\pi}e^x(c-s)\,dx\ ^{1)}$$
$$=\frac{\pi e^{\pi}}{2}+\frac{1}{2}\left[e^xc\right]_0^{\pi}=\frac{\pi e^{\pi}}{2}-\frac{e^{\pi}+1}{2}.$$ //

解説 1)：ここも(6)と同様にして原始関数を見つけることができます：

$$(e^x\cdot c)'=e^x(c-s).$$
$$\therefore\int e^x(\cos x-\sin x)\,dx=e^x\cos x+C.$$

7 演習問題B

4 7 1 面積の基礎 根底 実戦 [→例題 4 4 a]

解答 (1) **着眼** 曲線の概形は即座に描けますね. ■

$0 \leq x \leq \frac{\pi}{3}$ において $\sin 2x \geq 0$ だから，求める S は右図の面積．よって

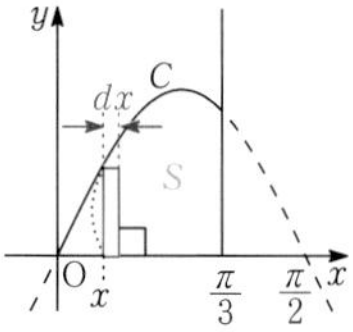

垂直
縦 × 微小幅

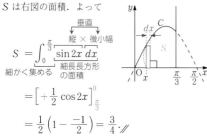

$$S = \int_0^{\frac{\pi}{3}} \sin 2x \, dx$$

細かく集める　細長長方形の面積

$$= \left[+\frac{1}{2}\cos 2x \right]_{\frac{\pi}{3}}^{0}$$

$$= \frac{1}{2}\left(1 - \frac{-1}{2}\right) = \frac{3}{4}. /\!/$$

(2) **着眼** 2 曲線はいずれも即座に描けますが，両者の上下関係および交点をちゃんと調べましょう．

方針 2 つの関数の**差をとります**．これにより，両者の大小関係および共有点がわかります．また，積分する関数は差を取った $e^{2x} - (3e^x - 2)$ です．正に一石三鳥[1] ですね．■

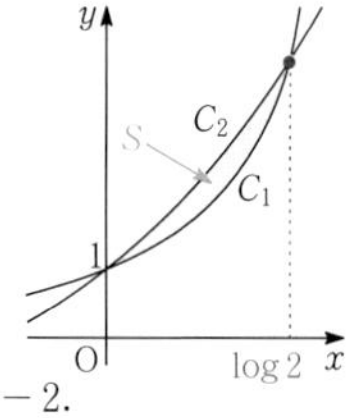

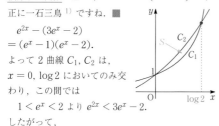

$e^{2x} - (3e^x - 2)$
$= (e^x - 1)(e^x - 2).$

よって 2 曲線 C_1, C_2 は，$x = 0, \log 2$ においてのみ交わり，この間では

$1 < e^x < 2$ より $e^{2x} < 3e^x - 2$.

したがって，

大

$$S = \int_0^{\log 2} \{(3e^x - 2) - e^{2x}\} \, dx$$

小　上　下　細長長方形の面積

$$= \left[3e^x - 2x - \frac{1}{2}e^{2x} \right]_0^{\log 2}$$

$$= 3(2-1) - 2\log 2 - \frac{1}{2}(4-1)$$

$$= \frac{3}{2} - 2\log 2. /\!/$$

注 1)：ただし，その関数 $y = e^{2x} - (3e^x - 2)$ のグラフを描いて考えることの有効性はそれほど高くはありません．これが，整式のみを扱っていた数学Ⅱとの違いです．[→ Ⅱ+B 例題 6 6 g]

4 7 2 接線と面積 根底 実戦 [→例題 4 4 d]

着眼 曲線と接線の上下関係が重要です．曲線の凹凸を調べましょう．

解答 $0 \leq x \leq \frac{\pi}{2}$ のもとで考え，$\cos x$ を c，$\sin x$ を s と略記する．

$f'(x) = 2c - c + xs = c + xs.$

$f''(x) = -s + s + xc \geq 0.$

よって C は下に凸．また，l の傾きは $f'\left(\frac{\pi}{2}\right) = \frac{\pi}{2}$．よって右図のようになる．

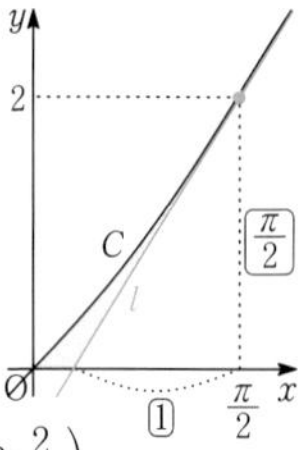

$S =$  $-$ 

$$= \int_0^{\frac{\pi}{2}} (2s - xc) \, dx - \frac{1}{2} \cdot 2 \cdot \left(2 \cdot \frac{2}{\pi}\right)$$

（$x \downarrow 1$，$c \uparrow s$）

$$= \left[-2c - xs - c \right]_0^{\frac{\pi}{2}} - \frac{4}{\pi}$$

$$= \left[3c + xs \right]_{\frac{\pi}{2}}^{0} - \frac{4}{\pi}$$

$$= 3 - \frac{\pi}{2} - \frac{4}{\pi}. /\!/$$

補足 直角三角形の面積は，縦の長さ 2 と横の長さの**比**を利用して求めます．接線の方程式など無用．

4 7 3 方程式と面積 根底 実戦 [→例題 4 4 f]

方針 「$y = \cdots$」の形は無理ですね．x を y の関数として表しましょう．

解答 ①より

$(x-1)^2 = 1 + \cos y (\geq 0).$

$\therefore x = 1 \pm \sqrt{1 + \cos y}.$

これらを複号に応じて $f_+(y), f_-(y)$ とおく．2 曲線 $x = f_+(y), x = f_-(y)$ は直線 $x = 1$ に関して対称で，

$f_-(y) \leq 1 \leq f_+(y)$（等号は $y = \pm\pi$ のときのみ成立）．

また，$f_+(-y) = f_+(y)$ より $f_+(y)$ は偶関数．

以上より右図のようになり，

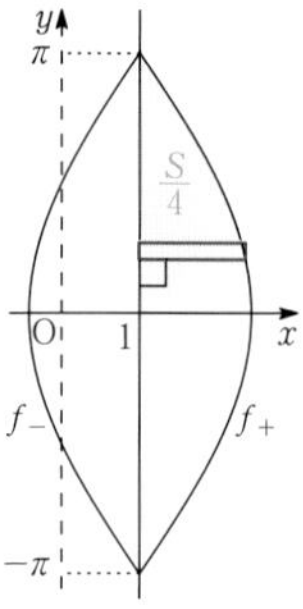

$$S = 4\int_0^{\pi} \sqrt{1 + \cos y} \, dy$$

$$= 4\int_0^{\pi} \sqrt{2 \cdot \frac{1 + \cos y}{2}} \, dy$$

$$= 4\int_0^{\pi} \sqrt{2} \sqrt{\cos^2 \frac{y}{2}} \, dy$$

$$= 4\int_0^{\pi} \sqrt{2} \left| \cos \frac{y}{2} \right| dy$$

$$= 4\int_0^{\pi} \sqrt{2} \cos \frac{y}{2} \, dy$$

$$= 4\sqrt{2} \left[2\sin \frac{y}{2} \right]_0^{\pi} = 8\sqrt{2}. /\!/$$

4 7 4 パラメタ曲線と面積 [→例題 4 4 g]

根底 実戦 典型

注 C は有名曲線「サイクロイド」ですね．

方針 まずは C の概形を把握し，積分変数を適切に選びます．

解答 $\dfrac{dx}{dt}=1-\cos t\ge 0.$

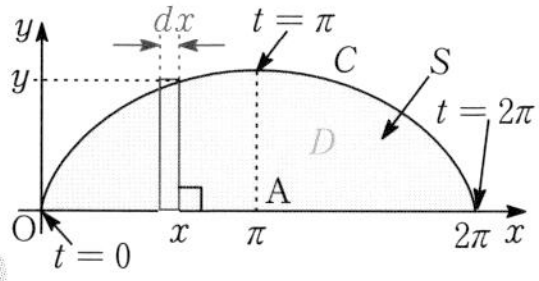

よって x は t の増加関数であり，

y は x の 関数．

また，$y\ge 0$．

$$\therefore\ S=\int_0^{2\pi}\underbrace{y\,dx}_{\text{細長長方形の面積}}.\quad{}^{1)}\ \text{立式は } dx$$

ここで，$dx=(1-\cos t)dt$.

x と t の対応は右表の通り．

x	$0\ \to\ 2\pi$
t	$0\ \to\ 2\pi$

$$\therefore\ S=\int_0^{2\pi}(1-\cos t)\cdot(1-\cos t)\,dt\quad{}^{2)}\ \text{積分計算は } dt$$

$$=\int_0^{2\pi}\left(1-2\cos t+\frac{1+\cos 2t}{2}\right)dt$$

$$=\left[\frac{3}{2}t-2\sin t+\frac{1}{4}\sin 2t\right]_0^{2\pi}=3\pi.\,/\!/$$

注 1)：この積分区間（黒色）は「x」の範囲．

2)：この積分区間（赤色）は「t」の範囲です．

発展 D を y 軸のまわりに 1 回転してできる立体 K の体積 V は，パップス・ギュルダンの定理［→例題 4 9 l］によると，D の対称軸上の点 $(\pi, 0)$ を A として

$V=(D$ の面積$)\times($A が描く円周の長さ$)$

$=3\pi\times 2\pi\cdot\pi=6\pi^3.$

これが，**例題 4 5 f** の結果と一致していることを確認しておいてください．

4 7 5 パラメタ曲線と面積 [→例題 4 4 g]

根底 実戦 入試

着眼 まずは C の概形を把握します．といっても，面積の計量に役立つことだけに集中して．

解答 y は t の増加関数であり，

x は y の**関数**．

また，$x=t(t-1)$ より，C と y 軸は $t=0, 1$ における点のみを共有し，

$0\le t\le 1$ においては $x\le 0$．

よって右図のようになり，

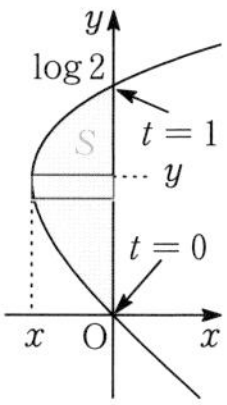

$$S=\int_0^{\log 2}(-x)\,dy.\quad \text{立式は } dy$$

ここで，

$$dy=\frac{1}{t+1}\,dt.$$

y	$0\ \to\ \log 2$
t	$0\ \to\ 1$

y と t の対応は前表の通りだから，

$$S=\int_0^1(-t^2+t)\cdot\frac{1}{t+1}\,dt\quad \text{積分計算は } dt$$

$$=\int_0^1\frac{(t+1)(-t+2)-2}{t+1}\,dt$$

$$\begin{array}{r|rrr} -1 & -1 & 1 & 0 \\ & & 1 & -2 \\ \hline & -1 & 2 & |\ -2 \end{array}$$

$$=\int_0^1\left(-t+2+\frac{-2}{t+1}\right)dt\quad \text{分子の低次化}$$

$$=\left[-\frac{t^2}{2}+2t-2\log|t+1|\right]_0^1$$

$$=-\frac{1}{2}+2-2\log 2=\frac{3}{2}-2\log 2.\,/\!/$$

別解 パラメタ t は消去できます：

$t=e^y-1$ を $x=t(t-1)$ へ代入して，

$x=(e^y-1)(e^y-2).$

この右辺は，**演習問題 4 7 1** (2)において x を y に取り替えたものですね．つまり，両者は実質的にほぼ同じ問題でした．だから答えもいっしょ（笑）．

4 7 6 パラメタ曲線と面積 [→例題 4 4 h]

根底 実戦 入試

着眼 まずは C の概形を把握します．といっても，面積の計量に役立つことだけに集中して．

解答

$x=(t-1)^2-2,\ \cdots①$

$y=-(t-2)^2+5.$

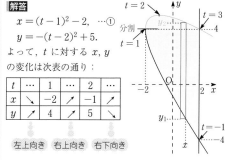

よって，t に対する x, y の変化は次表の通り：

t	$\cdots$	1	$\cdots$	2	$\cdots$
x	↘	-2	↗	-1	↗
y	↗	4	↗	5	↘

左上向き　右上向き　右下向き

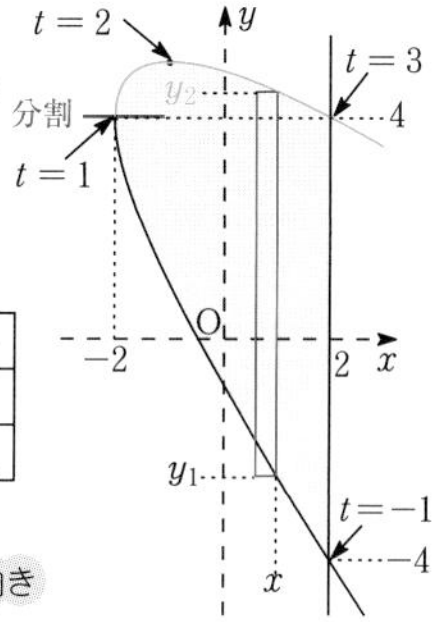

また，$x=(t-1)^2-2=2$ となるのは $t=-1, 3$ のときだから，C は右上図のようになる．

方針 x を積分変数として計量します（y でもできますが）．■

C $(-1\le t\le 1)$，C $(1\le t\le 3)$ 上の点をそれぞれ (x, y_1)，(x, y_2) とおくと

y_1, y_2 は各々 x の関数であり，

$y_1\le 4\le y_2.$ 自己交差なし

よって，

$$S=\int_{-2}^2\underbrace{(y_2-y_1)\,dx}_{\text{細長長方形の面積}}$$

$$=\int_{-2}^2 y_2\,dx-\int_{-2}^2 y_1\,dx.$$

ここで，$dx=2(t-1)\,dt$.

また，x と t の対応を考えると

y_1 について．

x	$-2 \to 2$
t	$1 \to -1$

y_2 について．

x	$-2 \to 2$
t	$1 \to 3$

$$\therefore\ S=\int_1^3 \underbrace{(-t^2+4t+1)\cdot 2(t-1)}_{f(t)\text{ とおく}}dt-\int_1^{-1} f(t)\,dt$$
$$=\int_1^3 f(t)\,dt+\int_{-1}^1 f(t)\,dt$$
$$=\int_{-1}^3 f(t)\,dt$$
$$=2\int_{-1}^3(-t^3+5t^2-3t-1)\,dt$$
$$=2\left[-\frac{t^4}{4}+\frac{5}{3}t^3-\frac{3}{2}t^2-t\right]_{-1}^3$$
$$=2\left(-\frac{80}{4}+\frac{5}{3}\cdot 28-\frac{3}{2}\cdot 8-4\right)=\frac{64}{3}.⫽$$

別解　パラメタ t を消去してもできます（略解です）．与式を辺々加えると

$$x+y=2t.\ \text{i.e. } t=\frac{x+y}{2}.$$

これを①へ代入して

$$x=\left(\frac{x+y}{2}-1\right)^2-2.$$
$$4x=(x+y-2)^2-8.$$ これを y について解く
$$(x+y-2)^2=4(x+2).$$
$$x+y-2=\pm 2\sqrt{x+2}\ (x \geqq -2).$$
$$y=2-x\pm 2\sqrt{x+2}.$$ これが前記の y_1, y_2

よって，

$$S=\int_{-2}^2\{(2-x+2\sqrt{x+2})-(2-x-2\sqrt{x+2})\}dx$$
$$=\int_{-2}^2 4\sqrt{x+2}\,dx$$
$$=4\left[\frac{2}{3}(x+2)^{\frac{3}{2}}\right]_{-2}^2=\frac{8}{3}\cdot 4^{\frac{3}{2}}=\frac{64}{3}.⫽$$

参考　実は，C は放物線です．［→演習問題 3 9 29］

4 7 7　回転体の体積・基礎
根底 実戦　［→例題 4 5 b］

着眼　C の対称性の活かし方が，(1)と(2)で異なります．

解答

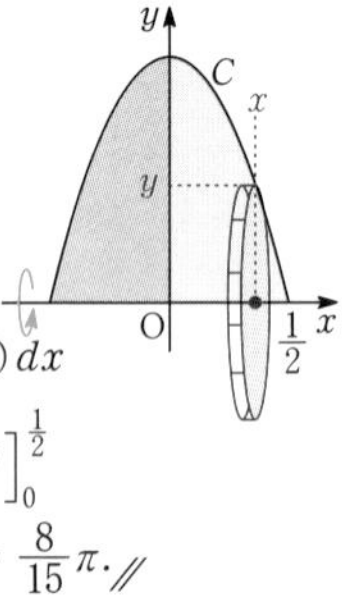

(1) $$V_1=2\int_0^{\frac{1}{2}}\pi y^2\,dx$$
$$=2\pi\int_0^{\frac{1}{2}}(1-4x^2)^2\,dx$$
$$=2\pi\int_0^{\frac{1}{2}}(1-8x^2+16x^4)\,dx$$
$$=2\pi\left[x-\frac{8}{3}x^3+\frac{16}{5}x^5\right]_0^{\frac{1}{2}}$$
$$=2\pi\left(\frac{1}{2}-\frac{1}{3}+\frac{1}{10}\right)=\frac{8}{15}\pi.⫽$$

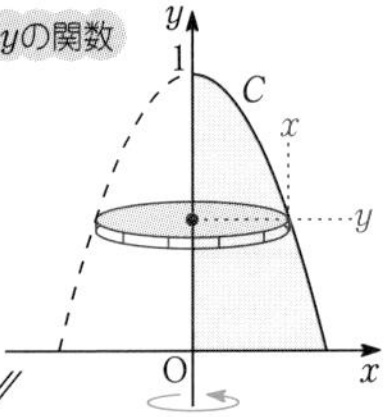

(2) $$V_2=\int_0^1 \pi x^2\,dy$$ x^2 は y の関数
$$=\pi\int_0^1 \frac{1-y}{4}\,dy$$
$$=\frac{\pi}{4}\left[y-\frac{y^2}{2}\right]_0^1$$
$$=\frac{\pi}{4}\left(1-\frac{1}{2}\right)=\frac{\pi}{8}.⫽$$

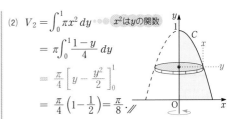

注　第 1 象限部分の回転体を考えれば OK です．
(1)では，それを 2 倍します．
(2)では，第 2 象限部分の回転体も同一な立体なので，2 倍しません．

4 7 8　錐体の体積
根底 実戦　［→例題 4 5 a］

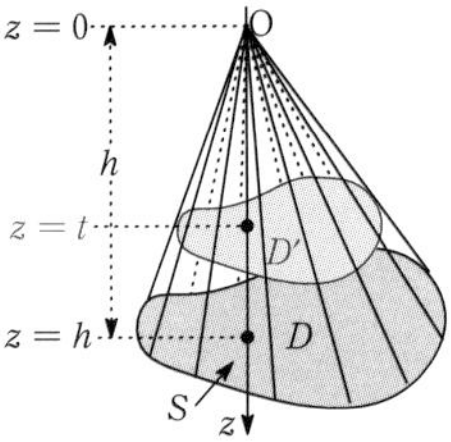

着眼　抽象的で一般性のある性質の証明です．体積を計量する際の**基本**をベースに解答します．

解答　右図のように D と**垂直**な z 軸をとる．錐体 K の平面 $z=t\ (0 \leqq t \leqq h)$ による切り口を D' とすると

　D' と D は点 O を中心として相似の位置にあり，相似比は $t:h$.

よって D' の面積は $S\cdot\left(\dfrac{t}{h}\right)^2$ だから，

$$V=\int_0^h S\cdot\left(\frac{t}{h}\right)^2 dt \text{ [1)]}$$
$$=\frac{S}{h^2}\left[\frac{t^3}{3}\right]_0^h=\frac{S}{h^2}\cdot\frac{h^3}{3}=\frac{1}{3}Sh.\ \square$$

解説　ポイントは以下の通りです：
- 長さを計る“モノサシ”として z 軸を設定
- それと**垂直**な断面積を考える
- 「相似」という概念［→ I+A 5 2 5］

注　1)：「dt」は D' と**垂直**な厚み（微小）ですね．

4 7 9　y 軸回転・体積
根底 実戦 入試　［→例題 4 5 e］

方針　まずは C の概形をザックリと把握．

解答　$y'=\dfrac{1-\log x}{x^2}$ より，次の表とグラフを得る．

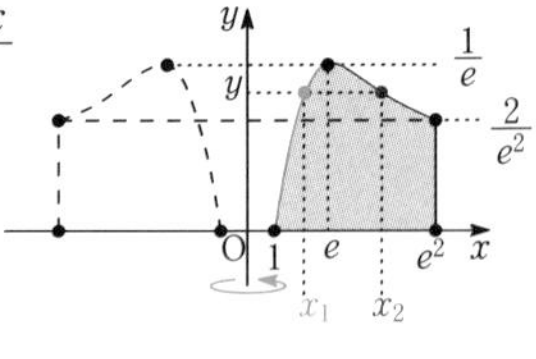

x	$(0)\cdots e \cdots e^2$
$f'(x)$	$+\ 0\ -$
$f(x)$	↗　↘

$C\ (1 \le t \le e)$, $C\ (e \le t \le e^2)$ 上の点をそれぞれ $(x_1, y), (x_2, y)$ とおくと

x_1, x_2 は各々 y の関数であり，

$0 \le x_1 \le x_2$.

よって，

$V =$  $+$ 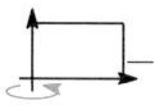 $-$ 

$$= \int_{\frac{2}{e^2}}^{\frac{1}{e}} \pi {x_2}^2\,dy + \pi\cdot(e^2)^2\cdot\frac{2}{e^2} - \int_0^{\frac{1}{e}} \pi {x_1}^2\,dy. \quad \cdots①$$

ここで，$dy = \dfrac{1-\log x}{x^2}\,dx$. また，$y$ と x_1, x_2 は次のように対応する：

y	$0 \to \frac{1}{e}$
x_1	$1 \to e$

,

y	$\frac{2}{e^2} \to \frac{1}{e}$
x_2	$e^2 \to e$

.

よって

$$\int_{\frac{2}{e^2}}^{\frac{1}{e}} {x_2}^2\,dy - \int_0^{\frac{1}{e}} {x_1}^2\,dy \quad \text{（π を外した）}$$

$$= \int_{e^2}^{e} {x_2}^2\cdot\frac{1-\log x_2}{{x_2}^2}\,dx_2 - \underbrace{\int_1^e {x_1}^2\cdot\frac{1-\log x_1}{{x_1}^2}\,dx_1}_{+\int_e^1}$$

$$= \int_{e^2}^{1} x^2\cdot\frac{1-\log x}{x^2}\,dx$$

$$= \Big[x - (x\log x - x)\Big]_{e^2}^{1}$$

$$= \Big[x(2-\log x)\Big]_{e^2}^{1} = 2.$$

これと①より

$V = \pi\cdot 2 + 2\pi e^2 = 2(1+e^2)\pi.$ //

参考 例題491参考で述べる"シリンダー分割"を使うと，

$$V = \int_1^{e^2} 2\pi x\cdot\frac{\log x}{x}\,dx$$

$$= 2\pi\int_1^{e^2} \log x\,dx$$

$$= 2\pi\Big[x\log x - x\Big]_1^{e^2} = 2(e^2+1)\pi. //$$

計算がかなり楽ですね．こうした問題では，「使うこと許して〜」って言いたくなります（笑）．でも，使って良いかどうかは例によって不明です．

4 7 10 y 軸をまたぐ領域の回転体 ［→例題45d］

根底 実戦 入試

着眼 曲線 C を描いてみると，領域 D は回転軸である y 軸を"またいで"いることがわかります．

解答

$f(x) = -x^3 + 3x^2 = x^2(3-x)$.

$f'(x) = -3x^2 + 6x$

$\quad = 3x(2-x)$.

よって右表を得る．

x	$\cdots$	0	$\cdots$	2	$\cdots$
$f'(x)$	$-$	0	$+$	0	$-$
$f(x)$	↘	0	↗	4	↘

方針 y 軸の右側，左側のどちらが"外側"を回るかを調べます．■

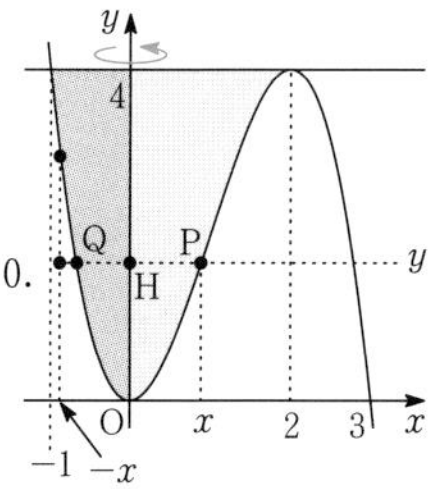

$0 \le x \le 2$ として，

$f(x) = -x^3 + 3x^2$,

[1] $f(-x) = x^3 + 3x^2$.

$\therefore f(-x) - f(x) = 2x^3 \ge 0$.

$f(-x) \ge f(x)$.

よって右図において

HP ≥ HQ. [2]

したがって，$\mathrm{P}(x, y)\ (0 \le x \le 2)$ として，

$$V = \int_0^4 \underbrace{\pi x^2}_{\pi \mathrm{HP}^2}\,dy. \quad \text{「立式」は } dy$$

ここで

$dy = (-3x^2 + 6x)\,dx$.

また，y と x の対応は右表の通り．

点 P について考える

y	$0 \to 4$
x	$0 \to 2$

以上より

$$V = \pi\int_0^2 x^2(-3x^2 + 6x)\,dx$$

$$= \pi\int_0^2 (-3x^4 + 6x^3)\,dx$$

$$= \pi\left[-\frac{3}{5}x^5 + \frac{3}{2}x^4\right]_0^2$$

$$= \pi\left(-\frac{3}{5}\cdot 2^5 + \frac{3}{2}\cdot 2^4\right)$$

$$= \pi\,\frac{2^3}{5}(-12 + 15) = \frac{24}{5}\pi. //$$

解説 [1]：P と Q の x 座標を直接比べるのは難しいので，代わりに y 軸から等距離にある 2 点の y 座標を比較しました．

[2]：これにより，D のうちグレー部分の回転体は，青色部分の回転体に包含されてしまうことがわかります．

4 7 11 球の一部の体積 ［→例題45b(3)］

根底 実戦

着眼 一見難しそうに見えるかもしれませんが，図を描いて考えれば，球を平面で切り落とした部分の体積に過ぎません．

解答

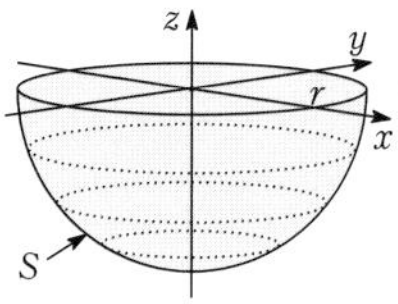

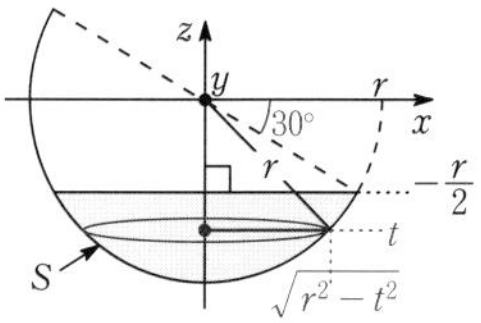

30° 傾けた後の容器の状態は上右図の通り．

平面 $z = t\ \left(-r \le t \le -\dfrac{r}{2}\right)$ による切り口は，半径 $\sqrt{r^2 - t^2}$ の円となる．よって

$$V=\int_{-r}^{-\frac{r}{2}}\pi\left(\sqrt{r^2-t^2}\right)^2dt$$
$$=\pi\int_{-r}^{-\frac{r}{2}}(r^2-t^2)\,dt$$
$$=\pi\left[r^2t-\frac{t^3}{3}\right]_{-r}^{-\frac{r}{2}}$$
$$=\pi\left\{r^2\cdot\frac{r}{2}-\frac{r^3}{3}\left(-\frac{1}{8}+1\right)\right\}$$
$$=\pi r^3\left(\frac{1}{2}-\frac{7}{24}\right)=\frac{5}{24}\pi r^3.\,/\!/$$

参考 体積 V の球全体の体積に対する比は
$\frac{5}{24}\pi r^3\div\frac{4}{3}\pi r^3=\frac{5}{24}\cdot\frac{3}{4}=\frac{5}{32}$ です.

4 7 12 三角形板の回転体 [→例題 4 5 g]
根底 実戦 入試

着眼 K は形状がわかりづらい立体ですね. 原則通り, まず切って, 線分にした後で回しましょう. 例の「切ってから回す」という手法です.

方針 z 軸と平行な直線のまわりの回転体ですから, z 軸方向に積分変数をとり, それと垂直な断面を考えましょう.

解答

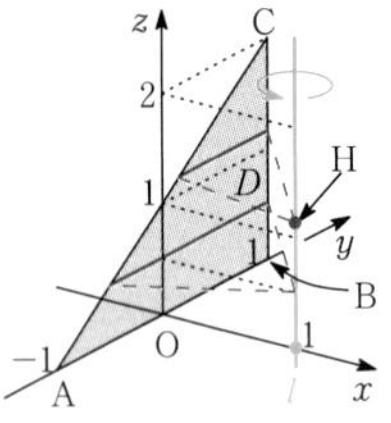

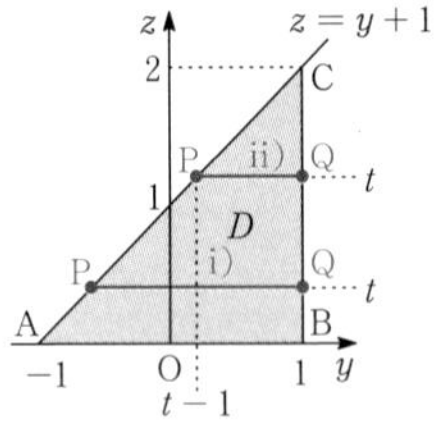

平面 α: $z=t$ $(0\leq t\leq 2)$ による D の切り口は, 上図のような線分 PQ. これを l と α の交点 $\mathrm{H}(1,0,t)$ のまわりに回転したものが, K の α による断面である.

i) $0\leq t\leq 1$ ii) $1\leq t\leq 2$

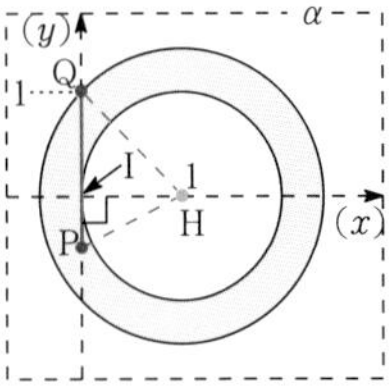

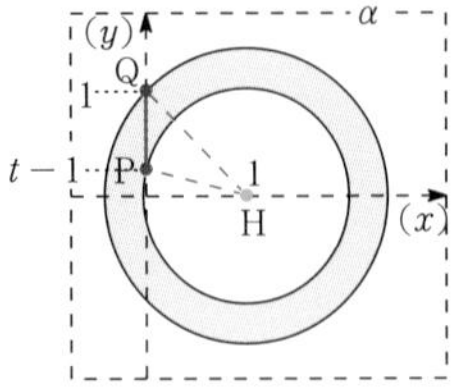

この断面積を $S(t)$ とする.

i) $0\leq t\leq 1$ のとき, 上図の I を用いて
$$S(t)=\pi\cdot\mathrm{HQ}^2-\pi\cdot\mathrm{HI}^2$$
$$=\pi\cdot\mathrm{IQ}^2=\pi.\ \cdots\text{三平方の定理}$$

ii) $1\leq t\leq 2$ のとき,
$$S(t)=\pi\cdot\mathrm{HQ}^2-\pi\cdot\mathrm{HP}^2$$
$$=\pi\left[\left(1^2+1^2\right)-\left\{1^2+(t-1)^2\right\}\right]$$
$$=\pi(2t-t^2).$$

よって求める体積は
$$V=\int_0^1\pi\,dt+\int_1^2\pi(2t-t^2)\,dt$$
$$=\pi+\pi\left[t^2-\frac{t^3}{3}\right]_1^2$$
$$=\pi+\pi\left(3-\frac{7}{3}\right)=\frac{5}{3}\pi.\,/\!/$$

解説 $z(=t)$ と 1 との大小によって断面の様子が変わることに気を付けましょう.

4 7 13 斜円柱の交わり [→例題 4 5 i]
根底 実戦 入試

着眼

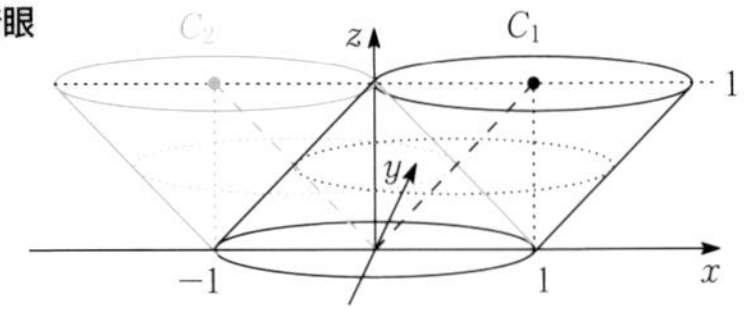

C_1, C_2 が交わってできる立体 K は形状不明ですね. 原則通り, **まず切る**作戦で.

例題 4 5 i:「直円柱の交わり」と同様, **軸に平行**な平面で切り, 直線で囲まれる断面を考えましょう.

解答

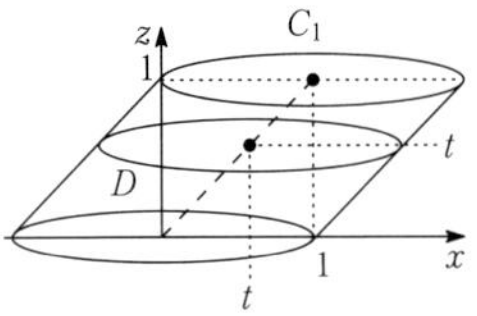

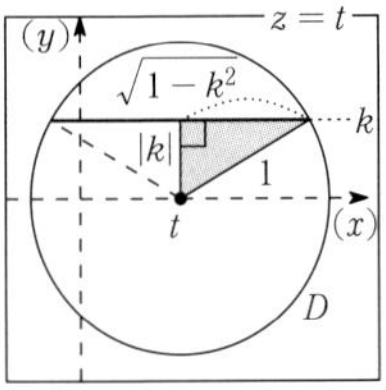

C_1 と平面 $z=t$ の交わりは中心 $(t,0,t)$, 半径 1 の円板 D であり, D を平面 α: $y=k$ $(-1\leq k\leq 1)$ で切ると, 上図右太線のような線分となる.

C_2 に関しても同様に考えると, K の α による切り口は次の通り:

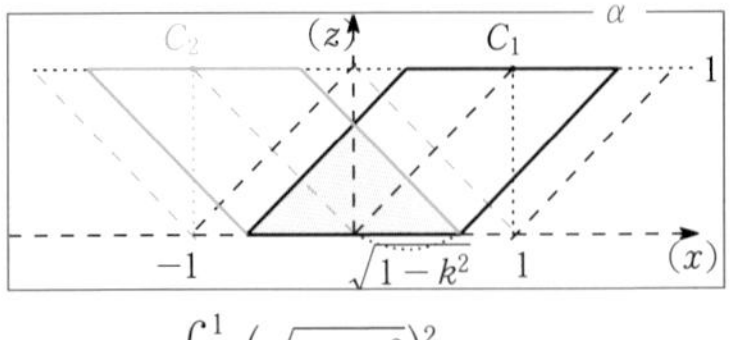

$$\therefore\ V=\int_{-1}^{1}\underbrace{\left(\sqrt{1-k^2}\right)^2}_{\text{偶関数}}dk$$
$$=2\int_0^1(1-k^2)\,dk=2\left(1-\frac{1}{3}\right)=\frac{4}{3}.\,/\!/$$

参考　K を平面 $z=t$ で切った断面を用いる（遠回りな）方法も書いておきます．本来こうした下手な解答を扱うのは良くない姿勢ですが，角度を表す変数 θ を使う練習だと思ってお付き合いください．

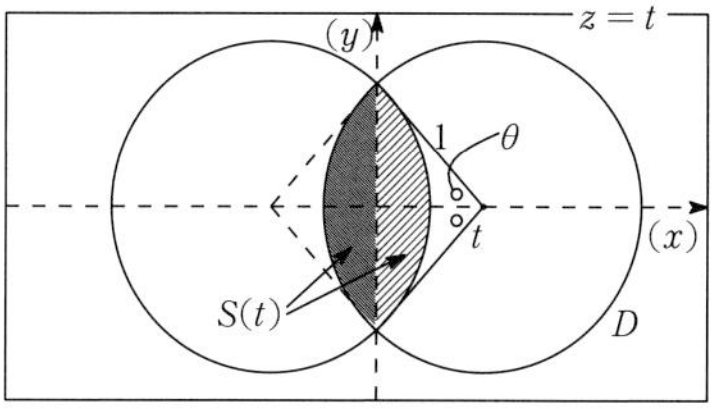

K を平面 $z=t$ で切った断面積を $S(t)$ とすると

$$V=\int_0^1 S(t)\,dt.$$ 「立式」は dt

上図のように角 θ をとると

$$t=\cos\theta\ \left(0\le\theta\le\frac{\pi}{2}\right).$$

$$S(t)=2\left(\frac{1}{2}\cdot1^2\cdot2\theta-\frac{1}{2}\cdot1^2\cdot\sin2\theta\right)$$
$$=2\theta-\sin2\theta.$$
$$dt=-\sin\theta\,d\theta$$

t	$0\ \to\ 1$
θ	$\frac{\pi}{2}\ \to\ 0$

であり，t と θ は右上のように対応する．

$$\therefore\ V=\int_{\frac{\pi}{2}}^{0}(2\theta-\sin2\theta)(-\sin\theta)\,d\theta$$
$$=\int_0^{\frac{\pi}{2}}(2\theta\sin\theta-2\sin^2\theta\cos\theta)\,d\theta$$
（$\downarrow$ 1　$\uparrow$ $-c$）
$$=\left[2(-\theta\cos\theta+\sin\theta)-\frac{2}{3}\sin^3\theta\right]_0^{\frac{\pi}{2}}$$
$$=2\cdot1-\frac{2}{3}=\frac{4}{3}.〃$$

4 7 14 正方形板の通過範囲

根底 実戦　入試　　[→例題 4 5 h]

着眼

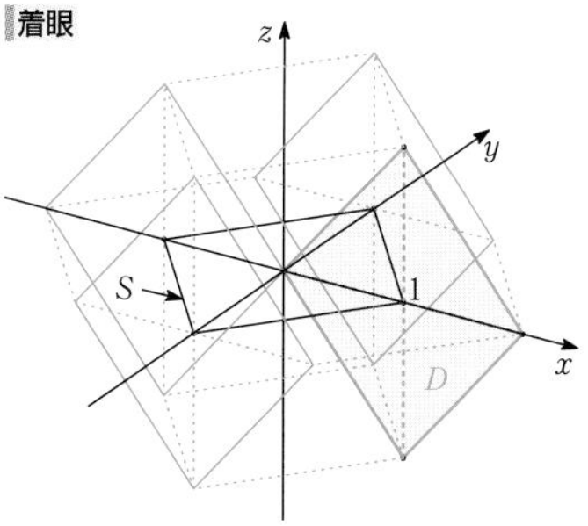

K は形状不明な立体ですね．こんなときは「先に切る」という手法が有効である場合が多いです．本問では，いかにも**例題 4 5 h** の「切ってからズラす」が使えそうです．

注　しかし，そのような“技巧”に頼る前に，まずは現象そのもの，図形そのものを見ること．D はつねに同じ方向を向いていますから，実は断面が初めから与えられているようなものですね（笑）．

解答　立体 K は xz 平面に関して対称である．$y\ge0$ の部分を考える．平面 α: $y=t\,(0\le t\le1)$ による K の断面を求める．

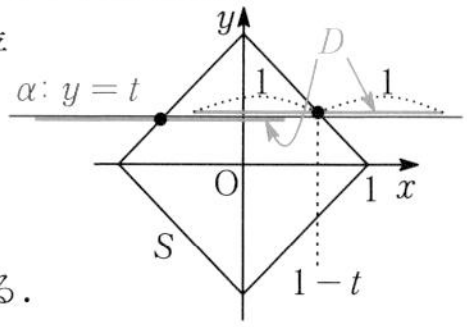

D が α 上にくることは（$t=1$ を除いて）2 回あり，K の断面は次図の通り：

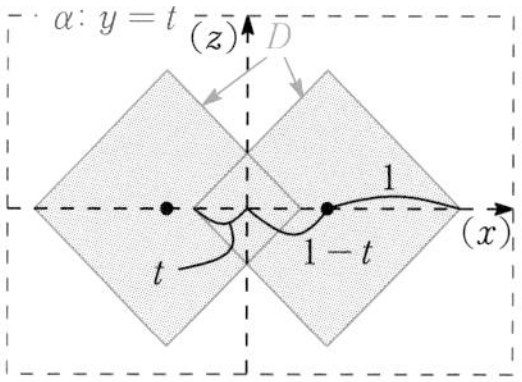

この面積は　ダブリを引く

$$2\times\underbrace{\frac{1}{2}\cdot2^2}_{\text{ひし形}}-\frac{1}{2}\cdot(2t)^2=4-2t^2.$$

これと対称性より，

$$V=2\int_0^1(4-2t^2)\,dt=2\left(4-\frac{2}{3}\right)=\frac{20}{3}.〃$$

注　形状不明な立体の体積は，「切ってから○○」だ！と技巧・パターンだけ暗記し，立体そのものを見ようとしない人がまんまと引っ掛かる問題です（笑）．

注意！　一部のシドウシャは，「体積の問題では立体など見るな！」なんて言ってるらしいですが…，もちろんインチキです（苦笑）．

4 7 15 円板の回転体

根底 実戦　入試　　[→例題 4 5 g]

解答　(1)　$(x-a)^2+z^2=1$ を x について解くと

$$x=a\pm\sqrt{1-z^2}.$$
$$x_1=a-\sqrt{1-z^2},$$
$$x_2=a+\sqrt{1-z^2}$$

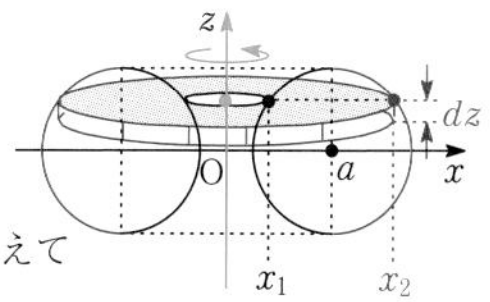

とおくと，対称性も考えて

$$\therefore\ V_1=2\int_0^1\underbrace{(\pi x_2{}^2-\pi x_1{}^2)\,dz}_{\text{薄い穴開き直円柱の体積}}$$
$$=2\pi\int_0^1(x_2+x_1)(x_2-x_1)\,dz$$
$$=2\pi\int_0^1 2a\cdot2\sqrt{1-z^2}\,dz$$
$$=8\pi a\times(\text{半径 1 の 4 分円})$$
$$=8\pi a\cdot\frac{\pi}{4}=2\pi^2a.〃$$

第4章 積分法

参考　この立体は,「**トーラス**」と呼ばれる有名なものです.

解説　x_1, x_2 の各々は, 積分変数 z の**関数**ですから, 体積の「立式」に用いることができます.
a が大きいほど, 領域 D_1 が遠回りするので V_1 は大きくなるという訳です.

発展　**例題4 9 1**(2)の「パップス・ギュルダンの定理」を用いると,

$$V_1 = \text{領域面積} \times \text{対称中心の軌跡の長さ}$$
$$= \pi \cdot 1^2 \times 2\pi a = 2\pi^2 a.$$

前記の結果とたしかに一致していますね. 試験における「パップス・ギュルダンの定理」使用の可否は採点者の趣味ですが, このように「検算」においては重宝します.
ただし, この定理をうろ覚えで使うとむしろ危険です. 元の領域が, 回転軸を含む平面上にあるときのみ有効であることを忘れ, 以下の(2)(3)で使ったりしたらダメですよ.

(2)　**着眼**　K_2 は形状が見えづらいですね. 原則通り「切ってから回す」を使えば線分の通過領域に帰着され, 解決します. ■

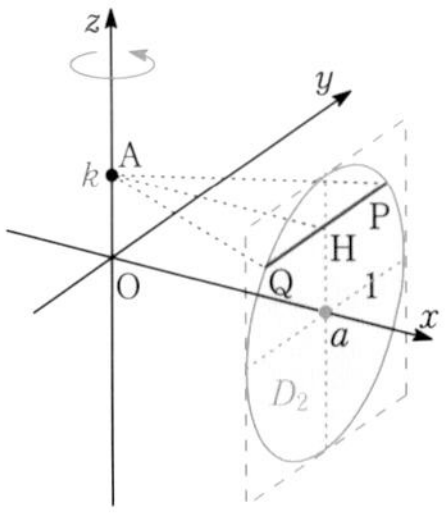

立体 K_2 は xy 平面に関して対称だから, $z \geq 0$ の部分を考える.

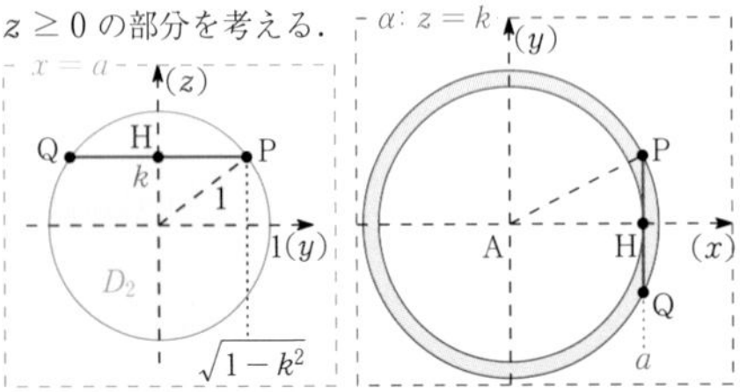

平面 α: $z = k (0 \leq k \leq 1)$ による D_2 の切り口は図のような線分 PQ. これを y 軸のまわりに 1 回転してできる領域が, α による K_2 の断面である. この面積は, 上図において直角三角形 AHP に注目して

$$\pi \cdot \text{AP}^2 - \pi \cdot \text{AH}^2 = \pi \cdot \text{HP}^2 = \pi(1-k^2).$$

よって求める体積は

$$V_2 = 2\int_0^1 \pi(1-k^2)\,dk = 2\pi\left(1-\frac{1}{3}\right) = \frac{4}{3}\pi. /\!/$$

解説　答えに a が含まれていません. つまり, 円板 D_2 を含む平面の z 軸からの距離に関係なく体積 V_2 が定まります. a が大きいほど円板は遠回りしますが, 同時に“薄べったい”立体となり, 体積は一定に保たれます.

参考　ハイレベル↑　D_2 の周上の任意の点を R とすると

$$\text{OR}^2 = a^2 + 1^2.$$

よって R は, O を中心とする半径 $\sqrt{a^2+1}$ の球面上にあります. この性質は D_2 が回転移動しても保たれ, 立体 K_2 の“外面”は, 球面の一部となります. K_2 は, そこから直円柱をくり抜いた立体です.

(3)　**着眼**

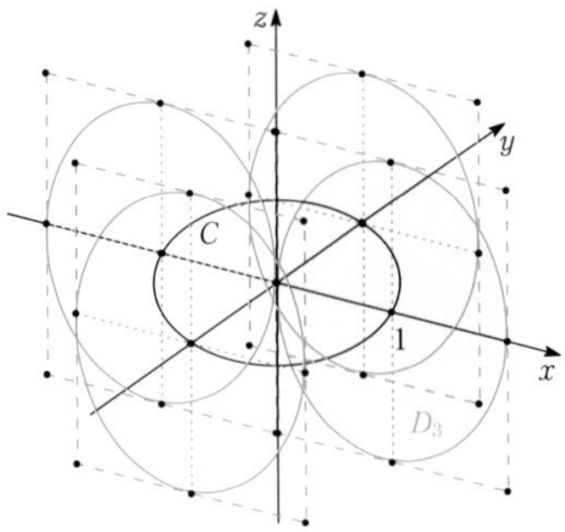

K_3 は形状不明な立体ですが, 前問の「先に切る」手法は遠回り. D_3 はつねに同じ方向を向いているので, 断面が初めから与えられているようなもの. **演習問題4 7 14**の類題です.

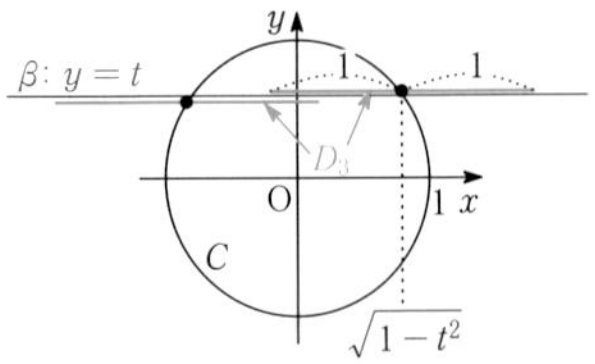

解答　立体 K_3 は xz 平面に関して対称だから, $y \geq 0$ の部分を考える.
平面 β: $y = t\ (0 \leq t \leq 1)$ による K の断面を求める.
D_3 が β 上にくることは ($t = 1$ を除いて)2 回あり, K_3 の断面は次図の通り:

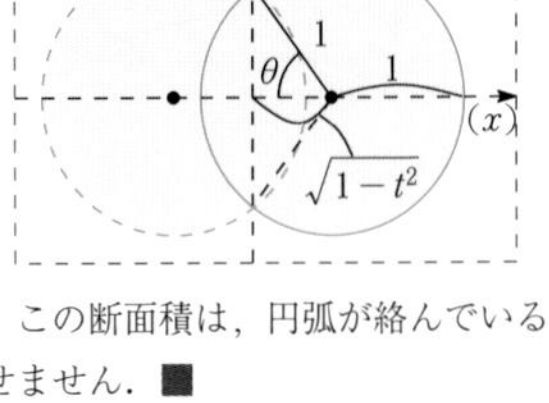

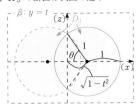

注　この断面積は, 円弧が絡んでいるので「t」では表せません. ■
この面積を $S(t)$ とすると, 求める体積は対称性も考えて

$V_3 = 2\int_0^1 S(t)\,dt.$ …① 「立式」は dt

図のように角 θ $\left(0 \leq \theta \leq \frac{\pi}{2}\right)$ をとると，

$$\cos\theta = \sqrt{1-t^2}. \quad \text{i.e. } t = \sin\theta.$$

$$\therefore dt = \cos\theta\,d\theta.$$

$S(t) = 2\times\pi\cdot 1^2 - 2\times$ 

$$= 2\pi - 2\left(\frac{1}{2}\cdot 1^2\cdot 2\theta - \frac{1}{2}\cdot 1^2\sin 2\theta\right)$$

$$= 2\pi - 2\theta + \sin 2\theta.$$

t と θ の対応は右の通り．
これらと①より

t	$0 \to 1$
θ	$0 \to \frac{\pi}{2}$

$$V_3 = 2\int_0^{\frac{\pi}{2}} (2\pi - 2\theta + \sin 2\theta)\cdot\cos\theta\,d\theta$$

$$= 2\int_0^{\frac{\pi}{2}} (2\pi\cos\theta - 2\theta\cos\theta + 2\sin\theta\cos^2\theta)\,d\theta$$

（$\theta \downarrow 1$，$\cos\theta \uparrow \sin\theta$）

$$= 2\left[2\pi\sin\theta - 2(\theta\sin\theta + \cos\theta) - \frac{2}{3}\cos^3\theta\right]_0^{\frac{\pi}{2}}$$

$$= 2\left\{2\pi - 2\left(\frac{\pi}{2} - 1\right) + \frac{2}{3}\right\} = 2\pi + \frac{16}{3}. /\!/$$

解説 3 問とも「円板」が作る立体でしたが，方法論はまるで違いましたね．そういうものなんです．

4 7 16 不等式が表す立体

根底 実戦 入試 ［→例題 4 5 k］

方針 例題 4 5 k において，「高次の文字 ＝ 一定」なる平面で切るという原則を述べました．ここでは，x, y, z はどれも 2 次であり，次数の違いはありません[1)] が，x と y は対等ですので，「$z =$ 一定」なる平面で切る方針でいきます．

注 「$\sqrt{x^2+y^2}$」には，特別な意味があります．

解答 平面 α: $z = t$ による K の切り口 D は，$z = t$ のもとで，①より次式で表される：

$$\left(\sqrt{x^2+y^2} - a\right)^2 + t^2 \leq 1.$$

$$\left(\sqrt{x^2+y^2} - a\right)^2 \leq 1 - t^2 \ (-1 \leq t \leq 1).$$

$$-\sqrt{1-t^2} \leq \sqrt{x^2+y^2} - a \leq \sqrt{1-t^2}.$$

$$a - \sqrt{1-t^2} \leq \sqrt{x^2+y^2} \leq a + \sqrt{1-t^2}.$$

ここで，$\sqrt{x^2+y^2}$ は平面 α 上において点 $\mathrm{P}(x, y, t)$ と点 $\mathrm{H}(0, 0, t)$ の距離を表すから，断面 D は右図のようになる．
この面積は

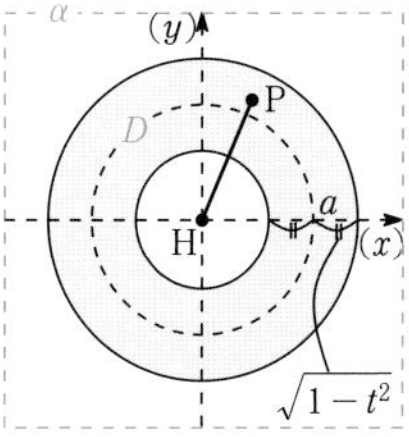

$$\pi\left(a + \sqrt{1-t^2}\right)^2 - \pi\left(a - \sqrt{1-t^2}\right)^2$$

$$= \pi\cdot 2a\cdot 2\sqrt{1-t^2} = 4a\pi\sqrt{1-t^2}.$$

$$V = 2\int_0^1 4a\pi\sqrt{1-t^2}\,dt$$

$$= 8a\pi\cdot(\text{半径 1 の 4 分円})$$

$$= 8a\pi\cdot\frac{\pi}{4} = 2\pi^2 a. /\!/$$

注 1)：不等式が $\left(\sqrt{x^2+y^2} - a\right)^2 + z \leq 1$ である場合，z は 1 次で低次なのですが，やはり平面「$z =$ 一定」で切ります．「$\sqrt{x^2+y^2}$」は，z 軸からの距離を表す特別な式であり，実質的には 1 次式のようなものなのです．

参考 重要度⇩ 実はこの立体は，前問(1)と同じ立体で，「**トーラス**」と呼ばれます．

4 7 17 直円柱３本の交わり

根底 実戦 入試 ハイレベル⬆ ［→例題 4 5 j］

注 例題 4 5 i の「2 つの直円柱」を「3 つの直円柱」に変えた問題です．その例題での「K, V」と対比するため，ここでは名前に「′」を付して区別しました．

方針 2 つの円柱 C_1, C_2 の交わりなら，平面 $z =$ 一定 で切った断面は正方形に過ぎませんでしたね．本問では，そこに C_3 の切り口：「円」を重ねることになります．

下書き C_1(黒色) の軸は x 軸，C_2(青色) の軸は y 軸，C_3(赤色) の軸は z 軸です．

解答

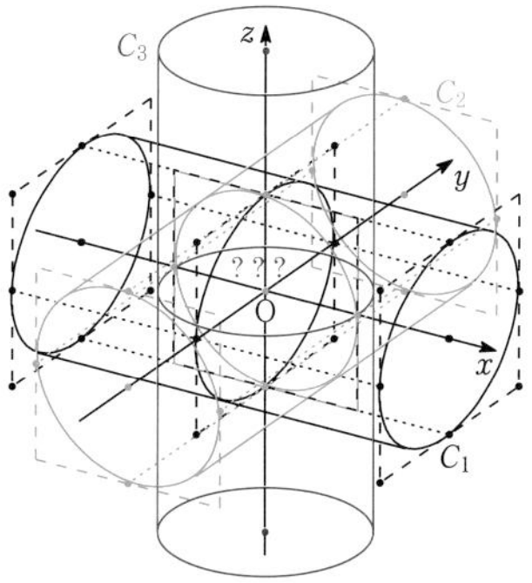

K' は平面 $z = 0$ に関して対称だから，まず $z \geq 0$ の範囲を考える．

平面 α: $z = t$ $(0 \leq t \leq r)$ による C_1, C_2, C_3 それぞれの切り口を D_1, D_2, D_3 とすると，平面 α 上で，

まず，それぞれを切った

$$D_1: y^2 + t^2 \leq r^2, \ \text{i.e. } |y| \leq \sqrt{r^2 - t^2},$$

$$D_2: x^2 + t^2 \leq r^2, \ \text{i.e. } |x| \leq \sqrt{r^2 - t^2},$$

$$D_3: x^2 + y^2 \leq r^2.$$

第4章 積分法

K' の α による切り口は，D_1, D_2, D_3 の共通部分（交わり）であり，次図のようになる．

注　D_1, D_2 の交わりである正方形が，D_3(円) に包含されるか否かで場合分けします．■

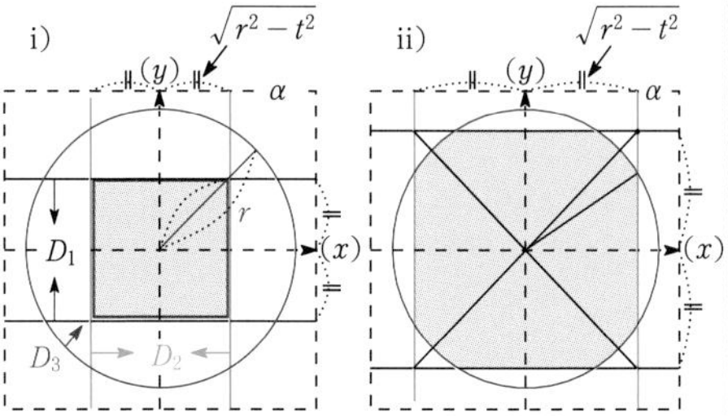

この断面積を $S(t)$ とする．

i) $\sqrt{2}\sqrt{r^2-t^2} \le r$, i.e. $\frac{r}{\sqrt{2}} \le t \le r$ のとき，

$$S(t)=\left(2\sqrt{r^2-t^2}\right)^2=4(r^2-t^2).$$

この部分の体積 v_1 は

$$v_1=\int_{\frac{r}{\sqrt{2}}}^{r} 4(r^2-t^2)\,dt$$
$$=4\left[r^2t-\frac{t^3}{3}\right]_{\frac{r}{\sqrt{2}}}^{r}$$
$$=4\left(\frac{2}{3}-\frac{5}{6\sqrt{2}}\right)r^3=\left(\frac{8}{3}-\frac{5}{3}\sqrt{2}\right)r^3.$$

ii) $\sqrt{2}\sqrt{r^2-t^2} \ge r$, i.e. $(0 \le)\ t \le \frac{r}{\sqrt{2}}$ のとき，K' の α による切り口の 8 分の 1 は右図のようになる．

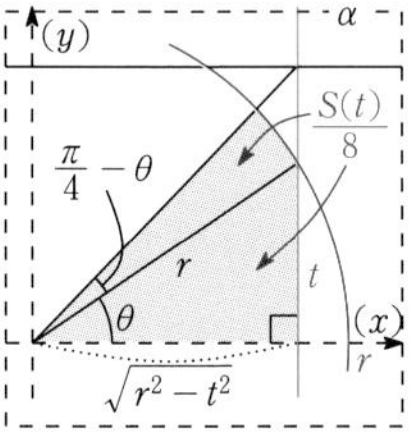

この部分の体積 v_2 は

$$v_2=\int_0^{\frac{r}{\sqrt{2}}} S(t)\,dt.$$

方針　立式は dt. しかし，周に「円弧」が現れていますから，角 θ を導入して，積分計算は $d\theta$. ■

ここで，図のように角 θ $\left(0 \le \theta \le \frac{\pi}{4}\right)$ をとると

$$t=r\sin\theta.\ \therefore\ dt=r\cos\theta\,d\theta.$$
$$\frac{S(t)}{8}=\frac{1}{2}r\cos\theta\cdot r\sin\theta+\frac{1}{2}r^2\left(\frac{\pi}{4}-\theta\right)$$
$$S(t)=r^2(4\cos\theta\sin\theta+\pi-4\theta).$$

また，t と θ は右のように対応する．

t	$0 \to \frac{r}{\sqrt{2}}$
θ	$0 \to \frac{\pi}{4}$

以上より

$$v_2=\int_0^{\frac{\pi}{4}} r^2(4\cos\theta\sin\theta+\pi-4\theta)\cdot r\cos\theta\,d\theta$$

$$\frac{v_2}{r^3}=\int_0^{\frac{\pi}{4}}(4\cos^2\theta\sin\theta+\pi\cos\theta-4\theta\cos\theta)\,d\theta$$
（$\theta \downarrow 1$，$\cos\theta \uparrow \sin\theta$）
$$=\left[-\frac{4}{3}\cos^3\theta+\pi\sin\theta-4(\theta\sin\theta+\cos\theta)\right]_0^{\frac{\pi}{4}}$$
$$=\frac{1}{\sqrt{2}}\left(-\frac{2}{3}+\pi-\pi-4\right)-\left(-\frac{4}{3}-4\right)^{1)}$$
$$=\frac{16}{3}-\frac{7}{3}\sqrt{2}.$$

以上と対称性より

$$V'=2r^3\left(\frac{8}{3}-\frac{5}{3}\sqrt{2}+\frac{16}{3}-\frac{7}{3}\sqrt{2}\right)$$
$$=\left(16-8\sqrt{2}\right)r^3.\ /\!/$$

解説　i) の部分は，$D_1 \cap D_2$ の正方形がスッポリ円 D_3 に含まれるので，**例題4 5 i** と同じ断面積で片付きました．
それに対して ii) の部分は，正方形が一部 D_3 からはみ出すので，角 θ を導入した処理を要します．

補足　1)：「(全体に $\frac{\pi}{4}$ を代入)－(全体に 0 を代入)」と計算しています．こうすることで，「$\frac{1}{\sqrt{2}}$」が 1 か所に集まっていますね．

参考　求まった体積を**例題4 5 i** の答え：$V=\frac{16}{3}r^3$ と比較してみます：

$V=5.33\cdots\times r^3.$
$V'=4.68\cdots\times r^3.$

立体 K' は，立体 K に比べて円柱 C_3 によって一部“削り落とされた”分だけ体積が小さくなっています．

発展　右図からわかるように，x 軸方向に伸びた四角柱

$$|y| \le \frac{r}{\sqrt{2}},\ |z| \le \frac{r}{\sqrt{2}}$$

は円柱 D_1 に含まれます．y, z 軸方向についても同様なので，立方体

$$C: |x| \le \frac{r}{\sqrt{2}},\ |y| \le \frac{r}{\sqrt{2}},\ |z| \le \frac{r}{\sqrt{2}}$$

は立体 K' に含まれます．

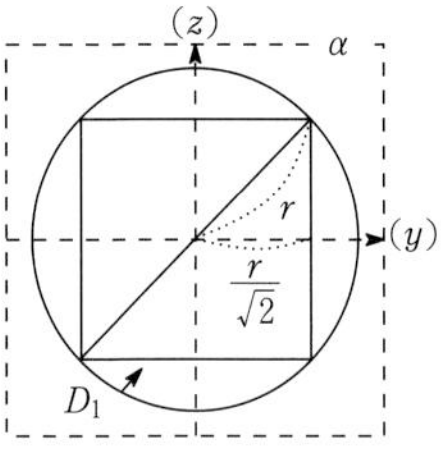

K' は，C に対してその上面に $z \ge \frac{r}{\sqrt{2}}$ の部分（前記**解答**の i)）を張り付けて（他の 5 面についても同様にして）得られるイメージです．よって，V' は次のように求まります：

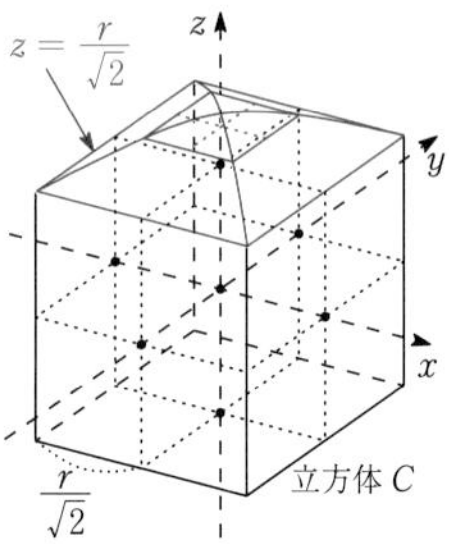

$$V' = (\sqrt{2}r)^3 + 6 \times v_1$$
$$= 2\sqrt{2}r^3 + 6\left(\frac{8}{3} - \frac{5}{3}\sqrt{2}\right)r^3$$
$$= \left(16 - 8\sqrt{2}\right)r^3. /\!/$$

ただし，実際の試験でこのような小賢しい知識が役立つ可能性はほとんどありません（出題者も求めてはいません）．前記**解答**のような着実な計算が遂行できるよう訓練してください．

4 7 18 弧長 根底 実戦　[→例題4 6 b，c]

着眼 (1)(2)はパラメタ曲線．(3)(4)は $y = f(x)$ タイプの弧長です．

方針 (1)(2)は，t や θ を時刻とみなし，"速度ベクトル"の大きさ = 速さを求めるような感覚で．

解答 (1) $\vec{v} := \begin{pmatrix} dx/dt \\ dy/dt \end{pmatrix} = \begin{pmatrix} 3t^2 - 1 \\ 2\sqrt{3}t \end{pmatrix}$.

$$|\vec{v}|^2 = (3t^2-1)^2 + (2\sqrt{3}t)^2$$
$$= 9t^4 - 6t^2 + 1 + 12t^2$$
$$= 9t^4 + 6t^2 + 1 = (3t^2+1)^2.$$

$$\therefore\ L := \int_{-2}^{2} |v|\, dt$$
$$= \int_{-2}^{2} (3t^2+1)\, dt \quad \text{偶関数}$$
$$= 2\int_0^2 (3t^2+1)\, dt = 2\left[t^3 + t\right]_0^2 = 20. /\!/$$

(2) $\vec{v} := \begin{pmatrix} dx/d\theta \\ dy/d\theta \end{pmatrix}$

$$= \begin{pmatrix} -3\sin\theta + 3\sin 3\theta \\ 3\cos\theta - 3\cos 3\theta \end{pmatrix}$$
$$= 3\begin{pmatrix} -\sin\theta + \sin 3\theta \\ \cos\theta - \cos 3\theta \end{pmatrix}.$$

$$\therefore\ \left|\frac{1}{3}\vec{v}\right|^2 = (-\sin\theta + \sin 3\theta)^2 + (\cos\theta - \cos 3\theta)^2$$
$$= 2 - 2(\sin\theta\sin 3\theta + \cos\theta\cos 3\theta)$$
$$= 2 - 2\cos(3\theta - \theta)$$
$$= 2 - 2\cos 2\theta$$
$$= 2^2 \cdot \frac{1 - \cos 2\theta}{2}$$
$$= 2^2 \sin^2\theta.$$

$$\therefore\ |\vec{v}| = 6|\sin\theta|.$$

$$\therefore\ L = \int_0^{2\pi} 6|\sin\theta|\, d\theta$$
$$\overset{1)}{=} 2\int_0^{\pi} 6\sin\theta\, d\theta \ (\because\ \pi \text{ は } |\sin\theta| \text{ の周期})$$
$$= 12\left[+\cos\theta\right]_{\pi}^{0} = 24. /\!/$$

参考 演習問題3 9 30で扱った「外サイクロイド」の弧長でした．

注 1)：「道のり」としてはこれでよいのですが，「弧長」を求めるなら，厳密には同じ弧を 2 度以上通過しないことを確認すべきです．[→4 6 2 注意！] そのことは演習問題3 9 30を見ればわかりますが，通常は不問とされる気がします．

(3) $y' = 2x$ だから，

$$L = \int_0^1 \sqrt{1+4x^2}\, dx.$$

注 この積分計算は，経験がないと無理なものでしたね [→例題4 2 o(3)]．
置換積分法により定積分を求めてもかまいませんが，不定積分を求めるのが本道です．■

$t = 2x + \sqrt{1+4x^2} (> 0)$ …①とおくと，

$$(t - 2x)^2 = 1 + 4x^2.$$
$$t^2 - 4xt + 4x^2 = 1 + 4x^2$$

i.e. $x = \frac{1}{4}\left(t - \frac{1}{t}\right)$. …②

$$dx = \frac{1}{4}\left(1 + \frac{1}{t^2}\right)dt.$$

①②より

$$\sqrt{1+4x^2} = t - 2x$$
$$= t - 2\cdot\frac{1}{4}\left(t - \frac{1}{t}\right)$$
$$= \frac{1}{2}\left(t + \frac{1}{t}\right).$$

$$\int \sqrt{1+4x^2}\, dx$$
$$= \int \frac{1}{2}\left(t + \frac{1}{t}\right)\cdot\frac{1}{4}\left(1 + \frac{1}{t^2}\right)dt$$
$$= \frac{1}{8}\int\left(t + \frac{2}{t} + \frac{1}{t^3}\right)dt$$
$$= \frac{1}{8}\left(\frac{t^2}{2} + 2\log t - \frac{1}{2t^2}\right) + C$$
$$= \frac{1}{2}\cdot\frac{1}{4}\left(t - \frac{1}{t}\right)\cdot\frac{1}{2}\left(t + \frac{1}{t}\right) + \frac{1}{4}\log t + C$$
$$= \frac{1}{2}x\sqrt{1+4x^2} + \frac{1}{4}\log\left(2x + \sqrt{1+4x^2}\right) + C.$$

よって

$$L = \left[\frac{1}{2}x\sqrt{1+4x^2} + \frac{1}{4}\log\left(2x + \sqrt{1+4x^2}\right)\right]_0^1$$
$$= \frac{\sqrt{5}}{2} + \frac{\log(2+\sqrt{5})}{4}. /\!/$$

注 このように，放物線の弧長の計算はなかなか大変なんです．

(4) $x^3 \geq 0$ より

$$y = \pm\sqrt{x^3} = \pm x^{\frac{3}{2}}.$$

よってこの曲線全体は x 軸に関して対称．

$y=x^{\frac{3}{2}}(\geq 0)$ について考えると

$$y'=\frac{3}{2}\sqrt{x}.$$

$$\therefore\ L=2\int_0^1\sqrt{1+y'^2}\,dx$$
$$=2\int_0^1\sqrt{1+\frac{9}{4}x}\,dx$$
$$=2\left[\frac{2}{3}\cdot\frac{4}{9}\left(1+\frac{9}{4}x\right)^{\frac{3}{2}}\right]_0^1$$
$$=\frac{16}{27}\left(\frac{13}{4}\cdot\frac{\sqrt{13}}{2}-1\right)$$
$$=\frac{2}{27}(13\sqrt{13}-8).$$ //

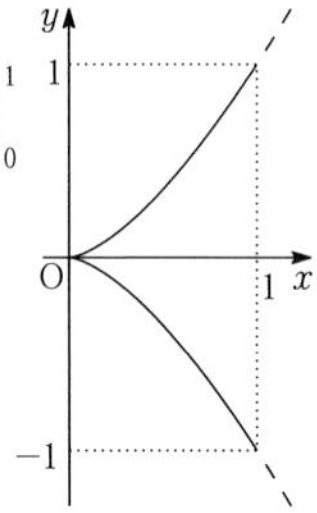

参考 与式が表す曲線は右図の通りです.

4 7 19 弧長の差

根底 実戦 入試

[→例題 4 6 c]

注 L_1 はカンタン. L_2 は計算がメンドウそうですが, 問われているのが両者の差であることに注意.

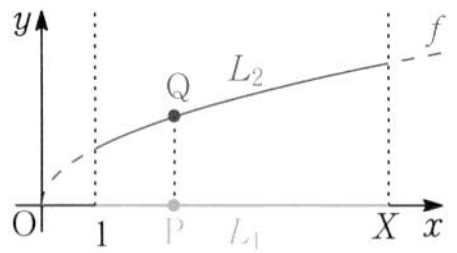

解答

$$L_2-L_1=\int_1^X\sqrt{1+f'(x)^2}\,dx-(X-1)$$
$$=\int_1^X\left(\sqrt{1+f'(x)^2}-1\right)dx.$$

(1) **着眼** $f'(x)=\dfrac{1}{x}$ の値は, x が大きいときにはごく微小. よって, $\sqrt{1+f'(x)^2}-1$ の値は凄く小さく, L_2-L_1 はあまり大きくならなさそう？ それを示すために, 微小な $f'(x)^2=\dfrac{1}{x^2}$ を**抽出**する変形を行います. ■

$f'(x)=\dfrac{1}{x}$ より

$$L_2-L_1=\int_1^X\frac{1+f'(x)^2-1}{\sqrt{1+f'(x)^2}+1}\,dx\ \cdots①$$
$$\leq\int_1^X\frac{f'(x)^2}{2}\,dx$$
$$=\int_1^X\frac{1}{2x^2}\,dx$$
$$=\left[+\frac{1}{2x}\right]_X^1$$
$$=\frac{1}{2}\left(1-\frac{1}{X}\right)<\frac{1}{2}\ (\text{定数}).$$

よって題意は示せた. □

(2) $f'(x)=\dfrac{1}{2\sqrt{x}}$. ①より同様にして

$$L_2-L_1=\int_1^X\frac{f'(x)^2}{\sqrt{1+f'(x)^2}+1}\,dx$$
$$=\int_1^X\frac{\frac{1}{4x}}{\sqrt{1+\frac{1}{4x}}+1}\,dx$$
$$\geq\int_1^X\frac{\frac{1}{4x}}{\sqrt{1+\frac{1}{4\cdot1}}+1}\,dx\ (\because\ x\geq1)$$
$$=c\int_1^X\frac{1}{x}\,dx\ (c\text{ はある正定数})$$
$$=c\log X\xrightarrow[X\to\infty]{}\infty.$$

よって“追い出しの手法”により, $L_2-L_1\to\infty$. □

解説 不等式で評価する際, (1)(2)それぞれの目的に応じた不等号の向きを考えています.

参考 下図において, 青色線分との長さの差が, 黒色 ($\log x$) だと有限, 赤色 ($\sqrt{x}$) だと無限に大きくなるという結論が得られた訳です.

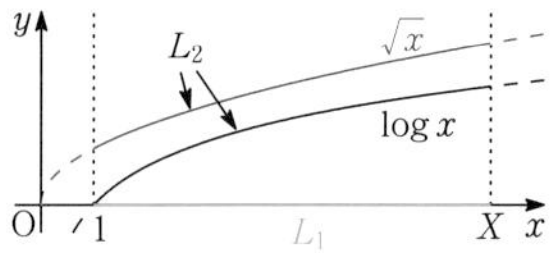

11 演習問題C

4 11 1 定積分を含む関数

根底 実戦 典型

[→例題4 8 b]

方針 「定積分」は，積分変数以外の文字を含んでいなければ「定数 a」などとおけて，被積分関数内の「$f(t)$」を具体的に表すことができます．

解答

(1) $f(x)=\int_0^{\frac{\pi}{2}}(\sin x\cos t+\cos x\sin t)f(t)\,dt+1$

$=\sin x\underbrace{\int_0^{\frac{\pi}{2}}\cos t\cdot f(t)\,dt}_{\text{定数 }a\text{ とおく}}+\cos x\underbrace{\int_0^{\frac{\pi}{2}}\sin t\cdot f(t)\,dt}_{\text{定数 }b\text{ とおく}}+1$

$=a\sin x+b\cos x+1.$ …① 　fが具体化できた

よって

$a=\int_0^{\frac{\pi}{2}}\cos t(a\sin t+b\cos t+1)\,dt$

積分すると消える

$=\int_0^{\frac{\pi}{2}}\left(\frac{a}{2}\sin 2t+b\cdot\frac{1+\cos 2t}{2}+\cos t\right)dt.$

ここで，$\int_0^{\frac{\pi}{2}}\cos 2t\,dt=\left[\frac{\sin 2t}{2}\right]_0^{\frac{\pi}{2}}=0$ だから

$a=\left[-\frac{a}{4}\cos 2t+\frac{b}{2}t+\sin t\right]_0^{\frac{\pi}{2}}$

$=\frac{a}{2}+\frac{\pi}{4}b+1.$

$\therefore\ a=\frac{\pi}{2}b+2.$ …②

同様にして

$b=\int_0^{\frac{\pi}{2}}\sin t(a\sin t+b\cos t+1)\,dt$

これも消える

$=\int_0^{\frac{\pi}{2}}\left(a\cdot\frac{1-\cos 2t}{2}+\frac{b}{2}\sin 2t+\sin t\right)dt$

$=\left[\frac{a}{2}t-\frac{b}{4}\cos 2t-\cos t\right]_0^{\frac{\pi}{2}}$

$=\frac{\pi}{4}a+\frac{b}{2}+1.$

$\therefore\ b=\frac{\pi}{2}a+2.$ …③

着眼 ②と③では a, b が**互換**されていますね．■

②－③ より　互換型→差をとる

$a-b=\frac{\pi}{2}(b-a).\ \therefore\ a=b.$

これと②より

$a=\frac{\pi}{2}a+2.\ \therefore\ a=\frac{4}{2-\pi}(=b).$

これと①より，

$f(x)=\frac{4}{2-\pi}(\sin x+\cos x)+1.$ //

(2) $f(x)=e^x-e^{-x}+\frac{x}{2}\underbrace{\int_{-1}^{1}|f(t)|\,dt}_{\text{定数 }c\text{ とおく}}$

$=e^x-e^{-x}+\frac{c}{2}x.$ …④

これは奇関数であり，$|f(t)|$ は偶関数．よって，

$c=\int_{-1}^{1}|f(t)|\,dt=2\int_0^1|f(t)|\,dt.$ 1)

ここで，$0\leq t\leq 1$ における $f(t)=e^t-e^{-t}+\frac{c}{2}t$ の符号を考える．$|f(t)|\geq 0$ と $0<1$ より 2) $c\geq 0$．これと $e^t\geq e^{-t}$ より $f(t)\geq 0$．よって

$c=2\int_0^1 f(t)\,dt$

$=2\int_0^1\left(e^t-e^{-t}+\frac{c}{2}t\right)dt$

$=2\left[e^t+e^{-t}+\frac{c}{4}t^2\right]_0^1$

$=2\left(e+\frac{1}{e}-2+\frac{c}{4}\right).$

$\therefore\ c=4\left(e+\frac{1}{e}-2\right).$

これと④より

$f(x)=e^x-e^{-x}+2\left(e+\frac{1}{e}-2\right)x.$ //

注 1)2)：定積分 c は，0 以上の関数 $2|f(t)|$ の 0（小）から 1（大）までの定積分ですから，0 以上の面積を表します．

4 11 2 定積分と微分法

根底 実戦 典型

[→例題4 8 c]

着眼 (1)(2)とも，「定積分と微分法」を使いたくなる形ですね．

注 ただし，“3 点チェック” を忘れずに．
また，「定数」に関する情報の保存も心掛けて．

解答 (1) ①で $x=a$ として

$0=a^2-1.\ \therefore\ a=1\ (\because\ a>0).$ //

注 下の赤字の「x」を除去しましょう．

$\int_1^x xf(t)\,dt=x^2-1.$

$x\int_1^x f(t)\,dt=x^2-1.$ ■

両辺を $x(>0)$ で割ると

$\underbrace{\int_1^x f(t)\,dt}_{\text{“3 点チェック” OK}}=x-\frac{1}{x}.$

両辺を x で微分して

$f(x)=1+\frac{1}{x^2}.$ //

(2) ②で $x=0$ として

$f(0)+0=1.$ ∴ $f(0)=1.$ …③

注 積分区間の下端は「定数」，上端は「1 文字 x」でないと，「定積分と微分法」をそのまま使うことはできません．■

$$f(x)-\int_0^{\boxed{-x}} f(t)\,dt=e^x.$$

両辺を x で微分して

$$f'(x)-f(\boxed{-x})\cdot(-1)=e^x.$$ 1)

□で微分 | □を微分 … 合成関数の微分法

$f(x)$ は偶関数だから

$f'(x)+f(x)=e^x.$ …④

方針 $f'(x)$ が現れているので，$g'(x)$ を求めてみましょう．■

$$g'(x)=e^x\{f'(x)+f(x)\}=e^x\cdot e^x=e^{2x}\ (\because ④).$$

また，③より

$$g(0)=1\cdot f(0)=1.$$

よって

$$g(x)-g(0)=\int_0^x g'(t)\,dt=\int_0^x e^{2t}\,dt=\left[\frac{1}{2}e^{2t}\right]_0^x=\frac{1}{2}(e^{2x}-1).$$

$$\therefore\ g(x)=\frac{1}{2}(e^{2x}-1)+1=\frac{1}{2}(e^{2x}+1).$$

$$\therefore\ f(x)=e^{-x}g(x)=\frac{1}{2}(e^x+e^{-x}).\,/\!/$$

解説 1)：ここが腑(ふ)に落ちない人は，次のように考えてください：

$f(t)$ の原始関数 $F(t)$ を用いると

$$\int_0^{\boxed{-x}} f(t)\,dt=F(\boxed{-x})-F(0).$$

右辺を x で微分すると

$$F'(\boxed{-x})\cdot(-1)=f(\boxed{-x})\cdot(-1).$$

4 11 3 定積分関数の最小

根底 実戦 入試　[→例題 4 8 c]

着眼 この定積分は，積分変数 t 以外の文字 x の関数です．

この定積分は，右図のような“符号付面積”を表します（青色：正，グレー：負）．

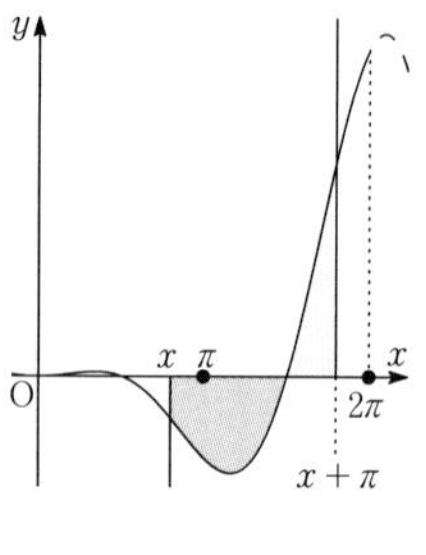

方針 「定積分と微分法」を使うことも可能 1) ですが，その証明過程に戻った方がむしろ手っ取り早いです（笑）．

解答 $f(x):=\int_x^{x+\pi} t^2\cos t\,dt$

において，$g(t)=t^2\cos t$ とおき，その原始関数 $G(t)$ を用いると … $G'=g$

$$f(x)=\Big[G(t)\Big]_x^{x+\pi}=G(\boxed{x+\pi})-G(x).$$

$$\therefore\ f'(x)=g(\boxed{x+\pi})\cdot 1-g(x)$$

□で微分 | □を微分 … 合成関数の微分法

$$=(x+\pi)^2\cos(x+\pi)-x^2\cos x$$

$$=\underbrace{\{(x+\pi)^2+x^2\}}_{\text{正}}\cdot(\underbrace{\boxed{-\cos x}}_{\text{符号決定部}}).$$

よって右表を得るから，求める値は，$x=\dfrac{\pi}{2}.\,/\!/$

x	$0\ \cdots\ \frac{\pi}{2}\ \cdots\ \pi$
$f'(x)$	$-\quad 0\quad +$
$f(x)$	↘　　↗

注 1)：「定積分と微分法」を使うなら，次のようにします：

$$f(x)=\int_x^{\boxed{x+\pi}} t^2\cos t\,dt=\int_0^{x+\pi} g(t)\,dt-\int_0^x g(t)\,dt.$$

$$\therefore\ f'(x)=g(\boxed{x+\pi})\cdot 1-g(x).$$

□で微分 | □を微分

言い訳 答え：$x=\dfrac{\pi}{2}$ のときの積分区間 $\dfrac{\pi}{2}\le t\le\dfrac{3}{2}\pi$ は，$g(t)\le 0$ となる区間全体です．このとき“符号付面積”が最小となるのはアタリマエですね（笑）．ただし，答案は前記**解答**のように書いた方が速くて明快です．

4 11 4 有名問題の融合

根底 実戦 入試　[→例題 4 8 b, c]

着眼 有名な手法が2つとも使えそうですね．

解答 ①を変形すると

$$xf(x)=\int_a^x f(t)\,dt+x\cdot\underbrace{\int_1^e f(t)\,dt}_{\text{定数 }b\text{ とおく}}.$$

$$xf(x)=\int_a^x f(t)\,dt+bx.\ \cdots①'$$

①′において $x=a$ として

$af(a)=0+ba.$ ∴ $f(a)=b$ ($\because\ a\neq 0$). …②

①′の両辺を x で微分すると

$$f(x)+xf'(x)=f(x)+b.$$

$$f'(x)=\frac{b}{x}\ (\because\ x>0).$$

ここで，$f(x)$ は定数値関数ではないから $f'(x)\neq 0$．よって $b\neq 0$ であり，

$$f(x)=\int\frac{b}{x}\,dx=b\log x+C\ (\because\ x>0).\ \cdots③$$

$x=a$ として②を用いると

$b=b\log a+C.$ …④

③より

$$b=\int_1^e(b\log t+C)\,dt$$
$$=\Big[b(t\log t-t)+Ct\Big]_1^e$$
$$=b\cdot 1+C(e-1).$$

$\therefore\ C=0.$

これと④，および $b\neq 0$ より

$\log a=1.\ a=e.$ //

また，③より

$f(x)=b\log x$（b は 0 以外の任意定数）．//

注　$f(x)=b\log x$ のとき，与式の両辺はいずれも $bx\log x$ となり一致しています．

参考　「定積分を定数とおく」と「積分区間の上端で微分する」の"ミックス"．類題は[→ Ⅱ+B 演習問題 6 9 21]．

4 11 5　定積分関数（抽象）

根底　実戦　入試　[→例題 4 8 c]

着眼　左辺は積分変数「t」以外の文字「x」の関数です．$x=0$ とすると両辺とも 0 ですから，定数情報の心配は要りません．
いかにも「定積分と微分法」を使いたくなる形ですね．

方針　そのために，積分変数「t」以外の文字「x」を $\int$ の外へ追い出したいですが，何しろ抽象的な関数「f」ですから，初見ではどうしてよいのかわかりませんね．決め手は「置換積分法」です．

解答　①の左辺は，$u=x-t$ と置換すると

$$\int_x^0(x-u)f(u)(-du)$$　（u,t が新，旧の積分変数）

$$=\int_0^x\{xf(u)-uf(u)\}\,du$$
$$=x\int_0^x f(u)\,du-\int_0^x uf(u)\,du.$$

これを x で微分すると

$$\underbrace{\int_0^x f(u)\,du+xf(x)}_{\text{積の微分法}}-xf(x)=\int_0^x f(u)\,du.$$

さらに x で微分すると $f(x)$ となる．

よって，①の両辺を x で 2 回微分することにより，

$f(x)=(3x^2)'=6x.$ //

参考　$f(x)=6x$ のときたしかに①が成り立つことを確認してみましょう：

$$\text{左辺}=\int_0^x t\cdot 6(x-t)\,dt$$
$$=-6\int_0^x t(t-x)\,dt$$
$$=-6\cdot\frac{-1}{6}(x-0)^3$$　（6 分の 1 公式）
$$=x^3=\text{右辺}.$$

4 11 6　関数方程式

根底　実戦　入試　[→例題 4 8 d]

着眼　右辺は積分変数「t」以外の文字「x」の関数です．いかにも「定積分と微分法」を使いたくなる形ですね．

方針　そのために，積分変数「t」以外の文字「x」を $\int$ の外へ追い出します．

解答　①で $x=0$ として

$f(0)=0.$ …②　（定数情報をキープ）

①を変形すると

$$f(x)=\int_0^x(\sin x\cos t-\cos x\sin t)f(t)\,dt+x$$
$$=\underbrace{\sin x\int_0^x\cos t\cdot f(t)dt-\cos x\int_0^x\sin t\cdot f(t)dt}_{I\ \text{とおく}}+x.\quad\cdots③$$

両辺を x で微分すると

$$f'(x)=\cos x\int_0^x\cos t\cdot f(t)dt+\sin x\cdot\cos x\cdot f(x)$$
$$+\sin x\int_0^x\sin t\cdot f(t)dt-\cos x\cdot\sin x\cdot f(x)+1$$
$$=\cos x\int_0^x\cos t\cdot f(t)dt+\sin x\int_0^x\sin t\cdot f(t)dt+1.$$

$x=0$ として，$f'(0)=1$ …④．

両辺を x で微分すると

$$f''(x)=-\sin x\int_0^x\cos t\cdot f(t)dt+\cos x\cdot\cos x\cdot f(x)$$
$$+\cos x\int_0^x\sin t\cdot f(t)dt+\sin x\cdot\sin x\cdot f(x)$$
$$=-I+f(x)=x\ (\because\ ③).$$

これと④より，$f'(x)=\dfrac{x^2}{2}+1.$

これと②より，$f(x)=\dfrac{x^3}{6}+x.$ //

解説　微分する操作を 2 回繰り返すと，再び「I」が現れるというオチでした．経験がないと気付かないしょう．

第4章　積分法

4 11 7 絶対値付定積分の最小

根底 実戦 典型

[→例題 4 8 f]

着眼 $x\ (>0)$ を固定すると，区間 $0 \leq t \leq 2$ で積分してこの定積分の値が定まります．この定積分は x の関数です．

方針 繰り返し使いそうな関数に名前を与えて処理しましょう．

解答 $f(x)=\int_0^2 |te^t - x|\,dt\ (x>0)$ とおく．

$te^t\ (t \geq 0)$ は増加するから，$f(x)$ は次図の面積を表す．

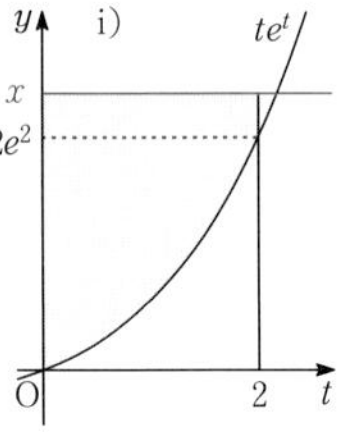

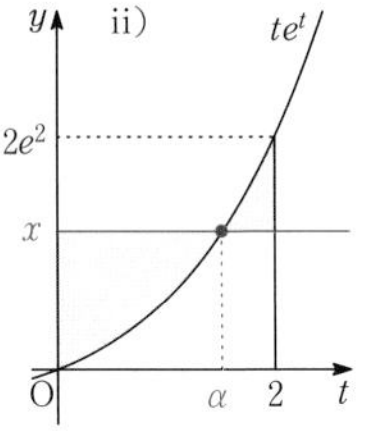

i) $x \geq 2e^2$ のとき，面積 $f(x)$ は x の増加関数．

よって，$f(x)$ が最小となるのは次の ii) に限られる．

ii) $0 < x \leq 2e^2$ のときを考える．

$g(t) = te^t - x$ とおくと

$$\int g(t)\,dt = \underbrace{(t-1)e^t - xt}_{G(t)\text{ とおく}} + C.$$

$\alpha e^\alpha = x\ (0 < \alpha \leq 2)$ …①

なる α が 1 つに定まり，

$$\begin{aligned}
f(x) &= \int_0^\alpha \{-g(t)\}\,dt + \int_\alpha^2 g(t)\,dt \\
&= \Big[+G(t)\Big]_\alpha^0 + \Big[G(t)\Big]_\alpha^2 \\
&= G(0) + G(2) - 2G(\alpha) \\
&= (-1) + (e^2 - 2x) - 2\{(\alpha-1)e^\alpha - x\alpha\} \\
&= 2x(\alpha-1) - 2(\alpha-1)e^\alpha + e^2 - 1 \\
&= 2\alpha e^\alpha\cdot(\alpha-1) - 2(\alpha-1)e^\alpha + e^2 - 1\ (\because ①) \\
&= 2e^\alpha(\alpha^2 - 2\alpha + 1) + e^2 - 1\ (= h(\alpha) \text{ とおく}).
\end{aligned}$$

$$\begin{aligned}
h'(\alpha) &= 2e^\alpha(\alpha^2 - 2\alpha + 1 + 2\alpha - 2) \\
&= 2e^\alpha(\alpha^2 - 1) \\
&= \underbrace{2e^\alpha(\alpha+1)}_{\text{正}}\cdot(\boxed{\alpha - 1}).
\end{aligned}$$

（$\boxed{\alpha-1}$：符号決定部）

よって，次表を得る．

α	$(0)\cdots$	1	$\cdots 2$
$h'(\alpha)$	$-$	0	$+$
$h(\alpha)$	↘	最小	↗

したがって，$f(x)$ は $\alpha = 1$ のとき最小となる．[1)]

このとき①より，$x = 1\cdot e^1 = e$.//

参考 1)：$\alpha = 1$ は，積分区間 $0 \leq t \leq 2$ の真ん中ですね．こうなる必然性について，Ⅱ+B 演習問題 6 9 17 参考 1 で触れています．

4 11 8 積分漸化式

根底 実戦 入試

[→例題 4 8 h]

方針 累乗の形を含んだ積分漸化式ですから，部分積分を使います．ただし，「1×全体」とみなして．発想上の盲点でしたね．

解答

(1)
$$a_{n+1} = \int_0^1 \underset{\uparrow\ x}{1}\cdot \underset{\downarrow\ (n+1)(1-x^2)^n\cdot(-2x)}{(1-x^2)^{n+1}}\,dx$$

$$\begin{aligned}
&= \Big[x(1-x^2)^{n+1}\Big]_0^1 + 2(n+1)\int_0^1 (1-x^2)^n x^2\,dx \\
&= 2(n+1)\int_0^1 (1-x^2)^n \{1 - (1-x^2)\}\,dx \\
&= (2n+2)(a_n - a_{n+1}).
\end{aligned}$$

$$\therefore\ a_{n+1} = \frac{2n+2}{2n+3}a_n.//$$

(2)
$$\begin{aligned}
a_5 &= a_0\cdot\frac{2}{3}\cdot\frac{4}{5}\cdot\frac{6}{7}\cdot\frac{8}{9}\cdot\frac{10}{11} \\
&= 1\cdot\frac{2\cdot4\cdot2\cdot8\cdot2}{7\cdot9\cdot11} = \frac{256}{693}.//
\end{aligned}$$

別解 (1)は，置換積分法を用いて次のように求めることもできます：

$x = \cos t\ \left(0 \leq t \leq \frac{\pi}{2}\right)$ とおくと

$$\begin{aligned}
a_n &= \int_{\frac{\pi}{2}}^0 (1 - \cos^2 t)^n\cdot(-\sin t)\,dt \\
&= \int_0^{\frac{\pi}{2}} \sin^{2n+1} t\,dt \\
&= \int_0^{\frac{\pi}{2}} \sin t\cdot\sin^{2n} t\,dt.
\end{aligned}$$

あとは，例題 4 8 g (1)と同様です．

注 (2)は，もちろん展開してもできます：

$$\begin{aligned}
a_5 &= \int_0^1 (1-x^2)^5\,dx \\
&= \int_0^1 (1 - 5x^2 + 10x^4 - 10x^6 + 5x^8 - x^{10})\,dx \\
&= 1 - \frac{5}{3} + 2 - \frac{10}{7} + \frac{5}{9} - \frac{1}{11} \\
&= 3 - \frac{10}{7} - \frac{10}{9} - \frac{1}{11} \\
&= 3 - 10\cdot\frac{16}{7\cdot9} - \frac{1}{11} \\
&= \frac{2079 - 160\cdot11 - 63}{7\cdot9\cdot11} = \frac{256}{693}.//
\end{aligned}$$

分数計算がメンドウですね．

4 11 9 積分漸化式と級数 [→例題4 8 h]
根底 実戦 入試

着眼 「$\tan^n$」に関する積分漸化式は経験済みですね．累乗の形を含む積分漸化式ですが，例外的に部分積分を使用しません．[→例題4 8 h(2)]

解答

(1)
$$\begin{aligned} I_{n+1} &= \int_0^{\frac{\pi}{4}} \tan^{2n+2}x\,dx \\ &= \int_0^{\frac{\pi}{4}} \tan^{2n}x\cdot\tan^2 x\,dx \\ &= \int_0^{\frac{\pi}{4}} \tan^{2n}x\cdot\left(\frac{1}{\cos^2 x}-1\right)dx \\ &= \left[\frac{\tan^{2n+1}x}{2n+1}\right]_0^{\frac{\pi}{4}} - I_n. \end{aligned}$$

$$\therefore\ I_{n+1} = \frac{1}{2n+1} - I_n. /\!/ \ \cdots①$$

(2) ①より
$$I_{k+1}+I_k = \frac{1}{2k+1}.$$

方針 $2k+1$ の分子に $(-1)^k$ を置きたいですね．■

$$(-1)^k I_{k+1} + (-1)^k I_k = \frac{(-1)^k}{2k+1}.$$

$$\underbrace{(-1)^k I_k}_{J_k} - \underbrace{(-1)^{k+1} I_{k+1}}_{J_{k+1}} = \frac{(-1)^k}{2k+1}.$$

$k=0, 1, 2, \cdots, n-1$ として辺々加えると

$$\underbrace{(-1)^0 I_0}_{J_0} - \underbrace{(-1)^n I_n}_{J_n} = \underbrace{\sum_{k=0}^{n-1}\frac{(-1)^k}{2k+1}}_{S_n\text{ とおく}}.$$ 部分和

着眼 $0 \leq x < \frac{\pi}{4}$ のとき $0 \leq \tan x < 1$ ですから，おそらく $J_n = (-1)^n I_n$ は“塵”です．求める和は J_0 でしょう．■

$I_0 = \int_0^{\frac{\pi}{4}} 1\,dx = \frac{\pi}{4}$ だから
$$\left|S_n - \frac{\pi}{4}\right| = |-(-1)^n I_n|.$$

ここで，$0 \leq x \leq \frac{\pi}{4}$ のときつねに $\tan x \geq 0$ ゆえ，①において $I_{n+1} \geq 0$．よって，
$$(I_{n+1} =)\frac{1}{2n+1} - I_n \geq 0.$$

したがって
$$0 \leq \left|S_n - \frac{\pi}{4}\right| = I_n \leq \frac{1}{2n+1} \xrightarrow[n\to\infty]{} 0.$$

“はさみうち”より
$$\left|S_n - \frac{\pi}{4}\right| \to 0.\ \text{i.e. } S_n \to \frac{\pi}{4}\ (\text{収束}). /\!/$$

参考 (2)は，「ライプニッツ級数」と呼ばれる有名なものです．

なお，この級数の和は，例題4 10 g において，「公比」にあたる部分を「$-x^2$」とすることによっても得られます．

注 本問における $\lim_{n\to\infty} I_n$ とほぼ同等な極限 $\lim_{n\to\infty}\int_0^{\frac{\pi}{4}} \tan^n x\,dx$ を，演習問題4 11 18において別の方法で求めます．

4 11 10 積分漸化式（2変数） [→例題4 8 g]
根底 実戦 入試

方針 (1) 累乗を含んだ積分漸化式です．部分積分を用いて次数をズラしましょう．

解答 (1) $B(m, n)$

$$= \int_a^b \underset{\uparrow\ \frac{(x-a)^{m+1}}{m+1}}{(x-a)^m}\cdot \underset{\downarrow\ -n(b-x)^{n-1}}{(b-x)^n}\,dx$$

$$= \left[\frac{(x-a)^{m+1}}{m+1}(b-x)^n\right]_a^b + \frac{n}{m+1}\int_a^b (x-a)^{m+1}(b-x)^{n-1}\,dx$$

$$= \frac{n}{m+1}B(m+1, n-1). /\!/$$

(2) **方針** (1)の結果：
$$B(\textcircled{m}, \boxed{n}) = \frac{\boxed{n}}{\textcircled{m}+1}B(m+1, n-1)$$
を，◯，□ の中身を変えながら繰り返し使えば，やがて因数「$(b-x)$」が 0 次となり，因数「$(x-a)$」だけの定積分になって計算可能となります．■

$$\begin{aligned} &B(m, n) \\ &= \frac{n}{m+1}B(m+1, n-1) \\ &= \frac{n}{m+1}\cdot\frac{n-1}{m+2}B(m+2, n-2) \\ &= \frac{n}{m+1}\cdot\frac{n-1}{m+2}\cdot\frac{n-2}{m+3}B(m+3, n-3) \\ &\ \ \vdots \\ &= \frac{n}{m+1}\cdot\frac{n-1}{m+2}\cdot\frac{n-2}{m+3}\cdot\cdots\cdot\frac{1}{m+n}B(m+n, 0). \end{aligned}$$

ここで
$$B(m+n, 0) = \int_a^b (x-a)^{m+n}\,dx = \frac{(b-a)^{m+n+1}}{m+n+1}$$
だから，
$$\begin{aligned} &B(m, n) \\ &= \frac{n}{m+1}\cdot\frac{n-1}{m+2}\cdot\frac{n-2}{m+3}\cdot\cdots\cdot\frac{1}{m+n}\cdot\frac{(b-a)^{m+n+1}}{m+n+1} \\ &\overset{1)}{=} \frac{m!n!}{(m+n+1)!}(b-a)^{m+n+1}. /\!/ \end{aligned}$$

第4章 積分法

解説 [1)]：分子，分母に $m!$ を掛けました．

参考 (2)の結果において，m, n にカンタンな自然数を代入すると次のようになります：

$$B(1,1)=\int_a^b(x-a)(b-x)\,dx=\frac{1}{6}(b-a)^3.$$

$$B(2,1)=\int_a^b(x-a)^2(b-x)\,dx=\frac{2}{24}(b-a)^4=\frac{1}{12}(b-a)^4.$$

$$B(3,1)=\int_a^b(x-a)^3(b-x)\,dx=\frac{6}{120}(b-a)^5=\frac{1}{20}(b-a)^5.$$

$$B(2,2)=\int_a^b(x-a)^2(b-x)^2\,dx=\frac{2\cdot2}{120}(b-a)^5=\frac{1}{30}(b-a)^5.$$

これらは，Ⅱ+B 例題 6 6 e 後の 因数分解と定積分 ❶～❹とほぼ同じです．

つまり，数学Ⅱで学んだこれらの公式は，部分積分によっても導けるということです．

注 $a<b$ のケースを想定すると，積分区間 $a\leq x\leq b$ において，つねに

$x-a\geq0,\ b-x\geq0$（等号は $x=a, b$ 以外では不成立）．

よって，$B(m,n)$ は必ず正となります．

4 11 11 関数列の極限

根底 実戦 入試　[→例題 4 8 i]

着眼 ②右辺の定積分は，積分変数 t 以外の文字 n の関数，つまり数列です．

解答 $a_n=\int_0^1 e^{-t}f_n(t)\,dt\ (n\geq1)$ …③

とおくと，②は

$$f_{n+1}(x)=e^x+a_n\ (n\geq1).$$

i.e. $f_n(x)=e^x+a_{n-1}\ (n\geq2)$. …②′

これと③より

$$a_n=\int_0^1 e^{-t}(e^t+a_{n-1})\,dt=\int_0^1(1+a_{n-1}e^{-t})\,dt=1+a_{n-1}\Big[+e^{-t}\Big]_1^0=1+\left(1-\frac{1}{e}\right)a_{n-1}\ (n\geq2).\ \cdots④$$

また，①③より

$$a_1=\int_0^1 e^{-t}\cdot e^t\,dt=\int_0^1 1\,dt=1.\ \cdots⑤$$

下書き あとは (a_n) の漸化式を解いて一般項を求めるだけ．

$\alpha=1+\left(1-\frac{1}{e}\right)\alpha$（解は $\alpha=e$）．

④とこれを辺々引くと…■

④を変形すると

$$a_n-e=\left(1-\frac{1}{e}\right)(a_{n-1}-e).$$

$$\therefore\ a_n-e=(a_1-e)\left(1-\frac{1}{e}\right)^{n-1}.$$

これと⑤より

$$a_n=e+(1-e)\left(1-\frac{1}{e}\right)^{n-1}.$$

これと②′より，$n\geq2$ のとき

$$f_n(x)=e^x+e+(1-e)\left(1-\frac{1}{e}\right)^{n-2}.\ /\!/$$

$\because\ e+(1-e)\left(1-\frac{1}{e}\right)^{1-2}=e+(1-e)\cdot\frac{e}{e-1}=0$

より，これは $n=1$ でも成立．

また，$n\to\infty$ のとき

$$a_{n-1}=e+(1-e)\left(1-\frac{1}{e}\right)^{n-2}\to e\ \left(\because\ 0<1-\frac{1}{e}<1\right).$$

$$\therefore\ f_n(x)\to e^x+e.\ /\!/$$

注 例題 4 8 i とは，「$(f_n(x))$」と「(a_n)」の関係が微妙に変化しています．

4 11 12 偶関数・奇関数

根底 実戦　[→例題 4 9 a]

着眼 「0」に関して対称な積分区間ですから，偶関数＋奇関数 の形で表せば，偶関数部分のみの計算に帰着されます．

解答 $f(x)=\dfrac{1}{1+e^x}$ は実数全体で定義されており，

$$f(x)=\underbrace{\frac{f(x)+f(-x)}{2}}_{f_1(x)}+\underbrace{\frac{f(x)-f(-x)}{2}}_{f_2(x)\text{ とおく}}.$$

これを用いると

$$\text{与式}=\int_{-\frac{\pi}{2}}^{\frac{\pi}{2}}\cos x\cdot f(x)dx=\int_{-\frac{\pi}{2}}^{\frac{\pi}{2}}\cos x\{f_1(x)+f_2(x)\}dx$$

$$=\int_{-\frac{\pi}{2}}^{\frac{\pi}{2}}\{\underbrace{\cos x\cdot f_1(x)}_{2)\ \text{偶関数}}+\underbrace{\cos x\cdot f_2(x)}_{\text{奇関数}}\}dx=2\int_0^{\frac{\pi}{2}}\cos x\cdot f_1(x)\,dx.$$

ここで，

偶関数[3] $f_1(x)=\dfrac{1}{2}\left(\dfrac{1}{1+e^x}+\dfrac{1}{1+e^{-x}}\right)$

$=\dfrac{1}{2}\left(\dfrac{1}{1+e^x}+\dfrac{e^x}{e^x+1}\right)=\dfrac{1}{2}.$

$\therefore$ 与式 $=2\displaystyle\int_0^{\frac{\pi}{2}}\frac{1}{2}\cos x\,dx=\Big[\sin x\Big]_0^{\frac{\pi}{2}}=1.$ //

解説 [2)3)]：$\cos x$ が偶関数ですから，$f(x)$ の偶関数部分のみ求め，これらの積である偶関数のみ積分すればよいのです．$f(x)=\dfrac{1}{1+e^x}$ の場合，偶関数部分が定数となったので，積分計算が容易になったという訳です．

言い訳 [1)]：実際の試験では，こうした出題の仕方は珍しいでしょう（笑）．　[→例題 1 2 b]

参考　$f(x)=\dfrac{1}{1+e^x}$ を①の形で表した結果は次の通りです．[→例題 1 2 b]．

$$f(x)=\underbrace{\frac{1}{2}}_{\text{偶関数}}+\underbrace{\frac{1}{2}\cdot\frac{1-e^x}{1+e^x}}_{\text{奇関数}}.$$

よって，$y=f(x)$ のグラフは，原点対称な曲線を y 軸方向へ $\dfrac{1}{2}$ だけ平行移動したものであり，右図のようになります．

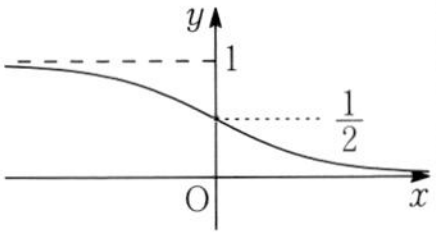

4 11 13　区分求積法　根底 実戦　[→例題 4 9 d，e]

着眼　「lim」と「Σ」が混在しています．"見た目"からして，どうも区分求積っぽいですね．

方針　まずは，「$\dfrac{k}{n}$」，「$\dfrac{1}{n}$」を作りましょう．

解答

(1)　与式 $=\displaystyle\lim_{n\to\infty}\frac{\left\{\sum_{k=1}^{n}\left(\frac{k}{n}\right)^3\cdot\frac{1}{n}\right\}^5}{\left\{\sum_{k=1}^{n}\left(\frac{k}{n}\right)^4\cdot\frac{1}{n}\right\}^4}$　（分子，分母を n^{20} で割った）

$=\dfrac{\left(\int_0^1 x^3\,dx\right)^5}{\left(\int_0^1 x^4\,dx\right)^4}$

$=\dfrac{\left(\frac{1}{4}\right)^5}{\left(\frac{1}{5}\right)^4}=\dfrac{625}{1024}.$ //

(2)　$\dfrac{\sum_{k=1}^{n}(2k-1)^4}{\sum_{k=1}^{n}(2k)^4}=\dfrac{1^4+3^4+5^4+\cdots+(2n-1)^4}{2^4+4^4+6^4+\cdots+(2n)^4}$

$=\dfrac{\sum_{k=1}^{2n}k^4-\sum_{k=1}^{n}(2k)^4}{\sum_{k=1}^{n}(2k)^4}$

$=\dfrac{\sum_{k=1}^{2n}k^4}{16\sum_{k=1}^{n}k^4}-1$

$=\dfrac{\overset{1)}{\sum_{k=1}^{2n}}\left(\frac{k}{n}\right)^4\cdot\frac{1}{n}}{16\sum_{k=1}^{n}\left(\frac{k}{n}\right)^4\cdot\frac{1}{n}}-1$

$\xrightarrow{n\to\infty}\dfrac{\int_0^2 x^4\,dx}{16\int_0^1 x^4\,dx}-1=\dfrac{\frac{32}{5}}{\frac{16}{5}}-1=1.$ //

注 [1)]：分子の Σ において，$\dfrac{k}{n}$ は $\dfrac{1}{n}\sim\dfrac{2n}{n}=2$ まで変化しますから，積分区間は $0\leq x\leq \underline{2}$ となります．

参考　分子：奇数^4 の和と分母：偶数^4 の和の比が 1 に収束．つまり，n が大きいとき両者はだいたい同じような値だということです．

(3)　**着眼**　"項の羅列"で表現されていますが，むしろ Σ 記号で表した方がなすべきことがわかりやすいです．■

与式 $=\displaystyle\lim_{n\to\infty}\frac{1}{n^3}\sum_{k=1}^{n}k\sqrt{n^2-k^2}$

$=\displaystyle\lim_{n\to\infty}\sum_{k=1}^{n}\frac{k}{n}\sqrt{1-\left(\frac{k}{n}\right)^2}\cdot\frac{1}{n}$

$=\displaystyle\int_0^1 x\sqrt{1-x^2}\,dx$

$=\left[+\dfrac{1}{3}(1-x^2)^{\frac{3}{2}}\right]_1^0=\dfrac{1}{3}.$ //

(4)　**着眼**　"不純物"が混ぜ込まれています．■

与式

$=\displaystyle\lim_{n\to\infty}\left\{\sum_{k=0}^{n-1}\frac{1}{\sqrt{(n+2)(n+k)}}-\frac{1}{\sqrt{(n+2)n}}\right\}$

$=\displaystyle\lim_{n\to\infty}\left\{\sum_{k=0}^{n-1}\frac{1}{\frac{\sqrt{(n+2)(n+k)}}{n}}\cdot\frac{1}{n}-\frac{1}{\sqrt{(n+2)n}}\right\}$

$=\displaystyle\lim_{n\to\infty}\left\{\sum_{k=0}^{n-1}\frac{1}{\sqrt{1+\frac{2}{n}}}\cdot\frac{1}{\sqrt{1+\frac{k}{n}}}\cdot\frac{1}{n}-\frac{1}{\sqrt{(n+2)n}}\right\}$

$=1\cdot\displaystyle\int_0^1\frac{1}{\sqrt{1+x}}\,dx-0$

$=\Big[2\sqrt{1+x}\Big]_0^1=2(\sqrt{2}-1).$ //

(5) **着眼**　どこにも「Σ」はありませんが，対数の性質を使うと…■

$$\log((2n)!)-\log(n!)-n\log n$$
$$=\log 1+\log 2+\cdots+\log n+\log(n+1)+\cdots+\log(2n)$$
$$-\log 1-\log 2-\cdots-\log n-n\log n$$
$$=\sum_{k=1}^{n}\{\log(n+k)-\log n\}$$
$$=\sum_{k=1}^{n}\log\left(1+\frac{k}{n}\right).$$

したがって

$$与式=\lim_{n\to\infty}\sum_{k=1}^{n}\log\left(1+\frac{k}{n}\right)\cdot\frac{1}{n}$$
$$=\int_0^1\log(1+x)\,dx$$
$$=\Big[(1+x)\log(1+x)-x\Big]_0^1$$
$$=2\log 2-1.$$ //

注　区分求積法の手順3°：「同一な面積を表すことの確認」は，各自行うこと．

4 11 14 空間座標と lim Σ

[→例題 4 9 d]

根底 実戦　入試

着眼　「lim」と「Σ」が混在しています．さて，下のうちどの方法論でしょう？

lim Σ の扱い

❶：無限級数的→ lim と Σ を分離

㋐「＝」で求める

㋑「≦」で評価→ “はさみうち”

❷：区分求積法→まとめて $\int$ に変える

解答

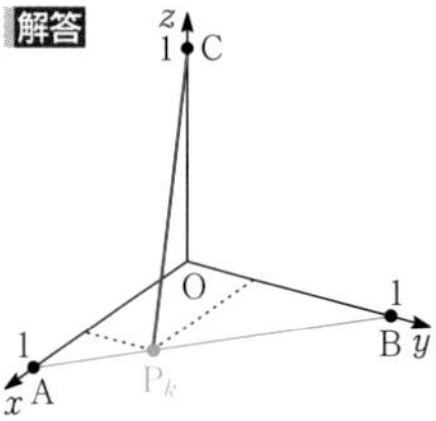

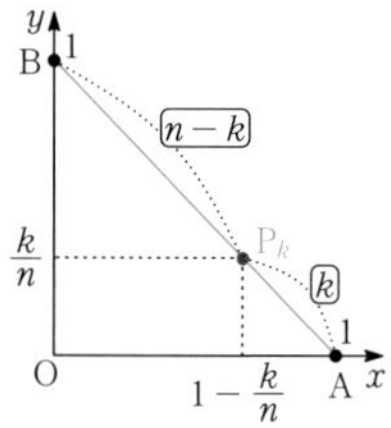

C(0, 0, 1)，$P_k\left(1-\frac{k}{n},\ \frac{k}{n},\ 0\right)$ だから

$$CP_k^{\ 2}=\left(1-\frac{k}{n}\right)^2+\left(\frac{k}{n}\right)^2+1$$
$$=2\left(\frac{k}{n}\right)^2-2\cdot\frac{k}{n}+2.$$

よって

$$M=\frac{1}{n+1}\sum_{k=0}^{n}CP_k$$
$$=\frac{\sqrt{2}}{n+1}\sum_{k=0}^{n}\sqrt{\left(\frac{k}{n}\right)^2-\frac{k}{n}+1}$$
$$=\frac{\sqrt{2}n}{n+1}\left\{\sum_{k=1}^{n}\sqrt{\left(\frac{k}{n}\right)^2-\frac{k}{n}+1}\cdot\frac{1}{n}+1\cdot\frac{1}{n}\right\}$$ [1)]
$$\to\sqrt{2}\cdot\left(\int_0^1\sqrt{x^2-x+1}\,dx+0\right)\ (n\to\infty)$$
$$=\sqrt{2}\int_0^1\sqrt{\left(x-\frac{1}{2}\right)^2+\frac{3}{4}}\,dx.$$

着眼　$x=\frac{1}{2}$ に関する対称性が見えました．■

$t=x-\frac{1}{2}$ とおくと，

$$\frac{M}{\sqrt{2}}\to\int_{-\frac{1}{2}}^{\frac{1}{2}}\sqrt{t^2+\frac{3}{4}}\,dt$$ （偶関数）
$$=2\int_0^{\frac{1}{2}}\sqrt{t^2+\frac{3}{4}}\,dt.\ \cdots①$$

ここで，$u=t+\sqrt{t^2+\frac{3}{4}}$ とおくと

$$(u-t)^2=t^2+\frac{3}{4}.$$
$$u^2-2ut+t^2=t^2+\frac{3}{4}.$$
$$t=\frac{1}{2}\left(u-\frac{3}{4u}\right).$$

このとき

$$\sqrt{t^2+\frac{3}{4}}=u-t=\frac{1}{2}\left(u+\frac{3}{4u}\right).$$
$$dt=\frac{1}{2}\left(1+\frac{3}{4u^2}\right)du.$$
$$\int\sqrt{t^2+\frac{3}{4}}\,dt$$
$$=\int\frac{1}{2}\left(u+\frac{3}{4u}\right)\cdot\frac{1}{2}\left(1+\frac{3}{4u^2}\right)du$$
$$=\int\frac{1}{4}\left(u+\frac{3}{2u}+\frac{9}{16u^3}\right)du$$
$$=\frac{1}{4}\left(\frac{u^2}{2}+\frac{3}{2}\log|u|-\frac{9}{32u^2}\right)+C$$
$$=\frac{1}{2}\cdot\frac{1}{2}\left(u-\frac{3}{4u}\right)\cdot\frac{1}{2}\left(u+\frac{3}{4u}\right)+\frac{3}{8}\log|u|+C$$
$$=\frac{1}{2}t\sqrt{t^2+\frac{3}{4}}+\frac{3}{8}\log\left|t+\sqrt{t^2+\frac{3}{4}}\right|+C.$$

これと①より

$$\frac{M}{2\sqrt{2}}\to\left[\frac{1}{2}t\sqrt{t^2+\frac{3}{4}}+\frac{3}{8}\log\left|t+\sqrt{t^2+\frac{3}{4}}\right|\right]_0^{\frac{1}{2}}$$
$$=\frac{1}{4}+\frac{3}{8}\left(\log\frac{3}{2}-\log\frac{\sqrt{3}}{2}\right)$$
$$=\frac{1}{4}+\frac{3}{16}\log 3.$$

$$\therefore\ M\to\frac{\sqrt{2}}{2}+\frac{3}{8}\sqrt{2}\log 3.$$ //

解説　[1]：「$\dfrac{k}{n}$」があるので，区間 $[0, 1]$ を n 等分した長さ：「$\dfrac{1}{n}$」との積の形を作ります．また，集める微小長方形の個数を「n 個」にします．

4 11 15　$\lim\sum$

根底　実戦　入試　[→例題 4 9 e]

着眼　lim と $\sum$ が混在しているときの処理方法は，次の通りでした：

> **$\lim\sum$ の扱い**
>
> ❶：無限級数的→ lim と $\sum$ を分離
>
> 　㋐「＝」で求める
>
> 　㋑「≦」で評価→“はさみうち”
>
> ❷：区分求積法→まとめて $\int$ に変える

なんとなく❷：区分求積法が使えそうに見えますが，「k」と「$k-1$」が混在しているため，**例題 4 9 e** などの経験から，n 等分した区間の“左端”，“右端”のどちらも使えません．
かといって❶㋐「＝」で求めるのも無理．
という訳で，消去法でも❶㋑「≦」で評価に決定！

解答

$$\begin{aligned}&\sum_{k=1}^{n}\frac{n}{\sqrt{n^2+k^2}\sqrt{n^2+(k-1)^2}}\\
&\geqq \sum_{k=1}^{n}\frac{n}{\sqrt{n^2+k^2}\sqrt{n^2+k^2}}\\
&=\sum_{k=1}^{n}\frac{n}{n^2+k^2}\\
&=\sum_{k=1}^{n}\frac{1}{1+\left(\frac{k}{n}\right)^2}\cdot\frac{1}{n}\\
&\xrightarrow[n\to\infty]{}\int_0^1\frac{1}{1+x^2}\,dx=\cdots(略)\cdots=\frac{\pi}{4}.\end{aligned}$$

同様に，

$$\begin{aligned}&\sum_{k=1}^{n}\frac{n}{\sqrt{n^2+k^2}\sqrt{n^2+(k-1)^2}}\\
&\leqq \sum_{k=1}^{n}\frac{n}{\sqrt{n^2+(k-1)^2}\sqrt{n^2+(k-1)^2}}\\
&=\sum_{k=1}^{n}\frac{n}{n^2+(k-1)^2}\\
&=\sum_{l=0}^{n-1}\frac{1}{1+\left(\frac{l}{n}\right)^2}\cdot\frac{1}{n}\quad(l:=k-1)\\
&\xrightarrow[n\to\infty]{}\int_0^1\frac{1}{1+x^2}\,dx=\frac{\pi}{4}.\end{aligned}$$

よって“はさみうち”より，与式 $=\dfrac{\pi}{4}$.//

解説　結果として，『❶㋑「≦」で評価→❷：区分求積法』という流れで解決した訳です．このように，lim，Σ混在タイプは，前記［扱い］の複数の手法の合わせ技で解決することもあります．

4 11 16　定積分と不等式

根底　実戦　[→例題 4 9 f]

着眼　中辺の積分計算は難しそう．例えば $x=\sin\theta$ と置換する手を使うと

$$(1-x^2)^{\frac{2}{3}}=\cos^{\frac{4}{3}}\theta,\ dx=\cos\theta\,d\theta$$

ですから上手くいきません．

方針　そこで，計算不能な中辺の定積分を，計算可能な定積分で**評価**することを考えます．「$\dfrac{2}{3}$ 乗」を何乗に変えるとよいでしょう？

解答　$0<x<1$ においては，$0<1-x^2<1$ だから，$1-x^2$ を固定して考えると [1]

$$1 > \frac{2}{3} > \frac{1}{2} \text{ より}$$

$$(1-x^2)^1 < (1-x^2)^{\frac{2}{3}} < (1-x^2)^{\frac{1}{2}}.$$

また，上の3つは $x=0, 1$ においては等しい．よって

$$\int_0^1(1-x^2)\,dx<\int_0^1(1-x^2)^{\frac{2}{3}}\,dx<\int_0^1\sqrt{1-x^2}\,dx.$$

ここで，

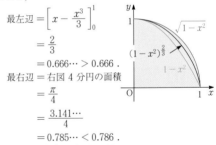

$$\begin{aligned}最左辺&=\left[x-\frac{x^3}{3}\right]_0^1\\
&=\frac{2}{3}\\
&=0.666\cdots>0.666.\\
最右辺&=右図\ 4\ 分円の面積\\
&=\frac{\pi}{4}\\
&=\frac{3.141\cdots}{4}\\
&=0.785\cdots<0.786.\end{aligned}$$

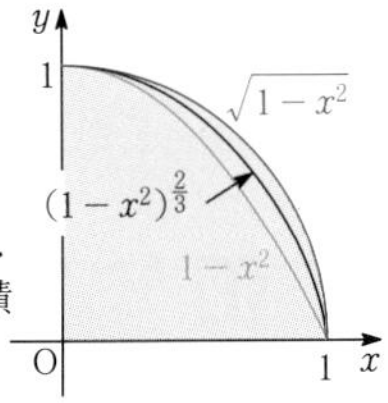

以上より，与式が示せた．□

補足　[1] $0<底<1$ の指数関数を考えています．

4 11 17　凹凸と不等式

根底　実戦　[→例題 4 9 i]

着眼　(2) 不等式の左側はなんとかなりそうですが，右側は…．そこで (1) の利用を考えます．

解答

(1)　$y'=\cos x,\ y''=-\sin x<0\ \left(0<x<\dfrac{\pi}{2}\right)$.

　よって C は上に凸．□

(2)　$0<1<\dfrac{\pi}{3}<\dfrac{\pi}{2}$ だから，

$$\cos 1>\cos\frac{\pi}{3}=\frac{1}{2}.$$

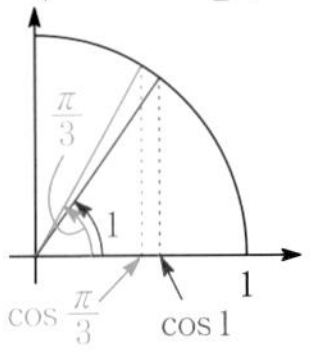

着眼 次に不等式の右側について．(1)で示した「sin」の凹凸を，「cos」の不等式につなげるため，定積分を利用します．積分区間をどうとれば「cos 1」が現れる？■

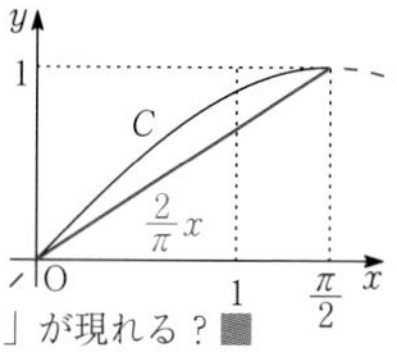

(1)より，$0 \leq x \leq 1\left(<\frac{\pi}{2}\right)$ においてつねに

$$\sin x \geq \frac{2}{\pi}x \quad {}^{1)}$$

が成り立つ（等号は $x=0$ 以外では不成立）．したがって

$$\int_0^1 \sin x\,dx > \int_0^1 \frac{2}{\pi}x\,dx.$$

$$\Big[+\cos x\Big]_1^0 > \frac{2}{\pi}\cdot\frac{1}{2}.$$

$$1-\cos 1 > \frac{1}{\pi}.$$

$$\therefore \cos 1 < 1-\frac{1}{\pi}.$$

以上で，与式が示せた．□

解説 [1)]：この不等式は有名です．さらに右図の接線による評価も合わせた不等式：

$$\frac{2}{\pi}x \leq \sin x \leq x\ \left(0 \leq x \leq \frac{\pi}{2}\right)$$

は記憶しておきましょう．

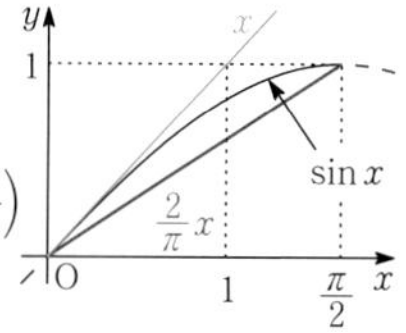

4 11 18 累乗と不等式

根底 実戦 入試 [→例題 4 9 i]

着眼 定積分 $\int_0^{\frac{\pi}{4}} \tan^n x\,dx$ を計算するのは困難です．

$0 \leq x < \frac{\pi}{4}$ においては，つねに $0 \leq \tan x < 1$ なので，n が大きいとき $\tan^n x$ の値は「ほぼ 0」．よって答えの極限値はたぶん「0」です．

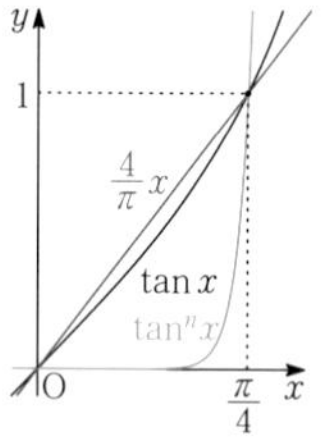

方針 それを示すため，上記 $\tan x$ と同じ特性をもつ 1 次関数を用いた不等式を利用します．

解答 $0 \leq x \leq \frac{\pi}{4}$ のもとで考える．

$(\tan x)' = \frac{1}{\cos^2 x}$ は増加するから，曲線 $y=\tan x$ は下に凸．

よって，つねに次が成り立つ：

$$0 \leq \tan x \leq \frac{4}{\pi}x.$$

したがって

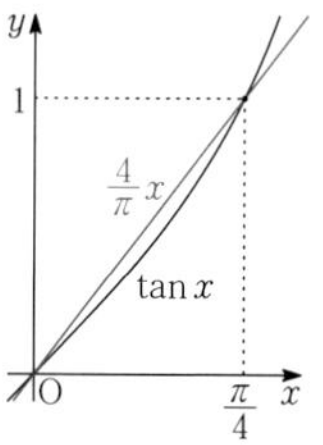

$$0 \leq \int_0^{\frac{\pi}{4}} \tan^n x\,dx$$

$$\leq \int_0^{\frac{\pi}{4}} \left(\frac{4}{\pi}x\right)^n dx$$

$$= \left(\frac{4}{\pi}\right)^n \cdot \frac{\left(\frac{\pi}{4}\right)^{n+1}}{n+1}$$

$$= \frac{\frac{\pi}{4}}{n+1} \xrightarrow[n\to\infty]{} 0.$$

よって "はさみうち" より，与式 $=0$. //

参考 例題 4 8 h (2)の結果を用いると，次のように解決します：

$I_n := \int_0^{\frac{\pi}{4}} \tan^n x\,dx$ として

$$I_{n+2} = \frac{1}{n+1} - I_n.$$

ここで，$0 \leq x \leq \frac{\pi}{4}$ のときつねに $\tan^n x \geq 0$ だから，$I_n \geq 0$．よって，

$$0 \leq I_n = \frac{1}{n+1} - I_{n+2} \leq \frac{1}{n+1} \xrightarrow[n\to\infty]{} 0.$$

よって "はさみうち" より，$I_n \to 0$. //

なお，$\lim_{n\to\infty}\int_0^{\frac{\pi}{2}} \cos^n x\,dx$ については

[→例題 4 10 d 参考]

4 11 19 級数と定積分の大小関係

根底 実戦 入試 [→例題 4 9 h]

注 「$\lim\Sigma$」の問題ですから，次の扱い方から選択します．

$\lim\Sigma$ の扱い

❶：無限級数的→ lim と Σ を分離
　㋐「＝」で求める
　㋑「≦」で評価→ "はさみうち"
❷：区分求積法→まとめて $\int$ に変える

❷：区分求積法を適用しようとすると…

$$\text{与式} = \lim_{n\to\infty}\sum_{k=1}^{n} \frac{1}{\sqrt{nk}}$$

$$= \lim_{n\to\infty}\sum_{k=1}^{n} \frac{1}{\sqrt{\frac{k}{n}}}\cdot\frac{1}{n} = \int_0^1 \frac{1}{\sqrt{x}}dx \ (\times)$$

となり，分母が 0 になる「$x=0$」が積分区間内に含まれてしまうので破綻….

そこで，❶：まず有限和を考える手法を用います．等式で求める㋐は無理ですから，㋑：不等式で評価できます．例題 4 9 h と同じ手法で．

解答

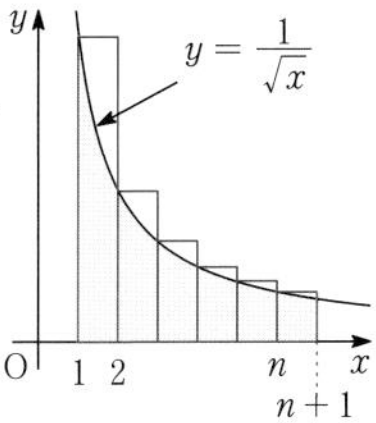

$S_n=\sum_{k=1}^{n}\frac{1}{\sqrt{nk}}=\frac{1}{\sqrt{n}}\sum_{k=1}^{n}\frac{1}{\sqrt{k}}$

とおく．

右図において

$\sum_{k=1}^{n}\frac{1}{\sqrt{k}}=\sum_{k=1}^{n}\frac{1}{\sqrt{k}}\cdot 1$

= 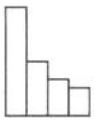　「横幅」を明示するべし

> 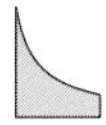　$\left(\because\ \frac{1}{\sqrt{x}}(x>0)\text{ は減少関数}\right)$

1　n+1　　言語化するべし

$=\int_1^{n+1}\frac{1}{\sqrt{x}}\,dx$

$=\left[2\sqrt{x}\right]_1^{n+1}=2(\sqrt{n+1}-1).$

$\therefore\ S_n>\frac{2(\sqrt{n+1}-1)}{\sqrt{n}}$

$=2\sqrt{1+\frac{1}{n}}-\frac{2}{\sqrt{n}}\xrightarrow[n\to\infty]{}2.$

右図において $(n\geq 2)$　$n\to\infty$ とするのでこれでOK

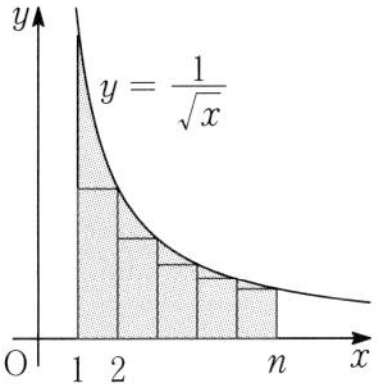

$\sum_{k=1}^{n}\frac{1}{\sqrt{k}}=1+\sum_{k=2}^{n}\frac{1}{\sqrt{k}}\cdot 1$

= 1 +  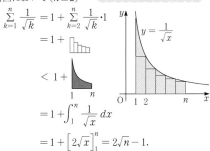

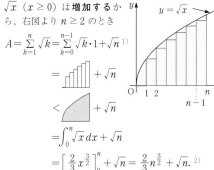

< 1 + 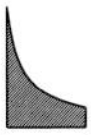

1　n

$=1+\int_1^{n}\frac{1}{\sqrt{x}}\,dx$

$=1+\left[2\sqrt{x}\right]_1^{n}=2\sqrt{n}-1.$

$\therefore\ S_n<2-\frac{1}{\sqrt{n}}\xrightarrow[n\to\infty]{}2.$

よって“はさみうち”より，$S_n\to 2.$//

4 11 20　ガウス記号と級数・極限

[→例題 4 9 h]

根底 実戦　入試

着眼　分母の和は n の 2 次式．分子も，小数点以下の切り捨てに過ぎないガウス記号を無視すると分母と同じ式．おそらく答えは「1」？

方針　もちろん，解答としては，不等式で評価します．

解答　$S:=\text{分母}=\frac{1}{2}n(n+1).$

$T:=\text{分子}=\sum_{k=1}^{n}\left[\sqrt{k}\right]^2$ において，

$\left[\sqrt{k}\right]\leq\sqrt{k}<\left[\sqrt{k}\right]+1.$

i.e. $(0\leq)\sqrt{k}-1<\left[\sqrt{k}\right]\leq\sqrt{k}.$

よって

$T\leq\sum_{k=1}^{n}(\sqrt{k})^2=S.$

$T\geq\sum_{k=1}^{n}(\sqrt{k}-1)^2$

$=\sum_{k=1}^{n}(k+1-2\sqrt{k})$

$=S+n-2\sum_{k=1}^{n}\sqrt{k}.$

これらと $S>0$ より

$1\geq\frac{T}{S}\geq 1+\frac{n}{S}-2\cdot\frac{1}{S}\underbrace{\sum_{k=1}^{n}\sqrt{k}}_{A\text{ とおく}}.\ \cdots①$

ここで，$n\to\infty$ のとき，

$\frac{n}{S}=\frac{2}{n+1}\to 0.$

着眼　①の $\frac{1}{S}A$ において，$S=\sum_{k=1}^{n}k$ は n の 2 次式．$A=\sum_{k=1}^{n}\sqrt{k}$ はそれよりも発散が遅く，$\frac{1}{S}A\to 0$ となるはず．そこで A を，自身より大きいもので評価します．■

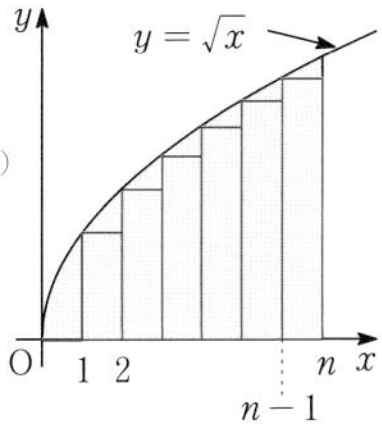

$\sqrt{x}\ (x\geq 0)$ は**増加する**から，右図より $n\geq 2$ のとき

$A=\sum_{k=1}^{n}\sqrt{k}=\sum_{k=0}^{n-1}\sqrt{k}\cdot 1+\sqrt{n}$ [1)]

= 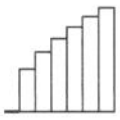 $+\sqrt{n}$

< 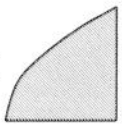 $+\sqrt{n}$

$=\int_0^{n}\sqrt{x}\,dx+\sqrt{n}$

$=\left[\frac{2}{3}x^{\frac{3}{2}}\right]_0^{n}+\sqrt{n}=\frac{2}{3}n^{\frac{3}{2}}+\sqrt{n}.$ [2)]

よって①において

$0\leq\frac{1}{S}\sum_{k=1}^{n}\sqrt{k}\leq\frac{2}{n(n+1)}\cdot\left(\frac{2}{3}n^{\frac{3}{2}}+\sqrt{n}\right)$

$=\frac{2}{\sqrt{n}\left(1+\frac{1}{n}\right)}\left(\frac{2}{3}+\frac{1}{n}\right)\to 0.$

以上より，①において 最右辺 → 1．よって“はさみうち”より，$\frac{T}{S}\to 1.$//

解説　$\frac{T}{S}$ 全体を**評価**した上で，A という部分をさらに評価しました．

1)：左辺の Σ に対して，右辺の Σ では，$k=0$ の項を加え，$k=n$ の項を除いています．こうして，後に現れる積分区間がカンタンな $[0, n]$ となるよう工夫しました．

2)：これを見ると，$A=\sum_{k=1}^{n}\sqrt{k}$ は $n^{\frac{3}{2}}$ と同じ速さで発散しそうですね．実際，区分求積法により次のようになります：

$$\lim_{n\to\infty}\frac{1}{n^{\frac{3}{2}}}A=\lim_{n\to\infty}\frac{1}{n^{\frac{3}{2}}}\sum_{k=1}^{n}\sqrt{k}$$
$$=\lim_{n\to\infty}\sum_{k=1}^{n}\sqrt{\frac{k}{n}}\cdot\frac{1}{n}$$
$$=\int_0^1\sqrt{x}\,dx=\left[\frac{2}{3}x^{\frac{3}{2}}\right]_0^1=\frac{2}{3}.$$

ちゃんと「0 以外の定数」に収束しましたね．
これを利用した解答も可能です：

別解　(一部)

$$\frac{1}{S}A=\frac{2}{n(n+1)}A$$
$$=\frac{2n^{\frac{3}{2}}}{n(n+1)}\cdot\frac{A}{n^{\frac{3}{2}}}$$
$$=\frac{2}{\sqrt{n}+\frac{1}{\sqrt{n}}}\cdot\frac{A}{n^{\frac{3}{2}}}\to 0\cdot\frac{2}{3}=0.$$

4 11 21 級数の不等式と凹凸

根底 実戦　入試　ハイレベル　[→例題 4 9 i]

着眼　グラフは右のようなイメージです．
(1)(2)の不等式は，凹凸を利用して得られる典型的なものです．[→例題 4 9 i]

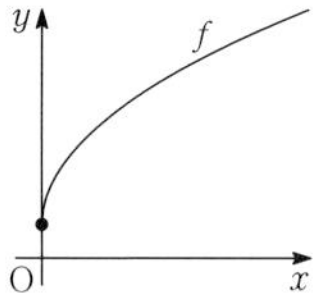

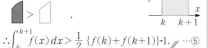

解答　(1)　③より曲線 C: $y=f(x)$ は上に凸だから，右図のように弦が引ける．これと①より

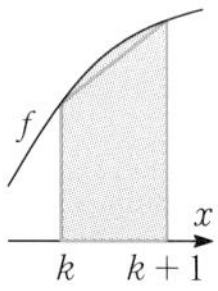

.

$$\therefore\int_k^{k+1}f(x)\,dx>\frac{1}{2}\{f(k)+f(k+1)\}\cdot 1.\ /\!/\ \cdots⑤$$

(2)　③より曲線 C: $y=f(x)$ は上に凸だから，右図のように接線が引ける．これと①より

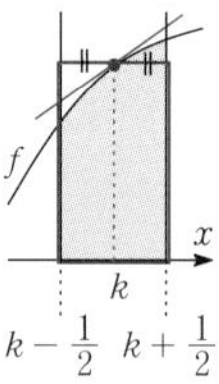

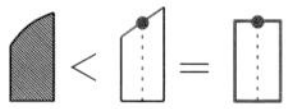
.

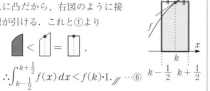

$$\therefore\int_{k-\frac{1}{2}}^{k+\frac{1}{2}}f(x)\,dx<f(k)\cdot 1.\ /\!/\ \cdots⑥$$

(3)　⑤で $k=0, 1, 2, \cdots, n-1$ として辺々加えると

$$\int_0^n f(x)\,dx$$
$$>\frac{1}{2}\Big\{f(0)+f(1)+f(2)+\cdots+f(n-1)$$
$$+f(1)+f(2)+\cdots+f(n-1)+f(n)\Big\}.$$

$$\therefore\ S_2>S_1+\frac{f(0)}{2}-\frac{f(n)}{2}.\ \cdots⑦$$

次に，⑥で $k=1, 2, 3, \cdots, n$ として辺々加えると

$$\int_{\frac{1}{2}}^{n+\frac{1}{2}}f(x)\,dx<S_1.$$

$$\therefore S_1>\int_0^n f(x)\,dx-\int_0^{\frac{1}{2}}f(x)\,dx+\int_n^{n+\frac{1}{2}}f(x)\,dx$$
$$\geq S_2-\int_0^{\frac{1}{2}}f\left(\frac{1}{2}\right)dx+\int_n^{n+\frac{1}{2}}f(n)\,dx$$

(∵ ②より $f(x)$ は増加する 1)).

$$\therefore S_1>S_2-\frac{1}{2}f\left(\frac{1}{2}\right)+\frac{1}{2}f(n).$$

これと⑦より

$$\frac{f(n)}{2}-\frac{f\left(\frac{1}{2}\right)}{2}<S_1-S_2<\frac{f(n)}{2}-\frac{f(0)}{2}\ ^{2)}.$$

①②より $f(n)>0$ $(n\geq 1)$ だから，

$$\frac{1}{2}-\frac{f\left(\frac{1}{2}\right)}{2f(n)}<\frac{S_1-S_2}{f(n)}<\frac{1}{2}-\frac{f(0)}{2f(n)}.$$

$n\to\infty$ のとき，④より 最左辺, 最右辺 $\to\frac{1}{2}$．よって“はさみうち”より，

$$\frac{S_1-S_2}{f(n)}\to\frac{1}{2}.\ /\!/$$

解説　本問(3)の結果は，右図斜線部 S_1-S_2 の，いちばん右の長方形 $f(n)\cdot 1$ に対する面積比が，n を大きくすると $\frac{1}{2}$ に近づくという意味をもっていますね．

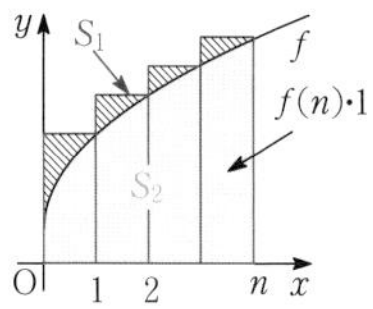

2)：この右側の不等式：$S_1-S_2<\dfrac{f(n)-f(0)}{2}$ は，下図から直観的に導けます：

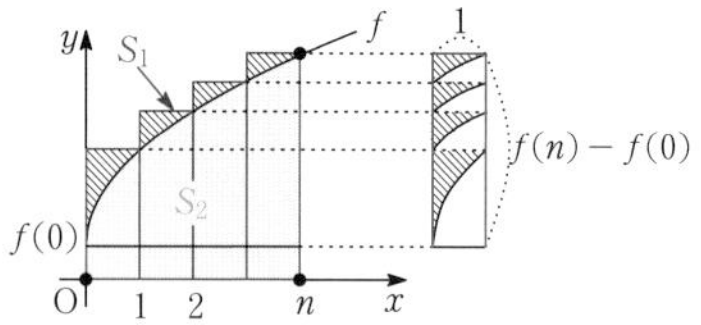

n 個の斜線部を図の右のように集めると，曲線の凹凸より，面積 $\{f(n)-f(0)\}\cdot 1$ の長方形の半分より狭いことがわかりますね．

補足　1)：積分区間の端における値を用いて評価しました．

言い訳　「$x\geq 0$ で定義された関数」とありますから，(1)(2)で積分区間の下端は当然 0 以上として解答します．

4 11 22 lim Σ と極限 [→例題 4 9 h]
根底 実戦 入試

着眼 例題 4 9 h の類題ですね．■

解答 (1) 右図において

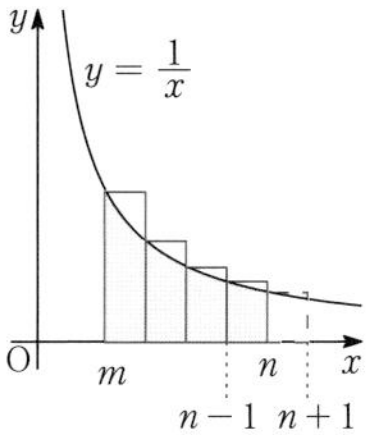

$$S:=\sum_{k=m}^{n}\frac{1}{k}$$

横幅

$$\overset{1)}{=}\sum_{k=m}^{n-1}\frac{1}{k}\cdot\underline{1}+\frac{1}{n}$$

$=$  $+\frac{1}{n}$

$>$ 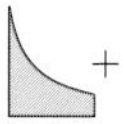 $+\frac{1}{n}\left(\because\ \frac{1}{x}\,(x>0)\text{ は}\textbf{減少}\text{関数}\right)$

m n

$$=\int_m^n\frac{1}{x}\,dx+\frac{1}{n}=\Big[\log|x|\Big]_m^n+\frac{1}{n}.\ \cdots①$$

$$\therefore\ S>\log n-\log m+\frac{1}{n}\xrightarrow[n\to\infty]{}\infty.$$

よって“追い出し”の手法より，$S\to\infty$．□

注 1)：$\sum\limits_{k=m}^{n}$ とすると，「$\log(n+1)$」が現れます．「$\log n$」の方が扱いやすそうなので，このようにしました．

(2) **着眼** S は(1)よりいくらでも大きくなるので，題意を満たす N が1つに定まります．例えば

$$m=1\to\frac{1}{1}\quad\le 1<\frac{1}{1}+\frac{1}{2}\quad\to N=2.$$

$$m=2\to\frac{1}{2}+\frac{1}{3}\ \le 1<\frac{1}{2}+\frac{1}{3}+\frac{1}{4}\to N=4.$$

このように，初めの分母:「m」を決めると，N が一意的に対応します．つまり，N は m の**関数**です．■

(1)より，任意の自然数 m に対して，題意の N が次を満たすものとして定まる：

$$\sum_{k=m}^{N-1}\frac{1}{k}\le 1<\sum_{k=m}^{N}\frac{1}{k}.\ \cdots②$$

②(左側)において，①より

$$\sum_{k=m}^{N-1}\frac{1}{k}>\log N-\log m=\log\frac{N}{m}.$$

目的の $\frac{N}{m}$ が現れた

これと②(左側)より

$$\therefore\ \log\frac{N}{m}<1.\ \cdots③$$

②(右側)において，右図より

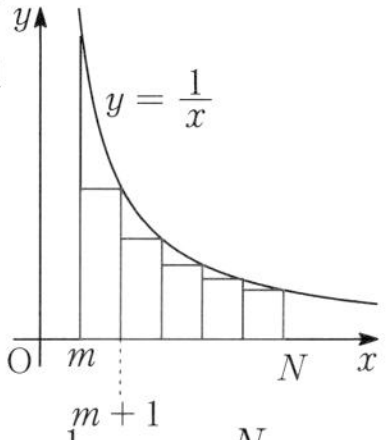

$$\sum_{k=m}^{N}\frac{1}{k}=\frac{1}{m}+\sum_{k=m+1}^{N}\frac{1}{k}\cdot 1$$

$=\frac{1}{m}+$ 

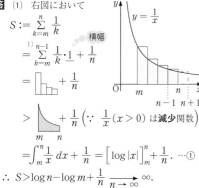

$<\frac{1}{m}+$ 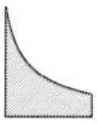

m N

$$=\frac{1}{m}+\int_m^N\frac{1}{x}\,dx=\frac{1}{m}+\log\frac{N}{m}.$$

これと②(右側)より

$$\therefore\ 1<\log\frac{N}{m}+\frac{1}{m}.$$

$$\text{i.e. }\log\frac{N}{m}>1-\frac{1}{m}\xrightarrow[m\to\infty]{}1.$$

これと③から，“はさみうち”より，$m\to\infty$ のとき

$$\log\frac{N}{m}\to 1.\ \text{i.e. }\frac{N}{m}=e^{\log\frac{N}{m}}\to e^1=e.$$ //

解説 ②を立式するときの感覚は，「超えない最大整数」を表す“ガウス記号”を不等式で表す際の感覚とそっくりですね．

(2)では，不等式②の最左辺，最右辺をさらに評価しています．いわば「2段階評価」を行っている訳です．

注 階段状の図形の面積を定積分で評価する際，積分区間を「$m\le x\le N$」とすることにより，ストレートに $\log N-\log m=\log\frac{N}{m}$ が現れるよう工夫しています．

参考 各 m に対する N の値を(コンピュータを利用して)調べると，右のようになります．

$m\to\infty$ のとき，$\frac{N}{m}$ はたしかに $e=2.718\cdots$ に収束しそうな気配ですね．

m	N	N/m
1	2	2
2	4	2
5	12	2.4
10	26	2.6
50	135	2.7
100	270	2.7
500	1358	2.716
1000	2717	2.717

4 11 23 パラメタ曲線と面積・極方程式利用 [→例題 4 9 j]
根底 実戦

方針 いわゆる「パラメタ曲線」とみて面積を求めることもできるでしょうが，ここでは問題文の指示に従い，$\begin{cases}x=\bigcirc\cos\triangle\\y=\bigcirc\sin\triangle\end{cases}$ の形へ変形することを目指します．角を統一してみましょう．

解答

$$x=2\sin\frac{t}{2}\cos\frac{t}{2}+\cos\frac{t}{2},$$

$$y=2\sin^2\frac{t}{2}+\sin\frac{t}{2}.$$

角を $\frac{t}{2}$ に統一

よって

$$C:\begin{cases}x=\left(2\sin\frac{t}{2}+1\right)\cos\frac{t}{2}\\y=\left(2\sin\frac{t}{2}+1\right)\sin\frac{t}{2}\end{cases}\quad(0\le t\le\pi).$$

$\theta=\frac{t}{2}$ とおくと

$$C:\begin{cases}x=(2\sin\theta+1)\cos\theta\\y=(2\sin\theta+1)\sin\theta\end{cases}\quad\left(0\le\theta\le\frac{\pi}{2}\right).$$

第4章 積分法

$2\sin\theta+1\ \left(0\leq\theta\leq\frac{\pi}{2}\right)$ は θ の増加関数[2] だから，前記は，例題 4 9 j (1)において $r(\theta)=2\sin\theta+1,\ \alpha=0,$ $\beta=\frac{\pi}{2}$ としたものである.

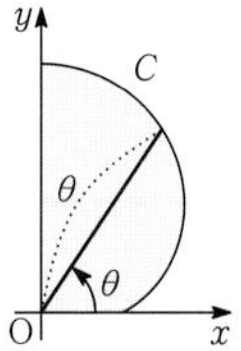

$$\therefore\ T=\int_0^{\frac{\pi}{2}}\frac{1}{2}(2\sin\theta+1)^2\,d\theta$$
$$=\frac{1}{2}\int_0^{\frac{\pi}{2}}\left(4\cdot\frac{1-\cos 2\theta}{2}+4\sin\theta+1\right)d\theta$$
$$=\frac{1}{2}\Big[3\theta-\sin 2\theta-4\cos\theta\Big]_0^{\frac{\pi}{2}}$$
$$=\frac{1}{2}\left(\frac{3}{2}\pi+4\right)=\frac{3}{4}\pi+2.\,/\!/$$

解説 [1]：もちろん，入試でこのような出題が行われることはありません (笑).

[2]：増加関数でなくても同じ結果が得られますが.

参考 C の極方程式[→7 8]は，$r=2\sin\theta+1$ です.

発展 例題 4 9 j (1)において，C の長さ (弧長)L を考えます.

$r(\theta)$ を r，$\cos\theta$ を c，$\sin\theta$ を s と略記すると，$r(\theta)$ が微分可能だとして，

$$\vec{v}:=\begin{pmatrix}dx/d\theta\\ dy/d\theta\end{pmatrix}=\begin{pmatrix}r'c-rs\\ r's+rc\end{pmatrix},$$
$$\left|\vec{v}\right|^2=(r'c-rs)^2+(r's+rc)^2$$
$$=r^2(s^2+c^2)+r'^2(c^2+s^2)=r^2+r'^2.$$
$$\therefore\ L=\int_\alpha^\beta\sqrt{r^2+r'^2}\,d\theta.$$

これを公式として使って良いかは，さらに怪しくなりますが.

4 11 24 斜回転体 根底 実戦 入試 [→例題 4 9 m]

注 体積を定積分で「立式」することと，「積分計算」とを切り離して考えることが大切です.

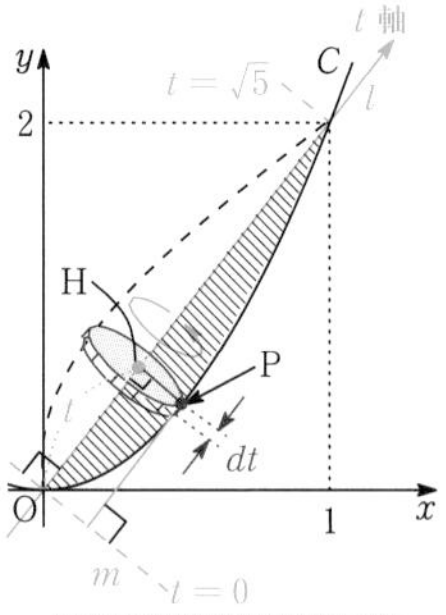

解答 C 上の任意の点 $P(x, 2x^2)\ (0\leq x\leq 1)$ から直線 l: $2x-y=0$ へ下ろした垂線の足を H とする. $t=\mathrm{OH}$ とおくと，

PH は t の関数である. （t に対して，PH は 1 つに定まる [1]）

垂直
$$V=\int_0^{\sqrt{5}}\pi\mathrm{PH}^2\,dt$$
（断面積 × 微小な厚み / 薄い柱の体積 / 細かく集める / 「立式」は dt）

$$\mathrm{PH}=\frac{|2x-2x^2|}{\sqrt{5}}.$$

また，$t=\mathrm{OH}$ は P から直線 m: $x+2y=0$ へ下ろした垂線の長さだから

$$t=\frac{|x+4x^2|}{\sqrt{5}}=\frac{x+4x^2}{\sqrt{5}}.$$

$$\frac{dt}{dx}=\frac{1+8x}{\sqrt{5}}\ \cdots①,\ \text{i.e.}\ dt=\frac{1+8x}{\sqrt{5}}\,dx.$$

また，t と x の対応は右の通り.
したがって

t	$0\ \rightarrow\ \sqrt{5}$
x	$0\ \rightarrow\ 1$

$$\frac{V}{\pi}=\int_0^1\left(\frac{|2x-2x^2|}{\sqrt{5}}\right)^2\cdot\frac{1+8x}{\sqrt{5}}\,dx$$
（「積分計算」は dx）
$$=\frac{4}{5\sqrt{5}}\int_0^1(x^2-2x^3+x^4)(1+8x)\,dx$$
$$=\frac{4}{5\sqrt{5}}\left\{\left(\frac{1}{3}-\frac{1}{2}+\frac{1}{5}\right)+8\left(\frac{1}{4}-\frac{2}{5}+\frac{1}{6}\right)\right\}$$
$$=\frac{4}{5\sqrt{5}}\left(\frac{5}{3}-\frac{1}{2}-1\right)=\frac{4}{5\sqrt{5}}\cdot\frac{1}{6}=\frac{2}{15\sqrt{5}}.$$
$$V=\frac{2}{15\sqrt{5}}\pi.\,/\!/$$

注 [1]：厳密には次のように示されます：

①より $\dfrac{dt}{dx}\geq 0$. よって，t は x に対して単調増加するから，逆に $t(=\mathrm{OH})$ に対して x は (つまり P は) 一意対応. 本問では図形的直観で片付けても許されると思いますが.

4 11 25 らせん階段状の立体 根底 実戦 入試 [→例題 4 9 k]

方針 まずはどんな立体なのかを把握しましょう. “らせん階段” のような立体ですね.

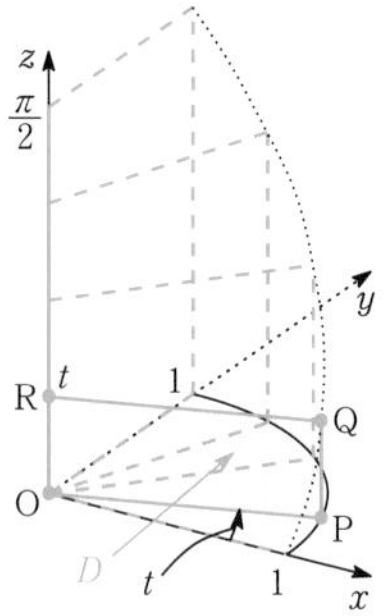

解答 (1) **着眼** “真上”(z 軸の向き) から見下ろすと，P や Q はごく単純に円周上を動くように見えます. この向きから見た断面を考えるのが良いでしょう.

方針 まず先に D を切ってから，得られた線分を回します. ■

平面α：$z=k\left(0\leq k\leq \dfrac{\pi}{2}\right)$
によるDの切り口は，長さ1の線分である．　右図赤太線
ただし，αとDが交わるtは，

$k\leq t\leq \dfrac{\pi}{2}$ …①

を満たすものに限られる．[1)]
この線分を①の範囲で回転したものが，立体Kのαによる断面であり，右下図のような扇形となる．

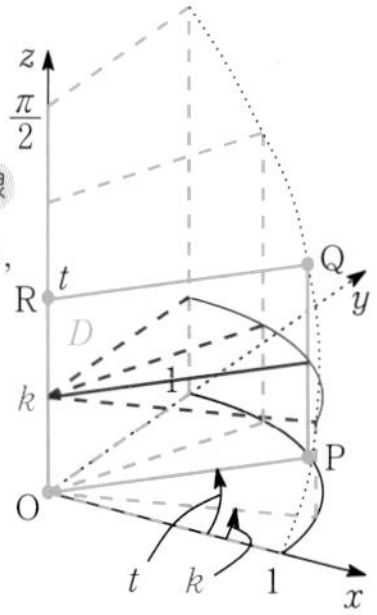

よって求める体積は

$$V=\int_0^{\frac{\pi}{2}}\frac{1}{2}\cdot 1^2\left(\frac{\pi}{2}-k\right)dk$$

$$=\left[+\frac{1}{4}\left(\frac{\pi}{2}-k\right)^2\right]_{\frac{\pi}{2}}^{0}$$

$$=\frac{\pi^2}{16}.\text{//}$$

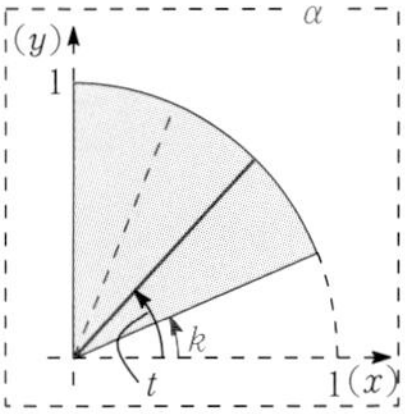

(2) **方針** 空間内の弧長を求めるには，基本的には展開図を描いて平面上で考えることになります．■

$A(1, 0, 0)$とすると，

$\overset{\frown}{AP}=PQ(=t)$

だから，直線PQが描く円柱側面の展開図において，Qは右のような線分を描く．
よって求める長さは

$$L=\sqrt{2}\cdot\frac{\pi}{2}=\frac{\pi}{\sqrt{2}}.\text{//}$$

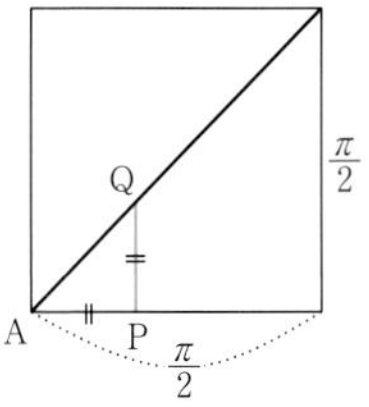

解説 [1)]：ここが本問のポイントです．ある程度は立体が把握できていないと，これに気付けない可能性もあります．

参考 体積Vは，次のように考えることもできます：
立体Kの，偏角tの微小変化dtに対応する部分は，右図のような"扇形柱"で近似できますね．この体積は，高さと底面積を掛けて$t\cdot\dfrac{1}{2}\cdot 1^2\,dt$と表され，これを$0\leq t\leq \dfrac{\pi}{2}$において細かく沢山集めるイメージで

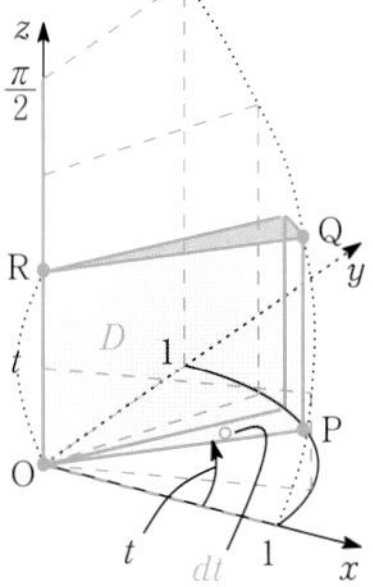

$$V=\int_0^{\frac{\pi}{2}}t\cdot\frac{1}{2}\cdot 1^2\,dt=\left[\frac{t^2}{4}\right]_0^{\frac{\pi}{2}}=\frac{\pi^2}{16}.$$

例によって，このような近似による解答が許されるかどうかはかなり微妙ですが．

発展 弧長Lは，高校数学から少し逸脱しますが，次のように考えることもできます：
パラメタtはPの偏角ですが，これを「時刻」だとみなすと，空間内の動点$Q(x, y, z)$の速度ベクトル$\vec{v}$は，平面上の場合と同様に

$$\vec{v}=\begin{pmatrix}dx/dt\\dy/dt\\dz/dt\end{pmatrix}=\begin{pmatrix}-\sin t\\\cos t\\1\end{pmatrix}.$$

よってQの速さは

$$|\vec{v}|=\sqrt{\sin^2 t+\cos^2 t+1^2}=\sqrt{2}.$$

これに微小時間を表すdtを掛けて得られる微小な道のりを集めるイメージで

$$L=\int_0^{\frac{\pi}{2}}\sqrt{2}\,dt=\sqrt{2}\cdot\frac{\pi}{2}.$$

4 11 26 内サイクロイド

根底 実戦　典型 入試　[→例題4 5 f]

注 Fは，「内サイクロイド」と呼ばれ，**演習問題3 9 30**の「外サイクロイド」とよく似た有名曲線です．そちらの問題により詳しい解説がありますので適宜参照してください．

下書き まずは図形の動き**そのもの**を観察します：

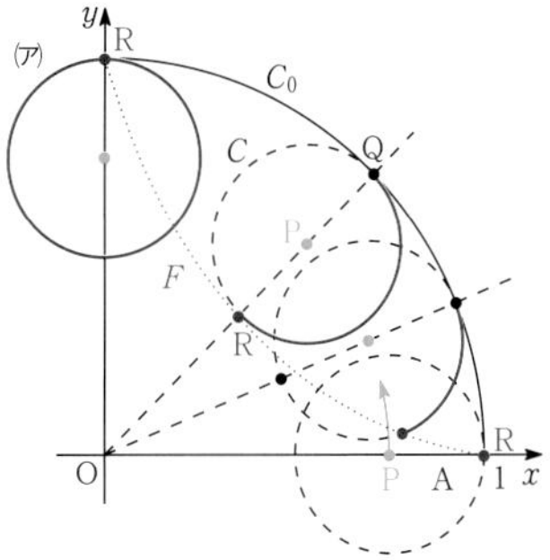

着眼 ∘ Rの位置は「滑ることなく」によって特定されます．どことどこが同じ長さであるかを考えましょう．
∘ C_0とCの半径の比は4：1ですから，Cが図の(ア)の位置に来たときRは再びC_0上にあります．
∘ 軌跡F上の点Rの座標，というよりベクトル$\overrightarrow{OR}$を，Pの偏角で表します．

4 11 27

解答

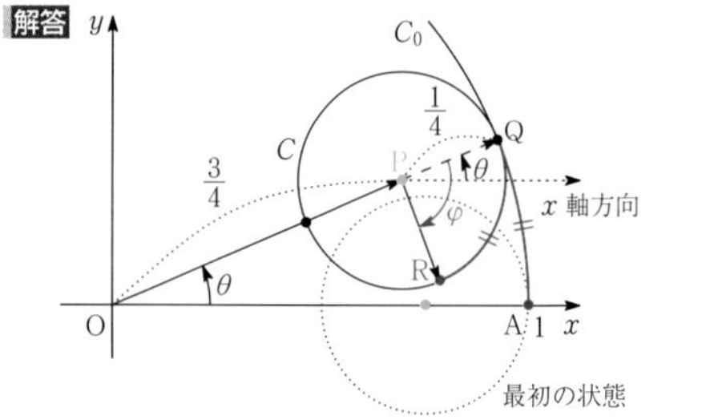

$\overrightarrow{\mathrm{OP}}$ の偏角を θ $\left(0 \le \theta \le \frac{\pi}{2}\right)$ とおく.

$|\overrightarrow{\mathrm{OP}}| = 1 - \frac{1}{4} = \frac{3}{4}$ だから

$$\overrightarrow{\mathrm{OP}} = \frac{3}{4}\begin{pmatrix}\cos\theta \\ \sin\theta\end{pmatrix}. \cdots ①$$

$\overrightarrow{\mathrm{PQ}}$ から $\overrightarrow{\mathrm{PR}}$ への回転角を φ とおくと

$\overset{\frown}{\mathrm{AQ}} = \overset{\frown}{\mathrm{QR}}$ より,

$1\cdot|\theta| = \frac{1}{4}\cdot|\varphi|$. 「大きさの角」

$\therefore \varphi = -4\theta$ ($\because$ $\theta > 0, \varphi < 0$). 「一般角」

したがって

$\overrightarrow{\mathrm{PR}}$の偏角 $= \theta + (-4\theta) = -3\theta$, $|\overrightarrow{\mathrm{PR}}| = \frac{1}{4}$.

$$\therefore\ \overrightarrow{\mathrm{PR}} = \frac{1}{4}\begin{pmatrix}\cos(-3\theta) \\ \sin(-3\theta)\end{pmatrix}.$$

これと①より

$$\overrightarrow{\mathrm{OR}} = \frac{3}{4}\begin{pmatrix}\cos\theta \\ \sin\theta\end{pmatrix} + \frac{1}{4}\begin{pmatrix}\cos 3\theta \\ -\sin 3\theta\end{pmatrix}.$$

よって $\mathrm{R}(x, y)$ として, $\cos\theta$ を c, $\sin\theta$ を s と略記すると

$x = \frac{3}{4}c + \frac{1}{4}(4c^3 - 3c) = c^3$, 3 倍角公式

$y = \frac{3}{4}s - \frac{1}{4}(3s - 4s^3) = s^3$.

$$\therefore\ 曲線\ F: \begin{cases} x = \cos^3\theta \\ y = \sin^3\theta \end{cases} \left(0 \le \theta \le \frac{\pi}{2}\right).$$

注 有名曲線「アステロイド」ですね.

[→演習問題 3 9 3]

方針 ある程度は F の概形を把握しましょう. ■

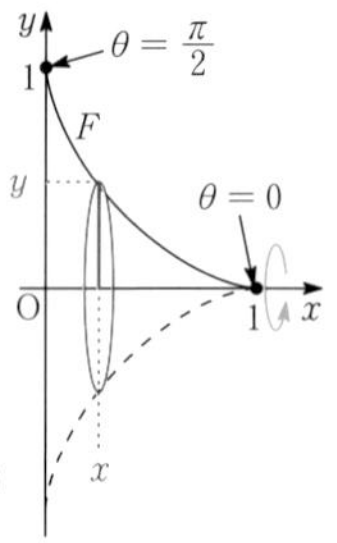

x は θ の減少関数だから,

y は x の関数, $y \ge 0$.

$$\therefore\ V = \int_0^1 \pi y^2\, dx$$
$$= \pi\int_{\frac{\pi}{2}}^0 (s^3)^2\cdot 3c^2(-s)\, d\theta$$
$$= 3\pi\int_0^{\frac{\pi}{2}} s^6c^2\cdot s\, d\theta \cdots ②$$
$$= 3\pi\int_0^{\frac{\pi}{2}} (1-c^2)^3c^2\cdot s\, d\theta$$
$$= 3\pi\int_0^{\frac{\pi}{2}} (c^2 - 3c^4 + 3c^6 - c^8)\cdot s\, d\theta$$
$$= 3\pi\left[\frac{c^3}{3} - \frac{3}{5}c^5 + \frac{3}{7}c^7 - \frac{c^9}{9}\right]_{\frac{\pi}{2}}^0$$
$$= 3\pi\left(\frac{1}{3} - \frac{3}{5} + \frac{3}{7} - \frac{1}{9}\right)$$
$$= 3\pi\cdot\left(\frac{2}{9} - \frac{6}{35}\right) = \frac{16}{105}\pi. /\!/$$

注 例題 4 8 g (1)の漸化式を利用するなら, 次のように求まります:

$I_n = \int_0^{\frac{\pi}{2}} \sin^n\theta\, d\theta$ $(n \in \mathbb{N})$ として,

$$I_{n+2} = \frac{n+1}{n+2} I_n.$$

これと②より

$$V = 3\pi\int_0^{\frac{\pi}{2}} s^7(1 - s^2)\, d\theta$$
$$= 3\pi(I_7 - I_9) = 3\pi\left(I_7 - \frac{8}{9}I_7\right) = \frac{\pi}{3}I_7.$$

ここで

$$I_7 = \frac{6}{7}I_5$$
$$= \frac{6}{7}\cdot\frac{4}{5}I_3$$
$$= \frac{6}{7}\cdot\frac{4}{5}\cdot\frac{2}{3}I_1 = \frac{6}{7}\cdot\frac{4}{5}\cdot\frac{2}{3}\cdot 1 = \frac{16}{35}.$$

$$\therefore\ V = \frac{16}{105}\pi. /\!/$$

4 11 27 アステロイドの伸開線 [→例題 4 9 o]

根底 実戦 入試

注 C は, 有名曲線「アステロイド」の一部です.

方針 ふりほどいた糸の長さを求めるため, まずは弧長を求めます. 弧長は, 概形とは (ほぼ) 無関係に求まります.

解答 (1) $\vec{v} := \begin{pmatrix} dx/dt \\ dy/dt \end{pmatrix}$

$$= \begin{pmatrix} -3\cos^2 t\sin t \\ 3\sin^2 t\cos t \end{pmatrix}$$
$$= 3\cos t\sin t\begin{pmatrix} -\cos t \\ \sin t \end{pmatrix}. \cdots ①$$

$$\therefore\ |\vec{v}| = |3\cos t\sin t| = \frac{3}{2}\sin 2t.$$

$$L = \int_0^{\frac{\pi}{4}} \frac{3}{2}\sin 2t\, dt$$
$$= \left[+\frac{3}{4}\cos 2t\right]_{\frac{\pi}{4}}^0 = \frac{3}{4}. /\!/$$

注 右図の青色線分の長さが $\sqrt{2} = 1.414\cdots$.

C の長さの 2 倍 (右図黒曲線の長さ) はそれより少しだけ長くて答えの 2 倍 : 1.5 です.

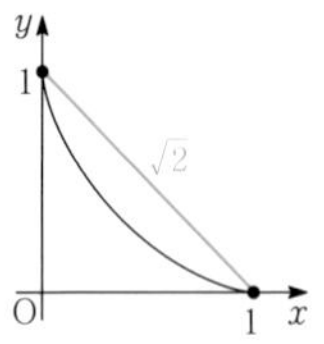

(2) **注** 例題 4 9 n 例題 4 9 o でも扱った「伸開線」がテーマです．■

糸と C の接点を $\mathrm{Q}(\cos^3 u,\ \sin^3 u)$ とする．

$$|\overrightarrow{\mathrm{QP}}| = \overset{\frown}{\mathrm{AQ}}$$
$$= \int_u^{\frac{\pi}{4}} \frac{3}{2}\sin 2t\,dt$$
$$= \left[+\frac{3}{4}\cos 2t\right]_{\frac{\pi}{4}}^{u}$$
$$= \frac{3}{4}\cos 2u.$$

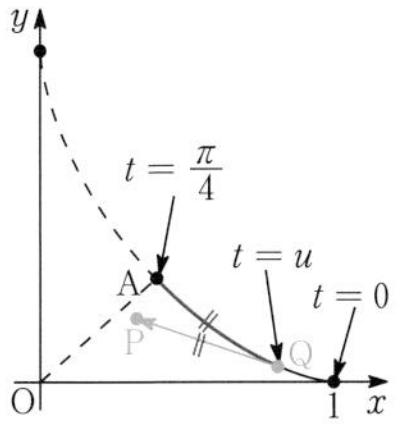

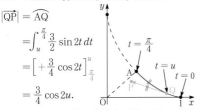

QP は Q における C の接線と平行であり，①より $\begin{pmatrix} -\cos u \\ \sin u \end{pmatrix}$ は $\overrightarrow{\mathrm{QP}}$ と同じ向きの単位ベクトル．

よって（$\cos u$ を c，$\sin u$ を s と略記して）

$$\overrightarrow{\mathrm{OP}} = \overrightarrow{\mathrm{OQ}} + \overrightarrow{\mathrm{QP}}$$
$$= \begin{pmatrix} c^3 \\ s^3 \end{pmatrix} + \frac{3}{4}\cos 2u \begin{pmatrix} -c \\ s \end{pmatrix}.$$

よって $\mathrm{P}(x,\ y)$ とすると

$$x = c^3 - \frac{3}{4}(2c^2-1)c = \frac{3}{4}c - \frac{1}{2}c^3,$$
$$y = s^3 + \frac{3}{4}(1-2s^2)s = \frac{3}{4}s - \frac{1}{2}s^3.$$

方針 今度はパラメタ u を時刻とみなして速度ベクトルを計算します．■

$$\overrightarrow{v'} := \begin{pmatrix} dx/du \\ dy/du \end{pmatrix}$$
$$= \begin{pmatrix} -\frac{3}{4}s + \frac{3}{2}c^2 s \\ \frac{3}{4}c - \frac{3}{2}s^2 c \end{pmatrix}$$
$$= \frac{3}{4}\begin{pmatrix} -s + 2c^2 s \\ c - 2s^2 c \end{pmatrix}.$$
$$\frac{4}{3}\overrightarrow{v'} = \begin{pmatrix} -s \\ c \end{pmatrix} + 2cs\begin{pmatrix} c \\ -s \end{pmatrix}.$$
$$\therefore\ \left|\frac{4}{3}\overrightarrow{v'}\right|^2 = \left|\underbrace{\begin{pmatrix} -s \\ c \end{pmatrix}}_{\vec{a}} + 2cs\underbrace{\begin{pmatrix} c \\ -s \end{pmatrix}}_{\vec{b}}\right|^2$$
$$= |\vec{a}|^2 + 4cs\vec{a}\cdot\vec{b} + 4c^2s^2|\vec{b}|^2$$
$$= 1 + 4cs(-2cs) + 4c^2s^2$$
$$= 1 - 4c^2s^2$$
$$= 1 - \sin^2 2u = \cos^2 2u.$$
$$\therefore\ |\overrightarrow{v'}| = \frac{3}{4}\cos 2u\ \left(0 \le 2u \le \frac{\pi}{2}\right).$$

よって求める弧長は

$$L' = \int_0^{\frac{\pi}{4}} \frac{3}{4}\cos 2u\,du$$
$$= \left[\frac{3}{8}\sin 2u\right]_0^{\frac{\pi}{4}} = \frac{3}{8}.\ /\!/$$

発展 6 複素数平面 後

この点 $\mathrm{P}(x,\ y)$ を原点のまわりに $+\frac{\pi}{4}$ だけ回転した点を $\mathrm{P'}(X,\ Y)$ とすると，複素平面上で考えて

$$X + iY = \left(\cos\frac{\pi}{4} + i\sin\frac{\pi}{4}\right)(x+iy)$$
$$= \frac{1+i}{\sqrt{2}}(x+iy).$$

よって

$$\sqrt{2}X = x - y$$
$$= \frac{3}{4}(c-s) - \frac{1}{2}(c^3 - s^3)$$
$$= \frac{c-s}{4}\{3 - 2(c^2 + cs + s^2)\}$$
$$= \frac{c-s}{4}(1-2cs).$$

ここで，$(c-s)^2 = 1 - 2cs$ だから

$$\sqrt{2}X = \frac{1}{4}(c-s)^3$$
$$= \frac{1}{4}\left\{\sqrt{2}\cos\left(u + \frac{\pi}{4}\right)\right\}^3.$$

$v = u + \frac{\pi}{4}$ とおくと

$$X = \frac{1}{2}\cos^3 v.$$

同様に

$$\sqrt{2}Y = x + y$$
$$= \frac{3}{4}(c+s) - \frac{1}{2}(c^3 + s^3)$$
$$= \frac{c+s}{4}\{3 - 2(c^2 - cs + s^2)\}$$
$$= \frac{c+s}{4}(1+2cs).$$

ここで，$(c+s)^2 = 1 + 2cs$ だから

$$\sqrt{2}Y = \frac{1}{4}(c+s)^3$$
$$= \frac{1}{4}\left\{\sqrt{2}\sin\left(u + \frac{\pi}{4}\right)\right\}^3.$$
$$Y = \frac{1}{2}\sin^3 v.$$

本問では $0 \le u \le \frac{\pi}{4}$ の範囲しか考察していませんが，u および v を全ての実数値をとって動かすと，P′ の軌跡も元の C を $\frac{1}{2}$ 倍に縮小した「アステロイド」となることがわかりました．実際，(2)の答えは(1)の半分になっていますね．

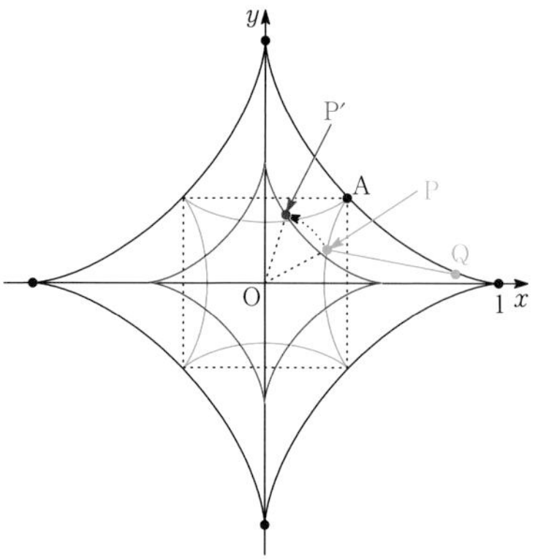

前問では，内サイクロイドとしてアステロイドを得ました．本問では，アステロイドの伸開線を求めてみたところ，アステロイドが得られたという訳です．

4 11 28 微分方程式 根底 実戦

[→例題4 9 q]

着眼 いずれも変数分離形の微分方程式です．

注 1)：些末(さまつ)なことは無視し，おおらかに考えてねというのが作問者の意図です（笑）．

解答 (1) $y=f(x)$ とおくと，①は

$$y=\frac{x}{2}\cdot\frac{dy}{dx}.$$

$x,\ y\neq 0$ のとき

$$\frac{1}{y}\cdot\frac{dy}{dx}=\frac{2}{x}.$$

$$\int\frac{1}{y}\cdot\frac{dy}{dx}\,dx=\int\frac{2}{x}\,dx.$$

$$\int\frac{1}{y}\cdot dy=\int\frac{2}{x}\,dx.$$

$$\log|y|=2\log|x|+C\ (C\text{ は任意定数})$$
$$=\log(e^Cx^2).$$

$$y=\pm e^Cx^2=Dx^2\ (D:=\pm e^C).$$

これと②より，$1=D\cdot 1$. $\therefore\ D=1$.

$$\therefore f(x)=y=x^2.\,/\!/$$

（このとき①は $x=y=0$ のときも含めて成り立っている．）

(2) ③で $x=0$ とすると

$$f'(0)=0.\ \cdots⑤$$

③の両辺を x で微分すると

$$f''(x)=\sqrt{1+\{f'(x)\}^2}.$$ 例の"3 点チェック" OK

$y=f'(x)$ とおくと， まず，関数「$f'(x)$」を求める

$$\frac{dy}{dx}=\sqrt{1+y^2}.$$

$$\frac{1}{\sqrt{1+y^2}}\cdot\frac{dy}{dx}=1.$$

$$\int\frac{1}{\sqrt{1+y^2}}\cdot\frac{dy}{dx}\,dx=\int 1\,dx.$$

$$\int\frac{1}{\sqrt{1+y^2}}\,dy=x+C.\ \cdots⑥$$

左辺において $t=y+\sqrt{y^2+1}\cdots⑦$とおくと [→例題4 2 o(4)]

$$(t-y)^2=y^2+1.$$

$$t^2-2ty+\cancel{y^2}=\cancel{y^2}+1.$$

$$y=\frac{1}{2}\left(t-\frac{1}{t}\right).\ \cdots⑧$$

$$dy=\frac{1}{2}\left(1+\frac{1}{t^2}\right)dt.$$

$$\sqrt{y^2+1}=t-y=\frac{1}{2}\left(t+\frac{1}{t}\right).$$

よって⑥の左辺は

$$\int\frac{1}{\frac{1}{2}\left(t+\frac{1}{t}\right)}\cdot\underbrace{\frac{1}{2}\left(1+\frac{1}{t^2}\right)}_{\text{分母の }\frac{1}{t}\text{ 倍}}dt$$

$$=\int\frac{1}{t}\,dt$$

$$=\log|t|+C$$ 2)

$$=\log\left(y+\sqrt{y^2+1}\right)+C\ \left(\because\ \sqrt{y^2+1}>|y|\geq y\right).$$

よって⑥は

$$\log\left(y+\sqrt{y^2+1}\right)=x+C.$$ 3)

ここで，⑤より $x=0$ のとき $y=f'(x)=0$ だから

$$0=0+C.\ \therefore\ C=0.$$

$$\therefore\log\left(y+\sqrt{y^2+1}\right)=x.$$

$$y+\sqrt{y^2+1}=e^x.$$

⑦のとき⑧が成り立つから，

$$y=\frac{1}{2}\left(e^x-\frac{1}{e^x}\right)=\frac{1}{2}\left(e^x-e^{-x}\right)(=f'(x)).$$

$$\therefore f(x)=\int f'(x)\,dx=\frac{1}{2}\left(e^x+e^{-x}\right)+C.$$

これと④より

$$1=1+C.\ \therefore\ C=0.$$

$$\therefore f(x)=\frac{1}{2}\left(e^x+e^{-x}\right).\,/\!/$$

参考 曲線 C: $y=f(x)=\frac{1}{2}\left(e^x+e^{-x}\right)$ は有名曲線「カテナリー」で，その弧長が導関数 $f'(x)$ で表されるというのが，微分方程式③の意味です．

$f(x),\ f'(x)$ は，「双曲線関数」と呼ばれる有名関数でしたね．[→例題3 6 a(4)]

補足 2)：もちろん，⑥の右辺にある「C」と同じ値を意味してはいません．

3)：これも，"何かある不特定な定数"という意味で使っています．いちいち文字を変えるのがおっくうなので（笑）．

4 11 29 感染症と微分方程式

根底 実戦 ハイレベル↑ [→例題 4 9 r]

参考 感染症が流行するプロセスを解析する方法の 1 つである「SI数理モデル」を題材としています．これは，集団を2つのグループ：「3)非感染者（Susceptible）」，「感染者（Infected）」に分類し，それぞれの人数あるいは比率の変化を考える方法論です．

3)：一般的には「未感染者」と称することが多いですが．

解答 (1) **（解答例）** ②の左辺は，単位時間あたりの感染者比率の変化量である．

「感染」は，感染者（比率 I）と非感染者（比率 $1-I$）との接触によって生ずる．集団中の 2 人が接触する際，そのような組み合わせになる確率は $I\cdot(1-I)$ に比例するから，これの正の定数倍が新たに感染者比率に加算される．

一方，感染者のうちの一定割合が単位時間内に治癒して感染者でなくなると考えられるから，I の正の定数倍だけ感染者比率から減算される．

以上より，微分方程式②が成り立つ．//

(2) **着眼** 「変数分離形」の微分方程式です．■

$$\frac{dI}{dt}=I(p-q-pI).$$

$$\frac{dI}{dt}=pI(\alpha-I)\ \left(\alpha:=\frac{p-q}{p}\right).$$ ← Iの係数を±1にした

$$\frac{1}{I(\alpha-I)}\cdot\frac{dI}{dt}=p.$$

$p\neq q$ より $\alpha\neq 0$ だから

$$\frac{1}{\alpha}\cdot\left(\frac{1}{I}+\frac{1}{\alpha-I}\right)\cdot\frac{dI}{dt}=p.$$

$$\int\left(\frac{1}{I}+\frac{1}{\alpha-I}\right)\cdot\frac{dI}{dt}dt=\int p\alpha\,dt.$$

$$\int\left(\frac{1}{I}+\frac{1}{\alpha-I}\right)dI=\int(p-q)\,dt.$$

$$\log|I|-\log|\alpha-I|=(p-q)t+C.$$

$$\log\left|\frac{I}{\alpha-I}\right|=(p-q)t+C.$$

$$\frac{I}{\alpha-I}=\pm e^{(p-q)t+C}.$$

$$\frac{I}{\alpha-I}=De^{(p-q)t}\ (D:=\pm e^{C}).$$

これと①より

$$D=\frac{I_0}{\alpha-I_0}\neq 0\ (\because\ ③).\ \cdots④$$

④のもとで，

$$-1+\frac{\alpha}{\alpha-I}=De^{(p-q)t}.$$ ← 分子の低次化

$$1-\frac{I}{\alpha}=\frac{1}{De^{(p-q)t}+1}.$$

$$I=\alpha\left\{1-\frac{1}{De^{(p-q)t}+1}\right\}.\ \cdots⑤$$

これをもとに，極限 $\lim_{t\to\infty}I$ を考える．

i) $p>q$ のとき，$e^{(p-q)t}\to\infty$．これと $D\neq0$ より

$$I\to\alpha\cdot1=\frac{p-q}{p}.//$$

ii) $p<q$ のとき，$e^{(p-q)t}\to0$．よって

$$I\to\alpha(1-1)=0.//$$

解説 i) $p>q$，つまり「感染」が「治癒」より優位なときは，感染者比率はある正の値に**収束**します（平衡状態）．

ii) $p<q$ のとき，つまり「治癒」が「感染」より優位なときは，感染者比率は 0 に近づきます．つまり，流行病 D は"**終息**"します．

世間一般では，これら 2 つの「しゅうそく」が混用され，話がこんがらがっているようです（笑）．

余談 3 つ目のグループとして，感染後に死亡した者や回復して免疫を獲得した者（Recovered）も考察対象とした，より本格的な解析方法：「SIR 数理モデル」が有名です．

補足 **重要度↓** $t\geq0$ において，⑤の分母：

$$f(t):=De^{(p-q)t}+1$$

が 0 になることはありません．

ア) $p<q$ のとき．

$e^{(p-q)t}$ は減少．

$$\alpha=\frac{p-q}{p}<0\text{ より，}D=\frac{I_0}{\alpha-I_0}<0.$$

よって $f(t)$ は増加．

$$\begin{aligned}\therefore\ f(t)&\geq f(0)\\&=D+1\\&=\frac{I_0}{\alpha-I_0}+1\\&=\frac{\alpha}{\alpha-I_0}>0.\end{aligned}$$ ← 分子，分母とも負

イ) $p>q$ のとき．

$e^{(p-q)t}$ は増加．

$\alpha>I_0$ なら，$D>0$ ゆえ $f(t)$ は増加．

$$\therefore f(t)\geq f(0)=\frac{\alpha}{\alpha-I_0}>0.$$ ← 分子，分母とも正

$\alpha<I_0$ なら，$D<0$ ゆえ $f(t)$ は減少．

$$\therefore f(t)\leq f(0)=\frac{\alpha}{\alpha-I_0}<0.$$ ← 分子は正，分母は負

以上で，分母：$f(t)$ は定符号であることがわかりました．

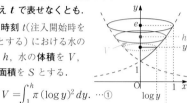

4 11 30 水の注入 根底 実戦 入試 [→例題 4 9 s]

方針 多変量を扱うには，情報を整理し，関与する「量」に文字で名前を与え，それらの関係を式で表し，変量どうしの関係を図式的に表します．

注 次のことはつねに念頭に置いて：

全ての量は，時刻 t の関数である．
たとえ t で表せなくとも．

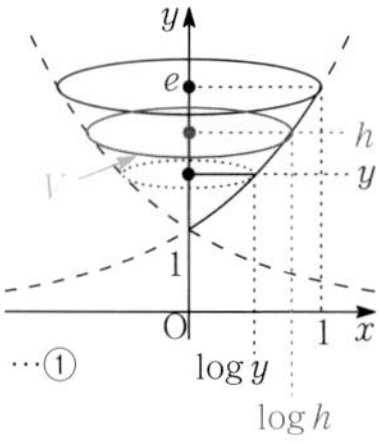

解答 時刻 t(注入開始時を $t=0$ とする) における水の**深さ**を h，水の**体積**を V，**水面の面積**を S とする．

$$V=\int_1^h \pi(\log y)^2\,dy. \quad \cdots ①$$

$$\frac{dV}{dt}=a. \quad \cdots ②$$

$$S=\pi(\log h)^2. \quad \cdots ③$$

(1) **方針** 目標は変化率：$\dfrac{dh}{dt}$．h と t の関係を，①②を用い，V を介して作ります．■

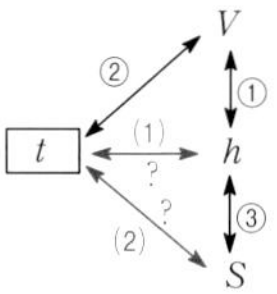

①の両辺を h で微分すると，

$$\frac{dV}{dh}=\pi(\log h)^2.$$ 定積分と微分法 "3 点チェック"OK

これと②より

$$\frac{dh}{dt}=\frac{\frac{dV}{dt}}{\frac{dV}{dh}}=\frac{a}{\pi(\log h)^2} \quad \cdots ④$$ まるで分数式のように扱える

$$=\frac{a}{S}\ (\because\ ③).$$

よって求める速度は

$$\left.\frac{dh}{dt}\right|_{S=\frac{\pi}{2}}=\frac{2a}{\pi}. /\!/$$

(2) **方針** 目標は変化率：$\dfrac{dS}{dt}$．(1)で dh と dt の関係④ができていますから，③から dS と dh の関係を作ります．■

③より，

$$\frac{dS}{dh}=\pi\cdot 2(\log h)\cdot\frac{1}{h}.$$

これと④より

$$\frac{dS}{dt}=\frac{dS}{dh}\cdot\frac{dh}{dt}$$ 合成関数の微分法

$$=\pi\cdot 2(\log h)\cdot\frac{1}{h}\cdot\frac{a}{\pi(\log h)^2}$$

$$=\frac{2a}{h\log h}.$$

よって求める速度は

$$\left.\frac{Sh}{dt}\right|_{h=\sqrt{e}}=\frac{2a}{\sqrt{e}\cdot\frac{1}{2}}=\frac{4a}{\sqrt{e}}. /\!/$$

4 11 31 短周期振動・絶対値付 根底 実戦 典型 入試 [→例題 4 9 u]

着眼 例題 4 9 u の類題ですね．まずはその(1)と同様マジメに計算してみます．

解答1 $t=nx$ とおくと，$dt=n\,dx$ より

$$I_n:=\int_0^\pi e^{-x}|\sin nx|\,dx$$

$$=\int_0^{n\pi} e^{-\frac{t}{n}}|\sin t|\,\frac{1}{n}\,dt$$

$$=\frac{1}{n}\sum_{k=0}^{n-1}\underbrace{\int_{k\pi}^{(k+1)\pi} e^{-\frac{t}{n}}|\sin t|\,dt}_{J_k\text{ とおく}}. \quad \cdots ①$$

J_k において $u=t-k\pi$ とおくと

$$J_k=\int_0^\pi e^{-\frac{u+k\pi}{n}}\cdot\underbrace{|\sin(u+k\pi)|}_{|(-1)^k\sin u|}\,du$$

$$=\left(e^{-\frac{\pi}{n}}\right)^k\int_0^\pi e^{-\frac{u}{n}}\sin u\,du. \quad \cdots ②$$

ここで，

$$K:=\int_0^\pi e^{-\frac{u}{n}}\sin u\,du$$
($\uparrow$ $-ne^{-\frac{u}{n}}$，$\downarrow$ $\cos u$)

$$=\left[-ne^{-\frac{u}{n}}\sin u\right]_0^\pi+n\int_0^\pi e^{-\frac{u}{n}}\cos u\,du$$
($\uparrow$ $-ne^{-\frac{u}{n}}$，$\downarrow$ $-\sin u$)

$$=0+n\left(\left[+ne^{-\frac{u}{n}}\cos u\right]_\pi^0-nK\right)$$

$$=n^2\left(1+e^{-\frac{\pi}{n}}\right)-n^2K.$$

$$\therefore\ K=\frac{n^2}{n^2+1}\left(1+e^{-\frac{\pi}{n}}\right).$$

これと①②より □部のみ不定形

$$I_n=\frac{1}{ⓝ}\cdot\frac{n^2}{n^2+1}\left(1+e^{-\frac{\pi}{n}}\right)\cdot 1\cdot\frac{1-e^{-\pi}}{\boxed{1-e^{-\frac{\pi}{n}}}}$$

$$=\frac{n^2}{n^2+1}(1-e^{-\pi})\left(e^{\frac{\pi}{n}}+1\right)\cdot\frac{1}{n}\cdot\frac{1}{e^{\frac{\pi}{n}}-1}\ ^{1)}$$

$$=\frac{1}{1+\frac{1}{n^2}}(1-e^{-\pi})\left(e^{\frac{\pi}{n}}+1\right)\cdot\frac{\boxed{\frac{\pi}{n}}}{e^{\boxed{\frac{\pi}{n}}}-1}\cdot\frac{1}{\pi}$$

$$\to 1\cdot(1-e^{-\pi})\cdot 2\cdot 1\cdot\frac{1}{\pi}\quad\left(\because\ \boxed{\frac{\pi}{n}}\to 0\right)$$

$$=\frac{2}{\pi}(1-e^{-\pi}). /\!/$$

1)：1 行上から，分子・分母を $e^{\frac{\pi}{n}}$ 倍しました．

解答2 例題 4 9 u (2)の手法を用いると簡便です．

$$I_n:=\int_0^\pi e^{-x}|\sin nx|\,dx$$

$$=\sum_{k=1}^{n}\int_{\frac{k-1}{n}\pi}^{\frac{k}{n}\pi} e^{-x}|\sin nx|\,dx.$$

ここで, e^{-x} は減少関数だから, 区間 $\left[\dfrac{k-1}{n}\pi,\ \dfrac{k}{n}\pi\right]$ において, つねに

$$e^{-x} \geq m_k := e^{-\frac{k}{n}\pi},$$

x に依存しない定数

$$e^{-x} \leq M_k := e^{-\frac{k-1}{n}\pi}.$$

したがって,

$$I_n \geq \sum_{k=1}^{n} \int_{\frac{k-1}{n}\pi}^{\frac{k}{n}\pi} m_k |\sin nx|\, dx$$

$$= \sum_{k=1}^{n} m_k \int_{\frac{k-1}{n}\pi}^{\frac{k}{n}\pi} |\sin nx|\, dx.$$

$\sin nx$ は積分区間内で符号を変えないから,

$$I_n \geq \sum_{k=1}^{n} m_k \left| \int_{\frac{k-1}{n}\pi}^{\frac{k}{n}\pi} \sin nx\, dx \right|$$

$$= \sum_{k=1}^{n} m_k \left| \left[+\frac{\cos nx}{n} \right]_{\frac{k}{n}\pi}^{\frac{k-1}{n}\pi} \right|$$

$$= \sum_{k=1}^{n} m_k \left| \frac{(-1)^{k-1} - (-1)^k}{n} \right|$$

$$= \sum_{k=1}^{n} e^{-\frac{k}{n}\pi} \cdot \frac{2}{n}$$

$$= \frac{2}{\pi} \sum_{k=1}^{n} e^{-\frac{\pi}{n}k} \cdot \frac{\pi}{n}$$

$$\xrightarrow[n \to \infty]{} \frac{2}{\pi} \int_0^{\pi} e^{-x}\, dx.$$

区間 $[0, \pi]$ を n 等分する区分求積法

同様に

$$I_n \leq \sum_{k=1}^{n} \int_{\frac{k-1}{n}\pi}^{\frac{k}{n}\pi} M_k |\sin nx|\, dx$$

$$= \sum_{k=1}^{n} M_k \int_{\frac{k-1}{n}\pi}^{\frac{k}{n}\pi} |\sin nx|\, dx$$

$$= \sum_{k=1}^{n} e^{-\frac{k-1}{n}\pi} \cdot \frac{2}{n}$$

$$= \frac{2}{\pi} \sum_{k=1}^{n} e^{-\frac{\pi}{n}(k-1)} \cdot \frac{\pi}{n}$$

$$\xrightarrow[n \to \infty]{} \frac{2}{\pi} \int_0^{\pi} e^{-x}\, dx.$$

よって“はさみうち”より,

$$\text{与式} = \overbrace{\frac{2}{\pi}}^{2)} \int_0^{\pi} e^{-x}\, dx$$

$$= \frac{2}{\pi}(1 - e^{-\pi}).\ /\!/$$

解説 解答2は, 単調な関数一般に適用可能です. それに対して解答1は,「e^{-x}」の部分がどんな関数であるかによってかなり計算量が変わります.

注 2) : この $\dfrac{2}{\pi}$ については[→例題 4 9 u (2)注]

4 11 32 逆関数と定積分

根底 実戦 入試 [→例題 4 10 c]

注 もちろん積分変数 : x, y はダミー変数であり, アルファベットはどの文字でもかまわないのですが,

$$y = f(x) \iff x = f^{-1}(y)$$

ですから, 第 2 の定積分は, 本来「dy」とするのが自然です.

解答 与式 $= \displaystyle\int_a^b f(x)\, dx + \int_{\sin a}^{\sin b} f^{-1}(y)\, dy.$

これは, 右図の面積を表す. よって与式は,

$$b\sin b - a\sin a.\ /\!/$$

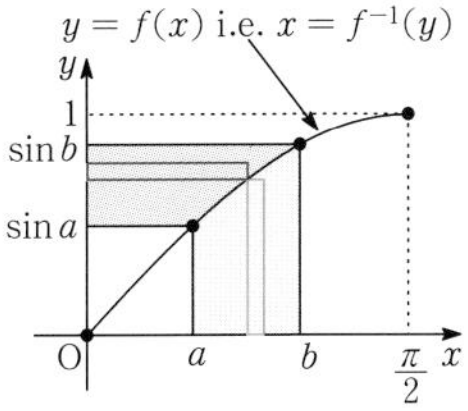

参考 本問では遠回りですが, 定積分を計算しても求まります. 「sin」という具体的関数でなく,「f, f^{-1}」という抽象的・一般的表現を用いてみます.

$$I = \int_a^b f(x)\, dx,\ \ J = \int_{\sin a}^{\sin b} f^{-1}(y)\, dy$$

とする. $g(y) = f^{-1}(y)$ とおくと,

$$y = f(x) \iff x = g(y) \text{ であり,}$$

$$J = \int_{f(a)}^{f(b)} g(y)\, dy.$$

別解1 :「置換積分→部分積分」

$$J = \int_a^b \underset{\downarrow\ 1}{x} \underset{\uparrow\ f(x)}{f'(x)}\, dx \left(\because\ \frac{dy}{dx} = f'(x) \right)$$

$$= \Big[x f(x) \Big]_a^b - \int_a^b f(x) dx$$

$$= bf(b) - af(a) - I.$$

$$\therefore\ I + J = bf(b) - af(a) = b\sin b - a\sin a.\ /\!/$$

別解2 :「部分積分→置換積分」

$$I = \int_a^b \underset{\uparrow\ x}{1} \cdot \underset{\downarrow\ f'(x)}{f(x)}\, dx$$

「1× 全体」とみなして部分積分

$$= \Big[x f(x) \Big]_a^b - \int_a^b x f'(x) dx$$

$$= bf(b) - af(a) - \int_{f(a)}^{f(b)} g(y)\, dy \left(\because\ \frac{dy}{dx} = f'(x) \right)$$

$$= bf(b) - af(a) - J. \text{ (以下同様)}$$

注 前記別解1の方法を I に適用することもできます. 同様に, 別解2の方法は J にも適用できます.

第4章 積分法

4 11 33 定積分関数・逆関数

根底 実戦 入試 [→例題 4 10 b]

方針 誘導にしたがって，着実に．

注 「逆関数」を扱う際には，文字の互換を極力避けること．

解答

(1) $c(x)^2 - s(x)^2 = \{c(x)+s(x)\}\{c(x)-s(x)\}$
$= e^x \cdot e^{-x} = 1.$ □

(2) **着眼** ①より $s(x)^2+1=c(x)^2$．よって，②のように置換すれば，$\sqrt{\quad}$ が外れて積分しやすくなりそうです．■

②のとき，

$t^2+1 = s(u)^2+1 = c(u)^2$ (∵ ①).

$\sqrt{t^2+1} = |c(u)| = c(u)$ (∵ $c(u)>0$).

$dt = s'(u)\,du = c(u)\,du$.

u の関数 $t=s(u)$ は単調増加であり，値域は実数全体．よって，任意の実数 x に対して，

$x = s(y)$ …④

を満たす y が1つに定まる．また，$s(0)=0$ だから，t と u は右表のように対応する．

t	0	→	x
u	0	→	y

以上より

$$f(x) = \int_0^y \frac{1}{c(u)} \cdot c(u)\,du$$
$$= \int_0^y du = y.$$

$x \xrightarrow{y=f(x)} y$, $\quad y \xrightarrow{x=s(y)} x$

これと④より，f は s の逆関数．□

(3) (2)より，③のとき④が成り立つ．よって

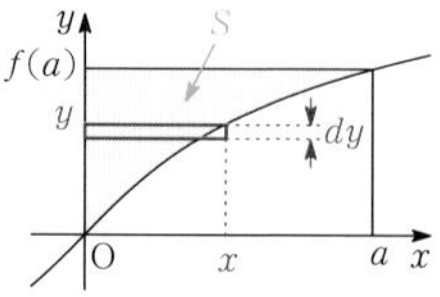

$$S = \int_0^{f(a)} x\,dy$$
$$= \int_0^{f(a)} s(y)\,dy$$
$$= \Big[c(y)\Big]_0^{f(a)} = c(b)-1 \ (b := f(a) \ \cdots ⑤).$$

ここで，①より

$c(b)^2 = s(b)^2+1$.

⑤と(2)より $a=s(b)$ だから，

$c(b)^2 = a^2+1$.

$\therefore\ S = \sqrt{a^2+1}-1.$ //

解説 t, u, x, y という変数や，$f(x)$, $c(x)$, $s(x)$ といった関数がどんな関係になっているかを把握するのが一苦労ですね．落ち着いて，じっくりと考えましょう．

参考 (3)の面積は，誘導を用いずに解答することも可能です．

$$f(0)=0,\ f'(x) = \frac{1}{\sqrt{x^2+1}} > 0.$$

よって S は右図の面積だから，③のもとで

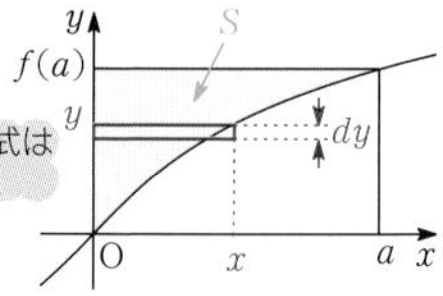

$$S = \int_0^{f(a)} x\,dy.$$ （立式は dy）

ここで，③より

$dy = f'(x)\,dx$.

y と x は右のように対応する．

y	0	→	$f(a)$
x	0	→	a

$$S = \int_0^{f(a)} x\,dy$$
$$= \int_0^a x f'(x)\,dx$$ （置換積分）
$$= \int_0^a x \cdot \frac{1}{\sqrt{x^2+1}}\,dx$$ （「定積分と微分法」を用いた）
$$= \Big[\sqrt{x^2+1}\Big]_0^a = \sqrt{a^2+1}-1.$$ //

4 11 34 チェビシェフの多項式と定積分

根底 実戦 入試 [→Ⅱ+B 演習問題 7 9 39]

方針 (1) $\cos(n+1)\theta, \sin(n+1)\theta$ と $\cos n\theta$, $\sin n\theta$ の間には，「加法定理」による関係式が成り立ちます．そこで，“ドミノ式”に（帰納的に）示します．

(2) $T_n(x), U_n(x)$ を一般的・具体的に表すのはタイヘンそう．そこで，(1)を用いて cos，sin の積分計算に持ち込みましょう．

解答 (1) 題意の命題 $P(n)$ を $n=1, 2, 3, \cdots$ に対して帰納的に示す．

1° $\cos(1\cdot\theta) = \cos\theta$, $\sin(1\cdot\theta) = \sin\theta\cdot 1$ より，$P(1)$ は成り立つ．

2° n を固定する．$P(n)$ を仮定し，$P(n+1)$ を示す．

$\cos(n+1)\theta$
$= \cos n\theta\cos\theta - \sin n\theta\sin\theta$
$= T_n(\cos\theta)\cos\theta - \sin\theta\cdot U_n(\cos\theta)\cdot\sin\theta$
$= T_n(\cos\theta)\cos\theta - (1-\cos^2\theta)U_n(\cos\theta)$.

これは $\cos\theta$ の整式である．同様に

$\sin(n+1)\theta$
$= \sin n\theta\cos\theta + \cos n\theta\sin\theta$
$= \sin\theta\cdot U_n(\cos\theta)\cdot\cos\theta + T_n(\cos\theta)\cdot\sin\theta$
$= \sin\theta\cdot\{U_n(\cos\theta)\cdot\cos\theta + T_n(\cos\theta)\}$.

{　　} 内は $\cos\theta$ の整式である．

よって，$P(n) \Longrightarrow P(n+1)$ が成り立つ．

1°, 2° より，$P(1), P(2), P(3), \cdots$ が示せた．□

(2) $x=\cos\theta\ (0\le x\le\pi)$
とおくと
$$dx=-\sin\theta\,d\theta.$$

x	$-\frac{1}{2}\to\frac{1}{2}$
θ	$\frac{2}{3}\pi\to\frac{\pi}{3}$

$$与式=\int_{\frac{2}{3}\pi}^{\frac{\pi}{3}}T_{3n+1}(\cos\theta)U_{3n-2}(\cos\theta)\cdot(-\sin\theta)\,d\theta$$
$$=\int_{\frac{\pi}{3}}^{\frac{2}{3}\pi}\cos(3n+1)\theta\cdot\frac{\sin(3n-2)\theta}{\cancel{\sin\theta}}\cdot\cancel{\sin\theta}\,d\theta$$
$$=\int_{\frac{\pi}{3}}^{\frac{2}{3}\pi}\frac{1}{2}\{\sin(6n-1)\theta-\sin 3\theta\}\,d\theta$$
$$=\frac{1}{2}\left[-\frac{\cos(6n-1)\theta}{6n-1}+\frac{\cos 3\theta}{3}\right]_{\frac{\pi}{3}}^{\frac{2}{3}\pi}.$$

ここで,
$$(6n-1)\cdot\frac{2}{3}\pi=4n\pi-\frac{2}{3}\pi,$$
$$(6n-1)\cdot\frac{\pi}{3}=2n\pi-\frac{\pi}{3}$$

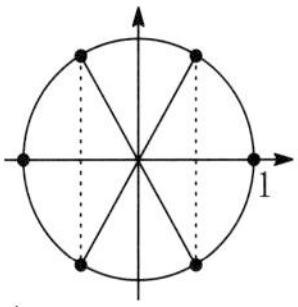

だから，与式は
$$\frac{1}{2}\left(-\frac{-\frac{1}{2}-\frac{1}{2}}{6n-1}+\frac{1+1}{3}\right)$$
$$=\frac{1}{2(6n-1)}+\frac{1}{3}.//$$

注 (2)の答えは，$n=1$ のとき $\frac{1}{10}+\frac{1}{3}=\frac{13}{30}$. これが正しいことを確認してみましょう.
$n=1$ のとき，与式は
$$\int_{-\frac{1}{2}}^{\frac{1}{2}}T_4(x)U_1(x)\,dx.$$
ここで，1° より $U_1(x)=1$. また，
$$\cos 4\theta=\cos 2\cdot 2\theta$$
$$=2\cos^2 2\theta-1$$
$$=2(2\cos^2\theta-1)^2-1$$
$$=8\cos^4\theta-8\cos^2\theta+1.$$
$$\therefore\ T_4(x)=8x^4-8x^2+1.$$
よって与式は
偶関数
$$\int_{-\frac{1}{2}}^{\frac{1}{2}}(8x^4-8x^2+1)\,dx$$
$$=2\int_0^{\frac{1}{2}}(8x^4-8x^2+1)\,dx$$
$$=2\left(\frac{8}{5}\cdot\frac{1}{32}-\frac{8}{3}\cdot\frac{1}{8}+\frac{1}{2}\right)$$
$$=2\left(\frac{1}{20}+\frac{1}{6}\right)=\frac{1}{10}+\frac{1}{3}=\frac{13}{30}.$$
ちゃんと答えと一致しましたね.

参考 1° より，
$$T_1(x)=x,\ U_1(x)=1.$$
2° より，
$$T_{n+1}(x)=xT_n(x)-(1-x^2)U_n(x),$$
$$U_{n+1}(x)=T_n(x)+xU_n(x).$$
これらにより，関数列 (T_n), (U_n) が "ドミノ式" に (帰納的に) 得られます：

$T_1(x)=x,\qquad U_1(x)=1.$
$T_2(x)=2x^2-1,\qquad U_2(x)=2x.$
$T_3(x)=4x^3-3x,\qquad U_3(x)=4x^2-1.$
$T_4(x)=8x^4-8x^2+1,\qquad U_4(x)=8x^3-4x.$
$\vdots\qquad\qquad\vdots$

この関数列 (T_n) のことを (**第一種**) **チェビシェフの多項式**といい，本書では既に **II+B 演習問題 7 9 39** などで扱っています. 関数列 (U_n) は**第二種チェビシェフの多項式**と呼ばれます (流派によって，番号付けがズレることがあります).

4 11 35 積分漸化式と無限級数
根底 実戦 典型 入試 [→例題 4 10 e]

解答 (1) **方針** 累乗を含む積分漸化式は，部分積分で次数を変えるのが原則です. ■

$$I_{n+1}=\int_0^1 \underset{\downarrow\ (n+1)x^n}{x^{n+1}}\ \underset{\uparrow\ e^x}{e^x}\,dx$$
$$=\left[x^{n+1}e^x\right]_0^1-(n+1)\int_0^1 x^n e^x\,dx$$
$$=e-(n+1)I_n.//$$

(2) **方針** 無限級数は，まず「部分和」を考えます.
着眼 与式の分母に「$n!$」があるので，(1)の結果の両辺を何で割ると上手くいくかが読めます. ■

$$S_n=\sum_{k=0}^{n}\frac{(-1)^k}{k!}\ とおく.$$
(1)より
$$I_{n+1}+(n+1)I_n=e.$$
$$\frac{I_{n+1}}{(n+1)!}+\frac{(n+1)I_n}{(n+1)!}=\frac{e}{(n+1)!}.$$
$$\frac{I_{n+1}}{(n+1)!}+\frac{I_n}{n!}=\frac{e}{(n+1)!}.$$
$$\frac{(-1)^{n+1}I_{n+1}}{(n+1)!}+\frac{(-1)^{n+1}I_n}{n!}=e\cdot\frac{(-1)^{n+1}}{(n+1)!}.$$
$$\underbrace{\frac{(-1)^{n+1}I_{n+1}}{(n+1)!}}_{J_{n+1}}-\underbrace{\frac{(-1)^nI_n}{n!}}_{J_n}=e\cdot\frac{(-1)^{n+1}}{(n+1)!}.$$
階差型

n を $0, 1, 2, \cdots, n-1$ として辺々加えると，
$$\frac{(-1)^nI_n}{n!}-I_0=e\sum_{k=0}^{n-1}\frac{(-1)^{k+1}}{(k+1)!}$$
$$=e\sum_{l=1}^{n}\frac{(-1)^l}{l!}\ (l:=k+1).$$

第4章 積分法

これと $I_0=\int_0^1 e^x\,dx=e-1$ より,

$$\frac{(-1)^n I_n}{n!}+1=e+e\sum_{k=1}^{n}\frac{(-1)^k}{k!}$$ ･･･ l を k に書き替えた

$$=e\sum_{k=0}^{n}\frac{(-1)^k}{k!}=eS_n.$$

したがって,

$$\left|S_n-\frac{1}{e}\right|=\left|\frac{(-1)^n I_n}{e\cdot n!}\right|=\frac{|I_n|}{e\cdot n!}.\ \cdots①$$

方針 $n!\to\infty$ ですから, 分子の I_n が有限な値であることさえ言えれば OK ですね. ■

ここで I_n において, $0\le x\le 1$ のとき

$0\le x^n\le 1,\ 1\le e^x\le e.$

$\therefore 0\le x^n e^x\le e.$

これを $0\le x\le 1$ で積分すると

$0\le I_n\le e.$

これと①より, $n\to\infty$ のとき

$$0\le\left|S_n-\frac{1}{e}\right|\le\frac{e}{e\cdot n!}\to 0.$$

よって"はさみうち"より

$$\left|S_n-\frac{1}{e}\right|\to 0.$$

i.e. $S_n\to\dfrac{1}{e}$ (収束).//

補足 I_n において部分積分を行って I_{n+1} を作ることもできます.

言い訳 入試では, もっといっぱい誘導・ヒントが付くケースが多いです. 自分自身で方針を考えて欲しくて, 敢えて不親切な問題にしました.

4 11 36 積分漸化式と無限級数

根底 実戦 入試 [→例題 4 10 f]

方針 (1) 累乗を含む積分漸化式ですから, 部分積分により「x」の次数を変えます.

(2) (1)で得た結果と, 目標とする級数をどのように結びつけるかを考えます.

解答

(1) a_{n+1}

$$=\int_0^{\frac{\pi}{2}} x^{2n+2}\sin x\,dx$$

($x^{2n+2}\downarrow (2n+2)x^{2n+1}$, $\sin x\uparrow -\cos x$)

$$=\Big[-x^{2n+2}\cos x\Big]_0^{\frac{\pi}{2}}+(2n+2)\int_0^{\frac{\pi}{2}} x^{2n+1}\cos x\,dx$$

($x^{2n+1}\downarrow (2n+1)x^{2n}$, $\cos x\uparrow \sin x$)

$$=(2n+2)\Big[x^{2n+1}\sin x\Big]_0^{\frac{\pi}{2}}-(2n+2)(2n+1)\int_0^{\frac{\pi}{2}} x^{2n}\sin x\,dx.$$

$$\therefore a_{n+1}=(2n+2)\left(\frac{\pi}{2}\right)^{2n+1}-(2n+2)(2n+1)a_n.$$ //

(2) **方針** 無限級数は, まず「部分和」を考えます.

着眼 与式の分母に「$(2n+1)!$」がありますね. これを見ると, (1)の結果の両辺を何で割るとよいかがわかります. ■

$$S_n=\sum_{k=0}^{n-1}\frac{(-1)^k\left(\frac{\pi}{2}\right)^{2k+1}}{(2k+1)!}$$ とおく. ･･･ まずは有限個の和

(1)の結果において, 両辺を $(2n+2)!$ で割ると,

$$\frac{a_{n+1}}{(2n+2)!}=\frac{\left(\frac{\pi}{2}\right)^{2n+1}}{(2n+1)!}-\frac{a_n}{(2n)!}.$$

$$\frac{a_k}{(2k)!}+\frac{a_{k+1}}{(2k+2)!}=\frac{\left(\frac{\pi}{2}\right)^{2k+1}}{(2k+1)!}.\ ^{1)}$$

$$\underbrace{\frac{(-1)^k a_k}{(2k)!}}_{b_k}-\underbrace{\frac{(-1)^{k+1}a_{k+1}}{(2k+2)!}}_{b_{k+1}}=\frac{(-1)^k\left(\frac{\pi}{2}\right)^{2k+1}}{(2k+1)!}.\ ^{2)}$$

$k=0,1,2,\cdots,n-1$ として辺々加えると,

$$\underbrace{\frac{a_0}{0!}}_{\text{定数}}-\underbrace{\frac{(-1)^n a_n}{(2n)!}}_{\text{“塵”？}^{3)}}=\underbrace{S_n}_{\text{有限級数}}.$$

着眼 3): 分母の「$(2n)!$」の発散が凄く速いので, 0 に収束しそう. それを活かすべく, 収束の定義の形を作ります. ■

$$0\le|S_n-a_0|$$
$$=\left|-\frac{(-1)^n a_n}{(2n)!}\right|$$
$$=\frac{|a_n|}{(2n)!}$$
$$=\frac{1}{(2n)!}\int_0^{\frac{\pi}{2}} x^{2n}\sin x\,dx$$

$\left(\because \left[0,\ \frac{\pi}{2}\right]\text{ において } x^{2n}\sin x\ge 0\right)$

$$\le\frac{1}{(2n)!}\int_0^{\frac{\pi}{2}} x^{2n}\cdot 1\,dx$$
$$=\frac{1}{(2n)!}\cdot\frac{\left(\frac{\pi}{2}\right)^{2n+1}}{2n+1}\quad\left(c=\frac{\pi}{2}\text{ とおく}\right)$$
$$=\frac{c^{2n+1}}{(2n+1)!}$$
$$=\frac{c}{1}\cdot\underbrace{\frac{c}{2}\cdot\frac{c}{3}\cdot\cdots\cdot\frac{c}{2n}}_{1\text{ 以下}}\cdot\frac{c}{2n+1}\ ^{4)}$$
$$\le c\cdot 1\cdot\frac{c}{2n+1}\quad(\because\ c=1.57\cdots)$$
$$\xrightarrow[n\to\infty]{} 0.$$

よって"はさみうち"より,

$$|S_n-a_0|\to 0,$$

i.e. $S_n\to a_0=\Big[+\cos x\Big]_{\frac{\pi}{2}}^{0}=\underline{1}$ (収束).//

解説 1)：級数 ($\sum$) を求めるため，「階差の形」を利用しようとしています．さりげなく文字を「n」から「k」に変えました．

2)：「階差の形」にするために符号を微調整．与式の分子に「$(-1)^n$」があるので上手くいきます．

4)：「累乗」(指数関数) と「階乗」の発散速度比較というテーマですね．[→2 1 9 最後]

4 11 37 関数列の極限

根底 実戦　入試　ハイレベル↑　[→例題 4 8 i]

着眼 (1) 微分方程式です．典型的な変数分離形ですね．

(2) ②と④の右辺の形の類似性をどう利用すると「$f_n(x)-f(x)$」ができるでしょうか？

解答 (1) $y=f(x)$ とおく．

$$\frac{dy}{dx}=1-y.$$

①より $y \fallingdotseq 1$[1] だから

$$\frac{1}{1-y}\cdot\frac{dy}{dx}=1.$$

$$\int\frac{1}{1-y}\cdot\frac{dy}{dx}dx=\int 1dx.$$

$$\int\frac{1}{1-y}dy=\int 1dx.$$

$$-\log|1-y|=x+C\ (C\text{ は任意定数}).$$

$$1-y=\pm e^{-x-C}=\underbrace{\pm e^{-C}}_{D\text{ とおく}}\cdot e^{-x}.$$

ここで①より，$x=0$ のとき $y=0$ だから，

$$1=D\cdot 1.\ \therefore\ 1-y=e^{-x}.$$

$$\text{i.e. } f(x)=y=1-e^{-x}.//$$

(2) ②より

$$\int_0^x f'(t)\,dt=\int_0^x\{1-f(t)\}\,dt.$$

左辺は $\Big[f(t)\Big]_0^x=f(x)-f(0)=f(x)$ ($\because$ ①) だから，

$$f(x)=\int_0^x\{1-f(t)\}\,dt.\ \cdots⑤$$

④ − ⑤より

$$f_{n+1}(x)-f(x)=\int_0^x[\{1-f_n(t)\}-\{1-f(t)\}]\,dt$$
$$=-\int_0^x\{f_n(t)-f(t)\}dt.\ \cdots⑥$$

$$\therefore |f_{n+1}(x)-f(x)|=\left|-\int_0^x\{f_n(t)-f(t)\}dt\right|$$
$$\le\int_0^x|f_n(t)-f(t)|\,dt.\ \cdots⑦$$

以下，$0\le x\le 1$ のもとで考え，

$$P(n):|f_n(x)-f(x)|\le\frac{x^n}{n}$$

を $n=1,2,3,\cdots$ について示す．

1° $P(1):|f_1(x)-f(x)|\le x$ を示す．

左辺は③，(1)より $|0-(1-e^{-x})|=1-e^{-x}$ だから，

$$g(x):=e^{-x}+x-1\ge 0$$

を示せばよい．

$$g'(x)=-e^{-x}+1\ge 0.$$

よって $g(x)$ は増加するから

$$g(x)\ge g(0)=1-1=0.$$

よって $P(1)$ は成り立つ．

2° n を固定する．$P(n)$ を仮定し

$$P(n+1):|f_{n+1}(x)-f(x)|\le\frac{x^{n+1}}{n+1}$$

を示す．⑦より

$$|f_{n+1}(x)-f(x)|\le\int_0^x|f_n(t)-f(t)|\,dt$$
$$\le\int_0^x\frac{t^n}{n}\,dt\ (\because\ P(n))$$
$$=\left[\frac{1}{n}\cdot\frac{t^{n+1}}{n+1}\right]_0^x$$
$$=\frac{1}{n}\cdot\frac{x^{n+1}}{n+1}$$
$$\le\frac{x^{n+1}}{n+1}\ (\because\ n\ge 1).$$

よって，$P(n)\Longrightarrow P(n+1)$ が成り立つ．

1°, 2° より，$P(1), P(2), P(3), \cdots$ が示せた．□

次に，$n\to\infty$ のとき，

$$0\le|f_n(x)-f(x)|\le\frac{x^n}{n}$$
$$\le\frac{1}{n}\ (\because\ 0\le x\le 1)$$
$$\to 0.$$

よって“はさみうち”より

$$|f_n(x)-f(x)|\to 0.$$

$$\text{i.e. } f_n(x)\to f(x)=1-e^{-x}.//$$ 「収束」の定義

解説 ④と似た形の⑤を作り，辺々差をとって「$f_n(x)-f(x)$」に関する漸化式⑥を作ることが本問のポイントです．

参考 関数列 $(f_n(x))$ の最初の数項を求めてみましょう：

$$f_1(x)=0.$$

$$f_2(x)=\int_0^x(1-0)\,dt=x.$$

$$f_3(x)=\int_0^x(1-t)\,dt=x-\frac{x^2}{2}.$$

$$f_4(x)=\int_0^x\left(1-t+\frac{t^2}{2}\right)dt=x-\frac{x^2}{2}+\frac{x^3}{6}.$$

⋮

これは，$f(x)=1-e^{-x}$ のマクローリン級数：

$$f(x)=\sum_{k=0}^{\infty}\frac{f^{(k)}(0)}{k!}x^k$$

$$=-0+x-\frac{x^2}{2}+\frac{x^3}{6}-\cdots+(-1)^{n-1}\frac{x^n}{n!}+\cdots$$

の最初の方の数項です．
この $f(x)$ はマクローリン展開が可能な関数なので，$n\to\infty$ とすれば $f(x)$ へ収束するという訳です．

補足 重要度⇩ 1)：$f(x)$ は定数値関数 $f(x)=1$ ではないという意味です．微分方程式は，分母が局所的に 0 になるかもしれないことは気にしないで解くのが決まりでしたね．

4 11 38 定積分と無限級数

根底 実戦 典型 入試 [→例題 4 10 g]

着眼 (1) $0\leq t\leq x(<1)$ のとき，$0\leq t^2<1$ ですから，分母：$t^2\neq 1$ ですね．
左辺の分子を因数分解すると「級数」が現れるのが見えますか？
(2) (1)との関係は見やすいですね．

解答 (1)

$$1-t^{2n}$$
$$=1-(t^2)^n$$
$$=(1-t^2)\{1+t^2+t^4+\cdots+(t^2)^{n-1}\}.$$

したがって，与式の左辺は

$$\int_0^x\{1+t^2+t^4+\cdots+t^{2n-2}\}\,dt$$
$$=x+\frac{x^3}{3}+\frac{x^5}{5}+\cdots+\frac{x^{2n-1}}{2n-1}$$
$$=\sum_{k=1}^{n}\frac{x^{2k-1}}{2k-1}\ (=S_n\text{とおく})$$

＝与式の右辺．□

(2) (1)より

$$S_n=\underbrace{\int_0^x\frac{1}{1-t^2}\,dt}_{\text{定数 }\alpha\text{ とおく}}-\int_0^x\frac{t^{2n}}{1-t^2}\,dt.$$

着眼 n が大きくなると，$0\leq t\leq x(<1)$ より t^{2n} はほぼ 0 ですから，右辺第 2 項は“塵”同然．$S_n\to\alpha$ となるはずです．■

$$0\leq|S_n-\alpha|=\left|-\int_0^x\overbrace{\frac{t^{2n}}{1-t^2}}^{0\text{ 以上}}dt\right| \quad \text{収束の定義を活用}$$
$$=\int_0^x\frac{t^{2n}}{1-t^2}\,dt$$
$$\leq\int_0^x\frac{t^{2n}}{1-x^2}\,dt\ (\because\ 0\leq t\leq x)$$
$$=\frac{1}{1-x^2}\cdot\frac{x^{2n+1}}{2n+1}$$
$$\xrightarrow[n\to\infty]{}0\ (\because\ 0\leq x<1).$$

よって“はさみうち”より
$|S_n-\alpha|\to 0.$ i.e. $S_n\to\alpha.$
よって与式は収束し，その和は

$$\alpha=\int_0^x\frac{1}{1-t^2}\,dt$$
$$=\int_0^x\frac{1}{(1-t)(1+t)}\,dt$$
$$=\int_0^x\frac{1}{2}\left(\frac{1}{1-t}+\frac{1}{1+t}\right)dt$$
$$=\frac{1}{2}\left[\log\frac{1+t}{1-t}\right]_0^x=\frac{1}{2}\log\frac{1+x}{1-x}.//$$

解説 例題 4 10 g とほぼ同内容の問題です．その例題では，等比数列の n 項の和（級数）を，和の公式で 2 つにまとめて処理しました．
本問ではその逆をたどり，「$1-t^{2n}$」という 2 つを，因数分解して n 項の和に分解しました．

第 5 章 ベクトル

6 演習問題A

5 6 1 平行四辺形とベクトルの分解 [→例題 5 3 b]
根底 実戦 定期

方針 「ベクトル」とは「移動」のようなものだということをベースに考えます．内分点などの公式を使ってもよいですが．

解答 ∘ P_1 について．

$$\overrightarrow{OP_1} = \overrightarrow{OA} + \overrightarrow{AP_1}$$
$$= \overrightarrow{OA} + \overrightarrow{OB} = \vec{a} + \vec{b}.\,/\!/$$

∘ P_2 について．

P_2 は OP_1 の中点だから

$$\overrightarrow{OP_2} = \frac{1}{2}\overrightarrow{OP_1} = \frac{1}{2}(\vec{a} + \vec{b}).\,/\!/$$

別解 P_2 は AB の中点だから

$$\overrightarrow{OP_2} = \frac{\overrightarrow{OA} + \overrightarrow{OB}}{2} = \frac{\vec{a} + \vec{b}}{2}.\,/\!/$$

∘ P_3 について．

$$\overrightarrow{OP_3} = \overrightarrow{OA} + \overrightarrow{AP_3}$$
$$= \overrightarrow{OA} + \frac{1}{3}\overrightarrow{AP_1} = \vec{a} + \frac{1}{3}\vec{b}.\,/\!/$$

参考 内分点公式を使うこともできます．

P_3 は AP_1 を $1:2$ に内分するから

$$\overrightarrow{OP_3} = \frac{2\overrightarrow{OA} + 1\cdot\overrightarrow{OP_1}}{1+2}$$
$$= \frac{2\vec{a} + (\vec{a} + \vec{b})}{3} = \frac{3\vec{a} + \vec{b}}{3}.\,/\!/$$

(本問では遠回りですが．)

∘ P_4 について．

$$\overrightarrow{OP_4} = \overrightarrow{OB} + \overrightarrow{BP_4}$$
$$= \overrightarrow{OB} - \frac{1}{2}\overrightarrow{BP_1} = \vec{b} - \frac{1}{2}\vec{a}.\,/\!/$$

参考 外分点公式を使うこともできます．

P_4 は BP_1 を $1:3$ に外分するから

$$\overrightarrow{OP_4} = \frac{3\overrightarrow{OB} + (-1)\overrightarrow{OP_1}}{(-1)+3}$$
$$= \frac{3\vec{b} - (\vec{a} + \vec{b})}{2} = \frac{2\vec{b} - \vec{a}}{2}.\,/\!/$$

(本問では遠回りですが．)

5 6 2 位置ベクトルの計算（成分表示）[→例題 5 5 b]
根底 実戦 定期

方針 (1)は，距離に注目して計算するのみ．(2)(3)はベクトルを活用しましょう．

解答 (1) $C(x, y)$ とおくと，

$$AC^2 = (x-1)^2 + y^2 = 5$$
$$BC^2 = (x-5)^2 + (y-2)^2 = 25.$$

辺々引くと

$$8x - 24 + 4y - 4 = -20.\quad y = 2 - 2x.$$

これと第 1 式より

$$(x-1)^2 + (2-2x)^2 = 5.\quad (x-1)^2 = 1.$$
$$x = 1 \pm 1.\quad これと\ x > 0\ より\ x = 2.$$

よって，$C(2, -2)$. //

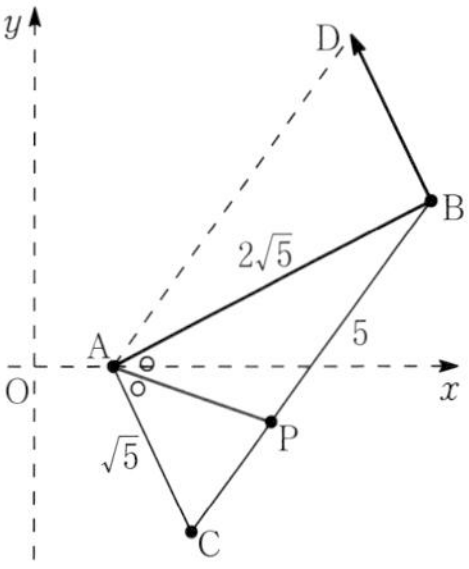

(2) △ABC において，

$$AC = \sqrt{5}.$$
$$|\overrightarrow{AB}| = \left|\begin{pmatrix}4\\2\end{pmatrix}\right|$$
$$= \left|2\begin{pmatrix}2\\1\end{pmatrix}\right|$$
$$= 2\sqrt{5}.$$

∴ $AB : AC = 2 : 1$.

よって，P は BC を $2:1$ に内分するから（角の二等分線の性質）

$$\overrightarrow{OP} = \frac{1\cdot\overrightarrow{OB} + 2\overrightarrow{OC}}{2+1}\ ^{1)}$$
$$= \frac{1}{3}\left\{\begin{pmatrix}5\\2\end{pmatrix} + 2\begin{pmatrix}2\\-2\end{pmatrix}\right\} = \frac{1}{3}\begin{pmatrix}9\\-2\end{pmatrix}.$$

i.e. $P\left(3, -\frac{2}{3}\right)$. //

注 1)：「角の二等分線の性質」は △ABC において使いましたが，「内分点の公式」は O を始点として使います． ■

(3)
$$\overrightarrow{OD} = \overrightarrow{OB} + \overrightarrow{BD}$$
$$= \overrightarrow{OB} + \overrightarrow{CA} = \begin{pmatrix}5\\2\end{pmatrix} + \begin{pmatrix}-1\\2\end{pmatrix} = \begin{pmatrix}4\\4\end{pmatrix}.$$

i.e. $D(4, 4)$. //

参考 (1)は，次のように考えることもできます：

△ABC は，

$$AB^2 + AC^2 = 20 + 5 = 25 = BC^2$$

より，$\angle A = 90^\circ$ の直角三角形．

$$\overrightarrow{AB} = 2\begin{pmatrix}2\\1\end{pmatrix},$$
$$\overrightarrow{AC} \perp \overrightarrow{AB},\ |\overrightarrow{AC}| = \frac{1}{2}|\overrightarrow{AB}|\ より$$
$$\overrightarrow{AC} = \begin{pmatrix}1\\-2\end{pmatrix}^{2)} (\because\ x_C > 0).$$

注 2)：ここでは少し内積[→5 7]の知識も使っています．

563 ベクトルの演算 根底 実戦 定期 [→例題54a]

方針 (1) 公式を使う練習です.

(2) (1)の結果を変形します.

解答 (1) P は AB を 3 : 1 に内分するから

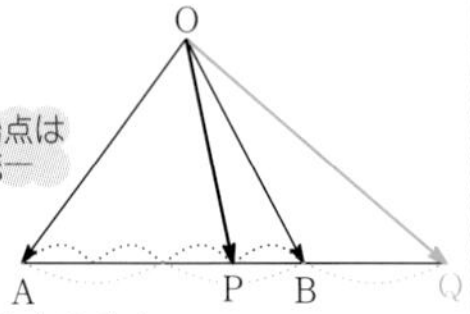

$$\vec{p}=\frac{1\cdot\vec{a}+3\vec{b}}{3+1}$$ 始点は統一

$$=\frac{\vec{a}+3\vec{b}}{4}.// \cdots ①$$

Q は AB を 3 : 1 に外分するから

$$\vec{q}=\frac{-1\cdot\vec{a}+3\vec{b}}{3+(-1)}$$

$$=\frac{-\vec{a}+3\vec{b}}{2}.// \cdots ②$$

(2) ①×4: $\vec{a}+3\vec{b}=4\vec{p}$.

②×2: $-\vec{a}+3\vec{b}=2\vec{q}$.

これらを辺々引いて

$$2\vec{a}=4\vec{p}-2\vec{q}.\ \therefore\ \vec{a}=2\vec{p}-\vec{q}.//$$

同様に辺々加えて

$$6\vec{b}=4\vec{p}+2\vec{q}.\ \therefore\ \vec{b}=\frac{2\vec{p}+\vec{q}}{3}.//$$

注 (2)の結果は次のように書けます:

$$\vec{a}=\frac{2\vec{p}-1\cdot\vec{q}}{-1+2},\quad \vec{b}=\frac{2\vec{p}+1\cdot\vec{q}}{1+2}.$$

これらの式は次のことを表しています:

A は PQ を 1 : 2 に外分する.

B は PQ を 1 : 2 に内分する.

上の図を見て，たしかにそれが成り立つことを確認してみてください.

564 交点の位置ベクトル 根底 実戦 典型 [→例題55c]

注意! 「外分」がありますよ!

方針 もっともオーソドックスな方法論で.

解答 $\vec{a}=\overrightarrow{OA},\ \vec{b}=\overrightarrow{OB}$ とおく.

(1) $\overrightarrow{OM}=\frac{1}{2}\vec{a}$,

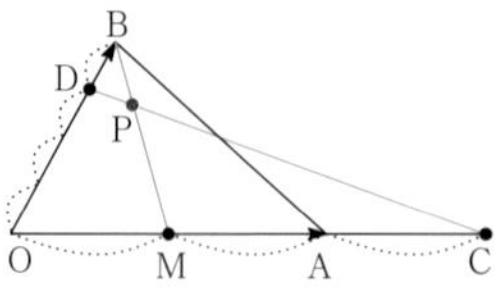

$\overrightarrow{OC}=\frac{3}{2}\vec{a}$,

$\overrightarrow{OD}=\frac{3}{4}\vec{b}$.

∘ P は MB 上だから

$$\overrightarrow{OP}=s\overrightarrow{OM}+(1-s)\overrightarrow{OB}$$

$$=s\cdot\frac{1}{2}\vec{a}+(1-s)\vec{b}\ \cdots ①と表せる.$$

∘ P は CD 上だから

$$\overrightarrow{OP}=t\overrightarrow{OC}+(1-t)\overrightarrow{OD}$$

$$=t\cdot\frac{3}{2}\vec{a}+(1-t)\cdot\frac{3}{4}\vec{b}\ \cdots ②とも表せる.$$

∘ 3 点 O, A, B は共線でないから，①②より

$$\begin{cases}\frac{s}{2}=\frac{3}{2}t\ ^{1)}\\ 1-s=\frac{3}{4}(1-t).\end{cases}$$

$$4(1-3t)=3(1-t).\quad t=\frac{1}{9}.$$

これと②より

$$\overrightarrow{OP}=\frac{1}{9}\cdot\frac{3}{2}\vec{a}+\frac{8}{9}\cdot\frac{3}{4}\vec{b}$$

$$=\frac{1}{6}\vec{a}+\frac{2}{3}\vec{b}.//$$ 目分量でチェック

補足 1): このような単項式どうしの関係式が 1 つあると楽ですね.

(2) ∘ Q は OP 上にあるから

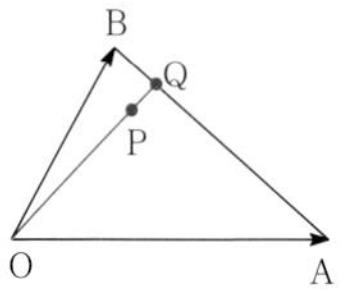

$$\overrightarrow{OQ}=k\overrightarrow{OP}\ \cdots ③$$

$$=k\left(\frac{1}{6}\vec{a}+\frac{2}{3}\vec{b}\right)\cdots ③'$$

と表せる.

∘ Q は AB 上にあるから

$$\overrightarrow{OQ}=(1-x)\vec{a}+x\vec{b}\ \cdots ④とも表せる.$$

∘ 3 点 O, A, B は共線でないから

$$\begin{cases}\frac{k}{6}=1-x\\ \frac{2}{3}k=x.\end{cases}$$ 辺々加えて,

$$\frac{k}{6}+\frac{2}{3}k=1.^{2)}\quad k=\frac{6}{5}.\ \therefore\ x=\frac{4}{5}.$$

これと③④より

$$\overrightarrow{OQ}=\frac{6}{5}\overrightarrow{OP},$$

$$\overrightarrow{OQ}=\frac{1}{5}\vec{a}+\frac{4}{5}\vec{b}=\frac{1\cdot\vec{a}+4\vec{b}}{4+1}.$$

したがって　P は内分点　Q は内分点

OP : PQ = 5 : 1, AQ : QB = 4 : 1.//

別解 (2)を手早く(?)片付けてみます.

$$\overrightarrow{OP}=\frac{1}{6}(\vec{a}+4\vec{b})$$

$$=\frac{5}{6}\cdot\underbrace{\frac{1\cdot\vec{a}+4\vec{b}}{4+1}}_{\overrightarrow{OQ'}}.$$

ここに,

Q′ は AB を 4 : 1 に内分する点. …⑤

$$\overrightarrow{OP}=\frac{5}{6}\overrightarrow{OQ'}.\ \cdots ⑥$$

⑤より Q′ は AB 上. ⑥より Q′ は OP 上.

よって，Q′ は AB と OP の交点だから Q と一致する.

(…以下略…)

このように，マジメに答案書くとあまり早くもないですが（笑）.

注 今回(2)では，$\overrightarrow{OQ}=l(\vec{a}+4\vec{b})$ と表して分数係数を避ける手を使わず，「k」がそのまま線分比を与えてくれることを優先しました.

2)：「3 点 O，A，B は共線でないから」と書かずに「③′の係数の和 $=1$」とするのは誤答でしたね.

[→例題55c(2)注意！]

565 交点と線分比 根底 実戦 典型 [→例題55d]

注 「ベクトルを用いよ」という指示がないので，チェバ・メネラウスの定理を利用する手もありますが…，「どの三角形に注目するか？」なんて悩んでるヒマがあったらベクトルで計算した方が速いです（笑）.

方針 考察対象である**図形そのもの**を見て，どこを**始点**にとるべきかを**考える**こと.

解答 $\vec{a}=\overrightarrow{CA}, \vec{b}=\overrightarrow{CB}$ とおく.

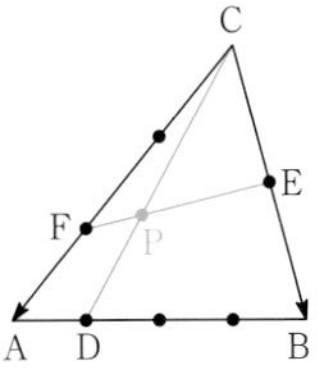

$$\overrightarrow{CD}=\frac{3\vec{a}+\vec{b}}{1+3}.$$

○ P は CD 上だから

$\overrightarrow{CP}=k(3\vec{a}+\vec{b})$ …① [1)]

と表せる.

○ P は [2)]FE 上だから

$$\overrightarrow{CP}=t\overrightarrow{CF}+(1-t)\overrightarrow{CE} \quad \cdots②$$

$$=t\cdot\frac{2}{3}\vec{a}+(1-t)\frac{1}{2}\vec{b} \quad \cdots②'$$ とも表せる.

○ 3 点 C，A，B は共線でないから，①②′より

$$\begin{cases} 3k=\dfrac{2}{3}t \\ k=\dfrac{1}{2}(1-t). \end{cases} \quad \frac{3}{2}(1-t)=\frac{2}{3}t.$$

$$9(1-t)=4t. \quad \therefore\ t=\frac{9}{13}.$$

これと②より

$$\overrightarrow{CP}=\frac{9}{13}\overrightarrow{CF}+\frac{4}{13}\overrightarrow{CE}=\frac{9\overrightarrow{CF}+4\overrightarrow{CE}}{4+9}.$$

よって，P は FE を 4：9 に内分するから，求める比は

EP：PF $=9:4$.//

補足 1)：分数係数を持ちだすのは下手.

2)：②′式が「$\vec{a}\to\vec{b}$」の順に並ぶよう配慮しています.

注 世には，こうした問題でも A を始点にとるよう指示した問題もあります…. 敢えて遠回りに作業をさせて「計算力」を試しているのでしょうが，あまり感心しません.

566 定点通過の証明 根底 実戦 入試 [→例題55d]

方針 やるべきことは単純. Q，R，A′ の位置ベクトルを求めるだけです.

解答 $\vec{a}=\overrightarrow{OA}, \vec{b}=\overrightarrow{OB}$ とおく.

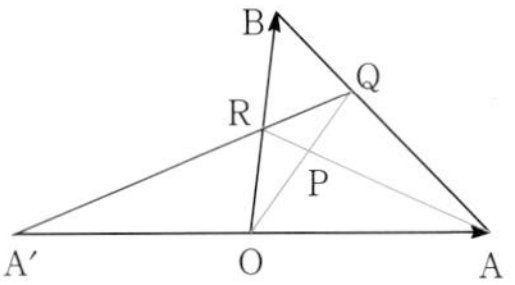

○ $\overrightarrow{OP}=s\vec{a}+t\vec{b}$

$$=(s+t)\cdot\frac{s\vec{a}+t\vec{b}}{t+s} \quad (\because\ s+t>0).$$

線分 AB を $t:s$ に内分する点を Q′ とすると，

$$\overrightarrow{OQ'}=\frac{s\vec{a}+t\vec{b}}{t+s}. \quad \therefore\ \overrightarrow{OP}=(s+t)\overrightarrow{OQ'}. \quad \cdots②$$

②より Q′ は OP 上.

よって，Q′ は AB と OP の交点. つまり，Q′ と Q は同一な点. $\therefore\ \overrightarrow{OQ}=\dfrac{s\vec{a}+t\vec{b}}{t+s}$. …③

○ R は AP 上だから

$$\overrightarrow{OR}=(1-x)\overrightarrow{OA}+x\overrightarrow{OP}$$

$$=(1-x)\vec{a}+x(s\vec{a}+t\vec{b}) \quad \cdots④$$ と表せる.

○ R は OB 上にあり，

$\overrightarrow{OR}=0\vec{a}+y\vec{b}$ …⑤ とも表せる.

○ 3 点 O，A，B は共線でないから，④⑤より

$$1-x+xs=0,\ xt=y.$$

$$\therefore x=\frac{1}{1-s} \quad (\because\ s\neq 1).$$

これと④より

$$\overrightarrow{OR}=\frac{t}{1-s}\cdot\vec{b}. \quad \cdots⑥$$

$\overrightarrow{OA'}=-\vec{a}$ と③⑥より

[1)] $$\overrightarrow{A'Q}=\frac{s\vec{a}+t\vec{b}}{t+s}-(-\vec{a})$$

$$=\frac{1}{s+t}\{(2s+t)\vec{a}+t\vec{b}\}.$$

[2)] $$\overrightarrow{A'R}=\frac{t}{1-s}\cdot\vec{b}-(-\vec{a})$$

$$=\frac{1}{1-s}\{(1-s)\vec{a}+t\vec{b}\}.$$

ここで①より

$$2s+t=2s+(1-3s)=1-s.$$

$$\therefore\ \overrightarrow{A'Q}\,/\!/\,\overrightarrow{A'R}.$$

つまり，3 点 Q，R，A′ は共線である. □

解説 [1)2)]：3 点のうち，位置ベクトルがもっとも簡単な A′ を始点にする 2 ベクトルを比較しました.

第5章 ベクトル

参考 $\overrightarrow{OA}=\begin{pmatrix}1\\0\end{pmatrix}$, $\overrightarrow{OB}=\begin{pmatrix}0\\1\end{pmatrix}$, $P(s,t)$ のときを考えると，①: $3s+t=1$ $(s,t>0)$ を満たす点 P は，下図左の線分 BC 上にあります［→例題 55f 参考］．これをもとに考えると，実際の P は下図右の線分 BC 上にあります．

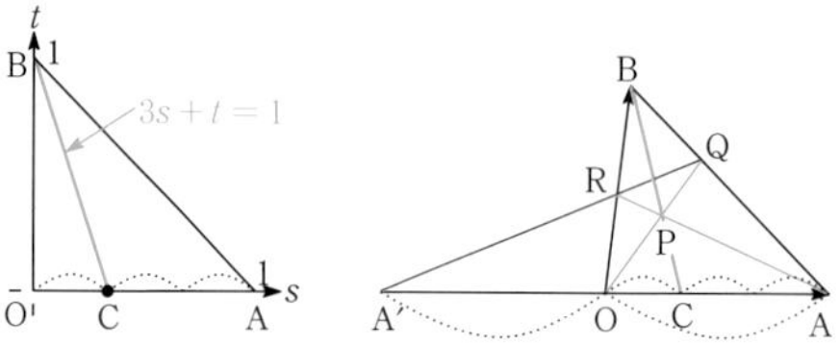

$\triangle$OAB と点 P についてチェバの定理を用いると

$$\frac{OC}{CA}\cdot\frac{AQ}{QB}\cdot\frac{BR}{RO}=1.$$

$$\therefore \frac{1}{2}\cdot\frac{AQ}{QB}\cdot\frac{BR}{RO}=1.\ \cdots⑦$$

これをもとに，$\triangle$OAB と直線 QR についてメネラウスの定理の逆を用います．

$$\frac{OA'}{A'A}\cdot\frac{AQ}{QB}\cdot\frac{BR}{RO}=\frac{1}{2}\cdot\frac{AQ}{QB}\cdot\frac{BR}{RO}=1\ (\because ⑦).$$

よってメネラウスの定理の逆より，Q，R，A′ は共線であることがわかります．以上が，本問の"背景"でした．

567 P と (s,t) の対応 ［→例題 55f］

根底 実戦 典型

参考 例題 55f 参考でも述べた通り，直交座標平面上で

$$\overrightarrow{OA}=\begin{pmatrix}1\\0\end{pmatrix},\ \overrightarrow{OB}=\begin{pmatrix}0\\1\end{pmatrix},\ P(s,t)$$

のときを考えれば答え（結果）はわかります：

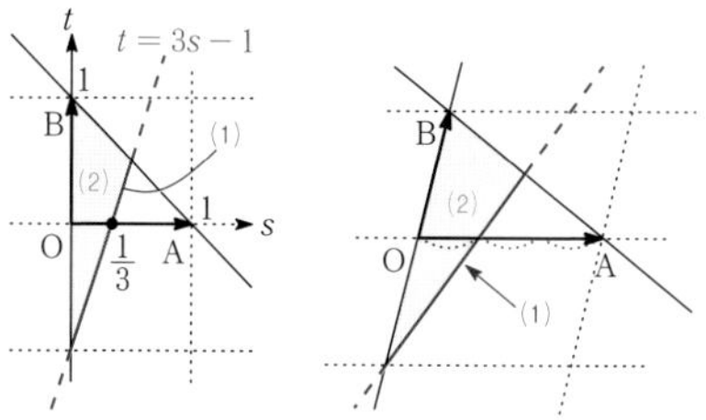

着眼 変数が 2 つあります．

方針 (1) 1 文字が**消去**できます．
(2) 何か 1 つを**固定**します．

解答 ①において，$s\geqq 0$ より P は直線 OB に関して A のある側．
[1] $s+t\leqq 1$ より P は直線 AB に関して O のある側（ここまでは，(1)(2)共通）． …②

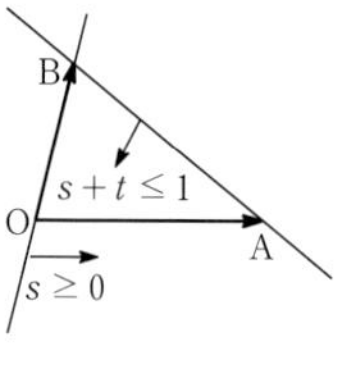

(1) $3s-t=1$ …③ について考える．$t=3s-1$ と①より

$$\overrightarrow{OP}=s\overrightarrow{OA}+(3s-1)\overrightarrow{OB}$$
$$=-\overrightarrow{OB}+s(\overrightarrow{OA}+3\overrightarrow{OB})$$
$$=-\overrightarrow{OB}+3s\left\{\frac{1}{3}\overrightarrow{OA}-(-\overrightarrow{OB})\right\}.$$

ここで，右図のように点 A′, B′ をとると

$$\overrightarrow{OP}=\overrightarrow{OB'}+3s(\overrightarrow{OA'}-\overrightarrow{OB'})$$
$$=\overrightarrow{OB'}+3s\overrightarrow{B'A'}.$$

よって③のとき，P は直線 B′A′ 上を動く．

これと②より，求める P の軌跡は上図の線分 B′C．

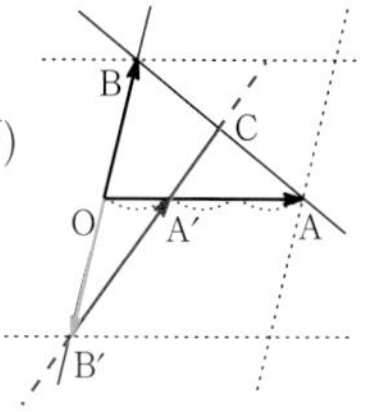

ここに，P = C のときの s,t は，[2] $\begin{cases}3s-t=1\\ s+t=1\end{cases}$ より $s=t=\frac{1}{2}$．つまり C は AB の中点である．

(2) **方針** 「1 つを固定」しますが，「1 文字固定」ではなく，2 文字 s,t を対等に扱います．■

$3s-t\leqq 1$ …④ について考える．

$3s-t=k$ $(k\leqq 1)$ …⑤ とおく．

1° k を固定し，s,t を⑤のもとで動かす．

⑤より $t=3s-k$．これと①より

$$\overrightarrow{OP}=s\overrightarrow{OA}+(3s-k)\overrightarrow{OB}$$
$$=-k\overrightarrow{OB}+s(\overrightarrow{OA}+3\overrightarrow{OB})$$
$$=-k\overrightarrow{OB}+3s\left\{\frac{1}{3}\overrightarrow{OA}-(-\overrightarrow{OB})\right\}.$$

(1)の点 A′, B′ を用い，$\overrightarrow{OB''}=-k\overrightarrow{OB}$ …⑥ を満たす点 B″ をとると，

$$\overrightarrow{OP}=\overrightarrow{OB''}+3s\overrightarrow{B'A'}.$$

よって 1° での P の軌跡は，B″ を通り B′A′ に平行な直線 l（下図左）．

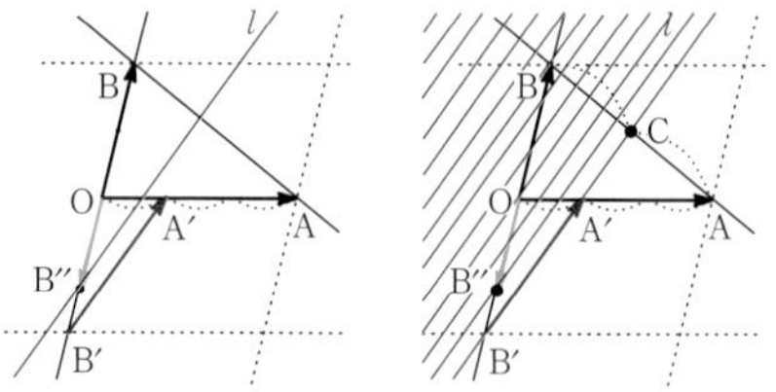

2° k を $k \leqq 1$ の範囲で動かす．⑥において $-k \geqq -1$ だから，B″ は半直線 B′O を描く．よって，l は直線 B′A′ に関して O のある側を掃く（前図右）．これが④の表す領域．

これと②より，領域 D は右図のように $\triangle$BB′C となる．

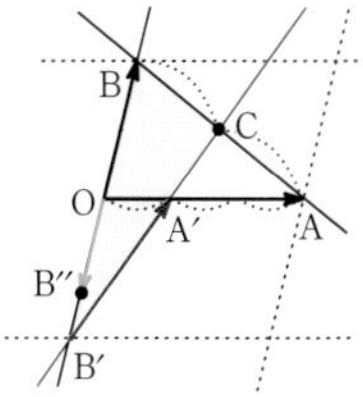

その面積を $\triangle$OAB と比べると，∠B が共通だから

$$\begin{aligned}&\triangle \mathrm{BB'C} : \triangle \mathrm{OAB} \\ &= \mathrm{BB'}\cdot\mathrm{BC} : \mathrm{BO}\cdot\mathrm{BA} \\ &= 2\mathrm{BO}\cdot\frac{1}{2}\mathrm{BA} : \mathrm{BO}\cdot\mathrm{BA} = 1:1.\end{aligned}$$

$\therefore D$ の面積 $= \triangle \mathrm{BB'C} = \triangle \mathrm{OAB} = S.$ //

解説 1° の作業は，(1)における「定数 1」が「定数の文字 k」に変わっただけです．

補足 1)：「$s+t \leqq 1$」が表す領域については，「三角形の内部」に関する公式の一部として説明抜きに使用しました．

2)：2 直線 B′A′，AB の交点を考えています．座標平面上で，2 直線の方程式を**連立**して交点の座標を求める作業と似ていますね．

5 6 8 "一次独立" 根底 実戦 典型 [→5 3 1]

注 (3)については，ほぼ同内容を既に**例題**5 3 a で証明済みです．それをマネて，3 問同時に片付けます！

解答 (1)〜(3)を，全て背理法で示す．

仮に $t \neq 0$ としたら…

(1) $\sqrt{2} = -\dfrac{s}{t}$ となり，左辺は無理数，右辺は有理数．

(2) $\omega = -\dfrac{s}{t}$ となり，左辺は虚数，右辺は実数．

(3) $\vec{b} = -\dfrac{s}{t}\vec{a}$ となり，$\vec{b}$ は $\vec{a}$ と平行．

これらは，全て不合理である．よって，$t=0$．

(1)，(2)では，ここから自ずと $s=0$．

(3)では [1]，$s\vec{a}=\vec{0}$．これと $\vec{a} \neq \vec{0}$ より $s=0$．

以上で，(1)〜(3)が示せた．□

解説 (1)(2)で生じた不合理は，有理数や実数が**除法という二項演算に関して閉じている**ことから生じていますね．[→ I+A 1 5 3]

注 1)：(3)では s と t が "対等" ですから，「同様にして $s=0$」でも OK です．

参考 (3)のように，s, t を実数として

$$s\vec{a}+t\vec{b}=\vec{0} \Longrightarrow s=t=0 \quad \cdots(*)$$

が成り立つことが，(大学以降での)「$\vec{a}$ と $\vec{b}$ は一次独立（or 線型独立)」の**定義**です．同様に，(1)(2)の結果から「1 と $\sqrt{2}$ は一次独立」，「1 と ω は一次独立」とも言います．つまり，これらに共通な性質を総称して「一次独立」と呼ぶ訳です．

高校数学では，(*) と同値関係である「$\vec{a}, \vec{b}$ は $\vec{0}$ でなく平行でない」を「一次独立」の定義とする記述もなされるようです．けっこうなあなあです (笑)．

10 演習問題B

5 10 1 内積を求める 根底 実戦 [→5 7]

着眼 内積の求め方には,「定義 (意味)」「成分」「演算法則」の 3 つがあります.

解答

(1) $\overrightarrow{AB}\cdot\overrightarrow{AC} = 5\cdot4\cdot\cos120^\circ$

$= 5\cdot4\cdot\dfrac{-1}{2}$

$= -10.$ //

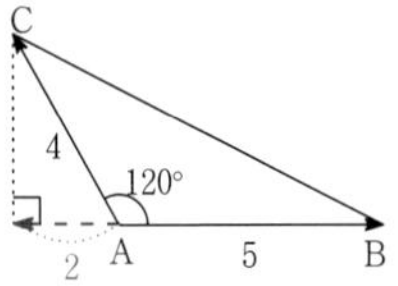

注 「正射影ベクトルの符号付長さ」という概念を理解してれば,図を描いた瞬間に答えは $5\cdot(-2)=-10$ だとわかります.

(2) **注** 三角形の 3 辺の長さから,その 2 辺をなすベクトルの**内積は即座に求まります.** ■

△ABC において余弦定理を用いて

$6^2=4^2+5^2-2\times\underbrace{4\cdot5\cos\angle CAB}_{\overrightarrow{AB}\cdot\overrightarrow{AC}}.$

$\therefore \overrightarrow{AB}\cdot\overrightarrow{AC}=\dfrac{16-11}{2}$

$=\dfrac{5}{2}.$ //

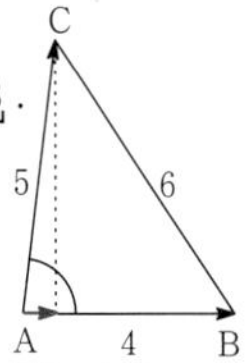

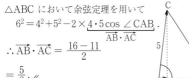

注 図を正確に描いて,「底辺 × 正射影ベクトルの符号付長さ」の概算値を求めてチェックすると良いですね.

(3) **注** (1)(2)と違い,始点が揃っていませんよ.

もちろん(2)と同様に求めることもできますが,「底辺 × 正射影ベクトルの符号付長さ」を考えれば即答です:

$\overrightarrow{AB}\cdot\overrightarrow{BC}=4\cdot(-2)=-8.$ //

答案としての説明が億劫(おっくう)なら,座標平面を設定します. ■

A を原点とする xy 平面を右図のようにとると,C$(2, y)$ とおけて,

$\overrightarrow{AB}\cdot\overrightarrow{BC}=\begin{pmatrix}4\\0\end{pmatrix}\cdot\begin{pmatrix}-2\\y\end{pmatrix}=-8.$ //

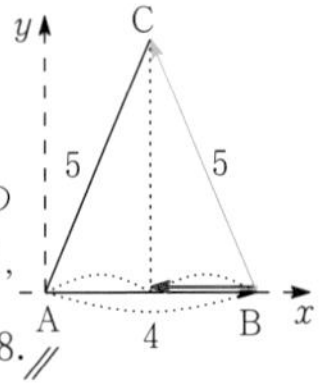

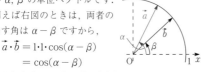

注 C の y 座標には関係なく定まります.

(4) $\vec{a}\cdot\vec{b}=\cos\alpha\cos\beta+\sin\alpha\sin\beta$

$=\cos(\alpha-\beta).$ //

参考 $\vec{a}, \vec{b}$ は,それぞれ偏角が α, β の単位ベクトルです. 例えば右図のときは,両者のなす角は $\alpha-\beta$ ですから,

$\vec{a}\cdot\vec{b}=1\cdot1\cdot\cos(\alpha-\beta)$

$=\cos(\alpha-\beta)$

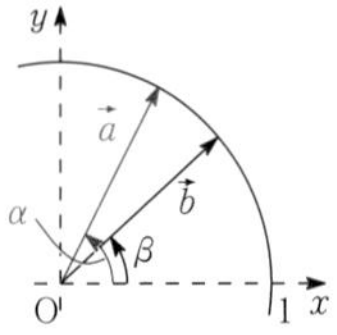

となります. ただし,「なす角」が $\beta-\alpha$ などになるケースもありますので「解答」としては不完全です.

(5) **方針** 普通の文字式のような感覚で展開すれば OK です. ■

$(\vec{a}+\vec{b})\cdot(2\vec{a}-b)=2|\vec{a}|^2+\vec{a}\cdot\vec{b}-|\vec{b}|^2$

$=2\cdot9+2-16=4.$ //

5 10 2 ベクトルを作る 根底 実戦 [→例題 5 8 d]

方針 「向き」と「大きさ」を考えてベクトルを作ります.

解答 (1) $\vec{v}=\underbrace{\pm10}_{\text{符号付長さ}}\cdot\underbrace{\dfrac{\vec{a}}{|\vec{a}|}}_{\text{単位ベクトル}}$

$=\pm10\cdot\dfrac{1}{\sqrt{10}}\vec{a}=\pm\sqrt{10}\begin{pmatrix}3\\-1\end{pmatrix}.$ //

(2) 右図のように偏角 θ をとると,$\vec{v}$ の偏角は $\theta+30^\circ$ だから,

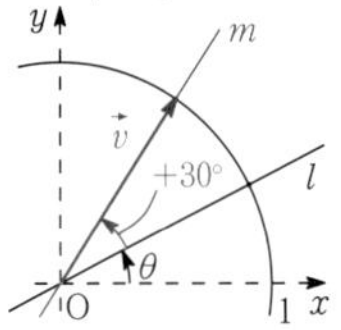

$\vec{v}=\begin{pmatrix}\cos(\theta+30^\circ)\\\sin(\theta+30^\circ)\end{pmatrix}.$

ここで,右下図より

$\cos\theta=\dfrac{2}{\sqrt5},\ \sin\theta=\dfrac{1}{\sqrt5}.$

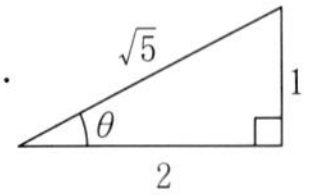

よって

$\cos(\theta+30^\circ)=\cos\theta\cos30^\circ-\sin\theta\sin30^\circ$

$=\dfrac{2}{\sqrt5}\cdot\dfrac{\sqrt3}{2}-\dfrac{1}{\sqrt5}\cdot\dfrac12=\dfrac{2\sqrt3-1}{2\sqrt5}.$

$\sin(\theta+30^\circ)=\sin\theta\cos30^\circ+\cos\theta\sin30^\circ$

$=\dfrac{1}{\sqrt5}\cdot\dfrac{\sqrt3}{2}+\dfrac{2}{\sqrt5}\cdot\dfrac12=\dfrac{\sqrt3+2}{2\sqrt5}.$

以上より,$\vec{v}=\dfrac{1}{2\sqrt5}\begin{pmatrix}2\sqrt3-1\\\sqrt3+2\end{pmatrix}.$ //

注 複素平面を利用する手もあり. [→6 5]

(3) $\vec{a}=\begin{pmatrix}3\\4\end{pmatrix}\perp\begin{pmatrix}4\\-3\end{pmatrix}(=\vec{b}$とおく$).$

$\therefore\ \vec{v}=\underbrace{+10}_{\text{符号付長さ}}\cdot\underbrace{\dfrac{\vec{b}}{|\vec{b}|}}_{\text{単位ベクトル}}$ (∵ x 成分は正)

$=\dfrac{10}{5}\begin{pmatrix}4\\-3\end{pmatrix}=2\begin{pmatrix}4\\-3\end{pmatrix}.$ //

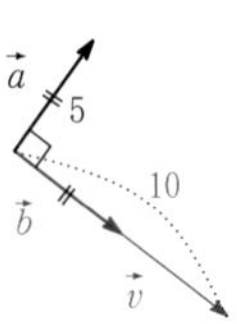

(4) AB の中点を M として

$\overrightarrow{AM}=\dfrac12\overrightarrow{AB}=\begin{pmatrix}3\\1\end{pmatrix}.$

$\overrightarrow{MC}\perp\overrightarrow{AM}$ より,

$\overrightarrow{MC}$ は $\vec{v}:=\begin{pmatrix}-1\\3\end{pmatrix}$ と同じ向き.

…① (∵ C は第 1 象限.)

直角三角形 AMC に注目して

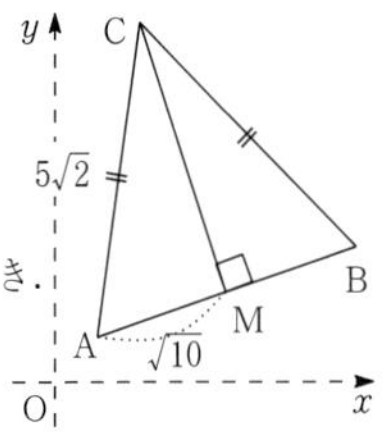

$$AM : AC = \sqrt{10} : 5\sqrt{2} = 1 : \sqrt{5}.$$

$\therefore AM : AC : MC = 1 : \sqrt{5} : 2.$ [2)]

$\therefore |\overrightarrow{MC}| = 2|\overrightarrow{AM}| = 2|\vec{v}|.$ …②

①②より，

$$\overrightarrow{MC} = 2\begin{pmatrix} -1 \\ 3 \end{pmatrix}.$$

$$\overrightarrow{OC} = \overrightarrow{OM} + \overrightarrow{MC} = \begin{pmatrix} 4 \\ 2 \end{pmatrix} + \begin{pmatrix} -2 \\ 6 \end{pmatrix}.$$

i.e. C(2, 8).//

解説 要は，**向き**：①と**大きさ**：②から**ベクトルを作る**という基本中の基本．ところが，難問をいっぱい解くことしかやらない上位生の弱点だったりします（笑）．

1)：①では $\begin{pmatrix} 3 \\ 1 \end{pmatrix}$ との内積が 0 となるベクトルの 1 つを，『x, y 成分を互換して片方にマイナスを付ける』ことによって瞬時に作っています．C は M より上側なので，y 成分は正です．

補足 2)：三平方の定理は比で使うのが**常識**．

注 単純に，C(x, y) とおいて A，B からの距離を考えて連立方程式を立ててもできますが，上記のようにサラッと片付けられるようにしましょう．

5 10 3 内積による計量

根底 実戦 典型 [→例題 5 8 a]

方針 効率良い計算を心掛けてください．

解答 (1)
$$\overrightarrow{AB} = \begin{pmatrix} t+1 \\ t^2-1 \end{pmatrix} = \begin{pmatrix} t+1 \\ (t+1)(t-1) \end{pmatrix} = (t+1)\begin{pmatrix} 1 \\ t-1 \end{pmatrix}. \cdots①$$

$\therefore |\overrightarrow{AB}| = |t+1|\sqrt{1+(t-1)^2}$ 絶対値に注意

$= |t+1|\sqrt{t^2-2t+2}.$//

(2) θ は $\overrightarrow{AB}$, $\overrightarrow{AC}$ のなす角である．

$$\overrightarrow{AC} = \begin{pmatrix} t \\ t-2 \end{pmatrix} (= \vec{v} \text{ とおく}).$$

i) ①より，$t > -1$ のとき

$\overrightarrow{AB}$ は，$\vec{u} := \begin{pmatrix} 1 \\ t-1 \end{pmatrix}$ と同じ向き．

したがって

$$\cos\theta = \frac{\vec{u}\cdot\vec{v}}{|\vec{u}||\vec{v}|} = \frac{t+(t-1)(t-2)}{\sqrt{t^2-2t+2}\sqrt{2t^2-4t+4}} = \frac{t^2-2t+2}{\sqrt{2}(t^2-2t+2)} = \frac{1}{\sqrt{2}}.$$

$0 \leq \theta \leq \pi$ より，$\theta = \dfrac{\pi}{4}$.//

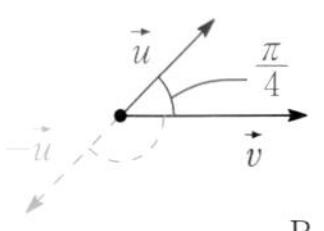

ii) ①より，$t < -1$ のとき

$\overrightarrow{AB}$ は，$-\vec{u}$ と同じ向き．

これと i) より，$\theta = \dfrac{3}{4}\pi$.//

(3) $\vec{u} = \overrightarrow{AB'}$ となる点 B′ をとると，①および

$\vec{u} = \begin{pmatrix} 1 \\ t-1 \end{pmatrix}$, $\vec{v} = \begin{pmatrix} t \\ t-2 \end{pmatrix}$ より

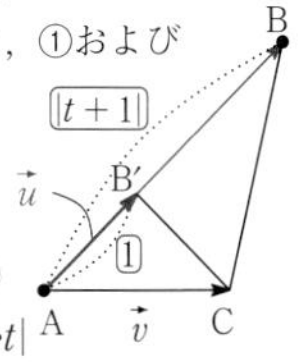

$\triangle ABC$

$= |t+1|\triangle AB'C$ "たすき掛け"

$= |t+1|\cdot\dfrac{1}{2}\,|1\cdot(t-2)-(t-1)\cdot t|$

$= \dfrac{1}{2}\,|t+1|(\underbrace{t^2-2t+2}_{(t-1)^2+1>0})$.//

注 (3)は，(2)で求めた「角」を利用する手もありますが，遠回りです．

言い訳 図は，x, y 軸を意識せず，各点の相対的な位置関係だけ考えて描いています．

5 10 4 大きさの最小

根底 実戦 [→例題 5 7 d]

方針 試しに，2 通りの方法を比較してみますね．

解答1 **方針** 「$\vec{a}$, $\vec{b}$ について整理された式」を，そのまま計算してみます．■

$$|\vec{v}|^2 = \left|\left(t-\frac{3}{2}\right)\vec{a} + (1-t)\vec{b}\right|^2$$
$$= \left(t-\frac{3}{2}\right)^2\cdot 4 + 2\left(t-\frac{3}{2}\right)(1-t)\cdot 5 + (1-t)^2\cdot 9$$
$$= (2t-3)^2 - 5(2t-3)(t-1) + 9(t-1)^2$$
$$= t^2(4-10+9) + t(-12+25-18) + \text{const}^{1)}$$
$$= 3t^2 - 5t + \text{const} = 3\left(t-\frac{5}{6}\right)^2 + \text{const}.$$

よって，求める値は $t = \dfrac{5}{6}$. //

解答2 **方針** これまで学んできた通り，**変数 t を主体**として整理し直します．■

$$|\vec{v}|^2 = \left|t(\vec{a}-\vec{b}) - \frac{1}{2}(3\vec{a}-2\vec{b})\right|^2$$
$$= t^2|\vec{a}-\vec{b}|^2 - t(\vec{a}-\vec{b})\cdot(3\vec{a}-2\vec{b}) + \text{const}$$
$$= t^2(4+9-2\cdot5) - t(3\cdot4+2\cdot9-5\cdot5) + \text{const}$$
$$= 3t^2 - 5t + \text{const}\ (\cdots\text{以下同様}\cdots)$$

解説 本問では「$\vec{a}$, $\vec{b}$ について整理された式」が与えられているので **解答** 1 の方法もない訳ではありませんが，文字式の展開が何度も行われ，同類項をまとめる手間がかかります．

筆者が推奨している **解答** 2 の方法だと，終始変数 t を主体として計算するので見通しが良く，あとは数値だけの計算なので楽ですね．

ベクトル $\vec{a}, \vec{b}$ は，単なる定ベクトル．変数 t について整理するのが正道です．

補足 1)：例によって，「最小となる t の値」と無関係な定数項は，何かある不特定な定数を意味する「const」でお茶を濁してます．とくに **解答** 2だと，$\vec{a}, \vec{b}$ が単なる定ベクトルに過ぎないことが見通せているので，定数項 $\left|\frac{1}{2}(3\vec{a}-2\vec{b})\right|^2$ を丸ごと省いて横着できますね（笑）．

5 10 5 直線へ垂線を下ろす

根底 実戦　[→例題 5 9 b]

方針 「O」という名の点がありますからこれを始点とするベクトルを用います．

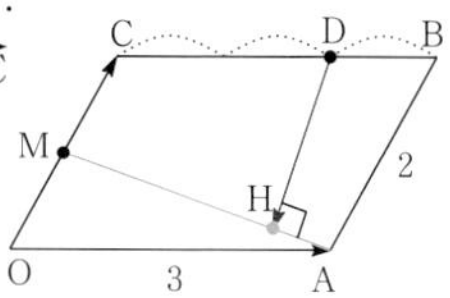

解答 $\vec{a}=\overrightarrow{\mathrm{OA}}, \vec{c}=\overrightarrow{\mathrm{OC}}$ とおくと，

$|\vec{a}|=3, |\vec{c}|=2.$

面積を考えて

$$\sqrt{|\vec{a}|^2|\vec{c}|^2-(\vec{a}\cdot\vec{c})^2}=3\sqrt{3}.$$

$$9\cdot4-(\vec{a}\cdot\vec{c})^2=27.$$

$$(\vec{a}\cdot\vec{c})^2=9.$$

$\therefore \vec{a}\cdot\vec{c}=3$ （$\because$ $\vec{a}, \vec{c}$ のなす角は鋭角）．　準備完了

∘ H は AM 上にあるから

$$\overrightarrow{\mathrm{AH}} /\!/ \overrightarrow{\mathrm{AM}}=\frac{1}{2}\vec{c}-\vec{a} /\!/ \vec{c}-2\vec{a}.$$

注 いつも通り，いったん $\overrightarrow{\mathrm{OH}}$ を表してもよいですが，この後で垂直関係を考える $\overrightarrow{\mathrm{DH}}$ を直接表してみます．■

$$\overrightarrow{\mathrm{DH}}=\overrightarrow{\mathrm{DB}}+\overrightarrow{\mathrm{BA}}+\overrightarrow{\mathrm{AH}}$$
$$=\frac{1}{3}\vec{a}-\vec{c}+t(\vec{c}-2\vec{a})\text{ と表せる．}$$

∘ DH ⊥ AM より

$$\overrightarrow{\mathrm{DH}}\cdot\overrightarrow{\mathrm{AM}}=0.$$

$$\left\{\frac{1}{3}\vec{a}-\vec{c}+t(\vec{c}-2\vec{a})\right\}\cdot(\vec{c}-2\vec{a})=0.$$

$$\left(\frac{1}{3}\vec{a}-\vec{c}\right)\cdot(\vec{c}-2\vec{a})+t|\vec{c}-2\vec{a}|^2=0.$$

$$\left(-\frac{2}{3}\cdot9-4+\frac{7}{3}\cdot3\right)+t(4+4\cdot9-4\cdot3)=0.$$

$$-3+28t=0.\quad t=\frac{3}{28}.$$

$$\therefore \overrightarrow{\mathrm{AH}}=\frac{3}{28}(\vec{c}-2\vec{a})=\frac{3}{14}\overrightarrow{\mathrm{AM}}.$$

$\therefore \mathrm{AH}:\mathrm{HM}=3:11.$ //

5 10 6 傍心の位置ベクトル

根底 実戦　典型　重要　[→例題 5 9 c]

注 P は △ABC の ∠A 内の**傍心**ですから，(2)の結論は元より有名な性質です [→ I+A 5 6 5]．本問の意図は，それをベクトルを用いて証明せよということです．

方針 「内角」の二等分線については，「内心」のときと同様に「内分点」を利用すれば OK．問題は「外角」の二等分線の表し方です．

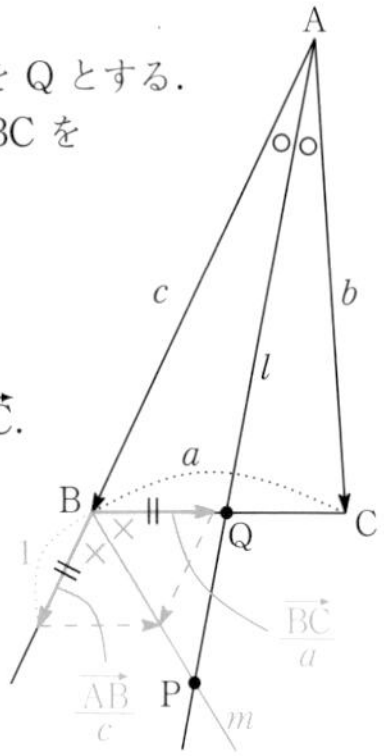

解答 (1)　∘ l と BC の交点を Q とする．

△ABC に注目して，Q は BC を $c:b$ に内分するから

$$\overrightarrow{\mathrm{AQ}}=\frac{b\overrightarrow{\mathrm{AB}}+c\overrightarrow{\mathrm{AC}}}{c+b}.$$

P は l 上にあるから

$$\therefore \overrightarrow{\mathrm{AP}} /\!/ \overrightarrow{\mathrm{AQ}} /\!/ b\overrightarrow{\mathrm{AB}}+c\overrightarrow{\mathrm{AC}}.$$

よって

$$\overrightarrow{\mathrm{AP}}=s(b\overrightarrow{\mathrm{AB}}+c\overrightarrow{\mathrm{AC}})\ \cdots①$$

と表せる．

∘ 次に，m について考える．

$\overrightarrow{\mathrm{AB}}, \overrightarrow{\mathrm{BC}}$ と同じ向きの単位ベクトル：

$$\frac{\overrightarrow{\mathrm{AB}}}{c},\ \frac{\overrightarrow{\mathrm{BC}}}{a}$$

自身の長さで割れば単位ベクトル

を用いて図のようにひし形を作ると，P は m 上にあるから，

$$\overrightarrow{\mathrm{BP}} /\!/ \frac{\overrightarrow{\mathrm{AB}}}{c}+\frac{\overrightarrow{\mathrm{BC}}}{a}$$
$$/\!/ a\overrightarrow{\mathrm{AB}}+c\overrightarrow{\mathrm{BC}}$$
$$=a\overrightarrow{\mathrm{AB}}+c(\overrightarrow{\mathrm{AC}}-\overrightarrow{\mathrm{AB}})$$
$$=(a-c)\overrightarrow{\mathrm{AB}}+c\overrightarrow{\mathrm{AC}}.\ \cdots②$$

よって，

$$\overrightarrow{\mathrm{AP}}=\overrightarrow{\mathrm{AB}}+t\{(a-c)\overrightarrow{\mathrm{AB}}+c\overrightarrow{\mathrm{AC}}\}\ \cdots③$$

とも表せる．

3点 A，B，C は共線でないから，①③より

$$\begin{cases} sb=1+t(a-c) \\ s\not{c}=t\not{c}. \end{cases}\qquad sb=1+s(a-c).$$

$$(-a+b+c)s=1.$$

ここで，a, b, c は三角形の3辺をなすから $b+c>a$．

$$\therefore s=\frac{1}{-a+b+c}.$$

これと①より

$$\overrightarrow{\mathrm{AP}}=\frac{b\overrightarrow{\mathrm{AB}}+c\overrightarrow{\mathrm{AC}}}{-a+b+c}.\ /\!/\ \cdots④$$

解説 例題 5 9 c「内心」で「角の二等分線」をベクトルで表現する際，**解答** では「内分点」を用い，**注** では「単位ベクトルで作られるひし形」を利用しました．本問では，内角の二等分線 l については前者を，外角の二等分線 m については後者を使用しました．■

(2) ④より

$$\overrightarrow{\mathrm{CP}}=\overrightarrow{\mathrm{AP}}-\overrightarrow{\mathrm{AC}}$$
$$=\frac{1}{-a+b+c}(b\overrightarrow{\mathrm{AB}}+c\overrightarrow{\mathrm{AC}})-\overrightarrow{\mathrm{AC}}$$
$$/\!/\, b\overrightarrow{\mathrm{AB}}+c\overrightarrow{\mathrm{AC}}-(-a+b+c)\overrightarrow{\mathrm{AC}}$$
$$=b\overrightarrow{\mathrm{AB}}+(a-b)\overrightarrow{\mathrm{AC}}.\ \cdots⑤$$

また，②と同様に，n と平行なベクトルは

$$\frac{\overrightarrow{\mathrm{AC}}}{b}+\frac{\overrightarrow{\mathrm{CB}}}{a}$$
$$/\!/\, a\overrightarrow{\mathrm{AC}}+b\overrightarrow{\mathrm{CB}}$$
$$=a\overrightarrow{\mathrm{AC}}+b(\overrightarrow{\mathrm{AB}}-\overrightarrow{\mathrm{AC}})$$
$$=b\overrightarrow{\mathrm{AB}}+(a-b)\overrightarrow{\mathrm{AC}}.$$

これは，⑤より CP と平行だから，P は n 上にもある．□

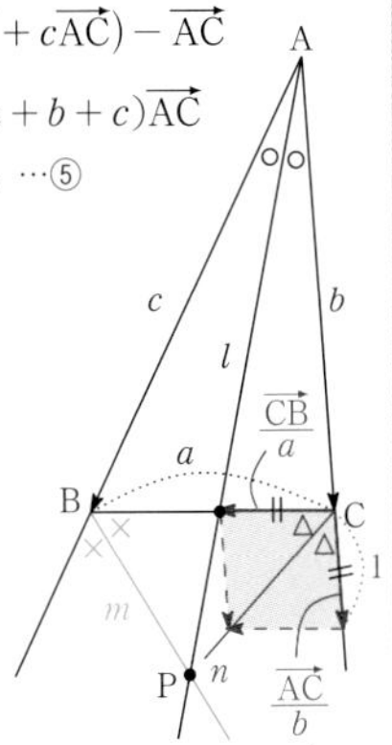

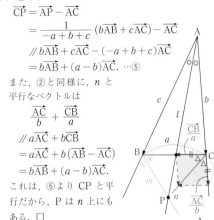

注 もちろん，∠B の外角の二等分線の性質を利用して処理する手もあります：[→ I+A 5 3 3]

△BAQ に注目して，P は AQ を次の比に外分する：

$$\mathrm{BA}:\mathrm{BQ}=c:a\cdot\frac{c}{c+b}$$
$$=(b+c):a.$$
$$\therefore\ \overrightarrow{\mathrm{AP}}=\frac{b+c}{b+c-a}\cdot\overrightarrow{\mathrm{AQ}}$$
$$=\frac{b+c}{b+c+a}\cdot\frac{b\overrightarrow{\mathrm{AB}}+c\overrightarrow{\mathrm{AC}}}{c+b}$$
$$=\frac{b\overrightarrow{\mathrm{AB}}+c\overrightarrow{\mathrm{AC}}}{-a+b+c}.\ /\!/$$

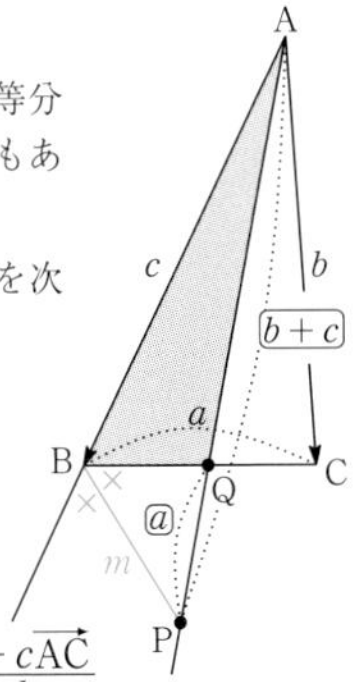

言い訳 (2)も，外角の二等分線の性質（逆向き）で片付きます．△CAQ に注目して，

$$\mathrm{CA}:\mathrm{CQ}=b:a\cdot\frac{b}{c+b}=(b+c):a=\mathrm{AP}:\mathrm{PQ}.$$

よって CP は ∠C の外角を二等分する．□

本問とは，ベクトルを用いて角の二等分を表現する練習だと思ってお付き合いくださいね（笑）．

参考 ④において始点を任意の点 O に変えると，$\vec{a}=\overrightarrow{\mathrm{OA}},\ \vec{b}=\overrightarrow{\mathrm{OB}},\ \vec{c}=\overrightarrow{\mathrm{OC}}$ とおいて，

$$\overrightarrow{\mathrm{OP}}-\vec{a}=\frac{b(\vec{b}-\vec{a})+c(\vec{c}-\vec{a})}{-a+b+c}$$
$$\therefore\ \overrightarrow{\mathrm{OP}}=\frac{-a\vec{a}+b\vec{b}+c\vec{c}}{-a+b+c}.\ /\!/$$

これは，例題 5 9 c「内心」の結果において，「a」を「$-a$」に変えただけです．また，$\vec{a}, \vec{b}, \vec{c}$ の係数は，例題 5 9 e で触れた「重心座標」の形になっています．

5 10 7 内積と面積

根底 実戦 典型 [→例題 5 9 g]

着眼 (1)は，$|\vec{a}|, |\vec{b}|$ が与えられているので内積 $\vec{a}\cdot\vec{b}$ の値を求めれば OK．つまり，例題 5 9 g（前半）の類題です．

(2)も例題 5 9 g（後半）と同様に考えます．

解答 (1) ②を変形して

$$\vec{a}+3\vec{b}=2\vec{c}.\ \cdots②'$$
$$\therefore\ |\vec{a}+3\vec{b}|^2=|2\vec{c}|^2.\ \cdots③$$
$$(\vec{a}+3\vec{b})\cdot(\vec{a}+3\vec{b})=4|\vec{c}|^2.$$
$$|\vec{a}|^2+6\vec{a}\cdot\vec{b}+9|\vec{b}|^2=4|\vec{c}|^2.$$
$$1+6\vec{a}\cdot\vec{b}+9\cdot2=4\cdot4\ (\because\ ①).\ \therefore\ \vec{a}\cdot\vec{b}=-\frac{1}{2}.$$
$$\therefore\ \triangle\mathrm{OAB}=\frac{1}{2}\sqrt{|\vec{a}|^2|\vec{b}|^2-(\vec{a}\cdot\vec{b})^2}$$
$$=\frac{1}{2}\sqrt{1\cdot2-\left(-\frac{1}{2}\right)^2}=\frac{\sqrt{7}}{4}.\ /\!/$$

(2) ②′より

$$\vec{c}=\frac{\vec{a}+3\vec{b}}{2}=2\cdot\underbrace{\frac{\vec{a}+3\vec{b}}{3+1}}_{\overrightarrow{\mathrm{OD}}}.$$

ここに，D は AB を 3：1 に内分する点．

$$\overrightarrow{\mathrm{OC}}=2\overrightarrow{\mathrm{OD}}.$$

よって右図のようになるから，

$$\triangle\mathrm{ABC}=\triangle\mathrm{OAB}=\frac{\sqrt{7}}{4}.\ /\!/$$

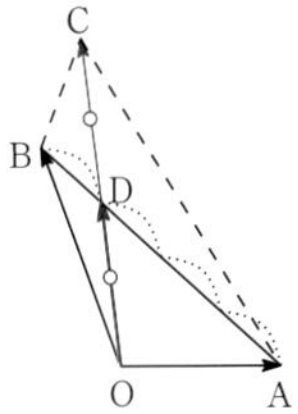

解説 ②′③のように，「1 つ移項して両辺の大きさを考える」ことがポイントです．例題 5 9 g（前半）と同様です．

5 10 8 円の接線・正射影ベクトル

根底 実戦 [→例題 5 9 h]

方針 「内積」の意味を理解していれば簡単です．

解答

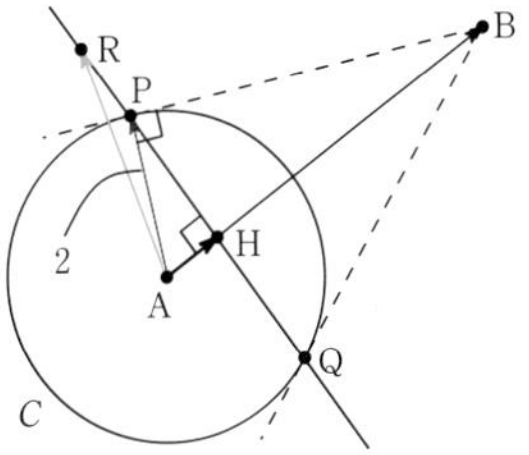

(1) **着眼** $\overrightarrow{\mathrm{AB}}$ を“地面”とみて，$\overrightarrow{\mathrm{AR}}, \overrightarrow{\mathrm{AP}}$ の正射影ベクトルはどちらも図の $\overrightarrow{\mathrm{AH}}$ です．よって①が成り立つのは当然です．このことを「答案」として書いても OK だとは思いますが，以下では遠慮して（笑），計算によって示します．■

AB と PQ の交点，つまり P から AB へ下ろした垂線の足を H とすると

$$\overrightarrow{AB}\cdot\overrightarrow{AR}=\overrightarrow{AB}\cdot(\overrightarrow{AH}+\overrightarrow{HR})$$
$$=\overrightarrow{AB}\cdot\overrightarrow{AH}\ (\because\ \overrightarrow{AB}\perp\overrightarrow{HR}\text{ or }R=H).$$

同様に，

$$\overrightarrow{AB}\cdot\overrightarrow{AP}=\overrightarrow{AB}\cdot(\overrightarrow{AH}+\overrightarrow{HP})$$
$$=\overrightarrow{AB}\cdot\overrightarrow{AH}\ (\because\ \overrightarrow{AB}\perp\overrightarrow{HP}).$$

よって①が成り立つ．□

(2) **着眼** 今度は $\overrightarrow{AP}$ を "地面" とみると，$\overrightarrow{AB}$ の正射影ベクトルは $\overrightarrow{AP}$ です．よって与式の値は $AP^2=4$ と即答できます．ここでも遠慮がちな解答を書いておきますが (笑)．■

$$\overrightarrow{AB}\cdot\overrightarrow{AP}=(\overrightarrow{AP}+\overrightarrow{PB})\cdot\overrightarrow{AP}$$
$$=|\overrightarrow{AP}|^2\ (\because\ \overrightarrow{PB}\perp\overrightarrow{AP})$$
$$=4.$$ //

(3) (1)(2)より，①は

$$\overrightarrow{AB}\cdot\overrightarrow{AR}=4.$$
$$\begin{pmatrix}4\\3\end{pmatrix}\cdot\begin{pmatrix}x-1\\y-1\end{pmatrix}=4.$$
$$4(x-1)+3(y-1)=4.$$
i.e. $4x+3y=11.$

参考 円の中心が原点である場合に関する有名な技法をⅡ+B 例題 3 8 s 解答 3 で学びましたね．

5 10 9 内積の最大・最小 [→例題 5 9 i]

根底 実戦 入試

着眼 動点が 3 つもあって大変そうですが，3 点の相対的な位置関係のみ考えればよく，実質的には動くものは "2 つ" です．

方針 まず，$\overrightarrow{PQ}$(の長さ) を固定します．

解答 1° $\overrightarrow{PQ}$ を固定し，R を C 上で動かす．

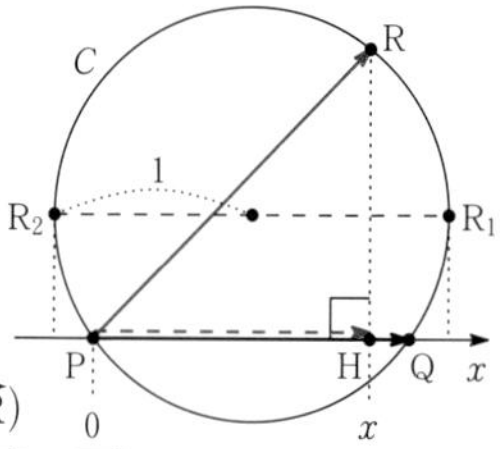

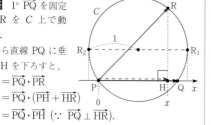

R から直線 PQ に垂線 RH を下ろすと，

$$F=\overrightarrow{PQ}\cdot\overrightarrow{PR}$$
$$=\overrightarrow{PQ}\cdot(\overrightarrow{PH}+\overrightarrow{HR})$$
$$=\overrightarrow{PQ}\cdot\overrightarrow{PH}\ (\because\ \overrightarrow{PQ}\perp\overrightarrow{HR}).$$

図のように P を原点とする x 軸をとり，H(x) とすると

$F=PQ\cdot x$ (PQ は正の定数).

よって 1° では，F は上図において $R=R_1$ のとき最大，$R=R_2$ のとき最小となる．

注 「正射影ベクトル」を理解していれば，いつ最大・最小になるかは瞬時にわかりますね．ただ，答案として説明するのが億劫なので，上記のように「H」や「座標」を用いました．■

2° $R=R_1$，R_2 のときのみ考え，$\overrightarrow{PQ}$ の大きさを変化させる．図のように角 θ $\left(0\leq\theta\leq\dfrac{\pi}{2}\right)$ をとると，各点の x 座標は，

Q… $2\sin\theta$,
R_1… $\sin\theta+1$,
R_2… $\sin\theta-1$.

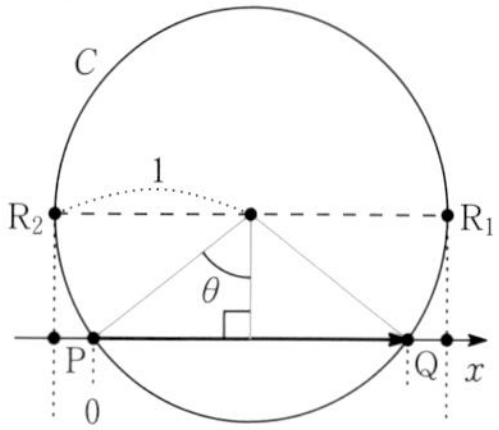

○「最大」について．$R=R_1$ のときを考えて

$$F=2\sin\theta(\sin\theta+1).$$

θ を $0\leq\theta\leq\dfrac{\pi}{2}$ で動かすと，$0\leq\sin\theta\leq1$ より，

$$\max F=2\cdot1\cdot(1+1)=4.$$ //

○「最小」について．$R=R_2$ のときを考えて

$$F=2\sin\theta(\sin\theta-1)=2t(t-1)\ (t:=\sin\theta).$$

θ を $0\leq\theta\leq\dfrac{\pi}{2}$ で動かすと，$0\leq t\leq1$ より右図を得る．

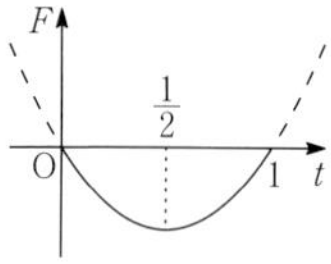

$$\therefore\ \min F=2\cdot\frac{1}{2}\cdot\left(\frac{1}{2}-1\right)$$
$$=-\frac{1}{2}.$$ //

解説 円周上に点があり，長さ PQ を表したければ，「角」を変数として設定するのはごく自然な発想です．

5 10 10 円と直線の交点 [→例題 5 9 j]

根底 実戦 入試

方針 話は単純．「直線上」と「円周上」をベクトルで表すだけ．

例によって，"予め準備" を忘れずに．

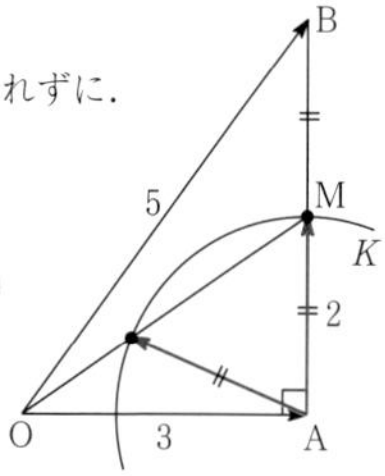

解答 $|\vec{a}|=3,\ |\vec{b}|=5,$
$\vec{a}\cdot\vec{b}=3\cdot\underline{3}=9.$ 正射影

$$\overrightarrow{OM}=\frac{\vec{a}+\vec{b}}{2}.$$

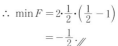

○P を直線 OM 上の点とすると[1]，

$\overrightarrow{OP}=k(\vec{a}+\vec{b})$ …①とおける．

○P が K 上にもあるための条件は，

$$|\overrightarrow{AP}|=2.$$
$$|k(\vec{a}+\vec{b})-\vec{a}|^2=2^2.$$
$$k^2|\vec{a}+\vec{b}|^2-2k(\vec{a}+\vec{b})\cdot\vec{a}+9=4.$$
$$k^2(9+2\cdot9+25)-2k(9+9)+5=0.$$
$$52k^2-36k+5=0.$$
$$(2k-1)(26k-5)=0.\quad k=\frac{1}{2},\ \frac{5}{26}.$$ [2]

これと①より，求める交点の位置ベクトルは

$\frac{1}{2}(\vec{a}+\vec{b}),\ \frac{5}{26}(\vec{a}+\vec{b})$.// 目分量でチェック

解説 内積計算は，文字 k を集約したままで.

注 ①は，分数係数なしで．．

2)：中点 M 自身が交点の 1 つであることは図からわかります．よって，$k=\frac{1}{2}$ が解の 1 つとなるはずなので，因数分解も楽勝です．

言い訳 1)：交点は 2 つあるので，「交点 P」という表現を避けました．

5 10 11 ベクトル方程式

根底 実戦 典型 [→例題 5 9 l]

方針 「始点を統一」と「動点 P を集約」を意識して．

解答 $\vec{b}=\overrightarrow{AB},\ \vec{p}=\overrightarrow{AP}$ とおく．

(1) 与式を変形すると

$$4\vec{p}\cdot(\vec{p}-\vec{b})=3|\vec{b}|^2.$$

$$|\vec{p}|^2-\vec{b}\cdot\vec{p}=\frac{3}{4}|\vec{b}|^2.$$

$$\left|\vec{p}-\frac{1}{2}\vec{b}\right|^2=\left|\frac{1}{2}\vec{b}\right|^2+\frac{3}{4}|\vec{b}|^2=|\vec{b}|^2.$$

AB の中点を M とすると，

$\overrightarrow{AM}=\frac{1}{2}\vec{b}$ だから

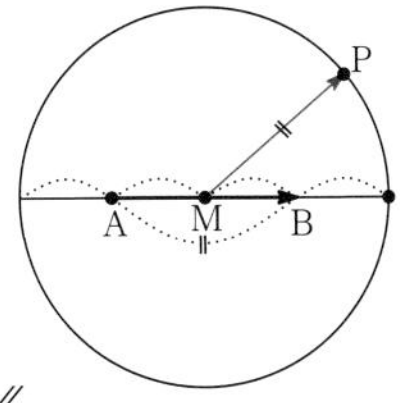

$$|\overrightarrow{AP}-\overrightarrow{AM}|^2=|\overrightarrow{AB}|^2.$$

$$|\overrightarrow{MP}|=|\overrightarrow{AB}|.$$

よって P の軌跡は，

中心 M，半径 AB の円周.//

(2) 与式を変形すると

$$2\vec{b}\cdot(-\vec{p})+|\vec{b}|^2=0.$$

$$\vec{b}\cdot(-2\vec{p}+\vec{b})=0.$$

$$\vec{b}\cdot\left(\vec{p}-\frac{1}{2}\vec{b}\right)=0.$$

$$\overrightarrow{AB}\cdot\overrightarrow{MP}=0.$$

$$\overrightarrow{AB}\perp\overrightarrow{MP}\ (\text{or } P=M).$$

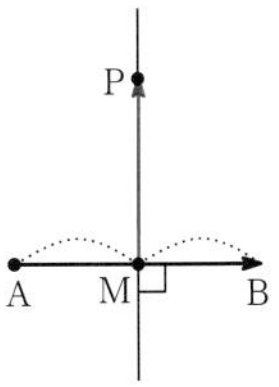

よって P の軌跡は，

線分 AB の垂直二等分線.//

別解 (1)の式は，2 点 A，B に関して対称です．そこで，両者のバランスをとって中点 M を最初から始点にとるのが上手い手です：

$l=\frac{1}{2}$AB とおくと，与式は

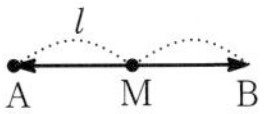

$$4(\overrightarrow{MP}-\overrightarrow{MA})\cdot(\overrightarrow{MP}-\overrightarrow{MB})=3(2l)^2.$$

$$|\overrightarrow{MP}|^2-(\underbrace{\overrightarrow{MA}+\overrightarrow{MB}}_{\vec{0}})\cdot\overrightarrow{MP}+l\cdot l\cdot(-1)=3l^2.$$

$$|\overrightarrow{MP}|^2=4l^2.\ (\cdots\text{以下略}\cdots)$$

5 10 12 ベクトル方程式と反転

根底 実戦 入試 [→演習問題 5 13 14]

解答 (1) 動点 P($\vec{p}$) が円 C 上にあるための条件，つまり円 C のベクトル方程式は，

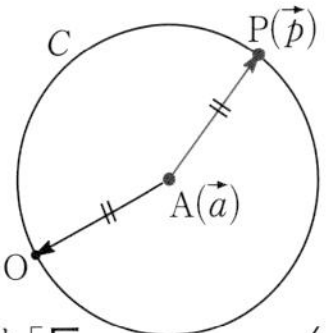

$$|\overrightarrow{AP}|=|\overrightarrow{AO}|.$$

$$\text{i.e. } |\vec{p}-\vec{a}|=|\vec{a}|.\ //\ \cdots①$$

(2) **注** この P から Q への変換は「**反転**」と呼ばれる有名なもので，既に **Ⅱ+B 例題 3 8 r** でも扱いました．

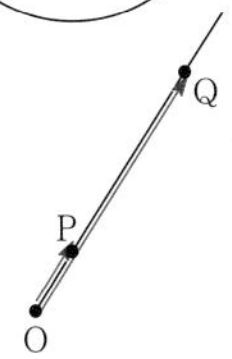

O から見て，P と Q は同じ向き．そして OP，OQ の長さの間に関係がある．当然，**ベクトル**を用います．

方針 既知なる P(消したいもの) を，未知なる Q(残したいもの) で表すのが正道でしたね．■

$$\overrightarrow{OP}=\underbrace{+OP}_{\text{符号付長さ}}\cdot\underbrace{\frac{\overrightarrow{OQ}}{OQ}}_{\text{単位ベクトル}}$$

$$=\frac{1}{OQ^2}\overrightarrow{OQ}\ (\because\ OP\cdot OQ=1).$$

$$\text{i.e. } \vec{p}=\frac{1}{|\vec{q}|^2}\vec{q}=\frac{1}{q^2}\vec{q}\ (q:=|\vec{q}|).\ \cdots②$$

$\vec{p}$ はベクトル方程式①を満たすから，②を①へ代入して辺々 2 乗すると

$$\left|\frac{1}{q^2}\vec{q}-\vec{a}\right|^2=|\vec{a}|^2.$$

$$\underbrace{\frac{1}{q^4}|\vec{q}|^2}_{\frac{1}{q^4}\cdot q^2=\frac{1}{q^2}}-\frac{2}{q^2}\vec{q}\cdot\vec{a}=0.$$ $|\vec{a}|^2$ は消える

$q\neq0$，i.e. $\vec{q}\neq\vec{0}$ のもとで

$$1-2\vec{a}\cdot\vec{q}=0.\ \text{i.e. } \vec{a}\cdot\vec{q}=\frac{1}{2}.\ \cdots③$$

着眼 内積と正射影の関係を理解している人は，即座にこれが直線のベクトル方程式であることを見抜けます．ただし，「正射影」という単語を使って説明するのは億劫なので…■

Q から OA へ垂線 QH を下ろすと 1)

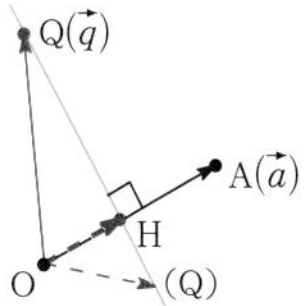

$$\vec{a}\cdot\vec{q}=\vec{a}\cdot(\overrightarrow{OH}+\overrightarrow{HQ})$$

$$=\vec{a}\cdot\overrightarrow{OH}\ (\because\ \vec{a}\perp\overrightarrow{HQ}).\ ^{2)}$$

③のとき，この値が一定だから任意の Q に対して H は不変．すなわち，Q は H を通り OA に垂直な直線上を動く．□

注 1)：Q が OA 上にある場合にはもちろん Q＝H です．

2)：わかりましたか？「or Q=H」と書くのをサボったことが．[→例題 5 9 f 後のコラム]

第5章 ベクトル

解説 前記 2 つの注のような些末なことを気にする暇があったら，もっと本質的なことに頭を使って欲しいです (笑).

別解 ③以降は，例題5 9 i と同様に座標を導入するのも良い手ですね：

右図のように O を原点とする座標平面をとり，

A$(a,0)$ $(a\neq 0)$, Q(x,y)

とすると，③は

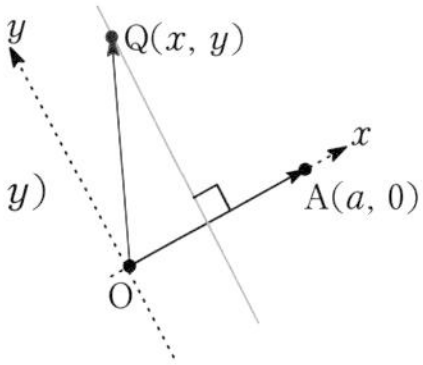

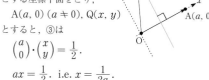

$$\begin{pmatrix}a\\0\end{pmatrix}\cdot\begin{pmatrix}x\\y\end{pmatrix}=\frac{1}{2}.$$

$$ax=\frac{1}{2}.\ \text{i.e. } x=\frac{1}{2a}.$$

Q はこれが表す直線上を動く．□

参考 「反転」により，図形が次のように変換されることが知られています．[→ II+B 例題3 8 r]

原点を通らない直線 ⟷ 原点を通る円

原点を通る直線 ⟷ 原点を通る直線

原点を通らない円 ⟷ 原点を通らない円

5 10 13 中心相似変換の合成

[→ I+A 5 2 5]

根底 実戦 入試

語記サポ ある図形を，相似の位置にある図形に移すことを中心相似変換 (もしくは伸縮写像) というのでしたね．[→ I+A 5 2 5]

参考

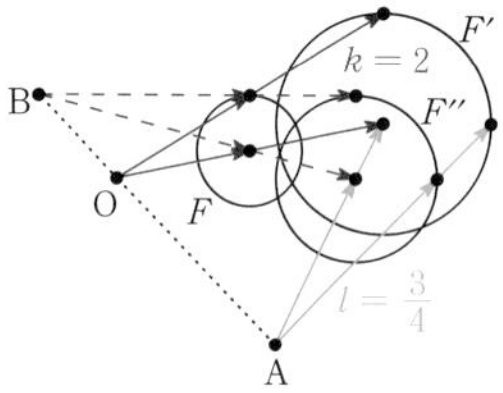

例えば円 F を $k=2,\ l=\dfrac{3}{4}$ の中心相似変換で移してみると上図のようになります．なるほど確かに F と F'' は，直線 OA 上の点 B を中心として相似の位置にありそうですね！

解答 O を基準点とする位置ベクトルを A$(\vec{a})$, B$(\vec{b})$ などと表す．また，図形 $F,\ F',\ F''$ 上にあって対応し合う点を，それぞれ P, Q, R とする．

①より

$$\vec{q}=k\vec{p}.$$

②より

$$\vec{r}-\vec{a}=l(\vec{q}-\vec{a}).$$

これら 2 式より

$$\vec{r}=l(k\vec{p}-\vec{a})+\vec{a}$$
$$=lk\vec{p}+(1-l)\vec{a}.\ \cdots③$$

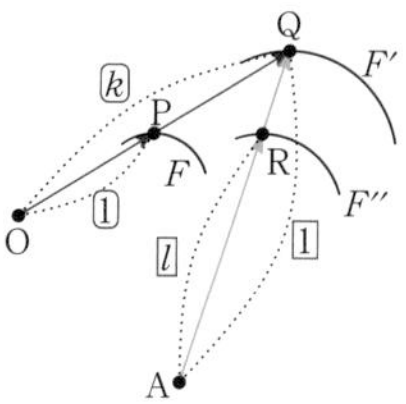

方針 これを，「②より」の次の式のような形へ変形することを目指します．その際，有名な 2 項間漸化式の解法がヒントになります：

$$\vec{r}=lk\vec{p}+\underset{\text{ジャマ}}{\underbrace{(1-l)\vec{a}}}.$$
$$a_{n+1}=3\,a_n+\underset{\text{ジャマ}}{\underbrace{2}}$$

そっくり

この漸化式は，a_{n+1}, a_n のところを α に変えた方程式の解を利用するのでしたね [→ II+B 7 6 3]．これをマネして…■

$\vec{b}=lk\vec{b}+(1-l)\vec{a}\ \cdots$④なる $\vec{b}$ は [1],

$$\vec{b}=\frac{1-l}{1-lk}\vec{a}\ (\because\ lk\neq 1).\ \cdots⑤$$

③ − ④ より

$$\vec{r}-\vec{b}=lk(\vec{p}-\vec{b}).$$

i.e. $\overrightarrow{\mathrm{BR}}=lk\overrightarrow{\mathrm{BP}}$.

よって，F と F'' は B を中心として相似の位置にあり，相似比は $1:lk$. //

また，⑤より B は OA 上にある．□

参考 冒頭の例 $\left(k=2,\ l=\dfrac{3}{4}\right)$ の場合，得られた結果は次のようになります：

$$\text{相似比 } lk=\frac{3}{4}\cdot 2=\frac{3}{2}.$$

$$\vec{b}=\frac{1-\frac{3}{4}}{1-\frac{3}{2}}\vec{a}=-\frac{1}{2}\vec{a}.$$

これは，冒頭の図から得た直観的な結果と見事に合致していますね．

言い訳 [1]：この「$\vec{b}$」を位置ベクトルとする点が，F から F'' への中心相似変換における相似の中心「B」になることを見越して「$\vec{b}$」とネーミングしちゃいました．

13 演習問題C

5 13 1 平行六面体とベクトルの分解 [→5 11 1, 2]
根底 実戦 定期

方針 基本的には，「始点 O」のベクトルを考えます．「ベクトル」≒「移動」という**大原則**を忘れずに．

解答

(1) $\overrightarrow{OP}=\overrightarrow{OB}+\overrightarrow{BP}$
$=\vec{b}+\vec{c}.$ //

(2) $\overrightarrow{OQ}=\overrightarrow{OP}+\overrightarrow{PQ}$
$=\vec{a}+\underline{\vec{b}+\vec{c}}.$ //

解説 足し算の順序は入れ替えて OK. ■

(3) $\overrightarrow{OG}=\dfrac{\overrightarrow{OA}+\overrightarrow{OB}+\overrightarrow{OP}}{3}$
$=\dfrac{\vec{a}+\vec{b}+(\vec{b}+\vec{c})}{3}=\dfrac{\vec{a}+2\vec{b}+\vec{c}}{3}.$ //

(4) $\overrightarrow{OL}=\overrightarrow{OA}+\overrightarrow{AL}$
$=\vec{a}+\dfrac{1}{2}\vec{b}.$ //

(5) $\overrightarrow{OM}=\overrightarrow{OP}+\overrightarrow{PM}$
$=\vec{b}+\vec{c}+\dfrac{1}{2}\vec{a}.$ //

注 (1)(2)の結果と中点公式を使うのは，むしろ遠回り．■

(6) $\overrightarrow{ML}=\overrightarrow{MQ}+\overrightarrow{QR}+\overrightarrow{RL}$
$=\dfrac{1}{2}\vec{a}+(-\vec{c})+\dfrac{-1}{2}\vec{b}$
$=\dfrac{1}{2}\vec{a}-\dfrac{1}{2}\vec{b}-\vec{c}.$ //

別解 (4)(5)の結果を用いる手もあります：

$\overrightarrow{ML}=\overrightarrow{OL}-\overrightarrow{OM}$ 始点変えたきゃ差にばらせ
$=\left(\vec{a}+\dfrac{1}{2}\vec{b}\right)-\left(\vec{b}+\vec{c}+\dfrac{1}{2}\vec{a}\right)$
$=\dfrac{1}{2}\vec{a}-\dfrac{1}{2}\vec{b}-\vec{c}.$ //

(7) $\overrightarrow{MN}=\overrightarrow{ON}-\overrightarrow{OM}.$ 始点変えたきゃ差にばらせ

ここで，

$\overrightarrow{ON}=\dfrac{\overrightarrow{OP}+\overrightarrow{OL}}{2}$
$=\dfrac{1}{2}\left(\vec{b}+\vec{c}+\vec{a}+\dfrac{1}{2}\vec{b}\right)$
$=\dfrac{1}{4}(2\vec{a}+3\vec{b}+2\vec{c}).$

したがって，

$\overrightarrow{MN}=\dfrac{1}{4}(2\vec{a}+3\vec{b}+2\vec{c})-\left(\vec{b}+\vec{c}+\dfrac{1}{2}\vec{a}\right)$
$=\dfrac{1}{4}(-\vec{b}-2\vec{c}).$ //

別解 「中点公式」における始点は，統一されていれば任意に選ぶことができますから…

$\overrightarrow{MN}=\dfrac{\overrightarrow{MP}+\overrightarrow{ML}}{2}$ 始点を M に統一
$=\dfrac{1}{2}\left\{\left(-\dfrac{1}{2}\vec{a}\right)+\left(\dfrac{1}{2}\vec{a}-\dfrac{1}{2}\vec{b}-\vec{c}\right)\right\}$
$=-\dfrac{1}{4}\vec{b}-\dfrac{1}{2}\vec{c}.$ //

5 13 2 交点の位置ベクトル（空間） [→例題5 11 b]
根底 実戦 典型

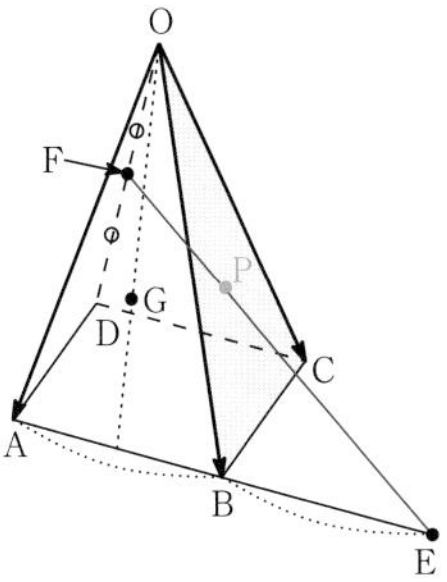

注 正四角錐ですから，底面は特殊な四辺形です．

方針 もちろんベクトルを用います．空間ベクトルの基本：「始点を 1 頂点に統一」「3 つのベクトルで表す」にのっとって．

解答 $\vec{a}=\overrightarrow{OA}$, $\vec{b}=\overrightarrow{OB}$, $\vec{c}=\overrightarrow{OC}$ とおくと [1)]

$\overrightarrow{OG}=\dfrac{1}{3}(\vec{a}+\vec{b}).$ …①

$\overrightarrow{OE}=\overrightarrow{OB}+\overrightarrow{BE}$
$=\vec{b}+(\vec{b}-\vec{a})=2\vec{b}-\vec{a}.$

$\overrightarrow{OF}=\dfrac{1}{2}\overrightarrow{OD}$
$=\dfrac{1}{2}(\overrightarrow{OA}+\overrightarrow{AD})$
$=\dfrac{1}{2}(\overrightarrow{OA}+\overrightarrow{BC})$ (∵ ABCD は正方形 [2)])
$=\dfrac{1}{2}(\vec{a}+\vec{c}-\vec{b}).$

∘ P は EF 上にあるから，

$\overrightarrow{OP}=(1-x)\overrightarrow{OE}+x\overrightarrow{OF}$
$=(1-x)\cdot(2\vec{b}-\vec{a})+x\cdot\dfrac{1}{2}(\vec{a}-\vec{b}+\vec{c})$ …②

と表せる．

∘ P は平面 OBC 上にあり，

[3)] $\overrightarrow{OP}=0\vec{a}+u\vec{b}+v\vec{c}$ …③ とも表せる．

∘ 4 点 O, A, B, C は共面でないから，②③より

$x-1+\dfrac{x}{2}=0,\quad x=\dfrac{2}{3}.$

これと②より

$\overrightarrow{OP}=\dfrac{1}{3}(2\vec{b}-\vec{a})+\dfrac{2}{3}\cdot\dfrac{1}{2}(\vec{a}-\vec{b}+\vec{c})$
$=\dfrac{1}{3}(\vec{b}+\vec{c}).$ [4)]

これと①より

$\overrightarrow{GP}=\overrightarrow{OP}-\overrightarrow{OG}$
$=\dfrac{1}{3}(\vec{b}+\vec{c})-\dfrac{1}{3}(\vec{a}+\vec{b})$
$=\dfrac{1}{3}(\vec{c}-\vec{a})=\dfrac{1}{3}\overrightarrow{AC}.$

∴ GP // AC. □

第5章 ベクトル

注 1)：$\vec{a}=\overrightarrow{OA}$, $\vec{b}=\overrightarrow{OB}$, $\vec{d}=\overrightarrow{OD}$ で表してもできますが,「△OAB の重心」·「平面 OBC 上」を表すことを考えると, このように 3 ベクトルをとるのが得策だと考えました.

3)：ここからの 2 行で薄字で書いた部分は通常書かずに済ませます. ただし,「前提条件」への言及は忘れずに.

補足 2)：「正方形」でなくても「平行四辺形」であれば同様です.

4)：つまり, P は △OBC の重心です.

5 13 3 直線と平面の平行

根底 実戦 入試 [→例題 5 11 b]

方針 図形的直観で片付けるのは困難ですね. ベクトルを活用しましょう.「O」という名の点があるので, そこを始点にとります.

解答 $\vec{a}=\overrightarrow{OA}$, $\vec{b}=\overrightarrow{OB}$, $\vec{c}=\overrightarrow{OC}$ とおくと

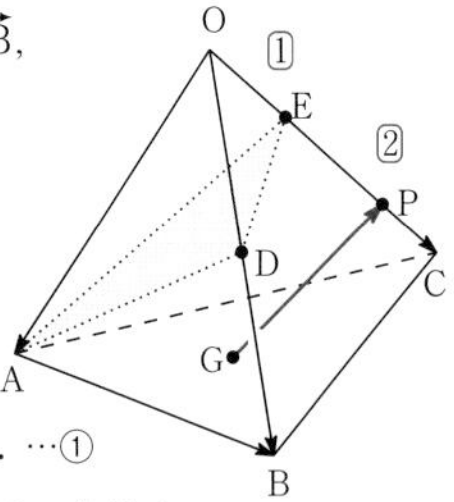

$$\overrightarrow{OD}=\frac{1}{2}\vec{b},\ \overrightarrow{OE}=\frac{1}{3}\vec{c},$$

$$\overrightarrow{OG}=\frac{\vec{a}+\vec{b}+\vec{c}}{3}.$$

$\overrightarrow{OP}=k\vec{c}$ とおくと

$$\overrightarrow{GP}=k\vec{c}-\frac{\vec{a}+\vec{b}+\vec{c}}{3}.\ \cdots①$$

GP// 平面 ADE となるための条件は

$$\overrightarrow{GP}=s\overrightarrow{AD}+t\overrightarrow{AE}\ \cdots②$$

$$=s\left(\frac{1}{2}\vec{b}-\vec{a}\right)+t\left(\frac{1}{3}\vec{c}-\vec{a}\right)\ \cdots②'$$

と表せること.

4 点 O, A, B, C は共面でないから, ① ②′が成り立つとき,

$$-s-t=-\frac{1}{3},\ \frac{s}{2}=-\frac{1}{3},\ \frac{t}{3}=k-\frac{1}{3}.\ \cdots③$$

$$s=-\frac{2}{3},\ t=1,\ k=\frac{2}{3}.$$

よって, 点 P は OC を 2 : 1 に内分する.//

解説 ②は, 5 11 3 の共面条件の❶「単純形」: $\overrightarrow{AP}=t\overrightarrow{AB}+u\overrightarrow{AC}$

平面 ABC 上のベクトル

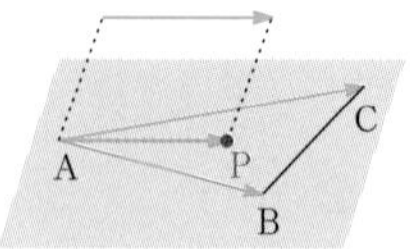

の説明図 (右図) において, $\overrightarrow{AP}$ の位置をズラしただけのことですね (笑).

「ベクトル」では「位置」を考えない. **この基本がわかっていれば**易しい問題でした. 何でもいい

補足 より詳しく述べると, ③を満たす実数 s, t が**存在**することが「題意の条件」です.

5 13 4 四面体・三角形の内部

根底 実戦 入試 [→例題 5 5 g]

方針 もちろんベクトルを用います. Q の位置ベクトルを「共線条件」+「共面条件」+「分解の一意性」で求めることと,「△ABG の内部」にあることをどのように結びつけるか 1) がポイントです.

解答 $\vec{a}=\overrightarrow{OA}$, $\vec{b}=\overrightarrow{OB}$, $\vec{c}=\overrightarrow{OC}$ とおく.

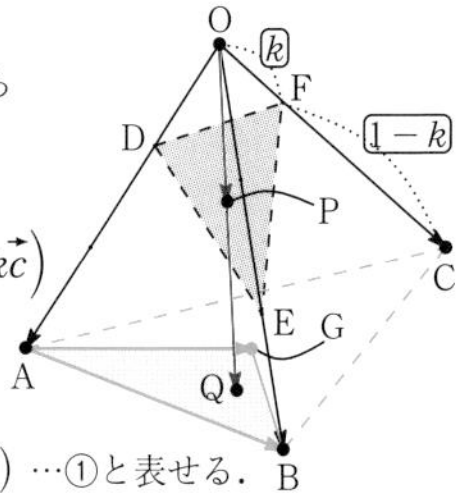

P は △DEF の重心だから

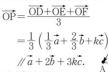

$$\overrightarrow{OP}=\frac{\overrightarrow{OD}+\overrightarrow{OE}+\overrightarrow{OF}}{3}$$

$$=\frac{1}{3}\left(\frac{1}{3}\vec{a}+\frac{2}{3}\vec{b}+k\vec{c}\right)$$

$$/\!/\ \vec{a}+2\vec{b}+3k\vec{c}.$$

Q は OP 上だから

$\overrightarrow{OQ}=x(\vec{a}+2\vec{b}+3k\vec{c})$ …①と表せる.

Q は平面 ABC 上であり,

4 点 O, A, B, C は共面でない …(*)

から, ①における係数の和は 1. 必ず「1」 2)

$$\therefore\ x(1+2+3k)=1.\quad x=\frac{1}{3k+3}.$$

これと①より

$$\overrightarrow{OQ}=\frac{1}{3k+3}(\vec{a}+2\vec{b}+3k\vec{c}).\ \cdots②$$

次に, Q は平面 ABG 上にあるから

$$\overrightarrow{AQ}=s\overrightarrow{AB}+t\overrightarrow{AG}\ \cdots③$$

と表せて, このとき Q が △ABG の内部にあるための条件は,

$$s>0,\ t>0,\ s+t<1.\ \cdots④$$

③のとき,

$$\overrightarrow{OQ}=\overrightarrow{OA}+\overrightarrow{AQ}$$

$$=\vec{a}+s(\vec{b}-\vec{a})+t\left(\frac{\vec{a}+\vec{b}+\vec{c}}{3}-\vec{a}\right).\ \cdots⑤$$

②, ⑤, および (*) より

$$\vec{a}\cdots\ 1-s-\frac{2}{3}t=\frac{1}{3k+3},\ \cdots⑥$$

$$\vec{b}\cdots\ s+\frac{t}{3}=\frac{2}{3k+3},\ \cdots⑦$$

$$\vec{c}\cdots\ \frac{t}{3}=\frac{3k}{3k+3}.\ \cdots⑧$$

方針 これを $s=k$ の式, $t=k$ の式 と変形して, ④へ代入します. ■

⑧より, $t=\dfrac{9k}{3k+3}$.

⑦⑧より, $s=\dfrac{2-3k}{3k+3}$.

これらを④へ代入して, 求める k の条件は,

$$\frac{2-3k}{3k+3}>0,\ \frac{9k}{3k+3}>0,$$

$$\frac{2-3k}{3k+3}+\frac{9k}{3k+3}<1.$$

これを $0<k<1$ のもとで解くと

$2-3k>0,\ k>0,\ 2+6k<3k+3.$

$k<\frac{2}{3},\ k>0,\ k<\frac{1}{3}.\quad \therefore\ 0<k<\frac{1}{3}.$ //

解説 [1]：$\overrightarrow{OQ}$ に対する 2 通りの表現②と⑤に対して，(*) という根拠のもとで「分解の一意性」を用いることにより“結びつける”ことができました．

補足 ⑥は，⑦⑧から導かれますので，結果としては不要でした．

注 [2]：この辺りの事情は，[→例題 5 5 c (2)注意！]

5 13 5 2つの動点

根底 実戦 典型 入試 [→例題 5 9 n]

下書き **例題 5 9 n** とよく似たつかみどころのない問題．まずは点 R をいくつか描いてみましょう（S と AB の関係はテキトーに）．

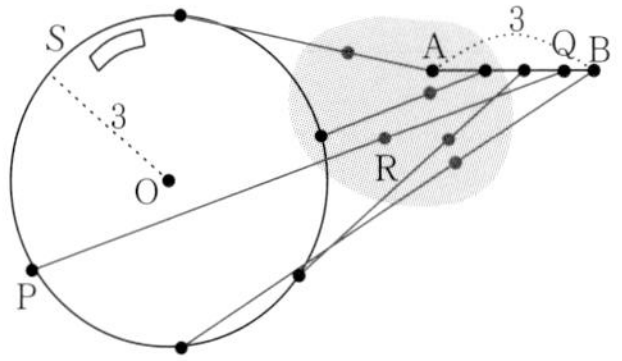

R は，なんとなく赤色で塗った辺りに存在しそうですね．

方針 「解答」は，もちろん「**1 つずつ動かす**」という鉄則に従って．

どちらを先に動かすかは試行錯誤ですが，先に球面上の P を動かせば，その軌跡も球面という単純な図形になりそうですね．

「球面」は**例題 5 9 n** と同様ベクトル方程式で表します．一方の「線分」は，むしろ**例題 5 9 n** **参考**で述べた「相似の位置」という考えを用いて記述した方がシンプルに片付くでしょう．

解答 O を始点とする位置ベクトルを，A$(\vec{a})$，P$(\vec{p})$，などと表す．

P は次のベクトル方程式を満たす：

$S\cdots|\vec{p}|=3$ …①

また，R は PQ を 2：1 に内分するから

$\vec{r}=\frac{\vec{p}+2\vec{q}}{3}.$ …②

1° Q を固定し，P を S 上で動かす．

着眼 ②式において，1° 段階では $\vec{q}$ は一定．消したい $\vec{p}$ を残したい $\vec{r}$ で表します．■

②より，$\vec{p}=3\vec{r}-2\vec{q}$.

これを①へ代入して　（$\vec{r}$ の係数を 1 にする）

$|3\vec{r}-2\vec{q}|=3.\qquad \left|\vec{r}-\frac{2}{3}\vec{q}\right|=1.$

OQ を 2：1 に内分する点を Q′ とすると，

$\vec{q}'=\frac{2}{3}\vec{q}.$ …③ であり，

$|\vec{r}-\vec{q}'|=1.\qquad |\overrightarrow{Q'R}|=1.$

よって，1° における R の軌跡は，次図のような中心 Q′ 半径 1 の球面 S'.

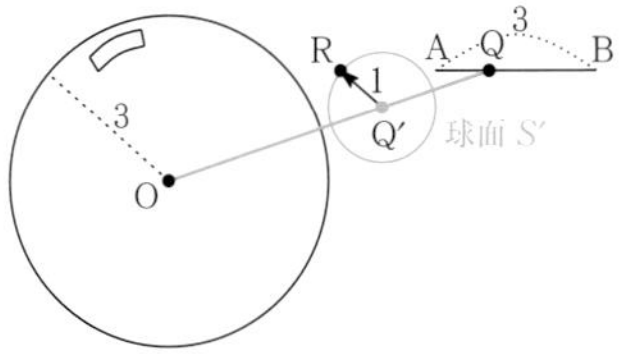

2° Q を線分 AB 上で動かすときの，S' の中心 Q′ の軌跡 F を求める．

③，つまり $\overrightarrow{OQ'}=\frac{2}{3}\overrightarrow{OQ}$ より，

線分 AB と F は点 O を**中心**として**相似の位置**にあり，**相似比**は $1:\frac{2}{3}$ である．

よって F は，長さが $\frac{2}{3}\cdot 3=2$ の線分である．（これを A′B′ とする．）

以上 1°, 2° より，点 R の存在範囲 D は右図の通り．

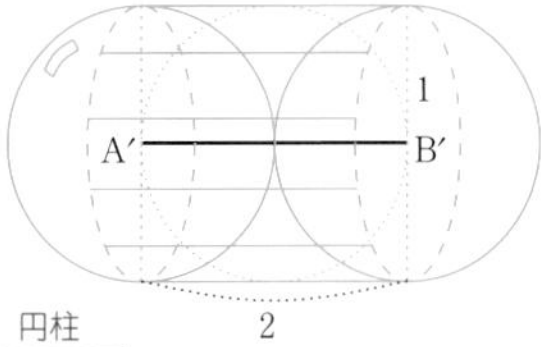

この体積は

$$V=\underbrace{\frac{4}{3}\pi\cdot1^3}_{\text{半球 2 つ}}+\underbrace{\pi\cdot1^2\times2}_{\text{円柱}}$$

$$=\frac{10}{3}\pi.$$ //

注 S' は球面ですが，それが通過してできる D は，ちゃんと“中身の詰まった”立体となります．

5 13 6 球面座標

根底 実戦 入試 [→例題 5 11 d]

方針 なんだか複雑そうな座標ですが，単純計算するだけです．

解答

(1) $\mathrm{OP}^2=(\sin\theta\cos\varphi)^2+(\sin\theta\sin\varphi)^2+(\cos\theta)^2$

$=\sin^2\theta\cdot(\cos^2\varphi+\sin^2\varphi)+\cos^2\theta$

$=\sin^2\theta+\cos^2\theta=1.$

$\therefore\ \mathrm{OP}=1.$ //

(2) $\cos\angle\mathrm{QOP} \overset{1)}{=} \dfrac{\overrightarrow{\mathrm{OP}}\cdot\overrightarrow{\mathrm{OQ}}}{|\overrightarrow{\mathrm{OP}}||\overrightarrow{\mathrm{OQ}}|}$

$$= \frac{\sin\theta\cos\varphi\cdot\cos\varphi + \sin\theta\sin\varphi\cdot\sin\varphi}{1\cdot 1}$$

$$= \sin\theta(\cos^2\varphi + \sin^2\varphi)$$

$$= \sin\theta = \cos\left(\frac{\pi}{2} - \theta\right).$$

$0 \leqq \theta \leqq \dfrac{\pi}{2}$ より $0 \leqq \dfrac{\pi}{2} - \theta \leqq \dfrac{\pi}{2}$ だから，

$\angle\mathrm{QOP} = \dfrac{\pi}{2} - \theta.$ //

(3) (1)と同様にして，$\mathrm{OP}' = 1$.

$\overrightarrow{\mathrm{OP}}\cdot\overrightarrow{\mathrm{OP'}}$

$= \sin^2\theta\cos\varphi\cos\varphi' + \sin^2\theta\sin\varphi\sin\varphi' + \cos^2\theta$

$= \sin^2\theta(\cos\varphi\cos\varphi' + \sin\varphi\sin\varphi') + \cos^2\theta$

$= \sin^2\theta\cos(\varphi' - \varphi) + \cos^2\theta.$

$\therefore\ \cos\angle\mathrm{POP}' \overset{2)}{=} \dfrac{\overrightarrow{\mathrm{OP}}\cdot\overrightarrow{\mathrm{OP'}}}{|\overrightarrow{\mathrm{OP}}||\overrightarrow{\mathrm{OP'}}|}$

$= \sin^2\theta\cos(\varphi' - \varphi) + \cos^2\theta.$

方針　角どうしの大小は難しいので，cos どうしの大小を考えましょう．■

$$\cos\angle\mathrm{POP}' - \cos(\varphi' - \varphi)$$
$$= \sin^2\theta\cos(\varphi' - \varphi) + \cos^2\theta - \cos(\varphi' - \varphi)$$
$$= (\sin^2\theta - 1)\cos(\varphi' - \varphi) + \cos^2\theta$$
$$= \cos^2\theta\{1 - \cos(\varphi' - \varphi)\} > 0.$$
$$\left(\because\ 0 < \theta < \frac{\pi}{2},\ 0 < \varphi' - \varphi \leqq \pi.\right)$$

$\therefore \cos\angle\mathrm{POP}' > \cos(\varphi' - \varphi)$

$\angle\mathrm{POP}',\ \varphi' - \varphi \in [0, \pi]$ であり，この区間で関数 $\cos x$ は減少するから　（閉区間）

$\angle\mathrm{POP}' < \varphi' - \varphi.$ //

参考　本問で扱った P の座標は**球面座標**と呼ばれる有名なものです．O を中心とする半径 1 の球面 S 上の点 P を右図のようにとります．すなわち，xz 平面を角 φ だけ回転した平面上に，z 軸となす角が θ である点 P をとると，$\mathrm{P}(x, y, z)$ として

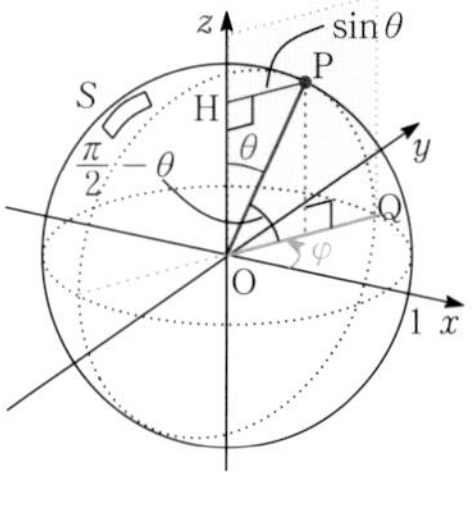

$z = \cos\theta,$

$\mathrm{HP} = \sin\theta$ より，$x = \sin\theta\cdot\cos\varphi,\ y = \sin\theta\cdot\sin\varphi.$

本問の点 P の座標はこうして得られたものですので，(1)(2)の結論はアタリマエでしたね．

(3)の結果についても，右図の $\triangle\mathrm{OPP}'$ と $\triangle\mathrm{OQQ}'$ において，$\mathrm{PP}' < \mathrm{QQ}'$ であることから説明が付きますね．

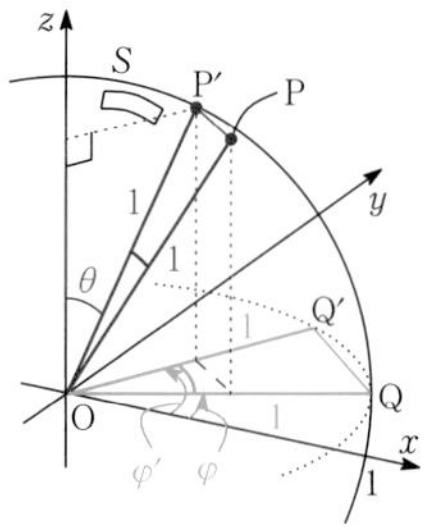

補足　1)2)：「∠○○○」や「ベクトルのなす角」は，いずれも 0 以上 π 以下の範囲で考えます．

5 13 7　座標空間内の2直線　[→例題 5 12 b]

根底 実戦　典型 入試

方針　まずは P, Q の位置ベクトルを，1 点の座標と方向ベクトルを用いて表しましょう．

解答

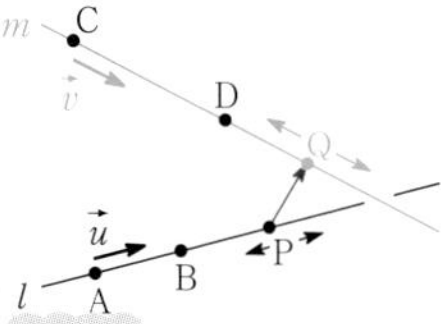

(1) $\overrightarrow{\mathrm{AB}} = \begin{pmatrix}2\\2\\2\end{pmatrix} = 2\begin{pmatrix}1\\1\\1\end{pmatrix},$

$\overrightarrow{\mathrm{CD}} = \begin{pmatrix}4\\0\\8\end{pmatrix} = 4\begin{pmatrix}1\\0\\2\end{pmatrix}.$　（の１つ）

l, m の方向ベクトルは，それぞれ

$\vec{u} := \begin{pmatrix}1\\1\\1\end{pmatrix},\ \vec{v} := \begin{pmatrix}1\\0\\2\end{pmatrix}.$

これを用いて

$\overrightarrow{\mathrm{OP}} = \overrightarrow{\mathrm{OA}} + s\vec{u}$ …①,

$\overrightarrow{\mathrm{OQ}} = \overrightarrow{\mathrm{OC}} + t\vec{v}$ …②　（異なる文字 s, t を使用）

と表せる．①②より

$\overrightarrow{\mathrm{PQ}} = \overrightarrow{\mathrm{OQ}} - \overrightarrow{\mathrm{OP}}$

$= \overrightarrow{\mathrm{OC}} - \overrightarrow{\mathrm{OA}} - s\vec{u} + t\vec{v}.$

$|\overrightarrow{\mathrm{PQ}}|^2 = \left|\underbrace{\begin{pmatrix}1\\0\\-4\end{pmatrix}}_{\vec{r}\text{ とおく}} - s\begin{pmatrix}1\\1\\1\end{pmatrix} + t\begin{pmatrix}1\\0\\2\end{pmatrix}\right|^2$

$= |\vec{r} - s\vec{u} + t\vec{v}|^2$

$= s^2|\vec{u}|^2 - 2st\vec{u}\cdot\vec{v} + t^2|\vec{v}|^2$
$\qquad - 2s\vec{r}\cdot\vec{u} + 2t\vec{r}\cdot\vec{v} + |\vec{r}|^2$

$= s^2\cdot 3 - 2st\cdot 3 + t^2\cdot 5 - 2s\cdot(-3) + 2t\cdot(-7) + 17$ 1)

$= 3s^2 - 6(t-1)s + 5t^2 - 14t + 17$ 2)

$= 3\{s - (t-1)\}^2 - 3(t-1)^2 + 5t^2 - 14t + 17$

$\geqq 2t^2 - 8t + 14$ …③

$= 2(t-2)^2 + 6 \geqq 6.$ …④

$\therefore\ \mathrm{PQ}^2 \geqq 6.$　（大小関係の不等式）

この等号が成り立つのは，③④の等号がともに成り立つとき，すなわち

$\begin{cases} s = t - 1 \\ t = 2 \end{cases}$ i.e. $\begin{cases} s = 1 \\ t = 2 \end{cases}$ のとき．

以上より，$\min\mathrm{PQ} = \sqrt{6}.$ //

解説 1)：変数 s, t の降べきの順に整理.

2)：**例題5 12 b** と違い，本問では $\vec{u}\perp\vec{v}$ ではないので，「2 変数関数」的な処理を行います．まず 1 文字 s について整理して平方完成．その後さらに t についても平方完成しました．けっこう面倒でしたね．しかし，「最短」を「垂直」と読み替える方法なら，**例題5 12 b** と大して変わりません．■

別解

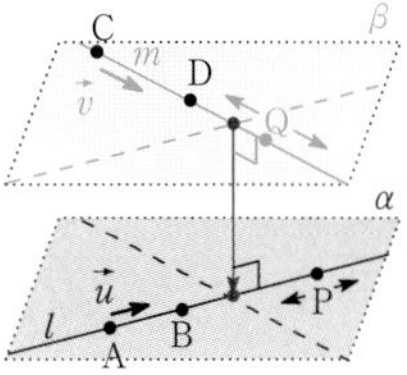

l を含み m と平行な平面を α, m を含み l と平行な平面を β とする.

$\overrightarrow{PQ}\perp l$ となるための条件は

$\overrightarrow{PQ}\cdot\vec{u}=0.$

$$\left\{\begin{pmatrix}1\\0\\-4\end{pmatrix}-s\begin{pmatrix}1\\1\\1\end{pmatrix}+t\begin{pmatrix}1\\0\\2\end{pmatrix}\right\}\cdot\begin{pmatrix}1\\1\\1\end{pmatrix}=0.$$

$-3-s\cdot3+t\cdot3=0.$ …⑤

$\overrightarrow{PQ}\perp m$ となるための条件は

$\overrightarrow{PQ}\cdot\vec{v}=0.$

$$\left\{\begin{pmatrix}1\\0\\-4\end{pmatrix}-s\begin{pmatrix}1\\1\\1\end{pmatrix}+t\begin{pmatrix}1\\0\\2\end{pmatrix}\right\}\cdot\begin{pmatrix}1\\0\\2\end{pmatrix}=0.$$

$-7-s\cdot3+t\cdot5=0.$ …⑥

⑥ − ⑤ より

$-4+2t=0.$ ∴ $t=2, s=1.$

よって，$(s, t)=(1, 2)$ のとき，

$\begin{cases}PQ\perp l\\PQ\perp m\end{cases}$ より, $PQ\perp\alpha, \beta$.

よって求める最小値は，このときの PQ の長さであり，

$$\left|\begin{pmatrix}1\\0\\-4\end{pmatrix}-\begin{pmatrix}1\\1\\1\end{pmatrix}+2\begin{pmatrix}1\\0\\2\end{pmatrix}\right|=\left|\begin{pmatrix}2\\-1\\-1\end{pmatrix}\right|=\sqrt{6}.\text{//}$$

(2) P が線分 AB 上，Q が線分 CD 上を動くとき，

$\overrightarrow{OP}=\overrightarrow{OA}+x\overrightarrow{AB}, \overrightarrow{OQ}=\overrightarrow{OC}+y\overrightarrow{CD}$

$(x, y\in[0, 1]$ …⑦$)$

と表せる．これを用いると

$$\overrightarrow{OR}=\frac{1}{2}(\overrightarrow{OP}+\overrightarrow{OQ})$$

$$=\frac{1}{2}(\overrightarrow{OA}+\overrightarrow{OC}+x\overrightarrow{AB}+y\overrightarrow{CD})$$

$$=\overrightarrow{OM}+x\cdot\frac{1}{2}\underbrace{\overrightarrow{AB}}_{2\vec{u}}+y\cdot\frac{1}{2}\underbrace{\overrightarrow{CD}}_{4\vec{v}}\ (\text{M は AC の中点}).$$

∴ $\overrightarrow{MR}=x\vec{u}+y\cdot2\vec{v}.$

これと⑦より，R の存在範囲は右図の平行四辺形.

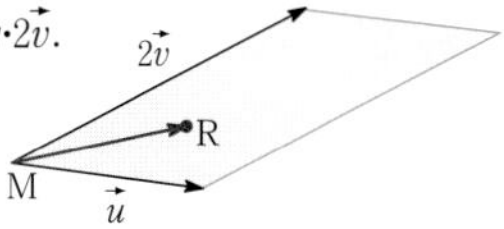

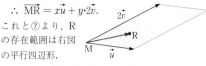

$$\therefore\ S=\sqrt{|\vec{u}|^2|2\vec{v}|^2-(\vec{u}\cdot2\vec{v})^2}$$

$$=\sqrt{3\cdot20-6^2}=\sqrt{24}=2\sqrt{6}.\text{//}$$

注 $\overrightarrow{AB}$ と $\vec{u}$, $\overrightarrow{CD}$ と $\vec{v}$ は同じ向きですが大きさが違うので，(2)の面積の計量では気を付けること.

5 13 8 平面へ垂線を下ろす

根底 実戦 典型

[→例題5 12 c]

解答 (1) **注** 直線と平面の直交 [→ I+A 5 13 3] は覚えていますね：

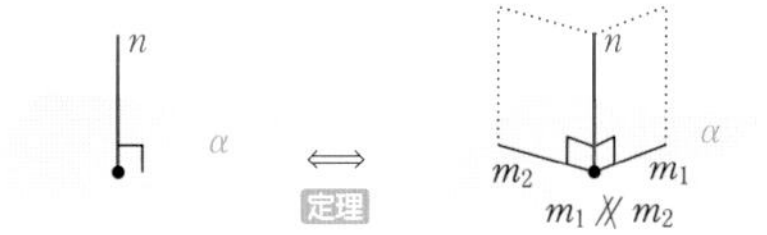

n と α が垂直　　n と α 上の 2 直線が垂直

方針 「垂直」を「内積が 0」と表すことを想定して準備しましょう．■

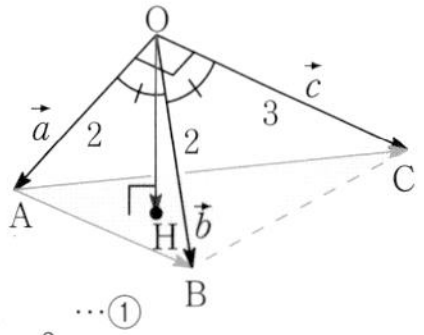

$|\vec{a}|=|\vec{b}|=2, |\vec{c}|=3.$ …①

$\underbrace{\vec{a}\cdot\vec{b}}_{2\cdot2\cdot\frac{1}{2}}=2, \underbrace{\vec{b}\cdot\vec{c}}_{2\cdot3\cdot\frac{1}{2}}=3, \vec{c}\cdot\vec{a}=0.$

○ H は平面 ABC 上だから，（変数集約形）

$\overrightarrow{OH}=\overrightarrow{OA}+s\overrightarrow{AB}+t\overrightarrow{AC}$ …②と表せる.

○ OH ⊥ 平面 ABC だから，（上記定理を使う）

$\begin{cases}OH\perp AB\\OH\perp AC.\end{cases}$ i.e. $\begin{cases}\overrightarrow{OH}\cdot\overrightarrow{AB}=0 & \text{…③}\\\overrightarrow{OH}\cdot\overrightarrow{AC}=0. & \text{…④}\end{cases}$

②③より

$(\vec{a}+s\overrightarrow{AB}+t\overrightarrow{AC})\cdot\overrightarrow{AB}=0.$

$\vec{a}\cdot\overrightarrow{AB}+s|\overrightarrow{AB}|^2+t\overrightarrow{AB}\cdot\overrightarrow{AC}=0.$（$s, t$ は集約したままで）

ここで①より

$\vec{a}\cdot\overrightarrow{AB}=\vec{a}\cdot(\vec{b}-\vec{a})=\overset{2}{\vec{a}\cdot\vec{b}}-\overset{4}{|\vec{a}|^2}=-2.$

$|\overrightarrow{AB}|^2=2^2=4$ (∵ △OAB は正三角形),

$\overrightarrow{AB}\cdot\overrightarrow{AC}=(\vec{b}-\vec{a})\cdot(\vec{c}-\vec{a})$

$=\vec{b}\cdot\vec{c}-\vec{b}\cdot\vec{a}-\vec{a}\cdot\vec{c}+|\vec{a}|^2$

$=3-2+4=5.$

よって，$-2+4s+5t=0.$ …⑤

②④より

$(\vec{a}+s\overrightarrow{AB}+t\overrightarrow{AC})\cdot\overrightarrow{AC}=0.$

$\vec{a}\cdot\overrightarrow{AC}+s\overrightarrow{AB}\cdot\overrightarrow{AC}+t|\overrightarrow{AC}|^2=0.$

ここで①より

第5章 ベクトル

$\vec{a}\cdot\overrightarrow{\mathrm{AC}}=\vec{a}\cdot(\vec{c}-\vec{a})=\vec{a}\cdot\vec{c}-|\vec{a}|^2=-4,$

$|\overrightarrow{\mathrm{AC}}|^2=2^2+3^2=13$（∵ △OAC は直角三角形）.

よって，$-4+5s+13t=0.$ …⑥

⑥×4−⑤×5 より　　$\overrightarrow{\mathrm{AB}}\cdot\overrightarrow{\mathrm{AC}}$ は既知

$-6+27t=0.\ t=\dfrac{2}{9}.$

これと⑤より，$4s=2-\dfrac{10}{9}=\dfrac{8}{9}.\ s=\dfrac{2}{9}.$

これらと②より

$$\overrightarrow{\mathrm{OH}}=\vec{a}+\frac{2}{9}(\vec{b}-\vec{a}+\vec{c}-\vec{a})$$

$$=\frac{1}{9}(5\vec{a}+2\vec{b}+2\vec{c}).$$ //

解説　「共面条件」の表現法として❷「変数集約形」を使うと，内積計算が効率的．❸「始点統一形」を用いるなどして s,t をまき散らすのは典型的な下手解法．

①で，この後の内積計算で使いそうな“パーツ”の値を**予め**準備．

(2) **着眼**　「体積」に関する条件は，即座に「底面積」の関係にすり替わります．「Q」がどんな点であるかが見抜けますか？

(1)の利用も視野に入れて．■

P を頂点とする 3 つの四面体は，平面 ABC 上に底面をとるとどれも高さは PQ で共通．よって，底面積 △QBC，△QCA，△QAB はどれも等しい．

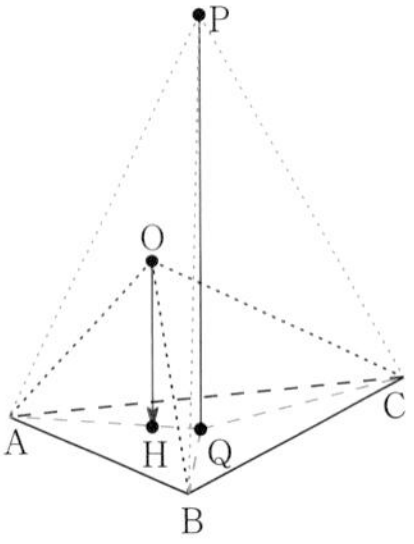

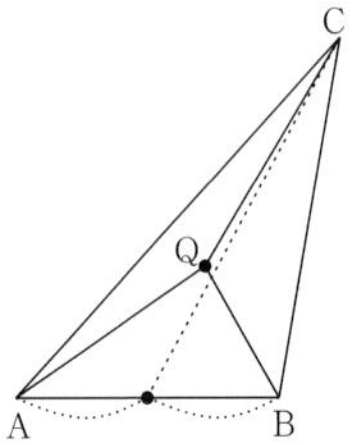

Q は △ABC の重心であることを示す．仮に Q が上右図のように中線上にないとしたら，△QBC＞△QCA となってしまう．同様に考えて Q はどの中線上にもあるから，△ABC の重心である．

次に，例えば頂点 P，底面 QBC の四面体 P-QBC の体積を，〔P-QBC〕のように表すと，

〔P-ABC〕＝3×〔P-QBC〕.

これと題意の条件より

〔P-ABC〕＝3×〔O-ABC〕.

$\dfrac{1}{3}\cdot\triangle\mathrm{ABC}\cdot\mathrm{PQ}=3\times\dfrac{1}{3}\cdot\triangle\mathrm{ABC}\cdot\mathrm{OH}.$

$\therefore\ \mathrm{PQ}=3\times\mathrm{OH}.$

以上より，

$$\overrightarrow{\mathrm{OP}}=\overrightarrow{\mathrm{OQ}}+\overrightarrow{\mathrm{QP}}$$

$$=\overrightarrow{\mathrm{OQ}}+(-3)\overrightarrow{\mathrm{OH}}$$

$$=\frac{1}{3}(\vec{a}+\vec{b}+\vec{c})-3\cdot\frac{1}{9}(5\vec{a}+2\vec{b}+2\vec{c})$$

$$=-\frac{1}{3}(4\vec{a}+\vec{b}+\vec{c}).$$ //

参考　単に四面体 OABC の体積を求めたいなら，△OAC（直角三角形）を底面と見た方が得策です．

［→例題 5 12 d］

5 13 9　座標空間内の四面体の体積

根底 実戦　［→例題 5 12 e］

注　いずれも“番外編”的な問題です（笑）．各点の**座標そのもの**をよく見てください．

解答　(1) **着眼**　各点の座標を見て，あることに気付けば一瞬．■

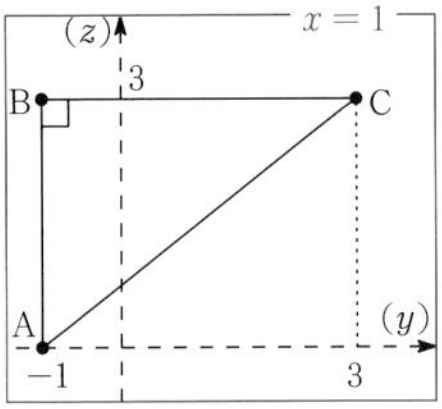

3 点 A，B，C は平面 $x=1$ 上にあり，右図の通り．

$\therefore\ \triangle\mathrm{ABC}=\dfrac{1}{2}\cdot4\cdot3=6.$

これを底面と見たときの四面体 D-ABC の高さは，x 座標に注目して

$4-1=3.$

$\therefore\ V=\dfrac{1}{3}\cdot6\cdot3=6.$ //

(2) **着眼**　C と D が原点 O に関して対称です．これを頭に入れて A，B の座標を見ると…A，B が xz 平面上にあります．そこで，xz 平面による断面はどうなるかと考えてみます．■

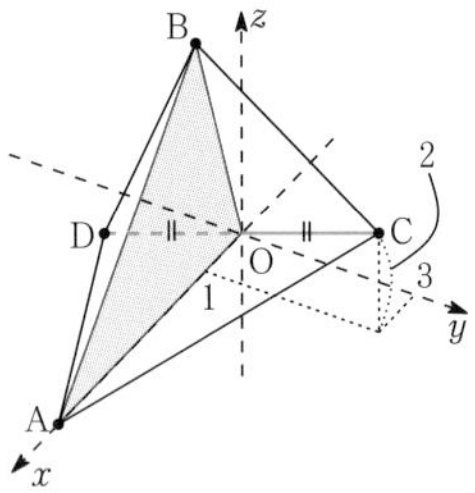

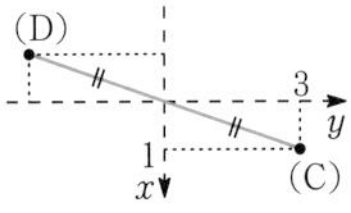

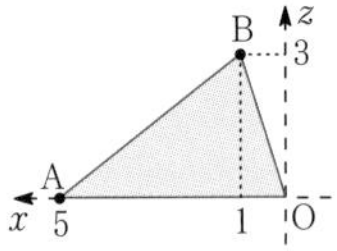

辺 CD の中点は O だから，この四面体の xz 平面による切り口は三角形 OAB であり，その面積は

$\dfrac{1}{2}\cdot5\cdot3=\dfrac{15}{2}.$

これによって分断されてできた四面体 2 つの高さは，

$|y_{\mathrm{C}}|=|y_{\mathrm{D}}|=3.$

以上より,

$$V=\frac{1}{3}\cdot\frac{15}{2}\cdot(3+3)=15.\,/\!/$$

解説 ここで用いた，四面体を平面で分断し，体積を

$$\frac{1}{3}\times \text{断面積}\times \text{高さの和}$$

と求める手法は，案外盲点のようです.

[→ I+A 5 14 4]

注 こんな問題が“単体で”出ることは考えにくいです．でも，他の何かと“抱き合わせ”で出題する場合，体積計算の手間を省くためにこのような設定にすることはあり得るかもしれません.

5 13 10 2つの動点・最短経路

根底 実戦 典型 入試

[→ I+A演習問題5 15 12, 13]

着眼 空間図形に関する有名問題 2 つをミックスした問題です．方針が浮かばない人は，

I+A演習問題5 15 12，I+A演習問題5 15 13を先に学んでくださいね.

方針 2 つの動点 P，Q があるので，「**1 つずつ動かす**」という原則通りに.

どちらを先に動かすかは試行錯誤ですが，Q を固定すると，有名問題そのものですね.

解答

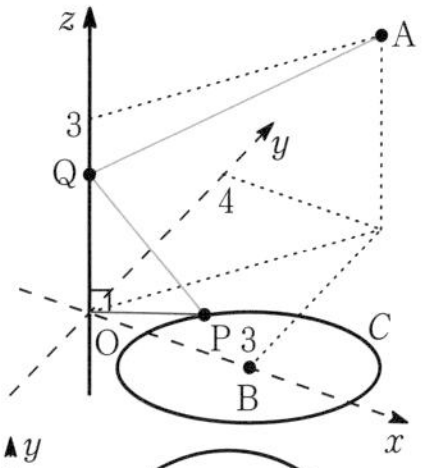

$L=AQ+QP$. …①

C の中心 $(3, 0, 0)$ を B とする.

1° Q を固定し，P を C 上で動かす.

①において AQ は一定.

QP について考えると，直角三角形 QOP に注目して

$$QP^2=\underbrace{QO^2}_{\text{一定}}+OP^2.$$

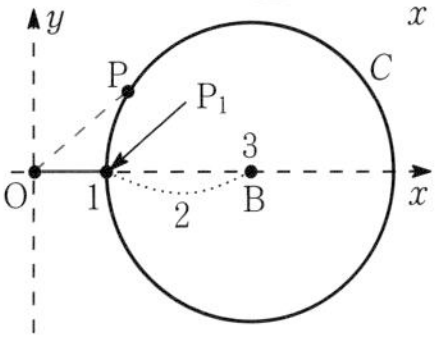

よって，OP，QP，L は全て $P=P_1$: $(1, 0, 0)$ のとき最小となる.

2° $P=P_1$ のときのみ考え，Q を z 軸上で動かす.

①より，$L=AQ+QP_1$. …②

方針 平面上における「折れ線の最短経路」と似てますね[→ I+A例題5 14 b]．線分 AQ を，QP_1 と同じ xz 平面内に長さを変えずに回転移動します．z 軸に関して P_1 と反対側にとるのがポイントです．■

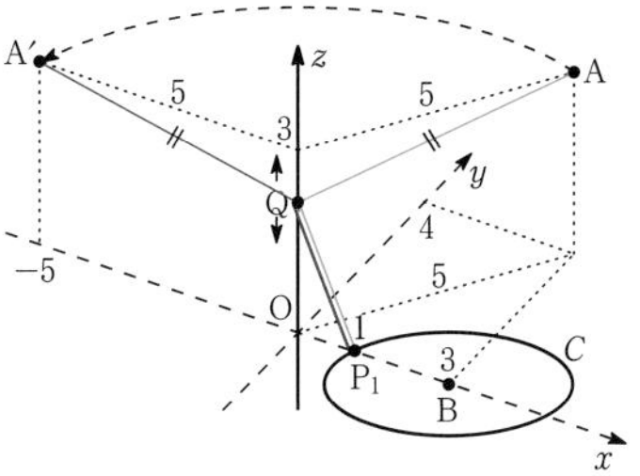

A を z 軸のまわりに回転移動して点 $A'(-5, 0, 3)$ をとると，$QA=QA'$．これと②より

$L=A'Q+QP_1$.

これは，$Q=Q_1$(右図) のときに最小となる.

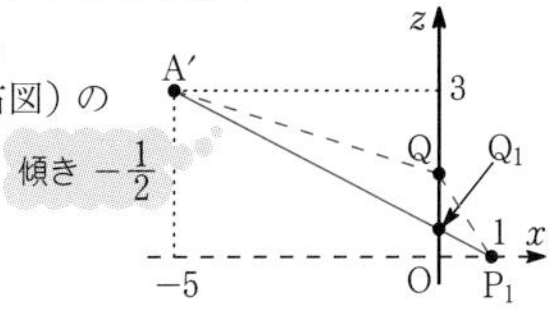

以上 1°, 2° より，求める最小値は

$$\min L=A'P_1=\left|\begin{pmatrix}6\\0\\-3\end{pmatrix}\right|=3\left|\begin{pmatrix}2\\0\\-1\end{pmatrix}\right|=3\sqrt{5}.\,/\!/$$

また，このときの P，Q は

$$P_1(1, 0, 0),\ Q_1\left(0, 0, \frac{1}{2}\right).\,/\!/$$

解説 前半の 1° が「点と円上の点の距離」，後半の 2° が「折れ線の最短経路」でした.

注 理系生は，P，Q の座標を変数で表して微分法を用いるなどの手がない訳ではありませんが，上記**解答**のように図形的に片付けたいです.

5 13 11 等面四面体

根底 実戦 入試

[→ I+A演習問題5 15 11]

注 OABC は，**例題5 12 d** と全く同一な**等面四面体**であり，解答も途中までは同じです.

方針 「垂直」を表すのに内積を使用しますから，予め“例の”準備をしておきます.

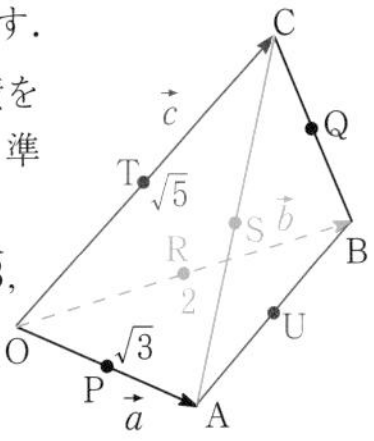

解答 (1) $\vec{a}=\overrightarrow{OA}$, $\vec{b}=\overrightarrow{OB}$, $\vec{c}=\overrightarrow{OC}$ とおくと，

$|\vec{a}|=\sqrt{3}$, $|\vec{b}|=2$, $|\vec{c}|=\sqrt{5}$.

△OAB において余弦定理を用いると

$$5=3+4-2\times\underbrace{\sqrt{3}\cdot 2\cdot\cos\angle BOA}_{\vec{a}\cdot\vec{b}}.$$

$\therefore \vec{a}\cdot\vec{b}=1$.

△OBC，△OCA において，同様に

$3=4+5-2\times\vec{b}\cdot\vec{c}$.　　$\therefore \vec{b}\cdot\vec{c}=3$.

$4=5+3-2\times\vec{c}\cdot\vec{a}$.　　$\therefore \vec{c}\cdot\vec{a}=2$.

(…ここまで，**例題5 12 d** と同じ…)

O を始点とする各中点の位置ベクトルは次の通り：

$P\left(\dfrac{\vec{a}}{2}\right)$, $Q\left(\dfrac{\vec{b}+\vec{c}}{2}\right)$,

$R\left(\dfrac{\vec{b}}{2}\right)$, $S\left(\dfrac{\vec{c}+\vec{a}}{2}\right)$,

$T\left(\dfrac{\vec{c}}{2}\right)$, $U\left(\dfrac{\vec{a}+\vec{b}}{2}\right)$.

よって

$$\overrightarrow{PQ}=\overrightarrow{OQ}-\overrightarrow{OP}=\frac{1}{2}(-\vec{a}+\vec{b}+\vec{c}),$$

$$\overrightarrow{RS}=\overrightarrow{OS}-\overrightarrow{OR}=\frac{1}{2}(\vec{a}-\vec{b}+\vec{c}),$$

$$\overrightarrow{TU}=\overrightarrow{OU}-\overrightarrow{OT}=\frac{1}{2}(\vec{a}+\vec{b}-\vec{c}).$$

したがって

$$\begin{aligned}4\overrightarrow{PQ}\cdot\overrightarrow{RS}&=(-\vec{a}+\vec{b}+\vec{c})\cdot(\vec{a}-\vec{b}+\vec{c})\\&=|\vec{c}|^2-|\vec{b}-\vec{a}|^2\\&=|\overrightarrow{OC}|^2-|\overrightarrow{AB}|^2=0.\end{aligned}$$

同様に,

$$4\overrightarrow{RS}\cdot\overrightarrow{TU}=|\overrightarrow{OA}|^2-|\overrightarrow{BC}|^2=0,$$

$$4\overrightarrow{TU}\cdot\overrightarrow{PQ}=|\overrightarrow{OB}|^2-|\overrightarrow{CA}|^2=0.$$

よって, 3 ベクトル $\overrightarrow{PQ}$, $\overrightarrow{RS}$, $\overrightarrow{TU}$ はどの 2 つも垂直.

方針 次に, 3 つの線分が共有点をもつことを示します. いわゆる**存在証明**です.「**具体的に提示**する」が第一手でしたね. [→ I+A 演習問題 5 15 11 下書き] 6 つの中点の位置ベクトルを傍観すると, なんとな～く…■

3 線分 PQ, RS, TU の中点は, いずれも位置ベクトルが $\dfrac{\vec{a}+\vec{b}+\vec{c}}{4}$ であるから一致する (この点を M とする). よって, これら 3 線分は 1 点 M で交わる. □

(2) **方針** (1)で考えた 3 線分の長さを求めたいですね. 素朴に内積計算しましょう. [1)] ■

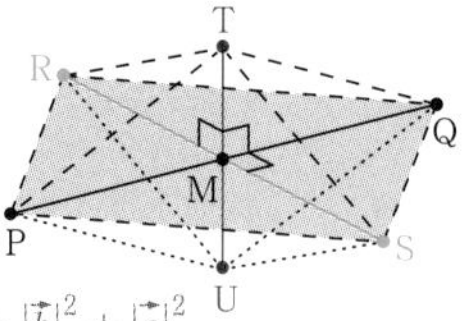

$$\begin{aligned}|-\vec{a}+\vec{b}+\vec{c}|^2&=|\vec{a}|^2+|\vec{b}|^2+|\vec{c}|^2\\&\quad-2\vec{a}\cdot\vec{b}+2\vec{b}\cdot\vec{c}-2\vec{c}\cdot\vec{a}\\&=3+4+5-2\cdot1+2\cdot3-2\cdot2=12,\end{aligned}$$

$$|\vec{a}-\vec{b}+\vec{c}|^2=3+4+5-2\cdot1-2\cdot3+2\cdot2=8,$$

$$|\vec{a}+\vec{b}-\vec{c}|^2=3+4+5+2\cdot1-2\cdot3-2\cdot2=4.$$

よって

$$PQ=\frac{\sqrt{12}}{2}=\sqrt{3},\ RS=\frac{\sqrt{8}}{2}=\sqrt{2},\ TU=\frac{\sqrt{4}}{2}=1.$$

ひし形 PSQR を底面とみて, その面積は

PQ ⊥ RS より $\dfrac{1}{2}PQ\cdot RS$.

また,

$\begin{cases}TU\perp PQ\\TU\perp RS\end{cases}$ より, TU ⊥ 平面 PSQR.

$$\begin{aligned}V_0&=\frac{1}{3}\times\frac{1}{2}PQ\cdot RS\times TU\ ^{2)}\\&=\frac{1}{6}\cdot\sqrt{3}\cdot\sqrt{2}\cdot1=\frac{\sqrt{6}}{6}.\ /\!/\end{aligned}$$

(3)

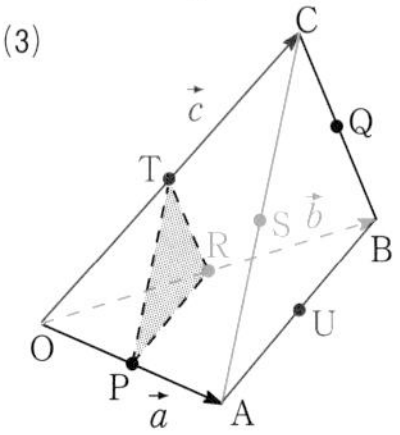

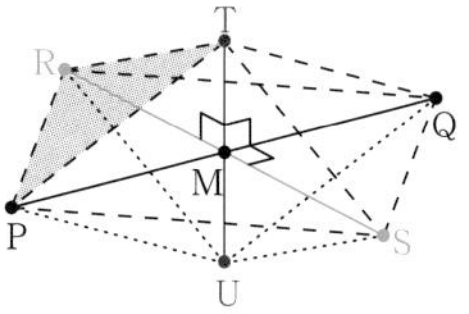

(2)の八面体は, 四面体 OABC から四面体 O-PRT など計 4 つを切り落としたものである. [3)]

四面体 O-ABC ∽ 四面体 O-PRT.

相似比は $1:\dfrac{1}{2}$ だから, 体積比は $1^3:\left(\dfrac{1}{2}\right)^3$.

$$\therefore V-4\times\frac{1}{8}V=V_0.$$

これと(2)より

$$\frac{1}{2}V=\frac{\sqrt{6}}{6}.\ \therefore\ V=\frac{\sqrt{6}}{3}.\ /\!/$$

解説 [3)]: ここは, 立体認識が不得手な人には難しいでしょう. 四面体からの"切り落とし"により, △PRT, △PST など 8 つの三角形からなる(2)の八面体ができることを確認してみてください.

補足 [2)]: ひし形 PSQR を底面としてその上・下にある 2 つの四角錐の体積を, 初めから 1 つにまとめて立式しちゃいました.

注 [1)]: この部分は, 実をいうと**図形そのもの**をよく見れば中学レベルの知識で片付きます: △COA において, 中点連結定理より

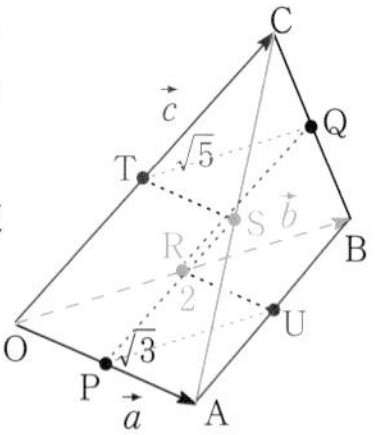

$$TS=\frac{1}{2}OA=\frac{\sqrt{3}}{2}.$$

同様に

$$TQ=\frac{1}{2}OB=1,\ PS=\frac{1}{2}OC=\frac{\sqrt{5}}{2}.$$

よって, $x=\dfrac{1}{2}PQ$, $y=\dfrac{1}{2}RS$, $z=\dfrac{1}{2}TU$ とおくと, 直角三角形 MST(左列の図) に注目して

$$y^2+z^2=\frac{3}{4}.$$

同様にして

$$z^2+x^2=1,$$

$$x^2+y^2=\frac{5}{4}.$$

辺々加えると

$$2(x^2+y^2+z^2)=3.\quad x^2+y^2+z^2=\frac{3}{2}=\frac{6}{4}.$$

$$\therefore x=\frac{\sqrt{3}}{2},\ y=\frac{\sqrt{2}}{2},\ z=\frac{1}{2}.$$

参考

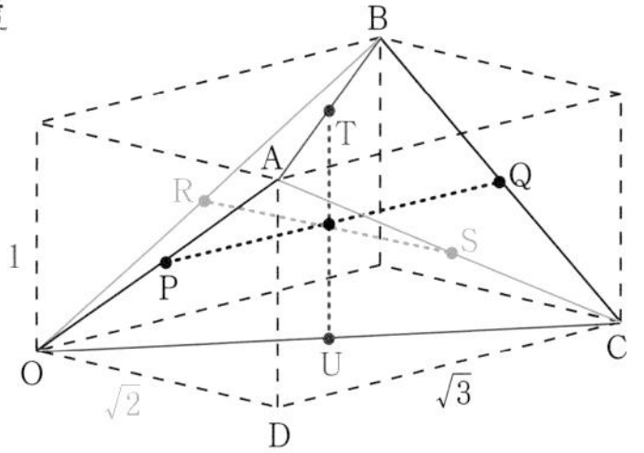

Ⅰ+A 演習問題 5 15 11 で述べた通り，等面四面体は上図のような直方体に“埋め込んで”考えることができることが有名です．この知識を用いると，直方体から ODCA など 4 つの四面体を“切り落とす”ことにより，

$$V=\sqrt{2}\cdot\sqrt{3}\cdot 1\times\left(1-4\times\frac{1}{2}\cdot\frac{1}{3}\right)=\frac{\sqrt{6}}{3}$$

と求めることもできます．

注意！ この知識は，しばしば等面四面体関連の問題を楽に解くためのウラワザとして紹介され，なんの説明もなく直方体に“埋め込んで”解答を済ます生徒が散見されます．もちろん，そうした態度では正解と認められない可能性が高いのみならず，そもそもアナタの学力伸長の妨げとなります．お気をつけて．

5 13 12 直稜四面体

根底 実戦 入試 [→ Ⅰ+A 5 14 3]

語記サポ 四面体において，共有点をもたない 2 本の辺の組合せを「対稜（たいりょう）」といいます．対稜となる 2 辺は**ねじれの位置**にあります．

①は，3 組の対稜がそれぞれ垂直であることを表します．このような四面体を**直稜（ちょくりょう）四面体**といいます．[1)]

方針 「垂直」→「内積 $=0$」の流れから，どのようにして「面積」と結びつけるか？

解答 $\vec{a}=\overrightarrow{OA},\ \vec{b}=\overrightarrow{OB},\ \vec{c}=\overrightarrow{OC}$ とおくと，

①より $OA\perp BC$．よって

$$\overrightarrow{OA}\cdot\overrightarrow{BC}=0.\quad \vec{a}\cdot(\vec{c}-\vec{b})=0.$$

$$\therefore \vec{a}\cdot\vec{b}=\vec{a}\cdot\vec{c}.$$

$OB\perp CA$ より，同様にして，

$$\vec{a}\cdot\vec{b}=\vec{b}\cdot\vec{c}.$$

$$\therefore \vec{a}\cdot\vec{b}=\vec{b}\cdot\vec{c}=\vec{c}\cdot\vec{a}.\ \cdots ③$$ [2)]

次に②について考える．

$$\triangle OAB=\frac{1}{2}\sqrt{|\vec{a}|^2|\vec{b}|^2-(\vec{a}\cdot\vec{b})^2},$$ [3)]

$$\triangle OBC=\frac{1}{2}\sqrt{|\vec{b}|^2|\vec{c}|^2-(\vec{b}\cdot\vec{c})^2},$$

$$\triangle OCA=\frac{1}{2}\sqrt{|\vec{c}|^2|\vec{a}|^2-(\vec{c}\cdot\vec{a})^2}.$$

②よりこれら 3 つは等しい．

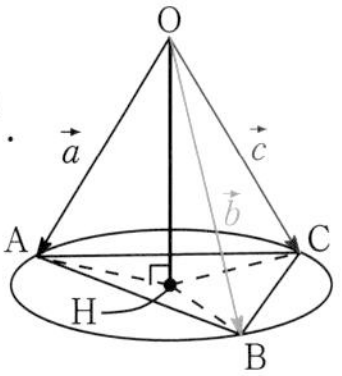

これと③より

$$|\vec{a}|^2|\vec{b}|^2=|\vec{b}|^2|\vec{c}|^2=|\vec{c}|^2|\vec{a}|^2.$$

$|\vec{a}|,\ |\vec{b}|,\ |\vec{c}|\neq 0$ だから

$$|\vec{a}|^2=|\vec{c}|^2,\ |\vec{b}|^2=|\vec{a}|^2.$$

$$\therefore |\vec{a}|=|\vec{b}|=|\vec{c}|.\ \cdots ④$$

つまり，三角錐 OABC において母線 OA，OB，OC の長さが等しいので，垂線の足 H は底面：△ABC の**外心**である．[4)]

さらに，△ABC において

$$|\overrightarrow{AB}|^2=|\vec{b}-\vec{a}|^2=|\vec{b}|^2-2\vec{b}\cdot\vec{a}+|\vec{a}|^2,$$

$$|\overrightarrow{BC}|^2=|\vec{c}-\vec{b}|^2=|\vec{c}|^2-2\vec{c}\cdot\vec{b}+|\vec{b}|^2,$$

$$|\overrightarrow{CA}|^2=|\vec{a}-\vec{c}|^2=|\vec{a}|^2-2\vec{a}\cdot\vec{c}+|\vec{c}|^2.$$

③④よりこれら 3 つは全て等しいので，

$$AB=BC=CA.$$

つまり △ABC は正三角形なので，その外心と重心は一致する．[5)]

以上より，H は △ABC の重心．□

解説 3)：この面積公式が，**方針**で述べた「内積」と「面積」を結びつけてくれましたね．

注 4)：ここでは初等幾何における定理（常識）として使っています[→ Ⅰ+A 5 14 3]．証明を書き添えるなら，3 つの直角三角形 OHA，OHB，OHC が合同であることに言及するまでです．

5)：これは常識としてよいと思います．

[→ Ⅰ+A 例題 5 6 C (1)]．

言い訳 「垂線の足」という古めかしい表現を使っちゃいました．便利なので（笑）．

言い訳 1)2)：①の 3 条件のうち，$OC\perp AB$ は使っていません．この前で考えた対稜 2 組の垂直から③が導かれ，それによって残り 1 組の垂直が導かれます．つまり本問は，実は条件過多な問題なんです．

参考 1)：前問で扱った「等面四面体」は，「3 組の対稜がそれぞれ等しい四面体」と説明することができますね．

第5章 ベクトル

5 13 13 4つのベクトルと四面体

根底 実戦 入試

[→例題5 12 d]

余談　元の四面体 DABC は，演習問題5 13 8と同一です(点の名前が入れ替わったりしていますが).

注　ベクトル $\vec{p}, \vec{q}, \vec{r}$ のとり方が，いつもと違って始点がバラバラです．また，$\vec{x}$ は他のベクトルで表せます．(なので，他と区別がつきやすいアルファベット「x」を使用しました．)

方針　元の四面体 DABC から $\vec{p}, \vec{q}, \vec{r}$ に関する情報を得て，後の四面体の考察へ活かしましょう．

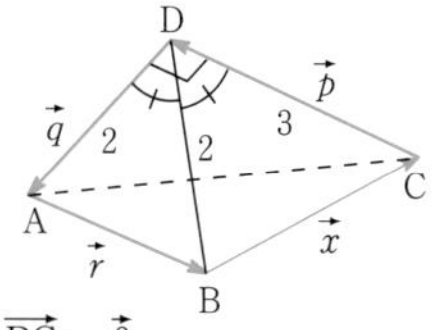

解答　$\vec{p}+\vec{q}+\vec{r}+\vec{x}$

$$=\overrightarrow{CD}+\overrightarrow{DA}+\overrightarrow{AB}+\overrightarrow{BC}=\vec{0}.$$

$\therefore\ \vec{x}=-(\vec{p}+\vec{q}+\vec{r}).$ …①

以下，$\vec{p}, \vec{q}, \vec{r}$ について考える．

直角三角形 CDA に着目して

$|\vec{p}|=3,\ |\vec{q}|=2,\ \vec{p}\cdot\vec{q}=0.$

△DAB は正三角形だから，

$|\vec{r}|=2,$

$\vec{q}\cdot\vec{r}=2\cdot2\cdot\cos120^\circ=-2.$

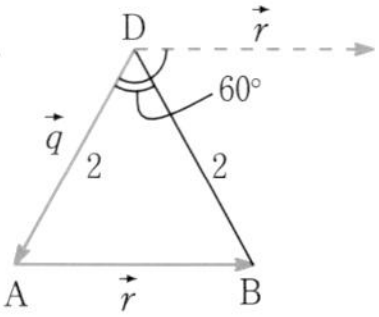

△DBC に注目して，

$\overrightarrow{DB}\cdot\overrightarrow{DC}=2\cdot3\cdot\cos60^\circ=3$ より，

$(\vec{q}+\vec{r})\cdot(-\vec{p})=3.$

$\vec{p}\cdot\vec{q}=0$ より，$\vec{p}\cdot\vec{r}=-3.$

以上をまとめると

$|\vec{p}|=3,\ |\vec{q}|=2,\ |\vec{r}|=2.$

$\vec{p}\cdot\vec{q}=0,\ \vec{q}\cdot\vec{r}=-2,\ \vec{r}\cdot\vec{p}=-3.$ …②

方針　後の四面体 XPQR について考えます．まず，②から四面体 OPQR が定まり，その後①により X も決まります．

四面体 OPQR においては，直角三角形 OPQ を底面とみるとよいでしょう．■

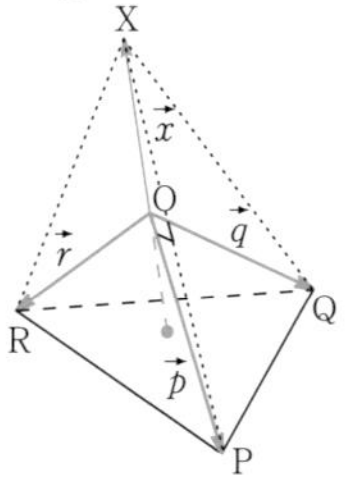

右図のように垂線 RH を引く．

○ H は平面 OPQ 上だから，

$\overrightarrow{OH}=s\vec{p}+t\vec{q}$ …③

と表せる．

○ RH ⊥ 平面 OPQ だから，

$$\begin{cases}\mathrm{RH}\perp\mathrm{OP}\\ \mathrm{RH}\perp\mathrm{OQ}.\end{cases}\quad \text{i.e.}\ \begin{cases}\overrightarrow{RH}\cdot\vec{p}=0 & \cdots④\\ \overrightarrow{RH}\cdot\vec{q}=0. & \cdots⑤\end{cases}$$

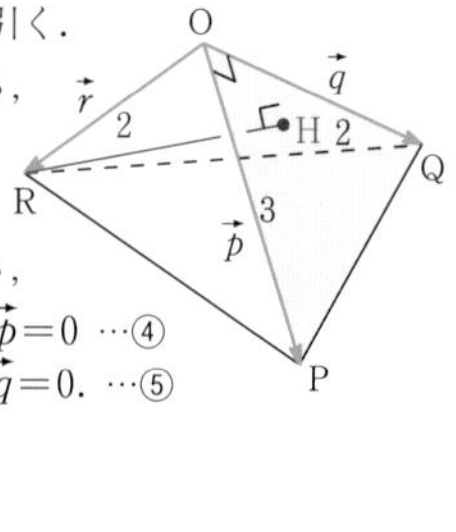

③④より

$(s\vec{p}+t\vec{q}-\vec{r})\cdot\vec{p}=0.$

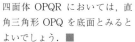

$9s+3=0\ (\because\ ②).\ \therefore\ s=-\dfrac{1}{3}.$

③⑤より

$(s\vec{p}+t\vec{q}-\vec{r})\cdot\vec{q}=0.$

$4t+2=0\ (\because\ ②).\ \therefore\ t=-\dfrac{1}{2}.$

よって，

$$\overrightarrow{RH}=-\frac{1}{3}\vec{p}-\frac{1}{2}\vec{q}-\vec{r}.$$

$$\therefore\ \left|\overrightarrow{RH}\right|^2=\left|\frac{1}{3}\vec{p}+\frac{1}{2}\vec{q}+\vec{r}\right|^2\ ^{1)}$$

$$=\frac{1}{9}\cdot9+\frac{1}{4}\cdot4+4-2+\frac{2}{3}\cdot(-3)=2.$$

$\therefore\ \mathrm{RH}=\sqrt{2}.$

また，$\angle\mathrm{QOP}=90^\circ$ より

$\triangle\mathrm{OPQ}=\dfrac{1}{2}\cdot3\cdot2=3.$

よって四面体 OPQR の体積は

$V':=\dfrac{1}{3}\cdot3\cdot\sqrt{2}=\sqrt{2}.$

次に，①より

$$\overrightarrow{OX}=\vec{x}=-3\cdot\frac{\vec{p}+\vec{q}+\vec{r}}{3}=-3\overrightarrow{OG}.$$

(G は △PQR の重心.)

四面体 X-PQR と O-PQR の体積を，△PQR を共通底面とみて比べて，右図より

$V=4V'=4\sqrt{2}.$ //

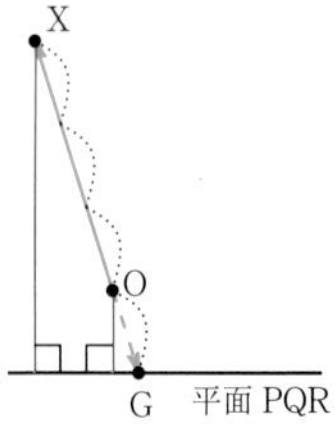

解説　四面体 OPQR の体積は △OPQ を底面とみましたが，四面体 XPQR の体積との比較においては △PQR を共通な底面とみました.

注　$s, t<0$ ですので，H は実際には △OPQ の外部にあります．

1)：分数係数を含めて内積計算しちゃってます．これは，次行の赤波線部のように「約分」ができることを見越してのことです．

5 13 14 座標空間内の軌跡

根底 実戦 入試

[→演習問題5 10 12]

着眼　座標空間における問題ですが，重要なのは xy 平面上の 2 点 Q，R の関係です．

注　点 P は両者の間を取り次ぐだけの点．座標設定などはしませんよ．

方針　いつも通りです．まずは図形そのものを見る．そして合言葉：「消したい R を残したい Q で表す．」

解答 平面 ABP による断面は次のようになる：

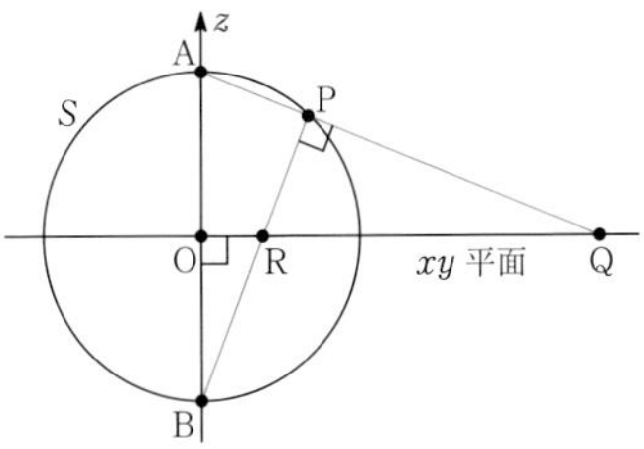

△BOR ∽ △BPA ∽ △QOA より

$$\mathrm{BO} : \mathrm{OR} = \mathrm{QO} : \mathrm{OA}.$$

$$\mathrm{OQ} \cdot \mathrm{OR} = \mathrm{OA} \cdot \mathrm{OB} = 1. \quad \cdots ②$$

$$\therefore \overrightarrow{\mathrm{OR}} = \underbrace{+\mathrm{OR}}_{\text{符号付長さ}} \cdot \underbrace{\frac{\overrightarrow{\mathrm{OQ}}}{\mathrm{OQ}}}_{\text{単位ベクトル}} = \frac{1}{\mathrm{OQ}^2}\overrightarrow{\mathrm{OQ}} \ (\because ②).$$

$\mathrm{Q}(X, Y)$，$\mathrm{R}(x, y)$ とおくと

$$\begin{pmatrix} x \\ y \end{pmatrix} = \frac{1}{X^2+Y^2}\begin{pmatrix} X \\ Y \end{pmatrix}.$$

これを①へ代入して

$$\begin{cases} \dfrac{X}{X^2+Y^2} + \dfrac{Y}{X^2+Y^2} = \dfrac{1}{2}, \\ \dfrac{X}{X^2+Y^2} \geq 0, \ \dfrac{Y}{X^2+Y^2} \geq 0. \end{cases}$$

$(X, Y) \neq (0, 0)$ のもとで，

$$X^2 + Y^2 - 2X - 2Y = 0, \ X \geq 0, \ Y \geq 0.$$

以上より求める軌跡は

$$x^2 + y^2 - 2x - 2y = 0, \ z = 0,^{1)}$$

$$x \geq 0, \ y \geq 0, \ (x, y) \neq (0, 0). /\!/$$

解説 ②以降は純粋なる座標平面上の問題であり，「反転」という有名テーマでした．[→ Ⅱ+B 例題 3 8 r]

補足 1)：いちおう座標空間内の問題ですから，「線」を表すにはこのように方程式を連立します．

注 軌跡が未知な Q を軌跡が既知な R で表そうとするのが下手な解答（誘導）の見本．P の座標を設定するのは，さらに遠回りな珍答（笑）．

5 13 15 球面と直線が接する条件 [→例題 5 12 l]

根底 実戦 入試

着眼 「円」に関する問題と同様，「接する」の表し方のうち，接点重視・軽視のどちらでいくかを意思決定します．

【「接する」の表現法】

	曲線一般		円，球の場合
接点重視	ⓐ微分法		ⓓ接線公式（円のみ）
	ⓑ $(x-\alpha)^2$	重解条件	
接点軽視	ⓒ判別式＝0		ⓔ中心との距離＝半径

本問では，接点自体は問われていないので「軽視」の方でいきたいですね．

解答 l 上の任意の点を P とすると

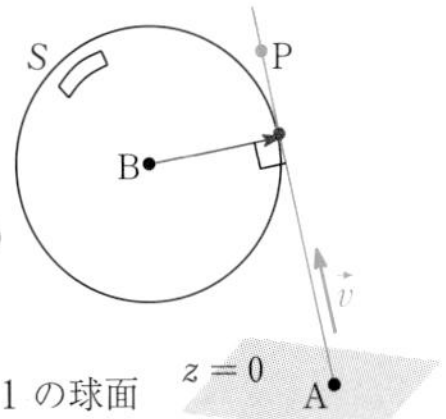

$$\overrightarrow{\mathrm{OP}} = \overrightarrow{\mathrm{OA}} + t\vec{v}$$

$$= \begin{pmatrix} a \\ b \\ 0 \end{pmatrix} + t\begin{pmatrix} 1 \\ 0 \\ 2 \end{pmatrix} \quad \cdots ①$$

と表せる．

S は中心 B(1, 2, 3) 半径 1 の球面であり，P が S 上にもあるための条件は

$$|\overrightarrow{\mathrm{BP}}| = 1. \quad \cdots ②$$

①を用いて②を表すと

$$\left| \begin{pmatrix} a-1 \\ b-2 \\ -3 \end{pmatrix} + t\begin{pmatrix} 1 \\ 0 \\ 2 \end{pmatrix} \right|^2 = 1^2.$$

$$(a-1)^2 + (b-2)^2 + 9 + 2t(a-7) + t^2 \cdot 5 = 1. \quad \cdots ③$$

$$5t^2 + 2(a-7) \cdot t + (a-1)^2 + (b-2)^2 + 8 = 0.$$

l, S が接する（つまりただ 1 つの点を共有する）ための条件は，これが重解を持つこと，すなわち

判別式/4

$$= (a-7)^2 - 5\{(a-1)^2 + (b-2)^2 + 8\} = 0.$$

以上より，求める a, b の条件は

$$4a^2 + 5b^2 + 4a - 20b + 16 = 0. /\!/ \quad \cdots ④$$

解説 l 上の任意の点の位置ベクトルを，①のように「変数集約形」で表すと，その後の計算がスムーズです．②において，①から得られる点 P の座標を S の方程式へ代入するのは典型的な下手解法．「t」や「t^2」がばら撒(ま)かれて面倒になります．③のように t を集約したまま計算します．

参考 答えの④式を満たす点 $(a, b, 0)$ の軌跡は「楕(だ)円(えん)」です．④は，$\vec{v}$ に平行な S の接線と xy 平面が交わる点の軌跡の方程式だと考えることができます．

5 13 16 空間座標内の軌跡 [→例題 5 12 l]

根底 実戦 入試

考え方 例題 5 12 l と同じです．下図で「○」の付いた Q は F に属し，「×」の付いた Q は F に属しません．「点 Q をどこに**固定**すると題意の条件が成り立つか？」と考えます．

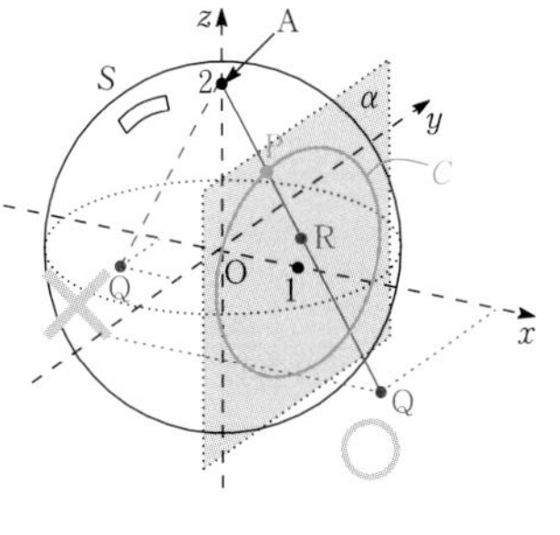

注　「円周 C」は，「球面 S と平面 α の交わり」です．つまり，P が C 上にあるとは，「球面 S 上」かつ「平面 α 上」ということです．

解答　球面 S は中心が原点 O であり半径は 2．
$\mathrm{Q}(X, Y, 0)$ とおく．直線 AQ 上の任意の点を R とすると

$$\overrightarrow{\mathrm{OR}} = \overrightarrow{\mathrm{OA}} + t\overrightarrow{\mathrm{AQ}}$$
$$= \begin{pmatrix} 0 \\ 0 \\ 2 \end{pmatrix} + t\begin{pmatrix} X \\ Y \\ -2 \end{pmatrix} \quad \cdots ①\text{と表せる．}$$

R が α 上にもあるための条件は，$X \neq 0$ のもとで，

$$x_{\mathrm{R}} = tX = 1. \ \text{i.e.}\ t = \frac{1}{X}.$$

このとき①より

$$\overrightarrow{\mathrm{OR}} = \begin{pmatrix} 0 \\ 0 \\ 2 \end{pmatrix} + \frac{1}{X}\begin{pmatrix} X \\ Y \\ -2 \end{pmatrix} = \begin{pmatrix} 1 \\ Y/X \\ 2-\frac{2}{X} \end{pmatrix}.$$

R が交円 C 上にあるための条件は，これがさらに S 上にもあること．すなわち

$$|\overrightarrow{\mathrm{OR}}| = 2.$$
$$1^2 + \left(\frac{Y}{X}\right)^2 + \left(2-\frac{2}{X}\right)^2 = 2^2.$$
$$Y^2 + (2X-2)^2 = 3X^2.$$
$$X^2 + Y^2 - 8X + 4 = 0.$$

以上より，求める点 Q の軌跡は

円 $(x-4)^2 + y^2 = (2\sqrt{3})^2,\ z = 0.$ //

($x \neq 0$ も成り立つ.)

注　図形全体を y 軸の負の向きから見ると次のようになっています．

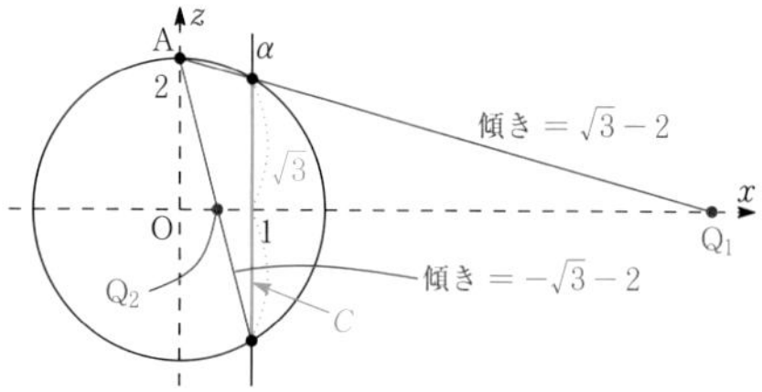

図の 2 点 Q_1，Q_2 の x 座標は，

$$\mathrm{Q}_1 \cdots \frac{2}{2-\sqrt{3}} = \frac{2(2+\sqrt{3})}{4-3} = 4 + 2\sqrt{3}.$$
$$\mathrm{Q}_2 \cdots \frac{2}{2+\sqrt{3}} = \frac{2(2-\sqrt{3})}{4-3} = 4 - 2\sqrt{3}.$$

どうやら Q の軌跡は $4-2\sqrt{3} \leq x \leq 4+2\sqrt{3}$ の範囲にありそうですね．これは，上記結果と合致しています．筆者が受験生なら，試験場では必ずこうしたチェックをやります！

5 13 17　平面の方程式・正四角錐

根底　実戦　入試　　[→例題 5 12 h]

方針　垂線の足が利用できます．

着眼　方程式①は，そこから α の法線ベクトルに関する情報を抜き出したらお払い箱．方程式自体は使いません(笑)．

解答　A から α へ垂線 AH を下ろす．
①より，α の法線ベクトルは

$$\vec{n} := \begin{pmatrix} 2 \\ -1 \\ 3 \end{pmatrix}.$$

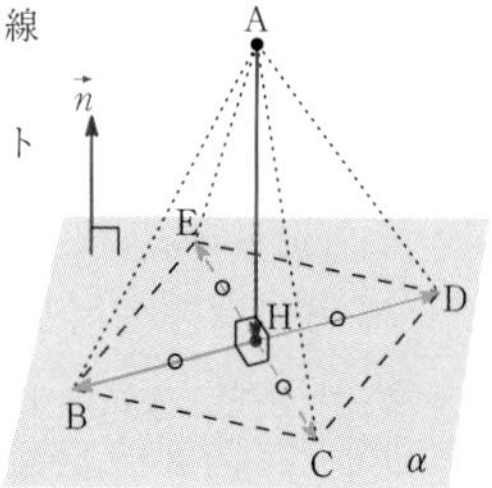

∘ AH // $\vec{n}$ より

$$\overrightarrow{\mathrm{BH}} = \overrightarrow{\mathrm{BA}} + \overrightarrow{\mathrm{AH}}$$
[1]
$$= \overrightarrow{\mathrm{BA}} + k\vec{n} \quad \cdots ②$$

と表せる．

∘ H は α 上にあるから，$\overrightarrow{\mathrm{BH}} \perp \vec{n}$．これと②より

$$(\overrightarrow{\mathrm{BA}} + k\vec{n}) \cdot \vec{n} = 0. \quad \overrightarrow{\mathrm{BA}} \cdot \vec{n} + k|\vec{n}|^2 = 0.$$

$$k = \frac{\overrightarrow{\mathrm{AB}} \cdot \vec{n}}{|\vec{n}|^2} = \frac{1}{14}\begin{pmatrix} -2 \\ 3 \\ -7 \end{pmatrix} \cdot \begin{pmatrix} 2 \\ -1 \\ 3 \end{pmatrix} = \frac{-28}{14} = -2.$$
[2]

これと②より

$$\overrightarrow{\mathrm{BH}} = \overrightarrow{\mathrm{BA}} - 2\vec{n}$$
$$= \begin{pmatrix} 2 \\ -3 \\ 7 \end{pmatrix} - 2\begin{pmatrix} 2 \\ -1 \\ 3 \end{pmatrix} = \begin{pmatrix} -2 \\ -1 \\ 1 \end{pmatrix}.$$

これを用いると

$$\overrightarrow{\mathrm{OH}} = \overrightarrow{\mathrm{OB}} + \overrightarrow{\mathrm{BH}} = \begin{pmatrix} 1 \\ 0 \\ 0 \end{pmatrix} + \begin{pmatrix} -2 \\ -1 \\ 1 \end{pmatrix} = \begin{pmatrix} -1 \\ -1 \\ 1 \end{pmatrix}.$$

$$\overrightarrow{\mathrm{OD}} = \overrightarrow{\mathrm{OH}} + \overrightarrow{\mathrm{HD}}$$
$$= \overrightarrow{\mathrm{OH}} + \overrightarrow{\mathrm{BH}} = \begin{pmatrix} -1 \\ -1 \\ 1 \end{pmatrix} + \begin{pmatrix} -2 \\ -1 \\ 1 \end{pmatrix} = \begin{pmatrix} -3 \\ -2 \\ 2 \end{pmatrix}.$$

i.e. $\mathrm{D}(-3, -2, 2)$. //

次に，$\overrightarrow{\mathrm{HC}}, \overrightarrow{\mathrm{HE}}$ は，$\overrightarrow{\mathrm{BH}}, \vec{n}$ のいずれとも垂直[3]なベクトル $\vec{u} := \begin{pmatrix} a \\ b \\ c \end{pmatrix}$ と平行．

$$\overrightarrow{\mathrm{BH}} \cdot \vec{u} = -2a - b + c = 0$$
$$\vec{n} \cdot \vec{u} = 2a - b + 3c = 0.$$

辺々引いて，足すと

$$-4a - 2c = 0,\ -2b + 4c = 0.$$
$$c = -2a,\ b = 2c = -4a.$$

$$\therefore \vec{u} = \begin{pmatrix} a \\ -4a \\ -2a \end{pmatrix} // \begin{pmatrix} 1 \\ -4 \\ -2 \end{pmatrix} (= \vec{v}\text{とおく}).$$

これと $|\overrightarrow{\mathrm{HC}}| = |\overrightarrow{\mathrm{HE}}| = |\overrightarrow{\mathrm{BH}}|$ より，$\overrightarrow{\mathrm{HC}}, \overrightarrow{\mathrm{HE}}$ は，

$$\underbrace{\pm\left|\overrightarrow{\mathrm{BH}}\right|}_{\text{符号付長さ}}\cdot\underbrace{\frac{\vec{v}}{|\vec{v}|}}_{\text{単位ベクトル}}=\pm\sqrt{6}\cdot\frac{1}{\sqrt{21}}\begin{pmatrix}1\\-4\\-2\end{pmatrix}=\pm\sqrt{\frac{2}{7}}\begin{pmatrix}1\\-4\\-2\end{pmatrix}.$$

これと $\overrightarrow{\mathrm{OC}}=\overrightarrow{\mathrm{OH}}+\overrightarrow{\mathrm{HC}}$, $\overrightarrow{\mathrm{OE}}=\overrightarrow{\mathrm{OH}}+\overrightarrow{\mathrm{HE}}$，および $x_{\mathrm{C}}<x_{\mathrm{E}}$ より

$$\mathrm{C}\left(-1-\sqrt{\frac{2}{7}},\ -1+4\sqrt{\frac{2}{7}},\ 1+2\sqrt{\frac{2}{7}}\right),$$

$$\mathrm{E}\left(-1+\sqrt{\frac{2}{7}},\ -1-4\sqrt{\frac{2}{7}},\ 1-2\sqrt{\frac{2}{7}}\right).\,/\!/$$

注 1)：Hの座標は問われていないので，その後の内積処理を重視し，初めからBを始点にとりました．

3)：空間内のベクトルの向きは，それと垂直な2つの(互いに平行でない)ベクトルから得られます．

2)：見覚えのある形ですね．正射影ベクトルが使いこなせているなら，次のように片付けます：

別解 $\overrightarrow{\mathrm{AH}}$ は，$\overrightarrow{\mathrm{AB}}$ の $\vec{n}$ への正射影ベクトルだから

$$\overrightarrow{\mathrm{AH}}=\underbrace{\frac{\vec{n}\cdot\overrightarrow{\mathrm{AB}}}{|\vec{n}|}}_{\text{“符号付長さ”}}\cdot\underbrace{\frac{\vec{n}}{|\vec{n}|}}_{\text{単位ベクトル}}\ \cdots③$$

$$=\frac{1}{14}\left\{\begin{pmatrix}2\\-1\\3\end{pmatrix}\cdot\begin{pmatrix}-2\\3\\-7\end{pmatrix}\right\}\vec{n}$$

$$=\frac{-28}{14}\vec{n}=-2\vec{n}.$$

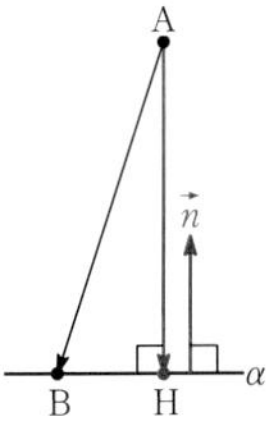

$$\therefore\ \overrightarrow{\mathrm{BH}}=\overrightarrow{\mathrm{BA}}+\overrightarrow{\mathrm{AH}}=\overrightarrow{\mathrm{BA}}-2\vec{n}=\begin{pmatrix}2\\-3\\7\end{pmatrix}-2\begin{pmatrix}2\\-1\\3\end{pmatrix}=\begin{pmatrix}-2\\-1\\1\end{pmatrix}.$$

(…以下同様…)

参考 ③の考えを理解していれば，「点と平面の距離公式」も瞬時に導けます．(Ⅱ+B 3 3「点と直線の距離公式」と全く同様な導き方です．)

点Aと平面 α の距離は

$$\left|\overrightarrow{\mathrm{AH}}\right|=\left|\underbrace{\frac{\vec{n}\cdot\overrightarrow{\mathrm{AB}}}{|\vec{n}|}}_{\text{“符号付長さ”}}\right|=\frac{\left|\vec{n}\cdot\overrightarrow{\mathrm{B}\boxed{\mathrm{A}}}\right|}{|\vec{n}|}.\ \cdots④$$

ここで，α 上の任意の点Pが満たす条件(α のベクトル方程式)は

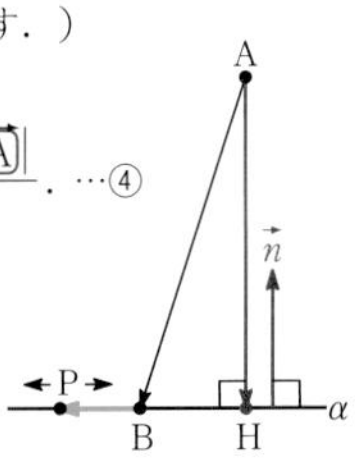

$$\vec{n}\cdot\overrightarrow{\mathrm{BP}}=0.\quad \text{i.e.}\ \begin{pmatrix}2\\-1\\3\end{pmatrix}\cdot\left\{\begin{pmatrix}x\\y\\z\end{pmatrix}-\begin{pmatrix}1\\0\\0\end{pmatrix}\right\}=0.$$

つまり，α の方程式①の左辺は「$\vec{n}\cdot\overrightarrow{\mathrm{B}\boxed{\mathrm{P}}}$」であり，④の右辺の分子絶対値記号内は，$\boxed{\mathrm{P}}$ の所へ $\boxed{\mathrm{A}}$ を代入したものに他なりませんね．

これを一般化して述べると，座標空間において，点Aと平面 $ax+by+cz+d=0$ …①′ の距離は

$$\frac{|\text{①′の左辺に A を代入}|}{\text{法線ベクトルの大きさ}}\ \cdots\ \sqrt{a^2+b^2+c^2}$$

となります．要は，「点と直線の距離公式」と全く同じ結果ですね．例題5 12 h 参考で述べた通り，この結果を暗記する価値はありません(笑)．

5 13 18 直円柱の交わり

根底 実戦 入試 [→例題5 12 j]

方針 「図形そのもの」を見てもよくわからないでしょう(笑)．「方程式」を同値変形すればアッサリ解決．

解答 ①②を連立する．①－② より

$$y^2-x^2=0.\ \text{i.e.}\ y=\pm x.\ \cdots③$$

これらは1次方程式だから，平面を表す．

よって，$C_1\cap C_2$ 上の点は全て平面③上にある．これが求める方程式である．

解説 解答は数行でしたが(笑)，交わり $C_1\cap C_2$ を表す式の同値変形について理解しておきましょう：

$$C_1\cap C_2:\begin{cases}① & \text{円柱 } C_1\\ ② & \text{円柱 } C_2\end{cases}\iff\begin{cases}① & \text{円柱 } C_1\\ ③ & \text{平面 } y=\pm x\end{cases}$$

この同値変形は，赤字で書き添えた“図形の組み替え”と対応しています．図示すると次の通りです：

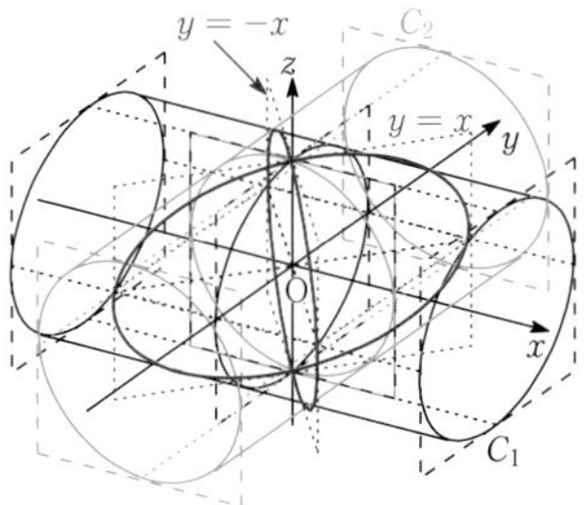

立体を見ただけではよくわかりませんが，「式」を利用すると実に単純明快ですね(笑)．

「円柱と円柱」→「円柱と平面」と組み替えました．要するに交わり $C_1\cap C_2$ は，円柱側面の“斜めな”平面による切り口であり，実は「楕円」(図中赤太線)です．[→7]

なお，これと同じ図形を例題4 9 k で扱います(側面の展開図にはサインカーブが現れます)．

注 上記では円柱 C_1 の方を残しましたが，C_2 の方を残しても同様です．

第5章 ベクトル

5 13 19 震源・震央

根底 実戦 入試 [→例題 5 12 j]

注 実際の「距離」(単位：km) を 10 で割ったものが「座標」となります．

解答 (1) ①②より，H(x, y, z) $(z \le 0)$ は次を満たす：

$$\begin{cases}(x+2)^2+y^2+z^2=13^2=169, & \cdots ①' \\ (x-4)^2+y^2+z^2=11^2=121. & \cdots ②'\end{cases}$$

①′かつ②′が表す図形が求める円周 C である．

①′ − ②′より　$(x+2)^2-(x-4)^2$

$(2x-2)\cdot 6=48$. i.e. $x=5$. …④

これと②′より

$y^2+z^2=120$. …⑤

ここに，

$$C:\begin{cases}①' & \text{球面}\\ ②' & \text{球面}\end{cases} \iff \begin{cases}④ & \text{平面}\ \alpha\\ ②' & \text{球面}\end{cases} \iff \begin{cases}④ & \text{平面}\ \alpha\\ ⑤ & \text{円柱}\end{cases}.$$

注 各方程式が表す図形を赤字で書き添えました．■

したがって，求める円周 C は，

平面④: $x=5$ 上にあり，

中心は $(5, 0, 0)$,

半径 $=\sqrt{120}=2\sqrt{30}$.//

また，H(x, y, z) に対して E$(x, y, 0)$ であるから，E も平面④上にある．E は地面 $(z=0)$ 上にもあるから求める直線 l は

$$l:\begin{cases}x=5\\ z=0.\end{cases}$$ // [3)]

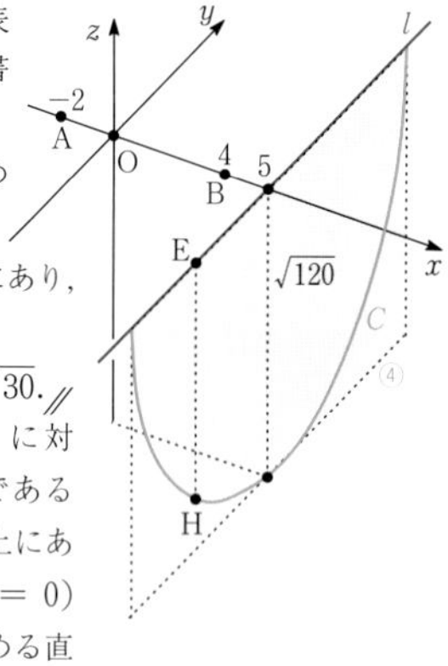

解説 ⑤は x を含まない方程式なので，x 軸方向の平行移動によってできる柱（円柱）を表します．

3)：直線 l は，平面 $x=5$ と平面 $z=0$ の交わりとして定まります．「面∩面＝線」を忘れずに！ [→ 5 12 4]

(2) ③より，H(x, y, z) $(z \le 0)$ は，④⑤に加えて次をも満たす：

$x^2+(y-3)^2+z^2=14^2=196$. …③′

④⑤を③′に代入して

$25-6y+9+\underbrace{120}_{y^2+z^2}=196$.　$y=-7$.

これと⑤より

$z^2=120-49=71$. $z=-\sqrt{71}$ (∵ $z \le 0$).

以上より

H: $(5, -7, -\sqrt{71})$,

E: $(5, -7, 0)$.//

参考 震源の深さは

$10\times\sqrt{71} \fallingdotseq 10\times\sqrt{72}$

$=60\sqrt{2} \fallingdotseq 84$ (km)

くらいです．

語記サポ 震源 ＝hypocenter　震央 ＝epicenter

PS 時間：伝播（でんぱ）が速い P 波（縦波）が到達してから，伝播が遅い S 波（横波）が到達するまでの時間．P 波による小さな揺れのみを感じる時間なので，「初期微動継続時間」ともいいます．

言い訳 (2)の結論を得るだけなら，単に連立方程式①′②′③′を解くだけの問題ですが，(1)では敢えてそのうち 2 つの条件だけからわかることを，**連立方程式の同値変形**によって導く練習を行いました．

1)：実際には，「地表」は（ほぼ）「球面」と考えるべきですが，簡単に扱うため「平面」であるという設定にしました．

2)：振動を伝播する物質によって，P 波，S 波の伝播速度は変わります．震源までの距離は，こうした事情も考慮した上で推定されます．

第 6 章 複素数平面

4 演習問題A

6 4 1 位置ベクトルと複素数 根底 実戦 典型 [→例題 6 1 a]

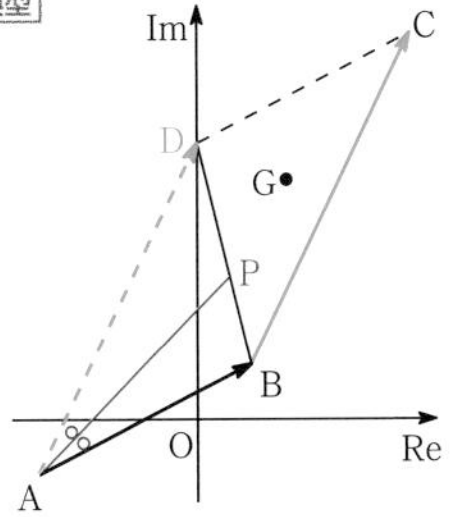

方針 「点」が問われていても，考えるのは「位置ベクトル」．

注 適宜ベクトルによる表記も併記します．

解答

(1) $\overrightarrow{OD} = \overrightarrow{OA} + \overrightarrow{AD}$

$\overrightarrow{OA} + \boxed{\overrightarrow{BC}}$ ← 対応！

$\delta = \alpha + \boxed{(\gamma - \beta)}$

$= -3 - i + (3 + 6i) = 0 + 5i.$ //

(2) $\overrightarrow{OG} = \dfrac{\overrightarrow{OB} + \overrightarrow{OC} + \overrightarrow{OD}}{3}$

$z = \dfrac{\beta + \gamma + \delta}{3} = \dfrac{1}{3}(5 + 13i).$ //

(3) **方針** 「角の二等分線の性質」を使うため，ベクトル $\overrightarrow{AB}$, $\overrightarrow{AD}$ の大きさを，複素数の絶対値として計算します． ■

$|\overrightarrow{AB}| = |\beta - \alpha|$

$= |4 + 2i| = |2(2 + i)| = 2\sqrt{5},$

$|\overrightarrow{AD}| = |\delta - \alpha|$

$= |3 + 6i| = |3(1 + 2i)| = 3\sqrt{5}.$

$\therefore$ AB : AD $= 2 : 3$.

よって，P は線分 BD を $2 : 3$ に内分するから

$\overrightarrow{OP} = \dfrac{3\overrightarrow{OB} + 2\overrightarrow{OD}}{2 + 3}$. [1] 始点は統一

$w = \dfrac{3\beta + 2\delta}{2 + 3}$

$= \dfrac{1}{5}\{3(1 + i) + 2\cdot 5i\} = \dfrac{1}{5}(3 + 13i).$ //

注 [1]：∠DAB の二等分線を用いていますが，ベクトルの始点は O にとります．

6 4 2 共役複素数の商 根底 実戦 定期 [→ 6 2 2]

方針 直交形式で表し，共役の定義と複素数の演算ルールにしたがってコツコツ計算するだけです．

解答 $\alpha = a + bi,\ \beta = c + di\ (a, b, c, d \in \mathbb{R})$ とおくと，

$$\frac{\alpha}{\beta} = \frac{a + bi}{c + di}\cdot\frac{c - di}{c - di} = \frac{(ac + bd) + (bc - ad)i}{c^2 + d^2}.$$

$$\therefore\ \overline{\left(\frac{\alpha}{\beta}\right)} = \frac{(ac + bd) - (bc - ad)i}{c^2 + d^2}.$$

一方，

$$\frac{\overline{\alpha}}{\overline{\beta}} = \frac{a - bi}{c - di}\cdot\frac{c + di}{c + di} = \frac{(ac + bd) + (-bc + ad)i}{c^2 + d^2}.$$

よって与式が示せた．□

注 あまり達成感のない証明ですが（笑），一度はやっておきましょう．

6 4 3 共役な解・定理証明 根底 実戦 定期 [→ 6 2 2]

方針 「1 つの解」であることを，「数値代入」で表します． [2]

解答

$f(\alpha) = 0$ …② をもとに，

$f(\overline{\alpha}) = 0$ …③ を示せばよい．

$\overline{f(\alpha)} = \overline{a\alpha^3 + b\alpha^2 + c\alpha + d}$

$= \overline{a\alpha^3} + \overline{b\alpha^2} + \overline{c\alpha} + \overline{d}$ 和の共役を分解

$= \overline{a}(\overline{\alpha})^3 + \overline{b}(\overline{\alpha})^2 + \overline{c}\cdot\overline{\alpha} + \overline{d}$ 積の共役を分解

$= a(\overline{\alpha})^3 + b(\overline{\alpha})^2 + c\cdot\overline{\alpha} + d\ (\because\ a, b, c, d \in \mathbb{R})$

$= f(\overline{\alpha}).$

よって，②が成り立つならば③も成り立つ．□

言い訳 ホントは暗算数秒の話なのですが，いちおう「証明」なので，途中式を丁寧に書きました．

注 上記**解答**では分解していく方針で証明しましたが，$f(\overline{\alpha})$ から始めて逆をたどり，共役をつないでいく向きに書いても OK です．

次数が 3 次以外でも，やるべきことは全く同様です．

参考 [1]：同内容の証明が，II+B 1 10 6 にあります．そちらの方が味わい深く，その後の問題解法に役立ちます．

[2]：[→ II+B 1 10 1]

6 4 4 絶対値・共役 根底 実戦 [→例題 6 2 a]

方針 「共役」と「絶対値」の関係を使います．

解答 (1) ②より

$|\alpha + \beta|^2 = 6^2.$ …③

ここで，左辺は

$$(\alpha+\beta)\overline{(\alpha+\beta)}=(\alpha+\beta)(\overline{\alpha}+\overline{\beta})$$
$$=|\alpha|^2+|\beta|^2+\overline{\alpha}\beta+\alpha\overline{\beta}$$
$$=16+25+\gamma\ (\because\ ①).$$

よって③は

$$41+\gamma=36.\quad \therefore\ \gamma=-5.$$ //

(2) **方針** ベクトルの大きさとして求めること．■

$$|\overrightarrow{\mathrm{AB}}|^2=|\beta-\alpha|^2$$
$$=(\beta-\alpha)\overline{(\beta-\alpha)}$$
$$=(\beta-\alpha)(\overline{\beta}-\overline{\alpha})$$
$$=|\beta|^2+|\alpha|^2-\gamma$$
$$=25+16-(-5)=46.$$

$$\therefore\ \mathrm{AB}=\sqrt{46}.$$ //

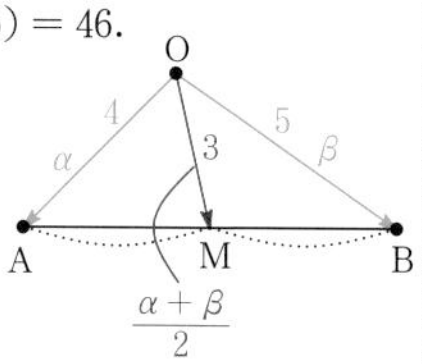

参考 本問の図形的な意味は，△OAB の 2 辺と中線 OM の長さから，辺 AB を求めるというものでした．

「パップスの中線定理」[→ I+A例題 3 5 h]の結果を用いると，次のように求まります：

$$4^2+5^2=2(3^2+\mathrm{AM}^2).\quad 2\mathrm{AM}^2=41-18=23.$$
$$(2\mathrm{AM})^2=46.\quad \therefore\ \mathrm{AB}=2\mathrm{AM}=\sqrt{46}.$$

6 4 5 三角不等式

根底 実戦 入試 [→ 6 2]

着眼 複素数がベクトルを表すことを理解していれば，$|\alpha|, |\beta|, |\alpha+\beta|$ は下図のように三角形の 3 辺をなす（例外あり）ことから，与式はほぼ自明であり，**「三角不等式」**と呼ばれる定理です．[→ I+A 5 4 3]

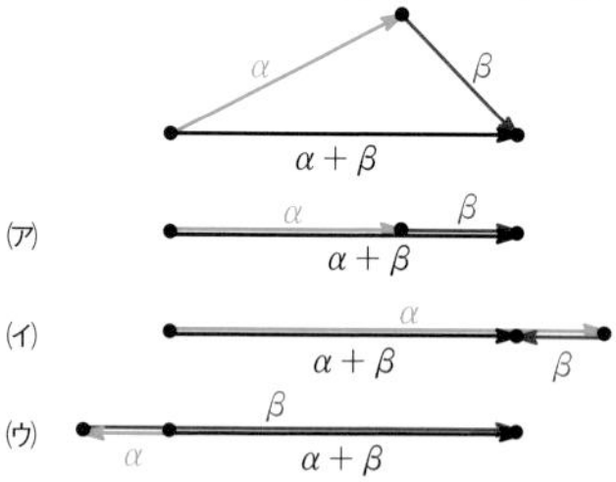

なお，(ア)(イ)(ウ)のように三角形が“退化”するときに限り，与式の等号が成り立ちます：

(ア)のとき … 与式右側の等号成立．

(イ)(ウ)のとき … 与式左側の等号成立．

注 本問の趣旨は，こうした図形的直観に頼らず与式を**証明**することです．

α, β は複素数ですが，その絶対値は実数ですから，大小関係を論じることができます．

方針 $|\triangle|$ を 2 乗して❷「共役複素数」を利用しましょう．

言い訳 「❶」「❷」は，7冒頭に記す方法論の番号を先取りして使ってしまったものです．

解答 与式の各辺は 0 以上だから，2 乗しても大小関係は不変．

$$|\alpha+\beta|^2=(\alpha+\beta)\overline{(\alpha+\beta)}$$
$$=(\alpha+\beta)(\overline{\alpha}+\overline{\beta})$$
$$=|\alpha|^2+|\beta|^2+\overline{\alpha}\beta+\alpha\overline{\beta},$$
$$(|\alpha|+|\beta|)^2=|\alpha|^2+|\beta|^2+2|\alpha||\beta|,$$
$$\big||\alpha|-|\beta|\big|^2=(|\alpha|-|\beta|)^2\ (\because\ |\alpha|-|\beta|\in\mathbb{R}\ ^{1)})$$
$$=|\alpha|^2+|\beta|^2-2|\alpha||\beta|.$$

よって与式は次と同値：

$$-2|\alpha||\beta|\leq\overline{\alpha}\beta+\alpha\overline{\beta}\leq2|\alpha||\beta|.\ ^{2)}$$

$$\text{i.e. }(\overline{\alpha}\beta+\alpha\overline{\beta})^2\leq4|\alpha|^2|\beta|^2.\ \cdots①$$

これを示す．

注 1)：△ が実数ならば，$|\triangle|^2=\triangle^2$ となります．（複素数一般では $|\triangle|^2=\triangle\overline{\triangle}$．）

2)：中辺も，$\overline{\alpha}\beta+\overline{\overline{\alpha}\beta}=2\mathrm{Re}(\overline{\alpha}\beta)$ ですからちゃんと実数です．

方針 このあとは，❷「共役」から❶「直交形式」へ乗り換えて．■

$\alpha=a+bi,\ \beta=c+di\ (a, b, c, d\in\mathbb{R})$ とおくと，①において

$$\overline{\alpha}\beta=(a-bi)(c+di).$$
$$\therefore\ \overline{\alpha}\beta+\alpha\overline{\beta}=2\mathrm{Re}(\overline{\alpha}\beta)=2(ac+bd).$$

∴右辺 − 左辺

$$=4(a^2+b^2)(c^2+d^2)-4(ac+bd)^2\ ^{3)}$$
$$=4(a^2d^2+b^2c^2-2acbd)$$
$$=4(ad-bc)^2\geq0\ (\because\ ad-bc\in\mathbb{R}).$$

∴右辺 ≥ 左辺．

よって，①および与式が示せた．□

別解 ①の後を❷「共役」のまま進めると次の通り：

左辺 − 右辺

$$=(\overline{\alpha}\beta+\alpha\overline{\beta})^2-4|\alpha|^2|\beta|^2$$
$$=(\overline{\alpha}\beta)^2+(\alpha\overline{\beta})^2+2\overline{\alpha}\beta\alpha\overline{\beta}-4\underbrace{|\alpha|^2|\beta|^2}_{\alpha\overline{\alpha}\beta\overline{\beta}}$$
$$=(\overline{\alpha}\beta-\alpha\overline{\beta})^2\ ^{4)}$$
$$=(2i\cdot\mathrm{Im}(\overline{\alpha}\beta))^2$$
$$=-4\cdot(\mathrm{Im}(\overline{\alpha}\beta))^2\leq0\ (\because\ \mathrm{Im}(\overline{\alpha}\beta)\in\mathbb{R}).$$

∴左辺 ≤ 右辺．

補足 3)：幾度も経験した因数分解ですね．

[→ I+A演習問題 1 4 12 (2)]

注意！ 4)：「$(\triangle)^2 \geqq 0$」と言い切れるのは，△ が実数であるときのみです．

このように，**「複素数」を用いて「不等式」を扱う際には，細心の注意が必要です．**

という訳で，**解答**のように❶「直交形式」を用いて実数の文字 a, b, c, d の計算に逃げる方が危険度は低い気がします．

注 **解答**①以降を見ると，まるでベクトルの成分で解答しているようなものですね．

実際，「三角不等式」には次のようなベクトルバージョンもあります：

$$\left||\vec{a}|-|\vec{b}|\right| \leqq |\vec{a}+\vec{b}| \leqq |\vec{a}|+|\vec{b}|.$$

証明は，やはり各辺の 2 乗を考え，「共役」の代わりに「内積」で表して分解し，次のように同値変形します：

$$-|\vec{a}|\,|\vec{b}| \leqq \vec{a}\cdot\vec{b} \leqq |\vec{a}|\,|\vec{b}|.$$

$$\text{i.e.}\ (\vec{a}\cdot\vec{b})^2 \leqq |\vec{a}|^2|\vec{b}|^2.$$

これは，有名な「**コーシー・シュワルツの不等式**」[→Ⅱ+B 1 12 2]そのものであり，

$$\text{左辺} = |\vec{a}|^2|\vec{b}|^2\cos^2\theta\ (\theta \text{ は } \vec{a} \text{ と } \vec{b} \text{ のなす角})$$

より示されます．

あるいは，成分表示を用いて前記**解答**と同様に示すこともできます．

参考 本問の「複素数」を「実数」に変えたバージョンは，[→Ⅱ+B **例題** 1 7 e]．

6 4 6 極形式による積・商

根底 実戦 [→6 3]

着眼 極形式による積・商・累乗の計算練習です．

解答

(1) $\left(\cos\frac{5\pi}{12}+i\sin\frac{5\pi}{12}\right)\left(\cos\frac{\pi}{12}+i\sin\frac{\pi}{12}\right)$

$= \cos\frac{5\pi+\pi}{12}+i\sin\frac{5\pi+\pi}{12}$ ・・・偏角は足し算

$= \cos\frac{\pi}{2}+i\sin\frac{\pi}{2} = i.$ //

(2) $\dfrac{\cos\frac{\pi}{8}+i\sin\frac{\pi}{8}}{\cos\frac{3\pi}{8}+i\sin\frac{3\pi}{8}}$

$= \cos\frac{\pi-3\pi}{8}+i\sin\frac{\pi-3\pi}{8}$ ・・・偏角は引き算

$= \cos\frac{-\pi}{4}+i\sin\frac{-\pi}{4} = \frac{1-i}{\sqrt{2}}.$ //

(3) $\dfrac{\cos\frac{5\pi}{7}+i\sin\frac{5\pi}{7}}{\left(\cos\frac{\pi}{7}+i\sin\frac{\pi}{7}\right)\left(\cos\frac{3\pi}{7}+i\sin\frac{3\pi}{7}\right)}$

について，絶対値は $\frac{1}{1\cdot1}=1$ であり，偏角は

$\frac{5\pi}{7}-\left(\frac{\pi}{7}+\frac{3\pi}{7}\right)=\frac{\pi}{7}.$

よって求めるものは

$\cos\frac{\pi}{7}+i\sin\frac{\pi}{7}.$ //

注 答えは，(1)(2)のごとくカンタンに直交形式で書けるならそうしますが，それが困難なら極形式のママで OK です．■

(4) $\left(\cos\frac{\pi}{6}+i\sin\frac{\pi}{6}\right)^{10}$

$= \cos\frac{10\pi}{6}+i\sin\frac{10\pi}{6}$

$= \cos\frac{5\pi}{3}+i\sin\frac{5\pi}{3} = \frac{1-\sqrt{3}i}{2}.$ //

(5) **着眼** {　　} 部は有名角による極形式として表しづらいですね．問われているのが「20 乗」なので，とりあえず「2 乗」してみます．■

$\left\{(\sqrt{6}+\sqrt{2})+(\sqrt{6}-\sqrt{2})i\right\}^2$

$=(\sqrt{6}+\sqrt{2})^2-(\sqrt{6}-\sqrt{2})^2+2(\sqrt{6}+\sqrt{2})(\sqrt{6}-\sqrt{2})i$

$=8\sqrt{3}+8i=16\cdot\frac{\sqrt{3}+i}{2}.$

$\therefore \left\{(\sqrt{6}+\sqrt{2})+(\sqrt{6}-\sqrt{2})i\right\}^{20}$

$=\left\{16\left(\cos\frac{\pi}{6}+i\sin\frac{\pi}{6}\right)\right\}^{10}$

$=16^{10}\left(\cos\frac{10\pi}{6}+i\sin\frac{10\pi}{6}\right)$

$=2^{40}\left(\cos\frac{5\pi}{3}+i\sin\frac{5\pi}{3}\right)$

$=2^{39}(1-\sqrt{3}i).$ //

注 前問の「2^{40} 倍」でした．「2^{39}」の値は計算しなくてよいでしょう（笑）．

参考 実は，{　　}部 $=4\left(\cos\frac{\pi}{12}+i\sin\frac{\pi}{12}\right)$ でした．

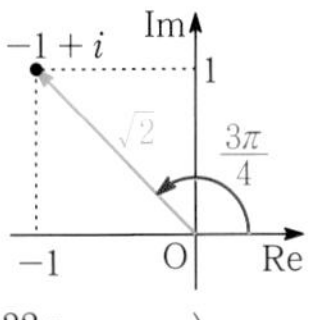

(6) $(-1+i)^{11}$

$=\left\{\sqrt{2}\left(\cos\frac{3\pi}{4}+i\sin\frac{3\pi}{4}\right)\right\}^{11}$

$=(\sqrt{2})^{11}\left(\cos\frac{33\pi}{4}+i\sin\frac{33\pi}{4}\right)$

$=2^5\sqrt{2}\left(\cos\frac{\pi}{4}+i\sin\frac{\pi}{4}\right)\ \left(\because \frac{32\pi}{4}=4\cdot2\pi\right)$

$=2^5\sqrt{2}\cdot\frac{1+i}{\sqrt{2}}=32(1+i).$ //

(7) **注** “極形式もどき” ですね．■

$1+\cos\theta+i\sin\theta$

$=2\cos^2\frac{\theta}{2}+i\cdot2\sin\frac{\theta}{2}\cos\frac{\theta}{2}$

$=2\cos\frac{\theta}{2}\left(\cos\frac{\theta}{2}+i\sin\frac{\theta}{2}\right).$ …①

よって

$$(1+\cos\theta+i\sin\theta)^n$$
$$=\left(2\cos\frac{\theta}{2}\right)^n\left(\cos\frac{\theta}{2}+i\sin\frac{\theta}{2}\right)^n$$
$$=2^n\cos^n\frac{\theta}{2}\left(\cos\frac{n\theta}{2}+i\sin\frac{n\theta}{2}\right).//$$

注 ①は，$2\cos\frac{\theta}{2}<0$ である可能性があるので「極形式」とは呼べません．

(8) **注** この分母も"極形式もどき"．■

$$\sin\theta+i\cos\theta=\cos\left(\frac{\pi}{2}-\theta\right)+i\sin\left(\frac{\pi}{2}-\theta\right).$$ ●●● 極形式

よって

$$\arg\left(\frac{\cos\theta+i\sin\theta}{\sin\theta+i\cos\theta}\right)=\theta-\left(\frac{\pi}{2}-\theta\right)=2\theta-\frac{\pi}{2}.$$

よって与式の偏角は

$$10\left(2\theta-\frac{\pi}{2}\right)=20\theta-5\pi.$$

$$\therefore \text{与式}=\cos(20\theta-5\pi)+i\sin(20\theta-5\pi)$$
$$=-\cos 20\theta-i\sin 20\theta.//$$

6 4 7 累乗根 根底 実戦 典型

[→6 3 5]

方針 次数が高いですから，極形式→ド・モアブルの定理の流れで．

言い訳 以下の解答(1)(2)(3)において，式番号は独立です．

解答 (1) $z=r(\cos\theta+i\sin\theta)$

ただし

$$\begin{cases} r\geq 0 & \cdots① \\ 0\leq\theta<2\pi & \cdots② \end{cases}$$

とおくと，与式は

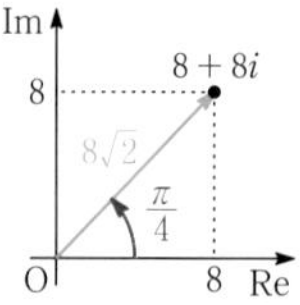

$$r^7(\cos 7\theta+i\sin 7\theta)=8\sqrt{2}\left(\cos\frac{\pi}{4}+i\sin\frac{\pi}{4}\right).$$

$$\therefore\begin{cases} r^7=8\sqrt{2}=(\sqrt{2})^7, & \cdots③ \\ 7\theta=\frac{\pi}{4}+2\pi\times k\ (k\in\mathbb{Z}). & \cdots④ \end{cases}$$

③①より，$r=\sqrt{2}$.

④②より，$\theta=\frac{\pi}{28}+\frac{2\pi}{7}\times k\ (k=0,1,2,\cdots,6)$.

以上より，解 z を極形式で表すと $\cos\theta+i\sin\theta$ を $\text{cis}\,\theta$ と書くことにして，

$$z=\sqrt{2}\,\text{cis}\left(\frac{\pi}{28}+\frac{2\pi}{7}\times k\right)(k=0,1,2,\cdots,6).//$$

言い訳 この偏角を二度書くのはあまりに面倒なので，記法「cis」を断った上で使いました．

(2) 与式は $z^6=-1$.

$z=r(\cos\theta+i\sin\theta)$ ただし

$$\begin{cases} r\geq 0 & \cdots① \\ 0\leq\theta<2\pi & \cdots② \end{cases}$$

とおくと，与式は

$$r^6(\cos 6\theta+i\sin 6\theta)=1\cdot(\cos\pi+i\sin\pi).$$

$$\therefore\begin{cases} r^6=1, & \cdots③ \\ 6\theta=\pi+2\pi\times k\ (k\in\mathbb{Z}). & \cdots④ \end{cases}$$

③①より，$r=1$.

④②より，$\theta=\frac{\pi}{6}+\frac{\pi}{3}\times k$

$(k=0,1,2,3,4,5)$.

以上より，求める解は右図の6点であり，

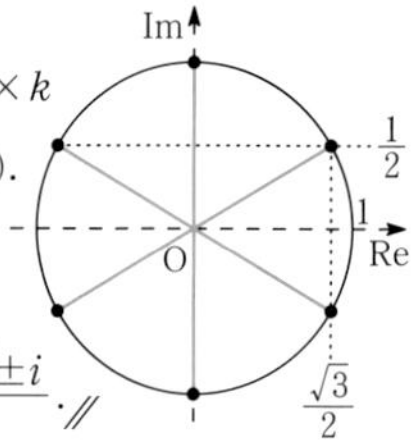

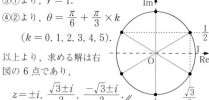

$$z=\pm i,\ \frac{\sqrt{3}\pm i}{2},\ \frac{-\sqrt{3}\pm i}{2}.//$$

注 このように，解が簡単に直交形式で表せる場合には，それを答えにするのが普通な気がします．極形式で表す場合，偏角を前記の通り書いてもよいですが，

$$z=\cos\frac{2k+1}{6}\pi+i\sin\frac{2k+1}{6}\pi$$

のようにコンパクトに書くこともできます．

(3) **着眼** 左辺は(ほぼ)二項展開式の形になっていますね．■

与式を変形すると

$$z^5+5z^4+10z^3+10z^2+5z+1=1-i.$$
$$(z+1)^5=1-i.$$

$z+1=r(\cos\theta+i\sin\theta)$

ただし

$$\begin{cases} r\geq 0 & \cdots① \\ 0\leq\theta<2\pi & \cdots② \end{cases}$$

とおくと，与式は

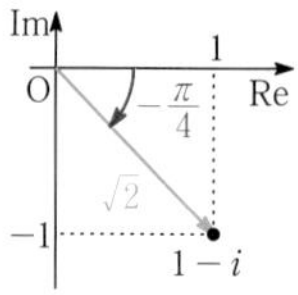

$$r^5(\cos 5\theta+i\sin 5\theta)=\sqrt{2}\left(\cos\frac{-\pi}{4}+i\sin\frac{-\pi}{4}\right).$$ [1)]

$$\therefore\begin{cases} r^5=\sqrt{2}, & \cdots③ \\ 5\theta=-\frac{\pi}{4}+2\pi\times k\ (k\in\mathbb{Z}). & \cdots④ \end{cases}$$

③①より，$r=\sqrt[10]{2}$.

④②より，$\theta=-\frac{\pi}{20}+\frac{2\pi}{5}\times k$

$(k=1,2,3,4,5)$. [2)]

以上より，求める解は

$$z=\sqrt[10]{2}\,\text{cis}\left(-\frac{\pi}{20}+\frac{2\pi}{5}\times k\right)-1$$
$$(k=1,2,3,4,5).//$$

注 [1)2)]：このように右辺の偏角を0以上 2π 未満以外にとると，「k」の範囲がいつもと微妙に違うものになります．「$\frac{-\pi}{4}$」の代わりに「$\frac{7\pi}{4}$」とすれば，こうした問題は生じません．

参考 これら5解は，複素平面上で中心 $-1+0i$ の円を5等分します．

8 演習問題B

681 正三角形の外心と頂点 [→例題65a]

根底 実戦 典型

方針 外心 D を始点とするベクトルを回転します.

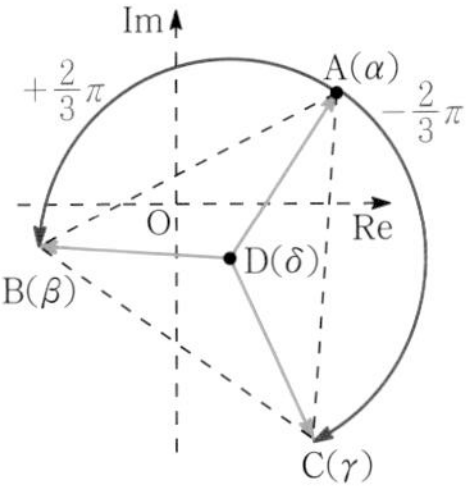

解答 2ベクトルの関係

$\overrightarrow{DB}$, $\overrightarrow{DC}$ は, $\overrightarrow{DA}$ を $\pm\frac{2}{3}\pi$ だけ回転したベクトルである (ただし順不同).

よって, $\beta-\delta$, $\gamma-\delta$ は,

$$\boxed{1\cdot\left\{\cos\left(\pm\frac{2}{3}\pi\right)+i\sin\left(\pm\frac{2}{3}\pi\right)\right\}}\cdot(\underbrace{\alpha-\delta}_{\overrightarrow{DA}}).$$

$\pm\frac{2}{3}\pi$ 回転 & 1 倍

よって β, γ は, 複号同順として

$$1-i+\frac{-1\pm\sqrt{3}i}{2}(2+3i)$$
$$=1-i+\frac{-2\mp3\sqrt{3}}{2}+\frac{-3\pm2\sqrt{3}}{2}i$$
$$=\mp\frac{3\sqrt{3}}{2}+\left(-\frac{5}{2}\pm\sqrt{3}\right)i\ (\beta,\gamma \text{ は順不同})./\!/$$

682 直角二等辺三角形の頂点 [→例題65a]

根底 実戦 典型

解答 (1) **着眼** B を始点とするベクトルの回転とみると簡明ですね. ■

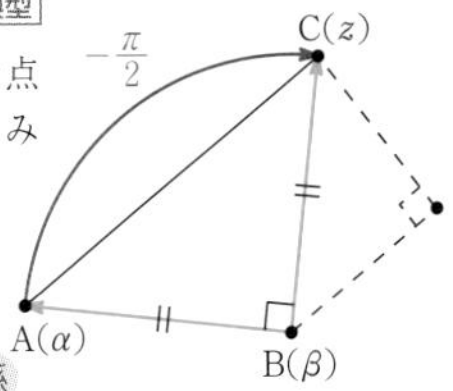

$\overrightarrow{BC}$ は, $\overrightarrow{BA}$ を $-\frac{\pi}{2}$ だけ回転したもの. 2ベクトルの関係

$$\therefore\ \underbrace{z-\beta}_{\overrightarrow{BC}}=\boxed{1\cdot\left(\cos\frac{-\pi}{2}+i\sin\frac{-\pi}{2}\right)}\cdot(\underbrace{\alpha-\beta}_{\overrightarrow{BA}})$$

$\overrightarrow{BC}$ ← $-\frac{\pi}{2}$ 回転 & 1 倍 ― $\overrightarrow{BA}$

$$\therefore\ z=\beta+(-i)(\alpha-\beta)$$
$$=-i\alpha+(1+i)\beta./\!/$$

注 始点 A のベクトルを用いて,

$\overrightarrow{AC}$ は, $\overrightarrow{AB}$ を $\begin{cases}+\frac{\pi}{4}\text{ だけ回転し}\\ \sqrt{2}\text{ 倍したもの.}\end{cases}$

とみなしてもできます.

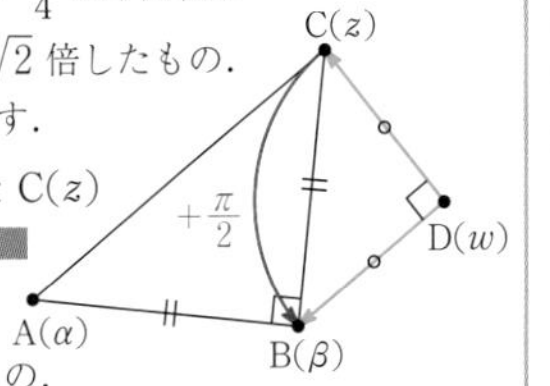

(2) **方針** (1)で求めた C(z) を利用してみます. ■

$\overrightarrow{DB}$ は, $\overrightarrow{DC}$ を $+\frac{\pi}{2}$ だけ回転したもの. 2ベクトルの関係

$$\therefore\ \underbrace{\beta-w}_{\overrightarrow{DB}}=\boxed{1\cdot\left(\cos\frac{\pi}{2}+i\sin\frac{\pi}{2}\right)}\cdot(\underbrace{z-w}_{\overrightarrow{DC}})$$

$\overrightarrow{DB}$ ← $\frac{\pi}{2}$ 回転 & 1 倍 ― $\overrightarrow{DC}$

$$\beta-w=i(z-w).$$
$$(1-i)w=\beta-iz$$
$$=\beta-i\{-i\alpha+(1+i)\beta\}$$
$$=-\alpha+(2-i)\beta.$$

両辺を $1+i$ 倍して

$$2w=(1+i)\{-\alpha+(2-i)\beta\}$$
$$=-(1+i)\alpha+(3+i)\beta.$$
$$\therefore\ w=-\frac{1+i}{2}\alpha+\frac{3+i}{2}\beta./\!/$$

注 「$+\frac{\pi}{2}$ 回転」は単純で有利. 一方, 未知数 w が 2 か所に現れる点は不利でした.

そこで始点 B のベクトルを用いて,

$\overrightarrow{BD}$ は, $\overrightarrow{BC}$ を $\begin{cases}-\frac{\pi}{4}\text{ だけ回転し}\\ \frac{1}{\sqrt{2}}\text{ 倍したもの.}\end{cases}$

とみなしてもできます.

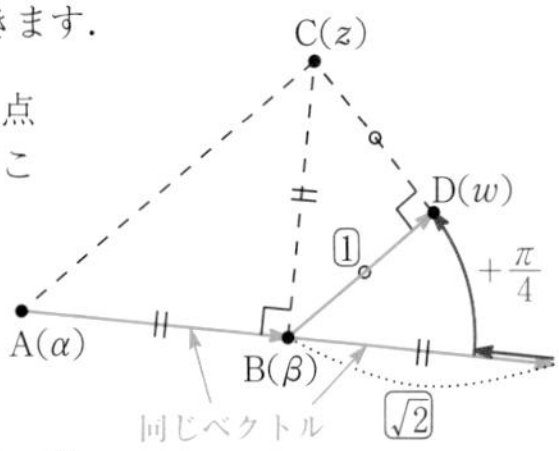

別解 (2)は, 始点を揃えることにこだわらず, C(z) を経由することなく直接求まります:

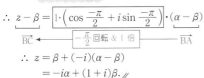

$\overrightarrow{BD}$ は, $\overrightarrow{AB}$ を $\begin{cases}+\frac{\pi}{4}\text{ だけ回転し}\\ \frac{1}{\sqrt{2}}\text{ 倍したもの.}\end{cases}$ 2ベクトルの関係

よって

$$\underbrace{w-\beta}_{\overrightarrow{BD}}=\boxed{\frac{1}{\sqrt{2}}\left(\cos\frac{\pi}{4}+i\sin\frac{\pi}{4}\right)}\cdot(\underbrace{\beta-\alpha}_{\overrightarrow{AB}}).$$

$\overrightarrow{BD}$ ← $+\frac{\pi}{4}$ 回転 & $\frac{1}{\sqrt{2}}$ 倍 ― $\overrightarrow{AB}$

$$\therefore\ w=\beta+\frac{1+i}{2}(\beta-\alpha)$$
$$=-\frac{1+i}{2}\alpha+\frac{3+i}{2}\beta./\!/$$

こっちの方が簡明でしたね.

注 本問のような「ベクトルの回転&伸縮」には, 様々な視点があります. そのうちどれがもっともトクかが選べるようになりたいですね.

683 直角三角形の第3頂点 [→例題65a]

根底 実戦

方針 単純に長さだけを考えて計算するのは面倒です．ベクトルの回転&伸縮を使いましょう．

注 回転角は有名角ではありませんが…

解答 図のように内角 θ をとると

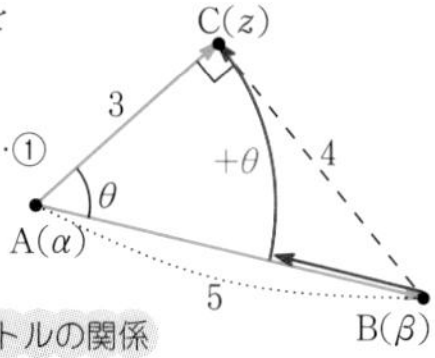

$\cos\theta=\dfrac{3}{5},\ \sin\theta=\dfrac{4}{5}$ …①

であり，$\overrightarrow{AC}$ は，$\overrightarrow{AB}$ を

$\begin{cases}+\theta \text{ だけ回転し} \\ \dfrac{3}{5} \text{ 倍したもの．}\end{cases}$ 2ベクトルの関係

よって

$$\underbrace{z-\alpha}_{\overrightarrow{AC}}=\boxed{\frac{3}{5}(\cos\theta+i\sin\theta)}\cdot\underbrace{(\beta-\alpha)}_{\overrightarrow{AB}}.$$

$\overrightarrow{AC}$ ← $+\theta$ 回転 & $\dfrac{3}{5}$ 倍 — $\overrightarrow{AB}$

これと①より

$$z=\alpha+\frac{3}{5}\left(\frac{3}{5}+\frac{4}{5}i\right)(\beta-\alpha)$$
$$=\frac{1}{25}\{(16-12i)\alpha+(9+12i)\beta\}.$$ //

解説 具体的数値では表せないが1つに定まる角 θ を活用することがポイントでした．[→例題34j(2)]

別解 Cを始点とするベクトルを利用してみます．

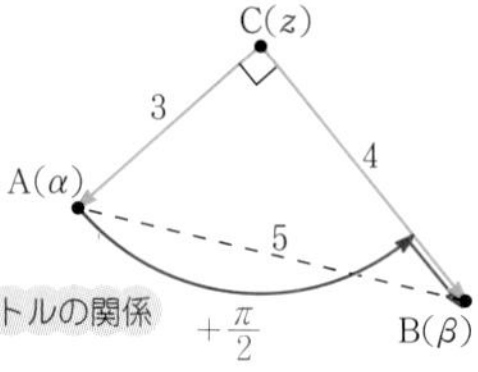

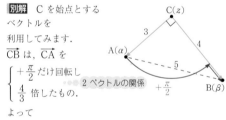

$\overrightarrow{CB}$ は，$\overrightarrow{CA}$ を

$\begin{cases}+\dfrac{\pi}{2} \text{ だけ回転し} \\ \dfrac{4}{3} \text{ 倍したもの．}\end{cases}$ 2ベクトルの関係

よって

$$\underbrace{\beta-z}_{\overrightarrow{CB}}=\boxed{\frac{4}{3}\left(\cos\frac{\pi}{2}+i\sin\frac{\pi}{2}\right)}\cdot\underbrace{(\alpha-z)}_{\overrightarrow{CA}}$$

$\overrightarrow{CB}$ ← $+\dfrac{\pi}{2}$ 回転 & $\dfrac{4}{3}$ 倍 — $\overrightarrow{CA}$

$$=\frac{4}{3}i(\alpha-z).$$

よって

$$3(\beta-z)=4i(\alpha-z).$$
$$(3-4i)z=-4i\alpha+3\beta.$$

両辺を $3+4i$ 倍して

$$25z=(3+4i)(-4i\alpha+3\beta)$$
$$z=\frac{1}{25}\{(16-12i)\alpha+(9+12i)\beta\}.$$ //

解説 上記 解答 と 別解 は，前問(2)と同様な"一長一短"ですね．

684 三角形の形状判定 [→例題65b]

根底 実戦 典型

解答 (1) **方針** 例題65b の経験があるので，どんな「分数式」を作るとよいかがわかりますね．■

①より

$$1+\left(\frac{\beta}{\alpha}\right)^2=0.\quad \left(\frac{\beta}{\alpha}\right)^2=-1.$$

$$\therefore\ \frac{\beta}{\alpha}=\pm i$$
$$=\boxed{1\cdot\left(\cos\frac{\pm\pi}{2}+i\sin\frac{\pm\pi}{2}\right)}\text{（複号同順）}.$$

$\pm\dfrac{\pi}{2}$ 回転 & 1倍

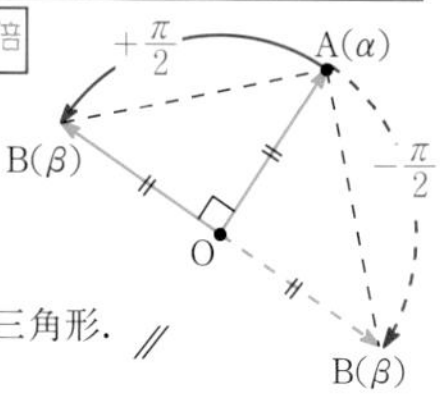

よって $\overrightarrow{OB}$ は，$\overrightarrow{OA}$ を $\pm\dfrac{\pi}{2}$ だけ回転したもの．

したがって，△OAB は $\angle O=\dfrac{\pi}{2}$ の直角二等辺三角形．//

(2) **着眼** もちろん「ω」は例の1の3乗根です[→Ⅱ+B 1108]．ω と ω^2 が混在していますが…■

$$\omega=\cos\frac{2\pi}{3}+i\sin\frac{2\pi}{3}.$$

$$\therefore \omega^3=\cos2\pi+i\sin2\pi=1.$$
$$(\omega-1)(\omega^2+\omega+1)=0.$$
$$\omega\neq1 \text{ ゆえ，} \omega^2+\omega+1=0.\ ^{1)}$$
$$\therefore \omega^2=-\omega-1.$$

よって②は

$$\alpha+\omega\beta+(-\omega-1)\gamma=0.$$
$$\alpha-\gamma+\omega(\beta-\gamma)=0.$$
$$\therefore\ \alpha-\gamma=-\omega(\beta-\gamma)$$
$$=\frac{1-\sqrt{3}i}{2}(\beta-\gamma).$$

$$\underbrace{\alpha-\gamma}_{\overrightarrow{CA}}=\boxed{1\cdot\left\{\cos\left(-\frac{\pi}{3}\right)+i\sin\left(-\frac{\pi}{3}\right)\right\}}\cdot\underbrace{(\beta-\gamma)}_{\overrightarrow{CB}}.$$

$\overrightarrow{CA}$ ← $-\dfrac{\pi}{3}$ 回転 & 1倍 — $\overrightarrow{CB}$

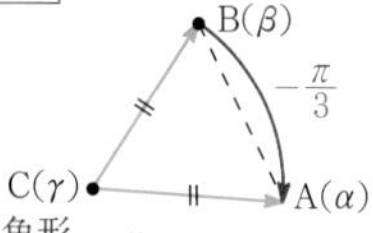

よって $\overrightarrow{CA}$ は，$\overrightarrow{CB}$ を $-\dfrac{\pi}{3}$ だけ回転したもの．

したがって，△ABC は正三角形．//

注 1)：いちおう ω の有名性質を示した上で使用しました．

685 三角形の形状判定・発展 [→例題65b]

根底 実戦 入試

着眼 これまでの経験から，どんな形の式を作るとよいかはわかりますね．

左辺には，とても有名な変形法があります．

解答 ①を変形すると

$$2\alpha^2+2\beta^2+2\gamma^2-2\alpha\beta-2\beta\gamma-2\gamma\alpha=0.$$

$$(\alpha-\beta)^2+(\beta-\gamma)^2+(\gamma-\alpha)^2=0.$$ [1]

方針 ここから，前問(2)と同様，$C(\gamma)$ を始点とする 2 ベクトルの関係を導きましょう（A や B を始点にしても同様です）．■

$$(\alpha-\gamma+\gamma-\beta)^2+(\beta-\gamma)^2+(\gamma-\alpha)^2=0.$$

ここで $\alpha'=\alpha-\gamma,\ \beta'=\beta-\gamma$ とおくと

$$(\alpha'-\beta')^2+\beta'^2+\alpha'^2=0.$$

$$\alpha'^2-\alpha'\beta'+\beta'^2=0. \quad \cdots ②$$

$\beta'=\beta-\gamma\neq 0$ より

$$\left(\frac{\alpha'}{\beta'}\right)^2-\frac{\alpha'}{\beta'}+1=0.$$

$$\therefore \frac{\alpha'}{\beta'}=\frac{1\pm\sqrt{3}i}{2}.$$

すなわち

変換 $\overrightarrow{CA}$ $\overrightarrow{CB}$ $\dfrac{\alpha-\gamma}{\beta-\gamma}=\boxed{\cos\left(\pm\dfrac{\pi}{3}\right)+i\sin\left(\pm\dfrac{\pi}{3}\right)}.$

$\pm\dfrac{\pi}{3}$ 回転 & 1 倍

よって $\overrightarrow{CA}$ は，$\overrightarrow{CB}$ を $\pm\dfrac{\pi}{3}$ だけ回転したもの．

ゆえに，△ABC は正三角形．//

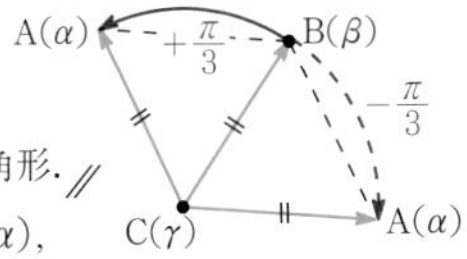

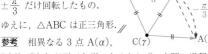

参考 相異なる 3 点 $A(\alpha)$，$B(\beta)$，$C(\gamma)$ が正三角形であるならば，本問の過程を逆に辿って①式が得られます．つまり①は，相異なる 3 点 $A(\alpha)$，$B(\beta)$，$C(\gamma)$ が正三角形であるための必要十分条件です．

また，前問(2)の②式：

$$\alpha+\omega\beta+\omega^2\gamma=0 \quad \cdots ③$$

において，「ω」を「$\omega^2\,(=\overline{\omega})$」に変えて，

$$\alpha+\omega^2\beta+\omega\gamma=0 \quad \cdots ③'$$

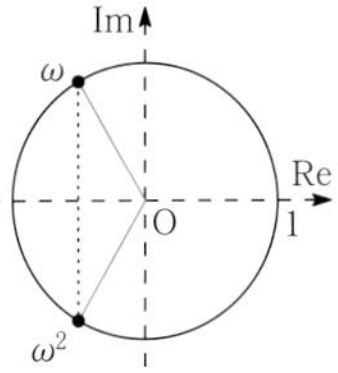

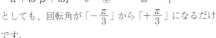

としても，回転角が「$-\dfrac{\pi}{3}$」から「$+\dfrac{\pi}{3}$」になるだけです．

つまり，△ABC が正三角形となるための条件は，

③ または ③′.

$$(\alpha+\omega\beta+\omega^2\gamma)(\alpha+\omega^2\beta+\omega\gamma)=0.$$

これを，$\omega^3=1,\ \omega^2+\omega+1=0$ を用いて変形すると，本問の①が得られます（各自確認）．[2]

補足 [1]：この変形はとても有名です．

[→ Ⅱ+B 例題 1 12 a]

[2]：この変形も有名です．[→ Ⅱ+B 演習問題 1 13 16 (2)]

言い訳 $\gamma=0$ となるよう座標軸を取り直せば，初めから②の形になりますが（笑）．

6 8 6 円の接線の方程式

根底 実戦 典型 [→例題 6 6 a]

言い訳 例題 6 6 a と同様です．「条件を求めよ」では何を「答え」とするべきかが微妙ですが，ここでは "ある程度整理された" 方程式を求めましょう．（次問も同様です．）

方針 「円の接線」といえば，「垂直」が利用できます．

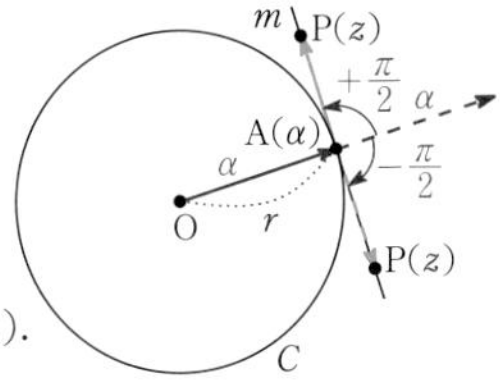

解答 P が m 上にあるための条件は

$\overrightarrow{AP}\perp\overrightarrow{OA}$ (or $P=A$).

すなわち

$\overrightarrow{OA}$ から $\overrightarrow{AP}$ への回転角が $\pm\dfrac{\pi}{2}$ (or $P=A$).

$$\arg\frac{z-\alpha}{\alpha-0}=\pm\frac{\pi}{2}\ (\text{or } z=\alpha).$$

$\dfrac{z-\alpha}{\alpha}$ が純虚数 (or $z=\alpha$).

$\mathrm{Re}\dfrac{z-\alpha}{\alpha}=0$ ($z=\alpha$ でも成立).

$$\frac{z-\alpha}{\alpha}+\overline{\left(\frac{z-\alpha}{\alpha}\right)}=0.$$ 第 2 項は $\dfrac{\overline{z}-\overline{\alpha}}{\overline{\alpha}}$

$$\overline{\alpha}(z-\alpha)+\alpha(\overline{z}-\overline{\alpha})=0.$$

$$\therefore m:\overline{\alpha}z+\alpha\overline{z}=2r^2\ (\because\ |\alpha|=r).$$ //

参考 答えの方程式は，

$$2\mathrm{Re}(\overline{\alpha}z)=2r^2.$$

ここで，$\alpha=a+ib,\ z=x+iy\ (a,b,x,y\in\mathbb{R})$ とおくと，$\overline{\alpha}z=(a-ib)(x+iy)$ だから，

$$ax+by=r^2.$$

これは，Ⅱ+B 3 6 3 で学んだ円の接線公式と一致していますね．

言い訳 実は例題 6 6 a (2)と全く同じ直線 m でした．

6 8 7 2点を通る直線

根底 実戦 典型 [→例題 6 6 a]

方針 例によって，

3 点の位置関係
→ 2 ベクトルの関係
→複素数の式

の手順を踏みます．

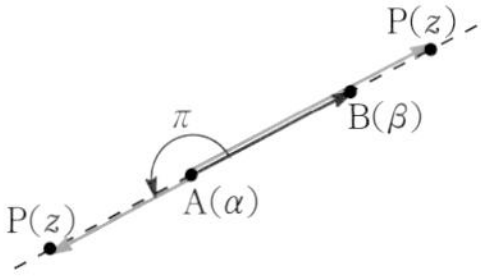

解答 P が直線 AB 上にあるための条件は，$\overrightarrow{AB}$ から $\overrightarrow{AP}$ への回転角が 0 or π（または $P=A$）．

$$\frac{z-\alpha}{\beta-\alpha}\in\mathbb{R}.$$

$$\frac{z-\alpha}{\beta-\alpha}=\overline{\left(\frac{z-\alpha}{\beta-\alpha}\right)}.$$

$$(\overline{\beta}-\overline{\alpha})(z-\alpha)=(\beta-\alpha)(\overline{z}-\overline{\alpha}).$$

$$(\overline{\beta}-\overline{\alpha})z-(\beta-\alpha)\overline{z}=\alpha\overline{\beta}-\overline{\alpha}\beta.$$ //

注　複素数が α, β, z と 3 文字あるので，$x+iy$ などとおいて直交形式に逃げるのはちょっと辛いですね．

補足　答えの「z」に α や β を代入すれば等号が成立しているはず．各自確認．

6 8 8　円を表す方程式　根底 実戦　[→例題 6 6 b]

着眼　①の形の方程式は円を表すような気がしますが，どんな円かを調べてみると….

解答　$\alpha = 3+2i$ とおいて①を変形すると

$$z\bar{z} - \bar{\alpha}z - \alpha\bar{z} + a = 0.$$

$$(z-\alpha)(\bar{z}-\bar{\alpha}) = \alpha\bar{\alpha} - a.$$

$$|z-\alpha|^2 = |\alpha|^2 - a = 13 - a.$$

これは，$13-a>0$ のときに限って中心 α の円を表す．よって求める範囲は，$a<13$.//

参考　x, y による円の方程式 $x^2+y^2+ax+by+c=0$ を平方完成して

$$(x-p)^2+(y-q)^2 = \triangle\triangle$$

の形にしたとき，$\triangle\triangle>0$ のときに限って円を表すのと同様です．

6 8 9　図形の変換　根底 実戦　入試　[→例題 6 6 e]

方針　例によって，消したい既知なる z を，残したい未知なる w で表します．

解答　①より

$$z = \frac{1}{w}. \cdots ①'$$　当然 $z, w \neq 0$

P$(z-1-i)$ が第 1 象限にあるための条件は

$$\begin{cases} \mathrm{Re}(z-1-i) > 0 \\ \mathrm{Im}(z-1-i) > 0. \end{cases}$$

i.e. $\begin{cases} \mathrm{Re}\, z > 1 \\ \mathrm{Im}\, z > 1. \end{cases}$

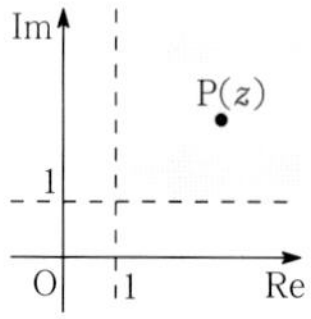

これに①′を代入して

$$\begin{cases} \mathrm{Re}\, \dfrac{1}{w} > 1 \\ \mathrm{Im}\, \dfrac{1}{w} > 1. \end{cases} \quad \begin{cases} \dfrac{1}{2}\left(\dfrac{1}{w} + \overline{\dfrac{1}{w}}\right) > 1 \cdots ② \\ \dfrac{1}{2i}\left(\dfrac{1}{w} - \overline{\dfrac{1}{w}}\right) > 1. \cdots ③ \end{cases}$$

$w \neq 0$ のもとで，2 式の両辺を $w\bar{w}\left(=|w|^2>0\right)$ 倍して変形すると，②は

$$\frac{1}{2}(\bar{w}+w) > w\bar{w}.$$

$$w\bar{w} - \frac{1}{2}w - \frac{1}{2}\bar{w} < 0,$$

$$\left(w-\frac{1}{2}\right)\left(\bar{w}-\frac{1}{2}\right) < \left(\frac{1}{2}\right)^2.$$

$$\left(w-\frac{1}{2}\right)\overline{\left(w-\frac{1}{2}\right)} < \left(\frac{1}{2}\right)^2.$$

$$\left|w-\frac{1}{2}\right|^2 < \left(\frac{1}{2}\right)^2. \quad \left|w-\frac{1}{2}\right| < \frac{1}{2}.$$

同様に③は

$$\frac{1}{2i}(\bar{w}-w) > w\bar{w}. \quad \frac{-i}{2}(\bar{w}-w) > w\bar{w}.$$

$$w\bar{w} - \frac{i}{2}w + \frac{i}{2}\bar{w} < 0,$$

$$\left(w+\frac{i}{2}\right)\left(\bar{w}-\frac{i}{2}\right) < -\frac{i}{2}\cdot\frac{i}{2}$$

$$\left(w+\frac{i}{2}\right)\overline{\left(w+\frac{i}{2}\right)} < \left(\frac{1}{2}\right)^2.$$

$$\left|w+\frac{i}{2}\right|^2 < \left(\frac{1}{2}\right)^2. \quad \left|w-\frac{-i}{2}\right| < \frac{1}{2}.$$

以上より，Q(w) が動く範囲 D は，A$\left(\frac{1}{2}\right)$, B$\left(\frac{-i}{2}\right)$ として，

$$|\overrightarrow{\mathrm{AQ}}| < \frac{1}{2}, \ |\overrightarrow{\mathrm{BQ}}| < \frac{1}{2}$$

をともに満たす部分であり，図示すると右の通り（境界除く）.

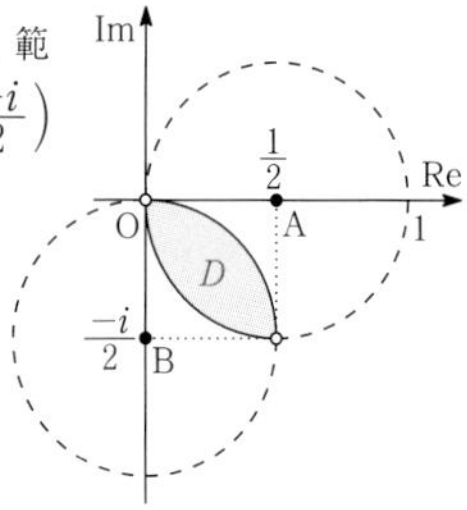

注　：複素数を含んだ不等式って気持ち悪いですが，②③の左辺にある

$$\frac{\text{共役どうしの和}}{2}, \quad \frac{\text{共役どうしの差}}{2i}$$

は，必ず実数です．

参考　z と w は互いに逆数の関係にあります．右図：逆数と極形式 [→6 3 3] を参照しながら，P, Q の範囲を見比べてみてください．

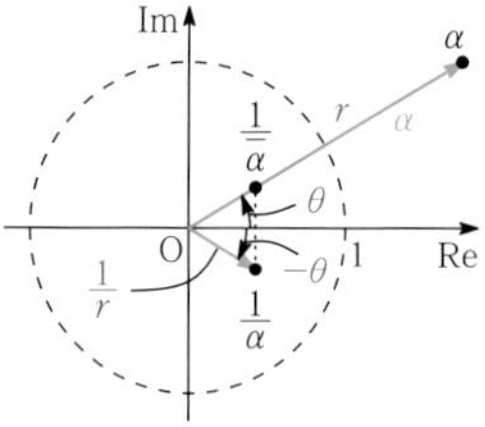

6 8 10　絶対値＝一定の証明　根底 実戦　入試　[→例題 6 7 m]

着眼　z と λ の間に①という関係があり，z の軌跡をもとに λ の軌跡を問うているようなものですから，例題 6 6 e (2)の類題とみることもできます．その問題と同様，既知なる z を未知なる λ で表す手もありますが，もっと単純に片付きます．

解答　P(z) は C 上にあるから

$$|z| = 1. \cdots ②$$

①より

$$|\lambda| = \left|\frac{\bar{\alpha}z-1}{z-\alpha}\right| = \frac{|\bar{\alpha}z-1|}{|z-\alpha|}. \cdots ③$$

ここで，

$$\begin{aligned} |\bar{\alpha}z-1|^2 &= (\bar{\alpha}z-1)\overline{(\bar{\alpha}z-1)} \\ &= (\bar{\alpha}z-1)(\alpha\bar{z}-1) \\ &= |\alpha|^2|z|^2 + 1 - \bar{\alpha}z - \alpha\bar{z} \\ &= |\alpha|^2 + 1 - \bar{\alpha}z - \alpha\bar{z} \ (\because \ ②). \end{aligned}$$

$$|z-\alpha|^2=(z-\alpha)\overline{(z-\alpha)}$$
$$=(z-\alpha)(\overline{z}-\overline{\alpha})$$
$$=|z|^2+|\alpha|^2-\overline{\alpha}z-\alpha\overline{z}$$
$$=1+|\alpha|^2-\overline{\alpha}z-\alpha\overline{z}\ (\because ②).$$

これらと③より，$|\lambda|=1$（一定）．□

参考 ハイレベル⬆ 不思議とキレイな結論が得られる背景を明かしておきます．①を変形すると

$$\lambda=\frac{\overline{\alpha}z-1}{z-\alpha}=\overline{\alpha}\cdot\frac{z-\frac{1}{\overline{\alpha}}}{z-\alpha}.$$

複素平面上で $A(\alpha)$, $A'\left(\frac{1}{\overline{\alpha}}\right)$ とすると，

$$|\lambda|=|\overline{\alpha}|\cdot\frac{|\overrightarrow{A'P}|}{|\overrightarrow{AP}|}=|\alpha|\cdot\frac{A'P}{AP}.$$

これをもとに，②を度外視して $|\lambda|=1$ となるような点 $P(z)$ の軌跡 F を求めてみます．

$$(|\lambda|=)\,|\alpha|\cdot\frac{A'P}{AP}=1 \text{ より } AP:A'P=|\alpha|:1.$$

よって $|\alpha|\neq 1, 0$ のとき F はかの有名なアポロニウスの円です．

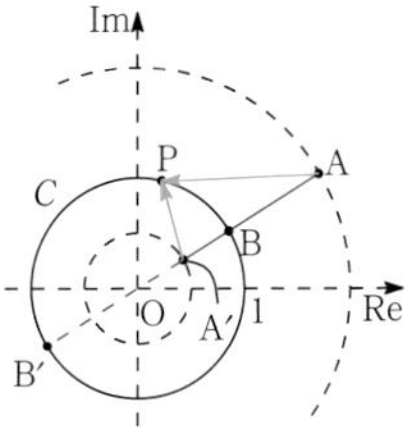

また，A と A′ は**反転**の関係にあり［→例題6 7 j］，例えば $|\alpha|=2$ のつもりで考えると右図のようになります．

AA′ と C の交点を右図のように B, B′ とすると次のようになっています：

$$AB:A'B=(|\alpha|-1):\left(1-\frac{1}{|\alpha|}\right)=|\alpha|:1.$$

$$AB':A'B'=(|\alpha|+1):\left(\frac{1}{|\alpha|}+1\right)=|\alpha|:1.$$

よって B, B′ は，線分 AA′ を $|\alpha|:1$ に内分，外分する点になっています（結果から逆算してセコかったですが）．つまり，アポロニウスの円 F は，実は単位円 C そのものです．

よって，P が C 上を動くとき，距離の比を表す $|\lambda|$ は一定になるのが当然です．

という訳で本問は，反転の関係にある 2 点に関するアポロニウスの円（の 1 つ）が単位円であるという有名テーマを下地としていました．

なお，$|\alpha|=1, 0$ のときも $|\lambda|=1$ となることは容易に確かめられます．

6 8 11 解の配置・複素数解

根底 実戦 ［→例題6 7 f］

着眼 もちろん与式左辺はキレイには因数分解できません．

注 数学Ⅰで学んだ 2 次方程式の「解の配置」は，「実数解」のみを対象としていました［→Ⅰ+A 2 9］．ここでは単に「解」と書かれているので，考察対象が「複素数の解」に広がっています．

方針 「虚数解」の場合については，共役な解が利用できます．

解答 ①の判別式は

$D:=a^2-4b.$

この符号に応じて場合分けする．

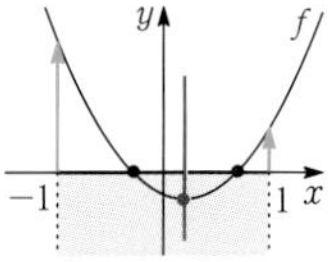

i) $D\geq 0$ …② のとき，①の 2 解は実数であり，題意の条件は，①の 2 解がともに $-1\leq x\leq 1$ を満たすこと．①の左辺を $f(x)$ とおくと，②のもとで

$$\begin{cases} f(1)=1+a+b\geq 0, & \text{端点} \\ f(-1)=1-a+b\geq 0, & \text{端点} \\ \text{軸}:-1\leq -\frac{a}{2}\leq 1, & \text{頂点の横座標} \\ \text{判別式}\geq 0. & \text{頂点の縦座標の代わり 既に i) の前提となっている} \end{cases}$$

②も合わせると

$$b\geq \pm a-1,\ -2\leq a\leq 2,\ b\leq\frac{a^2}{4}.$$

ii) $D<0$ …③ のとき，①の 2 解は虚数であり，①は実数係数だからその 2 解は互いに共役であり $\alpha, \overline{\alpha}$ とおける．題意の条件は，

$|\alpha|=|\overline{\alpha}|\leq 1.$ すなわち

$|\alpha|^2\leq 1.\ \ \alpha\overline{\alpha}\leq 1.$

解と係数の関係より $\alpha\overline{\alpha}=b$ [1]

だから，③も合わせると

$$\frac{a^2}{4}\leq b\leq 1.$$

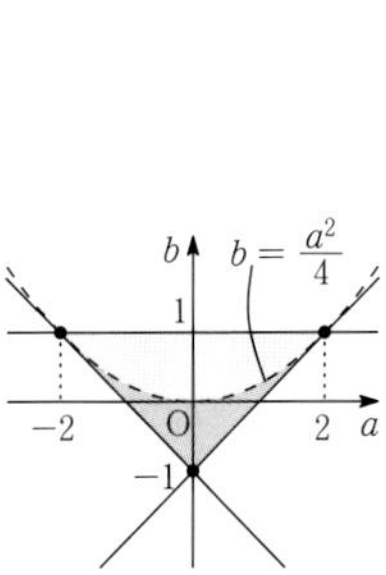

以上 i), ii) より，求める (a, b) の範囲は右図の通り（境界含む）．

解説 1)：共役な虚数解 $\alpha, \overline{\alpha}$ を 2 解とする方程式は

$$1\cdot(z-\alpha)(z-\overline{\alpha})=0.$$

左辺の定数項 $\alpha\overline{\alpha}=|\alpha|^2$ は，解の絶対値の 2 乗です．

注 場合分け i), ii) の“境界線”である放物線 $b=\frac{a^2}{4}$ は，答えの領域の周としては現れませんでしたね．

6 8 12 複素平面上での解の軌跡 根底 実戦 入試

[→例題6 7 f]

着眼 実数解と虚数解とで，扱いが全く異なります．解き進めてみて気付く話かもしれませんが．

注 方程式①は実数係数ですから，「解の公式」は使えます．

解答 ①を解くと

$$z=\frac{-a\pm\sqrt{D}}{2}.\ \cdots①'$$

ここに，$D=a^2-4(a^2-3)=3(4-a^2)$. …②

i) 虚数解 z の軌跡 F_1 を求める．

①′の z が虚数となるのは $D<0$, i.e. $|a|>2$ …③ のときで，このとき

$$z=\frac{-a\pm\sqrt{3(a^2-4)}\,i}{2}.^{1)}$$

よって，$z=x+iy\ (x,y\in\mathbb{R})$ とおくと，

$$\begin{cases}x=-\dfrac{a}{2}\\ y=\pm\dfrac{\sqrt{3(a^2-4)}}{2}.\end{cases}$$

$$\text{i.e.}\begin{cases}\boxed{a=-2x}\ ^{2)}\ \cdots④\\ 4y^2=3(a^2-4).\ \cdots⑤\end{cases}$$

④を⑤③へ代入して

$$4y^2=3(4x^2-4),\ |-2x|>2.$$

$$x^2-\frac{y^2}{3}=1,\ |x|>1.$$

これが虚数解 z の軌跡 F_1 である．

ii) 実数解 z の変域 I を求める．

実数定数 z [3] が I に属するための条件は

$Z^2+aZ+a^2-3=0$ …⑥
を満たす実数 a が存在 すること． …(*)

そこで⑥を a について整理すると

$$a^2+Z\cdot a+(Z^2-3)=0\ \cdots⑥'$$

よって (*) は

$$⑥'\text{の判別式}=Z^2-4(Z^2-3)=3(4-Z^2)\geq 0.$$

$$\therefore\ I:|z|\leq 2.$$

以上 i), ii) より，求める z の軌跡 F は右図の太線部．

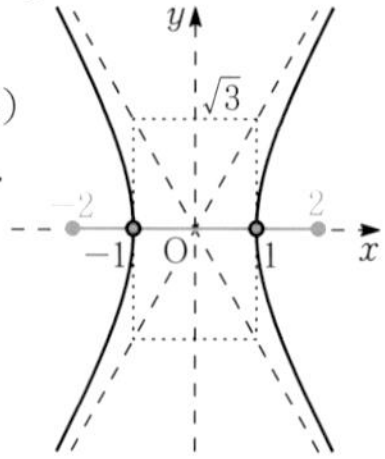

注 1)：$\sqrt{\quad}$ 内の符号に注意．

2)：消したい a を残したい x で表します．

3)：z の値を固定するという考えを可視化するため大文字「Z」を用いましたが，考え方を会得した人は，小文字「z」のままで「固定する」と考えればOK です．なお，ii) と同じ内容は，既に I+A 演習問題2 12 7(2) で扱っていました．

補足 答えの図において，2 点 $(\pm1,0)$ は，i) では除かれましたが，ii) の方で含まれました．

②より，z が実数解となるような a の範囲は $|a|\leq 2$. これは ii) で求めた実数解 z の変域と一致しています．①は z, a に関して対称ですので，当然です．

言い訳 本書では，双曲線の図示は先取りして“既習”としています．[→例題3 4 i(2)]

6 8 13 4次方程式の解の絶対値 根底 実戦 入試

[→例題6 7 f]

注 「方程式」ですから，まずは「因数分解」．左辺を低次の文字 a について整理してみると

[→ I+A 例題1 3 e(2)]

$$(z^4+4)+a(z^3-4z^2+z+9).$$

どうやらキレイな因数分解は無理そうです．

着眼 4 次方程式の 4 つの解全てが，O を中心とするある円周上にあるということですね．

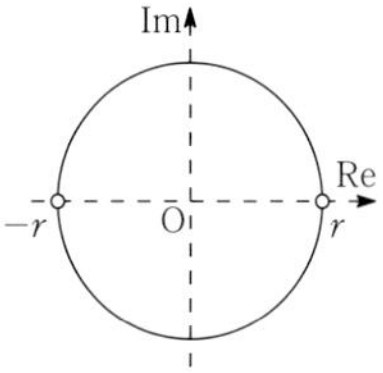

方針 実数係数の方程式ですから，共役な解が“ペアで”含まれます．

4 次方程式ですから，「解と係数の関係」は公式として用意されていませんが，その大元にある“解と因数分解の関係”なら使えます．

解答 ①は虚数解のみをもち，実数係数であるから互いに共役な 2 個の解を 2 組もつ．全ての解の絶対値を $r\ (>0)$ とすると，4 つの解は

$$r(\cos\theta\pm i\sin\theta),\ r(\cos\theta'\pm i\sin\theta')$$

とおける（ただし $\sin\theta,\ \sin\theta'\neq 0$）．以下，$\cos\theta$ を c，$\sin\theta$ を s，$\cos\theta'$ を c'，$\sin\theta'$ を s' と略記する．

①の左辺は次のように表せる：

$$1\cdot\{z-r(c+is)\}\{z-r(c-is)\}$$
$$\times\{z-r(c'+is')\}\{z-r(c'-is')\}$$
$$=(z^2-2rcz+\underline{r^2})(z^2-2rc'z+\underline{r^2}).^{1)}$$

これと①で係数を比べて

$$z^3\cdots -2r(c+c')=a\ \cdots②$$
$$z^2\cdots 2r^2(1+2cc')=-4a\ \cdots③$$
$$z\cdots -2r^3(c+c')=a\ \cdots④$$
$$\text{定数}\cdots r^4=9a+4.\ \cdots⑤$$

②④より

$$-2r(c+c')=-2r^3(c+c').\ \cdots⑥$$

これに注目して場合分けする．

i) $c+c'=0$ のとき，②より $a=0$（④も成立）．

このとき③⑤より

$cc'=-\frac{1}{2}$. $\{c, c'\}=\left\{\pm\frac{1}{\sqrt{2}}\right\}$.[2)]

⑤より $\theta=\frac{\pi}{4}$ など

$r^4=4$. $r=\sqrt{2}$ (∵ $r>0$).

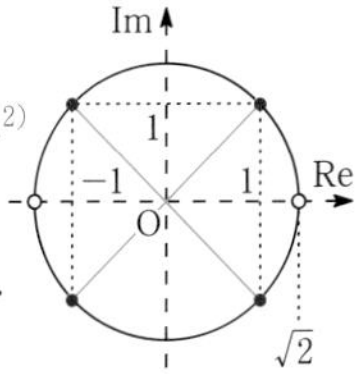

よって①の 4 解は右図の通り.

ii) $c+c'\neq 0$ のとき[3)], ⑥より $r^3=r$. $r>0$ より $r=1$. これと⑤より

$1=9a+4$. $a=-\frac{1}{3}$.

∴②: $-2(c+c')=-\frac{1}{3}$. $c+c'=\frac{1}{6}$ (④も成立).

③: $2(1+2cc')=\frac{4}{3}$. $cc'=-\frac{1}{6}$.

これらより

[4)] $\{c, c'\}=\left\{\frac{1}{2}, -\frac{1}{3}\right\}$.

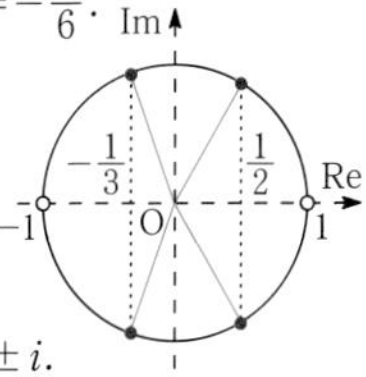

よって①の 4 解は右図の通り.

以上より, 求めるものは

i)… $a=0$, $z=1\pm i$, $-1\pm i$.

ii)… $a=-\frac{1}{3}$, $z=\frac{1\pm\sqrt{3}i}{2}$, $\frac{-1\pm 2\sqrt{2}i}{3}$.//

解説 1): $\alpha=r(\cos\theta+i\sin\theta)$ とおくと, 共役な虚数解 α, $\overline{\alpha}$ を 2 解とする方程式は

$$1\cdot(z-\alpha)(z-\overline{\alpha})=0.$$

左辺の定数項は,

$$\alpha\overline{\alpha}=|\alpha|^2=r^2.$$

つまり解の絶対値の 2 乗です. このことは必ず覚えておくこと.

3): 「○○ $=0$」と「○○ $\neq 0$」に分けるのが, “ダブリ” の発生しない賢い場合分けです.

2)4): $c+c'$, cc' の値をもとにして, このようにサッと見つけることができなければ, 2 次方程式の解と係数の関係を用います.

なお, いずれも順不同です.

参考 i) のとき, ①は $z^4=-4$. これを極形式を利用して単独に解くこともできます.

ii) のとき, ①は

$$z^4-\frac{1}{3}z^3+\frac{4}{3}z^2-\frac{1}{3}z+1=0.$$

これは, 係数が左右対称になっている「相反方程式」であり[→ II+B 演習問題 1 11 8], 次のように解けます: $z=0$ は解ではないので, 両辺を z^2 で割って

$$z^2-\frac{1}{3}z+\frac{4}{3}-\frac{1}{3}\cdot\frac{1}{z}+\frac{1}{z^2}=0.$$

$$z^2+\frac{1}{z^2}-\frac{1}{3}\left(z+\frac{1}{z}\right)+\frac{4}{3}=0.$$

$w=z+\frac{1}{z}$ とおくと

$$w^2-2-\frac{1}{3}w+\frac{4}{3}=0.$$

$$3w^2-w-2=0.\quad (w-1)(3w+2)=0.$$

$$w=z+\frac{1}{z}=1, -\frac{2}{3}.$$

$$z^2-z+1=0, 3z^2+2z+3=0.$$

$$\therefore z=\frac{1\pm\sqrt{3}i}{2}, \frac{-1\pm 2\sqrt{2}i}{3}.$$

たしかに ii) の解が得られましたね.

6 8 14 複素数と不等式 [→例題 6 7 d]

根底 実戦

着眼 「複素数 z の不等式って何それ?」というカンジがしますね. でも, たとえ z が虚数でも, 「$z+\frac{2}{z}$ が実数 …(*)」になっていれば, ちゃんと意味をなします.

方針 条件(*)を満たす z に関しては, 既に例題 6 7 d で考察済です. 3 通りの表現❶❷❸のどれでもイケますが, ここでは❸「極形式」で解いてみます.

注 z を実数だと決めつけて処理するのはとんでもない誤りです (笑).

解答 $z=r(\cos\theta+i\sin\theta)$ $(r>0)$ とおくと

$$z+\frac{2}{z}=r(\cos\theta+i\sin\theta)+\frac{2}{r(\cos\theta+i\sin\theta)}$$

$$=r(\cos\theta+i\sin\theta)+\frac{2}{r}(\cos\theta-i\sin\theta). \cdots ②$$

これが実数となるための条件は

$$\left(r-\frac{2}{r}\right)\sin\theta=0. \cdots ③$$

これをもとに場合分けする.

i) $\sin\theta=0$, i.e. $z\in\mathbb{R}$ のとき[1)], ①を変形して

$$z+\frac{2}{z}-2\geq 0, z+\frac{2}{z}-3\leq 0.$$

$$\frac{z^2-2z+2}{z}\geq 0, \frac{z^2-3z+2}{z}\leq 0.$$

$$\frac{(z-1)^2+1}{z}\geq 0, \frac{(z-1)(z-2)}{z}\leq 0.$$

第 1 式より $z>0$. これと第 2 式より

$$1\leq z\leq 2.$$

ii) $\sin\theta\neq 0$[2)] のとき, ③より

$$r=\frac{2}{r}. \quad \therefore r=\sqrt{2} \ (∵ r>0).$$

このとき, $z=\sqrt{2}(\cos\theta+i\sin\theta)$ であり, ②より①は,

$$2\leq \underbrace{2\sqrt{2}\cos\theta}_{\mathrm{Re}\,z}\leq 3. \text{(右側の不等式はつねに成立)}$$

i.e. $1\leq \mathrm{Re}\,z$.

以上 i), ii) より，求める z の範囲は次図の通り：

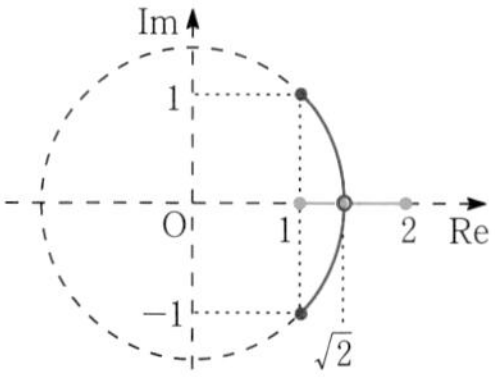

解説 [1]：このケースでは，これまで不等式に関して学んだことがそのまま活かせます．

[→ Ⅱ+B 演習問題 1 8 22 (2)]

[2]：「○○であるとき」と「○○でないとき」に分けるのが最良の場合分けの仕方です．

6 8 15 累乗根・応用 [→例題 6 7 g]

根底 実戦 典型 入試

注 問題文に合わせて，「度数法」を使います．

着眼 円を 10 等分する点は，複素平面上で 10 乗根と対応しますね．これを利用します．

解答 (1) $\alpha = \cos 36° + i\sin 36°$ とおくと，

$k = 0, 1, 2, \cdots, 9$ に対して

$|\alpha^k| = 1, \arg \alpha^k = 36°\cdot k.$

だから，複素平面上で一般性を失うことなく [1]

$P_k(\alpha^k)$ としてよい．

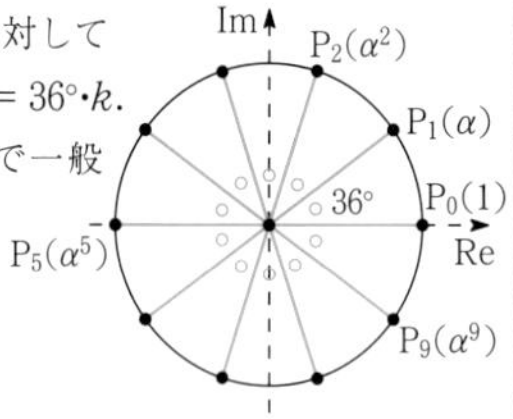

このとき

$$\begin{aligned}|\overrightarrow{P_0P_k}| &= |\alpha^k - 1| \\ &= |\cos 36°\cdot k + i\sin 36°\cdot k - 1| \\ &= |\cos 2k\theta - 1 + i\sin 2k\theta| \ (\theta := 18°) \\ &= |-2\sin^2 k\theta + i\cdot 2\sin k\theta\cos k\theta| \ ^{2)} \\ &= |-2\sin k\theta(\sin k\theta - i\cdot\cos k\theta)| \\ &= |2\sin k\theta|\cdot 1 \\ &= 2\sin k\theta \ (\because\ 0° \leq k\theta < 180°) \\ &= 2\sin 18°\cdot k. /\!/ \end{aligned}$$

(2) **着眼** (1)の答えを見ると，何をすればよいかが見えてきます．そして，類題経験がモノを言います．[→例題 6 7 g] ■

$d_k = P_0P_k$ とおくと，(1)より

$$d_k = |\alpha^k - 1| \ \cdots①$$
$$= 2\sin k\theta.$$

$$\therefore\ S = \sin\theta\cdot\sin 2\theta\cdot\sin 3\theta\cdot\sin 4\theta = \frac{d_1}{2}\cdot\frac{d_2}{2}\cdot\frac{d_3}{2}\cdot\frac{d_4}{2}$$

$$2^4S = d_1d_2d_3d_4. \ \cdots②$$

また，$\arg\alpha^{10-k} = 36°\times(10-k) = 360° - 36°\times k$ より，P_9, P_8, P_7, P_6 はそれぞれ P_1, P_2, P_3, P_4 と実軸対称だから，

$$2^4S = d_9d_8d_7d_6. \ \cdots③$$

方針 ②と③の積を考えます．「d_5」だけ抜けていますが，図を見れば…■

②，③，および $2 = d_5$ を辺々掛けると

$$2^9S^2 = d_1d_2d_3\cdots d_9.$$

これと①より

$$\begin{aligned}2^9S^2 &= |\alpha - 1||\alpha^2 - 1||\alpha^3 - 1|\cdots|\alpha^9 - 1| \\ &= |(\alpha-1)(\alpha^2-1)(\alpha^3-1)\cdots(\alpha^9-1)|. \ \cdots④\end{aligned}$$

ここで，α^k $(k = 0, 1, 2, \cdots, 9)$ は方程式

$z^{10} = 1$ …⑤ の異なる 10 個の解 [3]．⑤を変形すると，

$$z^{10} - 1 = 0.$$
$$(z-1)(z^9 + z^8 + z^7 + \cdots + z + 1) = 0.$$
$$\begin{cases} z = 1\,(= \alpha^0) \text{ or} \\ z^9 + z^8 + z^7 + \cdots + z + 1 = 0. \ \cdots⑥ \end{cases}$$

よって α^k $(k = 1, 2, \cdots, 9)$ は方程式⑥の 9 個の解だから

$$z^9 + z^8 + z^7 + \cdots + z + 1 = 1\cdot(z-\alpha)(z-\alpha^2)(z-\alpha^3)\cdots(z-\alpha^9) \ (\text{恒等式}). \ ^{4)}$$

両辺の z に 1 を代入すると

$$10 = (1-\alpha)(1-\alpha^2)(1-\alpha^3)\cdots(1-\alpha^9).$$

これと④より

$$2^9S^2 = |10|. \ S > 0 \text{ より}, \ S = \frac{\sqrt{5}}{16}. /\!/$$

解説 [1]：このように，計算が楽になるよう座標設定するのが賢いやり方です．

[2]：三角関数の定番変形．

[4]：[→ Ⅱ+B 1 10 7 解と因数分解の関係]

言い訳 [3]：厳密には，$(\alpha^k)^{10} = (\alpha^{10})^k = 1$ と全てが相異なることに言及した方がよいですが，円を n 等分する点が n 乗根の全てと対応することを認めて使っても許される気もします．

6 8 16 ド・モアブルの定理と5倍角公式

根底 実戦 典型 入試 [→演習問題 4 11 34]

方針 P に対して 2 通りの変形を行って両者を比較します．一方は二項展開．もう片方はド・モアブルの定理ですね．

解答

$$P = \cos 5\theta + i\sin 5\theta.$$

$$\therefore \begin{cases} \mathrm{Re}\,P = \cos 5\theta \\ \mathrm{Im}\,P = \sin 5\theta. \end{cases} \ \cdots①$$

二項定理より，$\cos\theta$ を c，$\sin\theta$ を s と略記して

$P=(c+is)^5$

$=\sum_{k=0}^{5}{}_5\mathrm{C}_k c^{5-k}(is)^k$

$=c^5+5c^4(is)+10c^3(is)^2+10c^2(is)^3+5c(is)^4+(is)^5.$ [1)]

これと①より

$$\begin{aligned}\cos 5\theta &= \mathrm{Re}\,P\\ &= c^5-10c^3s^2+5cs^4\\ &= c^5-10c^3(1-c^2)+5c(1-c^2)^2\\ &= 16c^5-20c^3+5c. /\!/\end{aligned}$$

$$\begin{aligned}\sin 5\theta &= \mathrm{Im}\,P\\ &= 5c^4s-10c^2s^3+s^5\\ &= s\{5c^4-10c^2(1-c^2)+(1-c^2)^2\}\\ &= s(16c^4-12c^2+1). /\!/\end{aligned}$$

注 [1)]：この後は，実部・虚部に分けて計算するとスマートです．

参考 もちろん，3 倍角公式・2 倍角公式を用いても同じ結果を得ることができます．

6 8 17 cos, sin の Σ 計算 ［→例題 6 3 b］

根底 実戦 典型 入試

方針 α^k はド・モアブルの定理により簡単に計算できます．また，α^k の和は，等比数列の和の公式で求まります．これらをつなぎ合わせればできそうです．

解答

$$S=\sum_{k=1}^{n}\alpha^k=\alpha\cdot\frac{1-\alpha^n}{1-\alpha}\ (\because\ \alpha\neq 1).\ \cdots①$$

また，

$$\alpha^k=(\cos\theta+i\sin\theta)^k=\cos k\theta+i\sin k\theta.$$

$$\therefore\ S=\sum_{k=1}^{n}(\cos k\theta+i\sin k\theta)=T+iU.$$

i.e. $T=\mathrm{Re}\,S,\ U=\mathrm{Im}\,S.\ \cdots②$

方針 ①の右辺を計算します．積や商があるので，❸「極形式」にできたら理想的ですね．■

ここで①において，

$$\begin{aligned}1-\alpha &= 1-(\cos\theta+i\sin\theta)\\ &= 2\sin^2\frac{\theta}{2}-i\cdot 2\sin\frac{\theta}{2}\cos\frac{\theta}{2}\\ &= 2\sin\frac{\theta}{2}\left(\sin\frac{\theta}{2}-i\cos\frac{\theta}{2}\right)\\ &= 2\sin\frac{\theta}{2}\left\{\cos\left(\frac{\theta}{2}-\frac{\pi}{2}\right)+i\sin\left(\frac{\theta}{2}-\frac{\pi}{2}\right)\right\}\ ^{1)}\end{aligned}$$

$(=f(\theta)$ とおく$)$．

同様に，

$$\begin{aligned}1-\alpha^n &= 1-(\cos n\theta+i\sin n\theta)\\ &= f(n\theta)\\ &= 2\sin\frac{n\theta}{2}\ ^{2)}\left\{\cos\left(\frac{n\theta}{2}-\frac{\pi}{2}\right)+i\sin\left(\frac{n\theta}{2}-\frac{\pi}{2}\right)\right\}.\end{aligned}$$

これらと①より，$\cos\theta+i\sin\theta$ を $\mathrm{cis}\,\theta$ [3)] と書くことにすると，

$$\begin{aligned}S &= \mathrm{cis}\,\theta\cdot\frac{2\sin\frac{n\theta}{2}\cdot\mathrm{cis}\left(\frac{n\theta}{2}-\frac{\pi}{2}\right)}{2\sin\frac{\theta}{2}\cdot\mathrm{cis}\left(\frac{\theta}{2}-\frac{\pi}{2}\right)}\\ &= \frac{\sin\frac{n\theta}{2}}{\sin\frac{\theta}{2}}\mathrm{cis}\left\{\theta+\left(\frac{n\theta}{2}-\frac{\pi}{2}\right)-\left(\frac{\theta}{2}-\frac{\pi}{2}\right)\right\}\\ &= \frac{\sin\frac{n\theta}{2}}{\sin\frac{\theta}{2}}\mathrm{cis}\,\frac{n+1}{2}\theta\\ &= \frac{\sin\frac{n\theta}{2}}{\sin\frac{\theta}{2}}\left(\cos\frac{n+1}{2}\theta+i\sin\frac{n+1}{2}\theta\right).\end{aligned}$$

これと②より

$$T=\frac{\sin\frac{n\theta}{2}}{\sin\frac{\theta}{2}}\cos\frac{n+1}{2}\theta,$$

$$U=\frac{\sin\frac{n\theta}{2}}{\sin\frac{\theta}{2}}\sin\frac{n+1}{2}\theta. /\!/$$

注 [1)]：三角関数の**基礎力**が問われています．大丈夫？

補足 [2)]：$2\sin\dfrac{n\theta}{2}\geq 0$ とは限らないので，「極形式」と呼べるのはこの後ろの｛　｝部のみです．

言い訳 [3)]：あまりに式が長いので，6 3 1 で「市民権がない」と言った記法の助けを借りました．ちゃんと断って使えば問題ありません．

参考 Ⅱ+B **演習問題** 7 9 3 (6)で全く同じ問題を扱いました（T のみですが）．そこでは，階差へ分解する手法を用いて和を求めました．そちらの方が遥（はる）かに簡便に片付きます（苦笑）．

6 8 18 累乗と逆数 ［→ 6 3 3］

根底 実戦 入試

着眼 (1)では，「n 乗」があるので❸「極形式」を使います．そうすれば，(2)の「cos」にもつながりやすそうですね．

解答 (1) $z=r(\cos\theta+i\sin\theta)\ (r>0)$ とおくと

$\dfrac{1}{z}$ があるので $z\neq 0$

$$\begin{aligned}w_n &= z^n+\frac{1}{z^n}\\ &= r^n(\cos n\theta+i\sin n\theta)+\frac{1}{r^n(\cos n\theta+i\sin n\theta)}\end{aligned}$$

$$\therefore\ w_n=r^n(\cos n\theta+i\sin n\theta)+\frac{1}{r^n}(\cos n\theta-i\sin n\theta).\quad\cdots①$$

よって $w_n \in \mathbb{R}$ となるための条件は

$$\mathrm{Im}\, w_n = \left(r^n - \frac{1}{r^n}\right)\sin n\theta = 0.$$

ここで，z^n は虚数だから，

$$\mathrm{Im}\, z^n = r^n \sin n\theta \neq 0 \text{ より } \sin n\theta \neq 0.$$

$$\therefore r^n - \frac{1}{r^n} = 0.\quad r^{2n} = 1.$$

これと $r > 0$ より，$r = 1$. i.e. $|z| = 1$. □

(2) **着眼**　もちろん，(1)のとき，つまり「r」が 1 のときを考えよという誘導でしょう．あとは，「θ」の値をどうするか？ミエミエですね（笑）．■

$|z| = r = 1$ のときを考えて，①より

$$w_n = z^n + \frac{1}{z^n} = 2\cos n\theta.^{1)} \quad \cdots②$$

$\theta = \dfrac{\pi}{11}$ のときを考えると，

$$\arg(z^{11}) = 11\cdot\frac{\pi}{11} = \pi.$$

$$\therefore z^{11} = -1. \quad \cdots③$$

また，

$$C = \cos\theta - \cos 2\theta + \cos 3\theta - \cos 4\theta + \cos 5\theta. \quad \cdots④$$

そこで，②において $n = 1, 2, 3, 4, 5$ とすると，③も用いて

$$2\cos\theta = z + \frac{1}{z} = z - z^{10},$$

（$z\cdot z^{10} = -1$ より 2)）

$$2\cos 2\theta = z^2 + \frac{1}{z^2} = z^2 - z^9,$$

$$2\cos 3\theta = z^3 + \frac{1}{z^3} = z^3 - z^8,$$

$$2\cos 4\theta = z^4 + \frac{1}{z^4} = z^4 - z^7,$$

$$2\cos 5\theta = z^5 + \frac{1}{z^5} = z^5 - z^6.$$

これらと④より

$$2C$$
$$= (z - z^{10}) - (z^2 - z^9) + (z^3 - z^8) - (z^4 - z^7) + (z^5 - z^6)$$
$$= -z^{10} + z^9 - z^8 + z^7 - z^6 + z^5 - z^4 + z^3 - z^2 + z. \quad \cdots⑤$$

ここで③より

$$z^{11} - (-1)^{11} = 0.$$

$$\{z - (-1)\}\{z^{10} + z^9(-1) + z^8(-1)^2 + \cdots + 1\} = 0.$$

$$(z+1)(z^{10} - z^9 + z^8 - \cdots - z + 1) = 0.$$

$z = \cos\dfrac{\pi}{11} + i\sin\dfrac{\pi}{11} \neq -1$ より

$$z^{10} - z^9 + z^8 - \cdots - z + 1 = 0.$$

これと⑤より

$$2C = 1.\ \therefore\ C = \frac{1}{2}.\ /\!/$$

解説　(1)は，例題 6 7 e の「z」が「z^n」にすり替わっただけですね．

注　1)：$|z| = 1$のときによく使う定番変形です：

$z = \cos\theta + i\sin\theta$ と表せて，

$$z^n + \frac{1}{z^n} = z^n + \overline{z^n} = 2\mathrm{Re}(z^n) = 2\cos n\theta.$$

（6 3 3）

おおまかに記憶に残しておきましょう．

2)：累乗根である z は，このように「分数式→整式」と変形できます．

③：「$\dfrac{\pi}{11}$」を見たら，「11 乗根」（あるいは 22 乗根）を利用することを発想したいです．[→例題 6 7 g]

注　(2)のような式は，和積公式などを駆使すれば値が求まってしまうケースもありますが，本問では困難です．各問題ごとに，どんな方法でいくかを適宜選択．

参考　$|z| = 1,\ z = \cos\theta + i\sin\theta$ のとき，数列 (w_n) は次の漸化式を満たします：

$$z^{n+2} + \frac{1}{z^{n+2}} = \left(z + \frac{1}{z}\right)\left(z^{n+1} + \frac{1}{z^{n+1}}\right) - \left(z^n + \frac{1}{z^n}\right).$$

つまり

$$\therefore w_{n+2} = 2\cos\theta w_{n+1} - w_n.$$

これは，II+B 演習問題 7 9 39「チェビシェフの多項式」で扱ったものと同等です．

特性方程式[→ II+B 7 6 4]は

$$x^2 - 2\cos\theta\cdot x + 1 = 0. \quad \cdots⑥$$

⑥の解は，

$$x = \cos\theta \pm \sqrt{\cos^2\theta - 1}.$$

$-1 < \cos\theta < 1$ のとき，これは虚数で，

$$x = \cos\theta \pm i\sqrt{1 - \cos^2\theta}$$
$$= \cos\theta \pm i\sin\theta. \quad \cdots⑦$$

⑥を出発点とし，⑦の値を利用して w_n の一般項②を作るという出題の仕方もあります．

6 8 19 円の n 等分点と距離 [→ 6 3 5]

根底 実戦　入試

着眼　大層な問題に見えますが，「円の n 等分点」という複素平面お得意のテーマですので….

解答　複素平面上で $\mathrm{A}_k(\alpha_k)$, $\mathrm{P}(z)$ とする．C の中心を原点 O とし，$\arg\alpha_k = \dfrac{2\pi}{n}k$ となるようにする（一般性は失われない）．このとき

$$|\alpha_k| = |z| = 1. \quad \cdots①$$

$$S = \sum_{k=0}^{n-1} \left|\overrightarrow{\mathrm{A}_k\mathrm{P}}\right|^2. \quad \cdots②$$

ここで，

$$|\overrightarrow{A_kP}|^2 = |z-\alpha_k|^2$$
$$= (z-\alpha_k)\overline{(z-\alpha_k)}$$
$$= (z-\alpha_k)(\overline{z}-\overline{\alpha_k})$$
$$= |z|^2+|\alpha_k|^2-z\overline{\alpha_k}-\overline{z}\alpha_k$$
$$= 2-z\overline{\alpha_k}-\overline{z}\alpha_k \ (\because\ ①).$$

これと②より

$$S=\sum_{k=0}^{n-1}(2-z\overline{\alpha_k}-\overline{z}\alpha_k)$$
$$=2n-\overline{z}\cdot\underbrace{\sum_{k=0}^{n-1}\alpha_k}_{S_1\text{ とおく}}-z\cdot\underbrace{\sum_{k=0}^{n-1}\overline{\alpha_k}}_{S_2\text{ とおく}}.\ \cdots③$$

ここで,

$S_2=\overline{S_1}$. …④ 共役の性質

S_1 を求める.

$$\arg\alpha_k=\frac{2\pi}{n}k=k\arg\alpha_1.$$

よって $\alpha=\alpha_1$ とおくと,

$$\alpha_k=\alpha^k\ (k=0,1,2,\cdots,n-1).$$
$$S_1=\sum_{k=0}^{n-1}\alpha^k$$
$$=1\cdot\frac{1-\alpha^n}{1-\alpha}=0\ \left(\arg\alpha^n=\frac{2\pi}{n}n=2\pi\right).$$

$\therefore\ S_2=0$ (∵ ④).

これらと③より, $S=2n$(=一定).//

解説 長さの 2 乗の和なので, キレイに計算できましたね.

6 8 20 1の7乗根

根底 実戦 入試 [→6 3 3]

着眼 1 の 7 乗根は, 複素平面上で単位円を 7 等分します[→例題6 3 d]. 例えば[1] $\arg\alpha=\dfrac{2\pi}{7}$ の場合には, 右図のようになります.

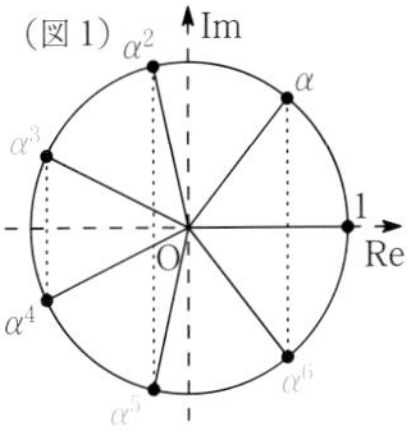

解答

$\alpha^7=1$ …① より

$$(\alpha-1)(\alpha^6+\alpha^5+\cdots+\alpha+1)=0.$$

$\alpha\notin\mathbb{R}$ より $\alpha\neq1$ だから

$$\alpha^6+\alpha^5+\cdots+\alpha+1=0.$$
$$\underbrace{(\alpha+\alpha^2+\alpha^4)}_{A}+(\alpha^3+\alpha^5+\alpha^6)+1=0.\ \cdots②$$

ここで, ①より

$$\alpha^3=\frac{1}{\alpha^4}=\overline{\alpha^4}\ (\because\ |\alpha^4|=1\ ^{2)})$$

α^5, α^6 についても同様にすると

$$\alpha^3+\alpha^5+\alpha^6=\overline{\alpha^4}+\overline{\alpha^2}+\overline{\alpha}$$
$$=\overline{\alpha^4+\alpha^2+\alpha}=\overline{A}.\ \cdots③$$

これと②より

$$A+\overline{A}+1=0.$$
$$\therefore \mathrm{Re}\,A=\frac{A+\overline{A}}{2}=-\frac{1}{2}.\ \cdots④$$

方針 複素数 A の実部がわかったので, 次に虚部を求めたいところですが…, A と $\overline{A}$ を引くと上手くいきそうにありません. そこで…■

③より

$$A\overline{A}=(\alpha+\alpha^2+\alpha^4)(\alpha^3+\alpha^5+\alpha^6).$$

これと①より

$$|A|^2=\alpha^4+\alpha^6+1+\alpha^5+1+\alpha+1+\alpha^2+\alpha^3$$
$$=(\alpha^6+\alpha^5+\alpha^4+\alpha^3+\alpha^2+\alpha+1)+2$$
$$=2\ (\because\ ②).$$

i.e. $|A|=\sqrt{2}$.

これと④より, A は右図の位置にある.

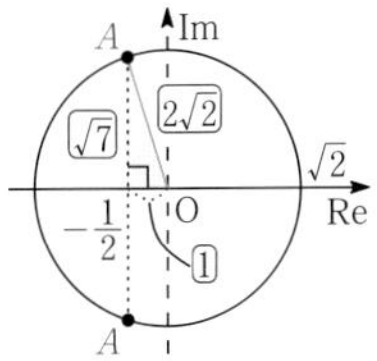

$$\therefore\ A=\frac{-1\pm\sqrt{7}i}{2}.//$$

解説 複素数を, その実部と絶対値によって特定する方法は, 例題6 2 a(3)でも使っていましたね.

注 [2]: 6 3 3 で述べた知識:「絶対値が 1 なら, 逆数=共役」を使っています.

参考 A と $\overline{A}$ をセットで答えると次の通り:

$$(A,\overline{A})=\left(\frac{-1+\sqrt{7}i}{2},\ \frac{-1-\sqrt{7}i}{2}\right)\cdots㋐$$
$$\text{or}\left(\frac{-1-\sqrt{7}i}{2},\ \frac{-1+\sqrt{7}i}{2}\right)\cdots㋑$$

注 [1]: (図 1) は, あくまでもこの場合限定の話です. この図をより所として解答することは許されません.

例えば $\arg\alpha=\dfrac{6\pi}{7}$ の場合には右の (図 2) のようになり, 赤色グループ A と青色グループ $\overline{A}$ の位置が入れ替わります. (図 1) では上記㋐, (図 2) では㋑となります.

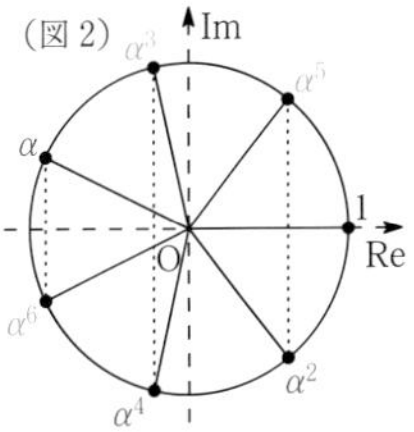

参考 例えば $\arg\alpha=\dfrac{2\pi}{7}$ (図 1) の場合を想定すると,

$$\alpha^k=\cos\frac{2\pi}{7}k+i\sin\frac{2\pi}{7}k\ (k\in\mathbb{N})$$
$$\cos\frac{2\pi}{7}+\cos\frac{4\pi}{7}+\cos\frac{8\pi}{7}=\mathrm{Re}\,A=-\frac{1}{2},$$
$$\sin\frac{2\pi}{7}+\sin\frac{4\pi}{7}+\sin\frac{8\pi}{7}=\mathrm{Im}\,A=\frac{\sqrt{7}}{2}.$$

この値が問われる問題も, とてもポピュラーです.

6 8 21 三角形の頂点の存在範囲

根底 実戦 入試 [→例題 6 5 a]

方針 直角二等辺三角形の 2 頂点 P, Q に対して，第 3 頂点 R を求める際に複素平面が利用できますね．

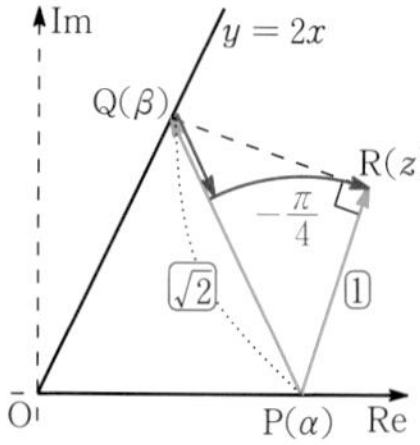

解答 複素平面上で

$P(\alpha)$, $Q(\beta)$, $R(z)$

とすると，

$\alpha=s,\ \beta=(1+2i)t\ (s,\ t\geq 0\ \cdots①)$

とおける．

$\overrightarrow{PR}$ は，$\overrightarrow{PQ}$ を $\begin{cases} -\dfrac{\pi}{4} \text{ だけ回転し} \\ \dfrac{1}{\sqrt{2}} \text{ 倍したもの.} \end{cases}$ 2 ベクトルの関係

よって

$$\underbrace{z-\alpha}_{\overrightarrow{PR}}=\boxed{\frac{1}{\sqrt{2}}\left(\cos\frac{-\pi}{4}+i\sin\frac{-\pi}{4}\right)}\cdot\underbrace{(\beta-\alpha)}_{\overrightarrow{PQ}}.$$

$\overrightarrow{PR}$ ← $\dfrac{-\pi}{4}$ 回転 & $\dfrac{1}{\sqrt{2}}$ 倍 ― $\overrightarrow{PQ}$

$$\begin{aligned}\therefore\ z&=\alpha+\frac{1}{\sqrt{2}}\cdot\frac{1-i}{\sqrt{2}}(\beta-\alpha)\\&=\alpha+\frac{1-i}{2}(\beta-\alpha)\\&=\frac{1+i}{2}\alpha+\frac{1-i}{2}\beta\\&=\frac{1+i}{2}s+\frac{1-i}{2}(1+2i)t\\&=s\cdot\frac{1+i}{2}+t\cdot\frac{3+i}{2}.\ \cdots②\end{aligned}$$

$\dfrac{1+i}{2}$, $\dfrac{3+i}{2}$ が表すベクトルを考えると，①より $R(z)$ の存在範囲は右図のようになる（境界含む）．

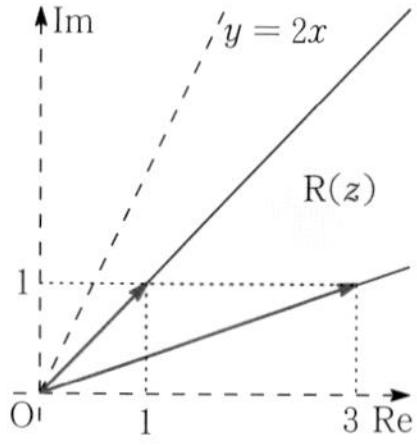

解説 「複素数」が「ベクトル」を表すことを理解していれば簡単でしたね．

別解 ②をもとに，例の「消したいものを残したいもので表す」手でも解決します：

$z=x+iy\ (x,\ y\in\mathbb{R})$ とおくと，②より

$$x+iy=s\cdot\frac{1+i}{2}+t\cdot\frac{3+i}{2}.$$

$$\therefore\begin{cases}x=\dfrac{s+3t}{2}\\ y=\dfrac{s+t}{2}.\end{cases}\quad\text{i.e.}\quad\begin{cases}s+3t=2x\\ s+t=2y.\end{cases}$$

$$\therefore\begin{cases}s=3y-x\\ t=x-y.\end{cases}$$

これを①へ代入して

$$3y-x\geq 0,\ x-y\geq 0.$$

$$\text{i.e. } \frac{1}{3}x\leq y\leq x.$$

解答と同じ領域が得られましたね．

注 複素平面を用いず，右図のようにベクトルを継ぎ足して $R(z)$ を求めることもできます．

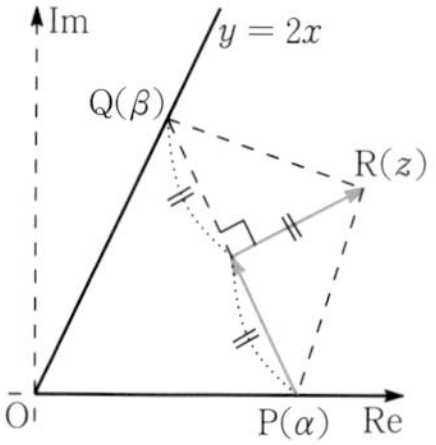

6 8 22 共円条件

根底 実戦 典型 入試 [→例題 6 7 c]

着眼 4 点 $A(\alpha)$, $B(\beta)$, $C(\gamma)$, $P(z)$ が共円であるための条件をどう表すか？問題文の分数式を見ると，「ベクトルの回転」を利用せよと言われているようなものですね（笑）．

解答 $\overrightarrow{CA}$ から $\overrightarrow{CB}$ への回転角を θ とおく．すなわち

$$\arg\left(\frac{\beta-\gamma}{\alpha-\gamma}\right)=\theta.\ \cdots①$$

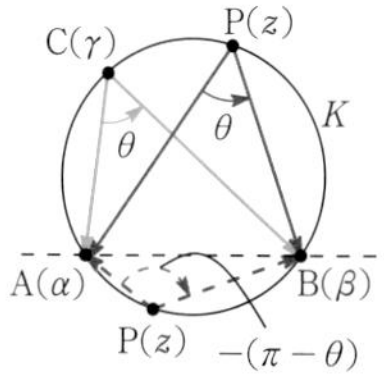

一般性を失うことなく

$0<\theta<\pi$ としてよい．

A, B, C 以外の点 $P(z)$ が K 上にあるための条件は，$\overrightarrow{PA}$ から $\overrightarrow{PB}$ への回転角が θ or $-(\underline{\pi-\theta})$.[1)]

これは，①より 円に内接する四角形の性質

$$\arg\left(\frac{\beta-z}{\alpha-z}\right)\overset{2)}{=}\arg\left(\frac{\beta-\gamma}{\alpha-\gamma}\right)\text{ or }\arg\left(\frac{\beta-\gamma}{\alpha-\gamma}\right)-\pi.$$

複素平面上で 0, $\dfrac{\beta-z}{\alpha-z}$, $\dfrac{\beta-\gamma}{\alpha-\gamma}$ が共線.

$$^{3)}\ \frac{\dfrac{\beta-z}{\alpha-z}}{\dfrac{\beta-\gamma}{\alpha-\gamma}}=\frac{\alpha-\gamma}{\beta-\gamma}\cdot\frac{\beta-z}{\alpha-z}\in\mathbb{R}.$$

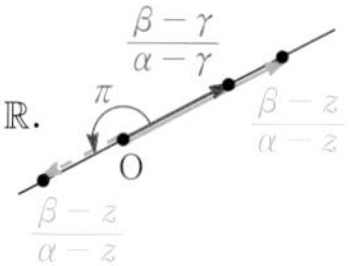

よって題意が示せた．□

補足 1)：P が直線 AB（図の破線）の上・下どちらにあるかによって分かれます．

2)：この「＝」は，「2π の整数倍の違いは気にしない」という了解のもとで使っています．[→ 6 3 5 注]

3)：この形の分数式は「**非調和比**」と呼ばれる有名なものです．

参考 ハイレベル↑C が原点 O(i.e. $\gamma=0$) のときの円 K は，例題 6 7 h と全く同じものです．この円の方程式を求めてみましょう．

本問の結果は，続けて次のように変形できます：

$$\frac{\alpha-0}{\beta-0}\cdot\frac{\beta-z}{\alpha-z}=\overline{\left(\frac{\alpha-0}{\beta-0}\cdot\frac{\beta-z}{\alpha-z}\right)}.$$

$$\frac{\alpha}{\beta}\cdot\frac{\beta-z}{\alpha-z}=\frac{\overline{\alpha}}{\overline{\beta}}\cdot\frac{\overline{\beta}-\overline{z}}{\overline{\alpha}-\overline{z}}.$$

$$\alpha\overline{\beta}(\overline{\alpha}-\overline{z})(\beta-z)=\overline{\alpha}\beta(\alpha-z)(\overline{\beta}-\overline{z})$$

（これは P = A, B, O でも成り立つ）.

$$(\overline{\alpha}\beta-\alpha\overline{\beta})|z|^2-(\overline{\alpha}\beta\overline{\beta}-\alpha\overline{\alpha}\,\overline{\beta})z-(\alpha\overline{\alpha}\beta-\alpha\beta\overline{\beta})\overline{z}=0.$$

$$|z|^2-\underbrace{\frac{\overline{\alpha}|\beta|^2-|\alpha|^2\overline{\beta}}{\overline{\alpha}\beta-\alpha\overline{\beta}}}_{\delta'\text{ とおく}}z-\underbrace{\frac{|\alpha|^2\beta-\alpha|\beta|^2}{\overline{\alpha}\beta-\alpha\overline{\beta}}}_{\delta\text{ とおく}}\overline{z}=0.\ \cdots②$$

ここで，

$$\overline{\delta}=\frac{|\alpha|^2\overline{\beta}-\overline{\alpha}|\beta|^2}{\alpha\overline{\beta}-\overline{\alpha}\beta}=\delta'.$$ 分子・分母とも逆符号

よって②は

$$z\overline{z}-\overline{\delta}z-\delta\overline{z}=0.\quad (z-\delta)(\overline{z}-\overline{\delta})=\delta\overline{\delta}.$$

$$|z-\delta|=|\delta|.$$

これが K の方程式であり，点 δ を中心として原点を通る円になっていますね． 本問の P(z) とは別物！

例題6 7 h においては，円の中心 P(z) は④式より

$$z=\frac{1}{A}\left(\frac{1}{\overline{\beta}}-\frac{1}{\overline{\alpha}}\right),\ \text{ただし}$$

$$A=\left(\frac{1}{\alpha\overline{\beta}}-\frac{1}{\overline{\alpha}\beta}\right)=\frac{\overline{\alpha}\beta-\alpha\overline{\beta}}{\alpha\overline{\beta}\,\overline{\alpha}\beta}.$$

$$\therefore\ z=\frac{\alpha\overline{\beta}\,\overline{\alpha}\beta}{\overline{\alpha}\beta-\alpha\overline{\beta}}\cdot\frac{\overline{\alpha}-\overline{\beta}}{\overline{\alpha}\,\overline{\beta}}$$

$$=\frac{\alpha\beta(\overline{\alpha}-\overline{\beta})}{\overline{\alpha}\beta-\alpha\overline{\beta}}.$$

これはたしかに上記の中心「δ」と一致していますね．

6 8 23 ナポレオンの三角形・類題 [→例題6 7 i]

根底 実戦 典型 入試

語記サポ 1)：これを「正方形の重心」といいます．なので名前を $G_{\bigcirc}$(center of gravity) としました．

着眼 もちろん例題6 7 i「ナポレオンの三角形」の類題です．

注 ただし，そこの言い訳に書いた通り，複素平面を最も計算が楽になるよう設定します．2)

方針 点の位置関係を，2 ベクトルの関係としてとらえて複素数の式で表す流れは不変です．

解答 一般性を失うことなく A, B, C は次図の順に並んでいるとし，複素平面上で，A(0)[3], B(β), C(γ) とする．

また，$G_1(z_1)$, $G_2(z_2)$, $G_3(z_3)$ とする．

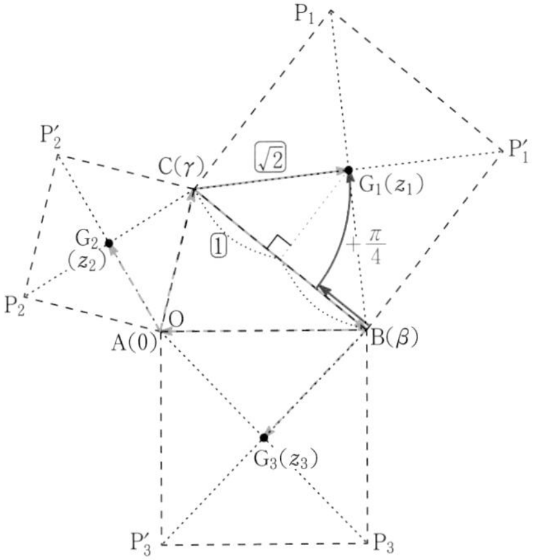

$\overrightarrow{CG_1}$ は，$\overrightarrow{CB}$ を $\begin{cases}+\dfrac{\pi}{4}\text{ だけ回転し}\\ \dfrac{1}{\sqrt{2}}\text{ 倍したもの．}\end{cases}$ 2 ベクトルの関係

よって

後に λ とおく

$$z_1-\gamma=\boxed{\frac{1}{\sqrt{2}}\left(\cos\frac{\pi}{4}+i\sin\frac{\pi}{4}\right)}\cdot(\beta-\gamma).$$

$\overrightarrow{CG_1}$ ← $+\frac{\pi}{4}$ 回転 & $\frac{1}{\sqrt{2}}$ 倍 ← $\overrightarrow{CB}$

$$\therefore\ z_1=\gamma+\frac{1}{\sqrt{2}}\cdot\frac{1+i}{\sqrt{2}}(\beta-\gamma)$$

$$=\gamma+\underbrace{\left(\frac{1}{2}+\frac{1}{2}i\right)}_{\lambda\text{ とおく}}\cdot(\beta-\gamma)$$ 「ラムダ」と読む

$$=\lambda\beta+(1-\lambda)\gamma.$$

$$\therefore\ z_1=\lambda\cdot\beta+\overline{\lambda}\cdot\gamma.$$

$\overrightarrow{AG_2}$ は，$\overrightarrow{AC}$ を，$\overrightarrow{BG_3}$ は，$\overrightarrow{BA}$ を，それぞれ同じように変換したものだから，同様に

$$z_2=\lambda\cdot\gamma+\overline{\lambda}\cdot 0,$$
$$z_3=\lambda\cdot 0+\overline{\lambda}\cdot\beta.$$ [4]

これら 3 式から 2 ベクトル $\overrightarrow{AG_1}$, $\overrightarrow{G_2G_3}$ の関係を考える．

$$\overrightarrow{AG_1}\cdots z_1-0=\lambda\cdot\beta+\overline{\lambda}\cdot\gamma.$$

$$\overrightarrow{G_2G_3}\cdots z_3-z_2=\overline{\lambda}\cdot\beta-\lambda\cdot\gamma.$$

方針 β, γ それぞれの係数どうしの関係を調べます．λ, $\overline{\lambda}$ などを図示すると簡明です：■

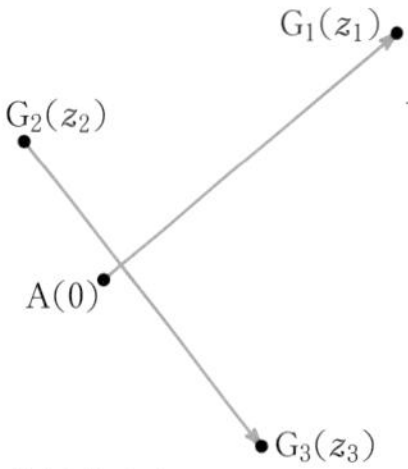

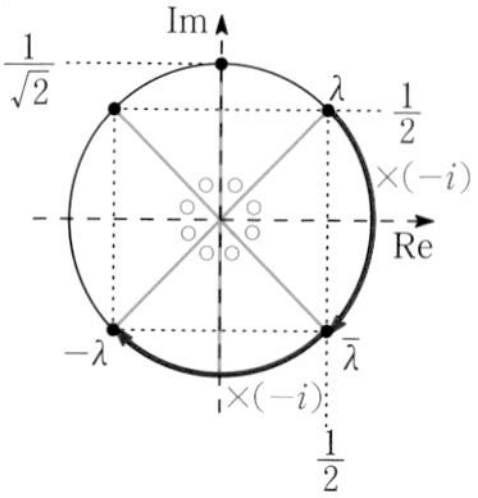

上図右より，

$$\frac{\overline{\lambda}}{\lambda},\ \frac{-\lambda}{\overline{\lambda}}=\cos\frac{-\pi}{2}+i\sin\frac{-\pi}{2}=-i.$$

である．よって

$$\frac{z_3-z_2}{z_1-0}=\cos\frac{-\pi}{2}+i\sin\frac{-\pi}{2}.$$

i.e. $\overrightarrow{G_2G_3}$は$\overrightarrow{AG_1}$を $-\dfrac{\pi}{2}$ だけ回転したもの．

つまり，$AG_1\perp G_2G_3$, $AG_1=G_2G_3$. □

解説 2)3)：この設定のおかげで，A(α) とした**例題671**の**解答**より，かなり簡明になっています．

補足 示すべき結論を見ると，B や C に対して A だけが"特別扱い"されているので，A を原点に選びました．

注 4)：A を特別視したため，**例題671**の**解答**に比べると「同様に」は少し捉えづらくなっています．

6 8 24 点列と極限

根底 実戦 典型 入試

[→例題671]

着眼 **例題671**の類題ですから，複素平面上で考えます．点 P_n をいくつかとってみると，右図のように"渦を巻きながら"ある点（赤色）に近づいていきそうな気がしますね．

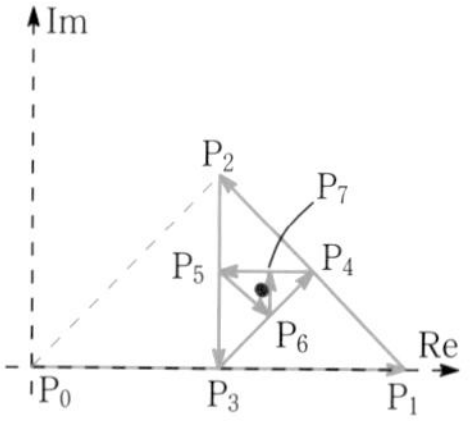

ある点 P_n から次の点 P_{n+1} への「移動」＝「ベクトル」がどのようなルールで定まるかを考えます．

方針 「3 点→ 2 ベクトル→複素数の式」の流れです．直前・直後の 2 ベクトルの関係を，**ドミノ式**にとらえます．

解答 複素平面上で $P_n(z_n)$ とする．ベクトル列 $(\overrightarrow{P_nP_{n+1}})$ を帰納的に定義する．

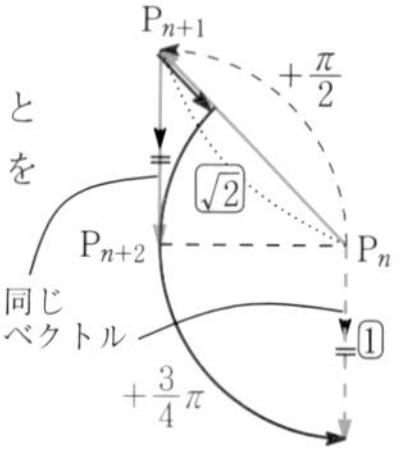

①より，

$\overrightarrow{P_0P_1}\cdots z_1-z_0=1+0i.$

②より，

$\overrightarrow{P_{n+1}P_{n+2}}$は，$\overrightarrow{P_nP_{n+1}}$を $\begin{cases}+\dfrac{3}{4}\pi \text{ だけ回転し}\\ \dfrac{1}{\sqrt{2}} \text{ 倍したもの.}\end{cases}$

これを複素数で表すと

$$z_{n+2}-z_{n+1}=\underbrace{\frac{1}{\sqrt{2}}\left(\cos\frac{3}{4}\pi+i\sin\frac{3}{4}\pi\right)}_{\alpha\text{ とおく}}\cdot(z_{n+1}-z_n).$$

$\overrightarrow{P_{n+1}P_{n+2}}$ ← $+\dfrac{3}{4}\pi$ 回転 & $\dfrac{1}{\sqrt{2}}$ 倍 ― $\overrightarrow{P_nP_{n+1}}$

したがって

$\overrightarrow{OP_n}=\overrightarrow{P_0P_1}+\overrightarrow{P_1P_2}+\cdots+\overrightarrow{P_{n-1}P_n}$．……これをイメージ

$$\begin{aligned}z_n&=(z_1-z_0)+(z_2-z_1)+\cdots+(z_n-z_{n-1})\\&=1+\alpha+\alpha^2+\cdots+\alpha^{n-1}\\&=1\cdot\frac{1-\alpha^n}{1-\alpha}.\end{aligned}$$

方針 複素平面上で，z_n と $\dfrac{1}{1-\alpha}$ の**距離**が 0 に収束することを示します．■

$$\begin{aligned}\left|z_n-\frac{1}{1-\alpha}\right|&=\left|\frac{-\alpha^n}{1-\alpha}\right|\\&=\frac{1}{|1-\alpha|}\cdot|\alpha|^n\\&=\frac{1}{|1-\alpha|}\cdot\left(\frac{1}{\sqrt{2}}\right)^n\\&\xrightarrow[n\to\infty]{}0.\end{aligned}$$

これは実数

つまり，2 点 z_n, $\dfrac{1}{1-\alpha}$ の距離は $n\to\infty$ のとき限りなく 0 に近づく．よって求める点と対応する複素数は

$$\begin{aligned}\frac{1}{1-\alpha}&=\frac{1}{1-\dfrac{-1+i}{2}}\\&=\frac{2}{3-i}\cdot\frac{3+i}{3+i}\\&=\frac{2}{10}(3+i)=\frac{3+i}{5}.\end{aligned}$$

……目分量でチェック

よって求める点は，$\left(\dfrac{3}{5},\ \dfrac{1}{5}\right)$.//

解説 何から何まで，**例題671**とソックリでした．

6 8 25 曲線の回転

根底 実戦 典型 入試

[→例題65a]

着眼 「曲線」とは「点の集合」です．複素平面を利用すれば点（あるいはベクトル）の回転ができます．これで解決ですね．

方針 「消したいものを残したいもので表す」という原則を忘れずに！

解答 C 上の点 $P(x,y)$ を原点を中心に $+\frac{\pi}{4}$ だけ回転した点 $Q(X,Y)$ の軌跡が，求める曲線 C' である．

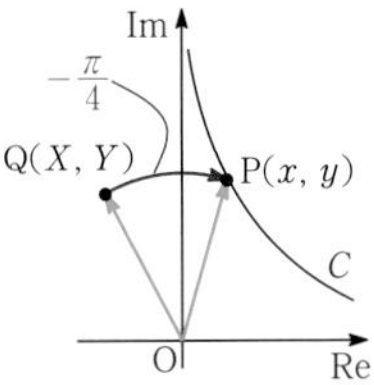

$\overrightarrow{OP}$ は $\overrightarrow{OQ}$ を $-\frac{\pi}{4}$ だけ回転したものだから，複素平面上で考えて

$$\underbrace{x+iy}_{\overrightarrow{OP}}=\boxed{1\cdot\left\{\cos\left(-\frac{\pi}{4}\right)+i\sin\left(-\frac{\pi}{4}\right)\right\}}\cdot\underbrace{(X+iY)}_{\overrightarrow{OQ}}$$

$\overrightarrow{OP}$ ← $-\frac{\pi}{4}$ 回転 & 1 倍 ← $\overrightarrow{OQ}$

$$=\frac{1-i}{\sqrt{2}}(X+iY).$$

$$\therefore\ x=\frac{X+Y}{\sqrt{2}},\ y=\frac{-X+Y}{\sqrt{2}}.\ \cdots②$$

また，①は $x,y\geq 0$ のもとで次と同値：

$$x+y+2\sqrt{xy}=1.\ \cdots①'\ ^{1)}$$

②を①′へ代入して

$$\sqrt{2}Y+2\sqrt{\frac{Y^2-X^2}{2}}=1.$$

$$\sqrt{Y^2-X^2}=\frac{1}{\sqrt{2}}-Y.$$

$$Y^2-X^2=\left(\frac{1}{\sqrt{2}}-Y\right)^2,\ \frac{1}{\sqrt{2}}-Y\geq 0.$$

以上より，

$$C':y=\frac{1}{\sqrt{2}}x^2+\frac{1}{2\sqrt{2}},\ y\leq\frac{1}{\sqrt{2}}.\ /\!/\ ^{2)}$$

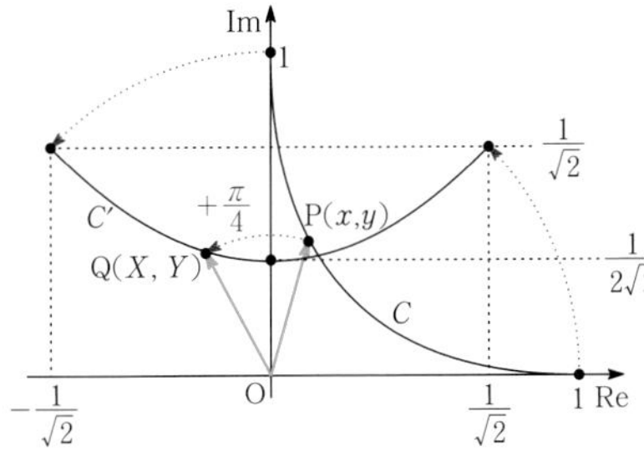

解説 消したい (x,y) を，残したい (X,Y) で表すのがポイントです．

1)：①を，少し処理してから代入すると書く分量が減ります．

2)：最後の最後で大文字を小文字に変えるのは，単なる業界の慣習です．

注 C は放物線（の一部）であることが示されました．実は，Ⅱ+B **演習問題3 9 28**でも同一な曲線を「ベジェ曲線」として出題し，文系生もできる方法で同じことを示しました．

参考 $x^a+y^a=1\ (x,y\geq 0)$ が表す曲線は，正の定数 a の値に応じて右図のように変化します：

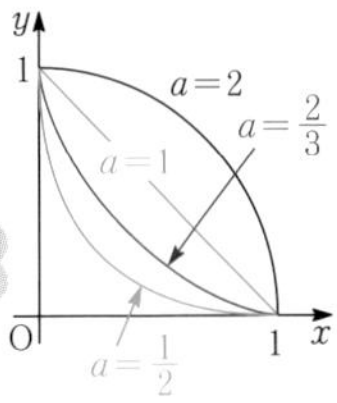

$a=2$: 円 （正確には「の一部」以下同様）
$a=1$: 直線
$a=\frac{2}{3}$: アステロイド
$a=\frac{1}{2}$: 放物線

演習問題3 9 3参考においても，放物線以外の 3 曲線について（パラメタ曲線としての）同様なまとめがありました．

2 次曲線の回転は，**例題7 9 h**でも扱います．

6 8 26 累乗と垂足曲線

根底 実戦 入試 ハイレベル↑ [→演習問題3 9 31]

言い訳 レベル高目な問題ですので，「正射影ベクトル」が使いこなせていることを前提とした解答を行います．

解答 (1) 右図の直角三角形に注目して，

$$|z|=1\cdot\cos|\theta|^{1)}$$
$$=\cos\theta\ (>0\ \because\ ①).$$

したがって

$$z=\cos\theta(\cos\theta+i\sin\theta).\ /\!/$$

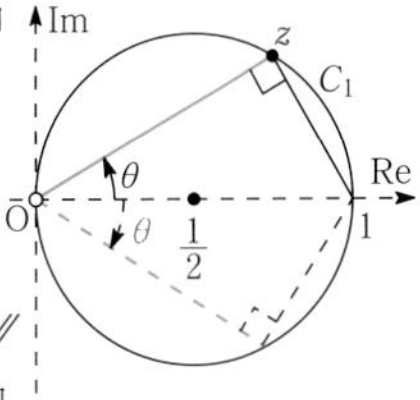

注 1)：$\theta<0$ の場合（図の破線）も考慮しています．

(2) まず，(1)より

$$z^2=\cos^2\theta(\cos 2\theta+i\sin 2\theta).\ \cdots②$$

$\overrightarrow{OH}$ は，$\overrightarrow{OP}$ の

$$\vec{u}:=\underset{\sim}{2}\overrightarrow{AP}=\begin{pmatrix}\cos 2\theta\\ \sin 2\theta\end{pmatrix}$$

への正射影ベクトルだから

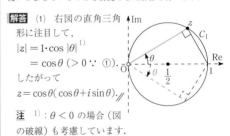

$$\overrightarrow{OH}=\underbrace{\frac{\vec{u}\cdot\overrightarrow{OP}}{|\vec{u}|}}_{\text{“符号付長さ”}}\cdot\underbrace{\frac{\vec{u}}{|\vec{u}|}}_{\text{単位ベクトル}}.$$

（2)）

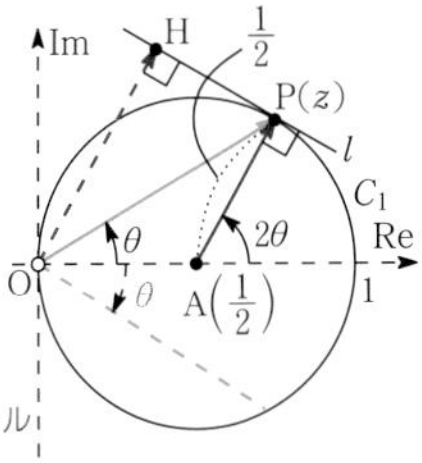

ここで，(1)より

$$\vec{u}\cdot\overrightarrow{OP}=\begin{pmatrix}\cos 2\theta\\ \sin 2\theta\end{pmatrix}\cdot\cos\theta\begin{pmatrix}\cos\theta\\ \sin\theta\end{pmatrix}$$
$$=\cos\theta(\cos 2\theta\cos\theta+\sin 2\theta\sin\theta)$$
$$=\cos\theta\cos(2\theta-\theta)=\cos^2\theta.$$

$$\therefore\ \overrightarrow{OH}=\cos^2\theta\begin{pmatrix}\cos 2\theta\\ \sin 2\theta\end{pmatrix}.$$

つまり，H を表す複素数は $\cos^2\theta(\cos 2\theta+i\sin 2\theta)$．これと②より，$H(z^2)$ が示せた．□

注 内積 $\vec{u}\cdot\overrightarrow{\mathrm{OP}}$ は，次のように計算しても OK です：

$$\vec{u}\cdot\overrightarrow{\mathrm{OP}}=\begin{pmatrix}\cos 2\theta\\ \sin 2\theta\end{pmatrix}\cdot\left\{\begin{pmatrix}1/2\\ 0\end{pmatrix}+\frac{1}{2}\begin{pmatrix}\cos 2\theta\\ \sin 2\theta\end{pmatrix}\right\}$$
$$=\frac{1}{2}(\cos 2\theta+1)=\cos^2\theta.\ ■$$

(3) (1)より

$$z^n=\cos^n\theta(\cos n\theta+i\sin n\theta).\ \cdots③$$
$$z^{n+1}=\cos^{n+1}\theta\{\cos(n+1)\theta+i\sin(n+1)\theta\}.\cdots③'$$

$z^n=x+iy\ (x,\ y\in\mathbb{R})$ とおくと，③より

微分法の準備

$$\begin{cases}x=\cos^n\theta\cos n\theta\\ y=\cos^n\theta\sin n\theta\end{cases}\left(-\frac{\pi}{2}<\theta<\frac{\pi}{2}\right).$$

$\cos\theta$ を c，$\sin\theta$ を s と略記すると

$$\frac{dx}{d\theta}=nc^{n-1}(-s)\cdot\cos n\theta+c^n\cdot(-n\sin n\theta)$$
$$=-nc^{n-1}(\sin\theta\cos n\theta+\cos\theta\sin n\theta)$$
$$=-nc^{n-1}\sin(n+1)\theta.$$

加法定理を使った

$$\frac{dy}{d\theta}=nc^{n-1}(-s)\cdot\sin n\theta+c^n\cdot n\cos n\theta$$
$$=nc^{n-1}(-\sin\theta\sin n\theta+\cos\theta\cos n\theta)$$
$$=nc^{n-1}\cos(n+1)\theta.$$

よって，C_n の接線 m の方向ベクトル，法線ベクトルはそれぞれ

垂直

$$\begin{pmatrix}-\sin(n+1)\theta\\ \cos(n+1)\theta\end{pmatrix},\ \begin{pmatrix}\cos(n+1)\theta\\ \sin(n+1)\theta\end{pmatrix}(=\vec{v}\text{とおく}).$$

$\overrightarrow{\mathrm{OI}}$ は，$\overrightarrow{\mathrm{OQ}}$ の $\vec{v}$ への正射影ベクトルだから

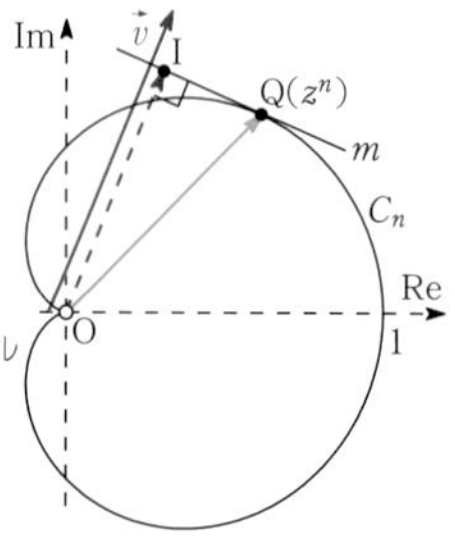

$$\overrightarrow{\mathrm{OI}}=\frac{\vec{v}\cdot\overrightarrow{\mathrm{OQ}}}{|\vec{v}|}\cdot\frac{\vec{v}}{|\vec{v}|}.$$

"符号付長さ" 単位ベクトル

ここで，③より

$$\vec{v}\cdot\overrightarrow{\mathrm{OQ}}$$
$$=\begin{pmatrix}\cos(n+1)\theta\\ \sin(n+1)\theta\end{pmatrix}\cdot\cos^n\theta\begin{pmatrix}\cos n\theta\\ \sin n\theta\end{pmatrix}$$
$$=\cos^n\theta\{\cos(n+1)\theta\cos n\theta+\sin(n+1)\theta\sin n\theta\}$$
$$=\cos^n\theta\cos((n+1)\theta-n\theta)=\cos^{n+1}\theta.$$
$$\therefore\overrightarrow{\mathrm{OI}}=\cos^{n+1}\theta\begin{pmatrix}\cos(n+1)\theta\\ \sin(n+1)\theta\end{pmatrix}.$$

つまり，I を表す複素数は

$$\cos^{n+1}\theta\{\cos(n+1)\theta+i\sin(n+1)\theta\}.$$

これと③′より，I(z^{n+1}) が示せた．□

参考 C_2 は有名曲線「カージオイド」です．

解説 (2)は，円 C_1 の「**垂足曲線**」C_2 が「カージオイド」になるというお話であり，既に**演習問題3 9 31**でも扱ったテーマです．

(3)はその一般化で，『z^n の軌跡の垂足曲線は z^{n+1} の軌跡である』というキレイな結論を示しました．

補足 2)：$\vec{u}$ は単位ベクトルですから，分母にある 2 か所の「$|\vec{u}|$」は書かなくても OK です（(3)の $\vec{v}$ も同様）．

第 7 章　2次曲線

6 演習問題A

7 6 1　内分点の軌跡
根底 実戦　定期　[→7 2 2]

着眼　「P, Q に関する条件」と「P, Q と R の関係」から，R の軌跡を求める典型問題です．

解答　$\mathrm{P}(\alpha, 0)$, $\mathrm{Q}(0, \beta)$ とおくと，

$\alpha^2+\beta^2=1.$ …①

また，$\mathrm{R}(x, y)$ とおくと

$$x=\frac{2}{5}\alpha,\ y=\frac{3}{5}\beta.$$

$$\text{i.e. } \alpha=\frac{5}{2}x,\ \beta=\frac{5}{3}y.$$

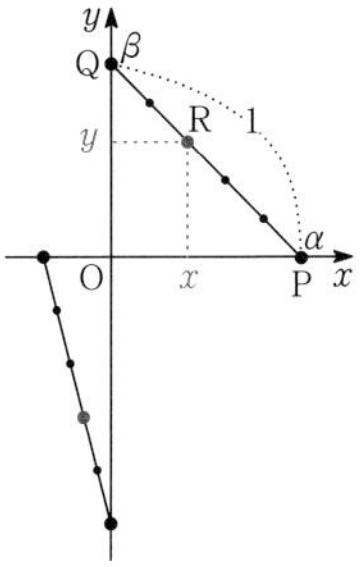

これを①へ代入して

$$\left(\frac{5}{2}x\right)^2+\left(\frac{5}{3}y\right)^2=1.$$

よって求める軌跡は，

$$\text{楕円}:\frac{x^2}{\left(\frac{2}{5}\right)^2}+\frac{y^2}{\left(\frac{3}{5}\right)^2}=1.\text{//}$$

解説　例の,「消したい α, β を残したい x, y で表す」という手法です．

補足　①を見るとわかるとおり,「α, β」は，実質的には「$\cos\theta,\ \sin\theta$」です．

参考　同じ条件を満たして動く線分 PQ の**通過領域**を，**演習問題3 9 26**で扱いました．境界線として,「アステロイド」が現れましたね．

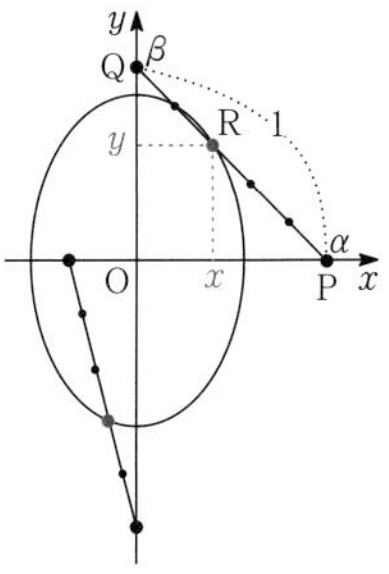

7 6 2　双曲線のパラメタ表示
根底 実戦　[→7 3 2]

方針　①の左辺を因数分解するとキレイに計算できます．

解答

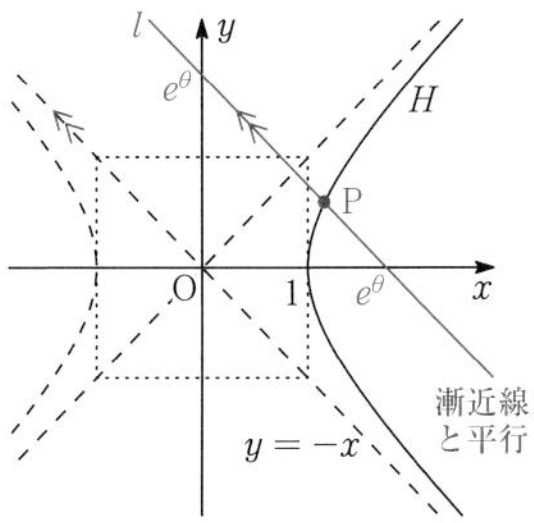

①②を連立して，$\mathrm{P}(x, y)$ は次を満たす：

$$\underbrace{(x+y)}_{e^\theta}\cdot(x-y)=1.$$

$$\therefore\begin{cases}x+y=e^\theta\\x-y=e^{-\theta}.\end{cases}\quad\begin{cases}x=\dfrac{1}{2}\left(e^\theta+e^{-\theta}\right)\\y=\dfrac{1}{2}\left(e^\theta-e^{-\theta}\right).\text{//}\end{cases}$$

解説　答えの右辺を順に関数 $c(\theta)$, $s(\theta)$ とおくと，点 $(c(\theta), s(\theta))$ は双曲線 H 上にあり，

$c(\theta)^2-s(\theta)^2=1$

が成り立ちます．そこでこれらの関数を**双曲線関数**と呼びます．

同様に，点 $(\cos\theta,\ \sin\theta)$ は円 $x^2+y^2=1$ 上にあり，

$\cos^2\theta+\sin^2\theta=1$

が成り立つので，$\cos\theta$, $\sin\theta$ は**円関数**とも呼ばれます．

これらの関数によるパラメタ表示を利用すると，接線公式を簡便に示すことができます．

[→演習問題7 10 1(2)]

参考　**例題4 2 q**「置換積分法」では,「e^θ」の所が「t」となっていました．その場合は，$t<0$ も考えることにより，双曲線の左葉も表すことができます．

また，[→**例題6 7 e**(2)]では，その「t」を「r」に変えただけの同じ形を経験済みです．

7 6 3　2次曲線と焦点
根底 実戦　[→7 2～4]

方針　とにかく，図・視覚をフル活用．

座標ではなく，長軸半径・短軸半径・焦点距離を考えましょう．

解答　(1)　E は右図のようになる．

中心 $(2, 1)$,

長軸（横）半径 $=2$.

よって

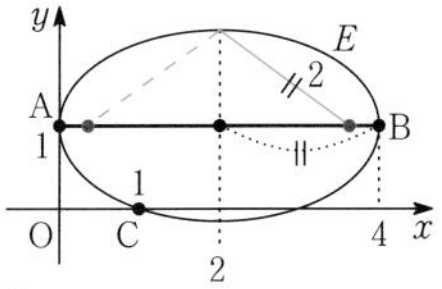

$$E:\frac{(x-2)^2}{4}+\frac{(y-1)^2}{b^2}=1$$

とおける．これが C を通るから

$$\frac{1}{4}+\frac{1}{b^2}=1.\quad b^2=\frac{4}{3}.$$

したがって

$$E:\frac{(x-2)^2}{4}+\frac{(y-1)^2}{\frac{4}{3}}=1.\text{//}$$

焦点距離は，$\sqrt{4-\dfrac{4}{3}}=\dfrac{2\sqrt{2}}{\sqrt{3}}$.

よって焦点は，$\left(2\pm\dfrac{2\sqrt{2}}{\sqrt{3}},\ 1\right)$.//

(2) 与式を変形すると

$$(x+1)^2-3(y+1)^2=-3.$$

$$\frac{(x+1)^2}{3}-(y+1)^2=-1.$$

よって双曲線 H は,

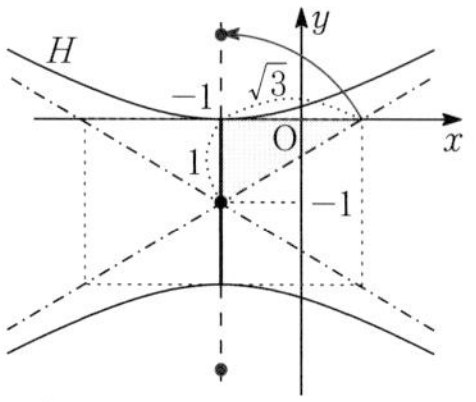

中心 $(-1,\ -1)$,

主軸が縦.

横半分 $=\sqrt{3}$,

縦半分 $=1$.

焦点距離 $=\sqrt{3+1}=2$.

よって焦点は, $(-1,\ -1\pm 2)$.

i.e. $(-1,\ -3),\ (-1,\ 1)$.//

漸近線は

$$y+1=\pm\frac{1}{\sqrt{3}}(x+1).$$

i.e. $y=\pm\dfrac{1}{\sqrt{3}}x-1\pm\dfrac{1}{\sqrt{3}}$ (複号同順).//

(3) C は, 右図より次のような放物線:

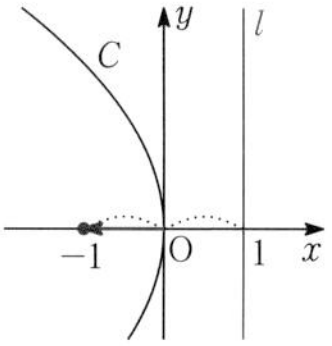

頂点 O.

符号付焦点距離 $=-1$.

∴ 焦点 $(-1,\ 0)$.//

C: $x^2=4\cdot(-1)y$.//

(4) E は右図のような楕円である.

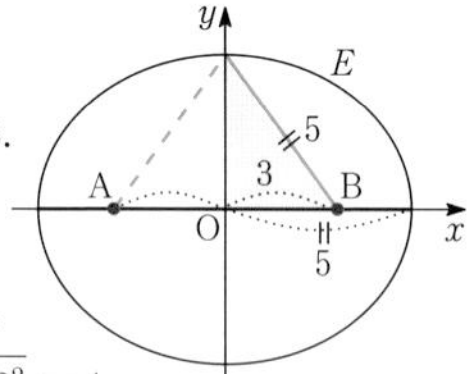

中心 O. 焦点 A, B.

焦点距離 $=3$.

長軸の長さ $=10$,

長軸 (横) 半径 $=5$.

短軸半径 $=\sqrt{5^2-3^2}=4$.

∴ E: $\dfrac{x^2}{5^2}+\dfrac{y^2}{4^2}=1$.//

7 6 4 楕円の2焦点からの距離

根底 実戦 [→例題 7 2 b]

着眼 2つの長さの「和が一定」で「積が目標」ですので, "相加相乗" を利用してみましょう.

解答 $d_1=F_1P,\ d_2=F_2P$ とおくと,

$d_1+d_2=2\sqrt{6}$. …① 長軸の長さ

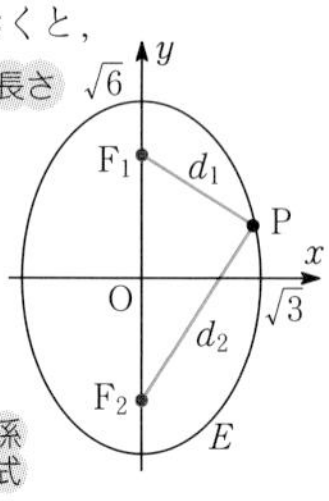

$d_1,\ d_2>0$ より

$$\frac{d_1+d_2}{2}\geq\sqrt{d_1d_2}.$$

これと①より

$(0<)\sqrt{d_1d_2}\leq\sqrt{6}$.

$d_1d_2\leq(\sqrt{6})^2=6$. 大小関係の不等式

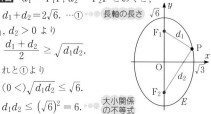

この等号と①は, $d_1=d_2=\sqrt{6}$ のとき成立.

以上より, $\max(d_1d_2)=6$.// 等号成立確認

注 例題 7 2 b (2)においても, $d_1=F_1P,\ d_2=F_2P$ とおいて

$$d_1+d_2=2\sqrt{3}.$$

$$\therefore {d_1}^2+{d_2}^2=(d_1+d_2)^2-2d_1d_2=12-2d_1d_2.$$

よって, ${d_1}^2+{d_2}^2$ の最小値については本問と同様に解決します.

7 6 5 点の存在範囲

根底 実戦 入試 [→7 4 3]

方針 問題解法としては, 条件を素直に立式するだけ. 絶対値を上手く使いましょう.

解答 $P(x,\ y)$ が満たすべき条件は,

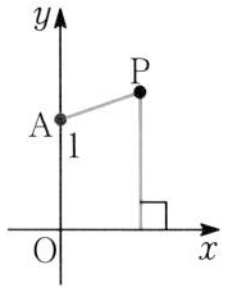

$$\sqrt{x^2+(y-1)^2}+|y|=2.$$

$$\sqrt{x^2+(y-1)^2}=2-|y|.$$

$|y|\leq 2$, i.e. $-2\leq y\leq 2$ のもとで

$$x^2+(y-1)^2=(2-|y|)^2.$$

$$x^2-2y+1=4-4|y|.$$

i) $0\leq y\leq 2$ のとき

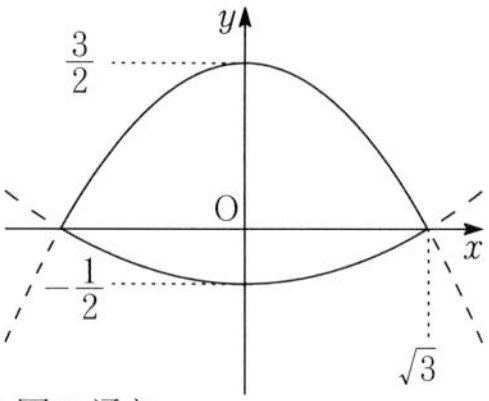

$$x^2-2y+1=4-4y.$$

$$y=\frac{3-x^2}{2}.\ \cdots①$$

ii) $-2\leq y\leq 0$ のとき

$$x^2-2y+1=4+4y.$$

$$y=\frac{x^2-3}{6}.\ \cdots②$$

よって求める軌跡は右上図の通り.

参考 答えが放物線 (の一部) になる理由を説明します.

①は, $x^2=3-2y$.

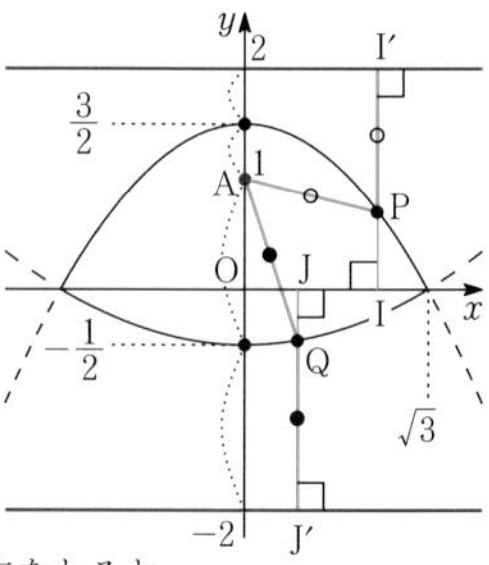

$$x^2=4\cdot\frac{-1}{2}\left(y-\frac{3}{2}\right).$$

∴ ①は次の放物線:

焦点 A, 準線 $y=2$.

②は, $x^2=6y+3$.

$$x^2=4\cdot\frac{3}{2}\left(y+\frac{1}{2}\right).$$

∴ ②は次の放物線:

焦点 A, 準線 $y=-2$.

よって, 図のように各点をとると

$$AP+PI=AP+(2-PI')=2\ (\because\ AP=PI').$$

$$AQ+QJ=AQ+(2-QJ')=2\ (\because\ AQ=QJ').$$

ちゃんと放物線の性質が活かされていた訳です.

7 6 6 外接・内接する円の中心の軌跡 [→例題 7 5 b]
根底 実戦 典型

着眼 いかにも**例題 7 5 b** と似ていますね．定点 O, A からの距離に着目しましょう．

解答 i) C の中心 P について．

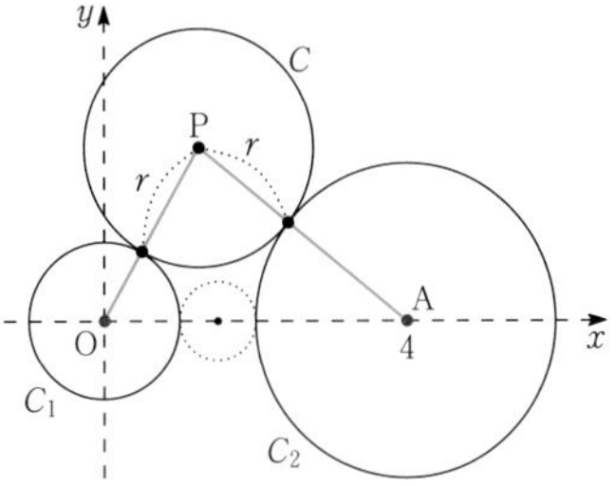

C の半径を $r(>0)$ とおくと

$\mathrm{OP}=1+r$
$\mathrm{AP}=2+r.$

辺々引くと

$\mathrm{OP}-\mathrm{AP}=-1.$

ii) C' の中心 Q について．

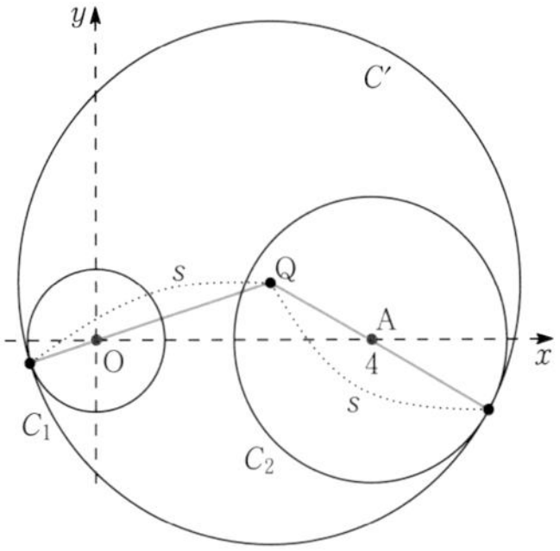

C' の半径を $s(>0)$ とおくと

$\mathrm{OQ}=s-1$
$\mathrm{AQ}=s-2.$

辺々引くと

$\mathrm{OQ}-\mathrm{AQ}=1.$

i), ii) より，図形 F 上の点 R が満たすべき条件は

$|\mathrm{OR}-\mathrm{AR}|=1.$

よって F は，次の双曲線である：

焦点 O, A． 中心 $(2,0)$． 焦点距離 $=2$．

主軸（横）の長さ $=1$, 横半分 $=\dfrac{1}{2}$.

縦半分$^2=4-\dfrac{1}{4}=\dfrac{15}{4}$.

よって

$$F: \frac{(x-2)^2}{\frac{1}{4}}-\frac{y^2}{\frac{15}{4}}=1.\,/\!/$$

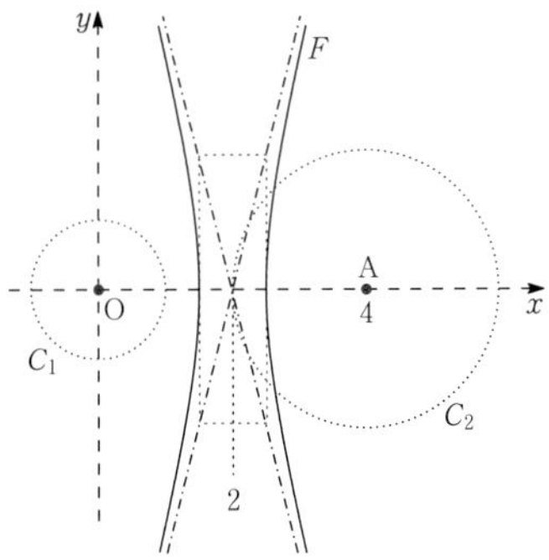

注 ハイレベル↑ 重要度↓ $r, s(>0)$ の存在条件にまで踏み込んだ厳格な解答については，[→例題 7 5 b (3)注]．

10 演習問題B

7 10 1 接線公式の証明 根底 実戦 [→7 7 1/]

方針 パラメタ表示による微分法を使います.

解答 (1) $\mathrm{P}(x,\ y)$ における接線の方向ベクトルは

$$\begin{pmatrix} dx/d\theta \\ dy/d\theta \end{pmatrix} = \begin{pmatrix} -a\sin\theta \\ b\cos\theta \end{pmatrix} \perp \begin{pmatrix} b\cos\theta \\ a\sin\theta \end{pmatrix}.$$

よって l の法線ベクトルは

$$\begin{pmatrix} b\cos\theta_1 \\ a\sin\theta_1 \end{pmatrix} /\!/ \begin{pmatrix} \cos\theta_1/a \\ \sin\theta_1/b \end{pmatrix}.$$

$$\therefore\ l: \begin{pmatrix} \cos\theta_1/a \\ \sin\theta_1/b \end{pmatrix} \cdot \left\{ \begin{pmatrix} x \\ y \end{pmatrix} - \begin{pmatrix} a\cos\theta_1 \\ b\sin\theta_1 \end{pmatrix} \right\} = 0.$$

$$\text{i.e. } \frac{\cos\theta_1}{a}x + \frac{\sin\theta_1}{b}y = 1.\ \square$$

$$(\because\ \cos^2\theta_1 + \sin^2\theta_1 = 1.)$$

(2) $\mathrm{P}(x,\ y)$ における接線の方向ベクトルは

$$\begin{pmatrix} dx/d\theta \\ dy/d\theta \end{pmatrix} = \begin{pmatrix} a\cdot s(\theta) \\ b\cdot c(\theta) \end{pmatrix} \perp \begin{pmatrix} b\cdot c(\theta) \\ -a\cdot s(\theta) \end{pmatrix}.$$

よって l の法線ベクトルは

$$\begin{pmatrix} bc(\theta_1) \\ -as(\theta_1) \end{pmatrix} /\!/ \begin{pmatrix} c(\theta_1)/a \\ -s(\theta_1)/b \end{pmatrix}.$$

$$\therefore\ l: \begin{pmatrix} c(\theta_1)/a \\ -s(\theta_1)/b \end{pmatrix} \cdot \left\{ \begin{pmatrix} x \\ y \end{pmatrix} - \begin{pmatrix} a\cdot c(\theta_1) \\ b\cdot s(\theta_1) \end{pmatrix} \right\} = 0.$$

$$\text{i.e. } \frac{c(\theta_1)}{a}x - \frac{s(\theta_1)}{b}y = 1.\ \square\ (\because\ ①)$$

注 $\mathrm{P}_1(x_1,\ y_1)$ とおくと, l の方程式は次のように変形できます:

(1) $$\frac{a\cos\theta_1}{a^2}x + \frac{b\sin\theta_1}{b^2}y = 1.$$

$$\text{i.e. } \frac{x_1}{a^2}x + \frac{y_1}{b^2}y = 1.$$

(2) $$\frac{a\cdot c(\theta_1)}{a^2}x - \frac{b\cdot s(\theta_1)}{b^2}y = 1.$$

$$\text{i.e. } \frac{x_1}{a^2}x - \frac{y_1}{b^2}y = 1.$$

これらは7 7 1の接線公式と一致しています. また, そこで用いた「陰関数の微分法」による方法に比べて, 微分計算が楽ですし, 点 $(\pm a,\ 0)$ における接線を特別扱いしなくて済むので助かります.
ただし, 双曲線の左葉については, 対称性による議論を追加しなくてはなりませんが.

補足 (2)で用いた関数 $c(\theta)$, $s(\theta)$ は, 既に何度も登場した「双曲線関数」です. [→例題3 6 a(4)]

7 10 2 楕円の接線 根底 実戦 典型 [→例題7 7 a]

方針 「接点の座標」は問われていませんが, それが求まれば同時に接線の方程式も求まりますので…
「接点の座標」は, 一工夫して設定しましょう.

解答 点 $(2c,\ 3s)$, ただし

$c^2 + s^2 = 1$ …①

における接線は

$$\frac{2c}{4}x + \frac{3s}{9}y = 1.$$

$$\text{i.e. } \frac{c}{2}x + \frac{s}{3}y = 1.\ \cdots②$$

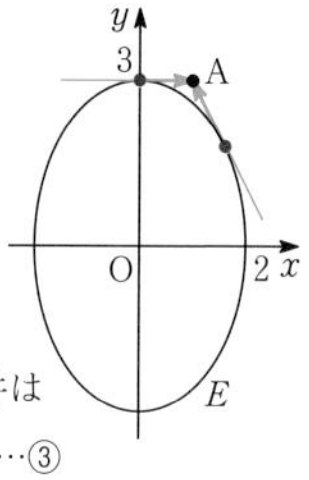

これが点 $\mathrm{A}(1,\ 3)$ を通るための条件は

$$\frac{c}{2} + s = 1,\ \text{i.e. } s = 1 - \frac{c}{2}.\ \cdots③$$

これと①より

$$c^2 + \left(1 - \frac{c}{2}\right)^2 = 1.\quad \frac{5}{4}c^2 - c = 0.$$

$$c = 0,\ \frac{4}{5}.\quad \text{これと③より}$$

$$(c,\ s) = (0,\ 1),\ \left(\frac{4}{5},\ \frac{3}{5}\right).$$

これと②より, 求める接線は

$$\frac{1}{3}y = 1,\ \frac{2}{5}x + \frac{1}{5}y = 1.$$

$$\text{i.e. } y = 3,\ 2x + y = 5. /\!/$$

解説 「$c,\ s$」は, もちろん「$\cos\theta,\ \sin\theta$」をイメージして略記したものです.

参考 接点の座標は

$$(2c,\ 3s) = (0,\ 3),\ \left(\frac{8}{5},\ \frac{9}{5}\right).$$

$(0,\ 3)$ の方は図形的にお見通しでしたね.

注 「接点軽視」の「重解条件」で解くとどうなるかを見てみましょう.
A を通る傾き m の直線は

$$y - 3 = m(x - 1),\ \text{i.e. } y = mx + 3 - m.$$

これと E: $9x^2 + 4y^2 = 36$ を連立して

$$9x^2 + 4(mx + 3 - m)^2 = 36.$$

$$(9 + 4m^2)x^2 + 8m(3 - m)\cdot x + 4(3 - m)^2 - 36 = 0.$$

これが重解をもつから

判別式/4 = 0.

$$\cancel{16m^2(3-m)^2} - (9 + \underbrace{4m^2)\{4(3-m)^2}_{\text{消える}} - 36\} = 0.$$

$$9\cdot4(3 - m)^2 - 9\cdot36 - 4m^2\cdot36 = 0.$$

$$(3 - m)^2 - 9 - 4m^2 = 0.$$

$$3m^2 + 6m = 0.\ \therefore\ m = 0,\ -2.$$

これで解答と同じ結果が得られますが, 計算量はかなり多くなってしまいました. 結果論として, 本問では「接点重視」=「接線公式」の方がトクでした.

7 10 3 放物線の接線 [→例題 7 9 c]
根底 実戦 典型

注 例題 7 9 c と同じテーマの放物線バージョンです.

方針 (2) (1)をどう活かすかを考えます.

解答 (1) $C\colon yy=2p(x+x)$.

$$l\colon ty=2p\left(x+\frac{t^2}{4p}\right).$$

これと $y=0$ を連立して, $x_{\mathrm{Q}}=-\dfrac{t^2}{4p}$.// [1)]

(2) C の準線 $x=-p$ を引くと, 右図において

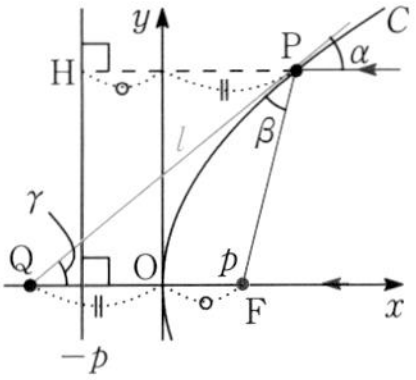

FP＝PH. 放物線の定義

$\mathrm{PH}=\mathrm{FQ}\left(=p+\dfrac{t^2}{4p}\right)$.

∴ FP＝FQ.

よって, △FPQ に注目して, $\beta=\gamma$.

また, PH//FQ より, $\alpha=\gamma$. 同位角

よって $\alpha=\beta$ だから, 題意は示せた. □

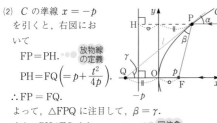

解説 FP の長さは, 放物線の定義を用いればほぼ計算要らずでしたね.

補足 [1)]: これが x_{P} と逆符号になるのは放物線の有名性質です.

余談 これこそが放物線のもつ超有名性質.
放物線の軸 (x 軸) と平行に進んできた電波は, 放物線を軸のまわりに回転してできた「パラボラアンテナ」で反射して焦点 F に集まり, 電波に乗った情報を収集することができます.
逆に, 焦点 F に置いた電球から発せられた光は, 放物線を回転してできたミラーで反射し, 平行光線となって拡散・減退することなく遠くまで照らすことができます. これが車のヘッドライトの仕組みです (実際には少～し広がっていくようになっていますが…).

7 10 4 双曲線・面積一定 [→例題 7 9 e]
根底 実戦 典型

方針 本問では接点の座標は直接関与していませんので,「接線公式」と「重解条件」を天秤(びん)にかけ, 楽そうな方を選びます. 例題 7 9 e と似たテーマですので, 前者でイケそうですね.

解答 l, l' の方程式は

$x^2-y^2=0$. $(x+y)(x-y)=0$.

$x\pm y=0$ (以下, 複号同順). …①

$\mathrm{P}(\alpha, \beta)$ とおくと

$\alpha^2-\beta^2=1$. …②で,

$m\colon \alpha x-\beta y=1$. …③

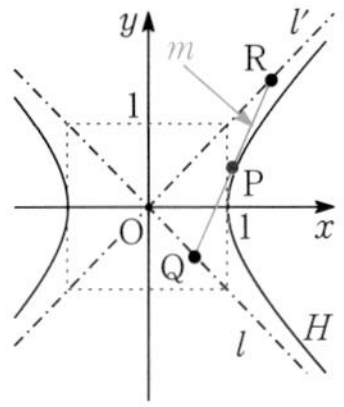

①×α−③ より

$(\pm\alpha+\beta)y=-1$.

$y=\dfrac{-1}{\pm\alpha+\beta}$.

図のように Q, R をとると

$$\mathrm{Q}\left(\frac{1}{\alpha+\beta}, \frac{-1}{\alpha+\beta}\right), \mathrm{R}\left(\frac{-1}{-\alpha+\beta}, \frac{-1}{-\alpha+\beta}\right)$$

したがって

$$S=\frac{1}{2}\left|\frac{1}{\alpha+\beta}\cdot\frac{-1}{-\alpha+\beta}-\frac{-1}{\alpha+\beta}\cdot\frac{-1}{-\alpha+\beta}\right|$$

$$=\frac{1}{2}\left|\frac{-1}{\beta^2-\alpha^2}-\frac{1}{\beta^2-\alpha^2}\right|$$

$$=\left|\frac{1}{\alpha^2-\beta^2}\right|=1=\text{一定}\ (\because\ ②).\ \square$$

参考 例題 7 9 e で示した「P が QR の中点」という性質を使うと, $S=1$(一定) が次のように示せます.
面積 S を右図のように赤色長方形と青色三角形 2 つ (互いに合同) に分けて考えると,

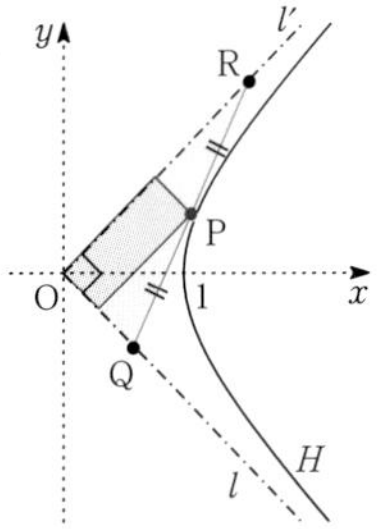

$S=2\times$ 赤色長方形.

$\mathrm{P}(\alpha, \beta)$ と漸近線 $x\pm y=0$ の距離を考えて

$$S=2\times\frac{|\alpha+\beta|}{\sqrt{2}}\cdot\frac{|\alpha-\beta|}{\sqrt{2}}$$

$$=|\alpha^2-\beta^2|=1(\text{一定})\ (\because\ ②).$$

双曲線が $\dfrac{x^2}{a^2}-\dfrac{y^2}{b^2}=1$ と一般化されても, 前記の三角形を伸縮させるだけなので,「面積一定」という性質は保存されます.

7 10 5 楕円の接線 (中心 ≠ 原点) [→ 7 7 1]
根底 実戦

注 中心が原点ではないので接線公式そのものは使えません [1)]. でも, それを導く**考え方**なら使えます.

解答 E のうち A の "近く" においては

x に対して y は一意対応. i.e. y は x の関数.

そこで, ①の両辺を x の関数とみて x で微分すると

$$\frac{x-1}{4}+(y-1)\cdot y'=0$$

$$\left(y':=\frac{dy}{dx}\right).$$

$$\begin{pmatrix}(x-1)/4\\ y-1\end{pmatrix}\cdot\begin{pmatrix}1\\ y'\end{pmatrix}=0.$$

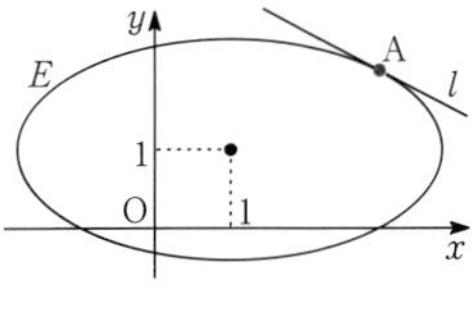

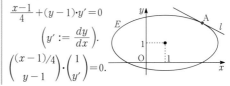

$\begin{pmatrix} x-1 \\ 4(y-1) \end{pmatrix} \perp \begin{pmatrix} 1 \\ y' \end{pmatrix}$.

$(x, y) = (3, 2)$ のときの $\begin{pmatrix} 1 \\ y' \end{pmatrix}$ は l の方向ベクトル.

$\therefore \begin{pmatrix} 3-1 \\ 4\cdot 1 \end{pmatrix} /\!/ \begin{pmatrix} 1 \\ 2 \end{pmatrix}$ は l の法線ベクトル.

$\therefore l: \begin{pmatrix} 1 \\ 2 \end{pmatrix} \cdot \left\{ \begin{pmatrix} x \\ y \end{pmatrix} - \begin{pmatrix} 3 \\ 2 \end{pmatrix} \right\} = 0.$

i.e. $x + 2y - 7 = 0.$ //

解説 「ベクトル」や「微分法」の**基礎を正しく**学んだ人にとっては何の問題もございません (笑).

別解 いったん「中心 = 原点」のときを考えてから平行移動することもできます：

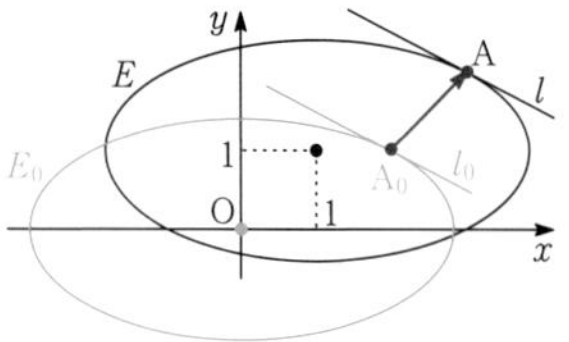

楕円 E_0: $\dfrac{x^2}{8} + \dfrac{y^2}{2} = 1$ 上の点 $A_0(2, 1)$ における接線 l_0 は

$\dfrac{2}{8}x + \dfrac{1}{2}y = 1.$ i.e. $x + 2y = 4.$

これをベクトル $\begin{pmatrix} 1 \\ 1 \end{pmatrix}$ だけ平行移動して

l: $(x-1) + 2(y-1) = 4.$ i.e. $x + 2y = 7.$ //

注 ベクトルが使いこなせていない人は，こちらの方が楽かも．筆者は，いちいち E_0 を考えたり描いたりするのが億劫だなと感じますが (笑).

注 1)：もしかすると，中心 ≠ 原点のときの接線公式まで習った人もいるかもしれませんが，ヤヤコシイ形ですし滅多に使いませんので，覚える価値はありません.

7 10 6 放物線上の点との距離

[→例題 7 9 b]

根底 実戦 典型

注 例題 7 9 b の類題 (放物線バージョン) です.

p は焦点距離を表します.

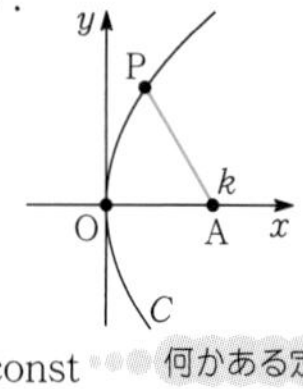

解答 $P(x, y)$ とおくと，これは①を満たし，

$$\begin{aligned} AP^2 &= (x-k)^2 + y^2 \\ &= (x-k)^2 + 4px \\ &= x^2 - 2(k-2p)\cdot x + \text{const} \quad \text{(何かある定数)} \\ &= \{x - (k-2p)\}^2 + \text{const} \ (x \geq 0). \end{aligned}$$

この2次関数のグラフの軸：$x = k - 2p$ と 0 の大小で場合分けする.

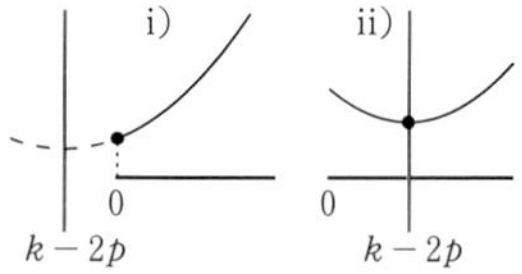

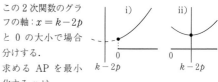

求める AP を最小化する x は

i) $k - 2p \leq 0$, i.e. $k \leq 2p$ のとき, $x = 0$.

ii) $k - 2p > 0$, i.e. $k > 2p$ のとき, $x = k - 2p$. //

注 i) と ii) の分岐点：$k = 2p$ は，放物線 C の頂点 $(0, 0)$ における**曲率中心**です.

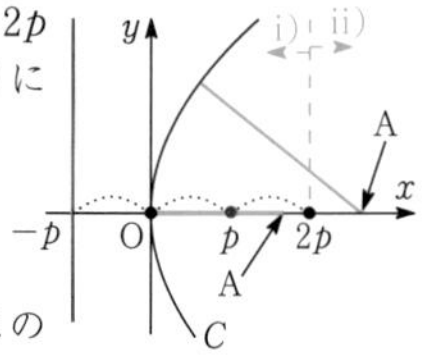

例題 7 9 b と同様です.

$k = p$(焦点の座標) は i) の場合に含まれます．このとき AP は x の 1 次関数 (係数は正) なので，P が "左端" のとき最小になって当然です.

参考 4つの x 座標：$-p, 0, p, 2p$ は p を公差とする**等差数列**です．(楕円では等比数列が現れましたね.)

7 10 7 2次曲線と領域

[→ 7 3 3]

根底 実戦 入試

注 「>」を「=」に変えれば双曲線が得られますね.

解答 $P(x, y)$ が D 内にあるための条件は

$\sqrt{(x-2)^2 + y^2} > 2\left|x - \dfrac{1}{2}\right|.$

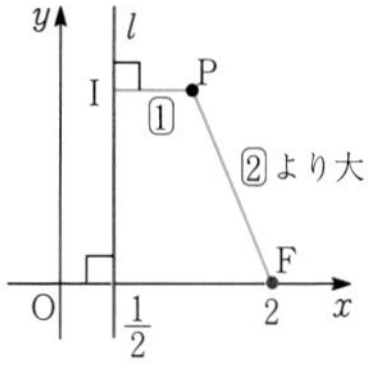

両辺とも 0 以上だから

$(x-2)^2 + y^2 > 4\left(x - \dfrac{1}{2}\right)^2.$

$3x^2 - y^2 < 3.$

$x^2 - \dfrac{y^2}{3} < 1.$

着眼 D の境界線は，予想通り双曲線となりました．ただし，この後の領域の図示では「曲線の上・下」「円の内・外」[→ II+B 3 7 3] とも使いにくいですね．そこで，「正領域・負領域」の考えを用います.

[→ II+B 3 7 5] ■

D は $f(x, y) := x^2 - \dfrac{y^2}{3} - 1$ の負領域.

境界線 $f(x, y) = 0$ は右下図の双曲線 H.

H により3つの領域に分かれる.

各領域の代表点を調べる.

$f(2, 0) = 4 - 1 > 0,$

$f(0, 0) = -1 < 0,$

$f(-2, 0) = 4 - 1 > 0.$

$\therefore D$ は $(0, 0)$ を含む領域.

$\therefore D$ は右図青色部分 (境界除く).

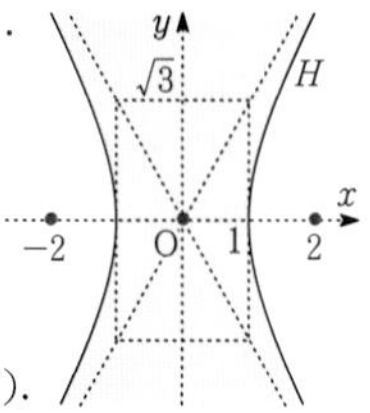

解説 領域の境界線でない座標軸や漸近線・補助長方形を，点線などにして目立たなくするのがコツです.

7 10 8 楕円・交点の中点 [→例題7 9 a]

根底 実戦 入試

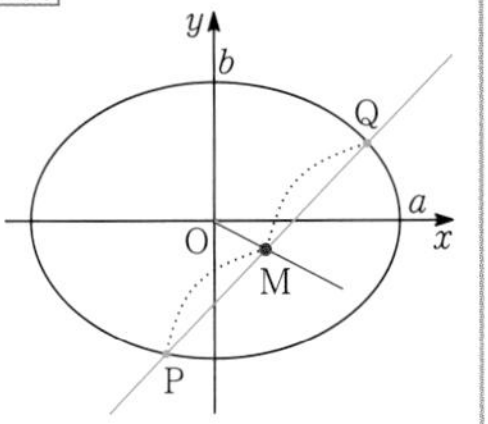

言い訳 実質的には，交点の中点の軌跡を求めた例題7 9 aと同じ問題です．

方針 ただし，結果が「原点を通る直線」だと明かされていますから，それを利用して時短を図りましょう．

解答 ①：$b^2x^2+a^2y^2=a^2b^2$ と②を連立して

$$b^2x^2+a^2(mx+n)^2=a^2b^2.$$

$$(b^2+a^2m^2)x^2+2a^2mn\cdot x+\overset{1)}{\text{const}}=0.$$

これが異なる 2 実解をもち，それらが P，Q の x 座標である．よって，$\mathrm{M}(X, Y)$ とおくと

$$X=\frac{x_\mathrm{P}+x_\mathrm{Q}}{2}$$

$$=\frac{1}{2}\cdot\frac{-2a^2mn}{b^2+a^2m^2}$$ 解と係数の関係

$$=\frac{-a^2mn}{b^2+a^2m^2}.$$

M は直線②上にあるから，M≠O (i.e. $n\neq0$) のとき直線 OM の傾きは

$$\frac{mX+n}{X}=m+\frac{n}{X}$$

$$=m+n\cdot\frac{b^2+a^2m^2}{-a^2mn}$$

$$=-\frac{b^2}{a^2m}\ (=一定).$$

よって，M=O のときも含めて点 M は定直線

l: $y=-\dfrac{b^2}{a^2m}x$ 上にある．□

参考 例えば例題4 9 kの見取り図において，直円柱の底円を描く際，底円は圧縮されて楕円として描かれています．その際，もともとは x 軸と垂直であった y 軸と平行な直線と円の交点の中点は，x 軸上にあるはず．それが実現する向きを慎重に選んで，筆者は y 軸や線分 PQ を描いています．まあ，趣味ですが (笑).

例 $a=2, b=1, m=\dfrac{1}{3}$ なら，OM の傾きは

$$-\frac{1^2}{2^2\cdot\frac{1}{3}}=-\frac{3}{4}.$$

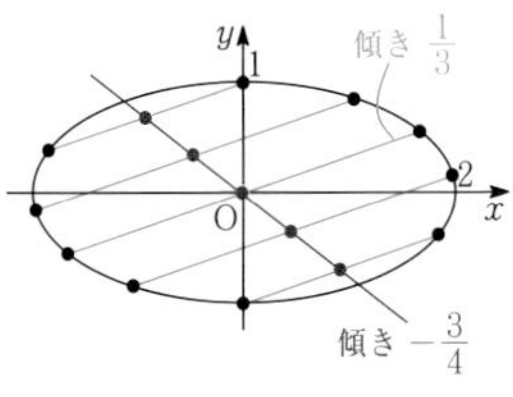

右図を見ると，中点 M がたしかにこの傾きの直線上にある様子がうかがえますね．

注 1)：後に解と係数の関係により 2 解の和さえ求めればよいことを見越して，計算をサボってます (笑).

7 10 9 接線のなす角 [→例題7 9 d]

根底 実戦 典型

方針 「2 直線のなす角」といえば，「傾き」→「tan の加法定理」という定形的処理方法がありましたね．[→ⅡＢ例題4 7 h]

解答 H, C は y 軸対称だから，$x\geq0$ のみ考える．

①：$x^2-y^2=-2$ …①′ と②を連立すると

$$y-y^2=-2.\quad y^2-y-2=0.$$

$$(y+1)(y-2)=0.$$

これと②より，$(x, y)=(\sqrt{2}, 2)$．これと ①′ より

l: $\sqrt{2}x-2y=-2$．この傾きは $\dfrac{1}{\sqrt{2}}$.

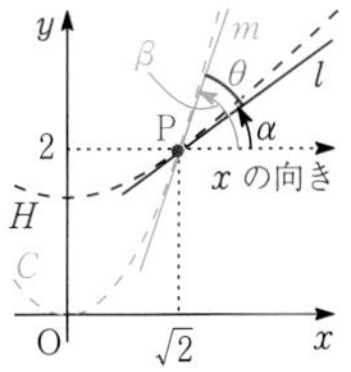

②において $y'=2x$ より

m の傾き $=2\sqrt{2}$.

右図のように偏角 α, β をとると

$$0<\alpha<\beta<\frac{\pi}{2}.^{1)}$$

$$\therefore\theta=\beta-\alpha.$$

$$\tan\alpha=l\ の傾き=\frac{1}{\sqrt{2}},$$

$$\tan\beta=m\ の傾き=2\sqrt{2}.$$

したがって，

$$\tan\theta=\tan(\beta-\alpha)$$

$$=\frac{\tan\beta-\tan\alpha}{1+\tan\beta\tan\alpha}$$

$$=\frac{2\sqrt{2}-\frac{1}{\sqrt{2}}}{1+2\sqrt{2}\cdot\frac{1}{\sqrt{2}}}=\frac{4-1}{3\sqrt{2}}=\frac{1}{\sqrt{2}}.\ /\!/$$

言い訳 1)：α, β の大小は直観的に認めてよいでしょう．この議論をマジメに行う方法は，[→ⅡＢ例題4 7 i ①′式]

7 10 10 楕円と放物線の接線 [→例題7 9 d]

根底 実戦 入試

注 前問と違い，交点の座標を具体的に求めるのはシンドイ気がしますね．こんなときには，とりあえず "名前" だけ付けて．

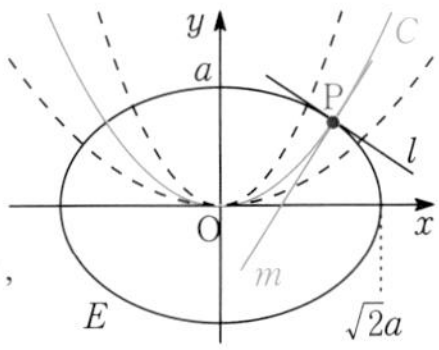

解答 $\mathrm{P}(X, Y)$ とおくと，これは方程式①，②をともに満たす．

E: $x^2+2y^2=2a^2$ より，

l: $Xx+2Yy=2a^2$.

よって l について

法線ベクトル $= \begin{pmatrix} X \\ 2Y \end{pmatrix}$, 方向ベクトル $= \begin{pmatrix} 2Y \\ -X \end{pmatrix}$.

また, ②において $y' = 2kx$ より

m の方向ベクトル $= \begin{pmatrix} 1 \\ 2kX \end{pmatrix}$.

l, m の方向ベクトルどうしの内積は

$$\begin{pmatrix} 2Y \\ -X \end{pmatrix}\cdot\begin{pmatrix} 1 \\ 2kX \end{pmatrix} = 2(Y - kX^2) = 0.$$

($\because$ $\mathrm{P}(X, Y)$ は C 上.)

よって $l \perp m$ が示せた. □

注 a, k の値に関係なく, つねに垂直なんですね.

7 10 11 楕円の外接長方形

根底 実戦 典型 入試 [→例題 7 9 f]

方針 E と l の「接するという関係性」のみが大切なので,「接点軽視」が良さそうです.

注 焦点は関与しませんので, a と b の大小は関係ありません.

解答 (1) ①: $b^2x^2 + a^2y^2 = a^2b^2$ と②を連立して

$$b^2x^2 + a^2(mx+n)^2 = a^2b^2.$$

$$\underbrace{(b^2+a^2m^2)}_{\text{正}}x^2 + 2a^2mn\cdot x + a^2(n^2-b^2) = 0.$$

l と E が接するとき, これは重解をもつから

$$\frac{\text{判別式}}{4} = a^4m^2n^2 - (b^2+a^2m^2)\cdot a^2(n^2-b^2) = 0.$$

$$a^2m^2n^2 - (b^2 + a^2\underbrace{m^2)(n^2}_{\text{消える}} - b^2) = 0.$$

$$b^2(n^2-b^2) - a^2m^2b^2 = 0.^{1)}$$

$$n^2 = b^2 + a^2m^2.$$

$$n = \pm\sqrt{b^2 + a^2m^2}. /\!/$$

(2) l: $mx - y + n = 0$ と O の距離は

$$d := \frac{|n|}{\sqrt{m^2+1}} = \sqrt{\frac{b^2+a^2m^2}{m^2+1}} \ (\because (1)). \cdots③$$

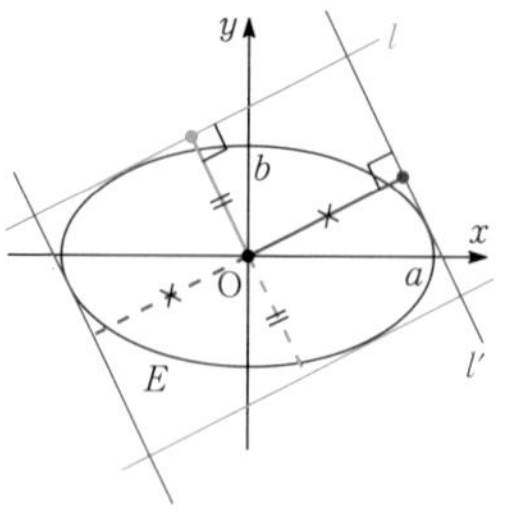

l と垂直かつ E と接する直線 l': $y = \dfrac{-1}{m}x + n'$ ($m \fallingdotseq 0$) と O の距離は, ③の「m」を「$\dfrac{-1}{m}$」に置き換えることにより

$$d' := \sqrt{\frac{b^2 + a^2\cdot\frac{1}{m^2}}{\frac{1}{m^2}+1}} = \sqrt{\frac{b^2m^2+a^2}{1+m^2}}.$$

これらを用いると, 傾き $m(\fallingdotseq 0)$ の接線上に辺をもつ外接長方形の面積は

$S = 2d\cdot 2d'$

$$= 4\sqrt{\left(\frac{b^2+a^2m^2}{m^2+1}\right)\left(\frac{b^2m^2+a^2}{1+m^2}\right)} \ \left(\begin{array}{l}\text{2つの(　)}\\ \text{内は正}\end{array}\right)$$

$$\leq 4\cdot\frac{1}{2}\left(\frac{b^2+a^2m^2}{m^2+1} + \frac{b^2m^2+a^2}{1+m^2}\right)$$ “相加相乗”

$$= 2\left\{\frac{a^2(m^2+1)+b^2(1+m^2)}{m^2+1}\right\}$$

$$= 2(a^2+b^2)(=\text{一定}). \cdots④$$ 大小関係の不等式

傾きをもたない直線上に辺がある場合, 右図より

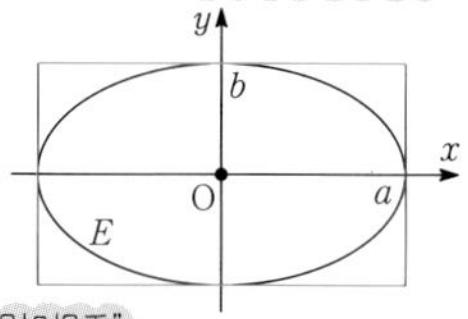

$$S = 2a\cdot 2b = 4ab$$

であり,

“相加相乗”

$$2(a^2+b^2) \geq 4\sqrt{a^2b^2} = 4ab \ (\because a, b > 0).$$

これと④より, E の任意の外接長方形について

$$S \leq 2(a^2+b^2).$$

等号成立条件は, ④より

$$\frac{b^2+a^2m^2}{m^2+1} = \frac{b^2m^2+a^2}{1+m^2}.$$

$$(a^2-b^2)(m^2-1) = 0.$$

$$\text{i.e. } m = \pm 1 \ (\because a^2 \fallingdotseq b^2).$$

これは成立可能. 等号成立確認

以上より, 求める最大値は

$$\max S = 2(a^2+b^2). /\!/$$

注

$$d = \sqrt{a^2 + \frac{b^2-a^2}{m^2+1}}.$$ 分子の低次化

$$d' = \sqrt{b^2 + \frac{a^2-b^2}{m^2+1}}.$$

$t = \dfrac{b^2-a^2}{m^2+1}$ をカタマリとみて処理することも可能です (ただし, 符号に注意).

1): ここまでの計算は, 例題 7 9 f と全く同じです.

7 10 12 放物線の有名性質 [→例題7 9 g]

根底 実戦 典型 入試

方針 (1) 接点 Q, R が関与しますので，接点重視→接線公式を使います．類題経験がありますね．[→例題7 9 g]

(2) (1)で求めた直線 QR の方程式から得られる情報を利用します．

(3) 一転して，**図形そのもの**を観察すれば即解決．「直径QR」と聞くと，「直角」が思い浮かびます．

解答 (1) $Q(x_1, y_1)$ とおくと，Q における接線は

$yy = 2p(x+x)$.

$y_1y = 2p(x+x_1)$.

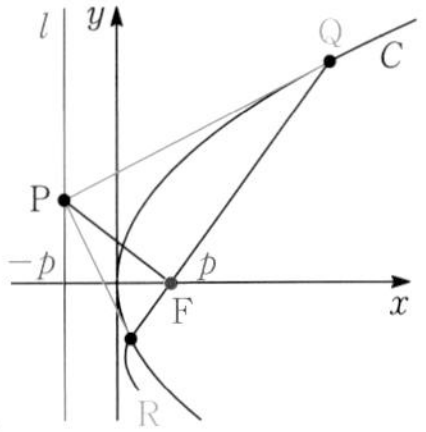

これが $P(-p, Y)$ を通るから

$y_1Y = 2p(-p+x_1)$.

$R(x_2, y_2)$ とおくと，同様に

$y_2Y = 2p(-p+x_2)$.

すなわち

$Yy_1 = 2p(x_1-p)$,

$Yy_2 = 2p(x_2-p)$.

よって，直線

$Yy = 2p(x-p)$ …①

は Q, R を通るから，①が求める方程式．

$(x, y) = (p, 0)$ は①を満たすから，直線 QR は焦点 $F(p, 0)$ を通る．□

(2) ①: $2p(x-p) - Yy = 0$ より，QR の法線ベクトルは

$$\begin{pmatrix} 2p \\ -Y \end{pmatrix} = \overrightarrow{PF} \ (\because\ P(-p, Y), F(p, 0)).$$

$\therefore FP \perp QR$. □

(3) 右図のように垂線 QI, RJ を引く．

△PFQ と △PIQ において

$\angle PFQ = \angle PIQ = \dfrac{\pi}{2}$ (∵ (2)).

FQ＝IQ(放物線の性質).

PQ は共通.

∴△PFQ≡△PIQ …②

(2辺が等しい直角三角形).

同様に,

△PFR ≡ △PJR. …③

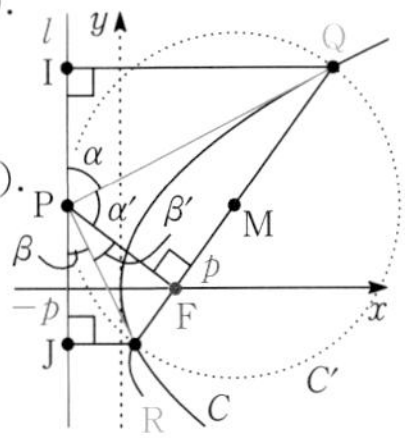

②③より，図において

$\alpha = \alpha'$, $\beta = \beta'$.

これら 4 つの和は π だから

$\angle QPR = \alpha' + \beta' = \dfrac{\pi}{2}$. [1]

よって P は円 C' 上にある．

また，②③より，

$PF = PI$, $PF = PJ$.

$\therefore PI = PJ$. [2]

よって，QR の中点 (C' の中心) を M として，

$MP \parallel x$ 軸． i.e. $MP \perp l$.

よって C' は P において l と接する．□

解説 示された内容を全て取り込んで図示すると次図の通りです．なんとなくでもよいので，記憶に留めておきましょう．

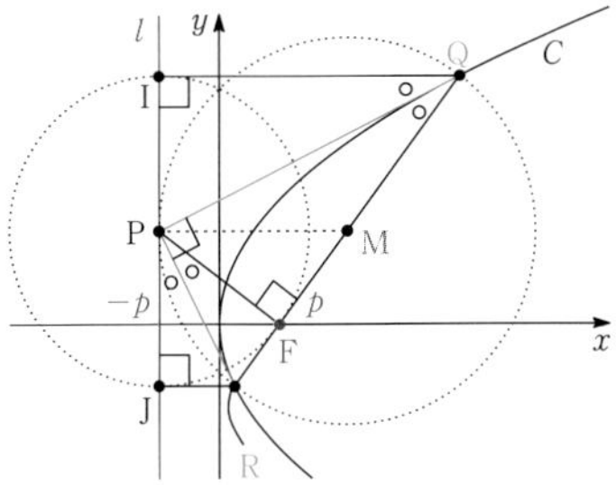

注 [1]：準線上の点 P から放物線へ引いた 2 接線は直交するという，放物線の有名性質です．この事実を示すだけなら，**例題7 9 f**（楕円）と同様，接点軽視→重解条件が速いでしょう．

[2]：これも放物線の有名性質でしたね．

[→Ⅱ+B例題6 3 h 重要]

上図点 Q のまわりの等角性を利用すれば，**演習問題7 10 3**の「光の反射」は，即座に証明終了となります．

7 10 13 斜めな軸の2次曲線 [→例題7 9 h]

根底 実戦 入試

方針 2 通りの方法で解いてみます．

解答1 **方針** 指定された条件をそのまま式で表します．■

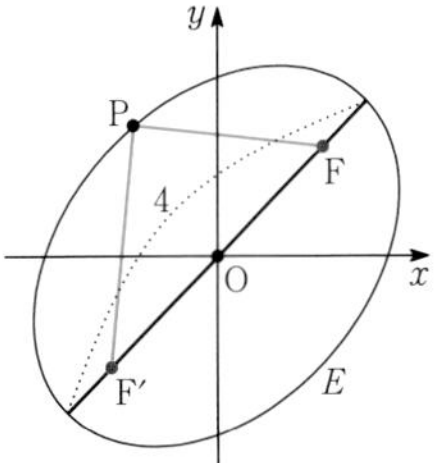

E 上の任意の点 $P(x, y)$ が満たすべき条件は,

$FP + F'P = 4$.

$\sqrt{(x-1)^2+(y-1)^2} = 4 - \sqrt{(x+1)^2+(y+1)^2}$.

右辺 ≥ 0 …① のもとで

$$(x-1)^2+(y-1)^2 = \left\{4-\sqrt{(x+1)^2+(y+1)^2}\right\}^2.$$

この右辺は,

$16 - 8\sqrt{(x+1)^2+(y+1)^2} + (x+1)^2 + (y+1)^2$.

$$\therefore 0=16-8\sqrt{(x+1)^2+(y+1)^2}+4x+4y.$$

$$2\sqrt{(x+1)^2+(y+1)^2}=x+y+4.$$

$x+y+4\geqq 0$ …② のもとで

$$4\{(x+1)^2+(y+1)^2\}=(x+y+4)^2.$$

$$3x^2-2xy+3y^2=8. \ \cdots③$$

P が E 上のとき，①：$\mathrm{F'P}\leqq 4$ および②は下図より成り立つ．

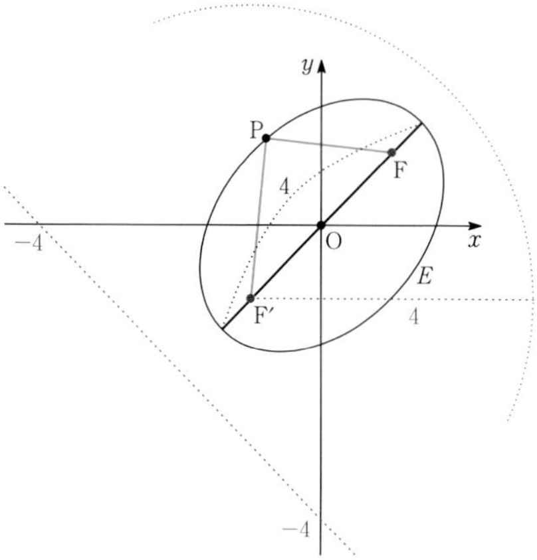

よって，③が E の方程式．

解説 式変形の過程で，両辺を二度に渡って 2 乗しています．その度に「符号」に関する吟味①②も要るので，なかなか面倒です．楕円や双曲線を「2 焦点からの距離の和・差」に注目して導入すると，これと同じような計算過程を経ることとなり，ほとんどの学習者が理解することなく結果のみ丸暗記するようになってしまいます．■

解答2 **方針** 長軸が x 軸上にあるというやり慣れた状況をもとに考えます．■

E を原点 O のまわりに $-\frac{\pi}{4}$ だけ回転した楕円 E_0 は，

中心 O(0, 0).

長軸(横)の長さ＝4 より，

長軸半径 ＝2.

焦点距離 ＝$\sqrt{2}$.

短軸半径＝$\sqrt{4-2}=\sqrt{2}$.

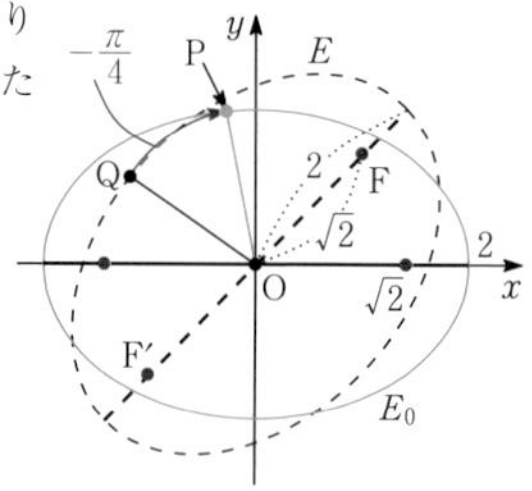

$$\therefore\ E_0\colon \frac{x^2}{4}+\frac{y^2}{2}=1. \ \cdots④$$

複素平面上で考えて，E_0 上の点 P(z) と対応する E 上の点を Q(w) とすると，

$\overrightarrow{\mathrm{OP}}$は，$\overrightarrow{\mathrm{OQ}}$を $-\frac{\pi}{4}$ だけ回転したもの．（2 ベクトルの関係）

$$\therefore \underbrace{z-0}_{\overrightarrow{\mathrm{OP}}}=\boxed{1\cdot\left(\cos\frac{-\pi}{4}+i\sin\frac{-\pi}{4}\right)}\cdot(\underbrace{w-0}_{\overrightarrow{\mathrm{OQ}}}).$$

$\overrightarrow{\mathrm{OP}}$ ← $-\frac{\pi}{4}$ 回転 & 1 倍 ← $\overrightarrow{\mathrm{OQ}}$

$z=x+iy,\ w=X+iY\ (x,\ y,\ X,\ Y\in\mathbb{R})$

とおくと，$(x,\ y)$ は④を満たし，

$$x+iy=\frac{1-i}{\sqrt{2}}(X+iY).$$

$$\therefore\begin{cases} x=\dfrac{X+Y}{\sqrt{2}}, \\ y=\dfrac{-X+Y}{\sqrt{2}}. \end{cases}$$

これを④：$x^2+2y^2=4$ へ代入して，

$$\left(\frac{X+Y}{\sqrt{2}}\right)^2+2\left(\frac{-X+Y}{\sqrt{2}}\right)^2=4.$$

$$(X+Y)^2+2(X-Y)^2=8.$$

これを整理して

$$E\colon 3x^2-2xy+3y^2=8. /\!/$$

解説 例によって，消したい P を残したい Q で表そうとしています．

注 逆に E の方程式③をもとに，それを $-\frac{\pi}{4}$ だけ回転した E_0 の方程式④（標準形）を得ることもできるようにしておきましょう．[→例題 7 9 i]

7 10 14 放物線上の点と焦点

根底 実戦 典型 [→例題 7 9 i]

方針 焦点 F から 4 頂点に到る**距離**が利用できます．「直交」という条件もあるので，極方程式の出番です．

解答 PQ ⊥ P′Q′ より，

$$S=\frac{1}{2}\mathrm{PQ}\cdot\mathrm{P'Q'}. \ \cdots②$$

（ひし形と同様）

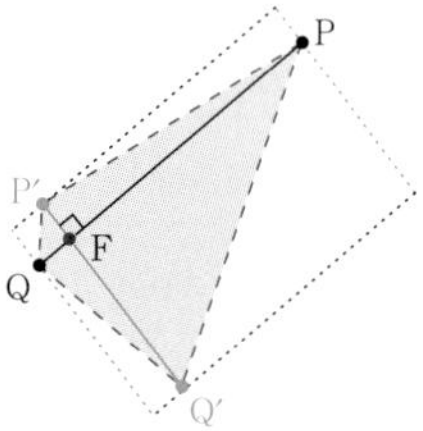

方針 焦点 F から 4 頂点へ到る距離を求めるとよいですね．■

C の焦点 F(p, 0) を極とし，x 軸の正の向きを始線とする極座標を考え，C の極方程式を求める．

注 次図の P が C 上の任意の点をも表していると思ってください．■

直交座標との関係は

$$\begin{cases} x=p+r\cos\theta \\ y=r\sin\theta. \end{cases}$$

これを①に代入する．$\cos\theta$ を c，$\sin\theta$ を s と略記すると，

$$(rs)^2=4p(p+rc).$$

着眼 「★ $r=\mathrm{FP}$ は x_P の 1 次関数」を知っているので，sin は用いず cos のみで表せると見抜いています．■

$$(1+c)(1-c)\cdot r^2-4pc\cdot r-4p^2=0.$$
$$\underbrace{\{(1+c)r+2p\}}_{\text{正}}\{(1-c)r-2p\}=0.$$
$$\therefore r=\frac{2p}{1-\cos\theta}\ (=f(\theta)\ とおく).$$

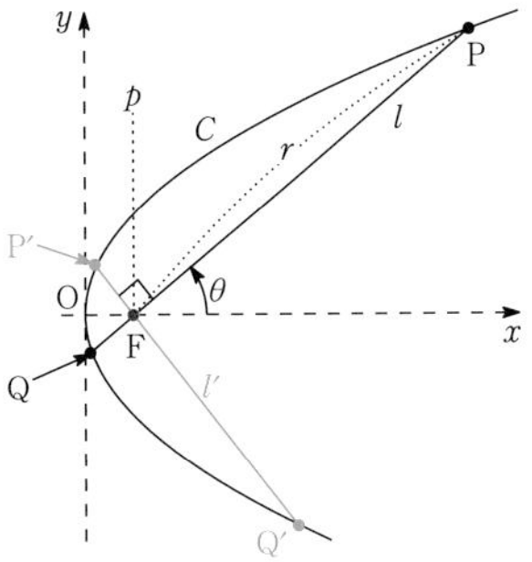

一般性を失うことなく前図のように各点をとり，P の極座標を (r,θ) $\left(0<\theta<\frac{\pi}{2}\right)$ としてよく，

$$\mathrm{FP}=f(\theta)=\frac{2p}{1-\cos\theta},$$
$$\mathrm{FQ}=f(\theta+\pi)=\frac{2p}{1+\cos\theta}.$$
$$\mathrm{FP'}=f\left(\theta+\frac{\pi}{2}\right)=\frac{2p}{1+\sin\theta},$$
$$\mathrm{FQ'}=f\left(\theta+\frac{3\pi}{2}\right)=\frac{2p}{1-\sin\theta}.$$

これらより

$$\mathrm{PQ}=\frac{2p}{1-c}+\frac{2p}{1+c}=\frac{4p}{s^2}.$$
$$\mathrm{P'Q'}=\frac{2p}{1+s}+\frac{2p}{1-s}=\frac{4p}{c^2}.$$

これと②より

$$S=\frac{1}{2}\cdot\frac{4p}{s^2}\cdot\frac{4p}{c^2}$$
$$=\frac{32p}{(2sc)^2}=\frac{32p}{\sin^2 2\theta}.$$

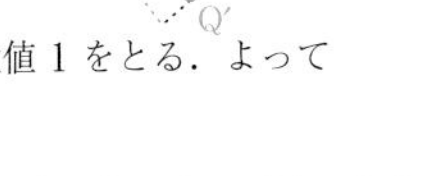

分母は $\theta=\frac{\pi}{4}$ のとき最大値 1 をとる．よって

$$\min S=32p.\,/\!/$$

別解 C の極方程式は，準線を持ち出せばもっと簡潔に導けます：

右図において

$\mathrm{FP}=\mathrm{PI}$.

$r=(p+r\cos\theta)-(-p)$.

$(1-\cos\theta)r=2p$.

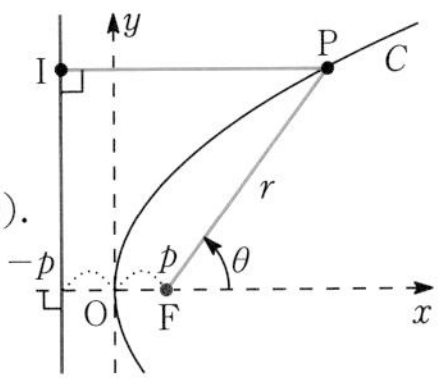

7 10 15 2次曲線と距離

根底 実戦 入試 [→例題 7 9 k]

方針 「距離」が問われているので，極方程式が利用できますね．

解答 C の極方程式を求める．

$$\begin{cases}x=r\cos\theta,\\ y=r\sin\theta\end{cases},\ x^2+y^2=r^2$$

を①へ代入して

$$r^2+(r\cos\theta)(r\sin\theta)=1.$$
$$r^2\left(1+\frac{1}{2}\sin 2\theta\right)=1.$$
$$r^2=\frac{2}{2+\sin 2\theta}.$$

θ は任意の実数値をとり得るから，$-1\leq\sin 2\theta\leq 1$．求める変域は，

$$\frac{2}{3}\leq r^2\leq 2\ より,\ \sqrt{\frac{2}{3}}\leq\mathrm{OP}\leq\sqrt{2}.\,/\!/$$

注 $0\leq\theta<2\pi$ で考えると，$r=\mathrm{OP}$ は

$$2\theta=\frac{\pi}{2},\ \frac{\pi}{2}+2\pi,\ \text{i.e. } \theta=\frac{\pi}{4},\ \frac{5\pi}{4}\ で最小,$$
$$2\theta=\frac{3\pi}{2},\ \frac{3\pi}{2}+2\pi,\ \text{i.e. } \theta=\frac{3\pi}{4},\ \frac{7\pi}{4}\ で最大.$$

これで，なんとなく C の形状（下図）が想像できます．

参考 C を原点 O のまわりに $+\frac{\pi}{4}$ だけ回転した曲線 C' は楕円（横長）になりそうですね．

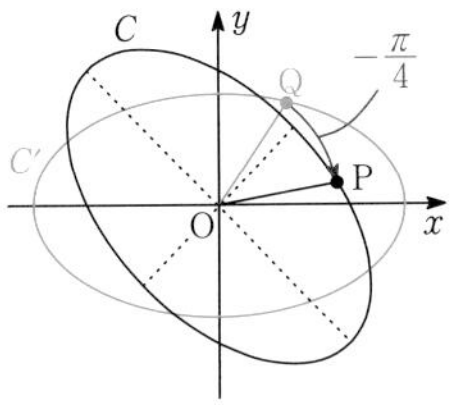

複素平面上で考えて，C 上の点 $\mathrm{P}(z)$ と対応する C' 上の点を $\mathrm{Q}(w)$ とすると，

$\overrightarrow{\mathrm{OP}}$は，$\overrightarrow{\mathrm{OQ}}$を $-\frac{\pi}{4}$ だけ回転したもの．

$$\therefore \underbrace{z-0}_{\overrightarrow{\mathrm{OP}}}=\boxed{1\cdot\left(\cos\frac{-\pi}{4}+i\sin\frac{-\pi}{4}\right)}\cdot(\underbrace{w-0}_{\overrightarrow{\mathrm{OQ}}}).$$

$\overrightarrow{\mathrm{OP}}$ ← $-\frac{\pi}{4}$回転 & 1 倍 ― $\overrightarrow{\mathrm{OQ}}$

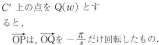

$$z=x+iy,\ w=X+iY\ (x,y,X,Y\in\mathbb{R})$$

とおくと，(x,y) は①を満たし，

$$x+iy=\frac{1-i}{\sqrt{2}}(X+iY).$$
$$\therefore\begin{cases}x=\dfrac{X+Y}{\sqrt{2}},\\ y=\dfrac{-X+Y}{\sqrt{2}}.\end{cases}$$

これを①：$(x+y)^2-xy=1$ へ代入して，

$$(\sqrt{2}Y)^2-\frac{Y^2-X^2}{2}=1.$$

第7章 2次曲線

よって C' は,

楕円 $\dfrac{x^2}{2}+\dfrac{y^2}{\frac{2}{3}}=1.$

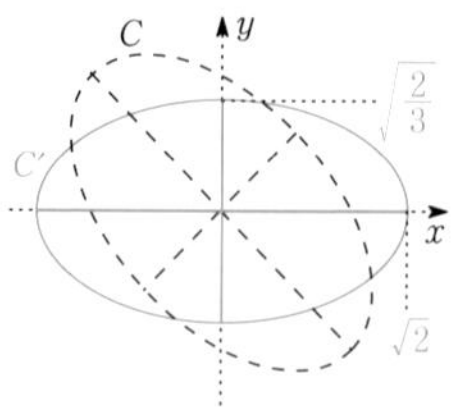

これを見ると，前記の「答え」にも合点がいきますね．

もとより，① の左辺は x, y の対称式なので x, y を互換しても不変．つまり C は直線 $y=x$ に関して対称ですから，O のまわりに $\pm\dfrac{\pi}{4}$ だけ回転すれば，座標軸に関して対称な図形が得られることはお見通しでした (笑).

7 10 16 2次曲線の決定条件

根底 実戦　[→例題 7 9 i]

言い訳　問い方がかなり曖昧です．入試で出る訳ではないので，気楽に取り組んでね (笑).

注　xy 平面上の円の方程式は，一般に

$(x-p)^2+(y-q)^2=r^2 (r>0)$

と表されます．たしかに 3 個の実数 p, q, r で決まりますね．

解答　軸が座標軸と平行な楕円は

$$\frac{(x-p)^2}{a^2}+\frac{(y-q)^2}{b^2}=1$$

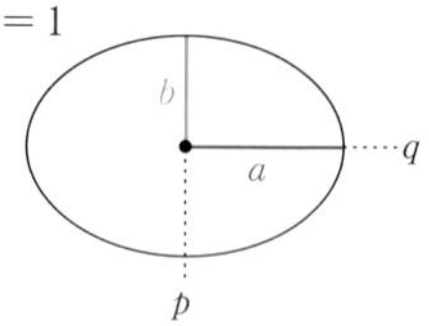

のように,

「中心の x 座標 p」,

「中心の y 座標 q」,

「横軸半径 a」,

「縦軸半径 b」

の 4 つの実数で決まる．

さらに，楕円を中心 (p, q) のまわりにどれだけ回転したかを表す一般角 θ を加えて，xy 平面上の楕円は，5 個の実数によって決定される．//

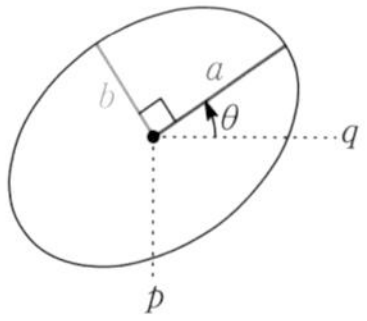

注　他に，演習問題 7 10 13 のように，2 つの焦点の x, y 座標と長軸の長さの 5 個とかでも定まりますね．

発展　xy 平面上で，図形を表す 2 次の方程式は

$ax^2+2bxy+cy^2+dx+ey+f=0$ (a〜f は定数)　…①

「2」を付けるのが慣習

と書けます．

係数は 6 文字ありますが，例えば両辺を 2 で割ったりしても同値な方程式ですから，どれか 1 文字に対する他の文字の**比**によって，表す図形が決まります．よって，①のような 2 次方程式が表す図形は，実質的には 5 個の実数を指定することにより決定されます．

このことを，「図形①の**自由度**は 5 である」と言い表します．

典型的な図形の自由度を次に列記しておきます．各自納得しておいてください．(軸が斜めになっているケースもあることを忘れずに．)

曲線名	自由度	説明 (大雑把)
直線	2	傾きと y 切片
円	3	中心 (p, q) と半径
放物線	4	$y=lx^2+mx+n$ と回転角
楕円・双曲線	5	前記**解答**の通り

例えば「円」は，①において

$b=0, a=c$

という 2 つの制限・縛りを付加したものです．自由度は，その分減って

$5-2=3$

となる訳です．

次に，2 次方程式①が 2 次曲線を表すとき，次のように種類を**判別**できることが知られています：

$$D:=b^2-ac\begin{cases}<0 \to \text{楕円 (or 円)},\\ =0 \to \text{放物線},\ ^{1)}\\ >0 \to \text{双曲線}.\end{cases}$$

この事実の厳密かつ一般的証明までは踏み込みません．次の説明に頷いていただければ OK です：

①の 2 次の項を変形すると ($a \neq 0$ として)

$$a\left(x+\frac{b}{a}y\right)^2+\left(c-\frac{b^2}{a}\right)y^2+\cdots=0.$$

赤下線を付した 2 つの係数は，a, $\dfrac{-D}{a}$．この 2 つは，D の符号により同符号か異符号かが決まり，2 次曲線の種類が決定します．

「2 次曲線」という名称は，①の形の 2 次方程式で表されることを由来としていると考えられます．(この立場からすると，「円」も 2 次曲線の仲間に入れたくなりますね．)

試しに，これまで扱った曲線を振り返ってみましょう．

問題	方程式	D	種類
演習問題 6 8 25	$\sqrt{x}+\sqrt{y}=1$ [2)]	0	放物線
例題 7 9 h	$xy=1$	1	双曲線
例題 7 9 i	$6x^2-6xy+14y^2=15$	-75	楕円
例題 7 9 i 参考	$2x^2+3xy-2y^2=5$	$\dfrac{25}{4}$	双曲線
演習問題 7 10 13	$3x^2-2xy+3y^2=8$	-8	楕円
演習問題 7 10 15	$x^2+xy+y^2=1$	$-\dfrac{3}{4}$	楕円

(定数項を左辺へ移行して考えてください．)

注　1)：このように，「放物線」にも「円」と同様に制限・縛りが 1 つあるので，自由度が $5-1=4$ となる訳です．

2): これを，符号の吟味を抜きにして変形してみましょう．

$\sqrt{x}+\sqrt{y}=1.$

$x+y+2\sqrt{xy}=1.$

$(x+y-1)^2=4xy.$

$x^2-2xy+y^2-2x-2y+1=0.$

たしかに，$D=1^2-1\cdot1=0$ となっていますね．

注 Ⅰ+A演習問題 2 12 6 では，

$$x^2+2xy-3y^2+x-5y-2$$
$$=(x-y-1)(x+3y+2)$$

と因数分解されることを経験しました．つまり，2 次方程式

$$x^2+2xy-3y^2+x-5y-2=0$$

は，2 直線

$$x-y-1=0,\ x+3y+2=0$$

を表します．こうした現象を，「2 次曲線が 2 直線へ**退化**する」と言い表します．

参考 Ⅰ+A 6 10 3「2 次不定方程式」の解き方も，前記「D」を利用して "判別" することができます：

$D<0$ → 楕円 → 大きさ限定可能

$D\geq0$ → 双曲線 → 大きさ限定不能
　　　　 放物線 → 約数利用

「退化」した場合には，「1 次不定方程式」を 2 つ解くことになります．

7 10 17 円錐側面の切り口 [→ 7 5 2]

根底 実戦

方針 5 12 4「座標空間での図形の方程式」で学んだ考え方を活用します．

解答 (1)

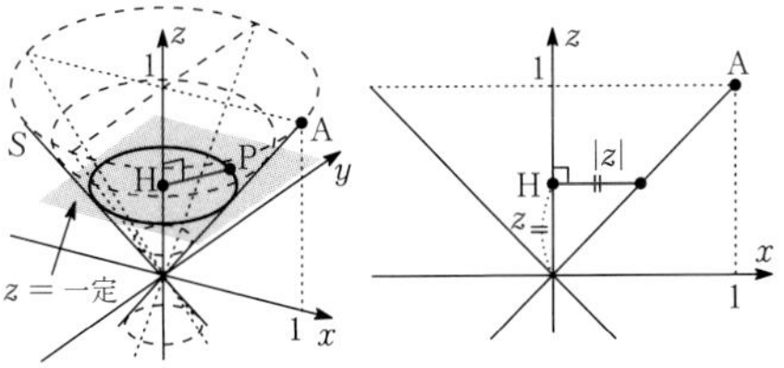

平面 $z=$ 一定 上で考えて，点 $\mathrm{P}(x, y, z)$ が S 上にあるための条件は，軸上の点 $\mathrm{H}(0, 0, z)$ との距離が断面の円の半径 $|z|$ に等しいこと (上図)，すなわち

$$(x-0)^2+(y-0)^2+(z-z)^2=|z|^2.$$

$\therefore\ S: x^2+y^2=z^2.$ // …②　右辺は $|z|^2$

(2) ①②を連立して z を消去すると，

$$x^2+y^2=(kx+1)^2.$$
$$(1-k^2)x^2+y^2-2kx=1.\ \cdots③$$

ここに，$C=\alpha\cap S$ を表す式を同値変形すると，

$$C=\alpha\cap S:\begin{cases}① & \text{平面 }\alpha\\ ② & \text{円錐 }S\end{cases}\iff\begin{cases}③ & \text{柱}\\ ① & \text{平面 }\alpha\end{cases}$$

③は z を含まないから，xy 平面上で③が表す曲線 C_0 を z 軸方向へ平行移動して得られる曲面(柱) を表す．

曲線 C は，C_0 を次図の $\vec{v}$ 方向に $\sqrt{1+k^2}$ 倍に伸縮した曲線である．

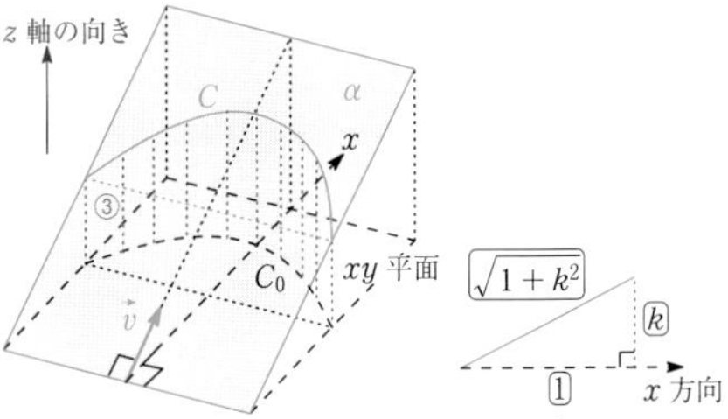

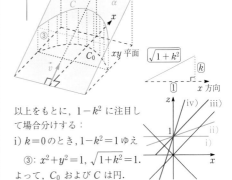

以上をもとに，$1-k^2$ に注目して場合分けする：

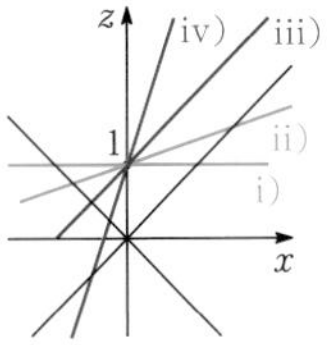

i) $k=0$ のとき，$1-k^2=1$ ゆえ

　③: $x^2+y^2=1$, $\sqrt{1+k^2}=1$.

よって，C_0 および C は円．

ii) $0<k<1$ のとき，$0<1-k^2<1$ ゆえ C_0 は長軸が x 軸方向の楕円．

また，$\sqrt{1+k^2}>1$ だから，C は長軸が $\vec{v}$ 方向の楕円．

iii) $k=1$ のとき，$1-k^2=0$ ゆえ

　③: $y^2-2x=1$.

よって C_0 は放物線だから，それを伸縮した C も放物線．

iv) $k>1$ のとき，$1-k^2<0$ ゆえ C_0 は双曲線．それを伸縮した C も双曲線．

解説 7 5 2 で述べたことが，(完全な一般証明ではないものの) 裏付けられましたね．

参考 iii) の放物線と実質的に同じ図形を，例題 5 12 k で扱っていました．

7 10 18 極方程式
根底 実戦 典型 入試 [→例題 7 8 a]

方針 直接極方程式は無理そうですから，いったん直交座標による方程式を経由します．

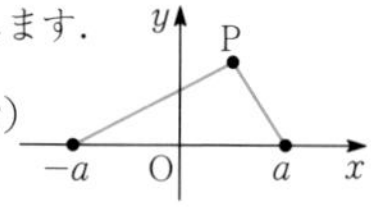

解答 P の直交座標を (x, y) とおくと，題意の条件は

$$\{(x-a)^2+y^2\}\{(x+a)^2+y^2\}=(a^2)^2.$$
$$(x^2+y^2+a^2-2ax)(x^2+y^2+a^2+2ax)=a^4.$$
$$(x^2+y^2+a^2)^2-4a^2x^2=a^4.$$

ここで P の極座標を (r, θ) とおくと，

$$(r^2+a^2)^2-4a^2r^2\cos^2\theta=a^4.$$
$$r^4+2a^2r^2-4a^2r^2\cos^2\theta=0.$$

$r=0$(P=O) はこれを満たす．$r>0$ については，

$$r^2=2a^2(2\cos^2\theta-1)=2a^2\cos 2\theta.$$

$r=0$ もこれを満たすから，求める極方程式は

$$L\colon r^2=2a^2\cos 2\theta.\ /\!/$$

参考 L は**レムニスケート**と呼ばれる有名曲線です．もちろん x, y 軸に関して対称であり，$0\leq\theta\leq\dfrac{\pi}{2}$ においては，$r\geq 0$ より，$0\leq\theta\leq\dfrac{\pi}{4}$.

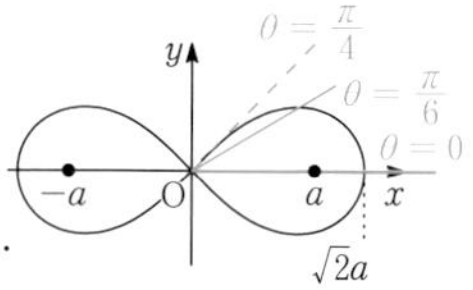

この範囲では r は θ の減少関数であり，L の形状はおおよそ前図の通りです．

余談 「2 定点からの○○が一定」を満たす点の軌跡をまとめておきます．

○○	曲線名	参照箇所
和	楕円	7 2 4
差	双曲線	7 3 4
積	レムニスケート	本問
1) 商	アポロニウスの円	例題 6 6 c (5)
見込む角 2)	円弧	I+A 5 10 4 参考

言い訳 1)：つまり比が一定．1：1 のときだけは垂直二等分線となりますが．

2)：これだけは「2 定点を○○が一定」が正しい表現ですが．

発展 L で囲まれる部分の面積 S は，例題 4 9 j の知識を用いると簡単に求まります：

$$S=4\int_0^{\frac{\pi}{4}}\frac{1}{2}r^2\,d\theta$$
$$=4\int_0^{\frac{\pi}{4}}a^2\cos 2\theta\,d\theta$$
$$=4a^2\left[\frac{\sin 2\theta}{2}\right]_0^{\frac{\pi}{4}}=2a^2.\ /\!/$$

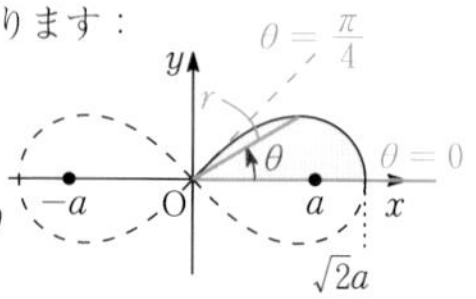

実際の試験でこうしてよいかどうかは，常にグレーですが．

7 10 19 垂足曲線の極方程式
根底 実戦 入試 [→例題 7 8 a]

注 やや高度な問題ですので，正射影ベクトルを使いこなせていることを前提とした解答をします．

解答 (1) $\begin{cases} x=r\cos\theta \\ y=r\sin\theta \end{cases}$ を①へ代入して

$$(r\cos\theta)^2-(r\sin\theta)^2=1.$$
$$r^2(\cos^2\theta-\sin^2\theta)=1.$$
$$\therefore\ H\colon r^2\cos 2\theta=1.\ /\!/$$

(2) $\mathrm{P}(\alpha, \beta)$ とおく．ただし，

$\alpha^2-\beta^2=1.$ …①′

$l\colon \alpha x-\beta y=1$

より，l の法線ベクトルは

$$\vec{n}=\begin{pmatrix}\alpha\\-\beta\end{pmatrix}.$$

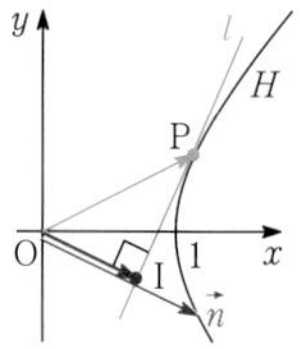

$\overrightarrow{\mathrm{OI}}$ は，$\overrightarrow{\mathrm{OP}}$ の $\vec{n}$ への正射影ベクトルだから

$$\overrightarrow{\mathrm{OI}}=\underbrace{\frac{\vec{n}\cdot\overrightarrow{\mathrm{OP}}}{|\vec{n}|}}_{\text{“符号付長さ”}}\cdot\underbrace{\frac{\vec{n}}{|\vec{n}|}}_{\text{単位ベクトル}}$$

$$=\frac{\vec{n}\cdot\overrightarrow{\mathrm{OP}}}{|\vec{n}|^2}\vec{n}$$

$$=\frac{\alpha^2-\beta^2}{\alpha^2+\beta^2}\begin{pmatrix}\alpha\\-\beta\end{pmatrix}=\frac{1}{\alpha^2+\beta^2}\begin{pmatrix}\alpha\\-\beta\end{pmatrix}\ (\because ①').$$

方針 目標は極方程式ですから，$\overrightarrow{\mathrm{OI}}$ の大きさと偏角を考えます．当然 (笑)．■

点Iの極座標を (r', θ') とおく．Pとは違う名称

$$|\overrightarrow{\mathrm{OI}}|=\frac{\sqrt{\alpha^2+\beta^2}}{\alpha^2+\beta^2}=\frac{1}{\sqrt{\alpha^2+\beta^2}}=\frac{1}{|\overrightarrow{\mathrm{OP}}|}.$$

$$\therefore\begin{cases} r=\dfrac{1}{r'} \\ \theta=-\theta'. \end{cases}\ 1)$$

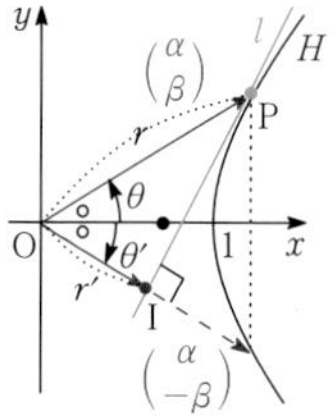

これを(1)へ代入して

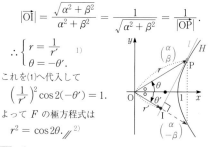

$$\left(\frac{1}{r'}\right)^2\cos 2(-\theta')=1.$$

よって F の極方程式は

$$r^2=\cos 2\theta.\ /\!/\ 2)$$

解説 1)：消したい r, θ を残したい r', θ' で表しました．

2)：r', θ' を，慣習に従って r, θ と書き替えました．

参考 お気付きの通り，これは前問の結果で $a=\dfrac{1}{\sqrt{2}}$ としたのと同じです．つまり，双曲線の垂足曲線はレムニスケートであるという有名事実が証明された訳です．

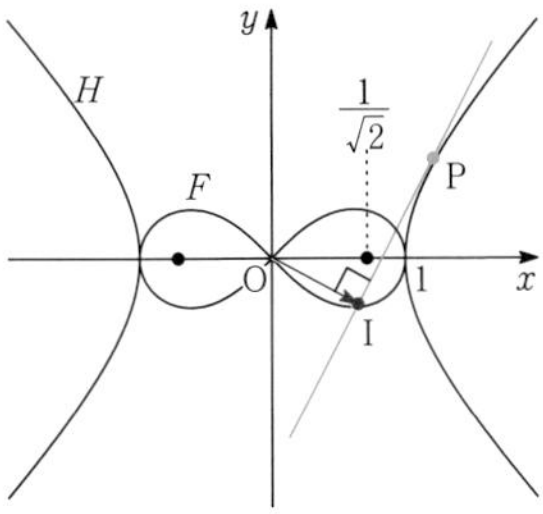

I と x 軸対称な点を J とすると

$$\overrightarrow{\mathrm{OJ}} = \frac{1}{\alpha^2+\beta^2}\begin{pmatrix}\alpha\\ \beta\end{pmatrix}.$$

これは，**演習問題5 13 14**，Ⅱ+B**例題3 8 r**でも登場した関係式ですね．2 点 P，J は互いに**反転**の関係にあります．

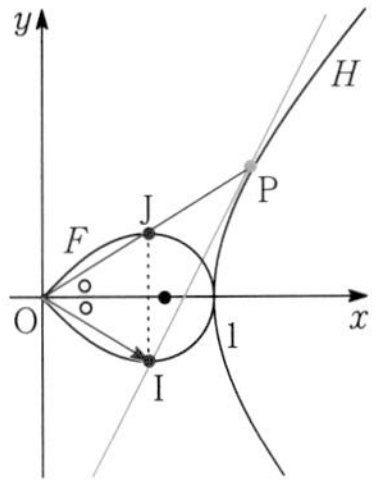

さらに言うと，複素平面上で P(z)，I(w) とすると，z と w は逆数の関係にあります．

7 10 20 法線の交点・極限

根底 実戦　典型 入試　[→演習問題3 9 9]

注　①より $a>b$ ゆえ E は横長楕円で，c は焦点距離です．

言い訳　関係式①があるので，$a, b, c(,\alpha)$ による表し方は一意的ではありません．なるべくキレイな式にするつもりで臨んでください．

方針　接線の方程式から，法線も即座に得られます．

解答　A における E の接線は

$$\frac{\cancel{a}\cos\alpha}{a^{\cancel{2}}}x+\frac{\cancel{b}\sin\alpha}{b^{\cancel{2}}}y=1.$$

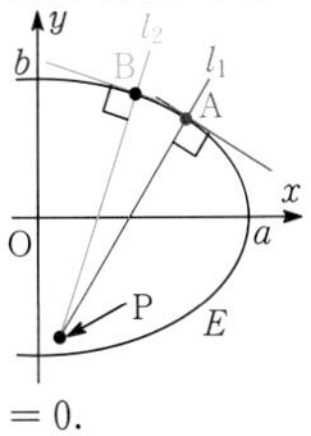

i.e. $b\cos\alpha\cdot x+a\sin\alpha\cdot y=ab$.

よって法線 l_1 は

$$\begin{pmatrix}a\sin\alpha\\ -b\cos\alpha\end{pmatrix}\cdot\left\{\begin{pmatrix}x\\ y\end{pmatrix}-\begin{pmatrix}a\cos\alpha\\ b\sin\alpha\end{pmatrix}\right\}=0.$$

$$a\sin\alpha\cdot x-b\cos\alpha\cdot y=(a^2-b^2)\sin\alpha\cos\alpha.$$

これと①より

$$l_1\colon a\sin\alpha\cdot x-b\cos\alpha\cdot y=c^2\sin\alpha\cos\alpha.\ \cdots②$$

同様に

$$l_2\colon a\sin\beta\cdot x-b\cos\beta\cdot y=c^2\sin\beta\cos\beta.\ \cdots③$$

これらを連立すると，②× $\cos\beta$ −③× $\cos\alpha$ より

$$a\underbrace{(\sin\alpha\cos\beta-\sin\beta\cos\alpha)}_{\sin(\alpha-\beta)}x$$
$$=c^2\cos\alpha\cos\beta(\sin\alpha-\sin\beta).$$

$\beta\to\alpha$ のとき

$-\pi<\alpha-\beta<\pi,\ \alpha-\beta\neq 0$ だから，

$$x_{\mathrm{P}}=\frac{c^2}{a}\cdot\cos\alpha\cos\beta\cdot\frac{\sin\alpha-\sin\beta}{\sin(\alpha-\beta)}.$$

$\beta\to\alpha$ のとき，$\cos\beta\to\cos\alpha$.

着眼　分数式部分は "$\frac{0}{0}$型" 不定形．和積公式＆ 2 倍角公式でもできますが，微分係数の定義を利用してみます．■

$$\frac{\sin\alpha-\sin\beta}{\sin(\alpha-\beta)}=\frac{\sin\beta-\sin\alpha}{\beta-\alpha}\cdot\frac{\beta-\alpha}{\sin(\beta-\alpha)}$$
$$\to(\sin x)'|_{x=\alpha}\times 1\ (\because\ \beta-\alpha\to 0)$$
$$=\cos\alpha.$$

したがって

$$x_{\mathrm{Q}}=\lim_{\beta\to\alpha}x_{\mathrm{P}}=\frac{c^2}{a}\cos^3\alpha.$$

Q は l_1 上だから，

$$\cancel{a}\sin\alpha\cdot\frac{c^2}{\cancel{a}}\cos^3\alpha-b\cos\alpha\cdot y_{\mathrm{Q}}=c^2\sin\alpha\cos\alpha.$$

$\cos\alpha\neq 0$ のとき

$$y_{\mathrm{Q}}=\frac{c^2}{b}\sin\alpha(\cos^2\alpha-1)=-\frac{c^2}{b}\sin^3\alpha.\ \cdots④$$

$\cos\alpha=0$ のとき，②において $\sin\alpha\neq 0$ ゆえ $x_{\mathrm{P}}=0$．これと③より

$$-b\cos\beta\cdot y_{\mathrm{P}}=c^2\sin\beta\cos\beta.$$
$$y_{\mathrm{P}}=-\frac{c^2}{b}\sin\beta\ (\because\ \cos\beta\neq 0).$$
$$\therefore y_{\mathrm{Q}}=\lim_{\beta\to\alpha}y_{\mathrm{P}}=-\frac{c^2}{b}\sin\alpha.\ \cdots④'$$

$\cos\alpha=0$ のとき $\sin\alpha=\pm 1$ だから，④′ は④と一致する．以上より

$$\mathrm{Q}\left(\frac{c^2}{a}\cos^3\alpha,\ -\frac{c^2}{b}\sin^3\alpha\right).\ /\!/$$

注　Q は，楕円 E の点 A における**曲率中心**です．[→例題3 3 e 発展]

A(a, 0)，i.e. $\cos\alpha=1$ のとき，$\mathrm{Q}\left(\frac{c^2}{a},\ 0\right)$.

これは，**例題7 9 b 注**で触れた曲率中心と確かに一致していますね．

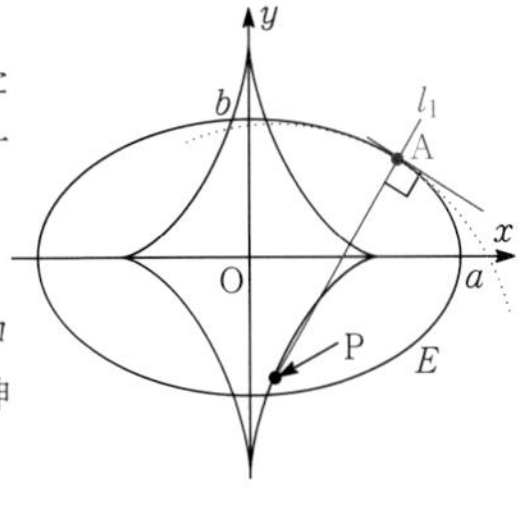

参考　Q の軌跡は有名曲線「アステロイド」を横・縦に伸縮したものです．

[→演習問題3 9 3]

参考　関数のグラフの曲率円をテーマにした**演習問題3 9 9**の楕円バージョンでした．

7 10 21 双曲線の極方程式・焦点が極　[→例題 7 9 I]

根底 実戦

着眼 (1) 既にやり慣れた計算です．離心率：$\sqrt{2}>1$ なので，軌跡は双曲線になるハズですね．

(2)「$x<0,\ x>0$ の部分」とは，双曲線の左葉・右葉のことです．

(3) 慣れていない作業です．図を見ながら，慎重に．

解答 (1) $\mathrm{P}(x,\ y)$ が満たすべき条件は，右図において

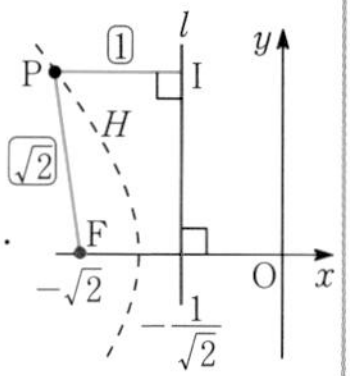

$\mathrm{FP}=\sqrt{2}\cdot\mathrm{PI}.$ …①

$$\sqrt{(x+\sqrt{2})^2+y^2}=\sqrt{2}\left|x+\frac{1}{\sqrt{2}}\right|.$$

$$(x+\sqrt{2})^2+y^2=2\left(x+\frac{1}{\sqrt{2}}\right)^2.$$

$$x^2-y^2=1.$$

よって，P の軌跡は双曲線 H である．□

(2) **注** $x,\ y$ による方程式ではなく，関係式①から直接求める方が明快かつ簡便です．左葉と右葉で，①の次行右辺で絶対値記号内の符号が異なるので注意．■

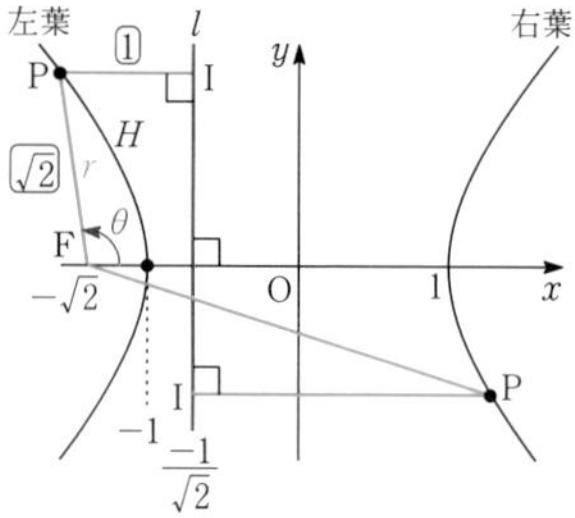

i) P が H の左葉 $(x<0)$ 上にあるとき，P は l の左側にあるから，①は

$$r=\sqrt{2}\left\{\frac{-1}{\sqrt{2}}-\left(-\sqrt{2}+r\cos\theta\right)\right\}.$$

$$r=\frac{1}{\sqrt{2}\cos\theta+1}\ (=f(\theta)).//$$

ただし，$r>0$ より 分母 >0 だから，

$$\cos\theta>-\frac{1}{\sqrt{2}}.\ \therefore\ -\frac{3\pi}{4}<\theta<\frac{3\pi}{4}.//$$

ii) P が H の右葉 $(x>0)$ 上にあるとき，P は l の右側にあるから，①は

$$r=\sqrt{2}\left\{\left(-\sqrt{2}+r\cos\theta\right)-\frac{-1}{\sqrt{2}}\right\}.$$

$$r=\frac{1}{\sqrt{2}\cos\theta-1}\ (=g(\theta)).//$$

ただし，$r>0$ より 分母 >0 だから，

$$\cos\theta>\frac{1}{\sqrt{2}}.\ \therefore\ -\frac{\pi}{4}<\theta<\frac{\pi}{4}.//$$

(3) **方針** 右葉上の P を，「$r<0$」も許して表すことを考えます．筆者も慣れていないので（笑），ベクトルの**基礎に戻って考えます．**■

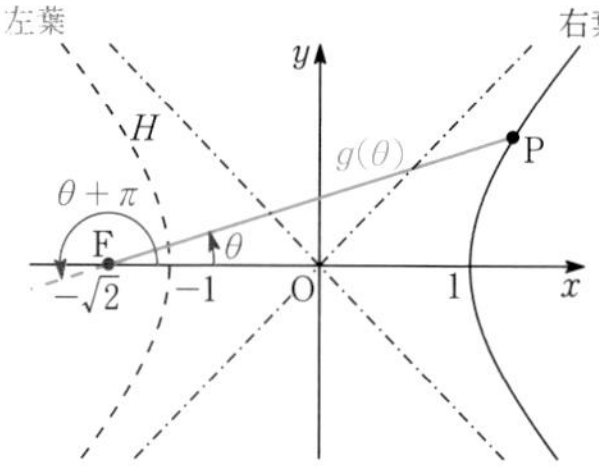

H の右葉上の P について，$-\frac{\pi}{4}<\theta<\frac{\pi}{4}$ の範囲で，

$$\overrightarrow{\mathrm{FP}}=g(\theta)\begin{pmatrix}\cos\theta\\ \sin\theta\end{pmatrix}=\underbrace{-g(\theta)}_{\text{負}}\begin{pmatrix}\cos(\theta+\pi)\\ \sin(\theta+\pi)\end{pmatrix}.$$

方針 この「$\theta+\pi$」を $\overrightarrow{\mathrm{FP}}$ の偏角とみて，1 文字で表します．■

ここで，$\varphi=\theta+\pi$ とおくと，$\frac{3\pi}{4}<\varphi<\frac{5\pi}{4}$ であり，

$$\overrightarrow{\mathrm{FP}}=-g(\varphi-\pi)\begin{pmatrix}\cos\varphi\\ \sin\varphi\end{pmatrix}$$

$$=\frac{-1}{-\sqrt{2}\cos\varphi-1}\begin{pmatrix}\cos\varphi\\ \sin\varphi\end{pmatrix}$$

$$=f(\varphi)\begin{pmatrix}\cos\varphi\\ \sin\varphi\end{pmatrix}.$$

よって，右葉上の P の極座標は $\left(f(\varphi),\ \varphi\right)$ と表せる．

「φ」を「θ」に書き直すことにより，双曲線 H 全体の極方程式は，

$r=f(\theta).$□

θ の範囲は

左葉：$-\frac{3\pi}{4}<\theta<\frac{3\pi}{4}$,

右葉：$\frac{3\pi}{4}<\theta<\frac{5\pi}{4}.//$

解説 (3) このように，「$r<0$」も許した極方程式の扱いは，難しいのです（笑）．

各 θ の値（青字）に対応する P の位置はおおよそ次図のようになります．「$+0$」や「-0」は，片側極限を意味します．

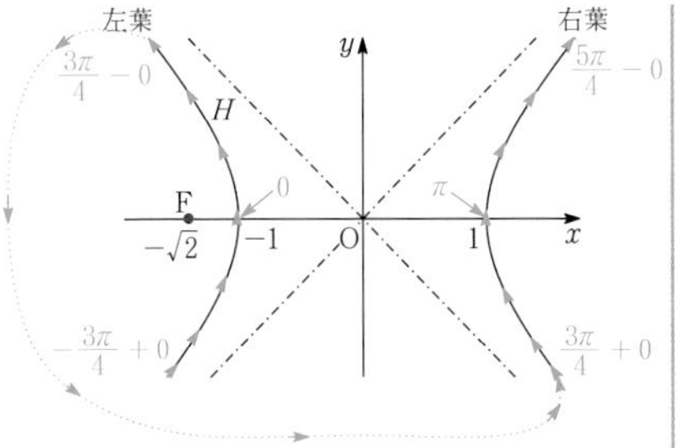

補足 (2)で，答えの極方程式は，もちろん分母 $\neq 0$ を前提として書いています．また，偏角 θ の範囲は，適するもののうちの1つを書けば OK です．

参考 右側にある焦点 $(\sqrt{2}, 0)$ を極とする極方程式を準線 $x=\dfrac{1}{\sqrt{2}}$ を利用して求めると，$r \geq 0$ に限定した場合次のようになります：

$$\text{右葉}: r=\sqrt{2}\left(\sqrt{2}+r\cos\theta-\frac{1}{\sqrt{2}}\right).$$

$$\therefore r=\frac{1}{1-\sqrt{2}\cos\theta}\ \left(\frac{\pi}{4}<\theta<\frac{7\pi}{4}\right).$$

$$\text{左葉}: r=\sqrt{2}\left\{\frac{1}{\sqrt{2}}-\left(\sqrt{2}+r\cos\theta\right)\right\}.$$

$$\therefore r=\frac{1}{-1-\sqrt{2}\cos\theta}\ \left(\frac{3\pi}{4}<\theta<\frac{5\pi}{4}\right).$$

どちらも係数に「−」が付いてしまうので，左側の焦点 $(-\sqrt{2}, 0)$ の方を選んで出題しました．

注 直交座標による方程式から極方程式を求めると次のようになります：

$$\begin{cases} x=-\sqrt{2}+r\cos\theta, \\ y=r\sin\theta. \end{cases}$$

これを $x^2-y^2=1$ へ代入すると，$\cos\theta$ を c，$\sin\theta$ を s と略記して

$$(-\sqrt{2}+rc)^2-(rs)^2=1.$$

$$(2c^2-1)r^2-2\sqrt{2}c\cdot r+1=0.$$ (c のみで表せるはず)

$$\left\{(\sqrt{2}c+1)r-1\right\}\left\{(\sqrt{2}c-1)r-1\right\}=0.$$

ここまでは楕円を扱った例題7 9 1(1)と全く同様なのですが，そこでは $r \geq 0$ で考えると一方の因数が必ず正（0 にはならない）とわかったのに対し，ここではそうはいかず，

$$(\sqrt{2}c+1)r-1=0,\ (\sqrt{2}c-1)r-1=0$$

を両方とも考えざるを得ません．双曲線の極方程式は，とにかくヤヤコシイのです．